太仓市磁力驱动泵有限公司

U0691020

磁力泵采用双盖板、双支撑的构造形式以及先进的摩擦副配对技术，使得磁力泵长期运行无故障。叶轮流道采用研磨抛光技术以及隔离套采用碳纤维长丝增强塑料技术，使得磁力泵的效率大幅提高，最佳配置能接近和达到机械密封泵的效率水平。金属磁力泵使用温度达到 400C，非金属磁力泵达到 200C，遥遥领先于同行。磁力泵采用双重保护装置，彻底杜绝了由于泵构造与配置的缺陷带来的安全事故。

2021年被复审认定为江苏省专精特新小巨人企业；2021年金属磁力泵产品被认定为江苏省重点推广应用的新技术新产品；2022年磁力离心泵列入《国家工业和信息化领域节能技术装备推荐目录（2022年版）》。

公司拥有授权的发明专利 5 项、实用新型专利 20项、著作版权 6 项。成为一个拥有诸多自主知识产权，拥有诸多产品，并且有着四十多年专业生产历史的专业化生产企业。

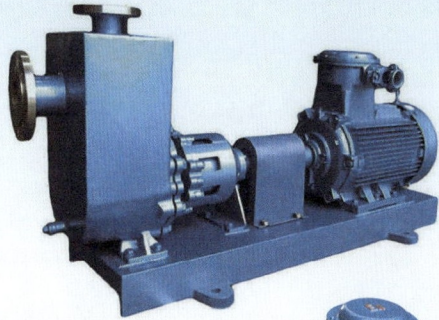

非 凡 源 于 专 注

天祥牌磁力泵

太仓市磁力驱动泵有限公司

地址：江苏省太仓市城厢镇城西南路 11 号　　邮编：215400
电话：0512-53525240/53529584/53522127　　网址：wwwtcclb.com.cn
传真：0512-53526632/53953920　　邮箱：tcclb@tcclb.com.cn

化工管路设计手册

第二版

徐宝东　主编　　陈丕玉　主审

化学工业出版社

·北京·

本书主要内容包括化工管路系统、化工设备布置、管道布置设计、管道机械应力与支吊架、管道防腐绝热、管道材料控制、复合管道材料与非金属管道材料、阀门与管道附件、常用金属法兰等，附录部分包括常用标准、制图知识和设计资料等内容。

本书采用最新的标准规范，从安装、设计、管道材料及阀门、法兰、衬里、管架等方面，在原来《化工管路设计手册》基础上进行重新修订，内容系统、全面，理论与实践相结合，可供化工、石化、医药、轻工等行业从事管路设计的工程技术人员使用，也可供其它行业和有关院校师生参考。

图书在版编目（CIP）数据

化工管路设计手册/徐宝东主编. —2 版. —北京：化学工业出版社，2018.10
ISBN 978-7-122-32799-4

Ⅰ.①化…　Ⅱ.①徐…　Ⅲ.①化工设备-管件-设计-手册　Ⅳ.①TQ053.6-62

中国版本图书馆 CIP 数据核字（2018）第 179565 号

责任编辑：左晨燕　　　　　　　　　　　文字编辑：汲永臻
责任校对：王　静　　　　　　　　　　　装帧设计：韩　飞

出版发行：化学工业出版社（北京市东城区青年湖南街 13 号　邮政编码 100011）
印　　装：中煤（北京）印务有限公司
787mm×1092mm　1/16　印张 72½　字数 2638 千字　2024 年 6 月北京第 2 版第 1 次印刷

购书咨询：010-64518888　　售后服务：010-64518899
网　　址：http://www.cip.com.cn
凡购买本书，如有缺损质量问题，本社销售中心负责调换。

定　　价：458.00 元
京化广临字 2023——06

前　言

　　压力管道是指利用一定的压力，用于输送气体或者液体的管状设备，其范围规定为最高工作压力大于或等于 0.1MPa（表压），介质为气体、液化气体、蒸汽或可燃、易爆、有毒、有腐蚀性、最高工作温度高于或等于标准沸点的液体，且公称直径大于或等于 50mm 的管道。公称直径小于 150mm，且其最高工作压力小于 1.6MPa（表压）的输送无毒、不可燃、无腐蚀性气体的管道和设备本体所属管道除外。压力管道属于特种设备安全监察的范围，化工管路基本都属于压力管道。合理地设计、安装和改进化工管路也是化工生产中的重要一环，否则会因管路的故障和损坏而直接影响生产。

　　随着化学工业的迅速发展，为适应化工管路设计的需要，本书着重介绍一般装置的化工管路，也包括设备布置、管道材料、管道应力分析计算，是化工设计人员的实用工具书。1986 年化学工业出版社曾经出版过《化工管路手册》，受到了广大使用者的好评和欢迎。经历二十多年，很多标准规范已经更新，2011 年，化学工业出版社出版了《化工管路设计手册》。本书在第一版《化工管路设计手册》的基础上进行了修订。

　　这次重新修订有以下原则：首先是保持原有特色，并根据目前的需要、压力管道的要求，以及压力管道设计技术规定对内容作适当增删；其次体现设计行业的技术发展，对设计规范和标准进行更新；最后体现实用性强的特点，着重考虑使用者查找的方便。本书中涉及《工业金属管道设计规范》（GB 50316—2000）（2008 版）的地方均注为 GB 50316—2008；部分涉及 DN 的地方不标注单位，这些地方的 DN 是一个数值上接近管子内径的名义直径；涉及 PN 的地方也不标注单位，按 GB/T 1048—2019 规定，PN 后面的数字不代表测量值，不应用于计算目的；公称压力只与管道系统元件的力学性能相关，压力单位目前为 bar。

　　本书第 1 章以化工管路系统设计的理论和计算为主，重点在于管路系统的组成、管路设计的压力和温度、管径的选择、管道阻力的计算、真空管路的设计、浆液管路的设计、设计文件的要求及校审等。

　　第 2 章以化工设备布置设计为主，这一章是根据压力管道设计技术规定新增加的内容，重点在于设计依据基础、设计原则与依据和工艺设备布置原则，其中工艺设备布置原则包括泵的布置、塔的布置、换热器的布置、空冷器的布置、卧式容器的布置、立式容器和反应器的布置、加热炉的布置、离心式压缩机的布置、往复式压缩机的布置、装置内管廊布置、外管架的布置、回转窑的布置、罐区的布置、槽车装卸站的布置、灌装站的布置、火炬和烟囱的布置、静电接地规定、电器安装防护等内容。

　　第 3 章以管道布置设计为主，重点在于设计依据基础、管道布置规定、管道布置要求、典型配管示例、管道现场施工、管道现场验收等内容。其中管道布置规定包括设计原则、管道布置、阀门布置、非金属及衬里管道、安全措施、装置内地下管道图的绘制、界外管道图的绘制、管道轴测图；管道布置要求包括地上管道布置、地下管道布置、开孔照明条件、医药工业洁净厂房设计、防静电的设计、管道布置设计说明书、阀门操作位置、操作维修空间、常见配管错误；典型配管示例介绍了塔设备的配管、卧式容器的配管、换热器类的配管、加热炉的配管、反应器的配管、泵的设计配管、压缩机的配管、设备管口方位、装卸站的配管、罐区设计配管、管廊上的配管、地下管道布置、安全阀的配管、疏水阀组配管、调节阀组配管、软管站的配管、取样管的配管、排放管的配管、仪表安装配管、蒸汽管道配管等。

第 4 章以管道机械应力及支吊架为主，重点在于管道机械设计和管架类型设计。其中管道机械设计包括设计原则基础、管道机械设计规定、管道的膨胀和柔性、管架计算规定；管架类型设计包括管架设置类型、管架设置选用、管架类型选用等。

第 5 章以管道防腐绝热为主，重点在于防腐涂漆设计、防腐施工验收、绝热工程设计、绝热设计规范、绝热施工验收。其中防腐涂漆设计包括防腐范围原则、防腐表面处理、大气腐蚀、液体介质腐蚀、土壤腐蚀、颜色与技术要求、基本识别色和识别符号、常用防腐蚀涂料配套方案、常用防腐蚀涂料性能与用途、常用防腐蚀涂料选用；防腐施工验收包括防腐施工基本规定、防腐施工基体表面处理、块材衬里防腐施工、纤维增强塑料衬里防腐施工、橡胶衬里防腐施工、塑料衬里防腐施工、玻璃鳞片衬里防腐施工、铅衬里防腐施工、喷涂聚脲衬里防腐施工、氯丁胶乳水泥砂浆衬里防腐施工、涂料涂层衬里防腐施工、金属热喷涂层防腐施工、防腐现场验收；绝热工程设计包括绝热设计通则、绝热设计导则、绝热设计计算、绝热结构及施工技术；绝热设计规范包括绝热基本规定、绝热材料选择、绝热工程计算、绝热结构设计；绝热施工验收包括施工材料与准备、绝热层的施工、防潮层的施工、保护层的施工、绝热现场验收。

第 6 章以管道材料控制为主，重点在于设计原则依据、垫片和紧固件、金属管道材料、常用标准管件。其中设计原则依据包括材料控制原则、材料选用依据、管道设计原则、管道壁厚选用、化工管道连接、防腐设计原则；垫片和紧固件包括常用垫片标准选用和紧固件选用；金属管道材料包括材料选用限制、无缝钢管、焊接钢管、有色金属管、球墨铸铁管；常用标准管件包括对焊管件、锻制承插焊管件、锻制螺纹管件、钢制法兰管件、锻制支管座、石油化工钢制对焊管件、锻钢制承插焊和螺纹管件、可锻铸铁管路连接件。

第 7 章以复合材料与非金属管道材料为主，重点在于复合管道材料、玻璃钢管道材料、塑料制品管道材料、橡胶制品管道材料、其它非金属管道材料。其中复合管道材料包括钢衬塑料复合管、衬胶钢管和管件、搪玻璃管和管件、衬玻璃管和管件、金属网聚四氟乙烯复合管材、孔网钢骨架聚乙烯复合管材；玻璃钢管包括玻璃纤维增强热固性塑料（玻璃钢）、纤维缠绕玻璃钢（FRP-FW）管和管件、玻璃钢增强聚丙烯（FRP/PP）复合管、玻璃纤维增强聚氯乙烯复合管和管件；塑料制品包括常用塑料特点、聚氯乙烯管、聚乙烯管材、无规聚丙烯（PPR）管材、增强聚丙烯（FRPP）管材、聚四氟乙烯（PTFE）管材、有机玻璃管、尼龙 1010 管材；其它非金属材料包括玻璃管和管件、耐酸陶瓷性能、石墨材料性能、塑料涂料。

第 8 章以阀门与管道附件为主，重点在于阀门的选用、金属阀门、非金属阀门、特种阀门、管道附件。其中阀门的选用包括阀门的设置、阀门类别选用、金属阀门结构长度、阀门压力试验、阀门的命名；金属阀门包括闸阀、截止阀、节流阀、钢制球阀、法兰和对夹连接弹性密封蝶阀、金属隔膜阀、旋塞阀、止回阀、安全阀、减压阀、蒸汽疏水阀；非金属阀门包括衬氟塑料阀门、非金属隔膜阀、硬聚氯乙烯截止阀、增强聚丙烯止回阀、增强聚丙烯蝶阀；特种阀门包括城镇燃气切断阀和放散阀、呼吸阀、柱塞阀；管道附件包括爆破片、阻火器、补偿器、液体装卸臂、管道消声器、化工管道过滤器、金属软管、安全喷淋洗眼器、管道混合器。

第 9 章以常用金属法兰为主，重点在于法兰选用依据、化工标准法兰、大直径法兰选用、国家标准法兰和石化标准法兰等。

附录部分包括特种设备生产和充装单位许可规则、工程勘察设计收费标准、设计基础资料收集提纲、机械制图知识、金属的焊接、材料牌号对照、金属的性质、常用工程材料、常用设计资料、常用软件的介绍等。

本书由徐宝东主编，陈丕玉主审，第1章主要由陈凤飞编写，第2章主要由朱雁翎编写，第3章主要由陈丕玉编写，第4章主要由周培莉编写，第5章主要由张慧编写，第6章主要由徐宝东编写，第7章主要由孟培勤编写，第8章主要由蒋望编写，第9章主要由姜林庆编写，上述编写人员都是原国家质检总局特种设备设计许可鉴定评审专家；附录由李仁贵和袁峥嵘编写。参与本书编写、校对和给予支持的还有李淑华、程治方、李思凡、杨晓燕、张志超、杨会娥、窦一文、邹鸿岷、毕永军、伍明、杜涵雯、王亚慧、孙佳利、周新文、李薇、刘旭辉、林永利、印文雅、徐振海、吕文昱、张德生、徐秀慧、吕凤翔、闫振利、刘明、计宝才、蔺向阳、张效峰、周晓猛、宋炯亮、谭茜、张谦、周树辉、李军、刘家祥、白新生、吴习、杨婷、何嘉、朱银莲等，在此表示感谢！

徐宝东

2019年5月12日

第一版前言

在化工生产企业里，我们可以发现几乎所有的机器设备之间，都是用管路（即管子和各种管件、阀门等的总称）把它们相互连通着。管路同一切机器设备一样，是化工生产中不可分割的一个组成部分，要确保安全、持续、稳定的生产，除要妥善设计好各种机器设备外，同时必须重视化工管路的设计工作。否则，同样会因管路的故障和损坏而直接影响生产。另外，合理地设计、安装和改进化工管路，也是化工生产中的重要一环。

化工管路在生产中的作用，主要是用来输送各种流体介质（如气体、液体等），使其在生产中按工艺要求流动，以完成各个化工过程。各种不同类型的化工管路，在设计、安装和生产中，都有它们各自不同的特点，我们只有掌握它们的特点，合理地使用才能确保生产的安全。

随着化学工业的迅速发展，为适应化工管路设计的需要，《化工管路设计手册》着重介绍一般装置的化工管路，是化工设计人员的实用工具书。1986年化学工业出版社曾经出版过《化工管路手册》，受到了广大使用者的好评和欢迎。经历二十多年，很多标准规范已经更新，化学工业出版社决定重新编写出版，并更名为《化工管路设计手册》。

这次重新编辑有以下原则：首先是保持原有特色，并根据目前的需要对内容作适当增删；其次体现设计行业的技术发展，对设计规范和标准进行更新；最后体现实用性强的特点，着重考虑使用者查找的方便。

本书第一章以化工管路设计的理论和计算为主，重点在于管路系统的组成、管路设计的压力和温度、管径的选择、管道阻力的计算、真空管路的设计、浆液管路的设计、设计文件的要求及校审等。

第二章以管路安装设计的布置和绘图为主，重点在于管路设计基础、管道布置设计、管道布置要求、典型配管示例（塔设备、容器、泵类、换热器、排放管、取样管、双阀设计、仪表安装、安全阀、疏水阀、罐区、管廊、装卸站、软管站、洗眼器与淋浴器的配管）和配管注意事项（包括阀门操作位置、操作维修空间、常见配管错误）等。

第三章以管路的绝热和防腐为主，重点在于管道绝热范围及材料、绝热与加热计算、绝热结构的设计、材料计算与附录、防腐及涂漆、防腐的施工、防腐涂料及性能等。

第四章以金属管与管件为主，重点在于化工配管系列（包括压力等级、使用温度、管径系列、壁厚选用等）、材料选用依据、金属管材（包括无缝钢管、焊接钢管、铜和铜合金管、铝和铝合金管、铅和铅合金管、钛和钛合金管）、标准管件（包括钢制管件分类、钢制对焊无缝管件、钢板制对焊管件、锻钢制螺纹管件、承插焊管件、可锻铸铁管件、支管台、快速接头等）。

第五章以金属法兰与连接件为主，重点在于法兰选用依据、化工标准法兰（欧洲体系）、化工标准法兰（美洲体系）、机械标准法兰、国家标准法兰、螺栓螺母（包括材料等级、六角头螺栓、双头螺柱、全螺纹螺柱、螺母）等。

第六章以非金属管路与衬里管路为主，重点在于橡胶制品、塑料制品（包括聚氯乙烯管、聚乙烯管材、无规聚丙烯管材、增强聚丙烯管材、聚四氟乙烯管材、有机玻璃管、尼龙1010

管材)、玻璃钢管和管件、玻璃管和管件、陶瓷管材及配件、石墨管材、钢衬复合管和管件（包括衬胶钢管和管件、钢衬塑料复合管、衬玻璃管和管件、搪玻璃管和管件）等。

第七章以常用阀门为主，重点在于阀门的选用（包括阀门的设置、阀门结构长度、材料与组合、阀门压力试验、阀门的命名）、常用金属阀（包括闸阀、截止阀、节流阀、止回阀、蝶阀、球阀、旋塞阀、隔膜阀、柱塞阀）、非金属阀门等。

第八章以管路附件为主，内容包括管道过滤器、安全喷淋洗眼器、管道混合器、液体装卸臂（包括陆用和船用）、软管（包括金属和非金属）与接头、消声器与隔声罩、视镜与喷嘴、取样设施、阻火器与呼吸阀、爆破片与安全阀、疏水阀、减压阀等。

第九章以管道应力及支吊架为主，重点在于管道应力分析、管架设计计算（包括管道跨距的计算、管架的最大间距、管架荷载的计算、管架强度的计算、悬臂管架的设计）、管架设置选用（包括管架的类型、管架的设置、典型管架设置、管架生根结构）、管架设计选用（包括管架选用原则、固定支吊架、弹簧支吊架、标准管架索引）、管廊与埋地管道等。

附录部分包括部分计量单位及换算、医药洁净要求、几何图形计算公式、电器防护与安装、机械制图知识、配合与公差、金属的焊接、常用钢号对照、金属的性质、常用工程材料、常用设计资料、管道的无损检测、设备材料采购要求等。

本手册是为了方便化工管路的设计，广大编辑人员本着科学严谨、不断进步的精神，完成了相关的编写任务，希望对广大设计人员能有所帮助。

本书由齐福海主审，第一章和附录主要由徐宝东编写，第二章主要由李思凡编写，第三章和第九章主要由刘程和郑京明编写，第四章、第五章和第七章主要由宋炯亮、张德生和史晓岳编写，第六章主要由王亚慧编写，第八章主要由宋向东和赵燕编写。参与本书编写、校对和给予支持的还有刘家祥、刘新、徐秀慧、吕凤翔、闫振利、刘明、吕文昱、徐振海、何嘉、吴习、杨婷、张志、王方、刘旭辉、窦一文、李军、张志超、蔺向阳、杨晓燕、黄玲、林永利、邹鸿岷、张效峰、杨会娥、李薇、毕永军、伍明、刘红斌、杜涵雯等，在此表示感谢！

徐宝东

2010 年 9 月 10 日

目　录

1 化工管路系统 ·········· 1
　1.1　管路系统 ·········· 1
　　1.1.1　流体分类（GB 50316—2008） 1
　　1.1.2　管道术语（GB 50316—2008） 1
　　1.1.3　压力管道 ·········· 2
　　1.1.4　工程项目 ·········· 4
　1.2　管道温度压力 ·········· 4
　　1.2.1　设计温度（HG/T 20570.1—1995） 4
　　1.2.2　设计压力（HG/T 20570.1—1995） 5
　　1.2.3　试验压力 ·········· 6
　1.3　管径的选择（HG/T 20570.6—1995） ····· 9
　　1.3.1　管径的确定 ·········· 9
　　1.3.2　预定流速法 ·········· 10
　　1.3.3　设定压力降法
　　　　　（HG/T 20570.6—1995） ········· 12
　　1.3.4　放空管道计算
　　　　　（GB 50316—2008） ········· 13
　1.4　单相流管道压力降计算
　　　　（HG/T 20570.7—1995） ········· 13
　　1.4.1　不可压缩单相流管道压力降计算 ····· 13
　　1.4.2　可压缩单相流管道压力降计算 ····· 24
　1.5　两相流管道压力降计算
　　　　（HG/T 20570.7—1995） ········· 30
　　1.5.1　非闪蒸气液两相流体压力降计算 ····· 30
　　1.5.2　闪蒸气液两相流体压力降计算 ····· 37
　　1.5.3　气固两相流体压力降计算 ····· 42
　1.6　浆液流与真空系统
　　　　（HG/T 20570.7—1995） ········· 54
　　1.6.1　浆液流管路设计 ·········· 54
　　1.6.2　真空系统设计 ·········· 61
　1.7　设计文件及校审 ·········· 68
　　1.7.1　设计说明内容
　　　　　（HG/T 20519.1—2009） ········· 68
　　1.7.2　工艺系统文件校审
　　　　　（HG 20557.4—1993） ········· 70
　　1.7.3　设备布置文件校审
　　　　　（HG/T 20546.3—2009） ········· 73
　　1.7.4　管道布置文件校审
　　　　　（HG/T 20549.3—1998） ········· 74
　　1.7.5　管道机械文件校审
　　　　　（HG/T 20645.3—2022） ········· 76
　　1.7.6　管道材料文件校审

（HG/T 20646.3—1999） ········· 78
　　1.7.7　相关专业文件校审 ·········· 79
2 化工设备布置 ·········· 80
　2.1　设计依据基础 ·········· 80
　　2.1.1　主要标准规范 ·········· 80
　　2.1.2　图纸要求（HG/T 20546—2009） 80
　　2.1.3　内容与标注
　　　　　（HG/T 20546—2009） ········· 81
　　2.1.4　布置例图（HG/T 20519—2009） 83
　2.2　设计原则与依据 ·········· 83
　　2.2.1　布置的要点
　　　　　（HG/T 20546—2009） ········· 83
　　2.2.2　净距与净空
　　　　　（HG/T 20546—2009） ········· 84
　　2.2.3　平台与梯子
　　　　　（HG/T 20546—2009） ········· 86
　　2.2.4　其它的要求 ·········· 87
　　2.2.5　医药洁净厂房设计
　　　　　（GB 50457—2019） ········· 90
　　2.2.6　装置园区规划 ·········· 90
　2.3　工艺设备布置原则 ·········· 93
　　2.3.1　泵的布置
　　　　　（HG/T 20546.5—2009） ········· 93
　　2.3.2　塔的布置
　　　　　（HG/T 20546.5—2009） ········· 95
　　2.3.3　换热器的布置
　　　　　（HG/T 20546.5—2009） ········· 95
　　2.3.4　空冷器的布置
　　　　　（HG/T 20546.5—2009） ········· 97
　　2.3.5　卧式容器的布置
　　　　　（HG/T 20546.5—2009） ········· 98
　　2.3.6　立式容器和反应器的布置
　　　　　（HG/T 20546.5—2009） ········· 99
　　2.3.7　加热炉的布置
　　　　　（HG/T 20546.5—2009） ········· 100
　　2.3.8　离心式压缩机的布置
　　　　　（HG/T 20546.5—2009） ········· 101
　　2.3.9　往复式压缩机的布置
　　　　　（HG/T 20546.5—2009） ········· 103
　　2.3.10　装置内管廊布置
　　　　　（HG/T 20546.5—2009） ········· 103
　　2.3.11　外管架的布置

　　　(HG/T 20546.5—2009) ………… 106
　2.3.12　回转窑的布置
　　　　　(HG/T 20546.5—2009) ……… 109
　2.3.13　罐区的布置
　　　　　(HG/T 20546.5—2009) ……… 110
　2.3.14　槽车装卸站的布置
　　　　　(HG/T 20546.5—2009) ……… 112
　2.3.15　灌装站的布置
　　　　　(HG/T 20546.5—2009) ……… 115
　2.3.16　火炬、烟囱的布置
　　　　　(HG/T 20546.5—2009) ……… 115
　2.3.17　静电接地规定
　　　　　(HG/T 20546.5—2009) ……… 118
　2.3.18　电器安装防护 ……………… 119

3　管道布置设计 ……………………… 122
　3.1　设计依据基础 …………………… 122
　　3.1.1　主要标准规范 …………… 122
　　3.1.2　图面一般要求
　　　　　(HG/T 20519—2009) ……… 123
　　3.1.3　布置图的内容
　　　　　(HG/T 20549.1—1998) …… 123
　　3.1.4　图面尺寸标注
　　　　　(HG/T 20549.1—1998) …… 125
　3.2　管道布置规定
　　　　(HG/T 20549.2—1998) ……… 127
　　3.2.1　设计原则 ………………… 127
　　3.2.2　管道布置 ………………… 127
　　3.2.3　阀门布置 ………………… 128
　　3.2.4　非金属及衬里管道 ……… 129
　　3.2.5　安全措施 ………………… 129
　　3.2.6　装置内地下管道图的绘制 … 130
　　3.2.7　界外管道图的绘制 ……… 131
　　3.2.8　管道轴测图 ……………… 133
　3.3　管道布置要求 …………………… 137
　　3.3.1　地上管道布置
　　　　　(GB 50316—2008) ……… 137
　　3.3.2　地下管道布置
　　　　　(GB 50316—2008) ……… 139
　　3.3.3　开孔照明条件
　　　　　(HG/T 20549.4—1998) …… 140
　　3.3.4　医药工业洁净厂房设计
　　　　　(GB 50457—2019) ……… 142
　　3.3.5　防静电的设计 …………… 154
　　3.3.6　管道布置设计说明书
　　　　　(HG 20549.1—1998) ……… 162
　　3.3.7　阀门操作位置 …………… 163
　　3.3.8　操作维修空间 …………… 163
　　3.3.9　常见配管错误 …………… 169
　3.4　典型配管示例

　　　　(HG/T 20549.5—1998) ……… 181
　　3.4.1　塔设备的配管 …………… 181
　　3.4.2　卧式容器的配管 ………… 183
　　3.4.3　换热器类的配管 ………… 185
　　3.4.4　加热炉的配管 …………… 185
　　3.4.5　反应器的配管 …………… 186
　　3.4.6　泵的设计配管 …………… 186
　　3.4.7　压缩机的配管 …………… 189
　　3.4.8　设备管口方位 …………… 190
　　3.4.9　装卸站的配管 …………… 191
　　3.4.10　罐区设计配管 …………… 194
　　3.4.11　管廊上的配管 …………… 196
　　3.4.12　地下管道布置 …………… 201
　　3.4.13　安全阀的配管 …………… 203
　　3.4.14　疏水阀组配管 …………… 205
　　3.4.15　调节阀组配管 …………… 207
　　3.4.16　软管站的配管 …………… 208
　　3.4.17　取样点的配管 …………… 209
　　3.4.18　排放管的配管 …………… 211
　　3.4.19　仪表安装配管 …………… 212
　　3.4.20　蒸汽管道配管 …………… 215
　3.5　管道现场施工(GB 50235—2010) … 217
　　3.5.1　管道元件和材料的检验 … 217
　　3.5.2　管道加工 ………………… 218
　　3.5.3　管道安装 ………………… 225
　　3.5.4　管道检查、检验和试验 … 232
　　3.5.5　管道吹扫与清洗 ………… 234
　3.6　管道现场验收(GB 50184—2011) … 236
　　3.6.1　验收基本规定 …………… 236
　　3.6.2　管道元件和材料的检验 … 237
　　3.6.3　管道加工 ………………… 238
　　3.6.4　管道安装 ………………… 242
　　3.6.5　管道检查、检验和试验 … 248
　　3.6.6　管道吹扫与清洗 ………… 252

4　管道机械应力及支吊架 ………… 255
　4.1　管道机械设计 …………………… 255
　　4.1.1　设计原则基础
　　　　　(HG/T 20645.2—2022) …… 255
　　4.1.2　管道机械设计规定 ……… 256
　　4.1.3　管道的膨胀和柔性 ……… 272
　　4.1.4　管架计算规定
　　　　　(HG/T 20645.5—2022) …… 277
　4.2　管架类型设计 …………………… 287
　　4.2.1　管架设置类型 …………… 287
　　4.2.2　管架设置选用
　　　　　(HG/T 20645.5—2022) …… 293
　　4.2.3　管架类型选用 …………… 302

5　管道防腐绝热 …………………… 344
　5.1　防腐涂漆设计 ………………… 344

5.1.1 防腐范围原则 ………… 344
5.1.2 防腐表面处理
(HG/T 20679—2014)………… 345
5.1.3 大气腐蚀（HG/T 20679—2014） … 347
5.1.4 液体介质腐蚀
(HG/T 20679—2014)………… 349
5.1.5 土壤腐蚀（HG/T 20679—2014） … 350
5.1.6 颜色与技术要求
(HG/T 20679—2014)………… 355
5.1.7 基本识别色和识别符号
(GB 7231—2003) ………… 363
5.1.8 常用防腐蚀涂料配套方案
(HG/T 20679—2014)………… 365
5.1.9 常用防腐蚀涂料性能与用途
(SH/T 3022—2019)………… 366
5.1.10 常用防腐蚀涂料选用
(SH/T 3022—2019)………… 368
5.2 防腐施工验收 ………… 369
5.2.1 防腐施工基本规定
(GB 50726—2011)………… 369
5.2.2 防腐施工基体表面处理
(GB 50726—2011)………… 370
5.2.3 块材衬里防腐施工
(GB 50726—2011)………… 372
5.2.4 纤维增强塑料衬里防腐施工
(GB 50726—2011)………… 377
5.2.5 橡胶衬里防腐施工
(GB 50726—2011)………… 380
5.2.6 塑料衬里防腐施工
(GB 50726—2011)………… 385
5.2.7 玻璃鳞片衬里防腐施工
(GB 50726—2011)………… 388
5.2.8 铅衬里防腐施工
(GB 50726—2011)………… 390
5.2.9 喷涂聚脲衬里防腐施工
(GB 50726—2011)………… 393
5.2.10 氯丁胶乳水泥砂浆衬里防腐施工
(GB 50726—2011)………… 396
5.2.11 涂料涂层衬里防腐施工
(GB 50726—2011)………… 397
5.2.12 金属热喷涂层防腐施工
(GB 50726—2011)………… 399
5.2.13 防腐现场验收
(GB 50727—2011)………… 400
5.3 绝热工程设计 ………… 413
5.3.1 绝热设计通则
(GB/T 4272—2008)………… 413
5.3.2 绝热设计导则
(GB/T 8175—2008)………… 417

5.3.3 绝热设计计算
(GB/T 8175—2008)………… 419
5.3.4 绝热结构及施工技术
(GB/T 8175—2008)………… 424
5.4 绝热设计规范 ………… 426
5.4.1 绝热基本规定
(GB 50264—2013)………… 426
5.4.2 绝热材料选择
(GB 50264—2013)………… 427
5.4.3 绝热工程计算
(GB 50264—2013)………… 431
5.4.4 绝热结构设计
(GB 50264—2013)………… 445
5.5 绝热施工验收 ………… 449
5.5.1 施工材料与准备
(GB 50126—2008)………… 449
5.5.2 绝热层的施工
(GB 50126—2008)………… 451
5.5.3 防潮层的施工
(GB 50126—2008)………… 457
5.5.4 保护层的施工
(GB 50126—2008)………… 457
5.5.5 绝热现场验收
(GB/T 50185—2019)………… 460

6 管道材料控制 ………… 469
6.1 设计原则依据 ………… 469
6.1.1 材料控制原则 ………… 469
6.1.2 材料选用依据 ………… 471
6.1.3 管道设计原则 ………… 479
6.1.4 管道壁厚选用
(HG/T 20646.5—1999)………… 509
6.1.5 化工管道连接 ………… 511
6.1.6 防腐设计原则 ………… 514
6.2 垫片和紧固件 ………… 516
6.2.1 常用垫片标准选用 ………… 516
6.2.2 紧固件选用
(HG/T 20646.2—1999)………… 524
6.3 金属管道材料 ………… 533
6.3.1 材料选用限制 ………… 533
6.3.2 无缝钢管 ………… 535
6.3.3 焊接钢管 ………… 541
6.3.4 有色金属管 ………… 548
6.3.5 球墨铸铁管 ………… 560
6.4 常用标准管件 ………… 563
6.4.1 对焊管件（GB/T 12459—2017） … 564
6.4.2 锻制承插焊管件
(GB/T 14383—2021)………… 572
6.4.3 锻制螺纹管件
(GB/T 14383—2021)………… 576

6.4.4 钢制法兰管件
(GB/T 17185—2012) …… 579
6.4.5 锻制支管座
(GB/T 19326—2022) …… 581
6.4.6 石油化工钢制对焊管件
(SH/T 3408—2022) …… 592
6.4.7 锻钢制承插焊和螺纹管件
(SH/T 3410—2012) …… 605
6.4.8 可锻铸铁管路连接件
(GB/T 3287—2011) …… 610

7 复合管道材料与非金属管道材料 …… 627
7.1 复合管道材料 …… 627
7.1.1 钢衬塑料复合管
(HG/T 2437—2006) …… 627
7.1.2 衬胶钢管和管件
(HG 21501—1993) …… 632
7.1.3 搪玻璃管和管件 …… 637
7.1.4 衬玻璃管和管件 …… 644
7.1.5 金属网聚四氟乙烯复合管材
(HG/T 3705—2003) …… 646
7.1.6 孔网钢骨架聚乙烯复合管材
(HG/T 3707—2012) …… 649
7.2 玻璃钢管 …… 654
7.2.1 玻璃纤维增强热固性塑料
(玻璃钢) …… 654
7.2.2 纤维缠绕玻璃钢（FRP-FW）管和
管件 …… 656
7.2.3 玻璃钢增强聚丙烯（FRP/PP）
复合管 …… 659
7.2.4 玻璃纤维增强聚氯乙烯复合管和
管件（HG/T 3731—2023）…… 672
7.3 塑料制品 …… 681
7.3.1 常用塑料特点 …… 681
7.3.2 聚氯乙烯管 …… 682
7.3.3 聚乙烯管材 …… 689
7.3.4 无规聚丙烯（PPR）管材 …… 698
7.3.5 增强聚丙烯（FRPP）管材 …… 700
7.3.6 聚四氟乙烯（PTFE）管材 …… 711
7.3.7 有机玻璃管 …… 714
7.3.8 尼龙 1010 管材
(JB/ZQ 4196—2006) …… 715
7.4 橡胶制品 …… 715
7.4.1 橡胶性能特点 …… 715
7.4.2 常用橡胶软管 …… 718
7.5 其它非金属材料 …… 720
7.5.1 玻璃管和管件
(HG/T 2435—1993) …… 720
7.5.2 耐酸陶瓷性能 …… 727
7.5.3 石墨材料性能 …… 728

7.5.4 塑料涂料 …… 731

8 阀门与管道附件 …… 734
8.1 阀门的选用 …… 734
8.1.1 阀门的设置
(HG/T 20570.18—1995) …… 734
8.1.2 阀门类别选用
(HG/T 20570.18—1995) …… 739
8.1.3 金属阀门结构长度
(GB/T 12221—2005) …… 741
8.1.4 阀门压力试验
(GB/T 13927—2022) …… 753
8.1.5 阀门的命名
(JB/T 308—2004) …… 754
8.2 金属阀门 …… 757
8.2.1 闸阀 …… 757
8.2.2 截止阀 …… 760
8.2.3 节流阀 …… 761
8.2.4 钢制球阀（GB/T 12237—2021）… 761
8.2.5 法兰和对夹连接弹性密封蝶阀
(GB/T 12238—2008) …… 764
8.2.6 金属隔膜阀
(GB/T 12239—2008) …… 764
8.2.7 旋塞阀 …… 765
8.2.8 止回阀 …… 769
8.2.9 安全阀 …… 771
8.2.10 减压阀 …… 774
8.2.11 蒸汽疏水阀 …… 777
8.3 非金属阀门 …… 783
8.3.1 衬氟塑料阀门
(HG/T 3704—2003) …… 783
8.3.2 非金属隔膜阀 …… 787
8.3.3 硬聚氯乙烯截止阀 …… 788
8.3.4 增强聚丙烯止回阀 …… 788
8.3.5 增强聚丙烯蝶阀 …… 789
8.4 特种阀门 …… 790
8.4.1 城镇燃气切断阀和放散阀
(CJ/T 335—2010) …… 790
8.4.2 呼吸阀（SY/T 0511.1—2010） …… 791
8.4.3 柱塞阀 …… 792
8.5 管道附件 …… 793
8.5.1 爆破片 …… 793
8.5.2 阻火器 …… 799
8.5.3 补偿器 …… 801
8.5.4 液体装卸臂
(HG/T 21608—2012) …… 806
8.5.5 管道消声器 …… 811
8.5.6 化工管道过滤器
(HG/T 21637—2021) …… 814
8.5.7 金属软管（SH/T 3412—2017） …… 862

8.5.8 安全喷淋洗眼器
(HG/T 20570.14—1995) ……… 865
8.5.9 管道混合器
(HG/T 20570.20—1995) ……… 866

9 常用金属法兰 ……… 872
9.1 法兰选用依据 ……… 872
　9.1.1 法兰选用 (GB 50316—2008) … 872
　9.1.2 欧洲体系法兰材料标志
　　　　(HG/T 20592—2009) ……… 873
　9.1.3 美洲体系法兰材料标志
　　　　(HG/T 20615—2009) ……… 877
　9.1.4 法兰连接选配 ……… 887
9.2 化工标准法兰 ……… 893
　9.2.1 欧洲体系法兰密封面
　　　　(HG/T 20592—2009) ……… 893
　9.2.2 欧洲体系法兰连接尺寸
　　　　(HG/T 20592—2009) ……… 894
　9.2.3 欧洲体系法兰结构尺寸
　　　　(HG/T 20592—2009) ……… 897
　9.2.4 美洲体系法兰密封面
　　　　(HG/T 20615—2009) ……… 927
　9.2.5 美洲体系法兰连接尺寸
　　　　(HG/T 20615—2009) ……… 930
　9.2.6 美洲体系法兰结构尺寸
　　　　(HG/T 20615—2009) ……… 931
9.3 大直径法兰选用 ……… 952
　9.3.1 化工大直径钢制管法兰
　　　　(HG/T 20623—2009) ……… 952
　9.3.2 国标大直径钢制管法兰
　　　　(GB/T 13402—2019) ……… 957
　9.3.3 国标大直径钢制管法兰用垫片
　　　　(GB/T 13403—2008) ……… 977
9.4 石化标准法兰 (SH/T 3406—2022) … 985
　9.4.1 石油化工钢制管法兰 ……… 985
　9.4.2 管法兰结构型式尺寸 ……… 985
　9.4.3 管法兰使用材料要求 ……… 1019

附录 ……… 1033
1 特种设备生产和充装单位许可规则
　(TSG 07—2019) (摘录) ……… 1033
2 工程勘察设计收费标准 ……… 1046
3 设计基础资料收集提纲 ……… 1047
　3.1 工程前期工作基础资料收集提纲 … 1047
　3.2 工程设计阶段基础资料收集提纲 … 1053
　3.3 基础设计阶段基础资料收集提纲 … 1056
　3.4 详细设计阶段基础资料收集提纲 … 1058
4 机械制图知识 ……… 1059
　4.1 图纸格式 (GB/T 14689—2008) … 1059
　4.2 比例选择 (GB/T 14690—1993) …… 1060

4.3 视图画法 (GB/T 17451—1998) …… 1060
4.4 剖视图和断面图
　　(GB/T 17452—1998) ……… 1061
4.5 表面粗糙度 ……… 1062
4.6 配合与公差 ……… 1067
5 金属的焊接 ……… 1078
　5.1 常用焊接方法 ……… 1078
　5.2 管道焊接材料 ……… 1079
6 材料牌号对照 ……… 1081
　6.1 结构钢号对照 ……… 1081
　6.2 不锈钢号对照 ……… 1084
　6.3 耐热钢号对照 ……… 1087
　6.4 阀门钢号对照 ……… 1089
　6.5 铸钢牌号对照 ……… 1089
　6.6 铸铁牌号对照 ……… 1091
7 金属的性质 (GB 50316—2008) ……… 1092
　7.1 常用钢管许用应力 ……… 1092
　7.2 常用钢板许用应力 ……… 1095
　7.3 常用螺栓许用应力 ……… 1097
　7.4 常用锻件许用应力 ……… 1099
　7.5 常用铸件许用应力 ……… 1101
　7.6 常用铝材许用应力 ……… 1102
　7.7 常用金属弹性模量 ……… 1102
　7.8 金属材料的平均线膨胀系数值 …… 1103
8 常用工程材料 ……… 1103
　8.1 热轧圆钢、方钢
　　　(GB/T 702—2017) ……… 1103
　8.2 热轧扁钢 (GB/T 702—2017) …… 1105
　8.3 热轧六角钢、八角钢
　　　(GB/T 702—2017) ……… 1107
　8.4 热轧等边角钢
　　　(GB/T 706—2016) ……… 1108
　8.5 热轧不等边角钢
　　　(GB/T 706—2016) ……… 1111
　8.6 热轧槽钢 (GB/T 706—2016) …… 1114
　8.7 热轧工字钢 (GB/T 706—2016) … 1115
　8.8 型钢焊接及开孔 ……… 1116
　8.9 热轧 H 型钢和部分 T 型钢
　　　(GB/T 11263—2017) ……… 1122
　8.10 焊接 H 型钢
　　　(GB/T 33814—2017) ……… 1127
9 常用设计资料 ……… 1138
10 常用软件的介绍 ……… 1143
　10.1 三维绘图软件 PDMS ……… 1143
　10.2 三维绘图软件 PDS ……… 1144
　10.3 管道设计软件 PDSOFT ……… 1144
　10.4 应力计算软件 CAESAR Ⅱ ……… 1145

1 化工管路系统

1.1 管路系统

1.1.1 流体分类（GB 50316—2008）

1.1.1.1 A1 类流体

在 GB 50316 内系指剧毒流体，在输送的过程中如有极少量的流体泄漏到环境中，被人吸入或与人体接触时，能造成严重中毒，脱离接触后，不能治愈。

1.1.1.2 A2 类流体

在 GB 50316 内系指有毒流体，接触此类流体后，会有不同程度的中毒，脱离接触后可治愈。

1.1.1.3 B 类流体

在 GB 50316 内系指这些流体在环境或操作条件下是一种气体或可闪蒸产生气体的液体，这些流体能点燃并在空气中连续燃烧。

1.1.1.4 C 类流体

系指不包括 D 类流体的不可燃、无毒的流体。

1.1.1.5 D 类流体

指不可燃、无毒、设计压力小于或等于 1.0MPa 和设计温度高于 −20～186℃ 之间的流体。

1.1.2 管道术语（GB 50316—2008）

1.1.2.1 管道

由管道组成件、管道支吊架等组成，用以输送、分配、混合、分离、排放、计量或控制流体流动。

1.1.2.2 管道系统

简称管系，按流体与设计条件划分的多根管道连接成的一组管道。

1.1.2.3 管道组成件

用于连接或装配成管道的元件，包括管子、管件、法兰、垫片、紧固件、阀门以及管道特殊件等。

1.1.2.4 管道特殊件

指非普通标准组成件，系按工程设计条件特殊制造的管道组成件，包括膨胀节、补偿器、特殊阀门、爆破片、阻火器、过滤器、挠性接头及软管等。

1.1.2.5 斜接弯管（弯头）

采用管子或钢板制成的焊接弯管（弯头），具有与管子纵轴线不相垂直的斜接焊缝的管段拼接而成。

1.1.2.6 支管连接

从主管引出支管的结构，包括整体加强的管件及带加强或不带加强的焊接结构的支管连接。

1.1.2.7 突面

为法兰密封面的一种形式，突起的平密封面在螺栓孔的内侧，代号 RF。

1.1.2.8 满平面

也称全平面，为法兰密封面的一种形式，在法兰外径以内均为平密封面，代号 FF。

1.1.2.9 集液包

在气体或蒸气管道的低点设置收集冷凝液的袋形装置。

1.1.2.10 管道支吊架

用于支承管道或约束管道位移的各种结构的总称，但不包括土建的结构。

1.1.2.11 固定支架

可使管系在支承点处不产生任何线位移和角位移，并可承受管道各方向的各种荷载的支架。

1.1.2.12 滑动支架

有滑动支承面的支架，可约束管道垂直向下方向的位移，不限制管道热胀或冷缩时的水平位移，承受包括自重在内的垂直方向的荷载。

1.1.2.13 刚性吊架

带有铰接吊杆的管架结构，可约束管道垂直向下方向的位移，不限制管道热胀或冷缩时的水平位移，承受包括自重在内的垂直方向的荷载。

1.1.2.14 导向架

可阻止因力矩和扭矩所产生旋转的支架，可对一个或一个以上方向进行导向，但管道可沿给定轴向位移。当用在水平管道时，支架还承受包括自重力在内的垂直方向荷载。通常导向架的结构兼有对某轴或两个轴向限位的作用。

1.1.2.15 限位架

可限制管道在某点处指定方向的位移（可以是一个或一个以上方向线位移或角位移）的支架。规定位移值的限位架，称为定值限位架。

1.1.2.16 减振装置

可控制管系高频低幅振动或低频高幅晃动的装置，不限制管系的热胀冷缩。

1.1.2.17 阻尼装置

可控制管道瞬时冲击荷载或管系高速振动位移的装置，不限制管系热胀冷缩。

1.1.2.18 剧烈循环条件

指管道计算的最大位移应力范围 σ_E 超过 0.8 倍许用的位移应力范围（$0.8\,[\sigma]_A$）和当量循环数 $N > 7000$ 或由设计确定的产生相等效果的条件。

1.1.2.19 应力增大系数

受弯矩的作用，在非直管的组成件中，产生疲劳损坏的最大弯曲应力与承受相同弯矩、相同直径及厚度的直管产生疲劳损坏的最大弯曲应力的比值，称为应力增大系数。因弯矩与管道组成件所在平面不同，有平面内的应力增大系数及平面外的应力增大系数。

1.1.2.20 位移应力范围

由管道热膨胀产生的位移所计算的应力称为位移应力范围。从最低温度到最高温度的全补偿值进行计算的应力，称为计算的最大位移应力范围。

1.1.2.21 附加位移

指所计算管系的端点处因设备或其它连接管的热膨胀或其它位移附加给计算管系的位移量。

1.1.2.22 冷拉

在安装管道时预先施加于管道的弹性变形，以产生预期的初始位移和应力，达到降低初始热态下管端的作用力和力矩。

1.1.2.23 柔性系数

表示管道元件在承受力矩时，相对于直管而言其柔性增加的程度。即：在管道元件中由给定的力矩产生的每单位长度元件的角变形与相同直径及厚度的直管受同样力矩产生的角变形的比值。

1.1.2.24 公用工程管道

相对于工艺管道而言，公用工程管道系指工厂（装置）的各工序中公用流体的管道。

1.1.2.25 管道和仪表流程图

简称 P&ID（或 PID）。此图上除表示设备外，主要表示连接的管道系统、仪表的符号及管道识别代号等。

1.1.3 压力管道

1.1.3.1 压力管道定义

压力管道是指利用一定的压力，用于输送气体或者液体的管状设备，其范围规定为最高工作压力大于或者等于 0.1MPa（表压），介质为气体、液化气体、蒸气或者可燃、易爆、有毒、有腐蚀性、最高工作温度高于或者等于标准沸点的液体，且公称直径大于或者等于 50mm 的管道。公称直径小于 150mm，且其最高工作压力小于1.6MPa（表压）的输送无毒、不可燃、无腐蚀性气体的管道和设备本体所属管道除外。其中，石油天然气管道的安全监督管理还应按照《安全生产法》《石油天然气管道保护法》等法律法规实施。

1.1.3.2　压力管道分类

按照2014年10月30日国家质检总局公布的第114号公告《特种设备目录》，以及2019年1月16日国家市场监督管理总局公布的第3号公告附件1《特种设备生产单位许可目录》，压力管道的类别包括长输管道（GA1、GA2）、公用管道（GB1、GB2）和工业管道（GC1、GC2、GCD），见表1.1-1。其中长输管道由总局实施许可，公用管道和工业管道由总局授权省级市场监管部门实施。长输管道还包括输气管道和输油管道，公用管道还包括燃气管道和热力管道，工业管道还包括工艺管道、制冷管道和动力管道。

表1.1-1　压力管道的类别

类别	品种	级别	类别	品种	级别
长输管道	输气管道	GA1-1、GA2	工业管道	工艺管道	GC1、GC2
	输油管道	GA1-2、GA2		制冷管道	GC2
公用管道	燃气管道	GB1		动力管道	GCD
	热力管道	GB2			

《特种设备生产单位许可目录》中"压力管道设计、安装许可参数级别"如下。

（1）长输（油气）管道是指产地/储存库、使用单位之间的用于输送商品介质的管道，划分为GA1级和GA2级，GA1级许可范围包括：

① 设计压力大于或等于4.0MPa（表压）的长输输气管道；

② 设计压力大于或等于6.3MPa（表压）的长输输油管道。

GA1级以外的长输管道为GA2级，并且GA1级覆盖GA2级。

（2）公用管道是指城市或乡镇范围内的用于公用事业或民用的燃气管道和热力管道，划分为GB1级和GB2级。

GB1级：城镇燃气管道。

GB2级：城镇热力管道。

（3）工业管道是指企业、事业单位所属的用于输送工艺介质的工艺性管道、公用工程管道及其它辅助管道，划分为GC1级、GC2级、GCD级。GC1级许可范围包括：

① 输送《危险化学品目录》中规定的毒性程度为急性毒性类别1介质、急性毒性类别2气体介质和工作温度高于其标准沸点的急性毒性类别2液体介质的工艺管道；

② 输送《石油化工企业设计防火标准》（GB 50160—2018）、《建筑设计防火规范》（GB 50016—2014）中规定的火灾危险性为甲、乙类可燃气体或者甲类可燃液体（包括液化烃），并且设计压力大于或等于4.0MPa的工艺管道；

③ 输送流体介质，并且设计压力大于或者等于10.0MPa，或者设计压力大于或者等于4.0MPa且设计温度高于或等于400℃的工艺管道。

GC2级包括GC1级以外的工艺管道和制冷管道。

GCD级为动力管道，指火力发电厂用于输送蒸汽、汽水两相介质的管道。（注：原设计压力大于等于6.3MPa，或者设计温度大于于400℃的管道为GD1级；亚临界指蒸汽参数分别为17MPa和535℃。）

GC1级、GCD级覆盖GC2级（作者认为应该GC1级覆盖GCD级、GC2级，而GCD级不能覆盖GC2级）。

其中工业管道划分如表1.1-2所列。

表1.1-2　工业管道划分

分级	毒性程度		火灾危险性	设计条件
GC1	急性毒性类别1	介质可以为气体和液体	甲、乙类可燃气体	$\geqslant 10.0$MPa
	急性毒性类别2	气体	甲类可燃液体和液化烃	$p \geqslant 4.0$MPa
		工作温度高于沸点的液体		$p \geqslant 4.0$MPa 且 $t \geqslant 400$℃
GC2	急性毒性类别2	工作温度低于沸点的液体	甲、乙类可燃气体	$p < 4.0$MPa
			甲类可燃液体和液化烃	
	制冷管道		乙类丙类可燃液体	

分级	毒性程度	火灾危险性	设计条件
GCD	动力管道,指火力发电厂用于输送蒸汽、汽水两相介质的管道;原设计压力大于等于 6.3MPa,或者设计温度大于等于 400℃的管道为 GD1 级		

1.1.4 工程项目

工程项目一般由若干个单项工程组成。按照《工业安装工程施工质量验收统一标准》（GB/T 50252—2018），工业安装工程施工质量验收应划分为单位工程、分部工程和分项工程。管道工程一般属于分部工程。

1.1.4.1 单项工程

单项工程是建设项目的组成部分，具有独立设计文件，建成后能够发挥生产能力或效益的生产装置（车间）或独立工程。一个建设项目可以包括多个单项工程，并且单项工程是个综合体。

1.1.4.2 单位工程

单位工程指单项工程中，具有独立的设计文件，具备独立施工条件并能形成独立使用功能，但竣工后不能独立发挥生产能力或工程效益的工程，是构成单项工程的组成部分。单位工程包括建筑工程和安装工程。从施工的角度看，单位工程就是一个独立的交工系统，有自身的项目管理方案和目标，按业主的投资及质量要求下，如期建成交付生产和使用。单位工程应按工业厂房、车间（工号）或区域进行划分，单位工程应由各专业安装工程构成。

1.1.4.3 分部工程

分部工程是单位工程的组成部分，分部工程一般是按单位工程的结构形式、工程部位、构件性质、使用材料、设备种类等的不同而划分的工程项目。例如：土石方工程、打桩工程、混凝土工程、金属结构工程等。一般工业与民用建筑工程的分部工程包括：地基与基础、主体结构、建筑装饰装修、建筑屋面、建筑给排水及采暖、建筑电气、智能建筑、通风与空调、电梯、建筑节能 10 个分部工程。

1.1.4.4 分项工程

分项工程是分部工程的组成部分，是施工图预算中最基本的计算单位，它又是概预算定额的基本计量单位，故也称为工程定额子目或工程细目，是对分部工程的进一步划分。

1.1.4.5 管道工程

根据《工业金属管道工程施工质量验收规范》（GB 50184—2011），管道工程一般属于分部工程，相对关系如下：

$$分项工程合价 = 工程量 \times 预算单价$$

$$分部工程小计 = \sum 分项工程合价$$

$$单位工程合计 = \sum 分部工程小计$$

$$单项工程合计 = \sum 单位工程合计$$

1.2 管道温度压力

1.2.1 设计温度 （HG/T 20570.1—1995）

管道设计温度系指管道在正常工作过程中，在相应设计压力下可能达到的管道材料温度。工艺系统专业人员根据化工工艺专业提供的正常工作过程中各种工况的工作温度，按"最苛刻条件下的压力温度组合"来选取管道设计温度。由工艺系统专业提出的管道设计温度（本节系指管道中介质的最高工作温度）可由以下原则确定。

（1）以传热计算或实测得出的正常工作过程中介质的最高工作温度下的管道壁温，作为设计温度。

（2）在不便于传热计算或实测管壁温度的情况下，以正常工作过程中介质的最高（或最低）工作温度作为管道设计温度。

① 金属管道

a. 介质温度＜38℃的不保温管道，管道设计温度＝介质最高温度；

b. 介质温度≥38℃的不保温管道，管道设计温度＝95％×介质最高温度；

c. 外部保温的金属管道，管道设计温度＝介质最高温度；

d. 内保温的金属管道（用绝热材料衬里），管道设计温度＝传热计算管壁温度或试验实测的管壁温度；

e. 介质温度≤0℃的金属管道，管道设计温度＝介质最低温度。

② 非金属管道及非金属衬里的金属管道

a. 无环境温度影响的管道，管道设计温度＝介质最高温度；

b. 安装在环境温度高于介质最高温度的环境中的管道（除已采取防护措施者之外），管道设计温度＝环境温度。

（3）以化工工艺专业提出的正常工作过程中介质的正常工作温度加（或减）一定裕量作为设计温度，可按以下确定。

① 介质正常工作温度为 0～300℃时，设计温度≥介质正常工作温度＋30℃；

② 介质正常工作温度大于 300℃时，设计温度≥介质正常工作温度＋15℃。

（4）当流体介质温度接近所选材料允许使用温度界限时，应结合具体情况慎重选取设计温度，以免增加投资或降低安全性。如：按上述（3）中计算结果会引起更换高档的材料时，从经济上考虑，允许按工程设计要求将 15℃附加量减小，但工艺必须有措施，使运行中不至于超温。

（5）当工作压力和对应工作温度有各种不同工况或周期性的变动时，工艺系统设计人员应将化工工艺专业提出的各种工况数据列出，并向管道材料专业加以说明。

（6）设备设计温度的选取如下：

设备器壁与介质直接接触且有外保温（或保冷）时，设计温度按表 1.2-1 确定。

表 1.2-1　设计温度选取

介质温度 T/℃	设计温度	
	Ⅰ	Ⅱ
$T<-20$	介质最低工作温度	介质正常工作温度减 0～10℃
$-20\leqslant T<15$	介质最低工作温度	介质正常工作温度减 5～10℃
$T\geqslant15$	介质最高工作温度	介质正常工作温度加 15～30℃

1.2.2　设计压力（HG/T 20570.1—1995）

管道设计压力是指在工作条件下，管系中可能遇到的工作压力和工作温度组合中最苛刻条件下的压力。最大工作压力及最高工作温度是指正常工作过程中可能出现的工作压力与其对应的工作温度的组合中最苛刻条件下的压力及温度。

（1）管道设计压力适用范围

① 压力管道：0MPa（表压）≤设计压力≤35MPa（表压）范围的管道。

② 真空管道：设计压力＜0MPa（表压）的管道。

③ 适用于输送包括流态化固体在内的所有流体管道。

（2）管道设计压力的确定原则

① 管道设计压力不得低于最大工作压力。

② 装有安全泄放装置的管道，其设计压力不得低于安全泄放装置的开启压力（或爆破压力）。

③ 所有与设备相连接的管道，其设计压力应不小于所连接设备的设计压力。

④ 输送制冷剂、液化气类等沸点低的介质的管道，按阀被关闭或介质不流动时介质可能达到的最大饱和蒸气压力作为设计压力。

⑤ 管道或管道组成件与超压泄放装置间的通路可能被堵塞或隔断时，设计压力按不低于可能产生的最大工作压力来确定。

⑥ 工程设计规定需要计算管壁厚度的管道，其"管壁厚度数据表"中所列的计算压力即为该管道的设计压力，与计算压力相对应的工作温度即为该管道的设计温度。

（3）管道设计压力的选取

① 设有安全阀的压力管道：管道设计压力≥安全阀开启压力。

② 与未设安全阀的设备相连的压力管道：管道设计压力≥设备设计压力。

③ 离心泵出口管道：管道设计压力≥泵的关闭压力。

④ 往复泵出口管道：管道设计压力≥泵出口安全阀开启压力。

⑤ 压缩机排出管道：管道设计压力≥安全阀开启压力＋压缩机出口至安全阀沿程最大正常流量下的压力降。

⑥ 真空管道：管道设计压力＝全真空。

⑦ 凡不属于上述范围管道：管道设计压力≥工作压力变动中的最大值。

设备设计压力的选取原则见表1.2-2。

表 1.2-2　设备设计压力的选取原则

类　型		设计压力
常压容器	常压下工作	设计压力为常压，用常压加上系统附加条件校核
内压容器	未装安全泄放装置	一般取 1.00～1.10 倍最高压力（表压）
	装有安全阀	1.05～1.10 倍最高工作压力（当最高工作压力偏高时，可取下限，反之可取上限），且不低于安全阀开启压力
	装有爆破片	不小于最大标定爆破压力
	出口管线上装有安全阀	不低于安全阀开启压力加上流体从容器至安全阀处的压力降
	容器位于泵进口侧，且无安全泄放装置时	取无安全泄放装置时的设计压力，且以 0.10MPa（表压）外压进行校核
	容器位于泵出口侧，且无安全泄放装置时	取泵的关闭压力
真空容器	无夹套真空容器　设有安全泄放装置	设计外压取 1.25 倍最大内外压力差值或 0.1MPa（表压）进行比较，两者取最小值
	无夹套真空容器　未设安全泄放装置	按全真空条件设计，即设计外压力（表压）取 0.1MPa
	夹套内为内压的带夹套真空容器　容器壁	按外压容器设计，其设计压力取无夹套真空容器规定的压力值，再加夹套内设计压力，且必须校核在夹套试验压力（外压）下的稳定性
	夹套内为内压的带夹套真空容器　夹套壁	设计内压力按内压容器规定选取
外压容器		设计外压力取不小于在工作过程中可能产生的最大内外压力差
常温储存下，烃类液化气体或混合液化石油气（丙烯与丙烷或丙烯与丁烯等的混合物）容器	介质为丁烷、丁烯、丁二烯时	0.79MPa（表压）
	介质 50℃ 时饱和蒸气压（表压）小于 1.57MPa 时	1.57MPa（表压）
	介质为液态丙烷或介质 50℃ 时饱和蒸气压（表压）大于 1.57MPa，小于 1.62MPa 时	1.77MPa（表压）
	介质为液态丙烯或介质 50℃ 时饱和蒸气压（表压）大于 1.62MPa，小于 1.94MPa 时	2.16MPa（表压）

1.2.3　试验压力

1.2.3.1　工业金属管道压力试验（GB 50235—2010）

按照《工业金属管道工程施工规范》（GB 50235—2010）要求，管道安装完毕、热处理和无损检测合格后，应进行压力试验。

（1）压力试验应符合下列规定：

① 压力试验应以液体为试验介质，当管道的设计压力小于或等于 0.6MPa 时，也可采用气体为试验介质，但应采取有效的安全措施。

② 脆性材料严禁使用气体进行压力试验。压力试验温度严禁接近金属材料的脆性转变温度。

③ 当进行压力试验时，应划定禁区，无关人员不得进入。

④ 试验过程中发现泄漏时，不得带压处理。消除缺陷后应重新进行试验。

⑤ 试验结束后，应及时拆除盲板、膨胀节临时约束装置。试验介质的排放应符合安全、环保要求。

⑥ 压力试验完毕，不得在管道上进行修补或增添物件。当在管道上进行修补或增添物件时，应重新进行压力试验。经设计或建设单位同意，对采取预防措施并能保证结构完好的小修补或增添物件，可不重新进行压力试验。

⑦ 压力试验合格后，应填写"管道系统压力试验和泄漏性试验记录"。

（2）压力试验的替代应符合下列规定：

① 对输送无毒、非可燃流体介质，设计压力小于或者等于 1.0MPa，并且设计温度 -20～185℃ 的管道，经设计和建设单位同意，可在试车时用管道输送的流体进行压力试验。输送的流体是气体或蒸气时，压力试验前应按本节（5）中第⑤款的规定进行预试验。

② 当管道的设计压力大于 0.6MPa，设计和建设单位认为液压试验不切实际时，可采用本节（5）中规定的气压试验来代替液压试验。

③ 经设计和建设单位同意，也可用液压-气压试验代替气压试验。液压-气压试验应符合本节（5）中的规定，被液体充填部分管道的压力不应大于本节（4）中第④、⑤款的规定。

④ 现场条件不允许使用液体和气体进行压力试验时，经建设单位和设计单位同意，可同时采用下列方法代替压力试验：

a. 所有环向、纵向对接焊缝和螺旋焊缝应进行 100％ 射线检测或 100％ 超声检测。

b. 除上条规定以外的所有焊缝（包括管道支承件与管道组成件连接的焊缝），应进行 100％ 的渗透检测或 100％ 的磁粉检测。

c. 应由设计单位进行管道系统的柔性分析。

d. 管道系统应采用敏感气体或浸入液体的方法进行泄漏试验，试验要求应在设计文件中明确规定。

e. 未经液压和气压试验的管道焊缝及法兰密封部位，生产车间可配备相应的预保带压密封夹具。

（3）压力试验前应具备下列条件：

① 试验范围内的管道安装工程除防腐、绝热处，已按设计图纸全部完成，安装质量符合有关规定。

② 焊缝及其它待检部位尚未防腐和绝热。

③ 管道上的膨胀节已设置了临时约束装置。

④ 试验用压力表已经校验，并在有效期内，其精度不得低于 1.6 级，表的满刻度值应为被测最大压力的 1.5～2 倍，压力表不得少于 2 块。

⑤ 符合压力试验要求的液体或气体已备足。

⑥ 管道已按试验的要求进行加固。

⑦ 下列资料已经建设单位和有关部门复查：

a. 管道元件的质量证明文件。

b. 管道元件的检验或试验记录。

c. 管道加工和安装记录。

d. 焊接检查记录、检验报告及热处理记录。

e. 管道轴测图、设计变更及材料代用文件。

⑧ 待试管道与无关系统已采用盲板或其它措施隔离。

⑨ 待试管道上的安全阀、爆破片及仪表元件等已经拆下或已隔离。

⑩ 试验方案已批准，并已进行技术和安全交底。

（4）液压试验应符合下列规定：

① 液压试验应使用洁净水，当对不锈钢、镍及镍合金管道，或对连有不锈钢、镍及镍合金管道或设备的管道进行试验时，水中氯离子含量不得超过 25×10^{-6}（25ppm）。也可采用其它无毒液体进行液压试验。当采用可燃液体介质进行试验时，其闪点不得低于 50℃，并应采取安全防护措施。

② 试验前，注入液体时应排尽空气。

③ 试验时，环境温度不宜低于 5℃。当环境温度低于 5℃时，应采取防冻措施。

④ 承受内压的地上钢管道及有色金属管道试验压力应为设计压力的 1.5 倍，埋地钢管道的试验压力应为设计压力的 1.5 倍，且不低于 0.4MPa。

⑤ 当管道的设计温度高于试验温度时，试验压力应符合下列规定：

a. 试验压力应按式（1.2-1）计算：

$$p_S = 1.5p \frac{[\sigma]_1}{[\sigma]_2} \tag{1.2-1}$$

式中　p_S——试验压力（表压），MPa；

　　　　p——设计压力（表压），MPa；

　　　　$[\sigma]_1$——试验温度下管材的许用应力，MPa；

　　　　$[\sigma]_2$——设计温度下管材的许用应力，MPa。

b. 当试验温度下管材的许用应力与设计温度下管材的许用应力的比值大于 6.5 时，取 6.5。

c. 应校核管道在试验压力条件下的应力。当试验压力在试验温度下产生超过屈服强度的应力时，应将试验压力降至不超过屈服强度时的最大压力。

⑥ 当管道与设备作为一个系统进行试验，管道的试验压力等于或小于设备的试验压力时，应按管道的试验压力进行试验；当管道试验压力大于设备的试验压力，并无法将管道与设备隔开，以及设备的试验压力大于按式（1.2-1）计算的管道试验压力的 77% 时，经设计或建设单位同意，可按设备的试验压力进行试验。

⑦ 承受内压的埋地铸铁管道的试验压力，当设计压力小于或等于 0.5MPa 时，应为设计压力的 2 倍；当设计压力大于 0.5MPa 时，应为设计压力加 0.5MPa。

⑧ 对位差较大的管道，应将试验介质的静压计入试验压力中。液体管道的试验压力应以最高点的压力为准，最低点的压力不得超过管道组成件的承受力。

⑨ 对承受外压的管道，试验压力应为设计内、外压力之差的 1.5 倍，并不得低于 0.2MPa。

⑩ 夹套管内管的试验压力应按内部或外部设计压力的最高值确定。夹套管外管的试验压力除设计文件另有规定外，应按本节（4）中第⑤款的规定执行。

⑪ 液压试验应缓慢升压，待达到试验压力后，稳压 10min，再将试验压力降至设计压力，稳压 30min，应检查压力表无压降，管道所有部位无渗漏。

（5）进行气压试验应符合下列规定：

① 承受内压的钢管及有色金属管的试验压力应为设计压力的 1.15 倍，真空管道的试验压力应为 0.2MPa。

② 试验介质应采用干燥洁净的空气、氮气或其它不易燃和无毒的气体。

③ 试验时应装有压力泄放装置，其设定压力不得高于试验压力的 1.1 倍。

④ 试验前，应用空气进行预试验，试验压力宜为 0.2MPa。

⑤ 试验时，应缓慢升压，当压力升至试验压力的 50% 时，如未发现异状或泄漏，应继续按试验压力的 10% 逐级升压，每级稳压 3min，直至试验压力。应在试验压力下稳压 10min，再将压力降至设计压力，采用发泡剂检验应无泄漏，停压时间应根据查漏工作需要确定。

（6）泄漏性试验应按设计文件的规定进行，并应符合下列规定：

① 输送极度和高度危害介质以及可燃介质的管道，必须进行泄漏性试验。

② 泄漏性试验应在压力试验合格后进行，试验介质宜用空气。

③ 泄漏性试验压力应为设计压力。

④ 泄漏性试验可结合试车工作一并进行。

⑤ 泄漏性试验应逐级缓慢升压，当达到试验压力，并停压 10min 后，应采用涂刷中性发泡剂等方法，巡回检查阀门填料函、法兰或螺纹连接处、放空阀、排气阀、排净阀等所有密封点，应无泄漏。

⑥ 经气压试验合格，且在试验后未经拆卸过的管道可不进行泄漏性试验。

⑦ 泄漏性试验合格后，应及时缓慢泄压，并填写"管道系统泄漏性试验记录"。

（7）真空系统在压力试验合格后，还应按设计文件规定进行 24h 的真空度试验，增压率不应大于 5%。增压率应按下式计算：

$$\Delta p = \frac{p_2 - p_1}{p_1} \times 100\% \qquad (1.2\text{-}2)$$

式中　Δp——24h 的增压率，%；

　　　　p_1——试验初始压力（表压），MPa；

　　　　p_2——试验最终压力（表压），MPa。

1.2.3.2　其它管道压力试验

（1）输油管道试压要求

① 输油管道必须进行强度试压和严密性试压。

② 输油管道一般地段的强度试验压力不应小于管道设计内压力的 1.25 倍；通过人口稠密区的管道强度试验压力不应小于管道设计内压力的 1.5 倍；输油管道严密性试验压力不应小于管道设计内压力。

③ 强度试验持续稳压时间不应小于 4h；当无泄漏时，可降低压力进行严密性试验，持续稳压时间不应小于 24h。

（2）输气管道强度试压规定

① 一、二级地区的线路管段水压试验压力不应小于设计内压力的 1.25 倍；一级二类地区和二级地区的线路管段采用空气进行强度试验时，试验压力应为设计压力的 1.25 倍；三级和四级地区内的管段试验压力不应小于设计压力 1.5 倍。

② 强度试验的稳压时间不应小于 4h。

③ 输气管道严密性试验压力应为设计压力，并且应以稳压 24h 不泄漏为合格。

（3）城镇燃气管道压力试验

① PN>0.8 钢管采用清洁水为试验介质，试验压力 1.5PN；试验环境温度 5℃ 以上进行，否则应采取防冻措施。

② 采用压缩空气为试验介质，试验压力 1.5PN 且≥0.4MPa，包括 PN≤0.8 钢管、球墨铸铁管、钢骨架聚乙烯复合管、SDR11 聚乙烯管。

③ SDR17.6 聚乙烯管采用压缩空气为试验介质，试验压力 1.5PN 且≥0.2MPa。

④ 进行强度试验时，压力应逐步升压，首先升至试验压力的 50%，应进行初试，如无泄漏、异常，继续升压至试验压力，然后宜稳压 1h 后，观察压力计不应少于 30min，无压力降为合格。

⑤ 严密性试验应在强度试验合格，管线全线回填后进行。严密性试验介质宜采用空气，设计压力<5kPa 时，试验压力应为 20kPa；设计压力≥5kPa 时，试验压力应为 1.15PN，且≥0.1MPa。

（4）城镇热力管道压力试验 强度试验压力应为 1.5 倍设计压力，且不得小于 0.6MPa；严密性试验应为 1.25 倍设计压力，且不得小于 0.6MPa。

（5）工艺管道压力试验

① 液压试验应使用洁净水；当对不锈钢、镍及镍合金管道进行试验时，水中氯离子含量不得超过 25mg/L；也可采用其它无毒液体进行，其闪点不得低于 50℃，并应采取安全防护措施。

② 试验前注入液体时应排尽空气；试验时环境温度不宜低于 5℃，否则应采取防冻措施。

③ 内压钢制和有色金属管道的试验压力为设计压力的 1.5 倍，且不得低于 0.4MPa；设计温度高于试验温度时，试验压力应进行温度校正，温度校正系数不大于 6.5。

④ 内压埋地铸铁管道的试验压力：当设计压力≤0.5MPa，应为设计压力的 2 倍；当设计压力>0.5MPa，应为设计压力+0.5MPa。

⑤ 外压管道的试验压力应为设计内外压力之差的 1.5 倍，且不得低于 0.2MPa。

⑥ 内压钢制和有色金属管道气压的试验压力为设计压力的 1.15 倍，真空管道的气压试验压力应为 0.2MPa。

（6）动力管道严密性试验

① 严密性试验应以水压试验为主；管道设计压力≤0.6MPa 时，试验介质可采用气体，但应采取防止超压的安全措施。

② 严密性试验采用水压试验时水质应符合规定，充水时应保证将系统内空气排尽；试验压力宜为设计压力的 1.5 倍，且不小于 0.2MPa。

③ 水压试验宜在水温和环境温度 5℃ 以上，否则应采取防冻及金属冷脆折裂等措施；但水温不宜高于 70℃。

④ 不锈钢管道严密性试验介质氯离子含量不得超过 0.2mg/L。

⑤ 管道系统水压试验时应缓慢升压，达到试验压力后应保持 10min，然后降至工作压力，对系统进行全面检查，无压降、无渗漏为合格。

⑥ 气压试验宜用空气进行，气压试验时缓慢升压至试验压力，稳压 10min 再将压力降至工作压力，以发泡剂检验无泄漏为合格。

1.3 管径的选择（HG/T 20570.6—1995）

1.3.1 管径的确定

有关管径的选择除注明外，所有压力均为绝对压力。

本部分内容适用于化工生产装置中的工艺和公用物料管道，不包括储运系统的长距离输送管道、非牛顿流体及固体粒子气流输送管道。对于给定的流量，管径的大小与管道系统的一次性投资费（材料和安装）、操作费（动力消耗和维修）和折旧费等有密切的关系，应根据这些费用作出经济比较，以选择适当的管径，此外还应考虑安全流速及其它条件的限制。通常采用预定流速或预定管道压力降值（设定管道压力降控制值）来选择管道直径。

1.3.2 预定流速法

当按预定介质流速来确定管径时，采用下式以初选管径：

$$d = 18.81 W^{0.5} u^{-0.5} \rho^{-0.5} \qquad (1.3-1)$$

或

$$d = 18.81 V_0^{0.5} u^{-0.5} \qquad (1.3-2)$$

式中　d——管道的内径，mm；

　　　W——管内介质的质量流量，kg/h；

　　　V_0——管内介质的体积流量，m^3/h；

　　　ρ——介质在工作条件下的密度，kg/m^3；

　　　u——介质在管内的平均流速，m/s。

管道内各种介质常用流速的范围推荐值见表 1.3-1，表中管道的材质除注明外，一律为碳钢管。

表 1.3-1　常用流速的范围推荐值[①]

介　质	工作条件或管径范围	流速/(m/s)	介　质	工作条件或管径范围	流速/(m/s)
饱和蒸汽	DN>200	30~40	半水煤气	$p=0.1\sim0.15MPa$（表）	10~15
	DN=200~100	35~25	天然气		30
	DN<100	30~15	烟道气	烟道内	3~6
饱和蒸汽	$p<1MPa$	15~20		管道内	3~4
	$p=1\sim4MPa$	20~40	石灰窑窑气		10~12
	$p=4\sim12MPa$	40~60	氮气	$p=5\sim10MPa$	2~5
过热蒸汽	DN>200	40~60	氢氮混合气[③]	$p=20\sim30MPa$	5~10
	DN=200~100	50~30	氨气	$p=$真空	15~25
	DN<100	40~20		$p<0.3MPa$（表）	8~15
二次蒸汽	二次蒸汽要利用时	15~30		$p<0.6MPa$（表）	10~20
	二次蒸汽不利用时	60		$p<2MPa$（表）	3~8
高压乏汽		80~100	乙烯气	$p=22\sim150MPa$（表）	5~6
乏汽	排气管:从受压容器排出	80	乙炔气	$p<0.01MPa$（表）	3~4
	从无压容器排出	15~30		$p<0.15MPa$（表）	4~8(最大)
压缩气体	真空	5~10		$p<2.5MPa$（表）	最大 4
	$p\leqslant0.3MPa$（表）	8~12	氯	气体	10~25
	$p=0.3\sim0.6MPa$（表）	20~10		液体	1.5
	$p=0.6\sim1MPa$（表）	15~10	氯仿	气体	10
	$p=1\sim2MPa$（表）	12~8		液体	2
	$p=2\sim3MPa$（表）	8~3	氯化氢	气体(钢衬胶管)	20
	$p=3\sim30MPa$（表）	3~0.5		液体(橡胶管)	1.5
氧气[②]	$p=0\sim0.05MPa$（表）	10~5	溴	气体(玻璃管)	10
	$p=0.05\sim0.6MPa$（表）	8~6		液体(玻璃管)	1.2
	$p=0.6\sim1MPa$（表）	6~4	氯化甲烷	气体	20
	$p=2\sim3MPa$（表）	4~3		液体	2
煤气	管道长 50~100m		氯乙烯 二氯乙烯 三氯乙烯		2
	$p\leqslant0.027MPa$	3~0.75			
	$p\leqslant0.27MPa$	12~8			
	$p\leqslant0.8MPa$	12~3			

续表

介 质	工作条件或管径范围	流速/(m/s)	介 质	工作条件或管径范围	流速/(m/s)
乙二醇		2	氢氧化钠	浓度0～30%	2
苯乙烯		2		30%～50%	1.5
二溴乙烯	玻璃管	1		50%～73%	1.2
水及黏度相似的液体	$p=0.1\sim0.3$MPa(表)	0.5～2	四氯化碳		2
	$p\leqslant1$MPa(表)	3～0.5	硫酸	浓度88%～93%(铅管)	1.2
	$p\leqslant8$MPa(表)	3～2		93%～100%(铸铁管、钢管)	1.2
	$p\leqslant20\sim30$MPa(表)	3.5～2	盐酸	(衬胶管)	1.5
自来水	主管 $p=0.3$MPa(表)	1.5～3.5	氯化钠	带有固体	2～4.5
	支管 $p=0.3$MPa(表)	1.0～1.5		无固体	1.5
锅炉给水	$p>0.8$MPa(表)	1.2～3.5	排出废水		0.4～0.8
蒸汽冷凝水		0.5～1.5	泥状混合物	浓度15%	2.5～3
冷凝水	自流	0.2～0.5		25%	3～4
过热水		2		65%	2.5～3
海水、微碱水	$p<0.6$MPa(表)	1.5～2.5	气体	鼓风机吸入管	10～15
油及黏度较大的液体	黏度0.05Pa·s DN25	0.5～0.9		鼓风机排出管	15～20
	DN50	0.7～1.0		压缩机吸入管	10～20
	DN100	1.0～1.6		压缩机排出管: $p<1$MPa(表)	10～8
	黏度0.1Pa·s DN25	0.3～0.6		$p=1\sim10$MPa(表)	10～20
	DN50	0.5～0.7		$p>10$MPa(表)	8～12
	DN100	0.7～1.0		往复式真空泵吸入管	13～16
	DN200	1.2～1.6		往复式真空泵排出管	25～30
	黏度1Pa·s DN25	0.1～0.2		油封式真空泵吸入管	10～13
	DN50	0.16～0.25	水及黏度相似的液体	往复泵吸入管	0.5～1.5
	DN100	0.25～0.35		往复泵排出管	1～2
	DN200	0.35～0.55		离心泵吸入管(常温)	1.5～2
液氨	$p=$真空	0.05～0.3		离心泵吸入管(70～110℃)	0.5～1.5
	$p\leqslant0.6$MPa(表)	0.8～0.3		离心泵排出管	1.5～3
	$p\leqslant2$MPa(表)	1.5～0.8		高压离心泵排出管	3～3.5
				齿轮泵吸入管	≤1
				齿轮泵排出管	1～2

① 本表所列流速，在选用时还应参照相应的国家标准。

② 氧气流速应参照《氧气站设计规范》(GB 50030—2013)。

③ 氢气流速应参照《氢气站设计规范》(GB 50177—2005)。

部分对管壁有腐蚀流体的流速（HG/T 20570.7—1995）见表 1.3-2。

表 1.3-2　部分对管壁有腐蚀流体的流速

序号	介质条件	管道材料	最大允许流速/(m/s)
1	烧碱液(浓度>5%)	碳钢	1.22
2	浓硫酸(浓度>80%)	碳钢	1.22
3	酚水(含酚>1%)	碳钢	0.91
4	含酚蒸汽	碳钢	18.00
5	盐水	碳钢	1.83
	管径≥900mm	衬水泥或沥青钢管	4.60
	管径<900mm	衬水泥或沥青钢管	6.00

注：当管道为含镍不锈钢时，流速有时可提高到表中流速的 10 倍以上。

1.3.3 设定压力降法（HG/T 20570.6—1995）

当按每100m计算管长的压力降控制值（Δp_{f100}）来选择管径时，采用下式以初定管径：

$$d = 18.16 W^{0.38} \rho^{-0.207} \mu^{0.033} \Delta p_{f100}^{-0.207} \qquad (1.3-3)$$

或

$$d = 18.16 V_0^{0.38} \rho^{0.173} \mu^{0.033} \Delta p_{f100}^{-0.207} \qquad (1.3-4)$$

式中 μ——介质的动力黏度，Pa·s；

Δp_{f100}——100m计算管长的压力降控制值，kPa。

一般工程设计的管道压力降控制值见表1.3-3。

表 1.3-3 一般工程设计的管道压力降控制值

管 道 类 别	最大摩擦压力降 /(kPa/100m)	总压力降 /kPa	管 道 类 别	最大摩擦压力降 /(kPa/100m)	总压力降 /kPa

液体
  泵进口管：
  泵出口管：
  DN40、DN50
  DN80
  DN100及以上
	
	8
	
	93
	70
	50
			蒸气和气体
			  公用物料总管
			  公用物料支管
			  压缩机进口管：
			    $p<350$kPa(表)
			    $p>350$kPa(表)
			  压缩机出口管
			  蒸汽
					
					按进口压力的5%
					按进口压力的2%
					
					1.8～3.5
					3.5～7
					14～20
					按进口压力的3%

每100m管长的压力降控制值（Δp_{f100}）见表1.3-4。

表 1.3-4 每100m管长的压力降控制值

介质	管 道 种 类	压力降/kPa	介质	管 道 种 类	压力降/kPa

输送气体的管道	负压管道
	  $p\leqslant49$kPa
	  49kPa$<p\leqslant$101kPa
		
		1.13
		1.96
			输送液体的管道	自流的液体管道	5.0

	通风机管道 $p=101$kPa	1.96		泵的吸入管道
				  饱和液体
				  不饱和液体
					
					10.0～11.0
					20.0～22.0

	压缩机的吸入管道
	  101kPa$<p\leqslant$111kPa
	  111kPa$<p\leqslant$0.45MPa
	  $p>0.45$MPa
		
		1.96
		4.5
		0.01p			

	压缩机的排出管及其它压力管道
	  $p\leqslant0.45$MPa
	  $p>0.45$MPa
		
		4.5
		0.01p
				泵的排出管道
				  流量小于150m³/h
				  流量大于150m³/h
					
					45.0～50.0
					45.0

	工艺用的加热蒸汽管道
	  $p\leqslant0.3$MPa
	  0.3MPa$<p\leqslant$0.6MPa
	  0.6MPa$<p\leqslant$1.0MPa
		
		10.0
		15.0
		20.0
				循环冷却水管道	30.0

注：p—管道进口端的流体压力（绝对压力）。

部分管道中流体允许压力降范围见表1.3-5。

表 1.3-5 部分管道中流体允许压力降范围（HG/T 20570.7—1995）

序号	管道种类及条件	压力降范围 (100m管长)/kPa	序号	管道种类及条件	压力降范围 (100m管长)/kPa
1	蒸汽 $p=6.4\sim10$MPa(表)	46～230	2	大型压缩机>735kW	
	总管 $p<3.5$MPa(表)	12～35		进口	1.8～9
	$p\geqslant3.5$MPa(表)	23～46		出口	4.6～6.9
	支管 $p<3.5$MPa(表)	23～46		小型压缩机出口	2.3～23
	$p\geqslant3.5$MPa(表)	23～69		压缩机循环管道及压缩机 出口管	0.23～12
	排气管	4.6～12			

序号	管道种类及条件	压力降范围 (100m 管长)/kPa	序号	管道种类及条件	压力降范围 (100m 管长)/kPa
3	安全阀 进口管(接管点至阀) 出口管 出口汇总管	 最大整定压力的 3% 最大整定压力的 10% 最大整定压力的 7.5%	7	水总管	23
			8	水支管	18
4	一般低压工艺气体	2.3～23	9	泵 进口管 出口管＜34m³/h 34～110m³/h ＞110m³/h	 ＜8 35～138 23～92 12～46
5	一般高压工艺气体	2.3～69			
6	塔顶出气管	12			

1.3.4 放空管道计算 (GB 50316—2008)

放空管道的阀后管道流速,不应大于下式计算的气体声速。

$$v_c = 91.20(kT/M)^{0.5} \tag{1.3-5}$$

$$k = \frac{c_p}{c_V} \tag{1.3-6}$$

式中　v_c——气体的声速或临界流速,m/s;

　　　k——气体的绝热指数;

　c_p、c_V——比定压热容,比定容热容,J/(g·K);

　　　T——气体温度,K;

　　　M——气体分子量。

1.4 单相流管道压力降计算 (HG/T 20570.7—1995)

1.4.1 不可压缩单相流管道压力降计算

本节内容适用牛顿型单相流体在管道中流动压力降的计算。

计算方法中未考虑安全系数,计算时应根据实际情况选用合理的数值。通常平均需要使用5～10年的钢管,在摩擦系数中加20%～30%的安全系数,就可以适应其粗糙度条件的变化;超过5～10年的条件往往会保持稳定,但也可能进一步恶化。此系数中未考虑由于流量增加而增加的压力降,因此需再增加10%～20%的安全系数。规定中对摩擦压力降计算结果按1.15倍系数来确定系统的摩擦压力降,但对静压力降和其它压力降不加系数。工程计算中计算结果取小数后两位有效数字为宜。对用当量长度计算压力降的各项计算中,最后结果所取的有效数字仍不超过小数后两位。

1.4.1.1 管路

(1) 简单管路　凡是没有分支的管路称为简单管路。

① 管径不变的简单管路,流体通过整个管路的流量不变。

② 由不同管径的管段组成的简单管路,称为串联管路。

a. 通过各管段的流量不变,对于不可压缩流体则有:

$$V_f = V_{f1} = V_{f2} = V_{f3} \cdots$$

b. 整个管路的压力降等于各管段压力降之和,即:

$$\Delta p = \Delta p_1 + \Delta p_2 + \Delta p_3 + \cdots$$

(2) 复杂管路　凡是有分支的管路,称为复杂管路。复杂管路可视为由若干简单管路组成。

① 并联管路　在主管某处分支,然后又汇合成为一根主管。

a. 各支管压力降相等,即:

$$\Delta p = \Delta p_1 = \Delta p_2 = \Delta p_3 = \cdots$$

在计算压力降时,只计算其中一根管子即可。

b. 各支管流量之和等于主管流量,即:

$$V_f = V_{f1} + V_{f2} + V_{f3} + \cdots$$

② 枝状管路　从主管某处分出支管或支管上再分出支管而不汇合成为一根主管。

a. 主管流量等于各支管流量之和；

b. 支管所需能量按耗能最大的支管计算；

c. 对较复杂的枝状管路，可在分支点处将其划分为若干简单管路，按一般的简单管路分别计算。

1.4.1.2　管道压力降的分类

管道压力降为管道摩擦压力降、管道静压力降和管道速度压力降之和。

管道摩擦压力降包括直管、管件和阀门的压力降，同时也包括孔板、突然扩大、突然缩小以及接管口等产生的局部压力降；静压力降是由于管道始端和终端标高差而产生的；速度压力降是由于管道始端和终端流体流速不等而产生的。

对于复杂管路分段计算的原则，通常是在支管和总管（或管径变化处）连接处拆开，管件（如异径三通）应划分在总管上，按总管直径选取当量长度。总管长度按最远一台设备计算。

对于因结垢实际管径减小的管道，应按实际管径进行计算。

1.4.1.3　流动型态与雷诺数

流体在管道中流动的型态分层流和湍流两种流型，层流和湍流间有一段不稳定的临界区。湍流区又可分为过渡区和完全湍流区，工业生产中流型大多属于过渡区，具体可见图 1.4-1。

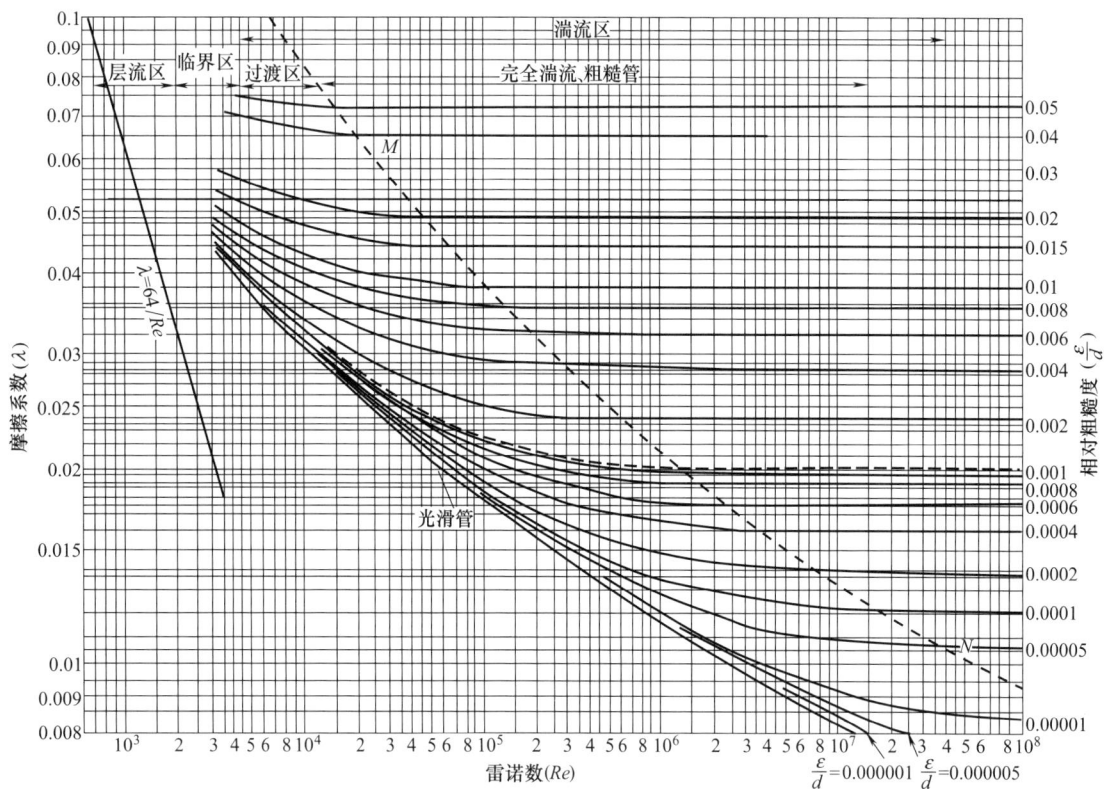

图 1.4-1　摩擦系数（λ）、雷诺数（Re）和管壁相对粗糙度（ε/d）之间的关系

确定管道内流体流动型态的准则是雷诺数（Re）。雷诺数按式（1.4-1）计算：

$$Re = \frac{du\rho}{\mu} = 354\frac{W}{d\mu} = 354\frac{V_f\rho}{d\mu} \tag{1.4-1}$$

式中　Re——雷诺数，无量纲；

　　　　u——流体平均流速，m/s；

　　　　d——管道内直径，mm；

　　　　μ——流体黏度，mPa·s；

　　　　W——流体的质量流量，kg/h；

V_f——流体的体积流量，m^3/h；

ρ——流体密度，kg/m^3。

(1) 层流时雷诺数 $Re<2000$，其摩擦损失与剪应力成正比，摩擦压力降与流体流速的一次方成正比。

(2) 湍流时雷诺数 $Re\geqslant4000$，其摩擦压力降几乎与流体流速的平方成正比。

① 过渡区时摩擦系数（λ）是雷诺数（Re）和管壁相对粗糙度（ε/d）的函数，在工业生产中，除黏度较大的某些液体（如稠厚的油类等）外，为提高流量或传热、传质速率，要求 $Re>10^4$。因此工程设计中管内的流体流型多处于湍流范围内。

② 完全湍流区时在图 1.4-1 中，M-N 线上部范围内，摩擦系数与雷诺数无关，而仅随管壁粗糙度变化。

③ 临界区时 $2000<Re<4000$，在计算中，当 $Re>3000$ 时可按湍流来考虑，其摩擦系数和雷诺数（Re）及管壁粗糙度均有关，当粗糙度一定时，其摩擦系数随雷诺数而变化。

1.4.1.4 管壁粗糙度

管壁粗糙度通常是指绝对粗糙度（ε）和相对粗糙度（ε/d）。

管壁绝对粗糙度表示管子内壁凸出部分的平均高度。在选用时应考虑到流体对管壁的腐蚀、磨蚀、结垢以及使用情况等因素，若无缝钢管输送腐蚀性小的流体如石油气、饱和蒸汽及干燥压缩空气时可选取管壁绝对粗糙度 $\varepsilon=0.2mm$；输送水时，若为有空气的冷凝水时取 $\varepsilon=0.5mm$，若为纯水取 $\varepsilon=0.2mm$，若为未处理水取 $\varepsilon=0.3\sim0.5mm$；对于酸碱等腐蚀性较大的流体，则可取 $\varepsilon=1.0mm$ 或更大。

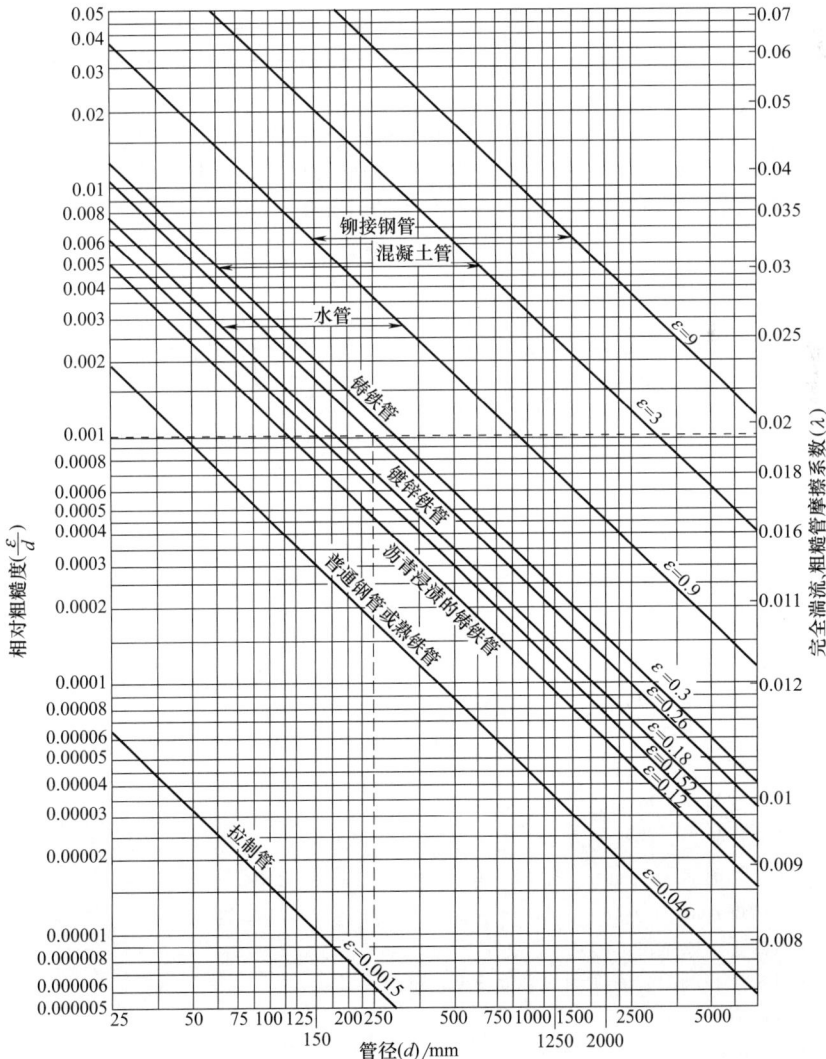

图 1.4-2　清洁新管的粗糙度

对相同绝对粗糙度的管道，直径愈小对摩擦系数影响程度愈大，因此用 ε 和 d 的比值 ε/d 来表示管壁粗糙度，称为相对粗糙度。在湍流时管壁粗糙度对流体流动的摩擦系数影响甚大。在完全湍流情况下，清洁新管的粗糙度如图 1.4-2 所示。

某些工业管道的绝对粗糙度见表 1.4-1，相对粗糙度由图 1.4-2 查得。

表 1.4-1 部分工业管道的绝对粗糙度

序号	管道类别		绝对粗糙 ε/mm
1	金属管	无缝黄铜管、铜管及铅管	0.01～0.05
2		新的无缝钢管或镀锌铁管	0.1～0.2
3		新的铸铁管	0.25～0.42
4		具有轻度腐蚀的无缝钢管	0.2～0.3
5		具有显著腐蚀的无缝钢管	≥0.5
6		旧的铸铁管	≥0.85
7		钢板制管	0.33
8	非金属管	干净玻璃管	0.0015～0.01
9		橡皮软管	0.01～0.03
10		木管道	0.25～1.25
11		陶土排水管	0.45～6.0
12		接头平整的水泥管	0.233
13		石棉水泥管	0.03～0.8

1.4.1.5 摩擦系数

（1）过渡流和完全湍流时，摩擦系数见图 1.4-1。在较长的钢管中，若输送的是为水所饱和的湿气体，如氢、二氧化碳、氮、氧及类似的流体，应考虑到腐蚀而将查图 1.4-1 所得摩擦系数乘以 1.2。

（2）层流时摩擦系数可查图 1.4-1，或按式（1.4-2）进行计算：

$$\lambda = 64/Re \tag{1.4-2}$$

式中 λ——摩擦系数，无量纲。

1.4.1.6 压力降

在管道系统中计算流体压力降的理论基础是能量平衡方程，假定流体是在绝热、不对外做功和等焓条件下流动，对不可压缩流体密度是常数，则得：

$$\Delta p = (Z_2 - Z_1)\rho g \times 10^{-3} + \frac{u_2^2 - u_1^2}{2}\rho \times 10^{-3} + \sum h_f(\rho \times 10^{-3}) \tag{1.4-3}$$

$$\sum h_f = \lambda \frac{L + \sum L_e}{d} \times \frac{u^2}{2} \tag{1.4-4}$$

$$\Delta p = (Z_2 - Z_1)\rho g \times 10^{-3} + \frac{u_2^2 - u_1^2}{2}\rho \times 10^{-3} + \frac{\lambda(L + \sum L_e)}{d} \times \frac{u^2}{2}\rho \times 10^{-3} \tag{1.4-5}$$

或

$$\Delta p = \Delta p_s + \Delta p_N + \Delta p_f$$

式中 Δp——管道系统总压力降，kPa；

Δp_s——管道静压力降，kPa；

Δp_N——管道速度压力降，kPa；

Δp_f——管道摩擦压力降，kPa；

Z_1、Z_2——管道系统始端、终端的标高，m；

u_1、u_2——管道系统始端、终端的流体流速，m/s；

u——流体平均流速，m/s；

ρ——流体密度，kg/m³；

h_f——摩擦因子，无量纲；

L、L_e——管道长度和阀门、管件等的当量长度，m；

d——管道内直径，m。

1.4.1.7 压力降计算

（1）圆形截面管道摩擦压力降计算 由于流体和管道管件等内壁摩擦产生的压力降称为摩擦压力降，可由当量长度法表示，也可以阻力系数法表示，即：

$$\Delta p_f = \left(\frac{\lambda L}{d} + \sum K\right)\frac{u^2 \rho}{2} \times 10^{-3} \qquad (1.4\text{-}6)$$

式中　Δp_f——管道总摩擦压力降，kPa；

　　　λ——摩擦因子，无量纲；

　　　L——管道长度，m；

　　　d——管道内径，m；

　　　$\sum K$——管件、阀门等阻力系数之和，无量纲；

　　　u——流体平均流速，m/s；

　　　ρ——流体密度，kg/m^3。

此式称为范宁（Fanning）方程式，为圆形截面管道压力降计算的通式，对层流和湍流两种流动型态均适用。

通常将直管摩擦压力降和管件、阀门等的局部压力降分别计算，对于直管段用以下公式计算：

① 层流

$$\Delta p_f = \frac{32\mu u L}{d^2} \qquad (1.4\text{-}7)$$

② 湍流

$$\Delta p_f = \frac{\lambda L}{d} \times \frac{u^2 \rho}{2 \times 10^3} = 6.26 \times 10^4 \times \frac{\lambda L W^2}{d^5 \rho} = 6.26 \times 10^4 \times \frac{\lambda L V_f^2 \rho}{d^5} \qquad (1.4\text{-}8)$$

式中　d——管道内径，mm；

　　　W——管道质量流量，kg/h；

　　　V_f——流体体积流量，m^3/h；

　　　μ——流体黏度，mPa·s；

其余符号意义同前。

（2）圆形截面管道静压力降计算　由于管道的出口端和进口端标高不同而产生的压力降称为静压力降，出口端标高大于进口端标高静压力降为正值，出口端标高小于进口端标高静压力降为负值，其计算式为：

$$\Delta p_s = (Z_2 - Z_1)\rho g \times 10^{-3} \qquad (1.4\text{-}9)$$

式中　Δp_s——静压力降，kPa；

　　　Z_2、Z_1——管道出口端、进口端的标高，m；

　　　ρ——流体密度，kg/m^3；

　　　g——重力加速度，9.81m/s^2。

（3）圆形截面管道速度压力降计算　由于管道或系统的进口端、出口端截面不等使流体流速变化所产生的压差称为速度压力降，速度压力降可以是正值，也可以是负值，其计算式为：

$$\Delta p_N = \frac{u_2^2 - u_1^2}{2}\rho \times 10^{-3} \qquad (1.4\text{-}10)$$

式中　Δp_N——速度压力降，kPa；

　　　u_2、u_1——出口端、进口端流体的流速，m/s；

　　　ρ——流体密度，kg/m^3。

（4）圆形截面管道当量长度法局部压力降计算　将管件和阀门等折算为相当的直管长度，此直管长度称为管件和阀门的当量长度，计算管道压力降时，将当量长度加到直管长度一并计算，所得压力降即该管道的总摩擦压力降，常用阀门和管件当量长度见表1.4-2、表1.4-3。

表1.4-2　常用阀门以管径计算的当量长度

序号	名　称	当量长度 L_e	示　意　图
1	闸阀（全开） 楔形盘、双圆盘、栓状圆盘	$8d$	

序号	名　称	当量长度 L_c	示　意　图
2	截止阀（全开）阀杆与流体垂直，阀座为平面、倾斜及栓状	$340d$	
	Y 形截止阀（全开）	$55d$	
3	角阀（全开）	$150d$	
	角阀（全开）	$55d$	
4	旋启式止逆阀（全开）	$100d$	
	旋启式止逆阀（全开）	$50d$	
	升降式止逆阀（全开）	$600d$	
	升降式止逆阀（全开）	$55d$	
	斜盘式止逆阀（全开）	见下表	

公称通径	$\alpha=5°$	$\alpha=15°$
DN＝50～200	$40d$	$120d$
DN＝250～350	$30d$	$90d$
DN＝400～1200	$20d$	$60d$

序 号	名　　称	当量长度 L_e	示　意　图
5	截断式(全开)	400d	
	截断式(全开)	200d	
	截断式(全开)	300d	
	截断式(全开)	350d	
	截断式(全开)	55d	
	截断式(全开)	55d	
6	升降式带滤网底阀(全开)	420d	
	合页式带滤网底阀(全开)	75d	

序号	名　　称	当量长度 L_e		示　意　图
7	球阀（全开）	30d		
8	蝶阀（全开）	DN＝50～200	45d	
		DN＝250～350	35d	
		DN＝400～600	25d	
9	直通旋塞（全开）	18d		
	三通旋塞（全开）	30d		
	三通旋塞（全开）	90d		
10	隔膜阀（全开）	DN＝50	121d	
		DN＝80	128d	
		DN＝100	135d	
		DN＝150	153d	
		DN＝200	164d	

注：a_1、a_2—截面积；d_1、d_2—内直径；θ、α—角度。

表 1.4-3　常用管件以管径计算的当量长度

序号	名　　称	当量长度 L_e				示　意　图
1	标准 90°弯头	30d				
	法兰连接或焊接 90°弯头	r/d	L_e	r/d	L_e	
		1	20d	10	30d	
		2	12d	12	34d	
		3	12d	14	38d	
		4	14d	16	42d	
		6	17d	18	46d	
		8	24d	20	50d	
2	45°弯头	16d				

续表

序号	名　称	当量长度 L_e				示　意　图
		α	L_e	α	L_e	
3	斜接弯头	15°	$4d$	60°	$25d$	
		30°	$8d$	75°	$40d$	
		45°	$15d$	90°	$60d$	
4	180°回弯头	$50d$				
5	标准三通	$20d$ 直通 $60d$ 分枝				

注：d—内直径或表示内直径长度；r—曲率半径；α—角度。

表 1.4-2 和表 1.4-3 使用说明：

① 表中所列常用阀门和管件的当量长度计算式，是以新的清洁钢管绝对粗糙度 $\varepsilon=0.046\text{mm}$，流体流型为完全湍流条件下求得的，计算中选用时应根据管道具体条件予以调整。

② 按以上条件计算，可由本节中图 1.4-1 查得摩擦系数（λ_T）（完全湍流摩擦系数），亦可采用表 1.4-4 中的数据。

表 1.4-4　新的清洁钢管在完全湍流下的摩擦系数

公称直径 （DN）	15	20	25	32	40	50	65～80	100	125	150	200～ 250	300～ 400	450～ 600
摩擦系数 （λ_T）	0.027	0.025	0.023	0.022	0.021	0.019	0.018	0.017	0.016	0.015	0.014	0.013	0.012

（5）圆形截面管道阻力系数法局部压力降计算

① 管件或阀门的局部压力降按式（1.4-11）计算：

$$\Delta p_K = \frac{Ku^2\rho}{2\times10^3} \tag{1.4-11}$$

式中　Δp_K——流体经管件或阀门的压力降，kPa；

　　　K——阻力系数，无量纲；

　　　u——流体速度，m/s；

　　　ρ——流体密度，kg/m³。

逐渐缩小的异径管 [图 1.4-3（a）]：

当 $\theta\leqslant45°$时

$$K=\frac{0.8\sin\dfrac{\theta}{2}(1-\beta^2)}{\beta^4} \tag{1.4-12}$$

当 $45°<\theta\leqslant180°$时

$$K=\frac{0.5(1-\beta^2)\sqrt{\sin\dfrac{\theta}{2}}}{\beta^4} \tag{1.4-13}$$

逐渐扩大的异径管 [图 1.4-3（b）]：

当 $\theta\leqslant45°$时

$$K=\frac{2.6\sin\dfrac{\theta}{2}(1-\beta^2)^2}{\beta^4} \tag{1.4-14}$$

当 $45°<\theta\leqslant180°$时

$$K=\frac{(1-\beta^2)^2}{\beta^4} \tag{1.4-15}$$

以上式中
$$\beta=\frac{d_1}{d_2} \tag{1.4-16}$$

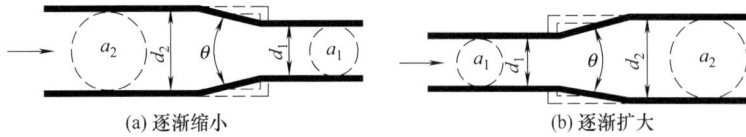

图 1.4-3　逐渐缩小及逐渐扩大的异径管

a_1、a_2—异径管的小管段、大管段截面积；d_1、d_2—异径管的小管段、大管段内径；θ—异径管的变径角度

② 通常流体经孔板、突然扩大或缩小以及接管口等处，将产生局部压力降。

逐渐缩小和从容器到管口（容器出口）按下式计算：

$$\Delta p_{\mathrm{K}}=(K+K_{\mathrm{V}})\frac{u^2\rho}{2\times10^3} \tag{1.4-17}$$

突然扩大和从管口到容器（容器进口）按下式计算：

$$\Delta p_{\mathrm{K}}=(K-K_{\mathrm{V}})\frac{u^2\rho}{2\times10^3} \tag{1.4-18}$$

式中　Δp_{K}——局部压力降，kPa；

u——流体速度，m/s；

ρ——流体密度，kg/m^3；

K_{V}——管件速度变化阻力系数，无量纲；

K——阻力系数，无量纲，见表 1.4-5，通常取 $K=0.5$。

表 1.4-5　容器接管口的阻力系数 K（湍流）

序号	内容说明	阻力系数 K	序号	内容说明	阻力系数 K
1	容器的出口管(接管插入容器)	1.0	5	容器或其它设备出口(锐边接口)	0.5
2	容器或其它设备进口(锐边接口)	1.0	6	容器的出口管(小圆角接口)	0.28
3	容器进口管(小圆角接口)	1.0	7	容器的出口管(大圆角接口)	0.04
4	容器的进口管(接管插入容器)	0.78			

管件速度变化阻力系数 $K_{\mathrm{V}}=1-(d_{小}/d_{大})^4$，对容器接管口 $(d_{小}/d_{大})^4$ 值甚小，可略去不计，故 $K_{\mathrm{V}}=1$，因此 $K+K_{\mathrm{V}}=1.5$，$K-K_{\mathrm{V}}=-0.5$，将此关系分别代入得：

容器出口：
$$\Delta p_{\mathrm{K}}=1.5\times\frac{u^2\rho}{2\times10^3}$$

容器进口：
$$\Delta p_{\mathrm{K}}=-0.5\times\frac{u^2\rho}{2\times10^3}$$

当 Δp_{K} 为负值表示压力回升，作为计算裕量略去不计，完全湍流时容器接管口阻力系数，在要求精确计算时查表 1.4-5，层流时管件和阀门的阻力系数见表 1.4-6。

表 1.4-6　管件和阀门的阻力系数（层流）

序号	管件和阀门名称	局部阻力系数 K			
		$Re=1000$	$Re=500$	$Re=100$	$Re=50$
1	短曲率半径 90°弯头	0.9	1.0	7.5	16
2	三通(直通)	0.4	0.5	2.5	
	三通(分枝)	1.5	1.8	4.9	9.3
3	闸阀	1.2	1.7	9.9	24
4	截止阀	11	12	20	30
5	旋塞	12	14	19	27
6	角阀	8	8.5	11	19
7	旋启式止回阀	4	4.5	17	55

(6) 非圆形截面管道压力降计算

① 水力半径　水力半径为流体通过管道的自由截面积与被流体所浸润的周边之比，即：

$$R_H = A/C \tag{1.4-19}$$

② 当量直径　当量直径为水力半径的四倍，即：

$$D_e = 4R_H \tag{1.4-20}$$

某些非圆形截面管的当量直径见表 1.4-7。

③ 压力降　用当量直径计算湍流非圆形截面管压力降，公式如下：

$$\Delta p_f = \lambda(L/D_e)\frac{u^2\rho}{2\times10^3} \tag{1.4-21}$$

式中　R_H——水力半径，m；

A——管道的自由截面积，m^2；

C——浸润周边，m；

D_e——管道的当量直径，m；

Δp_f——管道总摩擦压力降，kPa；

λ——摩擦因子，无量纲；

L——管道长度，m；

u——流体流速，m/s；

ρ——流体密度，kg/m^3。

上式对非满流的圆形截面管也适用，但不适用于很窄或成狭缝的流动截面，对矩形管其周边长度与宽度之比不得超过 1/3，对环形截面管可靠性较差。对层流用当量直径计算不可靠，在必须使用当量直径计算时应对摩擦系数进行修正，即：

$$\lambda = J/Re$$

式中　Re——无量纲雷诺数；

J——无量纲常数，见表 1.4-7。

表 1.4-7　部分非圆形管的当量直径（D_e）及常数（J）

序号	非圆形截面管	当量直径（D_e）/m	常数（J）
1	正方形,边长为 a	a	57
2	等边三角形,边长为 a	0.58a	53
3	环隙形,环宽度 $b=(d_1-d_2)/2$,d_1 为外管内径,d_2 为内管外径	$d_1\sim d_2$	96
4	长方形,长为 $2a$,宽为 a	1.3a	62
5	长方形,长为 $4a$,宽为 a	1.6a	73

(7) 单相流管道压力降计算示例

一并联输油管道的总体积流量 10800m^3/h，各支管的长度分别为 $L_1=1200m$，$L_2=1500m$，$L_3=800m$；管道内直径 $d_1=600mm$，$d_2=500mm$，$d_3=800mm$；油的黏度为 5.1mPa·s，密度 890kg/m^3，管道材质为钢，求并联管路的压力降及各支管的流量。

解：并联管路各支管压力降相等，即：$\Delta p_1 = \Delta p_2 = \Delta p_3$，也即：

$$\frac{\lambda_1 L_1 V_1^2}{d_1^5} = \frac{\lambda_2 L_2 V_2^2}{d_2^5} = \frac{\lambda_3 L_3 V_3^2}{d_3^5}$$

则

$$V_1:V_2:V_3 = \sqrt{\frac{d_1^5}{\lambda_1 L_1}}:\sqrt{\frac{d_2^5}{\lambda_2 L_2}}:\sqrt{\frac{d_3^5}{\lambda_3 L_3}}$$

又

$$V = V_1 + V_2 + V_3$$

设管壁绝对粗糙度 $\varepsilon_1=\varepsilon_2=\varepsilon_3=0.2mm$

$$\varepsilon_1/d_1 = 0.2/600 = 3.33\times10^{-4}$$

$$\varepsilon_2/d_2 = 0.2/500 = 4.00\times10^{-4}$$

$$\varepsilon_3/d_3 = 0.2/800 = 2.50 \times 10^{-4}$$

经过试算，假定 $\lambda_1 = 0.0173$，$\lambda_2 = 0.0185$，$\lambda_3 = 0.0159$

则

$$V_1 : V_2 : V_3 = \sqrt{\frac{600^5}{0.0173 \times 1200}} : \sqrt{\frac{500^5}{0.0185 \times 1500}} : \sqrt{\frac{800^5}{0.0159 \times 800}}$$

$$= 1935372 : 1061191 : 5075530 = 1 : 0.5483 : 2.6225$$

所以

$$V_1 = 10800 \times 1/(1 + 0.5483 + 2.6225) = 2589 \ (\text{m}^3/\text{h})$$

$$V_2 = 10800 \times 0.5483/(1 + 0.5483 + 2.6225) = 1420 \ (\text{m}^3/\text{h})$$

$$V_3 = 10800 \times 2.6225/(1 + 0.5483 + 2.6225) = 6791 \ (\text{m}^3/\text{h})$$

校核 λ 值

$$Re_1 = 354 \times 2589 \times 890/(600 \times 5.1) = 2.67 \times 10^5$$

$$Re_2 = 354 \times 1420 \times 890/(500 \times 5.1) = 1.75 \times 10^5$$

$$Re_3 = 354 \times 6791 \times 890/(800 \times 5.1) = 5.24 \times 10^5$$

查图 1.4-1 得：$\lambda_1 = 0.0173$，$\lambda_2 = 0.0185$，$\lambda_3 = 0.0159$，与假设值符合，故结果正确。

并联管路压力降：

$$\Delta p_1 = 6.26 \times 10^4 \times 0.0173 \times 1200 \times 2589^2 \times 890/600^5 = 99.70 \ (\text{kPa})$$

$$\Delta p_2 = 6.26 \times 10^4 \times 0.0185 \times 1500 \times 1420^2 \times 890/500^5 = 99.76 \ (\text{kPa})$$

$$\Delta p_3 = 6.26 \times 10^4 \times 0.0159 \times 800 \times 6791^2 \times 890/800^5 = 99.74 \ (\text{kPa})$$

三条支管压力降基本相同，故：$\Delta p = 100\text{kPa}$。

1.4.2　可压缩单相流管道压力降计算

1.4.2.1　压力降计算方法

可压缩流体是指蒸汽或蒸气等（以下简称气体），因其密度随压力和温度变化而差别很大，具有压缩性和膨胀性。可压缩流体沿管道流动的显著特点是沿程摩擦损失使压力下降，从而使气体密度减小，管内气体流速增加。压力降越大，这些参数的变化也越大。

压力较低，压力降较小的气体管道，按等温流动一般计算式或不可压缩流体流动公式计算，计算时密度用平均密度；对高压气体首先要分析气体是否处于临界流动。一般气体管道长度 $L > 60\text{m}$ 时，按等温流动公式计算；$L < 60\text{m}$ 时，按绝热流动公式计算，必要时用两种方法分别计算，取压力降较大的结果。流体所有的流动参数（压力、体积、温度、密度等）只沿流动方向变化。安全阀、放空阀后的管道、蒸发器至冷凝器管道及其它高流速及压力降大的管道系统，都不适宜等温流动计算。

可压缩流体当压力降小于进口压力的 10% 时，不可压缩流体计算公式、图表以及一般规定等均适用，误差在 5% 范围内。流体压力降大于进口压力的 40% 时，如蒸汽管可用后述的"巴布科克（Babcock）式"进行计算；天然气管可用后述的"韦默思（Weymouth）式"或"潘汉德（Panhandle）式"进行计算。为简化计算，一般情况下采用等温流动公式计算压力降，误差在 5% 范围内。必要时对天然气、空气、蒸汽可用经验公式计算。

1.4.2.2　一般计算

(1) 管道系统压力降的计算与不可压缩流体基本相同，即：

$$\Delta p = \Delta p_f + \Delta p_s + \Delta p_N$$

静压力降 Δp_s，当气体压力低、密度小时可略去不计，但压力高时应计算。在压力降较大的情况下，对长管 $L > 60\text{m}$ 在计算 Δp_f 时，应分段计算密度，然后分别求得各段的 Δp_f，最后得到 Δp_f 的总和才较正确。

(2) 可压缩流体压力降计算的理论基础是能量平衡方程及理想气体状态方程，理想气体状态方程为：

$$pV = WRT/M \tag{1.4-22}$$

或

$$p/\rho = C (\text{等温流动})$$

对绝热流动，式 (1.4-22) 应变化为：

$$p/\rho^k = C \tag{1.4-23}$$

式中　　　　Δp——管道系统总压力降，kPa；

Δp_f、Δp_s、Δp_N——管道的摩擦压力降、静压力降、速度压力降，kPa；

p——气体压力，kPa；

V——气体体积，m^3；

W——气体质量，kg；

M——气体分子量；

R——气体常数，$8.314kJ/(kmol \cdot K)$；

ρ——气体密度，kg/m^3；

C——常数；

k——气体绝热指数，$k = c_p/c_V$。

（3）绝热指数（k）　绝热指数（k）值由气体的分子结构而定，部分物料的绝热指数等数据如表1.4-8所列。

表 1.4-8　部分物料的绝热指数等数据

物料	分子量	液体密度 /(kg/m³)	临界压力 /MPa	临界温度 /K	绝热指数 $k = c_p/c_V$
醋酸	60.05	1049	5.78	594.8	1.15
丙酮		791	4.72	508.7	—
乙炔	26.04	—	6.24	309	1.26
空气	28.97	—	3.76	132	1.40
氨	17.03	817	11.28	405.5	1.33
氩	39.94	1650	4.9	151	1.67
苯	78.11	879	4.92	562	1.12
1,3-丁二烯	54.09	621	4.33	425	1.12
丁烷	58.12	579	3.8	425.2	1.094
异丁烷	58.12	557	3.65	408.1	1.094
二氧化碳	44.01	1101	7.39	304	1.30
二硫化碳	76.13	1263	7.9	546	1.21
一氧化碳	28.00	814	3.5	134	1.40
氯	70.90	1560	7.71	417	1.36
环己烷	84.16	779	4.05	553	1.09
癸烷	142.28	734	—	619	1.03
乙烷	30.07	546	4.88	305.5	1.22
乙醇	46.07	789	6.38	516	1.13
氯乙烷	64.52	903	5.27	460	1.19
乙烯	28.05	566	5.07	282.4	1.26
氟利昂11	137.37	1494	4.37	469	1.14
氟利昂12	120.92	1486	4.115	385	1.14
氟利昂22	86.48	1419	4.94	369	1.18
氟利昂114	170.93	1538	3.26	419	1.09
氦	4.00	—	0.229	5.3	1.66
己烷	86.17	659	3.03	507.9	1.06
氯化氢	36.50		8.26	324	1.41
氢	2.016	70.9	1.29	33.3	1.41
硫化氢	34.07	—	9.0	273.6	1.32
煤油		815	—	—	—
甲烷	16.04	415	4.64	191.1	1.31
甲醇	32.04	792	7.95	513	1.20
丁烷	72.15	625	3.33	461	1.08
氯甲烷	50.49	952	6.68	416	1.20
天然气	19	—	—	—	1.27
硝酸	—	1502	—	—	—
一氧化氮	30.00	1269	6.48	180	1.40
氮	28.00	1026	3.4	125.8	1.40
二氧化氮	44.00	1226	7.26	309.7	1.30
壬烷	128.25	718	—	595.7	1.04
辛烷	114.22	707	2.49	569.4	1.05

续表

物料	分子量	液体密度 /(kg/m³)	临界压力 /MPa	临界温度 /K	绝热指数 $k = c_p/c_V$
氧	32.00	1426	5.08	154.8	1.40
戊烷	72.15	631	3.37	469.8	1.07
丙烷	44.09	585	4.25	370	1.13
丙烯	42.08	609	4.61	364.6	1.15
水蒸气	18.02	1000	22.13	647	1.324
苯乙烯	104.14	906	—	647	1.07
二氧化硫	64.06	1434	7.88	430	1.29
硫酸		1834			
甲苯	92.13	866	4.21	594	1.09

注：一般单原子气体（He、Ar、Hg 等）$k = 1.66$，双原子气体（O_2、H_2、N_2、CO 和空气等）$k = 1.40$。

（4）临界流动　当气体流速达到声速时，称为临界流动。

① 声速即临界流速，是可压缩流体在管道出口处可能达到的最大速度。通常当系统的出口压力等于或小于入口绝对压力的一半时将达到声速。达到声速后系统压力降不再增加，即使将流体排入较达到声速之处压力更低的设备中（如大气），流速仍不会改变。对于系统条件是由中压到高压范围排入大气（或真空）时，应判断气体状态是否达到声速，否则计算出的压力降可能有误。气体的声速按下列公式计算：

绝热流动：
$$u_c = \sqrt{\frac{kRT}{M} \times 10^3} \qquad (1.4\text{-}24)$$

等温流动：
$$u_c = \sqrt{\frac{RT}{M} \times 10^3} \qquad (1.4\text{-}25)$$

式中　u_c——气体声速，m/s；

k——气体的绝热指数；

R——气体常数，$R = 8.314 \times 10^3$ J/(kmol·K)；

T——气体的绝对温度，K；

M——气体分子量，kg/kmol。

② 临界流动通常可用下式判别是否处于临界流动状态，满足下列要求即达到临界流动。

$$\frac{p_2/p_1}{G/G_{cni}} \leqslant \frac{0.605}{\sqrt{k}} \sqrt{\frac{T_2}{T_1}} \qquad (1.4\text{-}26)$$

式中　p_1、p_2——管道上下游气体的压力，kPa；

G——气体质量流速，kg/(m²·s)；

G_{cni}——参数，见式（1.4-31）；

T_1、T_2——管道上下游气体温度，K。

③ 临界质量流速

$$G_c = 11p_1 \sqrt{M/T_1} \qquad (1.4\text{-}27)$$

式中　G_c——临界质量流速，kg/(m²·s)。

（5）管道中气体的流速应控制在低于声速范围内。

1.4.2.3　管道摩擦压力降计算

（1）等温流动摩擦压力降计算　当气体与外界有热交换，能使气体温度很快地接近于周围介质的温度来流动，如煤气、天然气等长管道就属于等温流动，等温流动计算式如下：

$$\Delta p_f = 6.26 \times 10^3 g \frac{\lambda L W_G^2}{d^5 \rho_m} \qquad (1.4\text{-}28)$$

式中　Δp_f——管道摩擦压力降，kPa；

g——重力加速度，9.81m/s^2；

λ——摩擦系数，无量纲；

L——管道长度，m；

W_G——气体质量流量，kg/h；

d——管道内直径，mm；

ρ_m——气体平均密度，kg/m^3，$\rho_m=(\rho_1-\rho_2)/3+\rho_2$；

ρ_1、ρ_2——管道上、下游气体密度，kg/m^3。

（2）绝热流动摩擦压力降计算　对绝热流动管道较长时（$L>60m$），仍可按等温流动计算，误差不超过 5%；对短管可用以下方法进行计算，但应符合下列条件：

① 在计算范围内气体的绝热指数是常数；

② 在均匀截面水平管中的流动；

③ 质量流速在整个管内横截面上是均匀分布的；

④ 摩擦系数是常数。

可压缩流体绝热流动的管道压力降计算辅助图如图 1.4-4 所示。

① 计算上游的质量流速

$$G_1=W_G/A（G_1=G，即图 1.4-4 中 G）\tag{1.4-29}$$

② 计算质量流量

$$W_G=1.876\times10^{-2}p_1d^2\sqrt{\frac{M}{T_1}}\times\frac{G}{G_{cni}}\tag{1.4-30}$$

③ 计算参数（G_{cni}）

$$G_{cni}=6.638p_1\sqrt{M/T_1}\tag{1.4-31}$$

④ 假设 N 值，然后进行核算

$$N=\lambda L/D$$

式中　G——气体质量流速，$kg/(m^2\cdot s)$；

G_1——上游气体质量流速，$kg/(m^2\cdot s)$；

W_G——气体质量流量，kg/s；

A——管道截面积，m^2；

p_1——气体上游压力，kPa；

d——管道内直径，mm；

M——气体分子量，$kg/kmol$；

T_1——气体上游温度，K；

G_{cni}——无实际意义，是为使用图 1.4-4 方便而引入的一个参数，$kg/(m^2\cdot s)$；

N——速度头数；

λ——摩擦系数；

L——管道长度，m；

D——管道内直径，m。

⑤ 计算下游压力（p_2），根据 N 和 G_1/G_{cni} 值，由图 1.4-4 查得 p_2/p_1 值，即可求得下游压力（p_2）。

（3）高压下绝热流动摩擦压力降计算　当压力降大于进口压力的 40% 时，用等温流动和绝热流动计算式均可能有较大误差，在这种情况下采用以下经验公式进行计算：

① 巴布科克（Babcock）式

$$\Delta p_f=678\times\frac{W_G^2L}{\rho_md^5}+6.2\times10^4\times\frac{W_G^2L}{\rho_md^6}\tag{1.4-32}$$

式中　Δp_f——管道摩擦压力降，kPa；

W_G——气体的质量流量，kg/h；

L——管道长度，m；

ρ_m——气体平均密度，kg/m^3；

d——管道内直径，mm。

式（1.4-32）用于蒸气管的计算，在压力 $\leqslant3450kPa$ 情况下结果较好，但管径 $<100mm$ 时计算结果可能偏高。

② 韦默思（Weymouth）式

$$V_G=2.538\times10^{-5}d^{2.667}\sqrt{\frac{p_1^2-p_2^2}{\gamma L}\times\frac{273}{T}}\tag{1.4-33}$$

式中　V_G——标准状态下气体体积流量，m^3/s；

d——管道内直径，mm；

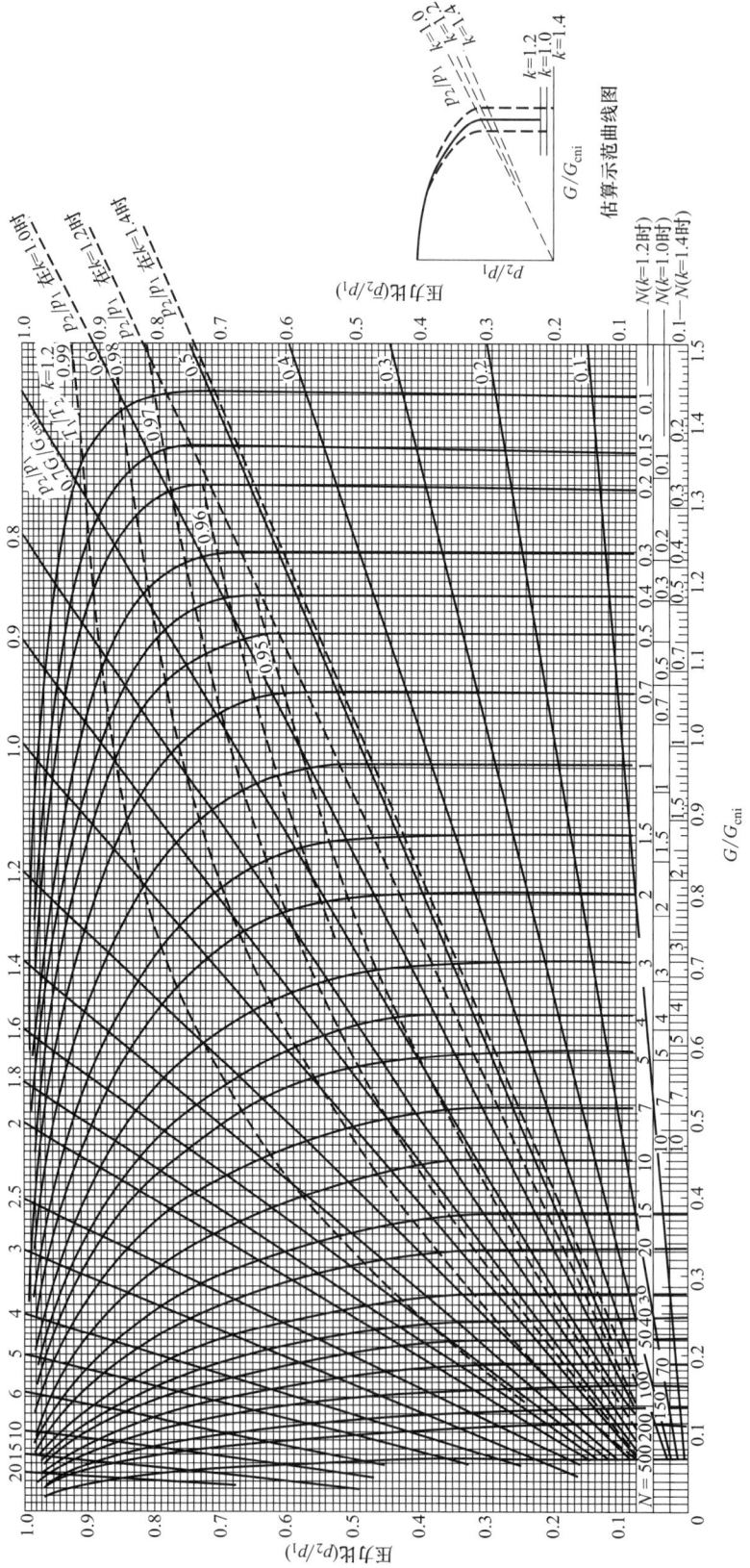

图 1. 4-4 可压缩流体绝热流动的管道压力降计算辅助图

$$p_1、p_2——管道上、下游压力，kPa；$$

γ——气体相对密度；

L——管道长度，km；

T——气体绝对温度，K。

式（1.4-33）用于 310～4240kPa 压力、管径＞150mm 稳定流动情况下，计算天然气管道压力降的结果较好；对相对密度接近 0.6，常温下流速 4.5～9.0m/s，直径为 500～600mm 的气体管道也适用。

③ 潘汉德（Panhandle）式

$$V_G = 3.33 \times 10^{-5} E d^{2.6182} \left(\frac{p_1^2 - p_2^2}{L} \right)^{0.5349} \tag{1.4-34}$$

式中　L——管道长度，km；

E——流动效率系数：

对于没有管道附件、阀门的水平新管，取 $E=1.00$；

对于工作条件较好，取 $E=0.95$；

对于工作条件一般，取 $E=0.92$；

对于工作条件较差，取 $E=0.85$。

式（1.4-34）用于管道直径在 150～600mm，$Re = 5 \times 10^6 \sim 1.4 \times 10^7$ 的天然气管道，准确度较韦默思（Weymouth）式稍好。

④ 海瑞思（Harris）式

$$\Delta p_f = 7.34 \times 10^5 \frac{L V_G^2}{p_m d^{5.31}} \tag{1.4-35}$$

式中，$p_m = (p_1 + p_2)/2$；其余符号同前。

式（1.4-35）通常用于压缩空气管道的计算。

1.4.2.4　管道局部压力降计算

局部压力降和"不可压缩单相流体"一样，采用当量长度或阻力系数法计算，粗略计算可按直管长度的 1.05～1.10 倍作为总的计算长度。

1.4.2.5　管道速度压力降计算

速度压力降采用"不可压缩单相流体"的管道一样的计算方法，工程中对较长管道可略去不计算速度压力降。

1.4.2.6　管道静压力降计算

静压力降计算与"不可压缩单相流体"压力降中的计算方法相同，仅在管道内气体压力较高时才需计算，压力较低时密度小，可略去不计压力降。

1.4.2.7　可压缩单相流体压力降计算示例

将 25℃的天然气（成分大部分为甲烷）用管道由甲地输送到相距 45km 的乙地，两地高差不大，每小时送气量为 5000kg，管道为直径 307mm（内径）的钢管（$\varepsilon = 0.2$mm），已知管道终端压力为 147kPa，求管道始端气体的压力。

解：（1）天然气在长管中流动，可视为等温流动，用等温流动式计算。

天然气可视为纯甲烷，则分子量 $M=16$，假设管道始端压力 $p_1 = 430$kPa

摩擦压力降按式（1.4-28）计算，即：$\Delta p_f = 6.26 \times 10^3 g \dfrac{\lambda L W_G^2}{d^5 \rho_m}$

甲烷 25℃黏度 $\mu = 0.011$mPa·s，雷诺数 $Re = 354 \dfrac{W_G}{d\mu} = \dfrac{354 \times 5000}{307 \times 0.11} = 5.24 \times 10^5$

相对粗糙度：$\varepsilon/d = 0.2/307 = 6.51 \times 10^{-4}$

由图 1.4-1 查得：$\lambda = 0.0176$

气体平均密度：
$$\rho_m = \rho_2 + (\rho_1 - \rho_2)/3$$
$$\rho_1 = p_1 M/(RT) = 430 \times 16/(8.314 \times 298) = 2.777 \ (kg/m^3)$$
$$\rho_2 = p_2 M/(RT) = 147 \times 16/(8.314 \times 298) = 0.949 \ (kg/m^3)$$
$$\rho_m = 1.558 kg/m^3$$

摩擦压力降：$\Delta p_f = 6.26 \times 10^3 \times 9.81 \times (0.0176 \times 45000 \times 5000^2) / (307^5 \times 1.558) = 286.2 (kPa)$

管道始端压力 $p_1 = 147 + 286.2 = 433.2$（kPa）$\approx 430$（kPa）

（2）用韦默思（Weymouth）式计算：$V_G = 2.538 \times 10^{-5} d^{2.667} \sqrt{\dfrac{p_1^2 - p_2^2}{\gamma L} \times \dfrac{273}{T}}$

标准状态下气体密度：$\rho = pM/(RT) = 1.0133 \times 10^2 \times 16/(8.314 \times 273) = 0.714$（kg/m^3）

气体密度 $\gamma = 16/29 = 0.552$（kg/m^3）；$d^{2.667} = 307^{2.667} = 4.297 \times 10^6$。

标准状态下气体体积流量：$V_G = W_G/\rho = 5000/0.714 \approx 7000$（m^3/h）

$$7000 = 2.538 \times 10^{-5} \times 4.297 \times 10^6 \sqrt{\dfrac{p_1^2 - 147^2}{0.552 \times 45} \times \dfrac{273}{298}}$$

则，管道始端压力：$p_1 = 365.1$ kPa

管道压力降：$\Delta p = 218.1$ kPa，此值较等温计算值小。

（3）用潘汉德（Panhandle）式计算 $V_G = 3.33 \times 10^{-5} E d^{2.6182} \left(\dfrac{p_1^2 - p_2^2}{L}\right)^{0.5349}$

管道始端压力 $p_1 = 375.7$ kPa

管道压力降 $\Delta p = 228.7$ kPa，此值较等温计算值小，而较用韦默思式计算值大。

（4）计算结果列表如下：

计算方法	始端压力 p_1	终端压力 p_2	压力降 Δp	p_1 误差/%	Δp 误差/%
等温式	433.4	147	286.4	+9.03	+11.7
韦默思式	365.1	147	218.1	−6.98	−11.1
潘汉德式	375.7	147	228.7	−4.28	−6.8
平均数值	391.4	147	244.4		

工程中采用等温式结果，并考虑局部阻力及计算误差，最终确定：$433.4 \times 1.15 \approx 500$（kPa）。

1.5 两相流管道压力降计算（HG/T 20570.7—1995）

1.5.1 非闪蒸气液两相流体压力降计算

1.5.1.1 非闪蒸气液两相流型

化工设计中经常可以遇到气体和液体混合物管内并流的现象，此流动现象称为气-液两相流，这种现象可以在冷凝、蒸发、沸腾、起泡、雾化等过程中形成，如发生在蒸汽发生器及其加热管、蒸汽冷凝管等场合中。气-液两相流的流动过程十分复杂，与单相流的流动机理不同，没有类似单相流中的摩擦阻力系数与雷诺数之间的通用关联式，通常采用半经验性的关联式来进行计算。两相流的压力降要比相同质量流速的单相流的大得多，主要是：

① 由于管内壁持液，使管内径变小；

② 由于气-液两相间产生相互运动，导致界面能量损失；

③ 液体在管中起伏运动，产生能量损失等。

一般情况下气-液混合物中气相在 6%～98%（体积）范围内，应采用气-液两相流的计算方法来进行管路的压力降计算。气-液两相流分为非闪蒸型和闪蒸型两类。液体非闪蒸是流体在流动过程中，气-液相体积分率不发生变化。液体闪蒸是随着压力的降低液体闪蒸流动。气-液两相流管径的计算，应采用和流型判断相结合的方法，并根据流型判断结果初选管径。

确定气-液两相流的流动形式，对于两相流的压力降计算是非常重要的。在水平管中气-液两相流大致可分七种类型（表 1.5-1），在垂直管中气-液两相流大致可分成五种流型（表 1.5-2）。

在工程设计中一般要求两相流的流型为分散流或环状流，避免柱状流和活塞流，以免引起管路及设备严重振动。若选用的管路经计算后为柱状流，应在压力降允许的情况下尽量缩小管径，增大流速使其形成环状流或分散流。也可采取增加旁路、补充气体、增大流量等其它办法避免柱状流。这里介绍均相法和杜克勒法计算非闪蒸型气-液两相流的压力降计算。

表 1.5-1 水平管中的气-液两相流型

流型	图例	特征说明
气泡流	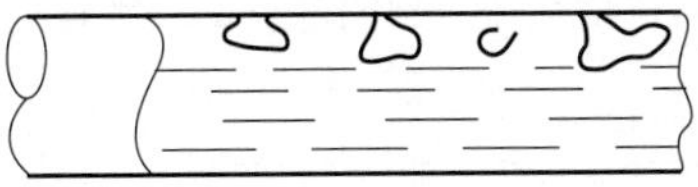	气泡沿管上部移动,其速度接近液体速度
活塞流	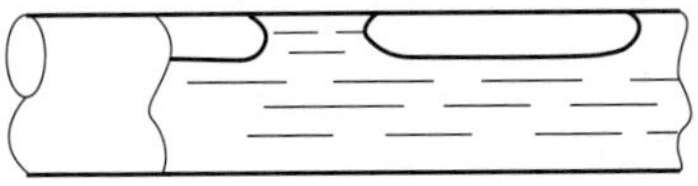	液体和气体沿管上部交替呈活塞状流动
层流	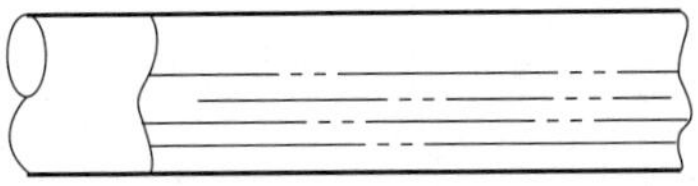	液体沿管底部流动,气体在液面上流动,形成平滑的气-液界面
波状流	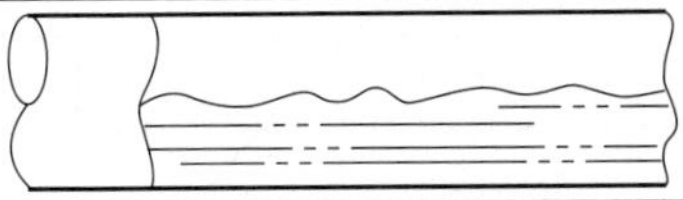	类似于层流,但气体在较高流速下流动,其界面受波动影响而被搅乱
柱状流	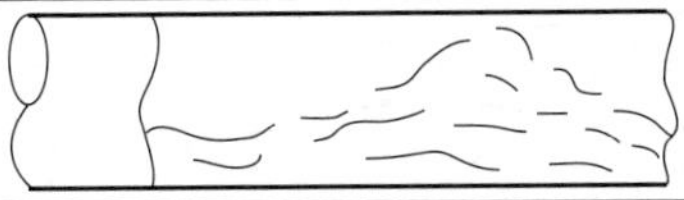	由于气体以较快速度流动而周期性崛起波状,形成泡沫柱,并以比平均流速大得多的速度流动
环状流	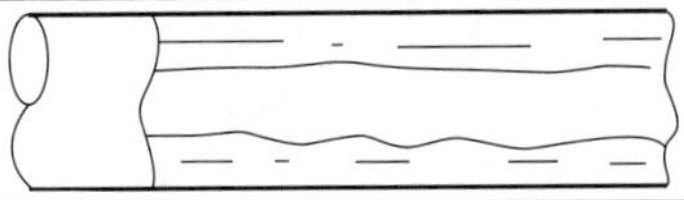	液体呈膜状沿管壁流动,气体则沿管中心高速流动
分散流	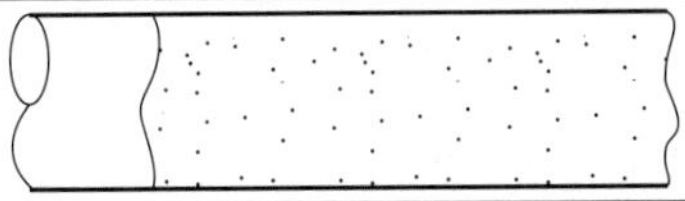	大部分或几乎全部液体被气体雾化而带走

表 1.5-2 垂直管内气液两相流的基本流型

流型	图例	特征说明	流型	图例	特征说明
气泡流	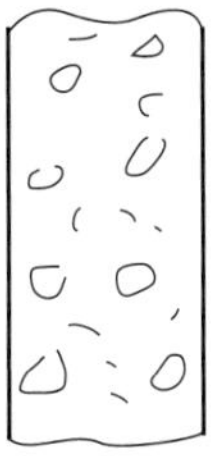	气体呈气泡分散在向上流动的液体中,当气体流速增加时,气泡的尺寸、速度及数目也增加	环状流	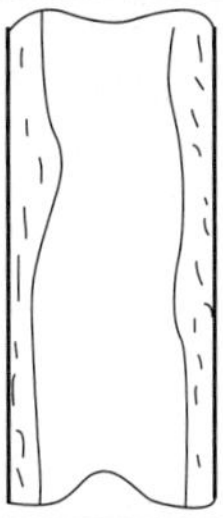	液体以小于气体的速度沿管壁向上移动,气体在管中心向上移动,部分液体呈液滴夹带在气体中。当气体流速增加时,夹带也增加
柱状流		液体和气体交替呈柱状向上移动,液体柱中含有一些分散的气泡,每一气体柱周围是一层薄液膜,向柱底流动。当气体流速增加时,气体柱的长度和速度都增加	雾状流	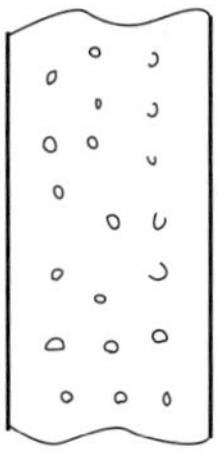	当气体流速增加时,全部液体离开管壁呈微细的液滴被气体带走
泡沫流	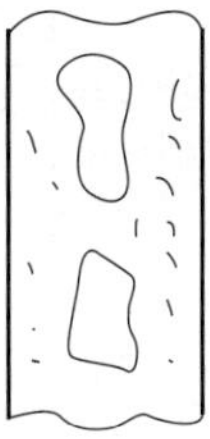	薄液膜消失,气泡和液体混合在一起,形成湍动紊乱的流型			

由于气-液两相流的流动情况复杂，目前尚无准确的压力降计算公式，多以半经验公式来计算。对于水平管和垂直管内气液两相流的流型按图 1.5-1 和图 1.5-2 判断。如判断为柱状流、活塞流，则应采取缩小管径、增大流速等措施来避免。如判断结果为分散流、环状流、波状流或层流，则用杜克勒法进行气-液两相流压力降计算，取其中较大值。

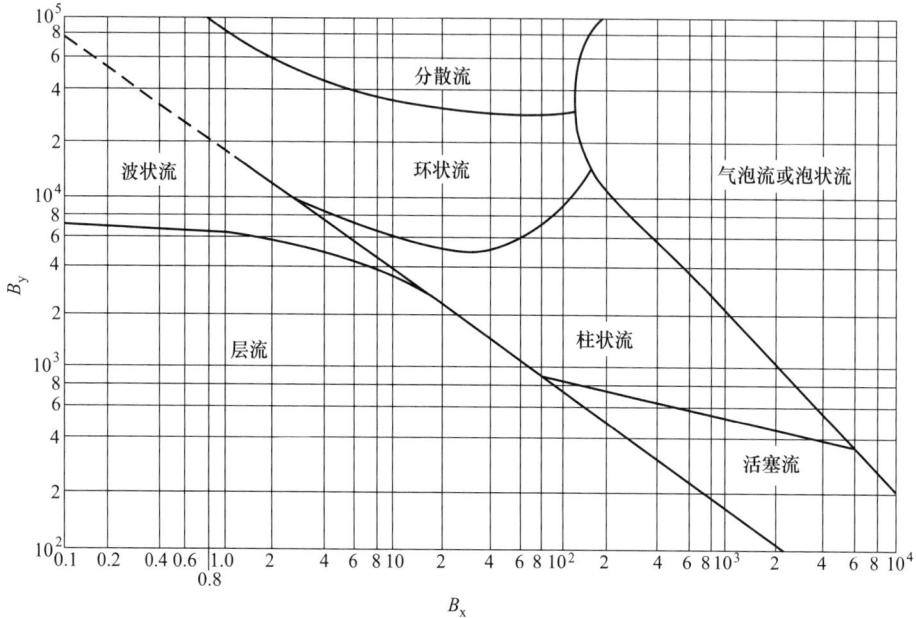

图 1.5-1 水平管内气-液两相流流型图

1.5.1.2 气-液两相流型判断

（1）水平管流型判断 在以流动条件、流体性能和管径来判断水平管中气-液两相流流型的许多图表中，图 1.5-1 为最常用，此图把两相流在水平管中的流动分成七个流型区域。这里应该注意到分隔不同流型区域的边界存在着相当宽的过渡区，因此计算时对临界流型也应加以考虑。图中的计算公式如下：

$$B_y = \frac{7.1 W_G}{A \sqrt{\rho_G \rho_L}} \tag{1.5-1}$$

$$B_x = \frac{2.1 W_L}{W_G} \times \frac{\sqrt{\rho_G \rho_L}}{\rho_L^{0.67}} \times \frac{\mu_L^{0.33}}{\sigma_L} \tag{1.5-2}$$

式中　B_y、B_x——伯克（Baker）参数；

　　　W_G——气相质量流速，kg/h；

　　　W_L——液相质量流速，kg/h；

　　　ρ_G——气相密度，kg/m³；

　　　ρ_L——液相密度，kg/m³；

　　　μ_L——液相黏度，Pa·s；

　　　σ_L——液相表面张力，N/m；

　　　A——管道截面积，m²。

通常先计算 B_y，当 $B_y \geqslant 80000$，对于一般黏度的液态烃类，其流型多在环状流或气泡流区域，无需计算 B_x。$B_y < 80000$，需计算 B_x。根据计算出的 B_y、B_x 值，从图 1.5-1 中查出其流型。

（2）垂直管流型判断 图 1.5-2 把垂直管的气-液两相流流型划分为三个区域：气泡流、柱状流和环状流或雾状流区域。判断流型的参数如下：

$$Fr = \frac{(V_G + V_L)^2 / A^2}{g d} \tag{1.5-3}$$

$$F_V = \frac{V_G}{V_G + V_L} \tag{1.5-4}$$

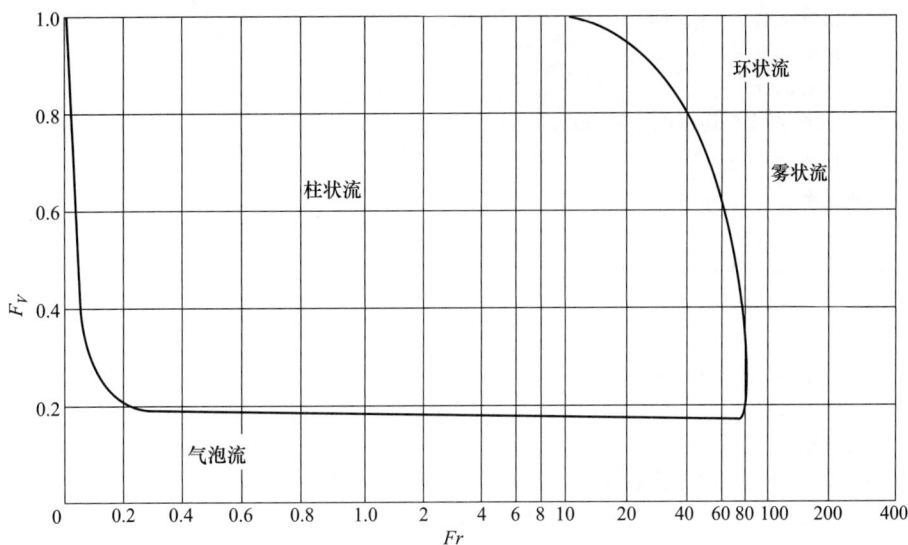

图 1.5-2 垂直管内气-液两相流流型图

其中

$$V_G = \frac{W_G}{3600\rho_G} \qquad (1.5-5)$$

$$V_L = \frac{W_L}{3600\rho_L} \qquad (1.5-6)$$

式中 Fr——弗鲁特（Froude）数；

F_V——气相体积分率；

W_G——气相质量流量，kg/h；

W_L——液相质量流量，kg/h；

V_G——气相体积流量，m^3/s；

V_L——液相体积流量，m^3/s；

d——管道内直径，m；

A——管道截面积，m^2；

g——重力加速度，$9.81m/s^2$。

通过计算求出 Fr、F_V 值，在图中查出其流型。

1.5.1.3 均相法压力降计算

气-液两相流压力降计算比较复杂，均相法是力图简单化，其特点是假定气-液两相在相同的速度下流动，将气-液混合物视为其物性介于液相与气相之间的均相流，这个假定在理论上可用于分散流，但不能用于环状流，因环状流的气相流速高于液相流速。均相法首先计算物性，然后计算压力降。

（1）均相法物性计算

$$W_T = W_G + W_L \qquad (1.5-7)$$

$$Y = \frac{W_G}{W_G + W_L} \qquad (1.5-8)$$

$$\rho_H = \frac{1}{Y/\rho_G + (1-Y)/\rho_L} \qquad (1.5-9)$$

$$X = (W_L/\rho_L)/(W_T/\rho_H) \qquad (1.5-10)$$

$$\mu_H = X\mu_L + (1-X)\mu_G \qquad (1.5-11)$$

$$u_H = \frac{W_T}{3600 \times 0.785d^2\rho_H} \qquad (1.5-12)$$

$$Re = \frac{\rho_H u_H d}{\mu_H} \qquad (1.5-13)$$

式中 W_T——气-液两相流总质量流量，kg/h；

W_L——液相质量流量，kg/h；

W_G——气相质量流量，kg/h；

Y——气相质量分率；

ρ_H——气-液两相流平均密度，kg/m³；

ρ_G——气相密度，kg/m³；

ρ_L——液相密度，kg/m³；

X——液相体积分率；

μ_H——气-液两相流平均黏度，Pa·s；

μ_L——液相黏度，Pa·s；

μ_G——气相黏度，Pa·s；

u_H——气-液两相流平均流速，m/s；

d——管道内直径，m；

Re——雷诺数。

（2）均相法压力降计算　根据管道材料及管内径，从图 1.4-1 中查取 ε（管壁绝对粗糙度）和 ε/d（管壁相对粗糙度）。根据 Re（雷诺数）和 ε/d（管壁相对粗糙度），从图中查取 λ（摩擦系数），即 λ_H。

① 直管段摩擦压力降（安全系数取 3）

$$\Delta p_f = 3 \times \frac{\lambda_H \rho_H u_H^2}{2} \times \frac{L}{d} \times 10^{-6} \tag{1.5-14}$$

② 局部压力降（安全系数取 3）

$$\Delta p_k = 3 \times \frac{\lambda_H \rho_H u_H^2}{2} \times \frac{L_e}{d} \times 10^{-6} \tag{1.5-15}$$

按当量长度法进行计算，常用管件和阀门的当量长度见表 1.4-2、表 1.4-3。

上升管静压降：$\Delta p_s = (Z_2 - Z_1) \rho_H g \times 10^{-6}$

总压力降（忽略管两端的速度压力降，安全系数取 1.15）：$\Delta p = 1.15 \times (\Delta p_f + \Delta p_k + \Delta p_s)$

式中　Δp_f——直管段摩擦压力降，MPa；

λ_H——管壁的摩擦系数；

L——直管段长度，m；

g——重力加速度，9.81m/s²；

Δp_k——局部压力降，MPa；

Δp_s——上升管静压降，MPa；

Δp——总压力降，MPa；

L_e——管件的当量长度，m；

$Z_1、Z_2$——管道始、终端标高，m。

1.5.1.4　杜克勒法压力降计算

考虑气-液两相在管内并非以同等速度流动，计算时先计算液相实际体积分率，再计算压力降。

（1）试差法求液相实际体积分率 K_L（试差初值可取 $K_L = 0.5$）：

$$K_L = 1 - K(1 - X) \tag{1.5-16}$$

$$X_L = u_L / u_H \tag{1.5-17}$$

$$Z = Re^{\frac{1}{6}} \times Fr^{\frac{1}{8}} / X^{\frac{1}{4}} \tag{1.5-18}$$

$$Re = d u_H \rho_H / \mu_{TP} \tag{1.5-19}$$

$$\mu_{TP} = \mu_L K_L + (1 - K_L) \mu_G \tag{1.5-20}$$

$$Fr = u_H^2 / (gd) \tag{1.5-21}$$

$$u_L = W_L / (\rho_L \times 3600 \times 0.785 \times d^2) \tag{1.5-22}$$

$$u_H = W_T / (\rho_H \times 3600 \times 0.785 \times d^2) \tag{1.5-23}$$

当 $Z \leqslant 10$ 时：　　　$K = -0.16367 + 0.31037Z - 0.03525Z^2 + 0.001366Z^3$ $\tag{1.5-24}$

当 $Z > 10$ 时：　　　$K = 0.75545 + 0.003585Z - 0.00001436Z^2$ $\tag{1.5-25}$

式中　K_L——液相实际体积分率；

K——班可夫（Barkoff）流动参数；

X——液相体积分率；

u_L——液相流速，m/s；

u_H——气-液两相流平均流速，m/s；

μ_{TP}——气-液两相流混合黏度，Pa·s；

Fr——均相弗鲁特（Froude）数；

Re——雷诺数；

Z——计算中间参数。

计算过程中先假定 K_L 值，计算出 Re、Fr、X、Z 和 K 值，再核算 K_L 值是否与假定值相符合。

（2）杜克勒法压力降计算

① 直管段及局部摩擦压力降计算

$$\Delta p_f + \Delta p_k = \frac{\lambda_{TP}\rho_{cs}u_H^2}{2} \times \frac{L+L_e}{d} \times 10^{-6} \tag{1.5-26}$$

$$\lambda_{TP} = \alpha_x\lambda_0 \tag{1.5-27}$$

$$Re_{TP} = \rho_{cs}u_H d/\mu_H \tag{1.5-28}$$

$$\alpha_x = 1 - \ln\lambda/\xi \tag{1.5-29}$$

$$\xi = 1.28 + 0.478\ln X + 0.444(\ln X)^2 + 0.094(\ln X)^3 + 0.00843(\ln X)^4 \tag{1.5-30}$$

$$\rho_{cs} = \rho_L X^2/K_L + \rho_G(1-X)^2/(1-K_L) \tag{1.5-31}$$

$$\mu_H = X\mu_L + (1-X)\mu_G \tag{1.5-32}$$

式中　Δp_f——气-液两相流直管段摩擦压力降，MPa；

Δp_k——气-液两相流局部摩擦压力降，MPa；

λ_{TP}——气-液两相流摩擦系数；

λ_0——单相流摩擦系数，由图 1.4-1 和图 1.4-2 中查得；

Re_{TP}——两相流雷诺数；

ρ_{cs}——气-液两相流平均密度的校正密度，kg/m³；

α_x——摩擦系数；

ξ——中间参数；

μ_H——气-液两相流黏度，Pa·s；

L_e——管件的当量长度，m。

② 管两端气-液两相流速度压力降计算

$$\Delta p_N = \left[\frac{G_L^2}{\rho_L K_L} + \frac{G_G^2}{\rho_G(1-K_L)}\right]_{出} \times 10^{-6} - \left[\frac{G_L^2}{\rho_L K_L} + \frac{G_G^2}{\rho_G(1-K_L)}\right]_{入} \times 10^{-6} \tag{1.5-33}$$

$$G_G = W_G/(3600 \times 0.785d^2) \tag{1.5-34}$$

$$G_L = W_L/(3600 \times 0.785d^2) \tag{1.5-35}$$

式中　　Δp_N——气-液两相流速度压降，MPa；

G_L——液相质量流速，kg/(m²·s)；

G_G——气相质量流速，kg/(m²·s)；

$[\ ]_{出}$、$[\ ]_{入}$——管道始端、终端处的数据。

对非闪蒸的气-液两相流，若气体和液体体积分率及气体密度沿管道流向的变化不大，则速度压力降可以忽略不计。

③ 气-液两相流静压力降计算

$$\Delta p_s = (Z_2 - Z_1)\rho_{TP} \times 9.81 \times 10^{-6} \tag{1.5-36}$$

$$\rho_{TP} = K_L\rho_L + (1-K_L)\rho_G \tag{1.5-37}$$

式中　Δp_s——气-液两相流静压降，MPa；

ρ_{TP}——气-液两相流密度，kg/m³；

Z_1、Z_2——管道始、终端标高，m。

④ 总压力降计算（安全系数 1.15）

$$\Delta p = 1.15 \times (\Delta p_f + \Delta p_k + \Delta p_N + \Delta p_s) \tag{1.5-38}$$

1.5.1.5 非闪蒸气液两相流体压力降计算示例

求再沸器出口返回再生塔的上升管段总压力降。已知条件见下表。

参数或物性	单位	气相	液相
质量流量	kg/h	$W_G=55441$	$W_L=317659$
密度	kg/m³	$\rho_G=0.9259$	$\rho_L=1217.41$
黏度	Pa·s	$\mu_G=1\times10^{-5}$	$\mu_L=0.5\times10^{-3}$
表面张力	N/m		$\sigma_L=0.07$
管道内直径	m	$d=1.024$	
管道材质		碳钢	
管长	m	$L=16.0\mathrm{m}$,其中垂直管长 6m	
管件	个	90°弯头 1 个	
压力	MPa	管始端 $p=0.168$	

解： 水平管流型判断：

$$B_y=7.1W_G/[A(\rho_L\rho_G)^{0.5}]=7.1\times55441/[0.785\times1.024^2\times(1217.41\times0.9259)^{0.5}]=14244<80000$$

必须计算 $B_x=\dfrac{2.1W_L}{W_G}\times\dfrac{\sqrt{\rho_G\rho_L}}{\rho_L^{0.67}}\times\dfrac{\mu_L^{0.33}}{\sigma_L}$

$$B_x=\frac{2.1\times317659}{55441}\times\frac{\sqrt{1217.41\times0.9259}}{1217.41^{0.67}}\times\frac{(0.5\times10^{-3})^{0.33}}{0.07}=4.02$$

由图 1.5-1 查得水平管为环状流。

垂直管流型判断：

$$V_G=\frac{W_G}{3600\times\rho_G}=\frac{55441}{3600\times0.9259}=16.63\ (\mathrm{m^3/s})$$

$$V_L=\frac{W_L}{3600\times\rho_L}=\frac{317659}{3600\times1217.41}=0.0725\ (\mathrm{m^3/s})$$

$$Fr=\frac{(V_G+V_L)^2/A^2}{gd}=\left(\frac{16.63+0.0725}{0.785\times1.024^2}\right)^2/(9.81\times1.024)=41.00$$

$$F_V=\frac{V_G}{V_G+V_L}=\frac{16.63}{16.63+0.0725}=0.996$$

由图 1.5-2 查得垂直管为环状流。

下面分别用均相法和杜克勒法计算压力降。

（1）均相法计算压力降　先进行均相物性计算

$$W_T=W_G+W_L=55441+317659=373100\ (\mathrm{kg/h})$$

$$Y=\frac{W_G}{W_G+W_L}=\frac{55441}{55441+317659}=0.149$$

$$\rho_H=\frac{1}{Y/\rho_G+(1-Y)/\rho_L}=1/\left(\frac{0.149}{0.9529}+\frac{1-0.149}{1217.14}\right)=6.204\ (\mathrm{kg/m^3})$$

$$X=(W_L/\rho_L)/(W_T/\rho_H)=\frac{317659\times6.204}{373100\times1217.41}=0.00434$$

$$\mu_H=X\mu_L+(1-X)\mu_G=0.00434\times0.5\times10^{-3}+(1-0.00434)\times10^{-5}=1.2\times10^{-5}\ (\mathrm{Pa\cdot s})$$

$$u_H=\frac{W_T}{3600\times0.785\times d^2\times\rho_H}=373100/(3600\times0.785\times1.204^2\times6.204)=20.30\ (\mathrm{m/s})$$

$$Re=\frac{\rho_Hu_Hd}{\mu_H}=6.204\times20.30\times1.024/(1.2\times10^{-5})=1.075\times10^7$$

查图 1.4-2 得：$\varepsilon=0.046$，$\varepsilon/d=0.000045$。查图 1.4-1 得 $\lambda_H=0.0105$。

计算直管段摩擦压力降：
$$\Delta p_f=3\times\frac{\lambda_H\rho_Hu_H^2}{2}\times\frac{L}{d}\times10^{-6}$$

$$\Delta p_f=3\times\frac{0.0105\times6.204\times20.30^2}{2}\times\frac{16}{1.024}\times10^{-6}=0.000629\ (\mathrm{MPa})$$

计算局部压力降：
$$\Delta p_k = 3 \times \frac{\lambda_H \rho_H u_H^2}{2} \times \frac{L_e}{d} \times 10^{-6}$$

$$\Delta p_k = 3 \times \frac{0.0105 \times 6.204 \times 20.30^2}{2} \times 30 \times 10^{-6} = 0.00121 \text{（MPa）}$$

计算上升管静压降：$\Delta p_s = (Z_2 - Z_1)\rho_H \times 9.81 \times 10^{-6} = 6 \times 6.204 \times 9.81 \times 10^{-6} = 0.000365 \text{（MPa）}$

总压力降：$\Delta p = 1.15 \times (\Delta p_f + \Delta p_k + \Delta p_H) = 1.15 \times (0.000629 + 0.00121 + 0.000365) = 0.00253 \text{（MPa）}$

（2）杜克勒法计算压力降　由均相法计算可知：$\rho_H = 6.204 \text{kg/m}^3$，$u_H = 20.30 \text{m/s}$

$$u_L = W_L / (\rho_L \times 3600 \times 0.785 \times d^2) = 317659/(1217.41 \times 3600 \times 0.785 \times 1.024^2) = 0.088 \text{（m/s）}$$

$$X = u_L / u_H = 0.088/20.30 = 0.00434$$

$$Fr = u_H^2 / (gd) = 20.30^2 / (9.81 \times 1.024) = 41.023$$

假定 $K_L = 0.06$

$$\mu_{TP} = \mu_L K_L + (1 - K_L)\mu_G = 0.5 \times 10^{-3} \times 0.06 + (1 - 0.06) \times 1 \times 10^{-5} = 3.94 \times 10^{-5} \text{（Pa · s）}$$

$$Re = du_H \rho_H / \mu_{TP} = 1.024 \times 20.30 \times 6.204/(3.94 \times 10^{-5}) = 3.273 \times 10^6$$

$$Z = Re^{\frac{1}{6}} Fr^{\frac{1}{8}} / X^{\frac{1}{4}} = (3.273 \times 10^6)^{\frac{1}{6}} \times (41.023)^{\frac{1}{8}} / 0.00434^{\frac{1}{4}} = 75.523 > 10$$

$$K = 0.75545 + 0.003585Z - 0.00001436Z^2$$
$$= 0.75545 + 0.003585 \times 75.523 - 0.00001436 \times 75.523^2 = 0.944$$

$$K_L = 1 - K(1 - X) = 1 - 0.944 \times (1 - 0.00434) = 0.060$$

与假定值相符合。

$$\rho_{cs} = \rho_L X^2 / K_L + \rho_G (1 - X)^2 / (1 - K_L)$$

$$\rho_{cs} = 1217.41 \times 0.00434^2 / 0.06 + 0.9259 \times (1 - 0.00434)^2 / (1 - 0.06) = 1.3586 \text{（kg/m}^3\text{）}$$

$$Re_{TP} = \rho_{cs} u_H d / \mu_H = 1.3586 \times 1.024 \times 20.30/(1.2 \times 10^{-5}) = 2.35 \times 10^6$$

查图 1.4-2，得：$\varepsilon = 0.046$，$\varepsilon/d = 0.000045$。查图 1.4-1，得 $\lambda_H = 0.0116$。

$$\xi = 1.28 + 0.478\ln X + 0.444(\ln X)^2 + 0.094(\ln X)^3 + 0.00843(\ln X)^4$$

$$\xi = 1.28 + 0.478\ln 0.00434 + 0.444(\ln 0.00434)^2 + 0.094(\ln 0.00434)^3 + 0.00843(\ln 0.00434)^4$$
$$= 4.07$$

$$\alpha_x = 1 - \ln\lambda/\xi = 1 - \ln 0.00434/4.07 = 2.337$$

$$\lambda_{TP} = \alpha_x \lambda_0 = 2.337 \times 0.0116 = 0.0271$$

90°弯头一个，查表 1.4-3，得：$L_e/d = 30$。

$$\Delta p_f + \Delta p_k = \frac{\lambda_{TP} \rho_{cm} u_H^2}{2} \times \frac{L + L_e}{d} \times 10^{-6}$$

$$\Delta p_f + \Delta p_k = \frac{0.0271 \times 1.3586 \times 20.30^2}{2} \times \left(\frac{16}{1.024} + 30\right) \times 10^{-6} = 0.000346 \text{（MPa）}$$

上升管静压力降计算：

$$\rho_{TP} = K_L \rho_L + (1 - K_L)\rho_G = 0.06 \times 1217.41 + (1 - 0.06) \times 0.9259 = 73.92 \text{（kg/m}^3\text{）}$$

$$\Delta p_s = (Z_2 - Z_1)\rho_{TP} \times 9.81 \times 10^{-6} = 6 \times 73.92 \times 9.81 \times 10^{-6} = 0.00435 \text{（MPa）}$$

总压力降计算（忽略速度压力降）：

$$\Delta p = 1.15 \times (\Delta p_f + \Delta p_k + \Delta p_N + \Delta p_s) = 1.15 \times (0.000346 + 0.00435) = 0.0054 \text{（MPa）}$$

均相法 $\Delta p = 0.00253 \text{MPa}$，杜克勒法 $\Delta p = 0.0054 \text{MPa}$，总压力降取较大值：$\Delta p = 0.0054 \text{MPa}$。

1.5.2 闪蒸气液两相流体压力降计算

1.5.2.1 闪蒸气液两相流体

化工生产中流体在管道内流动过程中液相不断转化为气相，液相量不断减少，气相量不断增加，此类流型称为闪蒸型气液两相流。例如锅炉排污管、裂化炉油气出口管内的流体均为闪蒸型两相流。闪蒸型流动状态复杂。某些情况下，如管道短，压降不大，相应的闪蒸气量很小，则可按"非闪蒸型两相流"考虑。"闪蒸型气-液两相流"的管道压力降计算通常有两种方法。计算方法一需要管入口、出口及至少一个中间点的工艺数据，中间点越多计算越精确，若无中间点数据则推荐使用计算方法二，但精确度较差。两种计算方法的使用范围推荐如下：

① 裂化炉油气输出管可用计算方法一；

② 冷凝液闪蒸管两法均可使用，取决于计算结果精确度的不同要求；

③ 蒸汽锅炉节流阀后的连续排放管采用计算方法二；

④ 压降很大，闪蒸量较小的场合，推荐采用计算方法二，在计算中通常假设降压前（控制阀或限流孔板前）无闪蒸，降压区域（控制阀或限流孔板后）的闪蒸曲线可按直线考虑；

⑤ 非烃类化合物生产中，硫化氢、二氧化碳吸收塔底的富液管道去再生塔顶入口处的管段中有闪蒸，此段管线的压降计算及管径选择可采用计算方法二。

1.5.2.2 计算方法一介绍

流体质量流量 W_T、管道截面积 A 与系统压力 p 和物料密度 ρ_s 之间的关系如下：

$$\left(\frac{W_T}{3600A}\right)^2 = 2\times10^6 \times \frac{\displaystyle\int_{p_1}^{p_2}(-\rho_s)\mathrm{d}p}{2\ln\dfrac{\rho_{s1}}{\rho_{s2}}+\dfrac{\lambda L}{d}} \tag{1.5-39}$$

若将管道分成 $n-1$ 段，上式中的积分项可用下式表示：

$$\int_{p_1}^{p_2}(-\rho_s)\mathrm{d}p = \frac{\rho_{s1}+\rho_{s2}}{2}\times(p_1-p_2)+\cdots+\frac{\rho_{s(n-1)}+\rho_{sn}}{2}\times(p_{n-1}-p_n) \tag{1.5-40}$$

上式可简化为：

$$\left(\frac{W_T}{3600A}\right)^2 = 2\times10^6 \times \frac{\dfrac{\rho_{s1}+\rho_{s2}}{2}\times(p_1-p_2)+\cdots+\dfrac{\rho_{s(n-1)}+\rho_{sn}}{2}\times(p_{n-1}-p_n)}{2\ln\dfrac{\rho_{s1}}{\rho_{s2}}+\dfrac{\lambda L}{d}} \tag{1.5-41}$$

式中　W_T——气-液两相流总质量流量，kg/h；

p_1——管道始端压力，MPa；

p_n——管道 n 点压力（n＝1、2、3···），MPa；

ρ_s——气-液两相流平均密度，kg/m³；

λ——摩擦系数；

L——管道计算长度，m。

注意的是上式未涉及管道出口与入口端的静压力降（式中 L 指管道计算总长度），摩擦系数（λ）值为不变的平均值，由平均黏度及平均雷诺数等求取。计算步骤如下：

（1）给出入口、出口及一个或多个中间点的工艺数据，即给出温度（T）、压力（p）、质量流量（W）、分子量（M）和密度（ρ）等，同时给出管径、长度等管道数据。

（2）计算两相流体的平均密度

$$\rho_s = \frac{W_T}{W_L/\rho_L+W_G/\rho_G} \tag{1.5-42}$$

式中　W_L——液相质量流量，kg/h；

W_G——气相质量流量，kg/h；

ρ_L——液相密度，kg/m³；

ρ_G——气相密度，kg/m³。

（3）依据两相流体平均密度（ρ_s）与相应的压力（p）绘制 ρ_s-p 图。

（4）计算两相流体的液相平均体积分率：

$$X = \frac{W_L/\rho_L}{W_T/\rho_s} \tag{1.5-43}$$

式中　X——液相平均体积分率。

（5）计算两相流体的平均黏度：

$$\mu_s = \mu_L X + \mu_G(1-X) \tag{1.5-44}$$

式中　μ_L——液相黏度，Pa·s；

μ_G——气相黏度，Pa·s；

μ_s——气-液两相流平均黏度，Pa·s。

(6) 计算雷诺数:

$$Re = \frac{W_T d}{3600 A \mu_s} \tag{1.5-45}$$

式中 A——管道截面积, m^2;

d——管道内直径, m。

并由图 1.4-1 和图 1.4-2 查得管道的相对粗糙度 (ε/d) 及摩擦系数 (λ),并计算 $\lambda L/d$。

(7) 由给定的质量流量及管道截面积计算 $(W_T/3600A)^2$。

(8) 确定 $n-2$ 个压力点,连同始端、终端的压力值共 n 个点,再由 ρ_s-p 图查取与 p_1、p_2、…、p_n 点相对应的 ρ_{s1}、ρ_{s2}、…、ρ_{sn},由式 (1.5-40) 计算点 1 与点 2、点 1 与点 3……点 1 与点 n 的 $n-1$ 个 $\left(\dfrac{W_T}{3600A}\right)^2$ 值。若其中某一点已达到上条的 $\left(\dfrac{W_T}{3600A}\right)^2$ 值,则表示管截面积为 A 的管道可以满足要求。不过从经济性或工艺控制要求考虑,还应进一步作 A 值的调整计算;为确保操作一般应用 1.08 倍的安全系数。

1.5.2.3 计算方法二介绍

(1) 计算方法二由 8 个公式组成,这 8 个公式是在假设密度随压力的变化是一条直线的基础上进行计算的,因此仅需要入口及出口两个点的工艺数据。设点 1、2、3 分别为管道始端、终端、中间点数据。中间点的工艺数据按下列方法确定:

$$p_3 = p_2 + (p_1 - p_2)/3 \tag{1.5-46}$$
$$W_{G3} = W_{G2} + (W_{G1} - W_{G2})/3 \tag{1.5-47}$$
$$W_{L3} = W_{L2} + (W_{L1} - W_{L2})/3 \tag{1.5-48}$$
$$T_3 = T_2 + (T_1 - T_2)/3 \tag{1.5-49}$$
$$M_3 = M_2 - (M_2 - M_1)/3 \tag{1.5-50}$$
$$\rho_{G3} = \rho_{G2} + (\rho_{G1} - \rho_{G2})/3 \tag{1.5-51}$$
$$\rho_{L3} = \rho_{L2} + (\rho_{L1} - \rho_{L2})/3 \tag{1.5-52}$$
$$\rho_{S3} = \frac{W_T}{W_{G3}/\rho_{G3} + W_{L3}/\rho_{L3}} \tag{1.5-53}$$

式中 p_1、p_2、p_3——管道始端、终端、中间点压力,MPa;

W_{G1}、W_{G2}、W_{G3}——管道始端、终端、中间点气体质量流量,kg/h;

W_{L1}、W_{L2}、W_{L3}——管道始端、终端、中间点液体质量流量,kg/h;

T_1、T_2、T_3——管道始端、终端、中间点温度,℃;

M_1、M_2、M_3——管道始端、终端、中间点流体分子量;

ρ_{G1}、ρ_{G2}、ρ_{G3}——管道始端、终端、中间点气体密度,kg/m³;

ρ_{L1}、ρ_{L2}、ρ_{L3}——管道始端、终端、中间点液体密度,kg/m³;

ρ_{S3}——管道中间点的流体密度,kg/m³。

(2) 计算时首先假设一个管径,用点 3 的平均密度,平均黏度等数据按 "1.4.1 不可压缩单相流管道压力降计算" 的方法计算 Δp,此压力降包括摩擦压力降、速度压力降及静压压力降三个部分,具体方法见 "1.4.1 不可压缩单相流管道压力降计算"。若忽略 1、2 点间混合物的密度差别,则其中速度压力降可按下式计算:

$$\Delta p_N = \frac{W_T (u_2 - u_1)}{3600A} \times 10^{-6} \tag{1.5-54}$$

式中 u_1、u_2——流体在管道始端及终端处的流速,m/s;

其余符号意义同前。

(3) 将计算出压力降与允许的压力降比较,若计算的压力降小于且接近允许压力降,则假设管径可用,否则需重新假设管径计算压力降,直至计算压力降小于且接近允许压力降,即为所求管径。

1.5.2.4 闪蒸气液两相流体压力降计算示例

已知条件:炼油厂裂化炉油气输出管道

气-液正常总流量: $W_T = W_C + W_L = 165333 kg/h$

负荷安全系数:1.08

气-液最大总流量：$W_m = 1.08W_T = 178560 \text{kg/h}$

设定数据点序号	1	2	3	4
设定数据点位置	炉子出口	中间点	中间点	塔入口

各点的工艺数据列表如下：

数据点序号	温度 /℃	压力 /MPa	物料流量/(kg/h)		气体		液体	ρ_s /(kg/m³)
			气 W_G	液 W_L	分子量	ρ_G/(kg/m³)	ρ_L/(kg/m³)	
1	460	0.1496	38325	127008	315	7.69	684	31.98
2	457	0.1379	49443	115890	318	7.21	689	23.53
3	449	0.1014	58061	107272	333	5.61	713	15.75
4	440.5	0.0621	76881	88452	352	3.68	737	7.87

根据计算的 ρ_s，绘制 ρ_s-p 曲线图如下：

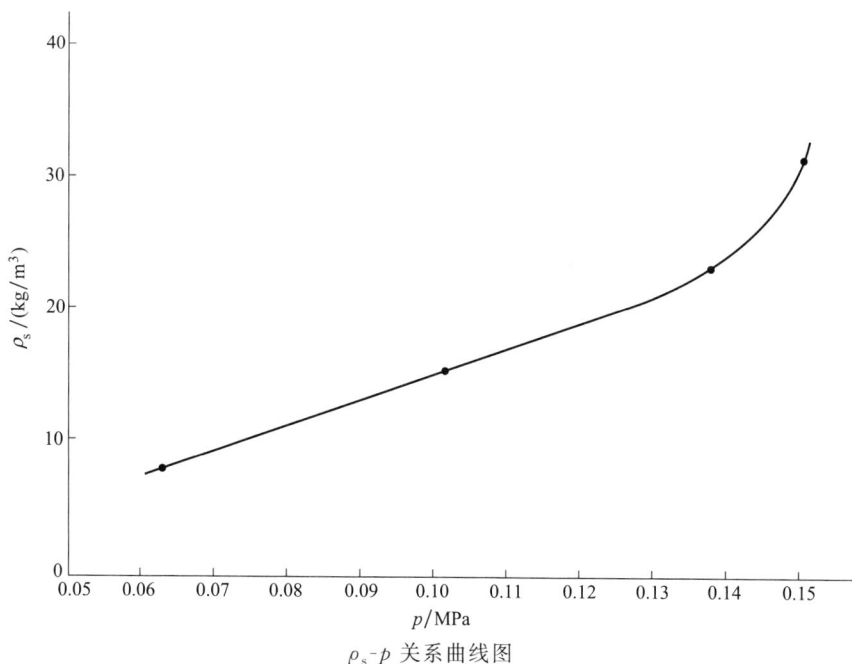

ρ_s-p 关系曲线图

在平均压力为 0.106MPa 时，物料平均黏度为 0.0001Pa·s。通过计算选用合适尺寸的输送管道。试选 DN250 和 DN300 两种规格管道。

【方法一】

解：（1）选用 DN250 钢管，管道内直径（d）0.2545m，管道截面积（A）0.0508m²，管道计算长度（L）47.85m。

$$\left(\frac{W_T}{3600A}\right)^2 = \left(\frac{165333}{3600 \times 0.0508}\right)^2 = 817310 \left[\text{kg}^2/(\text{s}^2 \cdot \text{m}^4)\right]$$

$$\left(\frac{W_T}{3600A}\right)^2 = \left(\frac{178560}{3600 \times 0.0508}\right)^2 = 953314 \left[\text{kg}^2/(\text{s}^2 \cdot \text{m}^4)\right]$$

$$Re = \frac{W_T d}{3600A\mu_s} = \frac{165333 \times 0.2545}{3600 \times 0.0508 \times 0.0001} = 2.3 \times 10^6$$

由图 1.4-2 查得，相对粗糙度 $\varepsilon/d = 1.8 \times 10^{-4}$，由图 1.4-1 查得，摩擦系数 $\lambda = 0.014$。

$$\frac{\lambda L}{d} = 0.014 \times 47.85/0.2545 = 2.63$$

（2）选用 DN300 钢管，管道内直径（d）：0.3037m，管道截面积（A）：0.0724m²，管道计算长度（L）：52.43m。

$$\left(\frac{W_T}{3600A}\right)^2 = \left(\frac{165333}{3600 \times 0.0724}\right)^2 = 402380 \left[\text{kg}^2/(\text{s}^2 \cdot \text{m}^4)\right]$$

$$\left(\frac{W_T}{3600A}\right)^2 = \left(\frac{178560}{3600 \times 0.0724}\right)^2 = 469338 \ [\text{kg}^2/(\text{s}^2 \cdot \text{m}^4)]$$

$$Re = \frac{W_T d}{3600A\mu_s} = \frac{165333 \times 0.3037}{3600 \times 0.0724 \times 0.0001} = 1.93 \times 10^6$$

由图 1.4-2 查得，相对粗糙度 $\varepsilon/d = 1.4 \times 10^{-4}$，由图 1.4-1 查得，摩擦系数 $\lambda = 0.0136$。

$$\frac{\lambda L}{d} = 0.0136 \times 52.43/0.3037 = 2.35$$

（3）计算结果列表如下：

项目	单位	DN250	DN300
管道内直径（d）	m	0.2545	0.3037
管道截面积（A）	m^2	0.0508	0.0724
相对粗糙度（ε/d）		1.8×10^{-4}	1.4×10^{-4}
平均黏度为（μ_s）	Pa·s	0.0001	0.0001
$(W_T/3600A)^2$	kg^2/(s^2·m^4)	817310	402338
Re		2.3×10^{-4}	1.93×10^{-4}
摩擦系数（λ）		0.014	0.0136
计算长度（L）	m	47.85	52.43
$\lambda L/d$		2.63	2.35
$(W_m/3600A)^2$	kg^2/(s^2·m^4)	953314	469338

（4）由 ρ_s-p 关系曲线图查取 8 组对应的 ρ_s-p，将管段分成 7 段，求取不同管径下允许的最大流速。以 DN250 为例结果列表（数值有差异）如下：

第 1 点　$p_1 = 0.1496\text{MPa}$　$\rho_{s1} = 32.04\text{kg/m}^3$

第 2 点　$p_2 = 0.1379\text{MPa}$　$\rho_{s1} = 23.39\text{kg/m}^3$

第 3 点　$p_3 = 0.1242\text{MPa}$　$\rho_{s1} = 18.42\text{kg/m}^3$

从第 1 点到第 2 点间：

$$\left(\frac{W_T}{3600A}\right)^2 = 2 \times 10^6 \times \frac{\dfrac{32.04 + 23.39}{2} \times (0.1496 - 0.1379)}{2\ln\dfrac{32.04}{23.29} + 2.63} = 199018 \ [\text{kg}^2/(\text{s}^2 \cdot \text{m}^4)]$$

从第 1 点到第 3 点间：

$$\left(\frac{W_T}{3600A}\right)^2 = 2 \times 10^6 \times \frac{\dfrac{32.04 + 23.39}{2} \times (0.1496 - 0.1379)}{2\ln\dfrac{32.04}{8.42} + 2.63} +$$

$$\frac{\dfrac{23.39 + 18.42}{2} \times (0.1379 - 0.1342)}{2\ln\dfrac{32.04}{8.42} + 2.63} = 326840 \ [\text{kg}^2/(\text{s}^2 \cdot \text{m}^4)]$$

依此类推计算出一组数据列表如下。

$\Delta p \sim (W_T/3600A)^2$ 对应表

序号	压力（p）/MPa	平均密度（ρ_s）/(kg/m^3)	压力降/MPa	$\int_{p_1}^{p_n}(-\rho_s)dp$ 末项	总和	$2\ln\dfrac{\rho_{s1}}{\rho_{sn}}+\dfrac{\lambda L}{d}$ DN250	DN300	$\left(\dfrac{W_T}{3600A}\right)^2$ DN250	DN300
1	0.1496	32.04							
2	0.1379	23.39	0.0117	0.3243	0.3243	3.259	2.979	199018	217724
3	0.1242	18.42	0.0137	0.2864	0.6107	3.737	3.457	326840	353312
4	0.1103	16.02	0.0139	0.2894	0.8501	4.016	3.736	423357	455086
5	0.0965	14.42	0.0138	0.2100	1.0601	4.227	3.947	501585	537167
6	0.0828	12.82	0.0137	0.1866	1.2467	4.462	4.182	558808	596222
7	0.0689	9.61	0.0139	0.1559	1.4026	5.038	4.758	556808	589575
8	0.0621	7.85	0.0068	0.0594	1.4020	5.443	5.163	537204	566337

末项指 $\int_{p_{n-1}}^{p_n}(-\rho_s)dp = \dfrac{\rho_{s(n-1)} + \rho_{sn}}{2} \times (p_{n-1} - p_n)$；总和指 $\int_{p_1}^{p_n}(-\rho_s)dp$

（5）由上表可以看出，对于一定的起始压力和压力降，有一个对应的 $(W_T/3600A)^2$ 值（最大），二者相互对应；对于 DN250 管终点压力为 0.0621MPa 时，$(W_T/3600A)^2$ 值为 537204，$\Delta p = 0.1496 - 0.0621 = 0.0875$（MPa）。DN250 管最大流通能力约为 537204，而工艺要求 DN250 管最大流通能力为 953314，满足不了要求，对于 DN300 管的最大流通能力为 566337，工艺要求 DN300 管的最大流通能力为 469338，因此选用 DN300 管可满足工艺要求。在求取各终点压力下的 W_T 值时，要计算相应条件下的 $(W_T/3600A)^2$ 值，该 $(W_T/3600A)^2$ 值相应于流过计算长度为 L 的管道的临界流量，其压力降为起点压力减去相应的终点压力。

【方法二】

解： 选用 DN300 钢管，$d = 0.3037$m，$A = 0.0724$m^2，$L = 52.43$m，$\mu_s = 0.0001$Pa·s，始终点的工艺数据列表如下：

数据点序号	压力 p /MPa	温度 T /℃	u /(m/s)	分子量 M	气 W_G /(kg/h)	液 W_L /(kg/h)	ρ_G /(kg/m^3)	ρ_L /(kg/m^3)	ρ_s /(kg/m^3)
1	0.1496	460	19.80	315	38325	127008	7.69	684	32.04
2	0.0621	440.5	80.81	352	76881	88452	3.68	737	7.85

由点 1、点 2 根据公式计算中间点的各数据：$p_3 = 0.0913$MPa；$T_3 = 447$℃；$M_3 = 339.7$；$W_{G3} = 64029$kg/h；$W_{L3} = 101304$kg/h；$W_T = 165333$kg/h；$\rho_{G3} = 5.02$kg/h；$\rho_{L3} = 719$kg/h；$\rho_{s3} = 12.82$kg/h；$u_3 = 165333/(12.82 \times 3600 \times 0.0724) = 49.48$（m/s）。

$$Re = \frac{W_T d}{3600A\mu_s} = \frac{165333 \times 0.3037}{3600 \times 0.0724 \times 0.0001} = 1.926 \times 10^6$$

由图 1.4-2 查得，相对粗糙度 $\varepsilon/d = 1.4 \times 10^{-4}$。由图 1.4-1 查得，摩擦系数 $\lambda = 0.0136$。

以第 3 点数据计算管道的摩擦压力降 Δp_f：

$$\Delta p_f = \frac{\rho_{s3} u_3^2}{2} \times \frac{\lambda L}{d} \times 10^{-6} = \frac{12.82 \times 49.48^2}{2} \times \frac{0.0136 \times 52.43}{0.3037} \times 10^{-6} = 0.0368 \text{（MPa）}$$

由点 1、点 2 端点数据计算速度压力降 Δp_N：

$$\Delta p_N = \frac{W_T(u_2 - u_1)}{3600A} \times 10^{-6} = \frac{165333(80.81 - 19.8)}{3600 \times 0.0724} \times 10^{-6} = 0.0387 \text{（MPa）}$$

假设该管道为水平管道，故静压力降：$\Delta p_s = 0$

因此系统总压力降计算：

$$\Delta p = \Delta p_f + \Delta p_N + \Delta p_s = 0.0368 + 0.0387 = 0.0755 \text{（MPa）}$$

实际系统两端间压力降：$\Delta p = 0.1496 - 0.0621 = 0.0875$（MPa）

1.5.3 气固两相流体压力降计算

1.5.3.1 气力输送的类型

气体和固体在管道内一起的流动称为气-固两相流动（简称气-固两相流），气-固两相流出现在气力输送系统中，气力输送按其被输送物料在管道中的运动状态可分为以下几类（表 1.5-3、表 1.5-4）。

表 1.5-3　水平气力输送物料运动状态

类型	顺序	图示
稀相动压气力输送	①	
	②	

续表

类型	顺序	图示
密相动压气力输送	③	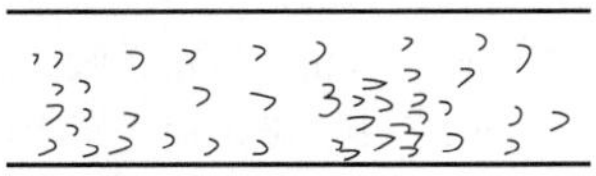
	④	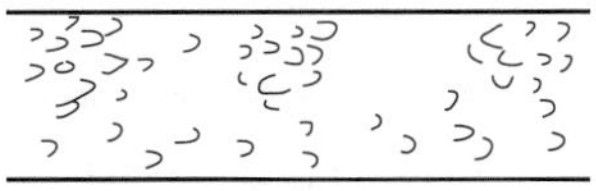
密相静压气力输送	⑤密相静压栓流输送	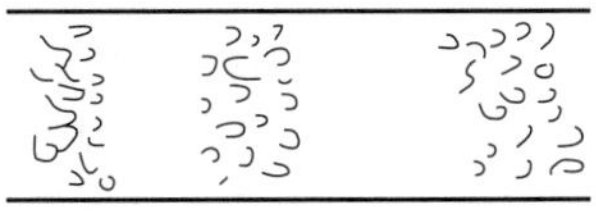
	⑥密相静压柱流输送	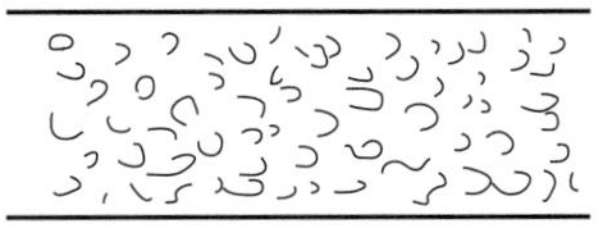

表 1.5-4　垂直气力输送物料运动状态

类型	稀相动压气力输送		密相动压气力输送		密相静压气力输送	
顺序	①	②	③	④	⑤密相静压栓流输送	⑥密相静压柱流输送
图示	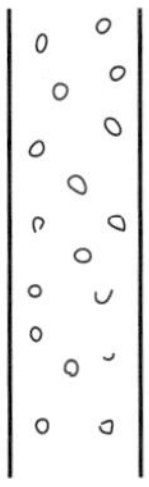	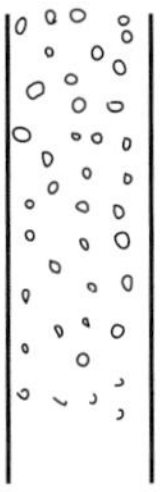	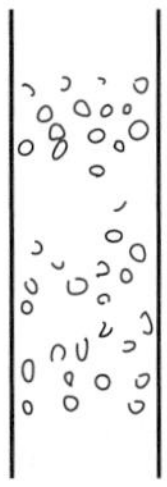		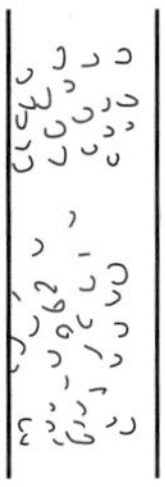	
特征	气体流速(u_f)≥经济流速(u_e)		噎塞流速(u_h)<气体流速(u_f)<经济流速(u_e)		气体流速(u_f)<噎塞流速(u_h)	

（1）稀相动压气力输送　在输送物料时，物料悬浮在管中并呈均匀分布，在水平管道中呈飞翔状态，空隙率很大，物料输送主要靠由较高速度在工作气体中所形成的动能来实现。气流速度通常在 12～40m/s 之间，质量输送比（简称输送比，即被输送物料的质量流量与工作气体质量流量之比，以 m 表示）通常在 1～5 之间，对于粒料输送比可高达 15。

（2）密相动压气力输送　物料在管道内已不再均匀分布，而呈密集状态，物料从气流中分离出来，但管道并未被堵塞，物料呈沙丘状，密相动压输送亦是依靠工作气体的动能来实现的。通常密相动压输送的气流速度在 8～15m/s 之间，输送比（m）在 15～20 之间，对于易充气的物料输送比（m）可高达 200 以上。

（3）密相静压气力输送　物料在管道中沉积、密集而栓塞管道，依靠工作气体的静压来推送物料，比起前两种输送方式，密相静压输送的气流速度更低，输送比（m）更高。

设计气力输送系统时，应根据被输送物料的特性、装置的技术经济要求以及生产过程的工艺特性和工艺要求等因素，选择合适的输送方式。要考虑温度对被输送物料的影响，同时系统中应采取消除静电和防爆措施，确保安全操作。确定正确的输送方式后，可根据系统的允许压力降和工作气体的流量选择送风或引风设备。气力输送系统的压力降包括输送管道（包括管件）和附属设备，如分离器、喷嘴或吸嘴以及袋滤机等的压力降。这里只给出管道（包括管件）压力降的计算公式，附属设备压力降的计算可参考有关制造厂的产品说明和其它的文献资料。

气力输送是一门半经验半理论的学科，化工物料品种繁多，形状各异，设计气力输送装置时，可根据实际应用装置，选取设计参数，若无实际装置参考，可通过实验来确定，也可从与被输送物料性质接近（指形状、密度等物理性质接近）的实际装置中选取有关数据。

在某一气体流速下输送物料其压力降最小，该气体流速称为经济流速，以 u_e 表示。当气体流速低到某一值时，输送物料开始沉积而堵塞管道，此时的气体流速称为噎塞流速，用 u_h 表示。稀相动压输送时，气体流速大于经济流速。密相动压输送时，气体流速介于经济流速与噎塞流速间。密相静压输送的气体流速则低于噎塞流速。输送过程中，随着输送距离的加大，有时应逐渐加大输送管径以适应流速的增加。经济流速和噎塞流速由实验测定，输送比则可根据物料特性及输送方式来确定。

$$m = W_S / W_G \tag{1.5-55}$$

式中　m——料-气质量输送比，简称输送比；

　　　W_S——物料质量流量，ks/h；

　　　W_G——气体质量流量，ks/h。

使物料保持悬浮状态的气体最小流速称为悬浮流速，以 V_t 表示，由实验测定。对于粉料（通常粒径小于 0.001m 称为粉料），亦可由下式估算：

$$V_t = \frac{d_s^2 (\rho_s - \rho_f) g}{18 \mu_f} \tag{1.5-56}$$

对于粒状物料（通常粒径大于 0.001mm 称为粒料），亦可由下式估算：

$$V_t = \sqrt{\frac{3g(\rho_s - \rho_f) d_s}{\rho_f}} \tag{1.5-57}$$

式中　V_t——悬浮流速，m/s；

　　　d_s——输送物料的当量球径（同体积圆球的直径），m；

　　　ρ_s——输送物料的堆积密度，kg/m³；

　　　ρ_f——工作气体的密度，kg/m³；

　　　g——重力加速度，m/s²；

　　　μ_f——工作气体的黏度，Pa·s。

1.5.3.2　稀相动压气力输送管压力降计算

稀相动压气力输送的气体流速高于经济流速（u_e），计算时应首先选定气体流速（u_f），u_f 由经验选定，或由下式估算：

$$u_f = K_L \sqrt{\rho_s / 1000} + K_d L_t \tag{1.5-58}$$

式中　u_f——气体流速，m/s；

　　　K_L——输送物料的粒度系数，见表 1.5-5；

　　　K_d——输送物料的特性系数，取 $2 \times 10^{-5} \sim 5 \times 10^{-5}$，对于干燥粉料取较小值；

　　　L_t——输送距离，m，$L_t = L_1 + n_1 L_h + n_2 L_2 + n_b L_b$；

　　　L_1——水平管长度，m；

　　　L_2——倾斜管长度，m；

　　　L_h——垂直管长度，m；

　　　L_b——弯管当量长度，m，90°弯管当量长度见表 1.5-6；

　　　n_1——垂直管校正系数，$n_1 = 1.3 \sim 2.0$；

　　　n_2——倾斜管校正系数，$n_2 = 1.1 \sim 1.5$，或 $n_2 = 1 + 2\alpha(n_1 - 1)/\pi$；

　　　α——倾斜直管与水平面的夹角，rad；

　　　n_b——弯管数量。

表 1.5-5　物料的粒度系数 K_L 表

物料种类	颗粒大小/m	K_L 值	物料种类	颗粒大小/m	K_L 值
粉料	<0.001	10~16	细块状物料	0.01~0.02	20~22
均质粒状物料	0.001~0.01	16~20	中块状物料	0.02~0.08	22~25

表 1.5-6　90°弯管当量长度 L_b 表　　　　　　　　　　　　　单位：m

物料种类	$R_0/D = 4$	$R_0/D = 6$	$R_0/D = 8$	$R_0/D = 10$
粉状料	4~8	5~10	6~10	8~10
大小均匀的颗粒	—	8~10	12~16	16~20

物料种类	$R_0/D=4$	$R_0/D=6$	$R_0/D=8$	$R_0/D=10$
大小均匀的小块粒	—	—	28~35	35~45
大小均匀的大块粒	—	—	60~80	70~90

注：R_0—弯管的曲率半径，m；D—输送管内直径，m。

除上述估算 u_f 外，亦可以 $u_f=2V_t$ 作为初选气体流速。气力输送满足工况要求可以选用的气体流速和输送比的范围是较宽的，但如何确定最优方案却是比较困难的。这里的经济流速是指输送管中物料颗粒在气流中由均匀分布到不再均匀分布的临界点，即稀相动压输送与密相动压输送间的临界点，并非输送中气流的最优流速。一般气力输送计算中应选择几组气体流速及料-气输送比，进行压力降、管径和风机选择等计算，然后根据装置的具体情况，从经济角度来选取较优的方案。此外气力输送工作气体的密度、流速以及与此有关的其它参数（如后面提到的料-气容积比等）值是有变化的。通常在稀相和输送距离不远的密相动压输送中，这种变化可以忽略。在有关的计算公式中，上述参数是指输送管入口端（对压送式装置）或输送管出口端（对吸送式装置）的值。对于密相静压输送或距离较远的密相动压输送中，由于压力变化较大，在进行有关计算时，应采用平均值。

选定气体流速（u_f）及输送比（m）后，根据下式计算输送管起始段的内直径（D）：

$$D_t = \frac{1}{30}\sqrt{\frac{W_s}{\pi m \rho_f u_f}} \tag{1.5-59}$$

式中　D——输送管内直径，m；

其余符号意义同前。

稀相动压气力输送管道压力降由直管段压力降（Δp_{mt}）、弯管段压力降（Δp_{mb}）和管件局部压力降（Δp_{fb}）三部分组成，分述如下。

（1）稀相动压气力输送直管段压力降（Δp_{mt}）计算　直管段压力降由两部分组成：加速段压力降（Δp_{sa}）和恒速段压力降（Δp_{sc}），即

$$\Delta p_{mt} = \Delta p_{sa} + \Delta p_{sc} \tag{1.5-60}$$

① 加速段压力降（Δp_{sa}）计算　在长距离输送中，由于管道总压力降较大，加速段压力降相对较小，可以忽略不计，但在短距离输送中，必须计算。

对垂直输料管，物料达到稳定运动时的速度（V_m）常取 $V_m = u_f - V_t$。

处于垂直加速段的物料速度（V_s）可按图 1.5-3 根据参数 m_1 及 u_f/V_t 值查得 V_s/u_f 而求得，其中参数：

$$m_1 = 2gL_{ho}/V_t^2 \tag{1.5-61}$$

式中　L_{ho}——垂直管加速段长度，m。

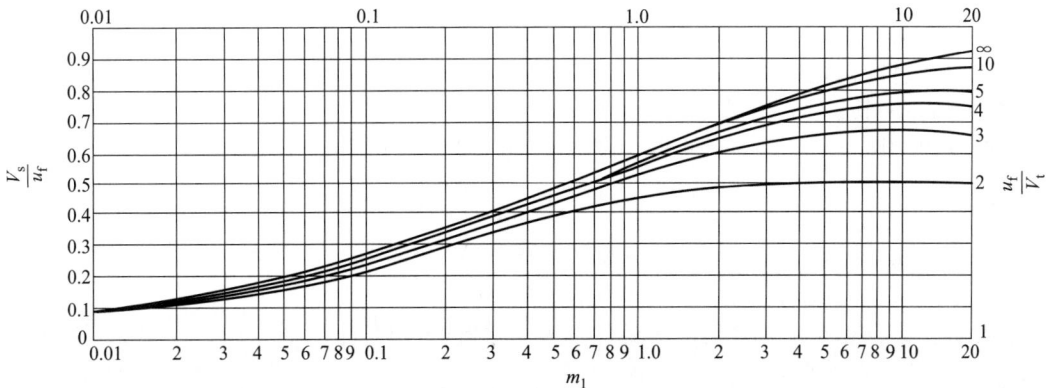

图 1.5-3　垂直管加速段 V_s/V_f 与 m_1 的关系

设计计算时先计算垂直管加速段长度（L_{ho}），令 $V_s=V_m$，根据 u_f/V_t 及 V_s/u_f（也即 V_m/u_f）数值，查图 1.5-3 得到 m_1，则有：$L_{ho} = m_1 V_t^2/(2g)$。

若 $L_{ho} > L_h$，则说明整个垂直段物料一直处于加速状态，此时 $L_{ho} = L_h$，用式（1.5-61）及图 1.5-3 计算 V_s。

若 $L_{ho} \leq L_h$，则在垂直段中物料已达到稳定运动状态，且加速段末期，物料速度 $V_s = V_m$。

对水平输料管，物料达到稳定运动时的速度（V_m）常近似取

$$V_m = u_f - V_{起} \quad \text{或} \quad V_m \approx (0.70 \sim 0.85)u_f$$

式中　$V_{起}$——物料在水平输料管中的起始流速，m/s。

处于水平加速段的物粒速度（V_s），可按图 1.5-4 根据参数（m_2）及（V_m/u_f）值查得 V_s/u_f 而求得，其中参数：

$$m_2 = 2gL_o/V_t^2 \tag{1.5-62}$$

式中　L_o——水平加速段长度，m。

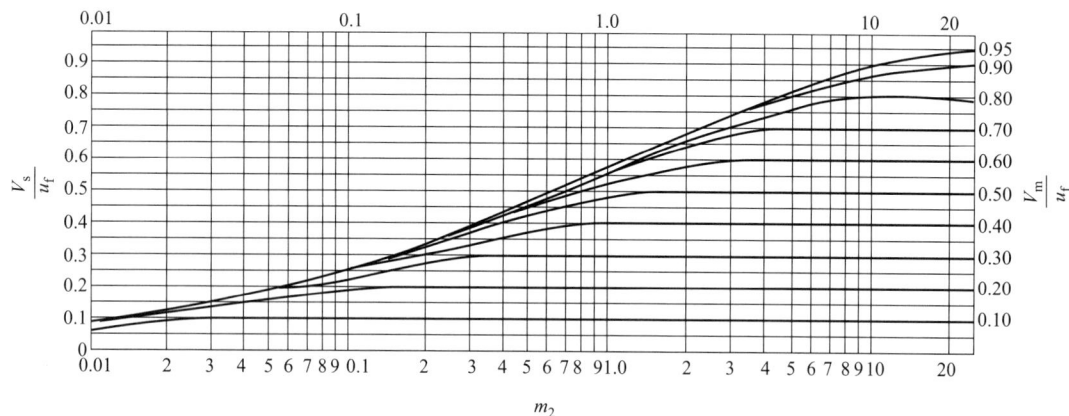

图 1.5-4　水平管加速段 V_s/u_f 与 m_2 的关系

设计计算时先计算水平加速段长度（L_o），令 $V_s = V_m$，根据 V_m/u_f 及 V_s/u_f（也即 V_m/u_f）数值，查图 1.5-4 得到 m_2，则有：$L_o = m_2 V_t^2/(2g)$。

若 $L_o > L_1$，则说明整个水平直管段物料一直处于加速状态，此时 $L_o = L_1$，用式（1.5-62）及图 1.5-4 计算 V_s。

若 $L_o \leq L_1$，则在水平直管段物料已达到稳定运动状态，且加速段末段物料速度 $V_s = V_m$。

对于倾斜直管加速段，可先求得垂直加速段的速度比（V_s/u_f），再乘以 $\sin\alpha$ 而求得倾斜直管加速比（V_s/u_f），α 为倾斜角（与水平方向的夹角）。

设物料由初始速度（V_0）加速到 V_s，加速段阻力系数（λ_{sa}）为：

$$\lambda_{sa} = 2 \times (V_s - V_0)/u_f \tag{1.5-63}$$

$$\Delta p_{sa} = \lambda_{sa} m \rho_f u_f^2/2 \tag{1.5-64}$$

式中　λ_{sa}——加速段阻力系数；

　　　V_0——物料初始速度，m/s；

其余符号意义同前。

② 恒速段压力降（Δp_{sc}）计算　稀相动压输送时直管恒速段压力降计算式如下。

垂直直管：

$$\Delta p_{sc} = \Delta p_f \left[1 + \frac{2m\eta gD}{\lambda_f u_f(u_f - V_t)} \right] \tag{1.5-65}$$

其中：

$$\eta = 1 + 0.0156 \left[\frac{(u_f - V_t)^2}{gD} \right]^{0.85}$$

水平直管：

$$\Delta p_{sc} = \Delta p_f \left(1 + \frac{0.312m}{\lambda_f} Fr_c^{0.85} \frac{gD}{V_c V_t} \right) \tag{1.5-66}$$

其中：

$$V_c = u_f - CV$$

$$C = 0.55 + 0.0032 Fr^{0.85}$$

$$Fr = u_f/\sqrt{gD}$$

$$Fr_c = V_c/\sqrt{gD}$$

式中　Δp_f——纯工作气体单相流动时的压力降，Pa；

　　　λ_f——工作气体的摩擦阻力系数；

其余符号意义同前。

倾角为 α 的倾斜直管，可用垂直直管的计算公式，但其中：$\eta = \sin\alpha + 0.0156 Fr^{0.85}$

以上各式中 Δp_f、λ_f 分别为纯工作气体（空气）单相流动时的压力降及摩擦阻力系数，λ_f 值根据雷诺数按有关公式计算。表 1.5-7 给出了 λ_f 部分的实验值。

表 1.5-7　直管摩擦阻力系数 (λ_f)（实验值）

管道内径/mm	新钢管 λ_f	旧钢管 λ_f	特别旧的积垢钢管 λ_f
0.025	0.049	0.065	0.078 以上
0.050	0.038	0.049	0.057 以上
0.075	0.033	0.042	0.049 以上
0.100	0.030	0.038	0.049 以上
0.150	0.027	0.033	0.038 以上
0.200	0.025	0.030	0.035 以上
0.250	0.023	0.028	0.032 以上
0.300	0.022	0.027	0.030 以上
0.350	0.022	0.026	0.029 以上
0.400	0.021	0.025	0.028 以上
0.450	0.020	0.024	0.027 以上
0.500	0.020	0.023	0.026 以上

要注意的是稀相动压输送时直管恒速段压力降计算公式（包括垂直直管和水平直管）只适用于表 1.5-8 所列的有关范围。

表 1.5-8　直管恒速段压力降计算公式适用范围

物性或参数	适用范围	物性或参数	适用范围
气体密度/(kg/m³)	0.58～2.19	气流速度/(m/s)	1.66～35
物料密度/(kg/m³)	1000～3378	输送比	0.088～70.5
物料粒径/m	0.0000376～0.0073	$Fr_c = V_c / \sqrt{gD}$	0.338～3260
管道内径/m	0.00678～0.65		

若超出表 1.5-8 适用范围则应按下式计算 Δp_{sc}：

$$\Delta p_{sc} = \left[\lambda_f + (\lambda_h + \lambda_s + \lambda_{sa}) \varphi_m m \right] \frac{L_3}{D} \times \frac{\rho_f u_f^2}{2g} \tag{1.5-67}$$

式中　L_3——水平直管或垂直直管或倾斜直管恒速段长度，m；

λ_h——与物料自重及悬浮有关的阻力系数，λ_h 的计算公式见表 1.5-9；

φ_m——料-气最大速度比，其值等于 V_m/u_f，当物料流达到最大值 V_m 时，物料就处于恒速运动状态，φ_m 值的计算公式见表 1.5-10；

λ_s——物料运动时与管壁的摩擦阻力系数，一般需实测，也可参照表 1.5-11 选取；

λ_{sa}——与物料颗粒间碰撞有关的阻力系数，需实测，当输送比较小或物料粒度较均匀及气体流速较低时，可以忽略不计；

其余符号意义同前。

表 1.5-9　λ_h 的计算公式

项目	水平直管	垂直直管	倾斜直管
λ_h	$\dfrac{2Fr_t}{\varphi_m^2 Fr^3}$	$\dfrac{2}{\varphi_m^2 Fr^2}$	$\dfrac{2(Fr_t/Fr + \varphi_m)\sin\alpha}{\varphi_m^2 Fr^2}$

注：Fr——以气体流速（u_f）为基准的弗鲁特数，$Fr = u_f / \sqrt{gD}$；Fr_t——以悬浮流速（V_t）为基准的弗鲁特数，$Fr_t = V_t / \sqrt{gD}$。

表 1.5-10　φ_m 值的计算公式

φ_m 值	粉状物料	粒状物料
水平直管	$\dfrac{\sqrt{1 + 2\lambda_s Fr Fr_t} - 1}{\lambda Fr Fr_t}$	$\dfrac{1 - \sqrt{1 - \left(1 - \dfrac{\lambda_s}{2} Fr_t^2\right)\left(1 - \dfrac{Fr_t}{Fr}\right)^3}}{1 - \dfrac{\lambda_s}{2} Fr_t^2}$

续表

φ_m 值	粉状物料	粒状物料
垂直直管	$\dfrac{\sqrt{\left(\dfrac{Fr}{Fr_t}\right)^2 - 2\lambda_s Fr^2\left(1-\dfrac{Fr}{Fr_t}\right)}-\dfrac{Fr}{Fr_t}}{\lambda_s Fr^2}$	$\dfrac{1-\dfrac{Fr_t}{Fr}\sqrt{1+\dfrac{\lambda_s}{2}(Fr^2-Fr_t^2)}}{1-\dfrac{\lambda_s}{2}Fr_t^2}$
倾斜直管	$\dfrac{\sqrt{\left(\dfrac{Fr}{Fr_t}\right)^2 - 2\lambda_s Fr^2\left(1-\dfrac{Fr}{Fr_t}\right)}-\dfrac{Fr}{Fr_t}}{\lambda_s Fr^2}\times\sin\alpha$	$\dfrac{1-\sqrt{1-\left(1-\dfrac{\lambda_s}{2}Fr_t^2\right)\left(1-\dfrac{Fr_t^2}{Fr^2}\sin\alpha\right)}}{1-\dfrac{\lambda_s}{2}Fr_t^2}$

注：Fr 为以气体流速（u_f）为基准的弗鲁特数，$Fr=u_f/\sqrt{gD}$；Fr_t 为以悬浮流速（V_t）为基准的弗鲁特数，$Fr_t=V_t/\sqrt{gD}$。

表 1.5-11 物料冲击回转圆盘时测得的 λ_s 值

λ_s 值	淬火钢板 λ_s	普通钢板 λ_s	硬质铝板 λ_s	软质铜板 λ_s
玻璃球 $d_s=0.004$mm	0.0025	0.0032	0.0051	0.0053
小麦	0.0032	0.0024	0.0032	0.0032
煤 $d_s=0.003\sim0.005$mm	0.0023	0.0019	0.0017	0.0012
焦炭 $d_s\times l=0.0045$mm$\times5$mm	0.0014	0.0034	0.0040	0.0019
石英 $d_s=0.003\sim0.005$mm	0.0060	0.0072	0.0185	0.0310
碳化硅 $d_s=0.003$mm	—	—	0.0360	—
玻璃球碎片（$d_s=0.008$mm）的球碎片约占 1/3	—	0.0123	—	—

（2）稀相动压气力输送弯管段压力降（Δp_{mb}）计算　假定弯管进口处物料流速（V_1）等于弯管出口处物料流速（V_4）（实际上进、出口速度有差异，但工程计算中，这样假定不会引起多大误差）。弯管压力降可折成当量长度后计算，由弯管曲率半径（R_0）计算 R_0/D，然后按表 1.5-6 得当量长度（L_b），Δp_{mb} 为计算长度等于 L_b 的水平直管的压力降。

（3）稀相动压气力输送管件压力降（Δp_{fb}）计算　在设计气力输送管道时，应尽可能少设置管件，以减少局部压力降。阀门、三通及异径管等管件的压力降（Δp_{fb}）的计算，是通过将其折算成当量长度的水平直管后，计算水平直管压力降的办法来实现的。对气-固两相流的阀门和管件的当量长度见表 1.5-12。

表 1.5-12 管件的当量长度折算表

单位：m

管件名称	DN100	DN125	DN150	DN200	DN250	DN300	DN350	DN400
阀门	1.5	2.0	2.5	3.5	5.0	6.0	7.0	8.5
三通	10	14	17	24	32	40	50	60
异径管	2.5	3.5	4	6	8	10	12	15
弯管	1	1.4	1.7	2.4	3.2	4.0	5.0	6.0
长度为 L 的软管	2L							
内径为 d 的移动吸嘴	150d							
蝶阀	8							

1.5.3.3　密相动压气力输送管压力降计算

密相动压气力输送时，气体流速高于噎塞流速（u_h），而低于经济流速（u_e），可表示为：$u_h<u_f<u_e$。同稀相动压气力输送压力降的计算一样，先选定气体流速（u_f），并根据实验或参考已有装置确定输送比（m）。由于 $u_f<u_e$，因此应先估算经济流速。经济流速（u_e）的估算公式如下：

$$u_e=2.87\sqrt{f_w}\,V_t \quad \text{或} \quad u_e=2V_t \tag{1.5-68}$$

式中　f_w——颗粒对管壁的滑动摩擦系数，由实验测定；

其余符号意义同前。

密相动压气力输送管道压力由直管段压力降（Δp_{mt}）、弯管段压力降（Δp_{mb}）和管件压力降（Δp_{fb}）三部分组成，分述如下。

（1）密相动压气力输送直管段压力降（Δp_{mt}）计算　直管段压力降（Δp_{mt}）由加速段压力降（Δp_{sa}）和恒速段压力降（Δp_{sc}）两部分组成。一般情况下加速段的长度较短，加速段的压力降可以忽略不计。直管内恒速段的压力降为：

$$\Delta p_{mt}=\frac{\lambda_f L_s}{D}\times\frac{\rho_f u_f^2}{2}+\frac{f_k L_s \rho_f g m}{\varphi_m} \tag{1.5-69}$$

式中　L_s——水平管道长度或垂直管道提升高度，m；对于倾斜直管，L_s 为倾斜直管长度与 $\sin\alpha$ 的乘积；

φ_m——料-气最大速度比，此处 $\varphi_m=V_m/u_f=1-\dfrac{V_{te}}{u_f}\sqrt{f_k}$；

f_k——比例常数；对垂直管 $f_k=1$，对水平管 $f_k=\dfrac{V_{te}}{u_f}$。

以上 f_k、φ_m 中的 V_{te} 为实效悬浮流速，实效悬浮流速的计算公式如下：

$$V_{te}=V_t(1.1+5.71\delta) \tag{1.5-70}$$

式中　V_{te}——实效悬浮流速，m/s；

δ——料-气容积输送比，$\delta=W_s\rho_f/(W_G\rho_s)$；实测范围为：粒料 $\delta=0.03\sim0.10$，粉料 $\delta=0.07\sim0.4$；

其余符号意义同前。

（2）密相动压气力输送弯管及管件压力降（Δp_{mb}、Δp_{fp}）计算　对于弯管及其它管件的压力降，是将其折算成当量长度来计算的，折算值见表 1.5-12。

1.5.3.4　密相静压气力输送管压力降计算

密相静压气力输送是低速高浓度输送装置，而且是较好的中等距离输送方式，密相静压输送的气流速度低于噎塞速度。输送比关联式为：

$$m=227(\rho_s/G)^{0.38}L_t^{-0.75} \tag{1.5-71}$$

式中　G——气体质量流速，kg/(m²·s)。

密相静压气力输送管压力降计算公式如下：

水平直管压力降：　　　　　$$\Delta p_{mt}=5mL_1\rho_f u_f^{0.45}g/\left(\frac{D}{d_s}\right)^{0.25} \tag{1.5-72}$$

垂直直管压力降：　　　　　$$\Delta p_{mt}=2m\rho_f gL_h \tag{1.5-73}$$

倾斜直管压力降：　　　　　$$\Delta p_{mt}=2m\rho_f gL_2\sin\alpha \tag{1.5-74}$$

弯管压力降：　　　　　$$\Delta p_{mb}=(\lambda_f+\lambda_{Zb}m)\frac{L_b}{D}\times\frac{\rho_f u_f^2}{2}(1+K_b) \tag{1.5-75}$$

式中　K_b——与曲率半径（R_0）有关的系数：

当弯管由水平转向垂直时，$K_b=13.8-0.3(R_0/D)$；

当弯管由垂直转向水平时，$K_b=2.1-0.03(R_0/D)$；

λ_{Zb}——物料运动阻力系数，$\lambda_{Zb}=3.75Fr^{-1.6}$；

其余符号意义同前。

密相静压输送时加速段压力降可以忽略，管件压力降可通过折算成当量长度水平直管来计算，管件折算见表 1.5-12。

1.5.3.5　其它管压力降的计算

（1）分流管压力降的计算　等截面 Y 形分流圆管在水平面内的压力降为：

$$\Delta p_d=\varepsilon\rho_f u_f^2/2$$

其中：

$$\varepsilon=\left(\frac{W_2}{W_1}\right)^2-C_1\left(\frac{W_2}{W_1}\right)+C_2+m_3C_3\left(\frac{W_2}{W_1}\right)^2+m_3\varphi \tag{1.5-76}$$

式中　W_1——分流前物料的体积流量，m³/h；

W_2——分流后物料的体积流量，m³/h；

m_2——分流后的料-气质量输送比；

其它系数见表 1.5-13。

表 1.5-13　系数 C_1、C_2、C_3、φ 值

分叉角度	30°	45°	60°	90°	120°
C_1	1.60	1.59	1.50	1.21	0.85
C_2	0.88	0.97	0.91	0.93	0.78
C_3	0.51	0.48	0.55	0.74	0.85
φ	0.09	0.09	0.07	0.06	0.10

（2）肘形管压力降的计算　设计中应避免或尽量少用肘形管，肘形管压力降为：

$$\Delta p_e = (\phi + m\beta)\rho_f u_f^2 / 2 \tag{1.5-77}$$

式中　ϕ——纯工作气体在肘形管中单相流动的阻力系数；

　　　β——形状系数，对 90° 肘形管 $\beta = 0.66$。

（3）排料压力降（Δp_{ef}）的计算　在压送式气力输送中，物料将从输送管末端直接向大气或向分离室排出，排料的压力降计算公式如下：

$$\Delta p_{ef} = (1 + 0.64m)\frac{\rho_{ef} u_{ef}^2}{2} \tag{1.5-78}$$

式中　Δp_{ef}——排料压力降，Pa；

　　　ρ_{ef}——输送管末端出口处气体密度，kg/m^3；

　　　u_{ef}——输送管末端出口处气体流速，m/s。

1.5.3.6　功率的计算

压气机所需功率（N）等于克服气力输送系统压力降所需的功率。

$$N = \frac{V_G \Delta p_t}{102 \eta_e g} \tag{1.5-79}$$

式中　N——风机功率，kW；

　　　V_G——工作气体体积流量，m^3/s，$V_G = K_e A u_f$；

　　　K_e——系统漏气增加的系数，一般取 1.1～1.2；

　　　η_e——风机效率，一般取 0.65；

　　　Δp_t——系统总压力降，即输送管道压力降、管道附件压力降及其它部件压力降之和，Pa；

　　　A——管道截面积，m^2，$A = \frac{\pi}{4}D^2$；

其余符号意义同前。

1.5.3.7　气固两相流体压力降计算示例

【示例一】　某装置吸送产品，已知输送物料为粒料，平均粒径 $d_s = 0.0035m$，最大输送量 $W_s = 4000kg/h$，物料堆积密度 $\rho_s = 1320kg/m^3$，测得悬浮流速 $V_t = 8m/s$，物料与管壁的摩擦系数 $\lambda_s = 0.0024$，装置的系统布置如图 1.5-5 所示。试决定系统主要参数，并计算压力降。

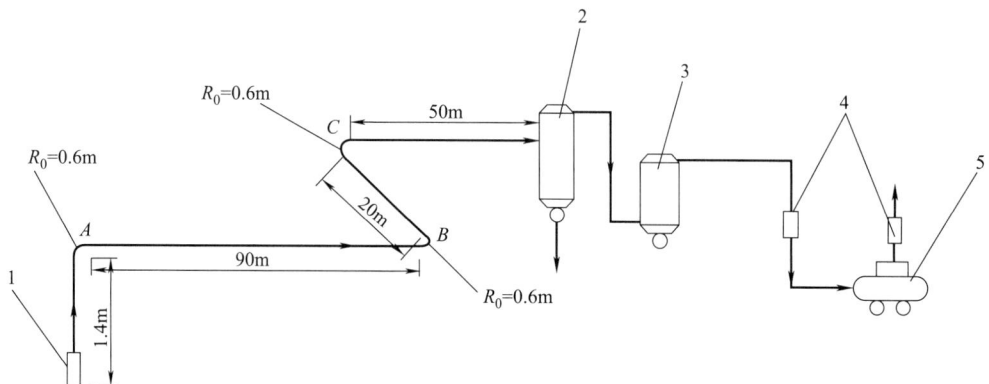

图 1.5-5　产品吸送系统示意图

1—吸嘴；2—分离器；3—袋滤器；4—消声器；5—空压机

解：（1）根据物料性质，采用稀相动压输送比较合适，用空气为工作气体。选择输送比：$m=5.7$。

（2）根据气体流速（u_f）得：$u_f=K_L\sqrt{\rho_s/1000}+K_dL_t$，其中：$\rho_s=1320kg/m^3$，$K_L=18$，$K_d=4\times10^{-5}$。

$L_t=L_1+n_1L_h+n_2L_2+n_bL_b$，$L_1=90+20+50=160$（m），$L_2=0$，$L_b=1.4m$，$n_1$ 取 1.6，90°弯头 1 个，45°弯头 2 个，近似取 90°弯头 2 个，$n_b=2$，L_b 取 10m，代入得：

$$L_t=160+1.6\times1.4+0+2\times10=182.24\text{（m）}$$

$u_f=K_L\sqrt{\rho_s/1000}+K_dL_t=18\times\sqrt{1320/1000}+4\times10^{-5}\times182.24=20.69\text{（m/s）}$，取 $u_f=20m/s$

（3）空气密度取 $\rho_f=1.29kg/m^3$，由下式求输送管道内径（D）：

$$D=\frac{1}{30}\times\sqrt{\frac{W_s}{\pi m\rho_f u_f}}=\frac{1}{30}\times\sqrt{\frac{4000}{\pi\times5.7\times1.29\times20}}=0.098\text{（m）}，取\ D=0.100m$$

（4）计算系统管道压力降时，分为垂直直管及水平直管两大部分。由空气物性表查得 20℃、相对湿度 50%时空气的运动黏度为：$\gamma_f=1.512\times10^{-5}\ m^2/s$，由下式求弗鲁特数：

$$Fr=u_f/\sqrt{gD}=20/\sqrt{9.81\times0.1}=20\qquad Fr_t=V_t/\sqrt{gD}=8/\sqrt{9.81\times0.1}=8$$

雷诺数：$Re=\dfrac{u_fD}{\gamma_f}=\dfrac{20\times0.1}{1.512\times10^{-5}}=1.32\times10^5$

纯空气在管内流动时处于湍流状态，因此对于光滑管有：

$$\lambda_f=\frac{0.3164}{Re^{0.25}}=\frac{0.3164}{(1.32\times10^5)^{0.25}}=0.0166$$

① 为求垂直直管上吸嘴末端的物料流速（V_s），由下式先计算参数（取 $L_{h0}=L_h=1.4$）：

$$m_1=2gL_{h0}/V_t^2=2\times9.81\times1.4/8^2=0.429$$

查图 1.5-3，当 $m_1=0.429$，$u_f/V_t=20/8=2.5$ 时

$$V_s/u_f=0.38\qquad V_s=0.38\times20=7.6\text{（m/s）}$$

对垂直直管上根据下式计算物料达到稳定运动时的流速（V_m）：

$$\varphi_m=\frac{1-\dfrac{Fr_t}{Fr}\sqrt{1+\dfrac{\lambda_s}{2}(Fr^2-Fr_t^2)}}{1-\dfrac{\lambda_s}{2}Fr_t^2}=\frac{1-\dfrac{8}{20}\times\sqrt{1+\dfrac{0.0024}{2}(20^2-8^2)}}{1-\dfrac{0.0024}{2}\times8^2}=0.57$$

$$V_m=\varphi_m u_f=0.57\times20=11.4\text{（m/s）}$$

若按 $V_m=u_f-V_t$ 计算得：$V_m=20-8=12$（m/s）

可见两种方法计算出的 V_m 值很接近。由于 $V_s=7.6m/s$ 小于 V_m，因此可以得知物料颗粒尚未达到应有的稳定（最大）流速，前面取 $L_{h0}=L_b=1.4$ 正确。进出 A 点弯管物料流速 $V_1=V_4=7.6m/s$。

② 对水平直管，可按下式计算物料达到稳定运动（即达到最大流速）：

$$\varphi_m=\frac{1-\sqrt{1-\left(1-\dfrac{\lambda_s}{2}Fr_t^2\right)\left(1-\dfrac{Fr_t^3}{Fr^3}\right)}}{1-\dfrac{\lambda_s}{2}Fr_t^2}=\frac{1-\sqrt{1-\left(1-\dfrac{0.0024}{2}\times8^2\right)\left(1-\dfrac{8^3}{20^3}\right)}}{1-\dfrac{0.0024}{2}\times8^2}=0.684$$

$$V_m=\varphi_m u_f=0.684\times20=13.7\text{（m/s）}$$

根据 $V_m=(0.70\sim0.85)u_f=0.75\times20=15$（m/s），两者结果相差无几，取 $V_m=13.7m/s$。

③ 计算水平加速段长度 L_0。由于加速段末期，物料颗粒速度 $V_s=V_m=13.7m/s$，因此当 $V_m/u_f=0.684$，$V_s/u_f=0.684$ 时，查图 1.5-4 得 $m_2=4.5$，由下式计算得：

$$L_0=m_2V_t^2/2g=4.5\times8^2/(2\times9.81)=14.7\text{（m）}$$

即由 A 点开始，经 14.7m 的加速段后，物料由初始流速 $V_0=7.6m/s$ 达到最大流速 $V_m=13.7m/s$。

④ 计算水平管加速段压降 Δp_{sa}，根据下式计算：

$$\lambda_{sa}=2\times(V_s-V_0)/u_f=2\times(13.7-7.6)/20=0.61$$

$$\Delta p_{sa}=\lambda_{sa}m\rho_f u_f^2/2=0.61\times5.7\times1.29\times20^2/2=897.06\text{（Pa）}$$

⑤ 计算水平管恒速段压降 Δp_{sc}，根据下式计算：

$$C = 0.55 + 0.0032 Fr^{0.85} = 0.55 + 0.0032 \times 20^{0.85} = 0.591$$

$$V_c = u_f - CV_t = 20 - 0.591 \times 8 = 15.3 \ (m/s)$$

$$Fr_c = V_c / \sqrt{gD} = 15.3 / \sqrt{9.81 \times 0.1} = 15.3$$

$$\Delta p_{sc} = \Delta p_f \left(1 + m \frac{0.312}{\lambda_f} Fr_t^{0.85} \frac{gD}{V_c V_t} \right)$$

系统中共有三个弯管（90°一个，45°两个），相当于90°弯管两个，$R_0/D = 6$，查表1.5-6得当量长度 $L_b = 10m$，两个弯管总长度为20m，恒速段总长度 $L_t = 90 + 20 + 50 + 20 - 14.7 = 165.3$（m），按式（1.4-6）来计算恒速段水平直管摩擦压力降 Δp_f：

$$\Delta p_f = \lambda_f \frac{L_t}{D} \times \frac{\rho_f u_f^2}{2} = 0.0166 \times \frac{165.3}{0.1} \times \frac{1.29 \times 20^2}{2} = 7079.5 \ (Pa)$$

$$\Delta p_{sc} = 7079.5 \times \left(1 + 5.7 \times \frac{0.0312}{0.0166} \times 15.3^{0.85} \times \frac{9.81 \times 0.1}{15.3 \times 8} \right) = 13256.8 \ (Pa)$$

（5）已知吸嘴、分离器、袋滤器以及连接管等压力降之和为6164Pa，忽略了垂直直管（1.4m）的压力降，则系统总压降为：

$$\Delta p_t = 6164 + 897.06 + 13256.8 = 20317.9 (Pa)$$

将已知的参数和计算结果，对照表1.5-8校核，得知是符合适用范围的，因此本例所采用的有关公式是合适的。

（6）计算压气机功率

计算管道内截面积：$A = \frac{\pi}{4} D^2 = 0.785 \times 0.1^2 = 0.00785$（m²）

取 $K_e = 1.1$，下式计算得：$V_G = K_e A u_f = 1.1 \times 0.00785 \times 20 = 0.1727$（m³/s）

取 $\eta_e = 0.65$，根据下式计算压气机功率 N：

$$N = \frac{V_G \Delta p_t}{102 \eta_e g} = \frac{0.1727 \times 20317.9}{102 \times 0.65 \times 9.81} = 5.39 \ (kW)$$

本例中给出一组 u_f 和 m 值，设计计算时应再选择几组进行经济比较后，确定最优方案。

【示例二】 某厂拟设计1套密相动压输送物料的压送式装置，物料量 $W_s = 2000kg/h$，物料粒径 $d_s = 0.0041m$，物料堆积密度 $\rho_s = 1351kg/m^3$，悬浮流速（V_t）测定为8.2m/s，颗粒对管壁的滑动摩擦系数 $f_w = 0.45$，容积输送比 $\delta = 0.035$，工作气体为空气，温度300K，试决定输送系统的主要参数并计算管道压力降，物料压送系统示意图如图1.5-6所示。

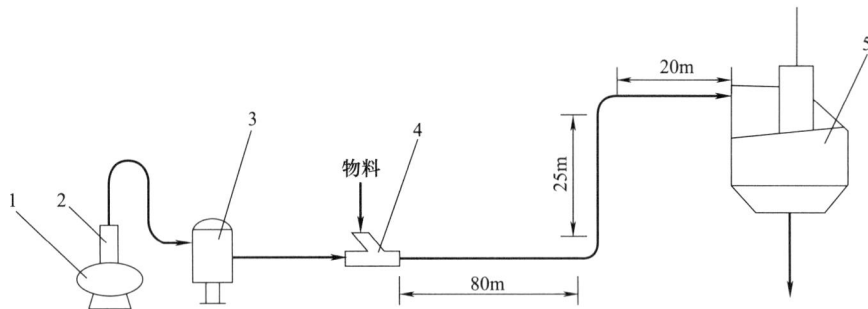

图 1.5-6　物料压送系统示意图

1—鼓风机；2—消声器；3—储气罐；4—进料喷嘴；5—出料分离器

解：（1）实效悬浮流速（V_{te}）按下式计算：

$$V_{te} = (1.1 + 5.71\delta) V_t = (1.1 + 5.71 \times 0.035) \times 8.2 = 10.66 \ (m/s)$$

（2）计算经济流速 u_e 按下式进行：

$$u_e = 2.87 V_t \sqrt{f_w} = 2.87 \times 8.2 \times \sqrt{0.45} = 15.79 \ (m/s)$$

或

$$u_e = 2V_t = 2 \times 8.2 = 16.4 \ (m/s)$$

（3）取气体流速：$u_f = 13m/s$（<15.79m/s）

（4）计算输送比（m）

由质量输送比（m）及料气容积输送比（δ）的定义，即采用下式来计算：

由 $m=\dfrac{W_s}{W_G}$ 和 $\delta=\dfrac{W_s\rho_f}{W_G\rho_s}$ 得到：$m=\dfrac{\delta\rho_s}{\rho_f}=\dfrac{1351\times0.035}{\rho_f}=\dfrac{47.3}{\rho_f}$

其中，u_f 和 ρ_f 分别为工作气体在输送管内的平均流速和平均密度。

（5）输送管的内直径计算

由下式得：

$$D=\frac{1}{30}\sqrt{\frac{W_s}{\pi m\rho_f u_f}}=\frac{1}{30}\times\sqrt{\frac{2000}{\pi\dfrac{47.3}{\rho_f}\rho_f\times13}}=0.1073\ (\mathrm{m})$$

取 $D=0.1\mathrm{m}$，则有：$u_f=\dfrac{W_s}{\pi m\rho_f(30D)^2}=\dfrac{2000}{\pi\times\dfrac{47.3}{\rho_f}\times\rho_f(30\times0.1)^2}=14.96\ (\mathrm{m/s})\ (<15.79\mathrm{m/s})$

故可取：$D=0.1\mathrm{m}$，$u_f=15\mathrm{m/s}$

（6）按下式计算水平直管的压力降（Δp_{mt1}）：

$$f_k=\frac{V_{te}}{u_f}=\frac{10.66}{15}=0.71$$

$$\varphi_m=1-\frac{V_{te}}{u_f}\sqrt{f_k}=1-0.71\sqrt{0.71}=0.402$$

由表 1.5-7 得：$\lambda_f=0.030$。$L_s=120\mathrm{m}$（其中包括两个弯头的当量长度）得：

$$\Delta p_{mt1}=\frac{\lambda_f L_s}{D}\times\frac{\rho_f u_f^2}{2}+\frac{f_k\rho_f gm}{\varphi_m}=\frac{0.03\times120\times15^2\rho_f}{0.1\times2}+\frac{0.71\times120\times47.3\times9.81}{0.402}=4050\rho_f+98343.1\ (\mathrm{Pa})$$

（7）按下式计算垂直直管的压力降（Δp_{mt2}）：

$$f_k=1$$

$$\varphi_m=1-\frac{10.66}{15}\sqrt{1}=0.289$$

$$\Delta p_{mt2}=\frac{0.03\times25\times15^2\rho_f}{0.1\times2}+\frac{1\times25\times47.3\times9.81}{0.289}=843.75\rho_f+40139.75\ (\mathrm{Pa})$$

（8）已知喷嘴、消声器、储气罐和风管等压力降为 20000Pa，则总压力降（不包括排料压力损失）为：

$$\Delta p_{mt}=(4050+843.75)\rho_f+98343.1+40139.5+20000=4893.75\rho_f+158482.6\ (\mathrm{Pa})$$

（9）按下式计算排料压力降

$$\Delta p_{ef}=\frac{\rho_{ef}u_{ef}^2}{2}(1+0.64m)$$

（10）由于工作气体在输送管的入口和出口端的压力、密度和流速均为未知数（工作气体在输送管中的平均流速已经计算得到），因此采用试差法进行计算。令输送管入口端的压力为 p_1，密度为 ρ_1，流速为 u_1，输送管出口端（在管内一侧）分别为 p_2、ρ_2 和 u_2，而平均值为 p_f、ρ_f 和 $u_f=15\mathrm{m/s}$。同时假定输送过程在等温条件下进行，空气按理想气体考虑，因此有以下关系：

$$p_1u_1=p_2u_2=p_fu_f$$

$$\rho_1u_1=\rho_2u_2=\rho_fu_f$$

$$p_1/\rho_1=p_2/\rho_2=p_f/\rho_f=RT/M$$

若排料罐直接连通大气，大气压取为 101300Pa，则有：

$$p_2=101300+\Delta p_{ef}=101300+\frac{\rho_2 u_2^2}{2}\left(1+0.64\times\frac{47.3}{\rho_f}\right)$$

假定 $p_f=0.192\times10^6\mathrm{Pa}$，则：

$$p_2u_2=p_fu_f=0.192\times10^6\times15=2.88\times10^6$$

$$u_2=2.88\times10^6/p$$

$$\rho_f=\frac{0.192\times10^6\times29}{8.314\times300\times1000}=2.232\ (\mathrm{kg/m^3})$$

由：$p_2u_2=p_fu_f=2.232\times15=33.49$

$$p_2 = 101300 + \frac{33.49 \times 2.88 \times 10^6}{2p_2}\left(1 + 0.64 \times \frac{47.3}{2.232}\right) = 107813.96 \text{（Pa）}$$

$$p_1 = 2 \times 0.192 \times 10^6 - 107813.96 = 276186.03 \text{（Pa）}$$

$$p_1 - p_2 = 168372.1\text{Pa}$$

$$\Delta p_{mt} = 4893.75 \times 2.232 + 158482.6 = 169405.5 \text{（Pa）}$$

与假设基本符合，即不包括排料压力降的总压力降为 0.169×10^6 Pa，排料部分压力降为 6.7×10^3 Pa，输送管入口端的压力需要 0.276×10^6 Pa，质量输送比 $m = 22.2$。

【示例三】 试计算每小时输送 $W_s = 3000$kg 聚氯乙烯树脂粉的密相静压气力输送管的管径及压力降。已知管线总长 50m（其中垂直直管 15m），树脂粉堆积密度 $\rho_s = 560$kg/m^3，平均粒度 $d_s = 0.000184$mm，用空气为工作气体，温度为 27℃（300K）。

解： 根据经验取入口端 $u_f = 5$m/s，设入口端气体密度为 3kg/m^3，则气体质量流速 $G = 5 \times 3 = 15$ [kg/(m$^2 \cdot$ s)]

（1）按下式估算料-气输送比：

$$m = 227(\rho_s/G)^{0.38} L_t^{-0.75} = 227 \times (560/15)^{0.38} \times 40^{-0.75} = 47.8$$

（2）管径计算

$$D = \frac{1}{30} \times \sqrt{\frac{W_s}{\pi m \rho_f u_f}}$$

管道截面积：$A = \dfrac{\pi}{4} D^2 = \dfrac{W_s}{3600 mG} = \dfrac{3000}{3600 \times 47.8 \times 15} = 0.00116$（m^2）

管道内直径：$D = \sqrt{\dfrac{0.00116}{0.785}} = 0.0385$（m）

可选用管道内直径为 0.041m 的 1½in 管，$G = 3000/(47.8 \times 3600 \times 0.785 \times 0.041^2) = 13.2$ [kg/(m$^2 \cdot$ s)]

（3）压力降计算时应使用气体平均密度及平均流速。采用试差法，首先设管内气体平均压力为 190000Pa，则平均密度为：

$$\rho_f = 29 \times 190000/(8.314 \times 300) = 2209(\text{g/m}^3) = 2.21 \text{（kg/m}^3)$$

气体平均流速 $u_f = G/\rho_f = 13.2/2.21 = 5.97$（m/s）。

（4）水平直管压力降按下式计算：

$$\Delta p_{mt1} = 5mL_1 \rho_f u_f^{0.45} g / \left(\frac{D}{d_s}\right)^{0.25} = 5 \times 47.8 \times (50-15) \times 2.21 \times 5.97^{0.45} \times 9.81 / \left(\frac{41}{0.184}\right)^{0.25} = 104888 \text{（Pa）}$$

（5）垂直直管压力降按下式计算：

$$\Delta p_{mt2} = 2m\rho_f g L_h = 2 \times 47.8 \times 2.21 \times 9.81 \times 15 = 31089 \text{（Pa）}$$

（6）总压降：$\Delta p_{mt} = \Delta p_{mt1} + \Delta p_{mt2} = 135977$（Pa）

（7）管内平均压力为：$258021 - 135977/2 = 190032$（Pa），与假定值（190000Pa）相近，于是得压力降为 135977Pa。

1.6 浆液流与真空系统（HG/T 20570.7—1995）

1.6.1 浆液流管路设计

1.6.1.1 浆液的流型及管径

浆液由液、固两相组成，属两相流范畴，其流型属非牛顿型流体；按固体颗粒在连续相中的分布情况，又可以分为均匀相浆液、混合型浆液和非均匀相浆液三种流型。确定浆液输送管道的尺寸，必须注意下列几点：

（1）均匀相流动的浆液，要求固体颗粒均匀地分布在液相介质中，只要计算出浆液中固体颗粒的最大粒径（d_{mh}），将它与已知筛分数据进行比较，若全部固体颗粒小于 d_{mh}，则为均匀相浆液，否则为混合型浆液或非均匀相浆液。

（2）为避免固体粒子在管道中沉降，要使浆液浓度、黏度和沉降速度间处于合理的关系中。对于均匀相浆液的输送，必须确定浆液呈均匀相流动时的最低流速，且要获得高浓度、低黏度、低沉降速度。浆液流动要求有一个适宜流速，它不宜太快，否则管道摩擦压力加大；它亦不宜太慢，否则易堵塞管道。该适宜的最低流速数据由实验确定。为获得高浓度、低黏度、低沉降速度，可采用合适的添加剂。

（3）混合型浆液或非均匀相浆液的输送，应保证浆液流动充分呈湍流工况。

这里提出了计算浆液流体的管道压力降的数据收集、关联式回归和计算步骤的一般内容和要求，适用于均匀相浆液、混合型浆液和非均匀相浆液三种流型的压力降计算。

1.6.1.2 计算的依据及方法

（1）提供下列实测数据

① 最低的浆液流体流速（u_{min}）；

② 固体筛分的质量百分数（X_{pi}）；

③ 固体筛分的密度（ρ_{pi}）；

④ 浆液流的表观黏度（μ_a）与剪切速率（τ）的相关数据或流变常数（η）和流变指数（n）。

（2）提供下列可计算数据

① 连续相（水）的物性数据：黏度（μ_L）、密度（ρ_L）；

② 固体的质量流量（W_S）或浆液的质量流量（W_{SL}）及浆液的浓度（C_{SL}）；

③ 连续相（水）的质量流量（W_L）；

④ 浆液的平均密度（ρ_{SL}）；

⑤ 固体的平均密度（ρ_S）。

（3）计算浆液流体物性数据

① 已知 ρ_S、ρ_L、W_S、W_L，计算 ρ_{SL}

$$\rho_{SL} = (W_S + W_L)/[(W_S/\rho_S) + (W_L/\rho_L)] \tag{1.6-1}$$

② 已知 ρ_{SL}、ρ_L、W_{SL}、C_{SL}，计算 ρ_S

$$W_S = W_{SL}C_{SL} \tag{1.6-2}$$

$$W_L = W_{SL} - W_S \tag{1.6-3}$$

$$\rho_S = \rho_{SL}\rho_L W_S/(W_{SL}\rho_L - W_L\rho_{SL}) \tag{1.6-4}$$

③ 计算均匀相浆液的物性数据

$$\rho_{1S} = 100/(\sum X_{pi}/\rho_S) \tag{1.6-5}$$

$$\rho_n = \rho_{hsL} = \rho_{SL} \tag{1.6-6}$$

④ 计算混合型浆液的物性数据

$$\rho_{1S} = \frac{\sum[W_S(X_{p1}/100)]}{\sum[W_S(X_{p1}/100)/\rho_{pi}]} \tag{1.6-7}$$

$$\rho_{2S} = \frac{\sum[W_S(X_{p2}/100)]}{\sum[W_S(X_{p2}/100)/\rho_{pi}]} \tag{1.6-8}$$

$$\rho_{hsL} = \rho_S = \frac{\sum[W_S(X_{p1}/100)] + W_L}{\sum[W_S(X_{p1}/100)/\rho_{pi}] + (W_L/\rho_L)} \tag{1.6-9}$$

$$X_{vs} = \frac{W_S/\rho_S}{(W_S/\rho_S) + (W_L/\rho_L)} \tag{1.6-10}$$

$$X_{vhes} = \frac{\sum[W_S(X_{p2}/100)/\rho_{pi}]}{(W_S/\rho_S) + (W_L/\rho_L)} \tag{1.6-11}$$

（4）浆液流体流型的确定和计算均匀相浆液的最大粒径（d_{mh}） 根据流变量常数（η）、流变指数（n）[由试验测得浆液流的表观黏度（μ_a）与剪切速率（τ）的相关数据求得] 计算 μ_a；由浆液流的有关参数（γ）、阻滞系数（C_h）（γ 与 C_h 的关联式由实验数据回归获得）计算 d_{mh}。

均匀相浆液的表观黏度（μ_a）由下式计算：

$$\gamma = 8\mu_a/D \tag{1.6-12}$$

$$\mu_a = 1000\eta \times \gamma^{n-1} \tag{1.6-13}$$

$$Y = 12.6[\mu_a(\rho_{1S} - \rho_n)/\rho_a^2]^{\frac{1}{3}} \tag{1.6-14}$$

当 $Y > 8.4$ 时：
$$C_h = 18.9Y^{1.41} \tag{1.6-15}$$

当 $8.4 \geqslant Y > 0.5$ 时：
$$C_h = 21.11Y^{1.46} \tag{1.6-16}$$

当 $0.5 \geqslant Y > 0.05$ 时：
$$C_h = 18.12Y^{0.963} \tag{1.6-17}$$

当 $0.05 \geqslant Y > 0.016$ 时：
$$C_h = 12.06Y^{0.824} \tag{1.6-18}$$

当 $0.016 \geqslant Y > 0.00146$ 时：
$$C_h = 0.4 \tag{1.6-19}$$

当 $Y \leqslant 0.00146$ 时：
$$C_h = 0.1 \tag{1.6-20}$$
$$d_{mh} = 1.65 C_h \times \rho_a / (\rho_{1S} - \rho_a) \tag{1.6-21}$$

若固体颗粒粒度全小于 d_{mh}，为均匀相浆液，否则为混合型浆液或非均匀相浆液。

1.6.1.3 管径的确定

（1）输送均匀相浆液　由试验获得浆液最低流速（u_{min}），计算管径 D：
$$u_a = u_{min} \tag{1.6-22}$$
$$D = \sqrt{\frac{(W_S / \rho_S) + (W_L / \rho_L)}{3600 \times 0.785 u_a}} \tag{1.6-23}$$
$$Re = 1000 D \rho_a u_a / \mu_a \tag{1.6-24}$$

浆液流流型应控制在滞流的范围之内，故 Re 在 2300 以下。调整 D 到满足要求为止。

（2）输送混合型浆液或非均匀相浆液　由试验获得浆液最低流速 u_{min}，可计算允许流速 u_a；由浆液流的有关参数 x、非均匀相中固体颗粒的平均粒径 d_{wa}，可计算管径 D。x 与 $u_{min} / (gD)^{0.5}$ 的关联式由回归获得。
$$u_a = u_{min} + 0.8 \tag{1.6-25}$$
$$u = \frac{(W_S / \rho_S) + (W_L / \rho_L)}{3600 \times 0.785 D^2} \tag{1.6-26}$$
$$x = \frac{100 X_{vhes} F_d (\rho_{2S} - \rho_a)}{\rho_a} \tag{1.6-27}$$
$$d_{wa} = \frac{\sum (X_{p2} \sqrt{d_1 d_2})}{\sum X_{p2}} \tag{1.6-28}$$

当 $d_{wa} \geqslant 368$ 时：
$$F_d = 1 \tag{1.6-29}$$
当 $d_{wa} < 368$ 时：
$$F_d = d_{wa} / 368 \tag{1.6-30}$$
当 $0.006 < x \leqslant 2$ 时：
$$u_{min} / (gD)^{0.5} = \exp(1.053 X^{0.149}) \tag{1.6-31}$$
当 $2 < x \leqslant 70$ 时：
$$u_{min} / (gD)^{0.5} = \exp\{[(4.2718 \times 10^{-3} \ln x + 5.0264 \times 10^{-2}) \ln x + \tag{1.6-32}$$
$$4.7849 \times 10^{-2}] \ln x + 8.8996 \times 10^{-2}\}$$

浆液流应控制在湍流的范围之内，目标函数 $|u_a - u| \leqslant \delta$。调整 D 到满足要求为止。

1.6.1.4 泵压差 Δp 的计算

管道中包括直管段、阀门、管件、控制阀、流量计孔板等。管道系统的压力降是各个部分的摩擦压力降、速度压力降和静压力降的总和。

（1）通用数据的计算　由浆液流的有关参数 Z、非均匀相阻滞系数 C_{he}（Z 与 C_{he} 的关联式由回归获得），可计算非均匀相尺寸系数 C_{ra}、沉降流速 V_t。
$$Z = 0.000118 d_{wa} [\rho_S (\rho_{2S} - \rho_a) / \mu_a^2]^{\frac{1}{3}} \tag{1.6-33}$$
当 $Z > 5847$ 时：
$$C_{he} = 0.1 \tag{1.6-34}$$
当 $20 < Z \leqslant 5847$ 时：
$$C_{he} = 0.4 \tag{1.6-35}$$
当 $1.5 < Z \leqslant 20$ 时：
$$C_{he} = 10.979 Z^{-1.106} \tag{1.6-36}$$
当 $0.15 < Z \leqslant 1.5$ 时：
$$C_{he} = 13.5 Z^{-1.61} \tag{1.6-37}$$
$$V_t = 0.00361 \sqrt{d_{wa} (\rho_{2S} - \rho_a) / (\rho_a C_{he})} \tag{1.6-38}$$
$$C_{ra} = \sum (X_{p2} \sqrt{C_{he}}) / \sum X_{p2} \tag{1.6-39}$$

（2）摩擦压力降 Δp_K 的计算　它由直管段、阀门、管件的摩擦压力降组成。流体流经阀门、管件的局部阻力计算包括阻力系数法和当量长度法，现推荐当量长度法。

① 均匀相浆液摩擦压力降 Δp_K 的计算
$$\Delta p_K = 0.03262 \times 10^{-6} \times \mu_a \times u_a (L + \sum L_e) / D^2 \tag{1.6-40}$$

② 混合型浆液或非均匀相浆液摩擦压力降 Δp_K 的计算

浆液中非均匀相固态的有效体积分率 ψ 为：
$$\psi = 0.5 [1 - u / (V_t / \sin\alpha)] \pm \sqrt{0.25 \times [1 - u / (V_t / \sin\alpha)]^2 + X_{vhes} u / (V_t / \sin\alpha)} \tag{1.6-41}$$
$$u_{hsL} = u + \psi V_t \sin\alpha \tag{1.6-42}$$

若 $X_{vhes}V_t\sin\alpha \ll u$，则：$\psi = X_{vhes}$，$u_{hsL} = u$

a. 非垂直管道：

$$\Delta p_{K1} = \frac{(4F_n/D)\rho_a u_{hsL}^2 (L + \sum L_e)}{20000 g_c} \tag{1.6-43}$$

$$d_d = \left[\frac{u_{hsL}^2 \rho_a C_{ra}}{9.81\cos\alpha \times D(\rho_{2S} - \rho_a)}\right]^{1.5} \tag{1.6-44}$$

$$\Delta p_K = \frac{0.11\Delta p_{K1}[1 + (85\psi/d_d)]}{1 + 0.1\cos\alpha} \tag{1.6-45}$$

b. 垂直管道：

$$\Delta p_K = \frac{0.11 \times (4F_n/D)\rho_a U_{hsL}^2 (L + \sum L_e)}{20000 g_c} \tag{1.6-46}$$

(3) 速度压力降 Δp_v 的计算 由温度和截面积变化引起密度和速度的变化，它导致压力降的变化。

① 均匀相浆液速度压力降 Δp_v 的计算

$$\Delta p_v = \frac{0.1\rho_a u_a^2}{20000 g_c} \tag{1.6-47}$$

② 非均匀相浆液速度压力降 Δp_v 的计算

$$\Delta p_v = \frac{0.1[(1 - X_{vhes})u_{hsL}^2 + (\rho_{2S}/\rho_a)(u_{hsL} - V_t\sin\alpha)^2 X_{vhes}]\rho_a}{20000 g_c} \tag{1.6-48}$$

若 $V_t\sin\alpha \ll u_{hsL}$，则可用简化模型

$$\Delta p_v = \frac{0.1\rho_a u_{hsL}^2}{20000 g_c} \tag{1.6-49}$$

(4) 静压力降 Δp_s 的计算 由于管道系统进（出）口标高变化而产生的压力降称为静压力降。其值可为正值或负值。正值表示压力降低，负值表示压力升高。

① 均匀相浆液静压力降 Δp_s 的计算

$$\Delta p_s = 0.1[(Z_{s.d}\sin\alpha\rho_a/10000) \pm (H_{s.d}\rho_{SL}/10000)] \tag{1.6-50}$$

② 非均匀相浆液静压力降 Δp_s 的计算

$$\Delta p_s = 0.1\left\{Z_{s.d}\sin\alpha\left[\frac{1.1\psi(\rho_{2S} - \rho_a)}{\rho_a + 1}\right]\left(\frac{\rho_a}{10000}\right) \pm \left(\frac{H_{s.d}\rho_{SL}}{10000}\right)\right\} \tag{1.6-51}$$

(5) 泵压差 Δp 的计算

$$\sum \Delta p_s = (\Delta p_K)_s + (\Delta p_v)_s + (\Delta p_s)_s \tag{1.6-52}$$

$$\sum \Delta p_d = (\Delta p_K)_d + (\Delta p_v)_d + (\Delta p_s)_d \tag{1.6-53}$$

$$\sum \Delta p = p_{rd} - p_{rs} + \sum \Delta p_s + \sum \Delta p_d \tag{1.6-54}$$

(6) 摩擦系数 F_n 的计算（推荐采用牛顿型流体摩擦系数的计算方法）

① 在层流范围之内（$Re < 2300$）

$$F_n = 16/Re \tag{1.6-55}$$

② 在过渡流范围之内 $2300 < Re \leqslant 10000$

$$F_n = 0.0027[(10^6/Re) + 16000\varepsilon/D]^{0.22} \tag{1.6-56}$$

③ 在湍流范围之内 $Re > 10000$

$$F_n = 0.0027(16000\varepsilon/D)^{0.22} \tag{1.6-57}$$

(7) 当量长度 $\sum L_e$ 的计算 若只知阀门管件的局部阻力系数 K_n 的计算方法，可采用 L_e 与 K_n 的关系式求得 L_e。

$$L_e = K_n D/(4F_n) \tag{1.6-58}$$

局部阻力系数、当量长度的计算方法见"1.4.1 不可压缩单相流管道压力降计算"。

1.6.1.5 确定流型和管径

(1) 计算浆液流体物性数据。

(2) 计算均匀相浆液的最大粒径 d_{mh} 及管径 D。

① 设浆液全为均匀相浆液，校核其最大粒径。

a. 计算均匀相固体的平均密度 ρ_{1S}、均匀相固体的体积分率 X_{vs}。

b. 计算管径 D。

    c. 计算均匀相浆液的表观黏度 μ_a。

    d. 计算均匀相浆液的允许流速 u_a。

    e. 计算均匀相浆液的最大粒径 d_{mh}。

    ② 设浆液为混合型浆液或非均匀相浆液，校核其最大粒径。

    a. 计算均匀相部分固体的平均密度 ρ_{1S} 及非均匀相浆液部分固体的平均密度 ρ_{2S}。

    b. 计算均匀相浆液密度 ρ_a 及非均匀相浆液中固体的体积分率 X_{vhes}。

    c. 计算非均匀相浆液中固体颗粒的平均粒径 d_{wa}。

    d. 计算非均匀相浆液中允许最低流速 u_a 及实际流速 u。

    （3）计算吸入端、排出端总压力降 Δp_K、$\sum p_s$、$\sum p_d$ 及泵压差 Δp。

1.6.1.6　浆液流管路设计计算示例

    已知如图 1.6-1 所示的泥浆系统和下列数据：固体流量 $W_S = 122500 \text{kg/h}$，液体流量 $W_L = 40820 \text{kg/h}$，固体平均密度 $\rho_S = 2499 \text{kg/m}^3$，液体密度 $\rho_L = 865 \text{kg/m}^3$，液体黏度 $\mu_L = 0.2 \text{mPa·s}$，泥浆黏度 $\mu_{SL} = 3 \text{mPa·s}$，温度 $t = 26.7\,℃$，最大流速 $u = 3.66 \text{m/s}$，流变常数 $\eta = 0.0773$，流变指数 $n = 0.35$，泵排出端容器液面的压力为 0.17MPa，泵吸入端容器液面的压力为 0.1MPa。固体筛分和压力降计算的有关数据见表 1.6-1 和表 1.6-2。试求系统管径和泵压差。

表 1.6-1　固体筛分数据

网目	粒度(μm)	质量百分数/%	密度/(kg/m³)	网目	粒度(μm)	质量百分数/%	密度/(kg/m³)
−20~48	840~300	5	4806	−100~200	150~74	30	2403
−48~65	300~210	10	4005	−200~325	74~44	20	2403
−65~100	210~150	20	3204	−325	44	15	1602

表 1.6-2　压力降计算有关数据

项目	$\alpha/(°)$	弯头数	三通数	闸阀数	钝边进口数	钝边出口数	管道长度/m
泵吸入端：							
水平管	0	1	1	1	1	0	6.5
下降管	−90	1	0	0	0	0	5
泵排出管：							
水平管	0	1	2	1	0	1	19
上升管	90	1	0	0	0	0	30

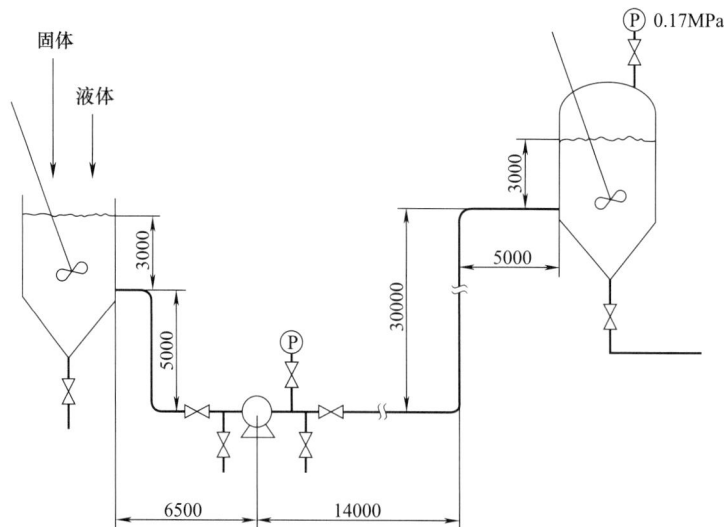

图 1.6-1　计算示意图

    解：（1）确定流型和管径　先假设全为均匀相泥浆并校核其最大粒径，获得结果：固体颗粒粒径非全小于最大粒径 d_{mh}，可见假设不妥（具体计算步骤省略）。然后假设最后三个筛分级在均匀相泥浆中，重复上述计算，获得结果：该三个筛分级固体颗粒仍非全小于最大粒径 d_{mh}，可见假设仍不妥（具体计算步骤省略）。继续假设最后两个筛分级在均匀相泥浆中并校核其最大粒径。

$$\rho_{SL} = (W_S+W_L)/[(W_S/\rho_S)+(W_L/\rho_L)]$$
$$= (122500+40820)/[(122500/2499)+(40820/865)] = 1698 \ (kg/m^3)$$

$$\rho_{1S} = \frac{\sum[W_S(X_{p1}/100)]}{\sum[W_S(X_{p1}/100)/\rho_{pi}]} = \frac{122500\times(0.2+0.15)}{122500\times[(0.2/2403)+(0.15/1602)]} = 1979 \ (kg/m^3)$$

$$\rho_{2S} = \frac{\sum[W_S(X_{p2}/100)]}{\sum[W_S(X_{p2}/100)/\rho_{pi}]}$$
$$= \frac{122500\times(0.05+0.1+0.2+0.3)}{12250\times[(0.05/4806)+(0.1/4005)+(0.2/3204)+(0.3/2403)]} = 2920 \ (kg/m^3)$$

$$\rho_a = \frac{\sum[W_S(X_{p1}/100)]+W_L}{\sum[W_S(X_{p1}/100)/\rho_{pi}]+(W_L/\rho_L)}$$
$$= \frac{122500\times(0.2+0.15)+40820}{122500\times[(0.2/2403)+(0.15/1602)]+(40820/865)} = 1216 \ (kg/m^3)$$

$$X_{vhes} = \frac{\sum[W_S(X_{p2}/100)/\rho_{pi}]}{\sum[(W_S/\rho_S)+(W_L/\rho_L)]}$$
$$= \frac{122500\times[(0.05/4806)+(0.1/4005)+(0.2/3204)+(0.3/2403)]}{(122500/2499)+(40820/865)} = 0.283$$

$$d_{wa} = \frac{\sum X_{p2}\sqrt{d_1 d_2}}{\sum X_{p2}}$$
$$= \frac{5\sqrt{840\times300}+10\sqrt{300\times210}+20\sqrt{210\times150}+30\sqrt{150\times74}}{5+10+20+30} = 180 \ (\mu m)$$

$$F_d = d_{wa}/368 = 180/368 = 0.489$$
$$x = 100X_{vhes}F_d(\rho_{2S}-\rho_a)/\rho_a = 100\times0.283\times0.489\times(2920-1216)/1216 = 19.4$$
$$u_{min}/(gD)^{0.5} = \exp\{[(4.2718\times10^{-3}\ln x+5.0264\times10^{-2})\ln x+4.7849\times10^{-2}]\ln x+8.8996\times10^{-2}\} = 2.19$$
$$u_{min} = 2.19(gD)^{0.5} = 2.19\times9.81^{0.5}\sqrt{D} = 6.86\sqrt{D}$$
$$u_a = u_{min}+0.8 = 6.86\sqrt{D}+0.8$$
$$u = \frac{(W_S/\rho_S)+(W_L/\rho_L)}{3600\times0.785D^2} = \frac{(122500/2499)+(40820/865)}{3600\times0.785\times D^2} = 0.034/D^2$$

目标函数 $|u_a-u|\leqslant\delta$，调整 D，满足要求为止，见表 1.6-3。

表 1.6-3 D 值

D/m	$u_a/(m/s)$	$u/(m/s)$
0.075	2.68	6.04
0.100	2.97	3.40
0.125	3.23	2.18

根据目标函数要求，选用 $D=0.100m$，又按下式得：
$$\mu_a = 1000\eta\gamma^{n-1} = 77.3\times(8\times3.4/0.1)^{0.35-1} = 2.02 \ (mPa\cdot s)$$
$$Y = 12.6[\mu_a(\rho_{1S}-\rho_a)/\rho_a^2]^{\frac{1}{3}} = 12.6\times[2.02\times(1979-1216)/1216^2]^{\frac{1}{3}} = 1.28$$
$$C_h = 21.11Y^{1.46} = 30.3$$
$$d_{mh} = 1.65C_h\rho_a/(\rho_{1S}-\rho_a) = 1.65\times30.3\times1216/(1979-1216) = 79.7 \ (\mu m)$$

经比较，确定最后两个筛分级在均匀相泥浆中，其余筛分级在非均匀相泥浆中。允许最低流速 $u_a = 2.97m/s$；实际流速 $u=3.4m/s$。

（2）计算压力降及泵压差的通用数据

① 计算颗粒沉降速度 V_t，按下式进行：
$$Z = 0.000118d_{wa}[\rho_a(\rho_{2S}-\rho_a)/\mu_a^2]^{\frac{1}{3}} = 0.000118\times180\times[1216\times(2920-1216)/2.02^2]^{\frac{1}{3}} = 1.69$$
$$C_{he} = 10.979Z^{-1.106} = 6.15$$
$$V_t = 0.00361\sqrt{\frac{d_{wa}(\rho_{2S}-\rho_a)}{\rho_a C_{he}}} = 0.00361\times\sqrt{\frac{180\times(2920-1216)}{1216\times6.15}} = 0.023 \ (m/s)$$

② 计算非均匀相尺寸系数 C_{ra}，按下式进行：

$Z = 0.000118 \times \sqrt{840 \times 300} \times [1216 \times (4806-1216)/2.02^2]^{\frac{1}{3}} = 6.06$

$C_{he} = 10.979 Z^{-1.106} = 3.5$

$Z = 0.000118 \times \sqrt{300 \times 210} [1216 \times (4005-1216)/2.02^2]^{\frac{1}{3}} = 2.78$

$C_{he} = 10.979 Z^{-1.106} = 3.5$

$Z = 0.000118 \times \sqrt{210 \times 150} [1216 \times (3204-1216)/2.02^2]^{\frac{1}{3}} = 1.76$

$C_{he} = 10.979 Z^{-1.106} = 5.88$

$Z = 0.000118 \times \sqrt{150 \times 74} [1216 \times (2403-1216)/2.02^2]^{\frac{1}{3}} = 0.88$

$C_{he} = 13.5 Z^{-1.61} = 16.6$

由下式得：

$$C_{ra} = \frac{\sum X_{p2} \sqrt{C_{he}}}{\sum X_{p2}} = \frac{5 \times \sqrt{1.5} + 10 \times \sqrt{3.5} + 20 \times \sqrt{5.88} + 30 \times \sqrt{16.6}}{5+10+20+30} = 3.01$$

（3）计算压力降及泵压差

$X_{vhes} V_t \sin 90° = 0.283 \times 0.023 = 0.00651$

由于 $X_{vhes} V_t \sin 90° \leqslant u$，则 $\psi = 0.283$，$u_{hsL} = 3.4 \text{m/s}$

则

$Re = 1000 D u_{hsL} \rho_a / \mu_a = 1000 \times 0.1 \times 3.4 \times 1216/2.02 = 204673$

$F_n = 0.0027 \times (16000\varepsilon/D)^{0.22} = 0.0027 \times (16000 \times 0.0000457/0.1)^{0.22} = 0.00418$

① 泵吸入端（水平管道）

a. 当量长度（L_e）的计算见表 1.6-4。

表 1.6-4　泵吸入端（水平管道）L_e 计算

泵吸入端水平管道连接管件	件数	L_e/m	K_n
闸板阀	1	$8D=0.8$	
90°短径弯头	1	$30D=3$	
直流三通	1	$20D=2$	
进口（即容器出口）	1	$K_n \times D/(4F_n) = 5.98$	1.0
$\sum$	4	11.78	

b. 压力降的计算。

按下式得：$\Delta p_{K1} = (4F_n/D)\rho_a U_{hsL}^2 (L+\sum L_e)/(20000 g_c)$

$\qquad = 4 \times 0.00418/0.100 \times 1216 \times 3.4^2 \times (6.5+11.78)/(20000 \times 9.81) = 0.219 \text{(MPa)}$

$d_d = \{U_{hsL}^2 \rho_a C_{ra}/[\cos\alpha \times 9.81 D(\rho_{2S}-\rho_a)]\}^{1.5}$

$\qquad = \{3.4^2 \times 1216 \times 3.01/[\cos 0 \times 9.81 \times 0.1(2921-1216)]\}^{1.5} = 127.344 \text{(}\mu\text{m)}$

$\Delta p_K = [0.11 \Delta p_{K1}(1+0.1\cos\alpha)](1+85\psi/d_d)$

$\qquad = [0.11 \times 0.219/(1+0.1)] \times (1+85 \times 0.283/127.344) = 0.026 \text{(MPa)}$

② 泵吸入端（垂直管道）

a. 当量长度（L_e）的计算见表 1.6-5。

表 1.6-5　泵吸入端（垂直管道）L_e 计算

泵吸入端垂直下降管道连接管件	件数	L_e/m
90°短径弯头	1	$30D=3$
$\sum$		3

b. 压力降的计算。

$\Delta p_K = 0.11[(4F_n/D)\rho_a U_{hsL}^2 (L+\sum L_e)/(20000 g_c)]$

$\qquad = 0.11 \times [(4 \times 0.00418/0.1) \times 1216 \times 3.4^2 \times (5+3)/(20000 \times 9.81)] = 0.01054 \text{(MPa)}$

$\Delta p_v = -0.1\rho_a \times U_{hsL}^2/(20000 g_c) = -0.1 \times 1216 \times 3.4^2/(20000 \times 9.81) = -0.00716 \text{(MPa)}$

$\Delta p_s = 0.1\{Z_S \cdot \sin\alpha[1.1\psi(\rho_{2S}-\rho_a)/\rho_a+1](\rho_a/10000) - H_s \rho_{SL}/10000\}$

$\qquad = 0.1 \times \{-5\sin 90°[1.1 \times 0.283 \times (2920-1216)/1216+1] \times (1216/10000) - 3 \times 1698/10000\}$

$\qquad = -0.1383 \text{(MPa)}$

③ 泵排出端（水平管道）

a. 当量长度（L_e）的计算见表 1.6-6。

表 1.6-6　泵排出端（水平管道）L_e 计算

泵排出端水平管道连接管件	件数	L_e/m	K_n
闸板阀	1	$8D=0.8$	
90°短径弯头	1	$30D=3$	
直流三通	2	$2\times20D=4$	
出口（即容器入口）	1	$K_nD/(4F_n)=2.99$	0.5
$\sum$	5	10.79	

b. 压力降的计算。

$$\Delta p_{K1}=(4F_n/D)\rho_a U_{hsL}^2(L+\sum L_e)/(20000g_c)$$
$$=(4\times0.00418/0.1)\times1216\times3.4^2\times(19+10.79)/(20000\times9.81)=0.357\,(MPa)$$
$$d_d=\{U_{hsL}^2\rho_s C_{rs}/[\cos\alpha\times9.81D(\rho_{2S}-\rho_a)]\}^{1.5}$$
$$=\{3.4^2\times1216\times3.01/[\cos0\times9.81\times0.1\times(2921-1216)]\}^{1.5}=127.344\,(\mu m)$$
$$\Delta p_K=[0.11\Delta p_{K1}(1+0.1\cos\alpha)](1+85\psi/d_d)$$
$$=[0.11\times0.357/(1+0.1)]\times(1+85\times0.283/127.344)=0.0424\,(MPa)$$

④ 泵排出端（垂直管道）

a. 当量长度（L_e）的计算见表 1.6-7。

表 1.6-7　泵排出端（垂直管道）L_e 计算

泵排出端垂直上升管道连接管件	件数	L_e/m
90°短径弯头	1	$30D=3$
$\sum$		3

b. 压力降的计算。

$$\Delta p_K=0.11[(4F_n/D)\rho_a U_{hsL}^2(L+\sum L_e)/(20000g_c)]$$
$$=0.11\times[(4\times0.00418/0.1)\times1216\times3.4^2\times(30+3)/(20000\times9.81)]=0.0435\,(MPa)$$
$$\Delta p_v=0.1\rho_a\times U_{hsL}^2/(20000g_c)=0.1\times1216\times3.4^2/(20000\times9.81)=0.00716\,(MPa)$$
$$\Delta p_s=0.1\{Z_d\sin\alpha[1.1\psi(\rho_{2S}-\rho_a)/\rho_a+1](\rho_a/10000)+H_d\rho_{SL}/10000\}$$
$$=0.1\times\{30\sin90[1.1\times0.283\times(2920-1216)/1216+1]\times(1216/10000)+3\times1698/10000\}$$
$$=0.5749\,(MPa)$$

计算结果汇总见表 1.6-8。

表 1.6-8　计算结果汇总

项目	$\Delta p_K/MPa$	$\Delta p_v/MPa$	$\Delta p_s/MPa$	$\Delta p_{s.d}/MPa$
泵吸入端：				
水平管	0.0260			
下降管	0.01054	-0.00716	-0.1383	
			-0.1383	
$\sum$	0.0365	-0.00716	-0.1383	-0.1090
泵排出端：				
水平管	0.0424			
上升管	0.0435	0.00716	0.5749	
$\sum$	0.0859	0.00716	0.5749	0.6680

（4）泵压差

$$\Delta p=p_{rd}-p_{rs}+\sum\Delta p_s+\sum\Delta p_d=0.17-0.1-0.1090+0.6680=0.629\,(MPa)$$

1.6.2　真空系统设计

1.6.2.1　真空区域流型划分

压力低于大气压力的系统称为真空系统。根据《真空技术　术语》（GB/T 3163—2007）的分类，真空区域的大致划分见表 1.6-9。

表 1.6-9　真空区域的大致划分

低真空	$10^5\sim10^2\,Pa$	高真空	$10^{-1}\sim10^{-5}\,Pa$
中真空	$10^2\sim10^{-1}\,Pa$	超高真空	$<10^{-5}\,Pa$

通常流型划分及判别标准如下：

① 黏性流：$p_m d > 66.66 \mathrm{Pa \cdot cm}$

② 分子流：$p_m d < 1.998 \mathrm{Pa \cdot cm}$

③ 过渡流：$1.998 \mathrm{Pa \cdot cm} < p_m d < 66.66 \mathrm{Pa \cdot cm}$

注：p_m 为气体平均压力，Pa；d 为管道内径，cm。

1.6.2.2 真空流导及计算

气体沿管道流动的能力称为流导，定义如下：

$$C = \frac{Q}{p_1 - p_2} \tag{1.6-59}$$

式中 C——管道的总流导；

Q——单位时间内通过给定截面的气体量，$\mathrm{Pa \cdot cm^3/s}$；

p_1、p_2——管道两端的压力，Pa。

(1) 串联管道总流导的倒数等于各管段流导倒数之和，即：

$$\frac{1}{C} = \frac{1}{C_1} + \frac{1}{C_2} + \frac{1}{C_3} + \cdots \tag{1.6-60}$$

式中 C_1、C_2、C_3——各分管段流导，$\mathrm{cm^3/s}$。

(2) 并联管道总流导等于各管段流导之和，即：

$$C = C_1 + C_2 + C_3 + \cdots \tag{1.6-61}$$

(3) 黏性流动流导的计算

① 圆直长管（$L > 20d$）

$$C_{vl} = \frac{10^3 \pi d^4 p_m}{128 \mu L} \tag{1.6-62}$$

式中 C_{vl}——黏性流动长管的流导，$\mathrm{cm^3/s}$；

d——管道内直径，cm；

μ——气体黏度，$\mathrm{mPa \cdot s}$；

L——管道长度，m；

p_m——管道中气体的平均压力，Pa。

② 圆孔流导

$$C_{vo} = 3.16 \times 10^3 \sqrt{\frac{2kRT}{(k-1)M}} \times X^{\frac{1}{k}} \sqrt{1 - X^{\frac{k-1}{k}}} \times \frac{A_o}{1-X} \tag{1.6-63}$$

20℃空气的圆孔流导（$k = 1.4$，$M = 29$）

当 $1 \geqslant X \geqslant 0.525$ 时：$\qquad C_{vo} = 7.66 \times 10^4 \times X^{0.712} \sqrt{1 - X^{0.288}} \times \frac{A_o}{1-X} \tag{1.6-64}$

当 $X \leqslant 0.525$ 时：$\qquad C_{vo} \approx \frac{2 \times 10^4 A_o}{1-X} \tag{1.6-65}$

当 $X \leqslant 0.1$ 时：$\qquad C_{vo} \approx 2 \times 10^4 A_o \tag{1.6-66}$

式中 C_{vo}——黏性流动圆孔的流导，$\mathrm{cm^3/s}$；

k——气体的绝热指数，$A = c_p / c_V$；

c_p、c_V——气体的比定压热容和比定容热容，$\mathrm{kJ/(kg \cdot K)}$；

R——气体常数，$8.3143 \mathrm{kJ/(kmol \cdot K)}$；

T——气体的绝对温度，K；

M——气体分子量；

X——气体压力比，$X = p_2 / p_1$；

p_1、p_2——孔前和孔后的气体压力，Pa；

A_o——圆孔截面积，$\mathrm{cm^2}$。

③ 短管流导（$L \leqslant 20d$）

$$C_{vs} = \frac{C_{vl} C_{vo}}{C_{vl} + C_{vo}} \tag{1.6-67}$$

式中 C_{vs}——黏性流动短管的流导，$\mathrm{cm^3/s}$；

C_{vl}——黏性流动长管的流导，cm^3/s；

C_{vo}——黏性流动圆孔的流导，cm^3/s。

（4）分子流动流导的计算

① 圆直长管（$L>20d$）

$$C_{ml}=\frac{3.16\times10^3}{6}\sqrt{\frac{2\pi RT}{M}}\times\frac{d^3}{L}\tag{1.6-68}$$

式中　C_{ml}——分子流动长管的流导，cm^3/s。

② 圆孔流导

$$C_{mo}=3.16\times10^3\sqrt{\frac{RT}{2\pi M}}\times A_o\tag{1.6-69}$$

式中　C_{mo}——分子流动圆孔的流导，cm^3/s；

A_o——圆孔截面积，cm^2。

③ 短管流导（$L\leqslant20d$）

$$C_{ms}=3.16\times10^3\sqrt{\frac{RT}{2\pi M}}\times A\times a\tag{1.6-70}$$

式中　C_{ms}——分子流动短管流导，cm^3/s；

A——短管截面积，cm^2；

a——修正系数，见表1.6-10。

表 1.6-10　短管流导修正系数表

L/d	0	0.05	0.1	0.2	0.4	0.6	0.8
a	1	0.965	0.931	0.870	0.769	0.690	0.625
L/d	1	2	4	6	8	10	20
a	0.572	0.40	0.25	0.182	0.143	0.117	0.0625

（5）过渡流动流导的计算（圆直长管）

$$C_T=\frac{10^3\pi d^4}{128\mu L}p_m+\frac{3.16\times10^3}{6}\sqrt{\frac{2\pi RT}{M}}\times\frac{d^3}{L}\times\frac{1+3.162\times10^{-4}\sqrt{\frac{M}{RT}}\times\frac{10^3dp_m}{\mu}}{1+3.921\times10^{-4}\sqrt{\frac{M}{RT}}\times\frac{10^3dp_m}{\mu}}\tag{1.6-71}$$

式中　C_T——过渡流动流导，cm^3/s；

p_m——管道中气体的平均压力，Pa；

μ——气体黏度，$mPa\cdot s$；

R——气体常数，$8.3143kJ/(kmol\cdot K)$；

d——管道内直径，cm；

L——管道长度，cm；

M——气体分子量。

1.6.2.3　抽气速度和抽气时间

（1）名义抽气速度　真空泵性能表中所列泵的抽气速度，称为名义抽气速度，简称名义抽速。

（2）有效抽气速度　真空泵对真空容器抽气口的抽气速度（真空容器出口）称为有效抽气速度，简称有效抽速。当管道的流导很大时，有效抽气速度接近于名义抽气速度；反之，有效抽速小于名义抽速。设计中为使有效抽速增大，必须使真空管道长度尽量短而直径适当增大。

（3）名义抽速和有效抽速的关系　在一般情况下，两种抽速之比为$u/u_p=0.6\sim0.8$。真空容器、泵及管道的流导关系（因是串联）如下：

$$\frac{1}{u}=\frac{4}{u_p}+\frac{1}{C}\tag{1.6-72}$$

式中　C——管道的流导，cm^3/s；

u，u_p——有效抽速，名义抽速，cm^3/s。

（4）抽气时间　真空系统中从某一压力抽到另一指定压力所需的时间，称为抽气时间。

在低真空和中真空下，不考虑设备和管道本身出气的影响，对机械泵从某一压力开始抽气时，抽速随真空度升高而下降，其抽气时间用下式计算：

$$t = 2.3K \frac{V}{u_p} \lg \frac{p_1}{p_2}$$

式中　t——抽气时间，s；

V——真空设备容积，L；

u_p——泵的名义抽速，L/s；

p_1——设备开始抽气时的压力，Pa；

p_2——经 t 时间抽气后的压力，Pa；

K——修正系数，与设备抽气终止时的压力有关，见表 1.6-11。

表 1.6-11　抽气时间修正系数表

p_2/kPa	133.32～13.33	13.33～1.33	1.33～0.133	0.133～0.0133	0.0133～0.00133
K	1	1.25	1.5	2	4

在粗略计算中，用图 1.6-2 计算机械泵的抽气时间。

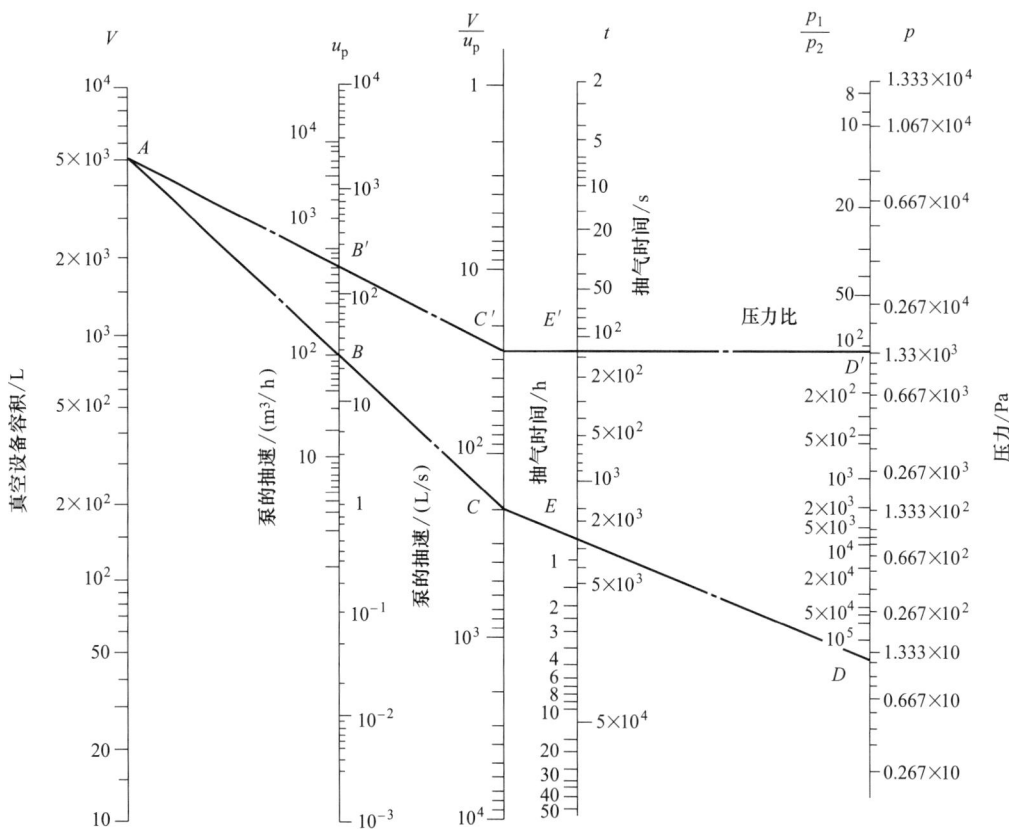

图 1.6-2　抽气时间计算图

抽气时间计算图使用说明：

① 从大气压抽到所需的压力 p_2，从 V 线上找到容积点 A，u_p 线上找到抽速点 B，A、B 两点连线交 V/u_p 线于点 C，C 点与 p 线上所需压力点 D 连线交 t 线于 E 点，E 点所示即抽气时间。

② 如从 p_1 开始抽到 p_2，则应求出 p_1/p_2 的值点 D'，A 和 u_p 线上 B' 连线延长交 V/u_p 线上 C' 点，连接 $C'D'$，交 t 线于 E' 点，E' 点所示即抽气时间。

1.6.2.4　湍流压力降计算

空气或蒸汽在圆截面管中流动，当压力降小于最终压力的 10% ，且符合以下限制时，用式（1.6-73）计算。当压力降大于最终压力的 10% 时用分段法计算。

限制条件为：$\dfrac{W_G}{D} \geqslant 360$

压力降计算式：

$$\Delta p = 2.759 \times 10^4 \, \frac{F_1 C_{D1} C_{T1} + F_2 C_{D2} C_{T2}}{p_1} \tag{1.6-73}$$

式中　W_G——气体质量流量，kg/h；

　　　D——管道内直径，m；

　　　Δp——真空管每米管道长度压力降，Pa；

　　　p_1——气体管道始端压力，Pa；

C_{T1}、C_{T2}——温度校正系数，见图1.6-3；

　F_1、F_2——基准摩擦系数，见图1.6-4；

C_{D1}、C_{D2}——管径校正系数，见图1.6-4。

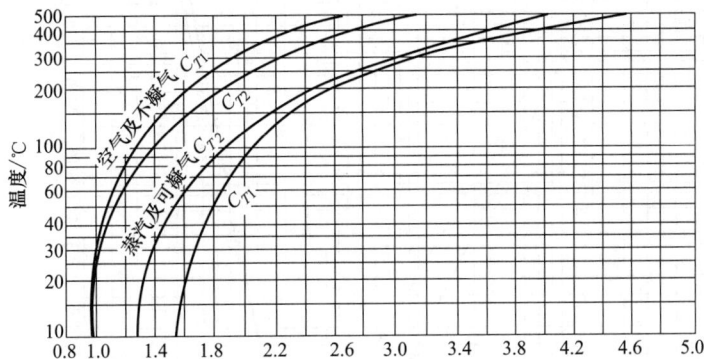

图1.6-3　温度校正系数图（C_{T1}、C_{T2}）

1.6.2.5　层流压力降计算

层流（$W_G / D < 360$）：压力范围在6.666～133.32Pa之间的空气，且压力降不超过最终压力的10％时，用下式计算：

$$\Delta p = \frac{\lambda L \rho u_1^2}{2D} \tag{1.6-74}$$

式中　Δp——真空管每米压力降，Pa；

　　　L——管道长度，m；

　　　D——管道内直径，m；

　　　u_1——流体流速，m/s；

　　　ρ——气体平均密度，kg/m³；

　　　λ——摩擦系数，$\lambda = 4f$，由图1.6-5查得。

对一般低真空系统也可用此式计算，但应由图1.4-1查得摩擦系数。

1.6.2.6　真空系统设计计算示例

【示例一】　一真空系统抽出20℃空气，真空容器出口有效抽速为25L/s，如泵的抽速损失为20％，压力为6.666Pa，泵和真空容器间管道长度为3m，求管径。

解：（1）泵的抽速　$u_p = \dfrac{u}{0.8} = \dfrac{25}{0.8} = 31.25$（L/s）=112.5（m³/h）=0.03125（m³/s）

（2）流导　由 $\dfrac{1}{u} = \dfrac{1}{u_p} + \dfrac{1}{C}$ 得：$C = \dfrac{u u_p}{u_p - u} = \dfrac{25 \times 31.25}{31.25 - 25} = 125$（L/s）

假定压降甚微，则平均压力 $p_m \approx p_1 = 6.666$Pa

（3）管径计算　假定管道内直径 $d = 8$cm，则：

流型 $p_m d = 6.666 \times 8 = 53.328$（Pa·cm）

因 1.998Pa·cm＜53.328Pa·cm＜66.6Pa·cm，属于过渡流动。

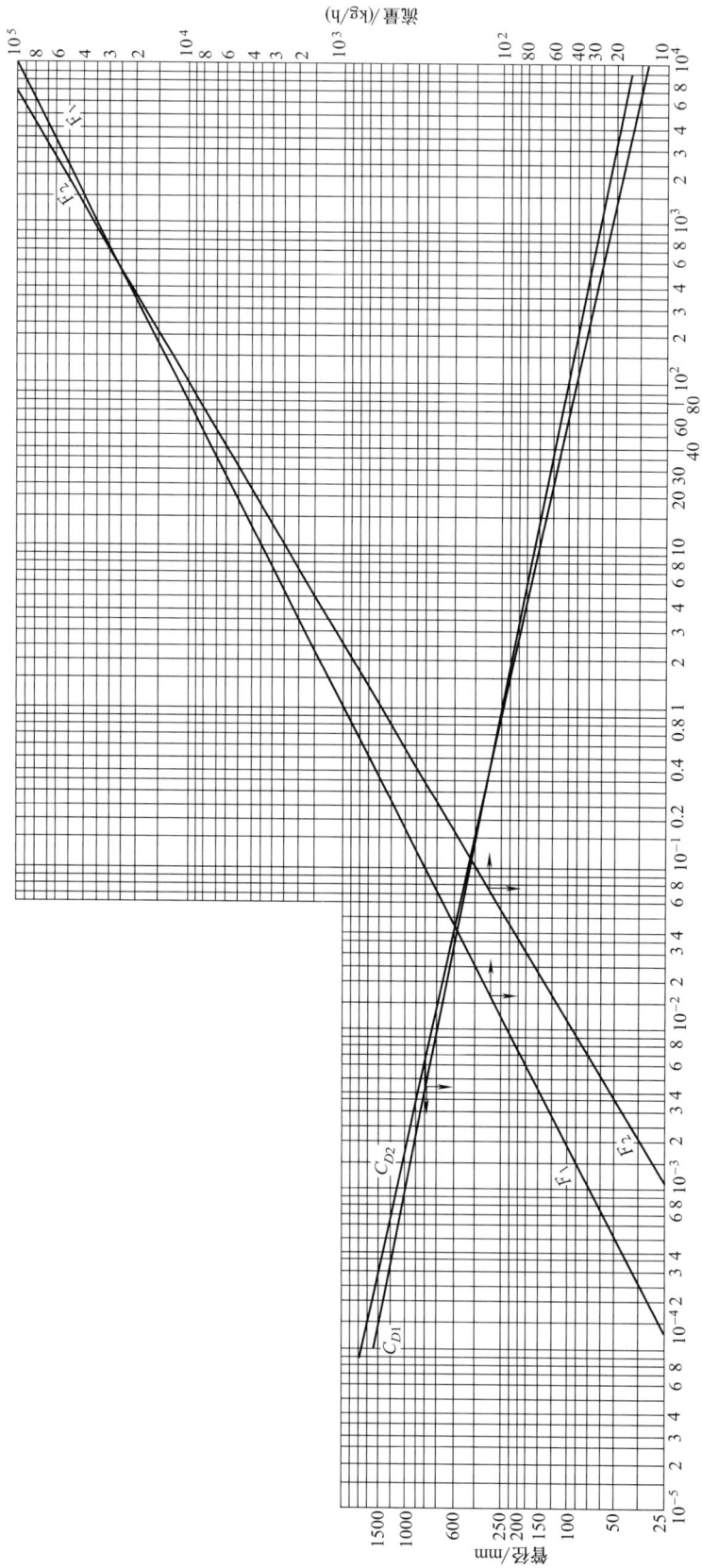

图 1.6-4　基准摩擦系数（F_1、F_2）和管径校正系数（C_{D1}、C_{D2}）图

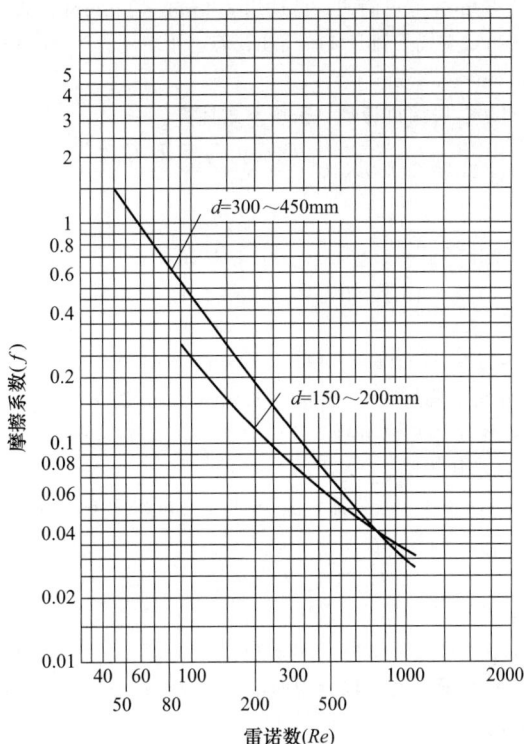

图 1.6-5 空气在 6.666~133.32Pa 压力下层流流动的摩擦系数

（4）核算管径 20℃空气黏度 $\mu=1.81\times10^{-2}$ mPa·s

$d^3=8^3=512$，$d^4=8^4=4096$，代入下式得：

$$C_T=\frac{10^3\pi d^4}{128\mu L}p_m+\frac{3.16\times10^3}{6}\sqrt{\frac{2\pi RT}{M}}\times\frac{d^3}{L}\times\frac{1+3.162\times10^{-4}\sqrt{\frac{M}{RT}}\times\frac{10^3dp_m}{\mu}}{1+3.921\times10^{-4}\sqrt{\frac{M}{RT}}\times\frac{10^3dp_m}{\mu}}$$

$$=\frac{10^3\pi\times4096\times6.666}{128\times1.81\times10^{-2}\times300}+\frac{3.16\times10^3}{6}\times\sqrt{\frac{2\pi\times8.314\times293}{29}}\times\frac{512}{300}\times\frac{1+3.162\times10^{-4}\times\sqrt{\frac{29}{8.314\times293}}\times\frac{10^3\times8\times6.666}{1.81\times10^{-2}}}{1+3.921\times10^{-4}\times\sqrt{\frac{29}{8.314\times293}}\times\frac{10^3\times8\times6.666}{1.81\times10^{-2}}}$$

$=140173.1$（cm³/s）$=140.2$L/s>125L/s

故假定管道内直径 $d=8$cm 是正确的，核算压力降如下。

空气密度：$\rho=7.94\times10^{-8}$g/cm³$=7.94\times10^{-5}$kg/m³

质量流量：$W_G=7.94\times10^{-5}\times112.55=8.93\times10^{-3}$（kg/h）

$W_G/d=8.93\times10^{-3}/0.08=0.1116<360$（层流）

雷诺数：$Re=354\dfrac{W_G}{d\mu}=\dfrac{354\times8.93\times10^{-3}}{80\times1.81\times10^{-2}}=2.18$

查图 1.6-4，取 $f=1$，则 $\lambda=4f=4$

管道截面积：$A=5.026\times10^{-3}$（m²）

气体流速：$u_1=0.03125/(5.026\times10^{-3})=6.22$（m/s）

管道压力降：$\Delta p=\dfrac{\lambda L\rho u_1^2}{2d}=\dfrac{4\times3\times7.94\times10^{-5}\times6.22^2}{2\times0.08}=0.23$（Pa）（此值甚微，与假设符合）

$p_2=6.666-0.23=6.436$（Pa）

$\Delta p/p_2=0.23/6.436=3.57\%<10\%$

由以上计算，管道内直径为80mm是正确的，可选用$\phi 89mm \times 4.5mm$钢管。

【示例二】 真空管道抽吸175℃空气，流量115kg/h，管道始端压力为2133Pa，总长100m，求管径。

解： 设管道内直径$d = 25.7cm = 0.257m$

$W_G/d = 115/0.257 = 447 > 360$，属湍流流动，采用下式计算。

$$\Delta p = 2.759 \times 10^4 \frac{F_1 C_{D1} C_{T1} + F_2 C_{D2} C_{T2}}{p_1}$$

由图1.6-2和图1.6-3查得：

$F_1 = 1.55 \times 10^{-2}$，$C_{D1} = 0.96$，$C_{T1} = 1.50$；$F_2 = 7.10 \times 10^{-2}$，$C_{D2} = 0.96$，$C_{T2} = 1.67$。

代入得：$\Delta p = 2.759 \times 10^4 \times \dfrac{1.55 \times 10^{-2} \times 0.96 \times 1.50 + 7.10 \times 10^{-2} \times 0.96 \times 1.67}{2133} = 1.76$（Pa/m）

计算得：$\Delta p_总 = 100 \times 1.76 = 176$（Pa），$p_2 = 2133 - 176 = 1957$（Pa），$\Delta p_总/p_2 = 176/1957 = 9.01\% < 10\%$

因此管道内直径$d = 25.7cm$是正确的，可选用$\phi 273mm \times 8mm$钢管。

【示例三】 有气体管道（不凝气体）内直径150mm（$\phi 159mm \times 4.5mm$），长度30m，质量流量80kg/h，温度80℃，始端压力为1733Pa，求压力降。

解： $W_G/d = 80/0.150 = 533 > 360$，属湍流，查图1.6-2和图1.6-3得：$F_1 = 7.7 \times 10^{-3}$，$C_{D1} = 15$，$C_{T1} = 1.02$；$F_2 = 4.1 \times 10^{-2}$，$C_{D2} = 11.5$，$C_{T2} = 1.08$。

$$\Delta p = 2.759 \times 10^4 \times \frac{F_1 C_{D1} C_{T1} + F_2 C_{D2} C_{T2}}{p_1} = 10 \text{ （Pa/m）}$$

$\Delta p_总 = 30 \times 10 = 300$（Pa），$p_2 = 1733 - 300 = 1433$（Pa），$\Delta p_总/p_2 = 300/1433 = 20.94\% > 10\%$

因此不符合要求，改用分段法计算，将管段分为四段，每段增量为7.5m，查图各系数数值不变。

$\Delta p_1 = 10 \times 7.5 = 75$（Pa），$p_2 = 1733 - 75 = 1658$（Pa）；

$\Delta p_2 = 2.759 \times 10^4 \times 0.627 \times 7.5/1658 = 78.3$（Pa），$p_3 = 1658 - 78.4 = 1579.7$（Pa）；

$\Delta p_3 = 2.759 \times 10^4 \times 0.627 \times 7.5/1579.7 = 82.1$（Pa），$p_4 = 1579.7 - 82.1 = 1497.6$（Pa）；

$\Delta p_4 = 2.759 \times 10^4 \times 0.627 \times 7.5/1497.6 = 86.6$（Pa），$p_5 = 1497.6 - 86.6 = 1411.0$（Pa）；

总压力降：$\Delta p = \Delta p_1 + \Delta p_2 + \Delta p_3 + \Delta p_4 = 322$（Pa）。

终点压力：$p_5 = 1733 - 322 = 1411$（Pa）。

1.7 设计文件及校审

1.7.1 设计说明内容 （HG/T 20519.1—2009）

化工工艺设计施工图设计说明由工艺设计说明，设备布置设计说明，管道布置设计说明，绝热、隔声设计说明及防腐设计说明构成。

1.7.1.1 工艺设计说明

化工工艺设计施工图的工艺设计说明应包括下列内容。

（1）设计依据 设计依据是说明施工图设计的任务来源和设计要求，它包括如下几个部分：施工图设计的委托书、任务书、合同、协议书等有关文件；初步设计的审批文件和修改文件；其它有关设计依据。

（2）工艺及系统说明

① 依据初步设计审批文件和修改文件所做的化工工艺修改和补充部分的说明；

② 施工图设计中对初步设计工作的改进和调整部分的工艺及系统说明；

③ 与工艺有关的施工说明和装置开、停车的原则说明。

（3）设计范围

① 负责设计的范围，如合作设计或出口项目的设计范围应加以说明；

② 装置设计的组成及单元或工程名称及代号。

1.7.1.2 设备布置设计说明

（1）分区或图号规定

（2）设备安装的注意事项

① 大型设备吊装需说明的问题，如吊装的顺序、要求等；

② 设备进入厂房或框架的特殊安装要求，如可拆梁、墙上留洞等；

③ 设备附件，如滑动板、弹簧座、保冷设备的聚丙烯板等；

④ 设备支架，哪些设备位号有支架，有何安装技术要求。

（3）设备维修空间设置及固定式维修设备的说明

（4）采用的国家及行业标准

1.7.1.3 管道布置设计说明

化工工艺设计施工图的管道布置设计说明由如下部分组成。

（1）材料供应情况

① 如为引进装置，应说明买卖双方材料供应的范围；

② 国内外采购的划分；

③ 管子的标准，采用国际标准系列管子（HG 20533 Ia 系列管子），或采用沿用系列管子（HG 20533 Ⅱ 列管子），国外采购的 ASME 标准等；

④ 设计范围内，材料供应的技术文件号；

⑤ 材料供应的特殊要求。

（2）管道预制及安装要求

① 管道施工规范的标准号、管道等级与分类；

② 管道焊接的附加要求，如预热、焊后热处理、消除应力、焊接等级、异钢种焊接要求和规范等；

③ 管道安装的特殊要求，如冷紧、螺纹封焊、螺纹密封带、临时用垫片等有关注意事项；

④ 伴热系统的安装，包括有关规定及标准号，防止物料管过热的措施及物料管段号；

⑤ 特殊件的安装要求，如膨胀节、临时过滤器、防鸟网等；

⑥ 试压要求；

⑦ 埋地管线要求；

⑧ 非金属管道安装要求。

（3）管架

① 采用的管架标准；

② 工厂预制件；

③ 小管道管架安装注意事项。

（4）静电接地

① 管道静电接地范围；

② 静电接地连接方式；

③ 静电接地连接要求。

（5）管道脱脂、吹扫、清洗

① 管道脱脂、吹扫、清洗范围；

② 管道脱脂、吹扫、清洗介质的组成及温度压力参数；

③ 临时设备及管线的设置要求。

（6）采用的国家及行业标准　列出标准名称及标准号，说明标准应由施工单位自备。

1.7.1.4 绝热、隔声设计说明

（1）选用的绝热材料

① 主绝热材料名称及相关要求；

② 外保护层（包括：名称、材质、厚度）；

③ 隔声材料。

（2）工程中遇到的绝热等级，如隔热、防烫、保冷等的具体要求。

（3）采用的绝热、隔声结构及标准。

（4）施工要求，包括：

① 见×××规范；

② 施工时注意防雨要求；

③ 保冷层是否现场发泡；

④ 隔声结构的特殊要求；

⑤ 阀门绝热要求；

⑥ 其它。

(5) 采用的国家及行业标准。

1.7.1.5 防腐设计说明

(1) 涂漆的范围

① 转动设备的涂漆应在制造厂内完成；

② 其它。

(2) 采用的涂料名称（底漆和面漆）。

(3) 施工要求

① 底漆和面漆应配套；

② 涂漆前的表面清理；

③ 涂漆的层数；

④ 施工规范标准号。

(4) 涂漆的颜色，所依据的标准号及其它补充文件。

(5) 埋地管道的外防腐。

(6) 管道的内防腐。

(7) 采用的国家及行业标准。

1.7.2 工艺系统文件校审 （HG 20557.4—1993）

1.7.2.1 管道仪表流程图 （PI）

(1) 校核人员在了解和熟悉化工工艺装置（或工序）生产流程的基础上，校核工艺管道仪表流程图是否符合化工工艺专业发表的工艺流程图（PFD），是否符合专有技术拥有者提供的 PFD 或 PID 的要求；校核图中设备名称、设备位号、各设备接管口以及接管尺寸是否有误及遗漏。

(2) 按照装置（或工序）的生产工艺流程，对连接各设备之间的物料管道，按管道介质代号逐一进行校核是否有误及遗漏。对工艺管道仪表流程图中各辅助物料管道和公用物料管道，同样按其管道的介质代号逐一进行校核是否有误及遗漏。

(3) 在进行上述所列工作的同时，应校核工艺管道仪表流程图中需要编号的全部管道的管道介质代号、管道顺序号、管道尺寸、管道等级的编制是否有误和遗漏；校核所有管道阀门和管道附件的选择和表示是否有误和遗漏；校核管道流向箭头及接续符号、管道编号及图号是否有误及遗漏；校核管道等级的变化标注是否有误及遗漏；校核异径管的标注是否有误及遗漏；校核各支管与总管连接的前后位置与管道平面设计图是否一致。

(4) 校核工艺管道仪表流程图中有位差的限位尺寸，地下、半地下设备的地面线，容器及其它设备的关键标高或设备的最小标高，与设备（不包括管道）相连接的阀门规格及管道上的阀门规格是否进行了标注；对管道坡度、管道名称或阀门、管件或仪表的特殊位置、液封高度等有特殊要求或对管道等级分界位置，对埋设、未埋设及管道的分界线和两相流管线等是否进行了标注。

(5) 校核工艺管道仪表流程图中操作和试车所需要有关的放空管、排液管、放净管和吹扫点有无错误或遗漏。

(6) 校核工艺管道仪表流程图中所有需绝热保温的设备、管道、蒸汽、电或其它类型伴热的伴管、夹套管的标注是否有误及遗漏。

(7) 按照装置（或工序）的生产流程，在检查接受工艺化验项目条件的基础上，校核工艺分析取样点是否有误及遗漏。

(8) 按照装置（或工序）的生产流程，在检查接受化工工艺专业主要控制说明和工艺系统专业对控制要求补充说明，并在自控专业配合的基础上，校核工艺管道仪表流程图中全部检测、控制仪表（包括控制系统）是否有误及遗漏；校核在线仪表、转子流量计等的规格，当与管道规格不同时，其规格的标注是否遗漏；校核仪表位号的标注是否有误及遗漏。

(9) 校核工艺管道仪表流程图控制阀及旁路阀规格、仪表空气断路时控制阀的状态，控制阀前后若有异径管，其标注是否有误或遗漏。

(10) 校核工艺管道仪表流程图中安全阀编号、安全阀（进出管口）规格及整定压力是否按有关绘制规定标出；若安全阀入口管道要限制压降，应校核其管道尺寸、管道长度及管件数量和规格是否注明。

（11）校核工艺管道仪表流程图中疏水阀位号的标注。当疏水阀的前切断阀之前设置有放空管，疏水阀与后切断阀之间设有检查管时，应校核其放空管及检查管的尺寸和标注。根据所选用疏水阀型号及安装要求校核疏水阀异径管、过滤器、前后切断阀的标注是否有误及遗漏。

（12）校核工艺管道仪表流程图中限流孔板符号、位号的标注是否有误或遗漏。

（13）校核工艺管道仪表流程图、辅助物料、公用物料管道仪表流程图中的特殊管件（包括特殊阀门、视镜、安全喷淋器、洗眼器、消声器等）的编号和标注是否有误及遗漏。

（14）校核工艺管道仪表流程图中塔类设备的总塔板数、进出物料的塔板数、加热盘管或冷却盘管以及容器内件是否加了注明。

（15）校核工艺管道仪表流程图中对从界区外来或送出界区的管道，是否标注了管道界区接续标志，接续图管道编号及图号的标注是否有误及遗漏。

（16）在工艺管道仪表流程图中对有专业分工或有供货范围的部分，应校核是否按有关的绘制规定进行了标注。

（17）在工艺管道仪表流程图中对厂商供货的成套设备，要校核是否标注了成套设备的供货范围，校核与厂商供货的成套设备相连接的管道连接点的标注是否有误及遗漏。

（18）在工艺管道仪表流程图中对有"待定"的问题，要校核是否进行了标注及注释说明。

（19）按照 PID 首页图编制的规定，校核 PID 首页图中应表示的全部工艺物料、辅助物料和公用物料代号、缩写字母，以及装置中所采用的全部管道、阀门、主要管件、取样器等的图例符号、仪表符号等是否齐全正确；校核设备编号说明、管道编号说明、公用物料站编号说明是否清楚；如在首页图中有表示进出界区所有工艺物料、辅助物料和公用物料的界区交接点表，则对该表内容要逐项进行校核是否有误及遗漏；校核备注栏中对 PID 中共性的问题或未表示清楚的内容进行统一规定的说明，以及"待定"问题是否完善和清楚。

（20）根据辅助物料、公用物料管道仪表流程图绘制的规定，对照工艺装置（或工序）生产工艺流程，校核每一个单一介质系统辅助物料、公用物料管道仪表流程图中的管道、阀门和管道附件（不包括工艺管道仪表流程图上已表示的）是否有误及遗漏；校核主管走向或支管分支顺序是否与实际配管相同。

（21）校核辅助物料、公用物料管道仪表流程图中每一个单一介质系统全部检测、控制仪表（不包括工艺管道仪表流程图中已表示的）是否有误及遗漏。

（22）校核辅助物料、公用物料管道仪表流程图中每一个单一介质系统的分析取样点（不包括工艺管道仪表流程图中已表示的）是否有误及遗漏。

（23）校核辅助物料、公用物料管道仪表流程图中进出界区的管道。

（24）校核辅助物料、公用物料管道仪表流程图中的绝热保温（伴管、夹套管等）的标注是否有误及遗漏。

（25）校核辅助物料、公用物料管道仪表流程图管道等级变化的分界位置是否有误及遗漏；校核管道流向及接续图管道编号是否有误及遗漏。

（26）校核辅助物料、公用物料管道仪表流程图中的疏水阀和安全阀。

（27）校核泵、鼓风机、压缩机等的驱动装置（如电动机、蒸汽轮机、柴油机、燃气轮机等），当需要表示时是否表示。

（28）校核工艺管道仪表流程图、辅助物料、公用物料管道仪表流程图中，对开车、停车、正常操作、事故处理、维修及人身安全方面的考虑和设施是否齐全可靠。

（29）审核的主要内容

① 在已校核计算结果的基础上，审核系统压力降和安全分析。

② 审核与工艺系统专业有关的三废排放安全分析。

③ 审核与工艺系统专业有关的费用控制。

④ 审核 PID 上所表示的供货范围。

1.7.2.2 管道命名表及索引

（1）管道命名表索引经过编制、校核即可；校核包括管道编号、管道用途及表明所在管道编号的页数是否与管道命名表中所编制的内容一致。

（2）"管道命名表"（以下简称命名表）所有版本编制后均需校核和审核。

（3）校核人员在检查接受条件的基础上，按流体介质校核本表管道说明栏中的管道编号、尺寸、压力等级、流体介质、来自、至、管道规格、所在管道仪表流程图图号；校核工作条件栏中的正常（工作）温度、正常（工作）压力，事故或短期变化中的温度、压力、事故类型、允许超应力；校核设计条件栏中的物料类型、温度、压力；校核现场试验栏中的介质、压力；校核绝热保温与涂漆栏中的绝热保温类型、绝缘层厚度、涂漆要求及备注栏等各项内容的编制是否有误及遗漏。

（4）审核人员主要审核设计条件、工作条件和现场试压三栏是否有误。

1.7.2.3　绝热保温条件表

（1）按"设备绝热保温条件表编制说明"进行编制，经校核后即可。

（2）校核人员在检查接受条件的基础上，校核绝热保温的设备位号、设备名称、工作条件中的正常压力和正常温度、绝热类型及需要在备注中对安装环境、绝热位置等情况加以说明时是否有误或遗漏。

（3）若设备有伴管（或夹套）保温，校核人员还应校核工作条件中的设计压力和设计温度、伴管（或夹套）管径、绝缘保温厚度等项编制是否有误。

（4）需要时在校核人员校核的基础上，对本表进行审核。

1.7.2.4　蒸汽及冷凝水条件表

（1）按表中的说明要求编制，并按照表逐项进行校核及审核。

（2）校核人员在检查接受条件的基础上，校核蒸汽平衡图和"蒸汽及冷凝水条件表"中的设备位号、设备名称、蒸汽用途、加热方式、受热介质的组成、正常压力及进口、出口温度、蒸汽正常流量、蒸汽正常入口压力及正常入口温度，使用性质及需要在备注中特殊说明的内容是否有误。

（3）编制人员在可能的条件下，尽可能填写出受热介质的最高压力、蒸汽最小及最大流量，蒸汽最低入口压力及最低入口温度，间断还是连续使用、使用时间、年工作小时数，并由校核人员校核。

（4）编制人员在检查接受条件的基础上，尽可能填写清楚蒸汽冷凝水的正常、最大、最小流量，水质情况，连续回收还是间断回收以及间断时间，自流还是加压回水量，由校核人员校核。

（5）校核人员在检查接受条件的基础上，校核蒸汽平衡图和"蒸汽及冷凝水条件表"中的设备位号、设备名称、运行及备用台数、蒸汽冷凝水的回水压力及回水温度、送出方式等是否有误。

（6）审核人员在校核人员校核的基础上进行审核，主要审核"蒸汽及冷凝水条件表"中的流量、压力和温度，审核压力和温度是否正确。

1.7.2.5　用水及排水条件表

编制人员在接受条件的基础上，尽可能填写出水质要求栏中的（水的）浊度及物理成分，由校核人员校核。校核人员在检查接受条件的基础上，校核"用水及排水条件表"中的车间或工段名称、用水设备名称、水的用途、平均及最大用水量、水质要求栏中的水温；校核需水情况栏中的进水口水压、连续及间断情况、进水口位置及标高等是否有误；校核排水设备的名称，平均排水量，水质是否污染，污水水温、排水余压、连续或间断、排水口位置及标高是否有误。

1.7.2.6　软水、脱盐水条件表

编制人员在接受条件的基础上，尽可能填写出水质要求栏中的硬度、碱度、电导率、SiO_2 等各项，对水质的特殊要求应在备注栏中说明。校核人员在检查接受条件的基础上，校核车间或工段名称、用途、使用班数、需用量、车间入口水压要求、水温等是否有误。在校核时应注意供水中断时发生的变化（如发生事故或减产）在备注中是否已说明。

1.7.2.7　界区条件表

校核人员校核进出界区的全部地上及地下管道（属本专业职责范围的）的工艺数据及接管连接条件，校核进出界区的全部地上及地下管道的管道号、接管尺寸、流体介质、管道走向及界区接点条件中的流量、比重（液体）、分子量（气体）、温度及在其温度下的黏度、压力及输送特性是否有误。在校核接管尺寸时要校核决定接管尺寸的管道水力计算。审核人员在校核人员校核的基础上，对"界区条件表"中的技术性问题进行审核。

1.7.2.8　压缩机条件表

校核人员在检查接受条件的基础上，校核工作介质及组成、流量、进出压缩机的压力和温度是否有误。校核压缩机吸入及排出管道机械设计条件中，压缩机吸入及排出接管的设计温度、设计压力、安全阀整定压力、接管法兰压力等级及法兰连接面形式等是否有误。校核冷却水系统条件中进水和出水的设计压力、进水和出水的安全阀整定压力、冷却器允许压降 Δp、进水和出水的设计温度、冷却器进口和出口水温差是否有误。审核人员在校核人员校核的基础上，对压缩机条件表中的关键性问题进行审核。

1.7.2.9　泵计算及泵数据表

（1）校核人员在检查接受条件的基础上，对泵的吸入条件、泵排出条件，以及泵的 NPSH 计算、控制阀等项，按泵计算的程序抽查是否有误及遗漏。

（2）校核泵的数据中泵位号、备用泵位号、流量安全系数、黏度、温度、密度、正常流量、设计流量、泵

的设计压差；校核在设计能力下泵的吸入和排除压力、有效的 NPSH、最大吸入压力、吸入及排出管道类别、管道压力等级以及法兰面等是否与计算结果相符合。

（3）校核往来关系中泵的最高工作温度、最大吸入压力、最大关闭压力是否有误。

（4）校核"泵数据表"中各泵的正常流量及设计流量、泵压差（设计流量下）、在设计能力下泵的吸入和排出压力、有效 NPSH、最大吸入压力、吸入及排出管径、管道类别及法兰压力等级，以及法兰面型式。

（5）对 NPSH 和泵压差，审核人员要全面审核并签署最终计算。

1.7.2.10 控制阀和流量计数据表

（1）编制人员在接受条件的基础上，尽可能填写出液体的膨胀系数、液体蒸气压，在计算介质为气体的控制阀时，根据实际需要尽可能填写出气体临界压力、气体临界压缩系数。由校核人员校核是否有误，压差值和特殊要求是否正确。

（2）校核人员在检查接受条件的基础上，校核控制阀管道编号和尺寸、管道类别、管表号或管道规格（外径×壁厚）、介质、温度、上游压力、下游压力、液体或气体的最大及正常流量、液体密度或气体分子量、气体临界密度、总流通系数 C 是否有误。

（3）校核人员在检查接受条件的基础上，校核流量计管道编号和尺寸，管道类别，管表号或管道规格（外径×壁厚），介质，温度（流体状态），上游压力，下游压力，黏度，液体或气体的最大、正常及最小流量，液体密度或气体分子量，气体临界密度，气体临界压缩系数，气体绝热指数，雷诺数是否有误，压差值和特殊要求是否正确。

（4）校核时应注意在计算控制阀时，若是两相流体，需校核按液体全液相计算的流通系数 $C_{vc(l)}$ 和按气体全气相计算的流通系数 $C_{vc(v)}$，以及总流通系数 C_{vc} 压差值和特殊要求是否正确。

（5）审核人员审核并签署"控制阀和流量计数据表"。

1.7.2.11 安全阀数据表

校核人员在检查接受条件的基础上，校核本表中的安全阀的需要数量、安装位置、安全阀编号（PID 上的编号）、连接管道等级和尺寸、安全阀类型、泄放流体、分子量、密度、黏度、要求的泄放量、整定压力、总背压、超压、泄放温度、计算阀座喉径面积、吸入及排出法兰面和压力等级、阀体及阀芯材料等。审核人员在校核的基础上，对表中的关键性问题进行审核。

1.7.2.12 疏水阀数据表

校核人员在检查接受条件的基础上，校核本表中的疏水阀编号（PID 上的编号）、类型、数量、安装位置、正常和最大排水量、安全系数、连续流量（冷凝液负荷×安全系数）、最大入口压力、最大压差、最小压差、饱和温度、阀的压力等级、阀体和阀芯材料、垫片材料、疏水阀接管尺寸、压力等级及连接形式各项是否有误。审核人员在校核的基础上，对表中的各项进行审核。

1.7.2.13 爆破片数据表

校核人员在检查接受条件的基础上，校核本表中的爆破片编号（PID 上的编号）、数量、厚度、材质、爆破压力、安装位置、用途、类型、材料、进出口接管尺寸、压力等级及连接形式、夹持器要求、说明或要求、备注等是否有误。审核人员在校核的基础上，对表中的各项进行审核。

1.7.3 设备布置文件校审（HG/T 20546.3—2009）

1.7.3.1 校审所需的资料

（1）规范、标准、设计规定和工程规定。

（2）最新版的设备布置图。

（3）有关设计条件。

（4）设备荷载平面图、设备荷载表。

（5）设备安装方案。

（6）化工工艺的文件。

（7）最新版的管道仪表流程图和管道命名表。

（8）设备询价版或订货版图纸。

（9）设备一览表。

（10）全厂总平面图。

（11）建、构筑物形式和梁柱位置尺寸。

（12）界区条件（外管、水、电、蒸汽、仪表等）。

（13）设备标高和泵净正吸入压头（NPSH）一览表。

（14）管道研究图及应力分析管道空视图及计算结果。

（15）用户对装置设备布置图的意见和要求。

1.7.3.2　校审提纲

（1）对照设备一览表检查是否所有的设备均表示在图纸上。

（2）检查所有尺寸的标注是否齐全、正确。

（3）设备布置是否满足工艺要求，如某些设备的最小位差、设备距离和配管的特殊要求。

（4）设备布置是否按规范、工程设计规定要求，操作和维修通道的净空高度是否满足要求。

（5）主要操作维修平台、梯子是否符合规范。

（6）安全通道是否符合规范。

（7）设备标高和泵的净正吸入压头（NPSH）是否满足系统专业所提的数据表。

（8）检查需抽出管束的换热器或需吊出内件的设备是否预留出足够的空地和空间。

（9）设备的零件拆装时，地面（或楼面）是否预留足够的堆放空地和空间、是否提供合适的吊装设备。

（10）对设备的吊装要求，特别是重要设备的吊装条件是否齐全，吊装方案是否可行。

（11）设备各管口是否会与楼面、梁和柱相碰或妨碍配管，检测仪表的拆装是否方便。设备的人孔、手孔是否进出方便。

（12）影响设备布置的关键管道应力分析是否通过。

（13）界区范围和坐标参考点是否与总图一致。

（14）界区内的区域划分是否合适。

（15）界区内铺砌范围和要求是否合适。

（16）界区内生活、辅助设施是否满足有关专业的要求。

（17）埋地的冷却水（上、下水）总管进出界区的方位与走向是否合适。

（18）埋地的电缆或电缆沟进入界区的方位和走向是否合适。

（19）进入界区的主要管道（或管廊）、机械输送的方位及走向是否合适。

（20）装置的设计北向是否已标出。

（21）设备荷载数据是否已提全。

（22）各项图例符号和附注说明是否正确和完整。

（23）比例选用、线条粗细、注字是否正确，图面布置是否合适。

（24）图签的标注和签字是否完善。

1.7.3.3　校核人职责

（1）校核人员应由有经验的工程师担任，校核人员应对设计文件和图纸进行全面校核，还应确认所有数据尺寸准确无误。

（2）校核人员应在设计开始时选定，以便更多地参与设计过程和讨论设计问题。

（3）校核人员如发现问题应立即向专业负责人报告并处理。有关其它专业的问题应向项目经理报告，以便研究解决。

1.7.3.4　审核人职责

（1）具有审核资格的工程师承担。

（2）负责审核技术文件、设计原则、设计方案是否符合计划任务书（合同）或审批意见要求。

（3）技术条件表达得是否完整、无遗漏、清楚和正确。

（4）设计是否符合生产操作、安全、维修和施工安装的要求。

（5）设计内容是否完整、有条理、无漏项，成品是否符合工程规定或本单位内部有关规定。

（6）发现与其它专业有关的问题时，应立即向专业负责人及项目经理报告。

1.7.4　管道布置文件校审（HG/T 20549.3—1998）

1.7.4.1　校审所需的资料

（1）规范、标准、设计规定和工程规定。

（2）最新版的管道布置图。

（3）有关设计条件。

（4）应力空视图及所有应力计算结果。

（5）化工工艺的文件（流程图、说明图）。

（6）最新版管道仪表流程图和管道数据及特殊件表。

（7）最新版设备平面图。

（8）设备和机泵询价版或订货版图纸。

（9）设备一览表。

（10）全厂总（平面）图。

（11）建、构筑物平、剖面及模板图。

（12）界区条件（外管、水、电、蒸汽、仪表、暖风等）。

（13）用户及各专业对管道布置图的意见和要求。

1.7.4.2　管道布置图校审提纲

（1）布置图主要原则的检查

① 管道布置是否符合管道设计的有关规范、工程规定的要求，操作和检修通道的净空与宽度是否满足要求；

② 检查配管是否符合 PID 要求，有无漏项；

③ 管道布置图是否符合合同特殊的要求；

④ 管道布置图是否与相关专业的条件相协调；

⑤ 检查配管是否符合总图布置和设备布置。

（2）图面质量检查

① 所有尺寸的标注是否齐全、正确；

② 比例选用、线条粗细、注字是否正确，图纸布置是否合适；

③ 各项图例、符号和附注说明是否正确和完整；

④ 特厚绝热层管道，其净距是否符合要求；

⑤ 检查管廊上管道的排列是否留有规定的合理裕度；

⑥ 图签的标注和签字是否完善。

（3）阀门及管道附件的布置检查

① 阀门布置的位置是否便于操作、检修与安装，是否已考虑集中布置；

② 检查管道采用放空与排净是否合适，安全阀的放空是否安全；

③ 孔板流量计上下游，直管段长度是否满足要求；

④ 阀门管道附件及仪表的安装是否正确，与周围有无碰撞。

（4）分区及管道连接的检查

① 检查相邻的两张管道布置图之间管道的连接（包括区域之间管道）是否合理、正确；

② 界区内的区域划分是否合适；

③ 检查管道布置图接续线、界区线及设计北（或工厂北）方向是否正确。

（5）设备条件的检查

① 检查设备提供条件与本图是否符合；

② 设备位号与本图是否一致；

③ 设备管口方位是否正确与设计北方向是否协调一致；

④ 配管是否影响起重机的安全运行。

（6）对建、构筑物条件的检查

① 建筑提供条件与管道布置图是否协调一致；

② 检查管道集中载荷、管道穿墙与楼板的开孔尺寸与位置；

③ 配管是否与楼面、梁和柱相碰，检查配管是否挡门窗和通道；

④ 主要操作维修平台、梯子是否符合规范。

（7）对自控、电气专业条件的检查

① 根据仪表、电气专业的布置图等资料来校核仪表、电控盘/柜的位置；

② 检测仪表的拆装与观察是否方便；

③ 检查局部照明与静电接地位置是否正确。

（8）对管道机械、热补偿的检查

① 应力轴测图的管道应力分析是否通过；

② 同管道机械专业共同检查压缩机进出口管道是否可能产生振动，支架型式选用是否合适；

③ 管道冷拉值是否标注清楚；

④ 热介质管道是否已充分考虑利用自然补偿，当采用补偿器时，其型式与规格尺寸是否满足热补偿器需要，支架是否符合规定。

(9) 对公用工程专业条件检查

检查装置内管道与界外管道（包括外管、给排水管道等），其规格、标高、位置是否衔接一致。

1.7.4.3 轴测图的校审提纲

轴测图上设备位号、支承点标高、设备管口编号、管道标高、管道走向、仪表、阀门及管道附件的数量及型号等与管道布置图是否相一致。

1.7.4.4 特殊管道的校审提纲

(1) 高压管件连接形式（焊接或法兰）选用是否合适；

(2) 检查两种不同材质焊接的处理是否恰当；

(3) 合金钢管道、高压钢管、不锈钢管除已校核外，还应检查是否经过第二个校核人检查。

1.7.4.5 校核人职责

(1) 校核人员应由有经验的工程师担任，校核人员应对设计文件和图纸进行全面校核，还应确认所有数据尺寸准确无误。

(2) 校核人员应在设计开始时就与设计人员商定设计方案，确定重要技术问题。

(3) 校核人员如发现问题应立即向专业负责人报告并处理，遇有涉及其它专业的问题应向专业负责人或项目经理报告。

1.7.4.6 审核人职责

(1) 具有审核资格的工程师承担。

(2) 负责审核技术文件、审查设计原则、设计方案是否符合合同或审批意见要求。

(3) 审核技术条件表达得是否完整、无遗漏、清楚和正确。

(4) 审核设计是否符合生产操作、安全、维修和施工安装的要求。

(5) 审核设计内容是否完整、有条理、无漏项，成品是否符合工程规定或本单位内部有关规定。

(6) 发现与其它专业有关的问题时，应立即向专业负责人及项目经理报告。

1.7.5 管道机械文件校审（HG/T 20645.3—2022）

1.7.5.1 校审所需的资料

(1) 规范、标准、设计规定和工程规定。

(2) 设备布置图。

(3) 管道仪表流程图、管道命名表。

(4) 管道材料等级文件。

(5) 管道平面布置图。

(6) 设备图。

(7) 土建模板图、钢平台结构图和建筑平面、立面、剖面图。

(8) 管道应力计算轴测图；

(9) 计算软件模型和计算输出结果。

1.7.5.2 校审提纲

(1) 工程设计规定的校审内容

① 是否确定了详细应力计算的管道范围；

② 是否明确了设计基础数据如何选取；

③ 是否规定了根据不同要求而采用的不同计算方法；

④ 是否规定了本工程应采用的标准规范；

⑤ 其它应说明的各项是否都已清晰明确，没有遗漏。

(2) 临界管系表的校审内容

① 条件是否齐全；

② 是否按工程设计规定确定了临界管系；

③ 临界管系表中各参数是否符合工艺条件。

（3）管道壁厚计算书的校审内容

① 接收条件是否齐全；

② 参数的选取及计算方法是否满足规范要求。

其中②应重点审核。

（4）管系柔性分析和应力计算报告的校审内容

① 原始数据是否正确完整；

② 端点附加位移计算是否正确；

③ 工况选择是否完整，组合是否合适；

④ 应力校核采用的规范是否正确；

⑤ 输入数据是否正确完整；

⑥ 法兰泄漏校核是否正确；

⑦ 选用的弹簧、阻尼器及刚性拉杆等参数是否正确；

⑧ 选用的膨胀节、软管等参数和型式是否合理正确；

⑨ 动/静设备管口受力是否满足规范及制造商要求。

其中③、④、⑧、⑨应重点审核。

（5）往复式压缩机进出口管道动力计算的校审内容

① 原始数据是否正确完整；

② 压缩机参数是否正确完整；

③ 工况选择是否完整，组合是否合适；

④ 管线模拟是否正确完整；

⑤ 输入数据是否正确完整。

其中②、③、⑤应重点审核。

（6）卧式设备固定支座位置表、立式设备支耳标高表的校核内容

① 原始数据是否正确完整；

② 接收条件是否齐全；

③ 设备及管道布置图是否正确；

④ 设备图纸是否正确。

（7）特殊管件强度计算书及结构图的校审内容

① 接收条件是否齐全；

② 计算公式和方法是否正确；

③ 结构设计是否满足计算书要求。

其中②、③应重点审核。

（8）支管补强计算书及结构图的校审内容

① 接收条件是否齐全；

② 计算公式和方法是否正确；

③ 补强结构设计是否满足计算书要求。

其中②、③应重点审核。

（9）膨胀节、金属软管等柔性件数据表的校审内容

① 数据表中所列内容是否正确完整；

② 数据表中各项参数是否符合应力计算报告；

③ 结构设计是否满足工艺及管道布置要求。

其中②、③应重点审核。

（10）弹簧、阻尼器及刚性拉杆数据表的校审内容

① 结构型式是否合理、安全可靠；

② 各项参数是否符合应力计算报告要求；

③ 安装位置、编号是否正确。

其中①应重点审核。

（11）设备管口荷载条件表的校审内容

① 结构型式是否合理、安全可靠；

② 结构强度是否满足设计要求；

③ 安装位置、编号是否正确。

(12) 关键性支吊架设计图的校审内容

① 结构型式是否合理、安全可靠；

② 结构强度是否满足设计要求；

③ 安装位置、编号是否正确。

1.7.5.3 校核人职责

(1) 校核人员应按照 1.7.5.2 节的规定对设计文件和图纸进行全面校核，确认所有设计无误。

(2) 校核人员如发现重要设计问题，应立即向技术负责人报告并研究解决。

1.7.5.4 审核人职责

(1) 审核人员应按照 1.7.5.2 节的规定审核技术文件。

(2) 审查技术文件表达得是否完整、清楚和正确。

(3) 审查设计是否符合生产操作、安全、维修和施工安装的要求。

(4) 审查设计结果是否符合设计输入的要求，设计是否完整。

1.7.6 管道材料文件校审（HG/T 20646.3—1999）

1.7.6.1 校审所需的资料

(1) 规范、标准、设计规定和工程规定。

(2) 开工报告。

(3) 材料备忘录。

(4) 相关版次的管道仪表流程图和管道命名表。

(5) 有关专业的设计条件。

(6) 设备一览表。

(7) 相关版次的设备图纸。

(8) 特殊管件、非标准件数据表和汇总表。

(9) 按生产工序的管道材料汇总表。

(10) 相关版次的管道布置图。

(11) 管道轴测图。

(12) 有关专业返回的意见。

(13) 用户的意见和要求（包括返回意见）。

1.7.6.2 校审提纲

(1) 对照管道材料专业规定检查设计文件是否全面、准确及标准的时效性。

(2) 对照管道材料等级索引检查温度范围是否满足工艺要求，材质、腐蚀裕量选用是否合适，法兰型式是否正确，尺寸范围能否满足工艺要求等。

(3) 检查管道材料等级表中阀门选用是否合理，法兰、管件和垫片及紧固件的选材是否正确，选配是否适当等。

(4) 检查并核算管道壁厚表中的管道壁厚。

(5) 检查管道支管连接表中一次根部元件的选用是否正确。

(6) 对管道与仪表材料分界规定应重点核对各等级下的温度计、压力表、流量计的连接是否能满足自控专业的要求。

(7) 核对隔热设计规定中隔热材料的选用是否合理，核对隔热计算的条件是否正确。

(8) 核对防腐与涂漆设计规定中涂料的选用是否满足要求。

(9) 检查管道材料工程标准是否满足工艺要求，是否满足制造的要求。

1.7.6.3 校核人职责

(1) 校核人员应由本专业有经验的工程师担任，校核人员应对设计文件和图纸进行全面校核，还应确认所有数据尺寸准确无误。

(2) 校核人员应在设计开始时选定，以便参与讨论设计问题。

(3) 校核人员如发现重要设计问题应立即向专业负责人报告并处理；有关其它专业的问题应向专业负责人或项目经理报告，以便研究解决。

1.7.6.4　审核人职责

（1）审核人员应由具有审核资格的人员担任。

（2）负责审核技术文件、审查设计原则、设计方案是否符合计划任务书（合同）或审批意见要求。

（3）审核技术条件表达是否完整、无遗漏、清楚和正确。

（4）负责审核设计是否符合生产操作、安全、维修和施工安装的要求。

（5）负责审核设计内容是否完整、有条理、无漏项，成品是否符合工程规定或本单位内部有关规定。

（6）发现与其它专业有关的问题时，应立即向专业负责人及项目经理报告。

1.7.7　相关专业文件校审

1.7.7.1　与设备安装图的校核

（1）核对设备管嘴的位置、尺寸是否统一。管口、人孔、平台、爬梯的位置与配管图是否一致。

（2）核对定型设备或制造厂提供的设备管嘴的位置、尺寸与配管图是否一致。

（3）定型设备如机泵类的基础与制造厂提供的尺寸是否统一。

（4）与设备管嘴连接的阀门，其法兰与设备管嘴法兰的规格，密封垫型式是否一致。

（5）与设备管嘴连接的管道有无合适的固定点和支架，要避免管道的自重和热胀推力作用在管道上面损坏设备，特别要注意泵的出入口和铸铁设备的管嘴。

1.7.7.2　与仪表专业的校核

（1）PID上的仪表接口在工艺配管图上是否表示出具体位置，这些位置是否正确。

（2）是否满足仪表对配管的要求，如孔板前后室的直管段长度要求，调节阀组的阀芯检修距离等。

（3）仪表变送器（保温箱）的布置，有否影响操作、维修和安全。

（4）仪表管缆与工艺配管是否分层分区各行其道，有无碰撞配管的可能。

（5）气体监测报警仪的设置位置、标高、数量是否符合工艺要求。

（6）报警装置、安全阀等设置位置是否满足工艺要求。

（7）仪表用气和保温用气的设置位置、标高、管径是否满足仪表要求。

1.7.7.3　与建筑结构图的校核

（1）与建筑平面图、立面图核对轴线号、轴间距、门、窗、梁宽高、柱宽、墙厚、地坪及楼层是否一致，防爆墙、沉降缝等特殊要求的位置、尺寸。

（2）与结构图核对主、次梁宽、高和具体位置，吊装孔、预留孔的方位、尺寸及标高。

① 大型设备基础的坐标及基础具体尺寸与配管的埋地管道是否会碰撞。

② 梁柱上的预埋件（二次土建条件）的坐标标高及数量的核对，避免漏项（包括穿楼板预埋套管等）。

③ 定型及非定型设备的基础标高，及基础上的预埋钢板或二次灌浆，预留孔的坐标、尺寸是否符合。

④ 对有搅拌减速器的设备，其安装、维修高度能否满足要求。

⑤ 地漏及地面坡度一致否。

⑥ 室外垂直管道与屋面雨水管道是否互相碰撞，并注意坐标方位。

⑦ 有防霉、防尘等要求的墙面及地面是否符合要求。

1.7.7.4　与给水排水的校核

（1）地面明沟排水是否与室外窨井的标高符合。

（2）消防水系统的管道是否与工艺管道有碰撞。

（3）各楼面的地漏排水管是否符合生产要求，洁净室的地漏与土建的地面坡向是否一致。

1.7.7.5　与暖风专业的校核

（1）配管有否遮挡送风口或回风口。

（2）风管与配管有否分层分区，分支处是否会碰撞。

（3）对有洁净要求的生产工序，其空调能否满足洁净级别的要求。

1.7.7.6　与电力专业的校核

（1）电缆槽与配管是否分层、分区域各行其道，是否保持一定间距。

（2）照明有否被配管挡光，局部照明方位、标高、开关是否符合操作要求。

（3）核对电机型号及数量。

（4）静电接地网、避雷装置是否符合规定。

（5）电机开关、照明开关有否影响生产操作，或影响维修工作。

2 化工设备布置

2.1 设计依据基础

2.1.1 主要标准规范

涉及化工企业及化工设备设计方面的标准、规范见表 2.1-1。

表 2.1-1 化工设备布置的标准、规范

序号	标准号	标准规范名称	序号	标准号	标准规范名称
01	安监总局第 43 号令	危险化学品输送管道安全管理规定	14	GB 50177—2005	氢气站设计规范
			15	GB 50195—2013	发生炉煤气站设计规范
02	GB 12348—2008	工业企业厂界环境噪声排放标准	16	GB 50265—2022	泵站设计标准
			17	GB 50457—2019	医药工业洁净厂房设计标准
03	GB 15603—2022	危险化学品仓库储存通则	18	GB 50489—2009	化工企业总图运输设计规范
04	GB 50009—2012	建筑结构荷载规范	19	GBZ 230—2010	职业性接触毒物危害程度分级
05	GB 50016—2014	建筑设计防火规范(2018 版)	20	HG/T 20519—2009	化工工艺设计施工图内容和深度统一规定
06	GB 50029—2014	压缩空气站设计规范			
07	GB 50030—2013	氧气站设计规范	21	HG/T 20546—2009	化工装置设备布置设计规定
08	GB 50041—2020	锅炉房设计标准	22	HG 20571—2014	化工企业安全卫生设计规范
09	GB 50058—2014	爆炸危险环境电力装置设计规范	23	HG/T 20675—1990	化工企业静电接地设计规程
			24	SH/T 3007—2014	石油化工储运系统罐区设计规范
10	GB 50073—2013	洁净厂房设计规范	25	SH 3011—2011	石油化工工艺装置布置设计规范
11	GB 50074—2014	石油库设计规范	26	SH/T 3014—2012	石油化工储运系统泵区设计规范
12	GB 50156—2021	汽车加油加气加氢站技术标准	27	SH/T 3024—2017	石油化工环境保护设计规范
13	GB 50160—2008	石油化工企业设计防火标准	28	SH 3047—2021	石油化工企业职业安全卫生设计规范

2.1.2 图纸要求（HG/T 20546—2009）

2.1.2.1 图幅与比例

一般采用 A1 图幅，不加长加宽，特殊情况也可采用其它图幅。图纸内框的长边和短边的外侧，以 3mm 长的粗线划分等分，在长边等分区，自标题栏侧起依次写 A，B，C，D……在短边等分区自标题栏侧起依次写 1、2、3、4、…、A1 图长边分 8 等分，短边分 6 等分，A2 图长边分 6 等分，短边分 4 等分。

常用 1：100，也可用 1：200 或 1：50，视装置的设备布置疏密情况而定。

2.1.2.2 尺寸单位

设备布置图中标注的标高，坐标以米（m）为单位，小数点后取三位数至毫米（mm）为止。其余的尺寸一律以毫米（mm）为单位，只注数字，不注单位。采用其它单位标注尺寸时，应注明单位。

2.1.2.3 图名与编号

标题栏中的图名一般分成两行，上行写"××××设备布置图"，下行写"EL+×××.×××平面"或"×-×剖视"等。

每张设备布置图均应单独编号。同一主项的设备布置图不应采用一个号，不应采用"第×张共×张"的编号方法。

2.1.2.4 绘制的要求（HG/T 20546—2009）

（1）设备布置图一般只绘平面图，对于较复杂的装置或有多层建、构筑物的装置，当平面图表示不清楚时，可绘制剖视图。

（2）设备布置图一般以联合布置的装置或独立的主项为单元绘制，界区以粗双点划线表示，在界区外侧标注坐标，以界区左下角为基准点。注出其相当于在总图上的坐标 X、Y 数值。

（3）对于设备较多、分区较多的主项，此主项的设备布置图，应在标题栏正上方列一设备表，便于识图。

（4）多层建筑物或构筑物，应依次分层绘制各层的设备布置平面图。如在同一张图纸上绘几层平面时，应从最底层平面开始，在图中由下至上及由左至右按层次顺序排列，并在图形下方注明"EL+×××.×××平面"等。

（5）一般情况下，每一层只画一个平面图，当有局部操作台时，在该平面图上可以只画操作台下的设备，局部操作台及其上面的设备可另画局部平面图。如不影响图面清晰，也可用一个平面图表示，操作台下的设备用虚线表示。

（6）一个设备穿越多层建、构筑物时，在每层平面上均需画出设备的平面位置，并标注设备位号。各层平面图是以上一层的楼板底面水平剖切的俯视图。

（7）在绘制平面图的图纸的右上角，应画一个指示工厂北向的方向标。

2.1.3 内容与标注（HG/T 20546—2009）

2.1.3.1 表示的内容

（1）按土建专业图纸标注建筑物和构筑物的轴线号及轴线间尺寸，并标注室内外的地坪标高。

（2）按建筑图纸所示位置画出门、窗、柱、楼梯、操作台（注出平台顶面标高）、下水箅子、管沟（按比例画出沟长、宽及坡向）、明沟（按比例画出沟长、宽及坡向）、散水坡等。

（3）辅助间和生活间应写出各自的名称。

（4）用虚线表示预留的检修场地（换热器抽管束），按比例画出，不标注尺寸。

（5）非定型设备可适当简化画出其外形，包括附属的操作台、梯子和支架。卧式设备，应画出其特征管口或标注固定端支座。

（6）动设备可只画基础，表示出特征管口和驱动机的位置。

（7）在设备图形中心线上方标注出设备位号。

（8）设备的类型和外形尺寸，可根据工艺专业提供的设备数据表中给出的有关数据和尺寸。如设备数据表中未给出有关数据和尺寸的设备，应按实际外形简略画出。

2.1.3.2 设备的平面定位尺寸标注

（1）设备的平面定位尺寸宜以建、构筑物的轴线或管架、管廊的柱中心线为基准线进行标注，也可采用坐标系进行标注定位尺寸。应避免以区的分界线为基准线标注尺寸。

（2）卧式容器和换热器以中心线和固定端支座为基准。

（3）立式反应器、塔、槽、罐和换热器以中心线为基准。

（4）离心式泵、压缩机、鼓风机、蒸汽透平以中心线和出口管中心线为基准。

（5）往复式泵、活塞式压缩机以中心线和曲轴（或电动机轴）中心线为基准。

（6）板式换热器以中心线和某一出口法兰端面为基准。

2.1.3.3 设备的标高标注

（1）卧式换热器、槽、罐以中心线标高表示（EL+××.×××），也可以支承点标高表示（POSEL+××.×××）。

（2）立式、板式换热器以支承点标高表示（POS EL+××.×××）。

（3）反应器、塔和立式槽罐以支承点标高表示（POS+EL××.×××）。

（4）泵、压缩机以主轴中心线标高（EL+××.×××），或底盘底面标高（BBP EL+××.×××），或基础顶面标高（POS EL+××.×××）表示。

（5）管廊、管架应注出架顶的标高（TOS EL+××.×××）。

（6）分区线外侧应标注接续图图号。

（7）装置（室内）地面设计标高宜用 EL±0.000 表示，而且一个装置宜采用同一基准标高。

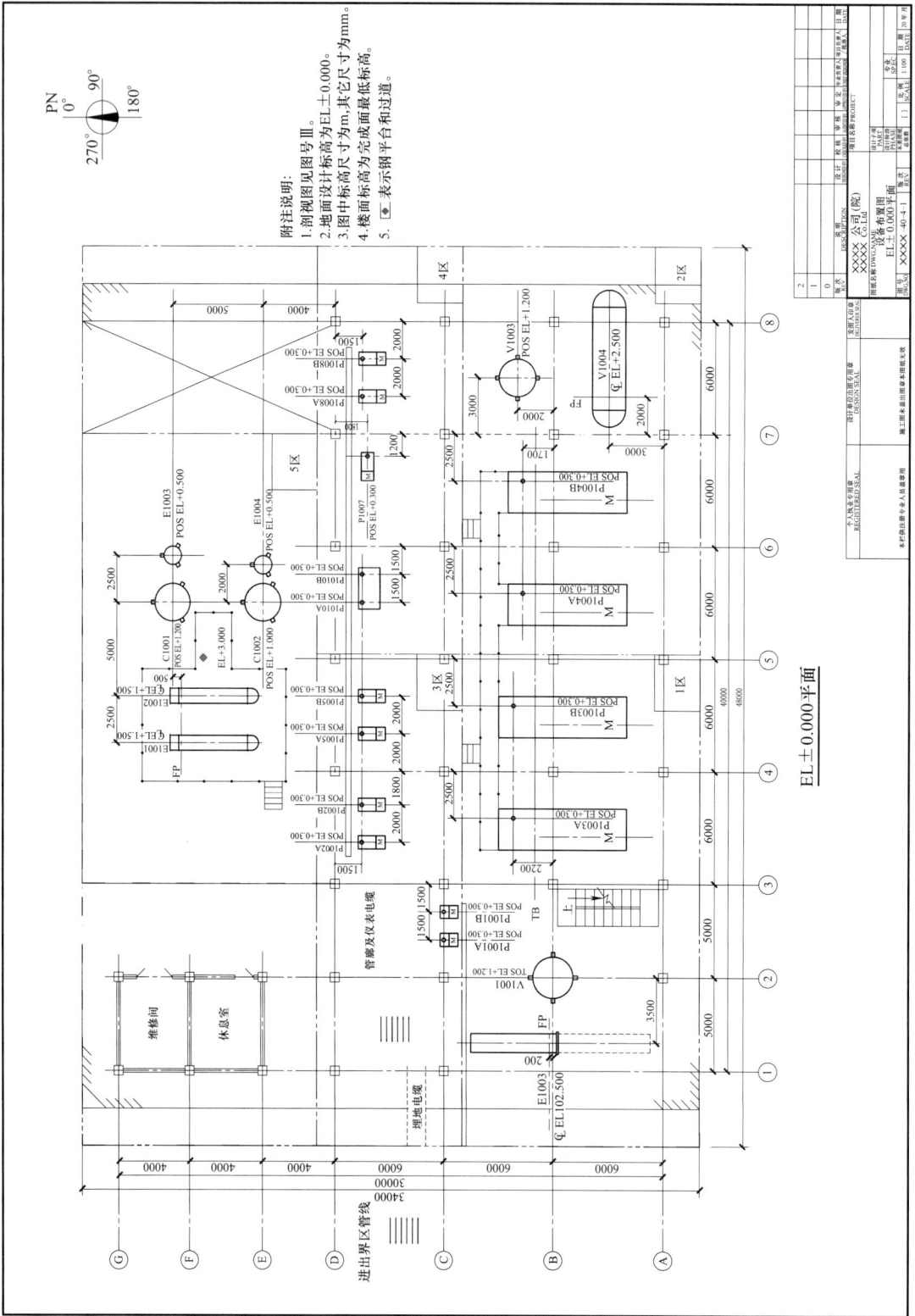

图 2.1-1　布置例图

2.1.3.4 图中附注

(1) 剖视图见图号××××。

(2) 装置（室内）地面设计标高为 EL±0.000。

(3) 本图尺寸除标高、坐标以米（m）计外，其余以毫米（mm）计。

(4) 附注写在标题栏的正上方。

2.1.3.5 图线宽度规定（HG/T 20546—2009）

(1) 所有图线都要清晰光洁、均匀，宽度符合要求。平行线间距离至少要大于 1.5mm，以保证复制件上的图线不会分不清或重叠。

(2) 图线宽度分三种：粗线 0.6～0.9mm；中粗线 0.3～0.5mm；细线 0.15～0.25mm。

(3) 图线用法一般规定见表 2.1-2。

表 2.1-2 图线用法一般规定

线型	粗线 0.6～0.9mm	中粗线 0.3～0.5mm	细线 0.15～0.25mm	备注
实线	①设备轮廓线；②动设备的基础(当不绘制动设备的外形)		①原有设备的轮廓线；②设备的管口；③土建的柱、梁、门窗、墙、楼板、开孔等	
虚线	①不可见设备轮廓线；②不可见设备的基础面(当不绘制动设备的外形时)	设备的基础		
点划线			①设备的中心线；②设备管口中心线；③建筑轴线	
双点划线	界区线、区域分界线、接续分界线		预留设备	

2.1.4 布置例图（HG/T 20519—2009）

布置例图如图 2.1-1 所示。

2.2 设计原则与依据

2.2.1 布置的要点（HG/T 20546—2009）

2.2.1.1 工艺及流程的要求

设备布置设计应满足工艺流程的要求。如真空、重力流、固体卸料等，一律按管道及仪表流程图的标高要求布置设备。对处理腐蚀性、有毒、黏稠物料的设备宜按物料性质紧凑布置，必要时还需采取设隔离墙等措施。还应根据地形、全年最小频率风向等情况布置，以免影响工艺的要求。例如空气吸入口及循环水冷却塔等。

2.2.1.2 环境保护、防火、防爆、劳动安全卫生及职业安全卫生的要求

设备、建筑物、构筑物等的防火间距应严格执行现行的有关防火的标准、规范，工艺装置内如有配套的公用工程及辅助设施，应单独布置成一个小区，且位于爆炸危险区范围之外，与工艺装置之间留有防火间距。要注意环境保护，对使用、贮存和产生有毒及污染严重的设备宜采取分区布置的方式，对产生噪声的设备宜采取与其它设备隔离布置的方式防止污染及噪声。火灾、爆炸危险性较大和散发有害气体的装置和设备，应尽可能露天或半敞开布置，以相对降低其危险性、毒害性和事故的破坏性。应根据危险程度的划分来分区布置设备。

利用电能或电动机的电气设备的布置，应符合国家现行的《爆炸危险环境电力装置设计规范》（GB 50058）的要求。装置的集中控制室、变配电室、化验室、办公室等辅助建筑物应布置在爆炸危险区范围以外，且靠近装置区边缘。

对于有明火的设备及控制室、配电室等的位置要考虑全年最小频率风向的问题。有明火设备的装置宜布置在有可能散发可燃性气体的装置、液化烃和易燃液体储罐区的全年最小频率风向的下风侧。烟囱排出的烟气不

应吹向压缩机室或控制室。配电室宜布置在能漏出易燃易爆气体场所的上风侧。

在劳动安全卫生及职业安全卫生方面必须贯彻执行"安全为了生产，生产必须安全"的原则和"预防为主"的卫生工作方针。

2.2.1.3 方便操作

装置布置应考虑能给操作者创造一个良好的操作环境，主要包括：必要的操作通道和平台；楼梯与安全出入口要符合规范要求；合理安排设备间距和净空高度等。控制室的位置要合理，应避开危险区，远离振动设备，以免影响仪表的运行。

2.2.1.4 便于安装和维修

(1) 设备的安装和维修应尽量采用可移动式起吊设备。在布置设计阶段应满足以下要求：

① 道路的出入口及净空高度要方便移动式吊车的出入；

② 搬运及吊装所需的占地面积和空间；

③ 设备内填充物的清理场地；

④ 在定期大修时，能对所有设备同时进行大修；

⑤ 对换热器、加热炉等的管束抽芯要考虑有足够的场地，应避免拉出管束时延伸到相邻的通道上。对压缩机驱动机等转动设备部件的检修和更换，也要提供足够的检修区。

(2) 下述场合需设固定式维修设备：

① 人孔盖需设置吊柱；

② 塔板及塔内部件需设置吊柱；

③ 室内压缩机、透平机等需设备起重机；对于小型压缩机可酌情设置简易起重设施；

④ 建筑物内的搅拌器需设置吊梁或起重机。

2.2.1.5 经济合理的要求

(1) 设备布置在符合工艺要求的前提下应以经济合理为主，并注意整齐美观。除热膨胀有要求的管道外，设备布置时应考虑管道尽量短而直，有的设备为了经济的目的可以不按工序来布置。

(2) 为了考虑整齐美观，可采取下列方式布置：

① 成排布置的塔，如可能时可设置联合平台；

② 换热器并排布置时，依靠管廊侧管程接管中心线取齐；

③ 离心泵的排列应以泵出口管中心线取齐；

④ 卧式容器宜以靠管廊侧封头切线取齐；加热炉、反应器等宜以中心线取齐。

2.2.2 净距与净空（HG/T 20546—2009）

2.2.2.1 设备间的最小净距

(1) 设备间的净距应首先满足防火间距的要求，详见《石油化工企业设计防火标准》（GB 50160）及《建筑设计防火规范》（GB 50016）的规定。

(2) 非防火因素决定的或防火规范中未加规定宜采用的设备间距见表 2.2-1。

表 2.2-1　非防火因素决定的或防火规范中未加规定宜采用的设备间距

区域	内容	最小净距/mm
	控制室、配电室至加热炉	15000
管廊下或两侧	两塔之间（考虑设置平台，未考虑基础大小）	2500
	塔类设备的外壁至管廊（或构筑物）的柱子	3000
	容器壁或换热器端部至管廊（或构筑物）的柱子	2000
	两排泵之间维修通道	3000
	相邻两台泵之间（考虑基础及管道）	800
建筑物内部	两排泵之间或单排泵至墙的维修通道	2000
	泵的端面或基础至墙或柱子	1000
任意区	操作、维修及逃生通道	800
	两个卧式换热器之间维修净距	600
	两个卧式换热器之间有操作时净距（考虑阀门、管道）	750
	卧式换热器外壳（侧向）至墙或柱（通行时）	1000
	卧式换热器外壳（侧向）至墙或柱（维修时）	600

续表

区域	内　　容	最小净距/mm
任意区	卧式换热器封头前面(轴向)的净距	1000
	卧式换热器法兰边周围的净距	450
	换热器管束抽出净距(L：管束长)	$L+1000$
	两个卧式容器(平行、无操作)	750
	两个容器之间	1500
	立式容器基础至墙	1000
	立式容器人孔至平台边(侧面)距离	750
	立式换热器法兰至平台边(维修净距)	600
	压缩机周围(维修及操作)	2000
	压缩机	2400
	反应器与提供反应热的加热炉	4500

2.2.2.2 宜采用的净空高度或垂直距离

宜采用的净空高度或垂直距离应符合表 2.2-2 的规定。

表 2.2-2　宜采用的净空高度或垂直距离

项　　目	说　　明	尺寸/mm
道路	厂区主干道	5000[①]
	装置内道路,(消防通道)	4500
铁路	铁路轨顶算起	5500
	终端或侧线	5200
通道、走道和检修所需净空高度	操作通道、平台	2200
	管廊下泵区检修通道	3500
	两层管廊之间	1500(最小)
	管廊下检修通道	3000(最小)
	斜梯：一个梯段间休息平台的垂直间距	5100(最大)
	直梯：一个梯段间休息平台的垂直间距	9000(最大)[②]
	重叠布置的换热器或其它设备法兰之间需要的维修空间	450(最小)
	管墩	300
	卧式换热器下方操作通道	2200
	反应器卸料口下方至地面(运输车进出)	3000
	反应器卸料口下方至地面(人工卸料)	1200
炉子	炉子下面用于维修的净空	750
平台	立式、卧式容器；立式、卧式换热器；塔类 人孔中心线与下面平台之间距离	600~1000
	人孔法兰面与下面平台之间距离	180~1200
	法兰边缘至平台之间的距离	450
	设备或盖的顶法兰与下面平台之间距离	1500(最大)

① 对于任何架空的输电线路，净空高度至少应为6500mm。

② 梯段高不宜大于9m。超过9m时宜设梯间平台，以分段交错设梯。攀登高度在15m以下时，梯间平台的间距为5~8m，超过15m时，每5m设一个梯间平台。平台应设安全防护栏杆。

2.2.2.3 标高与通道

宜采用的标高应符合表 2.2-3 的规定。

表 2.2-3　宜采用的标高

项　　目	位　　置	距基准点的高度/mm	相对标高/m
地面	室内	0	EL±0.000
	室外	−300	EL−0.300
离心泵的底板地面	大泵	150	EL+0.150
	中、小泵	300	EL+0.300
斜梯和直梯基础	顶面	100	EL+0.100
卧式容器和换热器	底面	600(最小)	EL+0.600(最小)
立式容器和特殊设备	环形底座或支腿底面	200	EL+0.200
桩台基础及连接梁	顶面	300	EL−0.300

续表

项　　目	位　　置	距基准点的高度/mm	相对标高/m
管廊柱子基础和基础梁	顶面	450	EL－0.450
炉子底部平台的底面	侧烧或顶烧	1100	EL＋1.100
	（底烧）炉底需要操作通道的	2300	EL＋2.300
	（底烧）炉底不需要操作通道的	1100	EL＋1.100
柱墩的底板地面（基础顶面）		150	EL＋0.150
鼓风机、往复泵、卧式和立式的压缩机等		按需要	按需要

注：1. 所有标高均按 EL±0.000 为基准，与这个标高相对应的绝对标高由总图专业确定。

2. 与敞开的建筑物周围连接的铺砌面的边缘应同建筑物地面的边缘同一标高，并且有向外的坡度，而且这个地面的坡度应从厂房向外面坡。

3. 有腐蚀性介质的厂房地面标高定为 EL＋0.300m，对降雨强度大的地区，室内标高可根据工程情况决定。

4. 小尺寸的泵，例如比例泵、喷射泵和其它小齿轮泵，基础的顶面标高可高出所在底面 300mm。并且几台小泵可以安装在一个公用的基础上。

5. 如有地下管线穿过时，可降低个别基础的标高。

6. 卧式设备的基础标高应按设备底部排液管及出入配管的具体情况而定，但不得小于 EL＋0.600m。

7. 对于可能产生重度大于空气的易燃易爆气体的装置，控制室和配电室室内地面应高出室外地面 600mm。办公室及辅助生活用室，其室内地面高出室外地面不应小于 300mm。如室内铺木板地面，室内外高度不小于 450mm。

通道宜采用的道路和操作通道宽度：

（1）主要车行道路最小宽度为 6m，转弯半径为 12m。

（2）次要车行道路最小宽度为 4m，转弯半径为 6～9m。

（3）道路两边的人行道最小宽度为 1m。

（4）装置内的操作通道一般宽度为 800～1000mm。不常通行的局部地方最小为 650mm。

（5）斜梯宽度最小为 600mm，斜梯着地前方宽度为 900～1200mm。

2.2.3　平台与梯子（HG/T 20546—2009）

2.2.3.1　操作平台

（1）在生产中需要操作和经常维修的场所应设置平台和梯子。仅在检修期间操作距地面 3m 高度范围内的人孔、仪表及阀门可采用带有直梯或斜梯的活动平台。

（2）平台的尺寸应符合下列规定：

① 平台宽度一般不小于 800mm，平台上方净空要求按表 2.2-2 的规定取值，特殊规定的维修平台宽度按 2.2.2.1 的规定取值。

② 设备人孔中心线距平台的最适宜高度为 750mm。允许高度范围按表 2.2-2 的规定取值。

③ 为设备加料口设置的平台，距离料口顶面不宜大于 1m。

（3）平台周围应设栏杆，除平台的入口处外，平台边缘及平台开孔的周围应设踢脚板。

（4）在炉子下列部位可设置平台：

① 烟道鼓风机；

② 地面上难以接近的烧嘴及视孔，设置平台的宽度，管式炉侧面≥750mm，端部≥1000mm；

③ 烟灰吹除器；

④ 集气管（包括可拆卸部分）只设置平台支架，需检修时临时架设平台板或提供活动的平台；

⑤ 取样点的平台。

（5）为便于操作和经常性检修，地面 1.8m 以上或在平台上高于 1.8m 的设施，设备上的仪表距地面 1.8m 以上，宜按表 2.2-4 设平台或永久性直梯。并考虑以下两点要求：

① 在容器上的法兰管口、管廊上的切断阀，容器上的就地测温测压点根部阀，集中仪表的一次元件，在管道上的测温、测压点和在管廊最下层管道上的孔板均不设置平台。

② 在装置运行期间或在事故的情况下需要操纵手动阀门时，应按下述进行设计：

a. DN100 及以下的阀门，手轮的底部不能高出平台或地面 1.8m；

b. DN150 及以上的阀门，手轮高度应设置在平台上或地面上便于操作的位置。

假如阀门不能按照上述安装时，则阀门应安装操作链条或伸长杆。

表 2.2-4 操作和检修的设施

设施	序号	部 位	设施	序号	部 位
永久性直梯	1	在容器上所有尺寸的止回阀	平台（设在设备下面）	11	人孔
	2	在容器上≤DN80的手动阀		12	盲板、视镜、过滤器
	3	玻璃液位计和试液位旋塞		13	≥DN80的安全阀（在立式容器上）
	4	人孔		14	电动阀
	5	在容器上的压力表		15	清扫点
	6	在容器上的温度计	平台（设在设备侧面）	16	≥DN100的手动阀（在容器上）
	7	在地面上1.8～3.6m之间的液位控制器		17	≥DN80的安全阀
	8	深度>1.8m和长度>6.0m的地坑		18	≥DN100的安全阀（在卧式容器上）
平台（设在设备下面）	9	各种尺寸的控制阀（调节阀）		19	高出地面3.6m的液位控制器
	10	换热器		20	取样阀

2.2.3.2 设置直梯的要求

① 装置的操作和维修人员不需要经常巡视的辅助操作平台和容器的操作平台，可设置直梯。

② 平台的辅助出口应有直梯，该梯子的位置应符合从主要或辅助出口到平台任何两点的水平距离不大于25m，平台的死端长度不应大于6m。若死端大于6m时，需增设出口梯子。

③ 对于有易燃易爆危险的设备，其构筑物平台水平距离不足25m，也应在适当的位置增设安全直梯。

④ 立式设备上的直梯通常从侧面通向平台。正面进出的直梯用于通向设备顶部以上的平台。

⑤ 除烟囱上的直梯外，每段直梯的高度按表2.2-2的规定取值（如超过该表中的规定，但不超过10m也可不分段）；超过时应增加中间休息平台。宜采用分段错开布置的平台，并结合设备人孔的高度设置。

⑥ 从地面起设直梯，高度≥4m时，应加安全保护圈，从2.5m处向上设置；上方其它各段直梯，每段高度≥2.5m时，需加安全保护圈，从2.2m处向上设置。

⑦ 在直梯的攀登通过的空间内不应有任何障碍物。不带有安全护圈的直梯，在整个直梯长度的空间内无障碍物的范围必须符合表2.2-5的规定。

表 2.2-5 直梯长度空间内无障碍物的范围

梯子坡度	90°	73°	
X/mm	760	760	
Y/mm	760	940	
W/mm	大于150	大于150	

注：X—梯子中心至梯子两侧障碍物的平行距离；Y—障碍物与梯子面相垂直的距离；W—踏步外沿至障碍物的距离。

⑧ 直梯宽度宜为400～700mm。

⑨ 所有平台直梯的出入口处宜设自动或手动隔断安全栏。

2.2.3.3 设置斜梯的要求

① 厂房和框架的主要操作面，操作人员经常巡视（每班至少一次到达该处）的区域应采用斜梯。

② 一段斜梯的最大高度按表2.2-2的规定取值。

③ 斜梯的角度为45°～59°，推荐使用小于或等于45°斜梯，斜梯宽度一般为600～1100mm。

④ 两个平台高差小于或等于300mm时，不需设中间踏步。高差大于300mm时，需增设中间踏步。

2.2.4 其它的要求

2.2.4.1 可燃气体排气筒、放空管的高度（GB 50160—2008）

（1）连续排放的排气筒或放空管口应高出20m范围内的操作平台或建筑物顶3.5m以上，位于20m以外的操作平台或建筑物，应符合图 2.2-1 的要求。

（2）间歇排放的排气筒顶或放空管应高出 10m 范围内的操作平台或建筑物顶 3.5m 以上，位于 10m 以外的操作平台或建筑物，应符合图 2.2-1 的要求。

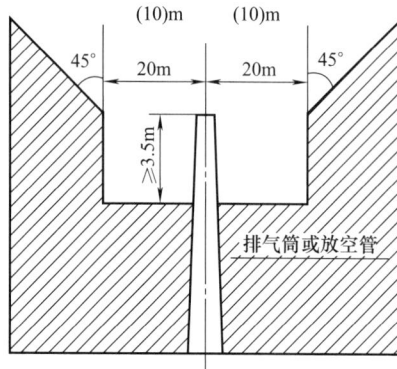

图 2.2-1　可燃气体排气筒或放空管高度示意图

注：阴影部分为平台或建筑物的设置范围

（3）设备上开停工用的放空管可就地向大气排放，放空管的高度应高出操作平台 2.2m 以上。放空口不得朝向邻近设备或有人通过的地方。

2.2.4.2　设备和管道上的可燃气体安全泄压装置允许向大气排放的要求（GB 50160—2008）

（1）排放管口不得朝向邻近设备或有人通过的地区。

（2）排放管口的高度应高出以安全泄压装置为中心，半径为 8m 的范围内的操作平台或建筑物顶 3m 以上。

（3）安全泄压装置出口管道的布置，应考虑由于泄压排放引起的反作用力，并合理设置支架。

2.2.4.3　管道（HG/T 20546—2009）

（1）通常工艺管道、公用工程总管（下水管除外）和电气、仪表电缆桥架宜架空敷设布置在管廊（管架）上。

（2）短距离管道可敷设在不影响检修或操作通道的地面上，当管道不可避免需穿越通道时，应在管道的上方加设钢结构的跨越过道（桥）。

（3）敷设在地下的水管其管顶不得高于冰冻线，或采取其它防冻措施。

（4）敷设于地面下的需加热保护的管道和需要检查、维修的管道，应布置在管沟内。其它埋于地下的管道应有不少于 300mm 厚的保护覆盖层。

（5）穿过道路的埋地管道，管顶埋深不应少于 700mm。

（6）埋地热管道的热膨胀量应限制在 40mm 以内，而这种管道所挖的沟必须用松散的砂回填。

（7）装置中要求经常（至少每周两次）机械清扫的管道，弯管处应安装带有法兰的接头或者应有弯曲半径最少为 5 倍管径的弯管。对于从一端清洗的管道，两对法兰之间的距离应小于 12m。而对于从两端清洗的管道，两对法兰之间的距离应不大于 24m。

（8）对于需要偶然机械清扫的管道，应装有足够的分段法兰以便拆卸。

（9）从释放压力的设施排放到封闭系统的管道，一般应排放到总管而且管上不应有袋形。

（10）保温或保冷管道地下穿管敷设时，管道支撑不得破坏管道的保温或保冷结构。

2.2.4.4　管沟和污水井（HG/T 20546—2009）

（1）在生产过程中可能产生重度大于空气的易燃易爆气体的装置，原则上不设管沟。如工程特殊需要必须设置管沟时，管沟内要填沙或采取其它防止气体积聚的措施。

（2）管沟一般用平盖板封闭，避免地面水浸入。有特殊要求需敞开时，采用算子板。沟壁材料采用砖砌或混凝土结构，沟底可用混凝土或碎石铺面，仅在腐蚀性工况的情况下才做耐腐蚀处理。

（3）为便于管沟排水，要求沟底带有坡度，一般坡度为 0.5%～1.0%。

（4）管沟的最小宽度为 600mm。管道的凸出部分与沟壁之间最小间距为 100mm；与沟底最高点之间的最小间距为 50mm。

（5）在铺砌地面区域内管沟盖板与地面平齐，在不铺砌地面区域内管沟盖顶应超出地面至少 100mm。在室内的沟盖顶应与地面平齐。

(6) 污水井一般采用砖砌并加盖 ϕ700mm 铸铁盖板。在铺砌地面区域内井盖应与地面平齐,在不铺砌地面区域内井盖的顶部应至少高出地面 50mm。

(7) 穿越交通道路的管沟,其盖板做成承重盖板,以利于车辆通行。

2.2.4.5 排液管及下水道 (HG/T 20546—2009)

(1) 对于石油化工类型的装置,应设地下的油-水污水系统,以收集铺砌地面区域的全部废油、废水、雨水及消防废水,并排到装置边界。经处理的生活污水或化学废水,也可通过此系统排出。

(2) 污染雨水与未污染雨水应加以控制,分开排放。

(3) 从不同区域(例如完全封闭的工艺厂房、炉子及设备群)排出的污水,应通过具有水封进口的污水井与污水系统相接。如不能将几根排水管分别排到污水井时,此排水管应采用弯管水封。

(4) 通常所有单个或成对的容器或换热器应设置 DN100 的油水排放漏斗,作为辅助排液口。但对于清洁的设备如氨或其它类似装置中的设备可以不考虑。

① 在停车期间,从大容器排出水量应加以控制;以防止排水设施满溢。

② 在铺砌地面区域的容器或换热器,如需要把辅助排液中停车排液和仪表排液分开,应分别设排放漏斗。

(5) 在铺砌地面区域,泵、压缩机厂房的地面应设排水沟,以收集地表面的污水。对于下列情况不需设排水沟:

① 半敞开式的压缩机厂房的混凝土地面;

② 控制室和配电室地面。

(6) 常压酸、碱贮槽和酸泵等区域应铺砌的地面,设围堰并采取防腐蚀措施。受压的酸、碱贮槽应装有单独的排放点。

(7) 当泵没有设置排液设施时,基础顶面应坡向基础边的排水沟或排液管并引至下水道。

(8) 当土壤吸收不了正常的降雨量时,在这个地区的周围所有无铺砌的区域应坡向装置边界。在装置界区范围以内的道路、建筑物、构筑物和铺砌区域之间的无铺砌区域应考虑排水,以便在最大降雨时将清净雨水送到装置边界的排水沟中。降雨强度和持续时间见工程设计数据表。

(9) 位于易燃和易爆的危险区域内的污水井,例如炉子周围的污水井应当设有密封盖;并且放空管道应当通到安全的地方。污水井排气口通常应高出地面或邻近操作台 3m 以上,并且与平台的水平距离至少 4.5m,与炉壁的水平距离至少为 12m。

2.2.4.6 铺砌地面和坡度 (HG/T 20546—2009)

(1) 人行道及下述区域一般用混凝土铺砌。

① 以液体或固体为燃料或原料的炉子及其附属设备的区域,以及焦炭贮槽和装有催化剂的容器支承架下面的区域,铺砌地面应延伸到设备基础或设备支架柱脚的外面。

② 露天布置的泵和压缩机的周围,铺砌地面应延伸到基础以外 1.2m 处。

③ 处理诸如苯酚、糠醛、砷碱液等物料的单元中,围绕泵、塔及换热器的区域内,应提供回收溢出物料的排放设施。

(2) 控制室和配电室的地面应是水平的。

(3) 除本部分上条规定外,其它室内外的铺砌地面应坡向排水点。铺砌地面的最小坡度为 1%。但最大标高差为 150mm。

(4) 如需要收集溢出的物料时,所做的围堰厚度至少 150mm,其容积足以容纳最大的常压贮槽的容量,围堰最小高度不小于 450mm。

(5) 当工艺装置的贮罐区使用围堤容纳设备及管道溢流出来的液体时,围堤应有足够的容积容纳从被围区域内"最大贮罐"排放出来的最大液体量(计算容积时,应减去围堤内其它贮罐低于围堤高度所占去的体积)。可燃液体储罐防火堤高度应符合《石油化工企业设计防火标准》(GB 50160)相关条款的规定。

(6) 装有烃类贮罐周围的铺砌地面应以最小 1% 的坡度从贮罐处向外坡向排水系统,该排水点应位于距贮罐最远的围堤旁。

(7) 围堤区域内应设有排放系统,并要安装一个切断阀,以便控制排放。还要在此切断阀与围堤之间另外安装支管包括切断阀和标准的消防软管螺纹接口,以便重复利用围堤内排出的消防水,这个切断阀和接口应布置在围堤外侧。

(8) 道路的中心应坡向两侧,最大高差为 100mm。

2.2.5 医药洁净厂房设计（GB 50457—2019）

2.2.5.1 医药洁净室的空气洁净度等级

医药洁净室的空气洁净度等级见表 2.2-6。

表 2.2-6 医药洁净度等级

洁净度级别	悬浮粒子最大允许数/（个/m³）				浮游菌/（cfu/m³）	沉降菌（φ90mm）/（cfu/4h）	表面微生物	
	静态		动态				接触（φ55mm）/（cfu/碟）	5指手套/（cuf/手套）
	≥0.5μm	≥5.0μm	≥0.5μm	≥5.0μm				
A 级	3520	20	3520	20	<1	<1	<1	<1
B 级	3520	29	352000	2900	10	5	5	5
C 级	352000	2900	3520000	29000	100	50	25	—
D 级	3520000	29000	不做规定	不做规定	200	100	50	—

2.2.5.2 洁净室内温度和湿度要求

洁净室内的温度和湿度，以穿着洁净工作服不产生不舒服感为宜，一般情况下 A 级、B 级、C 级控制温度为 20～24℃，相对湿度为 45%～60%；D 级控制温度为 18～26℃，相对湿度为 45%～65%。生产工艺对温度和湿度有特殊要求时，应根据生产工艺要求确定。

2.2.5.3 洁净室通风要求

洁净室内应保持一定的新鲜空气量，其数值应取下列风量中的最大值：

(1) 非单向流洁净室总送风量的 10%～30%，单向流洁净室总送风量的 2%～4%；

(2) 补偿室内排风和保持室内正压值所需的新鲜空气量；

(3) 保证室内每人每小时的新鲜空气量不小于 40m³。

2.2.5.4 洁净室照明要求

洁净厂房内应设置备用照明，并应满足所需场所或部分活动和操作的最低照明。洁净厂房内应设置应急照明，在安全出口和疏散通道及转弯处设置疏散标志。应符合现行国家标准《建筑设计防火规范》（GB 50016—2014）的有关规定。在专用消防口处应设置红色应急照明灯。

洁净室和洁净区应根据生产要求提供足够的照度。主要工作室一般照明的照度不宜低于 300lx；辅助工作室、走廊、气锁、人员净化和物料净化用室宜为 200lx。对照度要求高的局部可增加照明。

2.2.6 装置园区规划

2.2.6.1 石油化工企业区域规划

石油化工企业区域规划应满足下列要求：

(1) 在进行区域规划时，应根据石油化工企业及其相邻工厂或设施的特点和火灾危险性，结合地形、风向等条件，合理布置；

(2) 石油化工企业的生产区宜位于邻近城镇或居民区全年最小频率风向的上风侧；

(3) 在山区或丘陵地区，石油化工企业的生产区应避免布置在窝风地带；

(4) 石油化工企业的生产区沿江河岸布置时，宜位于邻近江河的城镇、重要桥梁、大型锚地、船厂等重要建筑物或构筑物的下游；

(5) 石油化工企业应采取防止泄露的可燃液体和受污染的消防水排出厂外的措施；

(6) 公路和地区架空电力线路严禁穿越生产区；

(7) 区域排泄沟不宜通过生产区；

(8) 地区输油（输气）管道不应穿越厂区；

(9) 石油化工企业与相邻工厂或设施的防火间距不应小于现行国家标准《石油化工企业设计防火标准》（GB 50160）中表 4.1.9 的规定。

2.2.6.2 石油化工企业工厂总平面布置要求

(1) 工厂总平面应根据工厂的生产流程及各组成部分的生产特点和火灾危险性，结合地形、风向等条件，按功能分区集中布置；

(2) 可能散发可燃气体的工艺装置、罐组、装卸区或全厂性污水处理场等设施宜布置在人员集中场所及明火或散发火花地点的全年最小频率风的上风侧；

（3）液化烃罐组或可燃液体罐组不应毗邻布置在高于工艺装置、全厂性重要设施或人员集中场所的阶梯上，但受条件限制或有工艺要求时，可燃液体原料储罐可毗邻布置在高于工艺装置的阶梯上，但应采取防止泄漏的可燃液体流入工艺装置、全厂性重要设施或人员集中场所的措施；

（4）液化烃罐组或可燃液体罐组不宜紧靠排沟布置；

（5）空分站应布置在空气清洁地段，并宜位于散发乙炔及其它可燃气体、粉尘等场所的全年最小频率风向的下风侧；

（6）全厂性的高架火炬宜位于生产区全年最小频率风向的上风侧；

（7）2座及2座以上的高火炬宜集中布置在同一区域。火炬高度和火炬之间的防火间距应确保事故放空时辐射热不影响相邻火炬的检修和运行；

（8）汽车装卸设施、液化烃灌装站及各类物品仓库等机动车辆频繁进出的设施应布置在厂区边缘或厂区外，并宜设围墙独立成区；

（9）罐区泡沫站应布置在罐组防火堤外的非防爆区，与可燃液体罐的防火间距不宜小于20m；

（10）事故水池和雨水监测池宜布置在厂区边缘的较低处，可与污水处理场集中布置。事故水池距明火地点的防火间距不应小于20m，距可能携带可燃液的高架火炬防火间距不应小于60m；

（11）区域性含油污水提升设施应布置在装置及单元外，距离明火地点、重要设施及工艺装置内的变配电所、机柜间等的防火间距不应小于15m，距可能携带可燃液体的高架火炬的防火间距不应小于60m；

（12）采用架空电力线路进出厂区的总变电所应布置在厂区边缘；

（13）消防站的位置应便于消防车迅速通往工艺装置区和罐区，宜避开工厂主要人流道路，宜远离噪声场所宜位于生产区全年最小频率风向的下风侧；

（14）厂区绿化不应妨碍消防操作；

（15）石油化工企业总平面布置的防火距离应满足现行国家标准《石油化工企业设计防火标准》（GB 50160）中表4.2.12的规定。

2.2.6.3 装置设备布置的要求

（1）满足工艺流程、安全生产、环境保护的要求；

（2）设备应按工艺流程顺序和同类设备适当集中相结合的原则进行布置；设备宜按流程顺序布置在管廊两侧；处理腐蚀性、有毒、黏稠物料的设备宜按物性分别集中布置；

（3）设备、建筑物平面布置的防火间距应符合现行国家标准《石油化工企业设计防火标准》（GB 50160）中的有关规定；

（4）利用电力驱动的设备和电气设备的布置，应符合现行国家标准《爆炸危险环境电力装置设计规范》（GB 50058）中的有关规定；

（5）产生噪声的设备宜远离人员集中的场所布置，噪声控制应符合国家现行标准《石油化工噪声控制设计规范》（SH/T 3146）中的有关规定；

（6）设备、建筑物、构筑物应按生产特点和火灾危险性类别分区布置；为防止结焦、堵塞、控制温降、压降、避免发生副反应等有工艺要求的相关设备，可靠近布置；

（7）分馏塔顶冷凝器、塔底重沸器与分馏塔，压缩机的分液罐、缓冲罐、中间冷却器等与压缩机，以及其它与主体设备密切相关的设备，可直接连接或靠近布置；

（8）产生有害气体、粉尘、恶臭物料和放射性物质的设备，宜远离人员集中的场所布置，并应符合环境保护的要求；

（9）设备宜露天或半露天布置，并宜缩小爆炸危险区域的范围；爆炸危险区域的范围应符合现行国家标准《爆炸危险环境电力装置设计规范》（GB 50058）中的有关规定；

（10）装置如需分期建设或预留发展用地，应根据工厂总体布置的要求、生产过程的性质和设备特点确定预留区的位置；

（11）设备基础标高和地下受液容器的位置及标高，应结合装置的竖向布置和管道布置确定；

（12）在确定设备、建筑物和构筑物的位置时，应使其地下部分的基础不超出装置边界线；

（13）塔区和多层构架等处设备的检修场地应进行铺砌；

（14）输送介质对距离、角度、高差等有特殊要求的管道以及高温、大直径管道的布置，应在设备布置时统筹规划。

2.2.6.4 设备的间距要求

设备的间距除应符合防火和防爆的要求外，还应符合下列要求：

(1) 操作、检修、装卸和吊装所需的场地和通道；

(2) 梯子和平台的布置；

(3) 设备基础、地下埋设的管道、管沟、电缆沟和排水井的布置；

(4) 管道和仪表的安装。

2.2.6.5 管廊的布置要求

(1) 管廊的形式宜根据设备平面布置的要求，按下列原则确定：

① 设备较少的装置可采用一端式或直通式管廊；

② 设备较多的装置可根据需要采用"L"形、"T"形或"Π"形等形式的管廊；

③ 联合装置可采用主管廊与支管廊组合的结构形式；

④ 装置内管廊按结构形式可分为独立式和纵梁式；按材料可分为混凝土管廊、钢管廊和组合管廊。

(2) 管廊的位置应按下列原则确定：

① 管廊在装置中应处于能联系主要设备的位置；

② 管廊应布置在装置的适中位置，宜平行于装置的长边；

③ 管廊的布置应缩短管廊的长度，且有效利用管廊空间；

④ 管廊的布置应满足道路和消防的需要，以及与地下管道、电缆沟、建筑物、构筑物等的间距要求，并应避开设备的检修场地。

(3) 管廊的布置应符合下列要求：

① 管廊上方可布置空气冷却器（以下简称"空冷器"），下方可布置泵（或泵房）、换热器或其它小型设备，但应符合国家现行标准《石油化工工艺装置布置设计规范》（SH 3011）或《化工装置设备布置设计规定》（HG/T 20546）的有关规定；

② 管廊下作为消防通道时，管廊至地面的最小净高不应小于 4.5m；

③ 管廊可以布置成单层或多层，最下一层的净空应按管廊下设备高度、设备连接管道的高度和操作、检修通道要求的高度确定；

④ 当管廊有桁架时，管廊的净高应按桁架底高计算。

(4) 管廊的宽度应符合下列要求：

① 管道的数量、管径及其间距；

② 架空敷设的仪表电缆和电气电缆的槽架所需的宽度；

③ 预留管道所需的宽度；

④ 管廊上布置空冷器时，空冷器构架支柱的尺寸；

⑤ 管廊下布置泵时，泵底盘尺寸及泵所需要操作和检修通道的宽度。

(5) 管廊的柱距应满足大多数管道的跨距要求，宜为 6～9m。

(6) 多层管廊的层间距应根据管径大小和管架结构确定，上下层的间距宜为 1.2～2.4m；对于大型装置上下层的间距可为 2.5～3.0m。当管廊改变方向或两管廊成直角相交时，管廊宜错层布置，错层的高差宜为 0.6～1.2m；对于大型装置可为 1.25～1.5m。

(7) 混凝土管廊的梁顶应设通长预埋件，预埋件的形式应符合国家现行标准《石油化工管架设计规范》（SH/T 3055）的要求。

2.2.6.6 厂际管道规划

厂际管道指石油化工企业、油库、油气码头等相互间的输送可燃气体、液化烃和可燃液体物料的管道（石油化工园区除外）；其特征是敷设在石油化工企业、油库、油气码头等围墙或用地界线之间且通过公共区域，长度小于等于 30km。厂际管道规划应符合如下要求：

(1) 厂际管道应根据项目的总体规划，结合沿线的居民区、村庄、公共福利设施、工矿企业、交通、电力、水利等建设的现状与规划，以及沿线地区的地形、地貌、地质、地震等自然条件，通过综合分析和技术经济比较，确定线路走向。

(2) 厂际管道不应穿越村庄、居民区、公共福利设施，并应远离人员集中的建筑物和明火设施。

(3) 厂际管道不宜穿越与其无关的工矿企业；当受条件限制需穿越时，应做专项安全评估。

(4) 厂际管道与公路、铁路、市政管道和暗沟（渠）交叉或相邻布置时，应符合下列规定：

① 厂际管道应减少与公路、铁路、市政管道和暗沟（渠）的交叉；

② 埋地敷设的厂际管道与市政管道、暗沟（渠）交叉时，厂际管道应位于市政管道和暗沟（渠）的下方，厂际管道的管顶与市政管道的管底、暗沟（渠）的沟底的垂直净距不应小于 0.5m；

③ 厂际管道与市政管道、暗沟（渠）沿道路敷设时，宜分别布置在道路两侧；

④ 应采取防止泄漏的可燃介质流入市政管道、暗沟（渠）的措施；

⑤ 厂际管道与公路、铁路、市政重力流管道和暗沟（渠）的防火间距应符合有关规定。

（5）厂际管道沿江、河、湖、海岸边敷设时，应采取防止泄漏的可燃液体流入水域的措施。

（6）厂际管道应避开滑坡、崩塌、沉陷、泥石流等不良的工程地质区。当受条件限制必须通过时，应采取防护措施并选择合适的位置，缩短通过距离。

（7）厂际管道宜沿厂外公路敷设，可依托厂外公路进行巡检，不能依托时，宜沿架空敷设的厂际管道设置巡检道路。

2.2.6.7 石油化工园区及联合装置

石油化工园区是多个石油化工企业按产业统一规划、集中布置而形成的园区。

石油化工联合装置由两个或两个以上独立装置集中紧凑布置，且装置间直接进料，无供大修设置的中间原料罐，其开工或停工检修等均同步进行，视为一套装置。

2.2.6.8 防火间距及三重安全措施

工艺装置之间的防火间距是指工艺装置最外侧的设备外缘或建筑物、构筑物的最外轴线间的距离；设备之间的防火间距是指设备外缘之间的距离。安全生产对石油化工企业特别重要，这是因为石油化工企业的原料和产品绝大多数属于可燃、易爆或有毒物质，潜在火灾、爆炸的危险。

火灾和爆炸的危险程度，从生产安全的角度来看，可划分为一次危险和次生危险两种；装置布置设计的三重安全措施是根据有关防火、防爆规范的规定，首先预防一次危险引起的次生危险；其次是一旦发生次生危险则尽可能限制其危害程度和范围；第三是次生危险发生以后，能为及时抢救和安全疏散提供方便条件。

2.2.6.9 装置布置发展"四个化"内容

装置布置和发展趋势归结为"四个化"，即露天化、流程化、集中化和模块化。

（1）露天化 从近几年实际设计中可以看出，除大型压缩机布置在敞开或半敞开的厂房内以外，其它设备绝大多数露天布置。其优点是节约占地，减少建筑物，有利于防爆，便于消防。

（2）流程化 以管廊为纽带按工艺流程顺序将设备紧凑布置在管廊的上下和两侧。

（3）集中化 将几个装置合理地集中在一个大型街区内组成联合装置，用防火通道将各装置分开，此通道可作为两侧装置设备的检修通道，也可作为消防通道。设中央控制室，且朝向设备的墙不开门窗，用电子计算机控制操作。

（4）模块化 装置的工艺单元可采用模块布置。如泵、汽轮机、压缩机及其辅助设备采用模块布置，配管也可以模块布置；又如加热炉的燃料油、燃料气管道系统，装置内软管站管道也可以模块布置。甚至整个装置采用模块化设计，用于不同地区仅作局部修改即可重复利用。

2.3 工艺设备布置原则

2.3.1 泵的布置（HG/T 20546.5—2009）

2.3.1.1 泵的布置原则

（1）泵的布置方式有三种：露天布置、半露天布置和室内布置。

① 露天布置：通常集中布置在管廊的下方或侧面，也可分散布置在被吸入设备或吸入侧设备的附近。其优点是通风良好，操作和检修方便。

② 半露天布置：半露天布置的泵适用于多雨地区。当泵的操作温度低于自燃点时，一般在管廊下方布置泵，泵的管道上部设置雨棚。或将泵布置在构架下的地面上，以构架平台作为雨棚。这些泵可根据与泵有关的设计布置要求，将泵布置成单排、双排或多排。

③ 室内布置：在寒冷或多风沙地区可将泵布置在室内。如果工艺过程要求设备布置在室内时，其所属的泵也应在室内布置。

（2）集中或分散布置

① 集中布置是将泵集中布置在泵房或露天、半露天的管廊下或框架下，呈单排或双排布置形式。对于工艺流程中塔类设备较多时，常将泵集中布在管廊下面，在寒冷地区则集中在泵房内。

② 分散布置是按工艺流程将泵直接布置在塔或容器附近。泵的数量较少时，从经济上考虑集中不合理，或工艺有特殊要求，或因安全方面等原因，可采用分散布置。

（3）排列方式　泵的布置首先要考虑方便操作与检修，其次是注意整齐美观。由于泵的型号、特性、外形不一，难于布置得十分整齐。因此泵群在集中布置时，一般采用下列两种布置方式。

① 离心泵的出口取齐，并列布置，使泵的出口管整齐，也便于操作。这是泵的典型布置方式。

② 当泵的出口不能取齐时，可采用泵的一端基础取齐。这种布置方式便于设置排污管或排污沟。

（4）当移动式起重设施无法接近质量较大的泵及其驱动机时，应设置检修用固定式起重设施，如吊梁、单轨吊车或桥式吊车。在建、构筑物内要留有足够的空间。

（5）布置泵时要考虑阀门的安装和操作的位置。

（6）泵前沿基础边应设置带盖板的排水沟。为了防止可燃气体窜入排水沟，也可使用带水封的排水漏斗和埋地管以取代排水沟。

（7）泵房设计应符合防火、防爆、安全、卫生、环保等有关规定，并应考虑采暖、通风、采光、噪声控制等措施。

（8）输送高温介质的热油泵和输送易燃、易爆或有害（如氨等）介质的泵，要求通风的环境，一般宜采用敞开或半敞开布置。

2.3.1.2　在管廊下泵的布置要求

（1）管廊上部安装空冷器时，若泵的操作温度低于 250℃，则泵出口管中心线在管廊柱中心线外侧 600～1200mm 为宜。若泵的操作温度≥250℃，则泵不应布置在管廊下面。

（2）管廊上部不安装空冷器时，泵出口管中心线一般在管廊柱中心线内侧 600～1200mm 为宜。

（3）布置在管廊下的泵，其方位为泵头向管廊外侧，驱动机朝管廊下的通道一侧。但大型泵底板较长时，可转 90°布置（即沿管廊的纵向布置）。

（4）对于大的装置管廊的跨度很大时（≥10000mm），泵出口管中心线可不受第（2）条的限制。

（5）成排布置的泵应按防火要求、操作条件和物料特性分别布置；露天、半露天布置时，操作温度等于或高于自燃点的可燃液体泵宜集中布置；与操作温度低于自燃点的可燃液体泵之间应有不小于 4.5m 的防火间距；与液体烃泵之间应有不小于 7.5m 的防火间距。

2.3.1.3　泵的维修与操作通道

（1）泵的维修通道的宽度，泵与泵之间和泵至建、构筑的净距，见"2.2.2 净距与净空"；构筑物内泵的布置净距可参照建筑物内部泵的布置净距进行设计，见表 2.2-1。

（2）泵前方的检修通道可考虑用小型叉车搬运零件时所需宽度，一般不应小于 1250mm，对于大泵应适当加大净距。

（3）两台相同的小泵可布置在同一基础上，相邻泵的突出部位之间最小间距为 400mm。

2.3.1.4　泵房内泵的布置

（1）如泵房靠管廊时，柱距宜与管廊的柱距相同。一般为 6m 和 9m。跨距一般采用 4.5m、6m、9m、12m。可采用单排布置或双排布置。其净距见"2.2.2 净距与净空"。

（2）泵房的层高（梁底标高）应由进出口管线和设备检修用起重设施所需的高度来确定，一般层高为 4.5m。

（3）罐区泵房一般设置在防火堤外，距防火堤外侧的距离不应小于 5m。与易燃、易爆液体贮罐的距离应满足《石油化工企业设计防火标准》（GB 50160）的要求。

2.3.1.5　泵的标高

（1）泵的基础面宜高出地面 300mm，最小不得小于 150mm；在泵吸入口前安装过滤器时，泵基础高度应考虑过滤器能方便清洗和拆装。

（2）泵的吸入口标高与贮槽或塔类设备的标高的关系应满足 NPSH 的要求。

（3）确定泵吸入口标高时，一般要求吸入管线无袋形。对于可能产生聚合的物料，应在停车时必须完全排放干净。因此，要求吸入管带有坡度，坡度坡向泵的方向，并按照此要求决定泵的标高。

（4）地下槽用离心泵，一般应放在与地下槽同层的高度。

2.3.1.6 其它

(1) 对于需设置移动式泵的场合，应考虑同类型泵集中布置，使移动泵处在易通行又不妨碍操作与检修作业的区域。如需要以移动泵替代泵群中某台泵时，此泵应留有切换管道作业的位置。

(2) 罐区泵露天布置时，一般应设置在围堰或防火堤外，与易燃、易爆液体贮罐的距离应满足《石油化工企业设计防火标准》(GB 50160) 的要求。

2.3.2 塔的布置 (HG/T 20546.5—2009)

2.3.2.1 塔的布置原则

(1) 布置塔时，应以塔为中心把与塔有关的设备如中间槽、冷凝器、回流泵、进料泵等就近布置，尽量做到流程顺、管线短、占地少、操作维修方便。

(2) 根据生产需要，塔有配管侧和维修侧，配管侧应靠近管廊，而维修侧则布置在有人孔并应靠近通道和吊装空地；爬梯宜位于两者之间，常与仪表协调布置。

2.3.2.2 塔的布置要求

(1) 大直径塔宜用裙座式落地安装，用法兰连接的多节组合塔以及直径≤800mm 的塔一般安装在框架内。

(2) 塔和管廊之间应留有宽度不小于 1.8m 的安装检修通道（净距）。

(3) 管廊柱中心与塔设备外壁的距离不应小于 3m。塔基础与管廊柱基础间的净距离不应小于 300mm。

(4) 塔的冷凝器、冷却器、中间槽、回流罐等一般可在框架上与塔在一起联合布置，也可隔一管廊和塔分开布置。

(5) 大直径高塔邻近有框架时，应根据框架和塔的既定间距考虑两者的施工顺序。不需要因考虑塔的吊装而加大间距。

(6) 成组布置的塔，一般以塔的外壁或中心线成一直线排成行，也可根据地理环境成双排或三角形布置，并设置联合平台，各塔平台的连接走道的结构应能满足各塔不同伸缩量及基础沉降不同的要求。

(7) 塔平台和梯子的设置。

① 塔平台应设置在便于检修、操作、监测仪表和出入人孔部位。塔顶装有吊柱、放空阀、安全阀、控制阀时，应设置塔顶平台。

② 对于梯子和平台的具体要求见"2.2.3 平台与梯子"的规定。

③ 塔和框架联合布置时，框架和塔平台之间应尽量设置联系通道。

(8) 塔底标高由以下因素确定。

① 利用塔的压力和重力卸料时，应满足物料重力流的要求，综合考虑容器高度、物料重度、管线阻力等进行必要的水力计算。

② 采用卸料泵卸料时，应满足净正吸入压头和管道压力降的要求。

③ 再沸器的结构形式和操作要求。

④ 配管后需要通行的最小净空高度。

⑤ 塔基础高出地面的高度。

(9) 在框架上安装的分节塔，应在塔顶框架上设置吊装用吊梁。

(10) 再沸器应尽量靠近塔布置，通常安装在单独的支架或框架上，若需生根在塔体上时，应与设备专业协商。有关设备、管道热膨胀及支架结构问题应经应力分析后选择最佳布置方案。

(11) 成排布置的塔，各塔人孔方位宜一致并位于检修侧，单塔有多个人孔时，尽量使人孔方位一致。

2.3.3 换热器的布置 (HG/T 20546.5—2009)

2.3.3.1 换热器的布置原则

(1) 与精馏塔关联的管壳式换热设备，如塔底再沸器、塔顶冷凝冷却器等，宜按工艺流程顺序布置在塔的附近。

(2) 布置时要考虑换热器抽管束或检修所需的场地（包括空间）和设施。当检修需要起吊设施而汽车吊不能接近换热器时，应设吊车梁、地面轨道或其它检修用设施。

(3) 换热器管束抽出端可布置在检修通道侧，所需净距见"2.2.2 净距与净空"的规定。

(4) 换热器除工艺有特殊要求外，一般不宜重叠布置。

(5) 操作温度高于物料自燃点的换热器上方，如无楼板或平台隔开，不应布置其它设备。

（6）重质油品或污染环境的物料的换热设备不宜布置在构架上。

（7）一种物料与几种不同物料进行热交换的管壳式换热器，应成组布置。

（8）用水或冷却剂冷却几组不同物料的冷却器，宜成组布置。

2.3.3.2 卧式换热器的布置要求

（1）布置时应避免换热器中心线正对管架或框架柱子的中心线，以利换热器管程的污垢清理及更换单根管子。

（2）在管廊两侧成组换热器的布置示例见图 2.3-1，要求所有换热器封头与管廊柱之间的距离一样。

（3）成组布置的换热设备，宜取支座基础中心线对齐，当支座间距不相同时，宜取一端支座基础中心线对齐。为了管道连接方便，地面上布置的换热器也可以采用管程进出口中心线取齐。

（4）换热器与相邻换热器或卧式容器之间，支座基础或外壳之间及法兰的周围最小净距应符合"2.2.2 净距与净空"的规定。

（5）卧式换热器的安装高度应保证其底部连接管道的最低净空不小于 150mm。

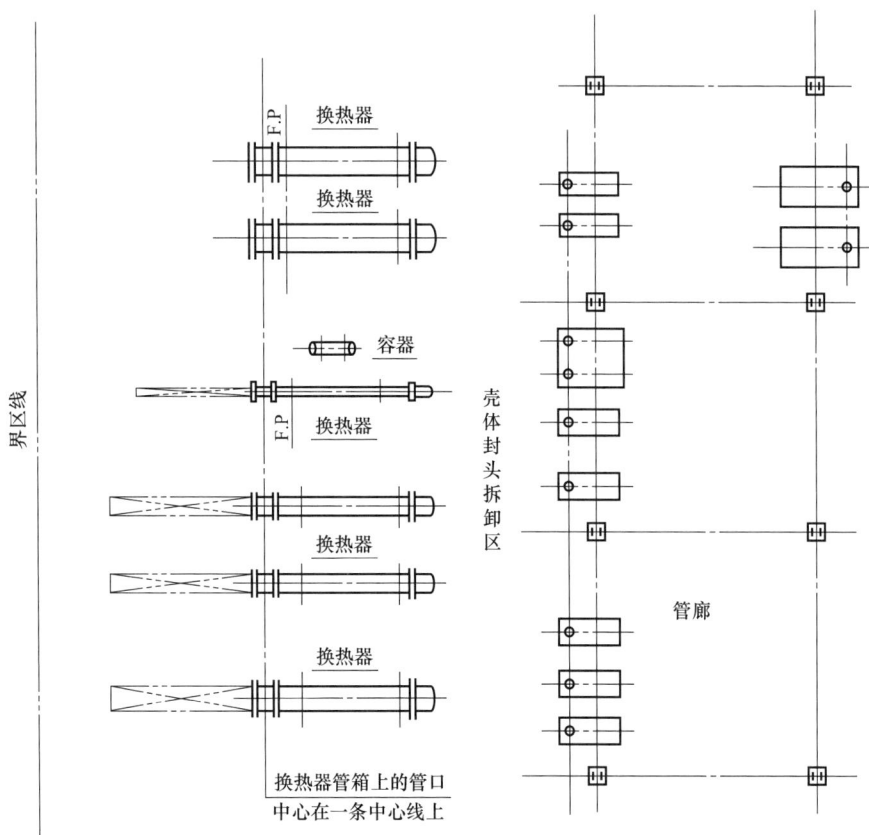

图 2.3-1 地面上换热器的布置

（6）浮头式换热器在地面上布置时，应满足下列要求：

① 浮头和管箱的两侧应有宽度不小于 600m 的空地，浮头端前方宜有宽度不小于 1.2m 的空地；

② 管箱前方从管箱端算起应留有比管束长度至少长 1m 的空地。

（7）换热设备应尽可能布置在地面上，但是换热设备数量较多时，可布置在构架上。构架上换热器的布置应满足下列要求：

① 不可在卧式换热器的管子抽出区内设置障碍物，并向土建专业提出在抽出管子一侧的平台上应采用可拆卸式栏杆；

② 换热器的管束可采用汽车吊抽出，如果不允许采用这种方法，则考虑单轨吊车或其它固定式的起吊设施；

③ 换热器管箱端前方与平台、栏杆净距见"2.2.2 净距与净空"的规定；

④ 换热器支撑点标高，除考虑底部管口标高及排液阀的配管所需净空外，对于钢平台设备支撑点，至少应高出 20mm。对于混凝土楼面，设备支撑点至少应高出楼面 50mm，当支撑点高出楼面（平台）较多时，应由土建结构专业增加可承受水平力钢支架；

⑤ 在换热器外壳（侧向）与管廊柱子之间通行或检修的最小间距见"2.2.2 净距与净空"的规定；

⑥ 浮头式换热器浮头端前方平台净空宜不小于 0.8m，浮头式换热器管箱端前方平台净空宜不小于 1m，平台采用可拆卸式栏杆，并应考虑管束抽出区所需的空间。

（8）换热器支座的固定端及滑动端应按管道柔性计算要求决定。

2.3.3.3 立式换热器的布置要求

（1）立式浮头式换热器布置在构架上时，其上方应有抽管束的空间。

（2）位于立式设备附近的换热器，其间应有 1m 的通道。

（3）立式换热器、尾气冷凝器的布置可参照容器的布置；再沸器的布置可参照塔的布置。

（4）立式换热器顶部如有液相中的小排气阀时，操作人员应能够接近它。如不易接近，则应设直梯或临时梯子。

2.3.3.4 有保温层的换热器间距

对于有保温层的换热器，其相关的间距应是指保温后外壳的净距。

2.3.3.5 其它要求

换热器的介质为气体并在操作过程中有冷凝液生成时，换热器的出口管一般应为无袋形管，并使冷凝液自流入受槽内。

2.3.4 空冷器的布置 （HG/T 20546.5—2009）

2.3.4.1 空冷器的布置原则

（1）空冷器的布置应避免腐蚀性气体或热风进入管束，从而影响空冷器的冷却效果。

（2）空冷器宜布置在管廊上方或框架顶层。布置在管廊上方时，应与管廊的布置统一考虑。当防爆规范不允许在输送液态或气态烃管道的管廊上方安装某些空冷器时，则应将其安装在单独框架上与管廊分开。

（3）布置空冷器的框架或管廊的一侧地面上应留有必要的检修空地和通道，以便吊车通行和吊装设备。

（4）空冷器不应布置在下列设备的上方：

① 操作温度等于或高于物料自燃点和输送、储存液化烃设备的上方；否则应采用非燃烧材料的隔板隔离保护。

② 易燃液体泄漏时将产生闪蒸气体的液体输送泵。

③ 电气传动设备或其它放热设备。

（5）空冷器的布置应避免自身或相互间的热风循环，空冷器的布置可采取下列措施：

① 同类型的空冷器应布置在同一高度。

② 相邻的两空冷器应靠紧布置，不应留有间距，如图 2.3-2（a）所示。

③ 多组空冷器应互相靠近，否则易造成热风循环，如图 2.3-2（b）所示。

④ 引风式空冷器与鼓风式空冷器布置在一起时，应将引风式空冷器布置在鼓风式空冷器的常年最小频率风向的上风侧，且其管束的安装高度应比鼓风式空冷器低。如图 2.3-2（c）～（e）所示。

（6）在空冷器的最小频率风向的上风侧不应有锅炉等高温设备，最小频率风向的下风侧 20～25m 范围内不应有高于空冷器的建筑物、构筑物或大型设备，如不可避免则应与工艺商量适当提高空冷气的设计温度 1.5～2℃。

（7）空冷器与加热炉之间的距离不应小于 15m。

（8）空冷器管束两端管箱和传动机械处应设置平台。

（9）空冷器布置时，要考虑空冷器运行时产生的噪声对操作人员的影响，噪声应限制在 90dB 以下，如噪声高于标准规范的要求可由工艺提出降噪的要求。

2.3.4.2 空冷器的布置要求

（1）空冷器布置的基本形式见图 2.3-2，对于其它特殊型式的空冷器，可参照类似形式或按照制造厂提供的样本要求进行布置。

（2）空冷器支腿的间距和管廊或框架的柱子跨距宜取得一致。

（3）空冷器管束的长度不可小于支柱的跨距，但最大伸出长度应小于 1m。

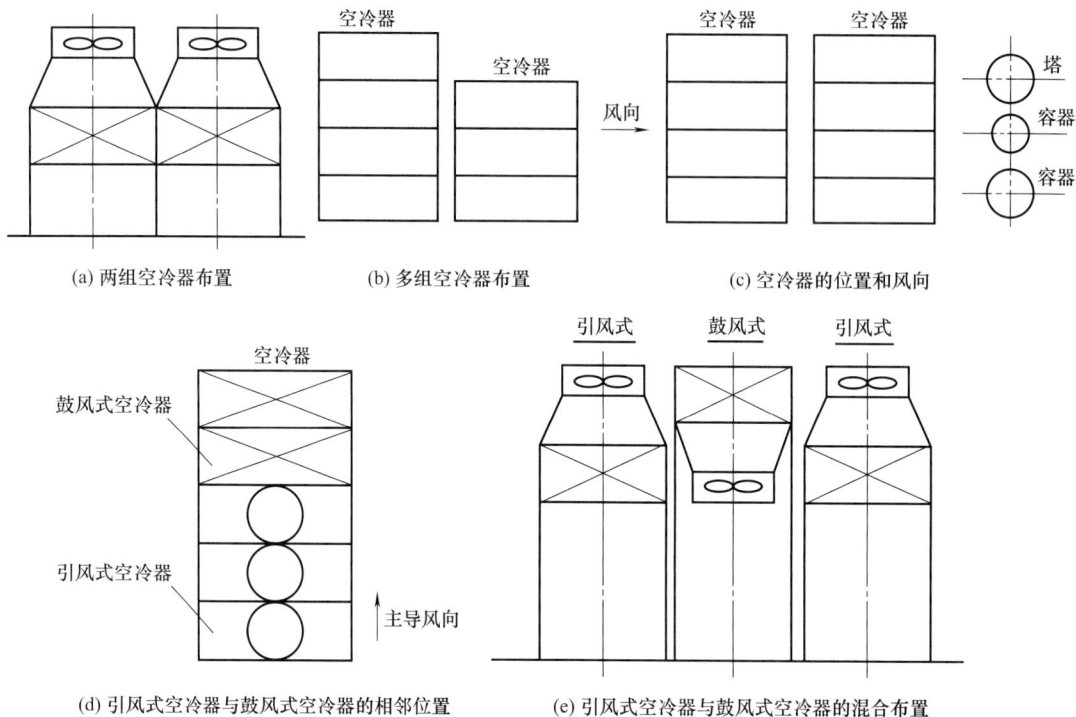

(a) 两组空冷器布置　　(b) 多组空冷器布置　　(c) 空冷器的位置和风向

(d) 引风式空冷器与鼓风式空冷器的相邻位置　　(e) 引风式空冷器与鼓风式空冷器的混合布置

图 2.3-2　空冷器的布置

（4）采用延伸空冷器柱子以支撑管道时，应与空冷器制造厂及管道应力分析人员协商。

（5）热位移数据和方向应由管道应力分析人员计算决定后，标注在图上提供给空冷器制造厂考虑设置活动支架。

（6）空冷器管口的柔性需与管道应力分析人员一起进行校核。

（7）若电动机检修平台由空冷器制造厂供货，应校核平台下敷设的管道净空。

（8）管箱宽度推荐的近似尺寸为最大接管直径加 200mm。

（9）通往检修平台的直爬梯，周围地面上不得有设备等障碍物。

（10）采用空冷器样本或设备图纸校核空冷器的管程数，以便确定与之相关的设备位置。通常管程为偶数时，进口和出口接管位于空冷器的同一侧，奇数时进出口接管分别位于两侧。

（11）多组空冷器布置在一起时，应布置形式一致，宜采用成列式布置；应避免一部分成列式布置，而另一部分成排布置。

（12）斜顶式空冷器不宜把通风面对着夏季的主导风向。斜顶式空冷器宜成列布置。如成排布置时，两排中间应有不小于 3m 的空间。

（13）并排布置的两台增湿空冷器或干湿联合空冷器的构架立柱之间的距离，不应小于 3m。

2.3.5　卧式容器的布置（HG/T 20546.5—2009）

2.3.5.1　卧式容器的布置原则

（1）卧式容器宜成组布置。成组布置卧式容器宜按支座基础中心线对齐或按封头顶端对齐。地面上的容器以封头顶端对齐的方式布置为宜。

（2）卧式容器的安装高度应根据下列情况之一来决定：

① 流程上该容器位于泵前时，应满足泵的净正吸入压头的要求。

② 底部带来集液包的卧式容器，其安装高度应保证操作和检测仪表所需的足够空间，以及底部排液管线最低点与地面或平台的距离不小于 150mm。

2.3.5.2　卧式容器的布置要求

（1）卧式容器支撑高度在 2.5m 以下时，可直接将支座（鞍座）放在基础上；支撑高度大于 2.5m 时，宜放在支架、框架或楼板上。

（2）卧式容器的间距和通道宽度要求见"2.2.2净距与净空"。

（3）为使容器接近仪表和阀门，可将其布置在框架内。如容器的顶部需设置操作平台时，应满足操作平台上配管后的合理净空以及阀门操作的要求。

（4）容器内带加热或冷却管束时，在抽出管束的一侧应留有管束长度加0.5m的净空。

（5）集中布置的卧式容器设置联合平台时，为便于安装与检修，设备管口法兰宜高出平台面150mm。

（6）当容器支座（鞍座）用地脚螺栓直接连接到基础上，其操作温度低于冻结温度时，应在支座（鞍座）与基础之间垫150～200mm的隔冷层。

（7）卧式容器支座（鞍座）的滑动侧和固定侧应按有利于容器上所连接的主要管线的柔性计算来决定（注：主要管线指温度高、管径大的管线）。

（8）单独支撑容器的框架，柱间中心距应比容器的直径至少大0.8m。

（9）卧式容器下方需设操作通道时，容器底部及配管与地面净空不应小于2.2m。

2.3.6 立式容器和反应器的布置（HG/T 20546.5—2009）

2.3.6.1 立式容器和反应器的布置原则

（1）大型反应器维修侧应留有运输和装卸催化剂的场地。

（2）反应器支座或支耳与钢筋混凝土构件和基础接触的温度不得超过100℃，钢结构上不宜超过150℃，否则应做隔热处理。

（3）反应器与提供反应热的加热炉的净距应尽量缩短，但不宜小于4.5m，并应满足管道应力计算的要求。

（4）成组的反应器应中心线对齐成排布置在同一构架内。

（5）除采用移动吊车外，构架顶部应设置装催化剂和检修用的平台和吊装机具。

（6）对于布置在厂房内的反应器，应设置吊车并在楼板上设置吊装孔，吊装孔应靠近厂房大门和运输通道。

（7）对于内部装有搅拌或运送机械的反应器，应在顶部或侧面留出搅拌或输送机械的轴和电机的拆卸、起吊等检修所需的空间和场地。

（8）操作压力超过3.5MPa的反应器集中布置在装置的一端或一侧；高压、超高压有爆炸危险的反应设备，宜布置在防爆构筑物内。

（9）流程上该容器位于泵前时，其安装高度应符合泵的NPSH的要求。

（10）布置在地坑内的容器，应妥善处理坑内积水和防止有毒、易燃易爆、可燃介质的积累。地坑尺寸应满足操作和检修要求。

2.3.6.2 立式容器和反应器的布置要求

（1）立式容器和反应器距建筑物或障碍物的净距和操作通道、平台的宽度见"2.2.2净距与净空"。

（2）楼面或平台的高度。

① 决定楼面（平台）标高时，应注意检查穿楼板安装的容器和反应器的液面计和液位控制器、压力表、温度计、人孔、手孔、设备法兰、视镜和接管管口等的标高，不得位于楼板或梁处。

② 决定楼面标高时，应符合"2.2.2净距与净空"中人孔中心线距楼面高度范围的要求。如不需考虑其它协调因素时，人孔距平台最适宜的高度为750mm。

③ 在容器和反应器顶部人工加料的操作点处应有楼面和平台，加料点不应高出楼面1m。否则需增设踏步或加料平台。

④ 容器顶部有阀门时，应加局部平台或直梯。

（3）在管廊侧两台以上的容器或反应器，一般按中心线对齐成行布置。

（4）催化剂的装卸要求。

① 大型釜式反应器底部有固体接触卸料时，反应器底部需留不小于3m的净空，以便车辆进入。

② 为便于检修和装填催化剂，反应器顶部可设单轨吊车或吊柱。

（5）立式容器为了防止黏稠物料的凝固或固体物料的沉降，其内部带有大负荷的搅拌器时，为了避免振动的影响，宜从地面设置支撑，应符合"2.2.2净距与净空"中人孔中心线距楼面高度范围的要求。

（6）带有搅拌装置的容器和反应器，应有足够的空间确保搅拌轴顺利取出。

（7）容器内带加热或冷却管束时，在抽出管束的一侧应留有管束长度加0.5m的净距，并与配管专业协商抽出的方位。

（8）一般设备基础高度应符合"2.2.2净距与净空"要求。当设备底部需设隔冷层时，基础面至少应高于地面100mm，并按此核算设备支撑点标高。

2.3.7 加热炉的布置（HG/T 20546.5—2009）

2.3.7.1 加热炉的布置原则

（1）加热炉应集中布置在装置的一端或一侧，位于全年最小频率风向的下风侧，以避免装置可能泄漏的可燃气体或蒸气被加热炉的明火引爆而发生事故。

（2）加热炉周围需要有消防设施和一定的消防空间，以保证发生火灾时能进行消防作业和疏散人员。

（3）加热炉要有适当的防爆措施，如防爆门等。防爆门必须避开平台、操作地带及其它设备，确保人身安全。

（4）加热炉与建筑物、罐区（储罐）和各类生产单元或设备等的防火距离应符合《建筑设计防火规范》（GB 50016）和《石油化工企业设计防火标准》（GB 50160）的规定。

（5）对于设有蒸汽发生器的加热炉，汽包宜布置在加热炉顶部或临近的构架上。

（6）加热炉与其附属的燃料气分液罐、燃料气加热器的间距，不应小于6m。

（7）当加热炉有空气预热器、鼓风机、引风机等辅助设备时，辅助设备的布置不应妨碍其本身和加热炉的检修。

（8）明火加热炉与露天布置的液化烃设备或甲类气体压缩机之间的防火间距不应小于22.5m，当设备之间设置非燃烧材料的实体墙时，其间距可减少，但不得小于15m。实体墙的高度不宜小于3m，距加热炉不宜大于5m，实体墙的长度应满足由露天布置的液化烃设备和甲类气体压缩机经实体墙至加热炉的折线距离不小于22.5m。

2.3.7.2 加热炉的布置要求

（1）加热炉外壁至道路边缘最小净距为3m。

（2）箱式加热炉一侧必须有抽出炉管的空间，所需的空地长度通常是管长再加上2m，见图2.3-3。

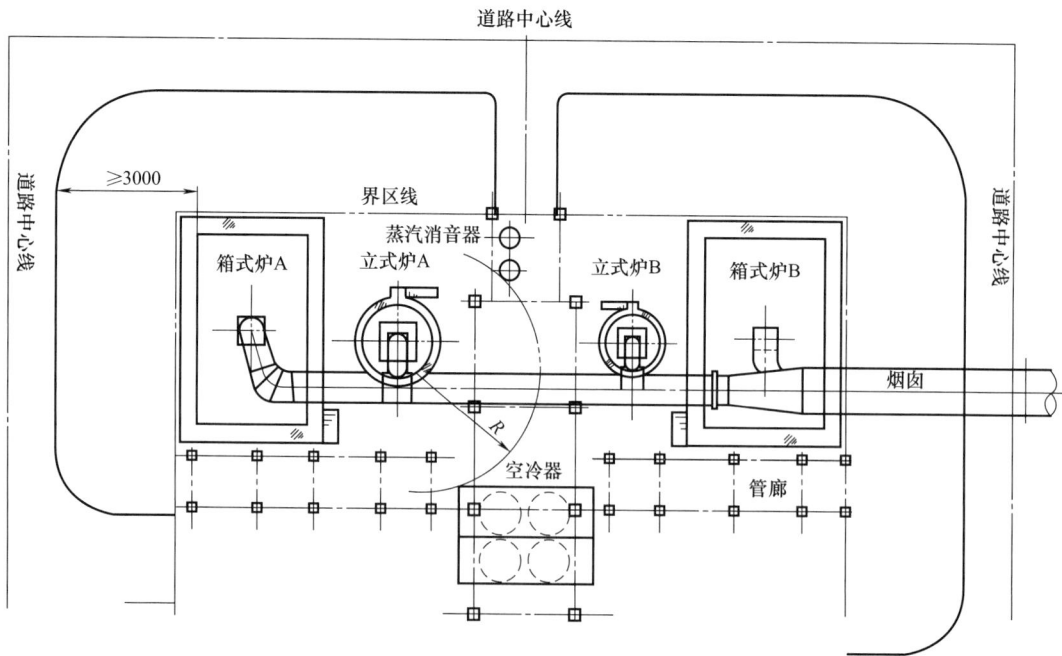

图2.3-3　加热炉的布置（平面）

（3）加热炉看火孔（门）距操作平台的高度一般为1.2～1.4m，最大1.5m。

（4）加热炉炉底的安装高度，要考虑底部烧嘴的配管及检修所需净空，一般为2.1～2.2m，最小为2m。

（5）两个立式加热炉外壁之间的最小距离通常为3m，但必须校核平台和加热炉基础的间距以免碰撞。

（6）多台加热炉宜成排布置，可设置联合平台并可共用一个烟囱。

（7）为了检修和更换炉管，加热炉炉管侧应留有移动式吊车的通道。

（8）作为再沸器的加热炉与精馏塔的最小安全距离应符合《石油化工企业设计防火标准》（GB 50160）的规定，并应缩短再沸器返回管线的长度，见图 2.3-4。

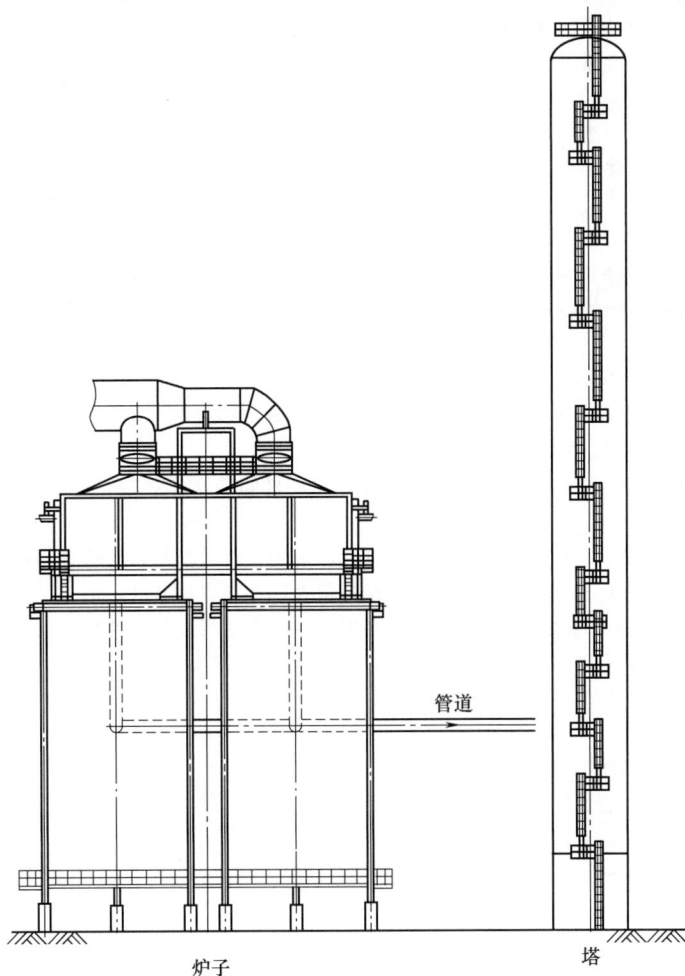

图 2.3-4　加热炉作为再沸器的布置

（9）加热炉烟囱的高度见"2.2.2 净距与净空"。

（10）加热炉附近 12m 内所有地下排水沟、水井、管沟都必须密封，以防止可燃气体在沟内聚积而引起火灾。

（11）加热炉平台的最小宽度为 750mm，以保证看火孔（门）前有足够的通道。

（12）控制阀组和清焦总管一般位于加热炉前，距加热炉 3～5m。

（13）灭火蒸汽总管分汽缸和燃料油切断阀，要设在距加热炉 15m 以外的安全区。

（14）清焦收集坑（或箱）位于卡车可靠近的地方以便清理。

（15）如果加热炉对流段用于产生蒸汽，则加热炉的有关蒸汽系统的设备如汽包、水泵等均可布置在加热炉周围。

2.3.8　离心式压缩机的布置（HG/T 20546.5—2009）

2.3.8.1　离心式压缩机的布置原则

（1）厂房的设置：离心式压缩机一般安装在敞开或半敞开的建筑物内，在严寒地区（冬季气温在 40℃ 以下）或者风沙大的地区采用封闭式厂房。

（2）离心式压缩机是装置中用电负荷最大的关键设备，布置时应同时考虑变、配电室的设置。

（3）离心式压缩机组及其附属设备的布置应满足制造厂的要求。

（4）离心式压缩机布置在室内时，设置起吊设施的原则：

① 单层厂房内布置多台离心式压缩机时或最大部件质量超过 1t 时，宜设置起吊设施。

② 离心式压缩机布置在厂房二楼时，应设置起吊设施。

（5）离心式压缩机布置在室外时，为了大型组合件的检修和运输，应考虑所需检修通道，并与厂区道路相通。

（6）室内布置的离心式压缩机，其基础应考虑隔振，并与厂房的基础隔开。

（7）为便于出入厂房，楼梯应靠近通道，并设置第二楼梯或直爬梯，便于紧急情况时疏散。

（8）输送可燃气体的离心式压缩机与明火设备、非防爆的电气设备的间距，应符合国家现行的《爆炸危险环境电力装置设计规范》(GB 50058) 和《石油化工企业设计防火标准》(GB 50160) 的规定。

（9）单机驱动功率≥150kW 的甲类气体压缩机厂房，不宜与其它甲、乙、丙类房间共用一幢建筑物，如布置在同一厂房内，需用防爆墙隔开；压缩机的上方不得布置甲、乙、丙类液体设备，但自用的高位润滑油箱不受此限制。

2.3.8.2　离心式压缩机的布置要求

（1）为了安全离心式压缩机与分馏设备距离应大于 9m，其厂房外缘与道路边缘的距离应大于 5m。

（2）在厂房内布置离心式压缩机时，应满足下列要求：

① 机组与厂房墙壁的净距应满足离心式压缩机或者驱动机的活塞、曲轴、转子等的检修要求，并且不应小于 2m。

② 机组一侧应有放置最大部件及进行检修作业部件的场地，多台机组可考虑共用检修场地。

③ 离心式压缩机布置在厂房内二楼时，应按机组的最大部件设置吊装孔。

④ 离心式压缩机和驱动机的全部仪表控制盘应布置在靠近驱动机一侧，并应有检修通道。

⑤ 离心式压缩机和两侧有消防通道。

（3）离心式压缩机基础的最小高度应由以下因素确定：

① 冷凝器的外形尺寸。

② 冷凝液泵的净正吸入压头（NPSH）的要求。

③ 冷凝器出口安全阀管道的净空要求。

④ 离心式压缩机制造厂的要求。

⑤ 润滑油和密封油管道的坡度要求，从离心式压缩机壳体至润滑油槽的排油管应能自流。

⑥ 离心式压缩机是单个底座还是整体底座。

（4）厂房内的地面不应有低注处。

（5）厂房内必须通风良好。

① 如果离心式压缩机处理比空气轻的可燃、易爆气体时，半敞开式的厂房上部要设置风帽或天窗，以排出积聚在厂房上部的危险气体。

② 比空气轻的可燃气体压缩机厂房的楼板，宜部分采用箅子板。

③ 如果离心式压缩机处理的是比空气重的可燃性气体时，厂房内不宜设置地沟或地坑，以免气体积聚造成爆炸危险，厂房内应有防止气体积聚的措施。

（6）离心式压缩机的附属设备的布置，应满足下列要求：

① 对于多级离心式压缩机应综合考虑进出口的受力影响，合理确定各级气液分离器和冷却器的相对位置。

② 高位油箱的安装高度应满足制造厂的要求，并设置平台和直梯。

③ 润滑油和密封油系统宜靠近离心式压缩机，并满足油冷却器的检修要求。

（7）离心式压缩机的驱动机为汽轮机时，汽轮机的附属设备的布置应考虑下列因素：

① 汽轮机采用空冷器作为凝汽设备时，空冷器的位置应靠近汽轮机，空冷器的安装高度应能满足凝结水泵的吸入高度的要求。

② 汽轮机采用冷凝冷却器作为凝汽设备时，冷凝冷却器宜布置在汽轮机的下方，也可布置在汽轮机的侧面。冷凝冷却器管箱外应考虑检修场地，凝结水泵的位置应满足其吸入高度的要求。

（8）对于布置在二层的离心式压缩机，二层楼面的荷载（检修荷载）不小于 $500kg/m^2$。

（9）离心式压缩机之间的最突出部分的距离一般不小于 2.4～3m。

（10）对厂房尺寸的考虑：厂房的跨度及长度与压缩机布置的方位、台数、辅机、安装孔及梯子等有关。压缩机横向的总尺寸，由离心式压缩机的尺寸和通道的净宽而定，通道净宽一般为自底座边缘算起不小于 2m。每台压缩机轴向的总尺寸根据离心式压缩机类型而定，离心式压缩机壳体有垂直分开式与水平分开式两种。如为垂直分开式，其水平向抽轴所需的净距大于 2m 时，则应增加通道宽度。如为水平分开式时，转子向上吊起，不占通道的空间。当驱动机为电机时，抽出电动机转子所需净距大于 2m 时，则应增加通道宽度。

（11）当离心式压缩机设消声罩时，通道尺寸则相应增加。

（12）根据离心式压缩机制造厂提供的外形尺寸及配管情况确定起重机的起吊高度；根据最大部件质量并加上安全余量（300～600kg）确定起重机的能力；根据厂房宽度及起重机的标准跨度确定起重机轨距。

（13）室内离心式压缩机的布置立面见图 2.3-5。

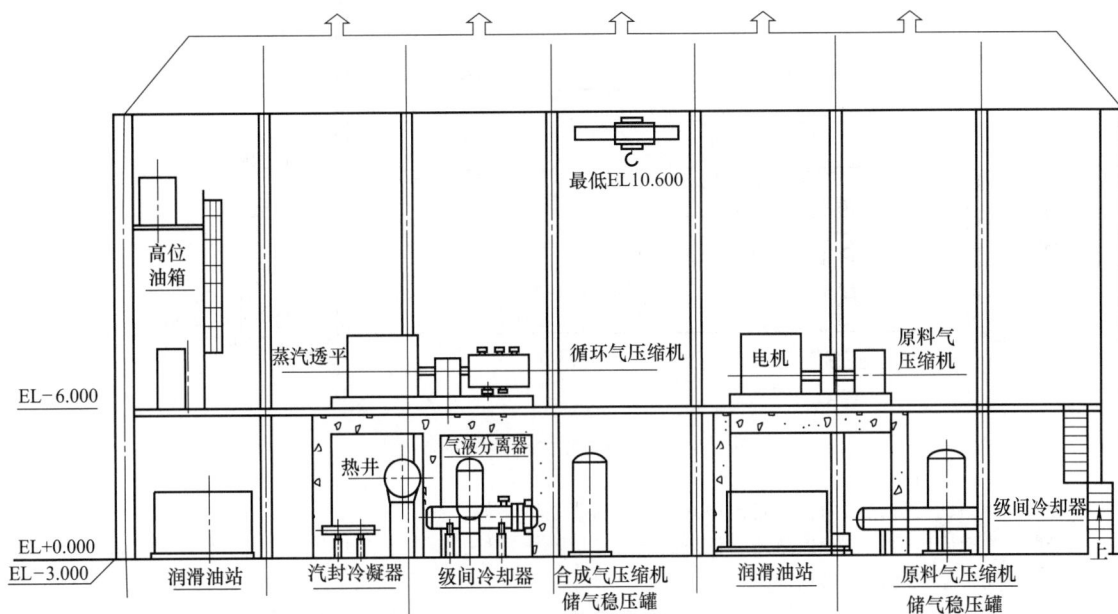

图 2.3-5　室内离心式压缩机的布置立面

2.3.9　往复式压缩机的布置（HG/T 20546.5—2009）

2.3.9.1　往复式压缩机的布置原则

参照"2.3.8.1 离心式压缩机的布置原则"。

2.3.9.2　往复式压缩机的布置要求

除下述内容均可参照"2.3.8.2 离心式压缩机的布置要求"。

（1）往复式压缩机布置在控制室或其它建、构物附近时，则往复式压缩机的驱动机（用蒸汽透平时）需采取消声措施等。

（2）缓冲器、中间冷却器、气液分离器应靠近往复式压缩机以减少管道长度。

（3）根据减振系统的管道所需最小净空决定往复式压缩机的安装高度。

（4）为了控制往复式压缩机的管道振动，通常将吸入和排出管道敷设在管墩上。

（5）空气压缩机的吸入口应布置在厂房外高于地面，能吸入干净和冷空气的位置。

（6）室内往复式压缩机的布置立面见图 2.3-6。

2.3.10　装置内管廊布置（HG/T 20546.5—2009）

2.3.10.1　装置内管廊的布置原则

（1）装置内管廊应处于易与各类主要设备联系的位置上。要考虑能使多数管线布置合理，少绕行，以减少

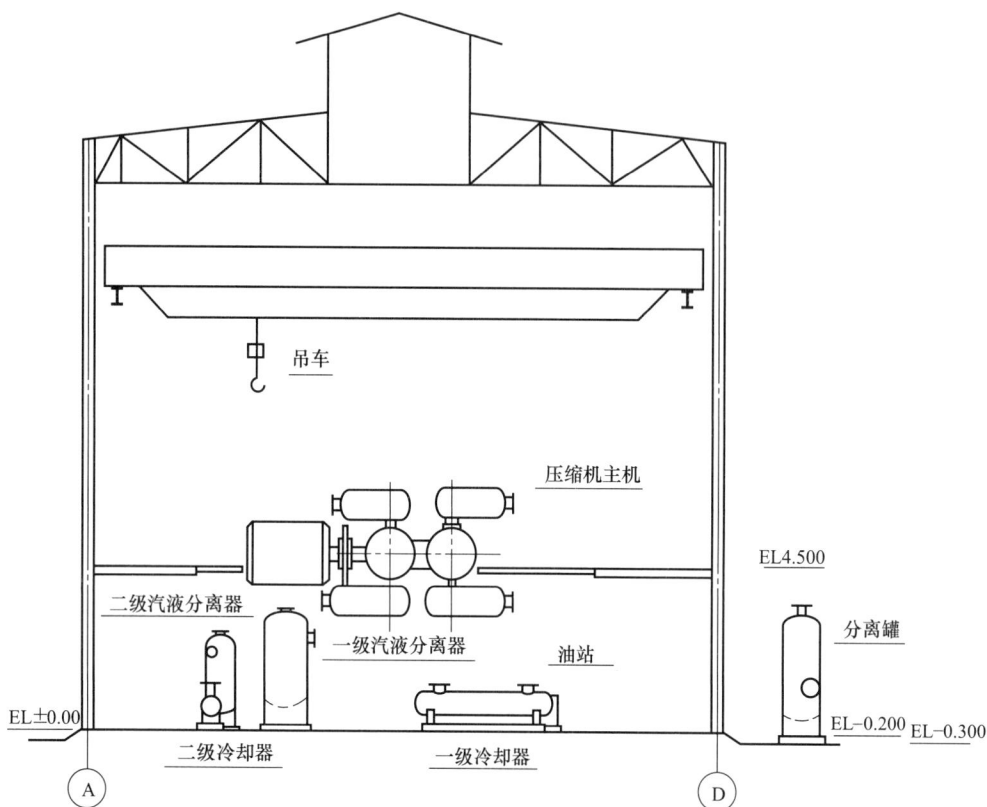

图 2.3-6　室内往复式压缩机布置立面

管线长度。典型的位置是在两排设备的中间或在一排设备的一侧。

（2）布置管廊时要综合考虑道路、消防的需要，以及电线杆、地下管道、电缆布置和临近建、构筑物等情况，并避开大中型设备的检修场地。

（3）管廊上部可以布置空冷器及仪表和电气电缆桥架等，下部可以布置泵等设备。

（4）管廊上设有阀门，需要操作或检修时，应设置人行走道或局部的操作平台和梯子（对仅用于试压或开停车的放空、排液阀门，可利用活动爬梯或活动平台）。

2.3.10.2　装置内管廊的布置要求

（1）管廊布置的几种形式

① 对于小型装置，通常采用盲肠式或直通式管廊。

② 对于大型装置，可采用"L"形、"T"形和"Ⅱ"形等形式的管廊。

③ 对于大型联合装置，一般采用主管廊、支管廊组合的结构形式。

（2）管廊的结构形式　装置内管廊的管架形式一般分为单柱独立式、双柱连系梁式和纵梁式。

① 单柱独立式管架，宽度≤1.8m，一般为单层，见图 2.3-7（a）。

② 双柱连系梁式管架，宽度在 2m 以上，分单层与双层，如果管廊两侧进出管线较多时，一般在该层层高的一半附近处加纵向连系梁，以支撑侧向进出管线，见图 2.3-7（b）。

③ 纵梁式管架分单柱和双柱结构，双柱纵梁式管架一般为多层结构。特点是管架之间设有纵梁，可以根据管道允许跨距在纵梁间加支撑用次梁，见图 2.3-7（c）。

（3）管廊的结构材料　一般采用混凝土柱子与钢梁的混合结构，也可全部采用钢结构。

（4）管廊的宽度

① 管廊的宽度应根据管道直径、数量及管道间距来决定，同时要考虑仪表及电气电缆桥架所需的位置。当提土建条件时，要考虑预留 20%～30%的增添管道所需宽度的余量。

② 管廊下维修通道的宽度参见"2.2.2 净距与净空"。

③ 双柱的管廊柱间宽度一般不宜大于 10m，当管廊宽度大于 12m 时，应采用三柱或多柱型式。

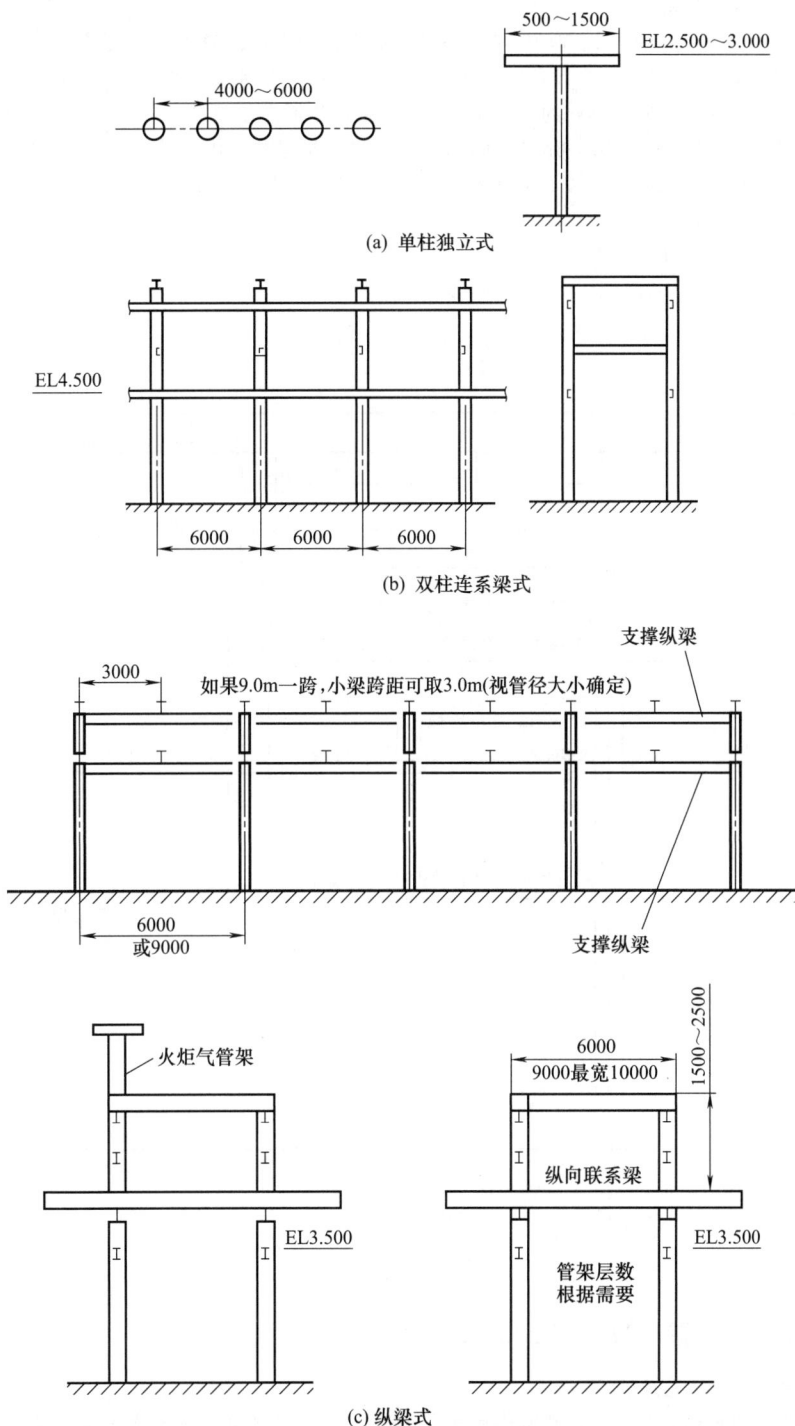

(a) 单柱独立式

(b) 双柱连系梁式

(c) 纵梁式

图 2.3-7　装置内管廊的布置

（5）管廊的高度

① 管廊底层净高主要考虑下列因素：

a. 管廊下面布置的设备所要求的净高；

b. 管廊下面有检修通道时，要考虑有汽车或吊车通过的要求，一般通道最小净高及底层梁至地面最小净空见"2.2.2 净距与净空"规定。

② 管廊两层之间的距离：两层之间的距离应根据管道直径的大小及管架结构尺寸、检修要求等具体情况而定，但最小净距为 1.5m。管道较多以及最大管径 DN≤500 时，常用的两层间距为 2m。

③ 两管廊"T"形相交时应取不同的标高，其高差可根据管道直径确定，一般以 750～1000mm 为宜。

（6）管架柱间距：一般为 4～6m，6m 最为常见，因有些管道必须采用柱子支承。

（7）管廊第一个柱子和最后一个柱子应设在距装置边界线 1m 处，一般情况为固定管架，以便于装置内、外热力管道的热补偿计算。

（8）直爬梯应紧靠管廊柱子设置。

（9）多层管廊上如需要人行过道，宜设在顶层。

管廊断面如图 2.3-8 所示。

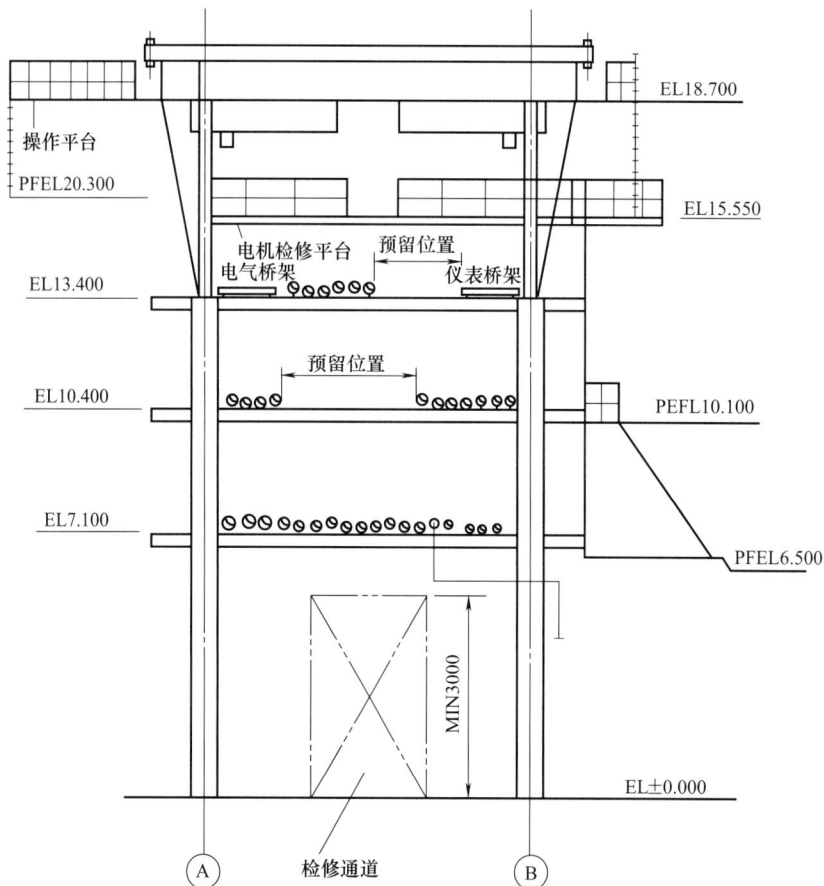

图 2.3-8　管廊断面

2.3.11　外管架的布置（HG/T 20546.5—2009）

2.3.11.1　外管架的布置原则

（1）外管架的布置依据：全厂工艺及供热外管道系统图、全厂总平面布置图和分期建设规划。

（2）外管架的布置要力求经济合理，管线长度最短，并尽量减少管架改变走向。

（3）外管架布置应尽量避免对装置区或单元装置形成环形包围。

（4）布置外管架时应考虑扩建区的运输，预留出足够空间和通道，根据分期建设规划等要求统筹安排。

2.3.11.2　外管架的布置要求

（1）外管架的形式　外管架的形式一般分为单柱（T 形）和双柱（Π 形）式。

单柱管架一般为单层，必要时也可采用双层。双柱管架可分为单层、双层，必要时也可采用多层，见图 2.3-9。

　　按连接结构型式可分为独立式、纵梁式、轻型桁架式、桁架式、吊索式、悬索式等，管架的连系结构型式见图 2.3-10 和图 2.3-11。

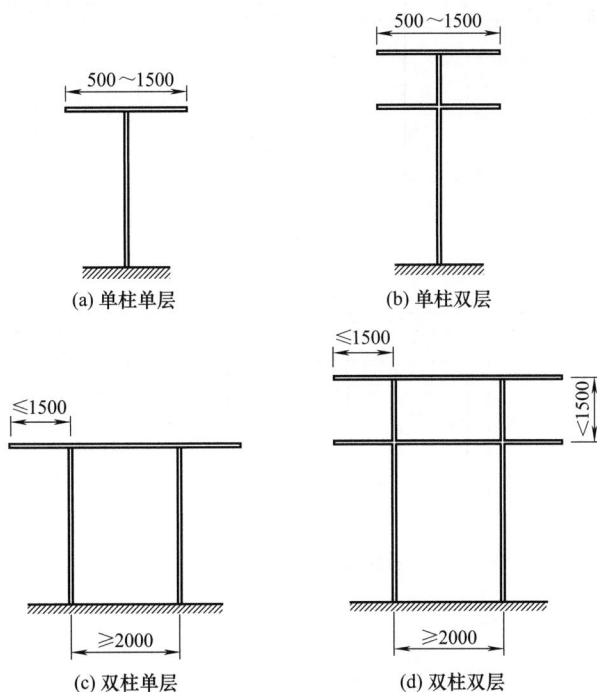

图 2.3-9 外管架的柱形及断面型式

(a) 单柱单层　　　　　(b) 单柱双层

(c) 双柱单层　　　　　(d) 双柱双层

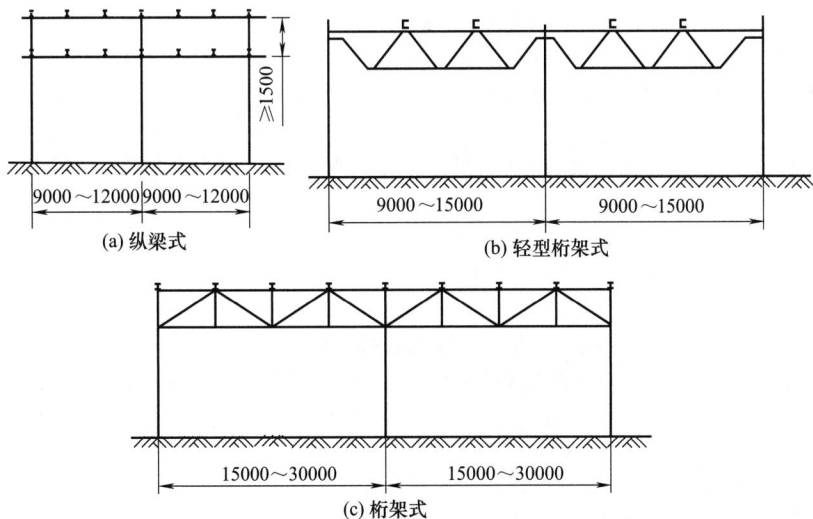

(a) 纵梁式　　　　　(b) 轻型桁架式

(c) 桁架式

图 2.3-10 管架的连系结构型式（一）

　　按管道限位要求，管架可分为固定管架和非固定管架。

　　按管架净空高度分，有高管架（净空高度≥4.5m）、中管架（净空高度 2.5～3.5m）、低管架（净空高度 1～1.5m）和管墩或管枕等（净空高度约 500mm）。

　　按管架断面宽度可分为小型管架（管架宽度小于 3m）和大型管架（管架宽度大于或等于 3m）。

　　(2) 管架跨越道路、铁路时，最小净空高度参见"2.2.2 净距与净空"。

　　(3) 管架与建、构筑物之间的最小水平净距。

　　① 小型管架与建、构筑物之间的最小水平净距，应符合《化工企业总图运输设计规范》(GB 50489) 中的规定。

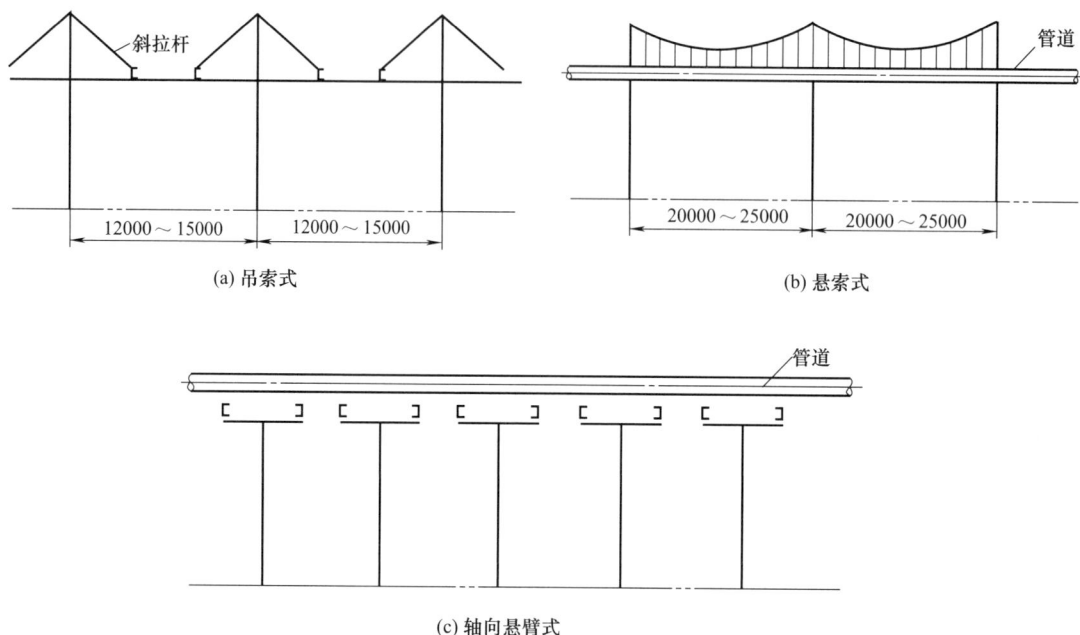

(a) 吊索式

12000～15000   12000～15000

(b) 悬索式

20000～25000   20000～25000   管道

(c) 轴向悬臂式

管道

图 2.3-11　管架的连系结构型式（二）

② 大型管架与建、构筑物之间的最小水平净距，应符合《石油化工企业设计防火标准》(GB 50160) 中的规定。

(4) 敷设易燃、可燃液体和液化石油气及可燃气体管道的全厂性大型管架，宜避开火灾危险性较大的和腐蚀性较强的生产、贮存和装卸设施以及有明火作业的设施。宜减少与铁路交叉。

(5) 在人流较少的地段或厂区边缘不影响扩建时，宜采用低管架或管墩（管枕）。

(6) 管架坡度一般为 $0.2\%～0.5\%$，无特殊需要时也可无坡度。

(7) 管架的宽度

① 根据管道根数、管子及其附件的最大外形尺寸，仪表和电气电缆桥架的宽度。新设计管架的宽度应考虑 $20\%～30\%$ 扩建的预留量。

② 管架横梁长度≤1.8m 时，一般采用单柱管架。

③ 管架横梁长度≥2m 时，一般采用双柱管架。

④ 双柱的管廊柱间宽度一般不宜大于 10m，当管廊宽度＞12m 时，应采用三柱或多柱形式。

(8) 管架轴向柱距应根据管架结构形式和管道的允许跨距确定。

① 独立式管架柱距以 4m 为宜。当管架轴向柱距增大而管道跨距不允许时可采用轴向悬臂式管架或纵梁式、桁架式、吊索式、悬索式管架。轴向悬臂式管架单侧悬臂为 1m。

② 纵梁式管架轴向柱距一般为 6～12m。

③ 吊索式管架轴向柱距一般为 12～15m。

④ 桁架式管架轴向柱距一般为 16～24m，最大为 32m。

⑤ 悬索式管架轴向柱距一般为 20～25m。

⑥ 管墩的间距按管径最小的管道允许跨距进行设置。

(9) 双柱形管架跨距一般以 2～6m 为宜，最大 10m。

(10) 管架两层之间的距离，根据管架结构形式、管架宽度和管架上敷设管道的直径以及是否设置人行走廊等因素决定。一般为 1.5～3m。管架上设置人行走廊时，净空高度应不小于 2.2m。

(11) T 形衔接的外管架，其高差可根据管径及管廊层高确定，一般为 750～1000mm 或管廊层高的一半，见图 2.3-12。

(12) 固定管架的位置应根据热补偿的计算确定，一般间隔 60～120m 设置一个固定管架。

(13) 外管架平面布置图中，标高以绝对标高表示，坐标按"全厂总平面图"定的坐标系。

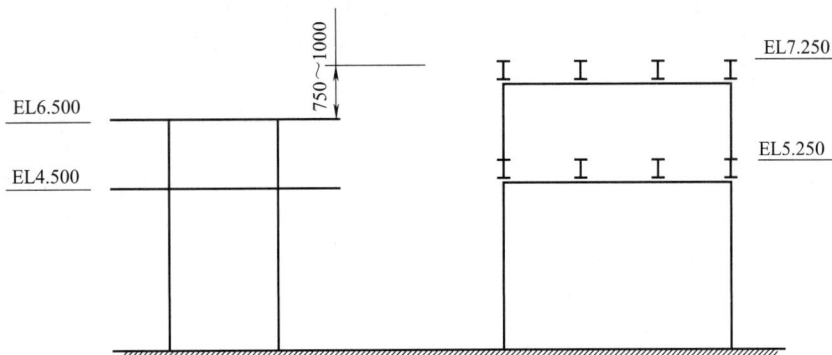

图 2.3-12 "T"形衔接管架的高差要求

2.3.12 回转窑的布置（HG/T 20546.5—2009）

2.3.12.1 回转窑的布置原则

（1）回转窑的布置应以煅烧窑为主体，布置在装置的中心位置。预热窑、冷却窑、干燥窑等是煅烧窑配套的设备，布置在煅烧窑附近；加料系统、尾气处理系统、烟囱等布置在煅烧窑尾部（图 2.3-13）。

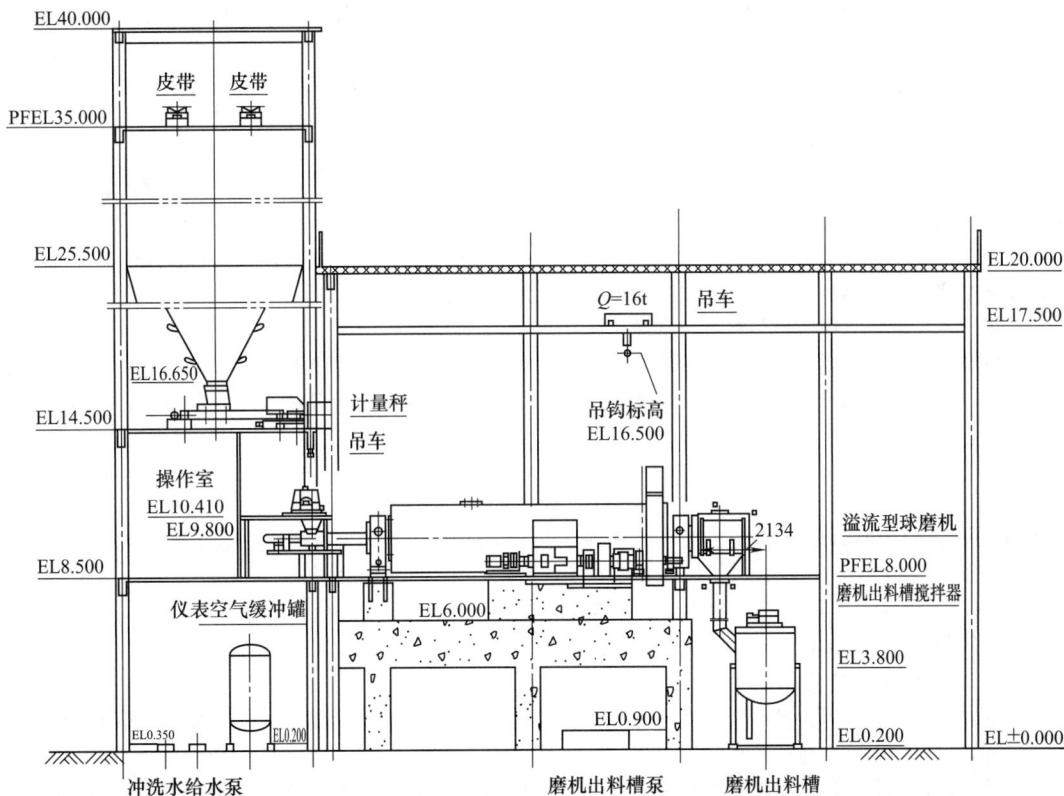

图 2.3-13 回转窑的布置剖视图

（2）根据工艺要求和气候情况合理确定窑体为室内或露天布置。当露天布置时筒体与耐火砖之间应有足够的绝热层，传动机构要有防雨措施。窑头燃烧室、落料口、窑尾加料仓等应在室内布置。

（3）根据总图煅烧窑、冷却窑、尾气处理系统及烟囱可直线布置，也可"L"形或"Ⅱ"形布置。

（4）根据工艺流程宜使物料运输距离最短，热能损耗最小。

（5）煅烧窑的燃料可使用燃料油、煤气、天然气或煤等，当使用燃料油时应按防火规范要求在窑头附近设油罐及供油泵；当使用燃料煤时，应配有给煤系统（采用粉煤时，也包括粉煤设备）。

（6）对于煅烧窑的尾气处理系统，烟囱应布置在工厂全年最小频率风向的上风侧。

2.3.12.2　回转窑的布置要求

（1）根据工艺要求、物料性能、物料停留时间及生产能力确定窑体合理倾斜度。一般回转窑倾斜度在2%～7%。

（2）综合出料端及进料端情况确定煅烧窑标高。出料端冷却窑及输送机地坑的深度一般不超过2m，进料端宜降低窑尾厂房及物料提升设备的高度。当两台以上的回转窑布置在一起时，一般窑中心距取窑筒直径的2.5～4倍，便于窑的安装、检修和操作。

（3）当窑体为室内布置时应有合理的施工和安装场地，确保窑体（整体或分段）顺利吊装。

（4）控制室应靠近窑头，因处于高温区域，要有降温措施。

（5）为节省占地，加料仓、尾气处理系统可采用二层建筑：洗涤塔、除尘除雾器、引风机等设在二层平台上，加料仓、加料泵、水泵、水池等设在底层。

（6）煅烧窑筒体轴向热膨胀计算，应以挡轮的轮带中心线为基准点向两端膨胀。

（7）煅烧窑基础墩之间的水平距离，应根据窑体热膨胀后的尺寸确定。

（8）基础顶面的倾斜度应与窑筒体倾斜度相等，地脚螺栓孔边与基础边不应小于200mm，二次灌浆高度为50～100mm。

（9）回转窑托轮基础高出地面2m时，一般要设置平台及梯子，平台宽度为800～1000mm，外侧应设安全栏杆。

（10）窑头燃烧室前要设带观察孔的操作平台，便于观察燃烧情况及取样。平台为移动式，便于检修时砌砖、换砖，清窑时不妨碍燃烧室轴向推出。

2.3.13　罐区的布置（HG/T 20546.5—2009）

2.3.13.1　罐区的布置原则

（1）甲、乙、丙类液体储罐（或储气罐）与建筑物、道路、铁路、泵房、装卸鹤管以及罐与罐之间的防火距离应符合《建筑设计防火规范》(GB 50016)和《石油化工企业设计防火标准》(GB 50160)中的规定。

（2）全厂性集中布置的甲、乙、丙类液体罐区、装卸站、储气罐应在厂区边缘，并布置在明火或散发火花地点的全年最小频率风向的上风侧。其装卸站还应靠近铁路或公路。

（3）甲、乙、丙类液体储罐，宜露天布置。

（4）按照防爆规范的要求，可燃液体罐区应设置静电接地和防雷（当顶板厚度小于4mm时）设施。除非有防止泄漏的可燃液体漫流的措施外，可燃液体罐区不应布置在高于工艺装置或人员集中场所的阶梯上。

（5）甲、乙、丙类液体储罐、储气罐与电气设备的防爆安全距离应符合《爆炸危险环境电力装置设计规范》(GB 50058)中的有关规定。

（6）装置内为生产操作需要的装置储罐不宜大量贮存甲、乙、丙类液体。

① 集中布置的缓冲罐应布置在装置区内边缘，其防火间距应满足《石油化工企业设计防火标准》(GB 50160)的要求。

② 围堰、地面铺砌等见"2.2.2 净距与净空"的规定。

剧毒罐区的平面布置见图2.3-14。

2.3.13.2　罐区的布置要求

（1）甲、乙、丙类液体储罐应按物料类别和储量分组布置，除润滑油储罐及其它单罐容积小于1000m³的丙类储罐外，一组储罐不应超过两行。

（2）甲、乙、丙类液体储罐或储罐组应设防火堤，并根据物料的性质类别设置隔堤。防火堤、隔堤内的有效容积按照防火堤内分隔储存的物料性质及最大罐的容积确定。详见《石油化工企业设计防火标准》(GB 50160)中的规定。

（3）排水

① 防火堤或分隔堤内靠近基脚线设置排水沟，并坡向集水点。从集水点引出的排水管上应装设阀门等控制装置。详见"2.2.2 净距与净空"的规定。

② 按各分隔堤内排出污水的性质分别排入防火堤外相应的排水系统。

③ 有毒、有腐蚀和贵重物料的储罐周围应设置防止物料流散的围堰（见本章上节的规定）及集水坑便于

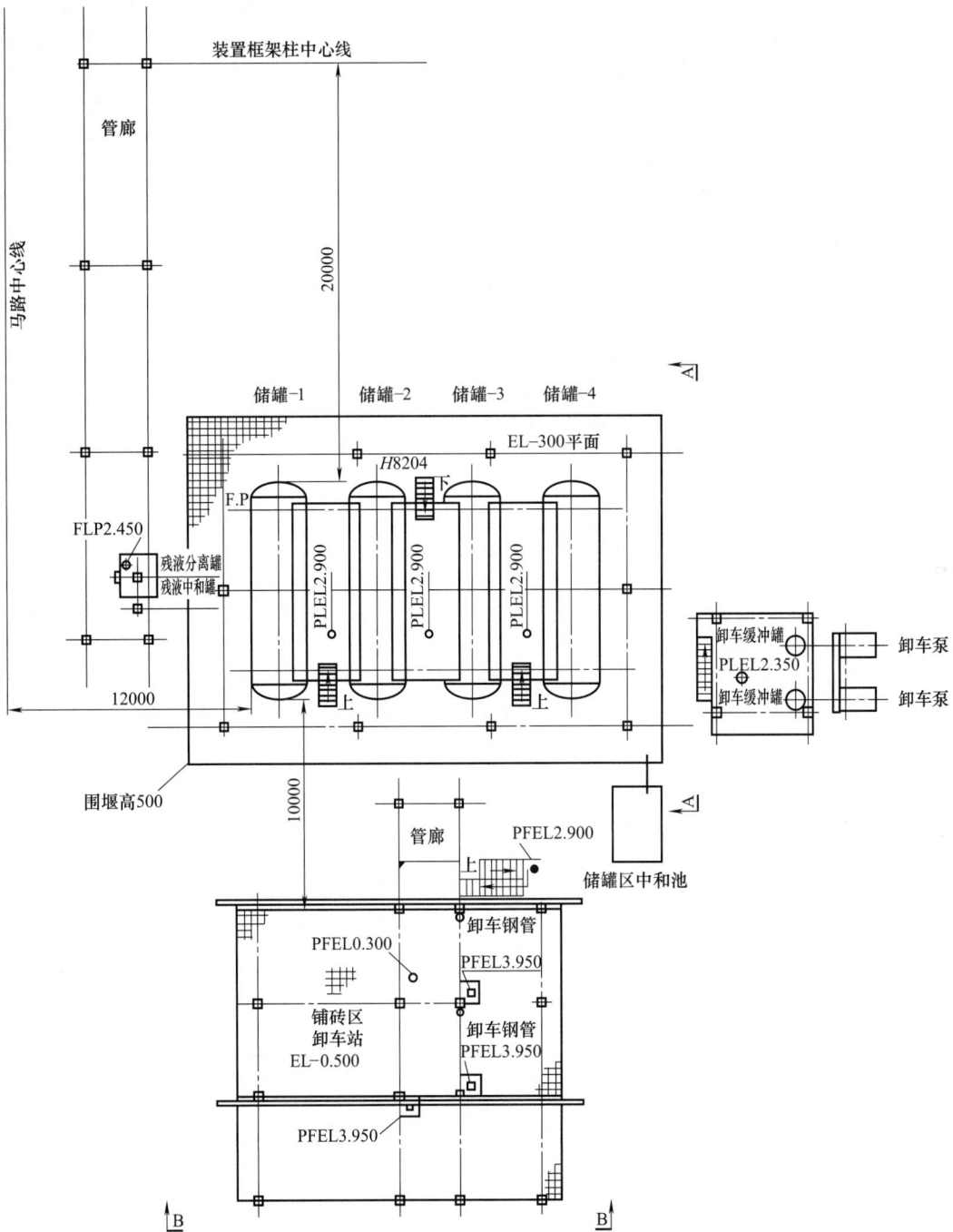

图 2.3-14 剧毒罐区的平面布置

集中回收。

（4）罐区泵房应设置在防火堤外，与罐组的防火间距应满足《石油化工企业设计防火标准》(GB 50160) 的要求。

（5）地面铺砌

① 贮存甲、乙、丙类罐区，在防火堤或分隔堤内一般采用混凝土全铺砌，并坡向集水点。也可根据工程需要和用户要求或有关规定采用局部铺砌。铺砌一般从基础边缘至铺砌外边缘为 2m（包括立式罐下面），铺砌面坡向集水点方向。

② 有毒、有腐蚀和贵重物料，在围堰内（包括围堰、设备基础、地面及集水坑）宜采用耐腐蚀材料铺砌。

③ 液氧储罐周围5m范围内，不允许用沥青铺砌地面，见《建筑设计防火规范》（GB 50016）中第4.3.5条规定。

（6）甲、乙、丙类液体储罐支架，需涂耐火保护层。

2.3.14　槽车装卸站的布置（HG/T 20546.5—2009）

2.3.14.1　汽车槽车装卸站的布置原则

（1）汽车槽车装卸站与贮罐、建筑物、道路、厂内铁路之间防火间距以及站内设备之间防火间距应符合《建筑设计防火规范》（GB 50016）和《石油化工企业设计防火标准》（GB 50160）中有关规定。

（2）装卸站一般布置在厂区边缘便于车辆进出的位置。装卸站的进出口宜分开布置，并需考虑停车场地。当装车台并排布置几个鹤管时，鹤位之间的距离不应小于4m，考虑到汽车槽车倒车及对准鹤位等需要，装车台前应有较大的回车场地。

（3）装卸不同性质物料的装卸站应分开布置。

（4）根据当地的气候条件以及所装卸的物料对防水、防尘等保证质量的要求来确定装卸台是否设顶棚。顶棚的净空高度根据汽车槽车和装车鹤管等设施的高度确定，要考虑通风和棚顶排水系统。

（5）装卸台应采用不燃性建筑材料。

（6）装卸车场应采用现浇混凝土地面。

2.3.14.2　汽车槽车装卸站的布置要求

（1）非易燃、可燃液体装卸站的布置参照《化工企业总图运输设计规范》（GB 50489）和"2.2.2 净距与净空"规定。

（2）用泵直接装车的汽车槽车装车站一般采用上装方式，在装车平台上操作鹤管阀门及活动跳板搭接槽车顶部。装车平台设安全栏杆，两端设梯子。

（3）高位罐直流装车，可将高位罐设置在混凝土基础上，也可以利用自然地形架设，但不应布置在操作室的屋顶上。高位罐下部出口设装车鹤管。鹤管与地面的距离应根据汽车槽车类型和鹤管结构确定，一般为3.2～3.5m，鹤管出口端距高位罐边缘不小于5m，见图2.3-15。

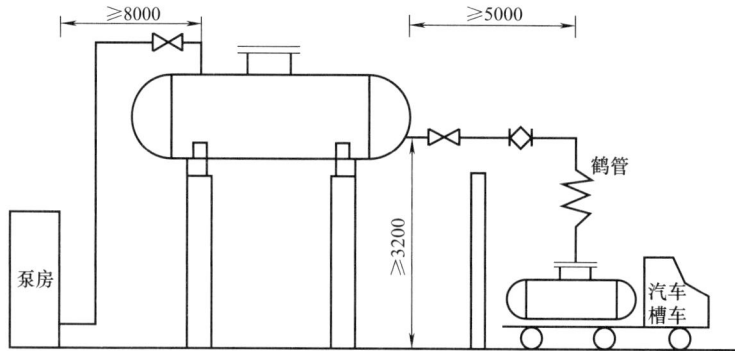

图 2.3-15　高位罐装车站的布置

注：图中尺寸与规范要求不同时要以规范为准。

（4）对于通过式装车站的设计可采用单柱双侧装车台，两侧可同时装车。装车台最小高度3m，见图2.3-16。

（5）汽车槽车卸车站类型分为下卸和上卸两种。下卸式是利用槽车的下卸口，通过胶管将物料自流到地下槽，地下槽一般为卧式罐，按卸口分敞开式和密闭式两类。对于重油类物料可采用敞开式，方形卸料槽经管道流至地下槽；对于甲、乙、丙A类危险品均采用密闭管路系统卸车，经集合管送至地下槽，再经泵送至储罐。下卸设施布置见图2.3-17。

上卸式可采用抽吸能力大的往复泵、齿轮泵等卸料；或用压缩机为槽车增压，将槽车内的物料经上卸鹤管压入储罐，图2.3-18为采用液化气压缩机卸车设施的布置。

2.3.14.3　铁路槽车装卸站的布置原则

（1）铁路槽车装卸站与储罐、建筑物。道路、厂内铁路（非装卸线）之间防火间距以及站内设备之间防火间距应符合《建筑设计防火规范》（GB 50016）和《石油化工企业设计防火标准》（GB 50160）中有关规定。

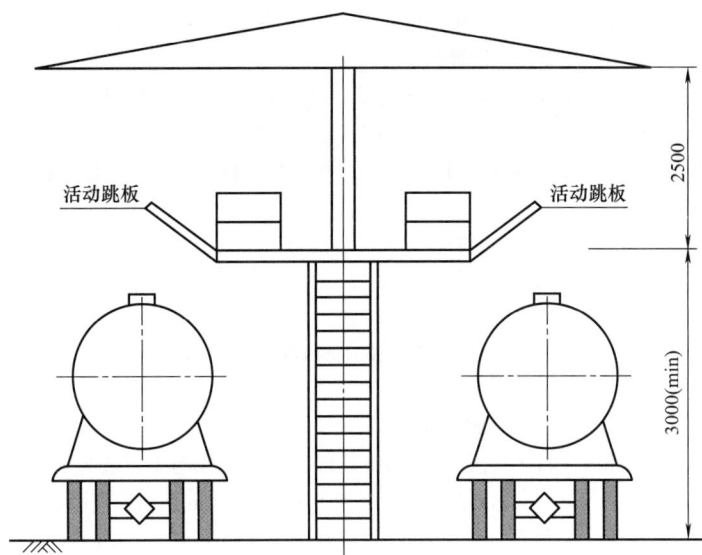

图 2.3-16 单柱双侧汽车装卸台的布置

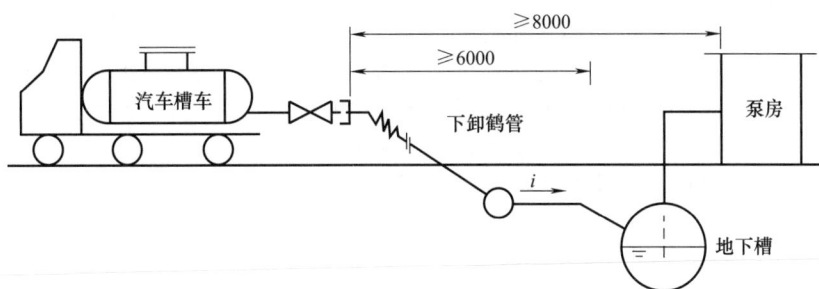

图 2.3-17 密闭下卸系统卸车站的布置
注：图中尺寸与规范要求不同时要以规范为准。

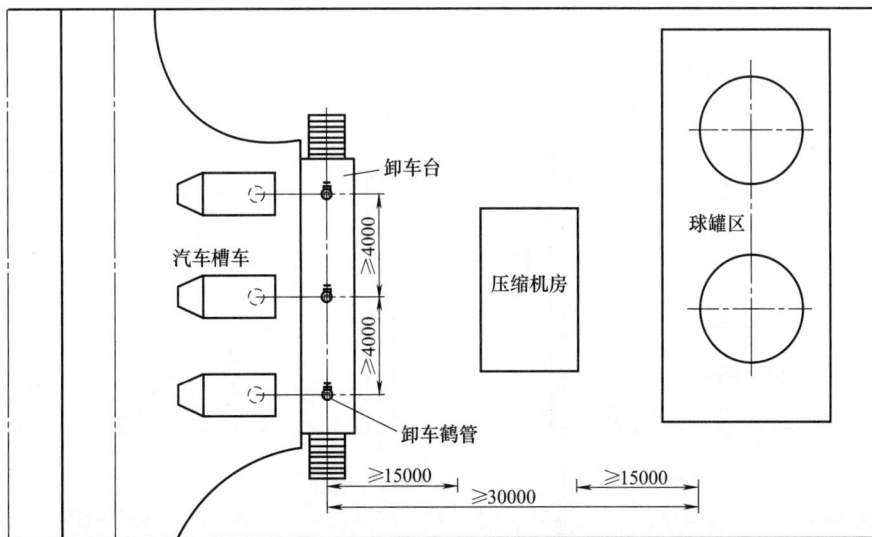

图 2.3-18 液化气压缩机卸车设施的布置
注：图中尺寸与规范要求不同时要以规范为准。

（2）铁路槽车装卸站的布置，应遵守下列要求：

① 装卸不同性质物料的装卸台应分开设置；

② 根据当地气候条件以及装卸物料对防水、防尘等保证质量的要求，确定装卸是否设顶棚或设库房。一般顶棚净高 6.5m，库房净高 8m（距轨顶）。要考虑通风及屋顶排水系统。

（3）在装卸站进车端应设有装卸作业信号灯。其开关宜设在装卸台上。当装卸作业未完成或鹤管未返回原位时，不允许机车进入装卸区。

（4）铁路槽车装卸线一般布置在厂区边缘，宜减少与道路和管道的交叉。当装卸线设在铁路专用线尽头时。车挡设在装卸台末端，并留出 20m 的安全距离。

（5）装卸台宜采用不燃性建筑材料。

（6）装卸台范围内的铁路道床应采用整体道床。道床两侧设防渗漏的排水沟。装卸腐蚀性物料的场地及铁路道床，应做防腐蚀处理。

2.3.14.4　铁路槽车装卸站的布置要求

（1）当装卸量大时一般采用双侧装卸台，两股铁路装卸线的中心线间距一般为 8.5m。双侧装卸台边缘与铁路中心线距离为 1850mm，台宽 2.8m，装卸鹤管距铁路中心线 3250mm（注：采用万向鹤管或耳形鹤管时，可向两侧转动装车）。单侧装卸台宽度不小于 1.5m，装卸鹤管距铁路中心线 2.8m。

（2）装卸台高度距轨顶 3.6m，装卸台长度：一般铁路槽车长 12m，按此确定鹤管位置，并根据鹤管的数量确定装卸台的长度。装卸台应设安全栏杆，在每个鹤位处有活动跳板可搭接槽车顶部，在装卸台两端和沿栈台每隔 60m 设置安全梯。

（3）铁路槽车装车站的装车方式一般采用上装。

（4）上卸式采用抽吸能力大的往复泵或齿轮泵等，或者用压缩机将槽车增压，此法一般用在酸、碱及其它化工物料的卸车上。但卸车时槽车内压力不允许超过槽车允许压力。

（5）下卸式多用于原油铁路槽车卸车，采用密闭管路系统。

（6）对采用下卸方式的卸车站，仍要在卸车线尽头设 1～2 个防事故用的上卸鹤管，设置简易卸车台，用往复泵或齿轮泵卸车。

铁路槽车装卸站的布置剖视图见图 2.3-19。

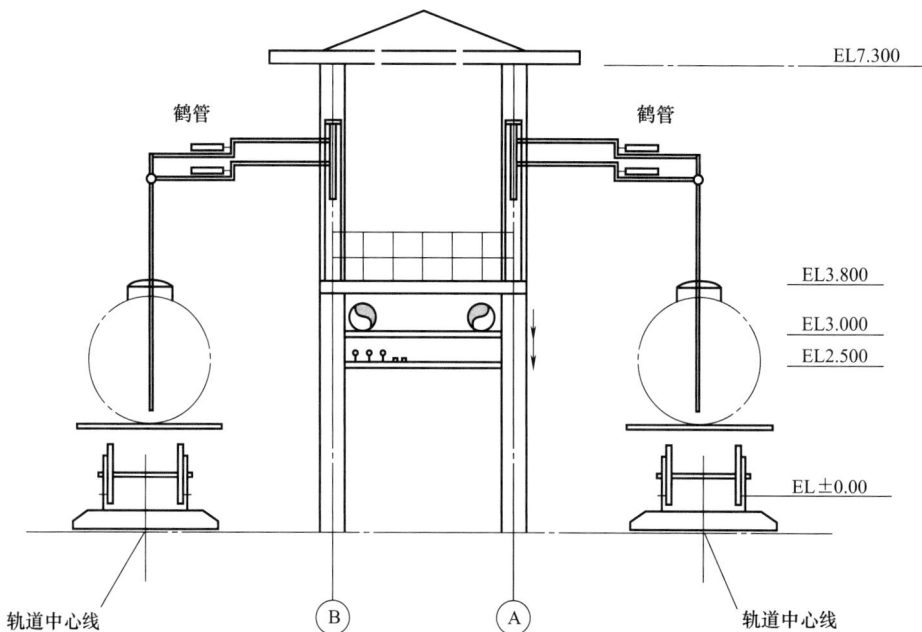

图 2.3-19　铁路槽车装卸站的布置剖视图

2.3.15 灌装站的布置 （HG/T 20546.5—2009）

2.3.15.1 灌装站的布置原则

(1) 灌装站与建、构筑物的间距，应按《石油化工企业设计防火标准》（GB 50160）中有关规定。

(2) 灌装站应布置在装置边缘的安全地带。

(3) 灌装间宜为敞开式或半敞开式建筑物；如用封闭式建筑物应采取通风措施。

(4) 灌装间应设两组及以上的充装台，便于灌装和倒换钢瓶。

2.3.15.2 灌装站的布置要求

(1) 液化石油气的灌装站应设非燃烧材料高度不低于 2.5m 的实体围墙，围墙下部应设通风口。

(2) 液化石油气的灌瓶间和储瓶库的地面，应采用不发生火花的地面。

(3) 液化石油气的残液应密闭回收，严禁就地排放。

(4) 液化石油气的灌瓶间与储瓶库的室内地面，应比室外地坪高 0.5m 以上。

(5) 实瓶（桶）库与灌装间可设在同一建筑物内，但宜用实体端隔开，并各设出入口。

(6) 液化烃缓冲罐与灌装间不应小于 10m；氢气灌瓶间的顶部应采取通风措施。

(7) 液氨和液氯等的灌装间宜为敞开式建筑物；液化烃、液氨或液氯等的实瓶不应露天堆放。

气体灌装站的布置见图 2.3-20；液体灌装站的布置见图 2.3-21；灌装机的平面布置见图 2.3-22。

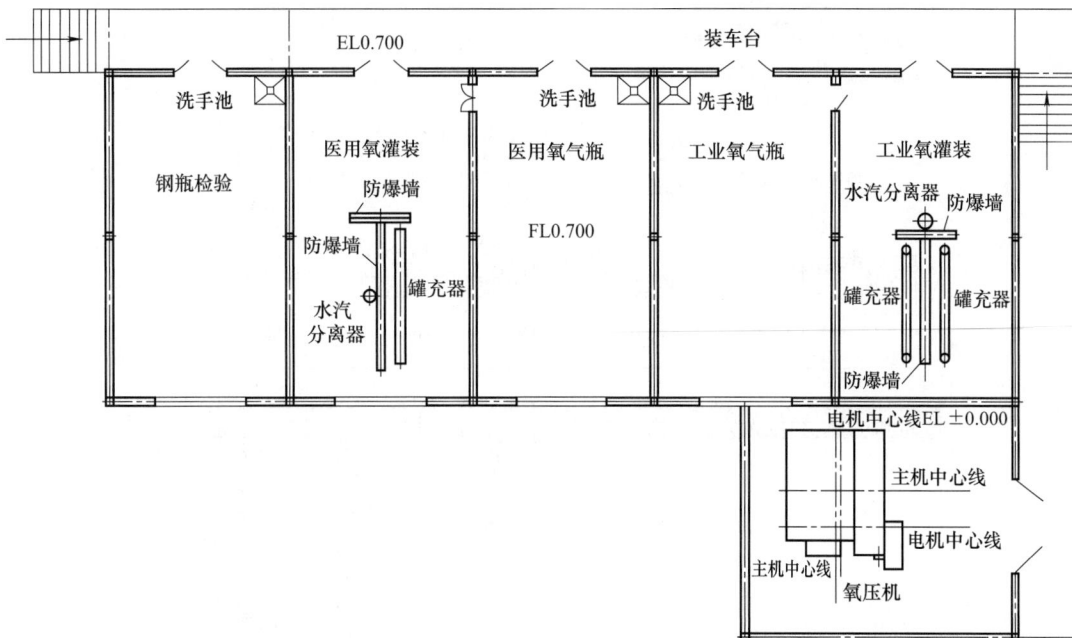

图 2.3-20 气体灌装站的布置

2.3.16 火炬、烟囱的布置 （HG/T 20546.5—2009）

2.3.16.1 火炬的布置原则

(1) 全厂性高架火炬应布置在化工区全年最小频率风向的上风侧。应避免火炬的辐射热、光亮、噪声、烟尘及有害气体对居民区及人员集中场所的影响。

(2) 高架火炬与厂前区、居住区等之间的卫生防护距离应符合《化工企业总图运输设计规范》（GB 50489）中的相关规定。

(3) 装置内火炬与其它建、构筑物的安全距离应经过计算确定，最小距离应满足《石油化工企业设计防火标准》（GB 50160）的要求。

2.3.16.2 火炬的布置要求

(1) 在火炬前应设分离罐，防止排入火炬的可燃气体携带可燃液体。

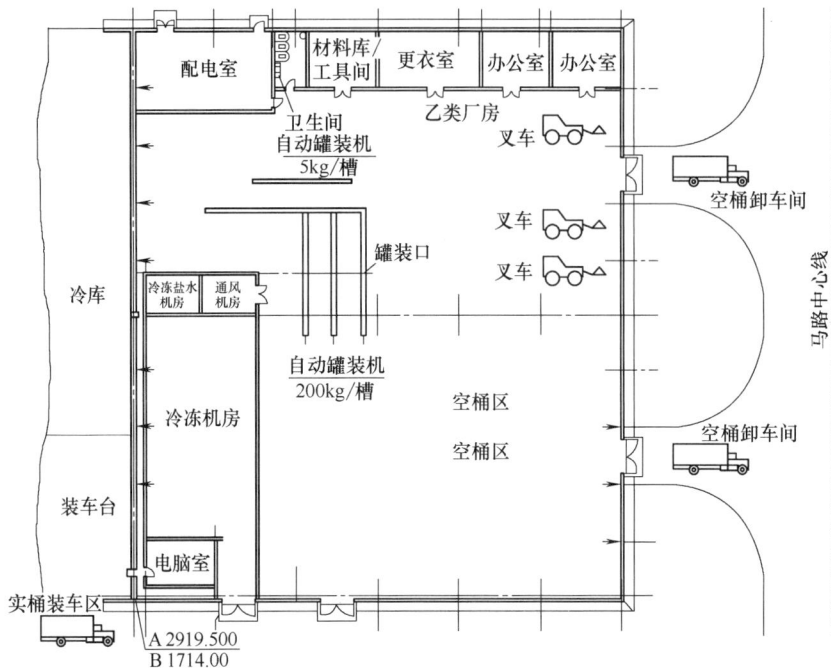

图 2.3-21　液体灌装站的布置

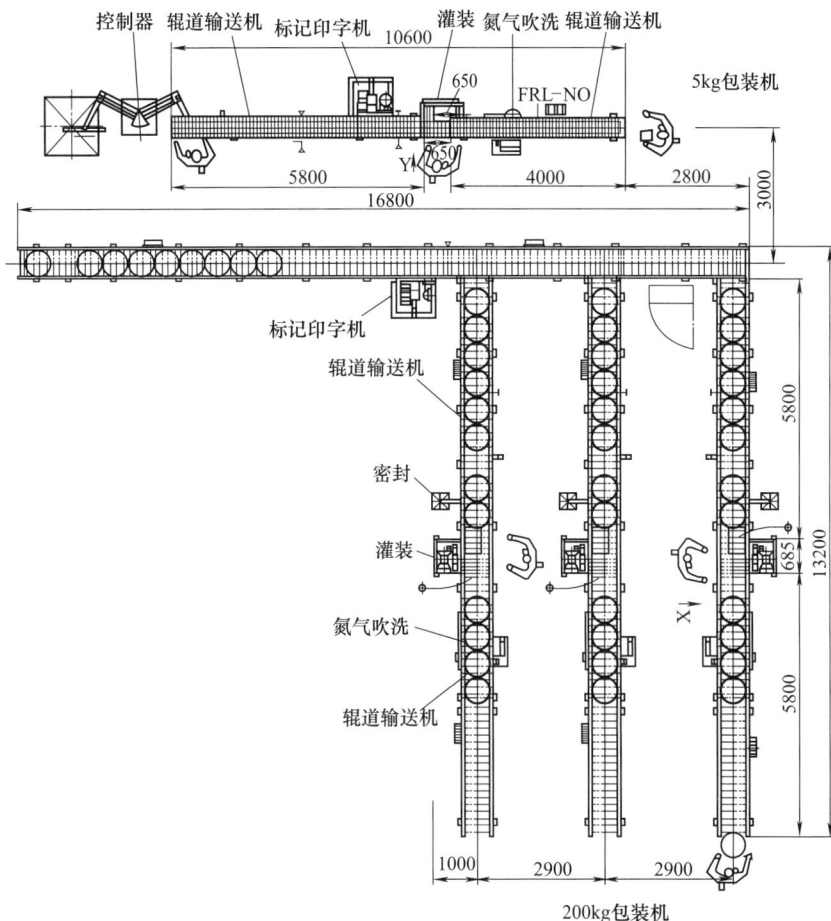

图 2.3-22　灌装机的平面布置

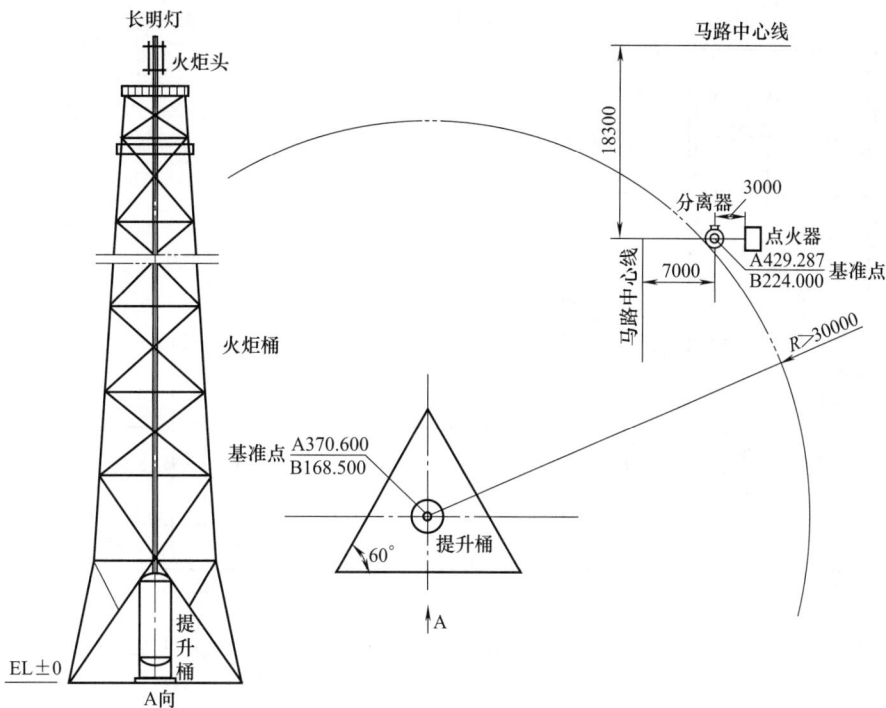

图 2.3-23 火炬的布置

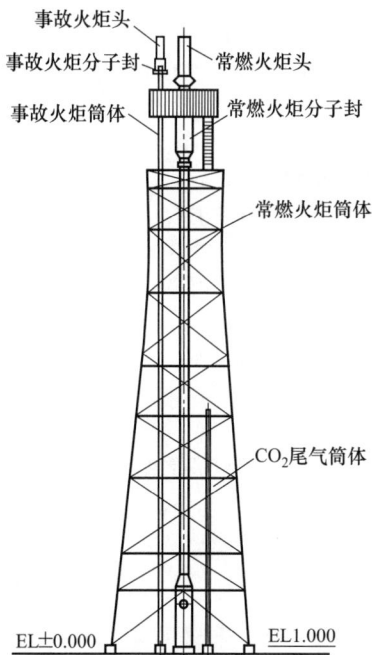

图 2.3-24 甲醇装置火炬的立面布置

（2）火炬的高度，应使火焰的辐射热不致影响人身及设备的安全。

（3）火炬应有可靠的点火设施，且布置在易操作处（操作平台或地面上）。

（4）分液罐、水封槽等宜靠近火炬布置，且在火炬管适当位置设置操作和检修平台。

火炬的布置见图 2.3-23；甲醇装置火炬的立面布置见图 2.3-24。

2.3.16.3 烟囱的布置原则

（1）废气排放应满足《大气污染物综合排放标准》（GB 16297）中的规定。

（2）噪声排放应满足《工业企业噪声控制设计规范》（GB/T 50087）的规定。

2.3.16.4 烟囱的布置要求

（1）对于不同介质的排放，排气筒高度除满足《大气污染物综合排放标准》（GB 16297）中"现有污染源大气污染物排放限值"外，还应高出周围 200m 半径范围的建筑 5m 以上，不能达到该要求的排气筒，应按其高度对应的表列排放速率标准值严格 50% 执行。

（2）两个排放相同污染物（不论其是否由同一生产工艺过程产生）的排气筒，若其距离小于其几何高度之和，应合并视为一根等效排气筒。

（3）新污染源的排气筒一般不应低于 15m。若某新污染源的排气筒必须低于 15m，应满足《大气污染物综合排放标准》（GB 16297）中第 7.3 节的规定。

（4）工业生产尾气确需燃烧排放的，其烟气黑度不得超过林格曼 1 级。

图 2.3-25 为独立废水排放烟囱的立面布置。

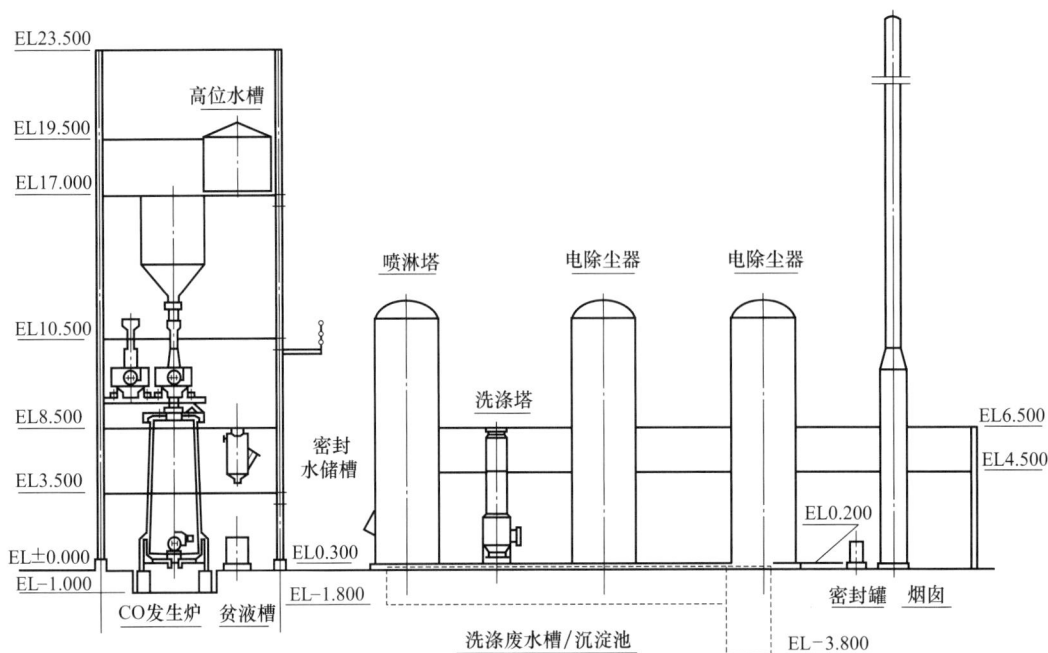

图 2.3-25　独立废气排放烟囱的立面布置

2.3.17　静电接地规定（HG/T 20546.5—2009）

2.3.17.1　静电接地的原则

化工企业的防静电设计，应由工艺、配管、设备、储运、土建、电气等专业相互配合，综合考虑并采取下列防止静电危害措施：

（1）改善工艺操作条件，在生产、储运过程中宜避免大量产生静电荷。

（2）防止静电积聚，设法提供静电荷消散通道，保证足够的消散时间，泄漏和导走静电荷。

（3）选择适用于不同环境的静电消除器械，对带电体上积聚着的静电荷进行中和及消散。

（4）屏蔽或分隔屏蔽带静电的物体，同时屏蔽体应可靠接地。

（5）在设计工艺装置或制作设备时，宜避免存在高能量静电放电的条件，如在容器内避免出现细长的导电突出物和未接地的孤立导体等。

（6）改善带电体周围环境条件，控制气体中可燃物的浓度，使其保持在爆炸极限以外。

（7）防止人体带电。

2.3.17.2　静电接地的规定

（1）在生产加工、储运过程中，设备、管道、操作工具及人体等，有可能产生和积聚静电而造成静电危害时，应采取静电接地措施。

（2）在进行静电接地时，必须注意下列部位的接地：

① 装在设备内部而通常从外部不能进行检查的导体。

② 装在绝缘物体上的金属部件。

③ 与绝缘物体同时使用的导体。

④ 被涂料或粉体绝缘的导体。

⑤ 容易腐蚀而造成接触不良的导体。

⑥ 在液面上悬浮的导体。

（3）在下列情况下，可不采取专用的静电接地措施：

① 当金属导体已与防雷、电气保护、防杂散电流、电磁屏蔽等的接地系统有电气连接时。

② 当埋入地下的金属构造物、金属配管、构筑物的钢筋等金属导体间有精密的机械连接，并在任何情况下金属接触面间有足够的静电导通性时。

③ 当金属管段已作阴极保护时。

④ 对于已有防雷、电气保护接地系统的转动设备及有效的机械连接，并在任何情况下金属接触面有足够的静电导通性的设备，可以不再增加静电接地，但应与电气专业协商后确定。

（4）配管专业在设备管口方位图中，应给出静电接地极的方位。

（5）对于管廊的接地，一般按间隔80～100m有一个接地点，从管廊柱处引入地下与干线相接。如采用钢筋混凝土柱，应从钢梁上引接。

（6）需要进行静电接地的物体，应根据物体的类型采取下列静电接地方式：

① 静电导电应采用金属导体进行直接静电接地。

② 人体与移动式设备应采用非金属导电材料或防静电材料以及防静电制品进行间接静电接地。

③ 静电非导体除应间接静电接地外，尚应配合其它的防静电措施。

（7）静电接地的电阻、端子等设计要求应符合《化工企业静电接地设计规程》（HG/T 20675）的有关规定。法兰接头静电接地跨接示意如图2.3-26所示。

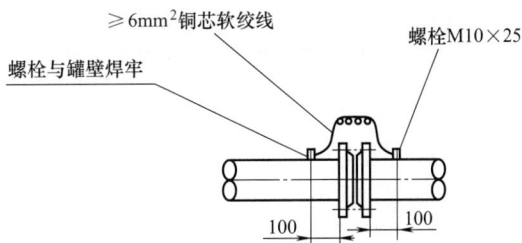

图2.3-26　法兰接头静电接地跨接示意

2.3.18　电器安装防护

2.3.18.1　爆炸气体混合物的分级、分组（GB 50058—2014）

（1）爆炸气体混合物应按其最大试验安全间隙（MESG）和最小点燃电流比（MICR）分级。

（2）防爆分级见表2.3-1。

表2.3-1　爆炸气体混合物防爆分级

级别	最大试验安全间隙（MESG）/mm	最小点燃电流比（MICR）
ⅡA	MESG≥0.9	MICR＞0.8
ⅡB	0.5＜MESG＜0.9	0.45≤MICR≤0.8
ⅡC	MESG≤0.5	MICR＜0.45

（3）爆炸气体混合物应按引燃温度分组见表2.3-2。

表2.3-2　爆炸气体混合物按引燃温度分组

组　别	引燃温度(t)/℃	组　别	引燃温度(t)/℃
T1	$450＜t$	T4	$135＜t≤200$
T2	$300＜t≤450$	T5	$100＜t≤135$
T3	$200＜t≤300$	T6	$85＜t≤100$

（4）防爆结构代号（GB 50058—2014）见表2.3-3。

表2.3-3　防爆结构代号

电气设备防爆结构	防爆形式
本质安全型	ia/ib/ic/iD
浇封型	ma/mb/mc/mD
光辐射式设备和传输系统的保护	op is/op pr/op sh
隔爆型	d
增安型	e
油浸型	o

续表

电气设备防爆结构	防爆形式
正压型	px/py/pz/pD
充砂型	q
无火花型	n
限制呼吸	nR
限能	nL
无火保护	nC
外壳保护型	tD

2.3.18.2　危险区域划分与电气设备保护级别的关系（GB/T 4208—2017）

电器防护等级的标记方法：IP A B X Y。

（1）A—— 防止固体进入内部的防护等级见表 2.3-4。

表 2.3-4　防止固体进入内部的防护等级

等级	作用	定义
0	无防护	没有专门的防护
1	≥50mm 的固体	能防止直径≥50mm 的固体异物进入壳体内,能防止人体的某一大面积部分(如手背)偶然或意外地触及壳内带电或运行部分,但不能防止有意识地接近这些部分
2	≥12.5mm 的固体	能防止直径≥12.5mm 的固体异物进入壳体内,能防止手指触及壳内带电或运行部分
3	≥2.5mm 的固体	能防止直径≥2.5mm 的固体异物进入壳体内,能防止厚度(或直径)≥2.5mm 的工具等触及壳内带电或运行部分
4	≥1.0mm 的固体	能防止直径≥1.0mm 的固体异物进入壳体内,能防止厚度(或直径)≥1.0mm 的金属线等触及壳内带电或运行部分
5	防尘	能防止灰尘进入达到影响产品正常运行的程度,完全防止触及壳内带电或运行部分;完全防止灰尘进入壳内
6	尘密	完全防止触及壳内带电或运行部分

（2）B——防止进水造成有害影响的防护等级见表 2.3-5。

表 2.3-5　防止进水造成有害影响的防护等级

等级	作用	定义
0	无防护	没有专门的防护
1	垂直滴水	垂直的滴水应不能直接进入产品内部
2	15°滴水	与垂直成 15°角范围内的滴水应不能直接进入产品内部
3	淋水	与垂直成 60°角范围内的淋水应不能直接进入产品内部
4	溅水	任何方向的溅水对产品应无有害的影响
5	喷水	任何方向的猛烈喷水对产品应无有害的影响
6	猛烈喷水	猛烈的海浪或强力喷水对产品应无有害的影响
7	短时间浸水	产品在规定的压力和时间下浸在水中,进水量应无有害的影响
8	连续浸水	产品在规定的压力下长时间浸在水中,进水量应无有害的影响
9	高温/高压喷水	向外壳各方向喷射高温/高压水无有害影响

（3）X——附加防护等级和 Y——补充防护等级见表 2.3-6。

表 2.3-6　附加防护等级和补充防护等级

字母		防止接近危险部件	字母		补充信息
附加字母	A	手背	补充字母	H	高压设备
	B	手指		M	做防水试验时试样运行
	C	工具		S	做防水试验时试样静止
	D	金属线		W	气候条件

2.3.18.3　爆炸混合粉尘环境中粉尘的分级

（1）ⅢA 级为可燃性飞絮；

（2）ⅢB级为非导电性粉尘；

（3）ⅢC级导电性粉尘。

2.3.18.4　防爆电器设备的级别和组别

防爆电器设备的级别和组别不应低于该爆炸气体环境内爆炸气体混合物的级别和组别，并应符合下列规定。

（1）气体、蒸气或粉尘分级与电气设备类别的关系应符合表2.3-7的规定。

表2.3-7　气体、蒸气或粉尘分级与电气设备类别的关系

气体、蒸气或粉尘分级	设备类型
ⅡA	ⅡA、ⅡB或ⅡC
ⅡB	ⅡB或ⅡC
ⅡC	ⅡC
ⅢA	ⅢA、ⅢB或ⅢC
ⅢB	ⅢB或ⅢC
ⅢC	ⅢC

（2）Ⅱ类电器的温度组别，最高表面温度和气体、蒸气的引燃温度之间的关系符合表2.3-8的规定。

表2.3-8　Ⅱ类电器的温度组别，最高表面温度和气体、蒸气的引燃温度之间的关系

电气设备温度级别	电气设备允许最高表面温度/℃	气体、蒸气的引燃温度/℃	适用的设备温度级别
T1	450	＞450	T1～T6
T2	300	＞300	T2～T6
T3	200	＞200	T3～T6
T4	135	＞135	T4～T6
T5	100	＞100	T5～T6
T6	85	＞85	T6

2.3.18.5　电机安装结构

电机安装的基本结构型式有三种，即B3型（机座带底脚，端盖无凸缘）、B5型（机座不带底脚，端盖有凸缘）和B35型（机座带底脚，端盖有凸缘）。其安装结构形式见表2.3-9。

表2.3-9　电机安装结构形式

基本结构形式	B3					
安装结构形式	B3	B6	B7	B8	V5	V6
示意图						
制造机座号	80～315	80～160				

基本结构形式	B5			B35		
安装结构形式	B5	V1	V3	V35	V15	V36
示意图						
制造机座号	80～225	80～315	80～160	80～315	80～160	

3 管道布置设计

3.1 设计依据基础

3.1.1 主要标准规范

管道布置设计主要标准规范见表 3.1-1。

表 3.1-1 管道布置设计主要标准规范

序号	标准号	标准规范名称
01	国务院第 549 号令	特种设备安全监察条例
02	安监总局第 43 号令	危险化学品输送管道安全管理规定
03	TSG D0001—2009	压力管道安全技术监察规程——工业管道
04	TSG ZF001—2006	安全阀安全技术监察规程
05	GB/T 20801—2020	压力管道规范 工业管道
06	GB/T 4272—2008	设备及管道绝热技术通则
07	GB 12158—2006	防止静电事故通用导则
08	GB 12348—2008	工业企业厂界环境噪声排放标准
09	GB 50016—2014	建筑设计防火规范(2018 版)
10	GB 50029—2014	压缩空气站设计规范
11	GB 50030—2013	氧气站设计规范
12	GB 50058—2014	爆炸危险环境电力装置设计规范
13	GB 50074—2014	石油库设计规范
14	GB 50160—2008	石油化工企业设计防火标准
15	GB 50177—2005	氢气站设计规范
16	GB 50184—2011	工业金属管道工程施工质量验收规范
17	GB 50235—2010	工业金属管道工程施工规范
18	GB 50236—2011	现场设备、工业管道焊接工程施工规范
19	GB 50265—2022	泵站设计标准
20	GB 50316—2008	工业金属管道设计规范
21	GB 50457—2019	医药工业洁净厂房设计标准
22	GB 50683—2011	现场设备、工业管道焊接工程施工质量验收规范
23	GB 50726—2011	工业设备及管道防腐蚀工程施工规范
24	GBZ 230—2010	职业性接触毒物危害程度分级
25	HG/T 20519—2009	化工工艺设计施工图内容和深度统一规定
26	HG/T 20546—2009	化工装置设备布置设计规定
27	HG/T 20549—1998	化工装置管道布置设计规定
28	HG 20571—2014	化工企业安全卫生设计规范
29	HG/T 21629—2021	管架标准图
30	HG/T 20644—1998	变力弹簧支吊架
31	HG/T 20645—2022	化工装置管道机械设计规定
32	HG/T 20646—1999	化工装置管道材料
33	HG/T 20675—1990	化工企业静电接地设计规程
34	HG/T 20679—2014	化工设备、管道外防腐设计规范
35	SH/T 3007—2014	石油化工储运系统罐区设计规范

续表

序号	标准号	标准规范名称
36	SH 3009—2013	石油化工可燃性气体排放系统设计规范
37	SH/T 3012—2011	石油化工金属管道布置设计规范
38	SH/T 3014—2012	石油化工储运系统泵区设计规范
39	SH/T 3022—2019	石油化工设备和管道涂料防腐蚀设计标准
40	SH 3024—2017	石油化工企业环境保护设计规范
41	SH/T 3035—2018	石油化工工艺装置管径选择导则
42	SH/T 3039—2018	石油化工非埋地管道抗震设计规范
43	SH/T 3040—2012	石油化工管道伴管及夹套管设计规范
44	SH/T 3041—2016	石油化工管道柔性设计规范
45	SH/T 3043—2014	石油化工设备管道钢结构表面色和标志规定
46	SH/T 3047—2021	石油化工企业职业安全卫生设计规范
47	SH/T 3051—2014	石油化工配管工程术语
48	SH/T 3059—2012	石油化工管道设计器材选用规范
49	SH/T 3073—2016	石油化工管道支吊架设计规范
50	SH/T 3097—2017	石油化工静电接地设计规范

3.1.2　图面一般要求（HG/T 20519—2009）

3.1.2.1　图幅比例

管道布置图的图幅应尽量采用 A1，较简单的也可采用 A2，较复杂的可采用 A0，同区的图应采用同一种图幅。图幅不宜加长或加宽。

管道布置图常用比例为 1:50，也可用 1:25 或 1:30，但同区的或各分层的平面图，应采用同一比例。

3.1.2.2　尺寸单位

管道布置图中标注的标高，坐标以米（m）为单位，小数点后取三位数至毫米（mm）为止。其余的尺寸一律以毫米（mm）为单位，只注数字，不注单位。管子的公称直径一律用毫米表示。采用其它单位标准尺寸时，应注明单位。

地面设计相对标高 EL±0.000。

3.1.2.3　图名

标题栏中的图名一般分成两行，上行写"管道布置图"，下行写"EL+×××.×××平面"或"×-×剖视"等。

3.1.3　布置图的内容（HG/T 20549.1—1998）

3.1.3.1　图面的表示法

（1）管道布置图应按设备布置图或按分区索引图所划分的区域（以小区为基本单位）绘制。区域分界线用粗双点划线表示，在区域分界线的外侧标注分界线的代号、坐标和与此图相邻部分的管道布置图图号，见图 3.1-1。

（2）管道布置图一般只绘平面图。当平面图中局部表示不够清楚时，可绘制剖视图或轴测图，此剖视图或轴测图可画在管道平面布置图边界线以外的空白处（不允许在管道平面布置图内的空白处再画小的剖视图或轴

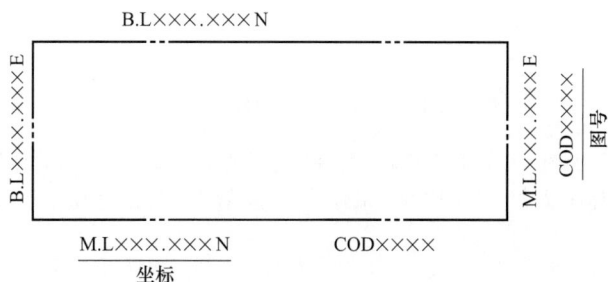

图 3.1-1　区域分界线的表示方法

注：B.L—装置边界；M.L—接续线；COD—接续图。

测图）或绘在单独的图纸上。绘制剖视图时要按比例画，可根据需要标注尺寸。轴测图可不按比例，但应标注尺寸。剖视符号规定用 A—A，B—B……大写英文字母表示，在同一小区内符号不得重复，平面图上要表示所剖截面的剖切位置、方向及编号。

（3）对于多层建筑物、构筑物的管道平面布置图应按层次绘制，如在同一张图纸上绘制几层平面图时，应从最低层起，在图纸上由下至上或由左至右依次排列，并于各平面图下注明 EL×××.×××平面。

（4）在绘有平面图的图纸右上角，管口表的左边，应画一个与设备布置图的设计北向一致的方向标。

3.1.3.2 建（构）筑物应表示的内容

（1）建筑物和构筑物应按比例，根据设备布置图画出柱、梁、楼板、门、窗、楼梯、平台、安装孔、管沟、算子板、散水坡、管廊架、围堰、通道、栏杆、梯子和安全护圈等。

（2）按比例用细点划线表示就地仪表盘、电气盘的外轮廓及电气、仪表电缆槽或架和电缆沟，但不必标注尺寸，避免与管道相碰。

（3）生活间及辅助间应标出其组成和名称。

3.1.3.3 布置图上设备应表示的内容

（1）用细实线按比例以设备布置图所确定的位置画出所有设备的外形和基础。

（2）表示吊车梁、吊杆、吊钩和起重机操作室。

（3）按比例画出卧式设备的支撑底座并标注固定支座的位置，支座下如为混凝土基础时，应按比例画出基础的大小，不需标注尺寸。

（4）对于立式容器还应表示出裙座人孔的位置及标记符号。

（5）对于工业炉，凡是与炉子和其平台有关的柱子及炉子外壳和总管联箱的外形、风道、烟道等均应表示出。

（6）用双点划线按比例表示出重型或超限设备的"吊装区"或"检修区"和换热器抽芯的预留空地。但不标注尺寸，如图 3.1-2 所示。

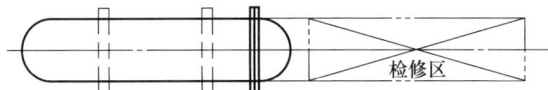

图 3.1-2　重型或超限设备的"吊装区"或"检修区"表示法

（7）按 PID 给定的符号标注容器上的液面计、液面报警器、排气、排液、取样点、测温点、测压点等，其中某项若有管道及阀门也应画出，尺寸可不必标注。

3.1.3.4 布置图上管道应表示的内容

（1）管道布置图中，公称直径 DN≥400 或 16in 的管道用双线表示。DN≤350 或 14in 的管道用单线表示。如果管道布置图中大口径的管道不多时，则公称直径 DN≥250 或 10in 的管道用双线表示；DN≤200 或 8in 才用单线表示。

（2）在适当位置画箭头表示物料流向（双线管道箭头画中心线上）。

（3）按比例画出管道及管道上的阀门、管件（包括弯头、三通、法兰、异径管、软管接头等管道连接件）、管道附件、特殊管件等。

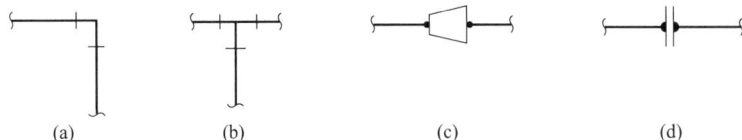

图 3.1-3　螺纹或承插焊件的连接形式

（4）各种管件连接形式如图 3.1-3 螺纹或承插焊件的连接形式和图 3.1-4 对焊件的连接形式所示，焊点位置应按管件长度比例画，标注尺寸时应考虑管件组合的长度。管道公称直径 DN≤40 或 1½in 的弯头一律用直角表示。

（5）管道的检测元件（压力、温度、流量、液面、分析、料位、取样点、测温点、测压点）在管道布置平面图上用 φ10mm 的圆圈表示并用细实线和圆圈连接起来。圆内按 PID 检测元件的符号和编号填写。具体位置由设计人员根据自控专业的安装要求确定，特殊情况由两专业协商解决。

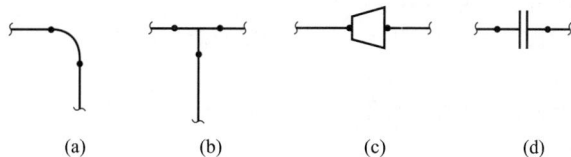

图 3.1-4 对焊件的连接型式

（6）当几套设备的管道布置完全相同时，允许只绘一套设备的管道，其余可简化并以方框表示，但在总管上应绘出每套支管的接头位置。

（7）当塔上的管道经过一个平面到下一个平面时，应标注此管道的编号，若管道有直径或位置的变化或出现支管或附件时，也应标注出管道号。

（8）在 PID 上特殊管件，如消声器、爆破片、洗眼器、分析设备等，在管道布置图中允许作适当简化，即用矩形（或圆形）细线表示该件所占位置，注明标准号或特殊件编号。

（9）对分析取样接口应画至根部阀，并标注符号，见图 3.1-5 分析取样接口及符号标注。

（10）对排气及排液的表示法见图 3.1-6 所示的排气及排液的标注。

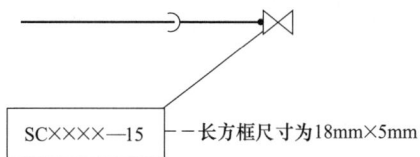

图 3.1-5 分析取样接口及符号标注示意图

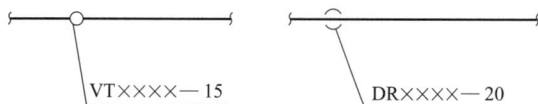

图 3.1-6 排气及排液的标注示意图

（11）所有管道高点应设排气，低点应设排液。对于液体管道的排气、排液应装阀门及螺纹管帽，而气体管道的排液也应装阀门及螺纹管帽。用于压力试验的排气点仅装螺纹管帽。

（12）管道平面布置图中表示不清楚的管道，可在图纸四周的空白处用局部放大轴测图（简称详图）表示。该局部放大轴测图也可画在另外一张纸上。其标识符号举例如下：

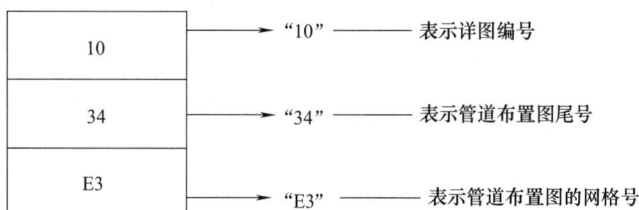

标识符号中方框尺寸为 12mm×15mm，字高为 3mm，在本图空位处画轴测图应将管道布置图尾号省略，表示如下：

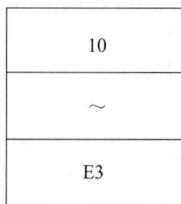

在放大轴测图的下方应注明详图编号及对应管道布置图尾号和网格号，如："10"（34-E3）以便查找所在的位置。

（13）在管道材料有变化（即等级有变化处）时，应按 PID 在图中标注出。

（14）在每张管道布置图标题栏上方加贴缩小的分区索引图，并用阴影线在其上表示本图所在位置。

3.1.4 图面尺寸标注（HG/T 20549.1—1998）

3.1.4.1 建、构筑物尺寸标注

（1）标注建、构筑物柱网轴线编号及柱距尺寸或坐标。

（2）标注地面、楼面、平台面、吊车的标高。

（3）标注电缆托架、电缆沟、仪表电缆槽、架的宽度和底面标高以及就地电气、仪表控制盘的定位尺寸。

（4）标注吊车梁定位尺寸、梁底标高、荷载或起重能力。

（5）对管廊应标注柱距尺寸（或坐标）及各层的顶面标高。

3.1.4.2　设备尺寸标注

（1）按设备布置图标注所有设备的定位尺寸或坐标、基础面标高；对于卧式设备还需注出设备支座位置尺寸；对于泵、压缩机、透平机或其它机械设备应按产品样本或制造厂提供的图纸标注管口定位尺寸（或角度）、底盘底面标高或中心线标高。

（2）按设备图用 5mm×5mm 的方块标注设备管口符号、管口方位（或角度）、底部或顶部管口法兰面标高、侧面管口的中心线标高和斜接管口的工作点标高等，如管口方位标注示意如图 3.1-7 所示。

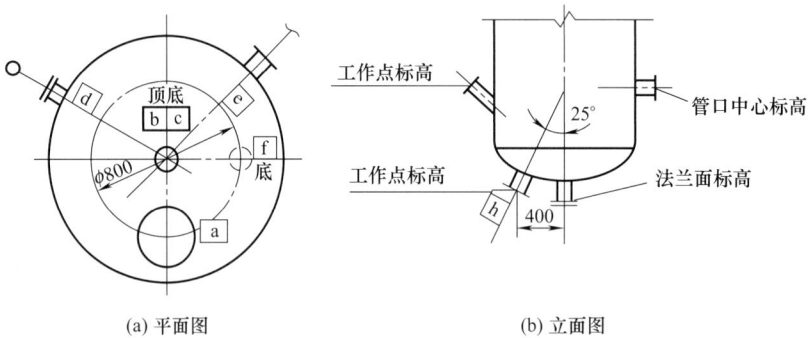

(a) 平面图　　　　　　　　(b) 立面图

图 3.1-7　管口方位标注示意图

（3）在管道布置图上的设备中心线上方标注与流程图一致的设备位号，下方标注支承点的标高（POS EL ×××.×××）或主轴中心线的标高（如 EL×××.×××）。剖视图上的设备位号注在设备附近或设备内。

3.1.4.3　管道尺寸标注

（1）以建筑物或构筑物的轴线、设备中心线、设备管口中心线、区域界线（或接续图分界线）等作为基准标注管道定位尺寸，管道定位尺寸也可用坐标形式表示。

（2）按 PID 在管道上方标注（双线管道在中心线上方）介质代号、管道编号、公称直径、管道等级及绝热形式、流向。下方标注管道标高（标高以管道中心线为基准时，只需标注数字如：EL×××.×××，以管底为基准时，在数字前加注管底代号如 BOP EL×××.×××）如：

$$\frac{\text{SL1305—100B1A（H）}}{\text{EL}\times\times\times.\times\times\times} \qquad \frac{\text{SL1305—100B1A（H）}}{\text{BOP EL}\times\times\times.\times\times\times}$$

（3）有特殊要求的管道定位尺寸或坐标及标高，如液封高度、不得有袋形弯的管道标高等应标注相应尺寸、文字或符号。

（4）对于异径管应标出前后端管子的公称通径，如：DN80/50 或 DN80×50。

（5）要求有坡度的管道应标注坡度（代号用 i）和坡向，见图 3.1-8 管道坡度的标注。

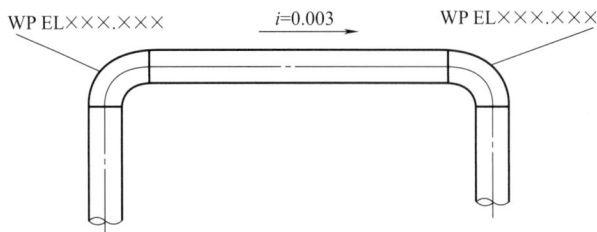

WP EL×××.×××　　　$i=0.003$　　　WP EL×××.×××

图 3.1-8　管道坡度的标注

注：WP EL—工作点标高。

（6）非 90°的弯管和非 90°的支管连接，应标注角度。

（7）在管道布置平面图上，不标注管段的长度尺寸。只标注管子、管件、阀门、过滤器、限流孔板等元件的中心定位尺寸或以一端法兰面定位。

(8) 在一个区域内，管道方向有改变时，支管和在管道上的管件位置尺寸应按轴线、设备、管口或邻近管道的中心线来标注。当有管道跨区通过接续线到另一张管道布置图时，为了连续的缘故，还需要从接续线上定位，只有在这种情况下，才出现尺寸的重复。

(9) 标注仪表控制点的符号及定位尺寸。对于安全阀、疏水阀、分析取样点、特殊管件有标记时，应在 ϕ 10mm 圆内标它们的符号。

(10) 为了避免在间隔很小的管道之间标注管道号和标高而缩小字形，允许用附加线标注标高和管道号，此线穿越各管道并用箭头指向被标注的管道。

(11) 水平管道上的异径管以大端定位，螺纹管件或承插焊管件以一端定位。

(12) 按比例画出人孔、楼面开孔、吊柱（其中用双细实线表示吊柱的长度，用点划线表示吊柱活动范围），不需标注定位尺寸。

(13) 当管道倾斜时，应标注工作点标高（WP EL），并把尺寸线指向可以进行定位的地方。

(14) 带有角度的偏置管和支管在水平方向标注线性尺寸，不标注角度尺寸。

(15) 管架定位：水平向管道的支架标注定位尺寸，垂直向管道的支架标注支架顶面或支承面（如平台面、楼板面、梁顶面）的标高。在管道布置图中每个管架标注一个独立的管架号。

3.2 管道布置规定（HG/T 20549.2—1998）

这里的规定适用于化工装置管道布置设计，在展开工程设计时可根据工程的特点，对工程规定做适当的补充或调整，并且还应执行现行的国家或行业有关管道设计的标准或规范。

3.2.1 设计原则

(1) 管道布置设计必须符合管道仪表流程图（PID）的设计要求，并应做到安全可靠，经济合理，满足施工、操作、维修等方面的要求。

(2) 管道布置必须遵守安全及环保的法规，对防火、防爆、安全防护、环保要求等条件进行检查，以便管道布置能满足安全生产的要求。

(3) 管道布置应满足热胀冷缩所需的柔性。

(4) 对于动设备的管道，应注意控制管道的固有频率，避免产生共振。

(5) 管道布置应严格按照管道等级表和特殊件表选用管道组成件。

(6) 管道布置应符合《化工装置设备布置设计规定》（HG/T 20546）的有关要求。

3.2.2 管道布置

3.2.2.1 管道一般布置

(1) 管道布置的净空高度、通道宽度、基础标高应符合《化工装置设备布置设计规定 第2部分：设计工程规定》（HG/T 20546.2）第3章中的规定。

(2) 应按国家现行标准中许用最大支架间距的规定进行管道布置设计。

(3) 管道尽可能架空敷设，如必要时也可埋地或管沟敷设。

(4) 管道布置应考虑操作、安装及维护方便，不影响起重机的运行。在建筑物安装孔的区域不应布置管道。

(5) 管道布置设计应考虑便于做支吊架的设计，使管道尽量靠近建筑物或构筑物，但应避免使柔性大的构件承受较大荷载。

(6) 在有条件的地方管道应集中成排布置。裸管的管底与管托底面取齐，以便设计支架。

(7) 无绝热层的管道不用管托或支座。大口径薄壁裸管及有绝热层的管道应采用管托或支座支承。

(8) 在跨越通道或转动设备上方的输送腐蚀性介质的管道上，不应设置法兰或螺纹连接等可能产生泄漏的连接点。

(9) 管道穿过为隔离剧毒或易爆介质的建筑物隔离墙时应加套管，套管内的空隙应采用非金属柔性材料充填。管道上的焊缝不应在套管内，并距套管端口不小于100mm。管道穿屋面处应有防雨措施。

(10) 消防水和冷却水总管以及下水管一般为埋地敷设，管外表面应按有关规定采取防腐措施。

（11）埋地管道应考虑车辆荷载的影响，管顶与路面的距离不小于 0.6m，并应在冻土深度以下。

（12）对于"无袋形""带有坡度"及"带液封"等要求的管道，应严格按 PID 的要求配管。

（13）从水平的气体主管上引接支管时，应从主管的顶部接出。

3.2.2.2 平行管道的间距及安装空间

（1）平行管道间净距应满足管子焊接、绝热层及组成件安装维修的要求。管道上突出部分之间的净距不应小于 30mm。例如法兰外缘与相邻管道隔热层外壁间的净距或法兰与法兰间净距等。

（2）无法兰不隔热的管道间的距离应满足管道焊接及检验的要求，一般不小于 50mm。

（3）有侧向位移的管道应适当加大管道间的净距。

（4）管道突出部分或管道隔热层的外壁的最突出部分，距管架或框架的支柱、建筑物墙壁的净距不应小于 100mm，并考虑拧紧法兰螺栓所需的空间。

3.2.2.3 排气与排液

（1）由于管道布置形成的高点或低点，应设置排气和排液口。

① 高点排气口最小管径为 DN15，低点排液口最小管径为 DN20（主管为 DN15 时，排液口为 DN15）。高黏度介质的排气、排液口最小管径为 DN25。

② 气体管的高点排气口可不设阀门，采用螺纹管帽或法兰盖封闭，除管廊上的管道外，≤DN25 的管道可不设高点排气口。

③ 非工艺性的高点排气和低点排液口可不在 PID 上表示。

（2）工艺要求的排气和排液口（包括设备上连接的）应按 PID 上的要求设置。

（3）排气口的高度要求，应符合国家现行标准《石油化工企业设计防火标准》（GB 50160）的规定。

（4）有毒及易燃易爆液体管道的排放点不得接入下水道，应接入封闭系统。比空气重的气体的放空点应考虑对操作环境的影响及人身安全的防护。

3.2.2.4 焊缝的位置

（1）管道对接焊口的中心与弯管起弯点的距离不应小于管子外径，且不小于 100mm。

（2）管道上两相邻对接焊缝间的净距应不小于 3 倍管壁厚，短管净长度应不小于 5 倍管壁厚，且不小于 50mm；对于 ≥DN50 的管道，两焊缝间净距应不小于 100mm。

（3）管道的环焊缝不应在管托范围内，焊缝边缘与支架边缘间的净距离应大于焊缝宽度的 5 倍，且不小于 100mm。

（4）不宜在管道焊缝及其边缘上开孔与接管。

（5）钢板卷焊的管子纵向焊缝应置于易检修和观察位置，且不宜在水平管底部。

（6）对有加固环或支撑环的管子，加固环或支撑环的对接缝应与管子的纵向焊缝错开，且不小于 100mm。加固环或支撑环距管子环焊缝应不小于 50mm。

3.2.2.5 管径的限制

应符合《化工装置管道材料设计工程规定》（HG/T 20646.2）的规定。

3.2.2.6 管道的热（冷）补偿

（1）管道由热胀或冷缩产生的位移、力和力矩，必须经过认真的计算，优先利用管道布置的自然几何形状来吸收。作用在设备或机泵接口上的力和力矩不得大于允许值。

（2）管道自补偿能力不能满足要求时，应在管系的适当位置安装补偿元件，如"Π"形弯管；当条件限制，必须选用波纹膨胀节或其它型式的补偿器时，应根据计算结果合理选型，并按标准要求考虑设置固定架和导向架。

（3）当要求减小力与力矩时，允许采用冷拉措施，但对重要的敏感机器和设备接管不宜采用冷拉。

3.2.3 阀门布置

3.2.3.1 阀门一般布置

（1）阀门应设在容易操作、便于安装、维修的地方。成排管道（如进出装置的管道）上的阀门应集中布置，有利于设置操作平台及梯子。

（2）阀门有工艺操作要求及锁定要求的，应按 PID 进行布置及标注。

（3）塔、反应器、立式容器等设备底部管道上的阀门，不应布置在裙座内。

（4）需要根据就地仪表的指示操作的手动阀门，其位置应靠近就地仪表。

（5）调节阀和安全阀应布置在地面或平台上便于维修与调试的地方。疏水阀布置应符合《化工装置管道布置设计技术规定》（HG/T 20549.5）第 15 章的规定。

（6）消火栓或消防用的阀门，应设在发生火灾时能安全接近的位置。

（7）埋地管道的阀门要设在阀门井内，并留有维修的空间。

（8）阀门应设在热位移小的地方。

（9）阀门上有旁路或偏置的传动部件时（如齿轮传动阀），应为旁路或偏置部件留有足够的安装和操作空间。

3.2.3.2　阀门的位置要求

（1）立管上阀门的阀杆中心线的安装高度宜在地面或平台以上 0.7～1.6m 的范围，DN40 及以下阀门可布置在 2m 高度以下。位置过高或过低时应设平台或操纵装置，如链轮或伸长杆等以便于操作。

（2）极少数不经常操作的阀，其操作高度离地面不大于 2.5m，且又不便另设永久性平台时，为方便操作，应设便携式梯子或移动式平台。

（3）布置在操作平台周围的阀门手轮中心距操作平台边缘不宜大于 450mm，当阀杆和手轮伸入平台上方且高度小于 2m 时，应使其不影响操作人员的操作和通行安全。

（4）阀门相邻布置时，手轮间的净距不宜小于 100mm。

（5）阀门的阀杆不应向下垂直或倾斜安装。

（6）安装在管沟内或阀门井内经常操作的阀门，当手轮低于盖板以下 300mm 时，应加装伸长杆使其在盖板下 100mm 以内。

3.2.4　非金属及衬里管道

本条文仅适用于塑料管道、塑料衬里和橡胶衬里管道的设计。根据非金属管道具有强度低、刚度小、线胀系数大和易老化等弱点，管道的布置应满足下列要求：

（1）管架的支承方式及管架的间距，应能满足管道对强度和刚度条件的要求，一般取二者中小者作为最大管架间距；

（2）管道应有足够的柔性或有效的热补偿措施，以防因膨胀（或收缩）或管架和管端的位移造成泄漏或损坏；

（3）管道应采取有效的防静电措施；

（4）露天敷设的管道应有防老化措施；

（5）在有火灾危险的区域内，应为其设置适当的安全防护措施。

非金属衬里管道的布置应注意下列几点：

（1）应特别注意非金属材料的特性与金属材料之间的差异，使膨胀（或收缩）及其它位移产生的应力降到最小；

（2）每一根管线都应在三维坐标系的至少一个方向上设置一个尺寸调整管段，以保证安装准确；

（3）非金属衬里管不宜用于真空管道。

3.2.5　安全措施

3.2.5.1　消防与防护

（1）对于直接排放大气，温度高于物料自燃点的烃类气体，其泄放阀出口管道，应设置由地面控制的灭火蒸汽或氮气管道。

（2）烃类液体储罐外应设置水喷淋防火措施，阀门应设在火灾时可接近的地方。

3.2.5.2　事故应急设施

在输送酸性、碱性及有害介质的各种管道和设备附近应配备专用的洗眼和淋浴设施。该设施应布置在使用方便的地方，还要考虑淋浴器的安装高度，使水能从头上喷淋。在寒冷地区户外使用时，应对该设施采取防冻措施，以应急用。

3.2.5.3　防静电

对输送有可能产生静电危害介质的管道，必须采取静电接地措施，并应符合国家现行标准《防止静电事故通用导则》（GB 12158）的规定。

3.2.6 装置内地下管道图的绘制

3.2.6.1 地下管道图的绘制范围

装置内除重力流管道以外的地下管道的布置（包括地沟内的管道），地下管道与地上管道的分界应在基准设计平面以上 500mm 处（相对标高 EL0.500）。

装置内地下管道图纸划分的原则，应按管道复杂程度决定。一般情况每张图应包含至少一个大区的范围，详见《化工装置设备布置设计规定　第 1 部分：内容和深度规定》（HG 20546.1）中的第四章规定。

地下管道图纸采用的比例应结合图幅考虑，但几张图采用的比例必须一致。如果装置内地下管道数量很少，且不会与地上管道混淆时，允许在地上管道布置图中用虚线表示地下管道。

3.2.6.2 地下管道布置图表示的内容方法

（1）应表示出有关建筑物的轮廓线、设备、构筑物和管廊的基础、管沟、电缆沟、明沟、道路、阀门井、涵洞以及所有的其它有关设施的地下部分。

（2）如有含雨水的废水管时，应表示铺砌区、坡度线及废水井等。

（3）每张地下管道布置图应有持续线或界区线，其表示法同地上管道布置图的规定。

（4）第 1 项所述有关参照物的轮廓均为细线，地面的铺砌区、坡度线、明沟及道路应采用细的双点划线。

（5）基础应当用细虚线表示地下部分的外形，用细实线表示伸出地坪的基础外形，图 3.2-1 为基础的示意图。

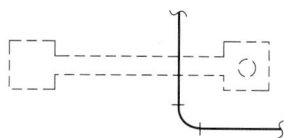

（6）构筑物地梁的外形应当用细虚线表示，并表示出紧靠配管处的桩的位置，图 3.2-2 为构筑物地梁的示意图。

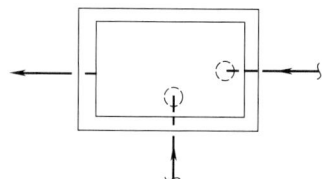

（7）地下参照物与管道距离较远，如不影响识别管道与其对布置关系可以省略不画，或用细的双点划线表示出该区域的范围，并注明该范围的区名或系统名称或其它名称。

（8）电缆沟仅表示外壁的细实线。

（9）管沟一般表示外壁的细实线，局部或必要时绘出内壁细实线。

（10）检查井、阀门井等应用细实线表示大小和井壁的厚度，图 3.2-3 为井的示意图。如带有放大图时，平面图上可以不画内壁的线。

（11）地下管道应用粗实线表示，管道交叉时下方管道应在交叉点处断开，管道组成件的画法与地上管道相同。

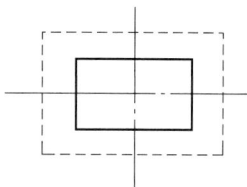

图 3.2-1　基础的示意图　　　　图 3.2-2　构筑物地梁的示意图　　　　图 3.2-3　井的示意图

3.2.6.3 定位尺寸标注

（1）地下管道定位尺寸（或坐标）及标高的标注，与地上管道相同，应标注与有关参照物的距离尺寸（或坐标），带坡度管道高低点的标高前应加 W.P. 表示。

（2）阀门井的编号可参照下面方法标注在井旁，阀门井尺寸应在单独的详图中表示。

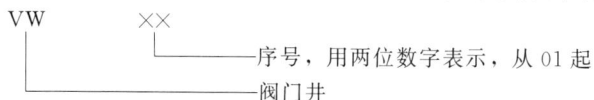

```
    VW        ××
     │         └────── 序号，用两位数字表示，从 01 起
     └──────────────── 阀门井
```

（3）废水检查井的尺寸编号可标注在 φ10mm 圆圈内，并用细实线引至井位，如：WW 01，其中：WW 表示废水井，01 表示序号。检查井可在附注中说明其尺寸、井底标高、标准图号等。

（4）其它标注

① 表示支承在基础上的设备位号。

② 有关管廊及建、构筑物的轴线号。

③ 地上设备设有排净口、下水管等时，必须标明其来源。如"排净来自 V-0103"。

④ 管道的编号、管径、流向箭头、管道等级标注方法应与地上管道及 PID 的要求相同。

⑤ 由地上来的管接口应加编号，用 UC×××表示（utility coupling），并写在直径 ϕ10mm 的圆内。

⑥ 清扫口用"CO"表示（cleen out）。

3.2.7 界外管道图的绘制

3.2.7.1 外管的内容

(1) 全厂工艺及供热外管系统图；

(2) 管架平面布置图；

(3) 管道平面布置图；

(4) 管道安装节点图；

(5) 安装详图；

(6) 管段表；

(7) 综合材料表；

(8) 管道隔热材料一览表；

(9) 管道外表面防腐材料一览表。

根据工程情况还有：蒸汽伴热系统的蒸汽分配站和收集站布置图、地沟布置图、地沟管道平面布置图和纵断面图、人井或阀门井安装图等。

界外管道图中所标注的坐标均为工厂坐标，所标注的标高为绝对标高。坐标和标高以米计，精确到小数点后三位；图中标注的尺寸以毫米计。图中标高代表符号如下：

Φ EL——管道中心标高

BOP EL——管底标高

TOS EL——支架顶标高

图中坡度代表符号：$i=0.003$ →

图中文字规定及图线宽度应符合 HG/T 20519—2009 的规定。管道布置图上的管子、管件、阀门及管道特殊件图例应符合《化工装置管道布置设计工程规定》（HG/T 20549.2）中第 2 章的规定。

3.2.7.2 全厂工艺及供热外管系统图

全厂工艺管道和供热管道可以画在一张图上，也可以分开画，这主要视管道多少而定，如果供热管道品种较多，工艺管道也大多应分开画。单独画供热管道系统图内容有：蒸汽管道、余压回水、自流回水、压力回水、热水及热水回水管道等。

系统图不按比例画，图中各装置的位置应与全厂总平面图相对位置一致，以表现出各装置之间管道真实走向。图中应标注各装置的代号、管道代号、管径、介质流向以及阀门、异径管、盲板、流量计等，管道代号应与工艺系统专业提供的管道仪表流程图相同。如有伴热管和夹套管，图中应表示。设计分界线的标示如图 3.2-4 所示。

图 3.2-4 设计分界线的标示

3.2.7.3 管架平面布置图

尽量采用 A0 或 A1，不宜加宽加长。一般常用 1：500 比例。表示方法如下。

(1) 管架平面布置图以全厂总平面图为基础，用细实线按比例画出各装置、道路、铁路、建（构）筑物，并注明坐标和建筑物地坪绝对标高、道路交叉点标高、铁路轨顶标高。

(2) 用 ϕ3mm 小圆表示管架柱子，按坐标画在平面布置图上。

(3) 管架平面布置图的右上应画一个与总图设计北向（N）一致的方向标。

(4) 管架型式按表 3.2-1 选用。

表 3.2-1 管架型式

型 式	名 称
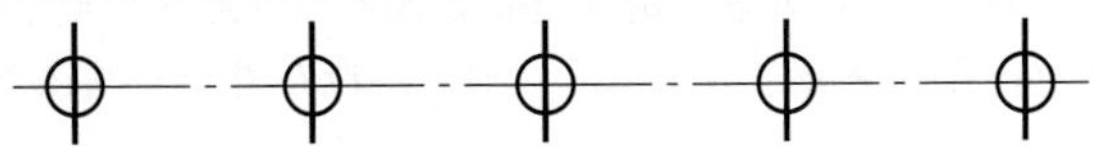 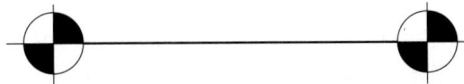	单柱独立式管架

续表

型　式	名　称
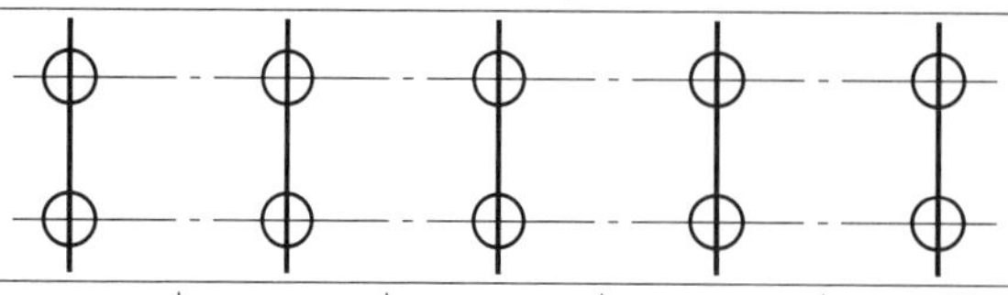	双柱独立式管架
	单柱轴向悬臂式管架
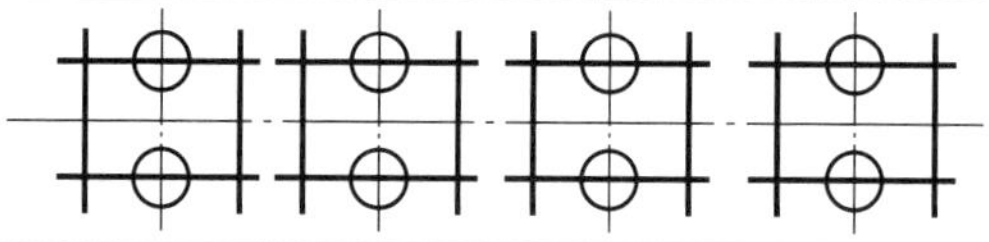	双柱轴向悬臂式管架
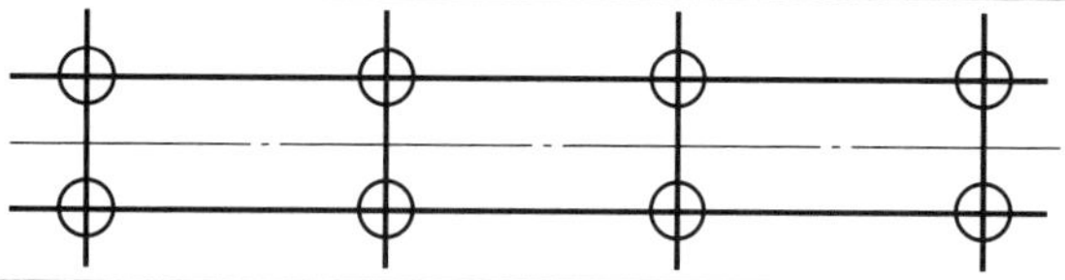	双柱纵梁式管架
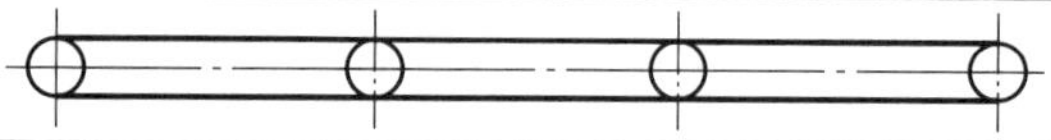	单柱纵梁式管架
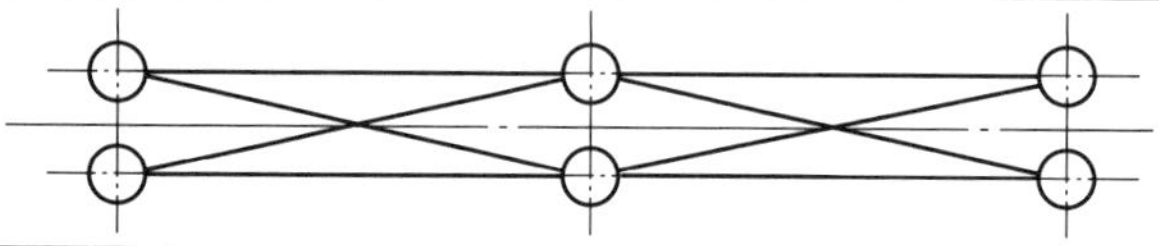	桁架式管架
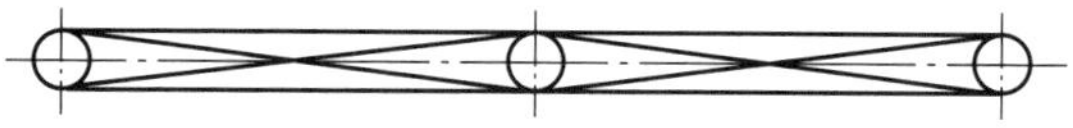	单柱轻便式桁架
	单柱悬索式管架
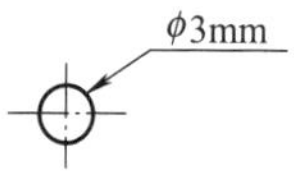 $\phi 3\text{mm}$	表示柱子的小圆尺寸
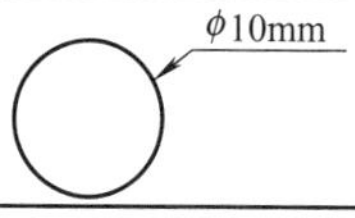 $\phi 10\text{mm}$	表示柱子编号圆的尺寸

（5）图中应标出柱子轴坐标和柱间距离。柱子应编号，或采用总图坐标系表示，其编号写在 $\phi 10\text{mm}$ 细实线圆内。另外还应标注管架坡度和管架顶标高。管架平面布置图见图 3.2-5。

3.2.7.4　管道平面布置图

一般采用 A0 或 A1，不宜加宽加长。一管道平面布置图中管长（纵向）方向和管间距（横向）方向可采用不同比例，一般纵向为 1∶100 或 1∶50，横向为 1∶50，断面图或局部剖视图为 1∶25。整套图的比例应统一。表示方法如下。

（1）按管架平面布置图分成若干段分别画出管道布置图，对多层管架，每层应分开画，如在同一张图纸上绘制几层平面图时，应从最低层起由下至上或由左至右依次排列，并在各平面图下方注明该层管架顶部的绝对标高。每层均按比例和规定的间距画出管架，管道按顺序和规定的间距排列在管架上。

（2）应标注管道代号（与系统图一致）并在适当位置画出流向符号。

（3）管支架编号及表示法应符合规定。

（4）在平面图上，不论管径大小，一律用单线表示。

（5）为了清楚表示管道在管架上的排列，需画断面图时，应按比例画出管架外形和管道在管架上的排列，有管托的管道的管底距管架顶应有管托高度间隙并注管托高度。绝热（冷）的管道应在管子外画出绝热层外缘，带有伴热管的管道应在管道周围画出伴热管的位置。

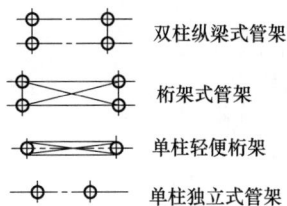

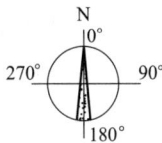

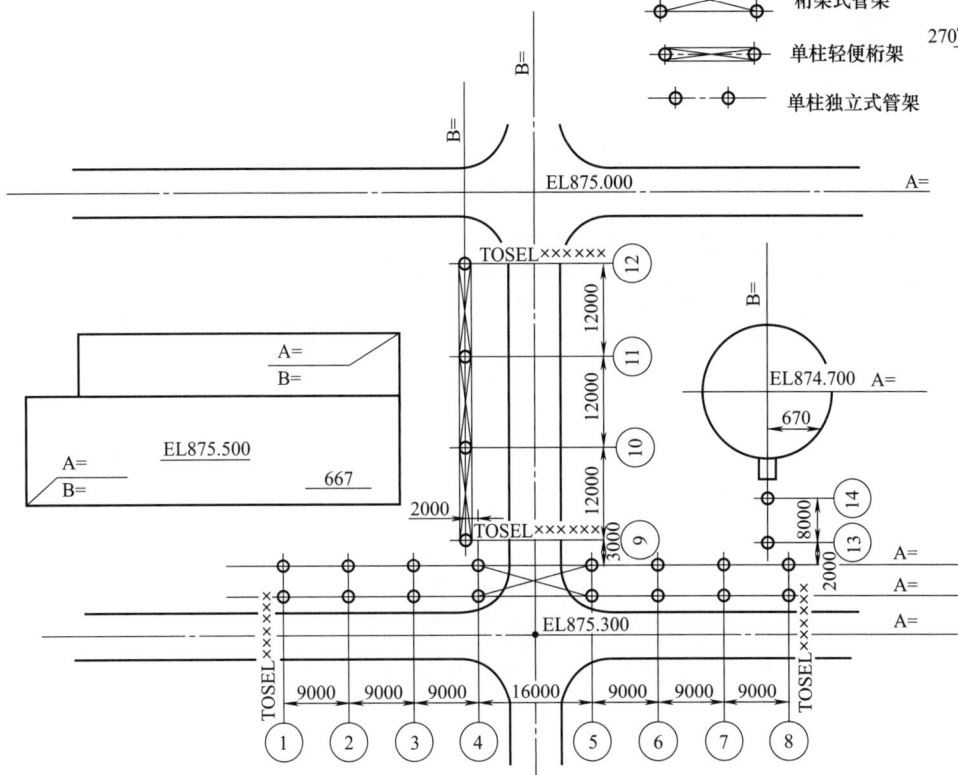

图 3.2-5　管架平面布置图

（6）从主管引支管，如果管道不多可采用剖视的方法画局部剖视图。对比较复杂平面图上不易表示清楚的局部配管，可以在图纸四周空位处画局部放大的轴测图表示某根或几根管道。

（7）管道有冷拉要求时表示方法见图 3.2-6。

图 3.2-6　管道冷拉示意图

（8）图中应标注放空、排净及各种管道的组合件和连接形式，其画法同装置内管道布置图。图中还应表示出蒸汽伴热系统分配站和收集站的示意位置和与主管连接位置。如果管廊两侧设置有软管站也应在图中表示出。

（9）图中应表示出柱子号（与管架平面布置图柱子编号一致）和柱间尺寸，如有坡度也应表示出。见图 3.2-7。

3.2.8　管道轴测图

3.2.8.1　管道轴测图的内容

（1）管道轴测图中的衬里管道、夹套管道、异形管道，应按国家标准机械制图的图样画法绘制管段或管件的图；管道轴测图按正等轴测投影绘制。

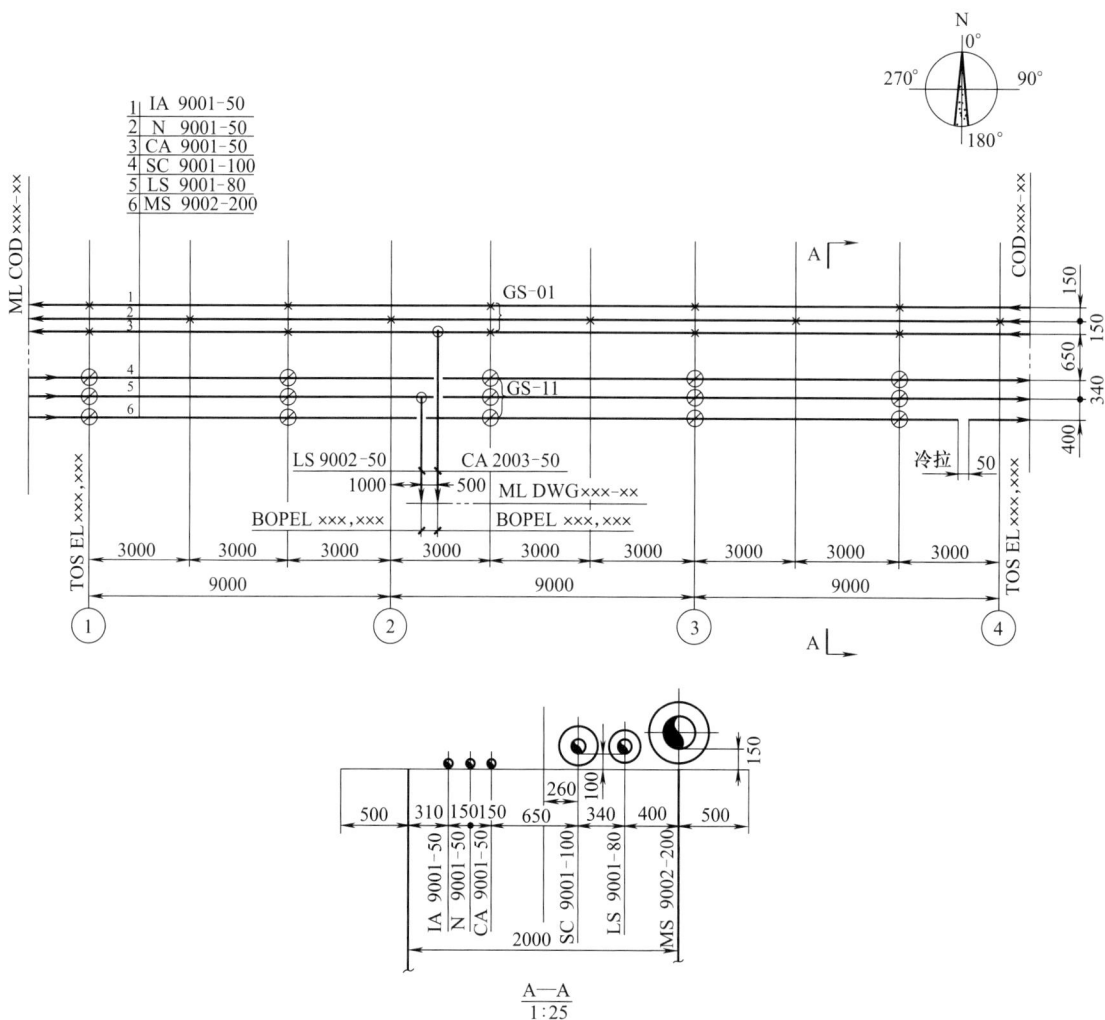

图 3.2-7　管道布置图

（2）管道的走向应符合图中方向标的规定，这个方向标的北（N）向与管道布置图上的方向标的北向应是一致的。方向标如图 3.2-8 所示。

（3）图中文字除工程中规定的缩写词用英文字母外，其它用中文；管道轴测图的图幅为 A3，宜使用带材料表的专用图纸绘制。

（4）≤DN50 的中低压碳钢管道，≤DN20 的中低压不锈钢管道，≤DN6 的高压管道，可不绘制轴测图。但同一管道有两种管径的，如控制阀组、排液管、放空管等则例外，应随大管绘出相连接的小管。

对上述允许不绘轴测图的管道，如因管道布置图中对螺纹或承插焊管件或其它管件的位置表示不清楚时，则这部分小管应绘轴测图，对带有扩大直管段的管道，也应画管道轴测图。

对于不绘轴测图的管道，则应编写管段表，管段表格式应符合规定。

（5）管道轴测图不必按比例绘制，但各种阀门、管件之间比例要协调，它们在管段中位置的相对比例也要协调，如图 3.2-9 中的阀门，清楚地表示它是紧接弯头而离三通较远。

（6）管道轴测图图线的宽度应符合规定；管道、管件、阀门和管道特殊件的图例应符合《化工装置管道布置设计工程规定》（HG/T 20549.2）中第 2 章的规定。

（7）管道上对焊的环焊缝以圆点表示，弯曲半径 $R \leq 1.5D$ 的无缝或冲压弯头可用"角形"表示，水平走向的管段中的法兰用垂直短线表示；垂直走向的管段中的法兰，一般可用与邻近的水平走向的管段相平行的短线表示。

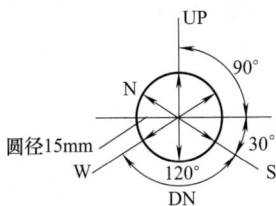

图 3.2-8　方向标

图 3.2-9　管道轴测图中阀门、管件的相对位置

（8）螺纹连接与承插焊连接均用一短线表示，在水平管段上此短线为垂直线，在垂直管段上此短线与邻近的水平走向的管段相平行，如图 3.2-10 所示。

（9）阀门的手轮用一短线表示，短线与管道平行。阀杆中心线按所设计的方向画出，如图 3.2-11 所示管道轴测图中阀杆方向。

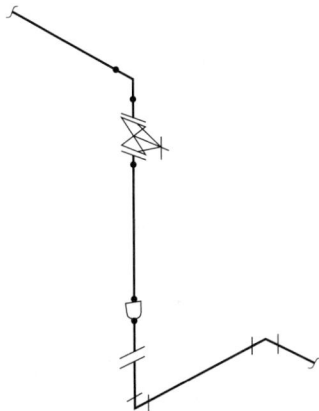

图 3.2-10　管道轴测图中阀门、管件的表示方法

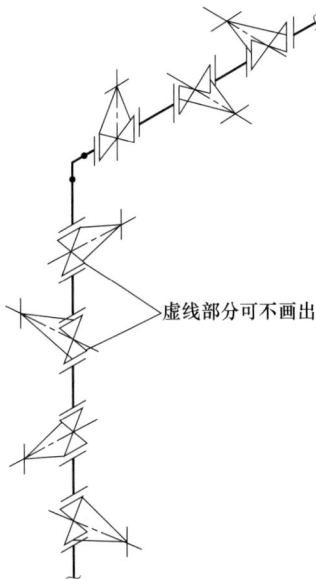

虚线部分可不画出

图 3.2-11　管道轴测图中阀杆方向

（10）管道一律用单线表示，在管道的适当位置上画流向箭头，管道号和管径注在管道的上方。水平向管道的标高"EL"注在管道的下方，如图 3.2-12 所示管道轴测图。不需注管道号和管径仅需注标高时，标高可注在管道的上方或下方。

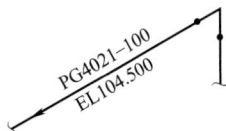

图 3.2-12　管道轴测图中的标注

（11）在碳钢管道的轴测图中不得包括合金钢或要进行冲击试验的碳钢管段，反之也一样。同样材料的短支管、管件和阀门，即使它们的管道号和总管不同，接于总管上的应画在总管的轴测图中。

3.2.8.2　管道轴测图尺寸标注

（1）除标高以米计外，其余所有尺寸均以毫米为单位，只注数字，不注单位。可略去小数。但几个高压管件直接相接时，其总尺寸应注至小数点后一位。

（2）垂直管道不注长度尺寸，而以标高"EL"表示。

（3）标注水平管道的有关尺寸的尺寸线应与管道相平行。尺寸界线为垂直线，如图 3.2-13 所示管道轴测图。

水平管道应标注的尺寸有：从所定基准点到等径支管、管道改变走向处、图形的接续分界线的尺寸，如图 3.2-13 所示管道轴测图中的尺寸 A、B、C。基准点尽可能与管道布置图上的一致，以便于校对。

应标注的尺寸还有：从最邻近的主要基准点到各个独立的管道元件如孔板法兰、异径管、拆卸用的法兰、仪表接口、不等径支管的尺寸，如图 3.2-13 所示管道轴测图中的尺寸 D、E、F。这些尺寸不应注封闭尺寸。

（4）对管廊上的管道应标注的尺寸有：从主项的边界线、图形的接续分界线、管道改变走向处、管帽或其它形式的管端点到管道各端的管廊支柱轴线和到用以确定支管线或管道元件位置的管廊其它支柱轴线的尺寸，如图 3.2-14 所示管道轴测图中的尺寸 A、B、C、D、E、F。

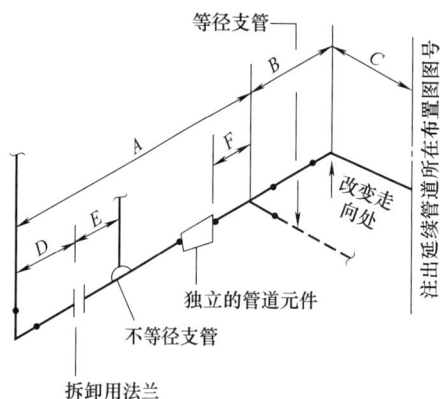

图 3.2-13　管道轴测图中尺寸的标注（一）　　　图 3.2-14　管道轴测图中尺寸的标注（二）

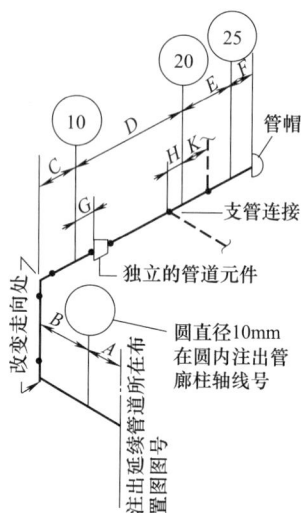

应标注的尺寸还有：从最近的管廊支柱轴线到支管或各个独立的管道元件的尺寸，如图 3.2-14 所示管道轴测图中的尺寸 G、H、K，这些尺寸不应注封闭尺寸。与标注上述尺寸无关的管廊支柱轴线及其编号，图中不必表示。

（5）管道上带法兰的阀门和管道元件的尺寸注法

① 注出从主要基准点到阀门或管道元件的一个法兰面的距离。

② 对调节阀和某些特殊管道元件如分离器和过滤器等，应注出它们的法兰面至法兰面的尺寸（对标准阀门和管件可不注）。

③ 管道上用法兰、对焊、承插焊、螺纹连接的阀门或其它独立的管道元件的位置是由管件与管件直连（FTF）的尺寸所决定定时，不需注出它们的定位尺寸。

④ 定型的管件与管件直连时，其长度尺寸一般可不必标注，但如涉及管道或支管的位置时，也应注出。

（6）螺纹连接和承插焊连接的阀门，其定位尺寸在水平管道上应注到阀门中心线，在垂直管道上应注阀门中心线的标高"EL"。

（7）偏置管（offset）尺寸的注法

① 不论偏置管是垂直的还是水平的，对非 45°的偏置管，应注出两个偏移尺寸 A、B 而省略角度；对 45°的偏置管，应注出角度和一个偏移尺寸，如图 3.2-15（a）所示偏置管尺寸标注。

② 对立体的偏置管，要画出三个坐标轴组成的六面体，并标注三维方向的尺寸或标高（垂直方向）如图 3.2-15（b）所示立体偏置管尺寸标注。

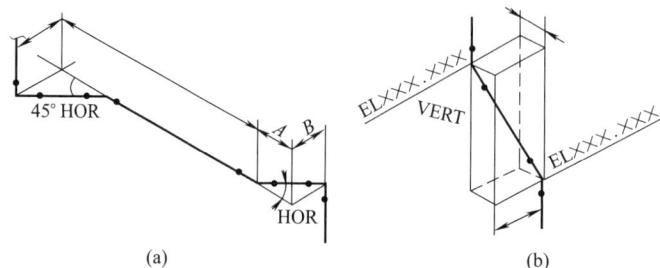

(a)　　　　　　　　　　(b)

图 3.2-15　偏置管尺寸标注

（8）偏置管跨过分区界线时，其轴测图画到分界线为止，但延续部分要画虚线进入邻区直到第一个改变走向处或管口为止。这样可注出整个偏置管的尺寸，这种方法用于互相匹配的两张轴测图。

（9）为标注管道尺寸的需要，应画出容器或设备的中心线（不需画外形），注出其位号，若与标注尺寸无关时可不画设备中心线。

（10）为标注与容器或设备管口相连接的管道的尺寸，对水平管口应画出管口和它的中心线，在管口近旁注出管口符号（按管道布置图上的管口表），在中心线上方注出设备的位号，同时注出中心线的标高"EL"，对垂直管口应画出管口和它的中心线，注出设备位号和管口符号，再注出管口的法兰面或端面的标高"EL"。

（11）要表示出管道穿过的墙、楼板、屋顶、平台。对于墙要注出它与管道的关系尺寸；对于楼板、屋顶、平台，则注出它们各自的标高。

（12）不是管件与管件直连时，异径管和锻制异径短管一律以大端标注位置尺寸。

3.2.8.3 图形等级分界

（1）管道穿越装置边界时，边界线用细的双点划线表示，在其外侧注"B.L"。

（2）管道从一个区到另一个区，在交界处画细的点划线作为分界线，线外侧应注出延续部分所在管道布置平面图的图号（不是轴测图图号）。延续管道应绘出一小段虚线，注明管道号和管径及其轴测图图号。

（3）比较复杂的管道分成两张或两张以上的轴测图时，常以支管连接点、法兰、焊缝为分界点，界外部分用虚线画出一段，注出其管道号、管径和轴测图图号，但不要注多余的重复数据，避免在修改过程中发生错误。

（4）一根管道在同区内跨两张布置图而其轴测图又绘在一起时，在轴测图上要将布置图的交接点表示出来，交接点处画细点划线，线的两侧分别注出布置图的图号，不给定位尺寸。

（5）应表示出流程图和其它补充要求的全部管道等级的分界点，在分界点两侧分别注出管道等级。其它补充要求是指某一等级的管道上与设备管口、调节阀、安全阀（因这些管口、调节阀、安全阀的法兰与其相连接的管道的等级不同）相连接的法兰或管件的等级。在工程规定以外的某些特殊法兰（如与压缩机等机械相连接的法兰），应在等级分界点注出法兰的压力等级和法兰面型式。

3.3 管道布置要求

3.3.1 地上管道布置（GB 50316—2008）

3.3.1.1 一般规定要求

（1）管道布置应满足工艺、管道和仪表流程图的要求。

（2）管道布置应满足便于生产操作、安装及维修的要求，宜采用架空敷设，规划布局应整齐有序。在车间内或装置内不便维修的区域，不宜将输送强腐蚀性及B类流体的管道敷设在地下。

（3）具有热胀和冷缩的管道，布置中配合进行柔性计算的范围不应小于GB 50316—2008和工程设计的规定。

（4）管道布置中应按GB 50316—2008第3.1.5条的要求控制管道的振动。

3.3.1.2 管道的净空高度及净距

（1）架空管道穿过道路、铁路及人行道等的净空高度系指管道隔热层或支承构件最低点的高度，净空高度应符合表3.3-1的规定。

表 3.3-1 管道的净空高度及净距

序号	内　　容	规定	备注
1	电力机车的铁路,轨顶以上	≥6.6m	
2	铁路轨顶以上	≥5.5m	
3	道路	推荐值≥5.0m	最小值4.5m
4	装置内管廊横梁的底面	≥4.0m	
5	装置内管廊下面的管道,在通道上方	≥3.2m	
6	人行过道,在道路旁	≥2.2m	
7	人行过道,在装置小区内	≥2.0m	
8	管道与高压电力线路间交叉净距应符合架空电力线路现行国家标准的规定		

（2）在外管架（廊）上敷设管道时，管架边缘至建筑物或其它设施的水平距离除按以下要求外，还应符合现行国家标准《石油化工企业设计防火标准》(GB 50160)、《工业企业总平面设计规范》(GB 50187)及《建筑

设计防火规范》(GB 50016) 的规定。

管架边缘与其它设施的水平距离见表 3.3-2。

表 3.3-2 管架边缘与其它设施的水平距离

序号	内　　容	规　定	序号	内　　容	规　定
1	至铁路轨外侧	≥3.0m	4	至厂区围墙中心	≥1.0m
2	至道路边缘	≥1.0m	5	至有门窗的建筑物外墙	≥3.0m
3	至人行道边缘	≥0.5m	6	至无门窗的建筑物外墙	≥1.5m

(3) 布置管道时应合理规划操作人行通道及维修通道。操作人行通道的宽度不宜小于 0.8m。

(4) 两根平行布置的管道，任何突出部位至另一管子或突出部位或隔热层外壁的净距，不宜小于 25mm。裸管的管壁与管壁间净距不宜小于 50mm，在热（冷）位移后隔热层外壁不应相碰。

3.3.1.3　管道的一般布置要求

(1) 多层管廊的层间距离应满足管道安装要求。腐蚀性的液体管道应布置在管廊下层。高温管道不应布置在对电缆有热影响的下方位置。

(2) 沿地面敷设的管道，不可避免穿越人行通道时，应备有跨越桥。

(3) 在道路、铁路上方的管道不应安装阀门、法兰、螺纹接头及带有填料的补偿器等可能泄漏的组成件。

(4) 沿墙布置的管道，不应影响门窗的开闭。

(5) 腐蚀性液体的管道，不宜布置在转动设备的上方。

(6) 泵的管道应符合下列要求：

① 泵的入口管布置应满足净正吸入压头（气蚀余量）的要求；

② 双吸离心泵的入口管应避免配管不当造成偏流；

③ 离心泵入口处水平的偏心异径管一般采用顶平布置，但在异径管与向上弯的弯头直接连接的情况下，可采用底平布置。异径管应靠近泵入口。

(7) 与容器连接的管道布置应符合下列规定：

① 对非定型设备的管口方位，应结合设备内部结构及工艺要求进行布置；

② 对大型贮罐至泵的管道，确定罐的管口标高及第一个支架位置时，该管道应能适应贮罐基础的沉降；

③ 卧式容器及换热器的固定侧支座及活动侧支座，应按管道布置要求明确规定，固定支座位置应有利于根据主要管道的柔性计算来确定。

(8) 布置管道应留有转动设备维修、操作和设备内填充物装卸及消防车道等所需空间。

(9) 吊装孔范围内不应布置管道；设备内件抽出区域及设备法兰拆卸区内不应布置管道。

(10) 仪表接口的设置应符合下列规定：

① 就地指示仪表接口的位置应设在操作人员看得清的高度。

② 管道上的仪表接口应按仪表专业的要求设置，并应满足元件装卸所需的空间。

③ 设计压力不大于 6.3MPa 或设计温度不大于 425℃ 的蒸汽管道，仪表接口公称直径不应小于 DN15。大于上述条件及有振动的管道，仪表接口公称直径不应小于 DN20，当主管公称直径小于 DN20 时，仪表接口不应小于主管径。

(11) 管道的结构应符合下列规定：

① 两条对接焊缝间的距离不应小于 3 倍焊件的厚度，需焊后热处理时不宜小于 6 倍焊件的厚度且应符合下列要求：<DN50 的管道焊缝间距不宜小于 50mm；≥DN50 的管道焊缝间距不宜小于 100mm。

② 管道的环焊缝不宜在管托的范围内。需热处理的焊缝从外侧距支架边缘的净距宜大于焊缝宽度的 5 倍，且不应小于 100mm。

③ 不宜在管道焊缝及边缘上开孔与接管。当不可避免时应经强度校核。

④ 管道现场制作弯管的弯曲半径不宜小于 3.5 倍管外径；焊缝距弯管的起弯点不宜小于 100mm，且不应小于管外径。

⑤ 螺纹连接的管道，每个分支应在阀门等维修件附近设置一个活接头。但阀门采用法兰连接时可不设活接头。

⑥ 除端部带盲管的对焊管件外，不应将标准的对焊管件与滑套法兰直连。

(12) 蒸汽管道或可凝性气体管道的支管宜从主管的上方相接。蒸汽冷凝液支管应从收回总管的上方接入。

（13）管道布置时应留出试生产、施工、吹扫等所需的临时接口。

（14）管道穿过安全隔离墙时应加套管，在套管内的管段不应有焊缝，管子与套管间的间隙应填塞对管道无害的不燃材料。

3.3.1.4 B类流体管道布置要求

（1）B类流体的管道不得安装在通风不良的厂房内、室内的吊顶内及建（构）筑物封闭的夹层内。

（2）密度比环境空气大的室外B类气体管道，当有法兰、螺纹连接或有填料结构的管道组成件时，不应紧靠有门窗的建筑物敷设，可按 GB 50316—2008 第 8.1.6 条处理。

（3）B类流体的管道不得穿过与其无关的建筑物；不应布置在高温管道两侧，也不应布置在高温管道的上方。

（4）B类流体的管道与仪表及电气的电缆相邻敷设时，平行净距不宜小于 1.0m；电缆在下方敷设时交叉净距不应小于 0.5m。当管道采用焊接连接结构并无阀门时，其平行净距可取上述净距的 50%。

（5）B类液体排放应符合 GB 50316—2008 有关章节的规定。含油的水应先排入油水分离装置。

（6）B类流体管道与氧气管道的平行净距不应小于 500mm，交叉净距不应小于 250mm，当管道采用焊接连接结构并无阀门时，其平行距可取上述净距的 50%。

3.3.1.5 阀门的布置要求

（1）应按照阀门的结构、工作原理、正确流向及制造厂的要求采用水平或直立或阀杆向上方倾斜等安装方式。

（2）所有安全阀、减压阀及控制阀的位置，应便于调整及维修，并留有抽出阀芯的空间，当位置过高时应设置平台。所有手动阀门应布置在便于操作的高度范围内。

（3）阀门宜布置在热位移小的位置；换热器等设备的可拆端盖上设有管口并需接阀门时应备有可拆管段，并将切断阀布置在端盖拆卸区的外侧。

（4）除管道和仪表流程图上指定的要求外，对于紧急处理及防火需要开或关的阀门，应位于安全和方便操作的地方。

（5）安全阀的管道布置应考虑开启时反力及其方向，其位置应便于出口管的支架设计。阀的接管承受弯矩时应有足够的强度。

3.3.1.6 高点排气及低点排液的设置

（1）管道的高点与低点均应分别备有排气口与排液口，并位于容易接近的地方。如该处（相同高度）有其它接口可利用时可不另设排气或排液口。除管廊上的管道外，对于≤DN40 的管道可省去排气口；对于蒸汽伴热管迂回安装出现低点时，可不设排液阀。

（2）高点排气管的公称盲径最小应为 DN15；低点排液管的公称直径最小应为 DN20。当主管公称直径为 DN15 时可采用等径的排液口。

（3）气体管道的高点排气口可不设阀门，接管口应采用法兰盖或管帽等加以封闭；所有排液口最低点与地面或平台的距离不宜小于 150mm。

（4）饱和蒸汽管道的低点应设集液包及蒸汽疏水阀组。

3.3.1.7 放空口的位置

（1）B类气体的放空管管口及安全阀排放口与平台或建筑物的相对距离应符合现行国家标准《石油化工企业设计防火标准》（GB 50160—2008）第 5.5.11 条的规定。

（2）放空口位置除上述要求外，还应符合现行国家标准《制定地方大气污染物排放标准的技术方法》(GB/T 3840) 的规定。

3.3.2 地下管道布置（GB 50316—2008）

3.3.2.1 沟内管道布置

（1）沟内管道布置应符合以下规定。

① 管道的布置应方便检修及更换管道组成件；为保证安全运行，沟内应有排水措施；对于地下水位高且沟内易积水的地区，地沟及管道又无可靠的防水措施时，不宜将管道布置在管沟内。

② 沟与铁路、道路、建筑物的距离应根据建筑物基础的结构、路基、管道敷设的深度、管径、流体压力及管道井的结构等条件来决定，并应符合 GB 50316—2008 附录 F 的规定。

③ 避免将管沟平行布置在主通道的下面。GB 50316—2008 第 8.1 节中有关管道排列、结构、排气、排液

等条款也适用于沟内管道。

（2）可通行管沟的管道布置应符合以下规定：

① 在无可靠的通风条件及无安全措施时，不得在通行管沟内布置窒息性及 B 类流体的管道；也不得在其内排气、排液等。

② 沟内过道净宽不宜小于 0.7m，净高不宜小于 1.8m。

③ 对于长的管沟应设安全出入口，每隔 100m 应设有人孔及直梯。必要时设安装孔。

（3）不可通行管沟的管道布置应符合下列规定：

① 当沟内布置经常操作的阀门时，阀门应布置在不影响通行的地方，必要时可增设阀门伸长杆，将手轮引伸至靠近活动沟盖背面的高度处。

② B 类流体的管道不宜设在密闭的沟内。在明沟中不宜敷设密度比空气大的 B 类气体管道。当不可避免时应在沟内填满细砂，并应定期检查管道使用情况。

3.3.2.2 埋地管道布置

（1）埋地管道与铁路、道路及建筑物的最小水平距离应符合 GB 50316—2008 附录 F 的规定。

（2）管道与管道及电缆间的最小水平间距应符合现行国家标准《工业企业总平面设计规范》(GB 50187) 的规定。

（3）大直径薄壁管道深埋时应满足在土壤压力下的稳定性及刚度要求。

（4）从道路下面穿越的管道，其顶部至路面不宜小于 0.7m。从铁路下面穿越的管道应设套管，套管顶至铁轨底的距离不应小于 1.2m。

（5）管道与电缆间交叉净距不应小于 0.5m，电缆宜敷设在热管道下面，腐蚀性流体管道上面。

（6）B 类流体、氧气和热力管道与其它管道的交叉净距不应小于 0.25m，C 类及 D 类流体管道间的交叉净距不宜小于 0.15m。

（7）管道埋深应在冰冻线以下，当无法实现时，应有可靠的防冻保护措施。

（8）设有补偿器、阀门及其它需维修的管道组成件时，应将其布置在符合安全要求的井室中，井内应有宽度≥0.5m 的维修空间。

（9）有加热保护的（如伴热）管道不应直接埋地，可设在管沟内。

（10）挖土共沟敷设管道的要求应符合现行国家标准《工业企业总平面设计规范》(GB 50187) 的规定。

（11）带有隔热层及外护套的埋地管道，布置时应有足够柔性，并在外套内有内管热胀的余地。无补偿直埋方法可用于温度≤120℃的 D 类流体的管道，并应按国家现行直埋供热管道标准的规定进行设计与施工。

3.3.3 开孔照明条件（HG/T 20549.4—1998）

3.3.3.1 管道开孔条件

（1）在详细工程设计的管道布置图（研究版）阶段提出管道开孔条件，供土建及相关专业用。

（2）一般情况开孔条件分三次提出：

第一次是管径 DN≥300 的开孔条件，以便结构专业进行梁的布置设计。

第二次是管径 200≤DN≤300 的开孔。

第三次是管径 DN<200 的开孔。

（3）开孔条件图一般复用设备布置图或土建结构的模板图及建筑的平立面图。在图上标注开孔的位置、形状、尺寸及其它要求。多层楼面应按各层标高分别提出开孔条件图。

（4）开孔的孔径应按下列情况确定：

① 无保温的管道，不通过法兰，按管外径加 40mm 计算；

② 无保温的管道，通过法兰，按法兰外径加 30mm 计算；

③ 保温的管道，不通过法兰，按保温层外径加 40mm 计算；

④ 保温的管道，通过法兰，按上述②、③取大者。

（5）对于多根管并排且相距很近，可合并开长方形孔。

（6）穿过楼面、平台的孔一般为圆形，穿墙孔一般为方形。

（7）开孔不得损伤梁的结构，并不影响窗户、门、过梁等构件。

（8）孔边如需加钢板或角钢或螺栓孔等特殊要求，应加注明或附详图。

（9）楼面或平台、墙开孔举例：

① 楼面开孔有翻边要求时，应画出翻边轮廓线，如图 3.3-1 所示带翻边的开孔（平面图）。

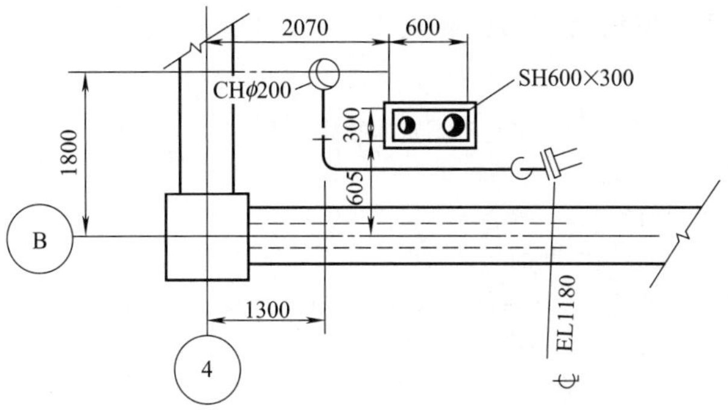

图 3.3-1　带翻边的开孔（平面图）

② 管道穿楼面的开孔见图 3.3-2。

③ 墙上开孔见图 3.3-3。

3.3.3.2　局部照明条件

（1）装置内某些装备在夜间采用一般照明方法进行操作或检查有困难时，应设局部照明，如就地操作岗位、就地仪表或电气仪表盘、就地液位计、重要操作或巡回频繁地区等。

（2）在管道布置图（研究版）上注出局部照明的灯照方向，被照部件的高、低范围，照度，对灯具的要求、坐标等。

（3）局部照明条件内容深度见表 3.3-3（局部照明条件表）。

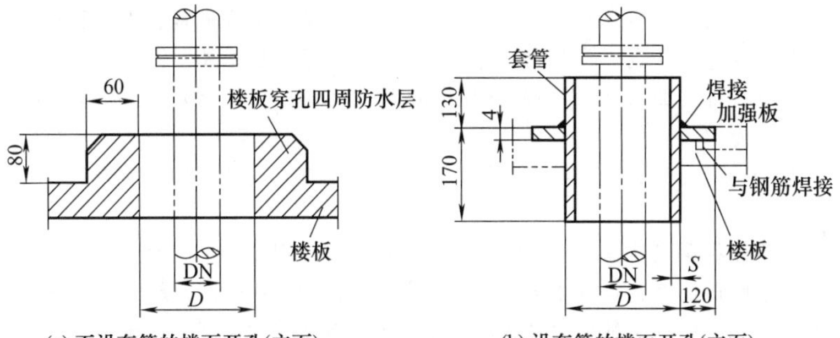

(a) 不设套管的楼面开孔(立面)　　(b) 设套管的楼面开孔(立面)

图 3.3-2　管道穿楼面的开孔

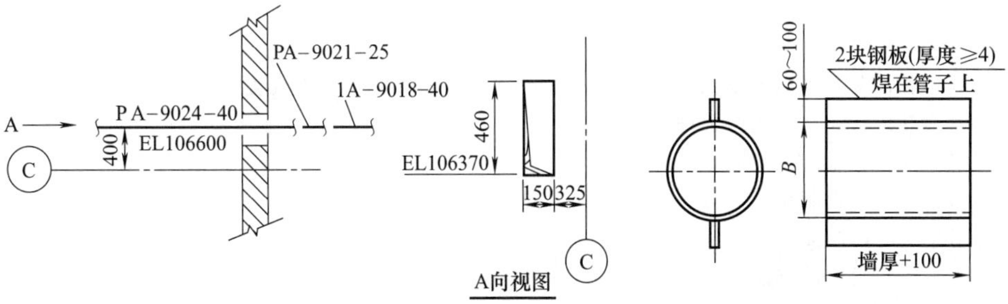

(a) 不设套管的墙上开孔　　　　(b) 设套管的墙上开孔

图 3.3-3　墙上开孔

表 3.3-3　局部照明条件表

序号	需照明的设备		照明点坐标/mm		标高范围	灯照方向	备注
	设备号	附件名称	N	E	/mm	（按制图北向 0°为基准）	
1	T1301	液位计	×.×××	×.×××	＋800～＋1200	135°	

3.3.4 医药工业洁净厂房设计（GB 50457—2019）

3.3.4.1 工艺布局

(1) 医药工业洁净厂房的工艺布局应满足下列基本要求：

① 应满足药品生产工艺的要求。

② 应满足空气洁净度级别的要求。

(2) 工艺布局应防止人流和物流之间的交叉污染，并满足下列基本要求：

① 应分别设置人员和物料进出生产区域的出入口。对在生产过程中易造成污染的物料应设置专用出入口。

② 应分别设置人员和物料进入医药洁净室前的净化用室和设施。

③ 医药洁净室内工艺设备和设施的设置应满足生产工艺和空气洁净度级别要求。生产和储存的区域不得用作非本区域内工作人员的通道。

④ 输送人员和物料的电梯宜分开设置。电梯不宜设置在医药洁净室内。当工艺需要必须在医药洁净室内设置物料垂直输送的装置时，则应采取措施确保医药洁净室的空气洁净度级别不受影响，并避免交叉污染。

⑤ 医药工业洁净厂房内物料传递路线应符合工艺生产流程需要，短捷顺畅。

(3) 在符合工艺条件的前提下，医药工业洁净厂房内各种固定技术设施的布置应根据净化空气调节系统的要求综合协调。

(4) 医药洁净室的布置应符合下列规定：

① 在满足生产工艺和噪声要求的前提下，空气洁净度级别高的医药洁净室宜靠近空调机房布置，空气洁净度级别相同的工序和医药洁净室的布置宜相对集中。

② 不同空气洁净度级别医药洁净室之间的人员出入和物料传送应有防止污染的措施。

(5) 医药工业洁净厂房内，宜靠近生产区设置与生产规模相适应的原辅料、半成品和成品存放区域。存放区域内宜设置待验区和合格品区，也可采取控制物料待检和合格状态的措施。不合格品应设置专区存放。

(6) 高致敏性药品（青霉素类）、生物制品（如卡介苗类和结核菌素类）、血液制品的生产厂房应独立设置，其生产设施和设备应专用。

(7) 生产 β-内酰胺结构类药品、性激素类避孕药品、含不同核素的放射性药品生产区必须与其它药品生产区严格分开。

(8) 炭疽杆菌、肉毒梭状芽孢杆菌、破伤风梭状芽孢杆菌应使用专用生产设施生产。

(9) 某些激素类、细胞毒性类、高活性化学药品生产区应使用专用生产设施。特殊情况下，当采取特别防护措施并经过必要的验证，上述药品制剂可通过阶段性生产方式共用同一生产设施。

(10) 下列药品生产区之间应分开布置：

① 中药材的前处理、提取和浓缩等生产区与其制剂生产区。

② 动物脏器、组织的洗涤或处理等生产区与其制剂生产区。

③ 原料药生产区与其制剂生产区。

(11) 下列生物制品的原料和成品，不得同时在同一生产区域内加工和灌装：

① 生产用菌毒种与非生产用菌毒种。

② 生产用细胞与非生产用细胞。

③ 强毒制品与非强毒制品。

④ 死毒制品与活毒制品。

⑤ 脱毒前制品与脱毒后制品。

⑥ 活疫苗与灭活疫苗。

⑦ 不同种类的人血液制品。

⑧ 预防类与治疗类制品。

(12) 原辅料取样区应单独设置，取样环境的空气洁净度级别应与被取样物料的生产环境相同。无菌物料的取样应满足无菌生产工艺的要求，并应设置相应的物料和人员净化用室。特殊药品的取样区应专用。

(13) 原辅料称量室应专门设计，产尘量大的称量操作应具有粉尘控制的措施。称量室的空气洁净度级别应与生产环境相同。

(14) 直接接触物料的设备、容器及工器具的清洗间的设置应符合下列规定：

① 清洗间应单独设置，清洗间的空气洁净度级别不应低于 D 级。空气洁净度为 A/B 级的医药洁净室内不

得设置清洗间。

　　② 不便移动的设备应设置在线清洗、在线灭菌设施。A/B 级医药洁净室内的在线清洗、在线灭菌设施的下水及蒸汽凝水必须排出本区域外。

　　③ 清洗后的物品应在清洁干燥通风的条件下存放。A/B 级医药洁净室内使用的物品清洗后应及时灭菌，灭菌后的存放应保证其无菌状态不被破坏。

　　(15) 医药洁净室的清洁工具洗涤、存放应设置单独的房间，其空气洁净度级别不应低于 D 级。A/B 级医药洁净室内不应设置清洁工具的洗涤间，清洁工具不宜在 A/B 级医药洁净室内存放，在 A/B 级区域内存放的清洁工具必须经过灭菌处理。

　　(16) 洁净工作服洗涤、干燥和整理应符合下列规定：

　　① 洗衣间宜单独设置。洁净工作服的洗涤、干燥和整理室，其空气洁净度级别不应低于 D 级。

　　② 不同空气洁净度级别的医药洁净室内使用的工作服，应分别清洗、整理。

　　③ A/B 级医药洁净室内使用的工作服洗涤干燥后，宜在 A 级送风保护下整理，并及时灭菌。

　　(17) 无菌生产洁净室应专用于采用无菌生产工艺的药品的生产，不应用于其它药品的生产。

　　(18) 无菌生产洁净室应根据无菌生产工艺要求，确定核心生产区并设置必要的防护措施，避免生产过程受到污染。

　　(19) 无菌生产洁净室的人流、物流设计必须合理，减少不必要的交叉影响。无菌生产洁净室内不应设置与无菌生产无关的房间。

　　(20) 无菌生产洁净室应设置物品传递的通道。传入无菌生产洁净室的物品应有灭菌和消毒设施。

　　(21) 无菌生产洁净室内不应设置地漏和水斗。无菌生产洁净室所用的水应经过灭菌处理。无菌生产洁净室内的设备/器具使用完毕后应移出本区域清洗，并经过灭菌后进入。采用在线清洗/在线消毒的生产设备，其下水/凝水应直接排出无菌生产洁净室外。

　　(22) 无菌生产洁净室内设备通气口应设置除菌过滤器。灭菌产生的水蒸气应排出无菌生产洁净室。

　　(23) 无菌生产洁净室应设置环境消毒/灭菌设施，以降低环境的微生物负荷。无菌生产洁净室内使用的清洗剂/消毒剂应经过灭菌/除菌处理。

　　(24) 无菌生产洁净室的净化更衣设施应满足 3.3.4.2 中（2）和（4）的要求。

　　(25) 质量控制实验室的布置和空气洁净度级别应符合下列规定：

　　① 质量控制实验室应与药品生产区严格分开。无菌检查、微生物检查、抗生素微生物检定、放射性同位素检定和阳性对照实验室等应分开设置。

　　② 各微生物实验室的设置应符合下列规定：

　　a. 无菌检查实验应在 B 级背景下的 A 级单向流洁净区域完成，或在 D 级背景下的隔离器中进行。

　　b. 微生物限度检查实验应在 D 级背景下的 B 级单向流洁净区域进行。

　　c. 阳性对照试验和抗生素微生物检定试验应根据所处理对象的危害程度分类及其生物安全要求，在相应等级的生物安全实验室内进行。

　　d. 各微生物实验室应根据各自的空气洁净度要求，设置相应的人员净化和物料净化设施，并应有效避免互相干扰。

　　③ 有特殊要求的分析仪器应设置专门的仪器室并有相应的措施。

　　④ 实验动物房应当与其它区域严格分开，并应具有独立的空气处理设施和动物专用通道。

　　(26) 医药工业洁净厂房应设置防止昆虫和其它动物进入的设施。

3.3.4.2　人员净化

　　(1) 医药工业洁净厂房内人员净化用室和生活用室的设置应符合下列规定：

　　① 人员净化用室应根据药品生产工艺和空气洁净度级别要求设置。不同空气洁净度级别的医药洁净室的人员净化用室宜分别设置。

　　② 人员净化用室应设置存雨具、换鞋、存外衣、洗手、更换洁净工作服等设施。

　　③ 盥洗室、休息室等生活用室可根据需要设置，但不得对药品生产造成不良影响。

　　(2) 人员净化用室和生活用室的设计应符合下列规定：

　　① 人员净化用室入口处应设置净鞋设施。

　　② 存外衣区域应单独设置，存衣柜应根据设计人数每人一柜。

　　③ 人员净化用室应按气锁设计，脱外衣和穿洁净衣的区域应分开。必要时，可将进入和离开医药洁净室

的更衣间分开设置。

④ 人员净化用室的空气净化要求应符合 3.3.4.7 中（13）的规定。

⑤ 厕所和浴室不得设置在医药洁净室内，且不得与生产区和仓储区直接相通。

⑥ 青霉素等高致敏性药品、某些甾体药品、高活性药品及其它有毒有害药品的人员净化用室，应采取防止有毒有害物质被人体带出人员净化用室的措施。

（3）医药工业洁净厂房内人员净化用室和生活用室的面积，应根据不同生产工艺要求和工作人员数量确定。

（4）医药洁净室的人员净化用室的设置宜按图 3.3-4 和图 3.3-5 的程序设计。

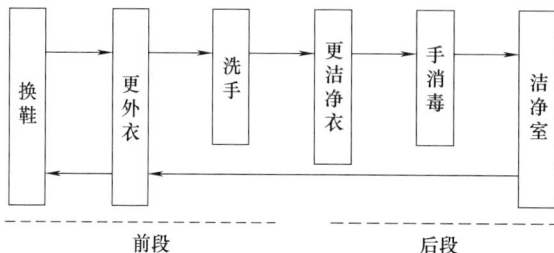

图 3.3-4　医药洁净室人员净化基本程序（非无菌生产洁净室）

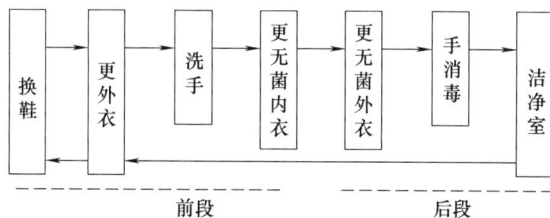

图 3.3-5　医药洁净室人员净化基本程序（无菌生产洁净室）

3.3.4.3　物料净化

（1）医药洁净室的原辅料、包装材料和其它物品出入口，应设置物料净化用室和设施。

（2）进入无菌生产洁净室的原辅料、包装材料和其它物品，除应符合上条的规定外，尚应在出入口设置供物料、物品灭菌用的灭菌室和灭菌设施。

（3）物料清洁室或灭菌室与医药洁净室之间应设置气锁或传递柜。气锁的静态净化级别应与其相邻高级别医药洁净室一致。

（4）传递柜应密闭良好，并应易于清洁。两边的传递门应有防止同时被开启的措施。传递柜的尺寸和结构应满足传递物品的要求。传递至无菌生产洁净室的传递柜应有相应的净化设施。

（5）医药洁净室产生的废弃物应有传出通道。易产生污染的废弃物应设置单独的出口。具有活性或毒性的生物废弃物应灭活后传出。

3.3.4.4　工艺用水

（1）饮用水的制备和使用应符合下列规定：

① 饮用水的制备方式应保证其水质符合现行国家标准《生活饮用水卫生标准》（GB 5749）的有关规定；

② 饮用水的储存和输送应符合 GB 50457—2019 第 10.2.1 条和第 10.2.2 条的规定。

（2）纯化水的制备、储存和分配应符合下列规定：

① 纯化水的制备方式应保证其水质符合现行《中华人民共和国药典》纯化水标准的规定。

② 用于纯化水储存和输送的储罐、管道、管件的材料，应无毒、耐腐蚀、易于消毒，并应采用内壁抛光的优质不锈钢或其它不污染纯化水的材料。储罐的通气口应安装不脱落纤维的疏水性过滤器。

③ 纯化水输送管道系统宜采取循环方式。设计和安装时，不应出现使水滞留和不易清洁的死角。循环干管的回水流速不宜小于 1m/s，不循环支管长度不宜大于支管管径的 3 倍。纯化水终端净化装置的设置应靠近使用点。

④ 纯化水储存和输送系统应有清洗和消毒措施。

（3）注射用水的制备、储存和使用应符合下列规定：

① 注射用水的制备方式应保证其水质符合现行《中华人民共和国药典》的注射用水标准的规定。

② 用于注射用水储罐和输送管道、管件等的材料应无毒、耐腐蚀、耐高温灭菌，并应采用内壁抛光的优质不锈钢管或其它不污染注射用水的材料。储罐的通气口应安装不脱落纤维的疏水性除菌过滤器。

③ 注射用水输送管道系统应采取循环方式。设计和安装时不应出现使水滞留和不易清洁的死角。循环干管的回水流速不应小于 1m/s，循环温度可保持在 70℃ 以上，不循环支管长度不宜大于支管管径的 3 倍。注射用水终端净化装置的设置应靠近使用点。

④ 注射用水储存和输送系统应设置在线清洗、在线消毒设施。

3.3.4.5 工艺管道

（1）一般规定

① 工艺管道的干管应敷设在技术夹层或技术夹道中。需要拆洗和消毒的管道应明敷。可燃、易爆、有毒、有腐蚀性的物料管道应明敷，当需穿越技术夹层时，应采取可靠的安全措施。

② 工艺管道在设计和安装时，不应出现使输送介质滞留和不易清洁的部位。

③ 在满足工艺要求的前提下，工艺管道宜短。

④ 工艺管道系统应设置吹扫口、放净口和取样口。

⑤ 输送纯化水的管道应符合 3.3.4.4 中（2）的规定，输送注射用水的管道应符合 3.3.4.4 中（3）的规定。

⑥ 工艺管道不宜穿越与其无关的医药洁净室。

⑦ 输送可燃、易爆、有毒、有腐蚀性介质的工艺管道，应根据介质的理化性质控制物料的流速，并应符合本节中（4）的有关规定。

⑧ 与药品直接接触的工业气体净化装置应根据气源和生产工艺对气体纯度的要求选择。气体终端净化装置的设置应靠近用气点。

（2）管道材料、阀门和附件

① 管道、管件和阀门等应根据所输送物料的理化性质和使用工况选用。采用的材料和阀门应满足工艺要求，不应吸附和污染物料。

② 输送无菌介质的管道材料应采用内壁抛光的优质不锈钢或其它不污染物料的材料，输送纯化水的管道材料应符合 3.3.4.4 中（2）的规定，输送注射用水的管道材料应符合 3.3.4.4 中（3）的规定。

③ 输送工艺物料的干管不宜采用软性管道，不得采用铸铁、陶瓷、玻璃等脆性材料。当采用塑性较差的材料时，应有加固和保护措施。

④ 引入医药洁净室的明敷管道，应采用外抛光不锈钢，或其它不污染环境、外表不易积尘的材料。

⑤ 工艺管道上的阀门、管件材质，应与所连接的管道材质相适应。

⑥ 医药洁净室内工艺管道上的阀门、管件除应满足工艺要求外，尚应采用拆卸、清洗和检修方便的结构形式。

⑦ 管道与设备宜采用金属管材连接。采用软管连接时，应采用金属软管。

（3）管道的安装、保温

① 工艺管道的连接应采用焊接连接。不锈钢管应采用对接氩弧焊。

② 管道与阀门连接宜采用焊接连接，也可采用法兰、螺纹或其它密封性能优良的连接件。接触工艺物料的法兰和螺纹的密封圈应采用不易污染物料的材料。

③ 穿越医药洁净室墙、楼板、顶棚的管道应敷设套管，套管内的管段不应有焊缝、螺纹和法兰。管道与套管之间应有密封措施。

④ 医药洁净室内的管道应排列整齐，宜减少阀门、管件和管道支架的设置。管道支架应采用不易锈蚀、表面不易脱落颗粒性物质的材料。

⑤ 医药洁净室内管道的绝热方式应根据所输送介质的温度确定。冷保温管道的外壁温度不得低于环境的露点温度。

⑥ 医药洁净室内的管道绝热保护层表面应平整光滑，无颗粒性物质脱落。

⑦ 医药洁净室内的各类管道，均应设置指明输送物料名称及流向的标志。

（4）安全技术

① 存放及使用可燃、易爆、有毒、有腐蚀性介质设备的放散管应引至室外，并应设置相应的阻火装置、过滤装置和防雷保护设施。放散管的设置应符合有关规定。

② 可燃气体和氧气管道的末端或最高点应设置放散管。可燃气体放散管的设置应符合现行国家标准《石

油化工企业设计防火标准》（GB 50160）的有关规定，氧气管道放散管的设置应符合现行国家标准《氧气站设计规范》（GB 50030）的有关规定。引至室外的放散管应采取防雨和防异物侵入的措施。

③ 输送甲类、乙类可燃、易爆介质的管道应设置导除静电的接地设施。

④ 下列部位应设置可燃、易爆介质报警装置和事故排风装置，报警装置应与相应的事故排风装置连锁：

a. 甲类、乙类介质的入口室；

b. 管廊、技术夹层或技术夹道内有甲类、乙类介质的易积聚处；

c. 医药工业洁净厂房内使用甲类、乙类介质的场所。

⑤ 医药工业洁净厂房内不得使用压缩空气输送可燃、易爆介质。

⑥ 各种气瓶应集中设置在医药洁净室外。当日用气量不超过一瓶时，气瓶可设置在医药洁净室内，但应有气体泄漏报警和消防等安全措施。

3.3.4.6 工艺设备

（1）一般规定

① 医药洁净室内使用的制药设备和设施应具有防尘和防微生物污染的措施。

② 制药设备的生产能力应与其生产批量相适应。

③ 用于成品包装的机械应性能可靠、操作方便、不易产生差错。当出现不合格、异物混入或性能故障时，应有报警、纠偏、剔除、调整等功能。

④ 制药设备上的仪器仪表应计量准确，精度应符合要求，调节控制应稳定。

⑤ 制药设备保温层表面应平整光洁，不得有异物脱落。安装于医药洁净室内的保温层外应采用不锈钢或其它不污染洁净室的材料制作的外壳保护，并且能耐受日常清洗和消毒，并不得与消毒剂发生化学反应。

⑥ 当设备在不同洁净度级别的医药洁净室之间安装时，应采用密封隔断措施。

⑦ 空气洁净度 A/B 级的医药洁净室内使用的传送带不得穿越较低级别区域，除非传送带本身能连续灭菌。

⑧ 医药洁净室内的各种制药设备均应选用低噪声产品。对于噪声值超过医药洁净室允许值的设备应设置专用降噪设施。

⑨ 制药设备与其它有强烈振动的设备或管道连接时，应采取主动隔振措施。安装有精密设备、仪器仪表的区域应根据各类振源对其影响采取被动隔振措施。

（2）设计和选用

① 制药设备应结构合理、表面光洁、易于清洁。装有物料的制药设备应密闭。与物料直接接触的设备内表面应平整光滑、易于清洗和消毒灭菌，并耐腐蚀。

② 与物料直接接触的制药设备内表面，应采用不与物料发生化学反应、不释放微粒、不吸附物料的材料。生产无菌药品的设备、容器、工器具等应采用优质不锈钢，或其它不会对药品质量产生影响的材料。

③ 制药设备的传动部件应密封，并应采取防止润滑剂、冷却剂等泄漏的措施。润滑剂不得对药品或设备造成污染。

④ 需清洗和灭菌的制药设备零部件应易于拆装，不便移动的制药设备应便于进行在线清洗和在线灭菌。

⑤ 药液过滤材料不应与药液发生化学反应，不应吸附药液或向药液内释放物质而影响药品质量。不得使用石棉材料。

⑥ 对生产中发尘量大的制药设备应设置捕尘装置，排风应设置气体过滤和防止空气倒灌及粉尘二次污染的措施。

⑦ 与药品直接接触的干燥用空气、压缩空气、惰性气体等均应设置净化装置。经净化处理后，气体所含的微粒和微生物数量应符合药品生产环境空气洁净度级别的规定。直接排至室外的设备出风口应有防止空气倒灌的装置。

⑧ 甲类、乙类火灾危险场所的制药设备应符合现行国家标准《爆炸危险环境电力装置设计规范》（GB 50058）的有关规定。压力容器尚应符合现行国家标准《压力容器》（GB/T 150）的有关规定。

⑨ 医药洁净室内设备的安装方式应确保不影响洁净室的清洁、消毒，不存在物料积聚或无法清洁的部位。

⑩ 制药设备应设置满足有关参数验证要求的测试点。

⑪ 直接接触无菌药品的生产设备应满足灭菌的要求。

⑫ 特殊药品的生产设备应符合下列规定：

a. 青霉素类等高致敏性药品、β-内酰胺结构类药品、放射性类药品、卡介苗、结核菌素、芽孢杆菌类等生物制品、血液或动物脏器、组织类制品等的生产设备必须专用；

b. 生产甾体激素类、细胞毒性类药品制剂，当无法避免与其它药品交替使用同一设备时，应采取防护和清洁措施，并应进行设备清洁验证。

⑬ 难以清洁的特殊药品的生产设备应专用。

3.3.4.7 净化空气调节系统

（1）医药洁净室空气净化处理应根据空气洁净度级别要求合理选用空气过滤器。

（2）空气过滤器的选用和布置方式应符合下列规定：

① 中效空气过滤器宜集中设置在净化空气处理机组的正压段。

② 高效空气过滤器宜设置在净化空气调节系统的末端。服务于无菌药品生产的净化空气调节系统空气过滤器应设置在系统的末端。

③ 在回风和排风系统中，高效空气过滤器及作为预过滤的中效过滤器应设置在系统的负压段。

④ 空气过滤器应按小于或等于额定风量选用。

⑤ 设置在同一医药洁净室内的高效过滤器运行时的阻力和效率宜相近。

⑥ 高效过滤器的安装位置与方式应密封、可靠，易于检漏和更换。

（3）净化空气调节系统的设置应符合下列规定：

① 净化空气调节系统与一般空气调节系统应分开设置。

② 无菌与非无菌生产区的净化空气调节系统应分开设置。

③ 含有可燃、易爆或有害物质的生产区应独立设置。

④ 运行班次或使用时间不同时宜分开设置。

⑤ 对温度、湿度参数控制要求差别大时宜分开设置。

（4）净化空气调节系统在下列生产场所中的空气不应循环使用：

① 生产中使用有机溶媒，且因气体积聚可构成爆炸或火灾危险的工序。

② 三类（含三类）危害程度以上病原体操作区。

③ 放射性药品生产区。

（5）净化空气调节系统设计应合理利用回风。但下列生产场所的空气不应循环使用：

① 生产过程中散发粉尘的工序，当空气经处理仍不能避免交叉污染时。

② 生产过程中产生有害物质、异味、大量热湿或挥发性气体的工序。

（6）生产过程中散发粉尘较集中的设备或区域应设置除尘设施。采用单机除尘时，除尘器应设置在靠近发尘点的机房内；机房门向医药洁净室方向开启的，机房内环境要求应与医药洁净室相同。间歇使用的除尘系统，应有防止医药洁净室压差变化的措施。

（7）净化含有爆炸危险性粉尘的除尘系统，应采用有泄爆和防静电装置的防爆除尘器。防爆除尘器应设置在排尘系统的负压段，并应设置在独立的机房内或室外。

（8）医药洁净室的排风系统应符合下列规定：

① 对于甲类、乙类生产区的排风系统，应采取防火、防爆措施。

② 当废气中有害物浓度超过国家或地方排放标准时，废气排入大气前应采取处理措施。

③ 特殊性质药品生产区的排风系统应符合 GB 50457—2019 中第 9.6.2 条的规定。

（9）医药洁净室的排风系统尚应符合下列规定：

① 应采取防止室外气体倒灌的措施。

② 对含有水蒸气和凝结性物质的排风系统，应设置坡度及排放口。

（10）净化空气调节系统应为医药洁净室的消毒灭菌提供必要的手段和设施。当医药洁净室的消毒灭菌方式需利用净化空气调节系统作为通风设施时，应配置相应的消毒排风设施。

（11）不同净化空气调节系统的排风系统、散发粉尘或有害气体区域的排风系统宜单独设置。

（12）下列情况的排风系统应单独设置：

① 排放介质毒性为《职业性接触毒物危害程度分级》中规定的中度危害以上的区域。

② 排放介质混合后会加剧腐蚀、增加毒性、产生燃烧和爆炸危险性或发生交叉污染的区域。

③ 排放可燃、易爆介质的甲类、乙类生产区域。

（13）人员净化用室应送入与医药洁净室净化空气调节系统相同的洁净空气。人员净化用室应符合下列规定：

① 人员净化用室之间应保持合理的压差梯度。除有特殊要求外，应确保气流从洁净区经人员净化用室流向非洁净区的空气流向。

② 人员净化用室后段静态级别应与其相应洁净区的级别相同。前段应有适当的洁净级别，换鞋和更换外衣可以设在清洁区。

③ 人员净化用室应有足够的换气量。

④ 特殊性质药品生产区，为阻断生产区空气外泄，人员净化用室中应按需要设置正压或负压气锁。

（14）送风、回风和排风的启闭应连锁。正压洁净室连锁程序为先启动送风机，再启动回风机和排风机；关闭时连锁程序应相反。

（15）无菌药品生产的洁净区净化空气调节系统应保持连续运行，维持相应的洁净级别。在非生产期间，净化空气调节系统可以采用低频运行等模式，但仍应保持医药洁净室相应级别和对周围低级别洁净区的正压。因故停机再次开启空气净化系统，应当进行必要的测试以确认满足其规定的洁净度级别要求。

（16）医药洁净厂房中散发各类可燃、易爆气体的甲类、乙类生工序的通风和净化空气调节系统设计应符合现行国家标准《建筑设计防火规范》（GB 50016）、《工业建筑供暖通风与空气调节设计规范》（GB 50019）的有关规定。

（17）散发有害气体或有爆炸危险气体的医药洁净室应设置事故排风装置，并应符合下列规定：

① 事故排风区域的换气次数不应小于 12 次/h。

② 事故排风系统的通风构件和设备应满足相应的防腐或防爆要求。

③ 事故通风机的电器开关应分别设置在洁净室内和洁净室外便于操作的地点，当设置有害或可燃气体检测、报警装置时，事故通风系统宜与其联动，并保证事故通风系统电源可靠性。

④ 设有事故排风的场所不具备自然进风条件时，应同时设置补风系统，补风量应为排风量的 50%～80%，补风机应与事故排风机连锁。

（18）医药工业洁净厂房防排烟设计应符合下列规定：

① 高度大于 32m 的高层厂房（仓库）内长度大于 20m 的疏散走道，其它厂房（仓库）内长度大于 40m 的疏散走道应设置排烟设施。排烟风量应按走道面积计算。

② 丙类厂房内建筑面积超过 300m² 的房间应设置排烟设施。

③ 厂房设置机械排烟时，应同时设置补风系统，补风量不应小于排烟量的 50%，补风空气应直接从室外引入，且机械送风口或自然补风口应设在储烟仓之下。

④ 医药洁净室内的排烟口及补风口应有防泄漏措施，与其相连通的排烟及补风系统的进出风口处应设防止昆虫进入的措施。

（19）厂房中的空调、通风、冷冻等机电用房可不设排烟设施。

（20）净化空气调节系统噪声超过允许值时，应采取隔声、消声、隔振等措施，消声设施不得影响医药洁净室的净化条件。

（21）医药洁净室的压差应符合 GB 50457—2019 中第 3.2.5 条的规定。净化空气调节系统应采取维持系统风量和各房间压差的措施。

（22）下列医药洁净室应设置指示压差的装置：

① 洁净室与非洁净室之间。

② 不同空气洁净度级别的洁净室之间。

③ 相同洁净级别生产区内，需要保持相对负压或正压的较重要的操作间。

④ 物料净化室的气锁、人员净化用室各不同洁净级别的更衣室之间，用以阻断气流的正压或负压气锁。

⑤ 采用机械方式连续传送物料进出洁净室之间。

（23）下列医药洁净室应与相邻医药洁净室保持相对负压：

① 生产过程中散发粉尘的医药洁净室。

② 生产过程中使用有机溶媒的医药洁净室。

③ 生产过程中产生大量有害物质、热湿气体和异味的医药洁净室。

④ 青霉素类等特殊性质药品的精制、干燥、包装室及其制剂产品的分装室。

⑤ 三类（含三类）危害程度以上的病原体操作区。

⑥ 放射性药品生产区。

（24）质量控制实验室空气调节系统的设置应符合下列规定：

① 实验室空气调节系统应与药品生产区分开。

② 无菌检查室、微生物限度检查室的空气洁净度级别，应符合 GB 50457—2019 中第 5.1.25 条的规定。

③ 放射性同位素检定室不应利用回风，室内空气应经过滤后直接排至室外。

④ 无菌检查室、微生物限度检查室、抗生素微生物检定室当各自单独设置空调系统时可各自单独回风。若合用空气调节系统时，微生物限度检查室、抗生素微生物检定室需直排，不应回风。

⑤ 阳性对照室不宜利用回风。

(25) 中药生产中参照洁净区管理的工序，其空气调节和通风设计应符合下列规定：

① 应采取通风措施或设置空气调节系统。

② 送入生产区域的空气应经过粗效、中效空气过滤器两级过滤，室内应保持微正压。

③ 生产过程中散发粉尘、有害物的房间应设置除尘或排风系统。

(26) 洁净度级别为 A 级区的单向流装置应符合下列规定：

① 应覆盖无菌药品生产的暴露工序及 GB 50457—2019 中附录 A 规定的全部区域。

② 当单向流装置面积较大，且采用室内循环风运行时，应采取减少空气洁净度 A 级区域与室内周围环境温差的措施，空气洁净度 A 级区域内的温度不应超过室内设计温度 2℃，并不应高于 24℃。

③ 空气洁净度 A 级的单向流装置应采用侧墙下部或地面格栅回风。

④ 局部空气洁净度 A 级的单向流装置外缘必要时宜设置围挡，围挡高度宜低于操作面。

⑤ 当单向流装置采用风机过滤器机组或层流罩组合时，送风量应能调节。其终阻力的叠加噪声应符合 GB 50457—2019 中第 3.2.7 条的规定。

⑥ 单向流装置的设置应便于安装、维修及更换空气过滤器。

(27) 净化空气调节系统的空气处理机组应符合下列规定：

① 空气处理机组应有良好的气密性，机组内静压保持 1kPa 时，漏风率不得大于 1%。

② 空气处理机组内表面应光滑、耐腐蚀和易于清洁。

③ 空气处理机组应有良好的绝热性能，外表面不得结露。

④ 空气处理机组的送风机应按净化空气调节系统的总风量和总阻力选择。风机选用风量应在系统计算风量上附加 5%～10%；计算系统总阻力时，各级空气过滤器的阻力应按其初阻力的 1.5～2.0 倍计算。

⑤ 空气处理机组中的送风机宜采用自动调速装置。

⑥ 空气处理机组的整体结构应有足够的强度，在运输、安装及运行时不得出现机组外壳变形。

(28) 医药洁净室净化空气调节系统应保证其充分的运行可靠性，置备必要的备品备件。服务于无菌生产洁净室的净化空气调节系统宜按二级负荷提供电源。

(29) 对于有多套空气处理机组集中布置并同时运行的净化空气调节系统，宜采用新风集中处理的方式，并应设置避免各空气调节系统的新风量在运行中相互干扰和影响的措施。

(30) 服务于无菌生产核心区域的净化空气调节系统，其空气处理加湿用蒸汽源宜采用纯化水制备的纯蒸汽。

3.3.4.8 气流流型和送风量

(1) 气流流型的设计应符合下列规定：

① 气流流型应满足空气洁净度级别的要求，空气洁净度为 A 级时，气流应采用单向流流型。

② 空气洁净度为 B 级、C 级、D 级时，气流应采用非单向流流型。非单向流气流流型应减少涡流区。

③ 在混合气流的医药洁净室内，气流流向应从该空间洁净度较高一端流向略低一端。

④ 医药洁净室气流分布应均匀。气流流速应满足生产工艺、空气洁净度级别和人体卫生的要求。

(2) 医药洁净室气流的送风、回风方式应符合下列规定：

① 医药洁净室气流的送风、回风方式应符合表 3.3-4 的规定。

表 3.3-4 医药洁净室气流的送风、回风方式

医药洁净室空气洁净度级别	气流流型	送风、回风方式
A 级	单向流	水平、垂直
B 级	非单向流	顶送下侧回、上侧送下侧回
C 级	非单向流	顶送下侧回、上侧送下侧回
D 级	非单向流	顶送下侧回、上侧送下侧回、顶送顶回

注：上侧送下侧回仅适用于在高大房间顶送下侧回不能满足送风要求时。

② 散发粉尘或有害物质的医药洁净室不应采用走廊回风，且不宜采用顶部回风。

(3) 医药洁净室内各种设施的布置，除应满足气流流型和空气洁净度级别的要求外，尚应符合下列规定：

① 单向流区域内不宜布置洁净工作台，在非单向流医药洁净室内设置单向流洁净工作台时，其位置宜远

离回风口。

② 易产生污染的工艺设备附近应设置排风口。

③ 有局部排风装置或需排风的工艺设备，宜布置在医药洁净室下风侧。

④ 有发热量大的设备时，应有减少热气流对气流分布影响的措施。

⑤ 余压阀宜设置在洁净空气流的下风侧。

（4）医药洁净室的送风量应取下列各项计算所得的最大值：

① 维持洁净度级别要求所需的送风量。送风量根据室内产生的微粒数计算确定。

② 维持洁净度级别所需的"恢复时间"确定的送风量。

③ 根据室内热湿负荷计算确定的送风量。

④ 向医药洁净室内供给的新鲜空气量。

3.3.4.9　洁净管道的连接件

（1）常用规格连接件选用，如图 3.3-6 所示。

图 3.3-6　常用规格连接件选用（ISO 标准卡箍式管接配件）

（2）卡箍和密封圈的选用见表 3.3-5。

表 3.3-5　卡箍和密封圈的规格型号

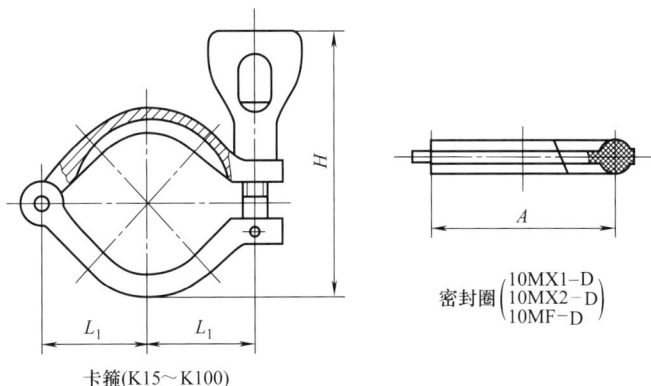

卡箍(K15～K100)

密封圈$\begin{pmatrix}10MX1-D\\10MX2-D\\10MF-D\end{pmatrix}$

DN	壁厚/mm	DG 公制管		GB 英制管		卡箍					密封
		外径/mm	规格/(kg/m)	外径/mm	规格/(kg/m)	型号	H/mm	L_1/mm	L_2/mm	重量/kg	A/mm
15	1.2	18	0.47	19.05	0.529	K15	60	28	28	0.215	27.5
20	1.2	25	0.71	25.4	0.717	K20	82	40	42	0.220	43.5
25	1.2	32	0.92	31.8	0.907	K25	82	40	42	0.220	43.5
32	1.5	38	1.37	38.1	1.355	K32	82	40	42	0.220	43.5
40	1.5	45	1.63	50.8	1.825	K40	87	46	48	0.270	56.5
50	1.5	57	2.10	63.5	2.295	K50	95	52	59	0.302	70.5
65	2.0	76	3.70	76.1	3.663	K65	115	58	68	0.405	83.5
80	2.0	89	4.33	88.9	4.290	K80	125	68	86	0.496	97.0
90	2.0			101.6	4.916	K90	135	77	90	0.585	—
100	2.0	108	5.28	114.3	5.538	K100	150	85	105	0.632	110
125	2.0			141.3	6.876	K125	155	95	110	0.689	146
150	2.5			168.3	10.23	K150	170	110	125	0.765	174
200	2.5			219.0	13.36	K200	195	135	150	0.813	225

（3）胀接式和焊接式管接头的选用见表 3.3-6。

表 3.3-6 胀接式和焊接式管接头型号规格

图片	胀接式管接头(8ZK-D)	焊接式管接头(9HK-D)

胀接式管接头(8ZK-D)　　　焊接式管接头(9HK-D)

DN	胀接式 8ZK-D				焊接式 9HK-D			
	D_1/mm	D_2/mm	L/mm	重量/kg	D_1/mm	D_2/mm	L/mm	重量/kg
15	18.1	23	20	0.033	15.5	18	21.5	0.028
20	25.1	28.5	20	0.054	22.5	25	21.5	0.050
25	32.1	30	20	0.072	29.9	32	21.5	0.047
32	38.2	43	20	0.056	35	38	21.5	0.049
40	45.2	51	25	0.103	42	45	21.5	0.069
50	57.2	63	30	0.158	54	57	28	0.102
65	76.2	80	30	0.195	72	76	28	0.150
80					85	89	28	0.180
100					104	108	28	0.225

DN	胀接式 8ZK-G				焊接式 9HK-G			
	D_1/mm	D_2/mm	L/mm	重量/kg	D_1/mm	D_2/mm	L/mm	重量/kg
15	19.05	23	20	0.032	16.6	19.0	21.5	0.026
20	25.4	29	20	0.054	23.0	25.4	21.5	0.050
25	31.8	38	20	0.072	29.4	31.8	21.5	0.047
32	38.1	42.5	20	0.056	35.1	38.1	21.5	0.049
40	50.8	56	25	0.100	47.8	50.8	21.5	0.067
50	63.5	69	30	0.155	60.5	63.5	28	0.100
65	76.1	82	30	0.195	72.0	76.1	28	0.150
80					84.9	89.0	28	0.180
90					97.6	101.6	28	0.207
100					110.3	114.3	28	0.224
125					137.3	141.3	28	0.352
150					163.3	168.3	28	0.493
200					214.0	219.0	28	0.637

（4）常用密封垫片材料的选用见表 3.3-7。

表 3.3-7 常用密封垫片材料

名称代号		使用压力/MPa	使用温度/℃	用途
天然橡胶	NR	≤1.6	−50～90	
氯丁橡胶	CR	≤1.6	−40～100	
丁腈橡胶	NBR	≤1.6	−30～110	油性场合、精细化工、化妆品等
丁苯橡胶	SBR	≤1.6	−30～100	
乙丙橡胶	EPDM	≤1.6	−40～130	用于普通食品行业
氟橡胶	Viton	≤1.6	−50～200	
石棉橡胶板	XB350	≤2.5	≤300	
耐油石棉板	NY400	≤2.5	≤300	
聚四氟乙烯	PTFE	≤4.0	−196～260	用于药品和食品行业,耐酸/碱

续表

名称代号	使用压力/MPa	使用温度/℃	用途
食品橡胶 10MX1-D		−10～110	用于药品和食品行业
丁腈橡胶 10MX2-D		−10～120	油性场合、精细化工、化妆品等
聚四氟 10MF-D		−20～250	用于药品和食品行业，耐酸/碱
硅橡胶 PSI		−10～130	耐热、耐低温性能好，广泛用于药品和食品行业

（5）快开法兰的选用见表 3.3-8。

表 3.3-8　快开法兰的尺寸　　　　　　　　　　　单位：mm

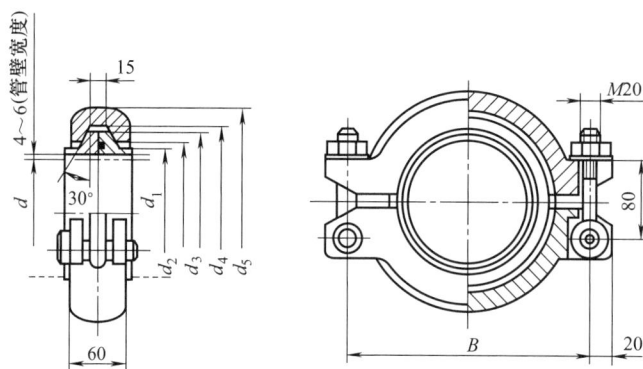

内径 d	d_1	d_2	d_3	d_4	d_5	B
90～100	122	130	150	160	200	240
100～110	132	140	160	170	210	240
110～120	142	150	170	180	220	260
120～130	152	160	180	190	230	260

（6）常用快装式蝶阀的选用见表 3.3-9。

表 3.3-9　常用快装式蝶阀

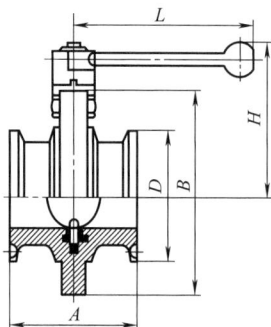

规格 (ISO)	A/mm	B/mm	D/mm	L/mm	H/mm	重量/kg
20	66	78	50.5	130	82	1.35
25	66	78	50.5	130	82	1.35
32	66	78	50.5	130	82	1.2
38	70	86	50.5	130	86	1.3
51	76	102	64	140	96	1.85
63	98	115	77.5	150	103	2.25
76	98	128	91	150	110	2.6
89	102	139	106	170	116	3.0
102	106	154	119	170	122	3.6
108	106	159	119	170	126	3.6
133	140	185	145	190	138	6.5
159	260	215	172	190	153	11

（7）常用焊接式蝶阀的选用见表 3.3-10。

表 3.3-10 常用焊接式蝶阀

规格(ISO)	A/mm	B/mm	D/mm	L/mm	H/mm	重量/kg
20	50	78	19.05	130	82	1.2
25	50	78	25.4	130	82	1.2
32	50	78	31.8	130	82	1.05
38	50	86	38.1	130	86	1.2
51	52	102	50.8	140	96	1.7
63	56	115	63.5	150	103	2.1
76	56	128	76.1	150	110	2.4
89	60	139	88.9	170	116	2.7
102	64	154	101.6	170	122	3.05
108	64	159	108	170	126	3.15
133	80	138	133	190	138	5.2
159	90	215	159	190	153	9.2

（8）重型卡箍的选用见表 3.3-11。

表 3.3-11 重型卡箍

公称通径(DN)	A/mm	B/mm
20～38	90	58.5
50	99	72
65	126	99
100	154	127

（9）轻型卡箍的选用见表 3.3-12。

表 3.3-12 轻型卡箍

尺寸/in	φ/mm	A/mm	B/mm	重量/kg
1～1½	19～38	53.5	44.5	0.28
2	50.8	66.5	57.5	0.33
2½	63.5	81	72	0.4
3	76.2	94	85	0.44
3½	88.9	108	102	0.52
4	101.6	122	113	0.57
5	133	150	137	2.0
6	159	178	164	1.2

（10）连接卡盘的选用见表 3.3-13。

表 3.3-13 连接卡盘

尺寸/in	OD/ID×t	A/mm	B/mm	重量/kg
1	25.4/22.4×1.5	50.5	21.5	0.07
1¼	31.8/28.8×1.5	50.5	21.5	0.06
1½	38.1/35.1×1.5	50.5	21.5	0.05
2	50.8/47.8×1.5	64	21.5	0.08
2½	63.5/59.5×1.5	77.5	21.5	0.11
3	76.2/72.2×2	91	21.5	0.14
3½	88.9/84.9×2	106	21.5	0.18
4	101.6/97.6×2	119	21.5	0.24
5	133/127×3	145	30	0.48
6	159/153×3	172	35	0.63

（11）连接卡堵的选用见表3.3-14。

表 3.3-14　连接卡堵

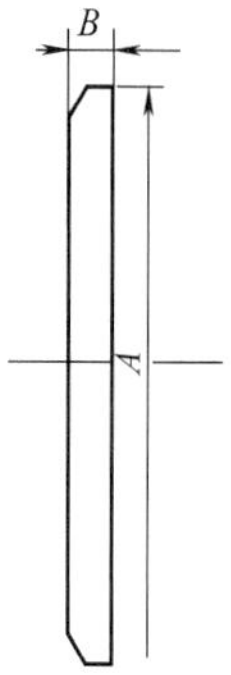

尺寸/in	ϕ/mm	A/mm	B/mm	重量/kg
1～1½	19～38	50.5	6.4	0.08
2	50.8	64	6.4	0.16
2½	63.5	77.5	6.4	0.21
3	76.2	91	6.4	0.3
3½	89.1	106	6.4	0.42
4	101.6	119	6.4	0.55

（12）常用塑料管道规格系列见表3.3-15。

表 3.3-15　常用塑料管道规格系列

PVC 粉体输送软管	防静电钢丝增强	钢丝螺旋增强	塑筋螺旋
图片	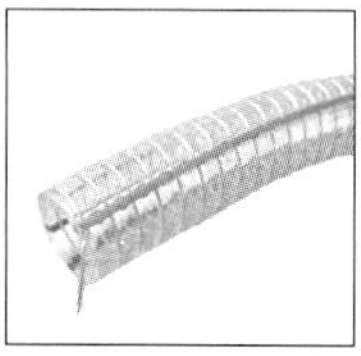		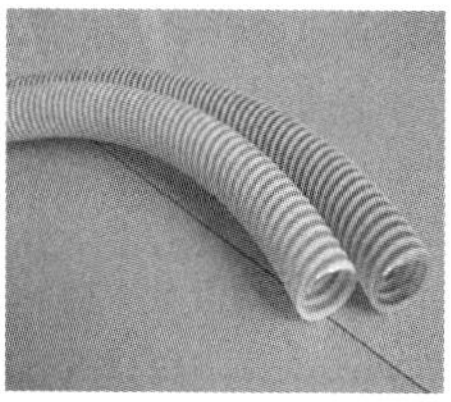
材料	PVC 树脂、镀锌弹簧钢丝、铜丝	PVC 树脂、镀锌弹簧钢丝	PVC 树脂
内径 ϕ/mm	8～200	8～200	25～152
耐压/MPa	0.3～0.5	0.3～0.8	0.4～0.8
温度/℃	−5～65	−5～65	−5～65
介质	汽、水、油、粉末	水、汽、油、粉末	汽、水、粉末
PVC 食品专用软管 图片	钢丝增强 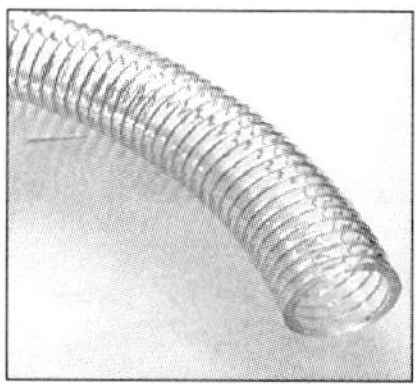	纤维增强 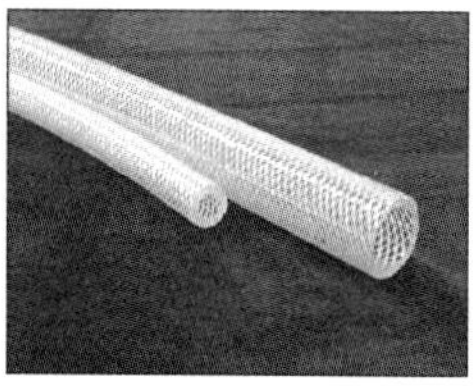	塑筋螺旋 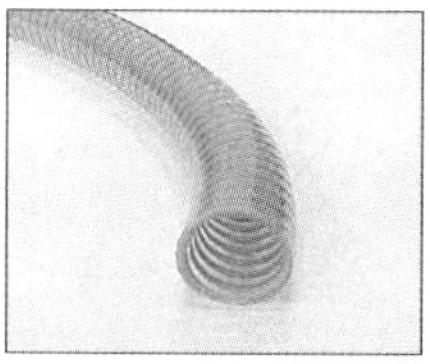
材料	PVC 树脂、镀锌钢丝	PVC 树脂、聚酯纤维	PVC 树脂
内径 ϕ/mm	8～200	5～75	25～152
耐压/MPa	0.3～0.8	0.4～1.5	0.4～0.8
温度/℃	0～65	0～65	−5～65
介质	汽、水、饮料、粉末	汽、水、饮料	粉末、水、饮料、汽

（13）塑料管道卡箍如图3.3-7所示。

3.3.5　防静电的设计

3.3.5.1　放电与引燃（GB 12158—2006）
典型静电放电的特点和其相对引燃能力见表3.3-16。

3.3.5.2　静电基本防护措施（GB 12158—2006）
（1）减少静电荷产生　对接触起电的物料，应尽量选用在带电序列中位置较邻近的，或对产生正负电荷的

图 3.3-7 塑料管道卡箍

物料加以适当组合，使最终达到起电最小。静电起电极性序列表见 GB 12158—2006 附录 B。

在生产工艺的设计上，对有关物料应尽量做到接触面积和压力较小，接触次数较少，运动和分离速度较慢。

（2）使静电荷尽快地消散 在静电危险场所，所有属于静电导体的物体必须接地。对金属物体应采用金属导体与大地做导通性连接，对金属以外的静电导体及亚导体则应做间接接地。

静电导体与大地间的总泄漏电阻值在通常情况下均不应大于 $10^6\Omega$。每组专设的静电接地体的接地电阻值一般不应大于 100Ω，在山区等土壤电阻率较高的地区，其接地电阻值也不应大于 1000Ω。

表 3.3-16 典型静电放电特点及引燃性

放电种类	发生条件	特点及引燃性
电晕放电	当电极相距较远，在物体表面的尖端或突出部位电场较强处较易发生	有时有声光，气体介质在物体尖端附近局部电离，不形成放电通道。感应电晕单次脉冲放电能量小于 $20\mu J$，有源电晕单次脉冲放电能量则较此大若干倍，引燃、引爆能力甚小
刷形放电	在带电电位较高的静电非导体与导体间较易发生	有声光，放电通道在静电非导体表面附近形成许多分叉，在单位空间内释放的能量较小，一般每次放电能量不超过 4mJ，引燃、引爆能力中等
火花放电	要发生在相距较近的带电金属导体间	有声光，放电通道一般不形成分叉，电极上有明显放电集中点，释放能量比较集中，引燃、引爆能力很强
传播型刷形放电	仅发生在具有高速起电的场合，当静电非导体的厚度小于 8mm，其表面电荷密度 $\geqslant2.7\times10^{-4}C/m^2$ 时较易发生	放电时有声光，将静电非导体上一定范围内所带的大量电荷释放，放电能量大，引燃、引爆能力强

对于某些特殊情况，有时为了限制静电导体对地的放电电流，允许人为地将其泄漏电阻值提高到 $10^4\sim10^6\Omega$，但最大不得超过 $10^9\Omega$。局部环境的相对湿度宜增加至 50% 以上，增湿可以防止静电危害的发生，但这种方法不得用在气体爆炸危险场所 0 区。

生产工艺设备应采用静电导体或静电亚导体，避免采用静电非导体。对于高带电的物料，宜在接近排放口前的适当位置装设静电缓和器。在某些物料中可添加适量的防静电添加剂，以降低其电阻率。在生产现场使用静电导体制作的操作工具应接地。

（3）带电体应进行局部或全部静电屏蔽，或利用各种形式的金属网，减少静电的积聚，同时屏蔽体或金属网应可靠接地。

（4）在设计和制作工艺装置或装备时，应避免存在静电放电的条件，如在容器内避免出现细长的导电性突出物和避免物料的高速剥离等。

（5）控制气体中可燃物的浓度，保持在爆炸下限以下。

（6）限制静电非导体材料制品的暴露面积及暴露面的宽度。

（7）在遇到分层或套叠的结构时避免使用静电非导体材料。

（8）在静电危险场所使用的软管及绳索的单位长度电阻值应在 $10^3\sim10^6\Omega/m$ 之间。

（9）在气体爆炸危险场所禁止使用金属链。

（10）使用静电消除器迅速中和静电：

① 静电消除器是利用外部设备或装置产生需要的正电荷或负电荷以消除带电体上的电荷；

② 静电消除器原则上应安装在带电体接近最高电位的部位；

③ 消除属于静电非导体物料的静电，应根据现场情况采用不同类型的静电消除器；

④ 静电危险场所要使用防爆型静电消除器。

3.3.5.3 固态物料防护措施（GB 12158—2006）

（1）非金属静电导体或静电亚导体与金属导体相互连接时，其紧密接触的面积应大于 $20cm^2$。

（2）架空配管系统各组成部分，应保持可靠的电气连接。室外的系统同时要满足国家有关防雷规程的要求。

（3）防静电接地线不得利用电源零线、不得与防直击雷地线共用。

（4）在进行间接接地时，可在金属导体与非金属静电导体或静电亚导体之间，加设金属箔或涂导电性涂料或导电膏以减少接触电阻。

（5）油罐汽车在装卸过程中应采用专用的接地导线（可卷式），夹子和接地端子将罐车与装卸设备相互连接起来。接地线的连接应在油罐开盖以前进行；接地线的拆除应在装卸完毕，封闭罐盖以后进行。有条件时可尽量采用接地设备与启动装卸用泵相互间能连锁的装置。

（6）在振动和频繁移动的器件上用的接地导体禁止用单股线及金属链，应采用 $6mm^2$ 以上的裸绞线或编织线。

3.3.5.4 液态物料防护措施（GB 12158—2006）

（1）控制烃类液体灌装时的流速，具体计算见 GB 12158—2006 第 6.3.1 条内容。

（2）在输送和灌装过程中应防止液体的飞散喷溅，从底部或上部入罐的注油管末端应设计成不易使液体飞散的倒 T 形等形状或另加导流板；或在上部灌装时使液体沿侧壁缓慢下流。

（3）对罐车等大型容器灌装烃类液体时宜从底部进油，若不得已采用顶部进油时则其注油管宜伸入罐内离罐底不大于 200mm。在注油管未浸入液面前，其流速应限制在 1m/s 以内。

（4）烃类液体中应避免混入其它不相容的第二物相杂质如水等，并应尽量减少和排除槽底和管道中的积水。当管道内明显存在不相容的第二物相其流速应限制在 1m/s 以内。

（5）在贮存罐、罐车等大型容器内，可燃性液体的表面不允许存在不接地的导电性漂浮物。

（6）当液体带电很高时，例如在精细过滤器的出口，可先通过缓和器后再输出进行灌装。带电液体在缓和器内停留时间，一般可按缓和时间的 3 倍来设计。

（7）烃类液体的检尺、测温和采样：

① 当设备在灌装、循环或搅拌等工作过程中，禁止进行取样、检尺或测温等现场操作，在设备停止工作后需静置一段时间才允许进行上述操作。所需静置时间见表 3.3-17。

表 3.3-17 烃类液体现场操作前所需静置时间   单位：min

液体电导率 /(S/m)	液体容积/m³			
	<10	≤10～<50	≤50～<5000	>5000
$>10^{-8}$	1	1	1	2
$10^{-12}\sim10^{-8}$	2	3	20	30
$10^{-14}\sim10^{-12}$	4	5	60	120
$<10^{-14}$	10	15	120	240

注：1. 若容器内设有专用量槽时，则按液体容积 $<10^3 m^3$。

2. 对油槽车的静置时间为 2min 以上。

② 对金属材质制作的取样器，测温器及检尺等在操作中应接地。有条件时应采用具有防静电功能的工具。

③ 取样器、测温器及检尺等装备上所用合成材料的绳索及油尺等，其单位长度电阻值应为 $10^5\sim10^7\Omega/m$ 或表面电阻和体积电阻率分别低于 $10^{10}\Omega$ 及 $10^8\Omega\cdot m$ 的静电亚导体材料。

④ 在设计和制作取样器、测温器及检尺装备时，应优先采用红外、超声等原理的装备，以减少静电危害产生的可能。

⑤ 在可燃的环境条件下灌装、检尺、测温、清洗等操作时，应避开可能发生雷暴等危害安全的恶劣天气，同样强烈的阳光照射可使低能量的静电放电造成引燃或引爆。

（8）在烃类液体中加入防静电添加剂，使电导率提高至 250pS/m 以上。

(9) 当在烃类液体中加入防静电添加剂来消除静电时，其容器应是静电导体并可靠接地，且需定期检测其电导率，以便使其数值保持在规定要求以上。

(10) 当不能以控制流速等方法来减少静电积聚时，可以在管道的末端装设液体静电消除器。

(11) 当用软管输送易燃液体时，应使用导电软管或内附金属丝、网的橡胶管，且在相接时注意静电的导通性。

(12) 在使用小型便携式容器灌装易燃绝缘性液体时，宜用金属或导静电容器，避免采用静电非导体容器，对金属容器及金属漏斗应跨接并接地。

(13) 容器的清洗过程应该避免可燃的环境条件，并且在清洗后静置一定时间才可使用。

3.3.5.5 气态粉态物料防护措施（GB 12158—2006）

(1) 在工艺设备的设计及结构上应避免粉体的不正常滞留、堆积和飞扬；同时还应配置必要的密闭、清扫和排放装置。

(2) 粉体的粒径越细越易起电和点燃，在整个工艺过程中，应尽量避免利用或形成粒径在 $75\mu m$ 或更小的细微粉尘。

(3) 气流物料输送系统内，应防止偶然性外来金属导体混入成为对地绝缘的导体。

(4) 应尽量采用金属导体制作管道或部件，当采用静电非导体时应具体测量并评价其起电程度，必要时应采取相应措施。

(5) 必要时可在气流输送系统的管道中央，顺其走向加设两端接地的金属线，以降低管内静电电位，也可采取专用的管道静电消除器。

(6) 对于强烈带电的粉料，宜先输入小体积的金属接地容器，待静电消除后再装入大料仓。

(7) 大型料仓内部不应有突出的接地导体，在顶部进料时进料口不得伸出，应与仓顶取平。

(8) 当筒仓的直径在 1.5m 以上时，且工艺中粉尘粒径多数在 $30\mu m$ 以下时，要用惰性气体置换、密封筒仓。

(9) 工艺中需将静电非导体粉粒投入可燃性液体或混合搅拌时，应采取相应的综合防护措施。

(10) 收集和过滤粉料的设备，应采用导静电的容器及滤料并予以接地。

(11) 对输送可燃气体的管道或容器等应防止不正常的泄漏，并宜装设气体泄漏自动检测报警器。

(12) 高压可燃气体的对空排放应选择适宜的流向和处所，对于压力高、容量大的气体如液氢排放时，宜在排放口装设专用的感应式消电器。同时要避开可能发生雷暴等危害安全的恶劣天气。

3.3.5.6 人体静电的防护措施（GB 12158—2006）

(1) 当气体爆炸危险场所的等级属 0 区和 1 区，且可燃物的最小点燃能量在 0.25 mJ 以下时，工作人员需穿防静电鞋、防静电服。当环境相对湿度保持在 50% 以上时可穿棉工作服。

(2) 静电危险场所的工作人员，外露穿着物（包括鞋、衣物）应具防静电或导电功能，各部分穿着物应存在电气连续性，地面应配用导电地面。

(3) 禁止在静电危险场所穿脱衣物、帽子及类似物，并避免剧烈的身体运动。

(4) 在气体爆炸危险场所的等级属 0 区和 1 区工作时，应佩戴防静电手套。

(5) 防静电衣物所用材料的表面电阻 $<10^{10}\ \Omega$，防静电工作服技术要求见 GB 12014。

(6) 可以采用安全有效的局部静电防护措施（如腕带），以防止静电危害的发生。

3.3.5.7 石油化工静电接地范围方式（SH/T 3097—2017）

(1) 在生产加工、储运过程中，设备、管道、操作工具及人体等，有可能产生和积聚静电而造成静电危害时，应采取静电接地措施：

① 生产、加工、储存易燃易爆气体和液体的设备及气柜、储罐等；

② 输送易燃易爆液体和气体的管道及各种阀门；

③ 装卸易燃易爆液体和气体的罐（槽）车，油罐，装卸栈桥、铁轨，鹤管，以及设备、管线等；

④ 生产、输送可燃粉尘的设备和管线。

(2) 在进行静电接地时，必须注意下列部位的接地：

① 装在设备内部而通常从外部不能进行检查的导体；

② 安装在绝缘物体上的金属部件；

③ 与绝缘物体同时使用的导体；

④ 被涂料或粉体绝缘的导体；

⑤ 容易腐蚀而造成接触不良的导体；

⑥ 在液面上悬浮的导体。

（3）各种静电消除器的接地端，应按要求进行接地。

（4）在下列情况下，可不采取专用的静电接地措施（计算机、电子仪器等除外）：

① 当金属导体已与防雷、电气保护、防杂散电流、电磁屏蔽等的接地系统有电气连接时；

② 当埋入地下的金属构造物、金属配管、构筑物的钢筋等金属导体间有紧密的机械连接，并在任何情况下金属接触面间有足够的静电导通性时。

（5）当金属管段已作阴极保护时，不应静电接地。

（6）静电接地设计，除应符合 SH/T 3097—2017 外，尚应符合国家现行有关强制性标准规范的规定。

（7）静电接地方式如下。

① 直接静电接地：静电导体应采用金属导体进行直接接地。

② 间接静电接地：为使金属以外的静电导体、静电亚导体进行静电接地，将其表面的局部或全部与接地的金属体紧密相接的一种接地方式。

③ 静电非导体除应间接静电接地外，尚应配合其它的防静电措施。

（8）静电接地系统静电接地电阻值不应大于 $10^6\,\Omega$。专设的静电接地体的对地电阻值不应大于 $100\,\Omega$，在山区等土壤电阻率较高的地区，其对地电阻值也不应大于 $1000\,\Omega$。当其它接地装置兼作静电接地时，其接地电阻值应根据该接地装置的要求确定。

3.3.5.8 石油化工静电接地方法要求（SH/T 3097—2017）

（1）应在设备、管道的一定位置上设置专用的接地连接端子，作为静电接地的连接点。

（2）接地连接端子的位置应符合下列要求：

① 不易受到外力损伤；

② 便于检查维修；

③ 便于与接地干线相连；

④ 不妨碍操作；

⑤ 尽量避开容易积聚可燃混合物以及容易锈蚀的地点。

（3）静电接地连接端子有下列几种：

① 设备、管道外壳（包括设备支座、耳座）上预留出的裸露金属表面；

② 设备、管道的金属螺栓连接部位；

③ 接地端子排板；

④ 专用的金属接地板。

（4）专用金属接地板的设置应符合下列要求：

① 金属接地板可焊（或紧固）于设备、管道的金属外壳或支座上；

② 金属接地板的材质，应与设备、管道的金属外壳材质相近；

③ 用于管道静电接地引下线的金属接地板的截面不宜小于 50mm×10mm，管道跨接用的金属接地板的截面不宜小于 50mm×6mm；最小有效长度宜为 60mm。如管道有保温层，该板应伸出保温层外 60mm。

④ 设备接地用的金属接地板的截面不宜小于 50mm×10mm，最小有效长度对小型设备宜为 60mm，大型设备宜为 110mm。如设备有保温层，该板应伸出保温层外 60mm 或 110mm。

⑤ 接地用螺栓规格不应小于 M10。

⑥ 当选用钢筋混凝土基础作静电接地体时，应选择适当部位预埋 20mm×200mm×6mm 钢板，钢板上再焊专用的金属接地板，预埋钢板的锚筋应与基础主钢筋相焊接。

（5）静电接地支线和连接线，应采用具有足够机械强度、耐腐蚀和不易断线的多股金属线或金属体，规格按表 3.3-18 选用。在振动和频繁移动的器件上使用的接地导体不应采用单股线及金属链。

表 3.3-18　静电接地支线、连接线的最小规格

设 备 类 型	接 地 支 线	连 接 线
固定设备	16mm² 多股铜芯电线 φ8mm 镀锌圆钢 12mm×4mm 镀锌扁钢	6mm² 铜芯软绞线或软铜编织线

续表

设备类型	接地支线	连接线
大型移动设备	16mm² 多股铜芯电线 或橡套铜芯软电缆	—
一般移动设备	10mm² 多股铜芯电线 或橡套铜芯软电缆	—
振动和频繁移动的器件	6mm² 铜芯软绞线	

（6）静电接地干线和接地体应与其它用途的接地装置综合考虑，统一布置；可利用保护接地干线、防雷电感应接地干线作为静电接地干线使用，否则应专门设置静电接地干线和接地体。

（7）静电接地干线的布置应符合下列要求：

① 有利于设备、管道及需要在现场作静电接地的移动物体的接地；

② 静电接地干线在装置内宜闭合环形布置，不同标高层或两个闭合环之间的接地干线应至少有两处连接。

（8）下列接地干线或线路不得用于静电接地：

① 三相四线制系统中的中性线；

② 整流所各级电压的交流、直流保护接地系统；

③ 直流回路的专用接地干线。

（9）静电接地体的设计应符合下列要求：

① 当静电接地干线与保护接地干线在建、构筑物内有两点相连时，可不另设静电接地体；

② 应充分利用自然接地体以及其它用途的接地体；

③ 腐蚀环境中，宜根据腐蚀介质及腐蚀环境类别选用复合型耐腐蚀材料。

（10）静电接地干线和接地体静电接地材质的选择如下：

① 静电接地材质可选用镀锌钢材、复合型防腐接地材料等；

② 当选用镀锌钢材时，钢材规格可按表 3.3-19 确定；

表 3.3-19　静电接地干线和接地体用钢材的最小规格

名称	单位	地上规格	地下规格
扁钢	截面积 厚度	100mm² 4mm	160mm² 4mm
圆钢	直径	ϕ12mm	ϕ14mm
角钢	规格	—	50mm×5mm
钢管	直径	—	50mm

③ 当选用复合型防腐接地材料时，静电接地干线和接地体用复合型防腐接地材料的最小规格可按照表 3.3-20 确定；

表 3.3-20　静电接地干线和接地体用复合型防腐接地材料的最小规格

名称	单位	规格	
		地上	地下
复合型防腐扁钢	截面积 厚度	100mm² 4mm	100mm² 4mm
复合型防腐圆钢	直径	ϕ12mm	ϕ12mm
复合型防腐角钢	规格	50mm×5mm	50mm×5mm

④ 以上所规定的材质选择是针对石油化工装置的一般要求，对于特殊物料装置，应根据其工艺产品特性确定接地材质的选型。

（11）接地端子与接地支线连接，应采用下列方式：

① 固定设备宜采用螺栓连接；

② 有振动、位移的物体，应采用挠性线连接；

③ 移动式设备及工具应采用电瓶夹头、鳄式夹钳、专用连接夹头或磁力连接器等；

④ 不应采用接地线与被接地体相缠绕的方法。

（12）静电接地的连接应符合下列要求：

① 当采用搭接焊连接时，其搭接长度应是扁钢宽度的 2 倍或圆钢直径的 6 倍，焊接处应进行防腐处理；

② 当采用螺栓连接时，其金属接触面应去锈、除油污，并加防松螺帽或防松垫片；

③ 当采用电池夹头、鳄式夹钳等器具连接时，有关连接部位应去锈、除油污。

3.3.5.9　固定设备静电接地（SH/T 3097—2017）

（1）固定设备（塔、容器、机泵、换热器、过滤器等）的外壳应进行静电接地，覆土设备一般可不做静电接地。

（2）直径≥2.5m 及容积≥50m³ 的设备，其接地点不应少于 2 处，接地点应沿设备外围均匀布置，其间距不应大于 30m。

（3）有振动性能的固定设备，其振动部件应采用截面不小于 6mm² 的铜芯软绞线接地，严禁使用单股线；有软连接的几个设备之间应采用铜芯软绞线跨接。

（4）转动物体的接地可采用导电润滑脂或专用接地设施（如在无爆炸、无火灾危险环境内可采用滑环和电刷等）进行接地，但类似于阀杆、轴承转动部分可不必进行上述连接；容易积聚静电荷的皮带或传送带，宜采用导电橡胶制品。

（5）皮带传动的机组及其皮带的防静电接地刷、防护罩，均应接地。

（6）可燃粉尘的袋式集尘设备，织入袋体的金属丝的接地端子应接地。

（7）设备内部的各部件之间的活动连接或滑动连接等部位，应保持其接触电阻值在 1000Ω 以下。

（8）固定设备与接地线或连接线宜采用螺栓连接，连接端子可设置在设备的侧面、设备联合金属支座的侧面或端部位置，接地端子与接地线的材料选择应符合 SH/T 3097—2017 第 4.4.4 条与第 4.5 节和第 4.7 节中有关条款。

（9）与地绝缘的金属部件（如法兰、胶管接头、喷嘴等）应采用铜芯软绞线跨接引出接地。

3.3.5.10　固定储罐静电接地（SH/T 3097—2017）

（1）储罐内各金属构件（搅拌器、升降器、仪表管道、金属浮体等）必须与罐体等电位连接并接地。

（2）储罐罐顶平台上取样口（量油口）两侧 1.5m 之外应各设一组消除人体静电设施，设施应与罐体做电气连接并接地，取样绳索、检尺等工具应与设施连接。

（3）浮顶罐的浮船、罐壁、活动走梯等活动的金属构件与罐壁之间，应采用截面不小于 50mm² 铜芯软绞线进行连接，连接点不应少于两处；浮船与罐壁之间的密封圈应采用导静电橡胶制作，设置于罐顶的挡雨板应采用截面为 6～10mm² 的铜芯软绞线与顶板连接。

（4）当储罐内壁涂漆时，漆的导电性能应高于被储液体，其体积电阻率应在 $10^8 \sim 10^{11}\ \Omega \cdot m$。

（5）在扶梯进口处应设置消除人体静电设施，或在已经接地的金属栏杆上留出 1m 长的裸露金属面。

（6）与储罐管线相接的法兰，如需防杂散电流和电化学腐蚀时，可选用电阻为 $2.5 \times 10^4 \sim 2.5 \times 10^8\ \Omega$ 的绝缘法兰连接。

（7）在爆炸危险区域应选择防爆型消除人体静电设施。

（8）非金属储罐的接地应采用可靠的措施满足静电接地的要求；

① 所有导电部件（如：金属外框及舱盖）应连接并接地。

② 用于盛装不导电液体的容器其接地外罩能够抗击外部的静电放电，这个外罩可以是埋于储罐外壁的金属导线网，如果它接地，外罩应完全地包围所有外部表面。

③ 用于存储不导电液体处，储罐底部应有一个不小于 0.05cm²/m³ 的金属接线端子，此接线端子可在液体与地之间提供一个电荷泄放的电气路径。

④ 在导电液体存储处，应使接地的输入管线延伸到储罐的底部或是使用接地线缆从内部将罐体的顶部与底部连接并接地。

3.3.5.11　管道系统静电接地（SH/T 3097—2017）

（1）管道在进出装置区（含生产车间厂房）处、分支处应进行接地。

（2）长距离管道应在始端、末端、分支处以及每隔 100m 接地一次。

（3）平行管道净距＜100mm 时应每隔 20m 加跨接线，当管道交叉且净距＜100mm 时，应加跨接线。

（4）当金属法兰采用金属螺栓或卡子紧固时，一般可不必另装静电连接线，但应保证至少有两个螺栓或卡子间具有良好的导电接触面。

（5）当工艺管道与伴热管之间有隔离块时（防止局部过热和接触腐蚀），加热伴管除应利用金属丝捆扎连接外，尚应使伴管进汽口及回水口与工艺管道等电位连接，见图 3.3-8。

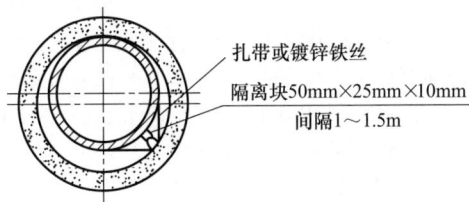

图 3.3-8 工艺管道与伴热管之间有隔热垫的伴管结构示意图

（6）风管及保温层的保护罩当采用薄金属板制作时，应咬口并利用机械固定的螺栓等电位连接。

（7）金属配管中间的非导体管段，除需做特殊防静电处理外，两端的金属管应分别与接地干线相连，或用截面不小于 $6mm^2$ 的铜芯软绞线跨接后接地。

（8）非导体管段上的所有金属件均应接地。

（9）地下直埋金属管道可不做静电接地。

3.3.5.12 铁路栈台与罐车静电接地（SH/T 3097—2017）

（1）栈台区域内的金属管道、设备、构筑物、铁路钢轨等应等电位连接并与接地网相连。

（2）区域内铁路钢轨的两端应接地，区域内与区域外钢轨间的电气通路应绝缘隔离；每根钢轨间应是良好的电气通路，平行钢轨之间应跨接，每个鹤位处宜跨接一次并接地，跨接线可用 $1 \times 19 \sim 14.9mm^2$ 镀锌钢绞线，接地线可用双根 $\phi 5mm$ 镀锌铁丝，并用塞钉铆进钢轨。

（3）在操作平台梯子入口处应设置消除人体静电设施，每个鹤位平台处应设置接地端子，接地端子宜用接地线与接地干线直接相连，罐车及储罐用带有接地夹的软金属线与接地端子连接。

（4）金属注液管与固定管道、钢架等进行等电位连接并接地，其静电接地电阻应小于 $10^6 \Omega$。

（5）非金属注液软管宜采用防静电材料制作。

（6）罐车的罐体、车体应与注液管系统以及栈台钢架等电位连接，在装卸作业前应用专用接地线与平台接地端子连接，装卸完毕将顶盖盖好后方可拆除。

3.3.5.13 汽车栈台与罐车静电接地（SH/T 3097—2017）

（1）站台区域内的金属管道、设备、构筑物等应进行等电位连接并接地。

（2）在操作平台梯子入口处或平台上，应设置消除人体静电设施，应与注入口距离大于 1.5m。

（3）储罐汽车在装卸作业前，应采用专用接地线及接地夹将汽车、储罐与装卸设备等电位连接。作业完毕封闭储罐盖后方可拆除，接地设备宜与装卸泵连锁。

（4）注液管系统应符合 SH/T 3097—2017 第 5.4.4 条和第 5.4.5 条的要求。

3.3.5.14 码头静电接地（SH/T 3097—2017）

（1）码头区内的金属管道、设备、构架包括码头引桥、栈桥的金属构件，基础钢筋等应进行等电位连接并接地，装卸栈台或船位陆上部分应设接地装置。

（2）较大码头区，区域内的管线应符合 SH/T 3097—2017 第 5.3.1～5.3.7 条的要求。

（3）装卸栈台应符合 SH/T 3097—2017 第 5.4 节及 5.5 节的要求。

（4）在船位陆上入口处，应设置消除人体静电设施。

（5）为防止杂散电流，应采取以下措施：

① 输液臂或输液管上使用绝缘法兰或一段不导电软管，其电阻值在 $2.5 \times 10^4 \sim 2.5 \times 10^6 \Omega$ 之间；

② 岸与船的人行通路不能全金属连接；

③ 码头护舷设施与靠泊轮船之间应绝缘；

④ 岸上一侧的金属物只能与码头岸上的接地装置相连。

3.3.5.15 粉体加工与储运设备静电接地（SH/T 3097—2017）

（1）在填料与出料部分应采取下列静电接地措施：

① 金属和非金属导体容器以及附近的所有金属设备，包括料管，应进行等电位连接并接地；

② 盛装高体积电阻率粉料的容器除应按上条的要求进行外，在可能的条件下宜将一根或多根接地板（管、棒）垂直插入容器内，实施粉体内的静电分隔屏蔽；

③ 装粉料用的袋、桶应放在地面上或接地台面上。

（2）将粉体加入可燃性溶剂中时，应采取下列静电接地措施：

① 操作人员应接地；

② 用导电材料作漏斗、斜槽等填充装置，并将其与容器进行等电位连接后接地；

③ 盛装溶剂或粉料的容器应用导电材料制作并进行接地，盛装粉料的容器允许涂抹<2mm 厚的绝缘层。

（3）在粉体筛分、研磨、混合部分，所有导体部件，包括筛网应进行等电位连接并接地，活动部件宜采用挠性连接，接受容器应按 SH/T 3097—2017 第 5.7.1 条的要求进行。

（4）粉体采用气流输送时管道应采用导电材料，除应符合 SH/T 3097—2017 第 5.3 节的要求外，管段法兰必须跨接并接地。

（5）在粉尘分离器中所有导体部件，包括过滤器支撑柱头、框架应进行等电位连接并接地。

（6）大型料仓内部不应有突出的接地导体，如设置料位报警器等必须采取防静电燃爆措施；料仓顶部进料口和排风口应与仓顶取平。

3.3.5.16　人体静电释放措施（SH/T 3097—2017）

在人体带电易产生静电危害的场所应采取下列措施：

（1）工作台面应敷设导电橡胶板，凳子的座面应用导电材料制作，如果工作台、凳子的支腿是非金属材料或有塑料（橡胶）套脚时，则台面及座面应有接地措施。

（2）应敷设导静电地面，导静电地面的体积电阻率应为 $10^5 \sim 10^8 \Omega \cdot m$，其导电性能应长期稳定，不易发尘，且应定期洒水和清除绝缘污物等。

（3）当气体爆炸危险场所的等级属于 0 区和 1 区，且可燃物的最小点燃能量在 0.25mJ 以下时，工作人员需穿防静电鞋、防静电服。当环境相对湿度保持在 50% 以上时，可穿棉工作服。

（4）静电危险场所的工作人员，外露穿着物（包括鞋、衣物）应具有防静电或导电功能，各部分穿着物应存在电气连续性。

（5）在气体爆炸危险场所的等级属于 0 区和 1 区工作时，应佩戴防静电手套。

3.3.6　管道布置设计说明书（HG 20549.1—1998）

3.3.6.1　管道布置图的设计范围

（1）负责设计的范围（如为合作设计或出口项目应加说明）。

（2）装置设计的组成及单元或工程名称及代号。

3.3.6.2　管道布置图的分区情况

（1）各区编号；

（2）分区索引的图号；

（3）分区号与管道布置图号的对应关系。

3.3.6.3　管道布置图的表示法

（1）图例符号；

（2）缩写词；

（3）其它。

3.3.6.4　设备安装的注意事项

（1）大型设备吊装需说明的问题，如吊装顺序、要求等；

（2）设备进入厂房或框架的特殊安装要求，如可拆梁、墙上留洞等；

（3）设备附件，如滑动板、弹簧座、保冷设备的垫木等；

（4）设备支架，哪些设备位号有支架，有何安装技术要求。

3.3.6.5　管道预制及安装要求

（1）管道施工规范的标准号、管道等级与分类；

（2）管道焊接的附加要求，如预热、焊后热处理、消除应力、焊接等级、异钢种焊接要求和规范等；

（3）管道安装的特殊要求，如冷拉、螺纹对焊、螺纹密封带、临时用垫片等有关注意事项；

（4）伴热系统的安装，包括有关规定及标准号以及防止物料管过热的措施及物料管段号；

（5）特殊件的安装要求，如膨胀节、临时过滤器、防鸟网等；

（6）试压要求；

（7）埋地管线要求；

（8）非金属管道安装要求。

3.3.6.6 静电接地

包括管道静电接地采用的标准图以及哪些设备需作静电接地。

3.3.6.7 采用的国家及行业标准

列出标准名称及标准号，说明标准应由施工单位自备。

3.3.7 阀门操作位置

阀门操作位置见图 3.3-9 和图 3.3-10，该图阀门的安装尺寸是基于平均身高（180±4）cm 的人确定的（这些尺寸应该适应并适宜于当地操作人员的平均身高），本图被多家国外工程公司使用。

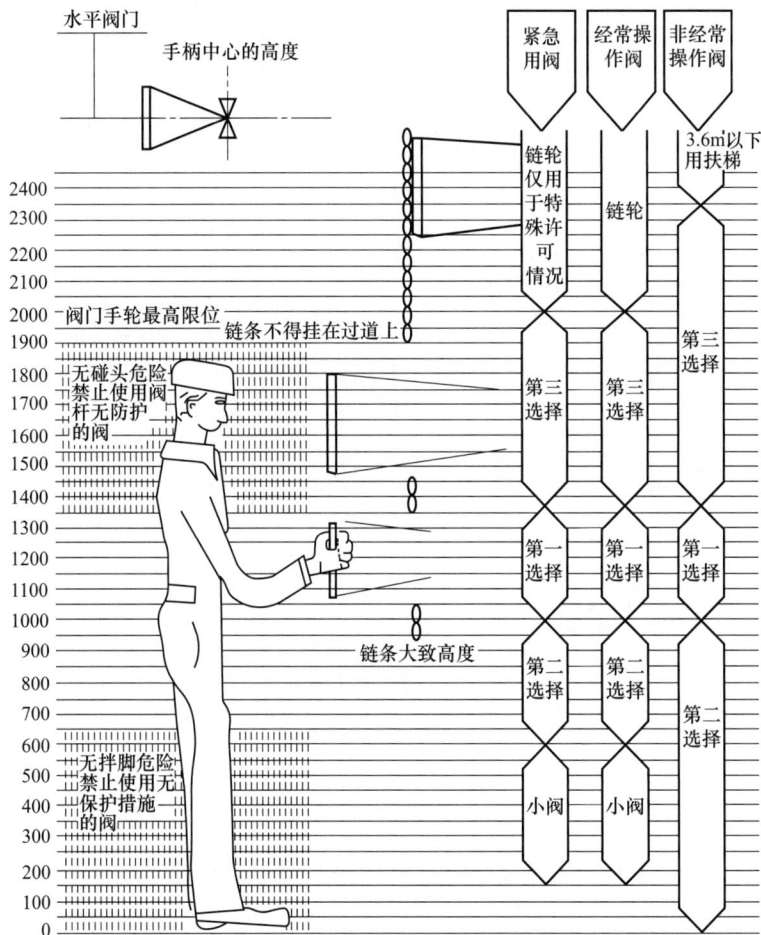

图 3.3-9　阀门操作适宜位置

3.3.8 操作维修空间

3.3.8.1 站立操作维修空间

站立操作维修空间见表 3.3-21。

3.3.8.2 跪姿操作维修空间

跪姿操作维修空间见表 3.3-22。

3.3.8.3 俯视操作维修空间

俯视操作维修空间见表 3.3-23。

3.3.8.4 手动阀门布置要求（阀门手动轮应在阴影区）

手动阀门布置要求如图 3.3-11 所示。

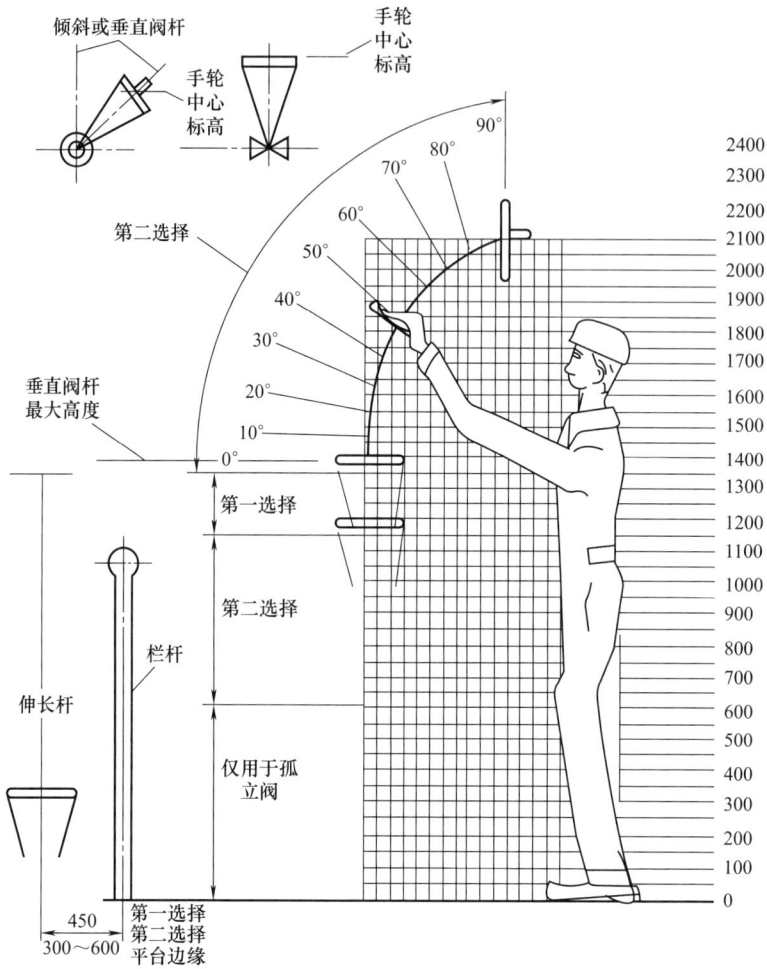

图 3.3-10　阀门操作适宜位置

表 3.3-21　站立操作维修空间

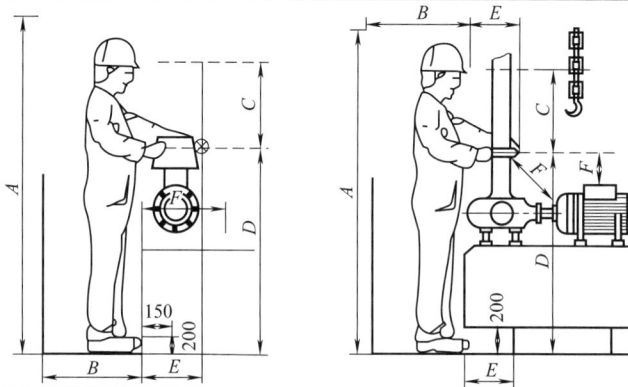

	项　　目	最佳/mm	最小/mm	最大/mm
A	高度	2100	1900	—
B	宽度	900	750	—
C	上部自由空间 （对于重的部件要考虑吊装）	830～1140	720～1030	—
D	部件的高度	935～1015	900	1200
E	可以到达距离	270～300	—	500
F	使用工具的净空	—	取决于环境和所使用工具的尺寸， 在很多实例中最小需要 200mm	

表 3.3-22　跪姿操作维修空间

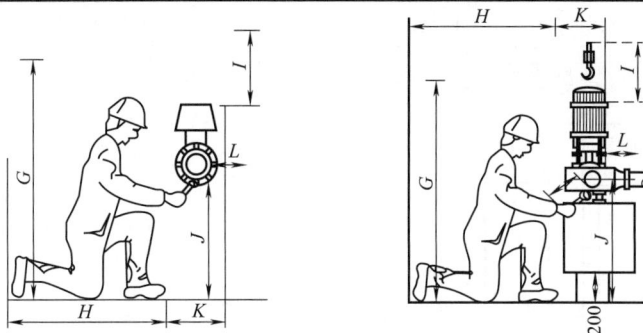

	项　目	最佳/mm	最小/mm	最大/mm
G	高度	1700	1590	—
H	宽度	取决于工作环境	1150	—
I	上部自由空间 （对于重的部件要考虑吊装）	480～880	380～780	—
J	部件的高度	530～700	500	800
K	可以到达距离	270～300	—	500
L	使用工具的净空	—	取决于环境和所使用工具的尺寸， 实例中最小需要200mm	—

表 3.3-23　俯视操作维修空间

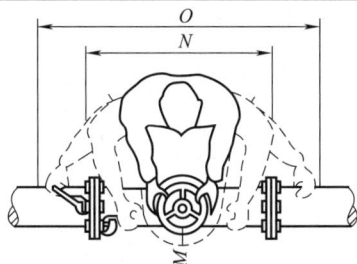

	项　目	最佳/mm	最小/mm	最大/mm
M	手需要的净空	—	100	—
N	肘需要的净空	1350	1200	—
O	可以到达的净空 （例如为了维修）	2030	1780	—

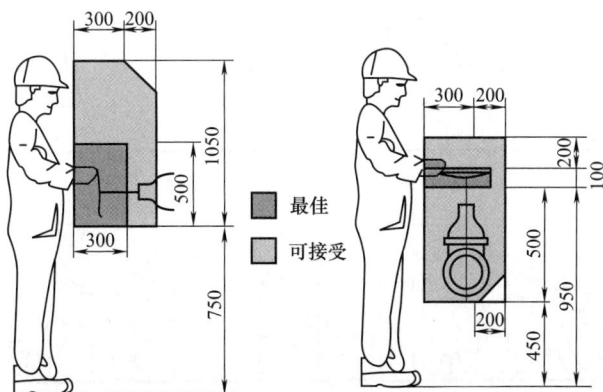

图 3.3-11　手动阀门布置要求

3.3.8.5　阀门操作适宜位置

阀门操作适宜位置如图 3.3-12 所示。

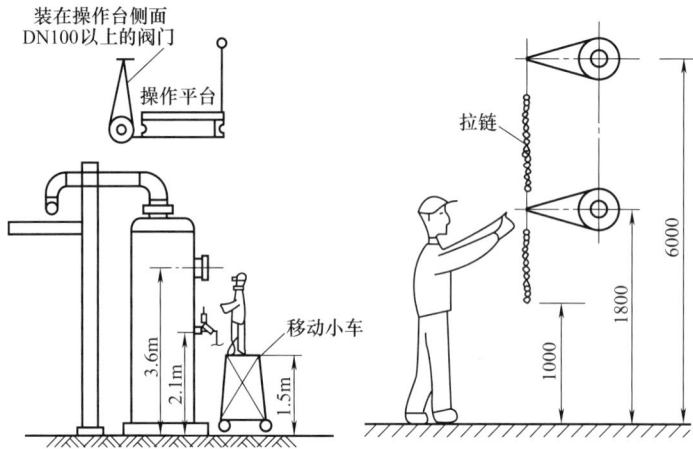

图 3.3-12 阀门操作适宜位置

3.3.8.6 不同姿态操作空间

不同姿态操作空间如图 3.3-13 所示。

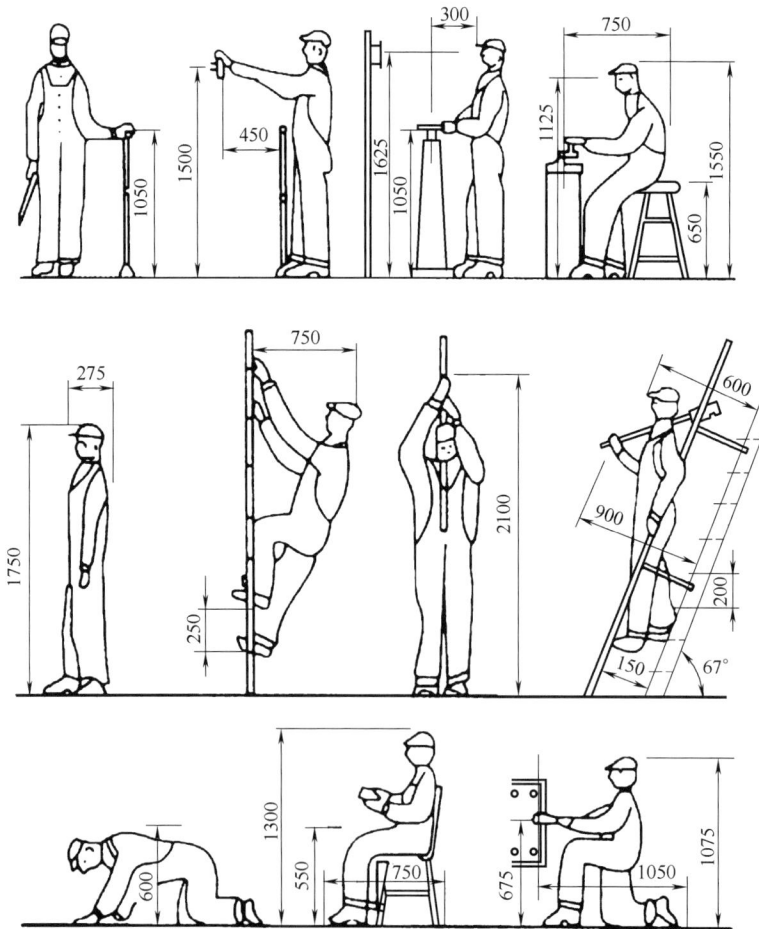

图 3.3-13 不同姿态操作空间

3.3.8.7 梯子和通道的空间

梯子和通道的空间如图 3.3-14 所示。

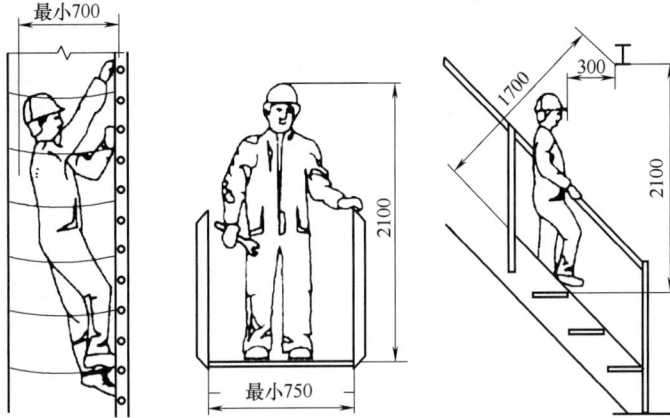

图 3.3-14　梯子和通道的空间

3.3.8.8　操作通道布置

操作通道的布置见表 3.3-24。

表 3.3-24　操作通道的布置

结构的通道布置	梯子的布置	护圈的布置
换热器通道要求	人孔间距要求	平台、过道和工作区域的净空

续表

结构上平台的布置	槽罐和容器平台的布置	容器上平台的布置
	 ② $A=1000\sim1500$ $B=50\sim100$（间距）	 平面图 侧视图
泵通道要求	管道调节阀组通道要求	通道要求
 平面图 立面图	 操作过道 平面图 操作区域 立面图	

注：1. 斜梯宜倾斜45°，梯高不宜大于5m，如大于5m，应设梯间平台，设备上的直梯宜从侧面通向平台，攀登高度在15m以内时，梯间平台的间距应为5～8m；超过15m时，每5m应设梯间平台。

2. 如果有管子穿过平台，则需要保证平台的最小有效可通过宽度800mm。

3. 通道要求：装置内（主要行车道、消防通道、检修通道）：$A\geqslant4500$mm，$B\geqslant4000$mm。

　　管廊下：泵区检修通道 $A\geqslant3000$mm，$B\geqslant2000$mm；操作通道 $A\geqslant2200$mm，$B\geqslant800$mm。

　　跨越厂区：跨越铁路 $A\geqslant5500$mm，$D\geqslant3000$mm；跨越厂内道路 $A\geqslant5000$mm，$C\geqslant1000$mm。

3.3.8.9　工厂标高基准

工厂标高基准见表3.3-25。

表3.3-25　工厂标高基准

炉底高度	设备和框架（室内）
 最小 EL.200 EL.0 $A=2100$（炉底需要操作时） $A=1200$（其它）	 基础标高 基础标高 EL.300 EL.0 最小100

续表

框架、斜梯和直梯基础	储槽
 EL.200 EL.200 EL.0 基础标高	 EL.200 EL.0 槽底标高

卧式容器和换热器	立式容器
 EL.600 EL.0 支承面标高 注:为各设备确定基础标高	 EL.0 EL.200 基础标高

泵、风机及其驱动机	
 EL.200 EL.0 支承面标高	HG/T 20546 规定离心泵的底板底面:大型泵高度 150mm,中小型泵高度 300mm SH 3011 规定泵的基础面宜高出地面 200mm,最小不得小于 100mm

3.3.9 常见配管错误

常见配管错误见表 3.3-26。

表 3.3-26 常见配管错误

错误设计	正确设计	工程实例说明
	 ≥200	并排管线上的阀门宜错开布置,这样可适当减小管间距并便于检修(如果一定要阀门的中心线对齐布置,要保证阀门手轮的净距为 100mm)
		对于较大的阀门应在其附近设支架。阀门法兰与支架的距离应大于 300mm。该支架不应设在检修时需要拆卸的短管上,并考虑取下阀门时不应影响对管道的支承

续表

错误设计	正确设计	工程实例说明
吹扫线　工艺管线　（平面图）	吹扫线　工艺管线　（平面图）	氮气或蒸汽吹扫，应靠近主管设切断阀，且在水平管上安装
≤DN50	min	由于直接连接，法兰螺栓无法插入，宜加一小段直管
≤DN50		两个口径较小的法兰阀直接连接，没有插入螺栓的距离，中间应加一小段直管
		阀门宜设在水平管段上，防止积液
立面图	立面图	旋启式止回阀、转子流量计等，其介质流向只能由下而上
温度计　≤DN80	温度计　≤DN80	小口径管道（≤DN80）上的温度计管口应按自控专业要求扩径
温度计	温度计	斜插式温度计的插入方向应逆着介质流向
		压力表与安全阀应在同一侧
法兰		高温管道法兰部分要保温，如这部分不保温，法兰和螺栓温度差就成为泄漏的原因。低温管道的法兰也同样需要绝热保冷，以减少泄漏

错误设计	正确设计	工程实例说明
	① 压力等级相同,材质不同: 低材质 高材质 ② 材质相同,压力等级不同: 低压侧 高压侧 低材质 高材质 ③ 压力等级和材质均不相同: 低压侧 高压侧 低材质a 高材质b 材质为a的 高压等级的F、G	应按低压(低温)侧阀门关闭时考虑管道登记划分的界线,以确保管线器材材质可靠
		需要经常清扫的分配主管,管的一端不能封闭,应做成能拆卸的形式
		分支管线不应先变径后分支
		分支管的弯头,不能直接与主管相接,应在主管上焊50～200mm短管,再与弯头相接
		平焊钢法兰不能直接与无缝弯头焊接,必须有一直管段
		平焊钢法兰不能直接与无缝大小头焊接,必须有一直管段
		操作通道上的管道高度不得妨碍人的通行,不能让人弯腰通过
		避免让人跨过管线,必要时应设置踏步
		管线应集中敷设,力求美观整齐,不得任意敷设,杂乱无章

错误设计	正确设计	工程实例说明
	（扳手空间 ≥100）	法兰连接的管线，不得过于靠近墙壁，应留有扳手空间，否则不易紧固法兰螺栓
（操作通道）	（操作通道）	腐蚀性介质管线上的阀门、法兰或螺栓管件不得敷设在操作通道的上方，以避免泄漏时伤人
		直径较大的管线宜布置在靠近管架柱，腐蚀介质不宜布置在上层，轻烃类管线不应布置在高温管线上方，长距离输送的公用工程管线布置在上层
（$B > 2m$，$L < 30$倍公称直径）	（$B > 2m$，$L > 30$倍公称直径）	宽度 B 一般不宜小于2m。导向支架 L 应为30～40倍公称直径。带Ⅱ形补偿器的管线，最热和最大直径的管线放在外侧，低温在内侧
		管线应"步步低"或"步步高"，避免出现中间低的 U 形，以免积液
	（尽可能远）	不应在应力或位移量较大处连接支管
	（L）	当管道与塔壁温差较大，相对伸长时，应由各支管吸收，L 的长度应足够吸收补偿相对伸长量

续表

错误设计	正确设计	工程实例说明
		防止阀门上部积液
去罐 装桶 停工抽出线	去罐 装桶 停工抽出线	尽量减少可能积液的管段,阀门应设在根部
	最小 最小	防止积液堵塞
		消防蒸汽、冲洗水快速接头等不应朝向操作者,且布置位置应尽量靠近平台入口侧
		视镜、手孔、人孔盖的上面不得布置管线
		不应站在梯子上开关阀门,应设置平台

续表

错误设计	正确设计	工程实例说明
		塔底热油管，因管道向下、热胀，如需设支架时宜设弹簧支架
		两设备底部连接的管线，一般操作温度大于安装时温度，为防止管口受力过大，宜设弹簧管托
		塔回流线与塔壁的温差较大时，所产生的相对伸长量也大。在水平管段上的第一个支架有垂直位移，应设弹簧支架。如果 L 较长，足够吸收相对伸长量时，可设导向管卡（限制支架垂直位移）
		回流油罐进泵管线不得出现袋形，防止气阻和汽蚀，防止泵抽空
		初馏和常压塔顶回流罐通往燃料气的管线，其切断阀应靠近设备管口，管线不得出现袋形，以免积液影响罐内压力，在管线的高点设 DN20 放空阀
		为了换热设备的检修，或避免在换热设备上焊支架时壳体变形影响换热设备抽芯检修，故换热设备顶部避免敷设管线
		由于热胀，支架不可直接布置在设备下部，防止管口产生过大应力
		管箱底部的管道布置要做成可拆卸式，否则会影响管箱侧管束抽出

续表

错误设计	正确设计	工程实例说明
		蒸汽吹扫管应分别从蒸汽主管顶部引出,且不应串联连接,吹扫蒸汽应有三阀组,检查阀应设在最低处兼作放凝阀
		换热器下部管线,如变径时应采用偏心大小头,放凝阀应设在主管管底,以利排凝
		一般塔顶油气管为两相流,各冷凝器支管应由主管底引出,或水平管管底一致,防止主管积液
		在孔板和调节阀前应避免袋形,防止气阻
		防止气袋
		双吸入泵入口管应有一定长度的直管段
		防止汽蚀产生,泵入口阀只能比泵入口管口直径大或相等,不得缩小

续表

错误设计	正确设计	工程实例说明
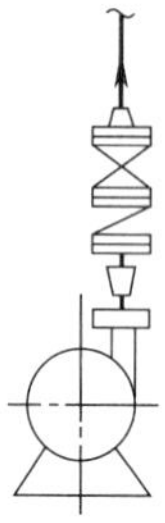	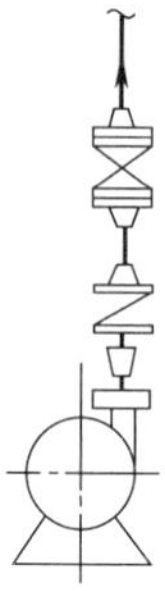	单向阀与闸阀中间应有短管连接,否则安装困难
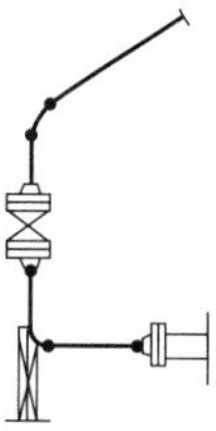	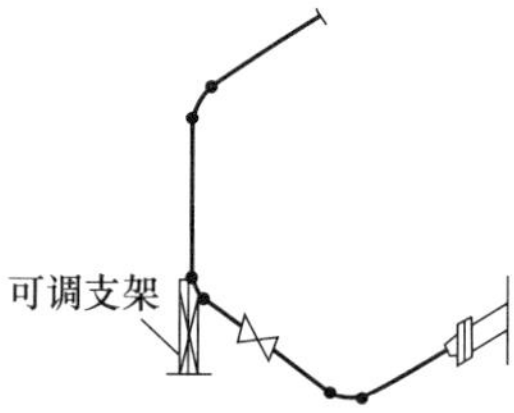	泵的入口管支架,应是可调式,且入口管及阀门位置在泵的正前方
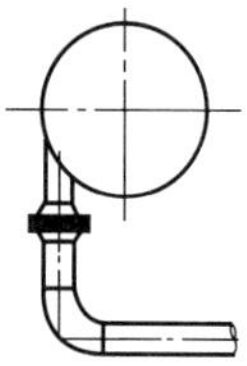	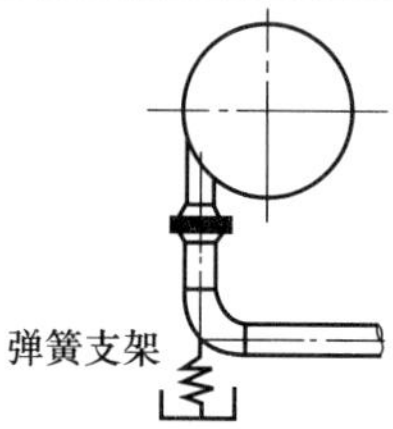	对于外壳刚性小的鼓风机、透平机的吸入管,排出管为了防止外壳变形,安装时都必须设置弹簧支架,使管道的重量得到支承
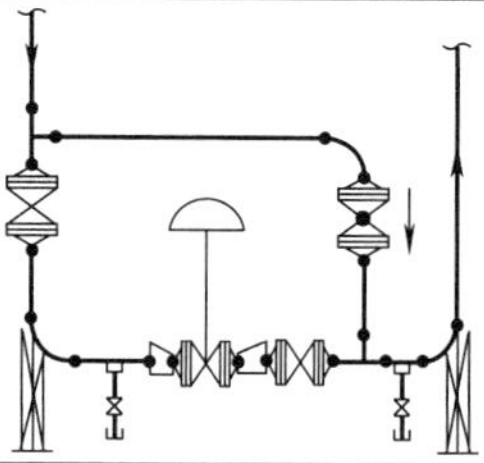	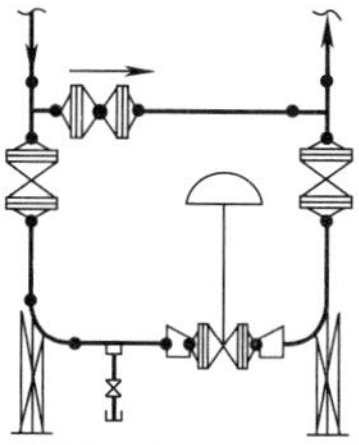	有腐蚀性介质或高凝固点介质调节阀的旁路和阀,宜水平安装,防止积液
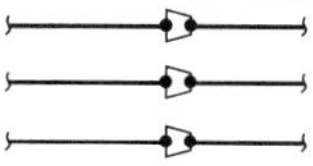	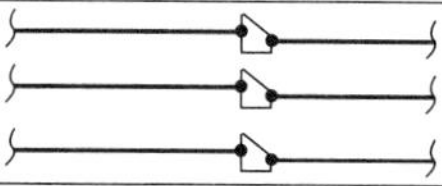	并排敷设的水平管线,如有变径处应使用偏心大小头,以保持管底标高一致和不积液
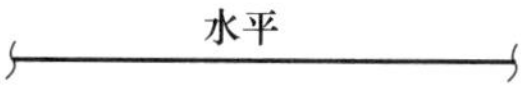 水平	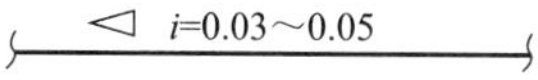 $i=0.03\sim0.05$	产生凝液的较长距离的水平管线,应稍有坡度,并在低点排凝
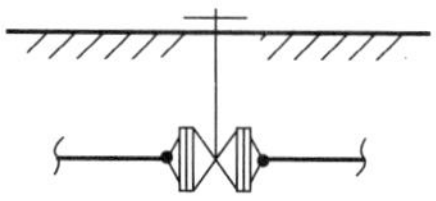	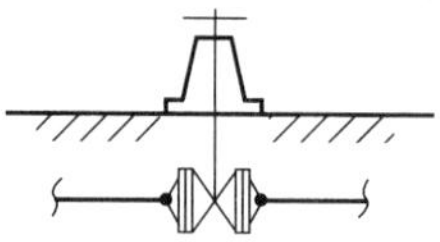	阀门手轮稍凸出平台,有绊倒人的危险,应使用延伸杆,以便使人能用站立的姿势操作
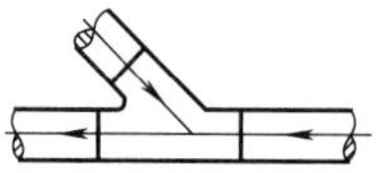	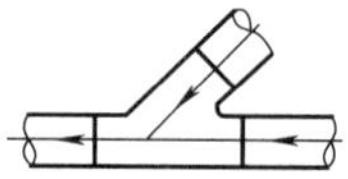	真空管的合流管,应在同一方向合流
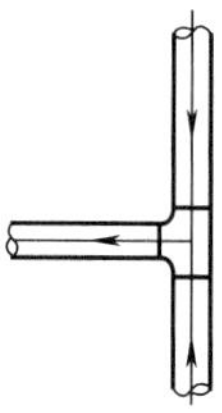	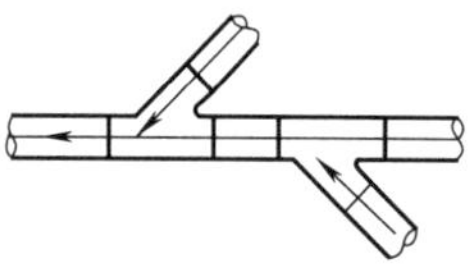	如有两个支管的真空管合流应交错布置

可调支架

弹簧支架

续表

错误设计	正确设计	工程实例说明
DN15	≥DN20	放凝管不得过细,防止堵塞,最小 3/4″(DN20)
(竖面图)	(竖面图)	使用异径管(大小头)时应能排净凝液
蒸汽　工艺管线	蒸汽　工艺管线　150	扫线蒸汽的放凝(检查)阀后接管引至地沟或漏斗,否则易发生烫伤
吹扫蒸汽　常开　A　B　工艺管线	吹扫蒸汽　常开　A　B　工艺管线	为便于及时发现和判断泄漏,A、B工艺管线应分别连接蒸汽吹扫线
水蒸气　CO₂	水蒸气　CO₂	允许直接排向大气的安全阀放空系统应自成体系,不得使用一根总管放空,以防止安全阀后形成额外背压甚至积液致使超压也不能起跳
循环回水　冷却水　油品采样	自流排水　冷却水　油品采样	油品采样冷却器,为避免油品漏进冷却水中,应设敞开式冷却器,且自流排水

续表

错误设计	正确设计	工程实例说明
		凝固点较高或有腐蚀介质的管线,不得有死角以免凝固或腐蚀
		泵出口采样线,应确保使用任何一台泵时,均能采出有代表性的试样
		采样点应设在主管上,且在分支前,不得在死角处采样,以确保采出的样品具有代表性,更不应在水平管的底部,以防止铁锈或其它异物堵塞采样阀
		重油易凝管线的采样,应尽量减少采样线引出长度,且避免出现袋形
		在弯头处应尽量避免焊接支管,即使焊接,放凝点也不是最低点
		防止堵塞,防止渗漏
		振动管系上 DN≤40 的支管或支管处位移量较大或支管管径小于主管径三级应采用加强管嘴(D-LET 和 BOSS)并焊接斜撑以防疲劳断裂
		小管与设备或管线焊接,应在根部补强,以防止因振动根部破损

续表

错误设计	正确设计	工程实例说明
		室内水管为防止夏季表面结露滴水,应予隔热
不锈钢管　碳钢保温托板	不锈钢管　不锈钢保温托板	不锈钢的保温托板,应是不锈钢,不得使用碳素钢
平臂　悬臂	平臂　悬臂	Π形补偿器焊接时应注意:(1)焊口不应放在补偿器的平臂上。因胀力,工作时平臂受到的弯曲应力最大,因此,平臂上特别是平臂中央不准有焊口;(2)焊口以留在补偿器的悬臂中部为好,因为此处弯曲应力最小
		冷却水流量的调节阀门,要安装在能够边调整边看见流出状态的位置。如离得远,就不能边观察边调整
立面	立面	在除尘装置的合流管中,使主管向上倾斜比从下侧方来的合流效果好
	向上斜　向上斜	在除尘装置配管中有多根管合流时,如从主管的左右两侧合流,其位置应向上倾斜并相互交错,以取得好的效果
泄放总管　管内积水,安全阀动作失效	泄放总管	安全阀密闭排放时,安全阀应尽量高于泄放总管
重污油总管　低压蒸汽	重污油总管	重污油管线设计时,应防止蒸汽与重污油管线互蹿(吹扫时),蒸汽管线应从上往下吹

续表

错误设计	正确设计	工程实例说明
		在生产运行中需要检查液体是否流到位，配管上要预先设置低压检查阀。在这些检查口的排放管下，要预先设置盛液的容器
	中高压　　　低压常压	向上开口的室外排气管,常使管内积存雨水,必须做成不积水的向下弯曲形式
		止振架、支柱等,其自身应有一定的刚性,刚性不够的梁、柱不能作止振支架,否则可能更加助低频振动。如果支架设置不当,等于在振动的腹部加上砝码,使振动频率由低变高,所以,一定要有固定的支点来作支架
		热油泵进出口,因有垂直位移应设可变弹簧吊架,否则热态时泵口受力,其吊点越靠近垂直管越好。设计时按泵口不受垂直荷载计算
不锈钢管	不锈钢管 不锈钢垫片(软垫片)	防止电位腐蚀
		正确应用标准支吊架。管卡主要用于不保温管线,若用于保温的热管线上,由于热胀可使保温外壳被推坏
保冷管道　　一般保温材料	保冷管道　　软木块	保冷管道支吊架设置应考虑防止冷量损失

续表

错误设计	正确设计	工程实例说明
气体集聚		泵入口偏心异径管的设置 A
积存液体		泵入口偏心异径管的设置 B
气体集聚		泵入口偏心异径管的设置 C
气体集聚		泵入口偏心异径管的设置 D
气体集聚		泵入口偏心异径管的设置 E

3.4 典型配管示例（HG/T 20549.5—1998）

3.4.1 塔设备的配管

（1）塔上的接管应位于靠管廊一侧，人孔布置在靠检修一侧；当塔的出口管与泵连接时，塔的标高应按泵的净正吸入压头确定。

（2）管口方位

① 塔的管口方位应满足塔内件工作原理及结构的要求，设计时应在设备内件整体结构的相对方位与管口方位同时确定。

② 有关管口方位设计要求，见 HG/T 20549.5—1998 中第 9 章"设备管口方位设计"。

③ 对于有塔板的塔，人孔宜布置在与塔板溢流堰平行的塔直径上，条件不允许时可以不平行，但人孔与溢流堰在水平方向的净距离应大于 50mm。

④ 人孔吊柱的方位与梯子的设置应统一布置，在事故时人孔盖顺利关闭的方向与人疏散的方向应一致，使之不受阻挡。

⑤ 液位计接口可通过根部阀与液位计直接连接，也可通过根部阀与液位计连通管连接；不得把液位计接口布置在进料口的对面，除非进料口有内挡板保护；与塔直连的外浮筒式液位控制接管应加挡板；液位计、液位控制浮筒、报警等装置常位于塔平台内或局部平台端部以便于维修。

⑥ 压力计接口应布置在塔的气相区内，使压力计读数不受液位压头的影响。

⑦ 取样口和测温口的布置：气相取样口和测温口应避开塔板降液槽的气相区；液相取样口和测温口应设

在降液管区域的塔板持液层内；对于易结晶的液相取样管应坡向塔板。

⑧ 塔顶部吊柱的定位应使旋转时可到达平台外起吊点上方，以及平台内所有人孔的位置。

（3）塔管道布置

① 沿塔布置的主管应尽量靠近塔，穿过平台处管道保温层不得与平台内圈构件相碰，同时也不应与其它平台的梁相碰；

② 排放至大气的安全阀宜安装在塔顶部人孔下的第一层平台上，以便于支承出口管和用塔顶吊柱吊装安全阀；安全阀排放管的位置应符合《化工装置设备布置设计规定 第 2 部分：设计工程规定》（HG 20546.2—2009）中的第 5.1.3 条的要求；

③ 塔的配管应满足 PID 的特殊要求，如塔与再沸器的相对标高、阀门位置、坡度、液封、无袋形等。

（4）配管时应统一规划平台、梯子等附件的设置并表示齐全，平台的布置应满足以下要求：

① 便于阀门、仪表、法兰间盲板及特殊件的操作与维修；

② 人孔中心在平台之上的距离一般在 750～1250mm 范围内，最佳高度为 900mm；

③ 直梯的方位应使人面向塔壁，每段不得超过 10m，各段应左右交替布置，直梯下端与平台连接方式应能补偿塔体的轴向热胀量；

④ 多塔间采用联合平台时应满足塔体热胀冷缩的需要，两个塔平台之间宜采用一端铰接另一端滑动搭接方式。

（5）塔上管道支架位置的确定

① 沿塔壁敷设自塔顶向下的垂直管道，若垂直荷载较大时，为降低最顶部承重支架生根点塔体的局部应力，可在垂直管中间设弹簧吊架分担垂直管的荷载。

② 应及早和应力分析工程师一起确定塔上固定支架和导向支架的位置，以便向设备专业提出荷载条件；沿塔敷设的两根或多根管道的承重支架，管径较大时其位置要错开；确定承重架位置时应使作用在管接口上的荷载最小，承重架位置示例见图 3.4-1 所示沿塔敷设的管道承重支架位置布设示意图。

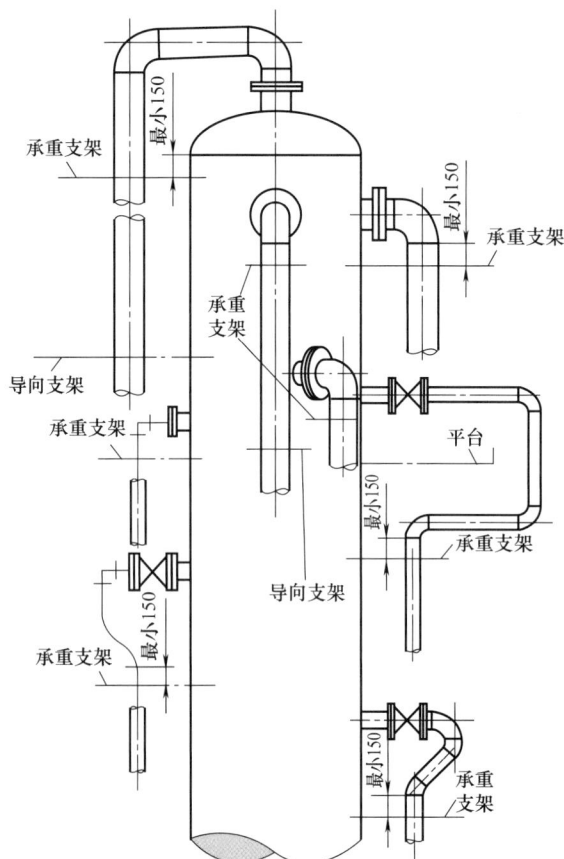

图 3.4-1　塔敷设的管道承重支架位置布设示意图

3.4.2 卧式容器的配管

3.4.2.1 卧式容器的配管原则要求

（1）应按《化工装置管道布置设计工程规定》（HG/T 20549.2—1998）的设计原则进行管道布置；重力流的管道应有坡度，坡向按顺流方向。

（2）当出口管道与泵连接时应尽量靠近泵，使其管道阻力降最小并应满足管道的热补偿，符合 HG/T 20549.5—1998 第 7 章泵配管要求。

（3）卧式容器的安装标高除按泵的净正吸入压头"NPSH"确定外，带分离排污罐的还应按分离罐排污罐底部排出管所必需的高度来决定。

（4）卧式容器的管口方位

① 在设备壳体上的液体入口和出口间距应尽量远，液体入口管应尽量远离容器液位计接口；

② 液位计接口应布置在操作人员便于观察和方便维修的位置，有时为减少设备上的接管口，可将就地液位计、液位控制器、液位报警等测量装置安装在联箱上；液位计管口的方位应与液位调节阀组布置在同一侧；

③ 铰链（或吊杆）连接的人孔盖，在打开时应不影响其它管口或管道等；

④ 安全阀接管口应设在容器顶部。

（5）卧式容器的管道布置

① 卧式容器的液体出口与泵吸入口连接的管道，如在通道上架空配管时，最小净空高度为 2200mm，在通道处还应加跨越桥；

② 与卧式容器底部管口连接的管道，其低点排液口距地坪最小净空为 150mm；

③ 安全阀的出口排入密闭管道系统时应避免积液，并满足安全阀出口管道顺介质流向成 45°向下与密闭总管顶部相接，且无袋形；若安全阀安装在远离容器处要校核从容器到安全阀入口管线的压力降，详见"3.4.13 安全阀的配管"；

④ 储罐顶部管道的调节阀组应布置在操作平台上。

（6）应根据设备及管道布置的情况设置平台，要求如下：

① 卧式容器的中心标高高于 3m，且人孔设于封头中心线处时，需要设下部人孔平台，其标高便于对人孔、仪表和阀门的操作；

② 设上部平台时容器上部所有管接口的法兰面应高出平台顶面最小 150mm，且人孔设于容器顶部。

3.4.2.2 卧式容器的配管实例

卧式容器的配管实例如图 3.4-2 所示。

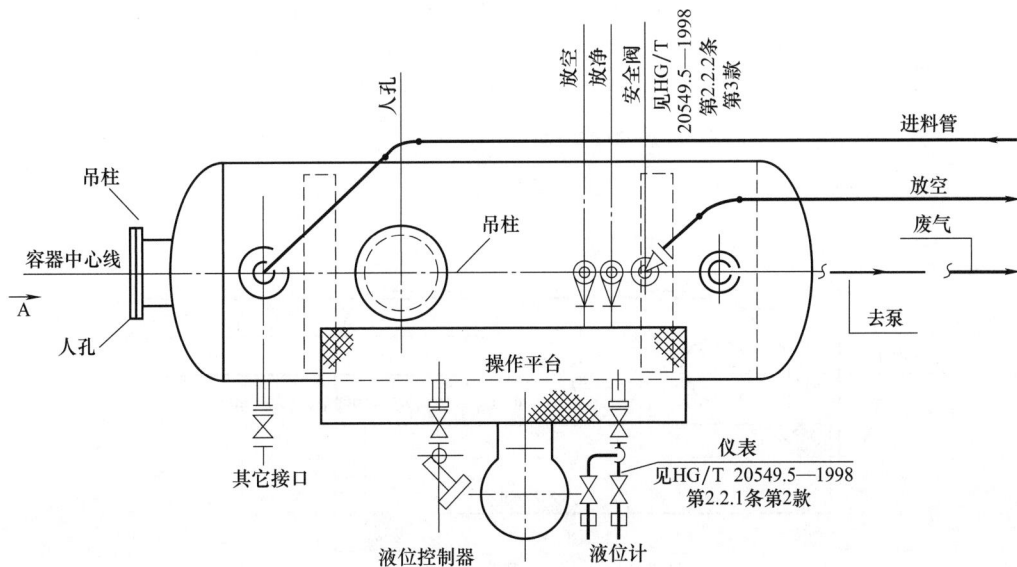

(a) 平面图

图 3.4-2

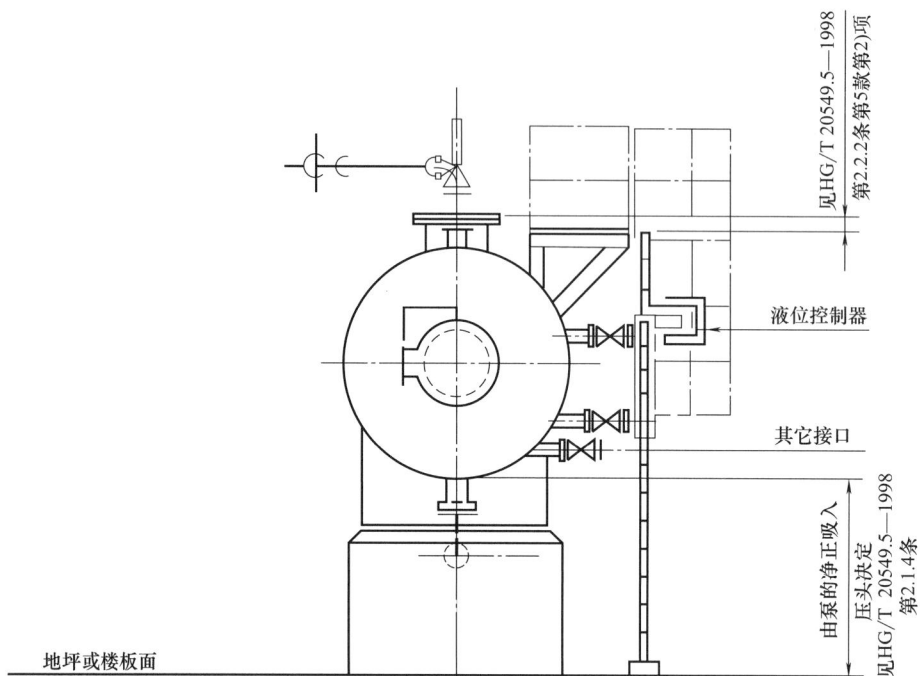

(b) A向视图

见HG/T 20549.5—1998
第2.2.2条第5款第2)项

液位控制器

其它接口

由泵的净正吸入
压头决定
见HG/T 20549.5—1998
第2.1.4条

地坪或楼板面

人孔 见HG/T 20549.5—1998
第2.2.2条第5款第1)项

吊柱

分离罐

管架

去泵
见HG/T 20549.5—1998
第2.2.2条第1款

容器中心线

其它接口

液位控制器

玻璃液位计

下部平台
见HG/T 20549.5—1998
第2.2.2条第5款第1)项

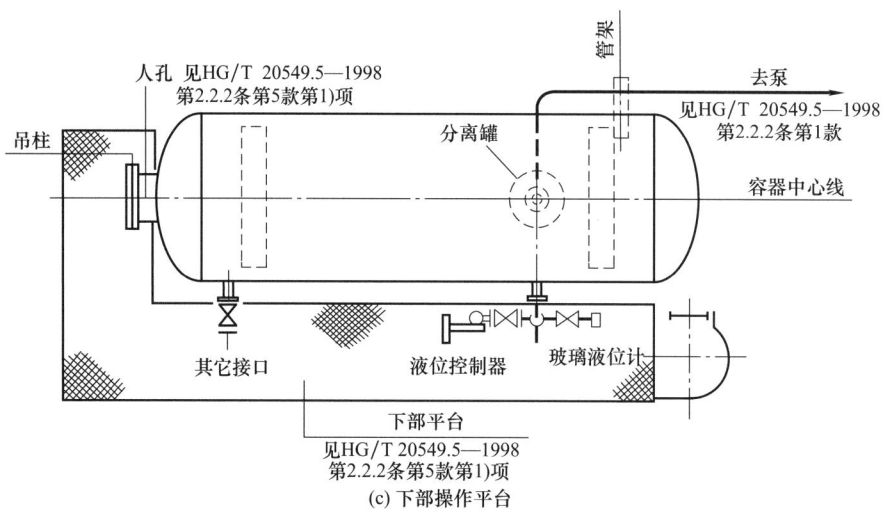

(c) 下部操作平台

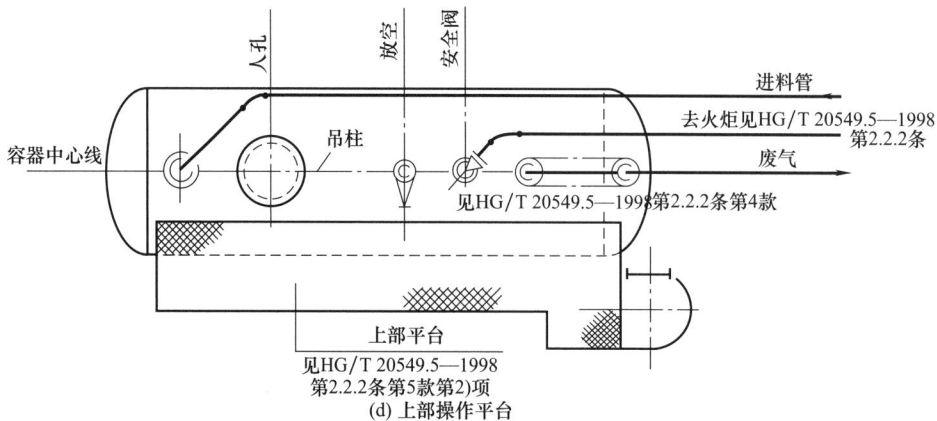

人孔

放空

安全阀

进料管

去火炬见HG/T 20549.5—1998
第2.2.2条

容器中心线

吊柱

废气

见HG/T 20549.5—1998第2.2.2条第4款

上部平台
见HG/T 20549.5—1998
第2.2.2条第5款第2)项

(d) 上部操作平台

图 3.4-2　卧式容器的配管实例

3.4.3　换热器类的配管

（1）换热器的配管要满足工艺和操作的要求；配管应使换热器内气相空间无积液，液相空间无气阻；同时还应便于检修和安装，管道不应妨碍管箱端抽出管束和拆卸换热器端盖法兰，并留出足够的空间。

（2）对卧式换热器应按减小主要管道热位移量的原则来决定固定端和滑动端支座，对于水冷器当其水入口与埋地管直连时，固定端宜设在靠近水入口一侧。

（3）管壳式换热器的配管

① 进出管廊的换热器连接管的支承点标高尽量一致；

② 调节阀（包括膜头和阀体）与设备（包括底座或保温层）之间的最小净间距是 150mm；

③ 如果管道下方是设备的可拆部分，则一般在此管道上也要设可拆卸段，以便于下方设备的拆卸；

④ 换热器管道架空布置，其管道标高的确定要同管廊或其它相邻管道互相协调；

⑤ 如果为拆卸换热器的封头而设置吊柱，则配管必须避开吊柱的活动范围；

⑥ 为了有助于降低换热器的安装高度，对 DN≥200 冷却水管道，配管时宜采用在两个弯头间的水平管道上安装阀门，可采用带弯头的管口；特别对于重叠的卧式换热器，更适合采用上述这种配管形式。

（4）在框架上换热器的配管

① 对于几台并联的换热器，为了使流量均匀，管道宜对称布置，但支管有流量调节装置时可除外；

② 多台换热器公用的蒸汽或冷却水的总管宜布置在平台下面；

③ 在塔顶管道进入分配总管的地方，至少应有一段相当于 3 倍管径长度的直管段，以保证物料均匀地分配到各换热器中去；

④ 换热器气体出口至分离器之间的管道应有一定的坡度，坡向分离器可确保管内及换热器内不积液。

（5）立式再沸器的配管

① 当再沸器的管口同塔的管口对接时，PID 上如有仪表接口，应核对该接口是否设在设备管口上；

② 管道必须有足够的柔性，以补偿在各种工况下设备和管道的热膨胀；

③ 当再沸器管口同塔的管口对接时，如荷载条件允许最好在塔体上设支架支承再沸器，但支架位置及型式应能满足塔体及管道膨胀所产生的位移及荷载的要求；

④ 配管时应留出在原地拆卸再沸器管束所需的空间；对壳体上带膨胀节的单程固定管板式再沸器，在进行配管、柔性分析及设备的支撑设计时，应注意该膨胀节的影响；

⑤ 对于不直接与塔对接的再沸器，应由工艺工程师和管道工程师一起商定再沸器相对于塔的标高；

⑥ 当再沸器的长度与直径之比（L/D）＞6.0 时宜增设导向支架，阀门和盲板离地坪 3m 以上时应在塔上设置平台。

（6）卧式再沸器的配管

① 卧式再沸器与塔之间的人行通道，除了应有足够的净高度外，还应有最小 1.0m 的宽度；当无通道时在管道间距、设备基础间距和管道柔性等允许的条件下，再沸器应尽量靠近塔布置；

② 卧式再沸器除工艺有特殊要求外，宜布置在地面上；若必须提高时可设立专用的操作和检修用的构架；

③ 当再沸器放置在地面上时，通常应根据蒸汽及冷凝水管道、调节阀组来决定再沸器的最低标高。

3.4.4　加热炉的配管

（1）应满足工艺系统（或热工）的设计要求（包括物料、灭火、吹灰、清焦等系统），对进、出物料管道应合理布置以使各回路流量均匀分布，两相流管道应严格采用对称布置。

（2）对于贵重金属管道，在满足柔性要求的条件下尽量减少管子长度。

（3）配管专业应配合管道机械和设备专业，将所有炉外连接管作用于炉体或其支承钢框架上的附加载荷，包括管道、管架自重、热胀的力或力矩及可能发生的其它作用力等提供给制造厂商。

（4）对于圆筒炉进、出料总管通常采用环形布置于炉体周围，可支承在地面或炉体上，环形总管应布置在看火门以上，不得妨碍看火门的正常操作和维修。

（5）必要时在炉出口管道的弯头附近、三通或变径较大之处或者从炉顶垂直向下的底部位置设置防震支架。

（6）如果管道上需要设置爆破片，其方向不得朝向操作面（或区）和设备；主要调节阀组通常布置在管廊与炉体之间并注意通道要求，炉外连接管必要时可利用炉子钢结构框架支承。

（7）对于蒸汽、燃料油或燃料气管道上的阀门宜布置在看火门附近的垂直管道上，以便能及时控制。

（8）在寒冷地区需根据规定对燃料油管道采用蒸汽伴热，以防冬季或停车时燃料油黏度过大；靠近喷嘴处的管道应用便于拆卸的连接结构，以便清扫、维修。

（9）对经常操作的场所、布置在较高位置的阀门和生产上需观察等部位应设置平台和梯子（包括安全梯）。

（10）燃料管道的排放点应远离炉子至少 15m 的地方，并应排入收集系统，不得直接排入下水道。

（11）与炉子连接的管道应根据具体情况尽量集中排列，以便于管道支撑、布置整齐美观。

3.4.5 反应器的配管

（1）反应器的结构形式有多种，仅按常见的气体反应器及液体釜式反应器并以立式设备为主叙述管道布置的共性要求，管道布置应便于催化剂的装卸。

（2）管道布置除了符合 PID 的要求及工艺的特殊要求外，如有化学清洗、钝化等要求时应考虑临时接管口等措施，并合理选用材料。

（3）立式气体反应器

① 多台反应器的管道布置时应使流体分配均匀，各台的压力降应符合要求，还应满足催化剂还原的要求；

② 如反应器顶部有可拆的大盖，并且盖上有管道相接时该管道应有可拆的管段；

③ 阀门应布置在可拆卸区的外侧，并位于不影响检修的地方；

④ 拆卸部件重量较大时，应设置永久式吊柱、吊梁或起重机，并可在平台或楼面上操作，平台设置见设备布置规定；

⑤ 与可拆段相接的管道应有永久的管道支架，使拆卸段拆除后不必增设临时支架；

⑥ 管口方位还应注意：应根据设备结构的特点留出装拆温度计的空间，使之装拆时不至于与其它设备、梯子或管道等相碰；装卸催化剂一侧可设置人孔，但不应设置管道接口；

⑦ 设备上直接安装安全阀时应便于检修，并应考虑反力的影响；对易燃易爆介质的放空除按 PID 要求外，还应符合国家现行标准《石油化工企业设计防火标准》（GB 50160）的规定；

⑧ 对流化床的反应器管道布置应避免催化剂堆积，如采用倾斜布置的管道，避免滞留的死角，选用合适的阀门、管件和大半径弯管等措施；

⑨ 总管内如可能存有催化剂粉尘时，设计时应采取加设清扫口、法兰盖等措施。

（4）卧式气体反应器

① 管道布置应考虑设备轴向热位移的影响，并以最主要管道的柔性计算来决定设备的固定端支座及滑动端支座；

② 反应器顶接管有阀门时，应设置平台以便操作；"立式气体反应器"的有关条文同样适用于卧式反应器。

（5）管式反应器

① 管式反应器长度很大时，应注意热膨胀后管道接口产生较大的附加位移；管道应有足够的柔性，并合理选用管道支架的型式；

② 管式反应器布置在管廊上时，应校核土建钢结构梁所受水平力的条件；

③ 管接口与梁的净空，应保证热位移后不至于相碰。

（6）立式釜式反应器

① 管道布置应不影响搅拌器的安装与维修，设备顶部有可拆大盖时，阀门应布置在设备轮廓的外侧，位于不影响检修的地方；

② 管道布置时楼面或平台上应留出设备大盖放置的位置，并可承受维修荷载；

③ 设备有夹套时，冷却水、蒸汽、冷凝水或其它换热介质管道可按常规进行布置；

④ 对下部卸料口，如有堵塞可能性时，应采用防堵塞的卸料阀；

⑤ 其它要求应符合本节"（3）立式气体反应器"的相关内容。

3.4.6 泵的设计配管

（1）管系柔性分析应满足泵制造厂关于管口受力的要求，配管必须满足净正吸入压头（NPSH）的要求，配管应留出合适的通道宽度及阀门的高度等，并应防止偏流而影响泵的性能。

（2）一般要求

① 泵的管道布置不得影响起重机的运行，包括吊有重物行走时不受管道的阻碍；

② 在考虑管道柔性时，应注意备用泵管道温度不同的工况，在任何工况下管道柔性均应满足要求；

③ 在泵维修时，其配管应不需要设临时支架；距泵最近的一个支架宜设计为垂直向可调式支架，并尽量设在该管无垂直位移的点上；

④ 管道的高、低点应设"高点排气及低点排液"，并应满足安装要求，对危险介质应排入封闭系统；

⑤ 对于螺纹连接的管道，每个设备接口应设一个活接头，并设在靠近阀门的位置；对中开式泵不应在泵体上方布置进口阀门；

⑥ 离心泵管道的固有频率不宜低于 4Hz。

（3）为防止泵产生汽蚀，使泵入口管道避免气袋，泵的入口管道应满足以下要求：

① 泵对净正吸入压头的要求，吸入管保持水平或带有 1/100～1/50 的坡度（向上抽吸时应向泵入口上坡，向下灌注时应向泵入口下坡）；

② 尽可能将入口切断阀布置在垂直管道上；

③ 当泵入口处有变径时应采用偏心异径管，即当弯头向下时使异径管顶平，弯头向上升无直管段时使异径管底平，见图 3.4-3；如弯头与异径间有直管段，仍应采用顶平的异径管，并在低点增加排液口。

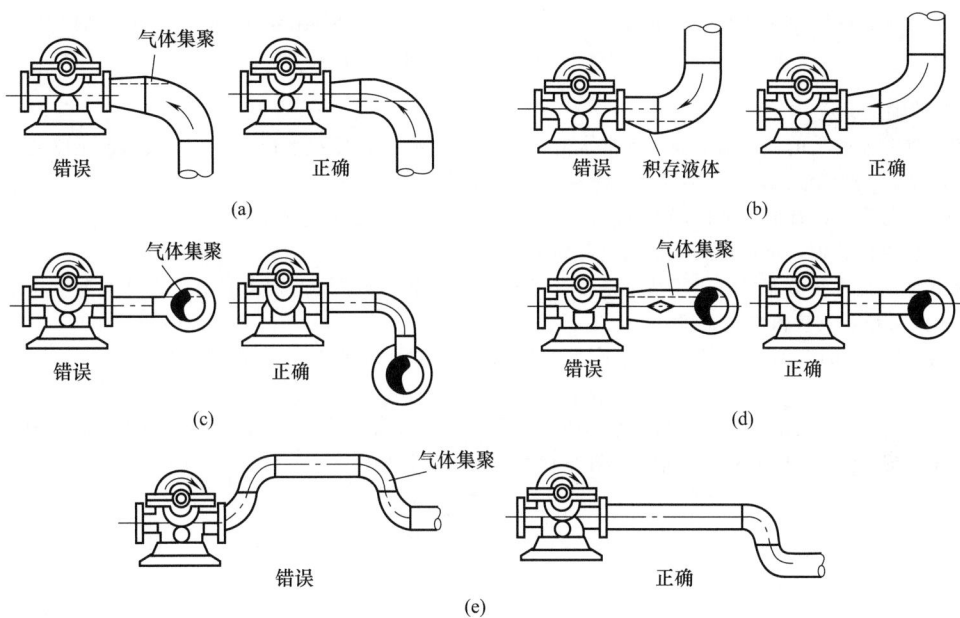

图 3.4-3　泵入口偏心异径管的使用

（4）为防止偏流、旋涡流而使泵性能降低，通常泵的配管满足以下要求：

① 单侧吸入口处如有水平布置的弯头时，应在吸入口和弯头之间设一段长度大于三倍管径的直管段，如图 3.4-3（d）所示；

② 双侧吸入口处的布置同①，但所设置直管段长度应至少为 7 倍管径；

③ 当直管段不够长时，应在短管内安装整流或导流板，或改变配管。

（5）为防止杂物进入泵内应在泵入口管线上安装粗滤器：

① 临时粗滤器（锥形过滤器）通常用于试车期间，当管道吹扫或冲洗干净后可拆除；为便于拆卸应设置一段法兰短管，并备有一个与临时粗滤器同厚的垫环，以置换临时粗滤器；过滤面积应不小于管道内截面的 2～4 倍；

② 永久粗滤器通常用 Y 形或 T 形粗滤器，安装在泵的入口处。

（6）泵入口靠近供液罐时，应考虑不同基础的沉降差可能危害泵接口，此时管段应有足够的柔性，并合理确定支架位置。

（7）泵入口管应符合 NPSH 的要求，应将轴测草图提交系统专业确认。

（8）泵的出口管道

① 当泵出口管道垂直向上时，应根据需要在止回阀出口侧管道（或止回阀盖上钻孔）安装放净阀，亦可在止回阀出口法兰所夹的排液环的接口安装放净阀；

② 泵出口压力表应安装在泵出口与第一个切断阀之间的管道上且易于观察之处；

③ 泵出口阀应布置在便于操作的高度或设置小平台操作，泵出口管的布置举例见图 3.4-4。

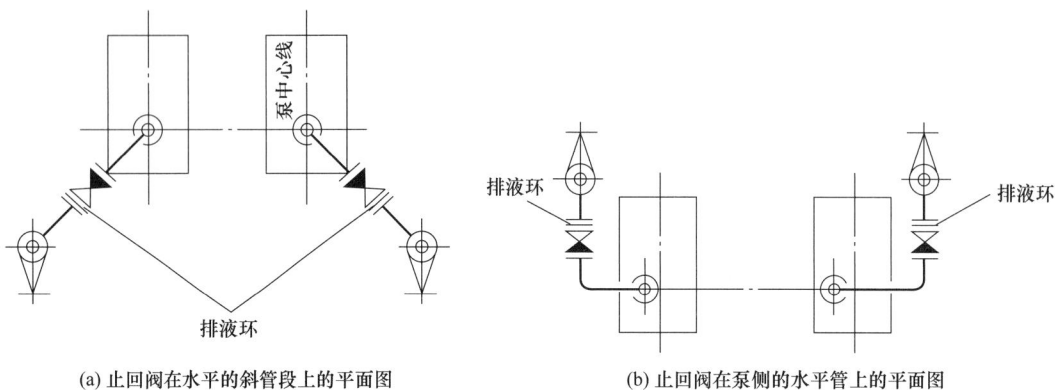

(a) 止回阀在水平的斜管段上的平面图　　　　(b) 止回阀在泵侧的水平管上的平面图

图 3.4-4　离心泵出口管道典型布置

（9）泵的辅助管道

① 设在冷却水管上的检流器应便于观察水流情况（防止断流），冷却水管布置应尽量贴近泵座使之不影响检修，并要考虑美观和注意防冻，这类管道宜由制造厂设计配套供应；

② 轴承部位需要冷却时，其冷却水管道应根据制造厂图纸上的接口连接；

③ 用于冲洗的管道，可根据具体情况设置固定管或接头；

④ 密封液管道在管道布置时应了解泵是否带有密封液系统，该系统通常由制造厂设计及配套供应，泵的管道应与密封液设备及管道协调布置。

（10）泵的特殊用途管道　在某些情况下为保护泵体不受损坏并能正常运行，泵的进、出口管道上常设置保护管道、自启动管道等，配管时这类旁通支管的连接应尽量靠近主管的阀。

① 暖泵管道。输送 230℃ 以上介质的泵组中，常在泵的出口阀（组）前后设置使液体少量回流的旁通管作为暖泵管道，也可在止回阀的阀瓣上钻一小孔来代替暖泵管道，见图 3.4-5。

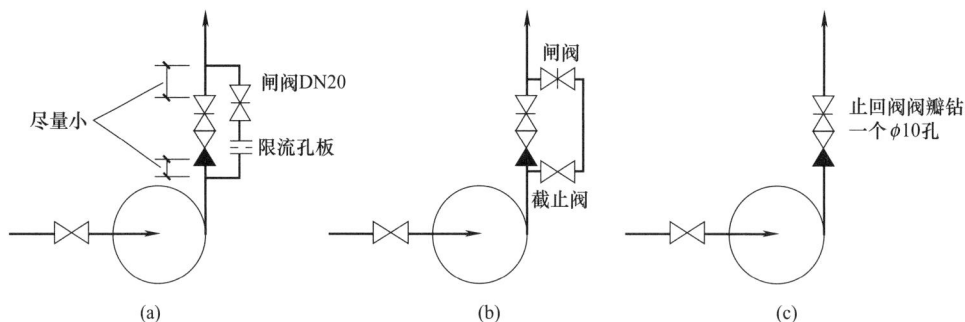

图 3.4-5　暖泵管道示意

② 预冷管道。输送低温介质的泵组中常在泵的出口阀（组）前后设置 DN20（或 DN25）旁通管道（带切断阀）。

③ 小流量旁通管。当泵的工作流量低于额定流量的 20% 时，常设置小流量旁通管，见图 3.4-6 小流量旁通管线。

④ 高扬程旁通管。为防止高扬程备用泵小口阀板因单侧受压过大不易打开，常设旁通管予以解决，见图 3.4-7 高扬程旁通管线。

⑤ 防凝管道。环境温度低于输送物料的倾点或凝点时，其备用泵的进、出口常设置 DN20 的防凝旁通管，常防凝管道需要伴热保温，防凝管线见图 3.4-8。

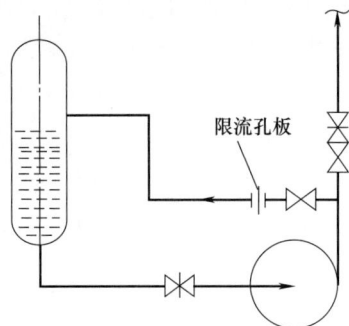

图 3.4-6 小流量旁通管线

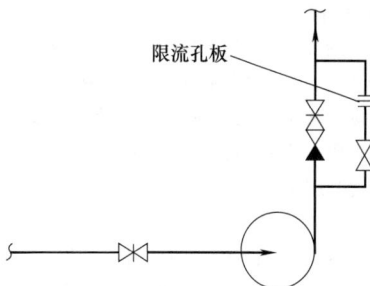

图 3.4-7 高扬程旁通管线

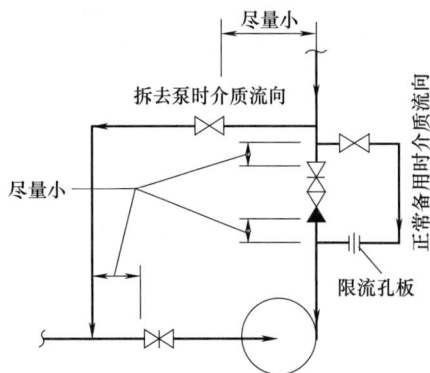

图 3.4-8 防凝管线

（11）往复泵注意事项

① 对于往复泵的配管，除注意上述要求外，还应在泵出口处（或尽量靠近出口）安装足够容积的缓冲罐（或脉动衰减器），以缓解或消除所产生的脉冲振动；同时注意减小支架跨距，增加支架刚度以抑制可能产生的机械振动；

② 在泵的前端应留有活塞杆抽出检修的空间。

（12）输送含固体的液体管道注意事项　为减少管系压降和沉积物堵塞，泵出、入口管的分支管连接宜采用 45°斜接，并且分支管道上的阀门位置应尽量靠近其根部安装；这类管道上不宜选用闸阀。

（13）其它注意事项

① 除离心泵外，其它如往复泵、容积泵应有超压保护措施，泵出口设安全阀，阀出口管道宜返回到泵的入口管。

② 在配管设计时应注意检查配套中是否带安全阀，对于允许就地排放的介质，该阀出口接管应向下引至离地面约 300mm 处。

3.4.7 压缩机的配管

3.4.7.1 压缩机的配管原则要求

（1）对离心式压缩机（包括蒸汽驱动机）的配管，通常不要求进行振动分析，但必须对管系进行柔性（热胀应力）分析，并应符合管口受力的要求；计算中应考虑设备管口的热位移。

（2）对往复式压缩机的配管，除要求柔性分析外还须进行振动分析，直到两种分析都合格后配管设计才认为合格；压缩机的配管尽量采用或参照已有的成功运行的管道布置实例。

（3）离心式压缩机的入口管道

① 当压缩机布置在厂房内时，其入口总管通常设置在厂房外侧，这样可节约厂房占地面积，又便于安装和维修，压缩机入口不宜直接接弯头，其最短直管段应大于 2 倍公称直径，通常可取 3～5 倍公称直径；

② 原则上各段入口均应采取气液分离措施，分离罐应尽量靠近入口处，由分离罐至压缩机入口的气体管应坡向分离罐；

③ 通常应防止异物、杂物进入压缩机，应在靠近其入口的管道上设置一段可拆卸短管，以便安装临时粗滤器。

（4）离心式压缩机的出口管道

① 总管布置应符合第（3）条中第①项的要求；

② 压缩机出口至分离罐（分离凝液和润滑油）的管道应布置成无袋形；

③ 管道布置应有利于支架设计，并符合本节第（1）条的要求；

④ 应注意噪声水平，必要时采取降噪声的措施。

（5）离心式压缩机的阀门

① 压缩机出入口的切断阀应布置在主操作面上，必要时选用伸长杆阀门；

② 出口管与工艺系统相接时，应在切断阀前设止回阀；

③ 阀门位置不得影响压缩机的维修，阀门高度应便于操作，尽量集中布置并使之在开停车操作时能看到有关就地仪表；

④ 安全阀应布置在便于调整的位置。

（6）往复式压缩机出、入口管道

① 缓冲罐应靠近压缩机出口处，以提高管道防振或减振的效果；

② 必要时在容器的进口或出口法兰处安装孔板，以降低管段内的压力不均匀度，达到减振的目的；

③ 适当提高小直径支管强度：如增加壁厚或加筋，采用加强管件等措施抵抗由于振动可能产生的疲劳破坏；

④ 对有些出入口管道在能满足管系柔性的前提下宜尽量少用弯头，必须采用时应使用 45°弯头或使用较大曲率半径的弯管，以减缓激振反力对管系的影响；

⑤ 支架间距要求合理，不宜将出口管的支架生根在建筑物的梁及小柱上；

⑥ 出口管宜采用低架支承以增大支架刚度，从而有效地控制可能发生的机械振动，避免采用吊架；

⑦ 应使管道气柱振动的频率和管道固有频率避开机器的振动频率，使之不发生共振，管道固有频率宜不小于 8Hz；

⑧ 阀门设置应符合本节第（5）条中第②款的要求；

⑨ 气缸出口向下时出口管的垂直向热胀推力不宜大于气缸的重量。

（7）蒸汽管道

① 对蒸汽透平/汽轮机的蒸汽管道应满足制造厂提出的力和力矩的要求，并不宜采用冷拉安装；

② 应特别注意排冷凝水设施的布置，充分保证其有效性和可靠性；

③ 对过热蒸汽也应考虑开停车时需排放冷凝水；

④ 支管连接时应从主管的顶部引出。

（8）辅助管道

① 冷却水管：冷却水管上的监流器，应布置在便于观察水流情况的地方，防止断流发生。

② 油路管（包括润滑油、密封油、洗涤油）：应根据油品性质和使用要求配管，管道上通常需要设置油过滤器。必要时还应对油管进行水冷却或蒸汽保温、加热。

③ 排气及排（凝）液管：对短时的蒸汽排气管，一般可直接排往大气，排放口应高于周围的操作面或建、构筑物 2.5m 以上以免烫伤人，可燃气体排气口与平台的相对距离应符合《化工装置设备布置设计规定　第 2 部分：设计工程规定》（HG/T 20546.2）中的有关规定。排气口的噪声超过规定，应采取措施将噪声控制在允许的范围内。蒸汽凝液管按不同的压力等级分别设置疏水阀，连续排往指定系统或地点。

（9）其它注意事项

① 所有压缩机的配管不得占用机组及辅助设备抽内件的空间，也不影响起重机的正常运行；

② 当输送比空气重的易燃易爆、有毒气体时，不宜在危险区内设置地沟，更不宜在地沟内布置管道，以免漏气而引发危险；

③ 应合理地协调自控、电气盘的位置及电缆的走向；

④ 如管道必须沿地面敷设时，在操作通道处应设跨越桥。

3.4.7.2　压缩机的配管实例

往复式压缩机配管立面图如图 3.4-9 所示。

3.4.8　设备管口方位

（1）设备管口方位应满足系统和自控专业条件要求，设备管口方位图上的管口方位应与管道布置图中的管口方位一致。

（2）一般设备的管口方位应结合平台、直梯及阀门、仪表位置协调考虑，以方便操作与维修。

（3）设备上安装有液位计时，应避免入口气体或液体直接冲击液位计接口而产生液位计测量不准、波动或假液位等情况。立式设备在流体入口 60°角范围内不应布置液位计，见图 3.4-10 流体入口与液位计方位的关系。

卧式设备的流体入口应距液位较远，并插入液体中，见图 3.4-11 流体入口与液位计位置关系。

（4）塔类设备一般按维修侧与操作侧决定管口方位，管道接口应尽量在操作侧（即靠近管廊一侧）布置；在有塔板的情况下决定管口方位时，应考虑内件结构特点使流体不至于偏流或流动分配不均匀或错位等，见"3.4.1 塔设备的配管"。在塔釜段要注意内部是否有隔板，管口不要与隔板或内部爬梯相碰。

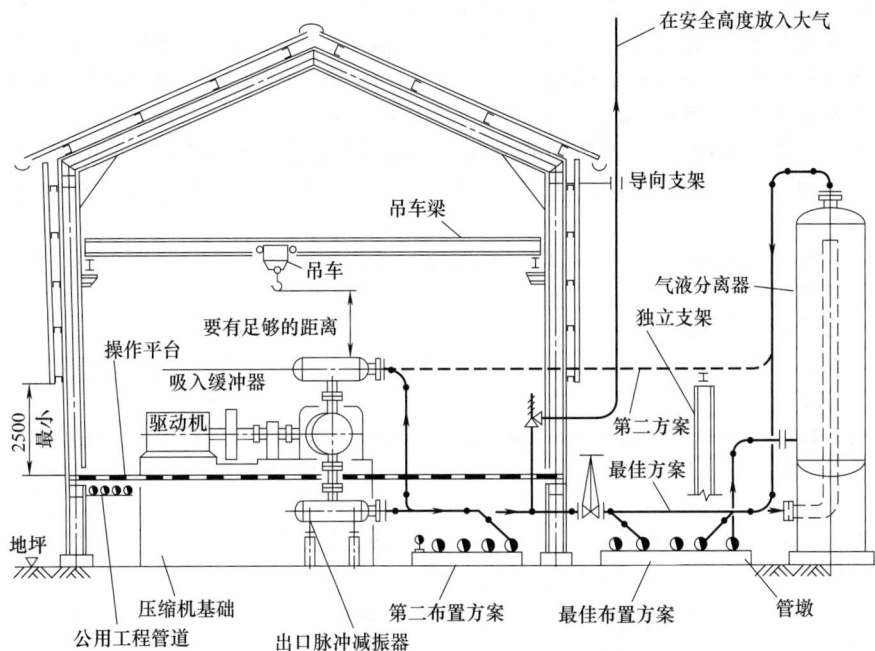

图 3.4-9　往复式压缩机配管立面图

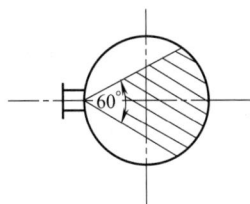

图 3.4-10　流体入口与液位计方位的关系

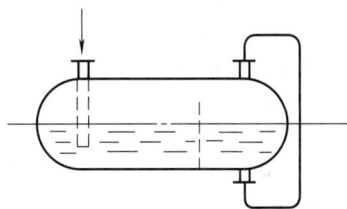

图 3.4-11　流体入口与液位计位置的关系

（5）人孔一般位于维修侧，人孔附件外侧不要有管道、阀门、梯子，内侧不要有内件阻挡，裙座的人孔也要标明方位，其内外侧也不要布置管道及直梯。

（6）当同时连续进出物料时，其单个立式储槽进出口管的位置最好相距约 180°以免液体走短路。立式再沸器放在钢结构支架上时应注意管道、排液阀不要与钢支架相碰。

（7）对于小的仪表接口，如温度计、压力计等可以布置在直梯的两旁，便于安装维修，不需另设平台；但热电偶很长时宜设平台，其方位应满足热电偶拆装所需空间。

（8）吊柱的位置应考虑在转动角度范围内吊装维修方便，所吊物件能达到所设置的平台区域。

（9）应按下面几点检查管口方位：

① 管口或连接管是否与设备地脚螺栓或支腿相碰，管口方位与设备上其它支架是否相碰；

② 管口是否与其它管件相碰（如液位计、取样装置等）；

③ 管口加强板是否相碰，或与平台及其它预焊件是否相碰；

④ 检查专利商设备数据表上是否对管口有特殊要求；

⑤ 管口与塔盘的方位是否满足工艺要求并已表示清楚；

⑥ 是否考虑接地板、铭牌与起重吊耳等的方位；

⑦ 检查大型塔和立式设备的裙座内侧是否有起重时支承点的加固构件，如有此加固件其方位也应表示出来；

⑧ 人孔吊柱位置是否表示，在人孔盖旋转、开启时，是否不受阻挡。

3.4.9　装卸站的配管

3.4.9.1　汽车槽车装卸站的配管原则要求

（1）槽车装卸站由罐区、泵组和装卸台、鹤管组成，应按《化工装置管道布置设计工程规定》（HG/T

20549.2—1998）中第1.1.2条所述的设计原则进行管道布置。

（2）装卸站的布置及水消防或泡沫消防系统应符合《石油化工企业设计防火标准》（GB 50160—2008）的规定；装卸站应设软管站，操作范围以软管长15m为半径，用于吹扫、冲洗、维修和防护；对于高寒地区要注意采用正确的防冻措施，如伴热保温等。

（3）在装卸酸、碱、氨等介质的区域应在适当位置设置洗眼器和安全淋浴；对于输送过程中易产生静电的易燃易爆介质的管道，应有完善的防静电措施（如按相关规范设置的法兰之间跨接措施，管道系统及设备的静电接地等）。

（4）装车计量可选用流量计就地计量或用地中衡称量，流量计应布置在槽车进出不会碰撞的地方；设防火围堤者流量计应布置在围堤之外。

（5）装卸站总管的布置要求：

① 装卸站总管布置与汽车槽车的型式有关，槽车的装卸口在顶部时宜采用高架布置管道；装卸口在车的低位时宜采用低架布置型式；

② 鹤管阀门设在地面或装卸台上应方便操作，不阻碍通道；对易燃可燃物料管道，如果PI图上有要求应将切断阀安装在距装卸台10m以外的易接近处。

（6）罐周围的配管布置要求

① 与罐接口相连的管道必要时采用柔性连接，如选用金属软管；靠近罐的第一个管架应与储罐保持一定距离并应是可调节的，或加弹簧支托以适应储罐基础可能的沉降；

② 对输送沸点较低的物料管道应与储罐的气相管连通，同时应考虑温度变化可能带来的物料热膨胀的影响，以及突然泄压时所产生的反力，故需要设置坚固的支架；

③ 不管物料流向如何，吹扫口的位置应设置在能使管道中物料吹向储罐的部位；罐的配管要求详见"3.4.10 罐区设计配管"规定。

（7）泵的配管布置要求

① 对于装车场合除利用自然地形将储罐设在高处自流装车外，均采用泵输送装车，通常将泵进口标高布置在能够自动灌泵的位置（应满足泵的NPSH的要求）；

② 泵的吸入管道尽可能短，当出口在泵上方时要设支架，以避免泵直接承受管道阀门的重量；

③ 泵的配管要求应符合"3.4.6 泵的设计配管"。

（8）鹤管的配置布置要求

① 鹤管种类很多，有固定式、气动升降式、重锤摆动式、万向式等，能适应各种情况，设计时可视具体的装卸要求选用产品；在敞开式装车时选用液下装车鹤管，以减少液体的飞溅；

② 不允许放空的介质应采用密闭装车，鹤管的气相管应与储罐气相管道相连，将排放气排入储罐；该气相管避免出现下凹袋形以防凝液聚集；当配管不可避免出现下凹袋形时，则必须在袋形最低点处设集液包及排液管，并按工艺要求收集处理，或对集液包局部伴热，使凝液蒸发，避免产生液封现象；无毒害、非易燃易爆的物料装车时可将放空管引出顶棚排放；

③ 当采用上卸方式卸车时，一般是将压缩气体通入槽车用气相加压法将物料通过鹤管压入储罐中。

3.4.9.2　汽车槽车装卸站的配管立面实例

汽车槽车装卸站的配管立面见图3.4-12。

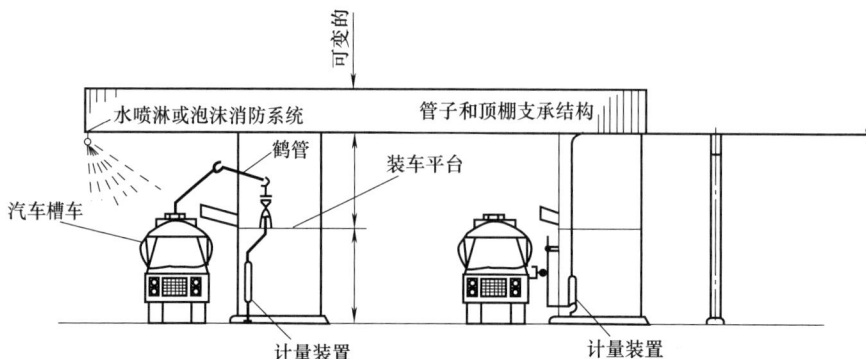

图3.4-12　汽车槽车装卸站的配管立面

3.4.9.3　鹤管布置在装车台边缘时的配管实例

鹤管布置在装车台边缘时的配管如图 3.4-13 所示。

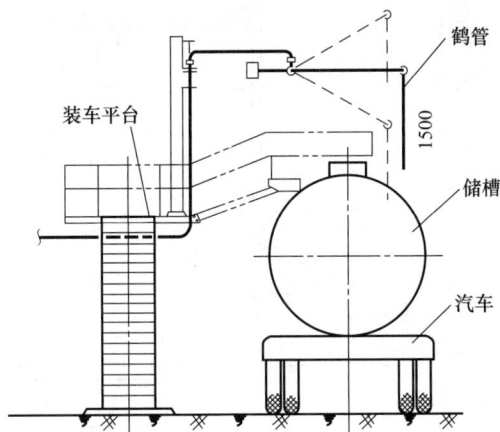

图 3.4-13　鹤管布置在装车台边缘时的配管

3.4.9.4　铁路槽车装卸站的配管原则要求

（1）铁路槽车装卸站的配管应符合"3.4.9.1 汽车槽车装卸站的配管原则要求"第（1）～（3）款的要求。

（2）铁路槽车装车的计量，可以在装车台上面或下面安装精度较高的流量计就地计量；也可以用动态电子轨道衡进行自动计量，就地安装的流量计应靠近鹤管切断阀。

（3）装卸站总管的布置原则要求

① 铁路槽车装卸站管道有高架布置和低架布置两种型式，管架立柱边缘距铁路中心线应不小于 3m；管架跨越铁路时，铁轨顶面至管架梁底的净高应不小于 6.6m，且跨越铁路的管段上不允许装阀门、法兰及其它机械接头等管道附件；

② 采用自流下卸的卸车站管道采用埋地或管沟布置，当地下管道穿越铁路时加保护套管，详见"3.3.2 地下管道布置"规定。

（4）罐的配管原则要求：罐的配管应符合"3.4.9.1 汽车槽车装卸站的配管原则要求"第（6）款的规定。

（5）泵的配管原则要求：泵的配管应符合"3.4.9.1 汽车槽车装卸站的配管原则要求"第（7）款的规定。

（6）鹤管的配置原则要求

① 铁路槽车装车鹤管分大鹤管和小鹤管两种；大鹤管有升降式、回转式和伸缩式，升降式鹤管通常布置在两股铁路专用线两侧；回转式鹤管布置在两条铁路专用线中间；而伸缩式鹤管则高架于每段专用线中间；鹤管的配置应确保其行程臂长、行车小车及各附件都不能与槽车的任何部位相碰，并能满足各种类型铁路槽车的对位灌装。

② 鹤管有平衡锤式、机械式和气动式等，为方便操作两排小鹤管一般都布置在两股铁路专用线中间，可令整列车一次对位灌装。

③ 对易燃液体管道如果 PI 图上有要求，应将切断阀安装在距装卸台 10m 以外的易接近处。

④ 对于密闭装车鹤管应将其气相管与储罐的气相管相接，其具体要求应符合"3.4.9.1 汽车槽车装卸站的配管原则要求"第（7）款第②项的规定。

⑤ 铁路槽车卸车分上卸和下卸两种方式，上卸方式所采用的鹤管与密闭装车鹤管相同，一般采用压缩气体加压法卸车，也可以通过真空泵卸车。下卸方式一般用于原油、重油的卸车，该种铁路槽车有下卸口和保温夹套；下卸鹤管是单回转套筒式，带快速接头可以与铁路槽车下卸口连接；鹤管与汇油管用垂直连接或门下 45°连接，汇油管或集油管安装坡度一般为 0.8%；为防止重质油品凝固，在汇油管的端部设 DN50 的蒸汽吹扫管，汇油管、集油管均需蒸汽伴管加热，零位罐要设通气管、阻火器、透光孔、人孔及液位指示器。

3.4.9.5　双侧铁路槽车的装车台的配管实例

双侧铁路槽车的装车台的配管实例如图 3.4-14 所示。

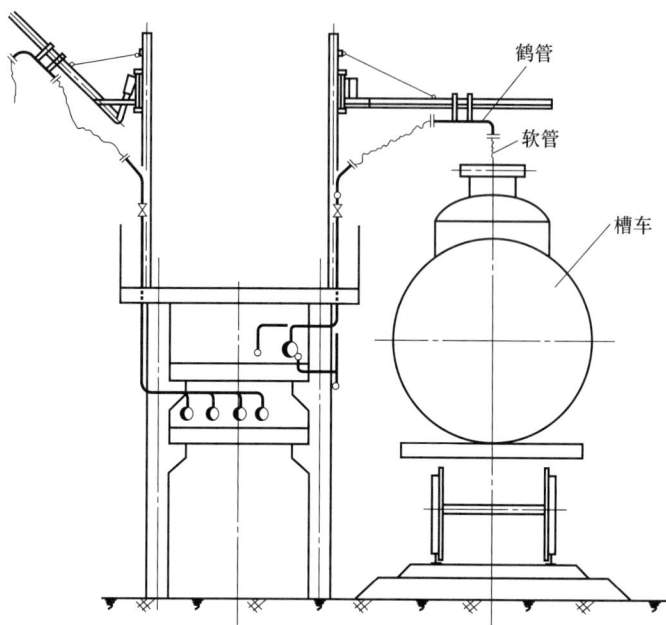

图 3.4-14　双侧铁路槽车的装车台的配管实例

3.4.10　罐区设计配管

（1）本节内容适用于装置内外的罐区的配管，罐区内泵的配管应符合"泵的配管"要求。

（2）应按《化工装置管道布置设计工程规定》（HG/T 20549.2—1998）中第 1.1.2 条所述的设计原则进行管道布置设计。

（3）罐区的配管要做到不影响消防车辆从两侧到达罐区围堰外及考虑消防车的停放位置等要求；应按防火规范要求设置消防水管网，包括消火栓和固定式水枪和接至常压储罐上部的泡沫管道等。

（4）储罐的配管要有足够的柔性，以满足储罐基础和泵及围堰之间不同沉降量的要求，必要时采用柔性连接。

（5）根据罐区储存介质情况，若需设置洗眼器和安全淋浴器时，应将其设在操作人员易接近且靠近需防患的设备或管道的地方。

（6）储罐管口的布置

① 管口应符合设备图或设备条件图的要求，管口方位应按"3.4.8 设备管口方位"规定的要求确定；

② 常压立式储罐下部人孔可设在靠近斜梯的起点，但宜在斜梯下面；顶部人孔宜与下部人孔成 180° 方向布置并位于顶平台附近；高度较高的侧向人孔，其方位宜便于从斜梯接近人孔；

③ 对于卧式液化石油气储罐按容积大小设 1～2 个人孔，卧式储罐所有管口设置方位见"3.4.2 卧式容器的配管"的规定；球形储罐顶、底各有一个人孔，其方位根据顶平台上的配管协调布置；

④ 斜梯的起点方位应便于操作人员进出并注意美观；常压立式储罐用蒸汽或惰性气体吹扫或置换的接口应位于有利连接和操作的方位，并在靠近管廊侧的围堰外面设软管站；

⑤ 液位计管口的布置：常压立式储罐浮子式液位指示计接口应布置在顶部人孔附近，如需设置液位控制器、液位报警器或非浮子式液位计时，为减少设备上开口宜设置液位计联箱管，与联箱管连接的设备接口应布置在远离物料进出口处，并位于平台和梯子附近，以便于仪表的安装及维修；

⑥ 液化石油气储罐底部接管最低点距地坪的距离应有利于空气流动，见图 3.4-15；

⑦ 泡沫消防的管口方位应分布均匀；

⑧ 立式储罐采用如图 3.4-16 所示的结构时应注意底部管口与地脚螺栓支承板是否相碰；立式储槽的底部设带集液槽的排液管时应在基础上预留沟槽，排液口的方位应靠排液总管一侧。

（7）储罐区的管道布置

① 进入罐区范围内的所有管道宜集中布置，对于界外罐区宜采用低管廊布置，应使通往各储罐的支管相

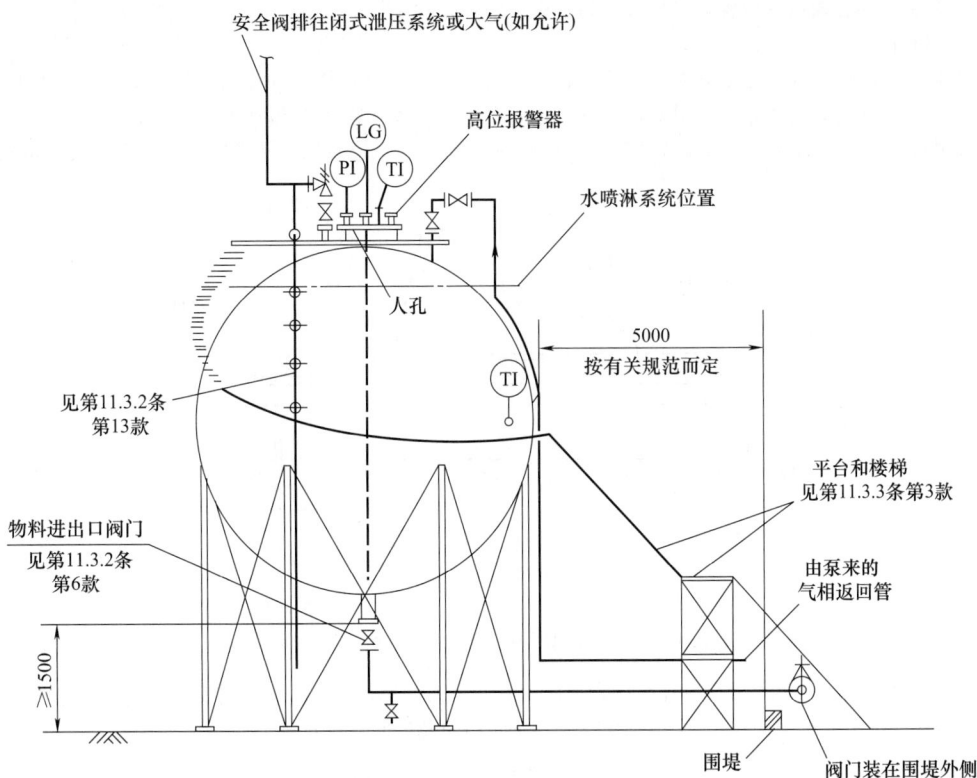

图 3.4-15 液化石油气储罐底部接管最低点距地坪的距离

互交叉最少，并符合 3.4.11 节的规定；

② 储罐的管接口标高应是在储罐充水使基础完成初期沉降后的标高，应要求基础设计者注意控制基础的后期沉降量（一般宜在 25mm 以下）；

③ 罐区单层低管廊布置的管道，管道与地坪间的净高一般为 500mm；罐区多根管道并排布置时，不保温管道间净距离不得小于 50mm，法兰外线与相邻管道净距离不得小于 30mm，有侧向位移的管道适当加大管间净距离；

④ 各物料总管在进出界区处均应装设切断阀和插板，并应在围堰外易接近处集中设置；储罐上经常需要操作的阀门也应相对集中布置；与储罐接口连接的工艺物料管道上的切断阀应尽量靠近储罐布置；

⑤ 在罐区围堰外两列管廊成 T 形布置时，宜采用不同标高；管廊上多根管道的"Π"形膨胀弯管通常应集中布置，以便设置管架；

⑥ 储罐上有不同的辅助装置时（如固定式喷淋器、惰性气密封层、空气泡沫发生器），与这些装置连接的水管道、惰性气体管道、泡沫混合液管道上的切断阀应设在围堰外；需喷淋降温的储罐，其上部及周围应设多喷头的环形管，圈数、喷头数量、喷水量及间距等应符合 PI 图和消防规范要求；

⑦ 泵的入口一般应低于储罐的出口；

⑧ 液化石油气储罐气相返回管道不得形成向下凹的袋状，以免造成 U 形液封；

⑨ 当液化石油气储罐顶部安全阀出口允许直接排往大气时，排放口应垂直向上，并在排放管低点设置放净口，用管道引至收集槽或安全地点；对于重组分的气体应排入密闭系统或火炬。

（8）管架和操作平台

① 靠近储罐接管口的第一个管架的位置和型式应使管道有效地吸收储罐基础的沉降值；

② 管廊的柱子/或管墩的间距为 6m 时，对于小口径管道宜集中布置，支架间距为 3m，为此有时可用大口径不保温管道来支承小管道；

③ 两个或两个以上成组布置的液化石油气卧式储罐宜采用联合平台，平台离地面大于 4.5m 时应设不大于 59°的斜梯，梯子数量应考虑联合平台无通行死点；

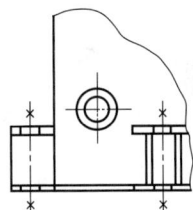

图 3.4-16 立式储罐结构示例

④ 在管廊上布置阀门的位置，应设直梯和平台以便操作和维修。

（9）管道穿过围堰和道路

① 当管道穿过围堰和道路下方时需设置套管，套管通常用钢管制作，外涂防腐层；套管在围堰墙或道路两边至少伸出 300mm；对于常温管道其两端 100mm 长可用水泥砂浆密封套管内充填岩棉，对于有膨胀的管道，可采用石棉水泥或沥青玛蹄脂代替水泥砂浆；如图 3.4-17 所示穿过围堰和道路下方的管道安装示意。

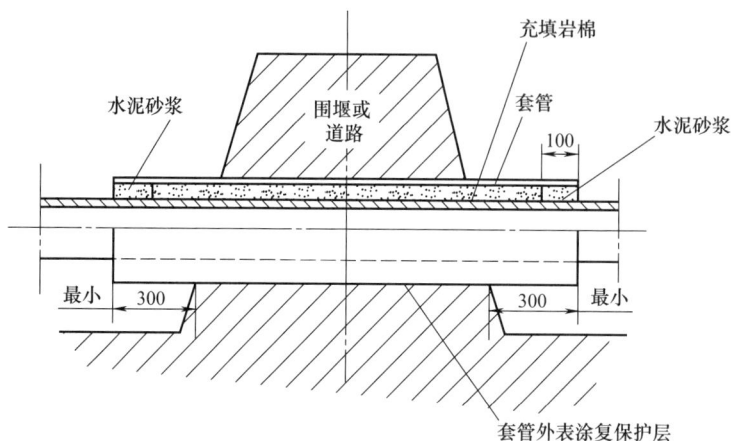

图 3.4-17　穿过围堰和道路下方的管道安装示意

② 在套管两端向内不大于 300mm 处设置导向支架，导向支架焊在管道上，两导向架的中心距离不应大于水平管道的允许最大支架间距，如图 3.4-18 所示两导向架间允许间距示意。

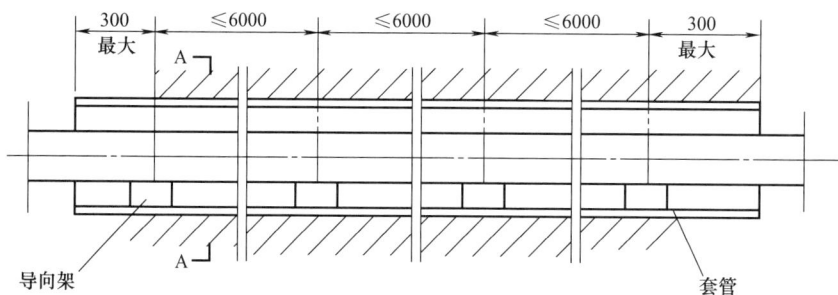

图 3.4-18　两导向架间允许间距示意

3.4.11　管廊上的配管

（1）本内容也适用于界外管廊（架）上的配管和装置内管廊上的配管；配管应按 HG/T 20549.2—1998 中第 1.1.2 条所述的设计原则进行管道布置设计。

（2）管廊上的配管一般要求

① 应按各有关装置（或建筑物）进、出管道交接点坐标、标高协调布置；对于分期建设的工厂，配管设计应能满足分期建设的要求；

② 配管应利用管道走向的改变吸收管道的热膨胀，不能满足时可设置膨胀弯管或补偿器；

③ 可利用大管道支吊小管道，以缩小管廊的宽度，并满足小管道的跨距要求；

④ 布置管道时应考虑仪表电缆及电气电缆槽或架所需的空间，宜留有 10%～30% 的空位，并需考虑预留空位的荷载；

⑤ 设计采用的支架间距应小于规定的最大支架间距，管道布置应合理规划避免出现不必要的袋形或"盲肠"；

⑥ 选用管道组成件应符合管道材料等级的规定，管道的连接结构及焊缝位置要求应符合 HG/T 20549.2—1998 中第 1 章的规定；

⑦ 呈 T 形布置的两列管廊宜采用不同的标高。

（3）管道的排列

① 大直径管道尽量靠近柱子布置；大直径需要热补偿的管道宜布置在横梁端部，以便设"Π"形膨胀弯；

② 对设有阀门的管道及需要经常维修的管道，应在适当的位置设置操作平台；

③ 冷介质及易燃介质管道布置在热介质管道的下方；

④ 非金属及腐蚀性介质的管道宜布置在下层；

⑤ 仪表电缆及电气电缆槽架宜布置在上层；

⑥ 需要设操作平台或维修走道时，宜布置在上层；

⑦ 管道排列要求的管间距应符合 HG/T 20549.2—1998 第 1 章的规定。

（4）要求无袋形并带有坡度的管道（如火炬管）应满足下列要求：

① 管道宜布置在管廊顶层；

② 管道应有坡度，坡向分液罐或其它设备，坡度宜不小于 0.003；

③ 该管上所有支管都应从该管的顶部连接，并且应顺着管内气体流动方向倾斜 45°。

（5）阀门的布置

① 应按 HG/T 20549.2—1998 中第 1.4.4 条所述的要求进行阀门布置；

② 集中布置的阀门应错位布置，以保证管道布置紧凑，见图 3.4-19；

③ 由总管引出的支管上的阀门应尽量靠近总管布置，并装在水平管道上，如图 3.4-20 所示；

④ 管廊上布置阀门处，应设爬梯或操作平台；

⑤ 管道及阀门采用螺纹连接时，宜在靠近阀门处设活接头以便拆卸。

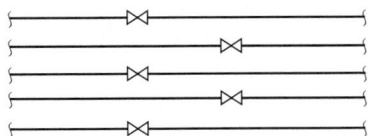

图 3.4-19　阀门错位布置

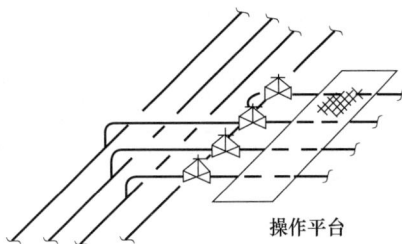

操作平台

图 3.4-20　支管上的阀门位置

（6）疏水阀的布置除应按 HG/T 20549.5—1998 第 15 章要求布置外，还必须符合下列要求：

① 一个疏水点有多个疏水阀同时使用时，必须并联布置；

② 疏水阀的位置应低于疏水点；

③ 疏水阀应布置在便于维修的位置；

④ 冷凝水回收系统的干管高于疏水阀时，除热动力式疏水阀外，应在疏水阀后设止回阀；

⑤ 就地排放的疏水阀出口管，应引至地面并采取防冻措施。

（7）管廊上高点排气及低点排液

① 应符合 HG/T 20549.5—1998 第 19 章"管道上高点排气及低点排液设计规定"及 HG/T 20549.2—1998 中的第 1.4.5 条所述的要求设置高点排气及低点排液的规定；

② 凡在管道数据表中指定要用气压进行系统强度及严密性试验的气体管道，可不设管道的高点排气；其低点排液应按介质的特性及操作、维修要求来考虑是否设置；

③ 在所有管道（蒸汽管道除外）上的液压试验的低点排液口不应小于 DN20，管道的容积大时应适当加大；

④ 对于蒸汽管道的低点，如管道垂直向上之前，蒸汽干管的切断阀入口侧等均应设置排液点，水平蒸汽管道每隔 300m 也应设排液点；

⑤ 饱和蒸汽管道，凡按 HG/T 20549.5—1998 第 12.3.4 条第 4 款设置排水的地方，应同时设疏水阀；

⑥ 湿气体管道的低点应设排液，湿燃料气或原料气管道的低点应按压力不同设排液水封或排液罐或浮球式疏水阀；

⑦ 低压水平管道上的宽波式波形膨胀节，每个波节的下部应设低点排液管，每个波节底部的排液管合并后引入低位管段，如图 3.4-21 宽波式波形膨胀节的排液管或排液水封；

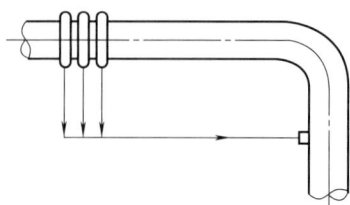

图 3.4-21 宽波式波形
膨胀节的排液管

⑧ 在管廊的横梁附近设置排液管时，应使排液管包括隔热层在热膨胀位移时不至于与梁相碰。

（8）管道的热补偿

① 应按 HG/T 20549.2—1998 中的第 1.4.2 条所述的要求设置管道的热补偿；

② 采用"Ⅱ"形热膨胀弯管时，应为其留有足够的空间，还应便于它的支承；

③ 采用钢制套筒补偿器、宽波式波形膨胀节、波纹膨胀节时，应注意管内压力产生的推力、弹性力的作用及设置支架的可能性，并应按国家现行有关标准进行计算及选用。

（9）管道的热补偿"Ⅱ"形热膨胀弯管的布置应满足下列要求：

① 两固定点之间宜设一个"Ⅱ"形热膨胀弯管；

② "Ⅱ"形热膨胀弯管与固定点的距离不应小于两固定点间距的 1/3；

③ "Ⅱ"形热膨胀弯管宜水平布置，如图 3.4-22（a）和图 3.4-22（b）所示；必要时可垂直布置，如图 3.4-22（c）所示；但在装置内管廊不宜使用垂直布置。

（10）管道的支承中水平布置的管道，一般应将裸管的管底或垫板底面及有隔热层管道的管托底面置于梁顶高度上；对于垂直管上述相应表面应取齐布置。

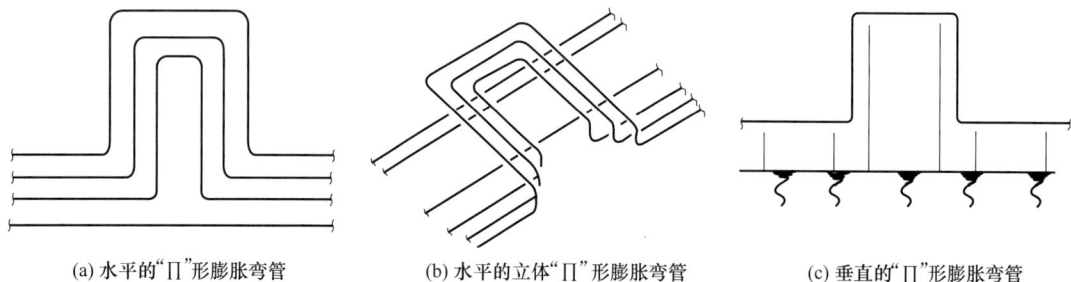

(a) 水平的"Ⅱ"形膨胀弯管 (b) 水平的立体"Ⅱ"形膨胀弯管 (c) 垂直的"Ⅱ"形膨胀弯管

图 3.4-22 "Ⅱ"形膨胀弯管的布置

（11）管道的支承中管托的选择宜按下列考虑：

① 管托高度应按支架标准规定选取，并应大于绝热层厚度；

② 对于不绝热管道一般不设管托，直接置于管廊的横梁上；

③ 对于奥氏体不锈钢裸管，宜在支点处的管道底部焊与管道材质相同的弧形垫板，如图 3.4-23 所示。弧形垫板的长度约为 250mm；

④ 对于大于 DN300 的碳钢裸管，当管壁厚与管道公称直径之比小于 0.015 时，应在支点处的管底焊与管道材质相同的弧形垫板或鞍形管托以保护管道；焊接后需要进行热处理的管道宜采用可拆式管托；

⑤ 镀锌钢管、有色金属管道、塑料管、玻璃钢/玻璃钢增强塑料管、衬里管等管道，宜选用可拆式管托，并需在管子与卡箍之间加 3～5mm 厚的橡胶石棉板加以保护；

⑥ 隔热的奥氏体不锈钢管道采用碳钢的可拆管托时，管子与卡箍之间加垫 3～5mm 厚的橡胶石棉板隔离层；

⑦ 在不锈钢管道上焊接碳钢管托时，应先在管子上的管托位置处焊与管道材料相同的弧形垫板，再焊碳钢管托；

⑧ 要求热损失小的管道应采用隔热型管托。

（12）管道布置的位置应尽量使支点靠近生根的构件，减小生根点所承受的力矩。

（13）管道吹扫口的配置：界外的工艺介质管道一般不设停车或停输后的吹扫接头，而在装置内与其相接的管道上设吹扫和接收设施；但长度大于 2000m 的工艺介质管道及输送易凝性介质的管道应按照系统专业的条件，选择适当的位置设置固定式吹扫接头。

（14）固定式吹扫接头应集中布置，以便于设置操作平台，接头连接方式如图 3.4-24 所示。

（15）管道静电接地

① 凡输送易燃易爆介质的管道均应采取防静电接地措施，静电接地干线由电气专业统一规划设计；

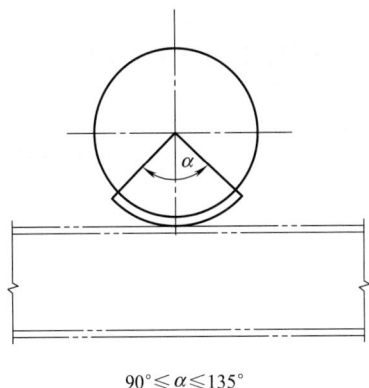

$90° \leqslant \alpha \leqslant 135°$

图 3.4-23 弧形垫板图

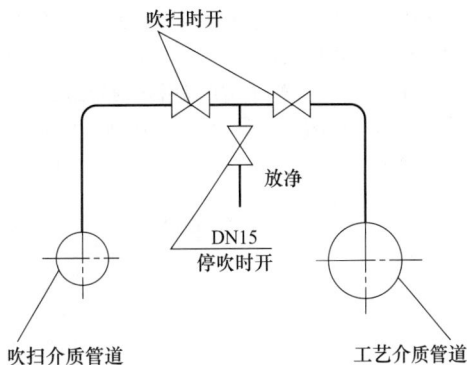

图 3.4-24 固定式接力吹扫接头配管

② 非导体管道上的金属管件应接地；复合管的非导体管段（如聚氯乙烯管）除需作屏蔽保护外，两端的金属管应分别与接地干线相接；

③ 有特殊规定的易燃易爆介质，其静电接地应遵守其特殊规定；

④ 其它管道静电接地的要求以符合现行标准《化工企业静电接地设计规程》（HG/T 20675）的规定。

（16）装置内管廊上的管道走向图

① 管廊上的管道根数应通过管道走向研究决定。

② 管道走向图宜采用设备布置图，并将管廊部分切开加宽，在此图上布置管道以决定通过管廊上的管道总根数及其分布和各管的长度。

（17）装置内管廊的宽度和层数

① 在管道总根数、管径、介质等已知的条件下，根据管道走向图调整局部通过管廊的管道，合理利用空间；

② 决定管廊的宽度及层数时，应符合第（2）条第③款的规定；

③ 根据本节"（3）管道的排列"的要求进行排列，决定管廊的宽度及层数，如图 3.4-25 所示。

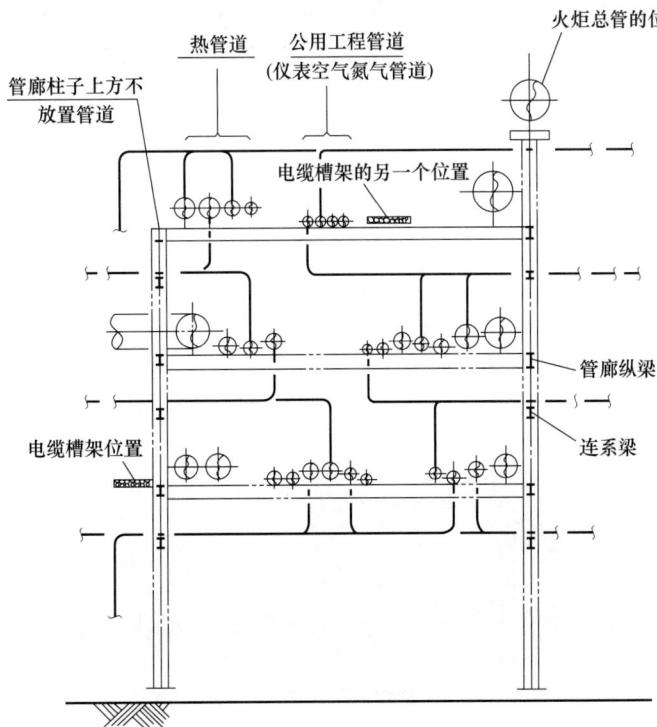

图 3.4-25 管廊上管道排列

（18）装置内管廊的其它要求

① 装置内管廊的土建结构不宜做成纵向带坡度，而同层的梁应为相同标高；要求带坡度的管道宜采用不同高度的支架或垫块来调节；

② 装置内管廊上横向引出或引入的管道较多，因此不宜采用重叠布置；

③ 管廊上阀门布置如图 3.4-26 所示，管廊上管道阀门及其操作平台的设置，安全阀出口管应坡向总管，以避免在安全阀出口积液，如图 3.4-27 所示；

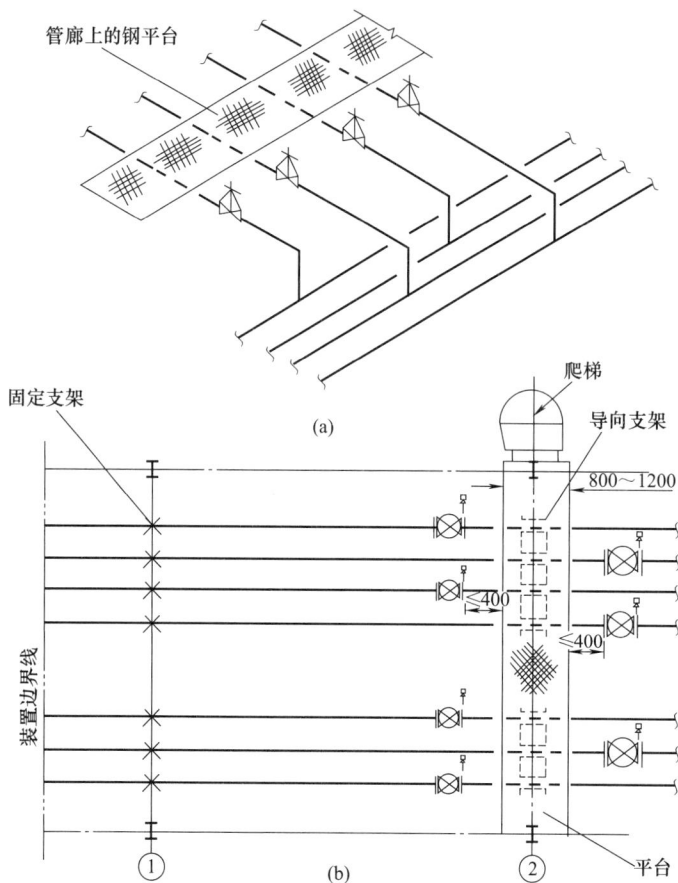

图 3.4-26　管廊上阀门布置

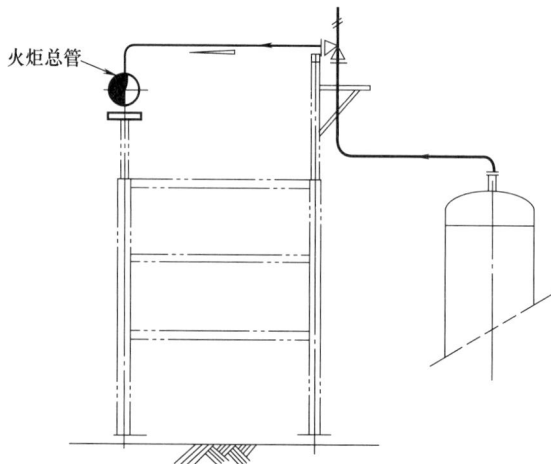

图 3.4-27　安全阀配管

④ 管廊柱子旁适宜布置伴管分配站、冷凝水收集站、软管站及仪表箱等，但不应影响操作通道的畅通，并应注意布置整齐与美观；

⑤ 管廊的层间距离应根据主管径、横向引出管径及便于施工焊接等条件而定，并应符合《化工装置设备布置设计规定　第2部分：设计工程规定》（HG/T 20546.2—2009）的规定；

⑥ 采用低管架时下层梁顶至地面的净空不得小于500mm。

3.4.12　地下管道布置

3.4.12.1　埋地管道的布置原则要求

（1）本内容适用于装置内管道专业设计范围的管道，不包括无压力的下水管及暖通的管道。

（2）符合以下条件的管道，允许将管道直接埋地布置：

① 输送介质无腐蚀性、无毒和无爆炸危险的液体、气体管道，由于某种原因无法在地上敷设时；

② 与地下储槽或地下泵房有关的工艺介质管道，可不受上款的限制；

③ 冷却水及消防水或泡沫消防管道；

④ 操作温度小于150℃的热力管道。

上述管道还应满足：无须经常检修，凝液可自动排出及停车时管道介质不会发生凝固及堵塞。

（3）在建筑物内的地下管应尽量采用管沟敷设的方式，如不可避免需直接埋地布置，则应设在允许挖开维修的区域，并使管道尽量短。

（4）露天埋设的上水和易冻介质管道的管顶距冰冻线以下不小于0.2m。

（5）埋地布置的管道在交叉中相碰时，除特殊情况外宜按下列处理：

① 管径小的让管径大的，易弯曲的让不易弯曲的；

② 有压的让无压的；

③ 临时的让永久的；

④ 无坡度要求的让有坡度要求的；

⑤ 除已建的管允许修改外，新建的让已建的；

⑥ 施工检修方便的让施工检修不方便的；

⑦ 电缆除在热的管道下面外，应在其它管道上面；

⑧ 热的管道应在给水管道上面。

（6）易燃易爆介质管道在装置外，如为埋地敷设，则进入装置区界附近应转为地上管道。

（7）建筑物内埋地管道布置要求

① 管道与建筑物墙、柱边净距不小于1.0m，并要躲开基础，管道标高低于基础时，管道与基础外边缘的净距应不小于两者标高差及管道挖沟底宽一半之和；

② 管道穿过承重墙或建筑物基础时应预留洞，且管顶上部净空不得小于建筑物的沉降量，一般净空为0.15m；管道在地梁下穿过时，管顶上部净空不得小于0.15m；

③ 两管道间的最小净距：平行时应为0.5m，交叉时应为0.15m；

④ 管道穿过地下室外墙或地下构筑物墙壁时应预埋防水套管；

⑤ 管道不得布置在可能受重物压坏的地方；管道不得穿过设备基础；

⑥ 管顶最小埋设深度：素土地坪不小于0.6m；水泥地面不小于0.4m；

⑦ 埋地管道不宜采用可能泄漏的连接结构，如法兰或螺纹连接等；管材不宜采用易碎材料；

⑧ 埋地管道与地面上管道分界点一般在地面以上0.5m处。

（8）露天装置区内埋地管道布置要求

① 埋地管道之间、管道与构筑物之间以及管道与道路、铁路之间平行与交叉的净距规定，应符合现行标准《化工企业总图运输设计规范》（GB 50489）的规定；

② 埋地管道的套管应伸出道路或管沟外缘两侧不小于1.0m，伸出铁路两侧不小于3.0m；以上套管内不准有法兰、螺纹等连接件，管道焊缝需要探伤；

③ 管道高点设排气，低点设排净，埋地管道阀门应设阀门井；

④ 铸铁管或非金属管道穿过车辆通过的通道时，需预埋套管；

⑤ 上条第⑤～⑧款也适用于室外埋地管道。

（9）热管道埋地设计要求

① 热管道根据介质温度分槽布置：温度≤120℃埋地段允许采用无补偿敷设，此类管道宜设在一个沟槽内；温度＞120℃可设在另一个沟槽内，并应考虑热补偿。

② 直埋热管道沟槽中间填细砂至管顶50mm，最上面是夯实的回填土，回填土及预热应在管道试压及检查合格后进行。

③ 温度≤120℃的无补偿敷设管道埋地段采用下述两种方法：

a. 在回填砂土之前管网进行整体预热或分段预热，在预热温度下回填砂土，但此法不如下述方法可靠性高；

b. 在恰当（经过计算）的位置加一次性补偿接头，可以先分段回填砂土后预热，当管网达到预热温度后将一次性补偿接头焊死以达到预应力的目的。

④ 无补偿敷设的预热温度按下式计算：

$$t_r = t_0 + (t - t_0)/2 = (t + t_0)/2$$

式中　t——工作温度，℃；

t_0——环境温度，℃，通常采用20℃；

t_r——预热温度，℃，取值不宜低于65℃。

⑤ 管道末端与设备或非埋地管道连接段应按有补偿敷设设计。

⑥ 120℃＜温度＜150℃温度的管道宜采用"Ⅱ"形膨胀弯管或其它形式弯管等补偿布置方式。

⑦ 保温层结构：

a. 温度≤120℃宜采用闭孔型聚氨酯；

b. 120℃＜温度＜150℃宜采用复合层，内层岩棉、外层闭孔型聚氨酯；

c. 保护层宜采用聚乙烯套管或其它有延展性材料；

d. 要求管子套入聚乙烯套管内整体发泡。

⑧ 蒸汽管道需设坡度，一般为0.002或0.003，管道低点设凝液收集罐及排液阀，并应设在阀井内。

3.4.12.2　管沟内管道的布置原则要求

（1）管沟内布置管道必须符合以下条件：

① 输送介质无腐蚀、无毒以及非易燃易爆管道；

② 不宜埋地又不易架空布置的管道；

③ 正常地下水位低于沟底；

④ 防止重组分气体及有害气体在沟内聚集，必要时在沟内填砂。

（2）管沟型式选用原则

① 不通行管沟：管道根数不多，维修工作量不大、不需要人员通行时宜采用不通行管沟；

② 通行管沟：管道根数很多，为了便于经常维修，需要人员通行时，宜采用通行管沟；但设计应符合安全要求。

（3）管沟基本尺寸要求

① 不通行管沟：净高一般采用0.5～0.8m，宽度一般为1.2m，不宜超过1.5m，当超过1.5m时采用双槽管沟；

② 通行管沟：净高按实际需要确定，但不小于通行要求的净高1.9m，管沟内通道宽度一般采用0.6～0.8m（根据局部需检修的内容确定）。

（4）管沟中管道布置要求

① 管沟中管道排列要便于安装维修，其它与管廊上的配管相同，应符合HG/T 20549.5—1998第12章的规定；

② 不通行管沟中管道宜单层横排布置，便于安装及维修；

③ 通行管沟宜采用靠墙壁竖排布置，管子少，采用单排，管子多采用双排，通道在中间；

④ 保温层距沟壁净距不小于100mm，距每层悬臂横梁净距80mm，距沟底120mm。

（5）管沟中管道穿出沟盖板与地上管道相接，需加垂直向套管或捣制竖井至地面上0.5m，盖板处需密封，顶部需加防雨帽。见图3.4-28出管沟管处的示意图。

（6）检查井中管道、阀门布置

① 人孔应布置在井的边缘四角位置，管道、阀门不应阻碍操作人员下井；

② 阀门宜立装、手轮朝上，如与盖板相碰时，可以斜安装或水平安装，手轮不宜朝下；

③ 配管应紧凑，如支管以斜 45°与主管相接，阀门设在水平管上，见图 3.4-29。

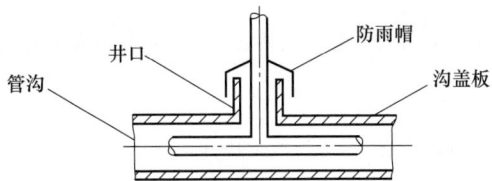

图 3.4-28 出管沟管处的示意图

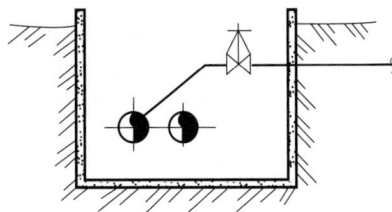

图 3.4-29 斜接支管

（7）管道上的低点排净应接至附近的排水系统污水井。

（8）管沟坡度：各种管沟沟底应有不小于 0.002 的纵向坡度，管沟截面底部应有 0.05 的坡度；管沟最低处应设下水算子和集水坑，以便将管道偶然泄漏或沟壁渗水排除。

（9）管沟沟盖板应做成 0.02 的横向双落水坡度，当沟宽小于 1.0m 时可作单坡，以便地面渗水排至沟外。

（10）管沟埋深：盖板至设计地面的覆土深不小于 0.3m，车行道路不小于 0.5m。

（11）若管沟低于地下水位时，管沟应采取全防水结构。

（12）需要设检查井的场合

① 对装有阀门或需要经常检修的管件；

② 直线部分相隔 100～150m（最大不超过 200m）；

③ 管沟纵向坡度最低点处。

（13）检查井净高一般为 2m，人孔盖直径为 0.6m；大型检查井或有支线的检查井有必要时设两个人孔，分别设固定直梯。

（14）为防止通行管沟内保温受潮破坏和改善检修时的劳动条件，管沟应考虑自然通风措施，必要时通行管沟采用临时机械通风。

3.4.13 安全阀的配管

（1）安全阀的阀杆应垂直安装，安全阀应安装在便于调整和维修的地方，必要时应设置平台。

（2）从设备接管口或流体管道的分支点至安全阀进口的管道的压降不应超过安全阀整定压力的 3%。

（3）安全阀入口管道

① 安全阀应安装在容器顶部或容器的出口管道上，要求配管尽量短；安全阀安装位置与被保护的容器距离较远时，应符合第（2）条的规定，须由工艺系统专业复算该管道的管径是否需要调整。

② 安全阀设置位置应考虑尽量减少压力波动的影响，安全阀在压力波动源后的位置见表 3.4-1。

表 3.4-1 安全阀在压力波动源后的位置

压力波动源	最小直管段长度 L
调节阀和截止阀	25DN
不在一个平面内的两个弯头	20DN
同一平面内的两个弯头	15DN
一个弯头	10DN
脉动衰减器	10DN

③ 气体安全阀的入口管不应有下凹的袋形管。

（4）排入大气的安全阀出口管道

① 安全阀的排放口不宜对着操作面设置；对于水蒸气、空气等无毒介质的安全阀排放口，应高出室外平台 3m 或以上；除上述介质外的安全阀排放口的设置应符合《化工装置设备布置设计规定 第 2 部分：设计工程规定》（HG/T 20546.2—2009）的要求，排放管应注意靠近可支承的结构；

② 对于排放烃类气体的安全阀出口管道，应设置灭火用的蒸汽管或氮气管，并在地面或楼面上控制；重

组分气体的安全阀出口管道应接火炬管道；

③ 气体安全阀出口管应采用平口，应在水平管道的最低处开一泪孔（$\phi6\sim10$mm），必要时接上小管道将凝液排往安全的地方；

④ 安全阀出口管弯头多，压降过大时应提交系统专业确认以免影响排放量；

⑤ 安全阀出口管道的布置见图 3.4-30。其中，图 3.4-30（b）带排气管的气体安全阀出口管要有足够的重叠尺寸，以防止由于反力和位移的影响，使弯头出口脱出放空管。

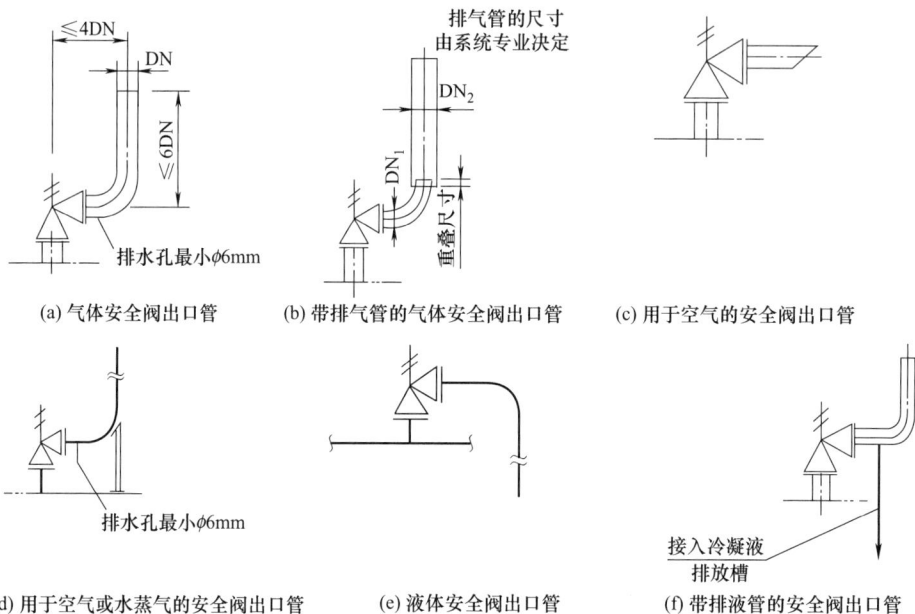

图 3.4-30　安全阀出口管的布置

（5）排入封闭系统的安全阀出口管道

① 安全阀出口管排入封闭系统的总管时，应坡向总管及分离罐，并避免有袋形的配管；

② 对于干气系统出口管道不一定要有坡度，对于非干气系统安全阀应安装在高于排放总管的位置；

③ 排入封闭系统的安全阀出口管道的布置见图 3.4-31。

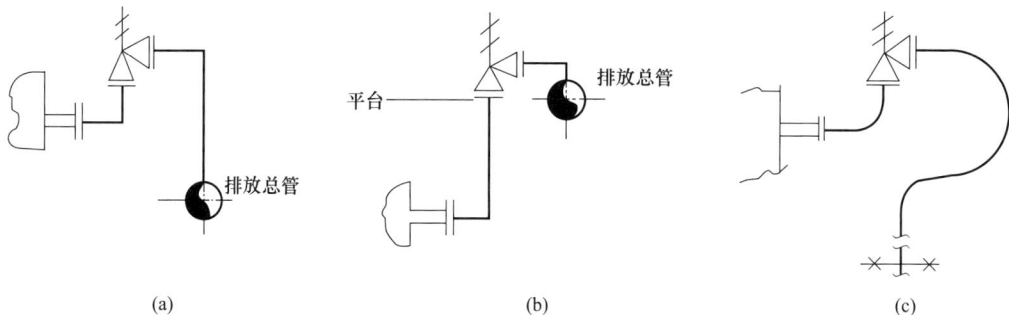

图 3.4-31　排入封闭系统的安全阀出口管道的布置

（6）安全阀的排放反力

① 安全阀的布置应能够承受排放时的反力及方便设支架，反力值通常由系统专业提供，必要时可按《安全阀的设置和选用》（HG/T 20570.2—1995）第 14 章中公式复核；

② 排入大气的安全阀出口管应采用平口，必要时在水平管道低点设 $\phi6\sim10$mm 的泪孔，以将凝液排放至安全地点；

③ 对于安全阀排放压差较大的管道，应设置合理的支架，必要时需设置减振支撑架。

(7) 安全阀与切断阀、爆破片的使用

① 根据 PI 图在安全阀前设有切断阀或爆破片时,必须在该阀旁注明"C.S.O"(未经批准不得关闭)字样;

② 安全阀与切断阀、爆破片、手动泄压阀及压力表等联用时,其压力等级与安全阀管道等级应相同。

3.4.14 疏水阀组配管

(1) 疏水阀组的组成件应符合管道等级的规定;疏水阀组的安装地点应便于操作和检修。

(2) 一般疏水阀均要求安装在水平管道上,并直立敷设;液体膨胀式恒温疏水阀可卧放安装;当疏水阀管口是上下方向时,管道应由水平向变为垂直向与其相接。

(3) 应注意各种疏水阀性能的差异,见表 3.4-2,并使管道设计符合疏水阀特性要求。

(4) 对于高压过热蒸汽管道的低点,允许只设开停运时使用的排水切断阀,不设疏水阀。

(5) 阀组的支架,应按有利于管道柔性要求而设置;每一阀组只设一个固定架,其余为导向架或滑动架。

(6) 热动力式疏水阀有排放噪声,不宜用于要求安静的场所。

(7) 疏水阀入口管应符合 PI 图要求,并注意除热动力式疏水阀本身已带粗滤器外,疏水阀前应设置粗滤器,通常选用 Y 形粗滤器。

(8) 除伴热用疏水阀管道应符合《化工装置管道布置设计工程规定》(HG/T 20549.2—1998)中第 3.0.1 条第 2 款外,不得两根管道并联后共用一个疏水阀。

(9) 疏水阀入口管宜设置低于设备、管道(包括蒸汽的冷凝液收集包)的排液口,疏水阀入口管不应有上凸的袋形管。

(10) 恒温式疏水阀的入口管应留有 1m 长的不保温管段;疏水阀出口管在不回收冷凝液时,应注意闪蒸蒸汽对操作环境的影响;疏水阀后管道宜引至小收集罐,经闪蒸,降温,再经地漏或明沟排入下水道,见图 3.4-32,但寒冷地区需防冻不宜排入下水道,如流量不大可按照《化工装置管道布置设计工程规定》(HG/T 20549.2—1998)中例图 3.0.2-13 的规定排放。

(11) 对于压差大的疏水阀,其阀后管道易产生振动,设计中应特别注意:

① 避免不利的两相流流型产生;

② 设置合适的支架,具有防振的作用,同时使管道热胀应力在允许的范围中;

③ 在加热设备内不会积液的情况下,疏水阀宜尽量靠近闪蒸罐、回收槽的管口;

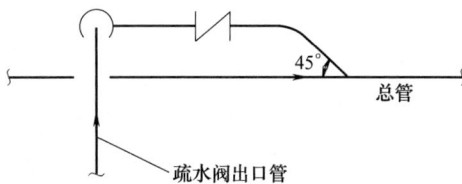

④ 疏水阀出口管与总管相接时,为防止水锤现象,应采用图 3.4-33 所示疏水阀出口管与总管相接的布置。

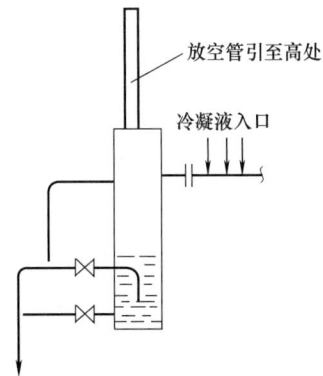

图 3.4-32 疏水阀后的凝液处理   图 3.4-33 疏水阀出口管与总管相接

(12) 如出口管有向上的立管时,应按图 3.4-33 设置止回阀,但采用热动力式疏水阀时不需要设止回阀。

(13) 疏水阀组出口应设置 DN20 的检查阀;应考虑阀组背压的大小,不应使垂直上升管过长;背压过低需回收时可增设冷凝水自动升压泵,见图 3.4-34。或采用受槽及电动泵,按 PID 规定。

(14) 水平管道上如需变径时,应采用底平的偏心异径管。

(15) 疏水阀阀组的配管,是根据常见的形式画出的例图,在实际设计中应按疏水阀外形及接口位置调整配管。

表 3.4-2　疏水阀性能比较表

项目	机械型疏水阀				热动力型疏水阀		恒温型疏水阀		液体膨胀式疏水阀
	浮桶式	倒吊桶式	自由浮球式	杠杆浮球式	热动力式	脉冲式	双金属片式	波纹管式	液体膨胀式
排水性能	间歇排水	间歇排水	连续排水	连续排水	间歇排水	间歇排水	间歇排水	间歇排水	间歇排水
排气性能	排空气不好	排空气好但较慢	排空气不好	需内设自动排气阀	升压慢时排气好	排气好	排气好	排气好	排气好
使用条件变动时可调性	负荷与浮桶重量有关	不需调整	不需调整，负荷变化大时能够适应	不需调整，应适应负荷变化	在工作范围内不需调整	根据系统工作压力，调整疏水阀的控制缸	若调整，使用压力范围广	不需调整	需调整
允许最高背压或允许背压度	$\triangle p>0.05\text{MPa}$	$\triangle p>0.05\text{MPa}$	$\triangle p>0.05\text{MPa}$	$\triangle p>0.05\text{MPa}$	允许背压度 50% 最低工作压力 0.05MPa	允许背压度 25%	允许背压度低	允许背压度低	允许背压度低
启动操作要求	排气，充水	需充水，入口需设止回阀		需无水	宜先排空气，避免盘阀气封				
动作性能	迟缓，但规律稳定，可靠	迟缓，但规律稳定，可靠	迟缓，但规律稳定，可靠	迟缓，但规律稳定，可靠	敏感，可靠	敏感，控制缸易卡住	迟缓，可靠性迟缓，可靠性差，不能用于即排水的场合，即排水的场合		迟缓、可靠性差、不能用于立即排水的场合
蒸汽泄漏	排空气时有蒸汽泄漏	2%~3%	<0.5%	排空气时有蒸汽泄漏	<3%	1%~2%			
是否适用于过热蒸汽	不能用	可用于过热蒸汽	不能用	不能用	可用	可用	可用	不能用	可用
冻坏可能性	易冻坏	易冻坏	易冻坏	易冻坏	不易冻坏	易冻坏	不易冻坏	不易冻坏	不易冻坏
耐水锤、振动	耐	耐	不耐	不耐	耐	不耐	耐	不耐	耐
常见疏水阀的管口位置	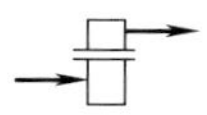 （图示）	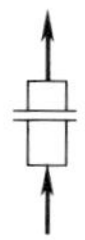 （图示）	 （图示）	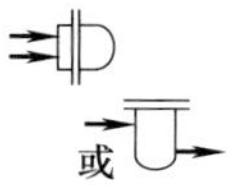 （图示）	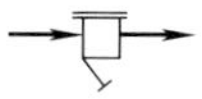 （图示）	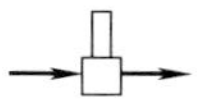 （图示）	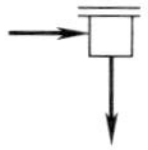 （图示）	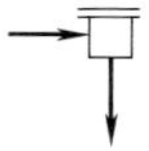 （图示）	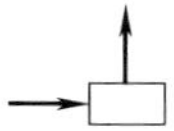 （图示）

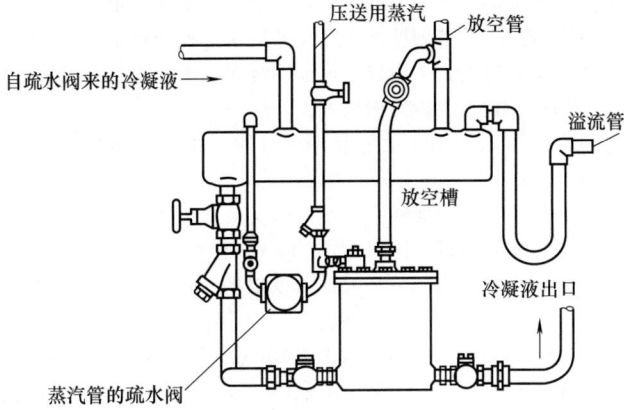

图 3.4-34 冷凝液回收用自动升压泵及配管

热动力式疏水阀组回收冷凝水立式配管如图 3.4-35 所示。

热动力式疏水阀组不回收冷凝水卧式配管如图 3.4-36 所示。

双金属片式疏水阀组的配管见图 3.4-37。

倒吊桶式疏水阀组的配管见图 3.4-38。

杠杆浮球式疏水阀组的配管见图 3.4-39。

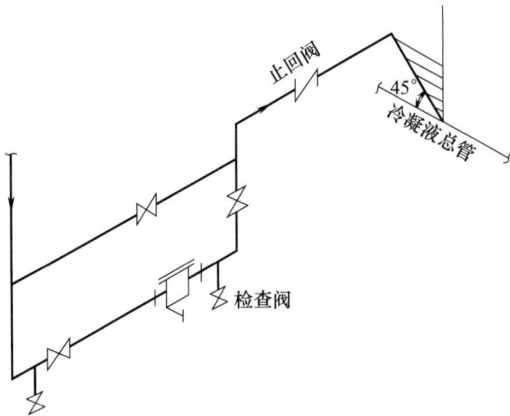

图 3.4-35 热动力式疏水阀组回收冷凝水的立式配管

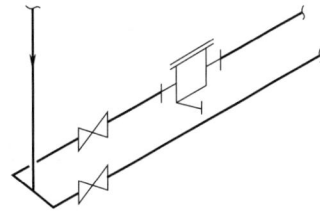

图 3.4-36 热动力式疏水阀组不
回收冷凝水卧式配管

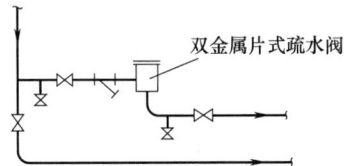

图 3.4-37 双金属片式疏水阀组的配管

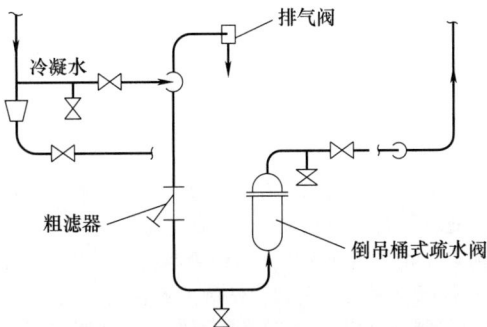

图 3.4-38 倒吊桶式疏水阀组的配管

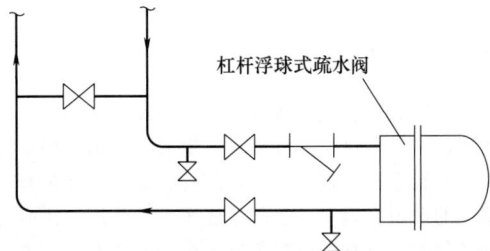

图 3.4-39 杠杆浮球式疏水阀组的配管

3.4.15 调节阀组配管

(1) 调节阀由阀体和执行机构组成，阀体种类有截止阀、角形阀、三通阀、四通阀、蝶阀、球阀等；执行机构有带弹簧的气动薄膜式、无弹簧的气动薄膜式、电动机式、活塞式、带气动阀门定位的气动薄膜式、电磁式、带手轮的执行机构以及其它型式。调节阀的型式及尺寸应由自控专业提供。

（2）调节阀宜直立安装于水平管道上，应布置在地面、楼面、操作平台上或通道两旁，并尽量靠近与其操作有关的现场检测仪表等便于调试、检查、拆卸的地方。

（3）调节阀应安装在环境温度不高于 60℃，不低于 -40℃ 的地方；调节阀组旁路的管径应与 PID 一致，避免选用过大直径不利于调节。

（4）一般水平安装的调节阀其管底距地面或平台面的高度最低为 450mm。执行机构上方要至少有 200mm 净空；调节阀膜头与邻近设备或墙壁之间最少净距为 200mm，也不应与本阀组的组成件相碰；调节阀组的切断阀手轮或阀杆（对明杆式闸阀按全开考虑）与邻近设备或墙壁之间的最小维修用净距为 700mm，相邻两手轮之间的最小净距为 75mm。

（5）在有热膨胀的管道上应按阀组连接的管道合理选择固定点，通常整个阀组仅设一个固定架，其余为滑动架或导向架；对差压大的阀门及两相流的管道应控制管道的固有频率，防止振动；当噪声超过时应采取隔声措施。

（6）在调节阀入口前管道低处应备有排液口及阀门，排液口距地面或楼面不小于 150mm。

（7）调节阀出入口处宜选用偏心异径管并且底平安装；调节阀采用组成件连接时，相邻环焊缝的最小间距应不小于 5 倍管壁厚，不小于 50mm。

（8）调节阀组的布置典型配管有立式和卧式两类，具体的总尺寸应按阀门及管件的实际长度决定，如图 3.4-40 和图 3.4-41 所示。

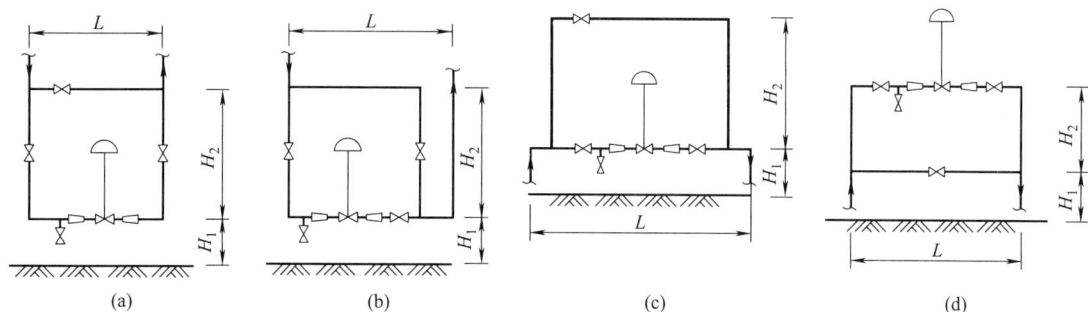

图 3.4-40　典型立式配管

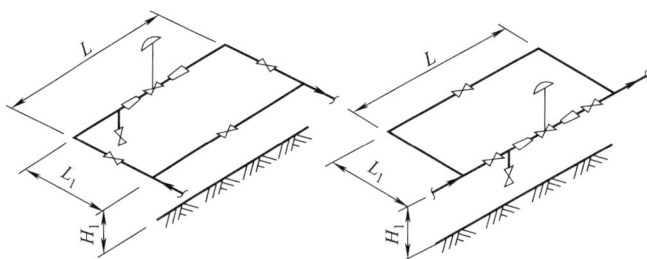

图 3.4-41　典型卧式配管

3.4.16　软管站的配管

（1）以吹扫、置换或维修等需要而设置的软管站，一般是由管道、阀门和软管及其接头组成，使用介质通常为清洁水、蒸汽、氮气和压缩空气；根据需要软管站可由上述介质的管道组成。

（2）软管站的布置　软管站的布置图是在进行管道研究时，由配管专业负责人组织绘制的，一般可画在对应版次的设备布置图的复印二底图上；该图应附有各软管站的数据，标明每个软管站所需的管道根数、介质、标高及站号；软管站应尽量靠近服务对象布置，并以软管站为图圆心，以 15m 为半径画圆，这些圆应覆盖装置内所有的服务对象。软管站的表示方法及其布置图例参见"软管站布置图"（HG/T 20519）。

（3）软管站的位置

① 在装置内的软管站通常选用 15m 长的软管，即每个软管站服务的范围为 30m 直径的圆；软管站的位置不应影响正常通行、操作和维修，如设在管廊的柱旁、靠平台的杆处、塔壁旁边等；

② 在塔附近，软管站可设置在地面或操作平台上，塔的软管站和人孔的垂直距离最大不超过9m。

（4）在炉子附近软管站的位置设置要求

① 在圆筒炉附近，设在地面上和主要操作平台上；

② 在箱式炉附近，设在地面上和主要操作平台的一端；

③ 在多室的箱式炉附近，设在地面上和主要操作平台的一端。

（5）换热器和泵区应设在地面上靠近柱子处。

（6）界区外软管站的位置应设在需要的地方，如界外管道的吹扫口、置换接管口附近，必要时可设在物料管道低点排净口处。

（7）软管站的蒸汽、空气管道，应从管廊上总管的顶部引出；水管、氮气管则不宜从总管的与垂直方向直径成30°夹角的管底部区域引出。

（8）软管接点管道排列顺序宜按如下顺序排列；从左到右是水、蒸汽、氮气、空气；软管站的切断阀宜设在操作平台或地面以上1.2m的高度，地面软管站见图3.4-42；如软管站高于管廊上的总管时，可参照图3.4-43塔平台的软管站布置阀门。

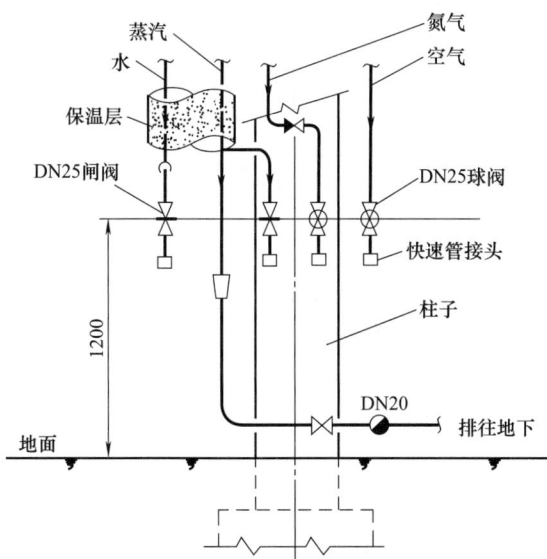

图 3.4-42 地面软管站

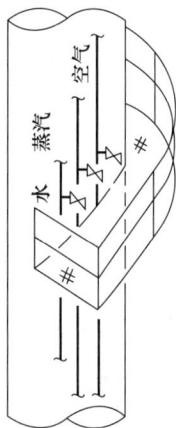

图 3.4-43 塔平台的软管站

（9）立式容器的软管站接管口不宜布置在平台外侧，宜布置在立式容器和它的平台之间的空隙内，如图3.4-43所示，但软管连接管不得妨碍人孔盖的开启。

（10）软管站的管道均为DN25（特殊要求除外），阀门及材料选用应符合管道等级规定；与软管相连接管采用快速管接头，且各介质管道所用接头的型式或规格有所区别。

（11）在氮气管的切断阀前应加装止回阀。升降式止回阀应安装在水平管道上，如图3.4-42所示。

（12）在寒冷地区为了防冻，宜将水管与蒸汽管一起保温，使蒸汽管起到伴管的作用，但应与水管保持适当间距，使水管不冻结即可。

（13）布置位置低于蒸汽总管的软管站的蒸汽管，应在其切断阀前设疏水阀组，随时排放冷凝液，如图3.4-42所示。

（14）软管站配管应有利于支架的设计。

3.4.17 取样点的配管

（1）根据管道仪表流程图（PID）及分析一览表上的要求来确定取样点，在设备、管道上设置取样点时，要使取出的样品能真正代表工艺及分析、化验所要求的介质状况，而且设在便于操作和维修的地方。

（2）管道上取样引出口的方位要求

① 气体取样：在水平敷设的管道上时，取样口应从管顶引出；在垂直敷设的管道上时，可设任意侧。

② 液体取样：对于垂直敷设的管道，如流向是由下向上，取样引出口可设在管道的任意侧；如流向是由

上向下且不能保证液体充满管道时，管道上不宜设置取样点；水平敷设的液体管道在压力下输送时，取样引出口可设在管道的任意侧；如介质是自流时取样引出口应设在管道的下侧；对于带悬浮的固体颗粒物料管道，取样引出口应设在水平管道的侧面或垂直管道上。

（3）取样冷却器的设置

① 高温介质取样要设置取样冷却器，但减压后为常温的气体管道，可不设取样冷却器；

② 取样冷却器的配管应便于冷却器的清理，应设有漏斗将水排入下水道，见图 3.4-44（a）；对人体有害的气体取样应在冷却器后增加放空管，见图 3.4-44（b）；

③ 取样冷却器应固定在合适的构件上，且不影响通行便于操作及维修。

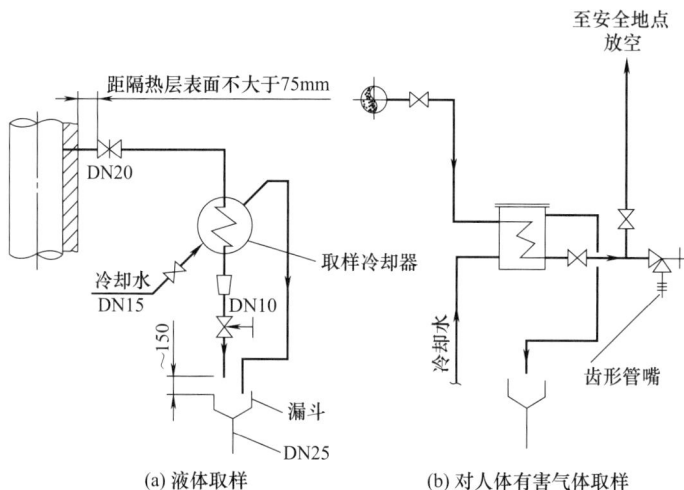

图 3.4-44　高温介质用冷却器取样

（4）阀门设置

① 阀的选择：靠近设备或管道根部的阀门，一般选用 DN15 的切断阀。

② 需要频繁取样的点，且介质为有毒、易燃、易爆及强腐蚀性介质，公称压力≥1.0MPa 时，以及一般介质公称压力≥4.0MPa 时，取样管上除根部阀外在取样阀的上游应再加一个切断阀；不经常取样的点或不属于上述范围的可设一个切断阀。

③ 通常取样阀宜选用 DN10 或 DN15 的针形阀，对于黏稠物料或易结晶物料，可按其性质选用带冲洗的取样专用阀门或三通旋塞阀，见图 3.4-45。

（5）其它要求

① 对人体有害有毒的，或易燃易爆的危险介质在压力下（不减压）取样时，应采用钢瓶取样，同时还应设置人身保护箱或其它防护措施；对于高温介质还应设置取样冷却器；

② 对黏度大、黏稠或易结晶液体的取样管，必要时设置伴热；

③ 一般液体的取样，在取样阀下应设有漏斗，管端与漏斗的距离约 150mm，不允许排放的介质可改用收集桶，见图 3.4-46；

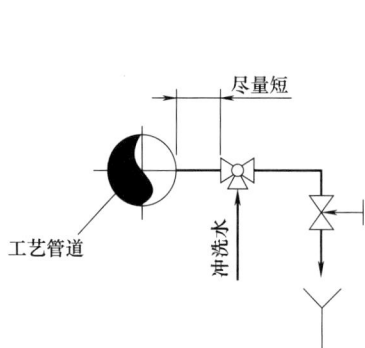

图 3.4-45　带冲洗口的三通旋塞的液体取样

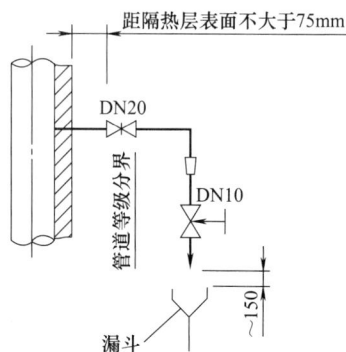

图 3.4-46　一般液体取样

④ 一般气体采用球胆取样时，取样阀出口应带有齿形管嘴，见图 3.4-47；

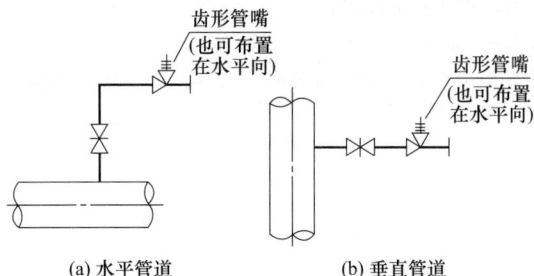

(a) 水平管道   (b) 垂直管道

图 3.4-47 一般气体取样

⑤ 真空介质取样要设置破真空设施；对于需要隔离空气取样的介质，应按工艺要求设取样管，如采用密闭取样器或经氮气置换的钢瓶取样等措施；

⑥ 取样点管嘴应尽可能设在离地面或楼面合适的高度处，例如，对液体约 800mm（向下），对气体约 1400mm（向上或斜向上）；

⑦ 取样点的配管应力求紧凑，使取样管尽量短，以便既保证样品的正确性，又减少排放量。

3.4.18 排放管的配管

（1）这里管道上高点排气及低点排液是指管道布置形成的高点及低点，需设高点排气及低点排液，这些点在 PID 上可以不表示。

（2）高点排气是用于水压试验及液体管道的排气，低点排液用于水压试验及停车排净等。PID 上所表示的排气（如生产的排气、事故排气、管端用于置换的排气等）和排液（如调节阀前的排液、总管端点的排液、设备上的低点排液等）应按流程要求，并遵循有关规定进行设计。

（3）高点排气

① 除可不设排气管的管道按规定外，对于一般管道≥DN40 的管道高点应设排气管，但在管廊上及界外的管道不论管径多大，其高点均应设排气管。

② 排气管应位于该管道的最高点，最小直径为 DN15，选用组成件或通用连接组应按管道等级决定。

③ 气体管道的高点排气：气体管道上仅用于水压试验的排气口，允许不设阀门或按工程规定；应使堵头、管帽或法兰露在保温层的外面，必要时需用加长短管。

④ 液体管道高点排气：阀门应在保温层外面，必要时需用加长短管，使用的组成件见图 3.4-48。

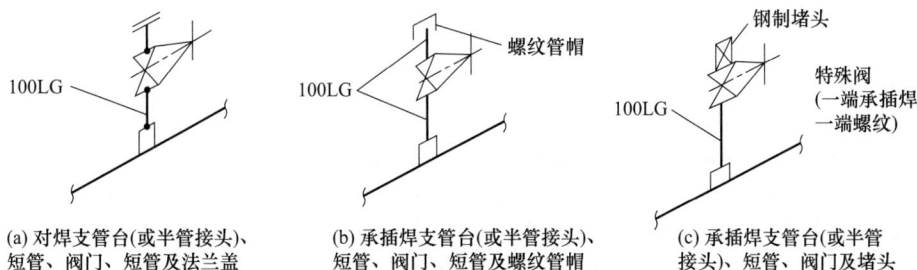

(a) 对焊支管台(或半管接头)、短管、阀门、短管及法兰盖   (b) 承插焊支管台(或半管接头)、短管、阀门、短管及螺纹管帽   (c) 承插焊支管台(或半管接头)、短管、阀门及堵头

图 3.4-48 液体管道高点排气例图（LG 为长度）

（4）可不设排气管的管道

① 管径 DN≤25 的管道高点一般可不设排气口，特殊要求及管廊上的或较长的管道除外；

② 管道高点与设备相接时或该管道与其它管道相接，高点在其它管道上；

③ 用空气及其它惰性气体作气压试验的气体管道，管道高点可不设排气口；

④ 气体管道上的高点处已有仪表接口并可利用作为排气时。

（5）低点排液

① 除可不设排液口的管道按规定外，所有管道低点均应设排液口。

② 排液口的管径：

a. 排液口的管径一般为≥DN20；

b. 主管直径为 DN15 时，可用等径的排液口；

c. 液体介质是高黏度和带有固体的浆液，则排液口管径≥DN25。

③ 排液的组成件或通用连接组应按管道等级的规定，阀门应在保温层外面（必要时需加长短管），组成件见图 3.4-49。

④ 排液口至地面最高点净空宜≥100mm，若主管管底至地面净空很小，可将排液管引出在水平管上装阀门。

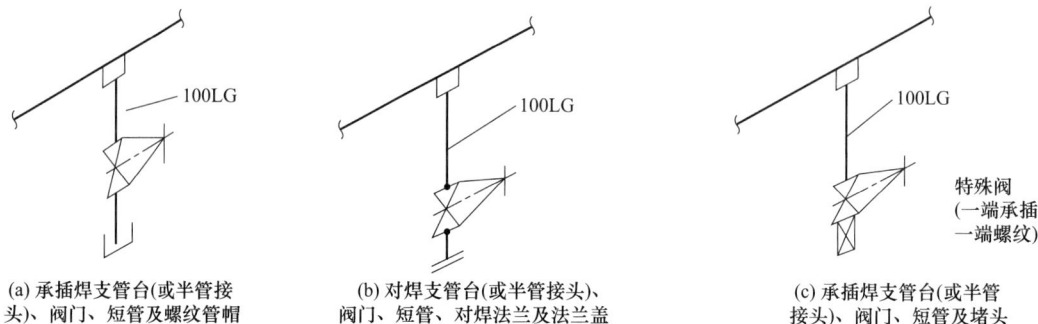

(a) 承插焊支管台(或半管接   (b) 对焊支管台(或半管接头)、   (c) 承插焊支管台(或半管 头)、阀门、短管及螺纹管帽   阀门、短管、对焊法兰及法兰盖   接头)、阀门、短管及堵头

图 3.4-49　管道低点排液例图（LG 为长度）

⑤ 主管管径≥DN400 时，须装一个最小 DN80 的集液包，再引出排液口，如图 3.4-50 所示排液口从集液包引出。为方便拆卸法兰盖，法兰距地面最高点的净空要求≥150mm。

⑥ 排液介质若为有毒或有刺激性的物料不可就地排放，须引至回收系统防止污染事故发生。

⑦ 主管介质为蒸汽时应按标准设集液包，排液口应接疏水阀，必要时疏水阀管径应经系统专业认可，并应符合 HG/T 20549.5—1998 第 21 章的要求。

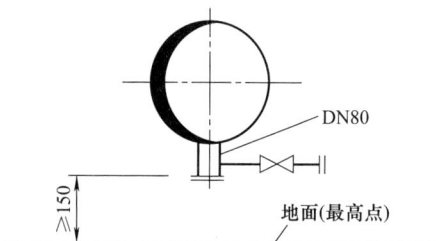

图 3.4-50　排液口从集液包引出

(6) 可不设排液口的管道如下：

① 采用空气试压及吹扫的管道，如仪表空气管，通常仪表空气总管端部备有法兰及法兰盖或螺纹管帽；

② 低点为水平管并与设备口相接时；

③ 该管道与其它管道相接，低点在其它管道上；

④ 低点已有取样口等设施可作为排液用。

(7) 轴测图及管道布置图中排气及排液口表示法：

① 高点排气及低点排液应在轴测图中示出，若此高点在一水平管段上且该管段被分割在数张轴测图内，应在其中能确切表示其部位的轴测图中示出；

② 管廊及外管一般可不画轴测图，此时管道布置图中应将排气口及排液口画出；

③ 采用通用连接组时，表示方法允许简化，只标注通用连接组代号，应符合《化工装置管道布置设计内容和深度规定》（HG/T 20549.1）中第 10 章的规定。

(8) 排气及排液用阀一般应采用闸阀或管道等级中规定的切断阀，如球阀、旋塞阀等。

3.4.19　仪表安装配管

在管道上的仪表接口与其它管道组成件之间的相互位置应与 PID 一致，仪表接口连接结构及尺寸应符合自控专业的规定，材料选用应符合管道等级的规定。

3.4.19.1　流量测量节流装置

(1) 适用范围及标准

① 本内容仅适用于圆形横截面的管道上的流量测量装置；

② 流量测量节流装置的内容参见现行国家标准《用安装在圆形截面管道中的差压装置测量满管流体流量》（GB/T 2624）的规定；也可参见 ISO 标准《用压差方法测量液体流量之第一部分：插入圆截面管道中的节流孔板喷嘴和文丘里管》（ISO 5167-1）。

（2）管道布置要求：孔板应装在不变径的二段直管段之间。

（3）直管段要求

① 孔板上下游侧的最小直管段长度，应按照自控专业提出的条件设计，在管道研究阶段可暂按孔板前 $(15\sim20)D$（D 为管道直径），孔板后 $(5\sim6)D$ 进行配管；

② 在配管时确实无法满足自控专业所给出的最小直管段要求时，应通知自控专业协商修改条件；

③ 在孔板直管段内不得有任何支管连接件。

（4）节流装置取压的方位

① 节流装置安装在水平管道或垂直管道上时，取压口方位见表 3.4-3。

表 3.4-3　节流装置安装在水平管道或垂直管道上时的取压口方位

② 对于特殊的节流装置，如圆缺孔板仅适用于安装在水平或倾斜的管道上（用于污物液体），其取压口的位置对不同的 m 值（$m = f/F$，f——圆缺孔板的开孔面积，F——管道截面积）有不同的要求：当 $m=0.2$ 时，$\phi \leqslant 90°$；$m=0.4$ 时，$\phi \leqslant 60°$；$m=0.6$ 时，$\phi = 30°$；见图 3.4-51。

③ 节流装置一般安装在水平管道上，若需要在垂直管道上安装节流装置，需事先与自控专业协商取得认可；节流装置安装在垂直管道时，允许的流动方向根据流动的介质决定，见表 3.4-4。

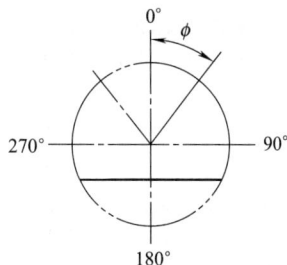

图 3.4-51　圆缺孔板取压方位图

表 3.4-4　节流装置在垂直管道介质流动方向选择表

介质	存在其它物质	向上流	向下流
液体	无	可	可
	蒸汽	可	不可
	夹带杂质	不可	可
蒸气	没有	可	可
气体	干燥（不可能冷凝）	可	可
	冷凝液或杂质	不可	可
水蒸气	无	不可	可

④ 节流装置配套范围由自控专业决定，并应在条件表中说明；一般标准节流装置所带的上、下游直管段，前、后直管段的两端均配有法兰；法兰压力级应符合管道等级的规定。

⑤ 管道布置中表示节流装置的取压口至阀门为止，阀后管道由自控专业设计。

3.4.19.2　温度计接口

（1）压力式温度调节系统由一个温包和带有规定长度的连接在仪表上的金属毛细管组成，如图 3.4-52 所示压力式温度调节系统（配管时应确定温包的位置），接管的尺寸或温包的长度由自控专业提供。

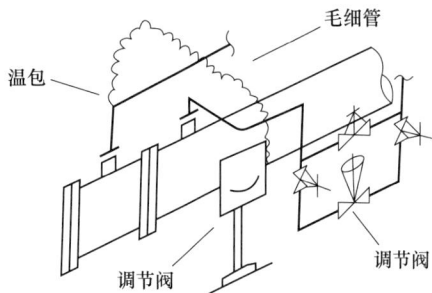

图 3.4-52　压力式温度调节系统

（2）热电偶接口

① 管道上应备有插温度计套管的接口，连接端部应露在隔热层的外面。

② 热电偶接口的方位要求如下：

a. 决定接口的方位时必须为热电偶的拆卸抽出留有足够的空间；

b. 在管道布置图上，当接管口不在轴线上时应标清角度。

③ 温度计接口应设在两个或两个以上进入流体相遇点的下游至少 8 倍管径处；但在 8 倍管径内允许有安全阀及放空的接管，如图 3.4-53 所示。

④ 热电偶应布置在从地面、平台或梯子容易接近的地方，以便安装和维修，安装高度在 3.6m 以下的接口可不设平台，从地面用移动式梯子维修。

⑤ 决定热电偶接口位置时应考虑自控专业的电缆尽可能短及施工方便，如利用平台敷设电缆，以及接口距管廊较近等方便条件。

（3）就地指示温度计

① 刻度盘温度计最理想的位置是在操作人员的视野内，高于地面或平台 1.2～1.4m 处。如果在管道上的高于地面或平台 0.3m 或 2.5m 处安装温度计，则温度计盘面应朝向操作位置安装；当水平管道上超过地面或平台 2.5m 时，应将盘面面向下成 45°，如果邻近有管道不适宜成倾斜角度布置时，可将盘面朝下安装；

② 必须观察温度计操作手动阀门时，温度计应与阀门协调布置以便操作；

③ 检测用的温度计管口应布置在容易触及和容易接近的范围，以便移动式仪表检验；

④ 玻璃温度计宜设在地面或平台以上 1.2～1.4m 的范围。

（4）压力计接口的要求

① 压力计接口的尺寸和连接形式，应根据自控专业的条件配套设计，接口都应配置根部阀；

② 阀门及接头应露在主管道隔热层的外面；

③ 在有压力脉动的管道，接口应有防振补强措施；

④ 试验用压力计接口的切断阀应该用管帽或法兰盖堵住。

（5）压力计接口位置

① 接口应放在对操作有利的位置，并便于安装与维修；

② 试验用压力计接口应布置在从地面或平台上能接触到的位置；

③ 差压仪表接口在 PID 上表示测量一台设备的压差，而接口布置在管道上时应尽量靠近这台设备；

④ 接口不要靠近节流元件如限流孔板、节流阀等；

⑤ 压力调节器的取压接口应当布置在距离流体扰流元件如调节阀、手动阀、弯头等至少 6～10 倍管径的地方；压力调节器取压接口位置如图 3.4-54 所示；

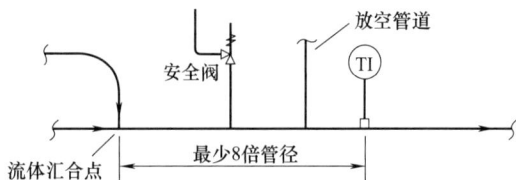

图 3.4-53　温度计接口位置

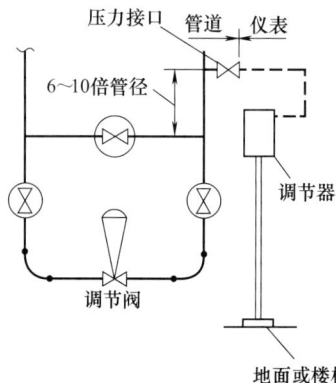

图 3.4-54　压力调节器取压接口位置

⑥ 就地压力计接口宜设在仪表读数清晰可见的位置；

⑦ 对管廊上的管道宜将压力计接口布置在管廊柱子附近。

水平管道上压力计接口的定位原则如下：对不凝性气体和空气在管道的顶部，对液体、可凝蒸气和蒸汽则在管道的侧面。

3.4.20 蒸汽管道配管

（1）设计蒸汽管道时应设集液包，以利排除冷凝水。

（2）集液包应设置的场合：

① 水平管的低点处，对于长的水平直管每隔 50～100m 设置一个，集液包在水平管的设置位置示意图如图 3.4-55 所示。

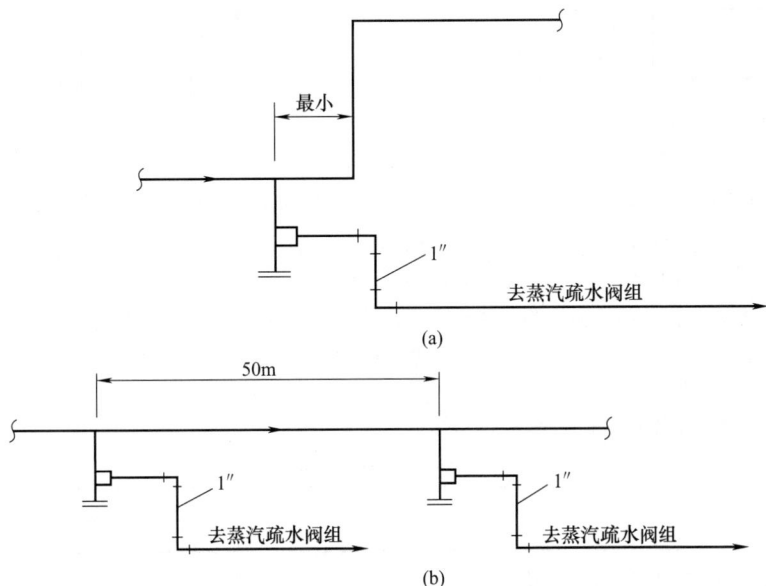

图 3.4-55 集液包在水平管的设置位置示意图

② 管廊上总管的端部。

③ 补偿弯管或立管最低处，集液包在补偿弯管或立管的设置位置示意图如图 3.4-56 所示。

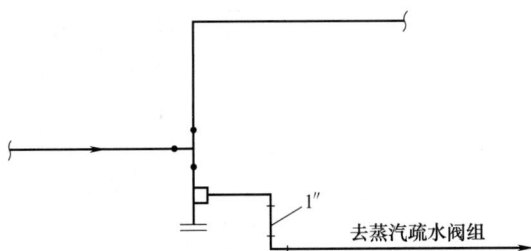

图 3.4-56 集液包在补偿弯管或立管的设置位置示意图

④ 装置边界切断阀之前，见图 3.4-57。

（3）集液包的冷凝水出口管道应设切断阀或蒸汽疏水阀组，疏水阀的设置应符合“3.4.14 疏水阀组配管”的规定。

（4）集液包下端宜用法兰盖兼做吹扫用，也可用焊接管帽；但需增加排液口，见图 3.4-58。

（5）在管廊上蒸汽总管末端的集液包配管应考虑下列的要求：

① 集液包及接管与梁之间的净距离应大于热位移量及保温所需的空间，且不小于 200mm，见图 3.4-59。

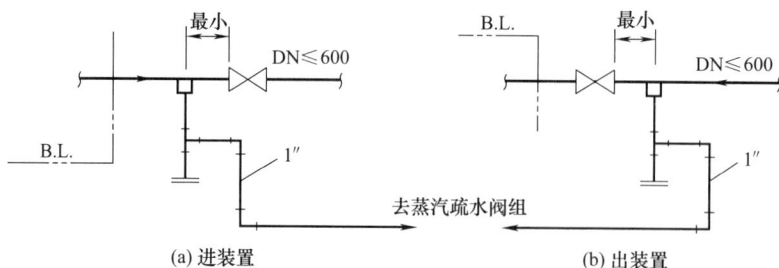

(a) 进装置　　　　　　　　　　(b) 出装置

图 3.4-57　装置边界设集液包的位置示意图

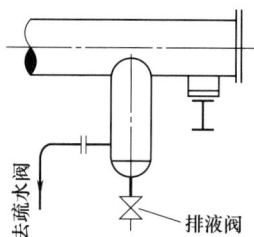

图 3.4-58　集液包下部排液口示意图

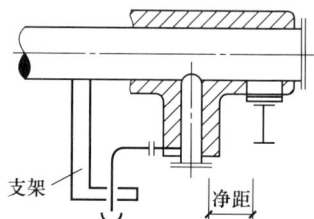

图 3.4-59　集液包接管与梁之间净距示意图

② 集液包的冷凝水出口管的方位不宜向管廊梁的一侧引出，同时避免与管廊下层管道相碰；疏水阀应布置在不影响通行的地方，如设在平台上或靠近柱子处的地面上。

③ 集液包的冷凝水出口管的走向，除考虑管道柔性要求外，还要考虑便于设置管道支架及疏水阀组的支架；在蒸汽主管的位移较大时，应避免小管的支架设置不当使小管受损，靠近主管的小管支架应尽量利用主管生根，以减小相对位移，见图 3.4-59。

（6）集液包的结构，集液包管径见表 3.4-5。

表 3.4-5　集液包管径表

主管道 DN	25	32	40	50	65	80	100	150	200	250	300	350	400	450	500	600
集液包 DN	25	32	40	50	65	80	80	80	100	100	100	100	150	150	150	150

（7）集液包的长度一般为 350mm 左右。

（8）集液包通常采用标准管件组合而成，应符合管道等级规定；根据蒸汽主管的管径范围组合形式，集液包的几种形式如图 3.4-60 所示。

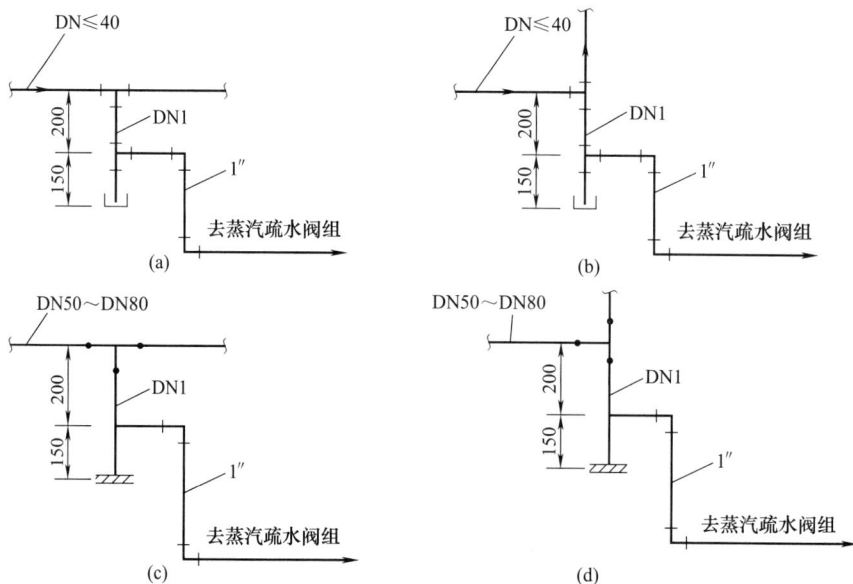

(a)

(b)

(c)

(d)

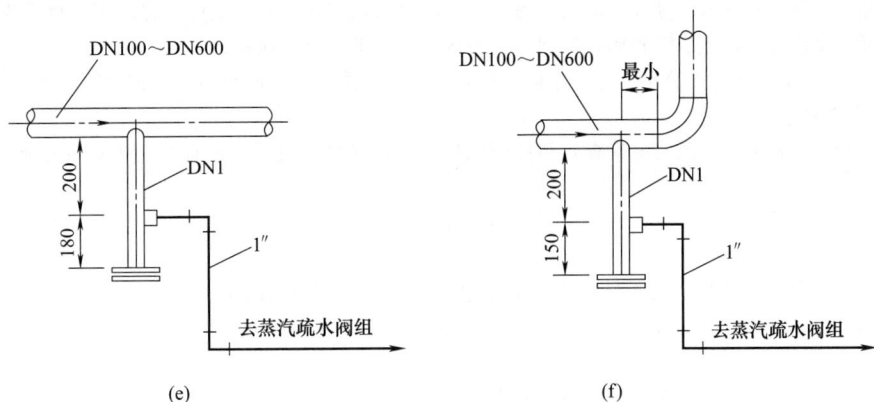

图 3.4-60　集液包的几种形式

3.5　管道现场施工（GB 50235—2010）

GB 50235—2010 适用于设计压力不大于 42MPa，设计温度不超过材料允许使用温度的工业金属管道工程的施工。不适用于下列工业金属管道的施工：

① 石油、天然气、地热等勘探和采掘装置的管道；

② 长输管道；

③ 核能装置的专用管道；

④ 海上设施和矿井的管道；

⑤ 采暖通风与空气调节的管道及非圆形截面的管道。

工业金属管道施工前应具备下列条件：

① 工程设计图纸和相关技术文件应齐全，并已按规定程序进行设计交底和图纸会审；

② 施工组织设计或施工方案已经批准，并已进行技术和安全交底；

③ 施工人员已按有关规定考核合格；

④ 已办理工程开工文件；

⑤ 用于管道施工的机械、工器具应安全可靠；计量器具应检定合格并在有效期内；

⑥ 已制定相应的职业健康安全与环境保护应急预案。

3.5.1　管道元件和材料的检验

3.5.1.1　检验一般规定

（1）管道元件和材料应具有制造厂的产品质量证明文件，并应符合国家现行有关标准和设计文件的规定。

（2）管道元件和材料在使用前应按国家现行有关标准和设计文件的规定核对其材质、规格、型号、数量和标识，并应进行外观质量和几何尺寸的检查验收，其结果应符合设计文件和相应产品标准的规定。管道元件和材料标识应清晰完整，并应能够追溯到产品质量证明文件。

（3）当对管道元件或材料的性能数据或检验结果有异议时，在异议未解决前，该批管道元件或材料不得使用。

（4）铬钼合金钢、含镍低温钢、不锈钢、镍及镍合金、钛及钛合金材料的管道组成，应采用光谱分析或其它方法对材质进行复查，并应做好标识。

（5）设计文件规定进行低温冲击韧性试验的管道元件或材料，供货方应提供低温冲击韧性试验结果的文件，且试验结果不得低于设计文件的规定。

（6）设计文件规定进行晶间腐蚀试验的不锈钢、镍及镍合金管道元件或材料，供货方应提供晶间腐蚀试验结果的文件，且试验结果不得低于设计文件的规定。

（7）防腐蚀衬里管道的衬里质量应按国家现行有关标准的规定进行检查验收。

（8）检查不合格的管道元件或材料不得使用，并应做好标识和隔离。

（9）管道元件和材料在施工过程中应妥善保管，不得混淆或损坏，其标记应明显清晰。材质为不锈钢、有色金属的管道元件和材料，在运输和储存期间不得与碳素钢、低合金钢接触。

（10）对管道元件的外观质量和几何尺寸检查验收结果，应填写"管道元件检查记录"。

3.5.1.2　阀门检验

（1）阀门安装前应进行外观质量检查，阀体应完好，开启机构应灵活，阀杆应无歪斜、变形、卡涩现象，标牌应齐全。

（2）阀门应进行壳体压力试验和密封试验，具有上密封结构的阀门还应进行上密封试验，不合格者不得使用。

（3）阀门的壳体压力试验和密封试验应以洁净水为介质。不锈钢阀门试验时，水中的氯离子含量不得超过 25mg/L（25ppm）。试验合格后应立即将水渍清除干净。当有特殊要求时试验介质应符合设计文件的规定。

（4）阀门的壳体试验压力应为阀门在 20℃时最大允许工作压力的 1.5 倍，密封试验压力应为阀门在 20℃时最大允许工作压力的 1.1 倍。当阀门铭牌标示对最大工作压差或阀门配带的操作机构不适宜进行高压密封试验时，试验压力应为阀门铭牌标示的最大工作压差的 1.1 倍。

（5）阀门的上密封试验压力应为阀门在 20℃时最大允许工作压力的 1.1 倍。试验时应关闭上密封面，并应松开填料压盖。

（6）阀门在试验压力下的持续时间不得少于 5min。无特殊规定时试验介质温度应为 5～40℃，当低于 5℃时应采取升温措施。

（7）公称压力小于 1.0MPa，且公称尺寸≥600mm 的闸阀，可不单独进行壳体压力试验和闸板密封试验。壳体压力试验宜在系统试压时按管道系统的试验压力进行试验。闸板密封试验可用色印等方法对闸板密封面进行检查，接合面上的色印应连续。

（8）夹套阀门的夹套部分应采用设计压力的 1.5 倍进行压力试验。

（9）试验合格的阀门，应及时排尽内部积水，并应吹干。除需要脱脂的阀门外，密封面与阀杆上应涂防锈油，阀门应关闭，出入口应封闭，并应作出明显的标记。

（10）阀门试验合格后，应填写"阀门试验记录"，其格式宜符合规定。

（11）安全阀的校验，应按国家现行标准《安全阀安全技术监察规程》（TSG ZF001）和设计文件的规定进行整定压力调整和密封试验，当有特殊要求时，还应进行其它性能试验。安全阀校验应做好记录、铅封，并应出具校验报告。

3.5.1.3　其它管道元件检验

（1）GC1 级管道和 C 类流体管道中，输送毒性程度为极度危害介质或设计压力≥10MPa 的管子、管件，应进行外表面磁粉或渗透检测，检测方法和缺陷评定应符合国家现行标准《承压设备无损检测》（NB/T 47013）的有关规定。经磁粉或渗透检测发现的表面缺陷应进行修磨，修磨后的实际壁厚不得小于管子名义壁厚的 90％，且不得小于设计壁厚。

（2）合金钢螺栓、螺母应采用光谱分析或其它方法对材质进行复验，并应做好标识。设计压力≥10MPa 的 GC1 级管道和 C 类流体管道用螺栓、螺母，应进行硬度检验。

3.5.2　管道加工

3.5.2.1　一般规定

（1）管道元件的加工制作除应符合 GB 50235 的有关规定外，尚应符合设计文件和有关产品标准的规定。

（2）管道元件在加工过程中，应及时进行标记移植。低温用钢、不锈钢及有色金属不得使用硬印标记。当不锈钢和有色金属材料采用色码标记时，印色不应含有对材料产生损害的物质。

（3）管道组成件在加工制作过程中的焊接和焊后热处理应符合 GB 50235—2010 第 6 章的有关规定，检验和试验应符合 GB 50235—2010 第 8 章的有关规定。

3.5.2.2　下料切割

（1）碳素钢、合金钢宜采用机械方法切割，也可采用火焰或等离子弧方法切割。

（2）不锈钢、有色金属应采用机械或等离子弧方法切割。当采用砂轮切割或修磨不锈钢、镍及镍合金、钛及钛合金、锆及锆合金时应使用专用砂轮片。

（3）镀锌钢管宜采用钢锯或机械方法切割。

（4）切割质量应符合下列规定：

① 切口表面应平整，尺寸应正确，并应无裂纹、重皮、毛刺、凸凹、缩口、熔渣、氧化物、铁屑等现象；

② 管子切口端面倾斜偏差如图 3.5-1 所示，不应大于管子外径的 1％，不得大于 3mm。

3.5.2.3 弯管制作

（1）弯管宜采用壁厚为正公差的管子制作。弯曲半径与直管壁厚的关系宜符合表 3.5-1 的规定。

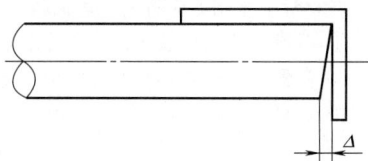

图 3.5-1　管子切口端面倾斜偏差
$\triangle$—管子切口端面倾斜偏差

表 3.5-1　弯曲半径与直管壁厚的关系

弯曲半径 R	制作弯管用管子的壁厚
$R \geqslant 6D_o$	$1.06t_d$
$6D_o > R \geqslant 5D_o$	$1.08t_d$
$5D_o > R \geqslant 4D_o$	$1.14t_d$
$4D_o > R \geqslant 3D_o$	$1.25t_d$

注：D_o 表示管子外径；t_d 表示正常壁厚。

（2）弯管弯曲半径应符合设计文件和国家现行有关标准的规定。当无规定时，高压钢管的弯曲半径宜大于管子外径的 5 倍，其它管子的弯曲半径宜大于管子外径的 3.5 倍。

（3）有缝管制作弯管时，焊缝应避开受拉（压）区。

（4）金属管应在其材料特性允许范围内进行冷弯或热弯。

（5）采用高合金钢管或有色金属管制作弯管时，宜采用机械方法；当充砂制作弯管时不得用铁锤敲击。铅管加热制作弯管时不得充砂。

（6）金属管热弯或冷弯后，应按设计文件的规定进行热处理。当设计文件无规定时，应符合下列规定：

① 除制作弯管温度自始至终保持在 900℃ 以上的情况外，名义厚度大于 19mm 的碳素钢管制作弯管后，应按 HG 50235 的规定进行热处理。

② 公称尺寸≥100mm，或名义厚度≥13mm 的碳钢、碳锰钢、铬钼合金钢、低温镍钢管制作弯管后，应按下列规定进行热处理：

a. 热弯时应按设计文件的规定进行完全退火、正火加回火或回火处理；

b. 冷弯时应按表 3.5-2 和本章 3.5.2.9 中第（11）条进行热处理。

表 3.5-2　管道热处理基本要求

母材类别	名义厚度 t/mm	母材最小规定抗拉强度/MPa	热处理温度 /℃	恒温时间 /(min/mm)	最短恒温时间 /h
碳钢(C)	≤19	全部	不要求	—	—
碳锰钢(C-Mn)	>19	全部	600～650	2.4	1
铬钼合金钢	≤19	≤490	600～720	—	—
(C-Mo、Mn-Mo、Cr-Mo)	>19	全部	600～720	2.4	1
Cr≤0.5%	全部	>490	不要求	2.4	1
铬钼合金钢(Cr-Mo)	≤13	≤490	700～750	—	—
0.5%<Cr≤2%	>13	全部	700～750	2.4	2
	全部	>490	不要求	2.4	2
铬钼合金钢(Cr-Mo)	≤13	全部	不要求	—	—
2.25%≤Cr≤3%	>13	全部	700～760	2.4	2
铬钼合金钢(Cr-Mo) 3%<Cr≤10%	全部	全部	700～760	2.4	2
马氏体不锈钢	全部	全部	730～790	2.4	2
铁素体不锈钢	全部	全部	不要求	—	—
奥氏体不锈钢	全部	全部	不要求	—	—
低温镍钢(Ni≤4%)	≤19	全部	不要求	—	—
	>19	全部	600～640	1.2	1

（7）管子弯制后应将内外表面清理干净，弯管质量应符合下列规定：

① 不得有裂纹、过烧、分层等缺陷。

② 弯管内侧褶皱高度不应大于管子外径的 3％，波浪间距（图 3.5-2）不应小于褶皱高度的 12 倍。褶皱高度应按式（3.5-1）计算：

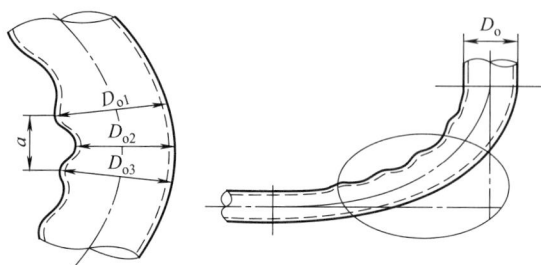

图 3.5-2　弯管的褶皱和波浪间距

$$h_m = \frac{D_{o1} + D_{o3}}{2} - D_{o2} \tag{3.5-1}$$

式中　　h_m——褶皱高度，mm；

D_{o1}——褶皱凸出处外径，mm；

D_{o2}——褶皱凹进处外径，mm；

D_{o3}——相邻褶皱凸出处外径，mm。

③ 弯管的圆度应符合下列规定：

a. 弯管的圆度应按式（3.5-2）计算：

$$u = \frac{2(D_{max} - D_{min})}{D_{max} + D_{min}} \times 100\% \tag{3.5-2}$$

式中　　u——弯管的圆度，％；

D_{max}——同一截面的最大实测外径，mm；

D_{min}——同一截面的最小实测外径，mm。

b. 对于承受内压的弯管，其圆度不应大于 8％；对于承受外压的弯管，其圆度不应大于 3％。

④ 弯管制作后的最小厚度不得小于直管的设计壁厚。

⑤ 弯管的管端中心偏差值应符合下列规定：

a. GC1 级管道和 C 类流体管道中，输送毒性程度为极度危害介质或设计压力≥10MPa 的弯管，每米管端中心偏差值（图 3.5-3）不得超过 1.5mm。当直管段长度大于 3m 时，其偏差不得超过 5mm；

b. 其它管道的弯管，每米管端中心偏差值（图 3.5-3）不得超过 3mm。当直管段长度＞3m 时，其偏差不得超过 10mm。

（8）Π 形弯管的平面度允许偏差（图 3.5-4）应符合表 3.5-3 的规定。

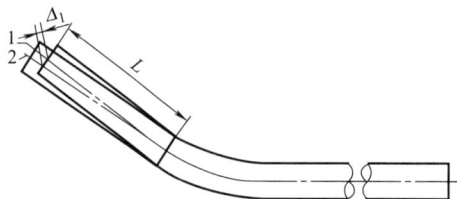

图 3.5-3　弯管的管端中心偏差
1—要求中心；2—实际中心；L—弯管的直
管段长度；Δ_1—管端中心偏差

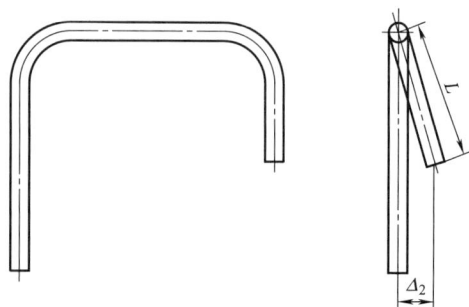

图 3.5-4　Π 形弯管平面度
L—弯管的直管段长度；Δ_2—平面度

表 3.5-3 Π形弯管的平面度允许偏差　　　　　　　　　　　　　　　　　　单位：mm

直管段长度 L	≤500	>500~1000	>1000~1500	>1500
平面度 Δ_2	≤3	≤4	≤6	≤10

（9）GC1 级管道和 C 类流体管道中，输送毒性程度为极度危害介质或设计压力≥10MPa 的弯管制作后，应按国家现行标准《承压设备无损检测》（NB/T 47013）的有关规定进行表面无损探伤，需要热处理的应在热处理后进行；当有缺陷时可进行修磨。修磨后的弯管壁厚不得小于管子名义壁厚的 90%，且不得小于设计壁厚。

（10）弯管加工合格后，应分别填写"管道弯管加工记录"和"管道热处理报告"，其格式宜符合规定。

3.5.2.4 卷管制作

（1）卷管的同一筒节上的两纵焊缝间距不应小于 200mm。

（2）卷管组对时相邻筒节两纵缝间距应大于 100mm。支管外壁距焊缝不宜小于 50mm。

（3）有加固环、板的卷管，加固环、板的对接焊缝应与管子纵向焊缝错开，其间距不应小于 100mm。加固环、板距卷管的环焊缝不应小于 50mm。

（4）卷管对接环焊缝和纵焊缝的错边量应符合现行国家标准《现场设备、工业管道焊接工程施工规范》（GB 50236）的有关规定。

（5）卷管的周长允许偏差及圆度允许偏差应符合表 3.5-4 的规定。

表 3.5-4 卷管的周长允许偏差及圆度允许偏差　　　　　　　　　　　　　　单位：mm

公称尺寸	周长允许偏差	圆度允许偏差
≤800	±5	外径的 1%，且不应大于 4
800~1200	±7	4
1200~1600	±9	6
1600~2400	±11	8
2400~3000	±13	9
3000	±15	10

（6）卷管校圆样板的弧长应为管子周长的 1/6~1/4；样板与管内壁的不贴合间隙应符合下列规定：

① 对接纵缝处不得大于壁厚的 10% 加 2mm，且不得大于 3mm；

② 离管端 200mm 的对接纵缝处不得大于 2mm；

③ 其它部位不得大于 1mm。

（7）卷管端面与中心线的垂直允许偏差不得大于管子外径的 1%，且不得大于 3mm；每米直管的平直度偏差不得大于 1mm。

（8）在卷管制作过程中，应防止板材表面损伤。对有严重伤痕的部位应进行补焊修磨，修磨处的壁厚不得小于设计壁厚。

3.5.2.5 管口翻边

（1）扩口翻边应符合下列规定：

① 扩口翻边用的管子应符合相应材料标准以及相应的扩口翻边加工工艺的要求。

② 管子在翻边前应进行翻边试验。

③ 铝管管口翻边使用胎具时可不加热。当需要加热时，温度应为 150~200℃；铜管管口翻边加热温度应为 300~350℃。

④ 与垫片配合的翻边接头的表面应按管法兰密封面的要求加工，并应符合法兰标准的规定。

⑤ 扩口翻边后的外径及转角半径应能保证螺栓及法兰自由装卸。法兰与翻边平面的接触应均匀、良好。

⑥ 翻边端面与管子中心线应垂直，允许偏差为 1mm。

⑦ 翻边接头的最小厚度不应小于管子最小壁厚的 95%。

⑧ 翻边接头不得有裂纹、豁口及褶皱等缺陷。

（2）焊制翻边应符合下列规定：

① 焊制翻边的厚度不应小于与其连接管子的名义壁厚。

② 与垫片配合的翻边接头的表面应按管法兰密封面的要求加工，并应符合法兰标准的规定。

③ 焊后应对翻边部位进行机械加工或整形。外侧焊缝应进行修磨。

3.5.2.6　夹套管制作

(1) 夹套管预制时应预留调整管段，其调节裕量宜为 50～100mm。

(2) 夹套管的加工，应符合国家现行有关标准和设计文件的规定。当内管有焊缝时应进行 100％射线检测，并应经试压合格后再封入外管。

(3) 外管与内管间隙应均匀，并应按设计文件规定焊接支承块。支承块的材质应与内管相同。支承块不得妨碍内管与外管的热胀冷缩。

(4) 内管加工完毕后，焊接部位应裸露进行压力试验，其压力试验应符合 GB 50235—2010 第 8 章的有关规定。

(5) 夹套管加工完毕后，外管部分应进行压力试验，其压力试验应符合 GB 50235—2010 第 8 章的有关规定。

(6) 夹套弯管的外管组焊，应在内管制作完毕并经无损检测合格后进行。夹套弯管的外管和内管的同轴度偏差不得大于 3mm。

(7) 输送熔融介质管道的内表面焊缝应平整光滑，质量应符合设计文件的规定。

(8) 当夹套管组装有困难时，外管可采用剖分组焊的形式进行。

3.5.2.7　斜接弯头制作

(1) 斜接弯头的组成形式应符合图 3.5-5 的规定。公称尺寸大于 400mm 的斜接弯头可增加中节数量，其内侧的最小宽度不得小于 50mm。

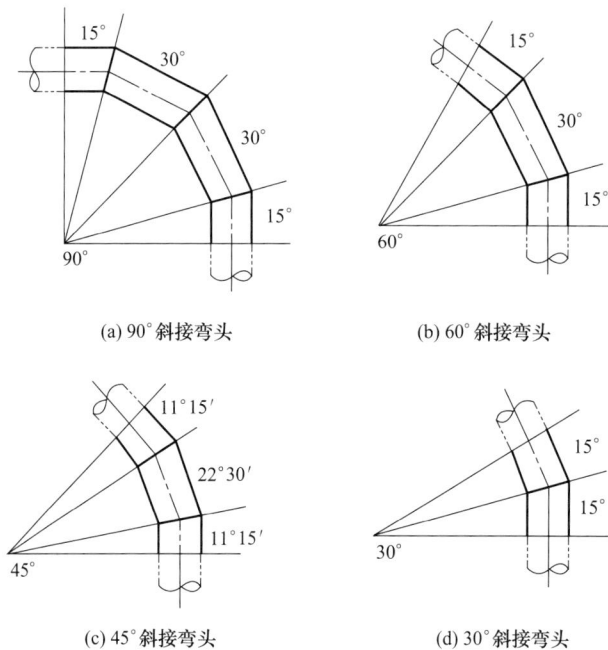

(a) 90°斜接弯头　　　　(b) 60°斜接弯头

(c) 45°斜接弯头　　　　(d) 30°斜接弯头

图 3.5-5　斜接弯头的组成形式

(2) 斜接弯头的焊接接头应采用全焊透焊缝。当公称尺寸≥600mm 时，宜在管内进行封底焊。

(3) 斜接弯头的周长允许偏差应符合下列规定：

① 当公称尺寸＞1000mm 时允许偏差为±6mm；

② 当公称尺寸≤1000mm 时允许偏差为±4mm。

3.5.2.8　支吊架制作

(1) 支、吊架的型式、材质、加工尺寸及精度应符合设计文件和国家现行有关标准的规定。

(2) 支、吊架的组装、焊接和检验应符合设计文件和国家现行有关标准的规定。支吊架的焊接应由合格焊工进行，焊接完毕应进行外观检查，焊接变形应予矫正。所有螺纹连接均应按设计规定予以锁紧。

(3) 制作合格的支、吊架应进行防锈处理，并应妥善分类保管。合金钢支、吊架应有材质标记。

3.5.2.9 管道焊接和焊后热处理

（1）工业金属管道及管道组成件的焊接与焊后热处理除应符合本章节的规定外，尚应符合现行国家标准《现场设备、工业管道焊接工程施工规范》（GB 50236—2011）的有关规定。

（2）工业金属管道焊缝位置应符合下列规定：

① 直管段上两对接焊口中心面间的距离，当公称尺寸≥150mm 时不应＜150mm；当公称尺寸＜150mm 时不应小于管子外径，且不小于 100mm。

② 除采用定型弯头外，管道焊缝与弯管起弯点的距离不应小于管子外径，且不得小于 100mm。

③ 管道焊缝距离支管或管接头的开孔边缘不应小于 50mm，且不应小于孔径。

④ 当无法避免在管道焊缝上开孔或开孔补强时，应对开孔直径 1.5 倍或开孔补强板直径范围内的焊缝进行射线或超声波检测；被补强板覆盖的焊缝应磨平，管孔边缘不应存在焊接缺陷。

⑤ 卷管的纵向焊缝应设置在易检修的位置，不宜设在底部。

⑥ 管道环焊缝距支吊架净距不得小于 50mm。需热处理的焊缝距支吊架不得小于焊缝宽度的 5 倍，且不得小于 100mm。

（3）公称尺寸≥600mm 的工业金属管道，宜在焊缝内侧进行根部封底焊。下列工业金属管道的焊缝底层应采用氩弧焊或能保证底部焊接质量的其它焊接方法：

① 公称尺寸小于 600mm，且设计压力大于或等于 10MPa 或设计温度低于－20℃的管道。

② 对内部清洁度要求较高及焊接后不易清理的管道。

（4）当对螺纹接头采用密封焊时，外露螺纹应全部密封焊。

（5）需预拉伸或预压缩的管道焊口，组对时所使用的工具应在焊口焊接及热处理完毕并应经检验合格后再拆除。

（6）端部为焊接连接的阀门，其焊接和热处理措施不得破坏阀门的严密性。

（7）平焊法兰、承插焊法兰或承插焊管件与管子的焊接，应符合设计文件的规定，并应符合下列规定：

① 平焊法兰与管子焊接时，其法兰内侧（法兰密封面侧）角焊缝的焊脚尺寸应为直管名义厚度与 6mm 两者中的较小值；法兰外侧角焊缝的最小焊脚尺寸应为直管名义厚度的 1.4 倍与法兰颈部厚度两者中的较小值（图 3.5-6）。

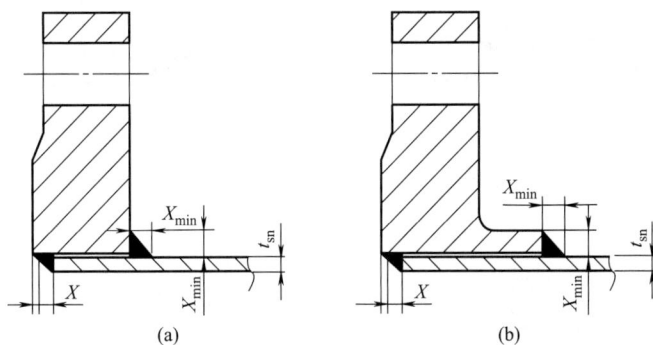

图 3.5-6 平焊法兰与管子的连接

t_{sn}—直管名义厚度；X—角焊缝

焊脚尺寸；X_{min}—角焊缝最小焊脚尺

② 承插焊法兰与管子焊接时，角焊缝的最小焊脚尺寸应为直管名义厚度的 1.4 倍与法兰颈部厚度两者中的较小值，焊前承口与插口的轴向间隙宜为 1.5mm（图 3.5-7）。

③ 承插焊管件与管子焊接时，角焊缝的最小焊脚尺寸应为直管名义厚度的 1.25 倍，且不应小于 3mm。焊前承口与插口的轴向间隙宜为 1.5mm（图 3.5-8）。

④ 机组的循环油、控制油、密封油管道，当采用承插焊接头时，承口与插口的轴向不宜留有间隙。

（8）支管连接的焊缝形式如图 3.5-9 所示。

（9）工业金属管道及管道组成件焊接完毕应进行外观检查和检验。有无损检测要求的管道应填写"管道焊接检查记录"，其格式宜符合 GB 50235 的规定。

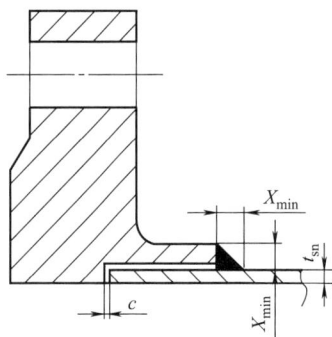

图 3.5-7　承插焊法兰与管子的连接

t_{sn}—直管名义厚度；c—承口与插口
的轴向间隙；X_{min}—角焊缝最小焊脚尺寸

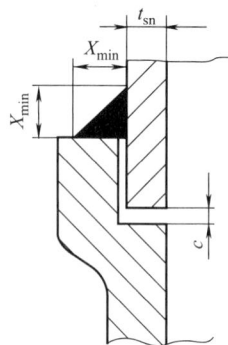

图 3.5-8　承插焊管件与管子的连接

t_{sn}—直管名义厚度；c—承口与插口
的轴向间隙；X_{min}—角焊缝最小焊脚尺

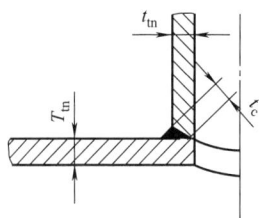

(a) 安放式焊接支管

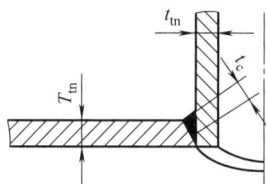

(b) 插入式焊接支管

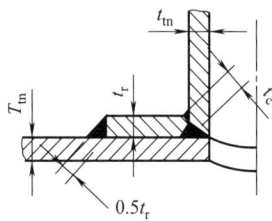

(c) 带补强圈的安放式焊接支管

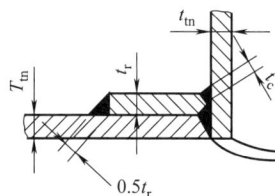

(d) 带补强圈的插入式焊接支管

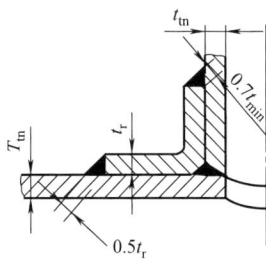

(e) 带鞍形补强件的焊接支管

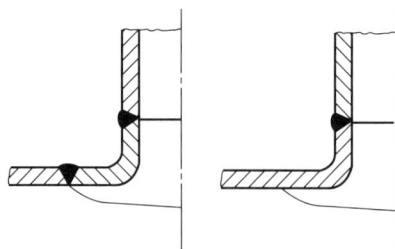

(f) 对接式焊接支管

图 3.5-9　支管连接的焊缝形式

t_{tn}—支管名义厚度；T_{tn}—主管名义厚度；t_r—补强圈或鞍形补强件的名义厚度；t_c—角焊缝有效厚度；
t_{min}—支管名义厚度与鞍形补强件名义厚度两者中的较小值

（10）工业金属管道及管道组成件的焊后热处理应符合设计文件的规定。当设计文件无规定时，应按表 3.5-2 的规定执行。焊后热处理的厚度应为焊接接头处较厚组成件的壁厚，且应符合下列规定：

① 支管连接时热处理厚度应为主管或支管的厚度，不应计入支管连接件（包括整体补强或非整体补强件）的厚度。当任一截面上支管连接的焊缝厚度大于表 3.5-2 所列厚度的 2 倍或焊接接头处各组成件的厚度小于表 3.5-5 规定的最小厚度时，仍应进行热处理。支管连接的焊缝厚度应按表 3.5-5 的规定计算。

表 3.5-5　支管连接的焊缝厚度

支管连接结构形式	焊缝厚度
安放式焊接支管［图 3.5-9(a)］	$t_{tn}+t_c$
插入式焊接支管［图 3.5-9(b)］	$t_{tn}+t_c$
带补强圈的安放式焊接支管［图 3.5-9(c)］	$t_{tn}+t_c$ 或 T_r+t_c，取较大值
带补强圈的插入式焊接支管［图 3.5-9(d)］	$T_{tn}+t_{tn}+t_c$
带鞍形补强件的焊接支管［图 3.5-9(e)］	$t_{tn}+t_c$

② 对用于平焊法兰、承插焊法兰公称直径≤50mm 的管子连接角焊缝、螺纹接头的密封焊缝和管道支吊架与管道的连接焊缝，当任一截面的焊缝厚度大于表 3.5-2 所列厚度的 2 倍，焊接接头处各组成件的厚度小于表 3.5-2 规定的最小厚度时仍应进行热处理。但下列情况可不进行热处理：

a. 对于碳钢材料当角焊缝厚度不大于 16mm 时；

b. 对于铬钼合金钢材料，当角焊缝厚度不大于 13mm，并采用了不低于推荐的最低预热温度，且母材规定的最小抗拉强度＜490MPa 时；

c. 对于铁素体材料当其焊缝采用奥氏体或镍基填充金属时。

（11）热处理的加热速率和冷却速率的规定

① 当加热温度升至 400℃ 时，加热速率不应超过 $(205×25/t)$℃/h（t 为管材厚度），且不得大于 205℃/h；

② 恒温后的冷却速率不应超过 $(260×25/t)$℃/h（t 为管材厚度），且不得大于 260℃/h，400℃ 以下可自然冷却。

（12）焊后热处理应填写"管道热处理报告"，其格式宜符合 GB 50235 的规定。

3.5.3　管道安装

3.5.3.1　管道安装一般规定

（1）工业金属管道安装前应具备下列条件：

① 与管道有关的土建工程已检验合格，满足安装要求，并已经办理交接手续；

② 管道连接的设备找正合格，固定完毕；

③ 管道组成件及管道支承件等已检验合格；

④ 管子、管件、阀门等内部已清理干净、无杂物；对管内有特殊要求的管道，其质量已符合设计文件的规定。

⑤ 在管道安装前应进行的脱脂、内部防腐或衬里等有关工序已进行完毕。

（2）工业金属管道的坡度、坡向及管道组成件的安装方向应符合设计规定。

（3）法兰、焊缝及其它连接件的设置应便于检修，并不得紧贴墙壁、楼板或管架。

（4）脱脂后的管道组成件，安装前应进行检查，不得有油迹污染。

（5）当工业金属管道穿越道路、墙体、楼板或构筑物时，应加设套管或砌筑涵洞进行保护，应符合设计文件和国家现行有关标准的规定，并应符合下列规定：

① 管道焊缝不应设置在套管内；

② 穿过墙体的套管长度不得小于墙体厚度；

③ 穿过楼板的套管应高出楼面 50mm；

④ 穿过屋面的管道应设置防水肩和防雨帽；

⑤ 管道与套管之间应填塞对管道无害的不燃材料。

（6）当工业金属管道安装工作有间断时，应及时封闭敞开的管口。

（7）工业金属管道连接时，不得采用强力对口。端面的间隙、偏差、错口或不同心等缺陷不得采用加热管子、加偏垫等方法消除。

（8）工业金属管道安装完毕应进行检查，并应填写"管道安装记录"，其格式宜符合规定。

（9）埋地工业金属管道防腐层的施工应在管道安装前进行，焊缝部位未经试压合格不得防腐，在运输和安装时，不得损坏防腐层。

（10）埋地工业金属管道安装，应在支承地基或基础检验合格后进行。支承地基和基础的施工应符合设计文件和国家现行有关标准的规定。当有地下水或积水时应采取排水措施。

（11）埋地工业金属管道试压、防腐检验合格后应及时回填，并应分层夯实，同时应填写"管道隐蔽工程（封闭）记录"，其格式宜符合规定。

3.5.3.2　管段预制

（1）管段预制应按管道轴测图规定的数量、规格、材质选配管道组成件，并应在管段上按轴测图标明管线号和焊缝编号。

（2）自由管段和封闭管段的选择应合理，封闭管段应按现场实测的安装长度加工。

（3）自由管段和封闭管段的加工尺寸允许偏差应符合 GB 50184 的规定。

（4）预制完毕的管段，应将内部清理干净，并应及时封闭管口；管段在存放和运输过程中不得出现变形现象。

3.5.3.3　钢制管道安装

（1）法兰安装时，法兰密封面及密封垫片不得有划痕、斑点等缺陷。

（2）当大直径密封垫片需要拼接时，应采用斜口搭接或迷宫式拼接，不得采用平口对接。

（3）法兰连接应与钢制管道同心，螺栓应能自由穿入。法兰螺栓孔应跨中布置。法兰平面之间应保持平行，其偏差不得大于法兰外径的 0.15%，且不得大于 2mm。法兰接头的歪斜不得用强紧螺栓的方法消除。

（4）法兰连接应使用同一规格螺栓，安装方向应一致。螺栓应对称紧固。螺栓紧固后应与法兰紧贴，不得有楔缝。当需要添加垫圈时，每个螺栓不应超过一个。所有螺母应全部拧入螺栓，且紧固后的螺栓与螺母宜齐平。

（5）有拧紧力矩要求的螺栓应按紧固程序完成拧紧，其拧紧力矩应符合设计文件的规定。带有测力螺帽的螺栓，应拧紧到螺帽脱落。

（6）当钢制管道安装遇到下列情况之一时，螺栓、螺母应涂刷二硫化钼油脂、石墨机油或石墨粉等：

① 不锈钢、合金钢螺栓和螺母；

② 设计温度高于 100℃ 或低于 0℃；

③ 露天装置；

④ 处于大气腐蚀环境或输送腐蚀介质。

（7）当高温或低温管道法兰连接螺栓在试运行时，热态紧固或冷态紧固应符合下列规定：

① 钢制管道热态紧固、冷态紧固温度应符合 GB 50184 的规定；

② 热态紧固或冷态紧固应在达到工作温度 2h 后进行；

③ 紧固螺栓时，钢制管道最大内压应根据设计压力确定。当设计压力≤6MPa 时，热态紧固最大内压应为 0.3MPa；当设计压力大于 6MPa 时，热态紧固最大内压应为 0.5MPa。冷态紧固应在卸压后进行；

④ 紧固时应设有保护操作人员安全的技术措施。

（8）螺纹连接应符合下列规定：

① 用于螺纹的保护剂或润滑剂应适用于工况条件，并不得对输送的流体或钢制管道材料产生影响；

② 进行密封焊的螺纹接头不得使用螺纹保护剂和密封材料；

③ 采用垫片密封而非螺纹密封的直螺纹接头，直螺纹上不应缠绕任何填料，在拧紧和安装后不得产生任何扭矩。直螺纹接头与主管焊接时不得出现密封面变形现象；

④ 工作温度低于 200℃ 的钢制管道，其螺纹接头密封材料宜选用聚四氟乙烯带；拧紧螺纹时不得将密封材料挤入管内。

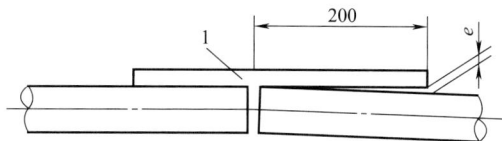

图 3.5-10　管道对口平直度

1—钢板尺；e—管子对口的平直度

（9）其它型式的接头连接和安装应按国家现行有关标准、设计文件和产品技术文件的规定进行。

（10）管子对口时应在距接口中心 200mm 处测量平直度（图 3.5-10），当管子公称尺寸＜100mm 时允许偏差为 1mm；当管子公称尺寸≥100mm 时允许偏差为 2mm，且全长允许偏差均为 10mm。

（11）合金钢管进行局部弯度矫正时，加热温度应为临界温度以下。

（12）在合金钢管道上不应焊接临时支撑物。

（13）钢制管道预拉伸或压缩前应具备下列条件：

① 预拉伸或压缩区域内固定支架间所有焊缝（预拉口除外）已焊接完毕，需热处理的焊缝已做热处理，并应经检验合格；

② 预拉伸或压缩区域支、吊架已安装完毕，管子与固定支架已安装牢固；预拉口附近的支、吊架应预留足够的调整裕量，支、吊架弹簧已按设计值进行调整，并应临时固定，弹簧不得承受管道载荷；

③ 预拉伸或压缩区域内的所有连接螺栓已拧紧。

（14）排水管的支管与主管连接时，宜按介质流向稍有倾斜。

（15）管道上仪表取源部件的开孔和焊接应在管道安装前进行。当必须在管道上开孔时，管内切割产生的杂物应清除干净。

（16）钢制管道膨胀指示器应按设计文件规定装设，并应将指针调至零位。

（17）蠕胀测点和监察管段应按设计文件和国家现行有关标准的规定安装。

（18）合金钢管道系统安装完毕后，应检查材质标记，当发现无标记时应采用光谱分析或其它方法对材质进行复查。

（19）钢制管道安装的允许偏差应符合 GB 50184 的规定。

3.5.3.4 连接设备的管道安装

（1）管道与设备的连接应在设备安装定位并紧固地脚螺栓后进行。安装前应将其内部清理干净。

（2）对不得承受附加外荷载的动设备，管道与动设备的连接应符合下列规定：

① 与动设备连接前，应在自由状态下检验法兰的平行度和同心度，当设计文件或产品技术文件无规定时，法兰平行度和同心度允许偏差应符合 GB 50184 的规定；

② 管道系统与动设备最终连接时，应在联轴器上架设百分表监视动设备的位移。当动设备额定转速≥6000r/min 时，其位移值应＜0.02mm；当额定转速≤6000r/min 时，其位移值应＜0.05mm。

（3）大型储罐的管道与泵或其它有独立基础的设备连接，或储罐底部管道沿地面敷设在支架上时，应在储罐液压（充水）试验合格后安装；也可在液压（充水）试验及基础初阶段沉降后，再进行储罐接口处法兰的连接。

（4）工业金属管道安装合格后，不得承受设计以外的附加荷载。

（5）工业金属管道试压吹扫与清洗合格后，应对管道与动设备的接口进行复位检查，其偏差值应符合 GB 50184 的规定。

3.5.3.5 铸铁管道安装

（1）铸铁管及管件安装前，应清除承口内部和插口端部的油污、飞刺、铸砂及铸瘤，并应烤去承插部位的沥青涂层。柔性接口铸铁管及管件承口的内工作面、插口的外工作面应修整光滑，不得有影响接口密封性的缺陷；有裂纹的铸铁管及管件不得使用。

（2）铸铁管道安装轴线位置、标高的允许偏差应符合 GB 50184 的规定。

（3）铸铁管道沿直线安装时，宜选用管径公差组合最小的管节组对连接。承插接口的环向间隙应均匀，承插口间的轴向间隙不应小于 3mm。

（4）铸铁管道沿曲线安装时接口的允许转角应符合 GB 50184 的规定。

（5）在昼夜温差较大或负温下施工时，管子中部两侧应填土夯实，顶部应填土覆盖。

（6）采用滑入式或机械式柔性接口时，橡胶圈的材质、质量、性能、尺寸等应符合设计文件和国家现行有关铸铁管及管件标准的规定，每个橡胶圈的接头不得超过 2 个。

（7）安装滑入式橡胶圈接口时，推入深度应达到标记环，并应复查与其相邻已安装好的第一至第二个接口推入深度。

（8）安装机械式柔性接口时，应使插口与承口法兰压盖的轴线相重合。紧固法兰螺栓时螺栓安装方向应一致，并应均匀、对称紧固。

（9）采用刚性接口时应符合下列规定：

① 油麻填料应清洁填塞后捻实，其深度应为承口总深度的 1/3，且不应超过承口三角凹槽的内边；

② 橡胶圈装填应平展、压实，不得有松动、扭曲、断裂等现象，橡胶圈应填打到插口小台或距插口端 10mm；

③ 接口水泥应密实饱满，其接口水泥面凹入承口边缘的深度不得大于 2mm，并应及时进行湿养护。水泥强度应符合设计文件的规定。

(10) 工作介质为酸、碱的铸铁管道，在泄漏性试验合格后，应及时安装法兰处的安全保护设施。

3.5.3.6 不锈钢和有色金属管道安装

(1) 不锈钢和有色金属管道安装除应符合本节的要求外，尚应符合"3.5.3.3 钢制管道安装"的有关规定。

(2) 不锈钢和有色金属管道安装时，表面不得出现机械损伤。使用钢丝绳、卡扣搬运或吊装时，钢丝绳、卡扣等不得与管道直接接触，应采用对管道无害的橡胶或木板等软材料进行隔离。

(3) 安装不锈钢和有色金属管道时，应采取防止管道污染的措施。安装工具应保持清洁，不得使用造成铁污染的黑色金属工具。不锈钢、镍及镍合金、钛及钛合金、锆及锆合金等管道安装后，应防止其它管道切割、焊接时的飞溅物对其造成污染。

(4) 有色金属管道组成件与黑色金属管道支承件之间不得直接接触，应采用同材质或对管道组成件无害的非金属隔离垫等材料进行隔离。

(5) 铜及铜合金、铝及铝合金、钛及钛合金管的调直，宜在管内充砂，不得用铁锤敲打。调直后管内应清理干净。

(6) 用钢管保护的铅、铝及铝合金管，在装入钢管前应经试压合格。

(7) 不锈钢、镍及镍合金管道的安装，应符合下列规定：

① 用于不锈钢、镍及镍合金管道法兰的非金属垫片，其氯离子含量不得超过 50mg/L（50ppm）；

② 不锈钢、镍及镍合金管道组成件与碳钢管道支承件之间，应垫 RU2 不锈钢或氯离子含量不超过 50mg/L（50ppm）的非金属垫片；

③ 要求进行酸洗、钝化处理的焊缝或管道组成件，酸洗后的表面不得有残留酸洗液和颜色不均匀的斑痕。钝化后应用洁净水冲洗，呈中性后应擦干水迹。

(8) 铜及铜合金管道连接时符合下列规定：

① 翻边连接的管子应保持同轴，当公称尺寸≤50mm 时允许偏差不应大于 1mm；当公称尺寸＞50mm 时允许偏差不应大于 2mm；

② 螺纹连接的管子，螺纹部分应涂刷石墨甘油；

③ 安装铜波纹膨胀节时，其直管长度不得小于 100mm。

3.5.3.7 伴热管安装

(1) 伴热管应与主管平行安装，并应能自行排液。当一根主管需多根伴热管伴热时，伴热管之间的相对位置应固定。

(2) 水平伴热管宜安装在主管的下方一侧或两侧，或靠近主管的侧面。铅垂伴热管应均匀分布在主管周围。

(3) 伴热管不得直接点焊在主管上，弯头部位的伴热管绑扎带不得少于 3 道，直管段伴热管绑扎点间距应符合 GB 50184 的规定。

(4) 对不允许与主管直接接触的伴热管，伴热管与主管之间应设置隔离垫。当主管为不锈钢管，伴热管为碳钢管时，隔离垫的氯离子含量不得超过 50mg/L（50ppm），并应采用不锈钢丝或不应引起渗碳的材料进行绑扎。

(5) 伴热管经过主管法兰、阀门时，伴热管应设置可拆卸的连接件。

(6) 从分配站到各被伴热管主管和离开主管到收集站之间的伴热管安装，应排列整齐，不宜相互跨越和就近斜穿。

3.5.3.8 夹套管安装

(1) 夹套管的安装除应符合本节要求外，尚应符合 3.5.2.6 节和 3.5.3 节的有关规定。

(2) 夹套管安装前，应对预制的管段按照图纸核对编号，应检查各管段质量及施工记录，再对内管进行清理检查，并应在合格后再进行封闭连接及安装就位。

(3) 夹套管安装使用的阀门、夹套法兰、仪表件等，安装前应按国家现行有关标准进行检查、清洗和检验。

（4）当夹套管外管经剖切后安装时，其纵向焊缝应设置在易检修的部位。

（5）夹套管的连通管安装，应符合设计文件的规定。当设计无规定时连通管不得存液。

（6）夹套管的支承块不得妨碍管内介质的流动。支承块在同一位置处应设置3块，管道水平安装时，其中2块支承块应对地面跨中布置，夹角应为110°～120°；管道垂直安装时，3块支承块应按120°夹角均匀布置。

3.5.3.9 防腐蚀衬里管道安装

（1）防腐蚀衬里管道安装除应符合本节要求外，尚应符合3.5.3.3节的有关规定。

（2）搬运和堆放衬里管段及管件时应轻搬轻放，不得强烈振动或碰撞。

（3）衬里管道安装前应全面检查衬里层的完好情况，当有损坏时应进行修补或更换，并应保持管内清洁。

（4）采用橡胶、塑料、纤维增强塑料、涂料等衬里的管道组成件，应存放在温度为5～40℃的室内，并应避免阳光和热源的辐射。

（5）衬里管道的安装应采用软质或半硬质垫片，当需要调整安装长度误差时，宜采用更换同材质垫片厚度的方法进行。

（6）衬里管道安装时，不应进行施焊、加热、碰撞或敲打。

3.5.3.10 阀门安装

（1）阀门安装前，应按设计文件核对其型号，并应按介质流向确定其安装方向。

（2）当阀门与管道以法兰或螺纹方式连接时，阀门应在关闭状态下安装。

（3）当阀门与管道以焊接方式连接时，阀门应在开启状态下安装。对接焊缝的底层应采用氩弧焊，且应对阀门采取防变形措施。

（4）阀门安装位置应易于操作、检查和维修。水平管道上的阀门，其阀杆及传动装置应按设计规定进行安装，动作应灵活。

（5）所有阀门应连接自然，不得强力对接或承受外加重力负荷。法兰连接螺栓紧固力应均匀。

（6）安全阀的安装应符合下列规定：

① 安全阀应垂直安装。

② 安全阀的出口管道应接向安全地点。

③ 当进出管道上设置截止阀时，应加铅封，且锁定在全开启状态。

（7）在工业金属管道投入试运行时，应按国家现行标准《安全阀安全技术监察规程》（TSG ZF001）的有关规定和设计文件的规定对安全阀进行最终整定压力调整，并应做好调整记录和铅封。

3.5.3.11 补偿装置安装

（1）补偿装置的安装除应符合本节规定外，尚应符合设计文件、产品技术文件和国家现行有关标准的规定。

（2）"Π"形或"Ω"形膨胀弯管的安装，应符合下列规定：

① 安装前应按设计文件规定进行预拉伸或压缩，允许偏差为10mm；

② 预拉伸或压缩应在两个固定支架之间的管道安装完毕，并应与固定支架连接牢固后进行；

③ 预拉伸或压缩的焊口位置与膨胀弯管的起弯点距离应大于2m；

④ 水平安装时，平行臂应与管线坡度相同，两垂直臂应相互平行；

⑤ 铅垂安装时，应设置排气及疏水装置。

（3）波纹管膨胀节的安装应符合下列规定：

① 波纹管膨胀节安装前应按设计文件规定进行预拉伸或预压缩，受力应均匀。

② 安装波纹管膨胀节时，应设临时约束装置，并应待管道安装固定后再拆除临时约束装置。

③ 波纹管膨胀节内套有焊缝的一端，在水平管上应位于介质的流入端［图3.5-11（a）］，在铅垂管道宜置于上部［图3.5-11（b）］。

④ 安装时波纹管膨胀节应与管道保持同心，不得偏斜，应避免安装引起膨胀节的周向扭转。在波纹管膨胀节的两端应合理设置导向及固定支座，管道的安装误差不得采用使管道变形或膨胀节补偿的方法调整。

⑤ 安装时应避免焊渣飞溅到波节上，不得在波节上焊接临时支撑件，不得将钢丝绳等吊装索具直接绑扎在波节上，应避免波节受到机械伤害。

（4）填料式补偿器的安装应符合下列规定：

① 填料式补偿器应与管道保持同心，不得歪斜；

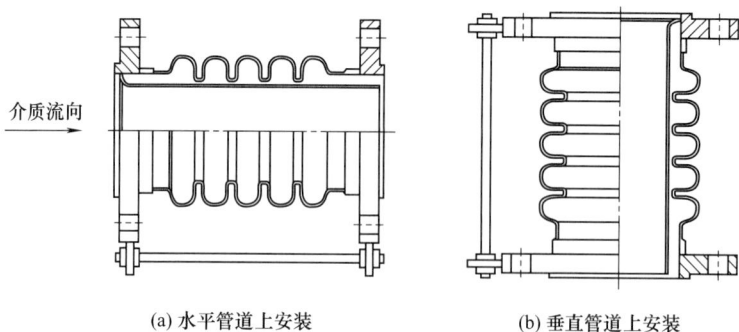

(a) 水平管道上安装   (b) 垂直管道上安装

图 3.5-11　波纹管膨胀节在管道上的安装位置

② 两侧的导向支座应保证运行时自由伸缩，不得偏离中心；

③ 应按设计文件规定的安装长度及温度变化，留有剩余的收缩量（图 3.5-12）。剩余收缩量可按下式计算，允许偏差为 5mm。

$$S = S_0 \left(\frac{t_1 - t_0}{t_2 - t_0} \right) \tag{3.5-3}$$

式中　S——插管与外壳挡圈间的安装剩余收缩量，mm；

    　S_0——插管与外壳挡圈间的安装剩余收缩量，mm；

    　t_0——室外最低设计温度，℃；

    　t_1——补偿器安装时的环境温度，℃；

    　t_2——管道内介质的最高设计温度，℃。

④ 单向填料式补偿器的安装方向，其插管端应安装在介质流入端。

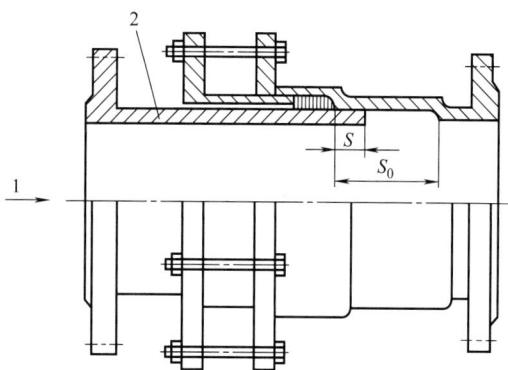

图 3.5-12　填料式补偿器的安装剩余收缩量
1—介质流向；2—插管

（5）球形补偿器的安装应符合下列规定：

① 球形补偿器安装前，应将球体调整到所需角度，并应与球心距管段组成一体（图 3.5-13）；

② 球形补偿器的安装应紧靠弯头，球心距长度应大于计算长度（图 3.5-14）；

③ 球形补偿器的安装方向，宜按介质由球体端流入、从壳体端流出方向安装（图 3.5-15）；

④ 垂直安装球形补偿器时，壳体端应在上方；

⑤ 球形补偿器的固定支架或滑动支架的安装，应符合设计文件的规定；

⑥ 运输、装卸球形补偿器时不得碰撞，并应保持球面清洁。

（6）与设备相连的补偿器应在设备最终固定后再连接。

（7）管道补偿装置安装完毕后，应填写"管道补偿装置安装记录"，其格式宜符合规定。

3.5.3.12　支、吊架安装

（1）支、吊架的安装除应符合本节规定外，尚应符合设计文件、产品技术文件和国家现行有关标准的规定。

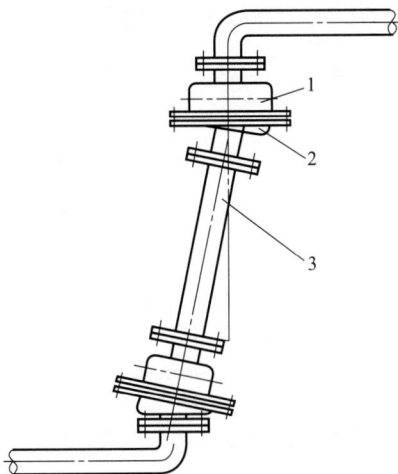

图 3.5-13　球形补偿器与球
心距管段的组合
1—壳体端；2—球体端；3—球心距管段

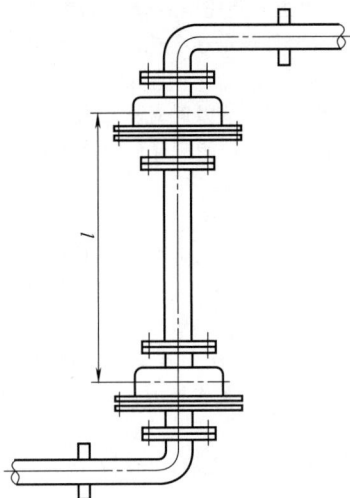

图 3.5-14　球形补偿器球
心距的安装长度
l—球心距

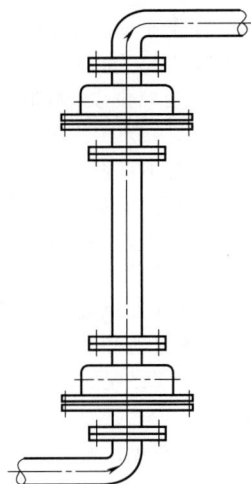

图 3.5-15　球形补偿
器的安装方向

（2）当安装管道时应及时固定和调整支、吊架，支、吊架安装位置应准确，安装应平整牢固，与管子接触应紧密。

（3）无热位移的管道，其吊杆应垂直安装；有热位移的管道，其吊杆应偏置安装；当设计文件无规定时，吊点应设置在位移的相反方向，并应按位移值的 1/2 偏位安装（图 3.5-16）。两根有热位移的管道不得使用同一吊杆。

（4）固定支架应按设计文件的规定安装，并应在补偿装置预拉伸或预压缩之前固定；没有补偿装置的冷、热管道直管段上，不得同时安置 2 个及 2 个以上的固定支架。

（5）导向支架或滑动支架的滑动面应洁净平整，不得有歪斜和卡涩现象，不得在滑动支架底板处临时点焊定位，仪表及电气构件不得焊在滑动支架上；有热位移的管道，当设计文件无规定时，支架安装位置应从支承面中心向位移反方向偏移，偏移量应为位移值的 1/2（图 3.5-17），绝热层不得妨碍其位移。

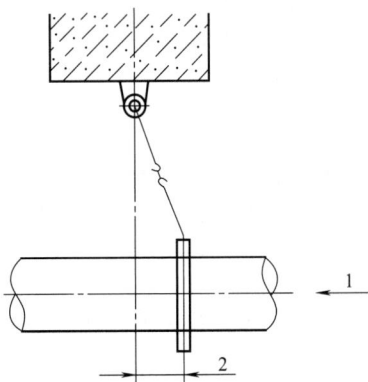

图 3.5-16　有热位移管道吊架安装
1—管子膨胀方向；2—1/2 位移值

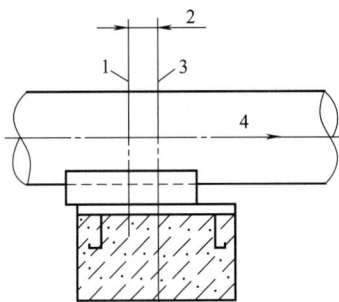

图 3.5-17　滑动支架安装位置
1—管托中心；2—1/2 位移值；3—管
架中心；4—管子膨胀方向

（6）弹簧支、吊架的弹簧高度应按设计文件规定安装，弹簧应调整至冷态值，并应做记录。弹簧的临时固定件应待系统安装、试压、绝热完毕后再拆除。

（7）铸铁、铅、铝及大口径管道上的阀门，应设置专用支架，不得以管道承重。

（8）管架紧固在槽钢或工字钢翼板斜面上时，其螺栓应有相应的斜垫片。

（9）管道安装时不宜使用临时支、吊架，当使用临时支、吊架时，不得与正式支、吊架位置冲突，不得直接焊在管子上，并应有明显标记，在管道安装完毕后应予拆除。

（10）管道安装完毕后，应按设计文件规定逐个核对支、吊架的形式和位置，并应填写"管道支、吊架安装记录"，其格式宜符合规定。

（11）有热位移的管道在热负荷运行时，应及时对支、吊架进行下列检查与调整：

① 活动支架的位移方向、位移值及导向性能应符合设计文件的规定；

② 管托不得脱落；

③ 固定支架应牢固可靠；

④ 弹簧支、吊架的安装标高与弹簧工作荷载应符合设计文件的规定；

⑤ 可调支架的位置应调整合适。

3.5.3.13 静电接地安装

（1）设计有静电接地要求的管道，当每对法兰或其它接头间电阻值超过 0.03Ω 时应设导线跨接。

（2）管道系统的接地电阻值、接地位置及连接方式应符合设计文件的规定，静电接地引线宜采用焊接形式。

（3）有静电接地要求的不锈钢和有色金属管道，导线跨接或接地引线不得与管道直接连接，应采用同材质连接板过渡。

（4）用作静电接地的材料或元件安装前不得涂刷涂料，导电接触面应除锈并应紧密连接。

（5）静电接地安装完毕后应进行测试，电阻值超过规定时应进行检查与调整，并应填写"管道静电接地测试记录"，其格式宜符合规定。

3.5.4 管道检查、检验和试验

3.5.4.1 一般规定

（1）除设计文件和焊接工艺规程另有规定外，焊缝无损检测应安排在该焊缝焊接完成并经外观检查合格后进行。

（2）对有延迟裂纹倾向的材料，无损检测应至少在焊接完成 24h 后进行。

（3）对有再热裂纹倾向的焊缝，无损检测应在热处理后进行。

（4）抽样检验发现不合格时，应按原规定的检验方法进行扩大检验；对检验发现不合格的管道元件、部位或焊缝，应进行返修或更换，并应采用原规定的检验方法重新进行检验。

3.5.4.2 外观检查

（1）外观检查应包括对各种管道元件及管道在加工制作、焊接、安装过程中的检查。

（2）除设计文件或焊接工艺规程有特殊要求的焊缝外，应在焊接完成后立即除去熔渣、飞溅，并应将焊缝表面清理干净，同时应进行外观检查；钛及钛合金、锆及锆合金的焊缝表面除应进行外观检查外，还应在焊后清理前进行色泽检查。

3.5.4.3 焊缝表面无损检测

（1）除设计文件另有规定外，现场焊接的管道和管道组成件的承插焊焊缝、支管连接焊缝（对接式支管连接焊缝除外）和补强圈焊缝、密封焊缝、支吊架与管道直接焊接的焊缝，以及管道上的其它角焊缝应按现行国家标准《工业金属管道工程施工质量验收规范》（GB 50184）的有关规定，对其表面进行磁粉检测或渗透检测。

（2）磁粉检测和渗透检测应按国家现行标准《承压设备无损检测》（NB/T 47013）的有关规定执行。

（3）磁粉检测或渗透检测报告的格式宜符合规定。

3.5.4.4 焊缝射线检测和超声检测

（1）除设计文件另有规定外，现场焊接的管道及管道组成件的对接纵缝和环缝、对接式支管连接焊缝应按现行国家标准《工业金属管道工程施工质量验收规范》（GB 50184）的有关规定进行射线检测或超声检测。

（2）管道名义厚度≤30mm 的对接焊缝应采用射线检测，管道名义厚度＞30mm 的对接焊缝可采用超声检测代替射线检测；当规定采用射线检测但受条件限制需改用超声检测时，应征得设计和建设单位的同意。

（3）焊缝的射线检测和超声检测应符合下列规定：

① 管道焊缝的射线检测和超声检测应符合国家现行标准《承压设备无损检测》（NB/T 47013）的有关规定；

② 射线检测和超声检测的技术等级应符合设计文件和国家现行有关标准的规定，且射线检测不得低于 AB 级，超声检测不得低于 B 级；

③ 现场进行射线检测时，应按有关规定划定控制区和监督区，并应设置警告标志。操作人员应按规定进行安全操作防护；

④ 应填写射线检测或超声检测报告，并应注明检测的时间。报告的格式宜符合规定。

3.5.4.5 硬度检验及其它检验

（1）要求热处理的焊缝和管道组成件，热处理后应进行硬度检验。焊缝的硬度检验区域应包括焊缝和热影响区。对于异种金属的焊缝，两侧母材热影响区均应进行硬度检验。并应填写"管道热处理硬度检验报告"。其格式宜符合规定。

（2）当检查发现热处理后的硬度值超标或热处理工艺存在问题时，可采用其它检测手段进行复查与评估。

（3）当规定进行管道焊缝金属化学成分分析、焊缝铁素体含量测定、焊接接头金相检验、产品试件力学性能等检验时，应符合设计文件和国家现行有关标准的规定。

3.5.4.6 压力试验

（1）管道安装完成、热处理和无损检测合格后，应进行压力试验，压力试验应符合下列规定：

① 压力试验应以液体为试验介质，当管道的设计压力≤0.6MPa时，也可采用气体为试验介质，但应采取有效的安全措施；

② 脆性材料严禁使用气体进行压力试验，压力试验温度严禁接近金属材料的脆性转变温度；

③ 当进行压力试验时，应划定禁区，无关人员不得进入；

④ 试验过程中发现泄漏时，不得带压处理，消除缺陷后应重新进行试验；

⑤ 试验结束后，应及时拆除盲板、膨胀节临时约束装置，试验介质的排放应符合安全、环保要求；

⑥ 压力试验完毕，不得在管道上进行修补或增添物件，当在管道上进行修补或增添物件时，应重新进行压力试验；经设计或建设单位同意对采取预防措施并能保证结构完好的小修补或增添物件，可不重新进行压力试验；

⑦ 压力试验合格后，应填写"管道系统压力试验和泄漏性试验记录"，其格式宜符合规定。

（2）压力试验的替代应符合下列规定：

① 对输送无毒、非可燃流体介质、设计压力小于等于1.0MPa并且设计温度为−20～185℃的管道经设计和建设单位同意，可在试车时用管道输送的流体进行压力试验；输送的流体是气体或蒸气时，压力试验前应按本节（5）中⑤的规定进行预试验。

② 当管道的设计压力大于0.6MPa，设计和建设单位认为液压试验不切实际时，可采用本节（5）中规定的气压试验来代替液压试验。

③ 经设计和建设单位同意，也可用液压-气压试验代替气压试验；液压-气压试验应符合本节（5）中的规定，被液体充填部分管道的压力不应大于本节（4）中④和⑤的规定。

④ 现场条件不允许进行管道液压和气压试验时，可同时采用下列方法代替压力试验，但应经建设单位和设计单位同意：

a. 所有环向、纵向对接焊缝和螺旋焊焊缝应进行100%射线检测或100%超声检测；

b. 除上条规定以外的所有焊缝（包括管道支承件与管道组成件连接的焊缝），应进行100%的渗透检测或100%的磁粉检测；

c. 应由设计单位进行管道系统的柔性分析；

d. 管道系统应采用敏感气体或浸入液体的方法进行泄漏试验，试验要求应在设计文件中明确规定。

⑤ 未经液压和气压试验的管道焊缝及法兰密封部位，生产车间可配备相应的预保压密封夹具。

（3）压力试验前应具备下列条件：

① 试验范围内的管道安装工程除防腐、绝热外，已按设计图纸全部完成，安装质量符合有关规定。

② 焊缝及其它待检部位尚未防腐和绝热。

③ 管道上的膨胀节已设置临时约束装置。

④ 试验用压力表已校验，并在有效期内，其精度不得低于1.6级，表的满刻度值应为被测最大压力的1.5～2倍，压力表不得少于2块。

⑤ 符合压力试验要求的液体或气体已备足。

⑥ 管道已按试验的要求进行加固。

⑦ 下列资料已经建设单位和有关部门复查：

a. 管道元件的质量证明文件；

b. 管道元件的检验或试验记录；

c. 管道加工和安装记录；

d. 焊接检查记录、检验报告及热处理记录；

e. 管道轴测图、设计变更及材料代用文件。

⑧ 待试管道与无关系统已采用盲板或其它措施隔离。

⑨ 待试管道上的安全阀、爆破片及仪表元件等已经拆下或已隔离。

⑩ 试验方案已批准，并已进行技术和安全交底。

（4）液压试验应符合 GB 50184 的规定。

（5）气压试验应符合下列规定：

① 承受内压钢管及有色金属管的试验压力应为设计的 1.15 倍，真空管道的试验压力应为 0.2MPa；

② 试验介质应采用干燥洁净的空气、氮气或其它不易燃和无毒的气体；

③ 试验时应装有压力泄放装置，其设定压力不得高于试验压力的 1.1 倍；

④ 试验前应用空气进行预试验，试验压力宜为 0.2MPa；

⑤ 试验时应缓慢升压，当压力升至试验压力的 50％时，如未发现异状或泄漏，应继续按试验压力的 10％逐级升压，每级稳压 3min 直至试验压力。应在试验压力下稳压 10min，再将压力降至设计压力，采用发泡剂检验应无泄漏，停压时间应根据查漏工作需要确定。

（6）泄漏性试验应按设计文件的规定进行，并应符合下列规定：

① 输送极度和高度危害介质以及可燃介质的管道，必须进行泄漏性试验；

② 泄漏性试验应在压力试验合格后进行，试验介质宜采用空气；

③ 泄漏性试验压力应为设计压力；

④ 泄漏性试验可结合试车工作一并进行；

⑤ 泄漏性试验应逐级缓慢升压，当达到试验压力并停压 10min 后，应采用涂刷中性发泡剂等方法，巡回检查阀门填料函、法兰或螺纹连接处、放空阀、排气阀、排净阀等所有密封点应无泄漏；

⑥ 经气压试验合格，且在试验后未经拆卸过的管道可不进行泄漏性试验；

⑦ 泄漏性试验合格后，应及时缓慢泄压，并应按本节（1）中⑦的规定填写试验记录。

（7）真空系统在压力试验合格后，还应按设计文件规定进行 24h 的真空度试验，增压率不应大于 5％；增压率应按式（3.5-4）计算：

$$\Delta p = \frac{p_2 - p_1}{p_1} \times 100 \tag{3.5-4}$$

式中　Δp——24h 的增压率，％；

　　　p_1——试验初始压力（表压），MPa；

　　　p_2——试验最终压力（表压），MPa。

（8）当设计文件和国家现行有关标准规定以卤素、氦气、氨气或其它方法进行泄漏性试验时，应按相应的技术规定进行。

3.5.5　管道吹扫与清洗

3.5.5.1　吹扫与清洗一般规定

（1）管道在压力试验合格后应进行吹扫与清洗，并应编制管道吹扫与清洗方案。

（2）管道吹扫与清洗方法，应根据管道的使用要求、工作介质、系统回路、现场条件及管道内表面脏污程度确定，并应符合下列规定：

① 公称尺寸≥600mm 的液体或气体管道，宜采用人工清扫；

② 公称尺寸＜600mm 的液体管道宜采用水冲洗；

③ 公称尺寸＜600mm 的气体管道宜采用压缩空气吹扫；

④ 蒸汽管道应采用蒸汽吹扫，非热力管道不得采用蒸汽吹扫；

⑤ 对有特殊要求的管道，应按设计文件规定采用相应的吹扫与清洗方法；

⑥ 需要时可采取高压水冲洗、空气爆破吹扫或其它吹扫与清洗方法。

（3）管道吹扫与清洗前，应仔细检查管道支吊架的牢固程度，对有异议的部位应进行加固。

（4）对不允许吹扫与清洗的设备及管道，应进行隔离。

（5）管道吹扫与清洗前，应将系统内的仪表、孔板、喷嘴、滤网、节流阀、调节阀、电磁阀、安全阀、止回阀（或止回阀阀芯）等管道组成件暂时拆除，并应以模拟体或临时短管替代，待管道吹洗合格后应重新复位；对以焊接形式连接的上述阀门、仪表等部件，应采取流经旁路或卸掉阀头及阀座加保护套等保护措施后再进行吹扫与清洗。

（6）吹扫与清洗的顺序应按主管、支管、疏排管依次进行，吹洗出的脏物不得进入已吹扫与清洗合格的管道。

（7）为管道吹扫与清洗安装的临时供水、供气管道及排放管道，应预先吹扫与清洗干净后再使用。

（8）管道吹扫与清洗时应设置禁区和警戒线，并应挂警示牌。

（9）空气爆破吹扫和蒸汽吹扫时，应采取在排放口安装消音器等措施。

（10）化学清洗废液、脱脂残液及其它废液、污水的处理和排放，应符合国家现行有关标准的规定，不得随地排放。

（11）管道吹扫与清洗合格后，除规定的检查和恢复工作外，不得再进行其它影响管内清洁的作业。

（12）化学清洗和脱脂作业时，操作人员应按规定穿戴专用防护服装，并应根据不同清洗液对人体的危害程度佩戴防护眼镜、防毒面具等防护用具。

（13）管道吹扫与清洗合格后，施工单位应会同建设单位或监理单位共同检查确认，并应填写"管道系统吹扫与清洗检查记录"及"管道隐蔽工程（封闭）记录"，其格式宜符合规定。

3.5.5.2 水冲洗

（1）管道冲洗应使用洁净水，冲洗不锈钢、镍及镍合金管道时，水中氯离子含量不得超过 25mg/L（25ppm）。

（2）管道水冲洗的流速不应低于 1.5m/s，冲洗压力不得超过管道的设计压力。

（3）冲洗排放管的截面积不应小于被冲洗管截面积的 60%，排水时不得形成负压。

（4）管道水冲洗应连续进行，当设计无规定时排出口的水色和透明度应与入口处的水色和透明度目测一致。

（5）对有严重锈蚀和污染的管道，当使用一般清洗方法未能达到要求时，可采取将管道分段进行高压水冲洗。

（6）管道冲洗合格后，应及时将管内积水排净，并应及时吹干。

3.5.5.3 空气吹扫

（1）空气吹扫宜利用工厂生产装置的大型空压机或大型储气罐进行间断性吹扫，吹扫压力不得大于系统容器和管道的设计压力，吹扫流速不宜小于 20m/s。

（2）吹扫忌油管道时，应使用无油压缩空气或其它不含油的气体进行吹扫。

（3）空气吹扫时，应在排气口设置贴有白布或涂刷白色涂料的木制靶板进行检验，吹扫 5min 后靶板上应无铁锈、尘土、水分及其它杂物。

（4）当吹扫的系统容积大、管线长、口径大，并不宜用水冲洗时，可采取"空气爆破法"进行吹扫；爆破吹扫时向系统充注的气体压力不得超过 0.5MPa，并应采取相应的安全措施。

3.5.5.4 蒸汽吹扫

（1）蒸汽管道吹扫前，管道系统的绝热工程应已完成。

（2）为蒸汽吹扫安装的临时管道，应按正式蒸汽管道安装技术要求进行施工，安装质量应符合有关规定；应在临时管道吹扫干净后，再用于正式蒸汽管道的吹扫。

（3）蒸汽管道应以大流量蒸汽进行吹扫，流速不应小于 30m/s。

（4）蒸汽吹扫前应先进行暖管，并应及时疏水；暖管时应检查管道的热位移，当有异常时应及时进行处理。

（5）蒸汽吹扫时，管道上及其附近不得放置易燃、易爆物品及其它杂物。

（6）蒸汽吹扫应按加热、冷却、再加热的顺序循环进行，吹扫时宜采取每次吹扫一根和轮流吹扫的方法。

（7）排放管应固定在室外，管口应倾斜朝上，排放管直径不应小于被吹扫管的直径。

（8）通往汽轮机或设计文件有规定的蒸汽管道，经蒸汽吹扫后应对吹扫靶板进行检验。最终验收的靶板应做好标识，并应妥善保管。

3.5.5.5 脱脂

（1）忌油管道系统应按设计文件规定进行脱脂处理。

（2）脱脂液的配方应经试验鉴定后再采用。

（3）对有明显油渍或锈蚀严重的管子进行脱脂时，应先采用蒸汽吹扫、喷砂或其它方法清除油渍和锈蚀后再进行脱脂。

（4）脱脂剂应按设计规定选用，当设计无规定时，应根据脱脂件的材质、结构、工作介质、脏污程度及现场条件选择相应的脱脂剂和脱脂方法。

（5）脱脂剂或用于配制脱脂液的化学制品应具有产品质量证明文件，脱脂剂在使用前应按产品技术条件对其外观、不挥发物、水分、反应介质及油脂含量进行复验，脱脂剂应按规定进行妥善保管。

（6）脱脂、检验及安装使用的工器具、量具、仪表等，应按脱脂件的要求预先进行脱脂后再使用。

（7）脱脂后应及时将脱脂件内部的残液排净，并应用清洁、无油压缩空气或氮气吹干，不得采用自然蒸发的方法清除残液；当脱脂件允许时可采用清洁无油的蒸汽将脱脂残液吹除干净。

（8）有防锈要求的脱脂件经脱脂处理后，宜采取充氮封存或采用气相防锈纸、气相防锈塑料薄膜等措施进行密封保护。

3.5.5.6 化学清洗

（1）需要化学清洗的管道，其清洗范围和质量要求应符合设计文件的规定。

（2）当进行管道化学清洗时，应与无关设备及管道进行隔离。

（3）化学清洗液的配方应经试验鉴定后再采用。

（4）管道酸洗钝化应按脱脂去油、酸洗、水洗、钝化、水洗、无油压缩空气吹干的顺序进行；当采用循环方式进行酸洗时，管道系统应预先进行空气试漏或液压试漏检验合格。

（5）对不能及时投入运行的化学清洗合格的管道，应采取封闭或充氮保护措施。

3.5.5.7 油清洗

（1）润滑、密封及控制系统的油管道，应在机械设备和管道酸洗合格后、系统试运行前进行油清洗；不锈钢油系统管道宜采用蒸汽吹净后再进行油清洗。

（2）经酸洗钝化或蒸汽吹扫合格的油管道，宜在两周内进行油清洗。

（3）当在冬季或环境温度较低的条件下进行油清洗时，应采取在线预热装置或临时加热器等升温措施。

（4）油清洗应采用循环方式进行，油循环过程中每 8h 应在 40～70℃内反复升降油温 2～3 次，并应及时清洗或更换滤芯。

（5）当设计文件或产品技术文件无规定时，管道油清洗后应采用滤网检验。

（6）油清洗合格的管道，应采取封闭或充氮保护措施。

（7）油系统试运行时，应采用符合设计文件或产品技术文件的合格油品。

3.6 管道现场验收（GB 50184—2011）

GB 50184—2011 适用于设计压力不大于 42MPa，设计温度不超过材料允许使用温度的工业金属管道工程施工质量的验收。使用时应与《工业安装工程施工质量验收统一标准》（GB/T 50252—2018）和《工业金属管道工程施工规范》（GB 50235—2011）配合使用。

3.6.1 验收基本规定

3.6.1.1 施工质量验收的划分

（1）工业金属管道工程的质量验收，可按分项工程、分部（子分部）工程、单位（子单位）工程进行划分。

（2）分项工程应按管道级别和材质进行划分。

（3）同一单位工程中的工业金属管道工程可划分为一个或几个分部（子分部）工程。

（4）当工业金属管道工程具有独立施工条件或使用功能时，一个或几个管道分部（子分部）工程亦可构成一个单位（子单位）工程。

3.6.1.2 施工质量验收

（1）分项工程质量验收应符合下列规定：

① 主控项目应符合的规定。

② 一般项目每项抽检点数的实测值应在 GB 50184 规定的允许偏差范围内。

③ 除 GB 50184—2011 第 8 章规定以外的主控项目和一般项目中，当抽样检验（或局部检验）发现有不合

格时，该抽样检验（或局部检验）所代表的这一检验批应视为不合格。可对该检验批进行全部检查，其中的合格者仍可验收。

（2）分部（子分部）工程质量验收应符合下列规定：

① 分部（子分部）工程所含分项工程的质量均应验收合格；

② 分部（子分部）工程所含分项工程的质量应保证资料齐全。

（3）单位（子单位）工程质量验收应符合下列规定：

① 单位（子单位）工程所含分部工程的质量均应验收合格；

② 单位（子单位）工程所含分部工程的质量应保证资料齐全。

（4）工业金属管道工程质量验收文件和记录应包括下列内容：

① 管道工程施工技术文件、施工记录和报告，应符合现行国家标准《工业金属管道工程施工规范》（GB 50235）的有关规定；

② 分项工程质量验收记录应采用 GB 50184—2011 附录 A 的格式；

③ 分部（子分部）工程质量验收记录应采用 GB 50184—2011 附录 B 的格式；

④ 单位（子单位）工程质量验收记录应采用 GB 50184—2011 附录 C 的格式；

⑤ 质量保证资料核查记录应采用 GB 50184—2011 附录 D 的格式。

（5）当工业金属管道工程质量不符合 GB 50184—2011 时，应按下列规定进行处理：

① 经返工或返修的分项工程，应重新验收；

② 经有资质的柱测单位检测鉴定能够达到设计要求的分项工程，应予以验收；

③ 经有资质的检测单位检测鉴定达不到设计要求，但经原设计单位核算认可，能够满足结构安全和使用功能的分项工程，可予以验收；

④ 经过返修仍不能满足安全使用要求的工程，严禁验收。

（6）压力管道安装工程应经监督检验单位监督，并应提供"压力管道安装安全质量监督检验报告"后，再进行竣工验收。

（7）工业金属管道工程施工应在质量验收合格后再投入使用。

3.6.1.3 施工质量验收的程序及组织

（1）工业金属管道工程的质量验收，应在施工单位自检合格的基础上，按分项工程、分部（子分部）工程、单位（子单位）工程依次进行，并应做好验收记录。

（2）分项工程的质量验收应由专业监理工程师（或建设单位项目专业技术负责人）组织施工单位项目专业技术负责人和质量检查人员进行。

（3）分部（子分部）工程的质量验收应由建设单位项目专业负责人（或总监理工程师）组织施工单位、监理、设计等有关单位项目负责人及技术负责人进行。

（4）单位（子单位）工程完工后，施工单位应向建设单位提交单位（子单位）工程验收报告。建设单位收到工程验收报告后，应由建设单位项目负责人组织施工（含分包单位）、设计、监理等单位的项目负责人和相关专业人员进行验收。

（5）当工业金属管道工程由分包单位施工时，总包单位应对工程质量全面负责。分包单位应对所承包的工程按 GB 50184 规定的程序进行检查验收。分包工程完成后，应将工程文件和记录提交总包单位。

3.6.2 管道元件和材料的检验

3.6.2.1 检验的主控项目

（1）管道元件和材料应具有制造厂的质量证明文件，其特性数据应符合国家现行有关标准和设计文件的规定。

检验数量：全部检查。

检验方法：检查质量证明文件。

（2）对于铬钼合金钢、含镍低温钢、不锈钢、镍及镍合金、钛及钛合金材料的管道组成件，应对材质进行抽样检验，并应做好标识。检验结果应符合国家现行有关标准和设计文件的规定。

检验数量：每个检验批（同炉批号、同型号规格、同时到货）抽查 5%，且不少于 1 件。

检验方法：采用光谱分析或其它材质复验方法，检查光谱分析或材质复验报告。

（3）阀门应进行壳体压力试验和密封试验，具有上密封结构的阀门还应进行上密封试验，并应符合下列规定。

① 阀门试验应以洁净水为介质，不锈钢阀门试验时，水中的氯离子含量不得超过 25mg/L（25ppm），试

验合格后应立即将水渍清除干净。当有特殊要求时，试验介质应符合设计文件的规定。

② 阀门的壳体试验压力应为阀门在 20℃时最大允许工作压力的 1.5 倍；密封试验压力应为阀门在 20℃时最大允许工作压力的 1.1 倍；当阀门铭牌标示对最大工作压差或阀门配带的操作机构不适宜进行高压密封试验时，试验压力应为阀门铭牌标示的最大工作压差的 1.1 倍，阀门的上密封试验压力应为阀门在 20℃时最大允许工作压力的 1.1 倍；夹套阀门的夹套部分试验压力应为设计压力的 1.5 倍。

③ 在试验压力下的持续时间不得少于 5min。

④ 阀门壳体压力试验应以壳体填料无渗漏为合格，阀门密封试验和上密封试验应以密封面不漏为合格。

⑤ 检验数量应符合下列规定：

a. 用于 GC1 级管道和设计压力大于或等于 10MPa 的 C 类流体管道的阀门，应进行 100％检验；

b. 用于 GC2 级管道和设计压力小于 10MPa 的所有 C 类流体管道的阀门，应每个检验批抽查 10％，且不得少于 1 个；

c. 用于输送无毒、非可燃流体介质、设计压力小于等于 1.0MPa，并且设计温度－20～185℃的管道和 D 类流体管道的阀门，应每个检验批抽查 5％，且不得少于 1 个。

⑥ 检验方法：观察检查，检查阀门试验记录，检查水质分析报告。

(4) 安全阀在安装前应进行整定压力调整和密封试验，有特殊要求时还应进行其它性能试验。试验结果应符合现行行业标准《安全阀安全技术监察规程》（TSG ZF001）和设计文件的规定。

检验数量：全部检查。

检验方法：检查安全阀校验报告。

(5) GC1 级管道和 C 类流体管道中，输送毒性程度为极度危害介质或设计压力≥10MPa 的管子、管件，应进行外表面磁粉检测或渗透检测，检测结果不应低于现行行业标准《承压设备无损检测　第 4 部分：磁粉检测》（NB/T 47013.4）和《承压设备无损检测　第 5 部分：渗透检测》（NB/T 47013.5）规定的 1 级。对检测发现的表面缺陷经修磨清除后的实际壁厚不得小于管子公称壁厚的 90％，且不得小于设计壁厚。

检验数量：每个检验批抽查 5％，且不少于 1 个。

检验方法：检查磁粉或渗透检测报告，检查测厚报告。

(6) 当规定对管道元件和材料进行低温冲击韧性、晶间腐蚀等其它特性数据检验时，检验结果应符合国家现行有关标准和设计文件的规定。

检验数量：每个检验批抽查 1 件。

检验方法：按规定的检验方法进行，并检查检验报告。

(7) 合金钢螺栓、螺母应进行材质抽样检验。GC1 级管道和 C 类流体管道中，设计压力≥10MPa 的管道用螺栓、螺母应进行硬度抽样检验。检验结果应符合国家现行有关产品标准和设计文件的规定。

检验数量：每个检验批（同制造厂、同型号规格、同时到货）抽取 2 套。

检验方法：检查光谱分析或材质复验报告，检查硬度检验报告。

3.6.2.2　检验的一般项目

管道元件和材料的材质、规格、型号、数量和标识应符合国家现行有关标准和设计文件的规定。其外观质量和几何尺寸应符合国家现行有关产品标准和设计文件的规定。材料标识应清晰完整，并应追溯到产品质量证明文件。

检验数量：全部检查。

检验方法：检查质量证明文件、管道元件检查记录，外观和几何尺寸检查。

3.6.3　管道加工

3.6.3.1　弯管制作的主控项目

(1) 弯管制作后的最小厚度不得小于直管的设计壁厚。

检验数量：全部检查。每个弯管的减薄部位测厚不应少于 3 处。

检验方法：检查测厚报告。

(2) GC1 级管道和 C 类流体管道中，输送毒性程度为极度危害介质或设计压力≥10MPa 的弯管制作后，应进行表面无损检测，合格标准不应低于现行行业标准《承压设备无损检测　第 4 部分：磁粉检测》（NB/T 47013.4）和《承压设备无损检测　第 5 部分：渗透检测》（NB/T 47013.5）规定的 Ⅰ 级。缺陷修磨后的弯管壁厚不得小于管子名义厚度的 90％，且不得小于设计壁厚。

检验数量：100％检验。

检验方法：检查磁粉或渗透检测报告；检查测厚报告。

3.6.3.2 弯管制作的一般项目

（1）制作的弯管质量应符合下列规定。

① 不得有裂纹、过烧、分层等缺陷。

② 弯管内侧褶皱高度不应大于管子外径的 3％，且波浪间距不应小于褶皱高度的 12 倍。

③ 对于承受内压的弯管，其圆度不应大于 8％；对于承受外压的弯管，其圆度不应大于 3％。

④ 弯管的管端中心偏差值应符合下列规定：

a. GC1 级管道和 C 类流体管道中，输送毒性程度为极度危害介质或设计压力≥10MPa 的弯管，每米管端中心偏差值不得超过 1.5mm；当直管段长度＞3m 时，最大偏差不得超过 5mm；

b. 其它管道的弯管每米管端中心偏差值不得超过 3mm，当直管段长度＞3m 时最大偏差不得超过 10mm；

检验数量：全部检查。

检验方法：观察检查，几何尺寸检查，检查弯管加工记录。

（2）Π 形弯管平面度的允许偏差应符合表 3.6-1 的规定。

检验数量：全部检查。

检验方法：几何尺寸检查，检查弯管加工记录。

表 3.6-1 Π 形弯管平面度的允许偏差 单位：mm

直管段长度	≤500	＞500～1000	＞1000～1500	＞1500
平面度	≤3	≤4	≤6	≤10

3.6.3.3 卷管制作的一般项目

（1）卷管焊缝的位置应符合下列规定：

① 卷管的同一筒节上的两纵焊缝间距不应小于 200mm。

② 卷管组对时，相邻筒节两纵缝间距应大于 100mm；支管外壁距焊缝不宜小于 50mm。

③ 有加固环、板的卷管，加固环、板的对接焊缝应与管子纵向焊缝错开，其间距不应小于 100mm。加固环、板距卷管的环焊缝不应小于 50mm。

检验数量：全部检查。

检验方法：采用卷尺和直尺检查。

（2）卷管的周长允许偏差及圆度允许偏差应符合表 3.6-2 的规定。

检验数量：每 5m 卷管段检查 2 处。

检验方法：采用卷尺、直尺或样板检查。

表 3.6-2 周长允许偏差及圆度允许偏差 单位：mm

公称尺寸	周长允许偏差	圆度允许偏差
＜800	±5	外径的 1％且不应大于 4
800～1200	±7	4
1300～1600	±9	6
1700～2400	±11	8
2600～3000	±13	9
＞3000	±15	10

（3）卷管的校圆样板与卷管内壁的不贴合间隙，应符合下列规定：

① 对接纵缝处不得大于壁厚的 10％加 2mm，且不得大于 3mm；

② 离管端 200mm 的对接纵缝处不得大于 2mm；

③ 其它部位不得大于 1mm。

检验数量：每 5m 卷管段检查 2 处。

检验方法：采用样板和直尺检查。校圆样板的弧长应为管子周长的 1/6～1/4。

（4）卷管端面与中心线的垂直允许偏差不得大于管子外径的 1％，且不得大于 3mm；每米直管的平直度偏差不得大于 1mm。

检验数量：全部检查。

检验方法：采用直尺和样板检查。

3.6.3.4　管口翻边的一般项目

（1）扩口翻边应符合设计文件的规定，并应符合下列规定：

① 与垫片配合的翻边接头的表面质量应符合管法兰密封面的标准要求，且应符合相配套法兰标准的规定；

② 扩口翻边后的外径及转角半径应能保证螺栓及法兰自由装卸，法兰与翻边平面的接触应均匀、良好；

③ 翻边端面与管子中心线应垂直，垂直度允许偏差为 1mm；

④ 翻边接头的最小厚度不应小于管子最小壁厚的 95%；

⑤ 翻边接头不得有裂纹、豁口及褶皱等缺陷。

检验数量：全部检查。

检验方法：观察检查、采用直尺和卡尺测量。

（2）焊制翻边应符合设计文件的规定，并应符合下列规定：

① 焊制翻边的厚度不应小于与其连接管子的名义壁厚；

② 与垫片配合的翻边接头的表面质量应符合相配套法兰标准的规定；

③ 外侧焊缝应进行修磨。

检验数量：全部检查。

检验方法：观察检查和采用直尺检查。

3.6.3.5　夹套管制作的主控项目

（1）夹套管的内管有焊缝时，该焊缝应进行射线检测，并应经试压合格后再封入外管。焊缝质量合格标准不应低于现行行业标准《承压设备无损检测　第 2 部分：射线检测》（NB/T 47013.2）规定的 Ⅱ 级。

检验数量：100% 检验。

检验方法：检查射线检测报告。

（2）夹套管的内管和外管应分别进行压力试验，试验介质、试验压力、试验过程及结果，应符合 3.6.5.6 节的有关规定。

检验数量：全部检查。

检验方法：观察检查，检查压力试验记录。

3.6.3.6　夹套管制作的一般项目

夹套管的加工尺寸和外观质量应符合设计文件的规定，并应符合下列规定：

① 外管与内管间隙应均匀，支承块不得妨碍内管与外管的热胀冷缩，支承块的材质应与内管相同；

② 夹套弯管的外管和内管，其同轴度偏差不得大于 3mm；

③ 输送熔融介质管道的内表面焊缝应平整、光滑。

检验数量：全部检查。

检验方法：观察检查，采用直尺检查，检查材质证明书。

3.6.3.7　斜接弯头制作的一般项目

（1）斜接弯头的焊接接头应采用全焊透焊缝，其型式和尺寸应符合国家现行有关标准和设计文件的规定。

检验数量：全部检查。

检验方法：观察检查和采用检测尺检查。

（2）斜接弯头的周长允许偏差应符合下列规定：

① 当公称尺寸＞1000mm 时，允许偏差为 ±6mm；

② 当公称尺寸≤1000mm 时，允许偏差为 ±4mm。

检验数量：全部检查，每个不少于 3 处。

检验方法：观察检查和采用直尺检查。

3.6.3.8　支吊架制作的主控项目

管道支、吊架组件中主要承载构件的焊缝，应按国家现行有关标准和设计文件的规定进行无损检测，焊缝质量应符合国家现行有关标准和设计文件的规定。

检验数量：应符合国家现行有关标准和设计文件的规定。

检验方法：检查无损检测报告。

3.6.3.9 支吊架制作的一般项目

（1）管道支、吊架的型式、材质、加工尺寸及精度应符合国家现行有关标准和设计文件的规定。

检验数量：全部检查。

检验力法：观察检查；采用直尺、卡尺检查。

（2）管道支、吊架焊接完毕应进行外观检查。焊缝外观质量应符合国家现行有关标准和设计文件的规定。

检验数量：全部检查。

检验方法：观察检查，采用检查尺检查。

3.6.3.10 焊接和焊后热处理的主控项目

（1）管道及管道组成件的焊接和焊后热处理的质量应符合国家现行标准《现场设备、工业管道焊接工程施工质量验收规范》（GB 50683）的规定。

检验数量：应符合国家现行有关标准和设计文件的规定。

检验方法：观察检查、检查焊接检查记录或无损检测报告。

（2）当在焊缝上开孔或开孔补强时，应对开孔直径1.5倍或开孔补强板直径范围内的焊缝进行射线或超声波检测。射线检测的焊缝质量合格标准不应低于现行行业标准《承压设备无损检测　第2部分：射线检测》（NB/T 47013.2）规定的Ⅱ级，超声检测的焊缝质量合格标准不应低于现行行业标准《承压设备无损检测　第3部分：超声检测》（NB/T 47013.3）规定的Ⅰ级。被补强板覆盖的焊缝应磨平。管孔边缘不应存在焊缝缺陷。

检验数量：100%检验。

检验方法：观察检查，检查射线或超声检测报告。

（3）平焊法兰、承插焊法兰或承插焊管件与管子角焊缝的焊脚尺寸，应符合设计文件的规定，并应符合下列规定：

① 平焊法兰与管子焊接时，其法兰内侧角焊缝的焊脚尺寸应为直管名义厚度与6mm两者中的较小值；法兰外侧角焊缝的最小焊脚尺寸应为直管名义厚度的1.4倍与法兰颈部厚度两者中的较小值；

② 承插焊法兰与管子焊接时，角焊缝的最小焊脚尺寸应为直管名义厚度的1.4倍与法兰颈部厚度两者中的较小值；

③ 承插焊管件与管子焊接时，角焊缝的最小焊脚尺寸应为直管名义厚度的1.25倍，且不应小于3mm。

检验数量：全部检查，每个法兰（管件）不少于3处。

检验方法：采用检查尺检查。

（4）支管连接角焊缝的形式和厚度应符合下列规定：

① 安放式焊接支管或插入式焊接支管的接头、整体补强的支管座，应全焊透，角焊缝厚度不应小于填角焊缝有效厚度。

② 补强圈或鞍形补强件的焊接质量应符合下列规定：

a. 补强圈与支管应全焊透，角焊缝厚度不应小于填角焊缝有效厚度；

b. 鞍形补强件与支管连接的角焊缝厚度，不应小于支管名义厚度与鞍形补强件名义厚度两者中较小值的0.7倍；

c. 补强圈或鞍形补强件外缘与主管连接的角焊缝厚度应大于等于补强圈或鞍形补强件名义厚度的0.5倍；

d. 补强圈和鞍形补强件应与主管和支管贴合良好。

检验数量：全部检查。

检验方法：观察检查，采用检查尺检查，检查管道焊接检查记录。

3.6.3.11 焊接和焊后热处理的一般项目

管道焊缝的位置应符合下列规定：

① 直管段上两对接焊口中心面间的距离，当公称尺寸≥150mm时不应小于150mm；当公称尺寸＜150mm时不应小于管子外径，且不应小于100mm；

② 除采用定型弯头外，管道焊缝的中心与弯管起弯点的距离不应小于管子外径，且不应小于100mm；

③ 管道焊缝距离支管或管接头的开孔边缘不应小于50mm，且不应小于孔径；

④ 管道环焊缝距支、吊架净距不得小于50mm。需热处理的焊缝距支、吊架不得小于焊缝宽度的5倍，且不得小于100mm。

检验数量：全部检查。

检验方法：观察检查，采用直尺检查。

3.6.4 管道安装

3.6.4.1 一般规定的主控项目

（1）要求清洗、脱脂或内部防腐的管道组成件，应在清洗、脱脂或内部防腐工作完成后进行检查，其质量应符合国家现行有关标准和设计文件的规定。

检验数量：全部检查。

检验方法：观察检查，检查清洗、脱脂施工记录，或内部防腐施工及检测记录。

（2）埋地管道的外防腐层质量应符合国家现行有关标准和设计文件的规定。

检验数量：全部检查。

检验方法：观察检查，测厚仪测量，电火花检漏，检查施工记录和防腐层检测记录。

（3）埋地管道安装前，应对支承地基或基础进行检查验收，支承地基和基础的施工质量应符合国家现行有关标准和设计文件的规定。

检验数量：全部检查。

检验方法：观察检查，检查地基和基础施工记录，检查地基处理或承载力检验报告。

（4）埋地管道试压、防腐合格后，应进行隐蔽工程检查验收，质量应符合国家现行有关标准、设计文件和 GB 50184 的规定。

检验数量：全部检查。

检验方法：观察检查，检查施工记录、压力试验报告、防腐层检测记录和隐蔽工程记录。

3.6.4.2 一般规定的一般项目

（1）管道法兰、焊缝及其它连接件的设置应便于检修，并不得紧贴墙壁、楼板或骨架。当管道穿越道路、墙体、楼板或构筑物时，应加设套管或砌筑涵洞进行保护，并应符合国家现行有关标准和设计文件的规定。

检验数量：全部检查。

检验方法：观察检查，尺量检查，检查施工记录。

（2）管道的坡度、坡向及管道组成件的安装方向应符合设计文件的规定。

检验数量：全部检查。

检验方法：检查安装记录，采用水准仪或水平尺检查。

3.6.4.3 管道预制的一般项目

（1）预制完毕的管段应按轴测图标注管线号和焊缝编号，内部应清理干净，并应封闭管口。

检验数量：全部检查。

检验方法：按轴测图检查。

（2）自由管段和封闭管段的加工尺寸允许偏差应符合表 3.6-3 的规定。

检验数量：全部检查。

检验方法：采用直尺检查。

表 3.6-3 自由管段和封闭管段的加工尺寸允许偏差 单位：mm

项 目		自由管段允许偏差	封闭管段允许偏差
长度		±10	±1.5
法兰螺栓孔对称水平度		±1.6	±1.6
法兰密封面与管子中心线垂直度	DN<100	0.5	0.5
	100≤DN≤300	1.0	1.0
	DN>300	2.0	2.0

3.6.4.4 钢制管道安装的主控项目

（1）高温或低温管道法兰的螺栓，在试运行时应按下列规定进行热态紧固或冷态紧固：

① 管道热态紧固、冷态紧固温度应符合表 3.6-4 的规定；

② 热态紧固或冷态紧固应在达到工作温度 2h 后进行；

③ 紧固螺栓时管道最大内压应根据设计压力确定，当设计压力≤6MPa 时热态紧固最大内压应为 0.3MPa；当设计压力＞6MPa 时热态紧固最大内压应为 0.5MPa；冷态紧固应卸压后进行。

表 3.6-4 管道热态紧固、冷态紧固温度 单位：℃

管道工作温度	一次热、冷态紧固温度	二次热、冷态紧固温度
250～350	工作温度	—
＞350	350	工作温度
−20～−70	工作温度	—
＜−70	−70	工作温度

检验数量：全部检查。

检验方法：检查施工记录。

（2）管道预拉伸或压缩应检查下列内容，预拉伸或压缩量应符合设计文件的规定：

① 预拉伸区域内固定支架间所有焊缝（预拉口除外）已焊接完毕，需热处理的焊缝已做热处理，并经检验合格；

② 预拉伸区域支、吊架已安装完毕，管子与固定支架已牢固；预拉口附近的支、吊架应预留足够的调整裕量，支、吊架弹簧已按设计值进行调整并临时固定，不使弹簧承受管道载荷；

③ 预拉伸区域内的所有连接螺栓已拧紧。

检验数量：全部检查。

检验方法：观察检查，检查焊接记录、热处理记录和预拉伸或预压缩施工记录。

（3）管道膨胀指示器的安装应符合设计文件的规定，并应指示正确。

检验数量：全部检查。

检验方法：观察检查，检查施工记录。

（4）蠕胀测点和监察管段的安装应符合国家现行有关标准和设计文件的规定。

检验数量：全部检查。

检验方法：观察检查，尺量检查，检查施工记录。

（5）合金钢管道系统安装完毕后，应检查材质标记。

检验数量：全部检查。

检验方法：观察检查，必要时采用光谱分析或其它材质复查方法。

3.6.4.5 钢制管道安装的一般项目

（1）当管道安装时应检查法兰密封面及密封垫片，不得有影响密封性能的划痕、斑点等缺陷。

检验数量：全部检查。

检验方法：观察检查。

（2）法兰连接应与管道同心，螺栓应自由穿入，法兰螺栓孔应跨中布置，法兰间应保持平行，其偏差不得大于法兰外径的 0.15%，且不得大于 2mm。

检验数量：全部检查。

检验方法：观察检查和卡尺检查。

（3）法兰连接应使用同一规格螺栓，安装方向应一致。螺栓紧固后应与法兰紧贴，不得有楔缝。当需加垫圈时，每个螺栓不应超过 1 个。所有螺母应全部拧入螺栓。

检验数量：全部检查。

检验方法：观察检查。

（4）当管道安装遇到下列情况之一时，螺栓、螺母应涂刷二硫化钼油脂、石墨机油或石墨粉等：

① 不锈钢、合金钢螺栓和螺母；

② 管道设计温度高于 100℃ 或低于 0℃；

③ 露天装置；

④ 处于大气腐蚀环境或输送腐蚀介质。

检验数量：全部检查。

检验方法：观察检查。

（5）其它形式的管道接头连接和安装质量应符合国家现行有关标准、设计文件和产品技术文件的规定。

检验数量：全部检查。

检验方法：观察检查。

（6）管道安装的允许偏差应符合表 3.6-5 的规定。

检验数量：按每条管线号抽查不少于 3 处。

检验方法：采用水平仪、经纬仪、直尺、拉线或吊线检查。

表 3.6-5　管道安装的允许偏差　　　　　　　　　　　单位：mm

项　目			允许偏差
成排管道间距			15
交叉管的外壁或绝热层间距			20
立管铅直度			$0.5L\%$，最大 30
水平管道平直度		DN>100	$0.3L\%$，最大 80
		DN≤100	$0.2L\%$，最大 50
坐标	架空及地沟	室外	25
		室内	15
	埋地		60
标高	架空及地沟	室外	±20
		室内	±15
	埋地		±25

3.6.4.6　连接设备的管道安装的主控项目

（1）管道与设备的连接应在设备安装定位并紧固地脚螺栓后进行，管道安装前应将内部清理干净。

检验数量：全部检查。

检验方法：观察检查，检查设备安装记录或中间交接记录。

（2）对不得承受附加外荷载的动设备，管道与动设备连接质量应符合下列规定：

① 管道与动设备连接前应在自由状态下，检验法兰的平行度和同心度，当设计文件或产品技术文件无规定时，法兰平行度和同心度允许偏差应符合表 3.6-6 的规定。

检验数量：全部检查。

检验方法：采用塞尺、卡尺、直尺等检查。

表 3.6-6　法兰平行度和同心度允许偏差

机器转速/(r/min)	平行度/mm	同心度/mm
<3000	≤0.40	≤0.80
3000～6000	≤0.15	≤0.50
>6000	≤0.10	≤0.20

② 管道系统与动设备最终连接时，动设备额定转速>6000r/min 时的位移值应小于 0.02mm；额定转速≤6000r/min 时的位移值应小于 0.05mm。

检验数量：全部检查。

检验方法：在联轴器上架设百分表监视动设备位移。

（3）管道试压、吹扫与清洗合格后，应对管道与动设备的接口进行复位检查，其偏差值应符合表 3.6-6 的规定。

检验数量：全部检查。

检验方法：采用塞尺、卡尺、直尺等检查。

3.6.4.7　铸铁管道安装的一般项目

（1）铸铁管道安装的坐标、标高允许偏差应符合表 3.6-7 的规定。管道安装后各管节间应平顺，接口应无突起、突弯、轴向位移现象。

检验数量：全部检查。

检验方法：采用经纬仪和尺量检查。

表 3.6-7　铸铁管道安装轴线位置、标高的允许偏差　　　　　　　单位：mm

项目	无压力的管道允许偏差	有压力的管道允许偏差
轴线位置	15	30
标高	±10	±20

（2）管道沿直线安装时，承插接口的环向间隙应均匀，承插口间的轴向间隙应不小于 3mm。

检验数量：全部检查。

检验方法：尺量检查。

（3）管道沿曲线安装时，接口的允许借转角应符合表 3.6-8 的规定。

表 3.6-8　管道沿曲线安装时接口的允许借转角

接口种类	公称尺寸/mm	允许转角/(°)
刚性接口	75～450	2
	500～1200	1
滑入式 T 形、梯唇型橡胶圈接口及柔性机械式接口	75～600	3
	700～800	2
	≥900	1

检验数量：全部检查。

检验方法：尺量检查。

（4）管道柔性接口连接应符合下列规定：

① 承插接口连接时承口的内工作面、插口的外工作面应修整光滑，不得有影响接口密封性的缺陷，插口推入深度应符合设计或产品技术文件要求；

② 法兰接口连接时插口与承口法兰压盖的纵向轴线应重合，连接螺栓终拧扭矩应符合设计或产品技术文件要求，接口连接后连接部位及连接件应无变形、破损现象，螺栓安装方向应一致，采用钢制螺栓和螺母时防腐处理应符合设计要求；

③ 橡胶圈安装位置应准确，不得扭曲、外露；沿圆周各点应与承口端面等距，其允许偏差为 ±3mm。

检验数量：全部检查。

检验方法：观察检查，扭矩扳手检查，尺量检查，检查施工记录。

（5）管道刚性接口连接应符合下列规定：

① 油麻填料的打入深度应为承口总深度的 1/3，且不应超过承口三角凹槽的内边；橡胶圈装填应平展、压实，不得有松动、扭曲、断裂等缺陷；

② 接口水泥应密实饱满，其接口水泥面凹入承口边缘的深度不得大于 2mm，水泥强度应符合设计文件的规定。

检验数量：全部检查。

检验方法：观察检查，尺量检查。

3.6.4.8　不锈钢和有色金属道安装的主控项目

（1）不锈钢和有色金属管道的安装质量除应符合本节的规定外，尚应符合 3.6.4.4 节和 3.6.4.5 节的有关规定。

（2）有色金属管道组成件与黑色金属管道支承件之间不得直接接触，应采用同材质或对管道组成件无害的非金属隔离垫进行隔离；对于不锈钢、镍及镍合金管道组成件，非金属隔离垫的氯离子含量不得超过 50mg/L（50ppm）。

检验数量：全部检查。

检验方法：观察检查，检查隔离垫的材质证明书。

（3）不锈钢、镍及镍合金管道法兰用非金属垫片的氯离子含量不得超过 50mg/L。

检验数量：全部检查。

检验方法：观察检查，检查垫片的材质证明书。

（4）用钢管保护的铅、铝及铝合金管，在装入钢管前应经试压合格。

检验数量：全部检查。

检验方法：观察检查，检查试压记录。

3.6.4.9　不锈钢和有色金属道安装的一般项目

（1）不锈钢和有色金属管道安装完毕后，应检查其表面质量，其表面应平整、光洁，不得有超过壁厚允许偏差的机械划伤、凹瘪、异物嵌入以及飞溅物造成的污染等伤害。

检验数量：全部检查。

检验方法：观察检查和测厚检查。

（2）铜及铜合金管道连接时应符合下列规定：

① 翻边连接的管子应保持同轴，当公称尺寸≤50mm 时其偏差不应大于 1mm，当公称尺寸＞50mm 时偏差不应大于 2mm；

② 螺纹连接的管子，其螺纹部分应涂以石墨甘油；

③ 安装铜波纹膨胀节时，其直管长度不得小于 100mm。

检验数量：全部检查。

检验方法：观察检查和尺量检查。

3.6.4.10　伴热管安装的主控项目

当不允许伴热管与主管直接接触时，应在伴热管与主管之间加装隔离垫，当主管为不锈钢、伴热管为碳钢管时，隔离垫的氯离子含量不得超过 50mg/L，绑扎应采用不锈钢丝或不引起渗碳的绑扎带。

检验数量：全部检查。

检验方法：观察检查，检查隔离垫的材质证明书。

3.6.4.11　伴热管安装的一般项目

伴热管应与主管平行，位置、间距应正确，并应自行排液；不得将伴热管直接点焊在主管上，弯头部位的伴热管绑扎带不得少于 3 道，直管段伴热管绑扎点间距应符合表 3.6-9 的规定。

检验数量：全部检查。

检验方法：观察检查和尺量检查。

表 3.6-9　直管段伴热管绑扎点间距　　　　　　　　　　单位：mm

伴热管公称尺寸	绑扎点间距	伴热管公称尺寸	绑扎点间距
10	800	20	1500
15	1000	＞20	2000

3.6.4.12　夹套管安装的一般项目

（1）夹套管的安装质量除应符合本节的规定外，尚应符合 3.6.3.5 节、3.6.3.6 节和 3.6.4 节的有关规定。

（2）夹套管的连通管安装，应符合设计文件的规定，当设计无规定时连通管不得存液。

检验数量：全部检查。

检验方法：观察检查。

（3）夹套管的支承块在同一位置处应设置 3 块，管道水平安装时其中 2 块支承块应对地面跨中布置，夹角应为 110°～120°；管道垂直安装时 3 块支承块应按 120°夹角均匀布置。

检验数量：全部检查。

检验方法：观察检查。

3.6.4.13　防腐蚀衬里管道安装的一般项目

（1）防腐蚀衬里管道的安装质量除应符合本节的规定外，尚应符合 3.6.4.4 节和 3.6.4.5 节的有关规定。

（2）衬里管道安装前应检查衬里层的质量，衬里层结构应完好和保持内部清洁。

检验数量：全部检查。

检验方法：观察检查，电火花检测或其它检测方法。

3.6.4.14　阀门安装的主控项目

（1）安全阀的安装应符合下列规定：

① 安全阀应垂直安装；

② 安全阀的出口管道应接向安全地点；

③ 当进出口管道上设置截止阀时截止阀应加铅封，且应锁定在全开启状态。

检验数量：全部检查。

检验方法：观察检查。

（2）在管道投入试运行时，应按现行行业标准《安全阀安全技术监察规程》（TSG ZF001）和设计文件的规定对安全阀进行最终整定压力调整，并应铅封。

检验数量：全部检查。

检验方法：观察检查，检查安全阀调整记录。

3.6.4.15 阀门安装的一般项目

阀门的型号、安装位置和方向应符合设计文件的规定。安装位置、进出口方向应正确，连接应牢固、紧密，启闭应灵活，阀杆、手轮等朝向应合理。

检验数量：全部检查。

检验方法：观察检查和启闭检查。

3.6.4.16 补偿装置安装的主控项目

(1) 补偿装置的规格、安装位置和方向应符合国家现行有关标准和设计文件的规定。

检验数量：全部检查。

检验方法：对照设计文件、产品技术文件检查。

(2) "Π"形或"Ω"形膨胀弯管安装质量应符合设计文件的规定，并应符合下列规定：

① 安装前应按设计文件的规定进行预拉伸或预压缩，允许偏差为10mm；

② 预拉伸或预压缩的焊口位置与膨胀弯管起弯点的距离应大于2m；

③ 水平安装时其平行臂应与管线坡度相同，两垂直臂应相互平行；

④ 铅垂安装时应有排气及疏水装置。

检验数量：全部检查。

检验方法：观察检查和尺量检查，检查管道补偿安装记录。

(3) 波纹管膨胀节的安装质量应符合设计文件的规定，并应符合下列规定：

① 波纹膨胀节安装前应按设计文件的规定进行预拉伸或预压缩，受力应均匀；

② 波纹管膨胀节内套有焊缝的一端，在水平管道上应位于介质的流入端，在铅垂管道上应置于上部；

③ 波纹管膨胀节应与管道保持同心，不得偏斜和周向扭转。

检验数量：全部检查。

检验方法：观察检查，检查管道补偿器安装记录。

(4) 填料式补偿器的安装质量应符合设计文件的规定，并应符合下列规定：

① 填料式补偿器应与管道保持同心，不得歪斜；

② 两侧的导向支座应保证运行时自由伸缩，不得偏离中心；

③ 应按设计文件规定的安装长度及温度变化，留有剩余的收缩量；剩余收缩量的允许偏差为5mm。

检验数量：全部检查。

检验方法：观察检查和尺量检查，检查管道补偿器安装记录。

(5) 球形补偿器的安装质量应符合设计文件的规定。

检验数量：全部检查。

检验方法：观察检查，检查管道补偿器安装记录。

3.6.4.17 支吊架安装的主控项目

(1) 管道固定支架的形式、安装位置和质量应符合国家现行有关标准和设计文件的规定，不得在没有补偿装置的热管道直管段上同时安置2个及2个以上的固定支架。

检验数量：全部检查。

检验方法：观察检查和测量检查，检查管道支、吊架安装记录。

(2) 弹簧支、吊架的形式应符合设计文件的规定，安装位置应正确，弹簧的调整值应符合设计文件的规定。

检验数量：全部检查。

检验方法：观察检查和测量检查，检查管道支、吊架安装记录。

3.6.4.18 支吊架安装的一般项目

(1) 无热位移的管道吊杆应垂直安装，有热位移的管道其吊杆应偏置安装，当设计文件无规定时，吊点应设置在位移的相反方向，并应按位移值的1/2偏位安装；两根有热位移的管道不得使用同一吊杆。

检验数量：全部检查。

检验方法：观察检查和测量检查，检查管道支、吊架安装记录。

(2) 导向支架或滑动支架的滑动面应洁净、平整，不得有歪斜和卡涩现象；有热位移的管道，当设计文件无规定时，支架安装位置应从支承面中心向位移反方向偏移，偏移量应为位移值的1/2，绝热层不得妨碍其位移。

检验数量：全部检查。

检验方法：观察检查和测量检查，检查管道支、吊架安装记录。

（3）管道安装完毕后，应逐个核对支、吊架的形式和位置。

检验数量：全部检查。

检验方法：观察检查和测量检查，检查设计图纸和管道支、吊架安装记录。

3.6.4.19 静电接地安装的主控项目

（1）有静电接地要求的管道，每对法兰或其它接头间的电阻值应小于或等于 0.03Ω。

检验数量：全部检查。

检验方法：电阻值测量，检查管道静电接地测试记录。

（2）有静电接地要求的管道系统，其对地电阻值及接地位置应符合设计文件的规定。

检验数量：全部检查。

检验方法：电阻值测量，检查管道静电接地测试记录。

（3）有静电接地要求的不锈钢和有色金属管道，其跨接线或接地引线不得与管道直接连接，应采用同材质连接板过渡。

检验数量：全部检查。

检验方法：观察检查，检查管道静电接地测试记录。

3.6.5 管道检查、检验和试验

3.6.5.1 焊缝外观检查的主控项目

（1）管道焊缝的检查等级划分应符合表 3.6-10 的规定。

检验数量：全部检查。

检验方法：观察检查和检查尺检查，检查焊接检查记录。

表 3.6-10 管道焊缝的检查等级划分

检查等级	管 道 类 别
I	①毒性程度为极度危害的流体管道； ②设计压力≥10MPa 的可燃流体、有毒流体的管道； ③设计压力≥4MPa，<10MPa，且设计温度≥400℃的可燃流体、有毒流体的管道； ④设计压力≥10MPa，且设计温度≥400℃的非可燃流体、无毒流体的管道； ⑤设计文件注明为剧烈循环工况的管道； ⑥设计温度低于−20℃的所有流体管道； ⑦夹套管的内管； ⑧按 3.6.5.6 节中第(6)条的规定做替代性试验的管道； ⑨设计文件要求进行焊缝 100%无损检测的其它管道
II	①设计压力≥4MPa，<10MPa，设计温度低于 400℃，毒性程度为高度危害的流体管道； ②设计压力<4MPa，毒性程度为高度危害的流体管道； ③设计压力≥4MPa，<10MPa，设计温度低于 400℃的甲、乙类可燃气体和甲类可燃液体的管道； ④设计压力≥10MPa，且设计温度低于 400℃的非可燃流体、无毒流体的管道； ⑤设计压力≥4MPa，<10MPa，且设计温度≥400℃的非可燃流体、无毒流体的管道； ⑥设计文件要求进行焊缝 20%无损检测的其它管道
III	①设计压力≥4MPa，<10MPa，设计温度低于 400℃，毒性程度为中度和轻度危害的流体管道； ②设计压力<4MPa 的甲、乙类可燃气体和甲类可燃液体管道； ③设计压力≥4MPa，<10MPa，设计温度低于 400℃的乙、丙类可燃液体管道； ④设计压力≥4MPa，<10MPa，设计温度低于 400℃的非可燃流体、无毒流体的管道； ⑤设计压力>1MPa，<4MPa，设计温度高于或等于 400℃的非可燃流体，无毒流体的管道； ⑥设计文件要求进行焊缝 10%无损检测的其它管道
IV	①设计压力<4MPa，毒性程度为中度和轻度危害的流体管道； ②设计压力<4MPa 的乙、丙类可燃液体管道； ③设计压力>1MPa，<4MPa，设计温度高于 400℃的非可燃流体，无毒流体的管道； ④设计压力≤1MPa，且设计温度高于 185℃的非可燃流体、无毒流体的管道； ⑤设计文件要求进行焊缝 5%无损检测的其它管道
V	设计压力<1.0MPa，且设计温度高于−20℃，但不高于 185℃的非可燃流体、无毒流体的管道

（2）钛及钛合金、锆及锆合金的焊缝表面除应进行外观质量检查外，还应在焊后清理前进行色泽检查。钛及钛合金焊缝的色泽检查结果应符合表 3.6-11 的规定；锆及锆合金的焊缝表面应为银白色，可有淡黄色存在，但应清除。

检验数量：全部检查。

检验方法：观察检查和检查焊接检查记录。

表 3.6-11　钛及钛合金焊缝的色泽检查

焊缝表面颜色	保护效果	质量
银白色（金属光泽）	优	合格
金黄色（金属光泽）	良	合格
紫色（金属光泽）	低温氧化，焊缝表面有污染	合格
蓝色（金属光泽）	高温氧化，焊缝表面污染严重，性能下降	不合格
灰色（金属光泽）	保护不好，污染严重	不合格
暗灰色	保护不好，污染严重	不合格
灰白色	保护不好，污染严重	不合格
黄白色	保护不好，污染严重	不合格

3.6.5.2　焊缝外观检查的一般项目

所有焊缝的观感质量应外形均匀，成型应较好，焊道与焊道、焊道与母材之间应平滑过渡，焊渣和飞溅物应清理干净。

检验数量：全部检查。

检验方法：观察检查。

3.6.5.3　焊缝射线检测和超声波检测的主控项目

（1）除设计文件另有规定外，现场焊接的管道及管道组成件的对接纵缝和环缝、对接式支管连接焊缝应进行射线检测或超声检测；对射线检测或超声检测发现有不合格的焊缝，经返修后应采用原规定的检验方法重新进行检验。焊缝质量应符合下列规定：

① 100%射线检测的焊缝质量合格标准不应低于现行行业标准《承压设备无损检测　第 2 部分：射线检测》（NB/T 47013.2）规定的 Ⅱ 级；抽样或局部射线检测的焊缝质量合格标准不应低于现行行业标准《承压设备无损检测　第 2 部分：射线检测》（NB/T 47013.2）规定的 Ⅲ 级。

② 100%超声检测的焊缝质量合格标准不应低于现行行业标准《承压设备无损检测　第 3 部分：超声检测》（NB/T 47013.3）规定的 Ⅰ 级；抽样或局部超声检测的焊缝质量合格标准不应低于现行行业标准《承压设备无损检测　第 3 部分：超声检测》（NB/T 47013.3）规定的 Ⅱ 级。

③ 检验数量应符合设计文件和下列规定：

a. 管道焊缝无损检测的检验比例应符合表 3.6-12 的规定；

表 3.6-12　管道焊缝无损检测的检验比例

焊缝检查等级	Ⅰ	Ⅱ	Ⅲ	Ⅳ	Ⅴ
无损检测比例	100%	≥20%	≥10%	≥5%	—

b. 管道公称尺寸<500mm 时，应根据环缝数量按规定的检验比例进行抽样检验，且不得少于 1 个环缝；环缝检验应包括整个圆周长度，固定焊的环缝抽样检验比例不应少于 40%；

c. 管道公称尺寸≥500mm 时，应对每条环缝按规定的检验数量进行局部检验，并不得少于 150mm 的焊缝长度；

d. 纵缝应按规定的检验数量进行局部检验，且不得少于 150mm 的焊缝长度；

e. 抽样或局部检验时，应对每一焊工所焊的焊缝按规定的比例进行抽查；当环缝与纵缝相交时，应在最大范围内包括与纵缝的交叉点，其中纵缝的检查长度不应少于 38mm；

f. 抽样或局部检验应按检验批进行；检验批和抽样或局部检验的位置应由质量检查人员确定。

④ 检验方法：检查射线或超声检测报告和管道轴测图。

（2）当焊缝局部检验或抽样检验发现有不合格时，应在该焊工所焊的同一检验批中采用原规定的检验方法做扩大检验，焊缝质量合格标准应符合本节（1）中的规定。检验数量应符合下列规定：

① 当出现 1 个不合格焊缝时，应再检验该焊工所焊的同一检验批的 2 个焊缝；

② 当 2 个焊缝中任何 1 个又出现不合格时，每个不合格焊缝应再检验该焊工所焊的同一检验批的 2 个焊缝；

③ 当再次检验又出现不合格时，应对该焊工所焊的同批的焊缝进行 100％检验。

检验方法：检查射线或超声检测报告和管道轴测图。

3.6.5.4 焊缝表面无损检测的主控项目

（1）除设计文件另有规定外，现场焊接的管道和管道组成件的承插焊焊缝、支管连接焊缝（对接式支管连接除外）和补强圈焊缝、密封焊缝、支吊架与管道的连接焊缝，以及管道上的其它角焊缝，其表面应进行磁粉检测或渗透检测；磁粉检测或渗透检测发现的不合格焊缝经返修后，返修部位应采用原规定的检验方法重新进行检验；焊缝质量合格标准不应低于现行行业标准《承压设备无损检测　第 4 部分：磁粉检测》（NB/T 47013.4）和《承压设备无损检测　第 5 部分：渗透检测》（NB/T 47013.5）规定的 I 级。

检验数量：应符合设计文件和 3.6.5.3 节中（1）的规定。

检验方法：检查磁粉或渗透检测报告和管道轴测图。

（2）当焊缝局部检验或抽样检验发现有不合格时，应在该焊工所焊的同一检验批中采用原规定的检验方法做扩大检验，焊缝质量合格标准应符合本节（1）中的规定。

检验数量：应符合 3.6.5.3 节中（2）的规定。

检验方法：检查磁粉或渗透检测报告和管道轴测图。

3.6.5.5 硬度检验及其它检验的主控项目

（1）要求热处理的焊缝和管道组成件，热处理后应进行硬度检验，当管道组成件和焊缝重新进行热处理时，应重新进行硬度检验；除设计文件另有规定外，热处理后的硬度值应符合表 3.6-13 的规定；表中未列入的材料，其焊接接头的焊缝和热影响区硬度值，碳素钢不应大于母材硬度值的 120％，合金钢不应大于母材硬度值的 125％。检验数量应符合设计文件和下列规定的检查范围：

① 炉内热处理的每一热处理炉次应抽查 10％，局部热处理时应进行 100％检验；

② 焊缝的硬度检验区域应包括焊缝和热影响区，对于异种金属的焊缝，两侧母材热影响区均应进行硬度检验。

检验方法：检查硬度检验报告和管道轴测图。

表 3.6-13　热处理焊缝和管道组成件的硬度合格标准

母材类别	布氏硬度 HB
碳钼钢(C-Mo)、锰钼钢(Mn-Mo)、铬钼钢(Cr-Mo)：Cr≤0.5％	225
铬钼钢(Cr-Mo)：0.5％＜Cr≤2％	225
铬钼钢(Cr-Mo)：2％＜Cr≤10％	241
马氏体不锈钢	241

（2）对于硬度抽样检验的管道组成件和焊接接头，当发现硬度值有不合格时应做扩大检验；硬度值应符合本节（1）的规定。

检验数量：应符合 3.6.5.3 节中（2）的规定。

检验方法：检查硬度检验报告和管道轴测图。

（3）当规定进行管道焊缝金属的化学成分分析、焊缝铁素体含量测定、焊接接头金相检验、产品试件力学性能等检验时，检验结果应符合国家现行有关标准和设计文件的规定。

检验数量：应符合国家现行有关标准和设计文件的规定。

检验方法：按规定的检验方法进行，并检查检验报告。

3.6.5.6 压力试验的主控项目

（1）管道安装完毕、热处理和无损检测合格后，应进行压力试验。压力试验前应检查压力试验范围内的管道系统，除涂漆、绝热外均已按设计图纸全部完成，安装质量应符合设计文件和 GB 50184 的有关规定，且试压前的各项准备工作应已完成。

检验数量：压力试验范围内的全部管道和全部安装资料。

检验方法：观察检查，检查相关资料。

（2）液压试验应符合下列规定。

① 液压试验应使用洁净水，当水对管道或工艺有不良影响并有可能损坏管道时，可使用其它合适的无毒液体；当采用可燃液体介质进行试验时，其闪点不得低于 50℃。

② 液压试验温度严禁接近金属材料的脆性转变温度。

③ 试验压力应符合下列规定：

a. 承受内压的地上钢管道及有色金属管道试验压力应为设计压力的 1.5 倍；埋地钢管道的试验压力应为设计压力的 1.5 倍，且不得低于 0.4MPa；

b. 当管道的设计温度高于试验温度时，试验压力应按式（3.6-1）计算并应校核管道在试验压力条件下的应力；当试验压力在试验温度下产生超过屈服强度的应力时，应将试验压力降至不超过屈服强度时的最大压力；

$$P_T = 1.5P[\sigma]_T/[\sigma]^t \qquad (3.6\text{-}1)$$

式中　P_T——试验压力（表压），MPa；

　　　P——设计压力（表压），MPa；

　　$[\sigma]_T$——试验温度下，管材的许用应力，MPa；

　　$[\sigma]^t$——设计温度下，管材的许用应力，MPa。

当 $[\sigma]_T/[\sigma]^t > 6.5$ 时，取 6.5。

c. 当管道与设备作为一个系统进行试验，且管道的试验压力等于或小于设备的试验压力时，应按管道的试验压力进行试验。当管道试验压力大于设备的试验压力，且无法将管道与设备隔开，以及设备的试验压力不小于按式（3.6-1）计算的管道试验压力的 77％时，经设计或建设单位同意，可按设备的试验压力进行试验；

d. 承受内压的埋地铸铁管道的试验压力，当设计压力≤0.5MPa 时，应为设计压力的 2 倍，当设计压力＞0.5MPa 时，应为设计压力加 0.5MPa；

e. 对位差较大的管道应将试验介质的静压计入试验压力中，液体管道的试验压力应以最高点的压力为准，其最低点的压力不得超过管道组成件的承受力；

f. 对承受外压的管道，其试验压力应为设计内、外压力之差的 1.5 倍，且不得低于 0.2MPa；

g. 夹套管内管的试验压力应按内部或外部设计压力的较大者确定，夹套管外管的试验压力除设计文件另有规定外，应按本节（2）中第①条的规定进行。

④ 液压试验时应缓慢升压，待达到试验压力后稳压 10min，再将试验压力降至设计压力，稳压 30min，以压力表压力不降、管道所有部位无渗漏为合格。

检验数量：全部检查。

检验方法：观察检查，检查压力试验记录。

（3）不锈钢、镍及镍合金管道，或连有不锈钢、镍及镍合金管道组成件或设备的管道，在进行水压试验时，水中氯离子含量不得超过 25mg/L（25ppm）。

检验数量：全部检查。

检验方法：检查水质分析报告。

（4）气压试验应符合下列规定：

① 试验介质应采用干燥洁净的空气、氮气或其它不易燃和无毒的气体；

② 气压试验温度严禁接近金属材料的脆性转变温度；

③ 承受内压钢管及有色金属管的试验压力应为设计压力的 1.15 倍。真空管道的试验压力应为 0.2MPa；

④ 气压试验时应装有压力泄放装置，其设定压力不得高于试验压力的 1.1 倍；

⑤ 气压试验前应用空气进行预试验，试验压力宜为 0.2MPa；

⑥ 气压试验时应逐步缓慢增加压力，当压力升至试验压力的 50％时，如未发现异状或泄漏，应继续按试验压力的 10％逐级升压，每级稳压 3min 直至试验压力；应在试验压力下保持 10min，再将压力降至设计压力，应以发泡剂检验无泄漏为合格。

检验数量：全部检查。

检验方法：观察检查，检查压力试验记录。

（5）液压-气压试验应符合本节（4）中的规定，且被液体充填部分管道的压力不应大于本节（2）中第③条的规定。

检验数量：全部检查。

检验方法：观察检查，检查压力试验记录。

（6）现场条件不允许进行管道液压和气压试验时，经建设单位和设计单位同意，可采用无损检测、管道系统柔性分析和泄漏试验代替压力试验，并应符合下列规定：

① 所有环向、纵向对接焊缝和螺旋焊缝应进行 100％射线检测或 100％超声检测；其它未包括的焊缝（支吊架与管道的连接焊缝）应进行 100％的渗透检测或 100％的磁粉检测；焊缝无损检测合格标准应符合 GB 3.6.5.3 节中（1）和 3.6.5.4 节中（1）的规定。

② 管道系统的柔性分析方法和结果应符合国家现行有关标准的规定。

③ 管道系统应采用敏感气体或浸入液体的方法进行泄漏试验，当设计文件无规定时泄漏试验应符合下列规定：

a. 试验压力不应小于 105kPa 或 25％设计压力两者中的较小值；

b. 应将试验压力逐渐增加至 0.5 倍试验压力或 170kPa 两者中的较小值，然后进行初检，再分级逐渐增加至试验压力，每级应有足够的时间以平衡管道的应变；

c. 试验结果应符合本节中（7）的规定。

检验数量：全部检查。

检验方法：观察检查，检查柔性分析结果、无损检测报告和泄漏性试验记录。

（7）泄漏性试验应按设计文件的规定进行，并应符合下列规定：

① 输送极度和高度危害介质以及可燃介质的管道，必须进行泄漏性试验；

② 泄漏性试验应在压力试验合格后进行，试验介质宜采用空气；

③ 泄漏性试验压力应为设计压力；

④ 泄漏性试验应逐级缓慢升压，当达到试验压力并停压 10min 后，应巡回检查阀门填料函、法兰或螺纹连接处、放空阀、排气阀、排净阀等所有密封点，应以无泄漏为合格。

检验数量：全部检查。

检验方法：采用发泡剂观察检查，检查泄漏性试验记录。

（8）真空系统在压力试验合格后，应按设计文件规定进行 24h 的真空度试验，增压率不应大于 5％。

检验数量：全部检查。

检验方法：观察检查，检查真空度试验记录。

（9）当设计文件规定以卤素、氦气、氨气或其它方法进行泄漏性试验时，应符合国家现行有关标准和设计文件的规定。

检验数量：全部检查。

检验方法：观察检查，检查泄漏性试验记录。

3.6.6 管道吹扫与清洗

3.6.6.1 水冲洗的主控项目

（1）冲洗管道应使用洁净水，冲洗不锈钢、镍及镍合金管道时水中氯离子含量不得超过 25mg/L（25ppm）。

检验数量：全部检查。

检验方法：检查水质分析报告。

（2）管道水冲洗的技术要求和质量应符合国家现行有关标准和设计文件的规定，当设计文件无规定时，应以冲洗排出口的水色和透明度与入口处的水色和透明度目测一致为合格。

检验数量：全部检查。

检验方法：观察检查，检查系统吹洗记录。

（3）管道冲洗合格后，应及时将管内积水排净，并应及时吹干。

检验数量：全部检查。

检验方法：观察检查，检查系统封闭记录。

3.6.6.2 空气吹扫的主控项目

（1）空气吹扫的技术要求和质量应符合国家现行有关标准和设计文件的规定，应在排气口设置贴有白布或涂刷白色涂料的木制靶板进行检验，吹扫 5min 后靶板上应无铁锈、尘土、水分及其它杂物。

检验数量：全部检查。

检验方法：检查靶板，检查系统吹洗记录。

（2）空气吹扫合格的管道在投入使用前，应按设计文件的规定进行封闭。

检验数量：全部检查。

检验方法：检查靶板，检查系统封闭记录。

3.6.6.3 蒸汽吹扫的主控项目

（1）蒸汽吹扫的技术要求应符合国家现行有关标准和设计文件的规定，通往汽轮机或设计文件有规定的蒸汽管道蒸汽吹扫后应检查靶板，吹扫质量应符合设计文件的规定，最终验收的靶板应做好标识，并应妥善保管；当设计文件无规定时蒸汽吹扫质量应符合表 3.6-14 的规定。

检验数量：全部检查。

检验方法：检查靶板，检查系统吹洗记录。

表 3.6-14 蒸汽吹扫质量验收标准

序号	检验项目	质量标准
1	打靶次数	不少于 3 次
2	打靶持续时间	每次吹扫 15min（两次吹扫均应合格）
3	靶板上痕迹大小	$\phi 0.6mm$ 以下
4	靶扳上痕迹深度	小于 0.5mm
5	痕迹点数	1 个/cm^2

（2）除上条规定以外的蒸汽管道吹扫时，可用刨光涂刷白色涂料的木制靶板置于排汽口进行检验；吹扫 15min 后靶板上应无铁锈、污物等杂质。

检验数量：全部检查。

检验方法：检查靶板，检查系统吹洗记录。

（3）蒸汽吹扫合格的管道在投入运行前，应按设计文件的规定进行系统封闭。

检验数量：全部检查。

检验方法：观察检查，检查系统封闭记录。

3.6.6.4 管道脱脂的主控项目

（1）管道脱脂的技术要求和质量标准应符合国家现行有关标准、设计文件和下列规定：

① 采用有机溶剂脱脂的脱脂件，脱脂后应将残存的溶剂用无油压缩空气吹除干净，直至无溶剂气味为止；

② 采用碱液脱脂的脱脂件，应用无油清水冲洗干净直至中性，然后用无油压缩空气吹干；用于冲洗不锈钢管的清洁水，水中氯离子含量不得超过 25mg/L（25ppm）；

③ 采用 65% 以上浓硝酸作脱脂溶剂时，酸中所含有机物总量不应大于 0.03%；

④ 直接与氧、富氧、浓硝酸等强氧化性介质接触的管子、管件及阀门，可采用下列任意一种方法进行检验：

a. 采用清洁干燥的白色滤纸擦拭脱脂件表面，纸上无油脂痕迹为合格；

b. 采用无蒸汽吹洗脱脂件，取少量蒸汽冷凝液盛于器皿中，放入一小粒直径不大于 1mm 的纯樟脑丸，以樟脑丸不停旋转为合格；

c. 使用波长为 3200～3800nm 的紫外光源照射脱脂件表面，无紫蓝荧光为合格；

d. 取样检查合格后的脱脂液，以其油脂含量不大于 350mg/L 为合格。

检验数量：全部检查。

检验方法：观察检查，检查脱脂记录、水质报告等。

（2）脱脂合格的管道在投入使用前，应按国家现行有关标准和设计文件的规定进行系统封闭。

检验数量：全部检查。

检验方法：观察检查，检查系统封闭记录。

3.6.6.5 化学清洗的主控项目

（1）管道化学清洗的技术要求和质量应符合国家现行有关标准和设计文件的规定。

检验数量：全部检查。

检验方法：检查化学清洗记录。

（2）化学清洗合格的管道在投入使用前，应按设计文件的规定进行封闭或充氮保护。

检验数量：全部检查。

检验方法：观察检查，检查系统封闭记录。

3.6.6.6　油清洗的主控项目

（1）润滑、密封及控制系统的油管道，应在机械设备和管道酸洗合格后、系统试运行前进行油清洗；油清洗的技术要求和合格标准应符合国家现行有关标准、设计文件或产品技术文件的规定；当设计文件或产品技术文件无规定时，管道油清洗后应采用滤网进行检验，合格标准应符合表 3.6-15 的规定。

检验数量：全部检查。

检验方法：观察检查，检查油清洗合格后的油质报告。

表 3.6-15　油清洗合格标准

机械转速/(r/min)	滤网规格/目	合 格 标 准
≥6000	200	①目视滤网上无硬的颗粒及黏稠物
<6000	100	②软杂物不多于 3 个/cm²

（2）经油清洗合格的管道，应按设计文件的规定进行封闭或充氮保护。

检验数量：全部检查。

检验方法：观察检查，检查系统封闭记录或充氮保护记录。

4 管道机械应力及支吊架

4.1 管道机械设计

4.1.1 设计原则基础（HG/T 20645.2—2022）

4.1.1.1 主要标准规范

应力及支吊架管道机械设计主要标准规范见表 4.1-1。

表 4.1-1 应力及支吊架管道机械设计主要标准规范

序号	标准号	标准规范名称
01	GB/T 20801—2020	压力管道规范　工业管道
02	GB 50184—2011	工业金属管道工程施工质量验收规范
03	GB 50235—2010	工业金属管道工程施工规范
04	GB 50236—2011	现场设备、工业管道焊接工程施工规范
05	GB 50316—2008	工业金属管道设计规范
06	GB/T 12777—2019	金属波纹管膨胀节通用技术条件
07	HG/T 20519—2009	化工工艺设计施工图内容和深度统一规定
08	HG/T 20546—2009	化工装置设备布置设计规定
09	HG/T 20549—1998	化工装置管道布置设计规定
10	HG/T 20644—1998	变力弹簧支吊架
11	HG/T 20645—2022	化工装置管道机械设计规定
12	HG/T 21629—2021	管架标准图
13	SH/T 3039—2018	石油化工非埋地管道抗震设计规范
14	SH/T 3041—2016	石油化工管道柔性设计规范
15	SH/T 3073—2016	石油化工管道支吊架设计规范
16	NB/T 47038—2019	恒力弹簧支吊架
17	NB/T 47039—2013	可变弹簧支吊架

4.1.1.2 基础资料

（1）设计中所需的基础设计资料应包括设计合同、工程名称、产品及规模以及厂址水文地质概况等。厂址及水文地质概况应至少包括下列内容：

① 10m 高处的基本风压值；

② 平均最大的冰雪荷载；

③ 地震基本烈度；

④ 土壤的性质；

⑤ 有关的试验参数和要求。

（2）设计文件的编码规则应符合设计合同的规定。

（3）设计文件中使用的计量单位应按合同规定执行。当合同无明确规定时，应采用国家现行的法定计量单位。

（4）设计文件中使用的文字应符合合同规定。当合同无明确规定时，应采用中文。

4.1.1.3 设计参数

（1）设计温度应采用工艺系统专业确定的管道设计温度。特殊情况下，经工艺系统专业确认和同意，可采用正常最高操作温度作为设计温度。

（2）安装温度宜取 20℃，特殊情况下，针对具体工程所在地域可另行确定安装温度。

（3）设计压力应采用工艺系统专业确定的管道设计压力；特殊情况下，经工艺系统专业确认和同意，可采用正常最高操作压力作为设计压力。

4.1.1.4　设计荷载的评估

（1）评估应包括压力荷载对管道及管道组成件的强度的影响以及由压力荷载所产生的一次应力对管系的影响。

（2）评估应包括管道、流体、绝热层和附加结构的质量荷载以及可能存在的冰或雪的质量荷载所产生的一次应力对管系的影响。

（3）评估应包括下列动力荷载对管系的影响：

① 冲击荷载：评估由流体的相变和其它冲击对管系的影响。

② 风荷载：评估风压对室外架空敷设管系的影响。

③ 地震荷载：评估由地震产生的水平力对管系的影响。

④ 振动荷载：评估管系严重振动或发生共振对管系的影响。

⑤ 流体排放反力：评估安全阀、减压阀及其它变速排放所产生的反力对管系的影响。

（4）当管道受约束时，应评估热胀冷缩产生的位移应力对管系的影响。

4.1.1.5　计算程序

（1）管系静力分析程序应满足现行国家标准的要求。

（2）管系动力分析程序应符合现行国家标准的规定，往复式压缩机管道动力分析程序应包括下列程序：

① 复杂管系气柱固有频率计算程序；

② 气流脉动计算程序；

③ 管系结构振动计算程序。

4.1.1.6　应力计算的任务范围

应力计算（管道机械设计）的任务是对管道进行包括应力计算在内的力学分析，使分析结果满足标准规范的要求，从而保证管道自身和相连的机器、设备以及土建结构的安全。设计范围包括：

（1）管道壁厚校核计算；

（2）编制"临界管系表"；

（3）管系柔性分析和应力计算；

（4）卧式容器滑动支座位置的判定；

（5）支管补强计算；

（6）蒸汽夹套管的端板强度校核计算；

（7）汽轮机、透平压缩机、泵的管端许用荷载校核计算；

（8）埋地管道的受力计算；

（9）往复式压缩机进出口管道的动力分析计算；

（10）管道支吊架的布置及选用。

4.1.2　管道机械设计规定

4.1.2.1　管道应力分析

（1）管道应力分析分为静力分析和动力分析　静力分析包括：

① 压力、重力等荷载作用下的管道一次应力计算——防止管道塑性变形破坏；

② 热胀冷缩以及端点附加位移等位移荷载作用下的管道二次应力计算——防止管道疲劳破坏；

③ 管道对机器、设备作用力的计算防止作用力过大，保证机器、设备正常运行；

④ 管道支吊架的受力计算——为支吊架设计提供依据；

⑤ 管道法兰的受力计算——防止法兰泄漏；

⑥ 管系位移计算——防止管道碰撞和支点位移过大。

动力分析包括：

① 往复压缩机（泵）管道气（液）柱固有频率分析——防止气（液）柱共振；

② 往复压缩机（泵）管道压力脉动分析——控制压力脉动数值；

③ 管道固有频率分析——防止管道系统共振；

④ 管道强迫振动响应分析——控制管道振动及应力；

⑤ 冲击荷载作用下管道应力分析——防止管道振动和应力过大；

⑥ 管道地震分析——防止管道地震应力过大。

（2）管道承受荷载

① 持续荷载：持续作用于管道上的荷载，如静压力荷载和重力荷载（包括管道自重、保温重、介质重，不包括冰荷载和雪荷载）。

② 位移荷载：因管道热胀冷缩、端点位移和支承沉降引起的荷载。

③ 临时荷载：短时间作用于管道上的荷载，如风、地震、冰雪荷载以及阀门快速开关引起的压力冲击。

④ 交变荷载：大小和方向随时间发生变化的荷载，如往复压缩机泵管道中压力脉动荷载和两相流脉动荷载。

（3）管道应力分析的节点　管道应力分析轴测图上感兴趣的点称为节点，在应力分析计算过程中必须通过这些点给计算软件提供信息和获得信息，通常管系中下列各处应编制节点：

① 管道端点；

② 管道约束点、支吊点和给定位移处；

③ 管道方向改变点或分支点；

④ 管径或壁厚改变点；

⑤ 保温厚度或保温材料改变点；

⑥ 管道计算温度或计算压力改变点；

⑦ 管道外力荷载改变处；

⑧ 管道材料改变处（包括刚度改变处，例如刚性元件、膨胀节）；

⑨ 需要了解分析结果处（例如跨距较长时的跨中点处）；

⑩ 动力分析须增设节点。

（4）管道应力分析的类别　一次应力是由于压力、重力和其它外力荷载的作用所产生的应力。它是平衡外力荷载所需的应力，随外力荷载的增加而增加。一次应力的特点是没有自限性，即当管道内的塑性区扩展达到极限状态，使之变成几何可变的结构时，即使外力荷载不再增加，管道仍将产生不可限制的塑性流动，直至破坏。

二次应力是由于管道变形受到约束而产生的应力，它由管道热胀、冷缩、端点位移等位移荷载的作用而引起。它不直接与外力平衡，而是为满足位移约束条件或管道自身变形的连续要求所必需的应力。二次应力的特点是具有自限性，即局部屈服或小量变形就可以使位移约束条件或自身变形连续要求得到满足，从而变形不再继续增大。二次应力引起的是疲劳破坏。在管道中二次应力一般由热胀、冷缩和端点位移引起。

（5）压力分析计算书的内容　管道应力分析计算书一般包括以下内容：

① 主要输入数据；

② 管道一次应力的校核结果；

③ 管道二次应力的校核结果；

④ 管道端点和各约束点、与机器设备的连接点、固定点、支吊点、限位点和导向点以及位移给定点处的安装状态和操作状态的受力；

⑤ 各节点处安装状态和操作状态的位移和转角；

⑥ 弹簧支吊架和膨胀节的型号等有关信息；

⑦ 离心压缩机、汽轮机、离心泵等转动机器的受力校核结果；

⑧ 往复压缩机、往复泵管系的固有频率；

⑨ 经分析计算最终得到的管道轴测图，包括支吊架的位置及型式、膨胀节位置等信息。

（6）变形和蠕变松弛　构件或物体在外力作用下产生变形，当外力除去后能够完全恢复其原有形状，不遗留外力作用过的任何痕迹，这种变形称为弹性变形。

构件或物体在外力作用下产生变形，当外力除去后，构件或物体的形状不能复原，即遗留了外力作用下的残余变形，这种变形称为塑性变形。

蠕变和应力松弛是金属材料在高温下的力学性能。

蠕变是指金属在高温和应力同时作用下，应力保持不变，其非弹性变形随时间的延长而缓慢增加的现象。高温、应力和时间是蠕变发生的三要素。应力越大、温度越高且在高温下停留时间越长，则蠕变越甚。

应力松弛是指高温下工作的金属构件，在总变形量不变的条件下，其弹性变形随时间的延长不断转变成非弹性变形，从而引起金属中应力逐步下降并趋于一个稳定值的现象。

蠕变和应力松弛两种现象的实质是相同的，都是高温下随时间发生的非弹性变形的积累过程。所不同的是应力松弛是在总变形量一定的特定条件下一部分弹性变形转化为非弹性变形；而蠕变则是在恒定应力长期作用下直接产生非弹性变形。

（7）管道的疲劳破坏　疲劳破坏是指在循环荷载的作用下，发生在构件某点处局部的、永久性的损伤积累过程，经过足够多的循环后，损伤积累可使材料产生裂纹，或使裂纹进一步扩展至完全断裂。疲劳损伤一般发生在应力集中处，例如管道的支管连接处。

高周疲劳是指在荷载循环过程中材料中的应力始终保持在弹性范围之内，达到破坏时循环次数较高，转动机器的疲劳属于此类。

低周疲劳是指荷载循环过程中应力应变变化幅度较大，材料中反复出现正反两个方向的塑性变形，材料在循环次数较低的情况下便发生破坏。

在压力管道中发生的疲劳破坏，除往复机泵管道的振动外，主要是温度变化时管道的膨胀或收缩受到约束而产生的疲劳破坏。由于压力管道在其使用寿命内，荷载的循环次数通常均不很高，但却可能存在较大变形，使高应力部位达到屈服，所以要防止的主要是低周疲劳破坏。

（8）薄壁假设和应力计算　一般认为当管道外径与内径之比不大于 1.2 时，可以采用薄壁假设。除高压管道外，一般工业管道的分析计算采用了薄壁假设。薄壁假设认为：

① 由于壁厚很薄，应力沿壁厚均匀分布；

② 对薄壁圆筒，径向应力与环向应力和纵向应力相比很小，可以忽略不计，即认为径向应力等于 0。

根据薄壁假设，内压作用下管道的纵向应力 σ_L 和环向应力 σ_θ 可按下列二式计算：

$$\sigma_L = \frac{pD}{4S_0} \tag{4.1-1}$$

$$\sigma_\theta = \frac{pD}{2S_0} \tag{4.1-2}$$

式中　p——管道内压力，MPa；

　　D——管道平均直径，等于 $(D_o + D_i)/2$，mm；

D_o、D_i——管道外径、内径，mm；

　　S_0——管道壁厚，mm。

（9）材料强度理论和应用　常用的材料强度理论有四种，分别是：

① 第一强度理论——最大拉应力理论，其当量应力为 $S = \sigma_1$。它认为引起材料断裂破坏的主要因素是最大拉应力。亦即不论材料处于何种应力状态，只要最大拉应力达到材料单向拉伸断裂时的最大应力值，材料即发生断裂破坏。

② 第二强度理论——最大伸长线应变理论，其当量应力为 $S = \sigma_1 - \nu(\sigma_2 + \sigma_3)$。它认为引起材料断裂破坏的主要因素是最大伸长线应变。亦即不论材料处于何种应力状态，只要最大伸长线应变达到材料单向拉伸断裂时的最大应变值，材料即发生断裂破坏。

③ 第三强度理论——最大剪应力理论，其当量应力为 $S = \sigma_1 - \sigma_3$。它认为引起材料屈服破坏的主要因素是最大剪应力。亦即不论材料处于何种应力状态，只要最大剪应力达到材料屈服时的最大剪应力值，材料即发生屈服破坏。

④ 第四强度理论——变形能理论，其当量应力为：$S = \sqrt{[(\sigma_1 - \sigma_2)^2 + (\sigma_2 - \sigma_3)^2 + (\sigma_3 - \sigma_1)^2]/2}$。它认为引起材料屈服破坏的主要因素是材料内的变形能。亦即不论材料处于何种应力状态，只要其内部积累的变形能达到材料单向拉伸屈服时的变形能值，材料即发生屈服破坏。

在管道强度设计中主要采用最大剪应力强度理论。

4.1.2.2 管道壁厚的校核计算（GB 50316—2008）

（1）管道组成件耐压强度计算厚度（简称计算厚度）。设计厚度为计算厚度与厚度附加量之和。名义厚度为计算厚度加厚度附加量后圆整至该组成件的材料标准规格的厚度。有效厚度为名义厚度减去附加量的差值。最小厚度为计算厚度与腐蚀或磨蚀附加量之和。

（2）承受内压直管的厚度计算，应符合下列规定：

① 当直管计算厚度小于管子外径的 1/6 时，计算厚度不应小于按式（4.1-3）计算的值。设计厚度应按式

(4.1-4) 计算:

$$t_s = \frac{pD_o}{2([\sigma]^t E_j + PY)} \tag{4.1-3}$$

$$t_{sd} = t_s + C \tag{4.1-4}$$

$$C = C_1 + C_2 \tag{4.1-5}$$

Y 系数的确定, 应符合下列规定:

当 $t_s \geqslant D_o/6$ 时,

$$Y = \frac{D_i + 2C}{D_i + D_o + 2C} \tag{4.1-6}$$

式中 t_s——直管计算厚度, mm;

      p——设计压力, MPa;

     D_o——管子外径, mm;

     D_i——管子内径, mm;

    $[\sigma]^t$——在设计温度下材料的许用应力, MPa;

     E_j——焊接接头系数;

    t_{sd}——直管设计厚度, mm;

     C——厚度附加量之和, mm;

     C_1——厚度减薄附加量, 包括加工、开槽和螺纹深度及材料厚度负偏差, mm;

     C_2——腐蚀或磨蚀附加量, mm;

     Y——系数。

当 $t_s < D_o/6$ 时, Y 系数按表 4.1-2 选取。

表 4.1-2   当 $t_s < D_o/6$ 时, Y 系数的选取值

材料	≤482℃	510℃	538℃	566℃	593℃	≥621℃
铁素体钢	0.4	0.5	0.7	0.7	0.7	0.7
奥氏体钢	0.4	0.4	0.4	0.4	0.5	0.7
其它韧性金属	0.4	0.4	0.4	0.4	0.4	0.4

注: 1. 介于表列的中间温度的 Y 值可用内插法计算。

2. 对于铸铁材料 $Y=0$。

② 当直管计算厚度 t_s 大于或等于管子外径 D_o 的 1/6 时, 或设计压力 p 与在设计温度下材料的许用应力 $[\sigma]^t$ 和焊接接头系数 E_j 乘积之比 $p/([\sigma]^t E_j) > 0.385$ 时, 直管厚度的计算需按断裂理论、疲劳和热应力的因素予以特别考虑。

(3) 承受外压的直管厚度和加强要求, 应符合现行国家标准《压力容器》(GB 150) 的规定。

4.1.2.3   法兰等级校核 (HG/T 20645.5—2022)

化工装置的管道法兰, 除承受内压外, 还要承受由于管道质量、热膨胀、振动等引起的轴向力和弯矩的作用。为防止在操作条件下发生泄漏和可能出现的损坏, 必要时对已选定的标准法兰等级进行可靠性校核, 以判定是否需要采取进一步的安全措施。本部分适用于标准法兰的等级校核计算。

标准法兰等级计算校核方法可采用把外载荷换算成当量内压的方法, 最终对法兰等级进行校核和判断。

(1) 轴向力转换成当量压力计算

$$p_1 = \frac{4F}{\pi D_G^2} \tag{4.1-7}$$

式中 p_1——由轴向力引起的当量压力, MPa;

     F——轴向力, N, 使法兰受拉伸作用的力计入, 使法兰受压缩作用的力不计;

    D_G——垫片压紧力作用中心圆直径, mm。

① 力矩转换成当量压力计算公式

$$p_2 = \pm \frac{16M}{\pi D_G^3} \times 10^3 \tag{4.1-8}$$

式中 p_2——由弯矩引起的当量总压力, MPa;

     M——弯矩, N·m。

② 当量总压力计算公式

$$p_c = p + p_1 + p_2 = p + \frac{4F}{\pi D_G^2} + \frac{16M}{\pi D_G^3} \times 10^3 \qquad (4.1\text{-}9)$$

式中　p_c——作用于法兰的当量总压力，MPa；

　　　p——设计压力（表压），MPa。

（2）力矩 M

法兰所受力矩有三个方向，其中两个方向是弯矩，另一方向是扭矩，扭矩主要影响螺栓的截面积，对法兰强度影响可以不计。两个弯矩对法兰强度及泄漏起关键作用，因此，力矩 M 应是合成弯矩。即：

$$M = \sqrt{M_x^2 + M_y^2} \qquad (4.1\text{-}10)$$

式中　M_x——x 方向的弯矩，N·m；

　　　M_y——y 方向的弯矩，N·m。

（3）垫片 D_G 值　垫片压紧力作用中心圆直径 D_G 的确定，取决于法兰的型式及密封宽度。

① 窄面法兰垫片 D_G 值：

a. 对于松套法兰，垫片 D_G 值即是法兰与翻边接触面的平均直径；

b. 对于其它型式法兰，当 $b_0 \leqslant 6.4\text{mm}$ 时，D_G = 垫片接触面的平均直径；

c. 对于其它型式法兰，当 $b_0 > 6.4\text{mm}$ 时，D_G = 垫片接触面外直径 $-2b$。

其中有效密封宽度 b 与垫片基本密封宽度 b_0 的关系如下：

当 $b_0 \leqslant 6.4\text{mm}$ 时，$b = b_0$（mm）；　　　　　　　　　　　　　　　　　（4.1-11）

当 $b_0 > 6.4\text{mm}$ 时，$b = 2.53\sqrt{b_0}$（mm）。　　　　　　　　　　　　　　　（4.1-12）

② 宽面法兰垫片 D_G 值：

$$D_G = D_b - (d_b + 2b_1) \quad \text{（mm）} \qquad (4.1\text{-}13)$$

式中　D_b——螺栓中心圆直径，mm；

　　　d_b——螺栓孔直径，mm；

　　　$2b_1$——操作状态垫片有效密封宽度，mm。

（4）许用工作压力 p_{max}^t。法兰在工作温度下无冲击的许用工作压力是衡量法兰可靠性的重要指标，并据此来限制法兰的使用工况。应依照法兰标准中的压力-温度等级规定，求得许用工作压力 p_{max}^t。

（5）计算输出数据　当量压力 p_c 是法兰在工作温度下考虑外荷载作用的总当量压力，是判定法兰是否安全操作的重要依据。p_c 值应取绝对值。

（6）计算结果的处理　等级校核应满足：$p_c \leqslant p_{max}^t$。

如果 $p_c > p_{max}^t$ 时，法兰在工作温度下有可能产生泄漏，为了保证法兰能安全工作，可分别采取以下措施：

① 减小轴向力和弯矩值（改变管道柔性）；

② 提高法兰的材料等级；

③ 提高法兰的压力等级。

4.1.2.4　蒸汽夹套管端板强度校核计算（HG/T 20645.5—2022）

（1）本内容适用于蒸汽夹套管端板强度的校核计算，有关蒸汽夹套管端板简图如图 4.1-1 所示。

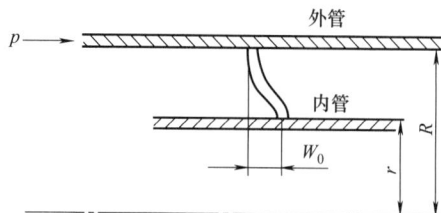

图 4.1-1　蒸汽夹套管端板

（2）蒸汽夹套管端板强度校核计算的符号说明如下：

　　　D_m——外套管的外径；

　　　D_p——内套管的外径；

　　　E_m——外套管的弹性模量；

E_p——内套管的弹性模量；

E_s——端板的弹性模量；

F_m——外套管的截面积；

F_p——内套管的截面积；

$F_{(p)}$——由内压引起的作用在外边缘上的反作用力；

p——夹套管内的介质压力；

$Q_{(p)}$——由内压引起的作用在内边缘上的反作用力；

R——端板外半径；

r——端板内半径；

L——夹套管的长度；

t_m——外套管的壁厚；

t_p——内套管的壁厚；

$W_{0(\Delta L)}$——由热膨胀产生的端板变形量；

$W_{0(p)}$——由内压产生的端板变形量；

X——R/r，端板内半径处，$X=1$；端板外半径处，$X=R/r=\alpha$；

δ——端板厚度；

μ——泊桑比；

α_m——外套管的热膨胀系数；

α_p——内套管的热膨胀系数；

$\sigma_{p(\Delta L)}$——由热膨胀产生的端板径向应力；

$\sigma_{t(\Delta L)}$——由热膨胀产生的端板纵向应力；

$\sigma_{v(\Delta L)}$——由热膨胀产生的端板合成应力；

$\sigma_{p(p)}$——由内压产生的端板径向应力；

$\sigma_{t(p)}$——由内压产生的端板纵向应力；

$\sigma_{v(p)}$——由内压产生的端板合成应力；

$\sigma_{v[F(p)]}$——由边缘载荷 $F(p)$ 产生的外边缘（或内边缘）应力；

σ_{vp}——由内压产生的端板内边缘（或外边缘）综合应力；

σ_{vmax}——由热膨胀和内压共同引起的端板内（外）边缘最大应力。

（3）计算公式　引起端板的变形主要是内管与外套管不同的热膨胀量和夹套中的内压，在校核端板强度时可对这两部分应力分别进行计算，然后叠加就可得到端板的总应力。根据应力判断，端板的计算应力必须小于或等于许用应力，以此条件确定端板厚度（已假定）是否能满足设计要求。

（4）计算热膨胀产生的应力和变形的计算公式

① 径向应力 $\sigma_{p(\Delta L)}$：

$$\sigma_{p(\Delta L)} = \frac{3p_{(\Delta L)}}{2\pi\delta^2}\varepsilon \tag{4.1-14}$$

② 纵向应力 $\sigma_{t(\Delta L)}$：

$$\sigma_{t(\Delta L)} = \mu\sigma_{p(\Delta L)} \tag{4.1-15}$$

③ 合成应力 $\sigma_{v(\Delta L)}$：

$$\sigma_{v(\Delta L)} = \sqrt{\sigma_{p(\Delta L)}^2 + \sigma_{t(\Delta L)}^2 - \sigma_{p(\Delta L)}\sigma_{t(\Delta L)}} \tag{4.1-16}$$

④ 变形量 $W_{0(\Delta L)}$：

$$W_{0(\Delta L)} = \frac{p_{(\Delta L)}R^2}{E_m\delta^3}\beta \tag{4.1-17}$$

（5）计算由内压产生的端板应力和变形量的公式　夹套管夹套中的内压产生的端板应力分为两部分：其一，夹套管内压均匀地作用在端板上产生的端板应力；其二，该内压会产生一个作用在外管壁上的反作用力 $F_{(p)}$，这个力 $F_{(p)}$ 也产生端板应力。以上两部分应力之和为内压引起的端板综合应力。

① 径向应力 $\sigma_{p(p)}$：

$$\sigma_{p(p)} = \frac{3pR^2}{2\delta^2}\lambda \tag{4.1-18}$$

② 纵向应力 $\sigma_{t(p)}$：

$$\sigma_{t(p)} = \mu\sigma_{p(p)} \tag{4.1-19}$$

③ 合成应力 $\sigma_{v(p)}$：

$$\sigma_{v(p)} = \sqrt{\sigma_{p(p)}^2 + \sigma_{t(p)}^2 - \sigma_{p(p)}\sigma_{t(p)}} \tag{4.1-20}$$

④ 变形量 $W_{0(p)}$：

$$W_{0(p)} = \frac{pR^4}{E_s\delta^3}\upsilon \tag{4.1-21}$$

⑤ 由 $F_{(p)}$ 产生的端板应力 $\sigma_{v[F(p)]}$：

$$\sigma_{v[F(p)]} = \frac{3F_{(p)}}{2\pi\delta^2}\omega \tag{4.1-22}$$

⑥ 由内压产生的端板内（外）边缘综合应力 σ_{vp}：

$$\sigma_{vp} = \sigma_{v(p)} - \sigma_{v[F(p)]} = \frac{3pR^2}{2\delta^2}\left(e - \frac{\eta}{\pi}\omega\right) \tag{4.1-23}$$

⑦ 由热膨胀和内压共同产生的端板内（外）边缘最大应力 σ_{vmax}（选取二者中的应力大值作为校核判断依据）：

$$\sigma_{vmax} = \sigma_{v(\Delta L)} + \sigma_{vp} \tag{4.1-24}$$

（6）所需原始数据要求：外套管外径 D_m、壁厚 t_m、温度 T_m、热膨胀系数 α_m、弹性模数 E_m；内套管外径 D_p、壁厚 t_p、温度 T_p、热膨胀系数 α_p、弹性模数 E_p、夹套管长度 L、夹套管压力 p。

（7）辅助数据计算要求

① 系数 α：

$$\alpha = \frac{R}{r} = \frac{D_m - 2t_m}{D_p} \tag{4.1-25}$$

② 外套管截面积 F_m：

$$F_m = (D_m - t_m)\pi t_m \tag{4.1-26}$$

③ 内套管截面积 F_p：

$$F_p = (D_p - t_p)\pi t_p \tag{4.1-27}$$

④ 由内外套管热膨胀差产生的作用于外套管边缘上的载荷 $p_{(\Delta L)}$：

$$p_{(\Delta L)} = \frac{L(\alpha_p\Delta t_p - \alpha_m\Delta t_m)}{\dfrac{L}{E_pF_p} + \dfrac{L}{E_mF_m} + 2\beta\dfrac{R^2}{E_s\delta^3}} \tag{4.1-28}$$

⑤ 由内压产生的外边缘载荷 F_o：

$$F_o = \frac{\nu}{\beta}pR^2 \tag{4.1-29}$$

⑥ 由内压产生的内边缘载荷 F_i：

$$F_i = p(R^2 - r^2)\pi - F_o \tag{4.1-30}$$

⑦ 系数 ε：

$$\varepsilon = (1+\mu)\ln X - \frac{\ln\alpha}{\alpha^2 - 1}\left(\frac{\alpha}{X}\right)^2\left[(1+\mu)X^2 + (1-\mu)\right] + 1 \tag{4.1-31}$$

⑧ 系数 τ：

$$\tau = (1+\mu)\ln X - \frac{\ln\alpha}{\alpha^2 - 1}\left(\frac{\alpha}{X}\right)^2\left[(1+\mu)X^2 - (1-\mu)\right] + \mu \tag{4.1-32}$$

⑨ 系数 β：

$$\beta = \frac{0.217\alpha^2 - 0.434 + \dfrac{0.217}{\alpha^2} - 0.868\ln^2\alpha}{\alpha^2 - 1} \tag{4.1-33}$$

⑩ 系数 λ：

$$\lambda = \frac{1-\mu}{2} + (1+\mu)\ln X - \frac{3+\mu}{4\alpha^2}X^2 + \frac{1+\mu}{2}\left(\frac{3}{2} - \frac{2\alpha^2\ln\alpha}{\alpha^2-1} + \frac{1}{2\alpha^2}\right) - \frac{1-\mu}{X^2}\left(\frac{\alpha^2\ln\alpha}{\alpha^2-1} - \frac{1}{4}\right) \tag{4.1-34}$$

⑪ 系数 ν：

$$\nu = \frac{0.512\alpha^2 - 1.195 + 0.683\ln\alpha - 2.73\ln^2\alpha - \frac{0.683}{\alpha^2}\ln\alpha + \frac{0.854}{\alpha^2} - \frac{0.171}{\alpha^4}}{\alpha^2-1} \tag{4.1-35}$$

⑫ 系数 ω：

$$\omega = \sqrt{\varepsilon^2 + \tau^2 - \varepsilon\tau} \tag{4.1-36}$$

（8）计算结果处理

① 端板内边缘（或外边缘）中的最大计算应力 σ_{vmax} 与许用应力 $[\sigma]^t$ 比较；如果 $\sigma_{vmax} \leqslant [\sigma]^t$，则选择的端板厚度 δ 满足设计要求；

② 端板内边缘（或外边缘）中的最大计算应力 σ_{vmax} 与许用应力 $[\sigma]^t$ 比较；如果 $\sigma_{vmax} > [\sigma]^t$，则选择的端板厚度 δ 不能满足设计要求，故增加端板厚度值再作重复校核计算，直至通过。

4.1.2.5 管系柔性分析和应力计算规定（HG/T 20645.5—2022）

管系柔性分析和应力计算应采用结构力学中超静定结构计算的力法和位移法进行分析计算。工作条件不苛刻的简单管系可采用人工计算，"临界管系"则应采用计算机程序分析计算。

采用计算机程序分析计算建立程序的数学模型时，管系材料应完全满足下列特性：①线弹性；②连续性；③均匀性；④同向性。

计算机程序分析可按图 4.1-2 进行。

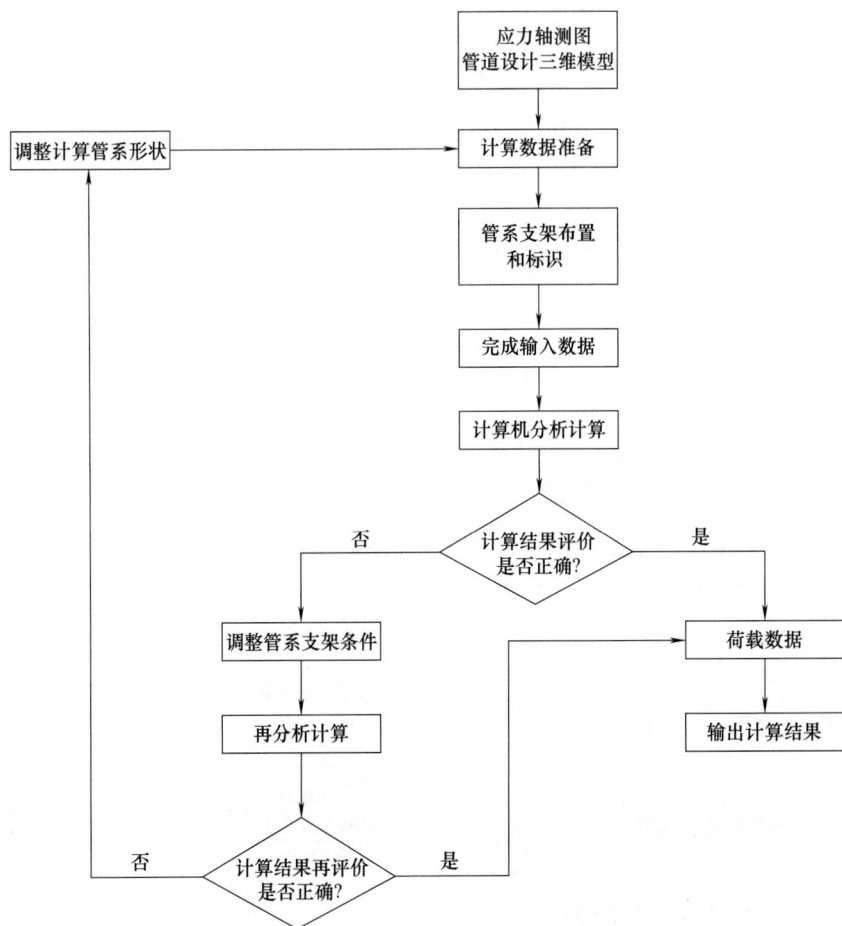

图 4.1-2　计算机程序分析过程框图

在工程设计中，所使用的计算机程序应符合相关规定的要求，管系特殊节点的处理和独立管系的划分必须正确，以适应程序的功能要求和保证计算模型的准确性。

（1）分析计算输入数据可分为基本参数、管道单元结构参数和边界条件，所需条件和数据应包括下列内容：

① 下列原始条件和数据应由顾客、业主方提供：

a. 地质条件，包括土壤性质、地下水位、冻结深度、地震烈度等；

b. 气象条件，包括气温、风荷载、冰雪荷载等。

② 下列条件和数据应由相关专业提供：

a. 工艺系统专业提供满足计算要求的管道命名表和管道仪表流程图；

b. 设备专业提供带有设计性能参数的相关设备总图；

c. 管道专业建立管道设计三维模型，提供应力计算轴测图；

d. 布置专业提供满足计算要求的设备布置图；

e. 管材专业提供管道材料等级表、管道绝热工程设计规定以及特殊管材的规格和质量、阀门的规格和质量；

f. 仪表专业提供仪表调节阀的规格和质量等参数；

g. 土建专业提供结构模板图供管机专业确定支架位置。

③ 安装温度应按下列方法确定：

a. 当管道操作温度高于年平均温度时，宜取安装温度为全年平均温度；

b. 当管道操作温度低于年平均温度时，宜取安装温度为年最热月平均温度。

④ 计算温度应按下列方法确定：

a. 管道计算温度应不低于正常操作中预计的最高温度或其它工况下的最苛刻温度，取其最高值，或二者均应考虑计算。对工艺有特殊要求的工况也应予以考虑；

b. 蒸汽伴热管道、蒸汽夹套管道和蒸汽吹扫管的计算温度，应取介质设计温度和蒸汽温度的高者为计算温度；

c. 带内衬里的管道的计算温度应利用计算值或经验数据并根据工艺管线表确定计算温度；

d. 安全阀排泄管道的计算温度应取排放时可能出现的最高或最低温度作为计算温度，同时还应该考虑正常操作时，排出管线处于常温下的工况；

e. 进行管道柔性分析和应力计算时，不仅要考虑正常操作条件下的温度，还应考虑短时超温工况；

f. 当管道的操作工况复杂，难以确定计算工况时，可选几种工况进行分析比较。

⑤ 金属管道的许用应力应按下列方法确定：

a. 管材许用应力应为基本许用应力×质量系数；

b. 钢管基本许用应力应包括安装温度下和计算温度下的许用应力，当计算软件中无所用材料的许用应力时，应查相关规范获得；

c. 铸铁件质量系数 E_c 宜取 1.0；

d. 焊缝质量系数 E_j 宜按表 4.1-3 取值；

表 4.1-3　焊缝质量系数 E_j

焊缝处理		焊缝质量系数（E_j）
双面对接焊缝（带或不带填充金属）	100%无损探伤	1
	局部无损探伤	0.9
	不作探伤	0.85
单面对接焊缝（带或不带填充金属）	100%无损探伤	1
	局部无损探伤	0.9
	不作探伤	0.8
单面对接焊缝（无垫板）	100%无损探伤	0.914
	局部无损探伤	0.7
	不作探伤	0.6

e. 灰铸铁许用应力宜取抗拉强度下限值的 1/10；

f. 可锻铸铁/球墨铸铁许用应力宜取抗拉强度下限值的 1/5。

⑥ 管材的弹性模数 E 应分为金属材料和非金属材料。

⑦ 管材的线膨胀系数 a 应分为金属材料和非金属材料。

⑧ 金属材料在弹性范围内，泊桑比为一常量，应取 $\mu=0.3$。

（2）分析计算输出要求应包括下列格式和内容：

① 工况输出格式应包括下列内容：

a. 工况1：自重＋内压工况。

b. 工况2：热胀工况。

c. 工况3：操作工况，包括自重、内压、热胀等所有外荷载的综合作用；

d. 工况4：偶然工况，包括除上述外荷载的其它持续外荷载。

② 输出结果应包括下列内容：

a. 计算管系的固定点、端点、约束点和指定节点的作用力、力矩；

b. 计算管系节点的应力值；

c. 计算管系节点的位移值；

d. 弹簧支（吊）架的弹簧数据（表）；

e. 指定节点的法兰承载校核数据（表）；

f. 设备管口承载校核数据（表）；

g. 管系节点的最大荷载、应力和位移值。

（3）分析计算结果应按下列方法判断和处理：

① 当计算的接管口力和力矩不超过许用的力和力矩时，应认为它是安全和可靠的。许用的力和力矩值（范围）应符合下列要求：

a. 设备（产品）厂商提供符合国内外同类产品制造和检验标准要求的接管口许用荷载值；

b. 相关设计专业提供符合标准要求的接管口许用荷载值；

c. 当上述要求都不能符合时，可由提供方（或专业）予以协调确定并使问题得到解决。

② 应力的判断应包括：

a. 当"工况1"的应力计算结果不超过管道的许用应力时，应认为一次应力是安全和可靠的；

b. 当"工况2"的应力计算结果不超过管系热态下的许用应力范围时，应认为二次应力是安全和可靠的；

c. 当"工况3"的应力计算结果不超过管系工作偶然状态下的许用应力范围时，应认为偶然应力是安全和可靠的。

③ 位移应按下列要求进行判断：

a. 线位移应包括热胀产生的附加位移和释放约束后的应变位移。应以计算结果为依据，进行适应性处理；

b. 角位移的计算结果值不超过管道组成件或管道附件所允许的正常角位移值时，应认为它是安全和可靠的。

④ 合格计算结果处理应包括下列方面：

a. 标识计算结果合格；

b. 按规定方式送交或通知有关方（或专业）。

⑤ 不合格计算结果处理应包括下列方面：

a. 标识计算结果不合格；

b. 按规定方式送交或通知有关方（或专业）；

c. 针对问题分析，提出修改建议或进行新一轮复算，以求达到合格（或通过）。

⑥ 计算机程序使用应注意下列事项：

a. 在工程设计中，不得使用未批准的程序。

b. 当程序建模建立在线弹性理论基础上时，程序功能往往未考虑应力松弛和应变自均衡；如果对固定点的推力和力矩以及对约束点反力和力矩的计算值大于实际值，可不再增加余量。

c. 当程序中的某些假定条件与管系的实际情况不一致时，应明确予以判断。

d. 设计者或程序使用者应能对具体情况作出全面、准确的分析和判断，并运用成功的经验对计算结果作出合理和有效处理，达到在保证安全可靠的前提下，使费用得以控制。

4.1.2.6 非金属管道柔性分析和应力计算规定（HG/T 20645.5—2022）

（1）非金属管道直管部分的设计壁厚应按式（4.1-37）计算：

$$t_\mathrm{m} = t + c \tag{4.1-37}$$

式中　t_m——包括加工、腐蚀、冲蚀裕量在内的最小厚度，mm；

　　　　t——计算壁厚（承受内压），mm；

　　　　c——加工裕量加腐蚀和冲蚀裕量之和，mm。对于螺纹元件，采用公称螺纹深度。对于未规定公差的机械加工或切槽，起公差可假定为：在规定的切槽深度以外再加 0.5mm。

（2）计算壁厚 t 应不小于由下列公式所得的计算值：

① 热塑性管：

$$t = \frac{pD}{2S + p} \tag{4.1-38}$$

② RTR（层压）管：

$$t = \frac{pD}{2S + p} \tag{4.1-39}$$

③ RTR（缠绕）RPM（离心浇铸）管：

$$t = \frac{pD}{2SF + p} \tag{4.1-40}$$

式中　F——工况（设计）系数；

　　　　p——设计内压（表压），MPa；

　　　　D——管子的外径，mm；

　　　　S——静压设计应力（HDS），热塑性塑料的 HDS 见表 4.1-4，RTR（层压）材料见表 4.1-5。

设计内压厚度 t 不应包括用于小于补强纤维质量 20% 补强的管道厚度。

表 4.1-4　热塑性管道元件的静压设计应力（HDS）和推荐的温度极限值

ASTM 标准号	材料	推荐的温度极限值[1]		静压设计应力/MPa			
		最低值/℃	最高值/℃	23℃	38℃	60℃	82℃
D2846	CPVC 4120	−17.8	82	13.8	11	7.2	3.45
F441							
F442							
D2513	PA 32312	−28.8	82	8.62	7.58	5.52	4.34
F2145							
D2104	PE2406 PE3408	−34.4	60	4.34	3.72	2.75	—
D2239							
D2447							
D2513							
D2737							
D3035							
D1785 D2241 D2514 D2672	PVC 1120	−17.8	37.8	13.8	—	—	—
	PVC 1220	−17.8	37.8	13.8	—	—	—
	PVC 2110	−17.8	37.8	6.9	—	—	—
	PVC 2112	−17.8	37.8	8.6	—	—	—
	PVC 2116	−17.8	37.8	11	—	—	—
	PVC 2120	−17.8	37.8	13.8	—	—	—

① 这些推荐的范围是在低压下用水和其它不影响热塑性塑料性能的流体得到的。低于表列温度时使用该列静压设计应力（HDS）。

表 4.1-5　层压式增强热固树脂管道元件的设计应力（DS）和推荐的温度极限值

ASTM 标准号	型式	树脂	增强方式	推荐的温度极限值[1]		厚度/mm	设计应力/MPa[2]
				最低值/℃	最高值/℃		
C582	I	聚酯	玻璃纤维	−28.9	82	3.18～4.76	6.2
						6.35	8.3
						7.94	9.3
						≥9.53	10.3

续表

ASTM 标准号	型式	树脂	增强方式	推荐的温度极限值①		厚度/mm	设计应力/MPa②
				最低值/℃	最高值/℃		
C582	Ⅱ	环氧	玻璃纤维	−28.9	82	3.18~4.76	6.2
						6.35	8.3
						7.94	9.3
						≥9.53	10.3

① 这些推荐的范围是在低压下用水和其它不影响热塑性塑料性能的流体得到的。

② 设计应力（DS）值仅在−28.9~82℃温度范围内适用。

（3）柔性分析可按下列方法进行：

① 位移应变法分析内容应包括：

a. 由热膨胀或收缩约束的柔性，外部施加的位移引起的应变，非金属管道不具有完全的弹性行为，管道系统的应力不应通过应变计算出来；

b. 在热塑性塑料和某些 RTR 和 RPM 管道中，位移应变不一定会造成管道的立即破坏，但应考虑在反复的热循环和长时间处于高温下可能会发生进一步的有害变形；

c. 在脆性管道和某些 RTR 和 RPM 管道中，材料呈现刚性行为，应考虑过度的应变而产生位移应力，直至发生突然的断裂、破坏。

② 位移应力法分析内容应包括：

a. 对于不同的非金属材料，当设计人员选择一种以弹性行为为假设的柔性分析方法时，应证实这种方法适用于其所分析的管道系统，并确定柔性分析和应力计算的安全范围；

b. 当管道的局部区域有可能出现过量变形时，应利用管道的布置或采用特殊接头或膨胀元件使过量变形减至最小。

（4）柔性分析的材料特性应包括下列参数：

① 热膨胀系数典型值列于表 4.1-6 中，实际设计温度下的数值应从制造厂获得。

表 4.1-6 非金属的热膨胀系数

材料名称		平均热膨胀系数/[10^{-6}mm/(mm·℃)]	范围/℃
热塑材料	PVC,1120 型	54	−5~+3
	PVC,2116 型	72	3~7
	CPVC,4120 型	61	—
	PE, 2406 型	162	—
	PE,3408 型	162	21~49
	聚丙烯	77	—
	聚(偏二氯乙烯)	153	—
	聚(亚乙烯氟利)	18	—
增强热固树脂	离心浇铸式环氧	16~23.5	—
	丝绕式环氧玻璃	16~23.5	—
	离心浇铸式聚酯玻璃	16~27	—
	丝绕式聚酯玻璃	16~20	—
	手绕式聚酯玻璃	21.5~27	—

② 弹性模量 E 可查表 4.1-7。

表 4.1-7 非金属的拉伸弹性模量

材料名称		E①/MPa(23℃)
热塑性材料	PVC,1120 型	2485
	PVC,2116 型	2895
	CPVC,4120 型	620
	PE,2406 型	740
	聚丙烯	825
	聚(偏二氯乙烯)	690
	聚(亚乙烯氟利)	1340

续表

材料名称		$E^{\textcircled{1}}/MPa(23℃)$
轴向增强的热固性树脂	离心浇铸式环氧	8725～13100
	丝绕式环氧玻璃	7585～13790
	离心浇铸式聚酯玻璃	8275～13100
	丝绕式聚酯玻璃	6895～13790
	手绕式聚酯玻璃	5515～6895

① 热塑材料的弹性模量值不受温度影响而与承受应力的时间有关系。表中所列的热固性树脂管的弹性模量为径向弹性模量值，轴向或环向的数值可能不同。

③ 泊松比取值应考虑不同材料在不同温度条件下的变化。

4.1.2.7 管道支管补强计算（HG/T 20645.5—2022）

本节适用于管道支管连接的补强计算。计算可按下列方法进行：

(1) 焊接支管的补强计算适用于支管轴线与主管轴线斜交的结构型式（图 4.1-3），图中支管轴线与主管轴线的夹角 α_1 应为 $45°\sim90°$。主管为焊接管时，焊缝应位于主管的斜下方。等面积补强法的计算应按下列方法进行。

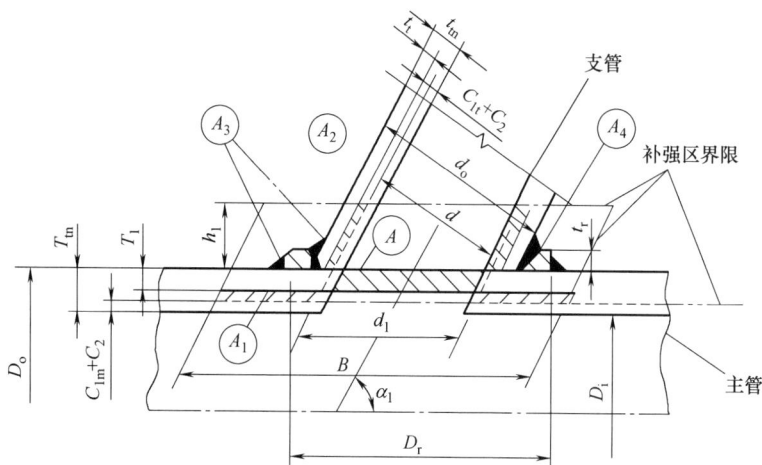

图 4.1-3 支管连接的补强

① 主管开孔需补强的面积 A 的计算公式如下：

在内压作用时：

$$A = T_t d_1 (2 - \sin\alpha_1) \tag{4.1-41}$$

在外压作用时：

$$A = \frac{T_t d_1 (2 - \sin\alpha_1)}{2} \tag{4.1-42}$$

其中：

$$d_1 = d/\sin\alpha_1 \tag{4.1-43}$$

$$d = d_o - 2t_{tn} + 2(C_{1t} + C_2) \tag{4.1-44}$$

式中 T_t——主管计算厚度，mm；

$\quad A$——主管开孔削弱所需的补强面积，mm^2；

$\quad \alpha_1$——支管轴线与主管轴线的夹角，(°)；

$\quad d_o$——支管名义外径，mm；

$\quad d_1$——扣除厚度附加量后主管上斜开孔的长径，mm；

$\quad d$——扣除厚度附加量后的支管内径，mm；

$\quad C_{1t}$——支管厚度减薄（负偏差）的附加量，mm；

$\quad C_2$——腐蚀或磨蚀附加量，mm；

t_{tn}——支管名义厚度，mm。

② 补强面积按下列公式进行计算，如有加筋板时，不应计入补强面积内：

$$A_1 = (B - d_1)(T_{tn} - T_t - C_{1m} - C_2) \tag{4.1-45}$$

$$A_2 = 2h_1(t_{tn} - t_t - C_{1t} - C_2)/\sin\alpha \tag{4.1-46}$$

$$A_4 = \left(D_r - \frac{d_0}{\sin\alpha_1}\right)(t_r - C_{1t})f_r \tag{4.1-47}$$

式中 A_1——补强范围内主管承受内、外压所需计算厚度和厚度附加量两者之外的多余金属面积，mm²；

   A_2——补强范围内支管承受内、外压所需计算厚度和厚度附加量两者之外的多余金属面积，mm²；

   A_3——补强范围内的角焊缝面积，mm²，按实际角焊缝截面面积计算；

   A_4——补强范围内另加补强件的面积，mm²；

   C_{1m}——主管厚度减薄（负偏差）的附加量，mm；

   C_{1t}——补强板厚度减薄（负偏差）的附加量，mm；

   D_r——补强板的外径，mm；

   T_{tn}——主管名义厚度，mm；

   t_r——补强板名义厚度，mm；

   t_t——支管计算厚度，mm；

   B——补强区有效宽度，mm；

   h_1——主管外侧法向补强的有效高度，mm；

   f_r——补强板材料与主管材料的许用应力之比，$f_r = [\sigma]_{RP}^t/[\sigma]_M^t$，当 $[\sigma]_{RP}^t \geqslant [\sigma]_M^t$ 时，f_r 取 1；

   $[\sigma]_{RP}^t$——在设计温度下补强板材料的许用应力，MPa；

   $[\sigma]_M^t$——在设计温度下主管材料的许用应力，MPa。

(2) 对挤压引出支管（图 4.1-4）的补强计算可考虑挤压引出支管包括曲率半径在内应采用 1 个或多个压模直接在主管上挤压形成。支管的轴线必须与主管轴线正交，且在主管表面以上的挤压引出支管高度 h_x 应等于或大于在主管和支管轴线的平面内，外轮廓转角处的曲率半径 r_x。本条不适用于用补强圈、垫板或鞍形板等各种另加补强零件的管口。

需补强面积 A 的计算公式如下：

$$A = K_3 T_t d_x \tag{4.1-48}$$

补强面积的计算公式如下：

$$A_1 = (B - d_o)(T_{tn} - T_t - C_{1m} - C_2) \tag{4.1-49}$$

$$A_2 = 2h_2(t_{tn} - t_t - C_{1t} - C_2) \tag{4.1-50}$$

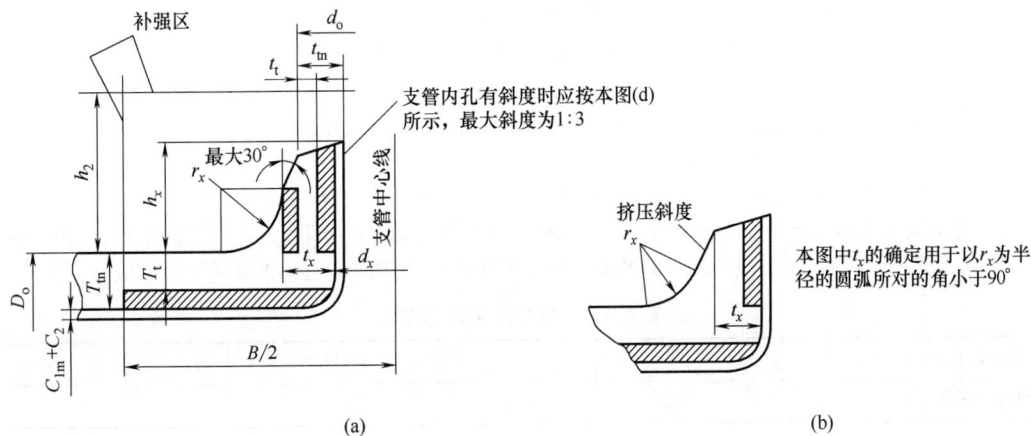

(a)   (b)

图 4.1-4

(c)

(d)

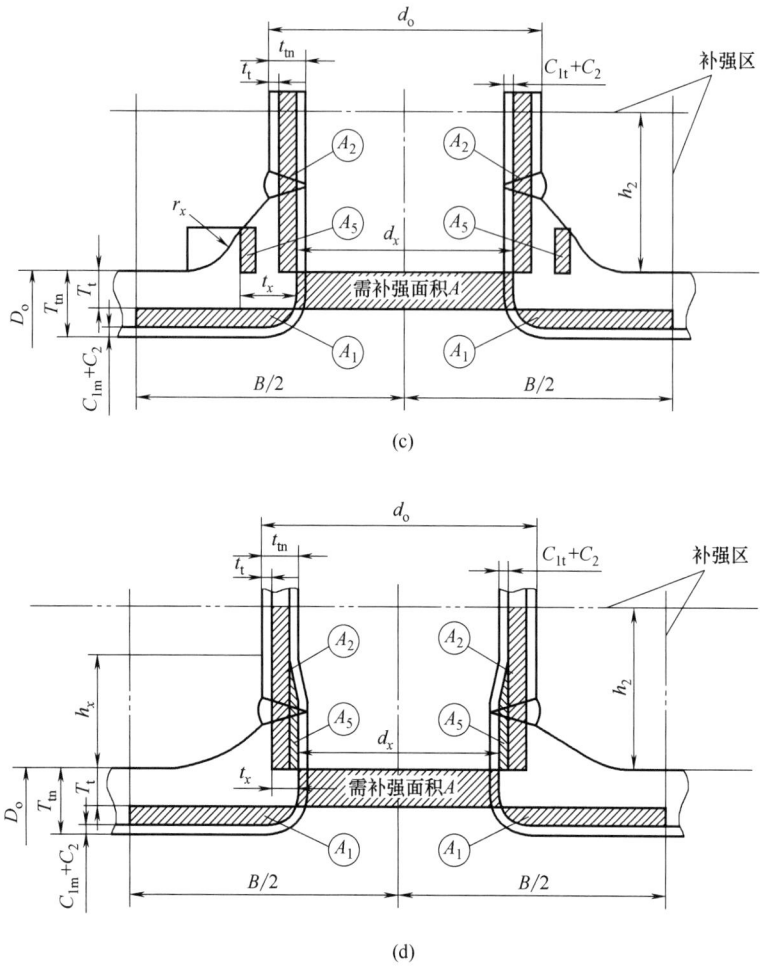

图 4.1-4　挤压引出支管型式

$$A_5 = 2r_x (t_x + C_{1t} + C_2 - t_{tn}) \tag{4.1-51}$$

式中　K_3——挤压引出支管补强系数；

　　　T_t——主管计算厚度，mm；

　　　d_x——除去厚度附加量后挤压引出支管的内径，mm；

　　　A_5——补强范围内，挤压引出支管上承受内、外压所需计算厚度和厚度附加量两者之外的多余金属面积，mm^2；

　　　r_x——在主管和支管轴线的平面内，外轮廓转角处的曲率半径，mm；

　　　h_2——支管有效补强高度，mm；

　　　t_x——除去厚度附加量后，在主管外表面处挤压引出支管的有效厚度，mm。

①　半管接头的公称直径小于或等于 50mm 和主管公称直径的 1/4，且设计压力小于或等于 10MPa 时，在接头端部处厚度大于或等于表 4.1-8 规定的厚度，并符合图 4.1-5 形式时，可免做补强计算。

表 4.1-8　半管接头端部厚度

公称直径/mm	15	20	25	32	40	50
厚度/mm	4.1	4.3	5.0	5.3	5.5	6.0

②　选用对焊支管台、螺纹支管台及承插焊支管台（图 4.1-6），应按设计压力-温度参数条件整体补强。对焊支管台的端部厚度，应等于支管的厚度。

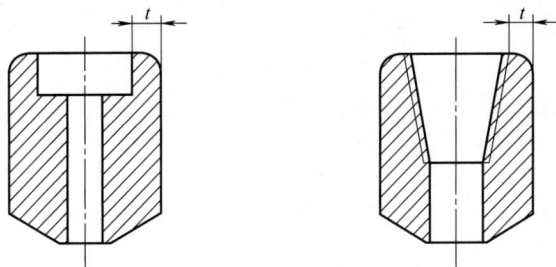

图 4.1-5　半管接头

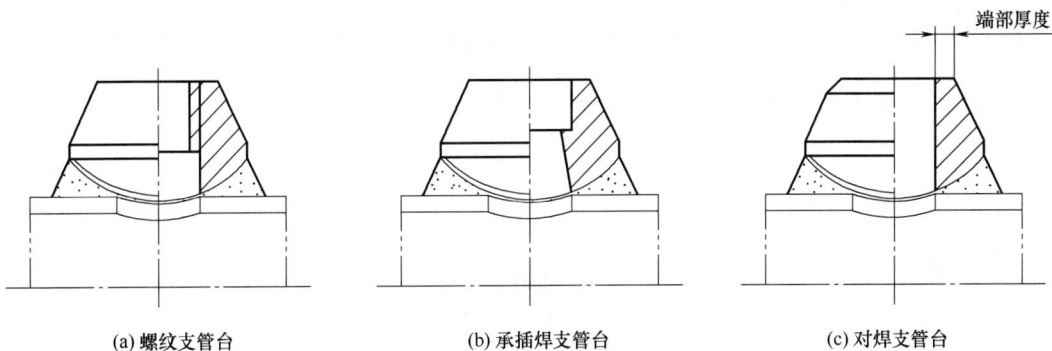

(a) 螺纹支管台　　　　　(b) 承插焊支管台　　　　　(c) 对焊支管台

图 4.1-6　支管台

③ 设计温度低于或等于 400℃ 及设计压力小于或等于 7.1MPa 的工况下，可使用插入式支管台（图 4.1-7），当其公称直径小于或等于 50mm 及尺寸 t_w 符合表 4.1-9 时，可免做补强计算。

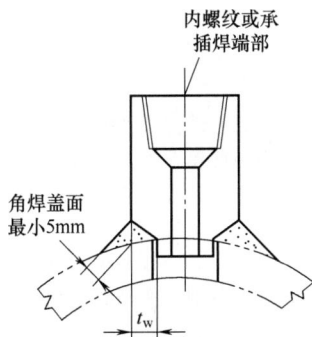

图 4.1-7　插入式支管台

表 4.1-9　插入式支管台的尺寸 t_w

公称直径/mm	15	20	25	40	50
尺寸 t_w 最小值/mm	4.8	5.6	6.4	7.1	8.7

（3）计算输入数据包括：

① 焊接支管的补强计算，即开孔补强有效范围计算：

$$B = \begin{cases} 2d_1 \\ d_1 + 2(T_{tn} + t_{tn}) - 2(C_{1m} + C_{1t} + 2C_2) \end{cases} \tag{4.1-52}$$

取以上两者中较大者。

$$h_1 = \begin{cases} 2.5(T_{tn} - C_{1m} - C_2) \\ 2.5(T_{tn} - C_{1t} - C_2) + t_r \end{cases} \tag{4.1-53}$$

取以上两者中较小者。

② 挤压引出支管的补强计算：

开孔补强有效范围计算：

$$B = 2d_x \qquad (4.1-54)$$

$$h_2 = 0.7\sqrt{d_0 t_x} \qquad (4.1-55)$$

式中，挤压引出支管补强系数 K_3：

a. 当 $d_0/D_0 > 0.6$ 时，$K_3 = 1.0$；

b. 当 $0.15 < d_0/D_0 \leqslant 0.6$ 时，$K_3 = 0.6 + 2(d_0/D_0)/3$；

c. 当 $d_0/D_0 \leqslant 0.15$ 时，$K_3 = 0.7$。

在主管和支管轴线的平面内，外轮廓转角处曲率半径 r_x 应按下列方法取值：

a. r_x 最小值：r_x 取 $0.05d_0$ 或 38mm 的较小值。

b. r_x 最大值：当 $d_0 <$ DN200 时，r_x 不应大于 32mm；当 $d_0 \geqslant$ DN200 时，r_x 不应大于 $0.1d_0 + 32$mm。

当外轮廓由多个半径组成时，上述要求适用以一个与 45°圆弧过渡连接的最佳配合半径为最大半径。

（4）焊接支管补强计算输出应包括下列数据：

① 焊接支管的补强面积计算结果应符合下式规定：

$$A_1 + A_2 + A_3 + A_4 > A \qquad (4.1-56)$$

不满足时，应进行补强。

② 当主管上任意 2 个或 2 个以上相邻开孔的中心距小于相邻两孔平均直径的 2 倍，其补强范围重叠时，此 2 个或 2 个以上开孔必须按照本节内容的规定进行补强计算，并采用联合补强方式进行补强。采用联合补强时，总补强面积不应小于各孔单独补强所需补强面积之和。置于两相邻孔之间的补强面积应至少等于各孔所需补强面积之和的 50%，且此两相邻孔中心距应至少等于两开孔平均直径的 1.5 倍。

（5）挤压引出支管补强计算输出应包括下列数据：

① 补强面积计算结果应符合下式规定：

$$A_1 + A_2 + A_5 > A \qquad (4.1-57)$$

不满足式（4.1-57）时，应进行补强。

② 当多个挤压引出支管中任意两相邻孔的中心距小于该相邻两孔平均直径的 2 倍时，其补强计算应符合本节内容的规定。

4.1.3 管道的膨胀和柔性

4.1.3.1 金属管道的膨胀柔性规定（GB 50316—2008）

（1）管道对所连接机器设备的作用力和力矩应符合设备制造厂提出的允许的作用力和力矩的规定；当超过规定值同时可能协商解决时，应取得制造厂的书面认可，管道对压力容器管口上的作用力和力矩应作为校核容器强度的依据条件。

（2）经柔性计算确认为剧烈循环条件的管道时，应按 GB 50316—2008 核对管道组成件选用的规定；当不能满足要求时应修改设计，降低计算的位移应力范围，使剧烈循环条件变为非剧烈循环条件。

4.1.3.2 管道柔性计算的范围

哪些管道需要进行详细的应力计算，相关的设计规范都作了具体规定，一般都与管径、温度和所连接的设备有关。但由于管内介质的危害程度、配管标准规范的完善程度和配管设计人员的经验水平都对管道是否需要进行详细应力分析具有重要影响，因此不同行业、不同工程公司以至于不同设计项目都应根据具体情况而定。

（1）GB 50316—2008 对柔性计算的范围规定如下：

① 管道的设计温度 $\leqslant -50$℃ 或 $\geqslant 100$℃，均应为柔性计算的范围。

② 对柔性计算的公称直径范围应按设计温度和管道布置的具体情况在工程设计时确定。

③ 第①款所述条件以外的，且符合下列条件之一的管道，应列入柔性计算的范围：

a. 受室外环境温度影响的无隔热层长距离的管道；

b. 管道端点附加位移量大，不能用经验判断其柔性的管道；

c. 小支管与大管连接，且大管有位移并会影响柔性的判断时，小管应与大管同时计算。

④ 具备下列条件之一的管道，可不做柔性分析：

a. 该管道与某一运行情况良好的管道完全相同；

b. 该管道与已经过柔性分析合格的管道相比较，几乎没有变化。

⑤ 柔性计算方法应符合下列规定：

　　a. 对于与敏感机器、设备相连的或高温、高压或循环当量数＞7000 等重要的以及工程设计有严格要求的管道，应采用计算机程序进行柔性计算；

　　b. 对简单的 L 形、Π 形、Z 形等管道，可采用表格法、图解法等验算，但所采用的表和图必须是经计算验证的；

　　c. 无分支管道或管系的局部作为计算机柔性计算前的初步判断时，可采用简化的分析方法。

　　(2) GB/T 20801.3—2020 对柔性计算范围的规定：

　　所有管线均应做应力分析，工程设计中宜根据管道的温度、压力、口径及连接的设备类型确定分析方法和详细程度。

　　① 符合下列条件之一的管道系统，可使用目测或简化分析方法：

　　a. 口径＜DN50；

　　b. 设计温度＞－46℃但＜150℃；

　　c. 设计温度≥150℃但＜200℃，口径≥DN50 但≤DN400；

　　d. 设计温度≥200℃但＜350℃，口径≥DN50 但≤DN200；

　　e. 符合 GB/T 20801.3—2020 中 7.5.5.6a) 和 7.5.5.6b) 规定的管道。

　　② 符合下列条件之一的管道系统，应按本章要求进行详细应力分析：

　　a. 设备管口有特殊的荷载要求；

　　b. 预期寿命内温度循环次数超过 7000 的管道；

　　c. 操作温度≥350℃，或≤－46℃的管道；

　　d. 利用简化分析方法后，表明需要进行详细分析的管道。

　　(3) HG/T 20645.2—2022 对柔性计算范围的规定：

　　① 对符合下列条件之一的管道，应进行详细的柔性分析和应力计算：

　　a. 与敏感机器、设备相连的以及设备管口有特殊荷载要求的管道；

　　b. 设计温度≥350℃，或者≤－46℃的管道；

　　c. 预期寿命内热循环当量次数超过 7000 次的管道；

　　d. 柔性分析和应力计算工程师认为需要进行详细柔性分析和应力计算的管道。

　　② 对符合下列条件之一的管道，应选择适当的柔性分析和应力计算方法进行管道的柔性分析和应力计算：

　　a. 泵的进出口连接管道：公称尺寸＞DN100，且设计温度≥230℃，或者≤－20℃的管道；接管公称尺寸比泵接口公称尺寸大（指用异径管连接）的管道。

　　b. 与空冷器连接的管道：公称尺寸≥DN150 的连接管口的管道；设计温度≥120℃的连接管口的管道。

　　c. 与加热炉、蒸汽发生器及反应器连接的管道：公称尺寸≥DN150 的连接设备管口的管道；设计温度≥230℃的连接设备管口的管道。

　　d. 其它管道：所有与冷箱连接的低温管道；连接到压力容器的重要管道；所有由工艺/系统专业提出的重要管道和内部绝热的管道；公称尺寸＞DN200，且设计温度＞200℃的管道；公称尺寸＞DN400，且设计温度＞100℃的管道；所有铝及铝合金管道；所有非金属或非金属衬里的管道；所有带夹套的管道。

　　e. 有关规范要求的管道。

　　f. 对于上述范围以外的管道，应根据工程的具体情况确定柔性分析和应力计算方法和详细程度。

　　③ 对符合下列条件之一的管道，可选用目测法或简化分析法进行管道的柔性分析和应力计算：

　　a. 公称尺寸≤DN50 的管道；

　　b. 设计温度＞－46℃但＜100℃的管道；

　　c. 设计温度≥100℃但＜200℃，公称尺寸＞DN50，但≤DN400 的管道；

　　d. 设计温度≥200℃但＜350℃，公称尺寸＞DN50，但≤DN200 的管道。

4.1.3.3　管道柔性计算的基本要求（GB 50316—2008）

　　(1) 计算管系的划分应符合下列规定：

　　① 管系可按设备连接点或固定点划分为若干计算分管系，每一计算分管系中应包括其所有管道组成件和各种支吊架；

　　② 分叉管道不宜从分叉点处进行分段计算，只有当分叉支管的刚度与主管刚度相差悬殊时（小管对大管的牵制作用很小，可略去不计时）才可分段，但计算支管时应计入主管在分叉点处附加给支管口准确的线位移和角位移。

（2）柔性计算应符合下列规定：

① 管道与设备相连接时，应计入管道端点处的附加位移，包括线位移和角位移；

② 进行分析和计算的管件，应按 GB 50316—2008 附录 E 计入柔性系数和应力增大系数；

③ 应计入不同类型的支吊架的作用；

④ 管道运行中可能出现各种工况时，应按各工况的条件分别计算；

⑤ 计算中的任何假设与简化，不应对计算结果的作用力、应力等产生不利或不安全的影响；

⑥ 支吊架生根在有位移的设备上时，计算时应计入此项热位移值。

4.1.3.4 管道的位移应力（GB 50316—2008）

（1）计算管道上各点的力矩时，应采用从安装温度到最高温度或最低温度的全补偿值，开可用 GB 50316—2008 附录 B 表 B.0.2 中的线膨胀系数和 GB 50316—2008 附录 B 表 B.0.1 中在安装温度下管道材料的弹性模量。

（2）各点当量合成力矩的计算应符合下列规定。

① 计算点在弯管和各类弯头上时

a. 平面内、平面外弯曲取不同的应力增大系数时，应根据弯管或弯头的力矩（图 4.1-8），并按式（4.1-58）计算其当量合成力矩。

$$M_E = \sqrt{(i_i M_i)^2 + (i_o M_o)^2 + M_t^2} \tag{4.1-58}$$

式中　M_E——热胀当量合成力矩，N·mm；

M_i——平面内热胀弯曲力矩，N·mm；

M_o——平面外热胀弯曲力矩，N·mm；

M_t——热胀扭转力矩，N·mm；

i_i——平面内应力增大系数，见 GB 50316—2008 附录 E；

i_o——平面外应力增大系数，见 GB 50316—2008 附录 F。

b. 当平面内、平面外弯曲均取相同的应力增大系数 i，即取平面内、平面外应力增大系数两者中的大值时，应按弯管或弯头的力矩（图 4.1-9），并按式（4.1-59）计算其合成力矩。

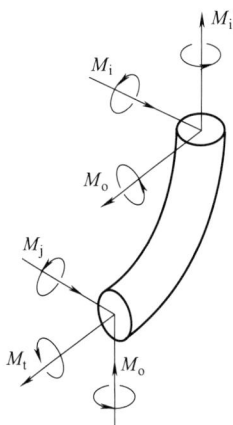

图 4.1-8　平面内、平面外应力增大系数取
不同值时弯管或弯头的力矩

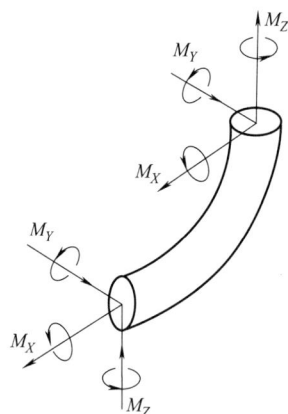

图 4.1-9　平面内、平面外应力增大系数取两者
中的大值时弯管或弯头的力矩

$$M'_E = \sqrt{M_X^2 + M_Y^2 + M_Z^2} \tag{4.1-59}$$

式中　M'_E——未计入应力增大系数的合成力矩，N·mm；

M_X——沿坐标轴 X 方向的力矩，N·mm；

M_Y——沿坐标轴 Y 方向的力矩，N·mm；

M_Z——沿坐标轴 Z 方向的力矩，N·mm。

② 当计算点在三通的交叉点处时

a. 平面内、平面外弯曲取不同的应力增大系数时，应按三通的力矩（图 4.1-10），并按式（4.1-58）计算各连接分支作用在三通交叉点的合成力矩。

b. 平面内、平面外弯曲均取相同的应力增大系数 i，即取平面内、平面外应力增大系数两者中的大值时，应按三通的力矩（图 4.1-11），并按式（4.1-59）计算各连接分支作用在三通交叉点的合成力矩。

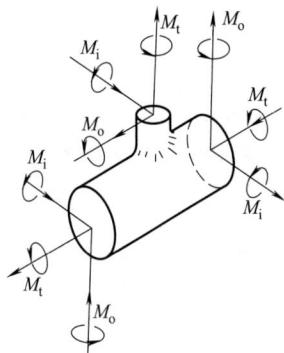

图 4.1-10　平面内、平面外应力增大
系数取不同值时三通的力矩

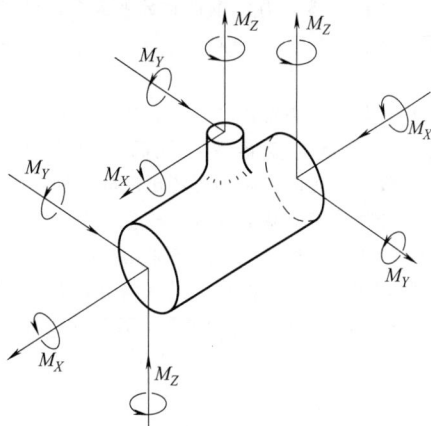

图 4.1-11　平面内、平面外应力增大系数
取两者中的大值时三通的力矩

③ 当计算点在直管上时，计算当量合成力矩中的应力增大系数应取 l，并应按式（4.1-58）计算。

（3）截面系数的计算应符合下列规定。

① 直管、弯管、弯头、等径三通的主、支管及异径三通的主管的截面系数，应按式（4.1-60）计算。

$$W = \frac{\pi}{32D_o}(D_o^4 - D_i^4) \tag{4.1-60}$$

式中　D_o——管子外径，mm；

D_i——管子内径，mm；

W——截面系数，mm³。

② 异径三通支管的有效截面系数，应按式（4.1-61）计算。

$$W_B = \pi r_m^2 t_{eb} \tag{4.1-61}$$

式中　W_B——异径三通支管的有效截面系数，mm³；

r_m——支管平均半径，mm；

t_{eb}——三通支管的有效厚度，取 T_{tn} 和 $i_i t_{tn}$ 二者中的较小值，mm；

T_{tn}——主管名义厚度，mm；

t_{tn}——支管名义厚度，mm。

（4）计算管道位移应力范围应符合下列规定。

① 当平面内、平面外弯曲采用不同的应力增大系数时，对于异径三通支管或其它组焊型式的异径支管连接点处的位移应力范围，应按式（4.1-62）计算，其余管道组成件（部位）处的位移应力范围，应按式（4.1-63）计算。

$$\sigma_E = \frac{M_E}{W_B} \tag{4.1-62}$$

$$\sigma_E = \frac{M_E}{W} \tag{4.1-63}$$

式中　σ_E——计算的最大位移应力范围，MPa。

② 当平面内、平面外弯曲采用相同的应力增大系数时，对于异径三通支管或其它组焊型式的异径支管连接点处的位移应力范围，应按式（4.1-64）计算，其余管道组成件（部位）处的位移应力范围应按式（4.1-65）计算。

$$\sigma_E = \frac{iM'_E}{W_B} \tag{4.1-64}$$

$$\sigma_E = \frac{iM'_E}{W} \tag{4.1-65}$$

式中 i——应力增大系数。

(5) 管道位移应力范围的评定标准 为控制管道计算的最大位移应力范围 σ_E，必须符合式 (4.1-66) 的规定。

$$\sigma_E \leqslant [\sigma]_A \tag{4.1-66}$$

式中，许用应力范围 $[\sigma]_A$ 应符合 GB 50316—2008 第 3.2.7 条的规定。

4.1.3.5　管道对设备或端点的作用力 （GB 50316—2008）

(1) 设计管道时应根据可能出现的各种工况，包括运行初期、运行、停运、松弛后及承受偶然荷载等工况分别计算作用力和力矩，当计算机程序中不包括滑动支架的摩擦力时，应采用手算修正管端的作用力。

(2) 当管道无冷拉或各方向采用相同冷拉比时，管道对端点或设备接口处的作用力和力矩的计算可按下列规定，并宜用于无中间约束、只有两个固定端点的简单管道系统。

① 在最高温度或最低温度下，管道对设备或端点的作用力和力矩，应按下式计算。

$$R_h = \left(1 - \frac{2}{3}C_s\right)\frac{E_h}{E_{20}}R_E \tag{4.1-67}$$

② 在安装温度下，管道对设备或端点的作用力和力矩，应按下列公式计算。

$$R_c = C_s R_E$$

或

$$R_{c1} = \left(1 - \frac{[\sigma]_h}{\sigma_E} \times \frac{E_{20}}{E_h}\right)R_E \tag{4.1-68}$$

当 $\dfrac{[\sigma]_h}{\sigma_E} \times \dfrac{E_{20}}{E_h} < 1$ 时，取 R_c 和 R_{c1} 中的大值；

当 $\dfrac{[\sigma]_h}{\sigma_E} \times \dfrac{E_{20}}{E_h} \geqslant 1$ 时，取 R_c 为安装温度下对管端和设备接口处的作用力和力矩。

式中 C_s——冷拉比，由设计者根据需要确定，可在 $0\sim100\%$ 中取用；

E_h——在最高或最低温度下管道材料的弹性模量，MPa；

E_{20}——在安装温度下的管道材料的弹性模量，一般可取材料在 20℃ 时的弹性模量，MPa；

R_h——管道运行初期在最高或最低温度下对设备或端点的作用力，N，或力矩，N·mm；

R_c——管道运行初期在安装温度下对设备或端点的作用力，N，或力矩，N·mm；

R_E——以 E_{20} 和全补偿值计算的管道对端点的作用力，N，或力矩，N·mm；

R_{c1}——管道应变自均衡后在安装温度下对设备或端点的作用力，N，或力矩，N·mm；

$[\sigma]_h$——在分析中的位移循环内，金属材料在热态（预计最高温度）下的许用应力，MPa；

σ_E——计算的位移应力范围，MPa。

(3) 当计算的管道为多固定点的复杂管系或沿坐标轴各方向采用不同冷拉比时，应采用管元件的变形系数及各方向的冷拉值等的方程组，计算运行初期在安装温度下，管道对设备或端点的作用力和力矩，并与式 (4.1-68) 计算管道自均衡后在安装温度下对设备或端点的作用力和力矩相比较，取其较大值作为安装温度下管道对设备或端点的作用力和力矩。

管道在最高温度或最低温度下对设备或端点的作用力和力矩，应按式 (4.1-69) 计算：

$$R_h = \left(R_E - \frac{2}{3}R_c\right)\frac{E_h}{E_{20}} \tag{4.1-69}$$

4.1.3.6　改善管道柔性的措施 （GB 50316—2008）

(1) 管道设计中可利用管道自身的弯曲或扭转产生的变位来达到热胀或冷缩时的自补偿，当其柔性不能满足要求时，可采用下列办法改善管道的柔性：

① 调整支吊架的型式与位置；

② 改变管道走向。

(2) 当受条件限制，不能采用上条的方法改善管道的柔性时，可根据管道设计参数和类别选用补偿装置。

4.1.3.7　计算参数的确定 （HG/T 20519.5—2009）

(1) 计算温度应根据工艺设计条件及下列要求确定：

① 对于无绝热层管道：介质温度低于 65℃ 时，取介质温度为计算温度；介质温度等于或高于 65℃ 时，取

介质温度的 95％为计算温度；

② 对于有外绝热层管道，除另有计算或经验数据外，应取介质温度为计算温度；

③ 对于夹套管道应取内管和套管介质温度的较高者作为计算温度；

④ 对于外伴热管道应根据具体条件确定计算温度；

⑤ 对于衬里管道应根据计算或经验数据确定计算温度；

⑥ 对于安全泄压管道，应取排放时可能出现的最高温度或最低温度作为计算温度；

⑦ 除另有规定外，管道安装温度宜取 20℃。

（2）管道计算压力应取计算温度下对应的压力。

4.1.3.8 应力分析与计算的评定标准（HG/T 20519.5—2009）

（1）管道上各点的一次应力和二次应力值应小于许用应力范围，即：

$$\sigma_{一次} \leqslant [\sigma]^t \tag{4.1-70}$$

$$\sigma_{二次} \leqslant f(1.25[\sigma]^{20} + 1.25[\sigma]^t - \sigma_{一次}) \tag{4.1-71}$$

（2）管道的最大位移量应能满足管道布置的要求。

（3）设备管口的允许推力和力矩应由制造厂提出，当制造厂无数据时，可按下列规定进行核算：

① 管道对静设备管口的推力和力矩应在允许范围内；

② 钢制离心泵管口许用荷载应符合 API610 标准；

③ 离心式压缩机管口许用荷载应符合 API617 标准；

④ 汽轮机管口许用荷载应符合 NEMA SM23 标准；

⑤ 空冷器管口的允许推力和力矩应符合 API661 标准。

（4）加热炉接管的允许推力和力矩应符合下列规定：

① 加热炉接管的允许推力和力矩由加热炉设计单位确定；

② 加热炉接管的位移由加热炉设计单位提出。

（5）压力容器管口的允许推力和力矩应由压力容器设计单位提出，否则管道作用在压力容器的力和力矩应由容器设计单位确认。

4.1.4 管架计算规定（HG/T 20645.5—2022）

4.1.4.1 管架计算基本要求

管架计算包括作用在管架上的管道荷载的计算以及管架结构的强度计算。

对于一般管道作用在管架上的管道荷载，通常是先查出管道单位荷载值而后依据两相邻管架间距进行简化计算求得。管道单位荷载可按管道基本跨距表取值。管架间距见管架布置图。

对于热力管系及振动管系的管架，其承受的荷载通过管系静力分析和动力分析计算求得。管架结构的强度计算主要针对非标准管架，它包括管架构件的强度计算和管架焊缝的强度计算。

4.1.4.2 管架计算输入

（1）与管道有关的条件

① 管道的管径、壁厚、材料以及温度、介质、是否隔热或隔声等；

② 管道所处的方位（水平、垂直或倾斜）。

（2）与布架有关的条件

① 管架类型、基本结构以及管架结构简图；

② 管架点所承受的荷载；

③ 管架点至管架生根点的相对位置。

（3）管架材料数据

① 管道支吊架所用材料应根据使用场所的条件确定，其技术性能应符合国家现行的技术标准；

② 在建筑物、构筑物上生根的构件的材料，通常可选用 Q235-B 或 Q235-A；

③ 直接焊接在管道或设备上的构件应采用与管道或设备相同或焊接相容的材质；

④ 管架材料的选取见《管架标准图》（HG/T 21629）的规定。

（4）管架计算温度 管架结构计算温度范围，一般可按以下四种情况确定：

① 直接与管道、设备焊接的构件（焊接处有无加强板均一样），其计算温度按下述情况确定：

a. 与无内衬里保温的管道、设备连接的构件，其计算温度取介质温度；

b. 与无内衬里不保温的管道、设备连接的构件，其计算温度取介质温度的 95%；

c. 与有内衬里的管道、设备连接的构件，其计算温度取外表面壁温。

② 紧固在隔热层外的管夹，其计算温度取隔热层表面温度，一般可按 60℃ 计算。

③ 在建筑物、构筑物上生根的构件，其计算温度取当地环境温度。

④ 与管道用管夹连接或与设备上的预焊件用螺栓连接的管架构件，其计算温度可分为：设备或管道无内衬里保温时，取介质温度的 80%，设备或管道有内衬里不保温时，取外壁温度的 80%。

（5）计算判断依据

管架构件应有足够的强度和刚度（包括焊缝）承受管道荷载。

4.1.4.3 典型管架强度计算

（1）单悬臂架强度计算　单悬臂架的计算，如图 4.1-12 所示。

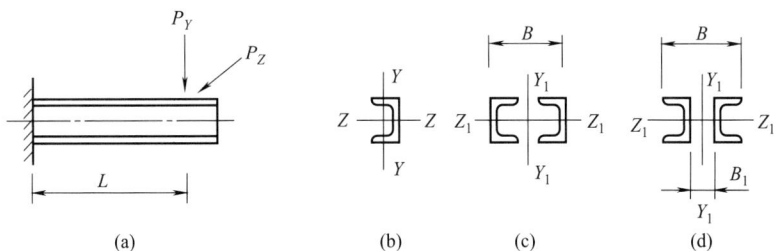

图 4.1-12　悬臂架受力示意图

① 当悬臂架同时承受垂直荷载和水平推力时，由垂直荷载 P_Y 引起的最大弯矩和由水平推力 P_Z 引起的最大弯矩，都作用在固定端的截面上。在对悬臂梁进行强度计算时，该截面上危险点的最大应力不应超过许用应力。对危险点，根据应力叠加的原理，可得出如下公式：

$$\sigma = \frac{M_Z}{\varphi_w W_Z} + \frac{M_Y}{W_Y} \leqslant [\sigma] \tag{4.1-72}$$

$$M_Y = P_Z L \tag{4.1-73}$$

$$M_Z = P_Y L \tag{4.1-74}$$

式中　L——悬臂长度，mm；

M_Y——管道在 Y 轴上的弯矩，N·mm；

M_Z——管道在 Z 轴上的弯矩，N·mm；

P_Y——管架承受的 Y 方向荷载，N；

P_Z——管架承受的 Z 方向荷载，N；

W_Y——Y 轴方向抗弯模量，mm³；

W_Z——Z 轴方向抗弯模量，mm³；

φ_w——整体稳定系数；

σ——管架的计算应力，MPa；

$[\sigma]$——型钢许用应力，MPa。

对于图 4.1-12（c）、（d），W_Y、W_Z 分别由 W_{Y_1}、W_{Z_1} 代替。

$$W_{Y_1} = 2J_{Y_1}/B \tag{4.1-75}$$

$$W_{Z_1} = 2W_Z \tag{4.1-76}$$

式中　B——组合型钢的外缘宽度，mm；

J_{Y_1}——型钢截面的惯性矩，mm⁴；

W_{Y_1}——Y_1 轴方向抗弯模量，mm³；

W_{Z_1}——Z_1 轴方向抗弯模量，mm³。

对于图 4.1-12（c）：　　　$$J_{Y1} = 2[2J_Y + F(B/2 - C_0)^2] \tag{4.1-77}$$

式中　F——型钢截面面积，mm²；

J_Y——型钢截面的惯性矩，mm⁴；

C_0——重心距离，mm。

对于图 4.1-12 (d)：

$$J_{Y1} = 2[2J_Y + F(B_1/2 - Z_0)^2] \tag{4.1-78}$$

式中 B_1——组合型钢的内缘宽度，mm。

② φ_w 取值按下列规则：

悬臂长度不宜超过 2000mm，按表 4.1-10 查询。

表 4.1-10 单槽钢悬臂梁的整体稳定系数

悬臂梁长度/mm	$L<500$	$500 \leqslant L < 1000$	$1000 \leqslant L < 1500$	$1500 \leqslant L < 1800$	$1800 \leqslant L < 2000$
整体稳定系数 φ_w	1.00	0.90	0.85	0.80	0.75

若特殊情况，悬臂超过 2000mm，对于单槽钢，按式 (4.1-79) 和式 (4.1-80) 计算整体稳定系数 φ_w；对于双槽钢，可以按荷载由两根槽钢平均承受，然后按式 (4.1-79) 和式 (4.1-80) 计算 φ_w：

$$\varphi_w = \frac{570bt}{LH} \times \frac{235}{\sigma_s^t} \tag{4.1-79}$$

如果计算 φ_w 大于 0.6，则应按式 (4.1-80) 计算出 φ_w' 来代替 φ_w：

$$\varphi_w' = 1.1 - \frac{0.4646}{\varphi_w} + 0.1269(\varphi_w)^{3/2} \tag{4.1-80}$$

式中 b、t、H——槽钢的翼板宽度、翼板厚度、高度，mm；

φ_w'——修正整体稳定系数。

③ 焊缝强度校核：

a. 悬臂架端部生根，如图 4.1-13，计算公式见式 (4.1-81)～式 (4.1-88)：

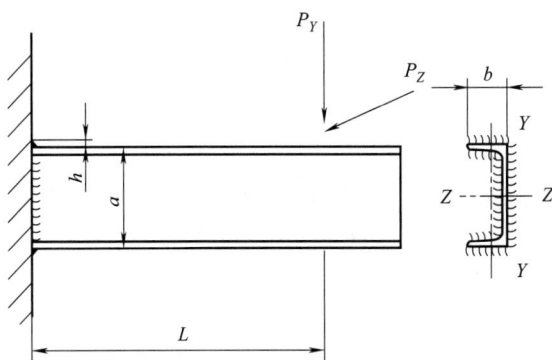

图 4.1-13 悬臂架端部生根形式

$$\tau = \sqrt{\tau_X^2 + \tau_Y^2 + \tau_Z^2} \leqslant [\tau] \tag{4.1-81}$$

$$\tau_X = \frac{L\left(\dfrac{P_Y}{Z_Z} + \dfrac{P_Y}{Z_Y}\right)}{0.7} \tag{4.1-82}$$

$$\tau_Y = \frac{P_Y}{0.7F} \tag{4.1-83}$$

$$\tau_Z = \frac{P_Z}{0.7F} \tag{4.1-84}$$

$$F = 2h(2b + a - 3h) \tag{4.1-85}$$

$$Z_Y = \frac{2h}{2(b - Z_0)}[3Z_0^2(2b + a - 3h) - 3Z_0(2b^2 + ah - 5h^2) + 2b^3] \tag{4.1-86}$$

$$Z_0 = \frac{22b^2 + ah - 5h^2}{2(a + 2b - 3h)} \tag{4.1-87}$$

$$Z_Z = \frac{h}{3a}[a^2(a + 6b - 9h) - 24abh] \tag{4.1-88}$$

式中 τ——剪切应力，MPa；

τ_X——X 轴方向受力产生的剪切应力，MPa；

τ_Y——Y 轴方向受力产生的剪切应力，MPa；

τ_Z——Z 轴方向受力产生的剪切应力，MPa；

h——焊缝高度，mm；

F——焊缝计算面积，mm^2；

Z_Y——Y 轴焊缝断面系数，mm^3；

Z_Z——Z 轴焊缝断面系数，mm^3；

Z_0——与焊缝断面系数计算相关的系数，mm。

b. 悬臂架侧向生根，如图 4.1-14，计算公式见式（4.1-89）～式（4.1-95）：

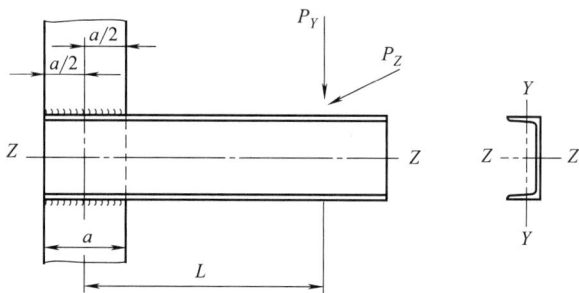

图 4.1-14　悬臂架侧向生根形式

$$\tau = \sqrt{(\tau_X^2 + \tau_Y^2 + \tau_Z^2)} \leqslant [\tau] \tag{4.1-89}$$

$$\tau_X = \frac{P_Y L H}{1.4 I_p} \tag{4.1-90}$$

$$\tau_Y = P_Y (L/2I_p + 1/F)/0.7 \tag{4.1-91}$$

$$\tau_Z = P_Z \left(\frac{L}{Z_Y} + \frac{1}{F} \right)/0.7 \tag{4.1-92}$$

$$F = 2h(a-10) \tag{4.1-93}$$

$$Z_Y = \frac{ha^2}{3} \tag{4.1-94}$$

$$I_p = \frac{ha(a^2 + 3H^2)}{63} \tag{4.1-95}$$

式中　I_p——焊缝断面惯性矩，mm^4；

H——槽钢高度，mm。

（2）三角架强度计算

① 三角架端部（管道位于横梁与斜撑的交点）受力的计算实例见图 4.1-15。

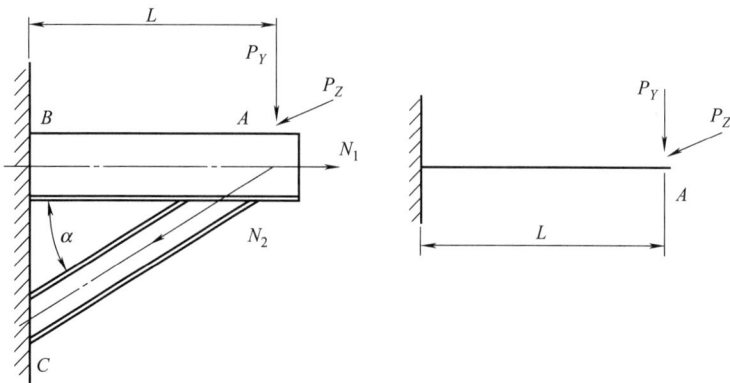

图 4.1-15　三角架

a. 横梁计算按式（4.1-81）、式（4.1-82）及式（4.1-96）、式（4.1-97）计算：

$$N_1 = \frac{P_Y}{\tan\alpha} \tag{4.1-96}$$

$$\sigma_1 = \left(\frac{N_1}{A_b} + \frac{M_Z}{W_Z}\right) \leqslant [\sigma]^t \tag{4.1-97}$$

式中　A_b——横梁的截面积，mm^2；

　　　P_Y——作用于支架梁的垂直荷载，N；

　　　N_1——横梁承受的轴向力，N；

　　　$[\sigma]^t$——支架梁在设计温度下的许用应力，MPa；

　　　σ_1——横梁截面的应力，MPa；

　　　α——横梁与斜撑的夹角，(°)。

选取型钢的规格，应满足式（4.1-98）和式（4.1-99）：

$$\lambda = \frac{L_0}{i} \leqslant 120 \tag{4.1-98}$$

$$L_0 = \frac{L_0}{\cos\alpha} \tag{4.1-99}$$

式中　λ——斜撑压杆长细比；

　　　L_0——斜撑的自由长度，mm；

　　　i——斜撑型钢截面的最小惯性半径，mm。

b. 斜撑的强度校核按式（4.1-100）、式（4.1-101）：

$$\sigma_2 = \frac{N_2}{\varphi A_1} \leqslant [\sigma]^t \tag{4.1-100}$$

$$N_2 = \frac{P_Y}{\sin\alpha} \tag{4.1-101}$$

式中　N_2——斜撑承受的轴向压力，N；

　　　A_1——斜撑的截面积，mm^2；

　　　σ_2——斜撑截面的应力，MPa；

　　　φ——斜撑轴心受压时的稳定系数，查表 4.1-11。

表 4.1-11　压杆稳定系数 φ

长细比 λ	稳定系数 φ	长细比 λ	稳定系数 φ
—	1.00	110	0.536
10	0.995	120	0.466
20	0.991	130	0.400
30	0.958	140	0.349
40	0.927	150	0.306
50	0.888	160	0.272
60	0.842	170	0.243
70	0.789	180	0.218
80	0.731	190	0.197
90	0.669	200	0.180
100	0.604	—	—

注：中间值按插入法计算。

② 三角架中间受力的计算实例见图 4.1-16。

a. 横梁截面应力按式（4.1-81）、式（4.1-82）及式（4.1-102）～式（4.1-105）进行计算：

$$\sigma_1 = \frac{N_1}{A_b} + \frac{M_Y}{W_Y} + \frac{M_Z}{W_Z} \leqslant [\sigma]^t \tag{4.1-102}$$

$$N_1 = \frac{5P_Y}{16\tan\alpha} \tag{4.1-103}$$

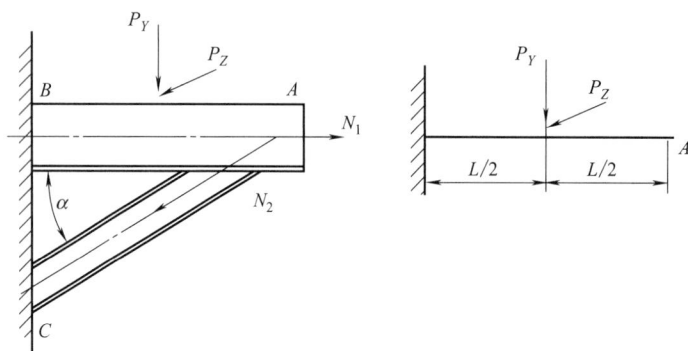

图 4.1-16　中间受力三角架

$$M_Y = \frac{P_Z L}{2} \tag{4.1-104}$$

$$M_Z = \frac{3 P_Y L}{16} \tag{4.1-105}$$

b. 斜撑截面应力应按式（4.1-106）、式（4.1-107）进行计算：

$$\sigma_2 = \frac{N_2}{\varphi A_1} \leqslant [\sigma]^t \tag{4.1-106}$$

$$N_2 = \frac{5 P_Z}{\sin\alpha} \tag{4.1-107}$$

（3）T 型钢柱架的计算

T 型钢柱架计算实例见图 4.1-17。

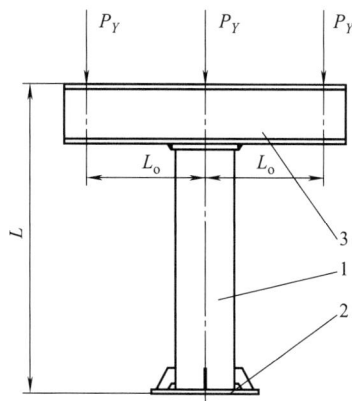

图 4.1-17　T 型钢柱架

① 件 3 强度按悬臂梁计算，以 L_0 代 L。

② 件 1 强度按式（4.1-108）进行计算：

$$\sigma = \frac{\sum P_Y}{\varphi A_1} + \frac{\sum M}{W} \leqslant [\sigma] \tag{4.1-108}$$

式中　M——对立柱作用的所有力矩，N·mm；

$\quad\quad W$——立柱抗弯模量，mm³；

$\quad\quad A_1$——立柱截面积，mm²。

（4）梁上生根多管支架的计算

梁上生根多管支架的计算实例见图 4.1-18。

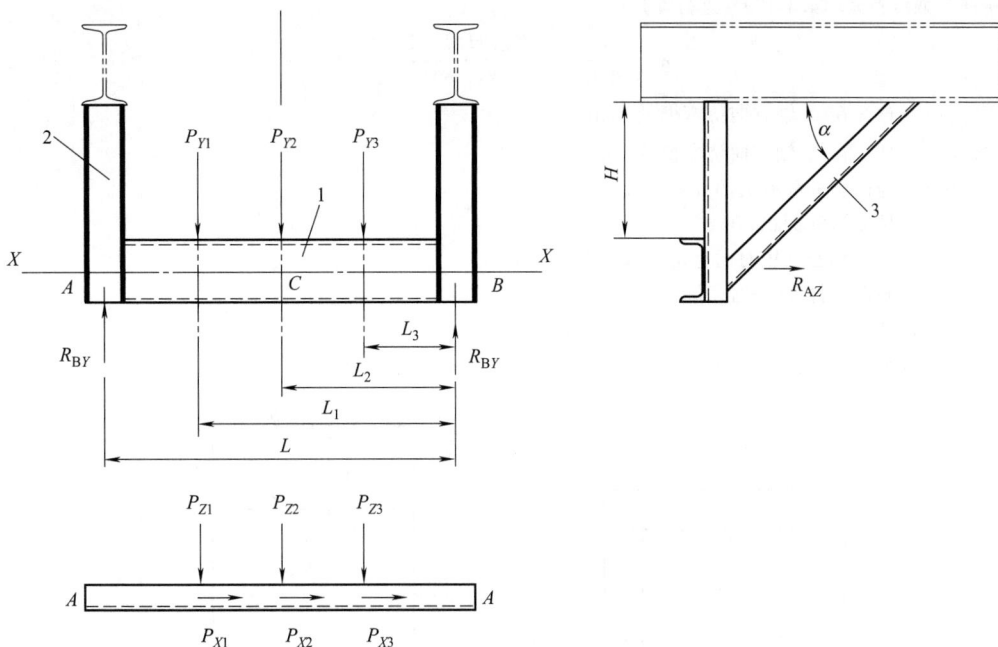

图 4.1-18 梁上生根的多管支架

① 件 1 强度按下列公式进行计算：

$$R_{AY} = \frac{P_{Y1}L_1 + P_{Y2}L_2 + P_{Y3}L_3}{L} \tag{4.1-109}$$

$$R_{BY} = (P_{Y1} + P_{Y2} + P_{Y3}) - R_{AY} \tag{4.1-110}$$

$$M_{CZ} = R_{BY}L_2 - P_{Y3}(L_2 + L_3) \tag{4.1-111}$$

$$R_{AZ} = \frac{P_{Z1}L_1 + P_{Z2}L_2 + P_{Z3}L_3}{L} \tag{4.1-112}$$

$$R_{BZ} = (P_{Z1} + P_{Z2} + P_{Z3}) - R_{AZ} \tag{4.1-113}$$

$$M_{CY} = R_{BZ}L_2 - P_{Z3}(L_2 - L_3) \tag{4.1-114}$$

$$\sigma = \frac{M_{CZ}}{W_{1Z}} + \frac{M_{CY}}{W_{1Y}} \leqslant [\sigma] \tag{4.1-115}$$

式中　R_{AY}——A 点处 Y 向反力，N；

R_{BY}——B 点处 Y 向反力，N；

R_{AZ}——A 点处 Z 向反力，N；

R_{BZ}——B 点处 Z 向反力，N；

M_{CZ}——C 点处 Z 轴方向弯矩，N·mm；

M_{CY}——C 点处 Y 轴方向弯矩，N·mm；

W_{1Z}——件 1 在 Z 轴方向抗弯模量，mm^3；

W_{1Y}——件 1 在 Y 轴方向抗弯模量，mm^3。

② 件 2 强度按下列公式进行计算：

A、B 两点反力取较大一侧为准计算。设 A 点较大，即取 R_{AY}、R_{AZ}：

$$R_{AX} = \frac{P_{X1} + P_{X2} + P_{X3}}{2} \tag{4.1-116}$$

$$\xi = \frac{I_{2Z}}{I_{2Z} + I_{3Z}\sin^3\alpha} \tag{4.1-117}$$

$$R_{AZ} = R_{AY}\xi \tag{4.1-118}$$

$$\sigma = \frac{1}{A_{2b}}(R_{AX}\tan\alpha + R_{AX}) + \frac{R_{AX}H\xi}{W_{2X}} \leqslant [\sigma] \tag{4.1-119}$$

③ 件 3 强度按式（4.1-120）进行计算：

$$\sigma = \frac{R_{AZ}}{\varphi A_1 \cos\alpha} + \frac{R_{AX} H(1-\xi)}{W_{3X} \sin\alpha} \leq [\sigma]$$
(4.1-120)

式中　W_{2X}——件 2 在 X 轴方向抗弯模量，mm^3；

　　　W_{3X}——件 3 在 X 轴方向抗弯模量，mm^3；

　　　ξ——与荷载分配有关的计算系数；

　　　A_{2b}——件 2 横截面积，mm^2；

　　　φ——型钢轴心受压时的稳定系数，查表 4.1-11；

　　　A_1——斜撑（件 3）横截面积，mm^2。

（5）门型框架的计算

门型框架计算实例见图 4.1-19。

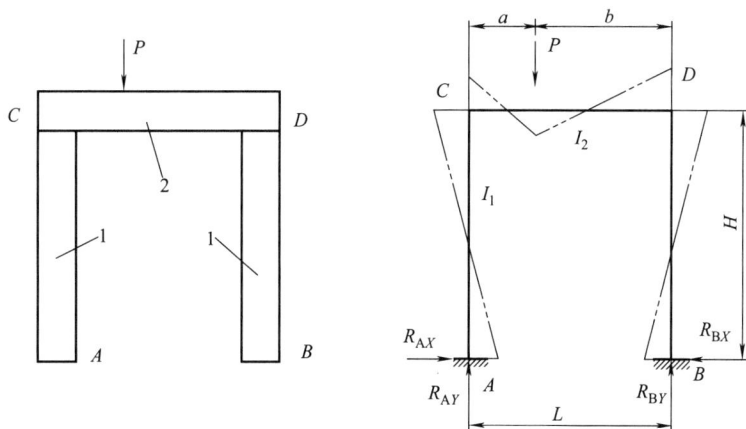

图 4.1-19　门型框架

① 一般公式：

$$R_{AY} = \frac{Pb}{L}$$
(4.1-121)

$$R_{BY} = \frac{Pa}{L}$$
(4.1-122)

$$K = \frac{H}{L} \times \frac{I_2}{I_1}$$
(4.1-123)

$$Q_1 = 2 + K$$
(4.1-124)

$$Q_2 = 1 + 6K$$
(4.1-125)

$$\beta = \frac{b}{H} \text{ 或 } \beta = \frac{b}{L} \quad \text{取其中较大值}$$
(4.1-126)

$$M_A = \frac{Pab}{L}\left(\frac{1}{2Q_1} - \frac{2\beta-1}{2Q_2}\right)$$
(4.1-127)

$$M_B = \frac{Pab}{L}\left(\frac{1}{2Q_1} + \frac{2\beta-1}{2Q_2}\right)$$
(4.1-128)

$$M_C = -\frac{Pab}{L}\left(\frac{1}{Q_1} + \frac{2\beta-1}{2Q_2}\right)$$
(4.1-129)

$$M_D = -\frac{Pab}{L}\left(\frac{1}{Q_1} - \frac{2\beta-1}{2Q_2}\right)$$
(4.1-130)

式中　K——与计算相关的系数；

　　　Q_1——与计算相关的系数；

　　　Q_2——与计算相关的系数；

　　　β——与计算相关的系数；

M_A——A 点计算力矩，N·mm；

M_B——B 点计算力矩，N·mm；

M_C——C 点计算力矩，N·mm；

M_D——D 点计算力矩，N·mm。

② 件 1 强度按下式进行计算：

$$\sigma = \frac{M_1}{W_1} \leqslant [\sigma] \qquad\qquad (4.1\text{-}131)$$

式中 M_1——件 1 计算抗弯力矩，N·mm；

W_1——件 1 抗弯模量，mm³。

M_1 值取 M_A 与 M_B 中较大者。

③ 件 2 强度计算按下式：

$$\sigma = \frac{P_Y}{\varphi A_{2b}} + \frac{M_2}{W_2} \leqslant [\sigma] \qquad\qquad (4.1\text{-}132)$$

式中 M_2——件 2 计算抗弯力矩，N·mm；

W_2——件 2 抗弯模量，mm³。

M_2 取 M_C 与 M_D 中较大者，同时 P_Y 取同侧支点反力。

(6) 支腿的计算

支腿类承重管架主要有三类：垂直管道管的水平支腿、平管与弯管的垂直支腿、垂直管道管 L 形支腿。

① 垂直管道管的水平支腿计算实例见图 4.1-20。

弯矩产生的正应力：

$$\sigma_{bm} = \frac{L \sqrt{P_Y^2 + P_Z^2}}{W} \leqslant [\sigma]^t \qquad\qquad (4.1\text{-}133)$$

式中 W——托架抗弯断面系数，mm³；

L——管道与支点的距离，mm；

P_Y——平行于管子轴向施加于托架的总荷载（即管道的垂直荷载），N；

P_Z——作用于支架与水平管道轴向相垂直的水平荷载，N；

σ_{bm}——由弯矩产生的正应力，MPa。

② 平管与弯管的垂直支腿计算实例见图 4.1-21。

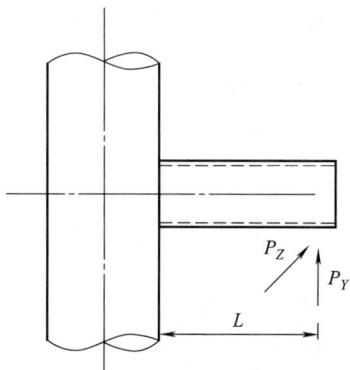

图 4.1-20 垂直管道管的水平支腿

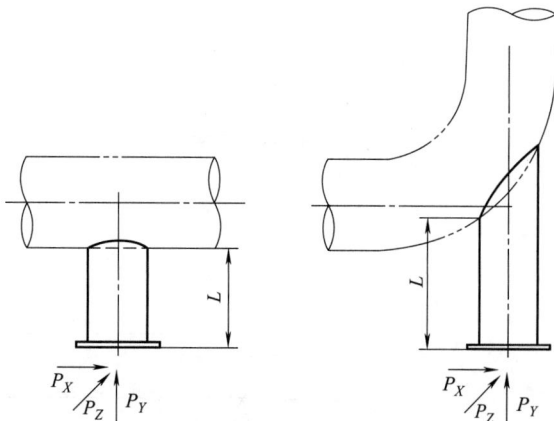

图 4.1-21 平管与弯管的垂直支腿

支腿应力：

$$\sigma = \sigma_{bm} + \frac{P_Y}{\varphi A_t} \leqslant [\sigma]^t \qquad\qquad (4.1\text{-}134)$$

$$\sigma_{bm} = \frac{L \sqrt{P_X^2 + P_Y^2}}{W} \qquad\qquad (4.1\text{-}135)$$

式中　W——托架抗弯断面系数，mm^3；

　　　A_t——托架截面面积，mm^2。

③ 垂直管道管 L 形支腿计算实例见图 4.1-22。

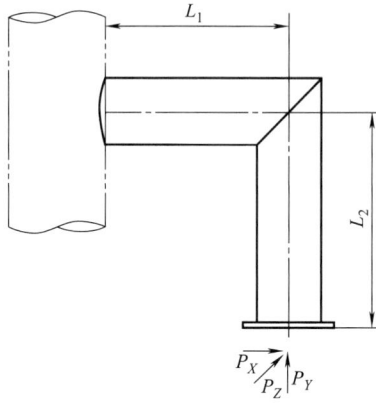

图 4.1-22　垂直管道管 L 形支腿

组合应力：

$$\sigma_b = \frac{\sqrt{(P_X L_1 + P_Y L_2)^2 + (P_Z L_2)^2 + (P_Z L_1)^2}}{W} \leqslant [\sigma]^t \qquad (4.1\text{-}136)$$

式中　L_1、L_2——L 形管架梁的尺寸，mm；

　　　σ_b——L 形管架的组合应力，MPa。

（7）水平管道焊接管托的计算

水平管道焊接管托计算实例见图 4.1-23。

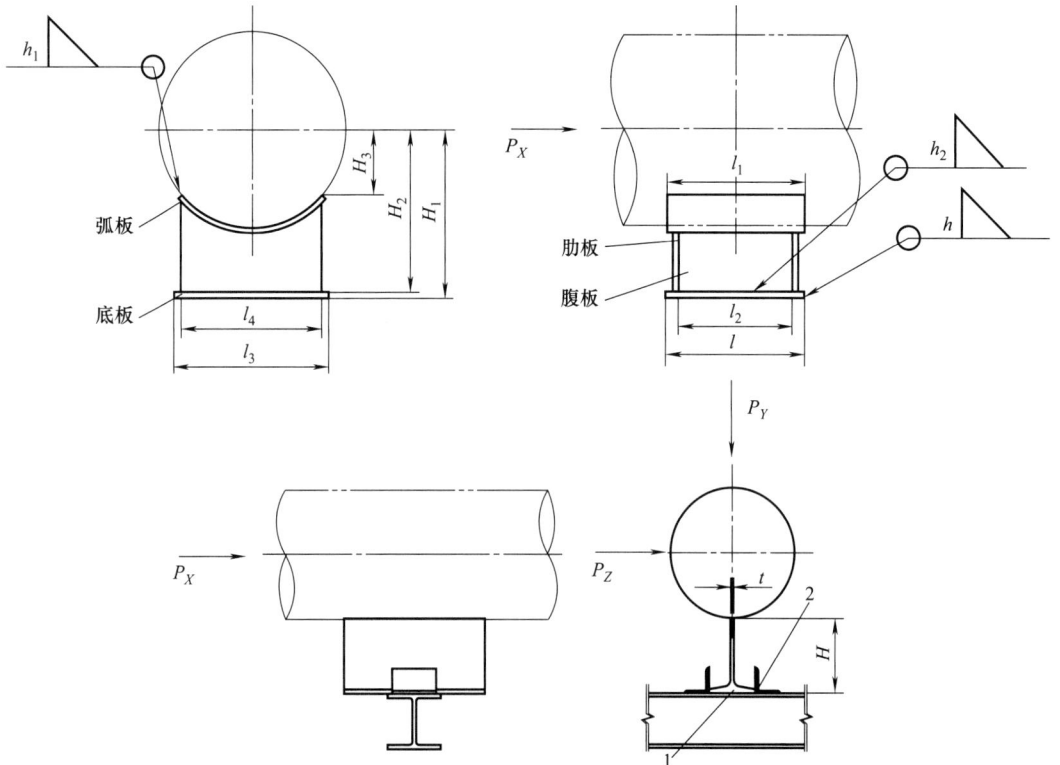

图 4.1-23　水平管道焊接管托

① 底板焊缝强度：

$$\tau^{\rm h} = \frac{1.43 P_X}{lh} \sqrt{\frac{9H_1^2}{l^2} + 0.25} \leqslant [\tau]^{\rm h} \tag{4.1-137}$$

② 加强板焊缝强度：

$$\tau^{\rm h} = \frac{1.43 P_X}{l_1 h_1} \sqrt{\frac{9H_1^2}{l_1^2} + 0.25} \leqslant [\tau]^{\rm h} \tag{4.1-138}$$

③ 肋板与底板间焊缝强度：

$$\tau^{\rm h} = \frac{1.43 P_X}{l_2 h_2} \sqrt{\frac{9H_1^2}{(l_2 + 6l_4)^2} + 0.25} \leqslant [\tau]^{\rm h} \tag{4.1-139}$$

式中　$\tau^{\rm h}$——焊缝计算应力，MPa；

$[\tau]^{\rm h}$——焊缝许用应力，MPa；

h——底板焊缝高度，mm；

h_1——加强板焊缝高度，mm；

h_2——肋板焊缝高度，mm。

4.2　管架类型设计

4.2.1　管架设置类型

化工装置中由管系组成的管网是一类复杂且并不规范的空间结构。通过它有机地把各种不同类型的设备（如各类容器、换热器以及机、泵等）连接成一体，组成工艺流程的基本载体。为了确保该体系的正常且安全运行，必须对管网中的管系设计必要的管架，一是用来承受管系的自重和外载，避免产生过量挠度，控制管系一次应力在许用范围之内；二是用来迫使管系适应热变形的需要，调整和改善管系的应力分布状态，控制管系二次应力和综合应力不超界以及管系端点力在许用范围之内，达到保护设备的目的，尤其是那些敏感设备，如压缩机、汽轮机和泵等；三是用来防止或控制或改善管系的振动，避免引起管系和管架本身的疲劳损坏。管架设计包括管架设置和管架结构设计两大部分。

4.2.1.1　管架设置

管架设置也称管架布置。其主要任务是对装置内的管系作全面综合考虑，并按一定的要求合理定出管系的约束点位置和类型，也就是确定管架位置和类型，同时还应确定管架生根点的位置和型式。

管架位置和类型以及管架生根部位一经确定，就应标注在管道平面布置图上，若工程需要也应在管道轴测图（即管道空视图）上进行标注。以此向有关专业提出相关的条件，如向土建专业提出预埋件和向设备专业提出预焊件条件等。

4.2.1.2　管架类型（HG/T 20645.5—2022）

（1）管架分类　管道支吊架简称管架，它包括了所有的支承管系的装置，其结构、型式、形状众多，但就其功能和用途而言，可分为几大类，见表 4.2-1。

表 4.2-1　管架的分类和用途

大　分　类		小　分　类	
名称	用途	名称	用途
1. 承重管架	承受管道荷载（包括管道自身荷载、隔热或隔声结构荷载和介质荷载等）	刚性架	用于无垂直位移的场合
		可调刚性架	用于无垂直位移,但要求安装误差严格的场合
		可变弹簧架	用于有少量垂直位移的场合
		恒力弹簧架	用于垂直位移较大或要求支吊点的荷载变化不能太大的场合

大 分 类		小 分 类	
名称	用途	名称	用途
2. 限制性管架	用于限制、控制和约束管道在任一方向的变形	固定架	用于固定点处,不允许有线位移和角位移的场合
		限位架	用于限制管道任一方向线位移的场合
		轴向限位架	用于限位点处,需要限制管道轴向线位移的场合
		导向架	用于允许有管道轴向位移,但不允许有横向位移的场合
3. 减振架	用于限制管道的振动或缓和管道振动对结构引起的冲击	一般减振架	用于限制往复式泵或压缩机进出口管道的振动
		弹簧减振架	用于由地震、风压、水锤或安全阀排放等引起的管道振动。用于有热位移的管道上时,会对管道产生持续反力
		阻尼器	用于由地震、风压、水锤或安全阀排放等引起的管道振动。用于有热位移的管道上时,不会对管道产生持续反力

（2）管架类型代码及图例　可按表 4.2-2 的图例表示。

表 4.2-2　管架类型缩写及图例

序号	管架类型	缩写	基本图形	管道应力空视图上表示的图例
1	固定架（ANCHOR）	A		
2	导向架（GUIDE）	G		
3	吊架（HANGER）	H		
4	滑动架（支架）（RESTING）	R		
5	弹簧架（SPRING）	S		

续表

序号	管架类型	缩写	基本图形	管道应力空视图上表示的图例
6	限位架 （停止架） （DIRECTINAL STOPPER）	D		

（3）管架的标注

① 标准管架可根据表 4.2-1 和表 4.2-2 中的管架类型，从标准管架图册中选用合适的标准管架（可选用两个或者两个以上的标准管架进行组合），将管架代码完整地标注在空视图上。

② 每一个特殊（非标准）管架应画 1 张安装详图，且每个特殊管架都有 1 个单独的管架号，特殊管架号的编号可按下列原则进行。

例：

SPS-AS-12-001

　a　-bc -d -e

此处：

a 为特殊管架（special pipe support）的代码。

b 为管架类型的缩写（根据表 4.2-2）。

c 为生根点：S—钢结构上生根（steel）；C—混凝土构件上生根（concrete）；F—混凝土基础上生根（foundation）；V—设备上生根（vessel）；P—管道上生根（pipe）。

d 为装置或单元代码。

e 为序号：001～999。

所有管架应标注在管道平面布置图和管道空视图上，在管道空视图上必须标注完整的管架代码。

当特殊管架中包含标准管架时，应将此标准管架用虚线画出，可在其管架号后加注（X）。

4.2.1.3 管架间距（HG/T 20645.5—2022）

管架间距应满足下列要求：

① 连续敷设的水平直管的最大跨距应按三跨连续梁承受均布荷载时的刚度（挠度）条件计算，应按强度条件校核，取两者中的较小值。

② 一些特定布置情况下的管道允许跨距可按式（4.2-1）计算：

$$L = fL_0 \tag{4.2-1}$$

式中　L——各种特定情况的允许跨距，m；

　　　L_0——最大跨距，m；

　　　f——跨距折减系数。

③ 四种情况的跨距折减系数可从图 4.2-1 查得。对于更为复杂的管系，其跨距可通过计算机程序计算得到。

④ 垂直管道管架的设置，除了考虑承重的因素外，还要注意防止风载引起的共振以及垂直管道的轴向失稳，因此在考虑承重架的同时，还应适当考虑增设必要的导向架。一般垂直管道（钢管）的管架间距可按表 4.2-3 选用。

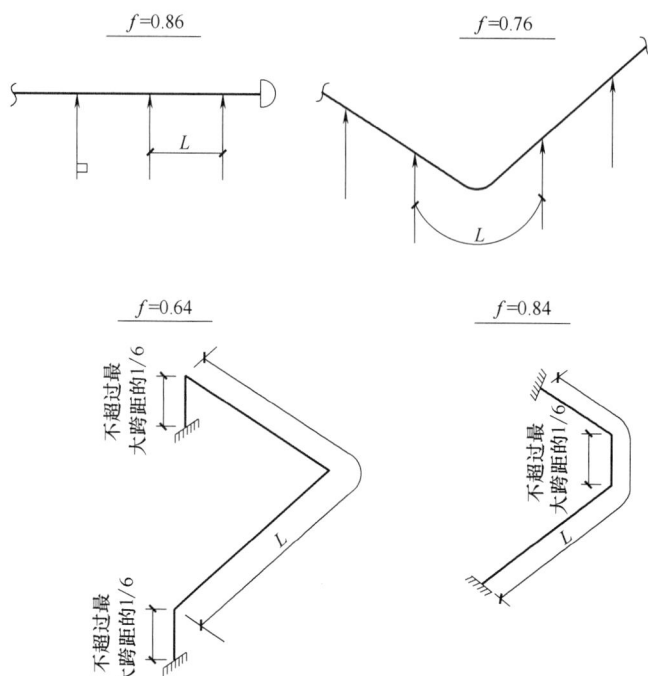

图 4.2-1　四种布置情况的跨距折减系数

表 4.2-3　垂直管道管架最大间距

DN	15	20	25	32	40	50	65	80	100	125
管架最大间距/m	3.5	4	4.5	5	5.5	6	6.5	7	8	8.5
DN	150	200	250	300	350	400	450	500	600	
管架最大间距/m	9	10	11	12	12.5	13	13.5	14	15	

注：对于高温垂直管道的管架间距，同样可按表 4.2-7 选用，但应适当减小。

⑤　水平管道与垂直管道一样，除了考虑承重的因素外，还应注意到当管道需要约束，限制风载、地震、温差变形等引起的横向位移，或要避免因不平衡内压、热胀推力以及支承点摩擦力造成管道轴向失稳时，应适当地设置些必要的导向架。特别是在管道很长的情况下，更不能避免。水平管道（钢管）的导向架最大间距见表 4.2-4。

表 4.2-4　水平管道导向架最大间距

DN	15	20	25	32	40	50	65	80	100	125
导向架最大间距/m	10	11	12.7	13	13.7	15.2	18.3	19.8	22.9	23.5
DN	150	200	250	300	350	400	450	500	600	
导向架最大间距/m	24.4	27.4	30.5	33.5	36.6	38.1	41.4	42.7	45.7	

⑥　当地震设防烈度≥7 度时，支架跨距应按表 4.2-5 选取。

表 4.2-5　考虑地震荷载影响的管道基本跨距

DN		25	40	50	80	100	150	200	250	300	350
跨距 /m	气体管	2.2	2.7	3.0	3.7	4.3	5.2	6.1	6.8	7.5	7.9
	液体管	2.1	2.6	2.8	3.5	3.9	4.7	5.4	6.0	6.5	6.7
DN		400	450	500	600	700	800	900	1000	1200	
跨距 /m	气体管	8.4	9.0	9.5	10.4	11.3	12.1	12.8	13.8	14.8	
	液体管	7.1	7.4	7.7	8.2	8.6	9.0	9.4	9.8	10.3	

⑦　有脉动影响的管道的管架间距，要以避免管道产生共振为依据来考虑，一般均要在管道基本跨距的基础上减小一相应倍数的距离，该倍数是管道的固有频率和机器的脉动频率的函数，由设计工程师酌情确定。

4.2.1.4 管道基本跨距 (HG/T 20645.5—2022)

(1) 管道基本跨距应满足管道刚度条件,基本跨距的计算应符合下列规定。

① 基本跨距可按式 (4.2-2) 计算:

$$L_1 = 0.11\left(\frac{EI\Delta}{W}\right)^{1/4} \tag{4.2-2}$$

式中 L_1——由刚度条件决定的跨距,m;

　　　　E——管材在设计温度下的弹性模量,MPa;

　　　　I——管道断面惯性矩,cm^4;

　　　　Δ——管道许用挠度,mm;

　　　　W——单位长度管道荷载,包括管道、介质、隔热或隔声结构等的荷载,daN/m。

② 对于无脉动的管道,考虑风荷载等因素的影响后,装置内管道的固有振动频率不宜低于 4Hz,装置外管道的固有振动频率不宜低于 2.55Hz。相应管道许用挠度,装置内宜控制在 15mm 之内,装置外宜控制在 38mm 之内。

③ 装置内的基本跨距应按式 (4.2-3) 计算,装置外的基本跨距应按式 (4.2-4) 计算。

$$L_1 = 0.2165\left(\frac{EI}{W}\right)^{1/4} \tag{4.2-3}$$

$$L_1 = 0.2731\left(\frac{EI}{W}\right)^{1/4} \tag{4.2-4}$$

(2) 管道基本跨距应满足管道强度条件,基本跨距的计算应符合下列规定。

① 在不计管内压力的条件下,基本跨距可按式 (4.2-5) 计算。式中 $[\sigma]$ 用 $[\sigma_1]$。$[\sigma_1]$ 为设计温度下管材的许用应力,MPa。

$$L_2 = (Z[\sigma]/W)^{1/2} \tag{4.2-5}$$

式中 L_2——按强度条件计算的跨距,m;

　　　　Z——管道断面系数(即扣除腐蚀裕量和负偏差的抗弯截面模量),cm^3;

　　　　$[\sigma]$——在设计温度下管材因受管道重力荷载作用引起的应力的许用值,MPa。

② 考虑管道内压力产生的环向应力达到许用应力值,即轴向应力达到 1/2 许用应力时,装置内外的管道荷载及其它垂直持续荷载在管壁中引起的一次应力,即轴向应力不应超过许用应力的 1/2,即 $[\sigma]=0.5[\sigma_1]$ 的前提下,其跨距 L_2 应按式 (4.2-6) 计算。

$$L_2 = (Z[\sigma]/2W)^{1/2} \tag{4.2-6}$$

(3) 管道基本跨距应选取 L_1 与 L_2 两者中的较小值。

(4) 装置内碳钢、厚壁不锈钢最大跨距表、装置内不锈钢 Schedule 10S 最大跨距、非金属管道最大跨距可按下列要求确定。

① 装置内碳钢、厚壁不锈钢最大跨距见表 4.2-6。装置外管廊碳钢、厚壁不锈钢最大跨距取装置内的 1.25 倍。表 4.2-6 适用于:

a. 碳钢管,STD 壁厚及以上,最高温度 350℃;

b. 奥氏体不锈钢管,Schedule 40S 及以上,最高温度 350℃;

c. 双相不锈钢管,Schedule 10S 及以上,最高温度 280℃。

表 4.2-6 装置内碳钢、厚壁不锈钢最大跨距表

DN	最大跨距[①]/mm			
	气态		液态	
	裸管	保温[②]	裸管	保温[②]
25	3850	2300	3450	2250
40	4750	3000	4100	2800
50	5350	3600	4550	3300
80	6550	4600	5450	4200
100	7500	5550	6100	4900
150	9150	6800	7100	5800
200	10500	8050	7950	6700

续表

DN	最大跨距[①]/mm			
	气态		液态	
	裸管	保温[②]	裸管	保温[②]
250	11800	9050	8700	7400
300	12900	9800	9150	7800
350	15150[③]	11850	10850	9300
400	16250[③]	12850	11200	9750
450	17250[③]	13750	11500	10150
500	18200[③]	14450	11750	10400
600	18950[③]	16050	12150	10950
>600	参照 DN600 执行			

① 该跨距基于直管，对于其它布置形式的跨距 L 应乘形状系数 f（见图 4.2-1）。
对于具有 1.5mm/m 下列坡度的重力流管线，需要额外检查跨距。

② 保温层和外皮重量基于的保温厚度从 70mm（对于 DN25）到 200mm（对于 DN600），密度取 190kg/m³。

③ 跨距受挠度的限制，所有其它跨距由纵向弯曲应力限制。

② 装置内不锈钢 Schedule 10S 最大跨距见表 4.2-7。装置外管廊不锈钢 Schedule 10S 最大跨距取装置内的 1.25 倍。

表 4.2-7　装置内不锈钢 Schedule 10S 最大跨距表

DN	最大跨距[①]/mm			
	气态		液态	
	裸管	保温[②]	裸管	保温[②]
25	3900	2200	3450	2100
40	4850	2800	4000	2600
50	5450	3300	4300	3000
80	6700	4050	4950	3500
100	7650	4800	5300	4000
150	9400	5750	5950	4600
200	10750	6800	6450	5200
250	12000	7600	6950	5650
300	13000	8250	7350	6050
350	13750	8700	7600	6300
400	14700	9450	7750	6550
450	15650	10150	7850	6750
500	16450	11000	8400	7300
600	18050	12700	9050	8050
>600	参照 DN600 执行			

① 该跨距基于直管，对于其它布置形式的跨距 L 应乘形状系数 f（见图 4.2-1）。对于具有 1.5mm/m 以下坡度的自由排污管线，需要额外检查跨距。跨距由纵向弯曲应力限制。

② 保温层和外皮重量基于的保温厚度从 70mm（对于 DN25）到 200mm（对于 DN600），密度取 190kg/m³。

③ 非金属管道跨距表。FRR、PVC-U、PVC-C、ABS 管道跨距见表 4.2-8～表 4.2-11。

表 4.2-8　FRP 管道跨距 　　　　　　　单位：mm

管径 DN	PN6				PN10				PN16			
	气体 $\rho=0$	液体 $\rho=1.0$	液体 $\rho=1.5$	液体 $\rho=1.8$	气体 $\rho=0$	液体 $\rho=1.0$	液体 $\rho=1.5$	液体 $\rho=1.8$	气体 $\rho=0$	液体 $\rho=1.0$	液体 $\rho=1.5$	液体 $\rho=1.8$
25	2300	2100	2000	2000	2300	2100	2000	2000	2300	2100	2000	2000
32	2500	2300	2200	2100	2500	2300	2200	2100	2500	2300	2200	2100
40	2800	2400	2300	2200	2800	2400	2300	2200	2800	2400	2300	2200
50	3100	2600	2400	2400	3100	2600	2400	2400	3100	2600	2400	2400

续表

管径 DN	PN6				PN10				PN16			
	气体 $\rho=0$	液体 $\rho=1.0$	液体 $\rho=1.5$	液体 $\rho=1.8$	气体 $\rho=0$	液体 $\rho=1.0$	液体 $\rho=1.5$	液体 $\rho=1.8$	气体 $\rho=0$	液体 $\rho=1.0$	液体 $\rho=1.5$	液体 $\rho=1.8$
65	3300	2700	2600	2500	3300	2700	2600	2500	3300	2700	2600	2500
80	3600	2900	2700	2600	3600	2900	2700	2600	3600	2900	2700	2600
100	4000	3000	2800	2700	4000	3000	2800	2700	4000	3000	2800	2700
125	4300	3100	2900	2800	4300	3100	2900	2800	4300	3100	2900	2800
150	4800	3400	3100	3000	4800	3400	3100	3000	4900	3500	3200	3100
200	5300	3600	3300	3200	5300	3600	3300	3200	5700	3900	3600	3500
250	5900	3800	3500	3400	6100	3900	3600	3400	6600	4400	4000	3900
300	6500	4000	3700	3500	6900	4400	4000	3800	7400	4900	4500	4300
350	7100	4200	3900	3700	7600	4700	4300	4100	8200	5200	4800	4600
400	7500	4400	4000	3800	8300	5000	4500	4400	8800	5600	5100	4900
500	8900	5100	4700	4500	9500	5600	5100	4900	10000	6200	5700	5500
>500	参照 DN500 执行											

表 4.2-9　PVC-U 管道跨距　　　　　单位：mm

公称外径 d_n		20	25	32	40	50	63	75	90	110	160
最大跨距	横管	500	550	650	800	950	1100	1200	1350	1550	1800
		(400)	(400)	(500)	(600)	(750)	(900)	(1050)	(1200)	(1350)	(1550)
	立管	900	1000	1200	1400	1600	1800	2000	2200	2400	2800
		(500)	(500)	(620)	(750)	(930)	(1120)	(1300)	(1500)	(1700)	(2000)

注：上表是以连续跨距间隔，流体以相对密度为1左右且管道无绝缘层为基础。环境温度较高的情况下请参考括号内数值。

表 4.2-10　PVC-C 管道跨距　　　　　单位：mm

温度 /℃	公称外径 d_n									
	20	25	32	40	50	63	75	90	110	160
20	700	750	800	850	1000	1200	1350	1500	1650	1800
40	650	700	750	800	950	1100	1300	1400	1500	1650
60	600	650	700	750	900	1000	1200	1250	1350	1500

注：1. 上表是以连续跨距间隔，流体以相对密度为1左右且管道无绝缘层为基础。

2. 立管支撑跨距可按本表水平间距增长 1/4 长度。

表 4.2-11　ABS 管道跨距　　　　　单位：mm

温度 /℃	公称外径 d_n														
	20	25	32	40	50	63	75	90	110	125	160	200	250	315	355	400
20	800	800	1000	1000	1200	1200	1400	1400	1600	1800	1800	2000	2000	2500	2500	2500
50	500	600	600	800	800	1000	1000	1200	1200	1200	1200	1800	1800	2000	2000	2000

注：上表是以连续跨距间隔，流体以相对密度为1左右且管道无绝缘层为基础。垂直立管上的固定卡的设置间隔可略大于水平管道跨距的30%。

4.2.2　管架设置选用（HG/T 20645.5—2022）

4.2.2.1　管架设置原则

为满足管系的柔性要求，在支承管道荷载的同时，防止管系产生过量变形，是设置管架时必须考虑的两个最基本的问题。其具体要求有如下：

（1）严格控制管架间距不要超过管道的基本跨距（即管架的最大间距）的要求，尤其是水平管道的承重架间距更不应超过许用值，这是控制挠度不超限的需要。

（2）应满足管系柔性要求

① 宜利用管道的自支撑作用，少设置或不设置管架。

② 宜利用管系的自然补偿能力，合理分配管架点和选择管架类型。注意在同一段直管段上，不能设置两个或两个以上的轴向限位架。

③ 长距离敷设的管道，应在适当的位置设置导向管架，增加管系的稳定性，在管道改变方向处，导向管架的设置应避免影响到管道的自然补偿。

④ 在设置管架的过程中，如发现有与两台设备的接管口相连接的同一轴向直连管道时，应及时通知有关设计专业改变管道布置，或选用补偿器，或采用其它措施消除热胀冷缩对设备接管口受力和管系柔性的不利影响。

⑤ 经管系柔性分析和应力计算以及动力分析确定了的约束点位置和约束形式，设计时应满足分析要求，不得擅自处理和变更。

（3）管架生根点的确定，充分了解管道与周围环境情况，如管道附近建构筑物和设备布置情况，合理选择管架生根点（其承受荷载较大时，应注意征得有关专业同意）。

① 宜利用已有的建筑物、构筑物的构件以及管廊的梁柱来支承管架。建筑物如墙也可以作为管架的生根点。

② 宜利用设备作管架生根点，必要时大管也可作为荷载小的小管管架的生根点。

③ 若管架不能利用①项和②项生根时，应利用地面或地面基础生根。

④ 有管架就要确定生根点，无处生根或难以找到合适生根点的管架，就必须以改变该管道走向的方式重新设置相应的管架。

（4）管架位置

① 管架位置应不妨碍管道与设备的安装和检修。需经常拆卸、清扫和维修的部位，不得设置任何型式的管架。

② 为维修方便，应尽可能避免在拆卸管段时配备临时管架。

③ 不应妨碍操作和人员通行。

④ 管架设置宜数量少，结构简单，经济合理，但又要确保安全可靠，既能减缓和抑制振动，又能抵御地震、风载等恶劣环境的影响。

4.2.2.2 管架设置要求

（1）承重架的设置　有上悬条件的可选用悬吊式管架，有下支条件的可选用支撑式管架。下列情况应设置承重架：

① 水平敷设的管道按正常要求设置管架，应符合两相邻架间的距离不大于水平管道的基本跨距的规定。

② 具有垂直管段的管系，宜在垂直重心以上部位设置管架，如果需要也可移至管系下部。

③ 可在弯管附近或大直径三通式分支管处附近设置管架。

④ 应在集中荷载大的阀门以及管道组成件附近设置管架。

⑤ 可在设备接管口附近设置管架。

⑥ 应在需要承受安全阀排气管道的重力和推力的场合设置管架。

（2）限制性管架的设置　设置限制性管架除应控制管道的热位移外，还应有防止管道振动的作用，如图 4.2-2 所示。

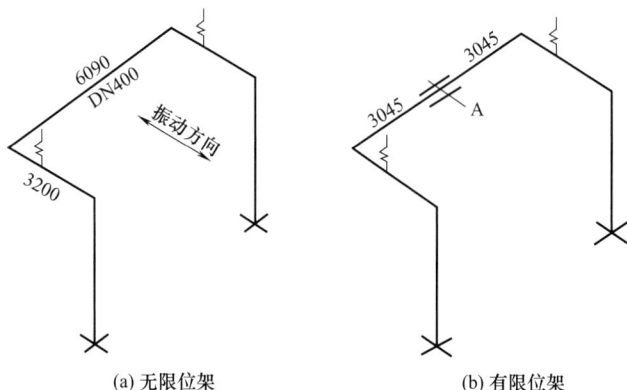

(a) 无限位架　　　　　　　　(b) 有限位架

图 4.2-2　水平限位架消除管道振动实例

图 4.2-2（a）表示管系未设置限位架时，由于采用了两个弹簧吊架，管道的固有频率仅为 $0.9s^{-1}$ 左右，受外力时很容易引起振动。图 4.2-2（b）表示管系增加限位架，管道的固有频率达到 $1.8s^{-1}$ 以上，达到了消除振动的目的。

① 当垂直管段很长时，除必要的承重架外，还应在管段中间设置适当数量的导向架。

② 当铸铁阀门承受较大的弯矩时，应在其两侧应设导向架。

③ 为控制敏感设备（如机泵）接管口的力和力矩，一般应在接管口附近的直管段上设置导向架或其它类型的限位架，如图 4.2-3 所示。

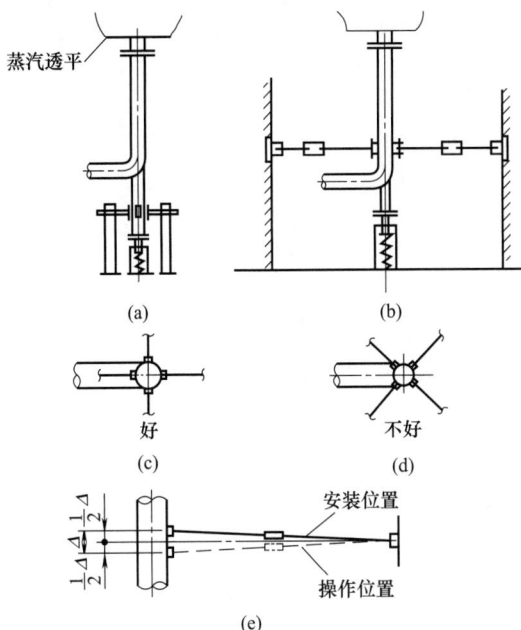

图 4.2-3　保护蒸汽透平机接管口管架

图 4.2-3（a）表示在弯管支架下端安装可调限位架的情况，四个方向限位，使管道只能沿垂直方向膨胀，避免了因弯头处产生水平位移而使设备接管口受到弯曲应力的作用。图 4.2-3（b）表示四根带有松紧螺母的拉杆固定在基础上，同样起到了图 4.2-3（a）的作用；拉杆不能过短，以免倾斜角过大阻碍管道沿垂直方向的顺利膨胀。为保护拉杆冷热态松紧一致，安装时可预先偏置 0.5Δ（位移），如图 4.2-3（e）所示。图 4.2-3（c）和图 4.2-3（d）表示了四根拉杆在管道上具体安装位置的好与不好（指可调性的好坏）的情况。

④ 为分割管系成为两段或多段，以充分利用各段的自然补偿能力，使位移有较为合理的分配，或控制热膨胀方向沿着所希望的方向位移等情况，应设置导向架、轴向限位架，甚至固定架。

⑤ 设置限制性管架时要十分谨慎，对于柔性分析和应力计算管系应通过管系柔性分析与应力计算结果来最终确认。

（3）弹簧架的设置　按照管道基本跨距以及其它特殊要求，在某点需要承重，但该点又有垂直方向热位移，若选用刚性支吊架，则有可能造成该管架在操作时因管道脱空而失重，引起荷载的再分配，对管系柔性和相邻管架的强度均有不良影响；也有可能使机泵等敏感设备接管口的力和力矩不但不会减少，反而会增加，因此，类似上述场合宜选用弹簧支吊架。

（4）防振管架的设置　选用防振架的目的是为约束振动管系，提高其固有频率。避免管系发生共振，但约束管系后又限制了该管系的热胀冷缩的自由，所以一般应通过管系静力分析和动力分析来综合考虑防振管架的设置。防振架应单独生根于地面基础上，并与建筑物隔离，以避免将振动传递到建筑物上。

（5）补偿器管架的设置　对具有补偿器（波纹补偿器、套筒式补偿器、软管等）的管系，除遵守一般管系布架的要求外，还得遵守合格的补偿器生产厂商提供的规定和要求进行布架。

4.2.2.3　一般管道的管架设置

（1）一般性要求：安全可靠、经济合理、整齐美观、生根牢固。

（2）沿地面或浅沟敷设的管道，可设管架基础（管墩）支承，地沟管道应支在横梁式管架上，并设置相应的导向架和轴向限位架。

（3）不保温、不保冷的常温碳钢管道除非有坡度要求外，可不设置管托。

（4）非金属或金属衬里管道不宜用焊接管托，而用带管卡的管托。

（5）保温管托适宜高度与绝热层的厚度有关，通常可按表 4.2-12 和表 4.2-13 来选取。当绝热层厚度特别厚时，管托高度视管道大小并根据管道布置情况做特殊处理。

表 4.2-12　保温管托高度选用表

管径	保温厚度 T/mm				
	$T \leqslant 75$	$75 < T \leqslant 110$	$110 < T \leqslant 160$	$160 < T \leqslant 210$	$210 < T \leqslant 260$
DN600 及以下	100	150	200	—	—
DN600 以上	150	150	200	250	300

表 4.2-13　保冷管托高度选用表

保冷厚度 T/mm	$T \leqslant 50$	$50 < T \leqslant 100$	$100 < T \leqslant 150$	$150 < T \leqslant 200$	$200 < T \leqslant 250$
管托高度[①]/mm	100	150	200	250	300

① 管托高度指的是管道底部到管托底板底面的高度。

（6）大直径管和薄壁管宜选用鞍座。这样既可防止管道与支承件接触处管道表面的磨损，又利于管壁上应力分布趋向均匀化。

（7）对不锈钢、合金钢、铝和镀锌管，不宜使用焊接型管架。若不可避免地要使用焊接型管架，管架材料要与管道材料一致。这几类管道与碳钢管架（如碳钢管夹、管夹型管托和型钢等）接触处，应加垫隔离层。

（8）同一管系上不宜过多地连续使用单一的圆钢吊杆吊架。因为连续安装数个圆钢吊杆吊架，管道的横向阻力很小，容易引起摆动或振动。

一般管道典型的配管及布架如图 4.2-4（用管道轴测图表示）所示。

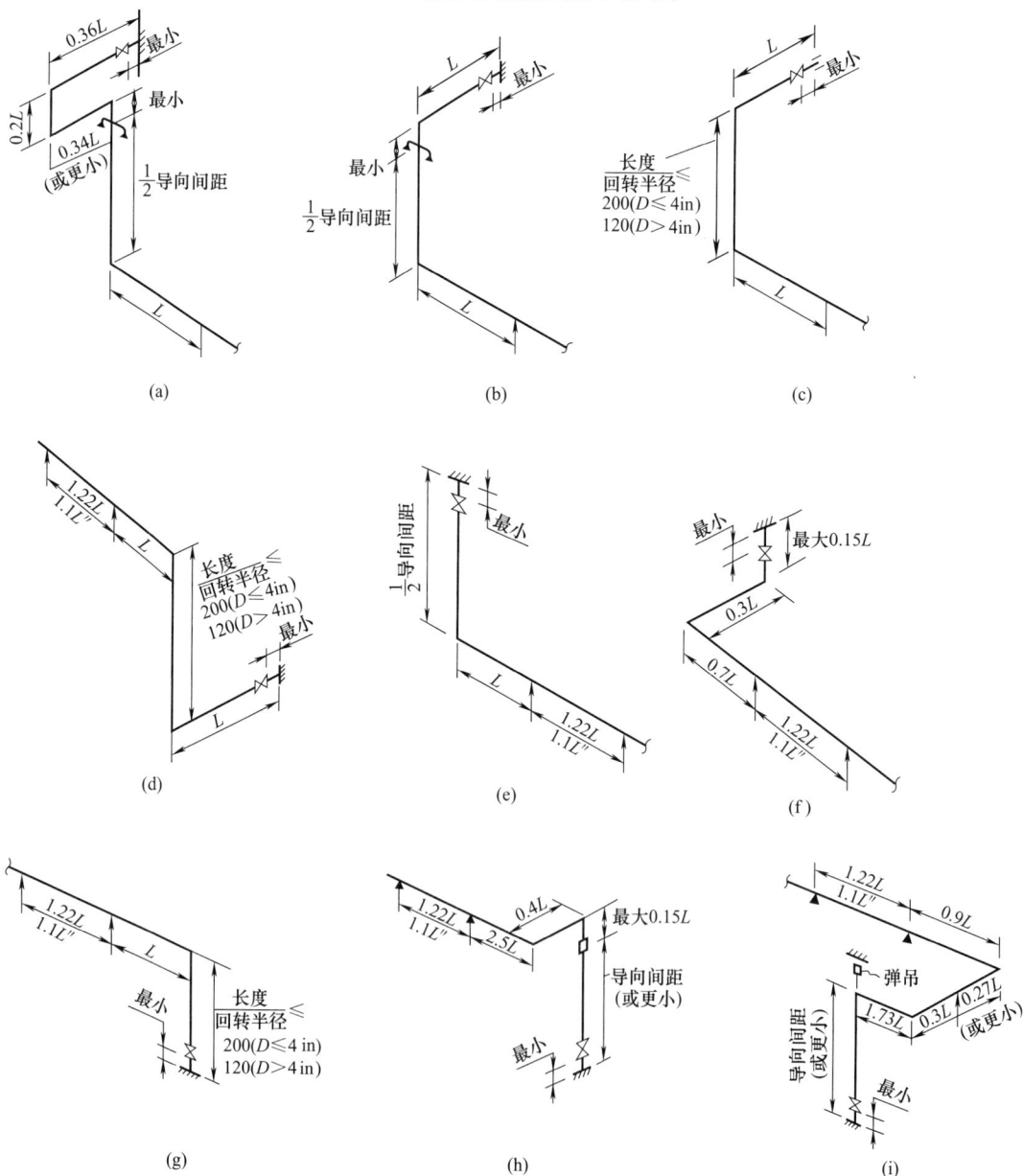

(a)　(b)　(c)

(d)　(e)　(f)

(g)　(h)　(i)

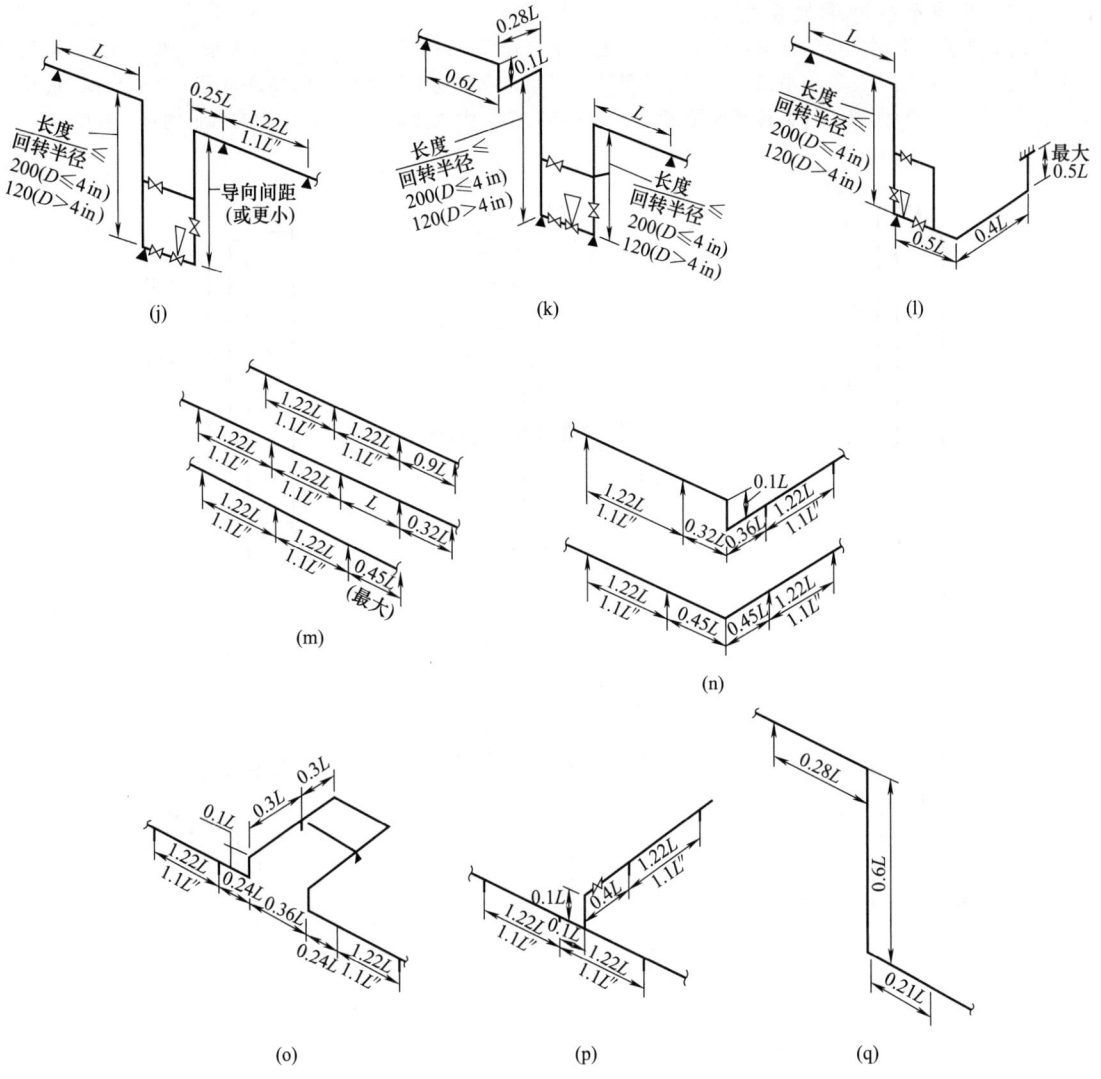

图 4.2-4　一般管道典型的配管及布架

L—装置内管道基本跨距；L''—装置外管道基本跨距；"最小"— 指可能做到的最小尺寸

4.2.2.4　槽罐管道的管架设置

一般对槽罐上部每根管道都设一个滑动承重架，当垂直管段较长时可再增设一个导向架。管架均生根在设备上，如图 4.2-5 所示。

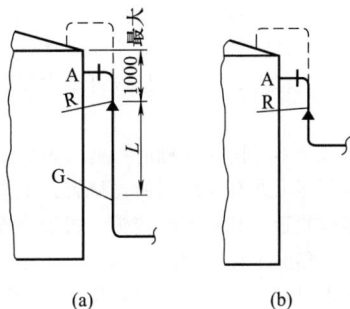

图 4.2-5　槽罐类设备上部接管管架

4.2.2.5 塔类管道的管架设置

（1）从塔顶或塔侧出口的管道，应尽量在靠近设备接管口处设立第一个管架，并为承重架，如需要再设第二个承重架时，则应为弹簧支吊架。一般在承重架的下面，应按规定间距设导向架。如图 4.2-6 所示。应特别注意最下面的一个导向架距管道转弯处距离，至少为导向架最大间距的 1/3，以免影响管道的自然补偿。

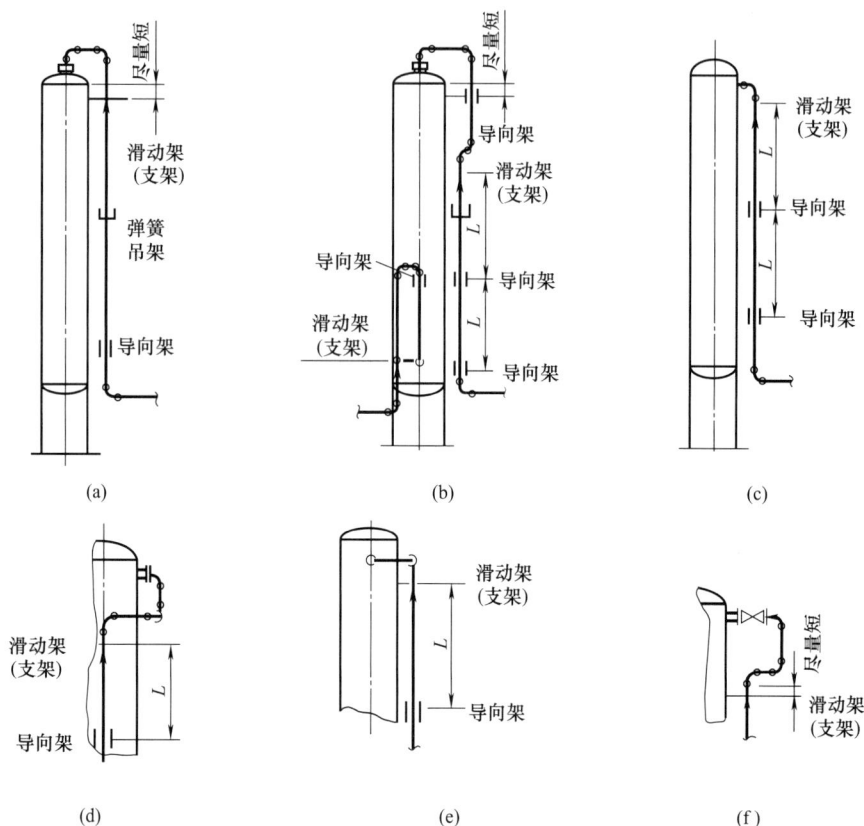

图 4.2-6 塔类管道支架

注：1. 图中"滑动架"为承重架。

2. 图（b）的下接口管道的承重架位置设在与管口相同标高处，对膨胀有利。

（2）管架原则上均生根在塔体上，距地面或通道平台 2.2m 以上。

（3）直接与塔侧接管口相连接的 ≥DN150（6in）的阀门下面，宜单独设置承重架，如图 4.2-7 所示。

4.2.2.6 泵类管道的管架设置

由于各类泵接管口均对荷载有一定的限制规定，因此在设置管架和热应力分析计算时，应注意遵守该规定。

（1）为使泵体少受管端力的作用，应在靠近泵的管段上设置恰当的支吊架，或设置必要的弹簧支吊架并做到泵检修或更换时管道不需另外设临时支吊架。

（2）若泵为侧面进口，顶部出口，则应在入口侧设支架或可调支架，出口上方应设吊架或弹簧吊架。

（3）若泵靠近其吸入料液罐布置，且又不是同一基础时，要考虑罐基础下沉引起的管道垂直位移对泵接管口的影响。要求在泵与罐间的连接管道上应有一定的柔性。一般是采用一组波纹管补偿器或软管或其它柔性接头，再加上设置适当的管架来解决因沉降差引起的相对垂直位移的不良影响。

（4）对于大型的水泵出口管要注意止回阀关闭时的推力作用。在止回阀及切断阀附近应有坚固的管架，以承受水击及重力荷载。

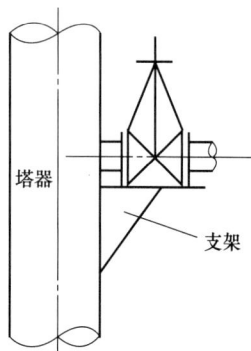

图 4.2-7 塔壁阀门支架

泵类进出口附件的管架间距应比一般管道小，约为一般管道基本跨距的 $1/2\sim1/3$。几种典型配管及布架实例，如图 4.2-8 所示。

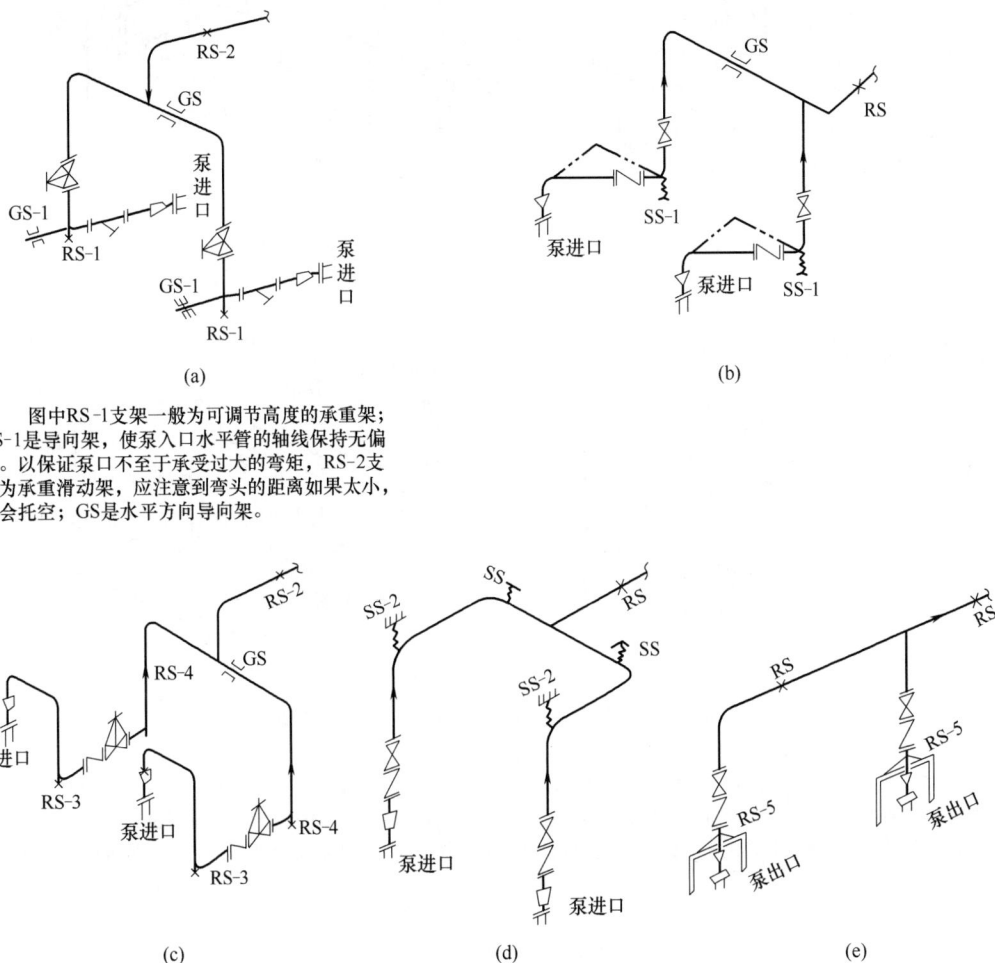

(a)

图中RS-1支架一般为可调节高度的承重架；GS-1是导向架，使泵入口水平管的轴线保持无偏移。以保证泵口不至于承受过大的弯矩，RS-2支架为承重滑动架，应注意到弯头的距离如果太小，将会托空；GS是水平方向导向架。

(b)

(c)　　　　(d)　　　　(e)

图中RS-3及RS-4可不用可调支架。　应注意泵出口管线的固有频率，如有必要可在SS-2下面垂直管段增加导向支架。　泵的管道为常温，RS-5采用支耳支承在落地的钢架上，这种类型不适用于高温管线。

图 4.2-8　泵类管道支吊架

注：1. 图 (a)～图 (d) 为热力管道；图 (e) 为常温管道。
　　2. 图中的 RS 为承重架，GS 为导向架（沿管道轴向可自由移动，限制管道侧向运动），SS 为弹簧架。

4.2.2.7　离心式压缩机及蒸汽透平管道管架设置

离心式压缩机及蒸汽透平管道管架应该按下列要点设置：

（1）离心式压缩机及蒸汽透平的管道，除管道应具有的足够柔性外，还应通过管架的合理设计，使压缩机和透平接管口所受的力和力矩控制在许用范围内。

（2）对管口向下的压缩机及蒸汽透平，管道支吊架宜采用弹簧支架或弹簧吊架。

（3）为减小管道对进出接管口上的力矩，宜在与接管口直接相连接的垂直管道上或靠近接管口的水平管道上设置导向架或其它限位架。

（4）几种典型配管及管架设置可按图 4.2-9 所示。

4.2.2.8　往复式泵和往复式压缩机管道管架设置

往复式泵和往复式压缩机管道管架应按下列要点设置：

（1）应避免管架生根在楼面、梁、墙和设备上，宜将管道固定于生根在地面基础上的牢靠的型钢架上，地面基础应是独立的。

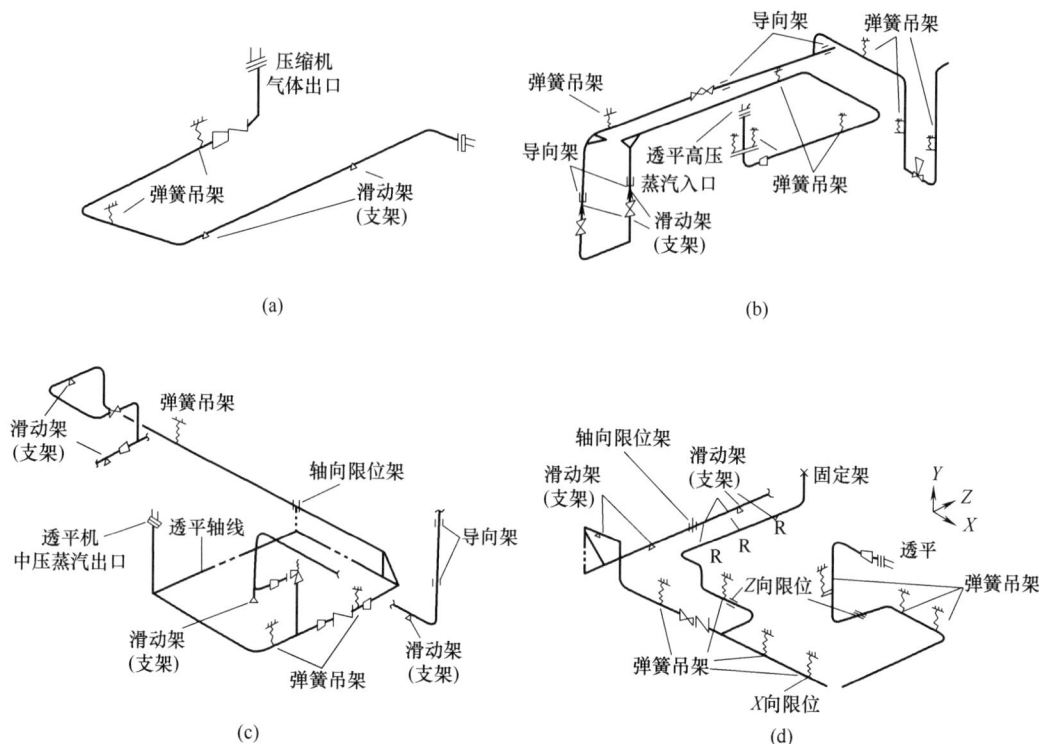

(a)

(b)

(c)

(d)

图 4.2-9　离心式压缩机、蒸汽透平管道管架

注：1. 图中的"滑动架"为"承重架"。

2. 靠近设备管口的支架大多采用弹簧架；有阀门的部位，应考虑管道的刚度，如图（b），当阀门开闭时，管道不至于扭转或弯曲或晃动；必要时，在有些地方需设置控制位移方向的限位架，如图（d）；有时限位架与设备管口在同一直线上，如图（c）。此类管道决定支架类型及位置也是有一定规律的。管支架位置及类型必须严格按照柔性计算的结果而定。

（2）弯头、阀门以及其它附加荷载集中处应设置承重架或导向架或其它限位架。

（3）应合理设置导向架和固定管夹，既要能抗振，又要不妨碍管道热胀位移。

（4）固定管托、管夹应有一定的弹性，用于吸收管道的振动。

（5）对于沿管廊布置的振动管道宜设置弹簧减振器。

（6）设置管架时还应注意压缩机各级进出口管道对气缸的作用力不应超过气缸的重量。否则会使气缸被抬起，因为有的压缩机气缸是用极简单的支承块支承的，如图 4.2-10 所示。

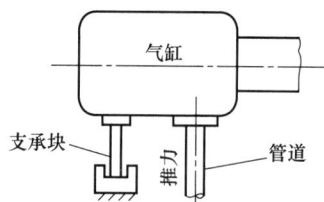

图 4.2-10　管道推力对气缸的影响

（7）其它管道不可与振动管道合用管架，以避免振动的传递。

（8）管架间距控制在振动管道的基本跨距之内。

（9）对于往复式压缩机的配管，其管架的设置宜通过对管系进行动力分析后确认。

（10）往复泵的管道与往复式压缩机的管道一样，注意防止振动也是最根本的，因此应参照往复式压缩机管道设置管架。

4.2.2.9　安全阀管道的管架设置

安全阀的管口承受外载引起的弯矩要求尽量小，以免阀体变形影响阀的性能。当设计管架时，除承受管道重力荷载外，还应注意泄放流体时产生的反力及其方向。有些安全阀入口管比出口管径小，应重视强度校核。安全阀出口管第一个管架的生根点比较重要，不宜生根在柔性大的钢结构上，同时支承点的垂直方向热位移应尽量小，合理地选择生根点以便采用刚性架。在温度较高的管道上，阀出口水平段"L"应有足够长，使管架不至于脱空，如图 4.2-11 所示。

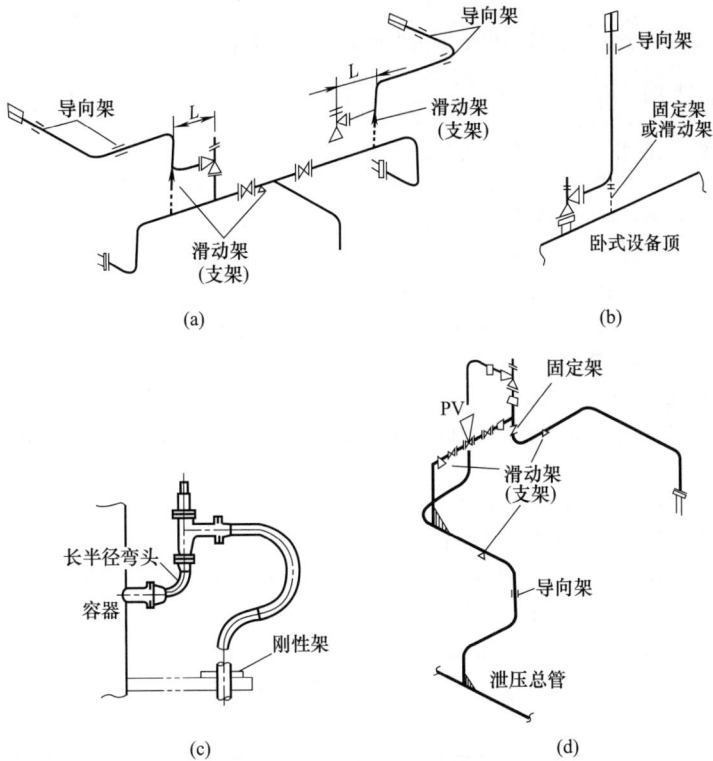

图 4.2-11 安全阀管道管架
注：图中的"滑动架"为"承重架"。

安全阀突然开启容易产生振动，特别是大口径、大压差的安全阀应注意防振，出口管为气液两相时，更应注意防振及避免水击。

安全阀出口排入大气的和排入泄压总管的管道及管架布置的实例，如图 4.2-11 所示。

4.2.2.10 调节阀组管道的管架设置

调节阀组最常见的布置为立面布置，如图 4.2-12 所示。这种阀组通常是在管道弯头下面设置管架。对于常温的管道可采用固定架，但如有热胀的管道，应根据柔性计算的要求，将一个管架设为固定架，另一个设为滑动架或导向架。

如果阀组很长，仅在阀组两端支撑会使阀组中间下垂较大时，应在中间增加一个管架，中间管架最好采用可调式管架以便安装。这样中间管架可为固定架，两端为滑动架或导向架，热胀时管道可向两端位移，如

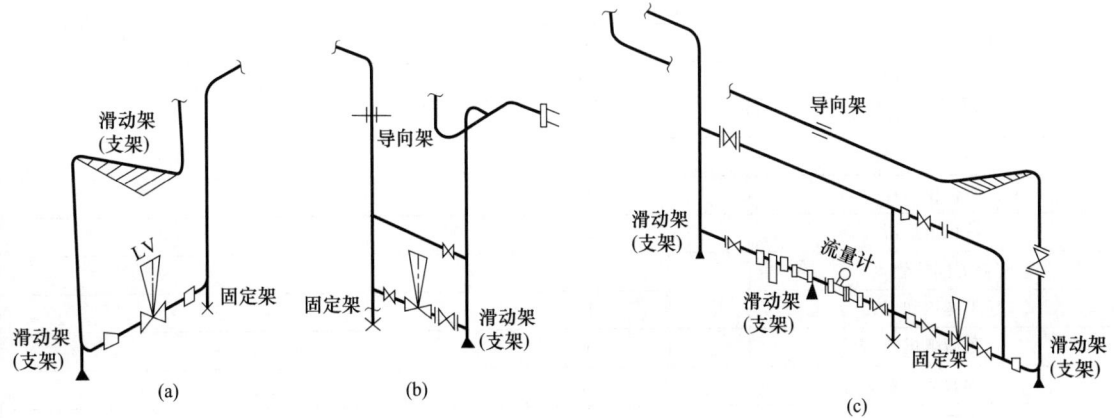

图 4.2-12 调节阀组管道管架
注：图中"滑动架"为"承重架"；LV 为调节阀。

图 4.2-12 所示。

应慎重设置固定架，对于热力管线都应依据柔性分析和应力计算的结果来选取。

4.2.3 管架类型选用

4.2.3.1 标准管架的选用（HG/T 20645.5—2022）

（1）应依据管道的操作条件、管道的布置要求以及支承点的荷载大小和方向、管道的位移情况、是否保温或保冷、管道的材质、建构筑物和设备的布置等条件选用合适的支吊架。

（2）设计时应尽可能地选用标准管架，可采用现行行业标准《管架标准图》（HG/T 21629）。

（3）弹簧支吊架应根据管道工作荷载、安装荷载、位移量及其方向，以及安装方式等确定弹簧的型号（从弹簧支吊架标准中查得）。然后根据弹簧所要求配套的吊杆和管道规格来选用相应的标准弹簧支吊架。

可变弹簧支吊架的标准为 NB/T 47039。

恒力弹簧支吊架标准为 NB/T 47038。

（4）由《管架标准图》（HG/T 21629）中的标准零部件组合构成的组合管架，应绘制一幅简化结构图，以便施工安装。

4.2.3.2 非标准管架的设计（HG/T 20645.5—2022）

（1）在选不到标准管架时应进行非标准管架的设计。

（2）在设计非标准管架时，首先应确定特殊型式的管架，并绘出结构草图，然后进行设计计算确认。

（3）经设计计算确认的管架，应按照制图规定绘制管架制造安装图。

4.2.3.3 管架编号（HG/T 21629—2021）

管架应依据类别、尺寸和序号进行编号。管架类别及代码见表 4.2-14。

表 4.2-14 管架类别及代码

管架类别	管架代码	备注
零部件	A	—
刚性吊架	B	—
弹簧支吊架	C	—
辅助钢结构	D	钢结构或预埋件生根
导向架	E	—
耳轴、支腿和耳座	F	—
辅助钢结构	G	地面或混凝土生根
可调支架	H	—
管托	J	—
限位架	K	—
保冷管架	L	—
非金属管道管架	M	部分类型可用于不锈钢管道
辅助钢结构	N	设备预焊件生根
PTFE 滑板	P	—
大管支撑小管	Q	含小支管加强架
刚性拉撑杆	R	—
液压阻尼器	S	—
高温隔热管架	T	—
U 形螺栓和管夹	U	—
黏滞阻尼器	V	—
碟簧减振架	W	—
弹簧减振器	X	—
杂项管架	Y	不易分类的管架

4.2.3.4　管架标准图索引表（HG/T 21629—2021）

管架标准图索引见表 4.2-15。

表 4.2-15　管架标准图索引

管架编号	示意图	图号	图名	管架编号	示意图	图号	图名
A1		C.1-1	U 形螺栓	A9		C.1-9	标准型铬钼钢 3 螺栓管夹（426～550℃）
A2		C.1-2	标准型 2 螺栓管夹	A10		C.1-10	重载型铬钼钢 3 螺栓管夹（426～550℃）
A3		C.1-3	重载型 2 螺栓管夹	A11		C.1-11	单孔吊板
A4		C.1-4	法兰用 U 形管夹（1/2″～2″）	A12		C.1-12	直管用吊板
A5		C.1-5	减振用 U 形管夹	A13		C.1-13	90°弯头用吊板
A6		C.1-6	可调节的 U 形管夹	A14		C.1-14	U 形吊耳
A7		C.1-7	标准型 3 螺栓管夹	A15		C.1-15	花篮螺母
A8		C.1-8	重载型 3 螺栓管夹	A16		C.1-16	U 形螺母

管架编号	示意图	图号	图名	管架编号	示意图	图号	图名
A17		C.1-17	单孔吊板	A27		C.1-27	吊杆连接螺母
A18		C.1-18	横担	A28		C.1-28	高温隔热管用3螺栓管夹
A19		C.1-19	吊环螺母	A29		C.1-29	高温隔热管用重载型管夹
A20		C.1-20	不保温立管用3螺栓管夹	A30		C.1-30	单孔U形吊耳
A21		C.1-21	防振型4螺栓管夹	A31		C.1-31	单孔长吊板
A22		C.1-22	保冷管用2螺栓管夹	B1～B4		C.2-1	管夹式刚性吊架（1/2″～36″）
A23		C.1-23	保冷管用3螺栓管夹	B5～B8		C.2-2	吊杆式刚性吊架
A24		C.1-24	保冷管用4螺栓管夹	B9～B12		C.2-3	秋千式刚性吊架
A25		C.1-25	保冷管用重载型管夹	C1		C.3-1	上螺纹连接式可变弹簧吊架
A26		C.1-26	不锈钢隔离层	C2～C5		C.3-2	单吊耳/双吊耳/上调节/下调节式可变弹簧吊架

管架编号	示意图	图号	图名	管架编号	示意图	图号	图名
C6		C.3-3	可变弹簧支架	D1		C.4-1	筋板和垫板
C7		C.3-4	秋千式可变弹簧吊架	D2		C.4-2	端焊悬臂架
C8~C11		C.3-5	力矩平衡式恒力吊架	D3		C.4-3	侧焊悬臂架
C12/C13		C.3-6	主辅弹簧式恒力吊架	D4		C.4-4	悬臂架（梁上生根）
C14/C15		C.3-7	主辅弹簧式多簧并联恒力吊架	D5		C.4-5	端焊三角架
C16		C.3-8	主辅弹簧式恒力支架	D6		C.4-6	侧焊三角架
C17		C.3-9	主辅弹簧式双簧并联恒力吊架	D7		C.4-7	L形/倒L形架
C18		C.3-10	双簧对称式恒力吊架	D8		C.4-8	门形/倒门形架（角钢和槽钢）
C19		C.3-11	双簧对称式恒力支架	D9		C.4-9	半门形/倒半门形架（角钢和槽钢）
CGEN1	无	C.3-12	弹簧吊架管部结构的允许荷载	D10		C.4-10	辅助梁
CGEN2	无	C.3-13	弹簧数据表	D11		C.4-11	辅助柱

管架编号	示意图	图号	图名	管架编号	示意图	图号	图名
D12		C.4-12	T 形/倒 T 形架	E3		C.5-3	管托的压扣型导向架
D13		C.4-13	门形/倒门形架（H 型钢）	E4		C.5-4	结构型导向/限位架
D14		C.4-14	半门形/倒半门形架（H 型钢）	E5		C.5-5	弹簧支架或可调支架的导向/限位架
D15		C.4-15	水平 T 形架	E6		C.5-6	竖管耳轴的导向/限位架
D16		C.4-16	水平门形/井形架	E7		C.5-7	耳轴的压扣型导向/限位架
D17		C.4-17	并排双三角架	E8		C.5-8	水平双耳轴的导向架
D18		C.4-18	双角钢/槽钢悬臂架	E9		C.5-9	不保温管的管夹型导向架(6″~24″)
D19		C.4-19	双槽钢三角架	E10		C.5-10	保温/保冷立管的承重/导向架(1/2″~6″)
D20		C.4-20	门形架（槽钢与 H 型钢组合）	E11		C.5-11	立管的两方向导向架
E1		C.5-1	不保温管的导向架(1/2″~36″)	E12		C.5-12	立管的四方向导向架
E2		C.5-2	管托的导向架	F1		C.6-1	耳轴的补强板

续表

管架编号	示意图	图号	图名	管架编号	示意图	图号	图名
F2		C.6-2	弯头的竖直耳轴	F17		C.6-12	立管用耳座
F3		C.6-3	水平管的竖直耳轴	F18		C.6-13	虾米弯支座
F4		C.6-4	竖直弯头的水平耳轴	F19		C.6-14	斜管的竖直耳轴
F5		C.6-5	水平弯头的水平耳轴	F20		C.6-15	小管径三通和弯头用支架（1/2″～2″）
F6/F7		C.6-6	立管的耳轴	FGEN1	无	C.6-16	耳板和耳轴与主管连接处的局部应力校核
F8/F9		C.6-7	水平管的水平耳轴	G1		C.7-1	地面锚板
F10		C.6-8	小管径立管的耳板（1/2″～2″）	G2		C.7-2	混凝土锚板（膨胀螺栓）
F11/F12		C.6-9	立管的 L 形耳轴	G3		C.7-3	混凝土锚板（化学螺栓）
F13/F14		C.6-10	水平管的 L 形耳轴	G4		C.7-4	地面上生根的 T 形架
F15/F16		C.6-11	16″及以上立管用导向耳轴	G5		C.7-5	地面上生根的门形架

管架编号	示意图	图号	图名	管架编号	示意图	图号	图名
G6		C.7-6	地面上生根的门形架（槽钢和 H 型钢组合）	G17		C.7-17	混凝土上生根的水平井形架
G7		C.7-7	连接板型管道支腿（1/2″~6″）	H1		C.8-1	可调支架（2″~24″）
G8		C.7-8	U 形螺栓/管卡型管道支腿（1/2″~6″）	H2		C.8-2	短可调支架（2″~24″）
G9		C.7-9	罐的支腿（−20~300℃）	H3		C.8-3	大管用可调支架
G10		C.7-10	软管站用支架	J1		C.9-1	焊接式管托（1/2″~24″）
G11		C.7-11	混凝土上生根的悬臂架	J2		C.9-2	管夹式管托（1/2″~24″）
G12		C.7-12	混凝土上生根的三角架	J3		C.9-3	大管焊接式管托（26″~160″）
G13		C.7-13	混凝土上生根的 L 形/倒 L 形架	J4		C.9-4	大管管夹式管托（26″~72″）
G14		C.7-14	混凝土上生根的门形/倒门形架	J5~J8		C.9-5	多向管夹式管托（1/2″~24″）
G15		C.7-15	混凝土上生根的水平 T 形架	J9~J12		C.9-6	多向大管管夹式管托（26″~72″）
G16		C.7-16	混凝土上生根的水平门形架	J13		C.9-7	带垫板的焊接式管托（1/2″~24″）

管架编号	示意图	图号	图名	管架编号	示意图	图号	图名
J14		C.9-8	100 长管夹式管托（1/2″～2 1/2″）	K3		C.10-3	大管的限位架
J15/J16		C.9-9	8″及以上立管用焊接式管托	K4		C.10-4	焊接型固定架
JGEN1	无	C.9-10	J1 和 J13 的允许荷载	L1		C.11-1	标准长度的保冷管托（1/2″～72″）
JGEN2	无	C.9-11	J2、J5、J6、J7 和 J8 的允许荷载	L2		C.11-2	最小长度的保冷管托（1/2″～72″）
JGEN3	无	C.9-12	J3 的允许荷载	L3		C.11-3	高度和长度可变的保冷管托（1/2″～72″）
JGEN4	无	C.9-13	J4、J9、J10、J11 和 J12 的允许荷载	L4		C.11-4	保冷立管的导向管托（1/2″～6″）
JGEN5	无	C.9-14	J14 的允许荷载	L5		C.11-5	保冷管道的管托型限位架（1/2″～72″）
JGEN6	无	C.9-15	J15 和 J16 的允许荷载	L6		C.11-6	保冷管道的耳轴型限位架（3″～72″，大荷载，非首选）
K1		C.10-1	不保温管的限位架（1/2″～36″）	L7		C.11-7	结构上生根的保冷立管导向架（1/2″～6″）
K2		C.10-2	绝热管的限位架（1/2″～24″）	L8		C.11-8	结构上或设备上生根的保冷立管导向架（1/2″～6″）

续表

管架编号	示意图	图号	图名	管架编号	示意图	图号	图名
L9		C.11-9	地面上生根的保冷管固定架（1/2″～2″）	L23		C.11-19	立管用保冷耳座
L10		C.11-10	地面上生根的保冷管架（1/2″～36″）	L24		C.11-20	设备预焊件的保冷块
L11		C.11-11	温度低于−40℃的不保冷管管夹式管托（3″～40″）	L25		C.11-21	最小长度的无鞍座保冷管托（1/2″～72″）
L12		C.11-12	温度低于−40℃的不保冷管管夹式管托（1/2″～2″）	LGEN1	无	C.11-22	保冷管架的综合注释
L13		C.11-13	耳轴管的保冷管托	LGEN2	无	C.11-23	保冷管托详图（1/2″～72″）
L14		C.11-14	耳轴管的保冷块（1/2″～72″）	LGEN3	无	C.11-24	保冷管托详图（1/2″～72″）
L15		C.11-15	标准型保冷管的吊架组件（1/2″～36″）	LGEN4	无	C.11-25	外止推环和防滑挡环详图
L16		C.11-16	重载型保冷管的吊架组件（6″～36″）	MA1		C.12-1	U形螺栓（1/2″～16″，−20～120℃，非金属管）
L17～L20		C.11-17	多向保冷管托（1/2″～72″）	MA2		C.12-2	紧固型U形管卡（2″～14″，−20～120℃，非金属管）
L21/L22		C.11-18	8″及以上立管用焊接式导向保冷管托	MA3		C.12-3	非紧固型U形管卡（2″～24″，−20～120℃，非金属管）

续表

管架编号	示意图	图号	图名	管架编号	示意图	图号	图名
MA4		C.12-4	管夹用橡胶套（非金属管）	MF5		C.12-13	水平/竖直管道的双水平耳轴（非金属管）
MA5		C.12-5	法兰用U形管夹（1/2″～2″，−20～120℃，非金属管）	MJ1		C.12-14	管夹式管托（1/2″～24″，−20～120℃，非金属管）
MB1～MB4		C.12-6	管夹式刚性吊架（1/2″～36″，−20～120℃，非金属管）	MJ2		C.12-15	大管管夹式管托（26″～72″，−20～120℃，非金属管）
MD1		C.12-7	连续梁（非金属管）	MJ3～MJ6		C.12-16	多向管夹式管托（1/2″～24″，−20～120℃，非金属管）
ME1		C.12-8	立管用导向承重架（1/2″～24″，非金属管）	MJ7～MJ10		C.12-17	多向大管管夹式管托（26″～72″，−20～120℃，非金属管）
MF1		C.12-9	弯头的竖直耳轴（非金属管）	MJ11		C.12-18	100长管夹式管托（1/2″～2 1/2″，−20～120℃，非金属管）
MF2		C.12-10	水平管的竖直耳轴（非金属管）	MK1		C.12-19	管夹式限位架（1/2″～30″，非金属管）
MF3		C.12-11	水平/竖直弯头的水平耳轴（非金属管）	MK2		C.12-20	管夹式限位架（1/2″～72″，非金属管）
MF4		C.12-12	水平/竖直管道的水平耳轴（非金属管）	MU1		C.12-21	固定或导向用U形螺栓（1/2″～16″，−20～120℃，非金属管）

管架编号	示意图	图号	图名	管架编号	示意图	图号	图名
MU2		C.12-22	带角钢的固定或导向用 U 形螺栓（1/2″～16″，−20～120℃，非金属管）	N5		C.13-5	设备上生根的 T 形架
MU3		C.12-23	固定或导向用 U 形管卡（2″～24″，−20～120℃，非金属管）	N6		C.13-6	设备上生根的等高门形架
MU4		C.12-24	带角钢的固定或导向用 U 形管卡（2″～24″，−20～120℃，非金属管）	N7		C.13-7	设备上生根的不等高门形架
MU5		C.12-25	法兰用 U 形管卡（1/2″～2″，−20～120℃，非金属管）	N8		C.13-8	设备预焊件用连接板和螺栓
MY1		C.12-26	弧形垫板（1/2″～36″，非金属管）	NGEN1	无	C.13-9	预焊件绝热层详图及预焊件长度确定原则
MY2		C.12-27	水平管道法兰支架（1/2″～24″，非金属管）	NGEN2	无	C.13-10	立式设备筒体预焊件条件表
MY3		C.12-28	竖直管道法兰支架（1/2″～6″，非金属管）	NGEN3	无	C.13-11	立式设备封头预焊件条件表
MY4		C.12-29	竖直管道法兰支架（3″～24″，非金属管）	NGEN4	无	C.13-12	卧式设备筒体预焊件条件表
N1		C.13-1	设备上生根的单悬臂架	NGEN5	无	C.13-13	卧式设备封头预焊件条件表
N2		C.13-2	设备上生根的双悬臂架	NGEN6	无	C.13-14	球形设备预焊件条件表
N3		C.13-3	设备上生根的单三角架	P1		C.14-1	尺寸固定的 PTFE 滑板
N4		C.13-4	设备上生根的双三角架	P2		C.14-2	尺寸可变的 PTFE 滑板

续表

管架编号	示意图	图号	图名	管架编号	示意图	图号	图名
PGEN1	无	C.14-3	PTFE 滑板的设计、制造和施工说明	Q9		C.15-9	小支管加强架（安全阀，1/2″～2″）
Q1		C.15-1	大管用角钢支撑小管（1/2″～4″，不保温管）	Q10		C.15-10	小支管加强架（焊接型，1/2″～2″）
Q2		C.15-2	大管用角钢支撑小管（1/2″～4″）	Q11		C.15-11	小支管加强架（U 形螺栓/管卡，1/2″～2″，－20～300℃）
Q3		C.15-3	大管用角钢支撑小管（1/2″～2″）	Q12		C.15-12	小支管加强架（排净、放空和仪表，1/2″～2″）
Q4		C.15-4	大管用角钢支撑小管（1/2″～2″）	Q13		C.15-13	小支管加强架（放空和仪表，1/2″～2″）
Q5		C.15-5	在大管的管托或耳轴上支撑小管（1/2″～6″）	Q14		C.15-14	小支管加强架（引压管，1/2″～2″）
Q6		C.15-6	在大管的管托或耳轴上支撑小管（1/2″～6″）	Q15		C.15-15	小支管加强架（钢管撑，1/2″～2″）
Q7		C.15-7	在大管的管托或耳轴上支撑小管（1/2″～6″）	Q16		C.15-16	小支管加强架（保冷管，1/2″～2″）
Q8		C.15-8	大管支撑小管（安装示意）	R1		C.16-1	管夹型刚性拉撑杆

管架编号	示意图	图号	图名	管架编号	示意图	图号	图名
R2		C.16-2	管夹型刚性拉撑杆（直管耳轴）	R10		C.16-10	夹角可变的等长双刚性拉撑杆（特殊的动态管夹）
R3		C.16-3	管夹型刚性拉撑杆（弯头耳轴）	R11		C.16-11	夹角为90°的等长或不等长双刚性拉撑杆组合架（特殊的动态管夹）
R4		C.16-4	管夹型刚性拉撑杆（双耳轴）	RGEN1	无	C.16-12	刚性拉撑杆数据表
R5		C.16-5	焊接型刚性拉撑杆（直管耳轴）	S1		C.17-1	管夹型液压阻尼器
R6		C.16-6	焊接型刚性拉撑杆（弯头耳轴）	S2		C.17-2	管夹型液压阻尼器（直管耳轴）
R7		C.16-7	焊接型刚性拉撑杆（双耳轴）	S3		C.17-3	管夹型液压阻尼器（弯头耳轴）
R8		C.16-8	夹角可变的等长双刚性拉撑杆组合架	S4		C.17-4	管夹型液压阻尼器（双耳轴）
R9		C.16-9	夹角为90°的等长或不等长双刚性拉撑杆组合架	S5		C.17-5	焊接型液压阻尼器（直管耳轴）

管架编号	示意图	图号	图名	管架编号	示意图	图号	图名
S6		C.17-6	焊接型液压阻尼器（弯头耳轴）	T3		C.18-3	大管焊接式高温隔热管托（26″~160″）
S7		C.17-7	焊接型液压阻尼器（双耳轴）	T4		C.18-4	高温隔热限位管托（1/2″~48″）
S8		C.17-8	夹角可变的等长双液压阻尼器组合架	T5		C.18-5	耳轴管的高温隔热管托
S9		C.17-9	夹角为90°的等长或不等长双液压阻尼器组合架	T6		C.18-6	耳轴管的高温隔热块（1/2″~72″）
S10		C.17-10	夹角可变的等长双液压阻尼器（特殊的动态管夹）	T7		C.18-7	标准型高温隔热吊架组件（1/2″~36″）
S11		C.17-11	夹角为90°的等长或不等长双液压阻尼器组合架（特殊的动态管夹）	T8		C.18-8	重载型高温隔热吊架组件（6″~36″）
SGEN1	无	C.17-12	液压阻尼器数据表	T9~T12		C.18-9	双管夹式多向高温隔热管托（1/2″~48″）
T1		C.18-1	双管夹式高温隔热管托（1/2″~48″）	T13~T16		C.18-10	全管夹式多向高温隔热管托（1/2″~48″）
T2		C.18-2	全管夹式高温隔热管托（1/2″~48″）	T17/T18		C.18-11	8″及以上立管用焊接式高温隔热管托

管架编号	示意图	图号	图名	管架编号	示意图	图号	图名
T19		C.18-12	立管用高温隔热耳座	U3		C.19-3	带承重块的 U 形螺栓（1/2″～6″）
T20		C.18-13	最小长度的高温隔热管托（1/2″～24″）	U4		C.19-4	角钢和 U 形螺栓/管卡组成的托吊架（1/2″～10″）
TGEN1	无	C.18-14	高温隔热管架的综合注释	U5		C.19-5	槽钢和 U 形螺栓组成的管架（1/2″～16″）
TGEN2	无	C.18-15	高温隔热管托（T1、T9～T12）详图（1/2″～48″）	U6		C.19-6	法兰用 U 形管夹（1/2″～2″，－20～300℃）
TGEN3	无	C.18-16	高温隔热管托（T2、T4、T13～T16）详图（1/2″～48″）	V1		C.20-1	水平管用单黏滞阻尼器
TGEN4	无	C.18-17	高温隔热管托（T20）详图（1/2″～24″）	V2		C.20-2	水平管用双黏滞阻尼器
U1		C.19-1	固定或导向用 U 形螺栓（1/2″～36″）	V3		C.20-3	立管用单黏滞阻尼器
U2		C.19-2	带角钢的固定或导向用 U 形螺栓（1/2″～36″）	V4		C.20-4	立管用双黏滞阻尼器

管架编号	示意图	图号	图名	管架编号	示意图	图号	图名
VGEN1	无	C.20-5	黏滞阻尼器数据表	X5		C.22-5	焊接型弹簧减振器（直管耳轴）
W1		C.21-1	不保温管的碟簧减振架（1/2″～24″，无横向位移）	X6		C.22-6	焊接型弹簧减振器（弯头耳轴）
W2		C.21-2	不保温管的碟簧减振架（1/2″～24″，有横向位移）	X7		C.22-7	焊接型弹簧减振器（双耳轴）
W3		C.21-3	保温/保冷管的碟簧减振架（1/2″～24″，无横向位移）	X8		C.22-8	夹角可变的等长双弹簧减振器组合架
W4		C.21-4	保温/保冷管的碟簧减振架（1/2″～24″，有横向位移）	X9		C.22-9	夹角为90°的等长或不等长双弹簧减振器组合架
X1		C.22-1	管夹型弹簧减振器	X10		C.22-10	夹角可变的等长双弹簧减振器（特殊的动态管夹）
X2		C.22-2	管夹型弹簧减振器（直管耳轴）	X11		C.22-11	夹角为90°的等长或不等长双弹簧减振器组合架（特殊的动态管夹）
X3		C.22-3	管夹型弹簧减振器（弯头耳轴）	XGEN1	无	C.22-12	弹簧减振器数据表
X4		C.22-4	管夹型弹簧减振器（双耳轴）	Y1		C.23-1	用于不锈钢裸管的垫板

管架编号	示意图	图号	图名	管架编号	示意图	图号	图名
Y2		C.23-2	弧形垫板 （1/2″～36″）	Y4		C.23-4	格栅板夹板
Y3		C.23-3	法兰支架 （3″～24″）				

注：管架标准图索引和管架标准图中公称直径表采用英寸（″）的表示方法。

4.2.3.5 固定管架的选用

化工行业有管架标准图（HG/T 21629），常用支吊架型式已基本形成系列化。这些支吊架系列包括平（弯）管支托、假管支托、型钢支架、悬臂支架、管托、管卡、摩擦减振支架、吊架等。

（1）管卡 管卡是一种应用比较广泛的支架形式，它常与梁柱或其它支架（如悬臂支架等）配合使用，用于非隔热管道，也可用于保冷管道。一般由扁钢或圆钢制作。常用的管卡形式如图 4.2-13 所示。

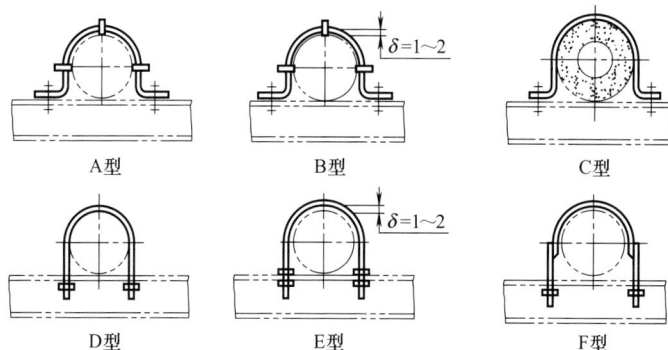

图 4.2-13 管卡系列示意

图 4.2-16 给出了 A、B、C、D、E、F 六种管卡，其应用情况分述如下：

A 型管卡常配有支耳板。当它们与悬臂支架配合用于竖管时，可起承重作用；当它们与水平梁配合用于水平管时，可起止推作用。该管卡的承载能力取决于扁钢的宽度、螺栓的数量、支耳板的大小和数量，一般情况它适用于 DN80～DN350 的光管承重或止推。

B 型管卡既可与悬臂支架配合，又可与水平支承梁配合，用于 DN80～DN350 光管（竖直或水平）的导向。

C 型管卡专用于保冷管道的承重和导向。当它用于竖直管子的承重时，限用于 DN50 以下的管子，当管子直径较大时，应辅以其它承重支架。

D 型和 E 型管卡均用圆钢做支架零部件，形式较简单。又由于它沿管子切向拉紧，可获得较大的卡紧力，故不大于 DN50 的竖直光管常以 D 型管卡进行承重。E 型常用于 DN15～DN150 的竖直或水平光管的导向，此时它的固定螺母为生根件，上下各一个，便于保证导向间隙。

F 型管卡常又称防振管卡，用于有机械振动的管道。该支架用扁钢做卡箍零部件以增大其受力面积，而以螺栓切向拉紧有利于增加支架的卡紧力，管卡与管子之间垫若干石棉块，既便于增加振动阻尼，又使管子能够有少量的轴向位移，固定螺母为双螺母，以防止因振动而脱落。

（2）吊架 吊架一般用于管子的承重。其刚度较小，与管子之间又不存在摩擦力，故它对管系的柔性限制较小。正因为它的刚度较小，降低了管系的稳定性，因此在一个管系中，不可全部用吊架承重。另外，当管子有较大的横向位移时，也不能选用吊架，一般规定吊架吊杆的偏转角不大于4°。何时选用吊架，何时选用其它形式的承重架，往往取决于可用的支架生根条件。当生根点位于被支撑管子的上面时，可考虑用吊架。常用的吊架形式如图4.2-14所示。

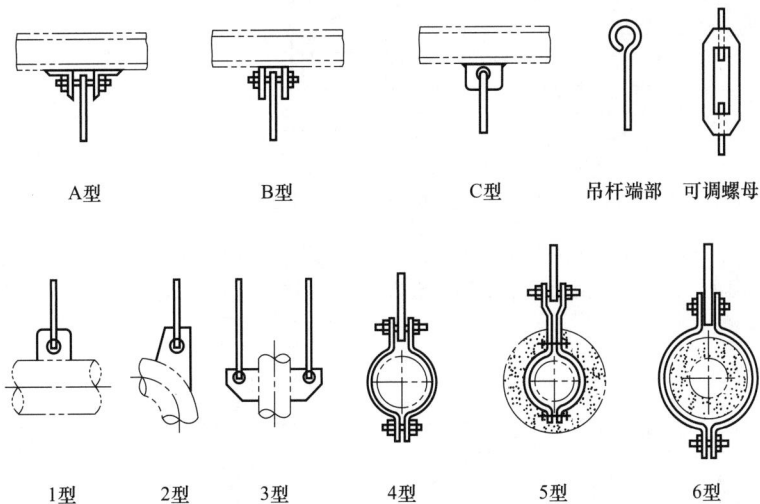

|A型|B型|C型|吊杆端部|可调螺母|

|1型|2型|3型|4型|5型|6型|

图4.2-14　吊架系列示意图

图4.2-14中共给出了A、B、C三种生根形式和1、2、3、4、5、6六种吊装形式。两者组合共可得到18种吊架形式。在生根部件和附管部件之间还可根据需要添加其它中间连接件，如可调螺母（又称花篮螺母）、弹簧吊架等。

（3）管托　管托主要用于隔热管道，并分别与不同的生根形式配合使用，可以实现管子的滑动（承重）、固定、导向、止推等作用。常用的管托形式如图4.2-15所示。

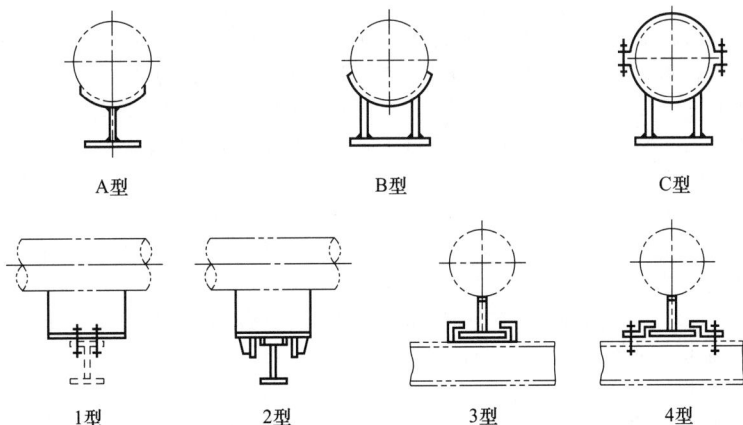

|A型|B型|C型|

|1型|2型|3型|4型|

图4.2-15　管托系列示意图

图4.2-15中共给了A、B、C三种管托形式和1、2、3、4四种生根形式。三种管托形式可单独使用，也可与四种生根形式组合使用。两者组合使用时，可以得到12种限位管托形式。

A型和B型管托适用于管道允许现场焊接的情况，其中A型一般适用管子DN≤150的情况，B型适用于DN=200~400的情况。对于DN≥450的情况，应考虑按设备支座要求制作管托。当管道材料对支架材料不敏感时，A型或B型中的垫板可以取消不用。C型适用于管托不允许在现场直接与管道焊接的场合（如管道保冷时）。A型、B型、C型单独使用时即为一般的滑动管托。

1型生根形式可以通过管托实现隔热管道在此处的全固定，使其成为固定点。2型生根形式与管托配合可以实现管道的双向止推，即限制管道在此处的轴向位移。3型和4型与管托配合可以实现管子的导向，即限制管道在此处的横向位移。其中4型常与附塔悬臂支架配合用于竖直管道的导向。

对于不隔热管道，一般不用管托，此时它的止推和导向往往借助于图4.2-16（a）、（b）所示的支架形式进行。而光管的固定则是借助于管卡和止推卡实现。光管的滑动则不需要任何支架，将管子直接置于支承梁上即可。对于较重的管道，有时为了防止因热位移而划伤管道，则在相应的位置焊一块垫板，如图 4.2-16（c）所示。

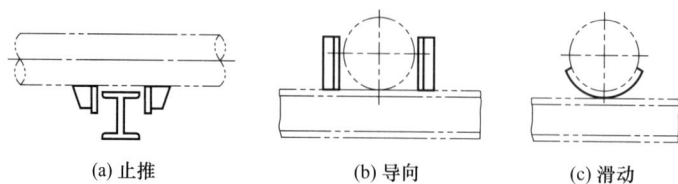

| (a)止推 | (b)导向 | (c)滑动 |

图 4.2-16　光管的止推和导向支架示意图

（4）管道支托　平（弯）管支托主要用于距地面或平台较近（一般不大于 1500mm）的水平管道或弯管的承重。根据结构的不同，它可分别使用于水平和垂直方向有少量位移的情况。常见的平（弯）管支托形式如图 4.2-17 所示。

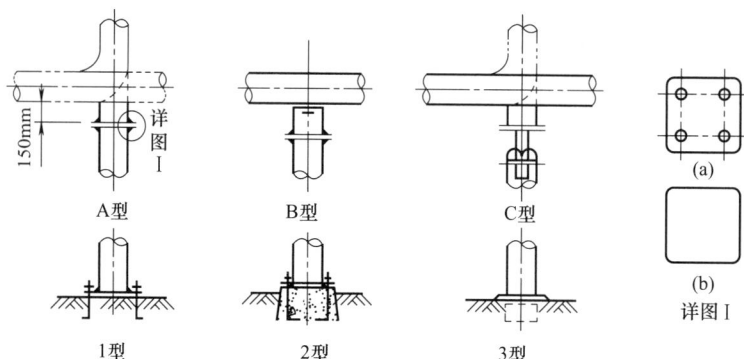

图 4.2-17　平（弯）管支托示意图

图 4.2-17 中共给出 A、B、C 三种附管部件形式，同时给出了 1、2、3 三种生根部件形式，附管部件形式与生根部件形式以不同的形式组合可以得到 9 种平（弯）管支托形式，它们各自的适用情况如下。

A 型支承形式常用于允许附管部件与管子可直接焊接的情况；B 型用于附管部件不允许与管道直接焊接的情况；C 型用于高度可上下少量调节的情况。三种形式均可用于保温或光管情况。

1 型生根形式一般用于 DN≤125 的管子支承；2 型一般用于 DN≥150 的管子支承，此时应向土建专业提出有关基础大小、荷载大小、预理地脚螺栓或钢板要求等条件；3 型一般用于置在平台上的情况，此时应向有关专业提出支承荷载大小的条件，以便布置承重梁。三种情况均可以螺栓与生根设施相连，也可以焊接形式与生根设施相连，视方便而定，并向有关专业提出相应条件。

图 4.2-17 给出了（a）、（b）两种支架上下部分的连接形式：（a）型为螺栓连接，此时不允许管道有水平位移；（b）型无连接要求，可允许管子有少量的水平位移。（a）、（b）两种连接形式常配对出现阀组、集合管、蒸汽分配器等两端的支承。

（5）耳轴　耳轴主要用于水平敷设的管道承重。当水平管道拐弯且其跨度超出标准要求的最大允许值时，可以借助于该形式的支架承重。该支架一般仅作承重用，而且仅能用于允许支架与管子直接焊接的情况。当管道有保温时，它可与滑动管托配合使用，此时的滑动管托形式与直接支承在管子上的形式相同。

耳轴的最大长度视不同管径而定，一般最大不应超过 2000mm。图 4.2-18 的 A 型适用于向下拐弯的情况，B 型适用于向上拐弯的情况，C 型适用于水平拐弯的情况。

（6）柱型钢支架　单柱型钢支架常常代替平（弯）管支托用于小直径（DN≤40）管道的承重。所用型钢一般为角钢，并与管卡配合使用。由于管卡不利于管道的热位移（尤其是管子隔热时更是如此），故此类支架不适用于管子有较大位移的场合。

常用的单柱型钢支架形式如图 4.2-19 所示。该支架形式也可为组合形式。图中共给出了 A、B、C、D 四种支承形式，同时给出了 1、2、3、4 四种生根形式，两者组合可得到 16 种支架形式。它们各自的适用场合如下。

A 型、C 型、D 型支承形式均适用于平管的支承。其中 A 型常用于生根点距管子较近的情况，C 型和 D 型

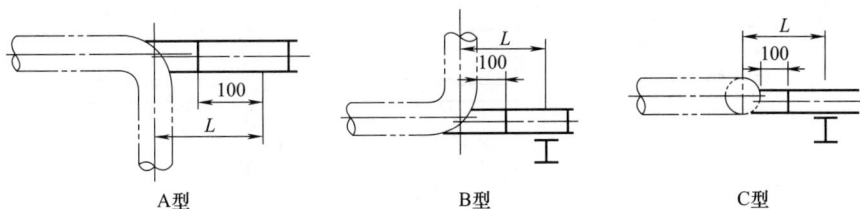

图 4.2-18　耳轴示意图

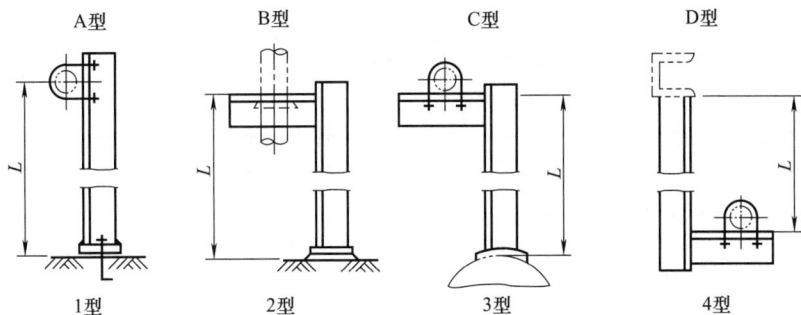

图 4.2-19　单柱型钢支架示意

常用于生根点距管子较远的场合。C 型和 D 型的区别在于前者用于上支场合，后者用于下吊场合；B 型支承形式用于竖管的支承。

1 型生根形式适用于地面情况，此时无需向有关专业提出条件，用膨胀螺栓固定即可；2 型用于平台生根情况，此时应酌情向有关专业提出荷载条件，以便设置承重梁；3 型用于在设备上生根的情况，其中，增设垫板的目的是使质量较差的支架材料不会影响到设备材料，此时垫板材料应与设备同材质，该形式限用于设备允许现场焊接的情况；4 型用于生根在建筑物梁柱上的情况，此时一般不必向有关专业提出条件。

单柱型钢支架的最大支承高度 L 一般不宜超过 1200mm，最大承载视采用的型钢规格而定，最大不超过 4500N（对∟ 75×75×6）。

（7）框架型型钢支架　框架型型钢支架主要用于水平管道的承重。该类支架常利用系统已有的梁柱作为生根点，其特点是承重能力大，支承刚度大，常代替系统支承梁进行局部支承。

常见的框架型型钢支架形式如图 4.2-20 所示。

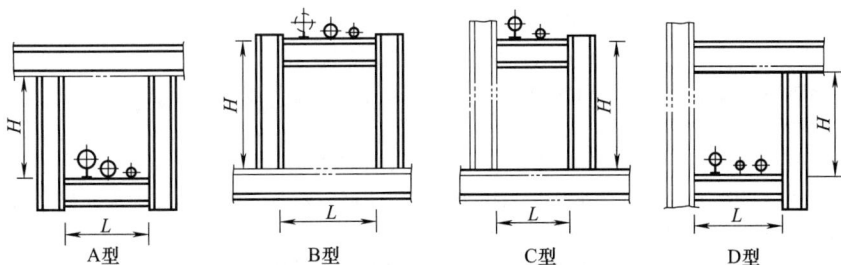

图 4.2-20　框架型型钢支架示意图

图 4.2-20 中共给出了 A、B、C、D 四种形式，究竟采用哪种形式视原有的梁柱和被支承管的位置而定。一般情况下，该种支架的尺寸最长应不超过 1500mm，最高尺寸 H 应不超过 2000mm，支承荷载视所用型钢规格、尺寸 L 和 H 而定，一般最多不超过 10000N。

（8）悬臂支架

悬臂支架常用于管道的承重或导向。此类支架是应用比较多的一种支架形式，支架的种类也比较多。按生根条件分，可分为生根在钢结构梁柱上的悬臂支架和生根在设备上的悬臂支架两种；按有无斜撑来分则分为悬臂式和三角式两种；按支承的作用来分则分为承重型和导向型两种；按悬臂的数量来分则分为单肢型和双肢型两种。

① 在钢结构梁柱上生根的悬臂支架（如图 4.2-21 所示）。

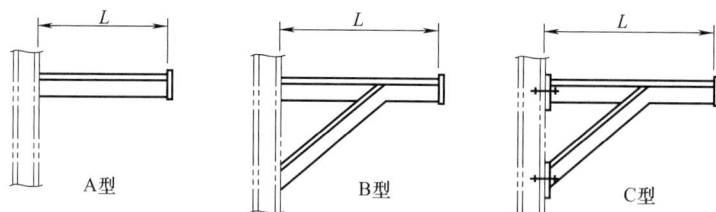

图 4.2-21　梁柱上生根的悬臂支架示意图

图 4.2-21 中共给出了 A、B、C 三种形式。A 型常用于支承荷载较小的情况，其长度 L 最大一般不宜超过 600mm。B 型、C 型常用于支承荷载较大的情况，其长度 L 最大一般不宜超过 1200mm。支架承受的荷载大小视所选用型钢的规格和荷载作用点到梁柱的距离而定。

这类支架一般均用角钢、槽钢等做受力部件。它可与滑动管托、导向管托等配合使用，分别用于水平保温管道的承重和导向，也可与固定管托、导向管托、管卡等配合使用，分别用于垂直保温管道的承重和导向及光管的承重（仅限于 DN≤40 的情况）和导向。

② 在设备上生根的悬臂支架。此类支架常用于沿立式设备（如塔、罐等）上敷设的竖直管道的承重和导向。常见的形式如图 4.2-22 所示。

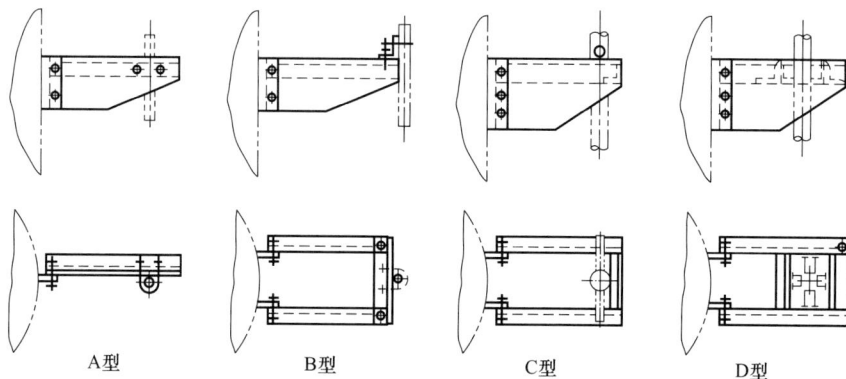

图 4.2-22　设备上生根的悬臂支架示意图

上图中共给出了 A、B、C、D 四种形式，它们的适用场合分述如下：

A 型一般用于 DN≤150 的情况下。它通过与管卡、固定管托、滑动管托配合，分别用于光管承重（带耳时）、光管的导向、保温管道的承重和导向。当用于承重时，与管卡或管托配合的螺栓孔应为横向椭圆形，以适应管道有少量的横向位移。

B 型一般适用于管子 DN=200～350 的情况下，使用方法同 A 型。

C 型适用于 DN=400～600 的管子承重。当用于保温管子时，双肢间的距离应加大一些，以适应隔热厚度的要求。管子不保温时，双肢间的距离应尽可能小。

D 型适用于 DN=400～600 的管子导向。当管子有保温时，管子四周应有滑动管托，且管托高度应大于保温厚度。当管子不保温时，应将管托去掉并代之以厚度为 4mm 的钢板，以防止管子发生位移时，支架划伤管子。无论保温与否，都应控制支架内壁与管托或钢板之间有不大于 3mm 的间隙。

上述形式均适用于设备不允许现场焊接的情况。当设备允许现场焊接时，可将生根部件换成贴合钢垫板，而中间支承件直接焊在贴合钢垫板上即可，这样处理的结果可以简化支架形式，也便于减少支承误差，同时增加了支架的可靠性。

（9）摩擦防振支架

摩擦防振支架就是利用给管道上一些点施加一个较大的摩擦力，以达到减振的目的。摩擦减振对强迫振动来说并不是很有效，故在设计中不能以这种支架作为强迫振动的防振支架，而仅能作为一种辅助防振支架。常用的摩擦减振支架如图 4.2-23 所示。图中给出了 A、B 两种形式的摩擦减振支架，分别适用于不同的生根形式。

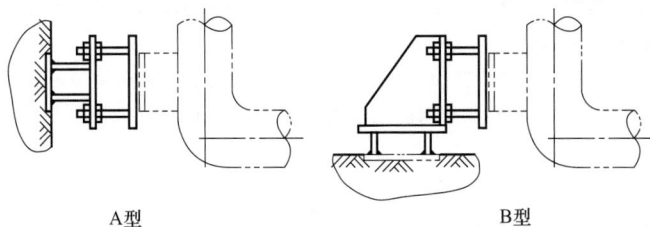

图 4.2-23　摩擦减振支架示意图

（10）组合式支架

工程上还常常用到一些组合式支架，以满足一些特殊情况的管道支承需要。图 4.2-24 给出了几种常见的组合支架形式。

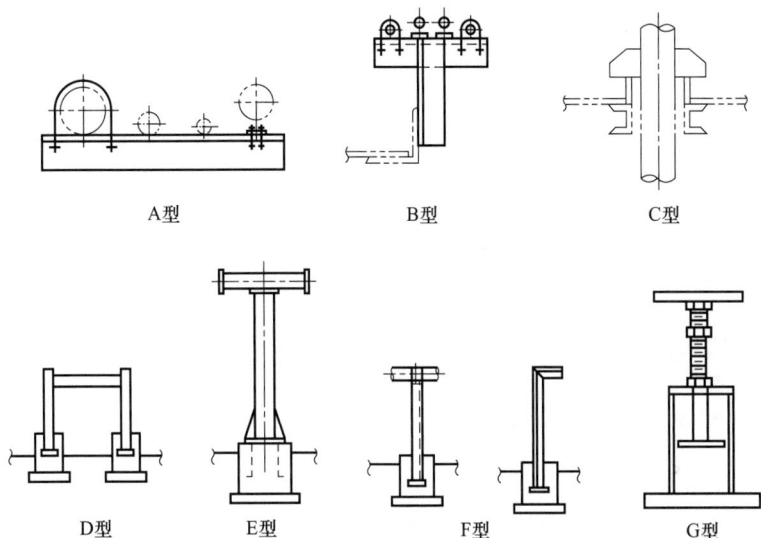

图 4.2-24　常用组合支架形式示意图

A 型支架俗称邻管支架，它是利用邻近的两个大管子来支承一些小管子。这种支架在管廊上或并排多根管道布置的场合应用较多。

B 型支架多用于软管站的管道支承。软管站一般由 2～4 根 DN≤40 的管子组成，B 型支架可以随意生根在设备或土建平台的边梁甚至平台栏杆上，既满足了管子的支承需要，也方便了操作。

C 型支架常用于穿越平台管子的承重。在采用 C 型支架时，一定要给相关专业提供有关的荷载资料，以便在平台的支承处设置承载梁，因为一般的平台钢板仅有几毫米厚，是不能直接承受管子荷载的。

D 型支架为地面生根的门型支架；E 型为地面生根的支柱；F 型为地面生根的角钢支架；G 型为可调支腿。

4.2.3.6　黏滞阻尼器的选用　（HG/T 20645.5—2022）

（1）管道黏滞阻尼器结构原理如图 4.2-25 所示，管道黏滞阻尼器应满足下列要求：

① 在空间三维方向，标准型号的管道黏滞阻尼器的柱塞与外壳之间，宜留有 30mm、40mm、50mm 或 70mm 的间隙，充满阻尼液，三维方向都应有阻尼作用；

② 管道黏滞阻尼器对振动的阻尼作用不应延迟；

③ 阻尼液不应老化。

（2）管道黏滞阻尼器可应用于下列两种情况：

① 有管道振动，可能使材料产生疲劳，使管道遭到破坏的情形；

② 在管道发生各种故障工况与紧急工况时，如安全装置失效、

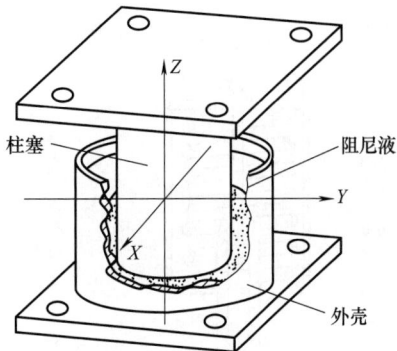

图 4.2-25　管道黏滞阻尼器结构原理图

机器故障、阀门快速关闭、地震和爆炸等，管道会承受巨大的冲击荷载的情形。

（3）管道黏滞阻尼器应有下列两方面的功能：

① 管道黏滞阻尼器应能够有效地抑制管道振动，保护管道以及相连的阀门等装置的正常安全长期运行；

② 管道黏滞阻尼器产生的阻尼力应能有效防止冲击产生的位移过大，而对热膨胀等缓慢运动则不应起限制作用。

（4）管道黏滞阻尼器主要有下列特性参数，可以用于设计选型：

① 额定荷载（kN），额定荷载是指工作温度下阻尼器能够提供的最大阻尼力。

② 垂向与水平向阻尼系数（kN·s/m），阻尼系数定义为最大阻尼力与最大振动速度的比值。它与振动频率有关，是描述黏弹性阻尼器能量耗散特性的最直观的参数。

③ 垂向与水平向当量刚度（kN/mm），当量刚度定义为最大阻尼力与最大振动位移的比值。当量刚度值也与频率有关。在那些不能输入与振动速度成正比的阻尼系数的程序中，可以用当量刚度进行计算。

④ 垂向与水平向许可位移（mm），许可位移是指管道热膨胀位移、冲击荷载响应位移与运行振动响应位移的总和限值。通常垂向与水平向的许可位移是±40mm。当热膨胀量大于40mm时，阻尼器还可以通过事先预偏置来实现更大位移。

⑤ 阻尼器工作温度（℃），运行温度是指连续运行期间阻尼液中的最高温度。

例如：型号RRD-200/V40/H40的额定荷载20.0kN；水平向阻尼系数105.1kN·s/m（5Hz时）。

水平向当量刚度3.3kN/mm（5Hz）时，垂向与水平向许可位移为±40mm；阻尼器工作温度在20～80℃之间可选。

（5）管道黏滞阻尼器可按下述方法选型和使用：

① 可按管道重量的"1g原则"选型，选用的阻尼器的额定荷载应大于需要阻尼减振的管道重量或者预估的管道冲击荷载的大小。

② 可根据现场测量获得的或者依据经验预估的管道振动的频率，管道系统的阻尼比采用0.4进行计算，得到所需阻尼器阻尼系数。

（6）管道黏滞阻尼器应按下列三种方法使用：

① 设计时应当与其它管道支承件如弹簧支吊架、滑动支座等配合使用；

② 管道阻尼器应设计安装在管道系统中振动位移最大的地方；

③ 可将几个较小型号的阻尼器安装在管道系统的不同位置。

（7）管道黏滞阻尼器选用可按以下举例的方法进行。

① 设计条件：管道质量 $m = 3900 \text{kg}$。

② 若管道振动频率未知或者为宽频，可采用"1g原则"选择2个RRD 200/V40/H40阻尼器，单个阻尼器的额定荷载为20kN，2个为40kN，大于3900kg管道的重力荷载。

③ 若上述管道振动频率为 $f = 5 \text{Hz}$，则可以根据下式进行计算得到所需的阻尼系数：

$$D = \frac{C}{2m\omega} = \frac{C}{2m \cdot 2\pi f} = 0.4 \qquad (4.2\text{-}7)$$

由上式可得所需阻尼系数 $C = 97.7 \text{kN·s/m}$，RRD 200/V40/H40的阻尼系数为 105.1kN·s/m，因此可以选择1个RRD 200/V40/H40阻尼器。

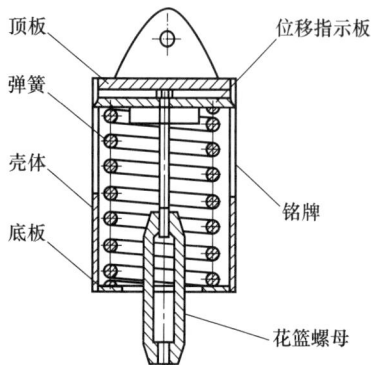

图4.2-26 变力弹簧支吊架典型结构

④ 若上述管道振动频率为10Hz，同理，需要选择2个RRD 200/V40/H40阻尼器。

4.2.3.7 变力弹簧支吊架选用（HG/T 20644—1998）

（1）结构、类型、型号选择

① 变力弹簧支吊架的位移范围分别为30mm、60mm、90mm、120mm、150mm、180mm六挡，荷载范围为154～217381N。

② 使用环境温度为 $-19 \sim 200℃$。

③ 变力弹簧支吊架主要由圆柱螺旋弹簧、指示板、壳体、花篮螺母及定位块等组成，典型结构见图4.2-26。

④ 变力弹簧支吊架根据安装型式分为A、B、C、D、E、F、G七种类型。A型，上螺纹悬吊型；B型，单耳悬吊型；C型，双耳悬吊型；D型，上调节搁置型；E型，下调节搁置型；F型，支撑搁置

型；G型，并联悬吊型。

⑤ 选择变力弹簧支吊架类型主要根据生根的结构形式、管道空间位置和管道支吊方式等因素：

a. A、B、C型为悬吊型吊架。吊架上端与吊杆或吊板连接，吊杆、吊板另一端连接在钢梁或楼板上，下端用花篮螺母与吊杆、管道连接。见图4.2-27。

b. D、E型为搁置型吊架。底板搁置在钢梁或楼板上，下端用吊杆悬吊管道。见图4.2-28。

c. F型为支撑搁置型支架。底板搁置在基础、楼面或钢结构上，管道由支腿支撑在支架顶部。见图4.2-29。F型弹簧支吊架可分为普通荷重板（F_I型）、带聚四氟乙烯荷重板（F_{II}型）、带滚轮荷重板（F_{III}型）三种形式。当管道水平位移＞6mm时，建议采用F_{II}或F_{III}型。

d. G型为并联悬吊型吊架。当管道上方不能直接悬挂或没有足够高度悬挂弹簧支吊架或管道的垂直载荷超出单个弹簧支吊架所能承受的范围时，可采用G型吊架。选用G型吊架时，应以计算载荷的一半作为选择弹簧号的依据。见图4.2-30。

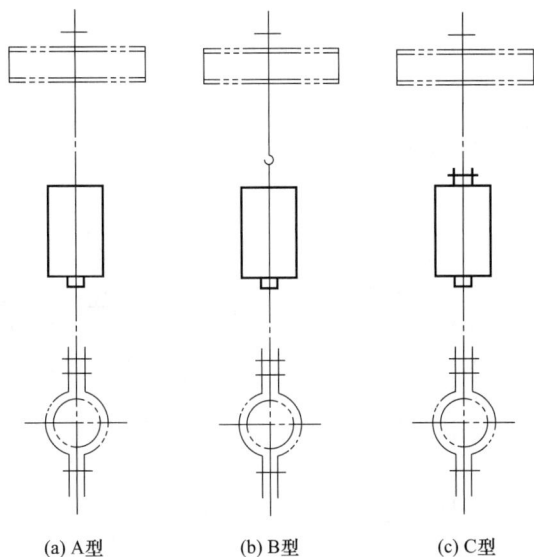

(a) A型　　　　(b) B型　　　　(c) C型

图 4.2-27　悬吊型吊架

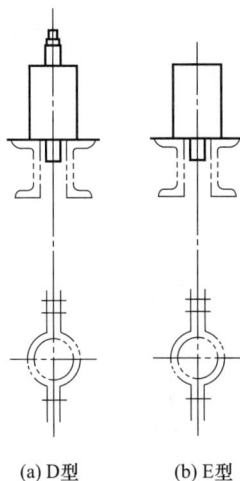

(a) D型　　　　(b) E型

图 4.2-28　搁置型吊架

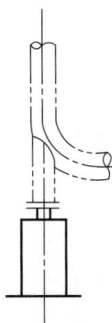

图 4.2-29　支撑搁置型支架（F型）

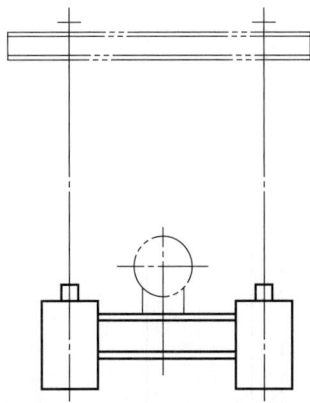

图 4.2-30　并联悬吊型吊架（G型）

⑥ 变力弹簧支吊架型号由图4.2-31所示四部分组成：

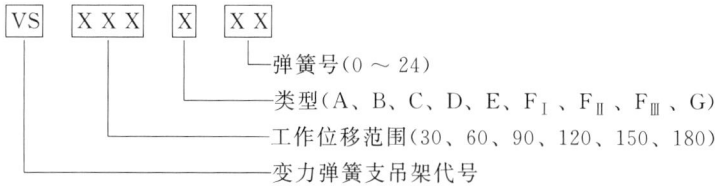

图 4.2-31　变力弹簧支吊架型号

例如：VS90F15 表示允许工作位移范围为 90mm，支撑搁置型普通荷重板变力弹簧支吊架，弹簧号 15。

⑦ 弹簧支吊架类别和弹簧号选择可根据管道运行时的工作载荷［包括物料、全部管道组成件（如管道、阀门、管件、保温材料等）］、垂直方向工作位移量、位移方向，查表 4.2-16 来确定（弹簧载荷选用表由弹簧号、弹簧支吊架类别、工作位移范围、弹簧刚度等组成。表中由中线将上下分成两个区域，上直线和下直线之间为最佳工作范围）。

（2）变力弹簧支吊架系列。

① A 型弹簧支架见图 4.2-32 和表 4.2-17。

② B、C 型弹簧支吊架见图 4.2-33 和表 4.2-18。

③ D 型弹簧支吊架见图 4.2-34、图 4.2-35 和表 4.2-19、表 4.2-20。

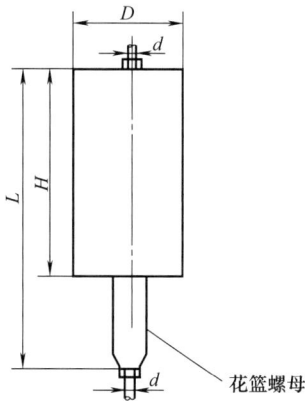

图 4.2-32　A 型弹簧支吊架

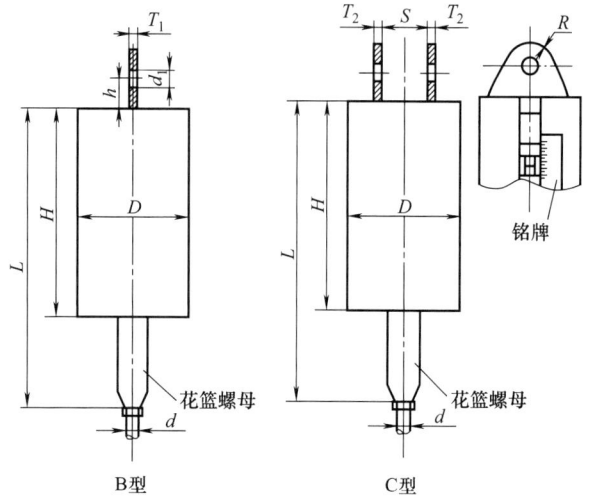

图 4.2-33　B、C 型弹簧支吊架

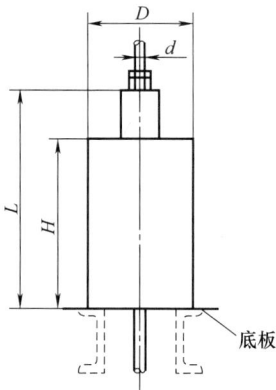

图 4.2-34　D 型弹簧支吊架

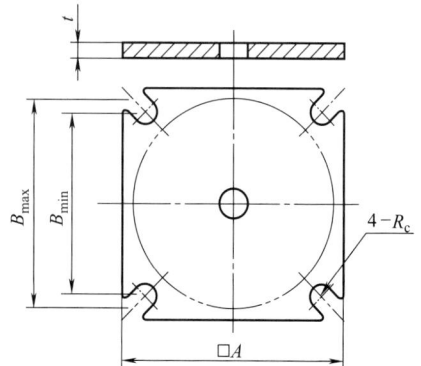

图 4.2-35　D 型弹簧支吊架底板

表 4.2-16 弹簧载荷选用表

单位：N

弹簧预压缩量 /mm

弹簧位移量 /mm

中线

弹簧支吊架类别：VS180 VS150 VS120 VS90 VS60 VS30

弹簧号	0	1	2	3	4	5	6	7	8	9	10	11	12	13	14	15	16	17	18	19	20	21	22	23	24

弹簧刚度/（N/mm）

工作位移范围值 /mm

中线

（铭牌刻度值）

表 4.2-17 A型弹簧支吊架尺寸系列表

单位：mm（除标注单位外）

弹簧号	工作载荷范围/N	壳体外径D	吊杆外径d	VS30 壳体高度H	VS30 无载高度L	VS30 指示板指零时L	VS30 指示板指位30mm时L	VS30 理论质量/kg	VS60 壳体高度H	VS60 无载高度L	VS60 指示板指零时L	VS60 指示板指位60mm时L	VS60 理论质量/kg	VS90 壳体高度H	VS90 无载高度L	VS90 指示板指零时L	VS90 指示板指位90mm时L	VS90 理论质量/kg	VS120 壳体高度H	VS120 无载高度L	VS120 指示板指零时L	VS120 指示板指位120mm时L	VS120 理论质量/kg	VS150 壳体高度H	VS150 无载高度L	VS150 指示板指零时L	VS150 指示板指位150mm时L	VS150 理论质量/kg	VS180 壳体高度H	VS180 无载高度L	VS180 指示板指零时L	VS180 指示板指位180mm时L	VS180 理论质量/kg
0	154~255	89	M12	128	213	221	251	4.2	210	295	311	371	5.7	306	336	360	450	7.5	388	418	450	570	8.9	484	516	556	706	14	566	600	648	828	15
1	205~340	89	M12	133	218	226	256	4.2	220	305	321	381	5.9	321	351	375	465	7.7	408	438	470	590	9.2	509	541	581	731	14.5	596	628	676	856	15.5
2	283~468	89	M12	137	222	230	260	4.3	227	312	328	388	6	332	362	386	476	7.9	422	452	484	604	9.6	527	559	599	749	14.6	617	651	699	879	15.6
3	359~593	89	M12	143	228	236	266	4.3	238	323	339	399	6.2	349	379	403	493	8.1	444	474	506	626	9.9	555	587	627	777	14.9	650	684	732	912	15.9
4	498~822	114	M12	145	230	238	268	5.6	242	327	343	403	7.7	355	385	409	499	10.5	452	482	514	634	12.4	565	597	637	787	17.4	662	696	744	924	18.4
5	676~1117	114	M12	149	234	242	272	6.1	246	331	347	407	8.3	361	391	415	505	11.6	458	488	520	640	13.5	573	605	645	795	18.5	670	704	752	932	20.5
6	902~1491	114	M12	161	246	254	284	6.4	269	354	370	430	9	396	426	450	540	12.7	504	534	566	686	15.2	631	663	703	853	20.2	739	773	821	1001	23.2
7	1238~2045	159	M12	176	261	269	299	7.4	293	378	394	454	10.2	431	461	485	575	14.4	548	578	610	730	17.2	686	718	758	908	24.2	803	837	885	1065	26.2
8	1666~2752	159	M12	170	255	263	293	11.1	276	361	377	437	14.8	406	436	460	550	20	512	542	574	694	24	642	674	714	864	31	748	782	830	1010	35
9	2254~3723	168	M12	187	272	280	310	14.2	303	388	404	464	19.1	446	476	500	590	26.3	562	592	624	744	31	705	737	777	927	40	821	855	903	1083	45
10	2920~4824	194	M12	195	280	288	318	20.3	310	395	411	471	26.4	455	485	509	599	36.1	570	600	632	752	42.1	715	747	787	937	42.1	830	864	912	1092	60.1
11	4009~6623	194	M16	223	323	331	361	24.4	353	453	469	529	32	516	576	600	690	43.9	646	706	738	858	51.5	809	871	911	1061	51.5	939	995	1043	1223	74.5
12	5422~8958	219	M16	234	334	342	372	32.4	366	466	482	542	42	538	598	622	712	57.4	670	730	762	882	66.6	842	904	944	1094	66.5	974	1038	1086	1266	95.6
13	6880~11367	219	M20	266	366	374	404	37.6	416	516	532	592	49.3	608	668	692	782	68	758	818	850	970	79.3	950	1012	1052	1202	101.3	1100	1164	1212	1392	115.3
14	9297~15360	245	M24	279	379	387	417	51	427	527	543	603	66.4	623	683	707	797	89.7	771	831	863	983	104.3	967	1029	1069	1219	131.3	1115	1179	1227	1407	147.3
15	11553~19088	273	M24	300	400	408	438	68.6	451	551	567	627	86.8	654	714	738	828	118	805	865	897	1017	136.4	1008	1070	1110	1260	171.4	1159	1223	1271	1451	191.4
16	14808~24465	299	M30	328	428	436	466	91.2	491	591	607	667	115	712	772	796	886	156	875	935	967	1087	180	1096	1158	1198	1348	225	1259	1323	1371	1551	251
17	20758~34296	299	M36	361	461	469	499	107	536	636	652	712	136.4	775	835	859	949	186	950	1010	1042	1162	215.8	1189	1251	1291	1441	270	1364	1428	1476	1656	302
18	29205~48251	299	M36	400	525	533	563	123	597	722	738	798	160	864	964	988	1078	220	1061	1161	1193	1313	257	1328	1430	1470	1620	323	1525	1629	1677	1857	361
19	38232~63166	325	M42	452	577	585	615	168	677	802	818	878	218.5	979	1079	1103	1193	298	1204	1304	1336	1456	349	1506	1608	1648	1798	436	1731	1835	1883	2063	488
20	50988~84240	325	M48	514	639	647	677	243	781	906	922	982	268.5	1133	1233	1257	1347	371	1400	1500	1532	1652	439.6	1752	1854	1894	2044	548.6	2019	2123	2171	2351	619.6
21	66356~109632	325	M56	588	713	721	751	243	903	1028	1044	1104	333	1310	1410	1434	1524	464	1625	1725	1757	1877	550	2032	2134	2174	2324	688	2347	2451	2499	2679	782
22	84582~139745	351	M64	671	796	804	834	311	1038	1163	1179	1239	430	1505	1605	1629	1719	598	1872	1972	2004	2124	717	2339	2441	2481	2631	892.5	2706	2810	2858	3038	1017.2
23	104807~173159	377	M72×6	627	752	760	790	364	922	1047	1063	1123	479	1324	1424	1448	1538	774	1619	1719	1751	1871	774	2021	2123	2163	2313	963	2316	2420	2468	2648	1080
24	131573~217381	377	M80×6	693	818	826	856	442	1022	1147	1163	1223	561	1467	1567	1591	1681	914	1796	1896	1928	2048	914	2241	2343	2383	2533	1137	2570	2674	2722	2902	1280

表 4.2-18 B、C型弹簧支吊架尺寸系列表

单位：mm（除标注单位外）

弹簧号	工作载荷范围/N	壳体外径D	吊杆d	吊耳						VS30				VS60				VS90				VS120				VS150				VS180			
				d1	S	h	T1	T2	R	壳体高度H	无载高度L	指示板指零位30mm时L	理论质量/kg	壳体高度H	无载高度L	指示板指零位60mm时L	理论质量/kg	壳体高度H	无载高度L	指示板指零位90mm时L	理论质量/kg	壳体高度H	无载高度L	指示板指零位120mm时L	理论质量/kg	壳体高度H	无载高度L	指示板指零位150mm时L	理论质量/kg	壳体高度H	无载高度L	指示板指零位180mm时L	理论质量/kg
0	154~255	89	M12	18	28	40	6	6	25	122	255	285	4.3	204	345	405	5.8	300	394	484	7.6	382	452	604	9	478	550	740	14	560	682	862	15
1	205~340	89	M12	18	28	40	6	6	25	127	260	290	4.3	214	355	415	6	315	409	499	7.8	402	472	624	9.3	503	575	765	14.3	590	712	892	15.3
2	283~468	89	M12	18	28	40	6	6	25	131	264	294	4.4	221	362	422	6.1	326	420	510	8	416	486	638	9.7	521	603	793	14.7	611	733	913	15.7
3	359~593	89	M12	18	28	40	6	6	25	137	270	300	4.5	232	373	433	6.3	343	437	527	8.3	438	508	660	10	549	621	811	15	644	766	946	16
4	498~822	114	M12	18	28	40	6	6	25	139	272	302	5.6	236	377	437	7.7	349	443	533	10.4	446	516	668	12.3	559	631	821	17.3	656	778	958	18.3
5	676~1117	114	M12	18	28	40	6	6	25	143	276	306	6	240	381	441	8.2	355	449	539	11.5	452	522	674	13.5	567	639	829	18.5	664	786	966	20.5
6	902~1491	114	M12	18	28	40	6	6	25	155	288	318	6.3	263	404	464	9	390	484	574	12.6	498	568	720	15.1	625	697	887	21.1	733	855	1035	23.1
7	1238~2045	114	M12	18	28	40	6	6	25	168	301	331	6.9	285	426	486	10.1	423	517	607	14.3	540	610	762	16.6	678	750	940	23.6	795	917	1097	25.6
8	1666~2752	159	M12	18	28	40	6	6	25	162	295	325	10.5	268	409	469	14.1	398	492	582	19.7	504	574	726	23.1	634	706	896	30.1	740	862	1042	34.1
9	2254~3723	168	M12	18	28	40	6	6	25	179	312	342	13.4	295	436	496	18.3	438	532	622	24.1	554	624	776	30	697	769	959	39	813	935	1115	44
10	2920~4824	194	M12	18	28	40	6	6	30	185	318	348	18.3	300	441	501	24.5	445	539	629	34.2	560	630	782	40	705	777	967	52	820	930	1110	58
11	4009~6623	194	M16	22	28	40	6	6	30	211	359	389	23.3	341	497	557	31	504	628	718	46	634	734	886	50.5	797	899	1089	65.5	927	1079	1259	73.5
12	5422~8958	219	M18	22	28	40	6	6	35	222	370	400	31.7	354	510	570	41	526	650	740	56.4	658	758	910	66	830	932	1122	85	962	1114	1294	95
13	6880~11367	219	M20	26	32	50	8	8	45	252	410	440	36.5	402	568	628	48.2	594	728	818	66.5	744	854	1006	78.5	936	1048	1238	100.5	1086	1248	1428	145.5
14	9297~15360	245	M24	33	32	65	10	10	45	265	438	468	50.3	413	594	654	65	609	758	848	88.5	757	882	1034	104	953	1080	1270	131	1101	1278	1458	147
15	11553~19068	273	M24	33	32	65	10	10	45	280	453	483	65	431	612	672	83	634	783	873	114	785	910	1062	133.4	988	1115	1305	168.4	1139	1316	1496	188.4
16	14808~24465	299	M30	39	35	70	12	12	50	310	488	518	89.5	473	659	719	113	694	848	938	154.1	857	987	1139	179	1078	1210	1400	224	1241	1423	1603	250
17	20758~34296	299	M36	46	48	80	14	14	55	345	533	563	99	520	716	776	129	759	923	1013	178	934	1074	1226	208.5	1176	1318	1508	262	1318	1540	1720	294.5
18	29205~48251	299	M36	46	48	80	18	18	55	380	593	623	113.2	577	798	858	150	844	1048	1138	210	1041	1221	1373	252	1308	1490	1680	314.2	1521	1737	1917	352.2
19	38232~63166	325	M42	52	48	80	18	18	60	430	643	673	163.5	655	876	936	214	957	1161	1251	294	1182	1362	1514	345	1484	1660	1856	432	1709	1941	2121	484
20	50988~84240	325	M48	62	60	95	25	25	65	492	718	748	197	759	955	1055	265	1111	1330	1420	375.6	1378	1573	1725	437	1730	1927	2117	546.4	1932	2244	2424	612.4
21	66356~109632	325	M56	70	65	100	16	16	75	564	797	827	239.4	879	1120	1180	329	1285	1510	1601	461	1601	1801	1953	548	2008	2210	2400	683.7	2123	2575	2755	780
22	84582~139745	325	M64	78	75	115	30	30	90	643	891	921	304	1010	1266	1326	424	1477	1716	1806	592	1842	2059	2211	766	2311	2528	2718	887.6	2288	2945	3125	1013
23	104807~173159	377	M72×6	85	80	120	30	30	100	599	852	882	354	894	1155	1215	469	1296	1540	1630	648	1591	1811	1963	906	1993	2215	2405	955	2288	2560	2740	1072
24	131573~217381	377	M80×6	85	90	120	30	30	100	665	913	948	412	994	1255	1315	551	1439	1683	1773	766	1768	1988	2140	1072	2213	2435	2625	1129	2542	2814	2994	1272

表 4.2-19　D型弹簧支吊架底板尺寸系列　　　　　　　单位：mm

弹簧号	A	B_{max}	B_{min}	R_c	t
0～7	200	160	120	9	12
8、9	240	200	160	9	12
10、11	300	250	220	9	14
12～14	300	250	220	11	14
15、16	340	295	260	11	14
17、18	340	295	260	11	16
19、20	360	310	280	11	16
21	360	310	280	11	20
22～24	400	355	320	11	20

注：E、F型弹簧支吊架底板同D型。

④ E型弹簧支吊架见图4.2-36和表4.2-21。

⑤ F型弹簧支吊架

a. F$_I$型带普通荷重板见图4.2-37和表4.2-22。

b. F$_{II}$型带聚四氟乙烯荷重板见图4.2-38。

c. F$_{III}$型带滚轮荷重板见图4.2-39和表4.2-23。

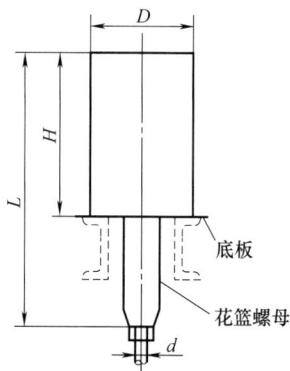

图 4.2-36　E型弹簧支吊架
（底板见图4.2-35）

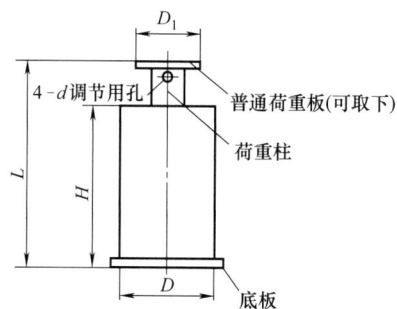

图 4.2-37　F$_I$型弹簧支吊架
（底板见图4.2-36）

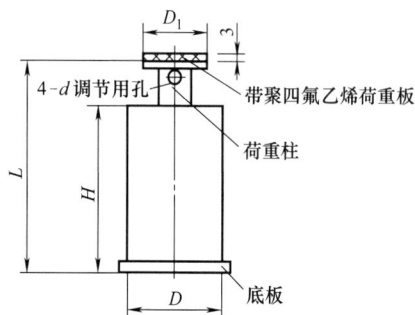

图 4.2-38　F$_{II}$型弹簧支吊架
（底板见图4.2-35）

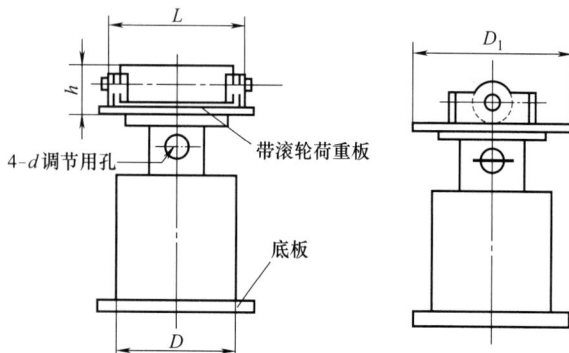

图 4.2-39　F$_{III}$型弹簧支吊架
（底板见图4.2-36）

表 4.2-20　D 型弹簧支吊架尺寸系列表

单位：mm（除标注单位外）

弹簧号	工作载荷范围/N	壳体外径D	吊杆d	VS30 壳体高度H	VS30 无载高度L	VS30 指示板指零时L	VS30 指示板指30mm时L	VS30 理论质量/kg	VS60 壳体高度H	VS60 无载高度L	VS60 指示板指零时L	VS60 指示板指60mm时L	VS60 理论质量/kg	VS90 壳体高度H	VS90 无载高度L	VS90 指示板指零时L	VS90 指示板指90mm时L	VS90 理论质量/kg	VS120 壳体高度H	VS120 无载高度L	VS120 指示板指零时L	VS120 指示板指120mm时L	VS120 理论质量/kg	VS150 壳体高度H	VS150 无载高度L	VS150 指示板指零时L	VS150 指示板指150mm时L	VS150 理论质量/kg	VS180 壳体高度H	VS180 无载高度L	VS180 指示板指零时L	VS180 指示板指180mm时L	VS180 理论质量/kg
0	154~255	89	M12	118	238	230	200	6.8	200	350	334	274	8.3	296	516	496	402	10.3	378	668	636	516	11.8	474	842	802	652	17.3	556	1002	954	774	19.8
1	205~340	89	M12	123	243	235	205	6.8	210	360	334	284	8.5	311	531	507	417	10.4	398	688	656	536	12.2	499	867	827	677	17.7	586	1032	984	804	20.2
2	283~468	89	M12	127	247	239	209	7	217	367	351	291	8.6	322	542	518	428	10.7	412	702	670	550	12.4	517	885	845	695	17.9	607	1053	1005	825	20.4
3	359~593	89	M12	133	253	245	215	7.2	228	378	362	302	8.8	339	559	535	445	11.9	434	724	692	572	12.7	545	913	873	723	18.2	640	1086	1038	858	20.7
4	498~822	114	M12	135	255	247	217	7.6	232	382	366	306	9.9	345	565	541	451	13.1	442	732	700	580	15	555	923	883	733	21.5	652	1098	1050	870	23
5	676~1117	114	M12	139	259	251	221	8	236	386	370	310	10.4	351	571	547	457	14	448	738	706	586	16.1	563	931	891	741	22.6	660	1106	1058	878	25.1
6	902~1491	114	M12	151	271	263	233	8.7	259	409	393	333	11.2	386	606	582	492	15	494	784	752	632	17.6	621	989	949	799	24.1	729	1175	1127	947	29.6
7	1238~2045	114	M12	164	292	284	254	9.6	281	431	415	355	12.2	419	639	615	525	16.6	536	826	794	674	19.5	674	1042	1002	852	27	791	1237	1189	1009	30.5
8	1666~2752	159	M12	158	278	270	240	14.2	264	414	398	338	17.3	394	614	590	500	23	500	790	758	638	26.8	630	998	958	805	35.3	736	1182	1134	950	39
9	2254~3723	168	M12	173	295	287	257	16.8	289	441	425	365	21	432	654	630	540	28.3	548	840	808	688	33.3	691	1061	1021	871	43.8	807	1255	1207	1027	49.3
10	2920~4824	194	M12	181	301	293	263	26	296	446	430	370	31.6	441	661	637	547	41.5	556	846	814	694	47.7	701	1069	1029	879	60.3	816	1262	1214	1034	67.7
11	4009~6623	194	M16	201	321	313	283	28.4	331	481	465	405	35.5	494	714	690	600	47.5	624	914	882	762	55.1	787	1155	1115	965	71.6	917	1363	1315	1135	79.1
12	5422~8958	219	M16	208	350	342	312	34	340	512	496	436	42.3	512	754	730	640	57.8	644	946	914	794	67.4	816	1196	1156	1006	87.5	948	1406	1358	1178	97
13	6880~11367	219	M20	231	375	367	337	38.8	381	555	539	479	48.9	573	817	793	703	67.4	723	1027	995	875	78.4	915	1297	1257	1107	101.4	1065	1525	1477	1297	117
14	9297~15360	245	M24	238	382	374	344	46	386	560	544	484	60.1	582	826	802	712	85.4	730	1034	1002	882	98.3	926	1308	1268	1118	126.3	1074	1534	1486	1306	158.3
15	11553~19088	273	M24	249	395	387	357	62.3	400	576	560	500	80.5	603	849	825	735	111.3	754	1060	1028	908	129.3	957	1341	1301	1151	162	1108	1570	1522	1342	183.3
16	14808~24465	299	M30	271	417	409	379	77.1	434	610	594	534	100.8	655	901	877	787	140.8	818	1124	1092	972	168.8	1039	1423	1383	1232	218.8	1202	1664	1616	1436	242
17	20758~34296	299	M36	297	443	435	405	88.4	472	648	632	572	142.3	711	957	933	843	167.8	886	1192	1160	1040	194	1125	1509	1469	1319	249	1300	1762	1714	1534	280
18	29205~48251	299	M36	325	475	467	437	99	522	702	686	626	135	789	1039	1015	925	194	986	1296	1264	1144	230	1253	1641	1601	1451	296	1450	1916	1868	1688	334
19	38232~63166	325	M42	364	517	509	479	127.1	589	772	756	696	176	891	1144	1120	1030	254	1116	1429	1397	1277	296	1418	1809	1769	1619	382.5	1643	2112	2064	1884	433
20	50988~84240	325	M48	424	578	570	540	155.6	691	875	859	799	221.3	1043	1297	1273	1183	320	1310	1624	1592	1472	385	1662	2054	2014	1864	494	1929	2399	2351	2171	563
21	66556~109632	325	M56	487	643	635	605	188.7	802	988	972	912	273.3	1209	1465	1441	1351	398	1524	1840	1808	1688	483	1931	2325	2285	2135	619	2246	2718	2670	2490	708
22	84582~139745	351	M64	553	709	701	671	238.1	920	1106	1090	1030	348.5	1387	1643	1619	1529	504	1754	2070	2038	1918	617.1	2221	2615	2575	2425	787	2588	3060	3012	2832	902
23	104807~173159	377	M72×6	494	654	646	616	262.2	789	979	963	903	368.7	1191	1451	1427	1337	539.5	1486	1806	1774	1654	643	1888	2286	2246	2096	824	2183	2659	2611	2431	932
24	131573~217381	377	M80×6	543	703	695	665	299	872	1062	1046	986	424.5	1317	1577	1553	1463	625	1646	1966	1934	1814	751	2091	2489	2449	2299	963	2420	2896	2848	2668	1093

表 4.2-21　E 型弹簧支吊架尺寸系列表

单位：mm（除标注单位外）

弹簧号	工作载荷范围/N	壳体外径D	吊杆d	VS30 壳体高度H	VS30 无载高度L	VS30 指示板指零时L	VS30 指示板指30mm时L	VS30 理论质量/kg	VS60 壳体高度H	VS60 无载高度L	VS60 指示板指零时L	VS60 指示板指60mm时L	VS60 理论质量/kg	VS90 壳体高度H	VS90 无载高度L	VS90 指示板指零时L	VS90 指示板指90mm时L	VS90 理论质量/kg	VS120 壳体高度H	VS120 无载高度L	VS120 指示板指零时L	VS120 指示板指120mm时L	VS120 理论质量/kg	VS150 壳体高度H	VS150 无载高度L	VS150 指示板指零时L	VS150 指示板指150mm时L	VS150 理论质量/kg	VS180 壳体高度H	VS180 无载高度L	VS180 指示板指零时L	VS180 指示板指180mm时L	VS180 理论质量/kg
0	154~255	89	M12	126	396	404	434	7.5	208	478	494	554	8.9	304	574	598	688	10.7	386	656	688	808	12.3	482	754	794	944	17.3	564	838	886	1066	18.3
1	205~340	89	M12	131	401	409	439	7.5	218	488	504	564	9.2	319	589	613	703	11	406	676	708	828	12.7	507	779	819	969	17.7	594	858	906	1086	18.7
2	283~468	89	M12	135	405	413	443	7.7	225	495	511	571	9.3	330	600	624	714	11.4	420	690	722	842	13.1	525	797	837	987	18.1	615	889	937	1117	19.1
3	359~593	89	M12	141	411	419	449	7.7	236	506	522	582	9.5	347	617	641	731	11.6	442	712	744	864	13.1	553	825	865	1015	18.4	648	923	971	1151	19.4
4	498~822	114	M12	143	413	421	451	8.6	240	510	526	586	10.6	353	623	647	737	13.4	450	720	752	872	15.6	563	835	875	1025	20.6	660	934	982	1162	21.6
5	676~1117	114	M12	147	417	425	455	9	244	514	530	590	11.1	359	629	653	743	14.4	456	726	758	878	16.7	571	843	883	1033	21.7	668	942	990	1170	23.7
6	902~1491	114	M12	159	429	437	467	9.4	267	537	553	613	11.9	394	664	688	778	15.5	502	772	804	924	18.3	629	901	941	1091	24.3	737	1011	1059	1239	26.3
7	1238~2045	114	M12	172	442	450	480	10.3	289	559	575	635	13	427	697	721	811	17.3	544	814	846	966	20.1	682	954	994	1144	27.1	799	1073	1121	1301	29.1
8	1666~2752	159	M12	166	436	444	474	14.7	272	542	558	618	18.3	402	672	696	786	23.9	508	778	810	930	27.5	638	910	950	1100	34.5	744	1018	1066	1246	38.5
9	2254~3723	168	M12	181	451	459	489	17.2	297	567	583	643	21.9	440	710	734	824	29.1	556	826	858	978	32.9	699	971	1011	1161	42.9	815	1089	1137	1317	47.9
10	2920~4824	194	M12	189	457	465	495	26.3	304	572	588	648	33.3	449	717	741	831	40	564	832	864	984	48.2	709	979	1019	1169	50.1	824	1096	1144	1324	66.1
11	4009~6623	194	M16	211	571	579	609	31	341	701	717	777	38.6	504	864	888	978	50.8	634	994	1026	1146	58.5	797	1159	1199	1349	73.5	927	1291	1339	1519	81.5
12	5422~8958	219	M16	218	578	586	616	36.6	350	710	726	786	46	522	882	906	996	61.6	654	1014	1046	1166	71.1	826	1188	1228	1378	90.1	958	1322	1370	1550	101.1
13	6880~11367	219	M20	244	604	612	642	41	394	754	770	830	52.6	586	946	970	1060	71.1	736	1096	1128	1248	82.8	928	1290	1330	1480	105	1078	1442	1490	1670	120
14	9297~15360	245	M24	253	663	671	701	51.1	401	811	827	887	66.1	597	1007	1031	1121	90	745	1155	1187	1307	104.7	941	1353	1393	1543	131.7	1089	1503	1551	1731	148
15	11553~19088	273	M24	264	674	682	712	67.7	415	825	841	901	86.3	618	1028	1052	1142	117.4	769	1179	1211	1331	136	972	1384	1424	1574	171.3	1123	1537	1585	1765	191.3
16	14808~24465	299	M30	290	710	718	748	86.6	453	873	889	949	101.7	674	1094	1118	1208	152	837	1257	1289	1409	176.3	1058	1480	1520	1670	222	1221	1645	1693	1873	248
17	20758~34296	299	M36	320	760	768	798	101.7	495	935	951	1011	131.1	734	1174	1198	1288	181.5	909	1349	1381	1501	211	1151	1593	1637	1783	265	1323	1767	1815	1995	297
18	29205~48251	299	M36	348	828	836	866	112.5	545	1025	1041	1101	149.6	812	1292	1316	1406	210.5	1009	1499	1531	1651	247	1276	1768	1808	1958	313	1473	1967	2015	2195	351
19	38232~63166	325	M42	390	890	898	928	149	615	1115	1131	1191	200	919	1417	1441	1531	279.4	1142	1642	1674	1794	330.6	1444	1946	1986	2136	418	1669	2173	2221	2401	470
20	50988~84240	325	M48	454	974	982	1012	185.3	721	1241	1257	1317	253	1073	1593	1617	1707	358	1340	1860	1892	2012	426	1692	2214	2254	2404	535	1959	2483	2531	2711	606
21	66356~109632	325	M56	522	1062	1070	1100	227	837	1377	1393	1453	317.4	1244	1784	1808	1898	450	1559	2099	2131	2251	540	1966	2508	2548	2698	676	2381	2825	2873	3053	772
22	84582~139745	351	M64	593	1153	1161	1191	331	960	1520	1536	1596	408.7	1427	1987	2011	2101	577.5	1794	2354	2386	2506	697.5	2261	2823	2863	3013	872.5	2628	3192	3240	3420	977.5
23	104807~173159	377	M72×6	547	1127	1135	1165	386	842	1422	1438	1498	452	1244	1824	1848	1938	634	1539	2119	2151	2271	746	1941	2523	2563	2713	935	2236	2820	2868	3048	1052
24	131573~217381	377	M80×6	601	1181	1189	1219	446	930	1510	1526	1586	530	1375	1955	1979	2069	746	1704	2286	2318	2438	884	2149	2733	2773	2923	1107	2478	3064	3112	3292	1250

表 4.2-22 F_I 型弹簧支架尺寸系列表

单位：mm（除标注单位外）

弹簧号	工作载荷范围/N	壳体外径板 D	重荷板 D_1	调节用孔 d	VS30 壳体高度 H	VS30 最大高度 L_{max}	VS30 最小高度 L_{min}	VS30 平均高度 $L_{平均}$	VS30 理论质量/kg	VS60 壳体高度 H	VS60 最大高度 L_{max}	VS60 最小高度 L_{min}	VS60 平均高度 $L_{平均}$	VS60 理论质量/kg	VS90 壳体高度 H	VS90 最大高度 L_{max}	VS90 最小高度 L_{min}	VS90 平均高度 $L_{平均}$	VS90 理论质量/kg	VS120 壳体高度 H	VS120 最大高度 L_{max}	VS120 最小高度 L_{min}	VS120 平均高度 $L_{平均}$	VS120 理论质量/kg	VS150 壳体高度 H	VS150 最大高度 L_{max}	VS150 最小高度 L_{min}	VS150 平均高度 $L_{平均}$	VS150 理论质量/kg	VS180 壳体高度 H	VS180 最大高度 L_{max}	VS180 最小高度 L_{min}	VS180 平均高度 $L_{平均}$	VS180 理论质量/kg
0	154~255	89	80	8	118	181	168	175	6.4	200	300	250	275	8	296	396	346	371	10.5	378	478	428	453	12.2	474	574	524	549	19.5	556	656	606	631	21.8
1	205~340	89	80	8	123	186	173	180	6.4	210	310	260	285	8.1	311	411	361	386	10.6	398	498	448	473	12.5	499	599	549	574	19.8	586	686	636	661	22.1
2	283~468	89	80	8	127	190	177	184	6.6	217	317	267	292	8.4	322	422	372	397	11	412	512	462	487	12.9	517	617	567	592	20.2	607	707	657	682	22.5
3	359~593	89	80	8	133	196	183	190	6.7	228	328	278	303	8.7	339	439	389	414	11.3	434	534	484	509	13.5	545	645	595	620	20.9	640	740	690	715	23.2
4	498~822	114	120	8	135	198	185	192	8.8	232	332	282	307	11.1	345	445	395	420	14.7	442	542	492	517	17.1	555	655	605	630	22.7	652	752	702	727	26
5	676~1117	114	120	8	139	202	189	196	9.3	236	336	286	311	11.5	351	451	401	426	15.9	448	548	498	523	18.4	563	663	613	638	26.1	660	760	710	735	28.4
6	902~1491	114	120	10	151	214	201	208	10.3	259	359	309	334	13.6	386	486	436	461	19.1	494	594	544	569	22.5	621	721	671	696	32.6	729	829	779	804	36.3
7	1238~2045	114	120	10	164	227	214	221	10.9	281	381	331	356	14.5	419	519	469	494	20.5	536	636	586	611	24.4	674	774	724	749	35.9	791	891	841	866	39.6
8	1666~2752	159	150	10	158	221	208	215	16.7	264	364	314	339	21.4	394	504	454	479	29.3	500	600	550	575	34	630	730	680	705	49	736	836	786	811	54.4
9	2254~3723	168	150	10	173	236	223	230	19.3	289	389	339	364	25.4	432	532	482	507	34.9	548	648	598	623	41	691	791	741	766	58.3	807	907	857	882	64.5
10	2920~4824	194	180	10	181	258	233	246	28	296	394	344	369	36	441	543	493	518	48.8	556	658	608	633	56.4	701	803	753	778	81.5	816	918	868	893	89
11	4009~6623	194	180	10	201	278	253	266	30.4	331	433	383	408	40.1	494	592	542	567	52.4	624	726	676	701	65	787	889	839	864	94.5	917	1019	969	994	103
12	5422~8958	219	200	15	208	285	260	273	40	340	442	392	417	52.4	512	614	564	589	74	644	746	696	721	86.2	816	918	868	893	126.4	948	1050	1000	1025	140
13	6880~11367	219	200	15	231	308	283	296	43.4	381	483	433	458	59	573	675	625	650	83.6	723	825	775	800	98.3	915	1017	967	992	143.4	1065	1167	1117	1142	161.4
14	9297~15360	245	230	15	235	312	287	300	54	383	485	435	460	71.8	579	681	631	656	102	727	829	779	804	120.3	923	1025	975	1000	169	1071	1173	1123	1148	188
15	11553~19088	273	260	15	242	319	294	307	66.4	393	495	445	470	89.3	596	698	648	673	129	747	849	799	824	151	950	1052	1002	1027	216	1101	1203	1153	1178	240
16	14808~24465	299	280	15	263	340	315	328	93	426	528	478	503	112	647	749	699	724	162.1	810	912	862	887	190.4	1031	1133	1083	1108	266.3	1194	1296	1246	1271	296
17	20758~34296	299	280	20	289	366	341	354	100	464	566	516	541	133	703	805	755	780	182.7	878	982	932	957	225	1117	1221	1171	1196	311.5	1292	1396	1346	1371	347.5
18	29205~48251	299	280	20	321	400	375	388	113.3	518	622	572	597	154	785	889	839	864	224.7	982	1086	1036	1061	264	1249	1353	1303	1328	363	1456	1550	1500	1525	407
19	38232~63166	325	300	20	360	439	414	427	140	585	689	639	664	194	887	991	941	966	284.2	1112	1216	1166	1191	341	1414	1518	1468	1493	468	1639	1743	1693	1718	525
20	50988~84240	325	300	20	419	500	475	488	173	686	790	740	765	253	1038	1142	1092	1117	375	1305	1409	1359	1384	453.2	1657	1761	1711	1736	644.5	1924	2028	1978	2003	726.5
21	66356~109632	325	300	20	489	570	545	558	219	804	910	860	885	321.6	1211	1317	1267	1292	472	1526	1632	1582	1607	572.4	1933	2039	1989	2014	804	2248	2354	2304	2329	909
22	84582~139745	351	330	20	553	634	609	622	267	920	1026	976	1001	399	1387	1493	1443	1468	586	1754	1860	1810	1835	715	2221	2327	2277	2302	998.5	2588	2694	2644	2669	1133
23	104807~173159	377	350	25	488	574	549	662	289	783	894	844	869	414	1185	1296	1246	1271	616	1480	1593	1543	1568	735	1882	1995	1945	1970	1021	2177	2296	2246	2271	1137
24	131573~217381	377	350	25	531	617	592	605	323	860	971	921	946	470	1305	1416	1366	1391	705	1634	1745	1695	1720	847	2079	2190	2140	2165	1179	2408	2519	2469	2494	1328

表 4.2-23　F_Ⅲ型滚轮荷重板尺寸系列 单位：mm

弹簧号	L	h	D_1	质量/kg
4～7	94	48	120	3
8、9	120	48	150	3
10、11	150	66	180	5
12、13	170	66	200	7
14、15	190	96	230、260	10
16～18	240	96	280	14
19～21	260	116	300	20
22	260	116	330	22
23、24	280	134	350	24

注：1. F_Ⅱ、F_Ⅲ型弹簧支吊架除顶部外，其余同 F_Ⅰ型。

2. 选用 F 型弹簧支吊架，订货时应指明 F_Ⅰ、F_Ⅱ、F_Ⅲ型。

⑥ G 型弹簧支吊架见图 4.2-40 和表 4.2-24。

⑦ 花篮螺母见图 4.2-41 和表 4.2-25。

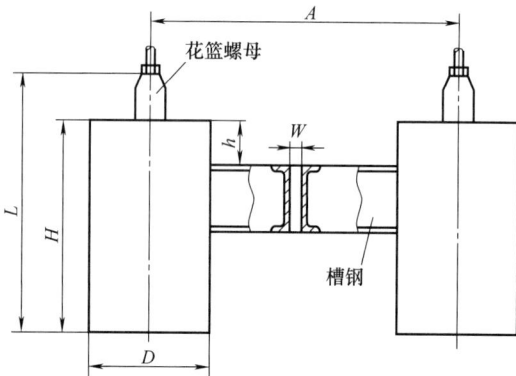

图 4.2-40　G 型弹簧支吊架

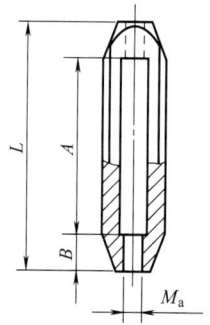

图 4.2-41　花篮螺母

4.2.3.8　悬臂管架的设计（HG/T 20645.5—2022）

（1）墙体及预制块要求　墙体及预制块示意图如图 4.2-42 所示。

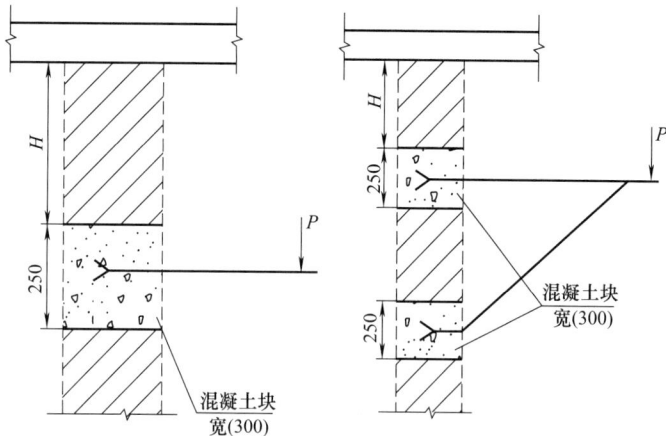

图 4.2-42　墙体及预制块示意图

注：P 为标准值（未包括管架自身荷载）；$H \geqslant 1000$mm。

① 墙体通常为 24 墙（墙厚 240mm）和 37 墙（墙厚 370mm）。混凝土预制块强度等级应符合《混凝土结构设计规范》（GB 50010），连同悬臂管架（或三角架）整体预制后安装；或者采用预制块表面预埋钢板（有拉筋）焊接安装。

② 预制块尺寸（墙上留孔应略大于预制尺寸）。

a. 墙体厚度 240mm：240mm×300mm×250mm。

b. 墙体厚度 370mm：370mm×300mm×250mm。

表 4.2-24　G型弹簧支吊架尺寸系列表

单位：mm（除标注单位外）

弹簧号	工作载荷范围/N	壳体外径D	吊杆中心距A	吊杆螺纹d	装配背靠背高度h	槽钢型号	同型号间距W	VS30 壳体高度H	VS30 无载高度L	VS30 指零位30mm时L	VS30 理论质量/kg	VS60 壳体高度H	VS60 无载高度L	VS60 指零位60mm时L	VS60 理论质量/kg	VS90 壳体高度H	VS90 无载高度L	VS90 指零位90mm时L	VS90 理论质量/kg	VS120 壳体高度H	VS120 无载高度L	VS120 指零位120mm时L	VS120 理论质量/kg	VS150 壳体高度H	VS150 无载高度L	VS150 指零位150mm时L	VS150 理论质量/kg	VS180 壳体高度H	VS180 无载高度L	VS180 指零位150mm时L	VS180 指零位180mm时L	VS180 理论质量/kg
0	154~255	89	500	M12	25	6.3	16	122	207	245	13.8	204	289	305	13.8	300	330	354	16.6	382	412	444	20.2	478	510	550	23.2	560	594	642	822	35.2
1	205~340	89	500	M12	25	6.3	16	127	212	250	13.8	214	299	315	13.8	315	345	369	17	402	432	464	20.6	503	535	575	24	590	624	672	852	36
2	283~468	89	500	M12	25	6.3	16	131	216	254	14.2	221	306	322	14.2	326	356	380	17.2	416	446	478	21.2	521	553	593	24.2	611	645	693	873	36.2
3	359~593	89	500	M12	25	6.3	16	137	222	260	14.2	232	317	333	14.2	343	373	397	17.6	438	468	500	22	549	581	621	25	644	678	726	906	37
4	498~822	114	500	M12	25	6.3	16	139	224	262	16.4	236	321	337	16.4	349	379	403	20.4	446	476	508	26	559	591	631	30	656	690	738	918	42
5	676~1117	114	500	M12	25	8	16	143	228	266	19.4	240	325	341	19.4	355	385	409	23.4	452	480	512	30.2	567	597	637	34.2	664	696	744	924	48.2
6	902~1491	114	500	M12	25	8	16	155	240	278	20	263	348	364	20	390	420	444	25	498	528	560	32	625	657	697	37.4	733	767	815	995	53.4
7	1238~2045	114	750	M12	25	8	16	168	253	291	24.8	285	370	386	24.8	423	453	477	30	540	570	602	38.6	678	710	750	44.2	795	829	877	1057	62.2
8	1666~2752	159	750	M12	30	10	16	162	247	285	34.2	268	353	369	34.2	398	428	452	41.2	504	534	566	52.4	634	666	706	59.4	740	774	822	1002	81.4
9	2254~3723	168	750	M12	30	10	16	177	262	300	38.4	293	378	394	38.4	436	466	490	43.6	552	582	614	72.4	695	727	767	72.4	811	845	893	1073	100.4
10	2920~4824	194	750	M12	40	10	16	183	266	304	47.6	298	383	399	47.6	443	473	497	60.8	558	588	620	92.4	703	735	775	92.4	818	852	900	1080	128.4
11	4009~6623	194	1000	M16	40	10	20	209	309	347	62.4	339	439	455	62.4	502	562	586	77.4	632	692	724	116.8	795	857	897	116.8	925	989	1037	1217	162.8
12	5422~8958	219	1000	M16	50	12.6	20	218	318	356	80.4	350	450	466	80.4	522	582	606	99	654	714	746	149	826	888	928	149	958	1022	1070	1250	206.8
13	6880~11367	219	1000	M20	50	12.6	30	246	346	384	89.2	396	496	512	89.2	588	648	672	112.6	738	798	830	173	930	992	1032	173	1080	1144	1192	1372	247
14	9297~15360	245	1000	M24	50	12.6	30	257	357	395	112	405	505	521	112	601	661	685	140.6	749	809	841	218	945	1007	1047	218	1093	1157	1205	1385	304
15	11553~19088	273	1250	M24	60	16	38	270	370	408	152.2	421	521	537	152.2	624	684	708	188.6	775	835	867	288	978	1040	1080	288	1129	1193	1241	1421	398.2
16	14808~24465	299	1250	M30	60	16	40	298	398	436	202.6	461	561	577	202.6	682	742	766	251	845	905	937	371	1066	1128	1168	371	1229	1293	1341	1521	512.4
17	20758~34296	299	1250	M36	60	16	40	329	429	467	232	504	604	620	232	743	803	827	291	918	978	1010	450	1157	1219	1259	450	1332	1396	1444	1624	622.2
18	29205~48251	299	1250	M36	70	16	40	362	487	525	271.2	559	684	700	271.2	826	926	950	346	1023	1123	1155	540	1290	1392	1432	540	1487	1591	1639	1819	748
19	38232~63166	325	1250	M42	70	20	55	408	533	571	348.4	633	758	774	348.4	935	1035	1059	450	1160	1260	1292	710	1462	1564	1604	710	1687	1791	1839	2019	988.2
20	50988~84240	325	1500	M48	70	20	60	474	599	637	430	741	866	882	430	1093	1193	1217	568	1360	1460	1492	909	1712	1814	1854	909	1978	2083	2131	2311	1269
21	65556~109632	325	1500	M56	75	20	60	542	667	705	507.4	857	981	998	507.4	1264	1364	1388	688	1579	1679	1711	1133	1986	2088	2128	1133	2266	2370	2453	2633	1598
22	84582~139745	351	1500	M64	75	25	70	619	744	782	618	986	1111	1127	618	1453	1553	1577	857	1820	1920	1952	1432	2287	2389	2429	1432	2724	2758	2806	2986	2032
23	104807~173159	377	1500	M72×6	85	25	80	577	702	740	723	872	997	1013	723	1274	1374	1398	957	1569	1669	1701	1543	1971	2073	2113	1543	2336	2370	2418	2598	2155
24	131573~217381	377	1500	M80×6	85	25	90	637	762	800	848	966	1091	1107	848	1411	1511	1535	1126	1740	1840	1872	1833	2185	2287	2327	1833	2584	2618	2666	2846	2565

表 4.2-25　花篮螺母主要尺寸　　　　　　　　　单位：mm

弹簧号	0	1～10	11、12	13	14、15	16
M_a	M12	M12	M16	M20	M24	M30
B	25	25	30	30	35	40
A	120	120	160	160	200	200
L	170	170	220	220	270	280
弹簧号	17、18	19	20	21、22	23	24
M_a	M36	M42	M48	M56	M72×6	M80×6
B	50	60	70	80	100	100
A	200	200	200	200	200	200
L	300	320	340	360	400	400

注：花篮螺母两端螺纹均为右螺纹。

③ 预制块数量：应满足管架选型和在墙上生根的要求。

（2）墙架选型及安装方式

① 墙架选型。包括单臂、双臂悬臂架或三角架。

② 安装方式。

a. 预制块（包括带预埋钢板）直接砌入墙体：整体性好，其承载能力较强。

b. 墙上预留孔：施工较方便，但与墙体结合性较差，其承载能力不强。

c. 膨胀螺栓固定：仅适用于小荷载的情况。

（3）悬臂架荷载要求

① 一个集中荷载时，应满足下式：

$$PL \leqslant 0.5qL_0^2 \tag{4.2-8}$$

$$即 \quad P \leqslant \frac{0.245q}{L} \tag{4.2-9}$$

式中　P——集中荷载，N；

　　　L——力臂长度，m；

　　　q——均布荷载，N/m。

　　　L_0——长度常数，取 0.7m，见图 4.2-43（e）。

② 两个及以上集中荷载时，应满足下式：

$$P_1L_1 + P_2L_2 + \cdots + P_nL_n \leqslant 0.245q \tag{4.2-10}$$

式中　P_1、P_2、$\cdots$、P_n——集中力，N；

　　　L_1、L_2、$\cdots$、L_n——力臂，m。

（4）三角架荷载要求

① 一个集中荷载时，应将受力点放在斜撑的交汇点处。

② 两个及以上集中荷载时，其受力点可按表 4.2-26 中所列尺寸定位。

③ 荷载类型如图 4.2-43 和图 4.2-44 所示，许用荷载见表 4.2-26 和表 4.2-27。

④ 在砖墙上设置支架时，应考虑荷载不能太大，生根点以上应有足够的砖墙高度，需要的墙高可按下式计算：

$$H \geqslant \frac{P}{Bh}\left(1.02\frac{L}{h} - 0.625\right) + 0.625B \tag{4.2-11}$$

式中　H——生根点之上需要的填充墙高度，m；

　　　P——管道的垂直荷载，t；

　　　B——混凝土块宽度，m；

　　　h——混凝土块厚度或砖墙厚度，m；

　　　L——悬臂的计算长度，m。

⑤ 图 4.2-45 中尺寸 S 不应小于 $B/2$，如果小于 $B/2$ 可以增加 H 高度，使墙的有效体积不小于原要求（即 $2BHh$）。从而使生根点之上有足够的砖墙重量压住管架，此外还应使混凝土和砖的许用应力都能满足要求，这样才能使墙架安全可靠。

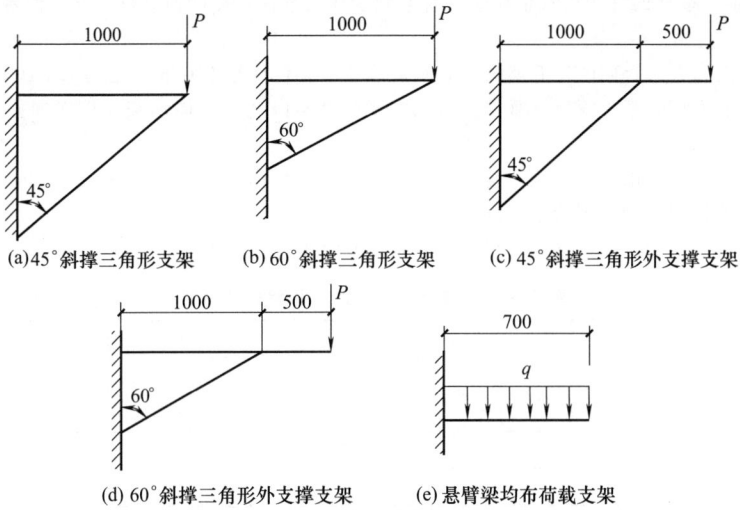

(a) 45°斜撑三角形支架　　(b) 60°斜撑三角形支架　　(c) 45°斜撑三角形外支撑支架

(d) 60°斜撑三角形外支撑支架　　(e) 悬臂梁均布荷载支架

图 4.2-43　单一荷载类型示意

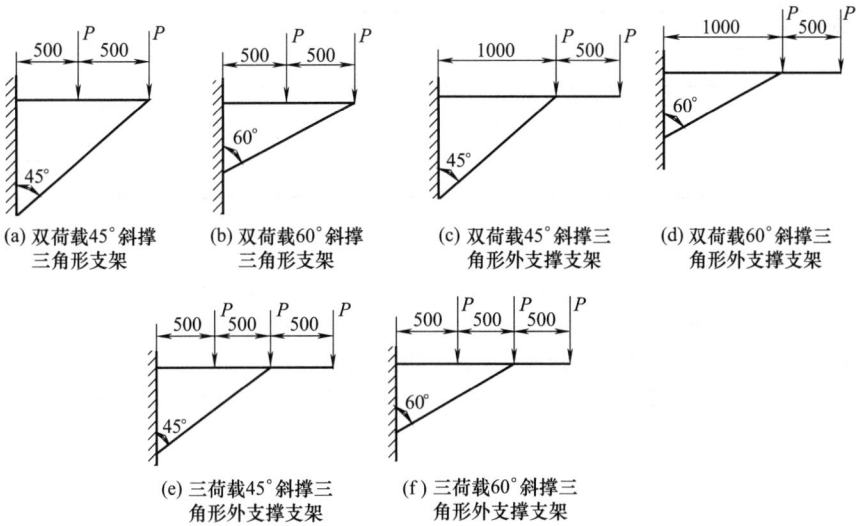

(a) 双荷载45°斜撑三角形支架　　(b) 双荷载60°斜撑三角形支架　　(c) 双荷载45°斜撑三角形外支撑支架　　(d) 双荷载60°斜撑三角形外支撑支架

(e) 三荷载45°斜撑三角形外支撑支架　　(f) 三荷载60°斜撑三角形外支撑支架

图 4.2-44　多荷载类型示意

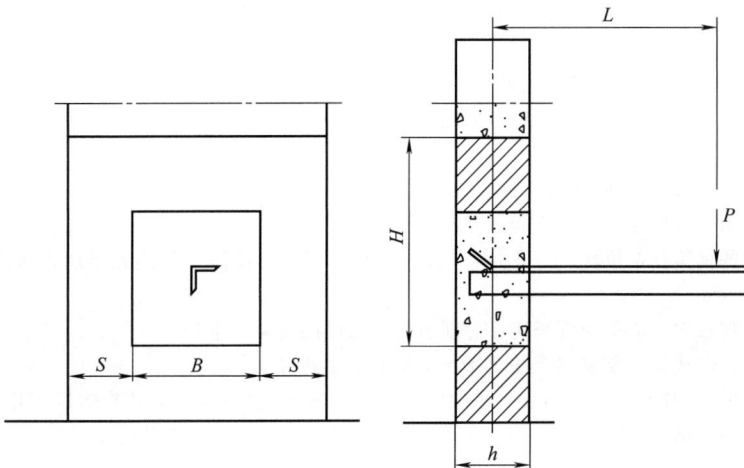

图 4.2-45　墙体上的悬臂架

（5）许用荷载值　墙架的许用荷载值应包括管架和墙体所容许承受的荷载值，并以两者中的较小值为墙架设计的依据。

① 当墙体承载能力大于管架的承载能力时，则可确认墙架设计数据有效，见表 4.2-26、表 4.2-27。

② 当墙体承载能力小于等于管架承载能力时，应调整管架以适应墙体承载要求或向土建专业提出条件并予以确认。

③ 对在墙体上采用膨胀螺栓固定管架时，通常应限定管道公称直径（DN）不大于 50。

④ 在墙体上设置管架，应避免管道振动。

⑤ 计算荷载应由管系静态分析计算求得，符合条件和计量单位见表 4.2-26 和表 4.2-27。

表 4.2-26　多荷载类型，墙架许用荷载　　　　　　　　单位：N

荷载类型		a	b	c	d	e	f
24 墙	C_{20}	4930	2850	2960	1700	2470	1400
	C_{15}	3700	2100	2200	1270	1850	1100
37 墙	C_{20}	7600	4400	4560	2600	3800	2200
	C_{15}	5700	3300	3400	1950	2850	1650

表 4.2-27　单一荷载类型，墙架许用荷载　　　　　　　　单位：N

荷载类型		a	b	c	d	e
24 墙	C_{20}	7400	4300	4900	2850	820
	C_{15}	5500	3200	3700	2100	620
37 墙	C_{20}	11400	6600	7600	4400	1900
	C_{15}	8550	4950	5700	3300	1400

注：类型 e 的单位为 N/m。

4.2.3.9　管架文件的编制

（1）管架数据表依据管架布置图、标准或非标准管架图以及管架数据表格式的要求进行编制。

（2）管架材料表依据管架数据表、标准或非标准管架图，将被选用的管架逐一分解，分门别类地做好记录并进行汇总，按管架材料表格式的要求分别填写到各自对应的表中。

（3）管架数据表宜按工序或区域，按管架顺序号逐一依次填写。具体编制可见《管架标准图》（HG/T 21629）中的选用说明。

（4）管架材料表宜按工序或区域统一编制。

（5）管架设计说明书中采用的标准规范：《管架标准图》（HG/T 21629）；《变力弹簧支吊架》（HG/T 20644）；《可变弹簧支吊架》（NB/T 47039）；《恒力弹簧支吊架》（NB/T 47038）；管架材料、螺栓、螺母等标准采用国家通用标准等。

（6）管架设计说明书中管架加工制造以及焊接可按现行行业标准《管架标准图》（HG/T 21629）中的要求进行。

（7）管架设计说明书中管架施工和安装应注意以下几点要求：

① 管道安装时，应按设计要求以及现场情况及时进行支、吊架的安装和调整工作。管架位置应正确，安装平整牢固，与管子接触良好；

② 无特殊要求的吊架，包括弹簧吊架，其吊杆应垂直安装；

③ 导向架的滑动面应洁净平整，不能有歪斜和卡塞现象；

④ 弹簧支吊架的弹簧箱定位块（上下各一块），待系统安装、试压、绝热完毕后，系统开始运行前必须拆除；

⑤ 管架与管道焊接时，应避免管子烧穿等削弱管子强度的现象发生；

⑥ 安装完毕后，应按设计要求逐个核对支、吊架的型式和位置。

（8）管架设计说明书中试车时应对支、吊架的下作情况进行检查和调整，内容有以下几点：

① 弹簧支吊架运行情况；

② 支吊架失效情况；

③ 支吊架变形情况；

④ 管系振动情况。

4.2.3.10　管架生根结构

(1) 在设备上生根及要求

① 生根件的结构可按下列形式分类：

a. 在设备上焊贴板，如图 4.2-46 (a) 所示；

b. 在设备壁上焊单立板，如图 4.2-46 (b) 所示；

c. 在设备壁上焊带筋板的立板，如图 4.2-46 (c) 所示；

d. 在设备壁上焊平面横板，如图 4.2-46 (d) 所示；

e. 在保冷设备壁上预焊件，如图 4.2-46 (e) 所示；

f. 在设备上的组合生根件。

② 生根件可进行双位或多位设置，以满足管架设计的要求。

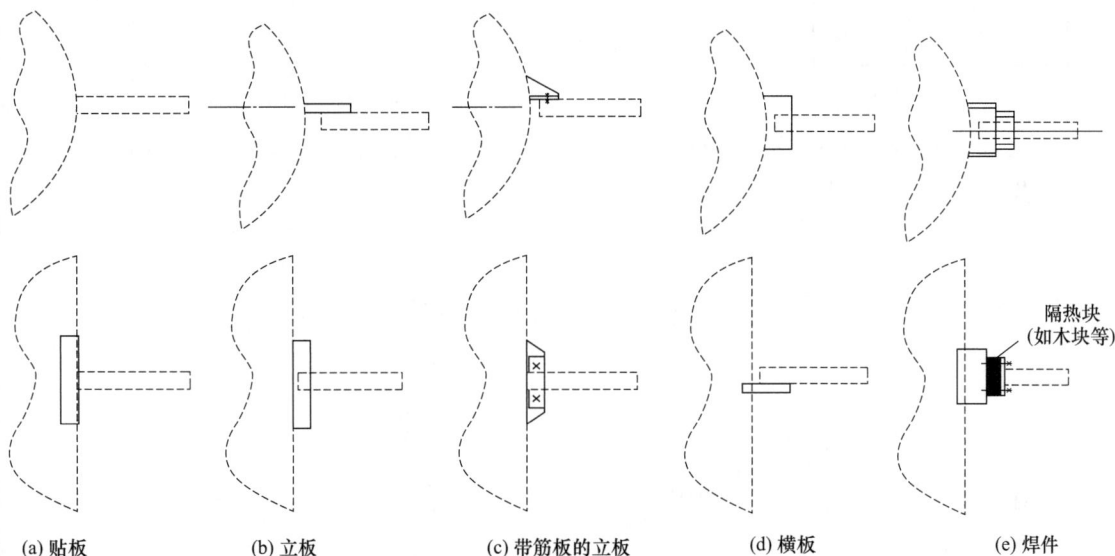

| (a) 贴板 | (b) 立板 | (c) 带筋板的立板 | (d) 横板 | (e) 焊件 |

图 4.2-46　在设备上的生根件

注：图 (b) 为可焊接或螺栓连接，但承受横向荷载小；图 (c) 加了筋板，承受横向荷载能力增大。选择生根件结构时，一定要考虑支架的受力状况。

③ 对于保冷管道，应考虑设备生根和支架构件之间的隔热要求：5～−45℃的保冷管，应使用隔热块；−46℃及以下的保冷管道，则应使用高密度聚氨酯或木块等做隔热层；隔热层的材料、尺寸参数等，应根据项目执行中的其它相关专业核算确定。

④ 在使用螺栓连接两种构件时，应注意各种螺栓所适合的工作温度。6～350℃的工作状态，可使用 Q235-A 钢；351～575℃的工作状态时，应使用耐热钢，如螺栓采用 35CrMoA 或 16Mn；−46℃以下时，应使用奥氏体不锈钢作为螺栓材料。

⑤ 贴板结构在钢板周边焊接，应避开壳体焊缝；贴板尺寸超过 200mm×200mm 时，宜采用图 4.2-47 所示结构，用 4 块拼成；贴板应留有焊接的气孔，焊后妥善堵好，防止对设备外壳腐蚀；对于整体应力已消除的设备、衬里的设备不宜采用贴板结构。

⑥ 在设备上生根件条件的要求如下。

a. 应根据管道平面图布架图、设备装配图、有关管线的柔性分析和应力计算书确定设备生根件（预焊件）。

b. 设备生根件（预焊件）一般应该在设备制造时完成其焊制工作，特别是压力容器和衬里设备，必须预先焊接生根件。因为设备的制造和检验要求较高，在制造检验完毕后，一般不允许再在其壳壁上动火焊件。若特殊情况需要在施工现场补焊生根件时，必须征得设备专业人员的许可，并与设备专业人员共同商定焊接方案。

c. 管架预焊件应具有足够的强度，以满足承载和热应力分析的要求。仅起轴向导向作用的管架生根件，可采用图 4.2-46（d）的横板型式；一般承重的管架生根件可采用图 4.2-46（b）单立板型式；荷载较大的管架生根件应采用图 4.2-46（c）的带筋板型式；当图中列出的单悬管架型式不能满足荷载要求时，可采用组合形式为三角架 [图 4.2-48（a）] 及双悬臂架、双三角架 [图 4.2-48（b）]。

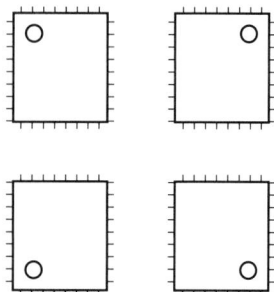

图 4.2-47　组合贴板结构

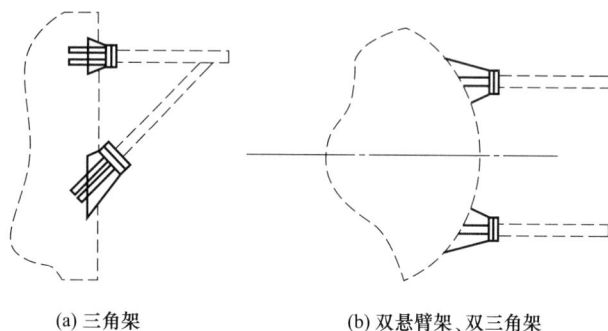

(a) 三角架　　　　(b) 双悬臂架、双三角架

图 4.2-48　设备生根条件组合型式

d. 在设备生根件采用组合形式的设计时，要注意消除管架和设备之间由于温差引起的相对位移的影响，以减小作用在运行设备壳体和管架上的应力，如图 4.2-49 所示。

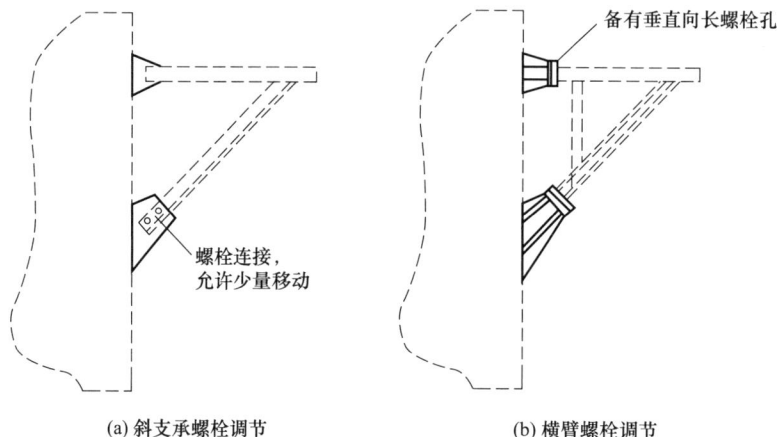

(a) 斜支承螺栓调节　　　　(b) 横臂螺栓调节

图 4.2-49　热胀设备生根组合件

e. 对于保温、保冷设备，应注意减少热量的传递，避免雨水通过支架结构流入设备保温层中，以免影响设备的隔热效果，增加系统的能量损耗。

（2）在土建结构上生根及要求

① 生根件的结构可按下列形式分类：

a. 在混凝土结构梁、柱上预埋钢板，如图 4.2-50（a）所示。

b. 在混凝土结构梁、柱上预埋型钢，如图 4.2-50（b）所示。

(a) 预埋钢板　(b) 预埋型钢　(c) 预埋环型钢板　(d) 预埋套管　(e) 膨胀螺栓　(f) 夹紧式抱箍

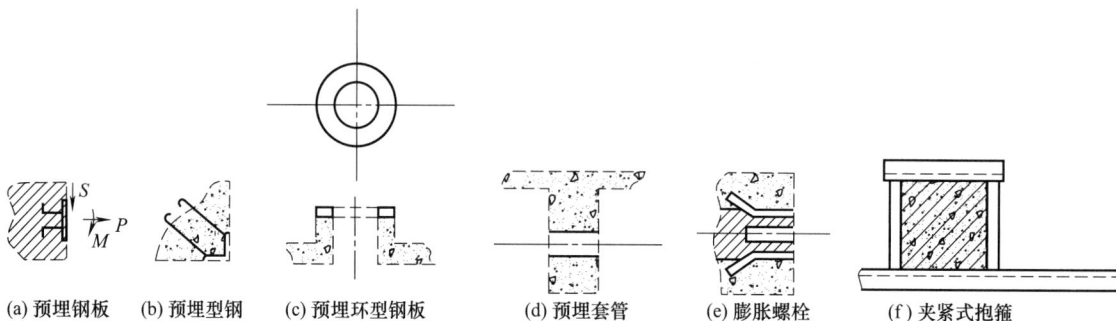

图 4.2-50　在土建结构上的生根件

c. 在混凝土楼面穿孔处预埋环型钢板，如图 4.2-50（c）所示。

d. 在混凝土结构梁上预埋套管，如图 4.2-50（d）所示。

e. 在混凝土结构梁、柱上打膨胀螺栓，如图 4.2-50（e）所示。

f. 在混凝土结构柱上夹紧式抱箍，如图 4.2-50（f）所示。

g. 在钢结构梁、柱上焊接管架。

h. 在土建结构上的组合生根件。

② 生根件可进行双位或多位设置，以满足管架设计（选型及功能）的要求。

③ 可在土建结构上预埋钢板于柱、梁基础等表面；型钢预埋件宜用于梁、柱、基础的拐角处，可用于多根管道支架范围内生根连接；预埋套管宜用于有腐蚀介质的环境场所，供穿过 M20 或 M40 的螺栓，以连接支架构件。

④ 采用膨胀螺栓的支架，可承受小荷载，但对有振动和有冲击荷载的场合禁止使用。

⑤ 在土建结构上生根条件的要求：

a. 应根据管道平面图布架图、土建模板图及有关结构图、有关管线的柔性分析和应力计算书确定土建结构上的生根件；

b. 设计文件中要求应尽量采用事先预埋生根件的方式。在预埋件遗漏，且荷载较小处，可用膨胀螺栓在混凝土结构上生根；

c. 承载较大的管架预埋件应尽量在主梁或柱上生根；

d. 管架在钢结构上生根时，须注意避免型钢翼缘扭曲。常用措施是在受力处增加筋板，或改变管架生根形式以改善结构受力情况，如图 4.2-51 所示。

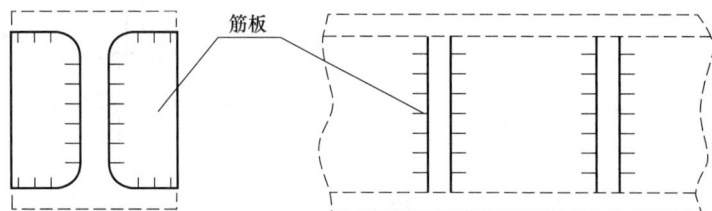

图 4.2-51　钢结构受力处加筋板

e. 生根在混凝土结构上的预埋件条件应包括：预埋件位置（纵横坐标及标高）、预埋件形式及尺寸、每个预埋件荷载（力和力矩）。

（3）在墙上生根及要求

① 生根件的结构可按下列形式分类：

a. 墙上预留孔再将预制砌块嵌入，如图 4.2-52（a）所示。

b. 墙上预埋钢板，如图 4.2-52（b）所示。

c. 墙上打膨胀螺栓，如图 4.2-52（c）所示。

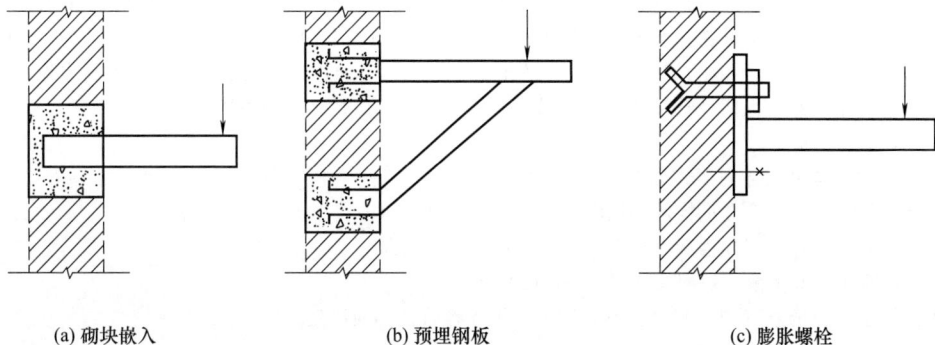

(a) 砌块嵌入　　　　　　(b) 预埋钢板　　　　　　(c) 膨胀螺栓

图 4.2-52　在墙上的生根件

② 完成在墙体上的生根件条件需接收下列相关条件，满足下列技术要求，并提出相应的条件：

a. 应根据管道平面图布架图、建筑图、有关管线的柔性分析和应力计算书确定墙体上生根件；

b. 墙体上生根的管架荷载不宜太大，详见 4.2.3.8 的规定；

c. 墙体上生根件的条件应包括：管架生根位置、生根件型式尺寸及荷载（力和力矩）。

（4）在地面上生根及要求

① 支墩基础上预埋钢板、预留螺栓及预留孔分别见图 4.2-53（a）、（b）、（c）。

② 地面上打膨胀螺栓。此种情况又分为一般地面和加厚地面，分别见图 4.2-54（a）、（b）。

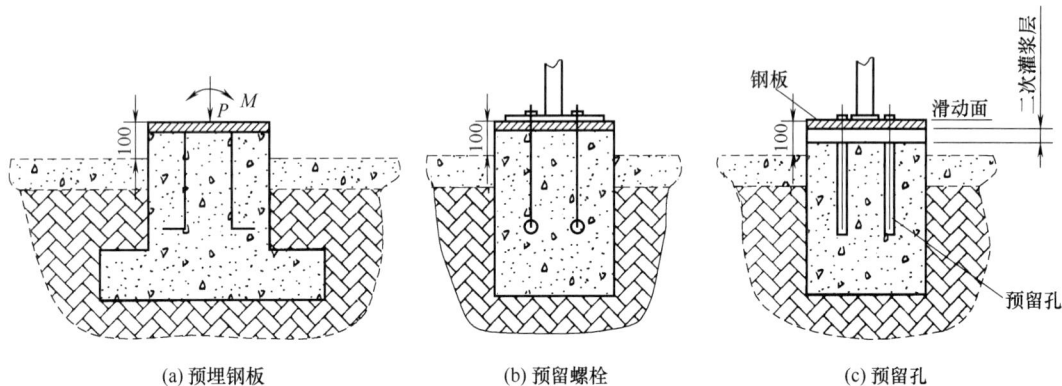

(a) 预埋钢板　　　　　　(b) 预留螺栓　　　　　　(c) 预留孔

图 4.2-53　在支墩基础上的生根件

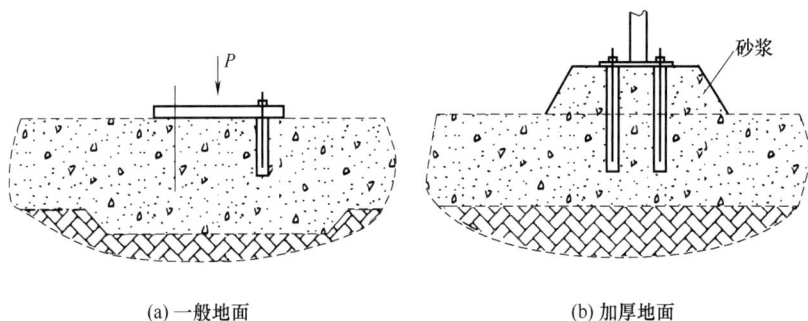

(a) 一般地面　　　　　　(b) 加厚地面

图 4.2-54　在地面上打膨胀螺栓

③ 在地面上生根条件的要求：

a. 应根据管道平面图布架图、结构基础图、建筑图、有关管线的柔性分析和应力计算书确定地面生根件。

b. 对于荷载较大，特别是弯矩较大或有振动荷载以及其它要求较高的重要管架，必须有供其生根的支墩基础。支墩一般高出地面 100mm，有特殊要求时，由设计规定。

c. 对于荷载较小，高度较低的一般管架，在地面变形对管道影响不大时，可用膨胀螺栓在地面生根。荷载小于 3500N 的不重要管架可在一般未加厚的地面上生根，见图 4.2-54（a）；荷载在 3500～7500N 时，管架生根处地面应做加厚处理，见图 4.2-54（b）。为防雨水和污水的锈蚀，管架支承点均应适当高出地面。

d. 地面生根件条件应包括：管架基础的位置、型式、尺寸及荷载（力和力矩）。

（5）在大管上生根及要求

① 生根件的结构可按下列形式分类：

a. 直接在大管壁上焊接支承构件，见图 4.2-55（a）、（b）、（c）。

b. 在大管壁上加焊局部加强板，如图 4.2-55（d）、（e）所示。

c. 在大管的管夹上生根，如图 4.2-55（f）、（g）所示。

② 在大管上生根的悬臂架，其臂长不宜过大，被支撑管道不应固定。

③ 在大管上生根条件的要求：

a. 应根据管道平面图布架图、有关管线的空视图确定大管上生根件；

b. 此情况适用于无其它生根条件的小管、小荷载、小位移管架的生根；

c. 通常不把临界管线作为支承大管；

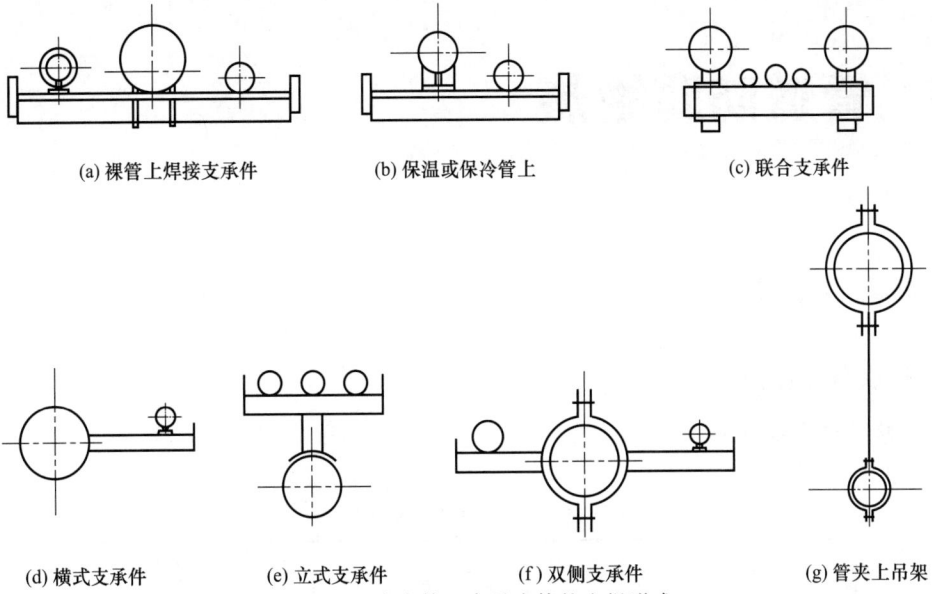

(a) 裸管上焊接支承件   (b) 保温或保冷管上   (c) 联合支承件

(d) 横式支承件   (e) 立式支承件   (f) 双侧支承件   (g) 管夹上吊架

图 4.2-55　在大管上支承小管的生根形式

d. 支承用大管的保温、保冷性能不应因支承小管的管架而受影响；

e. 支承用大管与被支承小管的相对位移不宜太大，并对预知的位移量作出相应的技术处理；

f. 大管上生根的条件包括在管架布置图上标注被支承小管管架位置尺寸、管架号以及支承大管管段号。

5 管道防腐绝热

5.1 防腐涂漆设计

5.1.1 防腐范围原则

5.1.1.1 防腐标准规范

防腐标准规范见表 5.1-1。

表 5.1-1 防腐标准规范

序　　号	标　准　号	标准规范名称
01	GB 7231—2003	工业管道的基本识别色、识别符号和安全标识
02	GB/T 21447—2018	钢质管道外腐蚀控制规范
03	GB 50316—2008	工业金属管道设计规范
04	GB/T 50393—2017	钢质石油储罐防腐蚀工程技术标准
05	GB 50726—2011	工业设备及管道防腐蚀工程施工规范
06	GB 50727—2011	工业设备及管道防腐蚀工程施工质量验收规范
07	HG/T 20679—2014	化工设备、管道外防腐设计规范
08	SH/T 3022—2019	石油化工设备和管道涂料防腐蚀设计标准
09	SH/T 3043—2014	石油化工设备管道钢结构表面色和标志规定
10	SH/T 3548—2011	石油化工涂料防腐蚀工程施工质量验收规范
11	SY/T 0420—1997	埋地钢质管道石油沥青防腐层技术标准
12	SY/T 0447—2014	埋地钢质管道环氧煤沥青防腐层技术标准
13	CJJ 95—2013	城镇燃气埋地钢质管道腐蚀控制技术规程
14	DL/T 5072—2019	发电厂保温油漆设计规程

5.1.1.2 防腐涂漆适用范围（GB 50316—2008）

（1）埋地钢管道的外表面应制作防腐层，防腐层数应按所设计的管道及土壤情况决定；必要时对长距离及不便检查维修的区域内的管道，可增加阴极保护措施。

（2）地上管道的外表面防锈一般采用涂漆，涂层类别应能耐环境大气的腐蚀。

（3）涂层的底漆与面漆应配套使用，外有隔热层的管道一般只涂底漆；不锈钢、有色金属及镀锌钢管道等可不涂漆。

（4）涂漆前管道外表面的清理应符合涂料产品的相应要求，当有特殊的要求时应在设计文件中规定。

（5）涂漆颜色及标志可按现行国家标准《工业管道的基本识别色、识别符号和安全标识》（GB 7231—2003）和有关标准执行，补充要求应在工程设计文件中规定。

5.1.1.3 防腐涂漆原则规定（HG/T 20679—2014）

（1）HG/T 20679—2014 适用于碳钢、铸铁、低合金钢和不锈钢制造的化工设备、管道和钢结构的外防腐。

（2）HG/T 20679—2014 的防腐方法包括非金属涂层、涂敷层和包覆层，不包括金属喷涂、金属镀层和电化学等防腐方法。

（3）防腐材料性能指标应符合 HG/T 20679—2014 要求，并具有出厂合格证和检验资料。材料应在有效期内使用，不得使用过期的材料。

（4）化工设备、管道和钢结构的外防腐设计，除符合 HG/T 20679—2014 外尚应符合国家现行有关标准的规定。

5.1.2 防腐表面处理（HG/T 20679—2014）

5.1.2.1 表面处理

（1）表面处理方法

① 化工设备、管道及钢结构防腐之前应进行表面处理；

② 表面处理的主要方法有喷射或抛射除锈、手工和动力工具除锈、化学除锈、火焰除锈、高压水喷射除锈等；

③ 各种表面处理方式的优缺点和适用范围可按表 5.1-2 的规定确定。

表 5.1-2　各种表面处理方式的优缺点和适用范围

除锈方法	优　点	缺　点	适用范围
喷射或抛射除锈	能够达到较好的除锈质量；施工效率高；具有消除表面应力的作用；可以达到一定的表面粗糙度，增加涂层的结合力	存在一定的环境污染，施工时需注意控制	适用于各种设备、管道及大型钢结构的表面除锈
手工和动力工具除锈	施工简单、方便，造价低	工效低，对人体有害	适用于要求不高的钢件表面处理
化学除锈	除锈较彻底，造价低	通常用浸泡法或高压泵冲洗施工，工件受限制	适用于结构复杂的小型工件，大型工件使用时要使酸液能够回收，以防污染环境
火焰除锈	施工简单、快捷，造价低	有环境污染	适用于有油污、大量锈层和旧漆膜的表面和小型工件
高压水喷射除锈	施工效率高；成本低；无污染	除锈后需要及时保护或防腐，受施工条件限制	适用于各种工件的表面除锈，目前多用于海洋平台

（2）表面处理等级

① 喷射或抛射除锈分 Sa1、Sa2、Sa2.5、Sa3 四个质量等级；

② 手工和动力工具除锈有 St2、St3 二个质量等级；

③ 化学除锈质量等级为 Be；

④ 火焰除锈质量等级为 F1；

⑤ 高压水喷射除锈分 W1、W2、W3、W4 四个质量等级；

⑥ 钢材表面处理等级及质量要求应符合表 5.1-3 的规定。

表 5.1-3　钢材表面处理等级及质量要求

处理方法	质量等级	质量要求
喷射或抛射除锈	Sa1	表面无可见的油脂和污垢，且没有附着不牢的氧化皮、铁锈和油漆等附着物
	Sa2	表面无可见的油脂和污垢，且氧化皮、铁锈和油漆涂层等附着物已基本清除，其残留物应是牢固附着的
	Sa2.5	表面无可见的油脂、污垢、氧化皮、铁锈和油漆涂层等附着物，任何残留的痕迹仅是点状或条纹状的轻微色斑
	Sa3	表面无可见的油脂、污垢、氧化皮、铁锈和油漆涂层等附着物，该表面应显示均匀的金属色泽
手工和动力工具除锈	St2	表面无可见的油脂和污垢，且没有附着不牢的氧化皮、铁锈和油漆等附着物
	St3	表面无可见的油脂和污垢，且没有附着不牢的氧化皮、铁锈和油漆等附着物，除锈比 St2 更为彻底，底材显露部分的表面应具有金属光泽
化学除锈	Be	表面无可见的油脂和污垢，化学洗涤未尽的氧化皮、铁锈和油漆涂层的个别残留点允许用手工或机械方法除去，但最终表面应显露金属原貌，无再度锈蚀
火焰除锈	F1	表面应无氧化皮、铁锈和油漆涂层等附着物，任何残留的痕迹仅为表面变色（不同颜色的暗影）

续表

处理方法	质量等级	质量要求
高压水喷射除锈	W1	无放大观察,表面无可见的油脂、污垢和灰尘,无松散氧化皮、锈层和松散涂层,任何残留物都应是紧附的
	W2	处理后呈不光滑的(阴暗的、斑驳的)面,无放大观察,表面无可见的油脂、污垢和灰尘、锈层、紧附的薄涂层和其它紧附物仅以随意分散的斑点存在,紧附残留物的面积不超过33%
	W3	处理后呈不光滑的(阴暗的、斑驳的)面,无放大观察,表面无可见的油脂、污垢和灰尘、锈层、紧附的薄涂层和其它紧附物仅以随意分散的斑点存在,紧附残留物的面积不超过5%
	W4	无放大观察,表面无可见的锈、污垢、旧涂层、氧化皮和其它外来物,表面呈现变色

（3）表面处理后的保护

① 化工设备、管道及钢结构表面处理后应及时采取防护和防锈措施,防护和防锈措施可采用薄膜覆盖或涂刷底漆等方法。

② 表面处理后的工件如受到污染或返锈,在涂装前应重新进行表面处理。

5.1.2.2　表面处理要求

（1）表面处理要求原则

① 表面处理的方法和等级要求不仅取决于环境因素和防腐设计年限,还取决于经济因素、防腐材料和施工可行性等;设计应选择能够满足使用要求、施工可行且经济合理的处理方法和处理等级。

② 表面处理宜采用以下三种方法之一:喷射或抛射除锈、高压水喷射除锈及化学除锈。上述方法无法处理或表面处理要求不高时可采用手工和动力工具除锈或火焰除锈。

③ 外防腐设计年限（N）分为三级:N<5a、5a≤N<10a、N≥10a;以此作为选择表面处理方法和配套防腐方案的依据。

（2）防腐材料与表面处理等级　不同种类的防腐材料对表面处理要求有所不同,表面处理等级应与防腐材料相适应;常用防腐底漆与表面处理等级及设计年限可按表5.1-4的规定确定。

表 5.1-4　常用防腐底漆与表面处理等级及设计年限

材料种类	底层材料	除锈等级			设计年限/a		
		弱腐蚀	中等腐蚀	强腐蚀	N<5	5≤N<10	N≥10
油性防锈漆	铁红、硼钡底漆	St2 或 F1	St3	—	推荐	不推荐	不推荐
带锈底漆	稳定型、转化型带锈底漆	St2 或 F1	St3	—	推荐	不推荐	不推荐
醇酸类	各类醇酸防锈底漆	Sa1 或 St2	Sa2 或 St3	—	推荐	不推荐	不推荐
酚醛类	各类酚醛树脂底漆	St3 或 Sa2	Sa2.5 或 Be	Sa2.5 或 Be	推荐	不推荐	不推荐
沥青漆	铝粉沥青底漆	St3	Sa2.5 或 Be	Sa2.5 或 Be	推荐	不推荐	不推荐
环氧树脂类	环氧铁红底漆、环氧富锌底漆、环氧磷酸锌底漆、环氧煤沥青	St3 或 Sa2	Sa2.5 或 Be 或 W3	Sa2.5 或 Be 或 W4	推荐	推荐	推荐
聚氨酯类	聚氨酯底漆	St3 或 Sa2	Sa2.5 或 Be	Sa2.5 或 Be	推荐	推荐	推荐
橡胶类	高氯化聚乙烯铁红防锈漆	St3 或 Sa2	Sa2.5 或 Be	Sa2.5 或 Be	推荐	推荐	不推荐
无机硅酸盐、无机磷酸盐	无机硅酸锌车间底漆、无机富锌底漆、无机磷酸盐富锌(铝)底漆	—	Sa2.5	Sa2.5 或 Sa3	推荐	推荐	推荐
有机硅耐热漆	有机硅耐热底漆、有机硅铝粉耐热底漆、丙烯酸改性有机硅耐热底漆	St3	Sa2.5 或 Be	—	推荐	推荐	不推荐
玻璃鳞片涂料	环氧玻璃鳞片配套底漆、聚酯树脂玻璃鳞片配套底漆	—	Sa2.5 或 W3	Sa2.5 或 W4	推荐	推荐	推荐
胶带类材料	聚乙烯胶带防腐配套底漆	St3	Sa2.5	Sa2.5	推荐	推荐	推荐

注:表中"弱腐蚀""中等腐蚀""强腐蚀"可按 HG/T 20679—2014 中 5.1、6.1 和 7.2 的腐蚀程度分类。

5.1.3 大气腐蚀 (HG/T 20679—2014)

5.1.3.1 大气腐蚀程度分类

（1）大气中腐蚀性物质分为腐蚀性气体、酸雾、颗粒物（包括盐、气溶胶、粉尘等）、滴溅液体等，大气中腐蚀性气体和颗粒物分类见表 5.1-5、表 5.1-6。

表 5.1-5　大气中腐蚀性气体的分类　　　　单位：mg/m^3

气体名称	A 类气体含量	B 类气体含量	C 类气体含量	D 类气体含量
二氧化碳	<2000	>2000	>2000	>2000
二氧化硫	<0.5	0.5～10	10～200	200～1000
氟化氢	<0.05	0.05～5	5～10	10～100
硫化氢	<0.01	0.01～5	5～100	>100
氮的氧化物	<0.1	0.1～5	5～25	25～100
氯	<0.1	0.1～1	1～5	5～10
氯化氢	<0.05	0.05～5	5～10	10～100

注：当大气中含有数种腐蚀性气体，腐蚀程度取最高的一种。

表 5.1-6　大气中颗粒物（包括盐类、气溶胶、粉尘）特性

颗粒物特性	颗粒物名称
难溶解	硅酸盐、铝酸盐、磷酸盐、碳酸钙、碳酸钡和碳酸铅、硫酸钙、硫酸钡和硫酸铅、氧化镁、氧化铁、氧化铬、氧化铝、氧化硅、氢氧化铁、氢氧化铬、氢氧化铝、氢氧化硅
易溶解，难吸湿	氯化钾、氯化钠、氯化锂、氯化铵、硫酸钾、硫酸钠、硫酸锂、硫酸铵、亚硫酸钾、亚硫酸钠、亚硫酸锂、亚硫酸铵、硝酸铵、硝酸镁、硝酸钾、硝酸钠、硝酸钡、硝酸铅、碳酸铵、碳酸钾、碳酸钠、碳酸氢铵、碳酸氢钾、碳酸氢钠、氢氧化钙、氢氧化镁、氢氧化钡
易溶解，吸湿	氯化钙、氯化镁、氯化锌、氯化铁、氯化铟、氯化铅、硫酸镉、硫酸镁、硫酸镍、硫酸锰、硫酸锌、硫酸铜、硫酸铁、硝酸钠、硝酸铵、亚硝酸钠、亚硝酸铵、磷酸二氢盐、磷酸一氢钠、氧化钾、氧化钠、氧化钙、氧化钡、氢氧化钾、氢氧化钠、氢氧化锂

注：难溶解的盐类指溶解度小于 2g/L，易溶解的盐类指溶解度大于 2g/L，难吸湿的盐类指 20℃时相对平衡湿度≥60%的物质，吸湿的盐类指 20℃时相对平衡湿度<60%的物质。

（2）大气中腐蚀性气体的腐蚀程度分类见表 5.1-7。

表 5.1-7　大气中腐蚀性气体的腐蚀程度分类

空气相对湿度	气体类别	腐蚀程度	空气相对湿度	气体类别	腐蚀程度
≤60%	A	弱腐蚀	61%～75%	C	中等腐蚀
	B	弱腐蚀		D	强腐蚀
	C	中等腐蚀	>75%	A	中等腐蚀
	D	强腐蚀		B	中等腐蚀
61%～75%	A	弱腐蚀		C	强腐蚀
	B	中等腐蚀		D	强腐蚀

注：表中的空气相对湿度为实时相对湿度，不同季节空气相对湿度不同，大气腐蚀程度也不同；设计应根据作用时间等因素综合确定腐蚀程度，或选择较苛刻条件下的腐蚀程度；其中气体类别按表 5.1-5 的规定确定。

（3）大气中酸雾的腐蚀程度分类可按表 5.1-8 的规定确定。

表 5.1-8　大气中酸雾的腐蚀程度分类

酸雾性能	作用量	腐蚀程度	酸雾性能	作用量	腐蚀程度
弱酸酸雾（如有机酸）	少量	弱腐蚀	强酸酸雾（如盐酸、硝酸、氢氟酸）	少量	中等腐蚀
	较多	中等腐蚀		较多	强腐蚀

注：表中作用量"较多"系指酸雾经常或周期性出现，且可能在金属表面发生凝结；"少量"系指酸雾量少且易扩散，不能在金属表面发生凝结。

（4）大气中颗粒物的腐蚀程度分类可按表 5.1-9 的规定确定。

（5）大气中滴溅液体的腐蚀程度分类可按表 5.1-10 的规定确定。

表 5.1-9　大气中颗粒物的腐蚀程度分类

空气相对湿度	颗粒物特性	作用量	腐蚀程度
≤60%	难溶解	较多	弱腐蚀
	易溶解,难吸湿		弱腐蚀
	易溶解,吸湿		中等腐蚀
61%～75%	难溶解	较多	弱腐蚀
	易溶解,难吸湿		中等腐蚀
	易溶解,吸湿		中等腐蚀
>75%	难溶解	较多	弱腐蚀
	易溶解,难吸湿		中等腐蚀
	易溶解,吸湿		强腐蚀

注：作用量"较多"系指颗粒物在空气中浓度或量较大，且不易扩散，并经常周期性作用、聚积或黏附于钢材表面，对其腐蚀影响较大；颗粒物作用量较少时腐蚀程度降低一级；颗粒物特性按表5.1-6的规定确定。

表 5.1-10　大气中滴溅液体的腐蚀程度分类

滴溅液体类别	腐蚀程度	滴溅液体类别	腐蚀程度
有机液体	中等腐蚀	碱溶液	强腐蚀
工业水(pH>3)	中等腐蚀	有机酸	强腐蚀
工业水(pH≤3)	强腐蚀	无机酸	强腐蚀
盐溶液	强腐蚀		

（6）当大气中含有腐蚀性气体、酸雾、颗粒物、滴溅液体四类腐蚀性物质中的两类或两类以上，且腐蚀程度不同时，大气腐蚀程度应取其中腐蚀程度最高的一种；如腐蚀性物质的腐蚀程度相同，大气腐蚀程度应提高一级；关键的或维护困难的设备、管道，其腐蚀程度应提高一级。

5.1.3.2　材料及防腐结构

（1）大气腐蚀条件下防腐材料应根据大气中腐蚀物质的类别、腐蚀程度、设备、管道及钢结构的重要程度以及经济性等因素进行选择，常用的是防腐蚀涂料，防腐结构通常为涂层。

（2）常温防腐涂料的选用可按表5.1-11的规定确定，耐高温防腐涂料的选用可按表5.1-12的规定确定。

表 5.1-11　常温防腐涂料的选用

腐蚀程度	涂料名称
弱腐蚀	酚醛树脂涂料、醇酸树脂涂料、油基涂料、沥青漆、丙烯酸涂料
中等腐蚀	高氯化氯乙烯漆、聚氨酯漆、脂肪族聚氨酯漆、环氧树脂防腐涂料、环氧沥青防腐涂料、环氧沥青漆、环氧酚醛漆、富锌涂料、氟碳涂料
强腐蚀	环氧沥青防腐涂料、含玻璃鳞片涂料、脂肪族聚氨酯漆、高氯化氯乙烯漆、环氧煤沥青漆、聚硅氧烷漆、富锌涂料、氟碳涂料

表 5.1-12　耐高温防腐涂料的选用

腐蚀程度	使用温度	涂料种类
弱腐蚀	80～400℃	有机硅耐热漆
中等腐蚀	80～260℃	丙烯酸改性有机硅耐热漆、硅酮丙烯酸耐高温漆、环氧酚醛高温漆(230℃)
	80～400℃	无机富锌底漆、无机硅酸盐高温漆、高温冷喷铝涂料
	80～500℃	硅酮耐高温漆、无机硅酸盐富锌(铝)高温漆
	80～600℃	有机硅铝粉耐热漆、无机硅酸盐富铝高温漆、硅酮铝粉耐高温漆

（3）在碱性环境中，不宜采用酚醛漆和醇酸漆；富锌涂料只宜做底漆。

（4）有绝热要求的碳钢、低合金钢设备和管道表面应涂刷防腐底漆，可不涂刷面漆；奥氏体不锈钢设备和管道在采用含有硫或氯离子的绝热材料绝热时，宜涂刷防腐底漆；在碱性绝热材料下应采用合成树脂底漆，不宜采用油性底漆。

（5）室外不宜采用酚醛漆、沥青漆和环氧类涂料作为面漆。

（6）防腐涂层应有完整的涂层结构，包括底漆、中间漆、面漆的种类、涂刷道数和涂膜厚度等；底漆、中间漆和面漆应有良好的配套性，常用防腐涂料配套方案见"5.1.8 常用防腐蚀涂料配套方案"。

（7）防腐涂层的厚度应根据腐蚀环境条件和设计使用年限等因素确定，防腐涂层的总干膜厚度应符合表5.1-13 的规定。

表 5.1-13　防腐涂层的总干膜厚度　　　　　　　　　　单位：μm

腐蚀程度		室内			室外			有绝热层
		$N<5a$	$5a≤N<10a$	$N>10a$	$N<5a$	$5a≤N<10a$	$N>10a$	
弱腐蚀		≥80	≥100	≥160	≥120	≥150	≥200	≥60
中等腐蚀	非富锌配套	≥160	≥200	≥240	≥200	≥240	≥280	≥80
	富锌配套	≥120	≥150	≥200	≥160	≥200	≥240	60~80
强腐蚀	非富锌配套	≥200	≥240	≥280	≥260	≥300	≥340	≥100
	富锌配套	≥160	≥200	≥240	≥200	≥250	≥300	80~100

（8）设计选用的防腐涂料应具有稳定的、可测试的技术指标，常用防腐涂料的技术要求应符合如下"5.1.6 颜色与技术要求"中有关规定。

5.1.3.3　隔热与防腐

（1）对于有防止热辐射要求的设备及管道的防腐可采用隔热防腐涂料，隔热防腐涂料有绝热型和热反射型二类，其隔热效果与材料的性能和涂层厚度有关。

（2）隔热防腐涂料涂层结构和总干膜厚度可按表 5.1-14 的规定确定。

表 5.1-14　隔热防腐涂料涂层结构和总干膜厚度　　　　　　单位：μm

涂层结构	绝热型涂料		热反射型涂料	
	涂层道数	总干膜厚度	涂层道数	总干膜厚度
底涂	1~2	30~80	1~2	30~80
中涂	1~2	500~1000	1~2	100~200
面涂	2~8	1000~4000	2~4	200~400

注：不同种类材料隔热机理不同，其涂层总干膜厚度也不同。

5.1.3.4　防火与防腐

（1）对于有防火要求的设备、设备支座和钢结构，当采用防火涂料防火时，防火涂料应满足防腐要求。

（2）常用的防火涂料涂层由防腐底漆、防火涂层和防火面漆组成，防火涂层应与底漆配套；设计选用的防火涂料应经过公安部技术鉴定机构的鉴定。

（3）防火涂料的技术要求、涂层厚度和耐火极限应符合现行国家标准 GB 14907 的规定。

5.1.4　液体介质腐蚀（HG/T 20679—2014）

5.1.4.1　液体介质腐蚀程度分类

液体介质腐蚀是指液体介质长期或间歇作用于化工设备、管道及钢结构上产生的腐蚀，液体介质腐蚀程度分类可按表5.1-15 的规定确定。

表 5.1-15　液体介质腐蚀程度分类

液体介质类别	腐蚀程度	液体介质类别	腐蚀程度
有机液体	弱腐蚀（对金属）	盐溶液	强腐蚀
工业水(pH>3)	中等腐蚀	碱溶液	强腐蚀
工业水(pH≤3)	强腐蚀	有机酸	强腐蚀
海水	强腐蚀	无机酸(稀酸)	强腐蚀

5.1.4.2　材料及防腐结构

液体介质腐蚀可采用防腐蚀涂层和涂敷层结构，在有冲刷、磨损或干/湿交替条件下宜采用涂敷层结构；液体介质腐蚀常用的防腐涂料可按表 5.1-16 的规定确定。

表 5.1-16　液体介质腐蚀常用的防腐涂料

液体腐蚀介质	涂料种类
有机液体	环氧树脂类、环氧酚醛类、不饱和聚酯树脂
工业水(pH>3)	环氧树脂类、聚氨酯类、环氧煤沥青、不饱和聚酯树脂

液体腐蚀介质	涂 料 种 类
工业水（pH≤3）	环氧树脂类、环氧酚醛类、酚醛类防腐涂料、聚氨酯类
海水	聚氨酯类、环氧树脂类、玻璃鳞片涂料、环氧煤沥青
盐溶液	聚氨酯类、环氧树脂类、玻璃鳞片涂料、环氧煤沥青
碱溶液	聚氨酯类、环氧树脂类、玻璃鳞片涂料、环氧煤沥青、乙烯基树脂
有机酸	环氧树脂类、环氧酚醛类、玻璃鳞片涂料、聚脲涂料、乙烯基树脂
无机酸（稀酸）	环氧树脂类、环氧酚醛类、酚醛类、玻璃鳞片涂料、聚脲涂料、乙烯基树脂

注：玻璃鳞片涂料指以耐腐蚀树脂为黏结剂的防腐产品，设计时应根据不同的使用条件选择树脂的种类；液体介质腐蚀常用的防腐涂层结构可按表 5.1-17 的规定确定。

5.1.4.3 液体介质腐蚀常用的防腐涂层结构

可按表 5.1-17 的规定确定。

表 5.1-17 液体介质腐蚀常用的防腐涂层结构

液体腐蚀介质	N＜5a		N≥5a	
	涂层结构	总干膜厚度	涂层结构	总干膜厚度
有机液体、工业水（pH＞3）	底漆 1～2 道 面漆 1～3 道	≥160μm	底漆 1～2 道 面漆 2～6 道	≥280μm
工业水（pH≤3）、海水、盐溶液、碱溶液、有机酸、无机酸（稀酸）	底漆 1～2 道 面漆 2～6 道	≥200μm	底漆 1～2 道 面漆 2～6 道	≥320μm

注：当采用普通涂料时，涂层结构中的底漆和面漆选择较多的道数；当采用厚浆型或无溶剂涂料时，涂层结构中的底漆和面漆可选择较少的道数。

5.1.4.4 液体介质腐蚀常用的防腐涂敷层结构

可按表 5.1-18 的规定确定。

表 5.1-18 液体介质腐蚀常用的防腐涂敷层结构

液体腐蚀介质	N＜5a		N≥5a	
	涂敷层结构	总干膜厚度	涂敷层结构	总干膜厚度
有机液体、工业水（pH＞3）	底漆 1～2 道 玻璃布 1～3 层 面漆 2～5 道	≥0.4mm	底漆 1～2 道 玻璃布 2～5 层 面漆 3～7 道	≥0.5mm
工业水（pH≤3）、海水、盐溶液、碱溶液、有机酸、无机酸（稀酸）	底漆 1～2 道 玻璃布 2～5 层 面漆 3～7 道	≥0.5mm	底漆 1～2 道 玻璃布 3～6 层 面漆 4～8 道	≥0.6mm

注：当采用普通涂料时，涂敷层结构中的底漆、玻璃布和面漆选择较多的道数/层数；当采用厚浆型涂料时，涂敷层结构中的底漆、玻璃布和面漆选择较少的道数/层数。

5.1.5 土壤腐蚀（HG/T 20679—2014）

5.1.5.1 土壤腐蚀一般规定

（1）土壤腐蚀是指化工设备、管道及钢结构直埋于地下且与土壤直接接触造成的腐蚀；土壤腐蚀条件下常用的防腐层为涂敷层或包覆层防腐结构。

（2）本章节规定的防腐层为单独使用的防腐方法，当采用阴极保护防护时应选择与阴极保护具有良好配套性能的防腐层。

（3）土壤腐蚀条件下防腐层应具有下列性能：

① 有效的电绝缘性，防腐层的绝缘电阻率不应小于 $10000\Omega \cdot m^2$；

② 具有良好的防潮、防水性；

③ 有较强的机械强度，包括一定抗冲击强度和硬度，良好的耐弯曲性和耐磨性，以保证在搬运、安装过程中及土壤压力作用下不会造成损伤；

④ 与金属表面有良好的黏结性；

⑤ 具有热稳定性和耐低温性能，在使用的环境温度下不得软化变形、不脆化、不龟裂、不脱落，其耐温度不低于介质的设计温度；

⑥ 在有阴极保护时，应具有耐阴极剥离性能；

⑦ 具有较好的耐化学性和抗老化性；

⑧ 防腐层损坏后具有可修复性。

（4）在芦苇地带、沼泽地带等细菌腐蚀较强的区域，不宜使用石油沥青等易被植物根穿透、不耐细菌腐蚀的材料做防腐层。

（5）防腐层施工完成后应进行质量检验，基本的检验包括外观检验、厚度检验和电火花检漏等；此外，不同的防腐层还应按相应材料的检验项目和指标检验。

（6）直埋的化工设备或管道应在防腐层完全干燥、固化并检验合格后埋地铺设，在铺设以前应用草绳或织物包裹，安装就位后去除包裹物。

（7）直埋的化工设备或管道埋地前，管沟或基坑的清理、下沟和回填应符合现行国家标准 GB/T 50369 的规定。

5.1.5.2 土壤腐蚀等级划分

（1）对于一般地区土壤（或称一般土壤），其腐蚀性可按土壤电阻率或土壤总酸度分级，非酸性土壤按土壤电阻率分级，酸性土壤按土壤总酸度分级；非酸性土壤腐蚀等级划分可按表 5.1-19 的规定确定，酸性土壤腐蚀等级划分可按表 5.1-20 的规定确定。

表 5.1-19 非酸性土壤腐蚀等级划分

土壤电阻率/Ω·m	<20	20～50	>50
腐蚀等级	强腐蚀	中等腐蚀	弱腐蚀

表 5.1-20 酸性土壤腐蚀等级划分

土壤总酸度(pH≤7)/(mmol/kg)	>5	2.5～5	<2.5
腐蚀等级	强腐蚀	中等腐蚀	弱腐蚀

注：总酸度单位 mmol/kg 按 H^+ 计。

（2）对于腐蚀因素较复杂的地区，其土壤腐蚀性可按土壤腐蚀性评价指数综合评定分级；腐蚀因素较复杂地区的土壤腐蚀性分级可按表 5.1-21、表 5.1-22 的规定确定。

表 5.1-21 土壤腐蚀性分级

腐蚀性等级	强腐蚀	中等腐蚀	弱腐蚀	实际不腐蚀
评价指数之和	<-10	-5～-10	0～-4	>0

注：评价指数之和等于表 5.1-22 中 12 项评价指数的代数和。

表 5.1-22 腐蚀因素较复杂地区的土壤腐蚀性评价指数

序号	评价内容	因素及指标	评价指数
1	土壤类型	石灰质土 石灰质泥灰土 砂质质泥灰土(黄土) 沙土	2
		壤土 壤质泥灰土 壤质泥土(砂含量≤75%) 黏质砂土(砂含量≤75%)	0
		黏土 黏质泥灰土 腐殖土	-2
		泥灰土 淤泥土 沼泽土	-2
2	土壤状况	埋设物标高处的地下水： 无 有 时有时无	0 -1 -2
		非扰动(自然)土壤 人工堆积的土壤	0 -2
		埋设物地段土壤类型相同 埋设物地段土壤类型不同	0 -3

序号	评价内容	因素及指标	评价指数
3	土壤电阻率（用计量电池计量）	$>10000\Omega\cdot cm$ $10000\sim5000\Omega\cdot cm$ $5000\sim2300\Omega\cdot cm$ $2300\sim1000\Omega\cdot cm$ $<100\Omega\cdot cm$	0 -1 -2 -3 -4
4	含水率	$<20\%$ $>20\%$	0 -1
5	pH 值	$pH>6$ $pH<6$	0 -1
6	总酸度（到 pH=7 止）	$<2.5mmol/kg$ $2.5\sim5mmol/kg$ $>5mmol/kg$	0 -1 -2
7	氧化还原电位（在 pH=7 时）	$>400mV$ 强透气 $200\sim400mV$ 透气 $0\sim200mV$ 弱透气 $<0mV$ 不透气	$+2$ 0 -2 -4
8	碳酸钙和碳酸镁含量，或总酸度（到 pH=4 止）	$>5\%=>50000mg/kg$ $=>1000mmol/kg$	$+2$
		$1\%\sim5\%=10000\sim50000mg/kg$ $=200\sim1000mmol/kg$	$+1$
		$<1\%=<10000mg/kg$ $=>200mmol/kg$	0
9	硫化氢和硫化物	无 痕迹$=<0.5mg/kgS^{2-}$ 有$=>0.5mg/kgS^{2-}$	0 -2 -4
10	煤或焦炭	无 有	0 -4
11	氯离子	$<100mg/kg$ $>100mg/kg$	0 -1
12	硫酸盐	$<200mg/kg$ $200\sim500mg/kg$ $500\sim1000mg/kg$ $>1000mg/kg$	0 -1 -2 -3

注：1. 土壤状况每项均应列入评价指数一次。

    2. 总酸度按 H^+ 计。

5.1.5.3 防腐层等级与结构

（1）土壤腐蚀常用的防腐层有石油沥青涂敷层、环氧煤沥青涂敷层、厚浆型环氧涂层、环氧玻璃鳞片涂层、无溶剂液体环氧涂层、无溶剂环氧玻璃鳞片涂层、熔结环氧涂层、聚乙烯胶带包覆层、环氧煤沥青冷缠带包覆层、挤压聚乙烯防腐层等。

（2）防腐层等级分为普通级、加强级、特加强级三类；防腐层的等级根据土壤腐蚀程度确定，常用的防腐层及其等级选择可按表 5.1-23 的规定确定。

表 5.1-23　常用的防腐层及其等级选择

防腐层名称	土壤腐蚀程度等级		
	强腐蚀	中等腐蚀	弱腐蚀
石油沥青涂敷层	特加强级	特加强级、加强级	加强级、普通级
环氧煤沥青涂敷层	特加强级	加强级	普通级
厚浆型环氧涂层	特加强级	加强级	普通级
环氧玻璃鳞片涂层	特加强级	加强级	普通级
无溶剂液体环氧涂层	特加强级	加强级	普通级

防腐层名称	土壤腐蚀程度等级		
	强腐蚀	中等腐蚀	弱腐蚀
无溶剂环氧玻璃鳞片涂层	特加强级	加强级	普通级
熔结环氧涂层	特加强级	加强级	普通级
聚乙烯胶带包覆层	特加强级	加强级	普通级
环氧煤沥青冷缠带包覆层	特加强级	特加强级、加强级	加强级、普通级
挤压聚乙烯防腐层	加强级	普通级	普通级

（3）选择防腐层和防腐等级除根据土壤的腐蚀程度外，还应根据材料的性能、设备或管道的重要程度、施工可行性等因素确定。

（4）埋地管道穿越铁路、公路、江河、湖泊以及改变埋设深度的弯管处，防腐层等级均应采用特加强级。

（5）石油沥青防腐层应符合下列规定。

① 石油沥青防腐层等级与结构应符合表 5.1-24 的规定。

表 5.1-24　石油沥青防腐层等级与结构

防腐层等级	防腐层结构	每层涂敷厚度/mm	防腐层总厚度/mm
普通级	沥青底漆—沥青—玻璃布—沥青—玻璃布—沥青—聚氯乙烯工业膜(一底二布三油)	第一层≥1.5 其它层≥1.0	≥4.0
加强级	沥青底漆—沥青—玻璃布—沥青—玻璃布—沥青—玻璃布—沥青—聚氯乙烯工业膜（一底三布四油）	第一层≥1.5 其它层≥1.0	≥5.5
特加强级	沥青底漆—沥青—玻璃布—沥青—玻璃布—沥青—玻璃布—沥青—玻璃布—沥青—聚氯乙烯工业膜(一底四布五油)	第一层≥1.5 其它层≥1.0	≥7.0

② 石油沥青技术指标应符合 5.1.6.9 的规定。

③ 沥青底漆的配比（体积比）：沥青：工业汽油＝1：(2.5～3.5)，沥青底漆涂层厚度不应小于 0.1mm。

（6）环氧煤沥青防腐层应符合下列规定。

环氧煤沥青防腐层等级与结构应符合表 5.1-25 的规定，环氧煤沥青涂料技术指标应符合 5.1.6.10 的规定。

表 5.1-25　环氧煤沥青防腐层等级与结构

防腐层等级	防腐层结构	防腐层总厚度/mm
普通级	底漆—面漆—玻璃布—面漆—玻璃布—面漆—面漆（一底二布四面）	≥0.5
加强级	底漆—面漆—玻璃布—面漆—玻璃布—面漆—玻璃布—面漆—面漆(一底三布五面)	≥0.7
特加强级	底漆—面漆—玻璃布—面漆—玻璃布—面漆—玻璃布—面漆—玻璃布—面漆—面漆(一底四布六面)	≥0.9

（7）厚浆型环氧防腐层应符合下列规定。

厚浆型环氧防腐层等级与结构应符合表 5.1-26 的规定，厚浆型环氧涂料技术指标应符合 5.1.6.11 中（1）的规定。

表 5.1-26　厚浆型环氧防腐层等级与结构

防腐层等级	防腐层结构	每层涂敷厚度	防腐层总厚度/mm
普通级	底漆—面漆—面漆—面漆(一底三面)	底漆≥40μm 面漆>0.1mm/层	≥0.4
加强级	底漆—面漆—面漆—面漆—面漆(一底四面)		≥0.5
特加强级	底漆—面漆—面漆—面漆—面漆—面漆(一底五面)		≥0.6

（8）环氧玻璃鳞片防腐层应符合下列规定。

环氧玻璃鳞片防腐层等级与结构应符合表 5.1-27 的规定，环氧玻璃鳞片涂料技术指标应符合 5.1.6.12 中（1）的规定。

表 5.1-27 环氧玻璃鳞片防腐层等级与结构

防腐层等级	防腐层结构	每层涂敷厚度/mm	防腐层总厚度/mm
普通级	底漆—面漆—面漆—面漆—清漆	底漆≥40μm	≥0.4
加强级	底漆—面漆—面漆—面漆—面漆—清漆	面漆>0.1mm/层	≥0.5
特加强级	底漆—面漆—面漆—面漆—面漆—面漆—清漆	清漆≥60μm	≥0.6

（9）无溶剂液体环氧防腐层应符合下列规定。

无溶剂液体环氧防腐层等级与结构应符合表 5.1-28 的规定，无溶剂液体环氧涂料技术指标应符合 5.1.6.11 中（2）的规定。

表 5.1-28 无溶剂液体环氧防腐层等级与结构

防腐层等级	防腐层结构	每层涂敷厚度/(mm/层)	防腐层总厚度/mm
普通级	底漆—无溶剂液体环氧涂层	≥0.4	≥0.4
加强级	底漆—无溶剂液体环氧涂层	≥0.5	≥0.5
特加强级	底漆—无溶剂液体环氧涂层	≥0.6	≥0.6

注：防腐层结构中的底漆为 1～2 道，厚度≥40μm/道。

（10）无溶剂环氧玻璃鳞片防腐层应符合下列规定。

无溶剂环氧玻璃鳞片防腐层等级与结构应符合表 5.1-29 的规定，无溶剂环氧玻璃鳞片涂料技术指标应符合 5.1.6.12 中（2）的规定。

表 5.1-29 无溶剂环氧玻璃鳞片防腐层等级与结构

防腐层等级	防腐层结构	每层涂敷厚度/(mm/层)	防腐层总厚度/mm
普通级	底漆—无溶剂环氧玻璃鳞片涂层—清漆	≥0.4	≥0.4
加强级	底漆—无溶剂环氧玻璃鳞片涂层—清漆	≥0.6	≥0.6
特加强级	底漆—无溶剂环氧玻璃鳞片涂层—清漆	≥0.8	≥0.8

注：防腐层结构中的底漆为 1～2 道，厚度≥40μm/道；清漆为 1～2 道，厚度≥60μm/道。

（11）熔结环氧防腐层应符合下列规定。

熔结环氧防腐层等级与厚度应符合表 5.1-30 的规定，熔结环氧防腐层技术指标应符合 5.1.6.13 中的规定。

表 5.1-30 熔结环氧防腐层等级与厚度

防腐层等级	防腐层总厚度/mm
普通级	≥0.3
加强级	≥0.4
特加强级	≥0.5

（12）聚乙烯胶带防腐层应符合下列规定。

聚乙烯胶带防腐层等级与结构应符合表 5.1-31 的规定，聚乙烯胶带及其配套底漆技术指标应符合 5.1.6.14 的规定。

表 5.1-31 聚乙烯胶带防腐层等级与结构

防腐层等级	防腐层结构	防腐层总厚度/mm
普通级	①底漆—防腐胶黏带(内带)—保护胶黏带(外带) ②底漆—防腐胶黏带	≥0.7
加强级	①底漆—防腐胶黏带(内带)—保护胶黏带(外带) ②底漆—防腐胶黏带	≥1.0
特加强级	①底漆—防腐胶黏带(内带)—保护胶黏带(外带) ②底漆—防腐胶黏带	≥1.4

注：1. 防腐层结构可选择①、②中的任何一种。

2. 胶黏带可采用一层或多层施工，施工层数多少取决于胶黏带的厚度，以达到防腐层设计总厚度为准。

3. 一次单层缠绕时胶黏带搭接宽度应不小于 1/4 管子周长，且不小于 100mm；一次双层缠绕时胶黏带搭接宽度应大于胶带宽度的 50%。

（13）环氧煤沥青冷缠带应符合下列规定。

环氧煤沥青冷缠带防腐层等级与结构应符合表 5.1-32 的规定，环氧煤沥青冷缠带技术指标应符合 5.1.6.15 的规定。

表 5.1-32 环氧煤沥青冷缠带防腐层等级与结构

防腐层等级	防腐层结构	防腐层总厚度/mm
普通级	定型胶—0.4 型基带	≥0.4
加强级	定型胶—0.6 型基带	≥0.6
特加强级	定型胶—0.8 型基带	≥0.8

（14）挤压聚乙烯防腐层应符合下列规定。

挤压聚乙烯防腐层等级与结构应符合表 5.1-33 的规定，挤压聚乙烯防腐层及所用材料技术指标应符合 5.1.6.16 的规定。

表 5.1-33 挤压聚乙烯防腐层等级与结构

防腐层等级	防腐层总厚度/mm	环氧涂层厚度/μm	胶黏剂层厚度/μm	适用管道直径
普通级	≥1.8	≥120	≥170	DN≤100
	≥2.0			100<DN≤250
	≥2.2			250<DN≤500
	≥2.5			500<DN≤800
	≥3.0			DN≥800
加强级	≥2.5	≥120	≥170	DN≤100
	≥2.7			100<DN≤250
	≥2.9			250<DN≤500
	≥3.2			500<DN≤800
	≥3.7			DN≥800

注：焊缝部位的防腐层厚度不应小于表中规定值的 70%；两层结构的聚乙烯防腐层不需要环氧涂层。

5.1.6 颜色与技术要求（HG/T 20679—2014）

5.1.6.1 涂色与标识一般规定

（1）本章节规定了适用于新建装置的化工设备、管道及钢结构的涂色与标识。对老厂改造或新增设备、管道可按其原有的涂色系统涂色和标识。

（2）对绝热设备、管道的外保护层，当需要涂漆时，其颜色按本章节执行。

（3）对不需要进行外防腐的设备、管道，以及不需要涂漆的绝热设备、管道外保护层，不予涂色，只按本章节进行标识。

（4）对有高温、高压、易燃、易爆、有毒介质或需特殊标明的设备、管道，应在明显的部位用文字或字母标明其特性。高温、高压、易燃、易爆、有毒介质范围如下。

① 高温介质指操作温度大于 400℃ 的介质。

② 高压介质指操作压力大于 6.3MPa 的介质。

③ 易燃介质包括下列内容：

a. 易燃气体指以一定比例与空气混合后形成爆炸性气体混合物的气体；

b. 易燃或可燃液体指在可预见的使用条件下能产生可燃蒸气或薄雾的液体；闪点低于 45℃ 的液体称为易燃液体；闪点大于或等于 45℃ 而低于 120℃ 的液体称为可燃液体。

c. 易燃薄雾指弥散在空气中的易燃液体的微滴。

④ 易爆介质或称爆炸产品指在火焰作用下发生爆炸，或者比 1,3-二硝基苯具有更高的撞击或摩擦敏感度的产品。

⑤ 有毒介质指现行国家标准 GBZ 230 中定义的毒性程度为极度危害、高度危害、中毒危害和轻度危害流体的总称。

5.1.6.2 设备涂色与标识

（1）设备整体涂漆时所涂刷的颜色称为基本色，为识别设备特性在设备局部设置的标牌称为设备标识。设备标识应符合下列要求：

① 标识的颜色（即标识色）与设备基本色应有明显的色差；

② 标明设备的特性符号（即标识符号），如设备名称、位号、设备参数等；

③ 应标注于设备主视方向一侧的醒目部位或基础上，字体应端正、整齐，大小适当；

④ 设备标识采用红底黑字；消防设备标识为白底黑字。

（2）设备的基本色与标识色可按表 5.1-34 的规定确定。

表 5.1-34　设备的基本色与标识色

序号	设备名称/类别	基　本　色	标　识　色
1	静止设备		
(1)	一般容器、塔类、储槽、反应器、换热器、工业炉、锅炉、钢质烟囱、火炬鹤管等	银白，B04	大红，R03
(2)	重质物料罐	中灰，B02	大红，R03
(3)	球罐、室外可燃介质储罐	乳白，Y11	大红，R03
(4)	有航空标识要求的烟囱	红/白相间	
2	动设备		
(1)	泵体	银白，B04	大红，R03
(2)	压缩机、离心机、破碎机、斗提机、电机等	苹果绿，G01	大红，R03
(3)	风机	天酞蓝，PB10	大红，R03
(4)	联轴器防护罩	淡黄，Y06	
(5)	起重、运输机械	出厂色	出厂色
3	消防设备		
	消防栓、灭火器	大红，R03	白
4	电气、仪表设备		
(1)	仪表盘、控制台、开关柜、配电盘		
	外表面	海灰，B05 或苹果绿，G01	大红，R03
	内表面	象牙色，Y04	
(2)	变压器、配电箱、盘状仪表、就地仪表、电缆桥架、电缆槽	海灰，B05	大红，R03

5.1.6.3　管道涂色与标识

（1）管道整体涂漆时所涂刷的颜色称为基本色，为识别管道内介质的流向和介质特性在管道局部设置的识别符号称为管道标识。管道标识应符合下列要求：

① 标识由色环和表明流向的箭头组成，必要时标出介质名称、代号、性质、特性参数等。其颜色（即标识色）应与管道基本色有明显的色差；

② 宜设置在管道起点、终点、交叉点、管道拐弯处、分支处、穿墙前后、楼面上下、界区交界点等，室外直管段每隔 6～10m 应设一组标识，室内管道在阀门、法兰等管件附近也应设一组标识；

③ 对于一条管线输送多种介质的管道，应按最多输送的介质涂色和标识。

（2）常用管道的基本色与标识色可按表 5.1-35 的规定确定。

表 5.1-35　常用管道的基本色与标识色

序号	介 质 种 类	基　本　色	标　识　色
1	一般物料	银灰，B03	大红，R03
2	酸、碱	紫色，P02	大红，R03
3	氨	中黄，Y07	大红，R03
4	氮气	淡黄，Y07	大红，R03
5	空气	淡灰，B03	大红，R03
6	氧气	淡蓝，PB06	大红，R03
7	水	艳绿，G03	白色
8	污水	黑色	白色
9	蒸汽	银白，B04	大红，R03
10	天然气、燃气	中黄，Y07	大红，R03
11	油类、可燃液体	棕色，YR05	白色
12	消防水管	大红，R03	白色
13	放空管	红色	淡黄，Y06
14	排污管	黑色	白色

（3）根据介质流向，管道标识可分为单向输送介质的管道标识（图 5.1-1）和双向输送介质的管道标识（图 5.1-2）；管道标识的尺寸可按表 5.1-36 的规定确定，其尺寸大小应与管道的外径相适应。

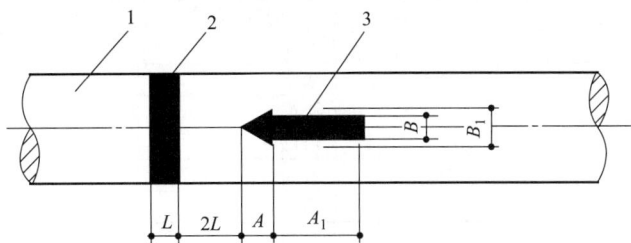

图 5.1-1　单向输送介质的管道标识

1—管道基本色，2—色环，3—单流向箭头

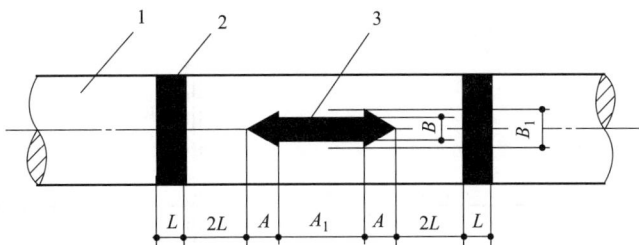

图 5.1-2　双向输送介质的管道标识

1—管道基本色，2—色环，3—双流向箭头

表 5.1-36　管道标识的尺寸

管径/mm	L	A	A_1	B	B_1
＜50	30	30	75	20	50
50～150	50	50	125	35	85
150～300	70	70	175	50	115
＞300	100	100	250	70	175

注：有隔热层时，管径为隔热层外径。

（4）当同一类介质中的不同品种需要区别时，如饮用水、冷凝水、盐水等，可通过设置不同的标识颜色加以区分，而管道的基本色不变；对于不需要整体涂漆的管道，其基本色可用色环表示，即在标识色环两侧各涂刷一道基本色色环；常用管道的分类标识可按表 5.1-37 的规定确定。

表 5.1-37　常用管道的分类标识色和标识方法

介质类别	介质名称	需要整体涂漆的管道		不需整体涂漆的管道	
		基本色	色环、流向	外色环	中间色环、流向
水	饮用水、新鲜水	艳绿	白色	艳绿	白色
	热水		褐色		褐色
	软水		黄色		黄色
	冷凝水		灰色		灰色
	冷冻盐水		浅蓝		浅蓝
	锅炉给水		淡黄		淡黄
	热力网水		紫色		紫色
蒸汽	高压蒸汽(4～12 MPa)	银白	大红,字母 HS	银白(本体颜色为银白时,取消外色环)	大红,字母 HS
	中压蒸汽(1～4MPa)		大红,字母 MS		大红,字母 MS
	低压蒸汽(1MPa 以下)		大红,字母 LS		大红,字母 LS
	消防蒸汽		大红		大红
酸、碱	无机酸	紫色	大红	紫色	大红
	有机酸		白色		白色
	烧碱		橘黄		橘黄
	纯碱		淡蓝		淡蓝

续表

介质类别	介质名称	需要整体涂漆的管道		不需整体涂漆的管道	
		基本色	色环、流向	外色环	中间色环、流向
空气	压缩空气	淡灰	大红	淡灰	大红
	仪表空气		淡蓝		淡蓝
	真空		淡黄		淡黄
油类、可燃液体	汽油	棕色	白色	棕色	白色
	柴油		灰色		灰色
	润滑油		淡蓝		淡蓝

注：1. 需要整体涂漆的管道，整体涂基本色，用单色环和流向箭头进行标识。

2. 不需整体涂漆的管道（如不锈钢、有色金属、塑料、玻璃钢及不需涂漆的隔热外护层），如本体颜色与基本色相同或相近，用单色环和流向箭头进行标识；如本体颜色与基本色不同，用多色环和流向箭头进行标识。

（5）管道涂色及分类标识图例如图 5.1-3、图 5.1-4 所示。

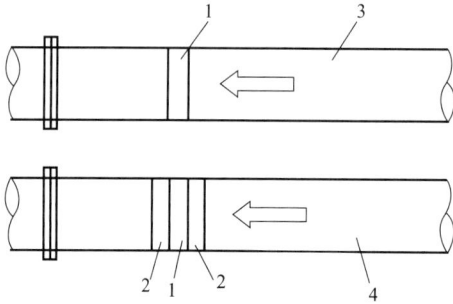

图 5.1-3 新鲜水管道涂色及标识

1—白色环；2—艳绿色环；3—艳绿色环（涂刷或本体色）；
4—非绿色环（不涂色）

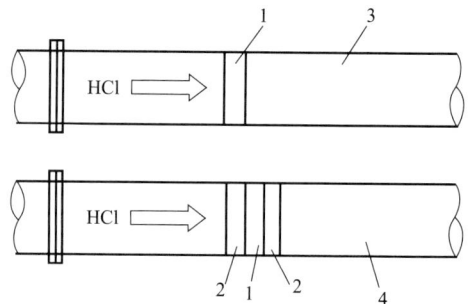

图 5.1-4 无机酸管道涂色及标识

1—大红色环；2—紫色环；3—紫色（涂刷或本体色）；
4—非紫色（不涂色）

5.1.6.4 钢结构涂色

钢结构涂色可按表 5.1-38 的规定确定。

表 5.1-38 钢结构涂色

序 号	钢结构种类	颜 色
1	设备钢结构	
	平台、爬梯	蓝灰，PB08
	栏杆、围栏立柱	淡黄，Y06
	扶手	黑/黄相间或淡黄
2	管道钢结构	
	管道支架、吊架、管廊框架、立柱	蓝灰，PB08 或中酞蓝，PB04
3	电缆桥钢结构	
	电缆桥架	蓝灰，PB08
4	厂房钢结构	
	钢屋架	蓝灰，PB08
5	起重设备钢构	
	吊车、行车、起重机钢架、悬臂	出厂色或橘黄 YR04

5.1.6.5 常用防腐底漆的技术要求

（1）醇酸树脂底漆应符合现行行业标准 GB/T 25251 的要求。

（2）环氧酯底漆应符合现行行业标准 HG/T 2239 的要求。

（3）酚醛防锈底漆应符合现行国家标准 GB/T 25252 的要求。

（4）无机富锌底漆和环氧富锌底漆技术指标应符合表 5.1-39 的要求。

表 5.1-39　无机富锌底漆和环氧富锌底漆技术指标

序号	项　目	无机富锌底漆技术指标	环氧富锌底漆技术指标	试 验 方 法
1	外观状态	液料搅拌后均匀、无结皮、无硬块 粉料呈微小均匀粉末状态		目测
2	固体含量	≥75%	≥70%	GB/T 1725
3	不挥发物中的金属锌含量	≥80%	≥70%	HG/T 3668
4	附着力(拉开法)	≥3MPa	≥5MPa	GB/T 5210
5	25℃表干时间	≤0.5h	≤2h	GB/T 1728
6	25℃实干时间	≤8h	≤24h	GB/T 1728

（5）各类防锈底漆技术指标应符合表 5.1-40 的要求。

表 5.1-40　各类防锈底漆技术指标

序号	项　目	高氯化聚乙烯铁红底漆技术指标	环氧铁红底漆技术指标	聚氨酯铁红底漆技术指标	环氧磷酸锌底漆技术指标	试 验 方 法
1	外观状态	搅拌后均匀、无结皮、无硬块				目测
2	固体含量	≥45%	≥50%	≥50%	≥60%	GB/T 1725
3	组分	单组分	双组分	双组分	—	
4	附着力(拉开法)	≥6MPa	≥6MPa	≥6MPa	≥6MPa	GB/T 5210
5	25℃表干时间	≤0.5h	≤2h			GB/T 1728
6	25℃实干时间	≤8h	≤24h			GB/T 1728

5.1.6.6　环氧类中间漆的技术要求

各类环氧中间漆技术指标应符合表 5.1-41 的要求。

表 5.1-41　各类环氧中间漆技术指标

序号	项　目	环氧(厚浆)漆技术指标	环氧云铁中间漆技术指标	试 验 方 法
1	外观状态	搅拌后均匀、无结皮、无硬块		目测
2	固体含量	≥75%	≥75%	GB/T 1725
3	弯曲性	≤2mm	≤2mm	GB/T 6742
4	耐冲击性	≥50cm	≥50cm	GB/T 1732
5	附着力(拉开法)	≥5MPa	≥5MPa	GB/T 5210
6	25℃表干时间	≤4h	≤4h	GB/T 1728
7	25℃实干时间	≤24h	≤24h	GB/T 1728

5.1.6.7　常用防腐面漆的技术要求

（1）醇酸磁漆质量应符合现行国家标准 GB/T 25251 的要求。

（2）高氯化聚乙烯面漆质量应符合现行行业标准 HG/T 4338 的要求。

（3）聚氨酯面漆质量应符合现行行业标准 HG/T 2454 中溶剂型聚氨酯涂料（双组分）的要求。

（4）丙烯酸面漆、脂肪族聚氨酯面漆、聚硅氧烷面漆技术指标应符合表 5.1-42 的要求。

表 5.1-42　丙烯酸面漆、脂肪族聚氨酯面漆、聚硅氧烷面漆技术指标

序号	项　目	丙烯酸面漆技术指标	脂肪族聚氨酯面漆技术指标	聚硅氧烷面漆技术指标	试 验 方 法
1	固体含量	≥40%	≥60%	≥70%	GB/T 1725
2	弯曲性	≤2mm	≤2mm	≤2mm	GB/T 6742
3	耐冲击性	≥40cm	≥50cm	≥50cm	GB/T 1732
4	附着力(拉开法)	≥3MPa	≥5MPa	≥6MPa	GB/T 5210
5	25℃表干时间	≤1h	≤2h	≤2h	GB/T 1728
6	25℃实干时间	≤8h	≤24h	≤24h	GB/T 1728
7	耐磨性(500g/500r)	≤0.1g	≤0.05g	≤0.03g	GB/T 1768
8	硬度	≥0.3	≥0.5	≥0.6	GB/T 1730
9	重涂性	重涂无障碍			HG/T 3792
10	耐候性(人工加速老化试验,配套涂层)	人工加速老化试验属于形式检验项目,试验后涂层不生锈、不起泡、不剥落、不开裂,允许 1 级粉化、2 级变色和 2 级失光			

（5）环氧面漆用于埋地和不受阳光曝晒的场合，技术指标应符合本章节的要求。

5.1.6.8 耐高温涂料的技术要求

铝粉有机硅烘干耐热漆（双组分）应符合现行行业标准 HG/T 3362；有机硅类常用耐高温漆技术指标应符合表 5.1-43 的要求。

表 5.1-43　有机硅类常用耐高温漆技术指标

序号	项　　目	有机硅耐热漆技术指标	有机硅铝粉耐热漆技术指标	丙烯酸改性有机硅耐热漆技术指标	试验方法
1	外观状态	搅拌后均匀、无结皮、无硬块			目测
2	固体含量	≥50%	≥45%	≥35%	GB/T 1725
3	弯曲性	≤2mm	≤2mm	≤2mm	GB/T 6742
4	附着力（拉开法）	≥3MPa	≥3MPa	≥3MPa	GB/T 5210
5	25℃表干时间	≤2h	≤2h	≤2h	GB/T 1728
6	25℃实干时间	≤6h	≤6h	≤6h	GB/T 1728

5.1.6.9 石油沥青漆的技术要求

石油沥青技术指标应符合表 5.1-44 的要求。

表 5.1-44　石油沥青技术指标

牌号	软化点（环球法）/℃	针入度（25℃）/（1/10mm）	延度（25℃）/cm	应用温度/℃
专用2号	135±5	17	1.0	<70
专用3号	125～140	7～10	1.0	<70
10号	≥95	10～25	1.5	<50
30号	≥70	25～40	3.0	常温
专用改性	≥115	<25	>2.0	<75

5.1.6.10 环氧煤沥青涂料的技术要求

（1）溶剂型环氧煤沥青技术指标应符合表 5.1-45 的要求。

表 5.1-45　溶剂型环氧煤沥青技术指标

序号	项　　目		底漆技术指标	面漆技术指标	试验方法
1	颜色及外观		红棕色、半光	黑色、有光	目测
2	黏度（涂-4杯,25℃）		≥70s	≥80s	GB/T 1723
3	细度		≤80μm	≤80μm	GB/T 1724
4	固体含量		≥70%	≥80%	GB/T 1725
5	25℃表干时间		≤1h	≤4h	GB/T 1728
6	25℃实干时间		≤4h	≤16h	GB/T 1728
7	附着力		1级	1级	GB/T 1720
8	柔韧性		≤2mm	≤2mm	GB/T 1731
9	抗冲击		≥50cm	≥50cm	GB/T 1732
10	硬度		≥0.4	≥0.4	GB/T 1730
11	耐化学性能（室温,3d）	10%H_2SO_4	漆膜完整、不脱落		
		10%NaOH	漆膜无变化		
		30%NaCl	漆膜无变化		

（2）无溶剂型环氧煤沥青技术指标应符合表 5.1-46 的要求。

表 5.1-46　无溶剂型环氧煤沥青技术指标

序号	项　　目	技术指标	试验方法
1	固体含量	≥98%	GB/T 1725
2	25℃表干时间	≤4h	GB/T 1728
3	25℃实干时间	≤16h	GB/T 1728
4	抗冲击	≥50cm	GB/T 1732
5	附着力	≥6MPa	GB/T 5210
6	弯曲性	≤2mm	GB/T 6742
7	耐磨性（1kg/500r）	≤60	GB/T 1768

5.1.6.11 环氧涂料的技术要求

（1）厚浆型环氧涂料技术指标应符合表 5.1-47 的要求。

表 5.1-47 厚浆型环氧涂料技术指标

序 号	项 目	技 术 指 标	试 验 方 法
1	外观状态	搅拌均匀后无硬块,呈均匀状态	目测
2	固体含量	≥80%	GB/T 1725
3	黏度(涂-4 杯,25℃)	≥80s	GB/T 1723
4	细度	≤80μm	GB/T 1724
5	25℃表干时间	≤4h	GB/T 1728
6	25℃实干时间	≤24h	GB/T 1728
7	抗冲击	≥50cm	GB/T 1732
8	附着力	≥5MPa	GB/T 5210
9	弯曲性	≤2mm	GB/T 6742
10	耐磨性(1kg/1000r,CS17 轮)	≤120mg	GB/T 1768

（2）无溶剂液体环氧涂料技术指标应符合表 5.1-48 的要求。

表 5.1-48 无溶剂液体环氧涂料技术指标

序 号	项 目	技 术 指 标	试 验 方 法
1	涂层外观	平整光滑	目测
2	固体含量	≥98%	GB/T 1725
3	细度	≤100μm	GB/T 1724
4	25℃表干时间	≤4h	GB/T 1728
5	25℃实干时间	≤16h	GB/T 1728
6	附着力	≥8MPa	GB/T 5210
7	抗冲击	≥50cm	GB/T 1732
8	柔韧性	≤2mm	GB/T 1731
9	耐磨性(1kg/1000r,CS17 轮)	≤120mg	GB/T 1768
10	硬度	≥0.5mm	GB/T 1730

5.1.6.12 环氧玻璃鳞片涂料的技术要求

（1）环氧玻璃鳞片涂料技术指标应符合表 5.1-49 的要求。

表 5.1-49 环氧玻璃鳞片涂料技术指标

序 号	项 目	技 术 指 标	试 验 方 法
1	外观状态	搅拌均匀后无硬块,呈均匀状态;粉料呈微小均匀粉末状态	目测
2	固体含量	≥80%	GB/T 1725
3	25℃表干时间	≤4h	GB/T 1728
4	25℃实干时间	≤24h	GB/T 1728
5	抗冲击	≥50cm	GB/T 1732
6	附着力	≥6MPa	GB/T 5210
7	耐磨性(1kg/500r)	≤60mg	GB/T 1768

（2）无溶剂环氧玻璃鳞片涂料技术指标应符合表 5.1-50 的要求。

表 5.1-50 无溶剂环氧玻璃鳞片涂料技术指标

序 号	项 目	技 术 指 标	试 验 方 法
1	涂层外观	平整光滑	目测
2	固体含量(混合液)	≥94%	GB/T 1725
3	25℃表干时间	≤4h	GB/T 1728
4	25℃实干时间	≤16h	GB/T 1728
5	附着力	≥6MPa	GB/T 5210

序　号	项　目	技术指标	试验方法
6	抗冲击	≥50cm	GB/T 1732
7	柔韧性	≤2mm	GB/T 1731
8	耐磨性(1kg/1000r,CS17 轮)	≤120mg	GB/T 1768
9	硬度	≥0.5mm	GB/T 1730

5.1.6.13　熔结环氧防腐层的技术要求

熔结环氧防腐层的施工、粉末涂料及防腐涂层的质量确认应符合现行行业标准 SY/T 0315 的要求；熔结环氧防腐层技术指标应符合表 5.1-51 的要求。

表 5.1-51　熔结环氧防腐层技术指标

序号	项　目	技术指标	试验方法
1	外观	平整、色泽均匀、无气泡、无开裂及缩孔,允许有轻度橘皮状花纹	目测
2	热特性	符合粉末生产厂给定特性	SY/T 0315
3	28d 耐阴极剥离	≤8.5mm	SY/T 0315
4	24h 或 48h 耐阴极剥离	≤6.5mm	SY/T 0315
5	黏结面孔隙率等级	1~4 级	SY/T 0315
6	断面孔隙率等级	1~4 级	SY/T 0315
7	抗 3°弯曲(规定的最试验温度±3℃)	无裂纹	SY/T 0315
8	抗 1.5J 冲击(−30℃)	无漏点	SY/T 0315
9	24h 附着力	1~3 级	SY/T 0315
10	弯曲后涂层 28d 耐阴极剥离	无裂纹	SY/T 0315
11	电气强度	≥30MV/m	GB/T 1408.1
12	体积电阻率	≥1×10^{13} Ω·m	GB/T 31838.2
13	耐化学腐蚀	合格	SY/T 0315
14	耐磨性(落砂法)	≥3L/μm	SY/T 0315

5.1.6.14　聚乙烯胶黏带的技术要求

(1) 聚乙烯胶黏带技术指标应符合表 5.1-52 的要求。

表 5.1-52　聚乙烯胶黏带技术指标

序号	项　目		技术指标	试验方法
1	厚度/mm		符合厂家规定,厚度偏差≤±5%	GB/T 6672
2	基膜拉伸强度		≥18MPa	GB/T 1040.3
3	基膜断裂伸长率		≥200%	GB/T 1040.3
4	剥离强度	对底漆钢	≥20N/cm	GB/T 2792
		对背材/无隔离纸	≥5N/cm	GB/T 2792
		对背材/有隔离纸	≥20N/cm	GB/T 2792
5	电气强度		≥30MV/m	GB/T 1408.1
6	体积电阻率		≥1×10^{12} Ω·m	GB/T 31838.2
7	耐化学腐蚀		合格	SY/T 0315
8	耐热老化		≥75%	SY/T 0414
9	吸水率		≤0.2%	SY/T 0414
10	水蒸气渗透率(24h)		≤0.45mg/cm²	GB/T 1037
11	耐紫外光老化(600h)		≥80%(基膜拉伸强度、断裂伸长的保持率)	GB/T 23257

(2) 聚乙烯胶黏带配套底漆技术指标应符合表 5.1-53 的要求。

表 5.1-53　聚乙烯胶黏带配套底漆技术指标

序号	项　目	技术指标	试验方法
1	固体含量	≥25%	GB/T 1725
2	表干时间	≤5min	GB/T 1728
3	黏度(涂-4 杯,25℃)	10~30s	GB/T 1723

5.1.6.15 环氧煤沥青冷缠带的技术要求

环氧煤沥青冷缠带技术指标应符合表 5.1-54 的要求。

表 5.1-54 环氧煤沥青冷缠带技术指标

序号	项目	普通级技术指标	加强级技术指标	特加强级技术指标	试验方法
1	外观	黑色、表面平整	黑色、表面平整	黑色、表面平整	目测
2	组合厚度	≥0.4mm	≥0.6mm	≥0.8mm	SY/T 0447
3	电火花检漏	2.5kV 无漏点	2.5kV 无漏点	2.5kV 无漏点	SY/T 0447
4	黏结性（撕开法）	不露铁	不露铁	不露铁	GB/T 50268
5	耐冲击	≥50cm	≥50cm	≥50cm	GB/T 1732

5.1.6.16 挤压聚乙烯防腐层的技术要求

挤压聚乙烯防腐层中环氧粉末、熔结环氧涂层、胶黏剂、聚乙烯专用料以及聚乙烯专用料的压制片材技术指标应符合现行国家标准 GB/T 23257 的规定；挤压聚乙烯防腐层技术指标应符合表 5.1-55 的要求。

表 5.1-55 挤压聚乙烯防腐层技术指标

序号	项目	二层技术指标	三层技术指标	试验方法
1	20℃±10℃剥离强度	≥70N/cm	≥70N/cm（内聚破坏）	GB/T 23257
	50℃±5℃剥离强度	≥35N/cm	≥35N/cm（内聚破坏）	GB/T 23257
2	阴极剥离（65℃,48h）	≤15mm	≤6mm	GB/T 23257
3	阴极剥离（最高使用温度,30d）	≤25mm	≤15mm	GB/T 23257
4	环氧粉末固化度：固化百分数	—	≥95％	GB/T 23257
	环氧粉末固化度：玻璃化温度变化值	—	≤5℃	GB/T 23257
5	冲击强度	≥8J/mm	≥8J/mm	GB/T 23257
6	抗弯曲（−30℃,2.5°）	聚乙烯无开裂	聚乙烯无开裂	GB/T 23257

5.1.7 基本识别色和识别符号（GB 7231—2003）

5.1.7.1 基本识别色

（1）根据管道内物质的一般性能。分为八类；并相应规定了八种基本识别色和相应的颜色标准编号见表 5.1-56。

表 5.1-56 八种基本识别色和色样及颜色标准编号

物质种类	基本识别色	颜色标准编号	物质种类	基本识别色	颜色标准编号
水	艳绿	G03	酸或碱	紫	P02
水蒸气	大红	R03	可燃液体	棕	YR05
空气	淡灰	B03	其它液体	黑	
气体	中黄	Y07	氧	淡蓝	PB06

（2）基本识别色标识方法　工业管道的基本识别色标识方法，使用方应从以下五种方法中选择，应用举例见"5.1.7.4 识别色和识别符号标识方法应用举例"。

① 管道全长上标识；

② 在管道上以宽为 150mm 的色环标识；

③ 在管道上以长方形的识别色标牌标识；

④ 在管道上以带箭头的长方形识别色标牌标识；

⑤ 在管道上以系挂的识别色标牌标识。

（3）当采用上款②、③、④、⑤项方法时，两个标识之间的最小距离应为 10m。

（4）上款③、④、⑤项的标牌最小尺寸应以能清楚观察识别色来确定。

（5）当管道采用上款②、③、④、⑤项基本识别色标识方法时，其标识的场所应该包括所有管道的起点、终点、交叉点、转弯处、阀门和穿墙孔两侧等的管道上和其它需要标识的部位。

5.1.7.2 识别符号

工业管道的识别符号由物质名称、流向和主要工艺参数等组成，其标识应符合下列要求。

(1) 物质名称的标识

① 物质全称。例如，氮气、硫酸、甲醇；

② 化学分子式。例如：N_2、H_2SO_4、CH_3OH。

(2) 物质流向的标识

① 工业管道内物质的流向用箭头表示［见图 5.1-5 (a)］，如果管道内物质的流向是双向的，则以双向箭头表示［见图 5.1-5 (b)］。

② 当基本识别色的标识方法采用"5.1.7.1 基本识别色"中 (2) 的④和⑤时，则标牌的指向就作为表示管道内的物质流向［见图 5.1-5 (c)、(d)］，如果管道内物质流向是双向的，则标牌指向应做成双向的，见图 5.1-5 (e)。

(3) 物质的压力、温度、流速等主要工艺参数的标识，使用方可按需自行确定采用。

(4) 对于 (1) 和 (3) 中的字母、数字的最小字体，以及 (2) 中箭头的最小外形尺寸，应以能清楚观察识别符号来确定。

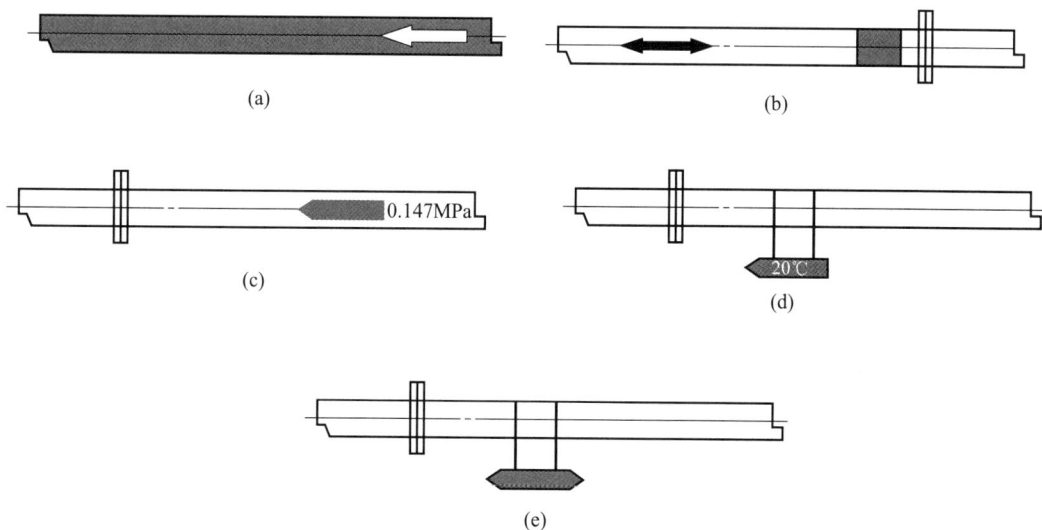

图 5.1-5 基本识别色和流向、压力、温度等标识方法

5.1.7.3 安全标识

(1) 危险标识适用范围 管道内的物质，凡属于 GB 13690 所列的危险化学品，其管道应设置危险标识。

(2) 危险标识表示方法 在管道上涂 150mm 宽黄色，在黄色两侧各涂 25mm 宽黑色的色环或色带，见图 5.1-6，安全色范围应符合 GB 2893 的规定。

(3) 危险标识表示场所 基本识别色的标识上或附近。

(4) 消防标识 工业生产中设置的消防专用管道应遵守 GB 13495.1 的规定，并在管道上标识"消防专用"识别符号。标识部位、最小字体应分别符合相关的规定。

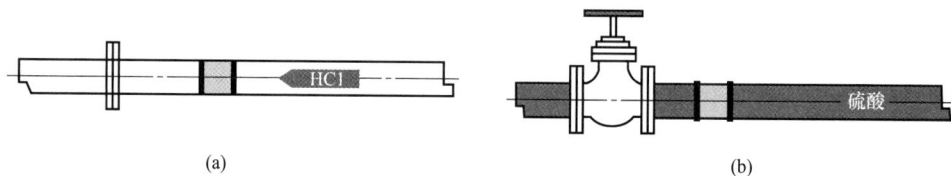

图 5.1-6 危险化学品和物质名称标识方法

5.1.8　常用防腐蚀涂料配套方案（HG/T 20679—2014）

常用防腐蚀涂料配套方案见表 5.1-57。

表 5.1-57　常用防腐蚀涂料配套方案

序号	涂层配套结构	涂刷道数	每道涂层最小干膜厚度	涂层干膜总厚度	应用条件	适用温度/℃	适用基材
1	铁红/或磷酸锌防锈底漆 各色醇酸磁漆/或调和漆	2 2	25μm 30μm	110μm	大气腐蚀,弱腐蚀环境	−20～80	碳钢、低合金钢
2	醇酸防锈底漆 各色醇酸磁漆/或调和漆	2 2	25μm 30μm	110μm	大气腐蚀,弱腐蚀环境	−20～80	碳钢、低合金钢
3	酚醛防锈底漆 酚醛耐酸漆	2 2	25μm 30μm	110μm	大气腐蚀,弱腐蚀环境	−20～80	碳钢、低合金钢
4	高氯化聚乙烯铁红底漆 高氯化聚乙烯面漆	2 2	30μm 40μm	150μm	大气腐蚀,中等腐蚀环境	−20～100	碳钢、低合金钢
5	环氧富锌底漆 环氧云铁中间漆 丙烯酸/或高氯化聚乙烯面漆	1～2 1 2	50μm 50μm 40μm	180～230μm	大气腐蚀,中等至强腐蚀环境	−20～100	碳钢、低合金钢
6	环氧磷酸锌底漆 脂肪族聚氨酯面漆	1 2	50μm 40μm	130μm	大气腐蚀,弱腐蚀环境	−20～120	碳钢、低合金钢
7	红丹(或铁红)环氧防锈漆 环氧云铁中间漆 脂肪族聚氨酯面漆	2 1 2	40μm 50μm 40μm	230μm	大气腐蚀,中等腐蚀环境	−20～120	碳钢、低合金钢
8	环氧磷酸锌底漆 环氧云铁中间漆 脂肪族聚氨酯面漆	2 1～2 2	40μm 50μm 40μm	230～280μm	大气腐蚀,中等至强腐蚀环境	−20～120	碳钢、低合金钢
9	环氧富锌(或无机富锌)底漆 环氧云铁中间漆 脂肪族聚氨酯面漆	2 1～2 2	40μm 50μm 40μm	230～280μm	大气腐蚀,中等至强腐蚀环境	−20～120	碳钢、低合金钢
10	环氧底漆 各色环氧防腐漆	1～2 2～5	30μm 40μm	110～260μm	室内气体或液体腐蚀,弱腐蚀至强腐蚀环境	−20～120	碳钢、低合金钢
11	环氧厚浆漆	3	100μm	300μm	大气水下或潮湿部位防腐,强腐蚀环境。不适宜于露天环境	−20～120	碳钢、低合金钢
12	环氧耐磨漆	3	150μm	450μm	干湿交替部位防腐,强腐蚀环境。不适宜于露天环境	−20～120	碳钢、低合金钢
13	环氧玻璃鳞片涂料	3	100μm	150μm	干湿交替部位防腐,强腐蚀环境。不适宜于露天环境	−20～120	碳钢、低合金钢
14	环氧煤沥青底漆 环氧煤沥青面漆	1 2～4	40μm 100μm	240～230μm	水下或潮湿部位防腐,中等至强腐蚀环境,不适宜于长期露天环境	−20～90	碳钢、低合金钢
15	环氧煤沥青厚浆漆或无溶剂环氧煤沥青厚浆漆	3	100μm	300μm	水下或潮湿部位防腐,强腐蚀环境。不适宜于露天环境	−20～90	碳钢、低合金钢
16	环氧富锌(或无机富锌)底漆 环氧云铁中间漆 环氧煤沥青厚浆面漆	2(1) 1 2	50μm 100μm 100μm	350μm	水下或潮湿部位防腐,强腐蚀环境。不适宜于露天环境	−20～90	碳钢、低合金钢
17	环氧防锈底漆 环氧云铁中间漆 脂肪族聚氨酯面漆	1 2 1～2	40μm 50μm 40μm	180～220μm	中等至强腐蚀环境下,防止氯离子腐蚀	−20～120	碳钢、低合金钢不锈钢
18	环氧防锈底漆	2	40μm	80μm	保温设备、管道,防止氯离子腐蚀	−20～120	碳钢、低合金钢不锈钢

续表

序号	涂层配套结构	涂刷道数	每道涂层最小干膜厚度	涂层干膜总厚度	应用条件	适用温度/℃	适用基材
19	铁红（或红丹）防锈底漆	2	25μm	80μm	保温设备、管道防腐，弱腐蚀环境	−20～120	碳钢、低合金钢
20	红丹（或铁红）环氧防锈底漆	2	40μm	80μm	保温设备、管道防腐，弱腐蚀环境	−20～120	碳钢、低合金钢
21	环氧富锌底漆 环氧树脂漆	1 1～2	40μm 50μm	90～140μm	保温设备、管道防腐，中等至强腐蚀环境	−20～120	碳钢、低合金钢
22	无机富锌底漆 有机硅耐热中间漆	1 1	50μm 25μm	75μm	保温设备、管道防腐，弱腐蚀环境	≤400	碳钢、低合金钢
23	有机硅耐热漆（底漆）	2	25μm	50μm	保温设备、管道防腐，弱腐蚀环境	≤400	碳钢、低合金钢
24	有机硅铝粉耐热漆（底漆）	2	25μm	50μm	保温设备、管道防腐，弱腐蚀环境	≤600	碳钢、低合金钢
25	无机富锌底漆 有机硅耐热漆（面漆）	1 2	50μm 25μm	100μm	高温条件下大气腐蚀，弱至中等腐蚀环境	≤400	碳钢、低合金钢
26	有机硅耐热漆（底漆） 有机硅耐热漆（面漆）	2 2	25μm 25μm	100μm	高温条件下大气腐蚀，弱至中等腐蚀环境	≤400	碳钢、低合金钢
27	有机硅铝粉耐热漆（底漆） 有机硅铝粉耐热漆（面漆）	2 2	25μm 25μm	100μm	高温条件下大气腐蚀，弱至中等腐蚀环境	≤600	碳钢、低合金钢
28	环氧酚醛漆（底漆） 环氧酚醛漆（面漆）	1 1	100μm 100μm	200μm	冷热交替工况防腐，中等腐蚀环境	−50～230	碳钢、低合金钢
29	环氧酚醛漆（底漆）	2	100μm	200μm	保冷设备、管道防腐，中等腐蚀环境	−50～230	碳钢、低合金钢
30	聚氨酯防腐漆（底漆）	2	40μm	80μm	保冷设备、管道防腐，弱至中等腐蚀环境	−50～100	碳钢、低合金钢
31	环氧煤沥青漆（底漆）	2	50μm	100μm	保冷设备、管道防腐，弱至中等腐蚀环境	−20～120	碳钢、低合金钢

5.1.9 常用防腐蚀涂料性能与用途（SH/T 3022—2019）

常用防腐蚀涂料性能用途见表 5.1-58。

表 5.1-58 常用防腐蚀涂料的性能与用途

涂料种类	名 称	特 性	使用温度/℃	每道最小干膜厚度/μm	主 要 用 途
醇酸树脂涂料	醇酸底漆	附着力良好，防腐性能一般，不耐溶剂或碱液腐蚀	<80	40	适用于低腐蚀性等级的大气环境，可作防腐要求不高的防锈底漆
	醇酸磁漆	耐候性一般，易粉化，耐水性、耐溶剂性稍差，不耐碱液腐蚀	<80	40	适用于低腐蚀性等级的大气环境，用于耐老化性能要求不高的场合
环氧煤沥青涂料	环氧煤沥青漆	防腐性好，耐水性能较好，可与阴极保护相兼容	−20～80	100	适用于埋地设备和管道外表面的防腐
环氧树脂涂料	环氧树脂底漆	附着力良好，防腐性好，有一定的耐溶剂性能，耐碱液腐蚀，耐水性良好，坚硬耐久，耐候性一般，易粉化	≤120	40	适用于各类腐蚀性等级的大气环境，用于设备和管道的防腐蚀，也可用于一些特定的浸泡环境
	环氧富锌底漆	附着力强，优异的防腐性能和耐冲击性，耐油和耐潮湿性能良好，干燥快，具有阴极保护作用	≤120	50	适用于各类腐蚀性等级的大气环境，尤其适用于中等及以上腐蚀性等级的大气环境及对防腐要求较高的金属表面

续表

涂料种类	名称	特性	使用温度 /℃	每道最小干膜厚度/μm	主要用途
环氧树脂涂料	环氧磷酸锌底漆	附着力强,干燥快,可复涂	≤120	50	适用于中等及以下腐蚀性等级的大气环境
	环氧封闭漆	附着力强,对底材具有优异的润湿性,干燥快,可复涂	≤120	25	适用于无机富锌或热喷金属涂层表面与后道涂层的连接漆,封闭孔隙;也可用作喷砂后的临时保护底漆,与其它产品配套组成高性能的防腐体系
	环氧云铁漆	附着力强,干燥快,坚硬耐久,可复涂	≤120	100	适用于各类腐蚀性等级的大气环境,作为高性能防腐蚀涂料体系的中间漆,尤其适用于现场进行最终面漆涂覆的场合
	环氧玻璃鳞片漆	优异的耐腐蚀性能、耐久性和耐磨性,与阴极保护相兼容	≤120	200	适用于很高及以上腐蚀性等级的大气环境,如海洋性气候下的飞溅区及化工厂
	厚浆型环氧漆	附着力好,防腐性良好,单道漆膜成膜厚度高,耐水浸泡,可与阴极保护相兼容	≤120	100	适用于各类腐蚀性等级的大气环境,尤其是很高及以上腐蚀性等级的大气环境、水浸泡或埋地环境的防腐,也可作为防腐涂层的中间漆
	耐磨环氧漆	附着力好,防腐性良好,耐水耐磨性、耐久性和耐候性优异,可以在潮湿环境中固化	≤120	150	适用于浪溅区域、水位变动区域及对耐磨性要求较高的部位
	低表面处理环氧树脂漆	附着力好,防腐性良好,耐磨性和耐水性优异	≤120	100	适用于各类腐蚀性等级的大气环境,亦适用于水浸泡、埋地环境和保温层下的防腐。用于未经或无法彻底清理的钢材表面
	环氧面漆	耐化学品泼溅、耐碱液腐蚀,耐候性一般	≤120	50	适用于低腐蚀性等级的大气环境
	无溶剂环氧漆	附着力好,单道漆膜成膜厚度高,耐水性和耐磨性优异,可与阴极保护相兼容	≤120	150	适用于各类腐蚀性等级的大气环境,尤其是很高及以上腐蚀性等级、水浸泡或埋地环境的防腐
环氧酚醛涂料	环氧酚醛漆	防腐蚀性能、耐化学品性能及耐温循环性能优异	−196~205	100	适用于各类腐蚀性等级的大气环境,尤其适用于水浸泡、埋地、干湿交替区域或保温层下的防腐
环氧烷基胺涂料	环氧烷基胺漆	漆膜附着力好,防腐、耐磨性及耐温性能优异,温度交变工况下涂层不易开裂	−196~205	100	适用于各类腐蚀性等级的大气环境,尤其适用于水浸泡、埋地、干湿交替区域或保温层下的防腐,较环氧酚醛涂层具有更优的防腐性能
无机富锌涂料	无机富锌底漆	漆膜干燥快,防腐性能、耐磨性和耐热性能优异,固化过程对环境温度及湿度要求较高	≤400	50	适用于各类腐蚀性等级的大气环境,与其它中间漆、面漆组合使用构成高性能防腐蚀体系

涂料种类	名　称	特　性	使用温度/℃	每道最小干膜厚度/μm	主 要 用 途
有机硅耐热涂料	丙烯酸改性有机硅耐热漆	常温干燥,漆膜附着力好,耐水、耐候性和耐久性良好	≤200	20	适用于中温及以下防腐蚀场合
	有机硅耐热漆	常温湿气固化、漆膜附着力好,耐水、耐候性和耐久性良好,成膜厚度小,防腐性能一般	≤400	20	适用于高温防腐蚀场合
	有机硅铝粉耐热漆		≤600	20	
无机共聚物涂料	惰性无机共聚物漆	常温干燥,具有优异的防腐及耐温能力,并且能够在干燥条件下或干湿交替条件下耐热冲击或热循环	-196~650	100	适用于高温防腐蚀场合,尤其适用于保温层下防腐蚀、高低温交变循环及干湿交替的场合
聚氨酯涂料	脂肪族聚氨酯面漆	高光泽,保色性和保光性强,物理机械性能和耐酸、碱、盐类腐蚀性良好,装饰性能优异,耐候性和耐磨性良好	≤120	40	适用于要求耐候性、耐蚀性兼备的各类腐蚀性等级的大气环境
聚硅氧烷涂料	聚硅氧烷面漆	漆膜坚韧,光泽度好,耐久性、耐冲击性、耐磨性、耐水性、耐候和耐化学药品性能优异	≤120	75	适用于防腐性能要求较高并且对于涂料耐老化性能要求很高的钢材表面
丙烯酸涂料	丙烯酸面漆	保光和保色性一般	<80	30	适用于低腐蚀性等级的大气环境,用于耐老化性能要求不高的场合

5.1.10　常用防腐蚀涂料选用（SH/T 3022—2019）

常用防腐蚀涂料选用见表 5.1-59。

表 5.1-59　常用防腐蚀涂料选用

涂料用途		涂料种类和性能[①]										
		醇酸树脂涂料	环氧磷酸锌涂料	环氧富锌涂料	无机富锌涂料	环氧树脂涂料	环氧烷基胺涂料	环氧酚醛树脂涂料	聚氨酯涂料	聚硅氧烷涂料	有机硅涂料	惰性无机共聚物涂料
一般防腐		√	√	√	△	√	√	√	√	△	△	△
耐化工大气		○	√	√	√	√	√	√	√	√	○	√
耐无机酸	酸性气体	○	○	○	○	○	√	√	○	○	○	○
	酸雾	×	○	○	○	○	√	○	○	√	×	○
耐有机酸酸雾及飞沫		×	○	○	○	○	√	○	○	○	×	○
耐碱性		×	○	○	×	○	√	○	○	√	√	○
耐盐类		○	√	√	√	√	√	√	√	√	○	√
耐油	汽油、煤油等	×	○	√	√	√	√	√	○	√	×	√
	机油	○	○	√	√	√	√	√	○	√	×	√
耐溶剂	烃类溶剂	×	○	○	√	○	√	√	○	√	×	√
	酯、酮类溶剂	×	×	×	√	×	×	○	×	○	×	√
	氯化溶剂	×	×	○	○	○	○	○	○	√	×	×
耐潮湿		○	√	√	√	√	√	√	√	√	√	√
耐水		×	○	○	√	√	√	√	○	√	√	√
耐温/℃	常温	√	√	√	√	√	√	√	√	√	△	△
	60<T≤120	○	√	√	√	√	√	√	√	√	△	△
	120<T≤150	×	○	○	√	○	○	√	○	√	△	√
	150<T≤230	×	×	×	√	×	○[②]	√[⑤]	×	√	√	√
	230<T≤400	×	×	×	√	×	×	×	×	×	√	√
	400<T≤600	×	×	×	○[③]	×	×	×	×	×	○[④]	√
	600<T≤650	×	×	×	×	×	×	×	×	×	○[④]	√

涂料用途		涂料种类和性能①										
		醇酸树脂涂料	环氧磷酸锌涂料	环氧富锌涂料	无机富锌涂料	环氧树脂涂料	环氧烷基胺涂料	环氧酚醛树脂涂料	聚氨酯涂料	聚硅氧烷涂料	有机硅涂料	惰性无机共聚物涂料
耐候性		×	○	×	√	×	×	×	√	√	√	○
耐温循环性/℃	−45～120	×	○	○	×	√	√	√	√	○	○	√
	−45～150	×	×	○	×	√	√	√	√	○	○	√
	−196～230	×	×	×	×	×	○②	√⑤	×	×	×	√
	−196～650	×	×	×	×	×	×	×	×	×	×	√
防腐性能		○	√	√	√	√	√	√	√	√	○	√
附着力		○	√	√	○	√	√	√	√	√	○	√

① 表中"√"表示性能较好,宜选用;"○"表示性能一般,可选用;"×"表示性能较差,不宜选用;"△"表示由于价格或施工等原因,不宜选用。

② 产品最高使用温度宜小于或等于 205℃,产品经特殊改性后最高使用温度可达到 250℃。

③ 面漆采用有机硅铝粉耐热涂料时,无机富锌涂料的最高使用温度可达到 540℃。

④ 有机硅铝粉耐热漆最高使用温度宜小于或等于 600℃;有机硅耐热漆可耐温至 400℃。

⑤ 环氧酚醛树脂涂料的最高使用温度宜小于或等于 205℃。

5.2 防腐施工验收

5.2.1 防腐施工基本规定（GB 50726—2011）

5.2.1.1 防腐施工一般规定

（1）防腐蚀工程的施工应具备下列条件：

① 设计及其相关技术文件齐全，施工图纸已经会审；

② 施工组织设计或施工方案已批准，技术和安全交底已完成；

③ 施工人员已进行安全教育和技术培训，且经考核合格；

④ 材料、机具、检测仪器、施工设施及场地已齐备；

⑤ 防护设施安全可靠，施工用水、电、气、汽能满足连续施工的需要；

⑥ 已制定相应的安全应急预案。

（2）设备及管道的加工制作，应符合施工图及设计文件的要求；在防腐蚀工程施工前应进行全面检查验收，并办理交接手续。

（3）在防腐蚀工程施工过程中应进行中间检查；设备及管道外壁附件的焊接，应在防腐蚀工程施工前完成。

（4）在防腐蚀工程施工过程中，不得同时进行焊接、气割、直接敲击等作业。

（5）转动设备在防腐蚀工程施工时，应具有静平衡或动平衡的试验报告；防腐蚀工程施工后，应做静平衡或动平衡复核检查。

（6）对不可拆卸的密闭设备必须设置人孔，人孔的大小及数量应根据设备容积、公称尺寸的大小确定，且人孔数量不应少于 2 个。

（7）防腐蚀工程结束后，吊装和运输设备及管道时，不得碰撞和损伤。

5.2.1.2 防腐施工基体要求

（1）钢制设备及管道的表面不得有伤痕、气孔、夹渣、重叠皮、严重腐蚀斑点等；加工表面应平整，不应有空洞、多孔穴等现象，表面局部凹凸不得超过 2mm。

（2）设备及管道表面的锐角、棱角、毛边、铸造残留物等应进行打磨，表面应光滑平整，并应圆弧过渡。

（3）铆接设备的铆接缝应为平缝，铆钉应采用埋头铆钉，设备内部应无铆钉头突出。

（4）在防腐蚀衬里的设备及管道上，必要时应设置检漏孔，并应在适当位置设置排气孔。

（5）基体表面处理完毕应进行检查，合格后办理工序交接手续方可进行防腐蚀工程的施工。

5.2.1.3 防腐施工焊缝的要求和处理

(1) 对接焊缝表面应平整，并应无气孔、焊瘤和夹渣；焊缝高度应≤2mm，焊缝宜平滑过渡（图5.2-1）。

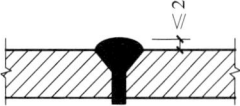

图 5.2-1 对接焊缝

(2) 设备转角和接管部位的焊缝应饱满，不得有毛刺和棱角，应打磨成钝角，并应形成圆弧过渡。

(3) 角焊缝的圆角部位，焊角高应≥5mm；凸出角的焊接圆弧半径应≥3mm，内角的焊接圆弧半径应≥10mm，见图5.2-2。

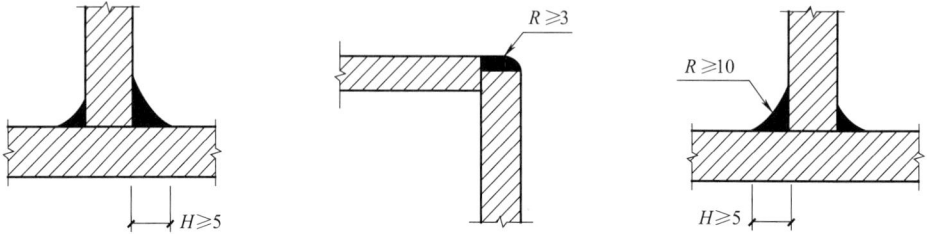

(a) 角焊缝要求　　(b) 凸出角焊缝要求　　(c) 内角焊缝要求

图 5.2-2 角焊缝要求

(4) 当清理组对卡具时不得损伤基体母材，在施焊过程中不得在基体母材上引弧。

5.2.2 防腐施工基体表面处理（GB 50726—2011）

5.2.2.1 基体表面处理一般规定

(1) 基体表面处理的质量等级划分应符合下列规定：

① 喷射或抛射除锈基体表面处理质量等级分为 Sa1、Sa2、Sa2.5、Sa3 四级；

② 手工或动力工具除锈基体表面处理质量等级分为 St2、St3 两级。

(2) 喷射或抛射除锈和手工或动力工具除锈的基体表面处理质量等级标准应符合现行国家标准《涂覆涂料前钢材表面处理 表面清洁度的目视评定 第1部分：未涂覆过的钢材表面和全面清除原有涂层后的钢材表面的锈蚀等级和处理等级》（GB/T 8923.1）的有关规定。

(3) 喷射或抛射除锈处理后的基体表面应呈均匀的粗糙面，除基体原始锈蚀或机械损伤造成的凹坑外，不应产生肉眼明显可见的凹坑和毛刺。

(4) 喷射处理后的基体表面粗糙度等级划分应符合表5.2-1的规定。

表 5.2-1　基体表面粗糙度等级划分

级　别	丸粒状磨料粗糙度参考值 R_Y	棱角状磨料粗糙度参考值 R_Y
细级	$25\sim40\mu m$	$25\sim60\mu m$
中级	$40\sim70\mu m$	$60\sim100\mu m$
粗级	$70\sim100\mu m$	$100\sim150\mu m$

注：R_Y 系指轮廓峰顶线和轮廓谷底线之间的距离。

(5) 基体表面粗糙度比较样块的制作应符合 GB 50726—2011 附录 A 的规定。

(6) 当设计对防腐蚀层的基体表面处理无要求时，其基体表面处理的质量要求应符合表5.2-2的规定。

表 5.2-2　基体表面处理的质量要求

防腐层类别	表面处理质量等级
金属热喷涂层	Sa3 级
橡胶衬里、搪铅、纤维增强塑料衬里、树脂胶泥衬砌砖板衬里、涂料涂层、塑料板黏结衬里、玻璃鳞片衬里、喷涂聚脲衬里	Sa2.5 级
水玻璃胶泥衬砌砖板衬里、涂料涂层、氯丁胶乳水泥砂浆衬里	Sa2 级或 St3 级
衬铅、塑料板非黏结衬里	Sa1 级或 St2 级

（7）处理后的基体表面不宜含有氯离子等附着物。

（8）处理合格的工件，在运输和保管期间应保持干燥和洁净。

（9）基体表面处理后，应及时涂刷底层涂料，间隔时间不宜超过 5h。

（10）当相对湿度大于 85％时，应停止基体表面处理作业。

（11）在保管或运输中发生再度污染或锈蚀时，基体表面应重新进行处理。

5.2.2.2 基体表面喷射或抛射处理

（1）采用喷射或抛射处理时，应采取防止粉尘扩散的措施。

（2）使用的压缩空气应干燥洁净，不得含有水分和油污。

（3）磨料应具有一定的硬度和冲击韧性，磨料应净化，使用前应经筛选，不得含有油污；天然砂应选用质坚有棱的金刚砂、石英砂或硅质河砂等，其含水量不应大于 1％。

（4）喷射处理薄钢板时，应对磨料粒度、空气压力、喷射距离和角度进行调整。

（5）Sa3 级和 Sa2.5 级不得使用河砂作为磨料。

（6）磨料需重复使用时，应符合上述第（3）条的规定。

（7）磨料的堆放场地及施工现场应平整，坚实，并不得受潮、雨淋或混入杂质。

（8）对螺纹、密封面及光洁面应妥善保护，不得误喷。

（9）当进行喷射或抛射处理时，基体表面温度应高于露点温度 3℃；当温度差值低于 3℃时，喷射或抛射作业应停止；在不同的环境温度、相对湿度下，露点（TP）数据的确定应符合表 5.2-3 的规定。

表 5.2-3　露点（TP）数据确定表

相对湿度/% 〜 环境温度/℃	30	35	40	45	50	55	60	65	70	75	80	85	90
10	−6.7	−4.7	−2.9	−1.4	0.1	1.4	2.6	3.7	4.8	5.8	6.7	7.6	8.4
12	−5.0	−2.9	−1.1	0.5	1.9	3.2	4.5	5.6	6.7	7.7	8.7	9.6	10.4
14	−3.3	−1.2	0.6	2.3	3.8	5.1	6.4	7.5	8.6	9.7	10.6	11.5	12.4
16	−1.5	0.6	2.4	4.1	5.6	6.9	8.3	9.6	10.5	11.6	12.6	13.5	14.4
18	0.2	2.3	4.2	5.9	7.4	8.8	10.1	11.3	12.5	13.5	14.5	15.5	16.3
20	1.9	4.1	6.0	7.7	9.3	10.7	12.0	13.2	14.4	15.4	16.4	17.4	18.3
22	3.7	5.9	7.8	9.5	11.1	12.5	13.9	15.1	16.3	17.4	18.4	19.4	20.3
24	5.4	7.6	9.6	11.3	12.9	14.3	15.8	17.0	18.2	19.3	20.3	21.3	22.3
26	7.1	9.3	11.4	13.1	14.8	16.2	17.6	18.9	20.1	21.2	22.3	23.3	24.2
28	8.8	11.1	13.1	14.9	16.6	18.1	19.5	20.8	22.0	23.1	24.2	25.3	26.2
30	10.5	12.8	14.9	16.7	18.4	19.9	21.4	22.7	23.9	25.1	26.2	27.2	28.2
32	12.3	14.6	16.7	18.5	20.3	21.7	23.2	24.6	25.8	27.0	28.1	29.2	30.1
34	14.0	18.4	18.5	20.3	22.1	23.3	25.1	26.5	27.7	28.9	30.0	31.2	32.1
36	15.7	18.1	20.3	22.1	23.9	25.5	27.0	28.4	29.6	30.9	32.1	33.1	34.1
38	17.4	19.8	22.0	23.9	25.7	27.3	28.9	30.1	31.6	32.8	33.9	35.1	36.1
40	19.1	21.5	23.9	25.7	27.6	29.1	30.7	32.2	33.5	34.7	35.9	37.0	38.0
42	20.8	23.2	25.6	27.6	29.4	31.0	32.6	34.1	35.4	36.7	37.8	39.0	40.0
44	22.5	24.9	27.3	29.5	31.2	32.9	34.5	35.9	37.3	38.5	39.7	41.0	42.0
46	24.2	26.7	29.1	31.3	33.0	34.7	36.3	37.8	39.2	40.5	41.7	42.9	43.9
48	25.9	28.5	30.9	33.0	34.8	36.5	38.2	39.7	41.1	42.4	43.8	44.9	45.9
50	27.0	30.2	32.6	34.7	36.7	38.4	40.0	41.6	43.0	43.3	45.8	46.8	47.9

注：环境温度（℃）与相对湿度（％）横向与纵向交叉点即为该温度和相对湿度下的露点值。

（10）喷射或抛射后的基体表面不得受潮。

5.2.2.3 基体表面手工或动力工具处理

（1）动力工具可采用电动钢刷，电动砂轮或除锈机。

（2）手工处理时可采用钢丝刷、铲刀、刮刀等工具。

（3）采用手工或动力工具处理时，不得采用使基体表面受损或使之变形的工具和手段。

5.2.3 块材衬里防腐施工（GB 50726—2011）

5.2.3.1 块材衬里一般规定

（1）块材衬里工程应包括下列内容：

① 水玻璃胶泥衬砌块材的设备、管道及管件的衬里层；

② 树脂胶泥衬砌块材的设备、管道及管件的衬里层。

（2）施工环境温度宜为 15～30℃，相对湿度不宜大于 80%；当施工环境温度低于 10℃（当采用苯磺酰氯作固化剂时，温度低于 17℃；当采用钾水玻璃材料时，温度低于 15℃）时，应采取加热保温措施，但不得采用明火或蒸汽直接加热。

（3）水玻璃不得受冻，受冻的水玻璃应加热，并应搅拌均匀后方可使用。

（4）水玻璃胶泥和树脂胶泥在施工或固化期间，不得与水或水蒸气接触，并不得暴晒；施工场所应通风良好。

（5）衬砌前块材应挑选、洗净和干燥，块材及被衬表面应无灰尘、水分、油污、锈蚀和潮湿等现象。

（6）设备接管部位衬管的施工，应在设备本体衬前进行；设备接管内径应比衬管外径大 6～10mm，衬管材质应与衬砌块材材质相同，衬管不得突出法兰表面，应与法兰面处在同一平面；当采用翻边瓷管作衬管时，应在设备衬完第一层或第二层块材后再进行，衬后应对衬管进行固定，直至胶泥固化，衬管不得出现偏心或位移。

（7）块材衬砌应错缝排列，同层纵缝或横缝应错开块材宽度的 1/2，最小不得小于 1/3；两层以上块材衬砌不得出现重叠缝；层与层间纵缝或横缝，应错开块材宽度的 1/2，最小不得小于 1/3。

（8）当衬砌设备的顶盖时，宜将顶盖倒置在地面上衬砌块材，固化后再安装到设备上；当采用胶泥抹面时，应将直径为 3～4mm 的铁丝网点焊在顶盖上，点焊间距应为 50～100mm，胶泥厚度应为 10～20mm。

5.2.3.2 块材衬里原材料和制成品的质量要求

（1）块材的品种、规格和等级应符合设计要求，当设计无要求时应符合下列规定。

① 耐酸砖的质量指标应符合现行国家标准《耐酸砖》（GB/T 8488）的有关规定；

② 耐酸耐温砖的质量指标应符合现行行业标准《耐酸耐温砖》（JC/T 424）的有关规定；

③ 铸石板的质量指标应符合现行行业标准《铸石制品　铸石板》（JC/T 514.1）的有关规定；

④ 防腐蚀炭砖的质量指标应符合表 5.2-4 的规定。

表 5.2-4　防腐蚀炭砖的质量指标

项　目	指标	项　目	指标
耐酸度/%	≥95	常温耐压强度/MPa	≥60
显气孔率/%	≤12	常温抗折强度/MPa	≥15
体积密度/(g/cm³)	≥1.6		

（2）水玻璃的质量应符合下列规定。

① 钠水玻璃的质量应符合现行国家标准《工业硅酸钠》（GB/T 4209）的有关规定。

② 钾水玻璃的质量指标应符合表 5.2-5 的规定。

表 5.2-5　钾水玻璃的质量指标

项　目	指　标	项　目	指　标
密度/(g/cm³)	1.40～1.46	二氧化硅/%	25.00～29.00
模数	2.60～2.90	氧化钾/%	15～16

注：采用密实型钾水玻璃材料时，其质量应采用中上限。

③ 钠水玻璃固化剂应为氟硅酸钠。

④ 钾水玻璃的固化剂应为缩合磷酸铝，宜掺入钾水玻璃胶泥粉料内。

⑤ 水玻璃胶泥固化后的质量应符合表 5.2-6 的规定。

表 5.2-6 水玻璃胶泥固化后的质量

项 目		钠水玻璃胶泥	密实型钾水玻璃胶泥	普通型钾水玻璃胶泥
初凝时间/min		≥45	≥45	≥45
终凝时间/h		≤12	≤15	≤15
抗拉强度/MPa		≥2.5	≥3.0	≥2.5
与耐酸砖黏结强度/MPa		≥1.0	≥1.2	≥1.2
抗渗等级/MPa		—	≥1.2	≥1.2
吸水率(煤油吸收法)/%		≤15	—	≤10
浸酸安定性		合格	合格	合格
耐热极限温度/℃	100~300	—	—	合格
	300~900	—	—	合格

注：表中耐热极限温度仅用于有耐热要求的防腐蚀工程。

（3）树脂的质量应符合下列规定。

① 环氧树脂的质量应符合现行国家标准《双酚 A 型环氧树脂》（GB/T 13657）的有关规定；

② 乙烯基酯树脂的质量应符合现行国家标准《乙烯基酯树脂防腐蚀工程技术规范》（GB/T 50590）的有关规定；

③ 不饱和聚酯树脂的质量应符合现行国家标准《纤维增强塑料用液体不饱和聚酯树脂》（GB/T 8237）的有关规定；

④ 呋喃树脂的质量指标应符合表 5.2-7 的规定；

表 5.2-7 呋喃树脂的质量指标

项 目	糠醇糠醛型指标	糠酮糠醛型指标
固体含量/%	—	≥42
黏度(涂-4 黏度计,25℃)/MPa·s	20~30	50~80
贮存期	常温下 1 年	常温下 1 年

⑤ 酚醛树脂的质量指标应符合表 5.2-8 的规定。

表 5.2-8 酚醛树脂的质量指标

项 目	指 标
游离酚含量/%	<10
游离醛含量/%	<2
含水率/%	<12
黏度(涂-4 黏度计,25℃)/MPa·s	45~65
贮存期	常温下不超过 1 个月；当采用冷藏法或加入 10% 的苯甲酸时,不宜超过 3 个月

（4）树脂胶泥常用的固化剂应符合下列规定。

① 环氧树脂的固化剂应优先选用低毒固化剂，也可采用乙二胺等各种胺类固化剂；

② 乙烯基酯树脂和不饱和聚酯树脂常温固化使用的固化剂应包括引发剂和促进剂；

③ 呋喃树脂的固化剂应为酸性固化剂；

④ 酚醛树脂的固化剂应优先选用低毒的萘磺酸类固化剂，也可选用苯磺酰氯等固化剂；

⑤ 环氧树脂、乙烯基酯树脂、不饱和聚酯树脂、呋喃树脂,酚醛树脂胶泥固化后的质量指标应符合表 5.2-9 的规定。

表 5.2-9 树脂胶泥的质量指标

项 目		环氧树脂	乙烯基酯树脂	不饱和聚酯树脂				呋喃树脂	酚醛树脂
				双酚 A 型	二甲苯型	间苯型	邻苯型		
压缩强度/MPa		≥80	≥80	≥70	≥80	≥80	≥80	≥70	≥70
拉伸强度/MPa		≥9	≥9	≥9	≥9	≥9	≥9	≥6	≥6
黏结强度/MPa	与耐酸砖	≥3	≥2.5	≥2.5	≥3	≥1.5	≥1.5	≥1.5	≥1.0
	铸石板	≥4	—	—	—	—	—	≥1.5	≥0.8
	防腐蚀炭砖	≥6	—	—	—	—	—	≥2.5	≥2.5

（5）树脂类材料的稀释剂应符合下列规定。

① 环氧树脂的稀释剂宜采用正丁基缩水甘油醚、苯基缩水甘油醚等活性稀释剂，也可采用丙酮、无水乙醇、二甲苯等非活性稀释剂；

② 乙烯基酯树脂和不饱和聚酯树脂的稀释剂应采用苯乙烯；

③ 呋喃树脂和酚醛树脂的稀释剂应采用无水乙醇。

（6）填料可包括单一填料和复合填料，单一填料应为石英粉、瓷粉、铸石粉、硫酸钡粉、石墨粉等；复合填料应为耐酸灰、钾水玻璃胶泥粉、糠醇糠醛树脂胶泥粉等；其质量应符合下列规定。

① 填料应洁净干燥，其质量应符合表 5.2-10 的规定。

表 5.2-10　填料的质量指标

项　目	指　标	项　目	指　标
耐酸度/%	≥95	细度	0.15mm 筛孔筛余量不应大于 5%
含水率/%	<0.5		0.088mm 筛孔筛余量应为 15%～30%

注：钾水玻璃胶泥粉的细度要求 0.45mm 筛孔筛余量不应大于 5%，0.16mm 筛孔筛余量应为 30%～50%。

② 树脂胶泥采用酸性固化剂时，其耐酸度不应小于 98%，并不得含有铁质、碳酸盐等杂质；当用于含氢氟酸类介质的防腐蚀工程时，应选用硫酸钡粉或石墨粉；当用于含碱类介质的防腐蚀工程时，不宜选用石英粉。

③ 水玻璃胶泥不宜单独使用石英粉。

（7）水玻璃胶泥的质量指标应符合表 5.2-11 的规定。

表 5.2-11　水玻璃胶泥的质量指标

项　目		钠水玻璃胶泥	密实型钾水玻璃胶泥	普通型钾水玻璃胶泥
初凝时间/min		≥45	≥45	≥45
终凝时间/h		≤12	≤15	≤15
抗拉强度/MPa		≥2.5	≥3.0	≥2.5
与耐酸砖黏结强度/MPa		≥1.0	≥1.2	≥1.2
抗渗等级/MPa		—	≥1.2	—
吸水率(煤油吸收法)/%		≤15	—	≤10
浸酸安定性		合格	合格	合格
耐热极限温度/℃	100～300	—	—	合格
	300～900	—	—	合格

注：表中耐热极限温度仅用于有耐热要求的防腐蚀工程。

（8）树脂胶泥的质量指标应符合表 5.2-12 的规定。

表 5.2-12　树脂胶泥的质量指标

项　目		环氧树脂	乙烯基酯树脂	不饱和聚酯树脂				呋喃树脂	酚醛树脂
				双酚 A 型	二甲苯型	间苯型	邻苯型		
抗压强度/MPa		≥80	≥80	≥70	≥80	≥80	≥80	≥70	≥70
抗拉强度/MPa		≥9	≥9	≥9	≥9	≥9	≥9	≥6	≥6
黏结强度/MPa	与耐酸砖	≥3	≥2.5	≥2.5	≥3	≥1.5	≥1.5	≥1.5	≥1.0
	铸石板	≥4	—	—	—	—	—	≥1.5	≥0.8
	防腐蚀炭砖	≥6	—	—	—	—	—	≥2.5	≥2.5

（9）原材料和制成品的质量指标试验方法应符合 GB 50726—2011 附录 C 的有关规定。

5.2.3.3　块材衬里胶泥的配制

（1）钠水玻璃胶泥的施工配合比可按表 5.2-13 选用，并应符合下列规定。

表 5.2-13　钠水玻璃胶泥的施工配合比

材料名称	普通型 1 质量配合比	普通型 2 质量配合比	密实型质量配合比
钠水玻璃	100	100	100
氟硅酸钠	15～18	—	15～18

续表

材料名称		普通型1质量配合比	普通型2质量配合比	密实型质量配合比
填料	铸石粉	250~270	—	250~270
	瓷粉	(200~250)	—	—
	石英粉:铸石粉=7:3	(200~250)	—	—
	石墨粉	(100~150)	—	—
	IGI耐酸灰	—	240~250	—
	糠醇单体	—	—	3~5

注：1. 括号内的数据用于耐含氟类介质工程。

2. 表中氟硅酸钠用量是按水玻璃中氧化钠含量的变动而调整的，氟硅酸钠纯度按100%计。

3. 普通型1配比的填料可选一种使用。

① 钠水玻璃胶泥的稠度为30~36mm，施工时应有一定的流动性和稠度；

② 氟硅酸钠的用量应按下式计算：

$$G = 1.5 \times \frac{N_1}{N_2} \times 100 \qquad (5.2\text{-}1)$$

式中 G——氟硅酸钠用量占钠水玻璃用量的百分率，%；

N_1——钠水玻璃中含氧化钠的百分率，%；

N_2——氟硅酸钠的纯度，%。

（2）钠水玻璃胶泥的配制应符合下列规定。

① 机械搅拌时应将填料和固化剂加入搅拌机内，干拌均匀再加入钠水玻璃湿拌，湿拌时间不应少于2min；

② 人工搅拌时应将填料和固化剂混合，过筛两遍后干拌均匀，再逐渐加入钠水玻璃湿拌直至均匀；

③ 当配制密实型钠水玻璃胶泥时，可将钠水玻璃与外加剂糠醇单体一起加入，湿拌直至均匀。

（3）钾水玻璃胶泥的施工配合比可按表5.2-14选用，钾水玻璃胶泥的稠度宜为30~35mm，施工时应有一定的流动性和稠度。

表5.2-14 钾水玻璃胶泥的施工配合比

材 料 名 称	质量配合比
钾水玻璃	100
钾水玻璃胶泥粉（最大粒径0.45mm）	240~250

注：钾水玻璃胶泥粉已含有钾水玻璃的固化剂和其它外加剂，普通型钾水玻璃胶泥应采用普通型的胶泥粉，密实型钾水玻璃胶泥应采用密实型的胶泥粉。

（4）配制钾水玻璃胶泥时，应将钾水玻璃胶泥粉干拌均匀，再加入钾水玻璃湿拌直至均匀。

（5）环氧树脂材料的施工配合比可按表5.2-15选用，配制应符合下列规定：

表5.2-15 环氧树脂材料的施工配合比

材 料 名 称		封底料质量配合比	胶泥质量配合比
环氧树脂		100	100
稀释剂		40~60	10~20
固化剂	低毒固化剂	15~60	15~20
	乙二胺	(6~8)	(6~8)
增塑剂	邻苯二甲酸二丁酯	—	10
填料	石英粉（或瓷粉）	—	150~250
	铸石粉	—	(180~250)
	硫酸钡粉	—	(180~250)
	石墨粉	—	(100~160)

注：括号内的数据用于耐含氟类介质工程。

① 各种材料应准确称量，当环氧树脂黏度较大时可用非明火预热至40℃左右；与稀释剂按比例加入容器中，搅拌均匀并冷却至室温，配制成环氧树脂液备用；

② 使用时取定量的树脂液，按比例依次加入增塑剂、固化剂和填料，逐次搅拌均匀制成胶泥料。

（6）乙烯基酯树脂和不饱和聚酯树脂材料的施工配合比可按表 5.2-16 选用，配制应符合下列规定。

表 5.2-16　乙烯基酯树脂和不饱和聚酯树脂材料的施工配合比

材　料　名　称		封底料质量配合比	胶泥质量配合比
乙烯基酯树脂或不饱和聚酯树脂		100	100
稀释剂	苯乙烯	0～15	—
固化剂	引发剂	2～4	2～4
	促进剂	0.5～4	0.5～4
填料	石英粉	—	200～250
	铸石粉	—	(250～300)
	硫酸钡粉	—	(250～350)

注：表中括号内的数据用于耐含氟类介质工程；过氧化二苯甲酰二丁酯糊引发剂与 N,N-二甲基苯胺苯乙烯液促进剂配套，过氧化甲乙酮二甲酯溶液、过氧化环己酮二丁酯糊引发剂与钴盐（含钴 0.6%）的苯乙烯液促进剂配套；填料可任选一种使用。

① 按施工配合比先将乙烯基酯树脂或不饱和聚酯树脂材料与促进剂混合均匀，再加入引发剂混合均匀制成树脂胶料；

② 在配制成的树脂胶料中加入填料，搅拌均匀制成胶泥料。

（7）呋喃树脂胶泥的施工配合比可按表 5.2-17 选用，配制应符合下列规定。

表 5.2-17　呋喃树脂胶泥的施工配合比

材　料　名　称		封底料质量配合比	胶泥质量配合比	胶泥质量配合比
糠醇糠醛树脂			100	—
糠酮糠醛树脂			—	100
固化剂	苯磺酸型		—	12～18
增塑剂	亚磷酸三苯酯（液体）	同环氧树脂、乙烯基酯树脂或不饱和聚酯树脂封底料	—	10
填料	石英粉（或瓷粉）		—	130～200
	石英粉∶铸石粉＝9∶1 或 8∶2		—	(130～180)
	硫酸钡粉		—	(180～220)
	糠醇糠醛树脂胶泥粉		350～400	—

注：1. 括号内的数据用于耐含氟类介质工程。
2. 糠醇糠醛树脂胶泥粉内已含有酸性固化剂。
3. 糠酮糠醛树脂胶泥填料可任选一种。

① 将糠醇糠醛树脂按比例与糠醇糠醛树脂胶泥粉混合，搅拌均匀制成胶泥料；

② 将糠酮糠醛树脂与增塑剂、固化剂混合搅拌均匀，制成树脂胶料；在配制成的糠酮糠醛树脂胶料中加入粉料，搅拌均匀制成胶泥料。

（8）酚醛树脂材料的施工配合比可按表 5.2-18 选用，配制应符合下列规定。

表 5.2-18　酚醛树脂材料的施工配合比

材　料　名　称		封底料质量配合比	胶泥 1 质量配合比	胶泥 2 质量配合比
酚醛树脂			100	100
稀释剂	无水乙醇		—	0～5
固化剂	低毒酸性固化剂		6～10	6～10
	苯磺酰氯	同环氧树脂、乙烯基酯树脂或不饱和聚酯树脂封底料	8～10	8～10
填料	石英粉		150～200	150～200
	瓷粉		150～200	150～200
	铸石粉		180～230	180～230
	石英粉∶铸石粉＝8∶2		150～200	—
	硫酸钡粉		180～220	—
	石墨粉		180～230	90～120

注：表中固化剂和填料可任选一种。

① 称取定量的酚醛树脂加入稀释剂搅拌均匀，再加入固化剂搅拌均匀制成树脂胶料；

② 在配制成的树脂胶料中，加入填料搅拌均匀制成胶泥料。

（9）配料用的工器具应耐腐蚀、清洁和干燥，并应无油污或固化残渣等。

（10）各种胶泥在施工过程中，当出现凝固结块等现象时，不得继续使用。

5.2.3.4 块材衬里胶泥衬砌块材

（1）当采用树脂胶泥衬砌块材时，应先在设备、管道表面均匀涂刷树脂封底料一遍。

（2）块材的结合层厚度和灰缝宽度应符合表 5.2-19 的规定。

表 5.2-19 块材结合层厚度和灰缝宽度 单位：mm

材料名称		水玻璃胶泥衬砌		树脂胶泥衬砌	
		结合层厚度	灰缝宽度	结合层厚度	灰缝宽度
耐酸砖、耐温耐酸砖	厚度≤30mm	3～5	2～3	4～6	2～3
	厚度>30mm	4～7	2～4	4～6	2～4
防腐蚀炭砖		4～5	2～3	4～5	2～3
铸石板		4～5	2～3	4～5	2～3

（3）块材衬砌应符合下列规定。

① 块材衬砌时宜采用揉挤法，结合层和灰缝的胶泥应饱满密实，块材不得滑移；在胶泥初凝前应将缝填满压实，灰缝的表面应平整光滑；

② 块材衬砌前宜先试排，衬砌时顺序应由低往高，阴角处立面块材应压住平面块材，阳角处平面块材应压住立面块材；

③ 当在立面衬砌块材时，一次衬砌的高度应以不变形为限，待凝固后再继续施工；当在平面衬砌块材时应采取防止滑动的措施；

④ 管道衬砌块材时，管道公称尺寸应大于 200mm，长度不得大于 1.5m。

（4）胶泥常温养护时间应符合表 5.2-20 的规定。

表 5.2-20 胶泥常温养护时间 单位：d

胶泥名称		养护时间	胶泥名称	养护时间
钠水玻璃胶泥		>10	乙烯基酯树脂胶泥	7～10
钾水玻璃胶泥	普通型	>14	不饱和树脂胶泥	7～10
	密实型	>28	呋喃树脂胶泥	7～15
环氧树脂胶泥		7～10	酚醛树脂胶泥	20～25

（5）胶泥块材衬砌完毕后，当需进行热处理时，温度应均匀，热处理温度应大于介质的使用温度。

（6）水玻璃胶泥衬砌的块材衬里工程养护后，应采用浓度为 30%～40% 的硫酸进行表面酸化处理，酸化处理至无白色结晶盐析出时为止；酸化处理次数不宜少于 4 次，每次间隔时间：钠水玻璃胶泥不应少于 8h，钾水玻璃胶泥不应少于 4h；每次处理前应清除表面的白色析出物。

5.2.4 纤维增强塑料衬里防腐施工（GB 50726—2011）

5.2.4.1 纤维增强塑料衬里一般规定

（1）纤维增强塑料衬里工程应包括以树脂为黏结剂，纤维及其织物为增强材料铺贴或喷射的设备、管道衬里层和隔离层。

（2）施工环境温度宜为 15～30℃，相对湿度不宜大于 80%；当施工环境温度低于 10℃ 时，应采取加热保温措施，不得用明火或蒸汽直接加热；施工时原材料的使用温度，被铺贴的设备、管道及管件的表面温度，不应低于允许的施工环境温度。

（3）露天施工现场应设置施工棚，施工及养护期间应采取防水、防火、防结露和防暴晒等措施。

（4）纤维及其织物的贴衬顺序应符合下列规定：

① 当矩形设备、通风管、立式设备等贴衬时应先顶面，后垂直面，再水平面。

② 当圆筒形卧式设备等贴衬时，可先将设备放置在滚轮上，先两端封头内表面，然后中部筒体，再进行人孔；先贴衬下半部，待树脂凝胶后，转动一定角度再贴衬另外半部。

③ 内表面贴衬完毕后，再按照上述顺序，进行外表面贴衬。

（5）当采用呋喃树脂或酚醛树脂等进行防腐蚀施工时，基层表面应采用环氧树脂、乙烯基酯树脂、不饱和聚酯树脂等胶料或其纤维增强塑料做隔离层。

（6）树脂材料施工前，应根据施工环境温度、湿度，原材料性能及施工工艺特点，通过试验选定适宜的施工配合比和施工操作方法后，方可进行大面积施工；施工过程不得与其它工种进行交叉作业。

（7）树脂、固化剂、引发剂、促进剂、稀释剂等材料，应密闭贮存在阴凉、干燥的通风处，并应采取防火措施；纤维布、毡等增强材料、粉料等填充材料均应包装完整，并应保存在阴凉、通风、干燥处。

5.2.4.2　纤维增强塑料衬里原材料和成品的质量要求

（1）树脂类材料的质量要求应符合下列规定：

① 环氧树脂、乙烯基酯树脂和不饱和聚酯树脂的质量应符合"5.2.3.2 块材衬里原材料和制成品的质量要求"中（3）的有关规定；

② 呋喃树脂的质量应符合"5.2.3.2 块材衬里原材料和制成品的质量要求"（3）中④的规定；

③ 酚醛树脂的质量应符合"5.2.3.2 块材衬里原材料和制成品的质量要求"（3）中⑤的规定。

（2）树脂类常温下使用的固化剂应符合下列规定：

① 环氧树脂、乙烯基酯树脂、不饱和聚酯树脂、呋喃树脂和酚醛树脂的固化剂应符合"5.2.3.2 块材衬里原材料和制成品的质量要求"中（4）的有关规定。

② 环氧树脂、乙烯基酯树脂、不饱和聚酯树脂、呋喃树脂、酚醛树脂固化后的材料制成品的质量应符合本章节（6）的规定。

（3）树脂类材料的稀释剂应符合"5.2.3.2 块材衬里原材料和制成品的质量要求"中（5）的规定。

（4）纤维增强塑料使用的纤维增强材料应符合下列规定：

① 应采用无碱或中碱玻璃纤维增强材料，其化学成分应符合现行行业标准《玻璃纤维工业用玻璃球》（JC 935）的有关规定，不得使用陶土坩埚生产的玻璃纤维布。

② 采用非石蜡乳液型的无捻粗纱玻璃纤维方格平纹布，厚度宜为 0.2～0.4mm，经纬密度应为（4×4～8×8）纱根数/cm²。

③ 当采用玻璃纤维短切毡时，玻璃纤维短切毡的单位质量宜为 300～450g/m²。

④ 当采用玻璃纤维表面毡时，玻璃纤维表面毡的单位质量宜为 30～50g/m²。

⑤ 当用于含氢氟酸类介质的防腐蚀工程时，应采用涤纶晶格布或涤纶毡；涤纶晶格布的经纬密度应为（8×8）纱根数/cm²；涤纶毡单位质量宜为 30g/m²。

（5）粉料应洁净干燥，其耐酸度不应小于 95%；当使用酸性固化剂时，粉料的耐酸度不应小于 98%，并不得含有铁质、碳酸盐等杂质；其体积安定性应合格，含水率不应大于 0.5%，细度要求 0.15mm 筛孔筛余量不应大于 5%，0.088mm 筛孔筛余量为 10%～30%；当用于含氢氟酸类介质的防腐蚀工程时，应选用硫酸钡粉或石墨粉；当用于含碱类介质的防腐蚀工程时，不宜选用石英粉。

（6）纤维增强塑料类材料制成品的质量指标应符合表 5.2-21 的规定。

表 5.2-21　纤维增强塑料类材料制成品的质量指标

项　目	环氧树脂	乙烯基酯	不饱和聚酯树脂				呋喃树脂	酚醛树脂
			双酚 A 型	二甲苯型	间苯型	邻苯型		
抗拉强度/MPa	≥100	≥100	≥100	≥100	≥90	≥90	≥80	≥60
弯曲强度/MPa	≥250	≥250	≥250	≥250	≥250	≥230	—	—

（7）原材料和制成品的质量指标试验方法应符合 GB 50726—2011 附录 C 的有关规定。

5.2.4.3　纤维增强塑料衬里胶料的配制

（1）树脂材料的施工配合比应符合下列规定：

① 环氧树脂的施工配合比应按"5.2.3.3 块材衬里胶泥的配制"中（5）选用；

② 乙烯基酯树脂、不饱和聚酯树脂的施工配合比可按"5.2.3.3 块材衬里胶泥的配制"中（6）选用；

③ 呋喃树脂的施工配合比可按"5.2.3.3 块材衬里胶泥的配制"中（7）选用；

④ 酚醛树脂的施工配合比可按"5.2.3.3 块材衬里胶泥的配制"中（8）选用。

（2）配料的工器具应清洁、干燥，并应无油污、固化残渣等。

（3）纤维增强塑料胶料的配制应符合下列规定：

① 环氧树脂胶料的配制应符合"5.2.3.3 块材衬里胶泥的配制"中（5）款的规定；

② 乙烯基酯树脂、不饱和聚酯树脂胶料的配制应符合"5.2.3.3 块材衬里胶泥的配制"中（6）款的规定，当采用已含预促进剂的乙烯基酯树脂或不饱和聚酯树脂时，应加入配套的引发剂，并采用真空搅拌机在真空度不低于 0.08MPa 条件下搅拌均匀；

③ 呋喃树脂胶料的配制应符合"5.2.3.3 块材衬里胶泥的配制"中（7）款的规定；

④ 酚醛树脂胶料的配制应符合"5.2.3.3 块材衬里胶泥的配制"中（8）款的规定。

（4）配制好的树脂胶料应在初凝前用完，在使用过程中树脂胶料有凝固、结块等现象时不得使用。

5.2.4.4 纤维增强塑料衬里施工

（1）手工糊制工艺贴衬纤维增强塑料，可采用间断法或连续法；纤维增强酚醛树脂应采用间断法。

（2）纤维增强塑料手工糊制工艺铺衬前的施工应符合下列规定：

① 封底层。在基层表面应均匀地涂刷封底料，不得有漏涂、流挂等缺陷，自然固化不宜少于 24h。

② 修补层。在基层的凹陷不平处，应采用树脂胶泥料修补填平，凹凸不平的焊缝及转角处应用胶泥抹成圆弧过渡，自然固化不宜少于 24h。

③ 纤维增强酚醛树脂或纤维增强呋喃树脂可用环氧树脂或乙烯基酯树脂、不饱和聚酯树脂的胶泥料修补刮平基层。

（3）纤维增强塑料间断法施工应符合下列规定：

① 玻璃纤维布应剪边，涤纶布应进行防收缩的前处理；

② 在基层表面应先均匀涂刷一层铺衬胶料，随即衬上一层纤维增强材料并应贴实，赶净气泡再涂一层胶料，胶料应饱满；

③ 固化 24h 后应修整表面，再按上述程序铺衬以下各层，直至达到设计要求的层数或厚度；

④ 每铺衬一层，均应检查前一铺衬层的质量，当有毛刺、脱包和气泡等缺陷时应进行修补；

⑤ 铺衬时上下两层的接缝应错开，错开距离不得小于 50mm；阴阳角处应增加 1~2 层纤维增强材料，搭接应顺物料流动方向；贴衬接管的纤维增强材料与贴衬内壁的纤维增强材料应层层错开，搭接宽度不应小于 50mm；设备转角、接管、法兰平面、人孔及其它受力，并受介质冲刷的部位，均应增加 1~2 层纤维增强材料，翻边处应剪开贴紧。

（4）纤维增强塑料连续法施工应符合下列规定：

① 连续法施工的封底、刮胶泥、刷面层，贴衬纤维增强材料的施工和纤维增强材料的搭接要求应符合本章节第（3）款的规定；在衬完最后一层纤维增强材料后，应自然固化 24h 后方可进行面层施工；

② 平面和立面一次连续铺衬的层数或厚度，层数不宜超过 3 层，厚度应以不产生滑移，固化后不起壳或脱层进行确定；

③ 铺衬时上下两层纤维增强材料的接缝应错开，错开距离不得小于 50mm，阴阳角处应增加 1~2 层纤维增强材料；

④ 应在前一次连续铺衬层固化后，再进行下一次连续铺衬层的施工；

⑤ 连续铺衬至设计要求的层数或厚度后，应自然固化 24h 再进行封面层施工；

⑥ 平盖可采用宽幅纤维增强材料一次连续成型，弧形面（圆形或椭圆形封头）可将纤维增强材料剪成瓜皮形再贴衬；

⑦ 面层胶料应涂刷均匀，并应自然固化 24h 后再涂刷第二层面层胶料。

（5）纤维增强材料的涂胶除刷涂外，也可采用浸揉法处理；将纤维增强材料放置在配好的胶料里浸泡揉挤，使纤维增强材料完全浸透后挤出多余的胶料，将纤维增强材料拉平进行贴衬。

（6）用纤维增强塑料做设备、管道及管件衬里隔离层时，可不涂刷面层胶料。

（7）纤维增强塑料手持喷枪喷射成型工艺的施工应符合下列规定：

① 喷射成型工艺应采用乙烯基酯树脂或不饱和聚酯树脂，玻璃纤维无捻粗纱长度应为 25~30mm；

② 在处理的基体表面应均匀喷涂封底胶料，不得有漏涂、流挂等缺陷，自然固化时间不宜少于 24h；

③ 将玻璃纤维无捻粗纱切成 25~30mm 长度，与树脂一起喷到被施工设备表面；

④ 喷射厚度应为 1~2mm，纤维含量不应小于 30%，喷射后应采用辊子将沉积物压实，表面应平整、无气泡，并应在室温条件下固化。

（8）纤维增强塑料衬里常温养护时间应符合表 5.2-22 的规定。

表 5.2-22　纤维增强塑料衬里常温养护时间　　　　　　　　　　单位：d

纤维增强塑料树脂名称	养护时间	纤维增强塑料树脂名称	养护时间
环氧树脂纤维增强塑料	≥15	呋喃树脂纤维增强塑料	≥20
乙烯基酯树脂纤维增强塑料	≥15	酚醛树脂纤维增强塑料	≥25
不饱和聚酯纤维增强塑料	≥15		

(9) 纤维增强塑料衬里热处理时应按程序升温，并应严格控制升降温度的速度，热处理温度应大于介质的使用温度。

5.2.5 橡胶衬里防腐施工（GB 50726—2011）

5.2.5.1 橡胶衬里一般规定

(1) 橡胶衬里工程应包括加热硫化橡胶衬里施工、自然硫化橡胶衬里施工和预硫化橡胶衬里施工。

(2) 施工环境温度宜为 15～30℃，相对湿度不宜大于 80%，或基体温度应高于空气露点温度 3℃以上；当环境温度低于 15℃时，应设置安全热源提高环境温度，不得使用明火进行加热升温；当温度超过 35℃时不宜进行施工。

(3) 衬胶场所应干燥、无尘，并应通风良好。

(4) 从事胶板下料、胶板衬贴和胶黏剂涂刷作业的人员的服装、手套及衬胶用具应清洁，并应防静电；进入设备时应穿软底鞋。

(5) 胶板的储存除应符合现行国家标准《橡胶衬里　第 1 部分：设备防腐衬里》（GB 18241.1）的有关规定外，尚应符合下列规定：

① 胶板应悬置，不得挤压或粘连；胶板应按种类、规格、出厂日期分类存放，在保质期内应按出厂日期的先后取用；

② 产品说明书中规定需要低温冷藏的胶板、胶黏剂，在长途运输和施工现场应设置冷藏集装箱，冷藏温度应符合规定。

(6) 设备、管道及管件除应符合"5.2.1 防腐施工基本规定"外，尚应符合下列规定：

① 公称尺寸不大于 700mm 的衬胶设备，其高度不宜大于 700m；公称尺寸为 800～1200mm 的衬胶设备，其高度不宜大于 1500mm；当设备高度大于以上要求时，应分段采用法兰连接；

② 本体硫化的衬胶设备在衬胶施工前，应出具压力试验合格证；衬胶前应选定进汽（气）管、温度计、压力表及排空管接口，底部应设置冷凝水排放口；

③ 需衬里的设备内部构件应符合衬胶工艺的要求，焊缝应满焊；

④ 管件的制作除应符合现行国家标准《工业金属管道工程施工规范》（GB 50235）的有关规定外，尚应符合下列规定：

a. 衬里管道宜采用无缝管，当采用铸铁管时内壁应平整光滑，并应无砂眼、气孔、沟槽或重皮等缺陷；

b. 当设计无特殊要求时，直管、三通、四通（图 5.2-3）的最大允许长度应符合表 5.2-23 的规定；

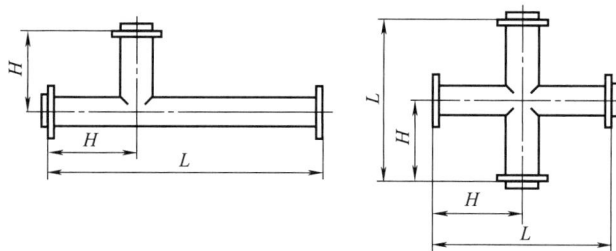

图 5.2-3　三通、四通

表 5.2-23　直管、三通、四通的最大允许长度　　　　单位：mm

序　　号	公称尺寸	直管长度	三通、四通 L	三通、四通 H
1	25	≤500	≤500	80
2	40	≤1000	≤1000	100
3	50	≤2000	≤2000	110
4	65	≤3000	≤3000	120
5	80	≤3000	≤3000	130
6	100	≤3000	≤3000	140
7	125	≤2000	≤2000	155
8	150	≤3000	≤3000	175
9	200	≤5000	≤5000	200
10	250	≤5000	≤5000	230
11	300	≤5000	≤5000	260

c. 弯头、弯管的弯曲角度不应小于 90°，并应在一个平面上弯曲；

d. 超长弯头、液封管、并联管等复杂管段的管件制作，应分段用法兰连接，三通、四通、弯头、弯管及异径管等管件，宜设置活套法兰；

e. 衬里管道不得使用褶皱弯管，法兰密封面不得车制密封。

（7）胶板供应方应提供与其配套的胶黏剂等。

（8）槽罐类设备衬里的施工宜按先衬罐壁，再衬罐顶，后衬罐底的顺序进行。

（9）设备内脚手架的搭设应牢固、稳定，并应便于衬胶操作；当拆除脚手架时，不得损坏衬里层。

5.2.5.2 橡胶衬里原材料的质量要求

（1）胶板和胶黏剂的质量应符合下列规定：

① 胶板的质量和胶黏剂的黏合强度指标应符合现行国家标准《橡胶衬里 第 1 部分：设备防腐衬里》（GB 18241.1）的有关规定；

② 胶板出现早期硫化变质等现象，不得用于衬里施工；

③ 胶黏剂在储存期间不得发生早期交联等现象。

（2）加热硫化橡胶板、白硫化橡胶板和预硫化橡胶板的物理性能指标应符合表 5.2-24～表 5.2-26 的规定。

表 5.2-24　加热硫化橡胶板物理性能的质量指标

项　　目	硬　胶	半　硬　胶	软　胶
拉伸强度/MPa	≥10	≥10	≥9
扯断伸长率/%	—	≥30	≥350
黏合强度（二板法）/MPa	≥6	≥6	—
硬度（邵氏 A）	—	—	40～80
硬度（邵氏 D）	70～85	40～70	—

表 5.2-25　自然硫化橡胶板物理性能的质量指标

项　　目	溴　化　丁　基	氯　丁　胶
拉伸强度/MPa	≥5	≥8
扯断伸长率/%	≥350	≥350
黏合强度（90°剥离法）/(kN/m)	≥6	≥6
硬度（邵氏 A）	55～70	55～70

表 5.2-26　预硫化橡胶板物理性能的质量指标

项　　目	丁　基　胶	氯　化　丁　基	氯　丁　胶
拉伸强度/MPa	≥6	≥4	≥8
扯断伸长率/%	≥350	≥350	≥350
黏合强度（90°剥离法）/MPa	≥4	≥4	≥4
硬度（邵氏 A）	50～65	50～65	50～65

（3）硫化橡胶制成品质量的试验方法应符合 GB 50726—2011 附录 C 的有关规定。

5.2.5.3 橡胶衬里加热硫化

（1）胶板展开后应进行外观检查和针孔检查，对不在允许范围内的缺陷应作出记号，下料时应剔除；对允许范围内的气泡或针孔等缺陷应进行修补。

（2）胶板下料应准确，并应减少接缝；形状复杂的零件应制作样板，并应按样板下料。

（3）胶板衬里层的接缝应采用搭接，搭接尺寸应准确，方向应与介质流动方向一致；胶板厚度为 2mm 时搭接宽度应为 20～25mm，胶板厚度为 3mm 时搭接宽度应为 25～30mm，胶板厚度≥4mm 时搭接宽度应为 35mm，设备转角处接缝的搭接宽度应为 50mm；多层胶板衬里时相邻胶层的接缝应错开，错开距离不得小于 100mm。

（4）胶板削边应平直，宽窄应一致，其削边宽度为 10～15mm；其斜面与底平面夹角不应大于 30°。

（5）裁胶或胶板削边的工具宜采用冷裁刀或电烙铁，当采用电烙铁裁胶时，温度应为 170～210℃。

（6）胶黏剂的涂刷应符合下列规定：

① 涂刷胶黏剂前，基体表面上不得有灰尘、油污和潮湿等现象，并应采用稀释剂擦洗干净；

② 胶黏剂在使用前应搅拌均匀，胶黏剂的涂刷应薄而均匀，不得漏涂、堆积、流淌或起泡，上下两层胶

黏剂的涂刷方向应纵横交错。

（7）两层胶黏剂之间的涂刷间隔时间宜为 0.5～2h，或每层胶膜干至不粘手指；当涂刷最后一层胶黏剂时，间隔时间宜为 10～15min，或胶膜干至微粘手指但不起丝。

（8）当涂刷第二层胶黏剂前，应清除第一层底涂面上的砂尘，并应将第一层胶黏剂表面的气孔清理或修补后，方可涂刷第二层胶黏剂。

（9）贴衬胶板时胶板铺放位置应正确，不得起皱或拉扯变薄，贴衬时胶膜应完整，发现脱落应及时补涂。

（10）胶板贴衬后应采用专用压辊或刮板依次滚压或刮压，不得漏压或漏刮，并应排净黏合间的空气；胶板搭接缝应压合严实，边沿应圆滑过渡，不得翘起、脱层；胶板搭接缝的搭接方向应与设备内介质流向一致。

（11）衬至法兰密封面上的胶板应平整，不得有径向沟槽或超过 1mm 的凸起。

（12）当衬胶后的胶板需要加工时，胶层厚度应留出加工余量。

（13）本体硫化设备的法兰衬胶应符合下列规定：

① 应按法兰外径尺寸下料，内径尺寸应比法兰孔大 30～60mm，并应切成 30°坡口；

② 加工时应按本章节第（10）～（12）款的规定，贴衬已硫化的法兰胶板，当全部压合密实后再衬法兰管内未硫化胶板，并应翻至法兰面上已硫化胶板的坡口上边（图 5.2-4），并应压合密实；搭接处应与底层胶板粘牢，并应圆滑不得有翘边和毛刺。

（14）小口径管道衬胶可采用预制胶筒法，并应符合下列规定：

① 管道公称尺寸＞200mm 的管道，可采用滚压法；

② 管道公称尺寸≤200mm 的管道，可采用牵引气囊、牵引光滑塑料塞、牵引砂袋或气顶等方法。

（15）贴衬工序完成后应按下列项目进行中间检查：

① 采用卡尺、直尺或卷尺复核衬胶各部位尺寸，应符合设计文件的规定；

② 检查胶层不得有气泡、空鼓或离层，当胶层出现允许范围内的气泡或离层时，应按本章节（16）的规定进行修补；

③ 对衬里层应进行电火花针孔检查，不得出现漏电现象；

④ 采用测厚仪检测胶层厚度；

⑤ 检查合格后方可进行硫化。

（16）胶层气泡的修补应符合下列规定：

① 切除气泡的面积应比气泡周边大 10～15mm，并应切成 30°坡口；同时剪切一片尺寸相同的胶片，进行衬贴并压合严实，修补块不得翘边和离层；

② 底层修补平整后，间隔时间应为 4～6h，再衬贴面层修补块；面层修补块尺寸，应比底层修补块外径大50～60mm（图 5.2-5）。

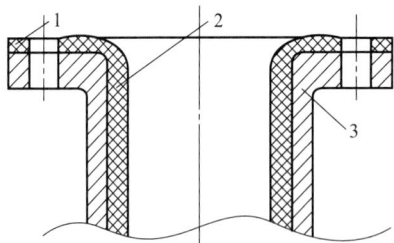

图 5.2-4　法兰衬里
1—已硫化的胶板；2—未硫化胶板；3—设备的法兰

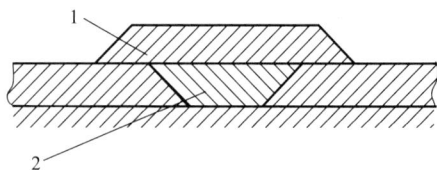

图 5.2-5　橡胶衬里修补示意图
1—上层修补块；2—底层修补块

（17）胶板的硫化可按下列方式之一进行：

① 采用硫化罐直接硫化法；

② 能承受蒸气压力且可封闭的设备，可采用本体硫化法；

③ 大型衬胶设备可采用热水或常压蒸汽硫化法。

（18）硫化罐的硫化应符合下列规定：

① 胶板的硫化条件应由生产厂商提供，但最终硫化条件尚应根据衬里胶板种类、胶层厚度、设备或工件

厚度、贴衬方法、硫化方式和现场条件等因素确定；

② 在硫化过程中气源应充足，压力不得波动，并不得产生负压。

（19）本体硫化应符合下列规定：

① 当环境温度低于15℃时，设备壳体、人孔或接管等突出部位的外部应采取保温措施；

② 在硫化过程中设备内不得有积水，应随时排放蒸汽冷凝水，排水管应设置在设备最低处；

③ 法兰或盲板密封垫的厚度应大于衬里层的厚度（图5.2-6），在最低处的盲板上应设置阀门，应随时排放接管处积水。

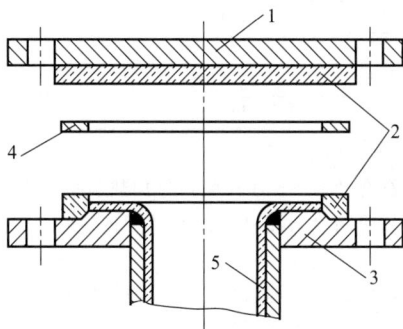

图 5.2-6　法兰硫化密封结构示意图
1—盲板；2—橡胶密封垫；3—接管或人孔；4—橡胶石棉垫；5—衬胶层

（20）热水硫化或常压蒸汽硫化适用于常压或负压大型设备衬里，热水硫化或常压蒸汽硫化应符合下列规定：

① 设备外壳应保温；

② 常压蒸汽硫化设备的顶部或侧部应设置放空管；

③ 热水硫化的设备在硫化过程中，全部胶层应与水浴相接触，无盖设备应设置临时顶盖或临时过渡段；

④ 应有蒸汽供给系统和冷水供给系统，水浴温度应均匀，胶层不得有局部过热现象；

⑤ 硫化终止时不应立即排水，应通过上部注入冷水，下部排放热水的方法进行降温处理，并不得形成负压；当水温冷却至40℃以下时方可进行排放；

⑥ 热水硫化温度应为95～100℃，硫化时间应为16～32h；

⑦ 常压蒸汽硫化过程中设备内的温度宜为（100±5）℃，蒸汽不得直接喷到设备的胶面上，蒸汽硫化时间应为16～32h；

⑧ 蒸汽硫化或热水硫化的终止时间，应根据测定其相同条件下试件硫化的硬度来确定；当硬度不足时应继续进行硫化，任何部位不得产生过硫化现象。

5.2.5.4　橡胶衬里自然硫化

（1）自然硫化橡胶衬里适用于常温自硫化的设备或管道衬里。

（2）施工前胶板和胶黏剂，除应按"5.2.5.3橡胶衬里加热硫化"中第（1）款的规定进行外观检查外，并应按GB 50726—2011附录C的有关规定做黏合强度试验。

（3）经冷藏的胶板应解冻和预热后方可下料，预热温度宜为50～60℃，预热时间不宜超过30min。

（4）下料应准确并应减少接缝，形状复杂的零件应制作样板，并应按样板下料。

（5）胶板的切割或削边可采用冷切法或电热切法；电热切温度宜为170～210℃，削边应平直，宽窄应一致，边角不应大于30°（图5.2-7）。

图 5.2-7　胶板削边

（6）接缝应采用搭接，设备转角处接缝的搭接宽度应为30～50mm，其余搭接宽度应符合"5.2.5.3橡胶衬里加热硫化"中第（3）条的规定。

（7）接头应采用丁字缝，不得有通缝；贴衬丁字缝时应先将下层搭接缝处的突出部位削成斜面，再贴衬上层胶板，丁字缝错缝距离应大于 200mm。

（8）底涂料和胶黏剂在使用前，应逐桶进行检查；当发现有凝胶等现象时不得使用，检查合格后的胶黏剂应做黏合强度测定；当黏稠度过高时应进行稀释。

（9）底涂料和胶黏剂的使用应符合表 5.2-27 的规定。

表 5.2-27　底涂料和胶黏剂的使用规定

材　　料	涂刷部位	涂刷次数
底料	金属侧	2
中间涂料	金属侧	1
胶黏剂	金属侧	2
	胶板	2
经稀释的胶黏剂	胶板搭接坡口	2

注：稀释比例为胶黏剂与溶剂的重量比为 1:（1～1.5）。

（10）底涂料和胶黏剂的涂刷应符合"5.2.5.3 橡胶衬里加热硫化"中第（7）条的规定。

（11）胶黏剂的涂刷应在底涂料、中间涂料涂刷后的有效期内进行，当超过规定的涂刷间隔期限时，应在涂胶黏剂前重新涂刷一层中间涂料。

（12）第二层胶黏剂的涂刷工作，应在前一遍胶膜干至不粘手指时进行。

（13）胶板的贴衬作业应在末遍胶黏剂膜干至微粘手指但不起丝时进行，在胶板衬贴过程中，胶板的搭接口应涂刷经溶剂稀释后的胶黏剂两遍。

（14）胶黏剂和底涂料、中间涂料不得混桶、错涂，每次用后应密封保存，涂刷工具应分类存放不得混用。

（15）胶膜不得受潮，不得受阳光直射或灰尘、油类污染。

（16）胶板衬贴时应用专用压辊或刮板，依次压合排净黏结面间的空气，不得漏压；胶板的搭缝应压合严密，边缘呈圆滑过渡，胶板接缝的搭接方向应与设备内介质流动方向一致。

（17）压辊或刮板用力程度应以胶板压合面见到压（刮）痕为限，前后两次滚压（刮压）应重叠 1/3～1/2。

（18）滚压（刮压）出现的气泡应随时切口放气，并按"5.2.5.3 橡胶衬里加热硫化"中（16）进行修补。

（19）衬胶作业每个阶段结束后，应对胶层进行中间检查，检查方法应符合"5.2.5.3 橡胶衬里加热硫化"中（15）的规定。

（20）胶板的自然硫化时间应由胶板生产厂提供。

（21）在与贴衬作业同步，条件相同的情况下，制作的试块应符合下列规定：

① 罐顶：施工开始时和施工结束时，应各制作 2 件；

② 罐壁：上、中、下应各制作 2 件；

③ 罐底：应制作 2 件；

④ 试块应为 30mm×300mm 的钢板，基体表面处理质量和贴衬工艺应与现场施工相同；制作完毕后应置于罐内自然硫化，并应作为产品最终检查的依据。

5.2.5.5　橡胶衬里预硫化

（1）在衬里施工前胶板和胶黏剂应按 GB 50726—2011 附录 C 的有关规定做黏合强度试验，试验合格后方可进行衬里施工，并应符合下列规定：

① 贴合工艺试验应选择贴衬应力最大的部位，应以贴衬后胶板不起鼓、不离层、不翘边为合格；

② 每批胶黏剂应制备试样 2 件，当其中一件试样不合格时，则认为贴合工艺试验不合格。

（2）底涂料的涂刷作业，应在基体表面处理合格后立即进行；当环境相对湿度超过 80% 时，应采取加温除湿措施。

（3）胶板下料尺寸应合理、准确，应减少贴衬应力；形状复杂的工件应制作样板，并应按样板下料；接缝应采取搭接，搭接宽度宜为 25～30mm，不得出现欠搭，搭接方向应与设备内介质流动方向一致；坡口宽度不应小于胶板厚度的 3～3.5 倍，削边应平直宽窄一致。

（4）基体表面胶黏剂的涂刷应按"5.2.5.3 橡胶衬里加热硫化"中（6）～（8）的规定进行，在涂刷上层胶黏剂时下层胶黏剂不得被咬起，第二层胶黏剂的涂刷应在第一层胶黏剂干至不粘手指时进行。

（5）衬胶作业应在第二层胶黏剂干至微粘手指时进行。

（6）底涂料和胶黏剂的刷涂、配制、搅拌等程序，应按胶板生产厂家使用说明书进行；各组分应搅拌均匀并应在 2h 内用完，当出现结块现象时不得使用。

（7）胶板的衬贴操作应符合"5.2.5.4 橡胶衬里自然硫化"中（16）～（18）的规定。

（8）底层胶板衬贴完毕后，应按"5.2.5.3 橡胶衬里加热硫化"中（15）的规定进行中间检查。

5.2.6 塑料衬里防腐施工（GB 50726—2011）

5.2.6.1 塑料衬里一般规定

（1）塑料衬里工程应包括软聚氯乙烯板衬里设备、氟塑料衬里设备和塑料衬里管道。

（2）塑料衬里应符合下列规定：

① 软聚氯乙烯板衬里制压力容器的耐压试验应按现行行业标准《塑料衬里设备 水压试验方法》（HG/T 4089）的规定执行；

② 氟塑料衬里制压力容器的耐压试验应按现行国家标准《塑料衬里压力容器试验方法 第 6 部分：耐压试验》（GB/T 23711.6）的规定执行；

③ 工作压力≥0.1MPa，公称尺寸≥32mm 的塑料衬里压力管道元件的施工，应按国家现行有关压力管道元件制造许可规定执行。

（3）施工现场应干净，环境温度宜为 15～30℃，施工宜在室内进行。

（4）设备及管道内基体表面处理的质量要求，应符合"5.2.2.1 基体表面处理一般规定"的规定，对于公称尺寸较小的管道，可采用手工方法除锈。

（5）塑料材料应贮存在干燥、洁净的仓库内。

（6）从事塑料衬里焊接作业的焊工，应进行塑料焊接培训，并应经考试合格持证上岗；焊工培训应由具有相应专业技术能力和资质的单位进行。

5.2.6.2 塑料衬里原材料的质量要求

（1）软聚氯乙烯板的表面应光洁、色泽均匀、厚薄一致，无裂纹、无气泡或杂物；其质量应符合表 5.2-28 的规定。

表 5.2-28 软聚氯乙烯板的质量指标

项　　目	指　　标
相对密度/(g/cm³)	1.28～1.60
拉伸强度(纵、横向)/MPa	≥14

（2）软聚氯乙烯板采用的胶黏剂为氯丁胶黏剂与聚异氰酸酯，其比例为 100:（7～10）。

（3）软聚氯乙烯焊条应与焊件材质相同，焊条表面应无节瘤、折痕和杂质，颜色均匀一致。

（4）氟塑料板表面应光洁、色泽均匀、厚薄一致，无裂纹、黑点等缺陷，并应符合下列规定。

① 聚四氟乙烯板的质量应符合表 5.2-29 的规定。

表 5.2-29 聚四氟乙烯板的质量指标

项　　目	指　　标
外观	表面洁白,质地均匀,不允许夹带任何杂质
拉伸强度/MPa	20～45
使用温度/℃	≤200

② 乙烯-四氟乙烯共聚物板的质量应符合表 5.2-30 的规定。

表 5.2-30 乙烯-四氟乙烯共聚物板的质量指标

项　　目	指　　标
外观	表面自然色,质地均匀,不允许夹带任何杂质
拉伸强度/MPa	40～50
使用温度/℃	≤140

③ 聚偏氟乙烯板的质量应符合表 5.2-31 的规定。

（5）氟塑料板过渡层应采用纤维层。

（6）聚四氟乙烯、乙烯-四氟乙烯共聚物和聚偏氟乙烯的焊条应与焊件材质相同，并应具有相容性，圆柱形焊条的直径宜为 2～5mm。

表 5.2-31　聚偏氟乙烯板的质量指标

项　目	指　标
外观	表面自然色,质地均匀,不允许夹带任何杂质
拉伸强度/MPa	39～59
使用温度/℃	≤120

（7）聚四氟乙烯管材的质量和热胀冷缩量应符合现行行业标准《金属网聚四氟乙烯复合管与管件》（HG/T 3705）的有关规定；聚丙烯、聚乙烯和聚氯乙烯管材质量应符合现行行业标准《衬塑钢管和管件选用系列》（HG/T 20538）的有关规定。

（8）塑料衬里原材料质量的试验方法应符合 GB 50726—2011 附录 C 的有关规定。

5.2.6.3　塑料衬里软聚氯乙烯板衬里

（1）软聚氯乙烯塑料板施工放线、下料应准确；在焊接或粘贴前宜进行预拼。

（2）软聚氯乙烯塑料板空铺法和压条螺钉固定法的施工应符合下列规定：

① 外壳的内表面应光滑平整，无凸瘤凹坑等现象；

② 施工时应先铺衬立面，后铺衬底部；先衬筒体，后装支管；

③ 支撑扁钢或压条下料应准确，棱角和焊接接头应磨平，支撑扁钢与设备内壁应撑紧，压条应用螺钉拧紧并固定牢固，支撑扁钢或压条外应覆盖软板并焊牢；

④ 当采用压条螺钉固定时，螺钉应成三角形布置，立面行距宜为 400～500mm；

⑤ 软聚氯乙烯板接缝应采用搭接，搭接宽度宜为 20～25mm；采用热风焊枪熔融本体并加压焊接，焊接时在上、下两板搭接内缝处，每间隔 200mm 点焊固定，搭接外缝处应采用焊条满焊封缝；焊接工艺参数宜符合表 5.2-32 的规定。

表 5.2-32　软聚氯乙烯板焊接工艺参数

项　目	指　标
焊枪出口热风温度/℃	165～170
焊接速度/(mm/min)	400～500
焊枪与软板平面夹角/(°)	20～30

（3）软聚氯乙烯板粘贴法的施工应符合下列规定：

① 软聚氯乙烯板的粘贴可采用满涂胶黏法或局部涂胶黏剂法，胶黏剂法的配比应符合"5.2.6.2 塑料衬里原材料的质量要求"中（2）的规定；

② 板材接缝可采用胶黏剂进行对接或搭接；

③ 软聚氯乙烯板粘贴前可采用酒精或丙酮进行处理，粘贴面应打毛至无反光；

④ 当采用局部涂胶黏剂法时，应在接头两侧涂刷胶黏剂，软板中间胶黏剂带的间距宜为 500mm，其宽度宜为 100～200mm；

⑤ 粘贴时应在软板和基体内壁上各涂胶黏剂两遍，并应纵横交错进行；涂刷应均匀不得漏涂，第二遍涂刷应在第一遍胶黏剂干至不粘手时进行，待第二遍胶黏剂干至微粘手时，再进行软聚氯乙烯板的粘贴；

⑥ 粘贴时应顺次将粘贴面间的气体排净，并应用辊子进行压合，接缝处应压合紧密，不得出现剥离或翘角等缺陷；

⑦ 当胶黏剂不能满足耐腐蚀和强度要求时，应在接缝处采用焊条封焊或应按"5.2.6.3 塑料衬里软聚氯乙烯板衬里"中（2）⑤的规定执行。

⑧ 粘贴完成后应进行养护，养护时间应按胶黏剂的固化时间确定，固化前不得振动或使用。

5.2.6.4　氟塑料板衬里设备

（1）进行松衬法施工时可先将氟塑料板焊成筒体，再进行衬装并应翻边，松衬法宜衬装小公称尺寸的设备。

（2）氟塑料板粘贴法的施工应符合下列规定：

① 粘贴时应在氟塑料板的过渡层和基体内壁上各涂刷胶黏剂两遍，并应纵横交错进行，涂刷应均匀，不得漏涂；

② 粘贴时应顺次将粘贴面间的气体排净，并应用辊子进行压合，接缝处应压合紧密，不得出现剥离或翘角等缺陷；

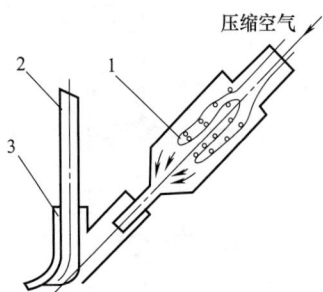

图 5.2-8 热风焊和挤出焊
1—焊枪；2—焊条；3—焊头

③ 在接缝处应采用焊条封焊或扳材搭接焊。

（3）氟塑料板焊接成型可采用热风焊、挤出焊或热压焊，乙烯-四氟乙烯共聚物和聚偏氟乙烯可采用热风焊、挤出焊，聚四氟乙烯可采用热压焊。

（4）乙烯-四氟乙烯共聚物和聚偏氟乙烯板的焊接应符合下列规定：

① 焊接部位应切成 $60°\sim80°$ 的坡口，并应用溶剂清洗焊口；焊条在焊接处宜呈 $90°$，焊枪（图 5.2-8）宜呈 $45°$；

② 焊接速度每分钟宜为 $50\sim100mm$；

③ 板与板焊接宜采用 V 形坡口［图 5.2-9 (a)、(b)］，高强度要求的板与板焊接的 V 形坡口上宜采用板增强焊形式［图 5.2-9 (c)］，圆筒与支管焊接宜采用 V 形坡口（图 5.2-10）。

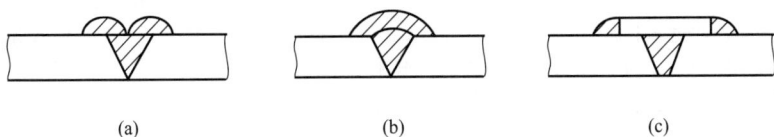

(a)　　　　　　　(b)　　　　　　　(c)

图 5.2-9 板与板焊接形式

（5）聚四氟乙烯板的热压焊接应符合下列规定：

① 焊刀材料应采用导热性能好和具有一定刚性的金属材料；

② 焊刀几何结构（图 5.2-11）宜采用板与板焊接用长条焊刀和板与管焊接用圆筒形焊刀。

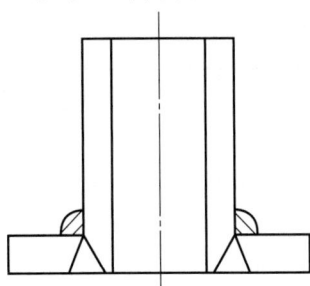

图 5.2-10 圆筒与支管焊接形式

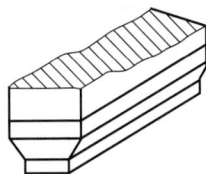

(a) 板与板焊接用长条焊刀　　　(b) 板与管焊接用圆筒形焊刀

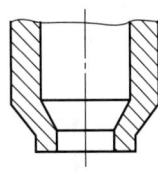

图 5.2-11 焊刀几何结构

③ 热压焊焊接宜采用搭接形式（图 5.2-12）。

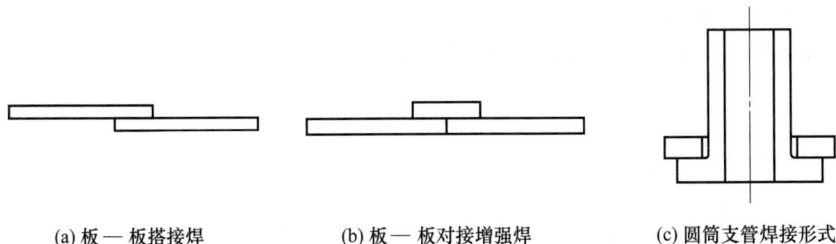

(a) 板—板搭接焊　　　(b) 板—板对接增强焊　　　(c) 圆筒支管焊接形式

图 5.2-12 热压焊焊接形式

④ 聚四氟乙烯焊接温度宜为 $(380\pm5)℃$，焊接压力宜为 $1\sim2MPa$，焊接时间宜为 $4\sim8h$。

5.2.6.5 塑料衬里管道

（1）塑料衬里管道的施工宜采用松衬法。

（2）塑料衬里管的外径应与无缝钢管的内径相匹配。

（3）无缝钢管两端的法兰宜采用板式平焊法兰、带颈平焊法兰或平焊环松套法兰焊接。

（4）法兰与钢管连接处的转角应圆弧过渡。

（5）当设计压力为 1MPa 和公称尺寸≤200mm 时，其圆弧、角焊焊缝高度及钢管和法兰的间隙（图 5.2-

13）应符合表 5.2-33 的规定。

（6）塑料衬里管道的翻边处应进行加热，并应压平。

5.2.7 玻璃鳞片衬里防腐施工（GB 50726—2011）

5.2.7.1 玻璃鳞片衬里一般规定

（1）玻璃鳞片衬里工程应包括下列内容：

① 胶泥衬里：底涂层、玻璃鳞片胶泥、封面层；

② 涂料衬里：底涂层，玻璃鳞片面涂料层。

（2）当采用乙烯基酯树脂类或双酚 A 型不饱和聚酯树脂类时，施工环境温度宜为 5～30℃，当采用环氧树脂类时，宜为 10～30℃，施工环境相对湿度不宜大于 80%，当低于此温度时，应采取加热保温措施，但不得采用明火直接加热。

（3）施工现场应采取通风措施。

（4）在施工和养护期间，应采取防水、防火、防暴晒等措施。

（5）衬里材料应密闭贮存在阴凉、干燥的通风处，并应防火；增强纤维材料应防潮贮存。

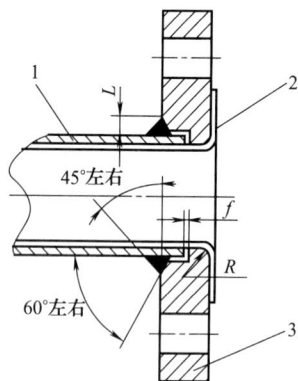

图 5.2-13 圆弧、角焊焊缝高度及钢管和法兰的间隙

1—金属管子；2—塑料衬里；3—金属法兰

表 5.2-33 圆弧、角焊焊缝高度及钢管和法兰的间隙值 单位：mm

公称尺寸	圆弧 R	角焊焊缝高度 L	钢管和法兰的间隙值 f
25～40	1≤R≤2	4≤L≤9	≤1
50～80	1≤R≤3	5≤L≤10	≤1
100～150	2≤R≤4	5≤L≤11	≤2
200～300	2≤R≤5	6≤L≤12	≤2

（6）衬里施工前应根据施工环境温度、湿度、原材料特性，通过试验选定适宜的施工配合比，方可进行大面积施工。

（7）衬里施工前的基体表面除应符合"5.2.2 防腐施工基体表面处理"的有关规定外，尚应符合下列要求：

① 基体表面与内外支撑件之间的焊接、铆接、螺接应完成；

② 衬里侧焊缝应满焊；

③ 衬里侧焊缝、焊瘤、弧坑、焊渣应打磨平整，焊缝高度不得超过 1mm，边角和边缘应打磨至大于或等于 2mm 的圆弧；

④ 衬里施工开始后不得进行焊接作业，施工现场不得使用明火。

5.2.7.2 玻璃鳞片衬里原材料和制成品的质量要求

（1）乙烯基酯树脂、双酚 A 型不饱和聚酯树脂和环氧树脂的质量应符合"5.2.3.2 块材衬里原材料和制成品的质量要求"中（3）的有关规定。

（2）玻璃鳞片的质量应符合现行行业标准《中碱玻璃鳞片》（HG/T 2641）的有关规定。

（3）采用的固化体系应与选用的树脂相配套，其质量应符合"5.2.3.2 块材衬里原材料和制成品的质量要求"中（4）的规定。

（4）乙烯基酯树脂、双酚 A 型不饱和聚酯树脂类玻璃鳞片衬里混合料可预先加入促进剂。

（5）乙烯基酯树脂、双酚 A 型不饱和聚酯树脂类玻璃鳞片衬里施工的滚压作业工序采用的配套稀释剂应为苯乙烯，环氧树脂类玻璃鳞片衬里施工的滚压作业工序采用的配套稀释剂应为无水乙醇或丙酮。

（6）当玻璃鳞片衬里与同类树脂的玻璃纤维增强塑料复合使用时，玻璃纤维的质量应符合"5.2.4.2 纤维增强塑料衬里原材料和成品的质量要求"中（4）的规定。

（7）玻璃鳞片混合料的质量应符合表 5.2-34 的规定。

（8）玻璃鳞片制成品的质量应符合表 5.2-35 的规定。

（9）玻璃鳞片衬里原材料和制成品质量的试验方法应符合"GB 50726—2011"附录 C 的有关规定。

5.2.7.3 玻璃鳞片衬里施工

（1）基体表面处理的质量要求应符合下列规定：

表 5.2-34 玻璃鳞片混合料的质量指标

项　目	鳞片胶泥料	鳞片涂料
在容器中状态	在搅拌混合物时,应无结块、无杂质	
施工工艺性	刮抹无障碍、不流挂	喷、滚、刷涂无障碍、不流挂
胶凝时间(25℃)/min	45±15	60±15

表 5.2-35 玻璃鳞片制成品的质量指标

项　目		乙烯基酯树脂类	双酚 A 型不饱和聚酯树脂类	环氧树脂类
拉伸强度/MPa		≥25	≥23	≥25
弯曲强度/MPa		≥35	≥32	≥30
冲击强度(500g×25cm)		无裂缝,无剥离	无裂缝,无剥离	无裂缝,无剥离
黏接强度/MPa	拉剪法	≥12(底涂)	≥10(底涂)	≥14(底涂)
	拉开法	≥8(底涂)	≥7(底涂)	≥10(底涂)
巴氏硬度		≥40	≥40	≥42
线膨胀系数(K)/×10⁻⁵		≤1.04	≤1.02	≤1.06
冷热交替试验	耐热型	150℃(1h)和 25℃的水(10min)10 个循环无裂缝、剥离		
	普通型	130℃(1h)和 25℃的水(10min)10 个循环无裂缝、剥离		

① 基体表面处理等级应符合"5.2.2.1 基体表面处理一般规定"中（6）的规定；

② 基体表面处理的表面粗糙度等级应符合"5.2.2.1 基体表面处理一般规定"中（4）的规定；

③ 基体表面处理后的基体表面附着物应符合"5.2.2.1 基体表面处理一般规定"中（7）的规定。

（2）基体表面处理完成后，涂刷底涂料的间隔时间应符合"5.2.2.1 基体表面处理一般规定"中（9）的规定。

（3）底涂层的施工应符合下列规定：

① 在底涂料中按比例加入固化剂后，应搅拌均匀，并应在初凝前用完；

② 底涂料的施工宜采用刷涂或滚涂，不得漏涂；

③ 当采用二层底涂料施工时，底涂料的涂装间隔时间应符合表 5.2-36 的规定。

表 5.2-36 底涂料的涂装间隔时间

底材温度/℃	10	20	30
最短涂装间隔/h	10	5	3
最短涂装间隔/h	48	36	24

（4）玻璃鳞片胶泥的施工应符合下列规定：

① 在玻璃鳞片胶泥料中按比例加入固化剂，宜在真空度不低 0.08MPa 搅拌机中搅拌均匀；配制好的玻璃鳞片胶泥料应在初凝前用完；

② 第一层玻璃鳞片胶泥的施工应在底涂层施工完成 12h 后进行；

③ 玻璃鳞片胶泥宜采用人工涂抹（刮抹）的方法进行施工；应将玻璃鳞片胶泥摊铺在底涂层表面，用抹刀（或刮板）单向有序、均匀地涂抹；

④ 单道玻璃鳞片胶泥衬里的施工厚度，在初凝后不宜大于 1mm；

⑤ 滚压作业应与涂抹施工同步进行，在初凝前应用沾有适量配套稀释剂的羊毛辊往复辊压至胶泥层光滑均匀；

⑥ 同层涂抹的端部界面连接，应采用斜槎搭接方式；

⑦ 当采用两层涂抹施工时，玻璃鳞片胶泥的涂装间隔时间应符合表 5.2-36 的规定，两层胶泥料涂抹方向应相互垂直；

⑧ 玻璃鳞片胶泥涂抹达到设计要求的厚度后，应涂刷封面料。

（5）局部纤维增强塑料的施工应符合下列规定：

① 纤维增强塑料用树脂应采用与玻璃鳞片胶泥相同的树脂配制；

② 应将局部纤维增强区的玻璃鳞片衬里表面打磨平整，并应采用稀释剂清洗干净，再按涂刷胶料、贴衬纤维布（毡）的顺序进行施工；

③ 纤维增强塑料材料施工 12h 后，应将纤维增强塑料材料的毛边、气泡或脱层等清除干净，并应采用玻

璃鳞片胶泥填平补齐。

（6）玻璃鳞片面涂层的施工应符合下列规定：

① 在面涂料中按比例加入固化剂搅拌均匀，配制好的面涂料应在初凝前用完；

② 面涂料的施工应采用高压无气喷涂，也可采用刷涂和滚涂，应均匀涂覆到底涂层表面；高压无气喷涂一次厚度不宜超过 0.6mm；

③ 当采用乙烯基酯树脂或双酚 A 型不饱和聚酯树脂类玻璃鳞片涂料时，最后一层面涂料中应含有苯乙烯石蜡液；

④ 当采用多层玻璃鳞片面涂料施工时，涂装的间隔时间应符合表 5.2-36 的规定。

（7）玻璃鳞片衬里层或涂层的养护时间应符合表 5.2-37 的规定，养护期内不得在衬里层表面进行施工作业或踩踏。

表 5.2-37 衬里层或涂层的养护时间

环境温度/℃	10	20	30
养护时间/d	≥14	≥7	≥4

5.2.8 铅衬里防腐施工（GB 50726—2011）

5.2.8.1 铅衬里一般规定

（1）铅衬里应包括钢制工业设备及管道的衬铅和搪铅。

（2）铅板焊接和搪铅可采用氢氧焰或乙炔氧焰焊接；施焊时应采用中性焰，不应采用仰焊。

（3）焊工考试应符合 "5.2.6.1 塑料衬里一般规定" 中（6）的规定。

5.2.8.2 铅衬里原材料的质量要求

（1）铅板应无砂眼、裂缝或厚薄不均匀等缺陷，铅板表面应光滑清洁，不得有污物、泥砂和油脂，其化学成分及规格应符合现行国家标准《铅及铅锑合金板》（GB/T 1470）的有关规定。

（2）焊条材质应与焊件材质相同，焊条表面应干净，应无氧化膜及污物，也可采用母材制作的焊条，焊条的规格应符合表 5.2-38 的规定。

表 5.2-38 焊条的规格 单位：mm

焊条号	特	1	2	3	4	5
焊条规格	(2~3)×220	5×230	8×250	11×280	14×300	18×320

（3）搪铅母材应符合本节（1）的规定。

（4）搪铅采用的焊剂配比应符合表 5.2-39 的规定。

表 5.2-39 搪铅采用的焊剂配比

氯 化 锌	氯 化 锡	氯 化 亚 锡	水
65	—	35	300
25	—	5~7	75
45	25	—	30
2	1	—	6

5.2.8.3 铅衬里的焊接

（1）焊接的施工准备应符合下列规定：

① 施焊前应清除焊缝中的油脂、泥沙、水或酸碱等杂质；

② 焊缝处不应有熔点较高的氧化铅层，在施焊前应采用刮刀刮净，使焊缝区域露出金属光泽；应随焊随刮，刮净的焊口应在 3h 内焊完；多层焊时每焊完一层，应刮净后再焊下一层；

③ 对接焊缝应根据焊件的厚度留出不同的间隙，并应切出适当的坡口；

④ 厚度在 7mm 以下的焊件应采用搭接焊，搭接尺寸应为 25~40mm；

⑤ 铅板焊接时焊缝应错开，不得十字交叉，错开距离不应小于 100mm；

⑥ 焊接前焊缝应平整，不得有凸凹不平的现象；

⑦ 焊接前应将焊缝相互对正，可采用点焊固定，点焊间距为 200~300mm。

（2）铅板的焊接应符合下列规定：

① 铅板焊接应采用氢氧焰进行，铅板的气焊焊接工艺应符合表5.2-40的规定。

表5.2-40 铅板的气焊焊接工艺

板厚 /mm	平 焊		立 焊		横 焊		仰 焊	
	焊嘴号	焰心长度 /mm	焊嘴号	焰心长度 /mm	焊嘴号	焰心长度 /mm	焊嘴号	焰心长度 /mm
1～3	1～2	8	0～1	4	0～2	6	0～1	4
4～7	3～4	8	0～2	6	1～2	8	0～2	6
8～10	4～5	12	2～3	8	3～4	10	2～3	8
12～15	6	15	2～3	8	3～4	10	2～3	8

注：立焊、横焊应为搭接。

② 焊条的选用应符合表5.2-41的规定。

表5.2-41 焊条的选用

板厚/mm	平 焊	立 焊	横 焊	仰 焊
1～2	1	特	特	特
3～4	2	特	特	特
5～7	3	1	1	特
8～10	4	4#	2	—
12～15	5	5#	3	—

注：注有"#"符号为挡模焊；立焊应为对接焊。

③ 平焊对焊缝，当板厚为1.5～3mm时焊接不应少于2层，也可采用卷边对接（卷边高度等于板厚），施焊时可不加焊条，当板厚为3～6mm时焊接不应少于3层；当板厚为6～10mm时不应少于4层；当板厚为10mm以上时不应少于5层；平焊接头形式应符合表5.2-42的规定。

表5.2-42 平焊接头形式　　　　　　　　单位：mm

焊缝形式	板厚 s	间隙 a	钝边 b	焊缝宽 a_1	焊缝高 a_2
	3～5	1～3	—	2s	1～2
	>5	<2	2～3	2s	2～3
	1.5～6	—	—	1.5s	s+1～1.5

④ 铅板厚度在7mm以下时应采用搭接立焊。

⑤ 横焊应采用错接，当板厚为1～2mm时可不加焊条；当板厚为3～4mm时焊接不应少于2层；当板厚为5～7mm时不应少于3层；焊缝尺寸应符合表5.2-42的规定。

⑥ 仰焊应采用搭接，焊接厚度不得大于6mm。

5.2.8.4 铅衬里的衬铅施工

(1) 衬铅的施工准备应符合下列规定：

① 铅板下料的场地应平整清洁，应设置木制平台，下料者应穿软底鞋；

② 敲打铅板时应使用木制工具，不得使用金属工具；

③ 已下好料的铅板,应注明尺寸、编号,妥善存放;

④ 衬里前应对受压容器进行压力试验,合格后方可衬里;

⑤ 衬里设备基体的内表面应符合"5.2.1.3 防腐施工焊缝的要求和处理"的规定;

⑥ 整体设备在衬里前,应在壳体最底部钻直径为 5~10mm 的衬铅检漏孔 2~4 个;

⑦ 吊装铅板前应轻起轻放,不得使用钢丝绳直接绑扎起吊。

(2) 衬铅的施工应符合下列规定:

① 衬铅可采用搪钉固定法、悬挂固定法、焊接压板固定法和焊接铆钉固定法(图 5.2-14~图 5.2-17);

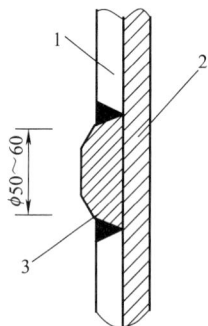

图 5.2-14 搪钉固定法
1—衬铅板;2—设备本体;3—搪钉

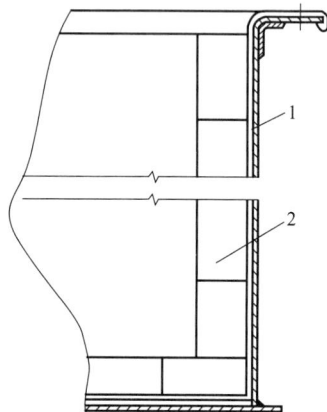

图 5.2-15 悬挂固定法
1—衬铅层;2—块材衬里层

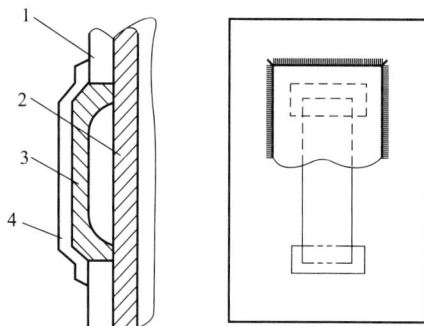

图 5.2-16 焊接压板固定法
1—衬铅层;2—设备本体;3—碳钢压板;4—铅覆盖板

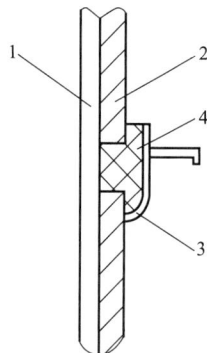

图 5.2-17 焊接铆钉固定法
1—衬铅板;2—设备本体;3—挡模;4—铆钉

② 各固定点间的距离宜为 250~900mm,成等边三角形排列;设备顶部可适当增加固定点,平底设备的底部可不设固定点;

③ 方槽设备拐角处应采用立焊,搭接宽度应为 30~40mm;

④ 塔、罐、槽等设备的人孔、进出料口的焊接、铅板搭接方向应与介质流向一致(图 5.2-18、图 5.2-19);

⑤ 铅板与设备内壁应紧密贴合,不得凸凹不平。

5.2.8.5 铅衬里的搪铅施工

(1) 搪铅的施工准备应符合下列规定:

① 称量、配制和盛装焊剂的器皿、涂刷焊剂用的毛刷应清洁,不得被油脂等污染;

② 设备的表面应平整,焊缝应采取对接形式,焊缝高度不应大于 3mm,并应磨光,不应有焊渣或毛刺等缺陷;

③ 受压设备应经试压合格后,方可进行搪铅;

④ 搪铅设备基体表面处理后应露出金属光泽。

(2) 搪铅可采用直接搪铅法或间接搪铅法。

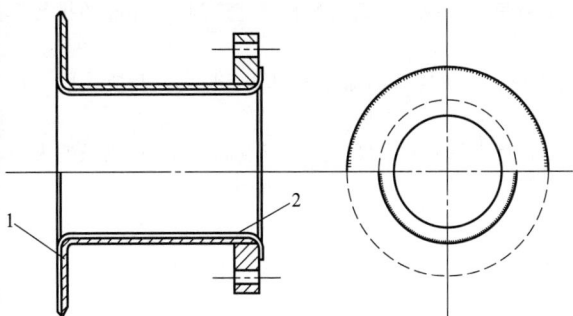

图 5.2-18 横向孔衬里及焊接
1—衬铅板；2—孔衬铅板

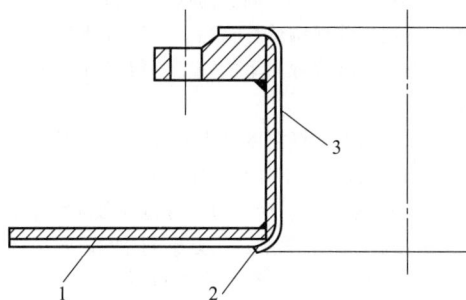

图 5.2-19 上下孔衬里及焊接
1—衬铅板；2—焊缝；3—孔衬铅板

（3）直接搪铅法应符合下列规定：

① 搪铅应在水平的位置上进行，当基体倾斜超过 30°时，每次搪铅的厚度宜为 2～4mm，搪道宽度宜为 15～25mm；

② 搪铅不应少于 2 层，当搪完第一层铅后应用清水将附着在表面上的焊剂洗净，并应采用刮刀将表面刮光再进行第二层搪铅，直至所需厚度；最后一层应用火焰重熔一次。

（4）间接搪铅法应先在被搪表面采用加热涂锡法进行挂锡，挂锡层应薄而均匀，挂锡厚度应为 15～20μm，然后再进行搪铅，搪铅温度应为 190～230℃。

（5）搪铅时每层应进行中间检查，厚度应均匀一致，不应有夹渣、裂纹、鼓泡、气孔、焊瘤等缺陷。

（6）当设计无规定时，特殊部位可采用衬铅和搪铅混合衬里结构（见图 5.2-20）。

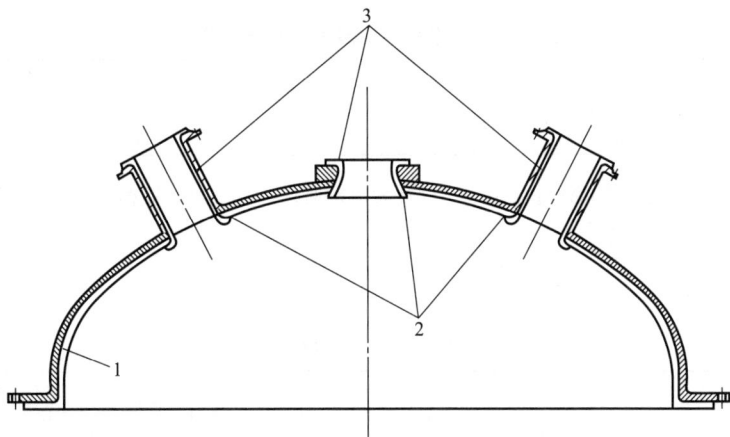

图 5.2-20 混合铅衬里结构
1—搪铅层；2—铅焊接；3—衬铅层

5.2.9 喷涂聚脲衬里防腐施工（GB 50726—2011）

5.2.9.1 喷涂聚脲衬里一般规定

（1）喷涂聚脲衬里工程应包括采用专用设备施工的聚脲涂装工程。

（2）聚脲材料的质量应符合设计要求或 GB 50726—2011 的规定。

（3）采用的辅料应与聚脲具有相容性，宜使用由聚脲材料厂家提供的配套材料。

（4）施工时应经现场试喷后，方可进行喷涂。

（5）工业设备及管道内外壁表面的处理等级，应符合"5.2.2.1 基体表面处理一般规定"的有关规定，对焊缝要求及处理应符合"5.2.1.3 防腐施工焊缝的要求和处理"的规定。

（6）管道（支管）、设备基座、管架、预埋件或预支撑件，应在喷涂施工前安装完毕，并应按要求做好局部处理。

（7）对工厂化预制的防腐管道和拼装式设备喷涂聚脲衬里时，应在焊缝一侧预留宽度为 200mm 的拼装位置，待现场装配调试合格后，再进行补喷。

（8）喷涂聚脲衬里的施工不得与其它工种进行交叉作业，施工完毕的涂层表面不得损坏，并应采取保护措施。

（9）施工环境温度宜大于 3℃，相对湿度宜小于 85%，且工件表面温度宜大于露点温度 3℃；当风速大于 5m/s 时不宜进行室外喷涂施工；在雨、雪、雾天气环境下不得进行室外喷涂聚脲衬里的施工。

（10）施工人员应经过专业施工技术培训，合格后上岗。

5.2.9.2　喷涂聚脲衬里原材料和涂层的质量要求

（1）聚脲衬里原材料主要包括底层涂料、喷涂聚脲原材料和修补料等。

（2）聚脲底层涂料原材料的性能应符合下列规定：

① 当采用环氧树脂体系底层涂料时，宜选用低黏度环氧树脂和常温固化体系；

② 当采用聚氨酯体系底层涂料时，宜选用低挥发性异氰酸酯和常温固化体系；

③ 聚脲底层涂料原材料的质量应符合表 5.2-43 的规定；

表 5.2-43　聚脲底层涂料原材料的质量指标

项　目	环氧树脂体系指标	聚氨酯体系指标
固化温度/℃	>5	>5
表干时间(25℃)/h	≤6	≤6
黏度/cps	A 组分≤500	A 组分≤3000
	B 组分≤3000	B 组分≤400
外观	均匀黏稠体,无凝胶、结块	

④ 聚脲底涂层的黏结质量应符合表 5.2-44 的规定。

表 5.2-44　聚脲底涂层的黏结质量指标

项　目	环氧底涂指标	聚氨酯底涂指标
底层涂料与钢板基体的黏结强度/MPa	≥4.5	≥3.5
底层涂料与聚脲的黏结强度/MPa	≥4.5	≥3.5

（3）聚脲原材料的质量应符合设计要求，当设计无规定时以符合现行行业标准《喷涂聚脲防护材料》HG/T 3831 的有关规定。

（4）聚脲修补料的质量应符合下列规定：

① 修补料原材料的质量应符合表 5.2-45 的规定。

表 5.2-45　聚脲修补料原材料的质量指标

项　目	A 组分指标	B 组分指标
组成	异氰酸酯预聚体	聚(胺)醚、胺扩链剂、助剂
外观	浅色液体、无凝胶	有色液体、无凝胶
凝胶时间(25℃)/h	≤12	≤12
表干时间(25℃)/h	≤40	≤40
固体含量/%	≥98	≥98

② 修补料的涂层质量应符合表 5.2-46 的规定。

表 5.2-46　修补料的涂层质量指标

项　目	硬　度	拉伸强度	断裂伸长率	附　着　力
指标	≤92 邵氏 A	≥4.0MPa	≥150%	≥3.5MPa

③ 修补料可用于涂层表面针孔和小面积的缺陷修补。

（5）聚脲衬里原材料和涂层的质量试验方法应符合 GB 50726—2011 附录 C 的有关规定。

5.2.9.3　喷涂聚脲衬里施工

（1）喷涂聚脲的设备应符合下列规定：

① 主机工作压力应大于 7.0MPa；

② A 组分和 B 组分的进料比例泵的体积比为 1∶1；

③ 喷枪应采用撞击式混合高压喷射形式，并应均匀雾化；

④ 空气压缩机的压力应大于 0.7MPa，其容量应大于 0.85m³/min；

⑤ A、B 料设备加热装置的加热温度应大于 65℃，管道加热温度应大于 45℃。

（2）基体表面底层涂料的施工应符合下列规定：

① 底层涂料应选用环氧或聚氨酯类溶剂型涂料，当环境温度小于 10℃ 时，应采用低温固化体系；

② 底层涂料的干膜厚度应为 15～150μm，可采用喷涂或滚涂；

③ 底层涂料的养护时间应符合表 5.2-47 的规定；

表 5.2-47 底层涂料的养护时间指标

底层涂料种类	养护温度/℃	养护时间/h
溶剂型聚氨酯底层涂料	≥15	1～6
	≥30	1～3
环氧底层涂料	≥15	4～6
	≥15	6～10
	≤8	24～48

④ 相邻的非喷涂基体表面和已喷涂的聚脲表面应采取措施进行遮盖保护。

（3）施工时应根据材料的特性、施工现场环境条件等，对每一批次的材料核定施工工艺和设备参数后进行试喷，试喷合格后的工艺应确定为现场施工工艺。

（4）底层涂料的养护和聚脲衬里喷涂间隔时间应符合表 5.2-47 的规定，当超过间隔时间时应重新进行底层涂料的施工。

（5）喷涂聚脲衬里的作业应符合下列规定：

① 喷枪与待喷基面的角度应小于或等于 ±20°，喷枪与基面的距离应为 300～700mm；

② 喷涂移动速度应均匀、一致，并应采用交叉喷涂；

③ 喷涂作业应采用先上后下再底的顺序，宜连续喷涂作业；

④ 当接缝不连续喷涂时，表面应进行处理后再喷涂，接缝喷涂宽度应大于 120mm；

⑤ 当喷涂作业出现异常时应立即停止喷涂，应先检查设备，当发现故障时应进行排除；再检查聚脲层表面，当表面出现单组分层、鼓泡或脱层等缺陷时，应按工艺要求处理后再继续喷涂。

（6）聚脲衬里涂层的修补应符合下列规定：

① 聚脲衬里涂层厚度应在涂层喷涂完毕后立即进行检测，当厚度不符合设计要求时应及时进行补喷，补喷间隔时间和补喷要求应符合表 5.2-48 的规定；

表 5.2-48 补喷间隔时间和补喷要求

环境温度/℃	间隔时间/h	补喷要求
>15	>2	应采用界面处理剂处理后再喷漆
	≤2	可直接补喷
10～15	>3	应采用界面处理剂处理后再喷漆
	≤3	可直接补喷
≤10	≥4	应采用界面处理剂处理后再喷漆

② 对涂层出现的大面积鼓泡或脱层等缺陷，可采用机械喷涂方法进行修补；小面积鼓泡、脱层或针孔可采用手工方法进行修补；

③ 修补时应将聚脲衬里涂层鼓泡或脱层缺陷周围 5～20mm 范围内的衬里涂层及基体表面清理干净，并应在涂刷层间黏合剂或底层涂料后，再机械喷涂或手工修补。

（7）聚脲衬里涂层的养护时间应符合表 5.2-49 的规定。

表 5.2-49 聚脲衬里涂层的养护时间指标

环境温度/℃	>23	10～23	<10
养护时间/h	≥8	≥24	≥48

（8）喷涂作业完成后，应及时清洗喷涂设备，并应进行养护。

5.2.10　氯丁胶乳水泥砂浆衬里防腐施工（GB 50726—2011）

5.2.10.1　氯丁胶乳水泥砂浆衬里一般规定

（1）氯丁胶乳水泥砂浆衬里工程应包括改性阳离子型氯丁胶乳水泥砂浆衬里整体面层。

（2）施工环境温度宜为10~35℃，当施工环境温度低于5℃时，应采取加热保温措施；施工中应防风、雨和阳光直射。

（3）氯丁胶乳的存放，夏季应防止高温、阳光直射，冬季不得受冻；破乳和冻结的氯丁胶乳不得使用。

（4）氯丁胶乳水泥砂浆整体面层衬里施工时，基体表面的处理等级应符合"5.2.2.1 基体表面处理一般规定"中（6）的规定；焊缝和搭接的部位应采用氯丁胶乳胶泥找平。

（5）施工前应根据现场施工环境温度、施工条件等，确定适宜的施工配合比和施工操作方法。

（6）施工用的工具和机械应及时清洗。

5.2.10.2　氯丁胶乳水泥砂浆衬里原材料和制成品的质量要求

（1）氯丁胶乳原材料的质量应符合表5.2-50的规定。

表 5.2-50　氯丁胶乳的质量指标

项目	外观	密度/(g/cm³)	pH 值	贮存稳定性
指标	白色乳状液	≥1.05	≥9.0	5~40℃,3 个月无明显变化

注：用上述质量指标的氯丁胶乳配制的砂浆不需另加助剂。

（2）氯丁胶乳水泥砂浆采用的硅酸盐水泥或普通硅酸盐水泥的强度不应小于32.5MPa。

（3）氯丁胶乳水泥砂浆的细骨料应采用石英砂或河砂，砂子应符合行业标准《普通混凝土用砂、石质量及检验方法标准》（JGJ 52）的有关规定，细骨料的质量应符合表5.2-51的规定；颗粒级配应符合表5.2-52的规定。

表 5.2-51　细骨料的质量指标

项目	含泥量	云母含量	硫化物含量	有机物含量
指标	≤3.0%	≤1.0%	≤1.0%	浅于标准色(如深于标准色,应配成砂浆进行强度对比试验,抗压强度比不应低于0.95)

表 5.2-52　细骨料的颗粒级配指标

方筛孔的公称直径	5.0mm	2.5mm	1.25mm	630μm	315μm	160μm
累计筛余/%	0	0~25	0~50	41~70	70~92	90~100

注：细骨料的最大粒径不应超过涂层厚度或灰缝宽度的1/3。

（4）氯丁胶乳水泥砂浆制成品的质量应符合表5.2-53的规定。

表 5.2-53　氯丁胶乳水泥砂浆制成品的质量

项　　目	氯丁胶乳水泥砂浆	项　　目	氯丁胶乳水泥砂浆
抗压强度/MPa	≥30.0	吸水率/%	≤4.0
抗折强度/MPa	≥3.0	初凝时间/min	>45
与碳钢黏结强度/MPa	≥1.8	终凝时间/h	<12
抗渗等级/MPa	≥1.6		

（5）氯丁胶乳水泥砂浆原材料和制成品质量的试验方法应符合 GB 50726—2011 附录 C 的有关规定。

5.2.10.3　氯丁胶乳水泥砂浆衬里砂浆的配制

（1）氯丁胶乳水泥砂浆的配合比宜按表5.2-54的规定选用。

表 5.2-54　氯丁胶乳水泥砂浆的配合比指标

项　　目	氯丁胶乳	硅酸盐水泥或普通硅酸盐水泥	砂
指标	45~60	100	150~250

注：应根据施工现场条件配制氯丁胶乳水泥砂浆，水灰比宜经试验后确定。

（2）氯丁胶乳水泥砂浆配制时，应先将水泥与砂子拌和均匀，再倒入氯丁胶乳搅拌均匀；氯丁胶乳水泥砂浆应采用人工拌和，当采用机械拌和时宜采用立式复式搅拌机。

（3）拌制好的氯丁胶乳砂浆应在初凝前用完，当有凝胶、结块现象时不得使用，拌制好的水泥砂浆应有良好的和易性。

5.2.10.4 氯丁胶乳水泥砂浆衬里的施工

（1）铺抹氯丁胶乳水泥砂浆前，应先涂刷氯丁胶乳水泥素砂浆一遍，涂刷应均匀干至不粘手时，再铺抹氯丁胶乳水泥砂浆。

（2）氯丁胶乳水泥砂浆一次施工面积不宜过大，应分条或分块错开施工，每块面积不宜大于 $12m^2$，条宽不宜大于 1.5m，补缝及分段错开的施工间隔时间不应小于 24h；坡面的接缝木条或聚氯乙烯条应预先固定在基体上，待砂浆抹面后可抽出留缝条，24h 后在预留缝处涂刷氯丁胶乳素浆，再采用氯丁胶乳水泥砂浆进行补缝；分层施工时留缝位置应相互错开。

（3）氯丁胶乳水泥砂浆应边摊铺边压抹，宜一次抹平，不宜反复抹压；当有气泡时应刺破压紧，表面应密实。

（4）在立面或仰面施工时，当压抹面层厚度大于 10mm 时应分层施工，分层抹面厚度宜为 5～10mm；待前一层干至不粘手时再进行下一层施工。

（5）氯丁胶乳水泥砂浆施工 12～24h 后，宜在面层上再涂刷一层氯丁胶乳水泥素浆。

（6）氯丁胶乳水泥砂浆抹面后，表面干至不粘手时，即可进行喷雾或覆盖塑料薄膜等进行养护；塑料薄膜四周应封严，并应潮湿养护 7d，再自然养护 21d 后方可使用。

5.2.11 涂料涂层衬里防腐施工 （GB 50726—2011）

5.2.11.1 涂料涂层一般规定

（1）涂料涂层应包括环氧树脂类涂料、聚氨酯涂料、氯化橡胶涂料、高氯化聚乙烯涂料、氯磺化聚乙烯涂料、丙烯酸树脂改性涂料、有机硅耐温涂料、氟涂料、富锌涂料（有机、无机）和车间底层涂料的涂层。

（2）涂料进场时，供料方提供的产品质量证明文件除应符合 GB 50726—2011 第 1.0.4 条的规定外，尚应提供涂装的基体表面处理和施工工艺等要求。

（3）腻子、底层涂料、中间层涂料和面层涂料应符合设计文件规定。

（4）施工环境温度宜为 10～30℃，相对湿度不宜大于 85%，或被涂覆的基体表面温度应比露点温度高 3℃。

（5）防腐蚀涂料品种的选用、涂层的层数和厚度应符合设计规定。

（6）防腐蚀涂层全都涂装结束后应养护 7d 方可交付使用。

（7）基体表面的凹凸不平、焊接波纹和非圆弧拐角处，应采用耐腐蚀树脂配制的腻子进行修补；腻子干透后应打磨平整，并应擦拭干净再进行底涂层施工。

（8）涂料的施工可采用刷涂、滚涂、空气喷涂或高压无气喷涂；涂层厚度应均匀，不得漏涂或误涂。

（9）涂料质量的试验方法应符合 GB 50726—2011 附录 C 的有关规定。

5.2.11.2 涂料涂层涂料的配制及施工

（1）环氧树脂类涂料应包括环氧型、环氧沥青型、环氧氨基树脂型和环氧聚氨酯型涂料；其配制及施工应符合下列规定。

（2）环氧树脂类涂料包括单组分环氧树脂底层涂料和双组分环氧树脂涂料，并应符合下列规定：

① 双组分应按质量比配制，并应搅拌均匀，配制好的涂料宜熟化后使用；

② 基体表面处理等级不得低于 St2 级；

③ 每层涂料的涂装应在前一层涂膜实干后方可进行下一层涂装施工。

（3）环氧聚氨酯涂料应符合下列规定：

① 双组分涂料应按规定的质量比配制，并应搅拌均匀；

② 每次涂装应在前一层涂膜实干后进行，施工间隔时间宜大于 8h；

③ 涂料的贮存期在 25℃ 以下不宜超过 10 个月。

（4）环氧沥青涂料应符合下列规定：

① 双组分涂料应按规定的质量比配制，并应搅拌均匀；

② 每次涂装应在前一层涂膜实干后进行，施工间隔时间宜大于 8h；

③ 涂料的贮存期在 25℃ 以下不宜超过 10 个月。

（5）聚氨酯涂料的配制及施工应符合下列规定：

① 涂料可分为单组分和双组分，采用双组分时应按质量比配制，并应搅拌均匀；

② 基体表面处理等级不得低于 St2 级；

③ 每次涂装应在前一层涂膜实干后进行，施工间隔时间不宜超过 48h；

④ 涂料的施工环境温度不应低于 5℃；

⑤ 涂料的贮存期在 25℃ 以下不宜超过 6 个月。

（6）氯化橡胶涂料的配制及施工应符合下列规定：

① 涂料为单组分，可分普通型和厚膜型，厚膜型涂层干膜厚度每层不应小于 $70\mu m$；

② 基体表面处理等级不得低于 St3 级、Sa2 级；

③ 每次涂装应在前一层涂膜实干后进行，涂覆的间隔时间应符合表 5.2-55 的规定；

表 5.2-55　涂覆的间隔时间指标

温度/℃	−20～0	0～15	>15
间隔时间/h	24	12	8

④ 涂料施工环境温度宜为 −20～50℃；

⑤ 涂料的贮存期在 25℃ 以下不宜超过 12 个月。

（7）高氯化聚乙烯涂料的配制及施工应符合下列规定：

① 涂料应为单组分；

② 基体表面处理等级不得低于 St3 级、Sa2 级；

③ 每次涂装应在前一层涂膜实干后进行，涂覆间隔时间应符合表 5.2-56 的规定；

表 5.2-56　涂覆的间隔时间指标

温度/℃	0～14	15～30	>30
间隔时间/h	≥24	≥10	≥6

④ 涂料的施工环境温度宜大于 0℃；

⑤ 涂料的贮存期在 25℃ 以下不宜超过 10 个月。

（8）氯磺化聚乙烯涂料的配制及施工应符合下列规定：

① 涂料可分为单组分和双组分，采用双组分时应按质量比配制，并应搅拌均匀；

② 基体表面处理等级不得低于 St3 级；

③ 每次涂覆间隔时间宜为 40min，涂覆完毕在常温下养护 7d 方可使用；

④ 涂料的贮存期在 25℃ 以下不宜超过 10 个月。

（9）丙烯酸树脂改性涂料的配制及施工应符合下列规定：

① 涂料包括单组分丙烯酸树脂涂料、丙烯酸树脂改性氧化橡胶涂料和丙烯酸树脂改性聚氨酯双组分涂料；

② 基体表面处理等级不得低于 St2 级；

③ 涂刷丙烯酸树脂改性涂料时，宜采用环氧树脂类涂料做底层涂料；

④ 丙烯酸树脂改性聚氨酯双组分涂料应按规定的质量比配制，并应搅拌均匀；

⑤ 每次涂装应在前一层涂膜实干后进行，施工间隔时间应大于 3h，且不宜超过 48h；

⑥ 涂料的施工环境温度应大于 5℃；

⑦ 涂料的贮存期在 25℃ 以下时，单组分不宜超过 10 个月，双组分不宜超过 3 个月。

（10）有机硅耐温涂料的配制及施工应符合下列规定：

① 涂料为双组分，应按质量比配制，并应搅拌均匀；

② 基体表面处理等级不得低于 Sa2.5 级；

③ 底涂层应选用配套底涂料，不得采用磷化底涂料打底；

④ 底层涂料养护 24h 后再进行面层涂料施工，面层涂料涂覆间隔时间宜为 1h；

⑤ 施工环境温度不宜低于 5℃，相对湿度不应大于 70%；

⑥ 涂料的贮存期在 25℃ 以下不宜超过 6 个月。

（11）氟涂料的配制及施工应符合下列规定：

① 涂料为双组分应按质量比配制，并应搅拌均匀；

② 基体表面处理等级不得低于 Sa2.5 级；

③ 涂料包括氟树脂涂料和氟橡胶涂料；

④ 涂料应为底层涂料、中层涂料和面层涂料配套使用；

⑤ 涂料宜采用喷涂法施工；

⑥ 施工环境温度宜为 5～30℃，相对湿度不宜大于 80%；

⑦ 涂料的贮存期在 25℃ 以下不宜超过 6 个月。

（12）富锌涂料应包括有机富锌涂料和无机富锌涂料，其配制及施工应符合下列规定：

① 基体表面处理等级不得低于 Sa2.5 级；

② 涂料宜采用喷涂法施工；

③ 涂料施工后应采用配套涂层封闭；

④ 涂层不得长期暴露在空气中；

⑤ 涂层表面出现白色析出物时，应打磨去除析出物后再重新涂覆；

⑥ 涂料的贮存期在 25℃ 以下不宜超过 10 个月。

（13）车间底层涂料应包括环氧铁红、有机富锌和无机富锌的底层涂料；其涂料的配制及施工应符合下列规定：

① 基体表面处理等级不得低于 Sa2.5 级；

② 涂料宜采用喷涂法施工；

③ 涂料的贮存期在 25℃ 以下不宜超过 6 个月。

5.2.12　金属热喷涂层防腐施工（GB 50726—2011）

5.2.12.1　金属热喷涂层一般规定

（1）金属热喷涂层工程应包括火焰或电弧喷涂锌和锌铝合金涂层、铝和铝镁合金涂层。

（2）施工环境温度不宜低于 5℃，相对湿度不宜大于 80%，基体表面温度应比露点温度高 3℃ 以上；在雨、雪和大雾天气不得进行室外喷涂施工。

（3）热喷涂施工人员应按现行国家标准《热喷涂　热喷涂操作人员考核要求》（GB/T 19824）的有关规定，通过专业考核和资格认定并应持证上岗。

（4）施工前应对热喷涂设备进行检查和试验，设备的技术参数和喷涂性能，应符合现行国家标准《热喷涂　热喷涂设备的验收检查》（GB/T 20019）的有关规定。

（5）基体表面处理的质量等级应符合"5.2.2.1 基体表面处理一般规定"中（6）的规定；处理后的表面清洁度应采用 Sa3 图片对照检查。

（6）基体表面处理后的粗糙度，宜采用粗糙度参比样板对照检查；不同涂层的喷射或抛射处理表面的粗糙度应符合表 5.2-57 的规定。

表 5.2-57　不同涂层的喷射或抛射处理表面的粗糙度（R_s）

热喷涂涂层	涂层设计厚度/mm	处理表面的粗糙度最小值/最大值/μm
Zn、ZnAl5 Al、AlMg5	0.10～0.15	40/63
	0.20	63/80
	0.30	80/100

（7）线材火焰喷涂和电弧喷涂的工艺参数，应经喷涂试验和涂层检验优化确定。

5.2.12.2　金属热喷涂层原材料的质量要求

（1）热喷涂线材的质量应符合现行国家标准《热喷涂　火焰和电弧喷涂用线材、棒材和芯材　分类和供货技术条件》（GB/T 12608）的有关规定。

（2）线材在使用前应进行抽样检查，检查合格的线材应进行清洗、干燥，并应包装贮存。

（3）热喷涂线材质量的试验方法应符合 GB 50726—2011 附录 C 的有关规定。

5.2.12.3　金属热喷涂层施工

（1）金属热喷涂层的施工，应在基体表面处理合格后及时进行；当工件表面无凝露时，喷涂间隔时间不宜大于 4h。

（2）线材火焰喷涂工艺参数应符合表 5.2-58 的规定。

（3）电弧喷涂工艺参数应符合表 5.2-59 的规定。

表 5.2-58　线材火焰喷涂工艺参数

项　　目	Zn、ZnAl5 工艺参数	Al、AlMg5 工艺参数
氧气压力/MPa	0.40～0.55	0.40～0.55
乙炔压力/MPa	0.07～0.10	0.07～0.10
空气压力/MPa	0.50～0.55	0.50～0.55
火焰焰性	中性焰	中性焰
线材输送速度/(m/min)	1.80～2.60	1.60～2.30
底层喷涂距离/mm	100～120	100～120
次层喷涂距离/mm	120～150	120～150
喷涂角度/(°)	75～90	75～90
喷枪或工件移动速度/(m/s)	300～400	300～400
喷涂基体表面温度/℃	<100	<100

注：本工艺适用于射吸式气体喷涂枪，当使用不同参数的喷枪，采用不同直径的线材时，工艺参数应进行调整。

表 5.2-59　电弧喷涂工艺参数（线径 2mm 时）

项　　目	Zn、ZnAl5 工艺参数	Al、AlMg5 工艺参数
空载电压/V	24～28	30～34
喷涂工作电流/A	150～180	160～200
空气压力/MPa	0.55～0.60	0.55～0.60
线材输送速度/(m/min)	5.5～7.0	4.2～5.5
底层喷涂距离/mm	120～150	120～150
次层喷涂距离/mm	150～200	150～200
喷涂角度/(°)	75～90	75～90
喷枪或工件移动速度/(m/s)	400～550	400～550
喷涂基体表面温度/℃	<100	<100

注：本工艺适用封闭雾化式电弧体喷涂枪，当使用不同参数的喷枪，采用不同直径的线材时，工艺参数应进行调整。

（4）喷枪点火、引弧及试喷的调整，应按喷枪的使用说明书进行操作；喷枪试喷调控时应避开待喷涂表面。

（5）当对薄壁工件和构造复杂的表面喷涂时，喷枪的移动速度可进行调整，喷涂角度不得小于 45°，喷涂距离应符合本章节第（2）、（3）条的有关规定。

（6）设计厚度 ≥0.10mm 的涂层应分层喷涂，分层喷涂时喷涂的每一涂层均应平行搭接，搭接尺寸宜为喷幅宽度的 1/4～1/3；同层涂层的喷涂方向宜一致；上下两层的喷涂方向应纵横交叉。

（7）喷涂过程中工件表面温度不得大于 100℃，当表面温度大于 70℃时应采取间歇喷涂或冷却措施。

（8）难以施工的部位应先喷涂，喷涂操作时宜降低热源功率，提高喷枪的移动速度，并应预留涂层的阶梯形接头。

（9）当对大型设备或大面积进行施工时，应划区作业，分段、分片喷涂；各分段、分片的接头应错开，错开距离应大于 100mm。

（10）施工过程中应进行涂层外观、厚度和结合性的中间质量检查。

（11）金属热喷涂层的涂料封闭，应在喷涂层检查合格后及时进行；当喷涂层受潮时不得进行封闭；不做涂料封闭的喷涂层应采用细铜丝刷进行刷光处理。

5.2.13　防腐现场验收（GB 50727—2011）

5.2.13.1　基体表面处理现场验收

（1）基体表面处理一般规定　基体表面处理工程的检查数量应符合下列规定：

① 基体表面处理面积 ≤10m² ，应抽查 3 处；当基体表面处理面积 >10m² 时，每增加 10m² ，应多抽查 1 处，不足 10m² 时，按 10m² 计，每测点不得少于 3 个；

② 当在基体表面进行金属热喷涂时，应进行全部检查。

（2）喷射或抛射处理主控项目

① 基体表面采用喷射或抛射处理后的质量应符合下列规定：

a. 基体表面处理的质量等级应符合现行国家标准《涂覆涂料前钢材表面处理　表面清洁度的目视评定

第 1 部分：未涂覆过的钢材表面和全面清除原有涂层后的钢材表面的锈蚀等级和处理等级》（GB/T 8923.1）中 Sa1 级、Sa2 级、Sa2.5 或 Sa3 级的规定；

b. 基体表面处理的质量应符合设计要求，当设计无要求时应符合表 5.2-60 的规定。

表 5.2-60　基体表面处理的质量

防腐层类别	表面处理质量等级
金属热喷涂层	Sa3 级
橡胶衬里、搪铅、纤维增强塑料衬里、树脂胶泥衬砌砖板衬里、涂料涂层、塑料板黏结衬里、玻璃鳞片衬里、喷涂聚脲衬里	Sa2.5 级
水玻璃胶泥衬砌砖板衬里、涂料涂层、氯丁胶乳水泥砂浆衬里	Sa2 级或 St3 级
衬铅、塑料板非黏结衬里	Sa1 级或 St2 级

检验方法：观察比对各等级标准照片。

② 磨料应符合设计规定，并应具有一定的硬度和冲击韧性；磨料应净化，不得含有油污，其含水量不应大于 1%。

检验方法：检查产品出厂合格证、材料检测报告或现场抽样的复验报告。

③ 对螺纹、密封面及光洁面应采取措施进行保护，不得误喷。

检验方法：观察检查。

（3）喷射或抛射处理一般项目

① 喷射处理后的基体表面粗糙度等级应符合表 5.2-61 的规定。

表 5.2-61　基体表面粗糙度等级

级　　别	丸状磨料粗糙度参考值 $R_y/\mu m$	棱角状磨料粗糙度参考值 $R_y/\mu m$
细	25～40	25～60
中	40～70	60～100
粗	70～100	100～150

注：R_y 系指轮廓峰顶线和轮廓谷底线之间的距离。

检验方法：采用标准样板观察检查。

② 当露点温度与基体表面温度差值≤3℃时，应停止喷射或抛射作业。

检验方法：观察检查和核对露点温度。

③ 喷射或抛射后的基体表面不得受潮。

检验方法：观察检查。

（4）手工或动力工具处理主控项目　手工或动力工具处理后的基体表面质量等级应符合现行国家标准《涂覆涂料前钢材表面处理　表面清洁度的目视评定　第 1 部分：未涂覆过的钢材表面和全面清除原有涂层后的钢材表面的锈蚀等级和处理等级》（GB/T 8923.1）中 St2 级、St3 级的规定。

检验方法：观察比对各等级标准照片。

5.2.13.2　块材衬里现场验收

（1）块材衬里一般规定

① 本章节适用于水玻璃胶泥和树脂胶泥衬砌块材的设备、管道及管件衬里的施工质量验收。

② 块材衬里工程质量的检查数量应符合"5.2.13.1 基体表面处理现场验收"（1）的规定。

③ 块材的材质、规格和性能的检查数量应符合下列规定：

a. 应从每次批量到货的材料中，根据设计要求按不同材质进行随机抽样检验；

b. 耐酸砖和耐酸耐温砖的取样，应按国家现行标准《耐酸砖》（GB/T 8488）和《耐酸耐温砖》（JC/T 424）及《铸石制品　铸石板》（JC 514.1）的有关规定执行；

c. 防腐蚀炭砖的耐酸度、体积密度、显气孔率、耐压强度、抗折强度的取样，应按现行国家标准《耐酸砖》（GB/T 8488）、《致密定形耐火制品体积密度、显气孔率和真气孔率试验方法》（GB/T 2997）、《耐火材料　常温耐压强度试验方法》（GB/T 5072）和《耐火材料　常温抗折强度试验方法》（GB/T 3001）的有关规定执行；

d. 当抽样检测结果有一项为不合格时，应再进行一次抽样复检；当仍有一项指标不合格时，应判定该产品质量为不合格。

④ 水玻璃类、树脂类主要原材料的取样数量应符合下列规定：

a. 从每批号桶装水玻璃或树脂中，随机抽样 3 桶，每桶取样不少于 1000g，可混合后检测；当该批号小于或等于 3 桶时，可随机抽样 1 桶，样品量不少于 3000g；

b. 粉料应从不同粒径规格的每批号中，随机抽样 3 袋，每袋不少于 1000g，可混合后检测；当该批号小于或等于 3 袋时，可随机抽样 1 袋，样品量不少于 3000g；

c. 当抽样检测结果有一项为不合格时，应再进行一次抽样复检；当仍有一项指标不合格时，应判定该产品质量为不合格。

⑤ 水玻璃类、树脂类材料制成品的取样数量应符合下列规定：

a. 当施工前需要检测时，水玻璃、树脂、粉料的取样数量按本章节④规定执行，并按确定的施工配合比制样，经养护后检测；

b. 当需要对已配制材料进行检测时，应随机抽样 3 个配料批次，每个批次的同种样块不应少于 3 个；水玻璃应在初凝前制样完毕，材料经养护后检测；

c. 当检测结果有一项为不合格时，应再进行一次抽样复检；当仍有一项指标不合格时，应判定该产品质量为不合格。

（2）块材衬里原材料和制成品的质量要求主控项目

① 耐酸砖、耐酸耐温砖、铸石板、防腐蚀炭砖等块材的品种、规格和等级应符合设计要求。

检验方法：检查产品出厂合格证、材料检测报告或复验报告。

② 钠水玻璃、钾水玻璃等水玻璃类原材料，环氧树脂、乙烯基酯树脂、不饱和聚酯树脂、呋喃树脂、酚醛树脂等树脂类原材料的质量应符合设计要求。

检验方法：检查产品出厂合格证、材料检测报告或现场抽样的复验报告。

③ 填料应洁净、干燥，其质量指标应符合设计要求。

检验方法：检查产品出厂合格证、材料检测报告或现场抽样的复验报告。

④ 水玻璃胶泥的质量应符合设计要求，当设计无要求时应符合表 5.2-62 的规定。

表 5.2-62　水玻璃胶泥的质量指标

项　　目		钠水玻璃胶泥	密实型钾水玻璃胶泥	普通型钾水玻璃胶泥
初凝时间/min		≥45	≥45	≥45
终凝时间/h		≤12	≤15	≤15
抗拉强度/MPa		≥2.5	≥3	≥2.5
与耐酸砖黏结强度/MPa		≥2.5	≥3	≥2.5
抗渗等级/MPa		—	≥1.2	—
吸水率（煤油吸收法）/%		≤15	—	≤10
浸酸安定性		合格	合格	合格
耐热极限温度/℃	100～300	—	—	合格
	300～900	—	—	合格

注：表中耐热极限温度，仅用于有耐热要求的防腐蚀工程。

检验方法：检查材料检测报告或现场抽样的复验报告。

⑤ 树脂胶泥的质量应符合表 5.2-63 的规定。

表 5.2-63　树脂胶泥的质量指标

项　　目		环氧树脂	乙烯基酯	不饱和聚酯树脂				呋喃树脂	酚醛树脂
				双酚 A 型	二甲苯型	间苯型	邻苯型		
抗压强度/MPa		≥80	≥80	≥70	≥80	≥80	≥80	≥70	≥70
抗拉强度/MPa		≥9	≥9	≥9	≥9	≥9	≥9	≥6	≥6
弯曲强度/MPa	与耐酸砖	≥3	≥2.5	≥2.5	≥250	≥250	≥230	—	—
	与铸石板	≥4	—	—	—	—	—	≥1.5	≥0.8
	与防腐蚀炭砖	≥6	—	—	—	—	—	≥2.5	≥2.5

检验方法：检查材料检测报告或现场抽样的复验报告。

（3）块材衬里原材料和制成品的质量要求一般项目　水玻璃类材料和树脂类材料的施工配合比应经现场试验后确定。

检验方法：检查试验报告。

（4）胶泥衬砌块材主控项目　胶泥衬砌的块材结合层应饱满密实、黏结牢固、固化完全；平面块材砌体无滑移，立面块材砌体无变形；灰缝应挤严、饱满，表面应平滑，应无裂缝、气孔；结合层厚度和灰缝宽度应符合表 5.2-64 的规定。

表 5.2-64　块材结合层厚度和灰缝宽度　　　　单位：mm

材料名称		水玻璃胶泥衬砌结合层厚度	水玻璃胶泥衬砌灰缝宽度	树脂胶泥衬砌结合层厚度	树脂胶泥衬砌灰缝宽度
耐酸砖、耐温耐酸砖	厚度≤30	3～5	2～3	4～6	2～3
	厚度>30	4～7	2～4	4～6	2～4
防腐蚀炭砖		4～5	2～3	4～5	2～3
铸石板		4～5	2～3	4～5	2～3

检验方法：面层检查采用敲击法检查，灰缝检查采用尺量检查和检查施工记录；裂缝检查采用 5～10 倍的放大镜检查；树脂固化度采用白棉花球蘸丙酮擦拭方法检查。

（5）胶泥衬砌块材一般项目

① 胶泥常温养护时间应符合表 5.2-65 的规定。

表 5.2-65　胶泥常温养护时间指标　　　　单位：d

胶泥名称		养护时间	胶泥名称	养护时间
钠水玻璃胶泥		>10	乙烯基酯树脂胶泥	7～10
钾水玻璃胶泥	普通型	>14	不饱和树脂胶泥	7～10
	密实型	>28	呋喃树脂胶泥	7～15
环氧树脂胶泥		7～10	酚醛树脂胶泥	20～25

检验方法：检查施工记录。

② 胶泥块材衬里衬砌完毕后，当进行热处理时，温度应均匀，局部不得受热；热处理温度应大于介质的使用温度。

检验方法：检查热处理记录。

③ 水玻璃胶泥衬砌的块材衬里工程养护后，应采用浓度为 30%～40% 的硫酸进行表面酸化处理，酸化处理至无白色结晶盐析出时为止；酸化处理次数不宜少于 4 次，每次的间隔时间，钠水玻璃胶泥不应少于 8h，钾水玻璃胶泥不应少于 4h；每次处理前应清除表面的白色析出物。

检验方法：检查施工记录。

④ 块材衬里面层相邻块材高差和表面平整度应符合下列规定：

a. 相邻砖板之间的高差不得大于 1mm；

b. 块材衬里表面平整度的允许空隙不得大于 4mm。

检验方法：高差采用尺量检查，表面平整度采用 2m 直尺和楔形尺检查。

⑤ 块材衬里面层坡度的允许偏差为坡长的 ±0.2%。

检验方法：观察检查、仪器检查或做泼水试验检查。

5.2.13.3　纤维增强塑料衬里现场验收

（1）纤维增强塑料衬里一般规定

① 纤维增强塑料衬里的检查数量应符合 GB 50727—2011 第 4.1.2 条的规定；

② 树脂类原材料和制成品的取样数量应符合下列规定：

a. 树脂类原材料和制成品的取样应符合"5.2.13.2 块材衬里现场验收"（1）中④和⑤的有关规定；

b. 纤维增强材料应从每批号中，随机抽样 3 卷，每卷不少于 1.0m²；当该批号小于或等于 3 卷时，可随机抽样 1 卷，样品量不少于 3.0m²。

（2）纤维增强塑料衬里原材料和制成品的质量要求主控项目

① 树脂类原材料、填料的质量应符合"5.2.13.2 块材衬里现场验收"（2）中②和③的有关规定。

检验方法：检查产品出厂合格证、材料检测报告或现场抽样的复验报告。

② 纤维增强材料的质量应符合设计要求。

检验方法：检查产品出厂合格证、材料检测报告或现场抽样的复验报告。

③ 纤维增强塑料类材料制成品的质量应符合表 5.2-66 的规定。

表 5.2-66 纤维增强塑料类材料制成品的质量指标

| 项 目 | 环氧树脂 | 乙烯基酯 | 不饱和聚酯树脂 | | | | 呋喃树脂 | 酚醛树脂 |
			双酚 A 型	二甲苯型	间苯型	邻苯型		
抗拉强度/MPa	≥100	≥100	≥100	≥100	≥90	≥90	≥80	≥60
弯曲强度/MPa	≥250	≥250	≥250	≥250	≥250	≥250	—	—

检验方法：检查材料检测报告或现场抽样的复验报告。

(3) 纤维增强塑料衬里原材料和制成品的质量要求 一般项目 纤维增强塑料材料的施工配合比应经现场试验后确定。

检验方法：检查试验报告。

(4) 纤维增强塑料衬里主控项目

① 纤维增强塑料衬里的玻璃纤维布的含胶量不应小于 45%，玻璃纤维短切毡的含胶量不应小于 70%，玻璃纤维表面毡的含胶量不应小于 85%。

检验方法：按现行国家标准《玻璃纤维增强塑料树脂含量试验方法》（GB/T 2577）的有关规定进行检查。

② 衬里层的外观检查应符合下列规定：

a. 衬里表面允许最大气泡直径应为 3mm，每平方米直径不大于 3mm 的气泡应少于 3 个；衬里表面应平整光滑，并不得出现发白处；

b. 衬里层与基体的黏结应牢固，并应无分层、脱层、纤维裸露、色泽明显不匀等现象。

检验方法：观察检查和尺量检查。

③ 衬里层的厚度应符合设计规定，允许偏差应为 -0.2mm。

检验方法：检查施工记录和采用磁性测厚仪检查。

④ 衬里层应进行针孔检测，检测时衬里层应无击穿现象；测试电压和探头行走速度应根据不同膜厚经试验确定。

检验方法：采用电火花针孔检测仪检查。

⑤ 固化度的检查应符合下列规定：

a. 树脂应固化完全，表面应无粘丝或流淌等现象。

检验方法：采用白棉花球蘸丙酮擦拭方法检查。

b. 树脂固化度不应小于 85% 或应符合设计规定。

检验方法：按现行国家标准《增强塑料巴柯尔硬度试验方法》（GB/T 3854）的有关规定进行检查。

(5) 纤维增强塑料衬里一般项目

① 纤维增强塑料衬里常温养护时间应符合表 5.2-67 的规定。

表 5.2-67 纤维增强塑料衬里常温养护时间 单位：d

纤维增强塑料树脂名称	养护时间	纤维增强塑料树脂名称	养护时间
环氧树脂纤维增强塑料	≥15	呋喃树脂纤维增强塑料	≥20
乙烯基酯树脂纤维增强塑料	≥15	酚醛树脂纤维增强塑料	≥25
不饱和聚酯树脂纤维增强塑料	≥15		

检验方法：检查施工记录。

② 纤维增强塑料衬里热处理时，应按程序升温，并应严格控制升降温度的速度，热处理温度应大于介质的使用温度。

检验方法：检查热处理记录。

5.2.13.4 橡胶衬里现场验收

(1) 橡胶衬里一般规定 橡胶衬里工程质量的检查数量应符合"5.2.13.1 基体表面处理现场验收"(1)中②的规定。

(2) 一般规定主控项目

① 衬胶的设备、管道及管件应符合下列规定。

a. 本体硫化的衬胶设备，强度和刚度应符合设计规定；在衬里施工前应出具压力试验合格证，衬胶前应选定进汽（气）管、温度计、压力表及排空管接口，底部应设置冷凝水排放口。

b. 需衬里的设备内部构件，应符合衬胶工艺的要求；焊缝应满焊，不得有气孔、砂眼、夹渣和大于 1mm 的咬边。

c. 管件的制作除应符合现行国家标准《工业金属管道工程施工规范》（GB 50235）的有关规定外，尚应符合下列规定：

（a）衬里管道宜采用无缝管，当采用铸铁管时内壁应平整光滑，并应无砂眼、气孔、沟槽或重皮等缺陷；

（b）衬里管道不得使用褶皱弯管，法兰密封面不得车制密封沟槽。

检验方法：检查压力试验合格证、观察检查、尺量检查、放大镜检查、检查衬胶设备和构件的交接记录。

② 下列衬胶制品的胶层和金属表面不得有脱层现象：

a. 真空和受压设备、管道及管件；

b. 设计温度高于 60℃ 的设备、管道及管件；

c. 需切削加工的衬胶制品；

d. 运转设备的转动部件；

e. 气流、液流直接冲击的部位和阴角部位；

f. 法兰的边缘。

检验方法：检查设备衬胶中间检查记录和检查施工记录。

（3）一般规定一般项目

① 施工环境温度宜为 15～30℃，环境相对湿度不宜大于 80%；当施工环境温度较低、湿度较高时应采取加热和除湿措施。

检验方法：检查温度计和湿度计，检查施工记录。

② 槽罐类设备衬里的施工，宜按先罐壁、再罐顶、后罐底的顺序进行。

检验方法：观察检查和检查施工记录。

（4）橡胶衬里原材料的质量主控项目

① 胶板和胶黏剂的质量应符合设计要求或现行国家标准《橡胶衬里 第 1 部分：设备防腐衬里》（GB 18241.1）的有关规定。

检验方法：观察检查、检查产品出厂合格证、材料检测报告或现场抽样的复验报告。

② 胶板出现早期硫化变质等现象，不得使用。

检验方法：观察检查。

③ 超过保质期的胶板应进行复验，复验不合格的胶板不得使用。

检验方法：检查复验报告。

④ 胶黏剂不得发生早期交联等现象。

检验方法：观察检查。

（5）橡胶衬里主控项目

① 橡胶衬里的接缝应采用搭接，搭接方向应与介质流动方向一致；胶板厚度为 2mm 时搭接宽度应为 20～25mm，胶板厚度为 3mm 时搭接宽度应为 25～30mm，胶板厚度大于或等于 4mm 时搭接宽度应为 35mm，设备转角处的搭接宽度应为 50mm，多层胶板衬里时，上下层的接缝应错开，错开距离不得小于 100mm。

检验方法：观察检查、尺量检查和检查施工记录。

② 接头应采用丁字缝，丁字缝错缝距离应大于 200mm，不得有通缝。

检验方法：观察检查、尺量检查和检查施工记录。

③ 胶板贴衬后不得漏底或漏刮，并应排净黏合面间的空气；胶板搭接缝应压合严实，边沿应圆滑过渡，不得有翘起、脱层、空鼓等现象。

检验方法：观察检查、尺量检查和采用检验锤轻击检查。

④ 衬至法兰密封面上的胶板应平整，并不得有径向沟槽或大于 1mm 的凸起。

检验方法：观察检查和尺量检查。

⑤ 本体硫化设备的法兰衬胶应符合下列规定：

a. 应按法兰外径尺寸下料，其内径尺寸应比法兰孔大 30～60mm，并应切成 30°坡口；

b. 法兰面衬贴的已硫化胶板应全部压合密实，法兰管内衬的未硫化胶板，应翻至法兰面上已硫化胶板的坡口上边（图 5.2-21），并应压合密实；搭接处应与底层胶板黏结牢固，并应圆滑不得有翘边、毛刺、空鼓或离层等现象。

检验方法：观察检查、尺量检查和采用检验锤轻击检查。

⑥ 贴衬工序完成后，应按下列项目进行中间检查：

a. 衬胶各部位尺寸应符合设计文件的规定；

b. 检查胶层不得有气泡、空鼓等现象；

c. 衬里层应按本章节⑦的规定进行针孔检查；

d. 总体检查前应出示施工单位中间检查合格记录；

e. 总体检查合格后，方可进行胶板的硫化。

检验方法：观察检查，采用卡尺、直尺或卷尺检查，采用检验锤轻击检查和检查中间检查记录。

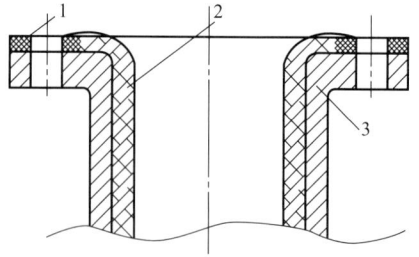

图 5.2-21　法兰衬里
1—已硫化的胶板；2—未硫化胶板；
3—设备的法兰

⑦ 橡胶衬里层应进行针孔检测，检测时衬里层应无击穿现象。

检验方法：采用电火花检测仪检查，检测时按现行国家标准《橡胶衬里　第 1 部分：设备防腐衬里》（GB 18241.1）的有关规定进行检查。

⑧ 橡胶衬里层厚度的允许偏差应为 $+15\%\sim-10\%$。

检验方法：采用磁性测厚仪检查和检查施工记录。

⑨ 硫化胶板的硬度除应符合现行国家标准《橡胶衬里　第 1 部分：设备防腐衬里》（GB 18241.1）的有关规定外，尚应符合下列规定：

a. 硬度测点数：硫化罐硫化，每罐不得少于 5 点，应取算术平均值，本体硫化的设备，每个衬胶面不得少于 2 处，每处测点应为 3 个，应取算术平均值；热水硫化和自然硫化的设备可在与设备一起硫化的试板上进行，每个衬胶面试板不得少于 2 块，每块试板的测点不得少于 3 个，应取算术平均值。上述测点的算术平均值，均应在胶板制造厂提供的硬度值范围内。

b. 测点处表面应光滑、平整，不应有机械损伤及杂质等现象。

c. 测定点的环境应符合现行国家标准《橡胶物理试验方法试样制备和调节通用程序》（GB/T 2941）的有关规定；胶板制造厂应提供不同温度下和标准温度下该种胶板硬度换算表。

检验方法：应按现行国家标准《硫化橡胶或热塑性橡胶　压入硬度试验方法　第 1 部分：邵氏硬度计法（邵尔硬度）》（GB/T 531.1）的规定进行检查和检查施工记录。

（6）橡胶衬里一般项目　胶板削边应平直，宽窄应一致，其削边宽度应为 $10\sim15$mm，其斜面与底平面夹角不应大于 $30°$。

检验方法：观察检查和尺量检查。

5.2.13.5　塑料衬里现场验收

（1）塑料衬里一般规定

① 塑料衬里工程的质量验收应包括软聚氯乙烯板衬里设备、氟塑料衬里设备和塑料衬里管道；

② 软聚氯乙烯板衬里设备的检查数量，每 $5m^2$ 衬里面积应抽查 1 处，每处测点不得少于 3 个；当不足 $5m^2$ 时按 $5m^2$ 计；

③ 氟塑料衬里设备，每台设备衬里应全部检查；

④ 塑料衬里管道的检查数量，应按管道衬里的数量抽查 10%，抽查的管道应有直管、管件、最大公称尺寸或最大长度尺寸的管道。

（2）塑料衬里主控项目

① 进行压力试验的衬里设备及管道应符合下列规定：

a. 对压力容器的塑料衬里，液压试验压力取设计压力的 1.25 倍，保压时间 30min，不得产生泄漏及破裂现象；

b. 对压力管道的塑料衬里，液压试验压力取设计压力的 1.5 倍，保压时间 10min，不得产生泄漏及破裂现象；

c. 所有压力试验的压力表应在检定有效期内。

检验方法：检查压力试验报告和注水试验报告。

② 软聚氯乙烯衬里设备衬里前，应在设备底部和其它位置设置检漏孔；进行 24h 的注水试验，检漏孔内应无水渗出。

检验方法：检查压力试验报告和注水试验报告。

③ 衬里应完好无针孔，进行针孔检测时，检测电压和探头行走速度应符合表 5.2-68 的规定，衬里层应无击穿现象。

检验方法：采用电火花针孔检测仪检查。

表 5.2-68　检测电压和探头行走速度

材　　料		聚四氟乙烯	乙烯-四氟乙烯共聚物、聚偏氟乙烯	聚乙烯、聚丙烯、聚氯乙烯
电火花探头的行走速度/(m/s)		0.3～0.6	0.3～0.6	0.3～0.6
电压/kV	衬里厚度 1.5mm	8	8	8
	衬里厚度 2.0mm	9	9	9
	衬里厚度 2.5～4.0mm	12	10	10
	衬里厚度＞4.5mm	13	12	10

（3）塑料衬里一般项目

① 衬里的外观质量应光滑平整，并应无可见的油污或炭化黑点。

检验方法：观察检查和采用 5 倍放大镜检查。

② 塑料衬里与外壳贴合应紧密，不得有明显的夹层或空隙。

检验方法：采用橡胶锤轻击检查。

（4）塑料衬里原材料的质量要求主控项目

① 软聚氯乙烯板和焊条、氟塑料板（聚四氟乙烯板、乙烯-四氟乙烯共聚物板、聚偏氟乙烯板）和焊条的质量应符合设计要求。

检验方法：观察检查、游标卡尺测量和检查产品出厂合格证、材料检测报告或现场抽样的复验报告。

② 氯丁胶黏剂、聚异氰酸酯材料的质量应符合设计要求。

检验方法：检查产品出厂合格证、材料检测报告或现场抽样的复验报告。

③ 用于压力容器的衬里板材应进行针孔检测和拉伸强度复验。

检验方法：电火花针孔检测应按本章节"（2）塑料衬里主控项目"③的规定进行和检查拉伸强度复验报告。

④ 聚四氟乙烯、聚丙烯、聚乙烯和聚氯乙烯管材的质量应符合设计要求或国家现行有关标准的规定。

检验方法：观察检查、游标卡尺测量、检查产品出厂合格证和材料检测报告。

（5）软聚氯乙烯板衬里主控项目　软聚氯乙烯板粘贴前，应用酒精或丙酮进行去污脱脂处理，粘贴面应打毛至无反光；采用满涂胶黏剂法时 3mm 厚板材脱落处不得大于 $200mm^2$，0.5～1.0mm 厚板材脱落处不得大于 $100mm^2$，各脱胶处间距不得小于 500mm；衬里与外壳贴合应紧密，不得有脱开、空层等现象。

检验方法：观察检查、尺量检查、检查胶黏剂刷涂施工记录或采用橡胶锤轻击检查。

（6）软聚氯乙烯板衬里一般项目

① 软聚氯乙烯塑料板施工放线和下料应准确，在焊接或粘贴前应进行预拼。

检验方法：观察检查和尺量检查。

② 软聚氯乙烯板搭接缝处应采用热熔法焊接，焊接时在上、下两板搭接内缝处每 200mm 处先点焊固定，再采用热风枪熔融本体加压焊接，搭接缝处应用焊条满焊封缝。

检验方法：观察检查和尺量检查。

③ 软聚氯乙烯塑料板采用空铺法和压条螺钉固定法施工，设备内表面应光滑平整，并应无凸瘤凹坑等现象，施工尺寸应符合设计规定。

检验方法：观察检查、尺量检查和检查施工记录。

（7）氟塑料板衬里设备主控项目　乙烯-四氟乙烯共聚物和聚偏氟乙烯板热风焊和聚四氟乙烯板材热压焊的焊缝强度应符合设计规定，表面应无针孔。

检验方法：观察检查和焊缝处进行 100% 的电火花针孔检查。

（8）氟塑料板衬里设备一般项目

① 乙烯-四氟乙烯共聚物和聚偏氟乙烯板的焊接坡口应符合设计规定，焊接速度和焊接工艺参数应符合焊接工艺评定的要求。

检验方法：观察检查，检查热风焊、挤出焊的焊接工艺规程及焊接工艺评定和检查施工记录。

② 聚四氟乙烯板材热压焊的焊刀材料几何结构和焊接工艺参数应符合焊接工艺评定的要求。

检验方法：观察检查、检查热压焊的焊接工艺规程及焊接工艺评定和检查施工记录。

（9）塑料衬里管道主控项目

① 塑料衬里管道圆弧、角焊焊缝、钢管和法兰的间隙应符合设计规定。

检验方法：观察检查和尺量检查。

② 翻边应平整，不宜有波浪面，翻边外圆最大直径应符合设计规定。

检验方法：观察检查和尺量检查。

（10）塑料衬里管道一般项目　管道基体表面处理的质量应符合设计规定或"5.2.13.1 基体表面处理现场验收"中（2）①的有关规定。

检验方法：观察检查和检查施工记录。

5.2.13.6 玻璃鳞片衬里现场验收

（1）玻璃鳞片衬里一般规定

① 本章适用于乙烯基树脂类、双酚 A 型不饱和聚酯树脂类和环氧树脂类玻璃鳞片衬里的施工质量验收；

② 玻璃鳞片衬里的检查数量应符合"5.2.13.1 基体表面处理现场验收"中②（1）的规定。

③ 树脂类主要原材料和制成品的取样数量应符合"5.2.13.2 块材衬里现场验收"（1）中④和⑤的有关规定。

（2）玻璃鳞片衬里主控项目

衬里施工前的基体表面外观除应符合"5.2.13.1 基体表面处理现场验收"的有关规定外，尚应符合下列规定：

a. 表面与内外支撑件之间的焊接、铆接、螺接应完成；

b. 衬里侧的焊缝应满焊；

c. 衬里侧焊缝、焊瘤、弧坑、焊渣应打磨平整，表面应光滑；焊缝高度不得超过 1mm 时，边角和边缘应打磨至大于或等于 2mm 的圆角。

检验方法：观察检查、尺量检查和检查待衬件的施工交接记录。

（3）玻璃鳞片衬里一般项目　当采用乙烯基酯树脂类、双酚 A 型不饱和聚酯树脂类时，施工环境温度宜为 5～30℃；当采用环氧树脂类时，宜为 10～30℃；施工环境相对湿度应小于 80%；基体表面温度应高于环境露点温度 3℃，当低于施工环境温度时应采取加热保温措施，但不得用明火直接加热。

检验方法：采用温度计、湿度计检查和检查施工记录。

（4）玻璃鳞片衬里原材料和制成品的质量要求主控项目

① 乙烯基酯树脂、双酚 A 型不饱和聚酯树脂和环氧树脂材料的质量应符合"5.2.13.2 块材衬里现场验收"中（2）②的有关规定；

② 玻璃鳞片制成品的质量要求应符合表 5.2-69 的规定。

表 5.2-69　玻璃鳞片制成品的质量指标

项　目		乙烯基酯树脂类	双酚 A 型不饱和聚酯树脂类	环氧树脂类
拉伸强度/MPa		≥25	≥23	≥25
弯曲强度/MPa		≥35	≥32	≥30
冲击强度(500g×25cm)		无裂缝,无剥离	无裂缝,无剥离	无裂缝,无剥离
巴氏硬度		≥40	≥40	≥42
耐磨性(1000g/500r)		≤0.05	≤0.05	≤0.05
线膨胀系数$(K)/\times 10^{-5}$		≤1.04	≤1.02	≤1.06
粘接强度 /MPa	拉剪法	≥12(底涂)	≥10(底涂)	≥14(底涂)
	拉开法	≥8(底涂)	≥7(底涂)	≥10(底涂)
冷热交替试验	耐热型	150℃(1h)和 25℃的水(10min)10 个循环无裂缝,剥离		
	普通型	130℃(1h)和 25℃的水(10min)10 个循环无裂缝,剥离		

检验方法：检查材料检测报告或现场抽样的复验报告。

（5）玻璃鳞片衬里原材料和制成品的质量要求一般项目　玻璃鳞片混合料的质量要求应符合表 5.2-70 的规定。

表 5.2-70 玻璃鳞片混合料的质量指标

项 目	玻璃鳞片胶泥	鳞片涂料
施工工艺性	刮抹无障碍、不流挂	喷、滚、刷涂无障碍,不流挂
胶凝时间(25℃)/min	45±15	60±15
在容器中状态	在搅拌混合物时,应无结块、无杂质	

检验方法：观察检查和检查材料检测报告。

（6）玻璃鳞片衬里主控项目

① 玻璃鳞片衬里层的表面应平整、颜色应均匀，并应无明显凹凸、漏涂、流淌、气泡或裂纹；面层与基层黏结应牢固，并应无起壳或脱层等现象。

检验方法：观察检查和采用木锤轻击检查。

② 玻璃鳞片衬里层表面应固化完全，应无发黏现象；硬度值应符合设计规定或大于供货厂家提供指标的 90%。

检验方法：表面固化度采用浸湿稀释剂的布擦拭方法检查，硬度按现行国家标准《增强塑料巴柯尔硬度试验方法》（GB/T 3854）的规定进行检查。

③ 玻璃鳞片衬里层的厚度应符合设计规定，其允许偏差为 −0.2mm。

检验方法：采用磁性测厚仪检查。

④ 玻璃鳞片衬里层应进行针孔检测，检测电压不宜小于 3000V/mm，探头移动速度不大于 0.3m/s，衬里层应无击穿现象。

检验方法：采用电火花针孔检测仪检查。

（7）玻璃鳞片衬里一般项目

① 玻璃鳞片衬里不同温度下的涂装间隔时间应符合表 5.2-71 的规定。

表 5.2-71 不同温度下的涂装间隔时间指标

底材温度/℃	10	20	30
最短涂装间隔/h	10	5	3
最长涂装间隔/h	48	36	24

检验方法：检查施工记录。

② 玻璃鳞片衬里层不同温度下衬里层或涂层的养护时间应符合表 5.2-72 的规定。

表 5.2-72 不同温度下衬里层或涂层的养护时间指标

环境温度/℃	10	20	30
养护时间/d	≥14	≥7	≥4

检验方法：检查施工记录。

5.2.13.7 铅衬里现场验收

（1）铅衬里一般规定

铅衬里的检查数量应符合"5.2.13.1 基体表面处理现场验收"（1）中②的规定。

（2）铅衬里原材料的质量要求主控项目

① 铅板的化学成分及规格应符合设计要求或现行国家标准《铅及铅锑合金板》（GB/T 1470）的有关规定。

检验方法：检查产品出厂合格证、材料检测报告和现场抽样的复验报告。

② 焊条材质应与焊件材质相同，也可采用母材制作的焊条。

检验方法：检查产品出厂合格证、材料检测报告和现场抽样的复验报告。

③ 铅板及搪铅母材表面应光滑清洁，不得有污物、泥沙和油脂，且无砂眼、裂缝或厚薄不均匀等缺陷。

检验方法：观察检查。

（3）铅衬里原材料的质量要求一般项目　焊条表面应干净、无氧化膜和其它污物。

检验方法：观察检查。

（4）铅衬里衬铅主控项目

① 衬铅应按设计要求的结构和厚度进行施工。

检验方法：观察检查。

② 铅板焊接前，应用刮刀将焊缝区域刮净，使其露出金属光泽；应随焊随刮，刮净的焊口应在 3h 内焊完，多层焊时每焊完一层，应刮净后再焊下一层。

检验方法：观察检查。

（5）铅衬里衬铅一般项目　衬铅的施工质量应符合下列规定。

① 厚度在 7mm 以下的焊件应采用搭接焊，搭接尺寸宜为 25～40mm；焊缝应错开，不得十字交叉，错开距离不应小于 100mm。

检验方法：观察检查和尺量检查。

② 各固定法的固定点间距宜为 250～900mm，应呈等边三角形排列，设备顶部可适当增加固定点，设备的底部可不设固定点。

检验方法：观察检查和尺量检查。

③ 铅板与设备内壁应紧密贴合，不得凸凹不平。

检验方法：观察检查和锤击检查。

④ 衬铅板表面不得有机械损伤、凹陷或减薄，焊缝应平整均匀，并应无漏焊、虚焊、缩孔、错口或咬肉等现象；焊缝内部不得有夹层、气孔或未焊透等现象。

检验方法：观察检查、剖割检查和试压检查。

（6）铅衬里搪铅主控项目　搪铅应按设计要求的结构和厚度进行施工。

检验方法：观察检查。

（7）铅衬里搪铅一般项目　搪铅的施工质量应符合下列规定。

① 被搪基体表面处理的等级应符合"5.2.13.1 基体表面处理现场验收"（2）中①的有关规定。

检验方法：观察检查。

② 直接搪铅法施工，每次搪铅的厚度宜为 2～4mm，搪道宽度宜为 15～25mm。

检验方法：观察检查和尺量检查。

③ 间接搪铅法施工，挂锡层应薄而均匀，挂锡厚度应为 15～20μm。

检验方法：观察检查和磁性测厚仪检查。

④ 搪铅层与基体表面应结合紧密，并应无脱层或起壳等现象。

检验方法：锤击检查和超声波探伤器检查。

⑤ 搪铅层应厚薄一致，厚度应符合设计要求；当设计对厚度偏差无规定时，厚度允许偏差为 0～25％；

检验方法：观察检查和磁性测厚仪检查。

⑥ 搪铅层的表面应平整均匀，并应无微孔、裂纹、缩孔、夹渣、鼓包、气孔、焊瘤等缺陷；搪铅层中应无夹层、夹渣和氧化物等杂质。

检验方法：观察检查、剖视检查和点蚀检查。

5.2.13.8　喷涂聚脲衬里现场验收

（1）喷涂聚脲衬里一般规定

① 喷涂聚脲衬里涂层的检查数量应符合下列规定：

a. 当衬里涂层面积≤50m² 时应抽查 3 处，当涂层面积＞50m² 时，每增加 20m² 应多抽查 1 处；

b. 重要部位、难维修部位应按面积抽查 30％，每处测点不得少于 5 个；

c. 对质量有严重影响的部位，有异议时可进行破坏性检查。

② 喷涂聚脲衬里材料品种、规格和性能的检查数量应符合下列规定：

a. 应从每次批量到货的材料中，根据设计要求按不同品种进行随机抽样检查；样品大小可由施工单位与供货厂家双方协商确定；

b. 测试方法应符合设计规定或现行行业标准《喷涂聚脲防护材料》（HG/T 3831）的有关规定；

c. 当抽样检测结果有一项主要指标为不合格时应再进行一次抽样复检；当仍有一项主要指标不合格时应加倍进行抽检，若仍不合格应判定该产品质量为不合格。

（2）喷涂聚脲衬里主控项目

① 喷涂聚脲衬里原材料和涂层的质量应符合设计要求。

检验方法：检查产品出厂合格证、材料检测报告或现场抽样的复验报告。

② 聚脲衬里涂层的厚度应均匀一致，涂层的厚度应符合设计规定。

检验方法：采用超声测厚仪检查。

③ 喷涂聚脲衬里表面应进行针孔检测，涂层厚度为 1.0mm 时检测电压应大于或等于 3000V；涂层厚度为 1.5mm 时检测电压应大于或等于 4500V；涂层厚度为 2.0mm 时检测电压应大于或等于 6000V；探头行走速度应小于或等于 0.3m/s，衬里层应无击穿现象。

检验方法：采用电火花针孔检测仪检查。

④ 衬里的附着力应符合设计规定，与基体的附着力（拉开法）不应小于 3.5MPa。

检验方法：采用涂层附着力（拉开法）仪器检查。

（3）喷涂聚脲衬里一般项目

① 衬里涂层表面应平整、色泽应一致，并应无明显尖锐凸出物、龟裂和尖口划伤等缺陷；允许衬里层表面有少量涂料凝胶粒子、少量局部过喷现象或每平方米面积内长度小于 200mm 的壳层或鼓泡数量不得大于 2 个。

检验方法：观察检查。

② 喷涂聚脲衬里的涂装施工条件、涂装配套系统、施工工艺和涂装间隔时间应符合设计要求。

检验方法：检查施工记录和隐蔽工程记录。

5.2.13.9 氯丁胶乳水泥砂浆衬里现场验收

（1）氯丁胶乳水泥砂浆衬里一般规定

① 氯丁胶乳水泥砂浆防腐蚀工程检查数量应符合下列规定：

a. 当设备面积每 50m² 或不足 50m²，管道长度每 50m 或不足 50m 时，均应抽查 3 处；设备每处检查面积应为 0.5m²，设备及管道每处检查布点不应少于 3 个；当设备的面积超过 500m² 或管道的长度超过 500m 时，取样检查处的间距可适当增大；每检查处以检查布点的平均值代表其施工质量。

b. 当质量检查中有 1 处不合格时，应在不合格处附近加倍取点复查，仍有 1 处不合格时，应认定该处为不合格。

② 氯丁胶乳水泥砂浆主要原材料和制成品的取样数量应符合"5.2.13.2 块材衬里现场验收"（1）中④和⑤的有关规定。

（2）氯丁胶乳水泥砂浆衬里原材料和制成品的质量要求主控项目

① 氯丁胶乳水泥砂浆防腐工程所用的阳离子氯丁胶乳、硅酸盐水泥和细骨科等原材料质量应符合设计要求。

检验方法：检查产品出厂合格证、材料检测报告和现场抽样的复验报告。

② 氯丁胶乳水泥砂浆制成品经过养护后的质量应符合表 5.2-73 的规定。

表 5.2-73　氯丁胶乳水泥砂浆制成品的质量指标

项目	抗压强度 /MPa	抗折强度 /MPa	与碳钢黏结强度/MPa	抗渗等级 /MPa	吸水率 /%	初凝时间 /min	终凝时间 /h
指标	≥30.0	≥3.0	≥1.8	≥1.6	≤4.0	>45.0	<12.0

检验方法：检查产品出厂合格证、材料检测报告或现场抽检的复验报告。

（3）氯丁胶乳水泥砂浆衬里原材料和制成品的质量要求一般项目　氯丁胶乳水泥砂浆配合比应经试验确定。

检验方法：检查试验报告。

（4）氯丁胶乳水泥砂浆衬里主控项目

① 氯丁胶乳水泥砂浆整体面层与基层应黏结牢固，并应无脱层和起壳等现象。

检验方法：观察检查和敲击检查。

② 氯丁胶乳水泥砂浆整体面层的表面应平整，并应无明显裂缝、脱皮、起砂和麻面等现象。

检验方法：观察检查和用 5～10 倍放大镜检查。

③ 氯丁胶乳水泥砂浆铺抹的整体衬里面层与转角处、结构件、预留孔、管道出入口应结合严密、黏结牢固、接缝平整，应无渗漏和空鼓。

检验方法：观察检查、敲击法检查和检查隐蔽工程记录。

（5）氯丁胶乳水泥砂浆衬里一般项目

① 氯丁胶乳水泥砂浆面层的厚度应符合设计规定。

检验方法：测厚仪检查或采用 150mm 钢板尺检查。

② 整体面层表面平整度的允许偏差不应大于 5mm。

检验方法：采用 2m 直尺和楔形塞尺检查。

③ 氯丁胶乳水泥砂浆铺砌整体面层坡度检验应符合"5.2.13.2 块材衬里现场验收"（3）中⑥的规定。

④ 氯丁胶乳水泥砂浆抹面后，表面干至不粘手时应潮湿养护 7d，再自然养护 21d 后方可使用。

检验方法：检查施工记录和检查隐蔽工程记录。

5.2.13.10 涂料涂层衬里现场验收

（1）涂料涂层衬里一般规定

① 涂料涂层的检查数量应符合"5.2.13.1 基体表面处理现场验收"（1）中②的规定。

② 涂料类品种、规格和性能的检查数量应符合下列规定：

a. 应从每次批量到货的材料中，根据设计要求按不同品种进行随机抽样检查，样品大小可由施工单位与供货厂家双方协商确定；

b. 当抽样检测结果有一项为不合格时，应再进行一次抽样复检；当仍有一项指标不合格时，应判定该产品质量为不合格。

（2）涂料涂层衬里主控项目

① 涂料类的品种、型号、规格和性能质量应符合设计要求。

检验方法：检查产品出厂合格证、材料检测报告和现场抽样的复验报告。

② 涂料类的涂装施工条件、涂装配套系统、施工工艺和涂装间隔时间应符合设计要求。

检验方法：检查施工记录和检查隐蔽工程记录。

③ 涂层的厚度应均匀一致，涂层的层数和厚度应符合设计规定，涂层厚度小于设计规定厚度的测点数不应大于 10%，且测点处实测厚度不应小于设计规定厚度的 90%。

检验方法：检查施工记录和采用磁性测厚仪检查。

（3）涂料涂层衬里一般项目

① 涂层表面应平整、色泽应一致，并应无流挂、起皱、脱皮、返锈、漏涂等缺陷。

检验方法：观察检查或采用 5～10 倍放大镜检查。

② 涂层的附着力应符合设计规定，涂层与钢铁基体的附着力（划格法）不应大于 2 级；涂层与钢铁基体的附着力（拉开法）不应小于 5MPa。

检验方法：采用涂层附着力（划格法）或附着力（拉开法）仪器检查。

检查数量：设备每 $10m^2$ 检测 3 处，每处测点不得少于 3 个；管道每隔 50m 检测一处，每处测点不得少于 3 个。

③ 当进行涂料涂层针孔检测时，设备涂料涂层的针孔漏点每平方米不得多于 2 个，管道每 5m 涂层针孔漏点不得多于 1 个；检测电压应根据涂料产品技术要求确定。

检验方法：采用涂层高电压火花检测仪或低电压漏涂检测仪检查。

5.2.13.11 金属热喷涂层现场验收

（1）金属热喷涂层一般规定　本章节适用于锌和锌铝合金热喷涂层、铝和铝镁合金热喷涂层的施工质量验收。

（2）金属热喷涂层主控项目

① 热喷涂用锌和锌合金线材、铝和铝合金线材的化学成分应符合设计要求或现行国家标准《热喷涂　火焰和电弧喷涂用线材、棒材和芯材　分类和供货技术条件》（GB/T 12608）的有关规定。

检验方法：检查产品出厂合格证和产品化学成分分析报告。

② 喷涂层厚度应符合设计要求，涂层最小局部厚度不应小于设计规定值。

检验方法：应按现行国家标准《磁性基体上非磁性覆盖层　覆盖层厚度测量　磁性法》（GB/T 4956）的规定进行检查。

检查数量：每 $10m^2$ 检查 3 处，在每处的 $0.001m^2$ 基准面内测点不得少于 10 个。

③ 喷涂层外观应致密、平整、色泽一致，表面应无裂纹、翘皮、起泡、底材裸露的斑点和粗大未熔或附着不牢的金属颗粒。

检验方法：观察检查和指划检查。

检查数量：涂层面积的 15%～30%。

（3）金属热喷涂层一般项目

① 基体表面处理后的粗糙度，宜采用粗糙度参比样板对照检查，不同涂层的喷射或抛射处理表面的粗糙度应符合表 5.2-74 的规定。

表 5.2-74 不同涂层的喷射或抛射处理表面的粗糙度（R_z）

热喷涂涂层	涂层设计厚度/mm	处理表面粗糙度(最小值/最大值)/μm
Zn、ZnAl15 Al、AlMg5	0.10~0.15	40/63
	0.20	63/80
	0.30	80/100

检验方法：观察检查。

检查数量：每 $10m^2$ 检查 3 处，不足 $10m^2$ 按 $10m^2$ 计。

② 工件待喷涂时间不应超过 4h，待喷涂和喷涂过程中工件表面应干燥、洁净，并应无可见的氧化变色或任何污染。

检验方法：观察检查。

检查数量：全部检查。

③ 设计厚度大于或等于 0.10mm 的涂层，应分层交叉喷涂；分段或分片喷涂的层数应一致，各层的厚度应均匀。

检验方法：检查分层喷涂施工记录。

④ 喷涂层逐道平行搭接宽度应符合下列规定：

a. 普通喷枪喷涂搭接宽度应为喷幅幅宽的 1/3。

b. 二次雾化喷枪喷涂搭接宽度应为喷幅幅宽的 1/4。

检验方法：尺量检查。

检查数量：不小于涂层面积的 5%。

⑤ 喷涂层与基体的结合强度应符合下列规定：

a. 当采用定性试验方法时，涂层不应从基体上产生剥离。

检验方法：栅格试验按现行国家标准《热喷涂 金属和其他无机覆盖层 锌、铝及其合金》（GB/T 9793）的规定进行检查。

b. 当采用定量测定方法时，抗拉结合强度应符合设计要求。

检验方法：抗拉结合强度按现行国家标准《热喷涂 抗拉结合强度的测定》（GB/T 8642）的规定进行检查。

检查数量：每 $150m^2$ 测试试样 3 件，不足 $150m^2$ 按 $150m^2$ 计。

5.3 绝热工程设计

5.3.1 绝热设计通则（GB/T 4272—2008）

5.3.1.1 绝热标准规范

绝热标准规范见表 5.3-1。

表 5.3-1 绝热标准规范

序　号	标　准　号	标准规范名称
01	GB/T 4272—2008	设备及管道绝热技术通则
02	GB/T 8175—2008	设备及管道绝热设计导则
03	GB 50264—2013	工业设备及管道绝热工程设计规范
04	SH/T 3010—2013	石油化工设备和管道绝热工程设计规范
05	SH/T 3522—2017	石油化工绝热工程施工技术规程
06	GB 50126—2008	工业设备及管道绝热工程施工规范
07	GB/T 50185—2019	工业设备及管道绝热工程施工质量验收标准
08	GB 50645—2011	石油化工绝热工程施工质量验收规范
09	SH/T 3548—2011	石油化工涂料防腐蚀工程施工质量验收规范
10	SY/T 0420—1997	埋地钢质管道石油沥青防腐层技术标准
11	SY/T 0447—2014	埋地钢质管道环氧煤沥青防腐层技术标准
12	CJJ 95—2013	城镇燃气埋地钢质管道腐蚀控制技术规程

5.3.1.2 绝热技术一般规定

（1）具有下列工况之一的设备、管道及其附件必须保温：

① 外表面温度高于 323K（50℃）者；

② 工艺生产中需要减少介质的温度降或延迟介质凝结的部位；

③ 工艺生产中不需保温的设备、管道及其附件，其外表面温度超过 333K（60℃），并需要经常操作维护，而又无法采用其它措施防止引起烫伤的部位。

（2）具有下列工况之一的设备、管道及其附件必须保冷：

① 为减少冷介质及载冷介质在生产和输送过程中的冷损失者；

② 为防止或降低冷介质及载冷介质在生产和输送过程中温度升高者；

③ 为防止 0℃以上常温以下的设备或管道外表面凝露者；

④ 与保冷设备或管道相连的仪表及其附件。

（3）工艺生产中不宜或不需绝热的部位不受本章节的约束。

5.3.1.3 保温材料的性能要求

（1）在平均温度为 298K（25℃）时热导率值不应大 0.08W/(m·K)，并有在使用密度和使用温度范围下的热导率方程式或图表。

（2）密度不大于 300kg/m³。

（3）除软质、半硬质、散状材料外，硬质无机成型制品的抗压强度不应小于 0.30MPa，有机成型制品的抗压强度不应小于 0.20MPa。

（4）必须注明最高使用温度。

（5）必要时须注明材料燃烧性能级别、含水率、吸湿率、热膨胀系数、收缩率、抗折强度、腐蚀性及耐腐蚀性等性能。

（6）上述各项性能应按相应国家标准、行业标准及有关专业部门规定的方法测定。

5.3.1.4 保冷材料的性能要求

（1）泡沫塑料及其制品 25℃时的热导率应不大于 0.044W/(m·K)，密度应不大于 60kg/m³，吸水率应不大于 4%，并应具有阻燃性能，氧指数不应小于 30%，硬质成型制品的抗压强度应不小于 0.15MPa。

（2）泡沫橡塑制品 0℃时的热导率应不大于 0.036W/(m·K)，密度应不大于 95kg/m³，真空吸水率不大于 10%。

（3）泡沫玻璃及其制品 25℃时的热导率应不大于 0.064W/(m·K)，密度应不大于 180kg/m³，吸水率应不大于 0.5%。

（4）应注明最低使用温度及线膨胀系数或线收缩率。

（5）应具有良好的化学稳定性，对设备和管道无腐蚀作用，当遭受火灾时不致大量逸散有毒气体。

（6）耐低温性能好，在低温情况下使用不易变脆。

（7）上述各项性能均应按有关国家标准或行业标准规定的绝热材料物化性能检测方法进行测定。

5.3.1.5 保冷层施工用的黏结剂、密封和耐磨剂的性能要求

（1）黏结剂、密封剂和耐磨剂的性能应与保冷材料和被保冷物表面的特性要求相适应。

（2）黏结剂、密封剂和耐磨剂应能耐低温，对保冷材料不溶解，对金属壁不腐蚀，并明确说明其允许最低使用温度及其有关性能数据。

（3）黏结剂和密封剂应固化时间短、黏结力强、密封性好。

（4）耐磨剂（泡沫玻璃用）应在温度变化或机械振动的情况下，能防止保冷材料与金属外壁间和保冷材料相互接触面间发生磨损。

5.3.1.6 防潮层材料的性能要求

（1）抗蒸汽渗透性好、防水、防潮能力强。

（2）密封性能及黏结性能好，有一定的耐温性，软化温度不低于 65℃，夏季不软化、不起泡、不流淌；有一定的抗冻性，冬季不脆化、不开裂、不脱落。

（3）化学稳定性好，使用时不挥发出有害气体。

（4）使用温度范围大。

（5）干燥时间较短，在常温下能够直接使用，施工方便。

5.3.1.7 外保护层材料的性能要求

（1）密度小，化学稳定性好，不易燃烧。

（2）防水、防湿、抗大气腐蚀性能良好。

（3）强度高，在温度变化及振动情况下不开裂，使用寿命长。

（4）安装方便，外表整齐美观。

5.3.1.8 保温层厚度的计算原则

（1）为减少保温结构散热损失的保温层厚度应按"经济厚度"的方法计算，并且其散热损失不得超过表 5.3-2 或表 5.3-3 的数值。

表 5.3-2 季节运行工况允许最大散热损失值

设备、管道及其附件外表面温度/K(℃)	323(50)	373(100)	423(150)	473(200)	523(250)	573(300)
允许最大散热损失/(W/m²)	104	147	183	220	251	272

表 5.3-3 常年运行工况允许最大散热损失值

设备、管道及其附件外表面温度/K(℃)	323(50)	373(100)	423(150)	473(200)	523(250)	573(300)
允许最大散热损失/(W/m²)	52	84	104	126	147	167
设备、管道及其附件外表面温度/K(℃)	623(350)	693(400)	723(450)	773(500)	823(550)	873(600)
允许最大散热损失/(W/m²)	188	204	220	236	251	266

只有在用"经济厚度"的方法计算无法满足本条规定或无条件使用"经济厚度"公式时方可按允许散热损失计算。

（2）设备及管道内介质在允许或指定温度降条件下输送时，保温层厚度按热平衡方法计算。

（3）为延迟管道内介质冻结、凝固的保温层厚度按热平衡方法计算。

（4）防止烫伤的保温层厚度按表面温度计算，保温层外表面温度不得超过 333K（60℃）。

（5）加热伴热保温及保温保冷双重结构按各专业规定的方法计算。

（6）锅炉及工业炉窑的保温按各专业规定的方法计算。

（7）具体计算方法应按《设备及管道绝热效果的测试与评价》（GB/T 8174）的有关规定。

5.3.1.9 保冷层厚度的计算原则

（1）为减少冷量损失（热量侵入）并防止外表面凝露的保冷，应采用经济厚度法计算保冷层厚度，以热平衡法校验其外表面温度；该温度应高于环境的露点温度 0.3℃ 或 0.3℃ 以上；否则应加厚重新计算，直至满足要求；

（2）工艺上规定冷损失量的保冷，应采用热平衡法计算保冷层厚度，并用"5.3.1.8 保温层厚度的计算原则"的规定核算外表面温度；

（3）为防止外表面凝露的保冷应采用表面温度法计算保冷（防露）层厚度；

（4）具体计算方法应按《设备及管道绝热设计导则》（GB/T 8175）的有关规定。

5.3.1.10 绝热结构的组成

（1）防腐层：凡需进行绝热的碳钢设备、管道及其附件应设防腐层；不锈钢、有色金属及非金属材料的设备、管道及其附件则不需设防锈层。

（2）绝热层：厚薄均匀，接缝严密，紧固合理，松紧适度，确保绝热效果良好。

（3）保冷结构防潮层：必须完整严密，厚薄均匀，无气孔、无鼓泡或开裂等缺陷。

（4）保温结构防水层：必须完整严密，防水、耐温、阻燃、不开裂。

（5）外保护层：应抗大气腐蚀和光照老化，不燃烧、不开裂、密度小、反辐射性能好，使用寿命长，能使绝热结构外形整齐美观；在外保护层表面根据需要可涂刷防腐漆，并可采用不同颜色的防腐漆或制作相应标记，用以识别设备及管道内介质类别和流向。

5.3.1.11 绝热结构的基本要求

（1）耐用性要求 绝热结构设计应保证其在有效使用期内的完整性。即在有效使用期内不允许发生损坏、腐烂、剥落、开裂及收缩变形等现象。

（2）机械强度要求 要求在其自重或轻微撞击下不被破坏。

（3）可拆性要求 绝热结构一般不考虑可拆性，但需要经常拆卸及维护检修的法兰、人孔、手孔、阀门及管件则宜采用可拆卸式结构。

（4）保护性要求

① 防潮层必须切实起到防水、防潮、保护保冷层作用，确保其保冷效果良好；

② 防水层必须完整严密，防水、确保保温层不受破坏；

③ 外保护层必须切实起到保护保温层和保冷层的作用，防止环境和外力对绝热结构的有害影响，延长绝热结构的使用寿命，并使外形整齐美观。

（5）管道附件的保冷长度要求　管道附件的保冷长度应等于设备及管道保冷层厚度的 4 倍，或敷设至垫木处。

5.3.1.12　绝热材料要求

（1）保温层材料的选择　在保温材料的物理、化学性能满足工艺要求的前提下，应优先选用热导率低、密度小、价格低廉、施工方便、便于维护的保温材料。

（2）保冷层材料的选择

① 在物理、化学性能满足工艺要求的前提下，应优先选用经济的保冷材料或制品宜为闭孔型，吸水及吸湿率低，耐低温性能好，并具有阻燃性，氧指数应不小于 30。

② 确需采用热导率小、密度小、能在一定低温下使用的一般保温材料作为保冷层材料时，则对防水、防潮的设计和施工更应严格要求，以免保冷层因吸水、吸潮而失效或破坏。

（3）双层或多层结构

① 用一种绝热材料制品作为绝热层材料时，绝热层厚度按单层绝热计算公式计算，当其厚度大于 80 mm 时，应分为两层或多层逐层施工，每层厚度宜相近。

② 用两种或多种绝热材料制品时，绝热层厚度按双层或多层计算公式计算，其层间界面温度必须在其相邻外层绝热层材料的最高使用温度范围以内；除采用复合预制品外均应按各绝热层材料的特性分别施工。

③ 各绝热层均应敷设牢固，错缝压缝，接缝严密，表面平整，层间结合紧密，无缺损现象。

（4）保冷结构黏结剂、密封剂和耐磨剂　根据选用的保冷层材料特性，采用与其特性相适应的黏结剂、密封剂和耐磨剂（仅泡沫玻璃需用耐磨剂）配套使用。

（5）防水层、防潮层和外保护层　根据材料性能要求合理选用防水层、防潮层和外保护层材料。

5.3.1.13　绝热材料的性能检验

（1）绝热材料及其制品以及黏结剂、密封剂、耐磨剂的性能检验，应按所用材料的相关标准中的性能测试方法，在使用工作温度范围内进行测定。

（2）防水层、防潮层和外保护层材料应按所用材料的相关标准中的性能测试方法，在使用工作温度范围内进行测定。

5.3.1.14　绝热工程的施工验收

（1）施工前准备

① 对于到达施工现场的绝热材料及其制品，必须检查其出厂合格证书或化验、物性试验记录，凡不符合设计性能要求的不予使用，有疑义时必须作抽样复核。

② 绝热材料不应在露天堆放，否则应采取防雨、防雪、防潮措施，严防受潮。

符合设计性能要求的不予使用，有疑义时必须作抽样复核。

③ 对需要绝热的设备、管道及其附件必须检查、评定，确认合格后才能进行保温施工。

（2）施工　符合设计性能要求的不予使用，有疑义时必须作抽样复核。

① 室外绝热结构不应在雨、雪天施工，否则应采取防雨、防雪措施；室外喷涂应在三级风以下进行，酷暑及雾天均不宜施工；

② 绝热结构应严格按照《工业设备及管道绝热工程施工规范》（GB 50126）进行施工，以确保施工质量；

③ 施工中应有相应的劳动保护及安全措施。

（3）验收　绝热工程完成后必须按《工业设备及管道绝热工程施工规范》（GB 50126）进行验收。验收应具备以下资料：

① 绝热材料及其制品，黏结剂、密封剂和耐磨剂等主要辅助材料的出厂合格证书或检验试验资料；

② 如设计变更，则应有设计变更通知书；

③ 如采用代用材料，则应有代用材料通知书；

④ 隐蔽工程记录；

⑤ 质量检查记录。

5.3.2 绝热设计导则（GB/T 8175—2008）

5.3.2.1 绝热设计基本原则

（1）保温设计应符合减少散热损失、节约能源、满足工艺要求、保持生产能力、提高经济效益、改善工作环境、防止烫伤等基本原则。

（2）具有下列情况之一的设备、管道、管件、阀门等（以下对管道、管件、阀门等统称为管道）应保温。

① 外表面温度＞323K（50℃）[环境温度为298K（25℃）时的表面温度]，以及根据需要要求外表面温度≤323K（50℃）的设备和管道；

② 介质凝固点高于环境温度的设备和管道。

（3）除防烫伤要求保温的部位外，具有下列情况之一的设备和管道也可不保温：

① 要求散热或必须裸露的设备和管道；

② 要求及时发现泄漏的设备和管道上的连接法兰；

③ 要求经常监测，防止发生损坏的部位；

④ 工艺生产中排气、放空等不需要保温的设备和管道。

（4）表面温度超过333K（60℃）的不保温设备和管道，需要经常维护又无法采用其它措施防止烫伤的部位应在下列范围内设置防烫伤保温：

① 距离地面或工作平台的高度小于2.1m；

② 靠近操作平台距离小于0.75m。

（5）低温设备及管道的保冷设计，应以满足工艺生产、保持和发挥生产能力、减少冷损失、节约能源并防止表面凝露，改善工作环境等为目的。具有下列工况要求之一的低温设备、管道及其附件必须保冷：

① 需减少冷介质在生产和输送过程中的温度升高或气化者；

② 低于常温的设备和管道，需减少冷介质在生产和输送过程中冷损失量者；

③ 为防止常温以下，0℃以上设备及管道外壁表面凝露者；

④ 低温设备及低温管道相连的低温附件需要保冷者。

5.3.2.2 保温材料的性能要求及选择原则

（1）保温材料制品的主要性能

① 在平均温度为298K（25℃）时热导率值应不大于0.080W/(m·K)，并有在使用密度和使用温度范围下的热导率方程式或图表；对于松散或可压缩的保温材料及其制品，应提供在使用密度下的热导率方程式或图表；

② 密度不大于300kg/m³；

③ 除软质、半硬质、散状材料外，硬质无机制品的抗压强度不应小于0.30MPa，有机制品的抗压强度不应小于0.20MPa。

（2）保温材料制品还应具有下列性能资料：

① 允许最高使用温度；

② 必要时需注明耐火性、吸水率、吸湿率、热膨胀系数、收缩率、抗折强度、腐蚀性及耐蚀性等。

（3）保温材料的选择原则

① 保温材料制品的允许使用温度应高于正常操作时的介质最高温度；

② 相同温度范围内有不同材料可供选择时，应选用热导率小、密度小、造价低、易于施工的材料制品同时应进行综合比较，其经济效益高者应优先选用；

③ 在高温条件下经综合经济比较后可选用复合材料。

5.3.2.3 保冷材料及其制品的性能要求

（1）泡沫塑料及其制品25℃时的热导率应不大于0.044W/(m·K)，密度应不大于60kg/m³，真空吸水率应不大于4%，硬质成型制品的抗压强度应不小于0.15MPa。

（2）泡沫橡塑制品0℃时的热导率应不大于0.036W/(m·K)，密度应不大于95kg/m³，真空吸水率不大于10%。

（3）泡沫玻璃及其制品25℃时的热导率应不大于0.064W/(m·K)，密度应不大于180kg/m³，吸水率应不大于0.5%，成型制品的抗压强度不应小于0.3MPa。

（4）阻燃型保冷材料的氧指数应不小于30%。

（5）保冷层材料尚应具有下列指标：

① 最低和最高安全使用温度；

② 线膨胀系数或线收缩率；

③ 必要时尚需提供抗折强度、燃烧（不燃、难燃、阻燃）性能、防潮（吸水、吸湿、憎水）性能、腐蚀或抗蚀性能、化学稳定性、热稳定性、抗冻性及透气性等。

5.3.2.4 保冷材料的选择原则

（1）在主要技术性能均能满足保冷要求的范围内，有不同保冷层材料可供选择时，应优先选用热导率小、密度小，吸水、吸湿率低，耐低温性能好，易施工，造价低及综合经济效益较高的材料。

（2）保冷层材料的最低安全使用温度，应低于正常操作时的介质最低温度。

（3）在低温条件下经综合经济比较后，可选用两种或多种保冷层材料复合使用，或直接选用复合型保冷材料制品。

5.3.2.5 保冷层施工用的黏结剂、密封剂和耐磨剂的性能要求

（1）黏结剂、密封剂和耐磨剂应能耐低温、易固化、对保冷层材料不溶解、对金属壁无腐蚀、黏结力强、密封性好；耐磨剂（仅泡沫玻璃用）在温度变化或机械振动的情况下，应能防止保冷层材料与金属外壁面间和保冷层材料制品的相互接触面发生磨损。

（2）低温黏结剂的使用温度范围为 $-196 \sim 50℃$，其软化温度应大于 $80℃$，在使用温度范围内黏结强度应大于 $0.05MPa$，对于高温吹扫和双温使用的情况，黏结剂应满足使用温度的要求。

（3）耐磨剂的使用温度范围为 $-196 \sim 100℃$，其耐热性好，在 $100℃$ 时无流淌及变色现象；耐寒性好，在 $-196℃$ 下无脱落及变色现象；黏结力好，将其涂于泡沫玻璃上，干燥后无脱落现象。

5.3.2.6 保冷层施工用的黏结剂、密封剂和耐磨剂的选择原则

（1）黏结剂、密封剂和耐磨剂的主要技术性能，必须与所采用的保冷层材料特性相匹配。

（2）黏结剂、密封剂和耐磨剂与保冷层材料的配用示例如下：

① 硬质、闭孔、阻燃型聚氨酯型泡沫塑料制品，可采用聚氨基甲酸酯型双组分黏结剂或 FG 低温黏结剂，并兼作密封剂；

② 自熄可发性聚苯乙烯泡沫塑料制品，可采用非溶剂型黏结剂（如无溶剂酚醛树脂型胶等），并兼作密封剂；

③ 泡沫玻璃可采用 FG 低温黏结剂及专用的耐磨密封剂。

5.3.2.7 防潮层材料的性能要求

（1）抗蒸汽渗透性好、防潮、防水力强，其吸水率应不大于 1%。

（2）阻燃，火焰离开后能在 $1 \sim 2s$ 内自熄，其氧指数不小于 30%。

（3）黏结性能及密封性能好，$20℃$ 时其黏结强度不低于 $0.15MPa$。

（4）安全使用温度范围大，有一定的耐温性，软化温度不低于 $65℃$，夏季不起泡，不流淌；有一定的抗冻性，冬季不开裂，不脱落。

（5）化学稳定性好，其挥发物不大于 30%，能耐腐蚀，并不得对保冷层材料及保护层材料产生溶解或腐蚀作用。

（6）具有在气候变化与振动情况下仍能保持完好的稳定性。

（7）干燥时间短，在常温下能使用，施工方便。

5.3.2.8 防水层材料的性能要求

应能有效防止水汽渗透、不燃或阻燃、化学稳定性好。

5.3.2.9 外保护层材料的性能要求

（1）防水、防湿、抗大气腐蚀性好、不燃或阻燃、化学稳定性好。

（2）强度高，在气温变化与振动情况下不开裂，使用寿命长，外表整齐美观，并便于施工和检修。

（3）贮存或输送易燃、易爆物料的绝热设备或管道，以及与此类管道架设在同一支架或相交叉处的其它绝热管道，其保护层材料必须采用不燃性材料。

（4）外保护层表面涂料的防火性能，应符合现行国家标准、规范的有关规定。

5.3.2.10 绝热工程材料的有关规定

（1）绝热工程材料必须具有产品质量证明书或出厂合格证，其规格、性能等技术要求应符合设计文件和现行各级产品标准的规定。

（2）当绝热工程材料的产品质量证明书或出厂合格证中所列指标不全，或对产品（包括现场自制品）质量有异议时，以及在大、中型绝热工程施工前，应对其主要物理化学性能，或对用于奥氏体不锈钢设备或管道上的绝热材料需提供氯离子含量指标要求时，应进行现场抽样，送交检验单位复检，并应提供检验合格报告。

（3）绝热工程材料主要物理化学性能的检验应由经过认证认可的检测单位承担，所采用的检测方法和仪器设备应符合国家有关标准的规定。

（4）凡未经鉴定的新型绝热工程材料不得用于大、中型绝热工程。

5.3.3　绝热设计计算（GB/T 8175—2008）

5.3.3.1　绝热保温计算原则

（1）管道和圆筒设备外径大于 1000mm 者，可按平面计算保温层厚度；其余均按圆筒面计算保温层厚度。

（2）为减少散热损失的保温层其厚度应按经济厚度方法计算。

① 对于热价低廉，保温材料制品或施工费用较高，根据公式计算得出的经济厚度偏小以致散热损失超过《设备及管道绝热技术通则》（GB/T 4272—2008）中规定的最大允许散热损失时，应重新按表内最大允许散热损失的 $80\% \sim 90\%$ 计算其保温层厚度。

② 对于热价偏高、保温材料制品或施工费用低廉、并排敷设的管道，尚应考虑支撑结构、占地面积等综合经济效益，其厚度可小于经济厚度。

（3）不同材料双层保温厚度的计算方法

① 内层厚度按表面温度计算，外层厚度按经济厚度方法计算。

② 内外层界面处温度应按外层保温材料最高使用温度的 0.9 倍计算。

5.3.3.2　保温层厚度和计算

（1）平面的计算公式

$$\delta = 1.897 \times 10^{-3} \sqrt{\frac{f_n \lambda \tau (T - T_a)}{P_i S}} - \frac{\lambda}{\alpha} \tag{5.3-1}$$

式中　δ——保温层厚度，m；

　　f_n——热价，元/GJ；

　　λ——保温材料制品热导率，对于软质材料应取安装密度下的热导率，W/(m·K)；

　　τ——年运行时间，h；

　　T——设备和管道的外表面温度，K（℃）；

　　T_a——环境温度，K（℃）；

　　P_i——保温结构单位造价，元/m³；

　　S——保温工程投资贷款分摊率，按复利计息：$S = \dfrac{i (1+i)^n}{(1+i)^n - 1} \times 100\%$；

　　i——年利率（复利率）；

　　n——计息年数；

　　α——保温层外表面与大气的换热系数，W/(m²·K)。

（2）圆筒面的计算公式：

$$D_o \ln \frac{D_o}{D_i} = 3.795 \times 10^{-3} \sqrt{\frac{f_n \lambda \tau (T - T_a)}{P_i S}} - \frac{2\lambda}{\alpha} \tag{5.3-2}$$

$$\delta = \frac{D_o - D_i}{2} \tag{5.3-3}$$

式中　D_o——保温层外径，m；

　　D_i——保温层内径，m；

　　其余符号说明同上。

5.3.3.3　保温层表面散热损失计算公式

① 平面的计算公式

$$q = \frac{T - T_a}{R_i + R_s} = \frac{T - T_a}{\dfrac{\delta}{\lambda} + \dfrac{1}{\alpha}} \tag{5.3-4}$$

式中　q——单位表面散热损失，平面时单位为 W/m^2，管道时单位为 W/m；

R_i——保温层热阻，平面时单位为 $m^2 \cdot K/W$，管道时单位为 $m \cdot K/W$；

R_s——保温层表面热阻，平面时单位为 $m^2 \cdot K/W$，管道时单位为 $m \cdot K/W$。

② 圆筒面的计算公式

$$q = \frac{T - T_a}{R_i + R_s} = \frac{2\pi(T - T_a)}{\frac{1}{\lambda} \ln \frac{D_o}{D_i} + \frac{2}{\alpha D_o}} \tag{5.3-5}$$

5.3.3.4　保温层外表面温度的计算公式

① 平面的计算公式

$$T_s = qR_s + T_a = \frac{q}{\alpha} + T_a \tag{5.3-6}$$

式中　T_s——保温层外表面温度，K（℃）。

② 圆筒面的计算公式

$$T_s = qR_s + T_a = \frac{q}{\pi D_o \alpha} + T_a \tag{5.3-7}$$

5.3.3.5　保温计算主要数据选用原则

（1）表面温度 T

① 无衬里的金属设备和管道的表面温度 T，取介质的正常运行温度；

② 有内衬的金属设备和管道应进行传热计算确定外表面温度。

（2）环境温度 T_a

① 设置在室外的设备和管道在经济保温厚度和散热损失计算中，环境温度 T_a 常年运行的取历年之年平均温度的平均值；季节性运行的取历年运行期日平均温度的平均值。

② 设置在室内的设备和管道在经济保温厚度及散热损失计算中环境温度 T_a 均取 293K（20℃）。

③ 设置在地沟中的管道，当介质温度 $T = 353K$（80℃）时，环境温度 T_a 取 293K（20℃）；当介质温度 $T = 354 \sim 383K$（81~110℃）时，环境温度 T_a 取 303K（30℃）；当介质温度 $T \geqslant 383K$（110℃）时，环境温度 T_a 取 313K（40℃）。

④ 在校核有工艺要求的各保温层计算中，环境温度 T_a 应按最不利的条件取值。

（3）表面放热系数 α

① 在经济厚度及热损失计算中，设备和管道的保温结构外表面放热系数 α 一般取 11.63W/（$m^2 \cdot K$）；

② 在校核保温结构表面温度计算中，一般情况按 $\alpha = 1.163(6 + 3\omega^{0.5})$ W/（$m^2 \cdot K$）计算，式中 ω 为风速，单位为 m/s；

③ 如要求计算值更接近于真值，则应按不同外表面材料的热发射率与环境风速对 α 值的影响，将辐射与对流放热系数分别计算然后取其和。

（4）热导率 λ　保温材料制品的热导率或热导率方程应由制造厂提供并应符合"5.3.2.2 保温材料的性能要求及选择原则"中（1）的要求。

（5）保温结构的单位造价 P_i　单位造价应包括主材费、包装费、运输费、损耗、安装（包括辅助材料费）及保护结构费等。

（6）计息年数 n　计算期年数，一般取 10 年。

（7）年利率 i　取复利。

（8）热价　应按各地区、各部门的具体情况确定。

（9）年运行时间 τ　常年运行一般按 8000h 计，采暖运行中的采暖期按 3000h 计；采暖期较长地区得按实际采暖期（小时）计；其它按实际情况选取年运行时间。

（10）直埋管道保温计算　对于埋地管道保温可参照《城镇供热直埋蒸汽管道技术规程》（CJJ/T 104—2014）的 6.4 进行计算。

5.3.3.6　绝热保冷计算原则

（1）为减少冷量损失（热量吸入）并防止外表面凝露的保冷，采用经济厚度法计算保冷层厚度，以热平衡法校核其外表面温度，该温度应高于环境的露点温度，否则加厚重新核算，直至满足要求。

（2）为防止外表面凝露的保冷，采用表面温度法计算保冷层厚度。

（3）工艺上允许冷损失量的保冷，采用热平衡法计算保冷层厚度，并校核其外表面温度。该温度应高于环境的露点温度，否则重新核算，直至满足要求。

（4）公称直径大于 1000mm 的管道和圆筒形设备，按平面绝热计算公式计算；公称直径等于或小于 1000mm 时，则按圆筒面绝热计算公式计算；球形容器则按球形容器绝热计算公式计算。

（5）在同一管道或设备上采用一种保冷材料保冷时，按单层绝热计算公式计算；采用两种保冷材料保冷时，则按双层绝热计算公式计算（复合预制品除外），双层保冷层的层间界面温度（即内层保冷层外表面温度）应不低于其相邻外层保冷材料的最低安全使用温度。

5.3.3.7 绝热保冷层厚度计算

（1）保冷层的经济厚度计算（保冷层厚度应按每一档为 10mm 取整）

① 平面的计算公式

$$\delta = 1.897 \times 10^{-3} \sqrt{\frac{f_n \lambda \tau (t - t_a)}{P_i S} - \frac{\lambda}{\alpha_s}} \tag{5.3-8}$$

式中　δ——保温层厚度，m；

　　f_n——热价，元/GJ；

　　λ——保冷材料制品在使用温度下的热导率，W/(m·K)；

　　τ——年运行时间，h；

　　t_a——环境温度，℃；

　　t——设备和管道的外表面温度，℃；

　　α_s——保冷层外表面与大气的换热系数，W/(m²·K)；

　　P_i——保冷结构单位造价，元/m³；

　　S——保冷工程投资贷款年分摊率，按复利计息：$S = \dfrac{i(1+i)^n}{(1+i)^n - 1} \times 100\%$；

　　i——年利率（复利率）；

　　n——计息年数；

② 圆筒面的计算公式

$$D_o \ln \frac{D_o}{D_i} = 3.795 \times 10^{-3} \sqrt{\frac{f_n \lambda \tau (t - t_a)}{P_i S} - \frac{2\lambda}{\alpha_s}} \tag{5.3-9}$$

$$\delta = \frac{D_o - D_i}{2} \tag{5.3-10}$$

式中　D_o——保温层外径，m；

　　D_i——保温层内径，m。

（2）防止表面凝露的保冷层厚度计算

① 平面单层保冷层的计算公式

$$\delta = \frac{\lambda(t_s - t)}{\alpha_s(t_a - t_s)} \tag{5.3-11}$$

式中　δ——单层保冷层厚度或双层保冷层总厚度，m；

　　λ——单层保冷层材料制品在使用温度下的热导率，W/(m·K)；

　　t——金属管道、圆筒形设备及球形容器壁的外表面温度，℃；

　　t_a——单层保冷层外表面温度或双层保冷层第二层（外层）外表面温度，℃；

　　t_s——保冷层外表面温度，℃。

② 平面双层保冷层总厚度

$$\delta = \frac{\lambda_1(t_1 - t) + \lambda_2(t_s - t_1)}{\alpha_s(t_a - t_s)} \tag{5.3-12}$$

式中　λ_1——第一层保冷层材料制品在使用温度下的热导率，W/(m·K)；

　　λ_2——第二层保冷层材料制品在使用温度下的热导率，W/(m·K)；

　　t_1——第一层（内层）保冷层外表面温度，第一、二层保冷层间界面温度，℃。

③ 保冷层第一层（内层）厚度

$$\delta_1 = \frac{\lambda_1(t_1 - t)}{\alpha_s(t_a - t_s)} \qquad (5.3\text{-}13)$$

④ 保冷层第二层（外层）厚度

$$\delta_2 = \frac{\lambda_2(t_s - t_1)}{\alpha_s(t_a - t_s)} \qquad (5.3\text{-}14)$$

⑤ 圆筒面单层保冷层厚度

$$\frac{D_1}{D_o}\ln\frac{D_1}{D_o} = \frac{2\lambda(t_s - t)}{D_o\alpha_s(t_a - t_s)} \qquad (5.3\text{-}15)$$

$$\delta = \frac{D_o}{2}\left(\frac{D_1}{D_o} - 1\right) \qquad (5.3\text{-}16)$$

式中　D_o——管道、圆筒形设备或球形容器的外径，m；

　　　D_1——管道、圆筒形设备或球形容器单层保冷层的外径，或第一层（内层）保冷层外径，m。

⑥ 圆筒面双层保冷层总厚度

$$\frac{D_2}{D_o}\ln\frac{D_2}{D_o} = \frac{2[\lambda_1(t_1 - t) + \lambda_2(t_s - t_1)]}{D_o\alpha_s(t_a - t_s)} \qquad (5.3\text{-}17)$$

$$\delta = \frac{D_o}{2}\left(\frac{D_2}{D_o} - 1\right) \qquad (5.3\text{-}18)$$

式中　D_2——第二层（外层）保冷层外径，m。

⑦ 圆筒面双层保冷层第一层（内层）厚度

$$\frac{D_1}{D_o}\ln\frac{D_1}{D_o} = \frac{2\lambda_1(t_1 - t)}{D_o\alpha_s(t_a - t_s)} \qquad (5.3\text{-}19)$$

$$\delta = \frac{D_o}{2}\left(\frac{D_1}{D_o} - 1\right) \qquad (5.3\text{-}20)$$

⑧ 圆筒面双层保冷层第二层（外层）厚度

$$\frac{D_2}{D_o}\ln\frac{D_2}{D_o} = \frac{2\lambda_2(t_s - t_1)}{D_o\alpha_s(t_a - t_s)} \qquad (5.3\text{-}21)$$

$$\delta = \frac{D_1}{2}\left(\frac{D_2}{D_1} - 1\right) \qquad (5.3\text{-}22)$$

（3）控制允许损失量的保冷层厚度计算

① 平面单层保冷层

$$\delta = \lambda\left(\frac{t - t_a}{q_p} - \frac{1}{\alpha_s}\right) \quad \text{或} \quad \delta = \lambda\left(\frac{t - t_a}{q_p} - R_2\right) \qquad (5.3\text{-}23)$$

式中　q_p——平面保冷层单位冷损失，W/m^2；

　　　R_2——平面保冷层对周围空气的吸热阻，$m^2 \cdot K/W$。

② 平面双层保冷层

$$\delta = \lambda_1\left(\frac{t - t_a}{q_p} - \frac{\delta_2}{\lambda_2} - \frac{1}{\alpha_s}\right) \quad \text{或} \quad \delta = \lambda_1\left(\frac{t - t_a}{q_p} - \frac{\delta_2}{\lambda_2} - R_2\right) \qquad (5.3\text{-}24)$$

③ 圆筒面单层保冷层

$$\ln\frac{D_1}{D_2} = 2\pi\lambda\left(\frac{t - t_a}{q_L} - \frac{1}{\pi D_1\alpha_s}\right) \quad \text{或} \quad \ln\frac{D_1}{D_2} = 2\pi\lambda\left(\frac{t - t_a}{q_L} - R_1\right) \qquad (5.3\text{-}25)$$

$$\delta = \frac{1}{2}(D_1 - D_o) \qquad (5.3\text{-}26)$$

式中　q_L——圆筒面保冷层单位冷损失，W/m；

　　　R_1——圆筒面保冷层对周围空气的吸热阻，$m \cdot K/W$。

④ 圆筒面双层保冷层

$$\ln\frac{D_1}{D_o}=2\pi\lambda_1\left(\frac{t-t_a}{q_L}-\frac{1}{2\pi\lambda_2}\ln\frac{D_2}{D_1}-\frac{1}{\pi D_1\alpha_s}\right) \quad 或 \quad \ln\frac{D_1}{D_o}=2\pi\lambda_1\left(\frac{t-t_a}{q_L}-\frac{1}{2\pi\lambda_2}\ln\frac{D_2}{D_1}-R_1\right) \qquad (5.3-27)$$

$$\delta=\frac{1}{2}(D_1-D_o) \qquad (5.3-28)$$

（4）球形容器保冷层厚度计算（保冷层厚度应按每一档为 10mm 取整）

$$\frac{D_1}{D_o}\delta=\frac{\lambda(t-t_s)}{\alpha_s(t_s-t_a)} \qquad (5.3-29)$$

$$\delta=\frac{1}{2}(D_1-D_o) \qquad (5.3-30)$$

5.3.3.8 绝热保冷层冷损失量计算
（1）平面保冷层冷损失量计算
① 平面单层保冷层

$$q_p=\frac{t-t_a}{\dfrac{\delta}{\lambda}+\dfrac{1}{\alpha_s}} \qquad (5.3-31)$$

② 平面双层保冷层

$$q_p=\frac{t-t_a}{\dfrac{\delta_1}{\lambda_1}+\dfrac{\delta_2}{\lambda_2}+\dfrac{1}{\alpha_s}} \qquad (5.3-32)$$

（2）圆筒面保冷层冷损失量计算
① 圆筒面单层保冷层

$$q_L=\frac{2\pi(t-t_a)}{\dfrac{1}{\lambda}\ln\dfrac{D_1}{D_o}+\dfrac{2}{D_1\alpha_s}} \qquad (5.3-33)$$

② 圆筒面双层保冷层

$$q_L=\frac{2\pi(t-t_a)}{\dfrac{1}{\lambda_1}\ln\dfrac{D_1}{D_o}+\dfrac{1}{\lambda_2}\ln\dfrac{D_2}{D_1}+\dfrac{2}{D_2\alpha_s}} \qquad (5.3-34)$$

（3）球形容器保冷层冷损失量计算（单层保冷层）

$$Q=\pi D_1^2\alpha_s(t_s-t_a) \qquad (5.3-35)$$

式中　Q——每台球形容器保冷层表面冷量总损失，W/台。

5.3.3.9 绝热保冷层外表面温度计算
（1）平面保冷层外表面温度计算
① 单层平面保冷层

$$t_s=\frac{\lambda t+\delta t_a\alpha_s}{\lambda+\delta\alpha_s} \quad 或 \quad t_s=t-q_p\left(\frac{\delta}{\lambda}\right) \qquad (5.3-36)$$

② 双层平面保冷层

$$t_s=t-q_p\left(\frac{\delta_1}{\lambda_1}+\frac{\delta_2}{\lambda_2}\right) \quad 或 \quad t_1=t-q_p\left(\frac{\delta_1}{\lambda_1}\right),t_s=t_1-q_p\left(\frac{\delta_2}{\lambda_2}\right) \qquad (5.3-37)$$

（2）圆筒面保冷层外表面温度计算
① 单层圆筒面保冷层

$$t_s=t-\frac{q_L}{2\pi}\left(\frac{1}{\lambda}\ln\frac{D_1}{D_o}\right) \qquad (5.3-38)$$

② 双层圆筒面保冷层

$$t_s=t-\frac{q_L}{2\pi}\left(\frac{1}{\lambda_1}\ln\frac{D_1}{D_o}+\frac{1}{\lambda_2}\ln\frac{D_2}{D_1}\right) \qquad (5.3-39)$$

$$或 \quad t_1=t-\frac{q_L}{2\pi}\left(\frac{1}{\lambda_1}\ln\frac{D_1}{D_o}\right),t_s=t_1-\frac{q_L}{2\pi}\left(\frac{1}{\lambda_2}\ln\frac{D_2}{D_1}\right) \qquad (5.3-40)$$

（3）球形容器保冷层外表面温度计算：

$$t_s = t_a + \frac{Q}{\alpha_s \pi D_1^2} \tag{5.3-41}$$

5.3.3.10 绝热冷收缩量计算

（1）根据保冷层材料与保冷设备或管道的线膨胀系数，分别算出其在保冷温度下的冷收缩量，在低温保冷工程中应根据这些收缩量之间的差值情况，于保冷层上合理设置伸缩缝。

（2）每米管道或保冷层材料在保冷温度下的收缩量计算

$$\Delta L = \beta L_1 (t_a - t_m) \tag{5.3-42}$$

式中　ΔL——线膨胀量，mm；

　　　　β——物体的线膨胀系数，℃$^{-1}$；

　　　　L_1——管道或保冷层材料在常温下的长度，mm；

　　　　t_m——管道或保冷层材料的平均温度，℃；

　　　　t_a——环境温度，℃。

（3）保冷计算经济厚度法主要数据选取原则

① 外表面温度 t（℃）。无衬里的金属设备和管道的表面温度 t，取介质的正常运行温度 t_f（℃）。

② 环境温度 t_a（℃）。常年运行者，取历年之年平均温度的平均值；季节性运行者，取累年运行期日平均温度的平均值。

③ 表面换热系数 α_s［W/(m^2·K)］。保冷结构外表面对周围空气的换热系数 α_s 当须核算表面温度时，并排敷设 $\alpha_s = 7 + 3.5\omega^{0.5}$，单根敷设 $\alpha_s = 11.63 + 7\omega^{0.5}$［式中 ω 为风速，取历年年平均风速（m/s）］。

④ 计息年数 n。一般取 4～6 年。

⑤ 年利率 i。取 10%（复利）。

⑥ 热价 f_n（元/GJ）。按不同地区、不同制冷规模的具体情况来确定。

⑦ 年运行时间 τ（h）。常年运行一般按 8000h 计算，间隙或季节性运行按设计或实际规定的天数计。

（4）保冷计算表面温度法主要数据选取原则

① 外表面温度 t（℃）。无衬里的金属设备和管道的表面温度 t，取介质的正常运行温度 t_f（℃）。

② 环境温度 t_a（℃）。取累年夏季空调室外干球计算温度。

③ 露点温度 t_d（℃）。露点温度 t_d 应取累年室外最热月月平均相对湿度，与本条②中环境温度 t_a 取值相对应的露点温度。

④ 保冷层外表面温度 t_s（℃）。取 $t_s = t_d + (1～3)$℃。

对于聚氨酯泡沫塑料，当 $\Delta t = (t_a - t_d) \leqslant 2$℃时取下限，当 $\Delta t = (t_a - t_d) \geqslant 4$℃时取上限。

⑤ 保冷层层间界面温度 t_1（℃）。双层保冷层内外层层间界面温度（即内层保冷层外表面温度）t_1，应不低于其相邻外层保冷材料的最低安全使用温度。

⑥表面换热系数 α_s［W/(m·K)］。保冷层外表面对周围空气的换热系数 α_s 一般取值 8.14W/(m^2·K)。

⑦ 热导率 λ［W/(m^2·K)］。保冷材料热导率 λ，应按其使用温度进行修正。

（5）保冷计算热平衡法主要数据选取原则

① 表面温度 t、环境温度 t_a、露点温度 t_d、保冷层层间界面温度 t_1、保冷材料热导率 λ 及保冷层外表面换热系数 α_s 等数据的选取原则，与表面温度计算法相同。

② 核算保冷层外表面温度 t_s 的有关数据，与本章节"（4）保冷计算表面温度法主要数据选取原则"计算的数据相同。

5.3.4 绝热结构及施工技术（GB/T 8175—2008）

5.3.4.1 绝热结构组成

（1）绝热结构　绝热结构由内至外，由防锈层、绝热层、防潮层（或称阻汽层）、保护层、防腐蚀层及识别层组成；防腐层可以兼作识别层，在保温结构中保护层可以兼作防潮层；绝热结构的设计应符合绝热效果好、施工方便、防火、耐久、美观等。

（2）防锈层　凡碳钢和铁素体合金钢管道、设备及其附件的外表面，在清净后应涂刷防锈层；不锈钢、有色金属及非金属材料的管道、设备及其附件的外表面，在清净后不需涂刷防锈层。

（3）绝热层　有黏结、浇注、喷涂、充填及多层复合等结构，是决定绝热效果好坏最关键的一层；要求材料的技术性能及厚度必须符合设计规定，且厚薄均匀，接缝严实，紧固合理，松紧适度，外形完整无缺，确保绝热效果良好；当厚度>80mm时，必须分层施工。

（4）防潮层　防潮层是确保保冷层绝热效果良好的重要一层；防潮层有粘贴、涂膜及包缠等结构；要求防潮层搭接适度、厚薄均匀、完整严密，无气孔，无鼓泡或开裂等缺陷；应具有阻燃、防水、防蒸汽渗透及抗老化等性能。

（5）防水层　防水层是确保保温层绝热效果良好的重要一层，应能有效防止水汽渗透、不燃或阻燃、化学稳定性好。

（6）保护层　保护层有金属及非金属结构，是绝热结构的外护层；保护防潮层和保冷层不受机械损伤和室外雨、雪、风、雹等的冲刷和压撞；要求保护层必须严密、防水、防湿、能抗大气腐蚀和光照老化、不燃或阻燃、黑度小、容量轻、不开裂、有足够的机械强度、使用寿命长并能使保冷结构外形整齐美观。

（7）防腐蚀及识别层　在保护层外表面可根据需要涂刷防腐漆，其最外层可采用不同颜色的防腐漆或制作相应色标，用以识别管道及设备内外介质类别和流向，故防腐层可兼作识别层。

5.3.4.2　保温工程施工技术要求

（1）保温层

① 设备、直管道、管件等无需检修处宜采用固定式保温工程，法兰、阀门、人孔等处宜采用可拆卸式的保温工程。

② 保温厚度宜按 10mm 为分级单位；保温厚度>80mm时，保温结构宜按分层考虑，内外层应彼此错开。

③ 使用软质和半硬质保温材料时，设计应根据材料的最佳保温密度或保证其长期运行中不致塌陷的密度而规定其施工压缩量。

④ 保温层的支撑及紧固：

a. 高于 3m 的立式设备、垂直管道以及与水平夹角大于 45°，长度超过 3m 的管道应设支撑圈，其间距一般为 3～6m；

b. 硬质材料施工中应预留伸缩缝，设置支撑圈者应在支撑圈下预留伸缩缝，缝宽应按金属壁和保温材料的伸缩之间的差值考虑，伸缩缝间应填塞与硬质材料厚度相同的软质材料，该材料使用温度应大于设备和管道的表面温度；

c. 保温层应采取适当措施进行紧固。

（2）保护层

① 保护层应具有保护保温层和防水的性能；

② 一般金属保护层应采用 0.3～0.8mm 厚的镀锌薄钢板或防锈铝板制成外壳，壳的接缝必须搭接以防雨水进入；

③ 玻璃布保护层一般在室内使用，纤维水泥类抹面保护层不得在室外使用；

④ 可采用其它已被确认可靠的新型外保护层材料。

5.3.4.3　保冷工程施工技术要求

（1）保冷层

① 保冷层厚度应符合设计规定，保冷层设计厚度大于 80mm 时，内外层应彼此错开；当分层施工时应逐层紧固；

② 保冷层施工时，应同层错缝，上下层盖缝；其接缝应以黏结剂、密封剂填实、挤紧、刮平、粘牢、密封，接缝宽度不得大于 2mm；

③ 保冷工程的金属固定件不得穿透保冷层；

④ 保冷工程的支、吊、托架等处应采用硬质隔热垫块，或采用经防潮防蛀处理后的硬质木垫块支承；

⑤ 采用聚氨酯泡沫塑料现场浇注或喷涂作保冷层时，在正式浇注或喷涂之前，必须按各项技术要求预先进行试浇或试喷；

⑥ 保冷箱充填保冷层结束后，必须密封缝口，并进行充气试漏检验；

⑦ 伸缩缝的预留应符合下列规定：

a. 双层或多层保冷层各层之间伸缩缝的位置必须错开，错开距离不宜大于 100mm；

b. 弯头两端长直管段保冷层上可各留一道伸缩缝，当两弯头之间的间距很小时，其直管段保冷层上的伸缩缝可根据介质温度确定仅留一道或不留设；

　　c. 在卧式设备的筒体保冷层上距连接 100～150mm 处，均应留一道伸缩缝；

　　d. 立式设备及垂直管道，应在其保冷层的支承环下面留设 25mm 宽的伸缩缝；

　　e. 球形容器应按设计规定留设伸缩缝；

　　f. 保冷层伸缩缝应用软质泡沫塑料条填塞严密，或挤入发泡型黏结剂，外面用 50mm 宽的不干性胶带粘贴密封；伸缩缝还必须再保冷。

　　⑧ 在下列情况之一下，必须按膨胀移动方向的另一侧留出适当的膨胀间隙：

　　a. 填料式补偿器和波纹补偿器；

　　b. 当滑动支架高度小于保冷层厚度时；

　　c. 保冷结构与墙、梁、栏杆、平台、支撑等固定构件及管道所通过的孔洞之间。

　　（2）防潮层

　　① 防潮层室外施工应避免在雨、雪中进行；

　　② 涂抹型防潮层的外表面应平整、均匀、严密，其厚度应达到设计规定；

　　③ 包扎型防潮层，其包扎材料的接缝搭接宽度应不小于 50mm，搭接处必须粘密实；卧式设备及水平管道的纵向接缝位置应在两侧搭接，缝口朝下；立式设备和垂直管道的环向接缝应满足"上搭下"；粘贴方式可采用螺旋型缠绕或平铺。

　　（3）保护层

　　① 金属保护层应采用厚 0.3～0.8mm 的镀锌薄钢板，或厚度为 0.5～1.0mm 的防锈铝板制成护壳；大型设备的金属保护层应采用波型或槽型金属护壳板装配成壳；金属护壳的结构及紧固形式，必须满足保冷层伸缩缝和膨胀间隙的要求；金属护壳的接缝应搭接或咬接，紧固金属护壳时严禁刺破防潮层。

　　② 在酸碱环境下可采用阻燃型非金属防腐材料作防护层。

5.4　绝热设计规范

5.4.1　绝热基本规定（GB 50264—2013）

　　本部分内容适用于工业设备及管道外表面温度为 −196～850℃ 的绝热工程的设计，不适用于核能、航空、航天系统有特殊要求的设备及管道，以及建筑、冷库和埋地管道的绝热工程的设计；绝热设计应符合下列要求：

　　① 绝热工程设计应按使用环境、被绝热设备及管道的材质和表面温度正确选择符合国家现行有关标准的材料；对于新材料应通过国家法定的检测部门检测合格后再选用。

　　② 绝热设计应根据工艺、节能、防结露和经济性等要求进行绝热计算，并应确定绝热结构。

　　（1）具有下列情况之一的设备、管道及其附件，应进行保温：

　　① 外表面温度高于 50℃（环境温度为 25℃时）且工艺需要减少散热损失者；

　　② 外表面温度低于或等于 50℃ 且工艺需要减少介质的温度降低或延迟介质凝结者；

　　③ 工艺不要求保温的设备及管道，当其表面温度超过 60℃，对需要操作维护，又无法采取其它措施防止人身烫伤的部位，在距地面或工作台面 2.1m 高度以下及工作台面边缘与热表面间的距离小于 0.75m 的范围内，必须设置防烫伤保温设施。

　　（2）具有下列情况之一的设备、管道及其附件，应进行保冷：

　　① 外表面温度低于环境温度且需减少冷介质在生产和输送过程中冷损失量者；

　　② 需减少冷介质在生产和输送过程中温度升高或汽化者；

　　③ 为防止常温以下、0℃ 以上设备及管道外壁表面凝露者；

　　④ 与保冷设备或管道相连的仪表及其附件。

　　（3）除人身防护要求绝热的部位外，具有下列情况之一的设备、管道及其附件不应绝热：

　　① 工艺上无特殊要求的放空和排气管道；

　　② 要求及时发现泄漏的设备和管道的法兰连接处；

　　③ 工艺过程要求裸露的设备及管道；

　　④ 要求经常监测，防止发生损坏的部位。

5.4.2 绝热材料选择（GB 50264—2013）

5.4.2.1 绝热层材料性能要求

（1）绝热层材料应选择能提供具有随温度变化的热导率方程式或图表的产品；对于软质绝热材料，应选择能提供在使用密度下的热导率方程式或图表的产品；绝热设计计算时可采用表 5.4-1 和表 5.4-2 的数据。

表 5.4-1 常用保温材料性能表

序号	材料名称	使用密度/(kg/m³)	最高使用温度/℃	推荐使用温度/℃	常用热导率 λ_0（平均温度 $T_m=70℃$）/[W/(m·K)]	热导率参考方程	抗压强度/MPa
1	硅酸钙制品	170	650（Ⅰ型）	550	0.055	$\lambda=0.0479+0.00010185T_m+9.65015\times10^{-11}T_m^3$（$T_m<800℃$）	≥0.5
		220	1000（Ⅱ型）	900	0.062	$\lambda=0.0564+0.00007786T_m+7.8571\times10^{-8}T_m^2$（$T_m<500℃$）	≥0.6
			650（Ⅰ型）	550			
			1000（Ⅱ型）	900		$\lambda=0.0937+1.67397\times10^{-10}T_m^3$（$T_m=500\sim800℃$）	
2	复合硅酸盐涂料	150～200（干态）	600	500	≤0.065	$\lambda=\lambda_0+0.00017(T_m-70)$	—
	复合硅酸盐毡	60～80	550	≤450	≤0.043	$\lambda=\lambda_0+0.00015(T_m-70)$	
		81～130	600	≤500	≤0.044		
	复合硅酸盐管壳	80～180	600	≤500	≤0.048		≥0.3
3	岩棉毡	60～100	500	≤400	≤0.044	$\lambda=0.0337+0.000151T_m$（$-20℃\leqslant T_m\leqslant100℃$）$\lambda=0.0395+4.71\times10^{-5}T_m+5.03\times10^{-7}T_m^2$（$100℃<T_m\leqslant600℃$）	—
	岩棉缝毡	80～130	650	≤550	≤0.043 ≤0.09（$T_m=350℃$）	$\lambda=0.0337+0.000128T_m$（$-20℃\leqslant T_m\leqslant100℃$）$\lambda=0.0407+2.52\times10^{-5}T_m+3.34\times10^{-7}T_m^2$（$100℃<T_m\leqslant600℃$）	
	岩棉板	60～100	500	≤400	≤0.044	$\lambda=0.0337+0.000151T_m$（$-20℃\leqslant T_m\leqslant100℃$）$\lambda=0.0395+4.71\times10^{-5}T_m+5.03\times10^{-7}T_m^2$（$100℃<T_m\leqslant600℃$）	
		101～160	550	≤450	≤0.043 ≤0.09（$T_m=350℃$）	$\lambda=0.0337+0.000128T_m$（$-20℃\leqslant T_m\leqslant100℃$）$\lambda=0.0407+2.52\times10^{-5}T_m+3.34\times10^{-7}T_m^2$（$100℃<T_m\leqslant600℃$）	
	岩棉管壳	100～150	450	≤350	≤0.044 ≤0.10（$T_m=350℃$）	$\lambda=0.0314+0.000174T_m$（$-20℃\leqslant T_m\leqslant100℃$）$\lambda=0.0384+7.13\times10^{-5}T_m+3.51\times10^{-7}T_m^2$（$100℃<T_m\leqslant600℃$）	
4	矿渣棉毡	80～100	400	≤300	≤0.044	$\lambda=0.0337+0.000151T_m$（$-20℃\leqslant T_m\leqslant100℃$）$\lambda=0.0395+4.71\times10^{-5}T_m+5.03\times10^{-7}T_m^2$（$100℃<T_m\leqslant600℃$）	—
		101～130	500	≤350	≤0.043	$\lambda=0.0337+0.000128T_m$（$-20℃\leqslant T_m\leqslant100℃$）$\lambda=0.0407+2.52\times10^{-5}T_m+3.34\times10^{-7}T_m^2$（$100℃<T_m\leqslant600℃$）	

序号	材料名称	使用密度/(kg/m³)	最高使用温度/℃	推荐使用温度/℃	常用热导率 λ_0（平均温度 $T_m=70℃$）/[W/(m·K)]	热导率参考方程	抗压强度/MPa
4	矿渣棉板	80～100	400	≤300	≤0.044	$\lambda=0.0337+0.000151T_m$（$-20℃\leqslant T_m\leqslant100℃$）$\lambda=0.0395+4.71\times10^{-5}T_m+5.03\times10^{-7}T_m^2$（$100℃<T_m\leqslant600℃$）	—
	矿渣棉板	101～130	450	≤350	≤0.043	$\lambda=0.0337+0.000128T_m$（$-20℃\leqslant T_m\leqslant100℃$）$\lambda=0.0407+2.52\times10^{-5}T_m+3.34\times10^{-7}T_m^2$（$100℃<T_m\leqslant500℃$）	—
	矿渣棉管壳	≥100	400	≤300	≤0.044	$\lambda=0.0314+0.000174T_m$（$-20℃\leqslant T_m\leqslant100℃$）$\lambda=0.0384+7.13\times10^{-5}T_m+3.51\times10^{-7}T_m^2$（$100℃<T_m\leqslant500℃$）	—
5	玻璃棉毯	24～40	400	≤300	≤0.046		—
		41～120	450	≤350	≤0.041		
	玻璃棉板	24	400	≤300	≤0.047	$\lambda=\lambda_0+0.00017(T_m-70)$（$-20℃\leqslant T_m\leqslant220℃$）	
		32	400	≤300	≤0.044		
		40	450	≤350	≤0.042		
		48	450	≤350	≤0.041		
		64	450	≤350	≤0.040		
	玻璃棉毡	24	400	≤300	≤0.046		
		32	400	≤300	≤0.046		
		40	450	≤350	≤0.046		
		48	450	≤350	≤0.041		
	玻璃棉管壳	≥48	400	≤300	≤0.041		
6	硅酸铝1♯毯	96	1000	≤800	≤0.044	$\lambda_L=\lambda_0+0.0002(T_m-70)$（$-T_m\leqslant400℃$）$\lambda_H=\lambda_L+0.00036(T_m-400)$（$-T_m>400℃$）	—
		128	1000	≤800			
	硅酸铝2♯毯	96	1200	≤1000			
		128	1200	≤1000			
	硅酸铝1♯毡	≤200	1000	≤800			
	硅酸铝2♯毡	≤200	1200	≤1000			
	硅酸铝板管壳	≤220	1100	≤1000			
	硅酸铝树脂结合毡	128		350	≤0.044	$\lambda_L=\lambda_0+0.0002(T_m-70)$	
7	硅酸镁纤维毡	100±10 130±10	900	≤700	≤0.040	$\lambda=0.0397+2.741\times10^{-5}T_m+4.526\times10^{-7}T_m^2$（$70℃<T_m\leqslant500℃$）	—

注：1. 设计采用的各种绝热材料的物理化学性能及数据应符合各自的产品标准规定。

2. 热导率参考方程中，T_m 为平均温度（℃）（T_m-70）、（T_m-400）等表示该方程的数据项。

3. 当选用高出本表推荐使用温度的玻璃棉、岩棉、矿渣棉和含黏结剂的硅酸铝制品时，需由厂家提供国家法定检测机构出具的合格的最高使用温度评估报告，且最高使用温度应高于工况使用温度至少100℃。

表 5.4-2　常用保冷材料性能表

序号	材料名称	使用密度/(kg/m³)	使用温度范围/℃	推荐使用温度/℃	常用热导率 λ_0/[W/(m·K)]	热导率参考方程	抗压强度/MPa
1	柔性泡沫橡塑制品	40～60	-40～105	-35～85	≤0.036(0℃)	$\lambda_L=\lambda_0+0.0001T_m$	
2	硬质聚氨酯泡沫塑料（PUR）制品	45～55	-80～100	-65～80	≤0.023(25℃)	$\lambda=\lambda_0+0.000122(T_m-25)+3.51\times10^{-7}(T_m-25)^2$	≥0.2

续表

序号	材料名称	使用密度/(kg/m³)	使用温度范围/℃	推荐使用温度/℃	常用热导率λ_0/[W/(m·K)]	热导率参考方程	抗压强度/MPa
3	泡沫玻璃制品Ⅰ类	120±8	−196~450	−196~400	≤0.045(25℃)	$\lambda=\lambda_0+0.000150(T_m-25)+3.21\times10^{-7}(T_m-25)^2$	≥0.8
	泡沫玻璃制品Ⅱ类	160±10	−196~450	−196~400	≤0.064(25℃)	$\lambda=\lambda_0+0.000155(T_m-25)+1.60\times10^{-7}(T_m-25)^2$	≥0.8
4	聚异氰脲酸酯(PIR)	40~50	−196~120	−170~100	≤0.029(25℃)	$\lambda=\lambda_0+0.000118(T_m-25)+3.39\times10^{-7}(T_m-25)^2$	≥0.22
5	高密度聚异氰脲酸酯(HDPIR)	160±16	−196~110	−196~100	≤0.038(25℃)	$\lambda=\lambda_0+0.000219(T_m-25)+0.43\times10^{-7}(T_m-25)^2$	≥1.6(常温) ≥2.0(−196℃)
		240±24	−196~110	−196~100	≤0.045(25℃)	$\lambda=\lambda_0+0.000235(T_m-25)+1.41\times10^{-7}(T_m-25)^2$	≥2.5(常温) ≥3.5(−196℃)
		320±32	−196~110	−196~100	≤0.050(25℃)	$\lambda=\lambda_0+0.000341(T_m-25)+8.10\times10^{-7}(T_m-25)^2$	≥5.0(常温) ≥7.0(−196℃)
		450±45	−196~110	−196~100	≤0.080(25℃)	$\lambda=\lambda_0+0.000309(T_m-25)+1.51\times10^{-7}(T_m-25)^2$	≥10(常温) ≥14(−196℃)
		550±55	−196~110	−196~100	≤0.090(25℃)	$\lambda=\lambda_0+0.000338(T_m-25)+5.21\times10^{-7}(T_m-25)^2$	≥15(常温) ≥20(−196℃)

注：1. 设计采用的各种绝热材料的物理化学性能及数据应符合各自的产品标准规定。

2. 热导率参考方程中（T_m-25）表示该方程的数据项；λ_0对应代入T_m为25℃时的值。

（2）绝热材料及其制品的主要物理性能和化学性能应符合国家现行有关产品标准的规定，常用绝热材料的主要性能应符合表 5.4-1、表 5.4-2 的规定；绝热材料及其制品的热导率应符合下列要求：

① 保温材料在平均温度为70℃时，其热导率不得大于 0.080W/(m·K)；

② 用于保冷的泡沫塑料及其制品在平均温度为 25℃时的热导率不应大于 0.044W/(m·K)；

③ 泡沫橡塑制品在平均温度为 0℃时的热导率不应大于 0.036W/(m·K)；

④Ⅰ类泡沫玻璃制品在平均温度为 25℃时的热导率不应大于 0.045W/(m·K)；Ⅱ类泡沫玻璃制品在平均温度为 25℃时的热导率不应大于 0.064W/(m·K)。

（3）硬质保温制品的密度不应大于 220kg/m³，半硬质保温制品的密度不应大于 200kg/m³，软质保温制品的密度不应大于 150kg/m³。用于保冷的泡沫塑料制品的密度不应大于 60kg/m³，泡沫橡塑制品的密度不应大于 95kg/m³，泡沫玻璃制品的密度不应大于 180kg/m³。

（4）常用绝热材料及其制品的主要物理性能及化学性能应符合下列要求：

① 岩棉制品的纤维平均直径不得大于 5.5μm，粒径大于 0.25mm 的渣球含量不得大于 6.0%，有机物含量不得大于 4.0%，管壳有机物含量不得大于 5.0%，宜采用憎水型制品；当有防水要求时，其制品质量吸湿率不应大于 1.0%，憎水率不应小于 98%；岩棉制品的酸度系数不应低于 1.6；

② 矿渣棉制品的纤维平均直径不得大于 6.5μm，粒径大于 0.25mm 的渣球含量不得大于 8.0%，有机物含量不得大于 4.0%，管壳有机物含量不得大于 5.0%，宜采用憎水型制品；当有防水要求时，其制品质量吸湿率不应大于 4.0%，憎水率不应小于 98%；

③ 玻璃棉制品纤维平均直径不得大于 7.0μm，粒径大于 0.25mm 的渣球含量不得大于 0.2%，有机物含量不得大于 4.0%，管壳有机物含量不得大于 5.0%；当有防水要求时，其制品的质量吸湿率不应大于 3.0%，憎水率不应小于 98%；

④ 硅酸铝棉制品中，粒径大于 0.21mm 的渣球含量不得大于 18%；当选用含黏结剂的硅酸铝棉制品时，宜采用憎水型制品，其抗拉强度应大于 0.05MPa；当有防水要求时，其制品质量吸湿率不应大于 4.0%，憎水率不应小于 98%，硅酸铝针刺毯的抗拉强度应大于 0.035MPa；

⑤ 硅酸镁纤维毯中粒径大于 0.21mm 的渣球含量不得大于 16%，抗拉强度应大于 0.04MPa；

⑥ 硅酸钙制品应采用无石棉含耐高温纤维的制品，质量含湿率不得大于 7.5%，抗压强度不得小于 0.6MPa，抗折强度不得小于 0.3MPa，线收缩率不得大于 2.0%；

⑦ 复合硅酸盐制品宜采用憎水型，质量含湿率不应大于 2.0%，憎水率不应小于 98%，毡的压缩回弹率不得小于 70%；

⑧ 泡沫玻璃制品的抗压强度不得小于 0.8MPa，抗折强度不得小于 0.4MPa，体积吸水率不得大于 0.5%，水蒸气透湿系数不得大于 $5×10^{-11}$g/(Pa·m·s)；

⑨ 聚异氰脲酸酯（PIR）泡沫制品的抗压强度不得小于 0.22MPa，闭孔率不得小于 90%，体积吸水率不得大于 4.0%，水蒸气透湿系数不得大于 $5.8×10^{-9}$g/(Pa·m·s)；聚氨酯（PUR）泡沫制品的抗压强度不小于 0.2MPa，闭孔率不得小于 90%，体积吸水率不得大于 5.0%，水蒸气透湿系数不得大于 $6.5×10^{-9}$g/(Pa·m·s)；

⑩ 柔性泡沫橡塑制品的体积吸水率不得大于 0.2%，水蒸气透湿系数不得大于 $1.3×10^{-10}$g/(Pa·m·s)，轴向弯曲应无裂缝。

（5）高密度聚异氰脲酸酯（HDPIR）硬质保冷垫块材料的闭孔率不得小于 90%，体积吸水率不得大于 4.0%，水蒸气透湿系数不得大于 $5.8×10^{-9}$g/(Pa·m·s)；不同品种高密度聚异氰脲酸酯垫块的主要性能要求应符合表 5.4-2 的规定。

（6）绝热材料及制品的燃烧性能等级应符合下列要求：

① 被绝热设备或管道表面温度大于 100℃时，应选择不低于国家标准《建筑材料及制品燃烧性能分级》（GB 8624）中规定的 A2 级材料；

② 被绝热设备或管道表面温度小于或等于 100℃时，应选择不低于国家标准《建筑材料及制品燃烧性能分级》（GB 8624）中规定的 C 级材料，当选择国家标准《建筑材料及制品燃烧性能分级》（GB 8624）中规定的 B 级和 C 级材料时，氧指数不应小于 30%。

（7）用于与奥氏体不锈钢表面接触的绝热材料，其氯化物、氟化物、硅酸根、钠离子的含量，应符合现行国家标准《覆盖奥氏体不锈钢用绝热材料规范》（GB/T 17393）的有关规定，其浸出液的 pH 值在 25℃ 应为 7.0~11.0。

（8）用于覆盖铝、铜、钢材的矿物纤维类绝热材料，应按国家标准《绝热用岩棉、矿渣棉及其制品》（GB/T 11835）的有关规定试验并判定。

（9）岩棉、矿渣棉、玻璃棉和含黏结剂的硅酸铝棉制品应提供高于工况使用温度至少 100℃ 的最高使用温度评估报告。试验方法应按现行国家标准《绝热材料最高使用温度的评估方法》（GB/T 17430）的有关规定进行；判定依据应按现行国家标准《绝热用岩棉、矿渣棉及其制品》（GB/T 11835）和《绝热用玻璃棉及其制品》（GB/T 13350）的有关规定判定，不合格者不得使用。

（10）绝热层材料应选择能提供具有最高或最低使用温度、燃烧性能、腐蚀性及耐蚀性、防潮性能、抗压强度、抗折强度、化学稳定性、热稳定性指标的产品；对硬质绝热材料尚应提供材料的线膨胀系数或线收缩率数据。

5.4.2.2 防潮层材料性能要求

（1）防潮层材料应选择具有良好抗蒸气渗透性、防水性和防潮性，其吸水率不大于 1.0% 的材料。

（2）防潮层材料必须阻燃，其氧指数不应小于 30%。

（3）防潮层材料应选用化学性能稳定、无毒且耐腐蚀的材料，并不得对绝热层材料和保护层材料产生腐蚀或溶解作用。

（4）防潮层材料应选择安全使用温度范围大、夏季不软化、不起泡和不流淌的材料，且在冬季用不脆化、不开裂和不脱落的材料。

（5）涂抹型防潮层材料，20℃ 黏结强度不应小于 0.15MPa，其软化温度不应低于 65℃，挥发物不得大于 30%。

（6）包捆型防潮层材料的拉伸强度不应低于 10.0MPa，断裂伸长率不应低于 10%。

5.4.2.3 保护层材料性能要求

（1）保护层材料应具有防水、防潮、抗大气腐蚀、化学稳定性好等性能，并不得对防潮层材料或绝热层材料产生腐蚀或溶解作用。

（2）保护层应选择机械强度高，且在使用环境下不软化、不脆裂和抗老化的材料。

（3）保护层材料应采用不低于国家标准《建筑材料及制品燃烧性能分级》（GB 8624）中规定的 C 级材料。

（4）对贮存或输送易燃、易爆物料的设备及管道，以及与其邻近的管道，其保护层必须采用不低于国家标准《建筑材料及制品燃烧性能分级》（GB 8624）中规定的 A2 级材料。

5.4.2.4　黏结剂、密封胶和耐磨剂的性能要求

（1）黏结剂应根据保冷材料的性能以及使用温度选择，保冷采用的黏结剂应在使用的低温范围内保持黏结性能，黏结强度在常温时应大于 0.15MPa，软化温度应大于 65℃；泡沫玻璃宜采用弹性黏结剂或密封胶，在 −196℃时的黏结强度应大于 0.05MPa。

（2）采用的黏结剂、密封胶和耐磨剂不应对金属壁产生腐蚀及引起保冷材料溶解；在由于温度变化引起伸缩或振动情况下，耐磨剂应能防止泡沫玻璃因自身或与金属相互摩擦而受损。

（3）黏结剂、密封胶应选择固化时间短、具有密封性能、在设计使用年限内不开裂的产品。

5.4.3　绝热工程计算（GB 50264—2013）

5.4.3.1　保温计算

（1）保温计算应根据工艺要求和技术经济分析选择保温计算公式，并应按"5.4.3.8 保温计算的参数"确定计算参数；当无特殊工艺要求时，保温的厚度应采用"经济厚度"法计算，经济厚度偏小以致散热损失量超过表 5.4-3 中最大允许热损失量时，应采用最大允许热损失量下的保温厚度，且保温结构外表面温度应符合下列要求：

表 5.4-3　绝热层外表面最大允许热损失量　　　　　　　　单位：W/m²

设备管道外表面温度 T_o/℃	常年运行	季节运行	设备管道外表面温度 T_o/℃	常年运行	季节运行
50	52	104	500	236	—
100	84	147	550	251	—
150	104	183	600	266	—
200	126	220	650	283	—
250	147	251	700	297	—
300	167	272	750	311	—
350	188	—	800	324	—
400	204	—	850	338	—
450	220	—			

① 环境温度低于或等于 25℃时，设备及管道保温结构外表面温度不应超过 50℃；

② 环境温度高于 25℃时，设备及管道保温结构外表面温度不应高于环境温度 25℃。

（2）防止人身遭受烫伤的部位。其保温层厚度应按表面温度法计算，且保温层外表面的温度不得大于 60℃。

（3）当需要延迟冻结、凝固和结晶的时间及控制物料温降时，其保温厚度应按热平衡方法计算。

5.4.3.2　保冷计算

（1）保冷计算应根据工艺要求确定保冷计算参数，当无特殊工艺要求时，保冷厚度应采用下式计算：

$$D_1 \ln \frac{D_1}{D_o} = 2\lambda \left(\frac{T_o - T_a}{[Q]} - \frac{1}{\alpha_s} \right) \tag{5.4-1}$$

双层时应采用下式计算，并应用经济厚度调整。

$$D_2 \ln \frac{D_2}{D_o} = 2 \left[\frac{\lambda_1 (T_o - T_1) - \lambda_2 (T_1 - T_a)}{[Q]} - \frac{\lambda_2}{\alpha_s} \right] \tag{5.4-2}$$

式中　D_o——管道或设备外径，m；

　　　D_1——内层绝热层外径，单层时即绝热层外径，m；

　　　D_2——外层绝热层外径，m；

　　　λ——绝热材料在平均温度下的热导率，W/(m·K)，取值应取绝热材料在平均温度下的热导率，对软质材料应取使用密度下的热导率；

　　　T_o——管道或设备的外表面温度，无衬里时应取介质的长期正常运行温度，有内衬时应按有外保温层存在的条件下进行传热计算确定；保冷层计算时设备及管道外表面温度应取介质的最低操作温度，℃；

　　　T_1——内层绝热层外表面的界面温度，℃，复合保冷结构的不同材料界面处以摄氏度（℃）计的温度的绝对值应小于或等于外层保冷材料的推荐使用温度下限值绝对值的 0.9 倍；有热介质扫线要求的保冷结构，其界面温度尚不得超过保冷材料的推荐使用温度上限值的 0.9 倍；

T_a——环境温度，℃；

α_s——绝热层外表面与周围空气的换热系数，W/(m^2·K)，取值应符合 GB 50264—2013 第 5.8.4 条及第 5.9.4 条的规定；

[Q]——以每平方米绝热层外表面积为单位的最大允许热、冷损失量，W/m^2，保温时应按 GB 50264—2013 附录 B 取值；保冷时 [Q] 为负值，最大允许冷损失量应按表 5.4-4 所列公式计算。

表 5.4-4　最大冷损失量计算表

温度差$(T_a - T_d)$	[Q]
≤4.5℃	$-(T_a - T_d)\alpha_s$
>4.5℃	$-4.5\alpha_s$

注：T_d—当地气象条件下最热月的露点温度，℃，取值可按 GB 50264—2013 附录 C 确定。

式（5.4-2）中环境温度的取值应符合下列规定：

① 室外保温结构常年运行时，应取历年的年平均温度的平均值，采暖季节运行时应取历年运行期日平均温度的平均值；

② 室内保温经济厚度计算和热损失计算中可取为 20℃；

③ 在地沟内保温经济厚度计算和热损失计算中，取值应符合表 5.4-5 的规定；

表 5.4-5　T_a 的取值　　　　　　　　　　　　　　　　单位：℃

外表面温度 T_o	环境温度 T_a 取值
≤80	20
81～110	30
≥110	40

④ 在防止人身烫伤的厚度计算中，应取历年最热月平均温度值；

⑤ 在防止设备管道内介质冻结的计算中，应取冬季历年极端平均最低温度；

⑥ 环境温度的取值应符合防结露厚度计算和最大允许冷损失下的厚度计算时，环境温度应取夏季空气调节室外计算干球温度；经济厚度计算时取值应符合①的规定；表面温度和热量损失的计算中，取厚度计算时的对应值。

（2）用经济厚度计算的保冷厚度应用防结露厚度校核。

5.4.3.3　绝热层厚度计算

（1）圆筒型绝热层厚度应按下列公式计算：

单层保温时厚度：$\qquad\qquad\qquad\qquad \delta = (D_1 - D_o)/2$ 　　　　　　　　　　(5.4-3)

双层保温时总厚度：$\qquad\qquad\qquad \delta = (D_2 - D_o)/2$ 　　　　　　　　　　(5.4-4)

双层保温时内层厚度：$\qquad\qquad \delta_1 = (D_1 - D_o)/2$ 　　　　　　　　　　(5.4-5)

双层保温时外层厚度：$\qquad\qquad \delta_2 = (D_2 - D_1)/2$ 　　　　　　　　　　(5.4-6)

单层保冷时厚度：$\qquad\qquad\qquad\quad \delta = K(D_1 - D_o)/2$ 　　　　　　　　　(5.4-7)

双层保冷时总厚度：$\qquad\qquad\quad \delta = K(D_2 - D_o)/2$ 　　　　　　　　　(5.4-8)

双层保冷时内层厚度：$\qquad\quad \delta_1 = K(D_1 - D_o)/2$ 　　　　　　　　　(5.4-9)

双层保冷时外层厚度：$\qquad\quad \delta_2 = K(D_2 - D_1)/2$ 　　　　　　　　　(5.4-10)

式中　D_o——管道或设备外径，m；

D_1——内层绝热层外径，m，当为单层时，D_1 即绝热层外径；

D_2——外层绝热层外径，m；

δ——绝热层厚度，m，当绝热层为双层绝热结构时，为双层总厚度；

δ_1——内层绝热层厚度，m；

δ_2——外层绝热层厚度，m；

K——保冷厚度修正系数，除经济厚度计算中 K 值为 1 以外，其它计算中 K 应按 "5.4.3.9 保冷计算的参数" 中（8）的规定取值。

（2）绝热层的经济厚度应符合下列要求：

① 圆筒型绝热层经济厚度计算中，应使绝热层外径 D_1 满足下式要求：

$$D_1 \ln \frac{D_1}{D_o} = 3.795 \times 10^{-3} \sqrt{\frac{P_E \lambda t \, | T_o - T_a |}{P_T S}} - \frac{2\lambda}{\alpha_s} \qquad (5.4\text{-}11)$$

式中　P_E——能量价格，元/GJ，P_E 的取值应符合 5.4.3.7 中（1）和（2）条的规定；

P_T——绝热结构单位造价，元/m³，P_T 的取值应按实际价格或按 5.4.3.7 中（3）的规定计算确定；

λ——绝热材料在平均温度下的热导率，W/(m·K)，λ 的取值应符合 5.4.3.8 中（5）的规定；

α_s——绝热层外表面与周围空气的换热系数，W/(m²·K)，α_s 的取值应符合 5.4.3.8 中（4）及 5.4.3.9 中（4）的规定；

t——年运行时间，h，t 的取值应符合 5.4.3.8 中（8）及 5.4.3.9 中（7）的规定；

T_o——管道或设备的外表面温度，℃，T_o 的取值应符合 5.4.3.8 中（1）及 5.4.3.9 中（1）第①款的规定；

T_a——环境温度，℃，T_a 的取值应符合 5.4.3.8 中（2）5.4.3.9 中（1）第②款的规定；

$| T_o - T_a |$——$(T_o - T_a)$ 的绝对值；

S——绝热工程投资年摊销率，%，宜在设计使用年限内按复利率计算。

② 平面型绝热层经济厚度应按下式计算：

$$\delta = 1.8975 \times 10^{-3} \sqrt{\frac{P_E \lambda t \, | T_o - T_a |}{P_T S}} - \frac{\lambda}{\alpha_s} \qquad (5.4\text{-}12)$$

（3）圆筒型单层最大允许热、冷损失下绝热层厚度应符合下列要求：

① 最大允许热损失量应按表 5.4-3 取值，最大允许冷损失量应按 5.4.3.4 中（2）的规定取值，此时，绝热层厚度计算中，应使其外径 D_1 满足下式要求：

$$D_1 \ln \frac{D_1}{D_o} = 2\lambda \left(\frac{T_o - T_a}{[Q]} - \frac{1}{\alpha_s} \right) \qquad (5.4\text{-}13)$$

式中　$[Q]$——以每平方米绝热层外表面积为单位的最大允许热、冷损失量，W/m²；保温时 $[Q]$ 应按表 5.4-3 取值；保冷时 $[Q]$ 为负值，应按表 5.4-4 计算。

② 当工艺要求允许热、冷损失量以每米管道长度的热、冷损失量为准计算时，绝热层厚度计算中，应使其外径 D_1 满足下式要求：

$$\ln \frac{D_1}{D_o} = \frac{2\pi\lambda(T_o - T_a)}{[q]} - \frac{2\lambda}{D_1 \alpha_s} \qquad (5.4\text{-}14)$$

式中　$[q]$——以每米管道长度为单位的最大允许热损失量，W/m，其值以工艺计算为准；保温时为正值，保冷时为负值。

（4）圆筒型不同材料双层热、冷损失下的绝热层厚度，应符合下列要求：

① 当最大允许热损失量按表 5.4-3 取值或最大允许冷损失量按表 5.4-4 规定取值时，应符合下列要求：

a. 不同材料双层绝热层总厚度 δ 计算中，应使外层绝热层外径 D_2 满足下式的要求：

$$D_2 \ln \frac{D_2}{D_o} = 2 \left[\frac{\lambda_1(T_o - T_1) - \lambda_2(T_1 - T_a)}{[Q]} - \frac{\lambda_2}{\alpha_s} \right] \qquad (5.4\text{-}15)$$

b. 内层厚度 δ_1 计算中，应使内层绝热层外径 D_1 满足下式的要求：

$$\ln \frac{D_1}{D_o} = \frac{2\lambda_1(T_o - T_1)}{D_2[Q]} \qquad (5.4\text{-}16)$$

式中　T_1——内层绝热层外表面温度，℃，T_1 的绝对值应小于以摄氏度计的外层绝热材料的推荐使用温度（T_2）的 0.9 倍；对保冷设计取保冷材料推荐使用温度（T_2）下限值的 0.9 倍；

λ_1——内层绝热材料热导率，W/(m·K)；

λ_2——外层绝热材料热导率，W/(m·K)。

c. 外层厚度 δ_2 应按本章节（1）中公式计算。

② 当工艺要求最大允许热、冷损失量按每米管道长度的热、冷损失量为基准计算时，应符合下列要求。

a. 不同材料双层绝热层总厚度 δ 计算中，应使外层绝热层外径 D_2 满足下式的要求：

$$\ln \frac{D_2}{D_o} = \frac{2\pi[\lambda_1(T_o - T_1) - \lambda_2(T_1 - T_a)]}{[q]} - \frac{2\lambda_2}{D_2 \alpha_s} \qquad (5.4\text{-}17)$$

式中　$[q]$——以每米管道长度为单位的最大允许热损失量，W/m，可按本章节（3）第②款规定取值。

b. 内层厚度 δ_1 计算中，应使内层绝热层外径 D_1 满足下式的要求：

$$\ln \frac{D_1}{D_o} = \frac{2\pi\lambda_1(T_o - T_1)}{[q]} \tag{5.4-18}$$

c. 外层厚度 δ_2 应按本章节（1）中公式计算。

（5）平面型单层最大允许热、冷损失下绝热层厚度应按下式计算：

$$\delta = \lambda\left(\frac{T_o - T_a}{[Q]} - \frac{1}{\alpha_s}\right) \tag{5.4-19}$$

（6）平面型不同材料双层最大允许热、冷损失下绝热层厚度应按下列公式计算：

① 内层厚度 δ_1 应按下式计算：

$$\delta_1 = \frac{\lambda_1(T_o - T_1)}{[Q]} \tag{5.4-20}$$

② 外层厚度 δ_2 应按下式计算：

$$\delta_2 = \lambda_2\left(\frac{T_1 - T_a}{[Q]} - \frac{1}{\alpha_s}\right) \tag{5.4-21}$$

（7）圆筒型单层绝热层外表面结露的绝热层厚度计算中，应使绝热层外径 D_1 满足下式的要求：

$$D_1 \ln \frac{D_1}{D_o} = \frac{2\lambda}{\alpha_s} \times \frac{T_s - T_o}{T_a - T_s} \tag{5.4-22}$$

式中　T_s——保冷层外表面温度，℃，按 5.4.3.9 中（1）第⑥款规定取值。

（8）圆筒型不同材料双层防结露绝热层厚度计算中，应使绝热外径 D_2 满足下列公式的要求：

① 不同材料双层绝热层总厚度 δ 的计算中，应使外层绝热层外径 D_2 满足下式的要求：

$$D_2 \ln \frac{D_2}{D_o} = \frac{2}{\alpha_s} \times \frac{\lambda_1(T_1 - T_o) + \lambda_2(T_s - T_1)}{T_a - T_s} \tag{5.4-23}$$

② 内层厚度 δ_1 的计算中，应使内层绝热层外径 D_1 满足下式的要求：

$$\ln \frac{D_1}{D_o} = \frac{2\lambda_1}{D_2\alpha_s} \times \frac{T_1 - T_o}{T_a - T_s} \tag{5.4-24}$$

③ 外层厚度 δ_2 的计算中，应使内层绝热层外径 D_1 满足下式的要求：

$$\ln \frac{D_2}{D_o} = \frac{2\lambda_2}{D_2\alpha_s} \times \frac{T_s - T_1}{T_a - T_s} \tag{5.4-25}$$

（9）平面型单层防结露保冷层厚度应按下式计算：

$$\delta = \frac{K\lambda}{\alpha_s} \times \frac{T_s - T_o}{T_a - T_s} \tag{5.4-26}$$

（10）平面型不同材料双层防结露绝热层厚度应按下列公式计算：

① 内层厚度 δ_1 应按下式计算：

$$\delta_1 = \frac{K\lambda_1}{\alpha_s} \times \frac{T_1 - T_o}{T_a - T_s} \tag{5.4-27}$$

② 外层厚度 δ_2 应按下式计算：

$$\delta_2 = \frac{K\lambda_2}{\alpha_s} \times \frac{T_s - T_1}{T_a - T_s} \tag{5.4-28}$$

（11）用表面温度方法计算的圆筒型绝热层厚度，其绝热层外径 D_1 应满足下式要求：

$$D_1 \ln \frac{D_1}{D_o} = \frac{2\lambda}{\alpha_s} \times \frac{T_s - T_o}{T_a - T_s} \tag{5.4-29}$$

式中　T_s——绝热层外表面温度，℃，对防烫伤保温可取为 60℃。

（12）用表面温度方法计算的平面型绝热层厚度应按下式计算：

$$\delta = \frac{\lambda}{\alpha_s} \times \frac{T_s - T_o}{T_a - T_s} \tag{5.4-30}$$

（13）延迟管道内介质冻结、凝固、结晶的保温厚度计算，应使绝热层外径 D_1 符合下式的要求：

$$\ln\frac{D_1}{D_o} = \frac{7200 K_r \pi \lambda t_{fr}}{(V\rho c + V_P \rho_P c_P)\ln\dfrac{T_o - T_a}{T_{fr} - T_a}} - \frac{2\lambda}{D_1 \alpha_s} \tag{5.4-31}$$

式中 K_r ——管道通过吊架处的热损失附加系数，$K_r = 1.1 \sim 1.2$，大管取值下限，小管取值上限；

T_{fr} ——介质凝固点，℃；

t_{fr} ——介质在管道内不出现冻结的停留时间，h；

α_s ——冬季最多风向平均风速下绝热层外表面与周围空气的换热系数，按式（5.4-97）计算；

V、V_P ——介质单位长度体积和管壁单位长度体积，m^3/m；

ρ、ρ_P ——介质密度和管壁密度，kg/m^3；

c、c_P ——介质热容和管壁比热容，$J/(kg \cdot K)$。

T_a ——环境温度，℃，室外管道应取冬季极端平均最低温度，可向当地气象局索取或按表5.4-6规定取值。

表 5.4-6 中国部分省、市自治区的环境温度、相对湿度

序号	地名	保温运行平均温度（T_a）/℃			保冷		室外风速平均值/（m/s）			保温	极端最高温度平均值	统计年份
		常年	采暖季		防烫伤	防结露	相对湿度	冬季最多风向	冬季平均	夏季平均	防冻极低温		
		年平均	日平均		最热月	夏季空调	最热月						
			≤5℃	≤8℃	≤8℃	T_a/℃	ψ/%				T_a/℃	℃	
01	北京	12.3	−0.7	−0.3	26.3	33.5	73	4.7	2.6	2.1	−14.0	41.9	1971~2000
02	天津	12.7	−0.6	0.4	26.6	33.9	76	4.8	2.4	2.2	−13.9	40.5	1971~2000
03	河北省												
03.1	承德	9.1	−4.1	−2.9	24.6	32.7	69	3.3	1.0	0.9	−20.6	43.3	1971~2000
03.2	唐山	11.5	−1.6	−0.7	25.8	32.9	77	2.9	2.2	2.3	−17.1	39.6	1971~2000
03.3	石家庄	13.1	0.1	1.5	26.9	35.1	71	2.0	1.8	1.7	−13.1	41.5	1971~2000
04	山西省												
04.1	大同	7.0	−4.8	−3.5	22.1	30.9	63	3.3	2.8	2.5	−24.3	37.2	1971~2000
04.2	太原	10.0	−1.7	−0.7	23.5	31.5	72	2.6	2.0	1.8	−19.0	7.4	1971~2000
04.3	运城	14.0	0.7	2.0	27.6	35.8	63	2.8	2.4	3.1	−12.6	41.2	1971~2000
05	内蒙古自治区												
05.1	呼伦贝尔	−1.0	−12.7	−11.0	20.0	29.0	70	2.5	2.3	3.0	−38.1	36.6	1971~2000
05.2	二连浩特	4.0	−9.3	−8.1	23.4	33.2	47	5.3	3.6	4.0	−31.9	41.1	1971~2000
05.3	呼和浩特	6.7	−5.3	−4.1	22.6	30.6	60	4.2	1.5	1.8	−23.7	38.5	1971~2000
06	辽宁省												
06.1	开原	7.0	−6.4	−4.9	23.8	31.1	79	3.8	2.7	2.7	−29.1	36.6	1971~2000
06.2	沈阳	8.4	−5.4	−3.6	24.7	31.5	77	3.6	2.6	2.6	−25.0	36.1	1971~2000
06.3	锦州	9.5	−3.4	−2.2	24.6	31.4	77	5.1	3.2	3.3	−19.1	41.8	1971~2000
06.4	鞍山	9.6	−3.8	−2.5	25.1	31.6	73	3.5	2.9	2.7	−21.4	36.5	1971~2000

序号	地名	保温运行平均温度(T_a)/℃				保冷		室外风速平均值/(m/s)			保温	极端最	统计年份
		常年	采暖季		防烫伤	防结露	相对湿度	冬季最	冬季	夏季	防冻	高温度	
		年平均	日平均		最热月	夏季空调	最热月	多风向	平均	平均	极低温	平均值	
			≤5℃	≤8℃	≤8℃	T_a/℃	ψ/%				T_a/℃	/℃	
06.5	大连	10.9	−0.7	0.3	24.2	29.0	81	7.0	5.2	4.1	−14.1	35.3	1971～2000
07	吉林省												
07.1	吉林	4.8	−8.5	−7.1	22.9	30.4	78	4.0	2.6	2.6	−33.8	35.7	1971～2000
07.2	长春	4.8	−8.5	−7.1	23.2	30.5	78	4.0	2.6	2.6	−27.8	35.7	1971～2000
07.3	通化	5.6	−6.6	−5.3	22.4	29.9	79	3.6	1.3	1.6	−29.2	35.6	1971～2000
08	黑龙江省												
08.1	齐齐哈尔	3.9	−9.5	−8.1	23.3	31.1	72	3.1	2.6	3.0	−30.6	40.1	1971～2000
08.2	哈尔滨	4.2	−9.4	−7.8	23.1	30.7	76	3.7	3.2	3.2	−32.2	36.7	1971～2000
08.3	牡丹江	4.3	−8.6	−7.3	22.5	31.0	74	2.3	2.2	2.1	−29.8	38.4	1971～2000
09	上海	16.1	4.1	5.2	28.3	34.4	80	3.0	2.6	3.1	−5.6	39.4	1971～1998
10	江苏省												
10.1	连云港	13.6	1.4	2.6	26.6	32.7	83	2.9	2.6	2.9	−10.6	38.7	1971～2000
10.2	南通	15.3	3.6	4.7	26.7	33.5	83	3.5	3.0	3.0	−6.1	38.5	1971～2000
10.3	南京	15.5	3.2	4.2	28.1	34.8	80	3.5	2.4	2.6	−8.5	39.7	1971～2000
11	浙江省												
11.1	杭州	16.5	4.2	5.4	28.6	35.6	77	3.3	2.3	2.4	−5.2	39.9	1971～2000
11.2	衢州	17.3	4.8	6.2	29.0	35.8	75	3.9	2.5	2.3	−4.7	40.0	1971～2000
11.3	温州	18.1	—	7.5	28.3	33.8	82	2.9	1.8	2.0	−1.9	39.6	1971～2000
12	安徽省												
12.1	合肥	15.8	3.4	4.3	28.4	35.0	78	3.0	2.7	2.9	−7.7	39.1	1971～2000
12.2	芜湖	16.0	3.4	4.5	28.7	35.3	78	2.8	2.2	2.3	−6.8	39.5	1971～1995
13	福建省												
13.1	福州	19.8	—	—	29.0	35.9	78	3.1	2.4	3.0	1.5	39.9	1971～2000
13.2	厦门	20.6	—	—	28.2	33.5	81	4.0	3.3	3.1	4.0	38.5	1971～2000
14	江西省												
14.1	九江	17.0	4.6	5.5	29.7	35.8	73	4.1	2.7	2.3	−4.0	40.3	1971～1991
14.2	南昌	17.6	4.7	6.2	29.5	35.5	75	3.6	2.6	2.2	−3.8	40.1	1971～2000

序号	地名	保温运行平均温度（T_a）/℃			保冷		室外风速平均值/（m/s）			保温	极端最	统计年份
		常年	采暖季	防烫伤	防结露	相对湿度	冬季最	冬季	夏季	防冻	高温度	
		年平均	日平均	最热月	夏季空调	最热月	多风向	平均	平均	极低温	平均值	
			≤5℃	≤8℃	≤8℃	T_a/℃	ψ/%				T_a/℃	/℃	
14.3	赣州	19.4	—	7.7	29.5	35.4	70	2.4	1.6	1.8	−1.5	40.0	1971～2000
15	山东省												
15.1	烟台	12.7	0.7	0.9	25.1	31.1	79	5.9	4.4	3.1	−10.0	38.0	1971～1991
15.2	济南	14.7	1.4	2.1	27.7	34.7	66	3.7	2.9	2.8	−11.6	40.5	1971～2000
15.3	青岛	12.7	1.3	2.6	25.4	29.4	82	6.6	5.4	4.6	−9.5	37.4	1971～2000
16	河南省												
16.1	新乡	14.2	1.5	2.6	27.0	34.4	78	3.6	2.1	1.9	−10.5	42.0	1971～2000
16.2	郑州	14.3	1.7	3.0	27.1	34.9	73	4.9	2.7	2.2	−11.1	42.3	1971～2000
16.3	南阳	14.9	2.6	3.8	27.1	34.3	79	3.4	2.1	2.0	−9.3	41.4	1971～2000
17	湖北省												
17.1	宜昌	16.8	4.7	5.9	28.0	35.6	77	2.2	1.3	1.5	−3.0	40.4	1971～2000
17.2	武汉	16.6	3.9	5.2	28.9	35.2	77	3.0	1.8	2.0	−6.9	39.3	1971～2000
17.3	黄石	17.1	4.5	5.7	29.3	35.8	76	3.1	2.0	2.2	−4.2	40.2	1971～2000
18	湖南省												
18.1	岳阳	17.2	4.5	5.9	29.1	34.1	75	3.3	2.6	2.8	−3.7	39.3	1971～2000
18.2	长沙	17.0	4.3	5.5	28.8	35.8	76	3.0	2.3	2.6	−3.9	39.0	1971～2000
18.3	衡阳	18.0	—	6.4	29.8	36.0	70	2.7	1.6	2.1	−2.4	40.0	1971～2000
19	广东省												
19.1	韶关	20.4	—	29.2		35.4	74	2.9	1.5	1.6	−0.3	40.3	1971～2000
19.2	广州	22.0	—	—	28.8	34.2	80	2.7	1.7	1.7	2.8	38.1	1971～2000
20	海南省												
20.1	海口	24.1	—	—	28.8	35.1	81	3.1	2.5	2.3	8.1	38.7	1971～2000
21	广西区												
21.1	桂林	18.8	—	7.5	28.4	34.2	77	4.4	3.2	1.6	−0.8	38.5	1971～2000
21.2	梧州	21.1	—	—	28.4	34.8	79	2.1	1.4	1.2	1.0	39.7	1971～2000
21.3	北海	22.8	—	—	29.0	33.1	82	5.0	3.8	3.0	4.6	37.1	1971～2000
22	四川省												
22.1	广元	16.1	4.9	6.1	26.1	33.3	74	2.8	1.3	1.2	−4.0	37.9	1971～2000

续表

序号	地名	保温运行平均温度(T_a)/℃				保冷		室外风速平均值/(m/s)			保温防冻极低温 T_a/℃	极端最高温度平均值 /℃	统计年份
		常年年平均	采暖季日平均		防烫伤最热月	防结露夏季空调 T_a/℃	相对湿度最热月 ψ/%	冬季最多风向	冬季平均	夏季平均			
			≤5℃	≤8℃	≤8℃								
22.2	成都	16.1	—	6.2	25.5	31.8	84	1.9	0.9	1.2	−2.5	36.7	1971～2000
22.3	西昌	16.9	—	—	22.9	30.7	69	2.5	1.7	1.2	−1.1	36.6	1971～2000
23	重庆市	17.7	—	7.2	29.0	35.5	71	1.6	1.1	1.5	0.7	40.8	1971～2000
24	贵州省												
24.1	遵义	15.3	4.4	5.6	25.4	31.8	75	1.9	1.0	1.1	−3.3	37.4	1971～2000
24.2	贵阳	15.3	4.6	6.0	24.2	30.1	74	2.5	2.1	2.1	−3.7	35.4	1971～2000
24.3	兴仁	15.3	—	6.7	22.2	28.7	81	2.3	2.2	1.8	−2.8	35.5	1971～2000
25	云南省												
25.1	昆明	14.9	—	7.7	20.2	26.2	77	3.7	2.2	1.8	−2.5	30.4	1971～2000
26	西藏区												
26.1	拉萨	8.0	0.61	2.2	16.4	24.1	54	2.4	2.0	1.8	−13.8	29.9	1971～2000
26.2	日喀则	6.5	−0.3	1.0	14.9	22.6	57	4.5	1.8	1.3	−18.3	28.5	1971～2000
27	陕西省												
27.1	榆林	9.3	−3.9	−2.8	23.4	32.2	61	2.9	1.7	2.3	−24.2	38.6	1971～2000
27.2	西安	9.1	1.5	2.6	26.8	35.0	67	2.5	1.4	1.9	−9.9	41.8	1971～2000
27.3	汉中	10.7	3.0	4.3	25.6	32.3	79	2.4	0.9	1.1	−5.5	38.3	1971～2000
28	甘肃省												
28.1	兰州	9.8	−1.9	−0.3	22.5	31.2	57	1.7	0.5	1.2	−15.1	39.8	1971～2000
28.2	天水	11.0	0.3	1.1	22.9	30.8	67	2.0	1.0	1.2	−12.4	38.2	1971～2000
29	青海省												
29.1	西宁	6.1	−2.6	−1.1	17.4	26.5	64	3.2	1.3	1.5	−19.7	36.5	1971～2000
29.2	格尔木	5.3	−3.8	−2.4	18.1	26.9	34	2.3	2.2	3.3	−22.0	35.5	1971～2000
29.3	玉树	3.2	−2.7	−0.8	12.9	21.8	67	3.5	1.1	0.8	−22.8	28.5	1971～2000
30	宁夏区												
30.1	银川	9.0	−3.2	−1.8	23.5	31.2	63	2.2	1.8	2.1	−20.7	38.7	1971～2000
30.2	固原	6.4	−3.1	−1.9	19.0	27.7	68	3.8	2.7	2.7	−22.9	31.6	1971～2000
31	新疆区												
31.1	克拉玛依	8.6	−8.6	−7.0	28.2	36.4	28	2.1	1.1	4.1	−27.1	42.7	1971～2000

续表

序号	地名	保温运行平均温度(T_a)/℃			保冷		室外风速平均值/(m/s)			保温	极端最	统计年份
		常年	采暖季	防烫伤	防结露	相对湿度	冬季最多风向	冬季平均	夏季平均	防冻极低温	高温度平均值	
		年平均	日平均	最热月	夏季空调	最热月				T_a/℃	/℃	
			≤5℃	≤8℃	≤8℃	T_a/℃	ψ/%					
31.2	乌鲁木齐	7.0	−7.1	−5.4	24.2	33.5	41	2.0	1.6	3.0	−25.3	42.1	1971~2000
31.3	吐鲁番	14.4	−3.4	−2.0	32.3	40.3	32	1.3	0.5	1.5	−16.7	47.7	1971~2000
31.4	哈密	10.0	−4.7	−3.2	26.5	35.8	40	2.1	1.5	1.8	−22.2	43.2	1971~2000
31.5	和田	12.5	−1.4	−0.3	25.8	34.5	40	1.8	1.4	2.0	−14.1	41.1	1971~2000
32	台湾地区												
33	香港												
34	澳门												

（14）给定液体管道允许温度降时保温厚度计算，应符合下列要求：

① 对于无分支（无结点）液体管道在给定允许温度降条件下的保温厚度计算中，应使绝热层外径 D_1 满足下式的要求：

$$\ln \frac{D_1}{D_o} = \frac{8\lambda L_{AB} K_r}{D^2 W \rho C \ln \dfrac{T_A - T_a}{T_B - T_a}} - \frac{2\lambda}{D_1 \alpha_s} \qquad (5.4\text{-}32)$$

式中　　D——管道内径，m；

　　　　W——介质流速，m/s；

　　　　T_A——介质在（上游）A 点处的温度，℃；

　　　　T_B——介质在（下游）B 点处的温度，℃；

　　　　L_{AB}——A、B 之间管道实际长度，m；

T_a、α_s、K_r——可按式（5.4-31）规定取值。

② 对于有分支（有结点）管道，在干管管径及干管首末绝热层厚度相等情况下，应先按下列公式计算出干管各结点处的介质温度，再将各结点处的介质温度作为各分支管道介质起点 T_A，并应按式（5.4-32）计算各支管保温层外径：

$$T_C = T_{(C-1)} - (T_i - T_n)\frac{\dfrac{L_{(C-1)\to C}}{q_{m(C-1)\to C}}}{\displaystyle\sum_{i=2}^{n} \dfrac{L_{(i-1)\to i}}{q_{m(i-1)\to i}}} \qquad (5.4\text{-}33)$$

$$q_{mi} = 2827.4 D_i^2 \omega_i \rho \qquad (5.4\text{-}34)$$

式中　T_C、$T_{(C-1)}$——分别为结点 C 与前一结点（$C-1$）处的温度，℃；

　　　　T_i——管道起点的温度，℃；

　　　　T_n——管道终点的温度，℃；

L_C、$L_{(C-1)}$——分别为结点 C 与前一结点（$C-1$）之间管段长度，m；

　$L_{(i-1)\to i}$——任意点 i 与前一结点（$i-1$）之间的管段长度，m；

　　　q_{mi}——任意点 i 处管内介质质量流量，kg/h；

$q_{m(C-1)\to C}$——C 与（$C-1$）两点之间管道介质质量流量，kg/h；

$q_{m(i-1)\to i}$——任意点 i 与前一结点（$i-1$）之间介质质量流量，kg/h；

　　　　D_i——任意点 i 处的管道内径，m；

　　　　ω_i——任意点 i 处的管内介质流速，m/s；

　　　　ρ——介质密度，kg/m³。

（15）球形容器保冷层厚度应按下列公式计算：

$$\frac{D_1}{D_o}\delta = \frac{\lambda}{\alpha_s}\frac{T_o - T_s}{T_s - T_a}$$
$$\delta = (D_1 - D_0)/2$$

(5.4-35)

式中 T_s——保冷层外表面温度，℃。

5.4.3.4 冷热损失量计算

(1) 最大允许热损失量应符合表 5.4-3 的规定。

(2) 最大允许冷损失量应按表 5.4-4 计算。

(3) 求取绝热层的热、冷损失量应按下列公式进行计算：

① 圆筒型单层绝热结构热、冷损失量应按下列公式进行计算：

$$Q = \frac{T_o - T_a}{\dfrac{D_1}{2\lambda}\ln\dfrac{D_1}{D_o} + \dfrac{1}{\alpha_s}}$$

(5.4-36)

② 两种不同热损失单位之间的数值转换，应采用下式计算：

$$q = \pi D_1 Q$$

(5.4-37)

式中 Q——以每平方米绝热层外表面积表示的热损失量，W/m^2，Q 为负值时为冷损失量；

q——以每米管道长度表示的热损失量，W/m，q 为负值时为冷损失量。

③ 圆筒型不同材料双层绝热层结构热、冷损失量应按下式计算：

$$Q = \frac{T_o - T_a}{\dfrac{D_1}{2\lambda_1}\ln\dfrac{D_1}{D_o} + \dfrac{D_2}{2\lambda_2}\ln\dfrac{D_2}{D_o} + \dfrac{1}{\alpha_s}}$$

(5.4-38)

④ 两种不同热损失单位之间的数值转换，应采用下式计算：

$$q = \pi D_2 Q$$

(5.4-39)

⑤ 平面型单层绝热结构热、冷损失量应按下式计算：

$$Q = \frac{T_o - T_a}{\dfrac{\delta}{\lambda} + \dfrac{1}{\alpha_s}}$$

(5.4-40)

⑥ 平面型不同材料双层绝热结构热、冷损失量应按下式计算：

$$Q = \frac{T_o - T_a}{\dfrac{\delta_1}{\lambda_1} + \dfrac{\delta_2}{\lambda_2} + \dfrac{1}{\alpha_s}}$$

(5.4-41)

⑦ 球形容器单层保冷层冷损失量应按下式计算：

$$Q_1 = \pi D_1^2 \alpha_s (T_s - T_a)$$

(5.4-42)

式中 Q_1——球形容器保冷层表面冷量总损失量，W。

5.4.3.5 绝热层外表面温度计算

(1) 对 Q 以 W/m^2 计的圆筒、平面，其单、双层绝热结构的外表面温度应按下式计算：

$$T_s = \frac{Q}{\alpha_s} + T_a$$

(5.4-43)

(2) 对 q 以 W/m 计的圆筒，其单、双层绝热结构的外表面温度应按下式计算：

$$T_s = \frac{q}{\pi D_2 \alpha_s} + T_a$$

(5.4-44)

式中 D_2——外层绝热层的外径，m；对单层绝热，$D_2 = D_1$。

(3) 对 Q_1 以 W 计的球形容器，其单层保冷结构的外表面温度应按下式计算：

$$T_s = \frac{Q_1}{\pi D_1^2 \alpha_s} + T_a$$

(5.4-45)

式中 Q_1——球形容器保冷层表面冷量总损失量，W。

5.4.3.6 双层绝热时内外层界面处温度计算

(1) 圆筒型不同材料双层绝热结构层间界面处温度 T_1 应按下式计算：

$$T_1 = \frac{\lambda_1 T_o \ln\dfrac{D_2}{D_1} + \lambda_2 T_s \ln\dfrac{D_1}{D_o}}{\lambda_1 \ln\dfrac{D_2}{D_1} + \lambda_2 \ln\dfrac{D_1}{D_o}}$$

(5.4-46)

(2) 平面型不同材料双层绝热结构层间界面处温度 T_1 应按下式计算：

$$T_1 = \frac{\lambda_1 T_o \delta_2 + \lambda_2 T_s \delta_1}{\lambda_1 \delta_2 + \lambda_2 \delta_1}$$ (5.4-47)

式中 T_s——可按式（5.4-43）或式（5.4-44）求取。

(3) 对不同材料双层绝热结构内外层界面处的温度 T_1，应校核其外层绝热材料对温度的承受能力；当 T_1 超出外层绝热材料的推荐使用温度（T_2）的 0.9 倍或保冷设计取保冷材料推荐使用温度（T_2）下限值的 0.9 倍时，应重新调整内外层厚度比。

5.4.3.7 能量价格及绝热结构单位造价计算

(1) 能量价格 P_E 在保温计算中应取热价 P_H 的值，在保冷计算中应取冷价 P_C 的值；热价的取值应符合下列规定。

① 热价 P_H 应按实际购价或生产成本取值，也可按下式计算：

$$P_H = \frac{1000 C_1 C_2 P_F}{Q_F \eta_B}$$ (5.4-48)

式中 P_H——热价，元/GJ；

P_F——燃料到厂价，元/t；

Q_F——燃料收到基低位发热量，kJ/kg；

η_B——锅炉热效率（$\eta_B = 0.76 \sim 0.92$），对大容量、高参数锅炉 η_B 取值靠上限，对小容量、低参数锅炉 η_B 取值靠下限；

C_1——工况系数，$C_1 = 1.2 \sim 1.4$；

C_2——㶲值系数。

② 㶲值系数 C_2 应按表 5.4-7 取值。

表 5.4-7　㶲值系数 C_2

设备及管道种类	㶲 值 系 数	设备及管道种类	㶲 值 系 数
利用锅炉出口新蒸汽的设备及管道	1.00	疏水管道、连续排污及扩容器	0.50
抽汽管道、辅助蒸汽管道	0.75	通大气的放空管道	0

(2) 冷价 P_C 应按实际购价或生产成本取值，当无数据时可用下列公式计算：

① $T_a \sim -39℃$ 时冷价 P_C 应按下列公式计算冷冻系数 β：

$$\beta = \frac{273 + T_o}{T_a - T_o}$$ (5.4-49)

式中 β——冷冻系数；

T_o——介质温度，℃，0℃以下为负值；

T_a——环境温度，℃，0℃以下为负值。

② 当制冷机选型已确定时，$\beta \eta_m$ 乘积的值应直接从制冷机产品样本中查得制冷量 Q_R 及轴功率 W 后按下式计算：

$$\beta \eta_m = \frac{Q_R}{W}$$ (5.4-50)

式中 η_m——制冷机机械效率，$T_a \sim -39℃$ 时，$\eta_m = 0.23 \sim 0.5$；$-40 \sim -196℃$ 时，$\eta_m = 0.5 \sim 0.8$；

Q_R——制冷机每小时制冷量，GJ/h 或 kW；

W——制冷机轴功率，GJ/h 或 kW；运算中 W 的单位与 Q_R 的单位应一致。

③ 普冷时冷价 P_{C1} 应按下式计算：

$$P_{C1} = \frac{P_H}{\eta_{SE}} \times \frac{1}{\beta \eta_{SE}} \times \frac{1}{\eta_A} + 62 P_W$$ (5.4-51)

式中 P_{C1}——普冷、中冷冷价，元/GJ；

P_H——热价，元/GJ；P_H 取值应符合本章节（1）规定；

η_{SE}——汽电转换效率，$\eta_{SE} = 0.39 \sim 0.47$；

η_A——辅机综合效率，$\eta_A = 0.87 \sim 0.92$；

P_W——冷却水价热价，元/m³。

④ −40～−196℃时冷价 P_{C2} 应按下列公式计算：

$$P_{C2} = P_{C1} + \frac{F}{ntQ_R} \qquad (5.4\text{-}52)$$

$$Q_R = \beta\eta_m W$$

式中 P_{C1} ——T_a～−39℃时的冷价，元/GJ，可采用式（5.4-51）计算；

     P_{C2} ——−40～−196℃时的冷价，元/GJ；

     F ——制冷车间总投资，元，当全套流程为碳钢设备时，F 可不计；

     n ——折旧年限，a；

     t ——年运行时间，h；

     Q_R ——制冷机每小时制冷量，GJ/h，当制造厂提不出此数据时，按上式近似计算；

     W ——制冷机轴功率，元/GJ；

     β ——冷冻系数，应采用式（5.4-49）计算；

     η_m ——制冷机机械效率，$\eta_m = 0.8$。

（3）绝热结构单位造价 P_T 可按下列公式计算。

① 管道绝热结构单位造价 P_T 可按下式计算：

$$P_T = F_i P_i + F_{ia} + \frac{4F_1 D_1}{D_1^2 - D_0^2}(F_9 P_9 + F_{91} + F_{93}) \qquad (5.4\text{-}53)$$

② 设备绝热结构单位造价 P_T 可按下式计算：

$$P_T = F_i P_i + F_{ia} + \frac{F_1}{\delta}(F_9 P_9 + F_{92} + F_{93}) \qquad (5.4\text{-}54)$$

式中 P_T ——绝热结构单位造价，元/m³；

     P_i ——绝热层材料到厂单价，元/m³；

     P_9 ——保护层材料单价，元/m²；

     F_i ——绝热层材料损耗及税费系数，$F_i = 1.10～1.13$；

     F_{ia} ——绝热层每立方米施工费，F_{ia} 应按表 5.4-8 取值；

     F_1 ——税费系数，$F_1 = 1.0324$；

     F_9 ——保护层材料损耗、重叠系数，$F_9 = 1.20～1.30$；

     F_{91} ——管道保护层每平方米施工费，F_{91} 应按表 5.4-9 取值；

     F_{92} ——设备保护层每平方米施工费，F_{92} 应按表 5.4-9 取值；

     F_{93} ——防潮层及其它保护以平方米施工费，F_{93} 应按表 5.4-10 取值。

表 5.4-8 每立方米绝热层施工费 F_{ia}   单位：元/m³

项　目	管道 F_{ia}	设备 F_{ia}	项　目	管道 F_{ia}	设备 F_{ia}
硬质瓦块	359	640	泡沫塑料瓦块	451	444
泡沫玻璃瓦块	591	575	毡类制品	264	212
纤维类制品（管壳）	248	583（板）	纤维类散装材料	326	339

表 5.4-9 每平方米保护层施工费 F_{91}/F_{92}   单位：元/m²

项　目	金属薄板钉口 F_{91}/F_{92}	金属薄板挂口 F_{91}/F_{92}
管道	40	82
一般设备	39	72
球形设备	78	84

表 5.4-10 每平方米防潮层及其它保护层施工费 F_{93}   单位：元/m²

项　目	F_{93}	项　目	F_{93}
沥青玛琋脂	25	铁丝网	15
玻璃纤维布	6	钢带安装	19
聚氨酯卷材	8		

5.4.3.8 保温计算的参数

（1）设备及管道外表面温度 T_o 的取值，应符合下列要求：

① 金属设备及管道的外表面温度 T_o，当无衬里时应取介质的长期正常运行温度；

② 当有内衬时金属设备及管道的外表面温度 T_o，应按有外保温层存在的条件下进行传热计算确定。

（2）环境温度 T_a 的取值应符合下列要求：

① 室外保温结构在经济厚度 δ 和热损失 Q 的计算中，当常年运行时环境温度 T_a 应取历年的年平均温度的平均值；当采暖季节运行时应取历年运行期日平均温度的平均值；

② 室内保温经济厚度计算和热损失计算中，环境温度 T_a 可取为 20℃；

③ 在地沟内保温经济厚度计算和热损失计算中，环境温度 T_a 取值应符合下列规定：

a. 当外表面温度 T_o 为 80℃时，T_a 取为 20℃；

b. 当 T_o 为 81～110℃时，T_a 取为 30℃；

c. 当 $T_o \geqslant 110$℃时，T_a 取为 40℃。

④ 在防止人身烫伤的厚度计算中，环境温度 T_a 应取历年最热月平均温度值；

⑤ 在防止设备管道内介质冻结的计算中，环境温度 T_a 应取冬季历年极端平均最低温度。

（3）对于不同材料复合保温结构在内外两种材料界面处以摄氏度（℃）计的温度，应控制在低于或等于外层保温材料推荐使用温度的 0.9 倍以内。

（4）保温结构表面换热系数 α_s 的取值应符合下列要求：

① 外表面换热系数 α_s 应为表面材料的辐射换热系数 α_r 与对流换热系数 α_c 之和，辐射换热系数 α_r 应按下式计算：

$$\alpha_r = \frac{5.669\varepsilon}{T_s - T_a} \left[\left(\frac{273 + T_s}{100} \right)^4 - \left(\frac{273 + T_a}{100} \right)^4 \right] \tag{5.4-55}$$

式中　α_r——绝热结构外表面材料辐射换热系数，$W/(m^2 \cdot K)$；

　　　ε——绝热结构外表面材料的黑度，ε 的取值按表 5.4-11 的规定。

无风时对流换热系数 α_c 应按下式计算：

$$\alpha_c = \frac{26.4}{\sqrt{297 - (T_s + T_a)/2}} \left(\frac{T_s - T_a}{D_1} \right)^{0.25} \tag{5.4-56}$$

式中　α_c——对流换热系数，$W/(m^2 \cdot K)$；

　　　D_1——绝热层外径，当为双层时应代入外层绝热层外径 D_2 的值。

有风时，当 $WD_1 \leqslant 0.8 m^2/s$，对流换热系数 α_c 应按下式计算：

$$\alpha_c = \frac{0.08}{D_1} + 4.2 \frac{W^{0.618}}{D_1^{0.382}} \tag{5.4-57}$$

式中　W——年平均风速，m/s。

有风时，当 $WD_1 > 0.8 m^2/s$，对流换热系数 α_c 应按下式计算：

$$\alpha_c = 4.53 \frac{W^{0.805}}{D_1^{0.195}} \tag{5.4-58}$$

② 防烫伤计算中，α_s 可取为 $8.141 W/(m^2 \cdot K)$。

③ 防冻计算中，α_s 为辐射换热系数 α_r 与对流换热系数 α_c 之和，α_c 的计算中风速 W 取冬季最多风向平均风速。

（5）热导率 λ 应取绝热材料在平均温度 T_m 下的热导率，对软质材料应取使用密度下的热导率。

（6）热价 P_H 应按建设单位所在地实际价格取值，在无实际热价时可按式（5.4-48）计算。

（7）绝热结构的单位造价 P_T 应为包括主材费、防潮层费、保护层费、包装费、运输费、损耗费和安装（包括辅助材料）费在一起的综合实际价格；当无综合实际价格时，可按式（5.4-53）或式（5.4-54）进行计算。

（8）年运行时间 t，对常年运行的应按 8000h 计，对非常年运行时应按实际运行时间计。

（9）常用材料的黑度应按表 5.4-11 取值。

5.4.3.9　保冷计算的参数

（1）温度选取应符合下列规定：

① 保冷层计算时设备及管道外表面温度 T_o 应取为介质的最低操作温度；

② 防结露厚度计算和最大允许冷损失下的厚度计算时，环境温度 T_a 应取夏季空气调节室外计算干球温度；

表 5.4-11　黑度表

材　料	黑　度	材　料	黑　度
铝合金薄板	0.16～0.30	水泥砂浆	0.69
不锈钢薄板	0.20～0.40	铝粉漆	0.41
有光泽的镀锌薄钢板	0.23～0.27	黑漆（有光泽）	0.88
已氧化的镀锌薄钢板	0.28～0.32	黑漆（无光泽）	0.96
纤维织物	0.70～0.80	油漆	0.80～0.90

③ 经济厚度计算时，T_a 取值应符合"5.4.3.8 保温计算的参数"中（2）第①款的规定；

④ 表面温度和热量损失的计算中，T_a 取厚度计算时的对应值；

⑤ 露点温度 T_d 应根据夏季空气调节室外计算干球温度 T_a 和最热月月平均相对湿度 ψ 的数值查表 5.4-12 确定；

表 5.4-12　环境温度 T_a、相对湿度 ψ 和露点 T_d 对照

环境温度 T_a/℃	相对湿度 ψ/%													
	95	90	85	80	75	70	65	60	55	50	45	40	35	30
	露点　T_d/℃													
10	9.2	8.4	7.6	6.7	5.8	4.8	3.6	2.5	1.5	0	−1.3	−0.3	−5.0	−7.0
11	10.2	9.4	8.6	7.7	6.7	5.8	4.8	3.5	2.5	1.0	−0.5	−2.0	−4.0	−6.5
12	11.2	10.9	9.5	8.7	7.7	6.7	5.5	4.4	3.3	2.0	0.5	−1.0	−3.0	−5.0
13	12.2	11.4	10.5	9.6	8.7	7.7	6.6	5.3	4.1	2.8	1.4	−0.2	−2.0	−4.5
14	13.2	12.4	11.5	10.6	9.6	8.6	7.5	6.4	5.1	3.5	2.2	0.7	−1.0	−3.2
15	14.2	13.4	12.5	11.6	10.6	9.6	8.4	7.3	6.0	4.6	3.1	1.5	−0.3	−2.3
16	15.2	14.3	13.4	12.6	11.6	10.6	9.5	8.3	7.0	5.6	4.0	2.4	0.5	−1.3
17	16.2	15.3	14.5	13.5	12.5	11.5	10.2	9.2	8.0	6.5	5.0	3.2	1.5	−0.5
18	17.2	16.4	15.4	14.5	13.5	12.5	11.3	10.2	9.0	7.4	5.8	4.0	2.3	0.2
19	18.2	17.3	16.5	15.4	14.5	13.4	12.2	11.0	9.8	8.4	6.8	5.0	3.2	1.0
20	19.2	18.3	17.4	16.5	15.4	14.4	13.2	12.0	10.7	9.4	7.8	6.0	4.0	2.0
21	20.2	19.3	18.4	17.4	16.4	15.3	14.2	12.9	11.7	10.2	8.6	7.0	5.0	2.8
22	21.2	20.3	79.4	18.4	17.3	16.3	15.2	13.8	12.5	11.0	9.5	7.8	5.8	3.5
23	22.2	21.3	20.4	19.4	18.4	17.3	16.2	14.8	13.5	12.0	10.4	8.7	6.8	4.4
24	23.1	22.3	21.4	20.4	19.3	18.2	17.0	15.8	14.5	13.0	11.4	9.7	7.7	5.3
25	23.9	23.2	22.3	21.3	20.3	19.1	18.0	16.8	15.4	14.0	12.3	10.5	8.6	6.2
26	25.1	24.2	23.3	22.3	21.2	20.1	19.0	17.7	16.3	14.8	13.2	11.4	9.4	7.0
27	26.1	25.2	24.3	23.2	22.2	21.1	19.9	18.7	17.3	15.8	14.0	12.2	10.3	8.0
28	27.1	26.2	25.2	24.2	23.1	22.0	20.9	19.6	18.1	16.7	15.0	13.2	11.2	8.8
29	28.1	27.2	26.2	25.2	24.1	23.0	21.3	20.5	19.2	17.6	15.9	14.0	12.0	9.7
30	29.1	28.2	27.2	26.2	25.1	23.9	22.8	21.4	20.0	18.5	16.8	15.0	12.9	10.5
31	30.1	29.2	28.2	26.9	26.0	24.8	23.7	22.4	20.9	19.4	17.8	15.9	13.7	11.4
32	31.1	30.1	29.2	28.1	27.0	25.8	24.6	23.2	21.9	20.3	18.6	16.8	14.7	12.2
33	32.1	31.1	30.1	29.0	28.0	26.8	25.6	24.2	22.9	21.3	19.6	17.6	15.6	13.0
34	33.1	32.1	31.1	29.5	29.0	27.7	26.5	25.2	23.8	21.2	20.5	18.6	16.5	13.9
35	34.1	33.1	32.1	31.0	29.9	28.7	27.5	26.2	24.6	23.1	21.4	19.5	17.4	14.9
36	35.18	34.05	33.1	32.0	30.9	29.7	28.4	27.0	25.7	24.0	22.2	20.3	18.1	15.7
37	36.20	35.2	34.05	33.0	31.8	30.7	29.5	27.9	26.5	24.9	23.2	21.2	19.2	16.6
38	36.95	36.0	35.06	33.9	32.7	31.5	30.3	28.9	27.4	25.8	23.9	22.0	19.9	17.5
39		36.8	36.2	34.9	33.8	32.5	31.2	29.8	28.3	26.6	24.9	23.0	20.8	18.1
40			36.8	35.8	34.7	33.5	32.1	30.7	29.2	27.6	25.8	23.8	21.6	19.2

注：表中保冷防结露环境温度（T_a）取夏季空调室外（干球）温度；相对湿度 ψ 取最热月月平均相对湿度。

⑥ 在只防结露保冷厚度计算中，保冷层外表面温度 T_s 应为露点温度 T_d 加 0.3℃；

⑦ 界面温度 T_1 值，复合保冷结构的不同材料界面处以摄氏度计的温度 T_1 的绝对值应小于或等于外层保冷材料的推荐使用温度下限值绝对值的 0.9 倍；

⑧ 界面温度 T_1 值,有热介质扫线要求的保冷结构,其界面温度尚不得超过保冷材料的推荐使用温度上限值的 0.9 倍。

(2) 相对湿度 φ 应取为最热月室外计算相对湿度的月平均值。

(3) 热导率 λ 取值原则应符合 "5.4.3.8 保冷计算的参数" 中 (5) 的规定。

(4) 保冷结构表面换热系数 α_s 取值应符合下列规定:

① 防结露保冷厚度计算和允许冷损失量的厚度计算中,α_s 应取为 8.141W/(m^2·K);

② 经济厚度计算中,α_s 符合下列公式取值:

并排敷设
$$\alpha_s = 7 + 3.5\sqrt{W} \tag{5.4-59}$$

单根敷设
$$\alpha_s = 11.63 + 7\sqrt{W} \tag{5.4-60}$$

式中 W——历年年平均风速,m/s。

③ 表面温度、冷量损失计算中,α_s 应取厚度计算时的对应值。

(5) 在保冷厚度经济性核算中,冷价 P_C 应按建设单位所在地实际价格取值;当无法索取实际价格时,宜按 "5.4.3.7 能量价格及绝热结构单位造价计算" 中 (2) 的规定计算。

(6) 绝热结构单位造价 P_T 的取值应符合 "5.4.3.8 保冷计算的参数" 中 (7) 的规定。

(7) 年运行时间常年运行者应按 8000h 取值,其余应按实际运行时间取值。

(8) 保冷厚度修正系数 K 应按表 5.4-13 取值。

表 5.4-13 保冷厚度修正系数 K

材　料	修正系数 K	材　料	修正系数 K
聚苯乙烯	1.2~1.4	泡沫玻璃	1.1~1.2
聚氨酯	1.2~1.4	泡沫橡塑	1.2~1.4
聚异氰脲酸酯	1.2~1.35	酚醛	1.2~1.4

5.4.4 绝热结构设计 (GB 50264—2013)

5.4.4.1 绝热结构组成

(1) 保温结构应由保温层和保护层组成。

(2) 保冷结构应由保冷层、防潮层和保护层组成。

5.4.4.2 绝热层设计要求

(1) 绝热结构应有一定的机械强度,不应因受自重或偶然外力作用而破坏;对有振动的设备与管道的绝热结构,应采取加固措施。

(2) 绝热结构可不考虑可拆卸性,但需要经常维修的部位宜采用可拆卸式绝热结构。

(3) 绝热层厚度应以 10mm 为单位进行分档,硬质泡沫塑料最小厚度可为 20mm,其它硬质绝热材料制品最小厚度可为 30mm。

(4) 除浇注型和填充型绝热结构外,在无其它说明的情况下,绝热层应按下列规定分层:

① 绝热层厚度大于 80mm 时,应分两层或多层施工;

② 当内外层采用同种绝热材料时,内外层厚度宜近似相等;

③ 当内外层为不同绝热材料时,内外层厚度的比例应保证内外层界面处温度绝对值不超过外层材料推荐使用温度绝对值的 0.9 倍;对于保冷设计应取保冷材料推荐使用温度 (T_2) 下限值的 0.9 倍;

④ 操作温度冷热交替的设备及管道的保冷层,其材料应在高温区及低温区内均能安全使用;当其不能承受高温介质温度时,应在内层增设保温层;增设的保温层与保冷层的厚度比例,在冷态与热态均应符合上款③的规定;

⑤ 在经济合理前提下,超高温和深冷介质设备及管道的绝热,可选用不同绝热材料的复合结构,不同绝热材料复合绝热层应同时符合本条第③款的规定。

(5) 绝热层铺设应采用同层错缝、内外层压缝方式敷设;内外层接缝应错开 100~150mm,对尺寸偏小的绝热层其错缝距可适当减少,水平安装的设备及管道最外层的纵向接缝位置,不得布置在设备管道垂直中心线两侧 45°范围内;对大直径设备及管道,当采用多块硬质成型绝热制品时,绝热层的纵向接缝位置可超出垂直中心线两侧 45°范围,但应偏离管道垂直中心线位置。

(6) 方形设备或矩形烟风道的绝热层,其四角角缝应做成封盖式搭缝,不得形成垂直通缝。

（7）保温的硬质或半硬质制品的拼缝宽度不应大于 5mm，保冷的硬质或半硬质制品的拼缝宽度不应大于 2mm。

（8）保冷设备及管道上的裙座、支吊架、仪表管座等附件应进行保冷，其保冷层长度不得小于保冷层厚度的 4 倍或至垫块处，保冷层厚度宜为相连管道或设备的保冷层厚度的 1/2。

（9）立式设备、水平夹角大于 45°的管道、平壁面和立卧式设备底面上的绝热结构，宜设支承件；其支承件的设计应符合下列规定：

① 支承件的承面宽度应小于绝热厚度 10～20mm，支承件的厚度宜为 3～6mm；

② 支承件的间距应符合立式设备及立管保温时，平壁支承件的间距宜为 1.5～2m；圆筒在介质温度≥350℃时，支承件的间距宜为 2～3m；在介质温度＜350℃时，支承件的间距宜为 3～5m；保冷时，平壁和圆筒支承件的间距均不得大于 5m；

③ 支承件的间距应符合卧式设备当其外径 D_o＞2m，且使用硬质绝热制品时，应在水平中心线处设支承架；

④ 立式圆筒绝热层可用环形钢板、管卡顶焊半环钢板和角铁顶面焊钢筋等做成的支承件支承；

⑤ 设备底部封头可用封头与圆柱体相切处附近设置的固定环或设备裙座周边线处焊上的螺母来支承绝热层；对有振动或大直径底部封头，可在封头底部点阵式布置螺母或带环销钉来兜贴（挂）绝热层；

⑥ 保冷层支承件应选冷桥断面小的结构形式，管卡式支承环的螺孔端头伸出保冷层外时，应将外露处的保冷层加厚至封住外露端头；

⑦ 支承件的位置应避开法兰、配件或阀门，对立式设备及管道，支承件应设在阀门、法兰等的上方，其位置不应影响螺栓的拆卸；

⑧ 不锈钢和合金钢设备及管道上的支承件，宜采用抱箍型结构；直接焊于不锈钢设备及管道上的支承件，应采用不锈钢制作；当支承件采用碳钢制作时，应加焊不锈钢垫板；合金钢设备及管道上的支承件，材质应与设备及管道的材质相匹配；

⑨ 绝热支承件的焊接应在设备或管道的内部防腐、衬里和强度试验前进行；凡施焊后需进行热处理的设备上的焊接则支承件应在设备制造厂预焊。

（10）钩钉和销钉设置应符合下列规定：

① 保温层用钩钉、销钉宜采用 $\phi 3～6mm$ 的圆钢制作，使用软质保温材料时应采用 $\phi 3mm$，其材质应与设备及管道的材质相匹配；保温钉的间距和数量应符合下列要求：

a. 硬质材料保温钉间距宜为 300～600mm，且保温钉宜设在制品拼缝处；

b. 软质材料保温钉间距不宜大于 350mm；

c. 每平方米面积上保温钉的个数，侧面不宜少于 6 个，底部不宜少于 9 个。

② 保冷层不宜使用钩钉结构；

③ 对有振动的情况，钩钉应适当加密；

④ 支承件已满足承重及固定绝热层要求时，可不再设钩钉。

（11）保温层捆扎件结构应符合下列规定：

① 保温结构的捆扎材料宜采用镀锌铁丝或镀锌钢带；当保护层材料为不锈钢薄板时，捆扎材料应采用不锈钢丝或不锈钢带；保温捆扎材料规格宜按表 5.4-14 取值。

表 5.4-14 保温捆扎材料规格

序号	材料	标准	规格	使用范围
1	镀锌铁丝	现行行业标准《一般用途低碳钢丝》(YB/T 5294)	$\phi 1.2mm$ 双股	$D_1 \leqslant 300mm$ 的管道
			$\phi 1.6mm$ 双股	$300mm < D_1 \leqslant 600mm$ 的设备及管道
2	镀锌钢带	现行国家标准《连续热镀锌和锌合金镀层钢板及钢带》(GB/T 2518)	12mm×0.5mm(宽×厚)	$600mm < D_1 \leqslant 1000mm$ 的设备及管道
			20mm×0.5mm(宽×厚)	$D_1 > 1000mm$ 的设备及管道
3	不锈钢丝	现行国家标准《不锈钢丝》(GB/T 4240)	$\phi 1.2mm$ 双股	$D_1 \leqslant 300mm$ 的管道
			$\phi 1.6mm$ 双股	$300mm < D_1 \leqslant 600mm$ 的设备及管道
4	不锈钢带	现行国家标准《不锈钢冷轧钢板和钢带》(GB/T 3280)	12mm×0.5mm(宽×厚)	$600mm < D_1 \leqslant 1000mm$ 的设备及管道
			20mm×0.5mm(宽×厚)	$D_1 > 1000mm$ 的设备及管道

注：表中 D_1 表示保温层外径，mm，对于平壁或矩形管道 D_1 为当量直径。

② 硬质保温制品捆扎间距不应大于400mm，半硬质保温制品捆扎间距不应大于300mm，软质保温制品捆扎间距不应大于200mm，每块绝热制品上的捆扎不得少于两道；半硬质制品长度大于800mm时应至少捆扎三道，软质制品两端50mm长度内应各捆扎一道。

③ 管道双层、多层保温时应逐层捆扎，内层可采用镀锌钢带或镀锌铁丝捆扎，大管道外层宜用镀锌钢带捆扎；设备双层保温时内外层宜采用镀锌钢带捆扎，当保护层材料为不锈钢薄板时，外层捆扎材料应采用不锈钢带。

（12）保冷层捆扎应符合下列规定：

① 保冷层捆扎应以不损伤保冷层为原则，捆扎材料不宜采用铁丝，宜采用带状材料；

② 多层保冷时的内层应逐层捆扎，捆扎材料宜采用不锈钢带或胶带；

③ 当捆扎材料采用不锈钢带时，其规格可按表5.4-14确定。

（13）设备封头的各层捆扎结构应符合，可利用活动环和固定环呈辐射形固定或"十"字形固定。

（14）球形容器的捆扎应符合下列规定：

① 球形容器的捆扎应从赤道放射向两极，在赤道带处捆扎间距应小于300mm；

② 球形容器单层保冷应采用不锈钢带捆扎，多层保冷内层应采用不锈钢带捆扎。

（15）严禁用螺旋缠绕法捆扎。

（16）捆扎件结构应对有振动的部位加强捆扎。

（17）绝热层的伸缩缝设置应符合下列规定：

① 绝热层为硬质制品时应留设伸缩缝，伸缩缝的扩展或压缩量宜按第⑧款规定计算，介质温度大于或等于350℃时，伸缩缝宽度宜为25mm；介质温度小于350℃时，伸缩缝宽度宜为20mm；伸缩缝可采用软质绝热材料将缝隙填平，填充材料的性能应满足介质温度要求；

② 直管或设备直段长每隔3.5～5m应设一伸缩缝，中低温宜靠上限，高温和深冷宜靠下限；

③ 伸缩缝应设置在支吊架处及下列部位：立管、立式设备的支承件（环）下或法兰下；水平管道、卧式设备的法兰、支吊架、加强筋板和固定环处或距封头100～150mm处；弯头两端的直管段上应各留一道伸缩缝，当两弯头之间的间距较小时，其直管段上的伸缩缝可根据介质温度确定仅留一道或不留设；管束分支部位；

④ 当绝热层为双层或多层时，其各层均应留设伸缩缝，并应错开，错开间距不宜小于100mm；

⑤ 保温层的伸缩缝应选用推荐使用温度大于或等于介质设计温度的软质材料填充严密；

⑥ 保冷层的伸缩缝可采用软质材料填充严密，其外应采用丁基胶带密封；

⑦ 设计温度大于或等于400℃的设备及管道保温和低温设备及管道保冷时，应在其伸缩缝外增设一层绝热层，其厚度应与设备或管道本体的绝热层厚度相同，且与伸缩缝的搭接宽度不得小于50mm；

⑧ 管道或设备的绝热层伸长或收缩量应采用下式计算：

$$\Delta L_0 = 1000\alpha_{L0}L(T_o - T_a) \tag{5.4-61}$$

式中　ΔL_0——管道或设备的伸长或收缩（为负值时）量，mm；

　　　α_{L0}——管道或设备的线胀系数，℃$^{-1}$；

　　　L——伸缩缝间距，m。

⑨ 绝热层中绝热材料的伸长或收缩量应采用下列公式计算：

单层：
$$\Delta L_1 = 1000\alpha_{L1}L\left(\frac{T_0 + T_s}{2} - T_a\right) \tag{5.4-62}$$

双层：
$$\Delta L_2 = 1000\alpha_{L2}L\left(\frac{T_1 + T_2}{2} - T_a\right) \tag{5.4-63}$$

式中　ΔL_1——绝热材料的伸长或收缩量，mm；

　　　ΔL_2——外层绝热材料的伸长或收缩量，mm；

　　　α_{L1}——内层绝热材料的线胀系数，℃$^{-1}$；

　　　α_{L2}——外层绝热材料的线胀系数，℃$^{-1}$。

⑩ 绝热层在使用中伸缩缝的扩展或压缩量应按下列公式计算。

绝热层相对于管道：$\Delta L = \Delta L_0 - \Delta L_1$

外绝热层相对于内绝热层：$\Delta L = \Delta L_1 - \Delta L_2$

式中　ΔL——当为负值时，绝热层伸缩缝的扩展或压缩量，mm。

（18）保冷层中的支架、吊架、托架等承载部位处，应设置硬质保冷垫块。

（19）当被绝热设备或管道材质为不锈钢时，绝热结构中的镀锌辅材不得与被绝热设备或管道接触。

5.4.4.3 防潮层设计要求

（1）设备与管道的保冷层外表面应设置防潮层，地沟内敷设管道的保温层外表面宜设置防潮层。

（2）在环境变化与振动情况下，防潮层应能保持其结构的完整性和密封性。

（3）胶泥涂抹结构的防潮层的组成，应符合现行国家标准《工业设备及管道绝热工程施工规范》（GB 50126）的有关规定。

（4）防潮层外如需使用捆扎件时，不得损坏防潮层。

5.4.4.4 保护层设计要求

（1）绝热结构外层应设置保护层，保护层应严密、防水，应抗大气腐蚀和光照老化，安装应方便，外表应整齐美观，应有足够的机械强度，使用寿命应长，在环境变化与振动情况下，应不渗水、不开裂、不散缝、不坠落。

（2）保护层宜选用金属材料，腐蚀性环境下宜采用耐腐蚀材料作保护层，有防火要求的设备及管道宜选用不锈钢薄板作保护层。

（3）管道和设备常用金属保护层应符合表 5.4-15、表 5.4-16 的规定。

表 5.4-15 管道常用金属保护层

绝热层外径 D_1/mm	外保护层材料	外保护层标准	外保护层形式	厚度/mm
<760	铝合金薄板	现行国家标准《一般工业用铝及铝合金板、带材》(GB/T 3880.1～GB/T 3880.3)	平板	0.40～0.60
	不锈钢薄板	现行国家标准《不锈钢冷轧钢板和钢带》(GB/T 3280)	平板	0.30～0.35
	镀锌薄钢板	现行国家标准《连续热镀锌和锌合金镀层钢板及钢带》(GB/T 2518)、《连续电镀锌、锌镍合金镀层钢板及钢带》(GB/T 15675)	平板	0.30～0.50
≥760	铝合金薄板	现行国家标准《一般工业用铝及铝合金板、带材》(GB/T 3880.1～GB/T 3880.3)	平板	0.80
	不锈钢薄板	现行国家标准《不锈钢冷轧钢板和钢带》(GB/T 3280)	平板	0.40～0.50
	镀锌薄钢板	现行国家标准《连续热镀锌和锌合金镀层钢板及钢带》(GB/T 2518)、《连续电镀锌、锌镍合金镀层钢板及钢带》(GB/T 15675)	平板	0.50～0.70

表 5.4-16 设备常用金属保护层

绝热层外径 D_1/mm	外保护层材料	外保护层标准	外保护层形式	厚度/mm
<760	铝合金薄板	现行国家标准《一般工业用铝及铝合金板、带材》(GB/T 3880.1～GB/T 3880.3)	平板	0.60～0.80
	不锈钢薄板	现行国家标准《不锈钢冷轧钢板和钢带》(GB/T 3280)	平板	0.30～0.35
	镀锌薄钢板	现行国家标准《连续热镀锌和锌合金镀层钢板及钢带》(GB/T 2518)、《连续电镀锌、锌镍合金镀层钢板及钢带》(GB/T 15675)	平板	0.40～0.50
≥760	铝合金薄板	现行国家标准《一般工业用铝及铝合金板、带材》(GB/T 3880.1～GB/T 3880.3)	平板	0.80～1.00
	不锈钢薄板	现行国家标准《不锈钢冷轧钢板和钢带》(GB/T 3280)	平板	0.40～0.60
	镀锌薄钢板	现行国家标准《连续热镀锌和锌合金镀层钢板及钢带》(GB/T 2518)、《连续电镀锌、锌镍合金镀层钢板及钢带》(GB/T 15675)	平板	0.50～0.70

（4）金属保护层接缝形式可根据具体情况，选用搭接、插接、咬接及嵌接形式，并应符合下列规定：

① 硬质绝热制品金属保护层纵缝，在不损坏里面制品及防潮层前提下可采用咬接；半硬质和软质绝热制

品的金属保护层的纵缝可用插接或搭接，搭接尺寸不得少于30mm；插接缝可用自攻螺钉或抽芯铆钉连接，搭接缝宜用抽芯铆钉连接；钉的间距宜为150～200mm；

② 金属保护层的环缝可采用搭接或插接，搭接时一端应压出凸筋，搭接尺寸不得小于50mm；水平设备及管道上的纵向搭接应在水平中心线下方15°～45°的范围内顺水搭接；除有防坠落要求的垂直安装的保护层外，在保护层搭接或插接的环缝上，不宜使用自攻螺钉或抽芯铆钉固定；

③ 直管段上为热膨胀而设置的金属保护层环向接缝，应采用活动搭接形式，活动搭接余量应能满足热膨胀的要求，且不应小于100mm，其间距应符合：使用硬质保温制品时，活动环向接缝应与保温层的伸缩缝设置相一致；使用软质及半硬质保温制品时，介质温度小于或等于350℃时的活动环向接缝间距为4～6m，介质温度大于350℃时的活动环向接缝间距为3～4m；

④ 管道弯头起弧处的金属保护层宜布置一道活动搭接形式的环向接缝；

⑤ 保冷结构的金属保护层接缝宜用咬接或钢带捆扎结构，不宜使用螺钉或铆钉连接，使用螺钉或铆钉连接时应采取保护措施。

（5）保护层应有整体防水功能，应能防止水和水汽进入绝热层；对水和水汽易渗进绝热层的部位应用玛琋脂或密封胶严缝。

（6）大型立式设备、贮罐及振动设备的金属保护层，宜设置固定支承结构。

5.5 绝热施工验收

5.5.1 施工材料与准备 （GB 50126—2008）

5.5.1.1 施工材料的质量要求

（1）绝热层材料的质量，应符合下列规定：

① 绝热层材料应有随温度变化的热导率方程式或图表；当用于保温层的绝热材料及其制品，其平均温度≤623K（350℃）时，热导率值不得大于0.10W/(m·K)；当用于保冷层的绝热材料及其制品，其平均温度＜300K（27℃）时，热导率值不得大于0.64W/(m·K)；

② 用于保温的绝热材料及其制品，硬质绝热制品密度不得大于220kg/m³，半硬质绝热制品密度不得大于200kg/m³，软质绝热制品密度不得大于150kg/m³，用于保冷的绝热材料及其制品，其密度不得大于180kg/m³；

③ 用于保温的硬质无机成型绝热制品，其抗压强度不得小于0.3MPa，有机成型绝热制品的抗压强度不得小于0.2MPa；用于保冷的硬质无机成型绝热制品，其抗压强度不得小于0.3MPa，有机成型绝热制品的抗压强度不得小于0.15MPa；

④ 绝热材料及其制品的技术参数及性能，应符合设计文件的规定；

⑤ 绝热材料及其制品的化学性能应稳定，对金属不得有腐蚀作用；当用于奥氏体不锈钢设备或管道上时，其氯化物、氟化物、硅酸盐、钠离子的含量应符合现行国家标准《覆盖奥氏体不锈钢用绝热材料规范》（GB/T 17393）的有关规定；

⑥ 用于填充结构的散装绝热材料，不得混有杂物及尘土；不宜采用直径小于0.3mm的多孔性颗粒类绝热材料，纤维类绝热材料的渣球含量应符合国家现行产品标准及设计文件的规定。

（2）防潮层材料的质量应符合下列规定：

① 应具有良好的抗蒸汽渗透性、密封性、黏结性、防水性、防潮性，并对人体应无害；

② 应耐大气腐蚀及生物侵袭，不得发生虫蛀、霉变等现象；应具有良好的化学稳定性，不得对其它材料产生腐蚀和溶解作用；

③ 在高温情况下不应软化、流淌或起泡，在低温时不应脆裂或脱落，在气温变化与振动情况下保持完好的稳定性；

④ 干燥时间应短，在常温下可施工，并应保证操作方便。

（3）保护层材料的质量，除应符合上条的有关规定外，尚应符合下列规定：

① 应采用不燃性或难燃性材料；应抗大气腐蚀、抗老化，使用年限应长；强度应高，在环境使用温度及振动变化情况下不应软化、脆裂或开裂；

② 贮存或输送易燃、易爆物料的设备及管道，以及与此类管道架设在同一支架上或相交叉处的其它管道，

其保护层必须采用不燃性材料；

③ 外表应美观、无毒，并应便于施工；金属保护层的表面涂料应具有防火性能。

5.5.1.2 施工材料的质量检查

（1）绝热材料及其制品，必须具有产品质量检验报告和出厂合格证，其规格、性能等技术指标应符合相关技术标准及设计文件的规定。

（2）绝热材料及其制品到达现场后应对产品的外观、几何尺寸进行抽样检查；当对产品的内在质量有疑问时，应抽样送具有国家认证的检测机构检验。

（3）受潮的绝热材料及其制品，当经过干燥处理后仍不能恢复合格性能时，不得使用；用于保温的绝热材料及其制品，含水率应小于 7.5%；用于保冷的绝热材料及其制品，含水率应小于 1%。

（4）对防潮层、保护层材料及其制品的抽检，应符合设计文件的规定；对超过保管期限的绝热层、防潮层、外护层材料及其制品，应重新抽检，合格后方可使用。

5.5.1.3 施工材料的运输存放和保管

（1）硬质绝热制品在装卸时不得抛掷，在运输过程中应减少振动；矿纤类绝热制品在装卸时不得挤压、抛掷；长途运输应采取防雨水的措施。

（2）绝热材料应存放在仓库或棚库内；绝热材料应按材质分类存放，在保管中应根据材料品种的不同，分别设置防潮、防水、防冻、防成型制品挤压变形及防火等设施。

（3）软质及半硬质材料堆放高度不应超过 2m；对有毒、易燃易爆及沸点低的溶剂材料应存放在通风良好的室内，并应采取防火、防毒措施。

5.5.1.4 施工准备和要求的一般规定

（1）绝热工程施工前应对绝热材料及其制品的质检资料进行核查。

（2）工业设备及管道的绝热工程施工，宜在工业设备及管道压力强度试验、严密性试验及防腐工程完工合格后进行。

（3）在有防腐、衬里的工业设备及管道上焊接绝热层的固定件时，焊接及焊后热处理必须在防腐、衬里和试压之前进行。

（4）雨雪天不宜进行室外绝热工程的施工，当在雨雪天、寒冷季节进行室外绝热工程施工时，应采取防雨雪和防冻措施。

5.5.1.5 施工前的准备和要求

（1）工业设备及管道绝热工程施工前应具备下列条件：

① 设计文件及有关技术文件齐全，施工图纸已经会审；

② 施工组织设计或施工方案已批准，技术及安全交底已经完成；

③ 施工人员已进行安全教育和技术培训，且经考核合格；

④ 已办理绝热工程开工手续；

⑤ 已制定相应的安全应急预案。

（2）绝热工程施工人员应配备完善的劳动保护用品。

（3）应配备绝热层、防潮层、保护层和预制品加工的施工机具。

（4）施工场地应设置临时供水、供电、消防等设施，道路应通畅，且应有相应的加工场地，施工机具应匹配合理。

（5）绝热层、防潮层、保护层材料及其制品所使用的辅助材料应准备齐全。

（6）绝热层施工前应具备下列条件：

① 支承件及固定件就位齐备；

② 设备、管道的支吊架和结构附件、仪表接管部件等均已安装完毕；

③ 电伴热或热介质伴热管均已安装就绪，并经过通电或试压合格；

④ 绝热设备及管道表面的油污、铁锈已清除干净；

⑤ 对设备、管道的安装及焊接、防腐等工序办妥中间工序交接手续；

⑥ 奥氏体不锈钢设备或管道绝热施工前宜根据设计或图纸要求对其采用油漆或铝箔进行隔离防腐。

5.5.1.6 施工准备和要求的附件安装

（1）用于绝热结构的固定件和支承件的材质和品种必须与设备及管道的材质相匹配。

（2）钩钉或销钉的安装，应符合下列规定：

① 用于保温层的钩钉或销钉，可采用 $\phi3\sim6mm$ 的镀锌铁丝或低碳圆钢制作，可直接焊装在碳钢制设备或管道上；当不允许直接焊接时，可焊在设备或管道所布置的包箍体上；保温材料及其制品无法固定时，应焊接"L"形、"Ω"形保温钩钉或设置活动环；裙座式立式设备的底封头，应根据保温层的厚度，将钩钉或固定环焊接在裙座内的适当位置上；

② 钩钉或销钉的安装间距不应大于 350mm，每平方米面积上钩钉或销钉的数量，侧面不宜少于 6 个，底部不宜少于 8 个；

③ 当焊接钩钉或销钉时，应先用粉线在设备或管道壁上错行、对行、米字形或网形划出每个钩钉、销钉的位置；

④ 当保冷结构采用钩钉或销钉固定时，不得穿透保冷层，其长度应小于保冷层厚度 10mm，且最小不得小于 20mm；当采用塑料销钉时应用黏结剂粘贴，黏结剂应与塑料销钉的材质相匹配；粘贴时应先进行试粘，每块保冷材料制品上的销钉用量宜为 4 个。

（3）对立式设备、管道、平壁面和卧式设备的底面绝热层，应设支承件；支承件的布置和安装除应符合现行国家标准《工业设备及管道绝热工程设计规范》（GB 50264）的有关规定外，尚应符合下列规定：

① 支承件的材质应根据设备、管道材质确定，宜采用普通碳钢板或型钢制作；

② 支承件不得设在有附件的位置上，环面应水平设置，各托架筋板之间安装偏差不应大于 10mm；

③ 当不允许直接焊于设备上时，应采用抱箍型支承件；

④ 支承件的承面宽度应小于绝热层厚度 10～20mm；

⑤ 立式设备和公称直径>100mm 且水平夹角>45°的管道支承件的安装间距，对保温平壁应为 1.5～2m；

⑥ 立式设备和公称直径>100mm 且水平夹角>45°的管道支承件的安装间距，对保温圆筒：当为高温介质时，应为 2～3m；当为中低温介质时，应为 3～5m；

⑦ 立式设备和公称直径>100mm 且水平夹角>45°的管道支承件的安装间距，对保冷平壁和保冷圆筒均不得大于 5m。

（4）壁上有加强筋板的方形设备、烟道、风道的绝热层应利用其加强筋板代替支承件，也可在筋板边沿上加焊弯钩。

（5）当设备和管道采用软质绝热制品保温且使用金属保护层时，宜设置支撑环。

（6）直接焊于不锈钢设备、管道上的固定件，必须采用不锈钢制作，当固定件采用碳钢制作时，应加焊不锈钢垫板。

（7）抱箍式固定件与设备、管道之间，介质温度≥200℃或保冷结构或设备和管道系非铁素体碳钢时应设置隔垫。

（8）设备振动部位的绝热层固定件，当壳体上已设有固定螺母时，应在螺杆拧紧丝扣后点焊固定。

（9）设备封头处固定件的安装，应符合下列规定：

① 当采用焊接时，可在封头与筒体相交的切点处焊设支承环，并应在支承环上断续焊设固定环；

② 当设备不允许焊接时，支承环应改用包箍型；

③ 多层绝热层应逐层设置活动环；

④ 多层保冷里层应采用不锈钢制的活动环、固定环、钢丝或钢带。

5.5.2　绝热层的施工（GB 50126—2008）

5.5.2.1　绝热层施工的一般规定

（1）当采用一种绝热制品，保温层厚度大于或等于 100mm，且保冷层厚度大于或等于 80mm 时，应分为两层或多层逐层施工，各层的厚度宜接近。

（2）当采用两种或多种绝热材料复合结构的绝热层时，每种材料的厚度应符合设计文件的规定。

（3）当采用软质或半硬质可压缩性的绝热制品时，安装厚度应符合设计文件的规定。

（4）硬质或半硬质绝热制品的拼缝宽度，当作为保温层时不应大于 5mm，当作为保冷层时不应大于 2mm。

（5）绝热层施工时，同层应错缝，上下层应压缝，其搭接的长度不宜小于 100mm。

（6）水平管道的纵向接缝位置，不得布置在管道垂直中心线 45°范围内（图 5.5-1），当采用大直径的多块硬质绝热制品时，绝热层的纵向接缝位置可不受此限制，但应偏离管道垂直中心线位置。

（7）方形设备、方形管道四角的绝热层采用绝热制品敷设时，其四角角缝应采用封盖式搭缝，不得采用垂直通缝。

（8）绝热层各层表面均应做严缝处理，干拼缝应采用性能相近的矿物棉填塞严密，填缝前应清除缝内杂物，湿砌灰浆胶泥应采用相同于砌体材质的材料拼砌，灰缝应饱满。

（9）保温设备及管道上的裙座、支座、吊耳、仪表管座、支吊架等附件应进行保温，当设计无规定时可不必保温。

（10）保冷设备及管道上的裙座、支座、吊耳、仪表管座、支吊架等附件必须进行保冷，其保冷层长度不得小于保冷层厚度的 4 倍或敷设至垫块处，保冷层厚度应为邻近保冷层厚度的 1/2，但不得小于 40mm，设备裙座里外均应进行保冷。

（11）管道端部或有盲板的部位应敷设绝热层，并应密封。

（12）施工后的保温层不得覆盖设备铭牌，当保温层厚度高于设备铭牌时，可将铭牌周围的保温层切割成喇叭形开口，开口处应规整，并应设置密封的防雨水盖；施工后的保冷层应将设备铭牌处覆盖，设备铭牌应粘贴在保冷系统的外表面，粘贴铭牌时不得刺穿防潮层。

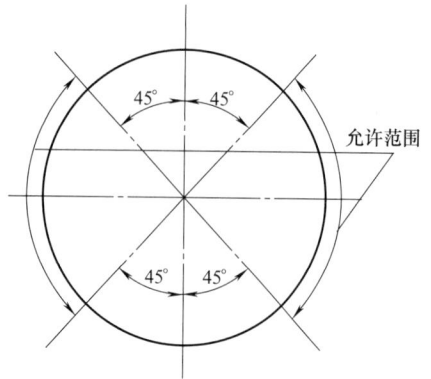

图 5.5-1　纵向接缝位置

5.5.2.2　绝热层施工的嵌装层铺法施工

（1）当大平面或平壁设备绝热层采用嵌装层铺法施工时，绝热材料宜采用软质或半硬质制品。

（2）绝热层的敷设宜嵌装穿挂于保温销钉上，外层可敷设一层铁丝网形成一个整体；销钉应用自锁紧板将绝热层和铁丝网紧固，并应将绝热层压下 4～5mm；自锁紧板应紧锁于销钉上，销钉露出部分应折弯成 90° 埋头。

（3）当绝热层外采用活络铁丝网时，活络铁丝网应张紧并紧贴绝热层，接口处应连接牢固并压平，活络铁丝网下料尺寸应小于实际安装尺寸 15～20mm。

（4）当双层或多层绝热层嵌装层敷设时，除应符合"5.5.2.1 绝热层施工的一般规定"中（1）和（5）的规定外，尚应对软质及半硬质绝热制品的缝隙处进行挤缝，下料后材料的尺寸应大于施工部位尺寸 10～20mm，并应层层挤压敷设。

5.5.2.3　绝热层施工的捆扎法施工

（1）绝热层采用镀锌铁丝、不锈钢丝、金属带、黏胶带捆扎时应符合下列规定。

① 应根据绝热层的材料和绝热后设备、管径的大小选用 $\phi0.8～2.5mm$ 的镀锌铁丝或不锈钢丝，保温应采用宽度不小于 40mm 的黏胶带进行捆扎，保冷应采用 12～25mm 的不锈钢带和宽度不小于 25mm 的黏胶带或感压丝带进行捆扎；对泡沫玻璃、聚氨酯、酚醛泡沫塑料等脆性材料不宜采用镀锌铁丝、不锈钢丝捆扎，宜采用感压丝带捆扎，分层施工的内层可采用黏胶带捆扎。

② 捆扎间距：对硬质绝热制品不应大于 400mm；对半硬质绝热制品不应大于 300mm；对软质绝热制品宜为 200mm。

③ 每块绝热制品上的捆扎件不得少于两道；对有振动的部位应加强捆扎。

④ 不得采用螺旋式缠绕捆扎。

（2）软质绝热制品的保温层厚度和密度应均匀，外形应规整，经压实捆扎后必须符合"5.5.2.1 绝热层施工的一般规定"中（3）的规定。

（3）双层或多层绝热层的绝热制品应逐层捆扎，并应对各层表面进行找平和严缝处理。

（4）不允许穿孔的硬质绝热制品，钩钉位首应布置在制品的拼缝处；钻孔穿挂的硬质绝热制品，其孔缝应采用矿物棉填塞。

（5）立式设备或垂直管道的绝热层采用硬质、半硬质绝热制品施工时，应从支承件开始，自下而上拼装；保温应采用镀锌铁丝或包装钢带进行环向捆扎，保冷应采用不锈钢丝或不锈钢带进行环向捆扎。

（6）当卧式设备有托架时，绝热层应从托架开始拼装，保温宜采用镀锌铁丝网状捆扎，保冷宜采用不锈钢带环向或纵向捆扎。

（7）公称直径≤100mm，且未装设固定件的保温垂直管道，应采用 $\phi4.0mm$ 镀锌铁丝，并应在管壁上拧成扭辫箍环，同时应利用扭辫索挂镀锌铁丝固定保温层。

（8）敷设异径管的绝热层时，应将绝热制品加工成扇形块，并应采用环向或网状捆扎，其捆扎铁丝与大直径管段的捆扎铁丝纵向拉连。

（9）当弯头部位的绝热层无成型制品时，应将直管壳加工成多节弯形敷设；公称直径≤80mm的中低温管道上的短半径弯头部位的绝热层，当加工成多节弯形施工有困难时，宜将管壳加工成45°对角形敷设，也可采用软质绝热制品捆扎敷设。

（10）封头绝热层的施工，可将制品板按封头尺寸加工成扇形块错缝敷设，也可将制品板按"十"字形相互交叉辐射敷设；捆扎材料一端应系在活动环上，另一端应系在切点位置的固定环或托架上，并应捆扎成辐射形拉条，相邻拉条应用扎紧条拉连，扎紧条应与拉条呈"十"字扭结扎紧；当封头绝热层为双层结构时，应分层捆扎；当进行底封头保温施工时，宜采用带铁丝网的保温材料。

（11）当球形容器的保冷层采用捆扎法施工时，应先在球形容器外用扁钢圈和不锈钢带组成保冷支架网格，然后把保冷制品衬砌到支架内，再将其捆扎到支架的不锈钢带上。

（12）伴热管管道保温层的施工应符合下列规定：

① 当蒸汽伴热管采用软质绝热制品保温时，应先采用镀锌铁丝网或"V"形金属伴热罩将伴热管包裹在主管上并扎紧，不得将加热空间堵塞，然后再进行保温；

② 当电伴热管采用硬质绝热制品保温时，可根据伴热管的多少现场适当放大制品规格进行保温。

（13）当采用泡沫玻璃制品进行绝热施工时应符合下列规定：

① 应先在制品靠金属面侧涂抹耐磨剂，或将耐磨剂直接涂在金属面上，待耐磨剂固化后再进行安装；耐磨剂应符合使用温度的要求，并应和保冷层材料相匹配，不得对金属壁产生腐蚀；

② 深冷保冷时宜在其制品层间增加一层隔气层。

5.5.2.4 绝热层施工的拼砌法施工

（1）绝热灰浆在绝热制品的对接或敷设面上应涂抹均匀、饱满，并应符合"5.5.2.1 绝热层施工的一般规定"中（8）的规定。

（2）当用绝热灰浆拼砌硬质保温制品时，拼缝不严及砌块的破损处应用绝热灰浆填补；拼砌时可采用橡胶带或铁丝临时捆扎。

（3）绝热灰浆的耐热温度不应低于被绝热对象的介质温度，且应具有良好的可塑性和黏结性能，对金属不应产生腐蚀。

5.5.2.5 绝热层施工的缠绕法施工

（1）当用绝热绳缠绕施工时各层缠绕应拉紧，第二层应与第一层反向缠绕并应压缝；绳的两端应用镀锌铁丝捆扎于管道上。

（2）当采用绝热带缠绕时，绝热带采用规格制品；当现场加工时其带宽应小于150mm，可制带成卷，敷设时应螺旋缠绕，其搭接尺寸应为带宽的1/2。

5.5.2.6 绝热层施工的填充法施工

（1）绝热层的填料应按设计的规定进行预处理，对于不通行地沟中的管道采用粒状绝热材料施工时，宜将粒状绝热材料用沥青拌和或憎水剂浸渍并经烘干，趁微温时填充。

（2）当局部施工部位困难，无成型的绝热制品时，可采用矿物散棉填充。

（3）填料的填充密度应密实、平整、均匀，不得出现空洞；同一设备和管道填充物料的填充密度应均匀。

（4）绝热层的填充结构应设置固形层，固形层可直接采用金属或部分非金属保护层；填充施工中应采取防止漏料和固形层变形的措施。

（5）在立式设备上进行填充法施工时，应分层填充，层间应均匀、对称，每层高度宜为400～600mm。

5.5.2.7 绝热层施工的粘贴法施工

（1）黏结剂应符合下列规定：

① 黏结剂应符合使用温度的要求，并应和绝热层材料相匹配，不得对金属壁产生腐蚀；

② 黏结剂应固化时间短、黏结力强，在使用前应进行实地试粘；

③ 黏结剂贮存应符合产品使用说明书的要求，施工中黏结剂取用后应及时密封。

（2）粘贴操作时应符合下列规定：

① 连续粘贴的层高应根据黏结剂固化时间确定，绝热制品可随粘随用卡具或橡胶带临时固定，应待黏结剂干固后拆除；

② 黏结剂的涂抹厚度宜为2.5～3mm，并应涂满、挤紧和粘牢。

（3）粘贴在管道上的绝热制品的内径应略大于管道外径，保冷制品的缺棱掉角部分应事先修补完整后粘贴，保温制品可在粘贴时填补。

（4）球形容器的保冷层宜采用预制成型的弧形板，粘贴前黏结剂应点状涂抹在预制板上，并应与壁面贴紧。

（5）当球形容器的保冷层采用预制弧形板材料时，先粘贴一圈赤道带作为定位，然后再向上、向下顺序粘贴；如容器直径较大时可布南、北温带加二圈固定位带，也可在南半球加粘一个纵向定位带；粘贴后应在南、北极处的活动环及赤道上的拉紧环之间，用不锈钢带拉紧，间距不应大于300mm。

（6）当采用泡沫玻璃制品进行粘贴施工时，除应符合"5.5.2.3绝热层施工的捆扎法施工"中（13）的有关规定外，尚应在制品端、侧、结合面涂黏结剂相互黏合。

（7）大型异型设备和管道的绝热层，采用半硬质、软质绝热制品粘贴时应符合下列规定：

① 应采用层铺法施工，各层绝热制品应逐层错缝、压缝粘贴，每层厚度宜为10～30mm；

② 仰面施工的绝热层，保温时应采用固定螺栓、固定销钉和自锁紧板、铁丝网等方法进行加固，保冷时应采用销钉进行加固；当绝热层厚度大于80mm时，可在绝热层厚度层间和外层加设铁丝网固定；

③ 异型和弯曲的表面，不得采用半硬质绝热制品。

5.5.2.8 绝热层施工的浇注法施工

（1）浇注法施工的模具应符合下列规定：

① 当采用加工模具（木模或钢模）浇注绝热层时，模具结构和形状应根据绝热层用料情况、施工程序、设备和管道的形状等进行设计；

② 模具在安装过程中应设置临时固定设施，模板应平整、拼缝严密、尺寸准确、支点稳定，并应在模具内涂刷脱模剂，浇注发泡剂材料时，可在模具内铺衬一层聚乙烯薄膜；

③ 浇注直管道的绝热层应采用钢制滑模，模具长应为1.2～1.5m；

④ 当以绝热层的外护壳代替浇注模具时，其外护壳应根据施工要求分段分片装设，必要时应采取加固措施。

（2）聚氨酯、酚醛等泡沫塑料的浇注应符合下列规定：

① 正式浇注前应进行试浇，并应观测发泡速度、孔径大小、颜色变化、无裂纹和变形；试浇试块的有关技术指标应符合产品说明书的要求；

② 浇注料温度、环境温度必须符合产品使用规定；

③ 配料应准确，混合料应均匀；搅拌剂料应顺一个方向转动，每次配料应在规定时间内用完；

④ 浇注时应轻轻敲打金属模具两侧并随时观察发泡情况，浇注时应均匀并应用聚乙烯薄膜封口，浇注的施工表面应保持干燥；

⑤ 大面积浇注应设对称多点浇口分段分片进行，浇注应均匀并应迅速封口；

⑥ 浇注不得有发泡不良、脱落、发酥发脆、发软、开裂、孔径过大等缺陷；当出现以上缺陷时必须查清原因重新浇注。

（3）预制成型管中管绝热结构及其现场的安装补口，应符合下列规定：

① 当工厂连续化预制成型绝热管采用聚氨酯、酚醛等发泡成型工艺时，应确保内管与外护管的同轴度，并应在两者形成的环形空间内整体浇注成型；管中管浇注发泡后的高分子材料绝热层的密度和厚度应均匀一致；

② 凡外护层采用非金属结构的预制绝热管道的运输、吊装、布管和焊接应采取相应的防护措施；

③ 预留裸管段的绝热层和外护层在补口前，除应符合"5.5.1.4施工准备和要求的一般规定"中（2）和"5.5.1.5施工前的准备和要求"中（6）的规定外，并宜在此处涂刷一道防腐层；

④ 补口处应采用与预制管段相同的绝热材料和绝热厚度；

⑤ 在补口处按设计文件的要求安装外护结构的注塑模，宜采用专用的注塑机从模具留孔定量地往里注入混拌充分的料液，也可采用手工充分搅拌后往里浇注；

⑥ 施工完毕后，补口处绝热层必须整体严密。

（4）轻质粒料保温混凝土及浇注料的浇注应符合下列规定：

① 当采用成品轻质粒料保温浇注料时，可直接将浇注料浇注于需进行绝热的区域，并应拍实；

② 保温混凝土应按设计规定的比例配制，并应先将不同粒度的骨料进行干拌，再与胶结料拌和均匀；当胶结料为水泥时，水泥与骨料应先一起干拌后，再加水拌和；

③ 当保温混凝土需用水制时，应采用洁净水，其用水量应按规定的水料比或胶结料稀释后的密度确定；

④ 以水泥胶结的保温混凝土，每次配料量应在规定时间内用完；夏季应为1h，冬季应为1～2h；施工的

环境温度宜为 5～30℃；干固硬结的混凝土不得使用；

⑤ 浇注时应按产品说明书的要求注意掌握材料的压缩比，并应一次浇注成形；当间断浇注时施工缝宜留在伸缩缝的位置上。

（5）试块的制作，应在浇注绝热层的同时进行。

（6）以水玻璃胶结的轻质粒料保温混凝土在未结前应采取防水措施，以水泥胶结的轻质粒料保温混凝土应进行养护；夏季应用潮湿的草袋、编织袋、塑料彩条布等遮盖，并应经常保持湿润；冬季可自然干燥，但不得受冻。

5.5.2.9　绝热层施工的喷涂法施工

（1）绝热层喷涂施工前应将喷涂机械安装、调试合格并进行试喷，经确认无误后方可开始操作；施工时应在一旁另立一块试板与工程喷涂层一起喷涂，试块可从试板上切取，当更换配比时应另做试块。

（2）喷涂施工时应根据设备、材料性能及环境条件调节喷射压力和喷射距离，喷涂时应均匀连续喷射，喷涂面上下不应出现干料或流淌；喷涂方向应垂直于受喷面，喷枪应不断地进行螺旋式移动；喷涂物料混合后的雾化程度及喷涂层成分的均匀性应符合工艺要求。

（3）当喷涂聚氨酯、酚醛等泡沫塑料时，其试喷、配料和拌制等要求，应符合“5.5.2.8 绝热层施工的浇注法施工”中（2）的有关规定。

（4）喷涂施工应符合下列规定：

① 可在伸缩缝嵌条上画出标志或用硬质绝热制品拼砌边框等方法控制喷涂层厚度；

② 喷涂时应由下而上分层进行，大面积喷涂时应分段分片进行，接槎处必须结合良好，喷涂层应均匀；

③ 喷涂矿物纤维材料及聚氨酯、酚醛等泡沫塑料时，应分层喷涂依次完成；第一次喷涂厚度不应大于40mm，应待第一层固化后再喷第二层，直至达到要求厚度；

④ 喷涂轻质粒料保温混凝土时施工应连续进行，并应一次达到设计厚度；当保温层较厚需分层喷涂时，应在上层喷涂料凝结前喷涂次层，直至达到设计厚度；

⑤ 在风力大于三级、酷暑、雾天或雨天环境下，不宜进行室外喷涂施工。

（5）当喷涂的聚氨酯、酚醛等泡沫塑料有缺陷时应按“5.5.2.8 绝热层施工的浇注法施工”中（2）的规定进行处理。

（6）喷涂轻质粒料保温混凝土时，对散落的物料不得回收再用；停喷时应先停物料，后停喷机。

（7）水泥黏结的粒料喷涂层施工完毕后应进行湿养护。

5.5.2.10　绝热层施工的涂抹法施工

（1）涂抹法可在被绝热对象处于运行状态下进行施工。

（2）绝热层涂抹时应分层涂敷，待上层干燥后再涂敷下层，每层的厚度不宜过厚。

（3）绝热涂料分层涂敷施工时，可根据具体情况加设铁丝网。

5.5.2.11　绝热层施工的可拆卸式绝热层的施工

（1）设备或管道上的观察孔、检测点、维修处的保温，应采用可拆卸式结构。

（2）设备或管道上的法兰、阀门、人孔、手孔和管件等经常拆卸和检修部位的保冷，当介质温度较低或采用硬质、半硬质材料时宜为内保冷层固定，外保护层宜为可拆卸式的保冷结构（图 5.5-2、图 5.5-3）。

（3）与人孔等盖式可拆卸式结构相邻位置上的绝热结构，当绝热层厚度影响部件的拆卸时，绝热结构应做成 45°的斜坡，并应留出部件拆卸时的螺栓间距。

（4）设备或管道在法兰绝热断开处的绝热结构，应留出螺栓的拆卸距离；设备法兰的两侧均应留出 3 倍螺母厚度的距离，管道法兰螺母的一侧应留出 3 倍螺母厚度的距离，另一侧面留出螺栓长度加 25mm 的距离。

（5）可拆卸式结构保冷层的厚度应与设备或管道保冷层的厚度相同。

（6）金属保护盒下料尺寸的确定应保证其最低保冷层厚度不小于管道或设备主体的保冷层厚度。

（7）可拆卸式的绝热结构，宜为两部分的金属绝热盒组合形式，其尺寸应与实物相适应，两部分宜采用搭接进行连接。

（8）管道法兰金属绝热盒宜制作成两个半圆形；管道阀门金属绝热盒宜为两个上方、下半圆形式，并应上至阀杆密封处、下至阀体最低点；当安装保冷金属盒时，金属盒应两端搭接在保冷层上。

（9）金属或非金属盒内的绝热层，采用软质绝热制品衬装时，下料尺寸应略大于壳体尺寸，衬装应平整、挤实，制品应紧贴有护壳上；当进行保温层安装时宜加设一层铁丝网，应将软质制品保温层压实后，将尖钉倒扣铁丝网或采用销钉和自锁紧板固定保温层；当进行保冷层安装时，宜采用不锈钢丝网固定保冷层，也可采用

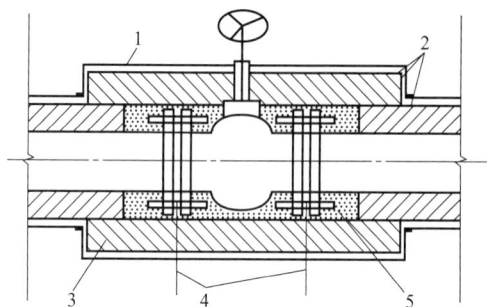

图 5.5-2　阀门保冷金属盒
1—保护层；2—防潮层；3—保冷层；
4—导凝管；5—软质材料

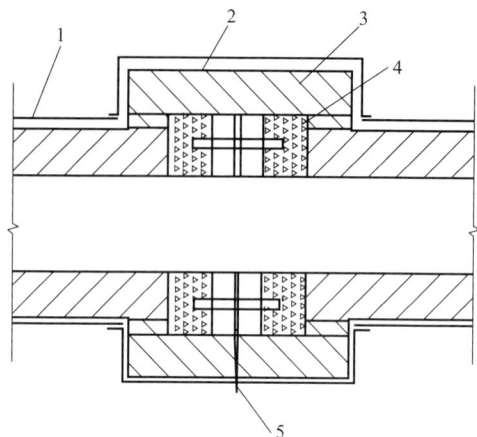

图 5.5-3　法兰保冷金属盒
1—保护层；2—防潮层；3—保冷层；
4—软质材料；5—导凝管

塑料销钉和自锁紧板固定保冷层。

（10）保冷的设备或管道其可拆卸式结构与固定结构之间必须密封。

5.5.2.12　绝热层施工的金属反射绝热结构的施工

（1）金属反射绝热结构的部件可由内板、外板、反射板、端面支承、外包带和间隔垫组成；端面支承与内、外板的固定，可采用焊接或铆接。

（2）设备及管道表面与金属反射绝热结构内板之间的空气层间隙应按设计文件的要求确定，间隙的留设应采用间隔垫。

（3）应在外板的接缝处加一条比外板稍厚一点的外包带；当使用外板延伸时，其搭接不应小于50mm，外板应顺水流方向搭接。

（4）当金属反射绝热结构为不需拆除的固定板时，可用铆钉或螺钉把外包带固定连接在外板上；当其为需经常拆卸的可拆卸板时，可在其外包带和外板上安装皮带扣式的固定卡后，再组装固定。

5.5.2.13　绝热层施工的伸缩缝及膨胀间隙的留设

（1）设备或管道采用硬质绝热制品时，应留设伸缩缝。

（2）两固定管架间水平管道绝热层的伸缩缝，至少应留设一道。

（3）立式设备及垂直管道应在支承件、法兰下面留设伸缩缝。

（4）弯头两端的直管段上可各留一道伸缩缝，当两弯头之间的间距较小时，其直管段上的伸缩缝可根据介质温度确定仅留一道或不留设。

（5）当方形设备壳体上有加强筋板时，其绝热层可不留设伸缩缝。

（6）球形容器的伸缩缝必须按设计规定留设，当设计对伸缩缝的做法无规定时，浇注或喷涂的绝热层可用嵌条留设。

（7）伸缩缝留设的宽度设备宜为25mm，管道宜为20mm。

（8）填充前应将伸缩缝或膨胀间隙内杂质清除干净。

（9）保温层的伸缩缝应采用矿物纤维毡条、绳等填塞严密，并应捆扎固定；高温设备及管道保温层的伸缩缝外应再进行保温。

（10）保冷层的伸缩缝应采用软质绝热制品填塞严密或挤入发泡型黏结剂，外面应用50mm宽的不干性胶带粘贴密封；保冷层的伸缩缝外应再进行保冷。

（11）多层绝热层伸缩缝的留设应符合下列规定：

① 中、低温保温层的各层伸缩缝，可不错开。

② 保冷层及高温保温层的各层伸缩缝必须错开，错开距离应大于100mm。

（12）膨胀间隙的施工有下列情况之一时，必须在膨胀移动方向的另一侧留有膨胀间隙：

① 填料式补偿器和波形补偿器。

② 当滑动支座高度小于绝热层厚度时。

③ 相邻管道的绝热结构之间。

④ 绝热结构与墙、梁、栏杆、平台、支撑等固定构件和管道所通过的孔洞之间。

5.5.3 防潮层的施工（GB 50126—2008）

5.5.3.1 防潮层施工的一般规定

（1）设备或管道的保冷层和敷设在地沟内管道的保温层，其外表面均应设置防潮层；防潮层应采用粘贴、包缠、涂抹或涂膜等结构。

（2）设置防潮层的绝热层外表面，应清理干净、保持干燥，并应平整、均匀，不得有突角、凹坑或起砂现象。

（3）防潮层应紧密粘贴在绝热层上，并应封闭良好，不得有虚粘、气泡、褶皱或裂缝等缺陷。

（4）室外施工不宜在雨雪天或阳光暴晒中进行，施工时的环境温度应符合设计文件和产品说明书的规定。

（5）防潮层胶泥涂抹结构所采用的玻璃纤维布宜选用经纬密度不应小于 8×8 根/cm^2、厚度应为 $0.10 \sim 0.20$mm 的中碱粗格平纹布，也可采用塑料网格布。

（6）防潮层胶泥涂抹的厚度每层宜为 $2 \sim 3$mm，也可根据设计文件的要求确定；沥青玛瑞脂、沥青胶的配合比，应符合设计文件和产品标准的规定。

5.5.3.2 防潮层施工的施工要求

（1）当防潮层采用玻璃纤维布复合胶泥涂抹施工时，应符合下列规定：

① 胶泥应涂抹至规定厚度，其表面应均匀平整；

② 立式设备和垂直管道的环向接缝，应为上搭下；卧式设备和水平管道的纵向接缝位置，应在两侧搭接并应缝口朝下；

③ 玻璃纤维布应随第一层胶泥层边涂边贴，其环向、纵向缝的搭接宽度不应小于 50mm，搭接处应粘贴密实，不得出现气泡或空鼓；

④ 粘贴的方式可采用螺旋形缠绕法或平铺法，公称直径<800mm 的设备或管道，玻璃布粘贴宜采用螺旋形缠绕法，玻璃布的宽度宜为 $120 \sim 350$mm；公称直径≥800mm 的设备或管，玻璃布粘贴可采用平铺法，玻璃布的宽度宜为 $500 \sim 1000$mm；

⑤ 待第一层胶泥干燥后，应在玻璃纤维布表面再涂抹第二层胶泥。

（2）当防潮层采用聚氨酯或聚氯乙烯卷材施工时，应符合下列规定：

① 卷材和黏结剂的质量技术指标应符合设计文件的规定；

② 卷材的环向、纵向接缝搭接宽度不应小于 50mm，或应符合产品使用说明书的要求；搭接处黏结剂应饱满密实，对卷材产品要求满涂粘贴的，应按产品使用说明书的要求进行施工；

③ 立式设备和垂直管道的环向接缝应符合上条第②款的规定；

④ 粘贴可根据卷材的幅宽、粘贴件的大小和现场施工的具体状况，采用螺旋形缠绕法或平铺法。

（3）当防潮层采用复合铝箔、涂膜弹性体及其它复合材料施工时，接缝处应严密，厚度或层数应符合设计文件的要求。

（4）管道阀门、支吊架或设备支座处防潮层的施工，应符合设计文件的规定。

（5）防潮层外不得设置铁丝、钢带等硬质捆扎件。

（6）设备筒体、管道上的防潮层应连续施工，不得有断开或断层等现象，防潮层封口处封闭。

5.5.4 保护层的施工（GB 50126—2008）

5.5.4.1 保护层施工的金属保护层

（1）金属保护层材料宜采用薄铝合金板、彩钢板、镀锌薄钢板、不锈钢薄板等。

（2）直管段金属护壳外圆周长的下料，应比绝热层外圆周长加长 $20 \sim 50$mm；扩壳环向及纵向搭接一边应压出凸筋，环向搭接尺寸不得少于 50mm，纵向搭接尺寸不得少于 30mm。

（3）管道弯头部位金属护壳环向与纵向接缝及三通部位金属护壳接缝的下料裕量，应根据接缝形式计算确定，并应符合下列规定：

① 绝热层外径小于 200mm 的弯头，金属保护层可做成直角弯头；

② 绝热层外径大于或等于 200mm 的弯头，金属保护层应做成分节弯头；

③ 弯头保护层安装，其纵向接口应采用钉口形式，环向接口可采用咬接形式；纵向接口固定时，每节分片上固定螺钉不宜少于2个，并应顺水搭接，搭接宽度宜为30～50mm。

（4）弯头与直管段上金属护壳的搭接尺寸，高温管道应为575～150mm；中、低温管道应为50～70mm；保冷管道应为30～50mm，搭接部位不得固定。

（5）水平管道金属保护层的环向接缝应沿管道坡向搭向低处，其纵向接缝宜布置在水平中心线下方的15°～45°处，并应缝口朝下。

当侧面或底部有障碍物时，纵向接缝可移至管道水平中心线上方60°以内。

（6）管道金属保护层的纵向接缝，当为保冷结构时应采用金属包装带抱箍固定，间距宜为250～300mm；当为保温结构时可采用自攻螺丝或抽芯铆钉固定，间距宜为150～200mm，间距应均匀一致。

（7）管道绝热在法兰断开处金属保护层端部的封堵，应符合下列规定：

① 水平管道保温在法兰断开处的金属保护层应环向压凸筋，并应用合适的金属圆环片卡在凸筋内封堵，圆环片不得与奥氏体不锈钢管材或高温管道相接触；

② 垂直管道保温在法兰断开处法兰上部的金属保护层应环向压凸筋，并应用合适的金属圆环片卡在凸筋内封堵，法兰下部的端面应用防水胶泥抹成10°～20°的圆锥形状抹面保护层；

③ 管道保冷在法兰断开处的端面应用防潮层做成封闭的防潮防水结构或用防水胶泥抹成10°～20°的圆锥形状抹面保护层。

（8）管道三通部位金属保护层的安装（图5.5-4），支管与主管相交部位宜翻边固定顺水搭接。垂直管与水平直通管在水平管下部相交，应先包垂直管，后包水平管；垂直管与水平直通管在水平管上部相交，应先包水平管，后包垂直管。

（9）垂直管道或设备金属保护层的敷设，应由下而上进行施工，接缝应上搭下。

（10）设备及大型贮罐金属保护层的接缝和凸筋，应呈棋盘形错列布置；金属护壳的下料，应按设备外形先行排版画线，并应留出20～50mm的裕量。

（11）方形设备金属护壳下料的长度不宜超过1m；当超过1m时应在金属薄板上压出对角筋线。

（12）圆形设备的封头金属保护层可采用平盖式或橘瓣式，并应符合下列规定：

① 绝热层外径＜600mm时，封头可做成平盖式；

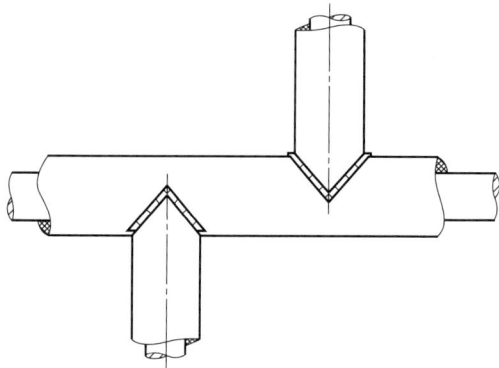

图5.5-4 管道三通外保护层结构

② 绝热层外径≥600mm时，封头应做成橘瓣式；

③ 橘瓣式封头的分片连接可采用搭接或插接，搭接时每片应一边压出凸筋，另一边为直边搭接，并应用自攻螺丝或抽芯铆钉固定。

（13）金属保护层的接缝可选用搭接、咬接、插接及嵌接的形式，保护层安装应紧贴保温层或防潮层，金属保护层纵向接缝可采用搭接或咬接，环向接缝可采用插接或搭接；室内的外保护层结构，宜采用搭接形式。

（14）当固定保冷结构的金属保护层时，严禁损坏防潮层。

（15）立式设备、垂直管道或斜度大于45°的斜立管道上的金属保护层，应分段将其固定在支承件上。

（16）当有下列情况之一时，金属保护层必须按照规定嵌填密封剂或在接缝处包缠密封带：

① 露天、潮湿环境中的保温设备、管道和室内外的保冷设备、管道与其附件的金属保护层；

② 保冷管道的直管段与其附件的金属保护层接缝部位，以及管道支吊架穿出金属护壳的部位。

（17）当金属保护层采用支撑环固定时，支撑环的布置间距应和金属保护层的环向搭接位置相一致，钻孔应对准支撑环。

（18）当大截面平壁的金属保护层采用压型板结构时，应先根据设备的形状和压型板的尺寸设支承骨架，每张压型板的固定不应少于两道支承骨架。

压型板结构的上下角部可采用包角板进行封闭，室外宜采用阴角的包角形式，室内宜采用阳角的包角形式。

（19）压型板的下料应按设备外形和压型板的尺寸进行排版拼样，并应采用机械切割，不得用火焰切割。

（20）压型板应由下而上进行安装，压型板可采用螺栓与胶垫、自攻螺丝或抽芯铆钉固定。

（21）静置设备和转动机械的绝热层，其金属保护层应自下而上进行敷设。

环向接缝宜采用搭接或插接，纵向接缝可咬接或搭接，搭接或插接尺寸应为 30～50mm。

平顶设备顶部绝热层的金属保护层应按设计规定的斜度进行施工。

（22）管道金属保护层膨胀部位的环向接缝，静置设备及转动机械金属保护层的膨胀部位均应采用活动接缝，接缝应满足热膨胀的要求，不得固定；其间距应符合下列规定：

① 硬质绝热制品的活动接缝，应与保温层伸缩缝的位置相一致；

② 半硬质和软质绝热制品的活动接缝间距：中低温管道应为 4000～6000mm，高温管道应为 3000～4000mm。

（23）绝热层留有膨胀间隙的部位，金属护壳亦应留设。

（24）大型设备、贮罐绝热层的金属护壳，宜采用压型板或作出垂直凸筋，并应采用弹簧连接的金属箍带环向加固；伸缩缝部位应加设"S"形挂钩，并应采用活动搭接，不得用自攻螺丝或抽芯铆钉固定；风力较大地区的大型设备、贮罐应设加固金属箍带，加固金属箍带之间的间距不应大于 450mm，金属箍可采用"J"形挂钩固定。

（25）球形金属容器保护层安装时应采用帆布紧箍作临时固定，并应由赤道带开始沿环向敷设，然后再分别向上温带或下温带敷设，纵向接缝应上下错缝 1/2，环缝应与水平一致，搭接应上口压下口，纵向接缝宜采用搭接式或插接式。

（26）在已安装的金属护壳上，严禁踩踏和堆放物品；对于不可避免的踩踏部位，应采取临时防护措施。

5.5.4.2 保护层施工的非金属保护层

（1）当采用箔、毡、布类包缠型保护层时应符合下列规定：

① 保护层包缠施工前，应对所采用的黏结剂按使用说明书做试样检验；

② 当在绝热层上直接包缠时，应清除绝热层表面的灰尘、泥污，并应修饰平整；当在抹面层上包缠时应在抹面层表面干燥后进行；

③ 包缠施工应层层压缝，压缝宜为 30～50mm，且必须在其起点和终端有捆紧等固定措施。

（2）当采用阻燃型防水卷材及涂膜弹性体做保护层时应符合下列规定：

① 防水涂料的配制应按产品说明书的要求进行；

② 当施工防水涂料时，绝热层表面的处理除应符合上条第②款的有关规定外，接缝处尚应嵌平、光滑，并不得高出绝热层表面；

③ 卷材包扎的环向、纵向接缝的搭接尺寸不应小于 50mm，接缝处可采用专用涂料粘贴封口。

（3）当采用玻璃钢保护层时应符合下列规定：

① 玻璃钢可分为预制成型和现场制作（现绕），可采用粘贴、铆接、组装的方法进行连接；

② 玻璃钢的配制应严格按设计文件及产品说明书的要求进行；

③ 当现场制作玻璃钢时铺衬的基布应紧密贴合，并应顺次排净气泡；胶料涂刷应饱满，并应达到设计要求的层数和厚度；

④ 对已安装的玻璃钢保护层，除不应被利器碰撞外，尚应符合"5.5.4.1 保护层施工的金属保护层"中（26）的规定；

⑤ 卷材包扎的环向、纵向接缝的搭接尺寸不应小于 50mm，接缝处可采用专用涂料粘贴封口。

（4）当在管道、弯头和特殊部位采用真空铝复合防护材料和铝箔玻璃钢薄板等复合材料进行保护层施工时，下料应准确，缝隙处宜采用密封胶带固定；环向、纵向接缝的施工应符合"5.5.4.1 保护层施工的金属保护层"中（9）的规定。

（5）当采用玻璃钢、铝箔复合材料及其它复合保护层分段包缠时，其接缝可采用专用胶带粘贴密封。

（6）当采用抹面类涂抹型保护层时应符合下列规定。

① 抹面材料应符合：密度不得大于 $800kg/m^3$，抗压强度不得小于 0.8MPa，烧失量（包括有机物和可燃物）不得大于 12%，干燥后（冷状态下）不得产生裂缝、脱壳等现象，不得对金属产生腐蚀。

② 露天的绝热结构不宜采用抹面保护，如需采用时应在抹面层上包缠毡、箔、布类保护层，并应在包缠层表面涂敷防水、耐候性的涂料。

③ 保温抹面保护层施工前，除局部接槎外，不应将保温层淋湿，应采用两遍操作，一次成形的施工工艺；接槎应良好，并应消除外观缺陷。

④ 在抹面保护层未硬化前，应采取措施防止雨淋水冲；当昼夜室外平均温度低于 +5℃且最低温度低于

−3℃时，应按冬季施工方案采取防寒措施。

⑤ 高温管道的抹面保护层和铁丝网的断缝，应与保温层的伸缩缝留在同一部位，缝内应填充软质矿物棉材料；室外的高温管道应在伸缩缝部位加设金属护壳。

⑥ 当进行大型设备抹面时，应在抹面保护层上留出纵横交错的方格形或环形伸缩缝；伸缩缝应做成凹槽，其深度应为 5～8mm，宽度应为 8～12mm。

⑦ 当采用硅酸钙专用抹面灰浆材料时应进行试抹，并应符合本条第①款的规定。

5.5.5　绝热现场验收（GB/T 50185—2019）

5.5.5.1　材料质量验收

（1）一般规定

① 本部分应用于绝热层、防潮层和保护层等材料的质量验收。

② 材料质量验收应根据工程规模和进料实际情况划分检验批。

③ 绝热材料及其制品、黏结剂、耐磨剂、密封剂等材质、规格和性能的检查应符合下列规定：

a. 应从送达现场的材料中，对产品的外观状态、几何尺寸进行随机抽样检查，抽样的数量应按技术文件及国家现行有关标准的规定执行；当对产品的内在质量有疑义时，应抽样送具有国家认证的第三方检测机构检验。

b. 当抽样检测结果有 1 项为不合格时，应加倍抽样进行再复检；当仍有 1 项指标不合格时，应判定该批产品质量为不合格。

（2）主控项目

① 绝热材料及其制品的材质、规格和性能应符合设计要求或国家现行有关产品标准的规定。

检验方法：检查材料的质量证明书或现场抽样的性能检测报告。

② 绝热工程所使用有机材料的燃烧性能应符合设计要求，阻燃型绝热材料及其制品的氧指数不应小于 30％。

检验方法：检查材料的质量证明书或现场抽样的性能检测报告。

③ 用于与奥氏体不锈钢表面接触的绝热材料应符合现行国家标准《覆盖奥氏体不锈钢用绝热材料规范》（GB/T 17393）的有关规定。

检验方法：检查材料的质量证明书或现场抽样的性能检测报告。

④ 用于覆盖铝、铜等有色金属的绝热材料，其腐蚀性应符合国家现行有关标准的规定。

检验方法：检查材料的质量证明书。

⑤ 黏结剂、耐磨剂和密封剂应符合设计要求。

检验方法：检查产品的质量证明书或现场抽样的性能检测报告。

⑥ 防潮层材料的材质、规格和性能应符合设计要求或国家现行有关产品标准的规定。

检验方法：检查材料的质量证明书或现场抽样的性能检测报告。

⑦ 当胶泥类防潮层的加强布采用纤维布或塑料网格布等时，胶泥材料和加强布的质量应符合下列规定：

a. 胶泥材料应均匀细腻、无杂质。

检验方法：观察检查和检查产品的质量证明书。

b. 防潮层的增强材料的质量、厚度应符合设计要求。

检验方法：观察和尺量检查，检查产品的质量证明书。

⑧ 保护层材料的材质、规格和性能应符合设计要求或国家现行有关产品标准的规定。

检验方法：观察和尺量检查，检查材料的质量证明书或现场抽样的性能检测报告。

（3）一般项目

① 绝热层、防潮层及保护层材料的包装、保管和运输存放应符合国家现行有关产品标准及下列规定：

a. 绝热材料及其制品不得挤压和抛掷；

b. 应按材质分类存放在仓库或棚库内；

c. 根据材料品种应分别设置防潮、防水、防冻、防变形和防火等设施；

d. 软质及半硬质绝热材料的堆放高度不应超过 2m。

检验方法：观察检查。

② 钢带和螺钉等辅助材料应符合设计要求。

检验方法：观察和尺量检查。

5.5.5.2　固定件和支承件施工质量验收

本部分应用于绝热结构固定件和支承件的施工质量验收。

（1）主控项目

① 固定件及支承件的材质、品种和规格应符合设计要求。

检验方法：检查材料的质量证明书或现场抽样的性能检测报告，核对材料的品种和规格。

② 固定件不得穿透保冷层。

检验方法：观察检查。

③ 设备及管道经热处理后的部位不应焊接固定件和支承件。

检验方法：观察检查。

④ 固定件和支承件的位置应避开设备及管道的焊缝、法兰和阀门。

检验方法：观察检查。

⑤ 当采用碳钢制作的固定件和支承件在不锈钢设备及管道上焊接时，应加焊不锈钢垫板。

检验方法：观察检查。

⑥ 当绝热层使用抱箍式支承件时，宜设置隔垫。

检验方法：观察检查和检查施工自检记录。

（2）一般项目

① 固定件的安装应牢固、垂直，间距应均匀，长短应一致，自锁紧板不得向外滑动，固定件安装应符合设计要求，当设计无要求时，应符合表 5.5-1 的规定。

表 5.5-1　固定件的安装要求

检查项目	绝热层材料	安装要求
钩钉、销钉	保温层硬质、半硬质及软质制品	每平方米：侧部不宜少于 6 个，底部不宜少于 9 个 间距：硬质宜为 300～600mm，软质不宜大于 350mm，且每块保温材料不宜少于 2 个固定件
	保冷层硬质、半硬质制品	每块保冷材料固定件宜为 4 个，长度应小于保冷层厚度 10mm，且不得小于 20mm

检验方法：观察和尺量检查。

② 支承件的安装应牢固，位置设置应正确。间距和宽度应符合设计要求，当设计无要求时，应符合表 5.5-2 的规定。

表 5.5-2　支承件安装要求

检查项目	绝热层材料	安装要求
托架 支承板 支承环	保温层硬质、半硬质及软质制品	立式设备及立管，平壁间距宜为 1.5～2.0m；圆筒在介质温度≥350℃时，间距宜为 2.0～3.0m，在介质温度＜350℃时，间距宜为 3.0～5.0m 支承件的宽度与结构应符合设计规定
	保冷层硬质、半硬质制品	立式设备及立管，平壁和圆筒间距均不得大于 5.0m 支承件的宽度与结构应符合设计规定
支撑环	软质（毯、毡）绝热制品	水平位置，保护层支撑环安装间距宜为 0.5～1.0m 结构应符合设计规定

检验方法：观察和尺量检查。

5.5.5.3　绝热层厚度分层和拼缝等施工质量验收

（1）主控项目

① 当采用一种绝热制品，绝热层厚度大于 80mm 时，绝热层施工应分层错缝进行，各层的厚度应接近。

检验方法：观察和尺量检查。

② 当采用两种及以上绝热材料复合结构时，每种材料的厚度及安装顺序应符合设计要求；当绝热层采用复合材料时，安装方向应符合设计要求。

检验方法：观察和尺量检查。

③ 当采用软质或半硬质可压缩性的绝热制品时，安装厚度应符合设计要求。

检验方法：观察和尺量检查。

④ 硬质或半硬质制品绝热层拼缝的质量验收应符合下列规定：

a. 保温层拼缝宽度不得大于 5mm，保冷层拼缝宽度不得大于 2mm；

b. 同层应错缝，上、下层应压缝，搭接长度宜大于 100mm。

检验方法：观察和尺量检查。

⑤ 设备及管道附件的保冷应符合设计要求，并应结构合理、安装牢固、拼缝严密、平整美观，且厚度应符合设计要求。

检验方法：观察和尺量检查。

（2）一般项目

① 绝热层拼缝的质量验收应符合下列规定：

a. 当使用硬质或半硬质材料时，角缝应为封盖式搭缝；当使用软质材料时，角部应进行覆盖；

b. 各层表面应做严缝处理；

c. 拼缝应规则，错缝应整齐，表面应平整。

检验方法：观察检查。

② 设备及管道的附件和管道端部或有盲板部位的保温应符合设计要求，并应结构合理、安装牢固、拼缝严密和平整完好。

检验方法：观察检查。

③ 施工后的绝热层不得覆盖设备铭牌。

检验方法：观察检查。

④ 施工后的绝热层不得影响管道膨胀和管道膨胀指示装置的安装。

检验方法：观察检查。

⑤ 有防潮层结构的绝热层应接缝严密，表面应干净、干燥和平整，并应无突角、凹坑等现象。

检验方法：观察检查。

5.5.5.4 硬质、半硬质及软质制品等绝热层施工质量验收

（1）主控项目

① 绝热层采用硬质、半硬质或软质制品进行捆扎法施工的质量验收应符合下列规定：

a. 伴热管与主管的加热空间应无堵塞；

b. 当采用泡沫玻璃制品进行绝热施工时，耐磨剂的涂抹应符合设计要求；

c. 深冷绝热结构中的隔汽层应符合设计要求。

检验方法：观察检查。

② 当绝热层采用硬质或半硬质制品进行拼砌法施工时，干砌填缝材料应填塞严实，湿砌黏结材料应涂抹均匀、粘贴牢固。

检验方法：观察检查。

③ 绝热层采用填充法施工时，填充结构应均匀密实，不得有填料架桥和漏填现象。

检验方法：观察检查。

④ 设备及管道上的观察孔、检测点、维修处等可拆卸式绝热层的质量验收应符合下列规定：

a. 可拆卸式结构绝热层的厚度应与设备或管道绝热层的厚度相同。

检验方法：观察和尺量检查。

b. 绝热层可拆卸式结构与固定结构之间接缝应严密。

检验方法：观察检查。

⑤ 设备及管道表面与金属反射绝热结构内板之间的空气层间隙应符合设计要求。

检验方法：观察和尺量检查。

⑥ 设备及管道硬质绝热制品绝热层伸缩缝及膨胀间隙的质量验收应符合设计要求和下列规定：

a. 两固定管架间的水平管道绝热层至少应留设一道；

b. 在立式设备或垂直管道的支承件和法兰下面应留设；

c. 根据两弯头之间间距在两端直管段上可各留设一道；

d. 保冷层伸缩缝外面应再进行保冷补偿；

e. 各层伸缩缝应错开，错开距离宜大于100mm。

检验方法：观察和尺量检查。

⑦ 绝热层有下列情况之一时，应在膨胀位移的一侧设置膨胀间隙，间隙的留设尺寸应符合设计和实际膨胀的要求：

a. 填料式补偿器和波形补偿器；

b. 当滑动支座高度小于绝热层厚度时；

c. 相邻管道的绝热结构之间；

d. 绝热结构与墙、梁、栏杆、平台、支撑等固定构件和管道所通过的孔洞之间。

检验方法：观察和尺量检查。

⑧ 设备及管道系统中的特殊部位绝热结构和异型件整体预制绝热层安装的质量验收应符合下列规定：

a. 特殊部位的绝热厚度不应小于本体部位绝热层厚度；

b. 特殊部位处的绝热结构应结合严密、固定牢固和外形美观；

c. 当异型件的绝热结构为整体预制绝热层安装时，预制绝热结构应与异型件结合紧密、固定牢固和外形美观。

检验方法：观察和尺量检查。

（2）一般项目

① 大平面和平壁设备采用软质或半硬质绝热制品进行嵌装层铺法施工的质量验收应符合下列规定：

a. 绝热层应固定牢固，销钉固定件露出部分应做折弯处理。

检验方法：观察检查。

b. 绝热层在缝隙处应挤缝，下料后材料的尺寸应大于施工部位尺寸10～20mm；

检验方法：观察和尺量检查。

② 绝热层采用硬质、半硬质或软质制品进行捆扎法施工的质量验收应符合下列规定：

a. 绝热层应捆扎牢固，铁丝头应扳平嵌入绝热层内；硬质绝热制品捆扎间距不应大于400mm，半硬质绝热制品捆扎间距不应大于300mm，软质绝热制品捆扎间距宜为200mm；捆扎件距绝热制品端部宜为50mm；间距应均匀、外观应平整；每块绝热制品上的捆扎件不得少于2道，不得螺旋式缠绕捆扎。

检验方法：观察和尺量检查。

b. 当设备封头、管道弯头部位的绝热层采用硬质、半硬质绝热制品时，加工尺寸应准确、紧贴工件，表面应平整、密实，拼缝应均匀、严密，并应无碎块填砌。

检验方法：观察检查。

③ 当绝热层采用毡、箔等卷材类多功能绝热材料进行包缠捆扎法施工时，其搭接长度应大于50mm，并应顺水搭接、捆扎牢固。

检验方法：观察和尺量检查。

④ 采用绝热绳、绝热带或绝热毡箔缠绕法施工的质量验收应符合下列规定：

a. 绝热绳的缠绕应互相紧靠，并应拉紧无松动；多层应压缝，反向缠绕；表面应平整、美观，厚度应一致；

b. 绝热带应缠绕紧密、牢固，表面应平整、无翻边，多层应压缝，搭接宽度应均匀美观。

检验方法：观察检查。

⑤ 绝热层采用纤维状或粒状材料进行填充法施工的质量验收应符合下列规定：

a. 固形层设置应正确，散状材料应无外露，填充材料应紧贴工件和平整美观。

检验方法：观察检查。

b. 填料的填充密度应密实、平整、均匀，不得出现空洞；当分层进行填充时，层间应均匀，每层高度宜为400～600mm。

检验方法：观察和尺量检查。

⑥ 绝热层采用粘贴法施工的质量验收应符合下列规定：

a. 当设备封头、异型件和管道弯头等部位进行绝热层粘贴时，绝热制品加工面应平整、尺寸正确、拼缝规整，应与工件粘贴牢固、平顺美观。

检验方法：观察和尺量检查。

b. 设备及管道的绝热层采用软质、半硬质制品粘贴时应粘贴牢固，并应拼缝规整严密，缝内黏结剂饱满，表面平整美观。

检验方法：观察检查。

c. 绝热层应粘贴牢固，无断裂现象；黏结剂涂抹部位应准确均匀，无漏涂。

检验方法：观察和剥离检查。

⑦ 当绝热层采用涂抹法施工时，应分层涂敷，每层涂敷的厚度应符合产品使用说明的要求；涂抹的绝热层厚度应均匀、表面平整，并应无开裂和脱落等现象。

检验方法：观察和剥离检查。

⑧ 设备及管道上观察孔、检测点和维修处等可拆卸式绝热层的质量验收应符合下列规定：

a. 设备或管道在法兰绝热断开处的绝热结构应留出螺栓的拆卸距离。设备法兰的两侧应留出 3 倍螺母厚度的距离；管道法兰螺母一侧留出 3 倍螺母厚度的距离，另一侧应留出螺栓长度加 25mm 的距离。

检验方法：观察和尺量检查。

b. 可拆卸式保温层采用软质制品敷设时，装设应平整、严密、牢固，应紧贴工件和护壳，并应外形平顺美观，工件操作方便，便于安装拆卸。

c. 可拆卸式保冷层内衬应平整、合缝严密、尺寸准确和紧贴工件，密封处理应良好，外形应平顺美观，工件应操作方便，便于安装拆卸。

检验方法：观察检查。

⑨ 当设备及管道金属反射绝热结构的绝热层外采用外板延伸时，其搭接长度应大于 50mm，外板应顺水流方向搭接，并应符合设计要求。

检验方法：观察和尺量检查。

⑩ 设备及管道硬质绝热制品绝热层伸缩缝及膨胀间隙的质量验收应符合下列规定：

a. 伸缩缝和膨胀间隙的位置应正确，缝内应无杂质和硬块，并应填塞严密、捆扎牢固、表面平整。

检验方法：观察和尺量检查。

b. 当设计温度≥400℃时，设备及管道保温层的伸缩缝外应再进行保温，结构应符合设计要求，并应敷设牢固。

检验方法：观察检查。

⑪ 绝热层安装厚度、安装密度及伸缩缝宽度的质量验收应符合下列规定：

a. 绝热层安装厚度的质量验收应符合表 5.5-3 的规定。

表 5.5-3 绝热层安装厚度的质量验收

项目			允许偏差	检验方法
厚度	嵌装层铺法、捆扎法、拼砌法及粘贴法	保温层 硬质制品	+10mm −5mm	尺量检查
		保温层 半硬质及软质制品	+10%，但不得＞+10mm； −5%，但不得＜−8mm	针刺、尺量检查
		保冷层	+5mm 0	针刺、尺量检查
	填充法、浇注法及喷涂法	绝热层厚度＞50mm	+10% 0	填充法用尺测量固形层与工件间距检查；浇注及喷涂法用针刺、尺量检查
		绝热层厚度≤50mm	+5mm 0	

b. 绝热层安装密度的允许偏差和检验方法应符合下列规定：

（a）填充法绝热层的安装密度允许偏差应为 +10%。

检验方法：按施工部位容积用料计算或取样称量检验。

（b）浇注法及喷涂法绝热层的安装密度允许偏差应为 +10%。

检验方法：按实地切取试样称量检验。

（c）嵌装层铺法、捆扎法、拼砌法及粘贴法绝热层的安装密度允许偏差：硬质、半硬质制品应为 +5%，软质制品应为 +10%。

检验方法：取样称量检验。

c. 伸缩缝宽度允许偏差应为 +5mm；

检验方法：尺量检验。

5.5.5.5　浇注、喷涂类绝热层施工质量验收

（1）主控项目　绝热层采用高分子发泡材料、轻质粒状材料或纤维状材料进行浇注、喷涂法施工的质量验收应符合下列规定：

① 浇注、喷涂绝热层施工材料的配合比及配制应符合设计要求和产品使用说明书的规定。

检验方法：观察检查和检查试样性能检测报告与施工记录。

② 预制成型管中管结构施工完毕后，补口处的绝热层应整体严密。

③ 大面积喷涂宜分层、分段、分片进行，接茬处应结合良好，喷涂层应均匀。

检验方法：观察检查。

（2）一般项目　绝热层采用高分子发泡材料、轻质粒状材料及纤维状材料进行浇注、喷涂法施工的质量验收应符合下列规定：

① 高分子发泡材料进行浇注、喷涂的基面应干净，绝热层与工件应粘贴牢固，并应无脱落、发脆、收缩、发软和泡沫中心发红等现象，表面宜平整。

② 轻质粒料浇注、喷涂的绝热层厚度应符合设计要求，表面应无蜂窝、空洞、明显收缩、开裂和脱落等现象，接茬处应良好，粘贴应牢固，棱角部位应完整美观。

检验方法：观察和剥离检查。

5.5.5.6　防潮层施工质量验收

（1）主控项目

① 防潮层结构应符合设计要求。

检验方法：观察检查。

② 防潮层应完整，并应不开裂、破损。厚度应符合设计要求，并应均匀一致。

检验方法：观察和尺量检查。

（2）一般项目

① 防潮层表面应平整，接缝应紧密，并应无翘口、脱层、空鼓和褶皱等缺陷。

检验方法：观察检查。

② 防潮层的厚度允许偏差应符合下列规定：

a. 胶泥类防潮层的厚度允许偏差应为设计厚度的±20%。

b. 成型卷材类防潮层的厚度允许偏差应符合防潮层材料偏差的要求。

检验方法：观察和尺量检查。

③ 胶泥类防潮层中胶泥的施工质量应符合下列规定：

a. 胶泥与绝热层外表面应结合紧密，无虚粘；涂抹应均匀一致，无漏涂。

b. 胶泥与纤维布、塑料网格布等加强布应粘贴密实、无漏涂。

c. 涂抹后的胶泥表面应平整，并应无脱层、流挂、空鼓和褶皱等缺陷。

检验方法：观察检查。

④ 胶泥类防潮层中纤维布或塑料网格布等加强布的施工质量应符合下列规定：

a. 加强布缠绕应紧密、无皱折和起鼓，搭接应均匀。

检验方法：观察检查。

b. 加强布的环向和纵向搭接尺寸不应小于50mm，接口搭接尺寸不应小于100mm，接头应牢固。

检验方法：观察和尺量检查。

c. 加强布与胶泥之间应粘贴紧密，网格内应布满复合胶泥涂料，并应无漏涂。

检验方法：观察检查。

⑤ 成型卷材类防潮层的施工质量应符合下列规定：

a. 防潮层搭接和压接应均匀，松紧应适度，并应无皱折、起鼓和翻边现象。

检验方法：观察检查。

b. 防潮层环向和纵向接缝搭接尺寸不应小于50mm，接口搭接尺寸不应小于100mm。

c. 成型卷材类防潮层采用缠绕法施工时，宜反向缠绕；当同向缠绕时，上、下层应压缝，压缝尺寸不应小于50mm，且应压接均匀。

d. 成型卷材类防潮层采用搭接法施工时，搭接缝应顺水压缝；多层施工时上、下层应盖缝，盖缝尺寸不应小于50mm，且应压接均匀。

检验方法：观察和尺量检查。

e. 防潮层的端部、接头及尾部应固定牢固、稳定；自粘型防潮层的环纵缝及搭接缝处应无虚粘、翘口、脱层和开裂等缺陷。

检验方法：观察检查。

⑥ 管托、支吊架和设备接管、支座等开口部位的防潮层应粘贴紧密，无虚粘、翘口、脱层和开裂等缺陷，封口处应严密。

检验方法：观察检查。

5.5.5.7 金属保护层的质量验收

（1）主控项目

① 下列部位保护层均不得固定：

a. 管道弯头与直管段上金属护壳的搭接部位；

b. 直管段金属护壳膨胀的环向接缝部位；

c. 静置设备、转动机械的金属护壳膨胀缝的部位。

检验方法：观察检查。

② 设备及管道金属保护层的接缝应顺水搭接。

检验方法：观察检查。

③ 金属保护层施工结束后，防潮层必须完整。

检验方法：观察检查，可疑处可打开保护层检查。

④ 保冷结构、潮湿环境和保温保护层易进水或水汽部位的搭接处应密封严密。

检验方法：观察检查。

（2）一般项目

① 金属保护层的外观应无翻边、豁口、翘缝或凹坑。

检验方法：观察检查。

② 金属保护层的搭接应均匀严密、整齐美观，并应符合表 5.5-4 的规定。

表 5.5-4　金属保护层搭接尺寸质量要求

项　　目		搭接尺寸质量要求/mm
设备及管道	纵缝部位	≥30
	环缝部位	≥50
	膨胀缝部位	≥100
弯头与直管段接缝部位	高温	75～150
	中、低温	50～70
	保冷	30～50
设备、平壁面插接尺寸		≥20

检验方法：观察和尺量检查。

③ 金属保护层的固定应牢固、无松动，间距应均匀一致，并应符合表 5.5-5 的规定。

表 5.5-5　金属保护层固定间距质量要求

项　　目		间距要求/mm
金属抱箍带固定	直管段	250～300
	弯头部位	每节不少于 1 道
自攻螺丝或抽芯铆钉固定	直管段	150～200
	弯头部位	每节不少于 1 处
设备、平壁		250～350

检验方法：观察和尺量检查。

④ 管道金属保护层的纵向接缝应与管道轴线保持平行，应整齐美观，位置宜在水平中心线下方的 15°～45°处，当侧面或底部有障碍物时，可移至管道水平中心线上方 60°以内。

检验方法：观察检查。

⑤ 管道金属保护层的环向接缝应与管道轴线保持垂直；设备及大型贮罐金属保护层的环向接缝应与纵向

接缝相互垂直，并应整齐美观。

检验方法：观察检查。

⑥ 管道在法兰断开处及三通部位金属保护层的施工质量验收应符合下列规定：

a. 管道保温在法兰断开处的端面应用金属保护层做成防水结构进行封堵，且不得与奥氏体不锈钢管材或高温管道相接触；

b. 管道保冷在法兰断开处的端面应做成封闭的防潮防水结构或用防水胶泥抹成 10°～20°的圆锥形状抹面保护层；

c. 管道三通部位金属保护层支管与主管在相交部位宜翻边固定，并应顺水搭接。

检验方法：观察检查。

⑦ 大型贮罐及设备金属保护层的施工质量验收应符合下列规定：

a. 当采用平壁非压型板金属保护层时，保护层的接缝应呈棋盘形错列布置，纵向接缝应上、下错缝 1/2，环缝应与水平一致，搭接缝应上口压下口。

b. 当采用大截面平壁压型板金属保护层时，保护层的结构形式应满足强度和防水要求，并应接缝严密、平整美观。

检验方法：观察检查。

c. 风力较大地区的大型贮罐及设备应设置加固金属箍带，加固金属箍带之间的间距应小于 450mm。

检验方法：观察和尺量检查。

⑧ 圆形封头设备及球形容器金属保护层的施工质量验收应符合下列规定：

a. 金属保护层的接缝应呈棋盘形错列布置，纵向接缝应上、下错缝 1/2，环缝应与水平一致，搭接缝应上口压下口。

检验方法：观察检查。

b. 当圆形设备绝热层外径小于 600mm 时，封头可做成平盖式；当绝热层外径大于或等于 600mm 时，封头应做成橘瓣式。

检验方法：观察和尺量检查。

⑨ 半硬质和软质保温金属保护层的环向活动缝间距应符合表 5.5-6 的规定。

表 5.5-6 环向活动缝间距

介质温度/℃	间距/m	介质温度/℃	间距/m
≤150	6～8	>350	3～4
151～350	4～5		

检验方法：观察和尺量检查。

⑩ 金属保护层膨胀缝的留设位置应符合设计要求或"5.5.5.4 硬质、半硬质及软质制品等绝热层施工质量"中（1）中⑥和⑦的规定，接缝应严密，搭接尺寸应正确，间距应均匀。

检验方法：观察和尺量检查。

⑪ 金属保护层椭圆度及平整度的质量验收应符合下列规定：

a. 管道金属保护层椭圆度公差不得大于 8mm；

检验方法：用外卡尺和钢尺配合检查。

b. 金属保护层表面平整度的质量要求应符合表 5.5-7 的规定。

表 5.5-7 保护层表面平整度的质量要求

项 目		表面平整度允许偏差/mm
金属保护层		±3
非金属保护层	毡、箔、布、防水卷材、玻璃钢、复合型材料等包缠型保护层	±4
	涂膜弹性体及抹面等涂抹型保护层	±5

检验方法：用 1m 直尺和楔形塞尺检查。

5.5.5.8 非金属保护层的质量验收

（1）主控项目

① 当采用毡、箔、布、防水卷材和玻璃钢制品等包缠型保护层时，搭接方向应上搭下，顺水搭接。

检验方法：观察检查。

② 当采用现场成型玻璃钢时，铺衬的基布应贴合紧密，胶料涂刷应饱满，层数和厚度应符合设计要求。

检验方法：观察和尺量检查。

（2）一般项目

① 采用毡、箔、布、防水卷材和玻璃钢制品等包缠型保护层的施工质量验收应符合下列规定：

a. 外观应无松脱、翻边、豁口、翘缝、气泡等缺陷，表面应整洁美观。

b. 接缝粘贴应严密、牢固。

检验方法：观察和剥离检查。

c. 管道环向与纵向接缝搭接尺寸不应小于 50mm，设备平壁或大型贮罐接缝的搭接尺寸不应小于 30mm；接缝搭接尺寸应均匀，并应整齐美观。

检验方法：观察和尺量检查。

② 采用涂膜弹性体及复合型材料保护层的施工质量验收应符合设计要求和下列规定：

a. 涂膜弹性体材料的配制应符合产品说明书要求。

检验方法：检查材料的配制记录。

b. 涂膜弹性体保护层应形成一个整体，涂膜厚度应均匀一致。

检验方法：观察和尺量检查。

c. 复合型材料保护层的缝隙宜采用密封胶带进行密封，环向和纵向接缝应符合"5.5.5.7 金属保护层的质量验收"中（1）中②和（2）中④和⑤的规定。

检验方法：观察检查。

③ 抹面保护层表面应无疏松层，使用前应无明显的干缩裂缝，不得露出铁丝头和铁丝网，表面应平整光洁，室外抹面层表面应做防水处理。

检验方法：观察检查。

④ 抹面保护层伸缩缝的留设应符合设计要求或下列规定：

a. 高温管道抹面层的断缝应与保温层的伸缩缝留在同一部位。

b. 大型设备抹面层留出的方格形或环形凹槽伸缩缝的宽度应为 8～12mm，深度应为 5～8mm，伸缩缝外观应整齐美观。

检验方法：观察和尺量检查。

⑤ 非金属保护层表面平整度的施工质量验收应符合表 5.5-7 的规定。

检验方法：用 1m 直尺和楔形塞尺检查。

6 管道材料控制

6.1 设计原则依据

6.1.1 材料控制原则

6.1.1.1 材料标准规范

管道材料标准规范见表 6.1-1。

表 6.1-1 管道材料标准规范

序号	标 准 号	标准规范名称
01	GB/T 699—2015	优质碳素结构钢
02	GB/T 700—2006	碳素结构钢
03	GB/T 1220—2007	不锈钢棒
04	GB/T 1221—2007	耐热钢棒
05	GB/T 1591—2018	低合金高强度结构钢
06	GB/T 3077—2015	合金结构钢
07	GB/T 3087—2022	低中压锅炉用无缝钢管
08	GB/T 3091—2015	低压流体输送用焊接钢管
09	GB/T 5310—2017	高压锅炉用无缝钢管
10	GB/T 6479—2013	高压化肥设备用无缝钢管
11	GB/T 8163—2018	输送流体用无缝钢管
12	GB/T 9711—2017	石油天然气工业 管线输送系统用钢管
13	GB/T 9948—2013	石油裂化用无缝钢管
14	GB/T 12771—2019	流体输送用不锈钢焊接钢管
15	GB/T 13296—2013	锅炉、热交换器用不锈钢无缝钢管
16	GB/T 14976—2012	流体输送用不锈钢无缝钢管
17	GB/T 18984—2016	低温管道用无缝钢管
18	GB/T 20801—2020	压力管道规范 工业管道
19	GB 50316—2000	工业金属管道设计规范(2008 年版)
20	HG/T 20646—1999	化工装置管道材料设计规定
21	HG/T 20553—2011	化工配管用无缝及焊接钢管尺寸选用系列
22	HG/T 20703—2000	材料专业工程设计管理规定
23	SH/T 3043—2014	石油化工设备管道钢结构表面色和标志规定
24	SH/T 3059—2012	石油化工管道设计器材选用规范
25	SH/T 3405—2017	石油化工钢管尺寸系列
26	GB/T 13793—2016	直缝电焊钢管
27	SY/T 5037—2018	普通流体输送管道用埋弧焊钢管
28	GB/T 13295—2019	水及燃气用球墨铸铁管、管件和附件
29	GB/T 713—2014	锅炉和压力容器用钢板
30	GB/T 3531—2014	低温压力容器用钢板
31	TSG D0001—2009	压力管道安全技术监察规程——工业管道
32	GB 7231—2003	工业管道的基本识别色、识别符号和安全标识

6.1.1.2 管道材料设计文件及说明 （HG/T 20646.1—1999）

(1) 管道材料设计说明　对于工程中所用的管道材料从标准、规范、单位、材质、标记、试验、检验等进行说明；对常用管子、管件、阀门、法兰、垫片、螺栓（母）的尺寸及公差进行选择并作出规定。

① 常用管道材料的尺寸（阀门、法兰、管件等）在相应标准中已作出规定者，不需要使用者选择；

② 常用管道材料的尺寸公差已由相应标准作出规定者，不需使用者选择；

③ 如使用者对管道材料的尺寸及公差有特殊要求（即不符合标准规范的工程特殊要求），可作出相应规定。

(2) 管道材料等级索引　针对某个具体工程，将所有流体按压力、温度和使用的材料分成若干个等级的简要说明。

(3) 管道材料等级表　针对某个管道等级，所使用的全部管道组成件包括管子、管件、阀门、法兰、垫片及螺栓（母）以及其它附件所使用的标准、材料、尺寸、型号等作出规定。

(4) 管道壁厚表　针对具体等级，将工程中所使用的各种等级管径的管道壁厚进行规定并列出表格。

(5) 管道支管连接表　针对每个具体等级，对从主管上引出支管所采用的根部连接形式进行规定。

(6) 管道与仪表材料分界规定　将管道上的仪表测量元件按仪表种类、管道的等级对管道和仪表专业进行"元件"归属分工，以保证管道和仪表各自使用元件的不错、不漏，相互匹配。

(7) 绝热设计规定　对绝热等级、绝热材料、绝热厚度、绝热结构的要求做具体的规定。

(8) 防腐与涂漆设计规定　对防腐等级、防腐材料、防腐要求和涂漆涂色的要求做具体的规定。

(9) 管道材料工程规定　管道材料工程规定主要包括管道组成件在国家标准、行业标准中未包括的内容和不能满足的内容，针对某一特定工程项目编制有效的管道材料工程设计规定。

(10) 设备绝热材料汇总一览表　工程设计中对所有需绝热的设备绝热所用的主、辅材料的统计表。

(11) 管道绝热材料汇总一览表　工程设计中对所有需绝热的管道绝热所用的主、辅材料的统计表。

(12) 设备涂漆材料汇总一览表　工程设计中对所有需外部防腐的设备涂漆所用材料的统计表。

(13) 管道涂漆材料汇总一览表　工程设计中对所有需外部防腐的管道涂漆所用材料的统计表。

(14) 综合材料汇总表　供管道材料控制专业和用户采购询价用，按管道安装材料分类、分区，并有设计量和采购量的汇总材料表。综合材料汇总表编写顺序如下。

① 按材料顺序：不锈钢、有色金属、合金钢、碳钢、铸铁、金属衬里、非金属。

② 按种类顺序：管子、阀门、法兰、管件、垫片、紧固件、特殊管件、管架材料、绝热材料、涂漆材料。

③ 按压力等级顺序：高压、中压、低压、真空。

④ 按阀门顺序：闸阀、截止阀、节流阀、旋塞阀、球阀、蝶阀、止回阀、安全阀、隔膜阀、角阀（针型阀）、疏水阀、特殊阀。

⑤ 按管件顺序：弯头、异径管、三通、四通、管帽、活接头、丝堵、异径短节、支管座、非标准管件。

⑥ 按法兰顺序：对焊、平焊、松套、承插焊、螺纹、盲板、8字盲板、孔板法兰，并按凸凹面、榫槽面、全平面、突面、环形等连接面列出。

⑦ 特殊管件顺序：消音器、阻火器、视镜、过滤器、爆破板、事故淋浴洗眼器、补偿器、金属软管等。

⑧ 其它：型钢（工字钢、槽钢、角钢、扁钢、圆钢、钢板）、焊接材料等。

⑨ 尺寸顺序宜按从小到大或从大到小。

(15) 非标准管件图　工程设计中管道所用到的非标准管件的制造、检验的设计图。

(16) 管道材料请购文件　工程设计中编写的一套用于采购的设计文件，包括：请购单、图纸（如果有）、设计数据表以及管道材料请购说明书等；对于本工程采用的工程标准和所采购的材料在制造、检验和试验等方面要求的文件。

(17) 绝热施工说明　对工程中所使用的绝热材料、绝热等级等进行说明，对施工的具体要求及验收规范进行规定。

(18) 涂漆施工说明　对工程中所使用的涂漆材料、涂漆等级等进行说明，对施工的具体要求及验收规范进行规定。

(19) 管道材料施工说明　对材料的材质、标准、制造、试验、检验、包装和运输等进行说明，对施工的具体要求及验收规范进行规定。

6.1.2 材料选用依据

6.1.2.1 金属材料选用原则 (HG/T 20646.2—1999)

(1) 材料的使用性能

① 材料的机械性能和化学、物理等特性，应符合有关标准和规范的要求；

② 各种金属材料的使用温度范围应符合《压力容器》(GB 150) 和《工业金属管道设计规范》(GB 50316) 的规定。

(2) 材料的工艺性能

① 工艺管道是由管子和形式多种多样的管件所组成，因此金属材料能够适应加工工艺要求的能力是决定能否进行加工和如何加工的重要因素；

② 工艺性能大致分为焊接性能、切削加工性能、锻轧性能和铸造性能，对于管道材料的工艺性能尤其以焊接性能和切削加工性能最为重要。因此，在管道的整体选材过程中，特别是特殊管件的选材要充分考虑所选材料的工艺性能。

(3) 材料的经济性

① 经济性是选材必须考虑的重要因素，不仅指选用的材料本身价格，同时使制造出的产品价格最低。所选用材料应尽量减少品种和规格，以便采购、生产、安装和备件的管理。

② 不同材料价格在不同地区和时间差别较大，设计人员要有市场意识和经济观念，应对材料市场的价格有所了解，以便经济地、科学地选择。

③ 随着工业发展，资源、能源的问题日渐突出，选用材料应是来源丰富，并结合我国资源状况和国内生产实际情况加以考虑。

(4) 材料的耐腐蚀性能 金属腐蚀根据流体种类不同分为化学腐蚀和电化学腐蚀，根据腐蚀破坏形式不同可分为全面腐蚀（即均匀腐蚀）和局部腐蚀（即非均匀腐蚀）。其中局部腐蚀包括区域腐蚀、点腐蚀、晶间腐蚀、选择性腐蚀和应力腐蚀等。对于全面腐蚀只考虑腐蚀裕量就能保证其管道的强度和寿命；对于局部腐蚀，不能采用增加腐蚀裕量的方法，必须从材料的选择方法考虑其选材或采取相应工艺措施和防腐蚀措施。

对于均匀腐蚀，根据腐蚀速度不同，将材料的耐腐蚀性能分为Ⅵ大类（表 6.1-2）。

表 6.1-2 耐腐蚀性能分类表

分类	耐腐蚀程度	腐蚀速率/(mm/a)	级别	可用性
Ⅰ	耐腐蚀性极强	<0.001	1	可充分使用
Ⅱ	耐腐蚀性很强	0.001~0.005	2	
		0.005~0.01	3	可使用
Ⅲ	耐腐蚀性强	0.01~0.05	4	
		0.05~0.10	5	尽量不用
Ⅳ	耐腐蚀性较弱	0.1~0.5	6	
		0.5~1.0	7	
Ⅴ	耐腐蚀性弱	1.0~5.0	8	不可用
		5.0~10.0	9	
Ⅵ	耐腐蚀性很弱	>10.0	10	

注：设计选材时应充分考虑材料的腐蚀裕量；腐蚀裕量=腐蚀速度×使用寿命。

6.1.2.2 金属材料选用注意事项 (HG/T 20646.2—1999)

(1) 铸铁材料

① 灰铸铁、可锻铸铁、高硅铸铁的拉伸强度和塑性及韧性较低，仅用于强度、韧性要求不高的工况；

② 灰铸铁不宜使用于在环境或操作条件下是一种气体或可闪蒸产生气体的液体，这些流体能点燃并在空气中燃烧；如烃类和可燃性气体在特殊情况下必须使用时，其设计温度不应高于 150℃，设计压力不应超过 1.0MPa，对于不可燃、无毒的气体或液体，设计压力不宜超过 1.6MPa，设计温度不宜超过 230℃；

③ 可锻铸铁温度范围为 -19~300℃，但为输送可燃性介质的管道时，温度不应高于 150℃和压力不大于 2.5MPa；高硅铸铁不得用于可燃性介质；

④ 球墨铸铁用于制造受压零部件时，使用温度限制在 -19~350℃，设计压力不应高于 2.5MPa；在常温下，设计压力不宜超过 4.0MPa，且不可采用焊接方法连接，但奥氏体球墨铸铁除外；奥氏体球墨铸铁用于

－19℃以下时应进行低温冲击试验，但使用温度不得低于－196℃；

⑤ 其它铸铁不适用于剧烈循环操作条件，如过热、热振动及机械振动和误操作，应采取防护措施；埋地铸铁管道组成件可用于 2.5MPa 以下。

（2）碳素钢和低中合金钢

① 石墨化：碳素钢和碳锰钢在高于 425℃温度下长期使用，应考虑钢中碳化物相的石墨化倾向，而 0.5Mo 钢约在 480℃以上长期工作，也会使石墨化现象加快发展，从而使力学性能恶化；

② 珠光体球化：碳钢和低合金钢大都为铁素体加珠光体组织，在高温下如 450℃以上，珠光体中的片状渗碳体逐步转化为球状，使材料的蠕变极限及持久强度大大下降；为防止石墨化和珠光体球化，在这一温度范围内宜选用 Cr-Mo 耐热钢；

③ 高温氧化：碳素钢和低合金钢在高温下不仅强度大大下降，同时材料表面极易氧化；钢中加入足够的 Cr、Si、Al 可有效防止高温氧化；

④ 苛性脆化：管材表面受一定浓度的碱性流体长期侵蚀或反复作用，并在高温和应力的综合影响下易产生脆化破裂；

⑤ 氢脆、氢腐蚀：金属材料在一定的温度和压力范围内与氢介质易接触产生氢脆现象；氢腐蚀是在晶界上发生化学作用，渗碳体分解，引起组织变化产生裂纹并扩展，严重降低了材料的力学性能，甚至遭到破坏，是最危险的腐蚀，特别是处在高压条件下更应引起注意；为此，应查阅"常用钢种在氢介质中使用的极限温度曲线图"，即"纳尔逊"曲线来选择材料。

（3）高合金钢

① 含 Cr 铁素体钢在 400～500℃温度下长期使用会产生 475℃脆性；此外在 500～800℃加热后易析出 δ 相从而导致 δ 相脆性。

② 奥氏体钢导热性差，其热导率为碳钢的 1/3；Cr18-Ni18 型钢既耐低温也耐高温，可用于－196～800℃温度范围，但应力腐蚀破裂是奥氏体不锈钢极为重要的腐蚀破坏形态；能造成奥氏体不锈钢应力腐蚀开裂的介质有各种氯化物水溶液、高温碱液、硫化氢水溶液、连多硫酸（$H_2S_xO_6$，$x=2\sim57$）、高温水及蒸汽等；另外奥氏体不锈钢对 Cl^- 离子极为敏感，易产生点腐蚀；因此不论管内外，均应对 Cl^- 离子含量加以严格控制。

③ 不含稳定化元素 Nb、Ti 的非超纯碳奥氏体不锈钢，在 450～850℃下加热停留以及焊接接头的热影响区，都会产生晶间腐蚀的倾向；为此在这一操作温度下，应选用低碳材料或采取相应措施如固溶化处理。

6.1.2.3　非金属材料选用原则（HG/T 20646.2—1999）

（1）材料的力学性能指标　抗拉强度、弯曲强度、抗剪强度、压缩、冲击强度及弹性模量、膨胀系数、耐疲劳性等。

（2）材料允许使用的温度和压力范围。

（3）其它影响　光和氧的影响以及酸、碱、油介质的影响。

（4）非金属材料选用注意事项：

① 各种不同的非金属材料对各种流体有着不同的耐腐蚀性能；可根据有关非金属材料手册、试验数据和产品样本加以选择。

② 必须根据非金属材料的温度-压力额定值来选择公称压力；非金属材料对温度非常敏感，温度对使用寿命影响极大。

③ 选用非金属材料要考虑对机械振动的敏感性。

④ 非金属材料的线性膨胀系数较大，导热性差，刚性差。

⑤ 选用非金属材料必须考虑其加工工艺性能和连接性能。

⑥ 对于衬里的材料，需考虑衬里材料和基体材料的黏结力和亲和力，当用于负压工况时尤其应注意。

⑦ 热塑性塑料不得用于地面上输送可燃性流体；热固性树脂的材料用于输送有毒或可燃性流体时，应采取安全防护措施。

⑧ 硼硅玻璃和陶瓷等脆性材料，不得用于输送有毒和易燃流体。

⑨ 对可燃、易燃的非金属材料，必须采取防火措施。

⑩ 塑料类管子的壁厚必须考虑塑料的蠕变，防止管子在预期寿命内不会因蠕变而发生破裂，根据不同塑料选用其安全系数。

各种高分子材料的性能差别较大，且在选用时应对各类材料性能加以综合分析、对比评估，选出合适材料并进行试验，进一步验证材料性能的可靠性；同时还需要了解所选材料加工工艺性能和制造、安装、维修等性能。

6.1.2.4 金属管子和组成件的选用 (HG/T 20646.2—1999)

除《化工装置管道材料设计技术规定》(HG/T 20646.5) 第 3.2 节的要求外，管子和组成件的公称压力、试验压力和最大工作压力及温度-压力额定值是选材的基本准则。

(1) 金属管子

① 优先选用国际系列的钢管标准，或等效采用与国际标准相当的标准，如《化工配管用无缝及焊接钢管尺寸选用系列》(HG 20553) 中的Ⅰa系列的钢管；只有当管子标准确定后，其它的阀门、管件、紧固件标准才能确定，所以管子标准和材质的选择是管道组成件选择的基础；至于管子材质则根据流体工况来选择。

② 国际通用标准

ASME B31.1《动力管道》

ASME B31.2《气体燃料管道》

ASME B31.3《工艺管道》

ASME B31.4《液态烃和其他液体管线输送系统》

ASME B31.5《制冷管道》

ASME B36.10M《焊接和无缝钢管》

ASME B36.19M《不锈钢管》

DIN 2410.T.1《管道及钢管标准概述》

DIN 2448《无缝钢管尺寸及单位长度质量》

DIN 2410《焊接钢管尺寸及单位长度质量》

BS 1600《石油工业用钢管尺寸》

BS 3600《承压用焊接钢管和无缝钢管的尺寸和单位长度质量》

BS 3605.1《承压用焊接和无缝不锈钢钢管》

ISO 4200《焊接和无缝平端钢管　尺寸和单位长度》

ISO 1127《不锈钢钢管　尺寸公差和单位长度质量》

ISO 3183《石油和天然气工业管道用钢管》

③ 国内常用标准：参见表 6.1-1。

(2) 国内常用有色金属管标准

GB/T 1527—2017《铜及铜合金拉制管》

GB/T 1472—2014《铅及铅锑合金管》

GB/T 3624—2023《钛及钛合金无缝管》

GB/T 4436—2012《铝及铝合金管材外形尺寸及允许偏差》

(3) 阀门选用　主要从装置无故障操作和经济两方面考虑。

① 输送流体的性质：如相态、含固量、粉尘、腐蚀性。

② 需操作的功能：切断、调节、速度等。

③ 压力损失。

④ 温度和压力范围。

⑤ 经济耐用。

⑥ 驱动方式；手动、齿轮传动、气动、液压、电动等。

(4) 常用国外阀门标准

API 6D《管道阀门规范》

API 526《钢制法兰端泄压阀》

API 527《泄压阀的阀座密封》

API 593《法兰连接球墨铸铁旋塞阀》

API 594《对夹式、凸耳式、对夹式和对焊止回阀》

API 598《阀门检验与试验》

API 599《法兰端、螺纹端和焊接端金属旋塞阀》

API 600《石油和天然气工业用阀盖螺栓连接的钢制闸阀》

API 602《石油和天然气工业用公称尺寸小于和等于 DN100 的钢制闸阀、截止阀和止回阀》

API STD 603《法兰端、对焊端、耐腐蚀拴接阀盖闸阀》

API 608《法兰、螺纹和焊接金属球阀》

API 609《双法兰连接、凸耳及饼式蝶阀》

ASME B16.10《阀门的面对面和端至端的尺寸》

ASME B16.34《法兰、螺纹和焊接端连接的阀门》

BS 1868《石油石化及相关工业用钢制止回阀门规范》

BS 1873《石油石化及相关工业用钢制球阀、球心截止阀和止回阀规范》

BS 5351《钢制球阀》

BS 5352《口径≤50mm 钢制闸阀、截止阀和止回阀》

BS 5155《碟阀》

ISO 5752《法兰连接管道系统用金属阀门-面到面尺寸》

ISO 5208《工业阀门-阀门压力试验》

（5）常用国内阀门标准

GB/T 12232—2005《通用阀门 法兰连接铁制闸阀》

GB/T 12233—2006《通用阀门 铁制截止阀与升降式止回阀》

GB/T 12234—2019《石油、天然气工业用螺柱连接阀盖的钢制闸阀》

GB/T 12235—2007《石油、石化及相关工业用钢制截止阀和升降式止回阀》

GB/T 12236—2008《石油、化工及相关工业用的钢制旋启式止回阀》

GB/T 12237—2021《石油、石化及相关工业用的钢制球阀》

GB/T 12238—2008《法兰和对夹连接弹性密封蝶阀》

GB/T 12239—2008《工业阀门 金属隔膜阀》

GB/T 12240—2008《铁制旋塞阀》

GB/T 12241—2021《安全阀 一般要求》

GB/T 12243—2021《弹簧直接载荷式安全阀》

GB/T 12244—2006《减压阀 一般要求》

GB/T 12246—2006《先导式减压阀》

GB/T 26480—2011《阀门的检验与试验》

（6）法兰

① 我国的法兰标准有国家标准、行业标准等。国外常用的有 ASME 标准、DIN 标准、JIS 标准等；在工程设计中应根据工程的具体情况选用相应的标准。

② 国外常用标准

ASME B16.5《管法兰和法兰管件》

ASME B16.42《球墨铸铁法兰和法兰管件》

ASME B16.47《大直径管钢制法兰》

ISO 7005《金属管法兰》

DIN 2500《法兰通用资料》

DIN 2501.T.1《法兰连接尺寸》

DIN 2519《钢法兰交货技术条件》

JIS B2220《钢制管法兰》

BS 1560《管法兰（美式法兰）》

BS 4504《管法兰（欧式法兰)》

③ 国内常用标准

GB/T 9124—2019《钢制管法兰》

GB/T 13402－2019《大直径钢制管法兰》

HG/T 20592～HG/T 20635—2009《钢制管法兰、垫片、紧固件》

SH/T 3406－2022《石油化工钢制管法兰技术规范》

（7）管件

① 我国的管件标准有国家标准、行业标准等。国外常用的有 ASME 标准、DIN 标准、JIS 标准等；在工程设计中应根据工程的具体情况依据管道的标准来选用相应的管件标准。

② 国外常用标准

ASME B16.9《工厂制造钢制对焊管件》

ASME B16.11《承插焊和螺纹锻制管件》

ASME B16.28《钢制对焊短半径弯头和回弯头》

ISO 3419《非合金钢和合金钢管件》

ISO 5251《不锈钢对焊管件》

JIS B2312《钢制对焊管件》

JIS B2313《钢板制对焊管件》

JIS B2316《承插焊管件》

BS 1740.1《锻钢制管件》

BS 1965《对焊承压管件》

BS 1640《石油工业用对焊管件》

BS 3799《石油工业用螺纹及承插焊管件》

③ 国内常用标准

GB/T 12459—2017《钢制对焊管件　类型与参数》

GB/T 14383—2021《锻制承插焊和螺纹管件》

GB/T 13401—2017《钢制对焊管件　技术规范》

GB/T 19326—2022《锻制支管座》

SH/T 3408—2022《石油化工钢制对焊管件技术规范》

SH/T 3410—2012《石油化工锻钢制承插焊和螺纹管件》

6.1.2.5　管道材料等级表的填写说明（HG/T 20646.2—1999）

（1）管子、管件标题栏中各栏填写说明

① 制造栏：对于管子填写 SMLS（无缝）、EFW（电熔焊）、ERW（电阻焊）；对于管件（弯头、三通、异径管、管帽）填写 S（无缝）、W（焊接）；

② 端部栏：对于管子填写 BE（坡口）、PE（平端）、TE（螺纹）；对于管件填写 BW（对焊）、SCRD（螺纹）、SW（承插）；

③ 壁厚栏：对于管子填写 Sch×××（管标号）或毫米数；对于承插管件，填写磅级数，如 30000；

④ 标准号栏：填写标准号或参考图号。

（2）法兰、垫片及螺栓/螺母标题栏中各栏填写说明

① 类型栏：对于法兰，填写 SW（承插）、SO（滑套）、WN（对焊）等；对于垫片填写厚度值，如 4.5t；对于螺栓填写 SB（双头）、MB（单头）；

② 密封面栏：对于法兰填写 RF（突面）、MF（凹面），G（槽面）等。

（3）阀门标题栏中各栏填写说明

① 端部栏：填写 FLG（法兰）、SW（承插）、SCRD（螺纹）等；

② 类型栏：对于止回阀应填写 LIFT（升降）、SWNG（旋启）等；

③ 阀号栏，填写阀门型号；

④ 阀体/阀芯栏：填写阀体/阀芯材料。

6.1.2.6　材料基本性能

（1）工艺性能　是金属材料在制造管道组成件的过程中，适合各种冷、热加工的性能，也就是金属材料采用某种加工方法制成成品的难易程度。它包括铸造性能、锻造性能、焊接性能、热处理性能和切削加工性能等。

（2）使用性能　是金属材料在使用条件下所表现出来的性能，包括物理性能、化学性能和机械（力学）性能。

（3）力学性能　金属的力学性能是指金属在外力作用下表现出来的特性，也称为金属的机械性能。主要包括下列指标。

① 强度极限（抗拉强度）σ_b：在拉伸应力-应变曲线上的最大应力点，单位 MPa。

② 屈服极限（屈服强度）σ_s：材料的拉伸应力超过弹性范围，开始发生塑性变形的应力。有些材料的拉伸应力-应变曲线并不出现明显屈服点，对于此种情况工程上规定取试样产生 0.2% 残余变形的应力值作为条件

屈服极限，用 $\sigma_{0.2}$ 表示，单位 MPa。

③ 持久强度 σ_D^t：在给定温度下使试样经过一定时间发生蠕变断裂时的平均应力。工程上通常采用试样在设计温度下 10 万小时断裂时的应力平均值表示，单位 MPa。

④ 蠕变极限 σ_n^t：在给定温度下和规定的持续时间内，使试样经过产生一定蠕变量的应力值。工程上通常采用钢材在设计温度下，经 10 万小时，蠕变率为 1% 的应力值，单位 MPa。

⑤ 延伸率 δ：表明试样在拉伸试验中发生破坏时，产生了百分之几的塑性伸长量，是衡量钢材拉伸试验时塑性的一个指标。试样的原始长度，一般选择为试样直径的 5 倍或 10 倍，因此试样有 δ_5 值和 δ_{10} 值，单位为百分率（%）。

⑥ 断面收缩率 Ψ：表明试样在拉伸试验发生破坏时，缩颈处所产生的塑性变形率，它是衡量材料塑性的另一指标，单位为百分率（%）。

⑦ 冲击功 A_k：是衡量钢材韧性，确定钢材是否产生脆性的一个指标，单位为焦耳（J）。

⑧ 硬度：反映材料对局部塑性变形的抗力及材料的耐磨性。硬度有三种表示方法，即布氏硬度 HB、洛氏硬度 HR 和维氏硬度 HV，其测定方法和适用范围各异。根据经验钢材的硬度与抗拉强度有如下近似关系：

轧制、正火的低碳钢	$\sigma_b = 0.36 HB$；
轧制、正火的中碳钢低合金钢	$\sigma_b = 0.36 HB$；
硬度为 $250\sim400$HB，经热处理的合金钢	$\sigma_b = 0.33 HB$；

由于测定方便，对焊接接头也常用测定热影响区硬度的方法来确定其淬硬程度。

（4）冲击功　包括耐腐蚀性、高温下的组织稳定性。

钢材在进行缺口冲击试验时，消耗在试样上的能量称为冲击功，用 A_k 表示。消耗在试样单位截面上的冲击功，即冲击韧性（也称冲击值）用 a_k 来表示。冲击功 A_k 包括以下三部分：

① 消耗于试样弹性变形的弹性功；

② 消耗于试样塑性变形的塑性功；

③ 消耗于裂纹开始时产生、扩展直至断裂的撕裂功。

由于冲击功仅为试样缺口附近参加变形的体积所吸收，而因体积又无法测量，且在同一断面上每一部分的变形也不一致，因此用单位截面积上的冲击功（冲击值）a_k 来判断冲击韧性的方法在国内外已逐渐淘汰。对于 $10mm \times 10mm \times 55mm$ 的标准试样，加工缺口余下部分的面积为 $10mm \times 8mm = 0.8cm^2$，若对该试样这一特定尺寸下的冲击功为 18J，则相应的 $a_k = 18/0.8 = 22.5(J/cm^2)$。

（5）弹性变形和塑性变形　构件或物体在外力作用下产生变形，外力除去后能完全恢复其原有形状，不遗留外力作用过的任何痕迹，这种变形叫作弹性变形。

构件或物体在外力作用下产生变形，当外力除去后，构件或物体的形状不能复原，即遗留了外力作用下的残余变形，这种变形叫作塑性变形。

（6）加工残余应力及影响　当金属在外力作用下发生塑性变形时，由于金属中各晶粒的晶格取向各不相同，滑移方向也各不相同，为平衡这种不均匀变形其晶粒之间将产生内应力；另外在金属的塑性变形过程中，由于大量的位错晶格缺陷而引起的晶格畸变使晶格处于极不稳定的状态，在原子力的作用下，它们都保持着恢复正常位置的趋势，为平衡畸变晶格的复原也将产生内应力。这几种内应力都属于加工残余应力。实验证明有晶格畸变产生的内应力最大，是主要的加工残余应力。

加工残余应力的存在会给材料的性能带来一系列不利的影响；它会使材料的强度略有升高，但塑性和韧性却大大降低；在高温条件下使用时会因应力松弛而影响产品的变形；在腐蚀环境中使用时材料更易遭受腐蚀等。

6.1.2.7　常用材料类型及特点

（1）优质碳素结构钢（GB/T 699—2015）　属于碳铁合金，其中的五大元素包括：铁、锰、硅、硫、磷。与普通碳素钢相比有害杂质 S、P 较低，二者冶炼方法也有很多不同。主要对 10、20、25、35 等优质碳素钢的牌号、尺寸、外形、质量及允许偏差、技术要求、试验方法、检验规则等作出规定。

（2）普通碳素结构钢（GB/T 700—2006）　属于铁、锰、硅、硫、磷五大元素的碳铁合金。主要对 Q195、Q215、Q235、Q275 等碳素结构钢的牌号、尺寸、外形、质量及允许偏差、技术要求、试验方法、检验规则等作出规定。

（3）不锈钢及耐热钢（GB/T 1220—2007 和 GB/T 1221—2007）　不锈钢可分为奥氏体不锈钢、铁素体不锈钢、马氏体不锈钢、双相不锈钢、沉淀硬化型五类；如 304、316、0Cr12、1Cr12、0Cr13 等。《不锈钢棒》

（GB/T 1220—2007）对不锈钢棒的尺寸、外形、技术要求、试验方法、验收规则等作出规定。它包括 06Cr19Ni10、022Cr19Ni10、06Cr17Ni12Mo2、022Cr17Ni12Mo2 等奥氏体不锈钢，06Cr13A1、10Cr17 等铁素体不锈钢，12Cr13、20Cr13 等马氏体不锈钢和 05Cr17Ni4Cu4Nb 等沉淀硬化型等各种不锈钢的技术条件。《耐热钢棒》(GB/T 1221—2007)对耐热钢棒的尺寸、外形、技术要求、试验方法、验收规则等作出规定。它包括奥氏体型耐热钢、铁素体型耐热钢和马氏体型耐热钢等的技术条件。

（4）低合金高强度结构钢（GB/T 1591—2018） 属于铁碳合金＋锰，常见材料如 16Mn；GB/T 1591—2018 对低合金高强度结构钢的牌号、尺寸、外形、质量及允许偏差、技术要求、试验方法、检验规则等作出规定。标准包括了 Q345、Q390、Q420、Q460 等牌号低合金高强度结构钢的制造检验要求。

（5）合金结构钢（GB/T 3077—2015） 有意识地向碳素钢中加入一些合金元素，可显著改变并获得期望的力学性能、化学性能、物理性能，由此得到的钢就叫合金钢。常见合金元素：Mn、Cr、Ni、Mo、V 等，GB/T 3077—2015 对热轧和锻制的合金结构钢尺寸、外形、技术要求、试验方法、验收规则等作出规定。此技术条件包括了石油化工管道常用的 12CrMo、15CrMo、35CrMo、12Cr1MoV、40Cr 等一些常用合金钢牌号。

（6）沸腾钢与镇静钢 脱氧不完全的钢称为沸腾钢。由于脱氧不完全，钢液中含氧量多，浇注及凝固时会产生大量的 CO 气泡，造成剧烈的沸腾现象，但冷凝后没有集中缩孔，因而成材率高、成本低、表面质量及冲击性能好，但因含氧量高、成分偏析大、内部杂质多、抗腐蚀性和力学性能差，且容易发生时效硬化和钢板的分层，质量较差。

镇静钢是脱氧完全的钢。浇注时钢液平静，没有沸腾现象，冷凝后易产生集中缩孔，所以成材率低、成本高，但镇静钢气体含量低，时效倾向小，钢锭中气泡、疏松较少，质量较好。

脱氧程度介于沸腾钢和镇静钢之间的钢称为半镇静钢，其性能也介于二者之间。

Q235A·F 为碳素结构钢牌号，Q235 表示屈服强度为 235N/mm^2，A 表示质量等级，F 表示沸腾钢。目前 Q235A·F 和 Q235A 已经不推荐使用了。

20 为优质碳素结构钢牌号，表示钢材的平均含碳量为 0.2%。

06Cr19Ni10 为不锈钢牌号，表示钢材的主要合金元素的百分含量，06 表示碳含量≤0.08%，Cr19 表示铬含量在 18.00%～20.00%，Ni10 表示镍含量在 8.00%～11.00%。

Q235B 钢板的适用范围如下：设计压力 p≤1.6MPa；使用温度 0～350℃；钢板厚度≤20mm。

不得用于液化烃，毒性程度为极度和高度危害介质的管道。

Q235C 钢板的适用范围如下：设计压力 p≤2.5MPa；使用温度 0～400℃；钢板厚度≤40mm。

不得用于液化烃，毒性程度为极度和高度危害介质的管道。

6.1.2.8 常用钢材的使用温度

常用钢材的使用温度见表 6.1-3。

6.1.2.9 金属材料热处理

（1）退火 常用的退火主要有完全退火、再结晶退火、消除应力退火和等温退火。

完全退火是将铁碳合金完全奥氏体化（加热到 A_{C3}❶ 以上 20～30℃）然后缓慢冷却，以获得接近平衡组织的工艺过程。完全退火适用于处理共析钢、中合金钢，目的是改善钢的铸件、锻件或热轧型材的力学性能。由于加热温度超过上临界点，使组织完全重结晶，可达到细化晶粒、均匀组织、降低硬度、充分消除内应力等目的。

再结晶退火是将变形后的金属加热到再结晶温度以上（600℃～A_{C1}❷ 之间），保持适当时间使被冷加工拉长的和破碎的晶粒重新成核和长大成正常晶粒，成为没有内应力的新的稳定组织，使钢的物理性能和力学性能

表 6.1-3 常用钢材的使用温度

材料名称	材料牌号	使用温度/℃
碳素结构钢	Q235A·F	0～200
	Q235A	−10～350
	Q235B	
	Q235C	−10～400

---

❶ A_{C3}—加热时铁素体转变为奥氏体的终了温度。

❷ A_{C1}—加热时珠光体转变为奥氏体的温度。

材　料　名　称	材料牌号	使用温度/℃
优质碳素结构钢	10	−29～425
	20	−20～425
	20G	−20～450
	Q245R	−20～450
低合金钢	Q345R	−40～450
	16MnD	−40～350
	09MnD	−50～350
	09Mn2VD	−50～100
	09MnNiD	−70～350
	12CrMo	−20～525
	15CrMo	−20～550
	12Cr1MoVG	−20～575
	12Cr2Mo	−20～575
	12Cr5Mo(1Cr5Mo)	−20～600
高合金钢	06Cr13(0Cr13)	−20～400
	06Cr19Ni10(0Cr18Ni9)	−196～700
	06Cr18Ni11Ti(0Cr18Ni10Ti)	−196～700
	06Cr17Ni12Mo2(0Cr17Ni12Mo2)	−196～700
	06Cr18Ni12Mo2Ti	−196～500
	06Cr19Ni13Mo3(0Cr19Ni13Mo3)	−196～700
	022Cr19Ni10(00Cr19Ni10)	−196～425
	022Cr17Ni12Mo2(00Cr17Ni14Mo2)	−196～450
	022Cr19Ni13Mo3(00Cr19Ni13Mo3)	−196～450

基本上都能得到恢复。对于连续多次冷加工的钢材，因随加工道次的增加，硬度不断升高，塑性不断下降，必须在两次加工中间安排一次再结晶退火，使其软化以便钢材能进一步加工。这种退火又称为软化退火或中间退火。

消除应力退火是加热到稍高于 A_{C1} 的温度，保温一定时间后，随炉冷却到 $550～600℃$ 出炉空冷的热处理。消除应力退火主要为了除去由于塑性变形加工，焊接等原因造成的以及铸件内存在的残余应力。

等温退火是钢件或毛坯件加热到高于 A_{C3} （或 A_{C1}）的温度，保持适当时间后，较快地冷却到珠光体温度区间的某一温度并等温保持，使奥氏体转变为珠光体型组织，然后在空气中冷却的退火工艺。等温退火工艺应用于中碳合金钢和低合金钢，其目的是细化组织和降低硬度。等温退火组织与硬度比完全退火更为均匀。

（2）正火　将钢加热到 A_{C3} （或 A_{cm}❶）以上 $30～50℃$，适当保温后从炉中取出在静止空气中冷却至室温，得到珠光体型组织的热处理工艺叫正火。正火主要用于细化钢材晶粒，改善组织提高其力学性能。

正火与退火的区别是正火的冷却速度稍快，所获得的组织比退火细，综合力学性能也有所提高。

（3）淬火　将钢加热到 A_{C3} （亚共析钢）或 A_{C1}（过共析钢）以上 $30～50℃$，保温一定时间后，在水或油中快速冷却的热处理工艺叫淬火。淬火一般是为了得到马氏体组织，使钢材得到强化；淬火马氏体是碳在 σ-Fe 中的过饱和固溶体。

（4）回火　将钢加热到 A_{C1} 以下某一温度，在该温度下保温一定时间，在空气中冷却的工艺叫回火。回火常作为钢淬火后的第二道热处理，以改善钢的淬火组织和性能。回火也常用于消除钢材的变形加工或焊接残余应力。根据回火时加热的温度不同，回火可分为低温回火、中温回火和高温回火三种。

---

❶ A_{cm}—加热时二次渗碳体溶入奥氏体的终了温度。

（5）调质　通常将淬火加高温回火的热处理工艺叫调质。调质后获得回火索氏体组织，可使钢材得到强度与韧性相配合的良好的综合力学性能。

（6）固溶处理　将合金加热至高温单相区，并经过充分的保温，使过剩相充分溶解到固溶体中后快速冷却，以得到过饱和的固溶体的热处理工艺称为固溶处理。其目的是改善金属的塑性和韧性，并为进一步进行沉淀硬化热处理工艺准备条件。

对于非超低碳型的奥氏体不锈钢，通过固溶处理可使过剩的碳被固溶在奥氏体中，从而可消除其晶间腐蚀的敏感性。一般情况下对不锈钢多加热到 $1000\sim1120℃$，并按每毫米 $1\sim2min$ 进行保温，然后进行急冷使得过剩的碳来不及向晶界迁移，从而达到消除晶界贫铬的目的。经固溶处理后的钢仍要防止在敏化温度加热，否则碳化铬会重新沿晶界析出。

稳定化处理就是对含 Ti 或 Nb 的稳定化不锈钢进行热处理。通常将此类不锈钢加热到 $850\sim950℃$，并进行适当的保温，使过剩碳充分与稳定化元素结合，然后在空气中冷却，这样的热处理工艺即为稳定化热处理。尽管 Ti 或 Nb 与 C 化合生成了较稳定的 TiC 或 NbC，但在再次加热到高温时这些碳化物仍会分解消融；因此在经受如焊接之类加热后应对焊缝再次进行稳定化热处理。

6.1.3　管道设计原则

6.1.3.1　常用金属材料易产生腐蚀破裂环境组合（表 6.1-4）

表 6.1-4　常用金属材料易产生腐蚀破裂的环境组合

合金材料	环境组合	合金材料	环境组合
碳钢及低合金钢	苛性碱溶液	奥氏体不锈钢	$NaCl+H_2O_2$ 水溶液
	氨溶液		热 NaCl
	硝酸盐水溶液		湿的 $MgCl_2$ 绝缘物
	含 HCN 水溶液		H_2S 水溶液
	湿的 $CO-CO_2$-空气	钛及钛合金	红烟硝酸
	碳酸盐和重碳酸盐溶液		N_2O_4（含 O_2，不含 NO，$24\sim74℃$）
	含 H_2S 水溶液		湿 Cl_2（288℃，346℃，427℃）
	海水		H_2SO_4（$7\%\sim60\%$）
	海洋大气和工业大气		甲醇、甲醇蒸气
	CH_3COOH 水溶液		海水
	$CaCl_2$、$FeCl_3$ 水溶液		CCl_4
	$(NH_4)_2CO_3$		氟利昂
	$H_2SO_4-HNO_3$ 混合酸水溶液	铜合金	NH_3 蒸气及 NH_3 水溶液
奥氏体不锈钢	高温碱液[$NaOH$，$Ca(OH)_2$，$LiOH$]		$FeCl_3$
	氯化物水溶液		水，水蒸气
	海水、海洋大气		水银
	连多硫酸（$H_2S_nO_6$，$n=2\sim5$）		$AgNO_3$
	高温高压含氧高纯水	铝合金	$NaCl$ 水溶液
	浓缩锅炉水		海水
	水蒸气（260℃）		$CaCl_2+NH_4Cl$ 水溶液
	H_2SO_4（260℃）		水银
	湿润空气（湿度 90%）		

6.1.3.2　部分金属和合金的耐腐蚀性（表 6.1-5、表 6.1-6）

6.1.3.3　导致奥氏体不锈钢发生晶间腐蚀的常用介质

包括醋酸、醋酸＋水杨酸、硝酸铵、硫酸铵、硫酸铵＋硫酸、硝酸钙、铬酸、氯化铬、硫酸铜、原油、脂肪酸、氯化铁、硫酸铁、氯氰酸、氢氰酸、氢氟酸＋硫酸铁、顺丁烯二酸、硝酸、硝酸＋盐酸、硝酸＋氢氟酸、乙二酸、酚＋环烷酸、磷酸、盐雾、海水、硝酸银＋醋酸、硫酸氢钠、氢氧化钠＋硫化钠、亚硫酸盐溶液、二氧化硫（潮湿的）、硫酸、硫酸＋醋酸、硫酸＋硫酸铜、硫酸亚铁、硫酸＋甲醇、硫酸＋硝酸、亚硫酸等物质。

表 6.1-5　部分金属和合金的耐腐蚀性（一）

材　料	非氧化性或还原性介质				氧化性液体介质			天然液体水			
	酸性溶液,例如磷酸、硫酸等,但盐酸除外;还有许多种有机物	中性溶液,例如多种非氧化性盐类溶液以及氯化物、硫酸盐等	碱性溶液,例如:		酸性溶液例如硝酸	中性或碱性溶液,例如过硫酸盐、过氧化物、铬酸盐等	孔蚀介质①,酸性三氯化铁溶液	淡水		海水	
			苛性碱及弱碱,但氢氧化铵除外	氢氧化铵及胺类				静止或缓慢流动	湍急流动	静止或缓慢流动	湍急流动
普通铸铁（含片状石墨）及低合金铸铁	1	3	4	5	0	4	0	4	3	4	2
球墨铸铁	1	3	4	5	0	4	0	4	4	4	3
含镍耐腐蚀铸铁	4	5	5	5	0	5	0	5	5	5	5
14%硅铸铁	6	6	2	5	6	6	3	5	5	5	5
低碳钢,低合金铸铁及低合金钢	1	3	4	5	0	2	0	4	3	4	2
17Cr 型铁素体不锈钢	2	4	4	6	5	6	0	4	6	1	4
18Cr,8Ni 型奥氏体不锈钢	3	4	5	6	6	6	0	6	6	2	1
18Cr,12Ni,2.5Cu 型奥氏体不锈钢	4	5	5	6	5	6	1	6	6	3	5
20Cr,29Ni,2.5Mo,3.5Cu 型奥氏体不锈钢	5	6	5	6	5	6	2	6	6	4	6
Ineoloy825 镍-铁-铬合金（40Ni,21Cr,3Mo,1.5Cu,其余Fe）	6	6	5	6	5	6	2	6	6	4	6
哈氏合金 C-276（55Ni,17Mo,16Cr,6Fe,4W）	5	6	5	6	4	6	5	6	6	6	6
哈氏合金 B-2（61Ni,28Mo,6Fe）	6	5	4	4	0	3	0	6	6	4	4
Inconel 600（78Ni,15Cr,7Fe）	3	6	6	6	3	6	1	6	6	4	6
钢-镍合金（Ni≤30%）	4	5	5	0	0	4	1	6	6	6	6
蒙乃尔合金 400（66Ni,30Cu,2Fe）	5	6	6	2	0	5	1	6	6	4	6
镍-200 工业镍（99.4Ni）	4	5	6	1	0	5	0	6	6	6	6
铜及硅青铜	4	4	4	0	0	4	0	6	5	4	1
铝黄铜（76Cu,22Zn,2Al）	3	4	2	0	0	3	0	6	6	4	5
镍-铝青铜（80Cu,10Al,5Ni,5Fe）	4	4	2	0	0	3	0	6	6	4	5
A 型青铜（88Cu,5Sn,5Ni,2Zn）	4	5	4	0	0	4	0	6	6	5	5

续表

材料	非氧化性或还原性介质				氧化性液体介质			天然液体水			
	酸性溶液,例如磷酸、硫酸等,但盐酸除外;还有许多种有机物	中性溶液,例如多种非氧化性盐类溶液以及氯化物、硫酸盐等	碱性溶液,例如:		酸性溶液例如硝酸	中性或碱性溶液,例如过硫酸盐、过氧化物、铬酸盐等	孔蚀介质①,酸性三氯化铁溶液	淡水		海水	
			苛性碱及弱碱,但氢氧化铵除外	氢氧化铵及胺类				静止或缓慢流动	湍急流动	静止或缓慢流动	湍急流动
铝及其合金	1	3	0	6	0~5	0~4	0	4	5	0~5	4
纯铅或含锑硬铅	5	5	2	2	0	2	0	6	5	5	3
银	4	6	6	0	2	2	0	6	6	5	5
钛	3	6	2	6	6	6	6	6	6	6	6
级别:	0:不适用;1:劣与中等之间;2:中等(当使用条件较温和,或可按期更换时,可以有限制地使用);3:中等与良之间;4:良(在使用更好的材料不经济时,可选用此类材料);5:良与优之间;6:优										

① 这些介质对于不宜使用的材料,可能大大促进危害性很大的孔蚀。

注:应注意,若使用条件稍有变化,常会显著影响材料的耐腐蚀性,所以选材要尽可能结合实际经验、试验室和现场试验。

表 6.1-6 部分金属和合金的耐腐蚀性 (二)

材料	气体普通工业介质					气体卤素及其衍生物				备注②
	水蒸气		含微量S的炉气			卤素				
	湿蒸汽或冷凝水	高温干蒸汽,促进轻微解离	还原性,例如热处理炉气体	氧化性,例如烟道气	城市大气或工业大气	湿卤素,例如零点以下的氟	干燥的卤素,例如零点以上的氟	湿含卤酸,例如盐酸,有机卤化物的水解产物	干燥的卤化氢(例如干燥的HCl)①	
普通铸铁(含片状石墨)及低合金铸铁	4	4	1	1		0	2	0	2(<200℃) 1(<400℃)	
球墨铸铁	4	4	1	1		0	2	0	2(<200℃) 1(<400℃)	
含镍耐腐蚀铸铁	5	5	3	2	4	0	2	3	3(<200℃) 2(<400℃)	
14%硅铸铁	6	6	4	3	6	0	2	4	1(<200℃)	极脆,在机械冲击或热冲击下破裂
低碳钢,低合金铸铁及低合金钢	4	4	1	1	3	0	3	0	3(<200℃) 1(<400℃)	合金化后可提高强度,改善耐大气腐蚀能力
17Cr型铁素体不锈钢	5	6	3	2	4	0	2	0	2(<200℃)	
18Cr,8Ni型奥氏体不锈钢	6	6	2	3	5	0	2	0	2(<200℃)	
18Cr,12Ni,2.5Mo型奥氏体不锈钢	6	6	2	4	6	0	3	2	4(<200℃) 3(<400℃)	

续表

材料	气体普通工业介质					气体卤素及其衍生物				备注②
	水蒸气		含微量S的炉气			卤素				
	湿蒸汽或冷凝水	高温干蒸汽，促进轻微解离	还原性，例如热处理炉气体	氧化性，例如烟道气	城市大气或工业大气	湿卤素，例如零点以下的氟	干燥的卤素，例如零点以上的氟	湿含卤酸，例如盐酸，有机卤化物的水解产物	干燥的卤化氢（例如干燥的HCl）①	
20Cr,29Ni,2.5Mo, 3.5Cu 型奥氏体不锈钢	6	6	2	4	6	1	3	3	4(<200℃) 3(<400℃)	对高温下的硫酸、磷酸和脂肪酸有较好的耐蚀性
Ineoloy825 镍-铁-铬合金（40Ni,21Cr, 3Mo,1.5Cu,其余 Fe)	6	6	2	5	6	2	3	3	4(<200℃) 3(<400℃)	这是一种对硫酸、磷酸和脂肪酸有较好耐蚀性的特殊合金，在某些场合下还可耐氯化物
哈氏合金 C-276（55Ni,17Mo,16Cr, 6Fe,4W)	6	6	3	4	6	5	4	4	4(<400℃) 3(<480℃)	对湿氯气和次氯酸钠溶液有极好的耐蚀性
哈氏合金 B-2（61Ni,28Mo,6Fe)	6	5	3	2	6	1	3	5	4(<400℃) 3(<480℃)	对盐酸和硫酸溶液耐蚀
Inconel 600（78Ni, 15Cr,7Fe)	6	6	2	4	6	2	5	3	5(<400℃) 4(<480℃)	广泛用于仪器工业和制药工
钢-镍合金（Ni ≤30%)	6	5	2	2	5	1	5	2	4(<200℃) 3(<400℃)	高铁型者可很好地抵抗冷凝器管中的高流速效应
蒙乃尔合金 400（66Ni,30Cu,2Fe)	6	6	2	3	5	2	6	3	6(<200℃) 3(<480℃) 2(<480℃)	广泛用于硫酸酸洗设备，以及摩托艇的推进器轴；应注意在加工时避免硫的侵蚀
镍-200 工业镍（99.4Ni)	6	6	2	2	4	2	6	2	6(<200℃) 5(<480℃) 4(<480℃)	广泛用于热浓苛性碱溶液应注意在加工时避免硫的侵蚀

续表

| 材料 | 气体普通工业介质 | | | | | 气体卤素及其衍生物 | | | | 备注② |
| | 水蒸气 | | 含微量S的炉气 | | 城市大气或工业大气 | 卤素 | | 湿含卤酸,例如盐酸,有机卤化物的水解产物 | 干燥的卤化氢(例如干燥的HCl)① | |
	湿蒸汽或冷凝水	高温干蒸汽,促进轻微解离	还原性,例如热处理炉气体	氧化性,例如烟道气		湿卤素,例如零点以下的氟	干燥的卤素,例如零点以上的氟			
铜及硅青铜	6	5	2	2	5	0	5	2	3(<200℃) 2(<400℃)	不宜用于热浓无机酸及高流速的HF
铝黄铜(76Cu,22Zn,2Al)	6	5	2	2	5	0	4	2	2(<200℃)	在海水中可能发生局部腐蚀
镍-铝青铜(80Cu,10Al,5Ni,5Fe)	6	5	2	3	5	0	4	3	3(<200℃) 2(<400℃)	最宜用于船用推进器
A型青铜(88Cu,5Sn,5Ni,2Zn)	6	5	2	2	5	0	4	3	3(<200℃) 2(<400℃)	经热处理后可提高强度,且不致脱锌
铝及其合金	5	2	5	4	5	0	6	0	3(<200℃) 1(<400℃)	耐蚀性取决于酸离子的类型和浓度,不同的合金元素和热处理方式可使其力学性能在大范围内变动
纯铅或含锑硬铅	2	0	4	3	5	0	1	3	0	最好使用高纯度的"化学铅"
银	6	5	4	4	4	5	5	3	4(<200℃) 2(<400℃)	用做衬里
钛	6	5	3	5	6	6	0	1	0	发烟硝酸可能引起爆炸,对含氯化物的溶液有较好的耐蚀性

级别: 0:不适用;1:劣与中等之间;2:中等(当使用条件较温和,或可按期更换时,可以有限制地使用);3:中等与良之间;4:良(在使用更好的材料不经济时,可选用此类材料);5:良与优之间;6:优

① 括号内为温度条件,指大致温度。

② 这些材料大都对高温下的干腐蚀具有抵抗能力。

注: 应注意,若使用条件稍有变化,常会显著影响材料的耐腐蚀性,所以选材要尽可能结合实际经验、试验室和现场试验。

表 6.1-7　la 系列　钢管的尺寸和理论重量（DN6～DN600）

壁厚和理论重量

公称直径 DN	NPS	外径/mm	Sch.5S/Sch.5		Sch.10S		Sch.10		Sch.20		Sch.30		Sch.40S		Sch.40		Sch.60		Sch.80S		Sch.80		Sch.100		Sch.120		Sch.140		Sch.160	
			mm	kg/m	mm	kg/m	mm	kg/m	mm	kg/m	mm	kg/m	mm	kg/m	mm	kg/m	mm	kg/m	mm	kg/m	mm	kg/m	mm	kg/m	mm	kg/m	mm	kg/m	mm	kg/m
6	1/8	10.2	—	—	1.2	0.27	1.2	0.27	—	—	1.6	0.34	1.8	0.37	1.8	0.37	—	—	2.3	0.45	2.3	0.45	—	—	—	—	—	—	—	—
8	1/4	13.5	—	—	1.6	0.47	1.6	0.47	—	—	1.8	0.52	1.8	0.52	2.3	0.64	—	—	2.9	0.76	2.9	0.76	—	—	—	—	—	—	—	—
10	3/8	17.2	—	—	1.6	0.62	—	—	—	—	1.8	0.68	2.3	0.85	2.3	0.85	—	—	3.2	1.10	3.2	1.10	—	—	—	—	—	—	—	—
15	1/2	21.3	1.6	0.78	2.0	0.95	2.0	0.95	—	—	2.3	1.08	2.9	1.32	2.9	1.32	—	—	3.6	1.57	3.6	1.57	—	—	—	—	—	—	5.0	1.86
20	3/4	26.9	1.6	1.00	2.0	1.23	2.0	1.23	—	—	2.3	1.40	2.9	1.72	2.9	1.72	—	—	4.0	2.26	4.0	2.26	—	—	—	—	—	—	5.6	2.94
25	1	33.7	1.6	1.27	2.6	1.99	2.6	1.99	—	—	3.2	2.41	3.2	2.41	3.2	2.41	—	—	4.5	3.24	4.5	3.24	—	—	—	—	—	—	6.3	4.26
32	1¼	42.4	1.6	1.61	2.9	2.82	2.9	2.82	—	—	3.2	3.09	3.6	3.44	3.6	3.44	—	—	5.0	4.61	5.0	4.61	—	—	—	—	—	—	6.3	5.61
40	1½	48.3	1.6	1.84	2.9	3.25	2.9	3.25	—	—	3.2	3.56	3.6	3.97	3.6	3.97	—	—	5.0	5.34	5.0	5.34	—	—	—	—	—	—	7.1	7.21
50	2	60.3	1.6	2.32	2.9	4.10	2.9	4.10	—	—	3.2	4.51	4.0	5.55	4.0	5.55	—	—	5.6	7.55	5.6	7.55	—	—	—	—	—	—	8.8	11.18
(65)	2½	76.1	2.0	3.65	3.2	5.75	3.2	5.75	—	—	4.5	7.95	5.0	8.77	5.0	8.77	—	—	7.1	12.08	7.1	12.08	—	—	—	—	—	—	10.0	16.30
80	3	88.9	2.0	4.29	3.2	6.76	3.2	6.76	—	—	5.0	10.35	5.6	11.50	5.6	11.50	—	—	8.0	15.96	8.0	15.96	—	—	—	—	—	—	11.0	21.13
100	4	114.3	2.0	5.54	3.2	8.76	3.2	8.76	—	—	5.0	13.48	6.3	16.78	6.3	16.78	—	—	8.8	22.89	8.8	22.90	—	—	11.0	28.02	—	—	14.2	35.05
(125)	5	139.7	2.9	9.78	3.6	12.08	3.6	12.08	—	—	—	—	6.3	20.73	6.3	20.73	—	—	10.0	31.99	10.0	31.99	—	—	12.5	39.21	—	—	16.0	48.81
150	6	168.3	2.9	11.83	3.6	14.62	3.6	14.62	—	—	—	—	7.1	28.23	7.1	28.23	—	—	11.0	42.67	11.0	42.67	—	—	14.2	53.96	—	—	17.5	65.08
200	8	219.1	2.9	15.46	4.0	21.22	4.0	21.22	6.3	33.06	7.1	37.12	8.0	41.65	8.0	41.65	10.0	51.57	12.5	63.69	12.5	63.69	16.0	80.14	17.5	87.01	20.0	98.20	22.2	107.80
250	10	273.0	3.6	23.92	4.0	26.54	4.0	26.54	6.3	41.43	8.0	52.28	8.8	57.34	8.8	57.34	12.5	80.30	12.5	80.30	16.0	101.40	17.5	110.27	22.2	137.31	25.0	152.90	28.0	169.18
300	12	323.9	4.0	31.56	4.5	35.45	4.5	35.45	6.3	49.34	8.8	68.38	10.0	77.41	10.0	77.41	14.2	108.45	12.5	95.99	17.5	132.23	22.2	165.18	25.0	184.28	28.0	204.33	32.0	230.36
350	14	355.6	4.0	34.68	5.0	43.23	6.3	54.27	8.0	68.58	10.0	85.23	10.0	85.23	11.0	93.48	16.0	134.00	12.5	105.77	20.0	165.53	25.0	203.83	28.0	226.22	32.0	255.37	36.0	283.75
400	16	406.4	4.0	39.70	5.0	49.50	6.3	62.16	8.0	78.60	10.0	97.76	10.0	97.76	12.5	121.43	17.5	167.84	12.5	121.43	22.2	210.34	28.0	261.29	30.0	278.48	36.0	328.85	40.0	361.44
450	18	457.0	4.0	44.69	5.0	55.73	6.3	70.02	8.0	88.58	11.0	120.99	10.0	110.24	14.2	155.06	20.0	215.54	12.5	137.03	25.0	266.34	30.0	315.91	36.0	373.77	40.0	411.35	45.0	457.22
500	20	508.0	5.0	62.02	5.6	69.38	6.3	77.95	10.0	122.81	12.5	152.74	10.0	122.81	16.0	194.14	20.0	240.70	12.5	152.75	28.0	331.45	32.0	375.64	40.0	461.66	45.0	513.82	50.0	564.75
(550)	22	559.0	5.0	68.31	5.6	76.42	6.3	85.87	10.0	135.39	12.5	168.47	—	—	—	—	22.2	293.89	—	—	28.0	366.67	36.0	464.33	40.0	511.97	50.0	627.64	55.0	683.62
600	24	610.0	5.6	83.47	6.3	93.80	6.3	93.79	10.0	147.97	14.2	208.65	10.0	147.96	17.5	255.71	25.0	360.67	12.5	184.19	32.0	456.14	40.0	562.28	45.0	627.02	55.0	752.79	60.0	813.83

注：1. 尽可能不选用括号内的规格。

2. 壁厚系列号（Sch. No.）后缀加 S 者，仅用于不锈钢管，其余用于碳素钢钢管。其单位长度的理论质量是以碳素钢钢管给出。

3. 本表可用于无缝或焊接钢管。

6.1.3.4 管径系列选用（HG/T 20553—2011）

（1）Ⅰa系列　Ⅰa系列为优先选用系列，是化工配管用钢管的基本系列，钢管的外径等效采用 ISO 4200：1991 的钢管外径，壁厚采用"壁厚系列号"（英文为 Schedule Number，简写为 Sch. No.）或壁厚数值表示。DN6～DN600 钢管的壁厚系列号的壁厚值采用 ASME B36.10M—2004、ASME B36.19M—2004 的数值加以圆整，然后取 ISO4200：1991 中相近的壁厚值（表 6.1-7）；DN650～DN2000 大直径焊接钢管的外径和壁厚值采用 APISpec 5L—2004 的尺寸加以圆整，并符合 ISO 4200：1991 的规定（表 6.1-8）。

表 6.1-8　Ⅰa系列　大直径焊接钢管的尺寸和理论重量（DN650～DN2000）

公称直径		外径 /mm	壁厚/mm										
DN	NPS /in		6.3	7.1	8.0	8.8	10.0	11.0	12.5	14.2	16.0	17.5	20.0
			理论重量/(kg/m)										
(650)	26	660	101.56	114.32	128.63	141.32	160.30	176.06	199.60	226.15	254.11	277.29	315.67
700	28	711	109.49	123.25	138.70	152.39	172.88	189.89	215.33	244.01	274.24	299.30	340.82
(750)	30	762	117.41	132.18	148.76	163.46	185.45	203.73	231.05	261.87	294.36	321.31	365.98
800	32	813	125.33	141.11	158.82	174.53	198.03	217.56	246.77	279.73	314.48	343.32	391.13
(850)	34	864	133.26	150.04	168.88	185.60	210.61	231.40	262.49	297.59	334.51	365.33	416.29
900	36	914	141.03	158.80	178.75	196.45	222.94	244.96	277.90	315.10	354.34	386.67	440.95
(950)	38	965	—	—	188.81	207.52	235.52	258.80	293.63	332.96	374.46	408.92	466.10
1000	40	1016	—	—	198.86	218.57	248.06	272.62	309.33	350.92	394.56	430.90	491.23
(1050)	42	1067	—	—	—	229.65	260.67	286.47	325.07	368.68	414.71	452.94	516.41
1100	44	1118	—	—	—	240.72	273.25	300.30	340.79	386.54	434.83	474.95	541.57
(1150)	46	1168	—	—	—	251.57	285.58	313.87	356.20	404.05	454.56	496.53	566.23
1200	48	1219	—	—	—	262.64	298.16	327.70	371.93	421.91	474.68	518.54	591.38
(1300)	52	1321	—	—	—	—	323.31	355.37	403.37	457.63	514.93	562.57	641.69
1400	56	1422	—	—	—	—	348.22	382.77	434.50	493.00	554.79	606.15	691.51
(1500)	60	1524	—	—	—	—	373.38	410.44	465.95	528.72	595.03	650.17	741.82
1600	64	1626	—	—	—	—	398.53	438.11	497.39	564.44	635.26	694.19	792.13
(1700)	68	1727	—	—	—	—	—	528.53	599.81	675.13	737.78	841.94
1800	72	1829	—	—	—	—	—	—	559.97	635.53	715.38	781.80	892.07
(1900)	76	1930	—	—	—	—	—	—	591.11	670.90	755.23	825.39	942.07
2000	80	2032	—	—	—	—	—	—	—	706.62	795.48	869.41	992.38

注：尽可能不选括号内的规格。

（2）Ⅰb系列　Ⅰb系列是Ⅰa系列的代用系列。钢管的外径是将Ⅰa系列的外径圆整到整数，并符合《无缝钢管尺寸、外形、重量及允许偏差》（GB/T 17395—2008）钢管的外径和壁厚值。

（3）Ⅱ系列　Ⅱ系列是沿用系列。DN10～DN600 钢管的尺寸和单位长度理论质量符合《GB/T 17395—2008》规定；DN700～DN2000 大直径焊接钢管的尺寸和单位长度理论质量可按规定取值。

（4）壁厚的选择　当壁厚的选择主要取决于给定条件下的抗内压能力时，设计者应按照压力管道规范的具体规定，并按管道所要求的条件计算出准确的壁厚值，然后从各表中选择一个适合于计算值且能满足管道所需条件的壁厚。

6.1.3.5 石油化工管径系列（SH/T 3405—2017）

石油化工钢管尺寸系列标准规定了石油化工用公称直径 DN6～DN4000 的碳素钢、合金钢、不锈钢无缝钢管及焊接钢管的尺寸系列。标准适用于石油化工钢制管道，见表 6.1-19～表 6.1-12。

表 6.1-9 碳素钢、合金钢无缝钢管及焊接钢管的尺寸和理论质量

公称直径 DN	外径[①]/mm	壁厚代号	管表号	壁厚/mm	平端钢管的理论质量/(kg/m)
6	10.3	—	SCH10	1.24	0.28
6	10.3	—	SCH30	1.45	0.32
6	10.3	STD	SCH40	1.73	0.37
6	10.3	XS	SCH80	2.41	0.47
8	13.7	—	SCH10	1.65	0.49
8	13.7	—	SCH30	1.85	0.54
8	13.7	STD	SCH40	2.24	0.63
8	13.7	XS	SCH80	3.02	0.80
10	17.1	—	SCH10	1.65	0.63
10	17.1	—	SCH30	1.85	0.70
10	17.1	STD	SCH40	2.31	0.84
10	17.1	XS	SCH80	3.20	1.10
15	21.3	—	SCH5	1.65	0.80
15	21.3	—	SCH10	2.11	1.00
15	21.3	—	SCH30	2.41	1.12
15	21.3	STD	SCH40	2.77	1.27
15	21.3	XS	SCH80	3.73	1.62
15	21.3	—	SCH160	4.78	1.95
15	21.3	XXS	—	7.47	2.55
20	26.7	—	SCH5	1.65	1.02
20	26.7	—	SCH10	2.11	1.28
20	26.7	—	SCH30	2.41	1.44
20	26.7	STD	SCH40	2.87	1.69
20	26.7	XS	SCH80	3.91	2.20
20	26.7	—	SCH160	5.56	2.90
20	26.7	XXS	—	7.82	3.64
25	33.4	—	SCH5	1.65	1.29
25	33.4	—	SCH10	2.77	2.09
25	33.4	—	SCH30	2.90	2.18
25	33.4	STD	SCH40	3.38	2.50
25	33.4	XS	SCH80	4.55	3.24
25	33.4	—	SCH160	6.35	4.24
25	33.4	XXS	—	9.09	5.45
32	42.2	—	SCH5	1.65	1.65
32	42.2	—	SCH10	2.77	2.69
32	42.2	—	SCH30	2.97	2.87
32	42.2	STD	SCH40	3.56	3.39
32	42.2	XS	SCH80	4.85	4.47
32	42.2	—	SCH160	6.35	5.61
32	42.2	XXS	—	9.70	7.77
40	48.3	—	SCH5	1.65	1.90
40	48.3	—	SCH10	2.77	3.11
40	48.3	—	SCH30	3.18	3.54
40	48.3	STD	SCH40	3.68	4.05
40	48.3	XS	SCH80	5.08	5.41
40	48.3	—	SCH160	7.14	7.25
40	48.3	XXS	—	10.15	9.55
50	60.3	—	SCH5	1.65	2.39
50	60.3	—	—	2.11	3.03
50	60.3	—	SCH10	2.77	3.93

公称直径 DN	外径①/mm	壁厚代号	管表号	壁厚/mm	平端钢管的理论质量/(kg/m)
50	60.3	—	SCH30	3.18	4.48
50	60.3	—	—	3.58	5.01
50	60.3	STD	SCH40	3.91	5.44
50	60.3	—	—	4.37	6.03
50	60.3	—	—	4.78	6.54
50	60.3	XS	SCH80	5.54	7.48
50	60.3	—	—	6.35	8.45
50	60.3	—	—	7.14	9.36
50	60.3	—	SCH160	8.74	11.11
50	60.3	XXS	—	11.07	13.44
65	73.0	—	SCH5	2.11	3.69
65	73.0	—	—	2.77	4.80
65	73.0	—	SCH10	3.05	5.26
65	73.0	—	—	3.18	5.48
65	73.0	—	—	3.58	6.13
65	73.0	—	—	3.96	6.74
65	73.0	—	—	4.37	7.40
65	73.0	—	SCH30	4.78	8.04
65	73.0	STD	SCH40	5.16	8.63
65	73.0	—	—	5.49	9.14
65	73.0	—	—	6.35	10.44
65	73.0	XS	SCH80	7.01	11.41
65	73.0	—	SCH160	9.53	14.92
65	73.0	XXS	—	14.02	20.39
80	88.9	—	SCH5	2.11	4.52
80	88.9	—	—	2.77	5.88
80	88.9	—	SCH10	3.05	6.46
80	88.9	—	—	3.18	6.72
80	88.9	—	—	3.58	7.53
80	88.9	—	—	3.96	8.30
80	88.9	—	—	4.37	9.11
80	88.9	—	SCH30	4.78	9.92
80	88.9	STD	SCH40	5.49	11.29
80	88.9	—	—	6.35	12.93
80	88.9	—	—	7.14	14.40
80	88.9	XS	SCH80	7.62	15.27
80	88.9	—	SCH160	11.13	21.35
80	88.9	XXS	—	15.24	27.68
90	101.6	—	SCH5	2.11	5.18
90	101.6	—	—	2.77	6.75
90	101.6	—	SCH10	3.05	7.41
90	101.6	—	—	3.18	7.72
90	101.6	—	—	3.58	8.65
90	101.6	—	—	3.96	9.54
90	101.6	—	—	4.37	10.48
90	101.6	—	SCH30	4.78	11.41
90	101.6	STD	SCH40	5.74	13.57
90	101.6	—	—	6.35	14.92
90	101.6	—	—	7.14	16.63

公称直径 DN	外径[①]/mm	壁厚代号	管表号	壁厚/mm	平端钢管的理论质量/(kg/m)
90	101.6	XS	SCH80	8.08	18.64
100	114.3	—	SCH5	2.11	5.84
100	114.3	—	—	2.77	7.62
100	114.3	—	SCH10	3.05	8.37
100	114.3	—	—	3.18	8.71
100	114.3	—	—	3.58	9.78
100	114.3	—	—	3.96	10.78
100	114.3	—	—	4.37	11.85
100	114.3	—	SCH30	4.78	12.91
100	114.3	—	—	5.16	13.89
100	114.3	—	—	5.56	14.91
100	114.3	STD	SCH40	6.02	16.08
100	114.3	—	—	6.35	16.91
100	114.3	—	—	7.14	18.87
100	114.3	—	—	7.92	20.78
100	114.3	XS	SCH80	8.56	22.32
100	114.3	—	SCH120	11.13	28.32
100	114.3	—	SCH160	13.49	33.54
100	114.3	XXS	—	17.12	41.03
125	141.3	—	—	2.11	7.24
125	141.3	—	SCH5	2.77	9.46
125	141.3	—	—	3.18	10.83
125	141.3	—	SCH10	3.40	11.56
125	141.3	—	—	3.96	13.41
125	141.3	—	—	4.78	16.09
125	141.3	—	—	5.56	18.61
125	141.3	STD	SCH40	6.55	21.77
125	141.3	—	—	7.14	23.62
125	141.3	—	—	7.92	26.05
125	141.3	—	—	8.74	28.57
125	141.3	XS	SCH80	9.53	30.97
125	141.3	—	SCH120	12.70	40.28
125	141.3	—	SCH160	15.88	49.12
125	141.3	XXS	—	19.05	57.43
150	168.3	—	—	2.11	8.65
150	168.3	—	SCH5	2.77	11.31
150	168.3	—	—	3.18	12.95
150	168.3	—	SCH10	3.40	13.83
150	168.3	—	—	3.58	14.54
150	168.3	—	—	3.96	16.05
150	168.3	—	—	4.37	17.67
150	168.3	—	—	4.78	19.28
150	168.3	—	—	5.16	20.76
150	168.3	—	—	5.56	22.31
150	168.3	—	—	6.35	25.36
150	168.3	STD	SCH40	7.11	28.26
150	168.3	—	—	7.92	31.33
150	168.3	—	—	8.74	34.39

续表

公称直径 DN	外径[①]/mm	壁厚代号	管表号	壁厚/mm	平端钢管的理论质量/(kg/m)
150	168.3	—	—	9.53	37.31
150	168.3	XS	SCH80	10.97	42.56
150	168.3	—	—	12.70	48.73
150	168.3	—	SCH120	14.27	54.21
150	168.3	—	—	15.88	59.69
150	168.3	—	SCH160	18.26	67.57
150	168.3	—	—	19.05	70.12
150	168.3	XXS	—	21.95	79.22
150	168.3	—	—	22.23	80.08
200	219.1	—	SCH5	2.77	14.78
200	219.1	—	—	3.18	16.93
200	219.1	—	SCH10	3.76	19.97
200	219.1	—	—	3.96	21.01
200	219.1	—	—	4.78	25.26
200	219.1	—	—	5.16	27.22
200	219.1	—	—	5.56	29.28
200	219.1	—	SCH20	6.35	33.32
200	219.1	—	SCH30	7.04	36.82
200	219.1	—	—	7.92	41.25
200	219.1	STD	SCH40	8.18	42.55
200	219.1	—	—	8.74	45.34
200	219.1	—	—	9.53	49.25
200	219.1	—	SCH60	10.31	53.09
200	219.1	—	—	11.13	57.08
200	219.1	XS	SCH80	12.70	64.64
200	219.1	—	—	14.27	72.08
200	219.1	—	SCH100	15.09	75.92
200	219.1	—	—	15.88	79.59
200	219.1	—	SCH120	18.26	90.44
200	219.1	—	—	19.05	93.98
200	219.1	—	SCH140	20.62	100.93
200	219.1	XXS	—	22.23	107.93
200	219.1	—	SCH160	23.01	111.27
200	219.1	—	—	25.40	121.33
250	273.1	—	SCH5	3.40	22.61
250	273.1	—	—	3.96	26.28
250	273.1	—	SCH10	4.19	27.79
250	273.1	—	—	4.78	31.63
250	273.1	—	—	5.16	34.10
250	273.1	—	—	5.56	36.68
250	273.1	—	SCH20	6.35	41.77
250	273.1	—	—	7.09	46.51
250	273.1	—	SCH30	7.80	51.03
250	273.1	—	—	8.74	56.98
250	273.1	STD	SCH40	9.27	60.31
250	273.1	—	—	11.13	71.91
250	273.1	XS	SCH60	12.70	81.56
250	273.1	—	—	14.27	91.09
250	273.1	—	SCH80	15.09	96.02
250	273.1	—	—	15.88	100.73

公称直径 DN	外径^①/mm	壁厚代号	管表号	壁厚/mm	平端钢管的理论质量/(kg/m)
250	273.1	—	SCH100	18.26	114.76
250	273.1	—	—	20.62	128.39
250	273.1	—	SCH120	21.44	133.06
250	273.1	—	—	22.23	137.53
250	273.1	—	—	23.83	146.49
250	273.1	XXS	SCH140	25.40	155.16
250	273.1	—	SCH160	28.58	172.34
250	273.1	—	—	31.75	188.98
300	323.9	—	SCH5	3.96	31.25
300	323.9	—	—	4.37	34.44
300	323.9	—	SCH10	4.57	35.99
300	323.9	—	—	4.78	37.62
300	323.9	—	—	5.16	40.56
300	323.9	—	—	5.56	43.65
300	323.9	—	SCH20	6.35	49.73
300	323.9	—	—	7.14	55.78
300	323.9	—	—	7.92	61.72
300	323.9	—	SCH30	8.38	65.21
300	323.9	—	—	8.74	67.93
300	323.9	STD	—	9.53	73.88
300	323.9	—	SCH40	10.31	79.73
300	323.9	—	—	11.13	85.85
300	323.9	XS	—	12.70	97.47
300	323.9	—	SCH60	14.27	108.96
300	323.9	—	—	15.88	120.63
300	323.9	—	SCH80	17.48	132.09
300	323.9	—	—	19.05	143.22
300	323.9	—	—	20.62	154.22
300	323.9	—	SCH100	21.44	159.92
300	323.9	—	—	22.23	165.38
300	323.9	—	—	23.83	176.35
300	323.9	XXS	SCH120	25.40	186.98
300	323.9	—	—	26.97	197.49
300	323.9	—	SCH140	28.58	208.15
300	323.9	—	—	31.75	228.75
300	323.9	—	SCH160	33.32	238.78
350	355.6	—	SCH5	3.96	34.34
350	355.6	—	—	4.78	41.36
350	355.6	—	—	5.16	44.59
350	355.6	—	—	5.33	46.04
350	355.6	—	—	5.56	48.00
350	355.6	—	SCH10	6.35	54.69
350	355.6	—	—	7.14	61.36
350	355.6	—	SCH20	7.92	67.91
350	355.6	—	—	8.74	74.76
350	355.6	STD	SCH30	9.53	81.33
350	355.6	—	—	10.31	87.79
350	355.6	—	SCH40	11.13	94.55
350	355.6	—	—	11.91	100.95
350	355.6	XS	—	12.70	107.40

续表

公称直径 DN	外径①/mm	壁厚代号	管表号	壁厚/mm	平端钢管的理论质量/(kg/m)
350	355.6	—	—	14.27	120.12
350	355.6	—	SCH60	15.09	126.72
350	355.6	—	—	15.88	133.04
350	355.6	—	—	17.48	145.76
350	355.6	—	SCH80	19.05	158.11
350	355.6	—	—	20.62	170.34
350	355.6	—	—	22.23	182.76
350	355.6	—	SCH100	22.83	194.98
350	355.6	—	—	25.40	206.84
350	355.6	—	—	26.97	218.58
350	355.6	—	SCH120	27.79	224.66
350	355.6	—	—	28.58	230.49
350	355.6	—	SCH140	31.75	253.58
350	355.6	—	SCH160	35.71	281.72
350	355.6	—	—	50.80	381.85
350	355.6	—	—	53.98	401.52
350	355.6	—	—	55.88	413.04
350	355.6	—	—	63.50	457.43
400	406.4	—	SCH5	4.19	41.56
400	406.4	—	—	4.78	47.34
400	406.4	—	—	5.16	51.06
400	406.4	—	—	5.56	54.96
400	406.4	—	SCH10	6.35	62.65
400	406.4	—	—	7.14	70.30
400	406.4	—	SCH120	7.92	77.83
400	406.4	—	—	8.74	85.71
400	406.4	STD	SCH30	9.53	93.27
400	406.4	—	—	10.31	100.71
400	406.4	—	—	11.13	108.49
400	406.4	—	—	11.91	115.87
400	406.4	XS	SCH40	12.70	123.31
400	406.4	—	—	14.27	138.00
400	406.4	—	—	15.88	152.94
400	406.4	—	SCH60	16.66	160.13
400	406.4	—	—	17.48	167.66
400	406.4	—	—	19.05	181.98
400	406.4	—	—	20.62	196.18
400	406.4	—	SCH80	21.44	203.54
400	406.4	—	—	22.23	210.61
400	406.4	—	—	23.83	224.83
400	406.4	—	—	25.40	238.66
400	406.4	—	SCH100	26.19	245.57
400	406.4	—	—	26.97	252.37
400	406.4	—	—	28.58	266.30
400	406.4	—	—	30.18	280.01
400	406.4	—	SCH120	30.96	286.66
400	406.4	—	—	31.75	293.35
400	406.4	—	SCH140	36.53	333.21
400	406.4	—	SCH160	40.49	365.38
450	457	—	SCH5	4.19	46.79

续表

公称直径 DN	外径①/mm	壁厚代号	管表号	壁厚/mm	平端钢管的理论质量/(kg/m)
450	457	—	—	4.78	53.31
450	457	—	—	5.56	61.90
450	457	—	SCH10	6.35	70.57
450	457	—	—	7.14	79.21
450	457	—	SCH20	7.92	87.71
450	457	—	—	8.74	96.62
450	457	STD	—	9.53	105.17
450	457	—	—	10.31	113.58
450	457	—	SCH30	11.13	122.38
450	457	—	—	11.91	130.73
450	457	XS	—	12.70	139.16
450	457	—	SCH40	14.27	155.81
450	457	—	—	15.88	172.75
450	457	—	—	17.48	189.47
450	457	—	SCH60	19.05	205.75
450	457	—	—	20.62	221.91
450	457	—	—	22.23	238.35
450	457	—	SCH80	23.83	254.57
450	457	—	—	25.40	270.36
450	457	—	—	26.97	286.02
450	457	—	—	28.58	301.96
450	457	—	SCH100	29.36	309.64
450	457	—	—	30.18	317.68
450	457	—	—	31.75	332.97
450	457	—	SCH120	34.93	363.58
450	457	—	SCH140	39.67	408.28
450	457	—	SCH160	45.24	459.39
500	508	—	SCH5	4.78	59.32
500	508	—	—	5.56	68.89
500	508	—	SCH10	6.35	78.56
500	508	—	—	7.14	88.19
500	508	—	—	7.92	97.68
500	508	—	—	8.74	107.61
500	508	STD	SCH20	9.53	117.15
500	508	—	—	10.31	126.54
500	508	—	—	11.13	136.38
500	508	—	—	11.91	145.71
500	508	XS	SCH30	12.70	155.13
500	508	—	—	14.27	173.75
500	508	—	SCH40	15.09	183.43
500	508	—	—	15.88	192.73
500	508	—	—	17.48	211.45
500	508	—	—	19.05	229.71
500	508	—	SCH60	20.62	247.84
500	508	—	—	22.23	266.31
500	508	—	—	23.83	284.54
500	508	—	—	25.40	302.30
500	508	—	SCH80	26.19	311.19
500	508	—	—	26.97	319.94
500	508	—	—	28.58	337.91

续表

公称直径 DN	外径①/mm	壁厚代号	管表号	壁厚/mm	平端钢管的理论质量/(kg/m)
500	508	—	—	30.18	355.63
500	508	—	—	31.75	372.91
500	508	—	SCH100	32.54	381.55
500	508	—	—	33.32	390.05
500	508	—	—	34.93	407.51
500	508	—	SCH120	38.10	441.52
500	508	—	SCH140	44.45	508.15
500	508	—	SCH160	50.01	564.85
550	559	—	SCH5	4.78	65.33
550	559	—	—	5.56	75.89
550	559	—	SCH10	6.35	86.55
550	559	—	—	7.14	97.17
550	559	—	—	7.92	107.64
550	559	—	—	8.74	118.60
550	559	STD	SCH20	9.53	129.14
550	559	—	—	10.31	139.51
550	559	—	—	11.13	150.38
550	559	—	—	11.91	160.69
550	559	XS	SCH30	12.70	171.10
550	559	—	—	14.27	191.70
550	559	—	—	15.88	212.70
550	559	—	—	17.48	233.44
550	559	—	—	19.05	253.67
550	559	—	—	20.62	273.78
550	559	—	SCH60	22.23	294.27
550	559	—	—	23.83	314.51
550	559	—	—	25.40	334.25
550	559	—	—	26.97	353.86
550	559	—	SCH80	28.58	373.85
550	559	—	—	30.18	393.59
550	559	—	—	31.75	412.84
550	559	—	—	33.32	431.96
550	559	—	SCH100	34.93	451.45
550	559	—	—	36.53	470.69
550	559	—	—	38.10	489.44
550	559	—	SCH120	41.28	527.05
550	559	—	SCH140	47.63	600.67
550	559	—	SCH160	53.98	672.30
600	610	—	SCH5	5.54	82.58
600	610	—	SCH10	6.35	94.53
600	610	—	—	7.14	106.15
600	610	—	—	7.92	117.60
600	610	—	—	8.74	129.60
600	610	STD	SCH20	9.53	141.12
600	610	—	—	10.31	152.48
600	610	—	—	11.13	164.38
600	610	—	—	11.91	175.67
600	610	XS	—	12.70	187.07
600	610	—	SCH30	14.27	209.65

公称直径 DN	外径①/mm	壁厚代号	管表号	壁厚/mm	平端钢管的理论质量/(kg/m)
600	610	—	—	15.88	232.67
600	610	—	SCH40	17.48	255.43
600	610	—	—	19.05	277.63
600	610	—	—	20.62	299.71
600	610	—	—	22.23	322.23
600	610	—	—	23.83	344.48
600	610	—	SCH60	24.61	355.28
600	610	—	—	25.40	366.19
600	610	—	—	26.97	387.79
600	610	—	—	28.58	409.80
600	610	—	—	30.18	431.55
600	610	—	SCH80	30.96	442.11
600	610	—	—	31.75	452.77
600	610	—	—	33.32	473.87
600	610	—	—	34.93	495.38
600	610	—	—	36.53	516.63
600	610	—	—	38.10	537.36
600	610	—	SCH100	38.89	547.74
600	610	—	—	39.67	557.97
600	610	—	SCH120	46.02	640.07
600	610	—	SCH140	52.37	720.19
600	610	—	SCH160	59.54	808.27
650	660	—	—	6.35	102.36
650	660	—	—	7.14	114.96
650	660	—	SCH10	7.92	127.36
650	660	—	—	8.74	140.37
650	660	STD	—	9.53	152.88
650	660	—	—	10.31	165.19
650	660	—	—	11.13	178.10
650	660	—	—	11.91	190.36
650	660	XS	SCH20	12.70	202.74
650	660	—	—	14.27	227.25
650	660	—	—	15.88	252.25
650	660	—	—	17.48	276.98
650	660	—	—	19.05	301.12
650	660	—	—	20.62	325.14
650	660	—	—	22.23	349.64
650	660	—	—	23.83	373.87
650	660	—	—	25.40	397.51
700	711	—	—	6.35	110.35
700	711	—	—	7.14	123.94
700	711	—	SCH10	7.92	137.32
700	711	—	—	8.74	151.37
700	711	STD	—	9.53	164.86
700	711	—	—	10.31	178.16
700	711	—	—	11.13	192.10
700	711	—	—	11.91	205.34
700	711	XS	SCH20	12.70	218.71
700	711	—	—	14.27	245.19
700	711	—	SCH30	15.88	272.23

续表

公称直径 DN	外径①/mm	壁厚代号	管表号	壁厚/mm	平端钢管的理论质量/(kg/m)
700	711	—	—	17.48	298.96
700	711	—	—	19.05	325.08
700	711	—	—	20.62	351.07
700	711	—	—	22.23	377.60
700	711	—	—	23.83	403.84
700	711	—	—	25.40	429.46
750	762	—	SCH5	6.35	118.34
750	762	—	—	7.14	132.92
750	762	—	SCH10	7.92	147.29
750	762	—	—	8.74	162.36
750	762	STD	—	9.53	176.85
750	762	—	—	10.31	191.12
750	762	—	—	11.13	206.10
750	762	—	—	11.91	220.32
750	762	XS	SCH20	12.70	234.68
750	762	—	—	14.27	263.14
750	762	—	SCH30	15.88	292.20
750	762	—	—	17.48	320.95
750	762	—	—	19.05	349.04
750	762	—	—	20.62	377.01
750	762	—	—	22.23	405.56
750	762	—	—	23.83	433.81
750	762	—	—	25.40	461.41
750	762	—	—	26.97	488.88
750	762	—	—	28.58	516.93
750	762	—	—	30.18	544.68
750	762	—	—	31.75	571.79
800	813	—	—	6.35	126.32
800	813	—	—	7.14	141.90
800	813	—	SCH10	7.92	157.25
800	813	—	—	8.74	173.35
800	813	STD	—	9.53	188.83
800	813	—	—	10.31	204.09
800	813	—	—	11.13	220.10
800	813	—	—	11.91	235.29
800	813	XS	SCH20	12.70	250.65
800	813	—	—	14.27	281.09
800	813	—	SCH30	15.88	312.17
800	813	—	SCH40	17.48	342.94
800	813	—	—	19.05	373.00
800	813	—	—	20.62	402.94
800	813	—	—	22.23	433.52
800	813	—	—	23.83	463.78
800	813	—	—	25.40	493.35
800	813	—	—	26.97	522.80
800	813	—	—	28.58	552.88
800	813	—	—	30.18	582.64
800	813	—	—	31.75	611.72
850	864	—	—	6.35	134.31
850	864	—	—	7.14	150.88

公称直径 DN	外径①/mm	壁厚代号	管表号	壁厚/mm	平端钢管的理论质量/(kg/m)
850	864	—	SCH10	7.92	167.21
850	864	—	—	8.74	184.34
850	864	STD	—	9.53	200.82
850	864	—	—	10.31	217.06
850	864	—	—	11.13	234.10
850	864	—	—	11.91	250.27
850	864	XS	SCH20	12.70	266.63
850	864	—	—	14.27	299.04
850	864	—	SCH30	15.88	332.14
850	864	—	SCH40	17.48	364.92
850	864	—	—	19.05	396.96
850	864	—	—	20.62	428.88
850	864	—	—	22.23	461.48
850	864	—	—	23.83	493.75
850	864	—	—	25.40	525.30
850	864	—	—	26.97	556.73
850	864	—	—	28.58	588.83
850	864	—	—	30.18	620.60
850	864	—	—	31.75	651.65
900	914	—	—	6.35	142.14
900	914	—	—	7.14	159.68
900	914	—	SCH10	7.92	176.97
900	914	—	—	8.74	195.12
900	914	STD	—	9.53	212.57
900	914	—	—	10.31	229.77
900	914	—	—	11.13	247.82
900	914	—	—	11.91	264.96
900	914	XS	SCH20	12.70	282.29
900	914	—	—	14.27	316.63
900	914	—	SCH30	15.88	351.73
900	914	—	—	17.48	386.47
900	914	—	SCH40	19.05	420.45
900	914	—	—	20.62	454.30
900	914	—	—	22.23	488.89
900	914	—	—	23.83	523.14
900	914	—	—	25.40	556.62
900	914	—	—	26.97	589.98
900	914	—	—	28.58	624.07
900	914	—	—	30.18	657.81
900	914	—	—	31.75	690.80
950	965	—	—	7.92	186.94
950	965	—	—	8.74	206.11
950	965	STD	—	9.53	224.56
950	965	—	—	10.31	242.74
950	965	—	—	11.13	261.82
950	965	—	—	11.91	279.94
950	965	XS	—	12.70	298.26
950	965	—	—	14.27	334.58
950	965	—	—	15.88	371.70
950	965	—	—	17.48	408.46

公称直径 DN	外径[①]/mm	壁厚代号	管表号	壁厚/mm	平端钢管的理论质量/(kg/m)
950	965	—	—	19.05	444.41
950	965	—	—	20.62	480.24
950	965	—	—	22.23	516.85
950	965	—	—	23.83	553.11
950	965	—	—	25.40	588.57
950	965	—	—	26.97	623.90
950	965	—	—	28.58	660.01
950	965	—	—	30.18	695.77
950	965	—	—	31.75	730.74
1000	1016	—	—	7.92	196.90
1000	1016	—	—	8.74	217.11
1000	1016	STD	—	9.53	236.54
1000	1016	—	—	10.31	255.71
1000	1016	—	—	11.13	275.82
1000	1016	—	—	11.91	294.92
1000	1016	XS	—	12.70	314.23
1000	1016	—	—	14.27	352.53
1000	1016	—	—	15.88	391.67
1000	1016	—	—	17.48	430.45
1000	1016	—	—	19.05	468.37
1000	1016	—	—	20.62	506.17
1000	1016	—	—	22.23	544.81
1000	1016	—	—	23.83	583.08
1000	1016	—	—	25.40	620.51
1000	1016	—	—	26.97	657.82
1000	1016	—	—	28.58	695.96
1000	1016	—	—	30.18	733.73
1000	1016	—	—	31.75	770.67
1050	1067	—	—	8.74	228.10
1050	1067	STD	—	9.53	248.53
1050	1067	—	—	10.31	268.67
1050	1067	—	—	11.13	289.82
1050	1067	—	—	11.91	309.90
1050	1067	XS	—	12.70	330.21
1050	1067	—	—	14.27	370.48
1050	1067	—	—	15.88	411.64
1050	1067	—	—	17.48	452.43
1050	1067	—	—	19.05	492.33
1050	1067	—	—	20.62	532.11
1050	1067	—	—	22.23	572.77
1050	1067	—	—	23.83	613.05
1050	1067	—	—	25.40	652.46
1050	1067	—	—	26.97	691.75
1050	1067	—	—	28.58	731.91
1050	1067	—	—	30.18	771.69
1050	1067	—	—	31.75	810.60
1100	1118	—	—	8.74	239.09
1100	1118	STD	—	9.53	260.52
1100	1118	—	—	10.31	281.64
1100	1118	—	—	11.13	303.82

续表

公称直径 DN	外径[①]/mm	壁厚代号	管表号	壁厚/mm	平端钢管的理论质量/(kg/m)
1100	1118	—	—	11.91	324.88
1100	1118	XS	—	12.70	346.18
1100	1118	—	—	14.27	388.42
1100	1118	—	—	15.88	431.62
1100	1118	—	—	17.48	474.42
1100	1118	—	—	19.05	516.29
1100	1118	—	—	20.62	558.04
1100	1118	—	—	22.23	600.73
1100	1118	—	—	23.83	643.03
1100	1118	—	—	25.40	684.41
1100	1118	—	—	26.97	725.67
1100	1118	—	—	28.58	767.85
1100	1118	—	—	30.18	809.65
1100	1118	—	—	31.75	850.54
1150	1168	—	—	8.74	249.87
1150	1168	STD	—	9.53	272.27
1150	1168	—	—	10.31	294.35
1150	1168	—	—	11.13	317.54
1150	1168	—	—	11.91	339.56
1150	1168	XS	—	12.70	361.84
1150	1168	—	—	14.27	406.02
1150	1168	—	—	15.88	451.20
1150	1168	—	—	17.48	495.97
1150	1168	—	—	19.05	539.78
1150	1168	—	—	20.62	583.47
1150	1168	—	—	22.23	628.14
1150	1168	—	—	23.83	672.41
1150	1168	—	—	25.40	715.73
1150	1168	—	—	26.97	758.92
1150	1168	—	—	28.58	803.09
1150	1168	—	—	30.18	846.86
1150	1168	—	—	31.75	889.69
1200	1219	—	—	8.74	260.86
1200	1219	STD	—	9.53	284.25
1200	1219	—	—	10.31	307.32
1200	1219	—	—	11.13	331.54
1200	1219	—	—	11.91	354.54
1200	1219	XS	—	12.70	377.81
1200	1219	—	—	14.27	423.97
1200	1219	—	—	15.88	471.17
1200	1219	—	—	17.48	517.95
1200	1219	—	—	19.05	563.74
1200	1219	—	—	20.62	609.40
1200	1219	—	—	22.23	656.10
1200	1219	—	—	23.83	702.38
1200	1219	—	—	25.40	747.67
1200	1219	—	—	26.97	792.84
1200	1219	—	—	28.58	839.04
1200	1219	—	—	30.18	884.82
1200	1219	—	—	31.75	929.62

续表

公称直径 DN	外径①/mm	壁厚代号	管表号	壁厚/mm	平端钢管的理论质量/(kg/m)
1300	1321	—	—	9.53	308.23
1300	1321	—	—	10.31	333.26
1300	1321	—	—	11.13	359.54
1300	1321	—	—	11.91	384.50
1300	1321	—	—	12.70	409.76
1300	1321	—	—	14.27	459.86
1300	1321	—	—	15.88	511.12
1300	1321	—	—	17.48	561.93
1300	1321	—	—	19.05	611.66
1300	1321	—	—	20.62	661.27
1300	1321	—	—	22.23	712.02
1300	1321	—	—	23.83	762.33
1300	1321	—	—	25.40	811.57
1300	1321	—	—	26.97	860.69
1300	1321	—	—	28.58	910.93
1300	1321	—	—	30.18	960.74
1300	1321	—	—	31.75	1009.49
1400	1422	—	—	9.53	331.96
1400	1422	—	—	10.31	358.94
1400	1422	—	—	11.13	387.26
1400	1422	—	—	11.91	414.17
1400	1422	—	—	12.70	441.39
1400	1422	—	—	14.27	495.41
1400	1422	—	—	15.88	550.67
1400	1422	—	—	17.48	605.46
1400	1422	—	—	19.05	659.11
1400	1422	—	—	20.62	712.63
1400	1422	—	—	22.23	767.39
1400	1422	—	—	23.83	821.68
1400	1422	—	—	25.40	874.83
1400	1422	—	—	26.97	927.86
1400	1422	—	—	28.58	982.12
1400	1422	—	—	30.18	1035.91
1400	1422	—	—	31.75	1088.57
1500	1524	—	—	9.53	355.94
1500	1524	—	—	10.31	384.87
1500	1524	—	—	11.13	415.26
1500	1524	—	—	11.91	444.13
1500	1524	—	—	12.70	473.34
1500	1524	—	—	14.27	531.30
1500	1524	—	—	15.88	590.62
1500	1524	—	—	17.48	649.44
1500	1524	—	—	19.05	707.03
1500	1524	—	—	20.62	764.50
1500	1524	—	—	22.23	823.31
1500	1524	—	—	23.83	881.63
1500	1524	—	—	25.40	938.73
1500	1524	—	—	26.97	995.71
1500	1524	—	—	28.58	1054.01
1500	1524	—	—	30.18	1111.83

续表

公称直径 DN	外径^①/mm	壁厚代号	管表号	壁厚/mm	平端钢管的理论质量/(kg/m)
1500	1524	—	—	31.75	1168.44
1600	1626	—	—	9.53	379.91
1600	1626	—	—	10.31	410.81
1600	1626	—	—	11.13	443.25
1600	1626	—	—	11.91	474.09
1600	1626	—	—	12.70	505.29
1600	1626	—	—	14.27	567.20
1600	1626	—	—	15.88	630.56
1600	1626	—	—	17.48	693.41
1600	1626	—	—	19.05	754.95
1600	1626	—	—	20.62	816.37
1600	1626	—	—	22.23	879.23
1600	1626	—	—	23.83	941.57
1600	1626	—	—	25.40	1002.62
1600	1626	—	—	26.97	1063.55
1600	1626	—	—	28.58	1125.90
1600	1626	—	—	30.18	1187.74
1600	1626	—	—	31.75	1248.30
1700	1727	—	—	11.91	503.75
1700	1727	—	—	12.70	536.92
1700	1727	—	—	14.27	602.74
1700	1727	—	—	15.88	670.12
1700	1727	—	—	17.48	736.95
1700	1727	—	—	19.05	802.40
1700	1727	—	—	20.62	867.73
1700	1727	—	—	22.23	934.60
1700	1727	—	—	23.83	1000.92
1700	1727	—	—	25.40	1065.89
1700	1727	—	—	26.97	1130.73
1700	1727	—	—	28.58	1197.09
1700	1727	—	—	30.18	1262.92
1700	1727	—	—	31.75	1327.39
1800	1829	—	—	12.70	568.87
1800	1829	—	—	14.27	638.64
1800	1829	—	—	15.88	710.06
1800	1829	—	—	17.48	780.92
1800	1829	—	—	19.05	850.32
1800	1829	—	—	20.62	919.60
1800	1829	—	—	22.23	990.52
1800	1829	—	—	23.83	1060.87
1800	1829	—	—	25.40	1129.78
1800	1829	—	—	26.97	1198.57
1800	1829	—	—	28.58	1268.98
1800	1829	—	—	30.18	1338.83
1800	1829	—	—	31.75	1407.25
1900	1930	—	—	12.70	600.50
1900	1930	—	—	14.27	674.18
1900	1930	—	—	15.88	749.62
1900	1930	—	—	17.48	824.45
1900	1930	—	—	19.05	897.77

续表

公称直径 DN	外径^①/mm	壁厚代号	*管表号	壁厚/mm	平端钢管的理论质量/(kg/m)
1900	1930	—	—	20.62	970.96
1900	1930	—	—	22.23	1045.89
1900	1930	—	—	23.83	1120.22
1900	1930	—	—	25.40	1193.05
1900	1930	—	—	26.97	1265.74
1900	1930	—	—	28.58	1340.17
1900	1930	—	—	30.18	1414.01
1900	1930	—	—	31.75	1486.33
2000	2032	—	—	14.27	710.08
2000	2032	—	—	15.88	789.56
2000	2032	—	—	17.48	868.43
2000	2032	—	—	19.05	945.69
2000	2032	—	—	20.62	1022.83
2000	2032	—	—	22.23	1101.81
2000	2032	—	—	23.83	1180.17
2000	2032	—	—	25.40	1256.94
2000	2032	—	—	26.97	1333.59
2000	2032	—	—	28.58	1412.06
2000	2032	—	—	30.18	1489.92
2000	2032	—	—	31.75	1566.20
2100	2134	—	—	14.27	745.97
2100	2134	—	—	15.88	829.51
2100	2134	—	—	17.48	912.40
2100	2134	—	—	19.05	993.61
2100	2134	—	—	20.62	1074.70
2100	2134	—	—	22.23	1157.73
2100	2134	—	—	23.83	1240.11
2100	2134	—	—	25.40	1320.83
2100	2134	—	—	26.97	1401.43
2100	2134	—	—	28.58	1483.95
2100	2134	—	—	30.18	1565.84
2100	2134	—	—	31.75	1646.07
2200	2235	—	—	15.88	869.06
2200	2235	—	—	17.48	955.94
2200	2235	—	—	19.05	1041.06
2200	2235	—	—	20.62	1126.06
2200	2235	—	—	22.23	1213.10
2200	2235	—	—	23.83	1299.47
2200	2235	—	—	25.40	1384.10
2200	2235	—	—	26.97	1468.61
2200	2235	—	—	28.58	1555.14
2200	2235	—	—	30.18	1641.01
2200	2235	—	—	31.75	1725.15
2300	2337	—	—	15.88	909.01
2300	2337	—	—	17.48	999.91
2300	2337	—	—	19.05	1088.98
2300	2337	—	—	20.62	1177.93
2300	2337	—	—	22.23	1269.02
2300	2337	—	—	23.83	1359.41
2300	2337	—	—	25.40	1447.99

公称直径 DN	外径[①]/mm	壁厚代号	管表号	壁厚/mm	平端钢管的理论质量/(kg/m)
2300	2337	—	—	26.97	1536.45
2300	2337	—	—	28.58	1627.03
2300	2337	—	—	30.18	1716.93
2300	2337	—	—	31.75	1805.02
2400	2438	—	—	15.88	948.56
2400	2438	—	—	17.48	1043.45
2400	2438	—	—	19.05	1136.43
2400	2438	—	—	20.62	1229.29
2400	2438	—	—	22.23	1324.39
2400	2438	—	—	23.83	1418.77
2400	2438	—	—	25.40	1511.26
2400	2438	—	—	26.97	1603.63
2400	2438	—	—	28.58	1698.22
2400	2438	—	—	30.18	1792.10
2400	2438	—	—	31.75	1884.10
2500	2540	—	—	17.48	1087.42
2500	2540	—	—	19.05	1184.35
2500	2540	—	—	20.62	1281.16
2500	2540	—	—	22.23	1380.30
2500	2540	—	—	23.83	1478.71
2500	2540	—	—	25.40	1575.15
2500	2540	—	—	26.97	1671.47
2500	2540	—	—	28.58	1770.11
2500	2540	—	—	30.18	1868.02
2500	2540	—	—	31.75	1963.97
2600	2642	—	—	17.48	1131.39
2600	2642	—	—	19.05	1232.27
2600	2642	—	—	20.62	1333.02
2600	2642	—	—	22.23	1436.22
2600	2642	—	—	23.83	1538.66
2600	2642	—	—	25.40	1639.04
2600	2642	—	—	26.97	1739.31
2600	2642	—	—	28.58	1842.01
2600	2642	—	—	30.18	1943.94
2600	2642	—	—	31.75	2043.83
2700	2743	—	—	19.05	1279.72
2700	2743	—	—	20.62	1384.39
2700	2743	—	—	22.23	1491.59
2700	2743	—	—	23.83	1598.01
2700	2743	—	—	25.40	1702.31
2700	2743	—	—	26.97	1806.49
2700	2743	—	—	28.58	1913.19
2700	2743	—	—	30.18	2019.11
2700	2743	—	—	31.75	2122.92
2800	2845	—	—	19.05	1327.64
2800	2845	—	—	20.62	1436.25
2800	2845	—	—	22.23	1547.51
2800	2845	—	—	23.83	1657.96
2800	2845	—	—	25.40	1766.20
2800	2845	—	—	26.97	1874.33

公称直径 DN	外径^①/mm	壁厚代号	管表号	壁厚/mm	平端钢管的理论质量/(kg/m)
2800	2845	—	—	28.58	1985.09
2800	2845	—	—	30.18	2095.03
2800	2845	—	—	31.75	2202.78
2900	2946	—	—	19.05	1375.09
2900	2946	—	—	20.62	1487.61
2900	2946	—	—	22.23	1602.88
2900	2946	—	—	23.83	1717.31
2900	2946	—	—	25.40	1829.47
2900	2946	—	—	26.97	1941.51
2900	2946	—	—	28.58	2056.27
2900	2946	—	—	30.18	2170.20
2900	2946	—	—	31.75	2281.87
3000	3048	—	—	20.62	1539.48
3000	3048	—	—	22.23	1658.80
3000	3048	—	—	23.83	1777.25
3000	3048	—	—	25.40	1893.36
3000	3048	—	—	26.97	2009.35
3000	3048	—	—	28.58	2128.16
3000	3048	—	—	30.18	2246.12
3000	3048	—	—	31.75	2361.73
3200	3251	—	—	22.23	1770.09
3200	3251	—	—	23.83	1896.55
3200	3251	—	—	25.40	2020.52
3200	3251	—	—	26.97	2144.37
3200	3251	—	—	28.58	2271.24
3200	3251	—	—	30.18	2397.21
3200	3251	—	—	31.75	2520.68
3400	3454	—	—	23.83	2015.85
3400	3454	—	—	25.40	2147.68
3400	3454	—	—	26.97	2279.39
3400	3454	—	—	28.58	2414.32
3400	3454	—	—	30.18	2548.29
3400	3454	—	—	31.75	2679.63
3600	3658	—	—	25.40	2275.47
3600	3658	—	—	26.97	2415.07
3600	3658	—	—	28.58	2558.11
3600	3658	—	—	30.18	2700.13
3600	3658	—	—	31.75	2839.36
3800	3861	—	—	25.40	2402.63
3800	3861	—	—	26.97	2550.09
3800	3861	—	—	28.58	2701.19
3800	3861	—	—	30.18	2851.22
3800	3861	—	—	31.75	2998.31
4000	4064	—	—	26.97	2685.11
4000	4064	—	—	28.58	2844.27
4000	4064	—	—	30.18	3002.31
4000	4064	—	—	31.75	3157.26

① 公称直径小于或等于 DN400，外径精确到 0.1mm，公称直径大于 DN400，外径精确到 1.0mm。

表 6.1-10 不锈钢无缝钢管及焊接钢管的尺寸和基准质量

公称直径 DN	外径[①]/mm	管表号	壁厚/mm	平端钢管的基准质量[②]/(kg/m)
6	10.3	SCH5S	—	—
6	10.3	SCH10S	1.24	0.28
6	10.3	SCH40S	1.73	0.37
6	10.3	SCH80S	2.41	0.47
8	13.7	SCH5S	—	—
8	13.7	SCH10S	1.65	0.49
8	13.7	SCH40S	2.24	0.63
8	13.7	SCH80S	3.02	0.80
10	17.1	SCH5S	—	—
10	17.1	SCH10S	1.65	0.63
10	17.1	SCH40S	2.31	0.84
10	17.1	SCH80S	3.20	1.10
15	21.3	SCH5S	1.65	0.80
15	21.3	SCH10S	2.11	1.00
15	21.3	SCH40S	2.77	1.27
15	21.3	SCH80S	3.73	1.62
20	26.7	SCH5S	1.65	1.02
20	26.7	SCH10S	2.11	1.28
20	26.7	SCH40S	2.87	1.69
20	26.7	SCH80S	3.91	2.20
25	33.4	SCH5S	1.65	1.29
25	33.4	SCH10S	2.77	2.09
25	33.4	SCH40S	3.38	2.50
25	33.4	SCH80S	4.55	3.24
32	42.2	SCH5S	1.65	1.65
32	42.2	SCH10S	2.77	2.69
32	42.2	SCH40S	3.56	3.39
32	42.2	SCH80S	4.85	4.47
40	48.3	SCH5S	1.65	1.90
40	48.3	SCH10S	2.77	3.11
40	48.3	SCH40S	3.68	4.05
40	48.3	SCH80S	5.08	5.41
50	60.3	SCH5S	1.65	2.39
50	60.3	SCH10S	2.77	3.93
50	60.3	SCH40S	3.91	5.44
50	60.3	SCH80S	5.54	7.48
65	73.0	SCH5S	2.11	3.69
65	73.0	SCH10S	3.05	5.26
65	73.0	SCH40S	5.16	8.63
65	73.0	SCH80S	7.01	11.41
80	88.9	SCH5S	2.11	4.52
80	88.9	SCH10S	3.05	6.46
80	88.9	SCH40S	5.49	11.29
80	88.9	SCH80S	7.62	15.27
90	101.6	SCH5S	2.11	5.18
90	101.6	SCH10S	3.05	7.41
90	101.6	SCH40S	5.74	13.57
90	101.6	SCH80S	8.08	18.64
100	114.3	SCH5S	2.11	5.84
100	114.3	SCH10S	3.05	8.37

续表

公称直径 DN	外径①/mm	管表号	壁厚/mm	平端钢管的基准质量②/(kg/m)
100	114.3	SCH40S	6.02	16.08
100	114.3	SCH80S	8.56	22.32
125	141.3	SCH5S	2.77	9.46
125	141.3	SCH10S	3.40	11.56
125	141.3	SCH40S	6.55	21.77
125	141.3	SCH80S	9.53	30.97
150	168.3	SCH5S	2.77	11.31
150	168.3	SCH10S	3.40	13.83
150	168.3	SCH40S	7.11	28.26
150	168.3	SCH80S	10.97	42.56
200	219.1	SCH5S	2.77	14.78
200	219.1	SCH10S	3.76	19.97
200	219.1	SCH40S	8.18	42.55
200	219.1	SCH80S	12.70	64.64
250	273.1	SCH5S	3.40	22.61
250	273.1	SCH10S	4.19	27.79
250	273.1	SCH40S	9.27	60.31
250	273.1	SCH80S	12.70	81.56
300	323.9	SCH5S	3.96	31.25
300	323.9	SCH10S	4.57	35.99
300	323.9	SCH40S	9.53	73.88
300	323.9	SCH80S	12.70	97.47
350	355.6	SCH5S	3.96	34.34
350	355.6	SCH10S	4.78	41.36
350	355.6	SCH40S	9.53	81.33
350	355.6	SCH80S	12.70	107.40
400	406.4	SCH5S	4.19	41.56
400	406.4	SCH10S	4.78	47.34
400	406.4	SCH40S	9.53	93.27
400	406.4	SCH80S	12.70	123.31
450	457	SCH5S	4.19	46.79
450	457	SCH10S	4.78	53.31
450	457	SCH40S	9.53	105.17
450	457	SCH80S	12.70	139.16
500	508	SCH5S	4.78	59.32
500	508	SCH10S	5.54	68.65
500	508	SCH40S	9.53	117.15
500	508	SCH80S	12.70	155.13
550	559	SCH5S	4.78	65.33
550	559	SCH10S	5.54	75.62
550	559	SCH40S	—	—
550	559	SCH80S	—	—
600	610	SCH5S	5.54	82.58
600	610	SCH10S	6.35	94.53
600	610	SCH40S	9.53	141.12
600	610	SCH80S	12.70	187.07
750	762	SCH5S	6.35	118.34
750	762	SCH10S	7.92	147.29
750	762	SCH40S	—	—
750	762	SCH80S	—	—

① 公称直径小于或等于 DN400，外径精确到 0.1mm，公称直径大于 DN400，外径精确到 1.0mm。

② 表中的基准质量为碳素钢钢管的理论质量。

表 6.1-11　常用无缝钢管的材料和标准

材料牌号/钢级	钢管标准号	材料牌号/钢级	钢管标准号	材料牌号/钢级	钢管标准号
10	GB/T 3087 GB/T 6479 GB/T 8163 GB/T 9948	16MnDG 10MnDG 09DG 09Mn2VDG 06Ni3MoDG	GB/T 18984	07Cr18Ni11Nb	GB/T 5310 GB/T 9948
20	GB/T 3087 GB/T 6479 GB/T 8163 GB/T 9948	Gr. 3 Gr. 6	ASTM A333	07Cr19Ni11Ti	GB/T 5310 GB/T 9948
20G	GB/T 5310	12Cr1MoVG 12CrMoG 15CrMoG	GB/T 5310	07Cr19Ni10	GB/T 5310 GB/T 9948
Q295	GB/T 8163	12CrMo	GB/T 6479 GB/T 9948	06Cr19Ni10 022Cr19Ni10 06Cr17Ni12Mo2 022Cr17Ni12Mo2 07Cr17Ni12Mo2 06Cr18Ni11Ti 07Cr19Ni11Ti 06Cr18Ni11Nb 07Cr18Ni11Nb	GB/T 14976
Q345	GB/T 8163 GB/T 6479	15CrMo	GB/T 6479 GB/T 9948		
L245 L290 L320 L360 L390 L415 L450 L485	GB/T 9711	12Cr5MoI 12Cr5MoNT	GB/T 9948		
Gr. B	ASTM A106 API Spec 5L	12Cr5Mo	GB/T 6479	Gr. TP304 Gr. TP304L Gr. TP304H Gr. TP316 Gr. TP316L Gr. TP316H Gr. TP321 Gr. TP321H Gr. TP347 Gr. TP347H	ASTM A312
Gr. X42 Gr. X46 Gr. X52 Gr. X56 Gr. X60 Gr. X65 Gr. X70	API Spec 5L	Gr. P11 Gr. P12 Gr. P22 Gr. P5 Gr. P9 Gr. P91	ASTM A335		

表 6.1-12　常用焊接钢管及钢板的材料和标准

材料牌号/钢级	钢管标准号	钢板标准号	材料牌号/钢级	钢管标准号	钢板标准号
Q235B	SY/T 5037 GB/T 3091	—	Gr. B Gr. X42 Gr. X46 Gr. X52 Gr. X56 Gr. X60 Gr. X65 Gr. X70	API Spec 5L	—
L245 L290 L320 L360 L390 L415 L450 L485	GB/T 9711	—	Gr. B60 Gr. B65 Gr. B70 Gr. C60 Gr. C65 Gr. C70	ASTM A672	—
Q245R Q345R 15CrMoR	—	GB/T 713			

续表

材料牌号/钢级	钢管标准号	钢板标准号	材料牌号/钢级	钢管标准号	钢板标准号
16MnDR	—	GB/T 3531	0Cr18Ni9		
Gr. CC60	ASTM A671	—	00Cr19Ni10	HG/T 20537.3	—
Gr. CC65			0Cr17Ni12Mo2	HG/T 20537.4	
1¼CR			00Cr17Ni14Mo2		
2¼CR	ASTM A691	—	0Cr18Ni10Ti		
5CR			1Cr18Ni9Ti		
9CR			Gr. TP304		
06Cr19Ni10			Gr. TP304L		
022Cr19Ni10			Gr. TP304H		
06Cr17Ni12Mo2	GB/T 12771	—	Gr. TP316	ASTM A358	—
022Cr17Ni12Mo2			Gr. TP316L		
06Cr18Ni11Ti			Gr. TP316H		
06Cr18Ni11Nb			Gr. TP321		
			Gr. TP321H		
			Gr. TP347		
			Gr. TP347H		

6.1.3.6 腐蚀裕量选取（HG/T 20646.5—1999）

腐蚀裕量的值是按工艺装置生产厂的经验和实验室的实验数据确定。工程设计中一般是按材料在流体中年腐蚀速率（mm/a）乘以装置使用年限而定（一般为 8～15 年）。腐蚀速率与材料选用的关系如表 6.1-13 所示。

表 6.1-13　腐蚀速率与材料选用的关系

选用	可充分使用	可以使用	尽量不用	不用
年腐蚀速率/(mm/a)	<0.005	0.05～0.005	0.5～0.05	>0.5
腐蚀程度	不腐蚀	轻腐蚀	腐蚀	重腐蚀
腐蚀裕量/mm	0	>1.5	>3	>5～6

通常材料在非腐蚀性流体中的腐蚀裕量选取见表 6.1-14。

表 6.1-14　通常材料在非腐蚀性流体中的腐蚀裕量

材料	碳钢	低合金钢	不锈钢	高合金钢	有色金属
腐蚀裕量/mm	>1.0	>1.0	0	0	0

流体为压缩空气、水蒸气和冷却水的碳钢和低合金钢管道，取腐蚀裕量最小为 1.27mm。当流体腐蚀性较强时，相应在计算管壁厚度时增大管壁厚度。有时尽管只有 2～5 年的寿命，但由于比不锈钢价廉，采用定期更换也是允许的；这就要进行技术经济比较并在技术文件中清楚地说明，定期测量壁厚和更换管子。当使用不锈钢材料时，可在温度不高的部分用非金属材料或衬里材料替代不锈钢。当采用腐蚀裕量较大的碳钢管时，DN50 以下的管道可以采用不锈钢材料。

6.1.3.7 管道支架估算

当受初步设计深度条件所限，提不出管道支架重量时，可参见表 6.1-15 估算管道支架。

表 6.1-15　管道支架重量估算表

序号	管材名称	管架材质及重量	
		材质	重量/(kg/t)
1	焊接钢管、低中压无缝钢管	碳钢	200
2	高压无缝钢管	碳钢	240
3	低中压铬钼钢管、低中压不锈钢及卷管	碳钢、不锈钢	116,35
4	高压铬钼钢管、高压不锈钢管	碳钢、不锈钢	190,50
5	钛管	碳钢	200
6	铝管	碳钢	285
7	铝板管、铝镁合金管	碳钢	230
8	铜管	碳钢	185
9	铅管	碳钢	100

序号	管材名称	管架材质及重量	
		材质	重量/（kg/t）
10	硅铁管、铸铁管	碳钢	200
11	衬里钢管	碳钢	250
12	搪玻璃管	碳钢	200
13	玻璃管	碳钢	500
14	石墨管	碳钢	300
15	玻璃钢管、聚氯乙烯管、酚醛石棉塑料管	碳钢	285

6.1.3.8 常用配管材料的附加裕量

常用配管材料的附加裕量包括：管子、管件、法兰、垫片、紧固件、阀门、绝热材料和支吊架等，见表 6.1-16～表 6.1-21。

表 6.1-16 管子的附加裕量

管道材料	管径 DN≤40		管径 DN50～DN150		管径 DN≥200	
	裕量/%	最低量/m	裕量/%	最低量/m	裕量/%	最低量/m
碳钢	5	1	3	1	2	1
低合金钢	5	1	3	1	2	1
不锈钢	3	0.5	2	0.5	1	0.5
铝合金	4	1	2	0.5	1	0.5

表 6.1-17 法兰、三通、异径管、弯头、管帽、翻边短节等附加裕量

管道材料	管径 DN≤40		管径 DN50～DN150		管径 DN≥200	
	裕量/%	最低量/个	裕量/%	最低量/个	裕量/%	最低量/个
碳钢	5	1	5	1	3	1
低合金钢	5	1	5	1	3	1
不锈钢	3	1	3	1	2	1
铝合金	4	1	4	1	2	1

表 6.1-18 阀门的附加裕量

阀门材质	管径 DN≤40		管径 DN50～DN150		管径 DN≥200	
	裕量/%	最低量/只	裕量/%	最低量/只	裕量/%	最低量/只
碳钢	10	1	5	1	2	1
低合金钢	10	1	5	1	2	1
铸铁	10	1	5	1	2	1
铝合金不锈钢	5	1	2	1	1	1

表 6.1-19 垫片的附加裕量

垫片材质	规格 DN≤40		规格 DN50～DN150		规格 DN≥200	
	裕量/%	最低量/个	裕量/%	最低量/个	裕量/%	最低量/个
非金属垫片	20	1	15	1	10	1
半金属垫片	10	1	10	1	5	1
金属垫片	5	1	5	1	3	1

表 6.1-20 螺栓、螺母的附加裕量

螺栓螺母材料	规格≤M12		规格＞M14 至≤M24		规格≥M27	
	裕量/%	最低量/付	裕量/%	最低量/付	裕量/%	最低量/付
碳钢	10	1	10	1	5	1
低合金钢	10	1	10	1	5	1
铝合金	5	1	5	1	3	1
不锈钢	5	1	5	1	3	1

表 6.1-21 绝热结构材料的附加裕量

名　称	裕量/%	最低量/m³ 或 m²
硬质和半硬质绝热材料制品	15	0.5
软质绝热材料制品	10	0.5
泡沫塑料制品	10	0.5
镀锌铁皮、薄钢板、铝合金板	15	1
勾缝用胶泥	15	0.5
玻璃布	25	1
防潮层材料	15	0.5
捆扎带材料	15	1kg

6.1.4 管道壁厚选用（HG/T 20646.5—1999）

6.1.4.1 材料等级分界

材料等级分界见表 6.1-22 和表 6.1-23。

表 6.1-22 高低压系统连接的管道压力等级

例　图	文　字　说　明
（H ∣ L 阀门/法兰符号）	当一根管子与另一根材质或压力不同的管子相连接时,连接两根管道的阀门或法兰按其中较高等级规格的管子材质或压力等级选用
	当输送两种不同压力-温度参数的流体连接在一起时,分割两种流体的阀门的选择,应以严重一端的条件决定;阀门任何一侧的管道,应按它所连接的输送条件选择
	当多根压力、温度不同的管道连接到同一组成件时,该组成件应按压力-温度两者组合最严重条件下的一组温度-压力划分
（H ∣ L 对焊阀门符号）	当采用对焊阀门时,应选用高等级侧的材质焊条进行施焊
（H ∣ L 调节阀/减压阀符号）	使用调节阀或减压阀后,介质的压力、温度发生变化时,调节阀后的切断阀和旁路阀应按调节阀或减压阀前的压力等级考虑
（H ∣ L 节流阀符号）	当采用节流阀或限流孔板产生低温效应时,节流阀应按低温阀材质考虑,而压力等级按节流前的压力选用
（H ∣ L 止回阀符号）	当通过止回阀后材质发生变化时,止回阀材质应选用高端材料
	当设备排放管线至水沟或排放至大气时,应以阀门为界,阀前为高等级

表 6.1-23 在高温下不同金属的焊接连接和奥氏体钢与碳钢的法兰连接

例图	文字说明
（S.S ∣ C.S. 阀门符号）	在奥氏体不锈钢和碳钢之间用法兰连接时,在碳钢管一端用奥氏体不锈钢法兰与碳钢管焊接
（H ∣ M ∣ L 过渡短管符号）	当设备为反应器使用不锈钢或高合金钢,而管道为另一种合金或碳钢时,应设一段过渡短管,该过渡短管含有的合金分别出现在短管两端或介于两种材质之间;在焊接过渡短管时选用高端的焊条
	焊接在管子、管件上的组对卡具和管架垫板,其材质应与母材相同
	铝管道中法兰用钢螺栓、螺母紧固时,应设有垫圈隔离;避免不同材料引起的电化学作用而产生腐蚀

6.1.4.2 管径使用限制（HG/T 20646.5—1999）

管径的确定是由系统专业根据生产规模、流量、压力、流速等条件而定。通常所得管道最小通径见表 6.1-24。

表 6.1-24 管道最小通径

管道类型		最小通径
工艺管道	（中、低压）	DN15
	（高压）	DN6
公用物料管道		DN15
管廊上管道		DN50
地下管道		DN50
地下排水管道		DN100
黏度大易堵流体的管道		DN25
排液管		DN20（当主管为 DN15 时,可用 DN15 的排液管）
高点放空管		DN15

蒸汽伴管和仪表管、高压设备检漏管根据需要选择。工艺装置管道避免使用 DN32、DN65、DN125、DN175、DN225、DN550、DN650、DN750、DN850、DN950 等规格的管子和管件。引进装置如采用英制标准时，应避免使用 1¼″、2½″、3½″、5″、9″ 等规格的管子和管件。当设备连接口的尺寸为上述规格时，应在设备口处使用异径管立即调整为标准规格（除工艺管道有特定的流速等原因外）。

6.1.4.3 壁厚表示方法

（1）以管子表号表示壁厚 ANSI B36.10《焊接和无缝钢管》规定的以"Sch."表示。管子表号是管子设计压力与设计温度下材料许用应力的比值乘以 1000，并经圆整后的数值：即

$$\text{Sch.} = \frac{P}{[\sigma]^t} \times 1000 \tag{6.1-1}$$

ANSI B36.10 和 JIS 标准中，管子表号有：Sch.10、20、30、40、60、80、100、120、140、160。

ANSI B36.19 中不锈钢管管子表号为 5S、10S、40S、80S。

化工行业标准 HG 20553 及石化标准 SH 3405 也采用 Sch.号表示钢管壁厚系列。

（2）以管子质量表示管壁厚度 美国 MSS 和 ANSI 也规定了以管子质量表示壁厚的方法，将管子壁厚分为三种。

① 标准质量管，以 STD 表示。

② 加厚管，以 XS 表示。

③ 特厚管，以 XXS 表示。

对于 DN≤250 的管子，Sch.40 相当于 STD；对于 DN<200 的管子，Sch.80 相当于 XS。

（3）以钢管壁厚尺寸表示壁厚 中国、ISO 和日本部分钢管标准采用壁厚尺寸表示钢管壁厚。

6.1.4.4 压力壁厚选用

压力壁厚选用见表 6.1-25～表 6.1-27。

表 6.1-25 无缝碳钢管壁厚 单位：mm

材料	PN	DN 10	15	20	25	32	40	50	65	80	100	125	150	200	250	300	350	400	450	500	600
20 12CrMo 15CrMo 12Cr1MoV	≤1.6	2.5	3	3	3	3	3.5	3.5	4	4	4	4	4.5	5	6	7	7	8	8	8	9
	2.5	2.5	3	3	3	3	3.5	3.5	4	4	4	4	4.5	5	6	7	7	8	8	9	10
	4.0	2.5	3	3	3	3	3.5	3.5	4	4	4.5	5	5.5	7	8	9	10	11	12	13	15
	6.4	3	3	3	3.5	3.5	3.5	4	4.5	5	6	7	8	9	11	12	14	16	17	19	22
	10.0	3	3.5	3.5	4	4.5	4.5	5	6	7	8	9	10	13	15	18	20	22			
	16.0	4	4.5	5	5	6	6	7	8	9	11	13	15	19	24	26	30	34			
	20.0	4	4.5	5	6	6	7	8	9	11	13	15	18	22	28	32	36				
	4.0T	3.5	4	4	4.5	5	5	5.5													
10 Cr5Mo	≤1.6	2.5	3	3	3	3	3.5	3.5	4	4.5	4	4	4.5	5.5	7	7	8	8	8	8	9
	2.5	2.5	3	3	3	3	3.5	3.5	4	4.5	4	5	4.5	5.5	7	7	8	9	9	10	12
	4.0	2.5	3	3	3	3	3.5	3.5	4	4.5	5	5.5	6	8	9	10	9 12 18 26 40	11	14	15	18
	6.4	3	3	3	3.5	4	4	4.5	5	5	7	8	9	11	13	14		16	20	22	26
	10.0	3	3.5	4	4	4.5	5	5.5	7	7	8	10	12	15	18	22		24			
	16.0	4	4.5	5	6	6	7	9	9	10	12	15	18	22	25	32		36			
	20.0	4	4.5	5	6	7	8	9	11	12	15	18	22	26	34	38					
	4.0T	3.5	4	4	4.5	5	5	5.5													

材料	PN	\multicolumn{20}{c}{DN}
		10	15	20	25	32	40	50	65	80	100	125	150	200	250	300	350	400	450	500	600
16Mn 15MnV	≤1.6	2.5	2.5	2.5	3	3	3	3	3.5	3.5	3.5	3.5	4	4.5	5	5.5	6	6	6	6	7
	2.5	2.5	2.5	2.5	3	3	3	3	3.5	3.5	3.5	3.5	4	4.5	5	5.5	6	7	7	8	9
	4.0	2.5	2.5	2.5	3	3	3	3	3.5	3.5	4	4.5	5	6	7	8	8	9	10	11	12
	6.4	2.5	3	3	3	3.5	3.5	3.5	4	4.5	5	6	7	8	9	11	12	13	14	16	18
	10.0	3	3	3.5	3.5	4	4	4.5	5	6	7	8	9	11	13	15	17	19			
	16.0	3.5	3.5	4	4.5	5	6	7	8	9	11	12	16	19	22	25	28				
	20.0	3.5	4	4.5	5	5.5	6	7	8	9	11	13	15	19	24	26	30				

表 6.1-26 无缝不锈钢管壁厚 单位：mm

材料	PN	\multicolumn{20}{c}{DN}
		10	15	20	25	32	40	50	65	80	100	125	150	200	250	300	350	400	450	500	600
1Cr18Ni9Ti （含 Mo 不锈钢）	≤1.0	2	2	2	2.5	2.5	2.5	2.5	2.5	2.5	3	3	3.5	3.5	3.5	4	4	4.5			
	1.6	2	2.5	2.5	2.5	2.5	2.5	3	3	3	3	3.5	3.5	4	4.5	5	5				
	2.5	2	2.5	2.5	2.5	2.5	2.5	3	3	3.5	3.5	4	4.5	5	6	6	7				
	4.0	2	2.5	2.5	2.5	2.5	2.5	3	3	4	4.5	5	6	7	8	9	10				
	6.4	2.5	2.5	2.5	3	3	3	3.5	4	4.5	5	6	7	8	10	11	13	14			
	4.0T	3	3.5	3.5	4	4	4.5														

表 6.1-27 焊接钢管壁厚 单位：mm

材料	PN	\multicolumn{16}{c}{DN}
		200	250	300	350	400	450	500	600	700	800	900	1000	1100	1200	1400	1600
焊接碳钢管	0.25	5	5	5	5	5	5	5	6	6	6	6	6	6	7	7	7
	0.6	5	5	6	6	6	6	6	7	7	7	7	8	8	8	9	10
	1.0	5	5	6	6	6	7	7	8	8	9	9	10	11	11	12	
	1.6	6	6	7	7	8	8	9	10	11	12	13	14	15	16		
	2.5	7	8	9	9	10	11	12	13	15	16						
焊接不锈钢管	0.25	3	3	3	3	3.5	3.5	3.5	4	4	4	4.5	4.5				
	0.6	3	3	3.5	3.5	3.5	4	4	4.5	5	5	6	6				
	1.0	3.5	3.5	4	4.5	4.5	5	5.5	6	7	7	8					
	1.6	4	4.5	5	6	6	7	7	8	9	10						
	2.5	5	6	7	8	9	9	10	12	13	15						

注：1. 表中"4.0T"表示外径加工螺纹的管道，适用于 PN≤4.0 的阀体连接。

2. DN≥25 的"大腐蚀裕量"的碳钢管的壁厚应按表中数值再加 3mm。

3. 本数据表按承受内压计算。

4. 计算中采用以下许应力值：20、12CrMo、15CrMo、12Cr1MoV 无缝钢管取 120.0MPa；10、Cr5Mo 无缝钢管取 100.0MPa；16Mn、15MnV 无缝碳钢管取 150.0MPa；无缝不锈钢钢管及焊接钢管取 120.0MPa。

5. 焊接钢管采用螺旋缝电焊钢管时，最小厚度为 6mm，系列应按产品标准。

6.1.5 化工管道连接

6.1.5.1 支管连接（HG/T 20646.1—1999）

（1）支管连接表应按各管道等级的要求分别编制，支管连接形式相同的管道等级也可合并编制。

（2）支管连接应在保证管道安全运行和经济可行的前提下进行根部元件的选择。

（3）凡标准规范中有三通时，宜选用三通。

（4）DN50 以下的主管，其支管连接一般宜优先选用三通（承插焊、螺纹、对焊）。

（5）DN50 以上的主管、DN50 以下的支管宜优先选用半管接头或支管台。

（6）DN50 以上的主管、DN50 以上的支管宜优先选用三通或支管台。

（7）支管连接如图 6.1-1 所示。

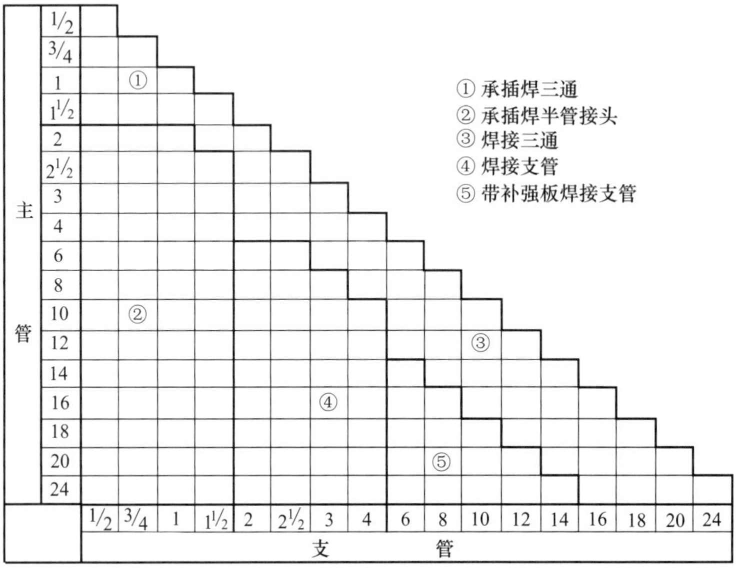

① 承插焊三通
② 承插焊半管接头
③ 焊接三通
④ 焊接支管
⑤ 带补强板焊接支管

用于 N1B, P1B 等级

图 6.1-1　支管连接图

6.1.5.2　端部连接（HG/T 20646.5—1999）

金属管道的端部连接可分为法兰、对焊、承插、螺纹、卡套、卡箍等连接形式。法兰的连接又可分为平焊、对焊、承插、螺纹等连接形式，非金属管子还有粘接连接。

对管件和阀门，连接方式不同其形状也不同，分为法兰、对焊、承插、螺纹四种连接形式。

（1）法兰连接　主要用于管子与设备、阀门和管件的连接。对于铸铁管和金属衬里管子，由于制造技术关系，必须用法兰连接。法兰也有不同连接方式，又有不同的密封形式。

（2）对焊连接　对焊连接型管件、阀门一般用于 DN50 和 DN50 以上的管道。端部坡口要求如下：

① 管子焊接接头的坡口型式、尺寸，按照《工业金属管道工程施工规范》（GB 50235）的规定。

② 带颈对焊法兰坡口按照《钢制管法兰（PN 系列）》（HG/T 20592）和《钢制管法兰用非金属平垫片（PN 系列）》（HG/T 20606）中的规定。

③ 对焊管件的坡口、粗糙度按照《钢制对焊管件　类型与参数》（GB/T 12459）的规定。

④ 对焊阀门的坡口，在订货时提出要求"同管子坡口"的标准型式。

⑤ 工程设计如采用美国标准，则坡口的尺寸加工按照《对焊焊接端部》（ASME B16.25）的规定。

（3）承插连接　通常用于 DN40 和 DN40 以下的管道。承插端部要求如下。

① 承插端部为平口。

② 承插端部在安装时，管子应插到管件承口底部，再将管子拉出一些，使承口部有 2mm 的间隙，然后进行焊接。

③ 除注明外，其余加工表面为 $\frac{6.3}{}$ 的粗糙度。

④ 承插端部要求按照《锻钢承插焊管件》（HG/T 21634）。

⑤ 工程设计如采用美国标准，则按照《承插焊和螺纹锻钢管件》（ASME B16.11）的规定。

（4）螺纹连接范围　螺纹管件通常使用公称通径小于 DN50。锥管螺纹密封的接头，设计温度不宜大于 200℃，对于不可燃、无毒流体，当公称直径为 32～50mm 时，设计压力不应大于 4MPa；公称直径为 DN25 时，设计压力不应大于 8MPa；公称直径小于或等于 20mm 时，设计压力不应大于 10MPa，高于上述压力应采用密封焊。

（5）螺纹连接标准　我国《60°密封管螺纹》（GB/T 12716）标准与美国标准《Pipe Threads General Purpose（INCH）"》ANSI/ASME B1.20.1 中 NPT 部分等同。对于铸铁管件和镀锌管件等则使用《55°密封管螺纹》（GB/T 7306）标准的锥管螺纹，其牙型角为 55°。这两种螺纹的角度和螺距不同，不可互配，在设计和采购时应提出对螺纹的要求。

由于锥管螺纹的角度和螺距不同，对于不同国家的设备、机械选用连接时，必须引起注意。加工的螺纹必须与管件轴同心。

（6）卡套连接　一般用于≤25mm管子，适用于蒸汽伴管、检漏管和仪表控制系统。

（7）卡箍连接　用于金属管插入非金属管，在插口处用金属箍紧。适用于公用物料站，需临时和经常拆洗的洁净管，管与管之间用 O 形密封圈，凸缘外用金属箍扎紧。

6.1.5.3　锥管螺纹

（1）锥管螺纹种类　工程管道常用的管螺纹有以下三种（图 6.1-2）。

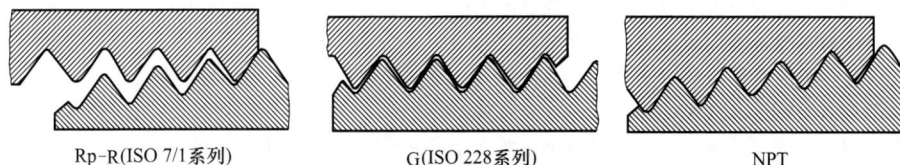

图 6.1-2　工程管道常用的管螺纹

① ISO 7/1：国际通用螺纹密封管螺纹，牙型角 55°，锥度 1∶16。其中内螺纹有 Rp（平行）和 Rc（锥形）两种；外螺纹只有锥形 R，工程中常用为 Rp-R 相配，而 Rc-R 相配使用不普遍。

② ISO 228：国际通用的非螺纹密封管螺纹，牙型角 55°。内、外螺纹均为平行。

③ ANSI B1.20.1：美国螺纹密封螺纹，牙型角 60°（NPT），锥度 1∶16，内、外螺纹均为锥形，是高温高压管道中常用的管螺纹。ASME B16.11 螺纹管件采用 NPT 螺纹，NPT 与 ISO7/1（俗称 BSP），虽然牙型角不同，但 1/2 和 3/4 两档的螺距相同，可以互相连接。

（2）各国锥管螺纹标准见表 6.1-28。

表 6.1-28　ISO 7/1 各国螺纹密封标准

螺纹种类	ISO	中国	德国	英国	法国	日本
ISO 7/1 （55°螺纹密封）	ISO 7/1	GB/T 7306	DIN 2999	BS 21	NF E03-004	JIS B0203
	Rp-R Rc-R	Rp-R Rc-R	R-R	Rp-R Rc-R Rp-R1	Rp-R Rc-R	PS PT PT-PT
ISO 228 （55°非螺纹密封）	ISO 228/1	GB/T 7307	DIN 259	BS 2779	NF E03-005	JIS B0202
	G	G	R-K	G	G	PF
ANSI B1.20.1 （60°螺纹密封）	美国 ANSI B1.20.1(B2.1)			中国 GB/T 12716		
	NPT			NPT		

（3）锥管螺纹基本尺寸见表 6.1-29。

表 6.1-29　锥管螺纹基本尺寸

螺纹尺寸	ISO 7/1 系列（牙型角 55°）				NPT 系列（牙型角 60°）			
/in	每英寸牙数	螺距/mm	基准长度/mm	装配余量/mm	每英寸牙数	螺距/mm	基准长度/mm	装配余量/mm
1/8	28	0.907	4.0	2.5	27	0.9408	4.1	2.8
1/4	19	1.337	6.0	3.7	18	1.4112	5.8	4.2
3/8	19	1.337	6.4	3.7	18	1.4112	6.1	4.2
1/2	14	1.814	8.2	5.0	14	1.814	8.1	5.4
3/4	14	1.814	9.5	5.0	14	1.814	8.6	5.4
1	11	2.309	10.4	6.4	11 1/2	2.2088	10.2	6.6
1¼	11	2.309	12.7	6.4	11 1/2	2.2088	10.7	6.6
1½	11	2.309	12.7	6.4	11 1/2	2.2088	10.7	6.6
2	11	2.309	15.9	7.5	11 1/2	2.2088	11.1	6.6
2½	11	2.309	17.5	9.2	8	3.175	17.3	6.4
3	11	2.309	20.5	9.2	8	3.175	19.5	6.4
4	11	2.309	25.4	10.4	8	3.175	21.4	6.4
6	11	2.309	28.6	11.5	8	3.175	24.3	6.4

注：1. ISO 228 系列的牙数、螺距、牙型角与 ISO 7/1 系列相同。

2. 装配总长度：ISO 7/1 系列为基准长度和装配余量之和，NPT 系列为手旋合长度与扳动拧紧长度之和。

6.1.5.4 焊接材料选用（HG/T 20646.2—1999）

焊接材料的选用应根据母材的化学成分、力学性能、焊接接头型式以及耐高温、耐低温、耐腐蚀、抗裂性和采取的焊接工艺程序和焊接措施来综合考虑，并应符合《现场设备、工业管道焊接工程施工规范》（GB 50236）的规定。

（1）材料焊接时，通常选用与母材化学成分相当的焊接材料。

① 焊接材料中的 S、P、C 含量应低于母材的含量，而有效合金元素 Cr、Ni、Mo 等含量则应等于或高于母材中含量；

② 焊后的接头强度应不低于母材的抗拉强度的下限值；

③ 酸性焊接材料通常适用于受力不复杂的场合；

④ 碱性焊接材料通常用于要求塑性好、冲击性高、抗裂能力强、低温性能好的场合。

（2）不同材料的焊接

① 铁素体钢之间的异种钢焊接。一般选用主要合金元素介于二者之间或接近合金含量较低一侧母材的焊接材料。

② 珠光体耐热钢之间的异种钢焊接。应保证焊缝金属合金（Cr、Mo、V）含量不低于母材规定的下限值，且焊后消除应力后的强度值也不得低于母材强度的下限。

③ 奥氏体钢之间的异种钢焊接。为防止接头产生晶间腐蚀倾向，应选用合金含量较高一侧母材的相应焊接材料，同时应选用超低碳或含稳定化学元素 Nb、Ti 的焊接材料。

④ 铁素体不锈钢与奥氏体不锈钢之间的异种钢焊接。应根据所焊母材的合金含量多少和使用情况，选择不同的奥氏体不锈钢焊条。

⑤ 碳钢与低合金钢以及异种低合金钢的焊接。一般焊接材料的力学性能应与力学性能较低一侧的钢种相符；接头的塑性、韧性应不低于强度较高而塑性、韧性较差一侧的母材，且焊接工艺应符合焊接工艺要求较高的钢种。

⑥ 低合金钢与 Cr13 型不锈钢的焊接。应选用相应的低合金钢焊条。

⑦ 碳钢或低合金钢与奥氏体不锈钢的焊接。应选用含高 Ni、Cr 的奥氏体钢焊接材料。

（3）相同材料的焊接

① 低碳钢的焊接。由于其含碳量低（≤0.25%），塑性、韧性好，一般没有淬硬倾向，几乎所有的焊接方法都能适应，也不需要采取特殊措施，焊后也不需要热处理（原板除外）。

② 低合金钢的焊接。材料中含碳及合金元素越高，强度级别越高，焊后热影响区的淬硬倾向也越大，同时产生冷裂缝的倾向也加剧。

一般多采用焊前预热温度≥150℃，并适当增大焊接电流，减慢焊接速度，选用抗裂性好的低氢碱性焊条，在焊后及时进行消除应力热处理，热处理温度在 600～650℃ 或消氢处理在 150～200℃ 下，保温 2～6h 以防止冷裂纹产生。

③ 铁素体不锈钢的焊接。这类钢在 475℃ 脆化和在 500～800℃ 加热后导致 δ 相脆化，焊接时应预热至 100～150℃，焊接上宜采用低的线能量和选用含钛的纯奥氏体钢焊条。

④ 马氏体不锈钢的焊接。有强烈的淬硬倾向，焊后残余应力大，易产生冷裂纹，可焊性差，焊前预热至 200～400℃ 并进行层间保温，采用大线能量，焊后作≥700℃ 的回火处理；亦可用含 Nb 的奥氏体焊对防止冷裂有效，且不做焊后热处理。

⑤ 奥氏体不锈钢的焊接。奥氏体不锈钢具有良好的可焊性，焊接时一般不需要采取特殊的工艺措施；但若焊条选用不当或焊接工艺不正确，则会产生晶间腐蚀问题和焊接热裂缝问题；为防止晶间腐蚀应采用低碳、超低碳或含稳定化学元素如 Ti、Nb、V、W、Mo 等的焊接材料，工艺上采用直流反接加大焊接速度，短弧焊可缩短在敏化温度的停留时间；对于耐腐蚀侧的焊缝，则在最后焊接以防止另一侧焊接时热影响而加大晶间腐蚀倾向。

焊后为防止晶间腐蚀发生，可采用稳定化退火在 850～900℃ 保温后空冷或固溶化处理加热至 1050～1100℃ 后再进行水冷。

6.1.6 防腐设计原则

6.1.6.1 应力腐蚀破裂原理预防

应力腐蚀破裂是金属在应力（拉应力）和腐蚀性介质的共同作用下（并有一定的温度条件）所引起的破

裂。应力腐蚀现象较为复杂，当应力不存在时，腐蚀裂纹发展很慢，以致在材料寿命期内不发生开裂；当有应力并达到一定的水平后，金属会在腐蚀并不严重的情况下发生破裂，由于这样的破裂是脆性的，没有明显预兆，容易造成灾难性事故。

可产生应力腐蚀破坏的金属材料和环境的组合主要有以下几种：

(1) 对碳钢和低合金钢，介质有碱液、硝酸盐溶液、无水液氨、湿硫化氢、醋酸等；

(2) 对奥氏体不锈钢，介质有氯离子、氯化物＋蒸汽、硫化氢、碱液等；

(3) 对含钼奥氏体不锈钢，介质有碱液、氯化物水溶液、硫酸＋硫酸铜的水溶液等；

(4) 对黄铜，介质有氨气及溶液、氯化铁、湿二氧化硫等；

(5) 对钛，介质有含盐酸的甲醇或乙醇、熔融氯化钠等；

(6) 对铝，介质有湿硫化氢、含氢硫化氢、海水等。

工程上防止应力腐蚀开裂的措施有以下几方面：其一是降低应力水平，避免或减少局部应力集中，消除加工残余应力和焊接残余应力；其二是控制敏感环境，例如加入缓蚀剂，升高介质的 pH 值，采用电化学保护等措施；其三是正确选用材质，力求避免易产生应力腐蚀开裂的材料-环境组合。

6.1.6.2 湿硫化氢应力腐蚀预防

当介质符合下列各项条件时，即构成湿硫化氢应力腐蚀环境：

(1) 游离水中溶解的 H_2S 浓度大于 50×10^{-6}（质量分数）；

(2) 游离水 pH 的值小于 4.0，并溶有 H_2S；

(3) 游离水的 pH 值大于 7.6，且氢氰酸（HCN）含量大于 20×10^{-6}（质量分数），并溶有 H_2S；

(4) 气相中的 H_2S 分压大于 0.3kPa（绝压）。

当介质构成湿硫化氢应力腐蚀开裂的环境条件时，选用的材料应符合下列要求：

(1) 材料标准规定的屈服强度应小于或等于 355MPa；

(2) 材料实测的抗拉强度应小于或等于 630MPa；

(3) 材料的使用状态应为正火、正火加回火、退火或调质状态；

(4) 对于低碳钢和碳锰钢，碳当量 CE 应小于或等于 0.40%；对于低合金钢（包括低温镍钢）碳当量 CE 应小于或等于 0.45%；

(5) 管道需经焊后热处理，热处理后焊缝（含热影响区）的硬度不应大于 HB200；

(6) 厚度大于 20mm 的钢板应按 JB/T 4730.3 进行超声检测，质量等级不应低于 Ⅱ 级；

(7) 材料应选用镇静钢，如 20、Q245R、Q345R 等。

6.1.6.3 液氨应力腐蚀环境预防

介质同时符合下列各项条件时，即构成液氨应力腐蚀环境：

(1) 介质为液氨（含水量不大于 0.2%），且有可能受空气（氧气或二氧化碳）污染的场合；

(2) 使用温度高于 $-5℃$。

当介质构成液氨应力腐蚀开裂的环境条件时，选用的材料应符合下列要求。

(1) 对于 15MnV、18MnMoNb 等低合金钢，焊后应进行消除应力热处理。

(2) 对于 20、Q345 等钢应符合下列项之一：

① 焊后应进行消除应力热处理；

② 焊接接头（包括热影响区）的硬度值应小于或等于 HB185；

③ 液氨的含水量应大于 0.2%（质量分数）。

6.1.6.4 苛性钠碱液材料选用

苛性钠碱液管道在一定条件下能引起碳钢材料的应力腐蚀开裂（碱脆），影响碳钢产生应力腐蚀开裂的因素有碱液浓度、温度和材料中存在的残余应力等。管道材料选择应符合下列要求：

(1) 管道的材料选用可参见《石油化工管道设计器材选用规范》（SH/T 3059—2012）附录 D 中图 D 的要求；

(2) 碳素钢和低合金钢制管道的操作温度和碱液溶液位于附录 D 中图 D 上的 B 区时，焊后或冷加工后应进行消除应力热处理。热处理温度宜为 600～650℃，保温时间 2.4min/mm，且不应少于 1h；

(3) 当碱液浓度低但可能产生浓缩时，材料的选用可参见《石油化工管道设计器材选用规范》（SH/T 3059—2012）附录 D 的要求；

(4) 当操作温度和碱液浓度位于《石油化工管道设计器材选用规范》（SH/T 3059—2012）附录 D 中图 D 上

的 A 区时，碳素钢和低合金钢制的管道焊后不需进行消除应力热处理，开停工或检修期间应采取水冲洗，不得进行蒸汽吹扫；

（5）当操作温度和碱液浓度位于《石油化工管道设计器材选用规范》(SH/T 3059—2012) 附录 D 中图 D 上的 C 区时，材料应选用镍基合金，镍合金材料使用范围见表 6.1-30。

表 6.1-30 镍合金材料使用范围

碱液浓度/%	10	20	30	40	50
温度/℃	105	110	97	82	77

6.2 垫片和紧固件

6.2.1 常用垫片标准选用

6.2.1.1 国家标准垫片

（1）《管法兰用非金属平垫片 尺寸》(GB/T 9126—2008) 分为全平面、突面、凹凸面和榫槽面管法兰用非金属平垫片。

公称压力范围：PN2.5、PN6、PN10、PN16、PN25、PN40、PN63；CL150 (PN20)、CL300 (PN50)；

公称直径范围：DN10～DN4000，厚度 0.8～3.0mm。

（2）《大直径钢制管法兰用垫片》(GB/T 13403—2008) 增加了 A 系列法兰用垫片。

① A、B 系列法兰用缠绕式垫片：

公称压力范围：PN20、PN50、PN110、PN150；

公称直径范围：DN650～DN1500，$T=4.5$mm，$T_1=3.0$mm（T 为密封元件厚度，T_1 为定位环厚度）。

② A、B 系列法兰用非金属平垫片：

公称压力范围：PN20、PN50；

公称直径范围：DN650～DN1500，$t=3.0$mm（t 为非金属垫片厚度，下同）。

③ A、B 系列法兰用柔性石墨金属波齿复合垫片：

公称压力范围：PN20、PN50、PN110、PN150；

公称直径范围：DN650～DN900，$T=4.0$mm，$t=3.0$mm；

公称直径范围：DN950～DN1500，$T=4.5$mm，$t=3.5$mm。

（3）《管法兰用非金属聚四氟乙烯包覆垫片》(GB/T 13404—2008)。

公称压力范围：PN6、PN10、PN16、PN20、PN25、PN40、PN50、PN63；

公称直径范围：DN10～DN600。

（4）《管法兰用缠绕式垫片》(GB/T 4622—2022) 包括分类、管法兰用垫片尺寸、技术条件，同时包括了欧洲和美洲两个体系。

① 基本型

公称压力范围：PN16、PN25、PN40、PN63、PN100、PN160、PN250；

公称直径范围：DN10～DN80，$T=3.2$mm 或 2.5mm；

公称直径范围：DN100～DN300，$T=3.2$mm；

公称直径范围：DN350～DN2000，$T=4.5$mm。

公称压力范围：Class300、Class600、Class900、Class1500；

公称直径范围：DN15～DN600，$T=3.2$mm 或 4.5mm。

② 带内环型

公称压力范围：PN16、PN25、PN40、PN63、PN100、PN160、PN250；

公称直径范围：DN10～DN80，$T=3.2$mm，$T_1=2.0$mm；

公称直径范围：DN100～DN300，$T=3.2$mm 或 4.5mm，$T_1=2.0$mm 或 3.0mm；

公称直径范围：DN350～DN2000，$T=4.5$mm，$T_1=3.0$mm。

公称压力范围：Class300、Class600、Class900、Class1500；

公称直径范围：DN15～DN600，$T=3.2$mm 或 4.5mm，$T_1=2.0$mm 或 3.0mm。

③ 带定位环型

公称压力范围：PN10、PN16、PN25、PN40、PN63、PN100、PN160；

公称直径范围：DN10～DN300，$T=4.5mm$，$T_1=3.0mm$；

公称直径范围：DN350～DN3000，$T=4.5mm$ 或 6.5mm，$T_1=3.0mm$ 或 5.0mm。

公称压力范围：Class150、Class300；

公称直径范围：DN15～DN600，$T=4.5mm$，$T_1=3.0mm$。

④ 带内环和定位环型

公称压力范围：PN10、PN16、PN25、PN40、PN63、PN100、PN160、PN250；

公称直径范围：DN10～DN300，$T=4.5mm$，$T_1=3.0mm$；

公称直径范围：DN350～DN3000，$T=4.5mm$ 或 6.5mm，$T_1=3.0mm$ 或 4.5mm。

公称压力范围：Class150、Class300、Class600、Class900、Class1500；

公称直径范围：DN15～DN600，$T=4.5mm$，$T_1=3.0mm$。

(5)《管法兰用金属包覆垫片》(GB/T 15601—2013)。

公称压力范围：PN1.0～25.0。

公称直径范围：DN10～DN900。

垫片型式：有平面型（F型）及波纹型（C型）两种；垫片厚度：3mm。

6.2.1.2　化工标准垫片

此种垫片有欧洲和美洲两个体系标准，标准的系列范围见表6.2-1～表6.2-6。

表6.2-1　钢制管法兰用非金属平垫片

项　目	欧洲体系(HG/T 20606—2009)	美洲体系(HG/T 20627—2009)
全平面用	PN2.5,PN6,DN=10～600 PN10,PN16,DN=10～2000	Class150,DN=15～600
突面用	PN2.5～PN63,DN=10～2000	Class150～Class600,DN=15～1500
凹凸面用	PN10～PN63,DN=10～600	Class300～Class600,DN=15～600
榫槽面用	PN10～PN63,DN=10～600	Class300～Class600,DN=15～600
厚度	DN≤300,$T=1.5mm$;DN=350～2000,$T=3.0mm$	

表6.2-2　钢制管法兰用聚四氟乙烯包覆垫片

项　目	欧洲体系(HG/T 20607—2009)	美洲体系(HG/T 20628—2009)
剖切型(A型)	PN6～PN40,DN=10～500	Class150、Class300,DN=15～500
机加工型(B型)	PN6～PN40,DN=10～500	Class150、Class300,DN=15～500
折包型(C型)	PN6～PN40,DN=350～600	Class150、Class300,DN=350～600
厚度	DN≤300,$T=3.0mm$;DN=350～600,$T=4.0mm$	

表6.2-3　钢制管法兰用金属包覆垫片

欧洲体系(HG/T 20609—2009)	美洲体系(HG/T 20630—2009)
PN25,DN=10～900	Class300、Class600、Class900,DN=15～600
PN40,DN=10～600	
PN63,PN100,DN=10～400	
厚度	$T=3.0mm$

6.2.1.3　石油化工垫片

(1)《石油化工钢制管法兰用非金属平垫片》(SH/T 3401—2013)

① 突面管法兰用垫片

PN1.0，公称直径范围：DN650～DN1500。

PN2.0、PN5.0，公称直径范围：DN15～DN1500。

表 6.2-4　钢制管法兰用缠绕式垫片

型 式 规 格	欧洲体系(HG/T 20610—2009)	美洲体系(HG/T 20631—2009)
A 型（基本型）：适用于榫槽面法兰	PN16～PN160，DN＝10～600，	Class300～Class2500，DN＝15～600，
B 型（带内环型）：适用于凹凸面法兰	$T=3.2mm，t=2.0mm$	$T=3.2mm，t=2.0mm$
C 型（带对中型）：适用于突面法兰	PN16～PN160，DN＝10～400	Class150～Class2500，
D 型（带内环和对中环型）：适用于突面法兰	PN16～PN160，DN＝10～300	DN＝15～600
厚度	$T=4.5mm，t=3.0mm$	

表 6.2-5　钢制管法兰用齿形组合垫

类 型 规 格	欧洲体系(HG/T 20611—2009)	美洲体系(HG/T 20632—2009)
突面法兰用 B 型和 C 型	PN16，DN＝10～2000 PN25，DN＝10～1200 PN40，DN＝10～600 PN63，DN＝10～400 PN100，DN＝10～400 PN160，DN＝10～300 $T=4.0mm，t=2.0mm$	Class150～Class1500，DN＝15～600 Class2500，DN＝15～300 $T=4.0mm，t=2.0mm$
榫槽面、凹凸面法兰用 A 型	PN16～PN160，DN＝10～600 $T=3.0mm$	Class300～Class1500， DN＝15～600 $T=3.0mm$

表 6.2-6　钢制管法兰用金属环垫

型式规格	欧洲体系(HG/T 20612—2009)	美洲体系(HG/T 20633—2009)
椭圆形	PN63，PN100，DN＝10～400	Class150～Class2500，DN＝15～900
八角形	PN160，DN＝10～300	环号 R11～R105

公称直径 DN＜600，$T=3.0mm$ 或 1.5mm；

公称直径 DN650～DN1500，$T=3.0mm$。

② 全平面管法兰用垫片

PN2.0，公称直径范围：DN15～DN600，$T=3.0mm$。

③ 凹凸面管法兰用垫片

PN≥5.0，公称直径范围：DN15～DN600，$T=3.0mm$ 或 1.5mm。

④ 榫槽面管法兰用垫片

PN≥5.0，公称直径范围：DN15～DN600，$T=3.0mm$ 或 1.5mm。

（2）《石油化工钢制管法兰用聚四氟乙烯包覆垫片》（SH/T 3402—2013）

① 剖切型包覆垫片

公称压力范围：PN2.0、PN5.0；

公称直径范围：DN15～DN350。

②折包型包覆垫片

公称压力范围：PN2.0、PN5.0；

公称直径范围：DN200～DN600，垫片总厚度均为 3mm。

（3）《石油化工钢制管法兰用金属环垫》(SH/T 3403—2013)

公称压力范围：PN2.0、PN5.0、PN6.3、PN10.0、PN15.0、PN25.0、PN42.0。

公称直径范围：DN15～DN600。

金属环垫断面型式：椭圆形、八角形。

环号：R11-R79。

材料：10、0Cr13、0Cr18N19、0Cr18Ni10T1、0Cr17Ni12Mo2、00Cr19Ni10、00Cr17Ni14M02。

(4)《石油化工钢制管法兰用缠绕式垫片》(SH/T 3407—2013)

① 基本型

公称压力范围：PN5.0～PN25.0，公称直径范围：DN15～DN600，$T=4.5mm$。

② 带内环型

公称压力范围：PN5.0～PN25.0，公称直径范围：DN15～DN600，$T=4.5mm$，$T_1=3.0mm$。

③ 带外环型

公称压力范围：PN2.0～PN25.0，公称直径范围：DN15～DN600，$T=4.5mm$，$T_1=3.0mm$；

公称压力范围：PN1.0～PN5.0，公称直径范围：DN650～DN1500，$T=4.5mm$，$T_1=3.0mm$。

④ 带内外环型

公称压力范围：PN2.0～PN25.0，公称直径范围：DN15～DN600，$T=4.5mm$，$T_1=3.0mm$；

公称压力范围：PN1.0～PN5.0，公称直径范围：DN650～DN1500，$T=4.5mm$，$T_1=3.0mm$。

金属带材料：0Cr13、0Cr18Ni9、1Cr18Ni9Ti、0Cr17Ni12Mo2、0Cr25Ni20、00Cr17Ni14Mo2、00Cr19Ni10。

非金属带材料：特制石棉、柔性石墨、聚四氟乙烯。

6.2.1.4 垫片设计选用 (HG/T 20646.2—1999)

(1) 常用垫片可分为三种形式：

① 非金属垫片：石棉橡胶垫片、非石棉纤维橡胶垫片、聚四氟乙烯垫片、合成橡胶垫片、膨胀石墨、皮革等。

② 复合垫片：缠绕垫片、金属包覆垫片等。

③ 金属垫片：八角垫片、椭圆形垫圈、透镜垫片等。

(2) 可与英制系列的法兰相匹配的垫片标准有：

《突面管法兰和法兰连接用金属垫片》	API 601
《管法兰用环形垫和法兰面的槽》	ASME B16.20
《管法兰用非金属平垫片》	ASME B16.21
《大直径钢制管法兰用垫片》	GB/T 13403
《管法兰用非金属聚四氟乙烯包覆垫片》	GB/T 13404
《钢制管法兰用金属环垫　尺寸》	GB/T 9128
《管法兰用非金属平垫片　尺寸》	GB/T 9126
《钢制管法兰、垫片、紧固件》	HG 20615～20635（欧洲体系的 A 系列和美洲体系）
《石油化工钢制管法兰用非金属平垫片》	SH/T 3401
《石油化工钢制管法兰用聚四氟乙烯包覆垫片》	SH/T 3402
《石油化工钢制管法兰用金属环垫》	SH/T 3403
《石油化工钢制管法兰用缠绕式垫片》	SH/T 3407

(3) 常用垫片的国内标准有：

《管法兰用缠绕式垫片》	GB/T 4622
《管法兰用非金属平垫片　尺寸》	GB/T 9126
《钢制管法兰用金属环垫片》	GB/T 9128
《大直径钢制管法兰用垫片》	GB/T 13403
《管法兰用非金属聚四氟乙烯包覆垫片》	GB/T 13404
《管法兰用金属包覆垫片》	GB/T 15601
《钢制管法兰、垫片、紧固件》	HG/T 20592～20614（欧洲体系）

(4) 垫片选用原则 (GB 50316—2008)

① 选用的垫片应使所需的密封负荷与法兰的设计压力、密封面、法兰强度及其螺栓连接相适应，垫片的材料应适应流体性质及工作条件。

② 缠绕式垫片用在凸凹面法兰上时宜带内环垫片，用在突面（RF）型法兰上时宜带对中环或内环和对中环垫片。

③ 用于全平面（FF）型法兰的垫片，应为全平面非金属垫片。

④ 非金属垫片的外径可超过突面（RF）型法兰密封面的外径，制成"自对中"式的垫片。

⑤ 用于不锈钢法兰的非金属垫片，其氯离子的含量不得超过 50mg/L（50ppm）。

6.2.1.5 非金属平垫片（HG/T 20606—2009）

HG 20592 所规定的公称压力 PN2.5～PN63 的钢制管法兰用非金属平垫片的材料通常包括：

① 天然橡胶、氯丁橡胶、丁苯橡胶、丁腈橡胶、三元乙丙橡胶、氟橡胶等；

② 石棉橡胶板和耐油石棉橡胶板；

③ 非石棉纤维橡胶板；

④ 聚四氟乙烯板、膨胀聚四氟乙烯板或填充改性聚四氟乙烯板；

⑤ 增强柔性石墨板；

⑥ 高温云母复合板。

非金属平垫片的使用条件见表 6.2-7。

表 6.2-7　非金属平垫片的使用条件

类型	名称	标准	代号	公称压力 PN	工作温度/℃	最大($P \times T$)/(MPa$\times$℃)
橡胶	天然橡胶		NR	≤16	−50～+80	60
	氯丁橡胶		CR	≤16	−20～+100	60
	丁腈橡胶		NBR	≤16	−20～+110	60
	丁苯橡胶		SBR	≤16	−20～+90	60
	三元乙丙橡胶		EPDM	≤16	−20～+140	90
	氟橡胶		FKM	≤16	−20～+200	90
石棉橡胶	石棉橡胶板	GB/T 3985	XB350 XB450	≤25	−40～+300	650
	耐油石棉橡胶板	GB/T 539	NY400			
非石棉纤维橡胶板	无机纤维		NAS	≤40	−40～+290	960
	有机纤维				−40～+200	
聚四氟乙烯	聚四氟乙烯板	QB/T 5257	PTFE	≤16	−50～+100	
	膨胀聚四氟乙烯板或带		ePTFE	≤40	−200～+200	
	填充改性聚四氟乙烯板		RPTFE			
柔性石墨	增强柔性石墨板	JB/T 6628 JB/T 7758.2	RSB	10～63	−240～+650（氧化性介质为+450）	1200
高温云母	高温云母复合板			10～63	−196～+900	

不同密封面法兰用垫片的公称压力范围见表 6.2-8。

表 6.2-8　不同密封面法兰用垫片的公称压力范围

密封面形式(代号)	公称压力 PN	密封面形式(代号)	公称压力 PN
全平面(FF)	2.5～16	凹面/凸面(FM/M)	10～63
突面(RF)	2.5～63	榫面/槽面(T/G)	10～63

垫片按密封面形式分为 FF 型、RF 型、MFM 型和 TG 型，分别适用于全平面、突面、凹面/凸面和榫面/槽面法兰，如图 6.2-1 所示。

6.2.1.6 聚四氟乙烯包覆垫片（HG/T 20607—2009）

HG 20592 所规定的公称压力 PN6～PN40、工作温度≤150℃的突面钢制管法兰用聚四氟乙烯包覆垫片的型式按加工方法分为剖切型、机加工型、折包型，分别以 A 型、B 型和 C 型表示，如图 6.2-2 所示。

6.2.1.7 金属包覆垫片（HG/T 20609—2009）

HG 20592 所规定的公称压力 PN25～PN100 的突面钢制管法兰用金属包覆垫片的型式和尺寸按图 6.2-3 规定，垫片的最高工作温度见表 6.2-9、表 6.2-10。

6.2.1.8 缠绕式垫片（HG/T 20610—2009）

HG 20592 所规定的公称压力 PN16～PN160 的钢制管法兰用缠绕式垫片。垫片的最高工作温度及尺寸型式按表 6.2-11、表 6.2-12 的规定。

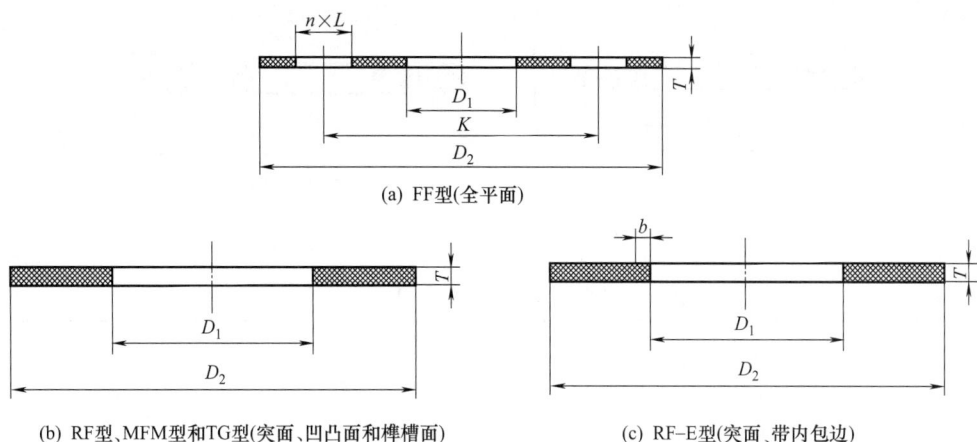

(a) FF型(全平面)

(b) RF型、MFM型和TG型(突面、凹凸面和榫槽面)　　　(c) RF–E型(突面、带内包边)

图 6.2-1　垫片的型式

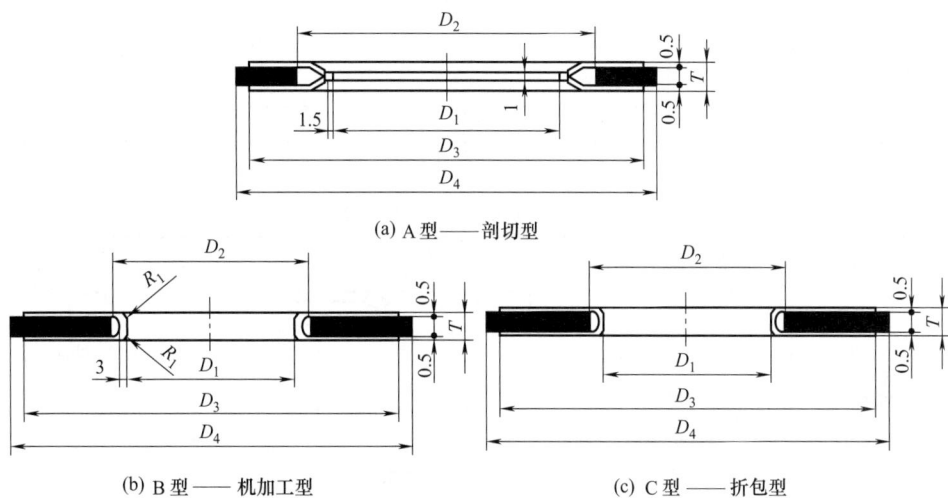

(a) A型——剖切型

(b) B型——机加工型　　　　　　　(c) C型——折包型

图 6.2-2　聚四氟乙烯包覆垫片的型式

表 6.2-9　包覆金属材料的最高工作温度

包覆金属材料	标准	代号	最高工作温度/℃
纯铝板 L3	GB/T 3880	L3	200
纯铜板 T3	GB/T 2040	T3	300
镀锌钢板	GB/T 2518	St(Zn)	400
08F	GB/T 711	St	
0Cr13		405	500
0Cr18Ni9		304	
0Cr18Ni10Ti	GB/T 3280	321	600
00Cr17Ni14Mo2		316L	
00Cr19Ni13Mo3		317L	

注：也可采用其它材料，但应在订货时注明。

表 6.2-10　填充材料的最高工作温度

填充材料		代号	最高工作温度/℃
柔性石墨板		L3	650
石棉橡胶板		T3	300
非石棉纤维橡胶板	无机纤维	NAS	200
	有机纤维		290

注：也可采用其它材料，但应在订货时注明。

(a) I 型   (b) II 型

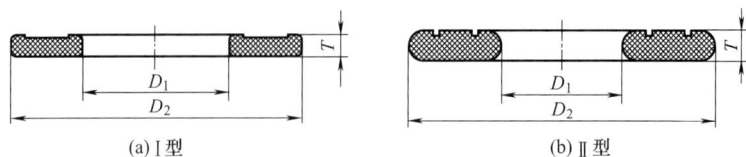

图 6.2-3　金属垫片的型式

表 6.2-11　缠绕式垫片的最高工作温度

金属带材料钢号	填充材料名称	填充材料标准	最高工作温度/℃
0Cr18Ni9(304)	温石棉带	JC/T 69	−100～+300
00Cr19Ni10(304L)	柔性石墨带	JB/T 7758.2	−200～+650（氧化性介质为+450）
0Cr17Ni12Mo2(316)	聚四氟乙烯	QB/T 4008	−200～+200
00Cr17Ni14Mo2(316L)	非石棉带	—	−100～+250
0Cr18Ni10Ti(321)			
0Cr18Ni11Nb(347)			
0Cr25Ni20(310)			

注：金属带材料标准为 GB/T 3280。

表 6.2-12　缠绕式垫片尺寸型式

型　式	代号	尺寸及断面形状	适用密封面型式
基本型	A		榫面/槽面
带内环型	B		凹面/凸面
带对中环型	C		突面
带内环和对中环型	D		突面

6.2.1.9　齿形组合垫片（HG/T 20611—2009）

HG 20592 所规定的公称压力 PN16、PN25、PN40、PN63、PN100、PN160 的具有覆盖层的齿形组合垫片，其最高工作温度及尺寸型式按表 6.2-13、表 6.2-14 的规定。

表 6.2-13 垫片的最高工作温度

金属齿形圆环材料		覆盖层材料		使用温度范围
钢号	标准	名称	参考标准	/℃
0Cr18Ni9(304)		柔性石墨带	JB/T 7758.2	−200～+650 (氧化性介质为+450)
00Cr19Ni10(304L)		聚四氟乙烯	QB/T 5257	−200～+200
0Cr17Ni12Mo2(316)	GB/T 4237 GB/T 3280			
00Cr17Ni14Mo2(316L)				
0Cr18Ni10Ti(321)				
0Cr18Ni11Nb(347)				
0Cr25Ni20(310)				

表 6.2-14 垫片尺寸型式

型 式	代号	尺寸及断面形状	适用密封面型式
基本型	A	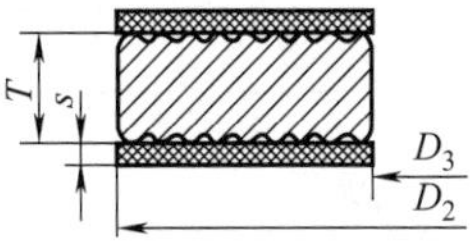	榫面/槽面 或 凹面/凸面
带整体对中环型	B	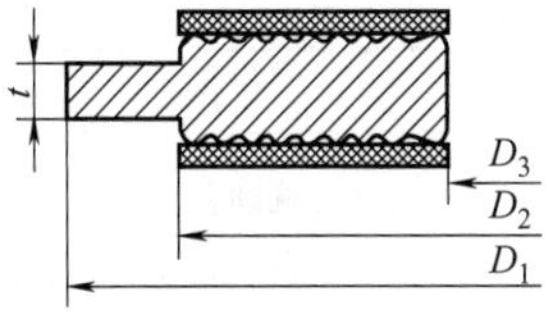	突面
带活动对中环型	C	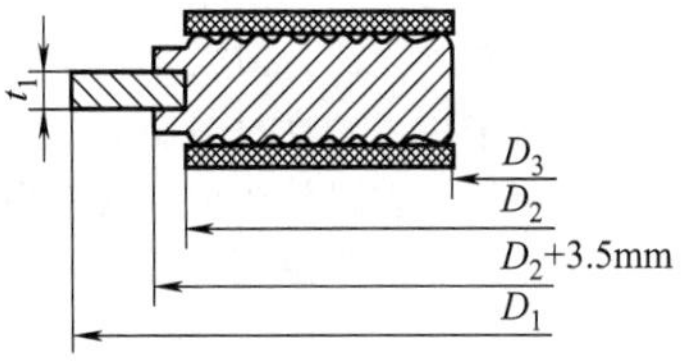	突面
齿形放大图		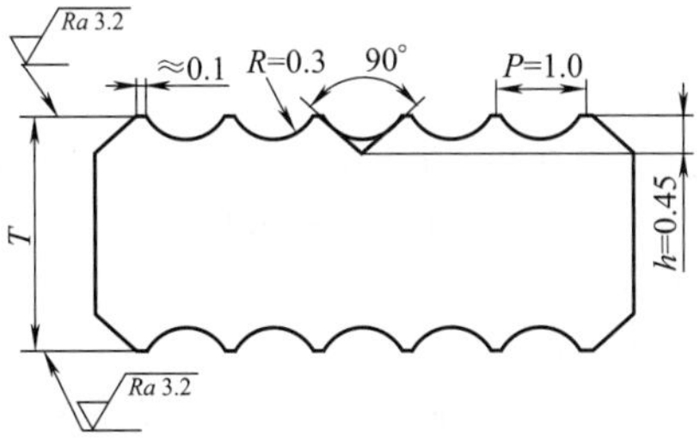	

6.2.1.10 金属环形垫（HG/T 20612—2009）

HG 20592 所规定的公称压力 PN63～PN160 的钢制管法兰用金属环形垫片的最高工作温度按表 6.2-15 的规定。

表 6.2-15 金属环形垫片的最高工作温度

金属环形垫材料		最高硬度		代号	最高使用温度
钢号	标准	HBS	HRB		/℃
纯铁	GB/T 6983	90	56	D	540
10	GB/T 699	120	68	S	540
1Cr15Mo	NB/T 47008	130	72	F5	650

续表

金属环形垫材料		最高硬度		代号	最高使用温度
钢号	标准	HBS	HRB		/℃
0Cr13	NB/T 47010 GB/T 1220	170	86	410S	650
0Cr18Ni9		160	83	304	700
00Cr19Ni10		150	80	304L	450
0Cr17Ni12Mo2		160	83	316	700
00Cr17Ni14Mo2		150	80	316L	450
0Cr18Ni10Ti		160	83	321	700
0Cr18Ni11Nb		160	83	347	700

金属环形垫按截面形状分为八角形和椭圆形，如图 6.2-4 所示。

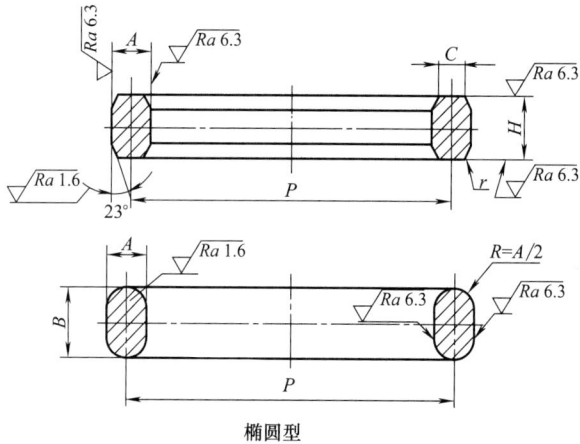

椭圆型

图 6.2-4　金属环形垫片的型式

6.2.1.11　垫片选择使用（HG/T 20646.5—1999）

（1）垫片作用　垫片是夹在法兰之间，在紧固法兰时使之产生弹塑性变形，以填补法兰密封面上的微观不平度，从而阻止流体从法兰面的泄漏；一般采用半塑性材料制成。

（2）选用条件　应使所需的密封负荷与法兰的设计压力、密封面、法兰强度及其螺栓连接相适应。

应根据流体的特性、法兰的尺寸、流体的压力和温度、垫片的预紧比压和垫片系数、冷热循环、振动、污染等选用垫片。

（3）垫片选用按《钢制管法兰用非金属平垫片（Class 系列）》（HG/T 20627）和《钢制管法兰用金属环形垫（Class 系列）》（HG/T 20633）中的有关规定。

（4）注意事项

① 工作压力大于 0.6MPa 及有热膨胀的管道，垫片用在 RF 型法兰上时，应考虑用无冷流的垫片材料。

② 低压或真空时，当采用有冷流的垫片材料时，宜用 RF 型法兰；当此材料用于其它工况时，应考虑用榫槽面法兰或其它型式使其对垫片的流动变形加以限制。

③ 如法兰是 FF 型，宜选用全平面软垫。

④ 软垫片的外径可以超过 RF 型法兰密封面直径，使成自行对中。

⑤ 缠绕垫片用于凹凸型法兰上时，宜带内环；用于 RF 型法兰宜带外环。

⑥ 用于不锈钢法兰的非金属垫片，要求氯离子含量小于 50mg/L(50ppm)。

6.2.2　紧固件选用（HG/T 20646.2—1999）

6.2.2.1　常用紧固件（HG/T 20646.2—1999）

（1）国内紧固件标准　见表 6.2-16。

表 6.2-16　国内紧固件标准

序　号	标　准　名　称	标　准　号
1	《1 型六角螺母　C 级》	GB/T 41
2	《1 型六角螺母》	GB/T 6170

续表

序　号	标　准　名　称	标　准　号
3	《六角标准螺母（1 型）　细牙》	GB/T 6171
4	《2 型六角螺母》	GB/T 6175
5	《2 型六角螺母　细牙》	GB/T 6176
6	《双头螺柱》	GB/T 897～GB/T 900
7	《等长双头螺柱　B 级》	GB/T 901
8	《等长双头螺柱　C 级》	GB/T 953
9	《六角头螺栓　C 级》	GB/T 5780
10	《六角头螺栓　全螺纹　C 级》	GB/T 5781
11	《六角头螺栓》	GB/T 5782
12	《六角头螺栓　全螺纹》	GB/T 5783
13	《六角头螺栓　细杆　B 级》	GB/T 5784
14	《六角头螺栓　细牙》	GB/T 5785
15	《六角头螺栓　细牙　全螺纹》	GB/T 5786

（2）螺柱型式和规格　螺柱型式分为等长双头螺柱、全螺纹螺柱和拧入双头螺柱。等长双头螺柱、全螺纹螺柱的型式和尺寸应符合《等长双头螺柱　B 级》（GB/T 901）的要求，螺柱的端部按《紧固件　外螺纹零件末端》（GB/T 2）倒角端的要求；螺纹尺寸和公差应符合《普通螺纹　基本尺寸》（GB/T 196）、《普通螺纹　公差》（GB/T 197）的要求。

拧入双头螺柱的型式和尺寸应符合《高压管、管件及紧固件通用设计》中的 H16、H17 的要求，螺纹尺寸和公差应符合《普通螺纹　基本尺寸》（GB/T 196）、《普通螺纹　公差》（GB/T 197）和《高压管、管件及紧固件通用设计》中 H5 的要求；螺柱的端部按《紧固件　外螺纹零件末端》（GB/T 2）倒角端的要求。螺柱规格见表 6.2-17。

表 6.2-17　螺柱规格

标　准	规　格
GB/T 901　等长双头螺柱　B 级	M10、M12、M16、M20、M24、M27、M30×2、M33×2、M36×3、M39×3、M45×3、M48×3、M52×3、M56×4
全螺纹双头螺柱	M10、M12、M16、M20、M24、M27、M30×2、M33×2、M36×3、M39×3、M45×3、M48×3、M52×4、M56×4
H16、H17 拧入双头螺柱	M14×2、M16×2、M20×2.5、M24×3、M27×3、M30×3.5、M33×3.5、M36×4、M39×4、M45×4.5

（3）螺栓　管法兰螺栓在采用六角头螺栓时，六角头螺栓的型式和尺寸应符合《六角头螺栓》（GB/T 5782）和《六角头螺栓　细牙》（GB/T 5785）的要求，螺栓的端部按《紧固件　外螺纹零件末端》（GB/T 2）倒角端的规定。管法兰螺栓规格见表 6.2-18。

（4）螺母型式和规格　螺母型式和尺寸应符合《1 型六角螺母　C 级》（GB/T 41）、《六角厚螺母》（GB/T 56）、《1 型六角螺母》（GB/T 6170）、《六角标准螺母（1 型）　细牙》（GB/T 6171），以及《高压管、管件及紧固件通用设计》中 H5、H19 的要求。螺母的规格见表 6.2-19。

表 6.2-18　管法兰螺栓规格

标　准	规　格
GB/T 5782-A、B 级（粗牙）	M10、M12、M16、M20、M24、M27
GB/T 5785-A、B 级（细牙）	M30×2、M33×2、M36×3、M39×3、M45×3、M52×3、M56×3

表 6.2-19　螺母的规格

标　准	规　格
GB/T 41	M10、M12、M16、M20、M24、M27
GB/T 6170	M10、M12、M16、M20、M24、M27
GB/T 6171	M30×2、M33×2、M36×3、M39×3、M45×3、M48×3、M52×4、M56×4
H19	M14×2、M16×2、M20×2.5、M24×3、M27×3、M30×3.5、M33×3.5、M36×4、M39×4、M45×4.5

6.2.2.2　材料级别（HG/T 20646.2—1999）

（1）螺栓（柱）的材料级别分为：5.6、5.9、6.6、6.9、8.8、10.9、12.9 共七个级别；它是按螺栓（柱）

的力学性能分级表示的，第一位数值表示材料的抗拉强度值的 1/10，第二位数值表示材料的屈服比（即屈服极限/抗拉强度）。

材料为 35 钢、45 钢、1Cr5Mo、40Cr、35CrMoA、25Cr2MoA、0Cr18Ni9、0Cr17Ni12Mo2 等材料；当机械性能分级规定不能满足使用要求时，可写出材料的具体牌号等。

（2）螺母的材料级别是按材料的力学性能分级表示的（即材料的抗拉强度的 1/10），分为 5、6、8、10、12 共五个级别。

材料为 25 钢、45 钢、1CrMo、30CrMo、0Cr18Ni9、0Cr17Ni12Mo2 等材料；当力学性能分级规定不能满足使用要求时，可写出材料的具体牌号。

（3）螺栓（柱）、螺母的选择与选配应符合 HG/T 20592～20635 中的有关规定。

6.2.2.3 紧固件选用原则（GB 50316—2008）

（1）管道用紧固件，包括六角头螺栓、双头螺栓、螺母和垫圈等零件。

（2）应选用国家现行标准中的标准紧固件，并在 GB 50316—2008 附录 A 所规定材料的范围内选用。

（3）用于法兰连接的紧固件材料，应符合国家现行的法兰标准的规定，并与垫片类型相适应。

（4）法兰连接用紧固件螺纹的螺距不宜大于 3mm。直径 M30 以上的紧固件可采用细牙螺纹。

（5）碳钢紧固件应符合国家现行法兰标准中规定的使用温度。

（6）用于各种不同法兰的紧固件应符合下列规定：

① 在一对法兰中有一个是铸铁、青铜或其它铸造法兰，则紧固件要使用较低强度的法兰所配的紧固件材料；但符合下列条件时，可按所述任一个法兰配选紧固件材料：两个法兰均为全平面，并采用全平面的垫片；或者考虑到持续荷载、位移应变、临时荷载以及法兰强度各方面的因素，对拧紧螺栓的顺序和扭矩已作了规定。

② 当不同等级的法兰以螺栓紧固在一起时，拧紧螺栓的扭矩应符合低等级法兰的要求。

（7）在剧烈循环条件下，法兰连接用的螺栓或双头螺柱，应采用合金钢的材料。

（8）金属管道组成件上采用直接拧入螺柱的螺纹孔时，应有足够的螺孔深度，对于钢制件其深度至少应等于工程螺纹直径，对于铸铁件不应小于 1.5 倍的公称螺纹直径。

6.2.2.4 等长双头螺柱（HG/T 20613—2009）

管法兰用等长双头螺柱的型式和尺寸应符合 GB/T 901 的要求，但螺柱的两端应采用倒角端，如图 6.2-5 所示。螺纹规格 M30×2、M33×2、M36×3、M39×3、M45×3、M48×3、M52×4、M56×4 的双头螺柱采用细牙，螺纹尺寸和公差应符合 GB/T 196 和 GB/T 197，螺柱末端按 GB/T 2 倒角端的要求，其余均应符合 GB/T 901 的要求。

等长双头螺柱的规格及材料牌号见表 6.2-20。

表 6.2-20 等长双头螺柱的规格及材料牌号

标准	规格	性能等级（商品级）
GB/T 901	M10、M12、M16、M20、M24、M27	8.8
	M30×2、M33×2、M36×3、M39×3、M45×3、	A2-50、A2-70
	M48×3、M52×4、M56×4	A4-50、A4-70

等长双头螺柱多用于被连接件太厚而不便使用螺栓连接或因拆卸频繁不宜使用螺钉连接的地方，或使用在结构要求比较紧凑的地方。一般双头螺柱用于一端需拧入螺孔固定死的地方，等长双头螺柱则两端都佩带螺母来连接零件。

GB/T 901—1988 商品级等长双头螺柱用于法兰紧固，多选粗牙 M10～M27 和细牙 M30×2～M56×4，产品等级为 B 级，性能等级较多采用 8.8 级。螺纹直径 $d=12mm$、长度 $l=100mm$、性能等级为 4.8 级、不经表面处理的等长双头螺柱标记示例：螺柱 GB/T 901 M12×100。等长双头螺柱见表 6.2-21。

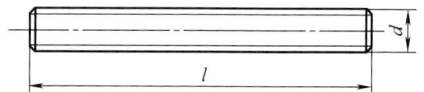

6.2.2.5 全螺纹螺柱（HG/T 20613—2009）

管法兰用全螺纹螺柱的型式和尺寸如图 6.2-6 所示，螺纹尺寸和公差应符合 GB/T 196 和 GB/T 197，螺柱端部按 GB/T 2 倒角端的要求，其余均应符合 GB/T 901 的要求。

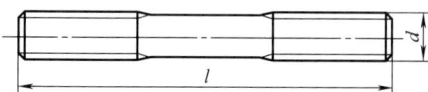

图 6.2-5 等长双头螺柱　　　　　　　　　　　图 6.2-6 全螺纹螺柱

表 6.2-21 等长双头螺柱（GB/T 901—1988）

螺纹规格 d	M2	M2.5	M3	M4	M5	M6	M8	M10	M12	M14	M16	M18	M20	M22	M24	M27	M30	M33	M36	M39	M42	M48	M56
b/mm	10	11	12	14	16	18	28	32	36	40	44	48	52	56	60	66	72	78	84	89	96	108	124
l/mm	10~60	10~80	12~250	16~300	20~300	25~300	32~300	40~300	50~300	60~300	60~300	60~300	70~300	80~300	90~300	100~300	120~400	140~400	140~500			150~500	190~500

L 系列	10,12,(14),16,(18),20,(22),25,(28),30,(32),35,(38),40,45,45,50,(55),60,(65),70,(75),80,(85),90,(95),100,110,120,130,140,150,160,170,180,190,200,(210),220,(230),(240),250,(260),280,300,320,350,380,400,420,450,480,500

技术条件	材料	钢		不锈钢	普通螺纹公差:6g	产品等级:B
	性能等级	4.8、5.8、6.8、8.8、10.9、12.9		A2-50、A2-70		
	表面处理	不经处理/镀锌钝化		不经处理		

注：根据使用要求，可采用 30Cr、40Cr、30CrMoSi、35CrMoA、40MnA 及 40B 等材料制造螺柱，其性能按供需双方协议。

全螺纹螺柱的规格及材料牌号见表 6.2-22。

表 6.2-22 全螺纹螺柱的规格及材料牌号

标 准	规 格	材料牌号（专用级）
HG/T 20613（全螺纹螺柱）	M10、M12、M16、M20、M24、M27、M30×2、M33×2、M36×3、M39×3、M45×3、M48×3、M52×4、M56×4	35CrMo、42CrMo、25Cr2MoV、0Cr18Ni9、0Cr17Ni12Mo2、A193,B8 C1.2M,A193,B8M C1.2M,A320,L7,A453,660

全螺纹螺柱用于法兰紧固，多选粗牙 M10~M27 和细牙 M30×2~M56×4，产品等级采用 B 级，性能等级较多采用 8.8 级。

6.2.2.6 六角头螺栓（HG/T 20613—2009）

管法兰用六角头螺栓的型式和尺寸应符合 GB/T 5782（粗牙）和 GB/T 5785（细牙）的要求，如图 6.2-7 所示，螺栓的端部应采用倒角端。

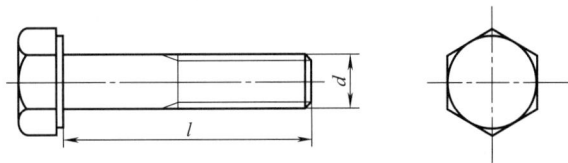

图 6.2-7 六角头螺栓

六角头螺栓的规格及性能等级见表 6.2-23。

表 6.2-23 六角头螺栓的规格及性能等级

标 准	规 格	性能等级（商品级）
GB/T 5782-A 级和 B 级（粗牙）	M10、M12、M16、M20、M24、M27	8.8、A2-50、A2-70
GB/T 5785-A 级和 B 级（细牙）	M30×2、M33×2、M36×3、M39×3、M45×3、M52×3、M56×3	8.8、A2-50、A2-70

六角头螺栓应用普遍，产品等级分为 A、B 和 C 级，A 级最精确，C 级最不精确，A 级用于重要的、装配精度高的以及受较大冲击、振动或变载荷的地方。A 级用于 $d=1.6~24mm$ 和 $l \leqslant 10d$ 或 $l \leqslant 150mm$ 的螺栓，B 级用于 $d>24mm$ 或 $l>10d$ 或 $l \geqslant 150mm$ 的螺栓，C 级为 M5~M64，细杆 B 级为 M3~M20。六角头螺栓的规格及性能等级见表 6.2-24、表 6.2-25。

表 6.2-24　六角头螺栓（GB/T 5782—2016）

螺纹规格 d		M1.6	M2	M2.5	M3	M4	M5	M6	M8	M10	M12	M14	M16	M18	M20	M22	M24	M27	M30	M36	M42	M48	M56	M64
s（公称）/mm		3.2	4	5	5.5	7	8	10	13	16	18	21	24	27	30	34	36	41	46	55	65	75	85	95
k（公称）/mm		1.1	1.4	1.7	2	2.8	3.5	4	5.3	6.4	7.5	8.8	10	11.5	12.5	14	15	17	18.7	22.5	26	30	35	40
r（min）/mm		0.1	0.1	0.1	0.1	0.2	0.2	0.25	0.4	0.4	0.4	0.6	0.6	0.6	0.6	0.8	0.8	0.8	1	1	1.2	1.6	2	2
e（min）/mm	A	3.41	4.32	5.45	6.01	7.66	8.79	11.05	14.38	17.77	20.03	23.36	26.75	30.14	33.53	37.72	39.98	—	—	—	—	—	—	—
	B	3.28	4.18	5.31	5.88	7.50	8.63	10.89	14.20	17.59	19.85	22.78	26.17	29.58	32.95	37.29	39.55	45.2	50.85	60.79	71.3	82.6	93.56	104.86
d_w（min）/mm	A	2.27	3.07	4.07	4.57	5.88	6.88	8.88	11.63	14.63	16.63	19.64	22.49	25.34	28.19	31.71	33.61	—	—	—	—	—	—	—
	B	2.3	2.95	3.95	4.45	5.74	6.74	8.74	11.47	14.47	16.47	19.15	22	24.85	27.7	31.35	33.25	38	42.75	51.11	59.95	69.45	78.86	88.16
b 参考	l≤125mm	9	10	11	12	14	16	18	22	26	30	34	38	42	46	50	54	60	66	—	—	—	—	—
	125mm<l≤200mm	15	16	17	18	20	22	24	28	32	36	40	44	48	52	56	60	66	72	84	96	108	—	—
	l>200mm	28	29	30	31	33	35	37	41	45	49	53	57	61	65	69	73	79	85	97	109	121	137	153
全螺纹长度 l/mm		2~16	4~20	5~25	6~30	8~40	10~50	12~60	16~80	20~100	25~120	30~140	30~150	35~180	40~150	45~200	50~150	55~200	60~200	70~200	80~200	100~200	110~200	120~200

L 系列：2、3、4、5、6、8、10、12、16、20、25、30、35、40、45、50、55、60、65、70、80、90、100、110、120、130、140、150、160、180、200、220、240、260、280、300、320、340、360、380、400、420、440、460、480、500。

技术条件

产品等级：A、B　　公差等级：6g

材料	钢	不锈钢	有色金属
性能等级	3mm≤d≤39mm:5.6、8.8、10.9 3mm≤d≤16mm:9.8 d<3mm,d>39mm:按协议	d≤24mm:A2-70、A4-70 24mm≤d≤39mm:A2-50、A4-50 d>39mm:按协议	Cu2、Cu3、Al4
表面处理	氧化	简单处理	简单处理

注：1. 产品等级 A 级用于 d≤24mm 和 l≤10d 或 l≤150mm 的螺栓，B 级用于 d>24mm 和 l>10d 或 l>150mm 的螺栓（按较小值，A 级比 B 级精确）。

2. 非优选螺纹的规格（除表列外）还有 M33、M39、M45、M52 和 M60。

3. 螺纹末端按 GB/T 2 规定。l_b 随 l 变化，相同螺纹直径变量量相等。l_b 的公差按 IT14。

表 6.2-25 六角头螺栓（细牙）（GB/T 5785—2016）

螺纹规格 d×P	M8×1	M10×1 M10×1.25	M12×1.5 M12×1.25	M14×1.5	M16×1.5	M18×1.5	M20×1.5 M20×2	M22×1.5	M24×2	M27×2	M30×2	M36×3	M42×3	M48×3	M56×4	M64×4
s(公称)/mm	13	16	18	21	24	27	30	34	36	41	46	55	65	75	85	95
k(公称)/mm	5.3	6.4	7.5	8.8	10	11.5	12.5	14	15	17	18.7	22.5	26	30	35	40
r(min)/mm	0.4	0.4	0.6	0.6	0.6	0.6	0.8	0.8	0.8	1	1	1	1.2	1.6	2	2
E(min)/mm A	14.38	17.77	20.03	23.36	26.75	30.14	33.53	37.72	39.88	—	—	—	—	—	—	—
E(min)/mm B	14.20	17.59	19.85	22.78	26.17	29.56	32.95	37.29	39.55	45.2	50.85	60.79	71.30	82.6	93.56	104.86
d_w(min)/mm A	11.63	14.63	16.63	19.64	22.49	25.34	28.19	31.71	33.61	—	—	—	—	—	—	—
d_w(min)/mm B	11.47	14.47	16.47	19.15	22.00	24.85	27.70	31.35	33.25	38	42.75	51.11	59.95	69.45	78.66	88.16
B参考 $l\leq125$mm	22	26	30	34	38	42	46	50	54	60	66	78	—	—	—	—
B参考 125mm$<l\leq200$mm	28	32	36	40	44	48	52	56	60	66	72	84	96	108	124	140
B参考 $l>200$mm	41	45	49	57	57	61	65	69	73	79	85	97	109	121	137	153
l_b/mm	31~76	36~96	40~115	45~135	49~154	54~174	59~194	63~213	73~233	82~252	81~291	100~290	118~288	128~288	—	—
l/mm	40~80	45~100	50~120	60~140	65~160	70~180	80~200	90~220	100~240	110~260	120~300	140~360	160~440	200~480	220~500	260~500
全螺纹长度 l/mm	16~80	20~100	25~120	30~140	35~160	40~180	40~200	45~220	40~200	55~260	40~200	40~200	90~420	100~480	120~500	130~500
100mm长重(约)/kg	0.039	0.067	0.096	0.125	0.181	0.237	0.295	0.372	0.445	0.586	0.753	1.131	1.652	1.898	3.295	4.534

L 系列：16，20，25，30，35，40，45，50，55，60，65，70，80，90，100，110，120，130，140，150，160，180，200，220，240，260，280，300，320，340，360，380，400，420，440，460，480，500。

技 术 条 件	材料	钢	不锈钢	有色金属
	性能等级	$d\leq39$mm:5.6、8.8、10.9 3mm$\leq d\leq16$mm:9.8 $d>39$mm:按协议	$d\leq24$mm:A2-70、A4-70 24mm$\leq d\leq39$mm:A2-50、A4-50 $d>39$mm:按协议	Cu2、Cu3、Al4
		公差等级:6g		产品等级:A、B
	表面处理	氧化	简单处理	简单处理

注：1. A 级用于 $d=8\sim24$mm 和 $l\leq10d$ 或 $l\leq150$mm（按较小值）；B 级用于 $d=24$mm 和 $l>10d$ 或 $l>150$mm（按较小值）的螺栓。

2. GB/T 5785 除本表中所列的非优选螺纹规格外，还有 M33×2，M39×3，M45×3，M52×3，M60×4，M64×4。

3. 螺纹末端按 GB/T 2 规定。l_b 随 l 变化，相同螺纹直径变量相等。l_b 的公差按 IT14。

GB/T 5782—2016 粗牙六角螺栓用于法兰紧固多选 M10～M27，产品等级采用 A 级或 B 级，性能等级较多采用 8.8 级。

GB/T 5785—2016 细牙六角螺栓用于法兰紧固多选 M30×2～M56×4，产品等级采用 A 级或 B 级，性能等级较多采用 8.8 级。

6.2.2.7 螺母（HG/T 20613—2009）

与六角头螺栓、双头螺柱配合使用的螺母型式和尺寸应符合《1 型六角螺母　C 级》（GB/T 41）、《六角厚螺母》（GB/T 56）、《1 型六角螺母》（GB/T 6170）、《六角标准螺母（1 型）　细牙》（GB/T 6171），以及《高压管、管件及紧固件通用设计》中 H19、H5 的要求，如图 6.2-8 所示（1 型六角螺母高度约为 $0.8d$，2 型六角螺母高度约为 $1.0d$）。

与全螺纹螺柱配合使用的螺母型式和尺寸应符合 GB/T 6175、GB/T 6176 的要求，如图 6.2-8 所示（1 型六角螺母高度约为 $0.8d$，2 型六角螺母高度约为 $1.0d$）。当螺纹规格大于或等于 M39 时，螺母按图 6.2-9 及表 6.2-26 选用。

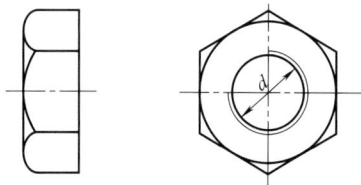

图 6.2-8　六角螺母

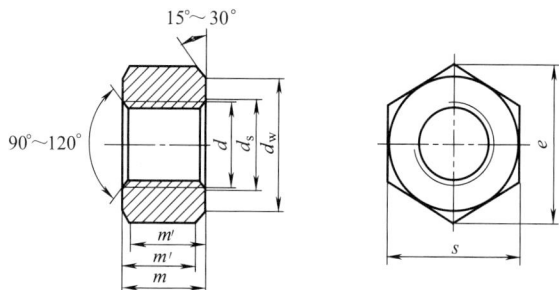

图 6.2-9　管法兰专用螺母

表 6.2-26　管法兰专用螺母尺寸表　　　　　　单位：mm

d		M39×3	M45×3	M48×3	M52×4	M56×4
d_s	max	42.1	48.6	51.8	56.2	60.5
	min	39	45	48	52	56
d_w	min	60.1	65.1	70.1	75.1	79.3
e	min	70.67	76.27	81.87	87.47	92.74
m	max	39.5	45.5	48.5	52.5	56.5
	min	37.9	43.92	46.9	50.6	54.6
M'	min	30.3	35.2	37.5	45.3	48.7
s	max	65	70	75	80	85
	min	63.1	68.1	73.1	78.1	82.8

螺母的规格及性能等级（商品级）和材料牌号（专用级）见表 6.2-27。

表 6.2-27　螺母的规格及性能等级和材料牌号

标准	规格	商品级性能等级	专用级材料牌号
GB/T 6170	M10、M12、M16、M20、M24、M27、M30×2、M33×2	6、8、	—
GB/T 6171	M36×3、M39×3、M45×3、M48×3、M52×4、M56×4	A2-50、A2-70 A4-50、A4-70	—
GB/T 6175	M10、M12、M16、M20、M24、M27、M30×2、M33×2	—	30CrMo、0Cr18Ni9、35CrMo、
GB/T 6176	M36×3、M39×3、M45×3、M48×3、M52×4、M56×4		0Cr17Ni12Mo2、A194(8、8M、7)

GB/T 6170—2015 商品级 1 型六角螺母为粗牙 M10～M27，用于法兰紧固的产品等级为 A 级和 B 级，性能等级较多采用 8 级。螺纹规格 D＝M12、性能等级为 10 级、不经表面处理。A 级的 1 型六角螺母的标记示例：螺母 GB/T 6170 M12，见表 6.2-28。

GB/T 6171—2016 商品级 1 型六角螺母为细牙 M30×2～M56×4，用于法兰紧固的产品等级为 A 级和 B 级，性能等级较多采用 8 级。螺纹规格 D＝M16×1.5、性能等级为 04 级、不经表面处理。A 级的六角薄螺母的标记示例：螺母 GB/T 6171 M16×1.5，见表 6.2-29。

表6.2-28 1型六角螺母（GB/T 6170—2015）

螺纹规格 d	M1.6	M2	M2.5	M3	M3.5	M4	M5	M6	M8	M10	M12	M14	M16	M18	M20	M22	M24	M27	M30	M36	M42	M48	M56	M64
e(min)/mm	3.4	4.3	5.5	6	6.6	7.7	8.8	11.1	14.4	17.8	20	23.4	26.8	29.6	33	37.3	39.6	45.2	50.9	60.8	71.3	82.6	93.6	104.9
s(公称)/mm	3.2	4	5	5.5	6	7	8	10	13	16	18	21	24	27	30	34	36	41	46	55	65	75	85	95
d_w(min)/mm	2.4	3.1	4.1	4.6	5	5.9	6.9	8.9	11.6	14.6	16.6	19.6	22.5	24.9	27.7	31.4	33.3	38	42.8	51.1	60	69.5	78.7	88.2
m/mm	1.3	1.6	2	2.4	2.8	3.2	4.7	5.2	6.8	8.4	10.8	12.8	14.8	15.8	18	19.4	21.5	23.8	25.6	31	34	38	45	51
每1000个重（约）/kg	0.05	0.09	0.2	0.27	0.36	0.58	1.05	1.95	4.22	7.94	11.93	18.89	29.00	36.87	51.55	73.85	88.8	132.4	184.4	317.0	502.9	744.4	1091	1053

技术条件（性能等级）：

	钢	不锈钢	有色金属
性能等级	D<M5：按协议 M5≤D≤M16：6,8,10(QT) M16<D≤M39：6,8(QT),10(QT) D>M39：按协议	D≤M24：A2-70、A4-70 M24<D≤M39：A2-50、A4-50 D>M39：按协议	CU2、CU3、AL4
表面处理	不经表面处理	简单处理	简单处理

螺纹公差：6H　　产品等级：A/B

注：1. 为各种规格的表面处理要求（如电镀及锌粉覆盖等）请查阅国标。

2. 尽量不采用斜体字的尺寸，除表中所列外，还有 M33、M39、M45、M52 和 M60。

3. QT—淬火并回火。

表6.2-29 1型六角螺母（细牙）（GB/T 6171—2016）

螺纹规格 d×P	M8×1	M10×1	M12×1	M14×1.5	M16×1.5	M18×1.5	M20×1.5	M22×1.5	M24×2	M27×2	M30×2	M33×2	M36×3	M42×3	M48×3	M56×4	M64×4
	—	M10×1.25	M12×1.25	—	—	—	M20×2	—	—	—	—	—	—	—	—	—	—
e(min)/mm	14.4	17.8	20	23.4	26.8	29.6	33	37.3	39.6	45.2	50.9	55.4	60.8	72.3	82.6	93.6	104.9
s(公称)/mm	13	16	18	21	24	27	30	34	36	41	46	50	55	65	75	85	95
d_w(min)/mm	11.6	14.6	16.6	19.6	22.5	24.9	27.7	31.4	33.3	38	42.8	46.6	51.1	60	69.5	78.7	88.2
m(max)/mm	6.8	8.4	10.8	12.8	14.8	15.8	18	19.4	21.5	23.8	25.6	28.7	31	34	38	45	51
每1000个重（约）/kg	4.22	7.94	11.93	18.89	29	36.87	51.55	73.85	88.8	132.4	184.4	232	317	502.9	744.4	1091	1503

技术条件：

	钢	不锈钢	有色金属
材料			
性能等级	M8≤D≤M16：6,8(QT),10(QT) M16<D≤M39：6(QT),8(QT) D>M39：按协议	D≤M24：A2-70、A4-70 M24<D≤M39：A2-50、A4-50 D>M39：按协议	CU2、CU3、AL4
表面处理	不经表面处理	简单处理	简单处理

螺纹公差：6H

注：1. ≤M36×3 的为商品规格，>M36×3 的为通用规格。

2. 非优选的螺纹规格除表中括号内标出外，还有：M39×3、M45×3、M52×4 及 M60×4。

3. QT—淬火并回火。

6.2.2.8 使用规定（HG/T 20613—2009）

（1）商品级六角螺栓及 1 型六角螺母的使用条件应符合下列各条要求：

① PN≤16；

② 非有毒、非可燃介质以及非剧烈循环场合；

③ 配用非金属软垫片。

（2）商品级双头螺柱及 1 型六角螺母的使用条件应符合下列各条要求：

① PN≤40；

② 非有毒、非可燃介质以及非剧烈循环场合。

（3）除上述外，应选用专用级全螺纹螺柱和 2 型六角螺母。

（4）按紧固件的型式、产品等级、采用的性能等级和材料牌号，确定其使用的公称压力和工作温度范围，应符合表 6.2-30 的规定。

表 6.2-30 紧固件使用压力和温度范围

型式/标准号	规 格	性能等级	公称压力	使用温度/℃
六角头螺栓 GB/T 5782 粗牙 GB/T 5785 细牙	M10～M33（粗牙） M36×3～M56×4（细牙）	5.6、8.8	≤PN16	−20～300
		A2-50、A2-70		−196～400
		A4-50、A4-70		
等长双头螺栓 GB/T 901 商品级	M10～M33（粗牙） M36×3～M56×4（细牙）	8.8	≤PN40	−20～300
		A2-50、A2-70		−196～400
		A4-50、A4-70		
全螺纹螺柱 HG/T 20613	M10～M33（粗牙） M36×3～M56×4（细牙）	35CrMo	≤PN160	−100～525
		25Cr2MoV		−20～575
		42CrMo		−100～525
		0Cr18Ni9		−196～800
		0Cr17Ni12Mo2		−196～800
		A193，B8 C1.2		−196～525
		A193，B8M C1.2		
		A320，L7		−196～525
		A453，660		−29～525
1 型六角螺母 GB/T 6170 GB/T 6171	M10～M33（粗牙） M36×3～M56×4（细牙）	6、8	≤PN16	−20～300
		A2-50、A2-70	≤PN40	−196～400
		A4-50、A4-70		
2 型六角螺母 GB/T 6175 GB/T 6176	M10～M33（粗牙） M36×3～M56×4（细牙）	30CrMo	≤PN160	−100～525
		35CrMo		−100～525
		0Cr18Ni9		−196～800
		0Cr17Ni12Mo2		−196～800
		A194，B8、8M		−196～525
		A194，7		−196～575

（5）螺母和螺栓、螺柱的配用应符合表 6.2-31 的规定。

表 6.2-31 六角螺栓、螺柱与螺母的配用

六角螺栓、螺柱		螺 母	
型式（标准编号）	材料牌号性能等级	型式（标准编号）	材料牌号性能等级
六角头螺栓（GB/T 5782、 GB/T 5785） 双头螺柱（GB/T 901）B 级	5.6、8.8	1 型六角螺母 （GB/T 6170、GB/T 6171）	6、8
	A2-50、A2-70		A2-50、A2-70
	A4-50、A4-70		A4-50、A4-70
全螺纹螺柱（HG/T 20613）B 级	42CrMo	2 型六角螺母 （GB/T 6175、GB/T 6176）	35CrMo
	35CrMo		30CrMo
	25Cr2MoV		
	0Cr18Ni9		0Cr18Ni9
	0Cr17Ni12Mo2		0Cr17Ni12Mo2

续表

六角螺栓、螺柱		螺　母	
型式(标准编号)	材料牌号性能等级	型式(标准编号)	材料牌号性能等级
全螺纹螺柱(HG/T 20613)B 级	A193,B8 C1.2	2 型六角螺母 (GB/T 6175、GB/T 6176)	A194,8
	A193,B8M C1.2		A194,8M
	A453,660		
	A320,L7		A194,7

6.3　金属管道材料

6.3.1　材料选用限制

6.3.1.1　金属管道材料选用

金属管道材料选用按表 6.3-1 的规定。

表 6.3-1　金属管常用的规格、材料及适用温度

名称	标准号	常用规格	常用材料	适用温度/℃
流体输送用无缝钢管	GB/T 8163—2018	按 GB/T 17395—2008	10、20 Q295、Q345	−20～450
中低压锅炉用无缝钢管	GB/T 3087—2022	按 GB/T 17395—2008	10、20	−20～450
高压锅炉管	GB/T 5310—2017	按 GB/T 17395—2008	20G	−20～450
			20MnG	−46～450
			10MoWVNb	−20～400(抗氢)
高压无缝管	GB/T 6479—2013		15CrMoG	−20～560
			12Cr1MoVG	−20～580
石油裂化管	GB/T 9948—2013		1Cr5Mo	−20～600
			12CrMoG	−20～540
不锈无缝钢管	GB/T 14976—2012	按 GB/T 14976—2012	0Cr18Ni9	−196～700
			00Cr19Ni10	
不锈焊接钢管(EFW)	HG/T 20537—1992	按 HG/T 20537—1992	00Cr17Ni14Mo2 0Cr18Ni12Mo2Ti 0Cr18Ni10Ti	
低压流体输送用焊接钢管(ERW)	GB/T 3091—2015	1/2″、3/4″、1″、1½″、2″、2½″、3″、4″、5″、6″，按标准规定外径及壁厚	Q195、Q215A Q235A、B Q295A、B Q345A、B	0～200
石油天然气工业输送钢管(大直径埋弧焊直缝焊管)	GB/T 9711—2017	按 GB/T 9711—2017 中大直径直缝埋弧焊钢管 18～80″(EFW)	L245	−20～450
铜及铜合金管	GB/T 1527—2017	5×1,7×1,10×1,15×1,18×1.5,24×1.5,28×1.5,35×1.5,45×1.5,55×1.5,72×2,85×2,104×2,129×2,156×3	T2、T3、TU1、TU2、TP1、TP2、H96、H68、H62	≤250(受压时,≤200)
铅及铅锑合金管	GB/T 1472—2014	20×2,22×2,31×3,50×5,62×6,94×7,118×9	纯铅、铅锑合金(硬铅)、PbSb4、PbSb6、PbSb8	≤200(受压时,≤140)
钛和钛合金管	GB/T 3624—2023 无缝(冷拔、轧)焊接焊接-轧制	Φ3×0.2～Φ110×4.5 Φ16×0.5～Φ63×2.5 Φ6×0.5～Φ30×2.0	TA0、TA1、TA2、TA9、TA10	−269～300
铝及铝合金管	GB/T 6893—2022 挤压管	Φ25×6～Φ155×40 Φ120×5～Φ200×7.5	1050A、1060、1200、3003、5052、5A03、5083、5086、5454、6A02、6061、6063	−269～200
	GB/T 4437.1—2015 拉制管	Φ6×0.5～Φ120×3		

6.3.1.2 金属材料应用限制

（1）铸铁 常用的铸铁有可锻铸铁和球墨铸铁，限制条件如下：

① 使用在介质温度为 $-29\sim343℃$ 的受压或非受压管道。

② 不得用于输送介质温度高于 $150℃$ 或表压大于 $2.5MPa$ 的可燃流体管道。

③ 不得用于输送任何温度压力下的有毒介质。

④ 不得用于温度和压力循环变化或管道有振动的条件下。

实际上，可锻铸铁经常被用于不受压的阀门手轮和地下管道；球墨铸铁经常被用于工业用管道中的阀门阀体。

（2）普通沸腾碳素钢的限制条件如下：

① 应限用在设计压力不大于 $0.6MPa$，设计温度为 $0\sim250℃$ 的条件下。

② 不得用于易燃或有毒流体的管道。

③ 不得用于石油液化气介质和有应力腐蚀的环境中。

（3）普通镇静碳素钢的限制条件如下：

① 限用在设计温度为 $0\sim400℃$ 范围内。

② 当用于有应力腐蚀开裂敏感的环境时，本体硬度及焊缝硬度应不大于 $200HB$，并对本体和焊缝进行 100% 无损探伤。

（4）用于压力管道的沸腾钢和镇静钢的限制条件如下：

① 含碳量不得大于 0.24%。

② GB/T 700 标准给出了四种常用的普通碳素结构钢牌号，即 Q235A（F，b）、Q235B（F，b）、Q235C、Q235D，其适应范围如下：

Q235-AF 钢板：设计压力 $p\leqslant0.6MPa$；使用温度为 $0\sim250℃$；钢板厚度 $\leqslant12mm$；不得用于易燃，毒性程度为中度、高度或极度危害介质的管道。

Q235-A 钢板：设计压力 $p\leqslant1.0MPa$；使用温度为 $0\sim350℃$；钢板厚度 $\leqslant16mm$；不得用于液化石油气、毒性程度为高度或极度危害介质的管道。

Q235-B 钢板：设计压力 $p\leqslant1.6MPa$；使用温度为 $0\sim350℃$；钢板厚度 $\leqslant20mm$；不得用于高度和极度危害介质的管道。

Q235-C 钢板：设计压力 $p\leqslant2.5MPa$；使用温度为 $0\sim400℃$；钢板厚度 $\leqslant40mm$。

（5）优质碳素钢 优质碳素钢是压力管道中应用最广的碳钢，对应的材料标准有：GB/T 699、GB/T 8163、GB/T 3087、GB/T 5310、GB/T 9948、GB/T 6479 等，这些标准根据不同的使用工况而提出了不同的质量要求。它们共性的使用限制条件如下：

① 输送碱性或苛性碱介质时应考虑有发生碱脆的可能，锰钢（如16Mn）不得用于该环境。

② 在有应力腐蚀开裂倾向的环境中工作时，应进行焊后应力消除热处理，热处理后的焊缝硬度不得大于 $200HB$。焊缝应进行 100% 无损探伤。锰钢（如16Mn）不宜用于有应力腐蚀开裂倾向的环境中。

③ 在均匀腐蚀介质环境下工作时，应根据腐蚀速率、使用寿命等进行经济核算，如果核算结果证明选用碳素钢是合适的，应给出足够的腐蚀余量，并采取相应的其它防腐蚀措施。

④ 碳素钢、碳锰钢和锰钒钢在 $425℃$ 及以上温度下长期工作时，其碳化物有转化为石墨的可能性，因此限制其最高工作温度不得超过 $425℃$（锅炉规范则规定该温度为 $450℃$）。

⑤ 临氢操作时，应考虑发生氢损伤的可能性。

⑥ 含碳量大于 0.24% 的碳钢不宜用于焊连接的管子及其元件。

⑦ 用于 $-20℃$ 及以下温度时，应进行低温冲击韧性试验。

⑧ 用于高压临氢、交变荷载情况下的碳素钢材宜是经过炉外精炼的材料。

（6）铬钼合金钢 常用的铬钼合金钢材料标准有 GB/T 9948、GB/T 5310、GB/T 6479、GB/T 3077、GB/T 1221 等，其使用限制条件如下：

① 碳钼钢（C-0.5Mo）在 $468℃$ 温度下长期工作时，其碳化物有转化为石墨的倾向，因此限制其最高长期工作温度不超过 $468℃$。

② 在均匀腐蚀环境下工作时，应根据腐蚀速率、使用寿命等进行经济核算，同时给出足够的腐蚀余量。

③ 临氢操作时，应考虑发生氢损伤的可能性。

④ 在高温 H_2+H_2S 介质环境下工作时，应根据 Nelson 曲线和 Couper 曲线确定其使用条件。

⑤ 应避免在有应力腐蚀开裂的环境中使用。

⑥ 在 400～550℃ 温度区间内长期使用时，应考虑防止回火脆性问题。

⑦ 铬钼合金钢一般应是电炉冶炼或经过炉外精炼的材料。

（7）不锈耐热钢 压力管道中常用的不锈耐热钢材料标准主要有 GB/T 14976、GB/T 4237、GB/T 4238、GB/T 1220、GB/T 1221 等，其共性的使用限制条件如下：

① 含铬 12% 以上的铁素体和马氏体不锈钢在 400～550℃ 温度区间长期工作时，应考虑防止 475℃ 回火脆性破坏，这个脆性表现为室温下材料的脆化，因此，在应用上述不锈钢时，应将其弯曲应力、振动和冲击荷载降到敏感荷载下，或者不在 400℃ 以上温度使用。

② 奥氏体不锈钢在加热冷却的过程中，经过 540～900℃ 温度区间时，应考虑防止产生晶间腐蚀倾向。当有还原性较强的腐蚀介质存在时，应选用稳定型（含稳定元素 Ti 和 Nb）或超低碳型（含碳量小于 0.03%）奥氏体不锈钢。

③ 不锈钢在接触湿的氯化物时，有应力腐蚀开裂和点蚀的可能，应避免接触湿的氯化物，或者控制物料和环境中的氯离子浓度不超过 25×10^{-6}。

④ 奥氏体不锈钢使用温度超过 525℃ 时，其含碳量应大于 0.04%，否则钢的强度会显著下降。

6.3.2 无缝钢管

6.3.2.1 无缝钢管尺寸重量（GB/T 17395—2008）

（1）分类 钢管的外径和壁厚分为三类：普通钢管的外径和壁厚、精密钢管的外径和壁厚和不锈钢管的外径和壁厚。

（2）外径和壁厚 钢管的外径分三个系列：系列 1、系列 2 和系列 3。系列 1 是通用系列，属推荐选用系列；系列 2 是非通用系列；系列 3 是少数特殊、专用系列。

普通钢管的外径分为系列 1、系列 2 和系列 3，精密钢管的外径分为系列 2 和系列 3，不锈钢管的外径分为系列 1、系列 2 和系列 3。

① 外径允许偏差见表 6.3-2。

表 6.3-2 外径允许偏差表 单位：mm

标准化外径允许偏差		非标准化外径允许偏差	
偏差等级	标准化外径允许偏差	偏差等级	非标准外径允许偏差
D1	±1.5%D 或 ±0.75，取其中的较大值	ND1	+1.25%D／−1.5%D
D2	±1.0%D 或 ±0.50，取其中的较大值	ND2	±1.25%D
D3	±0.75%D 或 ±0.30，取其中的较大值	ND3	+1.25%D／−1%D
D4	±0.50%D 或 ±0.10，取其中的较大值	ND4	±0.8%D

注：D 为钢管的公称外径。

② 优先选用的标准化壁厚允许偏差见表 6.3-3。

③ 推荐选用的非标准化壁厚允许偏差见表 6.3-4。

表 6.3-3 标准化壁厚允许偏差 单位：mm

偏差等级		壁厚允许偏差			
		$S/D>0.1$	$0.05<S/D\leqslant0.1$	$0.025<S/D\leqslant0.05$	$S/D\leqslant0.025$
S1		±15.0%S 或 ±0.60，取其中的较大值			
S2	A	±12.5%S 或 ±0.40，取其中的较大值			
	B	−12.5%S			
S3	A	±10.0%S 或 ±0.20，取其中的较大值			
	B	±10.0%S 或 ±0.40，取其中的较大值	±12.5%S 或 ±0.40，取其中的较大值	±15.0%S 或 ±0.40，取其中的较大值	±15.0%S 或 ±0.40，取其中的较大值
	C	−10%S			
S4	A	±7.5%S 或 ±0.15，取其中的较大值			
	B	±7.5%S 或 ±0.20，取其中的较大值	±10.0%S 或 ±0.20，取其中的较大值	±12.5%S 或 ±0.20，取其中的较大值	±15.0%S 或 ±0.20，取其中的较大值
S5		±5.0%S 或 ±0.10，取其中的较大值			

注：S 为钢管的公称壁厚，D 为钢管的公称外径。

（3）通常长度 钢管的通常长度为 3000～12500mm。

（4）定尺长度和倍尺长度 定尺长度和倍尺长度应在通常长度范围内，全长允许偏差分为四级（见表 6.3-

5）。每个倍尺长度以上规定留出切口余量：①外径≤159mm，5～10mm；②外径>159mm，10～15mm。

表 6.3-4　非标准化壁厚允许偏差　　单位：mm

偏差等级	非标准化外径允许偏差
NS1	$+15.0\%S/-12.5\%S$
NS2	$+15.0\%S/-10.0\%S$
NS3	$+12.5\%D/-10.0\%D$
NS4	$+12.5\%S/-7.5\%S$

表 6.3-5　全长允许偏差　　单位：mm

偏差等级	全长允许偏差
L1	$+20/0$
L2	$+15/0$
L3	$+10/0$
L4	$+5/0$

注：S 为钢管的公称壁厚。

（5）重量

① 钢管按实际重量交货，也可按理论量交货。实际重量交货可分为单根重量或每批重量。

② 钢管的理论重量按下式

$$W=\pi\rho(D-S)/1000 \tag{6.3-1}$$

式中　　W——钢管中的理论重量，kg/m；

　　　　ρ——钢的密度，kg/dm^3；

　　　　D——钢管的公称外径，mm；

　　　　S——钢管的公称壁厚，mm。

③ 按理论重量交货的钢管，根据需方要求，可规定钢管实际重量与理论重量的允许偏差。单根钢管实际重量与理论重量的允许偏差分为五级。每批不小于10t钢管的理论重量与实际重量的允许偏差为±7.5%或±5%。

6.3.2.2　流体输送用无缝钢管（GB/T 8163—2018）

适用于输送流体用一般无缝钢管。

（1）外径和壁厚　钢管的外径（D）和壁厚（S）应符合 GB/T 17395 的规定。根据需方要求，经双方协商可供其它外径和壁厚的钢管。

（2）外径和壁厚的允许偏差

① 钢管的外径允许偏差应符合表 6.3-6 的规定。

② 热轧（扩）钢管壁厚允许偏差应符合表 6.3-7 的规定。

表 6.3-6　钢管的外径允许偏差　　单位：mm

钢管种类	允许偏差
热轧（扩）钢管	$\pm1\%D$ 或 ±0.50，取其中较大者
冷拔（轧）钢管	$\pm0.75\%D$ 或 ±0.30，取其中较大者

表 6.3-7　热轧（扩）钢管壁厚允许偏差　　单位：mm

钢管种类	钢管直径	S/D	允许偏差
热轧（挤压）钢管	≤102	—	$\pm12.5\%S$ 或 ±0.40，取其中较大者
	>102	≤0.05	$\pm15\%S$ 或 ±0.40，取其中较大者
		>0.05～0.10	$\pm12.5\%S$ 或 ±0.40，取其中较大者
		>0.10	$+12.5\%S/-10\%S$
热扩钢管	—		$\pm17.5\%S/-12.5\%S$

③ 冷拔（轧）钢管壁厚允许偏差应符合表 6.3-8 的规定。

表 6.3-8　冷拔（轧）钢管壁厚允许偏差　　单位：mm

钢管种类	钢管公称壁厚	允许偏差
冷拔（轧）	≤3	$+15\%S/-10\%S$ 或 ±0.15，取其中较大者
	>3～10	$+12.5\%S/-10\%S$
	>10	$\pm10\%S$

（3）通常长度　钢管的通常长度为 3000～12000mm。

（4）范围长度　根据需方要求，经双方协商可按范围长度交货。范围长度应在通常长度范围内。

（5）定尺和倍尺长度

① 根据需方要求，经双方协商钢管可按定尺长度或倍尺长度交货。

② 钢管以定尺或倍尺长度交货时，全长允许偏差应符合：a. 定尺长度不大于6000mm，（+30/0）mm；定尺长度大于6000mm，（+50/0）mm。

③ 钢管以倍尺长度交货时，每个倍尺长度应按下列规定留出切口余量：D≤159mm 时，切口余量为 5～10mm；D>159mm 时，切口余量为 10～15mm。

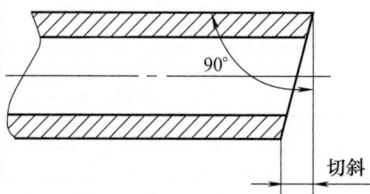

图 6.3-1 钢管的切斜

（6）端头外形

① 公称外径不大于 60mm 的钢管，管端切斜应不超过 1.5mm；公称外径大于 60mm 的钢管，管端切斜应不超过钢管的 2.5%，但最大应不超过 6mm。钢管的切斜如图 6.3-1 所示。

② 钢管的端头切口毛刺应予清除。

（7）钢管按实际重量交货，亦可按理论重量交货。钢管的理论重量的计算按 GB/T 17395 的规定，钢的密度取 7.85kg/dm^3。

（8）钢管由 10、20、Q345、Q390、Q420、Q460 牌号的钢制造。

6.3.2.3 中低压锅炉用无缝钢管（GB/T 3087—2022）

中低压锅炉用无缝钢管适用于低碳钢制造的各种结构低中压锅用的过热蒸汽管、沸水管等。钢管的尺寸和质量可见 GB/T 17395—2008，常用材料有 10、20 号钢。

6.3.2.4 高压锅炉用无缝钢管（GB/T 5310—2017）

适用于制造高压及其以上压力的管道用的优质碳素结构钢、合金结构钢和不锈耐热钢无缝钢管。热轧（挤、扩）钢管外径为 22～530mm，壁厚 2.0～70mm，冷拔（轧）钢管外径为 10～114mm，壁厚 2.0～13mm，钢管长度同 GB/T 8163。

6.3.2.5 高压化肥设备用无缝钢管（GB/T 6479—2013）

化肥用高压无缝钢管的尺寸和重量可见 GB/T 17395，钢管适用于公称压力 10～32MPa，工作温度 −40～400℃，输送介质为合成氨原料气（氢、氮气）、氨、甲醇、尿素等的管道。管子的尺寸公差、长度按 GB/T 8163 规定。

热轧（挤压、扩）钢管的外径和壁厚允许偏差应符合表 6.3-9 的规定。

表 6.3-9 热轧（挤压、扩）钢管外径和壁厚允许偏差 单位：mm

钢管种类	钢管公称外径	S/D	壁厚允许偏差	外径允许偏差
热轧（挤压）钢管	≤159	—	+12.5%S/−10%S 或 +0.5/−0.4，取其中较大者	±1%D 或 ±0.50，取其中较大者
	>159	≤0.05	+15%S/−10%S	
		>0.05～0.10	+12.5%S/−10%S	
		>0.10	±10%S	
热扩钢管			±15%S	

冷拔（轧）钢管的外径和壁厚允许偏差应符合表 6.3-10 的规定。

表 6.3-10 冷拔（轧）钢管外径和壁厚允许偏差 单位：mm

钢管种类	钢管尺寸		允许偏差	
			普通级	高级
冷拔（轧）钢管	公称外径	≤30	±0.20	±0.15
		>30～50	±0.30	±0.25
		>50	±0.5%D	±0.5%D
	公称壁厚	≤2.0	+12.5%S/−10%S	±10%S
		>2.0	±10%S	±7.5%S

6.3.2.6 石油裂化用无缝钢管（GB/T 9948—2013）

（1）分类代号 无缝钢管按产品制造方式分为两类，类别和代号为：

① 热轧（挤压、扩）钢管：W-H。

② 冷拔（轧）钢管：W-C。

（2）外径壁厚 钢管按公称外径（D）和公称壁厚（S）交货；钢的公称外径和壁厚应符合 GB/T 17395 的规定。钢管外径和壁厚的允许偏差应符合表 6.3-11 的规定，最小壁厚的允许偏差应符合表 6.3-12 的规定。

（3）钢管长度 钢管的通常长度为 4000～12000mm。经供需双方协商，可交付长度短于 4000 mm 但不短于 3000mm 的短尺钢管，其数量应不超过该批钢管交货总数量的 5%。

根据需方要求钢管可按定尺或倍尺长度交货，钢管的定尺长度和倍尺长度应在通常长度范围内，钢管定尺长度允许偏差应符合：长度≤6000mm 时允许偏差 0～10mm，长度>6000mm 时允许偏差 0～15mm。

每个倍尺长度应按如下规定留出切口余量：D≤159mm 时切口余量为 5～10mm，D>159mm 时切口余量为 10～15mm。

（4）钢的牌号和化学成分

钢的牌号和化学成分（熔炼分析）应符合表 6.3-13 的规定。

表 6.3-11　钢管外径和壁厚的允许偏差　　　　　　　　单位：mm

分类代号	制造方式	钢管公称尺寸		普通级允许偏差	高级允许偏差
W-H	热轧（挤压）	外径 D	≤54	±0.50	±0.3D
			>54～325	±1%D	±0.75%D
			>325	±1%D	—
		壁厚 S	≤20	+15%S/−10%S	±10%S
			>20	+12.5%S/−10%S	±10%S
	热扩	外径 D	全部	±1%D	
		壁厚 S	全部	±15%S	
W-C	冷拔（轧）	外径 D	≤25.4	±0.15	
			>25.4～40	±0.20	
			>40～50	±0.25	
			>50～60	±0.30	
			>60	±0.75%D	±0.5%D
		壁厚 S	≤3.0	±0.3	±0.2
			>3.0	±10%S	±7.5%S

表 6.3-12　钢管最小壁厚的允许偏差　　　　　　　　单位：mm

分类代号	制造方式	最小壁厚 S_{min}	普通级允许偏差	高级允许偏差
W-H	热轧（挤压）	≤4.0	+0.90/0.00	+0.70/0.00
		>4.0	+25%S_{min}/0.00	+22%S_{min}/0.00
W-C	冷拔（轧）	≤3.0	+0.60/0.00	+0.40/0.00
		>3.0	+20%S_{min}/0.00	+15%S_{min}/0.00

表 6.3-13　钢的牌号和化学成分

钢类	统一数字代号	牌号	化学成分(质量分数)/%											
			C	Si	Mn	Cr	Mo	Ni	Nb	Ti	V	Cu	P	S
													不大于	
优质碳素结构钢	U20102	10	0.07～0.13	0.17～0.37	0.35～0.65	≤0.15	≤0.15	≤0.25	—	—	≤0.08	≤0.20	0.025	0.015
	U20202	20	0.17～0.23	0.17～0.37	0.35～0.65	≤0.25	≤0.15	≤0.25	—	—	≤0.08	≤0.20	0.025	0.015
合金结构钢	A30122	12CrMo	0.08～0.15	0.17～0.37	0.40～0.70	0.40～0.70	0.40～0.55	≤0.30	—	—		≤0.20	0.025	0.015
	A30152	15CrMo	0.12～0.18	0.17～0.37	0.40～0.70	0.80～1.10	0.40～0.55	≤0.30	—	—		≤0.20	0.025	0.015
	A30121	12Cr1Mo	0.08～0.15	0.50～1.00	0.30～0.60	1.00～1.50	0.45～0.65	≤0.30	—	—		≤0.20	0.025	0.015
	A31132	12Cr1MoV	0.08～0.15	0.17～0.37	0.40～0.70	0.90～1.20	0.25～0.35	≤0.30	—	0.15～0.30		≤0.20	0.025	0.010
	A30132	12Cr2Mo	0.08～0.15	≤0.50	0.40～0.60	2.00～2.50	0.90～1.13	≤0.30	—	—		≤0.20	0.025	0.015
	A30124	12Cr5MoI 12Cr5MoNT	≤0.15	≤0.50	0.30～0.60	4.00～6.00	0.45～0.60	≤0.60	—	—		≤0.20	0.025	0.015
	A30125	12Cr9MoI 12Cr9MoNT	≤0.15	0.25～1.00	0.30～0.60	8.00～10.00	0.90～1.10	≤0.60	—	—		≤0.20	0.025	0.015
不锈(耐热)钢	S30409	07Cr19Ni10	0.04～0.10	≤1.00	≤2.00	18.00～20.00	—	8.00～11.00	—	—			0.030	0.015
	S34779	07Cr18Ni11Nb	0.04～0.10	≤1.00	≤2.00	17.00～19.00	≤	9.00～12.00	8C～1.10	—			0.030	0.015
	S32169	07Cr19Ni11Ti	0.04～0.10	≤0.75	≤2.00	17.00～20.00	—	9.00～13.00	—	4C～0.60			0.030	0.015
	S31603	022Cr17Ni12Mo2	≤0.030	≤1.00	≤2.00	16.00～18.00	2.00～3.00	10.00～14.00	—	—			0.030	0.015

12Cr5MoI、12Cr5MoNT、12Cr9MoI 和 12Cr9MoNT 牌号中的后辍符号"I"和"NT"属于牌号的一部分，这些后缀符号表示钢管的交货状态；其中，"I"为完全退火或等温退火，"NT"为正火加回火。用氧气转炉冶炼的钢，除 12Cr5MoI、12Cr5MoNT、12Cr9MoI、12Cr9MoNT 及不锈（耐热）钢外，其余牌号钢的氮含量应不大于 0.008%。

成品钢管的化学成分允许偏差应符合 GB/T 222 的规定，钢的牌号与其它标准相近钢牌号的对照参见 GB/T 9948—2013 附录 A。

6.3.2.7 低温管道用无缝钢管（GB/T 18984—2016）

GB/T 18984—2016 适用于 −45～−196℃ 低温压力容器管道以及低温热交换器管道用无缝钢管。

（1）分类代号 同 6.3.2.6 节。

（2）钢管的外径壁厚的允许偏差见表 6.3-14。

表 6.3-14 钢管外径和壁厚的允许偏差　　　　　　　　　单位：mm

分类代号	制造方式	钢管公称尺寸		允许偏差	
				普通级	高级
W-H	热轧钢管	外径(D)	≤54	±0.40	±0.30
			>54～325	±1%D	±0.75%D
			>325	±1%D	—
		壁厚(S)	≤20	+15%S/−10%S	±10%S
			>20	+12.5%S/−10%S	±10%S
	热扩钢管	外径(D)	全部	±1%D	
		壁厚(S)	全部	±15%S	
W-C	冷拔(轧)钢管	外径(D)	≤25.4	±0.15	
			>25.4～40	±0.20	
			>40～50	±0.25	
			>50～60	±0.30	
			>60	±0.75%D	±0.5%D
		壁厚(S)	≤3.0	±0.3	±0.2
			>3.0	±10%S	±7.5%S

（3）钢管长度　钢管的通常长度为 4000～12000mm。经供需双方协商，可交付长度短于 4000mm 但不短于 3000mm 的短尺钢管，但其数量应不超过该批钢管交货总数量的 5%。

钢管的定尺长度或倍尺长度应在通常长度范围内，每个倍尺长度应按如下规定留出切口余量：外径≤159mm 时切口余量为 5～10mm，外径>159mm 时切口余量为 10～15mm。

（4）钢的牌号和化学成分（质量百分数）见表 6.3-15。

表 6.3-15 钢的牌号和化学成分

序号	牌号	化学成分(质量分数)/%							
		C	Si	Mn	P	S	Ni	Mo	V
1	16MnDG[①]	0.12～0.20	0.20～0.55	1.20～1.60	≤0.020	≤0.010	—	—	—
2	10MnDG[①,③]	≤0.13	0.17～0.37	≤1.35	≤0.020	≤0.010	—	—	≤0.07
3	09DG[①]	≤0.12	0.17～0.37	≤0.95	≤0.020	≤0.010	—	—	≤0.07
4	09Mn2VDG[②]	≤0.12	0.17～0.37	≤1.85	≤0.020	≤0.010	—	—	≤0.12
5	06Ni3MoDG[③]	≤0.08	0.17～0.37	≤0.85	≤0.015	≤0.008	2.50～3.70	0.15～0.30	≤0.05
6	06Ni9DG	≤0.10	0.10～0.35	≤0.90	≤0.015	≤0.008	8.50～9.50	—	—

① 16MnDG、10MnDG 和 09DG 可加入 0.01%～0.05% 的 Ti。

② 09Mn2VDG 可加入 0.01%～0.10%Ti 或 0.015%～0.060% 的 Nb。

③ 10MnDG 和 06Ni3MoDG 的酸溶铝分别不小于 0.015% 和 0.020%，但不作为交货条件。

6.3.2.8 锅炉热交换器用不锈钢无缝钢管（GB/T 13296—2013）

本节适用于锅炉、热交换器用不锈钢无缝钢管。

（1）分类代号 同 6.3.2.6 节。

（2）钢管的外径壁厚的允许偏差　钢管的通常尺寸应符合 GB/T 17395 的规定；根据需方要求可供应其它外径和壁厚的钢管。钢管的外径和壁厚的允许偏差见表 6.3-16 和表 6.3-17。

表 6.3-16 钢管公称外径和最小壁厚的允许偏差　　　　　　　单位：mm

钢管类别,代号	钢管公称尺寸		允许偏差
热轧（挤压）钢管 W-H	公称外径(D)	≤140	±1.25%D
		>140	±1%D
	最小壁厚(S_{min})	≤4.0	+0.90/0
		>4.0	+25%S/0
冷拔（轧）钢管 W-C	公称外径(D)	≤25	±0.10
		25～≤40	±0.15
		40～≤50	±0.20
		50～≤65	±0.25
		65～≤75	±0.30
		75～≤100	±0.38
		100～≤159	+0.38 −0.64
		>159	±0.5%D
	最小壁厚(S_{min})	D≤38	+20%S/0
		D>38	+22%S/0

表 6.3-17 钢管公称壁厚的允许偏差　　　　　　　单位：mm

钢管类别、代号	壁厚范围		允许偏差
热轧（挤压）钢管 W-H	公称壁厚(S)	≤4.0	±0.45
		>4.0	+12.5%S/−10%S
冷拔（轧）钢管 W-C	公称壁厚(S)	D≤38	±10%S
		D>38	±11%S

（3）钢管长度　钢管的通常长度为 2000～12000mm，根据需方要求，可供应定尺长度和倍尺长度或超长钢管，定尺长度和倍尺长度总长度应在通常范围内，全长允许偏差为 +10/0mm；每个倍尺长度应留出切口余量 5～10mm。

6.3.2.9 流体输送用不锈无缝钢管（GB/T 14976—2012）

（1）分类代号　按产品加工方式分为两类，类别和代号为：

① 热轧（挤压、扩）钢管：W-H；

② 冷拔（轧）钢管：W-C。

按尺寸精度分为两级，级别和代号为：

① 普通级：PA；

② 高级：PC。

（2）外径壁厚　钢管的外径和壁厚应符合 GB/T 17395 的相关规定。根据需方要求可供应 GB/T 17395 规定以外的其它尺寸钢管；钢管公称外径 D 和公称壁厚 S 的允许偏差应符合表 6.3-18 的规定，钢管最小壁厚的允许偏差见表 6.3-19。

表 6.3-18 外径和壁厚的允许偏差　　　　　　　单位：mm

热轧（挤压、扩）钢管				冷拔（轧）钢管			
尺寸		普通级 PA 允许偏差	高级 PC 允许偏差	尺寸		普通级 PA 允许偏差	高级 PC 允许偏差
公称外径 D	68～159	±1.25%D	±1%D	公称外径 D	6～10	±0.20	±0.15
					>10～30	±0.30	±0.20
					>30～50	±0.40	±0.30
	>159	±1.5%D			>50～219	±0.85%D	±0.75%D
					>219	±0.9%D	±0.8%D
公称壁厚 S	<15	+15%S −12.5%S	±12.5%S	公称壁厚 S	≤3	±12%S	±10%S
	≥15	+20%S −15%S	±12.5%S		>3	+12.5%S −10%S	±12.5%S

表 6.3-19 钢管最小壁厚的允许偏差   单位：mm

制造方式	尺寸	普通级 PA 允许偏差	高级 PC 允许偏差
热轧（挤、扩）钢管 W-H	$S_{min}<15$	$+25\%S_{min}$ 0.00	$+22.5\%S_{min}$ 0.00
	$S_{min}\geq15$	$+32.5\%S_{min}$ 0.00	
冷拔（轧）钢管 W-C	所有壁厚	$+25\%S$ 0.00	$+20\%S$ 0.00

（3）钢管长度 钢管的通常长度应符合热轧（挤、扩）钢管为 2000～12000mm，冷拔（轧）钢管为 1000～12000mm；根据需方要求，钢管可按定尺长度或倍尺长度交货。定尺长度和倍尺长度应在通常长度范围内，全长允许偏差应为 +10mm/0.00mm，每个倍尺长度应按规定留出切口余量：外径≤159mm 时为 5～10mm，外径>159mm 时为 10～15mm。

特殊规格的钢管，如壁厚不大于外径 3% 的极薄壁钢管、外径不大于 30mm 的小直径钢管等，其长度偏差可由供需双方另行协商规定。

（4）钢的牌号和化学成分

钢的牌号和化学成分（熔炼分析）应符合表 6.3-20 的规定，根据需方要求，可供应表 6.3-20 规定以外但符合 GB/T 20878 规定的牌号或化学成分的钢管，成品钢管的化学成分允许偏差应符合 GB/T 222 的规定。

（5）各标准重不锈钢牌号对照见表 6.3-21。

6.3.3 焊接钢管

6.3.3.1 流体输送用不锈钢焊接钢管（GB/T 12771—2019）

（1）分类代号 钢管按制造类别分为以下六类：

Ⅰ类——钢管采用双面自动焊接方法制造，且焊缝 100% 全长射线探伤；

Ⅱ类——钢管采用单面自动焊接方法制造，且焊缝 100% 全长射线探伤；

Ⅲ类——钢管采用双面自动焊接方法制造，且焊缝局部射线探伤；

Ⅳ类——钢管采用单面自动焊接方法制造，且焊缝局部射线探伤；

Ⅴ类——钢管采用双面自动焊接方法制造，且焊缝不做射线探伤；

Ⅵ类——钢管采用单面自动焊接方法制造，且焊缝不做射线探伤。

钢管按交货状态分为以下三类：

① 焊接状态   +H；

② 热处理状态   +T；

③ 磨（抛）光状态 +SP。

（2）外径壁厚 对于外径不大于 508mm 的钢管，当壁厚与外径之比大于 3% 时，钢管任一横截面上实测最大外径和最小外径分别与公称外径的差值应符合表 6.3-22 的规定；对于薄壁钢管（壁厚与外径之比不大于 3% 的钢管），钢管平均外径（任一横截面上实测最大外径和最小外径的平均值）与公称外径之差应符合表 6.3-22 的规定。对于外径大于 508mm 的钢管，通过测量周长后换算成的外径与公称外径的差值应符合表 6.3-22 的规定。

钢管公称壁厚的允许偏差应符合表 6.3-22 的规定。

当合同未注明钢管尺寸允许偏差级别时，钢管外径的允许偏差按普通级交货。根据需方要求，经供需双方协商，并在合同中注明，可供应表 6.3-22 规定以外尺寸允许偏差的钢管。

（3）钢管长度 钢管的通常长度为 3000～12000mm；根据需方要求，钢管可按定尺长度或倍尺长度交货。定尺长度和倍尺长度应在通常长度范围内，全长允许偏差应为 +15mm/0.00mm，每个倍尺长度应留 5～10mm 的切口余量。

（4）钢管的密度和理论重量见表 6.3-23。

6.3.3.2 奥氏体不锈钢焊接钢管（HG 20537—1992）

本节适用于换热器管束、容器壳体、接管和管道用奥氏体不锈钢（本节所指的奥氏体不锈钢也包括奥氏体-铁素体双相不锈钢）焊接钢管。奥氏体不锈钢焊接管（以下简称焊管）的制造工艺按表 6.3-24 的规定。

（1）换热器用焊接钢管 管壳式换热器用焊管的规格按表 6.3-25 选用。由于特殊原因也可采用表 6.3-25 以外规格的焊接钢管。

表 6.3-20　牌号和化学成分

组织类型	序号	GB/T 20878 统一数字代号	牌号	化学成分（质量分数）/%										
				C	Si	Mn	P	S	Ni	Cr	Mo	Cu	N	其它
奥氏体型	13	S30210	12Cr18Ni9	0.15	1.00	2.00	0.035	0.030	8.00~10.00	17.00~19.00	—	—	0.10	—
	17	S30408	06Cr19Ni10	0.08	1.00	2.00	0.035	0.030	8.00~11.00	18.00~20.00	—	—	—	—
	18	S30403	022Cr19Ni10	0.03	1.00	2.00	0.035	0.030	8.00~12.00	18.00~20.00	—	—	—	—
	23	S30458	06Cr19Ni10N	0.08	1.00	2.00	0.035	0.030	8.00~11.00	18.00~20.00	—	—	0.10~0.16	—
	24	S30478	06Cr19Ni10NbN	0.08	1.00	2.50	0.035	0.030	7.50~10.50	18.00~20.00	—	—	0.15~0.30	—
	25	S30453	06Cr23Ni13	0.08	1.00	2.00	0.035	0.030	8.00~11.00	18.00~20.00	—	—	0.10~0.16	—
	32	S30908	06Cr19Ni10NbN	0.08	1.00	2.50	0.035	0.030	12.00~15.00	22.00~24.00	—	—	—	—
	35	S31008	06Cr25Ni20	0.08	1.50	2.50	0.035	0.030	19.00~22.00	24.00~26.00	—	—	—	—
	38	S31608	06Cr17Ni12Mo2	0.08	1.00	2.00	0.035	0.030	10.00~14.00	16.00~18.00	2.00~3.00	—	—	—
	39	S31603	022Cr17Ni12Mo2	0.03	1.00	2.00	0.035	0.030	10.00~14.00	16.00~18.00	2.00~3.00	—	—	—
	40	S31609	07Cr17Ni12Mo2	0.04~0.10	1.00	2.00	0.035	0.030	10.00~14.00	16.00~18.00	2.00~3.00	—	—	Ti:5C~0.70
	41	S31668	06Cr17Ni12Mo2Ti	0.08	1.00	2.00	0.035	0.030	10.00~14.00	16.00~18.00	2.00~3.00	—	—	—
	43	S31658	06Cr17Ni12Mo2N	0.08	1.00	2.00	0.035	0.030	10.00~13.00	16.00~18.00	2.00~3.00	—	—	0.10~0.16
	44	S31663	022Cr17Ni12Mo2N	0.03	1.00	2.00	0.035	0.030	10.00~13.00	16.00~18.00	2.00~3.00	—	—	0.10~0.16
	45	S31688	06Cr18Ni12Mo2Cu2	0.08	1.00	2.00	0.035	0.030	10.00~14.00	17.00~19.00	1.20~2.75	1.00~2.50	—	—
	46	S31683	022Cr18Ni14Mo2Cu2	0.03	1.00	2.00	0.035	0.030	12.00~14.00	17.00~19.00	1.20~2.75	1.00~2.50	—	—
	49	S31708	06Cr19Ni13Mo3	0.08	1.00	2.00	0.035	0.030	11.00~15.00	18.00~20.00	3.00~4.00	—	—	—
	50	S31703	022Cr19Ni13Mo3	0.03	1.00	2.00	0.035	0.030	11.00~15.00	18.00~20.00	3.00~4.00	—	—	—
	55	S32168	06Cr18Ni11Ti	0.08	1.00	2.00	0.035	0.030	9.00~12.00	17.00~19.00	—	—	—	Ti:5C~0.70
	56	S32169	07Cr19Ni11Ti	0.04~0.10	0.75	2.00	0.035	0.030	9.00~13.00	17.00~19.00	—	—	—	Ti:4C~0.60
	62	S34778	06Cr18Ni11Nb	0.08	1.00	2.00	0.035	0.030	9.00~12.00	17.00~19.00	—	—	—	Ti:10C~1.10
	63	S34779	07Cr18Ni11Nb	0.04~0.10	1.00	2.00	0.035	0.030	9.00~12.00	17.00~19.00	—	—	—	Ti:8C~1.10
铁素体型	78	S11348	06Cr13Al	0.08	1.00	1.00	0.035	0.030	(0.60)	11.50~14.50	—	—	—	Al:0.10~0.30
	84	S11510	10Cr15	0.12	1.00	1.00	0.035	0.030	(0.60)	14.00~16.00	—	—	—	—
	85	S11710	10Cr17	0.12	1.00	1.00	0.035	0.030	(0.60)	16.00~18.00	—	—	—	—
	87	S11863	022Cr18Ti	0.03	0.75	1.00	0.035	0.030	(0.60)	16.00~19.00	—	—	—	Ti 或 Nb: 0.10~1.00
	92	S11972	019Cr19Mo2NbTi	0.025	1.00	1.00	0.035	0.030	1.00	17.50~19.50	—	—	0.035	（Ti 或 Nb）：[0.20+4(C+N)]~0.80
马氏体型	97	S41008	06Cr13	0.008	1.00	1.00	0.035	0.030	(0.60)	11.50~13.50	—	—	—	—
	98	S41010	12Cr13	0.15	1.00	1.00	0.035	0.030	(0.60)	11.50~13.50	—	—	—	—

注：表中所列成分除标明范围或最小值外，其余均为最大值；括号内值为允许添加的最大值。

表6.3-21 各标准重不锈钢牌号对照

序号	GB/T 20878—2007 统一数字代号	GB/T 20878—2007 新牌号	GB/T 20878—2007 旧牌号	美国 ASTM A 959—09	日本 JIS G 4303—2005 JIS G 4311—1991	国际 ISO/T S15510:2003 ISO 4955:2005	欧洲 EN 10088:1—2005	前苏联 ГОСТ 5632—1972
13	S30210	12Cr18Ni9	1Cr18Ni9	S30200,302	SUS302	X10CrNi18-8	X10CrNi18-8.1.4310	12X18H9
17	S30408	06Cr19Ni10	0Cr18Ni9	S30400,304	SUS304	X5CrNi18-9	X5CrNi18-10.1.4301	—
18	S30403	022Cr19Ni10	00Cr19Ni10	S30403,304L	SUS304L	X2CrNi19-11	X2CrNi19-11.1.4306	03X18H11
23	S30458	06Cr19Ni10N	0Cr19Ni9N	S30451,304N	SUS304N1	X5CrNi18-8	X5CrNiN18-9.1.4315	—
24	S30478	06Cr19Ni10NbN	0Cr19Ni10NbN	S30452,XM-21	SUS304N2	—	—	—
25	S30453	022Cr19Ni10N	00Cr19Ni10N	S30453,304LN	SUS304LN	X2CrNiN18-9	X2CrNiN18-10.1.4311	—
32	S30908	06Cr23Ni13	0Cr23Ni13	S30908,309S	SUS309S	X12CrNi23-13	X12CrNi23-13.1.4833	—
35	S31008	06Cr25Ni20	0Cr25Ni20	S31008,310S	SUS310S	X8CrNi25-21	X8CrNi25-21.1.4845	10X23H18
38	S31608	06Cr17Ni12Mo2	0Cr17Ni12Mo2	S31600,316	SUS316	X5CrNiMo17-12-2	X5CrNiMoN17-12-2.1.4401	—
39	S31603	022Cr17Ni12Mo2	00Cr17Ni14Mo2	S31603,316L	SUS316L	X2CrNiMo17-12-2	X2CrNiMo17-12-2.1.4404	03X17H14M3
40	S31609	07Cr17Ni12Mo2	1Cr17Ni12Mo2	S31609,316H	—	—	X3CrNiMo17-13.1.4436	—
41	S31668	06Cr17Ni12Mo2Ti	0Cr18Ni12Mo3Ti	S31635,316Ti	SUS316Ti	X6CrNiMoTi17-12-2	X3CrNiMo17-12-2.1.4571	08X17H13M2T
43	S31658	06Cr17Ni12Mo2N	0Cr17Ni12Mo2N	S31651,316N	SUS316N	—	—	—
44	S31663	022Cr17Ni12Mo2N	00Cr17Ni13Mo2N	S31653,316LN	SUS316LN	X2CrNiMoN17-12-3	X2CrNiMoN17-13-3.1.4429	—
45	S31688	06Cr18Ni12Mo2Cu2	00Cr18Ni12Mo2Cu2	—	SUS316J1	—	—	—
46	S31683	022Cr18Ni14Mo2Cu2	00Cr18Ni14Mo2Cu2	—	SUS316J1L	—	—	—
49	S31708	06Cr19Ni13Mo3	0Cr19Ni13Mo3	S31700,317	SUS317	—	—	—
50	S31703	022Cr19Ni13Mo3	00Cr19Ni13Mo3	S31703,317L	SUS317L	X2CrNiMo19-14-4	X2CrNiMo18-15-4.1.4438	03X16H15M3B
55	S32168	06Cr18Ni11Ti	0Cr18Ni10Ti	S32100,321	SUS321	X6CrNiTi18-10	X6CrNiTi18-10.1.4541	08X18H10T
56	S32169	07Cr19Ni11Ti	1Cr18Ni11Ti	S32109,321H	—	X7CrNiTi18-10	—	12X18H12B
62	S34778	06Cr18Ni11Nb	0Cr18Ni11Nb	S34700,347	SUS347	X6CrNiNb18-10	X6CrNiNb18-10.1.4550	08X18H12B
63	S34779	07Cr18Ni11Nb	1Cr19Ni11Nb	S34709,347H	—	X7CrNiNb18-10	X7CrNiNb18-10.1.4912	—
78	S11348	06Cr13Al	0Cr13Al	S40500,405	SUS405	X6CrAl13	X6CrAl13.1.4002	—
84	S11510	10Cr15	1Cr15	—	—	—	—	—
85	S11710	10Cr17	1Cr17	S43000	—	X6Cr17	X6Cr17.1.4016	12X17
87	S11863	022Cr18Ti	00Cr17	S43035,439	—	X3CrTi17	X3CrTi17.1.4510	08X17T
92	S11972	019Cr19Mo2NbTi	00Cr18Mo2	S44400,444	—	X2CrMoTi18-2	X2CrMoTi18-2.1.4521	12X18H12B
97	S41008	06Cr13	0Cr13	S41008,410S	—	X6Cr13	X6CrMo13-2.1.4000	08X13
98	S41010	12Cr13	1Cr13	S41000,410	SUS410	X12Cr13	X12Cr13.1.4006	12X13

表 6.3-22　钢管外径和壁厚的允许偏差　　　　　　　　单位：mm

序号	外径 D	外径允许偏差		壁厚允许偏差
		高级（A）	普通级（B）	
1	＜40	±0.2	±0.3	±10%S
2	40～＜65	±0.3	±0.4	
3	65～＜90	±0.4	±0.5	
4	90～168.3	±0.8	±1	
5	＞168.3～＜508	±0.5%D	±1%D	
6	≥508	±0.5%D 或±8，两者取较小值	±0.7%D 或±10，两者取较小值	

表 6.3-23　钢的密度和理论重量计算公式

序号	类型	统一数字代号	牌号	换算后的式(1)	密度 ρ/(kg/dm³)
1	奥氏体型	S30210	12Cr18Ni9	$W=0.02491S(D-S)$	7.93
2		S30403	022Cr19Ni10	$W=0.02482S(D-S)$	7.90
3		S30408	06Cr19Ni10	$W=0.02491S(D-S)$	7.93
4		S30409	07Cr19Ni10	$W=0.02482S(D-S)$	7.90
5		S30453	022Cr19Ni10N	$W=0.02491S(D-S)$	7.93
6		S30158	06Cr19Ni10N	$W=0.02491S(D-S)$	7.93
7		S30908	06Cr23Ni13	$W=0.02507S(D-S)$	7.98
8		S31008	06Cr25Ni20	$W=0.02507S(D-S)$	7.98
9		S31252	015Cr20Ni18Mo6CuN	$W=0.02513S(D-S)$	8.00
10		S31603	022Cr17Ni12Mo2	$W=0.02513S(D-S)$	8.00
11		S31608	06Cr17Ni12Mo2	$W=0.02513S(D-S)$	8.00
12		S31609	07Cr17Ni12Mo2	$W=0.02513S(D-S)$	8.00
13		S31653	022Cr17Ni12Mo2N	$W=0.02526S(D-S)$	8.04
14		S31658	06Cr17Ni12Mo2N	$W=0.02513S(D-S)$	8.00
15		S31688	06Cr17Ni12Mo2Ti	$W=0.02482S(D-S)$	7.90
16		S31782	015Cr21Ni26Mo5Cu2	$W=0.02513S(D-S)$	8.00
17		S32168	06Cr18Ni11Ti	$W=0.02523S(D-S)$	8.03
18		S32169	07Cr19Ni11Ti	$W=0.02523S(D-S)$	8.03
19		S34778	06Cr18Ni11Nb	$W=0.02523S(D-S)$	8.03
20		S34779	07Cr18Ni11Nb	$W=0.02523S(D-S)$	8.03
21	铁素体型	S11163	022Cr11Ti	$W=0.02435S(D-S)$	7.75
22		S11213	022Cr12Ni	$W=0.02435S(D-S)$	7.75
23		S11318	06Cr13Al	$W=0.02435S(D-S)$	7.75
24		S11863	022Cr18Ti	$W=0.02419S(D-S)$	7.70
25		S11972	019Cr19Mo2NbTi	$W=0.02435S(D-S)$	7.75

表 6.3-24　不锈钢焊管制造工艺

名称	制造工艺	技术要求
换热管用焊接钢管	自动电弧焊（不加焊丝）如必要应进行冷加工；电阻焊，必须清除内毛刺	HG 20537.2
化工装置用焊接钢管（如接管、壳体、管道等）	自动电弧焊（不加焊丝）如必要可进行冷加工；电阻焊，必须清除内毛刺	HG 20537.3
化工装置用大口径焊管	电弧焊（加焊丝）	HG 20537.4

注：自动电弧焊系指自动氩弧焊、等离子焊等。

　　换热管的公称长度一般采用 1000mm、1500mm、2000mm、2500mm、3000mm、4500mm、6000mm、7500mm、9000mm、12000mm，焊接钢管的定尺或倍尺长度应按换热管的设计长度选定。

　　（2）化工装置用奥氏体不锈钢焊接钢管　外径符合国际通用系列的焊管和外径符合国内沿用系列的焊管，常用规格参数见表 6.3-26、表 6.3-27。经双方协议可生产表 6.3-26 以外规格的焊管。

表 6.3-25 换热管规格 单位：kg/m

外径 /mm	壁厚/mm											
	1.0	1.2	(1.4)	1.6	(1.8)	2.0	(2.3)	2.6	(2.9)	3.2	3.6	4.0
10	0.224	0.263	0.300	0.355	0.368							
14	0.324	0.383	0.439	0.494	0.547							
16	0.374	0.442	0.509	0.574	0.637							
19		0.532	0.614	0.693	0.771	0.847	0.567					
22		0.622	0.718	0.813	0.906	0.996	1.130					
25		0.711	0.823	0.933	1.040	1.150	1.300	1.45	1.60			
32		0.921	1.070	1.210	1.350	1.490	1.700	1.90	2.10	2.30		
38		1.100	1.280	1.450	1.620	1.790	2.050	2.29	2.54	2.77		
45				1.730	1.940	2.140	2.450	2.75	3.04	3.33		
51				1.970	2.210	2.440	2.790	3.13	3.47	3.81	4.25	4.68
57				2.210	2.480	2.740	3.130	3.52	3.91	4.29	4.79	5.28
63						3.040	3.480	3.91	4.34	4.77	5.33	5.88
76						3.690	4.220	4.75	5.28	5.80	6.49	7.17

注：1. 表列重量适用于 0Cr18Ni9、00Cr19Ni10、0Cr18Ni10Ti、1Cr18Ni9Ti 等奥氏体不锈钢。对于含钼奥氏体不锈钢，如 0Cr17Ni12Mo2、00Cr17Ni14Mo2，表列单位长度的重量应增加 0.63%。

2. 括号内规格为非常用规格。

表 6.3-26 国际通用系列焊接钢管规格和重量

公称直径 DN	焊管外径 /mm	壁厚系列号(Sch. No)									
		5S		10S		20		40S		80S	
		壁厚/mm	重量 /(kg/m)	壁厚/mm	重量 /(kg/m)	壁厚/mm	重量 /(kg/m)	壁厚/mm	重量 /(kg/m)	壁厚/mm	重量 /(kg/m)
10	17.2	1.2	0.478	1.6	0.622			2.3	0.854	3.2	1.12
15	21.3	1.6	0.785	2.0	0.962			2.9	1.33	3.6	1.59
20	26.9	1.6	1.01	2.0	1.24			2.9	1.73	4.0	2.28
25	33.7	1.6	1.28	2.9	2.22			3.2	2.43	4.5	3.27
32	42.4	1.6	1.63	2.9	2.85			3.6	3.48	5.0	4.66
40	48.3	1.6	1.86	2.9	3.28			3.6	4.01	5.0	5.39
50	60.3	1.6	2.34	2.9	4.15	3.2	4.55	4	5.61	5.6	7.63
65	76.1	2	3.69	3.2	5.81	4.5	8.03	5	8.86	7.1	12.20
	(73.0)	2	3.54	3.2	5.56	4.5	7.68	5	8.47	7.1	11.66
80	88.9	2	4.33	3.2	6.83	4.5	9.46	5.6	11.62	8.0	16.20
100	114.3	2	5.59	3.2	8.86	5	13.61	6.3	16.95	8.8	23.13
125	139.7	2.9	9.88	3.6	12.20	5	16.78	6.3	20.93	10.0	32.31
	(141.3)	2.9	10.00	3.6	12.35	5	16.98	6.3	21.19	10.0	32.71
150	168.3	2.9	11.95	3.6	14.77	5.6	22.70	7.1	28.51	11.0	43.10
200	219.1	2.9	15.62	4	21.43	6.3	33.40	8	42.07	12.5	64.33
250	273	3.6	24.16	4	26.80	6.3	41.85	8.8	57.91	12.5	81.11
300	323.9	4.0	31.87	4.5	35.80	6.3	49.84	10	78.19	12.5	96.96

注：括号内为符合美国 ANSI B36.19 的钢管外径。

表 6.3-27 国内沿用系列焊接钢管规格和重量

公称直径 DN	焊管外径 /mm	壁厚系列号(Sch. No)									
		5S		10S		20		40S		80S	
		壁厚/mm	重量 /(kg/m)	壁厚/mm	重量 /(kg/m)	壁厚/mm	重量 /(kg/m)	壁厚/mm	重量 /(kg/m)	壁厚/mm	重量 /(kg/m)
10	14	1.2	0.383	1.6	0.494			2.3	0.670	3.2	0.86
15	18	1.6	0.654	2.0	0.797			2.9	1.09	3.6	1.29
20	25	1.6	0.933	2.0	1.15			2.9	1.60	4.0	2.09
25	32	1.6	1.21	2.9	2.10			3.2	2.30	4.5	3.08
32	38	1.6	1.45	2.9	2.52			3.6	3.05	5.0	4.11
40	45	1.6	1.73	2.9	3.04			3.6	3.71	5.0	4.98
50	57	1.6	2.21	2.9	3.91	3.2	4.29	4	5.28	5.6	7.17
65	76	2	3.69	3.2	5.80	4.5	8.01	5	8.84	7.1	12.19
80	89	2	4.33	3.2	6.84	4.5	9.47	5.6	11.63	8.0	16.14
100	108	2	5.28	3.2	8.35	5	12.83	6.3	15.96	8.8	21.75
125	133	2.9	9.40	3.6	11.60	5	15.94	6.3	19.88	10.0	30.64
150	159	2.9	11.28	3.6	13.94	5.6	21.40	7.1	26.87	11.0	40.55
200	219	2.9	15.61	4	21.42	6.3	33.38	8	42.05	12.5	64.30
250	273	3.6	24.16	4	26.80	6.3	41.85	8.8	57.91	12.5	81.11
300	325	4.0	31.98	4.5	35.93	6.3	50.01	10	78.47	12.5	97.30

注：表 6.3-26、表 6.3-27 中部分壁厚较大的焊管，如采用添加填充金属的连续自动电弧焊工艺时，应符合 HG 20537.4 中关于焊接材料、焊接工艺评定、分级和焊缝无损检查的要求。

焊管的通常长度为 3～9m，经双方协商可产生上述长度以外的焊管。焊管的定尺长度一般为 6m，定尺长度的允许偏差为＋6mm。成型后的焊管在长度方向不得拼接。

（3）化工装置用奥氏体不锈钢大口径焊接钢管　外径符合国际通用系列的大口径焊管，以及外径符合国内沿用系列的大口径焊管，常用规格见表 6.3-28、表 6.3-29。经供需双方协议可生产表 6.3-28 以外规格的大口径焊管，但其技术要求仍应符合 HG 20537—1992 的有关规定。

大口径焊管的供货长度应由需方提供。通常长度为 2～6m，短尺长度应不小于 1.5m。经供需双方协议，可生产上述长度以外的大口径焊管。经需方同意，大口径焊管可由两段或更多段数的焊管，由环焊缝对接而成，环焊缝应具有与纵焊缝相同的焊接质量要求。

表 6.3-28　国际通用系列大口径焊管规格和质量

公称直径 DN	焊管外径 /mm	壁厚系列号（Sch. No）							
		5S		10S		20		40S	
		壁厚/mm	重量 /(kg/m)	壁厚/mm	重量 /(kg/m)	壁厚/mm	重量 /(kg/m)	壁厚/mm	重量 /(kg/m)
350	355.6	4	35.03	5	43.67	8	69.27	12	102.71
400	406.4	4	40.10	5	49.99	8	79.39	12	117.89
450	457	4	45.14	5	56.30	8	89.48	14	154.49
500	508	5	62.65	6	75.03	10	124.05	16	196.09
600	610	6	90.27	6	90.27	10	149.46	18	265.44
700	711	6	105.37	7	140.29	12	208.95	20	344.26
800	813	7	160.62	8	160.42	12	239.43	22	433.48
900	914	8	180.55	9	202.89	14	313.87	25	553.62
1000	1016	9	225.76	10	250.59	14	349.44	28	689.11

表 6.3-29　国内沿用系列大口径焊管规格和质量

公称直径 DN	焊管外径 /mm	壁厚系列号（Sch. No）							
		5S		10S		20		40S	
		壁厚/mm	重量 /(kg/m)	壁厚/mm	重量 /(kg/m)	壁厚/mm	重量 /(kg/m)	壁厚/mm	重量 /(kg/m)
350	377	4	37.17	5	46.33	8	75.53	12	109.11
400	426	4	42.05	5	52.44	8	83.30	12	123.75
450	480	4	47.43	5	59.16	8	94.06	14	162.51
500	530	5	65.39	6	78.32	10	129.53	16	204.86
600	630	6	93.26	6	93.26	10	154.44	18	274.41
700	720	6	106.71	7	142.09	12	211.64	20	348.74
800	820	7	162.01	8	161.82	12	241.53	22	437.32
900	920	8	181.74	9	204.24	14	315.96	25	557.36
1000	1020	9	226.66	10	251.59	14	350.83	28	691.90

（4）用作换热管、容器壳体、接管、盘管等的奥氏体不锈钢焊接钢管，其设计压力一般不宜大于 4.0MPa。用作流体输送管和管件的焊接钢管，其适用的管道压力等级一般宜不大于 PN5.0（300 磅级）。

（5）操作条件同时满足下列要求时，可免除焊管的热处理和/或酸洗、钝化处理（大口径焊管除外）。但用于洁净场合时，焊管应作酸洗、钝化处理。

① 介质无毒、无爆炸危险，且对材料无腐蚀倾向；

② 操作压力不大于 1.0MPa；

③ 工作温度不大于 200℃。

（6）采用保护气氛热处理时，可免除酸洗、钝化处理。

（7）焊管按实际重量交货，也可按理论重量交货。表 6.3-30 所列为常用规格的理论重量。

（8）焊管由表 6.3-31 所列常用钢号的热轧或冷轧带钢制造。经双方协议，也可采用其它牌号的奥氏体不锈钢带钢制造。

6.3.3.3　低压流体输送用焊接钢管（GB/T 3091—2015）

本节适用于水、空气、采暖蒸汽、燃气等低压流体输送用。直缝电焊钢管、直缝埋弧焊（SAWL）钢管和螺旋缝埋弧焊（SAWH）钢管，并对它们的不同要求分别做了标注，未注明的同时适用于直缝高频电焊钢管、直缝埋弧焊钢管和螺旋缝埋弧焊钢管。

表 6.3-30 常用焊管规格的理论重量

钢种	公式	密度/(g/cm³)
铬镍（钛）奥氏体不锈钢	$W=0.02491t(D-t)$	7.93
铬镍钼奥氏体不锈钢	$W=0.02507t(D-t)$	7.98

注：W—焊管理论重量，kg/m；D—焊管外径，mm；t—壁厚，mm。

表 6.3-31 常用钢号

钢号	相当于 AISI 代号
0Cr18Ni9	304
0Cr18Ni10Ti	321
(1Cr18Ni9Ti)	—
00Cr19Ni10	304L
0Cr17Ni12Mo2	316
00Cr17Ni14Mo2	316L

注：1Cr18Ni9Ti 为不推荐使用钢号。

（1）直径和壁厚　外径（D）不大于 219.1mm 的钢管按公称口径（DN）和公称壁厚（t）交货，其公称口径和公称壁厚应符合表 6.3-32 的规定。其中管端用螺纹或沟槽连接的钢管尺寸见表 6.3-33。

外径大于 219.1mm 的钢管按公称外径和公称壁厚交货，其公称外径和公称壁厚应符合 GB/T 21835 的规定。

表 6.3-32 外径不大于 219.1mm 的钢管公称口径、外径、公称壁厚和不圆度　单位：mm

公称口径 (DN)	外径(D)			最小公称壁厚 t	不圆度 不大于
	系列 1	系列 2	系列 3		
6	10.2	10.0	—	2.0	0.20
8	13.5	12.7	—	2.0	0.20
10	17.2	16.0	—	2.2	0.20
15	21.3	20.8	—	2.2	0.30
20	26.9	26.0	—	2.2	0.35
25	33.7	33.0	32.5	2.5	0.40
32	42.4	42.0	41.5	2.5	0.40
40	48.3	48.0	47.5	2.75	0.50
50	60.3	59.5	59.0	3.0	0.60
65	76.1	75.5	75.0	3.0	0.60
80	88.9	88.5	88.0	3.25	0.70
100	114.3	114.0	—	3.25	0.80
125	139.7	141.3	140.0	3.5	1.00
150	165.1	168.3	159.0	3.5	1.20
200	219.1	219.0		4.0	1.60

注：1. 表中的公称口径系近似内径的名义尺寸，不表示外径减去两倍壁厚所得的内径。

2. 系列 1 是通用系列，属推荐选用系列；系列 2 是非通用系列；系列 3 是少数特殊、专用系列。

表 6.3-33 管端用螺纹和沟槽连接的钢管外径、壁厚　　　单位：mm

公称口径 (DN)	外径 (D)	壁厚(t)	
		普通钢管	加厚钢管
6	10.2	2.0	2.5
8	13.5	2.5	2.8
10	17.2	2.5	2.8
15	21.3	2.8	3.5
20	26.9	2.8	3.5
25	33.7	3.2	4.0
32	42.4	3.5	4.0
40	48.3	3.5	4.5
50	60.3	3.8	4.5
65	76.1	4.0	4.5
80	88.9	4.0	5.0
100	114.3	4.0	5.0
125	139.7	4.0	5.5
150	165.1	4.5	6.0
200	219.1	6.0	7.0

注：表中的公称口径系近似内径的名义尺寸，不表示外径减去两倍壁厚所得的内径。

钢管外径和壁厚的允许偏差应符合表 6.3-34 的规定，根据需方要求，经供需双方协商，并在合同中注明，可供应表 6.3-34 规定以外允许偏差的钢管。

表 6.3-34　外径和壁厚的允许偏差　　　　　　　　　　　单位：mm

外径(D)	外径允许偏差		壁厚(t)允许偏差
	管体	管端(距管端 100mm 范围内)	
$D \leqslant 48.3$	± 0.5	—	$\pm 10\% t$
$48.3 < D \leqslant 273.1$	$\pm 1\% D$	—	
$273.1 < D \leqslant 508$	$\pm 0.75\% D$	$+2.4$ -0.8	
$D > 508$	$\pm 1\% D$ 或 ± 10.0， 两者取较小值	$+3.2$ -0.8	

（2）长度　钢管的通常长度应为 3000～12000mm。

钢管的定尺长度应在通常长度范围内，直缝高频电焊钢管的定尺长度允许偏差为 +15/0mm；埋弧焊钢管的定尺长度允许偏差为 +50/0mm。

钢管的倍尺总长度应在通常长度范围内，直缝高频电焊钢管的总长度允许偏差为 +15/0mm；埋弧焊钢管的总长度允许偏差为 +50/0mm。每个倍尺长度应留 5～15mm 的切口余量。

根据需方要求，经供需双方协商，并在合同中注明，可供应通常长度范围以外的定尺长度和倍尺长度的钢管。

（3）管端　钢管的两端端面应与钢管的轴线垂直切割，管端切斜（见图 6.3-2 所示）应不大于 3mm，切口毛刺应予清除。外径不大于 114.3mm 的钢管应机械平头。

根据需方要求，经供需双方协商，并在合同中注明，管端可按 GB/T 7306.2 的规定加工螺纹。

根据需方要求，经供需双方协商，并在合同中注明，壁厚大于 4.0mm 的钢管可加工坡口（见图 6.3-3），坡口夹角应为 30°（+5°/0°），钝边应为 1.6mm±0.8mm。

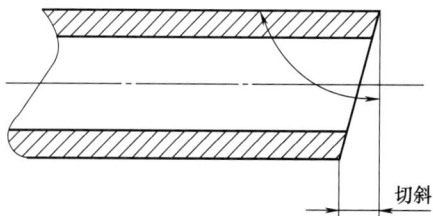

图 6.3-2　切斜示意图

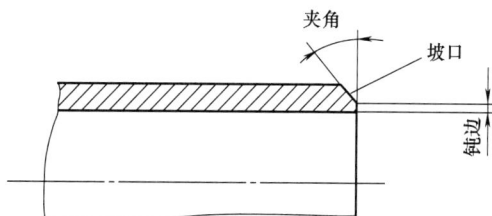

图 6.3-3　坡口示意图

6.3.4　有色金属管

6.3.4.1　铜和铜合金管（GB/T 1527—2017）

铜管和黄铜管大多用于制造换热设备上，也常用在深冷装置的管路、仪表的测压管线或传送有压力的流体中。当使用温度 >250℃时，不宜在压力下使用。根据 GB/T 1527—2017 有关管材的牌号、状态、规格见表 6.3-35。

表 6.3-35　牌号、状态和规格

分类	牌号	代号	状态	规格/mm			
				圆形		矩(方)形	
				外径	壁厚	对边距	壁厚
纯铜	T2、T3 TU1、TU2 TP1、TP2	T11050、T11090 T10150、T10180 C12000、C12200	软化退火(O60)、 轻退火(O50)、 硬(H04)、 特硬(H06)	3～360	0.3～20	3～100	1～10
			1/2 硬(H02)	3～100			
高铜	TCr1	C18200	固溶热处理+冷加工(硬) +沉淀热处理(TH04)	40～105	4～12	—	—

续表

分类	牌号	代号	状态	规格/mm			
				圆形		矩(方)形	
				外径	壁厚	对边距	壁厚
黄铜	H95、H90	C21000、C22000	软化退火(O60)、轻退火(O50)、退火到1/2硬(O82)、硬+应力消除(HR04)	3～200			
	H85、H80 HAs85-0.05	C23000、C24000 T23030					
	H70、H68 H59、HPb59-1 HSn62-1、HSn70-1 HAs70-0.05 HAs68-0.04	T26100、T26300 T28200、T38100 T46300、T45000 C26130 T26330		3～100	0.2～10	3～100	0.2～7
	H65、H63 H62、HPb66-0.5 HAs65-0.04	C27000、T27300 T27600、C33000 —		3～200			
	HPb63-0.1	T34900	退火到1/2硬(O82)	18～31	6.5～13	—	—
白铜	BZn15-20	T74600	软化退火(O60)、退火到1/2硬(O82)、硬+应力消除(HR04)	4～40	0.5～8		
	BFe10-1-1	T70590	软化退火(O60)、退火到1/2硬(O82)、硬(H80)	8～160			
	BFe30-1-1	T71510	软化退火(O60)、退火到1/2硬(O82)	8～80			

　　管材的化学成分应符合 GB/T 5231 标准中相应牌号的规定，尺寸及其允许偏差应符合 GB/T 16866，工艺性能如下。

　　(1) 管材的液压试验　用于压力下工作的 T2、T3、TP1 和 TP2 管材进行液压试验时，试验压力按下式计算，试验持续时间为 10～15s。但是，除特殊指定压力外，管材不必在大于 6.86MPa 的压力下进行试验。

$$p = \frac{2St}{D - 0.8t} \tag{6.3-2}$$

式中　p——试验水压力，MPa；

　　　　t——管材壁厚，mm；

　　　　D——管材外径，mm；

　　　　S——材料的允许应力，纯铜的允许应力为 41.2MPa。

　　HSn62-1 和 HSn70-1 管材的液压试验压力为 4.9MPa，试验持续时间为 10～15s。BZn15-20 管材的液压试验，需方无特殊要求时，最大压力不得大于 6.86MPa，试验持续时间为 10s。管材经液压试验后，应无渗漏和永久变形。供方可不进行此项试验，但必须保证无渗漏和永久变形。

　　(2) 管材的扩口试验　壁厚不大于 2.5mm 的 BZn15-20 软管在经受扩口试验时，应不产生裂纹。扩口率为 20%，顶心锥度规定如下：管材内径为 5～15mm 者，顶心锥度为 30°；管材内径大于 15mm 者，顶心锥度为 60°。根据需方要求并在合同中注明，方进行此项试验。

　　(3) 管材的压扁试验　T2、T3 管材于退火后作压扁试验，压扁后内壁距离等于壁厚。半硬和硬态管的退火温度为 550～650℃，时间为 1～2h，供方可不进行此项试验，但必须保证。

　　TP1、TP2 的软管或硬态管在氢气中退火后作压扁试验，压扁后内壁距离等于壁厚，退火温度为 750～800℃，时间为 40min。供方可不进行此项试验，但必须保证。

　　壁厚不大于 2.5mm 的 HSn62-1 和 HSn70-1 管材进行压扁试验时，软管压扁后内壁距离等于壁厚，半硬管压扁后内壁距离等于 3 倍壁厚。

　　经压扁后的管材不应有肉眼可见的裂纹或裂口。

　　铜及铜合金挤制管常用规格参考见表 6.3-36。

表 6.3-36 铜及铜合金挤制管常用规格

外径/mm	壁厚/mm	纯铜	黄铜	铝青铜	外径/mm	壁厚/mm	纯铜	黄铜	铝青铜	外径/mm	壁厚/mm	纯铜	黄铜	铝青铜
		重量/(kg/m)					重量/(kg/m)					重量/(kg/m)		
30	5	3.439	3.336	2.945	70	5	9.082	8.674		100	20	44.71	42.70	37.70
36	3		2.642	2.331	70	7.5	13.10	12.51	11.04	100	25	52.40	50.04	44.18
36	5	4.331	4.137	3.650	70	10	16.77	16.01	14.13	100	30	58.68	56.04	49.48
36	6	5.030	4.800		70	12.5	20.09	19.18	16.93	110	10	27.94	26.69	23.56
40	2.5		2.502		70	15	23.05	22.02	19.43	110	15	39.82	38.03	33.58
40	5	4.890	4.670	4.126	75	5		9.34		110	20	50.30	48.04	42.41
40	7	6.465			75	7.5	14.15	13.51	11.92	110	25	59.38	56.71	50.07
40	7.5	6.811			75	10	18.16	17.35	15.31	110	30	67.07	64.05	56.55
40	10	8.383			75	12.5	21.83	20.85	18.40	120	10	30.74	29.36	25.90
44	2.5		2.77		75	15	25.15		21.19	120	15	44.01	42.03	37.11
44	5	5.45	5.20	4.59	80	7.5	15.2	14.51	12.80	120	20	55.89	53.38	47.12
44	7.5	7.65		6.45	80	10	19.56	18.68	16.48	120	25	66.37	63.38	55.96
50	5	6.287	6.005	5.30	80	12.5	23.58	22.52	19.87	120	30	75.45	72.06	63.45
50	7.5	8.907	8.507	7.40	80	15	27.25	26.02	22.96	130	10	33.53	32.29	
50	10	11.18			85	7.5	16.24	15.69	13.69	130	15	48.20	46.04	40.64
55	5	6.986	6.672	5.89	85	10	20.90	20.20	17.67	130	20	61.48	58.71	51.84
55	7.5	9.955	9.508	8.39	85	12.5	25.32	23.05	21.35	130	25	73.35	70.06	61.85
55	10	12.58		10.6	85	15	29.34	26.68	24.74	130	30	83.83	80.06	70.69
55	12.5	14.85	14.18	12.51	85	17.5	33.01	30.01	27.83	155	12.5	49.78	47.54	
60	5	7.685	7.339	6.48	85	20	36.33	33.00	30.63	155	17.5	67.24	64.22	56.69
60	7.5	11.00	10.51	9.27	90	7.5	17.29	16.51	14.58	155	22.5	83.31	79.56	70.24
60	10	13.97	13.34	11.77	90	10	22.36	21.35	18.85	155	27.5	97.98	93.58	82.57
60	12.5	16.59	15.85	13.98	90	12.5	27.07	25.85	22.83	170	12.5	55.02	52.55	
60	15	18.86	18.01	15.9	90	15	31.44	30.02	26.51	170	17.5	74.58	71.23	62.85
65	5	8.383	8.010		90	17.5	35.45	33.86	29.90	170	22.5	92.75	88.58	78.16
65	7.5	12.05	11.51	10.16	90	20	39.12	37.36	33.00	170	27.5	109.51	104.59	92.29
65	10	15.37	14.69	12.93	100	7.5	19.39	18.51		190	20	95.01	90.75	80.11
65	12.5	18.34	17.52	15.45	100	10	25.15	24.02	21.21	190	25	115.30	110.10	97.20
65	15	20.96	20.03	17.66	100	15	35.63	34.03	30.04	190	30	134.10	128.11	113.1

注：1. 表中重量纯铜以 $\rho=8.9t/m^3$、黄铜以 $\rho=8.5t/m^3$、铝青铜以 $\rho=7.5t/m^3$ 为基准。

2. 纯铜管的外径范围为 30～300mm，壁厚范围 5～30mm；黄铜管的外径范围 21～280mm，壁厚范围 1.5～42.5mm；铝青铜管的外径范围 20～250mm，壁厚范围 3～50mm。

6.3.4.2 铅及铅锑合金管（GB/T 1472—2014）

《铅及铅锑合金管》（GB/T 1472—2014）适用于化学、染料、制药及其它工业部门作耐酸材料的管道，如输送 15%～65% 的硫酸、干的或湿的二氧化硫、60% 的氢氟酸、小于 80% 的醋酸。铅管的最高使用温度为 200℃，温度高于 140℃ 时不宜在压力下使用。硝酸、次氯酸盐及高锰酸类等介质，不可采用铅管。铅及铅锑合金管规格见表 6.3-37。

表 6.3-37 铅和铅合金管规格

管材内径/mm	纯铅管									
	管壁厚度/mm									
	2	3	4	5	6	7	8	9	10	12
	理论质量/(kg/m)（密度 11.34g/cm³）									
5	0.5	0.9	1.3	1.8	2.3	3.0	3.7	4.7	5.3	7.3
6	0.6	1.0	1.4	1.9	2.6	3.2	4.1	4.8	5.7	7.7
8	0.7	1.2	1.7	2.3	3.0	3.7	4.5	5.4	6.4	8.5
10	0.8	1.4	2.0	2.7	3.4	4.2	5.1	6.3	7.1	9.4
13	1.1	1.7	2.4	3.2	4.1	5.0	6.0	7.0	8.2	10.7
16	1.3	2.0	2.8	3.7	4.7	6.7	6.8	8.0	9.3	12.0
20	1.6	2.5	3.4	4.4	5.5	6.7	8.0	9.3	10.7	13.7
25		3.0	4.1	5.4	6.6	8.0	9.4	10.9	12.5	15.8
30		3.5	4.9	6.2	7.7	9.2	10.8	12.5	14.2	17.9
35		4.1	5.6	7.1	8.8	10.5	12.3	14.1	16.0	20.1
38		4.4	6.0	7.6	9.4	11.2	13.1	15.1	17.1	21.4
40		4.6	6.3	8.0	9.8	11.7	13.7	15.7	17.8	22.2

续表

纯铅管

管材内径/mm	管壁厚度/mm									
	2	3	4	5	6	7	8	9	10	12
	理论质量/(kg/m)(密度11.34g/cm³)									
45		5.1	7.0	8.9	10.9	13.0	15.1	17.3	19.6	21.3
50		5.7	7.7	9.8	12.0	14.2	16.5	18.9	21.4	26.5
55			8.4	10.7	13.1	15.5	18.0	20.5	23.1	28.6
60			9.1	11.6	14.1	16.7	19.4	22.1	24.9	30.8
65			9.8	12.4	15.2	18.8	20.8	24.6	26.9	32.9
70			10.5	13.3	16.2	19.1	22.2	25.3	28.5	35.0
75			11.3	14.2	17.3	20.4	23.6	27.1	30.3	37.2
80			12.0	15.1	18.3	21.7	26.0	28.5	32.0	39.3
90			13.4	16.9	20.5	24.2	27.9	31.8	35.6	43.6
100			14.8	18.7	22.6	26.7	30.8	35.0	39.2	47.9
110				20.5	24.8	29.2	33.6	38.2	42.7	52.1
125					28.0	32.9	37.9	42.9	48.1	58.6
150					33.3	39.1	45.0	50.9	57.1	69.3
180							53.6	60.5	67.7	82.2
200							59.3	67.0	74.8	90.7
230							67.8	76.5	85.5	103.5

铅锑合金管

管材内径/mm	管壁厚度/mm									
	3	4	5	6	(7)	8	9	10	12	14
	理论质量/(kg/m)(密度11.34g/cm³)									
10	×	×	×	×	×	×	×	×	×	×
15	×	×	×	×	×	×	×	×	×	×
17	×	×	×	×	×	×	×	×	×	×
20	×	×	×	×	×	×	×	×	×	×
25	×	×	×	×	×	×	×	×	×	×
30	×	×	×	×	×	×	×	×	×	×
35	×	×	×	×	×	×	×	×	×	×
40	×	×	×	×	×	×	×	×	×	×
45	×	×	×	×	×	×	×	×	×	×
50	×	×	×	×	×	×	×	×	×	×
55		×	×	×	×	×	×	×	×	×
60		×	×	×	×	×	×	×	×	×
65		×	×	×	×	×	×	×	×	×
70		×	×	×	×	×	×	×	×	×
75			×	×	×	×	×	×	×	×
80			×	×	×	×	×	×	×	×
90			×	×	×	×	×	×	×	×
100		×	×	×	×	×	×	×	×	×
110				×	×	×	×	×	×	×
125				×	×	×	×	×	×	×
150				×	×	×	×	×	×	×
180						×	×	×	×	×
200						×	×	×	×	×

注：1. 符号"×"表示有此规格产品。

2. 铅锑合金管的质量可用纯铅管质量乘以换算系数而得，换算系数见表6.3-38。

表 6.3-38　铅锑合金管质量换算系数

牌号	相对密度	换算系数
Pb1、Pb2	11.34	1.0000
PbSb0.5	11.32	0.9982
PbSb2	11.25	0.9921
PbSb4	11.15	0.9850
PbSb6	11.06	0.9753
PbSb8	10.97	0.9674

　　铅和铅合金管的长度：内径≤110mm 的铅管，长度不小于 2.5m；内径＞110mm 的铅管，长度不小于 1.5m。铅合金管长度不小于 0.5m。管材以卷状供应时，长度由双方协议。

　　常用材料纯铅为：Pb1、Pb2；铅锑合金（硬铅）为：PbSb4、PbSb6、PbSb8。

6.3.4.3　钛及钛合金无缝管（GB/T 3624—2023）

　　钛及钛合金无缝管的规格性能见表 6.3-39～表 6.3-40。

表 6.3-39　钛及钛合金管牌号、状态和规格

牌号	状态	外径/mm	壁厚/mm															长度/mm
			0.2	0.3	0.5	0.6	0.8	1.0	1.25	1.5	2.0	2.5	3.0	3.5	4.0	4.5	5.0	5.5	
TA0 TA1 TA2 TA1G TA2G TA3G TA8 TA8-1 TA9 TA9-1 TA10 TA18	退火态（M）	3～5	○	○	○	○	—	—	—	—	—	—	—	—	—	—	—	—	500～4000
		＞5～10	—	○	○	○	○	○	○	○	—	—	—	—	—	—	—	—	
		＞10～15	—	—	○	○	○	○	○	○	○	○	—	—	—	—	—	—	
		＞15～20	—	—	○	○	○	○	○	○	○	○	—	—	—	—	—	—	壁厚≤2.0 时，500～9000；壁厚＞2.0～5.5 时，500～6000
		＞20～30	—	—	○	○	○	○	○	○	○	○	○	—	—	—	—	—	
		＞30～40	—	—	—	○	○	○	○	○	○	○	○	○	—	—	—	—	
		＞40～50	—	—	—	—	○	○	○	○	○	○	○	○	○	—	—	—	
		＞50～60	—	—	—	—	—	○	○	○	○	○	○	○	○	○	—	—	
		＞60～80	—	—	—	—	—	—	○	○	○	○	○	○	○	○	○	—	
		＞80～110	—	—	—	—	—	—	—	○	○	○	○	○	○	○	○	○	

注："○"表示可以生产的规格。

表 6.3-40　室温拉伸性能

牌号	状态	抗拉强度 R_m/MPa	规定塑性延伸强度 $R_{p0.2}$/MPa	断后伸长率 A_{50mm}/%
TA0		280～420	≥170	≥24
TA1		370～530	≥250	≥20
TA2		440～620	≥320	≥18
TA1G		≥240	140～310	≥24
TA2G		≥400	275～450	≥20
TA3G	退火态（M）	≥500	380～550	≥18
TA8		≥400	275～450	≥20
TA8-1		≥240	140～310	≥24
TA9		≥400	275～450	≥20
TA9-1		≥240	140～310	≥24
TA10		≥460	≥300	≥18
TA18		≥620	≥483	≥15

6.3.4.4　铝和铝合金管（GB/T 4436—2012）

　　GB/T 4436—2012 规定了铝及铝合金圆管、矩形管、正方形管、正六边形管、正八边形管和椭圆形管的尺寸及允许偏差；适用于铝及铝合金热挤压有缝圆管、无缝圆管、有缝矩形管、正方形管、正六边形管、正八边形管、冷轧有缝圆管、无缝圆管、冷拉有缝或无缝圆管、正方形管、矩形管、椭圆形管。相关规格见表 6.3-41～表 6.3-45。

6.3.4.5　化学成分与牌号对照（GB/T 3190—2020）

　　铝和铝合金化学成分与牌号对照（GB/T 3190—2020）见表 6.3-46、表 6.3-47。

表6.3-41 挤压无缝圆管的截面典型规格（空白处为可供应规格）

外径/mm	壁厚/mm																						
	5.00	6.00	7.00	7.50	8.00	9.00	10.00	12.50	15.00	17.50	20.00	22.50	25.00	27.50	30.00	32.50	35.00	37.50	40.00	42.50	45.00	47.50	50.00
25.00		—		—		—	—			—		—	—		—		—		—		—		—
28.00		—	—		—	—				—		—		—		—		—		—		—	—
30.00			—		—	—	—			—		—		—		—		—		—		—	—
32.00			—		—	—	—			—		—		—		—		—		—		—	—
34.00								—		—		—		—		—		—		—		—	—
36.00								—		—		—		—		—		—		—		—	—
38.00										—		—		—		—		—		—		—	—
40.00												—		—		—		—		—		—	—
42.00									—			—		—		—		—		—		—	—
45.00												—		—		—		—		—		—	—
48.00												—		—		—		—		—		—	—
50.00														—		—		—		—		—	—
52.00												—		—		—		—		—		—	—
55.00														—		—		—		—		—	—
58.00														—		—		—		—		—	—
60.00																—		—		—		—	—
62.00																—		—		—		—	—
65.00																—		—		—		—	—
70.00																		—		—		—	—
75.00			—															—		—		—	—
80.00																		—		—		—	—
85.00																		—		—		—	—
90.00																		—		—		—	—
95.00																		—		—		—	—
100.00																				—		—	—
105.00																				—		—	—
110.00																				—		—	—
115.00																				—		—	—
120.00	—				—	—														—		—	—
125.00	—				—	—														—		—	—
130.00	—				—	—														—		—	—
135.00	—		—		—	—														—		—	—
140.00	—		—		—	—														—		—	—
145.00	—		—		—	—														—		—	—
150.00	—		—		—	—														—		—	—
155.00	—		—		—	—														—		—	—

续表

壁厚/mm

外径/mm	5.00	6.00	7.00	7.50	8.00	9.00	10.00	12.50	15.00	17.50	20.00	22.50	25.00	27.50	30.00	32.50	35.00	37.50	40.00	42.50	45.00	47.50	50.00
160.00																							
165.00																							
170.00																							
175.00																							
180.00																							
185.00																							
190.00																							
195.00																							
200.00																							
205.00																							
210.00																							
215.00																							
220.00																							
225.00																							
230.00																							
235.00																							
240.00																							
245.00																							
250.00																							
260.00																							
270.00																							
280.00																							
290.00																							
300.00																							
310.00																							
320.00																							
330.00																							
340.00																							
350.00																							
360.00																							
370.00																							
380.00																							
390.00																							
400.00																							
450.00																							

表 6.3-42 冷拉、冷轧有缝圆管和无缝圆管的截面典型规格（空白处为可供应规格）

外径/mm	壁厚/mm										
	0.50	0.75	1.00	1.50	2.00	2.50	3.00	3.50	4.00	4.50	5.00
6.00				—	—	—	—	—	—	—	—
8.00						—	—	—	—	—	—
10.00							—	—	—	—	—
12.00								—	—	—	—
14.00								—	—	—	—
15.00								—	—	—	—
16.00								—	—	—	—
18.00									—	—	—
20.00										—	—
22.00											—
24.00											
25.00											
26.00	—										
28.00	—										
30.00	—										
32.00	—										
34.00	—										
35.00	—										
36.00	—										
38.00	—										
40.00	—										
42.00	—										
45.00	—										
48.00	—										
50.00	—										
52.00	—										
55.00	—										
58.00	—										
60.00	—										
65.00	—	—	—								
70.00	—	—	—								
75.00	—	—	—								
80.00	—	—	—	—							
85.00	—	—	—								
90.00	—	—	—	—							
95.00	—	—	—	—							
100.00	—	—	—	—	—						
105.00	—	—	—	—							
110.00	—	—	—	—							
115.00	—	—	—	—	—						
120.00	—	—	—	—	—	—					

表 6.3-43 冷拉有缝正方形管和无缝正方形管的截面典型规格（空白处为可供应规格）

边长/mm	壁厚/mm						
	1.00	1.50	2.00	2.50	3.00	4.50	5.00
10.00			—	—	—	—	—
12.00			—	—	—	—	—
14.00			—	—	—	—	—
16.00			—	—	—	—	—
18.00					—	—	—
20.00						—	—
22.00	—					—	—

续表

边长/mm	壁厚/mm						
	1.00	1.50	2.00	2.50	3.00	4.50	5.00
25.00	—					—	—
28.00	—						—
32.00	—						—
36.00	—						
40.00	—						
42.00	—						
45.00	—						
50.00	—						
55.00	—	—					
60.00	—	—					
65.00	—	—					
70.00	—	—					

表 6.3-44　冷拉有缝矩形管和无缝矩形管的截面典型规格（空白处为可供应规格）

边长/mm（宽×高）	壁厚/mm						
	1.00	1.50	2.00	2.50	3.00	4.00	5.00
14.00×10.00				—	—	—	—
16.00×12.00				—	—	—	—
18.00×10.00				—	—	—	—
18.00×14.00							
20.00×12.00							
22.00×14.00							
25.00×15.00						—	—
28.00×16.00						—	—
28.00×22.00							—
32.00×18.00							
32.00×25.00							
36.00×20.00							
36.00×28.00							
40.00×25.00	—						
40.00×30.00	—						
45.00×30.00	—						
50.00×30.00	—						
55.00×40.00	—						
60.00×40.00	—	—					
70.00×50.00	—	—					

表 6.3-45　冷拉有缝椭圆形管和无缝椭圆形管的截面典型规格（空白处为可供应规格）

长轴/mm	短轴/mm	壁厚/mm	长轴/mm	短轴/mm	壁厚/mm
27.00	11.5	1.00	67.50	28.50	2.00
33.50	14.50	1.00	74.00	31.50	1.50
40.50	17.00	1.00	74.00	31.50	2.00
40.50	17.00	1.50	81.00	34.00	2.00
47.00	20.00	1.00	81.00	34.00	2.50
47.00	20.00	1.50	87.50	37.00	2.00
54.00	23.00	1.50	87.50	40.00	2.50
54.00	23.00	2.00	94.50	40.00	2.50
60.50	25.50	1.50	101.00	43.00	2.50
60.50	25.50	2.00	108.00	45.50	2.50
67.50	28.50	1.50	114.50	48.50	2.50

表 6.3-46 铝和铝合金化学成分（部分摘录）

国际牌号化学成分/%

国际牌号	Si	Fe	Cu	Mn	Mg	Cr	Ni	Zn	Ti	Zr	其它	其它单个	其它合计	Al
1035	0.35	0.60	0.10	0.05	0.05	—	—	0.10	0.03	—	0.05V	0.03	—	99.35
1050	0.25	0.40	0.05	0.05	0.05	—	—	0.05	0.03	—	0.05V	0.03	—	99.50
1060	0.25	0.35	0.05	0.03	0.03	—	—	0.05	0.03	—	0.05V	0.03	—	99.60
1065	0.25	0.30	0.05	0.03	0.03	—	—	0.05	0.03	—	0.05V	0.03	—	99.65
1070	0.20	0.25	0.04	0.03	0.03	—	—	0.04	0.03	—	0.05V	0.03	—	99.70
1080	0.15	0.15	0.03	0.02	0.02	—	—	0.03	0.03	—	0.03Ga, 0.05V	0.02	—	99.80
1085	0.10	0.12	0.03	0.02	0.02	—	—	0.06	0.02	—	0.03Ga, 0.05V	0.01	—	99.85
1120	0.10	0.40	0.05~0.35	0.10	0.20	0.10	—	0.10	—	—	0.03Ga, 0.05B, 0.02V+Ti	0.05	0.15	99.20
1350	0.10	0.40	0.50	0.01	—	0.10	—	0.05	—	—	0.03Ga, 0.05B, 0.02V+Ti	0.03	0.10	99.50
2004	0.20	0.20	5.5~6.5	0.10	0.05	—	—	0.10	—	—	—	0.05	0.15	余量
2014	0.50~1.2	0.70	3.9~5.0	0.40~1.2	0.20~0.8	—	—	0.25	0.15	—	—	0.05	0.15	余量
2618	0.10~0.25	0.9~1.3	1.9~2.7	—	1.3~1.8	0.10	0.9~1.2	0.10	0.04~0.10	—	—	0.05	0.15	余量
3003	0.60	0.70	0.05~0.2	1.0~1.5	0.30	—	—	0.10	—	—	—	0.05	0.15	余量
3103	0.50	0.70	0.10	0.9~1.5	0.10	—	—	0.20	—	0.10Zr+Ti	—	0.05	0.15	余量
3207	0.30	0.45	0.10	0.4~0.8	0.05	0.10	—	0.10	0.15	—	—	0.05	0.10	余量
4043	4.5~6.0	0.80	0.30	0.05	—	—	—	0.10	—	—	—	0.05	0.15	余量
5005	0.30	0.70	0.20	0.20	0.5~1.1	0.10	—	0.25	—	—	—	0.05	0.15	余量
5150	0.08	0.10	0.20	0.03	1.3~1.7	—	—	0.10	0.06	—	0.06B	0.03	0.10	余量
6101	0.3~0.7	0.50	0.10	0.03	0.35~0.8	0.03	—	0.10	—	—	—	0.03	0.10	余量
6061	0.40~0.8	0.7	0.15~0.4	0.15	0.8~1.2	0.04~0.35	—	0.25	0.15	—	—	0.05	0.15	余量
7020	0.35	0.40	0.20	0.05~0.5	1.0~1.4	0.10~0.35	—	4.0~5.0	—	—	—	0.05	0.15	余量
8006	0.40	1.2~2.0	0.30	0.30~1.0	0.10	—	—	0.10	—	—	—	0.05	0.15	余量

国内四位字符牌号化学成分/%

字符牌号	Si	Fe	Cu	Mn	Mg	Cr	Ni	Zn	Ti	Zr	其它	其它单个	其它合计	Al
1A99	0.0030	0.0030	0.0050	—	—	—	—	0.001	0.002	—	—	0.002	—	99.990
1B99	0.0013	0.0015	0.0030	—	—	—	—	0.001	0.001	—	—	0.001	—	99.993
1C99	0.0010	0.0010	0.0015	—	—	—	—	0.001	0.001	—	—	0.001	—	99.995
1A97	0.0015	0.0015	0.0050	—	—	—	—	0.001	0.002	—	—	0.005	—	99.970
1A93	0.040	0.040	0.010	—	—	—	—	0.005	0.010	—	—	0.007	—	99.93

续表

国内四位字符牌号化学成分/%

字符牌号	Si	Fe	Cu	Mn	Mg	Cr	Ni	Zn	Ti	Zr	其它	其它单个	其它合计	Al
1A90	0.060	0.060	0.010	—	—	—	—	0.008	0.015	—	—	0.01	—	99.90
1A85	0.08	0.10	0.01	—	—	—	—	0.01	0.01	—	—	0.01	—	99.85
1A50	0.30	0.30	0.01	0.05	0.05	—	—	0.03	—	—	0.45Fe+Si	0.03	—	99.50
1A30	0.10~0.20	0.15~0.30	0.05	0.01	0.01	—	0.01	0.02	0.02	—	—	0.03	—	99.30
2A01	0.50	0.50	2.2~3.0	0.20	0.20~0.50	—	—	0.10	0.15	—	—	0.05	0.10	余量
2A02	0.30	0.30	2.6~3.2	0.45~0.70	2.0~2.4	—	—	0.10	0.15	—	—	0.05	0.10	余量
2A04	0.30	0.30	3.2~3.7	0.50~0.80	2.1~2.6	—	—	0.10	0.05~0.40	—	0.001~0.01Be	0.05	0.10	余量
2A06	0.50	0.50	3.8~4.3	0.50~1.0	1.7~2.3	—	—	0.10	0.03~0.15	—	0.001~0.05Be	0.05	0.10	余量
2A10	0.25	0.20	3.9~4.5	0.30~0.50	0.15~0.30	—	—	0.10	0.15	—	—	0.05	0.10	余量
2A11	0.70	0.70	3.8~4.8	0.40~0.80	0.40~0.8	—	0.10	0.30	0.15	—	0.7Fe+Ni	0.05	0.10	余量
2B11	0.50	0.50	3.8~4.5	0.40~0.80	0.40~0.8	—	—	0.10	0.15	—	—	0.05	0.10	余量
2A12	0.50	0.50	3.8~4.9	0.30~0.90	1.2~1.8	—	0.10	0.30	0.15	—	0.5Fe+Ni	0.05	0.10	余量
2B12	0.50	0.50	3.8~4.5	0.40~0.70	1.20~1.8	—	—	0.10	0.15	—	—	0.05	0.10	余量
2A13	0.70	0.60	4.0~5.0	—	0.30~0.50	—	—	0.60	0.15	—	—	0.05	0.10	余量
2A14	0.6~1.2	0.70	3.9~4.8	0.40~1.0	0.40~0.8	—	0.10	0.30	0.15	—	—	0.05	0.10	余量
2A16	0.30	0.30	6.0~7.0	0.40~0.8	0.05	—	—	0.10	0.10~0.20	0.20	—	0.05	0.10	余量
2B16	0.25	0.30	5.8~6.8	0.20~0.40	0.05	—	—	—	0.08~0.20	0.10~0.25	0.05~0.15V	0.05	0.10	余量
2A17	0.30	0.30	6.0~7.0	0.40~0.8	0.25~0.45	0.01~0.20	—	0.10	0.10~0.20	—	—	0.05	0.10	余量
2A20	0.20	0.30	5.8~6.8	—	0.02	—	—	0.10	0.07~0.16	0.10~0.25	0.05~0.15V 0.001~0.01B	0.05	0.15	余量
2A50	0.7~1.2	0.70	1.8~2.6	0.40~0.8	0.40~0.8	—	0.10	0.30	0.15	—	0.7Fe+Ni	0.05	0.10	余量
2B50	0.7~1.2	0.70	1.8~2.6	0.40~0.8	0.40~0.8	0.10	0.10	0.30	0.02~0.10	—	0.7Fe+Ni	0.05	0.10	余量
2A70	0.35	0.9~1.50	1.9~2.5	0.20	1.40~1.8	—	0.9~1.5	0.30	0.02~0.10	—	—	0.05	0.10	余量
2A80	0.5~1.2	1.0~1.6	1.9~2.5	0.20	1.4~1.8	—	1.8~2.3	0.30	0.15	—	—	0.05	0.10	余量
2A90	0.5~1.0	0.5~1.0	3.5~4.5	0.20	0.4~0.8	—	1.8~2.3	0.30	0.15	—	—	0.05	0.10	余量
3A21	0.6	0.7	0.20	1.0~1.6	0.05	—	—	0.10	0.15	—	—	0.05	0.10	余量
4A01	4.5~6.0	0.6	0.20	0.20	—	—	—	0.10Zn+Sn	—	—	—	0.05	0.15	余量
4A11	11.5~13.5	1.0	0.5~1.3	0.20	0.8~1.3	0.10	0.5~1.3	0.25	0.15	—	—	0.05	0.15	余量
4A13	6.8~8.2	0.50	0.15Cu+Zn	0.50	0.05	—	—	—	0.15	—	0.10Ca	0.05	0.15	余量
4A17	11.0~12.5	0.50	0.15Cu+Zn	0.50	0.05	—	—	—	0.15	—	0.10Ca	0.05	0.15	余量
4A91	1.0~4.0	0.70	0.70	1.20	1.00	0.20	0.20	1.20	0.20	—	—	0.05	0.15	余量
5A01	0.4Si+Fe		0.10	0.3~0.7	6.0~7.0	0.10~0.20	—	0.25	0.15	0.10~0.20	—	0.05	0.15	余量

续表

字符牌号	国内四位字符牌号化学成分/%													
	Si	Fe	Cu	Mn	Mg	Cr	Ni	Zn	Ti	Zr	其它	其它单个	其它合计	Al
5A02	0.40	0.40	0.10	或Cr0.15~0.40	2.0~2.8		—	—	0.15	—	0.6Si+Fe	0.05	0.15	余量
5A03	0.50~0.8	0.50	0.10	0.30~0.6	3.2~3.8		—	0.20	0.15	—	—	0.05	0.10	余量
5A05	0.50	0.50	0.10	0.30~0.6	4.8~5.5		—	0.20	—	—	—	0.05	0.10	余量
5B05	0.40	0.40	0.20	0.20~0.6	4.7~5.7		—	—	0.15	—	0.6Si+Fe	0.05	0.10	余量
5A06	0.40	0.40	0.10	0.50~0.8	5.8~6.8		—	0.20	0.02~0.10	—	0.0001~0.05Be	0.05	0.10	余量
5B06	0.40	0.40	0.10	0.50~0.8	5.8~6.8		—	0.20	0.10~0.30	—	0.0001~0.05Be	0.05	0.10	余量
5A12	0.30	0.30	0.05	0.40~0.8	8.3~9.6		0.10	0.20	0.05~0.15	—	0.0005Be 0.004~0.05Sb	0.05	0.10	余量
5A13	0.30	0.30	0.05	0.40~0.8	9.2~10.5		0.10	0.20	0.05~0.15	—	0.0005Be 0.004~0.05Sb	0.05	0.10	余量
5A30	0.40Si+Fe		0.10	0.50~1.0	4.7~5.5		—	0.25	0.03~0.15	—	0.005~0.20Cr	0.05	0.10	余量
5A33	0.35	0.35	0.10	0.10	6.0~7.5		—	0.50~1.5	0.05~0.15	0.10~0.30	0.0005~0.005Be	0.05	0.10	余量
5A41	0.40	0.40	0.10	0.30~0.4	5.5~6.5		—	0.20	0.02~0.10	—	—	0.05	0.15	余量
5A43	0.40	0.40	0.10	0.15~0.4	0.6~1.4		—	—	0.15	—	—	0.05	0.01	余量
5A66	0.005	0.01	0.005	—	1.5~2.0		—	—	—	—	—	0.05	0.10	余量
5A90	0.4~0.9	0.35	0.35	0.50	0.4~0.8	0.30	—	0.25	—	—	0.50Mn+Cr	0.05	0.10	余量
6A02	0.5~1.2	0.50	0.20~0.6	或Cr0.15~0.35	0.45~0.9		—	0.20	0.15	—	—	0.05	0.10	余量
6B02	0.7~1.1	0.40	0.10~0.40	0.10~0.30	0.40~0.8	0.05	—	0.15	0.01~0.04	—	0.45Si+Fe	0.03	—	余量
7A01	0.30	0.30	0.01	—	—		—	0.9~1.3	—	—	—	0.05	0.10	余量
7A03	0.20	0.20	1.8~2.4	0.10	1.2~1.6	0.05	—	6.0~6.7	0.02~0.08	—	—	0.05	0.10	余量
7A04	0.50	0.50	1.4~2.0	0.20~0.6	1.8~2.8	0.10~0.25	—	5.0~7.0	0.10	—	—	0.05	0.10	余量
7B05	0.30	0.35	0.20	0.20~0.7	1.0~2.0	0.30	—	4.0~5.0	0.20	0.25	0.10V	0.05	0.10	余量
7A09	0.30	0.30	1.20~2.0	0.15	2.0~3.0	0.16~0.30	—	5.1~6.1	0.10	—	—	0.05	0.10	余量
7A10	0.50	0.50	0.50~1.0	0.20~0.35	3.0~4.0	0.10~0.20	—	3.2~4.2	—	—	—	0.05	0.15	余量
7A15	0.30	0.40	0.50~1.0	0.10~0.40	2.4~3.0	0.10~0.30	—	4.4~5.4	0.05~0.15	—	0.0005~0.01Be	0.05	0.15	余量
7A19	0.30	0.30	0.08~0.30	0.30~0.50	1.3~1.9	0.10~0.20	—	4.5~5.3	—	0.08~0.20	0.0001~0.004Be	0.05	0.15	余量
7A52	0.25	0.25	0.05~0.20	0.20~0.50	2.0~2.8	0.15~0.25	—	4.0~4.8	0.05~0.18	0.05~0.15	0.0002~0.002Be	0.05	0.10	余量
7D68	0.12	0.25	2.0~2.60	0.10	2.3~3.0	0.05	—	8.0~9.0	0.03	0.10~0.20	—	0.05	0.15	余量
8A06	0.55	0.50	0.10	0.10	0.10	—	—	0.10	—	—	1.0Si+Fe	0.05	0.15	余量

表 6.3-47　字符牌号与旧牌号对照

字符牌号	旧牌号	字符牌号	旧牌号	字符牌号	旧牌号
1A99	LG5	2A25	225	5A30	2103、LF16
1A97	LG4	2A49	149	5A33	LF33
1A93	LG3	2A50	LD5	5A41	LF41
1A90	LG2	2B50	LD6	5A43	LF43
1A85	LG1	2A70	LD7	5A66	LT66
1A50	LB2	2B70	LD7-1	6A01	6N01
1A30	L4-1	2A80	LD8	6A02	LD2
2A01	LY1	2A90	LD9	6B02	LD2-1
2A02	LY2	3A21	LF21	6A51	651
2A04	LY4	4A01	LT1	7A01	LB1
2A06	LY6	4A11	LD11	7A03	LC3
2A10	LY10	4A13	LT13	7A04	LC4
2A11	LY11	4A17	LT17	7A05	705
2B11	LY8	4A91	491	7B05	7N01
2A12	LY12	5A01	2102、LF15	7A09	LC9
2B12	LY9	5A02	LF2	7A10	LC10
2A13	LY13	5A03	LF3	7A15	LC15、157
2A14	LD10	5A05	LF5	7A19	LC19、919
2A16	LY16	5B05	LF10	7A31	183-1
2B16	LY16-1	5A06	LF6	7A33	LB733
2A17	LY17	5B06	LF14	7A52	LC52、5210
2A20	LY20	5A12	LF12	7D68	7A60
2A21	214	5A13	LF13	8A60	L6

6.3.5　球墨铸铁管

6.3.5.1　球墨铸铁件（GB/T 1348—2019）

（1）铁素体珠光体球墨铸铁试样的拉伸性能见表 6.3-48。

（2）固溶强化铁素体球墨铸铁的铸造试样的拉伸性能见表 6.3-49。

（3）铁素体珠光体球墨铸铁材料和固溶强化铁素体球墨铸铁材料的硬度等级分别见表 6.3-50 和表 6.3-51。

表 6.3-48　铁素体珠光体球墨铸铁试样的拉伸性能

材料牌号	铸件壁厚 t /mm	屈服强度 $R_{p0.2}(\min)$ /MPa	抗拉强度 $R_m(\min)$ /MPa	断后伸长率 A[①]$(\min)$ /%
QT350-22L	$t \leqslant 30$	220	350	22
	$30 < t \leqslant 60$	210	330	18
	$60 < t \leqslant 200$	200	320	15
QT350-22R	$t \leqslant 30$	220	350	22
	$30 < t \leqslant 60$	220	330	18
	$60 < t \leqslant 200$	210	320	15
QT350-22	$t \leqslant 30$	220	350	22
	$30 < t \leqslant 60$	220	330	18
	$60 < t \leqslant 200$	210	320	15
QT400-18L	$t \leqslant 30$	240	400	18
	$30 < t \leqslant 60$	230	380	15
	$60 < t \leqslant 200$	220	360	12
QT400-18R	$t \leqslant 30$	250	400	18
	$30 < t \leqslant 60$	250	390	15
	$60 < t \leqslant 200$	240	370	12

续表

材料牌号	铸件壁厚 t /mm	屈服强度 $R_{p0.2}$(min) /MPa	抗拉强度 R_m(min) /MPa	断后伸长率 A①(min) /%
QT400-18	$t \leqslant 30$	250	400	18
	$30 < t \leqslant 60$	250	390	15
	$60 < t \leqslant 200$	240	370	12
QT400-15	$t \leqslant 30$	250	400	15
	$30 < t \leqslant 60$	250	390	14
	$60 < t \leqslant 200$	240	370	11
QT450-10	$t \leqslant 30$	310	450	10
	$30 < t \leqslant 60$		供需双方商定	
	$60 < t \leqslant 200$			
QT500-7	$t \leqslant 30$	320	500	7
	$30 < t \leqslant 60$	300	450	7
	$60 < t \leqslant 200$	290	420	5
QT550-5	$t \leqslant 30$	350	550	5
	$30 < t \leqslant 60$	330	520	4
	$60 < t \leqslant 200$	320	500	3
QT600-3	$t \leqslant 30$	370	600	3
	$30 < t \leqslant 60$	360	600	2
	$60 < t \leqslant 200$	340	550	1
QT700-2	$t \leqslant 30$	420	700	2
	$30 < t \leqslant 60$	400	700	2
	$60 < t \leqslant 200$	380	650	1
QT800-2	$t \leqslant 30$	480	800	2
	$30 < t \leqslant 60$		供需双方商定	
	$60 < t \leqslant 200$			
QT900-2	$t \leqslant 30$	600	900	2
	$30 < t \leqslant 60$		供需双方商定	
	$60 < t \leqslant 200$			

① 伸长率在原始标距 $L_0 = 5d$ 上测得，d 是试样上原始标距处的直径，其它规格的标距见 GB/T 1348—2019 中 9.1 和附录 D。

注：1. 从试样测得的力学性能并不能准确地反映铸件本体的力学性能，铸件本体的拉伸性能指导值参考 GB/T 1348—2019 中附录 C。

2. 本表数据适用于单铸试样，附铸试样和并排铸造试样。

3. 字母"L"表示低温；字母"R"表示室温。

表 6.3-49　固溶强化铁素体球墨铸铁铸造试样的拉伸性能

材料牌号	铸件壁厚 t /mm	屈服强度 $R_{p0.2}$(min) /MPa	抗拉强度 R_m(min) /MPa	断后伸长率 A(mm) /%
QT450-18	$t \leqslant 30$	350	450	18
	$30 < t \leqslant 60$	340	430	14
	$60 < t \leqslant 200$		供需双方商定	
QT500-14	$t \leqslant 30$	400	500	14
	$30 < t \leqslant 60$	390	480	12
	$60 < t \leqslant 200$		供需双方商定	
QT600-10	$t \leqslant 30$	470	600	10
	$30 < t \leqslant 60$	450	580	8
	$60 < t \leqslant 200$		供需双方商定	

注：1. 从铸造试样测得的力学性能并不能准确地反映铸件本体的力学性能，铸件本体的拉伸性能指导值参考 GB/T 1348—2019 中附录 D。

2. 本表数据适用于单铸试样，附铸试样和并浇铸试样。

表 6.3-50　铁素体珠光体球墨铸铁材料的硬度等级

材料牌号	布氏硬度范围 HBW	其它性能[①,②]	
		抗拉强度 $R_m(\min)$/MPa	屈服强度 $R_{p0.2}(\min)$/MPa
QT-HBW130	<160	350	220
QT-HBW150	130～175	400	250
QT-HBW155	135～180	400	250
QT-HBW185	160～210	450	310
QT-HBW200	170～230	500	320
QT-HBW215	180～250	550	350
QT-HBW230	190～270	600	370
QT-HBW265	225～305	700	420
QT-HBW300[③]	245～335	800	480
QT-HBW330[③]	270～360	900	600

① 当硬度作为检验项目时，这些性能值仅供参考。

② 除了对抗拉强度有要求外还对硬度有要求时，推荐的硬度的测定步骤参考 GB/T 1348—2019 中 E.3。

③ HBW300 和 HBW330 不适用于厚壁铸件。

表 6.3-51　固溶强化铁素体球墨铸铁材料的硬度等级

材料牌号	布氏硬度范围 HBW	其它性能[①,②]	
		抗拉强度 $R_m(\min)$/MPa	屈服强度 $R_{p0.2}(\min)$/MPa
QT-HBW175	160～190	450	350
QT-HBW195	180～210	500	400
QT-HBW210	195～225	600	470

① 当硬度作为检验项目时，这些性能值仅供参考。

② 除了对抗拉强度有要求外还对硬度有要求时，推荐的硬度的测定步骤参考 GB/T 1348—2019 中 E.3。

6.3.5.2　水及燃气管道用球墨铸铁管 （GB/T 13295—2019）

（1）球墨铸铁管、管件和附件的适用范围　GB/T 13295—2019 规定了以任何铸造工艺类型或加工铸造形式生产的球墨铸铁管 （以下简称球铁管）、管件和附件适用于以下用途：

① 输送水 （如饮用水）；

② 输送设计压力为中压 A 级及以下级别的燃气 （如人工煤气、天然气、液化石油气等）；

③ 有/无压力；

④ 地下/地上铺设。

（2）按公称直径球墨铸铁管分类可分为 DN40、DN50、DN60、DN65、DN80、DN100、DN125、DN150、DN200、DN250、DN300、DN350、DN400、DN450、DN500、DN600、DN700、DN800、DN900、DN1000、DN1100、DN1200、DN1400、DN1500、DN1600、DN1800、DN2000、DN2200、DN2400、DN2600、DN2800 及 DN3000 共 32 种 （用于输送气体的公称直径为不大于 DN700）。

（3）按接口型式球墨铸铁管分类　可分为滑入式柔性接口 （T 型）、机械柔性接口 （K 型、N_I 型、S 型）、自锚接口和法兰接口等型式 （小型 N_I 型和 S 型常用于燃气管道）；经供需双方协商，也可采用其它的接口型式。

（4）球墨铸铁管件分类　由各种接口型式派生而得，管件名称和符号应符合表 6.3-52 的规定。

表 6.3-52　管件名称和符号

序号	名称	图示符号	图号	表号
1	盘承	⊢	5	17
2	盘插	┤	6	18
3	承套	⋈	7	18
4	双承 90°(1/4)弯头	⌒	8	19
5	双承 45°(1/8)弯头	⌒	9	19

续表

序号	名称	图示符号	图号	表号
6	双承 22°30′(1/16)弯头		10	20
7	双承 11°15′(1/32)弯头		11	20
8	承插 90°(1/4)弯头		12	21
9	承插 45°(1/8)弯头		13	22
10	承插 22°30′(1/16)弯头		14	23
11	承插 11°15′(1/32)弯头		15	24
12	全承三通		16	25
13	DN40~DN250 双承单支盘三通		17	26
14	DN300~DN700 双承单支盘三通		17	27
15	DN800~DN3000 双承单支盘三通		17	28
16	承插单支盘三通		18	29
17	承插单支承三通		19	30
18	双盘渐缩管		20	31
19	双盘 90°(1/4)弯头		21	32
20	双盘 90°(1/4)鸭掌弯头		22	32
21	双盘 45°(1/8)弯头		23	33
22	DN40~DN250 全盘三通		24	34
23	DN300~DN700 全盘三通		24	35
24	DN800~DN3000 全盘三通		24	36
25	双承渐缩管		25	37
26	PN10 法兰盲板		26	38
27	PN16 法兰盲板		27	38
28	PN25 法兰盲板		28	39
29	PN40 法兰盲板		29	39
30	PN10 减径法兰		30	40
31	PN16 减径法兰		31	40
32	PN25 减径法兰		32	41
33	PN40 减径法兰		33	41

6.4 常用标准管件

常用管件标准见表 6.4-1。

表 6.4-1 常用管件标准

标准代号	标准名称	标准代号	标准名称
GB/T 12459—2017	钢制对焊管件 类型与参数	SH/T 3408—2022	石油化工钢制对焊管件技术规范
GB/T 14383—2021	锻制承插焊和螺纹管件	SH/T 3410—2012	石油化工锻钢制承插焊和螺纹管件
GB/T 17185—2012	钢制法兰管件	GB/T 3287—2011	可锻铸铁管路连接件
GB/T 19326—2022	锻制支管座		

6.4.1 对焊管件（GB/T 12459—2017）

6.4.1.1 对焊管件的类型与代号（表6.4-2）

表 6.4-2 对焊管件的类型与代号

品种	类型	代号	
		无缝管件	焊接管件
45°弯头	长半径	45EL	W45EL
	3D	45E3D	W45E3D
90°弯头	长半径	90EL	W90EL
	长半径异径	90ELR	W90ELR
	短半径	90ES	W90ES
	3D	90E3D	W90E3D
180°弯头	长半径	180EL	W180EL
	短半径	180ES	W180ES
异径管(大小头)	同心	RC	WRC
	偏心	RE	WRE
三通	等径	TS	WTS
	异径	TR	WTR
四通	等径	CRS	WCRS
	异径	CRR	WCRR
管帽	—	C	WC
翻边短节	长型	LJL	WLJL
	短型	LJS	WLJS

注：对于特殊角度弯头，可采用角度数字加相应的产品类型字母代号表示。

6.4.1.2 等径弯头（表6.4-3）

表 6.4-3 等径弯头的规格尺寸   单位：mm

公称通径	坡口处外径 D		45°弯头 B		90°弯头 A			180°弯头 O		长半径 180°弯头 K		短半径 180°弯头 K	
DN	Ⅰ系列	Ⅱ系列	长半径	3D	长半径	短半径	3D	长半径	短半径	Ⅰ系列	Ⅱ系列	Ⅰ系列	Ⅱ系列
15	21.3	18	16	—	38	—	—	76	—	48	47	—	—
20	26.9	25	19	24	38	—	57	76	—	51	51	—	—
25	33.7	32	22	31	38	25	76	76	51	56	54	41	41
32	42.4	38	25	39	48	32	95	95	64	70	67	52	51
40	48.3	45	29	47	57	38	114	114	76	83	80	62	61
50	60.3	57	35	63	76	51	152	152	102	106	105	81	79
65	73.0	76	44	79	95	64	190	190	127	132	133	100	102
80	88.9	89	51	95	114	76	229	229	152	159	159	121	121
90	101.6	—	57	111	133	89	267	267	178	184	—	140	—
100	114.3	108	64	127	152	102	305	305	203	210	206	159	156
125	141.3	133	79	157	190	127	381	381	254	262	257	197	194
150	168.3	159	95	189	229	152	457	457	305	313	308	237	232
200	219.1	219	127	252	305	203	610	610	406	414	414	313	313
250	273.0	273	159	316	381	254	762	762	508	518	518	391	391
300	323.9	325	190	378	457	305	914	914	610	619	620	467	467
350	355.6	377	222	441	533	356	1067	1067	711	711	722	533	544
400	406.4	426	254	505	610	406	1219	1219	813	813	823	610	619

续表

公称通径	坡口处外径 D		45°弯头 B		90°弯头 A			180°弯头 O		长半径180°弯头 K		短半径180°弯头 K	
DN	Ⅰ系列	Ⅱ系列	长半径	3D	长半径	短半径	3D	长半径	短半径	Ⅰ系列	Ⅱ系列	Ⅰ系列	Ⅱ系列
450	457.0	480	286	568	686	457	1372	1372	914	914	925	686	697
500	508.0	530	318	632	762	508	1524	1524	1016	1016	1026	762	773
550	559.0	—	343	694	838	559	1676	1676	1118	1118	—	838	—
600	610	630	381	757	914	610	1829	1829	1219	1219	1229	914	925
650	660	—	406	821	991	—	1981	—	—	—	—	—	—
700	711	720	438	883	1067	—	2134	—	—	—	—	—	—
750	762	—	470	947	1143	—	2286	—	—	—	—	—	—
800	813	820	502	1010	1219	—	2438	—	—	—	—	—	—
850	864	—	533	1073	1295	—	2591	—	—	—	—	—	—
900	914	—	565	1135	1372	—	2743	—	—	—	—	—	—
950	965	—	600	1200	1448	—	2896	—	—	—	—	—	—
1000	1016	—	632	1264	1524	—	3048	—	—	—	—	—	—
1050	1067	—	660	1326	1600	—	3200	—	—	—	—	—	—
1100	1118	—	695	1389	1676	—	3353	—	—	—	—	—	—
1150	1168	—	727	1453	1753	—	3505	—	—	—	—	—	—
1200	1219	—	759	1516	1829	—	3658	—	—	—	—	—	—
1300	1321	—	821	1641	1981	—	3962	—	—	—	—	—	—
1400	1422	—	884	1768	2134	—	4267	—	—	—	—	—	—
1500	1524	—	947	1894	2286	—	4572	—	—	—	—	—	—

6.4.1.3 长半径90°异径弯头（表6.4-4）

表 6.4-4 长半径90°异径弯头规格尺寸 单位：mm

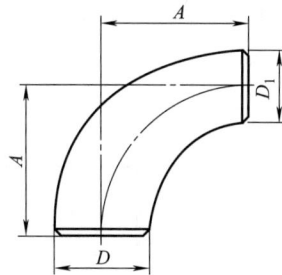

公称通径	坡口处外径				中心至端	公称通径	坡口处外径				中心至端
DN	Ⅰ系列 D	Ⅱ系列 D	Ⅰ系列 D_1	Ⅱ系列 D_1	面尺寸 A	DN	Ⅰ系列 D	Ⅱ系列 D	Ⅰ系列 D_1	Ⅱ系列 D_1	面尺寸 A
50×40	60.3	57	48.3	45	76	125×90	141.3	—	101.6	—	190
50×32	60.3	57	42.4	38	76	125×80	141.3	133	88.9	89	190
50×25	60.3	57	33.7	32	76	125×65	141.3	133	73.0	76	190
65×50	73.0	76	60.3	57	95	150×125	168.3	159	141.3	133	229
65×40	73.0	76	48.3	45	95	150×100	168.3	159	114.3	108	229
65×32	73.0	76	42.4	38	95	150×90	168.3	—	101.6	—	229
80×65	88.9	89	73.0	76	114	150×80	168.3	159	88.9	89	229
80×50	88.9	89	60.3	57	114	200×150	219.1	219	168.3	159	305
80×40	88.9	89	48.3	45	114	200×125	219.1	219	141.3	133	305
90×80	101.6	—	88.9	—	133	200×100	219.1	219	114.3	108	305
90×65	101.6	—	73.0	—	133	250×200	273.0	273	219.1	219	381
90×50	101.6	—	60.3	—	133	250×150	273.0	273	168.3	159	381
100×90	114.3	108	101.6	—	152	250×125	273.0	273	141.3	133	381
100×80	114.3	108	88.9	89	152	300×250	323.9	325	273.0	273	457
100×65	114.3	108	73.0	76	152	300×200	323.9	325	219.1	219	457
100×50	114.3	108	60.3	57	152	300×150	323.9	325	168.3	159	457
125×100	141.3	133	114.3	108	190	350×300	355.6	377	323.9	325	533

续表

公称通径	坡口处外径				中心至端	公称通径	坡口处外径				中心至端
DN	Ⅰ系列 D	Ⅱ系列 D	Ⅰ系列 D_1	Ⅱ系列 D_1	面尺寸 A	DN	Ⅰ系列 D	Ⅱ系列 D	Ⅰ系列 D_1	Ⅱ系列 D_1	面尺寸 A
350×250	355.6	377	273.0	273	533	500×400	508.0	529	406.4	426	762
350×200	355.6	377	219.1	219	533	500×350	508.0	529	355.6	377	762
400×350	406.4	426	355.6	377	610	500×300	508.0	529	323.9	325	762
400×300	406.4	426	323.9	325	610	500×250	508.0	529	273.0	273	762
400×250	406.4	426	273.0	273	610	600×550	610.0	—	559.0	—	914
450×400	457.0	478	406.4	426	686	600×500	610.0	630	508.0	530	914
450×350	457.0	478	355.6	377	686	600×450	610.0	630	457.0	480	914
450×300	457.0	478	323.9	325	686	600×400	610.0	630	406.4	426	914
450×250	457.0	478	273.0	273	686	600×350	610.0	630	355.6	377	914
500×450	508.0	529	457.0	478	762	600×300	610.0	630	323.9	325	914

6.4.1.4 等径三通和等径四通（表6.4-5）

表6.4-5 等径三通和等径四通的规格尺寸 单位：mm

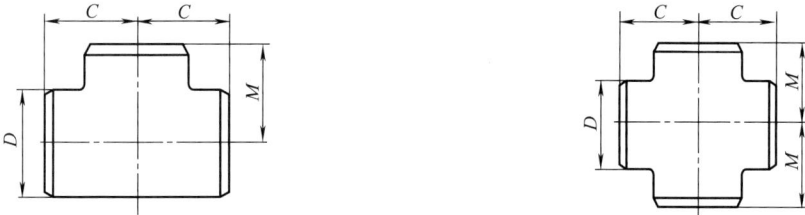

公称通径	坡口处外径 D		中心至端面	公称通径	坡口处外径 D		中心至端面
DN	Ⅰ系列	Ⅱ系列	尺寸 C,M	DN	Ⅰ系列	Ⅱ系列	尺寸 C,M
15	21.3	18	25	500	508.0	530	381
20	26.9	25	29	550	559	—	419
25	33.7	32	38	600	610	630	432
32	42.4	38	48	650	660	—	495
40	48.3	45	57	700	711	720	521
50	60.3	57	64	750	762	—	559
65	73.0	76	76	800	813	820	597
80	88.9	89	86	850	864	—	635
90	101.6	—	95	900	914	—	673
100	114.3	108	105	950	965	—	711
125	141.3	133	124	1000	1016	—	749
150	168.3	159	143	1050	1067	—	762
200	219.1	219	178	1100	1118	—	813
250	273.0	273	216	1150	1168	—	851
300	323.9	325	254	1200	1219	—	889
350	355.6	377	279	1300	1321	—	978
400	406.4	426	305	1400	1422	—	1054
450	457.0	480	343	1500	1524	—	1118

6.4.1.5 异径三通和异径四通（表6.4-6）

表6.4-6 异径三通和异径四通的规格尺寸 单位：mm

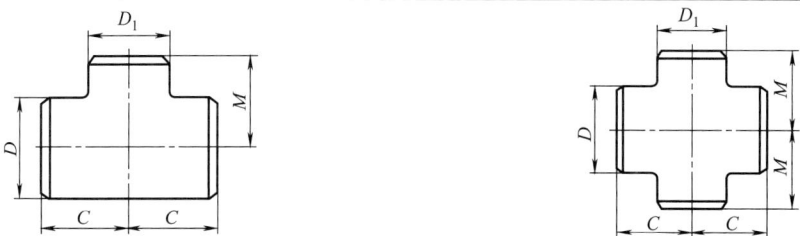

续表

公称通径 DN	坡口处外径 I系列 D	坡口处外径 II系列 D	坡口处外径 I系列 D_1	坡口处外径 II系列 D_1	中心至端面尺寸 C	中心至端面尺寸 M	公称通径 DN	坡口处外径 I系列 D	坡口处外径 II系列 D	坡口处外径 I系列 D_1	坡口处外径 II系列 D_1	中心至端面尺寸 C	中心至端面尺寸 M
15×15×10	21.3	18	17.3	14	25	25	250×250×200	273.0	273	219.1	219	216	208
15×15×8	21.3	18	13.7	10	25	25	250×250×150	273.0	273	168.3	159	216	194
20×20×15	26.9	25	21.3	18	29	29	250×250×125	273.0	273	141.3	133	216	191
20×20×10	26.9	25	17.3	14	29	29	250×250×100	273.0	273	114.3	108	216	184
25×25×20	33.7	32	26.9	25	38	38	300×300×250	323.9	325	273.0	273	254	241
25×25×15	33.7	32	21.3	18	38	38	300×300×200	323.9	325	219.1	219	254	229
32×32×25	42.4	38	33.7	32	48	48	300×300×150	323.9	325	168.3	159	254	219
32×32×20	42.4	38	26.9	25	48	48	300×300×125	323.9	325	141.3	133	254	216
32×32×15	42.4	38	21.3	18	48	48	350×350×300	355.6	377	323.9	325	279	270
40×40×32	48.3	45	42.4	38	57	57	350×350×250	355.6	377	273.0	273	279	257
40×40×25	48.3	45	33.7	32	57	57	350×350×200	355.6	377	219.1	219	279	248
40×40×20	48.3	45	26.9	25	57	57	350×350×150	355.6	377	168.3	159	279	238
40×40×15	48.3	45	21.3	18	57	57	400×400×350	406.4	426	355.6	377	305	305
50×50×40	60.3	57	48.3	45	64	57	400×400×300	406.4	426	323.9	325	305	295
50×50×32	60.3	57	42.4	38	64	57	400×400×250	406.4	426	273.0	273	305	283
50×50×25	60.3	57	33.7	32	64	51	400×400×200	406.4	426	219.1	219	305	273
50×50×20	60.3	57	26.9	25	64	44	400×400×150	406.4	426	168.3	159	305	264
65×65×50	73.0	76	60.3	57	76	70	450×450×400	457.2	478	406.4	426	343	330
65×65×40	73.0	76	48.3	45	76	67	450×450×350	457.2	478	355.6	377	343	330
65×65×32	73.0	76	42.4	38	76	64	450×450×300	457.2	478	323.9	325	343	321
65×65×25	73.0	76	33.7	32	76	57	450×450×250	457.2	478	273.0	273	343	308
80×80×65	88.9	89	73.0	76	86	83	450×450×200	457.2	478	219.1	219	343	298
80×80×50	88.9	89	60.3	57	86	76	500×500×450	508.0	529	457.0	480	381	368
80×80×40	88.9	89	48.3	45	86	73	500×500×400	508.0	529	406.4	426	381	356
80×80×32	88.9	89	42.4	38	86	70	500×500×350	508.0	529	355.6	377	381	356
90×90×80	101.6	—	88.9	—	95	92	500×500×300	508.0	529	323.9	325	381	356
90×90×65	101.6	—	73.0	—	95	89	500×500×250	508.0	529	273.0	273	381	333
90×90×50	101.6	—	60.3	—	95	83	500×500×200	508.0	529	219.1	219	381	324
90×90×40	101.6	—	48.3	—	95	79	550×550×500	559	—	508	—	419	406
100×100×90	114.3	—	101.6	—	105	102	550×550×450	559	—	457	—	419	394
100×100×80	114.3	108	88.9	89	105	98	550×550×400	559	—	406.4	—	419	381
100×100×65	114.3	108	73.0	76	105	95	550×550×350	559	—	355.6	—	419	381
100×100×50	114.3	108	60.3	57	105	89	550×550×300	559	—	323.9	—	419	371
100×100×40	114.3	108	48.3	45	105	86	550×550×250	559	—	273.0	—	419	359
125×125×100	141.3	133	114.3	108	124	117	600×600×550	610	—	559	—	432	432
125×125×90	141.3	—	101.6	—	124	114	600×600×500	610	630	508	530	432	432
125×125×80	141.3	133	88.9	89	124	111	600×600×450	610	630	457	480	432	419
125×125×65	141.3	133	73.0	76	124	108	600×600×400	610	630	406.4	426	432	406
125×125×50	141.3	133	60.3	57	124	105	600×600×350	610	630	355.6	377	432	406
150×150×125	168.3	159	141.3	133	143	137	600×600×300	610	630	323.9	325	432	397
150×150×100	168.3	159	114.3	108	143	130	600×600×250	610	630	273.0	273	432	384
150×150×90	168.3	—	101.6	—	143	127	650×650×600	660	—	610	—	495	483
150×150×80	168.3	159	88.9	89	143	124	650×650×650	660	—	559	—	495	470
150×150×65	168.3	159	73.0	76	143	121	650×650×500	660	—	508	—	495	457
200×200×150	219.1	219	168.3	159	178	168	650×650×450	660	—	457	—	495	444
200×200×125	219.1	219	141.3	133	178	162	650×650×400	660	—	406.4	—	495	432
200×200×100	219.1	219	114.3	108	178	156	650×650×350	660	—	355.6	—	495	432
200×200×90	219.1	—	101.6	—	178	152	650×650×300	660	—	323.9	—	495	422

续表

公称通径 DN	坡口处外径 I系列 D	II系列 D	I系列 D₁	II系列 D₁	中心至端面尺寸 C	M	公称通径 DN	坡口处外径 I系列 D	II系列 D	I系列 D₁	II系列 D₁	中心至端面尺寸 C	M
700×700×650	711	—	660	—	521	521	950×950×800	965	—	813	—	711	686
700×700×600	711	720	610	630	521	508	950×950×750	965	—	762	—	711	673
700×700×550	711	—	559	—	521	495	950×950×700	965	—	711	—	711	648
700×700×500	711	720	508	530	521	483	950×950×650	965	—	660	—	711	648
700×700×450	711	720	457	480	521	470	950×950×600	965	—	610	—	711	635
700×700×400	711	720	406.4	426	521	457	950×950×550	965	—	559	—	711	622
700×700×350	711	720	355.6	377	521	457	950×950×500	965	—	508	—	711	610
700×700×300	711	720	323.9	325	521	448	950×950×450	965	—	457	—	711	597
750×750×700	762	—	711	—	559	546	1000×1000×950	1016	—	965	—	749	749
750×750×750	762	—	660	—	559	546	1000×1000×900	1016	—	914	—	749	737
750×750×600	762	—	610	—	559	533	1000×1000×850	1016	—	864	—	749	724
750×750×650	762	—	559	—	559	521	1000×1000×800	1016	—	813	—	749	711
750×750×500	762	—	508	—	559	508	1000×1000×750	1016	—	762	—	749	698
750×750×450	762	—	457	—	559	495	1000×1000×700	1016	—	711	—	749	673
750×750×400	762	—	406.4	—	559	483	1000×1000×650	1016	—	660	—	749	673
750×750×350	762	—	355.6	—	559	483	1000×1000×600	1016	—	610	—	749	660
750×750×300	762	—	323.9	—	559	473	1000×1000×550	1016	—	559	—	749	648
750×750×250	762	—	273.0	—	559	460	1000×1000×500	1016	—	508	—	749	635
800×800×750	813	—	762	—	597	584	1000×1000×450	1016	—	457	—	749	622
800×800×700	813	820	711	720	597	572	1050×1050×1000	1067	—	1016	—	762	711
800×800×650	813	—	660	—	597	572	1050×1050×950	1067	—	965	—	762	711
800×800×600	813	820	610	630	597	559	1050×1050×900	1067	—	914	—	762	711
800×800×550	813	—	559	—	597	546	1050×1050×850	1067	—	864	—	762	711
800×800×500	813	820	508	530	597	533	1050×1050×800	1067	—	813	—	762	711
800×800×450	813	820	457	480	597	521	1050×1050×750	1067	—	762	—	762	711
800×800×400	813	820	406.4	426	597	508	1050×1050×700	1067	—	711	—	762	698
800×800×350	813	820	355.6	377	597	508	1050×1050×650	1067	—	660	—	762	698
850×850×800	864	—	813	—	635	622	1050×1050×600	1067	—	610	—	762	660
850×850×750	864	—	762	—	635	610	1050×1050×550	1067	—	559	—	762	660
850×850×700	864	—	711	—	635	597	1050×1050×500	1067	—	508	—	762	660
850×850×650	864	—	660	—	635	597	1050×1050×450	1067	—	457	—	762	648
850×850×600	864	—	610	—	635	584	1050×1050×400	1067	—	406.4	—	762	635
850×850×550	864	—	559	—	635	572	1100×1100×1050	1118	—	1067	—	813	762
850×850×500	864	—	508	—	635	559	1100×1100×1000	1118	—	1016	—	813	749
850×850×450	864	—	457	—	635	546	1100×1100×950	1118	—	965	—	813	737
850×850×400	864	—	406.4	—	635	533	1100×1100×900	1118	—	914	—	813	724
900×900×850	914	—	864	—	673	660	1100×1100×850	1118	—	864	—	813	724
900×900×800	914	—	813	—	673	648	1100×1100×800	1118	—	813	—	813	711
900×900×750	914	—	762	—	673	635	1100×1100×750	1118	—	762	—	813	711
900×900×700	914	—	711	—	673	622	1100×1100×700	1118	—	711	—	813	698
900×900×650	914	—	660	—	673	622	1100×1100×650	1118	—	660	—	813	698
900×900×600	914	—	610	—	673	610	1100×1100×600	1118	—	610	—	813	698
900×900×550	914	—	559	—	673	597	1100×1100×550	1118	—	559	—	813	686
900×900×500	914	—	508	—	673	584	1100×1100×500	1118	—	508	—	813	686
900×900×450	914	—	457	—	673	572	1150×1150×1100	1168	—	1118	—	851	800
900×900×400	914	—	406.4	—	673	559	1150×1150×1050	1168	—	1067	—	851	787
950×950×900	965	—	914	—	711	711	1150×1150×1000	1168	—	1016	—	851	775
950×950×850	965	—	864	—	711	698	1150×1150×950	1168	—	965	—	851	762

续表

公称通径 DN	坡口处外径 I系列 D	坡口处外径 II系列 D	坡口处外径 I系列 D_1	坡口处外径 II系列 D_1	中心至端面尺寸 C	中心至端面尺寸 M	公称通径 DN	坡口处外径 I系列 D	坡口处外径 II系列 D	坡口处外径 I系列 D_1	坡口处外径 II系列 D_1	中心至端面尺寸 C	中心至端面尺寸 M
1150×1150×900	1168	—	914	—	851	762	1300×1300×1200	1321	—	1219	—	978	908
1150×1150×850	1168	—	864	—	851	749	1300×1300×1100	1321	—	1118	—	978	892
1150×1150×800	1168	—	813	—	851	749	1300×1300×1050	1321	—	1067	—	978	876
1150×1150×750	1168	—	762	—	851	737	1300×1300×1000	1321	—	1016	—	978	870
1150×1150×700	1168	—	711	—	851	737	1300×1300×900	1321	—	914	—	978	864
1150×1150×650	1168	—	660	—	851	737	1300×1300×750	1321	—	762	—	978	832
1150×1150×600	1168	—	610	—	851	724	1300×1300×600	1321	—	610	—	978	794
1150×1150×550	1168	—	559	—	851	724	1400×1400×1300	1422	—	1321	—	1054	959
1200×1200×1150	1219	—	1168	—	889	838	1400×1400×1200	1422	—	1219	—	1054	940
1200×1200×1100	1219	—	1118	—	889	838	1400×1400×1100	1422	—	1118	—	1054	934
1200×1200×1050	1219	—	1067	—	889	813	1400×1400×1050	1422	—	1067	—	1054	927
1200×1200×1000	1219	—	1016	—	889	813	1400×1400×900	1422	—	914	—	1054	902
1200×1200×950	1219	—	965	—	889	813	1400×1400×750	1422	—	762	—	1054	857
1200×1200×900	1219	—	914	—	889	787	1400×1400×600	1422	—	610	—	1054	857
1200×1200×850	1219	—	864	—	889	787	1500×1500×1400	1524	—	1422	—	1118	1041
1200×1200×800	1219	—	813	—	889	787	1500×1500×1300	1524	—	1321	—	1118	1022
1200×1200×750	1219	—	762	—	889	762	1500×1500×1200	1524	—	1219	—	1118	1016
1200×1200×700	1219	—	711	—	889	762	1500×1500×1050	1524	—	1067	—	1118	991
1200×1200×650	1219	—	660	—	889	762	1500×1500×900	1524	—	914	—	1118	965
1200×1200×600	1219	—	610	—	889	737	1500×1500×750	1524	—	762	—	1118	914
1200×1200×550	1219	—	559	—	889	737							

6.4.1.6 翻边短节（表6.4-7）

表6.4-7 翻边短节的规格尺寸 单位：mm

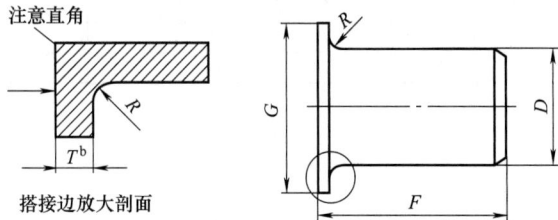

注意直角

搭接边放大剖面

公称尺寸 DN	短节外径 D_{max}	短节外径 D_{min}	长型接管长度 F	短型接管长度 F	圆角半径 R	搭接边外径 G
15	22.8	20.5	76	51	3	35
20	28.1	25.9	76	51	3	43
25	35.0	32.5	102	51	3	51
32	43.6	41.4	102	51	5	64
40	49.9	47.5	102	51	6	73
50	62.4	59.5	152	64	8	92
65	75.3	72.2	152	64	8	105
80	91.3	88.1	152	64	10	127
90	104.0	100.8	152	76	10	140
100	115.7	113.5	152	76	11	157
125	144.3	140.5	203	76	11	186
150	171.3	167.5	203	89	13	216
200	222.1	218.3	203	102	13	270
250	277.2	272.3	254	127	13	324
300	328.0	323.1	254	152	13	381
350	359.9	354.8	305	152	13	413
400	411.0	405.6	305	152	13	470
450	462	456	305	152	13	533
500	514	507	305	152	13	584
550	565	558	305	152	13	641
600	616	609	305	152	13	692

6.4.1.7 管帽（表6.4-8）

表6.4-8 管帽的规格尺寸　　　　　　　　　　　　单位：mm

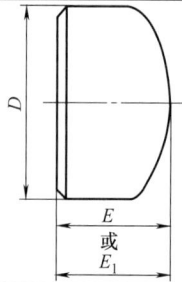

公称通径 DN	坡口处外径 D		背面至端面尺寸		对E的极限壁厚	公称通径 DN	坡口处外径 D		背面至端面尺寸		对E的极限壁厚
	Ⅰ系列	Ⅱ系列	E	E₁			Ⅰ系列	Ⅱ系列	E	E₁	
15	21.3	18	25	25	4.57	500	508	530	229	254	12.70
20	26.9	25	25	25	3.81	550	559	—	254	254	12.70
25	33.7	32	38	38	4.57	600	610	630	267	305	12.7
32	42.4	38	38	38	4.83	650	660	—	267	—	—
40	48.3	45	38	38	5.08	700	711	720	267	—	—
50	60.3	57	38	44	5.59	750	762	—	267	—	—
65	73.0	76	38	51	7.11	800	813	820	267	—	—
80	88.9	89	51	64	7.62	850	864	—	267	—	—
90	101.6	—	64	76	8.13	900	914	—	267	—	—
100	114.3	108	64	76	8.64	950	965	—	305	—	—
125	141.3	133	76	89	9.65	1000	1016	—	305	—	—
150	168.3	159	89	102	10.92	1050	1067	—	305	—	—
200	219.1	219	102	127	12.70	1100	1118	—	343	—	—
250	273.0	273	127	152	12.70	1150	1168	—	343	—	—
300	323.9	325	152	178	12.70	1200	1219	—	343	—	—
350	355.6	377	165	191	12.70	1300	1321	—	368	—	—
400	406.4	426	178	203	12.70	1400	1422	—	406	—	—
450	457	480	203	229	12.70	1500	1524	—	419	—	—

6.4.1.8 异径接头（表6.4-9）

表6.4-9 异径接头规格尺寸　　　　　　　　　　单位：mm

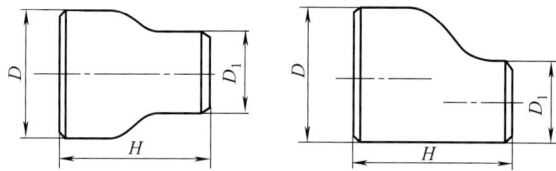

公称通径 DN	坡口处外径				长度 H	公称通径 DN	坡口处外径				长度 H
	Ⅰ系列 D	Ⅱ系列 D	Ⅰ系列 D₁	Ⅱ系列 D₁			Ⅰ系列 D	Ⅱ系列 D	Ⅰ系列 D₁	Ⅱ系列 D₁	
20×15	26.9	25	21.3	18	38	50×40	60.3	57	48.3	45	76
20×10	26.9	25	17.3	14	38	50×32	60.3	57	42.4	38	76
25×20	33.7	32	26.9	25	51	50×25	60.3	57	33.7	32	76
25×15	33.7	32	21.3	18	51	50×20	60.3	57	26.9	25	76
32×25	42.4	38	33.7	32	51	65×50	73.0	76	60.3	57	89
32×20	42.4	38	26.9	25	51	65×40	73.0	76	48.3	45	89
32×15	42.4	38	21.3	18	51	65×32	73.0	76	42.4	38	89
40×32	48.3	45	42.4	38	64	65×25	73.0	76	33.7	32	89
40×25	48.3	45	33.7	32	64	80×65	88.9	89	73.0	76	89
40×20	48.3	45	26.9	25	64	80×50	88.9	89	60.3	57	89
40×15	48.3	45	21.3	18	64	80×40	88.9	89	48.3	45	89

续表

公称通径 DN	坡口处外径				长度 H	公称通径 DN	坡口处外径				长度 H
	Ⅰ系列 D	Ⅱ系列 D	Ⅰ系列 D_1	Ⅱ系列 D_1			Ⅰ系列 D	Ⅱ系列 D	Ⅰ系列 D_1	Ⅱ系列 D_1	
80×32	88.9	89	42.4	38	89	550×350	559	—	355.6	—	508
90×80	101.6	—	88.9	—	102	600×550	610	—	559	—	508
90×65	101.6	—	73.0	—	102	600×500	610	630	508	530	508
90×50	101.6	—	60.3	—	102	600×450	610	630	457.0	480	508
90×40	101.6	—	48.3	—	102	600×400	610	630	406.4	426	508
90×32	101.6	—	42.4	—	102	650×600	660	—	610	—	610
100×90	114.3	—	101.6	—	102	650×550	660	—	559	—	610
100×80	114.3	108	88.9	89	102	650×500	660	—	508	—	610
100×65	114.3	108	73.0	76	102	650×450	660	—	457	—	610
100×50	114.3	108	60.3	57	102	700×650	711	—	660	—	610
100×40	114.3	108	48.3	45	102	700×600	711	720	610	—	610
125×100	141.3	133	114.3	108	127	700×550	711	—	559	—	610
125×90	141.3	—	101.6	—	127	700×500	711	720	508	—	610
125×80	141.3	133	88.9	89	127	750×700	762	—	711	—	610
125×65	141.3	133	73.0	76	127	750×650	762	—	660	—	610
125×50	141.3	133	60.3	57	127	750×600	762	—	610	—	610
150×125	168.3	159	141.3	133	140	750×550	762	—	559	—	610
150×100	168.3	159	114.3	108	140	800×750	813	—	762	—	610
150×90	168.3	—	101.6	—	140	800×700	813	820	711	720	610
150×80	168.3	159	88.9	89	140	800×650	813	—	660	—	610
150×65	168.3	159	73.0	76	140	800×600	813	820	610	630	610
200×150	219.1	219	168.3	159	152	850×800	864	—	813	—	610
200×125	219.1	219	141.3	133	152	850×750	864	—	762	—	610
200×100	219.1	219	114.3	108	152	850×700	864	—	711	—	610
200×90	219.1	—	101.6	—	152	850×650	864	—	660	—	610
250×200	273.0	273	219.1	219	178	900×850	914	—	864	—	610
250×150	273.0	273	168.3	159	178	900×800	914	—	813	—	610
250×125	273.0	273	141.3	133	178	900×750	914	—	762	—	610
250×100	273.0	273	114.3	108	178	900×700	914	—	711	—	610
300×250	323.9	325	273.0	273	203	900×650	914	—	660	—	610
300×200	323.9	325	219.1	219	203	950×900	965	—	914	—	610
300×150	323.9	325	168.3	159	203	950×850	965	—	864	—	610
300×125	323.9	325	141.3	133	203	950×800	965	—	813	—	610
350×300	355.6	377	323.9	325	330	950×750	965	—	762	—	610
350×250	355.6	377	273.0	273	330	950×700	965	—	711	—	610
350×200	355.6	377	219.1	219	330	950×650	965	—	660	—	610
350×150	355.6	377	168.3	159	330	1000×950	1016	—	965	—	610
400×350	406.4	426	355.6	377	356	1000×900	1016	—	914	—	610
400×300	406.4	426	323.9	325	356	1000×850	1016	—	864	—	610
400×250	406.4	426	273.0	273	356	1000×800	1016	—	813	—	610
400×200	406.4	426	219.1	219	356	1000×750	1016	—	762	—	610
450×400	457.2	480	406.4	426	381	1050×1000	1067	—	1016	—	610
450×350	457.2	480	355.6	377	381	1050×950	1067	—	965	—	610
450×300	457.2	480	323.9	325	381	1050×1000	1067	—	1016	—	610
450×250	457.2	480	273.0	273	381	1050×950	1067	—	965	—	610
500×450	508.0	530	457.0	480	508	1050×900	1067	—	914	—	610
500×400	508.0	530	406.4	426	508	1050×850	1067	—	864	—	610
500×350	508.0	530	355.6	377	508	1050×800	1067	—	813	—	610
500×300	508.0	530	323.9	325	508	1050×750	1067	—	762	—	610
550×500	559	—	508	—	508	1100×1050	1118	—	1067	—	610
550×450	559	—	457	—	508	1100×1000	1118	—	1016	—	610
550×400	559	—	406.4	—	508	1100×950	1118	—	965	—	610

公称通径 DN	坡口处外径				长度 H	公称通径 DN	坡口处外径				长度 H
	Ⅰ系列 D	Ⅱ系列 D	Ⅰ系列 D₁	Ⅱ系列 D₁			Ⅰ系列 D	Ⅱ系列 D	Ⅰ系列 D₁	Ⅱ系列 D₁	
1100×900	1118	—	914	—	610	1400×1300	1422	—	1321	—	711
1150×1100	1168	—	1118	—	711	1400×1200	1422	—	1219	—	711
1150×1050	1168	—	1067	—	711	1400×1100	1422	—	1118	—	711
1150×1000	1168	—	1016	—	711	1400×1050	1422	—	1067	—	711
1150×950	1168	—	965	—	711	1400×1000	1422	—	1016	—	711
1200×1150	1219	—	1168	—	711	1400×900	1422	—	914	—	711
1200×1100	1219	—	1118	—	711	1400×750	1422	—	762	—	711
1200×1050	1219	—	1067	—	711	1400×600	1422	—	610	—	711
1200×1000	1219	—	1016	—	711	1500×1400	1524	—	1422	—	711
1300×1200	1321	—	1219	—	711	1500×1300	1524	—	1321	—	711
1300×1100	1321	—	1118	—	711	1500×1200	1524	—	1219	—	711
1300×1050	1321	—	1067	—	711	1500×1100	1524	—	1118	—	711
1300×1000	1321	—	1016	—	711	1500×1050	1524	—	1067	—	711
1300×900	1321	—	914	—	711	1500×1000	1524	—	1016	—	711
1300×750	1321	—	762	—	711	1500×900	1524	—	914	—	711
1300×600	1321	—	610	—	711	1500×750	1524	—	762	—	711

6.4.1.9　管件材料（表 6.4-10）

表 6.4-10　管件材料牌号及标准号

材料牌号	钢管标准号	材料牌号	钢管标准号
10、20	GB/T 3087、GB/T 6479、GB/T 8163、GB/T 9948	20G、20MnG、12CrMoG、15CrMoG、12Cr2MoG、12Cr1MoVG	GB/T 5310
Q295、Q345	GB/T 8163	1Cr19Ni11Nb	GB/T 5310、GB/T 9948
16Mn	GB/T 6479	0Cr18Ni9、00Cr19Ni10、0Cr18Ni10Ti、0Cr18Ni11Nb、0Cr17Ni12Mo2、00Cr17Ni14Mo2	GB/T 14976
12CrMo、15CrMo、1Cr5Mo	GB/T 6479、GB/T 9948		
12Cr2Mo	GB/T 6479		

6.4.2　锻制承插焊管件（GB/T 14383—2021）

6.4.2.1　锻制承插焊管件种类和代号（表 6.4-11）

表 6.4-11　锻制承插管件种类和代号

品种	代号	品种	代号
承插焊 45°弯头	SW-45E	偏心双承口管箍	SW-FCE
承插焊 90°弯头	SW-90E	平口单承口管箍	SW-HCP
承插焊三通	SW-T	坡口单承口管箍	SW-HCB
承插焊 45°三通	SW-45T	加长单承口管箍	SW-CPT
承插焊四通	SW-CR	承插焊管帽	SW-C
同心双承口管箍	SW-FCC		

6.4.2.2　承插焊管件级别

承插焊管件的压力等级（Class）分为 3000、6000 和 9000，与之适配的钢管壁厚等级见表 6.4-12。

表 6.4-12　与承插焊管件适配的钢管壁厚等级

压力等级（Class）	适配的钢管壁厚等级	级别代号	适配的钢管壁厚等级
3000	Sch80、XS	9000	XXS
6000	Sch160		

6.4.2.3 承插焊弯头、三通和四通（表 6.4-13）

表 6.4-13 承插焊弯头、三通和四通

单位：mm

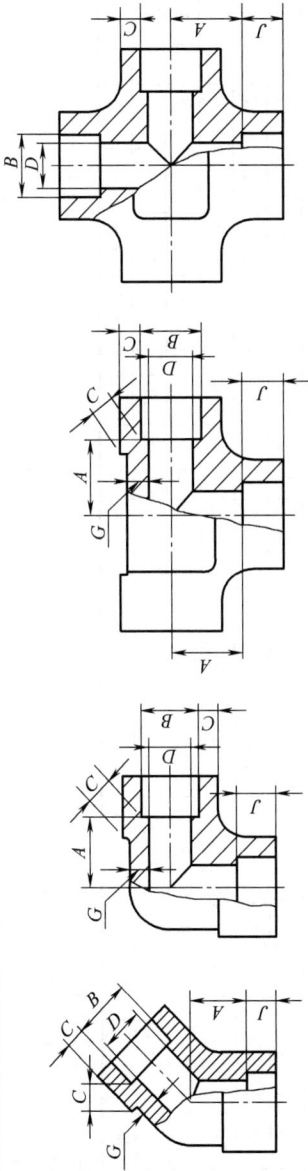

45°弯头/SW-45E 90°弯头/SW-90E 三通/SW-T 四通/SW-CR

公称尺寸		承插孔径 B①	流通孔径 D①			承插孔壁厚 C②						本体壁厚 G_min			承插孔深度 J_min	中心至承插孔底 A					
						3000		6000		9000						90°弯头、三通、四通			45°弯头		
DN	NPS		3000	6000	9000	平均值	最小值	平均值	最小值	平均值	最小值	3000	6000	9000		3000	6000	9000	3000	6000	9000
6	1/8	10.8	6.1	3.2	—	3.18	3.18	3.96	3.43	—	—	2.41	3.15	—	9.5	11.0	11.0	—	8.0	8.0	—
8	1/4	14.2	8.5	5.6	—	3.78	3.30	4.60	4.01	—	—	3.02	3.68	—	9.5	11.0	13.5	—	8.0	8.0	—
10	3/8	17.8	11.8	8.4	—	4.01	3.50	5.03	4.37	—	—	3.20	4.01	—	9.5	13.5	15.5	—	8.0	11.0	—
15	1/2	21.9	15.0	11.0	5.6	4.67	4.09	5.97	5.18	9.53	8.18	3.73	4.78	7.47	9.5	15.5	19.0	25.5	11.0	12.5	15.5
20	3/4	27.5	20.2	14.8	10.3	4.90	4.27	6.96	6.04	9.78	8.56	3.91	5.56	7.82	12.5	19.0	22.5	28.5	13.0	14.0	19.0
25	1	34.3	25.9	19.9	14.4	5.69	4.98	7.92	6.93	11.38	9.96	4.55	6.35	9.09	12.5	22.5	27.0	32.0	14.0	17.5	20.5
32	1¼	43.0	34.3	28.7	22.0	6.07	5.28	7.92	6.93	12.14	10.62	4.85	6.35	9.70	12.5	27.0	32.0	35.0	17.5	20.5	22.5
40	1½	48.9	40.1	33.2	27.2	6.35	5.54	8.92	7.80	12.70	11.12	5.08	7.14	10.15	12.5	32.0	38.0	38.0	20.5	25.5	25.5
50	2	61.2	51.7	42.1	37.4	6.93	6.04	10.92	9.50	13.48	12.12	5.54	8.74	11.07	16.0	38.0	41.0	54.0	25.5	28.5	28.5
65	2½	73.9	61.2	—	—	8.76	7.62	—	—	—	—	7.01	—	—	16.0	41.0	—	—	28.5	—	—
80	3	89.9	76.4	—	—	9.52	8.30	—	—	—	—	7.62	—	—	16.0	57.0	—	—	32.0	—	—
100	4	115.5	100.7	—	—	10.69	9.35	—	—	—	—	8.56	—	—	19.0	66.5	—	—	41.0	—	—

① 当选用 II 系列的外径时，其承插孔径和流通孔径应按 II 系列管子尺寸配制。

② 沿承插孔周边的平均壁厚不应小于平均值，局部允许达到最小值。

6.4.2.4 承插焊管箍和管帽（表 6.4-14）

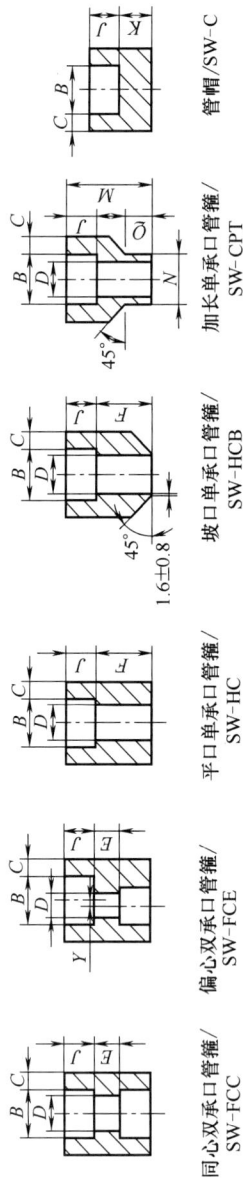

同心双承口管箍/SW-FCC　偏心双承口管箍/SW-FCE　平口单承口管箍/SW-HC　坡口单承口管箍/SW-HCB　加长单承口管箍/SW-CPT　管帽/SW-C

表 6.4-14　承插焊管箍和管帽

单位：mm

公称尺寸 DN	NPS	承插孔径 B①	流通孔径 D① 3000	D① 6000	D① 9000	承插孔壁厚 C② 3000 平均值	3000 最小值	6000 平均值	6000 最小值	9000 平均值	9000 最小值	承插孔深度 J min	承插孔底距离 E	承插孔底至端面 F	顶部厚度 K min 3000	K 6000	K 9000	端面至端面 M 3000/6000	加长外径 N 3000/6000	加长长度 Q 3000/6000
6	⅛	10.8	6.1	3.2	—	3.18	3.18	3.96	3.43	—	—	9.5	6.5	16.0	4.8	6.4	—	—	—	—
8	¼	14.2	8.5	5.6	—	3.78	3.30	4.60	4.01	—	—	9.5	6.5	16.0	4.8	6.4	—	30.2	17.5	9.5
10	⅜	17.8	11.8	8.4	—	4.01	3.50	5.03	4.37	—	—	9.5	6.5	17.5	4.8	6.4	—	30.2	20.7	9.5
15	½	21.9	15.0	11.0	5.6	4.67	4.09	5.97	5.18	9.53	8.18	9.5	9.5	22.5	6.4	7.9	11.2	33.4	23.8	9.5
20	¾	27.5	20.2	14.8	10.3	4.90	4.27	6.96	6.04	9.78	8.56	9.5	9.5	24.0	6.4	7.9	12.7	34.9	27.0	9.5
25	1	34.3	25.9	19.9	14.4	5.69	4.98	7.92	6.93	11.38	9.96	12.5	12.5	28.5	9.6	11.2	14.2	42.9	33.4	9.5
32	1¼	43.0	34.3	28.7	22.0	6.07	5.28	7.92	6.93	12.14	10.62	12.5	12.5	30.0	9.6	11.2	14.2	47.6	42.9	9.5
40	1½	48.9	40.1	33.2	27.2	6.35	5.54	8.92	7.80	12.70	11.12	12.5	12.5	32.0	11.2	12.7	15.7	50.8	49.2	9.5
50	2	61.2	51.7	42.1	37.4	6.93	6.04	10.92	9.50	13.48	12.12	16.0	19.0	41.0	12.7	15.7	19.0	57.2	61.9	9.5
65	2½	73.9	61.2	—	—	8.76	7.62	—	—	—	—	16.0	19.0	43.0	15.7	—	—	63.5	73.0	9.5
80	3	89.9	76.4	—	—	9.52	8.30	—	—	—	—	16.0	19.0	44.5	19.0	—	—	69.9	88.9	9.5
100	4	115.5	100.7	—	—	10.69	9.35	—	—	—	—	19.0	19.0	48.0	22.4	—	—	76.2	114.3	9.5

① 当选用Ⅱ系列的外径时，其承插孔径和流通孔径应按Ⅱ系列管子尺寸配制。

② 沿承插孔周边的平均壁厚不应小于平均值，局部允许达到最小值。

6.4.2.5　承插焊 45°三通（表 6.4-15）

表 6.4-15　承插焊 45°三通

单位：mm

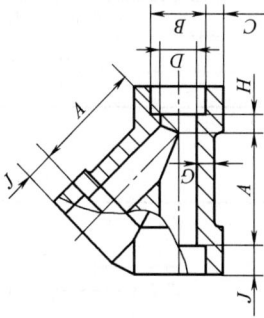

公称尺寸		承插孔径 B[①]	流通孔径 D[①]		承插孔壁厚 C[②]				本体壁厚 G_{min}		承插孔深度 J_{min}	中心至承插孔底 A		H	
DN	NPS		3000	6000	3000		6000		3000	6000		3000	6000	3000	6000
					平均值	最小值	平均值	最小值							
10	⅜	17.8	11.8	—	4.01	3.50	—	—	3.20	—	9.5	37.0	—	9.5	—
15	½	21.9	15.0	11.0	4.67	4.09	5.97	5.18	3.73	4.78	9.5	41.0	51.0	9.5	11.0
20	¾	27.5	20.2	14.8	4.90	4.27	6.96	6.04	3.91	5.56	12.5	51.0	60.0	11.0	13.0
25	1	34.3	25.9	19.9	5.69	4.98	7.92	6.93	4.55	6.35	12.5	60.0	71.0	13.0	16.0
32	1¼	43.0	34.3	28.7	6.07	5.28	7.92	6.93	4.85	6.35	12.5	71.0	81.0	16.0	17.0
40	1½	48.9	40.1	33.2	6.35	5.54	8.92	7.80	5.08	7.14	12.5	81.0	98.0	17.0	21.0
50	2	61.2	51.7	42.1	6.93	6.04	10.92	9.50	5.54	8.74	16.0	98.0	151.0	21.0	30.0
65	2½	73.9	61.2	—	8.76	7.62	—	—	7.01	—	16.0	151.0	—	30.0	—
80	3	89.9	76.4	—	9.52	8.30	—	—	7.62	—	16.0	184.0	—	57.0	—
100	4	115.5	100.7	—	10.69	9.35	—	—	8.56	—	19.0	201.0	—	66.0	—

① 当选用Ⅱ系列的外径时，其承插孔径和流通孔径应按Ⅱ系列管子尺寸配制。

② 沿承插孔周边的平均壁厚不应小于平均值，局部允许达到最小值。

6.4.3 锻制螺纹管件（GB/T 14383—2021）

6.4.3.1 锻制螺纹管件种类和代号（表 6.4-16）

表 6.4-16 锻制螺纹管件种类和代号

品种	代号	品种	代号
螺纹 45°弯头	THD-45E	螺纹管帽	THD-C
螺纹 90°弯头	THD-90E	方头管塞	THD-SHP
内外螺纹 90°弯头	THD-90SE	六角头管塞	THD-HHP
螺纹三通	THD-T	圆头管塞	THD-RHP
螺纹四通	THD-CR	六角头内外螺纹接头	THD-HHB
同心双螺口管箍	THD-FCC	无头内外螺纹接头	THD-FB
偏心双螺口管箍	THD-FCE	六角双螺纹接头	THD-HNC
平口单螺口管箍	THD-HCP	双头螺纹短节	THD-PNBE
坡口单螺口管箍	THD-HCB	单头螺纹短节	THD-PNOE
加长单螺口管箍	THD-CPT		

6.4.3.2 螺纹管件级别

螺纹管件的级别（Class）分为 2000、3000 和 6000，与之适配的钢管壁厚等级见表 6.4-17。

表 6.4-17 与螺纹管件适配的钢管壁厚

级别代号	适配的钢管壁厚等级	级别代号	适配的钢管壁厚等级
2000	Sch80、XS	6000	XXS
3000	Sch160		

6.4.3.3 螺纹弯头、三通和四通（表 6.4-18）

表 6.4-18 螺纹弯头、三通和四通　　　　单位：mm

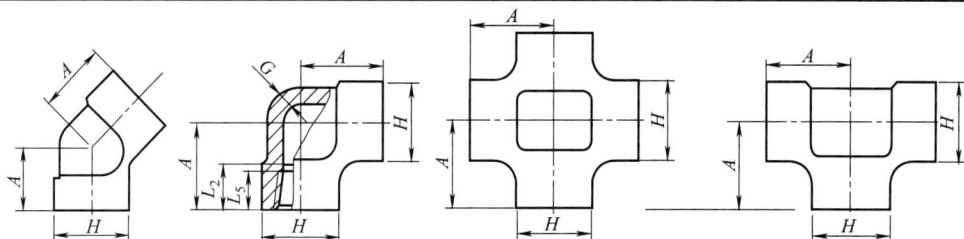

45°弯头／THD-45E　　　90°弯头／THD-90E　　　三通／THD-T　　　四通／THD-CR

公称尺寸 DN	螺纹尺寸 NPT	中心至端面 A						端部外径 H			本体厚度 G_{min}			完整螺纹长度 $L_{5\,min}$	有效螺纹长度 $L_{2\,min}$
		90°弯头、三通、四通			45°弯头										
		2000	3000	6000	2000	3000	6000	2000	3000	6000	2000	3000	6000		
6	1/8	21	21	25	17	17	19	22	22	25	3.18	3.18	6.35	6.4	6.7
8	1/4	21	25	28	17	19	22	22	25	33	3.18	3.30	6.60	8.1	10.2
10	3/8	25	28	33	19	22	25	25	33	38	3.18	3.51	6.98	9.1	10.4
15	1/2	28	33	38	22	25	28	33	38	46	3.18	4.09	8.15	10.9	13.6
20	3/4	33	38	44	25	28	35	38	46	56	3.18	4.32	8.53	12.7	13.9
25	1	38	44	51	28	33	35	46	56	62	3.68	4.98	9.93	14.7	17.3
32	1¼	44	51	60	33	35	43	56	62	75	3.89	5.28	10.59	17.0	18.0
40	1½	51	60	64	35	43	44	62	75	84	4.01	5.56	11.07	17.8	18.4
50	2	60	64	83	43	44	52	75	84	102	4.27	7.14	12.09	19.0	19.2
65	2½	76	83	95	52	52	64	92	102	121	5.61	7.65	15.29	23.5	28.9
80	3	86	95	106	64	64	79	109	121	146	5.99	8.84	16.64	25.9	30.5
100	4	106	114	114	79	79	79	146	152	152	6.85	11.18	18.67	27.7	33.0

6.4.3.4 内外螺纹90°弯头（表6.4-19）

表6.4-19 内外螺纹90°弯头规格尺寸 单位：mm

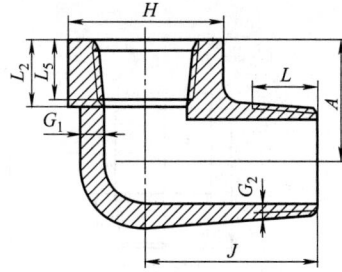

内外螺纹90°弯头/THD-90SE

公称尺寸 DN	螺纹尺寸 NPT	中心至内螺纹端面A[1]		中心至外螺纹端面J		端部外径H[2]		本体壁厚G_{imin}[3]		本体厚度G_{min}		内螺纹完整长度L_{5min}	内螺纹有效长度L_{2min}	外螺纹长度L_{min}
		3000	6000	3000	6000	3000	6000	3000	6000	3000	6000			
6	1/8	19	22	25	32	19	25	3.18	5.08	2.74	4.22	6.4	6.7	10.0
8	1/4	22	25	32	38	25	32	3.30	5.66	3.22	5.28	8.1	10.2	11.0
10	3/8	25	28	38	41	32	38	3.51	6.98	3.50	5.59	9.1	10.4	13.0
15	1/2	28	35	41	48	38	44	4.09	8.15	4.16	6.53	10.9	13.6	14.0
20	3/4	35	44	48	57	44	51	5.32	8.53	4.88	6.86	12.7	13.9	16.0
25	1	44	51	57	66	51	62	4.98	9.93	5.56	7.95	14.7	17.3	19.0
32	1¼	51	54	66	71	62	70	5.28	10.59	5.56	8.48	17.0	18.0	21.0
40	1½	54	64	71	84	70	84	5.55	11.07	6.25	8.89	17.8	18.4	21.0
50	2	64	83	84	105	84	102	7.14	12.09	7.64	9.70	19.0	19.2	22.0

① 制造商也可选择使用表6.4-18中90°弯头的A尺寸。

② 制造商也可以选择使用表6.4-18中的H尺寸。

③ 为加工螺纹前的壁厚。

6.4.3.5 螺纹管箍和管帽（表6.4-20）

表6.4-20 螺纹管箍和管帽 （单位：mm）

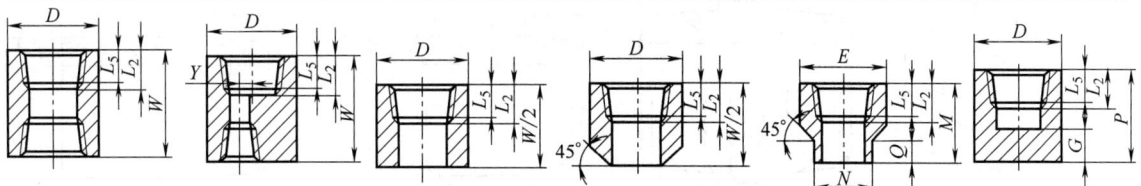

同心双螺口管箍/THD-FCC　偏心双螺口管箍/THD-FCE　平口单螺口管箍/THD-HCP　坡口单螺口管箍/THD-HCB　加长单螺口管箍/THD-CPT　管帽/THD-C

公称尺寸 DN	螺纹尺寸代号 NPT	端面至端面W	端面至端面P		外径D		顶部厚度G_{min}		大端外径E		端面至端面M	加长外径N	加长长度Q	完整螺纹长度L_{5min}	有效螺纹长度L_{2min}
		3000/6000	3000	6000	3000	6000	3000	6000	3000	6000					
6	1/8	32	19	—	16	22	4.8	—	—	—	—	—	—	6.4	6.7
8	1/4	35	25	27	19	25	4.8	6.4	23.8	25.4	30.2	17.5	9.5	8.1	10.2
10	3/8	38	25	27	22	32	4.8	6.4	27.0	31.8	30.2	20.7	9.5	9.1	10.4
15	1/2	48	32	33	28	38	6.4	7.9	33.4	38.1	33.4	23.8	9.5	10.9	13.6
20	3/4	51	37	38	35	44	6.4	7.9	38.1	44.5	34.9	27.0	9.5	12.7	13.9
25	1	60	41	43	44	57	9.7	11.2	46.1	87.2	42.9	33.4	9.5	14.7	17.3
32	1¼	67	44	46	57	64	9.7	11.2	55.6	63.5	47.6	42.9	9.5	17.0	18.0
40	1½	79	44	48	64	76	11.2	12.7	63.5	76.2	50.8	49.2	9.5	17.8	18.4
50	2	86	48	51	76	92	12.7	15.7	79.4	92.1	57.2	61.9	9.5	19.0	19.2
65	2½	92	60	64	92	108	15.7	19.0	92.1	108.0	63.5	73.0	9.5	23.6	28.9
80	3	108	65	68	108	127	19.0	22.4	111.1	127.0	69.9	88.9	9.5	25.9	30.5
100	4	121	68	75	140	159	22.4	28.4	141.3	158.8	76.2	114.3	9.5	27.7	33.0

6.4.3.6 管塞和螺纹接头（表 6.4-21）

表 6.4-21 管塞和螺纹接头规格尺寸 单位：mm

方头管塞/THD-SHP　六角头管塞/THD-HHP　圆头管塞/THD-RHR　六角头内外螺纹接头/THD-HHB　无头内外螺纹接头/THD-FB

公称尺寸 DN	螺纹尺寸 NPT	螺纹长度 A_{min}	方头高度 B_{min}	方头对边宽度 C_{min}	圆头直径 E	总长 D_{min}	六角头厚度 H_{min}	六角头厚度 G_{min}	六角头对边宽度 F
6	1/8	10	6	7	10	35	6	—	11
8	1/4	11	6	10	14	41	6	3	16
10	3/8	13	8	11	18	41	8	4	18
15	1/2	14	10	14	21	44	8	5	22
20	3/4	16	11	14	27	44	10	6	27
25	1	19	13	21	33	51	10	6	36
32	1¼	21	14	24	43	51	14	7	46
40	1½	21	16	28	48	51	16	8	50
50	2	22	18	31	60	64	18	9	65
65	2½	27	19	36	73	70	19	10	75
80	3	28	21	41	89	70	21	10	90
100	4	32	25	65	114	76	26	13	115

6.4.3.7 六角双螺纹接头和螺纹短节（表 6.4-22）

表 6.4-22 六角双螺纹接头和螺纹短节 （单位：mm）

六角双螺纹接头/THD-HNC　双头螺纹短节/THD-PNBE　单头螺纹短节/THD-PNOE

公称尺寸 DN	螺纹尺寸代号 NPT	六角厚度 H_{min} 2000/3000/6000	六角对边宽度 F 2000/3000/6000	单边长度 A_{min} 2000/3000/6000	端面至端面 P_{min} 2000/3000/6000	本体壁厚 G_{nom}[①] 2000	3000	6000	端面至端面 W_{min} 2000/3000/6000 W-1	W-2	W-3	外径 D_{nom}	外螺纹长度 L_{min}
6	⅛	6	11	15	36	2.41	3.15	4.83	50	75	100	10.2	10
8	¼	6	16	16	38	3.02	3.68	6.05	50	75	100	13.5	11
10	⅜	8	18	18	44	3.20	4.01	6.40	50	75	100	17.2	13
15	½	8	22	20	48	3.73	4.78	7.47	50	75	100	21.3	14
20	¾	10	27	22	54	3.91	5.56	7.82	50	75	100	26.9	16
25	1	10	36	25	60	4.55	6.35	9.09	50	75	100	33.7	19
32	1¼	12	46	27	66	4.85	6.35	9.70	75	100	150	42.4	21
40	1½	16	50	27	70	5.08	7.14	10.15	75	100	150	48.3	21
50	2	18	65	28	74	5.54	8.74	11.07	75	100	150	60.3	22
65	2½	19	75	35	89	7.01	9.53	14.02	100	150	200	73.0	27
80	3	21	90	36	93	7.62	11.13	15.24	100	150	200	88.9	28
100	4	25	115	40	105	8.56	13.49	17.12	100	150	200	114.3	32

① 为加工螺纹前的壁厚。

6.4.4 钢制法兰管件（GB/T 17185—2012）

6.4.4.1 钢制法兰管件种类和代号（表 6.4-23）

表 6.4-23 钢制法兰管件种类和代号

品种	类别	代号
45°弯头	等径	F45ES
	异径	F45ER
90°弯头	等径	F90ES
	异径	F90ER
	长半径等径	F90ELS
	长半径异径	F90ELR
三通	等径	FTS
	异径	FTR
四通	等径	FCRS
	异径	FCRR
45°斜三通	等径	F45TS
	异径	F45TR
异径接头（大小头）	同心	FRC
	偏心	FRE
Y 型三通	等径	FYTS
	异径	FYTR

6.4.4.2 钢制法兰管件的范围型式

GB/T 17185—2012 规定了公称压力 PN 为 Class150 和 Class300 的钢制法兰管件的型式，如图 6.4-1 所示。

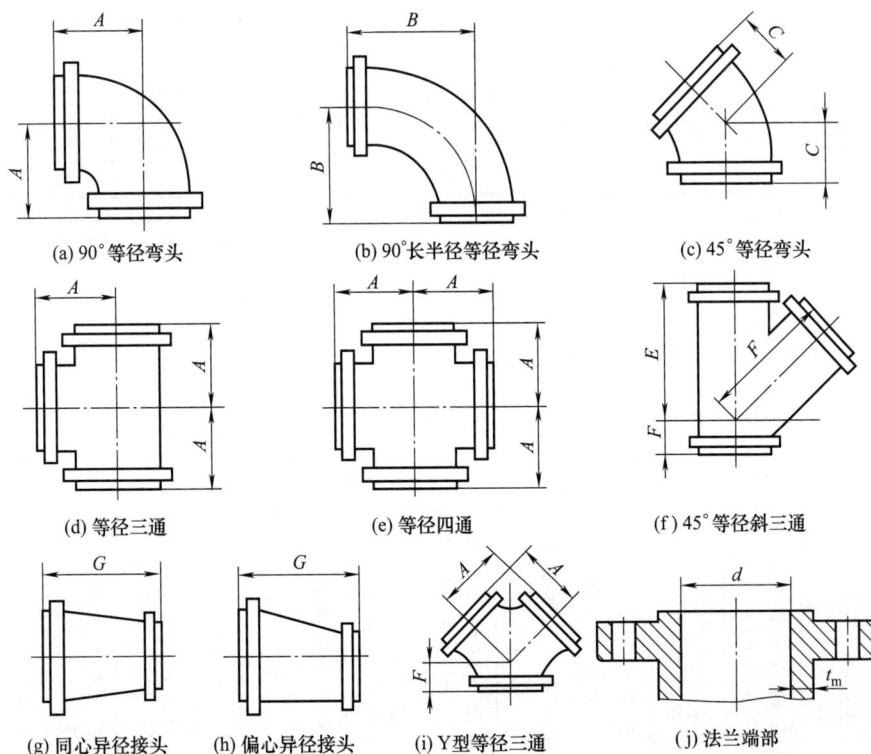

(a) 90°等径弯头　　(b) 90°长半径等径弯头　　(c) 45°等径弯头

(d) 等径三通　　(e) 等径四通　　(f) 45°等径斜三通

(g) 同心异径接头　　(h) 偏心异径接头　　(i) Y型等径三通　　(j) 法兰端部

图 6.4-1 公称压力 PN 为 Class150 和 Class300 的碳钢合金钢、奥氏体不锈钢法兰管件的型式

6.4.4.3　Class150 钢制法兰管件的尺寸（表 6.4-24）

表 6.4-24　Class150 钢制法兰管件的尺寸　　　　单位：mm

公称尺寸		最小壁厚 t_m	内径 d	突面						环连接面					
NPS	DN			弯头、三通和四通中至接的距离 A	长径弯头的中心至接面的距离 B	45°弯头的中心至接面的距离 C	斜三通长心至接面的距离 E	斜三通短心至接面的距离 F	异径接头的接至接面的距离 G	弯头、三通和四通中至接的距离 A	长径弯头的心中至端面的距离 B	45°弯头的心端至面的距离 C	斜三通长心中至端面的距离 E	斜三通短心中至端面的距离 F	异径接头的端面至端面的距离 G
1	25	4.0	25	89	127	44	146	44	114	95	133	51	152	51	127
5/4	32	4.8	32	95	140	51	159	44	114	102	146	57	165	51	127
3/2	40	4.8	38	102	152	57	178	51	114	108	159	64	184	57	127
2	50	5.6	51	114	165	64	203	64	127	121	171	70	210	70	140
5/2	65	5.6	64	127	178	76	241	64	140	133	184	83	248	70	153
3	80	5.6	76	140	197	76	254	76	152	146	203	83	260	70	165
4	100	6.4	102	165	229	102	305	76	178	171	235	108	311	83	191
5	125	7.1	127	190	260	114	343	89	203	197	267	121	349	95	216
6	150	7.1	152	203	292	127	368	89	229	210	298	133	375	95	242
8	200	7.9	203	229	356	140	444	114	279	235	362	146	451	121	292
10	250	8.7	254	279	419	165	521	127	305	286	425	171	527	133	318
12	300	9.5	305	305	483	190	622	140	356	311	489	197	629	146	369
14	350	10.3	337	356	546	190	686	152	406	362	552	197	692	159	419
16	400	11.1	387	381	610	203	762	165	457	387	616	210	768	171	470
18	450	11.9	438	419	673	216	813	178	483	425	679	222	819	184	496
20	500	12.7	489	457	737	241	889	203	508	464	743	248	895	210	521
24	600	14.5	591	559	864	279	1029	229	610	565	870	286	1035	235	623

注：最小壁厚 t_m 为 GB/T 9124 管子外径和壁厚标准 STD 对应的壁厚，用户如果没有特殊订货要求，则按此壁厚供货；因承受装配时紧固螺栓产生的应力、非圆形形状和应力集中而需要增加附加壁厚，由制造商确定；在同时满足以下情况的条件下，允许局部壁厚小于最小壁厚：
① 厚度较小的局部封闭在直径不超过 $(dt_m)^{0.5}$ 的圆周范围内，其中 d 为管件的内径；
② 实际测量厚度 $\geqslant 0.75 t_m$；
③ 厚度较小的局部所在的各封闭圆之间的间隔 $>1.75\ (dt_m)^{0.5}$。

6.4.4.4　Class300 钢制法兰管件的尺寸（表 6.4-25）

表 6.4-25　Class300 钢制法兰管件的尺寸　　　　单位：mm

公称尺寸		最小壁厚 t_m	内径 d	突面						环连接面					
NPS	DN			弯头、三通和四通中至接的距离 A	长径弯头的中心至接面的距离 B	45°弯头的中心至接面的距离 C	斜三通长心至接面的距离 E	斜三通短心至接面的距离 F	异径接头的接至接面的距离 G	弯头、三通和四通中至接的距离 A	长径弯头的心中至端面的距离 B	45°弯头的心端至面的距离 C	斜三通长心中至端面的距离 E	斜三通短心中至端面的距离 F	异径接头的端面至端面的距离 G
1	25	4.8	25	102	127	57	165	51	114	108	133	64	171	57	127
5/4	32	4.8	32	108	140	64	184	57	114	114	146	70	191	64	127
3/2	40	4.8	38	114	152	70	216	64	114	121	159	76	222	70	127

续表

公称尺寸				突面						环连接面					
NPS	DN	最小壁厚 t_m	内径 d	弯头、三通和通四中心连接面的距离 A	长径弯头中心至接面的距离 B	45°弯头心连面中接的距离 C	三的中心连接面至的距离 E	斜通短心连面中接至的距离 F	异接接面的接面头的至的距离 G	弯头、三通和通四中心至连接面的距离 A	长径弯头心端中至面的距离 B	45°弯头端心中面至的距离 C	三的中心端至面的距离 E	斜通短心端面中至的距离 F	异接端面头的面至端的距离 G
2	50	6.4	51	127	165	76	229	64	127	135	173	84	237	71	143
5/2	65	6.4	64	140	178	89	267	64	140	148	186	97	275	71	156
3	80	7.1	76	152	197	89	279	76	152	160	205	97	287	84	168
4	100	7.9	102	178	229	114	343	76	178	186	237	124	351	84	194
5	125	9.5	127	203	260	127	381	89	203	211	268	135	389	97	219
6	150	9.5	152	216	292	140	445	102	229	224	300	148	452	110	245
8	200	11.1	203	254	356	152	521	127	279	262	364	160	529	135	295
10	250	12.7	254	292	419	178	610	140	305	300	427	186	618	148	321
12	300	14.3	305	330	483	203	698	152	356	338	491	211	706	160	372
14	350	15.9	337	381	546	216	787	165	406	389	554	224	795	173	422
16	400	17.5	387	419	610	241	876	190	457	427	618	249	884	198	473
18	450	19.0	432	457	673	254	952	203	483	465	681	262	960	211	499
20	500	20.6	483	495	737	267	1029	216	508	505	746	276	1038	225	527
24	600	23.8	584	572	864	305	1206	254	610	583	875	316	1218	285	632

注：最小壁厚 t_m 为 GB/T 9124 管子外径和壁厚标准 STD 对应的壁厚，用户如果没有特殊订货要求，则按此壁厚供货；因承受装配时紧固螺栓产生的应力、非圆形状和应力集中而需要增加附加壁厚，由制造商确定；在同时满足以下情况的条件下，允许局部壁厚小于最小壁厚：

① 厚度较小的局部封闭在直径不超过 $(dt_m)^{0.5}$ 的圆周范围内，其中 d 为管件的内径；

② 实际测量厚度 $\geqslant 0.75t_m$；

③ 厚度较小的局部所在的各封闭圆之间的间隔 $> 1.75(dt_m)^{0.5}$。

6.4.5 锻制支管座（GB/T 19326—2022）

6.4.5.1 锻制支管座的品种与代号（表 6.4-26）

表 6.4-26 支座管的品种与代号

品种	代号	品种	代号
承插焊 90°支管座	SOL-90	对焊弯头支管座	WOL-E
螺纹 90°支管座	TOL-90	平端加长支管座	POL-N
对焊 90°支管座	WOL-90	螺纹加长支管座	TOL-N
承插焊 45°支管座	SOL-45	对焊加长支管座	WOL-N
螺纹 45°支管座	TOL-45	法兰支管座	FOL
对焊 45°支管座	WOL-45	承插焊薄壁支管座	SOL-P
承插焊弯头支管座	SOL-E	螺丝薄壁支管座	TOL-P
螺纹弯头支管座	TOL-E	对焊薄壁支管座	WOL-P

6.4.5.2 压力等级

承插焊支管座和螺纹支管座的压力等级（Class）为 3000、6000 或 9000；对焊支管座、平端支管座和薄壁支管座的压力等级用壁厚等级表示，为 Sch10、STD、XS、Sch160、XXS、Sch5S 或 Sch10S；法兰支管座的压力等级用"主管壁厚等级×法兰压力等级"表示。本节中支管座的压力等级仅与对应的钢管壁厚有关，两者之间的对应关系应符合表 6.4-27 的规定。除 45°支管座和弯头支管座以外，表 6.4-27 也给出了与支管座连接的主管公称尺寸范围。

表 6.4-27　支管座压力等级和对应的钢管壁厚的关系

支管连接类型	压力等级/壁厚等级	主管公称尺寸		支管公称尺寸		对应的主管壁厚等级	对应的支管壁厚等级
		DN	NPS	DN	NPS		
承插焊 90°支管座	3000	8～1200	1/4～48	6～100	1/8～4	XS	XS
承插焊 90°支管座	6000	8～300	1/4～12	6～50	1/8～2	Sch160	Sch160
承插焊 90°支管座	9000	20～300	3/4～12	15～50	1/2～2	XXS	XXS
螺纹 90°支管座	3000	8～1200	1/4～48	6～100	1/8～4	XS	XS
螺纹 90°支管座	6000	8～300	1/4～12	6～50	1/8～2	Sch160	Sch160
螺纹 90°支管座	9000	20～300	3/4～12	15～50	1/2～2	XXS	XXS
对焊 90°支管座	Sch10	8～600	1/4～24	6～500	1/8～20	Sch10	Sch10
对焊 90°支管座	STD	8～900	1/4～36	6～600	1/8～24	STD	STD
对焊 90°支管座	XS	8～1200	1/4～48	6～600	1/8～24	XS	XS
对焊 90°支管座	Sch160	20～300	3/4～12	15～150	1/2～6	Sch160	Sch160
对焊 90°支管座	XXS	20～300	3/4～12	15～150	1/2～6	XXS	XXS
承插焊 45°支管座和弯头支管座	3000	—	—	6～100	1/8～4	XS	XS
承插焊 45°支管座和弯头支管座	6000	—	—	6～50	1/8～2	Sch160	Sch160
螺纹 45°支管座和弯头支管座	3000	—	—	6～100	1/8～4	XS	XS
螺纹 45°支管座和弯头支管座	6000	—	—	6～50	1/8～2	Sch160	Sch160
对焊 45°支管座和弯头支管座	STD	—	—	6～600	1/8～24	STD	STD
对焊 45°支管座和弯头支管座	XS	—	—	6～600	1/8～24	XS	XS
平端、螺纹和对焊加长支管座	Sch10	8～600	1/4～24	6～100	1/8～4	Sch10	Sch10
平端、螺纹和对焊加长支管座	STD	8～900	1/4～36	6～100	1/8～4	STD	STD
平端、螺纹和对焊加长支管座	XS	8～1200	1/4～48	6～100	1/8～4	XS	XS
平端、螺纹和对焊加长支管座	Sch160	20～300	3/4～12	15～100	1/2～4	Sch160	Sch160
平端、螺纹和对焊加长支管座	XXS	20～300	3/4～12	15～100	1/2～4	XXS	XXS
承插焊薄壁支管座	Sch5S	20～600	3/4～24	15～50	1/2～2	Sch5S	Sch5S
承插焊薄壁支管座	Sch10S	20～600	3/4～24	15～50	1/2～2	Sch10S	Sch10S
螺纹薄壁支管座	Sch10S	20～600	3/4～24	15～50	1/2～2	Sch10S	Sch10S
对焊薄壁支管座	Sch5S	20～600	3/4～24	15～100	1/2～4	Sch5S	Sch5S
对焊薄壁支管座	Sch10S	8～600	1/4～24	6～100	1/8～4	Sch10S	Sch10S

注：1. 法兰支管座的压力等级/壁厚等级和对应的主管公称尺寸与对焊 90°支管座相同。

2. 当公称尺寸小于或等于 DN250（NPS10）时，Sch40 的壁厚值与 STD 相等，可用 Sch40 代替 STD；当公称尺寸小于或等于 DN200（NPS8）时，Sch80 的壁厚值与 XS 相等，可用 Sch80 代替 XS。

6.4.5.3　接管尺寸

除表 6.4-28 规定外，与支管座连接的钢管外径和公称壁厚应符合 GB/T 28708 中系列 I 的相关规定。

表 6.4-28　DN6～10 的 Sch160 和 XXS 的钢管外径和公称壁厚

公称尺寸		外径/mm	公称壁厚/mm	
DN	NPS		Sch160	XXS
6	1/8	10.2	3.15	4.83
8	1/4	13.5	3.58	6.05
10	3/8	17.2	4.01	6.40

6.4.5.4　形状与尺寸

承插焊 90°支管座的形状应符合图 6.4-2 的规定，尺寸应符合表 6.4-29～表 6.4-31 的规定；螺纹 90°支管座的形状应符合图 6.4-3 的规定，尺寸应符合表 6.4-32～表 6.4-34 的规定；对焊 90°支管座的形状应符合图 6.4-4 的规定，尺寸应符合表 6.4-35～表 6.4-39 的规定；承插焊 45°支管座和弯头支管座的形状应符合图 6.4-5 的规定，尺寸应符合表 6.4-40 的规定；螺纹 45°支管座和弯头支管座的形状应符合图 6.4-6 的规定，尺寸应符合表 6.4-41 的规定；对焊 45°支管座和弯头支管座的形状应符合图 6.4-7 的规定，尺寸应符合表 6.4-42 的规定；平端、螺纹和对焊加长支管座的形状应符合图 6.4-8 的规定，尺寸应符合表 6.4-43 的规定；法兰支管座的形状应符合图 6.4-9 的规定，尺寸应符合表 6.4-44 的规定；承插焊、螺纹和对焊薄壁支管座的形状应符合图 6.4-10 的规定，尺寸应符合表 6.4-45 的规定。

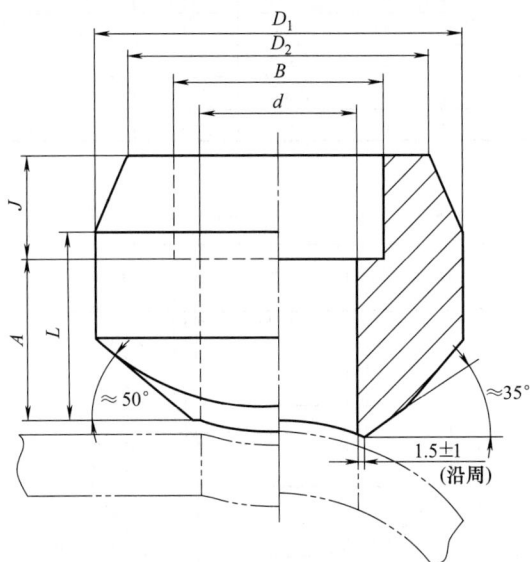

图 6.4-2　承插焊 90°支管座/SOL-90 形状

表 6.4-29　承插焊 90°支管座（Class 3000）尺寸　　　　单位：mm

主管公称尺寸		支管公称尺寸		结构高度	直边高度	本体外径	端部外径	流通孔径	承插孔径	承插孔深度
DN	NPS	DN	NPS	A	L_{min}	$D_{1\,min}$	$D_{2\,min}$	d	B	J_{min}
8～1200	1/4～48	6	1/8	11	8.0	24	22	5.5	10.8	9.5
10～1200	3/8～48	8	1/4	11	9.5	26	23	7.5	14.2	9.5
15～1200	1/2～48	10	3/8	13	11.5	30	27	10.8	17.8	9.5
20～1200	3/4～48	15	1/2	16	13.5	34	32	13.8	21.9	9.5
25～1200	1～48	20	3/4	16	16.5	40	38	19.1	27.5	12.5
32～1200	1¼～48	25	1	23	19.5	48	47	24.6	34.3	12.5
40～1200	1½～48	32	1¼	23	23.0	58	56	32.7	43.0	12.5
50～1200	2～48	40	1½	24	25.5	65	63	38.1	48.9	12.5
65～1200	2½～48	50	2	24	30.5	78	76	49.2	61.2	16.0
80～1200	3～48	65	2½	26	34.0	94	92	59.0	73.9	16.0
90～1200	3½～48	80	3	31	35.0	112	110	73.7	89.9	16.0
125～1200	5～48	100	4	31	41.0	141	139	97.2	115.5	16.0

表 6.4-30　承插焊 90°支管座（Class 6000）尺寸　　　　单位：mm

主管公称尺寸		支管公称尺寸		结构高度	直边高度	本体外径	端部外径	流通孔径	承插孔径	承插孔深度
DN	NPS	DN	NPS	A	L_{min}	$D_{1\,min}$	$D_{2\,min}$	d	B	J_{min}
8～300	1/4～12	6	1/8	20	10.0	24	22	3.9	10.8	9.5
10～300	3/8～12	8	1/4	20	13.0	26	24	6.1	14.2	9.5
15～300	1/2～12	10	3/8	20	16.0	33	29	9.2	17.8	9.5
20～300	3/4～12	15	1/2	24	18.5	38	35	11.7	21.9	9.5
25～300	1～12	20	3/4	26	22.0	46	42	15.8	27.5	12.5
32～300	1¼～12	25	1	29	26.0	56	51	21.0	34.3	12.5
40～300	1½～12	32	1¼	31	32.0	70	60	29.7	43.0	12.5
50～300	2～12	40	1½	32	35.0	77	68	34.0	48.9	12.5
65～300	2½～12	50	2	37	40.5	91	84	42.8	61.2	16.0

表 6.4-31　承插焊 90°支管座（Class 9000）尺寸　　　　　单位：mm

| 主管公称尺寸 | | 支管公称尺寸 | | 结构高度 | 直边高度 | 本体外径 | 端部外径 | 流通孔径 | 承插孔径 | 承插孔深度 |
DN	NPS	DN	NPS	A	L_{min}	$D_{1\,min}$	$D_{2\,min}$	d	B	J_{min}
20～300	3/4～12	15	1/2	24	12.5	44	42	6.4	21.9	9.5
25～300	1～12	20	3/4	26	17.0	50	48	11.3	27.5	12.5
32～300	1¼～12	25	1	29	20.0	60	58	15.2	34.3	12.5
40～300	1½～12	32	1¼	31	25.0	70	67	23.0	43.0	12.5
50～300	2～12	40	1½	32	28.5	77	75	28.0	48.9	12.5
65～300	2½～12	50	2	37	35.0	91	89	38.2	61.2	16.0

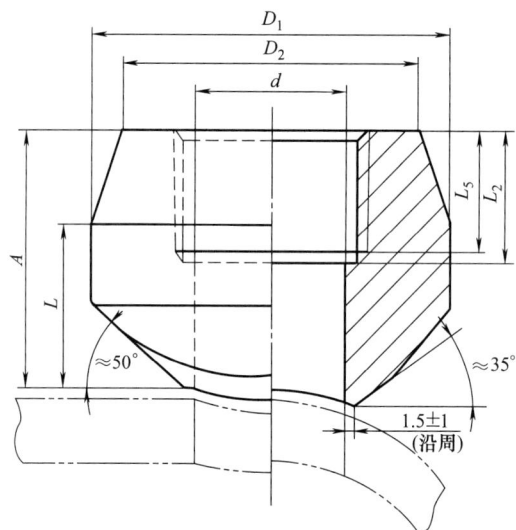

图 6.4-3　螺纹 90°支管座/TOL-90 形状

表 6.4-32　螺纹 90°支管座（Class 3000）尺寸　　　　　单位：mm

| 主管公称尺寸 | | 支管公称尺寸 | 螺纹尺寸代号 | 结构高度 | 直边高度 | 本体外径 | 端部外径 | 流通孔径 | 完整螺纹长度 | 有效螺纹长度 $L_{2\,min}$ |
DN	NPS	DN	NPT	A	L_{min}	$D_{1\,min}$	$D_{2\,min}$	d	$L_{5\,min}$	
8～1200	1/4～48	6	1/8	19	8.0	24	22	5.5	6.4	6.7
10～1200	3/8～48	8	1/4	19	9.5	26	23	7.5	8.1	10.2
15～1200	1/2～48	10	3/8	21	11.5	30	27	10.8	9.1	10.4
20～1200	3/4～48	15	1/2	25	13.5	34	32	13.8	10.9	13.6
25～1200	1～48	20	3/4	27	16.5	40	38	19.1	12.7	13.9
32～1200	1¼～48	25	1	33	19.5	48	47	24.6	14.7	17.3
40～1200	1½～48	32	1¼	33	23.0	58	56	32.7	17.0	18.0
50～1200	2～48	40	1½	35	25.5	65	63	38.1	17.8	18.4
65～1200	2½～48	50	2	38	30.5	78	76	49.2	19.0	19.2
80～1200	3～48	65	2½	46	34.0	94	92	59.0	23.6	28.9
90～1200	3½～48	80	3	51	35.0	112	110	73.7	25.9	30.5
125～1200	5～48	100	4	57	41.0	141	139	97.2	27.7	33.0

表 6.4-33　螺纹 90°支管座（Class 6000）尺寸　　　　　单位：mm

| 主管公称尺寸 | | 支管公称尺寸 | 螺纹尺寸代号 | 结构高度 | 直边高度 | 本体外径 | 端部外径 | 流通孔径 | 完整螺纹长度 | 有效螺纹长度 $L_{2\,min}$ |
DN	NPS	DN	NPT	A	L_{min}	$D_{1\,min}$	$D_{2\,min}$	d	$L_{5\,min}$	
8～300	1/4～12	6	1/8	29	10.0	24	22	3.9	6.4	6.7
10～300	3/8～12	8	1/4	29	13.0	26	24	6.1	8.1	10.2

续表

主管公称尺寸		支管公称尺寸	螺纹尺寸代号	结构高度 A	直边高度 L_{min}	本体外径 $D_{1\,min}$	端部外径 $D_{2\,min}$	流通孔径 d	完整螺纹长度 $L_{5\,min}$	有效螺纹长度 $L_{2\,min}$
DN	NPS	DN	NPT							
15~300	1/2~12	10	3/8	29	16.0	33	29	9.2	9.1	10.4
20~300	3/4~12	15	1/2	32	18.5	38	35	11.7	10.9	13.6
25~300	1~12	20	3/4	37	22.0	46	42	15.8	12.7	13.9
32~300	1¼~12	25	1	40	26.0	56	51	21.0	14.7	17.3
40~300	1½~12	32	1¼	41	32.0	70	60	29.7	17.0	18.0
50~300	2~12	40	1½	43	35.0	77	68	34.0	17.8	18.4
65~300	2½~12	50	2	52	40.5	91	84	42.8	19.0	19.2

表 6.4-34　螺纹 90°支管座（Class 9000）尺寸　　　单位：mm

主管公称尺寸		支管公称尺寸	螺纹尺寸代号	结构高度 A	直边高度 L_{min}	本体外径 $D_{1\,min}$	端部外径 $D_{2\,min}$	流通孔径 d	完整螺纹长度 $L_{5\,min}$	有效螺纹长度 $L_{2\,min}$
DN	NPS	DN	NPS							
20~300	3/4~12	15	1/2	32	12.5	44	38	6.4	10.9	13.6
25~300	1~12	20	3/4	37	17.0	50	44	11.3	12.7	13.9
32~300	1¼~12	25	1	40	20.0	60	57	15.2	14.7	17.3
40~300	1½~12	32	1¼	41	25.0	70	64	23.0	17.0	18.0
50~300	2~12	40	1½	43	28.5	78	76	28.0	17.8	18.4
65~300	2½~12	50	2	52	35.0	94	92	38.2	19.0	19.2

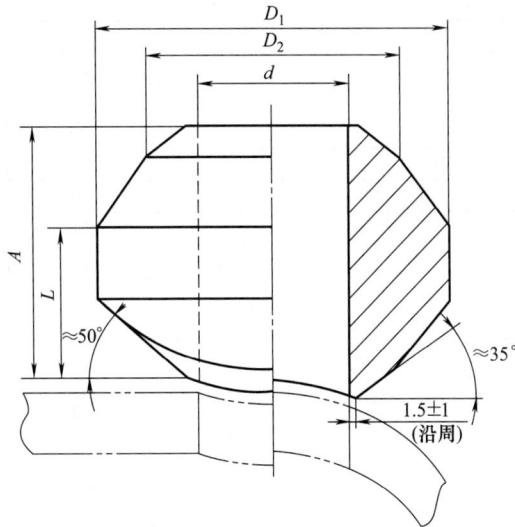

图 6.4-4　对焊 90°支管座/WOL-90 形状

表 6.4-35　对焊 90°支管座（壁厚等级 Sch10）尺寸　　　单位：mm

主管公称尺寸		支管公称尺寸		结构高度 A	直边高度 L_{min}	本体外径 $D_{1\,min}$	端部外径 D_2	流通孔径 d
DN	NPS	DN	NPS					
8~600	1/4~24	6	1/8	16	7.5	22	10.2	7.7
10~600	3/8~24	8	1/4	16	8.5	22	13.5	10.2
15~600	1/2~24	10	3/8	19	10.0	24	17.2	13.9
20~600	3/4~24	15	1/2	19	11.5	28	21.3	17.1
25~600	1~24	20	3/4	22	13.5	35	26.9	22.7
32~600	1¼~24	25	1	27	16.0	42	33.7	28.2
40~600	1½~24	32	1¼	32	18.5	52	42.4	36.9

续表

主管公称尺寸		支管公称尺寸		结构高度 A	直边高度 L_{min}	本体外径 $D_{1\,min}$	端部外径 D_2	流通孔径 d
DN	NPS	DN	NPS					
50～600	2～24	40	1½	33	20.5	59	48.3	42.8
65～600	2½～24	50	2	38	23.5	72	60.3	54.8
80～600	3～24	65	2½	41	27.5	86	73.0	66.9
90～600	3½～24	80	3	44	32.0	104	88.9	82.8
100～600	4～24	90	3½	48	34.0	117	101.6	95.5
125～600	5～24	100	4	51	37.0	131	114.3	108.2
150～600	6～24	125	5	57	43.5	160	141.3	134.5
200～600	8～24	150	6	60	49.5	189	168.3	161.5
250～600	10～24	200	8	70	60.0	243	219.1	211.6
300～600	12～24	250	10	78	67.0	300	273.0	264.6
350～600	14～24	300	12	86	69.0	356	323.9	314.7
400～600	16～24	350	14	89	71.0	385	355.6	342.9
450～600	18～24	400	16	94	75.0	439	406.4	393.7
500～600	20～24	450	18	97	78.0	492	457.0	444.3
550～600	22～24	500	20	102	82.0	546	508.0	495.3

表 6.4-36　对焊 90°支管座（壁厚等级 STD）尺寸　　　　单位：mm

主管公称尺寸		支管公称尺寸		结构高度 A	直边高度 L_{min}	本体外径 $D_{1\,min}$	端部外径 D_2	流通孔径 d
DN	NPS	DN	NPS					
8～900	1/4～36	6	1/8	16	8.0	24	10.2	6.7
10～900	3/8～36	8	1/4	16	9.0	26	13.5	9.0
15～900	1/2～36	10	3/8	19	11.0	30	17.2	12.6
20～900	3/4～36	15	1/2	19	13.0	34	21.3	15.8
25～900	1～36	20	3/4	22	15.5	38	26.9	21.2
32～900	1¼～36	25	1	27	17.5	46	33.7	26.9
40～900	1½～36	32	1¼	32	21.5	56	42.4	35.3
50～900	2～36	40	1½	33	23.0	63	48.3	40.9
65～900	2½～36	50	2	38	27.0	75	60.3	52.5
80～900	3～36	65	2½	41	30.5	87	73.0	62.7
90～900	3½～36	80	3	44	35.5	105	88.9	77.9
100～900	4～36	90	3½	48	39.0	119	101.6	90.1
125～900	5～36	100	4	51	43.0	133	114.3	102.3
150～900	6～36	125	5	57	46.0	164	141.3	128.2
200～900	8～36	150	6	60	48.0	196	168.3	154.1
250～900	10～36	200	8	70	56.0	252	219.1	202.7
300～900	12～36	250	10	78	62.0	310	273.0	254.5
350～900	14～36	300	12	86	68.0	365	323.9	304.7
400～900	16～36	350	14	89	71.0	399	355.6	336.5
450～900	18～36	400	16	94	75.0	454	406.4	387.3
500～900	20～36	450	18	97	78.0	509	457.0	437.9
550～900	22～36	500	20	102	82.0	563	508.0	488.9
650～900	26～36	600	24	116	93.0	669	610.0	590.9

表 6.4-37　对焊 90°支管座（壁厚等级 XS）尺寸　　　　单位：mm

主管公称尺寸		支管公称尺寸		结构高度 A	直边高度 L_{min}	本体外径 $D_{1\,min}$	端部外径 D_2	流通孔径 d
DN	NPS	DN	NPS					
8～1200	1/4～48	6	1/8	16	8.0	24	10.2	5.4
10～1200	3/8～48	8	1/4	16	9.5	26	13.5	7.5
15～1200	1/2～48	10	3/8	19	11.5	30	17.2	10.8

续表

主管公称尺寸		支管公称尺寸		结构高度 A	直边高度 L_{min}	本体外径 $D_{1\,min}$	端部外径 D_2	流通孔径 d
DN	NPS	DN	NPS					
20～1200	3/4～48	15	1/2	19	13.5	34	21.3	13.8
25～1200	1～48	20	3/4	22	16.5	38	26.9	19.1
32～1200	1¼～48	25	1	27	19.5	46	33.7	24.6
40～1200	1½～48	32	1¼	32	23.0	56	42.4	32.7
50～1200	2～48	40	1½	33	25.5	63	48.3	38.1
65～1200	2½～48	50	2	38	30.5	78	60.3	49.2
80～1200	3～48	65	2½	41	34.0	90	73.0	59.0
90～1200	3½～48	80	3	44	35.0	111	88.9	73.7
100～1200	4～48	90	3½	48	38.0	126	101.6	85.4
125～1200	5～48	100	4	51	41.0	141	114.3	97.2
150～1200	6～48	125	5	57	46.0	173	141.3	122.2
200～1200	8～48	150	6	78	62.0	196	168.3	146.4
250～1200	10～48	200	8	90	72.0	249	219.1	193.7
300～1200	12～48	250	10	94	75.0	311	273.0	247.6
350～1200	14～48	300	12	96	77.0	371	323.9	298.5
400～1200	16～48	350	14	100	80.0	405	355.6	330.2
450～1200	18～48	400	16	106	85.0	461	406.4	381.0
500～1200	20～48	450	18	111	89.0	516	457.0	431.6
550～1200	22～48	500	20	119	95.0	570	508.0	482.6
650～1200	26～48	600	24	140	112.0	675	610.0	584.6

表 6.4-38 对焊 90°支管座（壁厚等级 Sch160）尺寸　　　单位：mm

主管公称尺寸		支管公称尺寸		结构高度 A	直边高度 L_{min}	本体外径 $D_{1\,min}$	端部外径 D_2	流通孔径 d
DN	NPS	DN	NPS					
20～300	3/4～12	15	1/2	28	18.5	38	21.3	11.7
25～300	1～12	20	3/4	32	22.0	46	26.9	15.8
32～300	1¼～12	25	1	38	26.0	56	33.7	21.0
40～300	1½～12	32	1¼	44	32.0	70	42.4	29.7
50～300	2～12	40	1½	51	35.0	77	48.3	34.0
65～300	2½～12	50	2	55	40.5	91	60.3	42.8
80～300	3～12	65	2½	62	47.0	108	73.0	53.9
90～300	3½～12	80	3	73	54.5	127	88.9	66.6
125～300	5～12	100	4	84	65.0	156	114.3	87.3
150～300	6～12	125	5	94	76.0	187	141.3	109.5
200～300	8～12	150	6	105	87.0	218	168.3	131.8

表 6.4-39 对焊 90°支管座（壁厚等级 XXS）尺寸　　　单位：mm

主管公称尺寸		支管公称尺寸		结构高度 A	直边高度 L_{min}	本体外径 $D_{1\,min}$	端部外径 D_2	流通孔径 d
DN	NPS	DN	NPS					
20～300	3/4～12	15	1/2	28	12.5	38	21.3	6.4
25～300	1～12	20	3/4	32	17.0	46	26.9	11.3
32～300	1¼～12	25	1	38	20.0	56	33.7	15.5
40～300	1½～12	32	1¼	44	25.0	70	42.4	23.0
50～300	2～12	40	1½	51	28.5	77	48.3	28.0
65～300	2½～12	50	2	55	35.0	79	60.3	38.2
80～300	3～12	65	2½	62	39.0	90	73.0	45.0
90～300	3½～12	80	3	73	47.0	110	88.9	58.4
125～300	5～12	100	4	84	58.5	141	114.3	80.1
150～300	6～12	125	5	94	69.5	173	141.3	103.2
200～300	8～12	150	6	105	77.5	198	168.3	124.4

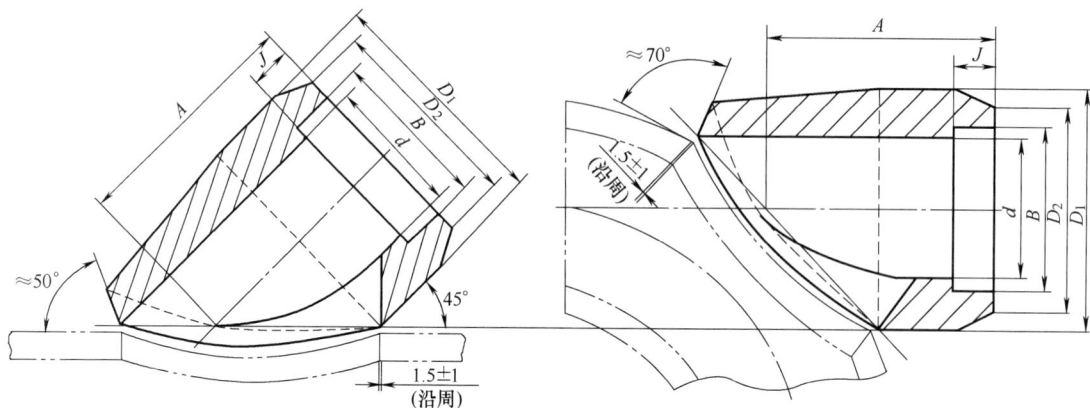

(a) 承插焊45°支管座/SOL-45　　　　　　　　(b) 承插焊弯头支管座/SOL-E

图 6.4-5　承插焊 45°支管座和弯头支管座形状

表 6.4-40　承插焊 45°支管座和弯头支管座尺寸　　　　　单位：mm

支管公称尺寸		结构高度 A				端部外径 $D_{2\,min}$		流通孔径 d		承插孔径 B	承插孔深度 J_{min}
DN	NPS	3000		6000		3000	6000	3000	6000		
		min	max	min	max						
6	1/8	38	43	39	47	22	24	5.5	3.9	10.8	9.5
8	1/4	38	43	39	47	23	26	7.5	6.1	14.2	9.5
10	3/8	38	43	39	47	27	33	10.8	9.2	17.8	9.5
15	1/2	38	45	46	54	32	38	13.8	11.7	21.9	9.5
20	3/4	46	51	54	62	38	46	19.1	15.8	27.5	12.5
25	1	54	62	61	70	47	56	24.6	21.0	34.3	12.5
32	1¼	61	69	65	75	56	70	32.7	29.7	43.0	12.5
40	1½	64	72	79	89	63	77	38.1	34.0	48.9	12.5
50	2	76	84	90	105	76	91	49.2	42.8	61.2	16.0
65	2½	85	95	—	—	92	—	59.0	—	73.9	16.0
80	3	97	110	—	—	110	—	73.7	—	89.9	16.0
100	4	125	140	—	—	139	—	97.2	—	115.5	16.0

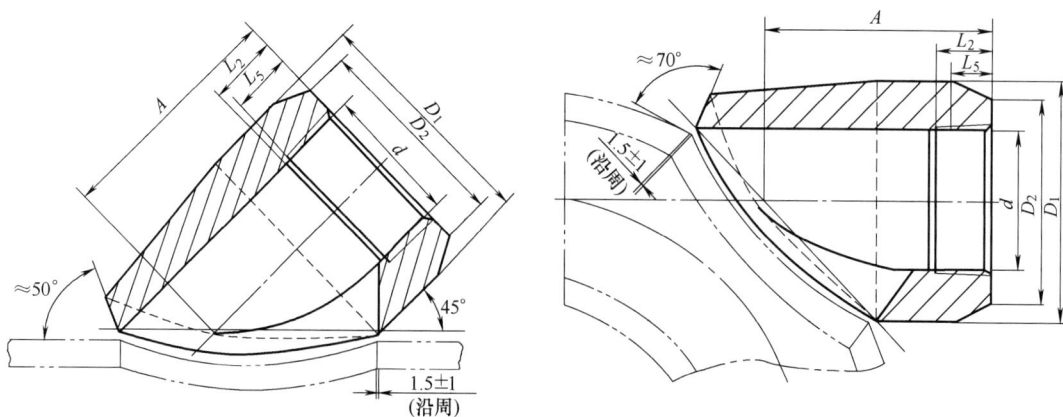

(a) 螺纹45°支管座/TOL-45　　　　　　　　(b) 螺纹弯头支管座/TOL-E

图 6.4-6　螺纹 45°支管座和弯头支管座形状

表 6.4-41　螺纹 45°支管座和弯头支管座尺寸　　　　单位：mm

支管公称尺寸 DN	螺纹尺寸代号 NPT	结构高度 A				端部外径 $D_{2\,min}$		流通孔径 d		完整螺纹长度 $L_{5\,min}$	有效螺纹长度 $L_{2\,min}$
		3000		6000		3000	6000	3000	6000		
		min	max	min	max						
6	1/8	38	43	39	47	22	24	5.5	3.9	6.4	6.7
8	1/4	38	43	39	47	23	26	7.5	6.1	8.1	10.2
10	3/8	38	43	39	47	27	33	10.8	9.2	9.1	10.4
15	1/2	38	45	46	54	32	38	13.8	11.7	10.9	13.6
20	3/4	46	51	54	62	38	46	19.1	15.8	12.7	13.9
25	1	54	62	61	70	47	56	24.6	21.0	14.7	17.3
32	1¼	61	69	65	75	56	70	32.7	29.7	17.0	18.0
40	1½	64	72	79	89	63	77	38.1	34.0	17.8	18.4
50	2	76	84	90	105	76	91	49.2	42.8	19.0	19.2
65	2½	85	95	—	—	92	—	59.0	—	23.6	28.9
80	3	97	110	—	—	110	—	73.7	—	25.9	30.5
100	4	125	140	—	—	139	—	97.2	—	27.7	33.0

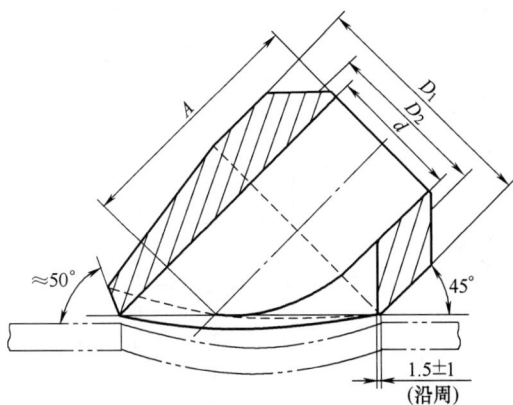

(a) 对焊45°支管座/WOL-45　　　　　　(b) 对焊弯头支管座/WOL-E

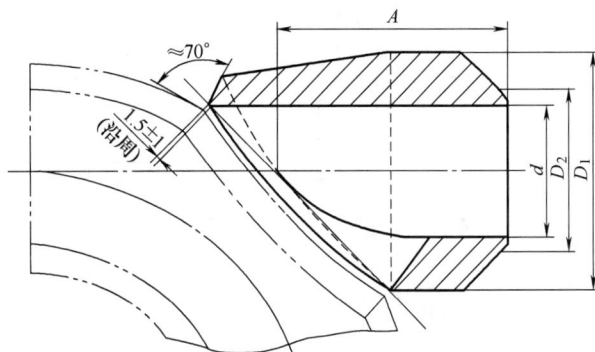

图 6.4-7　对焊 45°支管座和弯头支管座形状

表 6.4-42　对焊 45°支管座和弯头支管座尺寸　　　　单位：mm

支管公称尺寸 DN	支管公称尺寸 NPS	结构高度 A STD、XS		流通孔径 d STD	流通孔径 d XS	端部外径 D_2
		min	max			
6	1/8	38	43	6.7	5.5	10.2
8	1/4	38	43	9.0	7.5	13.5
10	3/8	38	43	12.6	10.8	17.2
15	1/2	38	43	15.8	13.8	21.3
20	3/4	45	51	21.2	19.1	26.9
25	1	54	65	26.9	24.6	33.7
32	1¼	54	65	35.3	32.7	42.4
40	1½	64	75	40.9	38.1	48.3
50	2	73	89	52.5	49.2	60.3
65	2½	95	110	62.7	59.0	73.0
80	3	115	130	77.9	73.7	88.9
90	3½	130	145	90.1	85.4	101.6

续表

支管公称尺寸		结构高度 A		流通孔径 d		端部外径 D_2
DN	NPS	STD、XS		STD	XS	
		min	max			
100	4	140	155	102.3	97.2	114.3
125	5	170	185	128.2	122.2	141.3
150	6	195	210	154.1	146.4	168.3
200	8	220	235	202.7	193.7	219.1
250	10	250	265	254.5	247.6	273.0
300	12	280	295	304.7	298.4	323.9
350	14	300	320	336.5	330.2	355.6
400	16	330	350	387.3	381.0	406.4
450	18	370	390	437.9	431.6	457.0
500	20	410	430	488.9	482.6	508.0
600	24	490	515	590.9	584.6	610.0

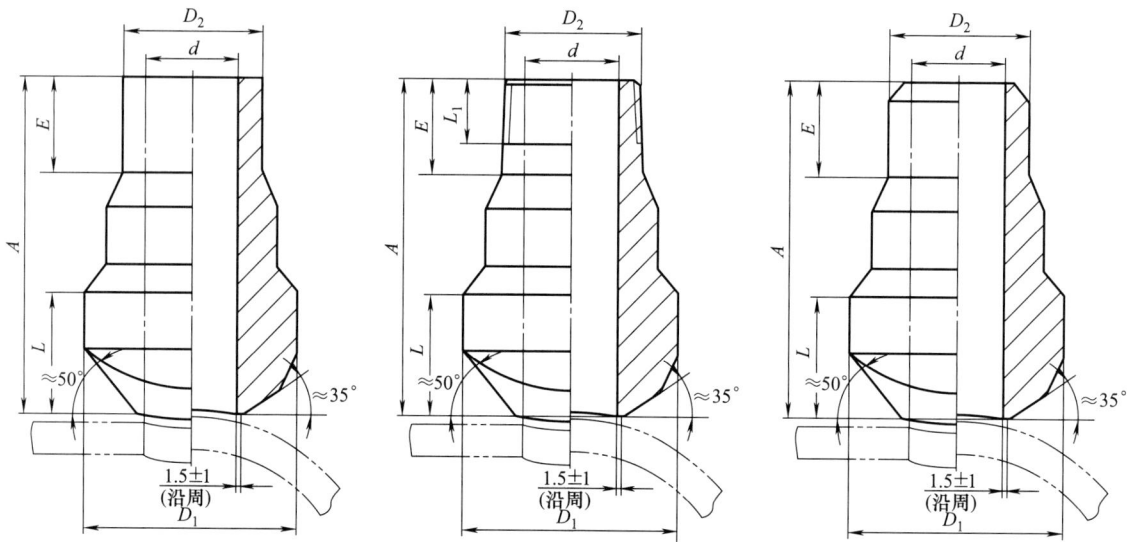

(a) 平端加长支管座/POL-N　　　(b) 螺纹加长支管座/TOL-N　　　(c) 对焊加长支管座/WOL-N

图 6.4-8　平端、螺纹和对焊加长支管座形状

表 6.4-43　平端、螺纹和对焊加长支管座尺寸　　　　单位：mm

支管公称尺寸		螺纹尺寸代号	结构高度 A		颈部长度 E_{min}	端部外径 D_2	外螺纹长度 $L_{1\,min}$
DN	NPS	NPT	Sch10、STD、XS	Sch160、XXS			
6	1/8	1/8	100	—	20	10.2	10
8	1/4	1/4	100	—	20	13.5	11
10	3/8	3/8	100	—	20	17.2	13
15	1/2	1/2	100	100	25	21.3	14
20	3/4	3/4	100	100	25	26.9	16
25	1	1	100	100	30	33.7	19
32	1¼	1¼	110	120	30	42.4	21
40	1½	1½	110	120	30	48.3	21
50	2	2	110	120	35	60.3	22
65	2½	2½	120	140	40	73.0	27
80	3	3	130	150	40	88.9	28
90	3½	3½	130	150	40	101.6	30
100	4	4	140	160	40	114.3	32

　　注：壁厚等级 Sch10、STD、XS、Sch160 和 XXS 所对应的主管公称尺寸和 L、D_1、d 尺寸，应分别符合表 6.4-35～表 6.4-39 的规定。

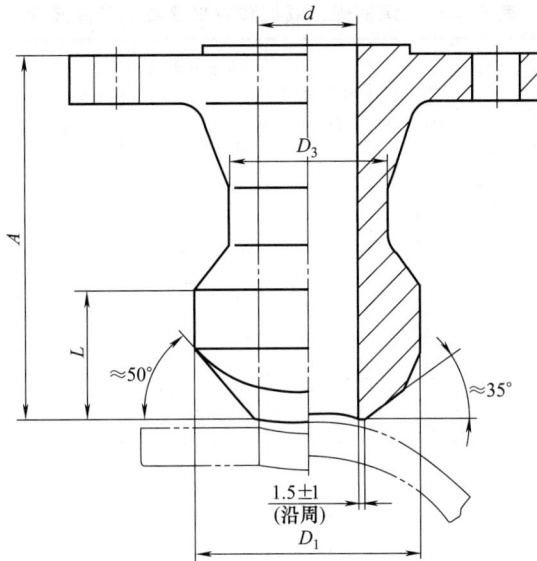

图 6.4-9 法兰支管座/FOL 形状

注：法兰任一相对两螺栓孔应与主管轴向或径向的中心线跨中布置（同 GB/T 9124 中相应部分的规定）。

表 6.4-44 法兰支管座尺寸　　　单位：mm

支管公称尺寸		结构高度 A	中部外径 $D_{3\,min}$
DN	NPS		
15	1/2	150	21.3
20	3/4	150	26.9
25	1	150	33.7
32	1¼	150	42.4
40	1½	150	48.3
50	2	200	60.3
65	2½	200	73.0
80	3	200	88.9
90	3½	200	101.6
100	4	200	114.3

注：1. 支管座所对应的主管公称尺寸和 L、D_1 尺寸，按订货壁厚不同应分别符合表 6.4-36～表 6.4-39 的规定。

2. d 尺寸与法兰内径相等。

3. 法兰压力等级、密封面型式和法兰的标准编号由采购方指定。

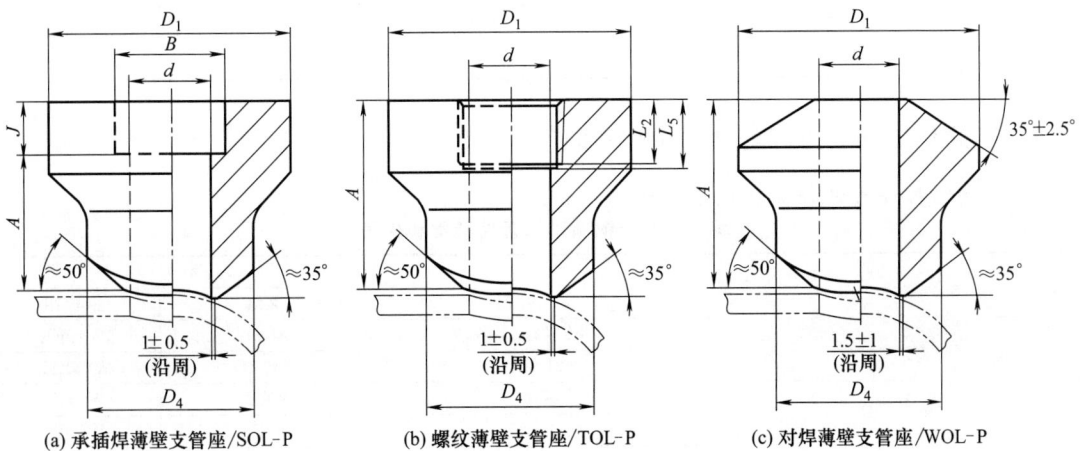

(a) 承插焊薄壁支管座/SOL-P　　(b) 螺纹薄壁支管座/TOL-P　　(c) 对焊薄壁支管座/WOL-P

图 6.4-10 承插焊、螺纹和对焊薄壁支管座形状

表 6.4-45　承插焊、螺纹和对焊薄壁支管座尺寸　　　　　　单位：mm

| 支管公称尺寸 | | 螺纹尺寸代号 | 结构高度 A | | 本体外径 $D_{1\,min}$ | 底部外径 $D_{4\,min}$ | 流通孔径 d | | 承插外径 B | 承插孔深度 J_{min} | 完整螺纹长度 $L_{5\,min}$ | 有效螺纹长度 $L_{2\,min}$ |
DN	NPS	NPT	承插焊、螺纹	对焊			Sch5S	Sch10S				
6	1/8	1/8	—	18	22	16	—	7.7	—	—	—	—
8	1/4	1/4	—	18	22	19	—	10.2	—	—	—	—
10	3/8	3/8	—	20	27	24	—	13.9	—	—	—	—
15	1/2	1/2	20	20	32	28	18.0	17.1	21.9	6.5	10.9	13.6
20	3/4	3/4	22	22	38	35	23.6	22.7	27.5	6.5	12.7	13.9
25	1	1	25	29	48	43	30.4	28.2	34.5	8.0	14.7	17.3
32	1¼	1¼	27	33	57	53	39.1	36.9	43.0	8.0	17.0	18.0
40	1½	1½	28	35	64	59	45.0	42.8	36.9	8.0	17.8	18.4
50	2	2	30	39	76	73	57.0	54.8	61.2	9.5	19.0	19.2
65	2½	2½	—	43	89	86	68.8	66.9	—	—	—	—
80	3	3	—	46	106	103	84.7	82.8	—	—	—	—
90	3½	3½	—	49	120	117	97.4	95.5	—	—	—	—
100	4	4	—	52	133	130	110.1	108.2	—	—	—	—

注：对应的主管公称尺寸应符合表 6.4-35 的规定。

6.4.5.5　公差

除非另有规定，支管座的公差应符合表 6.4-46 的规定。

表 6.4-46　支管座的公差　　　　　　单位：mm

| 支管公称尺寸 | | 所有支管座 | 承插焊支管座 | 承插焊、螺纹、对焊和薄壁支管座 | 加长支管座和法兰支管座 | 对焊支管座和加长支管座 |
DN	NPS	流通孔径 d	承插孔径 B	结构高度 A	结构高度 A	端部外径 D_2
6～20	1/8～3/4	±0.4	+0.4 / 0	±0.8	±1.6	+0.8 / −0.4
25～40	1～1½	±0.4	+0.4 / 0	±0.8	±1.6	+0.8 / −0.4
50	2	±0.4	+0.5 / 0	±0.8	±1.6	+0.8 / −0.4
65～100	2½～4	±0.4	+0.5 / 0	±1.6	±3.2	+0.8 / −0.4
125～300	5～12	±0.8	—	±3.2	—	+1.6 / −0.8
350～600	14～24	±0.8	—	±4.8	—	+1.6 / −0.8

6.4.6　石油化工钢制对焊管件（SH/T 3408—2022）

6.4.6.1　钢制对焊管件种类和代号（表 6.4-47）

表 6.4-47　钢制对焊管件种类和代号

| 类型 | | | 代号 | |
			无缝	钢板制
45°弯头		长半径	45EL	W45EL
		3D	45E3D	W45E3D
90°弯头		长半径	90EL	W90EL
		短半径	90ES	W90ES
		长半径异径	90ELR	W90ELR
		3D	90E3D	W90E3D

续表

类型		代号	
		无缝	钢板制
180°弯头	长半径	180EL	—
	短半径	180ES	—
异径管（大小头）	同心	RC	WRC
	偏心	RE	WRE
三通	等径	TS	WTS
	异径	TR	WTR
45°Y 型三通	等径	45TYS	—
	异径	45TYR	—
四通	等径	CRS	WCRS
	异径	CRR	WCRR
管帽	—	C	WC

6.4.6.2　钢制对焊管件范围

SH/T 3408—2022规定了石油化工钢制对焊管件（包括弯头、异径管、三通、管帽等），公称直径为DN15～DN3400 的无缝和钢板制管件。

6.4.6.3　钢制对焊弯头外形尺寸（表 6.4-48）

表 6.4-48　钢制对焊弯头外形尺寸　　　　　　　　　　　　单位：mm

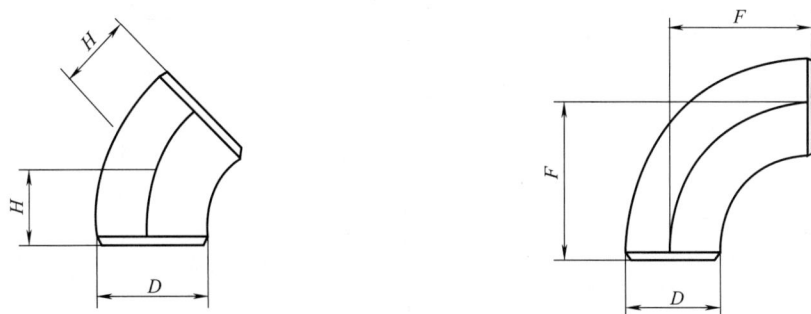

公称直径 DN	端部外径 D	中心至端面尺寸			公称直径 DN	端部外径 D	中心至端面尺寸		
		45°长半径 弯头 H	90°长半径 弯头 H	90°短半径 弯头 H			45°长半径 弯头 H	90°长半径 弯头 H	90°短半径 弯头 H
15	21.3	16	38	—	550	559.0	343	838	559
20	26.7	19	38	—	600	610.0	381	914	610
25	33.4	22	38	25	650	660.0	406	991	660
32	42.2	25	48	32	700	711.0	438	1067	711
40	48.3	29	57	38	750	762.0	470	1143	762
50	60.3	35	76	51	800	813.0	502	1219	813
65	73.0	44	95	64	850	864.0	533	1295	864
80	88.9	51	114	76	900	914.0	565	1372	914
100	114.3	64	152	102	950	965.0	600	1448	965
125	141.3	79	190	127	1000	1016.0	632	1524	1016
150	168.3	95	229	152	1050	1067.0	660	1600	1067
200	219.1	127	305	203	1100	1118.0	695	1676	1118
250	273.0	159	381	254	1150	1168.0	727	1753	1168
300	323.8	190	457	305	1200	1219.0	759	829	1220
350	355.6	222	533	356	1300	1321.00	821	1981	1321
400	406.4	254	610	406	1400	1422.0	883	2134	1420
450	457.0	286	686	457	1500	1524.0	947	2286	524
500	508.0	318	762	508	1600	1626.0	1010	2438	1620

公称直径 DN	端部外径 D	中心至端面尺寸			公称直径 DN	端部外径 D	中心至端面尺寸		
		45°长半径 弯头 H	90°长半径 弯头 H	90°短半径 弯头 H			45°长半径 弯头 H	90°长半径 弯头 H	90°短半径 弯头 H
(1700)	1727.0	1073	2591	1727	2600	2642.0	1642	3963	2642
(1800)	1829.0	1137	2743	1829	2800	2845.0	1768	4268	2845
(1900)	1930.0	1199	2896	1930	3000	3048.0	1894	4572	3048
2000	2032.0	1263	3048	2032	3200	3251.0	2020	4876	3251
2200	2235.0	1389	3353	2235	3400	3454.0	2146	5182	3454
2400	2438.0	1515	3657	2438					

6.4.6.4　钢制对焊 3D 弯头外形尺寸（表 6.4-49）

表 6.4-49　钢制对焊 3D 弯头外形尺寸　　　　　　　单位：mm

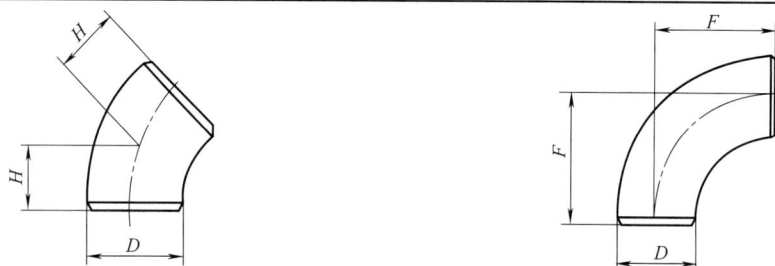

公称直径 DN	端部外径 D	中心至端面尺寸		公称直径 DN	端部外径 D	中心至端面尺寸	
		45°弯头 H	90°弯头 F			45°弯头 H	90°弯头 F
15	21.3	—	—	550	559.0	694	1676
20	26.7	24	57	600	610.0	757	1829
25	33.4	31	76	650	660.0	821	1981
32	42.2	39	95	700	711.0	883	2134
40	48.3	47	114	750	762.0	964	2286
50	60.3	63	152	800	813.0	1010	2438
65	73.0	79	190	850	864.0	1073	2591
80	88.9	95	229	900	914.0	1135	2743
100	114.3	127	305	950	965.0	1200	2896
125	141.3	157	381	1000	1016.0	1264	3048
150	168.3	189	457	1050	1067.0	1326	3200
200	219.1	252	610	1100	1118.0	1389	3353
250	273.0	316	762	1150	1168.0	1453	3505
300	323.8	378	914	1200	1219.0	1516	3658
350	355.6	441	1067	1300	1321.0	1641	3962
400	406.4	505	1219	1400	1422.0	1768	4267
450	457.0	568	1372	1500	1524.0	1894	4572
500	508.0	632	1524				

6.4.6.5　钢制对焊 180°弯头外形尺寸（表 6.4-50）

表 6.4-50　钢制对焊 180°弯头外形尺寸　　　　　　　单位：mm

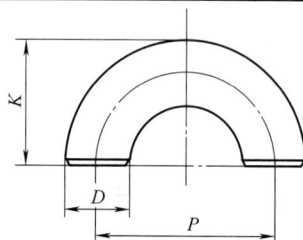

公称直径 DN	端部外径 D	180°弯头 P（中心至中心尺寸）		180°弯头 K（背部至端面尺寸）	
		长半径	短半径	长半径	短半径
15	21.3	76	—	48	—
20	26.7	76	—	51	—
25	33.4	76	51	56	41
(32)	42.2	95	64	70	52
40	48.3	114	76	83	62
50	60.3	152	102	106	81
65	73.0	190	127	132	102
80	88.9	229	152	159	121
100	114.3	305	203	210	159
125	141.3	381	254	262	197
150	168.3	457	305	313	237
200	219.1	610	406	414	813
250	273.0	762	508	518	391
300	323.8	914	610	619	467
350	355.6	1067	711	711	533
400	406.4	1219	813	813	610
450	457.0	1372	914	914	686
500	508.0	1524	1016	1016	762
550	559.0	1676	1118	1118	888
600	610.0	1829	1219	1219	914

6.4.6.6 钢制对焊异径管外形尺寸（表 6.4-51）

表 6.4-51 钢制对焊异径管外形尺寸   单位：mm

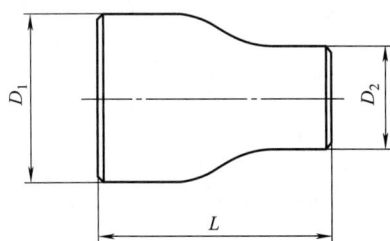

(a) 管制同心异径管

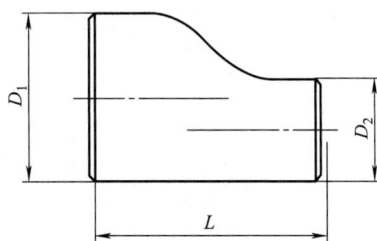

(b) 管制偏心异径管

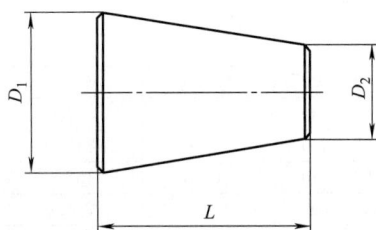

(c) 板制同心异径管

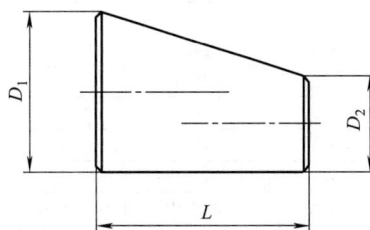

(d) 板制偏心异径管

公称直径 DN	端部外径 D_1	端部外径 D_2	端面至端面尺寸 L	公称直径 DN	端部外径 D_1	端部外径 D_2	端面至端面尺寸 L
20×15	26.7	21.3	38	400×300	406.4	323.9	356
25×20	33.4	26.7	51	400×250	406.4	273.1	356
25×15	33.4	21.3	51	400×200	406.4	219.1	356
32×25	42.2	33.4	51	450×400	457.0	406.4	381
32×20	42.2	26.7	51	450×350	457.0	355.6	381
32×15	42.2	21.3	51	450×300	457.0	323.9	381
40×32	48.3	42.2	64	450×250	457.0	273.1	381
40×25	48.3	33.4	64	500×450	508.0	457.0	508
40×20	48.3	26.7	64	500×400	508.0	406.4	508
40×15	48.3	21.3	64	500×350	508.0	355.6	508
50×40	60.3	48.3	76	500×300	508.0	323.9	508
50×32	60.3	42.2	76	550×500	559.0	508.0	508
50×25	60.3	33.4	76	550×450	559.0	457.0	508
50×20	60.3	26.7	76	550×400	559.0	406.4	508
65×50	73.0	60.3	89	550×350	559.0	355.6	508
65×40	73.0	48.3	89	600×550	610.0	559.0	508
65×32	73.0	42.2	89	600×500	610.0	508.0	508
65×25	73.0	33.4	89	600×450	610.0	457.0	508
80×65	88.9	73.0	89	600×400	610.0	406.4	508
80×50	88.9	60.3	89	650×600	660.0	610.0	610
80×40	88.9	48.3	89	650×550	660.0	559.0	610
80×32	88.9	42.2	89	650×500	660.0	508.0	610
100×80	114.3	88.9	102	650×450	660.0	457.0	610
100×65	114.3	73.0	102	700×650	711.0	660.0	610
100×50	114.3	60.3	102	700×600	711.0	610.0	610
100×40	114.3	48.3	102	700×550	711.0	559.0	610
125×100	141.3	114.3	127	700×500	711.0	508.0	610
125×80	141.3	88.9	127	700×450	711.0	457.0	610
125×65	141.3	73.0	127	750×700	762.0	722.0	610
125×50	141.3	60.3	127	750×650	762.0	610.0	610
150×125	168.3	141.3	140	750×600	762.0	722.0	610
150×100	168.3	114.3	140	750×550	762.0	559.0	610
150×80	168.3	88.9	140	750×500	762.0	508.0	610
150×65	168.3	73.0	140	800×750	813.0	762.0	610
200×150	219.1	168.3	152	800×700	813.0	711.0	610
200×125	219.1	141.3	152	800×650	813.0	660.0	610
200×100	219.1	114.3	152	800×600	813.0	610.0	610
250×200	273.1	219.1	178	850×800	864.0	813.0	610
250×150	273.1	168.3	178	850×750	864.0	762.0	610
250×125	273.1	141.3	178	850×700	864.0	711.0	610
250×100	273.1	114.3	178	850×650	864.0	660.0	610
300×250	323.9	273.1	203	850×600	864.0	610.0	610
300×200	323.9	219.1	203	900×850	914.0	864.0	610
300×150	323.9	168.3	203	900×800	914.0	813.0	610
300×125	323.9	141.3	203	900×750	914.0	762.0	610
350×300	355.6	323.9	330	900×700	914.0	711.0	610
350×250	355.6	273.1	330	900×650	914.0	660.0	610
350×200	355.6	219.1	330	950×900	965.0	914.0	610
350×150	355.6	168.3	330	950×850	965.0	864.0	610
400×350	406.4	355.6	356	950×800	965.0	813.0	610

续表

公称直径 DN	端部外径 D_1	端部外径 D_2	端面至端面尺寸 L	公称直径 DN	端部外径 D_1	端部外径 D_2	端面至端面尺寸 L
950×750	965.0	762.0	610	1400×1100	1420.0	1118.0	711
950×700	965.0	711.0	610	1500×1400	1524.0	1420.0	711
950×650	965.0	660.0	610	1500×1300	1524.0	1321.0	711
1000×950	1016.0	965.0	610	1500×1200	1524.0	1219.0	711
1000×900	1016.0	914.0	610	1600×1500	1626.0	1524.0	1219
1000×850	1016.0	864.0	610	1600×1400	1626.0	1422.0	1219
1000×800	1016.0	813.0	610	1600×1300	1626.0	1321.0	1219
1000×750	1016.0	762.0	610	1800×1700	1829.0	1727.0	1219
1000×700	1016.0	711.0	610	1800×1600	1829.0	1626.0	1219
1050×1000	1067.0	1016.0	610	1800×1500	1829.0	1524.0	1219
1050×950	1067.0	965.0	610	2000×1900	2032.0	1930.0	1219
1050×900	1067.0	914.0	610	2000×1800	2032.0	1829.0	1219
1050×850	1067.0	864.0	610	2000×1700	2032.0	1727.0	1219
1050×800	1067.0	813.0	610	2200×2000	2235.0	2032.0	1626
1050×750	1067.0	762.0	610	2200×1900	2235.0	1930.0	1626
1100×1000	1118.0	1016.0	610	2200×1800	2235.0	1829.0	1626
1100×950	1118.0	965.0	610	2400×2200	2438.0	2235.0	2032
1100×900	1118.0	914.0	610	2400×2000	2438.0	2032.0	2032
1100×850	1118.0	864.0	610	2400×1900	2438.0	1930.0	2032
1100×800	1118.0	813.0	610	2600×2400	2642.0	2438.0	2438
1150×1100	1168.0	1118.0	711	2600×2200	2642.0	2235.0	2438
1150×1050	1168.0	1067.0	711	2800×2600	2845.0	2642.0	2438
1150×1000	1168.0	1016.0	711	2800×2400	2845.0	2438.0	2438
1150×950	1168.0	965.0	711	2800×2200	2845.0	2235.0	2438
1200×1100	1219.0	1118.0	711	3000×2800	3048.0	2845.0	2438
1200×1000	1219.0	1016.0	711	3000×2600	3048.0	2642.0	2438
1200×950	1219.0	965.0	711	3000×2400	3048.0	2438.0	2438
1200×900	1219.0	914.0	711	3200×3000	3251.0	3048.0	2438
1300×1200	1321.0	1219.0	711	3200×2800	3251.0	2845.0	2438
1300×1100	1321.0	1118.0	711	3200×2600	3251.0	2642.0	2438
1300×1000	1321.0	1016.0	711	3400×3200	3454.0	3251.0	2438
1400×1300	1420.0	1321.0	711	3400×3000	3454.0	3048.0	2438
1400×1200	1420.0	1219.0	711	3400×2800	3454.0	2845.0	2438

6.4.6.7 钢制对焊等径三通和等径四通外形尺寸 (表 6.4-52)

表 6.4-52 **钢制对焊等径三通和等径四通外形尺寸**　　　　单位：mm

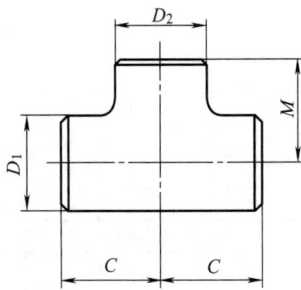

(a) 等径三通

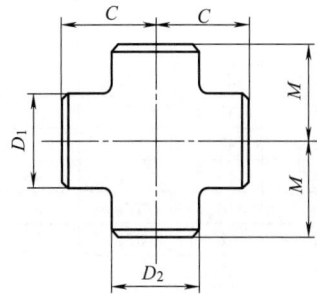

(b) 等径四通

续表

公称直径 DN	端部外径 D_1、D_2	中心至端面 尺寸 C	中心至端面 尺寸 M	公称直径 DN	端部外径 D_1、D_2	中心至端面 尺寸 C	中心至端面 尺寸 M
15	21.3	25	25	700	711.0	521	521
20	26.7	29	29	750	762.0	559	559
25	33.4	38	38	800	813.0	597	597
32	42.2	48	48	850	864.0	635	635
40	48.3	57	57	900	914.0	673	673
50	60.3	64	64	950	965.0	711	711
65	73.0	73	73	1000	1016.0	749	749
80	88.9	86	86	1050	1067.0	762	711
100	114.3	105	105	1100	1118.0	813	762
125	141.3	124	124	1150	1168.0	851	800
150	168.3	143	143	1200	1219.0	889	838
200	219.1	178	178	1300	1321.0	965	914
250	273.1	216	216	1400	1422.0	1042	965
300	323.9	254	254	1500	1524.0	1118	1016
350	355.6	279	279	1600	1626.0	1194	1092
400	406.4	305	305	1700	1727.0	1252	1086
450	457.0	343	343	1800	1829.0	1326	1147
500	508	381	381	1900	1930.0	1399	1208
550	559.0	419	419	2000	2032.0	1473	1269
600	610.0	432	432	2200	2235.0	1620	1391
650	660.0	495	495	2400	2438.0	1768	1513

注：等径四通的尺寸最大至 DN600。

6.4.6.8 钢制对焊异径三通和异径四通外形尺寸（表 6.4-53）

表 6.4-53 钢制对焊异径三通和异径四通外形尺寸 单位：mm

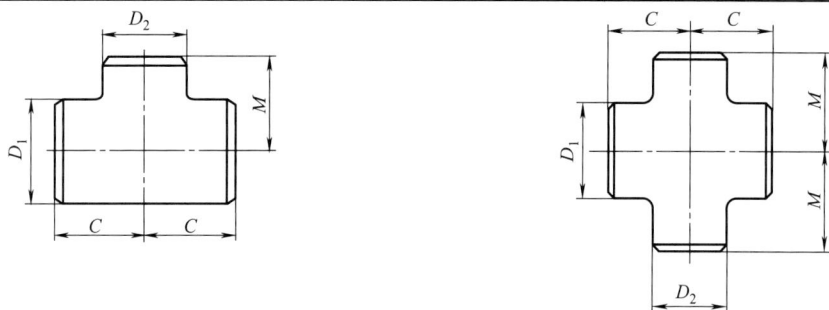

(a) 异径三通 (b) 异径四通

公称直径 DN	端部外径		中心至端面尺寸		公称直径 DN	端部外径		中心至端面尺寸	
	D_1	D_2	C	m		D_1	D_2	C	m
20×20×15	26.7	21.3	29	29	50×50×25	60.3	33.4	64	51
25×25×20	33.4	26.7	38	38	50×50×20	60.3	26.7	64	44
25×25×15	33.4	21.3	38	38	65×65×50	73.0	60.3	73	70
32×32×25	42.2	33.4	48	48	65×65×40	73.0	48.3	73	67
32×32×20	42.2	26.7	48	48	65×65×32	73.0	42.2	73	64
32×32×15	42.2	21.3	48	48	65×65×25	73.0	33.4	73	57
40×40×32	48.3	42.2	57	57	80×80×65	88.9	73.0	86	83
40×40×25	48.3	33.4	57	57	80×80×50	88.9	60.3	86	73
40×40×20	48.3	26.7	57	57	80×80×40	88.9	48.3	86	73
40×40×15	48.3	21.3	57	57	80×80×32	88.9	42.2	86	70
50×50×40	60.3	48.3	64	60	100×100×80	114.3	88.9	105	98
50×50×32	60.3	42.2	64	57	100×100×65	114.3	73.0	105	95

续表

公称直径 DN	端部外径		中心至端面尺寸		公称直径 DN	端部外径		中心至端面尺寸	
	D_1	D_2	C	m		D_1	D_2	C	m
100×100×50	114.3	60.3	105	89	600×600×350	610.0	355.6	432	406
100×100×40	114.3	48.3	105	86	600×600×300	610.0	323.8	432	397
125×125×100	141.3	114.3	124	117	600×600×250	610.0	273.0	432	384
125×125×80	141.3	88.9	124	111	650×650×600	660.0	610.0	495	483
125×125×65	141.3	73.0	124	108	650×650×550	660.0	559.0	495	470
125×125×50	141.3	60.3	124	105	650×650×500	660.0	508.0	495	457
150×150×125	168.3	141.3	143	137	650×650×450	660.0	457.0	495	444
150×150×100	168.3	114.3	143	130	650×650×400	660.0	406.4	495	432
150×150×80	168.3	88.9	143	124	650×650×350	660.0	355.6	495	432
150×150×65	168.3	73.0	143	121	650×650×300	660.0	323.8	495	422
200×200×150	219.1	168.3	178	168	700×700×650	711.0	660.0	521	521
200×200×125	219.1	141.3	178	162	700×700×600	711.0	610.0	521	508
200×200×100	219.1	114.3	178	155	700×700×550	711.0	559.0	521	495
250×250×200	273.0	219.1	216	203	700×700×500	711.0	508.0	521	483
250×250×150	273.0	168.3	216	194	700×700×450	711.0	457.0	521	470
250×250×125	273.0	141.3	216	191	700×700×400	711.0	406.4	521	457
250×250×100	273.0	114.3	216	184	700×700×350	711.0	355.6	521	457
300×300×250	323.8	273.0	254	241	750×750×700	762.0	711.0	559	546
300×300×200	323.8	219.1	254	229	750×750×650	762.0	660.0	559	546
300×300×150	323.8	168.3	254	219	750×750×600	762.0	610.0	559	533
300×300×125	323.8	141.3	254	216	750×750×550	762.0	559.0	559	521
350×350×300	355.6	323.8	279	270	750×750×500	762.0	508.0	559	508
350×350×250	355.6	273.0	279	257	750×750×450	762.0	457.0	559	495
350×350×200	355.6	219.1	279	248	750×750×400	762.0	406.4	559	483
350×350×150	355.6	168.3	279	238	750×750×350	762.0	355.6	559	483
400×400×350	406.4	355.6	305	305	750×750×300	762.0	323.8	559	473
400×400×300	406.4	323.8	305	295	750×750×250	762.0	273.0	559	460
400×400×250	406.4	273.0	305	283	800×800×750	813.0	762.0	597	584
400×400×200	406.4	219.1	305	273	800×800×700	813.0	711.0	597	572
400×400×150	406.4	168.3	305	264	800×800×650	813.0	660.0	597	572
450×450×400	457.0	406.4	343	380	800×800×600	813.0	610.0	597	559
450×450×350	457.0	355.6	343	330	800×800×550	813.0	559.0	597	546
450×450×300	457.0	3236.8	343	321	800×800×500	813.0	508.0	597	533
450×450×250	457.0	273.0	343	308	800×800×450	813.0	457.0	597	521
450×450×200	457.0	219.1	343	298	800×800×400	813.0	406.0	597	508
500×500×450	508.0	457.0	381	368	800×800×350	813.0	355.6	597	508
500×500×400	508.0	406.4	381	356	850×850×800	864.0	813.0	635	622
500×500×350	508.0	355.6	381	356	850×850×750	864.0	762.0	635	610
500×500×300	508.0	323.8	381	346	850×850×700	864.0	711.0	635	597
500×500×250	508.0	273.0	381	333	850×850×650	864.0	660.0	635	597
500×500×200	508.0	219.1	381	324	850×850×600	864.0	610.0	635	584
550×550×500	559.0	508.0	419	406	850×850×550	864.0	559.0	635	572
550×550×450	559.0	457.0	419	394	850×850×500	864.0	508.0	635	559
550×550×400	559.0	406.4	419	381	850×850×450	864.0	457.0	635	546
550×550×350	559.0	355.6	419	381	850×850×400	864.0	406.4	635	533
550×550×300	559.0	273.0	419	359	900×900×850	914.0	864.0	673	660
600×600×550	610.0	559.0	432	432	900×900×800	914.0	813.0	673	648
600×600×500	610.0	508.0	432	432	900×900×750	914.0	762.0	673	635
600×600×450	610.0	457.0	432	419	900×900×700	914.0	711.0	673	622
600×600×400	610.0	406.0	432	406	900×900×650	914.0	660.0	673	622

续表

公称直径 DN	端部外径		中心至端面尺寸		公称直径 DN	端部外径		中心至端面尺寸	
	D_1	D_2	C	m		D_1	D_2	C	m
900×900×600	914.0	610.0	673	610	1150×1150×1100	1168.0	1118.0	851	800
900×900×550	914.0	559.0	673	597	1150×1150×1050	1168.0	1067.0	851	787
900×900×500	914.0	508.0	673	584	1150×1150×1000	1168.0	1016.0	851	775
900×900×450	914.0	457.0	673	572	1150×1150×950	1168.0	965.0	851	762
900×900×400	914.0	406.4	673	559	1150×1150×900	1168.0	864.0	851	749
950×950×900	965.0	914.0	711	711	1150×1150×850	1168.0	914.0	851	762
950×950×850	965.0	864.0	711	698	1150×1150×800	1168.0	813.0	851	749
950×950×800	965.0	813.0	711	686	1150×1150×750	1168.0	762.0	851	737
950×950×750	965.0	762.0	711	673	1150×1150×700	1168.0	711.0	851	737
950×950×700	965.0	711.0	711	648	1150×1150×650	1168.0	660.0	851	737
950×950×650	965.0	660.0	711	648	1150×1150×600	1168.0	610.0	851	724
950×950×600	965.0	610.0	711	635	1150×1150×550	1168.0	559.0	851	724
950×950×550	965.0	559.0	711	622	1200×1200×800	1219.0	813.0	889	787
950×950×500	965.0	508.0	711	610	1200×1200×750	1219.0	762.0	889	762
950×950×450	965.0	457.0	711	597	1200×1200×700	1219.0	711.0	889	762
1000×1000×950	1016.0	965.0	749	749	1200×1200×650	1219.0	660.0	889	762
1000×1000×900	1016.0	914.0	749	737	1200×1200×600	1219.0	610.0	889	737
1000×1000×850	1016.0	864.0	749	724	1200×1200×550	1219.0	559.0	889	737
1000×1000×800	1016.0	813.0	749	711	1300×1300×1200	1321.0	1219.0	965	864
1000×1000×750	1016.0	762.0	749	698	1300×1300×1100	1321.0	1118.0	965	813
1000×1000×700	1016.0	711.0	749	673	1300×1300×1000	1321.0	1016.0	965	762
1000×1000×650	1016.0	660.0	749	673	1400×1400×1300	1420.0	1321.0	1041	914
1000×1000×600	1016.0	610.0	749	660	1400×1400×1200	1420.0	1219.0	1041	864
1000×1000×550	1016.0	559.0	749	648	1400×1400×1100	1420.0	1118.0	1041	813
1000×1000×500	1016.0	508.0	749	635	1500×1500×1400	1524.0	1420.0	1118	965
1000×1000×450	1016.0	457.0	749	622	1500×1500×1300	1524.0	1321.0	1118	914
1050×1050×1000	1067.0	1016.0	762	711	1500×1500×1200	1524.0	1219.0	1118	864
1050×1050×950	1067.0	960.0	762	711	1600×1600×1500	1626.0	1524.0	1194	1067
1050×1050×900	1067.0	914.0	762	711	1600×1600×1400	1626.0	1420.0	1194	1016
1050×1050×850	1067.0	864.0	762	711	1600×1600×1300	1626.0	1321.0	1194	965
1050×1050×800	1067.0	813.0	762	711	1600×1600×1200	1626.0	1219.0	1194	914
1050×1050×750	1067.0	762.0	762	711	1700×1700×1600	1727.0	1626.0	1252	1076
1050×1050×700	1067.0	711.0	762	698	1700×1700×1500	1727.0	1524.0	1252	1066
1050×1050×650	1067.0	660.0	762	698	1700×1700×1400	1727.0	1422.0	1252	1056
1050×1050×600	1067.0	610.0	762	660	1700×1700×1300	1727.0	1321.0	1252	1046
1050×1050×550	1067.0	559.0	762	660	1700×1700×1200	1727.0	1219.0	1252	1035
1050×1050×500	1067.0	508.0	762	660	1800×1800×1700	1829.0	1727.0	1326	1137
1050×1050×450	1067.0	457.0	762	648	1800×1800×1600	1829.0	1626.0	1326	1127
1050×1050×400	1067.0	406.0	762	635	1800×1800×1500	1829.0	1524.0	1326	1117
1100×1100×1000	1118.0	1016.0	813	749	1800×1800×1400	1829.0	1422.0	1326	1107
1100×1100×950	1118.0	965.0	813	737	1800×1800×1300	1829.0	1321.0	1326	1097
1100×1100×900	1118.0	914.0	813	724	1900×1900×1800	1930.0	1829.0	1399	1198
1100×1100×850	1118.0	864.0	813	724	1900×1900×1700	1930.0	1727.0	1399	1188
1100×1100×800	1118.0	813.0	813	711	1900×1900×1600	1930.0	1626.0	1399	1178
1100×1100×750	1118.0	762.0	813	711	1900×1900×1500	1930.0	1524.0	1399	1167
1100×1100×700	1118.0	711.0	813	698	1900×1900×1400	1930.0	1422.0	1399	1157
1100×1100×650	1118.0	660.0	813	698	2000×2000×1900	2032.0	1930.0	1473	1259
1100×1100×600	1118.0	610.0	813	698	2000×2000×1800	2032.0	1829.0	1473	1249
1100×1100×550	1118.0	559.0	813	686	2000×2000×1700	2032.0	1727.0	1473	1239
1100×1100×500	1118.0	508.0	813	686	2000×2000×1600	2032.0	1626.0	1473	1229

公称直径 DN	端部外径		中心至端面尺寸		公称直径 DN	端部外径		中心至端面尺寸	
	D_1	D_2	C	m		D_1	D_2	C	m
2000×2000×1500	2032.0	1524.0	1473	1219	2400×2400×2300	2438.0	2337.0	1768	1503
2200×2200×2100	2235.0	2134.0	1620	1381	2400×2400×2200	2438.0	2235.0	1768	1493
2200×2200×2000	2235.0	2032.0	1620	1371	2400×2400×2100	2438.0	2134.0	1768	1482
2200×2200×1900	2235.0	1930.0	1620	1361	2400×2400×2000	2438.0	2032.0	1768	1472
2200×2200×1800	2235.0	1829.0	1620	1350	2400×2400×1900	2438.0	1930.0	1768	1462
2200×2200×1700	2235.0	1727.0	1620	1340					

注：异径四通的主管尺寸最大至 DN1200。

6.4.6.9 45°等径 Y 型无缝三通尺寸（表 6.4-54）

表 6.4-54 45°等径 Y 型无缝三通　　　　　　　　　　　单位：mm

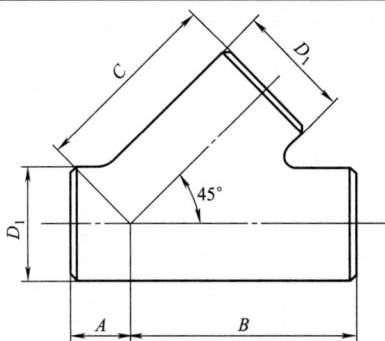

公称直径 DN	端部外径 D_1	中心至端面		
		中心至端面 A	中心至端面 B	中心至端面 C
50	60.3	40	110	110
65	73.0	45	130	130
80	88.9	50	165	165
90	101.6	55	175	175
100	114.3	60	180	180
150	168.3	80	270	270
200	219.1	130	360	360
250	273.1	140	430	430
300	323.9	145	500	500
350	355.6	150	560	560
400	406.4	160	620	620
450	457.0	180	720	720
500	508.0	190	750	750
550	559.0	205	810	810
600	610.0	220	850	850

6.4.6.10 45°异径 Y 型无缝三通尺寸（表 6.4-55）

表 6.4-55 45°异径 Y 型无缝三通　　　　　　　　　　　单位：mm

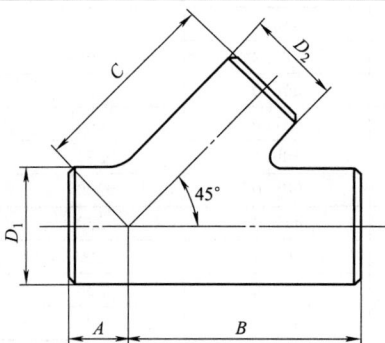

公称直径 DN	端部外径		中心至端面		
	D_1	D_2	中心至端面 A	中心至端面 B	中心至端面 C
50×50×40	60.3	48.3	40	110	100
80×80×50	88.9	60.3	50	165	150
80×80×40	88.9	48.3	50	165	145
90×90×80	101.6	88.9	55	175	170
90×90×65	101.6	73.0	55	175	160
90×90×50	101.6	60.3	55	175	150
90×90×40	101.6	48.3	55	175	140
100×100×90	114.3	101.6	60	180	175
100×100×80	114.3	88.9	60	180	175
100×100×65	114.3	73.0	60	180	170
100×100×50	114.3	60.3	60	180	160
150×150×100	168.3	114.3	80	270	260
150×150×90	168.3	101.6	80	270	255
150×150×80	168.3	88.9	80	270	255
200×200×150	219.1	168.3	130	360	340
200×200×100	219.1	114.3	130	360	320
200×200×90	219.1	88.9	130	360	310
250×250×200	273.1	219.1	140	430	410
250×250×150	273.1	168.3	140	430	400
250×250×100	273.1	114.3	140	430	390
300×300×250	323.9	273.1	145	500	480
300×300×200	323.9	219.1	145	500	460
300×300×150	323.9	168.3	145	500	445
350×350×300	355.6	323.9	150	560	540
350×350×250	355.6	273.1	150	560	530
350×350×200	355.6	219.1	150	560	515
400×400×350	406.4	355.6	160	620	590
400×400×300	406.4	323.9	160	620	580
400×400×250	406.4	273.1	160	620	560
400×400×200	406.4	219.1	160	620	550
450×450×400	457.0	406.4	180	720	670
450×450×350	457.0	355.6	180	720	670
450×450×300	457.0	323.9	180	720	670
450×450×250	457.0	273.1	180	720	650
450×450×200	457.0	219.1	180	720	640
500×500×450	508.0	457.0	190	750	730
500×500×400	508.0	406.4	190	750	710
500×500×350	508.0	355.6	190	750	700
500×500×300	508.0	323.9	190	750	690
550×550×500	559.0	508.0	205	810	790
550×550×450	559.0	457.0	205	810	770
550×550×400	559.0	406.4	205	810	750
600×600×500	610.0	508.0	220	850	830
600×600×450	610.0	457.0	220	850	810
600×600×400	610.0	406.4	220	850	790
600×600×350	610.0	355.6	220	850	770
600×600×300	610.0	323.9	220	850	750

6.4.6.11 钢制对焊管帽外形尺寸（表 6.4-56）

表 6.4-56 钢制对焊管帽外形尺寸 单位：mm

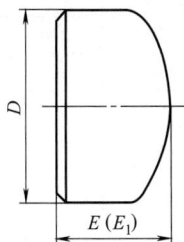

公称直径 DN	端部外径 D	管帽高度			公称直径 DN	端部外径 D	管帽高度		
		E	限制厚度	E_1			E	限制厚度	E_1
15	21.3	25	4.0	25.0	800	813.0	267	—	—
20	26.7	25	4.0	25.0	850	864.0	267	—	—
25	33.4	38	4.5	38.0	900	914.0	267	—	—
40	42.2	38	5.0	38.0	950	965.0	305	—	—
50	60.3	38	5.5	44.0	1000	1016.0	305	—	—
65	73.0	38	7.0	51.0	1050	1067.0	305	—	—
80	88.9	51	7.5	64.0	1100	1118.0	343	—	—
100	114.3	64	8.5	76.0	1150	1168.0	343	—	—
125	141.3	76	9.5	89.0	1200	1219.0	343	—	—
150	168.3	89	11.0	102.0	1300	1321.0	355	—	—
200	219.1	102	12.5	127.0	1400	1422.0	381	—	—
250	273.0	127	12.5	152.0	1500	1524.0	406	—	—
300	323.8	152	12.5	178.0	1600	1626.0	432	—	—
350	355.6	165	12.5	191.0	1800	1829.0	482	—	—
400	406.4	178	12.5	203.0	2000	2032.0	533	—	—
450	457.0	203	12.5	229.0	2200	2235.0	599	—	—
500	508.0	229	12.5	254.0	2400	2438.0	650	—	—
550	559.0	254	12.5	254.0	2600	2642.0	701	—	—
600	610.0	267	12.5	305.0	2800	2845.0	751	—	—
650	660.0	267	—	—	3000	3048.0	802	—	—
700	711.0	267	—	—	3200	3251.0	853	—	—
750	762.0	267	—	—	3400	3454.0	904	—	—

注：对于管帽的公称直径小于或等于 DN600，壁厚小于或等于限制厚度时，管帽的高度应采用 E 值；当壁厚大于限制厚度时，管帽的高度应采用 E_1 值；对于管帽的公称直径大于 DN600，壁厚大于 12.7mm 时，管帽的高度应符合合同的要求。

6.4.6.12 钢制对焊异径弯头外形尺寸（表 6.4-57）

表 6.4-57 钢制对焊异径弯头外形尺寸 单位：mm

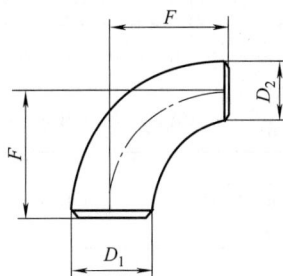

公称直径 DN	端部外径 D_1	端部外径 D_2	中心至端面尺寸 F	公称直径 DN	端部外径 D_1	端部外径 D_2	中心至端面尺寸 F
50×40	60.3	48.3	76	300×250	323.9	273.1	457
50×32	60.3	42.2	76	300×200	323.9	219.1	457
50×25	60.3	33.4	76	300×150	323.9	168.3	457
65×50	73.0	60.3	95	350×300	355.6	323.9	533
65×40	73.0	48.3	95	350×250	355.6	273.1	533
65×32	73.0	42.2	95	350×200	355.6	219.1	533
80×65	88.9	73.0	114	400×350	406.4	355.6	610
80×50	88.9	60.3	114	400×300	406.4	323.9	610
80×40	88.9	48.3	114	400×250	406.4	273.1	610
100×80	114.3	88.9	152	450×400	457.0	406.4	686
100×65	114.3	73.0	152	450×350	457.0	355.6	686
100×50	114.3	60.3	152	450×300	457.0	323.9	686
125×100	141.3	114.3	190	450×250	457.0	273.1	686
125×80	141.3	88.9	190	500×450	508.0	457.0	762
125×65	141.3	73.0	190	500×400	508.0	406.4	762
150×125	168.3	141.3	229	500×350	508.0	355.6	762
150×100	168.3	114.3	229	500×300	508.0	323.9	762
150×80	168.3	88.9	229	500×250	508.0	273.1	762
200×150	219.1	168.3	305	600×550	610.0	559.0	914
200×125	219.1	141.3	305	600×500	610.0	508.0	914
200×100	219.1	114.3	305	600×450	610.0	457.0	914
250×200	273.1	219.1	381	600×400	610.0	406.4	914
250×150	273.1	168.3	381	600×350	610.0	355.6	914
250×125	273.1	141.3	381	600×300	610.0	323.9	914

6.4.6.13　钢制对焊无缝管件材料（表 6.4-58）

表 6.4-58　钢制对焊无缝管件材料

材料牌号	统一数字代号	钢管标准号	材料牌号	统一数字代号	钢管标准号	材料牌号	统一数字代号	钢管标准号
10	—	GB/T 3087	12Cr2MoG	—	GB/T 5310	07Cr18Ni11Nb	S34779	GB/T 9948
	—	GB/T 8163	12CrMoG	—	GB/T 5310	07Cr19Ni10	S30409	
	—	GB/T 6479	12CrMo	—	GB/T 6479	022Cr17Ni12Mo2	S31603	
	U20102	GB/T 9948	12CrMo	A30122	GB/T 9948	07Cr19Ni11Ti	S32169	
20	—	GB/T 3087	15CrMoG	—	GB/T 5310	06Cr19Ni10	S30408	GB/T 14976
	—	GB/T 8163	15CrMo	—	GB/T 6479	022Cr19Ni10	S30409	
	U20202	GB/T 9948	15CrMo	A30152	GB/T 9948	06Cr17Ni12Mo2	S31608	
	—	GB/T 6479	12Cr5Mo	—	GB/T 6479	022Cr17Ni12Mo2	S31603	
20G	—	GB/T 5310	12Cr5Mo1	A30124	GB/T 9948	06Cr18Ni11Ti	S32168	
Q345B	—	GB/T 6479	12Cr5MoNT			06Cr18Ni11Nb	S34778	
Q345C	—		12Cr9Mo1	A30125	GB/T 9948	07Cr19Ni11Ti	S32169	
16MnDG	—	GB/T 18984	12Cr9MoNT			07Cr18Ni11Nb	S34779	
09Mn2VDG	—		07Cr19Ni10	—	GB/T 5310	07Cr17Ni12Mo2	S31609	
Q345	—	GB/T 8163	07Cr18Ni11Nb				—	
12Cr1MoVG	—	GB/T 5310	07Cr19Ni11Ti					

6.4.6.14 钢板制对焊管件材料（表 6.4-59）

表 6.4-59 钢板制对焊管件材料

材料牌号	统一数字代号	钢板标准号	材料牌号	统一数字代号	钢板标准号
Q235B	—	GB/T 3274	06Cr18Ni11Ti	S32168	
10	—	GB/T 711	06Cr18Ni11Nb	S34778	
20			07Cr19Ni10	S30409	GB/T 3280 GB/T 4237
Q245R	—	GB/T 713	07Cr17Ni12Mo2	S31609	
Q345R			07Cr19Ni11Ti	S32169	
16MnDR	—	GB/T 3531	07Cr18Ni11Nb	S34779	
09MnNiDR			06Cr19Ni10	S30408	
12Cr2Mo1R			06Cr17Ni12Mo2	S31608	
12Cr1MoVR	—	GB/T 713	06Cr18Ni11Ti	S32168	
14Cr1MoR			06Cr18Ni11Nb	S34778	
15CrMoR			07Cr19Ni10	S30409	GB/T 4238 GB/T 24511
06Cr19Ni10	S30408		07Cr17Ni12Mo2	S31609	
022Cr19Ni10	S30403	GB/T 3280 GB/T 4237	07Cr19Ni11Ti	S32169	
06Cr17Ni12Mo2	S31608		07Cr18Ni11Nb	S34779	
022Cr17Ni12Mo2	S31603		—	—	—

6.4.7 锻钢制承插焊和螺纹管件（SH/T 3410—2012）

6.4.7.1 锻钢制管件种类和代号（表 6.4-60）

表 6.4-60 锻钢制管件种类和代号

连接型式	类型	代号	连接型式	类型	代号
承插焊	承插焊 45°弯头	S45E	螺纹	螺纹 45°弯头	T45E
	承插焊 90°弯头	S90E		螺纹 90°弯头	T90E
	承插焊等径三通	STS		内外螺纹 90°弯头	T90SE
	承插焊异径三通	STR		螺纹等径三通	TTS
	承插焊等径四通	SCS		螺纹异径三通	TTR
	承插焊异径四通	SCR		螺纹等径四通	TCS
	承插焊 45°Y 型等径三通	S45YS		螺纹异径四通	TCR
	承插焊 45°Y 型异径三通	S45YR		双螺口管箍(等径)	TFC
	双承口等径管箍	SFCS		双螺口管箍(异径)	TFCR
	双承口异径管箍	SFCR		单螺口管箍	THC
	单承口管箍	SHC		单螺口管箍(带坡口)	THCB
	单承口管箍(带坡口)	SHCB		螺纹管帽	TC
	承插焊管帽	SC		四方头丝堵	SHP
	—	—		六角头丝堵	HHP
	—	—		圆头丝堵	RHP
	—	—		六角头内外螺纹接头	HHB
	—	—		无头内外螺纹接头	FB

6.4.7.2 锻钢制管件压力等级

承插焊管件的压力等级分为 Class3000、Class6000 和 Class9000，螺纹管件的压力等级分为 Class2000、Class3000 和 Class6000，管件的压力等级与壁厚对照符合表 6.4-61 的规定。

表 6.4-61 锻钢制管件压力等级与壁厚

承插焊压力等级	螺纹压力等级	适配的管子壁厚	
Class3000	Class2000	SCH80	XS
Class6000	Class3000	SCH160	—
Class9000	Class6000	—	XXS

6.4.7.3　锻钢制承插焊弯头、三通、四通的结构尺寸

表 6.4-62　锻钢制承插焊弯头、三通、四通的结构尺寸（表 6.4-62）

单位：mm

(a) 45°弯头　(b) 90°弯头　(c) 三通　(d) 四通

| 公称直径 DN | 承插孔径 B | 流通孔径 d | | | 中心至承插孔底 | | | | | | 承插孔壁厚 | | | | | | 承插孔深度 E | 本体壁厚 G | | |
| | | | | | 45°弯头 A_1 | | | 90°弯头三通四通 A | | | 3000 | | 6000 | | 9000 | | | | | |
		3000	6000	9000	3000	6000	9000	3000	6000	9000	C_{ave}	C_{min}	C_{ave}	C_{min}	C_{ave}	C_{min}		3000	6000	9000
6	10.9	6.1	3.2	—	8.0	8.0	—	11.0	11.0	—	3.18	3.18	3.96	3.43	—	—	9.5	2.41	3.15	—
8	14.3	8.5	5.6	—	8.0	8.0	—	11.0	13.5	—	3.78	3.30	4.60	4.01	—	—	9.5	3.02	3.68	—
10	17.7	11.8	8.4	5.6	8.0	11.0	13.5	13.5	15.5	—	4.01	3.50	5.03	4.37	—	—	9.5	3.20	4.01	—
15	21.9	15.0	11.0	10.3	11.0	12.5	15.5	15.5	19.0	25.5	4.57	4.09	5.97	5.18	9.53	8.18	9.5	3.73	4.78	7.47
20	27.3	20.2	14.8	14.4	13.0	14.0	19.0	19.0	22.5	28.5	4.90	4.27	6.96	6.04	9.78	8.56	12.5	3.91	5.56	7.82
25	34.0	25.9	19.9	22.0	14.0	17.5	20.5	22.5	27.0	32.0	5.69	4.98	7.92	6.93	11.38	9.96	12.5	4.55	6.35	9.09
(32)	42.0	34.3	28.7	27.2	17.5	20.5	22.5	27.0	32.0	35.0	6.07	5.28	7.92	6.93	12.14	10.62	12.5	4.85	6.35	9.70
40	48.8	40.1	33.2	37.4	20.5	25.5	25.5	32.0	38.0	38.0	6.35	5.54	8.92	7.80	12.70	11.12	12.5	5.08	7.14	10.15
50	61.2	51.7	42.1	—	25.5	28.5	28.5	38.0	41.0	54.0	6.93	6.04	10.92	9.50	13.34	12.12	16.0	5.54	8.74	11.07
(65)	73.9	61.2	—	—	28.5	—	—	41.0	—	—	8.76	7.67	—	—	—	—	16.0	7.01	—	—
80	89.8	76.4	—	—	32.0	—	—	57.0	—	—	9.52	8.3	—	—	—	—	16.0	7.62	—	—
100	115.5	100.7	—	—	41.0	—	—	66.5	—	—	10.69	9.35	—	—	—	—	19.0	8.56	—	—

6.4.7.4 锻钢制承插焊 45°Y 型三通、双承口管箍、单承口管箍、管帽的结构尺寸

表 6.4-63　锻钢制承插焊 45°Y 型三通、双承口管箍、单承口管箍、管帽的结构尺寸　　单位：mm

(a) 45°Y 型三通　(b) 双承口管箍　(c) 单承口管箍　(d) 管帽

公称直径 DN	承插孔径 B	流通孔径 d			承插孔壁厚 C						承插孔深度 E	本体壁厚 G_min			承插孔底距离 F	承插孔底至端面 H	中心至承插孔底 L		M		顶部厚度 K_min		
		3000	6000	9000	3000 C_{ave}	3000 C_{min}	6000 C_{ave}	6000 C_{min}	9000 C_{ave}	9000 C_{min}		3000	6000	9000			3000	6000	3000	6000	3000	6000	9000
6	10.9	6.1	3.2	—	3.18	3.18	3.96	3.43	—	—	9.5	2.41	3.15	—	6.5	16.0	—	—	—	—	4.8	6.4	—
8	14.3	8.5	5.6	—	3.78	3.30	4.60	4.01	—	—	9.5	3.02	3.68	—	6.5	16.0	—	—	—	—	4.8	6.4	—
10	17.7	11.8	8.4	—	4.01	3.50	5.03	4.37	—	—	9.5	3.20	4.01	—	6.5	17.5	37	—	9.5	—	4.8	6.4	—
15	21.9	15.0	11.0	5.6	4.67	4.09	5.97	5.18	9.53	8.18	9.5	3.73	4.78	7.47	9.5	22.5	41	51	9.5	11	6.4	7.9	11.2
20	27.3	20.2	14.8	10.3	4.90	4.27	6.96	6.04	9.78	8.56	12.5	3.91	5.56	7.82	9.5	24.0	51	60	11	13	6.4	7.9	12.7
25	34.0	25.9	19.9	14.4	5.69	4.98	7.92	6.93	11.38	9.96	12.5	4.55	6.35	9.09	12.5	28.5	60	71	13	16	9.6	11.2	14.2
(32)	42.0	34.3	28.7	22.0	6.07	5.28	7.92	6.93	12.14	10.62	12.5	4.85	6.35	9.70	12.5	30.0	71	81	16	17	9.6	11.2	14.2
40	48.8	40.1	33.2	27.2	6.35	5.54	8.92	7.80	12.70	11.12	12.5	5.08	7.14	10.15	12.5	32.0	81	98	17	21	11.2	12.7	15.7
50	61.2	51.7	42.1	37.4	6.93	6.04	10.92	9.50	13.84	12.12	16.0	5.54	8.74	11.07	19.0	41.0	98	152	21	32	12.7	15.7	19.0
(65)	73.9	61.2	—	—	8.76	7.67	—	—	—	—	16.0	7.01	—	—	19.0	43.0	151	—	30	—	15.7	19.0	—
80	89.8	76.4	—	—	9.52	8.30	—	—	—	—	16.0	7.62	—	—	19.0	44.5	184	—	57	—	19.0	22.4	—
100	115.5	100.7	—	—	10.69	9.35	—	—	—	—	19.0	8.56	—	—	19.0	48.0	201	—	66	—	22.4	28.4	—

6.4.7.5 锻钢制螺纹弯头、三通和四通的结构尺寸（表 6.4-64）

表 6.4-64　锻钢制螺纹弯头、三通和四通的结构尺寸　　　　单位：mm

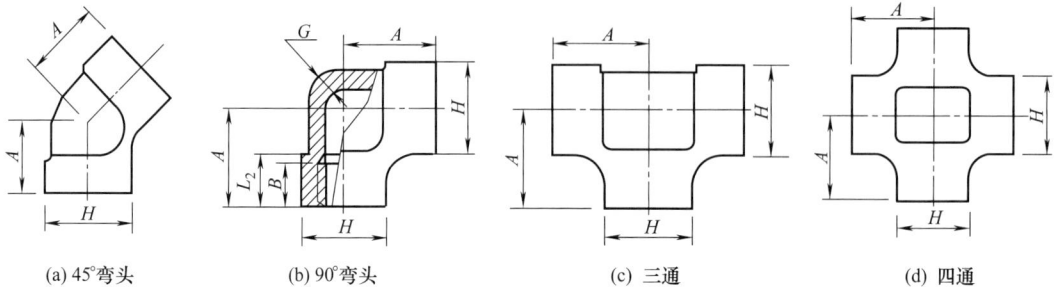

(a) 45°弯头　　　　(b) 90°弯头　　　　(c) 三通　　　　(d) 四通

公称直径 DN	螺纹尺寸代号 NPT/in	90°弯头、三通和四通中心至端面 A			45°弯头中心至端面 A			端部外径 H			本体壁厚 G_{min}			完整螺纹长度 B_{min}	有效螺纹长度 $L_{2\,min}$
		2000	3000	6000	2000	3000	6000	2000	3000	6000	2000	3000	6000		
6	1/8	21	21	25	17	17	19	22	22	25	3.18	3.18	6.35	6.4	6.7
8	1/4	21	25	28	17	19	22	22	25	33	3.18	3.30	6.60	8.1	10.2
10	3/8	25	28	33	19	22	25	25	33	38	3.18	3.51	6.98	9.1	10.4
15	1/2	28	33	38	22	25	28	33	38	46	3.18	4.09	8.15	10.9	13.6
20	3/4	33	38	44	25	28	33	38	46	56	3.18	4.32	8.53	12.7	13.9
25	1	38	44	51	28	33	35	46	56	62	3.68	4.98	9.93	14.7	17.3
(32)	5/4	44	51	60	33	35	43	56	62	75	3.89	5.28	10.59	17.0	18.0
40	3/2	51	60	64	35	43	44	62	75	84	4.01	5.56	11.07	17.8	18.4
50	2	60	64	83	43	44	52	75	84	102	4.27	7.14	12.09	19.0	19.2
(65)	5/2	76	83	95	52	52	64	92	102	121	5.61	7.65	15.29	23.6	28.9
80	3	86	95	106	64	64	79	109	121	146	5.99	8.84	16.64	25.9	30.5
100	4	106	114	114	79	79	79	146	152	152	6.55	11.18	18.67	27.7	33.0

6.4.7.6 锻钢制双螺口管箍、单螺口管箍和螺纹管帽的结构尺寸（表 6.4-65）

表 6.4-65　锻钢制双螺口管箍、单螺口管箍和螺纹管帽的结构尺寸　　　　单位：mm

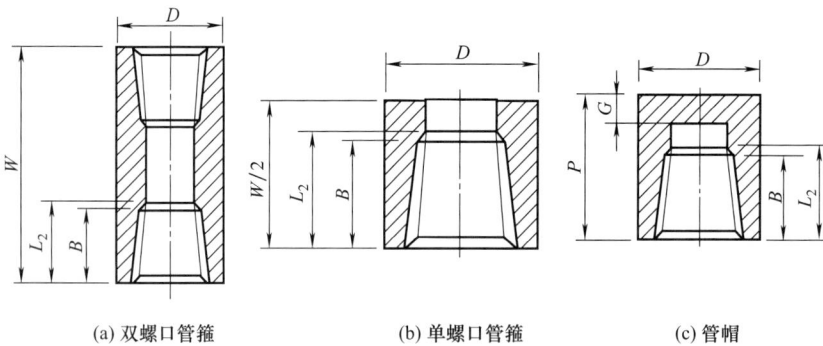

(a) 双螺口管箍　　　　(b) 单螺口管箍　　　　(c) 管帽

公称直径 DN	螺纹尺寸代号 NPT/in	端面至端面 W	端面至端面 P		外径 D		顶部厚度 G_{min}		完整螺纹长度 B_{min}	有效螺纹长度 $L_{2\,min}$
		3000 和 6000	3000	6000	3000	6000	3000	6000		
6	1/8	32	19	—	16	22	4.8	—	6.4	6.7
8	1/4	35	25	27	19	25	4.8	6.4	8.1	10.2
10	3/8	38	25	27	22	32	4.8	6.4	9.1	10.4
15	1/2	48	32	33	28	38	6.4	7.9	10.9	13.6
20	3/4	51	37	38	35	44	6.4	7.9	12.7	13.9
25	1	60	41	43	44	57	9.7	11.2	14.7	17.3
(32)	5/4	67	44	46	57	64	9.7	11.2	17.0	18.0
40	3/2	79	44	48	64	76	11.2	12.7	17.8	18.4

续表

公称直径 DN	螺纹尺寸代号 NPT/in	端面至端面 W 3000和6000	端面至端面 P 3000	端面至端面 P 6000	外径 D 3000	外径 D 6000	顶部厚度 G_{min} 3000	顶部厚度 G_{min} 6000	完整螺纹长度 B_{min}	有效螺纹长度 L_{2min}
50	2	86	48	51	76	92	12.7	15.7	19.0	19.2
(65)	5/2	92	60	64	92	108	15.7	19.0	23.6	28.9
80	3	108	65	68	108	127	19.0	22.4	25.9	0.5
100	4	121	68	75	140	159	22.4	28.4	27.7	33.0

6.4.7.7 锻钢制螺纹四方头丝堵、六角头丝堵、圆头丝堵、六角头内外螺纹接头和无头内外螺纹接头的结构尺寸（表6.4-66）

表6.4-66 锻钢制螺纹四方头丝堵、六角头丝堵、圆头丝堵、六角头内外螺纹接头和无头内外螺纹接头的结构尺寸　　　　　单位：mm

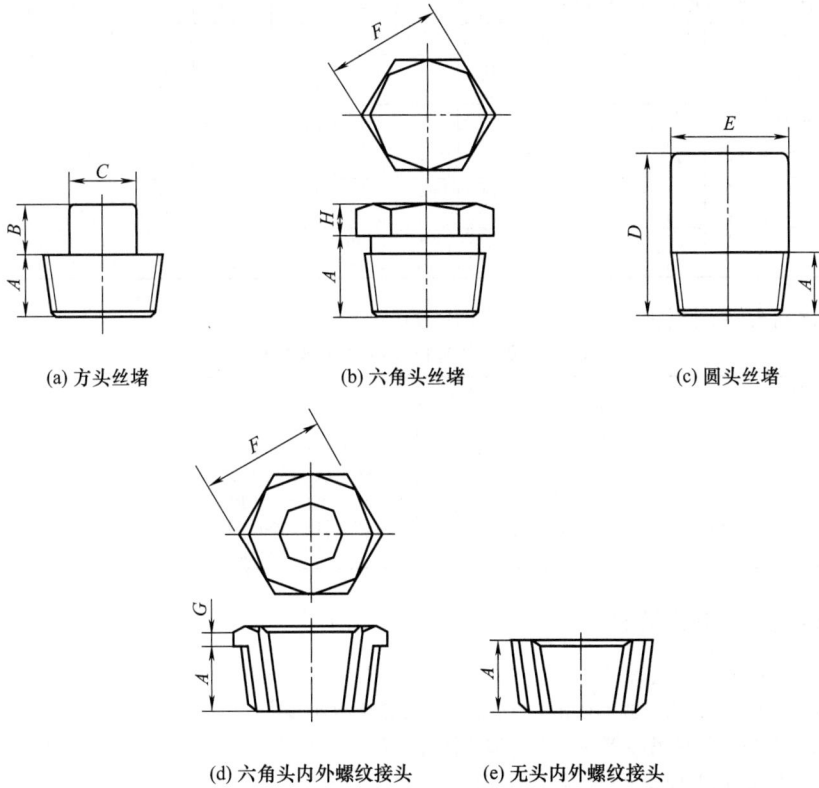

(a) 方头丝堵　　(b) 六角头丝堵　　(c) 圆头丝堵

(d) 六角头内外螺纹接头　　(e) 无头内外螺纹接头

公称直径 DN	螺纹尺寸代号 NPT/in	螺纹长度 A_{min}	方头高度 B_{min}	对边宽度 B_{min}	圆头直径 E	总长 D_{min}	六角头厚度 E_{min}	六角头厚度 G_{min}	方头高度 F
6	1/8	10	6	7	10	35	6	—	11
8	1/4	11	6	10	14	41	6	3	16
10	3/8	13	8	11	18	41	8	4	18
15	1/2	14	10	14	21	44	8	5	22
20	3/4	16	11	16	27	44	10	6	27
25	1	19	13	21	33	51	10	6	36
40	3/2	21	16	28	48	51	16	8	50
50	2	22	18	32	60	64	48	9	65
(65)	5/2	27	19	36	73	70	19	10	90
80	3	28	21	41	89	70	21	10	90
100	4	32	25	65	114	76	25	13	115

6.4.7.8 锻钢制内外螺纹90°弯头的结构尺寸（表6.4-67）

表6.4-67　锻钢制内外螺纹90°弯头的结构尺寸　　　　　　　　单位：mm

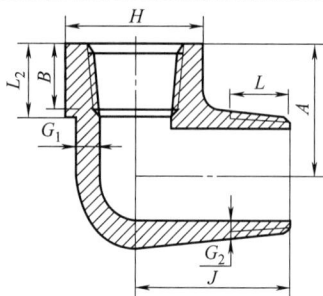

公称直径 DN	螺纹尺寸 代号 NPT/in	中心至内螺纹端面 A		中心至外螺纹端面 J		端面外径 H		本体厚度 G_{1min}		本体厚度 G_{2min}		内螺纹完整长度 B_{min}	内螺纹有效长度 L_{2min}	外螺纹长度 L_{min}
		3000	6000	3000	6000	3000	6000	3000	6000	3000	6000			
6	1/8	19	22	25	32	19	25	3.18	5.08	2.74	4.22	6.4	6.7	10
8	1/4	22	25	32	38	25	32	3.30	5.66	3.22	5.28	8.1	10.2	11
10	3/8	25	28	38	41	32	38	3.51	6.98	3.50	5.59	9.1	10.4	13
15	1/2	28	35	41	48	38	44	4.09	8.15	4.16	6.53	10.9	13.6	14
20	3/4	35	44	48	57	44	51	4.32	8.53	4.88	6.86	12.7	13.9	16
25	1	44	51	57	66	51	62	4.98	9.93	5.56	7.95	14.7	17.3	19
(32)	5/4	51	54	66	71	62	70	5.28	10.59	5.56	8.48	17.0	18.0	21
40	3/2	54	64	71	84	70	84	5.56	11.07	6.25	8.89	17.8	18.4	21
50	2	64	83	84	105	84	102	7.14	12.09	7.64	9.70	19.0	19.2	22

6.4.7.9 锻钢制管件材料牌号标准（表6.4-68）

表6.4-68　锻钢制管件材料牌号标准

材料牌号	锻件标准号	材料牌号	锻件标准号
20、16Mn、15CrMo、12Cr1MoV、14Cr1Mo、12Cr2Mo1、1Cr5Mo	NB/T 47008	S30408(0Cr18Ni9) S30403(00Cr19Ni10) S31608(0Cr17Ni12Mo2)	NB/T 47010
16MnD、10Ni3MoVD、09MnNiD	NB/T 47009	S31603(00Cr17Ni14Mo2) S32168(0Cr18Ni10Ti) S31668(0Cr18Ni12Mo2Ti)	

6.4.8 可锻铸铁管路连接件（GB/T 3287—2011）

GB/T 3287—2011适用于公称尺寸DN6～DN150输送水、油、空气、煤气、蒸汽用的一般管路上连接的管件。指定与符合GB/T 7306.1或GB/T 7306.2规定的螺纹相连接。

产品按表面状态分类包括黑品管件（Fe）和热镀锌管件（Zn）。

6.4.8.1 可锻铸铁管件种类和代号（表6.4-69）

表6.4-69　可锻铸铁管件种类和代号

型式	外形图和符号(代号)			
A 弯头	A1 (90)	A1/45° (120)	A4 (92)	A4/45° (121)
B 三通	B1 (130)			

续表

型式	外形图和符号（代号）
C 四通	C1 （180）
D 短月弯	D1（2a） D4（1a）
E 单弯三通 及双弯弯头	E1（131） E2（132）
G 长月弯	G1（2） G1/45°（41） G4（1） G4/45°（40） G8（3）
M 外接头	M2 M2 R-L（270） M2（240） M4（529a） （246）
N 内外螺丝 内接头	N4（241） N8 N8 R-L（280） N8（245）
P 锁紧 螺母	P4（310）
T 管帽管堵	T1（300） T8（291） T9（290） T11（596）

型式	外形图和符号（代号）			
U 活接头	U1 （330）	U2 （331）	U11 （340）	U12 （341）
UA 活接弯头	UA1 （95）	UA2 （97）	UA11 （96）	UA12 （98）
Za 侧孔弯头 侧孔三通	Za1 （221）		Za2 （223）	

6.4.8.2 可锻铸铁管件设计（表 6.4-70）

表 6.4-70 可锻铸铁管件设计

设计符号	外螺纹型式	内螺纹型式	材料牌号	设计符号	外螺纹型式	内螺纹型式	材料牌号
A	R	Rp	KTB 400-05 或 KTH350-10	C	R	Rc	KTB 400-05 或 KTH350-10
B	R	Rp	KTB 350-04 或 KTH300-06	D	R	Rc	KTB 350-04 或 KTH300-06

6.4.8.3 可锻铸铁管件性能要求（表 6.4-71）

表 6.4-71 可锻铸铁管件性能要求

使用温度/℃	最大允许工作压力/MPa	使用温度/℃	最大允许工作压力/MPa
−20～120	2.5	300	2.0
120～300	内插值		

6.4.8.4 可锻铸铁弯头、三通、四通的型式尺寸（表 6.4-72）

表 6.4-72 可锻铸铁弯头、三通、四通的型式尺寸　　　　　单位：mm

弯头 A1(90)　　内外丝弯头 A4(92)

三通 B1(130)　　四通 C1(180)　　侧孔弯头 Za1(221)　　侧孔三通 Za2(223)

续表

公称尺寸 DN						管件规格						尺寸		安装长度 z
A1	A4	B1	C1	Za1	Za2	A1	A4	B1	C1	Za1	Za2	a	b	
6	6	6	—	—	—	1/8	1/8	1/8		—	—	19	25	12
8	8	8	(8)	—	—	1/4	1/4	1/4	(1/4)	—	—	21	28	11
10	10	10	10	(10)	(10)	3/8	3/8	3/8	3/8	(3/8)	(3/8)	25	32	15
15	15	15	15	15	(15)	1/2	1/2	1/2	1/2	1/2	(1/2)	28	37	15
20	20	20	20	20	(20)	3/4	3/4	3/4	3/4	3/4	(3/4)	33	43	18
25	25	25	25	(25)	(25)	1	1	1	1	(1)	(1)	38	52	21
32	32	32	32	—	—	5/4	5/4	5/4	5/4	—	—	45	60	26
40	40	40	40	—	—	3/2	3/2	3/2	3/2	—	—	50	65	31
50	50	50	50	—	—	2	2	2	2	—	—	58	74	34
65	65	65	(65)	—	—	5/2	5/2	5/2	5/2	—	—	69	88	42
80	80	80	(80)	—	—	3	3	3	(3)	—	—	78	98	48
100	100	100	(100)	—	—	4	4	4	(4)	—	—	96	118	60
(125)	—	(125)	—	—	—	(5)	—	(5)	—	—	—	115	—	75
(150)	—	(150)	—	—	—	(6)	—	(6)	—	—	—	131	—	91

6.4.8.5 可锻铸铁异径弯头的型式尺寸（表 6.4-73）

表 6.4-73 可锻铸铁异径弯头的型式尺寸　　　　单位：mm

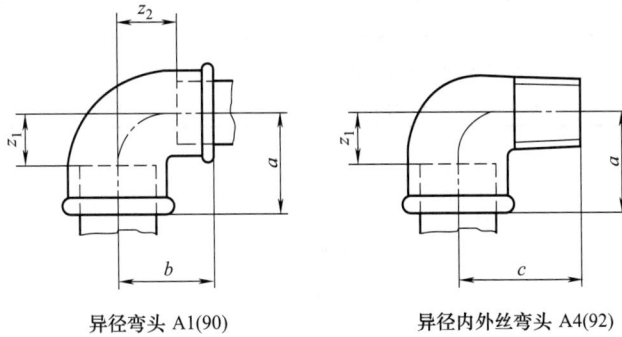

异径弯头 A1(90)　　　　　　　异径内外丝弯头 A4(92)

公称尺寸 DN		管件规格		尺寸			安装长度	
A1	A4	A1	A4	a	b	c	z_1	z_2
(10×8)	—	(3/8×1/4)	—	23	23	—	13	13
15×10	15×10	1/2×3/8	—	28	28	—	13	18
(20×10)	—	(3/4×3/8)	—	28	28	—	13	18
20×15	20×15	3/4×1/2	3/4×1/2	30	31	40	15	18
25×15	—	1×1/2	—	32	34	—	15	21
25×20	25×20	1×3/4	1×3/4	35	36	46	18	21
32×20	—	5/4×3/4	—	36	41	—	17	26
32×25	32×25	5/4×1	5/4×1	40	42	56	21	25
(40×25)	—	(3/2×1)	—	42	46	—	23	29
40×32	—	3/2×5/4	—	46	48	—	27	29
50×40	—	2×3/2	—	52	56	—	28	36
(65×50)	—	(5/2×2)	—	61	66	—	34	42

6.4.8.6 可锻铸铁45°弯头的型式尺寸（表6.4-74）

表6.4-74 可锻铸铁45°弯头的型式尺寸　　　　　　　　单位：mm

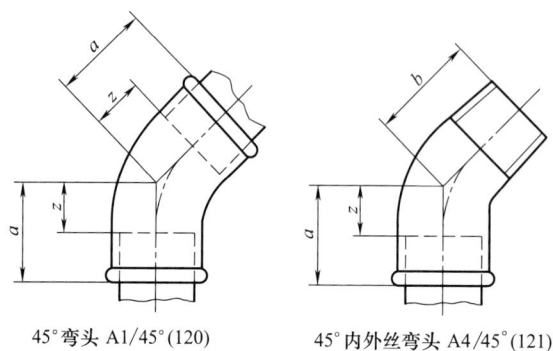

45°弯头 A1/45°(120)　　　　　　45°内外丝弯头 A4/45°(121)

公称尺寸 DN		管件规格		尺寸		安装长度 z
A1/45°	A4/45°	A1/45°	A4/45°	a	b	
10	10	3/8	3/8	20	25	10
15	15	1/2	1/2	22	28	9
20	20	3/4	3/4	25	32	10
25	25	1	1	28	37	11
32	32	5/4	5/4	33	43	14
40	40	3/2	3/2	36	46	17
50	50	2	2	43	55	19

6.4.8.7 可锻铸铁中大异径三通的型式尺寸（表6.4-75）

表6.4-75 可锻铸铁中大异径三通的型式尺寸　　　　　　　　单位：mm

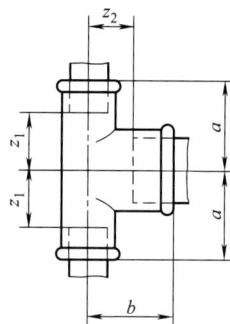

中大异径三通 B1(130)

公称尺寸 DN	管件规格	尺寸 a	尺寸 b	安装长度 z_1	安装长度 z_2
10×15	3/8×1/2	26	26	16	13
15×20	1/2×3/4	31	30	18	15
(15×25)	(1/2×1)	34	32	21	15
20×25	3/4×1	36	35	21	18
(20×32)	(3/4×5/4)	41	36	26	17
25×32	1×5/4	42	40	25	21
(32×50)	(5/4×2)	54	48	35	24
40×50	3/2×2	55	52	36	28

6.4.8.8 可锻铸铁中小异径三通的型式尺寸（表 6.4-76）

表 6.4-76 可锻铸铁中小异径三通的型式尺寸　　　　　单位：mm

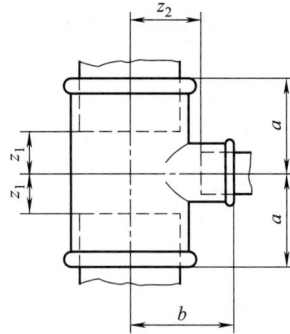

中小异径三通 B1(130)

公称尺寸 DN	管件规格	尺寸 a	尺寸 b	安装长度 z_1	安装长度 z_2
10×8	3/8×1/4	23	23	13	13
15×8	1/2×1/4	24	24	11	14
15×10	1/2×3/8	26	26	13	16
(20×8)	(3/4×1/4)	26	27	11	17
20×10	3/4×3/8	28	28	13	18
20×15	3/4×1/2	30	31	15	18
(25×8)	(1×1/4)	28	31	11	21
25×10	1×3/8	30	32	13	22
25×15	1×1/2	32	34	15	21
25×20	1×3/4	35	36	18	21
(32×10)	(5/4×3/8)	32	36	13	26
32×15	5/4×1/2	34	38	15	25
32×20	5/4×3/4	36	41	17	26
32×25	5/4×1	40	42	21	25
40×15	3/2×1/2	46	48	27	29
40×20	3/2×3/4	38	44	19	29
40×25	3/2×1	42	46	23	29
40×32	3/2×5/4	46	48	27	29
50×15	2×1/2	38	48	14	35
50×20	2×3/4	40	50	16	35
50×25	2×1	44	52	20	35
50×32	2×5/4	48	54	24	35
50×40	2×3/2	52	55	28	36
65×25	5/2×1	47	60	20	43
65×32	5/2×5/4	52	62	25	43
65×40	5/2×3/2	55	63	28	44
65×50	5/2×2	61	66	34	42
80×25	3×1	47	67	21	50
80×32	3×5/4	51	70	25	51
80×40	3×3/2	55	71	28	52
80×50	3×2	58	73	34	49
80×65	3×5/2	72	76	42	49
100×50	4×2	70	86	34	62
100×80	4×3	84	92	48	62

6.4.8.9 可锻铸铁异径三通的型式尺寸（表 6.4-77）

表 6.4-77 可锻铸铁异径三通的型式尺寸 单位：mm

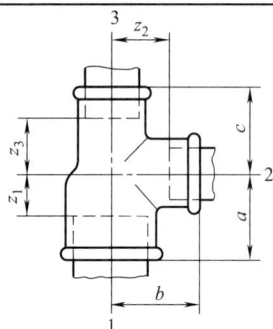

异径三通 B1(130)

公称尺寸 DN (1—2—3)	管件规格 (1—2—3)	尺寸 a	尺寸 b	尺寸 c	安装长度 z_1	安装长度 z_2	安装长度 z_3
15×10×10	1/2×3/8×3/8	26	26	25	13	16	15
20×10×15	3/4×3/8×1/2	28	28	26	13	18	13
20×15×10	3/4×1/2×3/8	30	31	26	15	18	16
25×15×15	1×1/2×1/2	32	34	28	15	21	15
25×15×20	1×1/2×3/4	32	34	30	15	21	15
25×20×20	1×3/4×3/4	35	36	33	18	21	18
32×15×25	5/4×1/2×1	34	38	32	15	25	15
32×20×20	5/4×3/4×3/4	36	41	33	17	26	18
32×20×25	5/4×3/4×1	36	41	35	17	26	18
32×25×20	5/4×1×3/4	40	42	36	21	25	21
32×25×25	5/4×1×1	40	42	38	21	25	21
40×15×32	3/2×1/2×5/4	36	42	34	17	29	15
40×20×32	3/2×3/4×5/4	38	44	36	19	29	17
40×25×25	3/2×1×1	42	46	38	23	29	21
40×25×32	3/2×1×5/4	42	46	40	23	29	21
(40×32×25)	(3/2×5/4×1)	46	48	42	27	29	25
40×32×32	3/2×3/4×5/4	46	48	45	27	29	26
50×20×40	2×3/4×3/2	40	50	39	16	35	19
50×25×40	2×1×3/2	44	52	42	20	35	23
50×32×32	2×5/4×5/4	48	54	45	24	35	26
50×32×40	2×5/4×3/2	48	54	46	24	35	27
(50×40×32)	(2×3/2×5/4)	52	55	48	28	36	29
50×40×40	2×3/2×3/2	52	55	50	28	36	31

6.4.8.10 可锻铸铁侧小异径三通的型式尺寸（表 6.4-78）

表 6.4-78 可锻铸铁侧小异径三通的型式尺寸 单位：mm

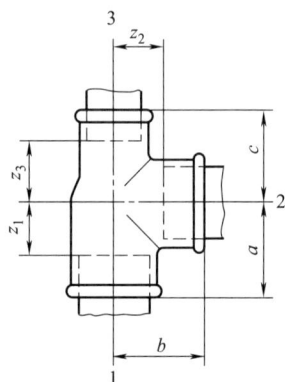

侧小异径三通 B1(130)

续表

公称尺寸 DN (1-2-3)	管件规格 (1-2-3)	尺寸 a	尺寸 b	尺寸 c	安装长度 z_1	安装长度 z_2	安装长度 z_3
15×15×10	1/2×1/2×3/8	28	28	26	15	15	16
20×20×10	3/4×3/4×3/8	33	33	28	18	18	18
20×20×15	3/4×3/4×1/2	33	33	31	18	18	18
(25×25×10)	(1×1×3/8)	38	38	32	21	21	22
25×25×15	1×1×1/2	38	38	34	21	21	21
25×25×20	1×1×3/4	38	38	36	21	21	21
32×32×15	5/4×5/4×1/2	45	45	38	26	26	25
32×32×20	5/4×5/4×3/4	45	45	41	26	26	26
32×32×25	5/4×5/4×1	45	45	42	26	26	25
40×40×15	3/2×3/2×1/2	50	50	42	31	31	29
40×40×20	3/2×3/2×3/4	50	50	44	31	31	29
40×40×25	3/2×3/2×1	50	50	46	31	31	29
40×40×32	3/2×3/2×5/4	50	50	48	31	31	29
50×50×20	2×2×3/4	58	58	50	34	34	35
50×50×25	2×2×1	58	58	52	34	34	35
50×50×32	2×2×5/4	58	58	54	34	34	35
50×50×40	2×2×3/2	58	58	55	34	34	36

6.4.8.11 可锻铸铁异径四通的型式尺寸（表6.4-79）

表6.4-79　可锻铸铁异径四通的型式尺寸　　　　单位：mm

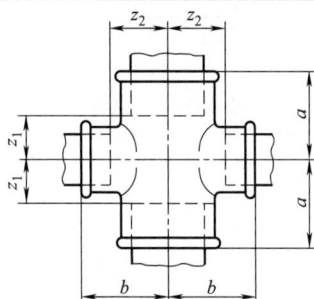

异径四通 C1(180)

公称尺寸 DN	管件规格	尺寸 a	尺寸 b	安装长度 z_1	安装长度 z_2
(15×10)	(1/2×3/8)	26	26	13	16
20×15	3/4×1/2	30	31	15	18
25×15	1×1/2	32	34	15	21
25×20	1×3/4	35	36	18	21
(32×20)	(5/4×3/4)	36	41	17	26
32×25	5/4×1	40	42	21	25
(40×25)	(3/2×1)	42	46	23	29

6.4.8.12 可锻铸铁短月弯、单弯三通、双弯弯头的型式尺寸（表6.4-80）

表6.4-80　可锻铸铁短月弯、单弯三通、双弯弯头的型式尺寸　　　　单位：mm

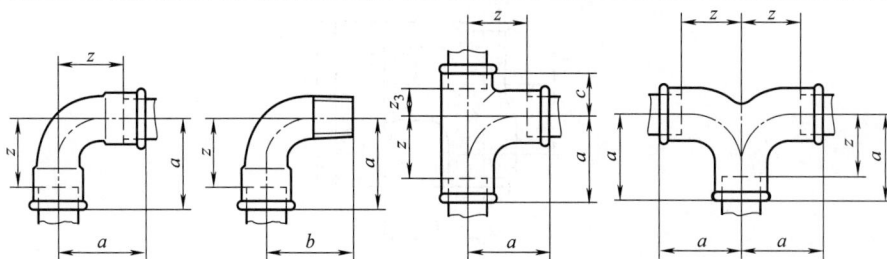

短月弯 D1(2a)　　　内外丝短月弯 D4(1a)　　　单弯三通 E1(131)　　　双弯弯头 E2(132)

续表

公称尺寸 DN				管件规格				尺寸		安装长度	
D_1	D_4	E_1	E_2	D_1	D_4	E_1	E_2	$a=b$	c	z	z_3
8	8	—	—	1/4	1/4	—	—	30	—	20	—
10	10	10	10	3/8	3/8	3/8	3/8	36	19	26	9
15	15	15	15	1/2	1/2	1/2	1/2	45	24	32	11
20	20	20	20	3/4	3/4	3/4	3/4	50	28	35	13
25	25	25	25	1	1	1	1	63	33	46	16
32	32	32	32	5/4	5/4	5/4	5/4	76	40	57	21
40	40	40	40	3/2	3/2	3/2	3/2	85	43	66	24
50	50	50	50	2	2	2	2	102	53	78	29

6.4.8.13 可锻铸铁中小异径单弯三通的型式尺寸（表 6.4-81）

表 6.4-81 可锻铸铁中小异径单弯三通的型式尺寸 单位：mm

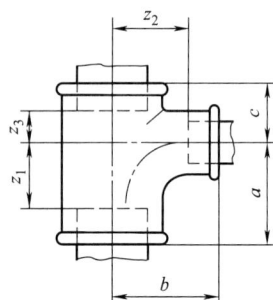

中小异径单弯三通 E1(131)

公称尺寸 DN	管件规格	尺寸 a	尺寸 b	尺寸 c	安装长度 z_1	安装长度 z_2	安装长度 z_3
20×15	3/4×1/2	47	48	25	32	35	10
25×15	1×1/2	49	51	28	32	28	11
25×20	1×3/4	53	54	30	36	39	13
32×15	5/4×1/2	51	56	30	32	43	11
32×20	5/4×3/4	55	58	33	36	43	14
32×25	5/4×1	66	68	36	47	51	17
(40×20)	(3/2×3/4)	55	61	33	36	46	14
(40×25)	(3/2×1)	66	71	36	47	54	17
(50×32)	(2×5/4)	77	79	41	58	60	22
(50×40)	(2×3/2)	91	94	48	57	75	24

6.4.8.14 可锻铸铁侧小异径单弯三通的型式尺寸（表 6.4-82）

表 6.4-82 可锻铸铁侧小异径单弯三通的型式尺寸 单位：mm

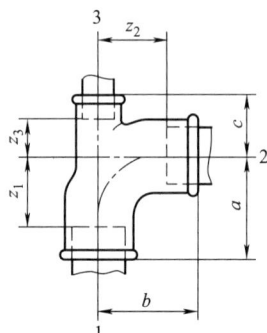

侧小异径单弯三通 E1(131)

公称尺寸 DN (1-2-3)	管件规格 (1-2-3)	尺寸 a	尺寸 b	尺寸 c	安装长度 z_1	安装长度 z_2	安装长度 z_3
20×20×15	3/4×3/4×1/2	50	50	27	35	35	14

6.4.8.15 可锻铸铁异径单弯三通的型式尺寸（表 6.4-83）

表 6.4-83　可锻铸铁异径单弯三通的型式尺寸　　　　单位：mm

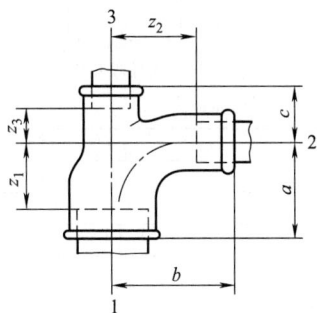

异径单弯三通 E1(131)

公称尺寸 DN (1-2-3)	管件规格 (1-2-3)	尺寸 a	尺寸 b	尺寸 c	安装长度 z_1	安装长度 z_2	安装长度 z_3
20×15×15	3/4×1/2×1/2	47	48	24	32	35	11
25×15×20	1×1/2×3/4	49	51	25	32	38	10
25×20×20	1×3/4×3/4	53	54	28	36	39	13

6.4.8.16 可锻铸铁异径双弯弯头的型式尺寸（表 6.4-84）

表 6.4-84　可锻铸铁异径双弯弯头的型式尺寸　　　　单位：mm

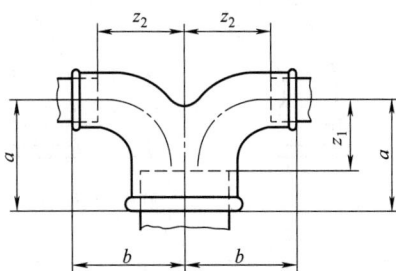

异径双弯弯头 E2(132)

公称尺寸 DN	管件规格	尺寸 a	尺寸 b	安装长度 z_1	安装长度 z_2
(20×15)	(3/4×1/2)	47	48	32	35
(25×20)	(1×3/4)	53	54	36	39
(32×25)	(5/4×1)	66	68	47	51
(40×32)	(3/2×5/4)	77	79	58	60
(50×40)	(2×3/2)	91	94	67	75

6.4.8.17 可锻铸铁长月弯的型式尺寸（表6.4-85）

表 6.4-85 可锻铸铁长月弯的型式尺寸 单位：mm

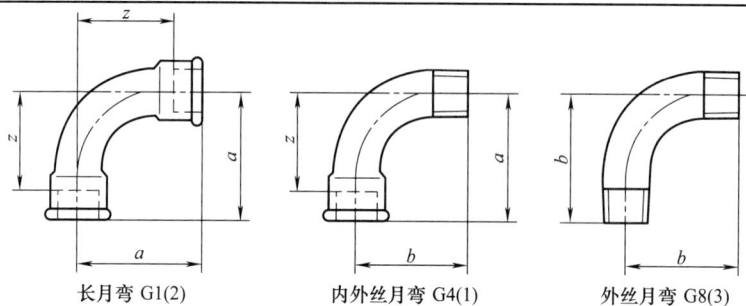

长月弯 G1(2)　　　　　内外丝月弯 G4(1)　　　　　外丝月弯 G8(3)

公称尺寸 DN			管件规格			尺寸		安装长度 z
G1	G4	G8	G1	G4	G8	a	b	
—	(6)	—	—	(1/8)	—	35	32	28
8	8	—	1/4	1/4	—	40	36	30
10	10	(10)	3/8	3/8	(3/8)	48	42	38
15	15	15	1/2	1/2	1/2	55	48	42
20	20	20	3/4	3/4	3/4	69	60	54
25	25	25	1	1	1	85	75	68
32	32	(32)	5/4	5/4	5/4	105	95	86
40	40	(40)	3/2	3/2	3/2	116	105	97
50	50	(50)	2	2	(2)	140	130	116
65	(65)	—	5/2	(5/2)	—	176	165	149
80	(80)	—	3	(3)	—	205	190	175
100	(10)	—	4	(4)	—	260	245	224

6.4.8.18 可锻铸铁45°月弯的型式尺寸（表6.4-86）

表 6.4-86 可锻铸铁45°月弯的型式尺寸 单位：mm

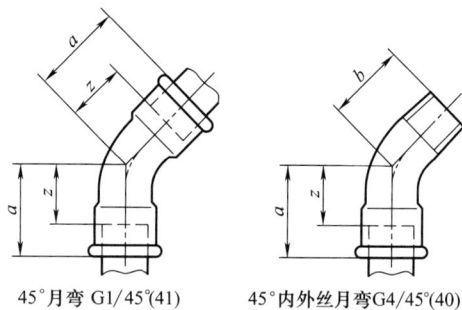

45°月弯 G1/45°(41)　　　　　45°内外丝月弯 G4/45°(40)

公称尺寸 DN		管件规格		尺寸		安装长度 z
G1/45°	G4/45°	G1/45°	G4/45°	a	b	
—	(8)	—	(1/4)	26	21	16
(10)	10	(3/8)	3/8	30	24	20
15	15	1/2	1/2	36	30	23
20	20	3/4	3/4	43	36	28
25	25	1	1	51	42	34
32	32	5/4	5/4	64	54	45
40	40	3/2	3/2	68	58	49
50	50	2	2	81	70	57
(65)	(65)	(5/2)	(5/2)	99	86	72
(80)	(80)	(3)	(3)	113	100	83

6.4.8.19 可锻铸铁外接头的型式尺寸 (表 6.4-87)

表 6.4-87 可锻铸铁外接头的型式尺寸　　　　　　　　　　单位：mm

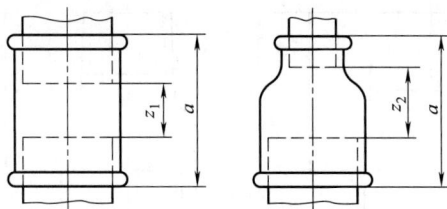

外接头 M2(270)　　　　异径外接头 M2(240)
左右旋外接头 M2R-L(271)

公称尺寸 DN			管件规格			尺寸	安装长度	
M2	M2R-L	异径 M2	M2	M2R-L	异径 M2	a	z_1	z_2
6	—	—	1/8	—	—	25	11	—
8	—	8×6	1/4	—	1/4×1/8	27	7	10
10	10	(10×6) 10×8	3/8	3/8	(3/8×1/8) 3/8×1/4	30	10	13 10
15	15	15×8 15×10	1/2	1/2	1/2×1/4 1/2×3/8	36	10	13 13
20	20	(20×8) 20×10 20×15	3/4	3/4	(3/4×1/4) 3/4×3/8 3/4×1/2	39	9	14 14 11
25	25	25×10 25×15 25×20	1	1	1×3/8 1×1/2 1×3/4	45	11	18 15 13
32	32	32×15 32×20 32×25	5/4	5/4	5/4×1/2 5/4×3/4 5/4×1	50	12	18 16 14
40	40	(40×15) 40×20 40×25 40×32	3/2	3/2	(3/2×1/2) 3/2×3/4 3/2×1 3/2×5/4	55	17	23 21 19 17
(50)	(50)	(50×15) (50×20) 50×25 50×32 50×40	(2)	(2)	(2×1/2) (2×3/4) 2×1 2×5/4 2×3/2	65	17	28 26 24 22 22
(65)	—	(65×32) (65×40) (65×50)	(5/2)	—	(5/2×5/4) (5/2×3/2) (5/2×2)	74	20	28 28 23
(80)	—	(80×40) (80×50) (80×65)	(3)	—	(3×3/2) (3×2) (3×5/2)	80	20	31 26 23
(100)	—	(100×50) (100×65) (100×80)	(4)	—	(4×2) (4×5/2) (4×3)	94	22	34 31 28
(125)	—	—	(5)	—	—	109	29	—
(150)	—	—	(6)	—	—	120	40	—

6.4.8.20 可锻铸铁内外丝接头的型式尺寸（表 6.4-88）

表 6.4-88 可锻铸铁内外丝接头的型式尺寸　　　　　　　　　　单位：mm

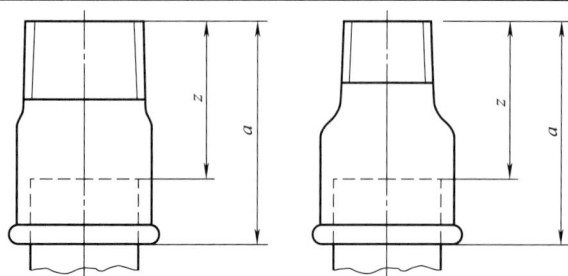

内外丝接头 M4(529a)　　　　异径内外丝接头 M4(246)

公称尺寸 DN		管件规格		尺寸	安装长度
M4	异径 M4	M4	异径 M4	a	z
10	10×8	3/8	3/8×1/4	35	25
15	15×8	1/2	1/2×1/4	43	30
	15×10		1/2×3/8		
20	(20×10)	3/4	(3/4×3/8)	48	33
	20×15		3/4×1/2		
25	25×15	1	1×1/2	55	38
	25×20		1×3/4		
32	32×20	5/4	5/4×3/4	60	41
	32×25		5/4×1		
—	40×25	—	3/3×1	63	44
	40×32		3/2×5/4		
—	(50×32)	—	(2×5/5)	70	46
	(50×40)		(2×3/2)		

6.4.8.21 可锻铸铁内外丝的型式尺寸（表 6.4-89）

表 6.4-89 可锻铸铁内外丝的型式尺寸　　　　　　　　　　单位：mm

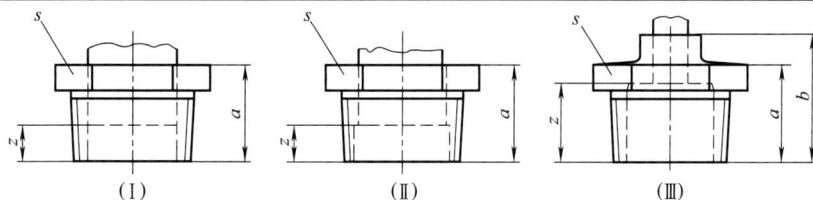

(Ⅰ)　　　　　　　(Ⅱ)　　　　　　　(Ⅲ)

内外螺丝 N4(241)

公称尺寸 DN	管件规格	型式	尺寸 a	尺寸 b	安装长度 z
8×6	1/4×1/8	Ⅰ	20	—	13
10×6	3/8×1/8	Ⅱ	20	—	13
10×8	3/8×1/4	Ⅰ	20	—	10
15×6	3/8×1/8	Ⅱ	24	—	17
15×8	1/2×1/8	Ⅱ	24	—	14
15×10	1/2×1/4	Ⅰ	24	—	14
20×8	3/4×1/4	Ⅱ	26	—	16
20×10	3/4×3/8	Ⅱ	26	—	16
20×15	3/4×1/2	Ⅰ	26	—	13
25×8	1×1/4	Ⅱ	29	—	19
25×10	1×3/8	Ⅱ	29	—	19
25×15	1×1/2	Ⅱ	29	—	16
25×20	1×3/4	Ⅰ	29	—	14
32×10	5/4×3/8	Ⅱ	31	—	21
32×15	5/4×1/2	Ⅱ	31	—	18
32×20	5/4×3/4	Ⅱ	31	—	16
32×25	5/4×1	Ⅰ	31	—	14
(40×10)	(3/2×3/8)	Ⅱ	31	—	21

续表

公称尺寸 DN	管件规格	型式	尺寸 a	尺寸 b	安装长度 z
40×15	3/2×1/2	Ⅱ	31	—	18
40×20	3/2×3/4	Ⅱ	31	—	16
40×25	3/2×1	Ⅱ	31	—	14
40×32	3/2×5/4	Ⅰ	31	—	12
50×15	2×1/2	Ⅲ	35	48	35
50×20	2×3/4	Ⅲ	35	48	33
50×25	2×1	Ⅱ	35	—	18
50×32	2×5/4	Ⅱ	35	—	16
50×40	2×3/2	Ⅱ	35	—	16
65×25	5/2×1	Ⅲ	40	54	37
65×32	5/2×5/4	Ⅲ	40	54	35
65×40	5/2×3/2	Ⅱ	40	—	21
65×50	5/2×2	Ⅱ	40	—	16
80×25	3×1	Ⅲ	44	59	42
80×32	3×5/4	Ⅲ	44	59	40
80×40	3×3/2	Ⅲ	44	59	40
80×50	3×2	Ⅱ	44	—	20
80×65	3×5/2	Ⅱ	44	—	17
100×50	4×2	Ⅲ	51	69	45
100×65	4×5/2	Ⅲ	51	69	42
100×80	4×3	Ⅲ	51	—	21

6.4.8.22 可锻铸铁内接头的型式尺寸（表 6.4-90）

表 6.4-90　可锻铸铁内接头的型式尺寸　　　　　　　　　单位：mm

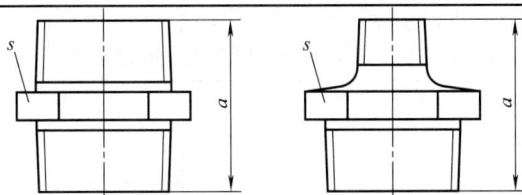

内接头 N8(280)
左右旋内接头 N8R-L(281)

异径内接头 N8(245)

公称尺寸 DN			管件规格			尺寸
N8	N8R-L	异径 N8	N8	N8R-L	异径 N8	a
6	—	—	1/8	—	—	29
8	—	—	1/4	—	—	35
10	—	10×8	3/8	—	3/8×1/4	38
15	15	15×8 15×10	1/2	1/2	1/2×1/4 1/2×3/8	44
20	20	20×10 20×15	3/4	3/4	3/4×3/8 3/4×1/2	47
25	(25)	25×15 25×20	1	(1)	1×1/2 1×3/4	53
32	—	(32×15) 32×20 32×25	5/4	—	(5/4×1/2) 5/4×3/4 5/4×1	57
40	—	(40×20) 40×25 40×32	3/2	—	(3/2×3/4) 3/2×1 3/2×5/4	59
50	—	(50×25) 50×32 50×40	2	—	(2×1) 2×5/4 2×3/2	68
65	—	(65×50)	5/2	—	(5/2×2)	75
80	—	(80×50) (80×65)	3	—	(3×2) (3×5/2)	83
100	—	—	4	—	—	95

6.4.8.23 可锻铸铁锁紧螺母的型式尺寸（表 6.4-91）

表 6.4-91 可锻铸铁锁紧螺母的型式尺寸 单位：mm

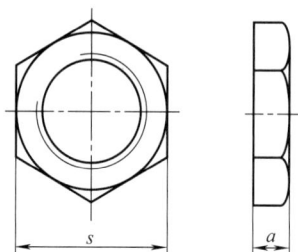

锁紧螺母 P4(310)

公称尺寸 DN	管件规格	尺寸 a_{min}	公称尺寸 DN	管件规格	尺寸 a_{min}
8	1/4	6	32	5/4	11
10	3/8	7	40	3/2	12
15	1/2	8	50	2	13
20	3/4	9	65	2	16
25	1	10	80	3	19

注：锁紧螺母可以是平的或凹入式的，允许加工一个表面；s 尺寸（扳手对边宽度）由制造商自己决定，螺纹符合 GB/T 7307 的规定。

6.4.8.24 可锻铸铁管帽和管堵的型式尺寸（表 6.4-92）

表 6.4-92 可锻铸铁管帽和管堵的型式尺寸 单位：mm

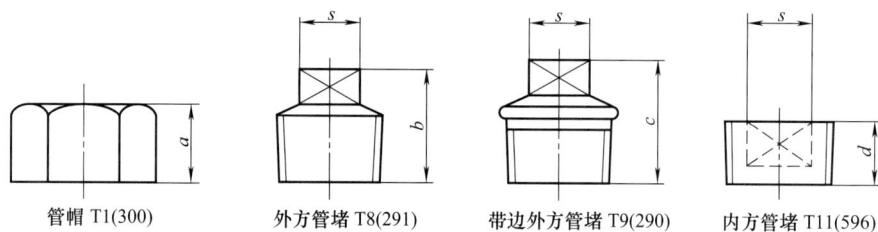

管帽 T1(300)　　外方管堵 T8(291)　　带边外方管堵 T9(290)　　内方管堵 T11(596)

公称尺寸 DN				管件规格				尺寸			
T1	T8	T9	T11	T1	T8	T9	T11	a_{min}	b_{min}	c_{min}	d_{min}
(6)	6	6	—	(1/8)	1/8	1/8	—	13	11	20	
8	8	8	—	1/4	1/4	1/4	—	15	14	22	
10	10	10	(10)	3/8	3/8	3/8	(3/8)	17	15	24	11
15	15	15	(15)	1/2	1/2	1/2	(1/2)	19	18	26	15
20	20	20	(20)	3/4	3/4	3/4	(3/4)	22	20	32	16
25	25	25	(25)	1	1	1	(1)	24	23	36	19
32	32	32	—	5/4	5/4	5/4	—	27	29	39	—
40	40	40	—	3/2	3/2	3/2	—	27	30	41	—
50	50	50	—	2	2	2	—	32	36	48	—
65	65	65	—	5/2	5/2	5/2	—	35	39	54	—
80	80	80	—	3	3	3	—	38	44	60	—
100	100	100	—	4	4	4	—	45	58	70	—

注：管帽可以是六边形、圆形或其它形状，由制造方决定。

6.4.8.25　可锻铸铁活接头的型式尺寸（表 6.4-93）

表 6.4-93　可锻铸铁活接头的型式尺寸　　　　　　　　　　单位：mm

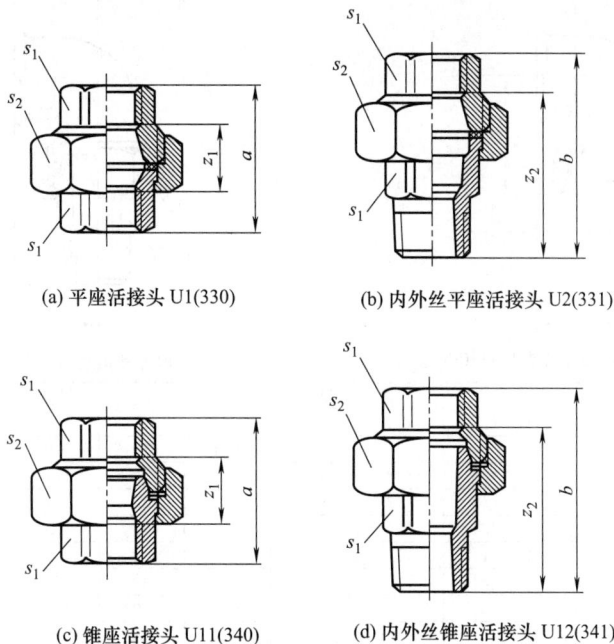

(a) 平座活接头 U1(330)　　　　　(b) 内外丝平座活接头 U2(331)

(c) 锥座活接头 U11(340)　　　　　(d) 内外丝锥座活接头 U12(341)

公称尺寸 DN				管件规格				尺寸		安装长度	
U1	U2	U11	U12	U1	U2	U11	U12	a	b	z_1	z_2
—	—	(6)	—	—	—	(1/8)	—	38	—	24	—
8	8	8	8	1/4	1/4	1/4	1/4	42	55	22	45
10	10	10	10	3/8	3/8	3/8	3/8	45	58	25	48
15	15	15	15	1/2	1/2	1/2	1/2	48	66	22	53
20	20	20	20	3/4	3/4	3/4	3/4	52	72	22	57
25	25	25	25	1	1	1	1	58	80	24	63
32	32	32	32	5/4	5/4	5/4	5/4	65	90	27	71
40	40	40	40	3/2	3/2	3/2	3/2	70	95	32	76
50	50	50	50	2	2	2	2	78	106	30	82
65	—	65	65	5/2	—	5/2	5/2	85	118	31	91
80	—	80	80	3	—	3	3	95	130	35	100
—	100	—	—	—	4	—	—	100	—	38	—

6.4.8.26　可锻铸铁活接头的型式尺寸（表 6.4-94）

表 6.4-94　可锻铸铁活接头的型式尺寸　　　　　　　　　　单位：mm

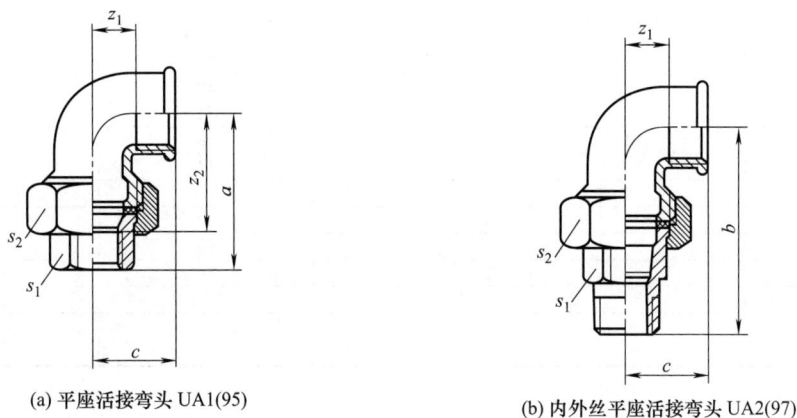

(a) 平座活接弯头 UA1(95)　　　　　　　(b) 内外丝平座活接弯头 UA2(97)

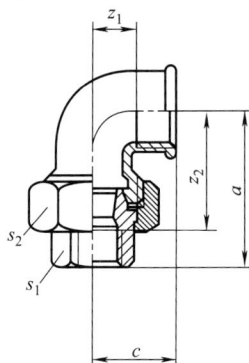

(c) 锥座活接弯头 UA11(96)   (d) 内外丝锥座活接弯头 UA12(98)

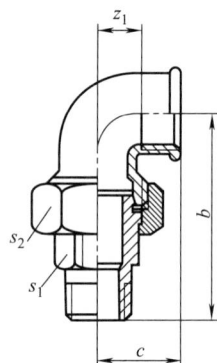

公称尺寸 DN				管件规格				尺寸			安装长度	
U1	U2	U11	U12	U1	U2	U11	U12	a	b	c	z_1	z_2
—	—	8	8	—	—	1/4	1/4	48	61	21	11	38
10	10	10	10	3/8	3/8	3/8	3/8	52	65	25	15	42
15	15	15	15	1/2	1/2	1/2	1/2	58	76	28	15	45
20	20	20	20	3/4	3/4	3/4	3/4	62	82	33	18	47
25	25	25	25	1	1	1	1	72	94	38	21	55
32	32	32	32	5/4	5/4	5/4	5/4	82	107	45	26	63
40	40	40	40	3/2	3/2	3/2	3/2	90	115	50	31	71
50	50	50	50	2	2	2	2	100	128	58	34	76

6.4.8.27　可锻铸铁管件中垫圈的型式尺寸（表 6.4-95）

表 6.4-95　可锻铸铁管件中垫圈的型式尺寸　　　　单位：mm

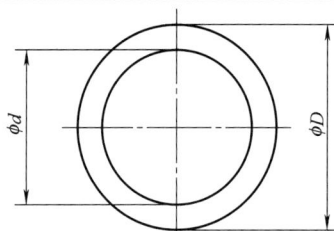

平座活接头和活接弯头垫圈
U1(330)、U2(331)、UA1(95)和UA2(97)

活接头和活接弯头		垫圈尺寸		活接头螺母的螺纹尺寸
公称尺寸 DN	管件规格	d	D	代号(仅作参考)
6	1/8	—	—	G1/2
8	1/4	13	20	G5/8
		17	24	G3/4
10	3/8	17	24	G3/4
		19	27	G7/8
15	1/2	21	30	G1
		24	34	G9/8
20	3/4	27	38	G5/4
25	1	32	44	G3/2
32	5/4	42	55	G2
40	3/2	46	62	G11/4
50	2	60	78	G11/4
65	5/2	75	97	G7/2
80	3	88	110	G4
100	4	—	—	G5
				G11/2

7 复合管道材料与非金属管道材料

7.1 复合管道材料

7.1.1 钢衬塑料复合管（HG/T 2437—2006）

7.1.1.1 材料及性能

HG/T 2437—2006 标准适用于以钢管、钢管件为基体，采用聚四氟乙烯（PTFE）、聚全氟乙丙烯（FEP）、无规共聚聚丙烯（PP-R）、交联聚乙烯（PE-D）、可溶性聚四氟乙烯（PFA）、聚氯乙烯（PVC）衬里的复合钢管和管件（以下简称衬里产品）。其公称尺寸（DN）为 25～1000，公称压力−0.1～1.6。

（1）管子及管件　管子材料应符合 GB/T 150、GB/T 8163 的规定；管件材料应符合 GB/T 12459、GB/T 13401 或 GB/T 17185 的有关规定。

（2）低温产品　当衬里产品使用于−20℃以下时，管子、管件及法兰材料应采用耐低温钢，应符合 GB/T 150 的有关规定。

（3）聚四氟乙烯　聚四氟乙烯树脂符合 HG/T 2902 的规定，衬里层表观密度应不低于 2.16g/cm³，且不允许有气泡、微孔、裂纹和杂质存在。

（4）聚全氟乙丙烯　聚全氟乙丙烯树脂应符合 HG/T 2904 的规定，采用 M3 型衬里层表观密度应不低于 2.14g/cm³，且不允许有气泡、微孔、裂纹和杂质存在。

（5）交联聚乙烯　交联聚乙烯应符合 CJ/T 159 的规定，其密度≥0.94g/cm³。

（6）可溶性聚四氟乙烯　可溶性聚四氟乙烯应符合表 7.1-1 的规定。

表 7.1-1　可溶性聚四氟乙烯树脂性能指标

名称/项目	连续使用温度/℃	密度/(g/cm³)	拉伸强度/MPa	熔融指数/(g/min)	伸长率/%
PFA	250	2.16	722.0	1～17	≥280

（7）无规共聚聚丙烯　无规共聚聚丙烯的性能应符合 GB/T 18742.1 中的要求。

（8）聚氯乙烯　聚氯乙烯的物理化学性能应符合 GB/T 4219 中的规定。

（9）分类及性能　见表 7.1-2～表 7.1-4。

表 7.1-2　产品分类与标记

产品类型			代号
直管	二端平焊法兰		ZG
	一端平焊法兰、一端松套法兰		ZGS
弯头	90°	二端平焊法兰	WT
		一端平焊法兰、一端松套法兰	WTS
	45°	二端平焊法兰	WT2
		一端平焊法兰、一端松套法兰	WT2S
三通	平焊法兰		ST
	平焊法兰和松套法兰结合		STS
四通	平焊法兰		FT
	平焊法兰和松套法兰结合		FTS
异径管	平焊法兰		YJ
	平焊法兰和松套法兰结合		YJS

表 7.1-3　衬里材料的分类和代号

材料名称	代号	材料名称	代号
聚四氟乙烯	PTFE	可溶性聚四氟乙烯	PFA
聚全氟乙丙烯	FEP	无规共聚聚丙烯	PP-R
交联聚乙烯	PE-D	聚氯乙烯	PVC

表 7.1-4 衬里产品的适用环境温度和介质

衬里材料	环境温度/℃		适用介质
	正压下	真空运行下	
PTFE	−80～200	−18～180	除熔融金属钠和钾、三氟化氯和气态氟外的任何浓度的硫酸、盐酸、氢氟酸、苯、碱、王水、有机溶剂和还原剂等强腐蚀性介质
FEP	−80～149	−18～149	
PFA	−80～250	−18～180	
PE-D	−30～90	−30～90	冷热水、牛奶、矿泉水、N_2、乙二酸、石蜡油、苯肼、80%磷酸、50%酞酸、40%重铬酸钾、60%氢氧化钾、丙醇、乙烯醇、皂液、36%苯甲酸钠、氯化钠、氟化钠、氢氧化钠、过氧化钠、动物脂肪、防冻液、芳香族酸、CO_2、CO
PP-R	−15～90	−15～90	建筑冷/热水系统、饮用水系统。pH 值在 1～14 范围内的高浓度酸和碱
PVC	−15～60	−15～60	水

7.1.1.2 钢衬塑料直管结构参数（表 7.1-5）

直管采用平焊法兰时，衬里产品的公称尺寸（DN）应符合 GB/T 1047 的规定，公称压力应符合 GB/T 1048 的规定。

表 7.1-5 钢衬塑料直管结构参数　　　　　单位：mm

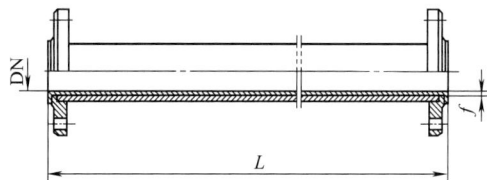

(a) 平焊法兰连接直管

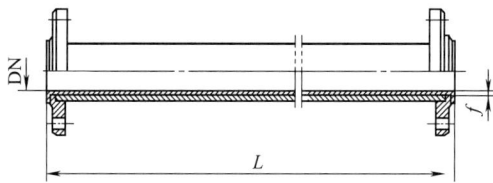

(b) 一端平焊法兰，另一端松套法兰连接的直管

公称尺寸 DN	衬层厚度 f		钢管规格	法兰标准	长度 L
	PTFE、FEP、PFA	PP-R、PE-D、PVC			
25			$\phi35\times3.5$		
32	2.5	3	$\phi38\times3$		
40			$\phi48\times4$		
50	3		$\phi57\times3.5$		
65			$\phi76\times4$		
80	3.5	4	$\phi89\times4$		
100			$\phi108\times4$		
125	4		$\phi133\times4$	GB/T 9124	3000
150		5	$\phi159\times4.5$		
200			$\phi219\times6$		
250			$\phi273\times8$		
300	4.5		$\phi325\times9$		
350		6	$\phi377\times9$		
400	5		$\phi426\times9$		
450			$\phi480\times9$		

续表

公称尺寸 DN	衬层厚度 f		钢管规格	法兰标准	长度 L
	PTFE、FEP、PFA	PP-R、PE-D、PVC			
500			φ530×10		
600			φ618×10		
700	5	6	φ718×11	GB/T 9124	3000
800			φ818×11		
900			φ918×12		
1000			φ1018×12		

当 DN≥500 时钢外壳可采用钢板卷制。采用名义管道尺寸（NPS、英寸制）时，应采用 ANSI B36.10 中 40 系列的钢管尺寸，法兰采用 ASTM A105 标准。

7.1.1.3 钢衬塑料弯头结构参数（表 7.1-6）

表 7.1-6 钢衬塑料弯头结构参数 单位：mm

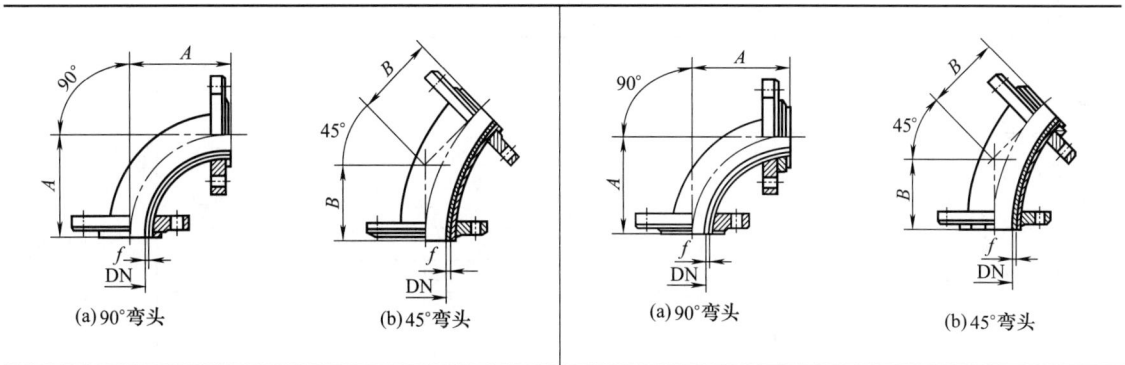

(a)90°弯头   (b)45°弯头   (a)90°弯头   (b)45°弯头

平焊法兰连接弯头 | 一端平焊法兰，另一端为松套法兰连接弯头

公称尺寸 DN	衬层厚度 f		弯头结构参数		管件最小壁厚/mm	法兰标准
	PTFE、FEP、PFA	PP-R、PE-D、PVC	90°弯头 A	45°弯头 B		
25			89	44	3.0	
32	2.5		95	51	4.8	
40		3	102	57		
50			114	64		
65	3		127	76	5.6	
80	3.5	4	140			
100			165	102	6.3	
125			190	114	7.1	
150		5	203	127		
200	4		229	140	7.9	
250			279	165	8.6	
300			305	190	9.5	GB/T 9124
350			356	221	10	
400			406	253	11	
450			457	284	13	
500		6	508	316	14	
600	5		610	374	16	
700			710	430	18	
800			810	488	20	
900			910	548	20	
1000			1010	608	22	

注：采用名义管道尺寸（NPS、英寸制）时，弯头、三通、四通、异径管应采用 ASTM A587 或 ASTM A53 的 B 级标准，且都应是 40 系列。法兰采用 ASTM A105 标准。

7.1.1.4 钢衬塑料三通结构参数（表 7.1-7）

表 7.1-7 钢衬塑料三通结构参数　　　　　　　　　　单位：mm

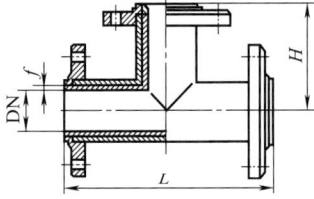

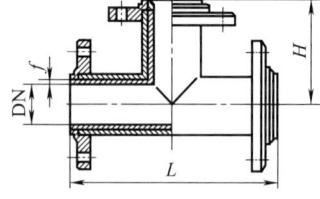

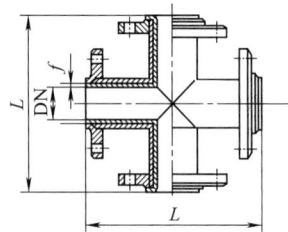

(a) 平焊法兰连接三通　　　　　　　　(b) 平焊法兰和松套法兰结合连接三通

公称尺寸 DN	衬层厚度 f		三通结构参数		管件最小壁厚	法兰标准
	PTFE、FEP、PFA	PP-R、PE-D、PVC	横长 L	垂直高 H		
25	3	3	200	100	4	GB/T 9124
32						
40						
50						
65		4	300	150	5	
80						
100						
125	4	5	400	200		
150						
200						
250	5	6	500	250	6	
300			600	300		
350			700	350	8	
400			800	400		
450			900	450	10	
500			1000	500		
600			1200	600	12	
700			1400	700		
800			1600	800	14	
900			1800	900		
1000			2000	1000		

7.1.1.5 钢衬塑料四通结构参数（表 7.1-8）

表 7.1-8 钢衬塑料四通结构参数　　　　　　　　　　单位：mm

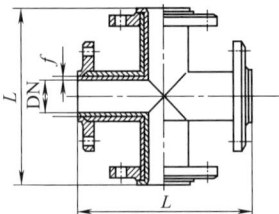

(a) 平焊法兰连接四通　　　　　　　　(b) 平焊法兰和松套法兰结合连接四通

公称尺寸 DN	衬层厚度 f		四通结构参数 L	管件最小壁厚	法兰标准
	PTFE、FEP、PFA	PP-R、PE-D、PVC			
25	3	3	200	4	GB/T 9124
32					
40					
50					
65		4	300		

续表

公称尺寸 DN	衬层厚度 f		四通结构参数 L	管件最小壁厚	法兰标准
	PTFE、FEP、PFA	PP-R、PE-D、PVC			
80	4	4	300	5	GB/T 9124
100					
125		5			
150			400		
200					
250	5	6	500	6	
300			600		
350			700	8	
400			800		
450			900	10	
500			1000		
600			1200	12	
700			1400		
800			1600	14	
900			1800		
1000			2000		

7.1.1.6 钢衬塑料异径管结构参数（表 7.1-9）

表 7.1-9 钢衬塑料异径管结构参数　　　　　　单位：mm

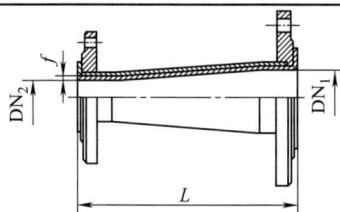

(a) 平焊法兰连接异径管　　　　(b) 一端平焊法兰，另一端松套法兰连接异径管

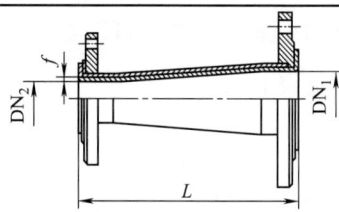

公称尺寸 DN		衬层厚度 f		长度 L	管件最小壁厚	法兰标准
DN₁	DN₂	PTFE、FEP、PFA	PP-R、PE-D、PVC			
40	25	3	3	150	3	GB/T 9124
50	25					
50	40					
65	40					
65	50					
80	50					
80	65					
100	50		5		4	
100	65					
100	80	4				
125	65					
125	80					
125	100					
150	80					
150	100					
150	125					
200	100		6			
200	150					
250	150					
250	200					
300	200					

续表

公称尺寸 DN		衬层厚度 f		长度 L	管件最小壁厚	法兰标准
DN₁	DN₂	PTFE、FEP、PFA	PP-R、PE-D、PVC			
300	250	4		150	4	
350	300				8	
400	300					
400	350					
450	350			250	10	
450	400					
500	400					
500	450					
600	450	5	6			GB/T 9124
600	500					
700	500				12	
700	600					
800	600			300		
800	700					
900	700					
900	800				15	
1000	800					
1000	900					

7.1.2 衬胶钢管和管件（HG 21501—1993）

7.1.2.1 衬胶管材基本参数

（1）压力范围

公称压力：PN≤1.0（表压）；

真空度：≤0.08MPa。

（2）温度范围

硬橡胶板：使用温度应≥0℃，≤85℃；当真空度≤0.08MPa 时，使用温度≥0℃，≤65℃。

半硬橡胶板：使用温度应≥−25℃，≤75℃。

合成橡胶板：使用温度应按产品牌号确定。

（3）尺寸

公称通径：DN25～500。

外层材料：10♯、20♯碳钢或 Q235-A；铸钢件为 ZG25 或性能相当的材料。

衬里材料：硬橡胶为 8501 或其它相当的牌号；半硬橡胶板为 8502 或其它相当的牌号。

7.1.2.2 衬胶直管（表7.1-10）

表 7.1-10 衬胶直管外形尺寸 单位：mm

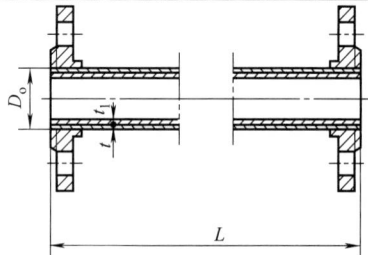

公称通径 DN	外径 D_o	钢管壁厚 t	衬胶壁厚 t_1	长度 L		
25	33.7	2.9	3	150	500	1000
32	42.4	2.9	3	150	500	1000
40	48.3	2.9	3	500	1000	1500
50	60.3	3.2	3	500	1000	1500

续表

公称通径 DN	外径 D_o	钢管壁厚 t	衬胶壁厚 t_1	长度 L		
65	76.1	4.5	3	500	1000	2000
80	88.9	4.5	3	500	1000	2000
100	114.3	5.0	3	1000	2000	2500
125	139.7	5.0	3	1000	2000	2500
150	168.3	5.6	3	1000	2000	2500
200	219.1	6.3	3	1000	2000	3000
250	273.0	6.3	3	1000	2000	3000
300	323.9	6.3	3	2000	3000	4000
350	355.6	6.3	3	2000	3000	4000
400	406.4	6.3	3	2000	3000	5000
450	457.0	6.3	3	2000	3000	5000
500	508.0	6.3	3	2000	3000	5000

7.1.2.3 衬胶弯头（表7.1-11）

表7.1-11 衬胶弯头的外形尺寸　　　　单位：mm

(a) 90°弯头　　　　　　　　　　　(b) 45°弯头

公称通径 DN	外径 D_o	钢管件壁厚 t	衬胶壁厚 t_1	90°弯头 A	45°弯头 B
25	33.7	2.9	3	88	50
32	42.4	2.9	3	98	55
40	48.3	2.9	3	107	60
50	60.3	3.2	3	126	65
65	76.1	4.5	3	145	76
80	88.9	4.5	3	164	80
100	114.3	5.0	3	202	105
125	139.7	5.0	3	250	114
150	168.3	5.6	3	289	130
200	219.1	6.3	3	375	155
250	273.0	6.3	3	451	188
300	323.9	6.3	3	537	223
350	355.6	6.3	3	613	255
400	406.4	6.3	3	700	291
450	457.0	6.3	3	776	322
500	508.0	6.3	3	862	358

7.1.2.4 衬胶三通/异径管（表7.1-12）

表7.1-12 衬胶三通/异径管外形尺寸　　　　单位：mm

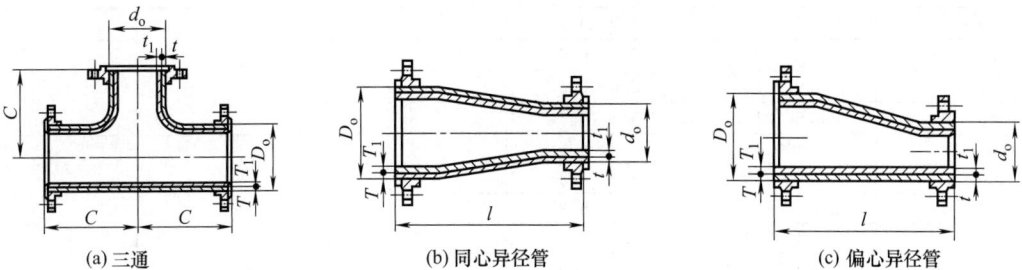

(a) 三通　　　　　　　　(b) 同心异径管　　　　　　　(c) 偏心异径管

公称通径 DN×d_N	外径 D_o×d_o	钢管件壁厚 T×t	衬胶壁厚 $t_1(T_1)$	三通 C	异径管 l
25×25	33.7×33.7	2.9×2.9	3	88	—
32×32	42.4×42.4	2.9×2.9	3	98	—
32×25	42.4×33.7	2.9×2.9	3		151
40×40	48.3×48.3	2.9×2.9	3	107	—
40×32	48.3×42.4	2.9×2.9	3		164
40×25	48.3×33.7	2.9×2.9	3		
50×50	60.3×60.3	3.2×3.2	3	114	—
50×40	60.3×48.3	3.2×2.9	3		176
50×32	60.3×42.4	3.2×2.9	3		
50×25	60.3×33.7	3.2×2.9	3		
65×65	76.1×76.1	4.5×4.5	3	126	—
65×50	76.1×60.3	4.5×3.2	3		189
65×40	76.1×48.3	4.5×2.9	3		
65×32	76.1×42.4	4.5×2.9	3		
80×80	88.9×88.9	4.5×4.5	3	136	—
80×65	88.9×76.1	4.5×4.5	3		189
80×50	88.9×60.3	4.5×3.2	3		
80×40	88.9×48.3	4.5×2.9	3		
100×100	114.3×114.3	5.0×5.0	3	155	—
100×80	114.3×88.9	5.0×4.5	3		202
100×65	114.3×76.1	5.0×4.5	3		
100×50	114.3×60.3	5.0×3.2	3		
125×125	139.7×139.7	5.0×5.0	3	184	—
125×100	139.7×114.3	5.0×5.0	3		247
125×80	139.7×88.9	5.0×4.5	3		
125×65	139.7×76.1	5.0×4.5	3		
150×150	168.3×168.3	5.6×5.6	3	203	—
150×125	168.3×139.7	5.6×5.0	3		260
150×100	168.3×114.3	5.6×5.0	3		
150×80	168.3×88.9	5.6×4.5	3		
200×200	219.1×219.1	6.3×6.3	3	248	—
200×150	219.1×168.3	6.3×5.6	3		292
200×125	219.1×139.7	6.3×5.0	3		
200×100	219.1×114.3	6.3×5.0	3		
250×250	273.0×273.0	6.3×6.3	3	286	—
250×200	273.0×219.1	6.3×6.3	3		318
250×150	273.0×168.3	6.3×5.6	3		
250×125	273.0×139.7	6.3×5.0	3		
300×300	323.9×323.9	6.3×6.3	3	334	—
300×250	323.9×273.0	6.3×6.3	3		363
300×200	323.9×219.1	6.3×6.3	3		
300×150	323.9×168.3	6.3×5.6	3		
350×350	355.6×355.6	6.3×6.3	3	359	—
350×300	355.6×323.9	6.3×6.3	3		490
350×250	355.6×273.0	6.3×6.3	3		
350×200	355.6×219.1	6.3×6.3	3		
400×400	406.4×406.4	6.3×6.3	3	395	—
400×350	406.4×355.6	6.3×6.3	3		536
400×300	406.4×323.9	6.3×6.3	3		
400×250	406.4×273.0	6.3×6.3	3		
400×200	406.4×219.1	6.3×6.3	3		

续表

公称通径 DN×d_N	外径 $D_o×d_o$	钢管件壁厚 $T×t$	衬胶壁厚 $t_1(T_1)$	三通 C	异径管 l
450×450	457.0×457.0	6.3×6.3	3		—
450×400	457.0×406.4	6.3×6.3	3		
450×350	457.0×355.6	6.3×6.3	3	433	561
450×300	457.0×323.9	6.3×6.3	3		
450×250	457.0×273.0	6.3×6.3	3		
500×500	508.0×508.0	6.3×6.3	3		—
500×450	508.0×457.0	6.3×6.3	3		
500×400	508.0×406.4	6.3×6.3	3		
500×350	508.0×355.6	6.3×6.3	3	481	708
500×300	508.0×323.9	6.3×6.3	3		
500×250	508.0×273.0	6.3×6.3	3		

7.1.2.5　衬胶铸钢弯头（表 7.1-13）

表 7.1-13　衬胶铸钢弯头的外形尺寸　　　　单位：mm

(a) 90°弯头　　　　　　　　(b) 45°弯头

公称通径 DN	铸钢管件内径 D_i	铸钢管件壁厚 t	衬胶壁厚 t_1	90°弯头 A	45°弯头 B
25	25	4.0	3	89	44
32	32	4.8	3	95	51
40	38	4.8	3	102	57
50	51	5.6	3	114	64
65	64	5.6	3	127	76
80	76	5.6	3	140	76
100	102	6.3	3	165	102
125	127	7.1	3	190	114
150	152	7.1	3	203	127
200	203	7.9	3	229	140
250	254	8.6	3	279	165
300	305	9.5	3	305	190
350	337	10.3	3	356	190
400	387	11.1	3	381	203
450	438	11.9	3	419	216
500	489	12.7	3	457	241

7.1.2.6　衬胶铸钢三通异径管（表 7.1-14）

表 7.1-14　衬胶铸钢三通异径管的外形尺寸　　　　单位：mm

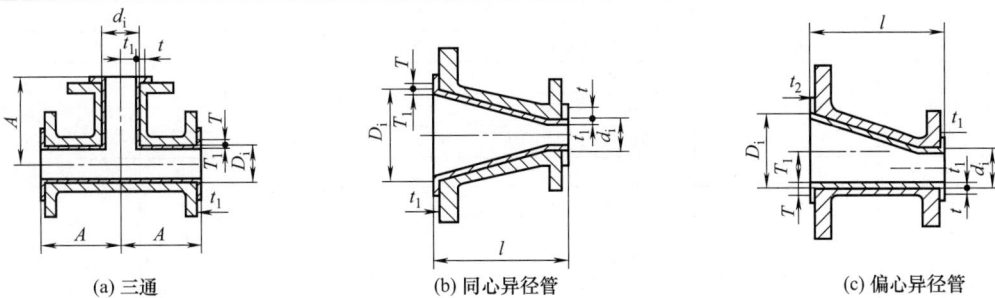

(a) 三通　　　　　　(b) 同心异径管　　　　　　(c) 偏心异径管

公称通径 DN×d_N	内径 D_i×d_i	铸钢管件壁厚 T×t	衬胶壁厚 $t_1(T_1)$	三通 A	异径管 l
25×25	25×25	4.0×4.0	3	89	—
32×32	32×32	4.8×4.8	3	95	—
32×25	32×25	4.8×4.0	3		114
40×40	38×38	4.8×4.8	3	102	—
40×32	38×32	4.8×4.8	3		114
40×25	38×25	4.8×4.0	3		114
50×50	51×51	5.6×5.6	3	114	—
50×40	51×38	5.6×4.8	3		127
50×32	51×32	5.6×4.8	3		127
50×25	51×25	5.6×4.0	3		127
65×65	64×64	5.6×5.6	3	127	—
65×50	64×51	5.6×5.6	3		140
65×40	64×38	5.6×4.8	3		140
65×32	64×32	5.6×4.8	3		140
80×80	76×76	5.6×5.6	3	140	—
80×65	76×64	5.6×5.6	3		152
80×50	76×51	5.6×5.6	3		152
80×40	76×38	5.6×4.8	3		152
100×100	102×102	6.3×6.3	3	165	—
100×80	102×76	6.3×5.6	3		178
100×65	102×64	6.3×5.6	3		178
100×50	102×51	6.3×5.6	3		178
125×125	127×127	7.1×7.1	3	190	—
125×100	127×102	7.1×6.3	3		203
125×80	127×76	7.1×5.6	3		203
125×65	127×64	7.1×5.6	3		203
150×150	152×152	7.1×7.1	3	203	—
150×125	152×127	7.1×7.1	3		229
150×100	152×102	7.1×6.3	3		229
150×80	152×75	7.1×5.6	3		229
200×200	203×203	7.9×7.9	3	229	—
200×150	203×152	7.9×7.1	3		279
200×125	203×127	7.9×7.1	3		279
200×100	203×102	7.9×6.3	3		279
250×250	254×254	8.6×8.6	3	279	—
250×200	254×203	8.6×7.9	3		305
250×150	254×152	8.6×7.1	3		305
250×125	254×127	8.6×7.1	3		305
300×300	305×305	9.5×9.5	3	305	—
300×250	305×254	9.5×8.6	3		356
300×200	305×203	9.5×7.9	3		356
300×150	305×152	9.5×7.1	3		356
350×350	337×337	10.3×10.3	3	356	—
350×300	337×305	10.3×9.5	3		406
350×250	337×254	10.3×8.6	3		406
350×200	337×203	10.3×7.9	3		406
400×400	387×387	11.1×11.1	3	381	—
400×350	387×337	11.1×10.3	3		457
400×300	387×305	11.1×9.5	3		457
400×250	387×254	11.1×8.6	3		457
400×200	387×203	11.1×7.9	3		457

续表

公称通径 DN×d_N	内径 D_i×d_i	铸钢管件壁厚 T×t	衬胶壁厚 $t_1(T_1)$	三通 A	异径管 l
450×450	438×438	11.9×11.9	3		—
450×400	438×387	11.9×11.1	3		
450×350	438×337	11.9×10.3	3	419	483
450×300	438×305	11.9×9.5	3		
450×250	438×254	11.9×8.6	3		
500×500	489×489	12.7×12.7	3		—
500×450	489×438	12.7×11.9	3		
500×400	489×387	12.7×11.1	3		
500×350	489×337	12.7×10.3	3	457	508
500×300	489×305	12.7×9.5	3		
500×250	489×254	12.7×8.6	3		

7.1.3 搪玻璃管和管件

7.1.3.1 搪玻璃制品的性能

搪玻璃设备是将含硅量高的瓷釉喷涂于金属铁胎表面，通过 900℃ 左右的高温焙烧，使瓷釉密着于金属铁胎表面而制成。因此，它具有类似玻璃的化学稳定性和金属强度的双重优点。

搪玻璃设备广泛适用于化工、医药、染料、农药、有机合成、石油、食品制造和国防工业等工业生产和科学研究中的反应、蒸发、浓缩、合成、聚合、皂化、磺化、氯化、硝化等，以代替不锈钢和有色金属设备。

耐腐蚀性：对于各种浓度的无机酸、有机酸、有机溶剂及弱碱等介质均有极强的抗腐性。但对于强碱、氢氟酸及含氟离子介质以及温度大于 180℃、浓度大于 30% 的磷酸等不适用。

耐冲击性：耐机械冲击指标为 0.220J，使用时避免硬物冲击。

绝缘性：瓷面经过 20000V 高电压试验的严格检验。

耐温性：耐温急变，冷冲击 110℃，热冲击 120℃。

搪玻璃制品适用于公称压力不大于 1.0，设计温度在 −20～200℃ 的介质。

搪玻璃制品所配活套法兰按 HG/T 2105 选用；法兰连接用螺栓、螺母和垫片分别按 GB/T 5782、GB/T 6170 和有关标准选用。管件水压试验按 1.5MPa 进行试验。其耐酸碱情况见表 7.1-15。

表 7.1-15 搪玻璃制品耐酸碱情况

介质	浓度/%	温度/℃	耐腐蚀情况
氢氟酸	任何	任何	凡含有氟离子的物料都不能使用
磷酸	任何	≥180	当浓度在 30% 以上时，腐蚀更剧烈（主要指工业磷酸）
盐酸	任何	≥150	当浓度 10%～20% 时，腐蚀尤为严重
硫酸	10～30	≥200	浓硫酸可使用至沸点
碱液	pH≥12	≥100	pH<12 时，可正常使用于 60℃ 以下

7.1.3.2 搪玻璃管的规格（HG/T 2130—2021）（表 7.1-16）

表 7.1-16 搪玻璃管的规格

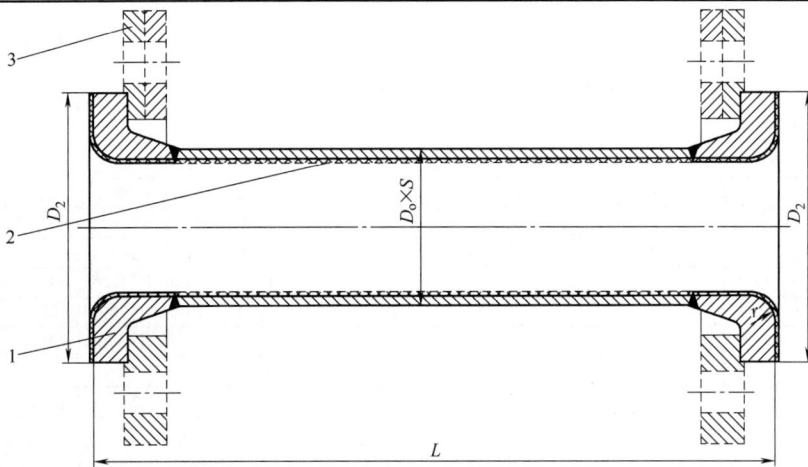

续表

搪玻璃管的型式明细				
件号	标准编号	名称	数量	材料
1	HG/T 2143	管口	2	符合 GB 25025
2	GB/T 8163;GB/T 9948	钢管	1	符合 GB 25025
3	HG/T 2105	活套法兰	2	—

搪玻璃管主要尺寸/mm					
DN		$D_o \times S$	r	D_2	L_{max}
25		34×3.5	10	68	500
32		42×3.5	10	78	500
40		48×3.5	10	88	500
50		60×4	12	102	500
65		76×4	12	122	1000
80		89×4	12	133	1000
100		114×6	12	158	1500
125		140×6	12	184	1500
150		168×7	12	212	2000
200		219×8	15	268	2000
250		273×10	15	320	2000
300		325×11	15	370	3000
400	PN1.0	426×12	15	482	3000
	PN1.6			490	

注：1. 搪玻璃管的最大长度（L_{max}）可根据制造企业的实际生产能力调整。

2. S 指搪玻璃前的钢管壁厚。

3. 按设计温度选取材料。

7.1.3.3 搪玻璃管参考质量（表 7.1-17）

表 7.1-17 搪玻璃管参考质量

管子长度 L/mm	管子规格 DN												400	
	25	32	40	50	65	80	100	125	150	200	250	300	PN1.0	PN1.6
	管子质量/kg													
100	1.0	1.4	1.7	2.3	3.1	3.8	—	—	—	—	—	—	—	—
200	1.3	1.7	2.1	2.9	3.9	4.6	6.8	9.0	11.4	16.8	23.2	29.2	45.6	48.2
300	1.6	2.0	2.5	3.4	4.6	5.5	8.4	11.0	14.2	21.0	29.7	37.7	57.9	60.5
400	1.9	2.4	2.8	4.0	5.3	6.3	10.0	13.0	17.0	25.2	36.2	46.2	70.2	72.8
500	2.1	2.7	3.2	4.5	6.0	7.1	11.6	15.0	19.8	29.4	42.7	54.7	82.5	85.1
600	—	—	—	—	6.7	8.0	13.2	17.0	22.6	33.6	49.2	63.2	94.8	97.4
700	—	—	—	—	7.4	8.8	14.8	19.0	25.4	37.8	55.7	71.7	107.1	109.7
800	—	—	—	—	8.1	9.7	16.4	21.0	28.2	42.0	62.2	80.2	119.4	122
900	—	—	—	—	8.8	10.5	18.0	23.0	31.0	46.2	67.7	88.7	131.7	134.3
1000	—	—	—	—	9.5	11.3	19.6	25.0	33.8	50.4	74.2	97.2	144	146.6
1100	—	—	—	—	—	—	21.2	27.0	34.6	54.6	80.7	105.2	156.3	158.9
1200	—	—	—	—	—	—	22.8	29.0	37.4	58.8	87.2	114.2	168.6	171.2
1300	—	—	—	—	—	—	24.4	31.0	40.2	63.0	93.7	122.7	180.9	183.5
1400	—	—	—	—	—	—	26.0	33.0	43.0	67.2	100.2	131.2	193.2	195.8
1500	—	—	—	—	—	—	27.6	35.0	45.8	71.4	106.7	139.7	205.5	208.1
1600	—	—	—	—	—	—	—	—	48.6	75.6	113.2	148.2	217.8	220.4
1700	—	—	—	—	—	—	—	—	51.4	79.8	119.7	156.7	230.1	232.7
1800	—	—	—	—	—	—	—	—	54.2	84.0	126.2	165.2	242.4	245
1900	—	—	—	—	—	—	—	—	57.0	88.2	132.7	173.7	254.7	257.3
2000	—	—	—	—	—	—	—	—	59.8	92.4	139.2	182.2	267.0	269.6
2500	—	—	—	—	—	—	—	—	—	—	—	225.1	327.4	330
3000	—	—	—	—	—	—	—	—	—	—	—	267.7	388.6	391.2

7.1.3.4　1.0MPa 搪玻璃 30°弯头的规格（HG/T 2131—2021）（表 7.1-18）

表 7.1-18　1.0MPa 搪玻璃 30°弯头的规格

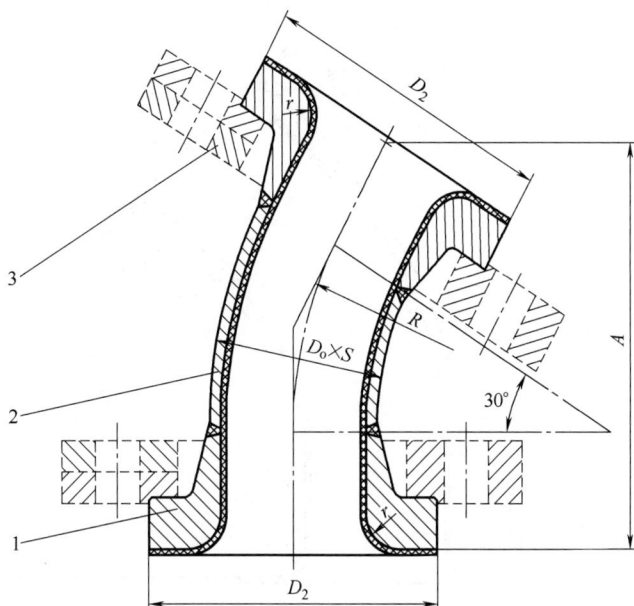

搪玻璃 30°弯头的型式明细

件号	标准编号	名称	数量	材料
1	HG/T 2143	管口	2	符合 GB 25025
2	GB/T 12459	弯头	1	符合 GB 25025
3	HG/T 2105	活套法兰	2	—

搪玻璃 30°弯头主要尺寸

DN		$D_o×S$/mm	r/mm	A/mm	D_2/mm	参考质量/kg
25		34×3.5	10	105	68	1.1
32		42×3.5	10	110	78	1.4
40		48×3.5	10	115	88	1.7
50		60×4	12	125	102	2.5
65		76×4	12	125	122	3.4
80		89×4	12	145	133	4.1
100		114×6	12	165	158	5.9
125		140×6	12	180	184	8.2
150		168×7	12	210	212	10.8
200		219×8	15	200	268	17.2
250		273×10	15	230	320	26.0
300		325×11	15	265	370	36.0
400	PN1.0	426×12	15	325	482	63.0
	PN1.6				490	80.0

注：1. R 值按 GB/T 12459 规定及 A 值选取。

2. S 指搪玻璃前金属基体壁厚。

3. r 值为最大选取值。

4. 按设计温度选取材料。

7.1.3.5 1.0MPa搪玻璃45°弯头的规格（HG/T 2132—2021）（表 7.1-19）

表 7.1-19 1.0MPa搪玻璃45°弯头的规格

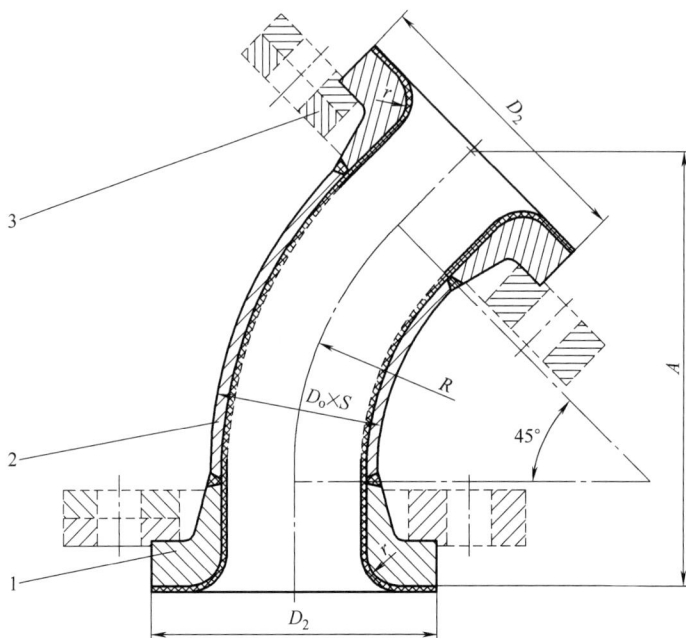

搪玻璃45°弯头的型式明细				
件号	标准编号	名称	数量	材料
1	HG/T 2143	管口	2	符合 GB 25025
2	GB/T 12459	弯头	1	符合 GB 25025
3	HG/T 2105	活套法兰	2	—

搪玻璃45°弯头主要尺寸						
DN		$D_o \times S$/mm	r/mm	A/mm	D_2/mm	参考质量/kg
25		34×3.5	10	110	68	1.1
32		42×3.5	10	120	78	1.5
40		48×3.5	10	125	88	1.8
50		60×4	12	140	102	2.6
65		76×4	12	140	122	3.5
80		89×4	12	150	133	4.3
100		114×6	12	190	158	6.4
125		140×6	12	215	184	8.8
150		168×7	12	250	212	11.9
200		219×8	15	230	268	19.5
250		273×10	15	280	320	30.4
300		325×11	15	320	370	42.9
400	PN1.0	426×12	15	400	482	76.0
	PN1.6				490	93.0

注：1. R 值按 GB/T 12459 规定及 A 值选取。

2. S 指搪玻璃前金属基体壁厚。

3. r 值为最大选取值。

4. 按设计温度选取材料。

7.1.3.6　1.0MPa 搪玻璃 60°弯头的规格（HG/T 2133—2021）（表 7.1-20）

表 7.1-20　1.0MPa 搪玻璃 60°弯头的规格

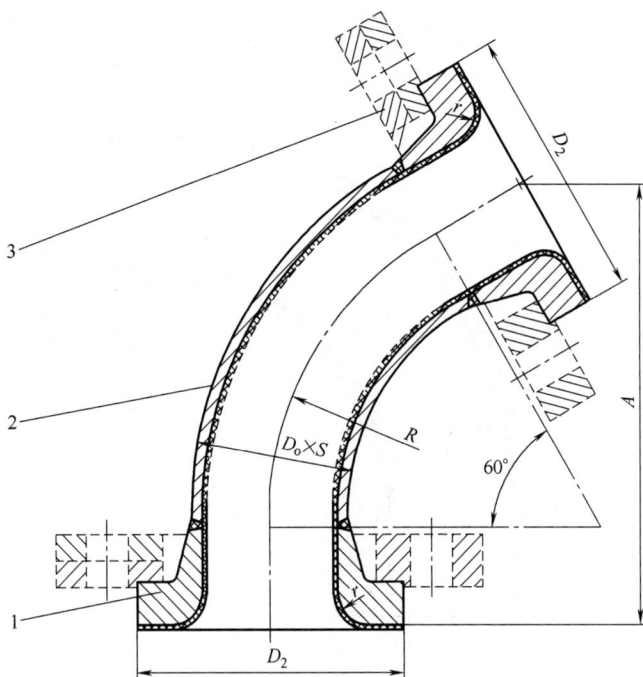

搪玻璃 60°弯头的型式明细				
件号	标准编号	名称	数量	材料
1	HG/T 2143	管口	2	符合 GB 25025
2	GB/T 12459	弯头	1	符合 GB 25025
3	HG/T 2105	活套法兰	2	—

搪玻璃 60°弯头主要尺寸					
DN	$D_o \times S$/mm	r/mm	A/mm	D_2/mm	参考质量/kg
25	34×3.5	10	115	68	1.1
32	42×3.5	10	120	78	1.5
40	48×3.5	10	130	88	1.8
50	60×4	12	145	102	2.6
65	76×4	12	145	122	3.5
80	89×4	12	160	133	4.3
100	114×6	12	200	158	6.4
125	140×6	12	235	184	8.8
150	168×7	12	210	212	11.9
200	219×8	15	255	268	19.5
250	273×10	15	310	320	30.4
300	325×11	15	355	370	42.9
400　PN1.0	426×12	15	450	482	76.0
400　PN1.6	426×12	15	450	490	93.0

注：1. R 值按 GB/T 12459 规定及 A 值选取。

2. S 指搪玻璃前金属基体壁厚。

3. r 值为最大选取值。

4. 按设计温度选取材料。

7.1.3.7　1.0MPa 搪玻璃 90° 弯头的规格（HG/T 2134—2021）（表 7.1-21）

表 7.1-21　1.0MPa 搪玻璃 90° 弯头的规格

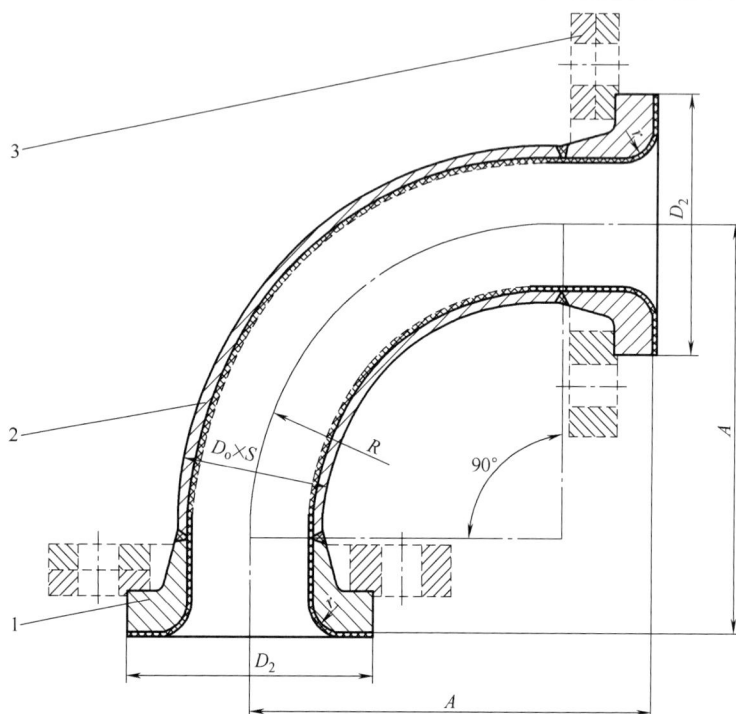

搪玻璃 90° 弯头的型式明细

件号	标准编号	名称	数量	材料
1	HG/T 2143	管口	2	符合 GB 25025
2	GB/T 12459	弯头	1	符合 GB 25025
3	HG/T 2105	活套法兰	2	—

搪玻璃 90° 弯头主要尺寸

DN		$D_o \times S$/mm	r/mm	A/mm	D_2/mm	参考质量/kg
25		34×3.5	10	105	68	1.3
32		42×3.5	10	115	78	1.7
40		48×3.5	10	115	88	2.1
50		60×4	12	140	102	3.0
65		76×4	12	140	122	4.1
80		89×4	12	155	133	5.0
100		114×6	12	200	158	7.8
125		140×6	12	235	184	10.9
150		168×7	12	205	212	15.2
200		219×8	15	255	268	26.3
250		273×10	15	315	320	43.4
300		325×11	15	365	370	63.2
400	PN1.0	426×12	15	475	482	114.9
	PN1.6				490	123.4

注：1. R 值按 GB/T 12459 规定及 A 值选取。

　　2. S 指搪玻璃前金属基体壁厚。

　　3. r 值为最大选取值。

　　4. 按设计温度选取材料。

7.1.3.8 1.0MPa 搪玻璃 180°弯头的规格 （HG/T 2135—2021）（表 7.1-22）

表 7.1-22 1.0MPa 搪玻璃 180°弯头的规格

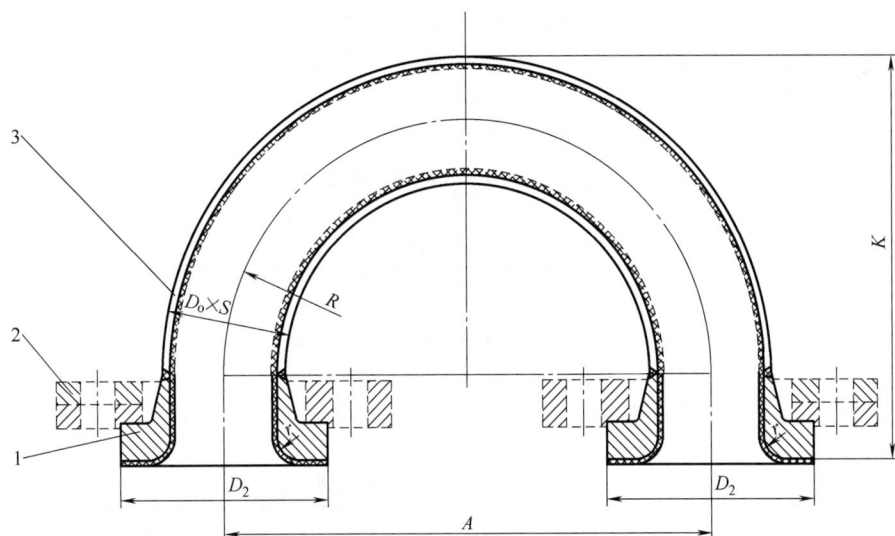

搪玻璃 180°弯头的型式明细

件号	标准编号	名称	数量	材料
1	HG/T 2143	管口	2	符合 GB 25025
2	GB/T 12459	弯头	1	符合 GB 25025
3	HG/T 2105	活套法兰	2	—

搪玻璃 180°弯头主要尺寸

DN		$D_o \times S$/mm	r/mm	A/mm	$\sim K$/mm	D_2/mm	参考质量/kg
25		34×3.5	10	130	122	68	1.6
32		42×3.5	10	150	136	78	2.1
40		48×3.5	10	160	144	88	2.6
50		60×4	12	180	160	102	3.8
65		76×4	12	200	178	122	5.3
80		89×4	12	220	195	133	6.8
100		114×6	12	240	222	158	11.3
125		140×6	12	270	222	184	14.9
150		168×7	12	305	242	212	21.7
200		219×8	15	410	286	268	40.1
250		273×10	15	510	363	320	69.3
300		325×11	15	610	446	370	104.2
400	PN1.0	426×12	15	815	528	482	192.8
	PN1.6				684	490	209.8

注：1. R 值按 A 值一半选取。

2. S 指搪玻璃前金属基体壁厚。

3. r 值为最大选取值。

4. 按设计温度选取材料。

7.1.3.9 搪玻璃制品的安装

（1）搬运管道时，应防止过度震动而损坏瓷面。

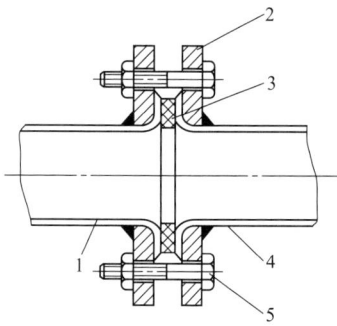

图 7.1-1　法兰连接结构

1—管体；2—管法兰；3—垫片；
4—搪玻璃层；5—螺栓

（2）管路架空时，每隔 2～3m 处设一支架或其它固定装置，以防搪玻璃管因受重力而破坏瓷层。

（3）安装管道时，不应扭曲或敲打对正。

（4）安装不带法兰的搪玻璃管子时，在管子两端的瓷层上应涂上耐腐蚀的材料或加上保护套，以免因端部瓷层损坏面向内扩展使管子损坏。

（5）搪玻璃管道一般采用法兰连接，其垫片根据操作条件（如腐蚀介质、浓度、温度等）和不损坏瓷面的原则来选用。一般采用橡胶、石棉橡胶、软聚氯乙烯、聚四氟乙烯等垫片，垫片厚度 8～10mm，宽度 10～20mm，法兰连接结构见图 7.1-1。

7.1.4　衬玻璃管和管件

7.1.4.1　钢衬玻璃性能

钢衬玻璃是将熔融状态的硼硅玻璃采用特殊方法，衬入经过预热的碳钢制成的直管、管件、设备或阀门的内表面，使玻璃牢固地黏附在其内壁上，并处于压应力状态，构成钢和玻璃的复合体——钢衬玻璃产品。

钢衬玻璃产品已广泛应用于化工、石化、制药、化肥、食品、冶金、造纸、电厂和污水处理等工业中。适用于酸及各类有机/无机化学物质（但氢氟酸、氟化物、热浓磷酸和 pH 值 ≥12 的强碱介质除外）。其理化性能见表 7.1-23。

表 7.1-23　钢衬玻璃理化性能

介 质 名 称		浓度/%	温度/℃	玻璃失重 /(mg/m²)	搪玻璃失重 /(mg/m²)	备 注
盐酸	HCl	15	≤100	77	1650	煮沸 4h
硫酸	H_2SO_4	10	≤100	85	1700	煮沸 4h
硝酸	HNO_3	15	≤100	53		煮沸 4h
氢氧化钠	NaOH	5	≤50	295		加热 4h
氢氧化钾	KOH	15	≤50			

钢衬玻璃产品具有化学稳定性高、耐腐蚀、内壁光滑、阻力小、耐磨和不易结垢的特点。在相当程度上起到稳定生产工艺，减少检修时间和降低维修费用，提高产品质量等作用。其使用范围如下：

公称压力：PN≤0.6

公称直径：DN25～300

使用温度：0～150℃

冷冲击：≤80℃

热冲击：≤120℃

急变温度：max 120℃

7.1.4.2　钢衬玻璃直管规格（表 7.1-24）

表 7.1-24　钢衬玻璃直管规格　　　　　　　　单位：mm

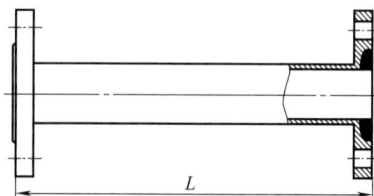

公称直径	25	32	40	50	65	80	100	125	150	175	200	225	250	300
极限尺寸 L	1000	1500	1500	2000	2500	3000	3000	3000	2500	2000	2000	1500	1000	1000

7.1.4.3 钢衬玻璃夹套管规格（表7.1-25）

表7.1-25　钢衬玻璃夹套管规格　　　　　　　　单位：mm

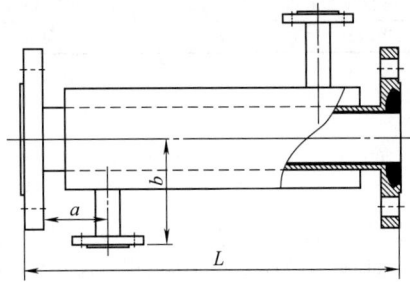

公称直径	80/50	100/65	125/80	150/100	200/150	250/150
极限尺寸 L	1500	1500	2000	2000	1500	1500
连接尺寸 a	80	80	80	100	100	100
连接尺寸 b	120	120	150	150	200	200

7.1.4.4 钢衬玻璃弯头规格（表7.1-26）

表7.1-26　钢衬玻璃弯头规格　　　　　　　　单位：mm

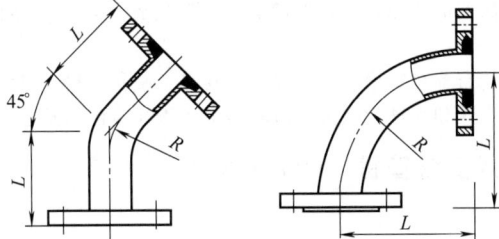

公称直径	25	32	40	50	65	80	100	125	150	175	200	225	250	300
弯曲半径 R	75	96	120	150	210	255	310	375	450	525	600	675	750	900
长度尺寸 L	55	65	75	85	105	120	155	190	210	240	270	300	330	360

7.1.4.5 钢衬玻璃三通/四通规格（表7.1-27）

表7.1-27　钢衬玻璃三通/四通规格　　　　　　单位：mm

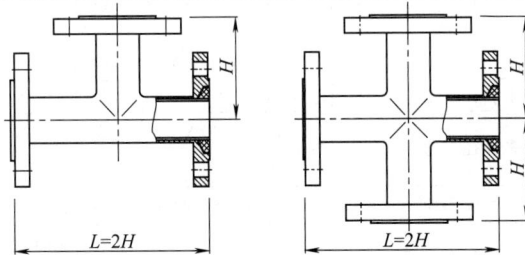

公称直径	25	32	40	50	65	80	100	125	150	175	200	250	300
$H(=L/2)$	90	95	105	115	130	140	150	165	190	215	240	290	310

7.1.4.6 钢衬玻璃异径管规格（表7.1-28）

表7.1-28　钢衬玻璃异径管规格　　　　　　　　单位：mm

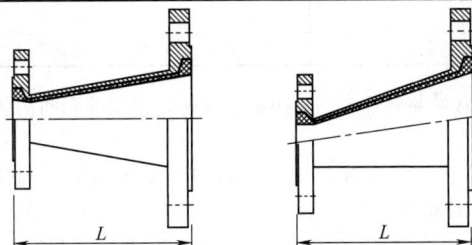

$L=150$	50/25	65/40	80/50	100/50	100/65	125/50
$L=200$	150/50	150/80	150/100	200/80	200/100	200/150
$L=250$	250/100	250/150	250/200	300/150	300/200	300/250

7.1.4.7 钢衬玻璃阀门型号规格

公称压力：PN≤0.6；

使用温度：0～180℃。

7.1.4.8 法兰加工形式

钢衬玻璃法兰是按 HG/T 20593—2014 PN1.0 标准设计制造，也可根据用户的实际需要，采用各种法兰标准和活动法兰等方法连接，但必须保证钢衬玻璃工艺要求的法兰尺寸和厚度（PN1.6）。

7.1.4.9 钢衬玻璃的安装

除遵守一般化工管路安装和使用要求外，应注意下列各项：

① 安装时虽不必担心强度，但对钢衬玻璃产品过大集中载荷和冲击，不适当夹持和装卸，法兰密封面相撞，都会造成内衬玻璃的损坏。

② 加压升温或降压降温应缓慢进行，不允许在钢衬玻璃产品上焊接、切割或火焰局部加热，防止玻璃炸裂。

③ 安装时应放正垫片，如法兰的间隙较大，可增加垫片厚度弥补，连接螺栓时受力要求均匀，严防单侧受力损坏密封面。

④ 密封垫片应选择橡胶垫、石棉垫、聚四氟乙烯垫或其它半硬质材料，厚度≥4mm。

⑤ 安装试压后，要用压缩空气和水进行吹洗，清除其中灰渣和残留的其它物质。

7.1.5 金属网聚四氟乙烯复合管材（HG/T 3705—2003）

7.1.5.1 复合管材的性能

HG/T 3705—2003 标准适用于由钢质外壳与带金属网聚四氟乙烯衬里复合而成的复合管与管件产品。其公称直径为 DN25～DN300，使用温度为 −20～250℃。金属网聚四氟乙烯复合管材品种规格代号与标记见表 7.1-29。

表 7.1-29 金属网聚四氟乙烯品种规格代号与标记

序号	品　　种	规格代号与标记
1	金属网聚四氟乙烯衬里直管	PTFE/CS-(V)-SP-公称通径 DN×L-法兰标准号
2	金属网聚四氟乙烯衬里 90°弯头	PTFE/CS-(V)-EL-公称通径 DN×90°-法兰标准号
3	金属网聚四氟乙烯衬里 45°弯头	PTFE/CS-(V)-EL-公称通径 DN×45°-法兰标准号
4	金属网聚四氟乙烯衬里等径三通	PTFE/CS-(V)-ET-公称通径 DN-法兰标准号
5	金属网聚四氟乙烯衬里异径三通	PTFE/CS-(V)-RT-公称通径 DN×小端公称通径 DN_1-法兰标准号
6	金属网聚四氟乙烯衬里等径四通	PTFE/CS-(V)-EC-公称通径 DN-法兰标准号
7	金属网聚四氟乙烯衬里异径四通	PTFE/CS-(V)-RC-公称通径 DN×小端公称通径 DN_1-法兰标准号
8	金属网聚四氟乙烯衬里同心异径管	PTFE/CS-(V)-CR-公称通径 DN×小端公称通径 DN_1-法兰标准号
9	金属网聚四氟乙烯衬里偏心异径管	PTFE/CS-(V)-ER-公称通径 DN×小端公称通径 DN_1-法兰标准号
10	金属网聚四氟乙烯衬里法兰盖	PTFE/CS-(V)-BF-公称通径 DN-法兰标准号

直管与直管、直管与管件、管件与管件之间采用法兰连接；钢制外壳和法兰连接处的转角应圆弧过渡，其圆角 $3mm≤R≤6mm$。

产品应平直贮存在干净的室内。法兰翻边面保护材料在未安装时不得取下，破损或脱落。公称通径100mm 以下的产品，堆放高度不宜超过十层。公称通径 125～200mm 的产品，堆放高度不宜超过五层。公称通径 250mm 以上产品，堆放高度不宜超过三层。复合管与管件的技术参数见表 7.1-30。

表 7.1-30 复合管与管件的衬里壁厚、翻边面厚度、翻边面外圆最小直径　单位：mm

示意图	DN	t	t_1	D_1
	25	≥1.4	≥1.2	≥50
	32			≥60
	40	≥1.6	≥1.4	≥70
	50			≥85
	65	≥1.8	≥1.6	≥105
	80			≥120
	100	≥2.0	≥1.8	≥145
	125	≥2.2	≥2.0	≥175
	150	≥2.5	≥2.3	≥200
	200			≥255
	250	≥2.8	≥2.6	≥310
	300	≥3.0	≥2.8	≥360

7.1.5.2　复合直管的结构形式和主要尺寸（表 7.1-31）

表 7.1-31　复合直管的结构形式和主要尺寸　　　　单位：mm

示意图	公称通径 DN	常用碳钢管径 D	L
 (a) 两端固定法兰的直管 (b) 一端固定，一端活动法兰的直管	25	32	优选定尺长度： $L=2000$，或者 $L=3000$
	32	38	
	40	45	
	50	57	
	65	73	
	80	89	
	100	108	
	125	133	
	150	159	
	200	219	
	250	273	
	300	325	

注：常用碳钢钢管的外径 D 和壁厚 T 是碳钢钢管的常用规格，特殊尺寸可协商确定。

7.1.5.3　复合同心异径管、偏心异径管的结构形式和主要尺寸（表 7.1-32）

表 7.1-32　复合同心异径管、偏心异径管的结构形式和主要尺寸　　　　单位：mm

示意图	公称通径 DN	小端公称通径 DN_1	衬里壁厚 t	同心异径管 L	偏心异径管 L	偏心异径管 a
 (a) 同心异径管	25	—	见表 7.1-30	—	—	—
	32	25		150	150	3.5
	40	25		150	150	7.5
	40	32		150	150	4.0
	50	25		150	150	12.5
	50	32		150	150	9.0
	50	40		150	150	5.0
	65	32		150	150	16.5
	65	40		150	150	12.5
	65	50		150	150	7.5
	80	40		150	150	20.0
	80	50		150	150	15.0
	80	65		150	150	7.5
	100	50		150	150	25.0
	100	65		150	150	17.5
	100	80		150	150	10.0
	125	65		300	300	30.0
	125	80		150	150	22.5
	125	100		150	150	12.5

续表

示意图	公称通径 DN	小端公称通径 DN₁	衬里壁厚 t	同心异径管 L	偏心异径管 L	a
	150	80		300	300	35.0
	150	100		150	150	25.0
	150	125		150	150	12.5
	200	100		300	300	50.0
	200	125		150	150	37.5
	200	150	见表 7.1-30	150	150	25.0
	250	125		300	300	62.5
(b) 偏心异径管	250	150		150	150	50.0
	250	200		150	150	25.0
	300	150		300	300	75.0
	300	200		150	150	50.0
	300	250		150	150	25.0

7.1.5.4 复合弯头的结构形式和主要尺寸（表 7.1-33）

表 7.1-33 复合弯头的结构形式和主要尺寸　　　　单位：mm

示意图	公称通径 DN	衬里壁厚 t	90°弯头 R	45°弯头 L	45°弯头 R
	25		98	44	109
	32		108	51	123
	40		115	57	138
	50		125	64	155
(a) 90°弯头	65		137	76	183
	80		144	76	183
	100	见表 7.1-30	156	102	246
	125		173	114	275
	150		191	127	307
	200		220	140	338
	250		257	165	398
(b) 45°弯头	300		285	190	459

7.1.5.5 复合三通的结构形式和主要尺寸（表 7.1-34）

表 7.1-34 复合三通的结构形式和主要尺寸　　　　单位：mm

示意图	公称通径 DN	衬里壁厚 t	等径三通 L	等径三通 H	异径三通 L	异径三通 H	异径三通 小端公称直径 DN₁
	25		—	—	—	—	—
	32		216	108	216	108	25
	40		230	115	230	115	25,32
	50		250	125	250	125	25,32,40
(a) 等径三通	65		274	137	274	137	25,32,40,50
	80		288	144	288	144	25,32,40,50,65
	100	见表 7.1-30	312	156	312	156	25,32,40,50,65,80
	125		346	173	346	173	32,40,50,65,80,100
	150		382	191	382	191	40,50,65,80,100,125
	200		440	220	440	220	50,65,80,100,125,150
	250		514	257	514	257	65,80,100,125,150,200
(b) 异径三通	300		570	285	570	285	80,100,125,150,200,250

7.1.5.6 复合四通的结构形式和主要尺寸 （表7.1-35）

表 7.1-35　复合四通的结构形式和主要尺寸　　　　单位：mm

示意图	公称通径 DN	衬里壁厚 t	等径四通		异径四通		
			L	H	L	H	小端公称直径 DN₁
	25		—	—	—	—	—
	32		216	108	216	108	25
	40		230	115	230	115	25,32
	50		250	125	250	125	25,32,40
	65		274	137	274	137	25,32,40,50
	80	见表 7.1-30	288	144	288	144	25,32,40,50,65
	100		312	156	312	156	25,32,40,50,65,80
	125		346	173	346	173	32,40,50,65,80,100
	150		382	191	382	191	40,50,65,80,100,125
	200		440	220	440	220	50,65,80,100,125,150
	250		514	257	514	257	65,80,100,125,150,200
(a) 等径四通 / (b) 异径四通	300		570	285	570	285	80,100,125,150,200,250

（表中"小端公称直径 DN₁"列使用 DN_1 标注）

7.1.5.7 复合法兰盖的结构形式和主要尺寸 （表7.1-36）

表 7.1-36　复合法兰盖的结构形式和主要尺寸

示意图	公称通径 DN	衬里壁厚 t/mm	连接尺寸
	25,32,40,50,65,80,100, 125,150,200,250,300	见表 7.1-30	见相应标准

7.1.6 孔网钢骨架聚乙烯复合管材 （HG/T 3707—2012）

7.1.6.1 复合管材的性能

HG/T 3707—2012 标准规定了孔网钢骨架聚乙烯复合管件（以下简称：复合管件）的分类、要求、检验与试验、检验规则、标志、包装、运输、贮存；适用于输送介质温度 0～70℃ 的石油、化工、冶金、制药、造纸、船舶及采矿、食品等行业。

孔网钢骨架聚乙烯电熔管件是以薄钢板均匀冲孔后焊接成型的钢网为增强骨架与塑料复合的，且具有一个或多个组合加热元件，能够将电能转换成热能从而与管材或钢骨架塑料复合管插口端熔接的孔网钢骨架聚乙烯（PE）管件。

孔网钢骨架聚乙烯复合管件是以薄钢板均匀冲孔后焊接成型的钢网为增强骨架与塑料复合的聚乙烯（PE）管件，通过电熔管件与管材连接。

热熔对接管件是具有一个或多个组合加热元件，能够将电能转换成热能，通过热熔对接将管材与另一段管材或管道附件连接的管件。

聚乙烯电熔管件是具有一个或多个组合加热元件，能够将电能转换成热能从而与管材或管件插口端熔接的聚乙烯（PE）管件。

聚乙烯电熔管件包括：套筒、弯头、三通、异径套筒、异径三通、法兰管件等；钢骨架增强聚乙烯电熔管件包括：套筒、法兰管件等；钢骨架增强聚乙烯管件包括：弯头、三通、异径套筒、异径三通等，其连接方式为与钢骨架增强聚乙烯电熔管件配合使用；热熔对接管件包括：套筒、法兰等，一般由制造商在工厂预装或在施工现场装配。

管件的工作温度 0～70℃。当介质超过 20℃时，对管件的公称压力进行修正，修正方法以表 7.1-37 公称压力乘以如表 7.1-38 所列修正系数；若工作温度超出 70℃时，可以由用户与生产厂协商确定。采用耐热聚乙烯（PERT）生产耐热管件，使用范围 0～90℃。

表 7.1-37　孔网钢骨架聚乙烯电熔/复合管件公称压力

公称直径 DN	公称压力 PN	不圆度	公称直径 DN	公称压力 PN	不圆度
50	3.5		250	2.5	
63	3.5		315	2.5	
75	3.5		355	2.0	
90	3.5		400	2.0	
110	3.5	≤0.015DN	450	2.0	≤0.015DN
140	3.5		500	2.0	
160	3.5		560	2.0	
200	3.5		630	2.0	
225	2.5				

表 7.1-38　温度压力校正系数

温度 t/℃	0＜t≤20	20＜t≤30	30＜t≤40	40＜t≤50	50＜t≤60	60＜t≤70
校正系数	1.0	0.95	0.90	0.86	0.81	0.76

管件公称直径与管材公称内径对应关系见表 7.1-39。

表 7.1-39　管件公称直径与管材公称内径对应关系　　单位：mm

公称直径	50	63	75	90	110	140	160	200	225	250	315	355	400	450	500	560	630
公称内径	—	50	65	80	100	125	150	—	200	—	250	300	350	400	450	500	600

7.1.6.2　孔网钢骨架聚乙烯复合电熔管件等径套筒（表 7.1-40）

表 7.1-40　孔网钢骨架聚乙烯复合电熔管件等径套筒外形尺寸　　单位：mm

示意图	公称直径 DN	最小壁厚 e ≥	管件长度 L ≥	插入深度 L_1 ≥	熔区长度 L_2 ≥
	50	8	95	45	20
	63	9	110	50	20
	75	10	120	55	30
	90	10	120	55	35
	110	15	155	75	40
	140	15	170	80	40
	160	15	195	95	45
	200	15	220	105	50
	225	15	220	115	55
	250	23	240	115	55
	315	23	290	140	100
	355	23	290	140	100
	400	23	290	140	100
	450	23	310	150	100
	500	23	310	150	105
	560	23	330	150	105
	630	23	400	190	105

7.1.6.3 孔网钢骨架聚乙烯复合电熔管件法兰 (表7.1-41)

表7.1-41 孔网钢骨架聚乙烯复合电熔管件法兰外形尺寸　　　　单位：mm

示意图	公称直径 DN	最小壁厚 e ≥	管件内径 D_1 ≥	管件长度 L ≥	插入深度 L_1 ≥	熔区长度 L_2 ≥
	50	8	90	115	115	40
	63	9	105	120	50	40
	75	10	125	130	125	70
	90	10	140	150	140	70
	110	15	160	150	140	70
	140	15	190	155	145	80
	160	15	215	160	150	85
	200	15	270	180	165	95
	225	15	315	175	160	60
	250	23	325	220	110	60
	315	23	380	210	115	60
	355	23	450	170	155	60
	400	23	495	160	140	65
	450	23	560	190	180	100
	500	23	586	230	210	120
	560	23	650	340	150	150
	630	23	700	350	220	160

7.1.6.4 孔网钢骨架聚乙烯复合管件90°弯头 (表7.1-42)

表7.1-42 孔网钢骨架聚乙烯复合管件90°弯头外形尺寸　　　　单位：mm

示意图	公称直径 DN	最小壁厚 e ≥	管件长度 L ≥
	50	8	130
	63	9	140
	75	10	150
	90	10	160
	110	15	180
	140	15	200
	160	18	220
	200	18	280
	225	18	300
	250	23	320
	315	23	360
	355	23	380
	400	23	420
	450	25	470
	500	25	520
	560	25	530
	630	25	550

7.1.6.5 孔网钢骨架聚乙烯复合管件45°弯头（表7.1-43）

表7.1-43 孔网钢骨架聚乙烯复合管件45°弯头外形尺寸 单位：mm

示意图	公称直径DN	最小壁厚 e ≥	管件长度 L ≥
	50	8	100
	63	9	110
	75	10	120
	90	10	130
	110	15	140
	140	15	155
	160	15	165
	200	15	175
	225	15	185
	250	23	200
	315	23	220
	355	23	300
	400	23	320
	450	25	340
	500	25	360
	560	25	370
	630	25	390

7.1.6.6 孔网钢骨架聚乙烯复合管件三通（表7.1-44）

表7.1-44 孔网钢骨架聚乙烯复合管件三通外形尺寸 单位：mm

示意图	公称直径DN	最小壁厚 e ≥	管件长度 L ≥
	50	8	260
	63	9	280
	75	10	300
	90	10	320
	110	15	360
	140	15	400
	160	15	440
	200	15	560
	225	15	600
	250	23	640
	315	23	720
	355	23	760
	400	23	840
	450	25	880
	500	25	1040
	560	25	1060
	630	25	1080

7.1.6.7 孔网钢骨架聚乙烯复合管件异径（表7.1-45）

表7.1-45 孔网钢骨架聚乙烯复合管件异径外形尺寸 单位：mm

示意图	公称直径		最小壁厚		管件长度	插入深度
	DN_1	DN_2	$e_1 \geq$	$e_2 \geq$	$L \geq$	$L_1 \geq$
	63	50	9	8	115	60
	75	50	10	8	125	60
		63	10	9	130	60
	90	50	10	8	140	70
		63	10	9	125	70
		75	10	10	130	70
	110	50	15	8	145	70
		63	15	9	145	80
		75	15	10	170	80

续表

示意图	公称直径		最小壁厚		管件长度	插入深度
	DN_1	DN_2	$e_1 \geqslant$	$e_2 \geqslant$	$L \geqslant$	$L_1 \geqslant$
	110	90	15	10	16	80
	140	90	15	10	175	80
		110	15	15	170	80
	160	110	15	15	200	90
		140	15	15	195	90
	200	110	15	15	215	100
		140	15	15	235	100
		160	15	15	210	100
	225	110	15	15	260	115
		140	15	15	260	115
		160	15	15	235	115
		200	15	15	225	115
	250	110	23	15	300	140
		140	23	15	295	140
		160	23	15	275	140
		200	23	15	270	140
		225	23	15	280	140
	315	110	23	15	330	130
		140	23	15	320	130
		160	23	15	305	130
		200	23	15	295	130
		225	23	15	310	130
		250	23	23	315	130
	355	110	23	15	360	135
		140	23	15	350	135
		160	23	15	355	135
		200	23	15	345	135
		225	23	15	340	135
		250	23	23	345	135
		315	23	23	295	135
	400	110	23	15	385	140
		140	23	15	380	140
		160	23	15	360	140
		200	23	15	355	140
		225	23	15	365	140
		250	23	23	375	140
		315	23	23	320	140
		355	23	23	305	140
	450	110	25	15	435	150
		140	25	15	425	150
		160	23	15	405	150
		200	25	15	400	150
		225	25	15	410	150
		250	25	23	420	150
		315	25	23	370	150
		355	25	23	350	150
		400	25	23	330	150
	500	110	25	15	435	150
		140	25	15	425	150
		160	23	15	405	150

示意图	公称直径		最小壁厚		管件长度	插入深度
	DN_1	DN_2	$e_1 \geqslant$	$e_2 \geqslant$	$L \geqslant$	$L_1 \geqslant$
		200	25	15	400	150
		225	25	15	410	150
		250	25	23	420	150
	500	315	25	23	370	150
		355	25	23	350	150
		400	25	23	330	150
		450	25	23	355	150
	560	450	25	23	390	170
		500	25	25	350	170
	630	500	25	25	415	200
		560	25	25	400	200

7.2 玻璃钢管

7.2.1 玻璃纤维增强热固性塑料（玻璃钢）

7.2.1.1 常用玻璃钢的性能（表 7.2-1）

表 7.2-1 四种玻璃钢性能比较

项目	环氧玻璃钢	酚醛玻璃钢	呋喃玻璃钢	聚酯玻璃钢
制品性能	机械强度高，耐酸、碱性好，吸水性低，耐热性较差，固化后收缩率小，黏结力强，成本较高	机械强度较差，耐酸性好，吸水性低，耐热性高，固化后收缩率大，成本较低，性脆	机械强度较差，耐酸、碱性较好，吸水性较低，耐热性高，固化收缩率大，性脆，与壳体黏结力较差，成本较低	机械强度较高，耐酸、耐碱性较差，吸水性低，耐热性低，固化收缩率大，成本较低，韧性好
工艺性能	有良好的工艺性，固化时无挥发物，可常压亦可加压成型，随所用固化剂的不同，可室温或加温固化。易于改性，黏结性大，脱模较困难	工艺性比环氧树脂差，固化时有挥发物放出，一般适合于干法成型，一般的常压成型品性能差得多	工艺性比酚醛树脂还差，固化反应较猛烈，对光滑无孔底材黏附力差，变定和养护期较长	工艺性能优越，胶液黏度低，对玻璃纤维渗透性好，固化时无挥发物放出，能常温常压成型，适于制大型构件
使用温度/℃	<100	<120	<180	<90
毒性	胺类和酸类固化剂均有毒性及刺激性			常用的交联剂苯乙烯有毒
应用情况	使用广泛，一般用于酸碱性介质中高强度制品或作加强用	使用一般，用于酸性较强的腐蚀介质中	用于酸或碱性较强的，以及酸、碱交变腐蚀介质中，或者使用于温度较高的腐蚀介质中	用于腐蚀性较弱的酸性介质中

7.2.1.2 玻璃钢的耐腐蚀性能（表 7.2-2）

表 7.2-2 四种玻璃钢的耐腐蚀性能

介质	浓度/%	环氧玻璃钢		酚醛玻璃钢		呋喃玻璃钢		聚酯玻璃钢 306#	
		25℃	95℃	25℃	95℃	25℃	120℃	20℃	50℃
硝酸	5	尚耐	不耐	耐	不耐	尚耐	不耐	耐	不耐
	20	不耐	不耐	不耐	不耐	不耐	不耐	不耐	不耐
	40	不耐	不耐	不耐	不耐	不耐	不耐	不耐	不耐
硫酸	5							耐	耐
	10							耐	尚耐
	30							耐	不耐
	50	耐	耐	耐	耐	耐	耐		
	70	尚耐	不耐	耐	不耐	耐	不耐		
	93	不耐	不耐	耐	不耐	耐	不耐		

续表

介质	浓度/%	环氧玻璃钢		酚醛玻璃钢		呋喃玻璃钢		聚酯玻璃钢 306#	
		25℃	95℃	25℃	95℃	25℃	120℃	20℃	50℃
发烟硫酸		不耐	不耐	耐	不耐	不耐	不耐		
盐酸	浓 5	耐	耐	耐	耐	耐	耐	不耐 耐	不耐 不耐
醋酸	浓 5	不耐	不耐	耐	耐	耐	耐	不耐 耐	不耐 耐
磷酸	浓	耐	耐	耐	耐	耐	耐	耐	耐
氢氧化钾	10	耐		不耐	不耐	耐	耐		
氯化钠		耐		耐		耐			
氢氧化钠	10 30 50	耐 尚耐 尚耐	不耐 尚耐 不耐	不耐 不耐 不耐	不耐 不耐 不耐	耐 耐 耐	耐 耐 耐	耐 耐	不耐 不耐
氨水		尚耐	不耐	不耐	不耐	耐	耐		
氯仿		尚耐	不耐	耐	耐	耐	耐	不耐	
四氯化碳		耐	不耐	耐	耐	耐	耐	耐	
丙酮		耐	不耐	耐	耐	耐	耐	不耐	

注：1. 浓度栏中的"浓"字系指介质浓度很高。
2. 在硫酸工厂中，以双酚 A 不饱和树脂为基体的玻璃钢设备和管道，对高温稀硫酸的耐腐蚀性能更优。

7.2.1.3 玻璃钢的主要组成

玻璃钢（玻璃纤维增强热固性塑料）是由合成树脂作为基体材料及其辅助材料和经过表面处理的玻璃纤维增强材料所组成。合成树脂的种类很多，常用的有酚醛树脂、环氧树脂、呋喃树脂、聚酯树脂等。它们所制的玻璃钢分别为酚醛玻璃钢、环氧玻璃钢、呋喃玻璃钢和聚酯玻璃钢。为了适应某种需要，例如为改良性能、降低成本，采用第二种合成树脂进行改性，如环氧-酚醛玻璃钢、环氧-呋喃玻璃钢，基体材料分别由环氧-酚醛树脂、环氧-呋喃合成树脂构成。加入合成树脂中的固化剂、增塑剂、填充剂、稀释剂等辅助材料，都在不同程度上影响玻璃钢的性能。

玻璃钢另一个重要成分是玻璃纤维及其制品。玻璃钢的物理机械性能与玻璃纤维的性能、品种、规格等有直接关系。由于玻璃纤维耐腐蚀性能优于合成树脂，所以除个别情况外（例如氢氟酸、浓碱），玻璃钢的耐腐蚀性能主要取决于树脂的耐蚀性。

玻璃钢层的结构随不同成型方法和用途而异，主要凭经验和试验确定。图 7.2-1 表示用手糊法制作耐腐蚀玻璃钢设备的典型结构。各层情况大致如下：

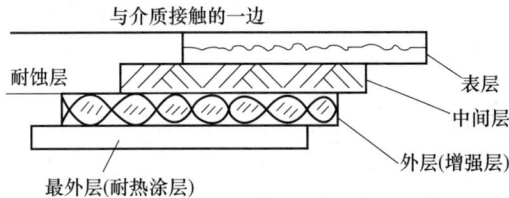

图 7.2-1 耐腐蚀玻璃钢设备的典型结构

（1）耐蚀层——由表层和中间层组成，表层是接触介质的最内层，是玻璃纤维毡增强的富树脂层。
（2）中间层——由短玻璃纤维毡增强，厚约 2mm，能在介质浸透表层后，不会再浸透外层。
（3）外层（增强层）——满足强度要求的一层，由无捻粗纱布、短纤维增强。
（4）最外层——它的组成与表层相同，其目的是使增强层不露在腐蚀的环境中。

7.2.1.4 玻璃钢的成型方法（表 7.2-3）

表 7.2-3 玻璃钢的成型方法

成型方法	基本原理	特点	应用
手糊法	边铺覆玻璃布、边涂刷树脂胶料,固化后而成。固化条件为低压、室温,压力一般在 35～680kPa 范围内,为使制品外表面光滑,可利用真空或压缩空气使浸润过树脂的纤维布紧贴模具	1. 操作简便,专用设备少,成本低,不受制品形状和尺寸限制 2. 质量不稳定,劳动条件差,效率低 3. 制品机械强度较低 4. 适用树脂主要是聚酯和环氧树脂	广泛用于整体制品和机械强度要求不高的大型制品,如汽车车身、船舶外壳等

续表

成型方法	基本原理	特 点	应 用
模压法	将已干燥的浸胶液的玻璃纤维布叠好后放入金属模具内,加热加压,经过一定时间成型	1. 产品质量稳定、尺寸准确、表面光滑 2. 制品机械强度高 3. 生产效率高,适合成批生产	用于压制泵、阀门壳体、小型零件等
缠绕法	将连续纤维束通过浸胶槽浸上树脂胶液后缠绕在芯模上,常温或加热固化、脱模即成制品	1. 制品机械强度较高 2. 制品质量稳定,可得到内表面尺寸准确、表面光滑的制品 3. 可采用机械式、数控式和计算机控制的缠绕机 4. 轴向增强较困难	用于制造管道、贮槽、槽车等圆截面制品,也可制作飞机横梁、风车翼梁等不同截面的制品
拉挤成型法	玻璃纤维通过浸树脂槽,再经模管拉挤,加热固化后即成制品	1. 工艺简单,效率高 2. 能最佳地发挥纤维的增强作用 3. 质量稳定、工艺自动化程度高 4. 制品长度不受限制 5. 原材料利用率高 6. 保持良好的耐腐蚀性能 7. 生产速度受树脂加热和固化速度限制 8. 制品轴向强度大、环向强度小	用于制作电线杆、电工用脚手架、汇流线管、导线管,无线电天线杆,光学纤维电缆以及石油化工用管、贮槽,还有汽车保险杠、车辆和机床驱动轴、车身骨架、体育用品中的单杠、双杠
树脂传递成型法	这是一种闭模塑成型法。首先在模具成型面上涂脱模剂或胶衣层,然后铺覆增强材料,锁紧闭合的模具,再用注射机注入树脂,固化后开模即得制品	1. 生产周期短,效率高 2. 材料损耗少 3. 制品两面光洁,允许埋入嵌件和加强筋	用于制作小型零件

7.2.2 纤维缠绕玻璃钢（FRP-FW）管和管件

7.2.2.1 玻璃钢性能参数（HG/T 21633—1991）

(1) 本节是以玻璃纤维、不饱和聚酯树脂组合为基准,但也可以使用其它材料。

(2) 玻璃钢管子、管件的设计压力和设计温度（注：超出此范围,订货时请与制造厂协商）。

设计压力：低压接触成型管子≤0.6MPa。

长丝缠绕成型管子≤1.6MPa。

管件≤1.6MPa。

设计温度≤80℃。

双酚A聚酯玻璃钢的耐腐蚀性能见表7.2-4。

表 7.2-4 双酚A聚酯玻璃钢的耐腐蚀性能

条件	介质名称	浓度/%	评定	条件	介质名称	浓度/%	评定
常温	汽油		耐	常温	醋酸	5	耐
	甲醛	37	尚耐		自来水		耐
	苯酚	5	尚耐		氯化钠	饱和溶液	耐
	丙酮		尚耐		碳酸钠	饱和溶液	耐
	乙醇	96	尚耐		氢氧化钠	30	尚耐
	二氯乙烷		不耐		氢氧化钠	25	尚耐
	苯		尚耐		氢氧化铵	10	不耐
	硫酸	80	不耐	高温	硫酸	30	耐
	硫酸	30	尚耐		硫酸	5	耐
	硫酸	5	尚耐		盐酸	30	尚耐
	硝酸	5	耐		盐酸	5	耐
	硝酸	20	尚耐		硝酸	5	尚耐
	副产盐酸		尚耐		磷酸	85	耐
	浓盐酸	>30	尚耐		磷酸	30	耐
	盐酸	5	尚耐		草酸	饱和溶液	耐
	铬酸	30	不耐		氯化钠	饱和溶液	耐
	铜电解液		尚耐		碳酸钠	饱和溶液	耐
	磷酸	85	耐		铜电解液		耐
	磷酸	30	尚耐		氢氧化钠	30	不耐
	草酸	饱和溶液	尚耐		乙醇	96	尚耐
	冰醋酸		不耐		自来水		尚耐
	醋酸	80	不耐				

注：试验条件：常温——常温浸泡一年后；高温——在（80±2）℃下浸泡672h。

7.2.2.2 玻璃钢直管（HG/T 21633—1991）

（1）公称通径 管子的公称通径以内径表示，分为50mm、80mm、100mm、150mm、200mm、250mm、350mm、400mm、450mm、500mm、600mm、700mm、800mm、900mm及1000mm。

（2）长度 管子的长度为4000mm、6000mm、12000mm三种。

（3）壁厚 见表7.2-5、表7.2-6。

表7.2-5 低压接触成型管子受内压的最小壁厚　　　　单位：mm

公称通径 DN	0.25MPa	0.4MPa	0.6MPa	公称通径 DN	0.25MPa	0.4MPa	0.6MPa
50	5.0	5.0	5.0	300	6.5	8.0	10.0
80	5.0	5.0	5.0	350	6.5	8.0	10.0
100	5.0	5.0	5.0	400	6.5	10.0	12.0
150	5.0	5.0	6.5	450	8.0	10.0	14.0
200	5.0	6.5	8.0	500	8.0	10.0	14.0
250	6.5	6.5	8.0	600	10.0	12.0	17.0

表7.2-6 长丝缠绕管子受内压的最小壁厚　　　　单位：mm

公称通径 DN	0.6MPa	1.0MPa	1.6MPa	公称通径 DN	0.6MPa	1.0MPa	1.6MPa
50	4.5	4.5	4.5	400	4.5	7.5	12.0
80	4.5	4.5	4.5	450	6.0	9.0	13.5
100	4.5	4.5	4.5	500	6.0	9.0	13.5
150	4.5	4.5	4.5	600	7.5	10.5	16.5
200	4.5	4.5	6.0	700	7.5	12.0	
250	4.5	4.5	7.5	800	9.0	13.5	
300	4.5	6.0	9.0	900	10.5	16.5	
350	4.5	6.0	10.5	1000	10.5	18.0	

7.2.2.3 玻璃钢管件（HG/T 21633—1991）

管件的公称通径与相应的管子公称通径相一致，管件应至少与相连接的管子等强度。管件种类有90°弯头、45°弯头、三通及异径管，其外形尺寸分别见表7.2-7、表7.2-8。

表7.2-7 玻璃钢90°弯头、45°弯头、三通尺寸　　　　单位：mm

公称通径	中心至端面距离			各种压力下最小壁厚		
DN	A	R	G	0.6MPa	1.0MPa	1.6MPa
50	150	150	65	6	6	6
80	175	150	95	6	6	6
100	200	150	95	6	6	8
150	250	225	125	6	8	10
200	300	300	125	6	8	14
250	350	375	155	8	10	16
300	400	450	185	8	12	19
350	450	525	215	10	14	22
400	500	600	250	10	16	25
450	525	675	280	12	18	28
500	550	750	310	12	20	31
600	600	900	375	15	24	38
700	700	1050	435	18	27	
800	750	1200	500	20	31	
900	825	1350	560	22	34	
1000	900	1500	625	24	38	

注：1. 设计压力 0.25MPa、0.4MPa 的管件最小壁厚可参照相应的管子壁厚。

2. 表中是低压接触成型法制品的厚度。

表 7.2-8　玻璃钢异径管尺寸　　　　　　　　　　　单位：mm

公称通径 $D_2 \times D_1$	端面至端面长度 L	直管段长度 H	公称通径 $D_2 \times D_1$	端面至端面长度 L	直管段长度 H
80×50	150	150	450×350	500	300
100×50	150	150	450×400	500	300
100×80	150	150	500×400	550	300
150×80	200	150	500×450	550	300
150×100	200	150	600×450	600	300
200×100	250	200	600×500	600	300
200×150	250	200	700×500	650	370
250×150	300	250	700×600	650	370
250×200	300	250	800×600	700	370
300×200	350	250	800×700	700	370
300×250	350	250	900×700	750	370
350×250	400	300	900×800	750	370
350×300	400	300	1000×800	800	370
400×300	450	300	1000×900	800	370
400×350	450	300			

注：异径管的壁厚可参照与大端相应的弯头或三通厚度。

7.2.2.4　玻璃钢管道连接（HG/T 21633—1991）

（1）对接　对接的方法按 HG/T 21633—1991 标准 3.2.5 规定。公称通径 500mm 以上（包括 500mm）的管子内外面都必须多层贴合。公称通径小于 500mm 的管子，一般只贴外面。内部贴层为耐蚀层，不作为强度层，见图 7.2-2；对于多层贴合的最终最小宽度，应符合表 7.2-9 的规定。

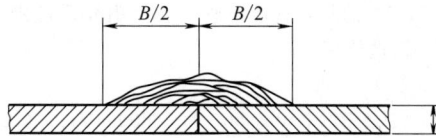

图 7.2-2　玻璃钢管道对接连接

表 7.2-9　对接时最终最小接合宽度　　　　　单位：mm

公称通径	内压下最终最小接合宽度 B			公称通径	内压下最终最小接合宽度 B		
DN	0.6MPa	1.0MPa	1.6MPa	DN	0.6MPa	1.0MPa	1.6MPa
50	75	100	125	400	225	350	555
80	75	125	150	450	250	390	620
100	100	125	200	500	275	430	685
150	100	150	250	600	325	510	810
200	125	190	295	700	375	590	
250	150	230	360	800	425	670	
300	175	270	425	900	475	750	
350	200	310	490	1000	525	830	

注：0.25MPa、0.4MPa 对接时最终最小接合宽度可参照 0.6MPa 的尺寸。

（2）承插式连接　直管插入承口内的深度取管周长的 1/6 或 100mm 两者中小者，且承口至少与本体等强度。承口与插管之间的间隙用树脂胶泥密封，见图 7.2-3。

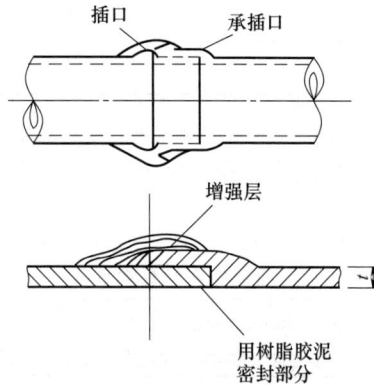

图 7.2-3　玻璃钢管道承插式连接

（3）法兰连接　管子间、管子与管件间的连接，应尽量少用法兰连接。法兰的连接尺寸按 HG/T 20592 的规定，法兰的最小厚度按表 7.2-10 规定。

表 7.2-10　内压下法兰的最小厚度　　　　　单位：mm

公称通径 DN	内压/MPa				
	0.25	0.4	0.6	1.0	1.6
50	14	14	14	20	28
80	14	14	17	24	28
100	14	17	17	24	31
150	14	17	20	26	34
200	17	20	24	31	37
250	20	24	28	34	43
300	22	26	34	40	48
350	24	28	37	43	52
400	26	31	40	46	54
450	28	34	43	48	57
500	31	37	46	52	60
600	33	42	52	58	70
700	42	43	58	64	
800	48	54	64	70	
900	54	60	70	76	
1000	60	66	76	82	

7.2.3　玻璃钢增强聚丙烯（FRP/PP）复合管

7.2.3.1　增强聚丙烯性能参数（HG/T 21579—1995）

（1）HG/T 21579—1995 标准适用于以聚丙烯管（以下简称 PP 管）为内衬、外缠玻璃纤维或其织物的增强塑料玻璃钢为加强层（以下简称FRP）的复合管道及管件。使用介质范围与聚丙烯管相同，主要用于输送酸、碱、盐等腐蚀性介质，也可用于输送饮用水。

（2）公称压力（PN）：0.6、1.0及1.6。

（3）公称通径（DN）：15、20、25、（32）、40、50、65、80、100、（125）、150、200、250、300、350、400、450、500及600。

（4）使用温度：-15～100℃。

（5）在各种温度下的允许使用压力见表7.2-11。如有特别要求时，供需双方协商解决。

表7.2-11　聚丙烯/玻璃钢复合管在各种温度下的允许使用压力

公称压力 PN	公称通径 DN	在下列温度（℃）下的允许使用压力/MPa				
		20	40	60	80	100
0.6	15～50	0.60	0.60	0.60	0.60	0.60
	65～150	0.60	0.58	0.49	0.42	0.38
	200～300	0.60	0.56	0.45	0.38	0.34
	350～600	0.60	0.38	0.30	0.26	0.23
1.0	15～50	1.00	1.00	1.00	1.00	1.00
	65～150	1.00	0.97	0.81	0.69	0.63
	200～300	1.00	0.94	0.75	0.62	0.56
	350～600	1.00	0.63	0.50	0.44	0.38
1.6	15～50	1.60	1.60	1.60	1.60	1.60
	65～150	1.60	1.55	1.30	1.10	1.00
	200～300	1.60	1.50	1.20	1.00	0.90
	350～600	1.60	1.00	0.80	0.70	0.60

成品不得露天存放，也不宜存放在敞棚内，避免日晒雨淋，以防老化和变形。应存放在通风、干燥、防火的库房内，库房内温度不超过40℃。堆放处应远离热源地1m以外，并应垫实、平整，成品应水平堆放，不与其它物品混杂，堆放高度不超过1.5m。

7.2.3.2　增强聚丙烯直管规格、尺寸（HG/T 21579—1995）（表7.2-12）

表7.2-12　增强聚丙烯直管规格、尺寸　　　　　　　　　　　单位：mm

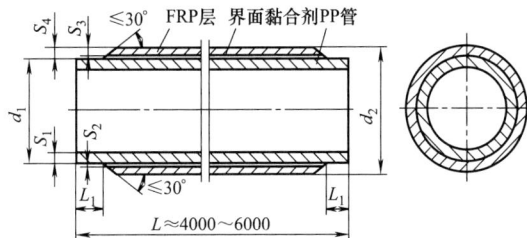

公称通径 DN	PP管 外径 d_1	PP管 壁厚 S_1	黏合剂厚度 S_2	PN0.6 PP/FRP管外径 d_2	PN0.6 FRP层厚度 S_3	$S_2+S_1 \approx S_4$ S_4	$S_2+S_1 \approx S_4$ 允许偏差	PN1.0 PP/FRP管外径 d_2	PN1.0 FRP层厚度 S_3	$S_2+S_1 \approx S_4$ S_4	$S_2+S_1 \approx S_4$ 允许偏差	PN1.6 PP/FRP管外径 d_2	PN1.6 FRP层厚度 S_3	$S_2+S_1 \approx S_4$ S_4	$S_2+S_1 \approx S_4$ 允许偏差	预留PP管长 L_1
15	20	2.0	0.5	25	2.0	2.5	+0.3	同PN0.6的尺寸				同PN0.6的尺寸				10
20	25	2.0		30												
25	32	2.2		37												
(32)	40	2.1		45												
40	50	2.6		55												
50	63	3.3		68												
65	75	2.7	0.5	80	2.0	2.5	+0.4	同PN0.6的尺寸				同PN1.0的尺寸				15
80	90	3.2		95												
100	110	3.9		115								116	2.5	3.0	+0.4	
(125)	140	5.0		145								147	3.0	3.5		
150	160	5.7		165				167	3.0	3.5	+0.4	168	3.5	4.0		
200	225	7.9	0.5	230	2.0	2.5	+0.6	232	3.0	3.5	+0.6	236	5.0	5.5	+0.7	20
250	280	9.9		286	2.5	3.0		289	4.0	4.5		293	6.0	6.5		
300	315	11.1		321	2.5	3.0		325	4.5	5.0		330	7.0	7.5		
350	355	12.5	0.5	362	3.0	3.5	+0.7	366	5.0	5.5	+0.7	372	8.0	8.5	+0.9	20
400	400	14.1		408	3.5	4.0		412	5.5	6.0		419	9.0	9.5		
450	450	15.8		459	4.0	4.5		463	6.0	6.5		471	10.0	10.5		
500	500	17.6		509	4.0	4.5		515	7.0	7.5		523	11.0	11.5		
600	630	20.0		641	5.0	5.5		649	9.0	9.5		659	14.0	14.5		

7.2.3.3　直管对接焊处用 FRP 增强结构尺寸（HG/T 21579—1995）（表 7.2-13）

表 7.2-13　直管对接焊处用 FRP 增强结构尺寸

单位：mm

图（直管对接焊处用 FRP 增强结构示意）标注：$8°\sim10°$、t、S_5、d_2、d_1、L_{min}；FRP层、PP焊、界面黏合剂、PP管、FRP

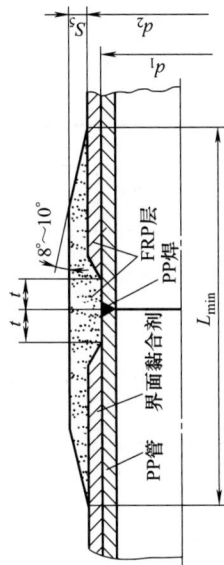

公称通径 DN	PP管外径 d_1	PN0.6 PP/FRP管外径 d_2	PN0.6 PP管对接焊处FRP厚度 S_5	PN0.6 对接焊处FRP增强长度 L_{min}	PN1.0 PP/FRP管外径 d_2	PN1.0 PP管对接焊处FRP厚度 S_5	PN1.0 对接焊处FRP增强长度 L_{min}	PN1.6 PP/FRP管外径 d_2	PN1.6 PP管对接焊处FRP厚度 S_5	PN1.6 对接焊处FRP增强长度 L_{min}	焊接间隙 t
15	20	25	4	110	同 PN0.6 的尺寸	同 PN0.6 的尺寸	同 PN0.6 的尺寸	同 PN1.0 的尺寸	同 PN1.0 的尺寸	同 PN1.0 的尺寸	10
20	25	30									
25	32	37									
(32)	40	45									
40	50	55									
50	63	68									
65	75	80	4	110				80	4	120	15
80	90	95						95		140	
100	110	115						116	5	160	
(125)	140	145						147	6	200	
150	160	165			167	4	150	168	7	230	
200	225	230	4	130	232	6	200	236	9.5	310	20
250	280	286		150	289	7	240	293	12	380	
300	315	321	5	170	325	8	270	330	13	420	
350	355	362	5.5	190	366	9	300	372	15	470	20
400	400	408	6	210	412	10	340	419	17	530	
450	450	459	7	230	463	12	370	471	19	590	
500	500	509	8	260	515	13	410	523	21	650	
600	630	641	10	310	649	16	510	659	27	820	

7.2.3.4 增强聚丙烯承插管的规格、尺寸（HG/T 21579—1995）（表 7.2-14）

表 7.2-14 增强聚丙烯承插管的规格、尺寸

单位：mm

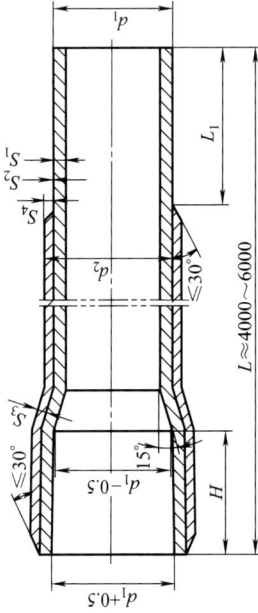

说明：S_4 栏均为 $S_2+S_1\approx S_4$（S_4 及允许偏差）。

公称通径 DN	PP管外径 d_1	PP管壁厚 S_1	黏合剂厚度 S_2	PN0.6 PP/FRP管外径 d_2	PN0.6 FRP层厚度 S_3	PN0.6 S_4	PN0.6 允许偏差	PN1.0 PP/FRP管外径 d_2	PN1.0 FRP层厚度 S_3	PN1.0 S_4	PN1.0 允许偏差	PN1.6 PP/FRP管外径 d_2	PN1.6 FRP层厚度 S_3	PN1.6 S_4	PN1.6 允许偏差	承插预留长度 L_1	承插深度 H
15	20	2.0	0.5	25	2.0	2.5	+0.3	同PN0.6的尺寸				同PN1.0的尺寸					
20	25	2.0	0.5	30	2.0	2.5	+0.3	同PN0.6的尺寸				同PN1.0的尺寸					
25	32	2.2	0.5	37	2.0	2.5	+0.3	同PN0.6的尺寸				同PN1.0的尺寸				42	22
(32)	40	2.1	0.5	45	2.0	2.5	+0.3	同PN0.6的尺寸				同PN1.0的尺寸				46	26
40	50	2.6	0.5	55	2.0	2.5	+0.3	同PN0.6的尺寸				同PN1.0的尺寸				51	31
50	63	3.3	0.5	68	2.0	2.5	+0.3	同PN0.6的尺寸				同PN1.0的尺寸				58	38
65	75	2.7	0.5	80	2.0	2.5	+0.4	同PN0.6的尺寸				同PN1.0的尺寸				64	44
80	90	3.2	0.5	95	2.0	2.5	+0.4	同PN0.6的尺寸				同PN1.0的尺寸				71	51
100	110	3.9	0.5	115	2.0	2.5	+0.4	同PN0.6的尺寸				116	2.5	3.0	+0.4	81	61
(125)	140	5.0	0.5	145	2.0	2.5	+0.4	同PN0.6的尺寸				147	3.0	3.5	+0.4	96	76
150	160	5.7	0.5	165	2.0	2.5	+0.4	167	3.0	3.5	+0.4	168	3.5	4.0	+0.4	106	86
200	225	7.9	0.5	230	2.0	2.5	+0.6	232	3.0	3.5	+0.6	236	5.0	5.5	+0.7	139	119
250	280	9.9	0.5	286	2.5	3.0	+0.6	289	4.0	4.5	+0.6	293	6.0	6.5	+0.7	166	146
300	315	11.1	0.5	321	2.5	3.0	+0.6	325	4.5	5.0	+0.6	330	7.0	7.5	+0.7	184	164
350	355	12.5	0.5	362	3.0	3.5	+0.7	366	5.0	5.5	+0.7	372	8.0	8.5	+0.9	204	184
400	400	14.1	0.5	408	3.5	4.0	+0.7	412	5.5	6.0	+0.7	419	9.0	9.5	+0.9	226	206
450	450	15.8	0.5	459	4.0	4.5	+0.7	463	6.0	6.5	+0.7	471	10.0	10.5	+0.9	251	231
500	500	17.6	0.5	509	4.0	4.5	+0.7	515	7.0	7.5	+0.7	523	11.0	11.5	+0.9	276	256
600	630	20.0	0.5	641	5.0	5.5	+0.7	649	9.0	9.5	+0.7	659	14.0	14.5	+0.9	341	321

注：图中标注 $L\approx4000\sim6000$，承口端角度 $\leqslant30°$、$15°$，承口内径 $d_1^{+0.5}_{\ 0}$，插口外径 $d_1^{\ 0}_{-0.5}$。

7.2.3.5 承插管连接处用 FRP 增强结构尺寸 （HG/T 21579—1995） （表 7.2-15）

表 7.2-15 承插管连接处用 FRP 增强结构尺寸

单位：mm

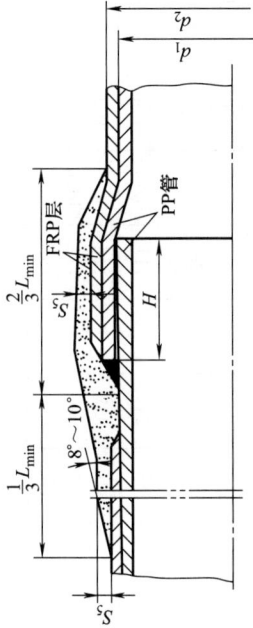

公称通径 DN	PP管外径 d_1	PN0.6 PP/FRP管外径 d_2	PN0.6 承插口FRP增强厚度 S_5	PN0.6 允许偏差	PN1.0 PP/FRP管外径 d_2	PN1.0 承插口FRP增强厚度 S_5	PN1.0 允许偏差	PN1.6 PP/FRP管外径 d_2	PN1.6 承插口FRP增强厚度 S_5	PN1.6 允许偏差	H	FRP增强长度 L_{min}
15	20	25	4	+0.6	同PN0.6的尺寸	同PN0.6的尺寸		同PN1.0的尺寸	同PN1.0的尺寸		22	110
20	25	30										
25	32	37										
(32)	40	45	4	+0.6							26	
40	50	55									31	
50	63	68									38	
65	75	80	4	+0.6	同PN0.6的尺寸	同PN0.6的尺寸		同PN1.0的尺寸	同PN1.0的尺寸		44	120
80	90	95									51	140
100	110	115	4	+0.6				116	5	+0.6	61	160
(125)	140	145						147	6		76	200
150	160	165			167	4	+0.6	168	7		86	230
200	225	230	4	+0.6	232	6	+0.6	236	9.5	+0.6	119	310
250	280	286			289	7		293	12		146	380
300	315	321	5		325	8		330	13		164	420
350	355	362	5.5	+0.6	366	9	+0.6	372	15	+0.6	184	470
400	400	408	6		412	10		419	17		206	530
450	450	459	7		463	12		471	19		231	590
500	500	509	8		515	13		523	21		256	650
600	630	641	10		649	16		659	27		321	820

7.2.3.6 钢制松套法兰连接尺寸（HG/T 21579—1995）（表7.2-16）

表7.2-16 钢制松套法兰连接尺寸

单位：mm

图中标注：FRP、界面黏合剂、PP管、带缘缘复合管、钢制松套法兰、PP圆环、PP焊、垫片、双头螺柱、D、K、H、b_3

PN0.6

公称通径 DN	法兰外径 D	中心圆直径 K	垫片厚度 b_3	H	双头螺柱直径 d	双头螺柱长度	数量 n
200	320	280	3	113	M16	160	8
250	375	335	3	123	M16	170	12
300	440	395	3	127	M20	180	12
350	490	445	5	141	M20	180	12
400	540	495	5	151	M20	200	16
450	595	550	5	157	M20	210	16
500	645	600	5	165	M20	220	16
600	755	705	5	187	M24	250	20

PN1.0

公称通径 DN	法兰外径 D	中心圆直径 K	垫片厚度 b_3	H	双头螺柱直径 d	双头螺柱长度	数量 n
15	95	65	3	63	M12	110	4
20	105	75	3	67	M12	120	4
25	115	85	3	71	M12	120	4
(32)	140	100	3	79	M16	130	4
40	150	110	3	83	M16	130	4
50	165	125	3	85	M16	130	4
65	185	145	3	91	M16	130	4
80	200	160	3	99	M16	130	8
100	220	180	3	103	M16	140	8
(125)	250	210	5	111	M16	140	8
150	285	240	5	117	M20	150	8
200	340	295	5	127	M20	160	8
250	395	350	5	135	M20	170	12
300	445	400	5	149	M20	180	12
350	505	460	5	159	M20	200	16
400	565	515	5	167	M20	210	16
450	615	565	5	177	M24	220	20
500	670	620	5	199	M24	240	20
600	780	725	5	—	M27	260	20

PN1.6

公称通径 DN	法兰外径 D	中心圆直径 K	垫片厚度 b_3	H	双头螺柱直径 d	双头螺柱长度	数量 n
15	95	65	3	63	M12	110	4
20	105	75	3	67	M12	120	4
25	115	85	3	73	M12	120	4
(32)	140	100	3	81	M16	130	4
40	150	110	3	81	M16	130	4
50	165	125	3	85	M16	130	4

7.2.3.7 带突缘的 PP/FRP 复合管 (HG/T 21579—1995)（表7.2-17）

表7.2-17 带突缘的 PP/FRP 复合管

单位：mm

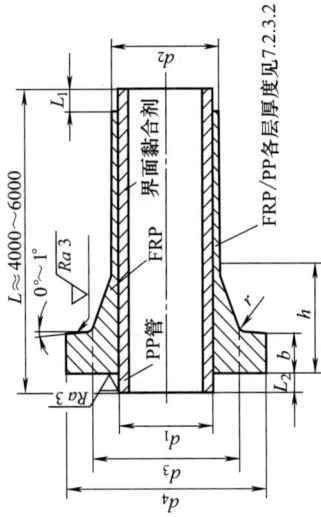

公称通径 DN	PP管外径 d_1	PN0.6							PN1.0							PN1.6							r	L_1	L_2
		PP/FRP管外径 d_2	d_3	允许偏差	d_4	允许偏差	b	h	PP/FRP管外径 d_2	d_3	允许偏差	d_4	允许偏差	b	h	PP/FRP管外径 d_2	d_3	允许偏差	d_4	允许偏差	b	h			
15	20	25	38	-0.5	45	+0.5	10	26	25	38	-0.5	45	+0.5	10	26	25	38	-0.5	45	+0.5	10	28	3	10	4
20	25	30	42	-0.5	60	+0.5	10	28	30	42	-0.5	55	+0.5	10	28	30	42	-0.5	60	+0.5	10	28	3	10	4
25	32	37	50	-0.5	68	+0.5	12	30	37	50	-0.5	68	+0.5	12	30	37	50	-0.5	68	+0.5	13	30	3	10	4
(32)	40	45	58	-0.5	78	+0.5	14	32	45	58	-0.5	78	+0.5	14	32	45	58	-0.5	78	+0.5	15	32	3	10	4
40	50	55	68	-0.5	88	+0.5	14	35	55	68	-0.5	88	+0.5	14	35	55	68	-0.5	88	+0.5	15	35	3	10	4
50	63	68	82	-0.5	102	+0.5	14	40	68	82	-0.5	102	+0.5	14	40	68	82	-0.5	102	+0.5	15	40	3	10	4
65	75	80	95	-0.5	122	+0.5	15	44	80	95	-0.5	122	+0.5	15	44								3	15	4
80	90	95	111	-0.5	138	+0.5	16	48	95	111	-0.5	138	+0.5	16	48								4	15	4
100	110	115	133	-0.5	158	+0.5	18	55	115	133	-0.5	158	+0.5	18	55								4	15	4
(125)	140	145	160	-0.5	188	+0.5	20	60	145	160	-0.5	188	+0.5	20	60								4	15	4
150	160	165	188	-0.5	212	+0.5	22	70	167	188	-0.5	212	+0.5	22	70								4	15	4
200	225	230	248	-1.0	258	+1.0	25	75	232	248	-1.0	268	+1.0	25	75								5	20	4
250	280	286	305	-1.0	315	+1.0	28	78	289	305	-1.0	325	+1.0	28	78								5	20	4
300	315	321	343	-1.0	360	+1.0	30	80	325	343	-1.0	370	+1.0	30	80								5	20	4
350	355	362	387	-1.0	420	+1.0	32	80	366	387	-1.0	430	+1.0	32	80								6	20	5
400	400	408	441	-1.0	472	+1.0	35	80	412	441	-1.0	482	+1.0	35	80								6	20	5
450	450	459	492	-1.0	520	+1.0	36	85	463	492	-1.0	530	+1.0	36	85								6	20	5
500	500	509	544	-1.0	575	+1.0	38	90	515	544	-1.0	585	+1.0	38	90								6	20	5
600	630	641	660	-1.0	680	+1.0	45	110	649	675	-1.0	690	+1.0	45	110								6	20	5

7.2.3.8 钢制松套法兰尺寸（HG/T 21579—1995）（表 7.2-18）

表 7.2-18 钢制松套法兰尺寸

单位：mm

公称通径 DN	PN0.6 法兰外径 D	允差	法兰内径 D₁	允差	螺栓孔中心圆 K	法兰厚度 b₁	允差	螺栓孔径 d₀	数量	PN1.0 法兰外径 D	允差	法兰内径 D₁	允差	螺栓孔中心圆 K	允差	法兰厚度 b₁	允差	螺栓孔径 d₀	数量	PN1.6 法兰外径 D	允差	法兰内径 D₁	允差	螺栓孔中心圆 K	允差	法兰厚度 b₁	允差	螺栓孔径 d₀	数量	e
15										95		41		65		14		14	4	95		41		65		14		14	4	3
20										105		45		75		16		14		105		45		75		16		14		4
25										115	+2.0	53	+1.0	85	+0.9	16	+1.0	14		115	+2.0	53	+1.0	85	+0.9	16	+1.0	14		4
(32)										140		61		100		18		18		140		61		100		18		18		5
40										150		71		110		18		18		150		71		110		18		18		5
50										165		85		125		20		18		165		85		125		20		18		5
65										185		98	+1.0	145		20		18	4											6
80										200		114		160		20		18	8											
100										220	+2.0	136		180	+0.9	22	+1.5	18	8											
(125)										250		163	+1.5	210		22		18	8											
150										285		191	+1.5	240		24		22	8											6
200	320		251		280	22		18	8	340		251		295		24		22	8											6
250	375	+3.0	308	+1.5	335	24	+1.5	18	12	395	+3.0	308	+1.5	350	+0.9	26	+1.5	22	12											8
300	440		346		395	24		22	12	445		346		400		28		22	12											8
350	490		390	+1.5	445	26		22	12	505		390	+1.5	460		30		22	16											8
400	540	+3.0	444	+1.5	495	28		22	16	565		444	+1.5	515		32		26	16											
450	595		495	+2.0	550	30	+1.5	22	16	615	+3.0	495	+2.0	565	+0.9	35	+1.5	26	20											
500	645		547	+2.0	600	32		22	20	670		547	+2.0	620		38		26	20											
600	755		663	+2.0	705	36		26	20	780		678	+2.0	725		42		30	20											

7.2.3.9　钢制松套法兰用 PP 圈环（HG/T 21579—1995）（表 7.2-19）

表 7.2-19　钢制松套法兰用 PP 圈环

单位：mm

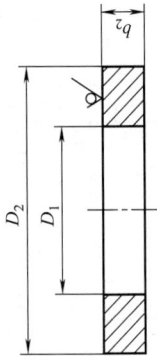

通径 DN	PN0.6 D₂	PN0.6 D₁	PN0.6 允许偏差	PN1.0 D₂	PN1.0 D₁	PN1.0 允许偏差	PN1.6 D₂	PN1.6 D₁	PN1.6 允许偏差	b_2	重量/kg
15				45	20		45	20			
20				55	25		60	25			
25				68	32	+0.5	68	32	+0.5	6	
(32)				78	40		78	40			
40				88	50		88	50			
50				102	63		102	63			
65				122	75	+0.5				6	
80				138	90	+0.7				8	
100				158	110	+0.8				8	
(125)				188	140	+1.0				8	
150				212	160	+1.2				8	
200	258	225	+1.8	268	225	+1.8				8	
25	315	280	+2.0	325	280	+2.0				8	
300	360	315	+2.5	370	315	+2.5				8	
350	420	355	+3.0	430	355	+3.0				10	
400	472	400	+3.5	482	400	+3.5				10	
450	520	450	+4.0	530	450	+4.0				10	
500	575	500	+4.5	585	500	+4.5				10	
600	680	630	+5.5	690	630	+5.5				10	

7.2.3.10 玻璃钢法兰连接（HG/T 21579—1995）（表7.2-20）

表 7.2-20　玻璃钢法兰连接

单位：mm

（图：玻璃钢法兰连接结构示意图。标注：界面黏合剂、PP杆、PP管、FRP、FRP法兰、PP法兰；尺寸符号 D_2、D_0、D、f、b、b_2、B、d_1、d_2、$n-d_0$）

公称通径 DN	PP管径 d_1	PP/FRP管外径 d_2	PN0.6 PP/FRP法兰外径 D_2	中心圆直径 D_0	厚度 b	螺栓孔 d_0	双头螺柱 直径 d	长度	数量 n	PN1.0 PP/FRP法兰外径 D_2	中心圆直径 D_0	厚度 b	螺栓孔 d_0	双头螺柱 直径 d	长度	数量 n	PN1.6 PP/FRP管外径 d_2	法兰外径 D_2	中心圆直径 D_0	厚度 b	螺栓孔 d_0	双头螺柱 直径 d	长度	数量 n	密封面 D	f	b_2	B（约）
15	20	25								95	65	10	14	M12	80	4	25	95	65	10	14	M12	80	4	45	2	6	39
20	25	30								105	75	12	14	M12	80	4	30	105	75	12	14	M12	80	4	55	2	6	39
25	32	37								115	85	12	14	M12	80	4	37	115	85	12	14	M12	80	4	64	2	6	43
(32)	40	45								140	100	14	18	M16	85	4	45	140	100	14	18	M16	85	4	76	2	6	47
40	50	55								150	110	14	18	M16	85	4	55	150	110	14	18	M16	85	4	86	2	6	47
50	63	68								165	125	14	18	M16	85	4	68	165	125	14	18	M16	85	4	102	2	6	47
65	75	80								185	145	15	18	M16	85	4	80								120	2	8	49
80	90	95								200	160	16	18	M16	100	8	95								136	2	8	55
100	110	115								220	180	18	18	M16	110	8	115								156	2	8	59
(125)	140	145								250	210	20	22	M20	120	8	145								186	2	8	63
150	160	165								285	240	22	22	M20	120	8	167								212	2	8	67
200	225	230	320	280	25	18	M16	120	8	340	295	25	22	M20	120	8									265	2	8	73
250	280	286	375	335	28	22	M20	130	12	395	350	28	22	M20	130	12									320	2	8	79
300	315	321	440	395	30	22	M20	130	12	445	400	30	22	M20	140	12									370	2	8	83
350	355	362	490	445	32	22	M20	140	12	505	460	32	22	M20	150	16									430	3	10	93
400	400	408	540	495	35	22	M20	150	16	565	515	35	22	M20	150	16									482	3	10	99
450	450	459	595	550	36	22	M20	150	16	615	565	36	22	M20	160	16									530	3	10	101
500	500	509	645	600	38	26	M24	160	20	670	620	38	26	M24	160	20									585	3	10	105
600	630	641	755	705	40	26	M24	170	20	780	725	40	30	M27	170	20									685	3	10	109

7.2.3.11 增强聚丙烯等径三通的规格尺寸 (HG/T 21579—1995) (表 7.2-21)

表 7.2-21 增强聚丙烯等径三通的规格尺寸

单位：mm

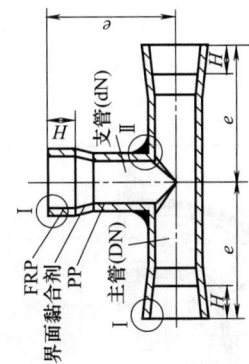

(a) 承插式等径三通

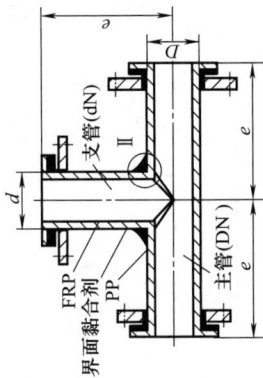

(b) 钢松套法兰式等径三通

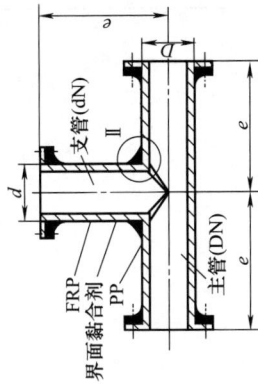

(c) FRP法兰式等径三通

公称通径 DN	PP管外径 d₁	PP管壁厚 S₁	黏合剂厚度 S₂	(a) 承插式等径三通 PP/FRP管外径 d₂	PN0.6 FRP层厚度 S₆	PN0.6 FRP层厚度 S₈	PN0.6 允差	(b) 钢松套法兰式 PP/FRP管外径 d₂	PN1.0 FRP层厚度 S₆	PN1.0 FRP层厚度 S₈	PN1.0 允差	(c) FRP法兰式 PP/FRP管外径 d₂	PN1.6 FRP层厚度 S₆	PN1.6 FRP层厚度 S₈	PN1.6 允差	R	e
15	20	2.0	0.5	25	2.0	2.8	+0.3	25	2.0	2.8	+0.3	25	2.0	2.8	+0.3	15	120
20	25	2.0		30				30				30					130
25	32	2.2		37				37				37					150
(32)	40	2.1		45				45				45					
40	50	2.6		55				55				55					
50	63	3.3		68				68				68				18	180
65	75	2.7	0.5	80	2.0	2.8	+0.4	80	2.0	2.8	+0.4	81	2.5	3.5	+0.4	20	180
80	90	3.2		95				95	2.5	3.5		97	3.0	4.2		22	205
100	110	3.9		115				116	3.0	4.2		118	3.5	4.9		25	250
(125)	140	5.0		145				147	3.5	4.9		150	4.5	6.3		28	285
150	160	5.7		165				168	4.5	6.3		171	5.0	7.0		30	365
200	225	7.9	0.5	232	3.0	4.2	+0.6	235	5.5	7.7	+0.6	240	7.0	9.8	+0.7	32	480
250	280	9.9		287	3.5	4.9		292	6.0	8.4		297	8.0	11.2		35	540
300	315	11.1		323				328				336	10.0	14.0		38	610
350	355	12.5	0.5	364	4.0	5.6	+0.7	370	7.0	9.8	+0.7	378	11.0	15.4	+0.9	40	690
400	400	14.1		410	4.5	6.3		417	8.0	11.2		426	12.5	17.5		42	800
450	450	15.8		462	5.5	7.7		468	8.5	11.9		479	14.0	19.6		44	880
500	500	17.6		513	6.0	8.4		520	9.5	13.7		532	15.5	21.7		45	
600	630	20.0		646	7.5	10.5		655	12.0	16.8		670	19.5	27.3		50	1100

7.2.3.12 增强聚丙烯承插式等径 90° 弯头规格尺寸（HG/T 21579—1995）（表 7.2-22）

表 7.2-22 增强聚丙烯承插式等径 90° 弯头规格尺寸　　　　　　单位：mm

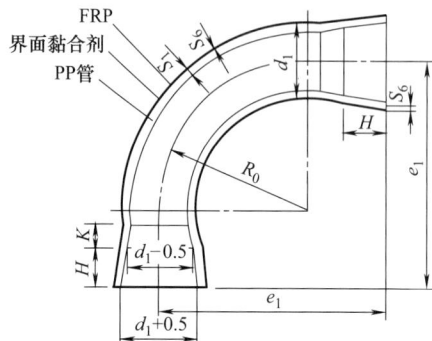

公称通径 DN	PP管外径 d_1	PP管壁厚 S_1	黏合剂厚度 S_2	PN0.6 FRP层厚度 S_6	$S_2+S_6\approx S_7$ S_7	允差	PN1.0 FRP层厚度 S_6	$S_2+S_6\approx S_7$ S_7	允差	PN1.6 FRP层厚度 S_6	$S_2+S_6\approx S_7$ S_7	允差	e_1	允差	H	R_0
15	20	2.0											100		22	45
20	25	2.0											110			60
25	32	2.2	0.5	2.0	2.5	+0.3	2.0	2.5	+0.3	2.0	2.5	+0.3	130	−2	26	75
(32)	40	2.1											150		31	96
40	50	2.6											180		38	120
50	63	3.3											215			150
65	75	2.7	0.5	2.0	2.5	+0.4	2.0	2.5	+0.4	2.5	3.0	+0.4	215	−2	44	195
80	90	3.2					2.5	3.0		3.0	3.5		250		51	240
100	110	3.9					3.0	3.5		3.5	4.0		250		61	300
(125)	140	5.0					3.5	4.0		4.5	5.0		320		76	188
150	160	5.7								5.0	5.5		380		86	225
200	225	7.9	0.5	3.0	3.5	+0.6	4.5	5.0	+0.5	7.0	7.5	+0.6	500	−3	119	300
250	280	9.9					5.5	6.0		8.0	8.5		600		146	375
300	315	11.1		3.5	4.0		6.0	6.5		10.0	10.5		700		164	450
350	355	12.5	0.5	4.0	4.5	+0.7	7.0	7.5	+0.7	11.0	11.5	+0.7	800	−3	184	525
400	400	14.1		4.5	5.0		8.0	8.5		12.5	13.0		900		206	600
450	450	15.8		5.5	6.0		8.5	9.0		14.0	14.5		1000		231	675
500	500	17.6		6.0	6.5		9.5	10.0		15.0	15.5		1100		256	750
600	630	20.0		7.5	8.0		12.0	12.5		19.5	20.0		1400		321	900

7.2.3.13 增强聚丙烯法兰式 90° 弯头尺寸（HG/T 21579—1995）（表 7.2-23）

表 7.2-23 增强聚丙烯法兰式 90° 弯头尺寸　　　　　　单位：mm

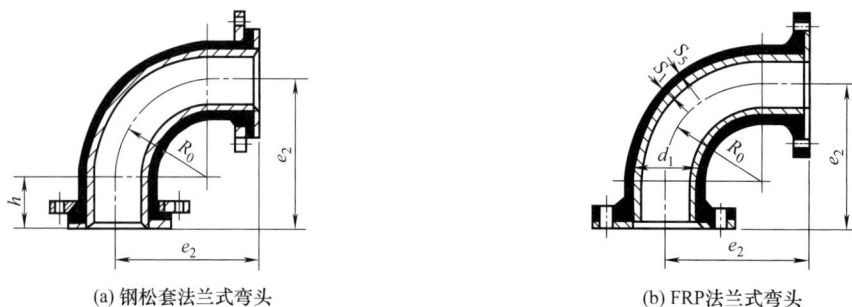

(a) 钢松套法兰式弯头　　　　　　　　　(b) FRP法兰式弯头

续表

公称通径 DN	PP管外径 d_1	PP管壁厚 S_1	黏合剂厚度 S_2	FRP层厚度 S_5			e_2		R_0
				PN0.6	PN1.0	PN1.6	e_2	允差	
15	20	2.0					100		45
20	25	2.0					110		60
25	32	2.2					130		75
(32)	40	2.1	0.5	2.0	2.0	2.0	150	-2	96
40	50	2.6					180		120
50	63	3.3					215		150
65	75	2.7			2.0		215		195
80	90	3.2					240		240
100	110	3.9	0.5	2.0	2.5		240	-2	300
(125)	140	5.0			3.0		290		188
150	160	5.7			3.5		340		225
200	225	7.9		3.0	4.5		450		300
250	280	9.9	0.5		5.5		500	-3	375
300	315	11.1		3.5	6.0		600		450
350	355	12.5		4.0	7.0		700		525
400	400	14.1		4.5	8.0		750		600
450	450	15.8	0.5	5.5	8.5		800	-3	675
500	500	17.6		6.0	9.5		900		750
600	630	20.0		7.5	12.0		1050		900

7.2.3.14 增强聚丙烯异径管（HG/T 21579—1995）（表7.2-24）

表7.2-24 增强聚丙烯异径管外形尺寸 单位：mm

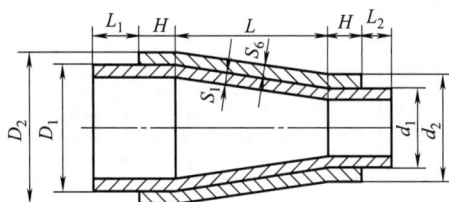

(a) 承插同心异径管

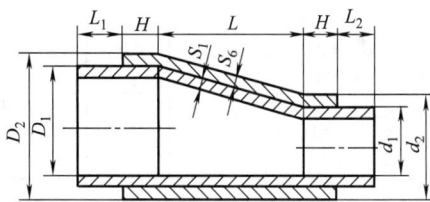

(b) 承插偏心异径管

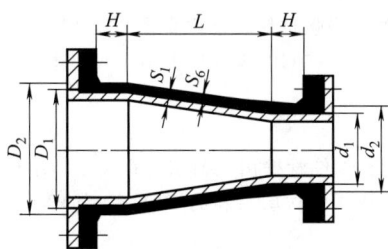

(c) FRP法兰同心异径管

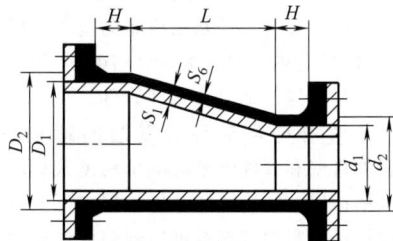

(d) FRP法兰偏心异径管

公称通径 DN×d_N	PP管外径 D_1×d_1	PP管壁厚 S_1	黏合剂厚度 S_2	FRP层厚度 S_6			L_1	L_2	L	H	PP/FRP管外径 D_2×d_2		
				PN0.6	PN1.0	PN1.6					PN0.6	PN1.0	PN1.6
20×15	25×20	2.0					42	42			30×25		
(25)×20	(32)×25	2.2							50	50	37×30	同 PN0.6 的尺寸	同 PN1.0 的尺寸
(32)×20	40×25	2.1	0.5	2.0	2.0	2.0	46	42			45×30		
(32)×25	40×32										45×37		
40×25	50×32	2.6					51	42	60	50	55×37		
40×(32)	50×40							46			55×45		

续表

$DN \times d_N$ 公称通径	$D_1 \times d_1$ PP 管外径	S_1 PP 管壁厚	S_2 黏合剂厚度	FRP 层厚度 S_6			L_1	L_2	L	H	PP/FRP 管外径 $D_2 \times d_2$		
				PN0.6	PN1.0	PN1.6					PN0.6	PN1.0	PN1.6
50×(32) 50×40	63×40 63×50	3.3	0.5	2.0	2.0	2.0	58	46 51	80	50	68×45 68×55	同 PN0.6 的尺寸	同 PN1.0 的尺寸
65×40 65×50	75×50 75×63	2.7					64	51 58	90	50	80×55 80×68		
80×50 80×65	90×63 90×75	3.2					71	58 64	105	50	95×68 95×80		
100×65 100×80	110×75 110×90	3.9				2.5	81	64 71	130	50	115×80 115×95		116×81 116×96
(125)×80 (125)×100	140×90 140×110	5.0				3.0	96	71 81	150	50	145×95 145×115		147×97 147×117
150×100 150×(125)	160×110 160×140	5.7			3.0	3.5	106	81 96	180	50 100	165×115 165×145	167×117 167×147	168×117 168×148
200×(125) 200×150	225×140 225×160	7.9			3.0	5.0	139	96 106	230	100	231×145 231×165	232×147 232×167	236×151 236×171
250×150 250×200	280×160 280×225	9.9		2.5	4.0	6.0	166	106 139	320	100	286×166 286×231	289×169 289×234	293×173 293×238
300×200 300×250	315×225 315×280	11.1		2.5	4.5	7.0	184	139 166	360	100	321×231 321×286	325×235 325×290	330×240 330×295
350×200 350×250 350×300	355×225 355×280 355×315	12.5		3.0	5.0	8.0	204	139 166 184	400	100	362×232 362×287 362×322	366×236 366×291 366×326	372×242 372×297 372×332
400×250 400×300 400×350	400×280 400×315 400×355	14.1		3.5	5.5	9.0	226	166 184 204	480	100	408×288 408×323 408×363	412×292 412×327 412×367	419×299 419×334 419×374
450×315 450×350 450×400	450×315 450×355 450×400	15.8		4.0	6.0	10.0	251	184 204 226	520	100	459×324 459×364 459×409	463×328 463×368 463×413	471×336 471×376 471×421
500×350 500×400 500×450	500×355 500×400 500×450	17.6		4.0	7.0	11.0	276	204 226 251	550	100	509×364 509×409 509×459	515×370 515×415 515×465	523×378 523×423 523×425
600×400 600×450 600×500	630×400 630×450 630×500	20.0		5.0	9.0	14.0	341	226 251 276	650	100	641×410 641×460 641×510	649×417 649×467 649×517	659×425 659×475 659×525

7.2.4 玻璃纤维增强聚氯乙烯复合管和管件（HG/T 3731—2023）

HG/T 3731—2023 适用于以硬聚氯乙烯（PVC-U）或氯化聚氯乙烯（PVC-C）热塑性塑料为内衬，以不饱和聚酯树脂、环氧乙烯基酯树脂为基体，以玻璃纤维纱或其织物为增强材料，公称直径 20～1200mm，工作温度以 PVC-U 为内衬时，为 −5～70℃，以 PVC-C 为内衬时，为 −5～95℃，设计压力小于或等于 1.6MPa 的玻璃纤维增强聚氯乙烯复合管和管件。

7.2.4.1 复合管和管件管壁层间结构型式

复合管管壁和管件管壁层间结构型式见图 7.2-4。复合管管壁和管件管壁由内衬层、粘接层、结构层和外保护层（粘接层、结构层和外保护层以下简称为 GRP 层）四层构成，内衬层材料为 PVC-U 或 PVC-C，结构层和外保护层材料为玻璃纤维增强热固性塑料。

7.2.4.2 结构层厚度

受内压时，复合管及管件直管段结构层厚度和环向许用应力分别按下式计算。

$$t = \frac{Pd_2}{2[\sigma_{per}] - P} \tag{7.2-1}$$

$$[\sigma_{per}] = \frac{\sigma}{K\eta} \tag{7.2-2}$$

式中　t——结构层计算厚度，mm；

　　　P——设计压力，MPa；

　　　d_2——结构层内径，可以用复合管内衬的外径替代，mm；

$[\sigma_{per}]$——结构层环向许用应力，MPa；

σ——结构层环向拉伸强度，MPa；

K——安全系数，$K=6.3$；

η——温度折减系数。

复合管和管件的最高工作温度不大于 65℃ 时，结构层厚度计算公式代入的力学性能值为常温性能值；最高工作温度大于 65℃ 时，结构层厚度计算公式代入的力学性能值为最高工作温度下的试验值。也可在常温性能值的基础上作相应温度折减，折减系数应不大于下式的计算值。

$$\eta = 1 + 0.4\frac{T_d - 20}{HDT - 40} \quad (7.2\text{-}3)$$

式中：η——折减系数；

T_d——设计温度，℃；

HDT——结构层树脂的热变形温度，℃。

复合管结构层的最小厚度应符合表 7.2-25 的规定。

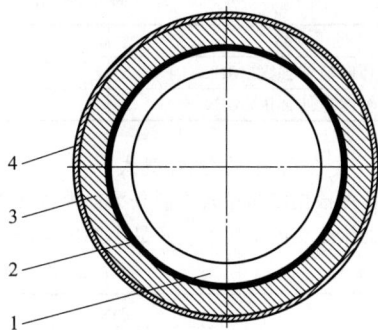

图 7.2-4 复合管及管件管壁层间结构型式示意图
1—内衬层；2—粘接层；3—结构层；4—外保护层

表 7.2-25 不同设计压力等级下复合管结构层最小厚度　　　　　单位：mm

公称直径 DN	不同设计压力等级下复合管结构层最小厚度		
	0.6MPa	1.0MPa	1.6MPa
20	2.0	2.0	2.0
25	2.0	2.0	2.0
32	2.0	2.0	2.0
40	2.0	2.0	2.0
50	2.0	2.0	2.0
63	2.0	2.0	2.0
75	2.0	2.0	2.0
90	2.0	2.0	2.0
110	2.0	2.0	2.5
125	2.0	2.0	3.0
140	2.0	2.0	3.0
160	2.0	2.5	3.5
180	2.0	2.5	4.0
200	2.0	3.0	4.5
225	2.0	3.0	5.0
250	2.0	3.5	5.5
280	2.5	4.0	6.0
315	2.5	4.5	6.5
355	3.0	5.0	7.5
400	3.5	5.5	8.5
450	3.5	6.0	9.5
500	4.0	6.5	10.5
600	5.0	8.0	12.5
700	5.5	9.0	14.5
800	6.5	10.5	16.5
900	7.0	11.5	19.0
1000	8.0	13.0	21.0
1100	8.5	14.5	23.0
1200	9.5	15.5	25.0

注：此结构层厚度为最高工作温度不大于 65℃ 的规定值，如工作温度大于 65℃，应按式（7.2-1）～式（7.2-3）重新计算结构层厚度。计算厚度时采用的结构层环向拉伸强度应符合表 7.2-26 的规定。

表 7.2-26　复合管和管件结构层力学性能

项目	复合管（缠绕成型）	管件（手糊成型）
环向拉伸强度/MPa	≥250	≥120
轴向拉伸强度/MPa	≥125	≥120

7.2.4.3　复合管件的结构型式

复合管件根据结构型式不同分为：整体法兰、松式法兰、弯头、异径管、三通五种类型。

（1）整体法兰的结构型式及最小厚度见表 7.2-27。

表 7.2-27　整体法兰的结构型式及最小厚度　　　　　　　　　单位：mm

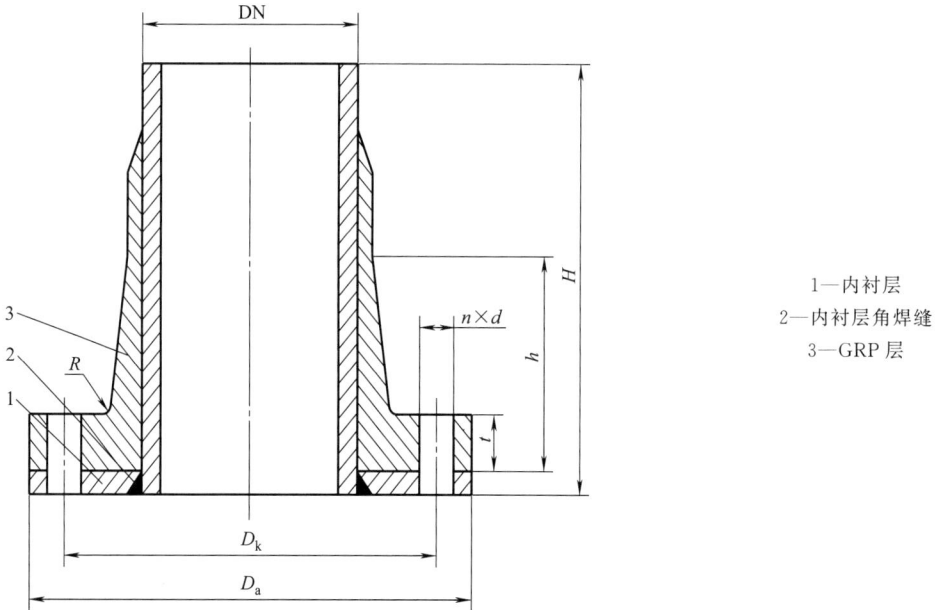

1—内衬层
2—内衬层角焊缝
3—GRP 层

公称直径 DN	不同设计压力等级下整体法兰结构层最小厚度		
	0.6MPa	1.0MPa	1.6MPa
20	12	14	16
25	12	14	16
32	12	14	18
40	12	16	18
50	12	18	20
63	15	18	20
75	18	20	25
90	18	20	25
110	18	20	25
125	18	25	30
140	18	25	30
160	18	25	30
180	18	30	35
200	20	30	35
225	20	30	35
250	25	35	40
280	25	35	40
315	25	35	45
355	30	40	50
400	30	40	60
450	35	45	65

续表

公称直径 DN	不同设计压力等级下整体法兰结构层最小厚度		
	0.6MPa	1.0MPa	1.6MPa
500	35	50	70
600	40	55	75
700	45	60	80
800	50	70	90
900	55	80	100
1000	65	100	130
1100	70	110	140
1200	80	115	150

注：1. h 应大于或等于 $4t$。

2. H 应满足安装要求。

3. R 应不小于 2mm。

4. 法兰外径 D_a、螺栓孔中心圆直径 D_k、螺栓孔直径 d 和数量 n 符合相应法兰连接尺寸标准要求。

（2）松式法兰的结构型式及最小厚度见表 7.2-28。

表 7.2-28　松式法兰的结构型式及最小厚度　　　　单位：mm

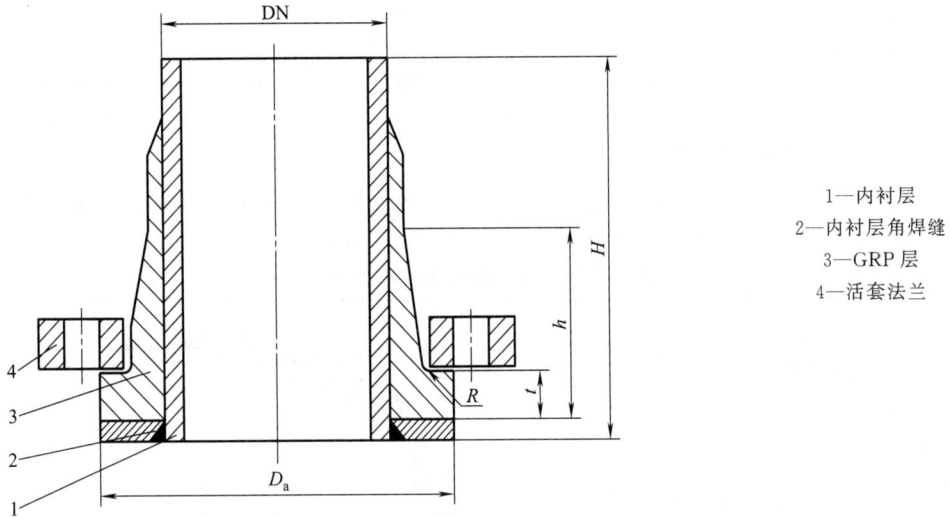

1—内衬层
2—内衬层角焊缝
3—GRP 层
4—活套法兰

公称直径 DN	不同设计压力等级下松式法兰结构层最小厚度		
	0.6MPa	1.0MPa	1.6MPa
20	8	10	12
25	8	12	14
32	8	12	14
40	8	12	14
50	8	14	16
63	10	14	16
75	10	16	18
90	10	16	18
110	10	18	20
125	12	18	20
140	12	20	25
160	12	20	25
180	15	20	25
200	15	25	30
225	20	25	30

续表

公称直径 DN	不同设计压力等级下松式法兰结构层最小厚度		
	0.6MPa	1.0MPa	1.6MPa
250	20	30	35
280	22	30	35
315	22	35	40
355	25	35	40
400	25	40	45
450	30	40	50
500	30	45	55
600	30	45	60
700	35	50	60
800	40	50	65
900	40	55	65
1000	45	60	70
1100	45	60	75
1200	50	65	80

注：1. 应优先选用无角焊缝的内衬。

2. h 应大于或等于 $4t$。

3. H 应满足安装要求。

4. R 应不小于 2mm。

5. 活套法兰的材质可以选择碳钢、不锈钢、玻璃纤维增强塑料等，由供需双方协商决定。尺寸应符合相应法兰连接尺寸标准。

6. 外径 D_a 以不妨碍螺栓连接为准。

（3）根据内衬层的成型工艺不同，弯头分为整体弯头和拼接弯头，整体弯头内衬层可采用模具整体注塑成型或热弯直管成型，拼接弯头内衬层是用内衬直管段拼焊而成。弯头的结构型式及最小厚度见表 7.2-29。

表 7.2-29　弯头的结构型式及最小厚度　　　　　　　　　单位：mm

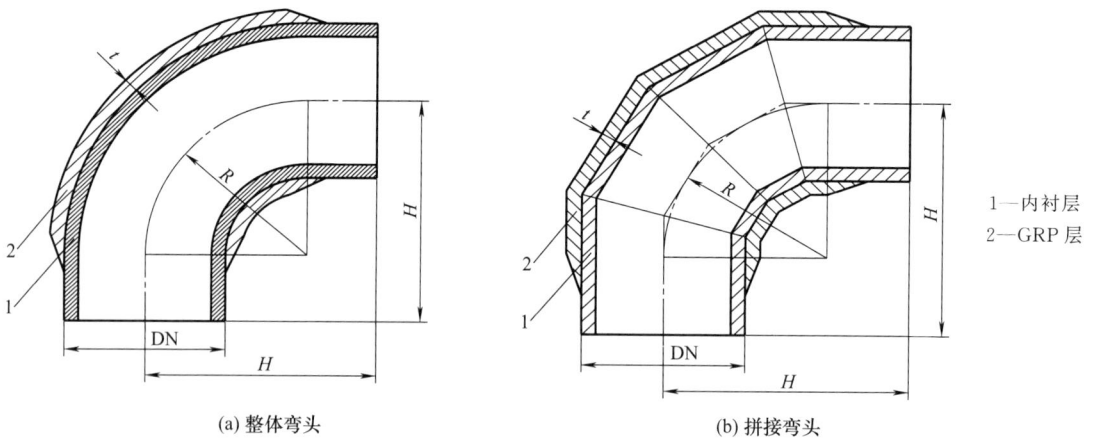

(a) 整体弯头　　　　　　　　　　　(b) 拼接弯头

1—内衬层
2—GRP 层

公称直径 DN	曲率半径 R	不同设计压力等级下结构层最小厚度		
		0.6MPa	1.0MPa	1.6MPa
20	30.0	2.0	2.0	2.0
25	37.5	2.0	2.0	2.0
32	48.0	2.0	2.0	2.0
40	60.0	2.0	2.0	2.5
50	75.0	2.0	2.0	2.5
63	97.5	2.0	2.5	3.0
75	112.5	2.0	2.5	3.5

续表

公称直径 DN	曲率半径 R	不同设计压力等级下结构层最小厚度		
		0.6MPa	1.0MPa	1.6MPa
90	120.0	2.0	2.5	3.5
110	150.0	2.0	3.0	4.0
125	187.5	2.5	4.0	5.5
140	210.0	2.5	4.0	5.5
160	225.0	2.5	4.0	5.5
180	270.0	3.5	4.5	7.0
200	200.0	3.5	4.5	7.0
225	225.0	4.0	5.5	8.5
250	250.0	4.0	5.5	8.5
315	315.0	4.5	6.5	10.0
355	355.0	5.0	7.5	11.5
400	400.0	5.5	8.5	13.0
450	450.0	6.5	10.5	15.5
500	500.0	7.5	12.5	19.5
600	600.0	9.0	15.0	23.5
700	700.0	10.5	17.0	27.5
800	800.0	12.0	19.5	31.5
900	900.0	13.5	22.0	35.5
1000	1000.0	15.0	24.5	39.0
1100	1100.0	16.0	27.0	43.0
1200	1200.0	17.5	29.5	47.0

注：1. 表中的曲率半径 R 为参考值，应不小于弯头公称直径。

2. 对于拼接弯头，不同曲率半径最小拼接直管段数应符合表 7.2-30 的规定。

3. H 应满足安装要求。

表 7.2-30 拼接弯头直管段数

弯头角度 α	0°<α≤30°	30°<α≤60°	60°<α≤90°
直管段数	2	3	4~5

（4）异径管分为同心异径管和偏心异径管两种，其结构层厚度依据大端直径计算获得，见表 7.2-31。

表 7.2-31 异径管结构型式及最小厚度   单位：mm

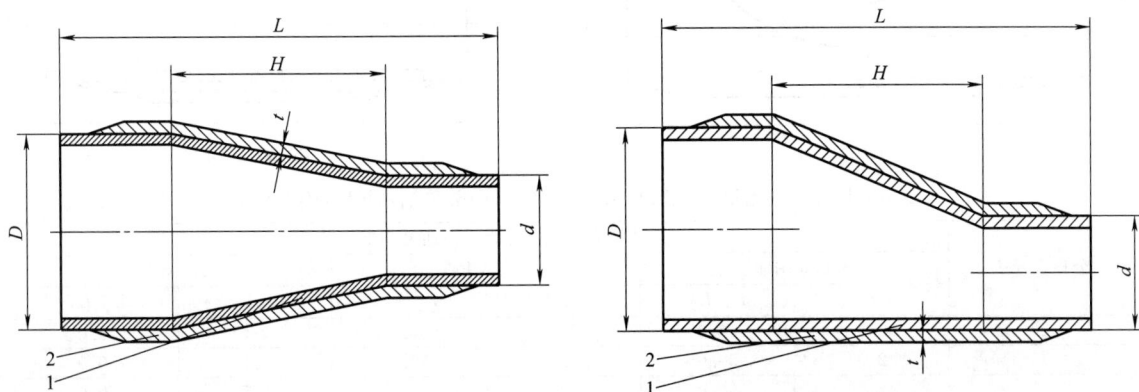

(a) 同心异径管   (b) 偏心异径管

1—内衬层；2—GRP 层

公称直径 $D \times d$	H	不同设计压力等级下结构层最小厚度		
		0.6MPa	1.0MPa	1.6MPa
63×50	32.5	2.0	2.5	3.5
90×63	67.5	2.0	3.0	4.0
110×90	50	2.0	3.0	4.0
160×110	125	2.5	4.0	5.5
200×160	100	3.5	5.0	7.0
250×200	125	4.0	5.5	8.5
315×250	162.5	4.5	6.5	10.0
355×300	137.5	5.0	7.5	11.5
400×355	112.5	5.5	8.5	12.0
500×400	250.0	6.5	10.5	16.0
600×500	250.0	8.0	12.5	19.0
700×600	250.0	9.0	14.0	22.0
800×700	250.0	10.0	16.0	25.0
900×800	250.0	11.0	18.0	28.0
1000×900	250.0	12.0	20.0	31.0
1100×1000	250.0	13.0	22.0	34.0
1200×1100	250.0	14.0	23.5	37.0

注：1. 异径管的长度 L 应满足安装要求。

2. 异径管的异径段长度 H 宜为两端公称直径差的 2.5 倍。

（5）三通的内衬层制作方法有两种：整体注塑成型和采用直管开孔焊接成型。整体注塑成型三通的质量应符合 GB/T 4219.2 和 GB/T 18998.3 的要求。

三通支管与主管连接部位应采用手糊成型补强，如果 $d/D \geqslant 0.4$ 时，增强层应延伸至主管底部。两种增强形式及补强层尺寸应符合表 7.2-32 的规定。

表 7.2-32　三通的结构型式及补强层尺寸　　　　单位：mm

(a) $d/D < 0.4$　　　　　　　　　　　(b) $d/D \geqslant 0.4$

1—内衬层；2—内衬层角焊缝；3—GPR 层；4—补强层，包含结构层和外保护层

公称直径 D	不同设计压力等级下三通补强层尺寸					
	0.6MPa		1.0MPa		1.6MPa	
	t	L_1/L_2	t	L_1/L_2	t	L_1/L_2
20	2.0	50.0	2.0	50.0	2.5	50.0
25	2.0	50.0	2.0	50.0	2.5	50.0
32	2.0	50.0	2.0	50.0	2.5	50.0
40	2.0	50.0	2.0	50.0	2.5	50.0
50	2.0	50.0	2.0	50.0	2.5	50.0
63	2.0	50.0	2.0	50.0	3.0	75.0
90	2.0	50.0	2.5	50.0	3.5	100.0
110	2.0	50.0	3.0	75.0	4.0	100.0

续表

公称直径 D	不同设计压力等级下三通补强层尺寸					
	0.6MPa		1.0MPa		1.6MPa	
	t	L_1/L_2	t	L_1/L_2	t	L_1/L_2
125	2.0	50.0	3.0	75.0	4.0	100.0
140	2.5	75.0	4.0	100.0	5.5	150.0
160	2.5	75.0	4.0	100.0	5.5	150.0
180	3.5	75.0	5.0	125.0	7.0	200.0
200	3.5	75.0	5.0	125.0	7.0	200.0
250	4.0	100.0	5.5	175.0	8.5	250.0
315	4.5	125.0	6.5	200.0	10.0	300.0
355	5.0	150.0	7.5	225.0	11.5	350.0
400	5.5	150.0	8.5	250.0	13.0	400.0
450	6.0	180.0	9.5	300.0	14.5	450.0
500	6.5	200.0	10.5	350.0	16.0	500.0
600	8.0	250.0	11.5	400.0	19.0	600.0
700	9.0	300.0	14.0	450.0	22.0	700.0
800	10.0	300.0	16.0	500.0	25.0	800.0
900	11.0	350.0	18.0	600.0	28.0	900.0
1000	12.0	400.0	20.0	650.0	31.0	1000.0
1100	13.0	450.0	22.0	700.0	34.0	1100.0
1200	14.0	500.0	23.5	750.0	37.0	1200.0

注：长度 H 和 L 应满足安装要求。

7.2.4.4 内衬管、管件端部结构形式及要求

内衬管、管件端部有平口和承插口两种形式，见图 7.2-5。

在成型结构层时，内衬管、管件端部一定长度区域内不得施工结构层，预留长度值由各企业根据管道管件规格大小和安装要求自定。

结构层施工完成并经巴柯尔硬度检测合格后，应将结构层边缘修磨成斜角，斜度以 1∶4 为宜。

复合管、管件的连接方式有承插连接（代号为 SW）、对接连接（代号为 BW）、法兰连接（代号为 FJ）等，连接形式依据管道用途决定，或由供需双方商定。

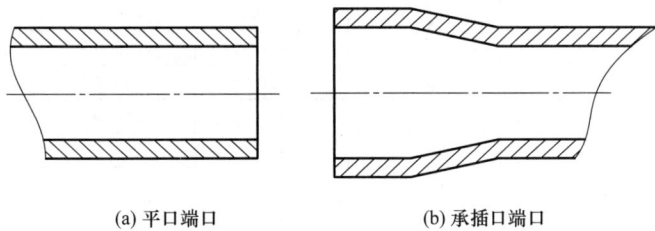

(a) 平口端口　　(b) 承插口端口

图 7.2-5　内衬管、管件端部结构型式图

（1）承插连接和对接连接的结构型式及补强层尺寸见表 7.2-33。

表 7.2-33　承插连接和对接连接的结构型式及补强层尺寸　　　　单位：mm

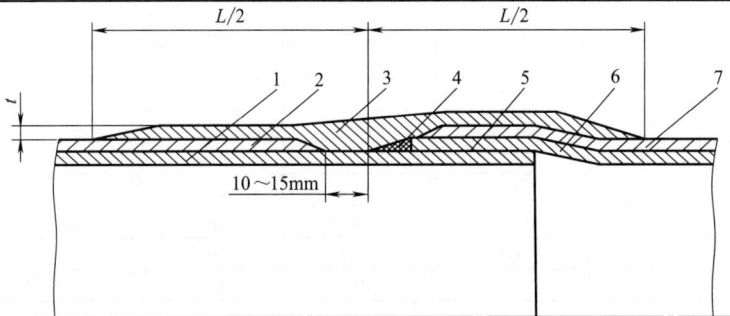

(a) 承插连接

1—平口端内衬层；2—平口端 GRP 层；3—补强层，包含结构层和外保护层；4—焊缝；
5—平口端内衬层与承插口端内衬层之间的胶接层；6—承插口内衬层；7—承插口端 GRP 层

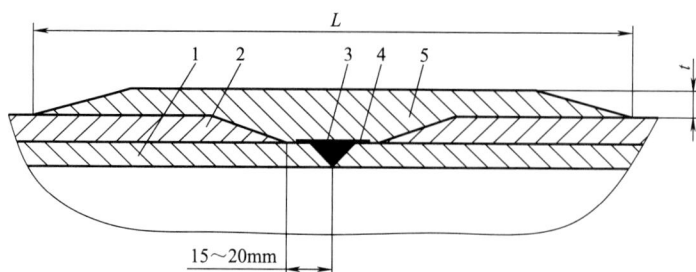

(b) 对接连接

1—平口内衬层;2—GRP 层;3—内衬层焊缝(仅显示热风焊接形式);

4—碳纤维或石墨导电材料层;5—补强层(包括结构层和外保护层)

公称直径 DN	不同设计压力等级下承插连接和对接连接的补强尺寸					
	0.6MPa		1.0MPa		1.6MPa	
	L	t	L	t	L	t
20	50.0	4.0	55.0	4.0	65.0	4.0
25	55.0	4.0	60.0	4.0	70.0	4.0
32	55.0	4.0	65.0	4.0	80.0	4.0
40	60.0	4.0	70.0	4.0	90.0	4.0
50	65.0	4.0	80.0	4.0	100.0	4.0
63	70.0	4.0	90.0	4.0	120.0	4.0
75	75.0	4.0	100.0	4.0	130.0	4.0
90	85.0	4.0	110.0	4.0	150.0	4.0
110	90.0	4.0	125.0	4.0	175.0	5.0
125	100.0	4.0	135.0	4.0	190.0	5.5
140	105.0	4.0	145.0	4.0	210.0	6.0
160	115.0	4.0	160.0	4.5	235.0	7.0
180	125.0	4.0	175.0	5.0	260.0	7.5
200	130.0	4.0	190.0	5.5	280.0	8.5
225	145.0	4.0	210.0	6.0	310.0	9.5
250	155.0	4.0	230.0	6.5	340.0	10.5
280	170.0	4.5	250.0	7.5	380.0	12.0
315	185.0	5.0	280.0	8.5	420.0	13.5
355	200.0	5.5	310.0	9.5	470.0	15.0
400	220.0	6.5	340.0	10.5	520.0	17.0
450	245.0	7.0	380.0	12.0	580.0	19.0
500	265.0	8.0	415.0	13.0	640.0	21.0
600	310.0	9.5	490.0	15.5	760.0	25.0
700	355.0	11.0	565.0	18.0	880.0	29.5
800	400.0	12.5	640.0	21.0	1000.0	33.5
900	445.0	14.0	715.0	23.5	1120.0	37.5
1000	490.0	15.5	790.0	26.0	1240.0	42.0
1100	535.0	17.0	865.0	28.5	1360.0	46.0
1200	580.0	18.5	940.0	31.0	1480.0	50.0

（2）与泵、阀门、设备、其它材质管道及需拆卸维修部件的连接应采用法兰连接。法兰连接应采用柔性密封材料，宜采用橡胶垫片、软质四氟垫片。拧紧螺栓时宜采用扭矩扳手，参照制造商提供的扭矩，按对称原则依次拧紧所有螺栓。

7.3 塑料制品

7.3.1 常用塑料特点

常用塑料的特点和用途见表 7.3-1。

表 7.3-1 常用塑料的特点和用途

塑料名称(代号)		特 点	用 途
硬聚氯乙烯 (PVC)		1. 耐腐蚀性能好,除强氧化性酸(浓硝酸、发烟硫酸)、芳香族及含氟的烃类化合物和有机溶剂外,对一般的酸、碱介质都稳定 2. 机械强度高,特别抗冲击强度均优于酚醛塑料 3. 电性能好 4. 软化点低,使用温度 $-10 \sim +55℃$	1. 可代替铜、铝、铅、不锈钢等金属材料作耐腐蚀设备与零件 2. 可作灯头、插座、开关等
低压聚乙烯 (HDPE)		1. 耐寒性良好,在 $-70℃$ 时仍柔软 2. 摩擦系数低,为 0.21 3. 除浓硝酸、汽油、氯化烃及芳香烃外,可耐强酸、强碱及有机溶剂的腐蚀 4. 吸水性小,有良好的电绝缘性能和耐辐射性能 5. 注射成型工艺性好,可用火焰、静电喷涂法涂于金属表面,作为耐磨、减摩及防腐涂层 6. 机械强度不高,热变形温度低,故不能承受较高的载荷,否则会产生蠕变及应力松弛。使用温度可达 $80 \sim 100℃$	1. 作一般结构零件 2. 作减摩自润滑零件,如低速、轻载的衬套等 3. 作耐腐蚀的设备与零件 4. 作电器绝缘材料,如高频、水底和一般电缆的包皮等
改性有机玻璃 (372) (PMMA)		1. 有极好的透光性,可透过 90% 以上的太阳光,紫外线光达 73.5% 2. 综合性能超过聚苯乙烯等一般塑料,机械强度较高,有一定耐热耐寒性 3. 耐腐蚀、绝缘性能良好 4. 尺寸稳定、易于成型 5. 质较脆,易溶于有机溶剂中,作为透光材料,表面硬度不够,易擦毛	可作要求有一定强度的透明结构零件
聚丙烯 (PP)		1. 是最轻的塑料之一,屈服、拉伸和压缩强度以及硬度均优于低压聚乙烯,有很突出的刚性,高温(90℃)抗应力松弛性能良好 2. 耐热性能较好,可在 100℃ 以上使用,如无外力,在 150℃ 也不变形 3. 除浓硫酸、浓硝酸外,在许多介质中,几乎都很稳定。但低分子量的脂肪烃、芳香烃、氯化烃对它有软化和溶胀作用 4. 几乎不吸水,高频电性能好,成型容易,但成型收缩率大 5. 低温呈脆性,耐磨性不高	1. 作一般结构零件 2. 作耐腐蚀化工设备与零件 3. 作受热的电气绝缘零件
聚酰胺 (PA)	尼龙 6 (PA-6)	疲劳强度、刚性、耐热性稍不及尼龙 66,但弹性好,有较好的消震,降低噪声能力;其余同尼龙 66	在轻负荷,中等温度(最高 $80 \sim 100℃$)、无润滑或少润滑、要求噪声低的条件下工作的耐磨受力传动零件
	尼龙 610 (PA-610)	强度、刚性、耐热性略低于尼龙 66,但吸湿性较小,耐磨性好	同尼龙 6。制作要求比较精密的齿轮,并适用于湿度波动较大的条件下工作的零件
	尼龙 1010 (PA-1010)	强度、刚性、耐热性均与尼龙 6、610 相似,而吸湿性低于尼龙 610;成型工艺性较好,耐磨性亦好	轻载荷,温度不高、湿度变化较大且无润滑或少润滑的情况下工作的零件
聚四氟乙烯 (F-4) (PTFE)		1. 聚四氟乙烯素称"塑料王",具有高度的化学稳定性,对强酸、强碱、强氧化剂、有机溶剂均耐腐蚀,只有对熔融状态的碱金属及高温下的氟元素才不耐蚀 2. 有异常好的润滑性,具有极低的动、静摩擦因数,对金属的摩擦因数为 $0.07 \sim 0.14$,自摩擦因数接近冰,pV 极限值为 $0.64 \times 10^5 Pa \cdot m/s$	1. 作耐腐蚀化工设备及其衬里与零件 2. 作减摩自润滑零件,如轴承、活塞环、密封圈等 3. 作电绝缘材料与零件

塑料名称(代号)	特　点	用　途
聚四氟乙烯 (F-4) (PTFE)	3. 可在 260℃ 长期连续使用,也可在 -250℃ 的低温下使用 4. 优异的电绝缘性,耐大气老化性能好 5. 突出的表面不黏性,几乎所有的黏性物质都不能附在它的表面上 6. 缺点是强度低、刚性差,冷流性大,必须用冷压烧结法成型,工艺较麻烦	1. 作耐腐蚀化工设备及其衬里与零件 2. 作减摩自润滑零件,如轴承、活塞环、密封圈等 3. 作电绝缘材料与零件
填充 F-4	用玻璃纤维末、二硫化钼、石墨、氧化镉、硫化钨、青铜粉、铅粉等填充的聚四氟乙烯,在承载能力、刚性、pV 极限值等方面都有不同程度的提高	用于高温或腐蚀性介质中工作的摩擦零件,如活塞环等
聚三氟氯乙烯 (F-3) (PCTFE)	1. 耐热性、电性能和化学稳定性仅次于 F-4,在 180℃ 的酸、碱和盐的溶液中亦不溶胀或侵蚀 2. 机械强度,抗蠕变性能,硬度都比 F-4 好些 3. 长期使用温度为 -195～190℃ 之间,但要求长期保持弹性时,则最高使用温度为 120℃ 4. 涂层与金属有一定的附着力,其表面坚韧、耐磨,有较高的强度	1. 作耐腐蚀化工设备与零件 2. 悬浮液涂于金属表面可作防腐、电绝缘防潮等涂层 3. 制作密封零件、电绝缘件、机械零件,如润滑齿轮、轴承 4. 制作透明件
聚全氟乙丙烯 (F46) (FEP)	1. 力学、电性能和化学稳定性基本与 F-4 相同,但突出的优点是冲击韧性高,即使带缺口的试样也冲不断 2. 能在 -85～205℃ 温度范围内长期使用 3. 可用注射法成型 4. 摩擦因数为 0.08,pV 极限值为 $(0.6～0.9)×10^5$ Pa・m/s	1. 同 F-4 2. 用于制造要求大批量生产或外形复杂的零件,并用注射成型代替 F-4 的冷压烧结成型
酚醛塑料 (PF)	1. 具有良好的耐腐蚀性能,能耐大部分酸类、有机溶剂,特别能耐盐酸、氯化氢、硫化氢、二氧化硫、三氧化硫、低及中等浓度硫酸的腐蚀,但不耐强氧化性酸(如硝酸、铬酸等)及碱、碘、溴、苯胺嘧啶等的腐蚀 2. 热稳定性好,一般使用温度为 -30～130℃ 3. 与一般热塑性塑料相比,它的刚性大,弹性模数均为 60～150MPa;用布质和玻璃纤维层压塑料,力学性能更高,具有良好的耐油性 4. 在水润滑条件下,只有很低的摩擦因数,约为 0.01～0.03,宜做摩擦磨损零件 5. 电绝缘性能良好 6. 冲击韧性不高,质脆,故不宜在机械冲击,剧烈震动、温度变化大的情况下使用	1. 作耐腐蚀化工设备与零件 2. 作耐磨受力传动零件,如齿轮、轴承等 3. 作电器绝缘零件

7.3.2　聚氯乙烯管

7.3.2.1　硬聚氯乙烯管的耐腐蚀性能（表 7.3-2）

表 7.3-2　硬聚氯乙烯管的耐腐蚀性能

介质	浓度/%	温度/℃ 20	40	60	介质	浓度/%	温度/℃ 20	40	60
硝酸	50	耐	耐	耐	汽油		耐	耐	耐
	95	不耐	不耐	不耐	甲酚水溶液	5	耐	尚耐	不耐
硫酸	60	耐	耐	耐	酮类		不耐		
	98	耐	尚耐	不耐	甲醇		耐	耐	尚耐
盐酸	35	耐	耐	耐	二氯甲烷	100	不耐	不耐	不耐
磷酸		耐	耐		甲苯	100	不耐	不耐	不耐
次氯酸	10	耐	耐	耐	三氯乙烯	100	不耐	不耐	不耐
醋酸	<90	耐	耐	耐	丙酮		不耐	不耐	不耐
	>90	耐	不耐	不耐	油酸		耐	耐	耐
铬酸		耐	耐		脂肪酸		耐	耐	耐

续表

介质	浓度/%	温度/℃			介质	浓度/%	温度/℃		
		20	40	60			20	40	60
苯磺酸		耐	耐	耐	顺丁烯二酸		耐	耐	耐
苯甲酸		耐	耐	耐	甲基吡啶		不耐	不耐	不耐
草酸		耐	耐	耐	氯水		耐	尚耐	
蚁酸	50	耐	耐	耐	氢氟酸	10	耐	耐	耐
	100	耐	耐	不耐	硫酸/硝酸	50~10/20~40	耐	耐	耐
氢氰酸		耐	耐	耐	硫酸/硝酸	50/50	耐	不耐	不耐
乳酸		耐	耐	耐	氧化铬/硫酸	25/20	耐	耐	耐
氯乙酸		耐	耐	耐	氢氧化钠		耐	耐	耐
过氧化氢溶液	30	耐	耐		氢氧化钾		耐	耐	耐
重铬酸钾		耐	耐	耐	氨水		耐	耐	耐
高氯酸钾	1	耐	耐	耐	石灰乳		耐	耐	耐
高锰酸钾		耐	耐	耐	硝酸盐		耐	耐	耐
二硫化碳,硫化氢		耐	耐		硫酸盐		耐	耐	耐
乙醛		耐			氯气(湿)	5	耐	耐	尚耐
氯乙烯		不耐			氨气		耐	耐	耐
甲醛		耐	耐	耐	天然气		耐	耐	
苯酚	6	耐	耐	不耐	焦炉气		耐	耐	
照相感光乳剂		耐	耐		葡萄酒		耐	耐	耐
照相显影液、定影液		耐	耐		石灰、硫黄合剂		耐	耐	
海水		耐	耐	耐	漂白液		耐	耐	
盐水		耐	耐	耐	乙醚		不耐		
发酵酒精		耐	耐		乙醇		耐	耐	耐
淀粉糖溶液		耐	耐	耐	丁醇		耐	耐	耐
甘油		耐	耐		苯胺		不耐	不耐	
氯气(干)	100	耐	耐	尚耐					

注：此表为实验室数据，仅供参考。

7.3.2.2 硬聚氯乙烯管不宜输送的流体（表7.3-3）

表 7.3-3 硬聚氯乙烯管不宜输送的流体

化学药物名称	浓度/%	化学药物名称	浓度/%	化学药物名称	浓度/%
乙醛	40	苯甲酸	Sat. sol	环己酮	100
乙醛	100	溴水	100	二氯乙烷	100
乙酸	冰	乙酸丁酯	100	二氯甲烷	100
乙酸酐	100	丁基苯酚	100	乙醚	100
丙酮	100	丁酸	98	乙酸乙酯	100
二硫化碳	100	氢氟酸(气)	100	丙烯酸乙酯	100
四氯化碳	100	乳酸	10~90	糖醇树脂	100
氯气(干)	100	甲基丙烯酸甲酯	100	氢氟酸	40
液氯	Sat. sol	硝酸	50~98	氢氟酸	60
氯磺酸	100	发烟硫酸	10%SO3	盐酸苯肼	97
丙烯醇	96	高氯酸	70	氯化磷(三价)	100
氨水	100	汽油(链烃/苯)	80/20	吡啶	100
戊乙酸	100	苯酚	90	二氧化硫	100
苯胺	100	苯肼	100	硫酸	96
苯胺	Sat. sol	甲酚	Sat. sol	甲苯	100
盐酸化苯胺	Sat. sol	甲苯基甲酸	Sat. sol	二氯乙烯	100
苯甲醛	0.1	巴豆醛	100	乙酸乙烯	100
苯	100	环己醇	100	混合二甲苯	100

注：1. 化工硬聚氯乙烯管材适用于输送温度在45℃以下的某些腐蚀性化学流体，但不宜输送表中所列的流体，也可用于输送非饮用水等压力流体。

2. 对 $e/d_e<0.035$ 的管材，不考核任何部位外径极限偏差。

3. 管长为 4m±0.02m；6m±0.02m 两种，或按用户要求。

4. 管材内外壁应光滑、平整、无凹陷，分解变色或其它影响性能的表面缺陷。管材不应含有可见杂质。管端应切割平整，并与管的轴线垂直。

5. 管材同一截面的壁厚偏差不得超过14%。

6. 管材弯曲度：$d_e\leqslant32mm$，弯曲度不规定；$d_e=40\sim200mm$，弯曲度≤1%；$d_e\geqslant225mm$，弯曲度≤0.5%。

7. Sat. sol 系指 20℃ 的饱和水溶液。

7.3.2.3 UPVC 管的物理化学性能（表 7.3-4）

表 7.3-4　UPVC 管的物理化学性能

项　　目	指　　标
密度/(g/cm³)	≤1.55
腐蚀度(盐酸、硝酸、硫酸、氢氧化钠)/(g/m)	≤1.50
维卡软化温度/℃	≥80
液压试验	不破裂、不渗漏
纵向回缩率/%	≤5
丙酮浸泡	无脱层、无碎裂
扁平	无裂纹、无破裂
拉伸屈服应力/MPa	≥45

7.3.2.4 硬聚氯乙烯管的温度-压力校正系数（表 7.3-5）

表 7.3-5　硬聚氯乙烯管的温度-压力校正系数

温度 t/℃	校正系数
$0 < t ≤ 25$	1
$25 < t ≤ 35$	0.8
$35 < t ≤ 45$	0.63

7.3.2.5 化工用硬聚氯乙烯管件性能（QB/T 3802—1999）

（1）许用工作压力（表 7.3-6）

表 7.3-6　硬聚氯乙烯管件许用工作压力

公称直径 D_e/mm	10～90	110～140	160
工作压力 P/10⁵Pa	16	10	6

（2）用于输送 0～40℃酸碱等腐蚀性液体。

7.3.2.6 化工用硬聚氯乙烯（PVC-U）管材（表 7.3-7）

表 7.3-7　化工用硬聚氯乙烯（PVC-U）管材　　　　单位：mm

公称外径 d_e	平均外径极限偏差	任何部位外径极限偏差	公称压力(适合 0～25℃,若超过按本表规定校正)									
			PN0.4		PN0.6		PN0.8		PN1.0		PN1.6	
			管系列									
			S-16.0		S-10.5		S-8.0		S-6.3		S-4.0	
			壁厚 e									
			公称值	极限偏差	公称值	极限偏差	公称值	极限偏差	公称值	极限偏差	公称值	极限偏差
20	+0.3/0	0.5	—	—	—	—	—	—	2.0	+0.4/0	2.3	+0.5/0
25	+0.3/0	0.5	—	—	—	—	—	—	2.0	+0.4/0	2.8	+0.5/0
32	+0.3/0	0.5	—	—	—	—	2.0	+0.4/0	2.4	+0.5/0	3.6	+0.6/0
40	+0.3/0	0.5	2.0	+0.4/0	2.0	+0.4/0	2.4	+0.5/0	3.0	+0.5/0	4.5	+0.7/0
50	+0.3/0	0.6	2.0	+0.4/0	2.4	+0.5/0	3.0	+0.5/0	3.7	+0.5/0	5.6	+0.8/0
63	+0.3/0	0.8	2.0	+0.4/0	3.0	+0.5/0	3.8	+0.6/0	4.7	+0.7/0	7.1	+1.0/0
75	+0.3/0	0.9	2.3	+0.5/0	3.6	+0.6/0	4.5	+0.7/0	5.5	+0.8/0	8.4	+1.1/0
90	+0.3/0	1.1	2.8	+0.5/0	4.3	+0.7/0	5.4	+0.8/0	6.6	+0.9/0	10.1	+1.3/0
110	+0.4/0	1.4	3.4	+0.6/0	5.3	+0.8/0	6.6	+0.9/0	8.1	+1.1/0	12.3	+1.5/0
125	+0.4/0	1.5	3.9	+0.6/0	6.0	+0.8/0	7.4	+1.0/0	9.2	+1.2/0	14.0	+1.6/0
140	+0.5/0	1.7	4.3	+0.7/0	6.7	+0.9/0	8.3	+1.1/0	10.3	+1.3/0	15.7	+1.8/0
160	+0.5/0	2.0	4.9	+0.7/0	7.7	+1.0/0	9.5	+1.2/0	11.8	+1.4/0	17.9	+2.0/0
180	+0.6/0	2.2	5.5	+0.8/0	8.6	+1.1/0	10.7	+1.3/0	13.3	+1.6/0	20.1	+2.3/0
200	+0.6/0	2.4	6.2	+0.9/0	9.6	+1.2/0	11.9	+1.4/0	14.7	+1.7/0	22.4	+2.5/0
225	+0.7/0	2.7	6.9	+0.9/0	10.8	+1.3/0	13.4	+1.6/0	16.6	+1.9/0	25.1	+2.8/0

续表

公称外径 d_e	平均外径极限偏差	任何部位外径极限偏差	公称压力(适合0～25℃,若超过按本表规定校正)									
			PN0.4		PN0.6		PN0.8		PN1.0		PN1.6	
			管系列									
			S-16.0		S-10.5		S-8.0		S-6.3		S-4.0	
			壁厚 e									
			公称值	极限偏差	公称值	极限偏差	公称值	极限偏差	公称值	极限偏差	公称值	极限偏差
250	+0.8/0	3.0	7.7	+1.0/0	11.9	+1.4/0	14.8	+1.7/0	18.4	+2.1/0	27.9	+3.0/0
280	+0.9/0	3.4	8.6	+1.1/0	13.4	+1.6/0	16.6	+1.9/0	20.6	+2.3/0	—	—
315	+1.0/0	3.8	9.7	+1.2/0	15.0	+1.7/0	18.7	+2.1/0	23.2	+2.6/0	—	—
355	+1.1/0	4.3	10.9	+1.3/0	16.9	+1.9/0	21.1	+2.4/0	26.1	+2.9/0	—	—
400	+1.2/0	4.8	12.3	+1.5/0	19.1	+2.2/0	23.7	+2.6/0	29.4	+3.2/0	—	—
450	+1.4/0	5.4	13.8	+1.6/0	21.5	+2.4/0	26.7	+2.9/0	—	—	—	—
500	+1.5/0	6.0	15.3	+1.8/0	23.9	+2.6/0	29.6	+3.2/0	—	—	—	—
560	+1.7/0	6.8	17.2	+2.0/0	26.7	+2.9/0	—	—	—	—	—	—
630	+1.9/0	7.6	19.3	+2.2/0	30.0	+3.20	—	—	—	—	—	—
710	+2.2/0	8.6	21.8	+2.4/0	—	—	—	—	—	—	—	—

7.3.2.7 化工用硬聚氯乙烯（PVC-U）阴接头（表7.3-8）

表 7.3-8 化工用硬聚氯乙烯（PVC-U）阴接头尺寸　　　　单位：mm

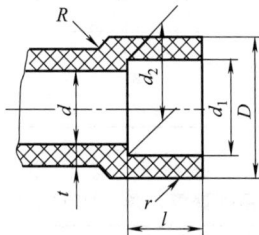

D_e	d_1		d_2		l		d	D_{min}	t_{min}	$r=\dfrac{t}{2}$
	基本尺寸	偏差	基本尺寸	偏差	基本尺寸	偏差	基本尺寸			
10	10.3	±0.10	10.1	±0.10	12	±0.5	6.1	14.1	2	1
12	12.3	±0.12	12.1	±0.12	12	±0.5	8.1	16.1	2	1
16	16.3	±0.12	16.1	±0.12	14	±0.5	12.1	20.1	2	1
20	20.4	±0.14	20.2	±0.14	16	±0.8	15.6	24.8	2.3	1.16
25	25.5	±0.16	25.2	±0.16	19	±0.8	19.6	30.8	2.8	1.4
32	32.5	±0.18	32.2	±0.18	22	±0.8	25	39.4	3.6	1.8
40	40.7	±0.20	40.2	±0.20	26	±1	31.2	49.2	4.5	2.26
50	50.7	±0.22	50.2	±0.22	31	±1	39	61.4	5.6	2.8
63	63.9	±0.24	63.3	±0.24	38	±1	49.1	77.5	7.1	3.56
75	76	±0.26	75.3	±0.26	44	±1	58.5	92	8.4	4.2
90	91.2	±0.30	90.4	±0.30	51	±2	70	110.6	10.1	5.06
110	111.3	±0.34	110.4	±0.34	61	±2	94.2	127	8.1	4.06
125	126.5	±0.38	125.5	±0.38	69	±2	107.1	143.9	9.2	4.6
140	141.6	±0.42	140.5	±0.42	77	±2	119.3	162	10.6	5.3
160	161.8	±0.46	160.6	±0.46	86	±2.5	145.2	176	7.7	3.86

7.3.2.8 化工用硬聚氯乙烯（PVC-U）弯头（表7.3-9）

表7.3-9 化工用硬聚氯乙烯（PVC-U）弯头外形尺寸 单位：mm

D_e'	90°		45°	
	Z	L	Z	L
10	6 ± 1	18	3 ± 1	15
12	7 ± 1	19	3.5 ± 1	15.5
16	9 ± 1	23	4.5 ± 1	18.5
20	11 ± 1	27	5 ± 1	21
25	$13.5^{+1.2}_{-1}$	32.5	$6^{+1.2}_{-1}$	25
32	$17^{+1.6}_{-1}$	39	$7.5^{+1.6}_{-1}$	29.5
40	21^{+2}_{-1}	47	9.5^{+2}_{-1}	35.5
50	$26^{+2.5}_{-1}$	57	$11.5^{+2.5}_{-1}$	42.5
63	$32.5^{+3.2}_{-1}$	70.5	$14^{+3.2}_{-1}$	52
75	38.5^{+4}_{-1}	82.5	16.5^{+4}_{-1}	60.5
90	46^{+5}_{-1}	97	19.5^{+5}_{-1}	70.5
110	56^{+6}_{-1}	117	23.5^{+6}_{-1}	84.5
125	63.5^{+6}_{-1}	132.5	27^{+6}_{-1}	96
140	71^{+7}_{-1}	148	30^{+7}_{-1}	107
160	81^{+8}_{-1}	167	34^{+8}_{-1}	120

7.3.2.9 化工用硬聚氯乙烯（PVC-U）异径管（表7.3-10）

表7.3-10 化工用硬聚氯乙烯（PVC-U）异径管外形尺寸 单位：mm

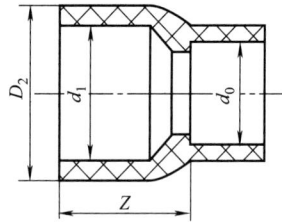

$D_e \times D_e$	Z	D_2	$D_e \times D_e$	Z	D_2	$D_e \times D_e$	Z	D_2
12×10	15 ± 1	16 ± 0.2	40×25	36 ± 1.5	50 ± 0.4	110×63	88 ± 2	125 ± 1.0
16×10	18 ± 1	20 ± 0.3	50×25	44 ± 1.5	63 ± 0.5	125×63	100 ± 2	140 ± 1.0
20×10	21 ± 1	25 ± 0.3	63×25	54 ± 1.5	75 ± 0.5	90×75	74 ± 2	110 ± 0.8
25×10	25 ± 1	32 ± 0.3	40×32	36 ± 1.5	50 ± 0.4	110×75	88 ± 2	125 ± 1.0
16×12	18 ± 1	20 ± 0.3	50×32	44 ± 1.5	63 ± 0.5	125×75	100 ± 2	140 ± 1.0
20×12	21 ± 1	25 ± 0.3	63×32	54 ± 1.5	75 ± 0.5	140×75	111 ± 2	160 ± 1.2
25×12	25 ± 1	32 ± 0.3	75×32	62 ± 1.5	90 ± 0.7	110×90	88 ± 2	125 ± 1.0
32×12	30 ± 1	40 ± 0.4	50×40	44 ± 1.5	63 ± 0.5	125×90	100 ± 2	140 ± 1.0
20×16	21 ± 1	25 ± 0.3	63×40	54 ± 1.5	75 ± 0.5	140×90	111 ± 2	160 ± 1.2
25×16	25 ± 1	32 ± 0.3	75×40	62 ± 1.5	90 ± 0.7	160×90	126 ± 2	180 ± 1.4
32×16	30 ± 1	40 ± 0.4	90×40	74 ± 2	110 ± 0.8	125×110	100 ± 2	140 ± 1.0
40×16	30 ± 1.5	50 ± 0.4	63×50	54 ± 1.5	75 ± 0.5	140×110	111 ± 2	160 ± 1.2
25×20	25 ± 1	32 ± 0.3	75×50	62 ± 1.5	90 ± 0.7	160×110	126 ± 2	180 ± 1.4
32×20	30 ± 1	40 ± 0.4	90×50	74 ± 2	110 ± 0.8	140×125	111 ± 2	160 ± 1.2
40×20	36 ± 1.5	50 ± 0.4	110×50	88 ± 2	125 ± 1.0	160×125	126 ± 2	180 ± 1.4
50×20	44 ± 1.5	63 ± 0.5	75×63	62 ± 1.5	90 ± 0.7	160×140	126 ± 2	180 ± 1.4
32×25	30 ± 1	40 ± 0.4	90×63	74 ± 2	110 ± 0.8			

7.3.2.10　化工用硬聚氯乙烯（PVC-U）45°三通（表7.3-11）

表7.3-11　化工用硬聚氯乙烯（PVC-U）45°三通外形尺寸　　　单位：mm

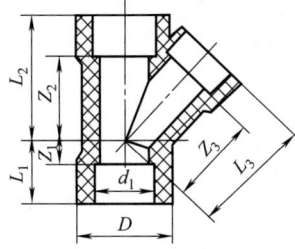

D_e	Z_1	Z_2	Z_3	L_1	L_2	L_3
20	6^{+2}_{-1}	27 ± 3	29 ± 3	22	43	51
25	7^{+2}_{-1}	33 ± 3	35 ± 3	26	52	54
32	8^{+2}_{-1}	42^{+4}_{-3}	45^{+5}_{-3}	30	64	67
40	10^{+2}_{-1}	51^{+5}_{-3}	54^{+5}_{-3}	36	77	80
50	12^{+2}_{-1}	63^{+6}_{-3}	67^{+6}_{-3}	43	94	98
63	14^{+2}_{-1}	79^{+7}_{-3}	84^{+8}_{-3}	52	117	122
75	17^{+2}_{-1}	94^{+9}_{-3}	100^{+10}_{-3}	61	138	144
90	20^{+3}_{-1}	112^{+11}_{-3}	119^{+12}_{-3}	71	163	170
110	24^{+3}_{-1}	137^{+13}_{-4}	145^{+14}_{-4}	85	198	206
125	27^{+3}_{-1}	157^{+15}_{-4}	166^{+16}_{-4}	96	226	236
140	30^{+4}_{-1}	175^{+17}_{-5}	185^{+18}_{-5}	107	252	262
160	35^{+4}_{-1}	200^{+20}_{-6}	212^{+21}_{-6}	121	286	298

7.3.2.11　化工用硬聚氯乙烯（PVC-U）90°三通（表7.3-12）

表7.3-12　化工用硬聚氯乙烯（PVC-U）90°三通外形尺寸　　　单位：mm

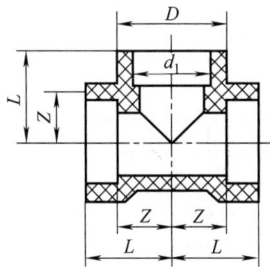

D_e	Z	L	D_e	Z	L
10	6 ± 1	18	63	$32.5^{+3.2}_{-1}$	70.5
12	7 ± 1	19	75	38.5^{+4}_{-1}	82.5
16	9 ± 1	23	90	46^{+5}_{-1}	97
20	11 ± 1	27	110	56^{+6}_{-1}	117
25	$13.5^{+1.2}_{-1}$	32.5	125	63.5^{+6}_{-1}	132.5
30	$17^{+1.6}_{-1}$	39	140	71^{+7}_{-1}	148
40	21^{+2}_{-1}	47	160	81^{+8}_{-1}	167
50	$26^{+2.5}_{-1}$	57			

7.3.2.12 化工用硬聚氯乙烯（PVC-U）法兰变接头（表7.3-13）

表7.3-13 化工用硬聚氯乙烯（PVC-U）法兰变接头外形尺寸 单位：mm

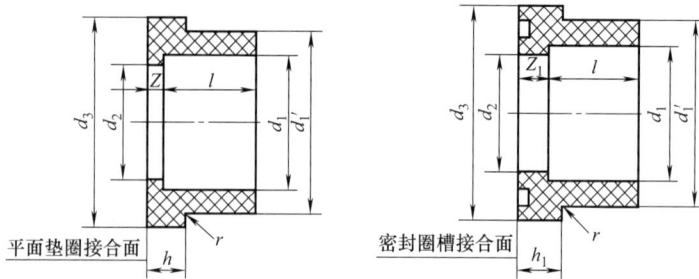

平面垫圈接合面　　　　　密封圈槽接合面

D_e	d_1'	d_2	d_3	l	r_{max}	平面结合面		带槽结合面	
						h	Z	h_1	Z_1
16	22 ± 0.1	13	29	14	1	6	3	9	6
20	27 ± 0.1	16	34	16	1	6	3	9	6
25	33 ± 0.1	21	41	19	1.5	7	3	10	6
32	41 ± 0.2	28	50	22	1.5	7	3	10	6
40	50 ± 0.2	36	61	26	2	8	3	13	8
50	61 ± 0.2	45	73	31	2	8	3	13	8
63	76 ± 0.3	57	90	38	2.5	9	3	14	8
75	90 ± 0.3	69	106	44	2.5	10	3	15	8
90	108 ± 0.3	82	125	51	3	11	5	16	10
110	131 ± 0.3	102	150	61	3	12	5	18	11
125	148 ± 0.4	117	170	69	3	13	5	19	11
140	165 ± 0.4	132	188	77	4	14	5	20	11
160	188 ± 0.4	162	213	86	4	16	5	22	11

7.3.2.13 化工用硬聚氯乙烯（PVC-U）管套（表7.3-14）

表7.3-14 化工用硬聚氯乙烯（PVC-U）管套 单位：mm

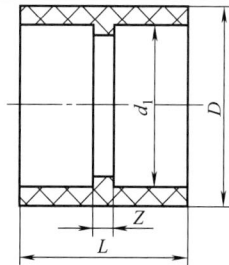

D_e	Z	L	D_e	Z	L	D_e	Z	L
10	3 ± 1	27	32	$3^{+1.6}_{-1}$	47	90	5^{+2}_{-1}	107
12	3 ± 1	27	40	3^{+2}_{-1}	55	110	6^{+3}_{-1}	128
16	3 ± 1	31	50	3^{+2}_{-1}	65	125	6^{+3}_{-1}	144
20	3 ± 1	35	63	3^{+2}_{-1}	79	140	8^{+3}_{-1}	152
25	$3^{+1.2}_{-1}$	41	75	4^{+2}_{-1}	92	160	8^{+4}_{-1}	180

7.3.2.14 化工用硬聚氯乙烯（PVC-U）法兰（表7.3-15）

表7.3-15 化工用硬聚氯乙烯（PVC-U）法兰 单位：mm

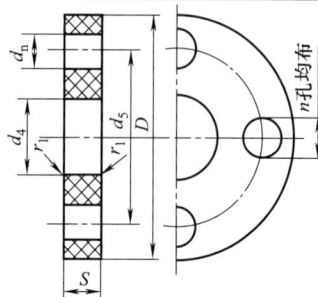

续表

D_e	d_4	D	d_5	r_{min}	d_n	n	螺栓	S
16	$23^{\ 0}_{-0.5}$	90	60	1	14	4	M12	
20	$28^{\ 0}_{-0.5}$	95	65	1	14	4	M12	
25	$34^{\ 0}_{-0.5}$	105	75	1.5	14	4	M12	
32	$42^{\ 0}_{-0.5}$	115	85	1.5	14	4	M12	
40	$51^{\ 0}_{-0.5}$	140	100	2	18	4	M16	
50	$62^{\ 0}_{-0.5}$	150	110	2	18	4	M16	
63	$78^{\ 0}_{-1}$	165	125	2.5	18	4	M16	根据材料而定
75	$92^{\ 0}_{-1}$	185	145	2.5	18	8	M16	
90	$110^{\ 0}_{-1}$	200	160	3	18	8	M16	
110	$133^{\ 0}_{-1}$	220	180	3	18	8	M16	
125	$150^{\ 0}_{-1}$	250	210	3	18	8	M16	
140	$167^{\ 0}_{-1}$	250	210	4	18	8	M16	
160	$190^{\ 0}_{-1}$	285	240	4	22	8	M20	

7.3.2.15 化工用硬聚氯乙烯（PVC-U）配合使用实例（表7.3-16）

表7.3-16 化工用硬聚氯乙烯（PVC-U）配合使用实例

图　片	说　　明
	1. 配合时的最小承插深度为 $1/2D_e$ 2. 其它尺寸按阴接头相同尺寸确定 3. 法兰变接头密封圈槽处均按 O 形橡胶密封圈的公称尺寸配合加工 4. n 为螺栓数

7.3.3 聚乙烯管材

7.3.3.1 高密度聚乙烯直管特点

　　具有优异的慢速裂纹增长抵抗能力，长期强度高（MRS 为 10MPa）；卓越的快速裂纹扩展抵抗能力；较好地改善刮痕敏感度和较高的刚度等。可广泛应用于各种领域，特别是作为大口径、高压力或寒冷地区使用的输气管和给水管以及作为穿插更新管道等，具有独特的性能。高密度聚乙烯直管见图 7.3-1，应符合 ISO 4427—1996 标准。

7.3.3.2 高密度聚乙烯直管的规格尺寸（表7.3-17）

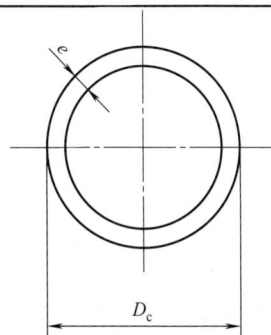

图 7.3-1　高密度聚乙烯直管

表 7.3-17　高密度聚乙烯直管的规格尺寸

标准尺寸	SDR17		SDR13.6		SDR11	
公称压力	1.00		1.25		1.60	
公称外径 D_e/mm	壁厚 e/mm	单重 /(kg/m)	壁厚 e/mm	单重 /(kg/m)	壁厚 e/mm	单重 /(kg/m)
32					3.0	0.282

续表

标准尺寸	SDR17		SDR13.6		SDR11	
公称压力	1.00		1.25		1.60	
公称外径 D_e/mm	壁厚 e/mm	单重 /(kg/m)	壁厚 e/mm	单重 /(kg/m)	壁厚 e/mm	单重 /(kg/m)
40					3.7	0.434
50					4.6	0.672
63			4.7	0.89	5.8	1.07
75	4.5	1.03	5.6	1.26	6.8	1.50
90	5.4	1.48	6.7	1.81	8.2	2.17
110	6.6	2.20	8.1	2.67	10.0	3.22
125	7.4	2.82	9.2	3.43	11.4	4.18
140	8.3	3.53	10.3	4.31	12.7	5.22
160	9.5	4.63	11.8	5.64	14.6	6.83
180	10.7	5.86	13.3	7.14	16.4	8.79
200	11.9	7.22	14.7	8.80	18.2	10.85
225	13.4	9.17	16.6	11.37	20.5	13.73
250	14.8	11.25	18.4	13.99	22.7	16.92
315	18.7	18.23	23.2	22.25	28.6	26.88
355	21.1	23.19	26.1	28.22	32.2	34.10
400	23.7	29.35	29.4	35.79	36.3	43.30
450	26.7	37.20	33.1	45.37	40.9	54.87
500	29.7	45.98	36.8	56.02	45.4	67.69
560	33.2	57.57	41.2	70.26	50.8	84.78
630	37.1	72.93	46.2	88.67	57.2	108.0

注：1. 平均密度为 $0.955 g/cm^3$。

2. 管件连接采用热熔焊接或电热熔焊接。

7.3.3.3 高密度聚乙烯直管的性能参数（表 7.3-18）

表 7.3-18　高密度聚乙烯直管的性能参数

项　目		指　标
断裂伸长率/%		≥350
纵向回缩率/%		≤3
液压试验	温度　　20℃ 时间　　1h 环向应力　11.8MPa	不破裂 不渗漏
	温度　　80℃ 时间　　170h(60h) 环向应力　13.9MPa(4.9MPa)	不破裂 不渗漏

7.3.3.4 高密度聚乙烯热熔注塑管件尺寸（表 7.3-19）

表 7.3-19　高密度聚乙烯热熔注塑管件尺寸　　　　单位：mm

管件名称	公称直径 DN
凸缘	32、40、50、63、75、90、110、125、140、160、180、200、225、250、315
异径管	25/20、32/25、40/32、50/25、50/32、50/40、63/32、63/40、63/50、75/63、90/50、90/63、90/75、110/50、110/63、110/90、125/63、125/90、125/110、140/125、160/90、160/110、160/125、160/140、180/160、200/160、200/180、225/160、225/200、250/160、250/200、250/225、315/220、315/250
等径三通	25、32、40、50、63、75、90、110、125、160
异径三通	110/63、110/32
90°弯头	32、40、50、63、75、90、110、125、160
管帽	63、110、160、200、250

7.3.3.5 高密度聚乙烯热熔焊制管件的尺寸（表 7.3-20）

表 7.3-20 高密度聚乙烯热熔焊制管件的尺寸

管件名称	公称直径 DN
90°弯头	
45°弯头	90、110、125、140、160、180、200、225、250、315、355、400、450、500、560、630
22.5°弯头	
三通	
四通	90、110、125、140、160、180、200、225、250、315

7.3.3.6 高密度聚乙烯内埋丝专用电热熔管件

内埋的隐蔽螺旋电热丝能抗氧化及受潮锈蚀，保证焊接性能稳定，插入深度大，焊接带宽，两端和中间有足够阻挡熔化材料流动的冷却带，使其在无固定装置时亦可焊接操作。

7.3.3.7 高密度聚乙烯内埋丝电热熔套管尺寸（表 7.3-21）

表 7.3-21 高密度聚乙烯内埋丝电热熔套管尺寸　　　　　单位：mm

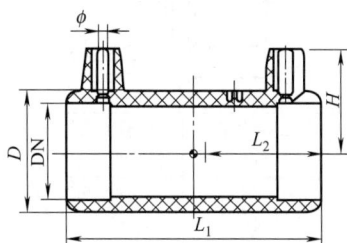

公称直径 DN	插入深度 L_2	最大外径 D	管件总长 L_1	电极距中心高 H	电极直径 ϕ
20	40	33	89	31.5	4
25	40	38	89	33.5	4
32	45	44	93	36.5	4
40	50	54	105	41.5	4
50	52	68	109	48.5	4
63	54	84	112	56.5	4
75	61	100	126	64.5	4
90	73	117	154	73.5	4
110	83	142	172	85.5	4
125	89	162	182	95.5	4
160	112	208	230	118.5	4
200	137	250	280	140.5	4
250	137	312	290	170.5	4

注：高密度聚乙烯内埋丝专用电热熔管件适用于燃气管。

7.3.3.8 高密度聚乙烯内埋丝电热熔 90°弯头尺寸（表 7.3-22）

表 7.3-22 高密度聚乙烯内埋丝电热熔 90°弯头尺寸　　　　　单位：mm

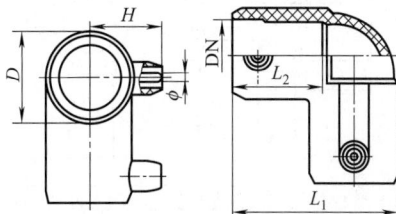

公称直径 DN	插入深度 L_2	最大外径 D	管件总长 L_1	电极距中心高 H	电极直径 ϕ
20	40	33	76.5	31.5	4
25	42	38	79	33.5	4
32	45	44	84	36.5	4

公称直径 DN	插入深度 L_2	最大外径 D	管件总长 L_1	电极距中心高 H	电极直径 ϕ
40	50	54	105	41.5	4
50	52	68	120	48.5	4
63	54	84	140	56.5	4
75	61	100	160	64.5	4
90	73	117	193	73.5	4
110	83	142	236	85.5	4

7.3.3.9 高密度聚乙烯内埋丝电热熔异径管尺寸（表7.3-23）

表 7.3-23 高密度聚乙烯内埋丝电热熔异径管尺寸　　　　单位：mm

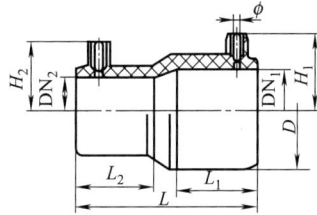

公称直径 $DN_1 \times DN_2$	插入深度 L_1	插入深度 L_2	最大外径 D	管件总长 L	电极距中心高 H_1	电极距中心高 H_2	电极直径 ϕ
25×20	42	40	38	90	33.5	31.5	4
32×25	45	40	44	95	36.5	33.5	4
40×32	50	45	54	110	41.5	36.5	4
50×40	50	45	68	110	48.5	41.5	4
63×32	60	45	84	130	56.5	36.5	4
63×40	60	45	84	130	56.5	41.5	4
63×50	60	50	84	130	56.5	48.5	4
75×63	70	50	100	150	64.5	56.5	4
90×63	70	50	117	155	73.5	56.5	4
90×75	70	60	117	155	73.5	64.5	4
110×63	100	50	142	210	85.5	56.5	4
110×75	100	60	142	210	85.5	64.5	4
110×90	100	70	142	210	85.5	73.5	4
125×110	100	90	162	220	95.5	85.5	4
160×125	112	85	208	230	118.5	95.5	4

7.3.3.10 高密度聚乙烯内埋丝电热熔同径三通尺寸（表7.3-24）

表 7.3-24 高密度聚乙烯内埋丝电热熔同径三通尺寸　　　　单位：mm

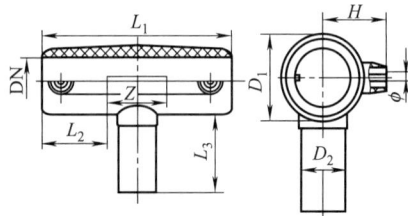

公称直径 DN	插入深度 L_2	最大外径 D_1	管件总长 L_1	分支长度 L_3	分支外径 D_2	电极距中心高 H	电极直径 ϕ	中心挡距 Z
20	40	33	100	45	20	31.5	4	18
25	40	38	105	46	25	33.5	4	21
32	45	44	125	49	32	36.5	4	27
40	50	54	145	50	40	41.5	4	35

续表

公称直径 DN	插入深度 L_2	最大外径 D_1	管件总长 L_1	分支长度 L_3	分支外径 D_2	电极距 中心高 H	电极直径 ϕ	中心挡距 Z
50	52	68	149	60	50	48.5	4	44
63	54	84	176	60	63	56.5	4	53
75	61	100	189	64	75	64.5	4	65
90	73	117	245	81	90	73.5	4	78
110	83	142	258	95	110	85.5	4	94

7.3.3.11 高密度聚乙烯内埋丝电热熔旁通鞍型管座尺寸（表 7.3-25）

表 7.3-25 高密度聚乙烯内埋丝电热熔旁通鞍型管座尺寸　　　　单位：mm

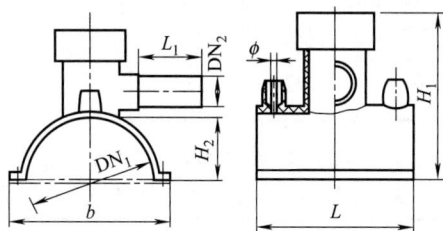

公称直径 $DN_1 \times DN_2$	管件长度 L	管件高度 H_1	管件宽度 b	骑入深度 H_2	分支长度 L_1	电极直径 ϕ
63×32	111	130	80	80	50	4
90×63	182	175	145	145	80	4
110×63	182	187	170	170	115	4
110×40	182	187	170	170	90	4
160×63	190	209	220	220	115	4

7.3.3.12 高密度聚乙烯内埋丝电热熔异径三通尺寸（表 7.3-26）

表 7.3-26 高密度聚乙烯内埋丝电热熔异径三通尺寸　　　　单位：mm

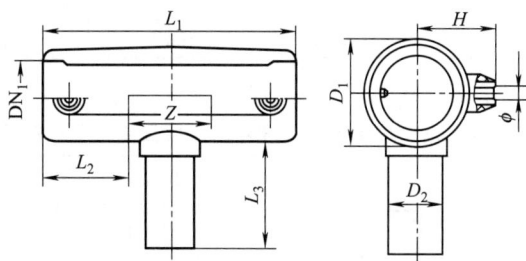

公称直径 $DN_1 \times DN_2 \times DN_1$	分支外径 D_2	插入深度 L_2	最大外径 D_1	管件总长 L_1	分支长度 L_3	电极距 中心高 H	电极直径 ϕ	中心挡距 Z
25×20×25	20	40	38	105	46	33.5	4	21
32×20×25	20	45	44	125	49	36.5	4	27
32×25×32	25	45	44	125	49	36.5	4	27
40×20×40	20	50	54	145	50	41.5	4	35
40×25×40	25	50	54	145	50	41.5	4	35
50×25×50	25	52	68	149	60	48.5	4	44
50×32×50	32	52	68	149	60	48.5	4	44
50×40×50	40	52	68	149	60	48.5	4	44
63×32×63	32	54	84	176	60	56.5	4	53
63×40×63	40	54	84	176	60	56.5	4	53
63×50×63	50	54	84	176	60	56.5	4	53

续表

公称直径 DN$_1$×DN$_2$×DN$_1$	分支外径 D$_2$	插入深度 L$_2$	最大外径 D$_1$	管件总长 L$_1$	分支长度 L$_3$	电极距 中心高 H	电极直径 φ	中心挡距 Z
75×32×75	32	61	100	187	64	64.5	4	65
75×40×75	40	61	100	187	64	64.5	4	53
75×50×75	50	61	100	187	64	64.5	4	53
75×63×75	63	61	100	187	64	64.5	4	53
90×32×90	32	73	117	244	81	73	4	56
90×40×90	40	73	117	244	81	73	4	56
90×50×90	50	73	117	244	81	73	4	56
90×63×90	63	73	117	244	81	73	4	56
90×75×90	75	73	117	244	81	73	4	73
110×32×110	32	83	142	244	84	85.5	4	56
110×40×110	40	83	142	244	84	85.5	4	56
110×50×110	50	83	142	244	84	85.5	4	56
110×63×110	63	83	142	244	84	85.5	4	56
110×75×110	75	83	142	244	84	85.5	4	78
110×90×110	90	83	142	244	84	85.5	4	78

7.3.3.13 高密度聚乙烯内埋丝电热熔修补用鞍型管座尺寸（表 7.3-27）

表 7.3-27　高密度聚乙烯内埋丝电热熔修补用鞍型管座尺寸　　单位：mm

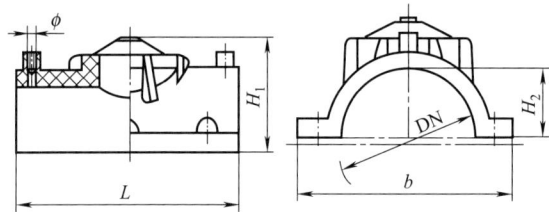

公称直径 DN	管件长度 L	管件宽度 b	骑入深度 H$_2$	管件高度 H$_1$	电极直径 φ
90	182	145	39	61	4
110	182	170	51	83	4
125	190	189	56	87	4
160	200	220	73	100	4
200	246	272	92	123	4
250	246	340	105	135	4

7.3.3.14 高密度聚乙烯内埋丝电热熔直通鞍型管座尺寸（表 7.3-28）

表 7.3-28　高密度聚乙烯内埋丝电热熔直通鞍型管座尺寸　　单位：mm

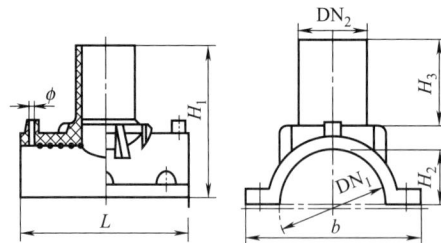

公称直径 DN$_1$×DN$_2$	管件长度 L	管件高度 H$_1$	管件宽度 b	骑入深度 H$_2$	分支长度 H$_3$	电极直径 φ
90×63	170	143.5	147	39	83	4
110×63	182	159	170	51	83	4
125×63	182	170	189	56	83	4
160×63	200	183	220	73	83	4
200×63	246	211	272	92	88	4
200×90	246	211	272	92	88	4
250×63	246	225	340	105	90	4
250×90	246	225	340	105	90	4

7.3.3.15 高密度聚乙烯热熔注塑三通尺寸（表 7.3-29）

表 7.3-29　高密度聚乙烯热熔注塑三通尺寸　　　　　单位：mm

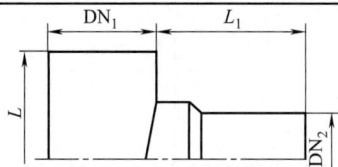

公称直径 DN$_1$×DN$_2$×DN$_1$	管件总长 L	支管长度 L$_1$	公称直径 DN$_1$×DN$_2$×DN$_1$	管件总长 L	支管长度 L$_1$
110×110×110	320	160	125×75×125	336	168
110×90×110	320	160	125×63×125	336	168
110×75×110	320	160	125×50×125	336	168
110×63×110	320	160	160×160×160	420	210
110×50×110	320	160	160×125×160	420	210
110×40×110	320	160	160×110×160	420	210
125×125×125	336	168	160×90×160	420	210
125×110×125	336	168	160×75×160	420	210
125×90×125	336	168	160×63×160	420	210

7.3.3.16 高密度聚乙烯热熔注塑异径管尺寸（表 7.3-30）

表 7.3-30　高密度聚乙烯热熔注塑异径管尺寸　　　　　单位：mm

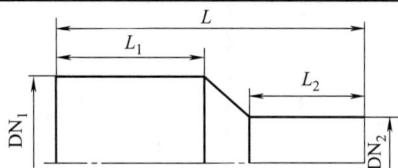

公称直径 DN$_1$×DN$_2$	管件总长 L	大头长度 L$_1$	小头长度 L$_2$	公称直径 DN$_1$×DN$_2$	管件总长 L	大头长度 L$_1$	小头长度 L$_2$
110×40	198	96	65	160×125	225	115	92.5
110×50	198	96	72	200×63	270	135	74
110×63	198	96	75	200×75	270	135	80
110×75	198	96	79	200×90	270	135	92
110×90	198	96	83	200×110	270	135	95
125×50	200	100	66	200×125	270	135	100
125×63	200	100	74	200×160	270	135	115
125×75	200	100	80	250×63	300	145	85
125×90	200	100	82	250×75	300	145	90
125×110	200	100	88	250×90	300	145	92
160×63	225	115	70	250×110	300	145	95
160×75	225	115	74.5	250×125	300	145	100
160×90	225	115	78	250×160	300	145	115
160×110	225	115	82	250×200	300	145	130

注：进口燃气管专用聚乙烯注塑管件，可用电热熔套管与管材或其它管件连接。

7.3.3.17 高密度聚乙烯热熔注塑 90°弯头尺寸（表 7.3-31）

表 7.3-31　高密度聚乙烯热熔注塑 90°弯头尺寸　　　　　单位：mm

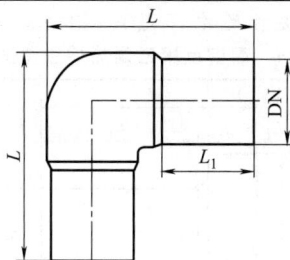

续表

公称直径 DN	管件总长 L	直管长度 L_1	公称直径 DN	管件总长 L	直管长度 L_1
20	76	50	75	156	75
25	78	50	90	176	78
32	89	50	110	208	87
40	102	55	125	226	93
50	117	60	160	260	98
63	136	65			

注：进口燃气管专用聚乙烯注塑管件，可用电热熔套管与管材或其它管件连接。

7.3.3.18 高密度聚乙烯热熔注塑管堵尺寸（表7.3-32）

表 7.3-32　高密度聚乙烯热熔注塑管堵尺寸　　　　　单位：mm

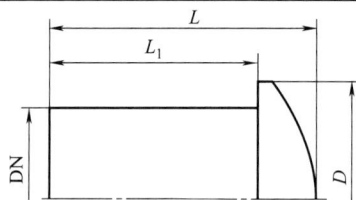

公称直径 DN	管件总长 L	管段长度 L_1	最大外径 D	公称直径 DN	管件总长 L	管段长度 L_1	最大外径 D
20	48	40	25	90	96.1	73	107
25	50	42	31	110	111	83	130
32	54.5	45	38	125	127	89	150
40	61.5	50	48	160	152.4	112	190
50	65.5	52	61	200	178	137	237
63	72	54	77	250	212.5	164	297
75	79.2	61	89				

注：进口燃气管专用聚乙烯注塑管件，可用电热熔套管与管材或其它管件连接。

7.3.3.19 高密度聚乙烯热熔无缝直管式钢塑过渡接头尺寸（表7.3-33）

表 7.3-33　高密度聚乙烯热熔无缝直管式钢塑过渡接头尺寸　　　　　单位：mm

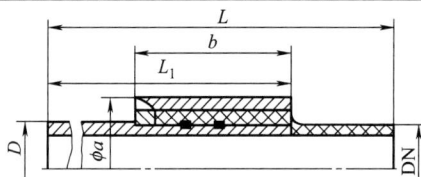

公称直径 DN×D	管件总长 L	管段长度 L_1	钢管外径 D	钢套规格 $\phi a \times b$	公称直径 DN×D	管件总长 L	管段长度 L_1	钢管外径 D	钢套规格 $\phi a \times b$
25×3/4″	385	285	27	40×53	60×2″	412	285	60	80.5×53
32×1″	412	285	34	46.5×53	90×5/2″	440	320	76	103×90
40×5/4″	412	285	42	55.5×53	110×3″	445	320	90	121
50×3/2″	412	285	48	67×53					

注：整体成型管件，可用电热熔套管与聚乙烯管道连接。无缝钢管与聚乙烯一端牢固连接，具有抗传动措施及加强套防护。

7.3.3.20 高密度聚乙烯热熔注塑法兰尺寸（表7.3-34）

表 7.3-34　高密度聚乙烯热熔注塑法兰尺寸　　　　　单位：mm

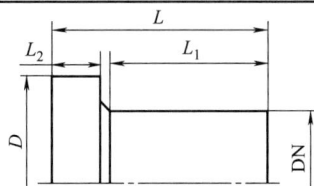

续表

公称直径 DN	管件总长 L	管段总长 L₁	垫环厚度 L₂	垫环外径 D	公称直径 DN	管件总长 L	管段总长 L₁	垫环厚度 L₂	垫环外径 D
63	100	65	8.5	85	125	160	85	21	158
75	118	78	10	104	160	182	115	25	212
90	125	80	13	115	200	203	128	32	264
110	135	85	18	136	250	220	150	32	313

注：进口燃气管专用聚乙烯注塑管件，可用电热熔套管与管材或其它管件连接；注意焊接前将法兰盘装在法兰头上。

7.3.3.21　高密度聚乙烯内埋丝电热熔丝扣式钢塑过渡接头尺寸（表7.3-35）

表7.3-35　高密度聚乙烯内埋丝电热熔丝扣式钢塑过渡接头尺寸　单位：mm

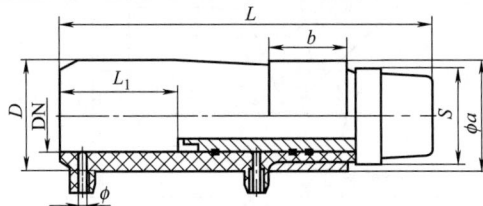

公称直径 DN×dₙ	管件总长 L	管件外径 D	插入深度 L₁	钢套规格 φa×b	对边 S	电极直径 φ
32×1″	128	45	47	46×38	36	4
40×5/4″	185	54	53	55×45	46	4
50×3/2″	199	68	55	63×47	52	4
63×2″	208	84	59	81×51	64	4

注：整体注塑管件。聚乙烯一端内埋的隐蔽螺旋电热丝能抗氧化及受潮锈蚀，保证焊接性能稳定，插入深度大，焊接带宽，端口和过渡区有足够阻挡熔化材料流动的冷却带，并能使用户减少管网的管件用量。独特的设计使钢管一端与聚乙烯牢固连接在一起，具有抗传动措施及加强套防护。

7.3.3.22　高密度聚乙烯热熔焊制三通尺寸（表7.3-36）

表7.3-36　高密度聚乙烯热熔焊制三通尺寸　单位：mm

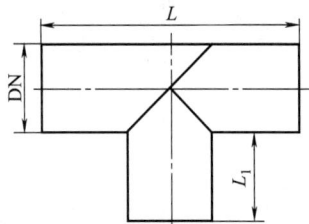

公称直径 DN	管件总长 L	支管长度 L₁	公称直径 DN	管件总长 L	支管长度 L₁
110	610	250	200	700	250
125	625	250	250	750	250
160	660	250			

7.3.3.23　高密度聚乙烯热熔焊制90°弯头尺寸（表7.3-37）

表7.3-37　高密度聚乙烯热熔焊制90°弯头尺寸　单位：mm

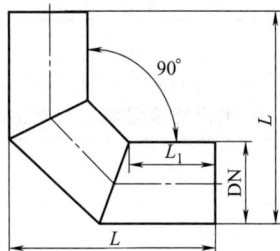

续表

公称直径 DN	管件总长 L	直管长度 L₁	公称直径 DN	管件总长 L	直管长度 L₁
110	334	215	200	550	268
125	374.5	224	250	600	297
160	414	244			

7.3.3.24 高密度聚乙烯热熔焊制 45°弯头尺寸（表 7.3-38）

表 7.3-38 高密度聚乙烯热熔焊制 45°弯头尺寸   单位：mm

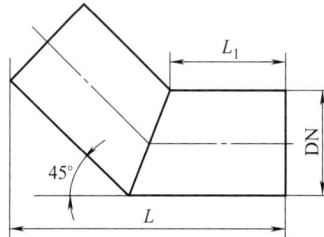

公称直径 DN	管件总长 L	直管长度 L₁	公称直径 DN	管件总长 L	直管长度 L₁
110	445	216	200	600	267
125	470	225	250	683	296
160	530	245			

7.3.4 无规聚丙烯（PPR）管材

7.3.4.1 无规聚丙烯直管规格尺寸（表 7.3-39）

表 7.3-39 无规聚丙烯直管规格尺寸   单位：mm

公称外径 DN	平均外径		公称壁厚 δ		
	最小	最大	S5	S4	S3.2
20	20.0	20.3	2.0	2.3	2.8
25	25.0	25.3	2.3	2.8	3.5
32	32.0	32.3	2.9	3.6	4.4
40	40.0	40.4	3.7	4.5	5.5
50	50.0	50.5	4.6	5.6	6.9
63	63.0	63.6	5.8	7.1	8.6
75	75.0	75.7	6.8	8.4	10.3
90	90.0	90.9	8.2	10.1	12.3
110	110.0	111.0	10.0	12.3	15.1

注：1. 管材长度亦可根据需方要求而定。

2. 冷热水管在管道明敷及管井、管沟中暗设时，应对温差引起的轴向伸缩进行补偿，优先采用自然补偿，当不能自然补偿时，应设置补偿器。其温差引起的轴向伸缩量应进行计算。

7.3.4.2 无规聚丙烯直管系列 S 和公称压力 PN（表 7.3-40）

表 7.3-40 无规聚丙烯直管系列 S 和公称压力 PN

管系列		S5	S4	S3.2
公称压力 PN	C=1.25	1.25	1.6	2.0
	C=1.5	1.0	1.25	1.6

注：C—管道系统总使用（设计）系数。

7.3.4.3 无规聚丙烯直管温差引起的轴向伸缩量（表 7.3-41）

表 7.3-41 无规聚丙烯直管温差引起的轴向伸缩量   单位：mm

管道长度	冷水管	热水管	管道长度	冷水管	热水管
500	1.5	4.9	800	2.4	7.8
600	1.8	5.9	900	2.7	8.8
700	2.1	6.8	1000	3.0	9.8

续表

管道长度	冷水管	热水管	管道长度	冷水管	热水管
1200	3.6	11.7	2000	6.0	19.5
1400	4.2	13.7	2500	7.5	24.4
1600	4.8	15.6	3000	9.0	29.3
1800	5.4	17.6	3500	10.5	34.1

注：表中冷水管计算温差 ΔT 取20℃，热水管取65℃，线膨胀系数 α 取0.15mm/（m·℃）。

7.3.4.4　无规聚丙烯管件熔接操作技术参数（表7.3-42）

表7.3-42　无规聚丙烯管件熔接操作技术参数

公称外径 DN	熔接深度 /mm	加热时间 /s	插接时间 /s	冷却时间 /min	公称外径 DN	熔接深度 /mm	加热时间 /s	插接时间 /s	冷却时间 /min
20	14	5	4	3	63	25	24	8	6
25	15	7	4	3	75	28	30	10	8
32	17	8	6	4	90	32	40	12	9
40	19	12	6	4	110	38	50	15	10
50	21	18	6	5					

注：若环境温度低于5℃，加热时间延长50%。

7.3.4.5　无规聚丙烯管件热熔连接操作要点

（1）用切管刀将管材切成所需长度，在管材上标出焊接深度，确保焊接工具上的指示灯指示焊具已足够热（260℃）且处于待用状态。

（2）将管材和管件压入焊接头中，在两端同时加压力。加压时不要将管材和管件扭曲或折弯，保持压力直至加热过程完成。

（3）当加热过程完成后，同时取下管材和管件，注意不要扭曲、折弯。

（4）取出后，立即将管材和管件压紧直至所标的结合深度。在此期间，可以在小范围内调整连接处的角度。

7.3.4.6　无规聚丙烯管件规格尺寸（表7.3-43）

表7.3-43　无规聚丙烯管件规格尺寸

管件名称	公称直径 DN
直通	20、25、32、40、50、63、75、90、110
异径直通	25/20、32/20、32/25、40/20、40/25、40/32、50/20、50/25、50/32、50/40、63/20、63/25、63/32、63/40、63/50、75/25、75/32、75/40、75/50、75/63、90/75、110/90
90°弯头	20、25、32、40、50、63、75、90、110
45°弯头	20、25、32、40、50、63、75
等径三通	20、25、32、40、50、63、75、90、110
异径三通	25/20、32/20、32/25、40/20、40/25、40/32、50/20、50/25、50/32、50/40、63/25、63/32、63/40、63/50、75/32、75/40、75/50、75/63、90/75、110/75、110/90
管帽	20、25、32、40、50、63、75
法兰连接件	40、50、63、75、90、110
外螺纹直通	20、25、32、40、50、63、75（1/2″、3/4″、1″、5/4″、3/2″、2″、5/2″）
内螺纹直通	20、25、32、40、50、63（1/2″、3/4″、1″、5/4″、3/2″、2″、5/2″）
外螺纹90°弯头	20、25、32
内螺纹90°弯头	20、25、32
外螺纹三通	20、25、32
内螺纹三通	20、25、32
外螺纹活接头	20、25、32、40、50、63（1/2″、3/4″、1″、5/4″、3/2″、2″）
内螺纹活接头	20、25、32、40、50、63（1/2″、3/4″、1″、5/4″、3/2″、2″）
截止阀	20、25、32、40、50、63（1/2″、3/4″、1″、5/4″、3/2″、2″）
双活接头铜球阀	20、25、32、40、50、63（1/2″、3/4″、1″、5/4″、3/2″、2″）
过桥弯	20、25、32
管卡	20、25、32

7.3.4.7 无规聚丙烯冷水管支吊架最大间距（表7.3-44）

表7.3-44 无规聚丙烯冷水管支吊架最大间距

公称外径 DN	20	25	32	40	50	63	75	90	110
横管/mm	600	750	900	1000	1200	1400	1600	1600	1800
立管/mm	1000	1200	1500	1700	1800	2000	2000	2100	2500

7.3.4.8 无规聚丙烯热水管支吊架最大间距（表7.3-45）

表7.3-45 无规聚丙烯热水管支吊架最大间距

公称外径 DN	20	25	32	40	50	63	75	90	110
横管/mm	500	600	700	800	900	1000	1100	1200	1500
立管/mm	900	1000	1200	1400	1600	1700	1700	1800	2000

注：冷、热管共用支、吊架时应根据热水管支吊架间距确定。暗敷直埋管道的支架间距可采用1000～1500mm。

7.3.5 增强聚丙烯（FRPP）管材

7.3.5.1 基本参数（HG 20539—1992）

HG 20539—1992适用于玻璃纤维（含量20%±2%）增强聚丙烯（FRPP）的颗粒料挤出成型的管子和模压成型的管件，能在温度−20～120℃输送酸、碱和盐类等腐蚀性介质。增强聚丙烯（FRPP）管（包括弯头、三通、异径管、管接头等）的公称外径 D17～500mm。其中公称外径 D75～500mm 采用热熔挤压焊接和法兰（突面带颈对焊法兰和松套法兰）连接两种，公称外径 D17～60mm 采用螺纹连接形式。增强聚丙烯管在各种温度下的允许使用压力如表7.3-46所列。

表7.3-46 增强聚丙烯管在各种温度下的允许使用压力

公称外径 DN	壁厚/mm	在下列温度下允许的使用压力/MPa					
		20℃	40℃	60℃	80℃	100℃	120℃
17～60	2.0～3.3	0.6	0.47	0.40	0.36	0.29	0.19
75～200	3.9～10.3	0.6	0.46	0.39	0.35	0.29	0.18
225～500	11.6～25.7	0.6	0.45	0.39	0.35	0.28	0.18
17～60	2.0～5.3	1.0	0.77	0.67	0.60	0.49	0.31
75～200	6.2～16.6	1.0	0.76	0.66	0.58	0.48	0.30
225～400	18.7～33.2	1.0	0.75	0.65	0.58	0.48	0.30

7.3.5.2 增强聚丙烯直管尺寸和公差（HG 20539—1992）（表7.3-47）

表7.3-47 增强聚丙烯直管尺寸和公差

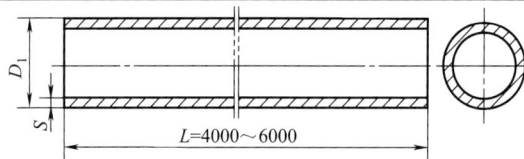

$L=4000\sim6000$

公称外径 D_1 /mm	外径公差 /mm	PN0.6			PN1.0		
		壁厚 S /mm	公差 /mm	近似重量 /(kg/m)	壁厚 S /mm	公差 /mm	近似重量 /(kg/m)
17	±0.3	3.0	+0.5	0.13	3.0	+0.5	0.13
21	±0.3	3.0	+0.5	0.16	3.0	+0.5	0.16
27	±0.3	3.0	+0.5	0.22	3.5	+0.6	0.32
34	±0.3	3.5	+0.6	0.32	4.5	+0.7	0.52
48	±0.4	3.5	+0.6	0.47	5.5	+0.8	0.89
60	±0.5	3.5	+0.6	0.60	6.0	+0.8	1.19
75	±0.7	3.9	+0.6	0.88	6.2	+0.9	1.35
90	±0.9	4.7	+0.7	1.27	7.5	+1.0	1.96
110	±1.0	5.7	+0.8	1.89	9.1	+1.2	2.91
125	±1.2	6.5	+0.9	2.44	10.4	+1.3	3.78

续表

公称外径 D_1 /mm	外径公差 /mm	PN0.6			PN1.0		
		壁厚 S /mm	公差 /mm	近似重量 /(kg/m)	壁厚 S /mm	公差 /mm	近似重量 /(kg/m)
140	±1.3	7.2	+1.0	3.03	11.6	+1.4	4.73
160	±1.5	8.3	+1.1	4.00	13.3	+1.6	6.19
180	±1.7	9.3	+1.2	5.04	14.9	+1.7	7.81
200	±1.8	10.3	+1.3	6.20	16.6	+1.9	9.66
225	±2.1	11.6	+1.4	7.85	18.7	+2.1	12.24
250	±2.3	12.9	+1.5	9.70	20.7	+2.3	15.06
280	±2.6	14.4	+1.7	12.14	23.2	+2.6	18.90
315	±2.9	16.2	+1.9	15.36	26.1	+2.9	23.93
355	±3.2	18.3	+2.1	19.55	29.4	+3.2	30.37
400	±3.6	20.6	+2.3	24.80	33.2	+3.6	38.64
450	±4.1	23.2	+3.7	31.42			
500	±4.5	25.7	+4.1	38.68			

7.3.5.3 1.0MPa 增强聚丙烯突面带颈对焊法兰接头尺寸 (HG 20539—1992) (表 7.3-48)

表 7.3-48 1.0MPa 增强聚丙烯突面带颈对焊法兰接头尺寸

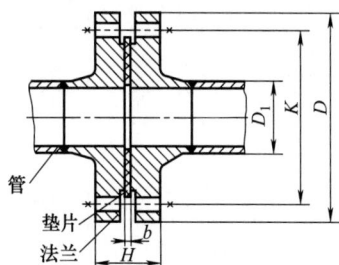

公称直径 DN	接管外径 D_1/mm	法兰外径 D/mm	螺栓孔中心圆直径 K/mm	垫片厚度 b/mm	H/mm	双头螺栓		
						直径/mm	长度/mm	个数/个
65	75	185	145	3	47	M16	85	4
80	90	200	160	3	51	M16	90	8
100	110	220	180	3	51	M16	90	8
100	125	220	180	3	51	M16	90	8
125	140	250	210	3	55	M16	100	8
150	160	285	240	3	59	M20	110	8
150	180	285	240	3	59	M20	110	8
200	200	340	295	3	71	M20	120	8
200	225	340	295	3	71	M20	120	12
250	250	395	350	3	79	M20	130	12
250	280	395	350	3	79	M20	130	12
300	315	445	400	3	87	M20	140	12
350	355	505	460	3	95	M20	140	12
400	400	565	515	3	103	M24	160	16
450	450	615	565	3	103	M24	160	20
500	500	670	620	3	107	M24	170	20

7.3.5.4　1.0MPa增强聚丙烯突面带颈对焊法兰尺寸（HG 20539—1992）（表 7.3-49）

表 7.3-49　1.0MPa增强聚丙烯突面带颈对焊法兰尺寸

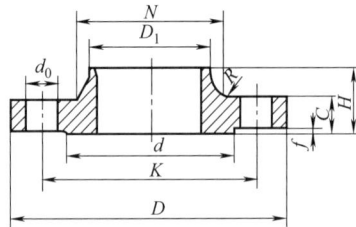

公称直径 DN	接管外径 D_1/mm	法兰外径 D/mm	螺栓孔中心圆直径 K/mm	螺栓孔直径 d_0/mm	螺栓孔数量 n/个	法兰厚度 C/mm	法兰高度 H/mm	密封面		法兰颈	
								d/mm	f/mm	N/mm	R/mm
65	75	185	145	18	4	22	80	122	3	104	6
80	90	200	160	18	8	24	80	138	3	118	6
100	110	220	180	18	8	24	80	158	3	140	6
100	125	220	180	18	8	24	80	158	3	140	6
125	140	250	210	18	8	26	80	188	3	168	6
150	160	285	240	22	8	28	80	212	3	195	8
150	180	285	240	22	8	28	80	212	3	195	8
200	200	340	295	22	8	34	100	268	3	246	8
200	225	340	295	22	8	34	100	268	3	246	8
250	250	395	350	22	12	38	100	320	3	298	10
250	280	395	350	22	12	38	100	320	4	298	10
300	315	445	400	22	12	42	100	370	4	350	10
350	355	505	460	22	16	46	120	430	4	400	10
400	400	565	515	26	16	50	120	482	4	456	10
450	450	615	565	26	20	50	120	530	4	502	12
500	500	670	620	26	20	52	120	585	4	559	12

7.3.5.5　1.0MPa增强聚丙烯松套法兰接头尺寸（HG 20539—1992）（表 7.3-50）

表 7.3-50　1.0MPa增强聚丙烯松套法兰接头尺寸

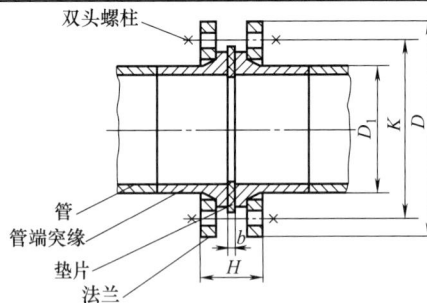

公称直径 DN	接管外径 D_1/mm	垫片厚度 b/mm	H/mm	双头螺栓直径/mm	双头螺栓长度/mm	双头螺栓个数/个
				M16	120	4
80	90	3	73	M16	120	8
100	110	3	75	M16	120	8
100	125	3	89	M16	130	8
125	140	3	89	M16	130	8
150	160	3	89	M20	130	8
150	180	3	99	M20	140	8
200	200	3	107	M20	150	8
200	225	3	107	M20	150	8

续表

公称直径 DN	接管外径 D_1 /mm	垫片厚度 b /mm	H /mm	双头螺栓直径 /mm	双头螺栓长度 /mm	双头螺栓个数 /个
250	250	3	117	M20	160	12
250	280	3	117	M20	160	12
300	315	3	125	M20	170	12
350	355	3	139	M20	180	16
400	400	3	159	M24	210	16
450	450	3	195	M24	250	20
500	500	3	199	M24	260	20

注：选用 GB 法兰或 ANSI 法兰由用户定。

7.3.5.6 增强聚丙烯松套法兰尺寸（表 7.3-51）

表 7.3-51 增强聚丙烯松套法兰尺寸

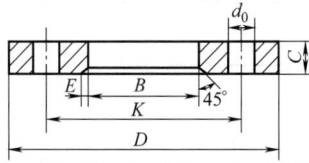

公称直径 DN	接管外径 d_1/mm	法兰外径 D/mm	法兰内径 B/mm	法兰厚度 C/mm	螺栓孔中心圆直径 K/mm	E/mm	螺栓孔	
							孔径 d_0/mm	数量 n/个
65	75	185	92	18	145	6	18	4
80	90	200	108	18	160	6	18	8
100	110	220	128	18	180	6	18	8
100	125	220	135	18	180	6	18	8
125	140	250	158	18	210	6	18	8
150	160	285	178	18	240	6	22	8
150	180	285	188	18	240	8	22	8
200	200	340	235	20	295	8	22	8
200	225	340	238	20	295	8	22	8
250	250	395	288	22	350	11	22	12
250	280	395	294	22	350	11	22	12
300	315	445	338	26	400	11	22	12
350	355	505	376	28	460	12	22	16
400	400	565	430	32	515	12	26	16
450	450	615	517	36	565	12	26	20
500	500	670	533	38	620	12	26	20

注：1. 材料为 20。
2. 公称压力为 1.0。

7.3.5.7 增强聚丙烯松套法兰尺寸（连接尺寸按 ANSI B16.5 150Lb）（表 7.3-52）

表 7.3-52 增强聚丙烯松套法兰尺寸

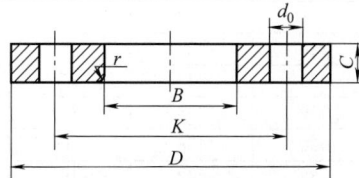

公称直径 DN		接管外径 D_1/mm	法兰外径 D/mm	法兰内径 B/mm	法兰厚度 C/mm	螺栓孔中心圆直径 K/mm	r/mm	螺栓孔	
mm	in							孔径 d_0/mm	数量 n/个
65	5/2	75	178	92	18	139.5	8	20	4
80	3	90	190	108	18	152.5	10	20	4
100	4	110	230	128	18	190.5	11	20	8

公称直径 DN		接管外径 D_1/mm	法兰外径 D/mm	法兰内径 B/mm	法兰厚度 C/mm	螺栓孔中心圆直径 K/mm	r/mm	螺栓孔	
mm	in							孔径 d_0/mm	数量 n/个
100	4	125	230	135	18	190.5	11	20	8
125	5	140	255	158	18	216	11	22	8
150	6	160	280	178	18	241.5	13	22	8
150	6	180	280	188	18	241.5	13	22	8
200	8	200	345	235	20	298.5	13	22	8
200	8	225	345	238	20	298.5	13	22	8
250	10	250	405	288	22	362	13	26	12
250	10	280	405	294	22	362	13	26	12
300	12	315	485	338	26	432	13	26	12
350	14	355	535	376	28	476	13	30	12
400	16	400	600	430	32	540	13	30	16
450	18	450	635	517	36	578	13	33	16
500	20	500	700	533	38	635	13	33	20

注：1. 材料为 20。

2. 公称压力为 150lb。

7.3.5.8 增强聚丙烯管端突缘尺寸（HG 20539—1992）（表 7.3-53）

表 7.3-53 增强聚丙烯管端突缘尺寸 单位：mm

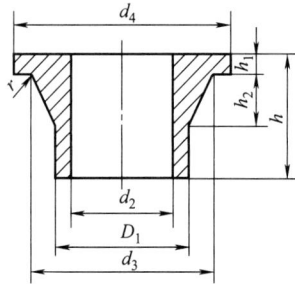

接管外径 D_1	接管内径 d_2	d_3	突缘直径 d_4		突缘厚度 h_1	h_2	r	总长 h 最小
			配 GB 松套法兰	配 ANSI 松套法兰				
75	62.6	89	122	110	16	21	3	80
90	75	105	138	128	17	20	4	80
110	91.8	125	158	166	18	25	4	85
125	104.2	132	158	166	25	20	4	85
140	116.8	155	188	190	25	28	4	100
160	133.4	175	212	214	25	28	4	100
180	150.2	192	212	214	30	30	4	100
200	166.8	232	268	272	32	40	4	120
225	187.6	235	268	272	32	30	4	120
250	208.6	285	320	328	35	40	4	120
280	233.6	291	320	328	35	30	4	120
315	262.8	335	370	398	35	40	4	120
355	296.2	373	430	438	40	40	6	150
400	333.6	427	482	502	46	45	6	150
450		514	530	536	60	60	6	180
500		530	585	593	60	50	6	180

注：1. 材料为增强聚丙烯。

2. 公称压力为 1.0。

3. 接管外径 D_1 和公称外径 DN 等同。

7.3.5.9　增强聚丙烯弯头、三通尺寸（HG 20539—1992）（表 7.3-54）

表 7.3-54　增强聚丙烯弯头、三通尺寸

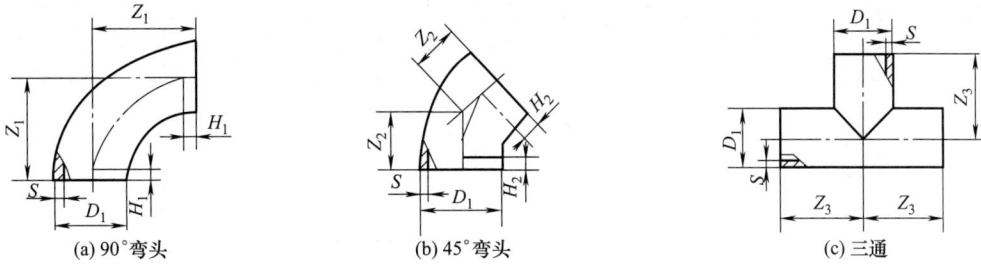

(a) 90°弯头　　　　　(b) 45°弯头　　　　　(c) 三通

公称外径 D_1/mm	壁厚 S/mm		90°弯头		45°弯头		三通
	0.6MPa	1.0MPa	直管长 H_1/mm	中心至端面 Z_1 最小/mm	直管长 H_2/mm	中心至端面 Z_2 最小/mm	中心至端面 Z_3 最小/mm
75	4.5	7.2	6	78	19	49	75
90	5.4	8.6	6	93	22	57	90
110	6.6	10.5	8	115	28	70	110
125	7.5	11.9	8	130	32	79	125
140	8.3	13.3	8	145	35	88	140
160	9.5	15.2	8	165	40	95	145
180	10.7	17.2	8	184	45	100	155
200	11.9	19.0	8	204	50	110	170
225	13.4	21.4	10	231	55	140	220
250	14.9	23.8	10	256	60	156	220
280	16.6	26.7	10	286	70	175	250
315	18.7	30.0	10	320	80	198	275
355	21.1	33.8	10	360	80	221	300
400	23.8	38.1	12	405	90	249	325
450	26.7		12	455	100	280	350
500	29.7		12	505	100	311	400

7.3.5.10　增强聚丙烯虾米腰焊接弯头尺寸（HG 20539—1992）（表 7.3-55）

表 7.3-55　增强聚丙烯虾米腰焊接弯头尺寸　　　　　　　单位：mm

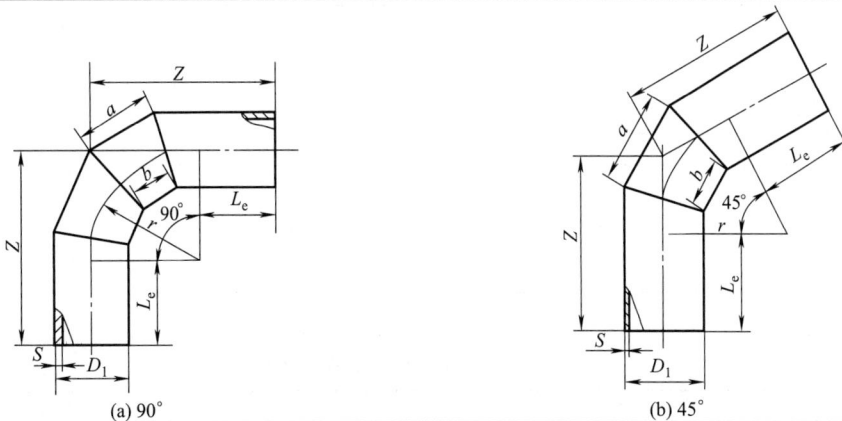

(a) 90°　　　　　　　　　(b) 45°

公称外径 D_1	直管长 L_e	弯曲半径 r	90°			45°			壁厚 S	
			Z 最小	a	b	Z 最小	a	b	0.6MPa	1.0MPa
110		165	315	118	59	218	88	44	6.6	10.5
125		188	338	134	67	228	100	50	7.5	11.9
140		210	360	150	75	237	112	56	8.3	13.3
160	150	240	390	172	86	249	128	64	9.5	15.2
180		270	420	193	97	262	143	72	10.7	17.2
200		300	450	214	107	274	159	80	11.9	19.0
225		338	488	242	121	290	179	90	13.4	21.4

公称外径 D_1	直管长 L_e	弯曲半径 r	90°			45°			壁厚 S	
			$Z_{最小}$	a	b	$Z_{最小}$	a	b	0.6MPa	1.0MPa
250	250	375	625	268	134	412	199	99	14.9	23.8
280		420	670	300	150	424	223	112	16.6	26.7
315		473	773	338	169	498	251	126	18.7	30.0
355	300	533	833	381	191	520	283	141	21.1	33.8
400		600	900	429	214	548	318	159	23.8	38.1
450		675	975	482	241	580	358	179	26.7	
500	350	750	1100	536	268	665	406	203	29.7	

7.3.5.11 增强聚丙烯焊接三通尺寸（HG 20539—1992）（表 7.3-56）

表 7.3-56 增强聚丙烯焊接三通尺寸 单位：mm

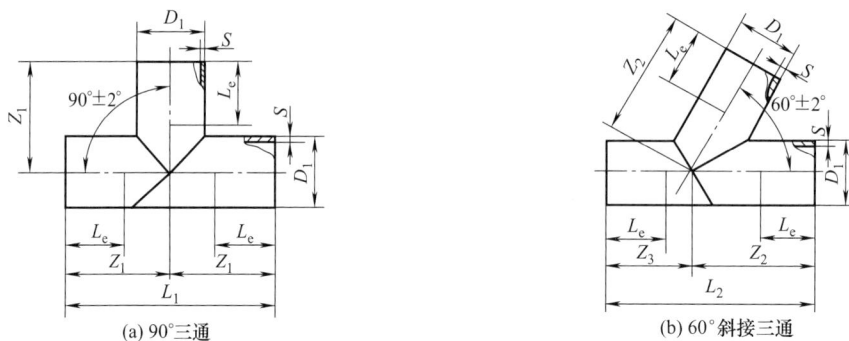

(a) 90°三通   (b) 60°斜接三通

公称外径 D_1	直管长 L_e	90°三通		60°斜接三通			壁厚 S	
		Z_1 最小	L_1 最小	Z_2 最小	Z_3 最小	L_2 最小	0.6MPa	1.0MPa
110	150	205	410	325	175	500	6.6	10.5
125	150	215	430	355	190	545	7.5	11.9
140	150	220	440	375	206	581	8.3	13.3
160	150	230	460	412	230	642	9.5	15.2
180	150	240	480	450	250	700	10.7	17.2
200	150	250	500	487	272	759	11.9	19.0
225	150	265	530	530	300	830	13.4	21.4
250	250	375	750	580	325	905	14.9	23.8
280	250	390	780	630	365	995	16.6	26.7
315	300	460	920	690	400	1090	18.7	30.0
355	300	480	960	730	425	1155	21.1	33.8
400	300	500	1000	800	450	1250	23.8	38.1
450	300	525	1050	850	475	1325	26.7	
500	350	600	1200	900	500	1400	29.7	

7.3.5.12 增强聚丙烯异径管尺寸（HG 20539—1992）（表 7.3-57）

表 7.3-57 增强聚丙烯异径管尺寸 单位：mm

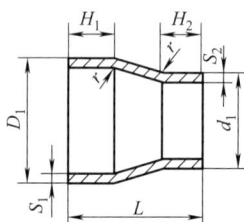

续表

| 公称外径 $D_1 \times d_1$ | 大 端 | | | 小 端 | | | 转角半径 r | 总长 L |
| | 直管长 H_1 | 壁厚 S_1 | | 直管长 H_2 | 壁厚 S_2 | | | |
		0.6MPa	1.0MPa		0.6MPa	1.0MPa		
110×75	28	6.6	10.5	19	4.5	7.2	10	90
110×90	28	6.6	10.5	22	5.4	8.6	10	90
125×75	32	7.5	11.9	19	4.5	7.2	10	100
125×90	32	7.5	11.9	22	5.4	8.6	10	100
125×110	32	7.5	11.9	28	6.6	10.5	10	100
140×90	35	8.3	13.3	22	5.4	8.6	10	110
140×110	35	8.3	13.3	28	6.6	10.5	10	110
140×125	35	8.3	13.3	32	7.5	11.9	10	110
160×110	40	9.5	15.2	28	6.6	10.5	10	120
160×125	40	9.5	15.2	32	7.5	11.9	10	120
160×140	40	9.5	15.2	35	8.3	13.3	10	120
180×125	45	10.7	17.2	32	7.5	11.9	15	130
180×140	45	10.7	17.2	35	8.3	13.3	15	130
180×160	45	10.7	17.2	40	9.5	15.2	15	130
200×140	50	11.9	19.0	35	8.3	13.3	15	135
200×160	50	11.9	19.0	40	9.5	15.2	15	135
200×180	50	11.9	19.0	45	10.7	17.2	15	135
225×160	55	13.4	21.4	40	9.5	15.2	20	160
225×180	55	13.4	21.4	45	10.7	17.2	20	160
225×200	55	13.4	21.4	50	11.9	19.0	20	160
250×180	60	14.9	23.8	45	10.7	17.2	20	175
250×200	60	14.9	23.8	50	11.9	19.0	20	175
250×225	60	14.9	23.8	55	13.4	21.4	20	175
280×200	70	16.6	26.7	50	11.9	19.0	20	200
280×225	70	16.6	26.7	55	13.4	21.4	20	200
280×250	70	16.6	26.7	60	14.9	23.8	20	200
315×225	80	18.7	30.0	55	13.4	21.4	20	225
315×250	80	18.7	30.0	60	14.9	23.8	20	225
315×280	80	18.7	30.0	70	16.6	26.7	20	225
355×250	90	21.1	33.8	60	14.9	23.8	20	250
355×280	90	21.1	33.8	70	16.9	26.7	20	250
355×315	90	21.1	33.8	80	18.7	30.0	20	250
400×280	100	23.8	38.1	70	16.6	26.7	20	275
400×315	100	23.8	38.1	80	18.7	30.0	20	275
400×355	100	23.8	38.1	90	21.1	33.8	20	275
450×315	110	26.7		80	18.7		20	300
450×355	110	26.7		90	21.1		20	300
450×400	110	26.7		100	23.8		20	300
500×355	120	29.7		90	21.1		20	325
500×400	120	29.7		100	23.8		20	325
500×450	120	29.7		110	26.7		20	325

7.3.5.13 法兰管件尺寸（HG 20539—1992）（表7.3-58）

表7.3-58 法兰管件尺寸　　　　　　　　单位：mm

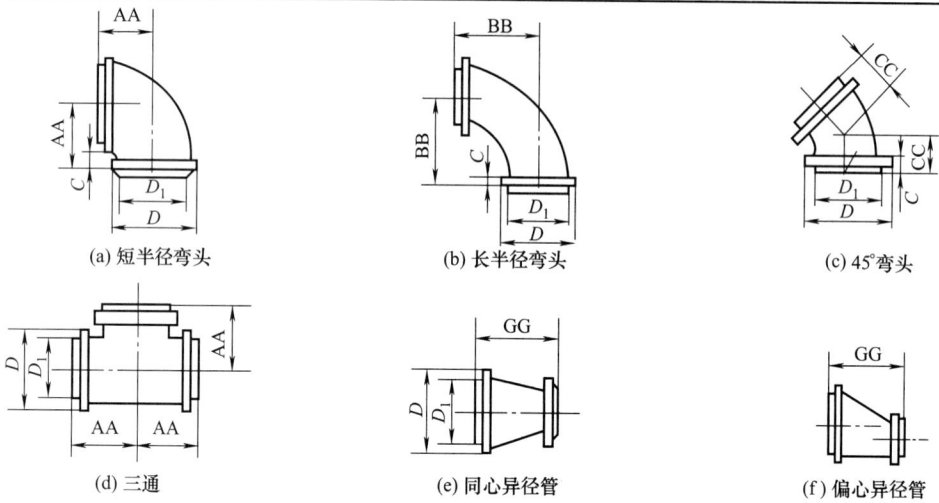

(a) 短半径弯头　　　(b) 长半径弯头　　　(c) 45°弯头

(d) 三通　　　(e) 同心异径管　　　(f) 偏心异径管

管件外径 D_1	法兰外径 D	法兰厚度 C	壁厚 S		短半径弯头、三通的中心至端面AA	长半径弯头的中心至端面BB	45°弯头的中心至端面CC	异径管的端面至端面GG
			0.6MPa	1.0MPa				
75	185	22	4.5	7.2	132	183	81	149
90	200	24	5.4	8.6	145	202	81	161
110	220	24	6.6	10.5	165	229	102	178
125	220	24	7.5	11.9	165	229	102	178
140	250	26	8.3	13.3	192	262	116	207
160	285	28	9.5	15.2	206	295	130	234
180	285	28	10.7	17.2	206	295	130	234
200	340	34	11.9	19.0	234	361	145	289
225	340	34	13.4	21.4	234	361	145	289
250	395	38	14.9	23.8	287	427	173	320
280	395	38	16.6	26.7	287	427	173	320
315	445	42	18.7	30.0	315	493	200	376
355	505	46	21.1	33.8	367	557	201	428
400	565	50	23.8	38.1	394	623	216	483
450	615	50	26.7		429	683	226	503
500	670	52	29.7		466	746	250	526

7.3.5.14 螺纹弯头尺寸（HG 20539—1992）（表7.3-59）

表7.3-59 螺纹弯头尺寸

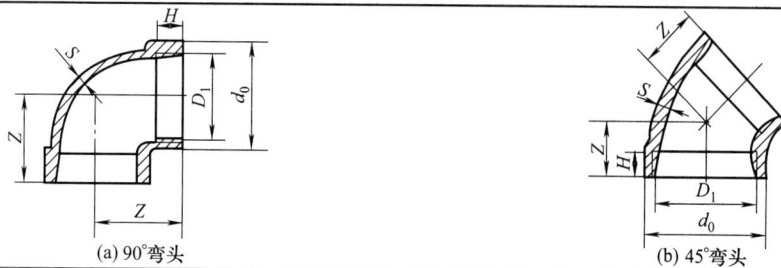

(a) 90°弯头　　　(b) 45°弯头

公称外径 D_1/mm	端面外径 d_0/mm		锥管螺纹 ZG/in	直管长 H/mm	中心至端面 Z/mm		壁厚 S 最小/mm	
	0.6MPa	1.0MPa			90°	45°	0.6MPa	1.0MPa
17	23	23	3/8	18	28	22	3.0	3.0
21	27	27	1/2	18	33	25	3.0	3.0

续表

公称外径	端面外径 d_0/mm		锥管螺纹	直管长	中心至端面 Z/mm		壁厚 S 最小/mm	
D_1/mm	0.6MPa	1.0MPa	ZG/in	H/mm	90°	45°	0.6MPa	1.0MPa
27	33	34	3/4	20	38	28	3.0	3.5
34	41	43	1	21	42	30	3.5	4.5
48	55	59	3/2	25	56	37	3.5	5.5
60	67	72	2	26	61	41	3.5	6.0

7.3.5.15 螺纹三通尺寸（HG 20539—1992）（表 7.3-60）

表 7.3-60 螺纹三通尺寸

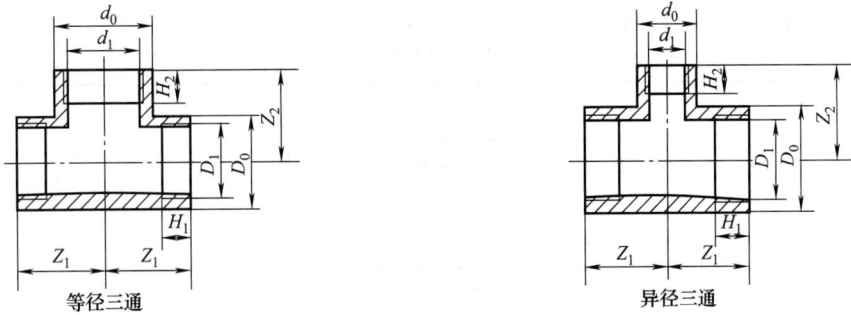

等径三通　　　　　异径三通

公称外径	端面外径 D_0/mm		主管		支管		中心至端面/mm	
$D_1 \times d_1$ /mm	0.6MPa	1.0MPa	锥管螺纹 ZG_1/in	直管长 H_1/mm	锥管螺纹 ZG_2/in	直管长 H_2/mm	Z_1 最小	Z_2 最小
17×17	23×23	23×23	3/8	18	3/8	18	31	31
21×21	27×27	27×27	1/2	18	1/2	18	33	33
21×17	27×23	27×23	1/2	18	3/8	18	31	33
27×27	33×33	34×34	3/4	20	3/4	20	38	38
27×21	33×27	34×27	3/4	20	1/2	18	36	36
34×34	41×41	43×43	1	21	1	21	42	42
34×27	41×33	43×34	1	21	3/4	20	39	41
34×21	41×27	43×27	1	21	1/2	18	36	39
48×48	55×55	59×59	3/2	25	3/2	25	54	54
48×34	55×41	59×43	3/2	25	1	21	46	50
48×27	55×33	59×34	3/2	25	3/4	20	43	50
60×60	67×67	72×72	2	26	2	26	61	61
60×48	67×55	72×59	2	26	3/2	25	55	60
60×34	67×41	72×43	2	26	1	21	47	56

7.3.5.16 螺纹异径管尺寸（HG 20539—1992）（表 7.3-61）

表 7.3-61 螺纹异径管尺寸

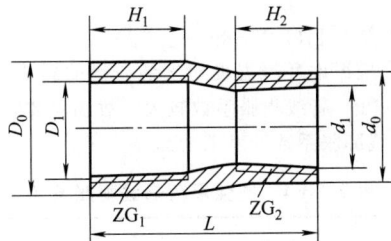

续表

公称外径 $D_1 \times d_1$ /mm	大 端				小 端				总长 L/mm
	外径 D_0/mm		锥管螺纹 ZG_1/in	直管长 H_1/mm	外径 d_0/mm		锥管螺纹 ZG_2/in	直管长 H_2/mm	
	0.6MPa	1.0MPa			0.6MPa	1.0MPa			
27×21	33	34	3/4	20	27	27	1/2	20	55
34×21	41	43	1	25	27	27	1/2	20	60
34×27	41	43	1	25	33	34	3/4	20	60
48×27	55	59	3/2	30	33	34	3/4	20	70
48×34	55	59	3/2	30	41	43	1	25	70
60×34	67	72	2	30	41	43	1	25	80
60×48	67	72	2	30	55	59	1/2	30	80

7.3.5.17 螺纹管接头尺寸（HG 20539—1992）（表 7.3-62）

表 7.3-62 螺纹管接头尺寸

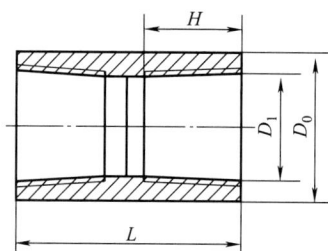

公称外径 D_1/mm	端面外径 D_0/mm		锥管螺纹 ZG/in	直管长 H/mm	总长 L/mm
	0.6MPa	1.0MPa			
17	23	23	3/8	18	46
21	27	27	1/2	19	48
27	33	34	3/4	21	52
34	41	43	1	23	58
48	55	59	3/2	27	66
60	67	72	2	29	70

7.3.5.18 增强聚丙烯（FRPP）的物理机械性能（HG 20539—1992）（表 7.3-63）

表 7.3-63 增强聚丙烯（FRPP）的物理机械性能

指 标 性 能	指 标
密度/(g/cm^3)	0.92～1.00
吸水率/%	0.03～0.04
拉伸强度/MPa	≥35
弯曲强度/MPa	≥45
冲击强度(无缺口)IZod 法/(J/m)	≥90
断裂伸长率/%	≥90
成型收缩率/%	1～2
热变形温度/℃	>130
线膨胀系数/10^{-5}℃$^{-1}$	9～11

7.3.5.19 增强聚丙烯线膨胀系数（HG 20539—1992）

安装增强聚丙烯（FRPP）管时，应考虑环境温度对安装质量的影响，一般气温高于 40℃或低于 0℃时，不宜施工安装。由于增强聚丙烯（FRPP）管线膨胀系数较大，故在安装时要考虑热补偿，一般以自然补偿为主，如采用方形伸缩器。增强聚丙烯线膨胀系数见表 7.3-64。

表 7.3-64 增强聚丙烯线膨胀系数

温度/℃	40	55	70	85
线膨胀系数/10^{-5}℃$^{-1}$	10	14	14	15

7.3.5.20 增强聚丙烯管线支架距离（HG 20539—1992）

增强聚丙烯（FRPP）管在架空敷设时，应对管道采用管托支承，管托可用角钢、对剖的钢管等材料，使增强聚丙烯在管托上可以自由伸缩。增强聚丙烯管线支架距离见表 7.3-65。

表 7.3-65　增强聚丙烯管线支架距离

公称外径/mm	不同温度下支架距离/m				
	常温	40℃	60℃	80℃	100℃以上
17	1.0	0.8	0.7	0.7	0.6
21	1.0	0.8	0.8	0.7	0.6
27	1.0	0.9	0.8	0.8	0.7
34	1.3	1.0	1.0	0.9	0.8
42	1.4	1.2	1.1	1.0	0.8
48	1.4	1.3	1.2	1.1	0.8
60	1.5	1.4	1.3	1.2	0.9
75	1.7	1.5	1.4	1.3	1.0
90	1.8	1.6	1.5	1.4	1.1
110	2.0	1.8	1.7	1.6	1.3
125	2.0	1.8	1.7	1.6	1.3
140	2.5	1.9	1.9	1.7	1.4
160	2.5	2.1	2.0	1.8	1.6
180	2.5	2.1	2.0	1.8	1.6
200	2.9	2.4	2.1	2.0	1.8
225	2.9	2.4	2.1	2.0	1.8
250	3.0	2.5	2.2	2.1	1.9
280	3.0	2.5	2.2	2.1	1.9
315	3.6	2.8	2.5	2.3	2.2

增强聚丙烯（FRPP）管需要暗设时，建议采用管沟敷设，管子一般采用焊接连接，若因特殊原因需要埋地时，应采用套管形式直埋，以避免回填土内混有硬杂物损坏管子。

7.3.6　聚四氟乙烯（PTFE）管材

7.3.6.1　聚四氟乙烯波纹软管（表 7.3-66）

表 7.3-66　聚四氟乙烯波纹管尺寸

公称直径 DN	连接口内径/mm	连接部长度/mm	波纹管/mm			耐负压 /MPa	最小挠曲半径/mm	工作温度 /℃	管长度 /mm	试验压力 /MPa
			内径	外径	厚度					
12	13	40~60	8	15	1.0	−0.092	50	<180	200~10000	0.80
15	15		10	17						
20	20		15	22						
25	25		15	28						0.75
32	32	50~70	20	35			60			0.72
35	34		25	36				<150		0.68
40	38		30	41		−0.086	70			0.64
50	51	60~80	40	54			80			0.60
65	63		50	66	1.2~2.0		90			0.54
73	73		60	76		−0.079	95			0.50
76	76		65	79			100			
90	86	70~90	75	92			110	<120	200~8000	0.45
100	100		85	103			120			0.40
114	114		100	117		−0.074	130			0.38
125	125		105	128						

7.3.6.2 聚四氟乙烯膨胀节

聚四氟乙烯膨胀节可用于消除管道、设备因变形引起的伸缩或热膨胀位移等，也可作为缓冲器，如安装在泵的进出口以减轻或消除振动，提高管道的使用寿命与密封性能。此外，还可以吸收安装偏差，其结构和规格尺寸见图7.3-2和表7.3-67。

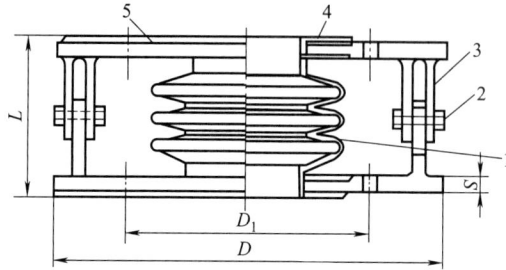

图 7.3-2　聚四氟乙烯膨胀节

1—不锈钢加强圈；2—铰接轴；3—铰接板；4—聚四氟乙烯膨胀节；5—橡胶石棉板

表 7.3-67　聚四氟乙烯膨胀节尺寸

公称直径 DN	标准长度 L/mm	伸缩范围			波纹数 /个	膨胀节厚度/mm	加强圈直径/mm	承受真空度 /mmHg	法兰			螺栓孔	
		轴向(±) /mm	径向(±) /mm	角向 /(°)					D /mm	D_1 /mm	S /mm	直径 /mm	数量 /个
25	65	12	8	20	3	1.5	3.0	440	115	85	10	14	4
32	70	14	12	20	3	1.5	3.0	400	135	100	10	16	4
40	75	17	16	25	3	1.7	4.0	360	145	110	10	16	4
50	82	20	20	25	3	1.7	4.0	330	160	125	12	16	4
65	88	22	20	30	3	1.7	4.0	290	180	145	12	16	4
80	92	24	20	30	3	1.7	5.0	257	195	160	14	16	8
100	95	26	20	30	3	2.0	5.0	220	215	180	14	16	8
125	105	29	20	30	3	2.0	5.0	184	245	210	16	16	8
150	115	32	20	25	3	2.0	6.0	140	280	240	16	20	8
200	125	34	20	25	3	2.0	6.0	130	335	295	18	20	8
250	135	36	12	15	3	2.3	7.0	110	405	335	20	20	12
300	145	38	10	10	3	2.3	7.0	100	460	400	22	20	12
350	150	40	5	10	3	2.5	7.0	100	500	460	22	20	16
400	160	40	5	10	3	2.5	8.0	90	565	515	22	22	16
450	180	42	5	10	3	3.0	8.0	90	615	565	28	26	20
500	200	42	5	10	3	3.0	8.0	90	670	620	30	26	20
600	220	44	5	10	3	3.0	8.0	80	780	685	30	30	20
700	240	44	5	10	3	3.0	8.0	80	860	810	32	30	24
800	260	46	5	10	3	3.0	8.0	80	975	920	32	30	24
900	280	46	5	10	3	3.0	8.0	70	1075	1020	34	30	24
1000	300	48	5	5	3	3.0	10	70	1175	1120	34	30	28
1200	320	48	5	5	3	3.0	10	60	1375	1320	36	30	32
1400	340	50	5	5	3	3.0	10	60	1575	1520	36	30	36
1600	360	50	5	5	3	3.0	10	60	1785	1730	36	30	40

7.3.6.3 聚四氟乙烯管（QB/T 4877—2015）

（1）内径不大于 20mm 的 SFG-Ⅰ PTFE 管材的内径偏差应符合表 7.3-68 的规定。内径大于 20mm 的 SFG-Ⅰ PTFE 管材的内径偏差应为±0.8mm。

表 7.3-68　内径不大于 20mm 的 SFG-Ⅰ PTFE 管材的内径偏差　　单位：mm

公称内径 d	内径偏差
≤2.0	±0.1
>2.0～4.0	±0.2
>4.0～10.0	±0.3
>10.0～20.0	±0.6

（2）SFG-Ⅱ、SFG-Ⅲ PTFE 管材的外径偏差应符合表 7.3-69 的规定。

表 7.3-69　SFG-Ⅱ、SFG-Ⅲ PTFE 管材的平均外径偏差　　单位：mm

公称外径 D	外径偏差
≤10.0	±0.5
>10～50	±1.0
>50～100	±2.0
>100～200	±3.0
>200～300	±5.0
>300	±7.0

（3）SFG-Ⅰ PTFE 管材的壁厚偏差应符合表 7.3-70 的规定。SFG-Ⅱ、SFG-Ⅲ PTFE 管材的壁厚偏差应符合表 7.3-71 的规定。

表 7.3-70　SFG-Ⅰ PTFE 管材的壁厚偏差　　单位：mm

壁厚 δ	壁厚偏差
≤0.40	±0.05
>0.40～0.50	±0.10
>0.50～0.80	±0.15
>0.80～1.50	±0.20
>1.50～2.50	±0.25
>2.50～3.50	±0.30
>3.50～5.00	±0.40
>5.00	±0.50

表 7.3-71　SFG-Ⅱ、SFG-Ⅲ PTFE 管材的壁厚偏差　　单位：mm

壁厚 δ	壁厚偏差
≤2.5	±0.2
>2.5～4.0	±0.3
>4.0～7.5	±0.5
>7.5～12.0	±0.7
>12～30	±1.0
>30～70	±2.0
>70～100	±3.0
>100	±5.0

（4）长度由供需双方商定，不应有负偏差。

（5）SFG-Ⅰ PTFE 管材的物理力学性能应符合表 7.3-72 的规定。

表 7.3-72　SFG-Ⅰ PTFE 管材物理力学性能

项目		要求
密度[①]/(g/cm³)		2.13～2.20
拉伸强度(纵向、径向[②])/MPa	≥	21.0
断裂标称应变(纵向、径向[②])/%	≥	200

续表

项目		要求
交流击穿电压/kV	$\delta \leqslant 0.17mm$ $\geqslant$	9.0
	$0.17mm < \delta \leqslant 0.23mm$ $\geqslant$	10.0
	$0.23mm < \delta \leqslant 0.25mm$ $\geqslant$	11.5
	$0.25mm < \delta \leqslant 0.30mm$ $\geqslant$	12.5
	$0.30mm < \delta \leqslant 0.38mm$ $\geqslant$	14.6
	$0.38mm < \delta \leqslant 0.40mm$ $\geqslant$	15.0
	$0.40mm < \delta \leqslant 0.51mm$ $\geqslant$	16.3
	$\delta > 0.51mm$ $\geqslant$	17.0
耐内压[3]		不渗漏、无裂纹
纵向尺寸变化率/%		±1.5

① 内径不大于 4mm 的 PTFE 管材不进行密度测试。

② 内径不大于 16mm 的 PTFE 管材不进行径向拉伸强度和断裂标称应变测试。

③ 耐内压试验仅适用于输送流体的 PTFE 管材，耐内压值由供需双方商定。

（6）SFG-Ⅱ和 SFG-Ⅲ PTFE 管材的物理力学性能应符合表 7.3-73 的规定。

表 7.3-73　SFG-Ⅱ和 SFG-Ⅲ PTFE 管材物理力学性能

项目	要求			
	Ⅱ-A	Ⅱ-B	Ⅱ-C	Ⅲ
密度/(g/cm³)	2.13～2.20	2.13～2.20	2.13～2.20	2.13～2.20
拉伸强度(纵向、径向[1])/MPa ≥	20.0	20.0	15.0	13.8
断裂标称应变(纵向、径向[1])/% ≥	220	220	200	150
电气强度/(kV/mm)	≥25.6	—	—	—
电火花	—	无击穿	—	—
耐内压[2][3]	—	不渗漏、无裂纹	—	—
纵向尺寸变化率/%	±1.5	±1.5	±2.0	±2.5

① 内径不大于 16mm 的 PTFE 管材不进行径向拉伸强度和断裂标称应变测试。

② 作为管路内衬的 PTFE 管材不进行耐内压试验。

③ PTFE 管材的耐内压强度由供需双方商定。

7.3.7　有机玻璃管

7.3.7.1　浇铸型工业有机玻璃管材（表 7.3-74）

表 7.3-74　浇铸型工业有机玻璃管材　　　　单位：mm

外径	尺寸	20	25	30	35	40	45	50	55	60	65	70	75	80	85	90	95	100	110	120	130	140	150	160	170
	偏差	±1.0			±1.2				±1.5										±1.8					±2.0	
壁厚		2～5		3～5								4～10							5～15						
管长		300～1300																							
管壁厚偏差(一等品)																									
壁厚		2		3		4		5		6		7		8		9		10		11	12	13	14		15
偏差		±0.4		±0.5		±0.6		±0.6		±0.7		±0.7		±0.8		±0.8		±1.0		±1.1	±1.2	±1.3	±1.4		±1.5

7.3.7.2　有机玻璃管材物理性能（表 7.3-75）

表 7.3-75　有机玻璃管材物理性能（一等品）

指标名称		指标
抗拉强度(外径不小于 200mm)/MPa ≥		53
抗溶剂银纹性,浸泡 1h		无银纹出现
透光率(凸面入射)/% ≥	外径不大于 200mm	90
	外径大于 200mm	89

7.3.8 尼龙 1010 管材（JB/ZQ 4196—2006）

7.3.8.1 尼龙 1010 管材规格（表 7.3-76）

表 7.3-76 尼龙 1010 管材规格   单位：mm

外径×壁厚		4×1	6×1	8×1	8×2	9×2	10×1	12×1	12×2	14×2	16×2	18×2	20×2
偏差	外径	±0.1			±0.15		±0.1		±0.15				
	壁厚	±0.1			±0.15		±0.1		±0.15				

7.3.8.2 尼龙 1010 特性用途

尼龙 1010 是我国独创的一种新型聚酰胺品种，它具有优良的减摩、耐磨和自润滑性，且抗霉、抗菌、无毒、半透明，吸水性较其它尼龙品种小，有较好的刚性、力学强度和介电稳定性，耐寒性也很好，可在 −60～80℃下长期使用；做作成零件有良好的消音性，运转时噪声小；耐油性优良，能耐弱酸、弱碱及醇、酯、酮类溶剂，但不耐苯酚、浓硫酸及低分子有机酸的腐蚀。尼龙 1010 棒材主要用于切削加工制作成螺母、轴套、垫圈、齿轮、密封圈等机械零件，以代替铜和其它金属。

尼龙 1010 管材的制作性能同上。主要用作机床输油管（代替铜管），也可输送弱酸、弱碱及一般腐蚀性介质；但不宜与酚类、强酸、强碱及低分子有机酸接触。可用管件连接，也可用黏结剂粘接；其弯曲可用弯卡弯成90°，也可用热空气或热油加热至120℃弯成任意弧度，使用温度为 −60～80℃，使用压力为 9.8～14.7MPa。

7.4 橡胶制品

7.4.1 橡胶性能特点

7.4.1.1 常用橡胶特点（表 7.4-1）

表 7.4-1 常用橡胶特点

品种/代号	组 成	特 点	主要用途
天然橡胶（NR）	以橡胶烃（聚异戊二烯）为主，另含少量蛋白质、水分、树脂酸、糖类和无机盐等	弹性大、拉伸强度高、抗撕裂性和电绝缘性优良，耐磨性和耐寒性良好，加工件佳，易与其它材料黏合，在综合性能方面优于多数合成橡胶。缺点是耐氧及耐臭氧性差，容易老化变质；耐油和耐溶剂性不好，抵抗酸碱的腐蚀能力低；耐热性及热稳定性差	制作轮胎、减震制品、胶辊、胶鞋、胶管、胶带、电线电缆的绝缘层和护套以及其它通用制品
丁苯橡胶（SBR）	丁二烯和苯乙烯的共聚体	性能接近天然橡胶，其特点是耐磨性、耐老化和耐热性超过天然橡胶，质地也较天然橡胶均匀。缺点是弹性较低，抗屈挠、抗撕裂性能较差；加工性能差，特别是自黏性差，生强度低	主要用以代替天然橡胶制作轮胎、胶板、胶管、胶鞋及其它通用制品
顺丁橡胶（BR）	顺式 1,4-聚丁二烯橡胶由丁二烯聚合而成的顺式结构橡胶	结构与天然橡胶基本一致，它突出的优点是弹性与耐磨性优良，耐老化性佳，耐低温性优越，在动负荷下发热量小，易与金属黏合。缺点是强力较低，抗撕裂性差，加工性能与自黏性差	一般多和天然或丁苯橡胶混用，主要制作胎胎面、减震制品、输送带和特殊耐寒制品
异戊橡胶（IR）	是以异戊二烯为单体，聚合而成的一种顺式结构橡胶	性能接近天然橡胶，故有合成天然橡胶之称。它具有天然橡胶的大部分优点，耐老化性优于天然橡胶，但弹性和强力比天然橡胶稍低，加工性能差，成本较高	制作轮胎、胶鞋、胶管、胶带以及其它通用制品
氯丁橡胶（CR）	是由氯丁二烯作单体，乳液聚合而成的聚合体	具有优良的抗氧、抗臭氧性，不易燃、着火后能自熄，耐油、耐溶剂、耐酸碱以及耐老化、气密性好等特点；其物理机械性能亦不次于天然橡胶，故可用作通用橡胶又可用作特种橡胶。主要缺点是耐寒性较差、密度较大、相对成本高，电绝缘性不好，加工时易黏辊、易焦烧及易黏模。此外，生胶稳定性差，不易保存	主要用于制造要求抗臭氧、耐老化性高的重型电缆护套；耐油、耐化学腐蚀的胶管、胶带和化工设备衬里；耐燃的地下采矿用橡胶制品（如输送带、电缆包皮）以及各种垫圈、模型制品、密封圈、黏结剂等

续表

品种/代号	组　　成	特　　点	主　要　用　途
丁基橡胶（HR）	异丁烯和少量异戊二烯或丁二烯的共聚体	特点是气密性小、耐臭氧、耐老化性能好，耐热性较高，长期工作温度130℃以下；能耐无机强酸（如硫酸、硝酸等）和一般有机溶剂，吸振和阻尼特性良好，电绝缘性也非常好。缺点是弹性不好（是现有品种中最差的），加工性能、黏着性和耐油性差、硫化速率慢	主要用作内胎、水胎、气球、电线电缆绝缘层、化工设备衬里及防振制品、耐热输送带、耐热耐老化的胶布制品等
丁腈橡胶（NBR）	丁二烯和丙烯腈的共聚体	耐汽油及脂肪烃油类的性能特别好，仅次于聚硫橡胶、丙烯酸酯橡胶和氟橡胶，而优于其它通用橡胶。耐热性好，气密性、耐磨及耐水性等均较好，粘接力强。缺点是耐寒性及耐臭氧性较差，强力及弹性较低，耐酸性差，电绝缘性不好，耐极性溶剂性能也较差	主要用于制作各种耐油制品，如耐油的胶管、密封圈、贮油槽衬里等，也可用作耐热输送带
乙丙橡胶（EPM）	乙烯和丙烯的共聚体，一般分为二元乙丙橡胶和三元乙丙橡胶两类	密度小（0.865）、颜色最浅、成本较低，特点是耐化学稳定性很好（仅不耐浓硝酸），耐臭氧、耐老化性能优异，电绝缘性能突出，耐热可达150℃左右，耐极性溶剂——酮、酯等，但不耐脂肪烃及芳香烃，容易着色，且色泽稳定。缺点是黏着性差，硫化缓慢	主要用作化工设备衬里、电线电缆包皮、蒸汽胶管、耐热输送带、汽车配件、车辆密封条
硅橡胶（Si）	含硅、氧原子的特种橡胶，其中起主要作用的是硅元素，故名硅橡胶	既耐高温（最高300℃），又耐低温（最低－100℃），是目前最好的耐寒、耐高温橡胶；同时电绝缘性优良，对热氧化和臭氧的稳定性很高，化学惰性大。缺点是机械强度较低，耐油、耐溶剂和耐酸碱性差，较难硫化，价格较贵	主要用于制作耐高低温制品（如胶管、密封件等）、耐高温电缆电线绝缘层。由于其无毒无味，还用于食品及医疗工业
氟橡胶（FPM）	含氟单体共聚而得的有机弹性体	耐高温可达300℃，不怕酸碱，耐油性是耐油橡胶中最好的，抗辐射及高真空性优良；其它如电绝缘性、力学性能、耐化学药品腐蚀、耐臭氧、耐大气老化作用等都很好，是性能全面的特种合成橡胶。缺点是加工性差，价格昂贵，耐寒性差，弹性和透气性较低	主要用于耐真空、耐高温、耐化学腐蚀的密封材料、胶管及化工设备衬里
聚氨酯橡胶（UR）	聚酯（或聚醚）与二异氰酸酯类化合物聚合而成	耐磨性能高，强度高，弹性好，耐油性优良；其它如耐臭氧、耐老化、气密性等也都很好。缺点是耐温性能较差，耐水和耐酸碱性不好，耐芳香族、氯化烃及酮、酯、醇类等溶剂性较差	制作轮胎及耐油、耐苯零件、垫圈、防震制品等以及其它需要高耐磨、高强度和耐油的场合，如胶辊、齿形同步带、实心轮胎等
聚丙烯酸酯橡胶（AR）	丙烯酸酯与丙烯腈乳液共聚而成	良好的耐热、耐油性能，可在180℃以下热油中使用；还耐老化、耐氧与耐臭氧、耐紫外光线，气密性也较好。缺点是耐寒性较差，在水中会膨胀，耐乙二醇及高芳香族类溶剂性能差，弹性和耐磨、电绝缘性差，加工性能不好	主要用于耐油、耐热、耐老化的制品，如密封件、耐热油软管、化工衬里等
氯磺化聚乙烯橡胶（CSM）	用氯和二氧化硫处理（即氯磺化）聚乙烯后再经硫化而成	耐臭氧及耐老化优良，耐候性高于其它橡胶。不易燃、耐热、耐溶剂及耐大多数化学试剂和耐酸碱性能也都较好；电绝缘性尚可，耐磨性与丁苯相似。缺点是抗撕裂性差，加工性能不好，价格较贵	用于制作臭氧发生器上的密封材料，耐油垫圈、电线电缆包皮以及耐腐蚀件和化工衬里
氯醇橡胶（均聚型CHR共聚型CHC）	环氧氯丙烷均聚或由环氧氯丙烷与环氧乙烷共聚而成	耐脂肪烃及氯化烃溶剂、耐碱、耐水、耐老化性能极好，耐臭氧性、耐候性及耐热性、气密性高，抗压缩变形良好，黏结性也很好，容易加工，原料便宜易得。缺点是拉伸强度较低、弹性差、电绝缘性不良	作胶管、密封件、薄膜和容器衬里、油箱、胶辊，是制作油封、水封的理想材料
氯化聚乙烯橡胶	是乙烯、氯乙烯与二氯乙烯的三元聚合体	性能与氯磺化聚乙烯近似，其特点是流动性好，容易加工；有优良的耐大气老化性、耐臭氧性和耐电晕性，耐热、耐酸碱、耐油性良好。缺点是弹性差、压缩变形较大，电绝缘性较低	电线电缆护套、胶管、胶带、胶辊、化工衬里。与聚乙烯掺合可作电线电缆绝缘层

续表

品种/代号	组 成	特 点	主要用途
聚硫橡胶（T）	脂肪族烃类或醚类的二卤衍生物（如三氯乙烷）与多硫化钠的缩聚物	耐油性突出，仅略逊于氟橡胶而优于丁腈橡胶，其次是化学稳定性也很好，能耐臭氧、日光、各种氧化剂、碱及弱酸等，不透水，透气性小。缺点是耐热、耐寒性不好，力学性能很差，压缩变形大，黏着性小，冷流现象严重	由于易燃烧、有催泪性气味，故在工业上很少用作耐油制品，多用于制作密封腻子或油库覆盖层

7.4.1.2 通用橡胶的综合性能（表7.4-2）

表7.4-2 通用橡胶的综合性能

项目		天然橡胶	异戊橡胶	丁苯橡胶	顺丁橡胶	氯丁橡胶	丁基橡胶	丁腈橡胶
生胶密度/(g/m³)		0.90~0.95	0.92~0.94	0.92~0.94	0.91~0.94	1.15~1.30	0.91~0.93	0.96~1.20
拉伸强度/MPa	未补强硫化胶	17~29	20~30	2~3	1~10	15~20	14~21	2~4
	补强硫化胶	25~35	20~30	15~20	18~25	25~27	17~21	15~30
伸长率/%	未补强硫化胶	650~900	800~1200	500~800	200~900	800~1000	650~850	300~800
	补强硫化胶	650~900	600~900	500~800	450~800	800~1000	650~800	300~800
耐溶剂性膨胀率/%（体积分数）	汽油	+80~+300	+80~+300	+75~+200	+75~+200	+10~+45	+150~+400	-5~+5
	苯	+200~+500	+200~+500	+150~+400	+150~+500	+100~+300	+30~+350	+50~+100
	丙酮	0~+10	0~+10	+10~+30	+10~+30	+15~+50	0~+10	+100~+300
	乙醇	-5~+5	-5~+5	-5~+10	-5~+10	+5~+20	-5~+5	+2~+12
耐矿物油		劣	劣	劣	劣	良	劣	可~优
耐动植物油		次	次	可~良	次	良	优	优
耐碱性		可~良	可~良	可~良	可~良	良	优	可~良
耐酸性	强酸	次	次	次	劣	可~良	良	可~良
	弱酸	可~良	可~良	可~良	次~劣	优	优	良

7.4.1.3 特种橡胶的综合性能（表7.4-3）

表7.4-3 特种橡胶的综合性能

项目		乙丙橡胶	氯磺化聚乙烯橡胶	丙烯酸酯橡胶	聚氨酯橡胶	硅橡胶	氟橡胶	聚硫橡胶	氯化聚乙烯橡胶
生胶密度/(g/m³)		0.86~0.87	1.11~1.13	1.09~1.10	1.09~1.30	0.95~1.40	1.80~1.82	1.35~1.41	1.16~1.32
拉伸强度/MPa	未补强硫化胶	3~6	8.5~24.5	—	—	2~5	10~20	0.7~1.4	—
	补强硫化胶	15~25	7~20	7~12	20~35	4~10	20~22	9~15	>15
伸长率/%	未补强硫化胶	—	—	—	—	40~300	500~700	300~700	400~500
	补强硫化胶	400~800	100~500	400~600	300~800	50~500	100~500	100~700	—
耐溶剂性膨胀率/%（体积分数）	汽油	+100~+300	+50~+150	+5~+15	-1~+5	+90~+175	+1~+3	-2~+3	—
	苯	+200~+600	+250~+350	+350~+450	+30~+60	+100~+400	+10~+25	-2~+50	—
	丙酮	—	+10~+30	+250~+350	~+40	-2~+15	+150~+300	-2~+25	—
	乙醇	—	-1~+2	-1~+1	-5~+20	-1~+1	-1~+2	-2~+20	—
耐矿物油		劣	良	良	良	劣	优	优	良
耐动植物油		良~优	良	优	优	良	优	优	良
耐碱性		优	可~良	可	可	次~良	优	优	优
耐强酸性		良	可~良	可~次	劣	次	优	可~良	良
耐弱酸性		优	良	可	劣	次	优	可~良	优

7.4.2 常用橡胶软管

7.4.2.1 压缩空气用织物增强橡胶软管（GB/T 1186—2016）

（1）分类

① 根据设计压力，软管型别如下：

1 型：低压——设计最大工作压力为 1.0MPa。

2 型：中压——设计最大工作压力为 1.6MPa。

3 型：高压——设计最大工作压力为 2.5MPa。

② 根据耐油性能，软管型别可再分为三种级别：

A 级：非耐油性能。

B 级：正常耐油性能。

C 级：良好耐油性能。

③ 根据工作温度范围，以上型别和级别可进一步再分为两个类别：

N-T 类（常温）：$-25\sim+70℃$。

L-T 类（低温）：$-40\sim+70℃$。

（2）内径　当按照 ISO 4671 进行测量时，软管的内径和公差应符合表 7.4-4 的要求。

表 7.4-4　最小内径和最大内径

软管规格	最小内径/mm	最大内径/mm
4	3.25	4.75
5	4.25	5.75
6.3	5.55	7.05
8	7.25	8.75
10	9.25	10.75
12.5	11.75	13.25
16	15.25	16.75
19	18.25	19.75
20	19.25	20.75
25	23.75	26.25
31.5	30.25	32.75
38	36.50	39.50
40	38.50	41.50
51	49.50	52.50
63	61.50	64.50
76	74.50	77.50
80	78.00	82.00
100	98.00	102.00
102	100.00	104.00

（3）同心度　按照 ISO 4671 测定时，内径不大于 76mm，同心度小于或等于 1.0mm；内径大于 76mm，同心度小于或等于 1.5mm。

（4）长度公差　软管切割长度的公差应符合 ISO 1307 的规定，长度测量符合 ISO 4671 的要求。

（5）内衬层和外覆层的最小厚度　当按照 ISO 4671 测定时，内衬层和外覆层的最小厚度应符合如下要求：

1 型：内衬层 1.0mm，外覆层 1.5mm。

2 型：内衬层 1.5mm，外覆层 2.0mm。

3 型：内衬层 2.0mm，外覆层 2.5mm。

7.4.2.2 通用输水织物增强橡胶软管（HG/T 2184—2008）（表 7.4-5）

表 7.4-5　通用输水织物增强橡胶软管

公称内径/mm		10	12.5	16	19	20	22	25	27	32	38	40	50	63	76	80	100
内径偏差/mm		±0.75					±1.25					±1.5				±2	
胶层厚度 /mm　≥	内胶层	1.5			2.0			2.5					3.0				
	外胶层	1.5			1.5			1.5					2.0				

续表

工作压力 /MPa	1 型(低压型)	a 级:工作压力≤0.3MPa b 级:0.3MPa<工作压力≤0.5MPa c 级:0.5MPa<工作压力≤0.7MPa	
	2 型(中压型)	d 级:0.7MPa<工作压力≤1.0MPa	—
	3 型(高压型)	e 级:1.0MPa<工作压力≤2.5MPa	—
适用范围		适用工作温度范围为:−25~+70℃,最大工作压力为2.5MPa;不适用于输送饮用水等	

7.4.2.3 耐稀酸碱橡胶软管 (HG/T 2183—2014) (表 7.4-6)

表 7.4-6 耐稀酸碱橡胶软管

公称内径	A 型	12.5	16	19	22	25	31.5	38	45	51	63.5	76	89	102	127	152
	B 型及 C 型	—	—	—	—	—	31.5	38	45	51	63.5	76	89	102	127	152
内径及 公差/mm	内径	13	16	19	22	25	32	38	45	51	64	76	89	102	127	152
	公差	±0.5				±1.0			±1.3					±1.5		
软管同心度(内外 径之间)/mm ≤		1.0					1.3				1.5			2.0		
胶层厚度 /mm	内衬层≥	2.2						2.5					2.8	3.5		
	外覆层≥	1.2						1.5					2.0			
类型	A 型	有增强层不含钢丝螺旋线,用于输送酸碱液体														
	B 型	有增强层含钢丝螺旋线,用于吸引酸碱液体														
	C 型	有增强层含钢丝螺旋线,用于排吸酸碱液体														
适用范围		适用于−20~45℃环境中,输送浓度不高于40%的硫酸溶液和浓度不高于15%氢氧化钠溶液,以及与上述浓度相当的酸碱溶液(硝酸除外)														

注:软管长度由使用方提出,制造厂同意确定。10m 以上的软管长度公差为±1%,≤10m 的软管长度公差为±1.5%。

7.4.2.4 燃油用橡胶和塑料软管 (HG/T 3037—2019) (表 7.4-7)

表 7.4-7 燃油用橡胶和塑料软管

公称内径		12	16	19	22	25	32	38	40	45
内径/mm		12.5	16.0	19.0	22.0	25.0	32.0	38.0	40.0	50.0
最小弯曲半径/mm		60	80	100	130	150	175	225	225	275
公差/mm		±0.8				±1.25				
最大工作压力/MPa		1.6								
验证压力/MPa		2.4								
最小爆破压力/MPa		4.8								
等级	常温级	环境工作温度:−30~+55℃								
	低温级	环境工作温度:−40~+55℃								
型别	1 型	由无缝橡胶(或 TPE)内衬层、织物增强层和橡胶(或 TPE)外覆层构成的软管								
	2 型	由无缝橡胶(或 TPE)内衬层、织物和螺旋金属丝增强层及橡胶(或 TPE)外覆层构成的软管								
	3 型	由无缝橡胶(或 TPE)内衬层、细金属丝增强层和橡胶(或 TPE)外覆层构成的软管								
	4 型	在 1 型、2 型、3 型基础上增加防燃油渗透的镶衬层构成的软管,按渗透率分为 4A 型、4B 型								

7.4.2.5 焊接胶管 (GB/T 2550—2016) (表 7.4-8)

表 7.4-8 焊接胶管

公称内径	4	4.8	5	6.3	7.1	8	9.5	10	12.5	16	20	25	32	40	50
内径/mm	4	4.8	5	6.3	7.1	8	9.5	10	12.5	16	20	25	32	40	50
公差/mm	±0.40			±0.50			±0.60				±1.0		±1.25		
同心度(最大)/mm	1									1.25			1.5		

	性能指标		
胶层	橡胶内衬层	外覆层	塑料衬里
拉伸强度/MPa	5	7	5
扯断伸长率/%	200	250	150
适用范围	中型 2MPa 和轻型(限于最大工作压力 1MPa，公称内径≤6.3)橡胶软管及乙炔软管(最大工作压力 0.3MPa)		
适用温度	−20～+60℃		

7.4.2.6 蒸汽橡胶软管 （HG/T 3036—2009）

（1）分类 HG/T 3036—2009 规定了两种型别的用于输送饱和蒸汽和热冷凝水的软件和（或）软管组合件：

1 型：低压蒸汽软管，最大工作压力 0.6MPa，对应温度为 164℃；

2 型：高压蒸汽软管，最大工作压力 1.8MPa，对应温度为 210℃。

每个型别的软管分为 A 级外覆层不耐油和 B 级外覆层耐油。型别和等级都可以为：电连接的，标注为"M"；导电性的，标注为"Ω"。

（2）直径、厚度和弯曲半径（表 7.4-9）

表 7.4-9 直径、厚度和弯曲半径 单位：mm

内径		外径		最小厚度		最小弯曲半径
数值	偏差范围	数值	偏差范围	内衬层	外覆层	
9.5	±0.5	21.5	±1.0	2.0	1.5	120
13	±0.5	25	±1.0	2.5	1.5	130
16	±0.5	30	±1.0	2.5	1.5	130
19	±0.5	33	±1.0	2.0	1.5	160
25	±0.5	40	±1.0	2.5	1.5	190
32	±0.5	48	±1.0	2.5	1.5	250
38	±0.5	54	±1.2	2.5	1.5	320
45	±0.7	61	±1.2	2.5	1.5	280
50	±0.7	68	±1.4	2.5	1.5	450
51	±0.7	69	±1.4	2.5	1.5	500
63	±0.8	81	±1.6	2.5	1.5	500
75	±0.8	93	±1.6	2.5	1.5	630
76	±0.8	94	±1.6	2.5	1.5	750
100	±0.8	120	±1.6	2.5	1.5	1000
102	±0.8	122	±1.6	2.5	1.5	1000

（3）长度和公差 $L \leqslant 1000$mm 为±10mm；$L > 1000$mm 为±1%。

7.5 其它非金属材料

7.5.1 玻璃管和管件 （HG/T 2435—1993）

7.5.1.1 玻璃管材性能参数

HG/T 2435—1993 标准适用于输送腐蚀性气体、液体的硼硅酸盐玻璃管和管件（以下简称管和管件），公称直径 15～150mm。

（1）管和管件按密封结构形式分为球型端面和平型端面两大类。

（2）管件按使用功能又可分为下述几类：调整垫、异径管、弯管、三通、四通和阀门。

（3）材质理化性能

① 玻璃在 20～300℃ 的范围内的平均线热膨胀系数：$(3.3\pm0.1)\times10^{-6}K^{-1}$。

② 玻璃的密度：$(2.23\pm0.02)g/cm^3$。

（4）玻璃耐水性能不低于 GB/T 6582 测定的 1 级。

（5）玻璃耐碱 性能不低于 GB/T 6580 规定的 A2 级。

（6）管和管件的耐热冲击温度：

DN＜100 的耐热冲击的温度差应不小于 120℃；

DN＞100 的耐热冲击的温度差应不小于 110℃。

7.5.1.2　玻璃管材规格

（1）玻璃管的长度及其偏差应符合表 7.5-1 的规定。

表 7.5-1　玻璃管的长度及其偏差

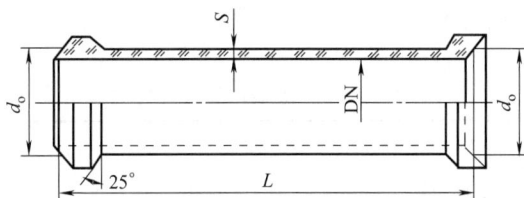

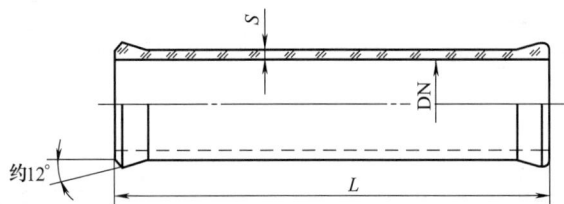

L/mm	100	125	150	175	200	300	400	500	700	1000	1500	2000	2500	3000		
DN	极　限　偏　差/mm										极　限　偏　差/mm			极　限　偏　差/mm		
	优等品		一等品			合格品					优等品	一等品	合格品	优等品	一等品	合格品
15	±1		±2			±3					±2	±3	±5			
20	±1		±2			±4					±2	±3	±6	±3	±4	±8
25	±1		±2			±4					±2	±3	±6	±3	±4	±8
32	±1		±2			±4					±2	±3	±6	±3	±4	±8
40	±1		±2			±4					±2	±3	±6	±3	±4	±8
50	±2		±3			±6					±2	±3	±6	±3	±4	±8
65	±2		±3			±6					±3	±4	±8	±4	±5	±10
80	±2		±3			±6					±3	±4	±8	±4	±5	±10
100	±2		±3			±6					±3	±4	±8	±4	±5	±10
125	±2		±3			±6					±3	±4	±8	±4	±5	±10
150	±2		±3			±6					±3	±4	±8	±4	±5	±10

（2）管和管件（弯管除外）的外径和壁厚及其偏差应符合表 7.5-2 的规定。

表 7.5-2　管和管件（弯管除外）的外径和壁厚

DN	玻璃管外径偏差/mm				玻璃管壁厚偏差/mm			
	尺寸	优等品	一等品	合格品	尺寸	优等品	一等品	合格品
15	22.0	±0.3	±0.5	±0.8	3.0	±0.3	±0.4	±0.7
20	27.0				3.5			

续表

DN	玻璃管外径偏差/mm				玻璃管壁厚偏差/mm			
	尺寸	优等品	一等品	合格品	尺寸	优等品	一等品	合格品
25	33.0	±0.5	±0.8	±1.0	4.0	±0.4	±0.5	±0.8
32	40.0	±0.8	±1.0	±1.5	4.5			
40	50.0				5.0			
50	60.0							
65	75.0	±1.0	±1.5	±2.0	5.5	±0.7	±1.0 −0.5	±1.2
80	90.0							
100	110.0	±1.5	±2.0	±2.5	6.0			
125	135.0				6.5	±0.8	±1.0	±1.5
150	165.0				7.5			

注：端头与管的过渡区（约60～80mm）的厚度可大于表中的规定。

（3）玻璃管的直线度不得大于4‰。

7.5.1.3 玻璃调整垫（表7.5-3）

表 7.5-3 玻璃调整垫尺寸

DN	A 型、B 型调整垫的长度 L/mm	C 型、D 型调整垫的长度 L/mm
15		
20		
25		
32	25	25
40		
50		
65	50	
80		
100	—	50
125		
150		

7.5.1.4　玻璃异径管（表 7.5-4）

表 7.5-4　玻璃异径管尺寸

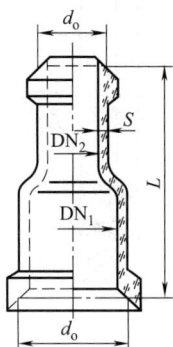

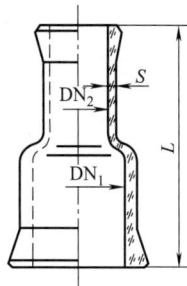

DN_1	DN_2	尺寸 L /mm	尺寸 L 偏差/mm			DN_1	DN_2	尺寸 L /mm	尺寸 L 偏差/mm		
			优等品	一等品	合格品				优等品	一等品	合格品
150	25～125	200	±2	±3	±6	50	15～40	100	±2	±3	±6
125	20～100					40	15～32				
100	15～80	150				32	15～25		±1	±2	±4
80	15～65	125				25	15～20				
65	15～50					20	15				

7.5.1.5　玻璃弯管（表 7.5-5）

表 7.5-5　玻璃弯管尺寸

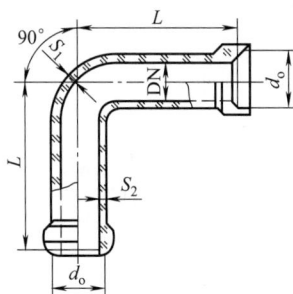

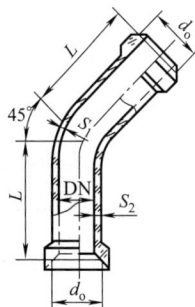

DN		15	20	25	32	40	50	65	80	100	125	150
S_1/mm	>	2.2		3.0				3.5		4.0		4.5
S_2/mm	尺寸	3.5	4.0	5.5		6.0		6.5		7.0		
	偏差	±0.5						+1.0 −0.5	+1.0 −0.5	±1.0		
L/mm	尺寸	50.0	75.0	100.0		150.0		200.0		250.0		
偏差/mm	优等品	±1.0				±2.0						
	一等品	±2.0				±3.0						
	合格品	±4.0				±6.0						

7.5.1.6 玻璃三通/四通/角阀（表 7.5-6）

表 7.5-6　玻璃三通/四通/角阀尺寸

玻璃三通											
玻璃四通											
玻璃角阀											

DN	15	20	25	32	40	50	65	80	100	125	150
L 尺寸/mm	50	75	100			150		200		250	
L 偏差 /mm	优等品		±1					±2			
	一等品		±2					±3			
	合格品		±4					±6			

7.5.1.7 玻璃直通阀（表 7.5-7）

表 7.5-7　玻璃直通阀尺寸　　　　　　　　单位：mm

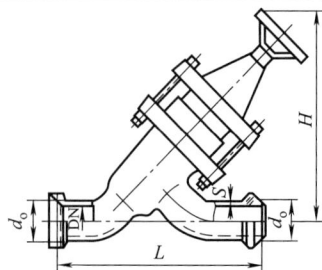

续表

DN	15	20	25	32	40	50	65	80	100	125	150
L 尺寸/mm	125	150	200			300		400		500	
L 偏差 /mm 优等品	±2					±3				±4	
L 偏差 /mm 一等品	±3					±4				±5	
L 偏差 /mm 合格品	±6					±8				±10	

注：H 的值由生产厂决定。

7.5.1.8 玻璃管和管件的许用工作压力（表 7.5-8）

表 7.5-8 玻璃管和管件的许用工作压力

公称直径 DN	管和管件/MPa	阀门/MPa
15	0.40	0.30
20		
25		
32		
40		
50		0.20
65	0.30	0.15
80		
100	0.20	0.10
125		
150		

7.5.1.9 玻璃球面端头（表 7.5-9）

表 7.5-9 玻璃球面端头尺寸

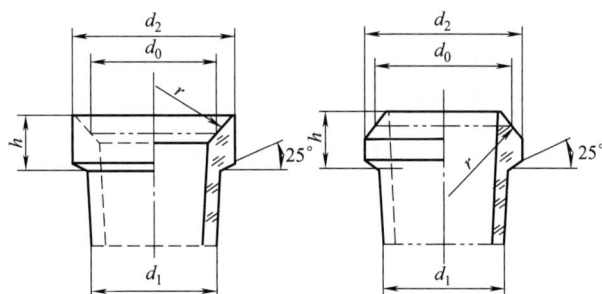

DN	d_0/mm	d_1/mm	d_2/mm	r/mm	h/mm
15	21.0	22.0	30.0±1.0	18.0	12.0
20	26.0	27.0	37.0±1.0	20.0	14.0
25	34.0	33.0	44.0±1.0	25.0	15.0
32	40.0	40.0	52.0±1.0	32.0	17.0
40	50.0	50.0	62.0±1.5	40.0	18.0
50	62.0	60.0	76.0±1.5	50.0	20.0
65	77.0	75.0	95.0±2.0	65.0	24.0
80	90.0	90.0	110.0±2.0	80.0	28.0
100	118.0	110.0	130.0±2.0	100.0	29.0
125	138.0	135.0	155.0±2.0	125.0	29.0
150	170.0	165.0	185.0±2.0	150.0	30.0

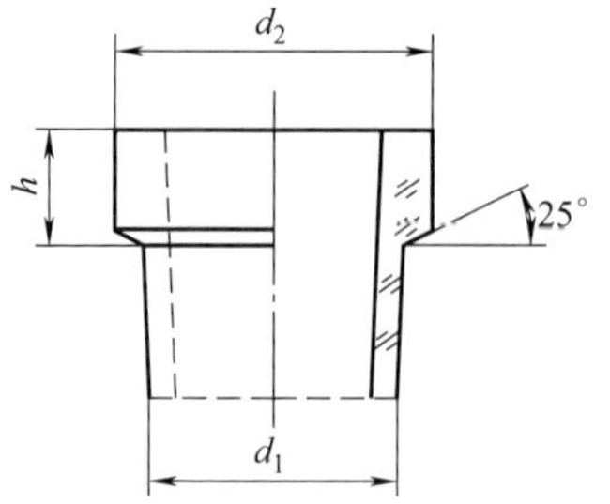

DN	d_1/mm	d_2/mm	h/mm
15	22.0	30.0±1.0	12.0
20	27.0	37.0±1.0	14.0
25	33.0	44.0±1.0	15.0
32	40.0	52.0±1.0	17.0
40	50.0	62.0±1.5	18.0
50	60.0	76.0±1.5	20.0
65	75.0	95.0±2.0	24.0
80	90.0	110.0±2.0	28.0
100	110.0	130.0±2.0	29.0
125	135.0	155.0±2.0	29.0
150	165.0	185.0±2.0	30.0

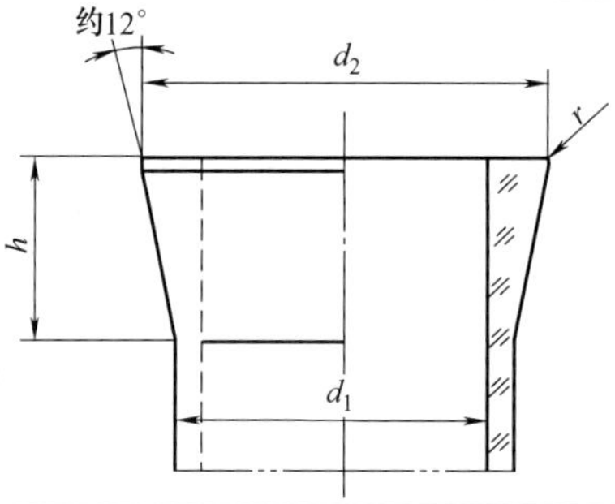

DN	d_1/mm	d_2/mm	h/mm	r/mm
15	22.0	30.0±1.0	20.0	1.0
20	27.0	37.0±1.0	24.0	1.0
25	33.0	43.0±1.0	25.0	1.0
32	40.0	51.0±1.0	27.0	1.0
40	50.0	61.0±1.0	27.0	1.0
50	60.0	72.0±1.5	30.0	1.5
65	75.0	89.0±2.0	30.0	1.5
80	90.0	103.0±2.0	32.0	1.5
100	110.0	127.0±2.0	42.0	2.0
125	135.0	152.0±2.0	42.0	2.0
150	165.0	182.0±2.0	42.0	2.0

7.5.1.10 活套法兰及管道连接

（1）活套法兰主要数据（表 7.5-10）

表 7.5-10 活套法兰主要数据

DN	15	20	25	32	40	50	65	80	100	125	150
螺孔中心圆直径/mm	65	75	85	100	110	125	145	160	180	204	240
螺孔数量/个	4	4	4	4	4	4	6	8	8	8	8
螺孔直径/mm	7	7	9.5	9.5	9.5	9.5	9.5	9.5	9.5	9.5	10.5

（2）玻璃管道连接示意（图 7.5-1）

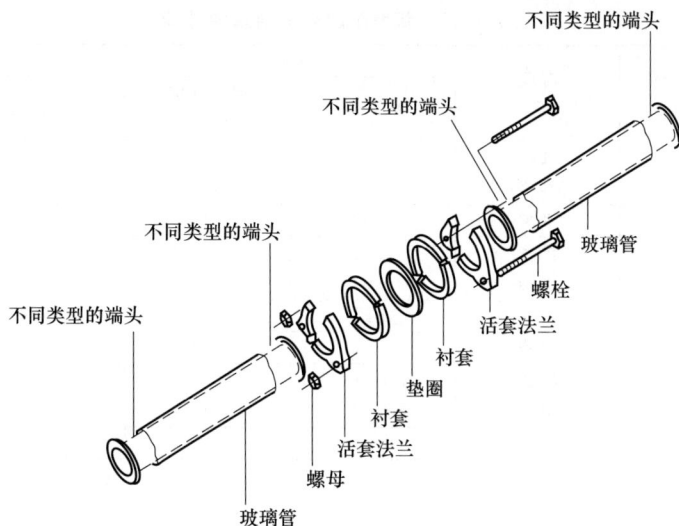

图 7.5-1 玻璃管道连接示意

7.5.2 耐酸陶瓷性能

7.5.2.1 普通陶瓷耐腐蚀性能（表 7.5-11）

表 7.5-11 普通陶瓷耐腐蚀性能

介　质	浓度（质量分数）	温度	耐腐蚀性能
亚硝酸	任何浓度	—	耐
硝酸	任何浓度	低于沸腾	耐
硝酸铅	任何浓度	沸腾	耐
硝酸铵	任何浓度	低于沸腾	耐
亚硫酸	任何浓度	低于沸腾	耐
盐酸	任何浓度	低于沸腾	耐
醋酸	任何浓度	低于沸腾	耐
蚁酸	任何浓度	沸腾	耐
乳酸	任何浓度	沸腾	耐
柠檬酸	任何浓度	低于沸腾	耐
硼酸	任何浓度	沸腾	耐
脂肪酸	任何浓度	沸腾	耐
铬酸	任何浓度	沸腾	耐
草酸	任何浓度	低于沸腾	耐
硫酸	96%	沸腾	耐
硫酸钠	任何浓度	沸腾	耐
硫酸铅	任何浓度	沸腾	耐
硫酸铵	任何浓度	沸腾	耐
硫化氢	任何浓度	沸腾	耐
氟硅酸	—	高温	不耐
氨	任何浓度	沸腾	耐
丙酮	100%以下	—	耐
苯	100%	—	耐（不使用陶制品）
氢氟酸	—	—	不耐
碳酸钠	稀溶液	20℃	较耐
氢氧化钠	稀溶液	25℃	较耐
氢氧化钠	20%	60℃	较耐
氢氧化钠	浓溶液	沸腾	不耐

7.5.2.2 新型耐酸陶瓷耐腐蚀性能（表 7.5-12）

表 7.5-12 新型耐酸陶瓷耐腐蚀性能

介质	浓度（质量分数）/%	温度/℃	莫来石瓷		97%氧化铝瓷	
			失重/%	腐蚀深度/(mm/a)	失重/%	腐蚀深度/(mm/a)
硫酸	40	沸腾	0.05	0.04	0.13	0.09
	95～98	沸腾	0.16	0.12	0.01	0.01
硝酸	65～68	沸腾	0.03	0.03	0.01	0.01
盐酸	10	沸腾	0.04	0.04	0.02	0.01
	36～38	沸腾	0.05	0.04	0.02	0.01
氢氟酸	40		不耐		0.47	0.06
醋酸	99	沸腾	0.01	0.00	0.01	0.00
氢氧化钠	20	沸腾	0.21	0.16	0.02	0.01
	50	沸腾	2.03	0.63	0.07	0.05
氨	25～28	常温	0.01	0.00	0.00	0.00

注：75%氧化铝瓷（含铬）对 95%～98%沸腾硫酸的失重为 1%，对 50%沸腾氢氧化钠的失重为 0.8%。

7.5.3 石墨材料性能

石墨材料（graphite material）由焦炭或石墨粉及颗粒与沥青经混合、挤压、模压或振动成型后，在高温下形成的以石墨晶粒为主，具有优良的耐腐蚀性与热导率的非金属材料。按原料及最终成型温度的不同而区分为石墨化材料（2500℃左右形成）和半石墨化材料。

半石墨化材料（half-graphitized material）由石墨粉及颗粒与沥青混合、挤压或模压（包括振动成型）后，在 1000～1100℃焙烧而成的石墨材料，其中的沥青仅转化成炭而非石墨。

不透性石墨（impervious graphite），现行工业应用层面上（即在不高的压力、温度条件下）不渗透液体和气体的石墨材料被称为不透性石墨。包括浸渍石墨、压型（包括挤压和模压）石墨和浇铸石墨。

浸渍石墨（impregnated graphite）采用浸渍工艺过程将有机或无机液体材料（浸渍剂）压入透性石墨材料的孔隙中并使之固化填塞孔隙而成浸渍石墨。因所用浸渍剂的不同而形成不同品种。应用最广的是采用酚醛树脂浸渍的酚醛浸渍石墨，其次还有呋喃浸渍石墨、聚四氟乙烯浸渍石墨、水玻璃浸渍石墨等。

压型酚醛石墨管 YFSG（press phenolic aldehyde graphite tube）采用人造石墨和酚醛树脂等材料，经混捏、压型（热挤压或冷模压）和热处理而制成的石墨管。YFSG1 代表石墨管成型后在 130℃下热处理；YFSG2 代表石墨管成型后在 300℃下热处理。

浸渍树脂石墨管 JSSG（dipping resin graphite tube）采用碳素材料制成石墨管，按一定生产工艺浸渍树脂而成。JSSG1 代表用石墨材料加工制成的石墨管；JSSG2 代表用石墨粉和沥青黏结剂，经配料、混捏、压型和高温焙烧热处理并经石墨化工序制成的人造石墨管。

7.5.3.1 浸渍不透性石墨块的物理力学性能（HG/T 2370—2017）（表 7.5-13）

表 7.5-13 浸渍不透性石墨块的物理力学性能

项目	浸渍不透性石墨	项目	浸渍不透性石墨
真密度/(kg/m³)	$\geqslant 2.03 \times 10^3$	抗弯强度/MPa	$\geqslant 27.0$
体积密度/(kg/m³)	$\geqslant 1.8 \times 10^3$	线膨胀系数/℃$^{-1}$	$\leqslant 5.7 \times 10^{-6}(130℃)$
抗压强度/MPa	$\geqslant 60.0$	热导率/[W/(m·℃)]	$100(25℃)$
抗拉强度/MPa	$\geqslant 14.0$		

7.5.3.2 石墨用酚醛粘接剂的物理力学性能（HG/T 2370—2017）（表 7.5-14）

表 7.5-14 石墨用酚醛粘接剂的物理力学性能

项 目	单 位	指标
浸渍石墨间粘接剪切强度	MPa	$\geqslant 12.0$
浸渍石墨间粘接抗拉强度	MPa	$\geqslant 13.0$
浇铸件抗拉强度	MPa	$\geqslant 14.0$
浇铸件抗压强度	MPa	$\geqslant 60.0$
热固化收缩率	%	$\leqslant 0.37(130℃)$
线胀系数	℃$^{-1}$	$\leqslant 2.7 \times 10^{-5}$

7.5.3.3 不透性石墨管基本参数（HG/T 2059—2014）（表7.5-15）

表7.5-15 不透性石墨管基本参数

公称直径 DN	内径/mm	外径/mm	壁厚/mm	壁厚偏差/mm	挠度/mm	设计压力/MPa
22	22	32	5	±0.5	≤2.5	≤0.3
25	25	38	6.5	±0.5	≤2.5	≤0.3
30	30	43	6.5	±0.5	≤2.5	≤0.3
36	36	50	7.0	±0.5	≤2.5	≤0.3
40	40	55	7.5	±0.5	≤2.0	≤0.2
50	50	67	8.5	±0.5	≤2.0	≤0.2
65	65	85	10.0	±1.0	≤2.0	≤0.2
75	75	100	12.5	±1.0	≤2.0	≤0.2
102	102	133	15.5	±1.0	≤2.0	≤0.2
127	127	159	16.0	±1.0	≤2.0	≤0.2
152	152	190	19.0	±1.0	≤1.5	≤0.2
203	203	254	25.5	±1.0	≤1.5	≤0.2
254	254	330	38.0	±1.0	≤1.5	≤0.2

7.5.3.4 不透性石墨管的物理性能（HG/T 2059—2014）（表7.5-16）

表7.5-16 不透性石墨管的物理性能

性能	YFSG1	YFSG2	JSSG1	JSSG2
体积密度/(kg/m³)	1.8×10^3	1.8×10^3	1.9×10^3	1.74×10^3
热导率/[W/(m·K)]	31.4～40.7	31.4～40.7	104.6～116.0	116.0～120.0
线胀系数/℃⁻¹	24.7×10^{-6}(129℃)	8.2×10^{-6}(129℃)	2.4×10^{-6}(129℃)	—
抗拉强度/MPa	19.6	16.7	15.7	30.0
抗压强度/MPa	88.2	73.5	75.0	90.0
抗弯强度/MPa	55.0(ϕ32mm/ϕ22mm)	50.0(ϕ32mm/ϕ22mm)		
	45.0(ϕ38mm/ϕ25mm)			
	35.0(ϕ50mm/ϕ36mm)			
水压爆破强度/MPa	7(ϕ32mm/ϕ22×300mm)			6～10 (根据直径)
	6(ϕ50mm/ϕ36×300mm)			
水压试验	不透性石墨管每根均以1.5倍的设计压力进行水压试验,保持30min不渗漏			

注：不透性石墨管热导率为参考值。

7.5.3.5 树脂浸渍石墨的耐腐蚀性能（表7.5-17、表7.5-18）

表7.5-17 酚醛树脂浸渍石墨及压型酚醛石墨的耐腐蚀性能

类别	介质	浓度/%	温度/℃	耐蚀性
酸类	盐酸、亚硫酸 草酸、乙酸酐 油酸、脂肪酸 蚁酸、柠檬酸 乳酸、酒石酸 亚硝酸、硼酸	任意	<沸点	耐
	硝酸	5	常温	尚耐
	硫酸	<75	<120	耐
	硫酸	80	120	不耐
	磷酸	<80	<沸点	耐
	氢氟酸	<48	<沸点	耐
	氢氟酸	48～60	<85	耐
	氢溴酸	10		耐
	氢溴酸	任意	<沸点	不耐
	铬酸	10	常温	尚耐
	铬酐	10	<沸点	耐
	铬酐	40	常温	耐
	乙酸	<50	沸点	耐
	乙酸	100	20	耐

续表

类别	介质	浓度/%	温度/℃	耐蚀性
碱类	NaOH	10	<20	不耐
	KOH	10	常温	不耐
	氨水、一乙醇胺	任意	<沸点	耐
盐类	硫酸钠、硫酸氢钠 硫酸镍、硫酸锌 硫酸铝、硫氢化铵 氯化铝、氯化铵 氯化铜、氯化亚铜 氯化铁、氯化亚铁 氯化锡、氯化钠	任意	<沸点	耐
	碳酸钠、硝酸钠 硫代硫酸钠	任意	<沸点	耐
	磷酸铵	任意	<沸点	耐
	硫酸锌	27	<沸点	耐
	硫酸锌	饱和	60	耐
	硫酸铜	任意	<100	耐
	三氯化砷	100	<100	耐
	高锰酸钾	20	60	尚耐
卤素	氟气	100	常温	不耐
	干氯	100	常温	耐
	湿氯			不耐
	溴、碘	100	20	不耐
	溴水	饱和	50	不耐
有机物	甲醇、异丙醇 戊醇、丙酮 丁酮、苯胺 苯、二氯甲烷 氯化苯、二氯乙烷 汽油、四氯乙烷 三氯甲烷、四氯化碳 二氧杂环乙烷	100	<沸点	耐
	乙醇、丙三醇	95	<沸点	耐
	三氯乙醛	33	20	耐
	二氯乙醚		20～100	耐
	丙烯腈		20～60	耐
	苯乙烯、乙基苯		20	耐
	乙醛	100	20	耐
其它	尿素	70	常温	耐
	硫酸乙酯	50	<沸点	耐
使用实例	二氯苯＋二氯乙烷＋		100	耐
	合成橡胶生产｛聚氯化物		20	耐
	醛醚凝氯		20～60	耐
	扩散剂 H		20	耐
	拉开粉	20	100	不耐
	发泡粉	20	100	不耐
	氯乙烷＋盐酸＋乙醇		140→25	耐
	氯油＋氯气＋乙醇＋水		60	不耐
	湿二氧化硫		80→40	耐
	硫酸镍＋氯化镍		50→70	耐
	硫酸锌＋硫酸		40→60	耐
	苯＋二氯乙烷＋氯气＋盐酸		120→130	耐
	季戊四醇＋盐酸		180	耐
	烷基磺酰氯		80→25	耐
	硫酸＋萘	含 H_2SO_4	90	耐
	蛋白质水解液	70	70→120	耐

表 7.5-18 呋喃树脂浸渍石墨的耐腐蚀性能

介质	质量浓度 /(10g/L)	温度/℃	耐蚀性	介质	质量浓度 /(10g/L)	温度/℃	耐蚀性
硫酸	90	50	耐	次氯酸钙	20	60	耐
铬酸	10	50	耐	高锰酸钾	20	60	耐
氢氧化钠	<50	沸点	耐	重铬酸钾	20	60	耐
氢氧化钾	20	40	耐				

7.5.4 塑料涂料

7.5.4.1 聚三氟氯乙烯涂料

(1) 物理机械性能 聚三氟氯乙烯（简称 F-3）树脂是一种结晶体聚合物，其制品的结晶度是影响物理机械性能的决定因素。如结晶度低的对金属有良好的附着力，不易碎裂，表面较坚韧，耐磨性能尚好，冲击韧性好，可达 $100kg \cdot cm/cm^2$，而结晶度高的则较硬而脆，容易剥落，抗冲击强度也较低。

F-3 树脂的结晶速度与温度有关，100℃以下结晶速度较小，高于 150℃迅速增长，195℃达最高点。F-3 树脂在温度超过 208～210℃时为高弹性态，继续加热至 270～280℃时为黏流态，当温度达 310℃以上时，开始激烈的分解，特别是与金属铁、铜、铬接触时，分解更为激烈。因此控制涂层的结晶度是十分重要的，降低结晶度的方法是涂层在施工中必须经过淬火（急速冷却）处理。经良好淬火处理的机械性能见表 7.5-19。

表 7.5-19 F-3 树脂机械性能

项目	指标	项目	指标
抗拉强度	$300～400kg/cm^2$	正面冲击韧性	$50kg \cdot cm/cm^2$
相对伸长率	70%～100%	与碳钢附着力	$50～80kg/cm^2$

(2) 耐腐蚀性能 F-3 树脂具有优良的耐腐蚀性能，它能耐强酸、强碱及氧化剂的腐蚀，在室温下能耐一般的有机溶剂。但在较高温度下能被含有氟、氯等卤素原子的脂肪族、芳香族有机化合物溶胀或溶解。耐腐蚀性能见表 7.5-20。

表 7.5-20 F-3 树脂涂料的耐腐蚀性能

介质	浓度/%	温度/℃	耐腐蚀性	介质	浓度/%	温度/℃	耐腐蚀性
硫酸	10～50	常温	耐	闪烯腈		常温	耐
硫酸	50	70	尚耐	氢氧化铵	30	常温	耐
硫酸	75	常温	耐	氯化铵	27	常温	耐
硫酸	75	70	尚耐	硫酸铵	27	常温	耐
硫酸	92	常温	耐	苯胺	100	常温	尚耐
硫酸	92	50～100	耐	苯	100	常温	尚耐
硫酸	98	常温	耐	甲苯	100	常温	尚耐
硝酸	5～10	常温	耐	二甲苯	100	100	尚耐
硝酸	10	70	耐	硝基苯	100	常温	尚耐
硝酸	25～50	常温	耐	氯苯		100	尚耐
硝酸	50	70	尚耐	醋酸丁酯	100	常温	尚耐
硝酸	60	常温	耐	二氧化碳	100	常温	尚耐
盐酸	10～38	常温	耐	二硫化碳	100	常温	尚耐
盐酸	35～38	50	耐	四氯化碳	100	常温	不耐
盐酸	35～38	100	耐	三氯甲烷	100	常温	不耐
醋酸	10～50	常温	耐	三氯乙烷		10～25	耐
醋酸	50	70	尚耐	硫酸铜	15	常温	尚耐
醋酸	100	常温	耐	三氯乙烯	100	常温	不耐
醋酸	100	71	尚耐	异丙醇气体		40	耐
磷酸	50	常温	耐	三氯乙醛		30～45	耐
磷酸	75	常温	耐	糠醛	100	常温	耐
磷酸	85	常温	耐	二乙醚	100	常温	尚耐
磷酸	85	50～100	耐	醋酸乙酯	100	常温	尚耐

续表

介质	浓度/%	温度/℃	耐腐蚀性	介质	浓度/%	温度/℃	耐腐蚀性
铬酸	25～50	常温	耐	汽油		常温	耐
铬酸	50	70	尚耐	煤油		常温	耐
铬酸	100	常温	耐	过氧化氢	3～10	常温	尚耐
王水		常温	耐	过氧化氢	30	常温	耐
草酸	9	常温	尚耐	糠醇	100	常温	耐
甲酸	25～50	常温	耐	铬酸钾	5	常温	尚耐
甲酸	90	常温	耐	铬酸钾	10	常温	耐
油酸	100	常温	尚耐	高锰酸钾	5	常温	尚耐
次氯酸	30	常温	耐	氢氧化钾	40	100	耐
氢氟酸	10～20	常温	耐	食盐溶液	26	常温	尚耐
氢氟酸	40	常温	尚耐	氢氧化钠	10	常温	尚耐
氢氟酸	99	10～30	耐	氢氧化钠	25	常温	尚耐
亚硫酸	10	常温	尚耐	氢氧化钠	50	70	尚耐
氟硅酸	34	常温	尚耐	次氯酸钠		70	耐
烟道气(SO_2)		110	耐	亚硝酸钠	40	常温	尚耐
发烟硫酸		常温	耐	硫化钠	16	常温	尚耐
甲醛	36	常温	耐	亚氯酸钠	10～16	100	耐
乙醛	100	常温	尚耐	五氧化磷		常温	耐
丙酮	100	常温	耐				

（3）耐热耐寒性 F-3 树脂的耐热、耐寒性都较好，涂层的使用温度范围一般为 $-100～130℃$，只有在高于 150℃ 时，涂层才会出现逐步变软现象。随着温度的提高，涂层结晶度也逐步提高，因而引起涂层有开裂、发脆等现象。又由于其相对伸长率较好，因而能耐急冷急热的变化。加之涂层总厚度较薄（0.4～0.5mm），所以可作各种冷却器、冷凝器、管道等防腐材料。此外，经淬火后的 F-3 树脂涂层，尚具有不黏性，可避免设备、管路内表面黏结污物，也可用为密封衬垫。经淬火后的 F-3 树脂薄膜透明度也很好，可用为设备、管路上的窥视镜或腐蚀介质的隔离膜。

（4）F-3 树脂涂层的优缺点 优点是低于 130℃ 时，可长期抵抗无机酸及盐类腐蚀；耐碱、氟化氢、氢氟酸的腐蚀优于耐酸搪瓷；耐盐酸、氯化氢气、氯气和稀硫酸的腐蚀优于搪铅、不锈钢；涂层不怕湿度的急剧变化，低温可耐 $-100℃$（还有可耐 $-195℃$ 的报道）。

缺点是 F-3 树脂涂层虽是无孔致密涂层，但难于喷涂，并要在高温下长期操作，较其它涂层成本高，故仅限于特殊应用；温度高于 130℃ 时使用寿命不长，140℃ 时对氯磺酸长期作用，对氢氟酸、高浓度发烟硫酸都是不稳定的。在较高温度下能被有机溶剂（首先是苯及苯的同系物）溶胀或溶解；硬度低，被尖硬物撞击易破裂，且破损后不易修复。

7.5.4.2 氟-46 涂料

（1）性能 氟-46 为四氟乙烯和六氟丙烯的共聚物，它具有优良的耐腐蚀性能，对强酸、强碱及强氧化剂，即使是在高温下也不发生任何作用。它除对某些卤化物、芳香族烃类化合物有轻微的膨胀现象外，对酮类、醚类、醇类等有机溶剂都不起作用。能对它起作用的仅有元素氟和三氟化氯以及熔融的碱金属，但只能在高温、高压下作用才显著。它的耐热性稍次于聚四氟乙烯涂料（简称 F-4，可耐 250℃ 左右），耐寒性较好。

氟-46 是一种比 F-4 融体黏度小，易于加工成型，流动性较大的热塑性氟塑料。用其粉料或分散液制的涂层，很少发现有微小针孔，在耐腐蚀性上比 F-4 涂料优越。

（2）使用情况 氟-46 涂料的涂层造价较贵，喷涂工艺比较繁杂，操作时有毒性。目前，氟-46 涂料应用在管路上较少，主要用于零部件上的喷涂，且效果较好，使用情况见表 7.5-21。

表 7.5-21 氟-46 涂料使用情况

名称	温度/℃	介质	涂层使用情况
出料管(ϕ100mm)	135～140	98%硫酸、98%硝酸、碘化钾	原用酚醛树脂只能用半个月左右，现用 11 个月，情况良好
球阀(ϕ50mm)	30～50	氯苯、氯化氢、氯气	原用不锈钢 1 星期换 1 个，现能用 3 个月以上。也可用 F-3 球阀

名称	温度/℃	介质	涂层使用情况
球阀(ϕ50mm)	30～40	98%硫酸、30%盐酸、氯气、氯苯	原用铸铁8小时,不锈钢7天,现能用90天以上
球阀(ϕ50mm)	40	50%溴氢酸	原用不锈钢1个月,现能用1年多
弯头	-40～30	30%硫酸、30%盐酸、氯气、氯苯	能用2年多

7.5.4.3 聚氯乙烯涂料

(1) 性能 聚氯乙烯涂料具有良好的耐腐蚀性能,特别是耐中等浓度的酸、碱腐蚀。使用温度一般为50℃左右。涂层光洁,但施工要消耗大量的溶剂,刺激性较大,故使用受到一定条件的限制。

(2) 优缺点和使用情况 优点是价格较低,施工方法简易,对被涂物的表面处理要求不高,可供大型设备、管路的防腐用,涂层不须作热处理。在气候干燥和通风好的条件下,每层涂料自干4h便可;涂层的更新或局部修补较方便;涂层在甲醛及某些有机酸的介质中,防腐蚀效果较好,一般甲醛贮槽涂覆后,最长时间已用7～8年,最短可用2～3年。

缺点是消耗溶剂量大,刺激性大,施工较艰苦(特别在夏季),一定要加强劳动保护措施;耐热性差,超过70℃长期使用,涂层表面就会起小泡脱落。

7.5.4.4 氯化聚氯乙烯涂料

氯化聚氯乙烯涂料的防腐蚀性能比聚氯乙烯涂料好。它的优点是涂覆成膜后,可耐温度110℃;在溶剂中的溶解度比聚氯乙烯树脂高50%,可降低溶剂的消耗量和材料成本;涂料的底层用异氰酸酯作助黏剂,面层只用氯化聚氯乙烯树脂溶液涂复便可,仍保持氯化聚氯乙烯涂料原有的耐腐蚀性能;可作木材和大气的防腐蚀涂料,使用效果较好。

上海溶剂厂使用ϕ200mm钢管内壁涂复氯化聚氯乙烯涂料,介质为甲醛废气,常温下能用3年以上,可节约大量铝材。

8 阀门与管道附件

8.1 阀门的选用

8.1.1 阀门的设置（HG/T 20570.18—1995）

HG/T 20570.18—1995 适用于化工工艺系统专业。所提及的阀门不包括安全阀、蒸汽疏水阀、取样阀和减压阀等，但包括限流孔板、盲板等与阀门有类似作用的管件的设置，以切断阀作为这些阀件的总称。切断阀的作用是用来隔断流体或使流体改变流向，要根据生产（包括正常生产、开停工及特殊工况）、维修和安全的要求而设置，同时也要考虑经济上的合理性。

8.1.1.1 边界处阀门设置

(1) 工艺物料和公用物料管道在装置边界处（通常在装置界区内侧）应设切断阀，下列几种情况例外：

① 排气系统；

② 紧急排放槽设于边界外时的泄放管；这两种情况如必须设阀门时，亦需铅封开启（C.S.O）；

③ 不会引起串料和事故的物料管；

④ 不需计量的物料管。

(2) 边界处阀门设置如图 8.1-1 所示的几种方式，其中图 8.1-1 (a) 适用于一般物料的切断；当串料可能引起爆炸、着火等安全事故或重要产品质量事故的地方，为防止阀门内漏，采用图 8.1-1 (b)、(d)、(e) 加盲板；图 8.1-1 (c) 和 (e) 适于送料后需向上游或下游扫线的情况，阀 a 可兼作吹扫、排净、检查泄漏之用，也可将检测计量仪表装在串联的两个阀门之间；图 8.1-1 (e) 适用于压力变化可能较大之处，止回阀可起瞬间的切断作用。

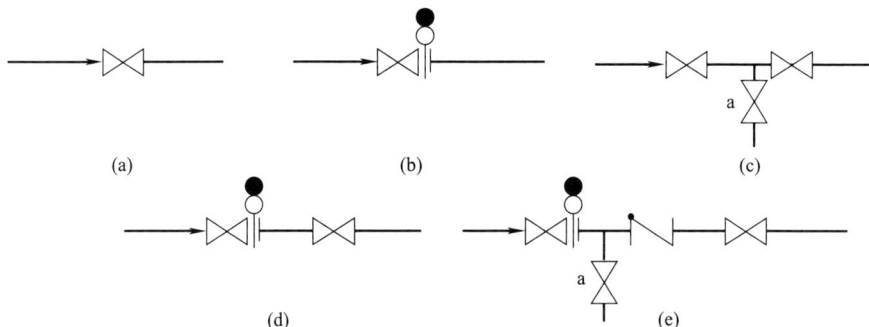

图 8.1-1　边界处阀门设置

8.1.1.2 根部阀的设置

(1) 一种介质需输送至多个用户时，为了便于检修或节能、防冻，除在设备附近装有切断阀外，在分支管上紧靠总管处加装一个切断阀叫根部阀。通常用于公用物料系统（如蒸汽、压缩空气、氮气等）。当一种工艺物料通向多用户时（例如溶剂），需作同样设置。如图 8.1-2 所示阀门即为根部阀，在有节能防冻等要求时，根部阀与主管的距离应尽量小。

(2) 化工装置内所有的公用物料管道分支管上都应装根部阀，以免由于个别阀门损坏引起装置或全厂停车。

(3) 蒸汽和架空的水管道，即使只通向一个装置或一台设备，当支管超过一定长度时也需加根部阀以减少死区，降低能耗，防止冻结。

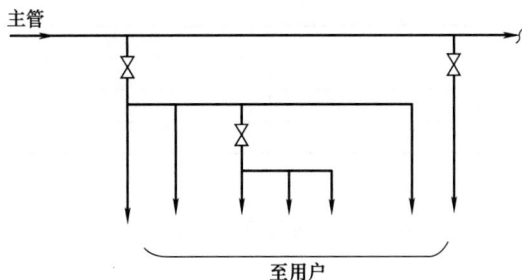

图 8.1-2 根部阀设置示意图

（4）两台以上互为备用的用汽设备应根据在生产中的重要程度确定是否分别设分支管根部阀。

（5）公用物料分支管的根部阀由管道专业在管道布置设计时设置，工艺系统专业需复核分支是否恰当。并将根部阀表示在公用物料图（分配图）上。

8.1.1.3 双阀

（1）液化石油气、其它可燃、有毒、贵重液体、有强腐蚀性（如浓酸、烧碱）和有特殊要求的（如有恶臭的介质等对环境造成严重污染的）介质的储罐，在其底部通向其它设备的管道上，不论靠近其它设备处有无阀门，都应安装串联的两个阀（双阀），其中一个应紧贴储罐接管口。当储罐容量较大或距离较远时，此阀最好是遥控阀。为了减少阀门数量，在操作允许的情况下将数根管道合并接到一个管口上。装有上述介质的容器的排净阀，也应是双阀；上述介质管道上的取样阀及排净阀应按操作频繁程度及其它条件来决定是否采用双阀。

（2）在装置运行中需切断检修清扫或进行再生的设备，应设双阀，并在两阀之间设检查阀。设备从系统切断时，双阀关闭，检查阀打开。

可采取其它措施代替双阀。备用的再沸器因阀门直径较大，且对压力降有严格要求，此时可装单阀（一般为明杆闸阀）并配以 8 字盲板，在再沸器一侧应设有各自的排净阀；对需切换再生的设备，由于再生温度往往比工作温度高出许多，此时若安装可转换方向的回转弯头，则既可安全切换，又可避免巨大的热应力。

（3）公用物料管道尽可能不与工艺物料管道固定连接，应通过软管站以快速接头方式连接。当操作需要直连时则应以双阀连接，中间设检查阀，检查阀在停止进料时打开，或加铅封开（C.S.O）。在压力可能有波动的场合再加止回阀，如图 8.1-3 所示。

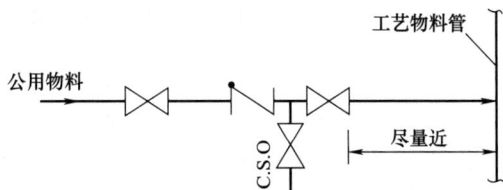

图 8.1-3 公用物料与工艺物料管道连接

若公用物料的压力计距此阀组较远时，可在此双阀间设一压力计以便在使用时能就地监视该公用物料的压力。这种连接方式也适用于氧气、氢气等辅助物料较频繁地向工艺系统输入的场合。为避免液体物料对水系统的污染，在需经常加入水时，应将水管接至设备的气相空间，这种情况下亦可不设双阀。

（4）化工工艺系统专业在设计高压废热锅炉及蒸汽系统时，可参照执行电力工业的有关规定。

（5）对于烃类和有毒、有害化学药剂等物料与其它工艺物料连接处的上游和放空、放净管上设置双阀，可参照表 8.1-1 的要求。

表 8.1-1 应用双阀的温度和压力条件

介 质 名 称	工作温度/℃	工作压力（表）/10^5Pa
重烃类（灯油、润滑油、沥青等）	≥200	≥20
雷特蒸汽压低于 1.05×10^5Pa（表）、闪点低于 37.8℃的烃类（粗汽油等）	≥180	≥20
雷特蒸汽压高于 1.05×10^5Pa（表）、低于 4.57×10^5Pa（表）的烃类（丁烷、轻质粗汽油等）	≥150	≥18
雷特蒸汽压高于 4.57×10^5Pa（表）的烃类（丙烷等）	≥120	≥18

续表

介 质 名 称	工作温度/℃	工作压力(表)/10⁵Pa
H_2、液化石油气	任意	任意
任何可燃气体	≥120	≥25
有毒气体及有害化学药剂	任意	≥3.5

8.1.1.4 公用物料站（公用工程站）

（1）化工装置内的公用物料站（简称公用站）可按覆盖面积约 15m 半径的区域来设置，装置区外的厂区公用站则按设计需要来设置。

（2）各介质的切断阀规格自 DN15 至 DN50 视装置特点而定。站上公用物料的阀门、接头的型号规格可有意地不一致，而各公用站介质排列的顺序要一致，这样可避免紧急情况下接错介质扩大事故。

（3）寒冷地区室外公用站的水管可按下述做法：

① 多层框架：按常规配管设置阀门，在底层地面附近截断并设快速接头，用水时从附近水阀门井内引出；若采用固定管道加排净阀的方式，则排净阀应设于阀门井内；

② 储罐区或装卸站台等，可与给排水专业协商适当调整阀门井位置，将供水阀门设在阀门井内；

③ 与蒸汽管一起保温。

（4）为适应维修时使用风动工具，可将公用站上压缩空气管的管径及切断阀适当加大，例如由 DN25 加大为 DN50。

（5）设备、管道与公用站相匹配的管接头，对小型装置可与设备管道的排净放空口共用；对大型装置可在设备上设专用的公用物料连接口（U.C），此连接口和放空阀应分别设在立式设备的下部和上部或卧式设备长度方向的两端。

（6）公用物料管道可能由于工艺流体倒流而遭到污染时，则在公用物料管切断阀下游设止回阀。

8.1.1.5 塔器阀门

（1）保持塔顶冷凝器内冷凝的蒸汽压力尽可能与塔顶压力相同，应把塔顶管道的压力降限至最小，除工艺控制的特殊需要外，塔顶至冷凝器的管道上不设置切断阀。

（2）再沸器（包括中间再沸器）与塔体的连接管道，除工艺控制需要或需在装置运行中清理者外，均不设置切断阀。

热虹吸式再沸器与塔体的连接管上需装阀门时，应采用与连接管直径相同的闸阀；在阀门与再沸器间设 8 字盲板，同时再沸器应设各自的排净阀。一次通过式热虹吸式再沸器应在再沸器物料入口和塔底出料口之间加连通管并设置切断阀。

强制循环的再沸器在再沸器至塔的管道上，靠近塔体处安装一个节流阀。此阀可用限流孔板代替。但当过量闪蒸不会降低由于强制循环而提高的效率或降低对数平均温差的情况下可取消此节流阀。

（3）气提塔侧线出料及蒸气返回管道除因工艺控制需要外，不设置切断阀。

（4）进料组成可能有变化的塔，应按设计变化幅度增设进料口，各进料口的切断阀应贴近塔体的进料管口。由于减压会产生两相流的物料（液化气或饱和吸收液），进料切断阀亦应尽量接近塔的进料管口。

（5）塔板数多、塔身过长而分为两段串联的塔顶部至另一塔底的气相管道上不设置切断阀。釜液因工艺控制需要而设置的切断阀或控制阀应尽量接近受料塔的管口。

8.1.1.6 换热器阀门

（1）除了控制需要或在装置运行中需（可）切断的换热器，一般在工艺物料侧不加切断阀。

（2）换热器两侧均为工艺流体，则按操作和控制的情况只在一侧装切断阀。

（3）换热器因生产或维修需设置旁路时，则进出管道及旁路均设切断阀。通常在下列情况需设旁路：

① 生产周期中某些过程不需传热，应切断换热器；

② 自动或人工调节工艺温度；

③ 因维修需临时切断换热器。

（4）蒸汽加热设备

① 加热蒸汽进口管应设调节性能较好的手动调节阀或自动控制阀；

② 必须在适当位置设不凝气排放阀，此阀应位于设备上远离蒸汽进口一侧的最高处；

③ 用蛇管加热的情况，采用疏水阀前的检查阀排除不凝气，不另设不凝气排除阀。

（5）水冷却设备

① 冷却水在运行中被加热并释放出溶解气，需在换热设备的适当位置（参见上条规定）设排气阀；此阀也用于开工时排出设备内气体，或停工排净时进气。

② 每台设备的进水口以及机泵的各冷却回路进口均应设各自的切断阀；当需要调节水量时，此阀应是自控阀或调节性能好的手动阀。

③ 自流回水：出水口不设切断阀。

④ 压力回水：出水口一般均应设切断阀。只有可同时停用的数台设备才可在出口共用一个切断阀。

⑤ 通常在管道的低点设排净阀，当管道上排净阀不能排净设备内的水时，才在设备上加排净阀；多程列管式换热器及装有折流板的换热器采用在隔板上开泪孔的方式排液。

⑥ 寒冷地区室外的水冷却器，若需在装置运行中停工检修，则应设防冻副线。

（6）空冷器　空冷器进出口管道上一般不设置切断阀，但进料是两相流的情况居多，所以要特别注意每组冷却管束的压力降分布，在设计中对进出口管道要采取对称布置。工艺过程需要隔断操作或需在运行中维修的空冷器，应在其进出口设切断阀、排净阀和放空阀等。

8.1.1.7　容器阀门

包括装置内容器及储罐两大类，下列情况应装阀门：

（1）有多个进口或出口需更替操作的，在管口处装阀门。

（2）盛装易燃、有毒、有腐蚀性物料的容器出口的管口处装阀门，装置内容器一般装单阀，中间或全厂罐区的储罐装双阀。应在工程设计中针对特殊情况作出工程规定。

（3）最低点设排净阀，出料管位置应略高于排净阀。

（4）体积小（不设检修用人孔）或可与系统一起置换的容器以外，均需在容器下部设公用物料接管（u.c）并装切断阀，并在容器顶部离公用物料管口较远的一端设放空阀。

（5）对需作惰性气体保护的容器和储槽应设自力式控制阀并串接止回阀，参见行业标准《气封的设置》（HG/T 20570.16—1995）。

（6）大型锥顶、拱顶常压储罐在储存易挥发物料时应装呼吸阀。在有条件或放空组分量超出环境保护和卫生标准的场所，采用低温冷凝系统代替呼吸阀。

8.1.1.8　压缩机阀门

（1）除了从大气中吸气的空压机不装进口阀外，所有的压缩机进出口需装切断阀。在装置运行中有可能检修的压缩机，还应在进出口内侧加8字盲板。并联的空压机应各有独立的吸风口。

（2）压缩机进出口阀门间应有旁通管并设连通阀。

① 往复式压缩机设置旁通管用以在启动时保持低负荷启动，在检修后的试车时可与系统切断不致憋压，同时亦用来保持进口处的正压，这在操作介质为易燃易爆气体时特别重要。

② 多级往复式压缩机的旁通管可逐级连通，这样除节省能量外还可以在调试过程中调节各级负荷使之均衡运转。当工艺或安全有需要，可再设一个终段与进口间的旁路。

③ 空压机只需在出口阀上游加一个带切断阀的直通大气的出口。

④ 对离心式压缩机，旁路的通过能力应至少相当于压缩机喘振点的负荷。

（3）压缩机的辅助系统

① 辅助系统一般包括冷却水、润滑油、密封油、冲洗油、放空及排净等；为充分利用冷却水，可按温度要求串联使用，冷却水先至后冷器再至汽缸夹套；每一冷却水回路进口均应设各自的切断阀，并在出口采取措施：常压回水出水口要高出回水漏斗的上沿，压力回水装视镜等，以便观察水流情况；压力回水的冷却水出口必须设切断阀，以便停车检修；同一台设备的各出水口可合并后装一个切断阀。

② 压缩机产品资料说明不随机配带润滑油、密封油及冲洗油系统时，应按资料要求配置管道、阀门；对重要部位（例如轴承处的润滑）必须有独立的回路。

③ 压缩机各级间分离罐应设各自的排净阀；当所有的液体排向一根总管时应核算压力降，确保总管处压力低于各级的压力，并在各段分离液体出口加止回阀。

④ 绝不允许液滴进入压缩机，这对往复式和离心式来说，会立即引起机械损坏；对螺杆式液环式压缩机损坏不显著，但会影响密封油（液）的质量。所以在压缩机进口一定要设置性能良好、能力足够的分离罐；配管设计要合理并避免将气体中凝液带入压缩机：

a. 设置管道放净阀，将管道中凝液、液滴排出；

b. 限制压缩机进出道处的高于压缩机的垂直直管高度。

⑤ 压缩机需要置换时，可在吸入分离罐或并联压缩机的每台进出口加公用物料接管，出口应排至安全位置。

8.1.1.9　泵的阀门

（1）泵按结构形式可分为多种类型，从对配管及阀门设置的角度分为两大类：即叶片式（包括离心泵、轴流泵和旋涡泵）及容积式（包括往复式和回转式）。

（2）进出口切断阀

① 每台泵的进出口均应设切断阀。

② 泵入口切断阀应与管道口径相同；当吸入管道比泵入口大两级时，可选用比管口大一级的阀门；此时必须验算各种条件下的有效净正吸入压头。

③ 泵出口切断阀应与管道大小相同；当输出管径比泵出口大两级或两级以上，则阀可较管径小一级。

（3）止回阀

① 容积式泵。在容积式泵（如往复式泵）入口通常有内装的止回阀，因而不需要在管道上另设止回阀来防止流体倒流；系统专业应对所选用的泵资料进行检查，如泵制造厂未提供内装止回阀则应加上此阀。

② 叶片式泵。液体的倒流将导致发生下述各种情况时，在泵出口管道上应设止回阀：

a. 液体温度升高，比正常输送温度高 90℃ 以上；

b. 输出流体温度与压力综合情况超过泵壳体的设计条件；

c. 叶轮会由于倒转而损坏；

d. 工艺操作不能容许的各种变化。

③ 止回阀大小应与泵出口切断阀相同。

④ 并联的泵应在每台泵出口分别装止回阀。

（4）进出口连通阀

① 离心泵通常不设此阀；

② 容积式泵及旋涡泵因在启动或单台试车时不允许憋压，必须在泵的进出口阀门之间设连通阀；

③ 对小型往复式计量泵可只设安全阀不设进出口连通阀。

（5）排气阀

① 离心泵在启动前需注满液体，需设排气阀；大型的卧式离心泵在泵壳体上方设置排气阀，一般离心泵可在泵出口止回阀和泵之间略高于泵体的位置设此阀；对较小的泵，可用止回阀和切断阀之间的排净阀作排气阀；立式离心泵（包括液下泵）需按产品资料所示结构决定是否设此阀。

② 容积式泵不需设此阀。

（6）底阀　离心泵的吸入液位低于泵进口时，需在泵进口管底部设底阀（有时需加滤网）以便向泵体充装液体时不致泄漏。

（7）低流量保护管道　离心泵在流量较低的条件下操作时效率很低，甚至不能运转，需设低流量保护管道。

① 泵有可能短期内在小于它的额定流量的 20% 的条件下操作，应装一个带限流孔板的旁路，不设阀门，该孔板的大小应按通过泵的流量至少保持在流量的 20% 设定（或按泵的操作曲线另定）。当液体通过旁路孔板可能产生闪蒸时，旁路管道要返回泵的上游吸液设备，并使孔板贴近该设备。

② 泵有可能长期处在额定流量的 40% 以下操作，应设带孔板式控制阀的旁路或手动阀门。

③ 泵长期在低流量下操作，旁路管道应返回泵的上游吸液设备。

（8）泵的放空、排净

放空阀可参照本节（5）的规定合并设置；对于液化气或饱和吸收液，需在泵进口设排气线；当所释放的气体为易燃易爆或有毒害气体时，排气管道应就近与储罐气相空间或火炬管道连通；真空系统泵的放空均应返回至上游吸液设备的气相空间；此管道也用于检修前排除泵内液化气。

从管道上的排净阀可以将泵内液体排净时，或所输送液体是无害（无毒、无腐蚀性、无污染）的，可不在泵体上设排净阀，反之应按泵产品资料上所给排液孔大小配置排净阀。

（9）暖泵及防凝旁路　下列情况的泵应设暖泵及防凝旁路：

① 输送温度超过 200℃；

② 气温可能低于物料的倾点或凝点，防凝用旁路应采用蒸汽伴热或电伴热保温；

③ 可用在止回阀阀瓣上钻孔的方式取代此旁路。

（10）高压旁路　高扬程的泵其出口切断阀两侧压差较大，尺寸较大的阀门阀瓣单向受压太大不易开启，需在阀门前后设 DN20 的旁路，在阀门开启前先打开旁路使阀门两侧压力平衡。

（11）其它

① 冷却水、冲洗液、密封液管道：一般情况下数个进口管可合用一个进口切断阀，但在重要的场合（例

如高温或高速泵的轴承）则应每一回路各设一进口阀，且出口应有分别观察冷却水等介质流动状况的措施。

②蒸汽往复泵的蒸汽管道在管道低点设疏水阀，在进口阀和乏汽出口外侧均应设排净阀。

8.1.2　阀门类别选用 （HG/T 20570.18—1995）

8.1.2.1　选用考虑因素

选择阀门是根据操作和安全及经济的合理性，综合平衡比较的经验结果。在选择阀门之前必须提出下述原始条件。

（1）物性

①物料状态

a. 气体物料的物料状态包括有关物性数据，纯气体还是混合物，是否有液滴或固体微粒，是否有易凝结的成分。

b. 液体物料的物料状态包括有关物性数据，纯组分或混合物是否含易挥发组分或溶解有气体（压力降低时可析出形成二相流），是否含固体悬浮物，以及液体的黏稠度、凝固点或倾点等。

②其它性质：包括腐蚀性、毒性、对阀门结构材料的溶解性，是否易燃易爆等性能；这些性能有时不只影响材质，还会引起结构上的特殊要求，或需要提高管道等级。

（2）操作状态下的工作条件

①按正常工作条件下的温度和压力，还需结合开停工或再生时的工作条件：

a. 泵出口阀应考虑泵的最大关闭压力等；

b. 当系统再生温度高出正常温度很多，而压力却有所降低，对这种类型的系统，要考虑温度和压力综合的影响；

c. 操作的连续程度，即阀门开闭的频率，也影响到对耐磨损程度的要求，开关较频繁的系统，应考虑是否安装双阀。

②系统允许的压力降

a. 系统允许压力降较小，或允许压力降不小但不需要进行流量调节时，则应选用压力降较小的阀型如闸阀、直通的球阀等；

b. 需要调节流量，则应选择调节性能较好，具有一定压力降的阀型（压力降占整个管道压力降的比例与调节的灵敏度有关）；

③阀门所处的环境，在寒冷地区的室外，特别是对化学物料，阀体材质一般不可用铸铁而应选用铸钢（或不锈钢）。

（3）阀门功能

①切断：几乎所有的阀门都具有切断功能。单纯用于切断而不需调节流量则可选用闸阀、球阀等，要求迅速切断时，则以旋塞、球阀、蝶阀等较为适宜。截止阀则既可调节流量又可切断，蝶阀也可适用于大流量的调节。

②改变流向：选用两通（通道为 L 形）或三通（通道为 T 形）球阀或旋塞，可以迅速改变物料流向，且由于一个阀门起到两个以上直通阀门的作用，可简化操作，使切换准确无误，并能减少所占空间。

③调控：截止阀、柱塞阀可满足一般的流量调节，针形阀可用于微量的细调；在较大流量范围进行稳定（压力、流量）的调节，则以节流阀为宜。

④止回：需防止物料倒流时可选用止回阀。

⑤不同生产过程可以选择有附加功能的阀门，如有带夹套、带排净口和带旁路的阀门，有用于防止固体微粒沉降的带吹气口阀门等。

（4）开关阀门的动力：就地操作的阀门绝大多数用手轮，对与操作带有一定距离的，可采用链轮或加长杆；一些大口径的阀门因启动力矩大在阀门设计时已带有电机，在防爆区内要采用相应等级的防爆电机。

遥控阀采取的动力种类有气动、液压、电动等，其中电动又可分为电磁阀与电机带动的阀；应根据需要和所能提供的能源来选择。

8.1.2.2　阀门选用一般原则

（1）输送流体的性质　阀门是用于控制流体的，而流体的性质有各种各样，如液体、气体、蒸汽、浆液、悬浮液、黏稠液等，有的流体还带有固体颗粒、粉尘、化学物质。因此在选用阀门时，先要了解流体的性质，如流体中是否含有固体悬浮物？液体流动时是否可能产生汽化？在哪里汽化？流体腐蚀性如何？考虑流体的腐蚀性时要注意几种物质的混合物其腐蚀性与单一组成时往往是完全不同的。

（2）阀门的功能　选用阀门时还要考虑阀门的功能，此阀门是用于切断还是需要调节流量？若只是切断用，则还需考虑有无快速启闭的要求；阀门是否必须关得很严，一点也不许泄漏？每种阀门都有它的特性和适用场合，要根据功能要求选用合适的阀门。

（3）阀门的尺寸　根据流体的流量和允许的压力损失来决定阀门的尺寸，一般应与工艺管道的尺寸一致。

（4）阀门的压力损失　管道内的压力损失有相当一部分是由阀门所造成，有些阀门结构的阻力大，而有些阻力小；但各种阀门又有其固有的功能特性。同一种型式的阀门有的阻力大，有的阻力小；选用时要适当考虑。

（5）阀门的工作温度和工作压力　应根据阀门的工作温度和工作压力来确定阀门的材质和压力等级。

（6）阀门的材质　当阀门的压力等级、温度和流体特性确定后，就应选择合适的材质；阀门的不同部位例如其阀体、压盖、阀盘、阀座等，可能是由好几种不同材质制造的，以获得经济、耐用的最佳效果；铸铁阀体最高允许200℃，钢阀体可以用到425℃，超过425℃就应考虑使用合金钢材料，超过550℃通常选用耐高温的Cr-Ni不锈钢材料。对输送腐蚀性介质的阀门，应选择合适、经济的材料，一般根据介质的性质选用不锈钢、蒙乃尔合金、塑料等材料，也可采用防腐材料衬里等。

8.1.2.3　阀门的适用范围

（1）闸阀　闸阀的闸板由阀杆带动，沿阀座密封面作升降运动，可接通或截断流体的通路。与截止阀相比，闸阀流动阻力小，启闭省力；与球阀和蝶阀相比，闸阀密封可靠性高，生产成本低。因此广泛用于各种介质管道的启闭，但当闸阀部分开启时，在闸板背面产生涡流，易引起闸板的冲蚀和振动，阀座的密封面也易损坏，故一般不作为节流用。与球阀和蝶阀相比，闸阀的开启时间较长，结构尺寸较大，故不宜在直径较大的情况。阀门的适用范围如下：

① 流体流经闸阀时不改变流向，当闸阀全开时阻力系数几乎是所有阀门中最小的，而且适用的口径范围、压力温度范围都很宽；与同口径的截止阀相比安装尺寸较小，是化工生产装置中用得最多的一种类型。

② 闸阀手柄分明杆、暗杆两种：明杆闸阀用于两套以上相同设备的交替切换时特别有利，其明杆可明显标示出阀门的开关情况。

③ 当闸阀半开时，阀芯易产生振动，所以闸阀只适用于全开或全闭的情况，不适于需要调节流量的场合。

④ 闸阀阀体内有刻槽，所以不适用于含固体微粒的流体，带吹气口的闸阀可适用于这种情况。

（2）截止阀的适用范围　截止阀和节流阀都是向下闭合式阀门，阀瓣由阀杆带动，沿阀座中心线做升降运动。截止阀与节流阀结构基本相同，只是阀瓣形状有所不同，截止阀的阀瓣是盘形；节流阀的阀瓣多为圆锥形，可以改变流道截面积，以调节流量和压力。截止阀的适用范围如下：

① 截止阀是化工装置广泛应用的阀型，它的密封性能可靠，也适于调节流量，一般多装在泵出口、调节阀旁路流量计上游等需调节流量之处。

② 流体流经阀芯时改变流向，因而压力降大，同时易在阀座上沉积固形物，故不适用于悬浮液。

③ 截止阀与同口径的闸阀相比，体积较大，因而限制了它的最大口径（最大DN150～DN200）。

④ Y形截止阀和角式截止阀与普通直通阀相比，压力降较小，且角式阀兼有改变流向功能。

⑤ 针形阀也是截止阀的一种，其阀芯为锥形，可用于小流量微调或用作取样阀。

（3）旋塞、柱塞阀、球阀的适用范围　旋塞阀的结构简单，开关迅速，操作方便，流体阻力小，零部件少，重量轻，无滞留流体的阀腔。适用于温度较低、黏度较大的介质和要求开关迅速的部位，一般不适用于蒸汽和温度较高的介质。

球阀的阀瓣为一中间有通道的球体，球体绕自身轴线作90°旋转，达到启闭目的。与闸阀、截止阀相比，球阀有快速启闭的特点，流动阻力最小。根据球体结构不同，可分为浮动球和固定球两种，根据阀座密封结构不同，球阀有软密封和硬密封两种。

使用软密封的球阀，其阀门的工作温度和允许工作压力相应关系不仅是其相应法兰系列的压力-温度限值，尚需注意软密封填料的温度-压力额定值。对可燃、易爆介质用软密封球阀，要求具有火灾安全结构和防静电结构，并获得符合相应标准的火灾安全试验证书。

适用范围如下：

① 三者功能相似，都是可以迅速启闭的阀门，阀芯有横向开孔，液体直流通过，压力降小，适用于悬浮液或黏稠液；阀芯又可做成L形或T形通道而成为三通、四通阀；外形规整，易于作成夹套阀用于需保温的情况，这几类阀可较方便地制成气动或电动阀进行遥控。

② 三者的不同在于柱塞阀，球阀的工作压力略高。

（4）蝶阀适用范围　蝶阀与相同公称压力等级的平行式闸阀比较，其尺寸小、重量轻、开关迅速、具有一定的调节功能，适合制成较大口径和压力较低的阀门。由于有一定的调节功能，特别适用于大流量调节，使用温度受密封材料的限制。

（5）止回阀适用范围　止回阀用于自动防止管道内的流体逆向流动，介质顺流时阀瓣自动开启，逆流时阀瓣自动关闭。根据结构不同，止回阀可分为升降式止回阀、旋启式止回阀、斜盘式止回阀和双板式止回阀等四种。

一般升降式止回阀应安装在水平管道上，除非阀门带有合适的复位机构。旋启式止回阀应优先安装在水平管道上，当安装在垂直管道上时，流体必须是由下向上流动。安装止回阀时，应注意介质流动方向与止回阀阀体上的箭头方向一致。止回阀适用范围如下：

① 止回阀是用以防止流体逆向流动的阀，用于防止由于流体倒流造成的污染、温升或机械损坏。

② 常用的有旋启式、升降式和球式三类，旋启式直径比后两种较大，可安装在水平管或垂直管上，安装在垂直管上时流体应自下而上流动；升降式和球式口径较小，且只能安装在水平管路上。

③ 止回阀只能用以防止突然倒流但密封性能欠佳，因此对严格禁止混合的物料，还应采取其它措施。

④ 离心泵进口为吸上状态时，为保持泵内液体在进口管端装设的底阀也是一种止回阀；当容器为敞口时，底阀可带滤网。

（6）隔膜阀及管夹阀适用范围　隔膜阀的启闭件是一块橡胶隔膜，夹于阀体与阀盖之间。隔膜中间突出部分固定在阀杆上，阀体内衬有橡胶，由于介质不进入阀盖内腔，因此无需填料箱。

隔膜阀结构简单，密封性能好，便于维修，流体阻力小，适用于温度小于200℃、压力小于1.0MPa的油品、水、酸性介质和含悬浮物的介质。不适用于有机溶剂和强氧化剂的介质。

适用范围：这两种阀在使用时，流体只与隔膜或软管接触而不触及阀体其它部位，特别适用于腐蚀性流体或黏稠液、悬浮液等，但使用范围受隔膜或软管的材质所限。

（7）疏水阀的结构特点和适用范围　在压力管道设计中，疏水阀型式分为机械型、热静力和热动力型，常用的疏水阀有倒吊桶式疏水阀、杠杆浮球式疏水阀、自由浮球式疏水阀、双金属式疏水阀和圆盘式疏水阀等。

倒吊桶式、杠杆浮球式及自由浮球式等三种疏水阀属于机械型疏水阀，此种疏水阀主要利用蒸汽和凝结水的密度差，使其产生的浮力不同，使浮子升降从而启闭阀门，此类疏水阀具有排除空气能力强、排液能力大等特点，适用于蒸汽用量大的加热设备的疏水，应安装在水平管道上。

双金属式疏水阀属热静力型疏水阀。疏水阀的感温体是双金属圆板，根据凝结水的温度变化使金属圆板呈凸或凹形弯曲，以此启闭疏水阀。此种疏水阀排量大，体积小，动作噪声小，多用于蒸汽伴热管道的疏水。

圆盘式疏水阀属于热动力型疏水阀，它是利用蒸汽和凝结水的温度不同，使变压室内的压力发生变化，从而开启疏水阀。此种疏水阀结构简单、体积小、维修简单，但空气流入后不能动作。动作噪声大、背压允许度低、不能在低压（0.03MPa以下）使用，蒸汽有泄漏，不适用于大排量；一般安装在水平管道上。

8.1.3　金属阀门结构长度（GB/T 12221—2005）

GB/T 12221—2005规定了法兰连接金属阀门的结构长度、焊接端阀门的结构长度、对夹连接阀门的结构长度、内螺纹连接阀门的结构长度、外螺纹连接阀门的结构长度及其结构尺寸的极限偏差。适用于公称压力PN≤42.0，公称通径DN3～DN4000的闸阀、截止阀、球阀、蝶阀、旋塞阀、隔膜阀、止回阀的结构长度。

8.1.3.1　法兰连接金属阀门结构长度基本系列（表8.1-2）

表8.1-2　法兰连接金属阀门结构长度基本系列

公称直径 DN	基本系列代号																			
	1	2	3	4	5	7	8①	9①	10	11①	12	13	14	15	18	19	21	22	23	24①
	结构长度/mm																			
10	130	210	102	—	—	108	85	105	—	—	130				80		—		—	—
15	130	210	108	140	165	108	90	105	108	57	130			—	80		152		170	83
20	150	230	117	152	190	117	95	115	117	64	130				90		178		190	95
25	160	230	127	165	216	127	100	115	120	70	140		120		100		216		210	108
32	180	260	140	178	229	146	105	130	140	76	165			140	110		229		230	114
40	200	260	165	190	241	159	115	130	165	82	165	106	140	240	120		241		260	121
50	230	300	178	216	292	190	125	150	203	102	203	108	150	250	135	216	267	250	300	146
65	290	3400	190	241	330	216	145	170	216	108	222	112	170	370	165	241	292	280	340	165
80	310	380	203	283	356	254	155	190	241	121	241	114	180	280	185	283	318	310	390	178

公称直径 DN	基本系列代号																			
	1	2	3	4	5	7	8①	9①	10	11①	12	13	14	15	18	19	21	22	23	24①
	结构长度/mm																			
100	350	430	229	305	432	305	175	215	292	146	305	127	190	300		305	356	350	450	216
125	400	500	254	381	508	356	200	250	330	178	356	140	200	325		381	400	400	525	254
150	480	550	267	403	559	406	225	375	356	203	394	140	210	350		403	444	450	600	279
200	600	650	292	419	660	521	275	325	495	248	457	152	230	400		419	533	550	750	330
250	730	775	330	457	787	635	325		622	311	533	165	250	450		457	622	650		394
300	850	900	356	502	838	749	375		698	350	610	178	270	500		502	711	750		419
350	980	1025	381	762	889		425		787	394	686	190	290	550		572	838	850		
400	1100	1150	406	838	991		475		914	457	762	216	310	600		610	864	950		
450	1200	1275	432	914	1092				978		864	222	330	650		660	978	1050		
500	1250	1400	457	991	1194				978		914	229	350	700		711	1016	1150		
600	1450	1650	508	1143	1397				1295		1067	267	390	800		787	1346	1350		
700	1650		610	1346	1549				1448			292	430	900			1499	1450		
800	1850		660						1956			318	470	1000			1778	1650		
900	2050		711						1956			330	510	1100			2083			
1000	2250		811									410	550	1200						
1200												470	630							
1400												530	710							
1600												600	790							
1800												670	870							
2000												760	950							
2200												800	1000							
2400												850	1100							
2600												900	1200							
2800												950	1300							
3000												1000	1400							
3200												1100								
3400												1200								
3600												1200								
3800												1200								
4000												1300								

① 角式阀门结构长度。

8.1.3.2 直通式焊接端金属阀门结构长度基本系列 (表8.1-3)

表8.1-3 直通式焊接端金属阀门结构长度基本系列

公称直径 DN	基本系列代号																				
	H1	H2	H3	H4	H5	H6	H7	H8	H9	H10	H11	H12	H13	H14	H15	H16	H17	H18	H19	H20	H21
	结构长度/mm																				
6	102	—	—	—	—	—	—	—	—	—	—	102	—	—	—	—	—	—	—	—	—
10	102	—	—	—	—	—	—	—	—	—	—	102	—	—	—	—	—	—	—	—	—
15	108	140	165	—	165	—	—	—	216	—	264	108	140	152	140	140	—	—	—	—	—
20	117	152	190	—	190	—	229	—	229	—	273	117	152	178	152	152	—	—	—	—	—
25	127	165	216	133	216	140	254	140	254	186	308	127	165	203	216	165	—	—	190	—	—
32	140	178	229	146	229	165	279	165	279	232	349	140	184	216	229	178	—	—	—	241	—
40	165	190	241	152	241	178	305	178	305	232	384	165	203	229	241	190	190	—	—	241	—
50	216	216	292	178	292	216	368	216	368	279	451	203	229	267	267	216	216	230	267	283	—
65	241	241	330	216	330	254	419	254	419	330	508	216	279	292	292	241	241	290	305	330	—
80	283	283	356	254	356	305	381	305	470	368	578	241	318	318	318	283	283	310	330	387	—
100	305	305	406	305	432	356	457	406	546	457	673	292	368	356	356	305	305	350	356	457	559

续表

公称直径 DN	H1	H2	H3	H4	H5	H6	H7	H8	H9	H10	H11	H12	H13	H14	H15	H16	H17	H18	H19	H20	H21
	结构长度/mm																				
125	381	381	457	381	508	432	559	483	673	533	794	355	—	400	400	381	—	400	381	—	—
150	403	403	495	457	559	508	610	559	705	610	914	406	470	444	444	403	457	480	457	559	711
200	419	419	597	584	660	660	737	711	832	762	1022	495	597	559	533	419	521	600	521	686	845
250	457	457	673	711	787	787	838	864	991	914	1270	622	673	622	622	457	559	730	559	826	889
300	502	502	762	813	838	914	965	991	1130	1041	1422	698	775	711	711	502	635	850	635	965	1016
350	572	762	826	889	889	991	1029	1067	1257	1118	—	787	—	—	838	572	762	980	762		
400	610	838	902	991	991	1092	1130	1194	1384	1245	—	914	—	—	864	610	838	1100	838		
450	660	914	978	1092	1092	—	1219	1346	1537	1397	—	978	—	—	978	660	914	—	914		
500	711	991	1054	1194	1194	—	1321	1473	1664	—	—	978	—	—	1016	711	991	—	991		
550	762	1092	1143	—	1295	—	—	—	—	—	—	1067	—	—	1118		1092	—	1092		
600	813	1143	1232	1397	1397	—	1549	—	1943	—	—	1295	—	—	1346	813	1143	—	1143		
650	864	1245	1308	—	1448	—	—	—	—	—	—	1295	—	—	1346	—	1245	—	1245		
700	914	1346	1397	—	1549	—	—	—	—	—	—	1448	—	—	1499	—	1346	—	1346		
750	914	1397	1524	—	1651	—	—	—	—	—	—	1524	—	—	1594	—	1397	—	1397		
800	965	1524	1651	—	1778	—	—	—	—	—	—	—	—	—	—	—	1524	—	1524		
850	1016	1626	1778	—	1930	—	—	—	—	—	—	—	—	—	—	—	1626	—	1626		
900	1016	1727	1850	—	2083	—	—	—	—	—	—	1996	—	—	2083	—	1727	—	1727		

8.1.3.3 角式焊接端金属阀门结构长度基本系列（表8.1-4）

表8.1-4　角式焊接端金属阀门结构长度基本系列

公称直径 DN	H22	H23	H24	H25	H26	H27	H28	H29	H30
	结构长度/mm								
6	51	—	—	—	—	—	—	—	—
10	51	—	—	—	—	—	—	—	—
15	57	76	83	—	83	—	—	108	132
20	64	89	95	—	95	—	114	114	137
25	70	102	108	—	108	—	127	127	154
32	76	108	114	—	114	—	140	140	175
40	83	114	121	—	121	—	152	152	192
50	102	133	146	108	146	—	184	184	225
65	108	146	165	127	165	—	210	210	254
80	121	159	178	152	178	152	190	235	289
100	146	178	203	178	216	178	229	273	337
125	178	200	229	216	254	216	279	336	397
150	203	222	248	254	279	254	305	352	457
200	248	279	398	—	330	330	368	416	511
250	311	311	337	—	394	394	419	495	635
300	349	356	381	—	419	457	483	565	711
350	394	—	—	—	—	495	514	629	—
400	457	—	—	—	—	—	660	—	—
450	483	—	—	—	—	—	737	—	—
500	—	—	—	—	—	—	826	—	—
550	—	—	—	—	—	—	—	—	—
600	—	—	—	—	—	—	991	—	—
650	—	—	—	—	—	—	—	—	—
700	—	—	—	—	—	—	—	—	—

公称直径 DN	H22	H23	H24	H25	H26	H27	H28	H29	H30
	结构长度/mm								
750	—	—	—	—	—	—	—	—	—
800	—	—	—	—	—	—	—	—	—
850	—	—	—	—	—	—	—	—	—
900	—	—	—	—	—	—	—	—	—

8.1.3.4 对夹连接金属阀门结构长度基本系列（表 8.1-5）

表 8.1-5 对夹连接金属阀门结构长度基本系列

公称直径 DN	J1	J2	J3	J4	J5	J6	J7	J8	J9	J10	J11	J12	J13	J14	J15	J16	J17	J18
	结构长度/mm																	
10	—	—	—	—	—	—	—	—	—	—	—	—	—	—	60	—	—	—
15	—	—	—	—	—	—	—	—	—	—	—	16	25	60	65	—	—	—
20	—	—	—	—	—	—	—	—	—	—	—	19	31.5					
25	—	—	—	—	—	—	—	—	—	—	—	22	35.5	65	80			
32	—	—	—	—	—	—	—	—	—	—	—	28	40	80	90			
40	33	—	33	—	—	—	—	—	—	—	—	31.5	45	90	115			
50	43	—	43	—	60	60	60	60	70	70	70	40	55	115	140	48	40	40
65	46	—	46	—	66	66	66	66	83	83	83	46	63	140	160	—	40	40
80	46	49	64	49	73	73	73	73	83	83	86	50	71	160	180	51	50	50
100	52	56	64	56	73	73	79	79	102	102	105	60	80	—	—	51	50	50
125	56	64	70	64								90	110			57	50	50
150	56	70	76	70	98	98	137	137	159	159	159	106	125	—	—	57	60	60
200	60	71	89	71	127	127	161	161	206	206	206	140	160	—	—	70	60	60
250	68	76	114	76	146	146	213	213	241	248	254	—	200			70	70	70
300	78	83	114	83	181	181	229	229	292	305	305	—	250			76	70	80
350	78	92	127	127	184	222	273	273	356	356	—		280			76	80	92
400	102	102	140	140	190	232	305	305	384	384						89	80	120
450	114	114	152	160	203	264	362	362	451	468						89	90	120
500	127	127	152	170	219	292	368	368	451	533						114	90	132
550	154	—	—	—	—	—	—	—	—	—								—
600	154	154	178	200	222	317	394	438	495	559						114	100	132
650	165																	
700	165		229															
750	190		—	—	305	368	460	505										
800	190		241															
900	203		241		368	483	635	635										
1000	216		300															
1200	254		350		524	629												
1400	279		390															
1600	318		440															
1800	356		490															
2000	406		540															

注：尺寸极限偏差 DN≤900 为±2mm，DN1000～DN2000 为±3mm。

8.1.3.5 内螺纹连接金属阀门结构长度基本系列 （表8.1-6）

表8.1-6 内螺纹连接金属阀门结构长度基本系列

公称直径 DN	基本系列代号																	
	N1	N2	N3	N4	N5	N6	N7	N8	N9	N10	N11	N12	N13	N14	N15	N16	N17	N18
	结构长度/mm																	
6	—	—	—	—	46	—	—	—	48	—	—	—	—	—	—	—	—	—
8	—	—	—	—	46	—	—	50	48	—	—	—	—	—	—	—	—	—
10	—	—	—	—	48	—	—	50	56	—	—	—	80	80	80	80	80	80
15	42	50	52	56	60	65	65	65	68	80	90	80	90	90	90	90	90	90
20	45	60	60	67	65	70	75	85	78	90	100	100	100	100	100	100	100	100
25	52	65	70	78	75	80	90	110	86	110	115	120	110	120	120	110	120	120
32	55	75	80	88	85	90	105	120	100	130	130	140	120	130	140	120	140	130
40	60	85	86	104	95	100	120	140	106	150	150	170	135	140	170	135	170	150
50	70	95	104	120	110	110	140	165	130	170	180	200	170	170	200	155	180	170
65	82	115	—	—	120	130	165	203	—	220	190	260	—	—	—	—	—	—
80	90	130	—	—	—	—	—	254	—	250	—	290	—	—	—	—	—	—
100	110	145	—	—	—	—	—	—	—	300	—	—	—	—	—	—	—	—

注：适用于直通式和角式结构，结构长度尺寸极限偏差为±1.6mm。

8.1.3.6 外螺纹连接金属阀门结构长度基本系列 （表8.1-7）

表8.1-7 外螺纹连接金属阀门结构长度基本系列

公称直径 DN	直通式结构长度/mm		角式结构长度/mm	
	基本系列代号 W1	基本系列代号 W2	基本系列代号 W3	基本系列代号 W4
3	70	80	35	40
6	70	80	35	40
10	90	100	45	50
15	100	110	50	55
20	110	130	55	65
25	130	140	65	70
32	145	160		80
40	150	180		90

注：结构长度尺寸极限偏差为±1.6mm。

8.1.3.7 法兰连接闸阀结构长度 （表8.1-8）

表8.1-8 法兰连接闸阀结构长度 单位：mm

公称直径 DN	公称压力 PN							
	1.0～2.5 短	1.0～2.5 长	2.5～5.0	2.5	4.0	10.0	6.3～10.0	16.0
10	102	—	—	—	—	—	—	—
15	108	—	140	—	140	165	—	170
20	117	—	152	—	152	190	—	190
25	127	—	165	—	165	216	—	210
32	140	—	178	—	178	229	—	230
40	165	240	190	240	190	241	—	260
50	178	250	216	250	216	292	250	300
65	190	270	241	270	241	330	280	340
80	203	280	283	280	283	356	310	390
100	229	300	305	300	305	432	350	450
125	254	325	381	325	381	508	400	525
150	267	350	403	350	403	559	450	600
200	292	400	419	400	419	660	550	750
250	330	450	457	450	457	787	650	—

续表

公称直径 DN	公称压力 PN							
	1.0~2.5短	1.0~2.5长	2.5~5.0	2.5	4.0	10.0	6.3~10.0	16.0
300	356	500	502	500	502	838	750	—
350	381	550	762	550	572	889	850	—
400	406	600	838	600	610	991	950	—
450	432	650	914	650	660	1092	1050	—
500	457	700	991	700	711	1194	1150	—
600	508	800	1143	800	787	1397	1350	—
700	610	900	—	—	—	—	1450	—
800	660	1000	—	—	—	—	1650	—
900	711	1100	—	—	—	—	—	—
1000	811	1200	—	—	—	—	—	—
1200	1015	—	—	—	—	—	—	—
1400	1080	—	—	—	—	—	—	—
1600	1300	—	—	—	—	—	—	—
1800	1500	—	—	—	—	—	—	—
2000	1675	—	—	—	—	—	—	—
基本系列	3	15	4	15	4/19	5	22	23

8.1.3.8 对夹连接刀形闸阀（公称压力 PN≤2.0）结构长度（表 8.1-9）

表 8.1-9 对夹连接刀形闸阀（公称压力 PN≤2.0）结构长度

公称直径 DN	结构长度/mm			公称直径 DN	结构长度/mm		
50	48	40	40	300	76	70	80
65	—	40	40	350	76	80	92
80	51	50	50	400	89	80	120
100	51	50	50	450	89	90	120
125	57	50	50	500	114	90	132
150	57	60	60	600	114	100	132
200	70	60	60	基本系列	J16	J17	J18
250	70	70	70				

注：结构长度尺寸极限偏差为±1.6mm。

8.1.3.9 焊接端闸阀结构长度（表 8.1-10）

表 8.1-10 焊接端闸阀结构长度 单位：mm

公称直径 DN	公称压力 PN										
	1.0~2.0	2.5~5.0	6.3	10.0短	10.0长	15.0、16.0短	15.0、16.0长	25.0短	25.0长	32.0、42.0短	32.0、42.0长
6	102	—	—	—	—	—	—	—	—	—	—
10	102	—	—	—	—	—	—	—	—	—	—
15	108	140	165	—	165	—	—	—	—	—	264
20	117	152	190	—	190	—	—	—	—	—	273
25	127	165	216	133	216	140	254	140	254	186	308
32	140	178	229	146	229	165	279	165	279	232	349
40	165	190	241	152	241	178	305	178	305	232	384
50	216	216	292	178	292	216	368	216	368	279	451
65	241	241	330	216	330	254	419	254	419	330	508
80	283	283	356	254	356	305	381	305	470	368	578
100	305	305	406	305	432	356	457	406	546	457	673
125	381	381	457	381	508	432	559	483	673	533	794
150	403	403	495	457	559	508	610	559	705	610	914
200	419	419	597	584	660	660	737	711	832	762	1022
250	457	457	673	711	787	787	838	864	991	914	1270

续表

公称直径 DN	公称压力 PN										
	1.0～2.0	2.5～5.0	6.3	10.0 短	10.0 长	15.0,16.0 短	15.0,16.0 长	25.0 短	25.0 长	32.0、42.0 短	32.0、42.0 长
300	502	502	762	813	838	914	965	991	1130	1041	1422
350	572	762	826	889	889	991	1029	1067	1257	1118	—
400	610	838	902	991	991	1092	1130	1194	1384	1245	—
450	660	914	978	1092	1092		1219	1345	1537	1397	—
500	711	991	1054	1194	1194		1321	1473	1664	—	—
550	762	1092	1143	—	1295	—	—	—	—	—	—
600	813	1143	1232	1397	1397	—	1549	—	1943	—	—
650	864	1245	1308	—	1448	—	—	—	—	—	—
700	914	1346	1397	—	1549	—	—	—	—	—	—
750	914	1397	1524	—	1651	—	—	—	—	—	—
800	965	1524	1651	—	1778	—	—	—	—	—	—
850	1016	1626	1778	—	1930	—	—	—	—	—	—
900	1016	1727	1880	—	2083	—	—	—	—	—	—
基本系列	H1	H2	H3	H4	H5	H6	H7	H8	H9	H10	H11

8.1.3.10 蝶阀和蝶式止回阀结构长度（表8.1-11）

表8.1-11 蝶阀和蝶式止回阀结构长度　　　　　单位：mm

公称直径 DN	双法兰连接		对夹式连接			
			公称压力 PN			
	≤2.0 短	≤2.5 长	≤2.5 短	≤2.5 中	≤2.5 长	≤4.0
40	106	140	33	—	33	—
50	108	150	43	—	43	—
65	112	170	46	—	46	—
80	114	180	46	49	64	49
100	127	190	52	56	64	56
125	140	200	56	64	70	64
150	140	210	56	70	76	70
200	152	230	60	71	89	71
250	165	250	68	76	114	76
300	178	270	78	83	114	83
350	190	290	78	92	127	127
400	216	310	102	102	140	140
450	222	330	114	114	152	160
500	229	350	127	127	152	170
550	—	—	154	—	—	—
600	267	390	154	154	178	200
650	—	—	165	—	—	—
700	292	430	165	—	229	—
750	—	—	190	—	—	—
800	318	470	190	—	241	—
900	330	510	203	200	241	—
1000	410	550	216	—	300	—
1200	470	630	254	276	360	—
1400	530	710	279	—	390	—
1600	600	790	318	—	440	—
1800	670	870	356	—	490	—
2000	760	950	406	—	540	—
2200	800	1000	—	—	590	—

续表

公称直径 DN	双法兰连接		对夹式连接			
			公称压力 PN			
	≤2.0 短	≤2.5 长	≤2.5 短	≤2.5 中	≤2.5 长	≤4.0
2400	850	1100	—	—	650	—
2600	900	1200	—	—	700	—
2800	950	1300	—	—	760	—
3000	1000	1400	—	—	810	—
3200	1100	—	—	—	870	—
3400	1200	—	—	—	—	—
3600	1200	—	—	—	—	—
3800	1200	—	—	—	—	—
4000	1300	—	—	—	—	—
基本系列	13	14	J1	J2	J3	J2/J4

8.1.3.11 法兰连接球阀和旋塞阀结构长度（表 8.1-12）

表 8.1-12 法兰连接球阀和旋塞阀结构长度

公称直径 DN	公称压力 PN						
	1.0～2.0 短	1.0～2.0 中	1.0～2.0 长	2.5～5.0 短	2.5～5.0 长	6.3（球阀）	10.0
	结构长度/mm						
10	102	130	130	—	130	—	—
15	108	130	130	140	130	—	165
20	117	130	150	152	150	—	190
25	127	140	160	165	160	—	216
32	140	165	180	178	180	—	229
40	165	165	200	190	200	—	241
50	178	203	230	216	230	292	292
65	190	222	290	241	290	330	330
80	203	241	310	283	310	356	356
100	229	305	350	305	350	406	432
125	245	356	400	381	400	—	508
150	267	394	480	403	480	495	559
200	292	457	600	419(502)	600	597	660
250	330	533	730	457(568)	730	673	787
300	356	610	850	502(648)	850	762	838
350	381	686	980	762	980	826	889
400	406	762	1100	838	1100	902	991
450	432	864	1200	914	1200	978	1092
500	457	914	1250	991	1250	1054	1194
600	508	1067	1450	1143	1450	1232	1397
700	—	—	—	—	—	1397	1700
基本系列	3	12	1	4	1	5	5

注："（ ）"用于全通径球阀。

8.1.3.12 焊接端球阀结构长度（表 8.1-13）

表 8.1-13 焊接端球阀结构长度

公称直径 DN	公称压力 PN												
	1.0、1.6、2 短	1.0、1.6、2 中	1.0、1.6、2 长	2.5、4、5 短	2.5、4、5 中	2.5、4、5 长	6.3 短	6.3 中	6.3 长	10	15、16	25	32、42
	结构长度/mm												
15	140	—	—	140	—	—	—	—	165	165	—	—	—
20	152	—	—	152	—	—	—	—	190	190	—	—	—
25	165	—	—	165	—	—	—	—	216	216	254	—	—

续表

公称直径 DN	公称压力 PN												
	1.0、1.6、2 短	1.0、1.6、2 中	1.0、1.6、2 长	2.5、4、5 短	2.5、4、5 中	2.5、4、5 长	6.3 短	6.3 中	6.3 长	10	15,16	25	32、42
	结构长度/mm												
32	178	—	—	178	—	—	—	—	229	229	279	—	—
40	190	190	—	190	190	—	—	—	241	241	305	305	—
50	216	216	230	216	216	230	216	230	292	292	368	368	451
65	241	241	290	241	241	290	241	290	330	330	419	419	508
80	283	283	310	283	283	310	283	310	356	356	381	470	578
100	305	305	350	305	305	350	305	350	406	432	457	546	673
125	381	—	400	381	—	400	381	400	—	508	559	673	—
150	403	457	480	403	457	480	403	480	495	559	610	705	914
200	419	521	600	419	521	600	419	600	597	660	737	832	1022
250	457	559	730	457	559	730	457	730	673	787	838	991	1270
300	502	635	850	502	635	850	502	850	762	838	965	1130	1122
350	572	762	980	572	762	980	762	980	826	889	1029	1257	—
400	610	838	1100	610	838	1100	838	1100	902	991	1130	1384	—
450	660	914	—	660	914	—	—	—	978	1092	1219	—	—
500	711	991	—	711	991	—	—	—	1054	1194	1321	—	—
550	—	1092	—	—	1092	—	—	—	1143	1295	—	—	—
600	813	1143	—	813	1143	—	—	—	1232	1397	1549	—	—
650	—	1245	—	—	1245	—	—	—	1308	1448	—	—	—
700	—	1346	—	—	1346	—	—	—	1397	1549	—	—	—
750	—	1397	—	—	1397	—	—	—	1524	1651	—	—	—
800	—	1524	—	—	1524	—	—	—	1651	1778	—	—	—
850	—	1626	—	—	1626	—	—	—	1778	1930	—	—	—
900	—	2083	—	—	2083	—	—	—	1880	2083	—	—	—
基本系列	H16	H17	H18	H16	H17	H18	H2	H18	H3	H5	H7	H9	H11

8.1.3.13 焊接端旋塞阀结构长度（表 8.1-14）

表 8.1-14 焊接端旋塞阀结构长度

公称直径 DN	公称压力 PN								
	1.0~2.0	2.5、4.0、5.0 短	2.5、4.0、5.0 长	6.3 短	6.3 长	10.0	15.0	25.0	32.0、42.0
	结构长度/mm								
15	—	—	—	—	—	165	—	—	—
20	—	—	—	—	—	190	—	—	—
25	—	—	190	216	—	216	254	254	308
32	—	—		229	—	229	279	279	349
40	—	—	241	241	—	241	305	305	384
50	267	267	283	292	—	292	368	368	451
65	305	305	330	330	—	330	419	419	508
80	330	330	387	356	—	356	381	470	378
100	356	356	457	406	559	432	457	546	673
125	381	381	—	457	—	508	559	673	794
150	457	457	559	495	711	559	610	705	914
200	521	521	686	597	845	660	737	832	1022
250	559	559	826	673	889	787	838	991	1270
300	635	635	965	762	1016	838	965	1130	1422
350	—	762	—	826	—	889	—	1257	—
400	—	838	—	902	—	991	1130	1384	—
450	—	914	—	978	—	1092	—	1537	—
500	—	991	—	1054	—	1194	1321	1664	—

公称直径 DN	公称压力 PN								
	1.0～2.0	2.5、4.0、5.0 短	2.5、4.0、5.0 长	6.3 短	6.3 长	10.0	15.0	25.0	32.0、42.0
	结构长度/mm								
550	—	1092	—	1143	—	1295	—	—	—
600	—	1143	—	1232	—	1397	—	1943	—
650	—	1245	—	1308	—	1448	—	—	—
700	—	1346	—	1397	—	—	—	—	—
750	—	1397	—	1524	—	1651	—	—	—
800	—	1524	—	1651	—	1778	—	—	—
850	—	1626	—	1778	—	1930	—	—	—
900	—	1727	—	1880	—	2083	—	—	—
基本系列	H19	H19	H20	H3	H21	H5	H7	H9	H11

8.1.3.14 法兰连接截止阀、节流阀及止回阀结构长度（表8.1-15）

表8.1-15 法兰连接截止阀、节流阀及止回阀结构长度

公称直径 DN	公称压力 PN										
	1.0～2.0 短	1.0～2.0 长	2.5～5.0 短	2.5～5.0 长	10.0 短	10.0 长	1.0～2.0 短	1.0～2.0 长	2.5～6.3	10.0 短	10.0 长
	直通式结构长度/mm						角式结构长度/mm				
10	—	130	—	130	—	210	—	85	85	—	105
15	108	130	152	130	165	210	57	90	90	83	105
20	117	150	178	150	190	230	64	95	95	95	115
25	127	160	216	160	216	230	70	100	100	108	115
32	140	180	229	180	229	260	76	105	105	114	130
40	165	200	241	200	241	260	82	115	115	121	130
50	203	230	267	230	292	300	102	125	125	146	150
65	216	290	292	290	330	340	108	145	145	165	170
80	241	310	318	310	356	380	121	155	155	178	190
100	292	350	356	350	432	430	146	175	175	216	215
125	330	400	400	400	508	500	178	200	200	254	250
150	356	480	444	480	559	550	203	225	225	279	275
200	495	600	533	600	660	650	248	275	275	330	325
250	622	730	622	730	787	775	311	325	325	394	—
300	698	850	711	850	838	900	350	375	375	419	—
350	787	980	838	980	889	1025	394	425	425	—	—
400	914	1100	864	1100	991	1150	457	475	475	—	—
450	978	1200	978	1200	1092	1275	483	500	500	—	—
500	978	1250	1016	1250	1194	1400	—	—	—	—	—
600	1295	1450	1346	1450	1397	1650	—	—	—	—	—
700	1448(900)	1650	1499	1650	1549	—	—	—	—	—	—
800	(1000)	1850	1778	1850	—	—	—	—	—	—	—
900	1956(1100)	2050	2083	2050	—	—	—	—	—	—	—
1000	(1200)	2250	—	2250	—	—	—	—	—	—	—
基本系列	10	1	21	1	5	2	11	8	8	24	9

注："（ ）"仅适用于多瓣旋启式止回阀。

8.1.3.15 焊接端直通式截止阀、节流阀及止回阀结构长度（表8.1-16）

表8.1-16 焊接端直通式截止阀、节流阀及止回阀结构长度

公称直径 DN	公称压力 PN												
	1.0～2.0 短	1.0～2.0 长	2.5～5.0[①]	2.5～5.0[②]	6.3	10.0 短	10.0 长	15.0、16.0 短	15.0、16.0 长	25.0 短	25.0 长	32.0、42.0 短	32.0、42.0 长
	结构长度/mm												
6	102	—	—	—									
10	102												

续表

公称直径 DN	公称压力 PN												
	1.0~2.0短	1.0~2.0长	2.5~5.0①	2.5~5.0②	6.3	10.0短	10.0长	15.0,16.0短	15.0,16.0长	25.0短	25.0长	32.0,42.0短	32.0,42.0长
	结构长度/mm												
15	108	140	152	140	165	—	165	—	—	—	216	—	264
20	117	152	178	152	190	—	190	—	229	—	229	—	273
25	127	165	203	216	216	133	216	—	254	—	254	—	308
32	140	184	216	229	229	146	229	—	279	—	279	—	349
40	165	203	229	241	241	152	241	—	305	—	305	—	384
50	203	229	267	267	292	178	292	—	368	216	368	279	451
65	216	279	292	292	330	216	330	254	419	254	419	330	508
80	241	318	318	318	356	254	356	305	381	305	470	368	578
100	292	368	356	356	406	305	432	356	457	406	546	457	673
125	356	—	400	400	457	381	508	432	559	483	673	533	794
150	406	470	444	444	495	457	559	508	610	559	705	610	914
200	495	597	559	533	597	584	660	660	737	711	832	762	1022
250	622	673	622	622	673	711	787	787	838	864	991	914	1270
300	698	775	711	711	762	813	838	914	965	991	1130	1041	1422
350	787	—	—	838	826	—	889	991	1029	1067	1257		
400	914	—	—	864	902	—	991	1092	1130	1194	1384		
450	978	—	—	978	978	—	1092	—	1219	—	1384		
500	978	—	—	1016	1054	—	1194	—	1321	—	1664		
550	1067	—	—	1118	1143	—	1295	—	—	—	—		
600	1295	—	—	1346	1232	—	1397	—	1549	—	1943		
650	1295		—	1346	1308		1448	—	—	—			
700	1448		—	1499	1397		1600③						
750	1524		—	1594	1524		1651						
800				2083	1651								
850					1778								
900	1996				1880		2083						
基本系列	H12	H13	H14	H15	H3	H4	H5	H6	H7	H8	H9	H10	H11

① 仅适用于截止阀、升降式止回阀。
② 仅适用于旋启式止回阀。
③ 此值与基本系列不同，仅适用于截止阀和止回阀。

8.1.3.16 焊接端角式截止阀、节流阀及止回阀结构长度（表8.1-17）

表8.1-17 焊接端角式截止阀、节流阀及止回阀结构长度

公称直径 DN	公称压力 PN								
	1.0~2.0	2.5~5.0	6.3	10.0短	10.0长	15.0,16.0短	15.0,16.0长	25.0	32.0~42.0
	结构长度/mm								
6	51	—	—	—	—	—	—	—	—
10	51	—	—	—	—	—	—	—	—
15	57	76	83	—	83	—	—	108	132
20	64	89	95	—	95	—	114	114	137
25	70	102	108	—	108	—	127	127	154
32	76	108	114	—	114	—	140	140	175
40	83	114	121	—	121	—	152	152	192
50	102	133	146	108	146	—	184	184	225
65	108	146	165	127	165	—	210	210	254
80	121	159	178	152	178	152	190	235	289
100	146	178	203	178	216	178	229	273	337
125	178	200	229	216	254	216	279	336	397

续表

公称直径DN	公称压力PN								
	1.0～2.0	2.5～5.0	6.3	10.0短	10.0长	15.0、16.0短	15.0、16.0长	25.0	32.0～42.0
	结构长度/mm								
150	203	222	248	254	279	254	305	352	457
200	248	279	298	—	330	330	368	416	511
250	311	311	337	—	394	394	419	495	635
300	349	356	381	—	419	457	483	565	711
350	394	—	—	—	—	495	514	629	—
400	457	—	—	—	—	—	660	—	—
450	483	—	—	—	—	—	737	—	—
500	—	—	—	—	—	—	826	—	—
600	—	—	—	—	—	—	991	—	—
基本系列	H22	H23	H24	H25	H26	H27	H28	H29	H30

8.1.3.17 对夹连接旋启式止回阀结构长度（表8.1-18）

表 8.1-18 对夹连接旋启式止回阀结构长度

公称直径DN	公称压力PN						
	1.0～2.0	2.5～5.0	6.3	10.0	15.0、16.0	25.0	32.0、42.0
	结构长度/mm						
50	60	60	60	60	70	70	70
65	66	66	66	66	83	83	83
80	73	73	73	73	83	83	86
100	73	73	79	79	102	102	105
150	98	98	137	137	159	159	159
200	127	127	161	161	206	206	206
250	146	146	213	213	241	248	254
300	181	181	229	229	292	305	305
350	184	222	273	273	356	356	—
400	190	232	305	305	384	384	—
450	203	264	362	362	451	468	—
500	219	292	368	368	451	533	—
600	222	317	394	438	495	559	—
750	305	368	460	505	—	—	—
900	368	483	635	635	—	—	—
1200	524	629	—	—	—	—	—
基本系列	J5	J6	J7	J8	J9	J10	J11

8.1.3.18 对夹连接升降式止回阀结构长度（表8.1-19）

表 8.1-19 对夹连接升降式止回阀结构长度

公称直径DN	结构长度/mm				公称直径DN	结构长度/mm			
10	—	—	—	60	100	60	80	—	—
15	16	25	60	65	125	90	110	—	—
20	19	31.5	—	—	150	106	125	—	—
25	22	35.5	65	80	200	140	160	—	—
32	28	40	80	90	250	—	200	—	—
40	31.5	45	90	115	300	—	250	—	—
50	40	56	115	140	350	—	280	—	—
65	46	63	140	160	基本系列	J12	J13	J14	J15
80	50	71	160	180					

8.1.3.19 法兰连接隔膜阀结构长度（表 8.1-20）

表 8.1-20 法兰连接隔膜阀结构长度

公称直径 DN	公称压力 PN			
	0.6	1.0～2.0 短	1.0～2.0 长	2.5～5.0
	结构长度/mm			
10	108	108	130	130
15	108	108	130	130
20	117	117	150	150
25	127	127	160	160
32	146	146	180	180
40	159	159	200	200
50	190	190	230	230
65	216	216	290	290
80	254	254	310	310
100	305	305	350	350
125	355	355	400	400
150	406	406	480	480
200	521	521	600	600
250	635	635	730	730
300	749	749	850	850
基本系列	7	7	1	1

8.1.3.20 法兰连接铜合金的闸阀、截止阀、止回阀结构长度（表 8.1-21）

表 8.1-21 法兰连接铜合金的闸阀、截止阀、止回阀结构长度

公称直径 DN	公称压力 PN			公称直径 DN	公称压力 PN		
	1.0～2.5 短	1.0～2.5 长	4.0		1.0～2.5 短	1.0～2.5 长	4.0
	结构长度/mm				结构长度/mm		
10	45	80	108	50	84	135	190
15	55	80	108	65	100	165	216
20	57	90	117	80	120	185	254
25	68	100	127	100	140	—	—
32	73	110	146	基本系列	—	18	7
40	77	120	159				

8.1.4 阀门压力试验（GB/T 13927—2022）

冷态工作压力（cold working pressure，CWP）是指在 −20～38℃ 的工作温度时，阀门壳体的最大允许工作压力，即阀门产品标准规定的压力-温度额定值。

设计压差（design differential pressure）是当阀门处于关闭位置时，进出口两端介质允许的最大压力差值。某些结构阀门设计压差可能小于冷态工作压力。

8.1.4.1 壳体试验压力
① 液体介质试验，试验压力至少是阀门壳体冷态工作压力的 1.5 倍（1.5×CWP）；
② 气体介质试验，试验压力至少是阀门壳体冷态工作压力的 1.1 倍（1.1×CWP）。

8.1.4.2 上密封试验压力
试验压力至少是阀门冷态工作压力的 1.1 倍（1.1×CWP）。

8.1.4.3 密封试验压力
① 高压密封试验压力至少是阀门冷态工作压力的 1.1 倍（1.1×CWP）；如阀门铭牌有最大工作压差或设计压差的标示，或阀门配带的操作机构不适宜阀门冷态工作压力的密封试验时，试验压力按阀门铭牌标示的最大工作压差或设计压差的 1.1 倍。

② 气体低压试验介质时，试验压力为（0.6±0.1）MPa；当阀门的公称压力小于 PN6 时，试验压力按阀门在冷态工作压力的 1.1 倍（1.1×CWP）。

8.1.4.4 试验压力的持续时间（表 8.1-22）

表 8.1-22 试验压力的持续时间 单位：s

阀门公称尺寸	壳体试验	上密封试验	其它类型阀密封试验	止回阀密封试验
DN≤50	15	15	60	15
50＜DN≤150	60	60	60	60
150＜DN＜350	120	60	120	120
DN≥350	300	60	120	120

注：试验压力的持续时间是指阀门内试验介质压力升至规定值后，试验压力的最短持续时间。

8.1.4.5 壳体试验方法步骤

封闭阀门的进出各端口，阀门部分开启，向阀门壳体内充入液体试验介质，排净阀门体腔内的空气，应使壳体的内腔充满液体试验介质。逐渐加压到 1.5 倍的 CWP，按表 8.1-22 的要求保持试验压力，然后检查阀门壳体各处的情况（包括阀体与阀盖连接法兰、填料箱等各连接处）。

壳体试验时，对可调阀杆密封结构的阀门，试验期间阀杆密封应能保持阀门的试验压力；对于不可调阀杆密封，试验期间不允许有可见的泄漏。

8.1.4.6 上密封试验方法步骤

对具有上密封结构的阀门，封闭阀门的进出各端口，向阀门壳体内充入液体的试验介质，排净阀门体腔内的空气，用阀门的操作机构开启阀门到全开位置，松开填料压盖的螺栓。逐渐加压到 1.1 倍的 CWP，按表 8.1-22 的试验压力，观察阀杆填料处的泄漏情况。

8.1.4.7 密封试验的试验方法（表 8.1-23）

表 8.1-23 试验的试验方法

阀门种类	试 验 方 法
闸阀 球阀 旋塞阀	封闭阀门两端，阀门的启闭件处于部分开启状态，给阀门内腔充满试验介质，逐渐加压到规定的试验压力；关闭阀门的启闭件，按表 8.1-22 的规定保持试验压力，释放另一端的压力，检查泄漏量。重复上述步骤和动作，将阀门换另一端施加压力进行试验，检查泄漏量
截止阀 偏心蝶阀	按阀门介质流向标记封闭进口端，关闭阀门的启闭件，给进口端充满试验介质，逐渐加压到规定的试验压力，按表 8.1-22 的规定保持试验压力，检查出口端的泄漏量
隔膜阀 中线蝶阀	封闭一端，关闭阀门的启闭件，在封闭端充满试验介质，逐渐加压到规定的试验压力，按表 8.1-22 的规定保持试验压力，检查另一端泄漏量。重复上述步骤和动作，将阀门换另一端施加压力进行试验，检查泄漏量
止回阀	按止回阀工作位置放置，使阀瓣处于关闭状态，封闭止回阀介质流向标记的出口端，封闭端充满试验介质，逐渐加压到规定的试验压力，按表 8.1-22 的规定保持试验压力，检测流向标记进口端的泄漏量
双截断与 排放阀门	关闭状态，将一侧阀孔充满试验流体，逐渐加压到规定的试验压力，按表 8.1-22 的规定保持试验压力，通过两阀座间的泄压孔监测泄漏量；对阀门的另一侧采取同样试验；并应按照产品设计标准的其它密封和泄压性能的试验

8.1.5 阀门的命名（JB/T 308—2004）

JB/T 308—2004 适用于通用中闸阀、截止阀、节流阀、球阀、蝶阀、隔膜阀、旋塞阀、止回阀、安全阀、减压阀、蒸汽疏水阀、排污阀、柱塞阀。

8.1.5.1 阀门型号编制

阀门的型号由 7 个单元组成，其含义如下所示：

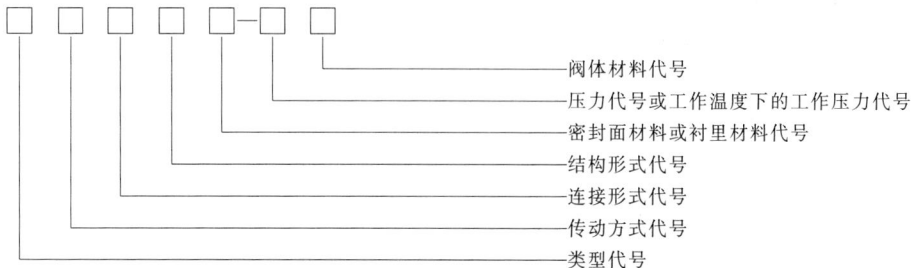

□□□□□—□□

- 阀体材料代号
- 压力代号或工作温度下的工作压力代号
- 密封面材料或衬里材料代号
- 结构形式代号
- 连接形式代号
- 传动方式代号
- 类型代号

8.1.5.2 阀门类型代号（用汉语拼音字母表示）（表8.1-24）

表8.1-24 阀门类型代号（用汉语拼音字母表示）

阀门类型	代 号	阀门类型	代 号
弹簧载荷安全阀	A	排污阀	P
蝶阀	D	球阀	Q
隔膜阀	G	蒸汽疏水阀	S
杠杆式安全阀	GA	柱塞阀	U
止回阀和底阀	H	旋塞阀	X
截止阀	J	减压阀	Y
节流阀	L	闸阀	Z

8.1.5.3 驱动方式代号（用阿拉伯数字表示）（表8.1-25）

表8.1-25 驱动方式代号（用阿拉伯数字表示）

传动方式	代 号	传动方式	代 号
电磁动	0	锥齿轮	5
电磁-液动	1	气动	6
电-液动	2	液动	7
蜗轮	3	气-液动	8
正齿轮	4	电动	9

8.1.5.4 连接形式代号（用阿拉伯数字表示）（表8.1-26）

表8.1-26 连接形式代号（用阿拉伯数字表示）

连接形式	代 号	连接形式	代 号
内螺纹	1	对夹	7
外螺纹	2	卡箍	8
法兰式	4	卡套	9
焊接式	6		

8.1.5.5 结构形式代号（用阿拉伯数字表示）（表8.1-27~表8.1-37）

表8.1-27 闸阀结构型式

闸阀结构型式				代 号
阀杆升降式（明杆）	楔式闸板	弹性闸板		0
		刚性闸板	单闸板	1
			双闸板	2
	平行式闸板		单闸板	3
			双闸板	4
阀杆非升降式（暗杆）	楔式闸板		单闸板	5
			双闸板	6
	平行式闸板		单闸板	7
			双闸板	8

表8.1-28 截止阀、柱塞阀和节流阀结构型式

截止阀、柱塞阀和节流阀结构型式		代 号	截止阀、柱塞阀和节流阀结构型式		代 号
阀瓣非平衡式	直通流道	1	阀瓣平衡式	直通流道	6
	Z形流道	2		角式流道	7
	三通流道	3			
	角式流道	4			
	直流流道	5			

表 8.1-29　球阀结构型式

球阀结构型式		代　号	球阀结构型式		代　号
浮动球	直通流道	1	固定球	直通流道	7
	Y 形三通流道	2		四通流道	6
	L 形三通流道	4		T 形三通流道	8
	T 形三通流道	5		L 形三通流道	9
				半球直通	0

表 8.1-30　蝶阀结构型式

蝶阀结构型式		代　号	蝶阀结构型式		代　号
密封型	单偏心	0	非密封型	单偏心	5
	中心垂直板	1		中心垂直板	6
	双偏心	2		双偏心	7
	三偏心	3		三偏心	8
	连杆机构	4		连杆机构	9

表 8.1-31　隔膜阀结构型式

隔膜阀结构型式	代　号	隔膜阀结构型式	代　号
屋脊流道	1	直通流道	6
直流流道	5	Y 形角式流道	8

表 8.1-32　旋塞阀结构型式

旋塞阀结构型式		代　号	旋塞阀结构型式		代　号
填料密封	直流流道	3	油封密封	直流流道	7
	T 形三通流道	4		T 形三通流道	8
	四通流道	5			

表 8.1-33　止回阀结构型式

止回阀结构型式		代　号	止回阀结构型式		代　号
升降式阀瓣	直通流道	1	旋启式阀瓣	单瓣结构	4
	立式流道	2		多瓣结构	5
	角式流道	3		双瓣结构	6
			蝶形止回式		7

表 8.1-34　安全阀结构型式

安全阀结构型式		代号	安全阀结构型式		代号
弹簧载荷弹簧封闭结构	带散热片全启式	0	弹簧载荷弹簧不封闭且带扳手结构	微启式、双联阀	3
	微启式	1		微启式	7
	全启式	2		全启式	8
	带扳手全启式	4		—	—
杠杆式	单杠杆	2	带控制机构全启式		6
	双杠杆	4	脉冲式		9

表 8.1-35　减压阀结构型式

减压阀结构型式	代　号	减压阀结构型式	代　号
薄膜式	1	波纹管式	4
弹簧薄膜式	2	杠杆式	5
活塞式	3		

表 8.1-36　蒸汽疏水阀结构型式

蒸汽疏水阀结构型式	代　号	蒸汽疏水阀结构型式	代　号
浮球式	1	蒸汽压力或膜盒式	6
浮桶式	3	双金属片式	7
液体或固体膨胀式	4	脉冲式	8
钟形浮子式	5	圆盘热动力式	9

表 8.1-37　排污阀结构型式

排污阀结构型式		代　号	排污阀结构型式		代　号
液面连接排放	截止型直通式	1	液底间断排放	截止型直流式	5
	截止型角式	2		截止型直通式	6
	—	—		截止型角式	7
	—	—		浮动闸板型直通式	8

8.1.5.6　密封面或衬里材料代号（用汉语拼音字母表示）（表 8.1-38）

表 8.1-38　密封面或衬里材料代号（用汉语拼音字母表示）

密封面或衬里材料	代　号	密封面或衬里材料	代　号
锡基轴承合金(巴氏合金)	B	尼龙塑料	N
搪玻璃	C	渗硼钢	P
渗氮钢	D	衬铅	Q
氟塑料	F	奥氏体不锈钢	R
陶瓷	G	塑料	S
Cr13 系不锈钢	H	铜合金	T
衬胶	J	橡胶	X
蒙乃尔合金	M	硬质合金	Y

8.1.5.7　阀体材料代号（用汉语拼音字母表示）（表 8.1-39）

表 8.1-39　阀体材料代号（用汉语拼音字母表示）

阀体材料	代　号	阀体材料	代　号
碳钢	C	铬镍钼系不锈钢	R
Cr13 系不锈钢	H	塑料	S
铬钼钢	I	铜及铜合金	T
可锻铸铁	K	钛及钛合金	Ti
铝合金	L	铬钼钒钢	V
铬镍系不锈钢	P	灰铸铁	Z
球墨铸铁	Q	—	—

8.2　金属阀门

8.2.1　闸阀

8.2.1.1　法兰连接铁制闸阀（GB/T 12232—2005）
　　用于公称压力 PN1～PN25，公称通径 DN50～DN2000 法兰连接灰铸铁和球墨铸铁制闸阀（表 8.2-1）。

8.2.1.2　钢制闸阀（GB/T 12234—2019）
　　GB/T 12234—2019 适用于公称压力 PN16～PN420、公称尺寸 DN25～DN1050，压力等级 Class150～Class2500、公称尺寸 NPS1～NPS42，适用温度－46～550℃的法兰或焊接连接闸阀，包括：明杆螺纹和支架形式（升降式阀杆、非升降式手轮），金属密封副，楔式单闸板、楔式双闸板、平行双闸板结构闸阀和压力自紧密封阀盖的闸阀（表 8.2-2）。

表 8.2-1　法兰连接铁制闸阀阀体的最小壁厚　　　　　　　　　　单位：mm

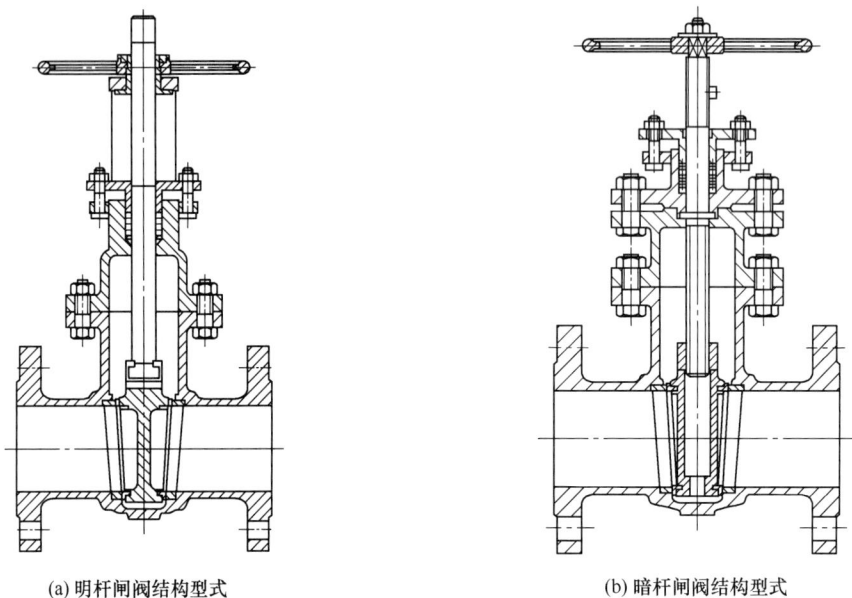

(a) 明杆闸阀结构型式　　　　　　　　　　　　　　　(b) 暗杆闸阀结构型式

公称通径 DN	灰铸铁公称压力				球墨铸铁公称压力	
	PN1	PN2.5	PN6	PN10	PN16	PN25
50	—	—	—	7	7	8
65	—	—	—	7	7	8
80	—	—	—	8	8	9
100	—	—	—	9	9	10
125	—	—	—	10	10	12
150	—	—	—	11	11	12
200	—	—	—	12	12	14
250	—	—	—	13	13	—
300	13	—	—	14	14	—
350	14	—	—	14	15	—
400	15	—	—	15	16	—
450	15	—	—	16	17	—
500	16	16	—	16	18	—
600	18	18	—	18	18	—
700	20	20	—	(20)	20	—
800	20	22	—	(22)	22	—
900	20	22	—	(24)	24	—
1000	20	24	—	(26)	26	—
1200	22	(26)	(26)	(28)	28	—
1400	25	(26)	(28)	(30)	—	—
1600	—	(30)	(32)	(35)	—	—
1800	—	(32)	—	—	—	—
2000	—	(34)	—	—	—	—

注：壁厚实用于灰铸铁 HT200 和球墨铸铁去 QT450-10，带（ ）为 HT250。

表 8.2-2　钢制闸阀阀体最小壁厚　　　　　　　　　　　　　　　　单位：mm

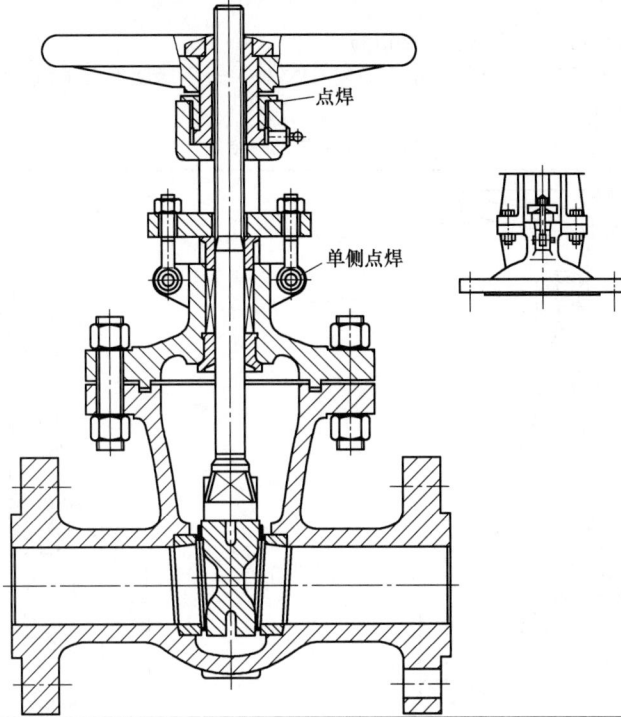

公称尺寸 DN	公称压力/压力级										公称尺寸 NPS
	PN16	PN20/Class150	PN25	PN40	PN50/Class300	PN63	PN100/Class600	PN150/Class900	PN260/Class1500	PN420/Class2500	
	最小壁厚(t_m)/mm										
25	6.4	6.4	6.4	6.4	6.4	7.4	7.9	12.7	12.7	15.0	1
32	6.4	6.4	6.4	6.4	6.4	7.9	8.6	14.2	14.2	17.5	1¼
40	6.4	6.4	6.7	7.4	7.9	8.2	9.4	15.0	15.0	19.1	1½
50	7.9	8.6	8.8	9.3	9.7	10.0	11.2	15.8	19.1	22.4	2
65	8.7	9.7	10.0	10.7	11.2	11.4	11.9	18.0	22.4	25.4	2½
80	9.4	10.4	10.7	11.4	11.9	12.1	12.7	19.1	23.9	30.2	3
100	10.3	11.2	11.5	12.2	12.7	13.4	16.0	21.3	28.7	35.8	4
150	11.9	11.9	12.6	14.6	16.0	16.7	19.1	26.2	38.1	48.5	6
200	12.7	12.7	13.5	15.9	17.5	17.5	25.4	31.8	47.8	62.0	8
250	14.2	14.2	15.0	17.5	19.1	21.2	28.7	36.6	57.2	67.6	10
300	15.3	16.0	16.8	19.1	20.6	23.0	31.8	42.2	66.8	86.6	12
350	15.9	16.8	17.7	20.5	22.4	25.2	35.1	46.0	69.9	—	14
400	16.4	17.5	18.6	21.8	23.9	27.0	38.1	52.3	79.5	—	16
450	16.9	18.3	19.5	23.0	25.4	28.9	41.4	57.2	88.9	—	18
500	17.6	19.1	20.4	24.3	26.9	30.7	44.5	63.5	98.6	—	20
600	19.6	20.6	22.2	27.0	30.2	34.7	50.8	73.2	114.3	—	24
650	20.6	21.4	23.1	28.2	31.6	—	—	—	—	—	26
700	21.4	22.2	24.1	29.6	33.3	—	—	—	—	—	28
750	22.2	23.0	25.0	31.0	34.9	—	—	—	—	—	30
800	23.0	23.8	25.9	32.0	36.0	—	—	—	—	—	32
850	23.8	24.6	26.9	33.6	38.1	—	—	—	—	—	34
900	24.6	25.3	27.9	34.8	39.6	—	—	—	—	—	36
950	25.3	26.1	28.6	36.2	41.3	—	—	—	—	—	38
1000	26.1	27.0	29.7	37.7	43.0	—	—	—	—	—	40
1050	27.0	27.7	30.5	38.9	44.4	—	—	—	—	—	42

注：距焊端 $2t_m$ 距离内的壁厚应不小于 $0.77t_m$。

8.2.2 截止阀

8.2.2.1 铁制截止阀（GB/T 12233—2006）

适用于公称压力 PN10～PN16，公称尺寸 DN15～DN200，适用温度不大于 200℃的内螺纹连接和法兰连接的铁制截止阀（表 8.2-3）。

表 8.2-3 铁制截止阀结构尺寸 单位：mm

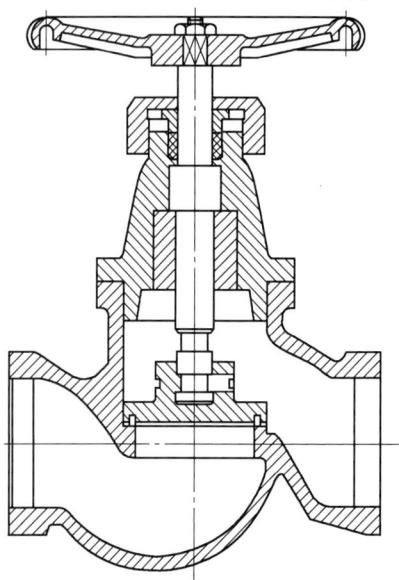

(a) 内螺纹连接铁制截止阀   (b) 法兰连接铁制截止阀

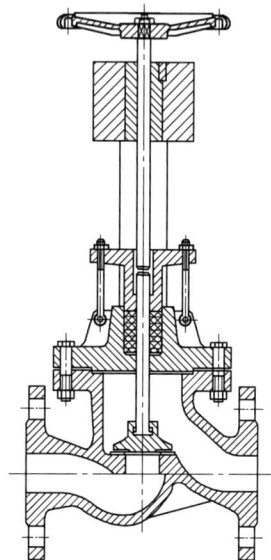

公称尺寸 DN	内螺纹连接铁制截止阀结构长度及偏差		
	短系列结构长度	长系列结构长度	偏差
15	65	90	+1.0
20	75	100	−1.5
25	90	120	
32	105	140	+1.0
40	120	170	−2.0
50	140	200	
65	165	260	+1.5 −2.0

公称尺寸 DN	阀体的最小壁厚				
	灰铸铁 PN10	灰铸铁 PN16	可锻铸铁 PN10	可锻铸铁 PN16	球墨铸铁 PN16
15	5	5	5	5	5
20	6	6	6	6	6
25	6	6	6	6	6
32	6	7	6	7	7
40	7	7	7	7	7
50	7	8	7	8	8
65	8	8	8	8	8
80	8	9			9
100	9	10			10
125	10	12			12
150	11	12			12
200	12	14			14

8.2.2.2　钢制截止阀 （GB/T 12235—2007）

适用于公称压力 PN16～PN420，公称尺寸从 DN15～DN400，使用温度－29～538℃，螺栓连接阀盖的、端部连接形式为法兰或焊接，用于石油、石化及相关工业用的直通式结构、角式结构形式和 Y 形站构形式的钢制截止阀表 8.2-4。

表 8.2-4　钢制截止阀　　　　　　　　　　　　　　　　　　单位：mm

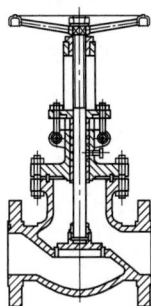 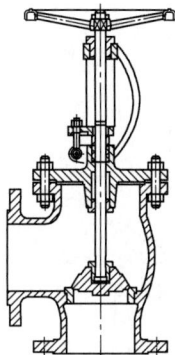 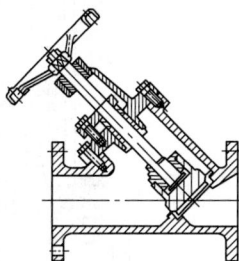 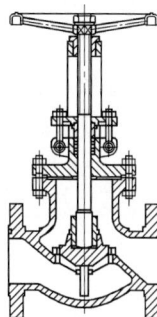

| 直通式截止阀 | 角式截止阀 | Y形截止阀 | 截止阀典型结构 |

公称尺寸 DN	阀体的最小壁厚									
	PN16	PN20	PN25	PN40	PN50	PN63、PN64	PN100、PN110	PN150、PN160	PN250、PN260	PN420
15	6.3	6.3	6.3	6.3	6.3	6.3	6.3	7.7	9.5	11.1
20	6.3	6.3	6.3	6.3	6.3	6.5	7.1	8.9	11.1	13.5
25	6.3	6.3	6.3	6.3	6.3	6.7	7.9	9.5	12.7	15.1
32	6.3	6.3	6.3	6.3	6.3	7.0	8.7	10.5	14.2	17.5
40	6.3	6.3	6.7	7.4	7.9	8.4	9.5	11.3	15.0	19.0
50	7.9	8.7	8.8	9.2	9.5	10.0	11.1	13.8	19.0	22.2
65	8.7	9.5	9.8	10.6	11.1	11.4	11.9	15.4	22.2	25.4
80	9.4	10.3	10.6	11.4	11.9	12.2	12.7	19.0	23.8	30.2
100	10.3	11.1	11.4	12.2	12.7	12.7	15.9	21.4	28.6	35.7
150	11.9	11.9	12.6	14.6	15.9	16.7	19.0	25.4	38.1	48.4
200	12.7	12.7	13.4	15.9	17.4	19.0	25.4	31.8	47.6	61.9
250	13.5	13.5	14.5	17.2	19.0	21.4	28.6	36.5	57.2	67.5
300	15.9	15.9	16.8	19.3	21.0	23.8	31.8	42.1	66.7	86.5
350	16.7	16.7	—	—	—	—	—	46.0	69.8	—
400	17.5	17.5	—	—	—	—	—	—	—	—

8.2.3　节流阀

8.2.3.1　法兰连接铁制节流阀 （GB/T 12233—2006）

适用于公称压力 PN10～PN16、公称尺寸 DN15～DN200、适用温度≤200℃ 的法兰连接铁制节流阀（表 8.2-5）。

8.2.3.2　钢制节流阀 （GB/T 12235—2007）

适用于公称压力 PN16～PN420，公称尺寸从 DN15～DN400，使用温度－29～538℃，螺栓连接阀盖的、端部连接形式为法兰或焊接，用于石油、石化及相关工业用的钢制节流阀（表 8.2-6）。

8.2.4　钢制球阀 （GB/T 12237—2021）

GB/T 12237—2021 适用于：

① 法兰连接端和对接焊连接端的球阀，公称压力 PN16～PN100，公称尺寸 DN15～DN600，压力等级 Class150～Class600、公称尺寸 NPS½～NPS24；

② 螺纹连接端和承插焊连接端的球阀，公称压力 PN16～PN140，公称尺寸 DN8～DN50，压力等级 Class150～Class800、公称尺寸 NPS¼～NPS2；

表 8.2-5 法兰连接铁制节流阀尺寸 单位：mm

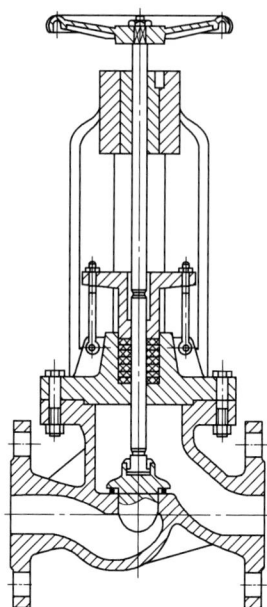

公称尺寸 DN	短系列结构长度	长系列结构长度	偏差
15	65	90	+1.0
20	75	100	−1.5
25	90	120	
32	105	140	+1.0
40	120	170	−2.0
50	140	200	
65	165	260	+1.5 −2.0

公称尺寸 DN	阀体的最小壁厚				
	灰铸铁 PN10	灰铸铁 PN16	可锻铸铁 PN10	可锻铸铁 PN16	球墨铸铁 PN16
15	5	5	5	5	5
20	6	6	6	6	6
25	6	6	6	6	6
32	6	7	6	7	7
40	7	7	7	7	7
50	7	8	7	8	8
65	8	8	8	8	8
80	8	9			9
100	9	10			10
125	10	12			12
150	11	12			12
200	12	14			14

③ 全通径和缩径的球阀，浮动球结构和固定球结构的球阀；

④ 适用温度−46～260℃。

⑤ 金属与陶瓷材料密封副的球阀可参照执行。

聚四氟乙烯类阀座的最大压力-温度额定值见表 8.2-7。

表 8.2-6　钢制节流阀　　　　　　　　　　　　　　　　　　　　　　单位：mm

公称尺寸 DN	阀体的最小壁厚									
	PN16	PN20	PN25	PN40	PN50	PN63、PN64	PN100、PN110	PN150、PN160	PN250、PN260	PN420
15	6.3	6.3	6.3	6.3	6.3	6.3	6.3	7.7	9.5	11.1
20	6.3	6.3	6.3	6.3	6.3	6.5	7.1	8.9	11.1	13.5
25	6.3	6.3	6.3	6.3	6.3	6.7	7.9	9.5	12.7	15.1
32	6.3	6.3	6.3	6.3	6.3	7.0	8.7	10.5	14.2	17.5
40	6.3	6.3	6.7	7.4	7.9	8.4	9.5	11.3	15.0	19.0
50	7.9	8.7	8.8	9.2	9.5	10.0	11.1	13.8	19.0	22.2
65	8.7	9.5	9.8	10.6	11.1	11.4	11.9	15.4	22.2	25.4
80	9.4	10.3	10.6	11.4	11.9	12.2	12.7	19.0	23.8	30.2
100	10.3	11.1	11.4	12.2	12.7	12.7	15.9	21.4	28.6	35.7
150	11.9	11.9	12.6	14.6	15.9	16.7	19.0	25.4	38.1	48.4
200	12.7	12.7	13.4	15.9	17.4	19.0	25.4	31.8	47.6	61.9
250	13.5	13.5	14.5	17.2	19.0	21.4	28.6	36.5	57.2	67.5
300	15.9	15.9	16.8	19.3	21.0	23.8	31.8	42.1	66.7	86.5
350	16.7	16.7	—	—	—	—	—	46.0	69.8	—
400	17.5	17.5	—	—	—	—	—	—	—	—

表 8.2-7　聚四氟乙烯类阀座的最大压力-温度额定值　　　　　　　　单位：MPa

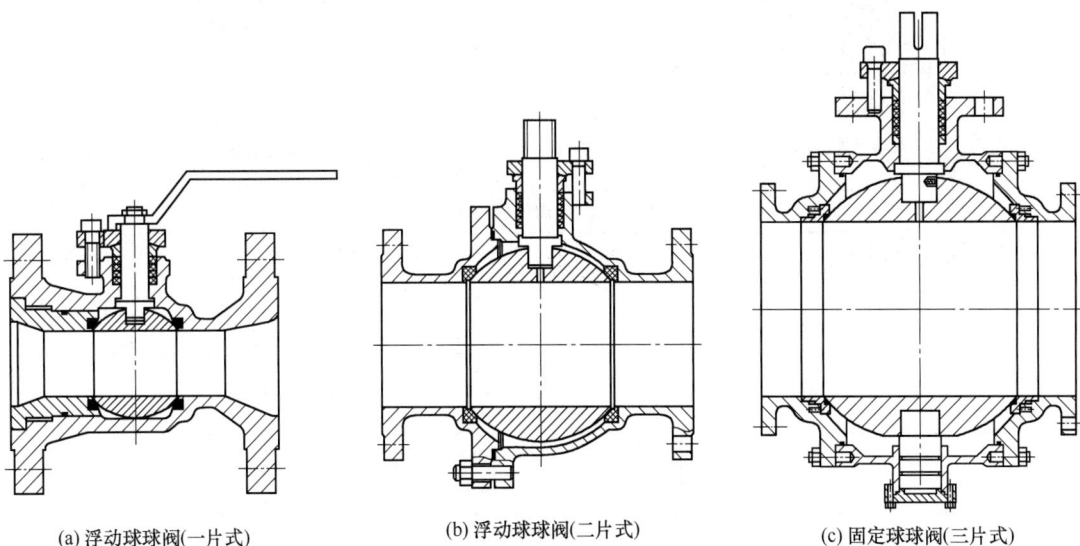

(a) 浮动球球阀(一片式)　　　　(b) 浮动球球阀(二片式)　　　　(c) 固定球球阀(三片式)

阀座使用温度 /℃	聚四氟乙烯(PTFE)和改良的阀座				增强聚四氟乙烯(R-PTFE)和改良的阀座			
	浮动球结构			固定球结构	浮动球结构			固定球结构
	≤DN50	DN50～DN100	>DN100	≥DN50	≤DN50	DN50～DN100	>DN100	≥DN50
	≤NPS2	NPS2～NPS4	>NPS4	≥NPS2	≤NPS2	NPS2～NPS4	>NPS4	≥NPS2
−29～38	6.90	5.10	1.97	5.10	7.59	5.10	1.97	5.10
66	5.69	4.21	1.62	4.21	6.38	4.31	1.66	4.31
93	4.55	3.34	1.31	3.34	5.24	3.55	1.38	3.55
122	3.45	2.45	0.97	2.45	3.97	2.76	1.07	2.76
149	2.24	1.90	0.62	1.59	2.90	1.90	0.76	1.90
177	1.17	0.69	0.28	0.69	1.72	0.86	0.35	0.86
205	—	—	—	—	0.55	0.34	0.14	0.34

8.2.5 法兰和对夹连接弹性密封蝶阀（GB/T 12238—2008）

适用于公称压力不大于 PN25，公称尺寸 DN50～DN4000 的法兰连接弹性密封的蝶阀；公称压力不大于 PN16，公称尺寸 DN50～DN1200 的对夹连接弹性密封的蝶阀。介质为非腐蚀性的液体和气体，全开位置时，管道内介质的流速不大于 5m/s（表 8.2-8）。

表 8.2-8　法兰和对夹连接弹性密封蝶阀　　　　　　　　　单位：mm

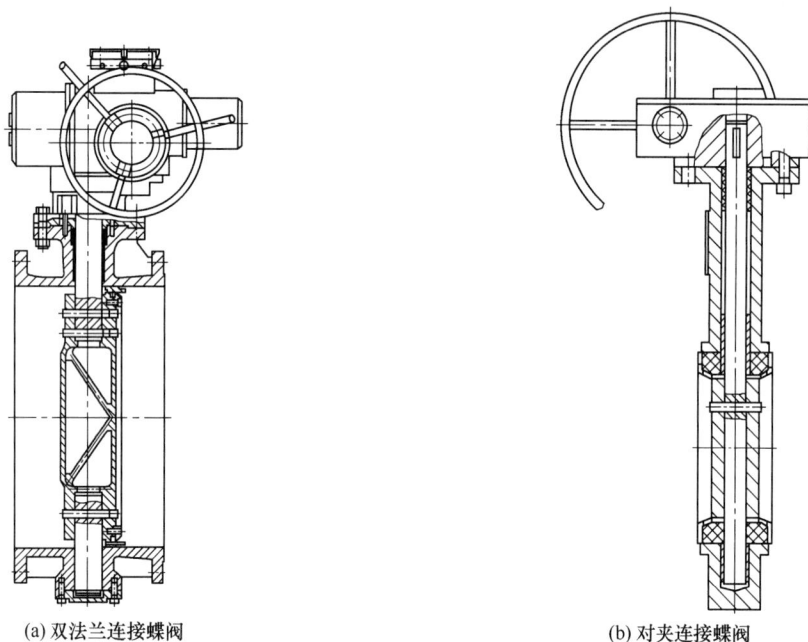

(a) 双法兰连接蝶阀　　　　　　　　　　　　　(b) 对夹连接蝶阀

公称尺寸 DN	阀体的最小壁厚						
	PN2.5	PN6	PN10	公称尺寸 DN	PN2.5	PN6	PN10
50	7	7.5	8	500	13	16	17
65	8	8.5	9	600	14	17	18
80	8	8.5	9	700	15	18	19
100	8	8.5	9	800	16	19	20
125	9	9.5	10	900	18	20	22
150	9	9.5	10	1000	20	21	23
200	10	11	12	1200	21	23	26
250	10	11	12	1400	22	25	30
300	11	12	14	1600	24	28	34
350	11	13	15	1800	26	31	38
400	12	14	15	2000	28	34	42
450	12	15	16	—	—	—	—

8.2.6 金属隔膜阀（GB/T 12239—2008）

适用于公称压力 PN6～PN25（灰铸铁制不大于 PN16）、公称尺寸 DN10～DN400，端部连接形式为法兰的金属隔膜阀；公称压力 PN6～PN16、公称尺寸 DN8～DN80，端部连接形式为螺纹的金属隔膜阀；公称压力 PN6～PN20、公称尺寸 DN8～DN300，端部连接形式为焊接的金属隔膜阀（表 8.2-9）。

表 8.2-9　金属隔膜阀　　　　　　　　　　　　　　　　　　　　　单位：mm

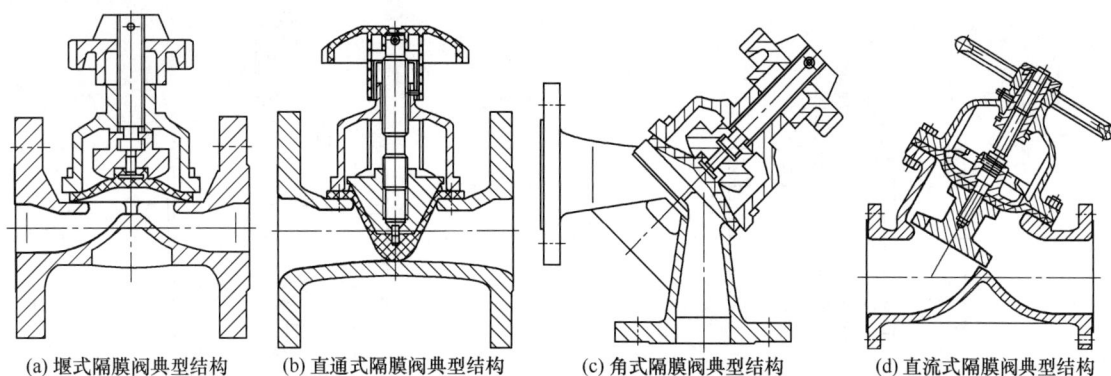

(a) 堰式隔膜阀典型结构　　(b) 直通式隔膜阀典型结构　　(c) 角式隔膜阀典型结构　　(d) 直流式隔膜阀典型结构

公称尺寸 DN	铁制阀体的最小壁厚		
	阀杆最小直径	阀体最小壁厚	阀盖最小壁厚
8	6	5	3
10	7	5	3.5
15	7	5	3.5
20	9	5	4
25	10	5	4
32	10	6	5
40	11	7	6
50	11	8	6
65	15	8	7
80	15	9	7
100	17	10	8
125	21	11	9
150	21	12	10
200	24	13	11
250	28	15	12
300	32	16	13
350	34	17	14
400	34	18	15

8.2.7　旋塞阀

8.2.7.1　铁制旋塞阀（GB/T 12240—2008）

适用于公称压力 PN2.5～PN25、公称尺寸 DN15～DN600，形式为短型、常规型、文丘里型和圆孔全通径型的旋塞阀（表 8.2-10）。

表 8.2-10　铁制旋塞阀性能尺寸

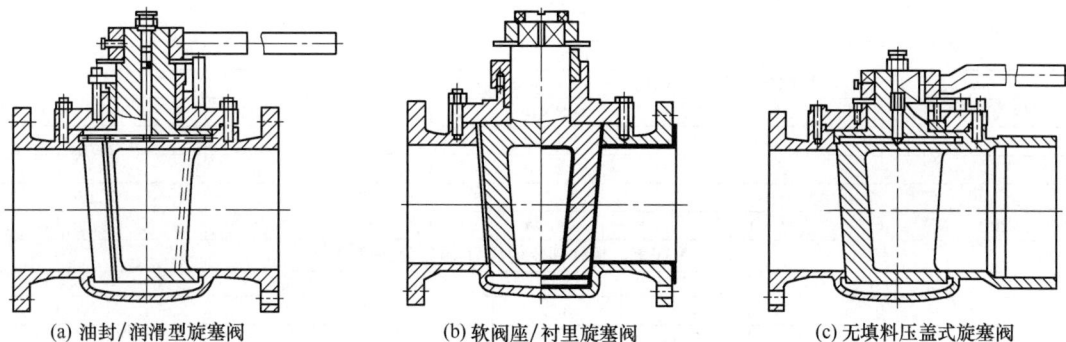

(a) 油封/润滑型旋塞阀　　　　　(b) 软阀座/衬里旋塞阀　　　　　(c) 无填料压盖式旋塞阀

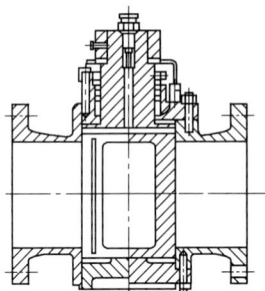

柱形塞油封/润滑型旋塞阀

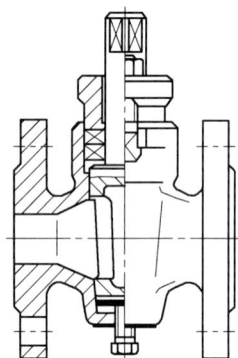

金属密封旋塞阀

公称尺寸 DN	法兰连接结构长度/mm											
	PN2.5、PN5、PN10				PN16、PN20				PN25			
	短型	常规型	文丘里型	圆孔全通径型	短型	常规型	文丘里型	圆孔全通径型	短型	常规型	文丘里型	圆孔全通径型
15	108	—	—	—	—	—	—	—	—	—	—	—
20	117	—	—	—	—	—	—	—	—	—	—	—
25	127	140	—	140	140	—	—	176	165	—	—	190
32	140	165	—	152	—	—	—	—	—	—	—	—
40	165	165	—	165	165	—	—	222	190	—	—	241
50	178	203	—	191	178	—	178	267	216	—	216	283
65	191	222	—	210	191	—	—	298	241	—	241	330
80	203	241	—	229	203	—	203	343	283	—	283	387
100	229	305	—	305	229	305	229	432	305	—	305	457
125	245	356	—	381	254	356	—	—	—	—	—	—
150	267	394	394	457	267	394	394	546	403	403	403	559
200	292	457	457	559	292	457	457	622	419	502	419	686
250	330	533	533	660	330	533	533	660	457	568	457	826
300	356	610	610	762	356	610	610	762	502	648	502	965
350	—	686	686	—	—	686	686	—	—	762	762	—
400	—	762	762	—	—	762	762	—	—	838	838	—
450	—	864	864	—	—	864	864	—	—	914	914	—
500	—	914	914	—	—	914	914	—	—	991	991	—
550	—	—	—	—	—	—	—	—	—	1092	1092	—
600	—	—	1067	—	—	1067	1067	—	—	1143	1143	—

灰铸铁阀门的压力-温度额定值/MPa

温度/℃	PN2.5	PN6	PN10	PN16
−10～120	0.25	0.60	1.00	1.60
150	0.23	0.54	0.90	1.44
180	0.21	0.50	0.84	1.34
200	0.20	0.48	0.80	1.28

球墨铸铁阀门的(QT400-18,QT450-10)压力-温度额定值/MPa

温度/℃	PN10	PN16	PN25	PN20
−29～40	1.00	1.60	2.50	1.55
120	1.00	1.60	2.50	1.55
150	0.95	1.52	2.38	1.48
200	0.90	1.44	2.25	1.39

公称尺寸 DN	聚四氟乙烯软阀座的压力-温度额定值/MPa							
	40℃	50℃	75℃	100℃	125℃	150℃	175℃	200℃
15～150	4.8	4.7	4.3	3.9	3.6	3.2	2.9	2.5
200～300	3.5	3.4	3.1	2.8	2.5	2.3	2.0	1.7

注：PN16 的灰铸铁旋塞阀门，使用工况为温度−10～120℃的油类、一般性介质的液体介质。

8.2.7.2 钢制旋塞阀 （GB/T 22130—2008）

适用于公称压力 PN10～PN420、公称尺寸 DN25～DN600，阀门的连接方式为法兰、焊接、螺纹连接，材料为碳钢、合金钢、奥氏体不锈钢，形式为短型、常规型、文丘里型和圆孔全通径型的旋塞阀（表 8.2-11）。

表 8.2-11 钢制旋塞阀的规格尺寸 　　　　　　　　　　　　单位：mm

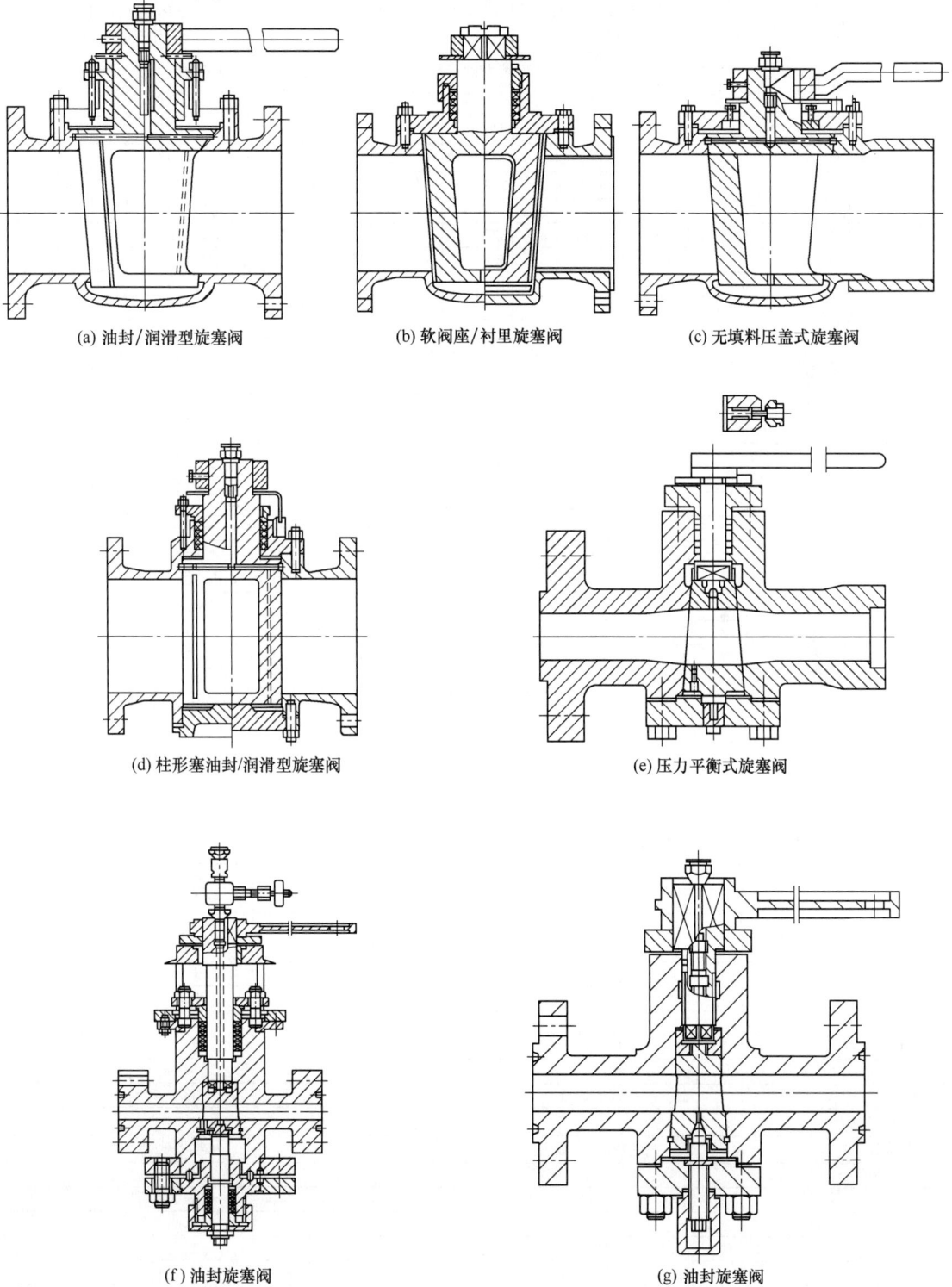

(a) 油封/润滑型旋塞阀　　　　(b) 软阀座/衬里旋塞阀　　　　(c) 无填料压盖式旋塞阀

(d) 柱形塞油封/润滑型旋塞阀　　　　(e) 压力平衡式旋塞阀

(f) 油封旋塞阀　　　　(g) 油封旋塞阀

续表

基本参数	欧洲体系：PN10、PN16、PN25、PN40、PN63、PN100、PN160、PN250
	美洲体系：PN20、PN50、PN68（400磅级）、PN110、PN140（800磅级）、PN150、PN260、PN420
	PN420连接形式仅限于螺纹连接和承插焊连接，适用于DN15～DN50

法兰连接结构长度

公称尺寸 DN	PN10、PN16				PN25、PN40、PN50				PN63、PN58			PN100、PN110			PN150、PN160			PN250、PN260			PN420
	短型	常规型	文丘里型	圆孔全径	短型	常规型	文丘里型	圆孔全径	常规型	文丘里型	圆孔全径	常规型	文丘里型	圆孔全径	常规型	文丘里型	圆孔全径	常规型	文丘里型	圆孔全径	常规型
25	140	—	—	176	159	—	—	190	216	—	254	216	—	254	254	—	—	254	—	—	308
32	—	—	—	—	—	—	—	—	229	—	229	229	—	279	279	—	—	279	—	—	—
40	165	—	—	222	191	—	—	241	241	—	318	241	241	318	305	—	356	305	—	—	384
50	178	—	178	267	216	—	216	282	292	—	330	292	292	330	368	—	381	368	—	391	451
65	191	—	—	298	241	—	241	330	330	—	381	330	330	381	419	—	432	419	—	454	508
80	203	—	203	343	283	—	282	387	356	—	445	356	356	444	381	—	470	470	—	524	578
100	229	305	229	432	305	—	305	457	406	—	483	432	432	508	457	—	559	546	—	625	673
125	254	381	—	—	—	—	—	—	—	—	—	—	—	—	—	—	—	—	—	—	794
150	267	394	394	546	403	403	403	559	495	495	610	559	559	660	610	610	737	705	705	787	914
200	292	457	457	622	419	502	419	686	597	597	737	660	660	794	737	737	813	832	832	889	1022
250	330	533	533	660	457	568	457	826	673	673	889	787	787	940	838	838	965	991	991	1067	1270
300	356	610	610	762	502	711	502	711	502	965	762	762	1016	838	838	1067	965	965	1118	1219	1422
350	—	686	686	—	—	762	762	—	826	—	—	889	889	—	—	—	—	—	—	—	—
400	—	762	762	—	—	838	838	—	902	—	—	991	991	—	—	—	1130	—	—	1384	—
450	—	864	864	—	—	914	914	—	978	—	—	1092	1092	—	—	—	—	—	—	—	—
500	—	914	914	—	—	991	991	—	1054	—	—	1194	—	—	—	—	1321	—	—	—	—
550	—	—	—	—	—	1092	1092	—	1143	—	—	1295	—	—	—	—	—	—	—	—	—
600	—	1067	1067	—	—	1143	1143	—	1232	—	—	1397	—	—	—	—	—	—	—	—	—

美洲体系环连接（RJ）法兰连接结构长度在常规型基础上增加附加值

公称尺寸 DN	PN20	PN50	PN68	PN110	PN150	PN260	PN420
15	—	11	—	—2	0	0	0
20	—	13	—	0	0	0	0
25	13	13	—	0	0	0	0
32	13	13	—	0	0	0	3
40	13	13	—	0	0	0	3
50	13	16	3	3	3	3	3
65	13	16	3	3	3	3	6
80	13	16	3	3	3	3	6
100	13	16	3	3	3	3	10
125	13	16	3	3	3	3	13
150	13	16	3	3	3	3	13
200	13	16	3	3	3	10	16
250	13	16	3	3	3	10	22
300	13	16	3	3	3	16	22
350	13	16	3	3	10	19	—
400	13	16	3	3	10	22	—
450	13	16	3	3	13	22	—
500	13	19	6	6	13	22	—
550	13	22	10	10	—	—	—
600	13	22	10	10	19	28	—

公称尺寸 DN	承插焊端尺寸	
	承插孔最小深度	承插孔径
15	9.5	21.8
20	12.5	27.5
25	12.5	33.9
32	12.5	42.7
40	12.5	48.8
50	16.0	61.2

8.2.8 止回阀

8.2.8.1 铁制升降式止回阀 (GB/T 12233—2006)

适用于公称压力 PN10~PN16、公称尺寸 DN45~DN200、适用温度≤200℃，内螺纹连接和法兰连接的升降式止回阀（表 8.2-12）。

表 8.2-12 内螺纹连接升降式止回阀结构长度及偏差 单位：mm

(a) 内螺纹连接升降式止回阀 (b) 法兰连接升降式止回阀

公称尺寸 DN	短系列结构长度	长系列结构长度	偏差
15	65	90	+1.0
20	75	100	−1.5
25	90	120	
32	105	140	+1.0
40	120	170	−2.0
50	140	200	
65	165	260	+1.5 −2.0

公称尺寸 DN	阀体的最小壁厚				
	灰铸铁 PN10	灰铸铁 PN16	可锻铸铁 PN10	可锻铸铁 PN16	球墨铸铁 PN16
15	5	5	5	5	5
20	6	6	6	6	6
25	6	6	6	6	6
32	6	7	6	7	7
40	7	7	7	7	7
50	7	8	7	8	8
65	8	8	8	8	8
80	8	9			9
100	9	10			10
125	10	12			12
150	11	12			12
200	12	14			14

8.2.8.2 钢制升降式和截止升降式止回阀 (GB/T 12235—2007)

适用于公称压力 PN16~PN420，公称尺寸从 DN15~DN400，使用温度−29~538℃，螺栓连接阀盖的、端部连接形式为法兰或焊接，用于石油、石化及相关工业用的钢制升降式止回阀和钢制截止升降式止回阀（表 8.2-13）。

表 8.2-13　钢制升降式和截止升降式止回阀 单位：mm

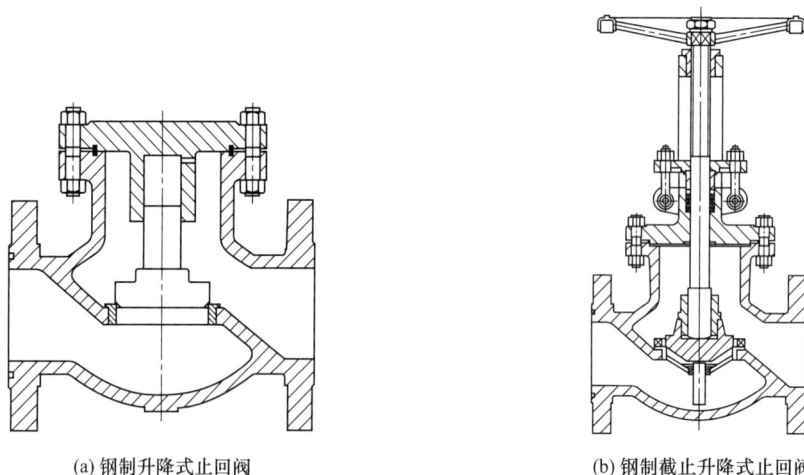

(a) 钢制升降式止回阀

(b) 钢制截止升降式止回阀

公称尺寸DN	阀体的最小壁厚									
	PN16	PN20	PN25	PN40	PN50	PN63、PN64	PN100、PN110	PN150、PN160	PN250、PN260	PN420
15	6.3	6.3	6.3	6.3	6.3	6.3	6.3	7.7	9.5	11.1
20	6.3	6.3	6.3	6.3	6.3	6.5	7.1	8.9	11.1	13.5
25	6.3	6.3	6.3	6.3	6.3	6.7	7.9	9.5	12.7	15.1
32	6.3	6.3	6.3	6.3	6.3	7.0	8.7	10.5	14.2	17.5
40	6.3	6.3	6.7	7.4	7.9	8.4	9.5	11.3	15.0	19.0
50	7.9	8.7	8.8	9.2	9.5	10.0	11.1	13.8	19.0	22.2
65	8.7	9.5	9.8	10.6	11.1	11.4	11.9	15.4	22.2	25.4
80	9.4	10.3	10.6	11.4	11.9	12.2	12.7	19.0	23.8	30.2
100	10.3	11.1	11.4	12.2	12.7	12.7	15.9	21.4	28.6	35.7
150	11.9	11.9	12.6	14.6	15.9	16.7	19.0	25.4	38.1	48.4
200	12.7	12.7	13.4	15.9	17.4	19.0	25.4	31.8	47.6	61.9
250	13.5	13.5	14.5	17.2	19.0	21.4	28.6	36.5	57.2	67.5
300	15.9	15.9	16.8	19.3	21.0	23.8	31.8	42.1	66.7	86.5
350	16.7	16.7	—	—	—	—	—	46.0	69.8	—
400	17.5	17.5	—	—	—	—	—	—	—	—

8.2.8.3　钢制旋启式止回阀（GB/T 12236—2008）

适用于螺栓连接阀盖的法兰连接或焊接的钢制旋启式止回阀，其参数为公称压力 PN16～PN420，公称尺寸 DN50～DN600，使用温度－29～538℃，使用介质石油、化工、天然气及相关制品等（表 8.2-14）。

表 8.2-14　钢制旋启式止回阀 单位：mm

介质入口

焊接端示意图

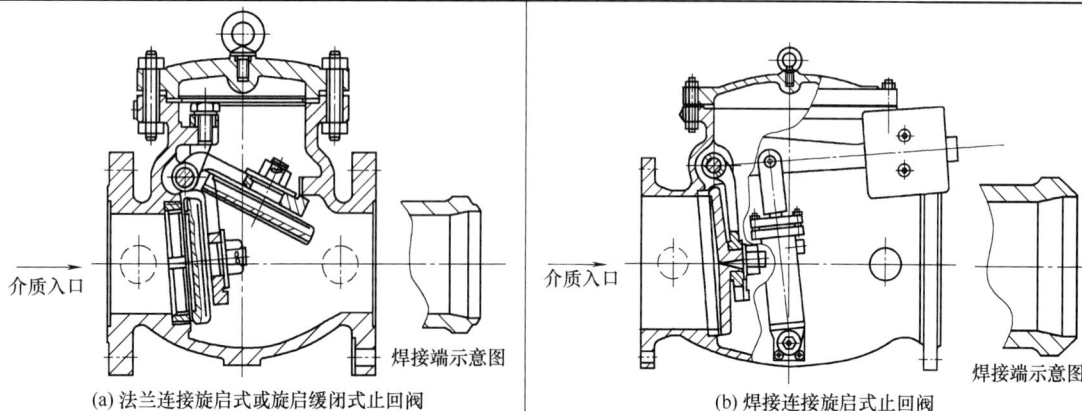

(a) 法兰连接旋启式或旋启缓闭式止回阀

介质入口

焊接端示意图

(b) 焊接连接旋启式止回阀

续表

公称尺寸 DN	阀体的最小壁厚									
	PN16	PN20	PN25	PN40	PN50	PN63	PN100、PN110	PN150、PN160	PN250、PN260	PN420
50	7.9	8.6	8.8	9.3	9.7	10.0	11.2	15.8	19.1	22.4
65	8.7	9.7	10.0	10.7	11.2	11.4	11.9	18.0	22.4	25.4
80	9.4	10.4	10.7	11.4	11.9	12.1	12.7	19.1	23.9	30.2
100	10.3	11.2	11.5	12.2	12.7	13.4	16.0	21.3	28.7	35.8
150	11.9	11.9	12.6	14.6	16.0	16.7	19.1	26.2	38.1	48.5
200	12.7	12.7	13.5	15.9	17.5	19.2	25.4	31.8	47.8	62.0
250	14.2	14.2	15.0	17.5	19.1	21.2	28.7	36.6	57.2	67.6
300	15.3	16.0	16.8	19.1	20.6	23.0	31.8	42.2	66.8	86.6
350	15.9	16.8	17.7	20.5	22.4	25.2	35.1	46.0	69.9	—
400	16.4	17.5	18.6	21.8	23.9	27.0	38.1	52.3	79.5	—
450	16.9	18.3	19.5	23.0	25.4	28.9	41.4	57.2	88.9	—
500	17.6	19.1	20.4	24.3	26.9	30.7	44.5	63.5	98.6	—
600	19.6	20.6	22.2	27.0	30.2	34.7	50.8	73.2	114.3	—

8.2.9 安全阀

8.2.9.1 安全阀一般要求 (GB/T 12241—2021)

安全阀一般要求适用于流道直径≥4mm，整定压力≥0.1MPa 的各类安全阀。

(1) 安全阀 不借助任何外力而利用介质本身的力来排出一定数量的流体，以防止压力超过某个预定安全值的自动阀门。当压力恢复正常后，阀门关闭并阻止介质继续流出。

直接载荷式安全阀 (direct loaded safety valve) 是一种仅靠直接的机械加载装置如重锤、杠杆加重锤或弹簧来克服由阀瓣下介质压力所产生作用力的安全阀。

(2) 压力

① 整定压力指安全阀在运行条件下开始开启的预定压力，是在阀门进口处测量的表压力。在该压力下，在规定的运行条件下由介质压力产生的使阀门开启的力同使阀瓣保持在阀座上的力相互平衡。

② 最大允许压力 p_s 指保护设备设计的最大压力。

③ 超过压力指超过安全阀整定压力的压力增量，通常用整定压力的百分数表示。

④ 回座压力指安全阀排放后其阀瓣重新与阀座接触（即开启高度变为零）时的进口静压力。

⑤ 冷态试验差压力指安全阀在试验台上调整到开始开启时的进口静压力，该力包含了对背压力及/或温度等运行条件所作的修正。

⑥ 排放压力指确定安全阀尺寸时所用的压力。该压力大于或等于整定压力与超过压力之和。

⑦ 背压力指存在于安全出口处，由排放系统所产生的压力。该压力是附加背压力和排放背压力的总和。

⑧ 排放背压力指由于介质流经安全阀及排放系统而在阀门出口处形成的压力。

⑨ 附加背压力指安全阀即将动作前存在于其出口处，由其它压力源在排放系统中引起的静压力。

⑩ 启闭压差指整定压力与回座压力之差，通常用整定压力的百分数来表示；而当整定压力小于 0.3MPa 时则以兆帕 (MPa) 为单位表示。

(3) 开启高度 阀瓣离开关闭位置的实际行程。

(4) 流道面积 阀门进口端至阀座密封面间流道的最小横截面积，用来计算无任何阻力影响时的理论流量。

(5) 流道直径 对应于流道面积的直径。

(6) 排量

① 理论排量指流道横截面积与安全阀流道面积相等的理想喷管的计算排量，以质量流量或容积流量表示。

② 排量系数指实际排量（试验得到）与理论排量（计算得到）的比值。

③ 额定排量指实测排量中允许作为安全阀应用基准的那部分。

8.2.9.2 安全阀的选用（HG/T 20570.2—1995）

（1）安全阀的分类 HG/T 20570.2—1995仅适用于化工生产装置中压力大于0.2MPa的压力容器上防超压用安全阀的设置和计算，不包括压力大于100MPa的超高压系统。适用于化工生产装置中上述范围内的压力容器和管道所用安全阀；不适用于其它行业的压力容器上用的安全阀，如各类槽车、各类气瓶、锅炉系统、非金属材料容器以及核工业、电力工业等。计算方法引自《压力容器安全技术监督规程》和API-520，在使用时应采用同一个规范来进行泄放量和泄放面积的计算。

① 安全阀：由弹簧作用或由导阀控制的安全阀。当入口静压超过设定压力时，阀瓣上升以泄放被保护系统的超压，当压力降至回座压力时，可自动关闭的安全泄放阀。

② 导阀：控制主阀动作的辅助压力泄放阀。

③ 全启式安全阀：当安全阀入口处的静压达到其设定压力时，阀瓣迅速上升至最大高度，最大限度地排出超压的物料。一般用于可压缩流体，阀瓣的最大上升高度不小于喉径的1/4。

④ 微启式安全阀：当安全入口处的静压达到其设定压力时，阀瓣位置随入口压力的升高而成比例的升高，最大限度地减少应排出的物料。一般用于不可压缩流体，阀瓣的最大上升高度不小于喉径的1/40～1/20。

⑤ 弹簧式安全阀：由弹簧作用的安全阀。其设定压力由弹簧控制，其动作特性受背压的影响。

⑥ 背压平衡式安全阀：由弹簧作用的安全阀。其设定压力由弹簧控制，用活塞或波纹管减少背压对其动作性能的影响。

⑦ 导阀式安全阀：由导阀控制的安全阀。其设定压力由导阀控制，其动作性能基本上不受背压的影响。当导阀失灵时，主阀仍能在不超过泄放压力时自动开启，并排出全部额定泄放量。

⑧ 主安全阀：主安全阀是被保护系统的主要安全泄放装置，其泄放面积是基于最大可能事故工况下的泄放量。

⑨ 辅助安全阀：辅助安全阀（有时多于一个）是主安全阀的辅助装置，提供除主安全阀以外的附加泄放面积。用于非最大可能事故工况下的超压泄放。

（2）安全阀与容器有关的压力关系（表8.2-15）

表8.2-15 安全阀与容器有关的压力关系

容 器	压力百分比/%	安 全 阀
设计压力（或最大允许工作压力）	121	火灾用安全阀的最大泄放压力
	116	非火灾用辅助安全阀的最大泄放压力
	110	非火灾用主安全阀的最大泄放压力、火灾用辅助安全阀的最大设定压力
	105	非火灾用辅助安全阀的最大设定压力
	100	主安全阀的最大设定压力
	93～97	回座压力

（3）安全阀的设置 安全阀适用于清洁、无颗粒、低黏度流体。凡必须安装安全泄压装置而又不适合安装安全阀的场所，应安装爆破片或安全阀与爆破片串联使用。凡属下列情况之一的容器必须安装安全阀：

① 独立的压力系统（有切断阀与其它系统分开），该系统指全气相、全液相或气相连通；

② 容器的压力物料来源处没有安全阀的场合；

③ 设计压力小于压力来源处的压力的容器及管道；

④ 容积式泵或压缩机的出口管道；

⑤ 由于不凝气的累积产生超压的容器；

⑥ 加热炉出口管道上如设有切断阀或控制阀时，在该阀上游应设置安全阀；

⑦ 由于工艺事故、自控事故、电力事故、火灾事故和公用工程事故引起的超压部位；

⑧ 液体因两端阀门关闭而产生热膨胀的部位；

⑨ 凝气透平机的蒸汽出口管道；

⑩ 某些情况下，由于泵出口止回阀的泄流，则在泵的入口管道上设置安全阀。

（4）安全阀的选用

① 排放气体或蒸汽时，选用全启式安全阀。

② 排放液体时，选用全启式或微启式安全阀。

③ 排放水蒸气或空气时，可选用带扳手的安全阀。

④ 对设定压力大于 3MPa，温度超过 235℃的气体用安全阀，则选用带散热片的安全阀，以防止泄放介质直接冲蚀弹簧。

⑤ 排放介质允许泄漏至大气的，选用开式阀帽安全阀；不允许泄漏至大气的，选用闭式阀帽安全阀。

⑥ 排放有剧毒、有强腐蚀、有极度危险的介质，选用波纹管安全阀。

⑦ 高背压的场合，选用背压平衡式安全阀或导阀控制式安全阀。

⑧ 在某些重要的场合，有时要安装互为备用的两个安全阀。两个安全阀的进口和出口切断阀宜采用机械连锁装置，以确保在任何时候（包括维修，检修期间）都能满足容器所要求的泄放面积。

8.2.9.3 弹簧直接载荷式安全阀（GB/T 12243—2021）

（1）适用于整定压力为 0.1～42.0MPa，流道直径≥15mm 的蒸汽用安全阀，流道直径≥7mm 的气体和液体用安全阀。

（2）总则

① 安全阀的设计应符合 GB/T 12241 的规定。

② 安全阀适用温度范围应根据其结构（如弹簧隔热和隔冷等）、材料、介质工作特性、排放时的温度变化极限值等因素考虑确定。安全阀应在所标示的温度范围内能正常工作。

③ 用于可压缩气体介质的安全阀在排放状态时，由于温度下降会造成冷凝结霜等现象，应充分考虑其结构和材料的适宜性，防止阀瓣动作过程中卡阻等现象的发生。

④ 应设计制造成防止排出的介质直接冲蚀弹簧的结构。工作介质温度大于 235℃的安全阀应考虑减小介质温度对弹簧的影响。

⑤ 调整弹簧压缩量机构应设置有防松动的锁紧装置。

⑥ 蒸汽以及高温热水锅炉用安全阀应带有提升机构。当介质压力达到整定压力的 75%以上时，能利用提升机构将阀瓣提升；当热水温度大于 93℃时，不得直接利用提升机构将阀瓣提升。提升机构对安全阀的动作不应有任何阻碍。

⑦ 有毒、可燃性介质用安全阀应为封闭式安全阀。

⑧ 有附加背压力或有较高排放背压的安全阀，应根据其背压变动和大小情况，考虑设置背压平衡机构。

（3）整定压力极限偏差（表 8.2-16）

表 8.2-16 整定压力极限偏差 单位：MPa

整定压力	压力容器和管道用安全阀		蒸汽锅炉用安全阀			
	≤0.5	>0.5	≤0.5	0.5～2.3	2.3～7.0	>7.0
整定压力极限偏差	±0.015	±3%整定压力	±0.015	±3%整定压力	±0.07	±1%整定压力

（4）超过压力（表 8.2-17）

表 8.2-17 超过压力 单位：%

类型	蒸汽动力锅炉用安全阀	蒸汽设备用安全阀	气体用安全阀	液体用安全阀
超过压力	3	10	10	10

（5）启闭压差（表 8.2-18）

表 8.2-18 安全阀的启闭压差 单位：MPa

蒸汽用安全阀的启闭压差		
整定压力	蒸汽动力锅炉用启闭压差	自流锅炉、再热器和其它蒸汽设备用启闭压差
≤0.4	≤0.03	≤0.04
>0.4	≤7%整定压力	≤10%整定压力
气体用安全阀的启闭压差		
整定压力	启闭压差	
≤0.2	≤0.03	
>0.2	≤15%整定压力	

续表

液体用安全阀的启闭压差	
整定压力	启闭压差
≤0.3	≤0.06
>0.3	≤20%整定压力

（6）开启高度　全启式安全阀的开启高度为大于或等于流道直径的 1/4；微启式安全阀的开启高度为流道直径的 1/40～1/4。

8.2.10　减压阀

8.2.10.1　减压阀一般要求 （GB/T 12244—2006）

（1）适用于公称压力 PN10～PN63，公称尺寸 DN20～DN300，介质为气体、蒸汽、水等管道用减压阀。

（2）减压阀是通过阀瓣的节流，将进口压力降至某一需要的出口压力，并能在进口压力及流量变动时，利用介质本身能量保持出口压力基本不变的阀门。

① 直接作用式减压阀是利用出口压力变化，直接控制阀瓣运动的减压阀。

② 先导式减压阀由主阀和导阀组成，主阀出口压力的变化通过导阀放大控制主阀阀瓣动作的减压阀。

③ 薄膜式减压阀采用膜片作敏感元件来带动阀瓣运动的减压阀。

④ 活塞式减压阀采用活塞作敏感元件来带动阀瓣运动的减压阀。

⑤ 波纹管减压阀采用波纹管作敏感元件来带动阀瓣运动的减压阀。

（3）压力

① 进口压力指阀门进口端的介质压力。

② 出口压力指阀门出口端的介质压力。

③ 最小压差指进口压力和出口压力的最小差值。

④ 最高进口工作压力指常温下为公称压力，各温度下为阀体材料允许的最大工作压力。

⑤ 最低进口工作压力指一定流量下，为保持出口压力达到给定值所需的最低进口压力。

（4）工作温度指减压阀进口端的介质温度。

（5）最大流量指在给定的出口压力下，当其偏差在规定范围内时所能达到的流量上限。

① 流量特性偏差值指稳定流动状态，当进口压力一定时，减压阀流量变化所引起的出口压力变化值。

② 压力特性偏差值指出口流量一定，进口压力改变时，出口压力的变化值。

③ 调压性能指进口压力一定，连续调节出口压力时，减压阀的卡阻和振动现象。

④ 压力特性指出口流量一定，进口压力改变时，出口压力与进口压力之间的函数关系。

⑤ 流量特性指稳定流动状态下，当进口压力一定时，出口压力与流量的函数关系。

8.2.10.2　减压阀的选用

（1）减压阀的适用　减压阀是一种自动阀门，是调节阀的一种。它是通过启闭件的节流，将进口压力降至某一需要的出口压力，并能在进口压力及流量变动时，利用介质本身的能量保持出口压力基本不变的阀门。

减压阀按动作原理分为直接作用式减压阀和先导式减压阀。直接作用式减压阀是利用出口压力的变化直接控制阀瓣的运动。波纹管直接作用式减压阀适用于低压、中小口径的蒸汽介质；薄膜直接作用式减压阀适用于中低压、中小口径的空气、水介质。先导式减压阀由导阀和主阀组成，出口压力的变化通过导阀放大来控制主阀阀瓣的运动。先导活塞式减压阀，适用于各种压力、各种口径、各种温度的蒸汽、空气和水介质。若用不锈耐酸钢制造，可适用于各种腐蚀性介质。先导波纹管式减压阀，适用于低压、中小口径的蒸汽、空气等介质；先导薄膜式减压阀适用于中压、低压，中小口径的蒸汽或水等介质。

各类减压阀的性能对比见表 8.2-19。

表 8.2-19　各类减压阀的性能对比

性 能 类 型		精度	流通能力	密封性能	灵敏性	成本
直接作用式	波纹管	低	中	中	中	中
	薄膜	中	小	好[①]	高	低

续表

性 能 类 型		精度	流通能力	密封性能	灵敏性	成本
先导式	活塞	高	大	中	低	高
	波纹管	高	大	中	中	高
	薄膜	高	中	中	高	较高

① 采用非金属材料，如聚四氟乙烯、橡胶等。

(2) 减压阀的原理

① 直接作用薄膜式减压阀，当出口侧压力增加，薄膜向上运动，阀开度减小，流速增加，压降增大，阀后压力减小；当出口侧压力下降，薄膜向下运动，阀开度增大，流速减小，压降减小，阀后压力增大。阀后的出口压力始终保持由整定调节螺钉整定的恒压。

② 直接作用波纹管式减压阀，当出口侧压力增加，波纹管带动阀瓣向上运动，阀开度减小，流速增加，压降增大，阀后压力减小；当出口侧压力下降，波纹管带动阀瓣向下运动，阀开度增大，流速减小，压降减小，阀后压力增大，阀后的出口压力始终保持由整定调节螺钉整定的恒压。

③ 先导活塞式减压阀，拧动调节螺钉，顶开导阀阀瓣，介质从进口侧进入活塞上方，由于活塞面积大于主阀瓣面积，推动活塞向下移动使主阀打开，由阀后压力平衡调节弹簧的压力改变导阀的开度，从而改变活塞上方的压力，控制主阀瓣的开度，使阀后的压力保持恒定。

④ 先导薄膜式减压阀，当调节弹簧处于自由状态时，主阀和导阀都是关闭的。顺时针转动手轮时，导阀膜片向下顶开导阀，介质经过导阀至主阀片上方，推动主阀使主阀开启，介质流向出口，同时进入导阀膜片的下方，出口压力上升至与所调弹簧力保持平衡。如出口压力增高，导阀膜片向上移动，导阀开度减小。同时进入主阀膜片下方介质减少，压力下降，主阀的开度减小，出口压力降低达到新的平衡，反之亦然。

⑤ 气泡式减压阀，依靠阀内介质进入气泡的压力来平衡压力的减压阀。该减压阀薄膜上腔的压力由旁路调节阀控制，当出口压力升高时，出口端的介质压力通过旁路调节阀，进入膜片的下方，使膜片向上，带动阀瓣运动，阀的开度减小。当出口端的压力下降时，气泡内的压力就向下压膜片，膜片带动阀瓣运动，使阀的开度增大，从而使压力上升。出口压力总保持在预先整定的恒压。

⑥ 组合式减压阀，减压阀由主阀、导阀、截止阀组成。当调节弹簧处于自由状态时，主阀和导阀呈关闭状态。拧动调节螺钉，由介质推开导阀，同时进入腔室与调节弹簧的压力保持平衡，进入主阀橡胶薄膜腔室，使橡胶膜片向上打开主阀，介质流向出口（此时截止阀打开，保持腔室一定的压力），出口介质再反馈至橡胶薄膜上方腔室和导阀下方腔室。当出口压力增高时，传导的膜片上移，导阀的开度减小，使腔室的介质压力下降，同时腔室的压力也下降，主阀橡胶薄膜下移，主阀的开度减小，出口压力下降，达到新的平衡，反之亦然。

⑦ 杠杆式减压阀通过杠杆上的重锤平衡压力。其动作原理是当杠杆处于自由状态时，双阀座的阀瓣和阀座处于关闭状态。在进口压力作用下，向上推阀瓣，出口端形成压力，通过杠杆上的平衡重锤，调整重量传达到所需的出口压力。当出口压力超过给定压力时，由于介质压力作用于上阀座上的力比作用于下阀座上的力大，形成一定压差使阀瓣向下移动，减小节流面积，出口压亦随之下降；反之亦然，达到新的平衡。

⑧ 先导波纹管式减压阀，拧动调节螺栓，顶开导阀阀瓣，介质从进口侧进入波纹管的上方，由于波纹管面积大于主阀瓣面积，推动波纹管向下移动使主阀打开，由阀后压力平衡装置的压力改变导阀开度，从而改变波纹管上方的压力，控制主阀瓣的开度，使阀后的压力保持平衡。

(3) 减压阀的选用

① 减压阀进口压力的波动应控制在进口压力给定值的 $80\%\sim105\%$，如超过该范围，减压阀的性能会受影响。

② 通常减压阀的阀后压力 PC 应小于阀前压力的 0.5 倍，即 $PC<0.5P_1$。

③ 减压阀的每一档弹簧只在一定的出口压力范围内适用，超出范围应更换弹簧。

④ 在介质工作温度比较高的场合，一般选用先导活塞式减压阀或先导波纹管式减压阀。

⑤ 介质为空气或水（液体）的场合，一般宜选用直接作用薄膜式减压阀或先导薄膜式减压阀。

⑥ 介质为蒸汽的场合，宜选用先导活塞式减压阀或先导波纹管式减压阀。

⑦ 为了操作、调整和维修的方便，减压阀一般应安装在水平管道上。

8.2.10.3　先导式减压阀（GB/T 12246—2006）（表 8.2-20）

适用于公称压力 PN16～PN63，公称尺寸 DN20～DN300，工作介质为气体或液体的管道用先导式减压阀。

表 8.2-20　先导式减压阀的性能

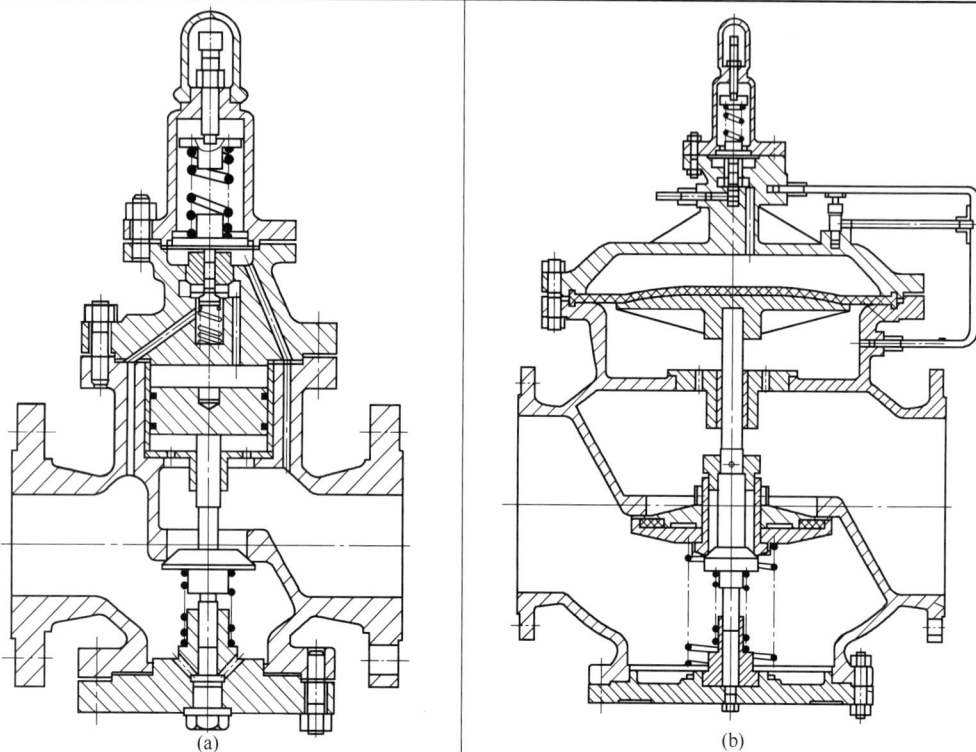

(a)　　　　　　　　　(b)

调节弹簧压力级		
公称压力 PN	出口压力/MPa	弹簧压力级/MPa
16	0.1～1.0	0.05～0.5 0.5～1.0
25	0.1～1.6	0.1～1.0 1.0～1.6
40	0.1～2.5	0.1～1.0 1.0～2.5
63	0.1～3.0	0.1～1.0 1.0～3.0

零件材料					
零件名称	PN16 材料名称	PN16 牌号	PN16 标准号	PN25～PN63 材料名称	PN25～PN63 牌号	PN25～PN63 标准号
阀座、阀瓣	不锈钢	2Cr13	GB/T 1220	不锈钢	2Cr13	GB/T 1220
活塞 气缸	钢	ZCuSn10Zn2 ZCuAl10Fe3	GB/T 12225	不锈钢	2Cr13	GB/T 1220
	不锈钢	2Cr13	GB/T 1220			
膜片	锡青铜	QSn6.5-0.1	GB/T 2059	不锈钢	1Cr18Ni9Ti	GB/T 1220
主弹簧	弹簧钢	50CrVA	GB/T 1222	弹簧钢	50CrVA Co40CrNiMo 30W4Cr2V	GB/T 1222
调节弹簧	弹簧钢	60Si2Mn	GB/T 1222	弹簧钢	60Si2Mn 50CrVA	GB/T 1222
双头螺栓	优质碳素钢	35、45	GB/T 699	合金结构钢	30CrMo、35 CrMo	GB/T 3077
	合金结构钢	30CrMo、35CrMo	GB/T 3077			
	不锈钢	1Cr17 1Cr18Ni9	GB/T 1220	不锈钢	1Cr17 1Cr18Ni9	GB/T 1220

续表

零 件 材 料

零件名称	PN16 材料名称	PN16 牌号	PN16 标准号	PN25～PN63 材料名称	PN25～PN63 牌号	PN25～PN63 标准号
螺母	优质碳素钢	35、45	GB/T 699	优质碳素钢	35、45	GB/T 699
	不锈钢	1Cr13 1Cr18Ni9	GB/T 1220	不锈钢	1Cr13 1Cr18Ni9	GB/T 1220
垫片	不锈钢＋石墨缠绕垫	—	GB/T 4622.1 GB/T 4622.2	不锈钢＋石墨缠绕垫	—	GB/T 4622.1 GB/T 4622.2
	不锈钢＋四氟乙烯缠绕垫	—			—	
	聚四氟乙烯	SEB-2		不锈钢＋四氟乙烯缠绕垫	—	

8.2.11 蒸汽疏水阀

8.2.11.1 蒸汽疏水阀（GB/T 12250—2005）

（1）GB/T 12250—2005 适用于公称压力 PN16～PN160，公称通径 DN15～DN150 的机械型、热静力型和热动力型蒸汽疏水阀。

（2）有关压力的术语

① 最高允许压力指在给定温度下蒸汽疏水阀壳体能够持久承受的最高压力。

② 工作压力指在工作条件下蒸汽疏水阀进口端的压力。

③ 最高工作压力指在正确动作条件下，蒸汽疏水阀进口端的最高压力，由制造厂给定。

④ 最低工作压力指在正确动作情况下，蒸汽疏水阀进口端的最低压力。

⑤ 工作背压指在工作条件下，蒸汽疏水阀出口端的压力。

⑥ 最高工作背压指在最高工作压力下，能正确动作时蒸汽疏水阀出口端的最高压力。

⑦ 背压率指工作背压与工作压力的百分比。

⑧ 最高背压率指最高工作背压与最高工作压力的百分比。

⑨ 工作压差指工作压力与工作背压的差值。

（3）有关温度的术语

① 工作温度指在工作条件下蒸汽疏水阀进口端的温度。

② 最高工作温度指与最高工作压力相对应的饱和温度。

③ 最高允许温度指在给定压力下蒸汽疏水阀壳体能持久承受的最高温度。

④ 开阀温度指在排水温度试验时，蒸汽疏水阀开启时的进口温度。

⑤ 关阀温度指在排水温度试验时，蒸汽疏水阀关闭时的进口温度。

⑥ 排水温度指蒸汽疏水阀能连续排放热凝结水的温度。

⑦ 最高排水温度指在最高工作压力下蒸汽疏水阀能连续排放热凝结水的最高温度。

⑧ 过冷度指凝结水温度与相应压力下饱和温度之差的绝对值。

⑨ 开阀过冷度指开阀温度与相应压力下饱和温度之差的绝对值。

⑩ 关阀过冷度指关阀温度与相应压力下饱和温度之差的绝对值。

（4）有关排量的术语

① 冷凝结水排量指在给定压差和20℃条件下蒸汽疏水阀一小时内能排出凝结水的最大重量。

② 热凝结水排量指在给定压差和温度下蒸汽疏水阀一小时内能排出凝结水的最大重量。

（5）有关漏汽量和负荷率的术语

① 漏汽量指单位时间内蒸汽疏水阀漏出新鲜蒸汽的量。

② 无负荷漏汽量指蒸汽疏水阀前处于完全饱和蒸汽条件下的漏汽量。

③ 有负荷漏汽量指给定负荷率下蒸汽疏水阀的漏汽量。

④ 无负荷漏汽率指无负荷漏汽量与相应压力下最大热凝结水排量的百分比。

⑤ 有负荷漏汽率指有负荷漏汽量与试验时间内实际热凝结水排量的百分比。

⑥ 负荷率指试验时间内的实际热凝结水排量与试验压力下最大热凝结水排量的百分比。

（6）法兰连接蒸汽疏水阀结构长度（表8.2-21）

表 8.2-21　法兰连接蒸汽疏水阀结构长度　　　　　　　　单位：mm

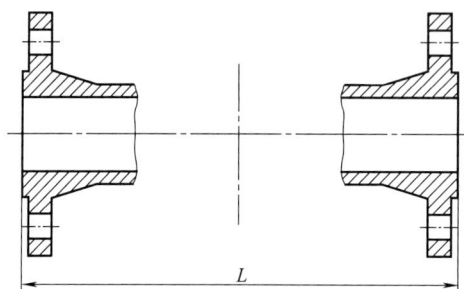

公称通径	结构长度系列							
DN	1	2	3	4	5	6	7	8
15	150	170	175	210	230	250	290	480
20	150	170	195	210	230	250	290	480
25	160	210	215	230	310	250	380	580
32	230	270	245	320	350	270	450	580
40	230	270	260	320	420	280	490	680
50	230	270	265	320	500	290	560	680
65	290	340	410	450	550	572	580	—
80	310	380	430	450	550	572	580	—
100	350	430	460	520	550	572	580	—
125	400	500	—	600	—	—	—	—
150	480	550	—	700	—	—	—	—

（7）内螺纹连接和承插焊连接蒸汽疏水阀结构长度（表8.2-22）

表 8.2-22　内螺纹连接和承插焊连接蒸汽疏水阀结构长度　　　　　　　　单位：mm

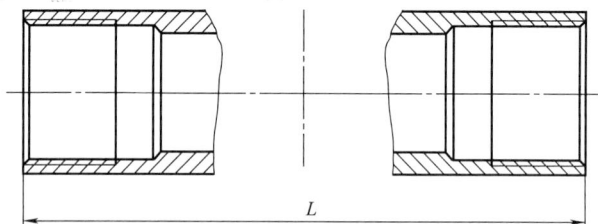

公称通径	结构长度系列							
DN	1	2	3	4	5	6	7	8
15	65	75	80	90	110	120	130	150
20	75	85	90	100	110	120	130	150
25	85	95	100	120	120	120	130	150
40	110	130	120	140	270	—	—	—
50	120	140	130	160	300	—	—	—

8.2.11.2 蒸汽疏水阀的选用 (HG/T 20570.21—1995)

（1）疏水阀的设置 下列各处均应设置疏水阀：

① 饱和蒸汽管（包括用来伴热的蒸汽管）的末端或最低点。

② 长距离输送的蒸汽管的中途；对于饱和蒸汽的蒸汽管的每个补偿弯前或最低点；立管的下部。

③ 蒸汽管上的减压阀和控制阀的阀前。

④ 蒸汽管不经常流动的死端且又是最低点处，如公用物料站的蒸汽管的阀门前。

⑤ 蒸汽分水器、蒸汽分配罐或管、蒸汽减压增湿器的低点以及闪蒸罐的水位控制处。

⑥ 蒸汽加热设备；夹套、盘管的凝结水出口。

⑦ 经常处于热备用状态的设备和机泵；间断操作的设备和机泵以及现场备用的设备和机泵的进汽管的最低点。

⑧ 其它需要疏水的场合。

（2）疏水阀的分类 按照动作原理，疏水阀的分类见表 8.2-23。

表 8.2-23 疏水阀的分类

种　类		动　作　原　理
热动力型	孔板式、圆盘式	蒸汽和凝结水的热力学和流体力学特性
热静力型	双金属式、波纹管式	蒸汽和凝结水的温度差
机械型	浮子式、吊桶式	蒸汽和凝结水的密度差

（3）热动力型疏水阀 体积小重量轻，便于安装和维修，价格低廉，抗水击能力强，不易冻结。不适用于大排水量。阀的允许背压度不低于 50%，其中脉冲式不低于 25%。

① 圆盘式疏水阀。结构简单，间断排水，有噪声，可排放接近饱和温度的凝水，过冷度为 6~8℃，有一定的漏汽量（大约 3%），能自动排气，耐水击。其背压不可超过最低入口压力的 50%，最小工作压差为，$\Delta p = 0.05 MPa$。安装方位不受限制，需防冻时可出口向下垂直安装。

② 脉冲式疏水阀。结构简单，能连续排水，但有较大的漏汽量，允许背压度较低（25%）。

③ 迷宫式或微孔式疏水阀。结构简单，能连续排水、排空气。微孔式适用于小排量，迷宫式适用于特大排量。但都不能适应压力流量变化较大的情况，而且要注意防止流道的阻塞和冲蚀。

（4）热静力型疏水阀 较其它类型疏水阀噪声小，低温时呈开启状态，在开始启动时或停止运行时存积在系统中的凝结水可在短时间内排除，使疏水阀不会冻结。由于该型阀是依靠温差而动作，因此动作不灵敏，不能随负荷的急剧变化而变化。仅适用于压力较低，压力变化不大的场合。阀的允许背压度不低于 30%。

① 液体膨胀式或固体膨胀式疏水阀。结构复杂，灵敏度不高，能排除 60~100℃ 的温度水，也能排除空气，适用于要求伴热温度较低的伴热管线及采暖管线的排凝结水。

② 膜盒蒸汽压力式疏水阀。结构简单，动作灵敏，可连续排水，排空气性能良好，过冷 3~20℃，允许背压度 30%~60%，漏气量小于 3%，不受安装位置限制，但抗污垢、抗水击性差，也可作为蒸汽系统的排空气阀。

③ 波纹管压力式疏水阀。结构简单，动作灵敏，间断性排水，过冷 5~20℃ 左右，工作压力受波纹管材料的限制，一般为 1.6MPa（表），抗污垢、抗水击性能差，也可作为蒸汽系统排空气阀。

④ 双金属片疏水阀。动作灵敏度高，能连续排水，排水性能好，过冷度较大并可调节，排气性能好，且反向密封的具有止回功能。最大使用压力可达 21.5MPa（表），最高使用温度可达 550℃。抗污垢、抗水击性强，允许最大背压为入口压力的 50%，经调整可提高背压，也可作为蒸汽系统排空气阀。

⑤ 双金属式温度调整型疏水阀（TB 型）。可人为地控制凝结水的排放温度，利用高温凝结水的显热。采用了"自动关阀、自动定心和自动落座阀芯"的关闭系统，寿命长、体积小，可任意方位安装，连续排水、排气性能好。允许背压度可达 80%。节能效果好。

（5）机械型疏水阀

该型疏水阀噪声小，凝结水排除快，外形较其它类型的疏水阀要大，需水平安装，适用于大排水量。阀的允许背压度不低于 80%。

① 自由浮球式疏水阀。结构简单，灵敏度高，能连续排水，漏汽量小。分为具有自动排气功能与不具有自动排气功能的两种，当选用后者时，需选用附加热静力型排气阀或设置手动放空阀。最大工作压力 9.0MPa（表），允许背压度较大，可达 80%，抗水击、抗污垢能力差，动作迟缓，但有规律，性能稳定、可靠。

② 杠杆浮球式疏水阀。结构较为复杂，灵敏度稍低，连续排水，漏汽量小。分为具有自动排气功能和不具有自动排气功能两种，当选用后者时，需选用附加热静力型排气阀或设置手动放空阀。能适应负荷的变化，可自动调节排水量，但抗水击、抗污垢能力差。

③ 浮球式双座平衡型疏水阀（G型）。排水量大，可达 60t/h，相对同类疏水阀体积小、重量轻，内装有双金属空气排放阀，能自动排除空气。浮球内装有挥发性液体，增加了浮球的耐压、抗水击能力，可连续排水。

④ 倒吊桶式（钟形浮子式）疏水阀。间歇排放凝结水，漏汽量为 2%～3%，可排空气，额定工作压力范围小于 1.6MPa（表），使用条件可以自动适应。允许背压度为 80%，但进出口压差不能小于 0.05MPa。动作迟缓，有规律性，性能稳定、可靠。工作压力必须与浮筒的体积、重量相适应，阀结构较复杂，阀座及销钉尖易磨损，使用前应充水。

⑤ 杠杆钟形浮子式疏水阀（ES型）。采用杠杆机构增加开、关阀力，加大排量，浮动阀芯软着陆，动作灵活，寿命长，阻汽排水性能好，自动排除空气，允许背压度可达 80%，抗污垢能力强，便于维修。与同类疏水阀相比，体积小、排量大。

⑥ 差压钟形浮子式疏水阀（ER型）。采用了"自动关阀、自动定心和自动落座阀芯"的关闭系统，寿命长，动作灵活，阻汽排水性能好，自动排除空气，与同类疏水阀相比，体积小、排量大、强度好。采用双重关闭方式，使操作振动小，主副阀动作平稳，克服了撞击磨损的缺点。

（6）其它类型疏水阀　有些疏水阀具有热动力型或热静力型或机械型两种或两种以上的性能，有些疏水阀具有常规疏水阀不具备的功能。例如：浮子型双金属疏水阀，这种疏水阀结构复杂，动作灵敏，具有疏水阀、过滤器、排空气、止回阀、截止阀和旁通阀的功能，在规定的操作范围内都能正常工作，作为防冻型的，必须水平安装。

（7）疏水阀的选择　选型要点如下：

① 能及时排除凝结水（有过冷要求的除外）。

② 尽量减少蒸汽泄漏损失。

③ 工作压力范围大，压力变化后不影响其正常工作。

④ 背压影响小，允许背压大（凝结水不回收的除外）。

⑤ 能自动排除不凝性气体。

⑥ 动作敏感，性能可靠、耐用，噪声小，抗水击、抗污垢能力强。

⑦ 安装方便、容易维修。

⑧ 外形尺寸小，重量轻，价格便宜。

（8）具体的选型参数如下：

① 疏水阀的型式（工作特性）；

② 疏水阀的容量（凝结水排量）；

③ 疏水阀的最大使用压力；

④ 疏水阀的最高使用温度；

⑤ 正常工况下疏水阀的进口压力；

⑥ 正常工况下疏水阀的出口压力（背压）；

⑦ 疏水阀的阀体材料；

⑧ 疏水阀的连接管径（配管尺寸）；

⑨ 疏水阀的进口、出口的连接方式。

（9）选型注意事项

① 选疏水阀时，应选择符合国家标准的优质节能疏水阀。这种疏水阀在阀门代号 S 前都冠以 C，字代号，其使用寿命≥8000h，漏汽量≤3%。有关疏水阀性能应以制造厂说明书或样本为准。

② 在负荷不稳定的系统中，如果排水量可能低于额定最大排水量15%时，不应选用脉冲式疏水阀，以免在低负荷下引起蒸汽泄漏。

③ 在凝结水一经形成，必须立即排除的情况下，不宜选用脉冲式和波纹管式疏水阀（二者均要求有一定的过冷度），可选用浮球式 ES 型和 ER 型等机械型疏水阀，也可选用圆盘式疏水阀。

④ 对于蒸汽泵、带分水器的蒸汽主管及透平机外壳等工作场合，可选用浮球式疏水阀，必要时可选用热动力式疏水阀，不可选用脉冲式和恒温型疏水阀。

⑤ 热动力式疏水阀有接近连续排水的性能，其应用范围较广，一般都可选用，但最大允许背压不得超过入口压力的 50%，最低进出口压差不得低于 0.05MPa。

⑥ 间歇工作的室内蒸汽加热设备或管道，可选用机械型疏水阀。

⑦ 机械型疏水阀在寒冷地区不宜在室外使用，否则应有防冻措施。

⑧ 疏水阀的选型要结合安装位置考虑，如图 8.2-1 所示。

a. 疏水阀安装位置低于加热设备，可选任何型式的疏水阀；

b. 疏水阀安装位置高于加热设备，不可选用浮筒式，可选用双金属式疏水阀；

c. 疏水阀安装位置标高与加热设备基本一致，为可选用浮筒式、热动力式和双金属式疏水阀。

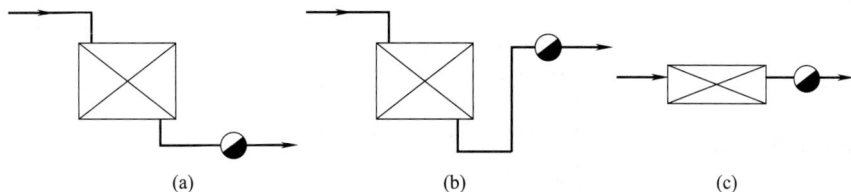

图 8.2-1　疏水阀的不同安装位置

⑨ 对于易发生蒸汽汽锁的蒸汽使用设备，可选用倒吊桶式疏水阀或安装与解锁阀（安装在疏水阀内的强行开阀排气的装置）并用的浮球式疏水阀。

⑩ 管路伴热管道、蒸汽夹套加热管道，各类热交换器、散热器以及一些需要根据操作要求选择排水温度的用汽设备，可选用温度调整型等热静力型疏水阀。要求用汽设备恒温的可选用温度调整型疏水阀。

8.2.11.3　疏水阀的系统要求（HG/T 20570.21—1995）

(1) 系统的设计要求　疏水阀不允许串联使用，必要时可以并联使用。多台用汽设备不能共用一只疏水阀，以防短路。疏水阀入口管要求如下：

① 疏水阀的入口管应设在用汽设备的最低点。对于蒸汽管道的疏水，应在管道底部设置一集液包，由集液包至疏水阀。集液包管径一般比主管径小两级，但最大不超过 DN250。

② 从凝结水出口至疏水阀入口管段应尽可能短，且使凝结水自然流下进入疏水阀。对于热静力型疏水阀要留有 1m 长管段，不设绝热层。在寒冷环境中，如果由于停车或间断操作而有冻结危险，或在需要对人身采取保护的情况下，凝结水管可适当设绝热层或防护层。

③ 疏水阀一般都带有过滤器。如果不带者，应在阀前安装过滤器，过滤器的滤网为网孔 $\phi 0.7 \sim 1.0$mm 的不锈钢丝网，过滤面积不得小于管道截面积的 2~3 倍。

④ 对于凝结水回收的系统，疏水阀前要设置切断阀和排污阀，排污阀一般设在凝结水出口管的最低点，除特别必要外，一般不设旁路。

⑤ 从用汽设备到疏水阀这段管道，沿流向应有 4% 的坡度，尽量少用弯头。管道的公称直径等于或大于所选定容量的疏水阀的公称直径，以免形成汽阻或加大阻力，降低疏水阀的排水能力。

⑥ 疏水阀安装的位置一般都比用汽设备的凝结水出口低。必要时在采取防止积水和防止汽锁措施后，才能将疏水阀安装在比凝结水出口高的位置上。在蒸汽管的低点设置返水接头，靠它的作用把凝结水吸上来。另外在这种情况下，为了使立管内被隔离的蒸汽迅速凝结，防止汽锁，便于凝结水顺利吸升，立管的尺寸宜小一级或用带散热片的管子作立管。亦可将加热管末端做成 U 形并密封，虹吸管下端插入 U 形管底，虹吸管上部设置疏水阀。

(2) 安全系数 (n) 推荐值（表 8.2-24）

表 8.2-24　安全系数推荐值

序号	使用部位	使用要求	n 值
1	分汽缸下部排水	在各种压力下，能进行快速排除凝结水	3
2	蒸汽主管疏水	每 100m 或控制阀前、管路拐弯、主管末端等处疏水	3
3	支管	支管长度大于 5m 处的各种控制阀的前面设疏水	3
4	汽水分离器	在汽水分离器的下部疏水	3
5	伴热管	伴热管径为 DN15，≤50m 处设疏水点	2

续表

序号	使 用 部 位	使 用 要 求		n 值
6	暖风机	压力不变时		3
		压力可调时	0～0.1MPa（表）	2
			0.2～0.6MPa（表）	3
7	单路盘管加热（液体）	快速加热		3
		不需快速加热		2
8	多路并联盘管加热（液体）			2
9	烘干室（箱）	压力不变时		2
		压力可调时		3
10	溴化锂制冷设备蒸发器疏水	单效：压力≤0.1MPa（表）		2
		双效：压力≤1.0MPa（表）		3
11	浸在液体中的加热盘管	压力不变时		2
		压力可调时	0.1～0.2MPa（表）	2
			≥0.2MPa（表）	3
		虹吸排水		5
12	列管式热交换器	压力不变时		2
		压力可调时	≤0.1MPa（表）	2
			≥0.2MPa（表）	3
13	夹套锅	必须在夹套锅上方设排空气阀		3
14	单效、多效蒸发器	凝结水＜20t/h		3
		＞20t/h		2
15	层压机	应分层疏水，注意水击		3
16	间歇，需速加热设备			4
17	回转干燥圆筒	表面线速度	U≤30m/s	5
			≤80m/s	8
			≤100m/s	10
18	二次蒸汽罐	罐体直径应保证二次蒸汽速度U≤5m/s，且罐体上部要设排空气阀		3
19	淋浴	单独热交换器		2
		多喷头		4
20	采暖	压力≥0.1MPa（表）		2～3
		压力＜0.1MPa（表）		4

8.2.11.4 部分疏水阀性能比较（HG 20549.5—1998）（表 8.2-25）

表 8.2-25 部分疏水阀性能比较

项目	机械型疏水阀				热动力型疏水阀		恒温型疏水阀		液体膨胀式疏水阀
	浮桶式	倒吊桶式	自由浮球式	杠杆浮球式	热动力式	脉冲式	双金属片式	波纹管式	
排水性能	间歇排水	间歇排水	连续排水	连续排水	间歇排水	间歇排水	间歇排水	间歇排水	间歇排水
排气性能	排空气不好	排空气好但较慢	排空气不好	需内设自动排气阀	升压慢时排气好	排气好	排气好	排气好	排气好
使用条件变动时可调性	负荷与浮桶重量有关	不需调整	不需调整，负荷变化不大时能够适应	不需调整，能适应负荷变化	在工作范围内不调整	根据系统压力，调整疏水阀的控制缸	需调整，使用压力范围广	不需调整	需调整
允许最高背压或允许背压度	＞0.05MPa	＞0.05MPa	＞0.05MPa	＞0.05MPa	允许背压度50%最低压力0.05MPa	允许背压度25%	允许背压度低	允许背压度低	允许背压度低
启动操作要求	排气、充水	需先充水，入口需设止回阀			宜先排空气，避免阀盘被气封				

续表

项目	机械型疏水阀				热动力型疏水阀		恒温型疏水阀		液体膨胀式疏水阀
	浮桶式	倒吊桶式	自由浮球式	杠杆浮球式	热动力式	脉冲式	双金属片式	波纹管式	
动作性能	迟缓,但规律稳定、可靠	迟缓,但规律稳定、可靠	迟缓,但规律稳定、可靠	迟缓,但规律稳定、可靠	敏感、可靠	敏感、控制缸易卡住	迟缓、可靠性差,不能用于立即排水的场合	迟缓、可靠性差,不能用于立即排水的场合	迟缓、可靠性差,不能用于立即排水的场合
蒸汽泄漏	排空气时有蒸汽泄漏	2%~3%	<0.5%	排空气时有蒸汽泄漏	<3%	1%~2%			
是否适用于过热蒸汽	不能	可用于过热蒸汽	不能用	不能用	可用	可用	可用	不能用	可用
冻坏可能性	易冻坏	易冻坏	易冻坏	易冻坏	不易冻坏	易冻坏	不易冻坏	不易冻坏	不易冻坏
耐水锤振动	耐	耐	不耐	不耐	耐	不耐	耐	不耐	耐
常见疏水阀的管口位置	(图)	(图)	(图)	(图) 或	(图)	(图)	(图)	(图)	(图)

8.3 非金属阀门

8.3.1 衬氟塑料阀门 (HG/T 3704—2003)

8.3.1.1 分类名称和型号 (表8.3-1)

表8.3-1 衬氟塑料阀门分类名称和型号

序号	阀门名称			阀门型号				
1	蝶阀	法兰式（偏心）	手动	D43F$_2$		D43F$_4$	D43F$_{46}$	D43PFA
			蜗轮	D343F$_2$		D343F$_4$	D343F$_{46}$	D343PFA
			气动	D643F$_2$		D643F$_4$	D643F$_{46}$	D643PFA
			电动	D943F$_2$		D943F$_4$	D943F$_{46}$	D943PFA
		对夹式（中线）	手动	D71F$_2$		D71F$_4$	D71F$_{46}$	D71PFA
			蜗轮	D371F$_2$		D371F$_4$	D371F$_{46}$	D371PFA
			气动	D671F$_2$		D671F$_4$	D671F$_{46}$	D671PFA
			电动	D971F$_2$		D971F$_4$	D971F$_{46}$	D971PFA
		对夹式（偏心）	手动	D73F$_2$		D73F$_4$	D73F$_{46}$	D73PFA
			蜗轮	D373F$_2$		D373F$_4$	D373F$_{46}$	D373PFA
			气动	D673F$_2$		D673F$_4$	D673F$_{46}$	D673PFA
			电动	D973F$_2$		D973F$_4$	D973F$_{46}$	D973PFA
2	隔膜阀	堰式	手动	G41F$_2$	G41F$_3$		G41F$_{46}$	G41PFA
			气动	G641F$_2$	G641F$_3$		G641F$_{46}$	G641PFA
		直流式	手动	G45F$_2$	G45F$_3$		G45F$_{46}$	G45PFA
			气动	G645F$_2$	G645F$_3$		G645F$_{46}$	G645PFA
3	止回阀	法兰式	升降直通式	H41F$_2$	H41F$_3$		H41F$_{46}$	H41PFA
			升降立式	H42F$_2$	H42F$_3$		H42F$_{46}$	H42PFA
			旋启式	H44F$_2$	H44F$_3$		H44F$_{46}$	H44PFA
		对夹式	直通式	H72F$_2$	H72F$_3$		H72F$_{46}$	H72PFA
			单瓣旋启式	H74F$_2$	H74F$_3$		H74F$_{46}$	H74PFA
			双瓣旋启式	H76F$_2$	H76F$_3$		H76F$_{46}$	H76PFA

序号	阀门名称			阀门型号			
4	截止阀	直通式	手动	J41F₂		J41F₄₆	J41PFA
			齿轮	J441F₂		J441F₄₆	J441PFA
			气动	J641F₂		J641F₄₆	J641PFA
			电动	J941F₂		J941F₄₆	J941PFA
		角式	手动	J44F₂		J44F₄₆	J44PFA
			电动	J944F₂		J944F₄₆	J944PFA
5	球阀		手动	Q41F₂		Q41F₄₆	Q41PFA
			蜗轮	Q341F₂		Q341F₄₆	Q341PFA
			气动	Q641F₂		Q641F₄₆	Q641PFA
			电动	Q941F₂		Q941F₄₆	Q941PFA
6	旋塞阀		手动	X43F₂		X43F₄₆	X43PFA
			蜗轮	X343F₂		X343F₄₆	X343PFA
			气动	X643F₂		X643F₄₆	X643PFA
			电动	X943F₂		X943F₄₆	X943PFA

注：根据 JB/T 308—2004 阀门型号还应标注公称压力和阀体材料代号等，本表为了清晰起见，这些标注内容分均予以省略。

8.3.1.2 衬里材料及代号（表 8.3-2）

表 8.3-2 衬氟塑料阀门衬里材料及代号

衬里材料代号	聚偏氟乙烯	聚三氟氯乙烯	聚四氟乙烯	聚全氟乙丙烯	可溶性聚四氟乙烯
衬里材料代号	F2	F3	F4	F46	PFA
英语简称	PVDF	PCTFE	PTFE	FEP	PFA

8.3.1.3 蝶阀结构与长度（表 8.3-3）

表 8.3-3 氟塑料衬里蝶阀结构与长度

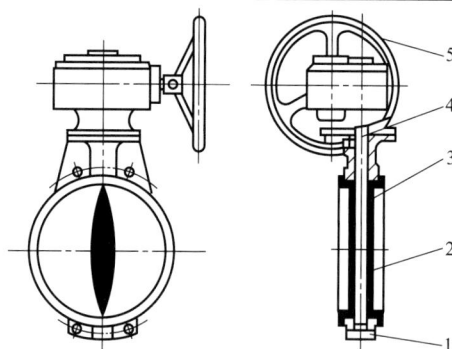

氟塑料衬里蝶阀结构
1—阀体；2—氟塑料衬里；3—蝶板；4—阀杆；5—手轮或其它驱动装置

公称通径 DN		40	50	65	80	100	125	150	200	250	300
公称压力 PN		0.6，1.0，1.6，2.5							0.6，1.0，1.6		
氟塑料衬里/mm	最小壁厚	3.0		3.5		4.0			4.5		
	公差	0～＋0.8				0～＋1.0					
结构长度/mm	法兰连接(GB/T 12221)	106	108	112	114	127	140	140	152	250	270
	对夹式(GB/T 12221)	33	43	46	46	52	56	56	60	68	78
	公差	±2									±3
公称通径 DN		350	400	450	500	600	700	800	900	1000	
公称压力 PN		0.6，1.0					0.5				
氟塑料衬里/mm	最小壁厚	5.0			5.5			6.0			
	公差	0～＋1.0									
结构长度/mm	法兰连接(GB/T 12221)	290	310	330	350	390	430	470	510	550	
	对夹式(GB/T 12221)	78	102	114	127	154	165	190	203	216	
	公差	±3.0				±4.0			±5.0		

8.3.1.4 隔膜阀结构与长度 (表8.3-4)

表8.3-4 氟塑料衬里隔膜阀结构与长度

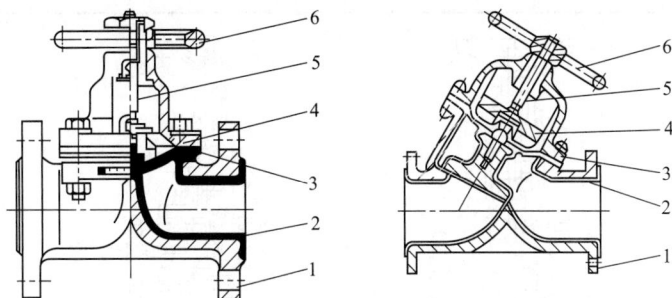

氟塑料衬里隔膜阀结构
1—阀体;2—氟塑料衬里;3—隔膜;4—阀瓣;5—阀杆;6—手轮或其它驱动装置

公称通径 DN		15	20	25	32	40	50	65	80	100	125	150	200	250	300
氟塑料衬里/mm	最小壁厚		2.5			3.0		3.5		4.0			4.5		
	公差		0~+0.8							0~+1.0					
结构长度/mm	0.6MPa、1.0MPa、1.6MPa(GB/T 12221)	108	117	127	146	159	190	216	254	305	356	406	521	635	749
	0.6MPa(协商选用)	125	135	145	160	180	210	250	300	350	400	460	570	680	790
公差		±1.0				±2.0									±3.0

8.3.1.5 止回阀结构与长度 (表8.3-5)

表8.3-5 氟塑料衬里止回阀结构与长度

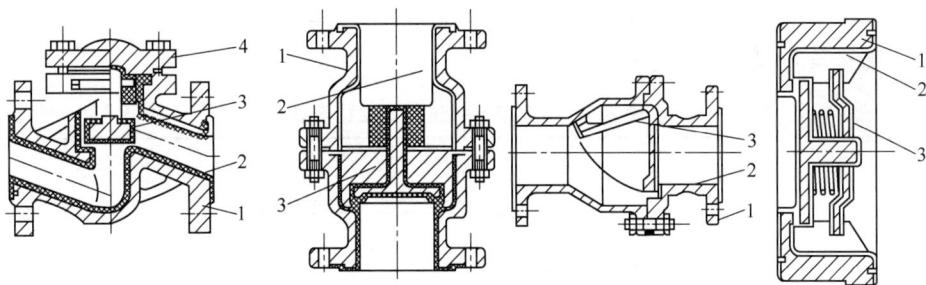

(a) 法兰连接(升降直通式)   (b) 法兰连接(升降立式)   (c) 法兰连接(旋启式)   (d) 对夹式

氟塑料衬里止回结构
1—阀体;2—氟塑料衬里;3—阀瓣;4—阀盖

公称通径 DN				15	20	25	32	40	50	65	80	100	125	150	200	250	300
氟塑料衬里/mm			最小壁厚		2.5			3.0		3.5		4.0			4.5		
			公差		0~+0.8							0~+1.0					
结构长度/mm	法兰连接	升降直通式 旋启式	0.6~2.5MPa (GB/T 12221)	130 —	150 —	160 —	180 —	200	230	290	310	350	400	480	495	622	698
		升降立式	0.6~2.5MPa (短系列)	80	90	100	110	125	140	160	185	210	250	300	380	356	457
			0.6~1.0MPa (长系列)			152		178	178	190	203	267	394				
	对夹式	直通式	0.6~1.6MPa (GB/T 12221)	16	19	22	28	31.5	40	46	50	60	90	106	140	200	250
		单、双瓣旋启式		—	—	—	—										
公差				±1.0				±2.0									±3.0

8.3.1.6 截止阀结构与长度（表8.3-6）

表8.3-6 氟塑料衬里截止阀结构与长度

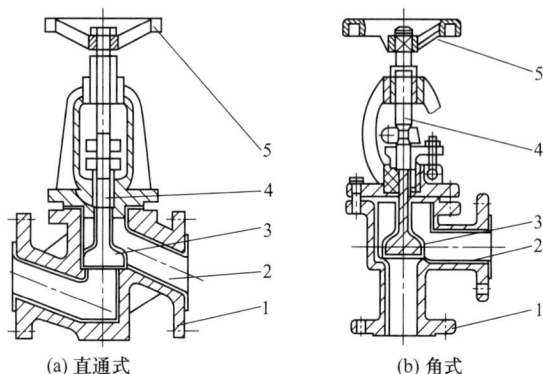

(a) 直通式   (b) 角式

氟塑料衬里截止阀结构
1—阀体；2—氟塑料衬里；3—阀瓣；4—阀盖；5—手轮或其它驱动装置

公称通径DN			15	20	25	32	40	50	65	80	100	125	150	200	250	300
氟塑料衬里/mm	最小壁厚		2.5				3.0		3.5		4.0				4.5	
	公差		0～+0.8								0～+1.0					
结构长度/mm	直通式	1.0～10.0MPa (GB/T 12221)	130	150	160	180	200	230	290	310	350	400	480	495	622	698
	角式	GB/T 12221	90	95	100	105	115	125	145	155	175	200	225	275	325	375
		协商选用	65	75	80	95	100	115					240			
	公差		±1.0			±2.0									±3.0	

8.3.1.7 球阀结构与长度（表8.3-7）

表8.3-7 氟塑料衬里球阀结构与长度

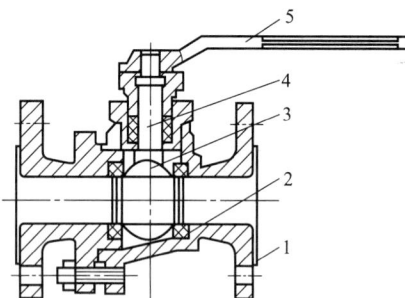

氟塑料衬里球阀结构
1—阀体；2—氟塑料衬里；3—球体；4—阀杆；5—手轮或其它驱动装置

公称通径DN		15	20	25	32	40	50	65	80	100	125	150	200	250	300
氟塑料衬里/mm	最小壁厚	2.5				3.0		3.5		4.0				4.5	
	公差	0～+0.8								0～+1.0					
结构长度/mm	GB/T 12221	130	130	140	165	165	203	222	241	305	356	394	457		
	协商选用	140	140	150	165	180	200	220	250	280	320	360			
	公差	±1.0			±2.0										

8.3.1.8 旋塞阀结构与长度（表 8.3-8）

表 8.3-8 氟塑料衬里旋塞阀结构与长度

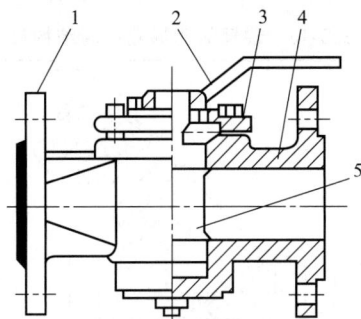

氟塑料衬里旋塞阀结构

1—阀体；2—手轮或其它驱动装置；3—上盖；4—氟塑料衬里；5—旋塞

公称通径 DN		15	20	25	32	40	50	65	80	100	125	150	200	250	300
氟塑料衬里 /mm	最小壁厚	2.5				3.0		3.5		4.0			4.5		
	公差	0～+0.8								0～+1.0					
结构 长度 /mm	GB/T 12221	130	130	140	165	165	203	222	241	305	356	394	457	533	610
	过渡系列	140	150	160	170	180	210	220	250	270	310	350			
	公差	±1.0				±2.0									±3.0

8.3.2 非金属隔膜阀

常用非金属隔膜阀有增强聚丙烯隔膜阀、衬氟塑料隔膜阀、衬橡胶隔膜阀等，其结构尺寸见表 8.3-9。

表 8.3-9 非金属隔膜阀结构尺寸

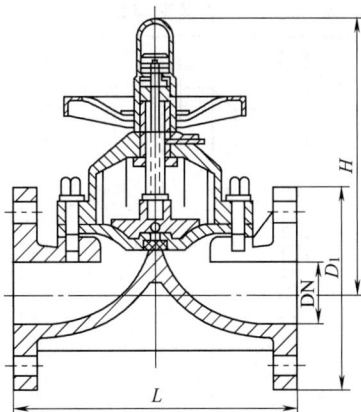

公称直径 DN	D_1/mm	L/mm	H/mm	质量/kg
15	95	125	125	0.7
20	105	135	130	0.8
25	115	145	145	1.0
40	145	180	190	1.7
50	160	210	215	2.3
65	180	250	280	4.8
80	195	300	300	5.6
100	215	350	340	6.8
125	245	400	420	17
150	280	460	480	26
200	335	570	625	45

8.3.3 硬聚氯乙烯截止阀

硬聚氯乙烯截止阀适用于 0.3～0.4MPa，其结构尺寸见表 8.3-10。

表 8.3-10 硬聚氯乙烯截止阀结构尺寸

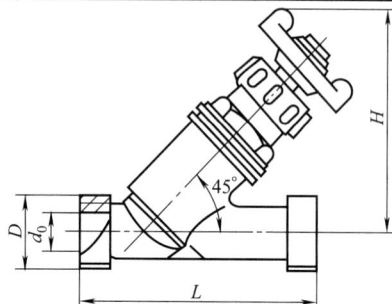

公称直径 DN	d_0/mm	D/mm	L/mm	H/mm
15	15	30	105	87
20	20	38	125	100
25	24	44	155	140
32	30	54	177	167
40	38	68	202	202
50	51	83	230	236

8.3.4 增强聚丙烯止回阀

增强聚丙烯止回阀在液体介质管道系统中，可直接在水平或垂直管道上安装使用。工作温度：PVDF 为 40～+125℃；FRPP 为 -14～+90℃，其结构尺寸见表 8.3-11。

表 8.3-11 增强聚丙烯止回阀

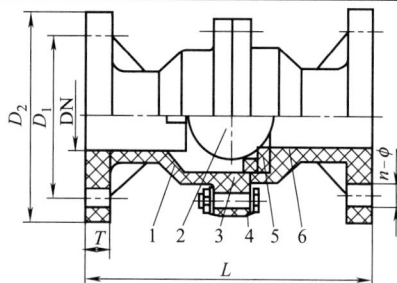

增强聚丙烯止回阀

1—阀体(FRPP、PVDF)；2—阀球(钢包塑 FRPP、PVDF)；3—O 形圈(橡胶、EPDM)；4—压片(FRPP、PVDF)；
5—密封座(氟橡胶、EPDM)；6—下阀体(FRPP、PVDF)

公称通径 DN	尺寸参数/mm						球启动近似压力/MPa	工作压力/MPa
	D_1	D_2	L	T	n	ϕ		
25	85	115	150	16	4	14	0.005	0.7
32	100	140	180	18	4	18	0.005	0.7
40	110	150	200	18	4	18	0.005	0.7
50	125	165	230	20	4	18	0.005	0.7
65	145	185	280	22	4	18	0.005	0.7
80	160	200	310	25	8	18	0.005	0.7
100	180	220	350	25	8	18	0.005	0.6
125	210	250	400	35	8	18	0.005	0.5
150	240	285	480	35	8	22	0.005	0.5
200	295	340	495	40	12	22	0.005	0.4

8.3.5 增强聚丙烯蝶阀

8.3.5.1 蝶阀流量特性曲线（图 8.3-1）

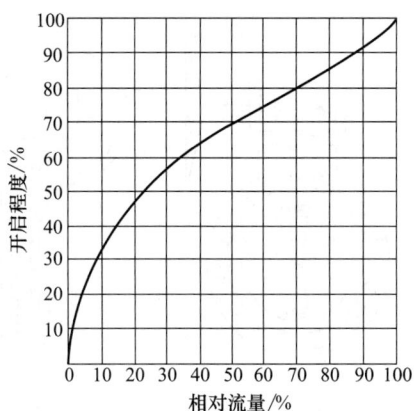

图 8.3-1 蝶阀流量特性曲线

8.3.5.2 手动蝶阀尺寸（表 8.3-12）

表 8.3-12 手动蝶阀结构尺寸

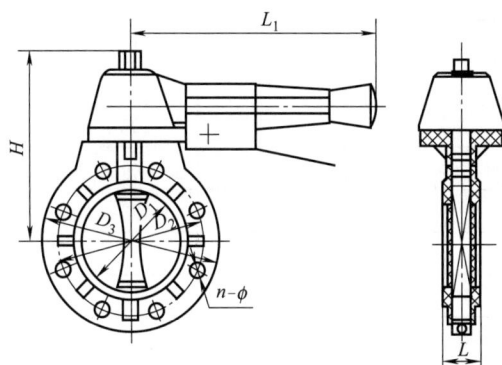

公称直径 DN	手动蝶阀 D71×F2-1.0S、D71×S-1.0S							工作压力 /MPa
	D_1/mm	D_2/mm	D_3/mm	L_1/mm	L/mm	H/mm	n-ϕ/mm	
25	36	85	125	150	30	135	4-14	0.7
32	36	100	125	150	30	135	4-18	0.7
40	47	110	150	220	39	155	4-18	0.7
50	55	125	165	220	40	158	4-18	0.7
65	71	145	185	220	45	170	4-18	0.7
80	85	160	200	280	45	190	8-18	0.7
100	105	180	220	280	75	203	8-18	0.6
125	131	210	250	300	70	256	8-18	0.5
150	153	240	285	300	74	269	8-22	0.5

8.3.5.3 蜗轮传动蝶阀尺寸（表 8.3-13）

表 8.3-13 蜗轮传动蝶阀结构尺寸

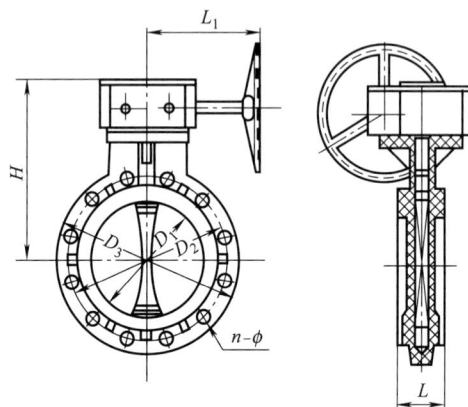

公称直径	蜗轮传动蝶阀 D371×F2-1.0S、D371×S-1.0S							工作压力
DN	D_1/mm	D_2/mm	D_3/mm	L_1/mm	L/mm	H/mm	n-ϕ/mm	/MPa
125	131	210	250	180	70	256	8-18	0.5
150	153	240	285	180	74	269	8-22	0.5
200	204	295	340	180	87	303	8-22	0.4
250	255	350	395	180	114	333	12-22	0.3
300	307	400	445	180	114	363	12-22	0.3
350	358	460	505	180	127	393	16-22	0.3
400	398	515	565	240	140	458	16-26	0.3
450	446	565	615	240	152	478	20-26	0.2
500	494	620	570	260	152	508	20-26	0.2
600	590	725	780	260	178	573	20-30	0.2

注：1. 阀座通径按 GB/T 12238 标准。

2. D_2、D_3、n-ϕ 按 HG/T 20592—2009PN1.0。

3. 结构长度按 GB/T 12221 标准。

4. 工作温度 FRPP：$-14\sim+90℃$；PVDF：$-40\sim+125℃$。

8.4 特种阀门

8.4.1 城镇燃气切断阀和放散阀（CJ/T 335—2010）

（1）范围

切断阀适用于以城镇燃气（液化石油气除外）为工作介质、进口压力不大于 4.0MPa、工作温度范围 $-20\sim60℃$、公称尺寸不大于 DN300，以流经阀门自身的燃气作驱动源的燃气自力式切断阀。

放散阀适用于以城镇燃气（液化石油气除外）为工作介质、整定压力不大于 0.1MPa、工作温度范围 $-20\sim60℃$、公称尺寸不大于 DN200，以流经阀门自身的燃气作驱动源的燃气自力式放散阀。

（2）设计压力

① 金属承压件（以下简称承压件）包括正常工作时承受压力的金属零部件和膜片或差压密封件失效后承

压的金属零部件。设计压力不应小于最大进口压力的 1.1 倍，且不应小于 0.4MPa。

② 失效后压力小于正常工作压力的承压件，设计压力不应小于最大正常工作压力的 1.1 倍。

③ 膜片的设计压力：

a. 当膜片所承受的最大压差 $\Delta p < 0.015$MPa 时，膜片设计压力不应小于 0.02MPa；

b. 当 0.015MPa$\leqslant \Delta p < 0.5$MPa 时，膜片设计压力不应小于 $1.33\Delta p$；

c. $\Delta p \geqslant 0.5$MPa 时，膜片设计压力不应小于 $1.1\Delta p$，且不应小于 0.665MPa。

（3）常用金属材料（表 8.4-1）

表 8.4-1　常用金属材料

材　　料	牌　　号	标　准　号
灰铸铁	HT200、HT250	GB/T 12226
球墨铸铁	QT400-15、QT400-18、QT500-7	GB/T 12227
	QT400-18L	GB/T 1348
铸钢	WCA、WCB、WCC	GB/T 12229
锻钢和轧钢	25、35、40、45、30Mn25	GB/T 699
	Q345-D	GB/T 1591
不锈钢	2Cr13、3Cr13、0Cr19Ni9、00Cr19Ni10	GB/T 1220

8.4.2　呼吸阀 （SY/T 0511.1—2010）

（1）石油储罐用呼吸阀适用于常压（包括微正压）石油储罐。

（2）操作压力指当呼吸阀通气量达到额定通气量时，石油储罐气体空间的压力称为呼吸阀的操作压力，代号为 p。

（3）开启压力指通气过程当呼吸阀的阀盘呈连续"呼出"或"吸入"状态时的压力，称为呼吸阀的呼气开启压力或吸气开启压力，代号为 ps。

（4）呼吸阀的公称直径指呼吸阀连接法兰的公称直径。

（5）额定通气量指呼吸阀允许通气量，包括呼气通气量和吸气通气量（绝对压力为 0.1MPa、温度为 20℃、相对湿度为 50%、密度 1.2kg/m³ 的空气状态。当不为此状态时，应换算成此状态的气体），数值见表 8.4-2。

表 8.4-2　呼吸阀额定通气量

呼吸阀规格 DN	50	80	100	150	200	250	300	350
额定通气量/(m³/h)	150	300	500	1000	1800	2800	4000	5400

（6）通气压差指通气时的压降值，指操作压力减开启压力的绝对值，代号 Δp。

（7）额定通气压差指达到额定通气量时的通气压差。

（8）呼吸阀适用温度指呼吸阀阀盘和阀盖密封面接触处的温度（表 8.4-3）。

表 8.4-3　呼吸阀适用温度

产品型式	适用操作温度/℃	型式代号
全天候型	−30～60	Q
普通型	0～60	P

（9）呼吸阀的结构为呼气阀和吸气阀并为一体的总称。

（10）呼吸阀壳体应采用铝合金铸件，阀盘、导杆及紧固件宜采用不锈钢材料；全天候型呼吸阀阀盘和阀座密封部位以及导向衬套应采用聚四氟乙烯材料；普通型上述部位无须采用聚四氟乙烯材料接触面，其阀座可采用铝合金铸件。连接法兰为 HG/T 20592～HG/T 20635，压力等级 $\geqslant 0.6$MPa（表 8.4-4）。

表 8.4-4　呼吸阀开启压力分级

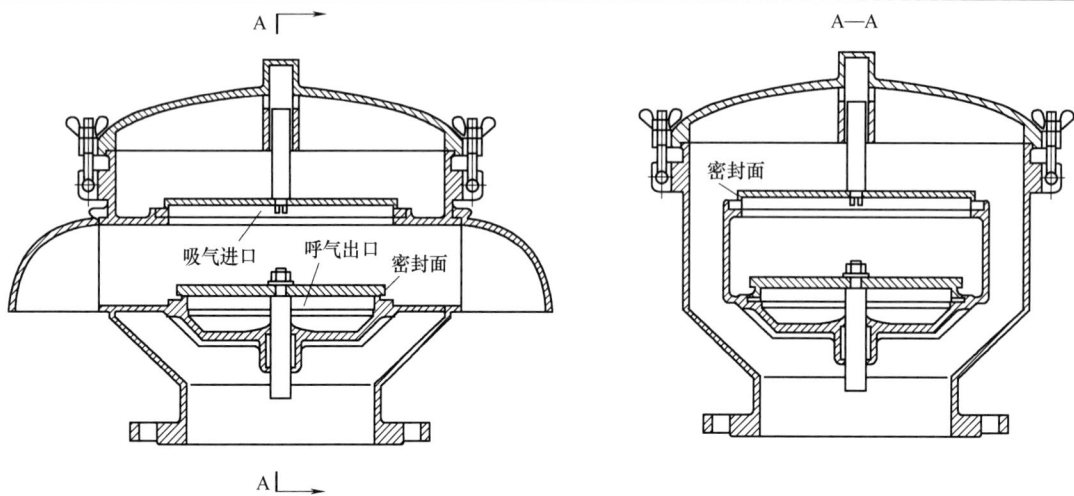

等　　级	1	2	3	4	5
呼出压力/Pa	+355	+665	+980	+1375	+1765
吸入压力/Pa	-295	-295	-295	-295	-295
等级代号	A	B	C	D	E

8.4.3　柱塞阀

柱塞阀结构见图 8.4-1，其性能规范见表 8.4-5，外形与连接尺寸见表 8.4-6，主要材料见表 8.4-7。

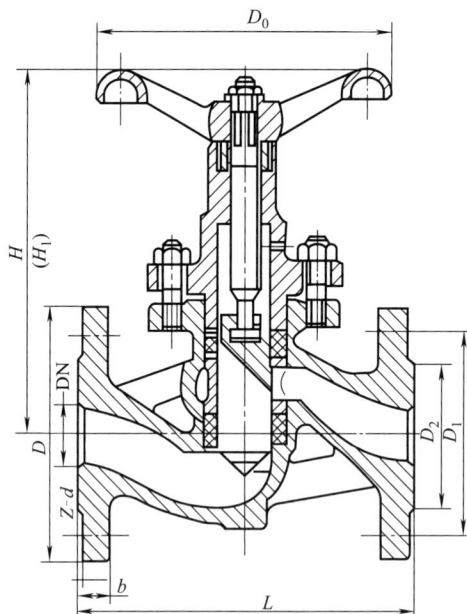

图 8.4-1　柱塞阀结构尺寸

表 8.4-5　柱塞阀性能规范（U41SM-16/25）

公称压力/MPa	1.6/2.5
工作温度/℃	≤200
适用介质	水、蒸汽、油品、气等
驱动方式	手动

表 8.4-6　柱塞阀外形与连接尺寸

U41SM-16

公称通径 DN	尺寸参数/mm								
	L	D	D_1	D_2	b	$Z-d$	H	H_1	D_0
15	130	95	65	45	14	4-ϕ14	172	198	60
20	150	105	75	55	16	4-ϕ14	202	235	70
25	160	115	85	65	16	4-ϕ14	252	293	80
32	180	135	100	78	18	4-ϕ18	290	341	100
40	200	145	110	85	18	4-ϕ18	310	363	100
50	230	160	125	100	20	4-ϕ18	325	382	120
65	290	180	145	120	20	4-ϕ18	370	436	140
80	310	195	160	135	22	8-ϕ18	400	482	200
100	350	215	180	155	24	8-ϕ18	410	504	240
150	480	280	240	210	28	8-ϕ23			

U41SM-25

公称通径 DN	尺寸参数/mm						
	L	D	D_1	D_2	f	b	$Z-d$
20	140	105	75	55	2	16	4-ϕ14
25	160	115	85	65	2	16	4-ϕ14
32	180	135	100	78	2	18	4-ϕ18
40	200	145	110	85	3	18	4-ϕ18
50	230	160	125	100	3	20	4-ϕ18
65	290	180	145	120	3	22	8-ϕ18
80	310	195	160	135	3	22	8-ϕ18
100	350	230	190	160	3	24	8-ϕ23
150	480	280	240	210	3	28	8-ϕ23

表 8.4-7　主要零件材料

零件名称	阀体、阀盖、手轮	阀杆、柱塞	密封圈	阀杆螺母
零件材料	灰铸铁	不锈钢	聚四氟乙烯及石墨	铸铝青铜

8.5　管道附件

8.5.1　爆破片

8.5.1.1　爆破片安全装置基本要求 (GB/T 567.1—2012)

(1) 爆破片安全装置适用于下列范围

① 压力容器和压力管道或其它密闭承压设备 (以下简称承压设备) 为防止超压或出现过度真空而使用的爆破片安全装置;

② 爆破片安全装置中爆破片的爆破压力不大于 500MPa, 且不小于 0.001MPa;

③ 不适用于操作过程可能产生压力剧增, 反应迅速到达爆轰时的承压设备, 以及国防军事装备有特殊要求的爆破片安全装置。

(2) 压力　除注明者外爆破片安全装置的压力均指表压力。

(3) 爆破片安全装置　爆破片 (或爆破片组件) 和夹持器 (或支承圈) 等零部件组成的非重闭式压力泄放装置。

(4) 爆破片　爆破片安全装置中, 因超压而迅速动作的压力敏感元件。

(5) 爆破片组件　由爆破片、背压托架、加强环、保护膜及密封膜等两种或两种以上零件构成的组合件, 又称组合式爆破片。

(6) 正拱形爆破片　爆破片呈拱形, 凹面处于压力系统的高压侧, 动作时因拉伸而破裂。

(7) 反拱形爆破片　爆破片呈拱形, 凸面处于压力系统的高压侧, 动作时因压缩失稳而翻转破裂或脱落。

（8）平板形爆破片　爆破片呈平板形，动作时因拉伸、剪切或弯曲而破裂。

（9）石墨爆破片　爆破片由浸渍石墨、柔性石墨、复合石墨等以石墨为基体的材料制成，动作时因剪切或弯曲而破裂。

（10）夹持器　爆破片安全装置中，具有定位、支承、密封及保证泄放面积等功能，并且能够保证爆破片准确动作的独立夹紧部件。

（11）支承圈　用机械或焊接方式固定爆破片的位置，并具有支承爆破片、保证爆破片准确动作的功能，但不能独立起到夹紧作用的环圈状零件。

（12）背压差　在正常操作工况下，当爆破片安全装置泄放侧的压力高于入口侧，包括入口侧为负压（即真空）状态时，致使爆破片两侧形成与泄压方向相反的压力差，这种压力差称为背压差。

（13）爆破压力　在设定的爆破温度下，爆破片动作时两侧的压力差值。

（14）设计爆破压力　被保护承压设备的设计单位根据承压设备的工作条件和相应的安全技术规范设定的，在设计爆破温度下爆破片的爆破压力值。

（15）标定爆破压力　标注在爆破片铭牌上的，在规定的设计（或许可试验）爆破温度下，同一批次爆破片抽样爆破试验时，实测爆破压力的算术平均值。

（16）爆破温度　爆破片达到爆破压力时，爆破片膜片壁面的温度。

（17）最小泄放面积　爆破片安全装置用于排放流体的最小横截面的流通面积，该流通面积应考虑爆破片爆破后残留碎片等对爆破片泄放能力的影响（如爆破片爆破后残留的碎片、背压托架及其它附件的残片等）。

（18）泄放量　爆破片爆破后，通过泄放面积能够泄放出去的流体介质流量，又称泄放能力。

（19）爆破片允许使用温度见表 8.5-1。

表 8.5-1　爆破片允许使用温度

爆破片材料	最高允许使用温度/℃	密封膜材料	最高允许使用温度/℃
铝	100	聚四氟乙烯	$-40\sim260$
铜	200	聚全氟乙丙烯	$-40\sim200$
镍	400	铝	$-196\sim400$
奥氏体不锈钢	400	镍	$-196\sim530$
蒙乃尔	430	奥氏体不锈钢	$-196\sim530$
因康镍	480		
哈氏合金	480		
石墨	200		

（20）最小爆破压力与工作压力关系见表 8.5-2。

表 8.5-2　最小爆破压力与工作压力关系

爆破片型式	载荷性质	最小爆破压力（工作压力 p）
正拱普通型	静载荷	$\geqslant1.43p$
正拱开缝（带槽）型	静载荷	$\geqslant1.25p$
正拱型	脉冲载荷	$\geqslant1.70p$
反拱型	静载荷、脉冲载荷	$\geqslant1.10p$
平板型	静载荷	$\geqslant2.00p$
石墨	静载荷	$\geqslant1.25p$

8.5.1.2　爆破片安全装置应用选择（GB/T 567.2—2012）

（1）爆破片安全装置与安全阀的组合形式　根据爆破片安全装置与安全阀的连接方式及相对位置的不同，可分为下列 3 种组合形式（见图 8.5-1）：

① 爆破片安全装置串联在安全阀入口侧；

② 爆破片安全装置串联在安全阀的出口侧；

③ 爆破片安全装置与安全阀并联使用。

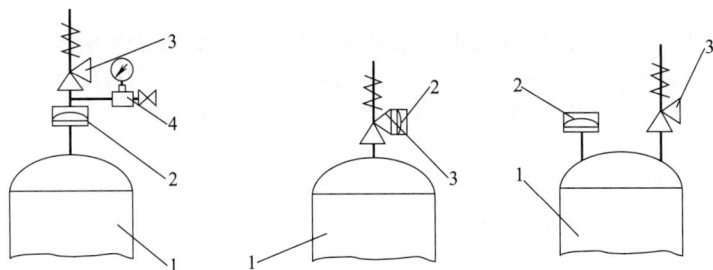

(a) 爆破片串联在安全阀入口侧　(b) 爆破片串联在安全阀出口侧　(c) 爆破片与安全阀并联

图 8.5-1　爆破片安全装置与安全阀的组合形式

1—容器本体；2—爆破片；3—安全阀；4—压力仪表

（2）爆破片安全装置串联在安全阀入口侧

① 属于下列情况之一的被保护承压设备，爆破片安全装置应串联在安全阀入口侧：

a. 为避免因爆破片的破裂而损失大量的工艺物料或盛装介质的；

b. 安全阀不能直接使用场合（如介质腐蚀、不允许泄漏等）的；

c. 移动式压力容器中装运毒性程度为极度、高度危害或强腐蚀性介质的。

② 当爆破片安全装置安装在安全阀的入口侧时，应满足下列要求：

a. 爆破片安全装置与安全阀组合装置的泄放量应不小于被保护承压设备的安全泄放量；

b. 爆破片安全装置公称直径应不小于安全阀入口侧管径，并应设置在距离安全阀入口侧 5 倍管径内，且安全阀入口管线压力损失（包括爆破片安全装置导致的）应不超过其设定压力的 3%；

c. 爆破片爆破后的泄放面积应大于安全阀的进口截面积；

d. 爆破片在爆破时不应产生碎片、脱落或火花，以免妨碍安全阀的正常排放功能；

e. 爆破片安全装置与安全阀之间的腔体应设置压力指示装置、排气口及合适的报警器。

③ 入口侧串联爆破片安全装置的安全阀，其额定泄放量应以单个安全阀额定泄放量乘以系数 0.9 作为组合装置泄放量。

（3）爆破片安全装置串联在安全阀的出口侧

① 若安全阀出口侧有可能被腐蚀或存在外来压力源的干扰时，应在安全阀出口侧设置爆破片安全装置，以保护安全阀的正常工作。

② 移动式压力容器设置的爆破片安全装置不应设置在安全阀的出口侧。

③ 当爆破片安全装置设置在安全阀的出口侧时，应满足下列要求：

a. 爆破片安全装置与安全阀组合装置的泄放量应不小于被保护承压设备的安全泄放量；

b. 爆破片安全装置与安全阀之间的腔体应设置压力指示装置、排气口及合适的报警指示器；

c. 在爆破温度下，爆破片设计爆破压力与泄放背腔内存在的压力之和应不超过下列任一条件：安全阀的整定压力；在爆破安全装置与安全阀之间的任何管路或管件的设计压力；被保护承压设备的设计压力；

d. 爆破片爆破后的泄放面积应足够大，以使流量与安全阀的额定排量相等；

e. 在爆破片以外的任何管道不应因爆破片爆破而被堵塞。

（4）爆破片安全装置与安全阀并联使用

① 属于下列情况之一的被保护承压设备，可设置一个或多个爆破片安全装置与安全阀并联使用：防止异常工况下压力迅速升高的；作为辅助安全泄放装置，考虑在有可能遇到火灾或接近不能预料的外来热源需要增加泄放面积的；

② 安全阀及爆破片安全装置各自的泄放量均应不小于被保护承压设备的安全泄放量；

③ 爆破片的设计爆破压力应大于安全阀的整定压力。

（5）选择一般要求

① 选择爆破片安全装置时，应考虑爆破片安全装置的入口侧和出口侧两面承受的压力及压力差等因素。

② 当被保护承压设备存在真空和超压两种工况时，应选用具有超压和负压双重保护作用的爆破片安全装

置，或者选用具有超压泄放和负压吸入保护作用的两个单独的爆破片安全装置。

③ 爆破片安全装置的入口侧可能会有物料黏结或固体沉淀的情况下，选择的爆破片类型应与这种工况条件相适应。

④ 选用带背压托架的爆破片时，爆破片泄放面积的计算应考虑背压托架影响。

⑤ 当爆破片的爆破压力会随着温度的变化而变化时，确定该爆破片的爆破压力时应考虑温度变化的影响。

⑥ 爆破片安全装置用于液体时，应选择适合于全液相的爆破片安全装置，以确保爆破片爆破时系统的动能将膜片充分开启。

（6）爆破片类型选择

① 选择爆破片型式时，应综合考虑被保护承压设备的压力、温度、工作介质、最大操作压力比等因素的影响。

② 应合理选择爆破片的类型与结构型式，以便获得较长使用周期的爆破片安全装置。

③ 用于爆炸危险介质的爆破片安全装置还应满足如下要求：爆破片爆破时不应产生火花；与安全阀串联时，爆破片爆破时不应产生碎片。

④ 爆破片安全装置的主要技术参数见 GB/T 567.2—2012 附录 B 的规定。

（7）爆破片材料选择

① 根据被保护承压设备的工作条件及结构特点，爆破片可选用铝、镍、奥氏体不锈钢、因康镍、蒙乃尔、石墨等材料。有特殊要求时，也可选用钛、哈氏合金等材料。常用材料的最高允许使用温度见 GB/T 567.1—2012 附录 A 的规定。

② 用于腐蚀环境，且有可能导致爆破片安全装置提前失效的，可采用在爆破片表面进行电镀、喷涂或衬膜等防腐蚀处理措施，防止爆破片安全装置腐蚀失效。

③ 综合考虑爆破片在使用环境中入口侧和出口侧的化学和物理条件，合理地选择爆破片材料。

（8）爆破压力的选择

① 爆破片安全装置中爆破片的设计爆破压力应由被保护承压设备的设计单位根据承压设备的工作条件和相关安全技术规范的规定确定。

② 爆破片安全装置的设计单位应根据被保护承压设备的工作条件、结构特点、使用单位的要求、相应类似工程使用结果、相关安全技术规范的规定及制造范围的影响等因素综合考虑，合理地确定爆破片的最小爆破压力和最大爆破压力。

③ 爆破片安全装置中爆破片爆破压力的确定还应符合 GB/T 567.1 的规定。

8.5.1.3 爆破片安全装置类别型式（GB/T 567.3—2012）（表 8.5-3）

表 8.5-3 爆破片安全装置类别型式

类　别	型　式	图　示
正拱形爆破片（L）	正拱普通型爆破片（LP） 正拱开缝型爆破片（LF） 正拱带槽型爆破片（LC）	泄放方向
反拱形爆破片（Y）	反拱带刀型爆破片（YD） 反拱鳄齿型爆破片（YE） 反拱带槽型爆破片（YC） 反拱开缝型爆破片（YF） 反拱脱落型爆破片（YT）	泄放方向
平板形爆破片（P）	平板普通型爆破片（PP） 平板开缝型爆破片（PF） 平板带槽型爆破片（PC）	泄放方向

续表

类　别	型　式	图　示
石墨爆破片 （PM）	单片可更换型石墨爆破片（PMT） 整体不可更换型石墨爆破片（PMZ）	泄放方向

8.5.1.4　爆破片的设置 （HG/T 20570.3—1995）

（1）独立的压力容器和/或压力管道系统设有安全阀、爆破片装置或这二者的组合装置。

（2）满足下列情况之一应优先选用爆破片：

① 压力有可能迅速上升的；

② 泄放介质为含有颗粒、易沉淀、易结晶、易聚合和介质黏度较大；

③ 泄放介质有强腐蚀性，使用安全阀时其价格很高；

④ 工艺介质十分贵重或有剧毒，在工作过程中不允许有任何泄漏，应与安全阀串联使用；

⑤ 工作压力很低或很高时，选用安全阀则其制造比较困难；

⑥ 当使用温度较低而影响安全阀的工作特性；

⑦ 需要较大泄放面积。

（3）对于一次性使用的管路系统（如开车前吹扫的管道放空系统），爆破片的破裂不影响操作和生产的场合，设置爆破片。

（4）为减少爆破片破裂后的工艺介质的损失，可与安全阀串联使用。

（5）作为压力容器的附加安全设施，可与安全阀并联使用，例如爆破片仅用于火灾情况下的超压泄放。

（6）为增加异常工况（如火灾等）下的泄放面积，爆破片可并联使用。

（7）爆破片不适用于经常超压的场合。

（8）爆破片不宜用于温度波动很大的场合。

与爆破片相关的压力关系图如图 8.5-2 所示。该图表示了爆破片的最高压力（即被保护容器的最高压力）与爆破片设计、制造时的各类爆破压力的关系。爆破片与容器相关的压力关系见表 8.5-4。

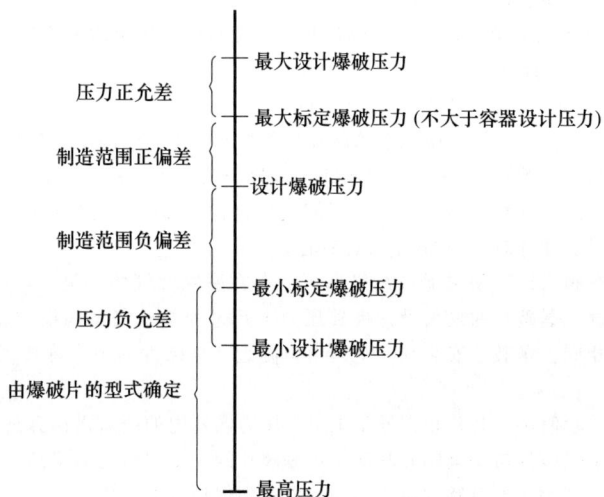

图 8.5-2　与爆破片相关的压力关系图

表 8.5-4　爆破片与容器相关的压力关系表

压力容器要求	容器压力	爆破片典型特性
	121%	火灾情况下最大设计爆破压力
	116%	多个爆破片用于非火灾情况下最大设计爆破压力
	110%	多个爆破片用于火灾情况下的最大标定爆破压力 单个爆破片用于非火灾情况下最大设计爆破压力
	105%	多个爆破片用于非火灾情况下的最大标定爆破压力
容器设计压力（或最大允许工作压力）最高压力	100%	最大标定爆破压力（单个爆破片）

8.5.1.5　爆破片的选用

选择爆破片型式时，应考虑以下几个因素。

（1）压力

① 压力较高时，爆破片宜选择正拱型；

② 压力较低时，爆破片宜选用开缝型或反拱型；

③ 系统有可能出现真空或爆破片可能承受背压时，要配置背压托架；

④ 有循环压力或脉冲压力则选用反拱型。

（2）温度　高温对金属材料和密封膜的影响。

（3）使用场合

① 在安全阀前使用，爆破片爆破后不能有碎片；

② 用于液体介质，不能选用反拱形爆破片。

表 8.5-5 为各种爆破片的特性汇总表。

表 8.5-5　各种爆破片的特性

类型名称	正拱普通型	正拱刻槽型	正拱开缝型	反拱刀架型	反拱鳄齿型	反拱刻槽型
内力类型	拉伸	拉伸	拉伸	压缩	压缩	压缩
抗压力疲劳能力	较好	好	差	优良	优良	优良
爆破时有无碎片	有	无	有,但很少	无	无	无
可否引起撞击火花	可能	否	可能性很小	可能	可能性小	否
可否与安全阀串联使用	否	可以	可以	可以	可以	可以
背压托架	可加	可加	已加	不加	不加	不加

制造爆破片的标准材料为铝、镍、不锈钢、因康镍、蒙乃尔。特殊用途时，可以采用金、银、钛、哈氏合金等。爆破片材料的选择。主要有以下因素：

① 不允许爆破片被介质腐蚀，必要时，要在爆破片上涂盖覆层或用聚四氟乙烯等衬里来保护。

② 使用温度和材料的抗疲劳特性。

8.5.1.6　爆破片与安全阀（HG/T 20570.3—1995）

（1）爆破片安装在安全阀入口　为了避免因爆破片的破裂而损失大量的工艺物料，在安全阀不能直接使用的场合（如物料腐蚀、严禁泄漏等），一般在安全阀的入口处安装一个爆破片。爆破片的标定爆破压力与安全阀的设定压力相同。爆破片的公称直径不小于安全阀的入口直径。爆破片的使用降低了20%的安全阀泄放能力。爆破片的阻力降按当量长度计时，为75倍公称直径。

（2）爆破片安装在安全阀出口　如果泄放总管有可能存在腐蚀性气体环境，爆破片应安装在安全阀的出口，以保护安全阀不受腐蚀。爆破片的最大设计爆破压力不超过弹簧式安全阀设定压力的10%。爆破片的公称直径与安全阀出口管径相同。爆破片安装在安全阀出口附近。爆破片的阻力降按当量长度计时，为75倍公称直径。

（3）爆破片与安全阀并联使用　为防止在异常工况下压力容器内的压力迅速升高，或增加在火灾情况下的泄放面积，安装一个或几个爆破片与安全阀并联使用。爆破片的标定爆破压力略高于安全阀的设定压力，并不得大于容器的设计压力。爆破片要有足够的泄放面积，以达到保护容器的要求。

（4）爆破片与安全阀性能比较　见表 8.5-6。

表 8.5-6 爆破片与安全阀性能比较

内 容		对 比 项 目	爆 破 片	安 全 阀
结构型式	1	品种	多	较少
	2	基本结构	简单	复杂
适用范围	3	口径范围	$\phi3\sim\phi1000$mm	大口径或小口径均难
	4	压力范围	几十毫米水柱～几千大气压力	很低压力或高压均难
	5	温度范围	$-250\sim500$℃	低温或高温均困难
	6	介质腐蚀性	可选用各种耐腐蚀材料或可作简单防护	选用耐腐蚀材料有限,防护结构复杂
	7	介质黏稠,有沉淀结晶	不影响动作	明显影响动作
	8	对温度敏感性	高温时动作压力降低低温时动作压力升高	不很敏感
	9	工作压力与动作压力差	较大	较小
	10	经常超压的场合	不适用	适用
防超压动作	11	动作特点	一次性爆破	泄压后可复位,多次使用
	12	灵敏性	惯性小,急剧超压时反应迅速	不很及时
	13	正确性	一般±5%	波动幅度大
	14	可靠性	一旦受损伤,爆破压力降低	甚至不起跳,或不闭合
	15	密闭性	无泄漏	可能泄漏
	16	动作后对生产造成损失	较大,必须更换后恢复生产	较小,复位后正常进行生产
维护与更换	17		不需要特殊维护,更换简单	要定期检验

8.5.2 阻火器

8.5.2.1 石油储罐阻火器 (GB 5908—2005)

GB 5908—2005 适用于原油层、汽油和煤油等轻质油品储罐上安装的石油罐阻火器 (以下简称阻火器)。

(1) 阻火器 由阻火芯、阻火器外壳及配件构成用于阻止火焰 (爆燃或爆轰) 通过的装置。

(2) 阻火芯 在规定条件下允许易燃、易爆气体通过而阻止火焰通过的部件。

(3) 阻火器分类 包括波纹板式、丝网式、其它型式。

(4) 阻火器的流体压力损失见表 8.5-7。

表 8.5-7 阻火器的流体压力损失 单位:Pa

罐内压力	295	540	800	980	1300	1765	2000
压力损失	10	11	16	20	26	36	40

(5) 阻火器的流体通气量见表 8.5-8。

表 8.5-8 阻火器的流体通气量

公称通径 DN	50	80	100	150	200	250
通气量/(m³/h)	150	300	500	1000	1800	2800

8.5.2.2 阻火器的设置注意事项 (HG/T 20570.19—1995)

(1) 放空阻火器

① 石油油品储罐阻火器的设置按《石油库设计规范》(GB 50074—2014) 规定执行。

② 化学油品的闪点≤43℃ (和槽车),其直接放空管道 (含带有呼吸阀的放空管道) 上设置阻火器。

③ 储罐 (和槽车) 内物料的最高工作温度大于或等于该物料的闪点时,其直接放空管道 (含带有呼吸阀的放空管道) 上设置阻火器。最高工作温度要考虑到环境温度变化、日光照射、加热管失控等因素。

④ 可燃气体在线分析设备的放空汇总管上设置阻火器。

⑤ 进入爆炸危险场所的内燃发动机排气口管道上设置阻火器。

⑥ 其它有必要设置阻火器的场合。

（2）管道阻火器设置

① 输送有可能产生爆燃或爆轰的爆炸性混合气体的管道（应考虑可能的事故工况），在接收设备的入口处设置管道阻火器。

② 输送能自行分解爆炸并引起火焰蔓延的气体物料的管道（如乙炔），在接收设备的入口或由试验确定的阻止爆炸最佳位置上，设置管道阻火器。

③ 火炬排放气进入火炬头前应设置阻火器或阻火装置。

④ 其它应设置管道阻火器的场合。

（3）设置的注意事项

① 阻火器应安装在接近火源的部位。

② 放空阻火器应尽量靠近管道末端设置，同时要考虑检修方便。一般选用管端型放空阻火器；如果选用普通型放空阻火器，应考虑到由于阻火器下游接管的配管长度、形状对阻火器性能选型（阻爆燃型还是阻爆轰型）的影响，并根据介质工况和安装条件来确定普通型放空阻火器的规格。

③ 安装管道阻爆轰阻火器时，要注意其"爆轰波吸收器"应朝向有可能产生爆轰的方向，否则将失去阻爆轰的作用。如图 8.5-3 所示。

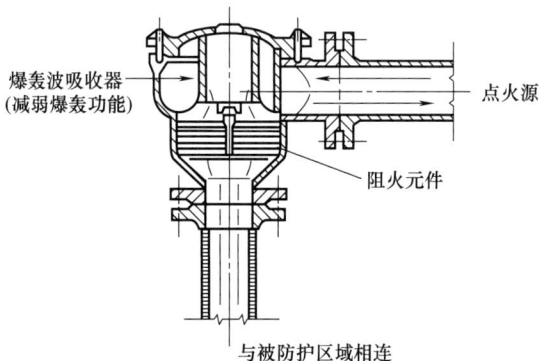

图 8.5-3　阻爆轰阻火器的安装方向

④ 阻火器与管道的连接一般为法兰形式，小直径的管道采用螺纹连接。

（4）阻火器结构参数见表 8.5-9。

表 8.5-9　阻火器结构参数

工作压力	工作温度	公称直径/mm					
		FWH 型	FPH 型	FWL 型	FWLA 型	FPL 型	FWL1 型
0.6/1.0MPa	≤200℃	40～200	25～100	25～250	25～200	25～300	20～350

（5）阻火器的安装见表 8.5-10。

表 8.5-10　阻火器结构与长度

续表

阻火器结构外形

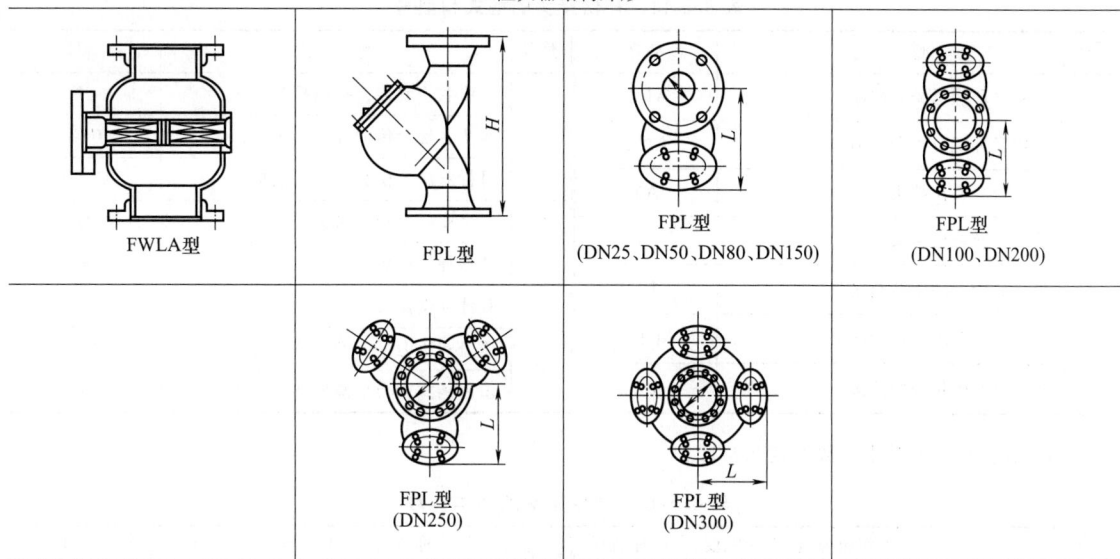

FWLA型

FPL型

FPL型
(DN25、DN50、DN80、DN150)

FPL型
(DN100、DN200)

FPL型
(DN250)

FPL型
(DN300)

阻火器结构长度 H(或 L)/mm

型号	公称直径 DN													
	20	25	32	40	50	65	80	100	125	150	200	250	300	350
FWH				235	250		315	328		395	430			
FPH		150			210		260	290						
FPH(PT)		130			150		180	260						
FWL							302	348		385	460	490		
FWLA		180			210		230	310		400	445			
FPL		180			280		340	370		540	605	615	715	
FWL1	180	220	250	320	336	370	430	530	656	720	730	860	920	920

8.5.3 补偿器

8.5.3.1 管路补偿接头 (GB/T 12465—2017)

GB/T 12465—2017 适用于输送海水、淡水、冷热水、饮用水、生活污水、原油、燃油、润滑油、成品油、空气、燃气、温度不高于 205℃ 的蒸汽、热气体和粉状颗粒物等介质管路的补偿接头的设计、制造和验收。

(1) 松套补偿接头　由本体、密封圈、压紧构件组成的松套连接管道，主要用于吸收轴向位移，而不能承受压力推力的补偿接头的装置。

(2) 松套限位补偿接头　由松套补偿接头和限位伸缩管等构件组成，防止管道因超量位移导致补偿接头的泄漏或损坏，主要用于在允许位移范围内吸收轴向位移和承受压力推力的管道松套连接的装置。

(3) 松套传力补偿接头　由法兰松套补偿接头和短管法兰、传力螺杆等构件组成，传递被连接件的压力推力和补偿管路安装误差，不吸收轴向位移，主要用于与泵、阀门等附件的松套连接的装置。

(4) 大挠度松套补偿接头　由短管法兰、本体、压盖、挡圈、限位块、密封副、压紧构件组成的松套连接管道，主要用于吸收轴向位移和挠度为 6°～7° 的角位移的管道松套连接的装置。

(5) 球形补偿接头　由本体Ⅰ、本体Ⅱ、密封副、压紧构件组成，用于吸收管路可挠量位移的管道连接装置。

(6) 压力平衡型补偿接头　由本体、密封圈、压力平衡装置、伸缩管和压紧构件组成的松套连接管道的装置，主要用于在吸收轴向位移的同时能平衡内压推力的补偿接头。

(7) 可挠量　补偿接头在保持密封的条件下，从一端中心线到另一端偏移中心线间偏转角度值。

(8) 偏心量　补偿接头在保持密封的条件下，从一端中心线到另一端偏移中心线端面处所测定的径向位移量。

(9) 调节量　补偿接头与被连接的泵、阀门等设备间在设备装拆时允许调节的距离。

（10）补偿接头的型式和型号见表 8.5-11。

表 8.5-11　补偿接头的型式和型号

类型	型　式	型号	类型	型　式	型号
A	无锁紧环螺母松套伸缩接头	AL I	C	单法兰松套传力补偿接头	CF
	带锁紧环螺母松套伸缩接头	AL II		双法兰松套传力补偿接头	C2F
	压盖松套补偿接头	AY		可拆双法兰松套传力补偿接头	CC2F
	法兰松套补偿接头	AF	D	大挠度松套补偿接头	D
B	单法兰松套限位补偿接头	BF	E	球形补偿接头	E
	双法兰松套限位补偿接头	B2F		双球补偿接头	E2
	压盖松套限位补偿接头	BY	F	压盖式压力平衡型补偿接头	FY
				填料函式压力平衡型补偿接头	FT

（11）补偿接头的基本参数见表 8.5-12。

表 8.5-12　补偿接头的基本参数

型号	公称压力 PN	工作压力 P/MPa	工作温度 /℃	公称通径 DN	型号	公称压力 PN	工作压力 P/MPa	工作温度 /℃	公称通径 DN
AL I	25	≤2.5	≤170	10～50	CF	10	1.0	≤170	65～3000
AL II	25	≤2.5	≤170	10～50	C2F	6	0.6	≤170	65～3600
AY	16	≤1.6	≤170	65～4000		10	1.0	≤170	65～3000
AF	2.5	0.25	≤170	65～4000	CC2F	6	0.6	≤170	65～3600
	6	0.6	≤170	65～3600		10	1.0	≤170	65～3000
	10	1.0	≤170	65～3000	D	6	0.6	≤170	100～3600
	16	1.6	≤170	65～2000		10	1.0	≤170	100～3000
BF	6	0.6	≤170	65～3600		16	1.6	≤170	100～2000
	10	1.0	≤170	65～3000	E、E2	6～10	0.6～1.0	≤170	100～2400
B2F	6	0.6	≤170	65～3600		16	1.6	≤170	100～1200
	10	1.0	≤170	65～3000	FY	6～16	0.6～1.6	≤170	100～1200
BY	16	≤1.6	≤170	65～3200	FT	6～16	0.6～1.6	≤205	100～500
CF	6	0.6	≤170	65～3600					

8.5.3.2　金属波纹管膨胀节（GB/T 12777—2019）

（1）定义

① 波纹管膨胀节　由一个或几个波纹管及结构件组成，用来吸收由于热胀冷缩等原因引起的管道和（或）设备尺寸变化的装置。

② 圆形波纹管　膨胀节中由一个或多个圆形波纹及端部直边段组成的圆形挠性元件。对于加强 U 形波纹管和 Ω 形波纹管，包括加强环和均衡环。

③ 矩形波纹管　膨胀节中一个或多个矩形波纹及端部直边段组成的矩形挠性元件。

④ 单式轴向型膨胀节　由一个波纹管和结构件组成，主要用于吸收轴向位移而不能承受波纹管压力推力的膨胀节。

⑤ 外压轴向型膨胀节　由承受外压的波纹管及外管和端环等结构件组成，主要用于吸收轴向位移而不能承受波纹管压力推力的膨胀节。

⑥ 复式自由型膨胀节　由中间管所连接的两个波纹管及结构件组成，主要用于吸收轴向与横向组合位移而不能承受波纹管压力推力的膨胀节。

⑦ 比例连杆复式自由型膨胀节　由中间管所连接的两个波纹管及比例连杆等结构件组成，主要用于吸收轴向与横向组合位移而不能承受波纹管压力推力的膨胀节。

⑧ 单式铰链型膨胀节　由一个波纹管及销轴、铰链板和立板等结构件组成，只能吸收一个平面内的角位移并能承受波纹管压力推力的膨胀节。

⑨ 单式万向铰链型膨胀节　由一个波纹管及销轴、铰链板、万向环和立板等结构件组成，能吸收任一平面内的角位移并能承受波纹管压力推力的膨胀节。

⑩ 复式拉杆型膨胀节　由中间管所连接的两个波纹管及拉杆、端板和球面与锥面垫圈等结构件组成，能吸收任一平面内的横向位移并能承受波纹管压力推力的膨胀节。

⑪ 复式铰链型膨胀节　由中间管所连接的两个波纹管及销轴、铰链板和立板等结构件组成，只能吸收一个平面内的横向位移及角位移并能承受波纹管压力推力的膨胀节。

⑫ 复式万向铰链型膨胀节　由中间管所连接的两个波纹管及十字销轴、铰链板和立板等结构件组成，能吸收任一平面内的横向位移及角位移并能承受波纹管压力推力的膨胀节。

⑬ 弯管压力平衡型膨胀节　由一个工作波纹管或中间管所连接的两个工作波纹管和一个平衡波纹管及弯头或三通、封头、拉杆、端板和球面与锥面垫圈等结构件组成，主要用于吸收轴向与横向组合位移并能平衡波纹管压力推力的膨胀节。

⑭ 直管压力平衡型膨胀节　由位于两端的两个工作波纹管和位于中间的一个平衡波纹管及拉杆和端板等结构件组成，主要用于吸收轴向位移并能平衡波纹管压力推力的膨胀节。

⑮ 旁通直管压力平衡型膨胀节　由两个相同的波纹管及端环、封头、外管等结构件组成，主要用于吸收轴向位移并能平衡波纹管压力推力的膨胀节。

⑯ 复式万向铰链直管压力平衡型膨胀节　由位于两端的两个工作波纹管和位于中间的一个平衡波纹管及销轴、铰链板和立板等结构件组成，主要用于吸收轴向位移和一个平面内的横向位移并能平衡波纹管压力推力的膨胀节。

⑰ 复式万向铰链直管压力平衡型膨胀节　由位于两端的两个工作波纹管和位于中间的一个平衡波纹管及销轴、铰链板、万向环和立板等结构件组成，主要用于吸收轴向位移和任一平面内的横向位移并能平衡波纹管压力推力的膨胀节。

⑱ 外压直管压力平衡型膨胀节　由两个承受外压的工作波纹管和一个承受外压的平衡波纹管及端管、接管、外管、端环3组件等结构件组成，主要用于吸收轴向位移并能平衡波纹管压力推力的膨胀节。

（2）膨胀节工况分类（表8.5-13）

表8.5-13　膨胀节工况分类

类型	设计压力 p/MPa	设计温度 T/℃	工作介质
I	真空度低于0.085	≤150	非可燃、非有毒，非易爆气体
	$0 \le p < 0.25$	≤150	非可燃、非有毒，非易爆
II	真空度低于0.085	>150	非可燃、非有毒、非易爆气体
	$0 \le p < 0.25$	$150 < T \le 425$	非可燃、非有毒、非易爆气体
	$0.25 \le p \le 1.6$	≤350	非可燃、非有毒、非易爆液体
III	所有	所有	可燃、有毒，易爆
	除I、II类外的所有		非可燃、非有毒、非易爆

（3）膨胀节结构型式代号（表8.5-14）

表8.5-14　膨胀节结构型式代号

序号	类型	结构型式	代号	示意图
1	无约束型	单式轴向型膨胀节	DZ	

序号	类型	结构型式	代号	示意图
2	无约束型	外压轴向型膨胀节	WZ	
3	无约束型	复式自由型膨胀节	FZ	
4	无约束型	比例连杆复式自由型膨胀节	FZB	
5	约束型	单式铰链型膨胀节	DJ	
6	约束型	单式万向铰链型膨胀节	DW	
7	约束型	复式拉杆型膨胀节	FL	

序号	类型	结构型式	代号	示意图
8	约束型	复式铰链型膨胀节	FJ	
9	约束型	复式万向铰链型膨胀节	FW	
10	约束型	弯管压力平衡型膨胀节	WP	A—A
11	约束型	直管压力平衡型膨胀节	ZP	
12	约束型	旁通直管压力平衡型膨胀节	PP	(a) 全外压　　(b) 内外压组合
13	约束型	复式铰链直管压力平衡型膨胀节	FJP	

续表

序号	类型	结构型式	代号	示意图
14	约束型	复式万向铰链直管压力平衡型膨胀节	FWP	
15	约束型	外压直管压力平衡型膨胀节	WZPa	

（4）膨胀节型式分类（表 8.5-15）

表 8.5-15　膨胀节型式分类

分类	膨胀节型式			端部连接型式	
型式	无加强 U 形	加强 U 形	Ω 形	焊接端部连接	法兰端部连接
代号	U	J	O	H	F

8.5.4　液体装卸臂（HG/T 21608—2012）

8.5.4.1　液体装卸臂总则

适用于公称压力 CL150、CL300 或 PN2.5、PN6、PN10、PN16、PN25、PN40、PN63，设计温度−196～250℃范围内，通过液体装卸臂实现汽车槽车、火车槽车或槽船装卸各种石油化工液体介质。

（1）液体装卸臂　分为陆用液体装卸臂和船用液体装卸臂。由旋转接头、内臂、外臂、垂管（主要陆用）、三维接头（主要船用）、平衡器、控制系统等部件组成，主要用于汽车槽车、火车槽车或槽船装卸液体介质的装卸设备。

（2）旋转接头　由转动件及密封件等组成，主要用于连接液体装卸臂的不同组件作相对旋转的并能承受荷载的部件。

（3）内臂　用于连接输送管道，并与外臂连接的部件。

（4）外臂　可在水平面和垂直面的范围内转动，主要用于装卸臂同槽车、槽船调整对接工作位置的部件。

（5）平衡器　用于平衡外臂转动力矩的部件。

（6）垂管　能与槽车、槽船罐口连接或插入槽罐口的管件。

（7）液动潜液泵　连接垂管端部，用液压驱动并浸没在液体中的输送泵。

（8）紧急脱离系统　用于同槽船接口连接的紧急脱离装置及其控制系统的总称。在紧急情况下，为保证液体装卸臂与槽船接管口的安全，能够使液体装卸臂与槽船迅速脱开的装置。

（9）拉断阀　用于同汽车槽车接口连接的紧急脱离阀件。

（10）快速连接器　手动或液压驱动，能同槽车或槽船接口快速连接的部件。

（11）干式切断阀　用于同槽车接口连接，安装在液体装卸臂前端，在装卸作业完毕后关闭此阀，使得液体装卸臂与槽车分离时没有明显泄漏介质产生的连接装置。

（12）三维接头（三维旋转组件） 由三个旋转接头、管件及快速接头组成的部件，安装在船用装卸臂外臂头部，设计为自平衡式，用于装卸臂与槽船的连接。

8.5.4.2 液体装卸臂分类标注

（1）陆用液体装卸臂基本参数

工作压力：CL150、CL300 或 PN2.5、PN6、PN10、PN16、PN25、PN40、PN63。

工作温度：−196～250℃。

公称尺寸：DN25、DN50、DN80、DN100、DN150、DN200。

（2）船用液体装卸臂基本参数

工作压力：CL150、CL300 或 PN6、PN10、PN16、PN25、PN40、PN63。

工作温度：−196～250℃。

公称尺寸：DN100、DN150、DN200、DN250、DN300、DN400、DN500。

（3）液体装卸臂分类

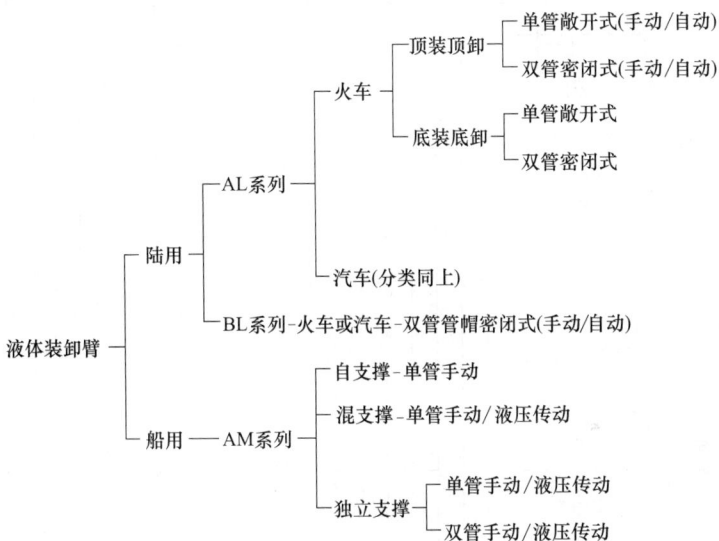

（4）陆用液体装卸臂标注方法

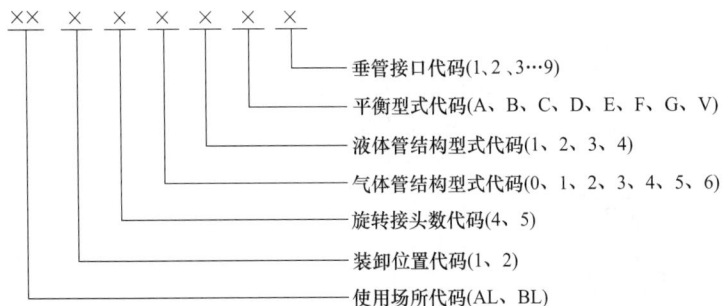

垂管接口代码(1、2、3…9)

平衡型式代码(A、B、C、D、E、F、G、V)

液体管结构型式代码(1、2、3、4)

气体管结构型式代码(0、1、2、3、4、5、6)

旋转接头数代码(4、5)

装卸位置代码(1、2)

使用场所代码(AL、BL)

（5）船用液体装卸臂标注方法

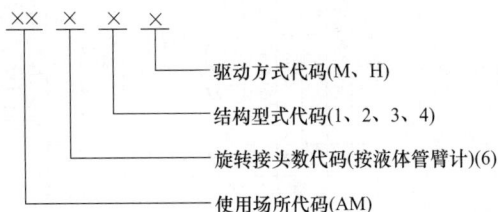

驱动方式代码(M、H)

结构型式代码(1、2、3、4)

旋转接头数代码(按液体管臂计)(6)

使用场所代码(AM)

8.5.4.3 液体装卸臂结构型式（表 8.5-16～表 8.5-18）

表 8.5-16　陆用液体装卸臂结构型式

代号		名称	AL1401 顶部上接式插入装卸臂	AL1402 顶部下接式插入装卸臂	AL1403 顶部上翻式插入装卸臂	AL1412 顶部组合式插入装卸臂	AL1501 顶部上接式法兰装卸臂	AL1502 顶部下接式法兰装卸臂
		示意图						
平衡器型式	A	配重式	√	√	√	√		
	B	弹簧缸式	√	√		√		
	C	气缸式	√	√		√		
	D	配重锁定式	√	√	√	√		
	E	配重锁锁紧杆式	√	√	√			
	F	弹簧缸锁紧杆式	√	√				
	G	弹簧缸气缸式	√	√				
	V	任意					√	√
垂管型式	1	90°平出口	√	√	√	√		
	2	45°斜出口	√	√				
	3	分流帽出口	√	√	√			
	4	法兰连接出口					√	√
	5	90°转角法兰连接出口					√	
	6	有回气双法兰连接出口						
	7	有回气密闭短垂管出口						
	8	有回气密闭伸缩管出口						
	9	敞开升式伸缩管出口						
装卸臂材料	内臂	碳钢管	√	√	√	√	√	√
		不锈钢管	√	√	√	√	√	√
		衬聚四氟乙烯钢管	√	√	√	√	√	√
		衬聚丙烯钢管	√	√	√	√	√	√
	外臂	衬聚氯乙烯钢管	√	√	√	√	√	√
		碳钢管	√	√	√	√	√	√
		不锈钢管	√	√	√	√	√	√
		铝管	√	√	√	√	√	√
	垂管	聚丙烯管	√	√	√	√	√	√
		聚氯乙烯管	√	√	√	√	√	√
		聚四氟乙烯管	√	√	√	√	√	√
		衬聚四氟乙烯钢管	√	√	√	√	√	√

续表

项目		AL1503 顶部上翻式法兰装卸臂	AL1512 顶部组合式法兰装卸臂	AL1513 顶部组合式法兰装卸臂	AL2503 底部上翻式法兰装卸臂	AL2504 底部翻下式法兰装卸臂	AL2543 底部组合式法兰装卸臂
代号							
名称							
示意图							
平衡器型式	A 配重式	√	√	√	√	√	√
	B 弹簧缸式	√	√	√	√	√	√
	C 气缸式						
	D 配重气锁式						
	E 配重缸紧杆式						
	F 弹簧缸密紧杆式						
	G 弹簧缸气缸式						
垂管型式	V 任意						
	1 90°平出口	√					
	2 45°斜出口	√					
	3 分流帽出口	√					
	4 法兰连接出口	√	√	√	√	√	√
	5 90°转角气法兰连接出口	√	√	√	√	√	√
	6 有回气密闭法兰连接垂管出口	√					
	7 有回气密闭短垂管出口	√					
	8 有回气密闭伸缩管出口						
	9 敞开式伸缩管出口						
装卸臂材料 内	碳钢管	√	√	√	√	√	√
	不锈钢管	√	√	√	√	√	√
	衬聚四氟乙烯钢管	√	√	√	√	√	√
	衬聚氯乙烯钢管	√	√	√	√	√	√
外	衬聚氯乙烯钢管						
	碳钢管						
	不锈钢管						
	铝合管						
垂管	聚丙烯管						
	聚氯乙烯管						
	聚四氟乙烯钢管						
	衬聚四氟乙烯钢管	√	√	√	√	√	√

注: 表中"√"符号表示可选。

表 8.5-17 船用液体装卸臂结构型式（AM 系列）

代号	AM61			AM62				AM63						AM64							
名称	自支撑双配重单管船用液体装卸臂			混支撑单配重单管船用液体装卸臂				独立支撑单配重单管船用液体装卸臂						独立支撑单配重双管船用液体装卸臂							
示意图																					
液体管道公称直径/mm	100	150	200	100	150	200	250	100	150	200	250	300	400	100	150	200	250	300	350	400	500
气体管道公称直径/mm 50														√	√						
气体管道公称直径/mm 80														√	√	√	√	√	√		
气体管道公称直径/mm 100															√	√	√	√	√	√	√
驱动方式 手动 M	√	√	√	√	√	√	√	√	√	√											
驱动方式 液压 H				√	√	√	√	√	√	√	√	√	√	√	√	√	√	√	√	√	√
平衡方式 单配重				√	√	√	√	√	√	√	√	√	√								
平衡方式 双配重	√	√	√											√	√	√	√	√	√	√	√
碳钢管装卸臂	√	√	√	√	√	√	√	√	√	√	√	√	√	√	√	√	√	√	√	√	√
不锈钢管装卸臂	√	√	√	√	√	√	√	√	√	√	√	√	√	√	√	√	√	√	√	√	√
衬聚四氟乙烯钢管								√	√	√	√	√	√	√	√	√	√	√	√	√	√

注：表中"√"符号表示可选。

表 8.5-18 陆用液体装卸臂结构型式（BL 系列）

代号	BL1452	BL1462	BL1402
名称	顶部组合式气相软管带密封帽插入装卸臂	顶部组合式气相套管带密封帽插入装卸臂	顶部下接式带装载阀斜出口插入式装卸臂
示意图			
平衡器型式 A 配重式	√	√	
平衡器型式 B 弹簧缸式	√	√	√
平衡器型式 C 气缸式	√	√	
平衡器型式 D 配重气缸式	√	√	
平衡器型式 E 配重锁紧杆式	√	√	

续表

		代号	BL1452	BL1462	BL1402
平衡器型式	F	弹簧缸锁紧杆式	√	√	
	G	弹簧缸气缸式	√	√	
	V	任意			
垂管型式	1	90°平出口			
	2	45°斜出口			√
	3	分流帽出口			
	4	法兰连接出口			
	5	90°转角法兰连接出口			
	6	有回气双法兰连接出口			
	7	有回气密闭短垂管出口	√	√	
	8	有回气密闭伸缩管出口	√	√	
	9	敞开式伸缩管出口			
装卸臂材料	内外管	碳钢管	√	√	√
		不锈钢管	√	√	
		衬聚四氟乙烯钢管	√		
		衬聚丙烯钢管	√		
		衬氯乙烯钢管	√		
	垂管	碳钢管	√	√	
		不锈钢管	√	√	
		铝管	√	√	√
		聚丙烯管	√		
		聚氯乙烯管	√		
		聚四氟乙烯管	√		
		衬聚四氟乙烯钢管			

注：表中"√"符号表示可选。

8.5.5 管道消声器

8.5.5.1 消声器的选用 (HG/T 20570.10—1995)

(1) 管系中主要噪声源

① 阀门节流噪声。当阀门节流时，在其下游产生噪声，具有中高频特性。气流流速等于声速时会产生强烈的激波噪声。所以节流时务必控制其压降比（节流点前后的压力比），使其小于临界压力比 1.89。当压降比超过临界压力比时，激波噪声迅速提高，直到压降比等于 3 时为止，此时增加渐趋缓慢。

② 气穴噪声。气穴噪声又称空穴噪声或气蚀噪声。当管道内局部有障碍物时，由于局部的高速及低压而产生气穴噪声。在特定速度下，液体的压力低于其蒸汽压力，从而产生气泡，这些气泡突然破裂产生噪声。

③ 水锤声。由于阀门或水泵的突然开闭，使管道内液体压力突然改变，压力波（冲量）沿管道向前后反射，产生如撞击的噪声，高达 110~115dB，并且造成管系剧烈振动。

④ 机械振动噪声。由于压力变化和流体的脉冲，使阀门零部件及管系、吊架产生振动，其噪声频率在 1000Hz 以下。机械振动噪声的第二声源是阀门部件在其固有频率处的共振，是一种单调噪声，其频率通常在 2000~7000Hz 之间。

⑤ 固体传声。与管系连接的各种动力设备产生的机械噪声、气流噪声及振动通过管系向空气辐射噪声。

⑥ 管道内液体的湍流、气体的涡流、流体流速及流向突然改变，均会产生强烈噪声。

（2）管道最低共振频率　管道本身是一种单层的隔声壁，从其形状可视为无限长的圆柱体，所以其隔声量的计算应考虑到管道截面上最低共振频率，又称管道自鸣频率，其计算见下式。

$$f_B = \frac{C_L}{\pi d} \tag{8.5-1}$$

式中　f_B——管道最低共振频率，Hz；

C_L——管道内纵波传播速度，m/s；钢管为 5100m/s；

d——管道直径，m。

（3）管道隔声量的估算　已知管道的管径和壁厚，可从图 8.5-4 中查取管道隔声量的极限值。

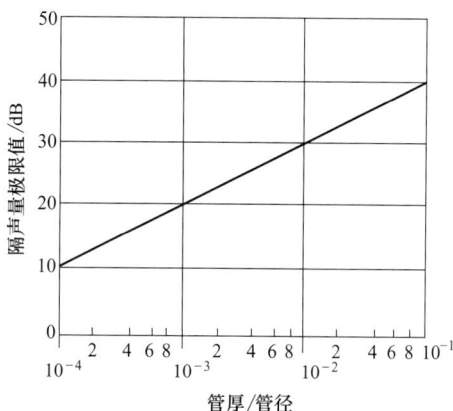

图 8.5-4　管道隔声量估算图

在最低共振频率以下，圆形管道的隔声量仍可按图 8.5-4 估算，但还需用表 8.5-19 进行修正。

表 8.5-19　圆管在自鸣频率以下隔声量的修正值

f/f_R	0.025	0.05	0.1	0.2	0.3	0.4	0.5	0.6	0.7	0.8
修正值/dB	−6	−5	−4	−3	−2	−2	−2	−2	−2	−3

在最低共振频率以上，管道的隔声量几乎与单层平板一样，可应用单层平板平均隔声量的计算式估算其隔声量，当 $m \leqslant 200\text{kg/m}^2$ 时：

$$\bar{R} = 13.5 \lg m + 14 \tag{8.5-2}$$

式中　$\bar{R}$——平均隔声量，dB；

m——单层平板的面密度，kg/m^2。

（4）消声器的选用原则

① 消声器适用于降低空气动力机械，如风机、压缩机、内燃机的进、排气口，管道排气、放空所辐射的空气动力性噪声。

② 空气动力机械和排气放空管道除产生气流噪声外，同时产生固体传声，所以采用消声器外，同时还应配合相应的隔声、隔振、阻尼减振等措施。

③ 进、排气口敞开的动力机械，均需在敞口处加装消声器。

④ 在设计或选用消声器时，应从经济和效果两方面平衡考虑，其消声量一般不超过 50dB（A）。

⑤ 设计和选用消声器时应控制气流速度，使再生噪声小于环境噪声。消声器（或管道）中气流速度推荐值：

a. 鼓风机、压缩机、燃气轮机的进入排气消声器处流速应 $\leqslant$ 30m/s。

b. 内燃机的进入排气消声器处流速应 $\leqslant$ 50m/s。

c. 高压大流量排气放空消声器处流速应控制在 $\leqslant$ 60m/s（管道中）。

⑥ 选用消声器时应核对其压力降，使消声器的阻力损失控制在工艺操作的许可范围内。

⑦ 消声器除满足降噪要求外，还需满足工程上对防潮、防火、耐油、耐腐蚀、耐高温高压的工艺要求。

⑧ 对尚无系列产品供应,并有一定要求的消声器,可作为特殊管件进行设计制造。在选用和设计消声器时推荐考虑以下几点:

 a. 选用阻性消声器时,应防止高频失效的影响。当管径＞400mm 时,不可选用直管式消声器;

 b. 当噪声频谱特性呈现明显的低中频脉动时,选用扩张式消声器;

 c. 当噪声频谱呈现中低频特性但无脉动时,选用共振消声器;

 d. 高温高压排气放空噪声,选用小孔消声器;

 e. 大流量放空噪声,选用扩散缓冲型消声器;

 f. 具有火焰喷射和阻力降要求很小的放空噪声,采用微穿孔金属板消声器。

8.5.5.2　排气消声器的性能（HG/T 20570.10—1995）（见表 8.5-20～表 8.5-26）

表 8.5-20　KX-P 型消声器系列性能数据表

消声器类别	消声器型号	适用锅炉参数			消声器特性					重量/kg
		容量/(t/h)	压力/MPa	温度/℃	设计排放量/(t/h)	消声量/dB(A)	总高度/mm	最大直径/mm	接管直径×厚度(d×h)/mm	
中压	φ2KXP(ZH)-10	35	3.9	450	10	36.4	1175	φ108	φ57×3	29
	φ2KXP(ZH)-10A	35			10	36.4	1079	φ260	φ57×3.5	37
	φ2KXP(ZH)-25	65 75			25	40.4	1604	φ219	φ57×3	64
	φ2KXP(ZH)-25A	65 75			25	40.4	1578	φ260	φ57×3.5	49
	φ2KXP(ZH)-40	130			40	36.7	1976	φ273	φ108×4.5	126
	φ2KXP(ZH)-40A	130			40	36.7	2040	φ260	φ108×4.5	86
	φ2KXP(ZH)-60	220			60	36.5	2394	φ273	φ108×4.5	142
高压	φ2KXP(G)-60A-Ⅰ	220	10.0	540	60	36.3	2284	φ516	φ133×10	194
	φ2KXP(G)-85A-Ⅰ	410			85	39	2644	φ516	φ133×10	217
	φ2KXP(G)-100A-Ⅰ	410			100	39.7	2848	φ516	φ133×10	232
超高压	φ2KXP(CH)-100A-Ⅰ	410	14.0	540	100	40.7	2831	φ516	φ133×16	242
	φ2KXP(CH)-200A-Ⅰ	670			2×100	—	—	—	—	—
亚临界	φ2KXP(Y)-150A-Ⅰ	1000	17.0	555	150	42.4	3492	φ516	φ133×16	288

表 8.5-21　GUP 型排气放空消声器系列性能数据表

型号	配用排气管直径/mm	外形尺寸/mm			连接法兰尺寸/mm				重量/kg
		总长度	有效长度	外径	外径	螺孔中径	内径	螺孔数-螺孔直径	
GUP-1	38(1½″)	350	300	188	145	110	41	4-φ18	22
GUP-2	50(2″)	450	375	200	160	125	53	4-φ18	30
GUP-3	63(2½″)	550	450	215	180	145	67	4-φ18	37
GUP-4	76(3″)	600	500	228	195	160	80	4-φ18	45
GUP-5	100(4″)	650	550	254	215	180	100	8-φ18	55
GUP-6	125(5″)	750	600	280	245	210	131	8-φ18	76

表 8.5-22　ZK-V 型排气放空消声器系列性能数据表

型号	适用压力/MPa	适用流量/(t/h)	外形尺寸/mm		消声量/dB(A)	重量/kg
			外径(D)	有效长度(L)		
1#	0.1～0.8	0.5～10	300	600	30～40	—
2#	0.1～0.8	11～100	900	2200	30～40	—
3#	0.9～2.5	1～20	500	1000	30～40	—
4#	0.9～2.5	21～100	1000	2200	30～40	—
5#	2.6～4.1	5～30	600	1200	30～40	—
6#	2.6～4.1	31～100	1000	2300	30～40	—
7#	4.2～9.9	5～70	700	1500	30～40	—
8#	10.0～13.0	10～50	700	1700	30～40	—
9#	10.0～13.0	51～150	1000	2500	30～40	—
10#	13.1～14.1	50～200	1200	3000	30～40	—
11#	14.2～18.0	80～250	1300	3500	30～40	—

表 8.5-23　B 型排气消声器系列性能数据表

型号	外形尺寸/mm			接管尺寸/mm	消声频段/Hz	最大静态消声量/dB(A)	允许介质最高流速/(m/s)	允许介质最大压差/MPa	允许介质最高温度/℃	压力损失/mmH₂O	重量/kg
	直径	有效长度	安装长度								
B802	φ102	260	404	ZGφ12.7（即 1/2″）ZGφ19（即 3/4″）	125～16000	42	70	0.8	150～200	120	—
B811	φ300	916	1196	φ89×4.5 或法兰盘	125～16000	40	70	0.2	150～200	88	—
B812	φ258	692	958	φ57×4.5 或法兰盘	63～16000	43	70	0.15	150	42	—

压力损失/mmH₂O 对应列以 mmH_2O 为单位。

表 8.5-24　PX 型排气放空消声器系列性能参数表

型号	入口管径/mm	设计排量/(t/h)	外形尺寸/mm		重量/kg	配用设备及用途
			直径	长度		
PX-1	57	6	500	800	145	适用于 6t/h 以下的低压工业锅炉排汽及安全阀排汽
PX-2	108	10	600	1200	230	适用于 6～12t/h 的低压工业锅炉排汽及安全阀排汽
PX-3	108	20	600	1500	280	适用于 35t/h 中压锅炉点火排汽及低压锅炉的安全阀排汽
PX-4	133	30	700	1500	360	适用于 35～65t/h 中压锅炉点火排汽及低压锅炉的安全阀排汽
PX-5	133	45	800	1500	460	适用于 130t/h 中压锅炉或 220t/h 高压锅炉点火排汽及中压锅炉的安全阀排汽
PX-6	108	60	800	1800	580	130～220t/h 高压锅炉点火排汽，65t/h 中压锅炉安全阀排汽
PX-7	133	75	900	1800	650	230t/h 高压锅炉点火排汽，130t/h 中压锅炉安全阀排汽
PX-8	133	100	900	2100	700	400t/h 超高压锅炉点火排汽，220t/h 高压锅炉安全阀排汽
PX-9	133	130	1000	2100	820	400t/h 高压及超高压锅炉点火排汽，220t/h 高压锅炉安全阀排汽
PX-10	159	130	1100	2200	1050	670t/h 超高压锅炉点火排汽，400t/h 高压锅炉安全阀排汽
PX-11	219	230	1200	2200	1300	670t/h 超高压锅炉点火排汽，400t/h 高压、超高压锅炉安全阀排汽
PX-12	219	300	1300	2600	1700	400t/h、670t/h、1000t/h 高压、超高压锅炉点火排汽，安全阀排汽
PX-13	273	400	1400	2800	2200	1000t/h 超高压锅炉点火及安全阀排汽，400t/h、670t/h 高压或超高压锅炉安全阀排汽
PX-14	325	550	1500	2900	2800	1000t/h 超高压锅炉安全阀排汽

表 8.5-25　CQ 型扩散缓冲型放空消声器系列性能数据表

型　号	放空量/(m³/h)	备　注
CQ1A	11000	消声量为 30dB(A)
CQ2A	22000	
CQ3B	32000	
CQ4B	54000	
CQ5C	108000	
CQ6D	160000	
CQ7D	220000	
CQ8D	320000	

表 8.5-26　CS 小孔型放空消声器系列性能数据表

型号	放空量/(t/h)	备　注
CS1-A	1	消声量为 35～40dB(A)
CS2-A	2.5	
CS3-A	5	
CS4-A	10	
CS5-A	15	
CS6-A	25	
CS7-A	50	

8.5.6　化工管道过滤器（HG/T 21637—2021）

8.5.6.1　适用范围

① HG/T 21637—2021 适用于化工行业管道过滤器的选用，石油和石油化工等其它行业可依据装置的设计特点选择使用。

② HG/T 21637—2021 规定了过滤器的基本技术要求，包括公称尺寸、公称压力、材料、密封面尺寸、公差及标记等。

③ 法兰连接的过滤器，连接端面的加工要求应符合国家现行标准《钢制管法兰（PN 系列）》（HG/T 20592）或《钢制管法兰（Class 系列）》（HG/T 20615）的要求；承插焊和螺纹连接端部的加工要求应符合现

行国家标准《锻制承插焊和螺纹管件》（GB/T 14383）的要求；对焊连接端部的加工要求应符合现行国家标准《钢制对焊管件 类型与参数》（GB/T 12459）的要求。

8.5.6.2 过滤器的基本特性

（1）过滤器的类型代号（表 8.5-27）

表 8.5-27 过滤器的类型代号

类 型			代 号
Y 形过滤器	铸造制作	螺纹连接	SY11
		承插焊连接	SY12
		法兰连接	SY13
	焊接制作	法兰连接	SY21
		焊接连接	SY22
T 形过滤器	正折流式	法兰连接	ST11
		焊接连接	ST12
	反折流式	法兰连接	ST21
		焊接连接	ST22
	直流式	法兰连接	ST31
		焊接连接	ST32
锥形过滤器	尖顶式		SC1
	平顶式		SC2
篮式过滤器	双滤筒式	法兰连接	SD11
		焊接连接	SD12
	多滤筒式	法兰连接	SD21
		焊接连接	SD22

（2）过滤器的端部型式（表 8.5-28）

表 8.5-28 连接端部型式代号

连接端部型式				代 号
螺纹连接		55°管螺纹		Rc
		60°管螺纹		NPT
焊接连接		承插焊		SW
		对焊		BW
法兰连接	密封面型式	平面		FF
		突面		RF
		凹凸面	凸面	M
			凹面	FM
		榫槽面	榫面	T
			槽面	G
		环连接面		RJ

（3）过滤器的公称压力

PN 系列过滤器的公称压力可分为 PN10、PN16、PN25、PN40、PN63、PN100 和 PN160。

Class 系列过滤器的公称压力可分为 Class150、Class300、Class600、Class900、Class1500 和 Class2500。

8.5.6.3 过滤器的滤网

过滤器滤网应符合现行国家标准《工业用金属丝编织方孔筛网》（GB/T 5330）的规定，设计文件对过滤器滤网有特殊要求时，滤网应符合设计文件的规定。不锈钢丝网的技术特性应符合表 8.5-29 的规定，一般金属丝网的技术特性应符合表 8.5-30 的规定。

8.5.6.4 Y 形过滤器

Y 形过滤器可分为铸造制作型和焊接制作型两种型式。其排放口的结构和尺寸见表 8.5-31。

（1）铸造制作的 Y 形过滤器

① 铸造制作螺纹连接的 Y 形过滤器，PN10、PN16 和 Class150 的结构和尺寸见表 8.5-32。

表 8.5-29 不锈钢丝网的技术特征

目数/(目/in²)	丝径/mm	可拦截的粒径/μm	有效过滤面积/%	目数/(目/in²)	丝径/mm	可拦截的粒径/μm	有效过滤面积/%
10	0.508	2032	64	30	0.234	614	53
12	0.457	1660	61	32	0.234	560	50
14	0.376	1438	63	36	0.234	472	46
16	0.315	1273	65	38	0.213	455	46
18	0.315	1096	61	40	0.193	442	49
20	0.315	955	57	50	0.152	356	50
22	0.273	882	59	60	0.122	301	51
24	0.273	785	56	80	0.102	216	47
26	0.234	743	59	100	0.081	173	46
28	0.234	673	56	120	0.081	131	38

表 8.5-30 一般金属丝网的技术特征

目数/(目/in²)	丝径/mm	可拦截的粒径/μm	有效过滤面积/%	目数/(目/in²)	丝径/mm	可拦截的粒径/μm	有效过滤面积/%
10	0.559	1981	61	30	0.234	614	53
12	0.457	1660	61	32	0.213	581	54
14	0.376	1438	63	36	0.213	534	52
16	0.315	1273	65	38	0.213	493	50
18	0.315	1096	61	40	0.173	462	54
20	0.274	996	62	50	0.152	356	50
22	0.274	882	59	60	0.122	301	51
24	0.254	804	58	80	0.102	216	47
26	0.234	743	59	100	0.080	173	50
28	0.234	673	56	120	0.070	142	50

表 8.5-31 Y 形过滤器的排放口

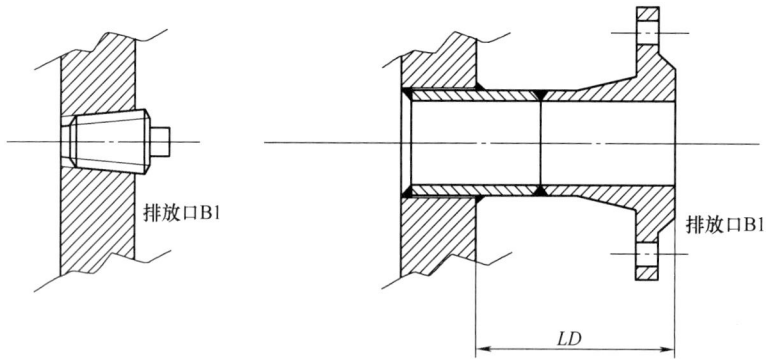

公称直径		排放口 B1 公称尺寸		焊接制作型
DN	NPS	铸造制作型	焊接制作型	LD/mm
15	1/2	NPT 3/8	NPT 1/2	NPT 1/2
20	3/4			
25	1			
32	1¼			
40	1½			
50	2	NPT 1/2		120
65	2½			
80	3			
100	4			

公称直径		排放口 B1 公称尺寸		焊接制作型
DN	NPS	铸造制作型	焊接制作型	LD/mm
125	5			
150	6			
200	8			
250	10			
300	12	NPT 3/4		120
350	14			
400	16			
450	18			
500	20			
600	24			

注：若排放口 B1 采用管螺纹（Rc），应在订货合同中注明。

表 8.5-32　铸造制作螺纹连接的 Y 形过滤器（PN10、PN16 和 Class150）

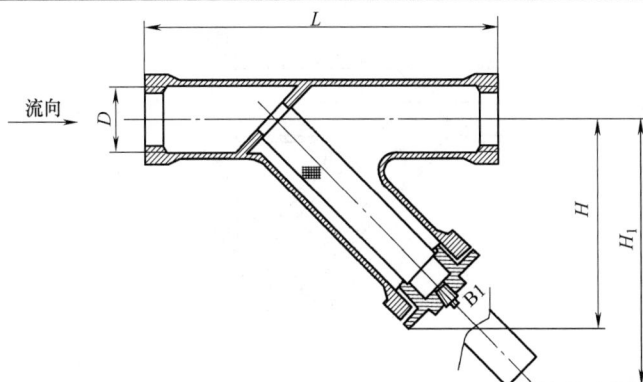

公称直径		结构尺寸				有效过滤
DN	NPS	D	L/mm	H/mm	H_1/mm	面积/m²
15	1/2	NPT 1/2	100	74	99	0.00185
20	3/4	NPT 3/4	110	88	127	0.00281
25	1	NPT 1	130	103	150	0.00343
32	1¼	NPT 1¼	160	110	163	0.00486
40	1½	NPT 1½	180	132	203	0.00767
50	2	NPT 2	200	163	243	0.01160

② 铸造制作承插焊连接的 Y 形过滤器，PN10～PN40 以及 Class150 和 Class300 的结构和尺寸见表 8.5-33。

表 8.5-33　铸造制作承插焊连接的 Y 形过滤器（PN10～PN40、Class150 和 Class300）

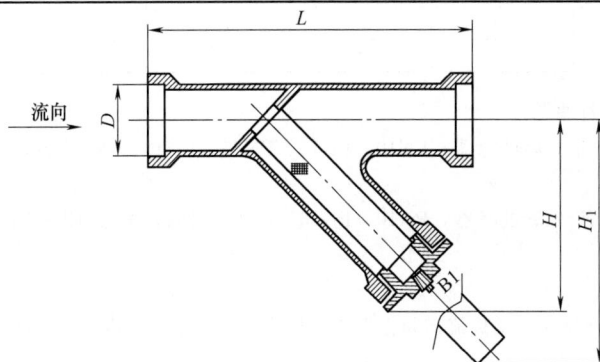

续表

公称直径		结构尺寸/mm				有效过滤
DN	NPS	D	L	H	H_1	面积/m^2
15	1/2	22.5	100	74	99	0.00185
20	3/4	27.5	110	88	127	0.00281
25	1	34.5	130	103	150	0.00343
32	1¼	43.5	160	110	163	0.00486
40	1½	49.5	180	132	203	0.00767
50	2	61.5	200	163	243	0.01160

③ 铸造制作法兰连接的 Y 形过滤器，PN10～PN40 以及 Class150 和 Class300 的结构和尺寸见表 8.5-34。

表 8.5-34　铸造制作法兰连接的 Y 形过滤器（PN10～PN40、Class150 和 Class300）

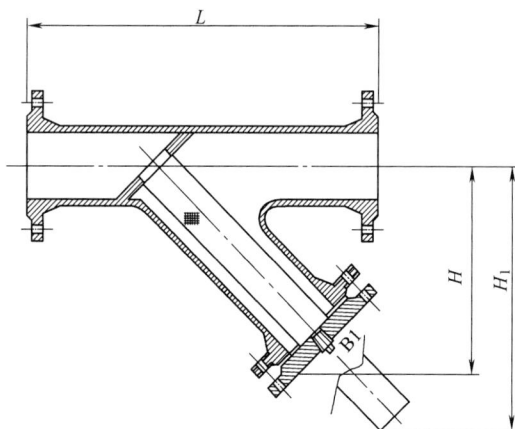

公称直径		结构尺寸/mm				有效过滤
DN	NPS	L	H		H_1	面积/m^2
			PN 系列	Class 系列		
15	1/2	110	87	87	120	0.00185
20	3/4	130	105	105	148	0.00281
25	1	150	114	114	176	0.00343
32	1¼	160	124	124	193	0.00486
40	1½	200	156	156	237	0.00767
50	2	220	181	181	270	0.01160
65	2½	290	250	259	369	0.02111
80	3	310	280	293	429	0.03029
100	4	350	320	324	488	0.04083
125	5	400	374	390	547	0.05589
150	6	480	430	449	622	0.07709
200	8	550	515	535	741	0.11967

（2）焊接制作的 Y 形过滤器

① 焊接制作法兰连接的 Y 形过滤器，PN10、PN16、PN25、PN40 以及 Class150 和 Class300 的结构和尺寸见表 8.5-35。

② 焊接制作焊接连接的 Y 形过滤器，PN10、PN16、PN25、PN40 以及 Class150 和 Class300 的结构和尺寸见表 8.5-36。

8.5.6.5　T 形过滤器

T 形过滤器可分为正折流式、反折流式和直流式等型式。T 形过滤器排放口的结构及尺寸应符合表 8.5-37 的规定。

表 8.5-35　焊接制作法兰连接的 Y 形过滤器

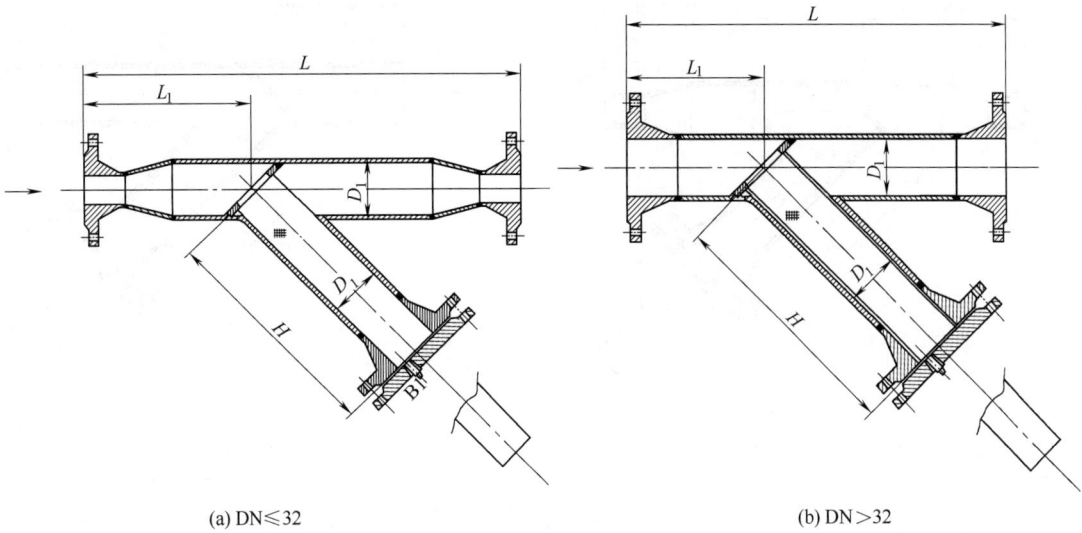

(a) DN≤32　　　　　　　　　　　　　　　(b) DN>32

公称直径			结构尺寸/mm					有效过滤面积/m²
			L		L₁			
DN	NPS	D_1	PN10、PN16/Class150	PN25、PN40/Class300	PN10、PN16/Class150	PN25、PN40/Class300	H	有效过滤面积/m²
15	1/2	48.3	260	280	95	105	230	0.014419
20	3/4	48.3	270	280	95	110	230	0.014419
25	1	48.3	270	290	95	115	230	0.014419
32	1¼	48.3	280	320	95	120	230	0.014419
40	1½	48.3	280	320	80	105	230	0.014419
50	2	60.3	290	320	80	105	245	0.015412
65	2½	76.1	320	365	90	120	280	0.024441
80	3	88.9	350	380	95	130	315	0.031532
100	4	114.3	425	450	105	150	360	0.050485
125	5	139.7	540	580	130	195	460	0.08547
150	6	168.3	540	580	130	195	460	0.104495
200	8	219.1	700	720	160	230	540	0.162912
250	10	273.0	800	850	190	260	660	0.253475
300	12	323.9	950	1000	220	300	750	0.35225
350	14	355.6	1050	1100	240	330	850	0.439619
400	16	406.4	1250	1250	280	370	930	0.56059
450	18	457.0	1350	1400	320	400	1050	0.714398
500	20	508.0	1450	1500	340	430	1150	0.873164
600	24	610.0	1650	1700	410	490	1300	1.19536

表 8.5-36　焊接制作焊接连接的 Y 形过滤器

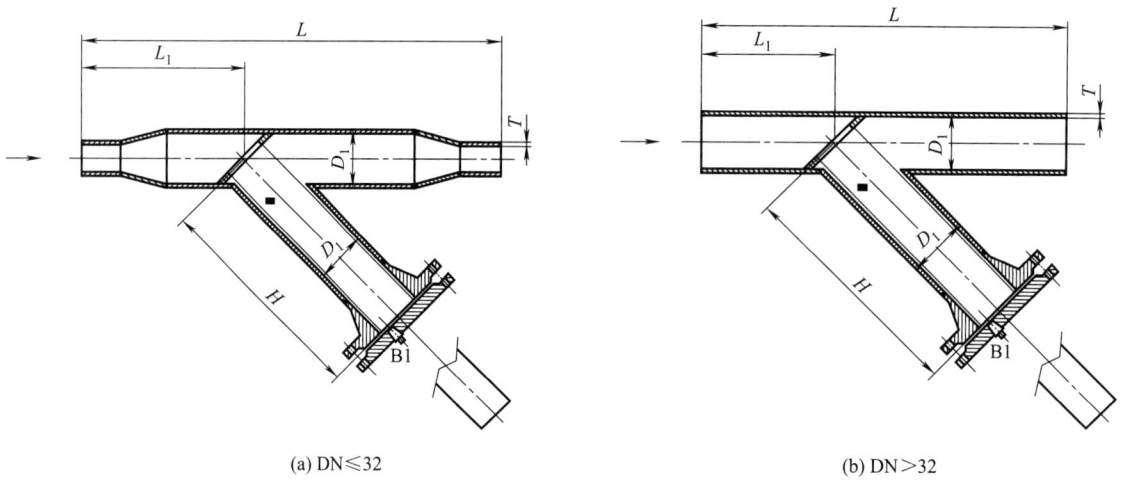

(a) DN≤32　　　　　　　　　　　　(b) DN＞32

公称直径		结构尺寸/mm						有效过滤
			L		L₁			面积/m²
DN	NPS	D_1	PN10、PN16/ Class150	PN25、PN40/ Class300	PN10、PN16/ Class150	PN25、PN40/ Class300	H	有效过滤 面积/m²
15	1/2	48.3	260	280	95	105	230	0.014419
20	3/4	48.3	270	280	95	110	230	0.014419
25	1	48.3	270	290	95	115	230	0.014419
32	1¼	48.3	280	320	95	120	230	0.014419
40	1½	48.3	280	320	80	105	230	0.014419
50	2	60.3	290	320	80	105	245	0.015412
65	2½	76.1	320	365	90	120	280	0.024441
80	3	88.9	350	380	95	130	315	0.031532
100	4	114.3	425	450	105	150	360	0.050485
125	5	139.7	540	580	130	195	460	0.08547
150	6	168.3	540	580	130	195	460	0.104495
200	8	219.1	700	720	160	230	540	0.162912
250	10	273.0	800	850	190	260	660	0.253475
300	12	323.9	950	1000	220	300	750	0.35225
350	14	355.6	1050	1100	240	330	850	0.439619
400	16	406.4	1250	1250	280	370	930	0.56059
450	18	457.0	1350	1400	320	400	1050	0.714398
500	20	508.0	1450	1500	340	430	1150	0.873164
600	24	610.0	1650	1700	410	490	1300	1.19536

注：接管壁厚 T 由用户确定。

表 8.5-37　T 形过滤器的排放口

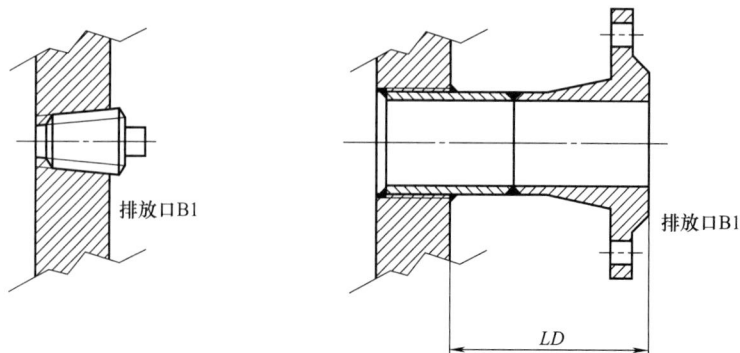

续表

公称直径		排放口 B1	LD/mm	
DN	NPS	公称尺寸	≤PN40 或≤Class300	≥PN63 或≥Class600
15	1/2	NPT 1/2	120	150
20	3/4			
25	1			
32	1¼			
40	1½			
50	2			
65	2½			
80	3			
100	4			
125	5	NPT 3/4		
150	6			
200	8			
250	10			
300	12			
350	14			
400	16			
450	18			
500	20			
600	24			

注：若排放口 B1 采用管螺纹（Rc），应在订货合同中注明。

① 正折流式法兰连接 T 形过滤器的结构和尺寸应符合表 8.5-38 的规定。

表 8.5-38 正折流式法兰连接 T 形过滤器

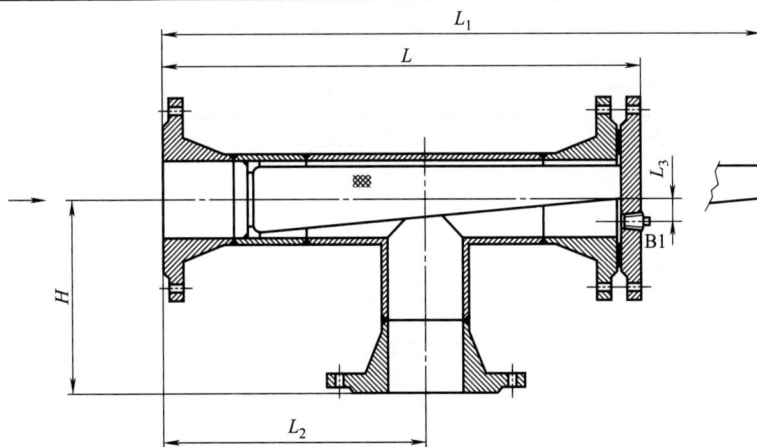

公称直径	结构尺寸/mm					有效过滤
DN	L	L_1	L_2	L_3	H	面积/m²
50	336	541	209	15	109	0.01746
65	360	589	221	25	121	0.02439
80	392	644	236	30	136	0.03142
100	434	726	257	40	157	0.04638
125	480	811	279	45	179	0.06493
150	568	987	348	55	198	0.09657
200	654	1148	390	70	240	0.14782
250	748	1324	436	90	286	0.21423
300	840	1500	482	105	332	0.28980
350	898	1612	511	120	361	0.34329

PN10

公称直径 DN	结构尺寸/mm					有效过滤面积/m²
	L	L_1	L_2	L_3	H	
400	956	1725	540	140	390	0.42188
450	1038	1883	580	180	430	0.52116
500	1120	2044	621	230	471	0.63195
600	1238	2263	677	250	527	0.84535

PN16

公称直径 DN	结构尺寸/mm					有效过滤面积/m²
	L	L_1	L_2	L_3	H	
50	336	541	209	15	109	0.01746
65	360	589	221	25	121	0.02439
80	392	644	236	30	136	0.03142
100	434	726	257	40	157	0.04638
125	480	811	279	45	179	0.06493
150	568	987	348	55	198	0.09657
200	654	1148	390	70	240	0.14782
250	748	1324	436	90	286	0.21423
300	842	1500	482	105	332	0.28980
350	902	1612	511	120	361	0.34329
400	962	1725	540	140	390	0.42188
450	1050	1883	580	180	430	0.52116
500	1136	2044	621	230	471	0.63195
600	1258	2263	677	250	527	0.84535

PN25

公称直径 DN	结构尺寸/mm					有效过滤面积/m²
	L	L_1	L_2	L_3	H	
50	344	550	212	15	112	0.01769
65	378	610	228	25	128	0.02507
80	412	668	244	30	144	0.03234
100	464	765	270	40	170	0.04830
125	510	850	292	45	192	0.06730
150	614	1047	368	55	218	0.10091
200	696	1202	408	70	258	0.15290
250	790	1378	454	90	304	0.22056
300	876	1542	496	105	346	0.29563
350	946	1666	529	120	379	0.35152
400	1020	1800	565	140	415	0.43494
450	1102	1952	603	180	453	0.53466
500	1210	2149	656	230	506	0.65479
600	1322	2353	707	250	557	0.86882

PN40

公称直径 DN	结构尺寸/mm					有效过滤面积/m²
	L	L_1	L_2	L_3	H	
50	344	550	212	15	112	0.01769
65	378	610	228	25	128	0.02507
80	412	668	244	30	144	0.03234
100	464	765	270	40	170	0.04830
125	510	850	292	45	192	0.06730
150	614	1047	368	55	218	0.10091
200	718	1226	416	70	266	0.15516
250	830	1429	471	90	321	0.22653
300	930	1611	519	105	369	0.30522
350	1004	1741	554	120	404	0.36296
400	1080	1875	590	140	440	0.44800
450	1163	2027	628	180	478	0.54935
500	1249	2194	671	230	521	0.66458
600	1386	2428	732	250	582	0.88838

续表

公称直径 DN	结构尺寸/mm					有效过滤面积/m²
	L	L_1	L_2	L_3	H	
PN63						
50	378	592	226	15	126	0.01878
65	414	658	244	25	144	0.02664
80	444	710	258	30	158	0.03395
100	496	804	283	40	183	0.05022
125	558	910	312	45	212	0.07094
150	662	1107	388	55	238	0.10525
200	768	1292	438	70	288	0.16138
250	878	1489	491	90	341	0.23357
300	990	1686	544	105	394	0.31564
350	1064	1816	579	120	429	0.37440
400	1140	1950	615	140	465	0.46107

PN100

公称直径 DN	结构尺寸/mm					有效过滤面积/m²
	L	L_1	L_2	L_3	H	
50	392	610	232	15	132	0.01925
65	434	682	252	25	152	0.02743
80	460	728	264	30	164	0.03464
100	526	840	295	40	195	0.05199
125	598	961	329	45	229	0.07404
150	710	1167	408	55	258	0.10960
200	818	1352	458	70	308	0.16703
250	956	1585	523	90	373	0.24483
300	1066	1776	574	105	424	0.32816
350	1160	1933	618	120	468	0.39226

PN160

公称直径 DN	结构尺寸/mm					有效过滤面积/m²
	L	L_1	L_2	L_3	H	
50	416	631	239	15	139	0.01980
65	458	700	258	25	158	0.02802
80	490	752	272	30	172	0.03556
100	562	870	305	40	205	0.05346
125	634	991	339	45	239	0.07586
150	754	1206	421	55	271	0.11242
200	852	1382	468	70	318	0.16985
250	968	1579	521	90	371	0.24412
300	1096	1791	579	105	429	0.33025

Class150

公称直径 DN	NPS	结构尺寸/mm					有效过滤面积/m²
		L	L_1	L_2	L_3	H	
50	2	370	592	226	15	126	0.01878
65	2½	409	658	244	25	144	0.02664
80	3	431	698	254	30	154	0.03349
100	4	483	795	280	40	180	0.04978
125	5	545	907	311	45	211	0.07076
150	6	634	1083	380	55	230	0.10352
200	8	733	1262	428	70	278	0.15855
250	10	811	1414	466	90	316	0.22478
300	12	915	1605	517	105	367	0.30438
350	14	992	1741	554	120	404	0.36296
400	16	1045	1845	580	140	430	0.44278
450	18	1151	2036	631	180	481	0.55111
500	20	1240	2203	674	230	524	0.66654
600	24	1363	2431	733	250	583	0.88917

续表

Class300							
公称直径		结构尺寸/mm					有效过滤
DN	NPS	L	L_1	L_2	L_3	H	面积/m²
50	2	385	610	232	15	132	0.01878
65	2½	426	679	251	25	151	0.02664
80	3	455	728	264	30	164	0.03349
100	4	509	822	289	40	189	0.04978
125	5	576	937	321	45	221	0.07076
150	6	665	1113	390	55	240	0.10352
200	8	766	1292	438	70	288	0.15855
250	10	861	1462	482	90	332	0.22478
300	12	966	1653	533	105	383	0.30438
350	14	1043	1789	570	120	420	0.36296
400	16	1104	1902	599	140	449	0.44278
450	18	1209	2093	650	180	500	0.55111
500	20	1294	2254	691	230	541	0.66654
600	24	1417	2479	749	250	599	0.88917
Class600							
公称直径		结构尺寸/mm					有效过滤
DN	NPS	L	L_1	L_2	L_3	H	面积/m²
50	2	400	625	237	15	137	0.01964
65	2½	439	691	255	25	155	0.02772
80	3	470	743	269	30	169	0.03521
100	4	553	876	307	40	207	0.05376
125	5	621	988	338	45	238	0.07568
150	6	718	1173	410	55	260	0.11003
200	8	828	1361	461	70	311	0.16787
250	10	950	1570	518	90	368	0.24307
300	12	1037	1734	560	105	410	0.32232
350	14	1108	1861	594	120	444	0.38127
400	16	1193	2004	633	140	483	0.47048
450	18	1287	2174	677	180	527	0.57814
500	20	1381	2344	721	230	571	0.69723
600	24	1522	2587	785	250	635	0.92989
Class900							
公称直径		结构尺寸/mm					有效过滤
DN	NPS	L	L_1	L_2	L_3	H	面积/m²
50	2	471	712	266	15	166	0.02190
65	2½	504	769	281	25	181	0.03028
80	3	515	800	288	30	188	0.03740
100	4	583	912	319	40	219	0.05553
125	5	653	1027	351	45	251	0.07805
150	6	772	1242	433	55	283	0.11503
200	8	894	1448	490	70	340	0.17607
250	10	1020	1666	550	90	400	0.25433
300	12	1138	1866	604	105	454	0.34068
350	14	1220	2005	642	120	492	0.40326
400	16	1281	2118	671	140	521	0.49036
450	18	1396	2309	722	180	572	0.60460
500	20	1516	2518	779	230	629	0.73513
600	24	1738	2854	874	250	724	0.99966

续表

Class1500

公称直径		结构尺寸/mm					有效过滤
DN	NPS	L	L_1	L_2	L_3	H	面积/m²
50	2	471	712	266	15	166	0.02190
65	2½	504	769	281	25	181	0.03028
80	3	551	845	303	30	203	0.03912
100	4	612	942	329	40	229	0.05701
125	5	734	1114	380	45	280	0.08334
150	6	861	1335	464	55	314	0.12177
200	8	1025	1601	541	70	391	0.19049
250	10	1198	1876	620	90	470	0.27898
300	12	1348	2115	687	105	537	0.37534
350	14	1438	2260	727	120	577	0.44222
400	16	1529	2403	766	140	616	0.54010
450	18	1652	2603	820	180	670	0.66228
500	20	1802	2842	887	230	737	0.80577
600	24	2030	3196	988	250	838	1.08913

Class2500

公称直径		结构尺寸/mm					有效过滤
DN	NPS	L	L_1	L_2	L_3	H	面积/m²
50	2	533	787	291	15	191	0.02385
65	2½	596	883	319	25	219	0.03401
80	3	675	998	354	30	254	0.04498
100	4	767	1140	395	40	295	0.06676
125	5	899	1333	453	45	353	0.09667
150	6	1090	1641	566	55	416	0.14395
200	8	1269	1916	646	70	496	0.22020
250	10	1586	2371	785	90	635	0.33714
300	12	1771	2658	868	105	718	0.45102

② 正折流式焊接连接 T 形过滤器的结构和尺寸应符合表 8.5-39 的规定。

表 8.5-39　正折流式焊接连接 T 形过滤器

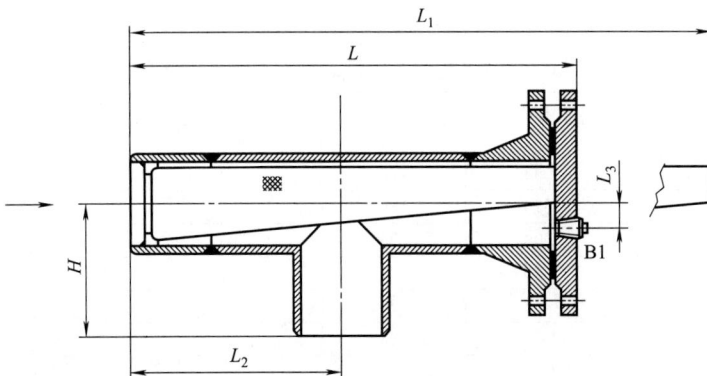

PN10

公称直径	结构尺寸/mm					有效过滤
DN	L	L_1	L_2	L_3	H	面积/m²
50	291	496	164	15	64	0.01746
65	315	544	176	25	76	0.02439
80	342	594	186	30	86	0.03142

续表

PN10

公称直径 DN	结构尺寸/mm					有效过滤面积/m²
	L	L₁	L₂	L₃	H	
100	382	674	205	40	105	0.04638
125	425	756	224	45	124	0.06493
150	513	932	293	55	143	0.09657
200	592	1086	328	70	178	0.14782
250	678	1254	366	90	216	0.21423
300	762	1422	404	105	254	0.28980
350	816	1530	429	120	279	0.34329
400	871	1640	455	140	305	0.42188
450	951	1796	493	180	343	0.52116
500	1030	1954	531	230	381	0.63195
600	1143	2168	582	250	432	0.84535

PN16

公称直径 DN	结构尺寸/mm					有效过滤面积/m²
	L	L₁	L₂	L₃	H	
50	291	496	164	15	64	0.01746
65	315	544	176	25	76	0.02439
80	342	594	186	30	86	0.03142
100	382	674	205	40	105	0.04638
125	425	756	224	45	124	0.06493
150	513	932	293	55	143	0.09657
200	592	1086	328	70	178	0.14782
250	678	1254	366	90	216	0.21423
300	764	1422	404	105	254	0.28980
350	820	1530	429	120	279	0.34329
400	877	1640	455	140	305	0.42188
450	963	1796	493	180	343	0.52116
500	1046	1954	531	230	381	0.63195
600	1163	2168	582	250	432	0.84535

PN25

公称直径 DN	结构尺寸/mm					有效过滤面积/m²
	L	L₁	L₂	L₃	H	
50	296	502	164	15	64	0.01769
65	326	558	176	25	76	0.02507
80	354	610	186	30	86	0.03234
100	399	700	205	40	105	0.04830
125	442	782	224	45	124	0.06730
150	539	972	293	55	143	0.10091
200	616	1122	328	70	178	0.15290
250	702	1290	366	90	216	0.22056
300	784	1450	404	105	254	0.29563
350	846	1566	429	120	279	0.35152
400	910	1690	455	140	305	0.43494
450	992	1842	493	180	343	0.53466
500	1085	2024	531	230	381	0.65479
600	1197	2228	582	250	432	0.86882

续表

PN40						
公称直径 DN	结构尺寸/mm					有效过滤 面积/m²
	L	L_1	L_2	L_3	H	
50	296	502	164	15	64	0.01769
65	326	558	176	25	76	0.02507
80	354	610	186	30	86	0.03234
100	399	700	205	40	105	0.04830
125	442	782	224	45	124	0.06730
150	539	972	293	55	143	0.10091
200	630	1138	328	70	178	0.15516
250	725	1324	366	90	216	0.22653
300	815	1496	404	105	254	0.30522
350	879	1616	429	120	279	0.36296
400	945	1740	455	140	305	0.44800
450	1028	1892	493	180	343	0.54935
500	1109	2054	531	230	381	0.66458
600	1236	2278	582	250	432	0.88838

PN63						
公称直径 DN	结构尺寸/mm					有效过滤 面积/m²
	L	L_1	L_2	L_3	H	
50	316	530	164	15	64	0.01878
65	346	590	176	25	76	0.02664
80	372	638	186	30	86	0.03395
100	418	726	205	40	105	0.05022
125	470	822	224	45	124	0.07094
150	567	1012	293	55	143	0.10525
200	658	1182	328	70	178	0.16138
250	753	1364	366	90	216	0.23357
300	850	1546	404	105	254	0.31564
350	914	1666	429	120	279	0.37440
400	980	1790	455	140	305	0.46107

PN100						
公称直径 DN	结构尺寸/mm					有效过滤 面积/m²
	L	L_1	L_2	L_3	H	
50	324	542	164	15	64	0.01925
65	358	606	176	25	76	0.02743
80	382	650	186	30	86	0.03464
100	436	750	205	40	105	0.05199
125	493	856	224	45	124	0.07404
150	595	1052	293	55	143	0.10960
200	688	1222	328	70	178	0.16703
250	799	1428	366	90	216	0.24483
300	896	1606	404	105	254	0.32816
350	971	1744	429	120	279	0.39226

PN160						
公称直径 DN	结构尺寸/mm					有效过滤 面积/m²
	L	L_1	L_2	L_3	H	
50	341	556	164	15	64	0.01980
65	376	618	176	25	76	0.02802
80	404	666	186	30	86	0.03556
100	462	770	205	40	105	0.05346
125	519	876	224	45	124	0.07586

PN160						
公称直径 DN	结构尺寸/mm					有效过滤 面积/m²
	L	L₁	L₂	L₃	H	
150	626	1078	293	55	143	0.11242
200	712	1242	328	70	178	0.16985
250	813	1424	366	90	216	0.24412
300	921	1616	404	105	254	0.33025

Class150							
公称直径		结构尺寸/mm					有效过滤 面积/m²
DN	NPS	L	L₁	L₂	L₃	H	
50	2	308	530	164	15	64	0.01878
65	2½	341	590	176	25	76	0.02664
80	3	363	630	186	30	86	0.03349
100	4	408	720	205	40	105	0.04978
125	5	458	820	224	45	124	0.07076
150	6	547	996	293	55	143	0.10352
200	8	633	1162	328	70	178	0.15855
250	10	711	1314	366	90	216	0.22478
300	12	802	1492	404	105	254	0.30438
350	14	867	1616	429	120	279	0.36296
400	16	920	1720	455	140	305	0.44278
450	18	1013	1898	493	180	343	0.55111
500	20	1097	2060	531	230	381	0.66654
600	24	1212	2280	582	250	432	0.88917

Class300							
公称直径		结构尺寸/mm					有效过滤 面积/m²
DN	NPS	L	L₁	L₂	L₃	H	
50	2	317	542	164	15	64	0.01878
65	2½	351	604	176	25	76	0.02664
80	3	377	650	186	30	86	0.03349
100	4	425	738	205	40	105	0.04978
125	5	479	840	224	45	124	0.07076
150	6	568	1016	293	55	143	0.10352
200	8	656	1182	328	70	178	0.15855
250	10	745	1346	366	90	216	0.22478
300	12	837	1524	404	105	254	0.30438
350	14	902	1648	429	120	279	0.36296
400	16	960	1758	455	140	305	0.44278
450	18	1052	1936	493	180	343	0.55111
500	20	1134	2094	531	230	381	0.66654
600	24	1250	2312	582	250	432	0.88917

Class600							
公称直径		结构尺寸/mm					有效过滤 面积/m²
DN	NPS	L	L₁	L₂	L₃	H	
50	2	327	552	164	15	64	0.01964
65	2½	360	612	176	25	76	0.02772
80	3	387	660	186	30	86	0.03521
100	4	451	774	205	40	105	0.05376
125	5	507	874	224	45	124	0.07568
150	6	601	1056	293	55	143	0.11003
200	8	695	1228	328	70	178	0.16787
250	10	798	1418	366	90	216	0.24307

续表

Class600

公称直径		结构尺寸/mm					有效过滤
DN	NPS	L	L_1	L_2	L_3	H	面积/m^2
300	12	881	1578	404	105	254	0.32232
350	14	943	1696	429	120	279	0.38127
400	16	1015	1826	455	140	305	0.47048
450	18	1103	1990	493	180	343	0.57814
500	20	1191	2154	531	230	381	0.69723
600	24	1319	2384	582	250	432	0.92989

Class900

公称直径		结构尺寸/mm					有效过滤
DN	NPS	L	L_1	L_2	L_3	H	面积/m^2
50	2	369	610	164	15	64	0.02190
65	2½	399	664	176	25	76	0.03028
80	3	413	698	186	30	86	0.03740
100	4	469	798	205	40	105	0.05553
125	5	526	900	224	45	124	0.07805
150	6	632	1102	293	55	143	0.11503
200	8	732	1286	328	70	178	0.17607
250	10	836	1482	366	90	216	0.25433
300	12	938	1666	404	105	254	0.34068
350	14	1007	1792	429	120	279	0.40326
400	16	1065	1902	455	140	305	0.49036
450	18	1167	2080	493	180	343	0.60460
500	20	1268	2270	531	230	381	0.73513
600	24	1446	2562	582	250	432	0.99966

Class1500

公称直径		结构尺寸/mm					有效过滤
DN	NPS	L	L_1	L_2	L_3	H	面积/m^2
50	2	369	610	164	15	64	0.02190
65	2½	399	664	176	25	76	0.03028
80	3	434	728	186	30	86	0.03912
100	4	488	818	205	40	105	0.05701
125	5	578	958	224	45	124	0.08334
150	6	690	1164	293	55	143	0.12177
200	8	812	1388	328	70	178	0.19049
250	10	944	1622	366	90	216	0.27898
300	12	1065	1832	404	105	254	0.37534
350	14	1140	1962	429	120	279	0.44222
400	16	1218	2092	455	140	305	0.54010
450	18	1325	2276	493	180	343	0.66228
500	20	1446	2486	531	230	381	0.80577
600	24	1624	2790	582	250	432	1.08913

Class2500

公称直径		结构尺寸/mm					有效过滤
DN	NPS	L	L_1	L_2	L_3	H	面积/m^2
50	2	406	660	164	15	64	0.02385
65	2½	453	740	176	25	76	0.03401
80	3	507	830	186	30	86	0.04498
100	4	577	950	205	40	105	0.06676
125	5	670	1104	224	45	124	0.09667
150	6	817	1368	293	55	143	0.14395
200	8	951	1598	328	70	178	0.22020
250	10	1167	1952	366	90	216	0.33714
300	12	1307	2194	404	105	254	0.45102

注：连接端部的 D_o 和 T 由用户确定。

③ 反折流式法兰连接 T 形过滤器的结构和尺寸应符合表 8.5-40 的规定。

表 8.5-40　反折流式法兰连接 T 形过滤器

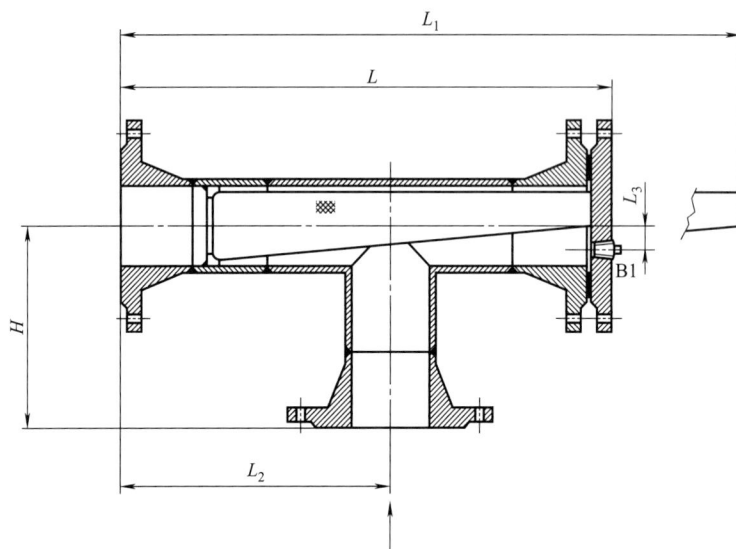

	PN10					
公称直径 DN	结构尺寸/mm					有效过滤 面积/m²
	L	L₁	L₂	L₃	H	
50	336	541	209	15	109	0.01746
65	360	589	221	25	121	0.02439
80	392	644	236	30	136	0.03142
100	434	726	257	40	157	0.04638
125	480	811	279	45	179	0.06493
150	568	987	348	55	198	0.09657
200	654	1148	390	70	240	0.14782
250	748	1324	436	90	286	0.21423
300	840	1500	482	105	332	0.28980
350	898	1612	511	120	361	0.34329
400	956	1725	540	140	390	0.42188
450	1038	1883	580	180	430	0.52116
500	1120	2044	621	230	471	0.63195
600	1238	2263	677	250	527	0.84535

	PN16					
公称直径 DN	结构尺寸/mm					有效过滤 面积/m²
	L	L₁	L₂	L₃	H	
50	336	541	209	15	109	0.01746
65	360	589	221	25	121	0.02439
80	392	644	236	30	136	0.03142
100	434	726	257	40	157	0.04638
125	480	811	279	45	179	0.06493
150	568	987	348	55	198	0.09657
200	654	1148	390	70	240	0.14782
250	748	1324	436	90	286	0.21423
300	842	1500	482	105	332	0.28980
350	902	1612	511	120	361	0.34329
400	962	1725	540	140	390	0.42188
450	1050	1883	580	180	430	0.52116
500	1136	2044	621	230	471	0.63195
600	1258	2263	677	250	527	0.84535

公称直径 DN	结构尺寸/mm					有效过滤面积/m²
	L	L_1	L_2	L_3	H	
50	344	550	212	15	112	0.01769
65	378	610	228	25	128	0.02507
80	412	668	244	30	144	0.03234
100	464	765	270	40	170	0.04830
125	510	850	292	45	192	0.06730
150	614	1047	368	55	218	0.10091
200	696	1202	408	70	258	0.15290
250	790	1378	454	90	304	0.22056
300	876	1542	496	105	346	0.29563
350	946	1666	529	120	379	0.35152
400	1020	1800	565	140	415	0.43494
450	1102	1952	603	180	453	0.53466
500	1210	2149	656	230	506	0.65479
600	1322	2353	707	250	557	0.86882

PN25 表头

公称直径 DN	结构尺寸/mm					有效过滤面积/m²
	L	L_1	L_2	L_3	H	
50	344	550	212	15	112	0.01769
65	378	610	228	25	128	0.02507
80	412	668	244	30	144	0.03234
100	464	765	270	40	170	0.04830
125	510	850	292	45	192	0.06730
150	614	1047	368	55	218	0.10091
200	718	1226	416	70	266	0.15516
250	830	1429	471	90	321	0.22653
300	930	1611	519	105	369	0.30522
350	1004	1741	554	120	404	0.36296
400	1080	1875	590	140	440	0.44800
450	1163	2027	628	180	478	0.54935
500	1249	2194	671	230	521	0.66458
600	1386	2428	732	250	582	0.88838

PN40 表头

公称直径 DN	结构尺寸/mm					有效过滤面积/m²
	L	L_1	L_2	L_3	H	
50	378	592	226	15	126	0.01878
65	414	658	244	25	144	0.02664
80	444	710	258	30	158	0.03395
100	496	804	283	40	183	0.05022
125	558	910	312	45	212	0.07094
150	662	1107	388	55	238	0.10525
200	768	1292	438	70	288	0.16138
250	878	1489	491	90	341	0.23357
300	990	1686	544	105	394	0.31564
350	1064	1816	579	120	429	0.37440
400	1140	1950	615	140	465	0.46107

PN63 表头

续表

					PN100
公称直径 DN	结构尺寸/mm				有效过滤 面积/m²
DN	L	L_1	L_2	L_3	H
50	392	610	232	15	132	0.01925
65	434	682	252	25	152	0.02743
80	460	728	264	30	164	0.03464
100	526	840	295	40	195	0.05199
125	598	961	329	45	229	0.07404
150	710	1167	408	55	258	0.10960
200	818	1352	458	70	308	0.16703
250	956	1585	523	90	373	0.24483
300	1066	1776	574	105	424	0.32816
350	1160	1933	618	120	468	0.39226

PN160

公称直径 DN	结构尺寸/mm L	L_1	L_2	L_3	H	有效过滤 面积/m²
50	416	631	239	15	139	0.01980
65	458	700	258	25	158	0.02802
80	490	752	272	30	172	0.03556
100	562	870	305	40	205	0.05346
125	634	991	339	45	239	0.07586
150	754	1206	421	55	271	0.11242
200	852	1382	468	70	318	0.16985
250	968	1579	521	90	371	0.24412
300	1096	1791	579	105	429	0.33025

Class150

公称直径		结构尺寸/mm					有效过滤
DN	NPS	L	L_1	L_2	L_3	H	面积/m²
50	2	370	592	226	15	126	0.01878
65	2½	409	658	244	25	144	0.02664
80	3	431	698	254	30	154	0.03349
100	4	483	795	280	40	180	0.04978
125	5	545	907	311	45	211	0.07076
150	6	634	1083	380	55	230	0.10352
200	8	733	1262	428	70	278	0.15855
250	10	811	1414	466	90	316	0.22478
300	12	915	1605	517	105	367	0.30438
350	14	992	1741	554	120	404	0.36296
400	16	1045	1845	580	140	430	0.44278
450	18	1151	2036	631	180	481	0.55111
500	20	1240	2203	674	230	524	0.66654
600	24	1363	2431	733	250	583	0.88917

Class300

公称直径		结构尺寸/mm					有效过滤
DN	NPS	L	L_1	L_2	L_3	H	面积/m²
50	2	385	610	232	15	132	0.01878
65	2½	426	679	251	25	151	0.02664
80	3	455	728	264	30	164	0.03349
100	4	509	822	289	40	189	0.04978
125	5	576	937	321	45	221	0.07076
150	6	665	1113	390	55	240	0.10352
200	8	766	1292	438	70	288	0.15855

续表

Class300							
公称直径		结构尺寸/mm					有效过滤
DN	NPS	L	L_1	L_2	L_3	H	面积/m²
250	10	861	1462	482	90	332	0.22478
300	12	966	1653	533	105	383	0.30438
350	14	1043	1789	570	120	420	0.36296
400	16	1104	1902	599	140	449	0.44278
450	18	1209	2093	650	180	500	0.55111
500	20	1294	2254	691	230	541	0.66654
600	24	1417	2479	749	250	599	0.88917
Class600							
公称直径		结构尺寸/mm					有效过滤
DN	NPS	L	L_1	L_2	L_3	H	面积/m²
50	2	400	625	237	15	137	0.01964
65	2½	439	691	255	25	155	0.02772
80	3	470	743	269	30	169	0.03521
100	4	553	876	307	40	207	0.05376
125	5	621	988	338	45	238	0.07568
150	6	718	1173	410	55	260	0.11003
200	8	828	1361	461	70	311	0.16787
250	10	950	1570	518	90	368	0.24307
300	12	1037	1734	560	105	410	0.32232
350	14	1108	1861	594	120	444	0.38127
400	16	1193	2004	633	140	483	0.47048
450	18	1287	2174	677	180	527	0.57814
500	20	1381	2344	721	230	571	0.69723
600	24	1522	2587	785	250	635	0.92989
Class900							
公称直径		结构尺寸/mm					有效过滤
DN	NPS	L	L_1	L_2	L_3	H	面积/m²
50	2	471	712	266	15	166	0.02190
65	2½	504	769	281	25	181	0.03028
80	3	515	800	288	30	188	0.03740
100	4	583	912	319	40	219	0.05553
125	5	653	1027	351	45	251	0.07805
150	6	772	1242	433	55	283	0.11503
200	8	894	1448	490	70	340	0.17607
250	10	1020	1666	550	90	400	0.25433
300	12	1138	1866	604	105	454	0.34068
350	14	1220	2005	642	120	492	0.40326
400	16	1281	2118	671	140	521	0.49036
450	18	1396	2309	722	180	572	0.60460
500	20	1516	2518	779	230	629	0.73513
600	24	1738	2854	874	250	724	0.99966
Class1500							
公称直径		结构尺寸/mm					有效过滤
DN	NPS	L	L_1	L_2	L_3	H	面积/m²
50	2	471	712	266	15	166	0.02190
65	2½	504	769	281	25	181	0.03028
80	3	551	845	303	30	203	0.03912
100	4	612	942	329	40	229	0.05701
125	5	734	1114	380	45	280	0.08334

Class1500							
公称直径		结构尺寸/mm					有效过滤
DN	NPS	L	L_1	L_2	L_3	H	面积/m^2
150	6	861	1335	464	55	314	0.12177
200	8	1025	1601	541	70	391	0.19049
250	10	1198	1876	620	90	470	0.27898
300	12	1348	2115	687	105	537	0.37534
350	14	1438	2260	727	120	577	0.44222
400	16	1529	2403	766	140	616	0.54010
450	18	1652	2603	820	180	670	0.66228
500	20	1802	2842	887	230	737	0.80577
600	24	2030	3196	988	250	838	1.08913
Class2500							
公称直径		结构尺寸/mm					有效过滤
DN	NPS	L	L_1	L_2	L_3	H	面积/m^2
50	2	533	787	291	15	191	0.02385
65	2½	596	883	319	25	219	0.03401
80	3	675	998	354	30	254	0.04498
100	4	767	1140	395	40	295	0.06676
125	5	899	1333	453	45	353	0.09667
150	6	1090	1641	566	55	416	0.14395
200	8	1269	1916	646	70	496	0.22020
250	10	1586	2371	785	90	635	0.33714
300	12	1771	2658	868	105	718	0.45102

④ 反折流式焊接连接 T 形过滤器的结构和尺寸应符合表 8.5-41 的规定。

表 8.5-41　反折流式焊接连接 T 形过滤器

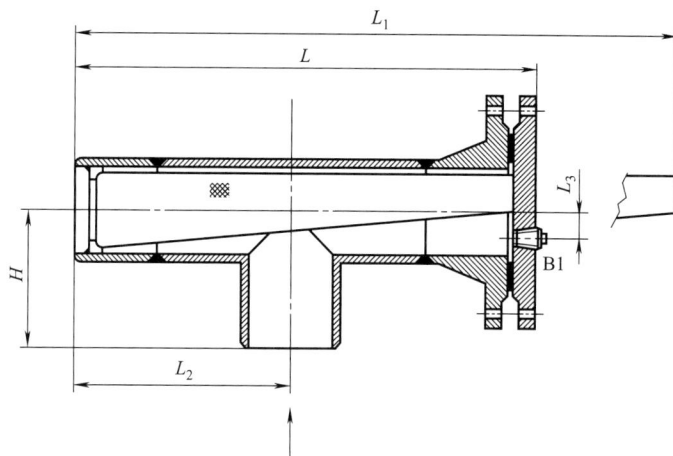

PN10						
公称直径	结构尺寸/mm					有效过滤
DN	L	L_1	L_2	L_3	H	面积/m^2
50	291	496	164	15	64	0.01746
65	315	544	176	25	76	0.02439
80	342	594	186	30	86	0.03142
100	382	674	205	40	105	0.04638
125	425	756	224	45	124	0.06493
150	513	932	293	55	143	0.09657

续表

PN10						
公称直径 DN	结构尺寸/mm					有效过滤面积/m²
	L	L_1	L_2	L_3	H	
200	592	1086	328	70	178	0.14782
250	678	1254	366	90	216	0.21423
300	762	1422	404	105	254	0.28980
350	816	1530	429	120	279	0.34329
400	871	1640	455	140	305	0.42188
450	951	1796	493	180	343	0.52116
500	1030	1954	531	230	381	0.63195
600	1143	2168	582	250	432	0.84535

PN16						
公称直径 DN	结构尺寸/mm					有效过滤面积/m²
	L	L_1	L_2	L_3	H	
50	291	496	164	15	64	0.01746
65	315	544	176	25	76	0.02439
80	342	594	186	30	86	0.03142
100	382	674	205	40	105	0.04638
125	425	756	224	45	124	0.06493
150	513	932	293	55	143	0.09657
200	592	1086	328	70	178	0.14782
250	678	1254	366	90	216	0.21423
300	764	1422	404	105	254	0.28980
350	820	1530	429	120	279	0.34329
400	877	1640	455	140	305	0.42188
450	963	1796	493	180	343	0.52116
500	1046	1954	531	230	381	0.63195
600	1163	2168	582	250	432	0.84535

PN25						
公称直径 DN	结构尺寸/mm					有效过滤面积/m²
	L	L_1	L_2	L_3	H	
50	296	502	164	15	64	0.01769
65	326	558	176	25	76	0.02507
80	354	610	186	30	86	0.03234
100	399	700	205	40	105	0.04830
125	442	782	224	45	124	0.06730
150	539	972	293	55	143	0.10091
200	616	1122	328	70	178	0.15290
250	702	1290	366	90	216	0.22056
300	784	1450	404	105	254	0.29563
350	846	1566	429	120	279	0.35152
400	910	1690	455	140	305	0.43494
450	992	1842	493	180	343	0.53466
500	1085	2024	531	230	381	0.65479
600	1197	2228	582	250	432	0.86882

PN40						
公称直径 DN	结构尺寸/mm					有效过滤面积/m²
	L	L_1	L_2	L_3	H	
50	296	502	164	15	64	0.01769
65	326	558	176	25	76	0.02507
80	354	610	186	30	86	0.03234
100	399	700	205	40	105	0.04830
125	442	782	224	45	124	0.06730

续表

PN40 公称直径 DN	结构尺寸/mm					有效过滤 面积/m²
	L	L_1	L_2	L_3	H	
150	539	972	293	55	143	0.10091
200	630	1138	328	70	178	0.15516
250	725	1324	366	90	216	0.22653
300	815	1496	404	105	254	0.30522
350	879	1616	429	120	279	0.36296
400	945	1740	455	140	305	0.44800
450	1028	1892	493	180	343	0.54935
500	1109	2054	531	230	381	0.66458
600	1236	2278	582	250	432	0.88838

PN63 公称直径 DN	结构尺寸/mm					有效过滤 面积/m²
	L	L_1	L_2	L_3	H	
50	316	530	164	15	64	0.01878
65	346	590	176	25	76	0.02664
80	372	638	186	30	86	0.03395
100	418	726	205	40	105	0.05022
125	470	822	224	45	124	0.07094
150	567	1012	293	55	143	0.10525
200	658	1182	328	70	178	0.16138
250	753	1364	366	90	216	0.23357
300	850	1546	404	105	254	0.31564
350	914	1666	429	120	279	0.37440
400	980	1790	455	140	305	0.46107

PN100 公称直径 DN	结构尺寸/mm					有效过滤 面积/m²
	L	L_1	L_2	L_3	H	
50	324	542	164	15	64	0.01925
65	358	606	176	25	76	0.02743
80	382	650	186	30	86	0.03464
100	436	750	205	40	105	0.05199
125	493	856	224	45	124	0.07404
150	595	1052	293	55	143	0.10960
200	688	1222	328	70	178	0.16703
250	799	1428	366	90	216	0.24483
300	896	1606	404	105	254	0.32816
350	971	1744	429	120	279	0.39226

PN160 公称直径 DN	结构尺寸/mm					有效过滤 面积/m²
	L	L_1	L_2	L_3	H	
50	341	556	164	15	64	0.01980
65	376	618	176	25	76	0.02802
80	404	666	186	30	86	0.03556
100	462	770	205	40	105	0.05346
125	519	876	224	45	124	0.07586
150	626	1078	293	55	143	0.11242
200	712	1242	328	70	178	0.16985
250	813	1424	366	90	216	0.24412
300	921	1616	404	105	254	0.33025

续表

Class150

公称直径		结构尺寸/mm					有效过滤面积/m²
DN	NPS	L	L_1	L_2	L_3	H	
50	2	308	530	164	15	64	0.01878
65	2½	341	590	176	25	76	0.02664
80	3	363	630	186	30	86	0.03349
100	4	408	720	205	40	105	0.04978
125	5	458	820	224	45	124	0.07076
150	6	547	996	293	55	143	0.10352
200	8	633	1162	328	70	178	0.15855
250	10	711	1314	366	90	216	0.22478
300	12	802	1492	404	105	254	0.30438
350	14	867	1616	429	120	279	0.36296
400	16	920	1720	455	140	305	0.44278
450	18	1013	1898	493	180	343	0.55111
500	20	1097	2060	531	230	381	0.66654
600	24	1212	2280	582	250	432	0.88917

Class300

公称直径		结构尺寸/mm					有效过滤面积/m²
DN	NPS	L	L_1	L_2	L_3	H	
50	2	317	542	164	15	64	0.01878
65	2½	351	604	176	25	76	0.02664
80	3	377	650	186	30	86	0.03349
100	4	425	738	205	40	105	0.04978
125	5	479	840	224	45	124	0.07076
150	6	568	1016	293	55	143	0.10352
200	8	656	1182	328	70	178	0.15855
250	10	745	1346	366	90	216	0.22478
300	12	837	1524	404	105	254	0.30438
350	14	902	1648	429	120	279	0.36296
400	16	960	1758	455	140	305	0.44278
450	18	1052	1936	493	180	343	0.55111
500	20	1134	2094	531	230	381	0.66654
600	24	1250	2312	582	250	432	0.88917

Class600

公称直径		结构尺寸/mm					有效过滤面积/m²
DN	NPS	L	L_1	L_2	L_3	H	
50	2	327	552	164	15	64	0.01964
65	2½	360	612	176	25	76	0.02772
80	3	387	660	186	30	86	0.03521
100	4	451	774	205	40	105	0.05376
125	5	507	874	224	45	124	0.07568
150	6	601	1056	293	55	143	0.11003
200	8	695	1228	328	70	178	0.16787
250	10	798	1418	366	90	216	0.24307
300	12	881	1578	404	105	254	0.32232
350	14	943	1696	429	120	279	0.38127
400	16	1015	1826	455	140	305	0.47048
450	18	1103	1990	493	180	343	0.57814
500	20	1191	2154	531	230	381	0.69723
600	24	1319	2384	582	250	432	0.92989

续表

Class900							
公称直径		结构尺寸/mm					有效过滤
DN	NPS	L	L_1	L_2	L_3	H	面积/m^2
50	2	369	610	164	15	64	0.02190
65	2½	399	664	176	25	76	0.03028
80	3	413	698	186	30	86	0.03740
100	4	469	798	205	40	105	0.05553
125	5	526	900	224	45	124	0.07805
150	6	632	1102	293	55	143	0.11503
200	8	732	1286	328	70	178	0.17607
250	10	836	1482	366	90	216	0.25433
300	12	938	1666	404	105	254	0.34068
350	14	1007	1792	429	120	279	0.40326
400	16	1065	1902	455	140	305	0.49036
450	18	1167	2080	493	180	343	0.60460
500	20	1268	2270	531	230	381	0.73513
600	24	1446	2562	582	250	432	0.99966

Class1500							
公称直径		结构尺寸/mm					有效过滤
DN	NPS	L	L_1	L_2	L_3	H	面积/m^2
50	2	369	610	164	15	64	0.02190
65	2½	399	664	176	25	76	0.03028
80	3	434	728	186	30	86	0.03912
100	4	488	818	205	40	105	0.05701
125	5	578	958	224	45	124	0.08334
150	6	690	1164	293	55	143	0.12177
200	8	812	1388	328	70	178	0.19049
250	10	944	1622	366	90	216	0.27898
300	12	1065	1832	404	105	254	0.37534
350	14	1140	1962	429	120	279	0.44222
400	16	1218	2092	455	140	305	0.54010
450	18	1325	2276	493	180	343	0.66228
500	20	1446	2486	531	230	381	0.80577
600	24	1624	2790	582	250	432	1.08913

Class2500							
公称直径		结构尺寸/mm					有效过滤
DN	NPS	L	L_1	L_2	L_3	H	面积/m^2
50	2	406	660	164	15	64	0.02385
65	2½	453	740	176	25	76	0.03401
80	3	507	830	186	30	86	0.04498
100	4	577	950	205	40	105	0.06676
125	5	670	1104	224	45	124	0.09667
150	6	817	1368	293	55	143	0.14395
200	8	951	1598	328	70	178	0.22020
250	10	1167	1952	366	90	216	0.33714
300	12	1307	2194	404	105	254	0.45102

注：连接端部的 D_o 和 T 由用户确定。

⑤ 直流式法兰连接 T 形过滤器的结构和尺寸应符合表 8.5-42 的规定。

表 8.5-42 直流式法兰连接 T 形过滤器

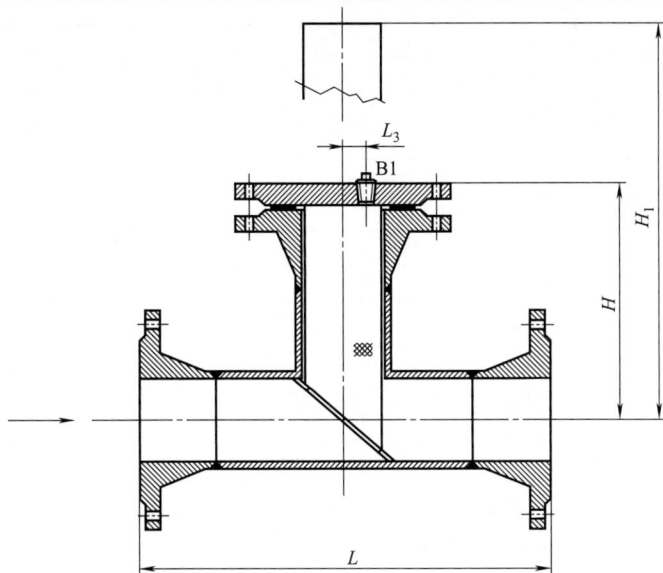

PN10

公称直径	结构尺寸/mm				有效过滤
DN	L	L_3	H	H_1	面积/m²
50	218	15	127	249	0.00618
65	242	25	139	280	0.009587
80	272	30	156	317	0.012613
100	314	40	177	372	0.020683
125	358	45	201	429	0.031213
150	396	55	220	481	0.043027
200	480	70	264	590	0.070394
250	572	90	312	709	0.107433
300	664	105	358	826	0.153285
350	722	120	387	900	0.183267
400	780	140	416	984	0.230907
450	860	180	458	1089	0.288064
500	942	230	499	1196	0.352624
600	1054	250	561	1359	0.480659

PN16

公称直径	结构尺寸/mm				有效过滤
DN	L	L_3	H	H_1	面积/m²
50	218	15	127	249	0.00618
65	242	25	139	280	0.009587
80	272	30	156	317	0.012613
100	314	40	177	372	0.020683
125	358	45	201	429	0.031213
150	396	55	220	481	0.043027
200	480	70	264	590	0.070394
250	572	90	312	709	0.107433
300	664	105	360	826	0.153285
350	722	120	391	900	0.183267
400	780	140	422	984	0.230907
450	860	180	470	1089	0.288064
500	942	230	515	1196	0.352624
600	1054	250	581	1359	0.480659

公称直径 DN	结构尺寸/mm				有效过滤面积/m²
	PN25				
	L	L_3	H	H_1	
50	224	15	132	255	0.006415
65	256	25	150	294	0.010324
80	288	30	168	333	0.013565
100	340	40	194	398	0.0228
125	384	45	218	455	0.033937
150	436	55	246	521	0.048149
200	516	70	288	626	0.076428
250	608	90	336	745	0.114987
300	692	105	380	854	0.160391
350	758	120	417	936	0.193233
400	830	140	455	1034	0.246942
450	906	180	499	1135	0.304627
500	1012	230	554	1266	0.38061
600	1114	250	615	1419	0.509672

公称直径 DN	结构尺寸/mm				有效过滤面积/m²
	PN40				
	L	L_3	H	H_1	
50	224	15	132	255	0.006415
65	256	25	150	294	0.010324
80	288	30	168	333	0.013565
100	340	40	194	398	0.0228
125	384	45	218	455	0.033937
150	436	55	246	521	0.048149
200	532	70	302	642	0.07911
250	642	90	359	779	0.122121
300	738	105	411	900	0.172065
350	808	120	450	986	0.207075
400	880	140	490	1084	0.262977
450	956	180	535	1185	0.322631
500	1042	230	578	1296	0.392604
600	1164	250	654	1469	0.53385

公称直径 DN	结构尺寸/mm				有效过滤面积/m²
	PN63				
	L	L_3	H	H_1	
50	252	15	152	283	0.00751
65	288	25	170	326	0.01201
80	316	30	186	361	0.015231
100	366	40	213	424	0.024917
125	424	45	246	495	0.038126
150	476	55	274	561	0.053272
200	576	70	330	686	0.086484
250	682	90	387	819	0.130515
300	788	105	446	950	0.184754
350	858	120	485	1036	0.220917
400	930	140	525	1134	0.279012

续表

PN100					
公称直径 DN	结构尺寸/mm				有效过滤 面积/m²
	L	L_3	H	H_1	
50	264	15	160	295	0.00798
65	304	25	182	342	0.012852
80	328	30	196	373	0.015945
100	390	40	231	448	0.026871
125	458	45	269	529	0.041688
150	516	55	302	601	0.058394
200	616	70	360	726	0.093189
250	746	90	433	883	0.143944
300	848	105	492	1010	0.199981
350	936	120	542	1114	0.24251

PN160					
公称直径 DN	结构尺寸/mm				有效过滤 面积/m²
	L	L_3	H	H_1	
50	278	15	177	309	0.008527
65	316	25	200	354	0.013484
80	344	30	218	389	0.016897
100	410	40	257	468	0.0285
125	478	45	295	549	0.043782
150	542	55	333	627	0.061723
200	636	70	384	746	0.096541
250	742	90	447	879	0.143104
300	858	105	517	1020	0.202519

Class150						
公称直径		结构尺寸/mm				有效过滤 面积/m²
DN	NPS	L	L_3	H	H_1	
50	2	252	15	144	283	0.007549
65	2½	288	25	165	326	0.012041
80	3	308	30	177	353	0.014838
100	4	360	40	203	418	0.024542
125	5	422	45	234	493	0.038063
150	6	460	55	254	545	0.051248
200	8	556	70	305	666	0.083132
250	10	632	90	345	769	0.120191
300	12	734	105	398	896	0.171456
350	14	808	120	438	986	0.207407
400	16	860	140	465	1064	0.256563
450	18	962	180	520	1191	0.32544
500	20	1048	230	566	1302	0.395563
600	24	1166	250	630	1471	0.535688

Class300						
公称直径		结构尺寸/mm				有效过滤 面积/m²
DN	NPS	L	L_3	H	H_1	
50	2	264	15	153	295	0.008003
65	2½	302	25	175	340	0.012758
80	3	328	30	191	373	0.015945
100	4	378	40	220	436	0.026024
125	5	442	45	255	513	0.040137
150	6	480	55	275	565	0.053784
200	8	576	70	328	686	0.086585

续表

Class300						
公称直径		结构尺寸/mm				有效过滤面积/m²
DN	NPS	L	L₃	H	H₁	
250	10	664	90	379	801	0.127115
300	12	766	105	433	928	0.179526
350	14	840	120	473	1018	0.216266
400	16	898	140	505	1102	0.269006
450	18	1000	180	559	1229	0.338619
500	20	1082	230	603	1336	0.408596
600	24	1198	250	668	1503	0.550968

Class600						
公称直径		结构尺寸/mm				有效过滤面积/m²
DN	NPS	L	L₃	H	H₁	
50	2	274	15	163	305	0.008418
65	2½	310	25	184	348	0.013211
80	3	338	30	201	383	0.016563
100	4	414	40	246	472	0.028972
125	5	476	45	283	547	0.043678
150	6	520	55	308	605	0.058983
200	8	622	70	367	732	0.094328
250	10	736	90	432	873	0.142055
300	12	820	105	477	982	0.193027
350	14	888	120	514	1066	0.229277
400	16	966	140	560	1170	0.291071
450	18	1054	180	610	1283	0.358207
500	20	1142	230	660	1396	0.432664
600	24	1270	250	737	1575	0.585494

Class900						
公称直径		结构尺寸/mm				有效过滤面积/m²
DN	NPS	L	L₃	H	H₁	
50	2	332	15	205	363	0.01071
65	2½	362	25	223	400	0.015981
80	3	376	30	227	421	0.018908
100	4	438	40	264	496	0.030861
125	5	502	45	302	573	0.046338
150	6	566	55	339	651	0.064899
200	8	680	70	404	790	0.104083
250	10	800	90	470	937	0.155317
300	12	908	105	534	1070	0.215512
350	14	984	120	578	1162	0.255909
400	16	1042	140	610	1246	0.314995
450	18	1144	180	674	1373	0.390614
500	20	1258	230	737	1512	0.478961
600	24	1448	250	864	1753	0.671471

Class1500						
公称直径		结构尺寸/mm				有效过滤面积/m²
DN	NPS	L	L₃	H	H₁	
50	2	332	15	205	363	0.01071
65	2½	362	25	223	400	0.015981
80	3	406	30	248	451	0.020621
100	4	458	40	283	516	0.032408
125	5	560	45	354	631	0.05256
150	6	628	55	397	713	0.072839

续表

Class1500						
公称直径		结构尺寸/mm				有效过滤
DN	NPS	L	L_3	H	H_1	面积/m²
200	8	782	70	484	892	0.121313
250	10	940	90	578	1077	0.184651
300	12	1074	105	661	1236	0.257386
350	14	1154	120	711	1332	0.303193
400	16	1232	140	763	1436	0.376442
450	18	1340	180	832	1569	0.460902
500	20	1474	230	915	1728	0.565478
600	24	1676	250	1042	1981	0.782207

Class2500						
公称直径		结构尺寸/mm				有效过滤
DN	NPS	L	L_3	H	H_1	面积/m²
50	2	382	15	242	413	0.012603
65	2½	438	25	277	476	0.019995
80	3	508	30	321	553	0.02669
100	4	590	40	372	648	0.043287
125	5	706	45	446	777	0.067852
150	6	832	55	524	917	0.09886
200	8	992	70	623	1102	0.156208
250	10	1270	90	801	1407	0.254273
300	12	1436	105	903	1598	0.349611

⑥ 直流式焊接连接 T 形过滤器的结构和尺寸应符合表 8.5-43 的规定。

表 8.5-43　直流式焊接连接 T 形过滤器

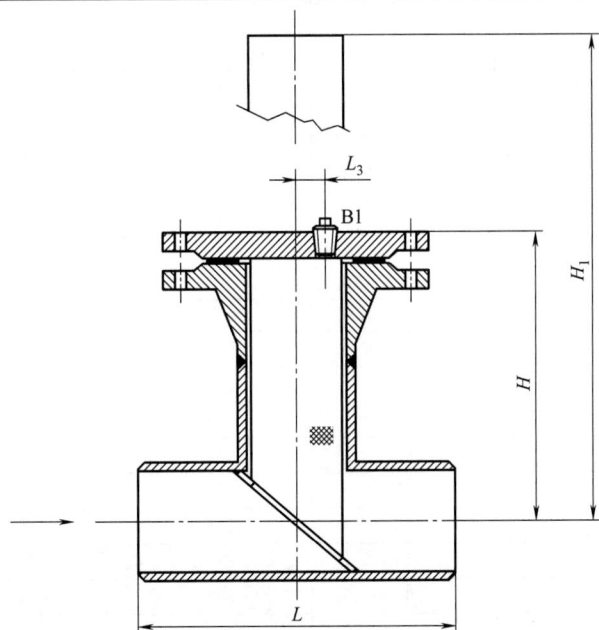

PN10					
公称直径	结构尺寸/mm				有效过滤
DN	L	L_3	H	H_1	面积/m²
50	128	15	127	249	0.00618
65	152	25	139	280	0.009587
80	172	30	156	317	0.012613

公称直径 DN	结构尺寸/mm				有效过滤面积/m²
	L	L_3	H	H_1	
			PN10		
100	210	40	177	372	0.020683
125	248	45	201	429	0.031213
150	286	55	220	481	0.043027
200	356	70	264	590	0.070394
250	432	90	312	709	0.107433
300	508	105	358	826	0.153285
350	558	120	387	900	0.183267
400	610	140	416	984	0.230907
450	686	180	458	1089	0.288064
500	762	230	499	1196	0.352624
600	864	250	561	1359	0.480659

公称直径 DN	结构尺寸/mm				有效过滤面积/m²
	L	L_3	H	H_1	
			PN16		
50	128	15	127	249	0.00618
65	152	25	139	280	0.009587
80	172	30	156	317	0.012613
100	210	40	177	372	0.020683
125	248	45	201	429	0.031213
150	286	55	220	481	0.043027
200	356	70	264	590	0.070394
250	432	90	312	709	0.107433
300	508	105	360	826	0.153285
350	558	120	391	900	0.183267
400	610	140	422	984	0.230907
450	686	180	470	1089	0.288064
500	762	230	515	1196	0.352624
600	864	250	581	1359	0.480659

公称直径 DN	结构尺寸/mm				有效过滤面积/m²
	L	L_3	H	H_1	
			PN25		
50	128	15	132	255	0.006415
65	152	25	150	294	0.010324
80	172	30	168	333	0.013565
100	210	40	194	398	0.0228
125	248	45	218	455	0.033937
150	286	55	246	521	0.048149
200	356	70	288	626	0.076428
250	432	90	336	745	0.114987
300	508	105	380	854	0.160391
350	558	120	417	936	0.193233
400	610	140	455	1034	0.246942
450	686	180	499	1135	0.304627
500	762	230	554	1266	0.38061
600	864	250	615	1419	0.509672

续表

PN40					
公称直径 DN	结构尺寸/mm				有效过滤面积/m²
	L	L_3	H	H_1	
50	128	15	132	255	0.006415
65	152	25	150	294	0.010324
80	172	30	168	333	0.013565
100	210	40	194	398	0.0228
125	248	45	218	455	0.033937
150	286	55	246	521	0.048149
200	356	70	302	642	0.07911
250	432	90	359	779	0.122121
300	508	105	411	900	0.172065
350	558	120	450	986	0.207075
400	610	140	490	1084	0.262977
450	686	180	535	1185	0.322631
500	762	230	578	1296	0.392604
600	864	250	654	1469	0.53385

PN63					
公称直径 DN	结构尺寸/mm				有效过滤面积/m²
	L	L_3	H	H_1	
50	128	15	152	283	0.00751
65	152	25	170	326	0.01201
80	172	30	186	361	0.015231
100	210	40	213	424	0.024917
125	248	45	246	495	0.038126
150	286	55	274	561	0.053272
200	356	70	330	686	0.086484
250	432	90	387	819	0.130515
300	508	105	446	950	0.184754
350	558	120	485	1036	0.220917
400	610	140	525	1134	0.279012

PN100					
公称直径 DN	结构尺寸/mm				有效过滤面积/m²
	L	L_3	H	H_1	
50	128	15	160	295	0.00798
65	152	25	182	342	0.012852
80	172	30	196	373	0.015945
100	210	40	231	448	0.026871
125	248	45	269	529	0.041688
150	286	55	302	601	0.058394
200	356	70	360	726	0.093189
250	432	90	433	883	0.143944
300	508	105	492	1010	0.199981
350	558	120	542	1114	0.24251

PN160					
公称直径 DN	结构尺寸/mm				有效过滤面积/m²
	L	L_3	H	H_1	
50	128	15	177	309	0.008527
65	152	25	200	354	0.013484
80	172	30	218	389	0.016897
100	210	40	257	468	0.0285

公称直径	结构尺寸/mm				有效过滤
DN	L	L_3	H	H_1	面积/m^2

PN160

DN	L	L_3	H	H_1	面积/m^2
125	248	45	295	549	0.043782
150	286	55	333	627	0.061723
200	356	70	384	746	0.096541
250	432	90	447	879	0.143104
300	508	105	517	1020	0.202519

Class150

公称直径		结构尺寸/mm				有效过滤
DN	NPS	L	L_3	H	H_1	面积/m^2
50	2	128	15	14	283	0.007549
65	2½	152	25	165	326	0.012041
80	3	172	30	177	353	0.014838
100	4	210	40	203	418	0.024542
125	5	248	45	234	493	0.038063
150	6	286	55	254	545	0.051248
200	8	356	70	305	666	0.083132
250	10	432	90	345	769	0.120191
300	12	508	105	398	896	0.171456
350	14	558	120	438	986	0.207407
400	16	610	140	465	1064	0.256563
450	18	686	180	520	1191	0.32544
500	20	762	230	566	1302	0.395563
600	24	864	250	630	1471	0.535688

Class300

公称直径		结构尺寸/mm				有效过滤
DN	NPS	L	L_3	H	H_1	面积/m^2
50	2	128	15	153	295	0.008003
65	2½	152	25	175	340	0.012758
80	3	172	30	191	373	0.015945
100	4	210	40	220	436	0.026024
125	5	248	45	255	513	0.040137
150	6	286	55	275	565	0.053784
200	8	356	70	328	686	0.086585
250	10	432	90	379	801	0.127115
300	12	508	105	433	928	0.179526
350	14	558	120	473	1018	0.216266
400	16	610	140	505	1102	0.269006
450	18	686	180	559	1229	0.338619
500	20	762	230	603	1336	0.408596
600	24	864	250	668	1503	0.550968

Class600

公称直径		结构尺寸/mm				有效过滤
DN	NPS	L	L_3	H	H_1	面积/m^2
50	2	128	15	163	305	0.008418
65	2½	152	25	184	348	0.013211
80	3	172	30	201	383	0.016563
100	4	210	40	246	472	0.028972
125	5	248	45	283	547	0.043678
150	6	286	55	308	605	0.058983

续表

			Class600			
公称直径		结构尺寸/mm				有效过滤
DN	NPS	L	L_3	H	H_1	面积/m²
200	8	356	70	367	732	0.094328
250	10	432	90	432	873	0.142055
300	12	508	105	477	982	0.193027
350	14	558	120	514	1066	0.229277
400	16	610	140	560	1170	0.291071
450	18	686	180	610	1283	0.358207
500	20	762	230	660	1396	0.432664
600	24	864	250	737	1575	0.585494
			Class900			
公称直径		结构尺寸/mm				有效过滤
DN	NPS	L	L_3	H	H_1	面积/m²
50	2	128	15	205	363	0.01071
65	2½	152	25	223	400	0.015981
80	3	172	30	227	421	0.018908
100	4	210	40	264	496	0.030861
125	5	248	45	302	573	0.046338
150	6	286	55	339	651	0.064899
200	8	356	70	404	790	0.104083
250	10	432	90	470	937	0.155317
300	12	508	105	534	1070	0.215512
350	14	558	120	578	1162	0.255909
400	16	610	140	610	1246	0.314995
450	18	686	180	674	1373	0.390614
500	20	762	230	737	1512	0.478961
600	24	864	250	864	1753	0.671471
			Class1500			
公称直径		结构尺寸/mm				有效过滤
DN	NPS	L	L_3	H	H_1	面积/m²
50	2	128	15	205	363	0.01071
65	2½	152	25	223	400	0.015981
80	3	172	30	248	451	0.020621
100	4	210	40	283	516	0.032408
125	5	248	45	354	631	0.05256
150	6	286	55	397	713	0.072839
200	8	356	70	484	892	0.121313
250	10	432	90	578	1077	0.184651
300	12	508	105	661	1236	0.257386
350	14	558	120	711	1332	0.303193
400	16	610	140	763	1436	0.376442
450	18	686	180	832	1569	0.460902
500	20	762	230	915	1728	0.565478
600	24	864	250	1042	1981	0.782207
			Class2500			
公称直径		结构尺寸/mm				有效过滤
DN	NPS	L	L_3	H	H_1	面积/m²
50	2	128	15	242	413	0.012603
65	2½	152	25	277	476	0.019995
80	3	172	30	321	553	0.02669
100	4	210	40	372	648	0.043287

公称直径		结构尺寸/mm				有效过滤
Class2500						
DN	NPS	L	L_3	H	H_1	面积/m²
125	5	248	45	446	777	0.067852
150	6	286	55	524	917	0.09886
200	8	356	70	623	1102	0.156208
250	10	432	90	801	1407	0.254273
300	12	508	105	903	1598	0.349611

注：连接端部的 D_o 和 T 由用户确定。

8.5.6.6　锥形过滤器

（1）尖顶式锥形过滤器（表 8.5-44）

表 8.5-44　尖顶式锥形过滤器

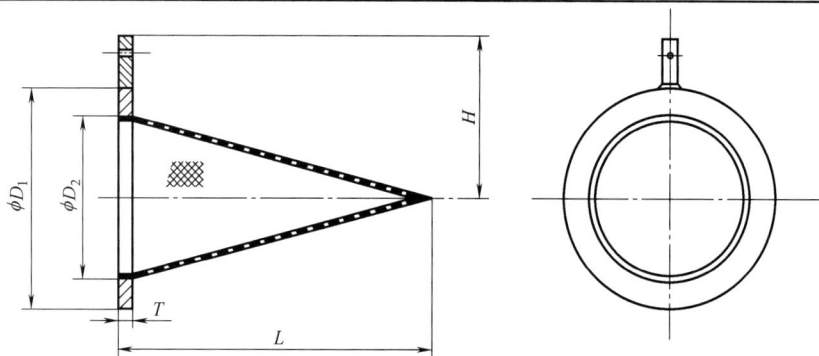

(a) 法兰密封面型式为突面或平面

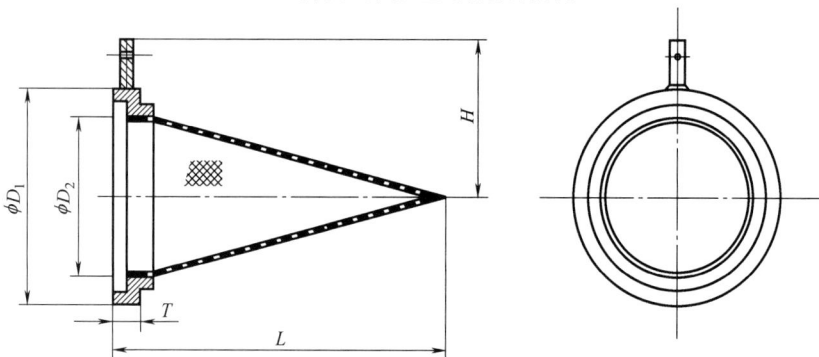

(b) 法兰密封面型式为凹凸面

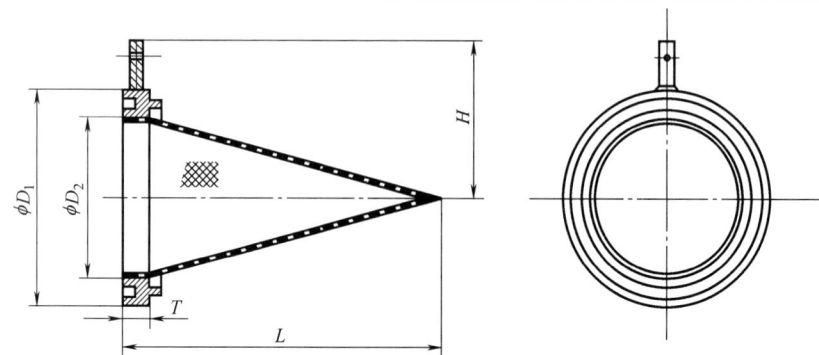

(c) 法兰密封面型式为榫槽面

续表

<table>
<tr><td colspan="9" align="center">PN10</td></tr>
<tr><td rowspan="3">公称直径
DN</td><td colspan="7" align="center">结构尺寸/mm</td><td rowspan="3">有效过滤
面积/m²</td></tr>
<tr><td colspan="2">D_1</td><td rowspan="2">D_2</td><td rowspan="2">L</td><td rowspan="2">H</td><td colspan="2">T</td></tr>
<tr><td>FF</td><td>RF/MFM/TG</td><td>FF/RF</td><td>MFM/TG</td></tr>
<tr><td>15</td><td>49</td><td>45</td><td>12</td><td>13</td><td>90</td><td>4</td><td>9</td><td>0.00011</td></tr>
<tr><td>20</td><td>59</td><td>58</td><td>16</td><td>21</td><td>95</td><td>4</td><td>9</td><td>0.00026</td></tr>
<tr><td>25</td><td>69</td><td>68</td><td>22</td><td>29</td><td>100</td><td>4</td><td>9</td><td>0.00051</td></tr>
<tr><td>32</td><td>80</td><td>78</td><td>30</td><td>36</td><td>110</td><td>4</td><td>9</td><td>0.00080</td></tr>
<tr><td>40</td><td>90</td><td>88</td><td>36</td><td>45</td><td>115</td><td>4</td><td>9</td><td>0.00122</td></tr>
<tr><td>50</td><td>105</td><td>102</td><td>47</td><td>59</td><td>125</td><td>4</td><td>9</td><td>0.00213</td></tr>
<tr><td>65</td><td>125</td><td>122</td><td>61</td><td>80</td><td>135</td><td>4</td><td>9</td><td>0.00387</td></tr>
<tr><td>80</td><td>140</td><td>138</td><td>72</td><td>95</td><td>140</td><td>4</td><td>9</td><td>0.00555</td></tr>
<tr><td>100</td><td>160</td><td>158</td><td>96</td><td>118</td><td>150</td><td>4</td><td>9</td><td>0.00853</td></tr>
<tr><td>125</td><td>190</td><td>188</td><td>122</td><td>147</td><td>165</td><td>4</td><td>9</td><td>0.01322</td></tr>
<tr><td>150</td><td>216</td><td>212</td><td>149</td><td>178</td><td>185</td><td>4</td><td>9</td><td>0.01920</td></tr>
<tr><td>200</td><td>271</td><td>268</td><td>198</td><td>248</td><td>210</td><td>4</td><td>9</td><td>0.03734</td></tr>
<tr><td>250</td><td>326</td><td>320</td><td>247</td><td>310</td><td>240</td><td>4</td><td>9</td><td>0.05868</td></tr>
<tr><td>300</td><td>376</td><td>370</td><td>296</td><td>371</td><td>265</td><td>4</td><td>9</td><td>0.08374</td></tr>
<tr><td>350</td><td>436</td><td>430</td><td>325</td><td>431</td><td>300</td><td>6</td><td>11</td><td>0.11324</td></tr>
<tr><td>400</td><td>487</td><td>482</td><td>380</td><td>488</td><td>330</td><td>6</td><td>11</td><td>0.14501</td></tr>
<tr><td>450</td><td>537</td><td>532</td><td>431</td><td>548</td><td>355</td><td>6</td><td>11</td><td>0.18313</td></tr>
<tr><td>500</td><td>592</td><td>585</td><td>478</td><td>606</td><td>385</td><td>6</td><td>11</td><td>0.22390</td></tr>
<tr><td>600</td><td>693</td><td>685</td><td>580</td><td>722</td><td>440</td><td>6</td><td>11</td><td>0.31772</td></tr>
<tr><td colspan="9" align="center">PN16</td></tr>
<tr><td rowspan="3">公称直径
DN</td><td colspan="7" align="center">结构尺寸/mm</td><td rowspan="3">有效过滤
面积/m²</td></tr>
<tr><td colspan="2">D_1</td><td rowspan="2">D_2</td><td rowspan="2">L</td><td rowspan="2">H</td><td colspan="2">T</td></tr>
<tr><td>FF</td><td>RF/MFM/TG</td><td>FF/RF</td><td>MFM/TG</td></tr>
<tr><td>15</td><td>49</td><td>45</td><td>12</td><td>13</td><td>90</td><td>4</td><td>9</td><td>0.00011</td></tr>
<tr><td>20</td><td>59</td><td>58</td><td>16</td><td>21</td><td>95</td><td>4</td><td>9</td><td>0.00026</td></tr>
<tr><td>25</td><td>69</td><td>68</td><td>22</td><td>29</td><td>100</td><td>4</td><td>9</td><td>0.00051</td></tr>
<tr><td>32</td><td>80</td><td>78</td><td>30</td><td>36</td><td>110</td><td>4</td><td>9</td><td>0.00080</td></tr>
<tr><td>40</td><td>90</td><td>88</td><td>36</td><td>45</td><td>115</td><td>4</td><td>9</td><td>0.00122</td></tr>
<tr><td>50</td><td>105</td><td>102</td><td>47</td><td>59</td><td>125</td><td>4</td><td>9</td><td>0.00213</td></tr>
<tr><td>65</td><td>125</td><td>122</td><td>61</td><td>80</td><td>135</td><td>4</td><td>9</td><td>0.00387</td></tr>
<tr><td>80</td><td>140</td><td>138</td><td>72</td><td>95</td><td>140</td><td>4</td><td>9</td><td>0.00555</td></tr>
<tr><td>100</td><td>160</td><td>158</td><td>96</td><td>118</td><td>150</td><td>4</td><td>9</td><td>0.00853</td></tr>
<tr><td>125</td><td>190</td><td>188</td><td>122</td><td>147</td><td>165</td><td>4</td><td>9</td><td>0.01322</td></tr>
<tr><td>150</td><td>216</td><td>212</td><td>149</td><td>178</td><td>185</td><td>4</td><td>9</td><td>0.01920</td></tr>
<tr><td>200</td><td>271</td><td>268</td><td>198</td><td>248</td><td>210</td><td>4</td><td>9</td><td>0.03734</td></tr>
<tr><td>250</td><td>327</td><td>320</td><td>247</td><td>310</td><td>245</td><td>4</td><td>9</td><td>0.05868</td></tr>
<tr><td>300</td><td>382</td><td>378</td><td>296</td><td>371</td><td>270</td><td>4</td><td>9</td><td>0.08374</td></tr>
<tr><td>350</td><td>442</td><td>428</td><td>325</td><td>431</td><td>310</td><td>6</td><td>11</td><td>0.11324</td></tr>
<tr><td>400</td><td>493</td><td>490</td><td>380</td><td>488</td><td>340</td><td>6</td><td>11</td><td>0.14501</td></tr>
<tr><td>450</td><td>553</td><td>550</td><td>431</td><td>548</td><td>370</td><td>6</td><td>11</td><td>0.18313</td></tr>
<tr><td>500</td><td>615</td><td>610</td><td>478</td><td>606</td><td>405</td><td>6</td><td>11</td><td>0.22390</td></tr>
<tr><td>600</td><td>735</td><td>725</td><td>580</td><td>722</td><td>470</td><td>6</td><td>11</td><td>0.31772</td></tr>
<tr><td colspan="9" align="center">PN25</td></tr>
<tr><td rowspan="2">公称直径
DN</td><td colspan="6" align="center">结构尺寸/mm</td><td rowspan="2">有效过滤
面积/m²</td></tr>
<tr><td>D_1</td><td>D_2</td><td>L</td><td>H</td><td>RF</td><td>MFM/TG</td></tr>
<tr><td>15</td><td>45</td><td>12</td><td>13</td><td>90</td><td>4</td><td>9</td><td>0.00011</td></tr>
<tr><td>20</td><td>58</td><td>16</td><td>21</td><td>95</td><td>4</td><td>9</td><td>0.00026</td></tr>
</table>

续表

PN25							
公称直径 DN	结构尺寸/mm						有效过滤面积/m²
	D_1	D_2	L	H	T		
					RF	MFM/TG	
25	68	22	29	100	4	9	0.00051
32	78	30	36	110	4	9	0.00080
40	88	36	45	115	4	9	0.00122
50	102	47	59	125	4	9	0.00213
65	122	61	80	135	4	9	0.00387
80	138	72	95	140	4	9	0.00555
100	162	96	118	160	4	9	0.00853
125	188	122	147	175	4	9	0.01322
150	218	149	178	190	4	9	0.01920
200	278	198	248	220	4	9	0.03734
250	335	247	310	255	4	9	0.05868
300	395	296	371	285	4	9	0.08374
350	450	325	431	325	6	11	0.11324
400	505	376	488	360	6	11	0.14501
450	555	425	548	385	6	11	0.18313
500	615	473	606	415	6	11	0.22390
600	720	571	722	470	6	11	0.31772

PN40							
公称直径 DN	结构尺寸/mm						有效过滤面积/m²
	D_1	D_2	L	H	T		
					RF	MFM/TG	
15	45	12	13	90	4	9	0.00011
20	58	16	21	95	4	9	0.00026
25	68	22	29	100	4	9	0.00051
32	78	30	36	110	4	9	0.00080
40	88	36	45	115	4	9	0.00122
50	102	47	59	125	4	9	0.00213
65	122	61	80	135	4	9	0.00387
80	138	72	95	140	4	9	0.00555
100	162	96	118	160	4	9	0.00853
125	188	122	147	175	4	9	0.01322
150	218	149	178	190	4	9	0.01920
200	285	198	245	230	4	9	0.03661
250	345	247	308	265	4	9	0.05777
300	410	296	368	300	4	9	0.08265
350	465	325	429	340	6	11	0.11197
400	535	376	486	380	6	11	0.14358
450	560	425	548	390	6	11	0.18313
500	615	473	606	425	6	11	0.22390
600	735	571	722	495	6	11	0.31772

PN63							
公称直径 DN	结构尺寸/mm						有效过滤面积/m²
	D_1	D_2	L	H	T		
					RF	MFM/TG	
15	45	12	13	95	4	9	0.00011
20	58	16	21	105	4	9	0.00026
25	68	22	29	110	4	9	0.00051
32	78	30	36	120	4	9	0.00080

续表

PN63

公称直径 DN	结构尺寸/mm				T		有效过滤面积/m²
	D_1	D_2	L	H	RF	MFM/TG	
40	88	36	42	125	4	9	0.00109
50	102	47	57	130	4	9	0.00196
65	122	61	77	145	4	9	0.00364
80	138	72	93	150	4	9	0.00527
100	162	96	114	165	4	9	0.00785
125	188	122	144	190	4	9	0.01258
150	218	149	173	215	4	9	0.01817
200	285	198	240	250	4	9	0.03518
250	345	245	301	275	4	9	0.05509
300	410	293	359	305	4	9	0.07837
350	465	323	419	350	6	11	0.10698
400	535	371	473	385	6	11	0.13653

PN100

公称直径 DN	结构尺寸/mm				T		有效过滤面积/m²
	D_1	D_2	L	H	RF	MFM/TG	
15	45	12	12	95	4	9	0.00009
20	58	16	21	105	4	9	0.00026
25	68	22	27	110	4	9	0.00043
32	78	30	34	120	4	9	0.00070
40	88	36	42	125	4	9	0.00109
50	102	47	54	140	4	9	0.00180
65	122	61	75	150	4	9	0.00342
80	138	72	88	155	4	9	0.00473
100	162	96	109	175	4	9	0.00720
125	188	122	136	200	4	9	0.01135
150	218	149	165	220	4	9	0.01668
200	285	198	231	255	4	9	0.03241
250	345	245	289	295	4	9	0.05075
300	410	293	344	335	4	9	0.07217
350	465	323	402	375	6	11	0.09852
400	535	371	454	405	6	11	0.12561

Class150

公称直径 DN	NPS	结构尺寸/mm						有效过滤面积/m²
		D_1		D_2	L	H	T	
		FF	RF					
15	1/2	42	34	12	15	85	4	0.00013
20	3/4	51	42	16	20	90	4	0.00025
25	1	61	50	22	27	95	4	0.00046
32	1¼	70	63	30	37	100	4	0.00082
40	1½	80	73	36	44	105	4	0.00117
50	2	100	92	47	61	115	4	0.00225
65	2½	119	104	61	77	130	4	0.00365
80	3	132	127	72	91	135	4	0.00509
100	4	170	157	96	120	155	4	0.00883
125	5	191	185	122	151	170	4	0.01390
150	6	217	215	149	184	180	4	0.02055
200	8	274	269	198	247	215	4	0.03716

Class150

公称直径		结构尺寸/mm						有效过滤
DN	NPS	D_1		D_2	L	H	T	面积/m^2
		FF	RF					
250	10	334	323	247	312	245	4	0.05932
300	12	403	381	296	374	285	4	0.08500
350	14	444	412	325	412	315	6	0.10331
400	16	507	469	380	473	345	6	0.13639
450	18	542	533	431	534	365	6	0.17389
500	20	600	584	478	596	400	6	0.21629
600	24	711	692	580	715	455	6	0.31138

Class300

公称直径		结构尺寸/mm							有效过滤
DN	NPS	D_1		D_2	L	H	T		面积/m^2
		RF	MFM/TG				RF	MFM/TG	
5	1/2	34	46	12	15	90	4	11	0.00013
20	3/4	42	54	16	20	100	4	11	0.00025
25	1	50	62	22	27	105	4	11	0.00046
32	1¼	63	75	30	37	110	4	11	0.00082
40	1½	73	84	36	44	120	4	11	0.00117
50	2	92	103	47	61	125	4	11	0.00225
65	2½	104	116	61	77	135	4	11	0.00365
80	3	127	138	72	91	145	4	11	0.00509
100	4	157	168	96	120	170	4	11	0.00883
125	5	185	197	122	151	180	4	11	0.01390
150	6	215	227	149	184	200	4	11	0.02055
200	8	269	281	198	245	230	4	11	0.03665
250	10	323	335	247	308	265	4	11	0.05777
300	12	381	392	296	367	300	4	11	0.08206
350	14	412	424	325	403	340	6	13	0.09888
400	16	469	481	376	462	375	6	13	0.12992
450	18	533	544	425	521	405	6	13	0.16504
500	20	584	595	473	580	435	6	13	0.20471
600	24	692	703	571	698	505	6	13	0.29683

Class600

公称直径		结构尺寸/mm							有效过滤
DN	NPS	D_1		D_2	L	H	T		面积/m^2
		RF	MFM/TG				RF	MFM/TG	
15	1/2	34	46	12	15	90	4	11	0.00013
20	3/4	42	54	16	20	100	4	11	0.00025
25	1	50	62	22	27	105	4	11	0.00046
32	1¼	63	75	30	37	110	4	11	0.00082
40	1½	73	84	36	44	120	4	11	0.00117
50	2	92	103	47	58	125	4	11	0.00207
65	2½	104	116	61	75	135	4	11	0.00343
80	3	127	138	72	90	145	4	11	0.00498
100	4	157	168	96	116	180	4	11	0.00824
125	5	185	197	122	145	205	4	11	0.01273
150	6	215	227	149	177	220	4	11	0.01902
200	8	269	281	198	233	250	4	11	0.03313

续表

公称直径		Class600 结构尺寸/mm							有效过滤面积/m²
DN	NPS	D_1		D_2	L	H	T		
		RF	MFM/TG				RF	MFM/TG	
250	10	323	335	245	291	295	4	11	0.05160
300	12	381	392	293	348	320	4	11	0.07364
350	14	412	424	323	381	350	6	13	0.08850
400	16	469	481	371	438	390	6	13	0.11669
450	18	533	544	418	492	420	6	13	0.14718
500	20	584	595	466	548	455	6	13	0.18313
600	24	692	703	565	659	520	6	13	0.26487

（2）平顶式锥形过滤器（表 8.5-45）

表 8.5-45　平顶式锥形过滤器

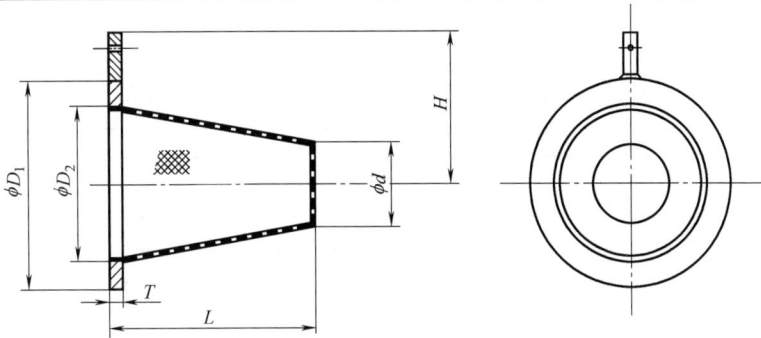

(a) 法兰密封面型式为突面或平面

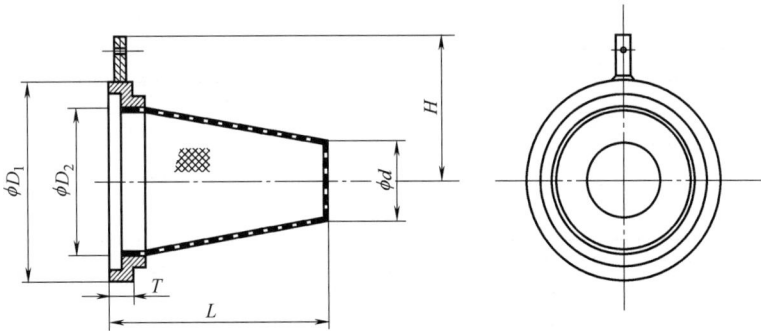

(b) 法兰密封面型式为凹凸面

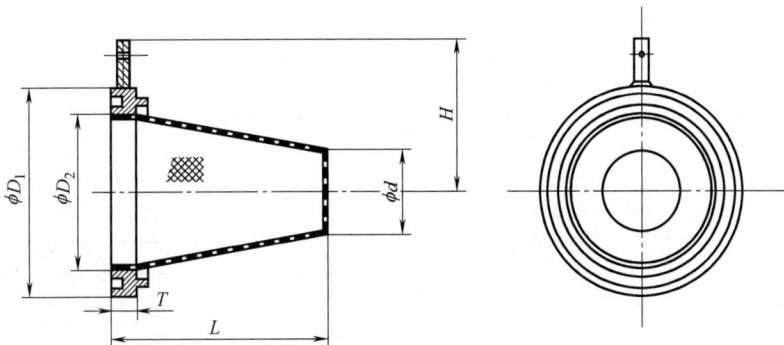

(c) 法兰密封面型式为榫槽面

续表

PN10

公称直径 DN	D_1		D_2	d	L	H	T		有效过滤面积/m^2
	FF	RF/MFM/TG					FF/RF	MFM/TG	
15	49	45	12	3	13	90	4	9	0.00014
20	59	58	16	4	21	95	4	9	0.00034
25	69	68	22	6	29	100	4	9	0.00068
32	80	78	30	8	36	110	4	9	0.00106
40	90	88	36	9	45	115	4	9	0.00161
50	105	102	47	12	59	125	4	9	0.00283
65	125	122	61	17	80	135	4	9	0.00513
80	140	138	72	20	95	140	4	9	0.00735
100	160	158	96	25	118	150	4	9	0.01131
125	190	188	122	31	147	165	4	9	0.01753
150	216	212	149	37	178	185	4	9	0.02546
200	271	268	198	51	248	210	4	9	0.04951
250	326	320	247	64	310	240	4	9	0.07781
300	376	370	296	77	371	265	4	9	0.11103
350	436	430	325	89	431	300	6	11	0.15014
400	487	482	380	101	488	330	6	11	0.19228
450	537	532	431	114	548	355	6	11	0.24281
500	592	585	478	126	606	385	6	11	0.29687
600	693	685	580	150	722	440	6	11	0.42127

PN16

公称直径 DN	D_1		D_2	d	L	H	T		有效过滤面积/m^2
	FF	RF/MFM/TG					FF/RF	MFM/TG	
15	49	45	12	3	15	90	4	9	0.00014
20	59	58	16	4	24	95	4	9	0.00034
25	69	68	22	6	34	100	4	9	0.00068
32	80	78	30	8	42	110	4	9	0.00106
40	90	88	36	9	52	115	4	9	0.00161
50	105	102	47	12	69	125	4	9	0.00283
65	125	122	61	17	92	135	4	9	0.00513
80	140	138	72	20	111	140	4	9	0.00735
100	160	158	96	25	137	150	4	9	0.01131
125	190	188	122	31	171	165	4	9	0.01753
150	216	212	149	37	206	185	4	9	0.02546
200	271	268	198	51	287	210	4	9	0.04951
250	327	320	247	64	360	245	4	9	0.07781
300	382	378	296	77	430	270	4	9	0.11103
350	442	428	325	89	500	310	6	11	0.15014
400	493	490	380	101	566	340	6	11	0.19228
450	553	550	431	114	636	370	6	11	0.24281
500	615	610	478	126	703	405	6	11	0.29687
600	735	725	580	150	837	470	6	11	0.42127

PN25

公称直径 DN	D_1	D_2	d	L	H	T		有效过滤面积/m^2
						RF	MFM/TG	
15	45	12	3	15	90	4	9	0.00014
20	58	16	4	24	95	4	9	0.00034
25	68	22	6	34	100	4	9	0.00068
32	78	30	8	42	110	4	9	0.00106

续表

PN25

公称直径 DN	结构尺寸/mm					T		有效过滤面积/m²
	D_1	D_2	d	L	H	RF	MFM/TG	
40	88	36	9	52	115	4	9	0.00161
50	102	47	12	69	125	4	9	0.00283
65	122	61	17	92	135	4	9	0.00513
80	138	72	20	111	140	4	9	0.00735
100	162	96	25	137	160	4	9	0.01131
125	188	122	31	171	175	4	9	0.01753
150	218	149	37	206	190	4	9	0.02546
200	278	198	51	287	220	4	9	0.04951
250	335	247	64	360	255	4	9	0.07781
300	395	296	77	430	285	4	9	0.11103
350	450	325	89	500	325	6	11	0.15014
400	505	376	101	566	360	6	11	0.19228
450	555	425	114	636	385	6	11	0.24281
500	615	473	126	703	415	6	11	0.29687
600	720	571	150	837	470	6	11	0.42127

PN40

公称直径 DN	结构尺寸/mm					T		有效过滤面积/m²
	D_1	D_2	d	L	H	RF	MFM/TG	
15	45	12	3	15	90	4	9	0.00014
20	58	16	4	24	95	4	9	0.00034
25	68	22	6	34	100	4	9	0.00068
32	78	30	8	42	110	4	9	0.00106
40	88	36	9	52	115	4	9	0.00161
50	102	47	12	69	125	4	9	0.00283
65	122	61	17	92	135	4	9	0.00513
80	138	72	20	111	140	4	9	0.00735
100	162	96	25	137	160	4	9	0.01131
125	188	122	31	171	175	4	9	0.01753
150	218	149	37	206	190	4	9	0.02546
200	285	198	51	284	230	4	9	0.04855
250	345	247	64	357	265	4	9	0.07660
300	410	296	76	427	300	4	9	0.10959
350	465	325	89	497	340	6	11	0.14846
400	535	376	101	563	380	6	11	0.19038
450	560	425	114	636	390	6	11	0.24281
500	615	473	126	703	425	6	11	0.29687
600	735	571	150	837	495	6	11	0.42127

PN63

公称直径 DN	结构尺寸/mm					T		有效过滤面积/m²
	D_1	D_2	d	L	H	RF	MFM/TG	
15	45	12	3	15	95	4	9	0.00014
20	58	16	4	24	105	4	9	0.00034
25	68	22	6	34	110	4	9	0.00068
32	78	30	8	42	120	4	9	0.00106
40	88	36	9	49	125	4	9	0.00144
50	102	47	12	66	130	4	9	0.00260

公称直径 DN	PN63 结构尺寸/mm							有效过滤面积/m²

公称直径 DN	D_1	D_2	d	L	H	T RF	T MFM/TG	有效过滤面积/m²
65	122	61	16	90	145	4	9	0.00483
80	138	72	19	108	150	4	9	0.00698
100	162	96	24	132	165	4	9	0.01041
125	188	122	30	167	190	4	9	0.01668
150	218	149	36	200	215	4	9	0.02409
200	285	198	50	279	250	4	9	0.04665
250	345	245	62	349	275	4	9	0.07304
300	410	293	74	416	305	4	9	0.10391
350	465	323	87	486	350	6	11	0.14185
400	535	371	98	549	385	6	11	0.18102

PN100

公称直径 DN	D_1	D_2	d	L	H	T RF	T MFM/TG	有效过滤面积/m²
15	45	12	3	14	95	4	9	0.00012
20	58	16	4	24	105	4	9	0.00034
25	68	22	6	31	110	4	9	0.00057
32	78	30	7	39	120	4	9	0.00092
40	88	36	9	49	125	4	9	0.00144
50	102	47	11	63	140	4	9	0.00239
65	122	61	16	87	150	4	9	0.00453
80	138	72	18	102	155	4	9	0.00628
100	162	96	23	126	175	4	9	0.00954
125	188	122	28	158	200	4	9	0.01504
150	218	149	34	192	220	4	9	0.02211
200	285	198	48	267	255	4	9	0.04298
250	345	245	60	335	295	4	9	0.06729
300	410	293	71	399	335	4	9	0.09569
350	465	323	83	466	375	6	11	0.13063
400	535	371	94	526	405	6	11	0.16655

Class150

公称直径 DN	NPS	D_1 FF	D_1 RF	D_2	d	L	H	T	有效过滤面积/m²
15	1/2	42	34	12	3	17	85	4	0.00017
20	3/4	51	42	16	4	24	90	4	0.00034
25	1	61	50	22	6	32	95	4	0.00061
32	1¼	70	63	30	8	43	100	4	0.00109
40	1½	80	73	36	9	51	105	4	0.00155
50	2	100	92	47	13	70	115	4	0.00298
65	2½	119	104	61	16	90	130	4	0.00484
80	3	132	127	72	19	106	135	4	0.00675
100	4	170	157	96	25	140	155	4	0.01171
125	5	191	185	122	31	175	170	4	0.01844
150	6	217	215	149	38	213	180	4	0.02725
200	8	274	269	198	51	286	215	4	0.04927
250	10	334	323	247	65	362	245	4	0.07866
300	12	403	381	296	77	433	285	4	0.11270
350	14	444	412	325	85	477	315	6	0.13698
400	16	507	469	380	98	549	345	6	0.18084

续表

Class150

公称直径		结构尺寸/mm							有效过滤
DN	NPS	D_1		D_2	d	L	H	T	面积/m^2
		FF	RF						
450	18	542	533	431	111	619	365	6	0.23056
500	20	600	584	478	123	691	400	6	0.28679
600	24	711	692	580	148	829	455	6	0.41286

Class300

公称直径		结构尺寸/mm								有效过滤
DN	NPS	D_1		D_2	d	L	H	T		面积/m^2
		RF	MFM/TG					RF	MFM/TG	
15	1/2	34	46	12	3	17	90	4	11	0.00017
20	3/4	42	54	16	4	24	100	4	11	0.00034
25	1	50	62	22	6	32	105	4	11	0.00061
32	1¼	63	75	30	8	43	110	4	11	0.00009
40	1½	73	84	36	9	51	120	4	11	0.00155
50	2	92	103	47	13	70	125	4	11	0.00298
65	2½	104	116	61	16	90	135	4	11	0.00484
80	3	127	138	72	19	106	145	4	11	0.00675
100	4	157	168	96	25	140	170	4	11	0.01171
125	5	185	197	122	31	175	180	4	11	0.01844
150	6	215	227	149	38	213	200	4	11	0.02725
200	8	269	281	198	51	284	230	4	11	0.04859
250	10	323	335	247	64	357	265	4	11	0.07660
300	12	381	392	296	76	426	300	4	11	0.10880
350	14	412	424	325	83	467	340	6	13	0.13110
400	16	469	481	376	96	535	375	6	13	0.17226
450	18	533	544	425	108	604	405	6	13	0.21883
500	20	584	595	473	120	672	435	6	13	0.27142
600	24	692	703	571	145	809	505	6	13	0.39356

Class600

公称直径		结构尺寸/mm								有效过滤
DN	NPS	D_1		D_2	d	L	H	T		面积/m^2
		RF	MFM/TG					RF	MFM/TG	
15	1/2	34	46	12	3	17	90	4	11	0.00017
20	3/4	42	54	16	4	24	100	4	11	0.00034
25	1	50	62	22	6	32	105	4	11	0.00061
32	1¼	63	75	30	8	43	110	4	11	0.00109
40	1½	73	84	36	9	51	120	4	11	0.00155
50	2	92	103	47	12	68	125	4	11	0.00275
65	2½	104	116	61	16	87	135	4	11	0.00454
80	3	127	138	72	19	105	145	4	11	0.00661
100	4	157	168	96	24	135	180	4	11	0.01092
125	5	185	197	122	30	168	205	4	11	0.01688
150	6	215	227	149	37	205	220	4	11	0.02521
200	8	269	281	198	48	270	250	4	11	0.04393
250	10	323	335	245	60	337	295	4	11	0.06842
300	12	381	392	293	72	403	320	4	11	0.09764
350	14	412	424	323	79	442	350	6	13	0.11734
400	16	469	481	371	91	507	390	6	13	0.15472
450	18	533	544	418	102	570	420	6	13	0.19514
500	20	584	595	466	114	636	455	6	13	0.24281
600	24	692	703	565	137	765	520	6	13	0.35119

8.5.6.7 篮式过滤器

篮式过滤器可分为双滤筒式和多滤筒式两种型式，其排放口（B1）和放空口（B2）的结构和尺寸见表8.5-46。

表 8.5-46 篮式过滤器的排放口（B1）和放空口（B2）

公称直径		排放口 B1	放空口 B2	LD/mm
DN	NPS	铸造制作型	焊接制作型	
65	2½			
80	3	NPT 3/4（DN20）	NPT 1/2（DN15）	
100	4			
125	5			120
150	6			
200	8	NPT 1（DN25）	NPT 3/4（DN20）	
250	10			
300	12			

注：若排放口 B1 和放空口 B2 采用管螺纹（Rc），应在订货合同中注明。

（1）双滤筒式篮式过滤器的结构和尺寸见表 8.5-47。

表 8.5-47 双滤筒式篮式过滤器

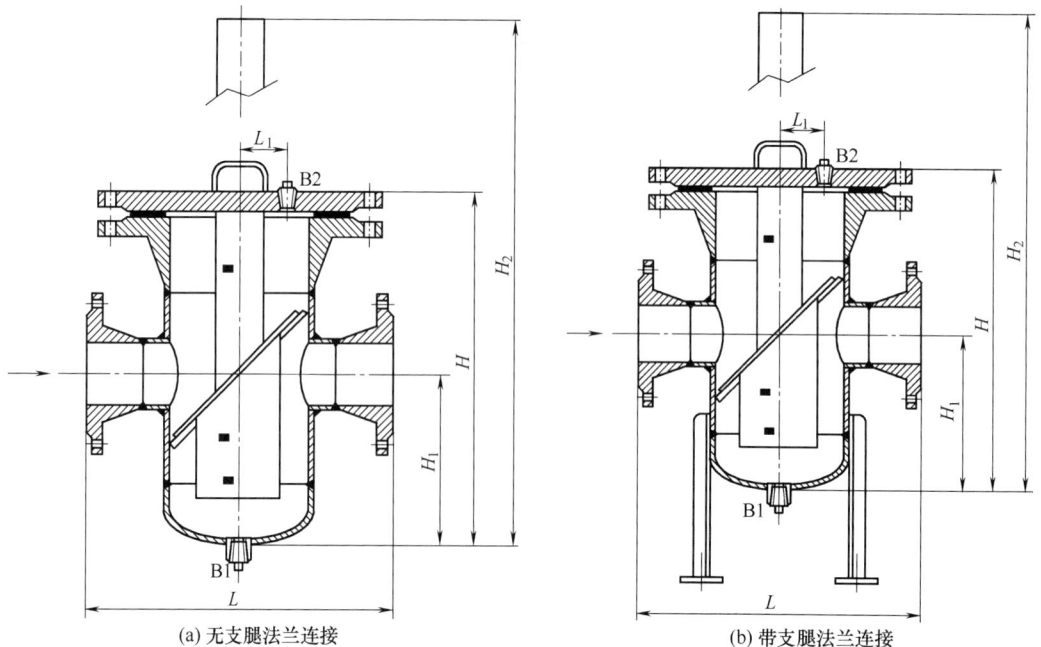

(a) 无支腿法兰连接　　　　　　　　(b) 带支腿法兰连接

续表

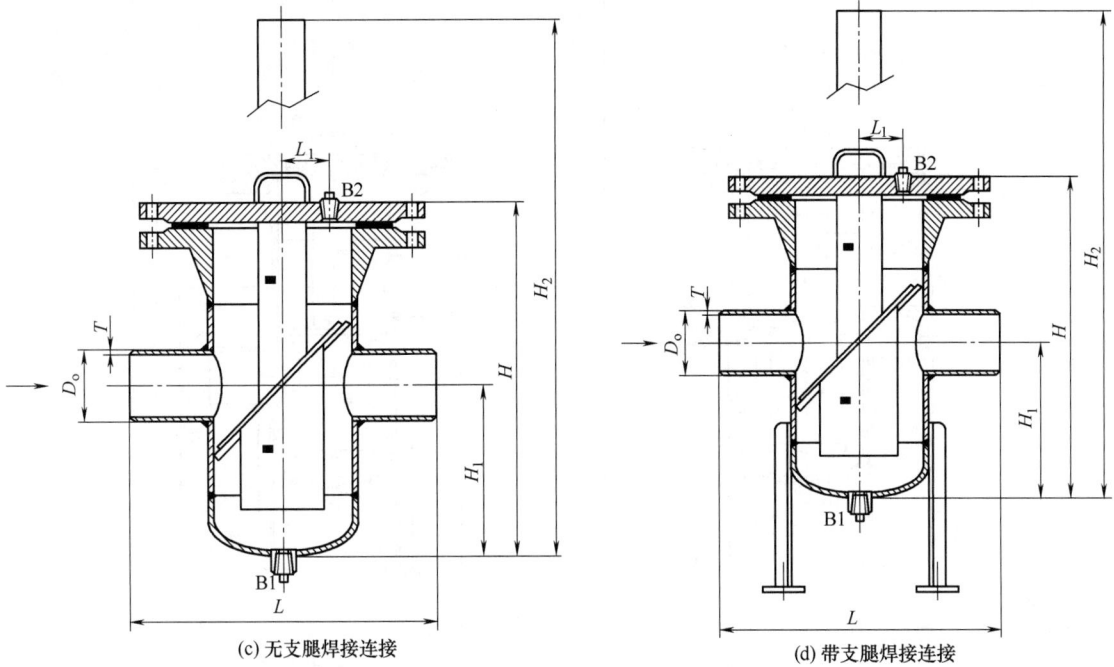

(c) 无支腿焊接连接　　　　　　　　　(d) 带支腿焊接连接

公称直径 DN	结构尺寸/mm								有效过滤 面积/m²
	L			H		H_1	H_2	L_1	
	PN10～ PN40	Class150～Class300		PN10～ PN40	Class150～ Class300				
		法兰连接	焊接连接						
65	373	410	222	364	373	174	637	40	0.0461
80	399	460	258	417	426	214	719	50	0.0690
100	459	530	320	508	514	272	881	70	0.1077
125	513	600	383	617	623	345	1079	90	0.1759
150	565	660	444	724	727	404	1276	120	0.2910
200	617	730	498	793	793	446	1397	135	0.4076
250	666	810	562	893	889	495	1544	150	0.5017
300	718	890	628	997	989	563	1739	160	0.6800

注：焊接连接双滤筒式篮式过滤器的焊接端部 D_o 和 T 由用户确定。

（2）多滤筒式篮式过滤器的结构和尺寸见表 8.5-48。

8.5.6.8　技术条件

（1）过滤器制作时，螺纹、法兰、法兰盖等的加工应符合相应标准的规定。

（2）用于过滤器制作的三通、管帽以及承插焊管件等应有质量证明文件，材料和壁厚等要求应与设计文件一致。

（3）用于过滤器制作的三通、管帽以及承插焊管件的壁厚偏差以及其它尺寸偏差应符合相应标准的规定。

（4）过滤器中对接焊缝应进行 100%射线检测或超声检测。射线检测应符合国家现行标准《承压设备无损检测　第 2 部分：射线检测》（NB/T 47013.2）的规定，技术等级应为 AB 级，Ⅱ 级为合格；超声检测应符合国家现行标准《承压设备无损检测　第 3 部分：超声检测》（NB/T 47013.3）的规定，技术等级应为 B 级，Ⅰ 级为合格。

（5）过滤器过滤面积的计算依据为滤网目数 30 目和遮挡率 55%；若设计条件与依据不一致，应重新计算过滤面积。

（6）过滤器成品的尺寸公差应符合表 8.5-49 的规定。

表 8.5-48　多滤筒式篮式过滤器

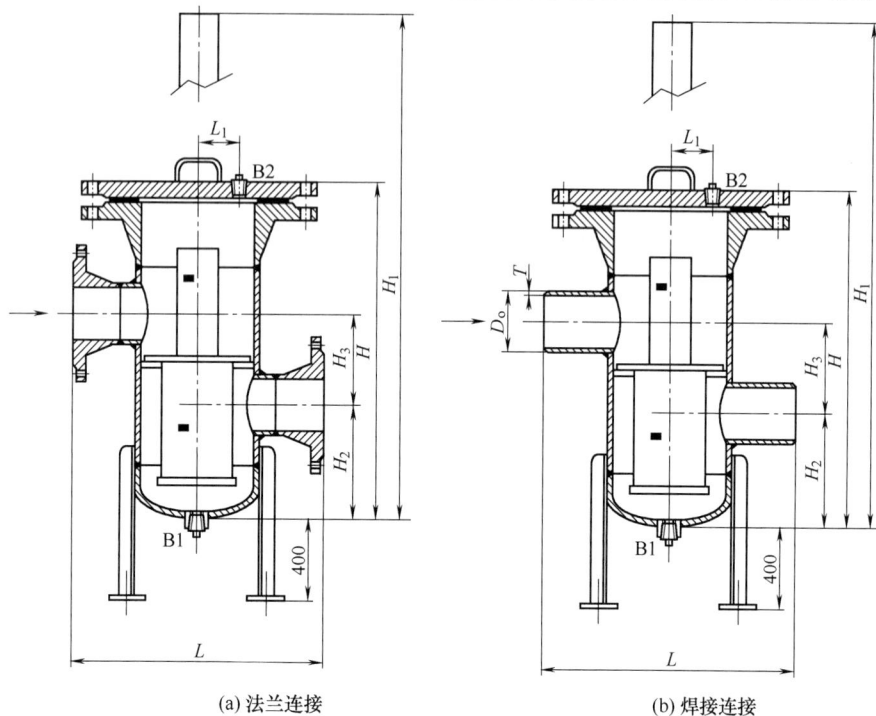

(a) 法兰连接　　　　　　　　　　(b) 焊接连接

法兰连接多滤筒式篮式过滤器 PN10～PN40

公称直径 DN	结构尺寸/mm						有效过滤面积/m²
	L	H	H_1	H_2	H_3	L_1	
65	459	554	975	198	129	70	0.1283
80	459	554	975	198	129	70	0.1283
100	513	687	1217	246	173	100	0.2861
125	513	687	1217	246	173	100	0.2861
150	575	794	1396	283	209	120	0.4487
200	706	976	1708	339	269	150	0.7944
250	798	1123	1969	392	332	160	1.1393
300	869	1272	2214	443	375	180	1.4846

焊接连接多滤筒式篮式过滤器 Class150～Class300

公称直径 DN	结构尺寸/mm								有效过滤面积/m²
	焊接端部		L	H	H_1	H_2	H_3	L_1	
	D_o	T							
65			490	560	975	198	129	70	0.1283
80			510	560	975	198	129	70	0.1283
100			580	693	1217	250	181	100	0.2861
125	用户确定		600	693	1217	250	181	100	0.2861
150			660	797	1396	288	218	120	0.4487
200			780	976	1708	339	269	150	0.7944
250			860	1115	1969	392	323	160	1.1393
300			940	1258	2214	443	375	180	1.4846

表 8.5-49　过滤器成品的尺寸公差

型式：SY1x（A:连接端部偏差）／ST1x·ST2x（B:接管垂直度）／ST3x／SD1x（C:接管同心度）／SD2x（D:接管平行度）

公称直径 DN	NPS	SY1x 总长 L	SY1x 连接面 a	SY1x 接管长 L	SY1x 接管高 H	ST1x/ST2x 连接面 a	ST1x/ST2x 垂直度 b	ST1x/ST2x 总长 L	ST3x 连接面 a	ST3x 垂直度 b	ST3x 总长 L	SD1x 连接面 a	SD1x 垂直度 b	SD1x 同心度 c	SD1x 总长 L	SD2x 接管高 H	SD2x 连接面 a	SD2x 垂直度 b	SD2x 平行度 d
15	1/2	±2	±1	±2	±2	±1	±2	±2	±1	±2	±4	±1	±2	—	—	—	—	—	—
20	3/4	±2	±1	±2	±2	±1	±2	±2	±1	±2	±4	±1	±2	—	—	—	—	—	—
25	1	±2	±1	±2	±2	±1	±2	±2	±1	±2	±4	±1	±2	—	—	—	—	—	—
32	1¼	±2	±1	±2	±2	±1	±2	±2	±1	±2	±4	±1	±2	—	—	—	—	—	—
40	1½	±2	±1	±2	±2	±1	±2	±2	±1	±2	±4	±1	±2	—	—	—	—	—	—
50	2	±3	±1	±2	±2	±1	±3	±2	±1	±3	±4	±1	±3	±2	±4	±2	±1	±3	±2
65	2½	±3	±1	±2	±2	±1	±3	±2	±1	±3	±4	±1	±3	±2	±4	±2	±1	±3	±2
80	3	±3	±1	±2	±2	±1	±3	±2	±1	±3	±4	±1	±3	±2	±4	±2	±1	±4	±2
100	4	±3	±1	±2	±2	±1	±3	±2	±1	±3	±4	±1	±3	±2	±4	±3	±2	±4	±3
125	5	±4	±2	±3	±3	±2	±4	±2	±2	±4	±4	±2	±4	±2	±4	±3	±2	±4	±3
150	6	±4	±2	±3	±3	±2	±4	±2	±2	±4	±4	±2	±4	±2	±4	±3	±2	±4	±3
200	8	±4	±2	±3	±3	±2	±4	±2	±2	±4	±4	±2	±4	±2	±5	±3	±2	±4	±3
250	10	±4	±2	±3	±3	±2	±4	±2	±2	±4	±4	±2	±4	±2	±5	±3	±2	±4	±3
300	12	±4	±2	±3	±3	±2	±4	±2	±2	±4	±4	±2	±4	—	—	—	—	—	—
350	14	±4	±2	±4	±4	±3	±5	±2	±3	±5	±5	±3	±5	—	—	—	—	—	—
400	16	±4	±2	±4	±4	±3	±5	±2	±3	±5	±5	±3	±5	—	—	—	—	—	—
450	18	±4	±2	±4	±4	±3	±5	±2	±3	±5	±5	±3	±5	—	—	—	—	—	—
500	20	±4	±2	±4	±4	±3	±5	±2	±3	±5	±5	±3	±5	—	—	—	—	—	—
600	24	±4	±2	±4	±4	±3	±5	±2	±3	±5	±5	±3	±5	—	—	—	—	—	—

8.5.7　金属软管（SH/T 3412—2017）

8.5.7.1　术语和定义

（1）金属软管　柔性体和接头的组合。金属软管分为通用型金属软管、抗震型金属软管和低温型金属软管。

（2）柔性体　波纹管或波纹管和网套的组合。

（3）接头　用于与管道连接的结构件。结构件由短管和连接件组成，连接型式分为法兰型、管螺纹型和接管型。

（4）网套　波纹管外表面的金属编织物。

（5）通用型金属软管　一般场合使用的金属软管，柔性体一般由波纹管和钢丝网套组成。

（6）抗震型金属软管　用于储罐进、出口管路，柔性体一般由波纹管和钢带网套组成，并根据需要在波纹管的波谷里加装铠装环。

（7）低温型金属软管　用于输送低温介质，一般为双层柔性体结构，柔性体之间需抽真空。

（8）弯曲半径　按软管轴线测量的弯曲圆弧半径。

（9）静态弯曲半径　软管在一次弯曲下工作所允许的弯曲半径。

（10）动态弯曲半径　软管在反复弯曲下工作所允许的弯曲半径。

（11）最小结构长度　指金属软管具有一定柔性时的最小长度。

8.5.7.2　基本规定

（1）金属软管的设计温度应与所连接管道系统的设计温度一致。

（2）金属软管的公称压力不应低于所连接管道的设计压力。

（3）金属软管的公称压力指在常温时可使用的最大工作压力，金属软管在不同温度下的最大工作压力应按 SH/T 3412—2017 附录 A 进行修正。

（4）金属软管的接头型式、规格应符合国家现行标准的有关规定。

（5）金属软管接头的选择应符合下列规定：

① 接头为法兰连接时，其公称压力、密封面形式应与所连接管道的法兰相匹配。

② 接头为直管连接时，其管道规格及材质应与所连接管道一致。

③ 接头为螺纹连接时，可采用 60°或 55°锥管外螺纹。60°锥管外螺纹应符合现行国家标准《60°密封管螺纹》（GB/T 12716）的规定，55°锥管外螺纹应符合现行国家标准《55°密封管螺纹　第 2 部分：圆锥内螺纹与圆锥外螺纹》（GB/T 7306.2）的规定。

8.5.7.3　金属软管的选用

（1）金属软管的选用，应满足介质特性、使用条件、设备及管道布置、现场自然条件、管道公称直径和最大位移量等的要求。

（2）金属软管选用应符合下列规定：

① 为补偿管道位移、吸收振动等，宜选用通用型金属软管；

② 储罐进出口管道宜选用抗震型金属软管；

③ 介质操作温度低于 −20℃，或有控制冷量损失要求时，宜选用低温型金属软管。

（3）金属软管的长度应根据用途、安装形式，按 SH/T 3412—2017 附录 B 的相关公式计算确定。

（4）金属软管的选用长度不得小于金属软管的最小结构尺寸，其最小结构尺寸应符合表 8.5-50～表 8.5-52 的规定。

（5）金属软管选用时，其最小弯曲半径不应小于 SH/T 3412—2017 附录 D 中的最小弯曲半径，其弯曲次数不应大于表 8.5-53 中的最少弯曲次数。

表 8.5-50　通用型金属软管最小结构尺寸　　　　　　　　　　单位：mm

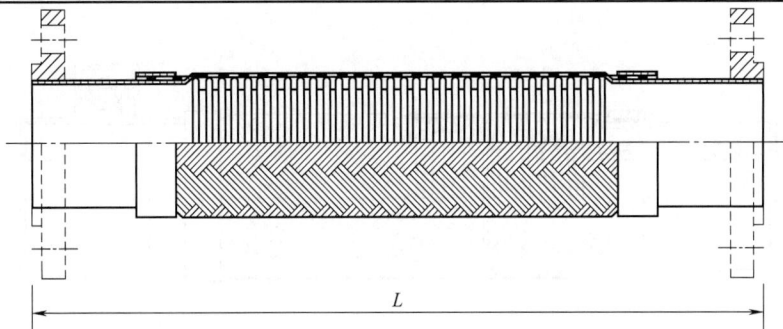

公称直径 DN	最小结构长度 L	公称直径 DN	最小结构长度 L
15	200	200	500
20	200	250	600
25	200	300	700
(32)	250	350	700
40	300	400	800
50	300	450	900
(65)	350	500	900
80	350	600	1000
100	400	700	1100
(125)	400	800	1200
150	500		

注：括号内的公称直径不推荐采用。

表 8.5-51　抗震金属软管最小结构尺寸　　　　　　　　　　单位：mm

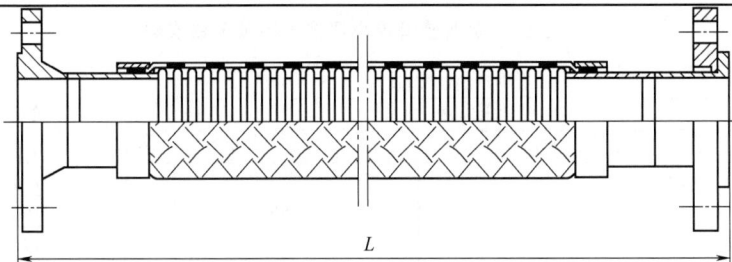

公称直径 DN	公称压力 PN	最大径向位移量							
		50	100	150	200	250	300	350	400
		金属软管全长 L							
40		500	700	900	1000	1100	1200	1300	1400
50		600	800	1000	1100	1200	1300	1400	1500
(65)		700	900	1100	1200	1300	1400	1500	1600
80		800	1000	1200	1300	1400	1500	1600	1700
100		900	1200	1300	1500	1600	1700	1800	1900
(125)		1000		1400	1600	1700	1900	2000	2100
150	≤2.5		1300	1500		1800		2100	2200
200		1200	1500	1700	1800	2000	2200	2400	2500
250		1300	1700	1900	2100	2300	2500	2700	2900
300		1500	1900	2200	2400	2600	2800	3000	3200
350		1600	2000	2300	2600	2800	3000	3200	3400
400 450		1700	2100	2500	2800	3100	3300	3600	3800
500		1800	2200	2600	2900	3200	3400	3700	4000
600		1900	2400	2800	3100	3400	3700	3900	4200
700	≤2.0	2100	2600	3000	3400	3600	4000	4200	4500
800	≤1.6	2400	2900	3300	3700	4000	4400	4600	4800

注：1. 表中所列软管的长度为参考尺寸，实际长度应按相应计算公式进行计算校核。

2. 括号内的公称直径不推荐采用。

表 8.5-52　低温金属软管最小结构尺寸

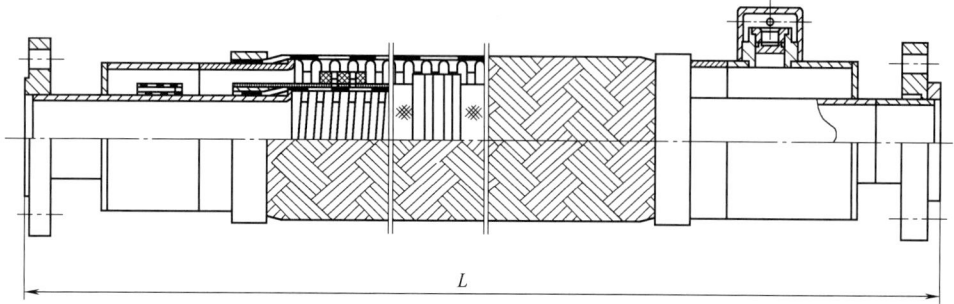

内管公称直径 DN₁	外管公称直径 DN₂	公称压力 PN	真空度 /Pa	泄漏率 /(Pa·m³/s)	金属软管全长 L/mm
50	80				500
(65)	100				600
80	125	≤4.0	≥1.33×10⁻²	≤2×10⁻⁹	700
100	200				900
150	250				1000
200	300				1500

注：括号内的公称直径不推荐采用。

表 8.5-53　金属软管最小弯曲半径及弯曲次数

| 公称直径
DN | 最少弯曲次数/次 | | | | | | | | | 最小弯曲半径/mm | |
| | 设计压力 P_s/MPa | | | | | | | | | 静态
R_j | 动态
R_d |
	0.6	1.0	1.6	2.0	2.5	4.0	5.0	6.3	10.0		
15										120	270
20			50000				15000			160	360
25										175	400
(32)										225	510
40						8000				280	640
50										350	800
(65)										390	845
80										480	1000
100										600	1200
(125)										750	1500
150			4000							900	1800
200										1000	2000
250										1250	2500
300										1500	3000
350										1750	3500
400										2000	4000
450			2000							2250	4500
500										2500	5000
600										3000	6000
700										3500	7000
800										4000	8000

注：括号内的公称直径不推荐采用。

8.5.8 安全喷淋洗眼器 (HG/T 20570.14—1995)

8.5.8.1 安全喷淋洗眼器设置原则

(1) 应用范围 具有对人体有灼伤（俗称腐蚀），对人体皮肤（包括黏膜和眼睛）有刺激、渗透，容易被皮肤组织吸收而损害内部器官组织（俗称有毒）的化学品的化工装置，要设置应急喷淋洗眼器（习惯称安全喷淋洗眼器）的人身防护应急措施。设置场所和位置如下。

① 安全喷淋洗眼器的设置位置与可能发生事故点的距离，与使用或生产的化学品的毒性、腐蚀性及其温度有关，通常由工艺提出设置点和要求。

a. 一般性有毒、有腐蚀性的化学品的生产和使用区域内，包括装卸、储存和分析取样点附近、安全洗眼器按 20～30m 距离设置一站。

b. 在剧毒、强腐蚀及温度高于 70℃ 的化学品以及酸性、碱性物料的生产和使用区内，包括装卸、储存、分析取样点附近，需要设置安全喷淋洗眼器，其位置设置在离事故发生处（危险处）3～6m，但不得小于 3m，并应避开化学品喷射方向布置，以免事故发生时影响它的使用。

② 化学分析试验室中，有使用频繁的有毒、有腐蚀试剂，并有可能发生对人体损伤的岗位，要设置安全喷淋洗眼器。

③ 电瓶充电室附近应设置安全喷淋洗眼器。

④ 安全喷淋洗眼器应设置在通畅的通道上，多层厂房一般布置在同一轴线附近或靠近出口处。

(2) 设计条件

① 水质要求：使用生活用水（饮用水）。无生活用水处，应使用过滤水。

② 水压 0.2～0.4MPa（表）。

③ 水温 10～35℃ 为宜。

④ 水量：安全喷淋器最小水流量为 114L/min（安装在实验室的安全喷淋器最小水流量 76L/min），安全洗眼器最小水流量 12L/min（每用一次需要冲水洗 15min）。水量要求连续而充足地供应。

⑤ 每星期至少试用两次。

(3) 设计要求

① 安全喷淋洗眼器尽量与经常流动的给水管道相连接，该连接管道要求最短。

② 安全喷淋器的喷淋头（不是组装产品），安装高度以 2.0～2.4m 为宜。

③ 当给水的水质较差（指含有固体物），则在安全洗眼器前加一个过滤器，过滤网采用 80 目。

④ 安全喷淋洗眼器的给水管道应采用镀锌钢管。

⑤ 在寒冷地区选用埋地式安全喷淋洗眼器，它的进水口与排水口的位置必须在冻土层以下 200mm。

⑥ 如果需要使用温水（15～35℃），则选用电热式安全喷淋洗眼器。

8.5.8.2 安全喷淋洗眼器性能参数 (表 8.5-54)

表 8.5-54 安全喷淋洗眼器性能参数

序号	型号	名　称	供水表压/MPa	供水流量/(L/s)	连接尺寸（内螺纹）	安装方式	使用特点
1	X-Ⅰ	安全喷淋洗眼器	0.2～0.4	2～3	1½″（或 1¼″）	地脚螺钉固定	本设备中滞留积水,适用于气候较温暖的地区
2	X-X-Ⅰ	安全洗眼器	0.2～0.4	0.2～0.3	1½″（或 1¼″）	地脚螺钉固定	
3	X-L-Ⅰ	安全喷淋器	0.2～0.4	2～3	1½″（或 1¼″）	地脚螺钉固定	
4	X-H	安全喷淋洗眼器	0.2～0.4	2～3	1½″（或 1¼″）	地脚螺钉固定	本设备中的水能自行排净,适用于气温较低地区
5	X-X-Ⅱ	安全洗眼器	0.2～0.4	0.2～0.3	1½″（或 1¼″）	地脚螺钉固定	
6	X-L-Ⅱ	安全喷淋器	0.2～0.4	2～3	1½″（或 1¼″）	地脚螺钉固定	
7	X-Ⅱ	埋地式安全喷淋洗眼器	0.2～0.4	2～3	1½″（或 1¼″）	进水位于冻土层以下 200mm,排水口的周围约 0.5m 内堆 φ10～30mm 卵石	采用三通球阀作进水总阀,关闭进水口即开启排水口,适用于较寒冷的地区
8	XD-Ⅰ	电热式安全喷淋洗眼器	0.2～0.4	2～3	1½″（或 1¼″）	出水温度 15～35℃,220V,80～100W,地脚螺钉固定	用电热带加热,温控仪控制温度,适用于气候较寒冷的地区

8.5.9 管道混合器（HG/T 20570.20—1995）

8.5.9.1 静态混合器的应用类型

（1）应用范围 静态混合器应用于液-液、液-气、液-固、气-气的混合、乳化、中和、吸收、萃取、反应和强化传热等工艺过程，可以在很宽的流体黏度范围（约 10^6 mPa·s）以内，在不同的流型（层流、过渡流、湍流、完全湍流）状态下应用，既可间歇操作，也可连续操作，且容易直接放大。以下分类简述。

① 液-液混合。从层流至湍流或黏度比大到 $1:10^6$ 的流体都能达到良好混合，分散液滴最小直接可达到 $1\sim2\mu m$，且大小分布均匀。

② 液-气混合。液-气两相组分可以造成相界面的连续更新和充分接触，从而可以代替鼓泡塔或部分筛板塔。

③ 液-固混合。少量固体颗粒或粉末（固体占液体体积的 5％左右）与液体在湍流条件下，强制固体颗粒或粉末充分分散，达到液体的萃取或脱色作用。

④ 气-气混合。冷、热气体掺混，不同组分气体的混合。

⑤ 强化传热。静态混合器的给热系数与空管相比，对于给热系数很小的热气体冷却或冷气体加热，气体的给热系数提高 8 倍；对于黏性流体加热提高 5 倍；对于大量不凝性气体存在下的冷凝提高到 8.5 倍；对于高分子熔融体可以减少管截面上熔融体的温度和黏度梯度。

（2）结构类型

① 按行业标准《静态混合器》（JB/T 7660—2016）的规定，SV 型、SK 型、SX 型、SL 型、SH 型五种类型的静态混合器见表 8.5-55。

表 8.5-55 混合器的型式

类型	示意图	单元结构
SV 型混合器		采用薄钢板或钢带轧制成波纹片，组合成圆柱形单元
SK 型混合器		由左、右扭转 180°的螺旋片按 90°交叉焊接而成
SX 型混合器		采用相互交叉 90°的单元片焊接而成，组合时相邻两单元 90°交叉
SL 型混合器		采用相互交叉 60°的单元片焊接而成，组合时相邻两单元 90°交叉
SH 型混合器		由双孔道单元组成，单元之间设有分配室，双孔道内装入左、右扭转 180°的螺旋片

② 由于混合单元内件结构各有不同，应用场合和效果亦各有差异，选用时应根据不同应用场合和技术要求进行选择。

③ 五类静态混合器产品用途见表8.5-56。

表 8.5-56　五类静态混合器产品用途表

型号	产品用途
SV	适用于黏度≤10^2mPa·s 的液-液、液-气、气-气的混合、乳化、反应、吸收、萃取、强化传热过程。当 d_h（单元水力直径，mm）≤3.5，适用于清洁介质；当 d_h≥5，应用介质可伴有少量非黏结性杂质
SX	适用于黏度≤10^4mPa·s 的中高黏液-液混合，反应吸收过程或生产高聚物流体的混合、反应过程,处理量较大时使用效果更佳
SL	适用于化工、石油、油脂等行业、黏度≤10^6mPa·s 或伴有高聚物流体的混合，同时进行传热、混合和传热反应的热交换器，加热或冷却黏性产品等单元操作
SH	适用于精细化工、塑料、合成纤维、矿冶等部门的混合、乳化、配色、注塑纺丝、传热等过程。对流量小、混合要求高的中、高黏度（≤10^4mPa·s）的清洁介质尤为适合
SK	适用于化工、石油、炼油、精细化工、塑料挤出、环保、矿冶等部门的中、高黏度（≤10^6mPa·s）流体或液-固混合、反应、萃取、吸收、塑料配色、挤出、传热等过程。对小流量并伴有杂质的黏性介质尤为适用

④ 五类静态混合器性能比较见表8.5-57。

表 8.5-57　五类静态混合器产品性能比较表

内　容	SV 型	SX 型	SL 型	SH 型	SK 型	空管
分散、混合效果[①]（强化倍数）	8.7～15.2	6.0～14.3	2.1～6.9	4.7～11.9	2.6～7.5	1
适用介质情况（黏度 mPa·s）	清洁流体 ≤10^2	可伴杂质的流体≤10^4	可伴杂质的流体≤10^6	清洁流体 ≤10^4	可伴杂质的流体≤10^6	—
压力降比较（Δp 倍数）			$\dfrac{\Delta p_{ak}}{\Delta p_{空管}}$=7～8 倍			
层流状态压力降（Δp 倍数）	18.6～23.5[②]	11.6	1.85	8.14	1	—
完全湍流压力降（Δp 倍数）	2.43～4.47	11.1	2.07	8.66	1	—

① 分散、混合效果也就是强化倍数，比较条件是相同介质、长度（混合设备）、规格相同或相近，不考虑压力降的情况下，流速取 0.15～0.6m/s 时与空管比较的强化倍数。

② 18.6 倍是指 d_h≥5 时的 Δp，23.5 倍是指 d_h<5 时的 Δp。

8.5.9.2　静态混合器的设计计算

（1）流型选择　根据流体物性、混合要求来确定流体流型。流型受表观的空管内径流速控制。

① 对于中、高黏度流体的混合、传热、慢化学反应，适宜于层流条件操作，流体流速控制在 0.1～0.3m/s。

② 对于低、中黏度流体的混合、萃取、中和、传热、中速反应，适宜于过渡流或湍流条件下工作，流体流速控制在 0.3～0.8m/s。

③ 对于低黏度难混合流体的混合、乳化、快速反应、预反应等过程，适宜于湍流条件下工作，流体流速控制在 0.8～1.2m/s。

④ 对于气-气、液-气的混合、萃取、吸收、强化传热过程，控制气体流速在 1.2～14m/s 的完全湍流条件下工作。

⑤ 对于液-固混合、萃取，适宜于湍流条件下工作，设计选型时，原则上取液体流速大于固体最大颗粒在液体中的沉降速度。固体颗粒在液体中的沉降速度用斯托克斯（Stokes）定律来计算：

$$V_{颗粒}=d^2 g\left(\frac{\rho_{颗粒}}{\rho_{液体}}-1\right)\bigg/18\sqrt{\mu} \tag{8.5-3}$$

式中　$V_{颗粒}$——沉降速度，m/s；

d——颗粒最大直径，m；

$\rho_{颗粒}$、$\rho_{液体}$——操作工况条件下，颗粒、液体的密度，kg/m^3；

μ——操作工况条件下的液体动力黏度，mPa·s；

g——重力加速度，9.81m/s^2。

（2）混合效果与长度　静态混合器长度的确定：一是由工艺本身的要求，二是通过基础实验和实际应用经验来确定（以上所列混合效果与混合器长度的关系是指液-液、液-气、液-固混合过程的数据，对于气-气混合过程，其混合比较容易，在完全湍流情况下 $L/D=2\sim5$ 即可）。

① 湍流条件下，混合效果与混合器长度无关，也就是在给定混合器长度后再增加长度，其混合效果不会有明显的变化。推荐长度与管径之比 $L/D=7\sim10$（SK 型混合长度相当于 $L/D=10\sim15$）。

② 过渡流条件下，推荐长度与管径之比 $L/D=10\sim15$。

③ 层流条件下，混合效果与混合器长度有关，一般推荐长度为 $L/D=10\sim30$。

④ 对于既要混合均匀，又要尽快分层的萃取过程，在控制流型情况下，混合器长度取 $L/D=7\sim10$。

⑤ 流体的连续相与分散相的体积百分比和黏度比关系，如果相差悬殊，混合效果与混合器长度有关，一般取上述推荐长度的上限（大值）。

⑥ 对于乳化、传质、传热的过程，混合器长度应根据工艺要求另行确定。

（3）压力降计算　对于系统压力较高的工艺过程，静态混合器产生的压力降相对比较小，对于工艺压力不会产生大的影响。但对系统压力较低的工艺过程，设置静态混合器要进行压力降计算，以适应工艺要求。

① SV 型、SX 型、SL 型压力降计算公式：

$$\Delta p = f\frac{\rho_c}{2\varepsilon^2}u^2\frac{L}{d_h} \tag{8.5-4}$$

$$Re_\varepsilon = \frac{d_h\rho_c u}{\mu\varepsilon} \tag{8.5-5}$$

水力直径（d_h）定义为混合单元空隙体积的 4 倍与润湿表面积（混合单元和管壁面积）之比：

$$d_h = 4\left(\frac{\pi}{4}D^2L - \Delta A\delta\right)\Big/(2\Delta A + \pi DL) \tag{8.5-6}$$

式中　Δp——单位长度静态混合器压力降，Pa；

f——摩擦系数；

ρ_c——工作条件下连续相流体密度，kg/m^3；

u——混合流体流速（以空管内径计），m/s；

ε——静态混合器空隙率，$\varepsilon=1-A\delta$；

d_h——水力直径，m；

Re_ε——雷诺数；

μ——工作条件下连续相黏度，$Pa\cdot s$；

L——静态混合器长度，m；

ΔA——混合单元总单面面积，m^2；

A——SV 型，每立方米体积中混合单元单面面积，m^2/m^3，见表 8.5-58；

δ——混合单元材料厚度，m，一般 $\delta=0.0002m$；

D——管内径，m。

摩擦系数（f）与雷诺数（Re_ε）的关系式见表 8.5-59 和图 8.5-5 所示。

表 8.5-58　水力直径（d_h）与单位体积中混合单元单面面积的关系

d_h/mm	2.3	3.5	5	7	15	20
$A/(m^2/m^3)$	700	475	350	260	125	90

表 8.5-59　SV 型、SX 型、SL 型静态混合器 f 与 Re_ε 关系式表

混合器类型		SV-2.3/D	SV-3.5/D	SV-5~15/D	SX 型	SL 型
层流区	范围	$Re_\varepsilon\leqslant23$	$Re_\varepsilon\leqslant23$	$Re_\varepsilon\leqslant150$	$Re_\varepsilon\leqslant13$	$Re_\varepsilon\leqslant10$
	关系式	$f=139/Re_\varepsilon$	$f=139/Re_\varepsilon$	$f=150/Re_\varepsilon$	$f=235/Re_\varepsilon$	$f=156/Re_\varepsilon$
过渡区	范围	$23<Re_\varepsilon\leqslant150$	$23<Re_\varepsilon\leqslant150$	—	$13<Re_\varepsilon\leqslant70$	$10<Re_\varepsilon\leqslant100$
	关系式	$f=23.1Re_\varepsilon^{-0.428}$	$f=43.7Re_\varepsilon^{-0.631}$	—	$f=74.7Re_\varepsilon^{-0.476}$	$f=57.7Re_\varepsilon^{-0.568}$
湍流区	范围	$150<Re_\varepsilon\leqslant2400$	$150<Re_\varepsilon\leqslant2400$	$Re_\varepsilon>150$	$70<Re_\varepsilon\leqslant2000$	$100<Re_\varepsilon\leqslant3000$
	关系式	$f=14.1Re_\varepsilon^{-0.329}$	$f=10.3Re_\varepsilon^{-0.351}$	$f\approx1.0$	$f=22.3Re_\varepsilon^{-0.194}$	$f=10.8Re_\varepsilon^{-0.205}$
完全湍流区	范围	$Re_\varepsilon>2400$	$Re_\varepsilon>2400$	—	$Re_\varepsilon>2000$	$Re_\varepsilon>3000$
	关系式	$f\approx1.09$	$f\approx0.702$	—	$f\approx5.11$	$f\approx2.10$

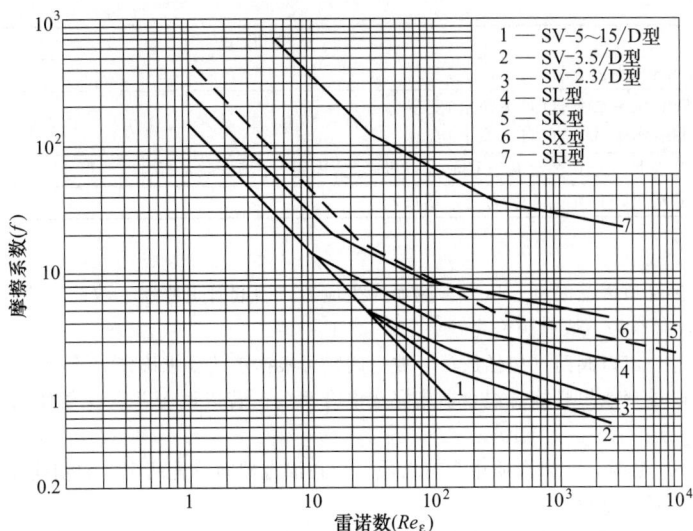

图 8.5-5　各种类型静态混合器摩擦系数（f）与雷诺数（Re_ε）的关系图

② SH 型、SK 型压力降计算公式

$$\Delta p = f \frac{\rho_c}{2} u^2 L/D \tag{8.5-7}$$

$$Re_D = D\rho_c u / \mu \tag{8.5-8}$$

摩擦系数（f）与雷诺数（Re_D）关系式见表 8.5-60 和图 8.5-5 所示。关系式的压力降计算值允许偏差±30％，适用于液-液、液-气、液-固混合。

表 8.5-60　SH 型、SK 型静态混合器 f 与 Re_D 关系式表

混合器类型		SH 型	SK 型
层流区	范围关系式	$Re_D \leqslant 30$　$f = 3500/Re_D$	$Re_D \leqslant 23$　$f = 430/Re_D$
过渡流区	范围关系式	$30 < Re_D \leqslant 320$　$f = 646 Re_D^{-0.503}$	$23 < Re_D \leqslant 300$　$f = 87.2 Re_D^{-0.491}$
湍流区	范围关系式	$Re_D > 320$　$f = 80.1 Re_D^{-0.141}$	$300 < Re_D \leqslant 11000$　$f = 17.0 Re_D^{-0.205}$
完全湍流区	范围关系式	—	$Re_D > 11000$　$f \approx 2.53$

③ 气-气混合压力降计算公式。气-气混合一般均采用 SV 型静态混合器，其压力降与静态混合器长度和流速成正比，与混合单元水力直径成反比。对不同规格 SV 型静态混合器测试，关联成以下经验计算公式：

$$\Delta p = 0.0502 (u \sqrt{\rho_c})^{1.5339} \frac{L}{d_h} \tag{8.5-9}$$

式中　Δp——单位长度静态混合器压力降，Pa；

　　　u——混合气体工作条件下的流速，m/s；

　　　ρ_c——工作条件下混合气体密度，kg/m³；

　　　L——静态混合器长度，m；

　　　d_h——水力直径，m。

8.5.9.3　静态混合器的应用安装（HG/T 20570.20—1995）

（1）安装形式　五大系统静态混合器安装于工艺管线时，应尽量靠近二股或多股流体初始分配处。除特殊注明外，通常设备两端均可作进、出口。由于本规定所述的五大系列产品使用于不同场合，因此安装形式也有一定的差异，见表 8.5-61。

表 8.5-61　静态混合器安装形式

型　号	安　装　形　式
SV	气-液相：垂直安装（并流） 液-气相：水平或垂直（自下而上）安装 气-气相：水平或垂直（气相密度差小，方向不限）安装

续表

型　号	安　装　形　式
SX	液-液相：水平或垂直（自下向上）安装
SL	液-液相：水平或垂直（自下而上）安装 液-固相：水平或垂直（自上而下）安装
SH	两端法兰尺寸按产品公称直径放大一级来定，采用 SL 型安装形式
SK	以可拆内件不固定的一端为进口端

（2）注意事项

① 设计工况下连接管道因受温度、压力影响而产生应力，引起管道膨胀、收缩，应在系统管道本身解决。计算时，可将静态混合器作为一段管道来考虑。

② 静态混合器的进、出口阀门（包括放尽、放空阀）可根据工艺要求确定。

③ 工程设计一般以单台或串联静态混合器来完成混合目的。若以两台并联操作使用时，配管设计应确保流体分配均匀。

④ 当使用小规格 SV 型时，如果介质中含有杂质，应在混合器前设置两个并联切换操作的过滤器，滤网规格一般选用 40～20 目不锈钢滤网。

⑤ 静态混合器上尽量不安装流量、温度、压力等指示仪表和检测点，特殊情况在订货时出图指明。

⑥ 对于需要在混合器外壳设置换热夹套管时，应在订货时加以说明。

⑦ 静态混合器连接法兰，采用相应的化工行业标准。特殊要求订货时注明。

⑧ 清洗：拆卸后从出口进水冲洗，如遇胶聚物，采用溶剂浸泡或竖起来加热熔解。

（3）设计参数

表 8.5-62～表 8.5-66 中所列参数仅指单位长度内参数，不影响外形设计。各表中所列处理量是指较低黏度流体混合的常规量，对于萃取、反应等处理量参阅"8.5.9.2 静态混合器的设计计算"规定由设计流速确定，对于气-气混合，按工程设计流量确定。

表 8.5-62　SV 型参数表

选型参数 型号	公称直径(DN)	水力直径(d_h) /mm	空隙率 (ε)	混合器长度 (L)/mm	处理量(V) /(m³/h)
SV-2.3/20	20	2.3	0.88	1000	0.5～1.2
SV-2.3/25	25	2.3	0.88	1000	0.9～1.8
SV-3.5/32	32	3.5	0.909	1000	1.4～2.8
SV-3.5/40	40	3.5	0.909	1000	2.2～4.4
SV-3.5/50	50	3.5	0.909	1000	3.5～7.0
SV-5/80	80	5	约1.0	1000	9.0～18.0
SV-5/100	100	5	约1.0	1000	14～28
SV-5～7/150	150	5～7	约1.0	1000	30～60
SV-5～15/200	200	5～15	约1.0	1000	56～110
SV-5～20/250	250	5～20	约1.0	1000	88～176
SV-7～30/300	300	7～30	约1.0	1000	120～250
SV-7～30/500	500	7～30	约1.0	1000	353～706
SV-7～50/1000	1000	7～50	约1.0	1000	1413～2826

表 8.5-63　SX 型参数表

选型参数 型号	公称直径(DN)	水力直径(d_h) /mm	空隙率 (ε)	混合器长度 (L)/mm	处理量(V) /(m³/h)
SX-12.5/50	50	12.5	约1.0	1000	3.5～7.0
SX-20/80	80	20	约1.0	1000	9.0～18.0
SX-25/100	100	25	约1.0	1000	14～28
SX-37.5/150	150	37.5	约1.0	1000	30～60
SX-50/200	200	50	约1.0	1000	56～110
SX-62.5/250	250	62.5	约1.0	1000	88～176
SX-75/300	300	75	约1.0	1000	125～250
SX-125/500	500	125	约1.0	1000	353～706
SX-250/1000	1000	250	约1.0	1000	1413～2826

表 8.5-64 SL 型参数表

选型参数 型号	公称直径(DN)	水力直径(d_h) /mm	空隙率 (ε)	混合器长度 (L)/mm	处理量(V) /(m³/h)
SL-12.5/25	25	12.5	0.937	1000	0.7～1.4
SL-25/50	50	25	0.937	1000	3.5～7.0
SL-40/80	80	40	约 1.0	1000	9～18
SL-50/100	100	50	约 1.0	1000	14～28
SL-75/150	150	75	约 1.0	1000	30～60
SL-100/200	200	100	约 1.0	1000	56～110
SL-125/250	250	125	约 1.0	1000	88～176
SL-150/300	300	150	约 1.0	1000	125～250
SL-250/500	500	250	约 1.0	1000	357～706

表 8.5-65 SH 型参数表

选型参数 型号	公称直径(DN)	水力直径(d_h) /mm	空隙率 (ε)	混合器长度 (L)/mm	处理量(V) /(m³/h)
SH-3/15	15	3	约 1.0	1000	0.1～0.2
SH-4.5/20	20	4.5	约 1.0	1000	0.2～0.4
SH-7/30	30	7	约 1.0	1000	0.5～1.1
SH-12/50	50	12	约 1.0	1000	1.6～3.2
SH-19/80	80	19	约 1.0	1000	4.0～8.0
SH-24/100	100	24	约 1.0	1000	6.5～13
SH-49/200	200	49	约 1.0	1000	26～52

表 8.5-66 SK 型参数表

选型参数 型号	公称直径(DN)	水力直径(d_h) /mm	空隙率 (ε)	混合器长度 (L)/mm	处理量(V) /(m³/h)
SK-5/10	10	5	约 1.0	1000	0.1～0.3
SK-7.5/15	15	7.5	约 1.0	1000	0.3～0.6
SK-10/20	20	10	约 1.0	1000	0.6～1.2
SK-12.5/25	25	12.5	约 1.0	1000	0.9～1.8
SK-25/50	50	25	约 1.0	1000	3.5～7.0
SK-40/80	80	40	约 1.0	1000	9.0～18
SK-50/100	100	50	约 1.0	1000	14～24
SK-75/150	150	75	约 1.0	1000	30～60
SK-100/200	200	100	约 1.0	1000	56～110
SK-125/250	250	125	约 1.0	1000	88～176
SK-150/300	300	150	约 1.0	1000	120～250

9 常用金属法兰

9.1 法兰选用依据

9.1.1 法兰选用（GB 50316—2008）

9.1.1.1 法兰选用原则

(1) 标准法兰的公称压力的确定，应符合 GB 50316 第 3.2.1 条第 3.2.1.1 款的规定。

(2) 当采用非标准法兰时，必须按 GB 50316 的规定进行耐压强度计算。

(3) 下列任一种情况的管道，应采用对焊法兰。不应采用平焊（滑套）法兰。

① 预计有频繁的大幅度温度循环条件下的管道；

② 剧烈循环条件下的管道。

(4) 在刚性大，不便于拆装或公称直径大于或等于 400mm 的管道上设盲板时，宜在法兰上设顶开螺栓（顶丝）。

(5) 配用非金属垫片的法兰，法兰密封面的粗糙度宜为 3.2～6.4μm。对于配用缠绕式垫片的法兰，应配光滑的密封面，粗糙度宜为 1.6～3.2μm，并应采用公称压力大于或等于 2.0MPa 的法兰。

(6) 当金属法兰和非金属法兰连接或采用脆性材料的法兰时，两者宜为全平面（FF）型法兰。当必须采用突面（RF）型法兰时，应有防止螺栓过载而损坏法兰的措施。

(7) 有频繁大幅度温度循环的情况下，承插焊法兰和螺纹法兰不宜用于高于 260℃ 及低于-45℃。

9.1.1.2 垫片选用

(1) 垫片的型式和材料应根据流体、使用工况（温度、压力）以及法兰接头的密封要求选用，法兰密封面型式和表面粗糙度应与垫片的型式和材料相适应。

(2) 缠绕式垫片用在凸凹面法兰上时宜带内环，用在突面（RF）型法兰上时宜带外定位环。

(3) 用于全平面（FF）型法兰的垫片，应为全平面非金属垫片。

(4) 非金属垫片的外径可超过突面（RF）型法兰密封面的外径，制成"自对中"式的垫片。

(5) 用于不锈钢法兰的非金属垫片，其氯离子的含量不得超过 50×10^{-6}。

9.1.1.3 紧固件选用

(1) 管道用紧固件包括六角头螺栓、双头螺柱、螺母和垫圈等零件。

(2) 应选用国家现行标准中的标准紧固件，并在 GB 50316 附录 A 所规定材料的范围内选用。

(3) 用于法兰连接的紧固件材料，应符合国家现行的法兰标准的规定，并与垫片类型相适应。

(4) 法兰连接用紧固件螺纹的螺距不宜大于 3mm。直径 M30 以上的紧固件可采用细牙螺纹。

(5) 碳钢紧固件应符合国家现行法兰标准中规定的使用温度。

(6) 用于各种不同法兰的紧固件应符合下列规定：

① 在一对法兰中有一个是铸铁、青铜或其它铸造法兰，则紧固件要使用较低强度的法兰所配的紧固件材料。但符合下列条件时，可按所述任一个法兰配选紧固件材料：

a. 两个法兰均为全平面，并采用全平面的垫片；

b. 考虑到持续载荷、位移应变、临时荷载以及法兰强度各方面的因素，对拧紧螺栓的顺序和扭矩已做了规定。

② 当不同等级的法兰以螺栓紧固在一起时，拧紧螺栓的扭矩应符合低等级法兰的要求。

(7) 在剧烈循环条件下，法兰连接用的螺栓或双头螺柱，应采用合金钢的材料。

(8) 金属管道组成件上采用直接拧入螺柱的螺纹孔时，应有足够的螺孔深度，对于钢制件其深度至少应等于公称螺纹直径，对于铸铁件不应小于 1.5 倍的公称螺纹直径。

9.1.2 欧洲体系法兰材料标志（HG/T 20592—2009）

9.1.2.1 公称直径和钢管外径（表 9.1-1）

表 9.1-1 欧洲体系法兰公称直径和钢管外径 单位：mm

公称直径 DN	10	15	20	25	32	40	50	65	80	100
钢管外径 A	17.2	21.3	26.9	33.7	42.4	48.3	60.3	75.1	88.9	114.3
钢管外径 B	14	18	25	32	38	45	57	76	89	108
公称直径 DN	125	150	200	250	300	350	400	450	500	600
钢管外径 A	139.7	168.3	219.1	273	323.9	355.6	406.4	457	508	610
钢管外径 B	133	159	219	273	325	377	425	480	530	630
公称直径 DN	700	800	900	1000	1200	1400	1600	1800	2000	
钢管外径 A	711	813	914	1016	1219	1422	1626	1829	2020	
钢管外径 B	720	820	920	1020	1220	1420	1620	1820	2020	

9.1.2.2 法兰类型代号（表 9.1-2）

表 9.1-2 法兰类型代号

法兰类型	法兰类型代号	法兰类型	法兰类型代号
板式平焊法兰	PL	螺纹法兰	Th
带颈平焊法兰	SO	对焊环松套法兰	PJ/SE
带颈对焊法兰	WN	平焊环松套法兰	PJ/RJ
整体法兰	IF	法兰盖	BL
承插焊法兰	SW	衬里法兰盖	BL(S)

注：螺纹法兰采用按 GB 7306 规定的锥管螺纹时，标记为 "Th（Rc）" 或 "Th（Rp）"。
螺纹法兰采用按 GB/T 12716 规定的锥管螺纹时，标记为 "Th（NPT）"。
螺纹法兰如未标记螺纹代号，则为 Rp。

9.1.2.3 法兰密封面标志代号（表 9.1-3）

表 9.1-3 法兰密封面标志代号

密封面型式	突面	凸面	凹面	榫面	槽面	全平面	环连接面
代号	RF	M	FM	T	G	FF	RJ

9.1.2.4 钢制管法兰用材料（表 9.1-4）

表 9.1-4 钢制管法兰用材料

类别号	类别	钢板		锻件		铸件	
		材料编号	标准编号	材料编号	标准编号	材料编号	标准编号
1C1	碳素钢	—	—	A05 16Mn 16MnD	GB/T 12228 NB/T 47008 NB/T 47009	WCB	GB/T 12229
1C2	碳素钢	Q345R	GB/T 713	—	—	WCC LC3、LCC	GB/T 12229 JB/T 7248
1C3	碳素钢	16MnDR	GB/T 3531	08Ni3D 25	NB/T 47009 GB/T 12228	LCB	JB/T 7248
1C4	碳素钢	Q235A、Q235B 20 Q245R 09MnNiDR	GB/T 3274(GB 700) GB/T 711 GB/T 713 GB/T 3531	20 09MnNiD	NB/T 47008 NB/T 47009	WCA	GB/T 12229

续表

类别号	类别	钢板		锻件		铸件	
		材料编号	标准编号	材料编号	标准编号	材料编号	标准编号
1C9	铬钼钢（1~1.25Cr-0.5Mo）	14Cr1MoR 15CrMoR	GB/T 713 GB/T 713	14Cr1Mo 15CrMo	NB/T 47008 NB/T 47008	WC6	JB/T 5263
1C10	铬钼钢（2.25Cr-1Mo）	12Cr2Mo1R	GB/T 713	12Cr2Mo1	NB/T 47008	WC9	JB/T 5263
1C13	铬钼钢（5Cr-0.5Mo）	—	—	15CrMo	NB/T 47008	ZG16Cr5MoG	GB/T 16253
1C14	铬钼钢（9Cr-1Mo-V）	—	—	—	—	C12A	JB/T 5263
2C1	304	0Cr18Ni9	NB/T 47009	0Cr18Ni9	NB/T 47010	CF3/CF8	GB/T 12230
2C2	316	0Cr17Ni12Mo2	NB/T 47009	0Cr17Ni12Mo2	NB/T 47010	CF3M/CF8M	GB/T 12230
2C3	304L 316L	00Cr19Ni10 00Cr17Ni14Mo2	NB/T 47009 NB/T 47009	00Cr19Ni10 00Cr17Ni14Mo2	NB/T 47010 NB/T 47010	— 	—
2C4	321	0Cr18Ni10Ti	NB/T 47009	0Cr18Ni10Ti	NB/T 47010	—	—
2C5	347	0Cr18Ni11Nb	NB/T 47009	—	—	—	—
12E0	CF8C	—	—	—	—	CF8C	GB/T 12230

注：1. 管法兰材料一般应采用锻制，不推荐用钢板或型钢制造，钢板仅可用于法兰盖、衬里法兰盖、板式平焊法兰、对焊环松套法兰和平焊环松套法兰。

2. 表列铸件仅适用于整体法兰。

3. 管法兰用对焊环可采用锻件或钢管制造（包括焊接）。

9.1.2.5 温度-压力等级

钢制管法兰用材料最大允许工作表压力见表 9.1-5~表 9.1-13。

表 9.1-5　PN2.5 钢制管法兰用材料最大允许工作表压力　　　单位：bar

材料类别	工作温度/℃																				
	20	50	100	150	200	250	300	350	375	400	425	450	475	500	510	520	530	540	550	575	600
1C1	2.5	2.5	2.5	2.4	2.3	2.2	2.0	2.0	1.9	1.6	1.4	0.9	0.6	0.4	—	—	—	—	—	—	—
1C2	2.5	2.5	2.5	2.5	2.5	2.5	2.3	2.2	2.1	1.6	1.4	0.9	0.6	0.4	—	—	—	—	—	—	—
1C3	2.5	2.5	2.4	2.3	2.3	2.1	2.0	1.9	1.8	1.5	1.3	0.9	0.6	0.4	—	—	—	—	—	—	—
1C4	2.3	2.2	2.0	2.0	1.9	1.8	1.7	1.6	1.6	1.4	1.2	0.9	0.6	0.4	—	—	—	—	—	—	—
1C9	2.5	2.5	2.5	2.5	2.5	2.5	2.4	2.3	2.3	2.2	2.2	2.1	1.7	1.2	1.0	0.9	0.8	0.7	0.6	0.4	0.2
1C10	2.5	2.5	2.5	2.5	2.5	2.5	2.5	2.5	2.5	2.4	2.4	2.3	1.8	1.4	1.2	1.1	0.9	0.8	0.7	0.5	0.3
1C13	2.5	2.5	2.5	2.5	2.5	2.5	2.5	2.5	2.4	2.4	2.3	2.2	1.5	1.0	0.9	0.8	0.7	0.6	0.5	0.4	0.3
1C14	2.5	2.5	2.5	2.5	2.5	2.5	2.5	2.5	2.5	2.5	2.5	2.5	2.1	1.4	1.2	1.1	0.9	0.8	0.7	0.5	0.3
2C1	2.3	2.2	1.8	1.7	1.6	1.5	1.4	1.3	1.3	1.3	1.2	1.2	1.2	1.2	1.2	1.2	1.2	1.1	1.1	1.0	0.8
2C2	2.3	2.2	1.9	1.7	1.6	1.5	1.4	1.4	1.3	1.3	1.3	1.3	1.3	1.3	1.3	1.3	1.3	1.3	1.2	1.2	0.9
2C3	1.9	1.8	1.6	1.4	1.3	1.2	1.1	1.1	1.0	1.0	1.0	1.0	1.0	1.0	—	—	—	—	—	—	—
2C4	2.3	2.2	2.0	2.0	1.8	1.7	1.6	1.5	1.5	1.4	1.4	1.4	1.4	1.4	1.4	1.3	1.3	1.3	1.3	1.2	0.9
2C5	2.3	2.2	2.0	2.0	1.9	1.8	1.7	1.6	1.6	1.5	1.5	1.5	1.5	1.5	1.5	1.5	1.5	1.5	1.4	1.2	0.9
12E0	2.2	2.1	2.0	2.0	1.8	1.7	1.6	1.5	1.4	—	1.4	—	1.4	—	1.3	—	—	1.3	—	—	1.0

表 9.1-6　PN6 钢制管法兰用材料最大允许工作表压力　　　单位：bar

材料类别	工作温度/℃																				
	20	50	100	150	200	250	300	350	375	400	425	450	475	500	510	520	530	540	550	575	600
1C1	6.0	6.0	6.0	5.8	5.6	5.4	5.0	4.7	4.6	4.0	3.3	2.3	1.5	1.0	—	—	—	—	—	—	—
1C2	6.0	6.0	6.0	6.0	6.0	6.0	5.5	5.3	5.1	4.0	3.3	2.3	1.5	1.0	—	—	—	—	—	—	—
1C3	6.0	6.0	5.8	5.7	5.5	5.2	4.8	4.6	4.5	3.8	3.1	2.3	1.5	1.0	—	—	—	—	—	—	—
1C4	5.5	5.4	5.0	4.8	4.7	4.5	4.1	4.0	3.9	3.5	3.0	2.2	1.5	1.0	—	—	—	—	—	—	—

续表

材料类别	20	50	100	150	200	250	300	350	375	400	425	450	475	500	510	520	530	540	550	575	600
1C9	6.0	6.0	6.0	6.0	6.0	6.0	5.8	5.6	5.5	5.4	5.3	5.1	4.1	2.9	2.5	2.2	1.9	1.6	1.4	1.0	0.7
1C10	6.0	6.0	6.0	6.0	6.0	6.0	6.0	6.0	6.0	5.9	5.8	5.7	4.3	3.3	3.0	2.7	2.3	2.0	1.7	1.2	0.8
1C13	6.0	6.0	6.0	6.0	6.0	6.0	6.0	6.0	5.9	5.8	5.6	5.4	3.6	2.4	2.2	1.9	1.7	1.5	1.4	1.0	0.7
1C14	6.0	6.0	6.0	6.0	6.0	6.0	6.0	6.0	6.0	6.0	6.0	6.0	5.2	3.5	3.0	2.6	2.3	1.9	1.7	1.2	0.8
2C1	5.5	5.3	4.5	4.1	3.8	3.6	3.4	3.2	3.2	3.1	3.0	3.0	2.9	2.9	2.9	2.9	2.8	2.8	2.7	2.4	1.9
2C2	5.5	5.3	4.6	4.2	3.9	3.7	3.5	3.3	3.3	3.2	3.2	3.2	3.1	3.1	3.1	3.1	3.1	3.1	3.1	2.8	2.3
2C3	4.6	4.4	3.8	3.4	3.1	2.9	2.8	2.6	2.6	2.5	2.5	2.4	—	—	—	—	—	—	—	—	—
2C4	5.5	5.3	4.9	4.5	4.2	4.0	3.7	3.6	3.5	3.5	3.4	3.4	3.3	3.3	3.3	3.3	3.3	3.3	3.2	2.9	2.3
2C5	5.5	5.4	5.0	4.7	4.4	4.1	3.9	3.8	3.7	3.7	3.7	3.7	3.7	3.7	3.7	3.6	3.6	3.6	3.5	3.0	2.3
12E0	5.3	5.1	4.7	4.4	4.1	3.9	3.6	3.5	—	3.3	—	3.3	—	3.2	—	—	—	—	3.1	—	2.3

表 9.1-7　PN10 钢制管法兰用材料最大允许工作表压力　　　　单位：bar

材料类别	20	50	100	150	200	250	300	350	375	400	425	450	475	500	510	520	530	540	550	575	600
1C1	10	10	10	9.7	9.4	9.0	8.3	7.9	7.7	6.7	5.5	3.8	2.6	1.7	—	—	—	—	—	—	—
1C2	10	10	10	10	10	10	9.3	8.8	8.5	6.7	5.5	3.8	2.6	1.7	—	—	—	—	—	—	—
1C3	10	10	9.7	9.4	9.2	8.7	8.1	7.7	7.5	6.3	5.3	3.8	2.6	1.7	—	—	—	—	—	—	—
1C4	9.1	9.0	8.3	8.1	7.9	7.5	6.9	6.6	6.5	5.9	5.3	3.8	2.6	1.7	—	—	—	—	—	—	—
1C9	10	10	10	10	10	10	9.7	9.4	9.2	9.0	8.8	8.6	6.8	4.9	4.2	3.7	3.2	2.8	2.4	1.7	1.1
1C10	10	10	10	10	10	10	10	10	10	9.9	9.7	9.5	7.3	5.5	5.0	4.4	3.9	3.4	2.9	2.0	1.3
1C13	10	10	10	10	10	10	10	10	9.9	9.7	9.4	9.1	6.0	4.1	3.6	3.3	2.9	2.6	2.3	1.7	1.2
1C14	10	10	10	10	10	10	10	10	10	10	10	8.7	5.9	5.0	4.4	3.8	3.3	2.9	2.0	1.4	
2C1	9.1	8.8	7.5	6.8	6.3	6.0	5.6	5.4	5.2	5.1	5.0	4.9	4.9	4.8	4.8	4.8	4.7	4.6		4.0	3.2
2C2	9.1	8.9	7.8	7.1	6.6	6.1	5.8	5.6	5.5	5.4	5.4	5.3	5.3	5.2	5.2	5.2	5.1	5.1		4.7	3.8
2C3	7.6	7.4	6.3	5.7	5.3	4.9	4.6	4.4	4.3	4.2	4.2	4.1	—	—	—	—	—	—	—	—	—
2C4	9.1	8.9	8.1	7.5	7.0	6.6	6.3	6.0	5.9	5.8	5.7	5.7	5.6	5.6	5.5	5.5	5.5	5.5	5.4	4.9	3.9
2C5	9.1	9.0	8.3	7.8	7.3	6.9	6.6	6.3	6.2	6.2	6.2	6.1	6.1	6.1	6.1	6.1	6.0	5.8		5.0	3.8
12E0	8.9	8.4	7.8	7.3	6.9	6.4	6.0	5.8	—	5.6	—	5.4	—	5.3	—	—	—	—	5.1	—	3.8

表 9.1-8　PN16 钢制管法兰用材料最大允许工作表压力　　　　单位：bar

材料类别	20	50	100	150	200	250	300	350	375	400	425	450	475	500	510	520	530	540	550	575	600
1C1	16.0	16.0	16.0	15.6	15.1	14.4	13.4	12.8	12.4	10.8	8.9	6.2	4.2	2.7	—	—	—	—	—	—	—
1C2	16.0	16.0	16.0	16.0	16.0	16.0	14.9	14.2	13.7	10.8	8.9	6.2	4.2	2.7	—	—	—	—	—	—	—
1C3	16.0	16.0	15.6	15.2	14.7	14.0	13.0	12.4	12.1	10.1	8.4	6.1	4.2	2.7	—	—	—	—	—	—	—
1C4	14.7	14.4	13.4	13.0	12.6	12.0	11.2	10.7	10.5	9.4	8.0	6.0	4.2	2.7	—	—	—	—	—	—	—
1C9	16.0	16.0	16.0	16.0	16.0	16.0	15.5	15.0	14.8	14.5	14.1	13.8	11.0	7.9	6.8	6.0	5.2	4.5	3.9	2.7	1.8
1C10	16.0	16.0	16.0	16.0	16.0	16.0	16.0	16.0	16.0	15.9	15.6	15.3	11.7	8.9	8.0	7.1	6.2	5.4	4.7	3.2	2.1
1C13	16.0	16.0	16.0	16.0	16.0	16.0	16.0	16.0	15.9	15.6	15.1	14.6	9.6	6.6	5.8	5.3	4.7	41	3.7	2.7	1.9
1C14	16.0	16.0	16.0	16.0	16.0	16.0	16.0	16.0	16.0	16.0	16.0	16.0	14.0	9.4	8.0	7.1	6.1	5.3	4.6	3.2	2.2
2C1	14.7	14.2	12.1	11.0	10.2	9.6	9.0	8.7	8.6	8.4	8.2	8.1	7.9	7.8	7.7	7.7	7.6	7.5	7.3	6.4	5.2
2C2	14.7	14.3	12.5	11.4	10.6	9.8	9.3	9.0	8.8	8.7	8.6	8.5	8.5	8.4	8.3	8.3	8.3	8.2	8.2	7.6	6.1
2C3	12.3	11.8	10.2	9.2	8.5	7.9	7.4	7.1	7.0	6.8	6.7	6.5	—	—	—	—	—	—	—	—	—
2C4	14.7	14.4	13.1	12.1	11.3	10.7	10.1	9.7	9.4	9.3	9.2	9.1	9.0	8.9	8.8	8.8	8.8	8.7		7.9	6.3
2C5	14.7	14.4	13.4	12.5	11.8	11.2	10.6	10.2	10.1	10.0	9.9	9.9	9.8	9.8	9.8	9.8	9.8	9.7	9.4	8.1	6.1
12E0	14.2	13.5	12.5	11.7	11.0	10.3	9.7	9.2	—	8.9	—	8.7	—	8.5	—	—	—	—	8.2	—	6.1

表 9.1-9　PN25 钢制管法兰用材料最大允许工作表压力　　　　单位：bar

工作温度/℃

材料类别	20	50	100	150	200	250	300	350	375	400	425	450	475	500	510	520	530	540	550	575	600
1C1	25.0	25.0	25.0	24.4	23.7	22.5	20.9	20.0	19.4	16.9	14.0	9.7	6.5	4.2	—	—	—	—	—	—	—
1C2	25.0	25.0	25.0	25.0	25.0	25.0	23.3	22.2	21.4	16.9	14.0	9.7	6.5	4.2	—	—	—	—	—	—	—
1C3	25.0	25.0	24.4	23.7	23.0	21.9	20.4	19.4	18.8	15.9	13.3	9.6	6.5	4.2	—	—	—	—	—	—	—
1C4	23.0	22.5	20.9	20.4	19.7	18.8	17.5	16.7	16.5	14.8	12.6	9.5	6.5	4.2	—	—	—	—	—	—	—
1C9	25.0	25.0	25.0	25.0	25.0	25.0	24.3	23.5	23.1	22.7	22.1	21.5	17.1	12.5	10.7	9.4	8.2	7.0	6.1	4.2	2.9
1C10	25.0	25.0	25.0	25.0	25.0	25.0	25.0	25.0	25.0	24.8	24.4	23.9	18.3	14.0	12.6	11.2	9.8	8.5	7.4	5.1	3.3
1C13	25.0	25.0	25.0	25.0	25.0	25.0	25.0	25.0	24.9	24.3	23.6	22.8	15.1	10.4	9.1	8.2	7.3	6.5	5.8	4.3	3.0
1C14	25.0	25.0	25.0	25.0	25.0	25.0	25.0	25.0	25.0	25.0	25.0	25.0	21.9	14.8	12.6	11.2	9.6	8.2	7.2	5.0	3.4
2C1	23.0	22.1	18.9	17.2	16.0	15.0	14.2	13.7	13.5	13.2	12.9	12.7	12.5	12.3	12.2	12.1	12.0	11.9	11.5	10.1	8.2
2C2	23.0	22.3	19.5	17.8	16.5	15.5	14.6	14.1	13.8	13.6	13.5	13.4	13.3	13.2	13.1	13.1	13.0	13.0	12.9	12.0	9.6
2C3	19.2	18.5	16.0	14.5	13.3	12.4	11.7	11.1	10.9	10.7	10.5	10.3	—	—	—	—	—	—	—	—	—
2C4	23.0	22.5	20.4	19.0	17.7	16.7	15.8	15.2	14.8	14.6	14.4	14.3	14.1	14.0	13.9	13.8	13.8	13.6		12.4	9.8
2C5	23.0	22.6	20.9	19.6	18.4	17.4	16.6	16.0	15.8	15.7	15.6	15.5	15.4	15.4	15.4	15.4	15.3	15.2	14.7	12.7	9.6
12E0	22.2	21.1	19.6	18.3	17.2	16.1	15.1	14.4	—	13.9	—	13.6	—	13.2	—	—	—	—	12.8	—	9.6

表 9.1-10　PN40 钢制管法兰用材料最大允许工作表压力　　　　单位：bar

工作温度/℃

材料类别	20	50	100	150	200	250	300	350	375	400	425	450	475	500	510	520	530	540	550	575	600
1C1	40.0	40.0	40.0	39.1	37.9	36.0	33.5	31.9	31.1	27.0	22.4	15.6	10.5	6.8	—	—	—	—	—	—	—
1C2	40.0	40.0	40.0	40.0	40.0	40.0	37.2	35.6	34.2	27.0	22.4	15.6	10.5	6.8	—	—	—	—	—	—	—
1C3	40.0	40.0	39.0	38.0	36.9	35.1	32.6	31.1	30.1	25.4	21.2	15.4	10.5	6.8	—	—	—	—	—	—	—
1C4	36.8	36.1	33.5	32.6	31.6	30.1	27.9	26.7	26.3	23.7	20.1	15.2	10.5	6.8	—	—	—	—	—	—	—
1C9	40.0	40.0	40.0	40.0	40.0	40.0	38.9	37.6	36.9	36.2	35.4	34.5	27.4	19.9	17.1	15.1	13.1	11.3	9.8	6.8	4.7
1C10	40.0	40.0	40.0	40.0	40.0	40.0	40.0	40.0	40.0	39.7	39.0	38.3	29.2	22.3	20.2	18.0	15.7	13.6	12.0	8.1	5.3
1C13	40.0	40.0	40.0	40.0	40.0	40.0	40.0	40.0	39.8	38.9	37.8	36.4	24.1	16.6	14.7	13.3	11.8	10.4	9.3	6.9	4.8
1C14	40.0	40.0	40.0	40.0	40.0	40.0	40.0	40.0	40.0	40.0	40.0	40.0	35.0	23.7	20.2	17.8	15.5	13.3	11.7	8.1	5.5
2C1	36.8	35.4	30.3	27.5	25.5	24.1	22.7	21.9	21.6	21.2	20.6	20.3	19.9	19.6	19.5	19.4	19.2	19.0	18.4	16.2	13.1
2C2	36.8	35.6	31.3	28.5	26.4	24.7	23.4	22.6	22.1	21.8	21.6	21.4	21.2	21.0	20.9	20.8	20.8	20.7		19.1	15.5
2C3	30.6	29.6	25.5	23.1	21.2	19.8	18.7	17.8	17.5	17.1	16.8	16.5	—	—	—	—	—	—	—	—	—
2C4	36.8	35.9	32.7	30.3	28.4	26.7	25.3	24.2	23.7	23.4	23.1	22.8	22.6	22.4	22.3	22.2	22.1	22.0	21.8	19.9	15.5
2C5	36.8	36.1	33.4	31.3	29.5	27.9	26.6	25.6	25.2	25.1	24.9	24.8	24.7	24.6	24.6	24.6	24.6	24.3	23.5	20.4	15.4
12E0	35.6	33.8	31.3	29.3	27.6	25.8	24.2	23.1	—	22.2	—	21.7	—	21.2	—	—	—	—	20.4	—	15.3

表 9.1-11　PN63 钢制管法兰用材料最大允许工作表压力　　　　单位：bar

工作温度/℃

材料类别	20	50	100	150	200	250	300	350	375	400	425	450	475	500	510	520	530	540	550	575	600
1C1	63.0	63.0	63.0	61.5	59.6	56.8	52.7	50.3	49.0	42.5	35.2	24.5	16.6	10.8	—	—	—	—	—	—	—
1C2	63.0	63.0	63.0	63.0	63.0	63.0	58.7	56.0	53.8	42.5	35.2	24.5	16.6	10.8	—	—	—	—	—	—	—
1C3	63.0	63.0	61.4	59.8	58.1	55.2	51.3	48.9	47.5	40.0	33.4	24.3	16.6	10.8	—	—	—	—	—	—	—
1C4	57.9	56.8	52.7	51.3	49.8	47.4	44.0	42.1	41.5	37.4	31.7	24.0	16.6	10.8	—	—	—	—	—	—	—
1C9	63.0	63.0	63.0	63.0	63.0	63.0	61.2	59.2	58.1	57.1	55.7	54.3	43.2	31.4	26.9	23.8	20.7	17.8	15.6	10.8	7.4
1C10	63.0	63.0	63.0	63.0	63.0	63.0	63.0	63.0	63.0	62.5	61.5	60.3	46.0	35.2	31.9	28.3	24.8	21.4	18.8	12.9	8.4
1C13	63.0	63.0	63.0	63.0	63.0	63.0	63.0	63.0	62.7	61.3	59.6	57.3	37.9	26.1	23.2	20.9	18.6	16.4	14.8	10.9	7.6
1C14	63.0	63.0	63.0	63.0	63.0	63.0	63.0	63.0	63.0	63.0	63.0	63.0	55.1	37.3	31.9	28.1	24.3	20.9	18.4	12.8	8.7
2C1	57.9	55.8	47.7	43.4	40.2	37.9	35.8	34.5	34.0	33.3	32.5	31.9	31.4	30.9	30.7	30.5	30.3	29.9	29.0	25.5	20.7
2C2	57.9	56.1	49.2	44.9	41.6	38.9	36.9	35.5	34.9	34.4	34.0	33.7	33.5	33.2	33.0	32.9	32.8	32.7	32.6	30.2	24.4
2C3	48.3	46.6	40.2	36.4	33.5	31.1	29.5	28.1	27.5	27.0	26.5	26.0	—	—	—	—	—	—	—	—	—
2C4	57.9	56.6	51.4	47.8	44.7	42.0	39.8	38.2	37.4	36.8	36.3	36.0	35.6	35.3	35.1	35.0	34.9	34.7	34.4	31.3	24.8
2C5	57.9	56.8	52.6	49.4	46.4	43.9	41.9	40.3	39.7	39.6	39.2	39.0	38.9	38.8	38.8	38.7	38.7	38.3	37.0	32.1	24.3
12E0	56.0	53.2	49.3	46.2	43.4	40.6	38.1	36.4	—	35.0	—	34.2	—	33.3	—	—	—	—	32.2	—	24.1

表 9.1-12　PN100 钢制管法兰用材料最大允许工作表压力　　单位：bar

材料类别	工作温度/℃																				
	20	50	100	150	200	250	300	350	375	400	425	450	475	500	510	520	530	540	550	575	600
1C1	100	100	100	97.7	94.7	90.1	83.6	79.8	77.8	67.5	55.9	38.9	26.3	17.1	—	—	—	—	—	—	—
1C2	100	100	100	100	100	93.1	88.9	85.4	67.5	55.9	38.9	26.3	17.1	—	—	—	—	—	—	—	—
1C3	100	100	97.4	94.9	92.2	87.6	81.4	77.7	75.3	63.4	53.1	38.5	26.3	17.1	—	—	—	—	—	—	—
1C4	91.9	90.2	83.7	81.5	79.0	75.2	69.8	66.8	65.8	59.3	50.3	38.1	26.3	17.1	—	—	—	—	—	—	—
1C9	100	100	100	100	100	100	97.2	94.0	92.3	90.6	88.4	86.2	68.6	49.9	42.7	37.8	32.8	28.2	24.7	17.1	11.8
1C10	100	100	100	100	100	100	100	100	100	99.2	97.6	95.6	73.1	55.9	50.6	44.9	39.3	34.0	29.9	20.5	13.4
1C13	100	100	100	100	100	100	100	100	99.6	97.1	94.6	91.0	60.2	41.4	36.8	33.1	29.5	26.1	23.4	17.3	12.1
1C14	100	100	100	100	100	100	100	100	100	100	100	100	87.5	59.2	50.6	44.6	38.6	33.1	29.2	20.5	14.0
2C1	91.9	88.6	75.5	68.8	63.9	60.2	56.8	54.7	54.0	52.9	51.6	50.7	49.9	49.1	48.7	48.4	48.0	47.5	46.0	40.5	32.8
2C2	91.9	89.1	78.1	71.3	66.0	61.8	58.5	56.4	55.3	54.5	54.0	53.4	53.1	52.6	52.4	52.2	52.1	51.9	51.7	47.9	38.7
2C3	76.6	74.0	63.9	57.8	53.1	49.4	46.8	44.5	43.7	42.9	42.0	41.2	—	—	—	—	—	—	—	—	—
2C4	91.9	89.8	81.6	75.9	70.9	66.7	63.2	60.6	59.3	58.5	57.6	57.1	56.5	56.0	55.6	55.6	55.3	55.1	54.5	49.7	39.4
2C5	91.9	90.2	83.6	78.4	73.6	69.7	66.5	64.0	63.1	62.8	62.2	62.0	61.7	61.6	61.6	61.5	61.4	60.8	58.8	50.9	38.5
12E0	88.9	84.4	78.2	73.3	68.9	64.4	60.4	57.8	—	55.6	—	54.2	—	52.9	—	—	—	—	51.1	—	38.2

表 9.1-13　PN160 钢制管法兰用材料最大允许工作表压力　　单位：bar

材料类别	工作温度/℃																				
	20	50	100	150	200	250	300	350	375	400	425	450	475	500	510	520	530	540	550	575	600
1C1	160.0	160.0	160.0	156.3	151.4	144.1	133.8	127.7	124.4	108.0	89.4	62.2	42.0	27.3	—	—	—	—	—	—	—
1C2	160.0	160.0	160.0	160.0	160.0	160.0	148.9	142.2	136.6	108.0	89.4	62.2	42.0	27.3	—	—	—	—	—	—	—
1C3	160.0	160.0	155.8	151.8	147.4	140.2	130.2	124.1	120.5	101.4	84.9	61.5	42.0	27.3	—	—	—	—	—	—	—
1C4	147.0	144.2	133.9	130.3	126.3	120.3	111.7	106.8	105.3	94.9	80.4	60.8	42.0	27.3	—	—	—	—	—	—	—
1C9	160.0	160.0	160.0	160.0	160.0	160.0	155.4	150.3	147.6	144.9	141.4	137.8	109.7	79.7	68.3	60.4	52.4	45.0	39.5	27.3	18.7
1C10	160.0	160.0	160.0	160.0	160.0	160.0	160.0	160.0	160.0	158.7	156.0	153.0	116.9	89.3	80.9	71.8	62.8	54.4	47.7	32.7	21.4
1C13	160.0	160.0	160.0	160.0	160.0	160.0	160.0	160.0	159.0	155.7	151.3	145.5	96.3	66.2	58.8	52.9	47.1	41.6	37.4	27.5	19.3
1C14	160.0	160.0	160.0	160.0	160.0	160.0	160.0	160.0	160.0	160.0	160.0	160.0	140.0	94.7	81.0	71.4	61.8	53.0	46.7	32.5	22.4
2C1	147.0	141.7	121.1	110.1	102.1	96.2	90.8	87.5	86.4	84.6	82.4	81.1	79.7	78.5	77.9	77.4	76.8	75.9	73.6	64.8	52.4
2C2	147.0	142.5	125.0	114.0	105.6	98.9	93.6	90.2	88.5	87.2	86.3	85.4	84.9	84.1	83.8	83.5	83.3	83.0	82.7	76.5	61.9
2C3	122.5	118.4	102.1	92.5	84.9	79.0	74.8	71.2	69.9	68.5	67.2	65.9	—	—	—	—	—	—	—	—	—
2C4	147.0	143.7	130.6	121.3	113.4	106.7	101.1	96.9	94.9	93.5	92.2	91.3	90.4	89.6	89.2	88.8	88.5	88.1	87.2	79.5	63.0
2C5	147.0	144.3	133.6	125.3	117.8	111.5	106.4	102.4	100.9	100.4	99.5	99.1	98.7	98.5	98.5	98.3	98.2	97.3	94.0	81.4	61.5
12E0	142.2	135.0	125.0	117.3	110.0	103.0	96.6	92.48	—	89.0	—	86.7	—	84.6	—	—	—	—	81.8	—	61.1

9.1.3　美洲体系法兰材料标志（HG/T 20615—2009）

9.1.3.1　公称直径与压力

本标准适用于的法兰公称压力包括下列六个等级：Class150（PN2.0MPa）、Class300（PN5.0MPa）、Class600（PN11.0MPa）、Class900（PN15.0MPa）、Class1500（PN26.0MPa）、Class2500（PN42.0MPa）。钢管的公称通径和钢管外径按表 9.1-14 规定。

表 9.1-14　公称通径和钢管外径

公称通径	NPS	1/2	3/4	1	1¼	1½	2	2½	3	4	5
	DN	15	20	25	32	40	50	65	80	100	125
钢管外径/mm		21.3	26.9	33.7	42.4	48.3	60.3	76.1	88.9	114.3	139.7

公称通径	NPS	6	8	10	12	14	16	18	20	24
	DN	150	200	250	300	350	400	450	500	600
钢管外径/mm		168.3	219.1	273.0	323.9	355.6	406.4	457	508	610

9.1.3.2 法兰类型代号（表9.1-15）

表9.1-15 法兰类型代号

法兰类型	法兰类型代号	法兰类型	法兰类型代号
带颈平焊法兰	SO	承插焊法兰	SW
带颈对焊法兰	WN	螺纹法兰	Th
长高颈法兰	LWN	对焊环松套法兰	LF/SE
整体法兰	IF	法兰盖	BL

9.1.3.3 法兰密封面型式标志代号（表9.1-16）

表9.1-16 各种类型法兰的密封面型式及其适用范围　　　　单位：mm

法兰类型	密封面型式	Class150 (PN20)	Class300 (PN50)	Class600 (PN110)	Class900 (PN150)	Class1500 (PN260)	Class2500 (PN420)
带颈平焊法兰 (SO)	突面（RF）	DN15～DN600				DN15～DN65	—
	凹凸面（MFM）	—	DN15～DN600			DN15～DN65	—
	榫槽面（TG）		DN15～DN600			DN15～DN65	—
	全平面（FF）	DN15～DN600	—				
带颈对焊法兰 (WN)	突面（RF）	DN15～DN600				DN15～DN300	
	凹凸面（MFM）		DN15～DN600			DN15～DN300	
	榫槽面（TG）		DN15～DN600			DN15～DN300	
长高颈法兰 (WN)	全平面（FF）	DN15～DN600	—				
	环连接面（RJ）	DN25～DN600	DN15～DN600			DN15～DN300	
整体法兰(IF)	突面（RF）	DN15～DN600				DN15～DN300	
	凹凸面（MFM）	—	DN15～DN600			DN15～DN300	
	榫槽面（TG）		DN15～DN600			DN15～DN300	
	全平面（FF）	DN15～DN600	—				
	环连接面（RJ）	DN25～DN600	DN15～DN600			DN15～DN300	
承插焊法兰 (SW)	突面（RF）	DN15～DN80			DN15～DN65	—	
	凹凸面（MFM）	DN15～DN80			DN15～DN65	—	
	榫槽面（TG）	DN15～DN80			DN15～DN65	—	
	环连接面（RJ）	DN25～DN80	DN15～DN80		DN15～DN65	—	
螺纹法兰(Th)	突面（RF）	DN15～DN150	—				
	全平面（FF）	DN15～DN150	—				
对焊环松套法兰(LF/SE)	突面（RF）	DN15～DN600		—			
法兰盖(BL)	突面（RF）	DN15～DN600				DN15～DN300	
	凹凸面（MFM）		DN15～DN600			DN15～DN300	
	榫槽面（TG）		DN15～DN600			DN15～DN300	
	全平面（FF）	DN15～DN600	—				
	环连接面（RJ）	DN25～DN600	DN15～DN600			DN15～DN300	

9.1.3.4 钢制管法兰用材料（表9.1-17）

表9.1-17 钢制管法兰用材料

类别号	类别	钢板		锻件		铸件	
		材料编号	标准编号	材料编号	标准编号	材料编号	标准编号
1.0	碳素钢	Q235A、Q235B 20 Q245R	GB 3274(GB 700) GB/T 711 GB/T 713	20	NB/T 47008	WCA	GB/T 12229
1.1	碳素钢	—	—	A105 16Mn 16MnD	GB/T 12228 NB/T 47008 NB/T 47009	WCB	GB/T 12229

类别号	类　别	钢板		锻件		铸件	
		材料编号	标准编号	材料编号	标准编号	材料编号	标准编号
1.2	碳素钢	Q345R	GB/T 713	—	—	WCC LC3、LCC	GB/T 12229 NB/T 47010
1.3	碳素钢	16MnDR	GB/T 3531	08Ni3D 25	NB/T 47009 GB/T 12228	LCB	NB/T 47010
1.4	碳素钢	09MnNiDR	GB/T 3531	09MnNiD	NB/T 47009	—	—
1.9	铬钼钢 (1.25Cr-0.5Mo)	14Cr1MoR	GB/T 713	14Cr1Mo	NB/T 47008	—	—
1.10	铬钼钢 (2.25Cr-1Mo)	12Cr2Mo1R	GB/T 713	12Cr2Mo1	NB/T 47008	WC9	JB/T 5263
1.13	铬钼钢 (5Cr-0.5Mo)	—	—	15CrMo	NB/T 47008	ZG16Cr5MoG	GB/T 16253
1.15	铬钼钢 (9Cr-1Mo-V)	—	—	—	—	C12A	JB/T 5263
1.17	铬钼钢 (1-0.5Mo)	15CrMoR	GB/T 713	15CrMo	NB/T 47008	—	—
2.1	304	0Cr18Ni9	NB/T 47009	0Cr18Ni9	NB/T 47010	CF3/CF8	GB/T 12230
2.2	316	0Cr17Ni12Mo2	NB/T 47009	0Cr17Ni12Mo2	NB/T 47010	CF3M/CF8M	GB/T 12230
2.3	304L 316L	00Cr19Ni10 00Cr17Ni14Mo2	NB/T 47009 NB/T 47009	00Cr19Ni10 00Cr17Ni14Mo2	NB/T 47010 NB/T 47010	—	—
2.4	321	0Cr18Ni10Ti	NB/T 47009	0Cr18Ni10Ti	NB/T 47010	—	—
2.5	347	0Cr18Ni11Nb	NB/T 47009	—	—	—	—
2.11	CF8C	—	—	—	—	CF8C	GB/T 12230

注：1. 管法兰材料一般应采用锻制或铸件，带颈法兰不得用钢板制造，钢板仅可用于法兰盖。

2. 表列铸件仅适用于整体法兰。

3. 管法兰用对焊环可采用锻件或钢管制造（包括焊接）。

9.1.3.5 温度-压力等级

钢制管法兰用材料的最大允许工作压力见表 9.1-18～表 9.1-32。

表 9.1-18　材料组别 1.0 的钢制管法兰用材料最大允许工作压力

工作温度/℃	最大允许工作表压/bar		
	Class150(PN20)	Class300(PN50)	Class600(PN110)
≤38	165.0	41.8	83.6
50	15.4	40.1	80.3
100	14.8	38.7	77.4
150	14.4	37.6	75.3
200	13.8	36.4	72.8
250	12.1	35.0	69.9
300	10.2	33.1	66.2
325	9.3	32.3	64.5
350	8.4	31.2	62.5
375	7.4	30.4	60.8
400	6.5	29.4	58.7
425	5.5	25.9	51.7
450	4.6	21.5	43.0
475	3.7	15.5	31.0

表 9.1-19　材料组别 1.1 的钢制管法兰用材料最大允许工作压力

工作温度 /℃	最大允许工作表压/bar					
	Class150 （PN20）	Class300 （PN50）	Class600 （PN110）	Class900 （PN150）	Class1500 （PN260）	Class2500 （PN420）
≤38	19.6	51.1	102.1	153.2	255.3	425.5
50	19.2	50.1	100.2	150.4	250.6	417.7
100	17.7	46.6	93.2	139.8	233.0	388.3
150	15.8	45.1	90.2	135.2	225.4	375.6
200	13.8	43.8	87.6	131.4	219.0	365.0
250	12.1	41.9	83.9	125.8	209.7	349.5
300	10.2	39.8	79.6	119.5	199.1	331.8
325	9.3	38.7	77.4	116.1	193.6	322.6
350	8.4	37.6	75.1	112.7	187.8	313.0
375	7.4	36.4	72.7	109.1	181.8	303.1
400	6.5	34.7	69.4	104.2	173.6	289.3
425	5.5	28.8	57.5	86.3	143.8	239.7
450	4.6	23.0	46.0	69.0	115.0	191.7
475	3.7	17.4	34.9	52.3	87.2	145.3
500	2.8	11.8	23.5	35.3	58.8	97.9
538	1.4	5.9	11.8	17.7	29.5	49.2

表 9.1-20　材料组别 1.2 的钢制管法兰用材料最大允许工作压力

工作温度 /℃	最大允许工作表压/bar					
	Class150 （PN20）	Class300 （PN50）	Class600 （PN110）	Class900 （PN150）	Class1500 （PN260）	Class2500 （PN420）
≤38	19.8	51.7	103.4	155.1	258.6	430.9
50	19.5	51.7	103.4	155.1	258.6	430.9
100	17.7	51.5	103.0	154.6	257.6	429.4
150	15.8	50.2	100.3	150.5	250.8	418.1
200	13.8	48.6	97.2	145.8	243.2	405.4
250	12.1	46.3	92.7	139.0	231.8	386.2
300	10.2	42.9	85.7	128.6	214.4	357.1
325	9.3	41.4	82.6	124.0	206.6	344.3
350	8.4	40.0	80.0	120.1	200.1	333.5
375	7.4	37.8	75.7	113.5	189.2	315.3
400	6.5	34.7	69.4	104.2	173.6	289.3
425	5.5	28.8	57.5	86.3	143.8	239.7
450	4.6	23.0	46.0	69.0	115.0	191.7
475	3.7	17.1	34.2	51.3	85.4	142.4
500	2.8	11.6	23.2	34.7	57.9	96.5
538	1.4	5.9	11.8	17.7	29.5	49.2

表 9.1-21　材料组别 1.3 的钢制管法兰用材料最大允许工作压力

工作温度 /℃	最大允许工作表压/bar					
	Class150 （PN20）	Class300 （PN50）	Class600 （PN110）	Class900 （PN150）	Class1500 （PN260）	Class2500 （PN420）
≤38	18.4	48.0	96.0	144.1	240.1	400.1
50	18.2	47.5	94.9	142.4	237.3	395.6
100	17.4	45.3	90.7	136.0	226.7	377.8
150	15.8	43.9	87.9	131.8	219.7	366.1
200	13.8	42.5	85.1	127.6	212.7	354.4

续表

工作温度 /℃	最大允许工作表压/bar					
	Class150 （PN20）	Class300 （PN50）	Class600 （PN110）	Class900 （PN150）	Class1500 （PN260）	Class2500 （PN420）
250	12.1	40.8	81.6	122.3	203.9	339.8
300	10.2	38.7	77.4	116.1	193.4	322.4
325	9.3	37.6	75.2	112.7	187.9	313.1
350	8.4	36.4	72.8	109.2	182.0	303.3
375	7.4	35.0	69.9	104.9	174.9	291.4
400	6.5	32.6	65.2	97.9	163.1	271.9
425	5.5	27.3	54.6	81.9	136.5	227.5
450	4.6	21.6	43.2	64.8	107.9	179.9
475	3.7	15.7	31.3	47.0	78.3	130.6
500	2.8	11.1	72.1	33.2	55.4	92.3
538	1.4	5.9	11.8	17.7	29.5	49.2

表 9.1-22　材料组别 1.5 的钢制管法兰用材料最大允许工作压力

工作温度 /℃	最大允许工作表压/bar					
	Class150 （PN20）	Class300 （PN50）	Class600 （PN110）	Class900 （PN150）	Class1500 （PN260）	Class2500 （PN420）
≤38	16.3	42.6	85.1	127.7	212.8	354.6
50	16.0	41.8	83.5	125.3	208.9	348.1
100	14.9	38.8	77.7	116.5	194.2	323.6
150	14.4	37.6	75.1	112.7	187.8	313.0
200	13.8	36.4	72.8	109.2	182.1	303.4
250	12.1	34.9	69.8	104.7	174.6	291.0
300	10.2	33.2	66.4	99.5	165.9	276.5
325	9.3	32.2	64.5	96.7	161.2	268.6
350	8.4	31.2	62.5	93.7	156.2	260.4
375	7.4	30.4	60.7	91.1	151.8	253.0
400	6.5	29.3	58.7	88.0	146.7	244.5
425	5.5	25.8	51.5	77.3	128.8	214.7
450	4.6	21.4	42.7	64.1	106.8	178.0
475	3.7	14.1	28.2	42.3	70.5	117.4
500	2.8	10.3	20.6	30.9	54.5	85.9
538	1.4	5.9	11.8	17.7	29.5	49.2

表 9.1-23　材料组别 1.9 的钢制管法兰用材料最大允许工作压力

工作温度 /℃	最大允许工作表压/bar					
	Class150 （PN20）	Class300 （PN50）	Class600 （PN110）	Class900 （PN150）	Class1500 （PN260）	Class2500 （PN420）
≤38	19.8	51.7	103.4	155.1	258.6	430.9
50	19.5	51.7	103.4	155.1	258.6	430.9
100	17.7	51.5	103.0	154.4	257.4	429.0
150	15.8	49.7	99.5	149.2	248.7	414.5
200	13.8	48.0	95.9	143.9	239.8	399.6
250	12.1	46.3	92.7	139.0	231.8	386.2
300	10.2	42.9	85.7	128.6	214.4	357.1
325	9.3	41.4	82.6	124.0	206.6	344.3
350	8.4	40.3	80.4	120.7	201.1	335.3
375	7.4	38.9	77.6	116.5	194.1	323.2

续表

工作温度 /℃	最大允许工作表压/bar					
	Class150 （PN20）	Class300 （PN50）	Class600 （PN110）	Class900 （PN150）	Class1500 （PN260）	Class2500 （PN420）
400	6.5	36.5	73.3	109.8	183.1	304.9
425	5.5	35.2	70.0	105.1	175.1	291.6
450	4.6	33.7	67.7	101.4	169.0	281.8
475	3.7	31.7	63.4	95.1	158.2	263.9
500	2.8	25.7	51.5	77.2	128.6	214.4
538	1.4	14.9	29.8	44.7	74.5	124.1
550	—	12.7	25.4	38.1	63.5	105.9
575	—	8.8	17.6	26.4	44.0	73.4
600	—	6.1	12.2	18.3	30.5	50.9
625	—	4.3	8.5	12.8	21.3	35.5
650	—	2.8	5.7	5.7	14.2	23.6

表 9.1-24 材料组别 1.10 的钢制管法兰用材料最大允许工作压力

工作温度 /℃	最大允许工作表压/bar					
	Class150 （PN20）	Class300 （PN50）	Class600 （PN110）	Class900 （PN150）	Class1500 （PN260）	Class2500 （PN420）
≤38	19.8	51.7	103.4	155.1	258.6	430.9
50	19.5	51.7	103.4	155.1	258.6	430.9
100	17.7	51.5	103.0	154.6	257.6	429.4
150	15.8	50.3	100.3	150.6	250.8	418.2
200	13.8	48.6	97.2	145.8	243.4	405.4
250	12.1	46.3	92.7	139.0	231.8	386.2
300	10.2	42.9	85.7	128.6	214.4	357.1
325	9.3	41.4	82.6	124.0	206.6	344.3
350	8.4	40.3	80.4	120.7	201.1	335.3
375	7.4	38.9	77.6	116.5	194.1	323.2
400	6.5	36.5	73.3	109.8	183.1	304.9
425	5.5	35.2	70.0	105.1	175.1	291.6
450	4.6	33.7	67.7	101.4	169.0	281.8
475	3.7	31.7	63.4	95.1	158.2	263.9
500	2.8	28.2	56.5	84.7	140.9	235.0
538	1.4	18.4	36.9	55.3	92.2	153.7
550	—	15.6	31.3	46.9	78.2	130.3
575	—	10.5	21.1	31.6	52.6	87.7
600	—	6.9	13.8	20.7	34.4	57.4
625	—	4.5	8.9	13.4	22.3	37.2
650	—	2.8	5.7	8.5	14.2	23.6

表 9.1-25 材料组别 1.13 的钢制管法兰用材料最大允许工作压力

工作温度 /℃	最大允许工作表压/bar					
	Class150 （PN20）	Class300 （PN50）	Class600 （PN110）	Class900 （PN150）	Class1500 （PN260）	Class2500 （PN420）
≤38	20.0	51.7	103.4	155.1	258.6	430.9
50	19.5	51.7	103.4	155.1	258.6	430.9
100	17.7	51.5	103.0	154.6	257.6	429.4
150	15.8	50.3	100.3	150.6	250.8	418.2
200	13.8	48.6	97.2	145.8	243.4	405.4

续表

工作温度 /℃	最大允许工作表压/bar					
	Class150 （PN20）	Class300 （PN50）	Class600 （PN110）	Class900 （PN150）	Class1500 （PN260）	Class2500 （PN420）
250	12.1	46.3	92.7	139.0	213.8	386.2
300	10.2	42.9	85.7	128.6	214.4	357.1
325	9.3	41.4	82.6	124.0	206.6	344.3
350	8.4	40.3	80.4	120.7	201.1	335.3
375	7.4	38.9	77.6	116.5	194.1	323.2
400	6.5	36.5	73.3	109.8	183.1	304.9
425	5.5	35.2	70.0	105.1	175.1	291.6
450	4.6	33.7	67.7	101.4	169.0	281.8
475	3.7	27.9	55.7	83.6	139.3	232.1
500	2.8	21.4	42.8	64.1	106.9	178.2
538	1.4	13.7	27.4	41.1	68.6	114.3
550	—	12.0	24.1	36.1	60.2	100.4
575	—	8.9	17.8	26.7	44.4	74.0
600	—	6.2	12.5	18.7	31.2	51.9
625	—	4.0	8.0	12.0	20.0	33.3
650	—	2.4	4.7	7.1	11.8	19.7

表 9.1-26　材料组别 1.15 的钢制管法兰用材料最大允许工作压力

工作温度 /℃	最大允许工作表压/bar					
	Class150 （PN20）	Class300 （PN50）	Class600 （PN110）	Class900 （PN150）	Class1500 （PN260）	Class2500 （PN420）
≤38	20.0	51.7	103.4	155.1	258.6	430.9
50	19.5	51.7	103.4	155.1	258.6	430.9
100	17.7	51.5	103.0	154.6	257.6	429.4
150	15.8	50.3	100.3	150.6	250.8	418.2
200	13.8	48.6	97.2	145.8	243.4	405.4
250	12.1	46.3	92.7	139.0	213.8	386.2
300	10.2	42.9	85.7	128.6	214.4	357.1
325	9.3	41.4	82.6	124.0	206.6	344.3
350	8.4	40.3	80.4	120.7	201.1	335.3
375	7.4	38.9	77.6	116.5	194.1	323.2
400	6.5	36.5	73.3	109.8	183.1	304.9
425	5.5	35.2	70.0	105.1	175.1	291.6
450	4.6	33.7	67.7	101.4	169.0	281.8
475	3.7	31.7	63.4	95.1	158.2	263.9
500	2.8	28.2	56.5	84.7	140.9	235.0
538	1.4	25.2	50.0	75.2	125.5	208.9
550	—	25.0	49.8	74.8	124.9	208.0
575	—	24.0	47.9	71.8	119.7	199.5
600	—	19.5	39.0	58.5	97.5	162.5
625	—	14.6	29.2	43.8	73.0	121.7
650	—	9.9	19.9	29.8	49.6	82.7

表 9.1-27 材料组别 1.17 的钢制管法兰用材料最大允许工作压力

工作温度 /℃	最大允许工作表压/bar					
	Class150 （PN20）	Class300 （PN50）	Class600 （PN110）	Class900 （PN150）	Class1500 （PN260）	Class2500 （PN420）
≤38	18.1	47.2	94.4	141.6	236.0	393.3
50	18.1	47.2	94.4	141.6	236.0	393.3
100	17.7	47.2	94.4	141.6	236.0	393.3
150	15.8	47.2	94.4	141.6	236.0	393.3
200	13.8	46.3	992.5	138.8	231.3	385.6
250	12.1	44.8	89.6	134.5	224.1	373.5
300	10.2	42.9	85.7	128.6	214.4	357.1
325	9.3	41.4	82.6	124.0	206.6	344.3
350	8.4	40.3	80.4	120.7	201.1	335.2
375	7.4	38.9	77.6	116.5	194.1	323.2
400	6.5	36.5	73.3	109.8	183.1	304.9
425	5.5	35.2	70.0	105.1	175.1	291.6
450	4.6	33.7	67.7	101.4	169.0	281.8
475	3.7	27.9	55.7	83.6	139.3	232.1
500	2.8	21.4	42.8	64.1	106.9	178.2
538	1.4	13.7	27.4	41.1	68.6	114.3
550	—	12.0	24.1	36.1	60.2	100.4
575	—	8.8	17.6	26.4	44.0	73.4
600	—	6.1	12.1	18.2	30.3	50.4
625	—	4.0	8.0	12.0	20.0	33.3
650	—	2.4	4.7	7.1	11.8	19.7

表 9.1-28 材料组别 2.1 的钢制管法兰用材料最大允许工作压力

工作温度 /℃	最大允许工作表压/bar					
	Class150 （PN20）	Class300 （PN50）	Class600 （PN110）	Class900 （PN150）	Class1500 （PN260）	Class2500 （PN420）
≤38	19.0	49.6	99.3	148.9	248.2	413.7
50	18.3	47.8	95.6	143.5	239.1	398.5
100	15.7	40.9	81.7	122.6	204.3	340.4
150	14.2	37.0	74.0	111.0	185.0	308.4
200	13.2	34.5	69.0	103.4	172.4	287.3
250	12.1	32.5	65.0	97.5	162.4	270.7
300	10.2	30.9	61.8	92.7	154.6	257.6
325	9.3	30.2	60.4	90.7	151.1	251.9
350	8.4	29.6	59.3	88.9	148.1	246.9
375	7.4	29.0	58.1	87.1	145.2	237.0
400	6.5	28.4	56.9	85.3	142.2	237.0
425	5.5	28.0	56.0	84.0	140.0	233.3
450	4.6	27.4	54.8	82.2	137.0	228.4
475	3.7	26.9	53.9	80.8	134.7	224.5
500	2.8	26.5	53.0	79.5	132.4	220.7
538	1.4	24.4	48.9	73.3	122.1	203.6
550	—	23.6	47.1	70.7	117.8	196.3
575	—	20.8	41.7	62.5	104.2	173.7
600	—	16.9	33.8	50.6	84.4	140.7
625	—	13.8	27.6	41.4	68.9	114.9
650	—	11.3	22.5	33.8	56.3	93.8
675	—	9.3	18.7	28.0	46.7	77.9

续表

工作温度 /℃	最大允许工作表压/bar					
	Class150 (PN20)	Class300 (PN50)	Class600 (PN110)	Class900 (PN150)	Class1500 (PN260)	Class2500 (PN420)
700	—	8.0	16.1	24.1	40.1	66.9
725	—	6.8	13.5	20.3	33.8	56.3
750	—	5.8	11.6	17.3	28.9	48.1
775	—	4.6	9.0	13.7	22.8	38.0
800	—	3.5	7.0	10.5	17.4	29.2
816	—	2.8	5.9	8.6	14.1	23.8

表 9.1-29 材料组别 2.3 的钢制管法兰用材料最大允许工作压力

工作温度 /℃	最大允许工作表压/bar					
	Class150 (PN20)	Class300 (PN50)	Class600 (PN110)	Class900 (PN150)	Class1500 (PN260)	Class2500 (PN420)
≤38	15.9	41.4	82.7	124.1	206.8	344.7
50	15.3	40.0	80.0	120.1	200.1	333.5
100	13.3	34.8	69.6	104.4	173.9	289.9
150	12.0	31.4	62.8	94.2	157.0	261.6
200	11.2	29.2	58.3	87.5	145.8	243.0
250	10.5	27.5	54.9	82.4	137.3	228.9
300	10.0	26.1	52.1	78.2	130.3	217.2
325	9.3	25.5	51.0	76.4	127.4	212.3
350	8.4	25.1	50.1	75.2	125.4	208.9
375	7.4	24.8	49.5	74.3	123.8	206.3
400	5.5	23.9	47.7	71.6	119.3	198.8
425	5.5	23.9	47.7	71.6	119.3	198.8
450	4.6	23.4	46.8	70.2	117.1	195.1

表 9.1-30 材料组别 2.4 的钢制管法兰用材料最大允许工作压力

工作温度 /℃	最大允许工作表压/bar					
	Class150 (PN20)	Class300 (PN50)	Class600 (PN110)	Class900 (PN150)	Class1500 (PN260)	Class2500 (PN420)
≤38	19.0	49.6	99.3	148.9	248.2	413.7
50	18.6	48.6	97.1	145.7	242.8	404.6
100	17.0	44.2	88.5	132.7	221.2	368.7
150	15.7	41.0	82.0	122.9	204.9	341.5
200	13.8	38.3	76.6	114.9	191.5	319.1
250	12.1	26.0	72.0	108.1	180.1	300.2
300	10.2	34.1	68.3	102.4	170.7	284.6
325	9.3	33.3	66.6	99.9	166.5	277.6
350	8.4	32.6	65.2	97.8	163.0	271.7
375	7.4	32.0	64.1	96.1	160.2	266.9
400	6.5	31.6	63.2	94.8	157.9	263.2
425	5.5	31.1	62.3	93.4	155.7	259.5
450	4.6	30.8	61.7	92.5	154.2	256.9
475	3.7	30.5	61.1	91.6	152.7	254.4
500	2.8	28.2	56.5	84.7	140.9	235.0
538	1.4	25.2	50.0	75.2	125.5	208.9
550	—	25.0	49.8	74.8	124.9	208.0
575	—	24.0	47.9	71.8	119.7	199.5
600	—	20.3	40.5	60.8	101.3	168.9
625	—	15.8	31.6	47.4	79.1	131.8
650	—	12.6	25.3	37.9	63.2	105.4
675	—	9.9	19.8	29.6	49.4	82.3
700	—	7.9	15.8	23.7	39.5	65.9

工作温度 /℃	最大允许工作表压/bar					
	Class150 (PN20)	Class300 (PN50)	Class600 (PN110)	Class900 (PN150)	Class1500 (PN260)	Class2500 (PN420)
725	—	6.3	12.7	19.0	31.7	52.8
750	—	5.0	10.0	15.0	25.0	41.7
775	—	4.0	8.0	11.9	19.9	33.2
800	—	3.1	6.3	9.4	15.6	26.1
816	—	2.6	5.2	7.8	13.0	21.7

表 9.1-31　材料组别 2.5 的钢制管法兰用材料最大允许工作压力

工作温度 /℃	最大允许工作表压/bar					
	Class150 (PN20)	Class300 (PN50)	Class600 (PN110)	Class900 (PN150)	Class1500 (PN260)	Class2500 (PN420)
≤38	19.0	49.6	99.3	148.9	248.2	413.7
50	18.7	48.8	97.5	146.3	243.8	406.4
100	17.4	45.3	90.6	135.9	226.5	377.4
150	15.8	42.5	84.9	127.4	212.4	353.9
200	13.8	39.8	79.9	119.8	199.7	332.8
250	12.1	37.8	75.6	113.4	189.1	315.1
300	10.2	35.1	72.2	108.3	180.4	300.7
325	9.3	35.4	70.7	106.1	176.8	294.6
350	8.4	34.8	69.5	104.3	173.8	289.6
375	7.4	34.2	68.4	102.6	171.0	285.1
400	6.5	33.9	67.8	101.7	169.5	282.6
425	5.5	33.6	67.2	100.8	168.1	280.1
450	4.6	33.5	66.9	100.4	167.3	278.8
475	3.7	31.7	63.4	95.1	158.2	263.9
500	2.8	28.2	56.5	84.7	140.9	235.0
538	1.4	25.2	50.0	75.2	125.5	208.9
550	—	25.0	49.8	74.8	124.9	208.0
575	—	24.0	47.9	71.8	119.7	199.5
600	—	21.6	42.9	64.2	107.0	178.5
625	—	18.3	36.6	54.9	91.2	152.0
650	—	14.1	28.1	42.5	70.7	117.7
675	—	12.4	25.2	37.6	62.7	104.5
700	—	10.1	20.0	29.8	49.7	83.0
725	—	7.9	15.4	23.2	38.6	64.4
750	—	5.9	11.7	17.6	29.6	49.1
775	—	4.6	9.0	13.7	22.8	38.0
800	—	3.5	7.0	10.5	17.4	29.2
816	—	2.8	5.9	8.6	14.1	23.8

表 9.1-32　材料组别 2.11 的钢制管法兰用材料最大允许工作压力

工作温度 /℃	最大允许工作表压/bar					
	Class150 (PN20)	Class300 (PN50)	Class600 (PN110)	Class900 (PN150)	Class1500 (PN260)	Class2500 (PN420)
≤38	19.0	49.6	99.3	148.9	248.2	413.7
50	18.7	48.8	97.5	146.3	243.8	406.4
100	17.4	45.3	90.6	135.9	226.5	377.4
150	15.8	42.5	84.9	127.4	212.4	353.9
200	13.8	39.9	79.9	119.8	199.7	332.8
250	12.1	37.8	75.6	113.4	189.1	315.1
300	10.2	35.1	72.2	108.3	180.4	300.7
325	9.3	35.4	70.7	106.1	176.8	294.6
350	8.4	34.8	69.5	104.3	173.8	289.6
375	7.4	34.2	68.4	102.6	171.0	285.1

续表

工作温度/℃	最大允许工作表压/bar					
	Class150 (PN20)	Class300 (PN50)	Class600 (PN110)	Class900 (PN150)	Class1500 (PN260)	Class2500 (PN420)
400	6.5	33.9	67.8	101.7	169.5	282.6
425	5.5	33.6	67.2	100.8	168.1	280.1
450	4.6	33.5	66.9	100.4	167.3	278.8
475	3.7	31.7	63.4	95.1	158.2	263.9
500	2.8	28.2	56.5	84.7	140.9	235.0
538	1.4	25.2	50.0	75.2	125.5	208.9
550	—	25.0	49.8	74.8	124.9	208.0
575	—	24.0	47.9	71.8	119.7	199.5
600	—	19.8	39.6	59.4	99.0	165.1
625	—	13.9	27.7	41.6	69.3	115.5
650	—	10.3	20.6	30.9	51.5	85.8
675	—	8.0	15.9	23.9	39.8	66.3
700	—	5.6	11.2	16.8	28.1	46.8
725	—	4.0	8.0	11.9	19.9	33.1
750	—	3.1	6.2	9.3	15.5	25.8
775	—	2.5	4.9	7.4	12.3	20.4
800	—	2.0	4.0	6.1	10.1	16.9
816	—	1.9	3.8	5.7	9.5	15.8

9.1.4 法兰连接选配

9.1.4.1 欧洲体系连接选配（HG/T 20592—2009）（表 9.1-33～表 9.1-36）

表 9.1-33 PN 系列各种类型法兰的密封面型式及其适用范围 　　　　单位：mm

法兰类型	密封面型式	PN2.5	PN6	PN10	PN16	PN25	PN40	PN63	PN100	PN160
板式平焊法兰 (PL)	突面(RF)	DN10～DN2000		DN10～DN600				—		
	全平面(FF)		DN10～DN600					—		
带颈平焊法兰 (SO)	突面(RF)	—	DN10～DN300	DN10～DN600				—		
	全平面(FF)	—		DN10～DN600				—		
	凹面(FM)凸面(M)	—		DN10～DN600				—		
	榫面(T)槽面(G)	—		DN10～DN600				—		
带颈对焊法兰 (WN)	突面(RF)	—		DN10～DN2000		DN10～DN600		DN10～DN400	DN10～DN350	DN10～DN300
	凹面(FM)凸面(M)	—		DN10～DN600						
	榫面(T)槽面(G)	—		DN10～DN600						
	环连接面(RJ)	—						DN15～DN400		DN15～DN300
	全平面(FF)	—		DN10～DN2000				—		
整体法兰(IF)	突面(RF)	—		DN10～DN2000		DN10～DN1200	DN10～DN600	DN10～DN400		DN10～DN300
	凹面(FM)凸面(M)	—		DN10～DN600				DN10～DN400		
	榫面(T)槽面(G)	—		DN10～DN600				DN10～DN400		
	环连接面(RJ)	—						DN15～DN400		DN15～DN300
	全平面(FF)	—		DN10～DN2000				—		

续表

法兰类型	密封面型式	PN2.5	PN6	PN10	PN16	PN25	PN40	PN63	PN100	PN160
承插焊法兰（SW）	突面(RF)	—		DN10~DN50						—
	凹面(FM)凸面(M)	—		DN10~DN50						
	榫面(T)槽面(G)	—		DN10~DN50						
螺纹法兰（Th）	突面(RF)	—	DN10~DN150					—		
	全平面(FF)	—	DN10~DN150			—				
对焊环松套法兰（PJ/SE）	突面(RF)	—	DN10~DN150					—		
平焊环松套法兰（PJ/RJ）	突面(RF)	—	DN10~DN600					—		
	凹面(FM)凸面(M)	—	DN10~DN600							
	榫面(T)槽面(G)	—	DN10~DN600							
法兰盖（BL）	突面(RF)	DN10~DN2000	DN10~DN1200		DN10~DN600			DN10~DN400		
	凹面(FM)凸面(M)	DN10~DN600						DN10~DN400		DN10~DN300
	榫面(T)槽面(G)	—	DN10~DN600					DN10~DN400		
	环连接面(RJ)	—						DN15~DN400		DN15~DN300
	全平面(FF)	DN10~DN2000	DN10~DN1200		—					
衬里法兰盖（BL）	突面(RF)	—	DN40~DN600					—		
	凸面(M)	—	DN40~DN600					—		
	槽面(G)	—	DN40~DN600					—		

表 9.1-34　PN 系列各种垫片类型选配表

垫片型式		公称压力 PN	公称尺寸 DN(A,B)	最高使用温度/℃	密封面型式	密封面表面粗糙度 Ra/μm	法兰型式
非金属	橡胶垫片	≤16	10~2000	200	突面 凹面/凸面 榫面/槽面 全平面	3.2~12.5	各种型式
	石棉橡胶板	≤25		300			各种型式
	非石棉纤维橡胶板	≤40		290			各种型式
	聚四氟乙烯板	≤16		100			各种型式
	膨胀或填充改性聚四氟乙烯板或带	≤40		200			各种型式
	增强柔性石墨板	10~63		650(450)	突面 凹面/凸面 榫面/槽面	3.2~6.3	各种型式
	高温云母复合板	10~63		900	突面 凹面/凸面 榫面/槽面		各种型式
	聚四氟乙烯包覆垫	6~40	10~600	150	突面		各种型式
半金属	缠绕垫	16~160	10~2000	见 HG/T 20609	突面 凹面/凸面 榫面/槽面	3.2~6.3	带颈平焊法兰 带颈对焊法兰 整体法兰 承插焊法兰 法兰盖

续表

	垫片型式	公称压力 PN	公称尺寸 DN(A,B)	最高使用 温度/℃	密封面 型式	密封面表面 粗糙度 $Ra/\mu m$	法兰型式
半金属	齿形组合垫	16～160	10～2000	见 HG/T 20611	突面 凹面/凸面 榫面/槽面	3.2～6.3	带颈平焊法兰 带颈对焊法兰 整体法兰 承插焊法兰 法兰盖
半金属/金属	金属包覆垫	25～100	10～900	见 HG/T 20609	突面	1.6～3.2（碳钢、有色金属） 0.8～1.6（不锈钢、镍基合金）	带颈对焊法兰 整体法兰 法兰盖
金属	金属环垫	63～160	15～400	700	环连接面	0.8～1.6（碳钢、铬钢） 0.4～0.8（不锈钢）	带颈对焊法兰 整体法兰 法兰盖

表 9.1-35　PN 系列螺栓和螺母选配和使用范围

螺栓/螺母				紧固件 强度	公称压力	使用温度 /℃	使用限制
型式	标准	规格	材料或性能等级				
六角头螺栓 Ⅰ型六角螺母 （粗牙、细牙）	GB/T 5785 GB/T 5782 GB/T 6170 GB/T 6171	M10～M33 M36×3～ M56×4	5.6/6	低	≤PN16	＞－20～+300	非有毒、非可燃 介质以及非剧烈循 环场合；配用非金 属平垫片
			8.8/8	高			
			A2-50/A4-50	低		－196～+400	
			A2-70/A4-70	中			
双头螺柱 Ⅰ型六角螺母 （粗牙、细牙）	GB/T 901 GB/T 6170 GB/T 6171	M10～M33 M36×3～ M56×4	5.6/6	低	≤PN16	＞－20～+300	非有毒、非可燃 介质以及非剧烈循 环场合
			8.8/8	高			
			A2-50/A4-50	低		－196～+400	
			A2-70/A4-70	中			
全螺纹螺柱 Ⅱ型六角螺母 （粗牙、细牙）	GB/T 20613 GB/T 6175 GB/T 6176	M10～M33 M36×3～ M56×4	35CrMo/30CrMo	高	≤PN160	－100～+525	
			25Cr2MoV/30CrMo	高		－20～+575	
			42CrMo/30CrMo	高		－100～+525	
			0Cr19Ni9	低		－196～+800	
			0Cr17Ni12Mo2	低		－196～+800	
			A193,B8 Cl. 2/A194-8	中		－196～+525	
			A193,B8M Cl. 2/A194-8M	中			
			A320,L7/A194,7	高		－100～+340	
			A453,660/A194-8,8M	中		－29～+525	

表 9.1-36　PN 系列法兰用紧固件和垫片选配

公称压力 PN	垫片类型	螺栓强度等级
2.5～16	非金属平垫片 聚四氟乙烯包覆垫	低强度、中强度、高强度
25	非金属平垫片 聚四氟乙烯包覆垫	中强度、高强度
	缠绕式垫片 具有覆盖层的齿形垫或金属平垫	中强度、高强度
	金属包覆垫	高强度

续表

公称压力 PN	垫片类型	螺栓强度等级
40	非金属平垫片 聚四氟乙烯包覆垫	中强度、高强度
	缠绕式垫片 具有覆盖层的齿形垫或金属平垫	中强度、高强度
	金属包覆垫	高强度
63	增强柔性石墨板 高温蛭石复合增强板	中强度、高强度
	缠绕式垫片 具有覆盖层的齿形垫或金属平垫	中强度、高强度
	金属包覆垫 金属环垫	高强度
≥100	缠绕式垫片 具有覆盖层的齿形垫或金属平垫	中强度、高强度
	金属包覆垫 金属环垫	高强度

9.1.4.2 美洲体系连接选配（HG/T 20615—2009）

法兰的公称压力等级对照见表 9.1-37。

表 9.1-37 法兰的公称压力等级对照

Class	Class150	Class300	Class600	Class900	Class1500	Class2500
PN	PN20	PN50	PN110	PN150	PN260	PN420

Class 系列各种类型法兰的密封面形式及其常用范围见表 9.1-38。

表 9.1-38 Class 系列各种类型法兰的密封面形式及其常用范围

法兰类型	密封面形式	公称压力 Class(PN)					
		150(20)	300(50)	600(110)	900(150)	1500(260)	2500(420)
带颈平焊法兰 （SO）	突面(RF)	DN15～DN600				DN15～DN65	—
	凹面(FM) 凹面(M)	—		DN15～DN600		DN15～DN65	—
	榫面(FM) 槽面(M)	—		DN15～DN600		DN15～DN65	—
	全平面(FF)	DN15～DN600	—	—	—	—	—
带颈对焊法兰 （WN） 长高颈法兰 （LWN）	突面(RF)	DN15～DN600					DN15～DN300
	凹面(FM) 凹面(M)	—		DN15～DN600			DN15～DN300
	榫面(FM) 槽面(M)	—		DN15～DN600			DN15～DN300
	全平面(FF)	DN15～DN600	—	—	—	—	DN15～DN300
	环连接面(RJ)	DN15～DN300		DN15～DN600			DN15～DN300
整体法兰(IF)	突面(RF)	DN15～DN600					DN15～DN300
	凹面(FM) 凹面(M)	—		DN15～DN600			DN15～DN300
	榫面(FM) 槽面(M)	—		DN15～DN600			DN15～DN300
	全平面(FF)	DN15～DN600	—	—	—	—	—
	环连接面(RJ)	DN15～DN300		DN15～DN600			DN15～DN300

续表

法兰类型	密封面形式	公称压力 Class(PN)					
		150(20)	300(50)	600(110)	900(150)	1500(260)	2500(420)
承插焊法兰(SW)	突面(RF)	DN15～DN80			DN15～DN65		—
	凹面(FM) 凹面(M)	—	DN15～DN80		DN15～DN65		—
	榫面(FM) 槽面(M)	—	DN15～DN80		DN15～DN65		—
	环连接面(RJ)	DN25～DN80	DN15～DN80		DN15～DN65		—
螺纹法兰(Th)	突面(RF)	DN15～DN150	—	—	—	—	—
	全平面(FF)	DN15～DN150	—	—	—	—	—
对焊环松套法兰 (LF/SE)	突面(RF)	DN15～DN600			—		
法兰盖(BL)	突面(RF)	DN15～DN600					DN15～DN300
	凹面(FM) 凹面(M)	—	DN15～DN600				DN15～DN300
	榫面(FM) 槽面(M)	—	DN15～DN600				DN15～DN300
	全平面(FF)	DN15～DN600	—	—	—	—	—
	环连接面(RJ)	DN15～DN300	DN15～DN600				DN15～DN300

异径法兰可由法兰盖开孔，作为螺纹、带颈平焊或带颈对焊异径法兰，法兰盖不做补强的最大允许开孔尺寸应符合表 9.1-39 的规定。开孔尺寸大于表 9.1-39 的异径法兰应对法兰盖实施补强，孔边的补强面积应不小于相应开孔尺寸 DN_2 的带颈平焊法兰的颈部面积。Class 系列异径法兰各种配件选用见表 9.1-40～表 9.1-42。

表 9.1-39　异径法兰开孔尺寸

DN_1	25～40	50	65～80	100～125	150	200	250～350	400～600
DN_2	15	25	32	40	65	80	90	100

表 9.1-40　Class 系列各种垫片型式选用表

垫片型式		公称压力 Class	公称尺寸 DN	最高使用温度 /℃	密封面型式	密封面表面 粗糙度 $Ra/\mu m$	法兰型式
非金属	橡胶垫片	150	15～1500	200	突面	3.2～12.5	各种型式
	石棉橡胶板	150		300			各种型式
	非石棉纤维橡胶板	150～300		290	凹面/凸面		各种型式
	聚四氟乙烯板	150		100	榫面/槽面		各种型式
	膨胀或填充改性聚四氟乙烯板或带	150～300		200	全平面		各种型式
	增强柔性石墨板	150～300		650(450)	突面 凹面/凸面 榫面/槽面	3.2～6.3	各种型式
	高温云母复合板	150～600		900	突面 凹面/凸面 榫面/槽面		各种型式
	聚四氟乙烯包覆垫	150～300	10～600	150	突面		各种型式
半金属	缠绕垫	150～2500	15～1500 (A、B)	见 HG/T 20631	突面 凹面/凸面 榫面/槽面	3.2～6.3	带颈平焊法兰 带颈对焊法兰 整体法兰 承插焊法兰 法兰盖

续表

垫片型式		公称压力 Class	公称尺寸 DN	最高使用温度 /℃	密封面型式	密封面表面 粗糙度 Ra/μm	法兰型式
半金属	齿形组合垫	150~2500	15~1500 (A、B)	见 HG/T 20632	突面 凹面/凸面 榫面/槽面	3.2~6.3	带颈平焊法兰 带颈对焊法兰 整体法兰 承插焊法兰 法兰盖
半金属	金属包覆垫	300~900		见 HG/T 20630	突面	1.6~3.2（碳钢、有色金属） 0.8~1.6（不锈钢、镍基合金）	带颈对焊法兰 整体法兰 法兰盖
金属	金属环垫	150~2500		700	环连接面	0.8~1.6（碳钢、铬钢） 0.4~0.8（不锈钢）	带颈对焊法兰 整体法兰 法兰盖

表 9.1-41 Class 系列螺栓和螺母选配表

螺栓/螺母				紧固件强度	公称压力等级	使用温度/℃	使用限制
型式	标准	规格	材料或性能等级				
六角头螺栓 I型六角螺母 （粗牙）	GB/T 5782 GB/T 6170	M14~M33	5.6/6	低	≤Class150 (PN20)	−20~+300	非有毒、非可燃介质以及非剧烈循环场合； 配用非金属平垫片
			8.8/8	高			
			A2-50/A4-50	低		−196~+400	
			A2-70/A4-70	中			
全螺纹螺柱 专用重型六角螺母（粗牙、细牙）	HG/T 20634	M14~M33 M36×3~ M90×3	35CrMo/30CrMo	高	≤Class2500 (PN420)	−100~+525	—
			25Cr2MoV/30CrMo	高		−20~+575	
			42CrMo/30CrMo	高		−100~+525	
			0Cr18Ni9	低		−196~+800	
			0Cr17Ni12Mo2	低		−196~+800	
			A193,B8 Cl. 2/A194-8	中		−196~+525	
			A193,B8M Cl. 2/A194-8M	中			
			A320,L7/A194.7	高		−100~+340	
			A453,660/A194-8、8M	中		−29~+525	

表 9.1-42 Class 系列法兰用紧固件和垫片选配

公称压力 Class	垫片类型	螺栓强度等级
150	非金属平垫片 聚四氟乙烯包覆垫	低强度、中强度、高强度
	缠绕式垫片 具有覆盖层的齿形垫	中强度、高强度
	金属平垫(一般不采用)	高强度
300	非金属平垫片 聚四氟乙烯包覆垫	中强度、高强度
	缠绕式垫片 具有覆盖层的齿形垫或金属平垫	中强度、高强度
	金属包覆垫 金属环垫	高强度

公称压力 Class	垫片类型	螺栓强度等级
600	增强柔性石墨板 高温蛭石复合增强板	中强度、高强度
	缠绕式垫片 具有覆盖层的齿形垫或金属平垫	中强度、高强度
	金属包覆垫 金属环垫	高强度
≥900	缠绕式垫片 具有覆盖层的齿形垫或金属平垫	高强度
	金属包覆垫(一般不采用) 金属环垫	高强度

9.2　化工标准法兰

9.2.1　欧洲体系法兰密封面（HG/T 20592—2009）

9.2.1.1　欧洲体系法兰密封面的型式

密封面的型式及尺寸见图 9.2-1、表 9.2-1、表 9.2-2。

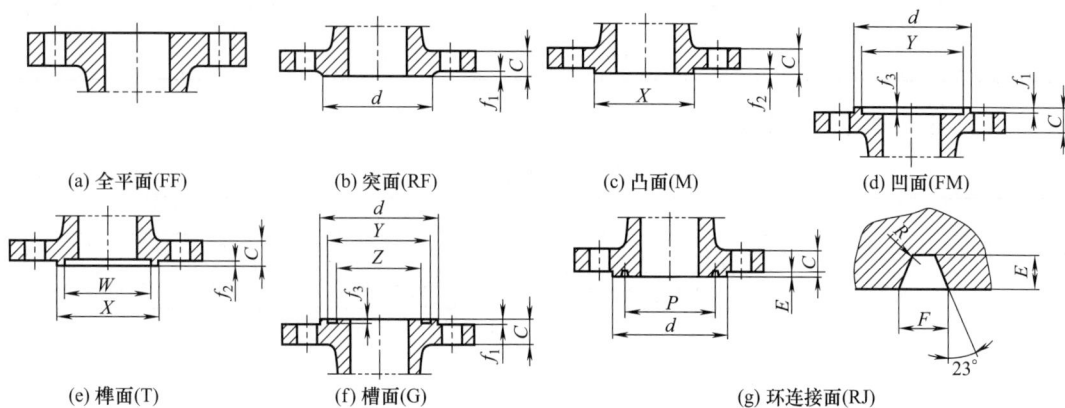

(a) 全平面(FF)　　(b) 突面(RF)　　(c) 凸面(M)　　(d) 凹面(FM)

(e) 榫面(T)　　(f) 槽面(G)　　(g) 环连接面(RJ)

图 9.2-1　法兰密封面型式

9.2.1.2　密封面的尺寸（突面、凹面/凸面、榫面/槽面）

表 9.2-1　密封面的尺寸（突面、凹面/凸面、榫面/槽面）　　　单位：mm

公称尺寸 DN	d						f_1	f_2	f_3	W	X	Y	Z
	PN2.5	PN6	PN10	PN16	PN25	≥PN40							
10	35	35	40	40	40	40	2	4.5	4.0	24	34	35	23
15	40	40	45	45	45	45	2	4.5	4.0	29	39	40	28
20	50	50	58	58	58	58	2	4.5	4.0	36	50	51	35
25	60	60	68	68	68	68	2	4.5	4.0	43	57	58	42
32	70	70	78	78	78	78	2	4.5	4.0	51	65	66	50
40	80	80	88	88	88	88	2	4.5	4.0	61	75	76	60
50	90	90	102	102	102	102	2	4.5	4.0	73	87	88	74
65	110	110	122	122	122	122	2	4.5	4.0	95	109	110	94
80	128	128	138	138	138	138	2	4.5	4.0	106	120	121	105
100	148	148	158	158	162	162	2	5.0	4.5	129	149	150	128
125	178	178	188	188	188	188	2	5.0	4.5	155	175	176	154

公称尺寸	d						f_1	f_2	f_3	W	X	Y	Z
DN	PN2.5	PN6	PN10	PN16	PN25	≥PN40							
150	202	202	212	218	218	218	2	5.0	4.5	183	203	204	182
200	258	258	268	268	278	278	2	5.0	4.5	239	259	260	238
250	312	312	320	320	335	345	2	5.0	4.5	292	312	313	291
300	365	365	370	378	395	410	2	5.0	4.5	343	363	364	342
350	415	415	430	428	450	465	2	5.5	5.0	395	421	422	394
400	465	465	482	490	505	535	2	5.5	5.0	447	473	474	446
450	520	520	532	550	555	560	2	5.5	5.0	497	523	524	495
500	570	570	585	610	615	615	2	5.5	5.0	549	575	576	548
600	670	670	685	725	720	735	2	5.5	5.0	649	675	676	648
700	775	775	800	795	820	—	2	—	—	—	—	—	—
800	880	880	905	900	930	—	2	—	—	—	—	—	—
900	980	980	1005	1000	1140	—	2	—	—	—	—	—	—
1000	1080	1080	1110	1115	1140	—	2	—	—	—	—	—	—
1200	1280	1295	1330	1330	1350	—	2	—	—	—	—	—	—
1400	1480	1510	1535	1530		—	2	—	—	—	—	—	—
1600	1690	1710	1760	1750		—	2	—	—	—	—	—	—
1800	1890	1920	1960	1950		—	2	—	—	—	—	—	—
2000	2090	2125	2170	2150		—	2	—	—	—	—	—	—

9.2.1.3 环连接密封面的尺寸

表 9.2-2 环连接密封面的尺寸　　　　单位：mm

公称尺寸	PN63					PN100					PN160				
DN	d	P	E	F	R_{max}	d	P	E	F	R_{max}	d	P	E	F	R_{max}
15	55	35	6.5	9	0.8	55	35	6.5	9	0.8	58	35	6.5	9	0.8
20	68	45	6.5	9	0.8	68	45	6.5	9	0.8	70	45	6.5	9	0.8
25	78	50	6.5	9	0.8	78	50	6.5	9	0.8	80	50	6.5	9	0.8
32	86	65	6.5	9	0.8	86	65	6.5	9	0.8	86	65	6.5	9	0.8
40	102	75	6.5	9	0.8	102	75	6.5	9	0.8	102	75	6.5	9	0.8
50	112	85	8	12	0.8	116	85	8	12	0.8	118	95	8	12	0.8
65	136	110	8	12	0.8	140	110	8	12	0.8	142	110	8	12	0.8
80	146	115	8	12	0.8	150	115	8	12	0.8	152	130	8	12	0.8
100	172	145	8	12	0.8	176	145	8	12	0.8	178	160	8	12	0.8
125	208	175	8	12	0.8	212	175	8	12	0.8	215	190	8	12	0.8
150	245	205	8	12	0.8	250	205	8	12	0.8	255	205	10	14	0.8
200	306	265	8	12	0.8	312	265	8	12	0.8	322	275	11	17	0.8
250	362	320	8	12	0.8	376	320	8	12	0.8	388	330	11	17	0.8
300	422	375	8	12	0.8	448	375	8	12	0.8	456	380	14	23	0.8
350	475	420	8	12	0.8	505	420	11	17	0.8	—	—	—	—	—
400	540	480	8	12	0.8	565	480	11	17	0.8	—	—	—	—	—

9.2.2 欧洲体系法兰连接尺寸（HG/T 20592—2009）

　　欧洲体系法兰连接尺寸按表9.2-3的规定。黑框内为不同压力等级，但具有相同连接尺寸的法兰。

表 9.2-3 欧洲体系法兰连接尺寸

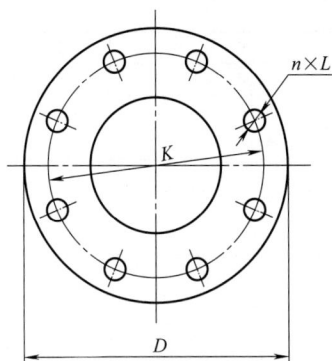

公称尺寸	PN2.5					PN6				
DN	D/mm	K/mm	L/mm	Th	n/个	D/mm	K/mm	L/mm	Th	n/个
10	75	50	11	M10	4	75	50	11	M10	4
15	80	55	11	M10	4	80	55	11	M10	4
20	90	65	11	M10	4	90	65	11	M10	4
25	100	75	11	M10	4	100	75	11	M10	4
32	120	90	14	M12	4	120	90	14	M12	4
40	130	100	14	M12	4	130	100	14	M12	4
50	140	110	14	M12	4	140	110	14	M12	4
65	160	130	14	M12	4	160	130	14	M12	4
80	190	150	18	M16	4	190	150	18	M16	4
100	210	170	18	M16	4	210	170	18	M16	4
125	240	200	18	M16	8	240	200	18	M16	8
150	265	225	18	M16	8	265	225	18	M16	8
200	320	280	18	M16	8	320	280	18	M16	8
250	375	335	18	M16	12	375	335	18	M16	12
300	440	395	22	M20	12	440	395	22	M20	12
350	490	445	22	M20	12	490	445	22	M20	12
400	540	495	22	M20	16	540	495	22	M20	16
450	595	550	22	M20	16	595	550	22	M20	16
500	645	600	22	M20	20	645	600	22	M20	20
600	755	705	26	M24	20	755	705	26	M24	20
700	860	810	26	M24	24	860	810	26	M24	24
800	975	920	30	M27	24	975	920	30	M27	24
900	1075	1020	30	M27	24	1075	1020	30	M27	24
1000	1175	1120	30	M27	28	1175	1120	30	M27	28
1200	1375	1320	30	M27	32	1405	1340	33	M30	32
1400	1575	1520	30	M27	36	1630	1560	36	M33	36
1600	1790	1730	30	M27	40	1830	1760	36	M33	40
1800	1990	1930	30	M27	44	2045	1970	39	M36	44
2000	2190	2130	30	M27	48	2265	2180	42	M39	48

公称尺寸	PN10					PN16				
DN	D/mm	K/mm	L/mm	Th	n/个	D/mm	K/mm	L/mm	Th	n/个
10	90	60	14	M12	4	90	60	14	M12	4
15	95	65	14	M12	4	95	65	14	M12	4
20	105	75	14	M12	4	105	75	14	M12	4
25	115	85	14	M12	4	115	85	14	M12	4
32	140	100	18	M16	4	140	100	18	M16	4

续表

| 公称尺寸 | PN10 | | | | | PN16 | | | | |
DN	D/mm	K/mm	L/mm	Th	n/个	D/mm	K/mm	L/mm	Th	n/个
40	150	110	18	M16	4	150	110	18	M16	4
50	165	125	18	M16	4	165	125	18	M16	4
65	185	145	18	M16	4(8)①	185	145	18	M16	4(8)①
80	200	160	18	M16	8	200	160	18	M16	8
100	220	180	18	M16	8	220	180	18	M16	8
125	250	210	18	M16	8	250	210	18	M16	8
150	285	240	22	M20	8	285	240	22	M20	8
200	340	295	22	M20	12	340	295	22	M20	8
250	395	350	22	M20	12	405	355	26	M24	12
300	445	400	22	M20	16	460	410	26	M24	12
350	505	460	22	M20	16	520	470	26	M24	12
400	565	515	26	M24	20	580	525	30	M27	16
450	615	565	26	M24	20	640	585	30	M27	16
500	670	620	26	M24	20	715	650	33	M30	20
600	780	725	30	M27	20	840	770	36	M33	20
700	895	840	30	M27	24	910	840	36	M33	24
800	1015	950	30	M27	24	1025	950	39	M36	24
900	1115	1050	33	M30	28	1125	1050	39	M36	28
1000	1230	1160	33	M30	28	1255	1170	42	M39	28
1200	1455	1380	39	M36	32	1485	1390	48	M45	32
1400	1675	1590	42	M39	36	1685	1590	48	M45	36
1600	1915	1820	48	M45	40	1930	1820	56	M52	40
1800	2115	2020	48	M45	44	2130	2020	56	M52	44
2000	2325	2230	48	M45	48	2345	2230	62	M56	48

| 公称尺寸 | PN25 | | | | | PN40 | | | | | PN63 | | | | |
DN	D/mm	K/mm	L/mm	Th	n/个	D/mm	K/mm	L/mm	Th	n/个	D/mm	K/mm	L/mm	Th	n/个
10	90	60	14	M12	4	90	60	14	M12	4	100	70	14	M12	4
15	95	65	14	M12	4	95	65	14	M12	4	105	75	14	M12	4
20	105	75	14	M12	4	105	75	14	M12	4	130	90	18	M16	4
25	115	85	14	M12	4	115	85	14	M12	4	140	100	18	M16	4
32	140	100	18	M16	4	140	100	18	M16	4	155	110	22	M20	4
40	150	110	18	M16	4	150	110	18	M16	4	170	125	22	M20	4
50	165	125	18	M16	4	165	125	18	M16	4	180	135	22	M20	4
65	185	145	18	M16	4	185	145	18	M16	8	205	160	22	M20	8
80	200	160	18	M16	4	200	160	18	M16	8	215	170	22	M20	8
100	235	190	22	M20	8	235	190	22	M20	8	250	200	26	M24	8
125	270	220	26	M24	8	270	220	26	M24	8	295	240	30	M27	8
150	300	250	26	M24	8	300	250	26	M24	8	345	280	33	M30	8
200	360	310	26	M24	12	375	320	30	M27	12	415	345	36	M33	12
250	425	370	30	M27	12	450	385	33	M30	12	470	400	36	M33	12
300	485	430	30	M27	16	515	450	33	M30	16	530	460	36	M33	16
350	555	490	33	M30	16	580	510	36	M33	16	600	525	39	M36	16
400	620	550	36	M33	16	660	585	39	M36	16	670	585	42	M39	16
450	670	600	36	M33	20	685	610	39	M36	20	—	—	—	—	—
500	730	660	36	M33	20	755	670	42	M39	20	—	—	—	—	—
600	845	770	39	M36	20	890	795	48	M45	20	—	—	—	—	—
700	960	875	42	M39	24	—	—	—	—	—	—	—	—	—	—
800	1085	990	48	M45	24	—	—	—	—	—	—	—	—	—	—
900	1185	1090	48	M45	28	—	—	—	—	—	—	—	—	—	—
1000	1320	1210	55	M52	28	—	—	—	—	—	—	—	—	—	—
1200	1530	1420	55	M52	32	—	—	—	—	—	—	—	—	—	—

续表

公称尺寸	PN100					PN160				
DN	D/mm	K/mm	L/mm	Th	n/个	D/mm	K/mm	L/mm	Th	n/个
10	100	70	14	M12	4	100	70	14	M12	4
15	105	75	14	M12	4	105	75	14	M12	4
20	130	90	18	M16	4	130	90	18	M16	4
25	140	100	18	M16	4	140	100	18	M16	4
32	155	110	22	M20	4	155	110	22	M20	4
40	170	125	22	M20	4	170	125	22	M20	4
50	195	145	26	M24	4	195	145	26	M24	4
65	220	170	26	M24	8	220	170	26	M24	8
80	230	180	26	M24	8	230	180	26	M24	8
100	265	210	30	M27	8	265	210	30	M27	8
125	315	250	33	M30	8	315	250	33	M30	8
150	355	290	33	M30	12	355	290	33	M30	12
200	430	360	36	M33	12	430	360	36	M33	12
250	505	430	39	M36	12	515	430	42	M39	12
300	585	500	42	M39	16	585	500	42	M39	16
350	655	560	48	M45	16	—	—	—	—	—
400	715	620	48	M45	16	—	—	—	—	—

① 也可采用 8 个螺栓孔。

注：PN1.0～PN4.0，DN80 法兰的连接尺寸相同。

9.2.3　欧洲体系法兰结构尺寸（HG/T 20592—2009）

9.2.3.1　板式平焊钢制管法兰的连接尺寸（表 9.2-4）

表 9.2-4　板式平焊钢制管法兰的连接尺寸　　　　单位：mm

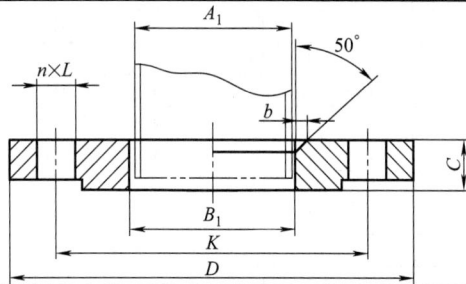

PN2.5

公称	管子外径 A_1		连接尺寸					厚度	法兰内径 B_1	
直径	A	B	外径 D	直径 K	螺栓 L	数量 n/个	螺纹 Th	C	A	B
10	17.2	14	75	50	11	4	M10	12	18	15
15	21.3	18	80	55	11	4	M10	12	22	19
20	26.9	25	90	65	11	4	M10	14	27.5	26
25	33.7	32	100	75	11	4	M10	14	34.5	33
32	42.4	38	120	90	14	4	M12	16	43.5	39
40	48.3	45	130	100	14	4	M12	16	49.5	46
50	60.3	57	140	110	14	4	M12	16	61.5	59
65	76.1	76	160	130	14	4	M12	16	77.5	78
80	88.9	89	190	150	18	4	M16	18	90.5	91
100	114.3	108	210	170	18	4	M16	18	116	110
125	139.7	133	240	200	18	8	M16	20	141.5	135
150	168.3	159	265	225	18	8	M16	20	170.5	161
200	219.1	219	320	280	18	8	M16	22	221.5	222

PN2.5

公称直径	管子外径 A_1		连接尺寸					厚度	法兰内径 B_1	
	A	B	外径 D	直径 K	螺栓 L	数量 n/个	螺纹 Th	C	A	B
250	273	273	375	335	18	12	M16	24	276.5	276
300	323.9	325	440	395	22	12	M20	24	327.5	328
350	355.6	377	490	445	22	12	M20	26	359.5	381
400	406.4	426	540	495	22	16	M20	28	411	430
450	457	480	595	550	22	16	M20	30	462	485
500	508	530	645	600	22	20	M20	32	513.5	535
600	610	630	755	705	26	20	M24	36	616.5	636
700	711	720	860	810	26	24	M24	36	715	724
800	813	820	975	920	30	24	M27	38	817	824
900	914	920	1075	1020	30	24	M27	40	918	924
1000	1016	1020	1175	1120	30	28	M27	42	1020	1024
1200	1219	1220	1375	1320	30	32	M27	44	1223	1224
1400	1422	1420	1575	1520	30	36	M27	48	1426	1424
1600	1626	1620	1790	1730	30	40	M27	51	1630	1624
1800	1829	1820	1990	1930	30	44	M27	54	1833	1824
2000	2032	2020	2190	2130	30	48	M27	58	2036	2024

PN6

公称直径	管子外径 A_1		连接尺寸					厚度	法兰内径 B_1	
	A	B	外径 D	直径 K	螺栓 L	数量 n/个	螺纹 Th	C	A	B
10	17.2	14	75	50	11	4	M10	12	18	15
15	21.3	18	80	55	11	4	M10	12	22	19
20	26.9	25	90	65	11	4	M10	14	27.5	26
25	33.7	32	100	75	11	4	M10	14	34.5	33
32	42.4	38	120	90	14	4	M12	16	43.5	39
40	48.3	45	130	100	14	4	M12	16	49.5	46
50	60.3	57	140	110	14	4	M12	16	61.5	59
65	76.1	76	160	130	14	4	M12	16	77.5	78
80	88.9	89	190	150	18	4	M16	18	90.5	91
100	114.3	108	210	170	18	4	M16	18	116	110
125	139.7	133	240	200	18	8	M16	20	141.5	135
150	168.3	159	265	225	18	8	M16	20	170.5	161
200	219.1	219	320	280	18	8	M16	22	221.5	222
250	273	273	375	335	18	12	M16	24	276.5	276
300	323.9	325	440	395	22	12	M20	24	327.5	328
350	355.6	377	490	445	22	12	M20	26	359.5	381
400	406.4	426	540	495	22	16	M20	28	411	430
450	457	480	595	550	22	16	M20	30	462	485
500	508	530	645	600	22	20	M20	30	513.5	535
600	610	630	755	705	26	20	M24	32	616.5	636

PN10

公称直径	管子外径 A_1		连接尺寸					厚度	法兰内径 B_1	
	A	B	外径 D	直径 K	螺栓 L	数量 n/个	螺纹 Th	C	A	B
10	17.2	14	90	60	14	4	M12	14	18	15
15	21.3	18	95	65	14	4	M12	14	22	19
20	26.9	25	105	75	14	4	M12	16	27.5	26
25	33.7	32	115	85	14	4	M12	16	34.5	33
32	42.4	38	140	100	18	4	M16	18	43.5	39
40	48.3	45	150	110	18	4	M16	18	49.5	46

续表

PN10

公称直径	管子外径 A_1		连接尺寸					厚度	法兰内径 B_1	
	A	B	外径 D	直径 K	螺栓 L	数量 n/个	螺纹 Th	C	A	B
50	60.3	57	165	125	18	4	M16	19	61.5	59
65	76.1	76	185	145	18	4	M16	20	77.5	78
80	88.9	89	200	160	18	8	M16	20	90.5	91
100	114.3	108	220	180	18	8	M16	22	116	110
125	139.7	133	250	210	18	8	M16	22	141.5	135
150	168.3	159	285	240	22	8	M20	24	170.5	161
200	219.1	219	340	295	22	8	M20	24	221.5	222
250	273	273	395	350	22	12	M20	26	276.5	276
300	323.9	325	445	400	22	12	M20	26	327.5	328
350	355.6	377	505	460	22	16	M20	28	359.5	381
400	406.4	426	565	515	26	16	M24	32	411	430
450	457	480	615	565	26	20	M24	36	462	485
500	508	530	670	620	26	20	M24	38	513.5	535
600	610	630	780	725	30	20	M27	42	616.5	636

PN16

公称直径	管子外径 A_1		连接尺寸					厚度	法兰内径 B_1		坡口
	A	B	外径 D	直径 K	螺栓 L	数量 n/个	螺纹 Th	C	A	B	b
10	17.2	14	90	60	14	4	M12	14	18	15	4
15	21.3	18	95	65	14	4	M12	14	22	19	4
20	26.9	25	105	75	14	4	M12	16	27.5	26	4
25	33.7	32	115	85	14	4	M12	16	34.5	33	5
32	42.4	38	140	100	18	4	M16	18	43.5	39	5
40	48.3	45	150	110	18	4	M16	18	49.5	46	5
50	60.3	57	165	125	18	4	M16	19	61.5	59	5
65	76.1	76	185	145	18	4	M16	20	77.5	78	6
80	88.9	89	200	160	18	8	M16	20	90.5	91	6
100	114.3	108	220	180	18	8	M16	22	116	110	6
125	139.7	133	250	210	18	8	M16	22	141.5	135	6
150	168.3	159	285	240	22	8	M20	24	170.5	161	6
200	219.1	219	340	295	22	12	M20	26	221.5	222	8
250	273	273	405	355	26	12	M24	29	276.5	276	10
300	323.9	325	460	410	26	12	M24	32	327.5	328	11
350	355.6	377	520	470	26	16	M24	35	359.5	381	12
400	406.4	426	580	525	30	16	M27	38	411	430	12
450	457	480	640	585	30	20	M27	42	462	485	12
500	508	530	715	650	33	20	M30×2	46	513.5	535	12
600	610	630	840	770	33	20	M33×2	52	616.5	636	12

PN25

公称直径	管子外径 A_1		连接尺寸					厚度	法兰内径 B_1		坡口
	A	B	外径 D	直径 K	螺栓 L	数量 n/个	螺纹 Th	C	A	B	b
10	17.2	14	90	60	14	4	M12	14	18	15	4
15	21.3	18	95	65	14	4	M12	14	22	19	4
20	26.9	25	105	75	14	4	M12	16	27.5	26	4
25	33.7	32	115	85	14	4	M12	16	34.5	33	5
32	42.4	38	140	100	18	4	M16	18	43.5	39	5
40	48.3	45	150	110	18	4	M16	18	49.5	46	5
50	60.3	57	165	125	18	4	M16	20	61.5	59	5
65	76.1	76	185	145	18	8	M16	22	77.5	78	6

续表

PN25

公称直径	管子外径 A_1		连接尺寸					厚度	法兰内径 B_1		坡口
	A	B	外径 D	直径 K	螺栓 L	数量 n/个	螺纹 Th	C	A	B	b
80	88.9	89	200	160	18	8	M16	24	90.5	91	6
100	114.3	108	235	190	22	8	M20	26	116	110	6
125	139.7	133	270	220	26	8	M24	28	141.5	135	6
150	168.3	159	300	250	26	8	M24	30	170.5	161	6
200	219.1	219	360	310	26	12	M24	32	221.5	222	8
250	273	273	425	370	30	12	M27	35	276.5	276	10
300	323.9	325	485	430	30	16	M27	38	327.5	328	11
350	355.6	377	555	490	33	16	M30×2	42	359.5	381	12
400	406.4	426	620	550	36	16	M33×2	46	411	430	12
450	457	480	670	600	36	20	M33×2	50	462	485	12
500	508	530	730	660	36	20	M33×2	56	513.5	535	12
600	610	630	845	770	39	20	M36×3	68	616.5	636	12

PN40

公称直径	管子外径 A_1		连接尺寸					厚度	法兰内径 B_1		坡口
	A	B	外径 D	直径 K	螺栓 L	数量 n/个	螺纹 Th	C	A	B	b
10	17.2	14	90	60	14	4	M12	14	18	15	4
15	21.3	18	95	65	14	4	M12	14	22	19	4
20	26.9	25	105	75	14	4	M12	16	27.5	26	4
25	33.7	32	115	85	14	4	M12	16	34.5	33	5
32	42.4	38	140	100	18	4	M16	18	43.5	39	5
40	48.3	45	150	110	18	4	M16	18	49.5	46	5
50	60.3	57	165	125	18	4	M16	20	61.5	59	5
65	76.1	76	185	145	18	8	M16	22	77.5	78	6
80	88.9	89	200	160	18	8	M16	24	90.5	91	6
100	114.3	108	235	190	22	8	M20	26	116	110	6
125	139.7	133	270	220	26	8	M24	28	141.5	135	6
150	168.3	159	300	250	26	8	M24	30	170.5	161	6
200	219.1	219	360	310	26	12	M27	36	221.5	222	8
250	273	273	425	370	30	12	M30×2	42	276.5	276	10
300	323.9	325	485	430	30	16	M30×2	48	327.5	328	11
350	355.6	377	555	490	33	16	M33×2	54	359.5	381	12
400	406.4	426	620	550	36	16	M36×3	60	411	430	12
450	457	480	670	600	36	20	M36×3	66	462	485	12
500	508	530	730	660	36	20	M39×3	72	513.5	535	12
600	610	630	845	770	39	20	M45×3	84	616.5	636	12

9.2.3.2 带颈平焊法兰的连接尺寸（表 9.2-5）

表 9.2-5　带颈平焊法兰的连接尺寸　　　　单位：mm

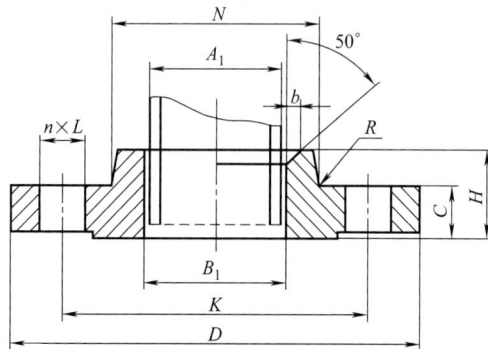

续表

PN6

公称通径	钢管外径 A_1		连接尺寸					厚度	法兰内径 B_1		法兰颈			高度	重量
	A	B	外径 D	直径 K	螺栓 L	数量 n/个	螺纹 Th	C	A	B	A-N	B-N	R	H	/kg
10	17.2	14	75	50	11	4	M10	12	18	15	25	25	4	20	0.38
15	21.3	18	80	55	11	4	M10	12	22	19	30	30	4	20	0.44
20	26.9	25	90	65	11	4	M10	14	27.5	26	40	40	4	24	0.66
25	33.7	32	100	75	11	4	M10	14	34.5	33	50	50	4	24	0.81
32	42.4	38	120	90	14	4	M12	14	43.5	39	60	60	4	26	1.32
40	48.3	45	130	100	14	4	M12	14	49.5	46	70	70	6	26	1.55
50	60.3	57	140	110	14	4	M12	14	61.5	59	80	80	6	28	1.73
65	76.1	76	160	130	14	4	M12	14	77.5	78	100	100	6	32	2.23
80	88.9	89	190	150	18	4	M16	16	90.5	91	110	110	8	34	3.32
100	114.3	108	170	170	18	4	M16	16	116	110	130	130	8	40	4.06
125	139.7	133	240	200	18	8	M16	18	143.5	135	160	160	8	44	5.26
150	168.3	159	265	225	18	8	M16	18	170.5	161	185	185	8	44	6.37
200	219.1	219	320	280	18	8	M16	20	221.5	222	240	240	10	44	7.98
250	273	273	375	335	18	12	M16	22	276.5	276	295	295	12	44	10.3
300	323.9	325	440	395	22	12	M20	22	328	328	355	355	12	44	14.1

PN10

公称通径	钢管外径 A_1		连接尺寸					厚度	法兰内径 B_1		法兰颈			高度	重量
	A	B	外径 D	直径 K	螺栓 L	数量 n/个	螺纹 Th	C	A	B	A-N	B-N	R	H	/kg
10	17.2	14	90	60	14	4	M12	16	18	15	30	30	4	22	0.65
15	21.3	18	95	65	14	4	M12	16	22	19	35	35	4	22	0.72
20	26.9	25	105	75	14	4	M12	18	27.5	26	45	45	4	26	1.03
25	33.7	32	115	85	14	4	M12	18	34.5	33	52	52	4	28	1.24
32	42.4	38	140	100	18	4	M16	18	43.5	39	60	60	6	30	2.02
40	48.3	45	150	110	18	4	M16	18	49.5	46	70	70	6	32	2.36
50	60.3	57	165	125	18	4	M16	18	61.5	59	84	84	5	28	3.08
65	76.1	76	185	145	18	4	M16	18	77.5	78	104	104	6	32	3.66
80	88.9	89	200	160	18	8	M16	20	90.5	91	118	118	6	34	4.08
100	114.3	108	220	180	18	8	M16	20	116	110	140	140	8	40	5.40
125	139.7	133	250	210	18	8	M16	22	143.5	135	168	168	8	44	7.01
150	168.3	159	285	240	22	8	M20	22	170.5	161	195	195	10	44	9.10
200	219.1	219	340	295	22	8	M20	24	221.5	222	246	246	10	44	10.6
250	273	273	395	350	22	12	M20	26	276.5	276	298	298	12	46	13.4
300	323.9	325	445	400	22	12	M20	26	328	328	350	350	12	46	15.4
350	355.6	377	505	460	22	16	M20	26	360	381	400	412	12	53	20.5
400	406.4	426	565	515	26	16	M24	26	411	430	456	475	12	57	27.6
450	457	480	615	565	26	20	M24	28	462	485	502	525	12	63	31.1
500	508	530	670	620	26	20	M24	28	513.5	535	559	581	12	67	38.1
600	610	630	780	725	30	20	M27	28	616.5	636	658	678	12	75	48.1

PN16

公称通径	钢管外径 A_1		连接尺寸					厚度	法兰内径 B_1		法兰颈			高度	重量	坡口
	A	B	外径 D	直径 K	螺栓 L	数量 n/个	螺纹 Th	C	A	B	A-N	B-N	R	H	/kg	b
10	17.2	14	90	60	14	4	M12	16	18	15	30	30	4	22	0.65	4
15	21.3	18	95	65	14	4	M12	16	22	19	35	35	4	22	0.72	4
20	26.9	25	105	75	14	4	M12	18	27.5	26	45	45	4	26	1.03	4
25	33.7	32	115	85	14	4	M12	18	34.5	33	52	52	4	28	1.24	5
32	42.4	38	140	100	18	4	M16	18	43.5	39	60	60	6	30	2.02	5
40	48.3	45	150	110	18	4	M16	18	49.5	46	70	70	6	32	2.36	5
50	60.3	57	165	125	18	4	M16	18	61.5	59	84	84	5	28	3.08	5

PN16

公称通径	钢管外径 A_1		连接尺寸					厚度	法兰内径 B_1		法兰颈			高度	重量	坡口
	A	B	外径 D	直径 K	螺栓 L	数量 n/个	螺纹 Th	C	A	B	A-N	B-N	R	H	/kg	b
65	76.1	76	185	145	18	4	M16	18	77.5	78	104	104	6	32	3.66	6
80	88.9	89	200	160	18	8	M16	20	90.5	91	118	118	6	34	4.08	6
100	114.3	108	220	180	18	8	M16	20	116	110	140	140	8	40	5.40	6
125	139.7	133	250	210	18	8	M16	22	143.5	135	168	168	8	44	7.01	6
150	168.3	159	285	240	22	8	M20	22	170.5	161	195	195	10	44	9.10	6
200	219.1	219	340	295	22	8	M20	24	221.5	222	246	246	10	44	10.3	8
250	273	273	405	355	26	12	M24	26	276.5	276	298	298	12	46	14.3	10
300	323.9	325	460	410	26	12	M24	28	328	328	350	350	12	46	18.8	11
350	355.6	377	520	470	26	16	M24	30	360	381	400	412	12	57	25.2	12
400	406.4	426	580	525	30	16	M27	32	411	430	456	475	12	63	34.8	12
450	457	480	640	585	30	20	M27	40	462	485	502	525	12	68	41.2	12
500	508	530	715	650	33	20	M30×2	44	513.5	535	559	581	12	73	54.9	12
600	610	630	840	770	36	20	M33×2	54	616.5	636	658	678	12	83	77.0	12

PN25

公称通径	钢管外径 A_1		连接尺寸					厚度	法兰内径 B_1		法兰颈			高度	重量	坡口
	A	B	外径 D	直径 K	螺栓 L	数量 n/个	螺纹 Th	C	A	B	A-N	B-N	R	H	/kg	b
10	17.2	14	90	60	14	4	M12	16	18	15	30	30	4	22	0.65	4
15	21.3	18	95	65	14	4	M12	16	22	19	35	35	4	22	0.72	4
20	26.9	25	105	75	14	4	M12	18	27.5	26	45	45	4	26	1.03	4
25	33.7	32	115	85	14	4	M12	18	34.5	33	52	52	4	28	1.24	5
32	42.4	38	140	100	18	4	M16	18	43.5	39	60	60	6	30	2.02	5
40	48.3	45	150	110	18	4	M16	18	49.5	46	70	70	6	32	2.36	5
50	60.3	57	165	125	18	4	M16	20	61.5	59	84	84	6	34	3.08	5
65	76.1	76	185	145	18	8	M16	22	77.5	78	104	104	6	38	3.93	6
80	88.9	89	200	160	18	8	M16	24	90.5	91	118	118	8	40	4.86	6
100	114.3	108	235	190	22	8	M20	24	116	110	145	145	8	44	6.91	6
125	139.7	133	270	220	26	8	M24	26	143.5	135	170	170	8	48	9.34	6
150	168.3	159	300	250	26	8	M24	28	170.5	161	200	200	10	52	12.2	6
200	219.1	219	360	310	26	12	M24	30	221.5	222	256	256	10	52	15.6	8
250	273	273	425	370	30	12	M27	32	276.5	276	310	310	12	60	21.9	10
300	323.9	325	485	430	30	16	M27	34	328	328	364	364	12	67	28.8	11
350	355.6	377	555	490	33	16	M30×2	38	360	381	418	430	12	72	42.4	12
400	406.4	426	620	550	36	16	M33×2	40	411	430	472	492	12	78	57.4	12
450	457	480	670	600	36	20	M33×2	46	462	485	520	542	12	84	63.7	12
500	508	530	730	660	36	20	M33×2	48	513.5	535	580	602	12	90	81.4	12
600	610	630	845	770	39	20	M36×3	58	616.5	636	684	704	12	100	109.4	12

PN40

公称通径	钢管外径 A_1		连接尺寸					厚度	法兰内径 B_1		法兰颈			高度	重量	坡口
	A	B	外径 D	直径 K	螺栓 L	数量 n/个	螺纹 Th	C	A	B	A-N	B-N	R	H	/kg	b
10	17.2	14	90	60	14	4	M12	16	18	15	30	30	4	22	0.65	4
15	21.3	18	95	65	14	4	M12	16	22	19	35	35	4	22	0.72	4
20	26.9	25	105	75	14	4	M12	18	27.5	26	45	45	4	26	1.03	4
25	33.7	32	115	85	14	4	M12	18	34.5	33	52	52	4	28	1.24	5
32	42.4	38	140	100	18	4	M16	18	43.5	39	60	60	6	30	2.02	5
40	48.3	45	150	110	18	4	M16	18	49.5	46	70	70	6	32	2.36	5
50	60.3	57	165	125	18	4	M16	20	61.5	59	84	84	6	34	3.08	5

续表

PN40

公称通径	钢管外径A_1		连接尺寸					厚度	法兰内径B_1		法兰颈			高度	重量	坡口
	A	B	外径D	直径K	螺栓L	数量n/个	螺纹Th	C	A	B	A-N	B-N	R	H	/kg	b
65	76.1	76	185	145	18	8	M16	22	77.5	78	104	104	6	38	3.93	6
80	88.9	89	200	160	18	8	M16	24	90.5	91	118	118	8	40	4.86	6
100	114.3	108	235	190	22	8	M20	24	116	110	145	145	8	44	6.91	6
125	139.7	133	270	220	26	8	M24	26	143.5	135	170	170	8	48	9.34	7
150	168.3	159	300	250	26	8	M24	28	170.5	161	200	200	10	52	12.2	8
200	219.1	219	375	320	30	12	M27	34	221.5	222	260	260	10	52	19.4	10
250	273	273	450	385	33	12	M30×2	38	276.5	276	318	318	12	60	30.5	11
300	323.9	325	515	450	33	16	M30×2	42	328	328	380	380	12	67	42.9	12
350	355.6	377	580	510	36	16	M33×2	46	360	381	432	444	12	72	58.6	13
400	406.4	426	660	585	39	16	M36×3	50	411	430	498	518	12	78	68.3	14
450	457	480	685	610	39	20	M36×3	57	462	485	522	545	12	84	85.6	16
500	508	530	755	670	42	20	M39×3	57	513.5	535	576	598	12	90	106.2	17
600	610	630	890	795	48	20	M45×3	72	616.5	636	686	706	12	100	171.2	18

注：所有重量仅供参考。

9.2.3.3 带颈对焊法兰的连接尺寸（表9.2-6）

表9.2-6 带颈对焊法兰的连接尺寸 单位：mm

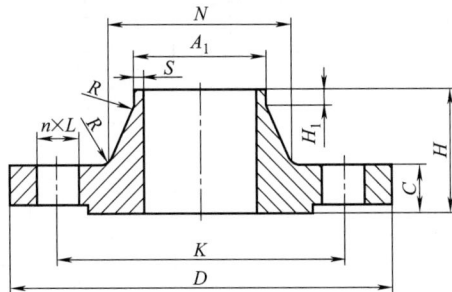

PN10

公称通径	钢管外径A_1		连接尺寸					厚度	法兰颈					高度	重量
	A	B	外径D	直径K	螺栓L	数量n/个	螺纹Th	C	A-N	B-N	S	$H_1\approx$	R	H	/kg
10	17.2	14	90	60	14	4	M12	16	28	28	1.8	6	4	35	0.66
15	21.3	18	95	65	14	4	M12	16	32	32	2.0	6	4	38	0.75
20	26.9	25	105	75	14	4	M12	18	40	40	2.3	6	4	40	1.05
25	33.7	32	115	85	14	4	M12	18	46	46	2.6	6	4	40	1.26
32	42.4	38	140	100	18	4	M16	18	56	56	2.6	6	6	42	2.05
40	48.3	45	150	110	18	4	M16	18	64	64	2.6	7	6	45	2.37
50	60.3	57	165	125	18	4	M16	18	74	74	2.9	8	5	45	3.11
65	76.1	76	185	145	18	4	M16	18	92	92	2.9	10	6	45	3.74
80	88.9	89	200	160	18	8	M16	20	105	105	3.2	10	6	50	4.22
100	114.3	108	220	180	18	8	M16	20	131	131	3.6	12	8	52	5.39
125	139.7	133	250	210	18	8	M16	22	156	156	4	12	8	55	6.88
150	168.3	159	285	240	22	8	M20	22	184	184	4.5	12	10	55	9.13
200	219.1	219	340	295	22	8	M20	24	234	234	6.3	16	10	62	11.8
250	273	273	395	350	22	12	M20	26	292	292	6.3	16	12	70	15.6
300	323.9	325	445	400	22	12	M20	26	342	342	7.1	16	12	78	18.6
350	355.6	377	505	460	22	16	M20	26	390	402	7.1	16	12	82	22.8
400	406.4	426	565	515	22	16	M24	26	440	458	7.1	16	12	85	28.2

续表

PN10

公称通径	钢管外径 A_1		连接尺寸					厚度	法兰颈					高度	重量
	A	B	外径 D	直径 K	螺栓 L	数量 n/个	螺纹 Th	C	A-N	B-N	S	$H_1\approx$	R	H	/kg
450	457	480	615	565	26	20	M24	28	488	510	7.1	16	12	87	31.7
500	508	530	670	620	26	20	M24	28	542	562	7.1	16	12	90	36.8
600	610	630	780	725	30	20	M27	28	642	660	7.1	18	12	95	52.6
700	711	720	895	840	30	24	M27	30	746	755	8	18	12	100	64.5
800	813	820	1015	950	33	24	M30×2	32	850	855	8	18	12	105	87.0
900	914	920	1115	1050	33	28	M30×2	34	950	954	10	20	12	110	106.1
1000	1016	1020	1230	1160	36	28	M33×2	34	1052	1054	10	20	16	120	123.9
1200	1219	1220	1455	1380	39	32	M36×2	38	1256	1256	11	25	16	130	187.7
1400	1422	1420	1675	1590	42	36	M39×3	42	1460	1460	12	25	16	145	256.5
1600	1626	1620	1915	1820	48	40	M45×3	46	1666	1666	14	25	16	160	368.9
1800	1829	1820	2115	2020	48	44	M45×3	50	1868	1866	15	30	16	170	451.1
2000	2032	2020	2325	2230	48	48	M45×3	54	2072	2070	16	30	16	180	564.2

PN16

公称通径	钢管外径 A_1		连接尺寸					厚度	法兰颈					高度	重量
	A	B	外径 D	直径 K	螺栓 L	数量 n/个	螺纹 Th	C	A-N	B-N	S	$H_1\approx$	R	H	/kg
10	17.2	14	90	60	14	4	M12	16	28	28	1.8	6	4	35	0.66
15	21.3	18	95	65	14	4	M12	16	32	32	2.0	6	4	38	0.75
20	26.9	25	105	75	14	4	M12	18	40	40	2.3	6	4	40	1.05
25	33.7	32	115	85	14	4	M12	18	46	46	2.6	6	4	40	1.26
32	42.4	38	140	100	18	4	M16	18	56	56	2.6	6	6	42	2.05
40	48.3	45	150	110	18	4	M16	18	64	64	2.6	7	6	45	2.37
50	60.3	57	165	125	18	4	M16	18	74	74	2.9	8	5	45	3.11
65	76.1	76	185	145	18	4	M16	18	92	92	2.9	10	6	45	3.74
80	88.9	89	200	160	18	8	M16	20	105	105	3.2	10	6	50	4.22
100	114.3	108	220	180	18	8	M16	20	131	131	3.6	12	8	52	5.39
125	139.7	133	250	210	18	8	M16	22	156	156	4.0	12	8	55	6.88
150	168.3	159	285	240	22	8	M20	22	184	184	4.5	12	10	55	9.13
200	219.1	219	340	295	22	12	M20	24	235	235	6.3	16	10	62	11.5
250	273	273	405	355	26	12	M24	26	292	292	6.3	16	12	70	16.7
300	323.9	325	460	410	26	12	M24	28	344	344	7.1	16	12	78	22.4
350	355.6	377	520	470	26	16	M24	30	390	410	8.0	16	12	82	30.5
400	406.4	426	580	525	30	16	M27	32	445	464	8.0	16	12	85	38.5
450	457	480	640	585	30	20	M27	40	490	512	8.0	16	12	87	50.8
500	508	530	715	650	33	20	M30×2	44	548	578	8.0	16	12	90	70.7
600	610	630	840	770	36	20	M33×2	54	652	670	8.8	18	12	95	85.3
700	711	720	910	840	36	24	M33×2	36	755	759	8.8	18	12	100	94.8
800	813	820	1025	950	39	24	M36×3	38	855	855	10	20	12	105	109.4
900	914	920	1125	1050	39	28	M36×3	40	955	954	10	20	16	110	127.3
1000	1016	1020	1255	1170	42	28	M39×3	42	1058	1060	10	22	16	120	169.7
1200	1219	1220	1485	1390	48	32	M45×3	48	1262	1260	12.5	30	16	130	254.4
1400	1422	1420	1685	1590	48	36	M45×3	52	1465	1465	14.2	30	16	145	333.5
1600	1626	1620	1930	1820	55	40	M52×4	58	1668	1668	16	35	16	160	483.7
1800	1829	1820	2130	2020	55	44	M52×4	62	1870	1870	17.5	35	16	170	590.5
2000	2032	2020	2345	2230	62	48	M56×4	66	2072	2070	20	40	16	180	748.9

PN25

公称通径	钢管外径 A_1		连接尺寸					厚度	法兰颈					高度	重量
	A	B	外径 D	直径 K	螺栓 L	数量 n/个	螺纹 Th	C	A-N	B-N	S	$H_1 \approx$	R	H	/kg
10	17.2	14	90	60	14	4	M12	16	28	28	1.8	6	4	35	0.66
15	21.3	18	95	65	14	4	M12	16	32	32	2.2	6	4	38	0.75
20	26.9	25	105	75	14	4	M12	18	40	40	2.3	6	4	40	1.05
25	33.7	32	115	85	14	4	M12	18	46	46	2.6	6	4	40	1.26
32	42.4	38	140	100	18	4	M16	18	56	56	2.6	6	6	42	2.05
40	48.3	45	150	110	18	4	M16	18	64	64	2.6	7	6	45	2.37
50	60.3	57	165	125	18	4	M16	20	75	75	2.9	8	6	48	3.11
65	76.1	76	185	145	18	8	M16	22	90	90	2.9	10	6	52	3.94
80	88.9	89	200	160	18	8	M16	24	105	105	3.2	12	8	58	5.03
100	114.3	108	235	190	22	8	M20	24	134	134	3.6	12	8	65	7.01
125	139.7	133	270	220	26	8	M24	26	162	162	4.0	12	8	68	9.61
150	168.3	159	300	250	26	8	M24	28	190	190	4.5	12	10	75	12.7
200	219.1	219	360	310	26	12	M24	30	244	244	6.3	16	10	80	17.4
250	273	273	425	370	30	12	M27	32	296	296	7.1	18	12	88	24.4
300	323.9	325	485	430	30	16	M27	34	350	350	8.0	18	12	92	31.9
350	355.6	377	555	490	33	16	M30×2	38	398	420	8.0	20	12	100	48.5
400	406.4	426	620	550	36	16	M33×2	40	452	472	8.8	20	12	110	61.1
450	457	480	670	600	36	20	M33×2	46	500	522	8.8	20	12	110	71.5
500	508	530	730	660	36	20	M33×2	48	558	580	10	20	12	125	92.5
600	610	630	845	770	39	20	M36×2	58	660	680	11	20	12	125	132.8

PN40

公称通径	钢管外径 A_1		连接尺寸					厚度	法兰颈					高度	重量
	A	B	外径 D	直径 K	螺栓 L	数量 n/个	螺纹 Th	C	A-N	B-N	S	$H_1 \approx$	R	H	/kg
10	17.2	14	90	60	14	4	M12	16	28	28	1.8	6	4	35	0.66
15	21.3	18	95	65	14	4	M12	16	32	32	2.0	6	4	38	0.75
20	26.9	25	105	75	14	4	M12	18	40	40	2.3	6	4	40	1.05
25	33.7	32	115	85	14	4	M12	18	46	46	2.6	6	4	40	1.26
32	42.4	38	140	100	18	4	M16	18	56	56	2.6	6	6	42	2.05
40	48.3	45	150	110	18	4	M16	18	64	64	2.6	7	6	45	2.37
50	60.3	57	165	125	18	4	M16	20	75	75	2.9	8	6	48	3.11
65	76.1	76	185	145	18	8	M16	22	90	90	2.9	10	6	52	3.94
80	88.9	89	200	160	18	8	M16	24	105	105	3.2	12	8	58	5.03
100	114.3	108	235	190	22	8	M20	24	134	134	3.6	12	8	65	7.01
125	139.7	133	270	220	26	8	M24	26	162	162	4.0	12	8	68	9.61
150	168.3	159	300	250	26	8	M24	28	192	192	4.5	12	10	75	12.7
200	219.1	219	375	320	30	12	M27	34	244	244	6.3	16	10	88	21.4
250	273	273	450	385	33	12	M30×2	38	306	306	7.1	18	12	105	34.6
300	323.9	325	515	450	33	16	M30×2	42	362	362	8.0	18	12	115	48.2
350	355.6	377	580	510	36	16	M33×2	46	408	430	8.8	20	12	125	66.8
400	406.4	426	660	585	39	16	M36×3	50	462	482	11.0	20	12	135	96.0
450	457	480	685	610	39	20	M36×3	57	500	522	12.5	20	12	135	100.1
500	508	530	755	670	42	20	M39×3	57	562	584	14.2	20	12	140	125.9
600	610	630	890	795	48	20	M45×3	72	666	686	16.0	20	12	150	204.2

PN63

公称通径	钢管外径 A_1		连接尺寸					厚度	法兰颈					高度	重量
	A	B	外径 D	直径 K	螺栓 L	数量 n/个	螺纹 Th	C	A-N	B-N	S	$H_1 \approx$	R	H	/kg
10	17.2	14	100	70	14	4	M12	20	32	32	1.8	6	4	45	1.18
15	21.3	18	105	75	14	4	M12	20	34	34	2.0	6	4	45	1.30

PN63

公称通径	钢管外径 A_1		连接尺寸					厚度	法兰颈					高度	重量
	A	B	外径 D	直径 K	螺栓 L	数量 n/个	螺纹 Th	C	A-N	B-N	S	$H_1 \approx$	R	H	/kg
20	26.9	25	130	90	18	4	M16	22	42	42	2.6	8	4	48	2.00
25	33.7	32	140	100	18	4	M16	24	52	52	2.6	8	4	58	2.79
32	42.4	38	155	110	22	4	M20	24	62	62	2.9	8	6	60	3.38
40	48.3	45	170	125	22	4	M20	26	70	70	2.9	10	6	62	4.40
50	60.3	57	180	135	22	4	M20	26	82	82	2.9	10	6	62	4.86
65	76.1	76	205	160	22	8	M20	26	98	98	3.2	12	8	68	5.92
80	88.9	89	215	170	22	8	M20	28	112	112	3.6	12	8	72	6.93
100	114.3	108	250	200	26	8	M24	30	138	138	4.0	12	8	78	9.98
125	139.7	133	295	240	30	8	M27	34	168	168	4.5	12	10	88	15.6
150	168.3	159	345	280	33	8	M30×2	36	202	202	5.6	12	10	95	23.0
200	219.1	219	415	345	36	12	M33×2	42	256	256	7.1	16	12	110	35.0
250	273	273	470	400	36	12	M33×2	46	316	316	8.8	18	12	125	48.9
300	323.9	325	530	460	36	16	M33×2	52	372	372	11.0	18	12	140	68.3
350	355.6	377	600	525	39	16	M36×3	56	420	442	12.5	20	12	150	95.4
400	406.4	426	670	585	42	16	M39×3	60	475	495	14.2	20	12	160	141.3

PN100

公称通径	钢管外径 A_1		连接尺寸					厚度	法兰颈					高度	重量
	A	B	外径 D	直径 K	螺栓 L	数量 n/个	螺纹 Th	C	A-N	B-N	S	$H_1 \approx$	R	H	/kg
10	17.2	14	100	70	14	4	M12	20	32	32	1.8	6	4	45	1.18
15	21.3	18	105	75	14	4	M12	20	34	34	2.0	6	4	45	1.30
20	26.9	25	130	90	18	4	M16	22	42	42	2.6	8	4	48	2.00
25	33.7	32	140	100	18	4	M16	24	52	52	2.6	8	4	58	2.79
32	42.4	38	155	110	22	4	M20	24	62	62	2.9	8	6	60	3.38
40	48.3	45	170	125	22	4	M20	26	70	70	2.9	10	6	62	4.40
50	60.3	57	195	145	26	4	M24	28	90	90	3.2	10	6	68	6.24
65	76.1	76	220	170	26	8	M24	30	108	108	3.6	12	6	76	7.95
80	88.9	89	230	180	26	8	M24	32	120	120	4.0	12	8	78	9.10
100	114.3	108	265	210	30	8	M27	36	150	150	5.0	12	8	90	13.9
125	139.7	133	315	250	33	8	M30×2	40	180	180	6.3	12	8	105	22.3
150	168.3	159	355	290	33	12	M30×2	44	210	210	7.1	12	10	115	30.1
200	219.1	219	430	360	36	12	M33×2	52	278	278	10.0	16	10	130	51.0
250	273	273	505	430	39	12	M36×3	60	340	340	12.5	18	12	157	82.2
300	323.9	325	585	500	42	16	M39×3	68	400	400	14.2	18	12	170	119.4
350	355.6	377	655	560	48	16	M45×3	74	460	482	16.0	20	12	189	166.2

PN160

公称通径	钢管外径 A_1		连接尺寸					厚度	法兰颈					高度	重量
	A	B	外径 D	直径 K	螺栓 L	数量 n/个	螺纹 Th	C	A-N	B-N	S	$H_1 \approx$	R	H	/kg
10	17.2	14	100	70	14	4	M12	20	32	32	2.0	6	4	45	1.39
15	21.3	18	105	75	14	4	M12	20	34	34	2.0	6	4	45	1.65
20	26.9	25	130	90	18	4	M16	24	42	42	2.9	6	4	52	2.90
25	33.7	32	140	100	18	4	M16	24	52	52	2.9	8	4	58	3.61
32	42.4	38	155	110	22	4	M20	28	60	60	3.6	8	5	60	4.60
40	48.3	45	170	125	22	4	M20	28	70	70	3.6	10	6	64	5.92
50	60.3	57	195	145	26	4	M24	30	90	90	4.0	10	6	75	8.28
65	76.1	76	220	170	26	8	M24	34	108	108	5.0	12	6	82	10.8
80	88.9	89	230	180	26	8	M24	36	120	120	6.3	12	8	86	12.9

PN160

公称通径	钢管外径 A_1		连接尺寸					厚度	法兰颈					高度	重量
	A	B	外径 D	直径 K	螺栓 L	数量 n/个	螺纹 Th	C	A-N	B-N	S	$H_1\approx$	R	H	/kg
100	114.3	108	265	210	30	8	M27	40	150	150	8.0	12	8	100	19.6
125	139.7	133	315	250	33	8	M30×2	44	180	180	10.0	14	8	115	30.6
150	168.3	159	355	290	33	12	M30×2	50	210	210	12.5	14	10	128	42.2
200	219.1	219	430	360	36	12	M33×2	60	278	278	16.0	16	10	140	65.6
250	273	273	515	430	42	12	M39×3	68	340	340	20.0	18	12	155	106.4
300	323.9	325	585	500	42	16	M39×3	78	400	400	22.2	18	12	175	153.2

注：1. 钢管外径 A_1 即法兰焊端外径。

2. 所有重量仅供参考。

9.2.3.4　整体法兰的连接尺寸（表 9.2-7）

表 9.2-7　整体法兰的连接尺寸　　　　　　　　　　单位：mm

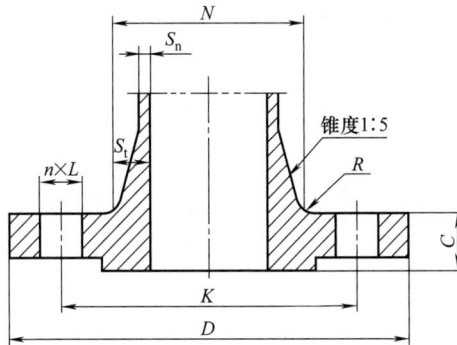

PN6

公称通径	连接尺寸					厚度	法兰颈			
	外径 D	直径 K	螺栓 L	数量 n/个	螺纹 Th	C	N	R	S_n	S_t
10	75	50	11	4	M10	12	20	4	3	5
15	80	55	11	4	M10	12	26	4	3	5.5
20	90	65	11	4	M10	14	34	4	3.5	7
25	100	75	11	4	M10	14	44	4	4	9.5
32	120	90	14	4	M12	14	54	6	4	11
40	130	100	14	4	M12	14	64	6	4.5	12
50	140	110	14	4	M12	14	74	6	5	12
65	160	130	14	4	M12	14	94	6	6	14.5
80	190	150	18	4	M16	16	110	8	7	15
100	210	170	18	4	M16	16	130	8	8	15
125	240	200	18	8	M16	18	160	8	9	17.5
150	265	225	18	8	M16	18	182	10	10	16
200	320	280	18	8	M16	20	238	10	11	19
250	375	335	18	12	M16	22	284	12	11	17
300	440	395	22	12	M20	22	342	12	12	21
350	490	445	22	12	M20	22	392	12	14	21
400	540	495	22	16	M20	22	442	12	15	21
450	595	550	22	16	M20	22	494	12	16	22
500	645	600	22	20	M20	24	544	12	16	22
600	755	705	26	20	M24	30	642	12	17	21
700	860	810	26	24	M24	24	746	12	17	23
800	975	920	30	24	M27	24	850	12	18	25

PN6

公称通径	连接尺寸					厚度	法兰颈			
	外径 D	直径 K	螺栓 L	数量 n/个	螺纹 Th	C	N	R	S_n	S_t
900	1075	1020	30	24	M27	26	950	12	18	25
1000	1175	1120	30	28	M27	26	1050	16	19	25
1200	1405	1340	33	32	M30×2	28	1264	16	20	32
1400	1630	1560	36	36	M33×2	32	1480	16	22	40
1600	1830	1760	36	40	M33×2	34	1680	16	24	40
1800	2045	1970	39	44	M36×3	36	1878	16	26	39
2000	2265	2180	42	48	M39×3	38	2082	16	28	41

PN10

公称通径	连接尺寸					厚度	法兰颈			
	外径 D	直径 K	螺栓 L	数量 n/个	螺纹 Th	C	N	R	S_n	S_t
10	90	60	14	4	M12	16	28	4	6	10
15	95	65	14	4	M12	16	32	4	6	11
20	105	75	14	4	M12	18	40	4	6.5	12
25	115	85	14	4	M12	18	50	4	7	14
32	140	100	18	4	M16	18	60	6	7	14
40	150	110	18	4	M16	18	70	6	7.5	14
50	165	125	18	4	M16	18	84	5	8	15
65	185	145	18	4	M16	18	104	6	8	14
80	200	160	18	8	M16	20	120	6	8.5	15
100	220	180	18	8	M16	20	140	8	9.5	15
125	250	210	18	8	M16	22	170	8	10	17
150	285	240	22	8	M20	22	190	10	11	17
200	340	295	22	8	M20	24	246	10	12	23
250	395	350	22	12	M20	26	298	12	14	24
300	445	400	22	12	M20	26	348	12	15	24
350	505	460	22	16	M20	26	408	12	16	29
400	565	515	26	16	M24	26	456	12	18	28
450	615	565	26	20	M24	28	502	12	20	26
500	670	620	26	20	M24	28	559	12	21	29.5
600	780	725	30	20	M27	34	658	12	23	29
700	895	840	30	24	M27	34	772	12	24	36
800	1015	950	33	24	M30×2	36	876	12	26	38
900	1115	1050	33	28	M30×2	38	976	12	27	38
1000	1230	1160	36	28	M33×2	38	1080	16	29	40
1200	1455	1380	39	32	M36×3	44	1292	16	32	46
1400	1675	1590	42	36	M39×3	48	1496	16	34	48
1600	1915	1820	48	40	M45×3	52	1712	16	36	56
1800	2115	2020	48	44	M45×3	56	1910	16	39	55
2000	2325	2230	48	48	M45×3	60	2120	16	41	60

PN16

公称通径	连接尺寸					厚度	法兰颈			
	外径 D	直径 K	螺栓 L	数量 n/个	螺纹 Th	C	N	R	S_n	S_t
10	90	60	14	4	M12	16	28	4	6	10
15	95	65	14	4	M12	16	32	4	6	11
20	105	75	14	4	M12	18	40	4	6.5	12
25	115	85	14	4	M12	18	50	4	7	14
32	140	100	18	4	M16	18	60	6	7	14
40	150	110	18	4	M16	18	70	6	7.5	14

PN16

公称通径	连接尺寸					厚度	法兰颈			
	外径 D	直径 K	螺栓 L	数量 $n/$个	螺纹 Th	C	N	R	S_n	S_t
50	165	125	18	4	M16	18	84	5	8	15
65	185	145	18	4	M16	18	104	6	8	14
80	200	160	18	8	M16	20	120	6	8.5	15
100	220	180	18	8	M16	20	140	8	9.5	15
125	250	210	18	8	M16	22	170	8	10	17
150	285	240	22	8	M20	22	190	10	11	17
200	340	295	22	12	M20	24	246	10	12	18
250	405	355	26	12	M24	26	296	12	14	20
300	460	410	26	12	M24	28	350	12	15	21
350	520	470	26	16	M24	30	410	12	16	23
400	580	525	30	16	M27	32	458	12	18	24
450	640	585	30	20	M27	40	516	12	20	27
500	715	650	33	20	M30×2	44	576	12	21	30
600	840	770	36	20	M33×2	54	690	12	23	30
700	910	840	36	24	M33×2	42	760	12	24	32
800	1025	950	39	24	M36×3	42	862	12	26	33
900	1125	1050	39	28	M36×3	44	962	12	27	35
1000	1255	1170	42	28	M39×3	46	1076	16	29	39
1200	1485	1390	48	32	M45×3	52	1282	16	32	44
1400	1685	1590	48	36	M45×3	58	1482	16	34	48
1600	1930	1820	55	40	M52×4	64	1696	16	36	51
1800	2130	2020	55	44	M52×4	68	1896	16	39	53
2000	2345	2230	60	48	M56×4	70	2100	16	41	56

PN25

公称通径	连接尺寸					厚度	法兰颈			
	外径 D	直径 K	螺栓 L	数量 $n/$个	螺纹 Th	C	N	R	S_n	S_t
10	90	60	14	4	M12	16	28	4	6	10
15	95	65	14	4	M12	16	32	4	6	11
20	105	75	14	4	M12	18	40	4	6.5	12
25	115	85	14	4	M12	18	50	4	7	14
32	140	100	18	4	M16	18	60	6	7	14
40	150	110	18	4	M16	18	70	6	7.5	14
50	165	125	18	4	M16	20	84	6	8	15
65	185	145	18	8	M16	22	104	6	8.5	17
80	200	160	18	8	M16	24	120	8	9	18
100	235	190	22	8	M20	24	142	8	10	18
125	270	220	26	8	M24	26	162	8	11	20
150	300	250	26	8	M24	28	192	10	12	21
200	360	310	26	12	M24	30	252	10	12	23
250	425	370	30	12	M27	32	304	12	14	24
300	485	430	30	16	M27	34	364	12	15	26
350	555	490	33	16	M30×2	38	418	12	16	29
400	620	550	36	16	M33×2	40	472	12	18	30
450	670	600	36	20	M33×2	46	520	12	19	31
500	730	660	36	20	M33×2	48	580	12	21	33
600	845	770	39	20	M36×3	58	684	12	23	35

PN25

公称通径	连接尺寸					厚度 C	法兰颈			
	外径 D	直径 K	螺栓 L	数量 n/个	螺纹 Th		N	R	S_n	S_t
700	960	875	42	24	M39×3	50	780	12	24	38
800	1085	990	48	24	M45×3	54	882	12	26	41
900	1185	1090	48	28	M45×3	58	982	12	27	44
1000	1320	1210	55	28	M52×4	62	1086	16	29	47
1200	1530	1420	55	32	M52×4	70	1296	18	32	53

PN40

公称通径	连接尺寸					厚度 C	法兰颈			
	外径 D	直径 K	螺栓 L	数量 n/个	螺纹 Th		N	R	S_n	S_t
10	90	60	14	4	M12	16	28	4	6	10
15	95	65	14	4	M12	16	32	4	6	11
20	105	75	14	4	M12	18	40	4	6.5	12
25	115	85	14	4	M12	18	50	4	7	14
32	140	100	18	4	M16	18	60	6	7	14
40	150	110	18	4	M16	18	70	6	7.5	14
50	165	125	18	4	M16	20	84	6	8	15
65	185	145	18	8	M16	22	104	6	8.5	17
80	200	160	18	8	M16	24	120	8	9	18
100	235	190	22	8	M20	24	142	8	10	18
125	270	220	26	8	M24	26	162	8	11	20
150	300	250	26	8	M24	28	192	10	12	21
200	375	320	30	12	M27	34	254	10	14	26
250	450	385	33	12	M30×2	38	312	12	16	29
300	515	450	33	16	M30×2	42	378	12	17	32
350	580	510	36	16	M33×2	46	432	12	19	35
400	660	585	39	16	M36×3	50	498	12	21	38
450	685	610	39	20	M36×3	57	522	12	21	38
500	755	670	42	20	M39×3	57	576	12	21	39
600	890	795	48	20	M45×3	72	686	12	24	45

PN63

公称通径	连接尺寸					厚度 C	法兰颈			
	外径 D	直径 K	螺栓 L	数量 n/个	螺纹 Th		N	R	S_n	S_t
10	100	70	14	4	M12	20	40	4	10	15
15	105	75	14	4	M12	20	45	4	10	15
20	130	90	18	4	M16	22	50	4	10	15
25	140	100	18	4	M16	24	61	4	10	18
32	155	110	22	4	M20	26	68	6	10	18
40	170	125	22	4	M20	28	82	6	10	21
50	180	135	22	4	M20	26	90	6	10	20
65	205	160	22	8	M20	26	105	6	10	20
80	215	170	22	8	M20	28	122	8	11	21
100	250	200	26	8	M24	30	146	8	12	23
125	295	240	30	8	M27	34	177	8	13	26
150	345	280	33	8	M30×2	36	204	10	14	27
200	415	345	36	12	M33×2	42	264	10	16	32
250	470	400	36	12	M33×2	46	320	12	19	35

PN63

公称通径	连接尺寸					厚度 C	法兰颈			
	外径 D	直径 K	螺栓 L	数量 n/个	螺纹 Th		N	R	S_n	S_t
300	530	460	36	16	M33×2	52	378	12	21	39
350	600	525	39	16	M36×3	56	434	12	23	42
400	670	585	42	16	M39×3	60	490	12	26	45

PN100

公称通径	连接尺寸					厚度 C	法兰颈			
	外径 D	直径 K	螺栓 L	数量 n/个	螺纹 Th		N	R	S_n	S_t
10	100	70	14	4	M12	20	40	4	10	15
15	105	75	14	4	M12	20	45	4	10	15
20	130	90	18	4	M16	22	50	4	10	15
25	140	100	18	4	M16	24	61	4	10	18
32	155	110	22	4	M20	26	68	6	10	18
40	170	125	22	4	M20	28	82	6	10	21
50	195	145	26	4	M24	30	96	6	10	23
65	220	170	26	8	M24	34	118	6	11	24
80	230	180	26	8	M24	36	128	8	12	24
100	265	210	30	8	M27	40	150	8	14	25
125	315	250	33	8	M30×2	40	185	8	16	30
150	355	290	33	12	M30×2	44	216	10	18	33
200	430	360	36	12	M33×2	52	278	10	21	39
250	505	430	39	12	M36×3	60	340	12	25	45
300	585	500	42	16	M39×3	68	407	12	29	51
350	655	560	48	16	M45×3	74	460	12	32	55
400	715	620	48	16	M45×3	78	518	12	36	59

PN160

公称通径	连接尺寸					厚度 C	法兰颈			
	外径 D	直径 K	螺栓 L	数量 n/个	螺纹 Th		N	R	S_n	S_t
10	100	70	14	4	M12	20	40	4	10	15
15	105	75	14	4	M12	20	45	4	10	15
20	130	90	18	4	M16	24	50	4	10	15
25	140	100	18	4	M16	24	61	4	10	18
32	155	110	22	4	M20	28	68	4	10	18
40	170	125	22	4	M20	28	82	4	10	21
50	195	145	26	4	M24	30	96	4	10	23
65	220	170	26	8	M24	34	118	5	11	24
80	230	180	26	8	M24	36	128	5	12	24
100	265	210	30	8	M27	40	150	5	14	25
125	315	250	33	8	M30×2	44	184	6	16	29.5
150	355	290	33	12	M30×2	50	224	6	18	37
200	430	360	36	12	M33×2	60	288	8	21	44
250	515	430	42	12	M39×3	68	346	8	31	48
300	585	500	42	16	M39×3	78	414	10	46	57

9.2.3.5 承插焊法兰的连接尺寸（表9.2-8）

表9.2-8 承插焊法兰的连接尺寸　　　　单位：mm

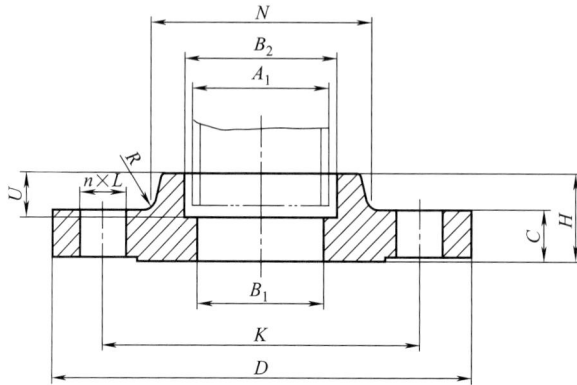

PN10

公称通径	钢管外径 A_1		连接尺寸					厚度	法兰内径 B_1		承插孔			法兰颈		高度	重量
	A	B	外径 D	直径 K	螺栓 L	数量 n/个	螺纹 Th	C	A	B	$A-B_2$	$B-B_2$	U	N	R	H	/kg
10	17.2	14	90	60	14	4	M12	16	11.5	9	18	15	9	30	4	22	0.65
15	21.3	18	95	65	14	4	M12	16	15.5	12	22.5	19	10	35	4	22	0.72
20	26.9	25	105	75	14	4	M12	18	21	19	27.5	26	11	45	4	26	1.03
25	33.7	32	115	85	14	4	M12	18	27	26	34.5	33	13	52	4	28	1.24
32	42.5	38	140	100	18	4	M16	18	35	30	43.5	39	14	60	6	30	2.02
40	48.3	45	150	110	18	4	M16	18	41	37	49.5	46	16	70	6	32	2.36
50	60.3	57	165	125	18	4	M16	18	52	49	61.5	59	17	84	5	28	3.08

PN16

公称通径	钢管外径 A_1		连接尺寸					厚度	法兰内径 B_1		承插孔			法兰颈		高度	重量
	A	B	外径 D	直径 K	螺栓 L	数量 n/个	螺纹 Th	C	A	B	$A-B_2$	$B-B_2$	U	N	R	H	/kg
10	17.2	14	90	60	14	4	M12	16	11.5	9	18	15	9	30	4	22	0.65
15	21.3	18	95	65	14	4	M12	16	15.5	12	22.5	19	10	35	4	22	0.72
20	26.9	25	105	75	14	4	M12	18	21	19	27.5	26	11	45	4	26	1.03
25	33.7	32	115	85	14	4	M12	18	27	26	34.5	33	13	52	4	28	1.24
32	42.5	38	140	100	18	4	M16	18	35	30	43.5	39	14	60	6	30	2.02
40	48.3	45	150	110	18	4	M16	18	41	37	49.5	46	16	70	6	32	2.36
50	60.3	57	165	125	18	4	M16	18	52	49	61.5	59	17	84	5	28	3.08

PN25

公称通径	钢管外径 A_1		连接尺寸					厚度	法兰内径 B_1		承插孔			法兰颈		高度	重量
	A	B	外径 D	直径 K	螺栓 L	数量 n/个	螺纹 Th	C	A	B	$A-B_2$	$B-B_2$	U	N	R	H	/kg
10	17.2	14	90	60	14	4	M12	16	11.5	9	18	15	9	30	4	22	0.65
15	21.3	18	95	65	14	4	M12	16	15.5	12	22.5	19	10	35	4	22	0.72
20	26.9	25	105	75	14	4	M12	18	21	19	27.5	26	11	45	4	26	1.03
25	33.7	32	115	85	14	4	M12	18	27	26	34.5	33	13	52	4	28	1.24
32	42.5	38	140	100	18	4	M16	18	35	30	43.5	39	14	60	6	30	2.02
40	48.3	45	150	110	18	4	M16	18	41	37	49.5	46	16	70	6	32	2.36
50	60.3	57	165	125	18	4	M16	18	52	49	61.5	59	17	84	6	34	3.08

续表

PN40

公称通径	钢管外径A_1		连接尺寸					厚度	法兰内径B_1		承插孔			法兰颈		高度	重量
	A	B	外径 D	直径 K	螺栓 L	数量 n/个	螺纹 Th	C	A	B	$A-B_2$	$B-B_2$	U	N	R	H	/kg
10	17.2	14	90	60	14	4	M12	16	11.5	9	18	15	9	30	4	22	0.65
15	21.3	18	95	65	14	4	M12	16	15.5	12	22.5	19	10	35	4	22	0.72
20	26.9	25	105	75	14	4	M12	18	21	19	27.5	26	11	45	4	26	1.03
25	33.7	32	115	85	14	4	M12	18	27	26	34.5	33	13	52	4	28	1.24
32	42.5	38	140	100	18	4	M16	18	35	30	43.5	39	14	60	6	30	2.02
40	48.3	45	150	110	18	4	M16	18	41	37	49.5	46	16	70	6	32	2.36
50	60.3	57	165	125	18	4	M16	18	52	49	61.5	59	17	84	6	34	3.08

PN63

公称通径	钢管外径A_1		连接尺寸					厚度	法兰内径B_1		承插孔			法兰颈		高度	重量
	A	B	外径 D	直径 K	螺栓 L	数量 n/个	螺纹 Th	C	A	B	$A-B_2$	$B-B_2$	U	N	R	H	/kg
10	17.2	14	100	70	14	4	M12	20	11.5	9	18	15	9	40	4	28	1.14
15	21.3	18	105	75	14	4	M12	20	15.5	12	22.5	19	10	43	4	28	1.26
20	26.9	25	130	90	18	4	M16	22	21	19	27.5	26	11	52	4	30	1.93
25	33.7	32	140	100	18	4	M16	24	27	26	34.5	33	13	60	4	32	2.43
32	42.5	38	155	110	22	4	M20	24	35	30	43.5	39	14	68	6	32	3.17
40	48.3	45	170	125	22	4	M20	26	41	37	49.5	46	16	80	6	34	3.88
50	60.3	57	180	135	22	4	M20	26	52	49	61.5	59	17	90	6	36	4.60

PN100

公称通径	钢管外径A_1		连接尺寸					厚度	法兰内径B_1		承插孔			法兰颈		高度	重量
	A	B	外径 D	直径 K	螺栓 L	数量 n/个	螺纹 Th	C	A	B	$A-B_2$	$B-B_2$	U	N	R	H	/kg
10	17.2	14	100	70	14	4	M12	20	11.5	9	18	15	9	40	4	28	1.14
15	21.3	18	105	75	14	4	M12	20	15.5	12	22.5	19	10	43	4	28	1.27
20	26.9	25	130	90	18	4	M16	22	21	19	27.5	26	11	52	4	30	2.11
25	33.7	32	140	100	18	4	M16	24	27	26	34.5	33	13	60	4	32	2.65
32	42.5	38	155	110	22	4	M20	24	35	30	43.5	39	14	68	6	32	3.20
40	48.3	45	170	125	22	4	M20	26	41	37	49.5	46	16	80	6	34	4.21
50	60.3	57	195	145	26	4	M24	28	52	49	61.5	59	17	90	6	36	5.78

注：所有重量仅供参考。

9.2.3.6 螺纹法兰的连接尺寸（表 9.2-9）

表 9.2-9 螺纹法兰的连接尺寸　　　　　　　单位：mm

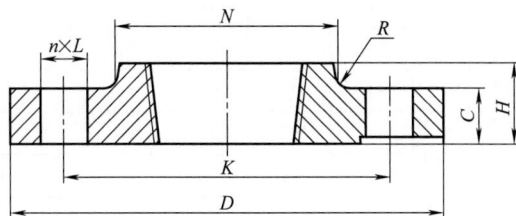

PN6

公称通径	钢管外径 A	连接尺寸					厚度 C	法兰颈		高度 H	重量 /kg	管螺纹 Rc、Rp 或 NPT
		外径 D	直径 K	螺栓 L	数量 n/个	螺纹 Th		N	R			
10	17.2	75	50	11	4	M10	12	25	4	20	0.37	3/8
15	21.3	80	55	11	4	M10	12	30	4	20	0.43	1/2
20	26.9	90	65	11	4	M10	14	40	4	24	0.65	3/4
25	33.7	100	75	11	4	M10	14	50	4	24	0.81	1
32	42.4	120	90	14	4	M12	14	60	6	26	1.28	1¼
40	48.3	130	100	14	4	M12	14	70	6	26	1.52	1½
50	60.3	140	110	14	4	M12	14	80	6	28	1.70	2
65	76.1	160	130	14	4	M12	14	100	6	32	2.29	2½
80	88.9	190	150	18	4	M16	16	110	8	34	3.40	3
100	114.3	210	170	18	4	M16	16	130	8	40	3.82	4
125	139.7	240	200	18	8	M16	18	160	8	44	4.91	5
150	168.3	265	225	18	8	M16	18	185	10	44	5.72	6

PN10

公称通径	钢管外径 A	连接尺寸					厚度 C	法兰颈		高度 H	重量 /kg	管螺纹 Rc、Rp 或 NPT
		外径 D	直径 K	螺栓 L	数量 n/个	螺纹 Th		N	R			
10	17.2	90	60	14	4	M12	16	30	4	22	0.64	3/8
15	21.3	95	65	14	4	M12	16	35	4	22	0.71	1/2
20	26.9	105	75	14	4	M12	18	45	4	26	1.02	3/4
25	33.7	115	85	14	4	M12	18	52	4	28	1.23	1
32	42.4	140	100	18	4	M16	18	60	6	30	1.96	1¼
40	48.3	150	110	18	4	M16	18	70	6	32	2.31	1½
50	60.3	165	125	18	4	M16	18	84	5	34	3.04	2
65	76.1	185	145	18	4	M16	18	104	6	34	3.72	2½
80	88.9	200	160	18	4	M16	20	118	6	34	4.16	3
100	114.3	220	180	18	4	M16	20	140	8	40	5.16	4
125	139.7	250	210	18	8	M16	22	168	8	44	6.66	5
150	168.3	285	240	22	8	M20	22	195	10	44	8.45	6

PN16

公称通径	钢管外径 A	连接尺寸					厚度 C	法兰颈		高度 H	重量 /kg	管螺纹 Rc、Rp 或 NPT
		外径 D	直径 K	螺栓 L	数量 n/个	螺纹 Th		N	R			
10	17.2	90	60	14	4	M12	16	30	4	22	0.64	3/8
15	21.3	95	65	14	4	M12	16	35	4	22	0.71	1/2
20	26.9	105	75	14	4	M12	18	45	4	26	1.02	3/4
25	33.7	115	85	14	4	M12	18	52	4	28	1.23	1
32	42.4	140	100	18	4	M16	18	60	6	30	1.96	1¼
40	48.3	150	110	18	4	M16	18	70	6	32	2.31	1½
50	60.3	165	125	18	4	M16	18	84	5	34	3.04	2
65	76.1	185	145	18	4	M16	18	104	6	34	3.72	2½

PN16

| 公称通径 | 钢管外径 A | 连接尺寸 | | | | | 厚度 C | 法兰颈 | | 高度 H | 重量 /kg | 管螺纹 Rc、Rp 或 NPT |
		外径 D	直径 K	螺栓 L	数量 n/个	螺纹 Th		N	R			
80	88.9	200	160	18	8	M16	20	118	6	34	4.16	3
100	114.3	220	180	18	8	M16	20	140	8	40	5.16	4
125	139.7	250	210	18	8	M16	22	168	8	44	6.66	5
150	168.3	285	240	22	8	M20	22	195	10	44	8.45	6

PN25

| 公称通径 | 钢管外径 A | 连接尺寸 | | | | | 厚度 C | 法兰颈 | | 高度 H | 重量 /kg | 管螺纹 Rc、Rp 或 NPT |
		外径 D	直径 K	螺栓 L	数量 n/个	螺纹 Th		N	R			
10	17.2	90	60	14	4	M12	16	30	4	22	0.64	3/8
15	21.3	95	65	14	4	M12	16	35	4	22	0.71	1/2
20	26.9	105	75	14	4	M12	18	45	4	26	1.02	3/4
25	33.7	115	85	14	4	M12	18	52	4	28	1.23	1
32	42.4	140	100	18	4	M16	18	60	6	30	1.96	1¼
40	48.3	150	110	18	4	M16	18	70	6	32	2.31	1½
50	60.3	165	125	18	4	M16	20	84	6	34	3.04	2
65	76.1	185	145	18	8	M16	22	104	6	38	4.00	2½
80	88.9	200	160	18	8	M16	24	118	8	40	4.96	3
100	114.3	235	190	22	4	M20	24	145	8	44	6.64	4
125	139.7	270	220	26	8	M24	26	170	8	48	8.96	5
150	168.3	300	250	26	8	M24	28	200	10	52	11.4	6

PN40

| 公称通径 | 钢管外径 A | 连接尺寸 | | | | | 厚度 C | 法兰颈 | | 高度 H | 重量 /kg | 管螺纹 Rc、Rp 或 NPT |
		外径 D	直径 K	螺栓 L	数量 n/个	螺纹 Th		N	R			
10	17.2	90	60	14	4	M12	16	30	4	22	0.64	3/8
15	21.3	95	65	14	4	M12	16	35	4	22	0.71	1/2
20	26.9	105	75	14	4	M12	18	45	4	26	1.02	3/4
25	33.7	115	85	14	4	M12	18	52	4	28	1.23	1
32	42.4	140	100	18	4	M16	18	60	6	30	1.96	1¼
40	48.3	150	110	18	4	M16	18	70	6	32	2.31	1½
50	60.3	165	125	18	4	M16	20	84	6	34	3.04	2
65	76.1	185	145	18	8	M16	22	104	6	38	4.00	2½
80	88.9	200	160	18	8	M16	24	118	8	40	4.96	3
100	114.3	235	190	22	8	M20	24	145	8	44	6.64	4
125	139.7	270	220	26	8	M24	26	170	8	48	8.96	5
150	168.3	300	250	26	8	M24	28	200	10	52	11.4	6

注：1. 所有重量仅供参考。

2. 配套管螺纹要求如下：

（1）螺纹法兰采用的管螺纹分为三种情况：

① 采用按 GB/T 7306 规定的 55°圆锥内螺纹（Rc）；

② 采用按 GB/T 7306 规定的 55°圆柱内螺纹（Rp）；

③ 采用按 GB/T 12716 规定的 60°圆锥管螺纹（NPT）。

（2）采用 55°螺纹时，DN150 法兰配用的钢管外径应为 165.1mm。采用 60°圆锥管螺纹时 DN65 法兰配用的钢管外径应为 73mm；DN125 法兰配用的钢管外径应为 141.3mm。

（3）法兰的内孔管螺纹加工，应使钢管拧紧后的端部靠近但不超出法兰密封面。

9.2.3.7 对焊环松套法兰的连接尺寸（表 9.2-10）

表 9.2-10 对焊环松套法兰的连接尺寸　　　　　单位：mm

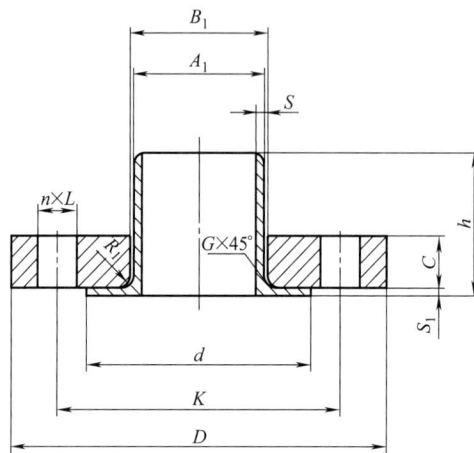

PN6

公称通径	钢管外径 A_1		连接尺寸					厚度	法兰内径 B_1		圆角	倒角	对焊环				重量/kg	
	A	B	外径 D	直径 K	螺栓 L	数量 n/个	螺纹 Th	C	A	B	R_1	G	高度 h	外径 d	S	S_1	对焊环	法兰
10	17.2	14	75	50	11	4	M10	12	21	18	3	3	28	35	1.8	1.8	0.03	0.36
15	21.3	18	80	55	11	4	M10	12	25	22	3	3	30	40	2.0	2.0	0.04	0.40
20	26.9	25	90	65	11	4	M10	14	31	29	4	4	32	50	2.3	2.3	0.08	0.58
25	33.7	32	100	75	11	4	M10	14	38	36	4	4	35	60	2.6	2.6	0.11	0.71
32	42.4	38	120	90	14	4	M12	16	46	42	5	5	35	70	2.6	2.6	0.16	1.17
40	48.3	45	130	100	14	4	M12	16	53	50	5	5	38	80	2.6	2.6	0.19	1.34
50	60.3	57	140	110	14	4	M12	16	65	62	5	5	38	90	2.9	2.9	0.27	1.48
65	76.1	76	160	130	14	4	M12	16	81	81	6	6	38	110	2.9	2.9	0.37	1.80
80	88.9	89	190	150	18	4	M16	18	94	94	6	6	42	128	3.2	3.2	0.52	2.88
100	114.3	108	210	170	18	4	M16	18	120	114	6	6	45	148	3.6	3.6	0.71	3.31
125	139.7	133	240	200	18	8	M16	20	145	139	6	6	48	178	4.0	4.0	1.07	3.96
150	168.3	159	265	225	18	8	M16	20	174	165	6	6	48	202	4.5	4.5	1.43	4.98
200	219.1	219	320	280	18	8	M16	22	226	226	6	6	55	258	6.3	6.3	2.62	6.61
250	273	273	375	335	18	12	M16	24	281	281	8	8	60	312	6.3	6.3	3.71	8.54
300	323.9	325	440	395	22	12	M20	24	333	334	8	8	62	365	7.1	7.1	5.04	11.3
350	355.6	377	490	445	22	12	M20	26	365	386	8	8	62	415	7.1	7.1	6.75	13.7
400	406.4	426	540	495	22	16	M20	28	416	435	8	8	65	465	7.1	7.1	8.04	16.3
450	457	480	595	550	22	16	M20	30	467	490	8	8	65	520	7.1	7.1	9.52	19.6
500	508	530	645	600	22	20	M20	30	519	541	8	8	68	570	7.1	7.1	11.4	22.4
600	610	630	755	705	26	20	M24	32	622	642	8	8	70	670	7.1	7.1	14.6	32.0

PN10

公称通径	钢管外径 A_1		连接尺寸					厚度	法兰内径 B_1		圆角	倒角	对焊环				重量/kg	
	A	B	外径 D	直径 K	螺栓 L	数量 n/个	螺纹 Th	C	A	B	R_1	G	高度 h	外径 d	S	S_1	对焊环	法兰
10	17.2	14	90	60	14	4	M12	14	21	18	3	3	35	40	1.8	1.8	0.04	0.60
15	21.3	18	95	65	14	4	M12	14	25	22	3	3	38	45	2.0	2.0	0.05	0.67
20	26.9	25	105	75	14	4	M12	16	31	29	4	4	40	58	2.3	2.3	0.09	0.93
25	33.7	32	115	85	14	4	M12	16	38	36	4	4	40	68	2.6	2.6	0.13	1.10
32	42.4	38	140	100	18	4	M16	18	47	42	5	5	42	78	2.6	2.6	0.17	1.83
40	48.3	45	150	110	18	4	M16	18	53	50	5	5	45	88	2.6	2.6	0.20	2.07
50	60.3	57	165	125	18	4	M16	19	65	62	5	5	45	102	2.9	2.9	0.31	2.72

续表

PN10

公称通径	钢管外径 A_1		连接尺寸					厚度	法兰内径 B_1		圆角	倒角	对焊环				重量/kg	
	A	B	外径 D	直径 K	螺栓 L	数量 n/个	螺纹 Th	C	A	B	R_1	G	高度 h	外径 d	S	S_1	对焊环	法兰
65	76.1	76	185	145	18	4	M16	20	81	81	6	6	45	122	2.9	2.9	0.41	3.25
80	88.9	89	200	160	18	8	M16	20	94	94	6	6	50	138	3.2	3.2	0.56	3.52
100	114.3	108	220	180	18	8	M16	22	120	114	6	6	52	158	3.6	3.6	0.79	4.45
125	139.7	133	250	210	18	8	M16	22	145	139	6	6	55	188	4.0	4.0	1.16	5.50
150	168.3	159	285	240	22	8	M20	24	174	165	6	6	55	212	4.5	4.5	1.56	7.41
200	219.1	219	340	295	22	8	M20	24	226	226	6	6	62	268	6.3	6.3	2.84	8.97
250	273	273	395	350	22	12	M20	26	281	281	8	8	68	320	6.3	6.3	3.96	11.4
300	323.9	325	445	400	22	12	M20	26	333	334	8	8	68	370	7.1	7.1	5.26	13.9
350	355.6	377	505	460	22	16	M20	28	365	386	8	8	68	430	7.1	7.1	7.34	18.2
400	406.4	426	565	515	26	16	M24	32	416	435	8	8	72	482	7.1	7.1	8.74	23.5
450	457	480	615	565	26	20	M24	36	467	490	8	8	72	532	7.1	7.1	10.1	26.9
500	508	530	670	620	26	20	M24	38	519	541	8	8	75	585	7.1	7.1	12.1	33.4
600	610	630	780	725	30	20	M27	42	622	642	8	8	80	685	7.1	7.1	15.5	46.1

PN16

公称通径	钢管外径 A_1		连接尺寸					厚度	法兰内径 B_1		圆角	倒角	对焊环				重量/kg	
	A	B	外径 D	直径 K	螺栓 L	数量 n/个	螺纹 Th	C	A	B	R_1	G	高度 h	外径 d	S	S_1	对焊环	法兰
10	17.2	14	90	60	14	4	M12	14	21	18	3	3	35	40	1.8	1.8	0.04	0.60
15	21.3	18	95	65	14	4	M12	14	25	22	3	3	38	45	2.0	2.0	0.05	0.67
20	26.9	25	105	75	14	4	M12	16	31	29	4	4	40	58	2.3	2.3	0.09	0.93
25	33.7	32	115	85	14	4	M12	16	38	36	4	4	40	68	2.6	2.6	0.13	1.10
32	42.4	38	140	100	18	4	M16	18	47	42	5	5	42	78	2.6	2.6	0.17	1.83
40	48.3	45	150	110	18	4	M16	18	53	50	5	5	45	88	2.6	2.6	0.20	2.07
50	60.3	57	165	125	18	4	M16	19	65	62	5	5	45	102	2.9	2.9	0.31	2.72
65	76.1	76	185	145	18	4	M16	20	81	81	6	6	45	122	2.9	2.9	0.41	3.25
80	88.9	89	200	160	18	8	M16	20	94	94	6	6	50	138	3.2	3.2	0.56	3.52
100	114.3	108	220	180	18	8	M16	22	120	114	6	6	52	158	3.6	3.6	0.79	4.45
125	139.7	133	250	210	18	8	M16	22	145	139	6	6	55	188	4.0	4.0	1.16	5.50
150	168.3	159	285	240	22	8	M20	24	174	165	6	6	55	212	4.5	4.5	1.56	7.41
200	219.1	219	340	295	22	12	M20	26	226	226	6	6	62	268	6.3	6.3	2.84	9.41
250	273	273	405	355	26	12	M24	29	281	281	8	8	70	320	6.3	6.3	3.96	13.3
300	323.9	325	460	410	26	12	M24	32	333	334	8	8	68	378	7.1	7.1	5.26	18.1
350	355.6	377	520	470	26	16	M24	35	365	386	8	8	82	428	8.0	8.0	8.25	23.9
400	406.4	426	580	525	30	16	M27	38	416	435	8	8	85	490	8.0	8.0	9.83	31.1
450	457	480	640	585	30	20	M27	42	467	490	8	8	87	550	8.0	8.0	12.3	39.2
500	508	530	715	650	33	20	M30×2	46	519	541	8	8	90	610	8.0	8.0	15.2	55.8
600	610	630	840	770	36	20	M33×2	52	622	642	8	8	95	725	8.8	8.8	22.1	85.7

PN25

公称通径	钢管外径 A_1		连接尺寸					厚度	法兰内径 B_1		圆角	倒角	对焊环				重量/kg	
	A	B	外径 D	直径 K	螺栓 L	数量 n/个	螺纹 Th	C	A	B	R_1	G	高度 h	外径 d	S	S_1	对焊环	法兰
10	17.2	14	90	60	14	4	M12	14	21	18	3	3	35	40	1.8	1.8	0.04	0.60
15	21.3	18	95	65	14	4	M12	14	25	22	3	3	38	45	2.0	2.0	0.05	0.67
20	26.9	25	105	75	14	4	M12	16	31	29	4	4	40	58	2.3	2.3	0.09	0.93

PN25

公称通径	钢管外径 A_1		连接尺寸					厚度	法兰内径 B_1		圆角	倒角	对焊环				重量/kg	
	A	B	外径 D	直径 K	螺栓 L	数量 n/个	螺纹 Th	C	A	B	R_1	G	高度 h	外径 d	S	S_1	对焊环	法兰
25	33.7	32	115	85	14	4	M12	16	38	36	4	4	40	68	2.6	2.6	0.14	1.10
32	42.4	38	140	100	18	4	M16	18	47	42	5	5	42	78	2.6	2.6	0.17	1.83
40	48.3	45	150	110	18	4	M16	18	53	50	5	5	45	88	2.6	2.6	0.22	2.07
50	60.3	57	165	125	18	4	M16	20	65	62	5	5	48	102	2.9	2.9	0.31	2.72
65	76.1	76	185	145	18	8	M16	22	81	81	6	6	52	122	2.9	2.9	0.46	3.40
80	88.9	89	200	160	18	8	M16	24	94	94	6	6	58	138	3.2	3.2	0.59	4.23
100	114.3	108	235	190	22	8	M20	26	120	114	6	6	65	162	3.6	3.6	0.93	6.15
125	139.7	133	270	220	26	8	M24	28	145	139	6	6	68	188	4.0	4.0	1.29	8.31
150	168.3	159	300	250	26	8	M24	30	174	165	6	6	75	218	4.5	4.5	1.90	10.6
200	219.1	219	360	310	26	12	M24	32	226	226	6	6	80	278	6.3	6.3	3.70	13.9
250	273	273	425	370	30	12	M27	35	281	281	8	8	88	335	7.1	7.1	5.69	19.9
300	323.9	325	485	430	30	16	M27	38	333	334	8	8	92	395	8.0	8.0	8.50	25.6
350	355.6	377	555	490	33	16	M30×2	42	365	386	8	8	100	450	8.0	8.0	10.9	36.6
400	406.4	426	620	550	36	16	M33×2	46	416	435	8	8	110	505	8.8	8.8	14.7	49.4
450	457	480	670	600	36	20	M33×2	50	467	490	8	8	110	555	8.8	8.8	17.1	56.3
500	508	530	730	660	36	20	M33×2	56	519	541	8	8	125	615	10.0	10.0	24.8	74.0
600	610	630	845	770	39	20	M36×3	68	622	642	8	8	125	720	11.0	11.0	33.4	113.7

PN40

公称通径	钢管外径 A_1		连接尺寸					厚度	法兰内径 B_1		圆角	倒角	对焊环				重量/kg	
	A	B	外径 D	直径 K	螺栓 L	数量 n/个	螺纹 Th	C	A	B	R_1	G	高度 h	外径 d	S	S_1	对焊环	法兰
10	17.2	14	90	60	14	4	M12	14	21	18	3	3	35	40	1.8	1.8	0.04	0.60
15	21.3	18	95	65	14	4	M12	14	25	22	3	3	38	45	2.0	2.0	0.05	0.67
20	26.9	25	105	75	14	4	M12	16	31	29	4	4	40	58	2.3	2.3	0.09	0.93
25	33.7	32	115	85	14	4	M12	16	38	36	4	4	40	68	2.6	2.6	0.14	1.10
32	42.4	38	140	100	18	4	M16	18	47	42	5	5	42	78	2.6	2.6	0.17	1.83
40	48.3	45	150	110	18	4	M16	18	53	50	5	5	45	88	2.6	2.6	0.22	2.07
50	60.3	57	165	125	18	4	M16	20	65	62	5	5	48	102	2.9	2.9	0.31	2.72
65	76.1	76	185	145	18	4	M16	22	81	81	6	6	52	122	2.9	2.9	0.46	3.40
80	88.9	89	200	160	18	8	M16	24	94	94	6	6	58	138	3.2	3.2	0.59	4.23
100	114.3	108	235	190	22	8	M20	26	120	114	6	6	65	162	3.6	3.6	0.93	6.15
125	139.7	133	270	220	26	8	M24	28	145	139	6	6	68	188	4.0	4.0	1.29	8.31
150	168.3	159	300	250	26	8	M24	30	174	165	6	6	75	218	4.5	4.5	1.90	10.6
200	219.1	219	375	320	30	12	M27	36	226	226	6	6	88	285	6.3	6.3	3.91	17.5
250	273	273	450	385	33	12	M30×2	42	281	281	8	8	105	345	7.1	7.1	6.13	28.6
300	323.9	325	515	450	33	16	M30×2	48	333	334	8	8	115	410	8.0	8.0	9.29	40.3
350	355.6	377	580	510	36	16	M33×2	54	365	386	8	8	125	465	8.8	8.8	12.8	56.5
400	406.4	426	660	585	39	16	M36×3	60	416	435	8	8	135	535	11.0	11.0	20.6	82.1
450	457	480	685	610	39	20	M36×3	66	467	490	8	8	135	560	12.5	12.5	25.1	80.8
500	508	530	755	670	42	20	M39×3	72	519	541	8	8	140	615	14.2	14.2	35.6	107.4
600	610	630	890	795	48	20	M45×3	84	622	642	8	8	150	735	16.0	16.0	50.5	172.8

注：钢管外径 A1 即对焊环颈部外径；所有重量仅供参考。

9.2.3.8 平焊环松套法兰的连接尺寸（表9.2-11）

表9.2-11 平焊环松套法兰的连接尺寸　　　　　　单位：mm

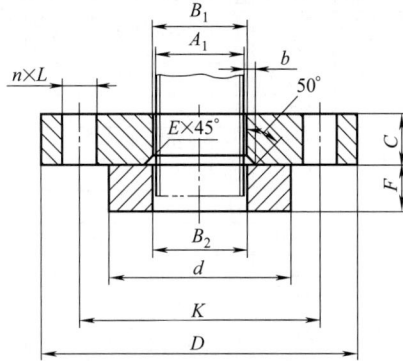

PN6

公称通径	钢管外径 A_1		连接尺寸					厚度	法兰内径			焊环			厚度	重量/kg	
	A	B	外径 D	直径 K	螺栓 L	数量 n /个	螺纹 Th	C	$A-B_1$	$B-B_1$	E	外径 d	$A-B_2$	$B-B_2$	F	法兰	焊环
10	17.2	14	75	50	11	4	M10	12	21	18	3	35	18	15	10	0.36	0.05
15	21.3	18	80	55	11	4	M10	12	25	22	3	40	22	19	10	0.40	0.07
20	26.9	25	90	65	11	4	M10	14	31	29	4	50	27.5	26	10	0.58	0.10
25	33.7	32	100	75	11	4	M10	14	38	36	4	60	34.5	33	10	0.71	0.14
32	42.4	38	120	90	14	4	M12	16	47	42	5	70	43.5	39	10	1.17	0.20
40	48.3	45	130	100	14	4	M12	16	53	50	5	80	49.5	46	10	1.34	0.24
50	60.3	57	140	110	14	4	M12	16	65	62	6	90	61.5	59	12	1.48	0.32
65	76.1	76	160	130	14	4	M12	16	81	81	6	110	77.5	78	12	1.80	0.41
80	88.9	89	190	150	18	4	M16	18	94	94	6	128	90.5	91	12	2.88	0.52
100	114.3	108	210	170	18	4	M16	18	120	114	6	148	116	110	14	3.31	0.75
125	139.7	133	240	200	18	8	M16	20	145	139	6	178	143.5	135	14	4.40	1.04
150	168.3	159	265	225	18	8	M16	20	174	165	6	202	170.5	161	14	4.98	1.18
200	219.1	219	320	280	18	8	M16	22	226	226	6	258	221.5	222	16	6.61	1.50
250	273	273	375	335	18	12	M16	24	281	281	6	312	276.5	276	18	8.54	2.14
300	323.9	325	440	395	22	12	M20	24	333	334	8	365	328	328	18	11.3	2.68
350	355.6	377	490	445	22	12	M20	26	365	386	8	415	360	381	18	13.7	2.82
400	406.4	426	540	495	22	16	M20	28	416	435	8	465	411	430	20	16.3	3.63
450	457	480	595	550	22	16	M20	30	467	490	8	520	462	485	20	19.6	4.08
500	508	530	645	600	22	20	M20	30	519	541	8	570	513.5	535	22	22.4	4.93
600	610	630	755	705	26	20	M24	32	622	642	8	670	616.5	636	22	32.0	5.48

PN10

公称通径	钢管外径 A_1		连接尺寸					厚度	法兰内径			焊环			厚度	重量/kg	
	A	B	外径 D	直径 K	螺栓 L	数量 n /个	螺纹 Th	C	$A-B_1$	$B-B_1$	E	外径 d	$A-B_2$	$B-B_2$	F	法兰	焊环
10	17.2	14	90	60	14	4	M12	14	21	18	3	41	18	15	12	0.60	0.11
15	21.3	18	95	65	14	4	M12	14	25	22	3	46	22	19	12	0.67	0.13
20	26.9	25	105	75	14	4	M12	16	31	29	4	56	27.5	26	14	0.93	0.21
25	33.7	32	115	85	14	4	M12	16	38	36	4	65	34.5	33	14	1.10	0.27
32	42.4	38	140	100	18	4	M16	18	47	42	5	76	43.5	39	14	1.83	0.37
40	48.3	45	150	110	18	4	M16	18	53	50	5	84	49.5	46	14	2.07	0.43
50	60.3	57	165	125	18	4	M16	19	65	62	5	99	61.5	59	16	2.72	0.62
65	76.1	76	185	145	18	4	M16	20	81	81	6	118	77.5	78	16	3.25	0.77
80	88.9	89	200	160	18	8	M16	20	94	94	6	132	90.5	91	16	3.52	0.90
100	114.3	108	220	180	18	8	M16	22	120	114	6	156	116	110	18	4.45	1.36

PN10

公称通径	钢管外径A_1		连接尺寸					厚度	法兰内径			焊环			厚度	重量/kg	
	A	B	外径 D	直径 K	螺栓 L	数量 n /个	螺纹 Th	C	$A-B_1$	$B-B_1$	E	外径 d	$A-B_2$	$B-B_2$	F	法兰	焊环
125	139.7	133	250	210	18	8	M16	22	145	139	6	184	143.5	135	18	5.50	1.73
150	168.3	159	285	240	22	8	M20	24	174	165	6	211	170.5	161	20	7.41	2.29
200	219.1	219	340	295	22	8	M20	24	226	226	6	266	221.5	222	20	8.97	2.65
250	273	273	395	350	22	12	M20	26	281	281	8	319	276.5	276	22	11.4	3.47
300	323.9	325	445	400	22	12	M20	26	333	334	8	370	328	328	22	13.9	3.97
350	355.6	377	505	460	22	16	M20	28	365	386	8	429	360	381	22	18.2	5.27
400	406.4	426	565	515	26	16	M24	32	416	435	8	480	411	430	24	23.5	6.73
450	457	480	615	565	26	20	M24	36	467	490	8	530	462	485	24	26.9	6.76
500	508	530	670	620	26	20	M24	38	519	541	8	582	513.5	535	26	33.4	8.41
600	610	630	780	725	30	20	M27	42	622	642	8	682	616.5	636	26	46.1	9.71

PN16

公称通径	钢管外径A_1		连接尺寸					厚度	法兰内径			焊环			厚度	重量/kg	
	A	B	外径 D	直径 K	螺栓 L	数量 n /个	螺纹 Th	C	$A-B_1$	$B-B_1$	E	外径 d	$A-B_2$	$B-B_2$	F	法兰	焊环
10	17.2	14	90	60	14	4	M12	14	21	18	3	41	18	15	12	0.60	0.11
15	21.3	18	95	65	14	4	M12	14	25	22	3	46	22	19	12	0.67	0.13
20	26.9	25	105	75	14	4	M12	16	31	29	4	56	27.5	26	14	0.93	0.21
25	33.7	32	115	85	14	4	M12	16	38	36	4	65	34.5	33	14	1.10	0.27
32	42.4	38	140	100	18	4	M16	18	47	42	5	76	43.5	39	14	1.83	0.37
40	48.3	45	150	110	18	4	M16	18	53	50	5	84	49.5	46	14	2.07	0.43
50	60.3	57	165	125	18	4	M16	19	65	62	5	99	61.5	59	16	2.72	0.62
65	76.1	76	185	145	18	4	M16	20	81	81	6	118	77.5	78	16	3.25	0.77
80	88.9	89	200	160	18	8	M16	20	94	94	6	132	90.5	91	16	3.52	0.90
100	114.3	108	220	180	18	8	M16	22	120	114	6	156	116	110	18	4.45	1.36
125	139.7	133	250	210	18	8	M16	22	145	139	6	184	143.5	135	18	5.50	1.73
150	168.3	159	285	240	22	8	M20	24	174	165	6	211	170.5	161	20	7.41	2.29
200	219.1	219	340	295	22	12	M20	26	226	226	6	266	221.5	222	20	9.41	2.65
250	273	273	405	355	26	12	M24	29	281	281	8	319	276.5	276	22	13.3	3.47
300	323.9	325	460	410	26	12	M24	32	333	334	8	370	328	328	24	18.1	4.34
350	355.6	377	520	470	26	16	M24	35	365	386	8	429	360	381	26	23.9	6.23
400	406.4	426	580	525	30	16	M27	38	416	435	8	480	411	430	28	31.1	7.85
450	457	480	640	585	30	20	M27	42	467	490	8	548	462	485	30	39.2	12.0
500	508	530	715	650	33	20	M30×2	46	519	541	8	609	513.5	535	32	55.8	16.7
600	610	630	840	770	36	20	M33×2	52	622	642	8	720	616.5	636	32	85.7	22.5

注：所有重量仅供参考。

9.2.3.9 法兰盖的连接尺寸（表 9.2-12）

表 9.2-12 法兰盖的连接尺寸　　　　　　　　　　　　　单位：mm

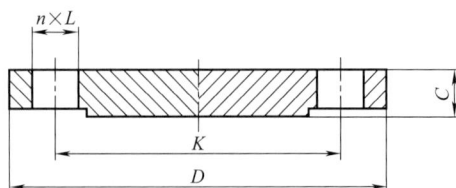

续表

PN2.5

公称通径	连接尺寸					厚度 C	重量 /kg
	外径 D	直径 K	螺栓 L	数量 n/个	螺纹 Th		
10	75	50	11	4	M10	12	0.38
15	80	55	11	4	M10	12	0.44
20	90	65	11	4	M10	14	0.66
25	100	75	11	4	M10	14	0.82
32	120	90	14	4	M12	14	1.34
40	130	100	14	4	M12	14	1.59
50	140	110	14	4	M12	14	1.86
65	160	130	14	4	M12	14	2.45
80	190	150	18	4	M16	16	3.86
100	210	170	18	4	M16	16	4.75
125	240	200	18	8	M16	18	6.78
150	265	225	18	8	M16	18	8.34
200	320	280	18	8	M16	20	13.5
250	375	335	18	12	M16	22	20.2
300	440	395	22	12	M20	22	27.8
350	490	445	22	12	M20	22	34.7
400	540	495	22	16	M20	22	42.0
450	595	550	22	16	M20	24	51.2
500	645	600	22	20	M20	24	65.1
600	755	705	26	20	M24	30	102.9
700	860	810	26	24	M24	40	160.5
800	975	920	30	24	M27	44	217.5
900	1075	1020	30	24	M27	48	279.5
1000	1175	1120	30	28	M27	52	350.8
1200	1375	1320	30	32	M27	44	504.8
1400	1575	1520	30	36	M27	48	724.2
1600	1790	1730	30	40	M27	51	995.7
1800	1990	1930	30	44	M27	54	1304.6
2000	2190	2130	30	48	M27	58	1698.7

PN6

公称通径	连接尺寸					厚度 C	重量 /kg
	外径 D	直径 K	螺栓 L	数量 n/个	螺纹 Th		
10	75	50	11	4	M10	12	0.38
15	80	55	11	4	M10	12	0.44
20	90	65	11	4	M10	14	0.66
25	100	75	11	4	M10	14	0.82
32	120	90	14	4	M12	14	1.34
40	130	100	14	4	M12	14	1.59
50	140	110	14	4	M12	14	1.86
65	160	130	14	4	M12	14	2.45
80	190	150	18	4	M16	16	3.86
100	210	170	18	4	M16	16	4.75
125	240	200	18	8	M16	18	6.10
150	265	225	18	8	M16	18	8.34
200	320	280	18	8	M16	20	13.5
250	375	335	18	12	M16	22	20.2
300	440	395	22	12	M20	22	27.8
350	490	445	22	12	M20	22	34.7
400	540	495	22	16	M20	22	42.0
450	595	550	22	16	M20	24	51.2
500	645	600	22	20	M20	24	65.1
600	755	705	26	20	M24	30	102.9
700	860	810	26	24	M24	40	178.3
800	975	920	30	24	M27	44	251.9

续表

PN6

公称通径	连接尺寸					厚度 C	重量 /kg
	外径 D	直径 K	螺栓 L	数量 n/个	螺纹 Th		
900	1075	1020	30	24	M27	48	335.4
1000	1175	1120	30	28	M27	52	434.3
1200	1405	1340	33	32	M30×2	60	717.0
1400	1630	1560	36	36	M33×2	68	1093.8
1600	1830	1760	36	40	M33×2	76	1544.1
1800	2045	1970	39	44	M36×3	84	2130.1
2000	2265	2180	42	48	M39×3	92	2860.5

PN10

公称通径	连接尺寸					厚度 C	重量 /kg
	外径 D	直径 K	螺栓 L	数量 n/个	螺纹 Th		
10	90	60	14	4	M12	16	0.63
15	95	65	14	4	M12	16	0.71
20	105	75	14	4	M12	18	1.01
25	115	85	14	4	M12	18	1.23
32	140	100	18	4	M16	18	2.03
40	150	110	18	4	M16	18	2.35
50	165	125	18	4	M16	18	3.20
65	185	145	18	4	M16	18	4.06
80	200	160	18	8	M16	20	4.61
100	220	180	18	8	M16	20	6.21
125	250	210	18	8	M16	22	8.12
150	285	240	22	8	M20	22	11.4
200	340	295	22	8	M20	24	16.5
250	395	350	22	12	M20	26	24.1
300	445	400	22	12	M20	26	30.8
350	505	460	22	16	M20	26	39.6
400	565	515	26	16	M24	26	49.4
450	615	565	26	20	M24	28	62.9
500	670	620	26	20	M24	28	75.1
600	780	725	30	20	M27	34	123.7
700	895	840	30	24	M27	38	182.5
800	1015	950	33	24	M30×2	42	259.9
900	1115	1050	33	28	M30×2	46	343.8
1000	1230	1160	36	28	M33×2	52	473.2
1200	1455	1380	39	32	M36×3	60	764.7

PN16

公称通径	连接尺寸					厚度 C	重量 /kg
	外径 D	直径 K	螺栓 L	数量 n/个	螺纹 Th		
10	90	60	14	4	M12	16	0.63
15	95	65	14	4	M12	16	0.71
20	105	75	14	4	M12	18	1.01
25	115	85	14	4	M12	18	1.23
32	140	100	18	4	M16	18	2.03
40	150	110	18	4	M16	18	2.35
50	165	125	18	4	M16	18	3.20
65	185	145	18	4	M16	18	4.06
80	200	160	18	8	M16	20	4.61
100	220	180	18	8	M16	20	6.21

续表

PN16

公称通径	连接尺寸					厚度 C	重量 /kg
	外径 D	直径 K	螺栓 L	数量 n/个	螺纹 Th		
125	250	210	18	8	M16	22	8.12
150	285	240	22	8	M20	22	11.4
200	340	295	22	12	M20	24	16.2
250	405	355	26	12	M24	26	25.0
300	460	410	26	12	M24	28	35.1
350	520	470	26	16	M24	30	48.0
400	580	525	30	16	M27	32	63.5
450	640	585	30	20	M27	40	86.9
500	715	650	33	20	M30×2	44	108.6
600	840	770	36	20	M33×2	54	184.3
700	910	840	36	24	M33×2	48	235.7
800	1025	950	39	24	M36×3	52	325.0
900	1125	1050	39	28	M36×3	58	437.1
1000	1255	1170	42	28	M39×3	64	601.7
1200	1485	1390	48	32	M45×3	76	998.2

PN25

公称通径	连接尺寸					厚度 C	重量 /kg
	外径 D	直径 K	螺栓 L	数量 n/个	螺纹 Th		
10	90	60	14	4	M12	16	0.63
15	95	65	14	4	M12	16	0.71
20	105	75	14	4	M12	18	1.01
25	115	85	14	4	M12	18	1.23
32	140	100	18	4	M16	18	2.03
40	150	110	18	4	M16	18	2.35
50	165	125	18	4	M16	20	3.20
65	185	145	18	8	M16	22	4.29
80	200	160	18	8	M16	24	5.53
100	235	190	22	8	M20	24	7.59
125	270	220	26	8	M24	26	10.8
150	300	250	26	8	M24	28	14.6
200	360	310	26	12	M24	30	22.5
250	425	370	30	12	M27	32	33.5
300	485	430	30	16	M27	34	46.3
350	555	490	33	16	M30×2	38	68.0
400	620	550	36	16	M33×2	40	89.6
450	670	600	36	20	M33×2	46	119.9
500	730	660	36	20	M33×2	48	150.0
600	845	770	39	20	M36×3	58	244.3

PN40

公称通径	连接尺寸					厚度 C	重量 /kg
	外径 D	直径 K	螺栓 L	数量 n/个	螺纹 Th		
10	90	60	14	4	M12	16	0.63
15	95	65	14	4	M12	16	0.71
20	105	75	14	4	M12	18	1.01
25	115	85	14	4	M12	18	1.23
32	140	100	18	4	M16	18	2.03
40	150	110	18	4	M16	18	2.35
50	165	125	18	4	M16	20	3.20

续表

PN40

公称通径	连接尺寸					厚度 C	重量 /kg
	外径 D	直径 K	螺栓 L	数量 n/个	螺纹 Th		
65	185	145	18	8	M16	22	4.29
80	200	160	18	8	M16	24	5.53
100	235	190	22	8	M20	24	7.59
125	270	220	26	8	M24	26	10.8
150	300	250	26	8	M24	28	14.6
200	375	320	30	12	M27	34	27.2
250	450	385	33	12	M30×2	38	44.4
300	515	450	33	16	M30×2	42	64.1
350	580	510	36	16	M33×2	46	89.5
400	660	585	39	16	M36×3	50	126.7
450	685	610	39	20	M36×3	57	154.1
500	755	670	42	20	M39×3	57	187.8
600	890	795	48	20	M45×3	72	331.0

PN63

公称通径	连接尺寸					厚度 C	重量 /kg
	外径 D	直径 K	螺栓 L	数量 n/个	螺纹 Th		
10	100	70	14	4	M12	20	1.14
15	105	75	14	4	M12	20	1.26
20	130	90	18	4	M16	22	1.92
25	140	100	18	4	M16	24	2.71
32	155	110	22	4	M20	24	3.27
40	170	125	22	4	M20	26	4.32
50	180	135	22	4	M20	26	4.88
65	205	160	22	8	M20	26	6.11
80	215	170	22	8	M20	28	7.31
100	250	200	26	8	M24	30	10.6
125	295	240	30	8	M27	34	16.7
150	345	280	33	8	M30×2	36	24.5
200	415	345	36	12	M33×2	42	40.5
250	470	400	36	12	M33×2	46	58.2
300	530	460	36	16	M33×2	52	83.4
350	600	525	39	16	M36×3	56	115.8
400	670	585	42	16	M36×3	60	155.5

PN100

公称通径	连接尺寸					厚度 C	重量 /kg
	外径 D	直径 K	螺栓 L	数量 n/个	螺纹 Th		
10	100	70	14	4	M12	20	1.14
15	105	75	14	4	M12	20	1.26
20	130	90	18	4	M16	22	1.92
25	140	100	18	4	M16	24	2.71
32	155	110	22	4	M20	24	3.27
40	170	125	22	4	M20	26	4.32
50	195	145	26	4	M24	28	6.09
65	220	170	26	8	M24	30	7.95
80	230	180	26	8	M24	32	9.37
100	265	210	30	8	M27	36	14.0
125	315	250	33	8	M30×2	40	22.3
150	355	290	33	12	M30×2	44	30.6

续表

PN100

公称通径	连接尺寸					厚度	重量
	外径 D	直径 K	螺栓 L	数量 n/个	螺纹 Th	C	/kg
200	430	360	36	12	M33×2	52	54.3
250	505	430	39	12	M36×3	60	87.5
300	585	500	42	16	M39×3	68	131.6
350	655	560	48	16	M45×3	74	178.8
400	715	620	48	16	M45×3	82	239.7

PN160

公称通径	连接尺寸					厚度	重量
	外径 D	直径 K	螺栓 L	数量 n/个	螺纹 Th	C	/kg
10	100	70	14	4	M12	24	1.36
15	105	75	14	4	M12	26	1.64
20	130	90	18	4	M16	30	2.88
25	140	100	18	4	M16	32	3.61
32	155	110	22	4	M20	34	4.63
40	170	125	22	4	M20	36	5.98
50	195	145	26	4	M24	38	8.27
65	220	170	26	8	M24	42	11.1
80	230	180	26	8	M24	46	13.5
100	265	210	30	8	M27	52	20.2
125	315	250	33	8	M30×2	56	31.2
150	355	290	33	12	M30×2	62	43.2
200	430	360	36	12	M33×2	66	68.9
250	515	430	42	12	M39×3	76	114.3
300	585	500	42	16	M39×3	88	170.3

注：所有重量仅供参考。

9.2.3.10 衬里法兰盖的连接尺寸（表 9.2-13）

表 9.2-13 衬里法兰盖的连接尺寸　　　　　　　单位：mm

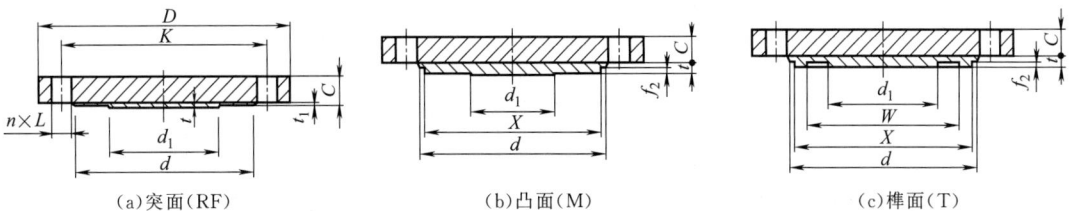

(a)突面(RF)　　　　　　(b)凸面(M)　　　　　　(c)榫面(T)

PN6

公称通径	连接尺寸					厚度	密封面尺寸		突面衬里		突面塞焊孔		
	外径 D	直径 K	螺栓 L	数量 n/个	螺纹 Th	C	d	d₁	t	t₁	中心径 p	孔径 φ	数量 n/个
40	130	100	14	4	M12	14	80	30	3	2	—	—	—
50	140	110	14	4	M12	14	90	45	3	2	—	—	—
65	160	130	14	4	M12	14	110	60	3	2	—	—	—
80	190	150	18	4	M16	16	128	75	3	2	—	—	—
100	210	170	18	4	M16	16	148	95	3	2	—	—	—
125	240	200	18	8	M16	18	178	110	3	2	—	—	—
150	265	225	18	8	M16	18	202	130	3	2	—	15	1
200	320	280	18	8	M16	20	258	190	4	2	—	15	1
250	375	335	18	12	M16	22	312	235	4	2	—	15	1

PN6

公称通径	连接尺寸					厚度	密封面尺寸		突面衬里		突面塞焊孔		
	外径 D	直径 K	螺栓 L	数量 n/个	螺纹 Th	C	d	d_1	t	t_1	中心径 p	孔径 ϕ	数量 n/个
300	440	395	22	12	M20	22	365	285	5	3	170	15	4
350	490	445	22	12	M20	22	415	330	5	3	220	15	4
400	540	495	22	16	M20	22	465	380	5	3	230	15	4
450	595	550	22	16	M20	24	520	430	5	3	250	15	4
500	645	600	22	20	M20	24	570	475	6	4	260	15	7
600	755	705	26	20	M24	30	670	570	6	4	320	15	7

PN10

公称通径	连接尺寸					厚度	密封面尺寸		突面衬里		凸榫衬里	突面塞焊孔		
	外径 D	直径 K	螺栓 L	数量 n/个	螺纹 Th	C	d	d_1	t	t_1	t	中心径 p	孔径 ϕ	数量 n/个
40	150	110	18	4	M16	18	88	30	3	2	10	—	—	—
50	165	125	18	4	M16	18	102	45	3	2	10	—	—	—
65	185	145	18	4	M16	18	122	60	3	2	10	—	—	—
80	200	160	18	8	M16	20	138	75	3	2	10	—	—	—
100	220	180	18	8	M16	20	158	95	3	2	10	—	—	—
125	250	210	18	8	M16	22	188	110	3	2	10	—	—	—
150	285	240	22	8	M20	22	212	130	3	2	10	—	15	1
200	340	295	22	8	M20	24	268	190	4	2	10	—	15	1
250	395	350	22	12	M20	26	320	235	4	2	10	—	15	1
300	445	400	22	12	M20	26	370	285	5	3	10	170	15	4
350	505	460	22	16	M20	26	430	330	5	3	10	220	15	4
400	565	515	26	16	M24	26	482	380	5	3	10	230	15	4
450	615	565	26	20	M24	28	532	430	5	3	10	250	15	4
500	670	620	26	20	M24	28	585	475	6	4	10	260	15	7
600	780	725	30	20	M27	34	685	570	6	4	10	320	15	7

PN16

公称通径	连接尺寸					厚度	密封面尺寸		突面衬里		凸榫衬里	突面塞焊孔		
	外径 D	直径 K	螺栓 L	数量 n/个	螺纹 Th	C	d	d_1	t	t_1	t	中心径 p	孔径 ϕ	数量 n/个
40	150	110	18	4	M16	18	88	30	3	2	10	—	—	—
50	165	125	18	4	M16	18	102	45	3	2	10	—	—	—
65	185	145	18	4	M16	18	122	60	3	2	10	—	—	—
80	200	160	18	8	M16	20	138	75	3	2	10	—	—	—
100	220	180	18	8	M16	20	158	95	3	2	10	—	—	—
125	250	210	18	8	M16	22	188	110	3	2	10	—	—	—
150	285	240	22	8	M20	22	212	130	3	2	10	—	15	1
200	340	295	22	12	M20	24	268	190	4	2	10	—	15	1
250	405	355	26	12	M24	26	320	235	4	2	10	—	15	1
300	460	410	26	12	M24	28	378	285	5	3	10	170	15	4
350	520	470	26	16	M24	30	428	330	5	3	10	220	15	4
400	580	525	30	16	M27	32	490	380	5	3	10	230	15	4
450	640	585	30	20	M27	40	550	430	5	3	10	250	15	4
500	715	650	33	20	M30×2	44	610	475	6	4	10	260	15	7
600	840	770	36	20	M33×2	54	725	570	6	4	10	320	15	7

PN25

公称通径	连接尺寸					厚度	密封面尺寸		突面衬里		凸榫衬里	突面塞焊孔		
	外径 D	直径 K	螺栓 L	数量 n/个	螺纹 Th	C	d	d_1	t	t_1	t	中心径 p	孔径 ϕ	数量 n/个
40	150	110	18	4	M16	18	88	30	3	2	10	—	—	—
50	165	125	18	4	M16	20	102	45	3	2	10	—	—	—

续表

PN25

公称通径	连接尺寸					厚度	密封面尺寸		突面衬里		凸榫衬里	突面塞焊孔		
	外径 D	直径 K	螺栓 L	数量 n/个	螺纹 Th	C	d	d_1	t	t_1	t	中心径 p	孔径 φ	数量 n/个
65	185	145	18	8	M16	22	122	60	3	2	10	—	—	—
80	200	160	18	8	M16	24	138	75	3	2	10	—	—	—
100	235	190	22	8	M20	24	162	95	3	2	10	—	—	—
125	270	220	26	8	M24	26	188	110	3	2	10	—	—	—
150	300	250	26	8	M24	28	218	130	3	2	10	—	15	1
200	360	310	26	12	M24	30	278	190	4	2	10	—	15	1
250	425	370	30	12	M27	32	335	235	4	2	10	—	15	1
300	485	430	30	16	M27	34	395	285	5	3	10	170	15	4
350	555	490	33	16	M30×2	38	450	330	5	3	10	220	15	4
400	620	550	36	16	M33×2	40	505	380	5	3	10	230	15	4
450	670	600	36	20	M33×2	46	555	430	5	3	10	250	15	4
500	730	660	36	20	M33×2	48	615	475	6	4	10	260	15	7
600	845	770	39	20	M36×3	58	720	570	6	4	10	320	15	7

PN40

公称通径	连接尺寸					厚度	密封面尺寸		突面衬里		凸榫衬里	突面塞焊孔		
	外径 D	直径 K	螺栓 L	数量 n/个	螺纹 Th	C	d	d_1	t	t_1	t	中心径 p	孔径 φ	数量 n/个
40	150	110	18	4	M16	18	88	30	3	2	10	—	—	—
50	165	125	18	4	M16	20	102	45	3	2	10	—	—	—
65	185	145	18	8	M16	22	122	60	3	2	10	—	—	—
80	200	160	18	8	M16	24	138	75	3	2	10	—	—	—
100	235	190	22	8	M20	24	162	95	3	2	10	—	—	—
125	270	220	26	8	M24	26	188	110	3	2	10	—	—	—
150	300	250	26	8	M24	28	218	130	3	2	10	—	15	1
200	375	320	30	12	M27	34	285	190	4	2	10	—	15	1
250	450	385	33	12	M30×2	38	345	235	4	2	10	—	15	1
300	515	450	33	16	M30×2	42	410	285	5	3	10	170	15	4
350	580	510	36	16	M33×2	46	465	330	5	3	10	220	15	4
400	660	585	39	16	M36×3	50	535	380	5	3	10	230	15	4
450	685	610	39	20	M36×3	57	560	430	5	3	10	250	15	4
500	755	670	42	20	M39×3	57	615	475	6	4	10	260	15	7
600	890	795	48	20	M45×3	72	735	570	6	4	10	320	15	7

9.2.4 美洲体系法兰密封面 (HG/T 20615—2009)

9.2.4.1 美洲体系法兰密封面的型式

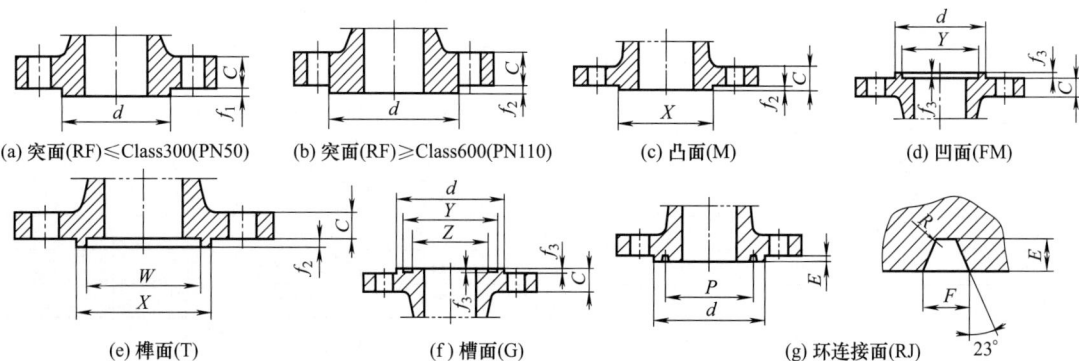

(a) 突面(RF)≤Class300(PN50) (b) 突面(RF)≥Class600(PN110) (c) 凸面(M) (d) 凹面(FM)

(e) 榫面(T) (f) 槽面(G) (g) 环连接面(RJ)

图 9.2-2 美洲体系法兰密封面型式

有关密封面尺寸说明如下：

（1）突面法兰的密封面尺寸按图 9.2-2 和表 9.2-14 的规定。

（2）Class300～Class2500 的凹面（FM）或凸面（M）、榫面（T）或槽面（G）法兰的密封面尺寸按图 9.2-2 和表 9.2-14 的规定。

（3）环连接面法兰的密封面尺寸按图 9.2-2 和表 9.2-14 的规定。

（4）突台高度 f_1、f_2 及 E 未包括在法兰厚度 C 内。

（5）Class150 的全平面法兰的厚度与突面法兰相同（$f_1=0$）。

9.2.4.2　突密封面的尺寸（表 9.2-14）

表 9.2-14　突密封面的尺寸

公称尺寸 DN	公称尺寸 NPS	突台外径 d/mm	突台高度 f_1/mm	突台高度 f_2/mm
			≤Class300(PN50)	≥Class600(PN110)
15	1/2	34.9	2	7
20	3/4	42.9	2	7
25	1	50.8	2	7
32	5/4	63.5	2	7
40	3/2	73.0	2	7
50	2	92.1	2	7
65	5/2	104.8	2	7
80	3	127.0	2	7
100	4	157.2	2	7
125	5	185.7	2	7
150	6	215.9	2	7
200	8	269.9	2	7
250	10	323.8	2	7
300	12	381.0	2	7
350	14	412.8	2	7
400	16	469.9	2	7
450	18	533.4	2	7
500	20	584.2	2	7
600	24	692.2	2	7

9.2.4.3　密封面的尺寸（凹面/凸面、榫面/槽面）（表 9.2-15）

表 9.2-15　密封面的尺寸（凹面/凸面、榫面/槽面）

公称尺寸		Class300(PN50)～Class2500(PN420)						
DN	NPS	d/mm	W/mm	X/mm	Y/mm	Z/mm	f_2/mm	f_3/mm
15	1/2	46	25.4	34.9	36.5	23.8	7	5
20	3/4	54	33.3	42.9	44.4	31.8	7	5
25	1	62	38.1	50.8	52.4	36.5	7	5
32	5/4	75	47.6	63.5	65.1	46.0	7	5
40	3/2	84	54.0	73.0	74.6	52.4	7	5
50	2	103	73.0	92.1	93.7	71.4	7	5
65	5/2	116	85.7	104.8	106.4	84.1	7	5
80	3	138	108.0	127.0	128.6	106.4	7	5
100	4	168	131.8	157.2	158.8	130.2	7	5
125	5	197	160.3	185.7	187.3	158.8	7	5
150	6	227	190.5	215.9	217.5	188.9	7	5
200	8	281	238.1	269.9	271.5	236.5	7	5
250	10	335	285.8	323.8	325.4	284.2	7	5
300	12	392	342.9	381.0	382.6	341.3	7	5

续表

公称尺寸		Class300(PN50)～Class2500(PN420)						
DN	NPS	d/mm	W/mm	X/mm	Y/mm	Z/mm	f_2/mm	f_3/mm
350	14	424	374.6	412.8	414.3	373.1	7	5
400	16	481	425.4	469.9	471.5	423.9	7	5
450	18	544	489.0	533.4	535.0	487.4	7	5
500	20	595	533.4	584.2	585.8	531.8	7	5
600	24	703	641.4	692.2	693.7	639.8	7	5

9.2.4.4 环连接密封面的尺寸（表 9.2-16）

表 9.2-16 环连接密封面的尺寸 单位：mm

公称尺寸		Class150(PN20)						Class300(PN50)和Class600(PN110)					
DN	NPS	环号	d_{min}	P	E	F	R_{max}	环号	d_{min}	P	E	F	R_{max}
15	1/2	—	—	—	—	—	—	R11	51.0	34.14	5.54	7.14	0.8
20	3/4	—	—	—	—	—	—	R13	63.5	42.88	6.35	8.74	0.8
25	1	R15	63.5	47.63	6.35	8.74	0.8	R16	70.0	50.80	6.35	8.74	0.8
32	5/4	R17	73.0	57.15	6.35	8.74	0.8	R18	79.5	60.33	6.35	8.74	0.8
40	3/2	R19	82.5	65.07	6.35	8.74	0.8	R20	90.5	68.27	6.35	8.74	0.8
50	2	R22	102	82.55	6.35	8.74	0.8	R23	108	82.55	7.92	11.91	0.8
65	5/2	R25	121	101.6	6.35	8.74	0.8	R26	127	101.60	7.92	11.91	0.8
80	3	R29	133	114.3	6.35	8.74	0.8	R31	146	123.83	7.92	11.91	0.8
100	4	R36	171	149.23	6.35	8.74	0.8	R37	175	149.23	7.92	11.91	0.8
125	5	R40	194	171.45	6.35	8.74	0.8	R41	210	180.98	7.92	11.91	0.8
150	6	R43	219	193.68	6.35	8.74	0.8	R45	241	211.12	7.92	11.91	0.8
200	8	R48	273	247.65	6.35	8.74	0.8	R49	302	269.88	7.92	11.91	0.8
250	10	R52	330	304.80	6.35	8.74	0.8	R53	356	323.85	7.92	11.91	0.8
300	12	R56	406	381.00	6.35	8.74	0.8	R57	413	381.00	7.92	11.91	0.8
350	14	R59	425	396.88	6.35	8.74	0.8	R61	457	419.10	7.92	11.91	0.8
400	16	R64	483	454.03	6.35	8.74	0.8	R65	508	469.90	7.92	11.91	0.8
450	18	R68	546	517.53	6.35	8.74	0.8	R69	575	533.40	7.92	11.91	0.8
500	20	R72	597	558.80	6.35	8.74	0.8	R73	635	584.20	9.53	13.49	1.5
600	24	R76	711	673.10	6.35	8.74	0.8	R77	749	692.15	11.13	16.66	1.5

公称尺寸		Class900(PN150)						Class1500(PN260)					
DN	NPS	环号	d_{min}	P	E	F	R_{max}	环号	d_{min}	P	E	F	R_{max}
15	1/2	R12	60.5	39.67	6.35	8.74	0.8	R12	60.5	39.67	6.35	8.74	0.8
20	3/4	R14	66.5	44.45	6.35	8.74	0.8	R14	66.5	44.45	6.35	8.74	0.8
25	1	R16	71.5	50.80	6.35	8.74	0.8	R16	71.5	50.80	6.35	8.74	0.8
32	5/4	R18	81.0	60.33	6.35	8.74	0.8	R18	81.0	60.33	6.35	8.74	0.8
40	3/2	R20	92.0	68.27	6.35	8.74	0.8	R20	92.0	68.27	6.35	8.74	0.8
50	2	R24	124	95.25	7.92	11.91	0.8	R24	124	95.25	7.92	11.91	0.8
65	5/2	R27	137	107.95	7.92	11.91	0.8	R27	137	107.95	7.92	11.91	0.8
80	3	R31	156	123.83	7.92	11.91	0.8	R35	168	136.53	7.92	11.91	0.8
100	4	R37	181	149.23	7.92	11.91	0.8	R39	194	161.93	7.92	11.91	0.8
125	5	R41	216	180.98	7.92	11.91	0.8	R44	229	193.68	7.92	11.91	0.8
150	6	R45	241	211.12	7.92	11.91	0.8	R46	248	211.14	9.53	13.49	1.5
200	8	R49	308	269.88	7.92	11.91	0.8	R50	318	269.88	11.13	16.66	1.5
250	10	R53	362	323.85	7.92	11.91	0.8	R54	371	323.85	11.13	16.66	1.5
300	12	R57	419	381.00	7.92	11.91	0.8	R58	438	381.00	14.27	23.01	1.5
350	14	R62	467	419.10	11.13	16.66	1.5	R63	489	419.10	15.88	26.97	2.4

公称尺寸		Class900(PN150)					Class1500(PN260)				
DN	NPS	环号	d_{min}	P	E	F	R_{max}	环号	d_{min}	P	E	F	R_{max}
400	16	R66	524	469.90	11.13	16.66	1.5	R67	546	469.90	17.48	30.18	2.4
450	18	R70	594	533.40	12.70	19.84	1.5	R71	613	533.40	17.48	30.18	2.4
500	20	R74	648	584.20	12.70	19.84	1.5	R75	673	584.20	17.48	33.32	2.4
600	24	R78	772	692.15	15.88	26.97	2.4	R79	794	692.15	20.62	36.53	2.4

公称尺寸		Class2500(PN420)					
DN	NPS	环号	d_{min}	P	E	F	R_{max}
15	1/2	R13	65.0	42.88	6.35	8.74	0.8
20	3/4	R16	73.0	50.80	6.35	8.74	0.8
25	1	R18	82.5	60.33	6.35	8.74	0.8
32	5/4	R21	102	72.23	7.92	11.91	0.8
40	3/2	R23	114	82.55	7.92	11.91	0.8
50	2	R26	133	101.60	7.92	11.91	0.8
65	5/2	R28	149	111.13	9.52	13.49	1.5
80	3	R32	168	127.00	9.53	13.49	1.5
100	4	R38	203	157.18	11.13	16.66	1.5
125	5	R42	241	190.50	12.70	19.84	1.5
150	6	R47	279	228.60	12.70	19.84	1.5
200	8	R51	340	279.40	14.27	23.01	1.5
250	10	R55	425	342.90	17.48	30.18	2.4
300	12	R60	495	406.40	17.48	33.32	2.4

9.2.5 美洲体系法兰连接尺寸（HG/T 20615—2009）

美洲体系法兰连接尺寸见表 9.2-17。黑框内为不同压力等级，但具有相同尺寸的法兰。

表 9.2-17 美洲体系法兰的连接尺寸

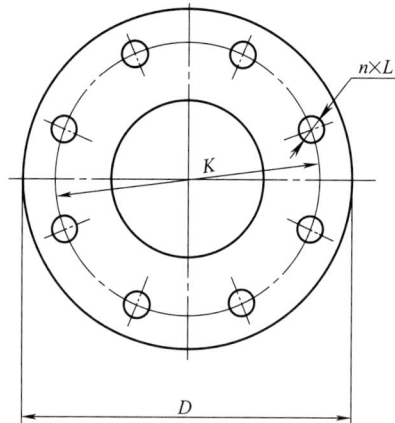

公称尺寸		Class150(PN20)					Class300(PN50)					Class600(PN110)				
DN	NPS	D	K	L	Th	n/个	D	K	L	Th	n/个	D	K	L	Th	n/个
15	1/2	90	60.3	16	M14	4	95	66.7	16	M14	4	95	66.7	16	M14	4
20	3/4	100	69.9	16	M14	4	115	82.6	18	M16	4	115	82.6	18	M16	4
25	1	110	79.4	16	M14	4	125	88.9	18	M16	4	125	88.9	18	M16	4
32	5/4	115	88.9	16	M14	4	135	98.4	18	M16	4	135	98.4	18	M16	4
40	3/2	125	98.4	16	M14	4	155	114.3	22	M20	4	155	114.3	22	M20	4
50	2	150	120.7	18	M16	4	165	127.0	18	M16	8	165	127.0	18	M16	8
65	5/2	180	139.7	18	M16	4	190	149.2	22	M20	8	190	149.2	22	M20	8
80	3	190	152.4	18	M16	4	210	168.3	22	M20	8	210	168.3	22	M20	8

续表

公称尺寸		Class150(PN20)					Class300(PN50)					Class600(PN110)				
DN	NPS	D	K	L	Th	n/个	D	K	L	Th	n/个	D	K	L	Th	n/个
100	4	230	190.5	18	M16	8	255	200.0	22	M20	8	275	215.9	26	M24	8
125	5	255	215.9	22	M20	8	280	235.0	22	M20	8	330	266.7	30	M27	8
150	6	280	241.3	22	M20	8	320	269.9	22	M20	12	355	292.1	30	M27	12
200	8	345	298.5	22	M20	8	380	330.2	26	M24	12	420	349.6	33	M30	12
250	10	405	362.0	26	M24	12	445	387.4	30	M27	12	510	431.8	36	M33	16
300	12	485	431.8	26	M24	12	520	450.8	33	M30	16	560	489.0	36	M33	20
350	14	535	476.3	30	M27	12	585	514.4	33	M30	20	605	527.0	39	M36×3	20
400	16	595	539.8	30	M27	16	650	571.5	36	M33	20	685	603.2	42	M39×3	20
450	18	635	577.9	33	M30	16	710	628.6	36	M33	24	745	654.0	45	M42×3	20
500	20	700	635.0	33	M30	20	775	685.8	36	M33	24	815	723.9	45	M42×3	24
600	24	815	749.3	36	M33	20	915	812.8	42	M39×3	24	940	838.2	51	M48×3	24

公称尺寸		Class900(PN150)					Class1500(PN260)					Class2500(PN4200)				
DN	NPS	D	K	L	Th	n/个	D	K	L	Th	n/个	D	K	L	Th	n/个
15	1/2	120	82.6	22	M20	4	120	82.6	22	M20	4	135	88.9	22	M20	4
20	3/4	130	88.9	22	M20	4	130	88.9	22	M20	4	140	95.2	22	M20	4
25	1	150	101.6	26	M24	4	150	101.6	26	M24	4	160	108.0	26	M24	4
32	5/4	160	111.1	26	M24	4	160	111.1	26	M24	4	185	130.2	30	M27	4
40	3/2	180	123.8	30	M27	4	180	123.8	30	M27	4	205	146.0	33	M30	4
50	2	215	165.1	26	M24	8	215	165.1	26	M24	8	235	171.4	30	M27	8
65	5/2	245	190.5	30	M27	8	245	190.5	30	M27	8	265	196.8	33	M30	8
80	3	240	190.5	26	M24	8	265	203.2	33	M30	8	305	228.6	36	M33	8
100	4	290	235.0	33	M30	8	310	241.3	36	M33	8	355	273.0	42	M39×3	8
125	5	350	279.4	36	M33	8	375	292.1	42	M39×3	8	420	323.8	48	M45×3	8
150	6	380	317.5	33	M30	12	395	317.5	39	M36×3	12	485	368.3	55	M52×3	8
200	8	470	393.7	39	M36×3	12	485	393.7	45	M42×3	12	550	438.2	55	M52×3	12
250	10	545	469.9	39	M36×3	16	585	482.6	51	M48×3	12	675	539.8	68	M64×3	12
300	12	610	533.4	39	M36×3	20	675	571.5	55	M52×3	16	760	619.1	74	M70×3	12
350	14	640	558.8	42	M39×3	20	750	635.0	60	M56×3	16	—	—	—	—	—
400	16	705	616.0	45	M42×3	20	825	704.8	68	M64×3	16	—	—	—	—	—
450	18	785	685.8	51	M48×3	20	915	774.7	74	M70×3	16	—	—	—	—	—
500	20	855	749.3	55	M52×3	20	985	831.8	80	M76×3	16	—	—	—	—	—
600	24	1040	901.7	68	M64×3	20	1170	990.6	94	M90×3	16	—	—	—	—	—

9.2.6 美洲体系法兰结构尺寸 (HG/T 20615—2009)

9.2.6.1 带颈平焊钢制管法兰的连接尺寸 (表9.2-18)

表 9.2-18 带颈平焊钢制管法兰的连接尺寸　　　　单位: mm

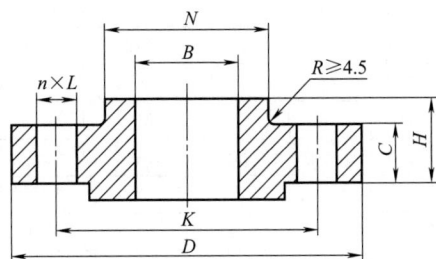

续表

PN2.0（Class150）

公称通径		钢管	连接尺寸					法兰	法兰	法兰颈	法兰	重量
NPS	DN	外径 A	外径 D	直径 K	螺栓 L	数量 n/个	螺纹 Th	厚度 C	内径 B	N	高度 H	/kg
1/2	15	21.3	90	60.3	16	4	M14	9.6	22.5	30	14	0.41
3/4	20	26.9	100	69.9	16	4	M14	11.2	27.5	38	14	0.58
1	25	33.7	110	79.4	16	4	M14	12.7	34.5	49	16	0.80
1¼	32	42.4	115	88.9	16	4	M14	14.3	43.5	59	19	1.07
1½	40	48.3	1255	98.4	16	4	M14	15.9	49.5	65	21	1.37
2	50	60.3	150	120.7	18	4	M16	17.5	61.5	78	24	2.01
2½	65	76.1	180	139.7	18	4	M16	20.7	77.6	90	27	3.32
3	80	88.9	190	152.4	18	4	M16	22.3	90.5	108	29	3.83
4	100	114.3	230	190.5	18	8	M16	22.3	116.0	135	32	5.40
5	125	139.7	255	215.9	22	8	M20	22.3	143.5	164	35	6.26
6	150	168.3	280	241.3	22	8	M20	23.9	170.5	192	38	7.50
8	200	219.1	345	298.5	22	8	M20	27.0	221.5	246	43	12.3
10	250	273	405	362.0	26	12	M24	28.6	276.5	305	48	16.2
12	300	323.9	485	431.8	26	12	M24	30.2	328.0	365	54	26.5
14	350	355.6	535	476.3	30	12	M27	33.4	360.0	400	56	34.5
16	400	406.4	595	539.8	30	16	M27	35.0	411.0	457	62	45.5
18	450	457	635	577.9	33	16	M30	38.1	462.0	505	67	48.5
20	500	508	700	635.0	33	20	M30	41.3	513.5	559	71	61.8
24	600	610	815	749.3	36	20	M33	46.1	616.5	664	81	87.7

PN5.0（Class300）

公称通径		钢管	连接尺寸					法兰	法兰	法兰颈	法兰	重量
NPS	DN	外径 A	外径 D	直径 K	螺栓 L	数量 n/个	螺纹 Th	厚度 C	内径 B	N	高度 H	/kg
1/2	15	21.3	95	66.7	16	4	M14	12.7	22.5	38	21	0.63
3/4	20	26.9	115	82.6	18	4	M16	14.3	27.5	48	24	1.16
1	25	33.7	125	88.9	18	4	M16	15.9	34.5	54	25	1.37
1¼	32	42.4	135	98.4	18	4	M16	17.5	43.5	64	25	1.75
1½	40	48.3	155	114.3	22	4	M20	19.1	49.5	70	29	2.47
2	50	60.3	165	127.0	18	8	M16	20.7	61.5	84	32	2.90
2½	65	76.1	190	149.2	22	8	M20	23.9	77.6	100	37	4.17
3	80	88.9	210	168.3	22	8	M20	27.0	90.5	118	41	5.92
4	100	114.3	255	200.0	22	8	M20	30.2	116.0	146	46	9.73
5	125	139.7	280	235.0	22	8	M20	33.4	143.5	178	49	12.4
6	150	168.3	320	269.9	22	12	M20	35.0	170.5	206	51	16.0
8	200	219.1	380	330.2	26	12	M24	39.7	221.5	260	60	23.9
10	250	273	445	387.4	30	16	M27	46.1	276.5	321	65	34.0
12	300	323.9	520	450.8	33	16	M30	49.3	328.0	375	71	49.1
14	350	355.6	585	514.4	33	20	M30	52.4	360.0	426	75	69.1
16	400	406.4	650	571.5	36	20	M33	55.6	411.0	483	81	88.9
18	450	457	710	628.6	36	24	M33	58.8	462.0	533	87	107.2
20	500	508	775	685.8	36	24	M33	62.0	513.5	587	94	132.9
24	600	610	915	812.8	42	24	M39×3	68.3	616.5	702	105	198.7

续表

PN11.0（Class600）

公称通径		钢管	连接尺寸					法兰	法兰	法兰颈	法兰	重量
NPS	DN	外径 A	外径 D	直径 K	螺栓 L	数量 n/个	螺纹 Th	厚度 C	内径 B	N	高度 H	/kg
1/2	15	21.3	95	66.7	16	4	M14	14.3	22.5	38	22	0.75
3/4	20	26.9	115	82.6	18	4	M16	15.9	27.5	48	25	1.35
1	25	33.7	125	88.9	18	4	M16	17.5	34.5	54	27	1.58
1¼	32	42.4	135	98.5	18	4	M16	20.7	43.5	64	29	2.15
1½	40	48.3	155	114.3	22	4	M20	22.3	49.5	70	32	2.99
2	50	60.3	165	127.0	18	8	M16	25.4	61.5	84	37	3.71
2½	65	76.1	190	149.2	22	8	M20	28.6	77.6	100	41	5.20
3	80	88.9	210	168.3	22	8	M20	31.8	90.5	117	46	7.13
4	100	114.3	275	215.9	26	8	M24	38.1	116.0	152	54	14.9
5	125	139.7	330	266.7	30	8	M27	44.5	143.5	189	60	24.6
6	150	168.3	355	292.1	30	12	M27	47.7	170.5	222	67	28.7
8	200	219.1	420	349.2	33	12	M30	55.6	221.5	273	76	43.5
10	250	273	510	431.8	36	16	M33	63.5	276.5	343	86	70.9
12	300	323.9	560	489.0	36	20	M33	66.7	328.0	400	92	84.5
14	350	355.6	605	527.0	39	20	M36×3	69.9	360.0	432	94	99.3
16	400	406.4	685	603.2	42	20	M39×3	76.2	411.0	495	106	141.0
18	450	457	745	654.0	45	20	M42×3	82.6	462.0	546	117	174.8
20	500	508	815	723.9	45	24	M42×3	88.9	513.5	610	127	221.8
24	600	610	940	838.2	51	24	M48×3	101.6	616.5	718	140	313.3

PN15.0（Class900）

公称通径		钢管	连接尺寸					法兰	法兰	法兰颈	法兰	重量
NPS	DN	外径 A	外径 D	直径 K	螺栓 L	数量 n/个	螺纹 Th	厚度 C	内径 B	N	高度 H	/kg
1/2	15	21.3	120	82.6	22	4	M20	22.3	22.5	38	32	1.75
3/4	20	26.9	130	88.9	22	4	M20	25.4	27.5	44	35	2.35
1	25	33.7	150	101.6	26	4	M24	28.6	34.5	52	41	3.50
1¼	32	42.4	160	111.1	26	4	M24	28.6	43.5	64	41	4.01
1½	40	48.3	180	123.8	30	4	M27	31.8	49.5	70	44	5.52
2	50	60.3	215	165.1	26	8	M24	38.1	61.5	105	57	9.81
2½	65	76.1	245	190.5	30	8	M27	41.3	77.5	124	64	13.5
3	80	88.9	240	190.5	26	8	M24	38.1	90.5	127	54	11.5
4	100	114.3	290	235.0	33	8	M30	44.5	116.0	159	70	19.4
5	125	139.7	350	279.4	36	8	M33	50.8	143.5	190	79	32.4
6	150	168.3	380	317.5	33	12	M30	55.6	170.5	235	86	41.0
8	200	219.1	470	393.7	39	12	M36×3	63.5	221.5	298	102	70.6
10	250	273	545	469.9	39	16	M36×3	69.9	276.5	368	108	99.7
12	300	323.9	610	533.4	39	20	M36×3	79.4	328.0	419	117	132.3
14	350	355.6	640	558.8	42	20	M39×3	85.8	360.0	451	130	151.8
16	400	406.4	705	616.0	45	20	M42×3	88.9	411.0	508	133	184.1
18	450	457	785	685.8	51	20	M48×3	101.6	462.0	565	152	256.1
20	500	508	855	749.3	55	20	M52×3	108.0	513.5	672	159	333.2
24	600	610	1040	901.7	68	20	M64×3	139.7	616.5	749	203	600.0

续表

PN26.0（Class1500）

公称通径		钢管外径 A	连接尺寸					法兰厚度 C	法兰内径 B	法兰颈 N	法兰高度 H	重量 /kg
NPS	DN		外径 D	直径 K	螺栓 L	数量 n/个	螺纹 Th					
1/2	15	21.3	120	82.6	22	4	M20	22.3	22.5	38	32	1.75
3/4	20	26.9	130	88.9	22	4	M20	25.4	27.5	44	35	2.35
1	25	33.7	150	101.5	26	4	M24	28.6	34.5	52	41	3.50
1¼	32	42.4	160	111.1	26	4	M24	28.6	43.5	64	41	4.01
1½	40	48.3	180	123.8	30	4	M27	31.8	49.5	70	44	5.52
2	50	60.3	215	165.1	26	8	M24	38.1	61.5	105	57	9.81
2½	65	76.1	245	190.5	30	8	M27	41.3	77.6	124	64	13.5

注：所有重量仅供参考。

9.2.6.2 带颈对焊钢制管法兰的连接尺寸（表9.2-19）

表 9.2-19 带颈对焊钢制管法兰的连接尺寸   单位：mm

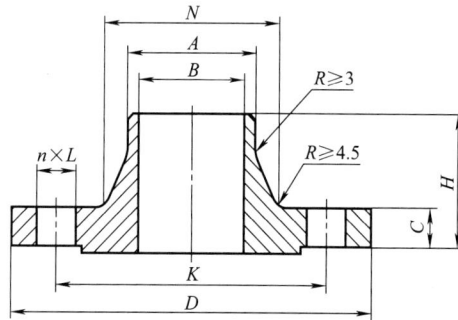

PN2.0（Class150）

公称通径		钢管外径 A	连接尺寸					法兰厚度 C	法兰颈 N	法兰内径	法兰高度 H	重量 /kg
NPS	DN		外径 D	直径 K	螺栓 L	数量 n/个	螺纹 Th					
1/2	15	21.3	90	60.3	16	4	M14	9.6	30	15.5	46	0.91
3/4	20	26.9	100	69.9	16	4	M14	11.2	38	21	51	0.91
1	25	33.7	110	79.4	16	4	M14	12.7	49	27	54	1.14
1¼	32	42.4	115	88.9	16	4	M14	14.3	59	35	56	1.14
1½	40	48.3	125	98.4	16	4	M14	15.9	65	41	60	1.81
2	50	60.3	150	120.7	18	4	M16	17.5	78	52	62	2.72
2½	65	76.1	180	139.7	18	4	M16	20.7	90	66	68	4.45
3	80	88.9	190	152.4	18	4	M16	22.3	108	77.5	68	5.22
4	100	114.3	230	190.5	18	8	M16	22.3	135	101.5	75	7.49
5	125	139.7	255	215.9	22	8	M20	22.3	164	127	87	9.53
6	150	168.3	280	241.3	22	8	M20	23.9	192	154	87	11.8
8	200	219.1	345	298.5	22	8	M20	27.0	246	203	100	19.1
10	250	273	405	362.0	26	12	M24	28.6	305	255	100	24.5
12	300	323.9	485	431.8	26	12	M24	30.2	365	303.5	113	39.9
14	350	355.6	535	476.3	30	12	M27	33.4	400	—	125	51.8

续表

PN2.0（Class150）

公称通径		钢管	连接尺寸					法兰	法兰颈	法兰	法兰	重量
NPS	DN	外径A	外径D	直径K	螺栓L	数量n/个	螺纹Th	厚度C	N	内径	高度H	/kg
16	400	406.4	595	539.8	30	16	M27	35.0	457	—	125	64.5
18	450	457	635	577.9	33	16	M30	38.1	505	—	138	74.9
20	500	508	700	635.0	33	20	M30	41.3	559	—	143	89.4
24	600	610	815	749.3	36	20	M33	46.1	663	—	151	121.7

PN5.0（Class300）

公称通径		钢管	连接尺寸					法兰	法兰颈	法兰	法兰	重量
NPS	DN	外径A	外径D	直径K	螺栓L	数量n/个	螺纹Th	厚度C	N	内径	高度H	/kg
1/2	15	21.3	95	66.7	16	4	M14	12.7	38	15.5	51	0.91
3/4	20	26.9	115	82.6	18	4	M16	14.3	48	21	56	1.36
1	25	33.7	125	88.9	18	4	M16	15.9	54	27	60	1.82
1¼	32	42.4	135	98.4	18	4	M16	17.5	64	35	64	2.27
1½	40	48.3	155	114.3	22	4	M20	19.1	70	41	67	3.18
2	50	60.3	165	127.0	18	8	M16	20.7	84	52	68	3.36
2½	65	76.1	190	149.2	22	8	M20	23.9	100	66	75	5.45
3	80	88.9	210	168.3	22	8	M20	27.0	118	77.5	78	8.17
4	100	114.3	255	200.0	22	8	M20	30.2	146	101.5	84	12.1
5	125	139.7	280	235.0	22	8	M20	33.4	178	127	97	16.3
6	150	168.3	320	269.9	22	12	M20	35.0	206	154	97	20.4
8	200	219.1	380	330.2	26	12	M24	39.7	260	203	110	31.3
10	250	273	445	387.4	30	16	M27	46.1	321	255	116	45.4
12	300	323.9	520	450.8	33	16	M30	49.3	375	303.5	129	64.5
14	350	355.6	585	514.4	33	20	M30	52.4	425	—	141	93.5
16	400	406.4	650	571.5	36	20	M33	55.6	483	—	144	113.1
18	450	457	710	628.6	36	24	M33	58.8	533	—	157	138.9
20	500	508	775	685.8	36	24	M33	62.0	587	—	160	167.5
24	600	610	915	812.8	42	24	M39×3	68.3	702	—	167	235.6

PN11.0（Class600）

公称通径		钢管	连接尺寸					法兰	法兰颈	法兰	法兰	重量
NPS	DN	外径A	外径D	直径K	螺栓L	数量n/个	螺纹Th	厚度C	N	内径	高度H	/kg
1/2	15	21.3	95	66.7	16	4	M14	14.3	38	—	52	1.36
3/4	20	26.9	115	82.6	18	4	M16	15.9	48	—	57	1.59
1	25	33.7	125	88.9	18	4	M16	17.5	54	—	62	1.82
1¼	32	42.4	135	98.4	18	4	M16	20.7	64	—	67	2.50
1½	40	48.3	155	114.3	22	4	M20	22.3	70	—	70	3.63
2	50	60.3	165	127.0	18	8	M16	25.4	84	—	73	4.54
2½	65	76.1	190	149.2	22	8	M20	28.6	100	—	79	6.36
3	80	88.9	210	168.3	22	8	M20	31.8	117	—	83	8.17
4	100	114.3	275	215.9	26	8	M24	38.1	152	—	102	16.8
5	125	139.7	330	266.7	30	8	M27	44.5	189	—	114	30.9
6	150	168.3	355	292.1	30	12	M27	47.7	222	—	117	33.1
8	200	219.1	420	349.2	33	12	M30	55.6	273	—	133	50.9
10	250	273	510	431.8	36	16	M33	63.5	343	—	152	85.8

PN11.0（Class600）

公称通径		钢管	连接尺寸						法兰	法兰颈	法兰	法兰	重量
NPS	DN	外径 A	外径 D	直径 K	螺栓 L	数量 n/个	螺纹 Th	厚度 C	N	内径	高度 H	/kg
12	300	323.9	560	489.0	36	20	M33	66.7	400	—	156	102.6
14	350	355.6	605	527.0	39	20	M36×3	69.9	432	—	165	157.5
16	400	406.4	685	603.2	42	20	M39×3	76.2	495	—	178	218.4
18	450	457	745	654.0	45	20	M42×3	82.6	546	—	184	252.0
20	500	508	815	723.9	45	24	M42×3	88.9	610	—	190	313.3
24	600	610	940	838.2	51	24	M48×3	101.6	718	—	203	443.6

PN15.0（Class900）

公称通径		钢管	连接尺寸						法兰	法兰颈	法兰	法兰	重量
NPS	DN	外径 A	外径 D	直径 K	螺栓 L	数量 n/个	螺纹 Th	厚度 C	N	内径	高度 H	/kg
1/2	15	21.3	120	82.6	22	4	M20	22.3	38	—	60	3.18
3/4	20	26.9	130	88.9	22	4	M20	25.4	44	—	70	3.18
1	25	33.7	150	101.6	26	4	M24	28.6	52	—	73	3.86
1¼	32	42.4	160	111.1	26	4	M24	28.6	64	—	73	4.54
1½	40	48.3	180	123.8	30	4	M27	31.8	70	—	83	6.36
2	50	60.3	215	165.1	26	8	M24	38.1	105	—	102	10.9
2½	65	76.1	245	190.5	30	8	M27	41.3	124	—	105	16.3
3	80	88.9	240	190.5	26	8	M24	38.1	127	—	102	13.2
4	100	114.3	290	235.0	33	8	M30	44.5	159	—	114	23.2
5	125	139.7	350	279.4	36	8	M33	50.8	190	—	127	39.1
6	150	168.3	380	317.5	33	12	M30	55.6	235	—	140	49.9
8	200	219.1	470	393.7	39	12	M36×3	63.5	298	—	162	84.9
10	250	273	545	469.9	39	16	M36×3	69.9	368	—	184	121.7
12	300	323.9	610	533.4	39	20	M36×3	79.4	419	—	200	168.9
14	350	355.6	640	558.8	42	20	M39×3	85.8	451	—	213	255.2
16	400	406.4	705	616.0	45	20	M42×3	88.9	508	—	216	311.0
18	450	457	785	685.8	51	20	M48×3	101.6	565	—	229	419.5
20	500	508	855	749.3	55	20	M52×3	108.0	672	—	248	528.5
24	600	610	1040	901.7	68	20	M64×3	139.7	749	—	292	956.6

PN26.0（Class1500）

公称通径		钢管	连接尺寸						法兰	法兰颈	法兰	法兰	重量
NPS	DN	外径 A	外径 D	直径 K	螺栓 L	数量 n/个	螺纹 Th	厚度 C	N	内径	高度 H	/kg
1/2	15	21.3	120	82.6	22	4	M20	22.3	38	—	60	3.18
3/4	20	26.9	130	88.9	22	4	M20	25.4	44	—	70	3.18
1	25	33.7	150	101.6	26	4	M24	28.6	52	—	73	3.86
1¼	32	42.4	160	111.1	26	4	M24	28.6	64	—	73	4.54
1½	40	48.3	180	123.8	30	4	M27	31.8	70	—	83	6.36
2	50	60.3	215	165.1	26	8	M24	38.1	105	—	102	10.9
2½	65	76.1	245	190.5	30	8	M27	41.3	124	—	105	16.34
3	80	88.9	265	203.2	33	8	M30	47.7	133	—	117	21.8
4	100	114.3	310	241.3	36	8	M33	54.0	162	—	124	31.3
5	125	139.7	375	292.1	42	8	M39×3	73.1	197	—	156	59.9
6	150	168.3	395	317.5	39	12	M36×3	82.6	229	—	171	74.5

续表

PN26.0(Class1500)

公称通径		钢管	连接尺寸					法兰	法兰颈	法兰	法兰	重量
NPS	DN	外径 A	外径 D	直径 K	螺栓 L	数量 n/个	螺纹 Th	厚度 C	N	内径	高度 H	/kg
8	200	219.1	485	393.7	45	12	M42×3	92.1	292	—	213	123.9
10	250	273	585	482.6	51	12	M48×3	108.0	368	—	254	206.1
12	300	323.9	675	571.5	55	16	M52×3	123.9	451	—	283	313.3
14	350	355.6	750	635.0	60	16	M56×3	133.4	495	—	298	406.5
16	400	406.4	825	704.8	68	16	M64×3	146.1	552	—	311	525.0
18	450	457	915	774.7	74	16	M70×3	162.0	597	—	327	687.2
20	500	508	985	831.8	80	16	M76×3	177.8	641	—	356	852.6
24	600	610	1170	990.6	94	16	M90×3	203.2	762	—	406	1366.8

PN42.0(Class2500)

公称通径		钢管	连接尺寸					法兰	法兰颈	法兰	法兰	重量
NPS	DN	外径 A	外径 D	直径 K	螺栓 L	数量 n/个	螺纹 Th	厚度 C	N	内径	高度 H	/kg
1/2	15	21.3	135	88.9	22	4	M20	30.2	43	—	73	3.63
3/4	20	26.9	140	95.2	22	4	M20	31.8	51	—	79	4.09
1	25	33.7	160	108.0	26	4	M24	35.0	57	—	89	5.90
1¼	32	42.4	185	130.2	30	4	M27	38.1	73	—	95	9.08
1½	40	48.3	205	146.0	33	4	M30	44.5	79	—	111	12.7
2	50	60.3	235	171.4	30	4	M27	50.9	95	—	127	19.1
2½	65	76.1	265	196.8	33	8	M30	57.2	114	—	143	23.6
3	80	88.9	305	228.6	36	8	M33	66.7	133	—	168	42.7
4	100	114.3	355	273.0	42	8	M39×3	76.2	165	—	190	66.3
5	125	139.7	420	323.8	48	8	M45×3	92.1	203	—	229	110.8
6	150	168.3	485	368.3	55	8	M52×3	108.0	235	—	273	171.6
8	200	219.1	550	438.2	55	12	M52×3	127.0	305	—	318	261.5
10	250	273	675	539.8	68	12	M64×3	165.1	375	—	419	484.9
12	300	323.9	760	619.1	74	12	M70×3	184.2	441	—	464	730.1

注：所有重量仅供参考。

9.2.6.3 长高颈平焊钢制管法兰的连接尺寸（表9.2-20）

表 9.2-20　长高颈平焊钢制管法兰的连接尺寸　　　　　单位：mm

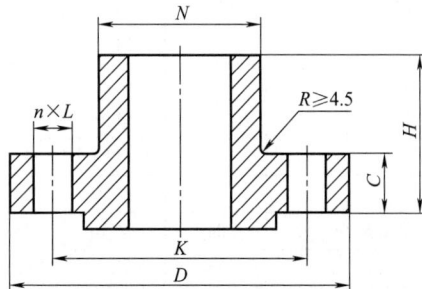

PN2.0(Class150)

公称通径		钢管	连接尺寸					法兰	法兰颈	法兰	法兰
NPS	DN	外径 A	外径 D	直径 K	螺栓 L	数量 n/个	螺纹 Th	厚度 C	N	内径	高度 H
1/2	15	21.3	90	60.3	16	4	M14	9.6	30	15.5	229
3/4	20	26.9	100	69.9	16	4	M14	11.2	38	21	229
1	25	33.7	110	79.4	16	4	M14	12.7	49	27	229

续表

PN2.0（Class150）

公称通径		钢管	连接尺寸					法兰	法兰颈	法兰	法兰
NPS	DN	外径 A	外径 D	直径 K	螺栓 L	数量 n/个	螺纹 Th	厚度 C	N	内径	高度 H
$1\frac{1}{4}$	32	42.4	115	88.9	16	4	M14	14.3	59	35	229
$1\frac{1}{2}$	40	48.3	125	98.4	16	4	M14	15.9	65	41	229
2	50	60.3	150	120.7	18	4	M16	17.5	78	52	229
$2\frac{1}{2}$	65	76.1	180	139.7	18	4	M16	20.7	90	66	229
3	80	88.9	190	152.4	18	4	M16	22.3	108	77.5	229
4	100	114.3	230	190.5	18	8	M16	22.3	135	101.5	229
5	125	139.7	255	215.9	22	8	M20	22.3	164	127	305
6	150	168.3	280	241.3	22	8	M20	23.9	192	154	305
8	200	219.1	345	298.5	22	8	M20	27.0	246	203	305
10	250	273	405	362.0	26	12	M24	28.6	305	255	305
12	300	323.9	485	431.8	26	12	M24	30.2	365	303.5	305
14	350	355.6	535	476.3	30	12	M27	33.4	400	—	305
16	400	406.4	595	539.8	30	16	M27	35.0	457	—	305
18	450	457	635	577.9	33	16	M30	38.1	505	—	305
20	500	508	700	635.0	33	20	M30	41.3	559	—	305
24	600	610	815	749.3	36	20	M33	46.1	663	—	305

PN5.0（Class300）

公称通径		钢管	连接尺寸					法兰	法兰颈	法兰	法兰
NPS	DN	外径 A	外径 D	直径 K	螺栓 L	数量 n/个	螺纹 Th	厚度 C	N	内径	高度 H
1/2	15	21.3	95	66.7	16	4	M14	12.7	38	15.5	229
3/4	20	26.9	115	82.6	18	4	M16	14.3	48	21	229
1	25	33.7	125	88.9	18	4	M16	15.9	54	27	229
$1\frac{1}{4}$	32	42.4	135	98.4	18	4	M16	17.5	64	35	229
$1\frac{1}{2}$	40	48.3	155	114.3	22	4	M20	19.1	70	41	229
2	50	60.3	165	127.0	18	8	M16	20.7	84	52	229
$2\frac{1}{2}$	65	76.1	190	149.2	22	8	M20	23.9	100	66	229
3	80	88.9	210	168.3	22	8	M20	27.0	118	77.5	229
4	100	114.3	255	200.0	22	8	M20	30.2	146	101.5	229
5	125	139.7	280	235.0	22	8	M20	33.4	178	127	305
6	150	168.3	320	269.9	22	12	M20	35.0	206	154	305
8	200	219.1	380	330.2	26	12	M24	39.7	260	203	305
10	250	273	445	387.4	30	16	M27	46.1	321	255	305
12	300	323.9	520	450.8	33	16	M30	49.3	375	303.5	305
14	350	355.6	585	514.4	33	20	M30	52.4	425	—	305
16	400	406.4	650	571.5	36	20	M33	55.6	483	—	305
18	450	457	710	628.6	36	24	M33	58.8	533	—	305
20	500	508	775	685.8	36	24	M33	62.0	587	—	305
24	600	610	915	812.8	42	24	M39×3	68.3	702	—	305

PN11.0（Class600）

公称通径		钢管	连接尺寸					法兰	法兰颈	法兰	法兰
NPS	DN	外径 A	外径 D	直径 K	螺栓 L	数量 n/个	螺纹 Th	厚度 C	N	内径	高度 H
1/2	15	21.3	95	66.7	16	4	M14	14.3	38	—	229
3/4	20	26.9	115	82.6	18	4	M16	15.9	48	—	229

PN11.0(Class600)

公称通径		钢管	连接尺寸					法兰	法兰颈	法兰	法兰
NPS	DN	外径 A	外径 D	直径 K	螺栓 L	数量 n/个	螺纹 Th	厚度 C	N	内径	高度 H
1	25	33.7	125	88.9	18	4	M16	17.5	54	—	229
1¼	32	42.4	135	98.4	18	4	M16	20.7	64	—	229
1½	40	48.3	155	114.3	22	4	M20	22.3	70	—	229
2	50	60.3	165	127.0	18	8	M16	25.4	84	—	229
2½	65	76.1	190	149.2	22	8	M20	28.6	100	—	229
3	80	88.9	210	168.3	22	8	M20	31.8	117	—	229
4	100	114.3	275	215.9	26	8	M24	38.1	152	—	229
5	125	139.7	330	266.7	30	8	M27	44.5	189	—	305
6	150	168.3	355	292.1	30	12	M27	47.7	222	—	305
8	200	219.1	420	349.2	33	12	M30	55.6	273	—	305
10	250	273	510	431.8	36	16	M33	63.5	343	—	305
12	300	323.9	560	489.0	36	20	M33	66.7	400	—	305
14	350	355.6	605	527.0	39	20	M36×3	69.9	432	—	305
16	400	406.4	685	603.2	42	20	M39×3	76.2	495	—	305
18	450	457	745	654.0	45	20	M42×3	82.6	546	—	305
20	500	508	815	723.9	45	24	M42×3	88.9	610	—	305
24	600	610	940	838.2	51	24	M48×3	101.6	718	—	305

PN15.0(Class900)

公称通径		钢管	连接尺寸					法兰	法兰颈	法兰	法兰
NPS	DN	外径 A	外径 D	直径 K	螺栓 L	数量 n/个	螺纹 Th	厚度 C	N	内径	高度 H
1/2	15	21.3	120	82.6	22	4	M20	22.3	38	—	229
3/4	20	26.9	130	88.9	22	4	M20	25.4	44	—	229
1	25	33.7	150	101.6	26	4	M24	28.6	52	—	229
1¼	32	42.4	160	111.1	26	4	M24	28.6	64	—	229
1½	40	48.3	180	123.8	30	4	M27	31.8	70	—	229
2	50	60.3	215	165.1	26	8	M24	38.1	105	—	229
2½	65	76.1	245	190.5	30	8	M27	41.3	124	—	229
3	80	88.9	240	190.5	26	8	M24	38.1	127	—	229
4	100	114.3	290	235.0	33	8	M30	44.5	159	—	229
5	125	139.7	350	279.4	36	8	M33	50.8	190	—	305
6	150	168.3	380	317.5	33	12	M30	55.6	235	—	305
8	200	219.1	470	393.7	39	12	M36×3	63.5	298	—	305
10	250	273	545	469.9	39	16	M36×3	69.9	368	—	305
12	300	323.9	610	533.4	39	20	M36×3	79.4	419	—	305
14	350	355.6	640	558.8	42	20	M39×3	85.8	451	—	305
16	400	406.4	705	616.0	45	20	M42×3	88.9	508	—	305
18	450	457	785	685.8	51	20	M48×3	101.6	565	—	305
20	500	508	855	749.3	55	20	M52×3	108.0	672	—	305
24	600	610	1040	901.7	68	20	M64×3	139.7	749	—	305

PN26.0（Class1500）

公称通径		钢管	连接尺寸					法兰	法兰颈	法兰	法兰
NPS	DN	外径 A	外径 D	直径 K	螺栓 L	数量 n/个	螺纹 Th	厚度 C	N	内径	高度 H
1/2	15	21.3	120	82.6	22	4	M20	22.3	38	—	229
3/4	20	26.9	130	88.9	22	4	M20	25.4	44	—	229
1	25	33.7	150	101.6	26	4	M24	28.6	52	—	229
1¼	32	42.4	160	111.1	26	4	M24	28.6	64	—	229
1½	40	48.3	180	123.8	30	4	M27	31.8	70	—	229
2	50	60.3	215	165.1	26	8	M24	38.1	105	—	229
2½	65	76.1	245	190.5	30	8	M27	41.3	124	—	229
3	80	88.9	265	203.2	33	8	M30	47.7	133	—	229
4	100	114.3	310	241.3	36	8	M33	54.0	162	—	229
5	125	139.7	375	292.1	42	8	M39×3	73.1	197	—	305
6	150	168.3	395	317.5	39	12	M36×3	82.6	229	—	305
8	200	219.1	485	393.7	45	12	M42×3	92.1	292	—	305
10	250	273	585	482.6	51	12	M48×3	108.0	368	—	305
12	300	323.9	675	571.5	55	16	M52×3	123.9	451	—	305
14	350	355.6	750	635.0	60	16	M56×3	133.4	495	—	305
16	400	406.4	825	704.8	68	16	M64×3	146.1	552	—	305
18	450	457	915	774.7	74	16	M70×3	162.0	597	—	305
20	500	508	985	831.8	80	16	M76×3	177.8	641	—	305
24	600	610	1170	990.6	94	16	M90×3	203.2	762	—	305

PN42.0（Class2500）

公称通径		钢管	连接尺寸					法兰	法兰颈	法兰	法兰
NPS	DN	外径 A	外径 D	直径 K	螺栓 L	数量 n/个	螺纹 Th	厚度 C	N	内径	高度 H
1/2	15	21.3	135	88.9	22	4	M20	30.2	43	—	229
3/4	20	26.9	140	95.2	22	4	M20	31.8	51	—	229
1	25	33.7	160	108.0	26	4	M24	35.0	57	—	229
1¼	32	42.4	185	130.2	30	4	M27	38.1	73	—	229
1½	40	48.3	205	146.0	33	4	M30	44.5	79	—	229
2	50	60.3	235	171.4	30	8	M27	50.9	95	—	229
2½	65	76.1	265	196.8	33	8	M30	57.2	114	—	229
3	80	88.9	305	228.6	36	8	M33	66.7	133	—	229
4	100	114.3	355	273.0	42	8	M39×3	76.2	165	—	229
5	125	139.7	420	323.8	48	8	M45×3	92.1	203	—	305
6	150	168.3	485	368.3	55	8	M52×3	108.0	235	—	305
8	200	219.1	550	438.2	55	12	M52×3	127.0	305	—	305
10	250	273	675	539.8	68	12	M64×3	165.1	375	—	305
12	300	323.9	760	619.1	74	12	M70×3	184.2	441	—	305

9.2.6.4 整体管法兰的连接尺寸（表9.2-21）

表 9.2-21　整体管法兰的连接尺寸　　　　　　　　　　单位：mm

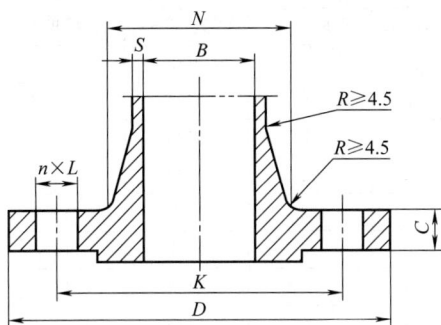

PN2.0(Class150)

公称通径		连接尺寸					法兰 厚度 C	法兰颈 N	颈部 壁厚 S	法兰 内径 B
NPS	DN	外径 D	直径 K	螺栓 L	数量 n/个	螺纹 Th				
1/2	15	90	60.3	16	4	M14	9.6(8.0)	30	2.8	13
3/4	20	100	69.9	16	4	M14	11.2(8.9)	38	3.2	19
1	25	110	79.4	16	4	M14	12.7(9.6)	49	4.0	25
1¼	32	115	88.9	16	4	M14	14.3(11.2)	59	4.8	32
1½	40	125	98.4	16	4	M14	15.9(12.7)	65	4.8	38
2	50	150	120.7	18	4	M16	17.5(14.3)	78	5.6	51
2½	65	180	139.7	18	4	M16	20.7(15.9)	90	5.6	64
3	80	190	152.4	18	4	M16	22.3	108	5.6	76
4	100	230	190.5	18	8	M16	22.3	135	6.4	102
5	125	255	215.9	22	8	M20	22.3	164	7.1	127
6	150	280	241.3	22	8	M20	23.9	192	7.1	152
8	200	345	298.5	22	8	M20	27.0	246	7.9	203
10	250	405	362.0	26	12	M24	28.6	305	8.7	254
12	300	485	431.8	26	12	M24	30.2	365	9.5	305
14	350	535	476.3	30	12	M27	33.4	400	10.3	337
16	400	595	539.8	30	16	M27	35.0	457	11.1	387
18	450	635	577.9	33	16	M30	38.1	505	11.9	438
20	500	700	635.0	33	20	M30	41.3	559	12.7	489
24	600	815	749.3	36	20	M33	46.1	664	14.5	591

注：带括号的尺寸为整体法兰允许的最小厚度，适用于阀门的两端法兰。

PN5.0(Class300)

公称通径		连接尺寸					法兰 厚度 C	法兰颈 N	颈部 壁厚 S	法兰 内径 B
NPS	DN	外径 D	直径 K	螺栓 L	数量 n/个	螺纹 Th				
1/2	15	95	66.7	16	4	M14	12.7	38	3.2	13
3/4	20	115	82.6	18	4	M16	14.3	48	4.0	19
1	25	125	88.9	18	4	M16	15.9	54	4.8	25
1¼	32	135	98.4	18	4	M16	17.5	64	4.8	32
1½	40	155	114.3	22	4	M20	19.1	70	4.8	38
2	50	165	127.0	18	8	M16	20.7	84	6.4	51
2½	65	190	149.2	22	8	M20	23.9	100	6.4	64

PN5.0(Class300)

公称通径		连接尺寸					法兰厚度 C	法兰颈 N	颈部壁厚 S	法兰内径 B
NPS	DN	外径 D	直径 K	螺栓 L	数量 n/个	螺纹 Th				
3	80	210	168.3	22	8	M20	27.0	117	7.1	76
4	100	255	200.0	22	8	M20	30.2	146	7.9	102
5	125	280	235.0	22	8	M20	33.4	178	9.5	127
6	150	320	269.9	22	12	M20	35.0	206	9.5	152
8	200	380	330.2	26	12	M24	39.7	260	11.1	203
10	250	445	387.4	30	16	M27	46.1	321	12.7	254
12	300	520	450.8	33	16	M30	49.3	375	14.3	305
14	350	585	514.4	33	20	M30	52.4	425	15.9	337
16	400	650	571.5	36	20	M33	55.6	483	17.5	387
18	450	710	628.6	36	24	M33	58.8	533	19.0	432
20	500	775	685.8	36	24	M33	62.0	587	20.6	483
24	600	915	812.8	42	24	M39×3	68.3	702	23.8	584

PN11.0(Class600)

公称通径		连接尺寸					法兰厚度 C	法兰颈 N	颈部壁厚 S	法兰内径 B
NPS	DN	外径 D	直径 K	螺栓 L	数量 n/个	螺纹 Th				
1/2	15	95	66.7	16	4	M14	14.3	38	4.1	13
3/4	20	115	82.6	18	4	M16	15.9	48	4.1	19
1	25	125	88.9	18	4	M16	17.5	54	4.8	25
1¼	32	135	98.4	18	4	M16	20.7	64	4.8	32
1½	40	155	114.3	22	4	M20	22.3	70	5.6	38
2	50	165	127.0	18	8	M16	25.4	84	6.4	51
2½	65	190	149.2	22	8	M20	28.6	100	7.1	64
3	80	210	168.3	22	8	M20	31.8	117	7.9	76
4	100	275	215.9	26	8	M24	38.1	152	9.7	102
5	125	330	266.7	30	8	M27	44.5	189	11.2	127
6	150	355	292.1	30	12	M27	47.7	222	12.7	152
8	200	420	349.2	33	12	M30	55.6	273	15.7	200
10	250	510	431.8	36	16	M33	63.5	343	19.1	248
12	300	560	489.0	36	20	M33	66.7	400	23.1	298
14	350	605	527.0	39	20	M36×3	69.9	432	24.6	327
16	400	685	603.2	42	20	M39×3	76.2	495	27.7	375
18	450	745	654.0	45	20	M42×3	82.6	546	31.0	419
20	500	815	723.9	45	24	M42×3	88.9	610	34.0	464
24	600	940	838.2	51	24	M48×3	101.6	718	40.4	559

PN15.0(Class900)

公称通径		连接尺寸					法兰厚度 C	法兰颈 N	颈部壁厚 S	法兰内径 B
NPS	DN	外径 D	直径 K	螺栓 L	数量 n/个	螺纹 Th				
1/2	15	120	82.6	22	4	M20	22.3	38	4.1	13
3/4	20	130	88.9	22	4	M20	25.4	44	4.8	17
1	25	150	101.6	26	4	M24	28.6	52	5.6	22
1¼	32	160	111.1	26	4	M24	28.6	64	6.3	29
1½	40	180	123.8	30	4	M27	31.8	70	7.1	35
2	50	215	165.1	26	8	M24	38.1	105	7.9	48

PN15.0(Class900)

公称通径		连接尺寸					法兰厚度 C	法兰颈 N	颈部壁厚 S	法兰内径 B
NPS	DN	外径 D	直径 K	螺栓 L	数量 n/个	螺纹 Th				
2½	65	245	190.5	30	8	M27	41.3	124	8.6	57
3	80	240	190.5	26	8	M24	38.1	127	10.4	73
4	100	290	235.0	33	8	M30	44.5	159	12.7	98
5	125	350	279.4	36	8	M33	50.8	190	15.0	121
6	150	380	317.5	33	12	M30	55.6	235	18.3	146
8	200	470	393.7	39	12	M36×3	63.5	298	22.4	191
10	250	545	469.9	39	16	M36×3	69.9	368	26.9	238
12	300	610	533.4	39	20	M36×3	79.4	419	31.8	282
14	350	640	558.8	42	20	M39×3	85.8	451	35.1	311
16	400	705	616.0	45	20	M42×3	88.9	508	39.6	356
18	450	785	685.8	51	20	M48×3	101.6	565	44.5	400
20	500	855	749.3	55	20	M52×3	108.0	622	48.5	445
24	600	1040	901.7	68	20	M64×3	139.7	749	57.9	533

PN26.0(Class1500)

公称通径		连接尺寸					法兰厚度 C	法兰颈 N	颈部壁厚 S	法兰内径 B
NPS	DN	外径 D	直径 K	螺栓 L	数量 n/个	螺纹 Th				
1/2	15	120	82.6	22	4	M20	22.3	38	4.8	13
3/4	20	130	88.9	22	4	M20	25.4	44	5.8	17
1	25	150	101.6	26	4	M24	28.6	52	6.6	22
1¼	32	160	111.1	26	4	M24	28.6	64	7.9	29
1½	40	180	123.8	30	4	M27	31.8	70	9.7	35
2	50	215	165.1	26	8	M24	38.1	105	11.2	48
2½	65	245	190.5	30	8	M27	41.3	124	12.7	57
3	80	265	203.2	33	8	M30	47.7	133	15.7	70
4	100	310	241.3	36	8	M33	54.0	162	19.1	92
5	125	375	292.1	42	8	M39×3	73.1	197	23.1	111
6	150	395	317.5	39	12	M36×3	82.6	229	27.7	136
8	200	485	393.7	45	12	M42×3	92.1	292	35.8	178
10	250	585	482.6	51	12	M48×3	108.0	368	43.7	222
12	300	675	571.5	55	16	M52×3	123.9	451	50.8	264
14	350	750	635.0	60	16	M56×3	133.4	495	55.6	289
16	400	825	704.8	68	16	M64×3	146.1	552	63.5	330
18	450	915	774.7	74	16	M70×3	162.0	597	71.2	371
20	500	985	831.8	80	16	M76×3	177.8	641	79.4	416
24	600	1170	990.6	94	16	M90×3	203.2	762	94.5	498

PN42.0(Class2500)

公称通径		连接尺寸					法兰厚度 C	法兰颈 N	颈部壁厚 S	法兰内径 B
NPS	DN	外径 D	直径 K	螺栓 L	数量 n/个	螺纹 Th				
1/2	15	135	88.9	22	4	M20	30.2	43	6.4	11
3/4	20	140	95.2	22	4	M20	31.8	51	7.1	14
1	25	160	108.0	26	4	M24	35.0	57	8.6	19
1¼	32	185	130.2	30	4	M27	38.1	73	11.2	25
1½	40	205	146.0	33	4	M30	44.5	79	12.7	28

PN42.0(Class2500)

公称通径		连接尺寸					法兰厚度 C	法兰颈 N	颈部壁厚 S	法兰内径 B
NPS	DN	外径 D	直径 K	螺栓 L	数量 n/个	螺纹 Th				
2	50	235	171.4	30	8	M27	50.9	95	15.7	38
2½	65	265	196.8	33	8	M30	57.2	114	19.1	47
3	80	305	228.6	36	8	M33	66.7	133	22.4	57
4	100	355	273.0	42	8	M39×3	76.2	165	27.7	73
5	125	420	323.8	48	8	M45×3	92.1	203	34.0	92
6	150	485	368.3	55	8	M52×3	108.0	235	40.4	111
8	200	550	438.2	55	12	M52×3	127.0	305	52.3	146
10	250	675	539.8	68	12	M64×3	165.1	375	65.8	184
12	300	760	619.1	74	12	M70×3	184.2	441	77.0	219

9.2.6.5 承插焊法兰的连接尺寸（表 9.2-22）

表 9.2-22　承插焊法兰的连接尺寸　　　　　　单位：mm

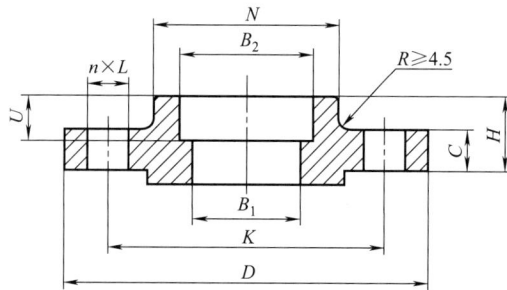

PN2.0(Class150)

公称通径		钢管外径 A	连接尺寸					法兰厚度 C	法兰内径 B₁	承插孔		法兰颈 N	法兰高度 H	重量 /kg
NPS	DN		外径 D	直径 K	螺栓 L	数量 n/个	螺纹 Th			B₂	U			
1/2	15	21.3	90	60.3	16	4	M14	9.6	15.5	22.5	10	30	14	0.41
3/4	20	26.9	100	69.9	16	4	M14	11.2	21	27.5	11	38	14	0.58
1	25	33.7	110	79.4	16	4	M14	12.7	27	34.5	13	49	16	0.80
1¼	32	42.4	115	88.9	16	4	M14	14.3	35	43.5	14	59	19	1.07
1½	40	48.3	125	98.4	16	4	M14	15.9	41	49.5	16	65	21	1.37
2	50	60.3	150	120.7	18	4	M16	17.5	52	61.5	17	78	24	2.01
2½	65	76.1	180	139.7	18	4	M16	20.7	66	77.6	19	90	27	3.32
3	80	88.9	190	152.4	18	4	M16	22.3	77.5	90.5	21	108	29	3.83

PN5.0(Class300)

公称通径		钢管外径 A	连接尺寸					法兰厚度 C	法兰内径 B₁	承插孔		法兰颈 N	法兰高度 H	重量 /kg
NPS	DN		外径 D	直径 K	螺栓 L	数量 n/个	螺纹 Th			B₂	U			
1/2	15	21.3	95	66.7	16	4	M14	12.7	15.5	22.5	10	38	21	0.63
3/4	20	26.9	115	82.6	18	4	M16	14.3	21	27.5	11	48	24	1.16
1	25	33.7	125	88.9	18	4	M16	15.9	27	34.5	13	54	25	1.37
1¼	32	42.4	135	98.4	18	4	M16	17.5	35	43.5	14	64	25	1.75
1½	40	48.3	155	114.3	22	4	M20	19.1	41	49.5	16	70	29	2.47

续表

PN5.0(Class300)

| 公称通径 | | 钢管 | 连接尺寸 | | | | | 法兰 | 法兰 | 承插孔 | | 法兰颈 | 法兰 | 重量 |
NPS	DN	外径 A	外径 D	直径 K	螺栓 L	数量 n/个	螺纹 Th	厚度 C	内径 B_1	B_2	U	N	高度 H	/kg
2	50	60.3	165	127.0	18	8	M16	20.7	52	61.5	17	84	32	2.90
2½	65	76.1	190	149.2	22	8	M20	23.9	66	77.5	19	100	37	4.17
3	80	88.9	210	168.3	22	8	M20	27.0	77.5	90.5	21	117	41	5.92

PN11.0(Class600)

| 公称通径 | | 钢管 | 连接尺寸 | | | | | 法兰 | 法兰 | 承插孔 | | 法兰颈 | 法兰 | 重量 |
NPS	DN	外径 A	外径 D	直径 K	螺栓 L	数量 n/个	螺纹 Th	厚度 C	内径 B_1	B_2	U	N	高度 H	/kg
1/2	15	21.3	95	66.7	16	4	M14	14.3	—	22.5	10	38	22	0.75
3/4	20	26.9	115	82.6	18	4	M16	15.9	—	27.5	11	48	25	1.35
1	25	33.7	125	88.9	18	4	M16	17.5	—	34.5	13	54	27	1.58
1¼	32	42.4	135	98.4	18	4	M16	20.7	—	43.5	14	64	29	2.15
1½	40	48.3	155	114.3	22	4	M20	22.3	—	49.5	16	70	32	2.99
2	50	60.3	165	127.0	18	8	M16	25.4	—	61.5	17	84	37	3.71
2½	65	76.1	190	149.2	22	8	M20	28.6	—	77.6	19	100	41	5.20
3	80	88.9	210	168.3	22	8	M20	31.8	—	90.5	21	117	46	7.13

PN15.0(Class900)

| 公称通径 | | 钢管 | 连接尺寸 | | | | | 法兰 | 法兰 | 承插孔 | | 法兰颈 | 法兰 | 重量 |
NPS	DN	外径 A	外径 D	直径 K	螺栓 L	数量 n/个	螺纹 Th	厚度 C	内径 B_1	B_2	U	N	高度 H	/kg
1/2	15	21.3	120	82.6	22	4	M20	22.3	—	22.5	10	38	32	1.75
3/4	20	26.9	130	88.9	22	4	M20	25.4	—	27.5	11	44	35	2.35
1	25	33.7	150	101.6	26	4	M24	28.6	—	34.5	13	52	41	3.50
1¼	32	42.4	160	111.1	26	4	M24	28.6	—	43.5	14	64	41	4.01
1½	40	48.3	180	123.8	30	4	M27	31.8	—	49.5	16	70	44	5.52
2	50	60.3	215	165.1	26	8	M24	38.1	—	61.5	17	105	57	9.81
2½	65	76.1	245	190.5	30	8	M27	41.3	—	77.5	19	124	64	13.5

PN26.0(Class1500)

| 公称通径 | | 钢管 | 连接尺寸 | | | | | 法兰 | 法兰 | 承插孔 | | 法兰颈 | 法兰 | 重量 |
NPS	DN	外径 A	外径 D	直径 K	螺栓 L	数量 n/个	螺纹 Th	厚度 C	内径 B_1	B_2	U	N	高度 H	/kg
1/2	15	21.3	120	82.6	22	4	M20	22.3	—	22.5	10	38	32	1.75
3/4	20	26.9	130	88.9	22	4	M20	25.4	—	27.5	11	44	35	2.35
1	25	33.7	150	101.6	26	4	M24	28.6	—	34.5	13	52	41	3.50
1¼	32	42.4	160	111.1	26	4	M24	28.6	—	43.5	14	64	41	4.01
1½	40	48.3	180	123.8	30	4	M27	31.8	—	49.5	16	70	44	5.52
2	50	60.3	215	165.1	26	8	M24	38.1	—	61.5	17	105	57	9.81
2½	65	76.1	245	190.5	30	8	M27	41.3	—	77.6	19	124	64	13.5

注：所有重量仅供参考。

9.2.6.6 螺纹法兰的连接尺寸（表 9.2-23）

表 9.2-23　螺纹法兰的连接尺寸　　　　　　单位：mm

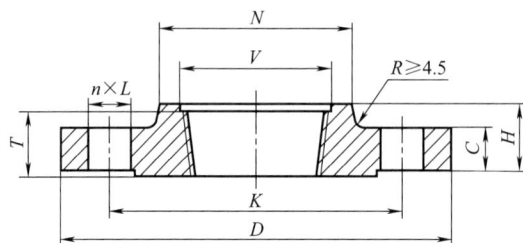

PN2.0(Class150)

| 公称通径 | | 钢管外径 A | 连接尺寸 | | | | | 法兰厚度 C | 法兰颈 N | 法兰高度 H | 重量 /kg | 管螺纹规格 Rc 或 NPT |
NPS	DN		外径 D	直径 K	螺栓 L	数量 n/个	螺纹 Th					
1/2	15	21.3	90	60.3	16	4	M14	9.6	30	14		1/2
3/4	20	26.9	100	69.9	16	4	M14	11.2	38	14		3/4
1	25	33.7	110	79.4	16	4	M14	12.7	49	16		1
1¼	32	42.4	115	88.9	16	4	M14	14.3	59	19		1¼
1½	40	48.3	125	98.4	16	4	M14	15.9	65	21		1½
2	50	60.3	150	120.7	18	4	M16	17.5	78	24		2
2½	65	76.1	180	139.7	18	4	M16	20.7	90	27		2½
3	80	88.9	190	152.4	18	4	M16	22.3	108	29		3
4	100	114.3	230	190.5	18	8	M16	22.3	135	32		4
5	125	139.7	255	215.9	22	8	M20	22.3	164	35		5
6	150	168.3	280	241.3	22	8	M20	23.9	192	38		6

PN5.0(Class300)

| 公称通径 | | 钢管外径 A | 连接尺寸 | | | | | 法兰厚度 C | 法兰颈 N | 法兰高度 H | 最小长度 T | 定位孔直径 V | 重量 /kg | 管螺纹规格 Rc 或 NPT |
NPS	DN		外径 D	直径 K	螺栓 L	数量 n/个	螺纹 Th							
1/2	15	21.3	95	66.7	16	4	M14	12.7	38	21	16	23.6		1/2
3/4	20	26.9	115	82.6	18	4	M16	14.3	48	24	16	29.0		3/4
1	25	33.7	125	88.9	18	4	M16	15.9	54	25	18	35.8		1
1¼	32	42.4	135	98.4	18	4	M16	17.5	64	25	21	44.4		1¼
1½	40	48.3	155	114.3	22	4	M20	19.1	70	29	23	50.3		1½
2	50	60.3	165	127.0	18	8	M16	20.7	84	32	29	63.5		2
2½	65	76.1	190	149.2	22	8	M20	23.9	100	37	32	76.2		2½
3	80	88.9	210	168.3	22	8	M20	27.0	117	41	32	92.2		3
4	100	114.3	255	200.0	22	8	M20	30.2	146	46	37	117.6		4
5	125	139.7	280	235.0	22	8	M20	33.4	178	49	43	144.4		5
6	150	168.3	320	269.9	22	12	M20	35.0	206	51	47	171.4		6

注：螺纹法兰采用的管螺纹分为两种情况：

(1) 采用按 GB/T 7306 规定的 55°圆锥内螺纹（Rc）；

(2) 采用按 GB/T 12716 规定的 60°圆锥管螺纹（NPT）。

采用 55°管螺纹时，DN150 法兰配用的钢管外径应为 165.1。采用 60°圆锥管螺纹，DN65 法兰配用的钢管外径应为 73mm；DN125 法兰配用的钢管外径应为 141.3mm。

9.2.6.7 对焊环松套法兰的连接尺寸（表9.2-24）

表9.2-24 对焊环松套法兰的连接尺寸　　　　单位：mm

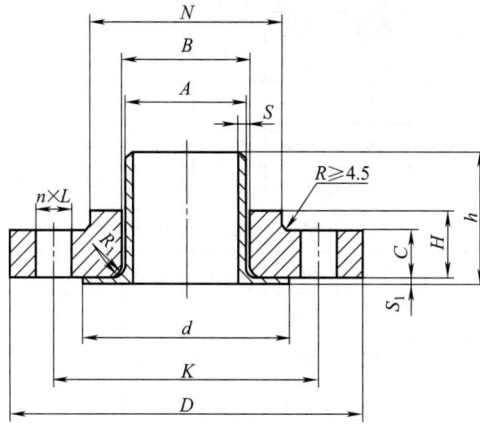

PN2.0(Class150)

| 公称通径 | | 钢管外径 | 连接尺寸 | | | | | 法兰厚度 | 法兰内径 | 法兰颈 | 法兰高度 | 圆角 | 对焊环 | | 重量 |
NPS	DN	A	外径 D	直径 K	螺栓 L	数量 n/个	螺纹 Th	C	B	N	H	R_1	高度 h	外径 d	/kg
1/2	15	21.3	90	60.3	16	4	M14	11.2	22.9	30	16	3	51	34.9	0.40
3/4	20	26.9	100	69.9	16	4	M14	12.7	28.2	38	16	3	51	42.9	0.58
1	25	33.7	110	79.4	16	4	M14	14.3	34.9	49	17	3	51	50.8	0.79
1¼	32	42.4	115	88.9	16	4	M14	15.9	43.7	59	21	5	51	63.5	1.07
1½	40	48.3	125	98.4	16	4	M14	17.5	50.0	65	22	6	51	73.0	1.36
2	50	60.3	150	120.7	18	4	M16	19.1	62.5	78	25	8	64	92.1	2.00
2½	65	76.1	180	139.7	18	4	M16	22.3	78.5	90	29	8	64	104.8	3.34
3	80	88.9	190	152.4	18	4	M16	23.9	91.4	108	30	10	64	127.0	3.80
4	100	114.3	230	190.5	18	8	M16	23.9	116.8	135	33	11	76	157.2	5.35
5	125	139.7	255	215.9	22	8	M20	23.9	144.4	164	36	11	76	185.7	6.07
6	150	168.3	280	241.3	22	8	M20	25.4	171.4	192	40	13	89	215.9	7.41
8	200	219.1	345	298.6	22	8	M20	28.6	222.2	246	44	13	102	269.9	12.4
10	250	273	405	362.0	26	12	M24	30.2	277.4	305	49	13	127	323.8	16.0
12	300	323.9	485	431.8	26	12	M24	31.8	328.2	365	56	13	152	381.0	26.4
14	350	355.6	535	476.3	30	12	M27	35.0	360.2	400	79	13	152	412.8	38.5
16	400	406.4	595	539.8	30	16	M27	36.6	411.2	457	87	13	152	469.9	51.2
18	450	457	635	577.9	33	16	M30	39.7	462.3	505	97	13	152	533.4	55.7
20	500	508	700	635.0	33	20	M30	42.9	514.4	559	103	13	152	584.2	70.2
24	600	610	815	749.3	36	20	M33	47.7	616.0	663	111	13	152	692.2	98.7

PN5.0(Class300)

| 公称通径 | | 钢管外径 | 连接尺寸 | | | | | 法兰厚度 | 法兰内径 | 法兰颈 | 法兰高度 | 圆角 | 对焊环 | | 重量 |
NPS	DN	A	外径 D	直径 K	螺栓 L	数量 n/个	螺纹 Th	C	B	N	H	R_1	高度 h	外径 d	/kg
1/2	15	21.3	95	66.7	16	4	M14	14.3	22.9	38	22	3	51	34.9	0.63
3/4	20	26.9	115	82.6	18	4	M16	15.9	28.2	48	25	3	51	42.9	1.16
1	25	33.7	125	88.9	18	4	M16	17.5	34.9	54	27	3	51	50.8	1.37
1¼	32	42.4	135	98.4	18	4	M16	19.1	43.7	64	27	5	51	63.5	1.75
1½	40	48.3	155	114.3	22	4	M20	20.7	50.0	70	30	6	51	73.0	2.46

PN5.0（Class300）

| 公称通径 | | 钢管外径 A | 连接尺寸 | | | | | 法兰厚度 C | 法兰内径 B | 法兰颈 N | 法兰高度 H | 圆角 R1 | 对焊环 | | 重量 /kg |
NPS	DN		外径 D	直径 K	螺栓 L	数量 n/个	螺纹 Th						高度 h	外径 d	
2	50	60.3	165	127.0	18	8	M16	22.3	62.5	84	33	8	64	92.1	2.88
2½	65	76.1	190	149.2	22	8	M20	25.4	78.5	100	38	8	64	104.8	4.20
3	80	88.9	210	168.3	22	8	M20	28.6	91.4	117	43	10	64	127.0	5.87
4	100	114.3	255	200.0	22	8	M20	31.8	116.8	146	48	11	76	157.2	9.66
5	125	139.7	280	235.0	22	8	M20	35.0	144.4	178	51	11	76	185.7	12.1
6	150	168.3	320	269.9	22	12	M20	36.6	171.4	206	52	13	89	215.9	15.9
8	200	219.1	380	330.2	26	12	M24	41.3	222.2	260	62	13	102	269.9	23.8
10	250	273	445	387.4	30	16	M27	47.7	277.4	321	95	13	254	323.8	38.2
12	300	323.9	520	450.8	33	16	M30	50.8	328.2	375	102	13	254	381.0	54.9
14	350	355.6	585	514.4	33	20	M30	54.0	360.2	425	111	13	305	412.8	80.1
16	400	406.4	650	571.5	36	20	M33	57.2	411.2	483	121	13	305	469.9	103.9
18	450	457	710	628.6	36	24	M33	60.4	462.3	533	130	13	305	533.4	124.6
20	500	508	775	685.8	36	24	M33	63.5	514.4	587	140	13	305	584.2	154.4
24	600	610	915	812.8	42	24	M39×3	69.9	616.0	702	152	13	305	692.2	232.6

PN11.0（Class600）

| 公称通径 | | 钢管外径 A | 连接尺寸 | | | | | 法兰厚度 C | 法兰内径 B | 法兰颈 N | 法兰高度 H | 圆角 R1 | 对焊环 | | 重量 /kg |
NPS	DN		外径 D	直径 K	螺栓 L	数量 n/个	螺纹 Th						高度 h	外径 d	
1/2	15	21.3	95	66.7	16	4	M14	14.3	22.9	38	22	3	76	34.9	0.76
3/4	20	26.9	115	82.6	18	4	M16	15.9	28.2	48	25	3	76	42.9	1.38
1	25	33.7	125	88.9	18	4	M16	17.5	34.9	54	27	3	102	50.8	1.62
1¼	32	42.4	135	98.4	18	4	M16	20.7	43.7	64	29	5	102	63.5	2.23
1½	40	48.3	155	114.3	22	4	M20	22.3	50.0	70	32	6	102	73.0	3.09
2	50	60.3	165	127.0	18	8	M16	25.4	62.5	84	37	8	152	92.1	3.85
2½	65	76.1	190	149.2	22	8	M20	28.6	78.5	100	41	8	152	104.8	5.50
3	80	88.9	210	168.3	22	8	M20	31.8	91.4	117	46	10	152	127.0	7.44
4	100	114.3	275	215.9	26	8	M24	38.1	116.8	152	54	11	152	157.2	15.4
5	125	139.7	330	266.7	30	8	M27	44.5	144.4	189	60	11	203	185.7	25.1
6	150	168.3	355	292.1	30	12	M27	47.7	171.4	222	67	13	203	215.9	29.8
8	200	219.1	420	349.2	33	12	M30	55.6	222.2	273	74	13	203	269.9	45.2
10	250	273	510	431.8	36	16	M33	63.5	277.4	343	111	13	254	323.8	80.2
12	300	323.9	560	489.0	36	20	M33	66.7	328.2	400	117	13	254	381.0	97.1
14	350	355.6	605	527.0	39	20	M36×3	69.9	360.2	432	127	13	305	412.8	116.2
16	400	406.4	685	603.2	42	20	M39×3	76.2	411.2	495	140	13	305	469.9	164.2
18	450	457	745	654.0	45	20	M42×3	82.6	462.3	546	152	13	305	533.4	201.8
20	500	508	815	723.9	45	24	M42×3	88.9	514.4	610	165	13	305	584.2	257.5
24	600	610	940	838.2	51	24	M48×3	101.6	616.0	718	184	13	305	692.2	367.1

注：所有重量仅供参考。

9.2.6.8 法兰盖的连接尺寸（表9.2-25）

表 9.2-25 法兰盖的连接尺寸　　　　　　　　单位：mm

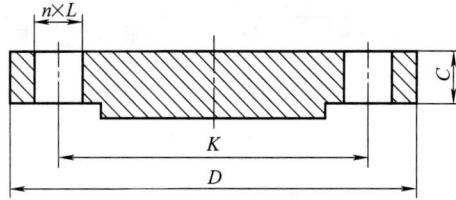

PN2.0(Class150)

公称通径		连接尺寸					法兰盖	重量
NPS	DN	外径 D	直径 K	螺栓 L	数量 n/个	螺纹 Th	厚度 C	/kg
1/2	15	90	60.3	16	4	M14	9.6	0.43
3/4	20	100	69.9	16	4	M14	11.2	0.63
1	25	110	79.4	16	4	M14	12.7	0.89
1¼	32	115	88.9	16	4	M14	14.3	1.20
1½	40	125	98.4	16	4	M14	15.9	1.58
2	50	150	120.7	18	4	M16	17.5	2.39
2½	65	180	139.7	18	4	M16	20.7	4.07
3	80	190	152.4	18	4	M16	22.3	4.92
4	100	230	190.5	18	8	M16	22.3	7.13
5	125	255	215.9	22	8	M20	22.3	8.72
6	150	280	241.3	22	8	M20	23.9	11.4
8	200	345	298.6	22	8	M20	27.0	20.1
10	250	405	362.0	26	12	M24	28.6	28.7
12	300	485	431.8	26	12	M24	30.2	43.8
14	350	535	476.3	30	12	M27	33.4	58.2
16	400	595	539.8	30	16	M27	35.0	77.4
18	450	635	577.9	33	16	M30	38.1	94.0
20	500	700	635.0	33	20	M30	41.3	122.7
24	600	815	749.3	36	20	M33	46.1	187.0

PN5.0(Class300)

公称通径		连接尺寸					法兰盖	重量
NPS	DN	外径 D	直径 K	螺栓 L	数量 n/个	螺纹 Th	厚度 C	/kg
1/2	15	95	66.7	16	4	M14	12.7	0.63
3/4	20	115	82.6	18	4	M16	14.3	1.15
1	25	125	88.9	18	4	M16	15.9	1.40
1¼	32	135	98.4	18	4	M16	17.5	1.88
1½	40	155	114.3	22	4	M20	19.1	2.65
2	50	165	127.0	18	8	M16	20.7	3.22
2½	65	190	149.2	22	8	M20	23.9	4.80
3	80	210	168.3	22	8	M20	27.0	6.89
4	100	255	200.0	22	8	M20	30.2	11.6
5	125	280	235.0	22	8	M20	33.4	15.6
6	150	320	269.9	22	12	M20	35.0	21.4
8	200	380	330.2	26	12	M24	39.7	34.1

PN5.0（Class300）

公称通径		连接尺寸					法兰盖 厚度 C	重量 /kg
NPS	DN	外径 D	直径 K	螺栓 L	数量 n/个	螺纹 Th		
10	250	445	387.4	30	16	M27	46.1	53.5
12	300	520	450.8	33	16	M30	49.3	78.3
14	350	585	514.4	33	20	M30	52.4	105.0
16	400	650	571.5	36	20	M33	55.6	138.6
18	450	710	628.6	36	24	M33	58.8	174.3
20	500	775	685.8	36	24	M33	62.0	220.4
24	600	915	812.8	42	24	M39×3	68.3	339.0

PN11.0（Class600）

公称通径		连接尺寸					法兰盖 厚度 C	重量 /kg
NPS	DN	外径 D	直径 K	螺栓 L	数量 n/个	螺纹 Th		
1/2	15	95	66.7	16	4	M14	14.3	0.77
3/4	20	115	82.6	18	4	M16	15.9	1.37
1	25	125	88.9	18	4	M16	17.5	1.66
1¼	32	135	98.4	18	4	M16	20.7	2.36
1½	40	155	114.3	22	4	M20	22.3	3.29
2	50	165	127.0	18	8	M16	25.4	4.24
2½	65	190	149.2	22	8	M20	28.6	6.23
3	80	210	168.3	22	8	M20	31.8	8.63
4	100	275	215.9	26	8	M24	38.1	17.7
5	125	330	266.7	30	8	M27	44.5	29.4
6	150	355	292.1	30	12	M27	47.7	36.2
8	200	420	349.2	33	12	M30	55.6	59.4
10	250	510	431.8	36	16	M33	63.5	98.4
12	300	560	489.0	36	20	M33	66.7	125.3
14	350	605	527.0	39	20	M36×3	69.9	152.4
16	400	685	603.2	42	20	M39×3	76.2	214.4
18	450	745	654.0	45	20	M42×3	82.6	275.4
20	500	815	723.9	45	24	M42×3	88.9	352.4
24	600	940	838.2	51	24	M48×3	101.6	536.8

PN15.0（Class900）

公称通径		连接尺寸					法兰盖 厚度 C	重量 /kg
NPS	DN	外径 D	直径 K	螺栓 L	数量 n/个	螺纹 Th		
1/2	15	120	82.6	22	4	M20	22.3	1.78
3/4	20	130	88.9	22	4	M20	25.4	2.43
1	25	150	101.6	26	4	M24	28.6	3.65
1¼	32	160	111.1	26	4	M24	28.6	4.27
1½	40	180	123.8	30	4	M27	31.8	5.93
2	50	215	165.1	26	8	M24	38.1	10.0
2½	65	245	190.5	30	8	M27	41.3	11.0
3	80	240	190.5	26	8	M24	38.1	13.4
4	100	290	235.0	33	8	M30	44.5	21.8
5	125	350	279.4	36	8	M33	50.8	36.8

续表

PN15.0(Class900)

公称通径		连接尺寸					法兰盖	重量
NPS	DN	外径 D	直径 K	螺栓 L	数量 n/个	螺纹 Th	厚度 C	/kg
6	150	380	317.5	33	12	M30	55.6	47.5
8	200	470	393.7	39	12	M36×3	63.5	82.4
10	250	545	469.9	39	16	M36×3	69.9	132.2
12	300	610	533.4	39	20	M36×3	79.4	173.7
14	350	640	558.8	42	20	M39×3	85.8	205.7
16	400	705	616.0	45	20	M42×3	88.9	259.9
18	450	785	685.8	51	20	M48×3	101.6	366.9
20	500	855	749.3	55	20	M52×3	108.0	464.0
24	600	1040	901.7	68	20	M64×3	139.7	874.0

PN26.0(Class1500)

公称通径		连接尺寸					法兰盖	重量
NPS	DN	外径 D	直径 K	螺栓 L	数量 n/个	螺纹 Th	厚度 C	/kg
1/2	15	120	82.6	22	4	M20	22.3	1.78
3/4	20	130	88.9	22	4	M20	25.4	2.43
1	25	150	101.6	26	4	M24	28.6	3.65
1¼	32	160	111.1	26	4	M24	28.6	4.27
1½	40	180	123.8	30	4	M27	31.8	5.93
2	50	215	165.1	26	8	M24	38.1	10.0
2½	65	245	190.5	30	8	M27	41.3	14.0
3	80	265	203.2	33	8	M30	47.7	19.0
4	100	310	241.3	36	8	M33	54.0	29.7
5	125	375	292.1	42	8	M39×3	73.1	58.8
6	150	395	317.5	39	12	M36×3	82.6	72.5
8	200	485	393.7	45	12	M42×3	92.1	122.7
10	250	585	482.6	51	12	M48×3	108.0	211.5
12	300	675	571.5	55	16	M52×3	123.9	317.4
14	350	750	635.0	60	16	M56×3	133.4	422.7
16	400	825	704.8	68	16	M64×3	146.1	557.2
18	450	915	774.7	74	16	M70×3	162.0	760.6
20	500	985	831.8	80	16	M76×3	177.8	966.6
24	600	1170	990.6	94	16	M90×3	203.2	1560.0

PN42.0(Class2500)

公称通径		连接尺寸					法兰盖	重量
NPS	DN	外径 D	直径 K	螺栓 L	数量 n/个	螺纹 Th	厚度 C	/kg
1/2	15	135	88.9	22	4	M20	30.2	3.11
3/4	20	140	95.2	22	4	M20	31.8	3.56
1	25	160	108.0	26	4	M24	35.0	5.05
1¼	32	185	130.2	30	4	M27	38.1	7.47
1½	40	205	146.0	33	4	M30	44.5	10.6
2	50	235	171.4	30	8	M27	50.9	15.5
2½	65	265	196.8	33	8	M30	57.2	22.4
3	80	305	228.6	36	8	M33	66.7	34.9

续表

PN42.0(Class2500)

公称通径		连接尺寸					法兰盖	重量
NPS	DN	外径 D	直径 K	螺栓 L	数量 n/个	螺纹 Th	厚度 C	/kg
4	100	355	273.0	42	8	M39×3	76.2	53.8
5	125	420	323.8	48	8	M45×3	92.1	91.5
6	150	485	368.3	55	8	M52×3	108.0	142.5
8	200	550	438.2	55	12	M52×3	127.0	211.5
10	250	675	593.8	68	12	M64×3	165.1	412.6
12	300	760	619.1	74	12	M70×3	184.2	588.2

注：所有重量仅供参考。

9.3 大直径法兰选用

9.3.1 化工大直径钢制管法兰（HG/T 20623—2009）

9.3.1.1 公称直径与压力

HG/T 20623—2009 适用于的法兰公称压力包括下列四个等级：Class150 （2.0MPa）、Class300 （5.0MPa）、Class600 （11.0MPa）、Class900 （15.0MPa）。钢管的公称通径 DN 和钢管外径按表 9.3-1 规定。

表 9.3-1　公称通径和钢管外径

公称	NPS	26	28	30	32	34	36	38	40	42
通径	DN	650	700	750	800	850	900	950	1000	1050
钢管外径/mm		660	711	762	813	864	914	965	1016	1067
公称	NPS	44	46	48	50	52	54	56	58	60
通径	DN	1100	1150	1200	1250	1300	1350	1400	1450	1500
钢管外径/mm		1118	1168	1219	1270	1321	1372	1422	1473	1524

9.3.1.2 突面密封面尺寸

突面法兰密封面尺寸按图 9.3-1、表 9.3-2、表 9.3-3 的规定。突台高度 f_1、f_2 未包括在法兰厚度 C 内。

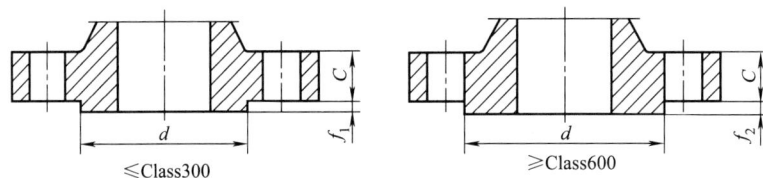

≤Class300　　　　≥Class600

图 9.3-1　突面法兰的密封面尺寸

表 9.3-2　A 系列大直径突面法兰密封面尺寸　　　　单位：mm

公称通径		突台外径 d				突台高度 f_1	突台高度 f_2
NPS	DN	2.0MPa (Class150)	5.0MPa (Class300)	11.0MPa (Class600)	15.0MPa (Class900)	PN≤5.0 (Class300)	PN≥11.0 (Class600)
26	650	749	749	749	749		
28	700	800	800	800	800		
30	750	857	857	857	857		
32	800	914	914	914	914		
34	850	965	965	965	965	2	7
36	900	1022	1022	1022	1022		
38	950	1073	1029	1054	1099		
40	1000	1124	1086	1111	1162		
42	1050	1194	1137	1168	—		

续表

公称通径		突台外径 d				突台高度 f_1	突台高度 f_2
NPS	DN	2.0MPa (Class150)	5.0MPa (Class300)	11.0MPa (Class600)	15.0MPa (Class900)	PN≤5.0 (Class300)	PN≥11.0 (Class600)
44	1100	1245	1194	1226	—		
46	1150	1295	1245	1276	—		
48	1200	1359	1302	1334	—		
50	1250	1410	1359	1384	—		
52	1300	1461	1410	1435	—	2	7
54	1350	1511	1467	1492	—		
56	1400	1575	1518	1543	—		
58	1450	1626	1575	1600	—		
60	1500	1676	1626	1657	—		

表 9.3-3　B 系列大直径突面法兰密封面尺寸　　　　　　单位：mm

公称通径		突台外径 d				突台高度 f_1	突台高度 f_2
NPS	DN	2.0MPa (Class150)	5.0MPa (Class300)	11.0MPa (Class600)	15.0MPa (Class900)	PN≤5.0 (Class300)	PN≥11.0 (Class600)
26	650	711	737	727	726		
28	700	762	787	784	819		
30	750	813	845	841	876		
32	800	864	902	895	927		
34	850	921	953	953	991		
36	900	972	1010	1010	1029		
38	950	1022	1060	—	—		
40	1000	1080	1114	—	—		
42	1050	1130	1168	—	—		
44	1100	1181	1219	—	—	2	7
46	1150	1235	1270	—	—		
48	1200	1289	1327	—	—		
50	1250	1340	1378	—	—		
52	1300	1391	1429	—	—		
54	1350	1441	1480	—	—		
56	1400	1492	1537	—	—		
58	1450	1543	1594	—	—		
60	1500	1600	1651	—	—		

9.3.1.3　环连接密封面尺寸

环连接面法兰的密封面尺寸见图 9.3-2、表 9.3-4。突台高度 f_1、f_2 未包括在法兰厚度 C 内。

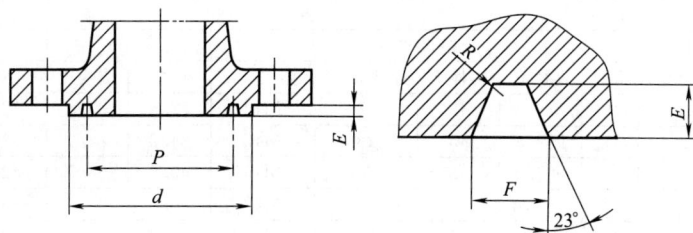

图 9.3-2　环连接面（RJ）法兰的密封面尺寸

表 9.3-4　环连接密封面尺寸　　　　　　　　　　　　　　　　　　　　　单位：mm

公称通径		Class300（PN50）和 Class600（PN110）						Class900（PN150）				
NPS	DN	环号	d_{min}	P	E	F	R_{max}	环号	d_{min}	P	E	F	R_{max}
26	650	R93	810	749.30	12.70	19.84	1.5	R100	832	749.30	17.48	30.18	2.3
28	700	R94	861	800.10	12.70	19.84	1.5	R101	889	800.10	17.48	33.32	2.3
30	750	R95	917	857.25	12.70	19.84	1.5	R102	946	857.25	17.48	33.32	2.3
32	800	R96	984	914.40	14.27	23.01	1.5	R103	1003	914.40	17.48	33.32	2.3
34	850	R97	1035	965.20	14.27	23.01	1.5	R104	1067	965.20	20.62	36.53	2.3
36	900	R98	1092	1022.35	14.27	23.01	1.5	R105	1124	1022.35	20.62	36.53	2.3

9.3.1.4　法兰尺寸

大直径钢制管法兰和法兰盖见图 9.3-3、表 9.3-5 和表 9.3-6。

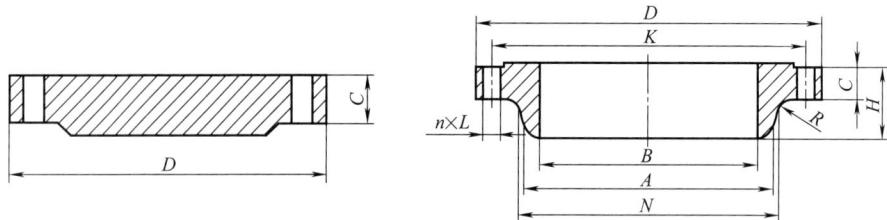

图 9.3-3　大直径法兰和法兰盖尺寸

表 9.3-5　A 系列大直径钢制管法兰和法兰盖　　　　　　　　　　　　　　　单位：mm

PN2.0（Class150）

公称通径		焊端	连接尺寸					厚度 C		法兰颈		法兰
NPS	DN	外径 A	外径 D	直径 K	螺栓 L	数量 n/个	螺纹 Th	法兰	法兰盖	N	R	高度 H
26	650	660.4	870	806.4	36	24	M33	66.7	66.7	676	10	119
28	700	711.2	925	863.6	36	28	M33	69.9	69.9	727	11	124
30	750	762.0	985	914.4	36	28	M33	73.1	73.1	781	11	135
32	800	812.8	1060	977.9	42	28	M39	79.4	79.4	832	11	143
34	850	863.6	1110	1028.7	42	32	M39	81.0	81.0	883	13	148
36	900	914.4	1170	1085.8	42	32	M39	88.9	88.9	933	13	156
38	950	965.2	1240	1149.4	42	32	M39	85.8	85.8	991	13	156
40	1000	1016.0	1290	1200.2	42	36	M39	88.9	88.9	1041	13	162
42	1050	1066.8	1345	1257.3	42	36	M39	95.3	95.3	1092	13	170
44	1100	1117.6	1405	1314.4	42	40	M39	100.1	100.1	1143	13	176
46	1150	1168.4	1455	1365.2	42	40	M39	101.6	101.6	1197	13	184
48	1200	1219.2	1510	1422.4	42	44	M39	106.4	106.4	1248	13	191
50	1250	1270.0	1570	1479.6	48	44	M45	109.6	109.6	1302	13	202
52	1300	1320.8	1625	1536.7	48	44	M45	114.3	114.3	1353	13	208
54	1350	1371.6	1685	1593.8	48	44	M45	119.1	119.1	1403	13	214
56	1400	1422.4	1745	1651.0	48	48	M45	122.3	122.3	1457	13	227
58	1450	1473.2	1805	1708.2	48	48	M45	127.0	127.0	1508	13	233
60	1500	1524.0	1855	1759.0	48	48	M45	130.2	130.2	1559	13	238

PN5.0（Class300）

公称通径		焊端	连接尺寸					厚度 C		法兰颈		法兰
NPS	DN	外径 A	外径 D	直径 K	螺栓 L	数量 n/个	螺纹 Th	法兰	法兰盖	N	R	高度 H
26	650	660.4	970	876.3	45	28	M42	77.8	82.6	721	10	183
28	700	711.2	1035	939.8	45	28	M42	84.2	88.9	775	11	195
30	750	762.0	1090	997.0	48	28	M45	90.5	93.7	827	11	208
32	800	812.8	1150	1054.1	51	28	M48	96.9	98.5	881	11	221
34	850	863.6	1205	1104.9	51	28	M48	100.1	103.2	937	13	230
36	900	914.4	1270	1168.4	55	32	M52	103.2	109.6	991	13	240

PN5.0（Class300）

| 公称通径 | | 焊端 | 连接尺寸 | | | | | 厚度 C | | 法兰颈 | | 法兰 |
NPS	DN	外径 A	外径 D	直径 K	螺栓 L	数量 n/个	螺纹 Th	法兰	法兰盖	N	R	高度 H
38	950	965.2	1170	1092.2	42	32	M39	106.4	106.4	994	13	179
40	1000	1016.0	1240	1155.7	45	32	M42	112.8	112.8	1048	13	192
42	1050	1066.8	1290	1206.5	45	32	M42	117.5	117.5	1099	13	198
44	1100	1117.6	1355	1263.6	48	32	M45	122.3	122.3	1149	13	205
46	1150	1168.4	1415	1320.8	51	28	M48	127.0	127.0	1203	13	214
48	1200	1219.2	1465	1371.6	51	32	M48	131.8	131.8	1254	13	222
50	1250	1270.0	1530	1428.8	55	32	M52	138.2	138.2	1305	13	230
52	1300	1320.8	1580	1479.6	55	32	M52	142.9	142.9	1356	13	237
54	1350	1371.6	1660	1549.4	60	28	M56	150.9	150.9	1410	13	251
56	1400	1422.4	1710	1600.2	60	28	M56	152.4	152.4	1464	13	259
58	1450	1473.2	1760	1651.0	60	32	M56	157.2	157.2	1514	13	265
60	1500	1524.0	1810	1701.8	60	32	M56	162.0	162.0	1565	13	271

PN11.0（Class600）

| 公称通径 | | 焊端 | 连接尺寸 | | | | | 厚度 C | | 法兰颈 | | 法兰 |
NPS	DN	外径 A	外径 D	直径 K	螺栓 L	数量 n/个	螺纹 Th	法兰	法兰盖	N	R	高度 H
26	650	660.4	1015	914.4	51	28	M48	108.0	125.5	748	13	222
28	700	711.2	1075	965.2	55	28	M52	111.2	131.8	803	13	235
30	750	762.0	1130	1022.4	55	28	M52	114.3	139.7	862	13	248
32	800	812.8	1195	1079.5	60	28	M56	117.5	147.7	918	13	260
34	850	863.6	1245	1130.3	60	28	M56	120.7	154.0	973	14	270
36	900	914.4	1315	1193.8	68	28	M64	123.9	162.0	1032	14	283
38	950	965.2	1270	1162.0	60	28	M56	152.4	155.0	1022	14	254
40	1000	1016.0	1320	1212.8	60	32	M56	158.8	162.0	1073	14	264
42	1050	1066.8	1405	1282.7	68	28	M64	168.3	171.5	1127	14	279
44	1100	1117.6	1455	1333.5	68	32	M64	173.1	177.8	1181	14	289
46	1150	1168.4	1510	1390.6	68	32	M64	179.4	185.8	1235	14	300
48	1200	1219.2	1595	1460.5	74	32	M70	189.0	195.3	1289	14	316
50	1250	1270.0	1670	1524.0	80	28	M76	196.9	203.2	1343	14	329
52	1300	1320.8	1720	1574.8	80	32	M76	203.2	209.6	1394	14	337
54	1350	1371.6	1780	1632.0	80	32	M76	209.6	217.5	1448	14	349
56	1400	1422.4	1855	1695.4	86	32	M82	217.5	225.5	1502	16	362
58	1450	1473.2	1905	1746.2	86	32	M82	222.3	231.8	1553	16	370
60	1500	1524.0	1995	1822.4	94	28	M90	233.4	242.9	1610	17	389

PN15.0（Class900）

| 公称通径 | | 焊端 | 连接尺寸 | | | | | 厚度 C | | 法兰颈 | | 法兰 |
NPS	DN	外径 A	外径 D	直径 K	螺栓 L	数量 n/个	螺纹 Th	法兰	法兰盖	N	R	高度 H
26	650	660.4	1085	952.5	74	20	M70	139.7	160.4	775	11	286
28	700	711.2	1170	1022.4	80	20	M76	142.9	171.5	832	13	298
30	750	762.0	1230	1085.9	80	20	M76	149.3	182.6	889	13	311
32	800	812.8	1315	1155.7	86	20	M82	158.8	193.7	946	13	330
34	850	863.6	1395	1225.6	94	20	M90	165.1	204.8	1006	14	349
36	900	914.4	1460	1289.1	94	20	M90	171.5	214.4	1064	14	362
38	950	965.2	1460	1289.1	94	20	M90	190.5	215.9	1073	19	352
40	1000	1016.0	1510	1339.9	94	24	M90	196.9	223.9	1127	21	364

注：法兰内径按订货要求，与钢管内径一致。

表 9.3-6　B 系列大直径钢制管法兰和法兰盖　　　　　　单位：mm

PN2.0(Class150)

公称通径		焊端	连接尺寸					厚度 C		法兰颈		法兰
NPS	DN	外径 A	外径 D	直径 K	螺栓 L	数量 n/个	螺纹 Th	法兰	法兰盖	N	R	高度 H
26	650	661.9	785	744.5	22	36	M20	39.8	43.0	684	10	87
28	700	712.7	835	795.3	22	40	M20	43.0	46.2	735	10	94
30	750	763.5	885	846.1	22	44	M20	43.0	49.3	787	10	98
32	800	814.3	940	900.1	22	48	M20	44.6	52.5	840	10	106
34	850	865.1	1005	957.3	26	40	M24	47.7	55.7	892	10	109
36	900	915.9	1055	1009.6	26	44	M24	50.9	57.3	945	10	116
38	950	968.2	1125	1070.0	30	40	M27	52.5	62.0	997	10	122
40	1000	1019.0	1175	1120.8	30	44	M27	54.1	65.2	1049	10	127
42	1050	1069.8	1225	1171.6	30	48	M27	57.3	66.8	1102	11	132
44	1100	1120.6	1275	1222.4	30	52	M27	58.9	70.0	1153	11	135
46	1150	1171.4	1340	1284.3	33	40	M30	60.4	73.1	1205	11	143
48	1200	1222.2	1390	1335.1	33	44	M30	63.6	76.3	1257	11	148
50	1250	1273.0	1445	1385.9	33	48	M30	66.8	79.5	1308	11	152
52	1300	1323.8	1495	1436.7	33	52	M30	68.4	82.7	1360	11	156
54	1350	1374.6	1550	1492.2	33	56	M30	70.0	85.8	1413	11	160
56	1400	1425.4	1600	1543.0	33	60	M30	71.6	89.0	1465	14	165
58	1450	1476.2	1675	1611.3	36	48	M33	73.1	91.9	1516	14	173
60	1500	1527.0	1725	1662.1	36	52	M33	74.7	95.4	1570	14	178

PN5.0(Class300)

公称通径		焊端	连接尺寸					厚度 C		法兰颈		法兰
NPS	DN	外径 A	外径 D	直径 K	螺栓 L	数量 n/个	螺纹 Th	法兰	法兰盖	N	R	高度 H
26	650	665.2	865	803.3	36	32	M33	87.4	87.4	702	14	143
28	700	716.0	920	857.2	36	36	M33	87.4	87.4	756	14	148
30	750	768.4	990	920.8	39	36	M36×3	92.1	92.1	813	14	156
32	800	819.2	1055	977.9	42	32	M39×3	101.6	101.6	864	16	167
34	850	870.0	1110	1031.9	42	36	M39×3	101.6	101.6	918	16	171
36	900	920.8	1170	1089.0	45	32	M42×3	101.6	101.6	965	16	179
38	950	971.6	1220	1139.8	45	36	M42×3	109.6	109.6	1016	16	191
40	1000	1022.4	1275	1190.6	45	40	M42×3	114.3	114.3	1067	16	197
42	1050	1074.7	1335	1244.6	48	36	M45×3	117.5	117.5	1118	16	203
44	1100	1125.5	1385	1395.4	48	40	M45×3	125.5	125.5	1173	16	213
46	1150	1176.3	1460	1365.2	51	36	M48×3	127.0	128.6	1229	16	221
48	1200	1227.1	1510	1416.0	51	40	M48×3	127.0	133.4	1278	16	222
50	1250	1277.9	1560	1466.8	51	44	M48×3	136.6	138.2	1330	16	233
52	1300	1328.7	1615	1517.6	51	48	M48×3	141.3	142.6	1383	16	241
54	1350	1379.5	1675	1578.0	51	48	M48×3	145.0	147.7	1435	16	238
56	1400	1430.3	1765	1651.0	60	36	M56×3	152.4	155.4	1494	17	267
58	1450	1481.1	1825	1712.9	60	40	M56×3	152.4	160.4	1548	17	273
60	1500	1557.3	1880	1763.7	60	40	M56×3	149.3	165.1	1599	17	270

PN11.0(Class600)

公称通径		焊端	连接尺寸					厚度 C		法兰颈		法兰
NPS	DN	外径 A	外径 D	直径 K	螺栓 L	数量 n/个	螺纹 Th	法兰	法兰盖	N	R	高度 H
26	650	660.4	890	806.4	45	28	M42×3	111.2	111.3	698	13	181
28	700	711.2	950	863.6	48	28	M45×3	115.9	115.9	752	13	190
30	750	762.0	1020	927.1	51	28	M48×3	125.5	127.0	806	13	205
32	800	812.8	1085	984.2	55	28	M52×3	130.2	134.9	860	13	216
34	850	863.6	1160	1054.1	60	24	M56×3	141.3	144.2	914	14	233
36	900	914.4	1215	1104.9	60	28	M56×3	146.1	150.9	968	14	243
26	650	660.4	1020	901.7	68	20	M64×3	135.0	154.0	743	11	259
28	700	711.2	1105	971.6	74	20	M70×3	147.7	166.7	797	13	276
30	750	762.0	1180	1035.0	80	20	M76×3	155.6	176.1	851	13	289
32	800	812.8	1240	1092.2	80	20	M76×3	160.4	186.0	908	13	303
34	850	863.6	1315	1155.7	86	20	M82×3	171.5	195.0	962	14	319
36	900	914.4	1345	1200.2	80	24	M76×3	173.1	201.7	1016	14	325

注：法兰内径按订货要求，与钢管内径一致。

9.3.2 国标大直径钢制管法兰（GB/T 13402—2019）

9.3.2.1 公称直径压力与型式尺寸

GB/T 13402—2019 适用于公称压力范围为 Class75～Class900、公称尺寸范围为 DN650～DN1500（NPS26～NPS60）的大直径钢制管法兰及法兰盖。

9.3.2.2 A 系列大直径钢制管法兰的型式与尺寸（图 9.3-4、表 9.3-7 和表 9.3-8）

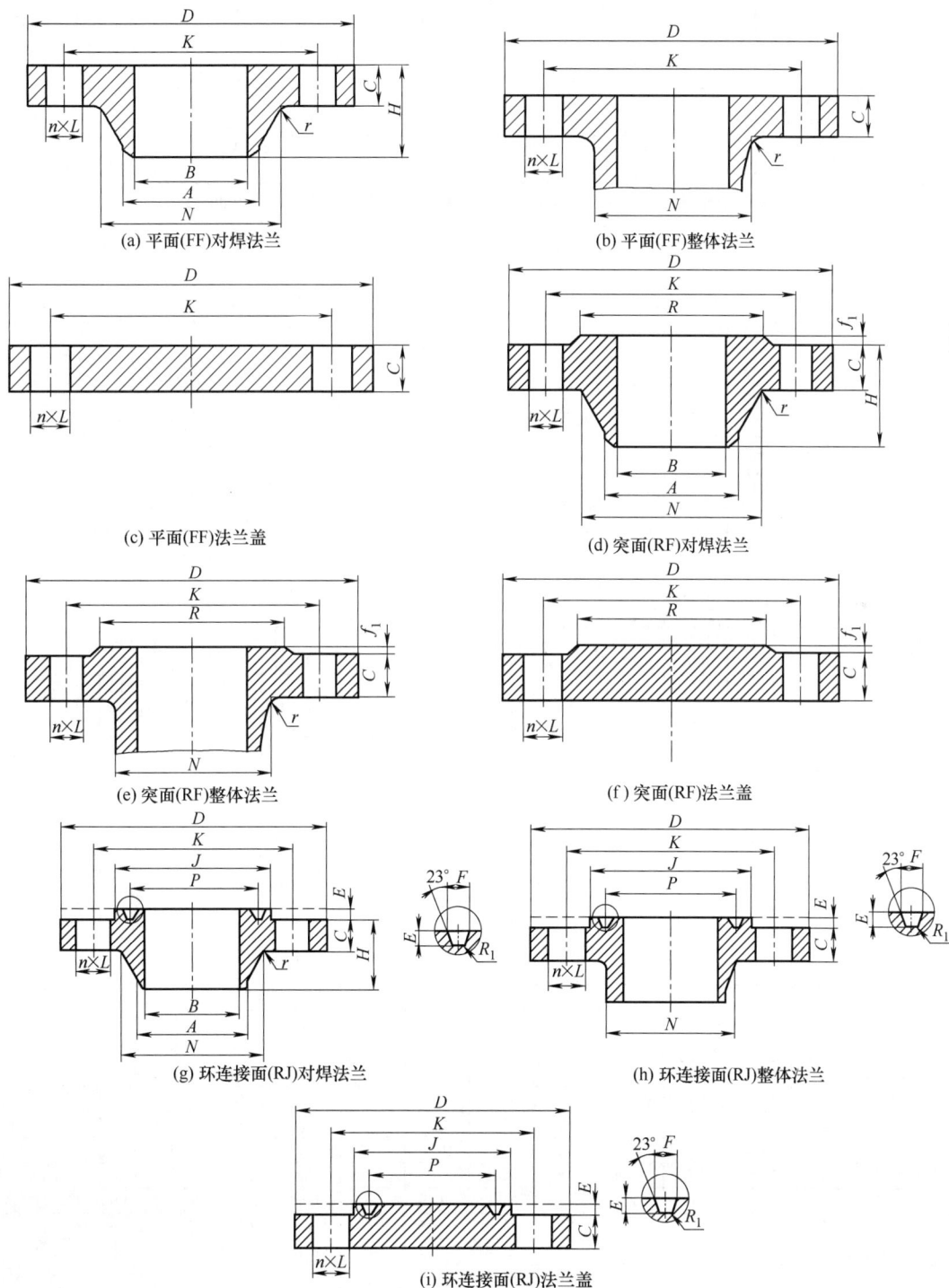

(a) 平面(FF)对焊法兰

(b) 平面(FF)整体法兰

(c) 平面(FF)法兰盖

(d) 突面(RF)对焊法兰

(e) 突面(RF)整体法兰

(f) 突面(RF)法兰盖

(g) 环连接面(RJ)对焊法兰

(h) 环连接面(RJ)整体法兰

(i) 环连接面(RJ)法兰盖

图 9.3-4　大直径钢制管法兰及法兰盖

表 9.3-7　A系列大直径钢制管法兰及法兰盖的环连接面尺寸

公称压力	公称尺寸 NPS	公称尺寸 DN	环号	节圆直径 P/mm	深度 E/mm	宽度 F/mm	底部半径 R_1/mm	凸台直径 J_{min}/mm
Class300 Class600	26	650	R93	749.30	12.70	19.84	1.5	810
	28	700	R94	800.10	12.70	19.84	1.5	861
	30	750	R95	857.25	12.70	19.84	1.5	917
	32	800	R96	914.40	14.27	23.01	1.5	984
	34	850	R97	965.20	14.27	23.01	1.5	1035
	36	900	R98	1022.35	14.27	23.01	1.5	1092
Class900	650	26	R100	749.30	17.48	30.18	2.3	832
	700	28	R101	800.10	17.48	33.32	2.3	889
	750	30	R102	857.25	17.48	33.32	2.3	946
	800	32	R103	914.40	17.48	33.32	2.3	1003
	850	34	R104	965.20	20.62	36.53	2.3	1067
	900	36	R105	1022.35	20.62	36.53	2.3	1124

注：突起部分的高度 E 等于垫环凹槽的深度尺寸 E，但不必遵循 E 的公差。突起的外形也可以采用全平面。

表 9.3-8　A系列大直径钢制管法兰尺寸　　　　单位：mm

Class150

公称尺寸 NPS	公称尺寸 DN	法兰颈焊端外径 A	法兰外径 D	中心圆 K	螺栓孔 L	螺栓 n/个	螺纹规格	直径 R	高度 f_1	对焊整体	法兰盖	对焊高度 H	颈部直径 N	最小半径 r	法兰内径 B
26	650	660.4	870	806.4	35	24	M33	749	2	66.7	66.7	119	676	10	按用户规定或根据钢管尺寸确定
28	700	711.2	925	863.6	35	28	M33	800	2	69.9	69.9	124	727	11	
30	750	762.0	985	914.4	35	28	M33	857	2	73.1	73.1	135	781	11	
32	800	812.8	1060	977.9	42	28	M39	914	2	79.4	79.4	143	832	11	
34	850	863.6	1110	1028.7	42	32	M39	965	2	81.0	81.0	148	883	13	
36	900	914.4	1170	1085.8	42	32	M39	1022	2	88.9	88.9	156	933	13	
38	950	965.2	1240	1149.4	42	32	M39	1073	2	85.8	85.8	156	991	13	
40	1000	1016.0	1290	1200.2	42	36	M39	1124	2	88.9	88.9	162	1041	13	
42	1050	1066.8	1345	1257.3	42	36	M39	1194	2	95.3	95.3	170	1092	13	
44	1100	1117.6	1405	1314.4	42	40	M39	1245	2	100.1	100.1	176	1143	13	
46	1150	1168.4	1455	1365.2	42	40	M39	1295	2	101.6	101.6	184	1197	13	
48	1200	1219.2	1510	1422.4	42	44	M39	1359	2	106.4	106.4	191	1248	13	
50	1250	1270.0	1570	1479.6	48	44	M45	1410	2	109.6	109.6	202	1302	13	
52	1300	1320.8	1625	1536.7	48	44	M45	1461	2	114.3	114.3	208	1353	13	
54	1350	1371.6	1685	1593.8	48	44	M45	1511	2	119.1	119.1	214	1403	13	
56	1400	1422.4	1745	1651.0	48	48	M45	1575	2	122.3	122.3	227	1457	13	
58	1450	1473.2	1805	1708.2	48	48	M45	1626	2	127.0	127.0	233	1508	13	
60	1500	1524.0	1855	1759.0	48	52	M45	1676	2	130.2	130.2	238	1559	13	

Class300

公称尺寸 NPS	公称尺寸 DN	法兰颈焊端外径 A	法兰外径 D	中心圆 K	螺栓孔 L	螺栓 n/个	螺纹规格	直径 R	高度 f_1	对焊整体	法兰盖	对焊高度 H	颈部直径 N	最小半径 r	法兰内径 B
26	650	660.4	970	876.3	45	28	M42	749	2	77.8	82.5	183	721	10	按用户规定或根据钢管尺寸确定
28	700	711.2	1035	939.8	45	28	M42	800	2	84.2	88.9	195	775	11	
30	750	762.0	1090	997.0	48	28	M45	857	2	90.5	93.7	208	827	11	
32	800	812.8	1150	1054.1	51	28	M48	914	2	96.9	98.5	221	881	11	
34	850	863.6	1205	1104.9	51	28	M48	965	2	100.1	103.2	230	937	13	
36	900	914.4	1270	1168.4	55	32	M52	1022	2	103.2	109.6	240	991	13	
38	950	965.2	1170	1092.2	42	32	M39	1029	2	106.4	106.4	179	994	13	
40	1000	1016.0	1240	1155.7	45	32	M42	1086	2	112.8	112.8	192	1048	13	
42	1050	1066.8	1290	1206.5	45	32	M42	1137	2	117.5	117.5	198	1099	13	
44	1100	1117.6	1355	1263.6	48	32	M45	1194	2	122.3	122.3	205	1149	13	
46	1150	1168.4	1415	1320.8	51	32	M48	1245	2	127.0	127.0	214	1203	13	
48	1200	1219.2	1465	1371.6	51	32	M48	1302	2	131.8	131.8	222	1254	13	
50	1250	1270.0	1530	1428.8	55	32	M52	1359	2	138.2	138.2	230	1305	13	

续表

Class300

公称尺寸		法兰颈焊端外径 A	法兰外径 D	连接尺寸				密封面尺寸		最小厚度 C		对焊高度 H	颈部直径 N	最小半径 r	法兰内径 B
NPS	DN			中心圆 K	螺栓孔 L	螺栓 n/个	螺纹规格	直径 R	高度 f_1	对焊整体	法兰盖				
52	1300	1320.8	1580	1479.6	55	32	M52	1410	2	142.9	142.9	237	1356	13	按用户规定或根据钢管尺寸确定
54	1350	1371.6	1660	1549.4	60	28	M56	1467	2	150.9	150.9	251	1410	13	
56	1400	1422.4	1710	1600.2	60	28	M56	1518	2	152.4	152.4	259	1464	13	
58	1450	1473.2	1760	1651.0	60	32	M56	1575	2	157.2	157.2	265	1514	13	
60	1500	1524.0	1810	1701.8	60	32	M56	1626	2	162.0	162.0	271	1563	13	

Class600

公称尺寸		法兰颈焊端外径 A	法兰外径 D	连接尺寸				密封面尺寸		最小厚度 C		对焊高度 H	颈部直径 N	最小半径 r	法兰内径 B
NPS	DN			中心圆 K	螺栓孔 L	螺栓 n/个	螺纹规格	直径 R	高度 f_1	对焊整体	法兰盖				
26	650	660.4	1015	914.4	51	28	M48	749	7	108.0	125.5	222	748	13	按用户规定或根据钢管尺寸确定
28	700	711.2	1075	965.2	55	28	M52	800	7	111.2	131.8	235	803	13	
30	750	762.0	1130	1022.4	55	28	M52	857	7	114.3	139.7	248	862	13	
32	800	812.8	1195	1079.5	60	28	M56	914	7	117.5	147.7	260	918	13	
34	850	863.6	1245	1130.3	60	28	M56	965	7	120.7	154.0	270	973	14	
36	900	914.4	1315	1193.8	68	28	M64	1022	7	123.9	162.0	283	1032	14	
38	950	965.2	1270	1162.0	60	28	M56	1054	7	152.4	155.0	254	1022	14	
40	1000	1016.0	1320	1212.8	60	32	M56	1111	7	158.8	162.0	264	1073	14	
42	1050	1066.8	1405	1282.7	68	28	M64	1168	7	168.3	171.5	279	1127	14	
44	1100	1117.6	1455	1333.5	68	32	M64	1226	7	173.1	177.8	289	1181	14	
46	1150	1168.4	1510	1390.6	68	32	M64	1276	7	179.4	185.8	300	1235	14	
48	1200	1219.2	1595	1460.5	74	32	M70	1334	7	189.0	195.3	316	1289	14	
50	1250	1270.0	1670	1524.0	80	28	M76	1384	7	196.9	203.2	329	1343	14	
52	1300	1320.8	1720	1574.8	80	32	M76	1435	7	203.2	209.6	337	1394	14	
54	1350	1371.6	1780	1632.0	80	32	M76	1492	7	209.6	217.5	349	1448	14	
56	1400	1422.4	1855	1695.4	86	32	M82	1543	7	217.5	225.5	362	1502	16	
58	1450	1473.2	1905	1746.2	86	32	M82	1600	7	222.3	231.8	370	1553	16	
60	1500	1524.0	1995	1822.4	94	28	M90	1657	7	233.4	242.9	389	1610	17	

Class900

公称尺寸		法兰颈焊端外径 A	法兰外径 D	连接尺寸				密封面尺寸		最小厚度 C		对焊高度 H	颈部直径 N	最小半径 r	法兰内径 B
NPS	DN			中心圆 K	螺栓孔 L	螺栓 n/个	螺纹规格	直径 R	高度 f_1	对焊整体	法兰盖				
26	650	660.4	1085	952.5	74	20	M70	749	7	139.7	160.4	286	775	11	按用户规定或根据钢管尺寸确定
28	700	711.2	1170	1022.4	80	20	M76	800	7	142.9	171.5	298	832	13	
30	750	762.0	1230	1085.8	80	20	M76	857	7	149.3	182.6	311	889	13	
32	800	812.8	1315	1155.7	86	20	M82	914	7	158.8	193.7	330	946	13	
34	850	863.6	1395	1225.6	94	20	M90	965	7	165.1	204.8	349	1006	14	
36	900	914.4	1460	1289.0	94	20	M90	1022	7	171.5	214.4	362	1064	14	
38	950	965.2	1460	1289.0	94	20	M90	1099	7	190.5	215.9	352	1073	19	
40	1000	1016.0	1510	1339.8	94	24	M90	1162	7	196.9	223.8	364	1127	21	
42	1050	1066.8	1560	1390.6	94	24	M99	1213	7	206.4	231.8	371	1176	21	
44	1100	1117.6	1650	1463.7	99	24	M95	1270	7	214.4	242.9	391	1235	22	
46	1150	1168.4	1735	1536.7	105	24	M100	1334	7	225.5	255.6	411	1292	22	
48	1200	1219.2	1785	1587.5	105	24	M100	1384	7	233.4	263.6	419	1343	24	

9.3.2.3 B系列大直径钢制管法兰的型式与尺寸 ［图 9.3-4（a）～（f）、表 9.3-9］

表 9.3-9 B系列大直径钢制管法兰尺寸　　　　　　　单位：mm

Class75

| 公称尺寸 | | 法兰颈焊端外径 A | 连接尺寸 | | | | | 突密封面尺寸 | | 最小厚度 C | | 对焊高度 H | 颈部直径 N | 最小半径 r | 法兰内径 B |
NPS	DN		法兰外径 D	中心圆 K	螺栓孔 L	螺栓 n/个	螺纹规格	直径 R	高度 f_1	对焊整体	法兰盖				
26	650	660	760	723.9	19	36	M16	705	2	31.9	31.9	57	676	8	按用户规定或根据钢管尺寸确定
28	700	711	815	774.7	19	40	M16	756	2	31.9	31.9	60	727	8	
30	750	762	865	825.5	19	44	M16	806	2	31.9	31.9	64	778	8	
32	800	813	915	876.3	19	48	M16	857	2	33.5	35.0	68	829	8	
34	850	864	965	927.1	19	52	M16	908	2	36.6	36.6	72	879	8	
36	900	914	1035	992.2	22	40	M20	965	2	35.0	40.9	84	935	10	
38	950	965	1085	1043.0	22	40	M20	1016	2	36.6	43.3	87	986	10	
40	1000	1016	1135	1093.8	22	44	M20	1067	2	36.6	43.3	91	1037	10	
42	1050	1067	1185	1144.6	22	48	M20	1118	2	38.2	46.3	94	1087	10	
44	1100	1118	1250	1203.3	26	36	M24	1175	2	41.4	47.7	103	1140	10	
46	1150	1168	1300	1254.1	26	40	M24	1226	2	43.0	49.3	106	1191	10	
48	1200	1219	1355	1304.9	26	44	M24	1276	2	44.6	52.5	110	1241	10	
50	1250	1270	1405	1355.7	26	44	M24	1327	2	46.2	54.1	114	1294	10	
52	1300	1321	1455	1409.7	26	48	M24	1378	2	46.2	55.7	119	1345	10	
54	1350	1372	1510	1460.5	26	48	M24	1429	2	47.8	58.9	124	1397	10	
56	1400	1422	1575	1520.8	29	40	M27	1486	2	49.3	60.4	133	1451	11	
58	1450	1473	1625	1571.6	29	44	M27	1537	2	50.9	62.0	137	1502	11	
60	1500	1524	1675	1622.4	29	44	M27	1588	2	54.1	65.2	143	1553	11	

Class150

| 公称尺寸 | | 法兰颈焊端外径 A | 连接尺寸 | | | | | 突密封面尺寸 | | 最小厚度 C | | 对焊高度 H | 颈部直径 N | 最小半径 r | 法兰内径 B |
NPS	DN		法兰外径 D	中心圆 K	螺栓孔 L	螺栓 n/个	螺纹规格	直径 R	高度 f_1	对焊整体	法兰盖				
26	650	660	785	744.5	22	36	M20	711	2	39.8	43.0	87	684	10	按用户规定或根据钢管尺寸确定
28	700	711	835	795.3	22	40	M20	762	2	43.0	46.2	94	735	10	
30	750	762	885	846.1	22	44	M20	813	2	43.0	49.3	98	787	10	
32	800	813	940	900.1	22	48	M20	864	2	44.6	52.5	105	840	10	
34	850	864	1005	957.3	26	40	M24	921	2	47.7	55.7	109	892	10	
36	900	914	1055	1009.6	26	44	M24	972	2	509	57.3	116	945	10	
38	950	965	1125	1070.0	29	40	M27	1022	2	52.5	62.0	122	997	10	
40	1000	1016	1175	1120.8	29	44	M27	1080	2	54.1	65.2	127	1049	10	
42	1050	1067	1225	1171.6	29	48	M27	1130	2	57.3	66.8	132	1102	11	
44	1100	1118	1275	1222.4	29	52	M27	1181	2	58.9	70.0	135	1153	11	
46	1150	1168	1340	1284.3	32	40	M30	1235	2	60.4	73.1	143	1205	11	
48	1200	1219	1390	1335.1	32	44	M30	1289	2	63.6	76.3	148	1257	11	
50	1250	1270	1445	1385.9	32	48	M30	1340	2	66.8	79.5	152	1308	11	
52	1300	1321	1495	1436.7	32	52	M30	1391	2	68.4	82.7	156	1360	11	
54	1350	1372	1550	1492.2	32	56	M30	1441	2	70.0	85.8	160	1413	11	
56	1400	1422	1600	1543.0	32	60	M30	1492	2	71.6	89.0	165	1465	14	
58	1450	1473	1675	1611.3	35	48	M33	1543	2	73.1	91.9	173	1516	14	
60	1500	1524	1725	1662.1	35	52	M33	1600	2	74.7	95.4	178	1570	14	

续表

Class300

公称尺寸		法兰颈焊端外径 A	连接尺寸					突密封面尺寸		最小厚度 C		对焊高度 H	颈部直径 N	最小半径 r	法兰内径 B
NPS	DN		法兰外径 D	中心圆 K	螺栓孔 L	螺栓 n/个	螺纹规格	直径 R	高度 f₁	对焊整体	法兰盖				
26	650	660	865	803.3	35	32	M33	737	2	87.4	87.4	143	702	14	
28	700	711	920	857.2	35	36	M33	787	2	87.4	87.4	148	756	14	
30	750	762	990	920.8	39	36	M36	845	2	92.1	92.1	156	813	14	
32	800	813	1055	977.9	42	32	M39	902	2	101.6	101.6	167	864	16	
34	850	864	1110	1031.9	42	36	M39	853	2	101.6	101.6	171	918	16	
36	900	914	1170	1089.0	45	32	M42	1010	2	101.6	101.6	179	965	16	
38	950	965	1220	1139.8	45	36	M42	1060	2	109.6	109.6	191	1016	16	按用户规定或根据钢管尺寸确定
40	1000	1016	1275	1190.6	45	40	M42	1114	2	114.3	114.3	197	1067	16	
42	1050	1067	1335	1244.6	48	36	M45	1168	2	117.5	117.5	203	1118	16	
44	1100	1118	1385	1295.4	48	40	M45	1219	2	125.5	125.5	213	1173	16	
46	1150	1168	1460	1365.2	51	36	M48	1270	2	127.0	128.6	221	1229	16	
48	1200	1219	1510	1416.0	51	40	M48	1327	2	127.0	133.4	222	1278	16	
50	1250	1270	1560	1466.8	51	44	M48	1378	2	136.6	138.2	233	1330	16	
52	1300	1321	1615	1517.6	51	48	M48	1429	2	141.3	142.6	241	1383	16	
54	1350	1372	1675	1578.0	51	48	M48	1480	2	135.0	147.7	238	1435	16	
56	1400	1422	1765	1651.0	60	36	M56	1537	2	152.4	155.4	267	1494	17	
58	1450	1473	1825	1712.9	60	40	M56	1594	2	152.4	160.4	273	1548	17	
60	1500	1524	1880	1763.7	60	40	M56	1651	2	149.3	165.1	270	1599	17	

Class600

公称尺寸		法兰颈焊端外径 A	连接尺寸					突密封面尺寸		最小厚度 C		对焊高度 H	颈部直径 N	最小半径 r	法兰内径 B
NPS	DN		法兰外径 D	中心圆 K	螺栓孔 L	螺栓 n/个	螺纹规格	直径 R	高度 f₁	对焊整体	法兰盖				
26	650	660	890	806.4	45	28	M42	727	7	111.2	111.3	181	698	13	按用户规定或根据钢管尺寸确定
28	700	711	950	863.6	48	28	M45	784	7	115.9	115.9	190	752	13	
30	750	762	1020	927.1	51	28	M48	841	7	125.5	127.0	205	806	13	
32	800	813	1085	984.2	55	28	M52	895	7	130.2	134.9	216	860	13	
34	850	864	1160	1054.1	60	24	M56	953	7	141.3	144.2	233	914	14	
36	900	914	1215	1104.9	60	28	M56	1010	7	146.1	150.9	243	968	14	

Class900

公称尺寸		法兰颈焊端外径 A	连接尺寸					突密封面尺寸		最小厚度 C		对焊高度 H	颈部直径 N	最小半径 r	法兰内径 B
NPS	DN		法兰外径 D	中心圆 K	螺栓孔 L	螺栓 n/个	螺纹规格	直径 R	高度 f₁	对焊整体	法兰盖				
26	650	660	1020	901.7	68	20	M64	762	7	135.0	154.0	259	743	11	按用户规定或根据钢管尺寸确定
28	700	711	1105	971.6	74	20	M70	819	7	147.7	160.7	276	797	13	
30	750	762	1180	1035.0	80	20	M76	876	7	155.6	176.1	289	851	13	
32	800	813	1240	1092.2	80	20	M76	927	7	160.4	186.0	303	908	13	
34	850	864	1315	1155.7	86	20	M82	991	7	171.5	195.0	319	952	14	
36	900	914	1345	1200.2	80	24	M76	1029	7	173.1	201.7	325	1016	14	

9.3.2.4 大直径钢制管法兰用材料（表 9.3-10）

表 9.3-10 大直径钢制管法兰用材料

材料组号	材料类别	锻件		铸件		板材	
		材料牌号	标准	材料牌号	标准	材料牌号	标准
1.0	C-Si	—	—	—	—	Q235A	GB/T 3274
						Q235B	GB/T 700
		20	NB/T 47008	WCA	GB/T 12229	20	GB/T 711
						Q245R	GB 713
1.1	C-Si	A105	GB/T 12228	WCB	GB/T 12229	—	—
	C-Mn-Si	16Mn	NB/T 47008	—	—	—	—
1.2	C-Mn-Si	—	—	WCC	GB/T 12229	Q345R	GB 713
	C-Mn-Si	—	—	LCC	JB/T 7248	—	—
	2½Ni	—	—	LC2	JB/T 7248	—	—
	3½Ni	—	—	LC3	JB/T 7248	—	—
1.3	C-Si	—	—	LCB	JB/T 7248	—	—
	C-Mn-Si	16MnD	NB/T 47009	—	—	16MnDR	GB 3531
	C-½Mo	—	—	WC1	JB/T 5263	—	—
				LC1	JB/T 7248		
1.4	Mn-Ni	09MnNiD	NB/T 47009	—	—	09MnNiDR	GB 3531
1.8	1Cr-½Mo-V	12Cr1MoV	NB/T 47008	ZG20CrMoV	JB/T 9625	12Cr1MoVR	GB 713
1.9	1¼Cr-½Mo	14Cr1Mo	NB/T 47008	WC6	JB/T 5263	14Cr1MoR	GB 713
1.10	2¼Cr-1Mo	12Cr2Mo1	NB/T 47008	WC9	JB/T 5263	12Cr2Mo1R	GB 713
				ZG12Cr2Mo1G	GB/T 16253		
1.13	5Cr-½Mo	12Cr5Mo	NB/T 47008	ZG16Cr5MoG	GB/T 16253	—	—
1.14	9Cr-1Mo	—	—	ZG14Cr9Mo1G	GB/T 16253	—	—
1.15	9Cr-1Mo-V	—	—	C12A	JB/T 5263	—	—
1.17	1Cr-½Mo	15CrMo	NB/T 47008	ZG15Cr1MoG	GB/T 16253	15CrMoR	GB 713
1.18	9Cr-2W-V	10Cr9MoW2VNbBN	NB/T 47008	—	—	—	—
2.1	18Cr-8Ni	06Cr19Ni10	NB/T 47010	CF8	GB/T 12230	06Cr19Ni10	GB/T 4237
		—	—	CF3	GB/T 12230		
2.2	16Cr-12Ni-2Mo	06Cr17Ni12Mo2	NB/T 47010	CF8M	GB/T 12230	06Cr17Ni12Mo2	GB/T 4237
		—	—	CF3M	GB/T 12230		
	18Cr-13Ni-3Mo	—	—	—	—	06Cr19Ni13Mo3	GB/T 4237
2.3	18Cr-8Ni	022Cr19Ni10	NB/T 47010	—	—	022Cr19Ni10	GB/T 4237
	16Cr-12Ni-2Mo	022Cr17Ni12Mo2	NB/T 47010	—	—	022Cr17Ni12Mo2	GB/T 4237
	18Cr-13Ni-3Mo	022Cr19Ni13Mo3	NB/T 47010	—	—	022Cr19Ni13Mo3	GB/T 4237
2.4	18Cr-10Ni-Ti	06Cr18Ni11Ti	NB/T 47010	ZG08Cr18Ni9Ti	GB/T 12230	06Cr18Ni11Ti	GB/T 4237
				ZG12Cr18Ni9Ti			
2.5	18Cr-10Ni-Cb	06Cr18Ni11Nb	NB/T 47010	—	—	06Cr18Ni11Nb	GB/T 4237
2.6	23Cr-12Ni	—	—	—	—	06Cr23Ni13	GB/T 4237
2.7	25Cr-20Ni	06Cr25Ni20	NB/T 47010	—	—	06Cr25Ni20	GB/T 4237
2.8	22Cr-5Ni-3Mo-N	022Cr23Ni5Mo3N	NB/T 47010	—	—	022Cr22Ni5Mo3N	GB/T 4237
	25Cr-7Ni-4Mo-N	022Cr25Ni7Mo4N	NB/T 47010	—	—	022Cr25Ni7Mo4WCuN	GB/T 4237
2.9	23Cr-12Ni	—	—	—	—	06Cr23Ni13	GB/T 4237
2.11	18Cr-10Ni-Cb	06CrNi11Nb	NB/T 47010	CF8C	GB/T 12230	—	—

9.3.2.5 压力-温度额定值 (表9.3-11～表9.3-32)

表 9.3-11 1.0 组材料的压力-温度额定值

材料类别	锻件		铸件		板材
	—		—		Q235A、Q235B
C-Si					20[1]
	20[1]		WCA[1]		
					Q245R[1]
温度/℃	Class75	Class150	Class300	Class600	Class900
	最大允许工作压力/MPa				
−29～38	0.79	1.58	3.95	7.90	11.85
50	0.76	1.53	3.85	7.75	11.60
100	0.71	1.42	3.56	7.12	10.68
150	0.67	1.35	3.39	6.78	10.17
200	0.63	1.27	3.18	6.36	9.54
250	0.57	1.15	2.88	5.76	8.64
300	0.51	1.02	2.57	5.14	7.71
325	0.46	0.93	2.48	4.96	7.44
350	0.31	0.84	2.39	4.78	7.17
375	—	0.74	2.29	4.58	6.87
400	—	0.65	2.19	4.38	6.57
425	—	0.55	2.12	4.24	6.36
450	—	0.46	1.96	3.92	5.87
475	—	0.37	1.35	2.71	4.06

① 当长期暴露在425℃以上温度时，钢中的碳化相可能转变为石墨。允许但不推荐长期在425℃以上使用。

表 9.3-12 1.1 组材料的压力-温度额定值

材料类别	锻件		铸件		板材
	A105[1]		WCB[1]		—
C-Si	16Mn				—
温度/℃	Class75	Class150	Class300	Class600	Class900
	最大允许工作压力/MPa				
−29～38	0.98	1.96	5.11	10.21	15.32
50	0.96	1.92	5.01	10.02	15.04
100	0.88	1.77	4.66	9.32	13.98
150	0.79	1.58	4.51	9.02	13.52
200	0.69	1.38	4.38	8.76	13.14
250	0.60	1.21	4.19	8.39	12.58
300	0.51	1.02	3.98	7.96	11.95
325	0.46	0.93	3.87	7.74	11.61
350	0.31	0.84	3.76	7.51	11.27
375	—	0.74	3.64	7.27	10.91
400	—	0.65	3.47	6.94	10.42
425	—	0.55	2.88	5.75	8.63
450	—	0.46	2.30	4.60	6.90
475	—	0.37	1.74	3.49	5.23
500	—	0.28	1.18	2.35	3.53
538	—	0.14	0.59	1.18	1.77

① 当长期暴露在425℃以上温度时，钢中的碳化相可能转变为石墨。允许但不推荐长期在425℃以上使用。

表 9.3-13　1.2 组材料的压力-温度额定值

材料类别	锻件		铸件		板材
C-Mn-Si	—		WCC[①]		Q345R
C-Mn-Si	—		LCC[②]		—
2½Ni	—		LC2		—
3½Ni	—		LC3[③]		—
温度/℃	Class75	Class150	Class300	Class600	Class900
			最大允许工作压力/MPa		
−29～38	0.99	1.98	5.17	10.34	15.51
50	0.98	1.95	5.17	10.34	15.51
100	0.88	1.77	5.15	10.30	15.46
150	0.79	1.58	5.02	10.03	15.05
200	0.69	1.38	4.86	9.72	14.58
250	0.60	1.21	4.63	9.27	13.90
300	0.51	1.02	4.29	8.57	12.86
325	0.46	0.93	4.14	8.28	12.40
350	0.31	0.84	4.00	8.00	12.01
375	—	0.74	3.78	7.57	11.35
400	—	0.65	3.47	6.94	10.42
425	—	0.55	2.88	5.75	8.63
450	—	0.46	2.30	4.60	6.90
475	—	0.37	1.71	3.42	5.13
500	—	0.28	1.16	2.32	3.47
538	—	0.14	0.59	1.18	1.77

① 当长期暴露在 425℃以上温度时，钢中的碳化相可能转变为石墨。允许但不推荐长期在 425℃以上使用。

② 不得用于 340℃以上。

③ 不得用于 260℃以上。

表 9.3-14　1.3 组材料的压力-温度额定值

材料类别	锻件		铸件		板材
C-Si	—		LCB[①]		—
C-Mn-Si	16MnD		—		16MnDR
C-1/2Mo	—		WC1[②,③]		—
	—		LC1[①]		—
温度/℃	Class75	Class150	Class300	Class600	Class900
			最大允许工作压力/MPa		
−29～38	0.92	1.84	4.80	9.60	14.41
50	0.91	1.82	4.75	9.49	14.24
100	0.87	1.74	4.53	9.07	13.60
150	0.79	1.58	4.39	8.79	13.18
200	0.69	1.38	4.25	8.51	12.76
250	0.60	1.21	4.08	8.16	12.23
300	0.51	1.02	3.87	7.74	11.61
325	0.46	0.93	3.76	7.52	11.27
350	0.31	0.84	3.64	7.28	10.92
375	—	0.74	3.50	6.99	10.49
400	—	0.65	3.26	6.52	9.79
425	—	0.55	2.73	5.46	8.19
450	—	0.46	2.16	4.32	6.48
475	—	0.37	1.57	3.13	4.70
500	—	0.28	1.11	2.21	3.32
538	—	0.14	0.59	1.18	1.77

① 不得用于 340℃以上。

② 当长期暴露在 465℃以上温度时，钢中的碳化相可能转变为石墨。允许但不推荐长期在 465℃以上使用。

③ 仅使用正火加回火的材料。

表 9.3-15 1.4 组材料的压力-温度额定值

材料类别	锻件		铸件		板材
Mn-Ni	09MnNiD		—		09MnNiDR
温度/℃	Class75	Class150	Class300	Class600	Class900
	最大允许工作压力/MPa				
−29～38	0.82	1.63	4.26	8.51	12.77
50	0.80	1.60	4.18	8.35	12.53
100	0.74	1.49	3.88	7.77	11.65
150	0.72	1.44	3.76	7.51	11.27
200	0.69	1.38	3.64	7.28	10.92
250	0.60	1.21	3.49	6.98	10.47
300	0.51	1.02	3.32	6.64	9.95
325	0.46	0.93	3.22	6.45	9.67
350	0.31	0.84	3.12	6.25	9.37
375	—	0.74	3.04	6.07	9.11
400	—	0.65	2.93	5.87	8.80
425	—	0.55	2.58	5.15	7.73
450	—	0.46	2.14	4.27	6.41
475	—	0.37	1.41	2.82	4.23
500	—	0.28	1.03	2.06	3.09
538	—	0.14	0.59	1.18	1.77

表 9.3-16 1.8 组材料的压力-温度额定值

材料类别	锻件		铸件		板材
1Cr-½Mo-V	12Cr1MoV		ZG20CrMoV		12Cr1MoVR
	公称压力 Class				
温度/℃	75	150	300	600	900
	最大允许工作压力/MPa				
−29～38	1.00	2.00	4.96	9.92	14.88
50	0.98	1.95	4.96	9.92	14.88
100	0.88	1.77	4.66	9.32	13.98
150	0.79	1.58	4.37	8.74	13.11
200	0.69	1.40	4.07	8.14	12.21
250	0.60	1.21	3.87	7.74	11.61
300	0.51	1.02	3.56	7.12	10.68
325	0.46	0.93	3.47	6.94	10.41
350	0.31	0.84	3.38	6.76	10.14
375	—	0.74	3.28	6.56	9.84
400	—	0.65	3.18	6.36	9.54
425	—	0.55	3.13	6.26	9.39
450	—	0.46	3.08	6.16	9.24
475	—	0.37	2.95	5.90	8.85
500	—	0.28	2.82	5.64	8.46
538	—	0.17	2.13	4.26	6.39
550	—	0.13	1.91	3.82	5.73
575	—	—	1.18	2.36	3.54

表 9.3-17　1.9 组材料的压力-温度额定值

材料类别	锻件		铸件	板材	
1¼Cr-½Mo	14Cr1Mo		WC6[①,②]	14Cr1MoR	
温度/℃	Class75	Class150	Class300	Class600	Class900
	最大允许工作压力/MPa				
−29～38	0.99	1.98	5.17	10.34	15.51
50	0.98	1.95	5.17	10.34	15.51
100	0.88	1.77	5.15	10.30	15.44
150	0.79	1.58	4.97	9.95	14.92
200	0.69	1.38	4.80	9.59	14.39
250	0.60	1.21	4.63	9.27	13.90
300	0.51	1.02	4.29	8.57	12.86
325	0.46	0.93	4.14	8.26	12.40
350	0.31	0.84	4.03	8.04	12.07
375	—	0.74	3.89	7.76	11.65
400	—	0.65	3.65	7.33	10.98
425	—	0.55	3.52	7.00	10.51
450	—	0.46	3.37	6.77	10.14
475	—	0.37	3.17	6.34	9.51
500	—	0.28	2.57	5.15	7.72
538	—	0.14	1.49	2.98	4.47
550	—	—	1.27	2.54	3.81
575	—	—	0.88	1.76	2.64
600	—	—	0.61	1.22	1.83
625	—	—	0.43	0.85	1.28
650	—	—	0.28	0.57	0.85

①仅允许用正火加回火材料。

② 不得用于 590℃以上。

表 9.3-18　1.10 组材料的压力-温度额定值

材料类别	锻件		铸件	板材	
2¼Cr-1Mo	12Cr2Mo1		WC9[①,②] ZG12Cr1Mo1G	12Cr2Mo1R	
温度/℃	Class75	Class150	Class300	Class600	Class900
	最大允许工作压力/MPa				
−29～38	0.99	1.98	5.17	10.34	15.51
50	0.98	1.95	5.17	10.34	15.51
100	0.88	1.77	5.15	10.30	15.46
150	0.79	1.58	5.03	10.03	15.06
200	0.69	1.38	4.86	9.72	14.58
250	0.60	1.21	4.63	9.27	13.90
300	0.51	1.02	4.29	8.57	12.86
325	0.46	0.93	4.14	8.26	12.40
350	0.31	0.84	4.03	8.04	12.07
375	—	0.74	3.89	7.76	11.65
400	—	0.65	3.65	7.33	10.98
425	—	0.55	3.52	7.00	10.51
450	—	0.46	3.37	6.77	10.14
475	—	0.37	3.17	6.34	9.51
500	—	0.28	2.82	5.65	8.47
538	—	0.14	1.84	3.69	5.53

续表

材料类别	锻件		铸件	板材	
2¼Cr-1Mo	12Cr2Mo1		WC9[①,②] ZG12Cr1Mo1G	12Cr2Mo1R	
温度/℃	Class75	Class150	Class300	Class600	Class900
	最大允许工作压力/MPa				
550	—	—	1.56	3.13	4.69
575	—	—	1.05	2.11	3.16
600	—	—	0.69	1.38	2.07
625	—	—	0.45	0.89	1.34
650	—	—	0.28	0.57	0.85

① 仅允许用正火加回火材料。

② 不得用于590℃以上。

表 9.3-19 1.13 组材料的压力-温度额定值

材料类别	锻件		铸件	板材	
5Cr-½Mo	12Cr5Mo		ZG16Cr5MoG	—	
温度/℃	Class75	Class150	Class300	Class600	Class900
	最大允许工作压力/MPa				
−29~38	1.00	2.00	5.17	10.34	15.51
50	0.98	1.95	5.17	10.34	15.51
100	0.88	1.77	5.15	10.30	15.46
150	0.79	1.58	5.03	10.03	15.06
200	0.69	1.38	4.86	9.72	14.58
250	0.60	1.21	4.63	9.27	13.90
325	0.46	0.93	4.14	8.26	12.40
350	0.31	0.84	4.03	8.04	12.07
375	—	0.74	3.89	7.76	11.65
400	—	0.65	3.65	7.33	10.98
425	—	0.55	3.52	7.00	10.51
450	—	0.46	3.37	6.77	10.14
475	—	0.37	2.79	5.57	8.36
500	—	0.28	2.14	4.28	6.41
538	—	0.14	1.37	2.74	4.11
550	—	—	1.20	2.41	3.61
575	—	—	0.89	1.78	2.67
600	—	—	0.62	1.25	1.87
625	—	—	0.40	0.80	1.20
650	—	—	0.24	0.47	0.71

表 9.3-20 1.14 组材料的压力-温度额定值

材料类别	锻件		铸件	板材	
9Cr-1Mo	—		ZG14Cr9Mo1G[①]	—	
温度/℃	Class75	Class150	Class300	Class600	Class900
	最大允许工作压力/MPa				
−29~38	1.00	2.00	5.17	10.34	15.51
50	0.98	1.95	5.17	10.34	15.51
100	0.88	1.77	5.15	10.30	15.46
150	0.79	1.58	5.03	10.03	15.06
200	0.69	1.38	4.86	9.72	14.58
250	0.60	1.21	4.63	9.27	13.90
300	0.51	1.02	4.29	8.57	12.86
325	0.46	0.93	4.14	8.26	12.40

续表

材料类别	锻件		铸件	板材	
9Cr-1Mo	—		ZG14Cr9Mo1G[①]	—	
温度/℃	Class75	Class150	Class300	Class600	Class900
	最大允许工作压力/MPa				
350	0.31	0.84	4.03	8.04	12.07
375	—	0.74	3.89	7.76	11.65
400	—	0.65	3.65	7.33	10.98
425	—	0.55	3.52	7.00	10.51
450	—	0.46	3.37	6.77	10.14
475	—	0.37	3.17	6.34	9.51
500	—	0.28	2.82	5.65	8.47
537	—	0.14	1.75	3.50	5.25
550	—	—	1.50	3.00	4.50
575	—	—	1.05	2.09	3.14
600	—	—	0.72	1.44	2.15
625	—	—	0.50	0.99	1.49
650	—	—	0.35	0.71	1.06

① 仅允许用正火和回火材料。

表 9.3-21　1.15 组材料的压力-温度额定值

材料类别	锻件		铸件	板材	
9Cr-1Mo-V	—		C12A	—	
温度/℃	Class75	Class150	Class300	Class600	Class900
	最大允许工作压力/MPa				
−29～38	1.00	2.00	5.17	10.34	15.51
50	0.98	1.95	5.17	10.34	15.51
100	0.88	1.77	5.15	10.30	15.46
150	0.79	1.58	5.03	10.03	15.06
200	0.69	1.38	4.86	9.72	14.58
250	0.60	1.21	4.63	9.27	13.90
300	0.51	1.02	4.29	8.57	12.86
325	0.46	0.93	4.14	8.26	12.40
350	0.31	0.84	4.03	8.04	12.07
375	—	0.74	3.89	7.76	11.65
400	—	0.65	3.65	7.33	10.98
425	—	0.55	3.52	7.00	10.51
450	—	0.46	3.37	6.77	10.14
475	—	0.37	3.17	6.34	9.51
500	—	0.28	2.82	5.65	8.47
538	—	0.14	2.52	5.00	7.52
550	—	—	2.50	4.98	7.48
575	—	—	2.40	4.79	7.18
600	—	—	1.95	3.90	5.85
625	—	—	1.46	2.92	4.38
650	—	—	0.99	1.99	2.98

表 9.3-22　1.17 组材料的压力-温度额定值

材料类别	锻件		铸件	板材	
1Cr-½Mo	15CrMo[①,②]		ZG15Cr1MoG[①,②]	15CrMoR	
温度/℃	Class75	Class150	Class300	Class600	Class900
	最大允许工作压力/MPa				
−29～38	0.99	1.98	5.17	10.34	15.51
50	0.98	1.95	5.15	10.30	15.45
100	0.88	1.77	5.04	10.09	15.13

续表

材料类别	锻件		铸件		板材
1Cr-⅓Mo	15CrMo[①,②]		ZG15Cr1MoG[①,②]		15CrMoR
温度/℃	Class75	Class150	Class300	Class600	Class900
	最大允许工作压力/MPa				
150	0.79	1.58	4.82	9.64	14.45
200	0.69	1.38	4.63	9.25	13.88
250	0.60	1.21	4.48	8.96	13.45
300	0.51	1.02	4.29	8.57	12.86
325	0.46	0.93	4.14	8.26	12.40
350	0.31	0.84	4.03	8.04	12.07
375	—	0.74	3.89	7.76	11.65
400	—	0.65	3.65	7.33	10.98
425	—	0.55	3.52	7.00	10.51
450	—	0.46	3.37	6.77	10.14
475	—	0.37	2.79	5.57	8.36
500	—	0.28	2.14	4.28	6.41
538	—	0.14	1.37	2.74	4.11
550	—	—	0.88	1.76	2.64
600	—	—	0.61	1.21	1.82
625	—	—	0.40	0.80	1.20
650	—	—	0.24	0.47	0.71

① 仅允许用正火加回火材料。

② 允许但不推荐长期在590℃以上使用。

表 9.3-23　2.1组材料的压力-温度额定值

材料类别	锻件		铸件		板材
18Cr-8Ni	06Cr19Ni10[①]		CF8[①]		0Cr18Ni9[①]
	—		CF3[②]		—
温度/℃	Class75	Class150	Class300	Class600	Class900
	最大允许工作压力/MPa				
−29~38	0.95	1.90	4.96	9.93	14.89
50	0.92	1.83	4.78	9.56	14.35
100	0.78	1.57	4.09	8.17	12.26
150	0.71	1.42	3.70	7.40	11.10
200	0.66	1.32	3.45	6.90	10.34
250	0.60	1.21	3.25	6.50	6.75
300	0.51	1.02	3.09	6.18	9.27
325	0.46	0.93	3.02	6.04	9.07
350	0.31	0.84	2.96	5.93	8.89
375	—	0.74	2.90	5.81	8.71
400	—	0.65	2.84	5.69	8.53
425	—	0.55	2.80	5.60	8.40
450	—	0.46	2.74	5.48	8.22
475	—	0.37	2.69	5.39	8.08
500	—	0.28	2.65	5.30	7.95
538	—	0.14	2.44	4.89	7.33
550	—	—	2.36	4.71	7.07
575	—	—	2.08	4.17	6.25
600	—	—	1.69	3.38	5.06
625	—	—	1.38	2.76	4.14

材料类别	锻件		铸件	板材	
18Cr-8Ni	06Cr19Ni10[①]		CF8[①]	0Cr18Ni9[①]	
	—		CF3[②]		
温度/℃	Class75	Class150	Class300	Class600	Class900
	最大允许工作压力/MPa				
650	—	—	1.13	2.25	3.38
675	—	—	0.93	1.87	2.80
700	—	—	0.80	1.61	2.41
725	—	—	0.68	1.35	2.03
750	—	—	0.58	1.16	1.73
775	—	—	0.46	0.90	1.37
800	—	—	0.35	0.70	1.05
816	—	—	0.28	0.59	0.86

① 只有当碳含量≥0.04％时，才可用于538℃以上。

② 不得用于425℃以上。

表 9.3-24 2.2 组材料的压力-温度额定值

材料类别	锻件		铸件	板材	
16Cr-12Ni-2Mo	06Cr17Ni12Mo2[①]		CF8M[①]	06Cr17Ni12Mo2[①]	
	—		CF3M[②]		
18Cr-13Ni-3Mo	—		—	06Cr19Ni13Mo3[①]	
温度/℃	Class75	Class150	Class300	Class600	Class900
	最大允许工作压力/MPa				
−29～38	0.95	1.90	4.96	9.93	14.89
50	0.92	1.84	4.81	9.62	14.43
100	0.81	1.62	4.22	8.44	12.66
150	0.74	1.48	3.85	7.70	11.55
200	0.68	1.37	3.57	7.13	10.70
250	0.60	1.21	3.34	6.68	10.01
300	0.51	1.02	3.16	6.32	9.49
325	0.46	0.93	3.09	6.18	9.27
350	0.31	0.84	3.03	6.07	9.10
375	—	0.74	2.99	5.98	8.96
400	—	0.65	2.94	5.89	8.83
425	—	0.55	2.91	5.83	8.74
450	—	0.46	2.88	5.77	8.65
475	—	0.37	2.87	5.73	8.60
500	—	0.28	2.82	5.65	8.47
538	—	0.14	2.52	5.00	7.52
550	—	—	2.50	4.98	7.48
575	—	—	2.40	4.79	7.18
600	—	—	1.99	3.98	5.97
625	—	—	1.58	3.16	4.74
650	—	—	1.27	2.53	3.80
675	—	—	1.03	2.06	3.10
700	—	—	0.84	1.68	2.51
725	—	—	0.70	1.40	2.10
750	—	—	0.59	1.17	1.76
775	—	—	0.46	0.90	1.37
800	—	—	0.35	0.70	1.06
816	—	—	0.28	0.59	0.86

① 只有当碳含量≥0.04％时，才可用于538℃以上。

② 不得用于455℃以上。

表 9.3-25 2.3 组材料的压力-温度额定值

材料类别	锻件		铸件	板材	
18Cr-8Ni	022Cr19Ni10[①]		—	022Cr19Ni10[①]	
16Cr-12Ni-2Mo	022Cr17Ni12Mo2		—	022Cr17NI12Mo	
18Cr-13Ni-3Mo	022Cr19Ni13Mo3		—	022Cr19Ni13Mo3	
温度/℃	Class75	Class150	Class300	Class600	Class900
	最大允许工作压力/MPa				
−29~38	0.79	1.59	4.14	8.27	12.41
50	0.77	1.53	4.00	8.00	12.01
100	0.67	1.33	3.48	6.96	10.44
150	0.60	1.20	3.14	6.28	9.42
200	0.56	1.12	2.92	5.83	8.75
250	0.53	1.05	2.75	5.49	8.24
300	0.50	1.00	2.61	5.21	7.82
325	0.46	0.93	2.55	5.10	7.64
350	0.31	0.84	2.51	5.01	7.52
375	—	0.74	2.48	4.95	7.43
400	—	0.65	2.43	4.86	7.29
425	—	0.55	2.39	4.77	7.16
450	—	0.46	2.34	4.68	7.02

① 不得用于 425℃ 以上。

表 9.3-26 2.4 组材料的压力-温度额定值

材料类别	锻件		铸件	板材	
18Cr-10Ni-Ti	06Cr18Ni11Ti[①]		ZG08Cr18Ni19Ti[①]	06Cr18Ni11Ti[①]	
			ZG12Cr18Ni9Ti[①]		
温度/℃	Class75	Class150	Class300	Class600	Class900
	最大允许工作压力/MPa				
−29~38	0.95	1.90	4.96	9.93	14.89
50	0.93	1.86	4.86	9.71	14.57
100	0.85	1.70	4.42	8.85	13.27
150	0.79	1.57	4.10	8.20	12.27
200	0.69	1.38	3.83	7.68	11.49
250	0.60	1.21	3.60	7.20	10.31
300	0.51	1.02	3.41	6.83	10.24
325	0.46	0.93	3.33	6.66	9.99
350	0.31	0.84	3.26	6.52	9.78
375	—	0.74	3.20	6.41	9.61
400	—	0.66	3.16	6.32	9.48
425	—	0.55	3.11	6.23	9.34
450	—	0.46	3.08	6.17	9.25
475	—	0.37	3.08	6.17	9.25
500	—	0.28	2.82	5.65	8.47
538	—	0.14	2.52	5.00	7.52
550	—	—	2.50	4.98	7.48
575	—	—	2.40	4.79	7.18
600	—	—	2.03	4.05	6.08
625	—	—	1.58	3.16	4.74
650	—	—	1.26	2.53	3.79
675	—	—	0.99	1.98	2.96
700	—	—	0.79	1.58	2.37
725	—	—	0.63	1.27	1.90
750	—	—	0.50	1.00	1.50
775	—	—	0.40	0.80	1.19
800	—	—	0.31	0.63	0.94
816	—	—	0.26	0.52	0.78

① 只有当碳含量≥0.04%时，并且当材料做了最低加热温度为 1095℃ 的热处理时，才可用于 538℃ 以上。

表 9.3-27　2.5 组材料的压力-温度额定值

材料类别	锻件		铸件	板材	
18Cr-10Ni-Cb	06Cr18Ni11Nb[①]		—	06Cr18Ni11Nb[①]	
温度/℃	Class75	Class150	Class300	Class600	Class900
	最大允许工作压力/MPa				
−29〜38	0.95	1.90	4.96	9.93	14.89
50	0.93	1.87	4.88	9.75	14.63
100	0.87	1.74	4.53	9.06	13.59
150	0.79	1.58	4.25	8.49	12.74
200	0.69	1.38	3.99	7.99	11.98
250	0.60	1.21	3.78	7.56	11.34
300	0.51	1.02	3.61	7.22	10.83
325	0.46	0.93	3.54	7.07	10.61
350	0.31	0.84	3.48	6.95	10.43
375	—	0.74	3.42	6.84	10.26
400	—	0.65	3.39	6.78	10.17
425	—	0.55	3.36	6.72	10.08
450	—	0.46	3.35	6.69	10.04
475	—	0.37	3.17	6.34	9.51
500	—	0.28	2.82	5.65	8.47
538	—	0.14	2.52	5.00	7.52
550	—	—	2.50	4.98	7.48
575	—	—	2.40	4.79	7.18
600	—	—	2.16	4.29	6.42
625	—	—	1.83	3.66	5.49
650	—	—	1.41	2.81	4.25
675	—	—	1.24	2.52	3.76
700	—	—	1.01	2.00	2.98
725	—	—	0.79	1.54	2.32
750	—	—	0.59	1.17	1.76
775	—	—	0.46	0.90	1.37
800	—	—	0.35	0.70	1.05
816	—	—	0.28	0.59	0.86

① 只有当碳含量≥0.04%时，并且当材料做了最低加热温度为1095℃的热处理时，才可用于538℃以上。

表 9.3-28　2.6 组材料的压力-温度额定值

材料类别	锻件		铸件	板材	
23Cr-12Ni	—		—	06Cr23Ni13	
温度/℃	Class75	Class150	Class300	Class600	Class900
	最大允许工作压力/MPa				
−29〜38	0.95	1.90	4.96	9.93	14.89
50	0.93	1.85	4.83	9.65	14.49
100	0.83	1.65	4.31	8.62	12.93
150	0.77	1.53	4.00	8.00	12.00
200	0.69	1.38	3.78	7.55	11.33
250	0.60	1.21	3.61	7.21	10.82
300	0.51	1.02	3.48	6.96	10.44
325	0.46	0.93	3.42	6.85	10.27
350	0.31	0.84	3.38	6.76	10.14
375	—	0.74	3.34	6.68	10.01
400	—	0.65	3.31	6.61	9.92
425	—	0.55	3.26	6.53	9.79
450	—	0.46	3.22	6.44	9.65

续表

材料类别	锻件		铸件		板材
23Cr-12Ni	—		—		06Cr23Ni13
温度/℃	Class75	Class150	Class300	Class600	Class900
	最大允许工作压力/MPa				
475	—	0.37	3.17	6.34	9.51
500	—	0.28	2.82	5.65	8.47
538	—	0.14	2.52	5.00	7.52
550	—	—	2.50	4.98	7.48
575	—	—	2.22	4.44	6.65
600	—	—	1.68	3.35	5.03
625	—	—	1.25	2.50	3.75
650	—	—	0.94	1.87	2.81
675	—	—	0.72	1.45	2.17
700	—	—	0.55	1.10	1.65
725	—	—	0.43	0.87	1.30
750	—	—	0.34	0.68	1.02
775	—	—	0.27	0.54	0.81
800	—	—	0.21	0.42	0.63
816	—	—	0.18	0.35	0.53

表 9.3-29　2.7 组材料的压力-温度额定值

材料类别	锻件		铸件		板材
25Cr-20Ni	06Cr25Ni20[①]		—		06Cr25Ni20[①]
温度/℃	Class75	Class150	Class300	Class600	Class900
	最大允许工作压力/MPa				
−29～38	0.95	1.90	4.96	9.93	14.89
50	0.93	1.85	4.84	9.67	14.51
100	0.83	1.66	4.34	8.68	13.02
150	0.77	1.53	4.00	8.00	12.00
200	0.69	1.38	3.76	7.52	11.28
250	0.60	1.21	3.58	7.15	10.73
300	0.51	1.02	3.45	6.89	10.34
325	0.46	0.93	3.39	6.77	10.16
350	0.31	0.84	3.33	6.66	9.99
375	—	0.74	3.29	6.57	9.86
400	—	0.65	3.24	6.48	9.73
425	—	0.55	3.21	6.42	9.64
450	—	0.46	3.17	6.34	9.51
475	—	0.37	3.12	6.25	9.37
500	—	0.28	2.82	5.65	8.47
538	—	0.14	2.52	5.00	7.52
550	—	—	2.50	4.98	7.48
575	—	—	2.22	4.44	6.65
600	—	—	1.68	3.35	5.03
625	—	—	1.25	2.50	3.75
650	—	—	0.94	1.87	2.81
675	—	—	0.72	1.45	2.17
700	—	—	0.55	1.10	1.65
725	—	—	0.43	0.87	1.30
750	—	—	0.34	0.68	1.02
775	—	—	0.27	0.53	0.80
800	—	—	0.21	0.41	0.62
816	—	—	0.18	0.35	0.53

① 只有当碳含量≥0.04%时，才可用于 538℃以上。

表 9.3-30　2.8 组材料的压力-温度额定值

材料类别	锻件		铸件	板材	
22Cr-5Ni-3Mo-N	022Cr23Ni5Mo3N[①]		—	022Cr22Ni5Mo3N[①]	
25Cr-7Ni-4Mo-N	022Cr25Ni7Mo4N[①]		—	022Cr25Ni7Mo4WCuN[①]	
温度/℃	Class75	Class150	Class300	Class600	Class900
	最大允许工作压力/MPa				
−29～38	1.00	2.00	5.17	10.34	15.51
50	0.98	1.95	5.17	10.34	15.51
100	0.88	1.77	5.07	10.13	5.20
150	0.79	1.58	4.59	9.19	13.78
200	0.69	1.38	4.27	8.53	12.80
250	0.60	1.21	4.05	8.09	12.14
300	0.51	1.02	3.89	7.77	11.66
325	0.46	0.93	3.82	7.63	11.45

① 材料在中高温使用后可能变脆。不得用于 315℃ 以上。

表 9.3-31　2.9 组材料的压力-温度额定值

材料类别	锻件		铸件	板材	
23Cr-12Ni	—		—	06Cr23Ni13[①,②,③]	
温度/℃	75	150	300	600	900
	最大允许工作压力/MPa				
−29～38	0.95	1.90	4.96	9.93	14.89
50	0.93	1.85	4.83	9.66	14.49
100	0.83	1.65	4.31	8.62	12.93
150	0.77	1.53	4.00	8.00	12.00
200	0.69	1.38	3.76	7.52	11.28
250	0.60	1.21	3.58	7.15	10.73
300	0.51	1.02	3.45	6.89	10.34
325	0.46	0.93	3.39	6.77	10.16
350	0.31	0.84	3.33	6.66	9.99
375	—	0.74	3.29	6.57	9.89
400	—	0.65	3.24	6.48	9.73
425	—	0.55	3.21	6.42	9.64
450	—	0.46	3.17	6.34	9.51
475	—	0.37	3.12	6.25	9.37
500	—	0.28	2.82	5.65	8.47
538	—	0.14	2.34	4.68	7.02
550	—	—	2.05	4.10	6.15
575	—	—	1.51	3.02	4.53
600	—	—	1.10	2.21	3.31
625	—	—	0.81	1.63	2.44
650	—	—	0.58	1.16	1.74
675	—	—	0.37	0.74	1.11
700	—	—	0.22	0.43	0.65
725	—	—	0.14	0.27	0.41
750	—	—	0.10	0.21	0.31
775	—	—	0.08	0.16	0.25
800	—	—	0.06	0.12	0.18
816	—	—	0.05	0.09	0.14

① 碳含量≥0.04% 时，才可用于 538℃ 以上。

② 只有经过标准规定的最低温度（但不低于 1035℃）的固溶处理才能够用于 538℃ 以上。

③ 只有晶粒度符合 ASTM 标准的相关规定时才能够用于 565℃ 以上。

表 9.3-32　2.11 组材料的压力-温度额定值

材料类别	锻件		铸件		板材
06CrNi11Nb	06CrNi11Nb		CF8C①		—
温度/℃	Class75	Class150	Class300	Class600	Class900
	最大允许工作压力/MPa				
−29～38	0.98	190	4.96	9.93	14.89
50	0.93	1.87	4.88	9.75	14.63
100	0.87	1.74	4.53	9.06	13.59
150	0.79	1.58	4.25	8.49	12.74
200	0.69	1.38	3.99	7.99	11.98
250	0.60	1.21	3.78	7.56	11.34
300	0.51	1.02	3.61	7.22	10.83
325	0.46	0.93	3.54	7.07	10.61
350	0.31	0.84	3.48	6.95	10.43
375	—	0.74	3.42	6.84	10.26
400	—	0.65	3.39	6.78	10.17
425	—	0.55	3.36	6.72	10.08
450	—	0.46	3.35	6.69	10.04
475	—	0.37	3.17	6.34	9.51
500	—	0.28	2.82	5.65	8.47
538	—	0.14	2.52	5.00	7.52
550	—	—	2.50	4.98	7.48
575	—	—	2.40	4.79	7.18
600	—	—	1.98	3.96	5.94
625	—	—	1.39	2.77	4.16
650	—	—	1.03	2.06	3.09
675	—	—	0.80	1.59	2.39
700	—	—	0.56	1.12	1.68
725	—	—	0.40	0.80	1.19
750	—	—	0.31	0.62	0.93
775	—	—	0.25	0.49	0.74
800	—	—	0.20	0.40	0.61
816	—	—	0.19	0.38	0.57

① 只有当碳含量≥0.04%时，才可用于 538℃以上。

9.3.2.6　法兰与法兰盖的参考质量（表 9.3-33～表 9.3-36）

表 9.3-33　A 系列大直径对焊钢制管法兰的参考质量　　　　　　单位：kg

公称尺寸		Class150	Class300	Class600	Class900	
NPS	DN	标准管号	标准管号	标准管号	标准管号	XD 管号
26	650	142.4	270.5	423.0	660.4	673.8
28	700	161.4	329.0	479.7	783.8	798.5
30	750	190.8	376.2	541.8	897.3	913.3
32	800	238.2	436.8	609.6	1081.3	1098.9
34	850	254.4	488.7	667.3	1262.8	1281.9
36	900	304.8	546.0	755.1	1433.1	1457.0
38	950	336.8	304.8	640.0	1399.5	1423.9

| 公称尺寸 | | Class150 | Class300 | Class600 | Class900 | |
NPS	DN	标准管号	标准管号	标准管号	标准管号	XD 管号
40	1000	364.9	370.3	686.4	1478.4	1504.2
42	1050	415.9	403.1	854.6	1608.6	1635.5
44	1100	467.8	459.2	904.1	1890.6	1919.3
46	1150	498.6	522.6	997.7	2207.3	2243.2
48	1200	548.0	556.3	1196.0	2368.3	2405.5
50	1250	593.4	635.4	1394.2	—	—
52	1300	652.1	681.6	1460.1	—	—
54	1350	726.2	834.0	1613.7	—	—
56	1400	798.2	878.0	1811.8	—	—
58	1450	882.8	919.9	1917.2	—	—
60	1500	926.0	977.5	2317.0	—	—

表 9.3-34 A 系列大直径钢制管法兰盖的参考质量　　　　　单位：kg

| 公称尺寸 | | Class150 | Class300 | Class600 | Class900 |
NPS	DN				
26	650	306.1	458.3	765.0	1083.0
28	700	361.9	565.3	900.3	1343.1
30	750	430.9	658.2	1061.2	1594.4
32	800	537.3	769.2	1244.7	1924.5
34	850	599.9	889.0	1416.2	2283.6
36	900	733.7	1039.7	1646.7	2639.0
38	950	799.1	875.8	1493.0	2664.2
40	1000	894.5	1040.8	1678.5	2925.4
42	1050	1044.9	1176.6	2013.2	3251.2
44	1100	1195.9	1346.2	2228.1	3794.5
46	1150	1304.7	1529.8	2517.6	4403.5
48	1200	1470.0	1697.3	2934.7	4380.9
50	1250	1621.6	1937.8	3357.7	—
52	1300	1815.7	2141.7	3653.8	—
54	1350	2036.5	2496.4	4077.0	—
56	1400	2243.2	2681.2	4557.7	—
58	1450	2497.1	2921.1	4958.6	—
60	1500	2700.7	3189.7	5724.0	—

表 9.3-35 B 系列大直径对焊钢制管法兰的参考质量　　　　　单位：kg

| 公称尺寸 | | Class75 | Class150 | Class300 | Class600 | Class900 | |
NPS	DN	标准管号	标准管号	标准管号	标准管号	标准管号	XD 管号
26	650	35.2	58.08	188.0	246.9	513.6	525.9
28	700	39.6	66.81	197.1	284.0	651.2	665.0
30	750	42.6	72.25	241.6	354.5	769.6	784.7
32	800	47.8	83.71	299.7	412.9	872.6	889.3
34	850	50.9	102.0	323.0	521.9	1029.8	1047.7

续表

公称尺寸		Class75	Class150	Class300	Class600	Class900	
NPS	DN	标准管号	标准管号	标准管号	标准管号	标准管号	XD 管号
36	900	68.6	114.7	357.7	570.5	1038.6	1060.5
38	950	75.7	139.5	384.5	—	—	—
40	1000	80.8	151.0	439.8	—	—	—
42	1050	87.1	166.1	490.0	—	—	—
44	1100	109.1	177.0	539.6	—	—	—
46	1150	116.4	207.4	632.6	—	—	—
48	1200	128.3	224.9	650.2	—	—	—
50	1250	146.1	247.6	714.4	—	—	—
52	1300	154.0	262.3	774.0	—	—	—
54	1350	169.9	284.8	802.8	—	—	—
56	1400	199.6	301.5	1071.8	—	—	—
58	1450	212.9	360.7	1133.4	—	—	—
60	1500	231.5	382.2	1210.1	—	—	—

表 9.3-36　B 系列大直径钢制管法兰盖的参考质量　　　　单位：kg

公称尺寸		Class75	Class150	Class300	Class600	Class900
NPS	DN					
26	650	117.2	165.0	388.8	529.2	927.6
28	700	134.9	200.4	440.0	625.3	1174.3
30	750	152.1	239.7	535.8	788.1	1409.4
32	800	186.0	287.7	673.5	945.8	1667.2
34	850	216.1	378.7	745.1	1158.7	1943.5
36	900	276.8	395.1	831.3	1323.7	2109.0
38	950	319.8	484.7	972.5	—	—
40	1000	350.0	555.5	1106.3	—	—
42	1050	409.7	618.3	1247.8	—	—
44	1100	469.5	701.2	1431.3	—	—
46	1150	524.1	809.6	1635.7	—	—
48	1200	604.8	908.2	1811.4	—	—
50	1250	670.3	1021.5	1999.5	—	—
52	1300	739.4	1136.3	2208.5	—	—
54	1350	841.5	1266.2	2468.2	—	—
56	1400	938.5	1398.6	2889.7	—	—
58	1450	1024.5	1585.7	3182.7	—	—
60	1500	1144.1	1744.3	3484.7	—	—

9.3.3　国标大直径钢制管法兰用垫片（GB/T 13403—2008）

　　GB/T 13403—2008 适用于 NPS26～NPS60，Class150～Class900 的大直径钢制管法兰用缠绕式垫片、柔性石墨波齿复合垫片和 Class150～Class300 的非金属平垫片、金属冲齿板柔性石墨复合垫片。

9.3.3.1　缠绕式垫片

　　缠绕式垫片的形式分为带定位环型、带内环和定位环型两种，如图 9.3-5 所示。

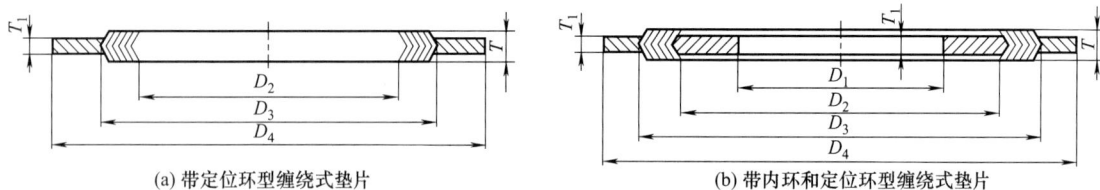

(a) 带定位环型缠绕式垫片　　　　　　　(b) 带内环和定位环型缠绕式垫片

图 9.3-5　缠绕式垫片

9.3.3.2　A 系列大直径法兰用缠绕式垫片（表 9.3-37）

表 9.3-37　A 系列大直径法兰用缠绕式垫片尺寸　　　　　单位：mm

公称尺寸		Class150(PN20)				Class300(PN50)				Class600(PN110)				Class900(PN150)				T_1	T
NPS	DN	D_1	D_2	D_3	D_4	D_1	D_2	D_3	D_4	D_1	D_2	D_3	D_4	D_1	D_2	D_3	D_4		
26	650	654.1	673.1	704.9	771	654.1	685.8	736.6	832	647.7	685.8	736.6	863	660.4	685.8	736.6	878	3.0	4.5
28	700	704.9	723.9	755.7	829	704.9	736.6	787.4	895	698.5	736.6	787.4	910	736.6	736.6	784.4	943		
30	750	755.7	774.7	806.5	879	755.7	793.8	844.6	949	755.7	793.8	844.6	967	768.4	793.8	844.6	1007		
32	800	806.5	860.6	860.6	936	806.5	850.9	901.7	1003	812.8	850.9	901.7	1017	812.8	850.9	901.7	1067	3.0	4.5
34	850	857.3	911.4	911.4	987	857.3	901.7	952.2	1054	863.6	901.7	952.2	1067	863.6	901.7	952.5	1133		
36	900	927.1	968.6	958.6	1044	908.1	955.8	1006.6	1114	917.9	955.8	1006.6	1127	920.8	958.9	1009.7	1196		
38	950	958.9	977.9	1019.3	1108	952.5	977.9	1016.0	1051	952.5	990.6	1041.4	1099	1009.7	1035.1	1085.9	1196	3.0	4.5
40	1000	1009.7	1028.7	1070.7	1159	1003.3	1022.4	1070.7	1111	1009.7	1047.8	1098.6	1160	1060.5	1098.6	1149.4	1247		
42	1050	1060.5	1079.5	1124.0	1216	1054.1	1073.2	1120.9	1162	1066.8	1104.5	1155.7	1216	1111.3	1149.4	1200.2	1298		
44	1100	1111.3	1130.3	1178.1	1273	1104.9	1130.3	1181.1	1216	1111.3	1162.1	1212.9	1267	1155.7	1206.6	1257.3	1366	3.0	4.5
46	1150	1162.1	1181.1	1228.9	1324	1152.7	1178.1	1228.9	1270	1162.1	1212.9	1263.7	1324	1219.2	1270.0	1320.8	1429		
48	1200	1212.9	1231.9	1279.7	1381	1209.8	1235.2	1286.0	1321	1219.2	1270.0	1320.8	1386	1270.8	1320.8	1371.6	1480		
50	1250	1263.7	1282.7	1333.5	1432	1244.6	1295.4	1346.2	1374	1270.0	1320.8	1371.6	1445						
52	1300	1314.5	1333.5	1384.3	1489	1320.8	1346.2	1397.0	1425	1320.8	1371.6	1422.4	1496					3.0	4.5
54	1350	1358.8	1384.3	1435.1	1546	1352.6	1403.4	1454.2	1486	1378.0	1428.8	1479.6	1553						
56	1400	1409.7	1435.1	1485.9	1603	1403.4	1454.2	1505.0	1537	1428.8	1479.6	1530.4	1607						
58	1450	1460.5	1485.9	1536.7	1660	1447.8	1511.3	1562.1	1588	1473.2	1536.7	1587.5	1658					3.0	4.5
60	1500	1511.3	1536.7	1587.5	1711	1524.0	1562.1	1612.9	1639	1530.4	1593.9	1644.7	1729						

9.3.3.3　B 系列大直径法兰用缠绕式垫片（表 9.3-38）

表 9.3-38　B 系列大直径法兰用缠绕式垫片尺寸　　　　　单位：mm

公称尺寸		Class150(PN20)				Class300(PN50)				Class600(PN110)				Class900(PN150)				T_1	T
NPS	DN	D_1	D_2	D_3	D_4	D_1	D_2	D_3	D_4	D_1	D_2	D_3	D_4	D_1	D_2	D_3	D_4		
26	650	654.1	673.1	698.5	722	654.1	673.1	711.2	768	644.7	663.7	714.5	761	666.8	692.2	749.3	835		
28	700	704.9	723.9	749.3	773	704.9	723.9	762.0	822	685.8	704.9	755.7	816	717.6	743.0	800.1	897	3.0	4.5
30	750	755.7	774.7	800.1	824	755.7	774.7	812.8	882	752.6	778.0	828.8	876	781.1	806.5	857.3	956		
32	800	806.5	825.5	850.9	878	806.5	825.5	863.6	936	793.8	831.9	882.7	929	838.6	863.6	914.4	1013		
34	850	857.3	876.3	908.1	931	857.3	876.3	914.4	990	850.9	889.0	939.8	991	895.4	90.8	971.6	1058	3.0	4.5
36	900	908.1	927.1	958.9	984	908.1	927.1	965.2	1014	901.7	939.8	990.6	1042	920.8	946.2	997.0	1121		
38	950	958.9	974.6	1009.7	1041	971.6	1009.7	1047.8	1095	952.5	990.6	1041.4	1099	1009.7	1035.1	1085.9	1196		
40	1000	1009.7	1022.4	1063.8	1092	1022.4	1060.5	1098.6	1146	1009.7	1047.8	1098.6	1160	1060.5	1098.6	1149.4	1247	3.0	4.5
42	1050	1060.5	1079.5	1114.6	1142	1085.9	1111.3	1149.4	1197	1066.8	1104.9	1155.7	1216	1111.3	1149.4	1200.2	1298		
44	1100	1111.3	1124.0	1165.4	1193	1124.0	1162.1	1200.2	1247	1111.3	1162.1	1212.9	1267	1155.7	1206.6	1257.3	1366		
46	1150	1162.1	1181.1	1224.0	1252	1178.1	1216.2	1254.5	1314	1162.1	1212.9	1263.7	1324	1219.2	1270.0	1320.8	1429	3.0	4.5
48	1200	1212.9	1231.9	1270.0	1303	1231.9	1263.7	1311.4	1365	1219.2	1270.0	1320.8	1386	1270.8	1320.8	1371.6	1480		

续表

公称尺寸		Class150(PN20)				Class300(PN50)				Class600(PN110)				Class900(PN150)				T_1	T
NPS	DN	D_1	D_2	D_3	D_4	D_1	D_2	D_3	D_4	D_1	D_2	D_3	D_4	D_1	D_2	D_3	D_4		
50	1250	1263.7	1282.7	1325.6	1354	1267.0	1317.8	1355.9	1416	1270.0	1320.8	1371.6	1445						
52	1300	1314.5	1333.5	1376.4	1405	1317.8	1368.6	1406.7	1467	1320.8	1371.6	1422.4	1496					3.0	4.5
54	1350	1358.9	1384.3	1422.4	1460	1365.3	1403.4	1454.2	1527	1378.0	1428.8	1479.6	1553						
56	1400	1422.4	1444.8	1477.8	1511	1428.8	1479.6	1524.0	1588	1428.8	1479.6	1530.4	1607						
58	1450	1478.0	1500.4	1528.8	1576	1484.4	1535.2	1573.3	1650	1473.2	1536.7	1587.5	1658					3.0	4.5
60	1500	1535.2	1557.3	1586.0	1627	1557.3	1589.0	1630.4	1701	1530.4	1593.9	1644.7	1729						

9.3.3.4 非金属平垫片的型式为环形平面型 (表9.3-39)

表9.3-39 非金属平垫片的型式为环形平面型尺寸 单位：mm

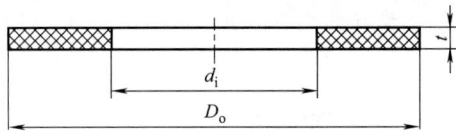

A 系列大直径法兰用非金属平垫片

公称尺寸		内径 d_i	外径 D_o		厚度 t
NPS	DN		Class150(PN20)	Class300(PN50)	
26	650	660	771	832	
28	700	711	829	895	3.0
30	750	762	879	949	
32	800	813	936	1003	
34	850	864	987	1064	3.0
36	900	914	1044	1114	
38	950	965	1108	1051	
40	1000	1016	1159	1111	3.0
42	1050	1067	1216	1162	
44	1100	1118	1273	1216	
46	1150	1168	1324	1270	3.0
48	1200	1219	1381	1321	
50	1250	1270	1432	1374	
52	1300	1321	1489	1425	3.0
54	1350	1372	1546	1486	
56	1400	1422	16.3	1537	
58	1450	1473	1660	1588	3.0
60	1500	1524	1711	1639	

B 系列大直径法兰用非金属平垫片

公称尺寸		内径 d_i	外径 D_o		厚度 t
NPS	DN		Class150(PN20)	Class300(PN50)	
26	650	660	722	768	
28	700	711	773	822	3.0
30	750	762	824	882	
32	800	813	878	936	
34	850	864	931	990	3.0
36	900	914	984	1044	
38	950	965	1041	1095	
40	1000	1016	1092	1145	3.0
42	1050	1067	1142	1197	

B系列大直径法兰用非金属平垫片

公称尺寸		内径 d_i	外径 D_0		厚度 t
NPS	DN		Class150(PN20)	Class300(PN50)	
44	1100	1118	1193	1247	
46	1150	1168	1252	1314	3.0
48	1200	1219	1303	1365	
50	1250	1270	1354	1416	
52	1300	1321	1405	1467	3.0
54	1350	1372	1460	1527	
56	1400	1422	1511	1588	
58	1450	1473	1576	1650	3.0
60	1500	1524	1627	1701	

9.3.3.5 柔性石墨金属波齿复合垫片的型式（图9.3-6、表9.3-40～表9.3-43）

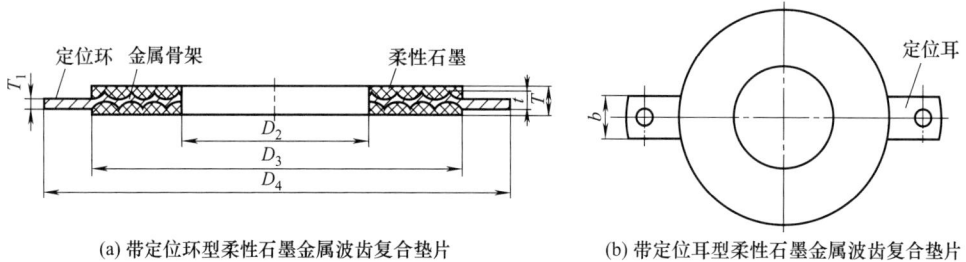

(a) 带定位环型柔性石墨金属波齿复合垫片　　　(b) 带定位耳型柔性石墨金属波齿复合垫片

图9.3-6 柔性石墨金属波齿复合垫片的型式

表9.3-40 A系列大直径法兰用带定位环型柔性石墨金属波齿复合垫片尺寸　单位：mm

公称尺寸		Class150 (PN20)			Class300 (PN50)			Class600 (PN110)			Class900 (PN150)			厚度		
NPS	DN	D_2	D_3	D_4	D_2	D_3	D_4	D_2	D_3	D_4	D_2	D_3	D_4	垫片 T	金属骨架 t	定位环 T_1
26	650	660	700	771	660	700	832	662	718	863	662	718	878			
28	700	710	750	829	710	750	895	711	775	910	711	775	943	4.0	3.0	1.0～2.5
30	750	760	800	879	760	800	949	765	830	967	756	830	1007			
32	800	810	850	936	810	850	1003	818	882	1017	818	882	1067			
34	850	865	905	987	865	905	1054	866	938	1067	866	938	1133	4.0	3.0	1.0～2.5
36	900	920	960	1044	920	960	1114	920	992	1127	920	992	1196			
38	950	970	1010	1108	970	1010	1051	965	1037	1099	965	1037	1196			
40	1000	1017	1065	1159	1017	1065	1111	1016	1096	1150	1016	1096	1247	4.5	3.5	1.5～3.5
42	1050	1067	1115	1216	1067	1115	1162	1070	1150	1216	1070	1150	1298			
44	1100	1122	1170	1273	1122	1170	1216	1120	1208	1287	1120	1208	1366			
46	1150	1172	1220	1324	1172	1220	1270	1168	1256	1324	1168	1256	1429	4.5	3.5	1.5～3.0
48	1200	1227	1270	1381	1227	1270	1321	1219	1315	1386	1219	1315	1480			
50	1250	1277	1325	1432	1277	1325	1374	1269	1365	1445						
52	1300	1327	1375	1489	1327	1375	1425	1319	1415	1496				4.5	3.5	1.5～3.0
54	1350	1379	1427	1546	1379	1427	1486	1369	1465	553						
56	1400	1424	1480	1603	1424	1480	1537	1419	1515	1607						
58	1450	1484	1540	1660	1484	1540	1588	1469	1565	1658				4.5	3.5	1.5～3.0
60	1500	1534	1590	1711	1534	1590	1639	1519	1615	1729						

表9.3-41 A系列大直径法兰用带定位耳型柔性石墨金属波齿复合垫片尺寸

单位：mm

公称尺寸		Class150 (PN20)				Class300 (PN50)				Class150(PN20) Class300(PN50)		Class600 (PN110)				Class900 (PN150)				Class600(PN110) Class900(PN150)		垫片厚度 T	骨架厚度 t
NPS	DN	K	L	b	D	K	L	b	D	D_2	D_3	K	L	b	D	K	L	b	D	D_2	D_3	T	t
26	650	806.5	35	55	870	876.3	45	65	971	660	700	914.4	51	71	1016	952.5	75	95	1086	662	718	4.0	3.0
28	700	863.6	35	55	927	939.8	45	65	1035	710	750	965.2	55	75	1073	1022.4	79	99	1168	711	775		
30	750	914.4	35	55	984	997.0	48	68	1092	760	800	1022.4	55	75	1130	1085.9	79	99	1232	766	830		
32	800	977.9	42	62	1060	1054.1	51	71	1149	810	850	1079.5	63	83	1194	1155.7	88	108	1314	818	882	4.0	3.0
34	850	1028.7	42	62	1111	1104.9	51	71	1206	865	905	1130.3	63	83	1245	1225.6	93	113	1397	866	938		
36	900	1085.9	42	62	1168	1168.4	55	75	1270	920	960	1193.8	67	87	1314	1289.1	93	113	1461	920	992		
38	950	1149.4	42	62	1238	1092.2	42	62	1168	970	1010	1162.1	63	83	1270	1289.1	93	113	1461	965	1037	4.5	3.5
40	1000	1200.2	42	62	1289	1155.7	45	65	1238	1017	1065	1212.9	63	83	1321	1339.9	*3	113	1511	1016	1096		
42	1050	1257.3	42	62	1346	1206.5	45	65	1289	1067	1115	1282.7	67	87	1403	1390.7	*3	113	1562	1070	1150		
44	1100	1314.5	42	62	1403	1263.7	48	68	1325	1122	1170	1333.5	67	87	1454	1463.5	98	118	1648	1120	1208	4.5	3.5
46	1150	1365.3	42	62	1454	1320.8	51	71	1416	1172	1220	1390.7	67	87	1511	1536.7	108	128	1734	1168	1256		
48	1200	1422.4	42	62	1511	1371.6	51	71	1467	1227	1275	1460.5	75	95	1594	1587.5	108	128	1784	1219	1315		
50	1250	1479.6	48	68	1568	1428.8	55	75	1530	1277	1325	1524.0	79	99	1670					1269	1355	4.5	3.5
52	1300	1536.5	48	68	1626	1479.6	55	75	1581	1327	1375	1574.8	79	99	1721					1319	1415		
54	1350	1593.9	48	68	1683	1549.4	63	83	1657	1379	1427	1632.0	79	99	1778					1369	1465		
56	1400	1561.0	48	68	1746	1600.2	63	83	1708	1424	1480	1695.5	88	108	1854					1419	1515	4.5	3.5
58	1450	1708.2	48	68	1803	1651.0	63	83	1759	1484	1540	1746.3	88	108	1905					1469	1565		
60	1500	1759.0	48	68	1854	1701.8	63	83	1810	1534	1590	1822.5	93	113	1994					1519	1615		

表 9.3-42 B系列大直径法兰用带定位环型柔性石墨金属波齿复合垫片尺寸

单位：mm

| 公称尺寸 | | Class150(PN20) | | | Class300(PN50) | | | Class600(PN110) | | | Class900(PN150) | | | 厚度 | | |
NPS	DN	D_2	D_3	D_4	D_2	D_3	D_4	D_2	D_3	D_4	D_2	D_3	D_4	垫片 T	金属骨架 t	定位环 T_1
26	650	660	700	722	660	700	768	662	718	761	662	718	835	4.0	3.0	1.0~2.5
28	700	710	750	773	710	750	822	711	775	816	711	775	897			
30	750	760	800	824	760	800	882	765	830	876	756	830	956			
32	800	810	850	878	810	850	936	818	882	929	818	882	1013	4.0	3.0	1.0~2.5
34	850	865	905	931	865	905	990	866	938	991	866	938	1068			
36	900	920	960	984	920	960	1044	820	992	1042	820	992	1121			
38	950	970	1010	1041	970	1010	1095	965	1037	1099	965	1037	1196	4.0	3.0	1.0~2.5
40	1000	1017	1065	1092	1017	1065	1146	1015	1096	1150	1015	1096	1247			
42	1050	1067	1115	1142	1067	1115	1197	1070	1150	1216	1070	1150	1298			
44	1100	1122	1170	1193	1122	1170	1247	1120	1208	1267	1120	1208	1366	4.0	3.0	1.0~2.5
46	1150	1172	1220	1252	1172	1220	1314	1168	1256	1324	1168	1256	1429			
48	1200	1227	1270	1303	1227	1270	1365	1219	1315	1386	1219	1315	1480			
50	1250	12	1325	1354	1277	1325	1416	1269	1365	1445				4.0	3.0	1.0~2.5
52	1300	1327	1375	1405	1327	1375	1467	1319	1415	1496						
54	1350	1379	1427	1460	1379	1427	1527	1369	1465	1553						
56	1400	1424	1480	1511	1424	1480	1588	1419	1515	1607				4.0	3.0	1.0~2.5
58	1450	1484	1540	1576	1484	1540	1650	1469	1565	1658						
60	1500	1534	1590	1627	1534	1590	1701	1519	1615	1729						

表 9.3-43 B系列大直径法兰用带定位耳型柔性石墨金属波齿复合垫片尺寸

单位：mm

公称尺寸		Class150(PN20)				Class300(PN50)				Class150(PN20) Class300(PN50)		Class(PN110)				Class900(PN150)				Class600(PN110) Class900(PN150)		垫片厚度	骨架厚度
NPS	DN	K	L	b	D	K	L	b	D	D_2	D_3	K	L	b	D	K	L	b	D	D_2	D_3	T	t
26	650	744.5	22	42	756	803.1	35	55	862	660	700	806.5	45	65	889	901.7	67	87	1022	662	718	4.0	3.0
28	700	795.3	22	42	837	857.3	35	55	921	710	750	863.6	48	68	953	971.6	75	95	1105	711	775		
30	750	846.1	22	42	887	920.8	39	59	991	760	800	927.1	51	71	1022	1035.1	79	99	1181	766	830		
32	800	900.2	22	42	941	977.9	42	62	1054	810	850	984.3	55	75	1086	1092.2	79	99	1022	662	718	4.0	3.0
34	850	957.3	26	46	1005	1031.7	42	62	1108	865	905	1054.1	63	83	1162	1155.7	88	108	1105	711	775		
36	900	1009.7	26	46	1057	1089.2	45	65	1171	920	960	1104.9	63	83	1213	1200.2	79	99	1181	766	830		
38	950	1069.8	29	49	1124	1140.0	45	65	1222	970	1010	1162.1	63	83	1270	1289.1	93	113	1461	965	1037	4.5	3.5
40	1000	1120.6	29	49	1175	1190.8	45	65	1273	1017	1065	1212.9	63	83	1321	1339.9	93	113	1511	1016	1096		
42	1050	1171.4	29	49	1226	1244.6	48	68	1334	1067	1115	1282.7	67	87	1403	1390.7	93	113	1562	1070	1150		
44	1100	1222.2	29	49	1276	1295.4	48	68	1384	1122	1170	1833.6	67	87	1454	1463.5	98	118	1648	1120	1208	4.5	3.5
46	1150	1284.2	32	52	1341	1365.3	51	71	1461	1172	1220	1390.7	67	87	1511	1536.7	108	128	1784	1168	1256		
48	1200	1335.0	32	52	1392	1416.1	51	71	1511	1227	1270	1460.5	75	95	1594	1587.5	108	128	1784	1219	1315		
50	1250	1385.8	32	52	1443	1466.9	51	71	1562	1277	1325	1524.0	79	99	1670					1269	1365	4.5	3.5
52	1300	1436.6	32	52	1494	1517.7	51	71	1613	1327	1375	1574.8	79	99	1721					1319	1415		
54	1350	1492.3	32	52	1549	1577.8	51	71	1673	1379	1427	1632.0	79	99	1778					1369	1465		
56	1400	1543.1	32	52	1600	1651.0	63	83	1765	1424	1480	1695.5	88	108	1854					1419	1515	4.5	3.5
58	1450	1611.4	35	55	1675	1713.0	63	83	1827	1484	1540	1746.3	88	108	1905					1459	1565		
60	1500	1662.2	35	55	1726	1763.8	63	83	1878	1534	1590	1822.5	93	113	1994					1519	1615		

9.3.3.6 金属冲齿板柔性石墨复合垫片的型式（图 9.3-7 和表 9.3-44、表 9.3-45）

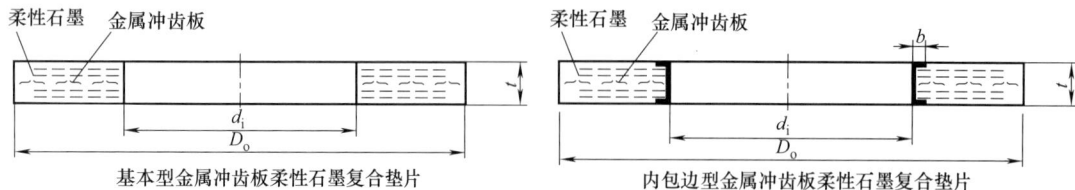

图 9.3-7 金属冲齿板柔性石墨复合垫片的型式

表 9.3-44 A 系列大直径法兰用金属冲齿板柔性石墨复合垫片尺寸　　　单位：mm

公称尺寸		内径 d_i	外径 D_o		包边宽度 b	厚度 t
NPS	DN		Class150(PN20)	Class300(PN50)		
26	650	660	771	932		
28	700	711	829	895	4.0	3.0
30	750	762	879	949		
32	800	813	936	1003		
34	850	864	987	1054	4.0	3.0
36	900	914	1044	1114		
38	950	965	1108	1051		
40	1000	1016	1159	1111	4.0	3.0
42	1050	1067	1216	1162		
44	1100	1118	1273	1216		
46	1150	1168	1324	1270	4.0	3.0
48	1200	1219	1381	1321		
50	1250	1270	1432	1374		
52	1300	1321	1489	1425	4.0	3.0
54	1350	1372	1546	1486		
56	1400	1422	1603	1537		
58	1450	1473	1660	1588	4.0	3.0
60	1500	1524	1711	1639		

表 9.3-45 B 系列大直径法兰用金属冲齿板柔性石墨复合垫片尺寸　　　单位：mm

公称尺寸		内径 d_i	外径 D_o		包边宽度 b	厚度 t
NPS	DN		Class150(PN20)	Class300(PN50)		
26	650	660	722	768		
28	700	711	773	822	4.0	3.0
30	750	762	824	882		
32	800	813	878	936		
34	850	864	931	990	4.0	3.0
36	900	914	984	1044		
38	950	965	1041	1095	4.0	
40	1000	1016	1092	1146	4.0	3.0
42	1050	1067	1142	1197	5.0	
44	1100	1118	1193	1247		
46	1150	1168	1252	1314	5.0	3.0
48	1200	1219	1303	1365		

续表

公称尺寸		内径 d_i	外径 D_o		包边宽度 b	厚度 t
NPS	DN		Class150(PN20)	Class300(PN50)		
50	1250	1270	1354	1416		
52	1300	1321	1405	1467	5.0	3.0
54	1350	1372	1460	1527		
56	1400	1422	1511	1588		
58	1450	1473	1576	1650	5.0	3.0
60	1500	1524	1627	1701		

9.4 石化标准法兰（SH/T 3406—2022）

9.4.1 石油化工钢制管法兰

9.4.1.1 公称直径和钢管外径（表9.4-1）

表9.4-1 石油标准法兰公称直径和钢管外径 单位：mm

公称直径	15	20	25	32	40	50	65	80	100	125
钢管外径	21.3	26.7	33.4	42.2	48.3	60.3	73.0	88.9	114.3	141.3
公称直径	150	200	250	300	350	400	450	500	550	600
钢管外径	168.3	219.1	273.0	323.8	355.6	406.4	457	508	559	610
公称直径	650	700	750	800	850	900	950	1000	1050	1100
钢管外径	660	711	762	813	864	914	965	1016	1067	1118
公称直径	1150	1200	1250	1300	1350	1400	1450	1500	—	—
钢管外径	1168	1219	1270	1321	1372	1422	1473	1524	—	—

9.4.1.2 公称压力（表9.4-2）

表9.4-2 公称压力等级对应的公称直径范围

公称直径 DN	公称压力							
	Class75	Class150	Class300	Class400	Class600	Class900	Class1500	Class2500
15～300	—	○	○	○	○	○	○	○
350～600	—	○	○	○	○	○	○	—
650～1200	○	○	○	—	○	○	—	—
1250～1500	○	○	○	—	○	—	—	—

注：○表示此公称压力等级对应的公称直径范围。

9.4.1.3 法兰类型（表9.4-3）

表9.4-3 石油标准法兰类型

法兰类型	代 号	法兰类型	代 号	法兰类型	代 号
对焊法兰	WN	承插焊法兰	SW	螺纹法兰	PT
平焊法兰	SO	松套法兰	LJ	法兰盖	BL

9.4.2 管法兰结构型式尺寸

9.4.2.1 公称直径≤DN600 的法兰

（1）Class150法兰结构型式尺寸（图9.4-1、表9.4-4）

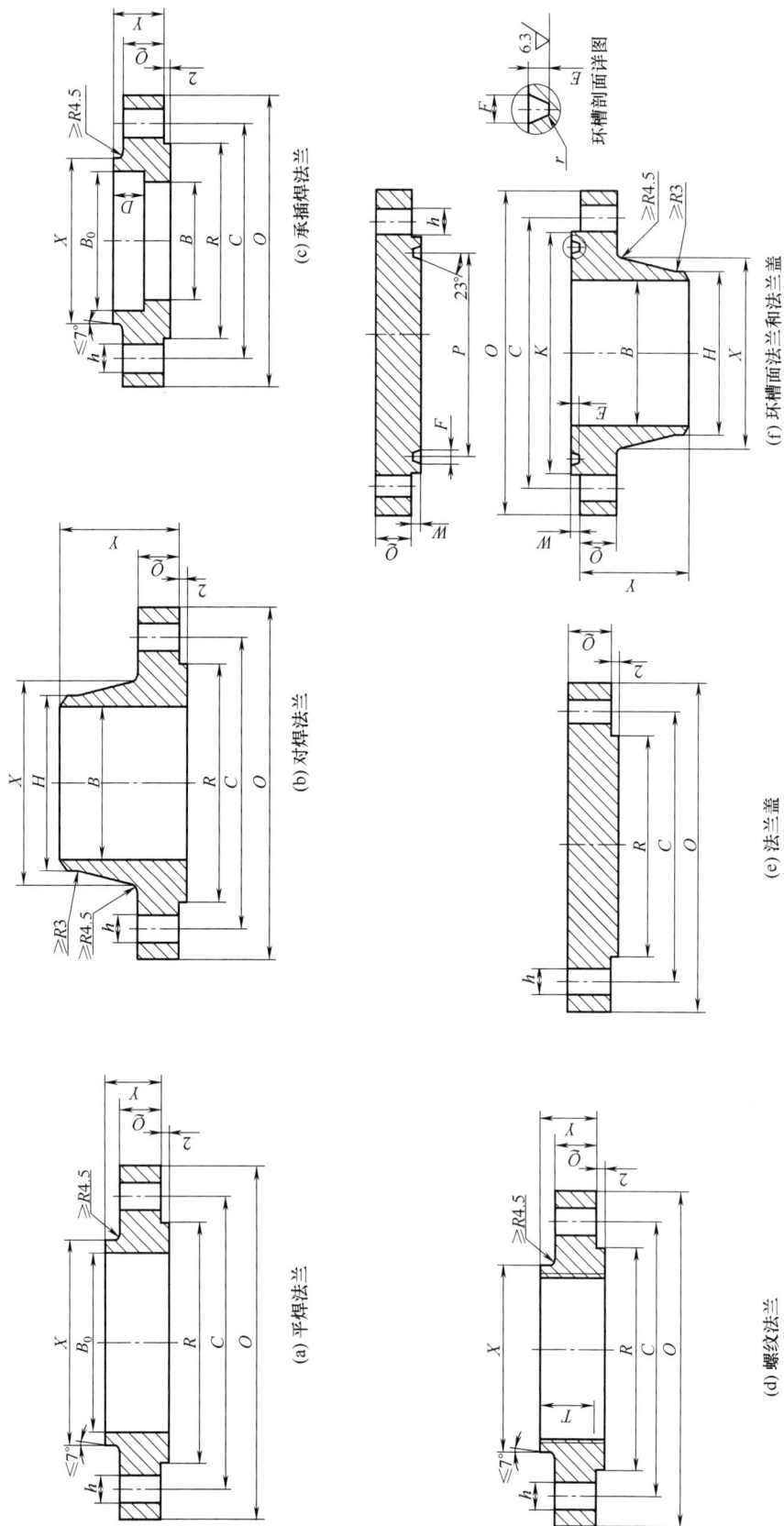

图 9.4-1 Class150 法兰结构型式

表 9.4-4 Class150 法兰尺寸及质量

公称直径 DN	法兰外径 O /mm	管子插入孔 B_0 /mm	法兰内径 B① /mm	法兰颈部尺寸 X /mm	法兰颈部尺寸 H /mm	密封面外径 R /mm	法兰厚度 Q /mm	最小螺纹长度 T /mm	法兰高度 Y 对焊型 /mm	法兰高度 Y 其余 /mm	承插深度 D /mm	中心圆直径 C /mm	孔径 h /mm	螺纹	孔数 /个	金属环垫号	环槽面尺寸 P /mm	环槽面尺寸 E,W /mm	环槽面尺寸 F /mm	环槽面尺寸 r /mm	K	两法兰间近似尺寸 S /mm	对焊法兰 /kg	平焊法兰 /kg	承插焊法兰 /kg	法兰盖 /kg
15	90	22.2	15.8	30	21.3	34.9	9.6	16	46	14	10	60.3	16	M14	4	—	—	—	—	—	—	—	0.9	0.4	0.5	0.9
20	100	27.7	20.9	38	26.7	42.9	11.2	16	51	14	11	69.9	16	M14	4	—	—	—	—	—	—	—	0.9	0.6	0.6	0.9
25	110	34.5	26.6	49	33.4	50.8	12.7	17	54	16	13	79.4	16	M14	4	R15	47.63	6.35	8.74	0.8	63.5	4.0	1.1	0.9	0.8	0.9
32	115	43.2	35.1	59	42.2	63.5	14.3	21	56	19	14	88.9	16	M14	4	R17	57.15	6.35	8.74	0.8	73.0	4.0	1.4	1.1	1.1	1.4
40	125	49.5	40.9	65	48.3	73.0	15.9	22	60	21	16	98.4	16	M14	4	R19	65.07	6.35	8.74	0.8	82.5	4.0	1.9	1.4	1.4	1.8
50	150	61.9	52.5	78	60.3	92.1	17.5	25	62	24	17	120.7	18	M16	4	R22	82.55	6.35	8.74	0.8	102.0	4.0	2.8	2.1	2.3	2.3
65	180	74.6	62.7	90	73.0	104.8	20.7	29	68	27	19	139.7	18	M16	4	R25	101.60	6.35	8.74	0.8	121.0	4.0	4.5	3.5	3.2	3.2
80	190	90.7	77.9	108	88.9	127.0	22.3	30	68	29	21	152.4	18	M16	4	R29	114.30	6.35	8.74	0.8	133.0	4.0	5.2	4.0	3.9	4.1
100	230	116.1	102.3	135	114.3	157.2	22.3	33	75	32	—	190.5	18	M16	8	R36	149.23	6.35	8.74	0.8	171.0	4.0	7.5	5.6	7.7	7.7
125	255	143.8	128.2	164	141.3	185.7	22.3	36	87	35	—	215.9	22	M20	8	R40	171.45	6.35	8.74	0.8	194.0	4.0	9.6	6.7	9.1	9.1
150	280	170.7	154.1	192	168.3	215.9	23.9	40	87	38	—	241.3	22	M20	8	R43	193.68	6.35	8.74	0.8	219.0	4.0	12.1	7.9	12.3	12.3
200	345	221.5	202.7	246	219.1	269.9	27.0	—	100	43	—	298.5	22	M20	8	R48	247.65	6.35	8.74	0.8	273.0	4.0	20.1	12.9	21.3	21.3
250	405	276.2	254.6	305	273.1	323.8	28.6	—	100	48	—	362.0	26	M24	12	R52	304.80	6.35	8.74	0.8	330.0	4.0	28.3	17.5	31.8	31.8
300	485	327.0	—	365	323.9	381.0	30.2	—	113	54	—	431.8	26	M24	12	R56	381.00	6.35	8.74	0.8	406.0	4.0	43.0	27.7	49.9	49.9
350	535	359.2	—	400	355.6	412.8	33.4	—	125	56	—	476.3	30	M27	12	R59	396.88	6.35	8.74	0.8	425.0	3.0	56.2	37.7	63.5	63.5
400	595	410.5	—	457	406.4	469.9	35.0	—	125	62	—	539.8	30	M27	16	R64	454.03	6.35	8.74	0.8	483.0	3.0	73.2	48.1	84.9	84.9
450	635	461.8	—	505	457.0	533.4	38.1	—	138	67	—	577.9	33	M30	16	R69	517.53	6.35	8.74	0.8	546.0	3.0	86.1	51.9	99.8	99.8
500	700	513.1	—	559	508.0	584.2	41.3	—	143	71	—	635.0	33	M30	20	R72	558.80	6.35	8.74	0.8	597.0	3.0	109.7	67.2	129.3	129.3
550	750	564.4	—	610	559.0	641.4	44.5	—	148	78	—	692.2	36	M33	20	R80	615.95	6.35	8.74	0.8	648.0	3.0	127.4	73.0	150.7	150.7
600	815	616.0	—	663	610.0	692.2	46.1	—	151	81	—	749.3	36	M33	20	R76	673.10	6.35	8.74	0.8	711.0	3.0	157.5	92.6	195.0	195.0

① 法兰内径应根据相连钢管的壁厚确定，表中所列法兰内径 B 是根据相连钢管内径 B_0 是根据相连钢管壁厚为 SCH40 时计算的内径。

（2）Class300 法兰结构型式见图 9.4-2，法兰尺寸及质量应符合表 9.4-5 的规定。

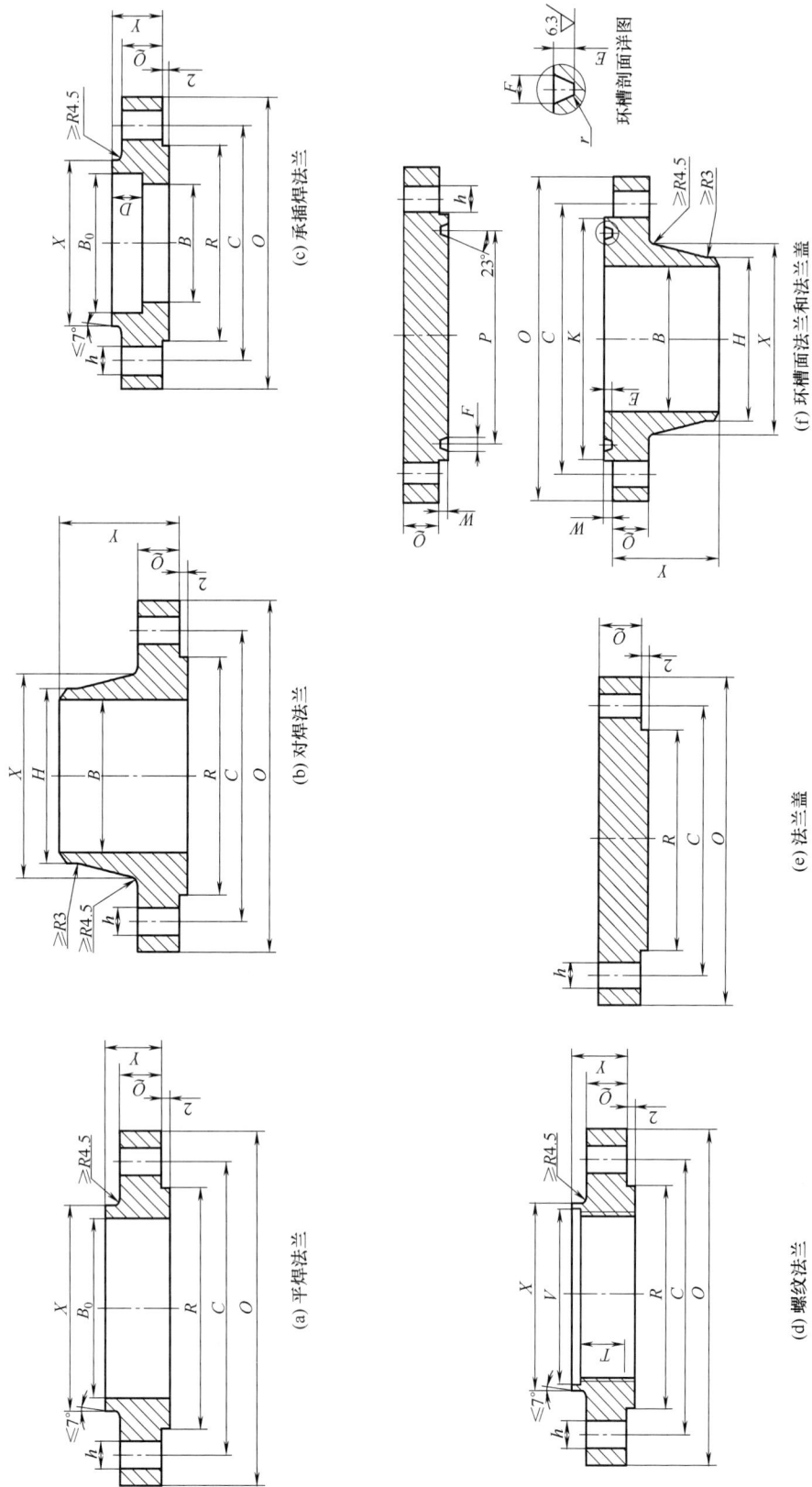

(a) 平焊法兰

(b) 对焊法兰

(c) 承插焊法兰

(d) 螺纹法兰

(e) 法兰盖

(f) 环槽面法兰和法兰盖

环槽剖面详图

图 9.4-2　Class300 法兰结构型式

表 9.4-5 Class300 法兰尺寸及质量

公称直径 DN	法兰外径 O /mm	管子插入孔径 B₀ /mm	法兰内径 B① /mm	法兰颈部尺寸 X /mm	法兰颈部尺寸 H /mm	密封面外径 R /mm	法兰厚度 Q /mm	最小螺纹长度 T /mm	最小螺纹沉孔直径 V /mm	法兰高度 Y 对焊型 /mm	法兰高度 Y 其余 /mm	承插深度 D /mm	中心圆直径 C /mm	螺栓、螺柱 孔径 h /mm	螺栓、螺柱 螺纹	螺栓、螺柱 孔数 /个	金属环垫环号	P	E,W	F	r	K	两法兰间近似尺寸 S /mm	对焊法兰 /kg	平焊法兰 /kg	承插焊法兰 /kg	法兰盖 /kg
15	95	22.2	15.8	38	21.3	34.9	12.7	16	23.6	51	21	10	66.7	16	M14	4	R11	34.14	5.54	7.14	0.8	51.0	3.0	0.9	0.7	1.4	0.9
20	115	27.7	20.9	48	26.7	42.9	14.3	16	29.0	56	24	11	82.6	18	M16	4	R13	42.88	6.35	8.74	0.8	63.5	4.0	1.4	1.1	1.4	1.4
25	125	34.5	26.6	54	33.4	50.8	15.9	18	35.8	60	25	13	88.9	18	M16	4	R16	50.80	6.35	8.74	0.8	70.0	4.0	1.8	1.4	1.4	1.8
32	135	43.2	35.1	64	42.2	63.5	17.5	21	44.4	64	25	14	98.4	18	M16	4	R18	60.33	6.35	8.74	0.8	79.5	4.0	2.3	2.0	2.0	2.7
40	155	49.5	40.9	70	48.3	73.0	19.1	23	50.3	67	29	16	114.3	22	M20	4	R20	68.27	6.35	8.74	0.8	90.5	4.0	3.2	3.0	2.7	3.2
50	165	61.9	52.5	84	60.3	92.1	20.7	29	63.5	68	32	17	127.0	18	M16	8	R23	82.55	7.92	11.91	0.8	108.0	6.0	3.6	3.18	3.2	3.6
65	190	74.6	62.7	100	73.0	104.8	23.9	32	76.2	75	37	19	149.2	22	M20	8	R26	101.60	7.92	11.91	0.8	127.0	6.0	5.4	4.5	4.5	5.4
80	210	90.7	77.9	117	88.9	127.0	27.0	32	92.2	78	41	21	168.3	22	M20	8	R31	123.83	7.92	11.91	0.8	146.0	6.0	8.2	5.9	5.9	7.3
100	255	116.1	102.3	146	114.3	157.2	30.2	37	117.6	84	46	—	200.0	22	M20	8	R37	149.23	7.92	11.91	0.8	175.0	6.0	12.1	10.7	—	12.7
125	280	143.8	128.2	178	141.3	185.7	33.4	43	144.4	97	49	—	235.0	22	M20	8	R41	180.98	7.92	11.91	0.8	210.0	6.0	16.4	13.2	—	17.1
150	320	170.7	154.1	206	168.3	215.9	35.0	47	171.4	97	51	—	269.9	22	M20	12	R45	211.12	7.92	11.91	0.8	241.0	6.0	20.8	16.3	—	22.7
200	380	221.5	202.7	260	219.1	269.9	39.7	—	—	110	60	—	330.2	26	M24	12	R49	269.88	7.92	11.91	0.8	302.0	6.0	32.2	25.4	—	36.7
250	445	276.2	254.6	321	273.1	323.8	46.1	—	—	116	65	—	387.4	30	M27	16	R53	323.85	7.92	11.91	0.8	356.0	6.0	46.6	35.7	—	56.7
300	520	327.0	—	375	323.9	381.0	49.3	—	—	129	71	—	450.8	33	M30	16	R57	381.00	7.92	11.91	0.8	413.0	6.0	69.0	51.6	—	83.9
350	585	359.2	—	425	355.6	412.8	52.4	—	—	141	75	—	514.4	33	M30	20	R61	419.10	7.92	11.91	0.8	457.0	6.0	93.4	72.2	—	113.4
400	650	410.5	—	483	406.4	469.9	55.6	—	—	144	81	—	571.5	36	M33	20	R65	469.90	7.92	11.91	0.8	508.0	6.0	119.6	95.3	—	143.1
450	710	461.8	—	533	457.0	533.4	58.8	—	—	157	87	—	628.6	36	M33	24	R69	533.40	7.92	11.91	0.8	575.0	6.0	150.5	114.9	—	188.0
500	775	513.1	—	587	508.0	584.2	62.0	—	—	160	94	—	685.8	36	M33	24	R73	584.20	9.53	13.49	1.5	635.0	6.0	184.4	139.4	—	233.8
550	840	564.4	—	640	559.0	641.4	65.1	—	—	164	100	—	743.0	42	M39	24	R81	635.00	11.13	15.09	1.5	686.0	6.0	214.4	160.8	—	277.0
600	915	616.0	—	702	610.0	692.2	68.3	—	—	167	105	—	812.8	42	M39	24	R77	692.15	11.13	16.66	1.5	749.0	6.0	274.7	222.5	—	363.2

① 法兰内径应根据相连钢管的壁厚确定，表中所列法兰内径 B 是根据相连钢管壁为 SCH40 时计算的内径。

（3）Class400 法兰结构型式见图 9.4-3，法兰尺寸及质量应符合表 9.4-6 的规定。

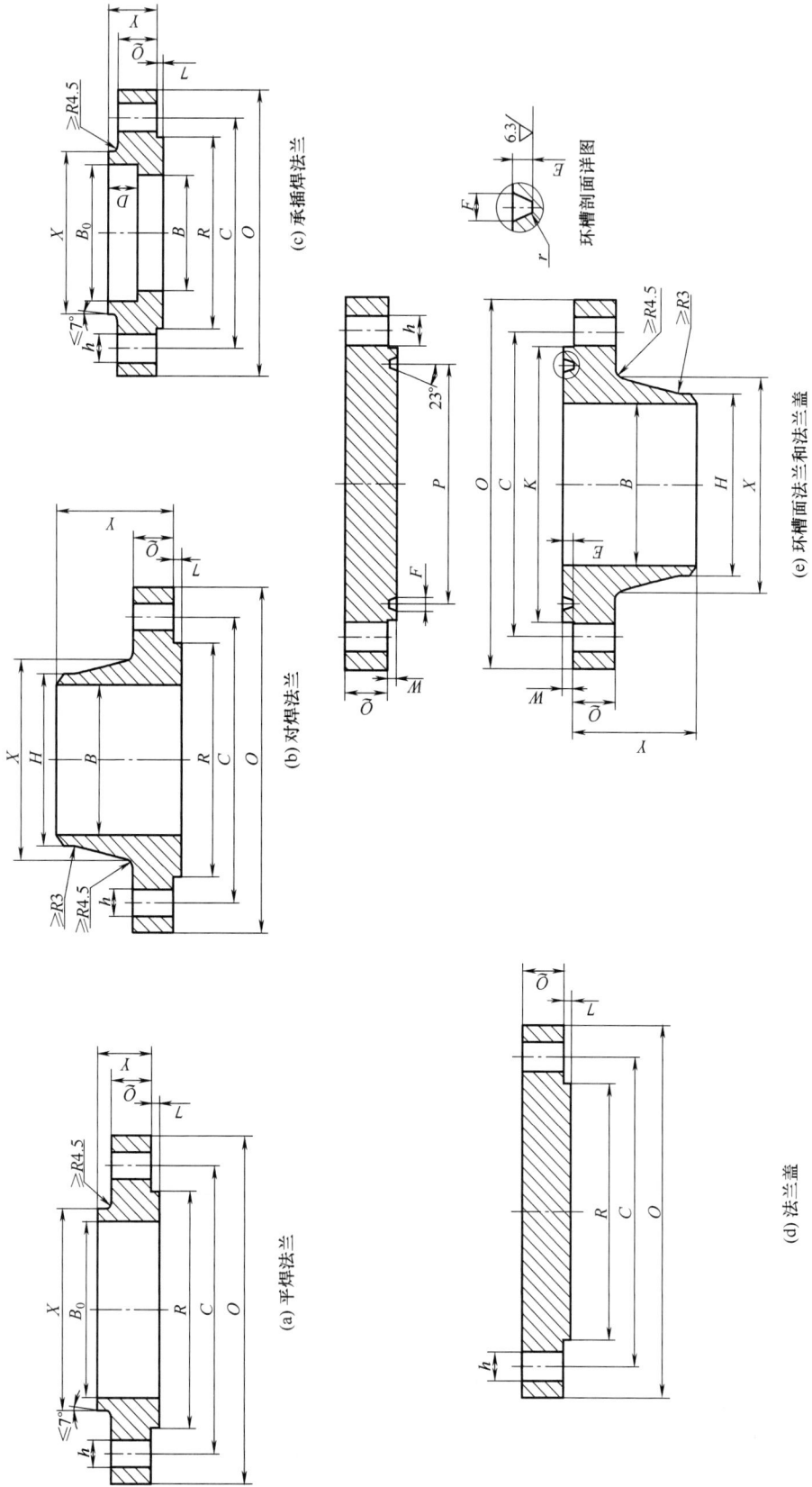

(a) 平焊法兰

(b) 对焊法兰

(c) 承插焊法兰

(d) 法兰盖

(e) 环槽面法兰和法兰盖

环槽剖面详图

图 9.4-3　Class400 法兰结构型式

表9.4-6 Class400 法兰尺寸及质量

公称直径 DN	法兰外径 O /mm	管子插入孔 B₀ /mm	法兰内径 B /mm	法兰颈部尺寸 X /mm	法兰颈部尺寸 H /mm	密封面外径 R /mm	法兰厚度 Q /mm	法兰高度 Y 对焊型 /mm	法兰高度 Y 其余 /mm	承插深度 D /mm	中心圆直径 C /mm	孔径 h /mm	螺纹	孔数 /个	金属环垫号	P	E,W	F	r	K	S /mm	对焊法兰	平焊法兰	承插焊法兰	法兰盖
15	95	22.2		38	21.3	34.9	14.3	52	22	10	66.7	16	M14	4	R11	34.14	5.54	7.14	0.8	51.0	3.0	1.4	1.3	0.8	1.0
20	115	27.7		48	26.7	42.9	15.9	57	25	11	82.6	18	M16	4	R13	42.88	6.35	8.74	0.8	63.5	4.0	1.8	1.4	1.3	1.4
25	125	34.5		54	33.4	50.8	17.5	62	27	13	88.9	18	M16	4	R16	50.8	6.35	8.74	0.8	70.0	4.0	2.3	1.8	1.6	1.8
32	135	43.2		64	42.2	63.5	20.7	67	29	14	98.4	18	M16	4	R18	60.33	6.35	8.74	0.8	79.5	4.0	3.2	2.7	2.1	2.7
40	155	49.5		70	48.3	73.0	22.3	70	32	16	114.3	22	M20	4	R20	68.27	6.35	8.74	0.8	90.5	4.0	4.5	3.2	3.1	3.6
50	165	61.9		84	60.3	92.1	25.4	73	37	17	127.0	18	M16	8	R23	82.55	7.92	11.91	0.8	108.0	5.0	5.4	4.1	3.8	4.5
65	190	74.6		100	73.0	104.8	28.6	79	41	19	149.2	22	M20	8	R26	101.60	7.92	11.91	0.8	127.0	5.0	8.2	5.9	5.6	6.8
80	210	90.7	与接管内径一致	117	88.9	127.0	31.8	83	46	21	168.3	22	M20	8	R31	123.83	7.92	11.91	0.8	146.0	5.0	10.4	7.3	7.6	9.1
100	255	116.1		146	114.3	157.2	35.0	89	51	—	200.0	26	M24	8	R37	149.23	7.92	11.91	0.8	175.0	6.0	15.9	11.8	—	15.0
125	280	143.8		178	141.3	185.7	38.1	102	54	—	235.0	26	M24	8	R41	180.98	7.92	11.91	0.8	210.0	6.0	19.3	14.1	—	20.0
150	320	170.7		206	168.3	215.9	41.3	103	57	—	269.0	26	M24	12	R45	211.12	7.92	11.91	0.8	241.0	6.0	25.9	20.1	—	27.7
200	380	22.15		260	219.1	269.9	47.7	117	68	—	330.0	30	M27	12	R49	269.88	7.92	11.91	0.8	302.0	6.0	40.4	30.4	—	45.0
250	445	276.2		321	273.1	323.8	54.0	124	73	—	387.4	33	M30	16	R53	323.85	7.92	11.91	0.8	356.0	6.0	57.0	41.3	—	70.0
300	520	327.0		375	323.9	381.0	57.2	137	79	—	450.8	36	M33	16	R57	381.00	7.92	11.91	0.8	413.0	6.0	80.0	59.0	—	103.0
350	585	359.2		425	355.6	412.8	60.4	149	84	—	514.4	36	M33	20	R61	419.10	7.92	11.91	0.8	457.0	6.0	106.0	87.0	—	141.0
400	650	410.5		483	406.4	469.9	63.5	152	94	—	571.5	39	M36	20	R65	469.90	7.92	11.91	0.8	508.0	6.0	133.0	115.0	—	181.0
450	710	461.8		533	457.0	533.4	66.7	165	98	—	628.6	39	M36	24	R69	533.40	7.92	11.91	0.8	575.0	6.0	163.0	141.0	—	225.0
500	775	513.1		587	508.0	584.2	69.9	168	102	—	685.8	42	M39	24	R73	584.20	9.53	13.49	1.5	635.0	6.0	202.0	172.0	—	268.0
550	840	564.4		640	559.0	641.4	73.1	171	108	—	743.0	45	M42	24	R81	635.00	11.13	15.09	1.5	686.0	6.0	235	208	—	325
600	915	616.0		702	610.0	692.2	76.2	175	114	—	812.8	48	M45	24	R77	692.15	11.13	16.66	1.5	749.0	6.0	290.0	254.0	—	425.0

（4）Class600 法兰的结构型式见图 9.4-4，法兰尺寸及质量应符合表 9.4-7 的规定。

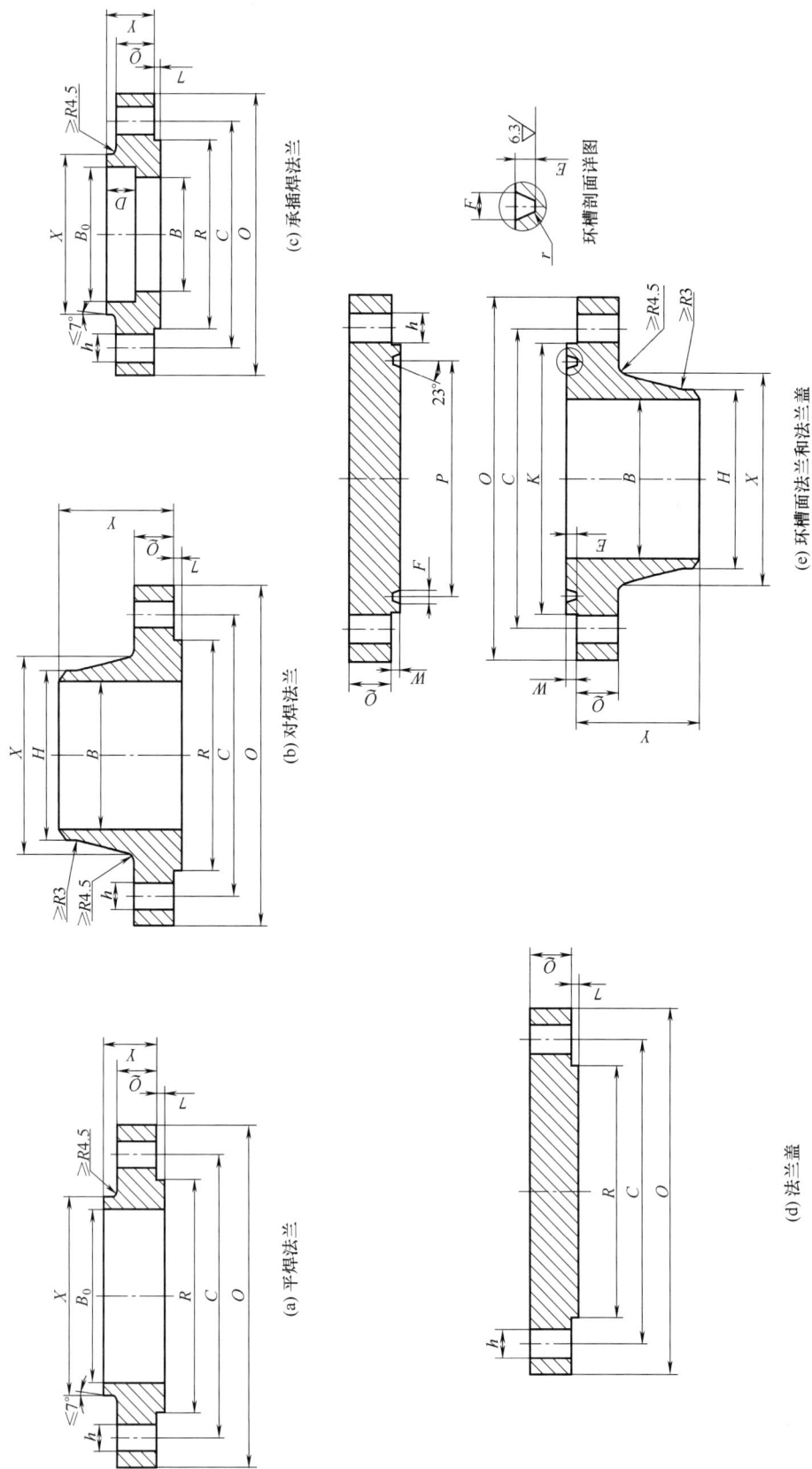

图 9.4-4　Class600 法兰结构型式

表 9.4-7 Class600 法兰尺寸及质量

公称直径 DN	法兰外径 O/mm	管子插入孔 B₀/mm	法兰内径 B/mm	法兰颈部尺寸 X/mm	法兰颈部尺寸 H/mm	密封面外径 R/mm	法兰厚度 Q/mm	法兰高度 Y/mm 对焊型	法兰高度 Y/mm 其余	承插深度 D/mm	中心圆直径 C/mm	螺栓螺柱 孔径 h/mm	螺栓螺柱 螺纹	螺栓螺柱 孔数/个	金属环垫号	P	E,W	F	r	K	两法兰间近似尺寸 S/mm	对焊法兰	平焊法兰	承插焊法兰	法兰盖
15	95	22.2	与接管内径一致	38	21.3	34.9	14.3	52	22	10	66.7	16	M14	4	R11	34.14	5.54	7.14	0.8	51.0	3.0	1.4	1.3	1.3	1.0
20	115	27.7		48	26.7	42.9	15.9	57	25	11	82.6	18	M16	4	R13	42.88	6.35	8.74	0.8	63.5	4.0	1.8	1.4	1.4	1.4
25	125	34.5		54	33.4	50.8	17.5	62	27	13	88.9	18	M16	4	R16	50.80	6.35	8.74	0.8	70.0	4.0	2.3	1.8	1.8	1.8
32	135	43.2		64	42.2	63.5	20.7	67	29	14	98.4	18	M16	4	R18	60.33	6.35	8.74	0.8	79.5	4.0	3.2	2.7	2.7	2.7
40	155	49.5		70	48.3	73.0	22.3	70	32	16	114.3	22	M20	4	R20	68.27	6.35	8.74	0.8	90.5	4.0	4.5	3.2	3.2	3.6
50	165	61.9		84	60.3	92.1	25.4	73	37	17	127.0	18	M16	8	R23	82.55	7.92	11.91	0.8	108.0	5.0	5.4	4.1	4.1	4.5
65	190	74.6		100	73.0	104.8	28.6	79	41	19	149.2	22	M20	8	R26	101.60	7.92	11.91	0.8	127.0	5.0	8.2	5.9	5.9	6.8
80	210	90.7		117	88.9	127.0	31.8	83	46	21	168.3	22	M20	8	R31	123.83	7.92	11.91	0.8	146.0	5.0	10.4	7.3	7.3	9.1
100	275	116.1	与接管内径一致	152	114.3	157.2	38.1	102	54	—	215.9	26	M24	8	R37	149.23	7.92	11.91	0.8	175.0	5.0	19.1	16.8	—	18.6
125	330	143.8		189	141.3	185.7	44.5	114	60	—	266.7	30	M27	8	R41	180.98	7.92	11.91	0.8	210.0	5.0	30.9	28.6	—	30.9
150	355	170.7		222	168.3	215.9	47.7	117	67	—	292.1	30	M27	12	R45	211.12	7.92	11.91	0.8	241.0	5.0	37.0	36.0	—	39.0
200	420	221.5		273	219.1	269.9	55.6	133	76	—	349.2	33	M30	12	R49	269.88	7.92	11.91	0.8	302.0	5.0	53.0	52.0	—	63.0
250	510	276.2		343	273.1	323.8	63.5	152	86	—	431.8	36	M33	16	R53	323.85	7.92	11.91	0.8	356.0	5.0	86.0	80.0	—	105.0
300	560	327.0		400	323.9	381.0	66.7	156	92	—	489.0	36	M33	20	R57	381.00	7.92	11.91	0.8	413.0	5.0	103.0	98.0	—	134.0
350	605	359.2		432	355.6	412.8	69.9	165	94	—	527.0	39	M36	20	R61	419.10	7.92	11.91	0.8	457.0	5.0	158.0	118.0	—	172.0
400	685	410.5		495	406.4	469.9	76.2	178	106	—	603.2	42	M39	20	R65	469.90	7.92	11.91	0.8	508.0	5.0	218.0	166.0	—	239.0
450	745	461.8		546	457.0	533.4	82.6	184	117	—	654.0	45	M42	20	R69	533.40	7.92	11.91	0.8	575.0	5.0	252.0	216.0	—	302.0
500	815	513.1		610	508.0	584.2	88.9	190	127	—	723.9	45	M42	24	R73	584.20	9.53	13.49	1.5	635.0	6.0	313.0	278.0	—	388.0
550	870	564.4		663	559.0	641.4	95.2	197	133	—	777.7	48	M45	24	R81	635.00	11.13	15.09	1.5	686.0	6.0	373.0	304	—	458.0
600	940	616.0		718	610.0	692.2	101.6	203	140	—	838.2	51	M48	24	R77	692.15	11.13	16.66	1.5	749.0	6.0	444.0	398.0	—	533.0

（5）Class900 法兰的结构型式见图 9.4-5，法兰尺寸及质量应符合表 9.4-8 的规定。

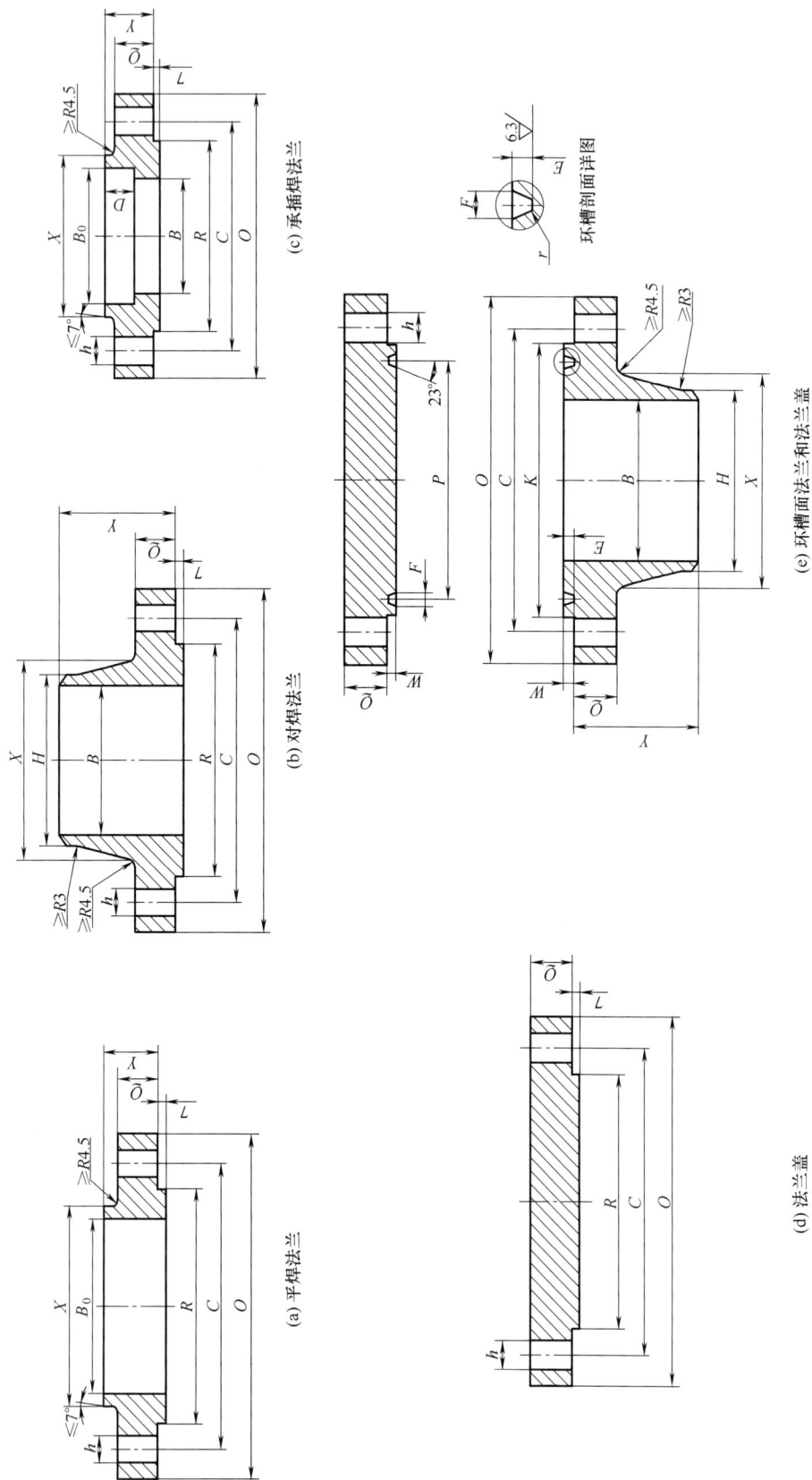

(a) 平焊法兰

(b) 对焊法兰

(c) 承插焊法兰

(d) 法兰盖

(e) 环槽面法兰和法兰盖

环槽剖面详图

图 9.4-5　Class900 法兰结构型式

表 9.4-8　Class900 法兰尺寸及质量

公称直径 DN	法兰外径 O /mm	管子插入孔 B₀ /mm	法兰内径 B /mm	法兰颈部尺寸 X /mm	法兰颈部尺寸 H /mm	密封面外径 R /mm	法兰厚度 Q /mm	法兰高度 Y 对焊型 /mm	法兰高度 Y 其余 /mm	承插深度 D /mm	中心圆直径 C /mm	螺栓螺柱 孔径 h /mm	螺栓螺柱 螺纹	孔数 /个	金属环垫号	环槽面尺寸 P /mm	环槽面尺寸 E,W /mm	环槽面尺寸 F /mm	环槽面尺寸 r /mm	环槽面尺寸 K /mm	两法兰间近似尺寸 S /mm	对焊法兰 /kg	平焊法兰 /kg	承插焊法兰 /kg	法兰盖 /kg
15	120	22.2	与接管内径一致	38	21.3	34.9	22.3	60	32	10	82.6	22	M20	4	R12	39.67	6.35	8.74	0.8	60.5	4.0	3.2	2.7	2.7	1.8
20	130	27.7		44	26.7	42.9	25.4	70	35	11	88.9	22	M20	4	R14	44.45	6.35	8.74	0.8	66.5	4.0	3.2	2.7	2.7	2.7
25	150	34.5		52	33.4	50.8	28.6	73	41	13	101.6	26	M24	4	R16	50.80	6.35	8.74	0.8	71.5	4.0	3.8	3.4	3.6	4.1
32	160	43.2		64	42.2	63.5	28.6	73	41	14	111.1	26	M24	4	R18	60.33	6.35	8.74	0.8	81.0	4.0	4.5	4.5	4.5	4.7
40	180	49.5		70	48.3	73.0	31.8	83	44	16	123.8	30	M27	4	R20	68.27	6.35	8.74	0.8	92.0	3.0	6.4	6.4	6.3	6.4
50	215	61.9		105	60.3	92.1	38.1	102	57	17	165.1	26	M24	8	R24	95.25	7.92	11.91	0.8	124.0	3.0	11.0	10.0	11.4	11.3
65	245	74.6		124	73.0	104.8	41.3	105	64	19	190.5	30	M27	8	R27	107.95	7.92	11.91	0.8	137.0	3.0	16.3	16.3	16.4	15.9
80	240	90.7		127	88.9	127.0	38.1	102	54	—	190.5	26	M24	8	R31	123.83	7.92	11.91	0.8	155.0	4.0	14.0	14.1	—	14.5
100	290	116.1		159	114.3	157.2	44.5	114	70	—	235.0	33	M30	8	R37	149.23	7.92	11.91	0.8	181.0	4.0	23.2	24.0	—	24.5
125	350	143.8		190	141.3	185.7	50.8	127	79	—	279.4	36	M33	8	R41	180.98	7.92	11.91	0.8	216.0	4.0	39.1	37.6	—	39.5
150	380	170.7		235	168.3	215.9	55.6	140	86	—	317.5	33	M30	12	R45	211.12	7.92	11.91	0.8	241.0	4.0	49.9	49.0	—	52.2
200	470	221.5		298	219.1	269.9	63.5	162	102	—	393.7	39	M36	12	R49	269.88	7.92	11.91	0.8	308.0	4.0	84.9	78.0	—	90.7
250	545	276.2		368	273.1	323.8	69.9	184	108	—	469.9	39	M36	16	R53	323.85	7.92	11.91	0.8	362.0	4.0	123.8	111.2	—	131.5
300	610	327.0		419	323.9	381.0	79.4	200	117	—	533.4	42	M39	20	R57	381.00	7.92	11.91	0.8	419.0	4.0	168.9	148.0	—	188.3
350	640	359.2		451	355.6	412.8	85.8	213	130	—	558.8	45	M42	20	R62	419.10	11.13	16.66	1.5	467.0	4.0	255.2	172.5	—	236.0
400	705	410.5		508	406.4	469.9	88.9	216	133	—	616.0	45	M42	20	R66	469.90	11.13	16.66	1.5	524.0	4.0	311.0	208.4	—	281.0
450	785	461.8		565	457.0	533.4	101.6	229	152	—	685.8	51	M48	20	R70	533.40	12.70	19.84	1.5	594.0	5.0	419.5	293.7	—	399.5
500	855	513.1		622	508.0	584.2	108.0	248	159	—	749.3	55	M52	20	R74	584.20	12.70	19.84	1.5	648.0	5.0	528.5	359.5	—	502.5
600	1040	616.0		749	610.0	692.2	139.7	292	203	—	901.7	68	M64	20	R78	692.15	15.88	26.97	2.4	772.0	6.0	956.6	671.9	—	952.9

（6）Class1500 法兰结构型式见图 9.4-6，法兰尺寸及质量应符合表 9.4-9 的规定。

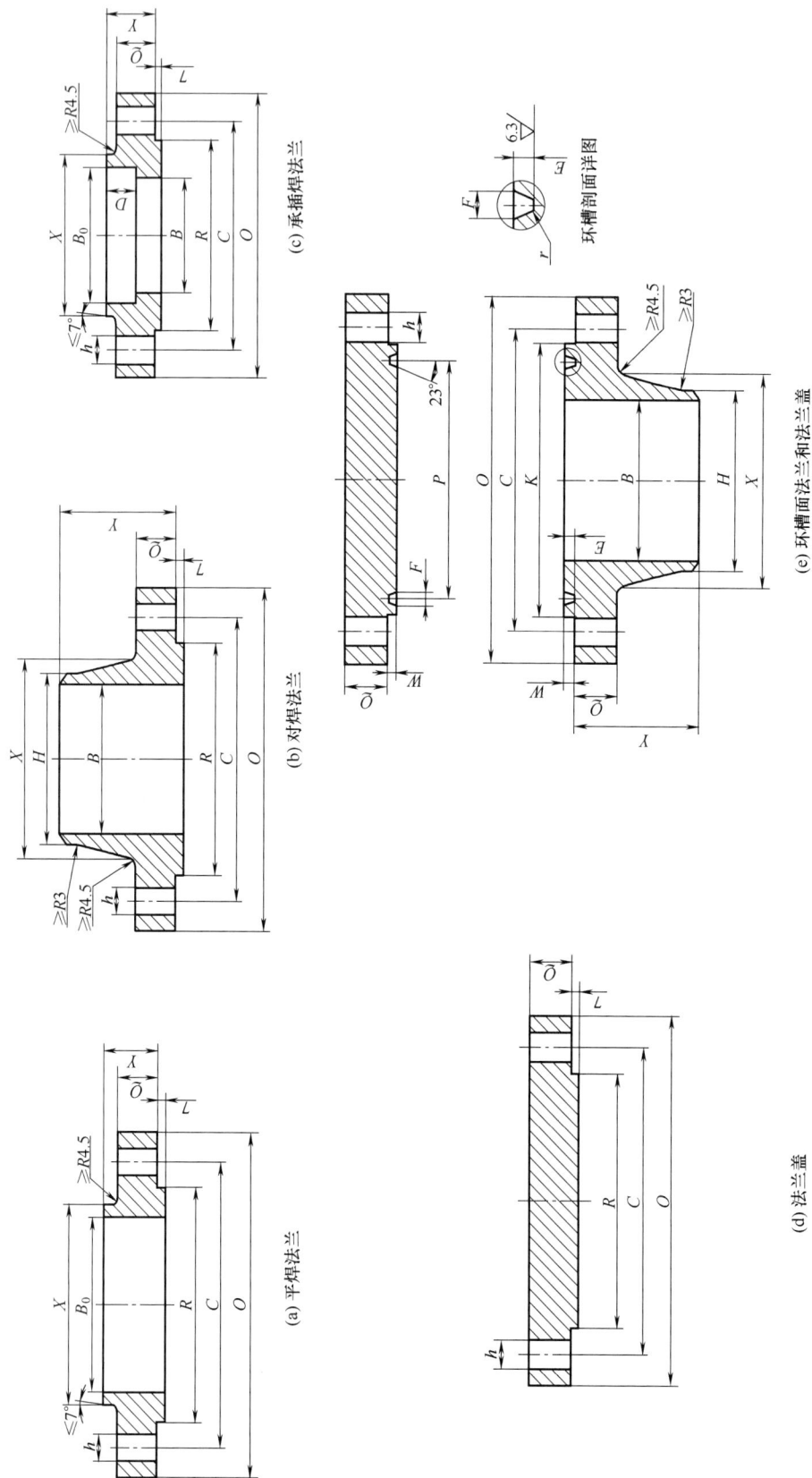

(a) 平焊法兰

(b) 对焊法兰

(c) 承插焊法兰

(d) 法兰盖

(e) 环槽面法兰和法兰盖

环槽剖面详图

图 9.4-6　Class1500 法兰结构型式

表 9.4-9 Class1500 法兰尺寸及质量

公称直径 DN	法兰外径 O /mm	管子插入孔 B₀ /mm	法兰内径 B /mm	法兰颈部尺寸 /mm X	法兰颈部尺寸 /mm H	密封面外径 R /mm	法兰厚度 Q /mm	法兰高度 Y /mm 对焊型	法兰高度 Y /mm 其余	承插深度 D /mm	中心圆直径 C /mm	孔径 h /mm	螺纹	孔数 /个	金属环垫号	P	E,W	F	r	K	两法兰间近似尺寸 S /mm	对焊法兰	平焊法兰	承插焊法兰	法兰盖
15	120	22.2	与接管内径一致	38	21.3	34.9	22.3	60	32	10	82.6	22	M20	4	R12	39.67	6.35	8.74	0.8	60.5	4.0	3.1	2.7	2.7	1.8
20	130	27.7		44	26.7	42.9	25.4	70	35	11	88.9	22	M20	4	R14	44.45	6.35	8.74	0.8	66.5	4.0	3.1	2.7	2.7	2.7
25	150	34.5		52	33.4	50.8	28.6	73	41	13	101.6	26	M24	4	R16	50.80	6.35	8.74	0.8	71.5	4.0	3.8	3.4	3.6	4.1
32	160	43.2		64	42.2	63.5	28.6	73	41	14	111.1	26	M24	4	R18	60.33	6.35	8.74	0.8	81.0	4.0	4.4	4.5	4.5	4.7
40	180	49.5		70	48.3	73.0	31.8	83	44	16	123.8	30	M27	4	R20	68.27	6.35	8.74	0.8	92.0	4.0	6.4	6.4	6.36	6.3
50	215	61.9		105	60.3	92.1	38.1	102	57	17	165.1	26	M24	8	R24	95.25	7.92	11.91	0.8	124.0	3.0	11.0	10.0	11.4	11.3
65	245	74.6		124	73.0	104.8	41.3	105	64	19	190.5	30	M27	8	R27	107.95	7.92	11.91	0.8	137.0	3.0	16.4	16.3	16.4	15.9
80	265	—		133	88.9	127	47.7	117	—	—	203.2	33	M30	8	R35	136.53	7.92	11.91	0.8	168.0	3.0	21.8	—	—	21.8
100	310	—		162	114.3	157.2	54.0	124	—	—	241.3	36	M33	8	R39	161.93	7.92	11.91	0.8	194.0	3.0	31.3	—	—	33.1
125	375	—		197	141.3	185.7	73.1	156	—	—	292.1	42	M39	8	R44	193.68	7.92	11.91	0.8	229.0	3.0	59.9	—	—	64.4
150	395	—		229	168.3	215.9	82.6	171	—	—	317.5	39	M36	12	R46	211.14	9.53	13.49	1.5	248.0	3.0	74.5	—	—	72.6
200	485	—		292	219.1	269.9	92.1	213	—	—	393.7	45	M42	12	R50	269.88	11.13	16.66	1.5	318.0	4.0	123.9	—	—	137.1
250	585	—		368	273.1	323.1	108.0	254	—	—	482.6	51	M48	12	R54	323.85	11.13	16.66	1.5	371.0	4.0	208.2	—	—	231.3
300	675	—		451	323.9	381.0	123.9	283	—	—	571.5	55	M52	16	R58	381.00	14.27	23.01	1.5	438.0	5.0	313.3	—	—	351.8
350	750	—		495	355.6	412.8	133.4	298	—	—	635.0	60	M56	16	R63	419.10	15.88	26.97	2.4	489.0	6.0	406.5	—	—	442.3
400	825	—		552	406.4	469.9	146.1	311	—	—	704.8	68	M64	16	R67	469.90	17.48	30.18	2.4	546.0	8.0	525.0	—	—	589.7
450	915	—		597	457.0	533.4	162.0	327	—	—	774.7	74	M70	16	R71	533.40	17.48	30.18	2.4	613.0	8.0	687.2	—	—	793.7
500	985	—		641	508.0	584.2	177.8	356	—	—	831.8	80	M76	16	R75	584.20	17.48	33.32	2.4	673.0	10.0	852.6	—	—	1009.3
600	1170	—		762	610.0	692.2	203.2	406	—	—	990.6	94	M90	16	R79	692.15	20.62	36.53	2.4	794.0	11.0	1366.8	—	—	1644.3

注：法兰内径 B 与接管内径一致。

（7）Class2500 法兰结构型式见图 9.4-7，法兰尺寸及质量应符合表 9.4-10 的规定。

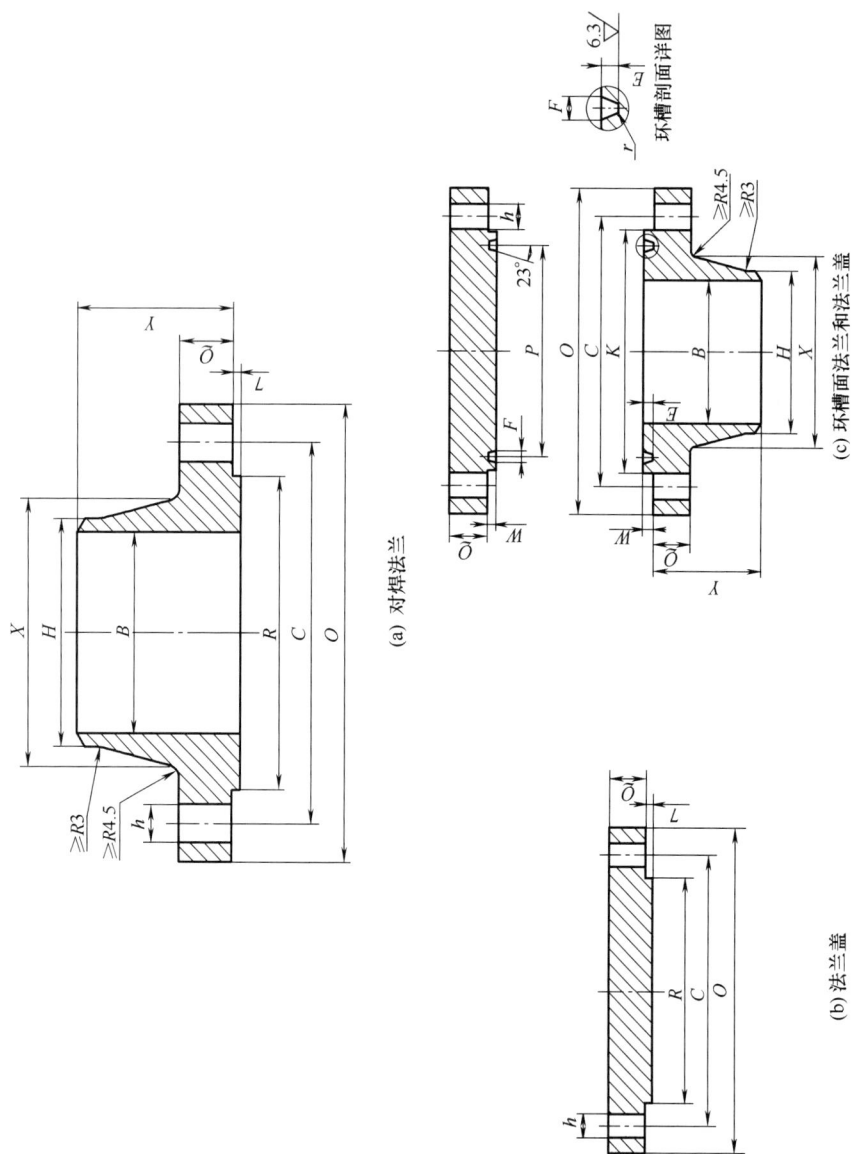

(a) 对焊法兰

(b) 法兰盖

(c) 环槽面法兰和法兰盖

环槽剖面详图

图 9.4-7　Class2500 法兰结构型式

表 9.4-10 Class2500 法兰尺寸及质量

公称直径 DN	法兰外径 O/mm	管子插入孔 B₀/mm	法兰内径 B/mm	法兰颈部尺寸 X/mm	法兰颈部尺寸 H/mm	密封面外径 R/mm	法兰厚度 Q/mm	法兰高度 Y/mm 对焊型	法兰高度 Y/mm 其余	承插深度 D/mm	中心圆直径 C/mm	孔径 h/mm	螺纹	孔数/个	金属环垫号	P	E、W	F	r	K	两法兰间尺寸 S/mm	对焊法兰	平焊法兰	承插焊法兰	法兰盖
15	135	—	与接管内径一致	43	21.3	34.9	30.2	73	—	—	88.9	22	M20	4	R13	42.88	6.35	8.74	0.8	65.0	4.0	3.6	—	—	3.2
20	140	—		51	26.7	42.9	31.8	79	—	—	95.2	22	M20	4	R16	50.80	6.35	8.74	0.8	73.0	4.0	4.1	—	—	4.5
25	160	—		57	33.4	50.8	35.0	89	—	—	108.0	26	M24	4	R18	60.33	6.35	8.74	0.8	82.5	4.0	5.9	—	—	5.4
32	185	—		73	42.2	63.5	38.1	95	—	—	130.2	30	M27	4	R21	72.23	7.92	11.91	0.8	102.0	3.0	9.1	—	—	8.2
40	205	—		79	48.3	73.0	44.5	111	—	—	146.0	33	M30	4	R23	82.55	7.92	11.91	0.8	114.0	3.0	12.7	—	—	11.3
50	235	—		95	60.3	92.1	50.9	127	—	—	171.4	30	M27	8	R26	101.60	7.92	11.91	0.8	133.0	3.0	19.1	—	—	17.7
65	265	—		114	73.0	104.8	57.2	143	—	—	196.8	33	M30	8	R28	111.13	9.53	13.49	1.5	149.0	3.0	23.6	—	—	25.4
80	305	—		133	88.9	127.0	66.7	168	—	—	228.6	36	M33	8	R32	127.00	9.53	13.49	1.5	168.0	3.0	43.0	—	—	39.0
100	355	—		165	114.3	157.2	76.2	190	—	—	273.0	42	M39	8	R38	157.18	11.13	16.66	1.5	203.0	4.0	66.0	—	—	60.0
125	420	—		203	141.3	185.7	92.1	229	—	—	323.8	48	M45	8	R42	190.50	12.7	19.84	1.5	241.0	4.0	111.0	—	—	101.0
150	485	—		235	168.3	215.9	108.0	273	—	—	368.3	55	M52	8	R47	228.60	12.7	19.84	1.5	279.0	4.0	172.0	—	—	157.0
200	550	—		305	219.1	269.9	127.0	318	—	—	438.2	55	M52	12	R51	279.40	14.27	23.01	1.5	340.0	5.0	262.0	—	—	242.0
250	675	—		375	273.1	323.8	165.1	419	—	—	539.8	68	M64	12	R55	342.90	17.48	30.18	2.4	425.0	6.0	485.0	—	—	465.0
300	760	—		441	323.9	381.0	184.2	464	—	—	619.1	74	M70	12	R60	406.40	17.48	33.32	2.4	495.0	8.0	730.0	—	—	665.0

9.4.2.2 松套法兰和翻边短节

（1）Class150 松套法兰结构型式见图 9.4-8，松套法兰尺寸及质量应符合表 9.4-11 的规定。

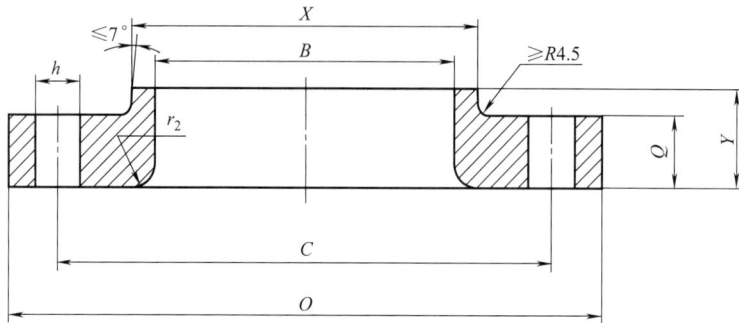

图 9.4-8　Class150 松套法兰结构型式

表 9.4-11　Class150 松套法兰尺寸及质量

公称直径 DN	法兰外径 O /mm	法兰内径 B /mm	法兰颈部尺寸 X /mm	法兰厚度 Q /mm	法兰高度 Y /mm	圆角半径 r₂ /mm	螺栓、螺柱				法兰近似质量 /kg
							中心圆直径 C /mm	孔径 h /mm	螺纹	孔数 /个	
15	90	22.9	30	11.2	16	3	60.3	16	M14	4	0.47
20	100	28.2	38	12.7	16	3	69.9	16	M14	4	0.64
25	110	34.9	49	14.3	17	3	79.4	16	M14	4	0.88
32	115	43.7	59	15.9	21	5	88.9	16	M14	4	1.11
40	125	50.0	65	17.5	22	6	98.4	16	M14	4	1.41
50	150	62.5	78	19.1	25	8	120.7	18	M16	4	2.20
65	180	75.4	90	22.3	29	8	139.7	18	M16	4	3.41
80	190	91.4	108	23.9	30	10	152.4	18	M16	4	4.06
100	230	116.8	135	23.9	33	11	190.5	18	M16	8	5.55
125	255	144.4	164	23.9	36	11	215.9	22	M20	8	6.41
150	280	171.4	192	25.4	40	13	241.3	22	M20	8	7.93
200	345	222.2	246	28.6	44	13	298.5	22	M20	8	12.90
250	405	277.4	305	30.2	49	13	362.0	26	M24	12	17.90
300	485	328.2	365	31.8	56	13	431.8	26	M24	12	28.30
350	535	360.2	400	35.0	79	13	476.3	30	M217	12	38.50
400	595	411.2	457	36.6	87	13	539.8	30	M27	16	51.20
450	635	462.3	505	39.7	97	13	577.9	33	M30	16	55.70
500	700	514.4	559	42.9	103	13	635.0	33	M30	20	70.20
550	750	565.2	610	46.1	108	13	692.2	36	M33	20	81.82
600	815	616.0	663	47.7	111	13	749.3	36	M33	20	98.70

（2）Class300 松套法兰结构型式见图 9.4-9，松套法兰尺寸及质量应符合表 9.4-12 的规定。

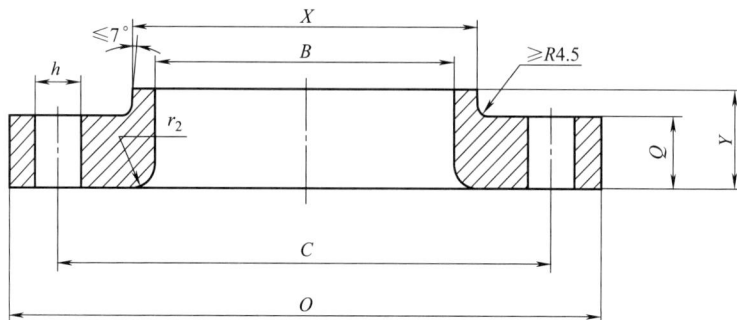

图 9.4-9　Class300 松套法兰结构型式

表 9.4-12 Class300 松套法兰尺寸及质量

| 公称直径 DN | 法兰外径 O /mm | 法兰内径 B /mm | 法兰颈部尺寸 X /mm | 法兰厚度 Q /mm | 法兰高度 Y /mm | 圆角半径 r₂ /mm | 螺栓、螺柱 | | | | 法兰近似质量 /kg |
							中心圆直径 C /mm	孔径 h /mm	螺纹	孔数 /个	
15	95	22.9	38	14.3	22	3	66.7	16	M14	4	0.72
20	115	28.2	48	15.9	25	3	82.6	18	M16	4	1.21
25	125	34.9	54	17.5	27	3	88.9	18	M16	4	1.46
32	135	43.7	64	19.1	27	5	98.4	18	M16	4	2.04
40	155	50.0	70	20.7	30	6	114.3	22	M20	4	2.95
50	165	62.5	84	22.3	33	8	127.0	18	M16	8	3.11
65	190	75.4	100	25.4	38	8	149.2	22	M20	8	4.54
80	210	91.4	117	28.6	43	10	168.3	22	M20	8	6.14
100	255	116.8	146	31.8	48	11	200.0	22	M20	8	10.90
125	280	144.4	178	35.0	51	11	235.0	22	M20	8	12.60
150	320	171.4	206	36.6	52	13	269.9	22	M20	12	16.50
200	380	222.2	260	41.3	62	13	330.2	26	M24	12	25.30
250	445	277.4	321	47.7	95	13	387.4	30	M27	16	41.40
300	520	328.2	375	50.8	102	13	450.8	33	M30	16	63.11
350	585	360.2	425	54.0	111	13	514.4	33	M30	20	83.54
400	650	411.2	483	57.2	121	13	571.5	36	M33	20	106.24
450	710	462.3	533	60.4	130	13	628.6	36	M33	24	138.47
500	775	514.4	587	63.5	140	13	685.8	36	M33	24	170.25
550	840	565.2	640	66.7	145	13	743.0	42	M39	24	203.32
600	915	616.0	702	69.9	152	13	812.8	42	M39	24	240.62

（3）Class400 松套法兰结构型式见图 9.4-10，松套法兰尺寸及质量应符合表 9.4-13 的规定。

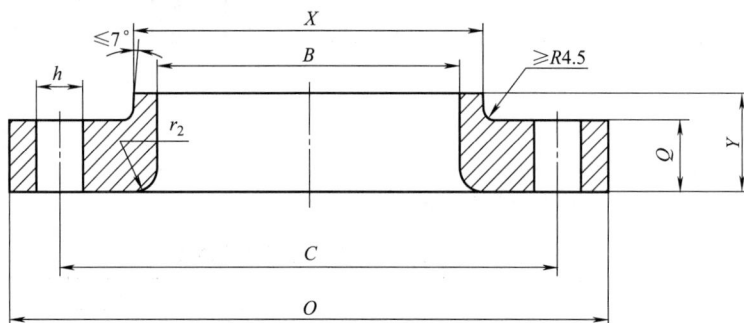

图 9.4-10 Class400 松套法兰结构型式

表 9.4-13 Class400 松套法兰尺寸及质量

| 公称直径 DN | 法兰外径 O /mm | 法兰内径 B /mm | 法兰颈部尺寸 X /mm | 法兰厚度 Q /mm | 法兰高度 Y /mm | 圆角半径 r₂ /mm | 螺栓、螺柱 | | | | 法兰近似质量 /kg |
							中心圆直径 C /mm	孔径 h /mm	螺纹	孔数 /个	
15	95	22.9	38	14.3	22	3	66.7	16	M14	4	0.91
20	115	28.2	48	15.9	25	3	82.6	18	M16	4	1.36
25	125	34.9	54	17.5	27	3	88.9	18	M16	4	1.62
32	135	43.7	64	20.7	29	5	98.4	18	M16	4	2.23

公称直径 DN	法兰外径 O /mm	法兰内径 B /mm	法兰颈部尺寸 X /mm	法兰厚度 Q /mm	法兰高度 Y /mm	圆角半径 r_2 /mm	螺栓、螺柱				法兰近似质量 /kg
							中心圆直径 C /mm	孔径 h /mm	螺纹	孔数 /个	
40	155	50.0	70	22.3	32	6	114.3	22	M20	4	3.09
50	165	62.5	84	25.4	37	8	127.0	18	M16	8	3.85
65	190	75.4	100	28.6	41	8	149.2	22	M20	8	5.50
80	210	91.4	117	31.8	46	10	168.3	22	M20	8	7.44
100	255	116.8	146	35.0	51	11	200.0	26	M24	8	11.84
125	280	144.5	178	38.1	54	11	235.0	26	M24	8	14.57
150	320	171.4	206	41.3	57	13	269.9	26	M24	12	19.85
200	380	222.2	260	47.7	68	13	330.0	30	M27	12	30.23
250	445	277.4	321	54.0	102	13	387.4	33	M30	16	48.03
300	520	328.2	375	57.2	108	13	450.8	36	M33	16	67.68
350	585	360.2	425	60.4	117	13	514.4	36	M33	20	96.88
400	650	411.2	483	63.5	127	13	571.5	39	M36	20	124.35
450	710	462.3	533	66.7	137	13	628.6	39	M36	24	149.91
500	775	514.4	587	69.9	146	13	685.8	42	M39	24	182.33
550	840	565.2	640	73.1	152	13	743.0	45	M42	24	217.89
600	915	616.0	702	76.2	159	13	812.8	48	M45	24	272.92

（4）Class600 松套法兰结构型式见图 9.4-11，松套法兰尺寸及质量应符合表 9.4-14 的规定。

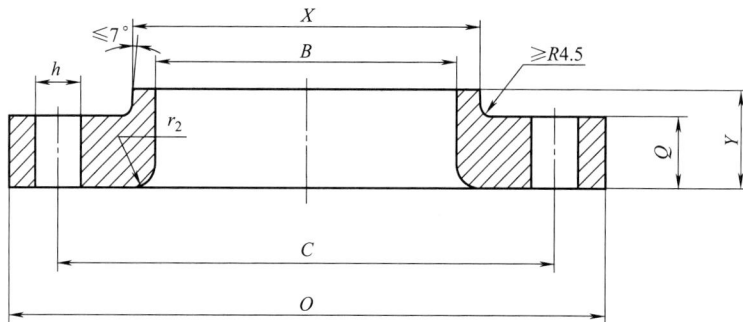

图 9.4-11　Class600 松套法兰结构型式

表 9.4-14　Class600 松套法兰尺寸及质量

公称直径 DN	法兰外径 O /mm	法兰内径 B /mm	法兰颈部尺寸 X /mm	法兰厚度 Q /mm	法兰高度 Y /mm	圆角半径 r_2 /mm	螺栓、螺柱				法兰近似质量 /kg
							中心圆直径 C /mm	孔径 h /mm	螺纹	孔数 /个	
15	95	22.9	38	14.3	22	3	66.7	16	M14	4	0.91
20	115	28.2	48	15.9	25	3	82.6	18	M16	4	1.36
25	125	34.9	54	17.5	27	3	88.9	18	M16	4	1.62
32	135	43.7	64	20.7	29	5	98.4	18	M16	4	2.23
40	155	50.0	70	22.3	32	6	114.3	22	M20	4	3.09
50	165	62.5	84	25.4	37	8	127.0	18	M16	8	3.85
65	190	75.4	100	28.6	41	8	149.2	22	M20	8	5.50
80	210	91.4	117	31.8	46	10	168.3	22	M20	8	7.44

公称直径 DN	法兰外径 O /mm	法兰内径 B /mm	法兰颈部尺寸 X /mm	法兰厚度 Q /mm	法兰高度 Y /mm	圆角半径 r_2 /mm	螺栓、螺柱				法兰近似质量 /kg
							中心圆直径 C /mm	孔径 h /mm	螺纹	孔数 /个	
100	275	116.8	152	38.1	54	11	215.9	26	M24	8	15.40
125	330	144.4	189	44.5	60	11	266.7	30	M27	8	28.60
150	355	171.4	222	47.7	67	13	292.1	30	M27	12	35.40
200	420	222.2	273	55.6	76	13	349.2	33	M30	12	50.80
250	510	277.4	343	63.5	111	13	431.8	36	M33	16	88.50
300	560	328.2	400	66.7	117	13	489.0	36	M33	20	108.90
350	605	360.4	432	69.9	127	13	527.0	39	M36	20	131.60
400	685	411.2	495	76.2	140	13	603.2	42	M39	20	181.60
450	745	462.3	546	82.6	152	13	654.0	45	M42	20	212.90
500	815	514.4	610	88.9	165	13	723.9	45	M42	24	274.22
550	870	565.2	663	95.2	175	13	777.7	48	M45	24	315.85
600	940	616.0	718	101.6	184	13	838.2	51	M48	24	393.16

（5）松套法兰用翻边短节结构型式见图 9.4-12，Class150 松套法兰用翻边短节尺寸应符合表 9.4-15 的规定。

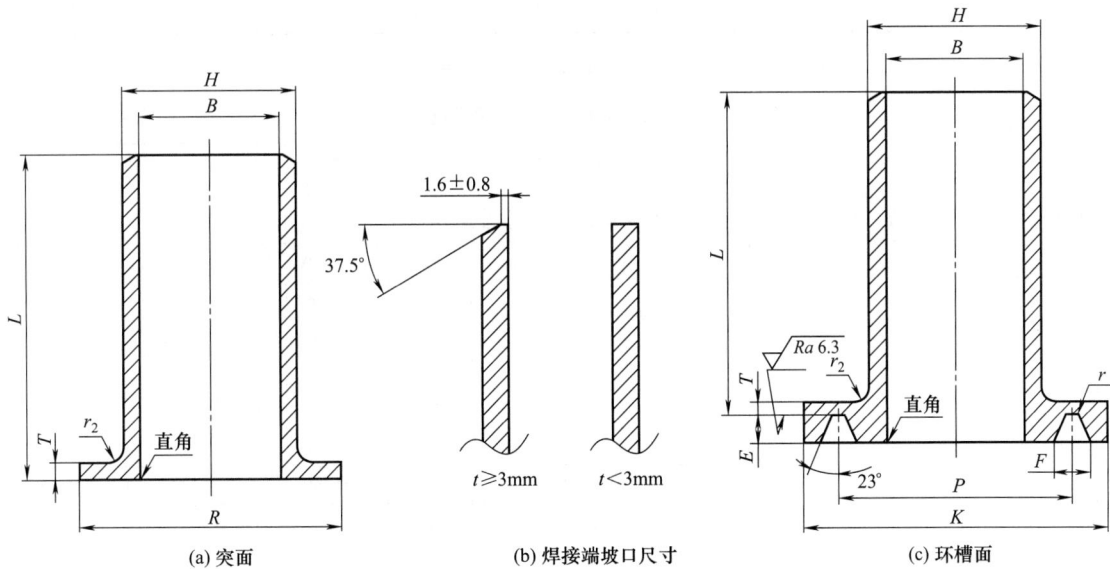

(a) 突面　　　　　(b) 焊接端坡口尺寸　　　　　(c) 环槽面

图 9.4-12　松套法兰用翻边短节结构型式

表 9.4-15　Class150 松套法兰用翻边短节尺寸　　　　　单位：mm

公称直径 DN	翻边短节外径 H	翻边短节内径 B	翻边厚度 T	翻边短节长度 L	翻边短节密封面尺寸		圆角半径 r_2	环槽中心直径 P	环槽深度 E	环槽宽度 F	环槽圆角 r
					突面 R	环槽面 K					
15	21.3	与接管内径一致	翻边厚度 T 不应小于接管管子的名义厚度	51	34.9	—	3	—	—	—	—
20	26.7			51	42.9	—	3	—	—	—	—
25	33.4			51	50.8	63.5	3	47.63	6.35	8.74	0.8
32	42.2			51	63.5	73.0	5	57.15	6.35	8.74	0.8
40	48.3			51	73.0	82.5	6	65.07	6.35	8.74	0.8

续表

公称直径 DN	翻边短节外径 H	翻边短节内径 B	翻边厚度 T	翻边短节长度 L	翻边短节密封面尺寸		圆角半径 r_2	环槽中心直径 P	环槽深度 E	环槽宽度 F	环槽圆角 r
					突面 R	环槽面 K					
50	60.3			64	92.1	102.0	8	82.55	6.35	8.74	0.8
65	73.0			64	104.8	121.0	8	101.60	6.35	8.74	0.8
80	88.9			64	127.0	133.0	10	114.30	6.35	8.74	0.8
100	114.3			76	157.2	171.0	11	149.23	6.35	8.74	0.8
125	141.3			76	185.7	194.0	11	171.45	6.35	8.74	0.8
150	168.3	与接管内径一致	翻边厚度 T 不应小于接管管子的名义厚度	89	215.9	219.0	13	193.68	6.35	8.74	0.8
200	219.1			102	269.9	273.0	13	247.65	6.35	8.74	0.8
250	273.1			127	323.8	330.0	13	304.80	6.35	8.74	0.8
300	323.9			152	381.0	406.0	13	381.00	6.35	8.74	0.8
350	355.6			152	412.8	425.0	13	396.88	6.35	8.74	0.8
400	406.4			152	469.9	483.0	13	454.03	6.35	8.74	0.8
450	457.0			152	533.4	546.0	13	517.53	6.35	8.74	0.8
500	508.0			152	584.2	597.0	13	558.80	6.35	8.74	0.8
550	559.0			152	641.0	648.0	13	615.95	6.35	8.74	0.8
600	610.0			152	692.2	711.0	13	673.10	6.35	8.74	0.8

（6）Class300 松套法兰用翻边短节尺寸应符合表 9.4-16 的规定。

表 9.4-16　Class300 松套法兰用翻边短节尺寸　　　　单位：mm

公称直径 DN	翻边短节外径 H	翻边短节内径 B	翻边厚度 T	翻边短节长度 L	翻边短节密封面尺寸		圆角半径 r_2	环槽中心直径 P	环槽深度 E	环槽宽度 F	环槽圆角 r
					突面 R	环槽面 K					
15	21.3			51	34.9	51.0	3	34.14	5.54	7.14	0.8
20	26.7			51	42.9	63.5	3	42.88	6.35	8.74	0.8
25	33.4			51	50.8	70.0	3	50.8	6.35	8.74	0.8
32	42.2			51	63.5	79.5	5	60.33	6.35	8.74	0.8
40	48.3			51	73.0	90.5	6	68.27	6.35	8.74	0.8
50	60.3			64	92.1	108.0	8	82.55	7.92	11.91	0.8
65	73.0			64	104.8	127.0	8	101.60	7.92	11.91	0.8
80	88.9			64	127.0	146.0	10	123.83	7.92	11.91	0.8
100	114.3			76	157.2	175.0	11	149.23	7.92	11.91	0.8
125	141.3	与接管内径一致	翻边厚度 T 不应小于接管管子的名义厚度	76	185.7	210.0	11	180.98	7.92	11.91	0.8
150	168.3			89	215.9	241.0	13	211.12	7.92	11.91	0.8
200	219.1			102	269.9	302.0	13	269.88	7.92	11.91	0.8
250	273.1			254	323.8	356.0	13	323.85	7.92	11.91	0.8
300	323.9			254	381.0	413.0	13	381.00	7.92	11.91	0.8
350	355.6			305	412.8	457.0	13	419.10	7.92	11.91	0.8
400	406.4			305	469.9	508.0	13	469.90	7.92	11.91	0.8
450	457.0			305	533.4	575.0	13	533.40	7.92	11.91	0.8
500	508.0			305	584.2	635.0	13	584.20	9.53	13.49	1.5
550	559.0			305	641.0	686.0	13	635.00	11.13	15.09	1.5
600	610.0			305	692.2	749.0	13	692.15	11.13	16.66	1.5

（7）Class400 松套法兰用翻边短节尺寸应符合表 9.4-17 的规定。

表 9.4-17　Class400 松套法兰用翻边短节尺寸　　　　　单位：mm

公称直径 DN	翻边短节外径 H	翻边短节内径 B	翻边厚度 T	翻边短节长度 L	翻边短节密封面尺寸		圆角半径 r_2	环槽中心直径 P	环槽深度 E	环槽宽度 F	环槽圆角 r
					突面 R	环槽面 K					
15	21.3			76	34.9	51.0	3	34.14	5.54	7.14	0.8
20	26.7			76	42.9	63.5	3	42.88	6.35	8.74	0.8
25	33.4			102	50.8	70.0	3	50.80	6.35	8.74	0.8
32	42.2			102	63.5	79.5	5	60.33	6.35	8.74	0.8
40	48.3			102	73.0	90.5	6	68.27	6.35	8.74	0.8
50	60.3			152	92.1	108.0	8	82.55	7.92	11.91	0.8
65	73.0	与接管内径一致	翻边厚度 T 不应小于接管管子的名义厚度	152	104.8	127.0	8	101.60	7.92	11.91	0.8
80	88.9			152	127.0	146.0	10	123.83	7.92	11.91	0.8
100	114.3			152	157.2	175.0	11	149.23	7.92	11.91	0.8
125	141.3			203	185.7	210.0	11	180.98	7.92	11.91	0.8
150	168.3			203	215.9	241.0	13	211.12	7.92	11.91	0.8
200	219.1			203	269.9	302.0	13	269.88	7.92	11.91	0.8
250	273.1			254	323.8	356.0	13	323.85	7.92	11.91	0.8
300	323.9			254	381.0	413.0	13	381.00	7.92	11.91	0.8
350	355.6			305	412.8	457.0	13	419.10	7.92	11.91	0.8
400	406.4			305	469.9	508.0	13	469.90	7.92	11.91	0.8
450	457.0			305	533.4	575.0	13	533.40	7.92	11.91	0.8
500	508.0			305	584.2	635.0	13	584.20	9.53	13.49	1.5
550	559.0			305	641.0	686.0	13	635.00	11.13	15.09	1.5
600	610.0			305	692.2	749.0	13	692.15	11.13	16.66	1.5

（8）Class600 松套法兰用翻边短节尺寸应符合表 9.4-18 的规定。

表 9.4-18　Class600 松套法兰用翻边短节尺寸　　　　　单位：mm

公称直径 DN	翻边短节外径 H	翻边短节内径 B	翻边厚度 T	翻边短节长度 L	翻边短节密封面尺寸		圆角半径 r_2	环槽中心直径 P	环槽深度 E	环槽宽度 F	环槽圆角 r
					突面 R	环槽面 K					
15	21.3			76	34.9	51.0	3	34.14	5.54	7.14	0.8
20	26.7			76	42.9	63.5	3	42.88	6.35	8.74	0.8
25	33.4			102	50.8	70.0	3	50.80	6.35	8.74	0.8
32	42.2			102	63.5	79.5	5	60.33	6.35	8.74	0.8
40	48.3			102	73.0	90.5	6	68.27	6.35	8.74	0.8
50	60.3			152	92.1	108.0	8	82.55	7.92	11.91	0.8
65	73.0	与接管内径一致	翻边厚度 T 不应小于接管管子的名义厚度	152	104.8	127.0	8	101.60	7.92	11.91	0.8
80	88.9			152	127.0	146.0	10	123.83	7.92	11.91	0.8
100	114.3			152	157.2	175.0	11	149.23	7.92	11.91	0.8
125	141.3			203	185.7	210.0	11	180.98	7.92	11.91	0.8
150	168.3			203	215.9	241.0	13	211.12	7.92	11.91	0.8
200	219.1			203	269.9	302.0	13	269.88	7.92	11.91	0.8
250	273.1			254	323.8	356.0	13	323.85	7.92	11.91	0.8
300	323.9			254	381.0	413.0	13	381.00	7.92	11.91	0.8
350	355.6			305	412.8	457.0	13	419.10	7.92	11.91	0.8
400	406.4			305	469.9	508.0	13	469.90	7.92	11.91	0.8
450	457.0			305	533.4	575.0	13	533.40	7.92	11.91	0.8
500	508.0			305	584.2	635.0	13	584.20	9.53	13.49	1.5
550	559.0			305	641.0	686.0	13	635.00	11.13	15.09	1.5
600	610.0			305	692.2	749.0	13	692.15	11.13	166.66	1.5

9.4.2.3　凹凸面、榫槽面法兰的密封面尺寸

（1）密封面为凹凸面，榫槽面的法兰及法兰盖结构型式见图 9.4-13。

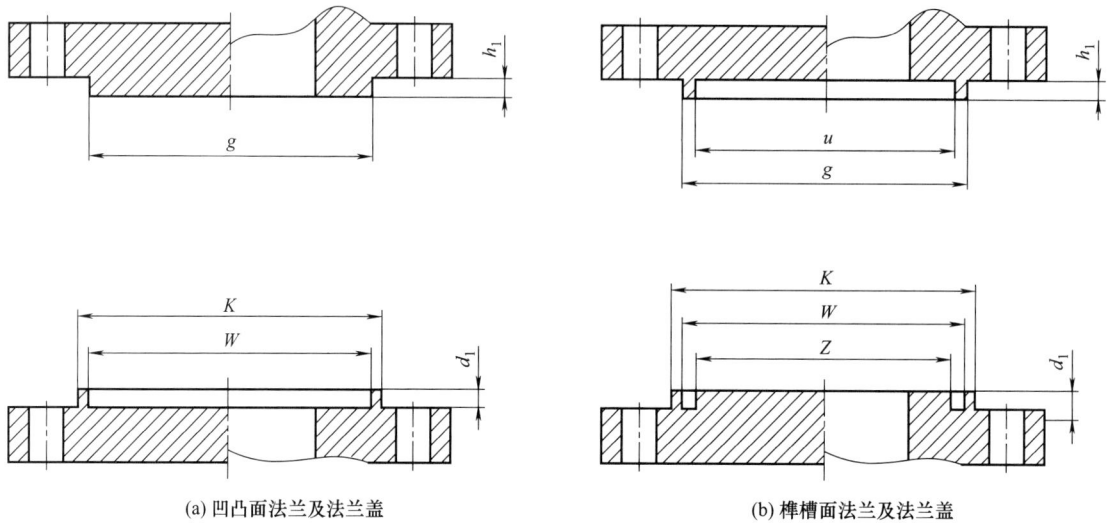

(a) 凹凸面法兰及法兰盖　　　　　　　　　　(b) 榫槽面法兰及法兰盖

图 9.4-13　密封面为凹凸面、榫槽面的法兰及法兰盖结构型式

（2）对于公称压力为 Class300、Class400、Class600、Class900、Class1500 和 Class2500 的法兰，密封面型式为凹凸面或榫槽面，法兰及法兰盖密封面的尺寸应符合表 9.4-19 的规定。

表 9.4-19　法兰及法兰盖密封面的尺寸　　　　　　　　　　单位：mm

公称直径 DN	密封面外径		密封面内径		凸面高度或榫面高度 h_1	凹面深度或槽面深度 d_1	凸台外径 K
	凸面或榫面 g	凹面或槽面 W	榫面 u	槽面 Z			
15	34.9	36.5	25.4	23.8	7	5	46
20	42.9	44.4	33.3	31.8	7	5	54
25	50.8	52.4	38.1	36.5	7	5	62
32	63.5	65.1	47.6	46.0	7	5	75
40	73.0	74.6	54.0	52.4	7	5	84
50	92.1	93.7	73.0	71.4	7	5	103
65	104.8	106.4	85.7	84.1	7	5	116
80	127.0	128.6	108.0	106.4	7	5	138
100	157.2	158.8	131.8	130.2	7	5	168
125	185.7	187.3	160.3	158.8	7	5	197
150	215.9	217.5	190.5	188.9	7	5	227
200	269.9	271.5	238.1	236.5	7	5	281
250	323.8	325.4	285.8	284.2	7	5	335
300	381.0	382.6	342.9	341.3	7	5	392
350	412.8	414.3	374.6	373.1	7	5	424
400	469.9	471.5	425.4	423.9	7	5	481
450	533.4	535.0	489.0	487.4	7	5	544
500	584.2	585.8	533.4	531.8	7	5	595
600	692.2	693.7	641.4	639.8	7	5	703

9.4.2.4　公称直径＞DN600 A 系列法兰结构型式和尺寸

（1）Class150 A 系列法兰结构型式见图 9.4-14，Class150 A 系列法兰尺寸及质量应符合表 9.4-20 的规定。

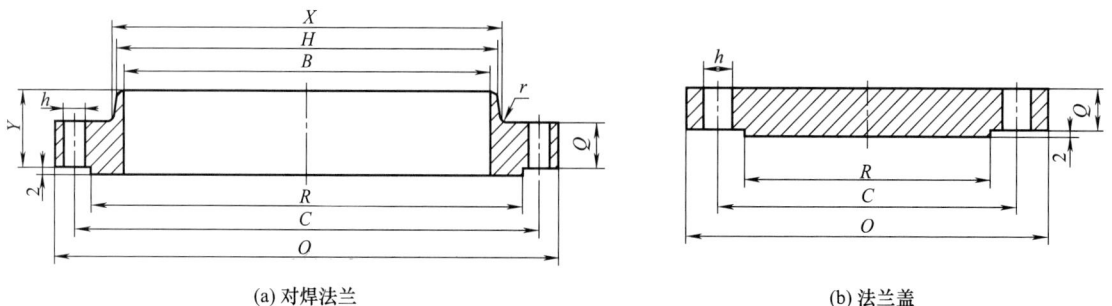

(a) 对焊法兰　　　　　　　　　　(b) 法兰盖

图 9.4-14　Class150 A 系列法兰结构型式

表 9.4-20 Class150 A 系列法兰尺寸及质量

公称直径 DN	法兰外径 O /mm	法兰内径 B /mm	法兰颈部尺寸 /mm		密封面外径 R /mm	法兰厚度 Q /mm		法兰高度 Y /mm	圆角 r /mm	螺栓、螺柱				法兰近似质量 /kg	
			X	H		对焊法兰	法兰盖			中心圆直径 C /mm	孔径 h /mm	螺纹	孔数 /个	对焊法兰	法兰盖
650	870	与接管内径一致	676	660.4	749	66.7	66.7	119	10	806.4	36	M33	24	136.2	318.8
700	925		727	711.2	800	69.9	69.9	124	11	863.6	36	M33	28	156.7	378.2
750	985		781	762.0	857	73.1	73.1	135	11	914.4	36	M33	28	181.6	445.9
800	1060		832	812.8	914	79.4	79.4	143	11	977.9	42	M39	28	229.3	561.6
850	1110		883	863.6	965	81.0	81.0	148	13	1028.7	42	M39	32	245.2	628.4
900	1170		933	914.4	1022	88.9	88.9	156	13	1085.8	42	M39	32	290.6	761.0
950	1240		991	965.2	1073	85.8	85.8	156	13	1149.4	42	M39	32	326.9	825.9
1000	1290		1041	1016.0	1124	88.9	88.9	162	13	1200.2	42	M39	36	351.9	926.2
1050	1345		1092	1066.8	1194	95.3	95.3	170	13	1257.3	42	M39	36	404.1	1081.0
1100	1405		1143	1117.6	1245	100.1	100.1	176	13	1314.4	42	M39	40	449.5	1233.6
1150	1455		1197	1168.4	1295	101.6	101.6	184	13	1365.2	42	M39	40	481.3	1344.3
1200	1510		1248	1219.2	1359	106.4	106.4	191	13	1422.4	42	M39	44	538.0	1520.0
1250	1570		1302	1270.0	1410	109.6	109.6	202	13	1479.6	48	M45	44	576.6	1687.1
1300	1625		1353	1320.8	1461	114.3	114.3	208	13	1536.7	48	M45	44	640.2	1886.9
1350	1685		1403	1371.6	1511	119.1	119.1	214	13	1593.8	48	M45	44	719.6	2106.2
1400	1745		1457	1422.4	1575	122.3	122.3	227	13	1651.0	48	M45	48	799.1	2330.0
1450	1805		1508	1473.2	1626	127.0	127.0	233	13	1708.2	48	M45	48	869.5	2576.5
1500	1855		1559	1524.0	1676	130.2	130.2	238	13	1759.0	48	M45	52	928.5	2794.0

(2) Class300 A 系列法兰结构型式见图 9.4-15，Class300 A 系列法兰尺寸及质量应符合表 9.4-21 的规定。

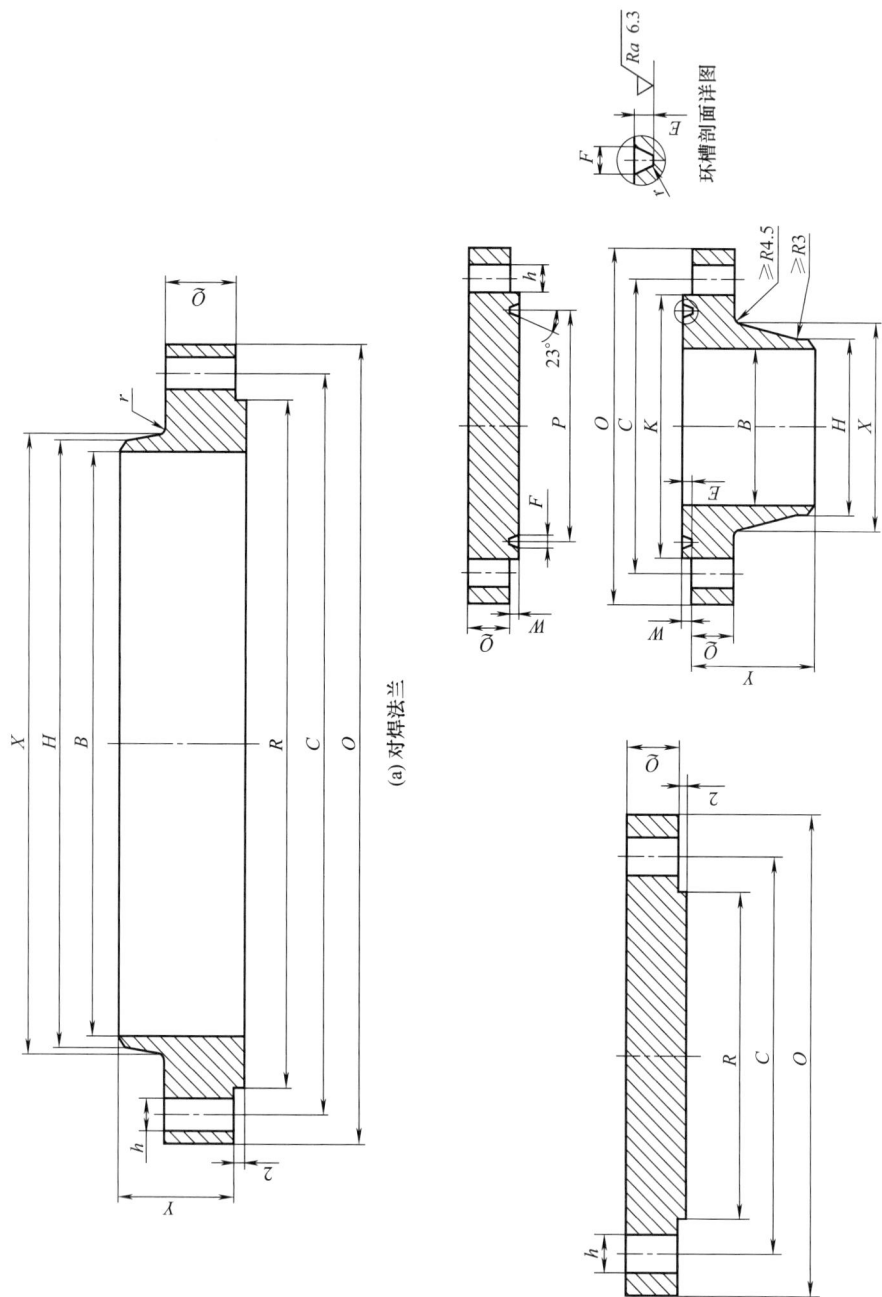

(a) 对焊法兰

(b) 法兰盖

(c) 环槽面法兰和法兰盖

环槽剖面详图

图 9.4-15　Class300 A 系列法兰结构型式

表 9.4-21 Class300 A 系列法兰尺寸及质量

公称直径 DN	法兰外径 O /mm	法兰内径 B /mm	法兰颈部尺寸 /mm		密封面外径 R /mm	法兰厚度 Q /mm		法兰高度 Y /mm	圆角 r /mm	中心圆直径 C /mm	螺栓、螺纹		孔数 /个	金属环垫号	环号及环槽面尺寸 /mm					法兰近似质量 /kg	
			X	H		对焊型	法兰盖				孔径 h /mm	螺纹			P	E、W	F	r	K	对焊法兰	法兰盖
650	970	与接管内径一致	721	660.4	749	77.8	82.6	183	10	876.3	45	M42	28	R93	749.30	12.70	19.84	1.5	810	274.7	489.5
700	1035		775	711.2	800	84.2	88.9	195	11	939.8	45	M42	28	R94	800.10	12.70	19.84	1.5	861	338.3	597.1
750	1090		827	762.0	857	90.5	93.7	208	11	997.0	48	M45	28	R95	857.25	12.70	19.84	1.5	917	395.0	700.6
800	1150		881	812.8	914	96.9	98.5	221	11	1054.1	51	M48	28	R96	914.40	14.27	23.01	1.5	984	456.3	815.0
850	1205		937	863.6	965	100.1	103.2	230	13	1104.9	51	M48	28	R97	965.20	14.27	23.01	1.5	1035	519.9	938.9
900	1270		991	914.4	1022	103.2	109.6	240	13	1168.4	55	M52	32	R98	1022.35	14.27	23.01	1.5	1092	578.9	1106.0
950	1170		994	965.2	1029	106.4	106.4	179	13	1092.2	42	M39	32	—	—	—	—	—	—	315.6	908.5
1000	1240		1048	1016.0	1086	112.8	112.8	192	13	1155.7	45	M42	32	—	—	—	—	—	—	381.4	1080.6
1050	1290		1099	1066.8	1137	117.5	117.5	198	13	1206.5	45	M42	32	—	—	—	—	—	—	431.3	1220.4
1100	1355		1149	1117.6	1194	122.3	122.3	205	13	1263.6	48	M45	32	—	—	—	—	—	—	479.0	1397.9
1150	1415		1203	1168.4	1245	127.0	127.0	214	13	1320.8	51	M48	28	—	—	—	—	—	—	560.7	1588.6
1200	1465		1254	1219.2	1302	131.8	131.8	222	13	1371.6	51	M48	32	—	—	—	—	—	—	626.6	1768.8
1250	1530		1305	1270.0	1359	138.2	138.2	230	13	1428.8	55	M52	32	—	—	—	—	—	—	694.7	2016.7
1300	1580		1356	1320.8	1410	142.9	142.9	237	13	1479.6	55	M52	32	—	—	—	—	—	—	753.7	2227.4
1350	1660		1410	1371.6	1467	150.9	150.9	251	13	1549.4	60	M56	28	—	—	—	—	—	—	930.7	2580.6
1400	1710		1464	1422.4	1518	152.4	152.4	259	13	1600.2	60	M56	28	—	—	—	—	—	—	978.4	2768.5
1450	1760		1514	1473.2	1575	157.2	157.2	265	13	1651.0	60	M56	32	—	—	—	—	—	—	1030.6	3027.8
1500	1810		1565	1524.0	1626	162.0	162.0	271	13	1701.8	60	M56	32	—	—	—	—	—	—	1121.4	3302.4

（3）Class600 A 系列法兰结构型式见图 9.4-16，Class600 A 系列法兰尺寸及质量应符合表 9.4-22 的规定。

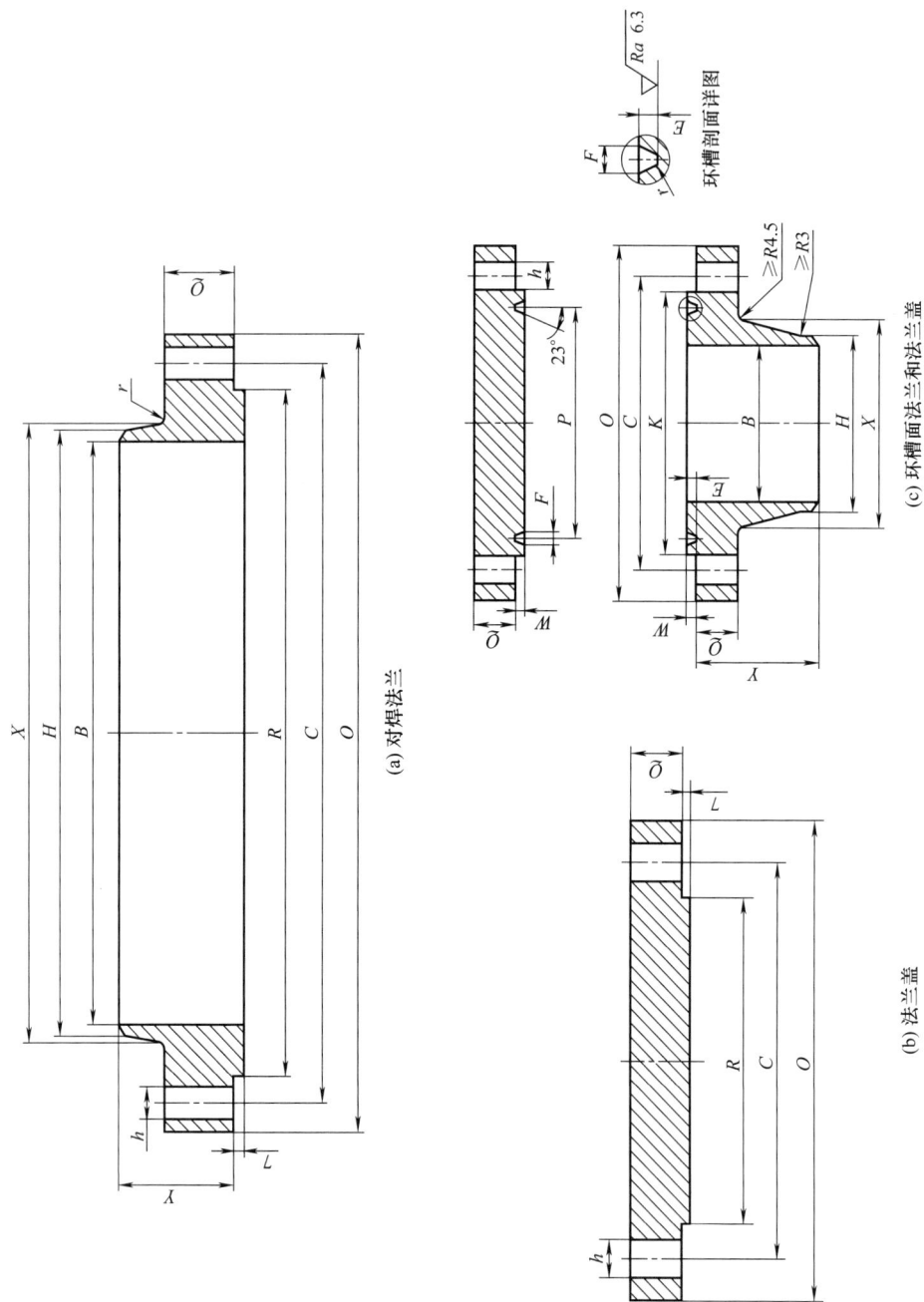

(a) 对焊法兰

(b) 法兰盖

(c) 环槽面法兰结构型式

环槽剖面详图

图 9.4-16　Class600 A 系列法兰结构型式

表9.4-22 Class600 A系列法兰尺寸及质量

公称直径 DN	法兰外径 O /mm	法兰内径 B /mm	法兰颈部尺寸 /mm X	H	密封面外径 R /mm	法兰厚度 Q /mm 对焊型	法兰盖	法兰高度 Y /mm	圆角 r /mm	中心圆直径 C /mm	螺栓、螺柱 孔径 h /mm	螺纹	孔数 /个	金属环垫号	环号及环槽面尺寸 /mm P	E,W	F	r	K	法兰近似质量 /kg 对焊法兰	法兰盖
650	1015	与接管内径一致	748	660.4	749	108.0	125.5	222	13	914.4	51	M48	28	R93	749.30	12.70	19.84	1.5	810	426.8	798.6
700	1075		803	711.2	800	111.2	131.8	235	13	965.2	55	M52	28	R94	800.10	12.70	19.84	1.5	861	481.3	935.7
750	1130		862	762.0	857	114.3	139.7	248	13	1022.4	55	M52	28	R95	857.25	12.70	19.84	1.5	917	549.4	1100.1
800	1195		918	812.8	914	117.5	147.7	260	13	1079.5	60	M56	28	R96	914.40	14.27	23.01	1.5	984	624.3	1296.7
850	1245		973	863.6	965	120.7	154.0	270	14	1130.3	60	M56	28	R97	965.20	14.27	23.01	1.5	1035	699.2	1469.6
900	1315		1032	914.4	1022	123.9	162.0	283	14	1193.8	68	M64	28	R98	1022.35	14.27	23.01	1.5	1092	774.1	1726.2
950	1270		1022	965.2	1054	152.4	155.0	254	14	1162.0	60	M56	28	—	—	—	—	—	—	667.4	1545.5
1000	1320		1073	1016.0	1111	158.8	162.0	264	14	1212.8	60	M56	32	—	—	—	—	—	—	740.1	1742.5
1050	1405		1127	1066.8	1168	168.3	171.5	279	14	1282.7	68	M64	28	—	—	—	—	—	—	921.7	2081.6
1100	1455		1181	1117.6	1226	173.1	177.8	289	14	1333.5	68	M64	32	—	—	—	—	—	—	980.7	2317.7
1150	1510		1235	1168.4	1276	179.4	185.8	300	14	1390.6	68	M64	32	—	—	—	—	—	—	1094.2	2614.2
1200	1595		1289	1219.2	1334	189.0	195.3	316	14	1460.5	74	M70	32	—	—	—	—	—	—	1296.2	3058.6
1250	1670		1343	1270.0	1384	196.9	203.2	329	14	1524.0	80	M76	28	—	—	—	—	—	—	1511.9	3493.6
1300	1720		1394	1320.8	1435	203.2	209.6	337	14	1574.8	80	M76	32	—	—	—	—	—	—	1616.3	3825.5
1350	1780		1448	1371.6	1492	209.6	217.5	349	14	1632.0	80	M76	32	—	—	—	—	—	—	1779.7	4237.2
1400	1855		1502	1422.4	1543	217.5	225.5	362	16	1695.4	86	M82	32	—	—	—	—	—	—	1943.2	4780.2
1450	1905		1553	1473.2	1600	222.3	231.8	370	16	1746.2	86	M82	32	—	—	—	—	—	—	2106.6	5182.0
1500	1995		1610	1524.0	1657	233.4	242.9	389	17	1822.4	94	M90	28	—	—	—	—	—	—	2270.0	5951.1

（4）Class900 A 系列法兰结构型式见图 9.4-17，Class900 A 系列法兰尺寸及质量应符合表 9.4-23 的规定。

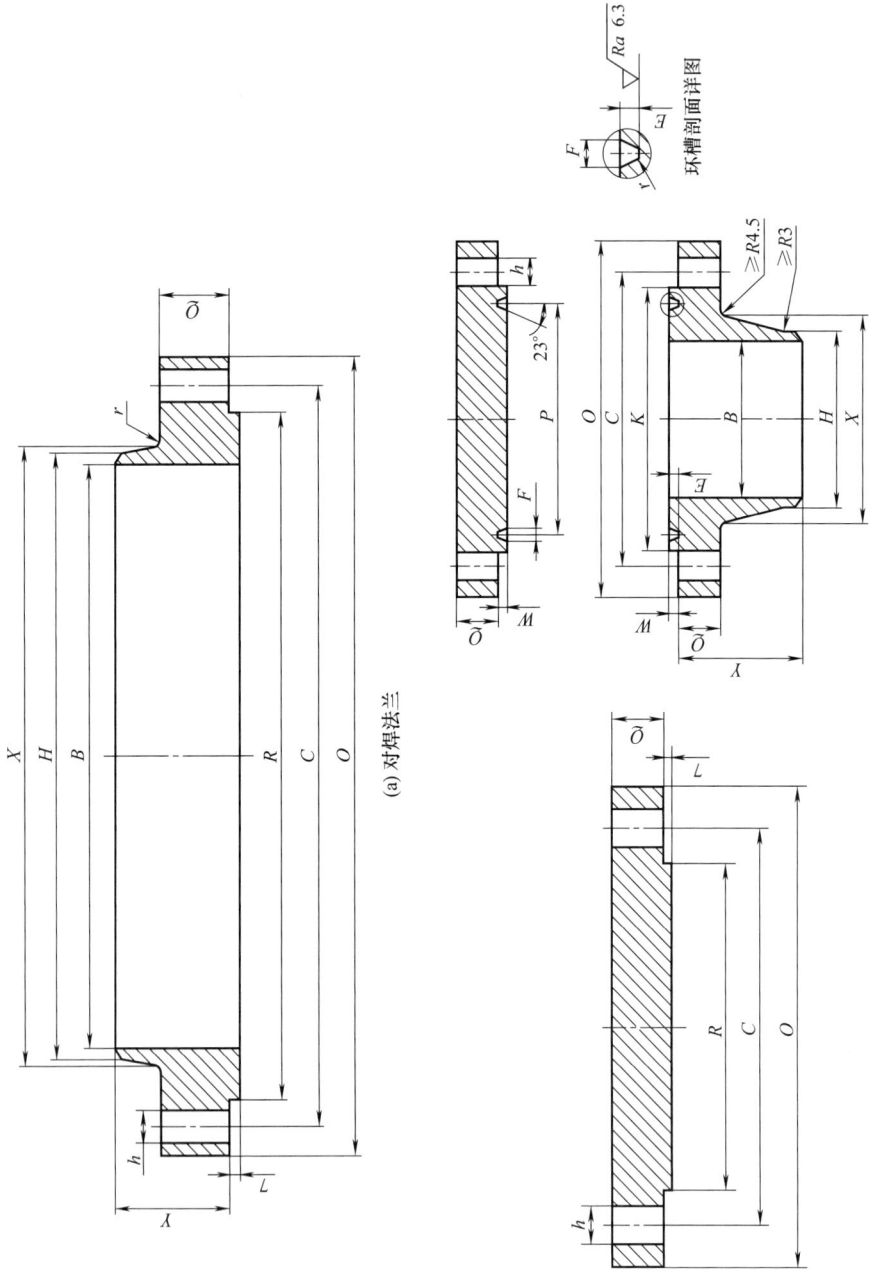

（a）对焊法兰

（b）法兰盖

（c）环槽面法兰和法兰盖

环槽剖面详图

图 9.4-17　Class900 A 系列法兰结构型式

表 9.4-23　Class900 A 系列法兰尺寸及质量

公称直径 DN	法兰外径 O /mm	法兰内径 B /mm	法兰颈部尺寸 /mm		密封面外径 R /mm	法兰厚度 Q /mm		法兰高度 Y /mm	圆角 r /mm	螺栓、螺柱				环号及环槽面尺寸 /mm						法兰近似质量 /kg	
			X	H		对焊型	法兰盖			中心圆直径 C /mm	孔径 h /mm	螺纹	孔数 /个	金属环垫号	P	E,W	环槽面尺寸 F	r	K	对焊法兰	法兰盖
650	1085		775	660.4	749	139.7	160.4	286	11	952.5	74	M70	20	R100	749.30	17.48	30.18	2.3	832	692.4	1165.0
700	1170		832	711.2	800	142.9	171.5	298	13	1022.4	80	M76	20	R101	800.10	17.48	33.32	2.3	889	821.8	1442.9
750	1230		889	762.0	857	149.3	182.6	311	13	1085.8	80	M76	20	R102	857.25	17.48	33.32	2.3	946	962.5	1706.2
800	1315		946	812.8	914	158.8	193.7	330	13	1155.7	86	M82	20	R103	914.40	17.48	33.32	2.3	1003	1155.5	2061.7
850	1395	与接管内径一致	1006	863.6	965	165.1	204.8	349	14	1225.6	94	M90	20	R104	965.20	20.62	36.53	2.3	1067	1348.4	2463.0
900	1460		1064	914.4	1022	171.5	214.4	362	14	1289.0	94	M90	20	R105	1022.35	20.62	36.53	2.3	1124	1541.4	2818.9
950	1460		1073	965.2	1099	190.5	215.9	352	19	1289.0	94	M90	20	—	—	—	—	—	—	1586.8	2838.9
1000	1510		1127	1016.0	1162	196.9	223.9	364	21	1339.8	94	M90	24	—	—	—	—	—	—	1643.5	3150.8
1050	1560		1176	1066.8	1213	206.4	231.8	371	21	1390.6	94	M90	24	—	—	—	—	—	—	1786.4	3477.8
1100	1650		1235	1117.6	1270	214.4	242.9	391	22	1463.7	104	M100	24	—	—	—	—	—	—	2077.9	4078.5
1150	1735		1292	1168.4	1334	225.5	255.6	411	22	1536.7	109	M105	24	—	—	—	—	—	—	2434.3	4745.3
1200	1785		1343	1219.2	1384	233.4	263.6	419	24	1587.5	109	M105	24	—	—	—	—	—	—	2614.4	5178.3

9.4.2.5　公称直径>DN600 B 系列法兰结构型式和尺寸

(1) Class75 B 系列法兰结构型式见图 9.4-18，Class75 B 系列法兰尺寸及质量应符合表 9.4-24 的规定。

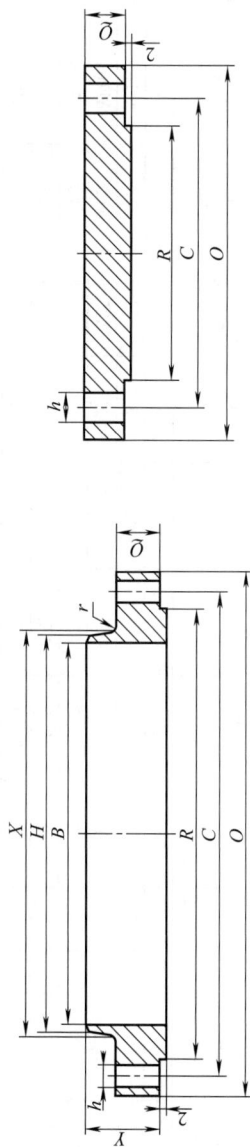

(a) 对焊法兰　(b) 法兰盖

图 9.4-18　Class75 B 系列法兰结构型式

表 9.4-24　Class75 B 系列法兰尺寸及质量

公称直径 DN	法兰外径 O /mm	法兰内径 B /mm	法兰颈部尺寸 /mm		密封面外径 R /mm	法兰厚度 Q /mm		法兰高度 Y /mm	圆角 r /mm	螺栓,螺柱				法兰近似质量 /kg	
			X	H		对焊法兰	法兰盖			中心圆直径 C /mm	孔径 h /mm	螺纹	孔数 /个	对焊法兰	法兰盖
650	760	与接管内径一致	676	661.9	705	31.9	31.9	57	8	723.9	18	M16	36	43.0	113.6
700	815		727	712.7	756	31.9	31.9	60	8	774.7	18	M16	40	48.5	130.6
750	865		778	763.5	806	31.9	31.9	64	8	825.5	18	M16	44	52.6	149.0
800	915		829	814.3	857	33.5	35.0	68	8	876.3	18	M16	48	58.6	175.1
850	965		879	865.1	908	33.5	36.6	72	8	927.1	18	M16	52	62.8	212.8
900	1035		935	915.9	965	35.0	40.9	84	10	992.2	22	M20	40	83.8	273.6
950	1085		986	966.7	1016	36.6	43.0	87	10	1043.0	22	M20	40	91.8	316.1
1000	1135		1037	1017.5	1067	36.6	43.0	91	10	1093.8	22	M20	44	97.6	361.9
1050	1185		1087	1068.3	1118	38.2	46.3	94	10	1144.6	22	M20	48	103.2	423.5
1100	1250		1140	1119.1	1175	41.4	47.7	103	10	1203.3	26	M24	36	131.3	484.9
1150	1300		1191	1169.9	1226	43.0	49.3	106	10	1254.1	26	M24	40	140.7	541.3
1200	1355		1241	1220.7	1276	44.6	52.5	110	10	1304.9	26	M24	44	155.0	624.8
1250	1405		1294	1271.5	1327	46.2	54.1	114	10	1355.7	26	M24	44	164.5	691.5
1300	1455		1345	1322.3	1378	46.2	55.7	119	10	1409.7	26	M24	48	172.6	762.7
1350	1510		1397	1373.1	1429	47.8	58.9	124	10	1460.5	26	M24	48	191.3	867.0
1400	1575		1451	1423.9	1486	49.3	60.4	133	11	1520.8	30	M27	40	225.5	966.5
1450	1625		1502	1474.7	1537	50.9	62.0	137	11	1571.6	30	M27	44	238.9	1055.2
1500	1675		1553	1525.5	1588	54.1	65.2	143	11	1622.4	30	M27	44	260.0	1177.2

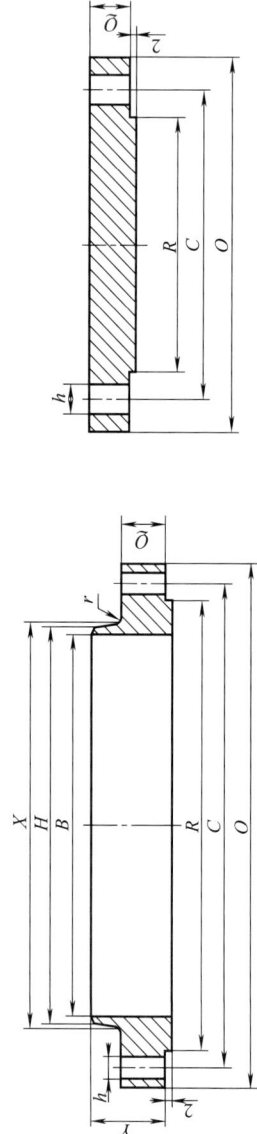

(a) 对焊法兰　(b) 法兰盖

图 9.4-19　Class150 B 系列法兰结构型式

(2) Class150 B 系列法兰结构型式见图 9.4-19，Class150 B 系列法兰尺寸及质量应符合表 9.4-25 的规定。

表 9.4-25　Class150 B 系列及质量

公称直径 DN	法兰外径 O/mm	法兰内径 B/mm	法兰颈部尺寸/mm		密封面外径 R/mm	法兰厚度 Q/mm		法兰高度 Y/mm	圆角 r/mm	中心圆直径 C/mm	螺栓，螺柱			法兰近似质量/kg	
			X	H		对焊法兰	法兰盖				孔径 h/mm	螺纹	孔数/个	对焊法兰	法兰盖
650	785		684	661.9	711	39.8	43.0	87	10	744.5	22	M20	36	59.0	169.4
700	835		735	712.7	762	43.0	46.2	94	10	795.3	22	M20	40	68.0	206.2
750	885		787	763.5	813	43.0	49.3	98	10	846.1	22	M20	44	75.0	246.6
800	940		840	814.3	864	44.6	52.5	106	10	900.1	22	M20	48	86.0	294.2
850	1005		892	865.1	921	47.7	55.7	109	10	957.3	26	M24	40	105.0	355.5
900	1055		945	915.9	972	50.9	57.3	116	10	1009.6	26	M24	44	121.0	404.1
950	1125		997	968.2	1022	52.5	62.0	122	10	1070.0	30	M27	40	144.0	494.5
1000	1175	与接管内径一致	1049	1019.0	1080	54.1	65.2	127	11	1120.8	30	M27	44	162.0	566.2
1050	1225		1102	1069.8	1130	57.3	66.8	132	11	1171.6	30	M27	48	179.4	632.5
1100	1275		1153	1120.6	1181	58.9	70.0	135	11	1222.4	30	M27	52	193.0	716.9
1150	1340		1205	1171.4	1235	60.4	73.1	143	11	1284.3	33	M30	40	216.3	828.1
1200	1390		1257	1222.2	1289	63.6	76.3	148	11	1335.1	33	M30	44	249.0	928.5
1250	1445		1308	1273.0	1340	66.8	79.5	152	11	1385.9	33	M30	48	257.3	1037.0
1300	1495		1360	1323.8	1391	68.4	82.7	156	11	1436.7	33	M30	52	273.0	1168.6
1350	1550		1413	1374.6	1441	70.0	85.8	160	11	1492.2	33	M30	56	293.5	1293.0
1400	1600		1465	1425.4	1492	71.6	89.0	165	14	1543.0	33	M30	60	315.0	1427.4
1450	1675		1516	1476.2	1543	73.1	91.9	173	14	1611.3	36	M33	48	354.6	1616.3
1500	1725		1570	1527.0	1600	74.7	95.4	178	14	1662.1	36	M33	52	390.0	1776.6

(3) Class300 B 系列法兰结构型式见图 9.4-20，Class300 B 系列法兰尺寸及质量应符合表 9.4-26 的规定。

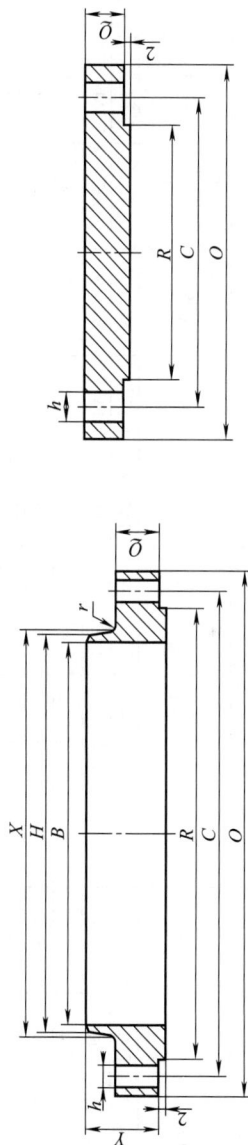

(a) 对焊法兰　　(b) 法兰盖

图 9.4-20　Class300 B 系列法兰结构型式

表 9.4-26　Class300 B系列法兰尺寸及质量

公称直径 DN	法兰外径 O /mm	法兰内径 B /mm	法兰颈部尺寸 /mm		密封面外径 R /mm	法兰厚度 Q /mm		法兰高度 Y /mm	圆角 r /mm	螺栓、螺柱				法兰近似质量 /kg	
			X	H		对焊法兰	法兰盖			中心圆直径 C /mm	孔径 h /mm	螺纹	孔数 /个	对焊法兰	法兰盖
650	865		702	665.2	737	87.4	87.4	143	14	803.3	36	M33	32	181.0	411.8
700	920		756	716.0	787	87.4	87.4	148	14	857.2	36	M33	36	204.3	464.5
750	990		813	768.4	845	92.1	92.1	156	14	920.8	39	M36	36	249.7	567.1
800	1055		864	819.2	902	101.6	101.6	167	16	977.9	42	M39	32	311.0	706.5
850	1110	与接管内径一致	918	870.0	953	101.6	101.6	171	16	1031.9	42	M39	36	340.5	780.5
900	1170		965	920.8	1010	101.6	101.6	179	16	1089.0	45	M42	32	381.4	872.2
950	1220		1016	971.6	1060	109.6	109.6	191	16	1139.8	45	M42	36	415.5	1024.7
1000	1275		1067	1022.4	1114	114.3	114.3	197	16	1190.6	45	M42	40	449.5	1157.3
1050	1335		1118	1074.7	1168	117.5	117.5	203	16	1244.6	48	M45	36	515.3	1305.8
1100	1385		1173	1125.5	1219	125.5	125.5	213	16	1295.4	48	M45	40	560.7	1500.3
1150	1460		1229	1176.3	1270	127.0	128.6	221	16	1365.2	51	M48	36	667.4	1709.8
1200	1510		1278	1227.1	1327	127.0	133.4	222	16	1416.0	51	M48	40	715.1	1899.1
1250	1560		1330	1277.9	1378	136.6	138.2	233	16	1466.8	51	M48	44	776.4	2101.6
1300	1615		1383	1328.7	1429	141.3	142.6	241	16	1517.6	51	M48	48	835.4	2313.6
1350	1675		1435	1379.5	1480	145.0	147.7	238	16	1578.0	51	M48	48	899.0	2577.9
1400	1765		1494	1430.3	1537	152.4	155.4	267	17	1651.0	60	M56	36	1178.2	3015.5
1450	1825		1548	1481.1	1594	152.4	160.4	273	17	1712.9	60	M56	40	1257.6	3335.6
1500	1880		1599	1531.9	1651	149.3	165.1	270	17	1763.7	60	M56	40	1303.0	3623.0

（4）Class600 B系列法兰结构型式见图 9.4-21，Class600 B系列法兰尺寸及质量应符合表 9.4-27 的规定。

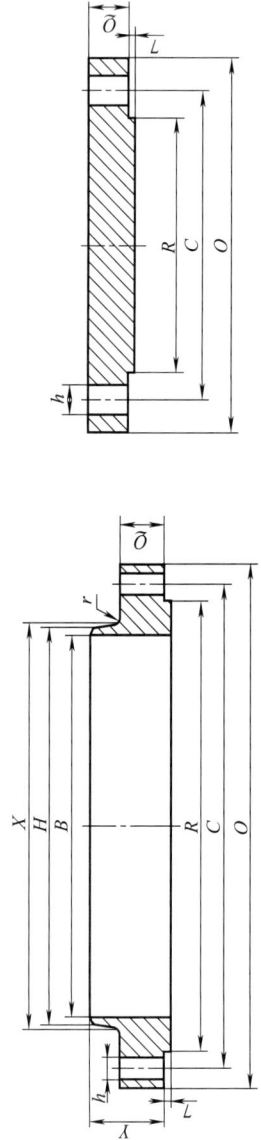

(a) 对焊法兰　　(b) 法兰盖

图 9.4-21　Class600 B系列法兰结构型式

表 9.4-27 Class600 B 系列法兰尺寸及质量

公称直径 DN	法兰外径 O /mm	法兰内径 B /mm	法兰颈部尺寸 /mm		密封面外径 R /mm	法兰厚度 Q /mm		法兰高度 Y /mm	圆角 r /mm	螺栓、螺柱				法兰近似质量 /kg	
			X	H		对焊法兰	法兰盖			中心圆直径 C /mm	孔径 h /mm	螺纹	孔数 /个	对焊法兰	法兰盖
650	890	与接管内径一致	698	660.4	727	111.2	111.3	181	13	806.4	45	M42	28	251.1	585.1
700	950		752	711.2	784	115.9	115.9	190	13	863.6	48	M45	28	295.7	692.6
750	1020		806	762.0	841	125.5	127.0	205	13	927.1	51	M48	28	368.3	870.5
800	1085		860	812.8	895	130.2	134.9	216	13	984.2	55	M52	28	431.3	1036.4
850	1160		914	863.6	953	141.3	144.2	233	14	1054.1	60	M56	24	547.3	1270.4
900	1215		968	914.4	1010	146.1	150.9	243	14	1104.9	60	M56	28	608.0	1443.5
950	1270		1022	965.2	1054	152.4	155.0	254	14	1162.0	60	M56	28	652.7	1634.5
1000	1320		1073	1016.0	1111	158.8	162.0	264	14	1212.8	60	M56	32	699.9	1838.6
1050	1405		1127	1066.8	1168	168.3	171.5	279	14	1282.7	68	M64	28	866.4	2200.1
1100	1455		1181	1117.6	1226	173.1	177.8	289	14	1333.5	68	M64	32	916.4	2442.7
1150	1510		1235	1168.4	1276	179.4	185.8	300	14	1390.6	68	M64	32	1011.5	2744.8
1200	1595		1289	1219.2	1334	189.0	195.3	316	14	1460.5	74	M70	32	1212.6	3205.4
1250	1670		1343	1270.0	1384	196.9	203.2	329	14	1524.0	80	M76	28	1404.7	3651.2
1300	1720		1394	1320.8	1435	203.2	209.6	337	14	1574.8	80	M76	32	1470.2	3990.9
1350	1780		1448	1371.6	1492	209.6	217.5	349	14	1632.0	80	M76	32	1625.2	4430.2
1400	1855		1502	1422.4	1543	217.5	225.5	362	16	1695.4	86	M82	32	1831.9	4811.4
1450	1905		1553	1473.2	1600	222.3	231.8	370	16	1746.2	86	M82	32	1938.1	5397.4
1500	1995		1610	1524.0	1657	233.4	242.9	389	17	1822.4	94	M90	28	2326.7	6194.6

（5）Class900 B 系列法兰结构型式见图 9.4-22，Class900 B 系列法兰尺寸及质量应符合表 9.4-28 的规定。

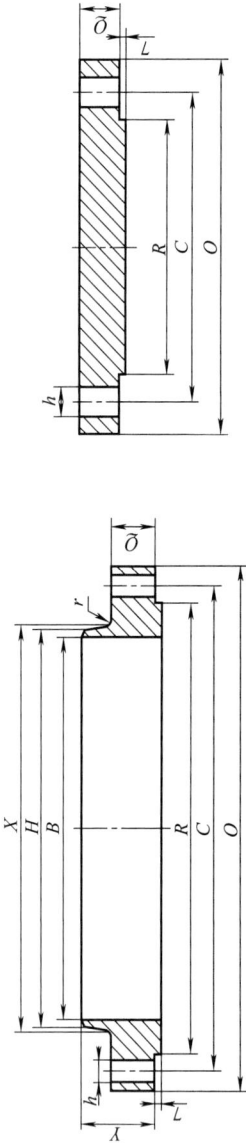

(a) 对焊法兰　　(b) 法兰盖

图 9.4-22　Class900 B 系列法兰结构型式

表 9.4-28　Class900 B 系列法兰尺寸及质量

公称直径 DN	法兰外径 O /mm	法兰内径 B /mm	法兰颈部尺寸 /mm		密封面外径 R /mm	法兰厚度 Q /mm		法兰高度 Y /mm	圆角 r /mm	中心圆直径 C /mm	螺栓、螺柱			法兰近似质量 /kg	
			X	H		对焊法兰	法兰盖				孔径 h /mm	螺纹	孔数 /个	对焊法兰	法兰盖
650	1020	与接管内径一致	743	660.4	762	135.0	154.0	259	11	901.7	68	M64	20	481.4	1043.3
700	1105		797	711.2	819	147.7	166.7	276	13	971.6	74	M70	20	613.2	1320.9
750	1180		851	762.0	876	155.6	176.1	289	13	1035.0	80	M76	20	829.4	1587.9
800	1240		908	812.8	927	160.4	186.0	303	13	1092.2	80	M76	20	926.2	1848.3
850	1315		962	863.6	991	171.5	195.0	319	14	1155.7	86	M82	20	1084.0	2175.5
900	1345		1016	914.4	1029	173.1	201.7	325	14	1200.2	80	M76	24	1144.5	2351.4
950	1460		1073	965.2	1099	190.5	215.9	352	19	1289.0	94	M90	20	1326.5	2959.2
1000	1510		1127	1016.0	1162	196.9	223.9	364	21	1339.8	94	M90	24	1396.1	3279.0
1050	1560		1176	1066.8	1213	206.4	231.8	371	21	1390.6	94	M90	24	1531.8	3619.5
1100	1650		1235	1117.6	1270	214.4	242.9	391	22	1463.7	104	M100	24	1775.7	4237.4
1150	1735		1292	1168.4	1334	225.5	255.6	411	22	1536.7	109	M105	24	2079.5	4923.3
1200	1785		1343	1219.2	1384	233.4	263.6	419	24	1587.5	109	M105	24	2246.6	5369.9

9.4.3　管法兰使用材料要求

9.4.3.1　使用材料一般要求

管法兰使用材料一般要求见表 9.4-29、表 9.4-30。

表 9.4-29　钢制管法兰用材料

组别号	类别	钢板		锻件		
		材料牌号	标准编号	统一数字代号	材料牌号	标准编号
1.0	碳素钢	Q235A,Q235B	GB/T 3274	—	20	NB/T 47008
		20	GB/T 711	—		
		Q245R	GB/T 713	—		
1.1	碳素钢	—	—	—	A105	ASTM A105/A105M
1.2	碳素钢	Q345R	GB/T 713	—	16Mn	NB/T 47008
		16MnDR	GB/T 3531	—	16MnD	NB/T 47009
1.4	碳素钢	09MnNiDR	GB/T 3531	—	09MnNiD	NB/T 47009
1.9	铬钼钢(1.25Cr-0.5Mo)	14Cr1MoR	GB/T 713	—	14Cr1Mo	NB/T 47008
1.10	铬钼钢(2.25Cr-1Mo)	12Cr2Mo1R	GB/T 713	—	12Cr2Mo1	NB/T 47008
1.13	铬钼钢(5Cr-0.5Mo)	—	—	—	12Cr5Mo	NB/T 47008
1.16	铬钼钢(1Cr-0.3Mo-V)	12Cr1MoVR	GB/T 713	—	12Cr1MoV	NB/T 47008
1.17	铬钼钢(1Cr-0.5Mo)	15CrMoR	GB/T 713	—	15CrMo	NB/T 47008
2.1	奥氏体不锈钢	06Cr19Ni10	GB/T 24511	S30408	06Cr19Ni10	NB/T 47010
		07Cr19Ni10		S30409	07Cr19Ni10	
2.2	奥氏体不锈钢	06Cr17Ni12Mo2		S31608	06Cr17Ni12Mo2	
		07Cr17Ni12Mo2		S31609	07Cr17Ni12Mo2	
2.3	奥氏体不锈钢	022Cr19Ni10		S30403	022Cr19Ni10	
	奥氏体不锈钢	022Cr17Ni12Mo2		S31603	022Cr17Ni12Mo2	
2.4	奥氏体不锈钢	06Cr18Ni11Ti		S32168	06Cr18Ni11Ti	
		07Cr19Ni11Ti		S32169	07Cr19Ni11Ti	
2.5	奥氏体不锈钢	06Cr18Ni11Nb		S34778	06Cr18Ni11Nb	
		07Cr18Ni11Nb		S34779	07Cr18Ni11Nb	

表 9.4-30　材料代号

材料牌号	20	A105	16Mn	16MnD 16MnDR	09MnNiD 09MnNiDR
材料代号	20D	A105	16M	16MD	09MNiD
材料牌号	15CrMo	14Cr1Mo	12Cr1MoV	12Cr2Mo1	12Cr5Mo
材料代号	15CM	14C1M	12CMV	12C2M	1C5M
材料牌号	06Cr19Ni10	022Cr19Ni10	07Cr19Ni10	06Cr17Ni12Mo2	022Cr17Ni12Mo2
材料代号	304	304L	304H	316	316L
材料牌号	07Cr17Ni12Mo2	06Cr18Ni11Ti	07Cr19Ni11Ti	06Cr18Ni11Nb	07Cr18Ni11Nb
材料代号	316H	321	321H	347	347H

9.4.3.2　压力-温度额定值（表 9.4-31～表 9.4-44）

表 9.4-31　材料组别为 1.0 的钢制管法兰用材料最大允许工作压力

工作温度 /℃	最大允许工作压力/bar				
	Class75	Class150	Class300	Class400	Class600
<38	7.9	16.0	41.8	53.7	83.6
50	7.6	15.4	40.1	52.7	80.3
100	7.1	14.8	38.7	48.5	77.4
150	6.8	14.4	37.6	46.2	75.3

工作温度	最大允许工作压力/bar				
/℃	Class75	Class150	Class300	Class400	Class600
200	6.4	13.8	36.4	43.3	72.8
250	5.8	12.1	35.0	39.2	69.9
300	5.1	10.2	33.1	37.4	66.2
325	4.7	9.3	32.3	35.0	64.5
350	4.2	8.4	31.2	32.5	62.5
375	3.7	7.4	30.4	31.2	60.8
400	3.2	6.5	29.4	29.8	58.7
425	2.8	5.5	25.9	28.8	51.7
450	—	4.6	21.5	—	43.0
475	—	3.7	15.5	—	31.0

表 9.4-32 材料组别为 1.1 的钢制管法兰用材料最大允许工作压力

工作温度	最大允许工作压力/bar							
/℃	Class75	Class150	Class300	Class400	Class600	Class900	Class1500	Class2500
<38	9.8	19.6	51.1	68.1	102.1	153.2	255.3	425.5
50	9.6	19.2	50.1	66.8	100.2	150.4	250.6	417.7
100	8.8	17.7	46.6	62.1	93.2	139.6	233.0	388.3
150	7.9	15.8	45.1	60.1	90.2	135.2	225.4	375.6
200	6.9	13.8	43.8	58.4	87.6	131.4	219.0	365.0
250	6.0	12.1	41.9	55.9	83.9	125.8	209.7	349.5
300	5.1	10.2	39.8	53.1	79.6	119.5	199.1	331.8
325	4.6	9.3	38.7	51.6	77.1	116.1	198.6	322.6
350	3.1	8.4	37.6	50.1	75.1	112.7	187.8	313.0
375	—	7.4	36.4	48.5	72.7	109.1	181.8	303.1
400	—	6.5	34.7	46.3	69.4	104.2	173.6	289.3
425	—	5.5	28.8	38.4	57.5	86.3	143.8	239.7
450	—	4.6	23.0	30.7	46.0	69.0	115.0	191.7
475	—	3.7	17.4	23.2	34.9	52.3	87.2	145.3
500	—	2.8	11.8	15.7	23.6	35.3	58.8	97.9
538	—	1.4	5.9	7.9	11.8	17.7	29.5	49.2

表 9.4-33 材料组别为 1.2 的钢制管法兰用材料最大允许工作压力

工作温度	最大允许工作压力/bar							
/℃	Class75	Class150	Class300	Class400	Class600	Class900	Class1500	Class2500
<38	9.9	19.8	51.7	68.9	103.4	155.1	258.6	480.9
50	9.8	19.5	51.7	68.9	103.4	155.1	258.6	430.9
100	8.8	17.7	51.5	68.7	103.0	154.6	257.6	429.4
150	7.9	15.8	50.2	66.8	100.3	150.6	250.8	418.1
200	6.9	13.8	48.6	64.8	97.2	145.8	243.2	405.4
250	6.0	12.1	46.3	61.7	92.7	139.0	231.8	386.2
300	5.1	10.2	42.9	57.0	85.7	128.6	214.4	357.1
325	4.6	9.8	41.4	55.0	82.6	124.0	206.6	344.3
350	3.1	8.4	40.0	53.4	80.0	120.1	200.1	333.5
375	—	7.4	37.8	50.4	75.7	113.5	189.2	315.3
400	—	6.5	34.7	46.3	69.4	104.2	173.6	289.3
425	—	5.5	28.8	38.4	57.5	86.2	143.8	239.7
450	—	4.6	23.0	30.7	46.0	69.0	115.0	191.7
475	—	3.7	17.1	22.8	34.2	51.3	85.4	142.4
500	—	2.8	11.6	15.4	23.2	34.7	57.9	96.5
538	—	1.4	5.9	7.9	11.8	17.7	29.5	49.2

表 9.4-34　材料组别为 1.4 的钢制管法兰用材料最大允许工作压力

工作温度	最大允许工作压力/bar							
/℃	Class75	Class150	Class300	Class400	Class600	Class900	Class1500	Class2500
<38	8.2	16.3	42.6	56.7	85.4	127.7	212.9	354.6
50	8.0	16.0	41.8	55.7	83.5	125.3	208.9	348.1
100	7.4	14.9	38.8	51.8	77.7	116.5	194.2	323.6
150	7.2	14.4	37.6	50.1	75.1	112.7	187.8	313.0
200	6.9	13.8	36.4	48.5	72.8	109.2	182.1	303.4
250	6.0	12.1	34.9	46.6	69.8	104.7	174.6	291.0
300	5.1	10.2	33.2	44.2	66.4	99.5	165.9	276.5
325	4.6	9.3	32.2	43.0	64.5	96.7	161.2	268.6
350	3.1	8.4	31.2	41.7	62.5	93.7	156.2	260.4
375	—	7.4	30.4	40.5	60.7	91.1	151.8	253.0
400	—	6.5	29.3	39.1	58.7	88.0	146.7	244.5
425	—	5.5	25.8	34.4	51.5	77.3	128.8	214.7
450	—	4.6	21.4	28.5	42.7	64.1	106.8	178.0
475	—	3.7	14.1	18.8	28.2	42.3	70.5	117.4
500	—	2.8	10.3	13.7	20.6	30.9	51.5	85.9

表 9.4-35　材料组别为 1.9 的钢制管法兰用材料最大允许工作压力

工作温度	最大允许工作压力/bar							
/℃	Class75	Class150	Class300	Class400	Class600	Class900	Class1500	Class2500
<38	9.9	19.8	51.7	68.9	103.4	155.1	258.6	430.9
50	9.8	19.5	51.7	68.9	103.4	155.1	258.6	430.9
100	8.8	17.7	51.5	68.6	103.0	154.4	257.4	429.0
150	7.9	15.8	49.7	66.3	99.5	149.2	248.7	414.5
200	6.9	13.8	48.0	63.9	95.9	145.8	239.8	399.6
250	6.0	12.1	46.3	61.7	92.7	139.0	231.8	386.2
300	5.1	10.2	42.9	57.0	85.7	128.6	214.4	357.1
325	4.6	9.3	41.4	55.0	82.6	124.0	206.6	344.3
350	3.1	8.4	40.3	53.6	80.4	120.7	201.1	335.3
375	—	7.4	38.9	51.6	77.6	116.5	194.1	323.2
400	—	6.5	36.5	48.9	73.3	109.8	183.1	304.9
425	—	5.5	35.2	46.5	70.0	105.1	175.1	291.6
450	—	4.6	33.7	45.1	67.7	101.4	169.0	281.8
475	—	3.7	31.7	42.3	63.4	95.1	158.2	263.9
500	—	2.8	25.7	34.3	51.5	77.2	128.6	214.4
538	—	1.4	14.9	19.9	29.8	44.7	74.5	124.1
550	—	—	12.7	16.9	25.4	38.1	63.5	105.9
575	—	—	8.8	11.7	17.6	26.4	44.0	73.4
600	—	—	6.1	8.1	12.2	18.3	30.5	50.9
625	—	—	4.3	5.7	8.5	12.8	21.3	35.5
650	—	—	2.8	3.8	5.7	8.5	14.2	23.6

表 9.4-36　材料组别为 1.10 的钢制管法兰用材料最大允许工作压力

工作温度	最大允许工作压力/bar							
/℃	Class75	Class150	Class300	Class400	Class600	Class900	Class1500	Class2500
<38	9.9	19.8	51.7	68.9	103.4	155.1	258.6	430.9
50	9.8	19.5	51.7	68.9	103.4	155.1	258.6	430.9
100	8.8	17.7	51.5	68.7	103.0	154.6	257.4	429.4
150	7.9	15.8	50.3	66.8	100.3	145.8	250.8	418.2
200	6.9	13.8	48.6	64.8	97.2	139.0	243.4	405.4

续表

工作温度 /℃	最大允许工作压力/bar							
	Class75	Class150	Class300	Class400	Class600	Class900	Class1500	Class2500
250	6.0	12.1	46.3	61.7	92.7	139.0	231.8	386.2
300	5.1	10.2	42.9	57.0	85.7	128.6	214.4	357.1
325	4.6	9.3	41.4	55.0	82.6	124.0	206.6	344.3
350	3.1	8.4	40.3	53.6	80.4	120.7	201.1	335.3
375	—	7.4	38.9	51.6	77.6	116.5	194.1	323.2
400	—	6.5	36.5	48.9	73.3	109.8	183.1	304.9
425	—	5.5	35.2	46.5	70.0	105.1	175.1	291.6
450	—	4.6	33.7	45.1	67.7	101.4	169.0	281.8
475	—	3.7	31.7	42.3	63.4	95.1	158.2	263.9
500	—	2.8	28.2	37.6	56.5	84.7	140.9	235.0
538	—	1.4	18.4	24.6	36.9	55.3	92.2	153.7
550	—		15.6	20.8	31.3	46.9	78.2	130.3
575	—		10.5	14.0	21.1	31.6	52.6	87.7
600	—	—	6.9	9.2	13.8	20.7	34.4	57.4
625	—	—	4.5	6.0	8.9	13.4	22.3	37.2
650	—	—	2.8	3.8	5.7	8.5	14.2	23.6

表 9.4-37　材料组别为 1.13 的钢制管法兰用材料最大允许工作压力

工作温度 /℃	最大允许工作压力/bar							
	Class75	Class150	Class300	Class400	Class600	Class900	Class1500	Class2500
<38	10.0	20.0	51.7	68.9	103.4	155.1	258.6	430.9
50	9.8	19.5	51.7	68.9	103.4	155.1	258.6	430.9
100	8.8	17.7	51.5	68.7	103.0	154.6	257.4	429.4
150	7.9	15.8	50.3	66.8	100.3	150.6	250.8	418.2
200	6.9	13.8	48.6	64.8	97.2	145.8	243.4	405.4
250	6.0	12.1	46.3	61.7	92.7	139.0	231.8	386.2
300	5.1	10.2	42.9	57.0	85.7	128.6	214.4	357.1
325	4.6	9.3	41.4	55.0	82.6	124.0	206.6	344.3
350	3.1	8.4	40.3	53.6	80.4	120.7	201.1	335.3
375	—	7.4	38.9	51.6	77.6	116.5	194.1	323.2
400	—	6.5	36.5	48.9	73.3	109.8	183.1	304.9
425	—	5.5	35.2	46.5	70.0	105.1	175.1	291.6
450	—	4.6	33.7	45.1	67.7	101.4	169.0	281.8
475	—	3.7	27.9	37.1	55.7	83.6	139.3	232.1
500	—	2.8	21.4	28.5	42.8	64.1	106.9	178.2
538	—	1.4	13.7	18.3	27.4	41.1	68.6	114.3
550	—	—	12.0	16.1	24.1	36.1	60.2	100.4
575	—	—	8.9	11.8	17.8	26.7	44.4	74.0
600	—	—	6.2	8.3	12.5	18.7	31.2	51.9
625	—	—	4.0	6.3	8.0	12.0	20.0	33.3
650	—	—	2.4	3.2	4.7	7.1	11.8	19.7

表 9.4-38　材料组别为 1.16 的钢制管法兰用材料最大允许工作压力

工作温度 /℃	最大允许工作压力/bar							
	Class75	Class150	Class300	Class400	Class600	Class900	Class1500	Class2500
<38	10.0	20.0	51.7	69.0	103.4	155.2	258.6	431.0
100	8.8	17.7	48.8	65.0	97.5	146.3	243.8	406.4
150	7.9	15.8	46.4	61.8	92.7	139.1	231.9	386.4
200	7.0	14.0	45.5	60.6	91.0	136.4	227.4	379.0

续表

工作温度	最大允许工作压力/bar							
/℃	Class75	Class150	Class300	Class400	Class600	Class900	Class1500	Class2500
250	6.0	12.1	44.5	59.3	88.9	133.4	222.3	370.6
300	5.1	10.2	42.4	56.6	84.9	127.3	212.1	353.5
350	4.2	8.4	40.2	53.6	80.5	120.7	201.2	335.3
400	3.2	6.5	36.6	48.8	73.2	109.8	182.9	304.9
425	2.8	5.6	35.1	46.8	70.2	105.3	175.5	292.5
450	2.3	4.7	33.8	45.1	67.6	101.4	169.0	281.7
475	1.8	3.7	31.7	42.2	63.3	95.0	158.3	263.8
500	1.4	2.8	27.8	37.1	55.6	83.4	139.0	231.6
538	1.0	1.9	20.3	27.0	40.5	60.8	101.3	168.9
550	0.7	1.3	12.8	17.0	25.5	38.3	63.8	106.4
575	—	—	8.5	11.3	17.0	25.5	42.5	70.8

表 9.4-39　材料组别为 1.17 的钢制管法兰用材料最大允许工作压力

工作温度	最大允许工作压力/bar							
/℃	Class75	Class150	Class300	Class400	Class600	Class900	Class1500	Class2500
<38	9.9	18.1	47.2	68.9	94.4	141.6	236.0	393.3
50	9.8	18.1	47.2	68.7	94.4	141.6	236.0	393.3
100	8.8	17.7	47.2	67.3	94.4	141.6	236.0	393.3
150	7.9	15.8	47.2	64.2	94.4	141.6	236.0	393.3
200	6.9	13.8	46.3	61.7	92.5	138.8	231.3	385.6
250	6.0	12.1	44.8	59.8	89.6	134.5	224.1	373.5
300	5.1	10.2	42.9	57.0	85.7	128.6	214.4	357.1
325	4.6	9.3	41.4	55.0	82.6	124.0	206.6	344.3
350	3.1	8.4	40.3	53.6	80.4	120.7	201.1	335.3
375	—	7.4	38.9	51.6	77.6	116.5	194.1	323.2
400	—	6.5	36.5	48.9	73.3	109.8	183.1	304.9
425	—	5.5	35.2	46.5	70.0	105.1	175.1	291.6
450	—	4.6	33.7	45.1	67.7	101.4	169.0	281.8
475	—	3.7	27.9	37.1	55.7	83.6	139.3	232.1
500	—	2.8	21.4	28.5	42.8	64.1	106.9	178.2
538	—	1.4	13.7	18.3	27.4	41.1	68.6	114.3
550	—	—	12.0	16.1	24.1	36.1	60.2	100.4
575	—	—	8.8	11.7	17.6	26.4	44.0	73.4
600	—	—	6.1	8.1	12.1	18.2	30.3	50.4
625	—	—	4.0	5.3	8.0	12.0	20.0	33.3
650	—	—	2.4	3.2	4.7	7.1	11.8	19.7

表 9.4-40　材料组别为 2.1 的钢制管法兰用材料最大允许工作压力

工作温度	最大允许工作压力/bar							
/℃	Class75	Class150	Class300	Class400	Class600	Class900	Class1500	Class2500
<38	9.5	19.0	49.6	66.2	99.3	148.9	248.2	413.7
50	9.2	18.3	47.8	63.8	95.6	143.5	239.1	398.5
100	7.8	15.7	40.9	54.5	81.7	132.6	204.3	340.4
150	7.1	14.2	37.0	49.3	74.0	111.6	185.0	308.4
200	6.6	13.2	34.5	46.0	69.0	103.4	172.4	287.3
250	6.0	12.1	32.5	43.3	65.0	97.5	162.4	270.7
300	5.1	10.2	30.9	41.2	61.8	92.7	154.6	257.6
325	4.6	9.3	30.2	40.3	60.4	90.7	151.1	251.9
350	3.1	8.4	29.6	39.6	59.3	88.9	148.1	246.9

工作温度	最大允许工作压力/bar							
/℃	Class75	Class150	Class300	Class400	Class600	Class900	Class1500	Class2500
375	—	7.4	29.0	38.7	58.1	87.1	145.2	241.9
400	—	6.5	28.4	37.9	56.9	85.3	142.2	237.0
425	—	5.5	28.0	37.3	56.0	84.0	140.0	233.3
450	—	4.6	27.4	36.5	54.8	82.2	137	228.4
475	—	3.7	26.9	35.9	53.9	80.8	134.7	224.5
500	—	2.8	26.5	35.3	53.0	79.5	132.4	220.7
538	—	1.4	24.4	32.6	48.9	73.3	122.1	203.6
550	—	—	23.6	31.4	47.1	70.7	117.8	196.3
575	—	—	20.8	27.8	41.7	62.5	104.2	173.7
600	—	—	16.9	22.5	33.8	50.6	84.4	140.7
625	—	—	13.8	18.4	27.6	41.4	68.9	114.9
650	—	—	11.3	15.0	22.5	33.8	56.3	93.8
675	—	—	9.3	12.5	18.7	28.0	46.7	77.9
700	—	—	8.0	10.7	16.1	24.1	40.1	66.9
725	—	—	6.8	9.0	13.5	20.3	33.8	56.3
750	—	—	5.8	7.7	11.6	17.3	28.9	48.1
775	—	—	4.6	6.2	9.0	13.7	22.8	38.0
800	—	—	3.5	4.8	7.0	10.5	17.4	29.2
816	—	—	2.8	3.8	5.9	8.6	14.1	23.8

表 9.4-41　材料组别为 2.2 的钢制管法兰用材料最大允许工作压力

工作温度	最大允许工作压力/bar							
/℃	Class75	Class150	Class300	Class400	Class600	Class900	Class1500	Class2500
<38	9.5	19.0	49.6	66.2	99.3	148.9	248.2	413.7
50	9.2	18.4	48.1	64.2	96.2	144.3	240.6	400.9
100	8.1	16.2	42.2	56.3	84.4	126.6	211.0	351.6
150	7.4	14.8	38.5	51.3	77.0	115.5	192.5	320.8
200	6.8	13.7	35.7	47.6	71.3	107.0	178.3	297.2
250	6.0	12.1	33.4	44.5	66.8	100.1	166.9	278.1
300	5.1	10.2	31.6	42.2	63.2	94.9	158.1	263.5
325	4.6	9.3	30.9	41.2	61.8	92.7	154.4	257.4
350	3.1	8.4	30.3	40.4	60.7	91.0	151.6	252.7
375	—	7.4	29.9	39.8	59.8	89.6	149.4	249.0
400	—	6.5	29.4	39.3	58.9	88.3	147.2	245.3
425	—	5.5	29.1	38.9	58.3	87.4	145.7	242.9
450	—	4.6	28.8	38.5	57.7	86.5	144.2	240.4
475	—	3.7	28.7	38.2	57.3	86.0	143.4	238.9
500	—	—	28.2	37.6	56.5	84.7	140.9	235.0
538	—	—	25.2	33.4	50.0	75.2	125.5	208.9
550	—	—	25.0	33.3	49.8	74.8	124.9	208.0
575	—	—	24.0	31.9	47.9	71.8	119.7	199.5
600	—	—	19.9	26.5	39.8	59.7	99.5	165.9
625	—	—	15.8	21.1	31.6	47.4	79.1	131.8
650	—	—	12.7	16.9	25.3	38.0	63.3	105.5
675	—	—	10.3	13.8	20.6	31.0	51.6	86.0
700	—	—	8.4	11.2	16.8	25.1	41.9	69.8
725	—	—	7.0	9.3	14.0	21.0	34.9	58.2
750	—	—	5.9	7.8	11.7	17.6	29.3	48.9
775	—	—	4.6	6.2	9.0	13.7	22.8	38.0
800	—	—	3.5	4.8	7.0	10.5	17.4	29.2
816	—	—	2.8	3.8	5.9	8.6	14.1	23.8

表 9.4-42　材料组别为 2.3 的钢制管法兰用材料最大允许工作压力

工作温度 /℃	最大允许工作压力/bar							
	Class75	Class150	Class300	Class400	Class600	Class900	Class1500	Class2500
<38	7.9	15.9	41.4	55.2	82.7	124.1	206.8	344.7
50	7.7	15.3	40.0	53.4	80.0	120.1	200.1	333.5
100	6.7	13.3	34.8	46.4	69.6	104.4	173.9	289.9
150	6.0	12.0	31.4	41.9	62.8	94.2	157.0	261.6
200	5.6	11.2	29.2	38.9	58.3	87.5	145.8	243.0
250	5.3	10.5	27.5	36.6	54.9	82.4	137.3	228.9
300	5.0	10.0	26.1	34.8	52.1	78.2	130.3	217.2
325	4.6	9.3	25.5	34.0	51.0	76.4	127.4	212.3
350	3.1	8.4	25.1	33.4	50.1	75.2	125.4	208.9
375	—	7.4	24.8	33.0	49.5	74.3	123.8	206.3
400	—	6.5	24.3	32.4	48.6	72.9	121.5	202.5
425	—	5.5	23.9	31.3	47.7	71.6	119.3	198.8
450	—	4.6	23.4	31.2	46.8	70.2	117.1	195.1

表 9.4-43　材料组别为 2.4 的钢制管法兰用材料最大允许工作压力

工作温度 /℃	最大允许工作压力/bar							
	Class75	Class150	Class300	Class400	Class600	Class900	Class1500	Class2500
<38	9.5	19.0	49.6	66.2	99.3	148.8	248.2	413.7
50	9.3	18.6	48.6	64.7	97.1	145.7	242.8	404.6
100	8.5	17.0	44.2	59.0	88.5	132.7	221.2	368.7
150	7.9	15.7	41.0	54.6	82.0	122.9	204.8	341.5
200	6.9	13.8	38.3	51.1	76.6	114.9	191.5	319.1
250	6.0	12.1	36.0	48.0	72.0	108.1	180.1	300.2
300	5.1	10.2	34.1	45.5	68.3	102.4	170.7	284.6
325	4.6	9.3	33.3	44.4	66.6	99.9	166.5	277.6
350	3.1	8.4	32.6	43.5	65.2	97.8	163.0	271.7
375	—	7.4	32.0	42.7	64.1	96.1	160.2	266.9
400	—	6.5	31.6	42.1	63.2	94.8	157.9	263.2
425	—	5.5	31.1	41.5	62.3	93.4	155.7	259.5
450	—	4.6	30.8	41.1	61.7	92.5	154.2	256.9
475	—	3.7	30.5	40.7	61.1	91.6	152.7	254.4
500	—	2.8	28.2	37.6	56.5	84.7	140.9	235.0
538	—	1.4	25.2	33.4	50.0	75.2	125.5	208.9
550	—	—	25.0	33.3	49.8	74.8	124.9	208.0
575	—	—	24.0	31.9	47.9	71.8	119.7	199.5
600	—	—	20.3	27.0	40.5	60.8	101.3	168.9
625	—	—	15.8	21.1	31.6	47.4	79.1	131.8
650	—	—	12.6	16.9	25.3	37.9	63.2	105.4
675	—	—	9.9	13.2	19.8	29.6	49.4	82.3
700	—	—	7.9	10.5	15.8	23.7	39.5	65.9
725	—	—	6.3	8.5	12.7	19.0	31.7	52.8
750	—	—	5.0	6.7	10.0	15.0	25.0	41.7
775	—	—	4.0	5.3	8.0	11.9	19.9	33.2
800	—	—	3.1	4.2	6.3	9.4	15.6	26.1
816	—	—	2.6	3.5	5.2	7.8	13.0	21.7

表 9.4-44 材料组别为 2.5 的钢制管法兰用材料最大允许工作压力

工作温度 /℃	最大允许工作压力/bar							
	Class75	Class150	Class300	Class400	Class600	Class900	Class1500	Class2500
<38	9.5	19.0	49.6	61.8	99.3	148.9	248.2	413.7
50	9.3	18.7	48.8	59.3	97.5	146.3	243.8	406.4
100	8.7	17.4	45.3	50.0	90.6	135.9	226.5	377.4
150	7.9	15.8	42.5	46.5	84.9	127.4	212.4	353.9
200	6.9	13.8	39.9	44.7	79.9	119.8	199.7	332.8
250	6.0	12.1	37.8	43.5	75.6	113.4	189.1	315.1
300	5.1	10.2	36.1	42.3	72.2	108.3	180.4	300.7
325	4.6	9.3	35.4	41.6	70.7	106.1	176.8	294.6
350	3.1	8.4	34.8	40.8	69.5	104.3	173.8	289.6
375	—	7.4	34.2	39.8	68.4	102.6	171.0	285.1
400	—	6.5	33.9	38.8	67.8	101.7	169.5	282.6
425	—	5.5	33.6	37.8	67.2	100.8	168.1	280.1
450	—	4.6	33.5	36.8	66.9	100.4	167.3	278.8
475	—	3.7	31.7	35.6	63.4	95.1	158.2	263.9
500	—	2.8	28.2	34.5	56.5	84.7	140.9	235.0
538	—	1.4	25.2	31.1	50.0	75.2	125.5	208.9
550	—	—	25.0	29.2	49.8	74.8	124.9	208.0
575	—	—	24.0	24.6	47.9	71.8	119.7	199.5
600	—	—	21.6	19.4	42.9	64.2	107.0	178.5
625	—	—	18.3	15.2	36.6	54.9	91.2	152.0
650	—	—	14.1	11.9	28.1	42.5	70.7	117.7
675	—	—	12.4	9.3	25.2	37.6	62.7	104.5
700	—	—	10.1	7.6	20.0	29.8	49.7	83.0
725	—	—	7.9	6.1	15.4	23.2	38.6	64.4
750	—	—	5.9	4.7	11.7	17.6	29.6	49.1
775	—	—	4.6	3.4	9.0	13.7	22.8	38.0
800	—	—	3.5	2.7	7.0	10.5	17.4	29.2
816	—	—	2.8	2.5	5.9	8.6	14.1	23.8

9.4.3.3 紧固件螺栓长度（用于突面法兰）（表 9.4-45～表 9.4-48）

表 9.4-45 Class150、DN≤600 法兰用六角头螺栓长度

公称直径 DN	螺纹	数量/个	六角头螺栓长度 /mm	公称直径 DN	螺纹	数量/个	六角头螺栓长度 /mm
15	M14	4	55	150	M20	8	90
20	M14	4	55	200	M20	8	95
25	M14	4	60	250	M24	12	105
32	M14	4	65	300	M24	12	105
40	M14	4	65	350	M27	12	115
50	M16	4	70	400	M27	16	120
65	M16	4	80	450	M30	16	130
80	M16	4	80	500	M30	20	140
100	M16	8	80	550	M33	20	155
125	M20	8	5	600	M33	20	155

表 9.4-46 Class150、DN＞600 A 系列法兰用六角头螺栓长度

公称直径 DN	螺纹	数量/个	六角头螺栓长度/mm	公称直径 DN	螺纹	数量/个	六角头螺栓长度/mm
650	M33	24	195	1100	M39	40	265
700	M33	28	200	1150	M39	40	270
750	M33	28	205	1200	M39	44	280
800	M39	28	225	1250	M45	44	290
850	M39	32	230	1300	M45	44	300
900	M39	32	245	1350	M45	44	310
950	M39	32	240	1400	M45	48	315
1000	M39	36	245	1450	M45	48	325
1050	M39	36	255	1500	M45	52	335

表 9.4-47 Class75、DN＞600 B 系列法兰用六角头螺栓长度

公称直径 DN	螺纹	数量/个	六角头螺栓长度/mm	公称直径 DN	螺纹	数量/个	六角头螺栓长度/mm
650	M16	36	105	1100	M24	36	135
700	M16	40	105	1150	M24	40	135
750	M16	44	105	1200	M24	44	140
800	M16	48	110	1250	M24	44	145
850	M16	52	110	1300	M24	48	145
900	M20	40	115	1350	M24	48	145
950	M20	40	120	1400	M27	40	150
1000	M20	44	120	1450	M27	44	155
1050	M20	48	135	1500	M27	44	160

表 9.4-48 Class150、DN＞600 B 系列法兰用六角头螺栓长度

公称直径 DN	螺纹	数量/个	六角头螺栓长度/mm	公称直径 DN	螺纹	数量/个	六角头螺栓长度/mm
650	M20	36	125	1100	M27	52	170
700	M20	40	130	1150	M30	40	180
750	M20	44	130	1200	M30	44	185
800	M20	48	135	1250	M30	48	190
850	M24	40	145	1300	M30	52	195
900	M24	44	150	1350	M30	56	200
950	M27	40	160	1400	M30	60	200
1000	M27	44	16	1450	M33	48	205
1050	M27	48	170	1500	M33	52	210

9.4.3.4 紧固件螺柱长度（DN≤600）（表 9.4-49～表 9.4-55）

表 9.4-49 Class150 法兰用螺柱长度

公称直径 DN	螺纹	数量/个	突面螺柱长度/mm	环槽面螺柱长度/mm
15	M14	4	70	—
20	M14	4	75	—
25	M14	4	75	90
32	M14	4	80	90
40	M14	4	85	95
50	M16	4	90	100
65	M16	4	100	110
80	M16	4	100	110
100	M16	8	100	110

公称直径 DN	螺纹	数量/个	突面螺柱长度/mm	环槽面螺柱长度/mm
125	M20	8	110	120
150	M20	8	115	125
200	M20	8	120	130
250	M24	12	135	145
300	M24	12	135	145
350	M27	12	150	160
400	M27	16	150	160
450	M30	16	165	175
500	M30	20	175	185
550	M33	20	190	—
600	M33	20	190	200

表 9.4-50 Class300 法兰用螺柱长度

公称直径 DN	螺纹	数量/个	突面螺柱长度/mm	凹凸面和榫槽面螺柱长度/mm	环槽面螺柱长度/mm
15	M14	4	75	80	85
20	M16	4	85	90	95
25	M16	4	90	90	100
32	M16	4	90	95	115
40	M16	4	105	110	115
50	M16	4	100	100	130
65	M16	8	115	120	130
80	M20	8	120	125	135
100	M20	8	125	130	145
125	M20	8	135	135	150
150	M20	12	135	140	150
200	M24	12	155	160	170
250	M27	16	175	180	190
300	M30	16	190	190	205
350	M30	20	195	200	210
400	M33	20	210	210	225
450	M33	24	215	215	230
500	M33	24	225	225	245
550	M39	24	245	—	—
600	M39	24	245	250	270

表 9.4-51 Class400 法兰用螺柱长度

公称直径 DN	螺纹	数量/个	突面螺柱长度/mm	凹凸面和榫槽面螺柱长度/mm	环槽面螺柱长度/mm
15	M14	4	90	85	90
20	M16	4	100	90	100
25	M16	4	100	95	100
32	M16	4	110	100	110
40	M20	4	120	115	120
50	M16	8	120	110	125
65	M20	8	135	130	140
80	M20	8	140	135	145
100	M24	8	175	170	180
125	M27	8	165	155	165
150	M27	12	170	160	175
200	M30	12	190	180	195
250	M33	16	210	200	215

公称直径 DN	螺纹	数量/个	突面螺柱长度/mm	凹凸面和榫槽面螺柱长度/mm	环槽面螺柱长度/mm
300	M33	20	220	215	225
350	M36	20	230	220	230
400	M39	20	240	230	245
450	M42	20	245	235	250
500	M42	24	260	255	270
600	M48	24	285	280	295

表 9.4-52 Class600 法兰用螺柱长度

公称直径 DN	螺纹	数量/个	突面螺柱长度/mm	凹凸面和榫槽面螺柱长度/mm	环槽面螺柱长度/mm
15	M14	4	90	85	90
20	M16	4	100	90	100
25	M16	4	100	95	100
32	M16	4	110	100	110
40	M20	4	120	115	120
50	M16	8	120	110	120
65	M20	8	135	130	140
80	M20	8	140	135	145
100	M24	8	160	155	165
125	M27	8	180	175	185
150	M27	12	190	180	190
200	M30	12	210	205	215
250	M33	16	235	225	240
300	M33	20	240	235	245
350	M36	20	250	245	255
400	M39	20	270	265	275
450	M42	20	290	280	290
500	M42	24	305	300	310
550	M45	24	325	—	—
600	M48	24	345	335	355

表 9.4-53 Class900 法兰用螺柱长度

公称直径 DN	螺纹	数量/个	突面螺柱长度/mm	凹凸面和榫槽面螺柱长度/mm	环槽面螺柱长度/mm
15	M20	4	120	115	120
20	M20	4	130	120	130
25	M24	4	145	135	145
32	M24	4	145	135	145
40	M27	4	155	150	155
50	M24	8	160	155	165
65	M27	8	175	170	175
80	M24	8	160	155	165
100	M30	8	190	185	190
125	M33	8	210	200	210
150	M30	12	210	205	210
200	M36	12	240	230	240
250	M36	16	250	245	255
300	M36	20	270	265	275
350	M39	20	290	280	300
400	M42	20	300	295	310
450	M48	20	340	330	350
500	M52	20	365	355	375
600	M64	20	450	445	470

表 9.4-54　Class1500 法兰用螺柱长度

公称直径 DN	螺纹	数量/个	突面螺柱长度/mm	凹凸面和榫槽面螺柱长度/mm	环槽面螺柱长度/mm
15	M20	4	120	115	120
20	M20	4	130	120	130
25	M24	4	145	135	145
32	M24	4	145	135	145
40	M27	4	155	150	155
50	M24	8	160	155	165
65	M27	8	175	170	175
80	M30	8	195	190	200
100	M33	8	215	210	215
125	M39	8	265	255	265
150	M36	12	275	270	280
200	M36	12	305	300	315
250	M48	12	350	345	360
300	M52	16	390	385	410
350	M56	16	420	410	440
400	M64	16	460	455	485
450	M70	16	505	495	530
500	M76	16	550	545	580
600	M90	16	630	625	665

表 9.4-55　Class2500 法兰用螺柱长度

公称直径 DN	螺纹	数量/个	突面螺柱长度/mm	凹凸面和榫槽面螺柱长度/mm	环槽面螺柱长度/mm
15	M20	4	140	130	140
20	M20	4	140	135	140
25	M24	4	155	150	155
32	M27	4	170	160	170
40	M30	4	190	180	190
50	M27	8	195	185	195
65	M30	8	215	210	220
80	M33	8	240	235	245
100	M39	8	270	265	280
125	M52	8	315	305	325
150	M52	8	360	350	370
200	M36	12	400	390	415
250	M48	12	500	490	525
300	M52	12	550	540	575

9.4.3.5　紧固件螺柱长度（DN＞600）（用于突面法兰）（表 9.4-56～表 9.4-64）

表 9.4-56　Class150 A 系列法兰用螺柱长度

公称直径 DN	螺纹	数量/个	螺柱长度/mm	公称直径 DN	螺纹	数量/个	螺柱长度/mm
650	M33	24	235	1100	M39	40	310
700	M33	28	240	1150	M39	40	315
750	M33	28	245	1200	M39	44	325
800	M39	32	270	1250	M45	44	345
850	M39	32	275	1300	M45	44	350
900	M39	32	290	1350	M45	44	360
950	M39	32	285	1400	M45	48	370
1000	M39	36	290	1450	M45	48	380
1050	M39	36	300	1500	M45	52	385

表 9.4-57 Class300 A 系列法兰用螺柱长度

公称直径 DN	螺纹	数量/个	螺柱长度/mm	公称直径 DN	螺纹	数量/个	螺柱长度/mm
650	M42	28	275	1100	M45	32	370
700	M42	28	285	1150	M48	28	385
750	M45	28	305	1200	M48	32	395
800	M48	28	325	1250	M52	32	415
850	M48	28	330	1300	M52	28	425
900	M52	32	345	1350	M56	28	450
950	M39	32	325	1400	M56	32	450
1000	M42	32	345	1450	M56	32	460
1050	M42	32	350	1500	M56	32	470

表 9.4-58 Class600 A 系列法兰用螺柱长度

公称直径 DN	螺纹	数量/个	螺柱长度/mm	公称直径 DN	螺纹	数量/个	螺柱长度/mm
650	M48	28	355	1100	M64	32	520
700	M52	28	370	1150	M64	32	530
750	M52	28	375	1200	M70	32	560
800	M56	28	390	1250	M76	28	590
850	M56	28	395	1300	M76	32	600
900	M64	28	420	1350	M76	32	615
950	M56	28	460	1400	M82	32	645
1000	M56	32	475	1450	M82	32	655
1050	M64	28	510	1500	M90	28	690

表 9.4-59 Class900 A 系列法兰用螺柱长度

公称直径 DN	螺纹	数量/个	螺柱长度/mm	公称直径 DN	螺纹	数量/个	螺柱长度/mm
650	M70	20	465	950	M90	20	605
700	M76	20	480	1000	M90	24	620
750	M76	20	495	1050	M90	24	635
800	M82	20	525	1100	M100	24	675
850	M90	20	555	1150	M105	24	705
900	M90	20	565	1200	M105	24	720

表 9.4-60 Class75 B 系列法兰用螺柱长度

公称直径 DN	螺纹	数量/个	螺柱长度/mm	公称直径 DN	螺纹	数量/个	螺柱长度/mm
650	M16	36	125	1100	M24	36	165
700	M16	40	125	1150	M24	40	165
750	M16	44	125	1200	M24	44	170
800	M16	48	130	1250	M24	44	175
850	M16	52	130	1300	M24	48	175
900	M20	40	140	1350	M24	48	175
950	M20	40	145	1400	M27	40	185
1000	M20	44	145	1450	M27	44	190
1050	M20	48	150	1500	M27	44	195

表 9.4-61　Class150 B 系列法兰用螺柱长度

公称直径 DN	螺纹	数量/个	螺柱长度 /mm	公称直径 DN	螺纹	数量/个	螺柱长度 /mm
650	M20	36	150	1100	M27	52	205
700	M20	40	155	1150	M30	40	215
750	M20	44	155	1200	M30	44	220
800	M20	48	160	1250	M30	48	230
850	M24	40	175	1300	M30	52	230
900	M24	44	180	1350	M30	56	235
950	M27	40	190	1400	M30	60	240
1000	M27	44	195	1450	M33	48	245
1050	M27	48	200	1500	M33	52	250

表 9.4-62　Class300 B 系列法兰用螺柱长度

公称直径 DN	螺纹	数量/个	螺柱长度 /mm	公称直径 DN	螺纹	数量/个	螺柱长度 /mm
650	M33	32	275	1100	M45	40	375
700	M33	36	275	1150	M48	36	385
750	M36	36	290	1200	M48	40	385
800	M39	32	315	1250	M48	44	405
850	M39	36	315	1300	M48	48	410
900	M42	32	320	1350	M48	48	420
950	M42	36	340	1400	M56	36	450
1000	M42	40	345	1450	M56	40	450
1050	M45	36	360	1500	M56	40	445

表 9.4-63　Class600 B 系列法兰用螺柱长度

公称直径 DN	螺纹	数量/个	螺柱长度 /mm	公称直径 DN	螺纹	数量/个	螺柱长度 /mm
650	M42	28	350	1100	M64	32	520
700	M45	28	365	1150	M64	32	530
750	M48	28	390	1200	M70	32	560
800	M52	28	410	1250	M76	28	590
850	M56	24	440	1300	M76	32	600
900	M56	28	450	1350	M76	32	615
950	M56	28	460	1400	M82	32	645
1000	M56	32	475	1450	M82	32	655
1050	M64	28	510	1500	M90	28	690

表 9.4-64　Class900 B 系列法兰用螺柱长度

公称直径 DN	螺纹	数量/个	螺柱长度 /mm	公称直径 DN	螺纹	数量/个	螺柱长度 /mm
650	M64	20	440	950	M90	20	605
700	M70	20	480	1000	M90	24	620
750	M76	20	505	1050	M90	24	635
800	M76	20	515	1100	M100	24	675
850	M82	20	550	1150	M105	24	705
900	M76	24	540	1200	M105	24	720

附录

1 特种设备生产和充装单位许可规则（TSG 07—2019）（摘录）

[1] 总则

[1.1] 目的和依据

为了规范特种设备生产（设计、制造、安装、改造、修理）和充装单位许可工作，根据《中华人民共和国特种设备安全法》《特种设备安全监察条例》等有关法律、法规，制定本规则。

[1.2] 适用范围

在中华人民共和国境内使用的特种设备目录范围内的产品，其设计、制造、安装、改造、修理、充装单位的许可，适用本规则。

[1.3] 许可实施主体

实施特种设备许可的部门为国家市场监督管理总局（以下简称市场监管总局）和省级人民政府负责特种设备安全监督管理的部门（以下简称省级特种设备安全监管部门，市场监管总局和省级特种设备安全监管部门以下统称发证机关）。

[1.4] 许可目录

特种设备生产和充装单位的许可类别、许可项目和子项目、许可参数和级别（以下统称许可范围）以及发证机关，按照市场监管总局发布的《特种设备生产单位许可目录》执行；许可项目和子项目中的设备种类、类别和品种按照《特种设备目录》执行。

[1.5] 许可证书及有效期

特种设备许可证书包括《中华人民共和国特种设备生产单位许可证》和《中华人民共和国移动式压力容器（气瓶）充装单位许可证》（以下简称许可证，样式见附件A），其有效期均为4年。

[2] 许可条件

[2.1] 一般要求

申请特种设备生产和充装许可的单位（以下简称申请单位），应当具有法定资质，具有与许可范围相适应的专业技术人员、工作场所、设备设施等资源条件，建立并有效运行与许可范围相适应的质量保证体系、安全管理和岗位责任等制度，具备保障产品本质安全的技术能力。

[2.1.1] 资源条件

申请单位应当具有以下与许可范围相适应，并且满足生产需要的资源条件：

（1）人员，包括管理人员、技术人员、监测人员、作业人员等；

（2）工作场所，包括场地、厂房、办公场所、仓库等；

（3）设备设施，包括生产（充装）设备、工艺装备、检测仪器、试验装置等；

（4）技术资料，包括设计文件、工艺文件、施工方案、检验规程等；

（5）法规标准，包括法律、法规、规章、安全技术规范及相关标准等。

具体资源条件和要求，分别见本规则附件B至附件L执行。

[2.1.2] 质量保证体系

申请单位应当按照本规则的要求，建立与许可范围相适应的质量保证体系，并且保持有效实施；其中，特种设备制造、安装、改造、修理单位的质量保证体系应当符合本规则附件M《特种设备生产单位质量保证体系基本要求》，压力容器和压力管道设计单位的质量保证体系应当符合本规则C1.4、E1.4条的要求，移动式压力容器和气瓶充装单位的质量保证体系应当符合本规则C3.7、D2.7条的要求。

[2.1.3] 保障特种设备安全性能和充装安全的技术能力

申请单位应当具备保障特种设备安全性能和充装安全的技术能力，按照特种设备安全技术规范及相关标准要求进行产品设计、制造、安装、改造、充装活动。

[2.2] 资源条件的通用要求

[2.2.1] 人员

资源条件中技术人员应当有理工类专业教育背景，取得相关专业技术职称并且具有相关工作经验。

资源条件中的安全管理人员、检测人员、作业人员，纳入特种设备人员行政许可的，应当取得相应的特种设备人员资格证。

资源条件中对人员有工程技术职称要求的，如果人员无相应工程技术职称，则需要具有相应的学历和技术工作年限，学历应当为理工类专业。工程技术职称与学历和技术工作的年限比照见附表1-1。

附表 1-1　工程技术职称与学历和技术工作年限比照表

职称	学历与技术工作年限			
	博士毕业生	硕士毕业生	大学本科毕业生	大专毕业生
高级工程师	工作 4 年以上	工作 10 年以上	工作 13 年以上	工作 15 年以上
工程师	工作 1 年以上	工作 4 年以上	工作 7 年以上	工作 9 年以上
助理工程师	—	工作 1 年以上	工作 2 年以上	工作 3 年以上

注：技术工作是指与相应特种设备生产、充装、检验、监测、使用管理等有关的技术方面的工作。高级技师和技师可以分别相当于工程师和助理工程师；中专毕业生的技术工作年限要求可以参照大专毕业生。

[2.2.2] 工作场所和设备设施租赁

[2.2.2.1] 工作场所

制造单位的生产场地、厂房、办公场所、仓库以及安装单位的办公场所、仓库允许承租。租赁双方应当签订租赁合同，并且能够提供出租方的土地使用证明、房产证或者土地管理部门出具的其它有效证明。

[2.2.2.2] 设备设施

生产和充装单位资源条件要求的生产（充装）设备（厂房附属的起重设备除外）、工艺装备、检测仪器、试验装置等一般不允许承租，本规则附件 B 至附件 L 另有规定的，从其规定。

[2.2.3] 工作外委（分包）

（1）设计、材料预处理、热处理、无损检测和理化检验等工作的外委，应当符合本规则附件 B 至附件 L 的要求；

（2）允许外委的，受委托单位应当具有相应能力，无损检测、压力容器、压力管道设计应当外委给取得特种设备相应资质的单位（机构），但是不得外委给本单位实施监督检验、型式试验的检验机构；委托单位应当与受委托单位签订合同（协议），确定外委的具体项目和详细要求，外委工作的质量控制由委托单位负责，纳入其质量保证体系的控制范围。

（3）工作外委的，与外委工作直接相关的人员和设备资源条件不作要求，本规则附件 B 至附件 L 另有规定的，从其规定；委托单位应当配备相应的质量控制系统责任人员（有质量控制系统要求的）。

[2.2.4] 条件共享

[2.2.4.1] 同一单位

（1）同一单位申请不同许可项目的，本规则附件 B 至附件 L 规定的相应许可条件允许共享；

（2）同一单位有多处制造地址（多处制造地址应符合本规则 3.2.2 条）共同完成同一许可子项目产品的，其各处制造地址资源条件之应满足本规则附件 B 至附件 L 规定的许可条件（本规则附件 B 至附件 L 另有规定的，从其规定），并且建立统一的质量保证体系。

[2.2.4.2] 集团公司和子公司（总公司和分公司）

（1）公司申请许可时，经其子公司同意，子公司可以作为制造地址在许可证中载明，但其子公司不得再单独申请许可，本规则附件 B 至附件 L 规定的许可条件允许共享；公司和其子公司分别申请许可的，本规则附件 B 至附件 L 规定的许可条件不允许共享；

（2）公司和其分公司从事相应许可活动，可以以公司的名义申请许可，也可以分别单独申请许可；以分公司名义申请许可的，分公司应当取得其公司法人授权；公司申请许可，其分公司作为资源条件的，则分公司地址应当在许可证中载明，本规则附件 B 至附件 L 规定的许可条件允许共享；公司和其分公司分别申请许可的，本规则附件 B 至附件 L 规定的许可条件不允许共享；

（3）本条（1）（2）项所述情形，涉及多处制造地址的，还应当满足本规则 2.2.4.1（2）项的要求。

[3] 许可程序和要求

[3.1] 许可程序

许可程序，包括申请、受理、鉴定评审、审查与发证。

[3.2] 申请

[3.2.1] 一般要求

申请采用网上填报的方式。申请单位应当填写并且提交《特种设备生产单位行政许可申请书》（以下简称申请书），并且附以下扫描资料（无需提供原件），向相应的发证机关提出申请：

(1) 申请单位营业执照（无法在线核验时）；

(2) 申请书中"申请许可项目表"，经申请单位法定代表人（主要负责人）签字，并且加盖单位公章；

(3) 原许可证（仅申请增项、改变许可级别或者换证，并且无法在线核验时）；

(4) 公司法人书面授权文件（分公司单独申请时）。

因特殊情况不能实施网上申请时，可以提交书面申请（一式三份），并且附前款资料（复印件加盖单位公章、各一份）。

[3.2.2] 多制造地址申请要求

由省级特种设备安全监管部门实施许可的，申请单位的住址与制造地址在或者其多处制造地址不在同一省（自治区、直辖市）内的，应当分别向其制造地址所在地的省级特种设备安全监管部门申请。

[3.3] 受理

[3.3.1] 予以受理

发证机关收到申请资料后，对于资料齐全、符合法定形式的，应当在 5 个工作日内予以受理，出具电子（或者书面）形式的《特种设备行政许可受理决定书》（以下简称受理决定书），受理决定书应当注明委托的鉴定评审机构（鉴定评审机构为发证机关依据国家有关规定，委托其从事鉴定评审工作的技术机构或者社会组织）名称和联系方式。发证机关应当在发出受理决定书的同时将相关受理信息通知委托的鉴定评审机构。

[3.3.2] 补正

发证机关收到申请资料后，对于申请资料不齐全或者不符合法定形式的，应当在 5 个工作日内一次性告知申请单位需要补正的全部内容，并且出具《特种设备行政许可申请资料补正告知书》（以下简称补正告知书）。

[3.3.3] 不予受理

发证机关收到申请资料后，凡属于下列情形之一的，应当在 5 个工作日内向申请单位发出《特种设备行政许可不予受理决定书》（以下简称不予受理决定书）：

(1) 申请项目不属于特种设备许可范围的；

(2) 隐瞒有关情况或者提供虚假申请资料被发现；

(3) 被依法吊（撤）销许可证，且自吊（撤）销许可证之日起不满 3 年的。

[3.3.4] 申请信息变更

申请单位的申请已经被受理，在鉴定评审之前，申请单位若要变更单位名称、住所、制造地址、办公地址、许可子项目，或者充装单位名称、住所、充装地址、设备品种、充装介质类别的，应当重新提出申请，或者经原发证（受理）机关出具变更的受理决定书。

[3.4] 鉴定评审

[3.4.1] 一般要求

(1) 申请单位在首次申请取证、申请增项（增加制造地址除外）或者申请提高许可参数级别时，应当再鉴定评审的，按照本规则附件 B 至附件 L 的要求，准备试设计文件，试制造、试安装（允许在使用现场进行试安装的，安装单位应当在试安装前凭受理决定书向施工所在地特种设备安全监管部门办理安装告知。接受试安装告知的部门应当将受理决定书收回存档，凭受理决定书只能进行一次试安装。）的样机（样品），样机（样品）应当经自检合格，资料齐全；

(2) 鉴定评审机构接到发证机关委托后，应当在 10 个工作日内与申请单位商定鉴定评审日期，并且将评审日期、评审程序和要求书面告知申请单位；鉴定评审机构应当在评审日期内派出鉴定评审组实施现场鉴定评审，鉴定评审机构因故无法按时限完成鉴定评审工作的，应当向发证机关报告；

(3) 申请单位应当在鉴定评审前将申请书以及质量保证手册（可以是电子文档）提交给鉴定评审机构。

[3.4.2]　现场鉴定评审工作程序和要求

（1）现场鉴定评审工作程序，一般包括首次会议、现场巡视、分组审查、情况汇总、交换意见、总结会议等；

（2）现场鉴定评审工作中，发现申请单位的实际资源条件或者产品不能满足已受理许可范围的相应要求的，经申请单位书面申请、鉴定评审组确认后，可以按照减少许可子项目或者降低许可级别后的范围进行鉴定评审，并且在鉴定评审报告中说明；现场鉴定评审时，申请单位提出增加许可子项目、提高许可参数级别或者其它情形使发证机关改变的，应当按照本规则 3.2 条的要求重新申请；

（3）现场鉴定评审工作结束时，鉴定评审组应当将发现的问题向申请单位通报；现场不能完成整改的，双方应当签署《特种设备鉴定评审工作备忘录》（以下简称备忘录），鉴定评审组在备忘录中提出整改要求，整改时间不得超过 6 个月；

（4）鉴定评审组正当冉鉴定评审情况作出记录。

[3.4.3]　鉴定评审结论和报告

鉴定评审结论意见按照以下要求分为"符合条件""整改后符合条件""不符合条件"：

（1）全部满足许可条件，鉴定评审结论意见为"符合条件"；

（2）整改后全部满足许可条件，鉴定评审结论意见为"整改后符合条件"；

（3）除本款（1）（2）项外，鉴定评审结论意见为"不符合条件"。

鉴定评审机构应当按照委托规定，及时出具并向发证机关提交鉴定评审报告。

鉴定评审工作（含整改时间）应当自受理决定书签发之日起 1 年内完成。

[3.5]　审查与发证

发证机关在收到鉴定评审机构上报的鉴定评审报告和相关资料后，应当在 20 个工作日内，对鉴定评审报告和相关资料进行审查，符合发证条件的，向申请单位颁发相应许可证；不符合发证条件的，向申请单位发出《特种设备不予行政许可决定书》（以下简称不予许可决定书）。

许可证中应当载明以下信息：

（1）《中华人民共和国特种设备生产许可证》，载明许可证编号，单位名称、住所、办公地址、制造地址，许可项目、许可子项目、许可参数，发证机关、发证日期及有效期等；

（2）《中华人民共和国移动式压力容器（气瓶）充装许可证》，载明许可证编号，单位名称、住所、充装地址，设备品种、充装介质类别、充装介质名称，发证机关、发证日期及有效期等。

[3.6]　许可证增项、变更与延续

[3.6.1]　许可证增项

[3.6.1.1]　增项含义

许可证增项是指在许可证有效期内，持证单位发生下列情形之一的：

（1）增加制造地址或者许可子项目（含改变产品限制范围）；

（2）增加充装地址、设备品种或者充装介质类别。

[3.6.1.2]　增项程序和要求

（1）持证单位需要增项的，应当向发证机关提出许可增项申请；增项程序和要求按照本规则 3.2 至 3.5 条的规定办理；

（2）只改变产品限制范围，由发证机关确定是否需要进行鉴定评审；

（3）只增加制造地址的，不需要准备试制造样机（样品），鉴定评审时重点对资源条件进行核查，并且对质量保证体系覆盖情况进行确认；

（4）许可证增项后，发证机关换发新许可证，具有效期按照原许可证执行，原许可证由原发证机关收回。

[3.6.2]　许可证变更

[3.6.2.1]　变更含义

许可证变更是指在许可证有效期内，持证单位发生下列情形之一的：

（1）单位名称改变；

（2）住所、制造地址、办公地址、充装地址的名称改变（以下统称地址更名）；

（3）住所、制造地址、办公地址、充装地址搬迁（以下统称地址搬迁）。

（4）多制造地址（充装地址）中一个或者多个制造地址（充装地址）注销（以下简称制造或者充装地址注销）；

（5）许可级别改变；

（6）其它是需要变更的情形。

[3.6.2.2] 单位名称改变和地址更名

持证单位改变单位名称或者地址更名的，应当在变更后30个工作日内向原发证机关提出变更许可证申请，并且提交以下资料：

（1）《特种设备许可证变更申请表》（以下简称许可证变更申请表）；

（2）原许可证书（原件，无法在线核验时）；

（3）变更前后的营业执照和变更核准材料（无法在线核验时）；

发证机关应当自收到变更申请资料之日起20个工作日内作出是否准予变更的决定；准予变更的，换发新许可证，并且收回原许可证；不予变更的，书面告知申请单位并且说明理由。

[3.6.2.3] 地址搬迁

（1）持证单位地址搬迁后，应当按照本规则3.6.2.2条的要求，向原发证机关提出变更许可证申请，提交相关资料，办理变更手续；制造地址或者充装地址搬迁的，还应当进行鉴定评审，但是不需要准备试制造样机（样品），鉴定评审时重点对资源条件进行核查，并且对质量保证体系覆盖情况进行确认；

（2）由省级特种设备安全监管部门实施许可的，持证单位地址搬迁后不在原发证机关辖区内的，应当向原发证机关办理注销手续，并且向新地址所在辖区的发证机关提出许可申请，相关许可程序和要求按照本规则3.2至3.5条的规定办理。

[3.6.2.4] 制造或者充装地址注销

制造或者充装地址注销的，应当按照本规则3.6.2.2条的要求，向原发证机关提出变更许可证申请，提交相关资料，办理变更手续；发证机关认为有必要进行鉴定评审的，还应当进行鉴定评审。

[3.6.2.5] 许可级别改变

持证单位需要改变许可子项目中的级别时，应当向相应发证机关提出申请，相关许可程序和要求（对于提高许可参数级别外的其它许可级别改变情形，发证机关根据许可级别变化情况决定是否需要鉴定评审）按照本规则3.2至3.5条的规定办理。

[3.6.2.6] 新许可证许可范围和有效期

许可证变更后，新许可证的许可范围和有效期按照原许可证执行，但对于本规则3.6.2.3条（2）项和3.6.2.5条规定的情形，新许可证有效期按照许可证签发之日起计算。原许可证由原发证机关收回。

[3.6.3] 许可证延续

[3.6.3.1] 一般要求

（1）持证单位在其许可证有效期届满后，需要继续从事相应活动的，应当在其许可证有效期届满的6个月以前（并且不超过12个月），向发证机关提出许可证延续（本规则称为换证）申请；未及时提出申请的，应当在换证申请时书面说明理由；

（2）换证程序和要求按照本规则3.2至3.5条及相应附件的有关规定办理；持证期间生产业绩满足本规则要求的，不需要提供样机（样品）。

[3.6.3.2] 自我声明承诺换证

换证前一个许可周期内未发生与特种设备相关的行政处罚、责任事故、设备安全性能问题和质量投诉未结案等情况，并且具有本规则附件B至附件L规定的相应生产业绩（计入生产业绩产品的参数应当在《特种设备生产单位许可目录》中相应许可子项目的参数范围内）的持证单位，在其许可证有效期届满前，可以通过提交持续满足许可要求的自我声明承诺书等资料，向发证机关申请免鉴定评审直接换证。

自我声明承诺书应当至少包括以下内容：

（1）申请单位的资源条件、生产业绩、产品安全性能状况等，能够持续满足许可范围的相应许可条件要求；

（2）申请单位的质量保证体系能够持续有效实施；

（3）申请单位前一个许可周期内未发生与特种设备相关的行政处罚、责任事故、设备安全性能问题和质量投诉未结案等情况。

持证单位不得连续两次申请自我声明承诺换证。

[3.6.3.3] 许可证有效期

（1）许可证有效期届满前完成换证的，其换证后的许可证有效期从原许可证有效期到期之日起计算；

（2）许可证有效期届满时未完成换证的，原许可证失效，申请单位不得从事相应生产、充装活动，其换证后的新许可证有效期按照许可证签发之日起计算。

[3.6.3.4] 延期换证

制造、充装单位在其许可证有效期届满的，因改制或者批准的制造、充装场地搬迁等需要延期换证的，应当提前 6 个月向发证机关提出延期换证申请，并且填报许可证变更申请表。申请时应当将政府有关部门（或者上级机关）批准改制的文件或者批准搬迁的有关资料作为附件同时报送。

经批准后可以延期换证的，发证机关更换延长有效期限的许可证书。延长的有效期不超过 1 年。延长期满前通过换证的，该单位换发的许可证有效期应当从 4 年中扣除延长期的时间。

[3.7] 许可证补发

[3.7.1] 补发申请

许可证遗失或者损坏需要补发的，应当向发证机关提出补发许可证书申请，并且提供以下资料：

(1)《特种设备许可证补发申请表》（以下简称许可证补发申请表）；

(2) 营业执照（无法在线核验时）。

[3.7.2] 补发决定

发证机关应当自收到申请之日起 10 个工作日内作出是否准予补发的决定。准予补发的，颁发新许可证，其证书编号和有效期不变；不予补发的，应当书面告知申请补发许可证的单位并且说明理由。

[4] 附则

[4.1] 许可证管理

(1) 持证单位应当妥善保管许可证，不得涂改、倒卖、出租、出借许可证；

(2) 许可证的吊（撤）销和注销以及相关行政处罚，按照国家有关法律、行政法规和规章的规定执行；公司与子（分）公司共同取得许可的，发生本项所述情形时，公司作为责任主体，子公司承担连带责任；

(3) 申请单位提供虚假材料骗取许可的，为其提供协助的相关单位承担连带责任；

(4) 采取自我声明承诺换证的生产单位，如果发现提交虚假材料，发证机关依法撤销其许可证。

[4.2] 有关文件样式

特种设备生产和充装单位的许可申请书、受理决定书、补正告知书、不予受理决定书、不予许可决定书、许可证变更申请表、许可证补发申请表等文件的样式，按照市场监管总局特种设备行政许可网页上公布的相关文件格式执行。

[4.3] 数值表述含义

本规则只给出固定的数值、技术职称要求或者无损检测资格要求的，为不少于该数值或者不低于该要求；有关数值和要求表述为"以上""不少于""不小于"的，均包括本数。

[4.4] 解释权限

本规则由市场监管总局负责解释。

[4.5] 施行日期

本规则自 2019 年 6 月 1 日起施行。

[4.6] 文件废止

以下文件和安全技术规范自本规则实行之日起废止：

(1)《锅炉压力容器制造许可条件》（国质检锅［2003］194 号）；

(2)《机电类特种设备制造许可规则（试行）》（国质检锅［2003］174 号）；

(3)《机电类特种设备安装改造维修许可规则（试行）》（国质检锅［2003］251 号）；

(4)《锅炉安装改造单位监督管理规则》（TSG G3001—2004）。

(5)《压力容器安装改造维修许可规则》（TSG R3001—2006）；

(6)《气瓶充装许可规则》（TSG R4001—2006）；

(7)《压力管道元件制造许可规则》（TSG D2001—2006）；

(8)《特种设备制造、安装、改造、维修质量保证体系基本要求》（TSG Z0004—2007）；

(9)《特种设备制造、安装、改造、维修许可鉴定评审细则》（TSG Z0005—2007）；

(10)《压力容器压力管道设计许可规则》（TSG R1001—2008）；

(11)《压力管道安装许可规则》（TSG D3001—2009）；

(12)《移动式压力容器充装许可规则》（TSG R4002—2011）；

《安全阀安全技术监察规程》（TSG ZF001—2006）和《爆破片装置安全技术监察规程》（TSG ZF003—2011）中有关许可程序、条件和要求的内容，同时废止。

本规则施行之前发布的其它与特种设备生产和充装单位许可相关的通知、文件等，其要求与本规则不一致的，以本规则为准。

[附件 E] 压力管道生产单位许可条件
[E1] 压力管道设计单位许可条件
[E1.1] 基本条件
（1）配备与压力管道设计许可范围相适应的设计、校核、审核、审定人员审核和审定人员统称为审批人员；

（2）有专门的管道设计部门和设计场所；

（3）配备与压力管道设计许可相适应的设计装备和设计手段，具备利用计算机进行设计、计算、绘图的能力，利用计算机辅助设计和计算机出图率达到 100%，并且具备传递图样和文字所需的软件和硬件；

（4）有一定设计经验和独立承担压力管道设计工作的能力。

[E1.2] 人员
[E1.2.1] 任职条件要求
设计单位应当对本单位从事压力管道设计、校核、审核、审定人员进行技术培训和考核。从事压力容器设计、校核、审批的人员应当具备相应专业设计能力，能正确使用压力管道设计相关的软件，由鉴定评审机构通过理论知识考试、设计答辩等方式，对其进行压力管道设计专业能力评价。

理论知识考试包括压力管道设计相关的理论基础知识、压力管道实际工程设计案例分析、压力管道相关的法规标准等内容。设计答辩时应当针对相应许可范围的压力管道设计图样，对设计图样及其所涉及的相关技术问题从基础理论、法规标准、技术要求、工艺结构、计算方法等方面进行考核答辩。

[E1.2.1.1] 技术负责人
由设计单位主管设计工作的负责人担任，具有高级技术职称，应当具有压力管道相关专业知识，了解压力管道相关的法规、安全技术规范及其相关标准规定，对于重大技术问题能够做出正确决定。

[E1.2.1.2] 审定人员
（1）具有较全面的压力管道设计专业技术知识；

（2）能够正确运用相关法规、安全技术规范及其标准，并且能够组织、指导各级设计人员贯彻执行；

（3）熟知相应设计工作和国内外相关压力管道技术发展情况，具有综合分析和判断能力，在关键技术问题上能够做出正确决断；

（4）从事 8 年以上压力管道设计审核工作；

（5）具有高级工程师职称。

[E1.2.1.3] 审核人员
（1）具有较全面的压力管道设计专业技术知识，能够保证设计质量；

（2）能够指导设计、校核人员正确执行相关法规、安全技术规范及其标准，能解决设计、安装和生产中的技术问题；

（3）从事 5 年以上压力管道设计校核工作经历；

（4）具有工程师职称。

[E1.2.1.4] 校核人员
（1）能够运用相关法规、安全技术规范及其标准，具备对设计文件进行校核的能力；

（2）具有相应设计专业知识，有相应的压力管道设计成果并且已投入制造、使用；

（3）具有应用计算机进行设计校核的能力；

（4）从事 3 年以上压力管道设计工作经历；

（5）具有助理工程师职称。

[E1.2.1.5] 设计人员
（1）能够运用相关法规、安全技术规范及其标准，具有相应设计专业知识；

（2）能够完成相应的压力管道设计工作，并且能够应用计算机进行设计；

（3）从事 1 年以上压力管道设计实习工作经历；

（4）具有助理工程师职称。

[E1.2.2] 人员数量
（1）GA 类和 GB1、GC1、GCD 级设计单位，各级设计人员应当有相应的设计业绩，专职压力管道设计人员总数不少于 20 人，其中审批人员不少于 5 人，并且审定人员不少于 2 人；

（2）GB2、GC2 级压力管道设计单位，各级设计人员必须有相应的设计业绩，专职压力管道设计人员总数不少于 10 人，其中审核人员不少于 2 人；

（3）审批人员数额不得超过专职压力管道设计人员总数的 30%；

（4）配备经过专业培训的压力管道选材和应力分析设计人员。

[E1.3] 试设计文件

（1）首次取证（含增项）的设计单位应当提供相应级别的试设计文件至少各 1 套；

（2）试设计文件不得用于管道安装。

[E1.4] 质量保证体系要求

设计单位应当按照本规则附件 M 的要求，建立并且有效运行压力管道设计质量保证体系，编制设计质量保证手册、程序文件（管理制度）、压力管道设计技术规定以及有关记录表、卡。

[E1.4.1] 程序文件（管理制度）

程序文件（管理制度）至少包括：

（1）各级设计人员管理；

（2）各级设计人员培训考核；

（3）各级设计人员岗位责任制；

（4）设计工作程序；

（5）设计条件编制与审查；

（6）设计条件图（表）编写；

（7）设计文件编制管理；

（8）设计文件更改管理；

（9）设计文件签署、校核、审批及标准化审查；

（10）设计文件档案（含电子文档）保管管理；

（11）设计文件的质量评定及信息反馈管理；

（12）特种设备设计许可印章使用管理。

[E1.4.2] 压力管道设计技术规定

根据压力管道设计许可范围，按照国家压力管道设计相关规范及其标准要求，编制本单位补充的技术规定和要求。

[E1.4.3] 设计、技术管理有关记录表、卡

根据压力管道设计许可范围和设计单位实际情况，编制设计、技术管理相关的质量保证体系记录表、卡。

[E1.5] 产品安全性能的设计保证能力

设计单位应当有保证产品安全性能的设计能力，能够按照相应的安全技术规范及产品标准进行设计，并且在设计中体现质量保证体系的有效实施，保证设计的产品满足安全使用要求。

[E1.6] 换证业绩

换证单位应当提供相应级别的设计业绩至少各 1 套，换证提供的设计文件应当覆盖设计许可范围并且具有代表性，无设计业绩时应当按首次取证或增项的要求提供试设计文件。

[E2] 压力管道元件制造单位许可条件（略）

[E3] 压力管道安装单位许可条件（略）

[附件 M] 特种设备生产单位质量保证体系基本要求

[M1] 一般要求

特种设备质量保证体系是指生产单位为了使产品、过程、服务达到质量要求所进行的全部有计划有组织的监督和控制活动，并且提供相应的证据，确保使用单位、政府监督管理部门及社会等对其质量的信任。

[M1.1] 建立原则

特种设备生产单位应当结合许可范围的特性和本单位实际情况，按照以下原则建立质量保证体系，并且得到有效实施：

（1）符合国家法律、法规、安全技术规范和相应标准；

（2）能够对特种设备安全性能实施有效控制；

（3）质量方针、质量目标适合本单位实际情况；

（4）质量保证体系组织能够独立行使质量监督、控制职权；

（5）质量保证体系责任人员（包括质量保证工程师、各质量控制系统责任人员）职责、权限（以下简称职权）及各质量控制系统的工作接口明确；

（6）质量保证体系的基本要素及其质量控制系统的控制范围、程序、内容、记录齐全；

（7）质量保证体系文件规范、系统、齐全；

（8）满足特种设备许可制度的规定。

[M1.2] 质量保证体系组织

[M1.2.1] 组织含义

生产单位法定代表人（主要负责人）、质量保证工程师、各质量控制系统责任人员、有关责任人员，以及所赋予的相应职权，构成质量保证体系组织，对生产过程实施有效质量监督和控制。

[M1.2.2] 人员

生产单位质量保证工程师、质量控制系统责任人员由生产单位法定代表人（主要负责人）任命，质量保证工程师应当为管理层成员。质量保证体系人员应当熟悉特种设备生产相关法律、法规、安全技术规范及相关标准和本单位质量保证体系文件，具有所负责工作相关的专业教育背景和工作经验，熟悉任职岗位的工作任务和要求。

按照本规则附件 B 至附件 L 规定的过程控制，应当配备质量控制系统责任人员。

质量保证工程师不能兼任质量控制系统责任人员；质量控制系统责任人员最多只能担任两个不相关的质量控制系统责任人员。

质量保证工程师、质量控制系统责任人员的学历、工作经历等应当符合相应特种设备生产许可条件的要求。

[M1.2.3] 人员职权

[M1.2.3.1] 法定代表人（主要负责人）

法定代表人（主要负责人）是特种设备安全、质量的第一责任人。

[M1.2.3.2] 质量保证工程师

（1）组织贯彻、实施有关特种设备的法律、法规、安全技术规范及相关标准，对质量保证系统的实施负责；

（2）组织制订质量保证手册、程序文件等质量保证体系文件，批准程序文件；

（3）指导和协调、监督好检查质量保证体系各质量控制系统的工作；

（4）定期组织质量分析、质量审核，并且协助进行管理评审工作；

（5）实施对不合格品（项）的控制，行使质量一票否决权；

（6）组织建立和健全内外部质量信息反馈和处理的信息系统；

（7）有向特种设备安全监管部门如实反映质量问题的权力和义务；

（8）组织对质量控制体系责任人员及其相关人员定期进行教育和培训。

[M1.2.3.3] 质量控制系统责任人员

在质量保证工程师的领导下，按照质量保证体系的要求，对所负责的质量控制系统履行以下职权，对控制系统是否有效实施负责：

（1）负责审核质量控制程序文件；

（2）按照本附件，审查确认相关工作见证，检查生产过程的质量控制程序和要求实施情况；

（3）发现问题应当与当事人及时联系、解决，并且有权要求停止当事人的工作，将情况向质量保证工程师报告。

[M1.3] 管理评审

管理层应当每年至少对特种设备质量保证体系的适应性、充分性和有效性进行一次管理评审，管理评审由法定代表人（主要负责人）负责，评审内容和结果应当予以记录，并且形成评审报告，由法定代表人（主要负责人）批准。

[M1.4] 质量保证体系发生变化的管理

质量保证体系发生变化（质量保证体系发生变化，一般是指单位生产组织结构、质量保证体系人员配备及其职能，生产过程控制要素发生变化（减少或者增加），特种设备安全有关的法律、法规、安全技术规范等发生变更，以及特种设备安全监管部门对质量保证体系提出新的要求，原有的质量保证体系已经不能适应，需要进行修改、修订等情况）时，应当及时按照规定程序进行完善，修订相应的质量保证体系文件，必要时对质量保证手册进行再版。

[M2] 质量保证体系文件

特种设备生产单位应当根据其特种设备许可范围的特性，以及质量控制的实际需要，制定并执行质量保证体系文件。

质量保证体系文件，包括质量保证手册、程序文件、作业（工艺）文件和记录、质量计划等。

[M2.1] 质量保证手册

质量保证手册应当至少包括以下内容：

（1）术语和缩写；

（2）质量保证体系的适用范围；

（3）质量方针和目标；

（4）质量保证体系组织及管理职责，以及与生产、技术、质量检验等关系，并且有单位组织机构图和质量保证体系组织结构图；

（5）质量保证体系基本要素、质量控制系统及其控制环节、控制点的要求及其相互关系；

（6）各级人员的任命、职责和权限（质量方针和目标应当经法定代表人（主要负责人）或者其授权的代理人批准，形成正式文件。质量方针和目标应当符合以下要求：①符合本单位的实际情况和许可范围、特性，突出特种设备安全性能要求；②质量方针体现了对特种设备安全性能及其质量持续改进的承诺，指明本单位的质量方向和所追求的目标；③质量目标进行量化和分解，落实到各质量控制系统及其相关的部门和责任人员，并且定期对质量目标进行考核）。

质量保证手册由法定代表人（主要负责人）或者其授权的最高管理者批准、颁布。

[M2.2] 程序文件

程序文件与质量方针相一致、满足质量保证手册的相关要求，并且符合本单位的实际情况，具有可操作性。

[M2.3] 作业文件和质量记录

作业文件和质量记录应当符合许可范围的特性，满足质量保证体系实施过程的控制需要。文件格式应当规范、统一。

[M2.4] 质量计划

质量计划应当满足许可范围特性和单位实际情况，依据各质量控制系统要求，在生产过程中合理设置控制环节、控制点（包括检查点、审核点、停止点、见证点），并且包括以下内容：

（1）控制内容、要求；

（2）过程中实际操作要求；

（3）系统责任人员，以及客户、监督检验机构签字确认的规定。

质量计划可以单独编写，也可以针对生产项目体现在工艺规程、过程控制表卡、施工方案或者施工组织设计等有关作业文件中。

[M3] 质量保证体系控制要素

质量保证体系控制要素，一般包括文件和记录控制、合同控制、设计控制、材料与零部件控制、作业（工艺）控制、焊接控制、热处理控制、无损检测控制、理化检验控制〔焊接控制、热处理控制、无损检测控制、理化检验控制，只适用于有焊接、热处理要求的生产工艺，以及需要进行无损检测、理化检验的产品（设备）生产过程〕、检验与试验控制、生产设备和检验与试验装置控制、不合格品（项）控制、质量改进与服务、人员管理、执行特种设备许可制度，以及本规则附件 B 至附件 L 规定的过程控制等。

控制要素至少包括以下控制范围、程序、内容：

（1）实施中的控制要求、过程记录、检验试验项目、检验试验记录和报告；

（2）相关人员配备，职权和检查确认的工作见证。

本规则附件 B 至附件 L 规定的其它过程控制要素，可以按照前款规定的基本要求，并且参照本附件 M3.1 至 M3.15，对其控制范围、程序、内容做出具体规定。

质量控制系统责任人员按照相应要求，履行审查确认、作出记录的职责。有关要素中没有要求配备质量控制系统责任人员的，由相关责任人员，履行审查确认、作出记录的职责。具体职责应当在程序文件中作出明确规定，并且不少于本附件相应要素提出的要求。

本规则附件 B 至附件 L 规定允许外委的项目、内容，当外委时，应当制定质量控制的基本要求，包括资质资格认定、评价、选择、重新评价，活动的监督，质量记录、报告的审核和确认等要求。

[M3.1]　文件和记录控制

[M3.1.1]　文件控制

文件控制的范围、程序和内容如下：

（1）受控文件的类别确定，至少包括质量保证体系文件、外来文件（外来文件包括法律、法规、安全技术规范及相关标准、外来设计文件，设计文件鉴定报告，型式试验报告，监督检验报告，受委托方产品质量证明文件、资格证明文件等。其中法律、法规、安全技术规范及相关标准应当是合法出版的正式版本），以及其它需要控制的文件；

（2）文件管理，包括编制、审核、批准、标识、发放、修改、回收，设计文件许可印章使用管理，保管（方式、设施等）及其销毁的规定；其中外来文件控制还应当有收集（购买）、接收等规定；

（3）质量保证体系相关部门、人员及场所使用的受控文件为有效版本的规定。

受控文件的类别确定、发放使用、销毁，应当由相应质量控制系统责任人员审查确认，作出记录。

[M3.1.2]　记录控制

记录控制范围、程序和内容如下：

（1）特种设备生产过程形成的记录的填写、确认、收集、归档、保管与保存期限、销毁的规定等；

（2）质量保证体系实施部门、人员及场所使用相关受控记录表格有效版本的规定。

记录的归档、受控记录表格有效版本，由相应质量控制系统责任人员进行审查确认，并且对记录的使用、保管进行定期检查，作出记录。

[M3.2]　合同控制

合同控制的范围、程序、内容如下：

（1）合同评审的范围、内容，包括执行的法律法规、安全技术规范及相关标准，以及技术条件等，形成评审记录并且保存；

（2）合同签订、修改、会签程序。

[M3.3]　设计控制

设计（包括产品设计、改造设计、修理设计等）控制的范围、程序、内容如下：

（1）设计输入，形成设计输入文件（如设计任务书等），内容包括依据的法规、安全技术规范及相关标准，以及技术条件等；

（2）设计输出，形成设计输出文件，包括设计说明书、设计计算书、设计图样等，设计文件应当满足法规、安全技术规范及相关标准，以及技术条件等；

（3）安全技术规范及相关标准规定用试验方法进行设计验证的，制定设计验证的规定；

（4）设计文件修改的规定；

（5）设计文件由外单位提供时，对外来设计文件控制的规定；

（6）法规、安全技术规范对设计许可、设计文件鉴定、产品型式试验等有要求的，制定相关规定。

设计文件有鉴定要求的，设计文件应当在送交设计文件鉴定机构鉴定前，由相应质量控制系统责任人员审查确认，作出记录。

[M3.4]　材料与零部件控制

材料与零部件控制的范围、程序、内容如下：

（1）材料与零部件的采购（包括采购计划和采购合同），明确对受委托方实施质量控制的方式和内容，包括对受委托方进行评价、选择、重新评价，并编制受委托方评价报告，建立合格受委托方名录等，对法规、安全技术规范有行政许可规定的受委托方，应当对受委托方许可资质进行确认；

（2）材料与零部件验收（复验）控制，包括未经验收（复验）或者不合格的材料、零部件不得投入使用等；

（3）材料标识（可追溯性标识）的编制、标注方法、位置和移植等；

（4）材料与零部件的存放与保管，包括储存场地、分区堆放等；

（5）材料与零部件领用和使用控制，包括质量证明文件、牌号、规格、材料炉批号、检验结果的确认，材料领用发放、切割下料、成型、加工前材料标识的移植及确认，余料、废料的处理等；

（6）材料与零部件代用，包括代用的基本要求及代用范围，代用的审批、代用的检验试验等。

材料与零部件受委托方评价报告，材料与零部件检查验收报告，材料与零部件代用审批报告，由相应质量控制系统责任人员审查确认，并对保管、使用情况进行定期检查，作出记录。

[M3.5] 作业（工艺）控制

作业（工艺）控制的范围、程序、内容如下：

（1）作业（工艺）文件的基本要求，包括通用或者专用工艺文件制定的条件和原则要求，工艺文件审批及工艺文件变更的要求等；

（2）作业（工艺）执行情况检查，包括检查时间、人员、项目、内容等；

（3）生产用工装、模具的管理，包括设计、制作及验收，建档、标识、保管、定期检验、维修及报废等。

相应质量控制系统责任人员应当定期对作业（工艺）执行情况进行检查，作出记录。

[M3.6] 焊接控制

焊接控制的范围、程序、内容如下：

（1）焊接人员管理，包括焊接人员培训、资格考核，持证焊接人员的合格项目，持证焊接人员的标识，焊接人员的档案及其考核记录等；

（2）焊接材料控制，包括焊接材料的采购、验收（复验）、检验、储存、烘干、发放、使用和回收等；

（3）焊接工艺评定报告（PQR）和焊接工艺指导书（WPS）控制，包括焊接工艺评定报告、相关检验检测报告、工艺评定施焊记录以及焊接工艺评定试样的保存；

（4）焊接工艺评定的项目覆盖特种设备焊接所需要的焊接工艺；

（5）焊接过程控制，包括焊接工艺、产品施焊记录、焊接设备以及焊接质量统计等；

（6）焊缝返修（母材缺陷补焊）控制，包括焊缝返修（母材缺陷补焊）工艺、焊缝返修次数和焊缝返修审批、焊缝返修（母材缺陷补焊）后重新检验检测等；

（7）按照安全技术规范及相关标准对产品焊接试板控制，包括焊接试板的数量、制作、焊接方式、标识、热处理、检验检测项目、试样加工、检验与试验、焊接试板和试样不合格的处理、试样的保存等。相应质量控制系统责任人员应当对执行情况进行检查，作出记录。

[M3.7] 热处理控制

热处理控制的范围、程序、内容如下：

（1）热处理工艺基本要求；

（2）热处理控制，包括所用的热处理设备、测温装置、温度自动记录装置、热处理记录［注明热处理炉号、工件号（产品编号）、热处理日期、热处理操作人员签字、热处理责任人签字等］和报告的填写、审核确认等；

（3）热处理外委的，对受委托方热处理质量控制，包括对受委托单位的确定，热处理工艺控制，受委托单位热处理报告、记录（注明热处理炉号、工件号（产品编号）、热处理日期、热处理操作工签字、热处理责任人签字等）和报告的审查确认等。

热处理工艺、热处理记录和报告、受委托单位的评价，由相应质量控制系统责任人员审查确认，作出记录。

[M3.8] 无损检测控制

无损检测控制的范围、程序、内容如下：

（1）无损检测人员管理，包括无损检测人员的培训、考核，资格证书，持证项目的管理，无损检测人员的职责、权限等；

（2）无损检测通用工艺、专用工艺基本要求，包括无损检测方法，依据的安全技术规范及相关标准等；

（3）无损检测过程控制，包括无损检测方法、数量、比例，不合格部位的检测、扩探比例、评定标准等；

（4）无损检测记录、报告控制，包括无损检测记录、报告的填写、审核、复评、发放以及底片、电子资料的保管等；

（5）无损检测仪器及试块的控制；

（6）无损检测工作外委时，对受委托单位无损检测质量控制，包括受委托单位的确定，对受委托单位的无损检测工艺、无损检测记录和报告的审查和确认等。

无损检测工艺、无损检测报告，无损检测的工作见证（底片、电子资料等）、受委托单位的评价，人员的考核持证情况，由相应系统责任人员审查确认，作出记录。

[M3.9] 理化检验控制

理化检验控制的范围、程序、内容如下：

（1）理化检验人员培训上岗；

（2）理化检验控制，包括理化检验方法确定和操作过程的控制；

（3）理化检验记录、报告的填写、审核、结论确认、发放、复验以及试样、试剂、标样的管理等；

（4）理化检验的试样加工及试样检测；

（5）理化检验外委，对受委托方理化检验质量控制，包括对受委托单位的确定，对受委托单位理化检验工艺、理化检验记录和报告审查确认。

对受委托单位的评价、理化检验报告，由相应质量控制系统责任人员审查确认，作出记录。

[M3.10] 检验与试验控制

检验与试验控制的范围、程序、内容如下：

（1）检验与试验工艺文件基本要求，包括依据、内容、方法等；

（2）检验与试验条件控制，包括检验与试验场地、环境、温度、介质、设备（装置）、工装、试验载荷、安全防护、试验监督和确认等；

（3）过程检验与试验控制，包括前道工序未完成所要求的检验与试验或者必须的检验与试验报告未签发和确认前，不得转入下道工序或放行的规定；

（4）最终检验与试验控制，包括最终检验与试验前所有的过程检验与试验均已完成，并且检验与试验结论满足安全技术规范及相关标准的规定；

（5）检验与试验状态，如合格、不合格、待检的标识控制；

（6）安全技术规范及相关标准有型式试验或其它特殊试验规定时，应当编制型式试验或其它特殊试验控制的规定，包括型式试验项目及其覆盖产品范围、型式试验机构、型式试验报告、型式试验结论及其它特殊试验条件、方法、工艺、记录、报告及试验结论等；

（7）检验试验记录和报告控制，包括检验试验的记录、报告的填写、审核和确认等，检验试验记录、报告、样机（试样、试件）的收集、归档、保管的特殊要求等。检验与试验工艺，最终检验与试验报告，由相应质量控制系统责任人员审查确认，作出记录。

[M3.11] 生产设备和检验与试验装置控制

生产设备和检验与试验装置的控制范围、程序、内容如下：

（1）生产设备和检验与试验装置控制，包括采购、验收、建档、操作、维护、使用环境、检定校准、检修、封存以及报废等；

（2）生产设备和检验与试验装置档案管理，包括建立生产设备和检验与试验装置台账和档案，质量证明文件、使用说明书、使用记录、维护保养记录以及校准检定计划、校准检定记录、报告等档案资料；

（3）生产设备和检验与试验装置状态控制，包括生产设备使用状态标识，检验与试验装置检定校准标识，发到要求检验的生产设备的检验报告等。

[M3.12] 不合格品（项）控制

不合格品（项）控制的范围、程序、内容如下：

（1）不合格品（项）的记录、标识、存放、隔离等；

（2）不合格品（项）原因分析、处置及处置后的检验等；

（3）对不合格品（项）所采取纠正措施的制定、审核、批准、实施及其跟踪验证等（必要时）。

[M3.13] 质量改进与服务

质量改进与服务控制范围、程序、内容如下：

（1）质量信息控制，包括内、外部质量信息，特种设备安全监管部门和监督检验机构提出的质量问题，质量信息收集、汇总、分析、反馈、处理、缺陷召回负责机构设置和职责等；

（2）每年至少进行 1 次完整的内部审核，对审核发现的问题分析原因，采取纠正措施并跟踪验证其有效性；

（3）对产品一次合格率和返修率进行定期统计、分析，提出具体预防措施等；

（4）用户服务，包括服务计划、实施、验证和报告，以及相关人员职责等。

[M3.14] 人员培训考核及其管理

人员培训、考核及其管理的范围、程序、内容如下：

（1）人员培训要求、内容、计划和实施等；

（2）特种设备许可所要求的相关人员的培训、考核档案；

（3）特种设备许可所要求的相关人员的聘用管理。

[M3.15]　执行特种设备许可制度

执行许可制度控制，控制范围、程序、内容如下：

（1）执行特种设备许可制度；

（2）接受各级特种设备安全监管部门的监督；

（3）接受监督检验，包括法规、安全技术规范对特种设备制造、安装、改造、修理实施监督检验的要求时，制定接受特种设备监督检验的规定，明确专人负责与监督检验人员的工作联系，提供监督检验工作的条件，对监督检验机构提出的《监检工作联络单》《监检意见通知书》的处理内容等；

（4）特种设备许可证管理，包括遵守相关法律、法规和安全技术规范的规定，特种设备许可情况（如名称、地点、质量保证体系）发生变更、变化时，及时办理变更申请和备案的规定，特种设备许可证及许可标志管理规定，特种设备许可证换证要求等；

（5）提供相关信息，包括按照法规、安全技术规范以及信息化工作要求，向特种设备安全监管部门、检验机构和社会提供生产过程的相关信息，以及机构设置、人员配备和设备的情况等。

执行特种设备许可制度情况，由质量保证工程师进行监督检查，对特种设备安全监管部门监督检查提出的意见、监督检验机构提出的《监检意见通知书》，提出处理意见，并且对处理结果审查确认，作出记录。

2　工程勘察设计收费标准

工程勘察设计收费标准见附表 2-1～附表 2-3。

附表 2-1　工程设计收费基价表　　　　单位：万元

序号	计费额	收费基价	序号	计费额	收费基价
1	200	9.0	10	60000	1515.2
2	500	20.9	11	80000	1960.1
3	1000	38.8	12	100000	2393.4
4	3000	103.8	13	200000	4450.8
5	5000	163.9	14	400000	8276.7
6	8000	249.6	15	600000	11897.5
7	10000	304.8	16	800000	15391.4
8	20000	566.8	17	1000000	18793.8
9	40000	1054.0	18	2000000	34948.9

注：计费额＞2000000 万元的，以计费额乘以 1.6％的收费率计算收费基价。

附表 2-2　工程设计收费专业调整系数表

工程类别	专业调整系数	工程类别	专业调整系数
1. 矿山采选工程		核电常规岛、水电、水库、送变电工程	1.2
黑色、黄金、化学、非金属及其它矿采选工程	1.1	核能工程	1.6
采煤工程，有色、铀矿采选工程	1.2	5. 交通运输工程	
选煤及其它煤炭工程	1.3	机场场道工程	0.8
2. 加工冶炼工程		公路、城市道路工程	0.9
各类冷加工工程	1.0	机场空管和助航灯光、轻轨工程	1.0
船舶水工工程	1.1	水运、地铁、桥梁、隧道工程	1.1
各类冶炼、热加工、压力加工工程	1.2	索道工程	1.3
核加工工程	1.3	6. 建筑市政工程	
3. 石油化工工程		邮政工艺工程	0.8
石油、化工、石化、化纤、医药工程	1.2	建筑、市政、电信工程	1.0
核化工工程	1.6	人防、园林绿化、广电工艺工程	1.1
4. 水利电力工程		7. 农业林业工程	
风力发电、其它水利工程	0.8	农业工程	0.9
火电工程	1.0	林业工程	0.8

附表 2-3　非标准设备设计费率表

类别	非标准设备分类	费率/%
一般	技术一般的非标准设备,主要包括:	10～13
	1. 单体设备类　槽、罐、池、箱、斗、架、台,常压容器、换热器、铅烟除尘、恒温油浴及无传动的简单装置;	
	2. 室类　红外线干燥室、热风循环干燥室、浸漆干燥室、套管干燥室、极板干燥室、隧道式干燥室、蒸汽硬化室、油漆干燥室、木材干燥室	
较复杂	技术较复杂的非标准设备,主要包括:	13～16
	1. 室类　喷砂室、静电喷漆室;	
	2. 窑类　隧道窑、倒焰窑、抽屉窑、蒸笼窑、辊道窑;	
	3. 炉类　冷、热风冲天炉、加热炉、反射炉、退火炉、淬火炉、煅烧炉、坩埚炉、氢气炉、石墨化炉、室式加热炉、砂芯烘干炉、干燥炉、亚胺化炉、还氧铅炉、真空热处理炉、气氛炉、空气循环炉、电炉;	
	4. 塔器类　Ⅰ、Ⅱ类压力容器、换热器、通信铁塔;	
	5. 自动控制类　屏、柜、台、箱等电控、仪控设备,电力拖动、热工调节设备;	
	6. 通用类　余热利用、精铸、热工、除渣、喷煤、喷粉设备,压力加工、板材、型材加工设备,喷丸强化机、清洗机;	
	7. 水工类　浮船坞、坞门、闸门、船舶下水设备、升船机设备;	
	8. 试验类　航空发动机试车台、中小型模拟试验设备	
复杂	技术复杂的非标准设备,主要包括:	16～20
	1. 室类　屏蔽室、屏蔽暗室;	
	2. 窑类　熔窑、成型窑、退火窑、回转窑;	
	3. 炉类　闪速炉、专用电炉、单晶炉、多晶炉、沸腾炉、反应炉、裂解炉、大型复杂的热处理炉、炉外真空精炼设备;	
	4. 塔器类　Ⅲ类压力容器、反应釜、真空罐、发酵罐、喷雾干燥塔、低温冷冻、高温高压设备、核承压设备及容器、广播电视塔桅杆、天馈线设备;	
	5. 通用类　组合机床、数控机床、精密机床、专用机床、特种起重机、特种升降机、高货位立体仓储设备、胶接固化装置、电镀设备,自动、半自动生产线;	
	6. 环保类　环境污染防治、消烟除尘、回收装置;	
	7. 试验类　大型模拟试验设备、风洞高空台、模拟环境实验设备	

注:1. 新研制并首次投入工业化生产的非标准设备,乘以 1.3 的调整系数计算收费;
　　2. 多台(套)相同的非标准设备,自第二台(套)起乘以 0.3 的调整系数计算收费。

3　设计基础资料收集提纲

3.1　工程前期工作基础资料收集提纲

[1] 地形图
[1.1] 地理位置地形图,比例尺 (1∶25000)～(1∶100000),等高距为 5～10m。
[1.2] 区域位置地形图,比例尺 (1∶5000)～(1∶10000),等高距为 1～5m。

[2] 区域规划
[2.1] 区域规划资料和规划图。
[2.2] 城市或地区规划图。

[3] 气象资料 (就近气象台连续 10 年以上资料)
[3.1] 气温
[3.1.1] 逐月平均气温。
[3.1.2] 逐月平均最高气温。
[3.1.3] 逐月平均最低气温。
[3.1.4] 绝对最高气温。

［3.1.5］绝对最低气温。

［3.1.6］年平均气温（包括最高和最低）。

［3.1.7］逐年日平均温度低于±15℃的起止日期或冬季采暖天数。

［3.1.8］最冷月逐日平均温度及最冷五天的平均值或冬季采暖设计温度。

［3.1.9］一年中连续三次的最热日夜平均温度。

［3.2］地温、冻土

［3.2.1］年平均地面温度。

［3.2.2］年平均最高地面温度。

［3.2.3］年平均最低地面温度。

［3.2.4］极端最高地面温度。

［3.2.5］极端最低地面温度。

［3.2.6］土壤冻结最大深度，冻结和解冻日期，冰冻日期（－5℃以下）。

［3.2.7］土壤温度：－0.7m～冻结线以下1m的温度（可每隔1m取一点温度）和最热月的平均土壤温度。

［3.3］风

［3.3.1］风向频率（年、季、月）（附风玫瑰图）。

［3.3.2］全年平均风速及夏季和冬季主导风向的最大和最小平均风速。

［3.3.3］各月最大风速及风向。

［3.3.4］最大风速，10min最大持续风速或风压值。

［3.3.5］静风天数。

［3.3.6］逆温层的天数、次数、高度和厚度，对山区应了解气体扩散情况。

［3.3.7］最冷和最热三个月各月平均风速的平均值。

［3.3.8］冬季和夏季最多风向及其频率，全年主导风向及其频率。

［3.4］降雨、雪量

［3.4.1］年平均降水量和各月降水量。

［3.4.2］年最大、最小降水量。

［3.4.3］一昼夜最大降水量。

［3.4.4］一次暴雨持续时间及最大雨量。

［3.4.5］最长连续降水日数及其降水量。

［3.4.6］一日、一小时、十分钟最大降水量。

［3.4.7］城市雨量计算公式和当地实用水文手册。

［3.4.8］最大积雪厚度、平均积雪厚度，基本雪压值。

［3.4.9］初、终雪日期。

［3.4.10］冻裹荷载。

［3.5］空气湿度

［3.5.1］逐月平均相对湿度和绝对湿度。

［3.5.2］逐月最高平均相对湿度。

［3.5.3］逐月最低平均相对湿度。

［3.5.4］逐月平均、最大、最小水气压。

［3.5.5］最热月14：00的平均相对湿度的平均值。

［3.6］气压

［3.6.1］逐月平均气压。

［3.6.2］绝对最高、最低气压。

［3.6.3］年平均气压。

［3.7］蒸发量

［3.7.1］逐月平均蒸发量。

［3.7.2］最大、最小蒸发量。

［3.8］雷、电

［3.8.1］全年雷电日数（或小时数）。

［3.8.2］土壤电阻率（可在厂址确定后测定）。

［3.8.3］土壤热阻率（可在厂址确定后测定）。

［3.9］云雾及日照

［3.9.1］年日照时数及日照百分率，冬季日照百分率。

［3.9.2］全年晴天及阴天日数。

［3.9.3］雾天日数及能见度。

［3.9.4］初霜及终霜日期。

［3.10］空气污浊度及大气腐蚀情况

［3.11］天气日数

［3.11.1］各月大风（≥8级），沙尘暴、雾、雹日数。

［3.11.2］各月雷暴日数及初、终期。

［4］工程地质

［4.1］区域地质、地貌、地质构造、地层、岩石（土）类型、成因和时代。

［4.2］地质地基的稳定性。如断层、滑坡、溶洞、崩塌、岩堆、泥石流、冲沟、流沙、移动沙丘、土壤膨胀或湿陷性等级，以及人类活动遗迹，如战壕、坑道、坟墓、砂卷、古井等。靠近河流厂址，应提供河床演变情况及坡岸的稳定性。

［4.3］矿藏分布和开采评价

［4.4］大区地震等级、小区地震等级和地震等线图、地震烈度以及因地震可能造成的滑坡和液化现象。

［4.5］土壤特征、允许地耐力

［4.6］地下水

［4.6.1］地下水最高和最低水位。

［4.6.2］地下水类型、补给和排泄条件，地下水的水质、水量、流向及对基础的侵蚀性等。

［4.7］对地区工程地质和水文地质的评价和结论意见。

［5］水文地质

［5.1］洪水

［5.1.1］历年最高洪水位，百年、五十年、二十五年一遇的洪水位。

［5.1.2］年最高水位、常水位、枯水位。

［5.1.3］最大、最小及年平均流量和流速。

［5.1.4］需要地点的流域面积、水域的环境卫生、安全情况及其要求。

［5.1.5］水利工程规划，水系将来可能的变化。

［5.2］水源

［5.2.1］地下水作为水源时。

大、中型工程提供拟选水源地区的区域水文地质勘察报告或水文地质勘察部门所做的现场踏勘报告；小型工程或改扩建提供已有地下水源的水文地质勘察资料（包括地下水含水层层数、厚度、深度、水质、水量、水温等）。

［5.2.2］地面水作为水源时，河流（湖泊、水库）水文资料。

［5.2.2.1］水量

近10年以上历年逐月平均流量、实测最大洪水流量、最小枯水流量及相应持续时间。历史上实测最大、最小流量及相应的频率。

［5.2.2.2］水位

近10年以上历年逐月平均水位、实测最高、最低水位及汛期水位的涨落速度。历史上实测最高、最低水位及相应的频率。水库取水时，还应有水库的水位容积曲线、兴利水位、死库容水位、最高溢洪水位及洪峰的水位过程曲线。

［5.2.2.3］流速

近10年以上历年逐月平均流速、汛期最大流速、枯水期最小流速。

［5.2.2.4］河流（水库、湖泊）封冻和开冻日期、结冰厚度。

［6］人文及地理情况

［6.1］工厂所在地区工农业概况及其远景发展规划。

［6.2］工厂附近居民点、城镇人口和发展规划。

［6.3］邻近企业的生产性质、规模和发展规划，邻近企业与本企业相邻生产车间的位置和生产类别。

［6.4］工厂用水和周围工厂及农民用水的相互影响。

［6.5］工厂排水的综合利用的可能性。

［6.6］地区传染病情况。

［6.7］饮用水源水质有无有害物质。

［6.8］厂址场地目前使用情况，有无地上地下建、构筑物和工程管线情况，需拆迁赔偿的情况和资料。

［6.9］有关公安、地震、人防、环保、航空、电台、气象台、卫生防疫等部门对本工厂的特殊要求及需要考虑的设计问题。

［7］各专业专用资料

［7.1］工艺

［7.1.1］工厂（装置）规模、产品品种、原料、燃料及辅助材料来源，动力（水、电）供应情况。

［7.1.2］工厂内原有装置情况，公用工程设施与能力。

［7.1.3］国内外产品需求情况——市场调查。

［7.1.4］上级部门对项目建设的有关文件（或对项目建议书的批文）。

［7.1.5］对项目前期工作的委托书。

［7.1.6］各级主管部门对投资来源的批文。

［7.1.7］主要原材料供应落实的有关主管部门的批文，关键原材料，如煤、石油、天然气等应尽量要求有原材料供应的可行性研究报告。

［7.1.8］水、电（包括弱电）、汽供应落实的批文。

［7.1.9］环保、消防部门的批文。

［7.1.10］大量固体废渣排放地点的批文。

［7.1.11］交通运输条件的文件。

［7.2］电气

［7.2.1］供电部门同意向本工厂供电的协议书，应包括供电电压等级、供电回路数、供电线路和类别（电缆线路或架空线路）。

［7.2.2］工厂总变电所受电端的电力系统最小运行方式和最大运行方式短路数据（包括近期和远期）。

［7.2.3］电力部门对继电保护的要求，包括电源供电端的继电保护方式及时限配合关系。

［7.2.4］计量要求及电费的收取办法。

［7.2.5］对通讯和调度的要求及管理分工的意见。

［7.2.6］对改扩建项目应补充下列资料：

企业供配电系统图及线路平面布置图；

有关变电所和发电厂平断面图及主接线系统图；

企业最近三年来各变电所的最大负荷、年耗电量、功率因数；

老厂有关的竣工图；

现有电气修理能力、规模；

供电部门同意增容的书面意见。

［7.3］概算

［7.3.1］当地近期建筑工程平方米造价。

［7.3.2］当地近期钢材（含钢板）、木材、水泥现行价格。

［7.3.3］提供一套当地（省、市）建筑工程预算定额（或综合预算定额）。

［7.3.4］当地（省、市）"建筑安装工程取费标准"。

［7.3.5］建设单位需要列入投资估算中的各项其它费用。

［7.3.6］当地（省、市）除"建筑安装工程取费标准"外的有关计费、税收等方面的文件。

［7.4］技术经济

［7.4.1］拟建项目的性质和经营方式。

［7.4.2］建设资金来源、数量和偿还方式。

［7.4.3］生产流动资金来源和利率。

［7.4.4］各种税率（产品税、所得税、城市维护建设税、教育附加费）。

［7.4.5］各种费率。

［7.4.5.1］对老厂老产品提供：老产品的车间经费、企业管理费、产品销售费用、上级核定的企业自留利润、固定资产综合折旧率等。

［7.4.5.2］对老厂新产品提供全厂上述［7.4.5.1］各项费率。

［7.4.6］其它费用：能源交通基金、电力建设基金、退休养老和待业保险基金等。

［7.4.7］价格。

［7.4.7.1］外购原材料、燃料、动力到厂价和来源地。

［7.4.7.2］自产原材料、燃料、动力生产成本。

［7.4.7.3］产品销售价格的销售地区。

［7.4.8］项目建设周期（与项目负责人商定）。

［7.4.9］人均年工资总额和附加费。

［7.4.10］老厂改造提供可利用原固定资产净值、老厂产量、产值、利税等经济指标。

［7.5］机械化运输（固定物料运输）

［7.5.1］物料名称与产地。

［7.5.2］物料的物理性质（包括初始、过程中的最终状态下的）含水量、粒度分布、颗粒形状、容重、重度、安息角、外摩擦角、内摩擦角、流动性、飞扬性、吸湿性、磨耗性、粉碎性和承载能力，其它如黏性、温度要求等特殊性质。

［7.5.3］物料的化学性质。

成分、纯度及杂质名称和性质、腐蚀性、毒性、爆炸性、其它。

［7.5.4］原料及产品的形态：散装、袋装或箱装。

［7.5.5］原料及产品的进、出厂运输及装卸方式，进、出厂时间，贮存天数及贮存量，原料地与工厂的距离。

［7.5.6］原料及产品年运量、班制。

［7.6］总图运输

［7.6.1］铁路运输。

［7.6.1.1］邻近铁路线、车站（包括工业编制组站）的特征、主要技术条件、通过能力、现有运输负荷及发展规划情况。

［7.6.1.2］可能接轨站的地点、距离、运输组织、机务设施及机车、车辆修理能力，接受本企业运输后是否会引进线路及车站扩建。

［7.6.1.3］铁路管理部门有关接轨技术条件、运行制度和修理协作等方面的意见。

［7.6.1.4］邻近铁路桥隧道情况（孔径和结构形式）。

［7.6.2］汽车运输。

［7.6.2.1］附近公路情况、公路等级、交通量和发展规划。

［7.6.2.2］当地公路运输能力、运价。

［7.6.2.3］当地公路管理部门和运输部门的意见。

［7.6.2.4］汽车运输的地区协作意见。

［7.6.2.5］附近公路桥涵情况。

［7.6.2.6］当地习用的道路结构。

［7.6.3］水运。

［7.6.3.1］通航河流系统、通航里程、航运条件及价格、通航时间及发展规划。

［7.6.3.2］航行的最大船舶吨位及吃水深度。

［7.6.3.3］建设专用码头的地点和情况、码头上下游卫生安全防护要求。

[7.6.3.4] 利用现有港区码头和共建码头的可能性。

[7.6.3.5] 港口码头发生费用。

[7.6.3.6] 当地港务和航运部门的意见。

[7.6.4] 大件运输和施工运输。

[7.6.4.1] 超限大件铁路、公路、水路运输的可能性。

[7.6.4.2] 施工中利用铁路、公路、水运及其它运输方式的条件。

[7.7] 热工

新建锅炉房时只提供 [7.7.1]～[7.7.4]，如系改扩建锅炉房尚需提供 [7.7.5]～[7.7.12]。

[7.7.1] 热负荷资料（单建锅炉房时）。

[7.7.1.1] 全厂各生产车间的蒸汽或水的热负荷。

包括小时最大热负荷、小时平均热负荷、全年热负荷、蒸汽或热水参数、生产班次和热负荷特点（如使用情况、预热时间）等。

[7.7.1.2] 生产用热负荷（包括浴室、开水炉、炊事使用）和使用时间。

[7.7.1.3] 采暖通风的小时最大热负荷。

[7.7.1.4] 蒸汽喷射制冷用的小时最大热负荷及其使用时间和使用情况。

[7.7.1.5] 余热利用的最大和平均小时产汽量、蒸汽参数等。

[7.7.1.6] 邻厂协作供热资料。

包括热源输送距离、热负荷、介质参数、价格、回水要求。

[7.7.1.7] 工厂用热发展情况。

包括工厂是否要分期建设、热负荷增加情况、或附近有发电厂是否有改为热电场供热的可能性。

[7.7.1.8] 回水量及其参数。

[7.7.1.9] 热负荷曲线（尽可能提供）。

[7.7.2] 煤质资料。

[7.7.2.1] 煤的产地、矿井名称、价格、运输距离及运输方式（火车、汽车或船舶）。

[7.7.2.2] 煤的元素分析 C_y、H_y、O_y、N_y、S_y、A_y、W_y（%）QHp。

[7.7.2.3] 煤的工业分析水分、灰分、挥发分、固定碳、硫分（%）、QHp。

[7.7.2.4] 煤的黏结性及燃烧时的结焦情况。

[7.7.2.5] 灰的变形温度、软化温度和液化温度（即 t_1、t_2、t_3）。

[7.7.2.6] 煤的可磨系数。

[7.7.2.7] 煤的粒度。

[7.7.3] 燃料油的资料。

[7.7.3.1] 燃料油的产地、价格、运输距离及方式（火车、汽车、船舶）。

[7.7.3.2] 燃料油的供应情况，如供应的可靠性及有无中断情况、油的种类、品质是否稳定等。

[7.7.3.3] 燃料油元素分析 C_y、H_y、O_y、N_y、S_y、A_y、W_y（%）。

[7.7.3.4] 燃料油的性质指标：黏度、密度、比热、热焓、凝点、闪点、热导率、发热量、硫分、灰分、机械杂质等。

[7.7.4] 水质资料。

悬浮物、溶解固形物、总硬度 Ho、非碳酸盐硬度 Hy、碳酸盐硬度 Hz、钙硬度、镁硬度、总碱度 To、含油量、pH 值、溶解氧 O_2、游离二氧化碳 CO_2、毫氧量、钙离子 Ca^{2+}、镁离子 Mg^{2+}、钾离子 K^+、钠离子 Na^+、铁离子 Fe^{2+}、Fe^{3+}、铝离子 Al^{3+}、锰离子 Mn^{2+}、硫酸根 SO^{2-}、碳酸根 CO^{2-}、重碳酸根 HCO^-、硝酸根 NO^-、氯根 Cl^-、硅酸根 SiO^-。（除硬度、碱度单位为毫克当量/升外，其它单位为毫克/升）。

[7.7.5] 原锅炉房和水处理及库存设备的详细规格、型号、数量、制造厂、使用年限、主要尺寸、运行使用情况及存在问题等。

[7.7.6] 原锅炉房、水处理的竣工图，包括设备布置图、管道布置图、系统图、区域布置图等。并核实有关尺寸。

[7.7.7] 原锅炉房及水处理建筑和结构竣工图。

[7.7.8] 烟囱的结构图、高度、上口内径、烟道与烟囱接口处的开口尺寸、掏灰方式等。

[7.7.9] 上煤除渣（灰）系统竣工图、设备规格、使用情况、煤场及灰场的位置、容量等。

［7.7.10］控制测量仪表系统竣工图、型号、规格、使用情况等。

［7.7.11］原锅炉房、水处理的运行记录、存在问题、事故分析等。

［7.7.12］原锅炉房系统（锅炉、水处理、上煤、除渣、维修等）人员组成、技术经济定额等。

［7.8］给排水

［7.8.1］地下水作为水源时应提供凿井工程资料和已建地下水源各种设施概况及产水量、供水量等工作情况（用于改扩建项目）。

［7.8.2］当地地下水资源管理部门和城建部门对建设地下水源的批准文件或协议书。

［7.8.3］利用水库水作为水源时应提供管理部门的供水协议书。

［7.8.4］地面水作水源时应提供河床地形及河流（水库、湖泊）规划资料。

［7.8.4.1］拟建地面水取水地区流域地形图，比例尺（1∶10000）～（1∶50000）。

［7.8.4.2］拟建地面水取水地段河道地形图，比例尺（1∶2000）～（1∶5000）。其范围选取水点上游四公里至下游二公里。

［7.8.4.3］河流综合利用现状情况以及码头、航运、木材流放、水产养殖等对河流取水构筑物的要求。

［7.8.4.4］河流（水库、湖泊）流域规划、城市和环保部门对河流综合利用的规划及对建设取水设施的意见。

［7.8.5］水质资料

［7.8.5.1］近5年逐月河水（水库、湖泊）的物理、化学、微生物、细菌的化验分析资料。

［7.8.5.2］近5年丰、枯水期地下水水质化验全分析资料。

［7.8.5.3］近10年逐月河流（水库、湖泊）泥沙的平均含量和颗粒组成，洪水季节泥沙的最大含量及持续时间。

［7.8.5.4］近10年河流最大输沙率和平均输沙率，垂线泥沙含量和颗粒组成及泥沙运行的变化规律。

［7.8.5.5］河流（水库、湖泊）水生植物、浮游生物的繁殖和生长的季节和数量，洪水期杂物平时河流中漂浮物的情况。

［7.8.6］气象资料。

［7.8.6.1］近5～10年历年最热月（6、7、8月）日平均干球温度和湿球温度实测值的算术平均值，或已经统计计算用于冷却塔计算的干、湿球温度。

［7.8.6.2］近5～10年历年最热月（6、7、8月）日平均相对湿度、或经统计计算用于冷却塔计算的相对湿度。

［7.8.6.3］近5～10年历年最热月（6、7、8月）平均风速（距地面2m高处），或经统计计算用于冷却塔计算的平均风速。

［7.8.7］其它。

［7.8.7.1］若水源为城市自来水，应提供接管点的平面位置，水压、管径、管材、埋深标高等。

［7.8.7.2］老厂改造工程，应提供老厂区的地下管网平面布置图，注明各类管道的走向、用途、管径、管材、埋深标高、平面坐标等。

3.2 工程设计阶段基础资料收集提纲

［1］地形图

［1.1］地理位置地形图，前期工作期间提供图纸的补充和修正。

［1.2］区域位置地形图，前期工作期间提供图纸的补充和修正。

［1.3］厂区地形图

［1.3.1］基础设计阶段，比例尺（1∶1000）～（1∶2000），等高距为0.5～1.0m。

［1.3.2］详细设计阶段，比例尺（1∶500）～（1∶1000），等高距0.25～0.5m。

［1.4］厂址的经纬度

［2］区域规划

前期工作期间建设单位提供的区域规划和城市（或地区）规划图的补充资料。

［3］气象资料

前期工作阶段建设单位提供资料的补充和修正。

［4］工程地质

［4.1］前期工作阶段建设单位提供资料的补充和修正。

［4.2］厂区（包括居住区和运输设施）场地初步勘察（基础工程设计阶段）和详细勘察（详细设计阶段）资料。

［5］水文地质

［5.1］前期工作阶段建设单位提供资料的补充和修正。

［5.2］大、中型项目，当以地下水作为水源时，要提供拟选水源地区的区域水文地质勘察报告。

［6］人文及地理情况——前期工作阶段建设单位提供资料的补充和修正。

［7］各专业专用资料

［7.1］工艺

［7.1.1］基础工程设计阶段：

［7.1.1.1］可行性研究报告和上级主管部门的批复文件。

［7.1.1.2］各级主管部门对投资来源的批文。

［7.1.1.3］主要原材料供应落实的有关部门的批文或协议书，关键原材料如煤、石油、天然气等应尽量有原材料供应的可行性研究报告。

［7.1.1.4］水、电（包括弱电）、汽供应落实的批文。

［7.1.1.5］环保、消防部门的批文。

［7.1.1.6］大量固体废渣排放地点的批文。

［7.1.1.7］交通运输条件的文件。

［7.1.1.8］国内外产品需求情况——市场调查。

［7.1.1.9］基础工程设计委托书。

［7.1.2］详细设计阶段。

［7.1.2.1］基础工程设计文件（如只做详细设计）和国家有关部门对基础工程设计的批文。

［7.1.2.2］详细设计委托书。

［7.1.2.3］同基础工程设计应提供的条件。

［7.1.2.4］主要设备订货清单及其有关技术资料和必需的设计安装资料。

［7.2］电气：前期工作期间建设单位提供资料的补充和修正。

［7.3］概算

［7.3.1］基础工程设计阶段。

［7.3.1.1］前期工作期间建设单位提供资料的补充和修正。

［7.3.1.2］各专业设备初步询价资料。

［7.3.2］详细设计阶段。

［7.3.2.1］基础工程设计审批后当地的定额及取费标准有无修改及调整。

［7.3.2.2］若设计合同规定做安装工程预算，应提供安装工程预算定额。

［7.3.2.3］设备材料订货价格。

［7.4］技术经济：前期工作期间建设单位提供资料的补充和修正。

［7.5］机械化运输（固体物料输送）

［7.5.1］前期工作期间建设单位提供资料的补充和修正。

［7.5.2］当单做机运专业设计时，需提供对物料处理的要求。

［7.5.2.1］运输距离、高度、地形。

［7.5.2.2］计量——单位重量、精度。

［7.5.2.3］干燥——干燥前后含水量。

［7.5.2.4］破碎及造粒——粒度变化（即原料与产品粒度）。

［7.5.2.5］混合要求。

[7.5.2.6] 包装——人工或机械化。

[7.6] 总图运输——前期工作期间建设单位提供资料的补充和修正。

[7.6.1] 铁路运输。

[7.6.1.1] 接轨线的主要技术条件，如线路等级、最小曲线半径、限制坡度、牵引定数、钢轨、道岔型号、轨枕及道砟种类等。

[7.6.1.2] 铁路接轨协议或有关文件。

[7.6.1.3] 接轨点的坐标、标高、坐标标高系统换算公式、接轨站（线）平面图。

[7.6.1.4] 航运部门有关桥下净空和设计航行水位的意见。

[7.6.1.5] 铁路运输机械、人工装卸定额和费用。

[7.6.1.6] 联合建设和运输协作条件、协议和有关文件。

[7.6.1.7] 厂外铁路带状地形图，比例尺（1∶500）～（1∶2000）（详细设计阶段用）。

[7.6.1.8] 厂外铁路沿线工程地质勘察资料（详细设计阶段用）。

[7.6.2] 汽车运输。

[7.6.2.1] 邻近公路的主要技术条件、停运期、路面宽度、结构、桥涵等级及其结构型式。

[7.6.2.2] 公路接线段的平面和横断面图。

[7.6.2.3] 当地汽车运输和修理设施的能力及协作条件。

[7.6.2.4] 汽车运输装卸定额及费用。

[7.6.2.5] 地区运输协作协议或有关文件。

[7.6.2.6] 厂外公路联合建设协议或有关文件。

[7.6.2.7] 航运部门有关桥下净空和设计航行水位的意见。

[7.6.2.8] 厂外公路带状地形图，比例尺（1∶500）～（1∶2000）（详细设计阶段用）。

[7.6.2.9] 厂外公路沿线工程地质勘察资料（详细设计阶段用）。

[7.6.3] 水运。

[7.6.3.1] 港区、码头附近河段特性资料，如河床断面、流量、流向、流速、水位、潮汐及波浪等要素，含沙量及泥沙运动规律、淤泥冲刷资料及岸边稳定性资料等。

[7.6.3.2] 河道封冻日期、结冰层厚度、流冰厚度及大小。

[7.6.3.3] 需要地点的汇水面积，最枯、最丰、平均年径流量、径流计算公式、参数及有关资料。

[7.6.4] 其它。

[7.6.4.1] 厂址用地文件（基础工程设计）、上级批复的征地范围（详细设计）。

[7.6.4.2] 当地常用树木花草及防污染植物、抗毒害植物的品种、习性和规格。

[7.6.4.3] 施工安装部门对总图运输设计的要求。

[7.6.4.4] 桥涵附近槽床断面图，比例尺（1∶100）～（1∶200）。

[7.6.4.5] 大件运输和施工运输按前期工作期间所提供资料。

[7.7] 设备——明确设备由谁负责订货，推荐制造厂家，以便配合设计。

[7.8] 土建——地区性（省、市级）建筑、结构标准图和卫生等标准。

[7.9] 热工

[7.9.1] 前期工作期间建设单位提供资料的补充和修正。

[7.9.2] 设备、材料资料。

[7.9.2.1] 锅炉机组：基础工程设计时，只要锅炉的主要技术参数、型号、规格、外形图及价格资料；详细设计时，提供锅炉安装图纸（锅炉基础图、管路图、平台扶梯图、钢架图、烟风管接口图等）。

[7.9.2.2] 辅助设备：包括鼓、引风机、给水泵的规格型号、安装资料及价格。

[7.9.2.3] 材料：提供当地的保温材料、管材等。

[7.10] 采暖通风

[7.10.1] 冷冻站主要设备选型有何特殊要求。

[7.10.2] 冷冻机制冷工质（如氨、氟利昂及其它）的选用有何特殊要求。

[7.10.3] 采暖方式（如蒸汽采暖、热水采暖及其它）有何特殊要求。

[7.10.4] 采暖热媒（如蒸汽、热水及其它）的供给方式及参数。

[7.10.5] 采暖主要设备（如热水锅炉、热交换器等）的选型有何特殊要求。

［7.11］给排水

［7.11.1］前期工作期间建设单位提供资料的补充和修正。

［7.11.2］地下水作为水源时，对小型工程或改扩建工程，应提供地下水源扩建的勘察（同 5.2）或凿井资料及原有地下水源各种设施的详细资料，包括产水量、供水量、主要设备型号、输水管道能力等。

［7.11.3］地面水作为水源时，应提供河床地形及河流（水库、湖泊）的规划资料。

［7.11.3.1］拟建地面水取水地段岸边地形图，比例尺（1：500）～（1：1000），其范围视工程大小而定。

［7.11.3.2］拟建取水口水下地形图，比例尺（1：200）～（1：500），其范围一般可从取水口上游 600m 到下游 300m，从岸边到拟建取水头以外 10～20m。

［7.11.3.3］取水河段河床断面图。比例尺（1：200）～（1：500），其范围一般为取水口上下游各 50m，断面间距根据取水河段河床而定。

［7.11.3.4］输水管线带状地形图。比例尺（1：500）～（1：1000），宽度以现场初定管位两侧各 50～100m。

［7.11.3.5］拟建取水构筑物附近河段，历年变化的实测和调查资料。

前期工作阶段建设单位提供资料的补充和修正。

［7.11.4］水质资料——前期工作期间建设单位提供资料的补充和修正。

［7.11.5］气象资料——前期工作期间建设单位提供资料的补充和修正。

3.3 基础设计阶段基础资料收集提纲

［1］地形图

［1.1］地理位置地形图和区域位置地形图的前期工作期间提供图纸的补充和修正资料。

［1.2］厂区地形图，比例尺（1：1000）～（1：2000），等高距为 0.5～1.0m。

［1.3］厂区的经纬度。

［2］区域规划

前期工作期间建设单位提供的区域规划和城市（或地区）规划图的补充资料，相邻近企业的平面、竖向和输送联系条件，以及协作单位与本厂有关的条件。

［3］气象资料

［3.1］可行性研究阶段收集资料的补充和修正资料。

［3.2］土壤的电阻率。

［3.3］土壤的热阻率。

［4］工程地质

［4.1］前期工作阶段建设单位提供资料的补充和修正。

［4.2］厂区（包括居住区和运输设施）场地工程地质勘察报告。

［5］水文

［5.1］前期工作阶段建设单位提供资料的补充和修正。

［5.2］大中型项目，当以地下水作为水源时，要提供拟选水源地区的区域水文地质勘察报告。

［6］人文及地理情况

前期工作阶段建设单位提供资料的补充和修正。

［7］各专业专用资料

［7.1］工艺

［7.1.1］可行性研究报告和上级主管部门对可行性研究报告的批复文件。

［7.1.2］各级主管部门对投资来源的批文。

［7.1.3］主要原材料供应落实的有关部门的批文或协议书，关键原材料如煤、石油、天然气等应尽量有原材料供应的可行性研究报告。

［7.1.4］水、电（包括弱电）、汽供应应落实的批文。

［7.1.5］环保、消防部门的批文。

［7.1.6］大量固体废渣排放地点的批文。

［7.1.7］交通运输条件的文件。

［7.1.8］国内外产品需求情况——市场调查。

［7.1.9］基础工程设计委托书。

［7.2］电气

前期工作期间建设单位提供资料的补充和修正。

［7.3］概算

［7.3.1］前期工作期间建设单位提供资料的补充和修正。

［7.3.2］各专业设备初步询价资料。

［7.4］技术经济

前期工作期间建设单位提供资料的补充和修正。

［7.5］机械化运输（固体物料输送）

［7.5.1］前期工作期间建设单位提供资料的补充和修正。

［7.5.2］当单做机运专业设计时，需提供对物料处理的要求。

［7.5.2.1］运输距离、高度、地形。

［7.5.2.2］计量——单位重量、精度。

［7.5.2.3］干燥——干燥前后含水量。

［7.5.2.4］破碎及造粒——粒度变化（即原料与产品粒度）。

［7.5.2.5］混合要求。

［7.5.2.6］包装——人工或机械化。

［7.6］总图运输

［7.6.1］铁路运输。

［7.6.1.1］接轨线的主要技术条件，如线路等级、最小曲线半径、限制坡度、牵引定数、钢轨、道岔型号、轨枕及道砟种类等。

［7.6.1.2］铁路接轨协议或有关文件。

［7.6.1.3］接轨点的坐标、标高、坐标标高系统换算公式、接轨站（线）平面图。

［7.6.1.4］航运部门有关桥下净空和设计航行水位的意见。

［7.6.1.5］铁路运输机械、人工装卸定额和费用。

［7.6.1.6］联合建设和运输协作条件、协议和有关文件。

［7.6.2］汽车运输。

［7.6.2.1］邻近公路的主要技术条件、停运期、路面宽度、结构、桥涵等级及其结构型式。

［7.6.2.2］公路接线段的平面和横断面图。

［7.6.2.3］当地汽车运输和修理设施的能力及协作条件。

［7.6.2.4］汽车运输装卸定额及费用。

［7.6.2.5］地区运输协作协议或有关文件。

［7.6.2.6］厂外公路联合建设协议或有关文件。

［7.6.2.7］航运部门有关桥下净空和设计航行水位的意见。

［7.6.3］水运。

［7.6.3.1］港区、码头附近河段特性资料，如河床断面、流量、流向、流速、水位、潮汐及波浪等要素，含沙量及泥沙运动规律、淤泥冲刷资料及岸边稳定性资料等。

［7.6.3.2］河道封冻日期、结冰层厚度、流冰厚度及大小。

［7.6.3.3］需要地点的汇水面积，最枯、最丰、平均年径流量、径流计算公式、参数及有关资料。

［7.6.4］其它专用资料。

［7.6.4.1］厂址用地文件。

［7.6.4.2］当地常用树木花草及防污染植物、抗毒害植物的品种、习性和规格。

［7.6.4.3］施工安装部门对总图运输设计的要求。

［7.6.4.4］桥涵附近槽床断面图，比例尺（1：100）～（1：200）。

［7.7］设备

明确设备由谁负责订货，推荐制造厂家，以便配合设计。

［7.8］土建

地区性（省、市级）建筑、结构标准图和卫生等标准。

［7.9］热工

［7.9.1］前期工作期间建设单位提供资料的补充和修正。

［7.9.2］设备、材料资料。

［7.9.2.1］锅炉机组。

锅炉的主要技术参数、型号、规格、外形图及价格资料。

［7.9.2.2］辅助设备。

包括鼓引风机、给水泵的规格型号、安装资料及价格。

［7.9.2.3］提供当地的保温材料、管材等。

［7.10］采暖通风

［7.10.1］冷冻站主要设备，选型有何特殊要求。

［7.10.2］冷冻机制冷工质（如氨、氟利昂及其它）的选用有何特殊要求。

［7.10.3］采暖方式（如蒸汽采暖、热水采暖及其它）有何特殊要求。

［7.10.4］采暖热媒（如蒸汽、热水及其它）的供给方式及参数。

［7.10.5］采暖主要设备（如热水锅炉、热交换器等）选型有何特殊要求。

［7.11］给排水

［7.11.1］前期工作期间建设单位提供资料的补充和修正。

［7.11.2］地下水作为水源时，对小型工程或改扩建工程，应提供地下水源扩建的勘察或凿井资料及原有地下水源各种设施的详细资料，包括产水量、供水量、主要设备型号、输水管道能力等。

［7.11.3］地面水作为水源时，应提供河床地形及河流（水库、湖泊）的规划资料。

［7.11.3.1］拟建地面水取水地段岸边地形图，比例尺（1：500）～（1：1000）。

［7.11.3.2］拟建取水口水下地形图，比例尺（1：200）～（1：500），其范围一般可从取水口上游600m到下游300m，从岸边到拟建取水头以外10～20m。

［7.11.3.3］取水河段河床断面图，比例尺（1：200）～（1：500），其范围一般为取水口上下游各50m，断面间距根据取水河段河床而定。

［7.11.3.4］输水管线带状地形图，比例尺（1：500）～（1：1000），宽度以现场初定管位两侧各50～100m。

［7.11.3.5］拟建取水构筑物附近河段，历年河道变化的实测和调查资料；前期工作阶段建设单位提供资料的补充和修正。

［7.11.4］水质资料。

前期工作期间建设单位提供资料的补充和修正。

［7.11.5］气象资料。

前期工作期间建设单位提供资料的补充和修正。

［8］其它资料

3.4　详细设计阶段基础资料收集提纲

［1］地形图

［1.1］厂区地形图，比例尺（1：500）～（1：1000），等高距0.25～0.5m。

［1.2］厂外铁路带状地形图，比例尺（1：500）～（1：2000）。

［1.3］厂外公路带状地形图，比例尺（1：500）～（1：2000）。

［1.4］桥涵附近槽床断面图，比例尺（1：100）～（1：200）。

［1.5］厂外设施地形图，比例尺（1：500）～（1：1000）。

［1.6］上级批复的征地范围。

［2］气象资料

前期工作及基础设计阶段建设单位提供资料的补充和修正。

［3］工程地质

［3.1］前期工作及基础设计阶段建设单位提供资料的补充和修正。

［3.2］厂区（包括居住区和运输设施）场地详细勘察资料。

［4］水文地质

前期工作及基础设计阶段建设单位提供资料的补充和修正。

［5］各专业专用资料

［5.1］工艺

［5.1.1］基础工程设计文件（如只做详细设计）和国家有关部门对基础工程设计的批文。

［5.1.2］详细设计委托书。

［5.1.3］同基础工程设计应提供的条件（如只做详细设计）。

［5.1.4］主要设备订货清单及其有关技术资料和必需的设计安装资料。

［5.2］电气

前期工作及基础设计期间建设单位提供资料的补充和修正，供电局关于具体供电接续协议书的变更。

［5.3］概算

［5.3.1］基础工程设计审批后当地的定额及取费标准有无修改及调整。

［5.3.2］若设计合同规定做安装工程预算，应提供安装工程预算定额。

［5.3.3］设备材料订货价格。

［5.4］技术经济

前期工作及基础设计批准之后发生的有关数据的变化和修正。

［5.5］热工

提供锅炉安装图纸（锅炉基础图、管路图、平台扶梯图、钢架图、烟风管接口图等）。

［5.6］土建及施工

［5.6.1］前期工作及基础设计阶段收集资料的补充和修正。

［5.6.2］需采用的当地建筑、结构标准图集和标准物件的规格资料。

［5.6.3］当地习惯做法和值得注意的问题。

［6］其它资料

4 机械制图知识

4.1 图纸格式（GB/T 14689—2008）

图纸进行装订时，一般采用 A4 幅面竖装或 A3 幅面横装。根据 GB/T 14689—2008 图纸幅面及格式如附图 4-1 和附图 4-2 所示。图纸幅面选择见附表 4-1。

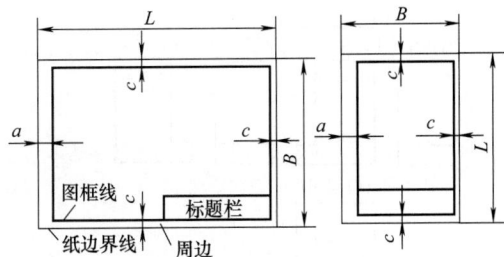

附图 4-1　需要装订的图样　　　　　　附图 4-2　不需要装订的图样

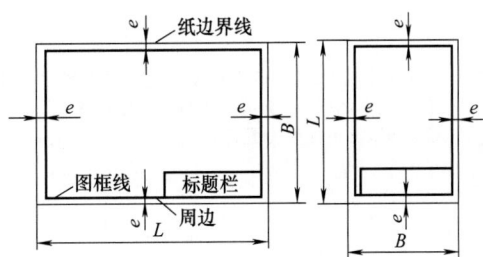

附表 4-1　图纸幅面

基本幅面（第一选择）					
幅面代号	A0	A1	A2	A3	A4
$B \times L$	841×1189	594×841	420×594	297×420	210×297
e	20			10	
c	10			5	
a	25				

加长幅面（第二选择）		加长幅面（第三选择）			
幅面代号	$B \times L$	幅面代号	$B \times L$	幅面代号	$B \times L$
A3×3	420×891	A0×2	1189×1682	A3×5	420×1486
A3×4	420×1189	A0×3	1189×2523	A3×6	420×1783
A4×3	297×630	A1×3	841×1783	A3×7	420×2080
A4×4	297×841	A1×4	841×2378	A4×6	297×1261
A4×5	297×1051	A2×3	594×1261	A4×7	297×1471
		A2×4	594×1682	A4×8	297×1682
		A2×5	594×2102	A4×9	297×1892

注：1. 绘制技术图样时，应优先采用基本幅图。必要时也允许选用第二选择的加长幅面或第三选择的加长幅面。

2. 加长幅面的图框尺寸，按所选用的基本幅面大一号的图框尺寸确定。例如 A2×3 的图框尺寸，按 A1 的图框尺寸确定，即 e 为 20（或 c 为 10），而 A3×4 的图框尺寸，按 A2 的图框尺寸确定，即 e 为 10（或 c 为 10）。

4.2　比例选择（GB/T 14690—1993）

根据 GB/T 14690—1993，图纸比例选择见附表 4-2。

附表 4-2　图纸比例选择

原值比例	1：1	应用说明
缩小比例	1：2，1：5，1：10 $1：2×10^n$，$1：5×10^n$，$1：1×10^n$ （1：1.5）（1：2.5）（1：3）（1：4）（1：6） $（1：1.5×10^n）（1：2.5×10^n）（1：3×10^n）$ $（1：4×10^n）（1：6×10^n）$	1. 绘制同一机件的各个视图时，应尽可能采用相同的比例，使绘图和看图都很方便。 2. 比例应标注在标题栏的比例栏内，必要时可在视图名称的下方或右侧标注比例，如： $\dfrac{1}{1：2}$　$\dfrac{A 向}{1：10}$　$\dfrac{B—B}{2.5：1}$　$\dfrac{墙板位置图}{1：100}$　$\dfrac{平面图}{1：50}$ 3. 当图形中孔的直径或薄片的厚度等于或小于2mm，以及斜度和锥度较小时，可不按比例而夸大画出。 4. 表格图或空白图不必标注比例
放大比例	5：1，2：1 $5×10^n：1$，$2×10^n：1$，$1×10^n：1$ （4：1）（2.5：1） $（4×10^n：1）（2.5×10^n：1）$	

注：1. n 为正整数。

2. 必要时允许采用带括号的比例。

4.3　视图画法（GB/T 17451—1998）

根据 GB/T 17451—1998，视图画法见附表 4-3。

附表 4-3　视图画法

基本视图	物体向基本投影所得视图。六个基本视图的配置关系如图(a)所示。在同一图纸内按图(a)配置时,可不标注视图名称。	 (a)

续表

| 向视图 | 向视图是可自由配置的视图。在视图的上方标注"×"("×"为大写拉丁字母),在相应视图的附近用箭头指明投射方向,并表明相同的字母。如图(b)所示。也可在视图的下方(或上方)标注图名,如正立面图,平面图、底面图、背立面图等。 | 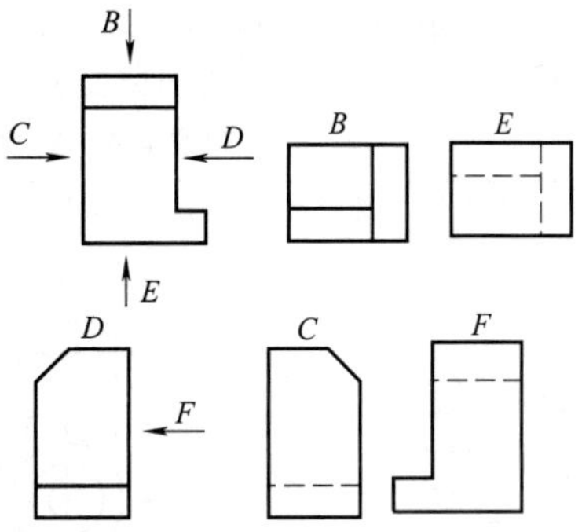
(b) |
| 局部视图 | 局部视图是将物体的某一部分向基本投影面投射所得的视图。局部视图可按基本视图的配置形式配置[图(c)的俯视图];也可按向视图的形式配置并标注[图(d)]。为了节省绘图时间和图幅,对称构件或零件的视图可只画一半或四分之一,并在对称中心线的两端画出两条与其垂直的平行细实线[图(e)、(f)、(g)]。 | 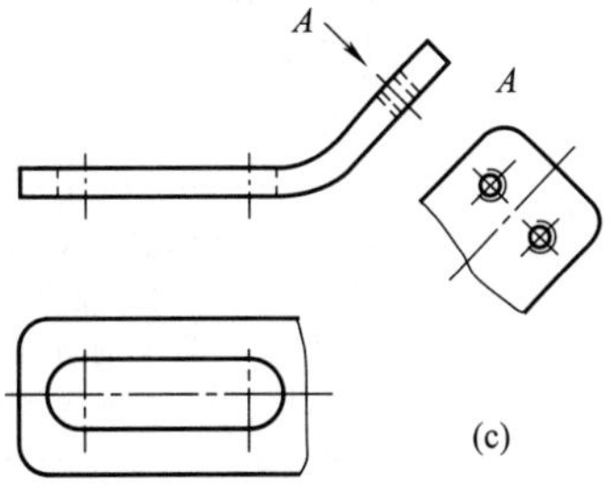
(c) 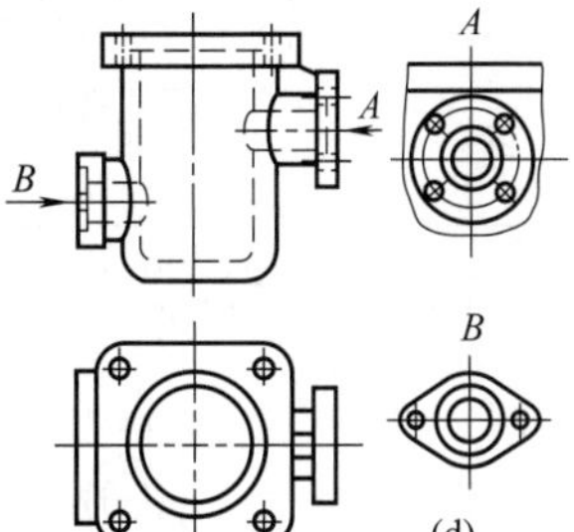　(d) 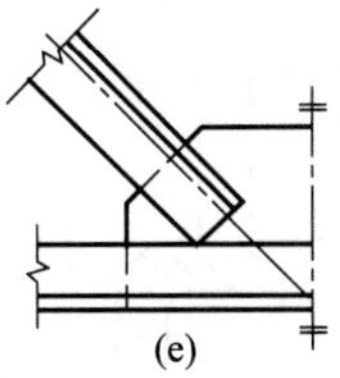　(e) 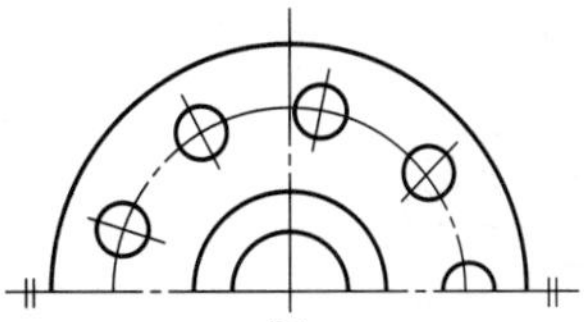　(f) 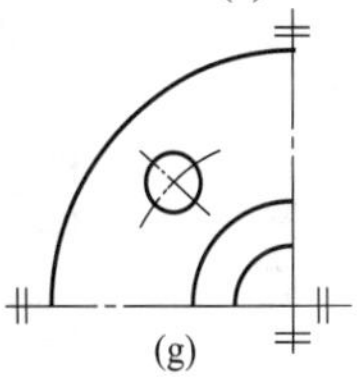　(g) |

斜视图是物体向不平行于基本投影面的平面投射所得的视图。斜视图通常按向视图的配置形式配置并标注[图(h)]。必要时允许将斜视图旋转配置,并标注旋转符号,表示该视图名称的大写拉丁字母应靠近旋转符号的箭头端[图(i)],也允许将旋转角度标注在字母之后[图(j)]。

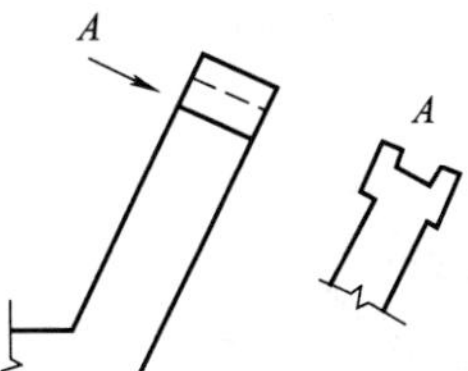

| 斜视图 |
(h)　(i)　(j) |

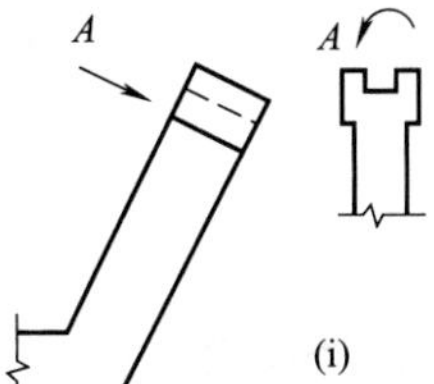

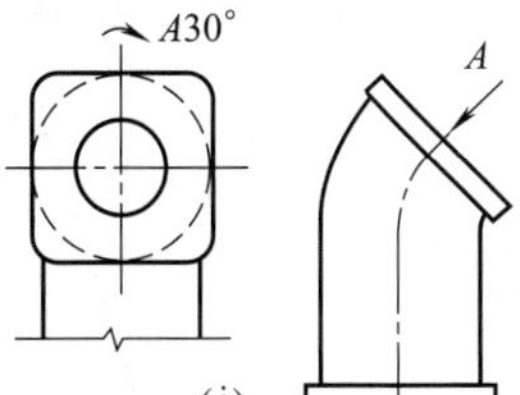

4.4 剖视图和断面图 (GB/T 17452—1998)

剖视图——假象用剖切面剖开物体,将处在观察者和剖切面之间的部分移去,而将其余部分向投影面投射所得的图形。剖视图可简称剖视。

断面图——假想用剖切面将物体的某处切断,仅画出该剖切面与物体接触部分的图形。断面图可简称断面。

剖切图——剖切被表达物体的假想平面或曲面。

剖面区域——假想用剖切面剖开物体，剖切面与物体的接触部分。

剖切线——指示剖切面位置的线（点划线）。

剖切符号——指示剖切面起、讫和转折位置（用短粗划表示）及投射方向的符号（用箭头或短粗划表示）。

根据 GB/T 17452—1998，剖视图和断面图画法见附表 4-4。

附表 4-4　剖视图和断面图画法

根据物体的结构特点,可选择单一剖切面(a),几个平行的剖切平面(b)或几个相交的剖切面(交线垂直于某一投影面)(c)

剖切面的种类	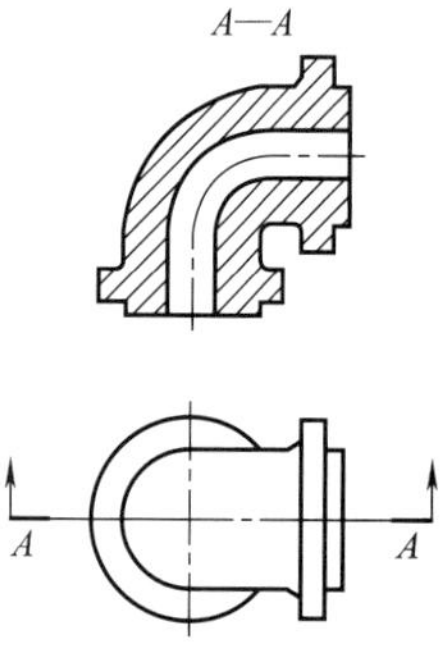 (a)	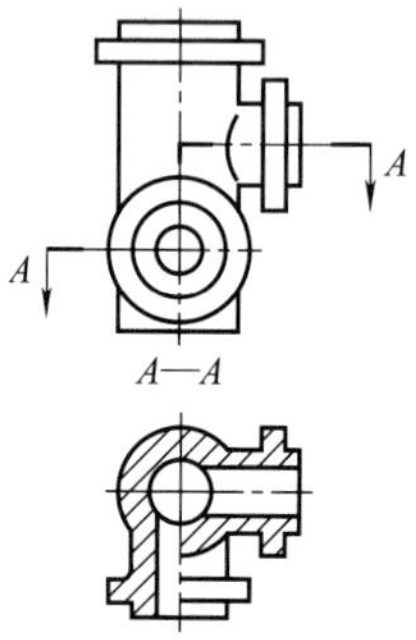 (b)	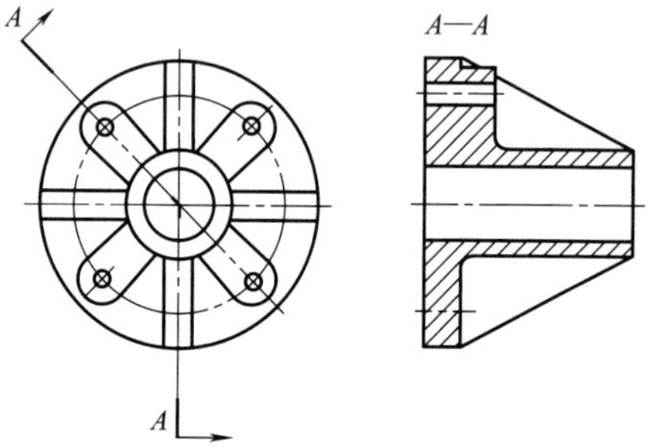 (c)

	全剖视图:用剖切面完全剖开物体所得的剖视图(d)	半剖视图:当物体具有对称平面时,向垂直于对称平面的投影面上投射所得的图形,可以对称中心线为界,半画剖视图,另一半画成视图(e) 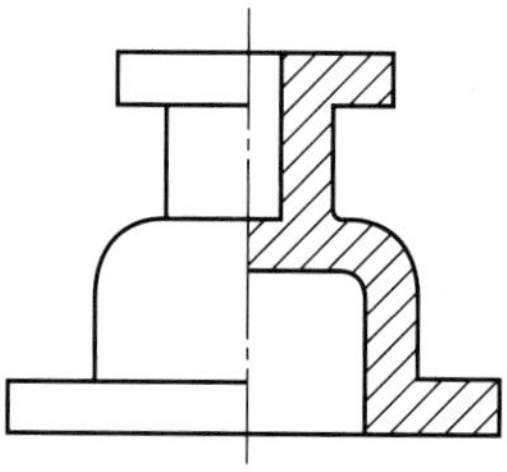	局部剖视图:用剖切面局部地剖开物体所得的剖视图(f) 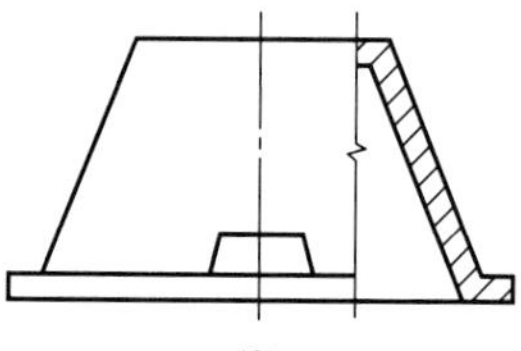
剖视面	(d)	(e)	(f)

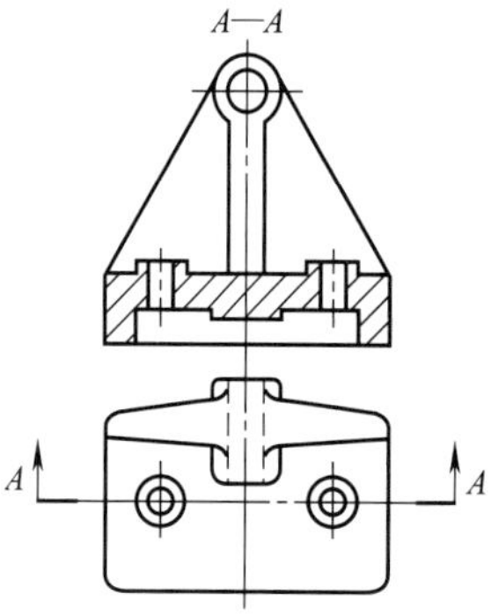

	移出断面图的图形应画在视图之外,轮廓线用粗实线绘制,配置在剖切线的延长线上(g),或其它适当位置 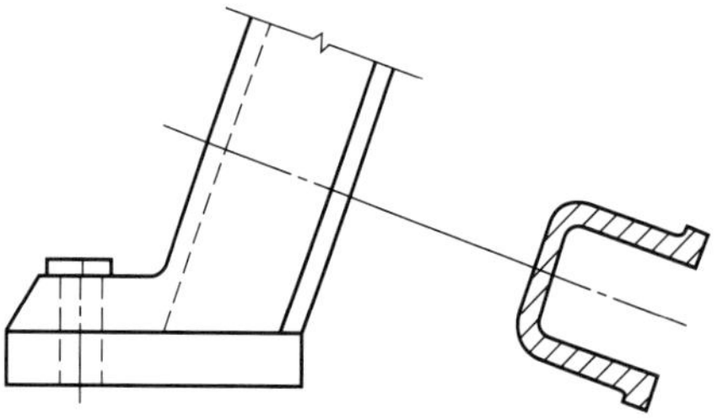	重合断面图的图形应画在视图之内,断面轮廓线用细实线(h)绘出。当视图中轮廓线与重合断面图的图形重叠时,视图中的轮廓线仍应连续画出,不可间断 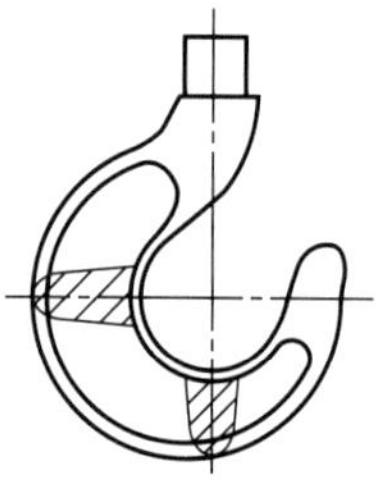
断面图	(g)	(h)

4.5　表面粗糙度

根据 GB/T 131—2006，对表面结构有要求时的表示法。表示法涉及的轮廓参数（与 GB/T 3505 标准相关）包括 R 轮廓（粗糙度参数）、W 轮廓（波纹度参数）和 P 轮廓（原始轮廓参数）。表示法涉及的图形参数

（与 GB/T 18618 标准相关）包括粗糙度图形和波纹度图形。

根据 GB/T 131—2006，图样上表示零件表面粗糙度的符号如下（附表 4-5）。

附表 4-5　零件表面粗糙度的符号

符号说明	符号表示	符号意义
基本图形符号		对表面结构有要求的图形符号,简称基本符号;仅适用于简化代号标注,没有补充说明时不能单独使用
扩展图形符号		对表面结构有指定要求(去除材料或不去除材料)的图形符号,简称扩展符号
完整图形符号		对基本图形符号或扩展图形符号扩充后(在图形符号的长边上加一横线)的图形符号,用于对表面结构有补充要求的标注 当在图样某个视图上构成封闭轮廓的各表面有相同的表面结构要求时,应在完整图形符号上加一圆圈,例如:

根据 GB/T 131—2006，表面结构完整图形符号的组成如下（附表 4-6）。

附表 4-6　表面结构完整图形符号

符号	
意义及说明	a 注写表面结构的单一要求; b 和 a 注写两个或多个表面结构要求; c 注写加工方法、表面处理、涂层或其它加工工艺要求等,如车、磨、镀等加工表面; d 注写所要求的表面纹理和纹理方向,如 =、X、M; e 注写所要求的加工余量(单位为毫米)

根据 GB/T 131—2006，需要控制表面加工纹理方向时注写的方法如下（附表 4-7）：

附表 4-7　控制表面纹理方法时的注写方法

示例	解释	符号	示例	解释	符号
铣 Ra 0.8 Rz1 3.2	垂直于视图所在投影面的表面纹理方的标注		纹理方向	纹理垂直于视图所在的投影面	⊥
纹理方向	纹理平行于视图所在的投影面	▬	纹理方向	纹理呈两斜向交叉且与视图所在的投影面相交	✕

续表

示例	解释	符号	示例	解释	符号
	纹理呈多方向	M		纹理呈近似放射形且与表面圆心相关	R
	纹理呈近似同心圆且圆心与表面中心相关	C		纹理呈微粒、凸起，无方向	P

不同加工方法可能达到的表面粗糙度如下（附表4-8）。

附表4-8　不同加工方法可能达到的表面粗糙度

加工方法		表面粗糙度 $Ra/\mu m$												
		0.012	0.025	0.05	0.10	0.20	0.40	0.80	1.60	3.20	6.30	12.5	25	50	100
砂模铸造											√	√	√	√	√
型壳铸造											√	√	√	√	√
金属模铸造								√	√	√	√	√	√		
离心铸造								√	√	√	√	√			
精密铸造							√	√	√						
蜡模铸造						√	√	√							
压力铸造						√	√	√							
热轧											√	√	√	√	√
模锻											√	√	√	√	√
冷轧						√	√	√	√						
挤压							√	√	√						
冷拉						√	√	√							
锉							√	√	√						
刮削							√	√	√						
刨削	粗										√	√	√		
	半精								√	√	√				
	精					√	√	√							
插削									√	√	√	√			
钻孔							√	√	√	√	√				
扩孔	粗										√	√			
	精								√	√	√				
金刚镗孔			√	√	√	√									
镗孔	粗										√	√	√	√	
	半精							√	√	√	√				
	精					√	√	√							
铰孔	粗								√	√	√	√			
	半精						√	√	√	√					
	精			√	√	√									
拉削	半精							√	√	√					
	精			√	√	√									
滚铣	粗								√	√	√	√			
	半精					√	√	√	√						
	精					√	√	√							

加工方法		表面粗糙度 Ra/μm													
		0.012	0.025	0.05	0.10	0.20	0.40	0.80	1.60	3.20	6.30	12.5	25	50	100
端面铣	粗									√	√	√			
	半精					√	√	√	√	√					
	精				√	√	√	√							
车外圆	粗										√	√	√		
	半精								√	√	√				
	精					√	√	√	√						
金刚车			√	√	√	√									
车端面	粗										√	√	√		
	半精								√	√	√				
	精					√	√	√							
磨外圆	粗							√	√	√	√				
	半精					√	√	√							
	精		√	√	√	√	√								
磨平面	粗							√	√						
	半精						√	√							
	精		√	√	√	√	√								
珩磨	平面		√	√	√	√	√	√	√						
	圆柱	√	√	√	√	√	√								
研磨	粗						√	√	√						
	半精			√	√	√	√								
	精	√	√	√											
抛光	一般				√	√	√	√	√						
	精	√	√	√	√										
滚压抛光			√	√		√	√	√	√	√					
超精加工	平面	√	√	√	√	√	√								
	柱面	√	√	√	√	√	√								
化学磨								√	√	√	√	√	√		
电解磨		√	√	√	√	√	√	√							
电火花加工								√	√	√	√	√	√		
切割	气割									√	√	√	√	√	
	锯							√	√	√	√	√	√	√	
	车									√	√	√	√		
	铣											√	√	√	
	磨							√	√	√					
螺纹加工	丝锥板牙							√	√	√	√				
	梳洗							√	√	√					
	滚					√	√	√							
	车							√	√	√	√	√			
	搓丝							√	√	√	√				
	滚压					√	√	√	√						
	磨				√	√	√								
	研磨		√	√	√	√									
齿轮及花键	刨							√	√	√	√				
	滚							√	√	√	√				
	插							√	√	√	√				
	磨				√	√	√								
	剃					√	√	√	√						

注：本表作为一般情况参考。

表面粗糙度选用举例见附表 4-9。

附表 4-9　表面粗糙度选用举例

Ra≯ μm	相当于光洁度	表面状况	加工方法	应用举例
100	▽1	明显可见的刀痕	粗车、镗、刨、钻	粗加工的表面,如粗车、粗刨、切断等表面,用粗锉刀和粗砂轮等技工的便面,一般很少采用
50 25	▽2 ▽3			粗加工后的表面,焊接前的焊缝、粗钻孔壁等
12.5	▽3 ▽4	可见刀痕	粗车、刨、铣、钻	一般非结合表面,如轴的端面、倒角、齿轮及带轮的侧面、键槽的非工作表面,减重孔眼表面等
6.3	▽4 ▽5	可见加工痕迹	车、镗、刨、钻、铣、锉、磨、粗铰、铣齿	不重要零件的非配合表面,如支柱、支架、外壳、衬套、轴、盖等的端面。紧固件的自由表面,紧固件通孔的表面,内、外花键的非定心表面,不作为计量基准的齿轮顶圆表面等
3.2	▽5 ▽6	微见加工痕迹	车、镗、刨、铣、刮 1～2 点/cm²、拉、磨、锉、滚压、铣齿	和其它零件连接不形成配合的表面,如箱体、外壳、端盖等零件的端面。要求有定心及配合特性的固定支承面如定心的轴肩、键和键槽的工作表面。不重要的紧固螺纹的表面,需要滚花或氧化处理的表面等
1.6	▽6 ▽7	看不清加工痕迹	车、镗、刨、铣、铰、拉、磨、滚压、刮 1～2 点/cm²、铣齿	安装直径超过 80mm 的 G 级轴承的外壳孔,普通精度齿轮的齿面,定位销孔,V 带轮的表面,外径定心的内花键外径,轴承盖的定心凸肩表面等
0.8	▽7 ▽8	可辨加工痕迹的方向	车、镗、拉、磨、立铣、刮 3～10 点/cm²、滚压	要求保证定心及配合特性的表面,如锥销与圆柱销的表面,与 G 级精度滚动轴承相配合的轴颈和外壳孔,中速转动的轴颈,直径超过 80mm 的 E、D 的级滚动轴承配合的轴泵及外壳孔,内、外花键的定心内径,外花键键侧及定心外径,过盈配合 IT7 级的孔(H7) IT8～IT9 级的孔(H8,H9),磨削的轮齿表面等
0.4	▽8 ▽9	微辨加工痕迹的方向	铰、磨、镗、拉、刮 3～10 点/cm²、滚压	要求长期保持配合性质稳定的配合表面,IT7 级的轴、孔配合表面,精度较高的齿轮表面,受变应力作用的重要零件,与直径小于 80mm 的 E、D 级轴承配合的轴颈表面,与橡胶密封件接触的轴表面,尺寸大于 120mm 的 IT13～IT16 级孔和轴用量规的测量表面
0.2	▽9 ▽10	不可辨加工痕迹的方向	布轮磨、磨、研磨、超级加工	工作时受变应力作用的重要零件的表面。保证零件的疲劳强度、防腐性和耐久性,并在工作时不破坏配合性质的表面,如轴颈表面、要求气密的表面和支承面、圆锥定心表面等。IT5、IT6 级配合表面、高精度齿轮的齿面,与 C 级滚动轴承配合的轴颈表面,尺寸大于 315mm 的 IT7～IT9 级孔和轴用量规及尺寸大于 120～315mm 的 IT10～IT12 级孔和轴用量规的测量表面等
0.1	▽10 ▽11	暗光泽面		工作时受承较大变应力作用的重要零件的表面,保证精确定心的椎体表面。液压传动用的孔表面。汽缸套的内表面,活塞销的外表面,仪器导轨面,阀的工作面。尺寸小于 120mm 的 IT10～IT12 的缓孔和轴用量规测量面等
0.05	▽11 ▽12	亮光泽面	超级加工	保证高度气密性的接合表面,如活塞、柱塞和汽缸内表面。摩擦离合器的摩擦表面。对同轴度有精确要求的轴和孔。滚动导轨中的钢球或高速摩擦的工作表面
0.025	▽12 ▽13	镜状光泽面		高压柱塞泵中柱塞和柱塞套的配合表面,中等精度仪器零件配合表面,尺寸大于 120mm 的 IT6 级孔用量规,小于 120mm 的 IT7～IT9 轴用和孔用量规测量表面等
0.012	▽13 ▽14	雾状镜面		仪器的测量表面和配合表面,尺寸超过 100mm 的块规工作面
0.008	▽14			块规的工作表面,高精度测量仪器的测量面,高精度仪器摩擦机构的支撑表面

4.6　配合与公差

4.6.1　极限偏差与配合

根据 GB/T 1800.1—2020 极限与配合的示意图及基本偏差系列如附图 4-3、附图 4-4 所示。

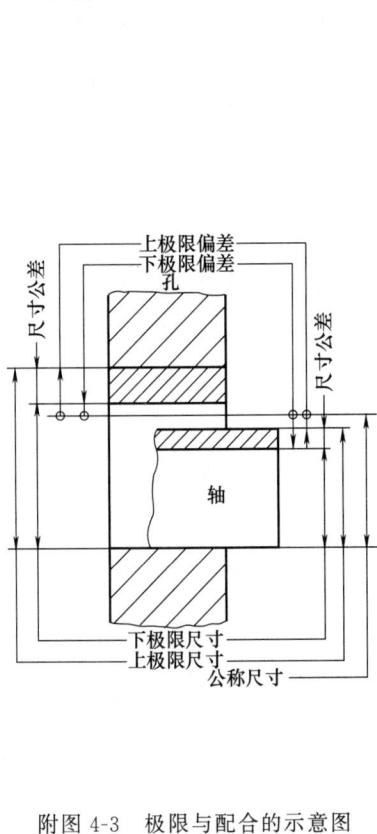

附图 4-3　极限与配合的示意图

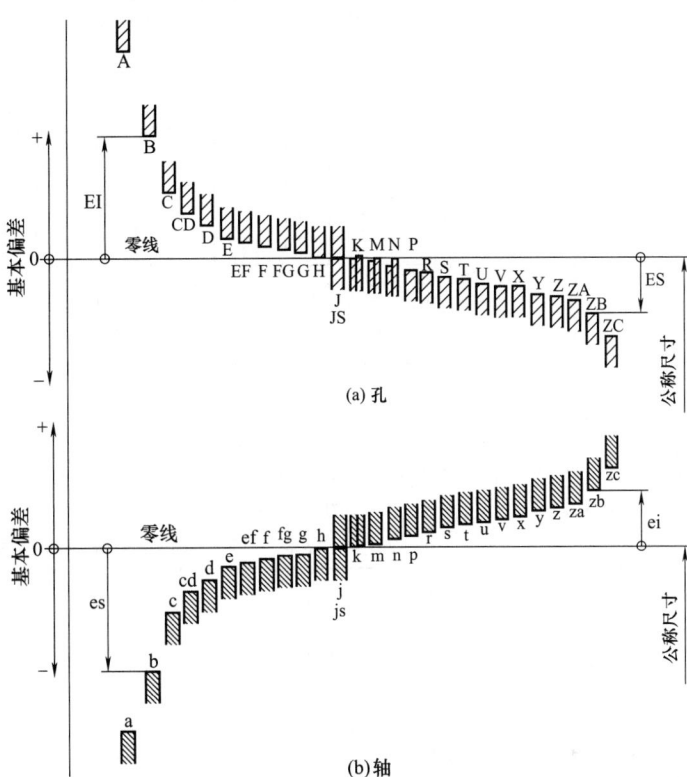

附图 4-4　基本偏差系列

4.6.2　术语和定义（附表 4-10）

附表 4-10　术语和定义

术语	定　义
尺寸要素	由一定大小的线性尺寸或角度尺寸确定的几何形态
轴与基准轴	轴通常指工件的圆柱形外尺寸要素,也包括非圆柱形的外尺寸要素 基准轴指在基轴制配合中选作基准的轴(即上极限偏差为零的轴)
孔与基准孔	孔通常指工件的圆柱形内尺寸要素,也包括非圆柱形的内尺寸要素 基准孔指在基孔制配合中选作基准的孔(即下极限偏差为零的孔)
尺寸与公称尺寸	尺寸以特定单位表示线性尺寸值的数值 公称尺寸由图样规范确定的理想形状要素的尺寸
极限尺寸	尺寸要素允许的尺寸的两个极端。尺寸要素允许的最大尺寸称为上极限尺寸,尺寸要素允许的最小尺寸称为下极限尺寸
零线	极限与配合的图解中,表示公称尺寸的一条直线,以其为基准确定偏差和公差。通常零线沿水平方向绘制,正偏差位于其上,负偏差位于其下
偏差与极限偏差	某一尺寸减其公称尺寸所得的代数差,偏差可以为正、负或零 极限偏差包括上极限偏差(孔为 ES,轴为 es)和下极限偏差(孔位 EI,轴为 ei)
尺寸公差	上极限尺寸减下极限尺寸之差,或上极限偏差减下极限偏差之差。它是允许尺寸的变动量
标准公差与公差带	本标准极限与配合制中,所规定的任一公差称标准公差。字母 IT 为国际公差的英文缩略语 在公差带图中,由代表上极限偏差和下极限偏差或上极限尺寸和下极限尺寸的两条直线所限定的一个区域。它是由公差大小和其相对零线的位置如基本偏差来确定

术语	定　义
配合	公称尺寸相同的并且相互结合的孔和轴公差带之间的关系。配合有间隙配合、过盈配合和过渡配合三类
基孔制与基轴制	基本偏差为一定的孔的公差带，与不同基本偏差的轴的公差带形成各种配合的一种制度称基孔制。基孔制是孔的下极限偏差为零，即基本偏差为 H 的孔 基本偏差为一定的轴的公差带，与不同基本偏差的孔的公差带形成各种配合的一种制度称基轴制。基轴制是轴的上极限偏差为零，即基本偏差为 h 的轴

4.6.3　公差等级

对于基本尺寸≤500mm 的配合，当公差等级高于或等于 IT8 时，推荐选择公差等级孔比轴低一级；对于公差等级低于 IT8 或基本尺寸＞500mm 的配合，推荐选用同级孔、轴配合。在选择公差等级时，还应考虑表面粗糙度的要求，有关标准公差等级的选择见附表 4-11。

附表 4-11　标准公差等级与应用

公差等级	应用条件说明	应用举例
IT5	用于机床、发动机和仪表中特别重要的配合，在配合公差要求很小时，形状精度要求很高的条件下，这类公差等级能使配合性质比较稳定，它对加工要求较高，一般机械制造中较少应用	与 D 级滚动轴承相配的机床箱体孔，与 E 级滚动轴承相配的机床主轴，精密机械及高速机械的轴径，机床尾架套筒，高精度分度盘轴颈，分度头主轴，精密丝杆基准轴颈，高精度镗套的外径等。发动机主轴的外径，活塞销外径与活塞的配合，精密仪器的轴与各种传动件轴承的配合，航空、航海工业仪表中重要的精密孔的配合，5 级精度齿轮的基准孔及 5 级、6 级精度齿轮的基准轴
IT6	广泛用于机械制造中的重要配合，配合表面有较高均匀性的要求，能保证相当高的配合性质，使用安全可靠	与 E 级滚动轴承相配的外壳孔及与滚动轴承相配的机床主轴轴颈，机床制造中，装配式齿轮、蜗轮、联轴器、带轮、凸轮的孔径，机床丝杆支承轴颈，矩形花键的定心直径，摇臂钻床的主柱等，机床夹具导向件的外径尺寸，精密仪器、光学仪器、计量仪器的精密轴，无线电工业、自动化仪表、电子仪器、邮电机械中特别重要的轴，以及手表中特别重要的轴，医疗器械中牙科车头、中心齿轮及 X 线机齿轮箱的精密轴等。缝纫机中重要的轴类，发动机的汽缸外套外径、曲轴主轴颈、活塞销、连杆衬套、连杆和轴瓦外径等，6 级精度齿轮的基准孔和 7 级、8 级精度齿轮的基准轴径，以及 1、2 级精度齿轮圆直径
IT7	应用条件与 IT6 类似，但精度要求可比 IT6 稍低一点，在一般机械制造业中应用相当普遍	机械制造中装配式青铜蜗轮轮缘孔径，联轴器、皮带轮、凸轮等的孔径，机床卡盘座孔，摇臂钻床的摇臂孔，车床丝杆轴承孔等，机床夹头导件的内孔，发动机的连杆孔、活塞孔、铰制螺栓定位孔等，纺织机械的重要零件，印染机械中要求较高的零件，手表的离合杆压簧孔，自动化仪表中的重要内孔，缝纫机的重要轴内孔零件，邮电机械中重要零件的内孔，7 级、8 级精度齿轮的基准孔和 9 级、10 级精度齿轮的基准轴
IT8	在机械制造中属中等精度，在仪器、仪表及钟表制造中，由于基本尺寸较小，所以较高精度范畴配合确定性要求不太高时，应用较多的一个等级，尤其是在农业机械、纺织机械、印染机械、自行车、缝纫机、医疗器械中用应最广	轴承座衬套沿宽度方向的尺寸配合，手表中跨齿轮、棘爪拨针轮等与夹板的配合，无线电仪表工业中的一般配合，电子仪器仪表中较重要的内孔，计算机中变数齿轮孔与轴的配合，医疗器械中牙科车头的钻头套的孔与车针柄部的配合，电机制造业中铁芯与基座的配合，发动机活塞油环槽宽，连杆轴瓦内径，低精度（9～12 级精度）齿轮的基准孔和 11～12 精度齿轮和基准轴。6～8 级精度齿轮的顶圆
IT9	应用条件与 IT8 相类似，但精度要求低于 IT8	机床制造业中轴套外径与孔，操作件与轴、空转皮带与轴，操纵系统的轴与轴承等的配合，纺织机械、印染机械中的一般配合零件，发动机中油泵体内孔、气门导管内孔、飞轮与飞轮套、圈衬套、混合气预热阀体、汽缸盖孔径、活塞槽环的配合等，光学仪器、自动化仪表中的一般配合，手表中要求较高零件的未注公差尺寸的配合，单键连接中键宽配合尺寸，打字机中的运动件配合等

续表

公差等级	应用条件说明	应用举例
IT10	应用条件与 IT9 相类似,但精度要求低于 IT9	电子仪器仪表中支架上的配合,打字机中铆合件的配合尺寸,闹钟机构中的中心管与前夹板,轴套与轴,手表中尺寸小于 18mm 时要求一般的未注公差尺寸及大于 18mm 要求价高的未注公差尺寸,发动机中油封挡圈孔与曲轴皮带轮毂
IT11	配合精度要求较粗糙,装配后可能有较大的间隙,特别适用用要求间隙较大且有显著变动而不会引起危险地场所	机床上法兰盘止口与孔、滑块与滑移齿轮、凹槽等,农业机械、机车车厢部件及冲压加工的配合零件,钟表制造中不重要的零件,手表制造用的工具及设备中的未注公差尺寸,纺织机械中较粗糙的活动配合,印染机械中要求低的配合,医疗器械中手术刀片的配合,磨床制造中的螺纹连接及粗糙的动连接,不作测量基准用的齿轮顶圆直径公差
IT12	配合精度要求很粗糙,装配后有很大的间隙	非配合尺寸及工序间尺寸,发动机分离杆,手表制造中工艺装备的未注公差尺寸,计算机行业切削加工中未注公差尺寸的极限偏差,医疗器械中手术刀柄的配合,机床制造中扳手孔与扳手座的连接
IT13	应用条件与 IT12 相类似	非配合尺寸及工序间尺寸,计算机、打字机中切削加工零件及圆片孔、二孔中心距的未注公差尺寸
IT14	用于非配合尺寸及不包括在尺寸链中的尺寸	机床、汽车、拖拉机、冶金矿山、石油化工、电机、电器、仪器、仪表、造船、航空、医疗器械、钟表、自行车、造纸、纺织机械等工业中未注公差尺寸的切削加工零件
IT15	用于非配合尺寸及不包括在尺寸链中的尺寸	冲压件、木模铸造零件、重型机床中尺寸大于 3150mm 的未注公差尺寸
IT16	用于非配合尺寸及不包括在尺寸链中的尺寸	打字机中浇铸件的尺寸,无线电制造中箱体外形尺寸,压弯延伸加工用尺寸,纺织机械中木制零件及塑料零件尺寸公差,木模制造和自由锻造时用
IT17	用于非配合尺寸及不包括在尺寸链中的尺寸	塑料成型尺寸公差,医疗器械中的一般外形尺寸公差
IT18	用于非配合尺寸及不包括在尺寸链中的尺寸	冷作、焊接尺寸用公差

4.6.4 各种加工方法所能达到的公差等级见附表 4-12。

附表 4-12 加工方法与公差等级

加工方法	公差等级																
	01	0	1	2	3	4	5	6	7	8	9	10	11	12	13	14	15	16
研磨	√	√	√	√	√	√	√											
珩						√	√	√	√									
圆磨							√	√	√	√								
平磨							√	√	√	√								
金刚石车							√	√	√									
金刚石镗							√	√	√									
拉削							√	√	√	√								
铰孔								√	√	√	√							
车								√	√	√	√	√						
镗								√	√	√	√	√						
铣									√	√	√	√						
刨插										√	√	√						
钻孔											√	√	√	√				
滚压、挤压											√	√	√					
冲压										√	√	√	√					
压铸												√	√	√				
粉末冶金成型								√	√	√								
粉末冶金烧结									√	√	√	√						
砂型铸造、气割																		√
铸造																	√	

4.6.5 公差带代号的选取

根据国家标准的标准公差和基本偏差的数值，可组成大量不同大小与位置的公差带，具有非常广泛选用公差带的可能性。从经济出发，为避免刀具、量具的品种、规格不必要的繁杂，国家标准对公差带的选择多次加以限制。根据 GB/T 1800.1—2020 公差带代号应尽可能从附图 4-5 和附图 4-6 中选取。

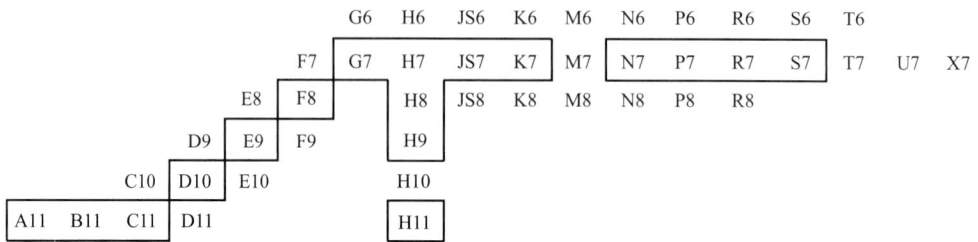

附图 4-5　孔

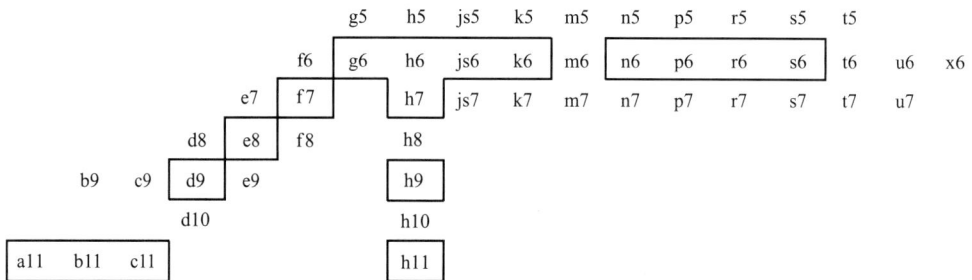

附图 4-6　轴

4.6.6 配合制的选择

首先需要做的决定是采用"基孔制配合"（孔 H）还是采用"基轴制配合"（轴 h）。需要特别注意的是，这两种配合制对于零件的功能没有技术性的差别，因此应基于经济因素选择配合制。

通常情况下，应选择"基孔制配合"。这种选择可避免工具（如铰刀）和量具不必要的多样性。"基轴制配合"应仅用于那些可以带来切实经济利益的情况（如需要在没有加工的拉制钢棒的单轴上安装几个具有不同偏差的孔的零件）。

基于决策的考虑，对于孔和轴的公差等级和基本偏差（公差带的位置）的选择，应能够以给出最满足所要求使用条件对应的最小和最大间隙或过盈。

对于通常的工程目的，只需要许多可能的配合中的少数配合。附图 4-7 和附图 4-8 中的配合可满足普通工程机构需要。基于经济因素，如有可能，配合应优先选择框中所示的公差带代号。可由基孔制（附图 4-7）获得符合要求的配合，或在特定应用中由基轴制（附图 4-8）获得。

基准孔	轴公差带代号													
	间隙配合						过渡配合				过盈配合			
H6					g5	h5	js5	k5	m5		n5	p5		
H7				f6	g6	h6	js6	k6	m6	n6	p6	r6	s6	t6 u6 x6
H8			e7	f7		h7	js7	k7	m7			s7		u7
		d8	e8	f8		h8								
H9		d8	e8	f8		h8								
H10	b9	c9	d9	e9		h9								
H11	b11	c11	d10			h10								

附图 4-7　基孔制配合的优先配合

基准轴	孔公差带代号												
	间隙配合					过渡配合			过盈配合					
h5					G6 H6	JS6 K6 M6			N6 P6					
h6				F7 G7 H7		JS7 K7	M7	N7	P7 R7 S7			T7 U7 X7		
h7			E8 F8		H8									
h8		D9 E9 F9			H9									
h9			E8 F8		H8									
		D9 E9 F9			H9									
	B11 C10 D10				H10									

附图 4-8　基轴制配合的优先配合

4.6.7　极限偏差

根据 GB/T 1804—2000 一般公差是指在车间一般加工条件下可保证的公差。采用一般公差的尺寸，在该尺寸后不注出极限偏差。线性尺寸的极限偏差数值及倒角半径和倒角高度尺寸的极限偏差数值见附表 4-13，附表 4-14。线性尺寸的一般公差在图样上、技术文件或其它标准中用该标准号和公差等级符号表示。

附表 4-13　线性尺寸的极限偏差数值　　　　　　　　　　　　单位：mm

公差等级	尺 寸 分 段							
	0.5～3	>3～6	>6～30	>30～120	>120～400	>400～1000	>1000～2000	>2000～4000
f（精密级）	±0.05	±0.05	±0.1	±0.15	±0.2	±0.3	±0.5	—
m（中等级）	±0.1	±0.1	±0.2	±0.3	±0.5	±0.8	±1.2	±2
c（粗糙级）	±0.2	±0.3	±0.5	±0.8	±1.2	±2	±3	±4
v（最粗级）	—	±0.5	±0.1	±1.5	±2.5	±4	±6	±8

附表 4-14　倒圆半径与倒角高度尺寸的极限偏差数值　　　　　　单位：mm

公 差 等 级	尺 寸 分 段			
	0.5～3	>3～6	>6～30	>30
f（精密级）	±0.2	±0.5	±1	±2
m（中等级）				
c（粗糙级）	±0.4	±1	±2	±4
v（最粗级）				

注：倒圆半径与倒角高度的含义参见国家标准《零件倒圆与倒角》(GB/T 6403.4)。

线性尺寸的一般公差适用于金属切削加工的尺寸，也适用于一般的冲压加工的尺寸，非金属和其它工艺方法加工的尺寸可参照采用。对零件上一些无特殊要求的要素，无论线性尺寸、角度尺寸，形状还是位置都规定有未注公差。未注公差绝不是没有公差要求，只是为简化图样标注，不在图上标注出，而是在图样上，技术文件或其它标准中作出总的说明。

线性尺寸的一般公差主要用于较低精度的非配合尺寸。当功能上允许的公差等于或大于一般公差时，均应采用一般公差。线性尺寸要求精度高于一般公差的，应当注出其公差代号或极限偏差或同时注出；当功能上允许，而且采用大于一般公差更为经济的线性尺寸（例如装配时所钻的盲孔深度），亦要在线性尺寸之后注出极限偏差。线性尺寸的一般公差，在正常车间精度保证的条件下，一般可不检验。两个表面分别由不同类型的工艺（例如切削和铸造）加工时，它们之间线性尺寸的一般公差，应按规定的两个公差中取值中的较大值。

4.6.8　形状和位置公差

根据 GB/T 1182—2018 几何公差的几何特征符号和附加符号标注见附表 4-15 和附表 4-16。

附表 4-15　几何特征符号

公 差 类 别	几 何 特 征	符 　 号	有 无 基 准
形状公差	直线度	—	无
	平面度	▱	无
	圆面	○	无
	圆柱面	⌀	无
	线轮廓度	⌒	无
	面轮廓度	⌓	无
方向公差	平行度	//	有
	垂直度	⊥	有
	倾斜度	∠	有
	线轮廓度	⌒	有
	面轮廓度	⌓	有
位置公差	位置度	⊕	有或无
	同心度（用于中心点）	◎	有
	同轴度（用于轴线）	◎	有
	对称度	⚌	有
	线轮廓度	⌒	有
	面轮廓度	⌓	有
跳动公差	圆跳动（径向/端面/斜向）	↗	有
	全跳动（径向/端面）	⌰	有

附表 4-16　附加符号

描　　述	符　　号
组合规范元素	
组合公差带	CZ
独立公差带	SZ
不对称公差带	
（规定偏置量的）偏置公差带	UZ
公差带约束	
（未规定偏置量的）线性偏置公差带	OZ
（未规定偏置量的）角度偏置公差带	VA
拟合被测要素	
最小区域（切比雪夫）要素	Ⓒ
最小二乘（高斯）要素	Ⓖ
最小外接要素	Ⓝ
贴切要素	Ⓣ
最大内切要素	Ⓧ
导出要素	
中心要素	Ⓐ

续表

描　述	符　号
导出要素	
延伸公差带	Ⓟ
评定参照要素的拟合	
无约束的最小区域（切比雪夫）拟合被测要素	C
实体外部约束的最小区域（切比雪夫）拟合被测要素	CE
实体内部约束的最小区域（切比雪夫）拟合被测要素	CI
无约束的最小二乘（高斯）拟合被测要素	G
实体外部约束的最小二乘（高斯）拟合被测要素	GE
实体内部约束的最小二乘（高斯）拟合被测要素	GI
最小外接拟合被测要素	N
最大内切拟合被测要素	X
参数	
偏差的总体范围	T
峰值	P
谷深	V
标准差	Q
被测要素标识符	
区间	↔
联合要素	UF
小径	LD
大径	MD
中径/节径	PD
全周（轮廓）	
全表面（轮廓）	
公差框格	
无基准的几何规范标注	
有基准的几何规范标注	D
辅助要素标识符或框格	
任意横截面	ACS
相交平面框格	◁// B
定向平面框格	◁// B
方向要素框格	←// B
组合平面框格	○// B
理论正确尺寸符号	
理论正确尺寸（TED）	50

被测要素的标注方法见附表 4-17。

附表 4-17　被测要素的标注方法

被测要素	标注方法	标注示例
公差涉及轮廓线或轮廓面	箭头指向该要素的轮廓线上或其延长线（应与尺寸线明显错开）	
	箭头也可指向引出线的水平线，引出线引自被测面	
公差涉及中心线、中心面或中心点	箭头应位于相应尺寸线的延长线上	
	指引线应与尺寸线对齐，可在组成要素上用圆点或箭头终止	

基准的标注方法见附表 4-18。

附表 4-18 基准的标注方法

标 注 方 法	标 注 示 例
与被测要素相关的基准用一个大写字母表示。字母标注在基准方格内,与一个涂黑的或空白的三角形相连以表示基准;表示基准的字母还应标注在公差框格内	
当基准要素是轮廓线或轮廓面时,基准三角形应放置在要素的轮廓线或其延长线上;基准三角形也可放置在该轮廓面引出线的水平线上	
当基准是尺寸要素确定的轴线、中心平面或中心点时,基准三角形应放置在该尺寸线的延长线上。如果没有足够的位置标注基准要素尺寸的两个箭头,则其中一个可用基准三角形代替	
如果只以要素的某一局部作基准,则应用粗点画线示出该部分并加注尺寸	
以单个要素作基准时,用一个大写字母表示;由两个要素建立公共基准时,用中间加连字符的两个大写字母表示;由两个或三个基准建立基准体系(即采用多基准)时,表示基准的大写字母按基准的优先顺序自左至右填写在各框格内	

几种主要加工方法达到的公差等级见附表 4-19~附表 4-22。

附表 4-19 几种主要加工方法达到的直线度和平面度公差等级

加工方法			公差等级											
			1	2	3	4	5	6	7	8	9	10	11	12
车	普车 立车 自动	粗											⊙	⊙
		细									⊙	⊙		
		精					⊙	⊙	⊙	⊙				
铣	万能铣	粗											⊙	⊙
		细										⊙	⊙	
		精						⊙	⊙	⊙	⊙			
刨	龙门刨 牛头刨	粗											⊙	⊙
		细									⊙	⊙		
		精						⊙	⊙	⊙				
磨	无心磨 外圆磨 平磨	粗									⊙	⊙	⊙	
		细							⊙	⊙	⊙			
		精		⊙	⊙	⊙	⊙	⊙	⊙					
研磨	机动 手工研磨	粗				⊙	⊙							
		细			⊙									
		精	⊙	⊙										
刮研	刮 研 手工	粗						⊙	⊙					
		细				⊙	⊙							
		精	⊙	⊙	⊙									

附表 4-20　几种主要加工方法达到的圆度、圆柱度公差等级

表面	加工方法		1	2	3	4	5	6	7	8	9	10	11	12
轴	精密车削				⊙	⊙	⊙							
	普通车削						⊙	⊙	⊙	⊙	⊙	⊙		
	普通立车	粗					⊙	⊙	⊙					
		细						⊙	⊙	⊙	⊙	⊙		
	自动车半自动车	粗								⊙	⊙			
		细							⊙	⊙				
		精						⊙	⊙					
	外圆磨	粗					⊙	⊙	⊙					
		细			⊙	⊙	⊙							
		精	⊙	⊙	⊙									
	无心磨	粗						⊙	⊙					
		细		⊙	⊙	⊙	⊙							
	研磨			⊙	⊙	⊙	⊙							
	精磨		⊙	⊙										
孔	钻									⊙	⊙	⊙	⊙	⊙	⊙
	镗　普通镗	粗								⊙	⊙	⊙	⊙	
		细					⊙	⊙	⊙	⊙				
		精				⊙	⊙							
	镗　金刚镗	细			⊙	⊙								
		精	⊙	⊙	⊙									
	铰孔						⊙	⊙	⊙					
	扩孔						⊙	⊙	⊙					
	内圆磨	细				⊙	⊙							
		精			⊙	⊙								
	研磨	细				⊙	⊙	⊙						
		精	⊙	⊙	⊙	⊙								
	珩磨						⊙	⊙	⊙					

附表 4-21　几种主要加工方法达到的平行度、垂直度公差等级

加工方法		1	2	3	4	5	6	7	8	9	10	11	12
面对面													
研磨		⊙	⊙	⊙	⊙								
刮		⊙	⊙	⊙	⊙	⊙	⊙						
磨	粗					⊙	⊙	⊙	⊙				
	细				⊙	⊙	⊙						
	精		⊙	⊙	⊙								
铣							⊙	⊙	⊙	⊙	⊙	⊙	
刨								⊙	⊙	⊙	⊙	⊙	
拉								⊙	⊙	⊙			
插								⊙	⊙				
轴线对轴线（或平面）													
磨	粗							⊙	⊙				
	细			⊙	⊙	⊙	⊙						
镗	粗								⊙	⊙	⊙		
	细					⊙							
	精						⊙	⊙					
金刚石镗				⊙	⊙	⊙							

续表

加工方法		公差等级											
		1	2	3	4	5	6	7	8	9	10	11	12
车	粗										⊙	⊙	
	细						⊙	⊙	⊙	⊙			
铣					⊙	⊙	⊙	⊙	⊙				
钻									⊙	⊙	⊙	⊙	⊙

附表 4-22　几种主要加工方法达到的同轴度、圆跳动公差等级

加工方法		公差等级										
		1	2	3	4	5	6	7	8	9	10	11
车、镗	（加工孔）				⊙	⊙	⊙	⊙	⊙	⊙		
	（加工轴）			⊙	⊙	⊙	⊙	⊙	⊙			
铰						⊙	⊙	⊙				
磨	孔		⊙	⊙	⊙	⊙	⊙	⊙	⊙			
	轴	⊙	⊙	⊙	⊙	⊙	⊙					
珩磨			⊙	⊙	⊙							
研磨		⊙	⊙									

根据 GB/T 1184—1996 形位公差未注公差值的规定如下：

（1）直线度、平面度的未注公差值见附表 4-23。选择公差时，对于直线度应按其相应线的长度选择；对于平面度应按其表面的较长一侧或圆表面的直径选择。

附表 4-23　直线度和平面度的未注公差值　　　　　单位：mm

公差等级	基本长度范围					
	≤10	>10~30	>30~100	>100~300	>300~1000	>1000~3000
H	0.02	0.05	0.1	0.2	0.3	0.4
K	0.05	0.1	0.2	0.4	0.6	0.8
L	0.1	0.2	0.4	0.8	1.2	1.6

（2）圆度的未注公差值等于标准的直径公差值，但不能大于径向圆跳动值的未注公差值。

（3）圆柱度的未注公差值不做规定。

① 圆柱度误差由三个部分组成：圆度、直线度和相对素线的平行度误差，而其中每一项误差均由它们的注出公差或未注出公差控制。

② 如因功能要求，圆柱度应小于圆度、直线度和平行度的未注公差的综合结果，应在被测要素上按 GB/T 1182 的规定标注出圆柱度公差值。

③ 采用包容要求。

（4）平行度的未注公差等于给出的尺寸公差值，或是直线度和平面度未注公差中的相应公差值取较大者。应取两要素中的较长者作为基准，若两要素的长度相等则可选任一要素为基准。

（5）垂直度的未注公差值见附表 4-24。取形成直角的两边中较长的一边作为基准，较短的一边作为被测要素；若两边的长度相等则可取其中的任意一边作为基准。

附表 4-24　垂直度的未注公差值　　　　　单位：mm

公差等级	基本长度范围			
	≤100	>100~300	>300~1000	>1000~3000
H	0.2	0.3	0.4	0.5
K	0.4	0.6	0.8	1
L	0.6	1	1.5	2

（6）对称度的未注公差值见附表 4-25。应取两要素中较长者作为基准，较短者作为被测要素；若两要素长度相等可选任一要素为基准。对称度的公差值用于至少两个要素中的一个是中心平面，或两个要素的轴线相互垂直。

附表 4-25　对称度未注公差值　　　　　　　　　　　　　单位：mm

公差等级	基本长度范围			
	≤100	>100～300	>300～1000	>1000～3000
H	0.5	0.5	0.5	0.5
K	0.6	0.6	0.8	1
L	0.6	1	1.5	2

（7）同轴度的未注公差值未作规定。在极限状况下，同轴度的未注公差值可以和径向圆跳动的未注公差值相等。应选两要素中的较长者为基准，若两要素长度相等则可选任一要素为基准。

（8）圆跳动（径向、端面和斜向）的未注公差值见附表 4-26。对于圆跳动的未注公差值，应以设计或工艺给出的支承面作为基准，否则应取要素中较长的一个作为基准；若两要素的长度相等则可选任一要素为基准。

附表 4-26　圆跳动的未注公差值　　　　　　　　　　　　单位：mm

公差等级	圆跳动公差值	公差等级	圆跳动公差值
H	0.1	L	0.5
K	0.2		

线轮廓度、面轮廓度、倾斜度、位置度和全跳动均应由各个要素的未注出或未注形位公差、线性尺寸公差或角度公差控制。

若采用本节规定的未注公差值，应在标题栏附近或技术要求、技术文件（如企业标准）中注出标准号及公差等级代号："GB/T 1184×"

5　金属的焊接

5.1　常用焊接方法（附表 5-1、附表 5-2）

附表 5-1　常用金属材料的焊接方法

焊接方法	铁	碳钢					铸钢	铸铁			低合金钢									不锈钢			耐热合金		轻金属								铜合金					
	纯铁	低碳钢	中碳钢	高碳钢	工具钢	含铜钢	高锰钢	灰铸铁	可锻铸铁	合金铸铁	镍铜钢	镍钼钢	碳素锰钢	镍铬钢	铬钼钢	镍铬钼钢	镍铬钢	铬钒钢	锰钢	铬钢M型	铬钢F型	铬镍钢A型	耐热超合金	高镍合金	纯铝	铝合金①	铝合金②	纯镁	镁合金	纯钛	钛合金①	钛合金②	纯铜	黄铜	磷青铜	铝青铜	镍青铜	锆铌
手弧焊	A	A	A	A	B	A	A	B	B	B	B	A	A	A	A	A	B	B	A	A	A	A	A	A	B	B	B	D	D	D	D	D	B	B	B	B	B	D
埋弧焊	A	A	A	B	B	A	A	B	D	D	D	A	A	A	A	A	A	A	B	B	A	A	A	A	A	A	D	D	D	D	D	D	C	D	C	D	D	D
CO₂焊	B	A	A	C	D	C	A	B	D	D	D	C	C	C	C	C	C	C	C	C	B	B	B	C	C	D	D	D	D	D	D	C	C	C	C	C	D
氩弧焊	C	B	B	B	B	B	B	B	B	B	B	—	—	—	B	B	A	—	—	B	A	A	A	A	A	A	B	A	A	A	A	B	A	A	A	A	A	B
电渣焊	A	A	A	B	C	A	A	A	B	B	D	D	D	D	D	D	D	B	C	C	C	C	C	C	C	D	D	D	D	D	D	D	A	A	A	A	A	A
气电焊	A	A	A	B	C	A	A	B	B	D	B	D	D	D	D	D	D	B	D	D	D	D	B	C	C	C	C	C	C	C	C	B	D	D	D	D	D	D
氧-乙炔焊	A	A	A	B	A	B	A	B	A	A	A	A	A	B	A	A	A	B	A	A	A	B	A	A	A	A	A	B	B	D	B	D	D	B	C	C	C	D
气压焊	A	A	A	B	B	A	A	B	B	B	A	A	A	A	A	A	A	A	B	B	B	C	C	C	C	C	C	C	C	C	C	B	C	C	C	C	C	B
点缝焊	A	A	A	B	D	D	B	A	A	A	A	A	A	A	A	A	A	A	A	B	B	A	C	C	C	C	C	C	C	C	C	B	C	C	C	C	C	B
闪光焊	A	A	A	B	B	A	A	B	B	B	B	B	B	B	B	B	B	B	B	B	B	B	C	C	C	C	C	C	C	C	C	B	C	C	C	C	C	B
铝热焊	A	A	A	B	A	A	B	B	B	B	B	B	B	B	B	B	B	B	D	D	D	D	D	D	D	D	D	D	D	D	D	D	D	D	D	D	D	D
电子束焊	A	A	A	A	A	A	A	C	C	C	A	A	A	A	A	A	A	A	A	A	A	A	B	A	A	A	A	A	A	B	B	A	B	B	B	B	B	B
钎焊	A	A	B	B	B	B	B	B	B	C	C	C	B	B	B	B	B	B	B	C	B	C	B	C	C	D	B	B	C	C	D	B	B	B	B	C	B	C

① 铝、钛合金为非热处理型。
② 铝、钛合金为热处理型。
注：A—最适用；B—适用；C—稍适用；D—不适用。

附表 5-2 异种金属材料的焊接方法

金属名称	铬钢	镀锡铁皮	镀锌铁皮	锌	镉	锡	铅	钼	镁	铝	紫铜	青铜	黄铜	镍铜合金	镍铬合金	镍	不锈钢	碳钢
碳钢	⊙	⊙	⊙					⊙		⊙	⊙	⊙	⊙	⊙	⊙	⊙	⊙	⊙
不锈钢	⊙	⊙	⊙	⊕	⊕	⊕		⊙		×	⊙	⊙	⊙	⊙	⊙	⊙	⊙	
镍	⊙	⊙	⊙	⊕	×	×		⊙		⊙	⊙	⊙	⊙	⊙	⊙	⊙		
镍铬合金	⊙	⊙	⊙	○	○	⊕	○	⊙		⊕	⊙	⊙	⊙	⊙	⊙			
镍铜合金	⊕	⊙	⊙	○	○	×	×			⊕	⊙	⊙	⊙	⊙				
黄铜	⊕	⊙	⊙	○	○	×	×	⊕		⊕	⊙	⊙	⊙					
青铜	⊙	⊙	⊙	○				×		○	⊙	⊙						
紫铜	×	⊙	⊕	⊙	×	×		⊕		⊙	⊙							
铝									⊙	⊙								
镁									⊙									
钼		⊙	⊕	⊕		⊙		⊕										
铅		⊙	⊙	⊕	⊙	⊙	⊙											
锡		⊙	⊙	⊕	⊙	⊙												
镉		⊕	⊕	⊙	⊙													
锌	⊙	⊙	⊙	○														
镀锌铁皮	⊙	⊙	⊙															
镀锡铁皮	⊙	⊙																
铬钢	⊙																	

符号说明

⊙—可焊性好。

○—可焊性尚好，但焊缝脆弱。

⊕—可焊性不好。

×—不能焊接。

空白—未经试焊。

5.2 管道焊接材料（附表 5-3、附表 5-4）

附表 5-3 同种钢焊接选用的焊接材料

钢号	手弧焊		埋弧焊			二氧化碳保护焊	氩弧焊
	焊条型号	焊条牌号	焊丝钢号	焊剂型号	焊剂牌号	焊丝钢号	丝钢号
Q235-A、10、20	E4303	J422	H08、H08Mn	HJ401-H08A	HJ431	H08Mn2Si	—
20R、20g	E4316 E4315	J426 J427	H08A H08MnA	HJ401-H08A	HJ431	H08Mn2Si	—
25	E4303 E5003	J422 J502	H08 H08Mn	HJ401-H08A	HJ431	—	—
09Mn2V	E5515-C1	W707Ni	H08Mn2MoVA	—	HJ250	—	—
09Mn2VDR 09Mn2VD	E5515-C1	W707Ni	—	—	—	—	—
06MnNbDR	E5515-C2	W907Ni W107Ni	—	—	—	—	—
16Mn 16MnR 16MnRC	E5003 E5016 E5015	J502 J506 J507	H10MnSi H10Mn2	HJ401-H08A HJ402-H10Mn2	HJ431 HJ350	H08MnMoA H08Mn2SiA	H10Mn2
16MnDR 16MnD	E5016-G E5015-G	J506RH J507RH					
15MnV	E5003	J502	H08MnMoA H10MnSi H10Mn2	HJ401-H08A	HJ431	H08Mn2SiA	H08Mn2SiA
15MnVR 15MnVRC	E5016 E5015 E5515-G	J506 J507 J557		HJ402-H10Mn2	HJ350		
15MnVNR	E6016-D1 E6015-D1	J606 J607	H08MnMoA	HJ402-H10Mn2	HJ350	H08Mn2SiA	H08Mn2SiA
18MnMoNbR	E7015-D2	J707	H08MnMoA	—	HJ250G	—	—
12CrMo	E5515-B10	R207	H13CrMoA	HJ402-H10Mn2	HJ350	—	H08CrMoA
15CrMo	E5515-B2	R307	H13CrMoA	—	HJ250G	—	H13CrMoA

钢　号	手弧焊		埋弧焊			二氧化碳保护焊	氩弧焊
	焊条型号	焊条牌号	焊丝钢号	焊剂型号	焊剂牌号	焊丝钢号	丝钢号
12Cr1MoV	E5515-B2-V	R317	H08CrMoVA	HJ402-H10Mn2	HJ350	—	H08CrMoVA
12Cr2Mo	E6015-B3	R407	—	—	—	—	—
1Cr5Mo	E1-5MoV-15	R507	H1Cr5Mo	—	HJ250	—	—
0Cr19Ni9	E0-19-10-16	A102	—	—	—	—	—
	E0-18-10-15	A107					
0Cr18Ni9Ti	E0-19-10Nb-16	A132	—	—	—	—	—
	E0-19-10Nb-16	A137					
00Cr18Ni10	E00-19-10-16	A002	H00Cr21Ni10	—	HJ260	—	H00Cr21Ni10
00Cr19Ni11	E00-19-10-16	A002	—	—	—	—	—
0Cr17Ni12Mo2	E0-18-12Mo2-16	A202	H00Cr19Ni12Mo2	—	HJ260	—	H00Cr19Ni12Mo2
	E0-18-12Mo2-16	A207					
0Cr18Ni12Mo2Ti	E00-18-12Mo-16	A022	H0Cr20Ni14Mo3	—	HJ260	—	H0Cr20Ni14Mo3
	E00-18-12Mo2Nb-16	A212					
0Cr19Ni13Mo3	E0-19-13Mo3-16	A242	—	—	—	—	—
0Cr18Ni12Mo3Ti	E00-18-12Mo2-16	A022	H0Cr20Ni14Mo3	—	HJ260	—	H0Cr20Ni14Mo3
0Cr18Ni12Mo3Ti	E00-18-12Mo2-16	A212	H0Cr20Ni14Mo3	—	HJ260	—	H0Cr20Ni14Mo3
00Cr17Ni14Mo2	E00-18-12Mo2-16	A022	H0Cr20Ni14Mo3	—	HJ260	—	H0Cr20Ni14Mo3
0Cr13	E1-13-16	G202	—	—	—	—	—
	E1-13-15	G207					
0Cr17	E0-17-16	G302	—	—	—	—	—
	E0-17-15	G307					
1Cr13	E1-13-16	G202	—	—	—	—	—
2Cr13	E1-13-15	G207					

附表 5-4　异种钢焊接选用的焊接材料

接头钢号	手弧焊		埋弧焊		
	焊条型号	焊条牌号	焊丝钢号	焊剂型号	焊剂牌号
Q235+16Mn	E4303	J422	H08、H08Mn	HJ401-H08A	HJ431
20、20R+16MnR、16MnRC	E4315	J427	H08MnA	HJ401-H08A	HJ431
	E5015	J507			
16MnR+18MnMoNbR	E5015	J507	H10Mn2、H10MnSi	HJ401-H08A	HJ431
Q235+15CrMo	E4315	J427	H08、H08MnA	HJ401-08A	HJ431
Q235+1CrMo					
16MnR+15CrMo	E5015	J507	—	—	—
20、20R、16MnR+12Cr1MoV	E5015	J507	—	—	—
Q235+0Cr18Ni9Ti	E1-23-13-16	A302	—	—	—
	E1-23-13Mo2-16	A312			
20R+0Cr18Ni9Ti	E1-23-13-16	A302	—	—	—
	E1-23-13Mo2-16	A312			
16MnR+0Cr18Ni9Ti	E1-23-13-16	A302	—	—	—
	E1-23-13Mo2-16	A312			
18MnMoNbR+0Cr18Ni9Ti	E2-26-21-16	A402	—	—	—
	E2-26-21-15	A407			
15CrMo+0Cr18Ni9Ti	E2-26-21-16	A402	—	—	—
	E2-26-21-15	A407			

6 材料牌号对照

6.1 结构钢号对照（附表 6-1～附表 6-3）

附表 6-1 碳素结构钢和工具钢钢号近似对照

中国	德国		法国	标准化组织	日本	俄罗斯	瑞典	英国	美国	
GB	DIN	W-Nr	NF	ISO	JIS	ГОСТ	SS	BS	ASTM	UNS
Q195 (A1,B1)	S185 (st33)	1.0035	S185 (A33)	HR2	—	СТ 1кп СТ 1сп СТ 1пс	—	S185 (040A10)	A285M Gr. B	—
Q215A Q215B (A2.C2)	USt 34.2 RSt 34.2	1.0028 1.0034	A34 A34-2NE	HR1	SS330 (SS34)	СТ 2кп,пс,сп-2 СТ 2кп,пс,сп-3 СТ 2кп-2,-3	1370	040A12	A283M Gr. C A573M Gr. 58	—
Q235A Q235B Q235C Q235D (A3,C3)	S235JR S235JRG1 S235JRG2 (St37.2 U St37.2, RSt37.2)	1.0037 1.0036 1.0038	S235JR S235JRG1 S235JRG2 (E24.2, E24.2NE)	Fe 360A Fe 360D	SS400 (SS41)	СТ 3кп,пс,сп-2 СТ 3кп,пс,сп-3 СТ 3кп,пс,сп-4 СТ 3кп,пс,сп-4 БСТ 3кп-2	1311 1312	S235JR S235JRG1 S235JRG2 (40B,C)	A570Gr. A A570Gr. D A283M Gr. D	K02501 K02502
Q255A Q255B (A4,C4)	St44-2	1.0044	E28.2	—	SM400A SM400B (SM41A, SM41B)	СТ 4кп,пс,сп-2 СТ 4кп,пс,сп-3 БСТ 4кп-2	1412	43B	A709M Cr. 36	—
Q275 (C5)	S275J2G3 S275J2G4 (St44-3N)	1.0144 1.0145 1.0055	S275J2G3 S275J2G4	Fe430A	SS490 (SS50)	СТ 5кп-2 СТ 5пс БСТ 5пс-2	1430	S275J2G3 S275J2G4 (43D)	—	K02901

注：括号内为旧钢号。

附表 6-2 优质碳素结构钢钢号近似对照

序号	中国	德国		法国	标准化组织	日本	俄罗斯	瑞典	英国	美国	
	GB	DIN	W-Nr	NF	ISO	JIS	ГОСТ	SS	BS	ASTM	UNS
1	05F	D6-2	1.0314	—	—	—	05кп	—	015A03	1005	G10050
2	08F	USt4	1.0336		—	S9CK	08кп	—		≈1008	
3	08	—		XC6	—	—	08		040A04 050A04	1008	G10080
4	10F	USt13		—	—	—	10кп	—	—	≈1010	—
5	10	C10 Ck10	1.0301 1.1121	C10 XC10		S10C	10	1265	040A10 045M10	1010	G10100
6	15	C15 Ck15	1.0401 1.1141	C12 XC15		S15C	15	1350 1370	040A15 080M15	1015	G10150
7	20	C22E Ck22	1.1151	C22E XC18		S20C	20	1435	C22E 070M20	1020	G10200
8	25	C25E Ck30	1.1158	C25E XC25	C25E4	S25C	25	—	C25E 070M26	1025	G10250
9	30	C30E Ck30	1.1178	C30E XC32	C30E4	S30C	30	—	C30E 080M30	1030	C10300
10	35	C35E Ck35	1.1181	C35E XC38	C35E4	S35C	35	1572	C35E 080M36	1035	G10350
11	40	C40E Ck40	1.1186	C40E XC42	C40E4	S40C	40	—	C40E 080M40	1040	G10400
12	45	C45E Ck45	1.1191	C45E XC48	C45E4	S45C	45	1660	C40E 080M46	1045	G10450
13	50	C50E Ck53	1.1210	C50E	C50E4	S50C	50	1674	C50E 080M50	1050	C10500

序号	中国	德国		法国	标准化组织	日本	俄罗斯	瑞典	英国	美国	
	GB	DIN	W-Nr	NF	ISO	JIS	ГОСТ	SS	BS	ASTM	UNS
14	55	C55E Ck55	1.1203	C55E XC55	C55E4	S55C	55	1665	C55E 070M55	1055	G10550
15	60	C60E Ck60	1.1221	C60E XC60	C60E4	—	60	1678	C60E 070M60	1060	C10600
16	65	Ck67	1.1231	XC65	SL,SM	—	65	1770	060A67	1065	C10650
17	15Mn	15Mn3	1.0467	12M5	—	—	15Г	1430	080A15	1016	G10160
18	20Mn	21Mn4	1.0469	20M5	—	—	20Г	1434	080A20	1022	G10220
19	25Mn	—	—	—	—	—	25Г	—	080A25	1026	G10260
20	30Mn	30Mn4	1.1146	32M5	—	—	30Г	—	080A30	1033	G10330
21	35Mn	36Mn4	1.0561	35M5	—	—	35Г	—	080A35	1037	G10370
22	40Mn	40Mn4	1.1157	40M5	SL,SM	SWRH42B	40Г	—	080A40	1039	G10390
23	45Mn	—	—	45M5	SL,SM	SWRH47B	45Г	1672	080A47	1046	G10460
24	50Mn	—	—	45M5	SL,SM	SWRH52B	50Г	1674	080A52	1053	G10530
25	60Mn	60Mn3	1.0642	—	SL,Sm	S58C SWRH62B	60Г	1678	080A62	1062	—

附表 6-3　合金结构钢钢号近似对照

序号	中国	德国		法国	标准化组织	日本	俄罗斯	瑞典	英国	美国	
	GB	DIN	W-Nr	NF	ISO	JIS	ГОСТ	SS	BS	ASTM	UNS
1	20Mn2	20Mn6	1.1169	20M5	22Mn6	SMn420	20Г2	—	150M19	1320	—
2	30Mn2	30Mn5	1.1165	32M5	28Mn6	—	30Г2	—	150M28	1330	G13300
3	35Mn2	36Mn5	1.1167	35M5	36Mn6	SMn433	35Г2	2120	150M36	1335	G13350
4	40Mn2	—	—	40M5	42Mn6	SMn438	40Г2	—	—	1340	G13400
5	45Mn2	46Mn7	1.0912	45M5	—	SMn443	45Г2	—	—	1345	G13450
6	50Mn2	50Mn7	1.0913	55M5	—	—	50Г2	—	—	—	—
7	15MnV	15MnV5	1.5213	—	—	—	—	—	—	—	—
8	20MnV	20MnV6	1.5217								
9	42MnV	42MnV7	1.5223	—	—	—	—	—	—	—	—
10	35SiMn	37MnSi5	1.5122	38MS5	—	—	35СГ	—	En46[②]	—	—
11	42SiMn	46MnSi4	1.5121	41S7			42СГ				
12	40B								170H41		
13	45B	—	—	38MB5	—	—	—	—	—	14B35 14B50	—
14	40MnB								185H40		
15	15Cr	15Cr3	1.7015	12C3	—	SCr415	15X	—	523A14 523M15	5115	G51150
16	20Cr	20Cr4	1.7027	18C3	20Cr4	SCr420	20X	—	527A20	5120	G51200
17	30Cr	28Cr4	1.7030	32C4	—	SCr430	30X	—	530A30	5130	G51300
18	35Cr	34Cr4	1.7033	38C4	34Cr4	SCr435	35X	—	530A36	5135	G51350

续表

序号	中国	德国		法国	标准化组织	日本	俄罗斯	瑞典	英国	美国	
	GB	DIN	W-Nr	NF	ISO	JIS	ГОСТ	SS	BS	ASTM	UNS
19	40Cr	41Cr4	1.7035	42C4	41Cr4	SCr440	40X	2245	530A40 530M40	5140	G51400
20	45Cr	—	—	45C4	—	SCr445	45X	—	—	5145	G51450
21	50Cr	—	—	50C4	—	—	50X	—	—	5150	G51400
22 23	12CrMo 12CrMoV	13CrMo44	1.7335	12CD4	—	—	12XM 12XMФ	2216	1501 620 Cr27	4119	—
24	15CrMo①	15CrMo5	1.7262	15CD4.05	—	SCM415	15XM	—	1501 620 Cr31	—	—
25	20CrMo	20CrMo5	1.7264	18CD4	18CrMo4	SCM420	20XM	—	CDS12	4118	G41180
26	25CrMo①	25CrMo4	1.7218	25CD4	—	—	30XM	2225	—	—	—
27	30CrMo	—	—	30CD4	—	SCM430	—	—	—	—	—
28 29	35CrMo 35CrMoV	34CrMo4	1.7220	35CD4	34CrMo4	SCM435	35XM 35XMФ	2234	708A37 CDS13	4135	G41350
30	42CrMo	42CrMo4	1.7225	42CD4	42CrMo4	SCM440	—	2244	708M40	4140	G41400
31 32	25Cr2MoVA 25Mo1VA	24CrMoV55	1.7733	—	—	—	25X2M1Ф	—	—	—	—
33	20Cr3MoWVA	21CrVMoW12	—	—	—	—	ЭИ415	—	—	—	—
34	38CrMoAl	41CrAlMo7	1.8509	40CAD6.12	41CrAlMo74	—	38X2МЮА	2940	905M39	—	—
35	20CrV	21CrV4	1.7510	—	—	—	—	—	—	6120	—
36	50CrVA	51CrV4 (50CrV4)	1.8159	50CV4	13	SUP10	50XФ	2230	735A50	6150	G61500
37	15CrMn	16MnCr5	1.7131	16MC5	—	—	15XГ	2511	—	5115	G61500
38	20CrMn	20MnCr5	1.7147	20MC5	20MnCr5	SMnC420	20XГ	—	—	5120	G51200
39 40 41	20CrMnSi 30CrMnSi 35CrMnSiA	—	—	—	—	—	20XГС 30XГС 35XГСА	—	—	—	—
42	20CrMnMo	—	—	—	—	SCM421	18XГМ	—	—	4119	—
43	40CrMnMo	42CrMo4	1.7225	—	42CrMo4	SCM440	40XГМ	—	708A42	4142	G41420
44 45	20CrMnTi 30CrMnTi	30MnCrTi4	1.8401	—	—	—	18XГТ 30XГТ	—	—	—	—
46 47 48	20CrNi 40CrNi 50CrNi	40NiCr6	1.5711	—	—	—	20XH 40XH 50XH	—	640M40	3140	G31400
49	12CrNi2	14NiCr10	1.5732	14NC11	—	SNC415	12XH2A	—	—	3415	—
50	12CrNi3	14NiCr14	1.5752	14NC12	15NiCr13	SNC815	12XH3A	—	665A12 665M13	3310	G33106
51	20CrNi3	—	—	20NC11	—	—	20XH3A	—	—	—	—
52	30CrNi3	31NiCr14	1.5755	30NC11	—	SNC836	30XH3A	—	653M31	3435	—
53	12Cr2Ni4	14NiCr18	1.5860	12NC15	—	—	12X2H4A	—	659M15	2515	—
54 55	20Cr2Ni4 18Cr2Ni4WA	14NiCr14	1.5752	18NC13	—	SNC815	20X2H4A 18X2H4BA	—	~665M13	3316	—
56	20CrNiMo	21NiCrMo2	1.6523	20NCD2	20NiCrMo2	SNCM220	20XHM	2506	805M20	8620	G86200
57 58	40CrNiMo 45CrNiMoVA	36CrNiMo4	1.6511	40NCD3		SNCM439	40XHM 45XH2МФА	—	816M40	4340	G43400

① 中国 YB 标准旧钢号。
② 英国 BS 标准旧钢号。

6.2 不锈钢钢号对照（附表6-4～附表6-8）

附表6-4 （奥氏体型）不锈钢钢号近似对照

序号	中国 GB	德国 DIN	德国 W-Nr	法国 NF	标准化组织 ISO	日本 JIS	俄罗斯 ГОСТ	瑞典 SS	英国 BS	美国 ASTM	美国 UNS
1	1Cr17Mn6Ni5N	—	—	—	A-2	SUS201	—	—	—	201	S20100
2	1Cr18Mn8Ni5N	—	—	—	A-3	SUS202	12X17Г9АН4	—	284S16	202	S20200
3	1Cr17Ni7	X12CrNi17 7	1.4310	Z12CN17.07 Z12CN18.07	14	SUS301	—	—	301S21	301	S30100
4	1Cr18Ni9	X12CrNi8 8	1.4300	Z10CN18.09	—	SUS302	12X18Н9	—	302S25	302	S30200
5	Y1Cr18Ni9	X10CrNiS18 9	1.4305	Z10CNF18.09	17	SUS303	—	—	303S21	303	S30300
6	Y1Cr18Ni9Se	—	—	—	17a	SUS303Se	12X18Н10Е	—	303S41	303Se	S30323
7	0Cr19Ni9 (0Cr18Ni9)	X5CrNi18 10	1.4301	Z6CN18.09	11	SUS 304	08X18Н10	2332 2333	304S15	304 304H	S30400
8	0Cr19Ni11 (00Cr18Ni10)	X2CrNi19 11	1.4306	Z2CN18.10 Z2CN18.09	10	SUS 304L	03X18Н11	—	304S12	304L	S30403
9	0Cr19Ni19N	—	—	—	—	SUS304N1	—	—	—	304N	S30451
10	0Cr19Ni10NbN	—	—	—	—	SUS304N2	—	—	—	XM21	S30452
11	00Cr18Ni10N	X2CrNiN18 10	1.4311	Z2CN18.10Az	10N	SUS304LN	—	2371	304S62	304LN	S30453
12	1Cr18Ni12 (1Cr18Ni12Ti)	X5CrNi18 12	1.4303	Z8CN18.12	13	SUS305	12X18Н12Т	—	305S19	305	S30500
13	0Cr23Ni13	X7CrNi23 14	1.4833	Z15CN24.13	—	SUS309S	—	—	—	309S	S30908
14	0Cr23Ni20 (1Cr25Ni20Si2)	X12CrNi25 21	1.4845	Z12CN25.20	—	SUS310S	—	2361	304S24	310S	S31008
15	0Cr17Ni12Mo2	X5CrNiMo17 12 2 X5CrNiMo17 13 3	1.4401 1.4436	Z6CNDI7.11 Z6CNDI7.12	20 20a	SUS316	—	2347 2343	316S16 316S31	316	S31600
16	0Cr18Ni12Mo2Ti	X6CrNiMoTi17 12 2	1.4571	Z6CNDT17.12	21		08X17Н13М2Т	2350	320S31 320S17	316Ti	S31635
17	00Cr17Ni14Mo2	X2CrNiMo18 14 3	1.4435	Z2CND17.13	19 19a	SUS316L	03X17Н14М2	2353	316S11 316S12	316L	S31603
18	0Cr17Ni12Mo2N	—	—	—	—	SUS316N	—	—	—	316N	S31651
19	00Cr17Ni13Mo2N	X2CrNiMoN17 12 2 X2CrNiMoN17 13 3	1.4406 1.4429	Z2CND17.12Az Z2CND17.13Az	19N 19aN	SUS316LN	—	2375	316S61	316LN	S31653
20	0Cr18Ni12Mo2Cu2	—	—	—	—	SUS316JI	—	—	—	—	—
21	00Cr18Ni14Mo2Cu2	—	—	—	—	SUS316JIL	—	—	—	—	—

续表

序号	中国	德国		法国	标准化组织	日本	俄罗斯	瑞典	英国	美国	
	GB	DIN	W-Nr	NF	ISO	JIS	ГОСТ	SS	BS	ASTM	UNS
22	0Cr19Ni13Mo3	X5CrNiMo17 13 3	1.4449	—	25	SUS317	—	—	317S16	317	S31700
23	1Cr18Ni12Mo3Ti			—	X6CrNiMoTi17 12	—	10X17H13M3T	—	320S31	—	—
24	0Cr18Ni12M3Ti	X6CrNiMo17 12 2	1.4571	—	21	—	08X17H15M3T	—	320S17	—	—
25	00Cr19Ni13Mo3 (00Cr17Ni14Mo3)	X2CrNiMo18 16 4	1.4438	Z2CND19.15	—	SUS317L	—	2367	317S12	317L	S31703
26	0Cr18Ni16Mo5	—	—	—	—	SUS317JI	—	—	—	—	—
27	1Cr18Ni9Ti	X12CrNiTi18 9	1.4878	Z6CNT18.12	X6CrNiTi18 10	SUS321	12X18H10T	2337	321S20	321	S32100
28	0Cr18Ni11Ti (0Cr18Ni9Ti)	X6CrNiTi18 10	1.4541	Z6CNT18.10	15	SUS321	09X18H10T X18H10T	2337	321S12 321S31	321	S32100
29	0Cr18Ni11Nb	X6CrNiNb18 10	1.4550	Z6CNNb18.10	16	SUS347	08XH12Б	2338	347S17 347S31	347	S34700
30	0Cr18Ni9Cu3	X3CrNiCu18 9	1.4567	Z3CNU18.10	D32	SUS XM7	—	—	—	XM7	—
31	0Cr18Ni13Si4	—	—	—	—	SUS XM15JI	—	—	—	XM15	S38100

注：括号内钢号是 GB 标准旧钢号，以下同。

附表 6-5 （奥氏体-铁素体型）不锈钢钢号近似对照

序号	中国	德国		法国	标准化组织	日本	俄罗斯	瑞典	英国	美国	
	GB	DIN	W-Nr	NF	ISO	JIS	ГОСТ	SS	BS	ASTM	UNS
32	0Cr26Ni5Mo2	X8CrNiMo27 5	1.4460	—	—	SUS329JI	—	2324	—	329	S32900
33	1Cr18Ni11Si4AlTi	—	—	—	—	—	15X18H12C4TIO	—	—	—	—
34	00Cr18Ni5Mo3Si2	—	—	—	—	—	—	—	—	—	—

附表 6-6 （铁素体型）不锈钢钢号近似对照

序号	中国	德国		法国	标准化组织	日本	俄罗斯	瑞典	英国	美国	
	GB	DIN	W-Nr	NF	ISO	JIS	ГОСТ	SS	BS	ASTM	UNS
35	0Cr13Al	X6CrAl13	1.4002	Z6CA13	2	SUS405	—	2302	405S17	405	S40500
36	00Cr12	—	—	Z3CT12	—	SUS410L	—	—	—	—	—
37	1Cr17	X6Cr17	1.4016	Z8C17	8	SUS430	12X17	2320	430S15	430	S43000
38	YCr17	X12CrMoS17	1.4104	Z10CF17	8a	SUS430F	—	2383	—	430F	S43020
39	1Cr17Mo	X6CrMo17	1.4113	Z8CD17.01	9c	SUS434	—	2325	434S17	434	S43400
40	00Cr30Mo2	—	—	—	—	SUS 447JI	—	—	—	—	—
41	00Cr27Mo	X1CrMo26 1	1.4131	Z01CD26.01	—	SUS XM27	—	—	—	XM27	S44625

附表 6-7 （马氏体型）不锈钢钢号近似对照

序号	中国 GB	德国 DIN	W-Nr	法国 NF	标准化组织 ISO	日本 JIS	俄罗斯 ГОСТ	瑞典 SS	英国 BS	美国 ASTM	美国 UNS
42	1Cr12	—	—	—	3	SUS403	08X13	2301	403S17	403	S40300
43	0Cr13	X6Cr13	1.4000	Z6C13	1	SUS405	—	—	—	405	S40500
44	1Cr13	X10Cr13	1.4006	Z12C13	3	SUS410	12X13	2302	410S21	410	S41000
45	1Cr13Mo	X15Cr13	1.4024	—	—	SUS410JI	—	—	420S29	—	—
46	Y1Cr13	X12CrS13	1.4005	Z12CF13	7	SUS416	—	2380	416S21	416	S41600
47	2Cr13	X20Cr13	1.4021	Z20C13	4	SUS420JI	12X13	2303	420S37	420	S42000
48	3Cr13	X30Cr13	1.4028	Z30C13	5	SUS420J2	30X13	2304	420S45	—	—
49	4Cr13	X38Cr13	—	Z40C14	—	—	40X13	—	—	—	—
50	Y3Cr13	—	—	Z30CF13	—	SUS420F	—	—	—	420F	S42020
51	1Cr17Ni2	X20CrNi17 2	1.4057	Z15CN16.02	—	SUS431	14X17H2	2321	431S29	431	S43100
52	7Cr17	—	—	—	—	SUS440A	—	—	—	440A	S44002
53	8Cr17	—	—	—	—	SUS440B	—	—	—	440B	S44003
54	11Cr17 (9Cr18)	—	—	—	—	SUS440C	95X18	—	—	440C	S44004
55	Y11Cr17	—	—	—	—	SUS440F	—	—	—	440F	S44020

附表 6-8 （沉积硬化型）不锈钢钢号近似对照

序号	中国 GB	德国 DIN	W-Nr	法国 NF	标准化组织 ISO	日本 JIS	俄罗斯 ГОСТ	瑞典 SS	英国 BS	美国 ASTM	美国 UNS
56	0Cr17Ni4Cu4Nb	X5CrNiCuNb17 14	1.4542	Z6CNU17.04	1	SUS630	—	—	—	630	S17400
57	0Cr17Ni7Al	X7CrNiAl17 7	1.4568	Z8CNA17.07	2	SUS631	09X17H7O	—	—	631	S17700
58	0Cr15Ni7Mo2Al	X7CrNiMoAl15 7	1.4532	Z8CNDA17.07	3	SUS632	—	—	—	632	S15700
59	—	X38Cr13	1.4031	Z40C14	—	SUS420J2	40X13	2340	—	—	—
60	—	X46Cr13	1.40234	Z38C13M	—	—	—	—	420S45	—	—
61	—	X105CrMo17	1.4125	Z100CD17	—	SUS440C	—	—	—	440C	S44004
62	—	X5CrNi134	1.4313	Z5CN13.4	—	—	—	2385	425C11	—	—
63	—	X2CrNiMo17 13 2	1.4404	Z2CND17.12	—	SUS316L	—	—	316S11	316L	—
64	—	X6CrTi17	1.4510	Z8CT17	—	SUS403LX	08X17T	—	—	430Ti	—
65	—	X8CrNb17	1.4511	Z8CNb17	—	—	—	—	—	—	—
66	—	X5CrNiNb18 10	1.4546	—	—	—	—	—	347S17 347S18	348	—
67	—	X10CrNiMoTi18 12	1.4573	—	—	—	10X17H13M3T 08X17H13M2T	—	320S33	316Ti	—
68	—	X6CrNiMoNb17 122	1.4580	Z6CNDNb17.12	—	—	08X16H13M2Б	—	318S17	316Cb	—

6.3 耐热钢号对照（附表 6-9～附表 6-13）

附表 6-9 （奥氏体型）耐热钢钢号近似对照

序号	中国 GB	德国 DIN	德国 W-Nr	法国 NF	标准化组织 ISO	日本 JIS	俄罗斯 ГОСТ	瑞典 SS	英国 BS	美国 ASTM	美国 UNS
1	5Cr21Mn9Ni4N	X53CrMnNiN21 9	1.4871	Z52CMN21.09	—	SUH35	55X20Г9AH4	—	349S52	(SAE)	S63008
2	Y5Cr21Mn9Ni4N	—	—	—	—	SUH36	—	—	349S54	EV8	—
3	2Cr22Ni11N	—	—	—	—	SUH37	—	—	349S54	—	—
4	3Cr20Ni11Mo2PB	—	—	—	—	SUH38	—	—	—	—	—
5	2Cr23Ni13 (1Cr23Ni13)	X15CrNiSi20 12	1.4828	Z15CNS20.12	—	SUH309	20X20H14C2	—	309S24	309	S30900
6	2Cr25Ni20 (1Cr25Ni20Si2)	X15CrNiSi25 20	1.4841	Z15CNS25.20	H16	SUH310	20X25H20C2	—	310S31	310	S31000
7	1Cr16Ni35	X12NiCrSi36 16	1.4864	Z12NCS35.16 Z12NC37.18	H17	SUH330		—	NA17	330	N08330
8	0Cr15Ni25Ti2MoAlVB (0Cr15Ni25Ti2MoVB)	X5NiCrTi26 15	1.4980	Z6NCTDV25.15	—	SUH660		—	286S31	660	S66286
9	1Cr22Ni20Co 20Mo3W3NbN	X12CrCoNi21 20	1.4971	—	—	SUH661		—	—	661	R30155
10	0Cr9Ni9 (0Cr18Ni9)	X5CrNi18 10	1.4301	Z6CN18.09	11	SUS304	08X18H10	2332 2333	304S15	304 304H	S30400
11	0Cr23Ni13	X7CrNi23 14	1.4833	Z15CN24.13	H14	SUS309S		—	—	309S	S30908
12	0Cr25Ni20 (1Cr25Ni20Si2)	X12CrNi25 21	1.4845	Z12CN25.20	H15	SUS310S		2361	304S24	310S	S31008
13	0Cr17Ni12Mo2 (0Cr18Ni12Mo2Ti)	X5CrNiMo17 12 2 X5CrNiMo17 13 3	1.4401 1.4436	Z6CND17.11 Z6CND17.12	20 20a	SUS316	08X17H13M2T	2347 2343	316S16 316S31	316	S31600
14	4Cr14Ni14W2Mo						45X14H14B2M				—
15	0Cr19Ni13Mo3 (0Cr18Ni12Mo3Ti)	X5CrNiMo17 13	1.4449	—	25	SUS317		—	317S16	317	S31700
16	1Cr18Ni9Ti	X12CrNi18 9	1.4878	Z6CNT18.12	—	SUS231	12X18H10T	2337	321S20	321	S32100
17	0Cr18Ni11Ti (0Cr18Ni9Ti)	X6CrNiTi18 10	1.4541	Z6CNT18.10	15	SUS321	09X18H10T	2337	321S12 321S31	321	S32100
18	0Cr18Ni11Nb	X6CrNiNb18 10	1.4550	Z6CNNb18.10	16	SUS347	08X18H12Б	2338	347S17 347S31	347	S34700
19	0Cr18Ni13Si4	—	—	—	—	SUS XM15J1		—	—	XM15	S38100
20	1Cr25Ni20Si2	—	—	Z15CNS25.20	—	—		—	310S24	—	—

注：括号内钢号是 GB 标准旧钢号，以下同。

附表 6-10 （铁素体型）耐热钢钢号近似对照

序号	中国 GB	德国 DIN	德国 W-Nr	法国 NF	标准化组织 ISO	日本 JIS	俄罗斯 ГОСТ	瑞典 SS	英国 BS	美国 ASTM	美国 UNS
21	2Cr25N	—	—	—	H7	SUH446	—	—	—	446	S44600
22	0Cr13Al	X6CrAl13	1.4002	Z6CA13	2	SUS405	—	2302	405S17	405	S40500
23	00Cr12	—	—	—	—	SUS410L	—	—	—	—	—
24	1Cr17	X6Cr17	1.4016	Z8C17	8	SUS430	12X17	2320	430SI5	430	S43000

附表 6-11 （马氏体型）耐热钢钢号近似对照

序号	中国 GB	德国 DIN	德国 W-Nr	法国 NF	标准化组织 ISO	日本 JIS	俄罗斯 ГОСТ	瑞典 SS	英国 BS	美国 ASTM	美国 UNS
25	1Cr5Mo	—	—	—	—	—	15X5M	—	—	502	S51502
26	4Cr9Si2	X45CrSi9 3	1.4718	Z45CS9	X45CrSi9 3	—	40X9C2	—	401S45	(SAE) HNV3	S65000
27	4Cr10Si2Mo	X40CrSiMo10 2	1.4731	Z40CSD10	2	SUH3	40X10C2M	—	—	—	—
28	8Cr20Si2Ni	X80CrNiSi20	1.4747	Z80CSN20.02	4	SUH4	—	—	443S65	(SAE) HNV6	S65006
29	1Cr11MoV	—	—	—	—	—	15X11MФ	—	—	—	—
30	2Cr12MoVNbN	—	—	Z20CDNbV11	—	SUH600	—	—	—	—	—
31	2Cr12NiMoWV	X20CrMoWV12 1	1.4935	—	—	SUH616	—	—	—	616	S42200
32	1Cr13	X10Cr13	1.4006	Z12C13	3	SUS410	12X13	2302	410S21	410	S41000
33	1Cr13Mo	X15Cr13	1.4024	—	X12CrMo12 6	SUS410JI	—	—	420S29	—	—
34	1Cr17Ni2	X20CrNi17 2	1.4057	Z15CN16.02	9	SUS431	14X17H2	2321	431S29	431	S43100
35	1Cr11Ni2W2MoV	—	—	—	—	—	11X11H2B2MФ	—	—	—	—
36	2Cr13	X20Cr13	1.4021	420F20 Z20C13	4	SUS420JI	20X13	—	420S37	420	S42000

附表 6-12 （沉淀硬化型）耐热钢钢号近似对照

序号	中国 GB	德国 DIN	德国 W-Nr	法国 NF	标准化组织 ISO	日本 JIS	俄罗斯 ГОСТ	瑞典 SS	英国 BS	美国 ASTM	美国 UNS
37	0Cr17Ni14Cu4Nb	X5CrNiCuNb17 14	1.4542	Z6CNU17.04	1	SUS630	—	—	—	630	S17400
38	0Cr17Ni7Al	X7CrNiAl17 7	1.4568	Z8CNA17.07	2	SUS631	—	—	—	631	S17700

附表 6-13　(补充) 耐热钢号近似对照

序号	中国	德国	德国	法国	标准化组织	日本	俄罗斯	瑞典	英国	美国	美国
	GB	DIN	W-Nr	NF	ISO	JIS	ГОСТ	SS	BS	ASTM	UNS
39	—	X5CrTi12	1.4512	Z6CTi12	—	SUH409	—	—	409S19	409	S40900
40	—	X10CrAl13	1.4724	Z10C13	—	—	—	—	403S17	—	—
41	—	X10CrAl18	1.4742	Z10CAS18	—	SUH21	—	—	430S15	430	S43000
42	—	X10CrAl24	1.4762	Z10CAS24	—	—	—	—	—	446	S44600
43	—	X45CrNiW18 9	1.4873	Z35CNW14.14	—	SUH31	—	—	331S40	—	—

6.4　阀门钢号对照 (附表 6-14)

附表 6-14　阀门用钢号近似对照

序号	中国	德国	德国	法国	标准化组织	日本	俄罗斯	瑞典	英国	美国	美国
	GB	DIN	W-Nr	NF	ISO	JIS	ГОСТ	SS	BS	ASTM	UNS
1	2Cr21Ni12N	—	—	Z20CN21.21Az	—	SUH37	—	—	381S34	EV4 (21.12N)	S63017
2	4Cr14Ni14W2Mo	X50NiCrWV13.13	1.2731	Z35CNWS 14.14	—	SUH31	45X14H14B2M	—	331S42	—	—
3	5Cr21Mn9Ni4N	X53CrMnNiN21.9	1.4871	Z53CMN 21.09Az	X53CrMnNiN 21.9	SUH35	56X20T9AH4	—	349S52	EV8 (21.4N)	S63008
4	4Cr9Si2	X45CrSi9.3	1.4718	Z45CS9	X45CrSi9.3	SUH1	40X9C2	—	401S45	HNV3 (Si1.1)	S65007
5	4Cr10Si2Mo	X40CrSiMo10.2	1.4731	Z40CSD10	—	SUH3	40X10C2M	—	—	—	—
6	8Cr20Si2Ni	X80CrSiNi20	1.4747	Z80CNS20.02	—	SUH4	—	—	443S65	HNV6 (XB)	S65006

6.5　铸钢牌号对照 (附表 6-15～附表 6-20)

附表 6-15　工程与结构用碳素钢号近似对照

序号	中国	德国	德国	法国	标准化组织	日本	俄罗斯	瑞典	英国	美国	美国
	GB	DIN	W-Nr	NF	ISO	JIS	ГОСТ	SS	BS	ASTM	UNS
1	ZG200-400 (ZG15)	GS-38	1.0416	—	200-400	SC410 (SC42)	15Л	1306	—	415-205 (60-30)	J03000
2	ZG230-450 (ZG25)	GS-45	1.0446	GE230	230-450	SC450 (SC46)	25Л	1305	A1	450-240 (65-35)	J03101
3	ZG270-500 (ZG35)	GS-52	1.0552	GE280	270-480	SC180 (SC49)	35Л	1505	A2	485-275 (70-40)	J02501
4	ZG310-570(ZG45)	GS-60	1.0558	GE320		SCC5	45Л	1606	A5	(80-40)	J05002
5	ZG340-640(ZG55)	—	—	GE370	340-550	—	—	—	—	—	J05000

注：表中括号内分别为 GB 标准、JIS 标准、ASTM 标准的旧钢号。

附表 6-16　合金铸钢钢号近似对照

序号	中国	德国		法国	日本	俄罗斯	美国	
	GB	DIN	W-Nr	NF	JIS	ГОСТ	ASTM	UNS
1	ZG40Mn	GS-40Mn5	1.1168	—	SCMn3	—	—	—
2	ZG40Cr	—	—	—	—	40Л	—	—
3	ZG20SiMn	GS-20Mn5	1.1120	G20M6	SCW480 (SCW49)	20ГСЛ	LCC	J02505
4	ZG35SiMn	GS-37MnSi5	1.5122	—	SCSiMn2	35ГСЛ	—	—
5	ZG35CrMo	GS-34CrMo4	1.7220	G35CrMo4	SCCrM3	35ХМЛ	—	J13048
6	ZG35CrMnSi	—	—	—	SCMnCr3	35ХГСЛ	—	—

注：括号内为日本 JIS 标准的旧钢号。

附表 6-17　不锈、耐蚀铸钢钢号近似对照

序号	中国	德国		法国	日本	俄罗斯	瑞典	英国	美国	
	GB	DIN	W-Nr	NF	JIS	ГОСТ	SS	BS	ASTM	UNS
1	ZG1Cr13	G-X7Cr13 G-X10Cr13	1.4001 1.4006	Z12C13M	SCS1	15Х13Л	—	410C21	CA-15	J91150
2	ZG2Cr13	G-X20Cr14	1.4027	Z20C13M	SCS2	20Х13Л	—	420C29	CA-40	J91153
3	ZGCr28	G-X70Cr29 G-X120Cr29	1.4085 1.4086	Z130C29M	—	—	—	452C11	—	—
4	ZG00Cr18Ni10	G-X2CrNi18.9	1.4306	Z2CN18.10M	SCS19A	03Х18Н11Л	—	304C12	CF-3	J92500
5	ZG0Cr18Ni9	G-X6CrNi18.9	1.4308	Z6CN18.10M	SCS13 SCS13A	07Х18Н9Л	2333	304C15	CF-8	J92600
6	ZG1Cr18Ni9	G-X10CrNi18.8	1.4312	Z10CN18.9M	SCS12	10Х18Н9Л	—	302C25	CF-20	J92602
7	ZG0Cr18Ni9Ti	G-X5CrNiNb18.9	1.4552	Z6CNNb18.10M	SCS21	—	—	347C17	CF-8C	J92710
8	—	—	—	Z2CND18.12M	SCS16A	—	—	316C12	CF-3M	J92800
9	ZG0Cr18Ni12Mo2Ti	G-X6CrNiMo18.10	—	Z6CND18.12M	SCS14A	—	2343	—	CF-8M	J92900
10	ZG1Cr18Ni12Mo2Ti	G-X5CrNiMoNb 18.10	1.4581	Z6CND18.12M	SCS22	—	—	—	—	—
11	—	—	—	Z4CND13.4M	SCS6	—	—	425C12	CA6NM	J91540
12	ZG0Cr18Ni12Mo2Ti	—	—	25CNU16.4M	SCS24	—	—	—	CB7Cu-1 CB7Cu	—
13	—	—	—	Z8CN25.20M	SCS18	20Х25Н19С2Л	—	—	CK-20	J94202

附表 6-18　耐热铸钢钢号近似对照

序号	中国	德国		法国	日本	英国	美国	
	GB	DIN	W-Nr	NF	JIS	BS	ASTM	UNS
1	ZG30Cr26Ni5	G-X40CrNiSi27.4	1.4823	Z30CN26.05M	SCH11	—	HD	J93005
2	ZG35Cr26Ni12	G-X40CrNiSi25.12	1.4837	—	SCH13	309C35	HH	J93503
3	ZG30Ni35Cr15	—	—	—	SCH16	330C12	HT-30	—
4	ZG40Cr28Ni16	—	—	—	SCH18	—	HI	J94003
5	ZG35Ni24Cr18Si2	—	—	—	SCH19	311C11	HN	J94213
6	ZG40Cr25Ni20	G-X40CrNiSi25.20	1.4848	Z40CN25.20M	SCH22	—	HK HK-20	J94224 J94204
7	ZG40Cr30Ni20	—	—	Z40CN30.20M	SCH23	—	HL	J94604
8	ZG45Ni35Cr26	G-X45CrNiSi35.25	1.4857	—	SCH24	—	HP	J95705

序号	中国	德国		法国	日本	英国	美国	
	GB	DIN	W-Nr	NF	JIS	BS	ASTM	UNS
9	—	—	—	Z25C13M	SCH1	420C24	—	—
10	—	G-X40CrNiSi27.4	1.4822	Z40C28M	SCH2	452C1	HC	J92605
11	—	—	—	Z25CN20.10M	SCH12	—	HF	J92603
12	—	—	—	Z40CN25.12M	SCH13A	309C30	HHTypeⅡ	—
13	—	—	—	Z40NC35.15M	SCH15	309C32	HT	J94605
14	—	G-X15CrNiSi25.20	1.4840	—	SCH21	310C40 10C45	HK-30	J94203

附表 6-19　高锰铸钢钢号近似对照

序号	中国	德国		日本	俄罗斯	英国	美国	
	GB	DIN	W-Nr	JIS	ГOCT	BS	ASTM	UNS
1	ZGMn13.1 ZGMn13.2	G-X120Mn13 G-X120Mn12	1.3802 1.3401	—	Г13Л	BW10 (En1457)	B-4 B-3 B-2 A	J91149 J91139 J91129 J91109
2	ZGMn13.3 ZGMn13.4	—	—	SCMnH1 SCMnH2 SCMnH3	100Г13Л	—	B-1	J91119

注：括号内为英国 BS 标准的旧钢号。

附表 6-20　承压铸钢钢号近似对照

序号	德国		法国	日本	英国	美国	
	DIN	W-Nr	NF	JIS	BS	ASTM	UNS
1	GS-C25	1.0619	A420CP-M	SCPH1	161Grade430	Grade WCA	J02502
2	—	—	—	SCPH2	161Grade480	Grade WCB	J03002
3	Gs-17CrMo5.5	1.7357	15CD5.05-M	SCPH21	621	Grade WC6	J12072
4	GS-18CrMo9.10	1.7379	15CD9.10-M	SCPH32	622	Grade WC9	J21890
5	—	—	Z15CD5.05-M	SCPH61	625	Grade WC5	J22000

6.6　铸铁牌号对照（附表 6-21、附表 6-22）

附表 6-21　灰铸铁牌号近似对照

序号	中国	德国		法国	标准化组织	日本	俄罗斯	瑞典	英国	美国	
	GB	DIN	W-Nr	NF	ISO	JIS	ГOCT	SS	BS	ASTM	UNS
1	HT100	GG10	0.6010	—	100	FC10	СЧ10	0110-00	—	No.20	F11401
2	HT150	GG15	0.6015	FGLI50	150	FC15	СЧ15	0115-00	Grade 150	No.25	F11701
3	HT200	GG20	06020	FGI200	200	FC20	СЧ18 СЧ20 СЧ21	0120-00	Grade 180 Grade 220	No.30	F12101
4	HT250	GG25	0.6025	FGL250	250	FC25	СЧ24 СЧ25	0125-00	Grade 260	No.35 No.40	F12801
5	HT300	GG30	0.6030	FGL300	300	FC30	СЧ30	0130-00	Grade 300	No.45	F13101
6	HT350	GG35	0.6035	FGL350	350	FC35	СЧ35	0135-00	Grade 350	No.50	F13501
7	—	GG40	0.6040	FGL400	—	—	—	0140-00	Grade 400	No.60	F14101

附表 6-22 球墨铸铁牌号近似对照

序号	中国 GB	德国 DIN	德国 W-Nr	法国 NF	标准化组织 ISO	日本 JIS	俄罗斯 ГОСТ	瑞典 SS	英国 BS	美国 ASTM	美国 UNS	注
1	—	—	—	—	350-22	FCD37	ВЧ35	—	370/17	—	—	
2	QT400-15	GGG-40	0.7040	FGS400-15	400-15	FCD40	ВЧ40	0717-02	370/17	60-40-18	F32800	①
3	QT400-18	—	—	FCS400-18	400-18	—	—	—	420/12	—	F33100	⑤①
4	QT450-18	—	—	FGS450-10	450-10	FCD45	ВЧ45	—	420/12	65-45-12	F33800	①
5	QT500-7	GGG-50	0.7050	FGS500-7	500-7	FCD50	ВЧ50	0727-02	500/7	80-50-06	F33800	
6	QT600-3	GGG-60	0.7060	FGS600-3	600-3	FCD60	ВЧ60	0732-03	600/3	80-55-06 / 100-70-03	F34800	
7	QT700-2	GGG-70	0.7070	FGS700-2	700-2	FCD70	ВЧ70	0737-01	700/2	100-70-03	F34800	
8	QT800-2	GGG-80	0.7080	FGS800-2	800-2	FCD80	ВЧ80	—	800/2	120-90-02	F36200	
9	QT900-2	—	—	FGS900-2	900-2	—	~ВЧ100	—	—	120-90-02	F36200	③

7 金属的性质（GB 50316—2008）

7.1 常用钢管许用应力（附表 7-1）

附表 7-1 常用钢管许用应力

钢号	使用状态	厚度/mm	σ_b/MPa	σ_s/MPa	≤20	100	150	200	250	300	350	400	425	450	475	500	525	550	575	600	625	650	675	700	使用温度下限/℃	注
碳素钢管（焊接管）																										
Q235-A Q235-B	热轧、正火	≤12	375	235	113	113	113	105	94	86	77	—	—	—	—	—	—	—	—	—	—	—	—	—	0	①
20	热轧、正火	≤12.7	390	(235)	130	130	125	116	104	95	86	—	—	—	—	—	—	—	—	—	—	—	—	—	-20	⑤①
碳素钢管（无缝管）																										
10	热轧、正火	≤16	330	205	110	110	106	101	92	83	77	71	69	61	—	—	—	—	—	—	—	—	—	—	-29	
10	热轧、正火	≤15	335	205	112	112	108	101	92	83	77	71	69	61	—	—	—	—	—	—	—	—	—	—		
10	热轧、正火	16~40	335	195	112	110	104	98	89	79	74	68	66	61	—	—	—	—	—	—	—	—	—	—	正火状态	③
10	热轧、正火	≤26	333	196	111	110	104	98	89	79	74	68	66	61	—	—	—	—	—	—	—	—	—	—		

续表

钢号	使用状态	厚度/mm	σ_b/MPa	σ_s/MPa	≤20	100	150	200	250	300	350	400	425	450	475	500	525	550	575	600	625	650	675	700	使用温度下限/℃	注
碳素钢管（无缝管）																										
20	热轧、正火	≤15	390	245	130	130	130	123	110	101	92	86	83	61	—	—	—	—	—	—	—	—	—	—		
20	热轧、正火	16~40	390	235	130	130	125	116	104	95	86	79	78	61	—	—	—	—	—	—	—	—	—	—		
20	热轧、正火	≤15	392	245	131	130	130	123	110	101	92	86	83	61	—	—	—	—	—	—	—	—	—	—		③
20	正火	16~26	392	226	131	130	124	113	101	93	84	77	75	61	—	—	—	—	—	—	—	—	—	—	−20	⑤
20	热轧、正火	≤16	410	245	137	137	132	123	110	101	92	86	83	61	—	—	—	—	—	—	—	—	—	—		
20G	正火	≤16	410	245	137	137	132	123	110	101	92	86	83	61	—	—	—	—	—	—	—	—	—	—		
20G	正火	17~40	410	235	137	132	126	116	104	95	86	79	78	61	—	—	—	—	—	—	—	—	—	—		
低合金钢管（无缝管）																										
16Mn	正火	≤15	490	320	163	163	163	159	147	135	126	119	93	66	43	—	—	—	—	—	—	—	—	—		
16Mn	正火	16~40	490	310	163	163	163	153	141	129	119	116	93	66	43	—	—	—	—	—	—	—	—	—		
15MnV	正火	≤16	510	350	170	170	170	170	166	153	141	129	—	—	—	—	—	—	—	—	—	—	—	—	−40	⑤
15MnV	正火	17~40	510	340	170	170	170	170	159	147	135	126	—	—	—	—	—	—	—	—	—	—	—	—		
09MnD	正火	≤16	400	240	133	133	128	119	106	97	88	—	—	—	—	—	—	—	—	—	—	—	—	—	−20	④
12CrMo	正火加回火	≤16	410	205	128	113	108	101	95	89	83	77	75	74	72	71	50	—	—	—	—	—	—	—	50	⑤
12CrMoG	正火加回火	17~40	410	195	122	110	104	98	92	86	79	74	72	71	69	68	50	—	—	—	—	—	—	—		
12CrMo	正火加回火	≤16	410	205	128	113	108	101	95	89	83	77	75	74	72	71	50	—	—	—	—	—	—	—		
15CrMo	正火加回火	≤16	440	235	147	132	123	116	110	101	95	89	87	86	84	83	58	37	—	—	—	—	—	—	−20	
15CrMo	正火加回火	≤16	440	235	147	132	123	116	110	101	95	89	87	86	84	83	58	37	—	—	—	—	—	—		
15CrMoG	正火加回火	17~40	440	225	141	126	116	110	104	95	89	86	84	83	81	79	58	37	—	—	—	—	—	—		
12Cr1MoVG	正火加回火	≤16	470	255	147	144	135	126	119	110	104	98	96	95	92	89	82	57	35	—	—	—	—	—		
12Cr2Mo	正火加回火	≤16	450	280	150	150	150	147	144	141	138	134	131	128	119	89	61	46	37	18	—	—	—	—		
12Cr2MoG	正火加回火	17~40	450	270	150	150	147	141	138	134	131	128	126	123	119	89	61	46	37	18	—	—	—	—		
1Cr5Mo	退火	≤16	390	195	122	110	104	101	98	95	92	89	87	86	83	62	46	35	26	—	—	—	—	—		
1Cr5Mo	退火	17~40	390	185	116	104	98	95	92	89	86	83	81	79	78	62	46	35	26	—	—	—	—	—		
10MoWVNb	正火加回火	≤16	470	295	157	157	157	156	153	147	141	135	130	126	121	97	—	—	—	—	—	—	—	—		
10MoWVNb	正火加回火	17~40	470	285	157	157	156	150	147	141	135	129	121	119	111	97	—	—	—	—	—	—	—	—		

续表

高合金钢钢管

钢号	使用状态	厚度/mm	σb/MPa	σs/MPa	≤20	100	150	200	250	300	350	400	425	450	475	500	525	550	575	600	625	650	675	700	使用温度下限/℃	注
					在下列温度（℃）下许用应力/MPa																					
0Cr13	退火	≤18	—	—	137	126	123	120	119	117	112	109	105	100	89	72	53	38	26	16	—	—	—	—	−20	⑤
0Cr19Ni9	固溶	≤14	—	—	137	137	137	130	122	114	111	107	105	103	101	100	98	91	79	64	52	42	32	27		②①
0Cr18Ni9	固溶	≤18	—	—	137	114	103	96	90	85	82	79	78	76	75	74	73	71	67	62	52	42	32	27		
0Cr18Ni11Ti	固溶或稳定化	≤14	—	—	137	137	137	130	122	114	111	108	106	105	104	103	101	83	58	44	33	25	18	13		②①
0Cr18Ni10Ti		≤18	—	—	137	114	103	96	90	85	82	80	79	78	77	76	75	74	58	44	33	25	18	13		
0Cr17Ni12Mo2	固溶	≤14	—	—	137	137	137	134	125	118	113	111	110	109	108	107	106	105	96	81	65	50	38	30		②①
0Cr17Ni12Mo2		≤18	—	—	137	117	107	99	93	87	84	82	81	81	80	79	78	78	76	73	65	50	38	30		
0Cr18Ni12Mo2Ti	固溶	≤18	—	—	137	137	137	134	125	118	113	111	110	109	108	107	—	—	—	—	—	—	—	—		②
0Cr19Ni13Mo3	固溶	≤18	—	—	137	117	107	99	93	87	84	82	81	81	80	79	78	78	76	73	65	50	38	30	−196	②
00Cr19Ni11	固溶	≤14	—	—	118	118	118	110	103	98	94	91	89	—	—	—	—	—	—	—	—	—	—	—		②①
00Cr19Ni10		≤18	—	—	118	97	87	81	76	73	69	67	66	—	—	—	—	—	—	—	—	—	—	—		
00Cr17Ni14Mo2	固溶	≤14	—	—	118	118	117	108	100	95	90	86	85	84	—	—	—	—	—	—	—	—	—	—		②①
00Cr17Ni14Mo2		≤18	—	—	118	97	87	80	74	70	67	64	63	62	—	—	—	—	—	—	—	—	—	—		
00Cr19Ni13Mo3	固溶	≤18	—	—	118	117	107	99	93	87	84	82	81	81	—	—	—	—	—	—	—	—	—	—		②

① GB 12771、GB 13793、GB 3091 焊接钢管的许用应力，未计入焊接接头系数，见 GB 50316—2008 第 3.2.2 条规定。

② 该行许应力，仅适用于允许超过粗管产生微量永久变形之元件。

③ 使用温度上限不宜超过粗线的界限。粗线以上的数值仅用于特殊条件或短期使用。

④ 钢管的技术要求应符合《压力容器》GB 150 的规定。

⑤ 使用温度下限 −20℃ 的材料，根据本规范第 4.3.1 条的规定，宜大于 −20℃ 的条件下使用，不需做低温韧性试验。

7.2 常用钢板许用应力（附表7-2）

附表 7-2 常用钢钢板许用应力

钢号	使用状态	厚度/mm	常温强度指标		在下列温度（℃）下许用应力/MPa																				使用温度下限/℃	注
			σb/MPa	σs/MPa	≤20	100	150	200	250	300	350	400	425	450	475	500	525	550	575	600	625	650	675	700		
碳素钢钢板																										
Q235-AF	热轧	3~4	375	235	113	113	113	105	94	—	—	—	—	—	—	—	—	—	—	—	—	—	—	—	0	①
	热轧	4.5~16	375	235	113	113	113	105	94	—	—	—	—	—	—	—	—	—	—	—	—	—	—	—		
Q235A	热轧	3~4	375	235	113	113	113	105	94	86	77	—	—	—	—	—	—	—	—	—	—	—	—	—	0	①
	热轧	4.5~16	375	235	113	113	113	105	94	86	77	—	—	—	—	—	—	—	—	—	—	—	—	—		
	热轧	>16~40	375	235	113	113	113	99	91	83	75	—	—	—	—	—	—	—	—	—	—	—	—	—		
Q235-B	热轧	3~4	375	235	113	113	113	105	94	86	77	—	—	—	—	—	—	—	—	—	—	—	—	—	0	①
	热轧	4.5~16	375	235	113	113	113	105	94	86	77	—	—	—	—	—	—	—	—	—	—	—	—	—		
	热轧	>16~40	375	225	113	113	107	99	91	83	75	—	—	—	—	—	—	—	—	—	—	—	—	—		
Q235-C	热轧	3~4	375	235	125	125	125	116	104	95	86	79	—	—	—	—	—	—	—	—	—	—	—	—	0	
	热轧	4.5~16	375	235	125	125	125	116	104	95	86	79	—	—	—	—	—	—	—	—	—	—	—	—		
	热轧	>16~40	375	235	125	125	119	110	101	92	83	77	—	—	—	—	—	—	—	—	—	—	—	—		
20R	热轧、正火	6~16	400	245	133	133	132	123	110	101	92	86	83	61	—	—	—	—	—	—	—	—	—	—	−20	③⑤
	热轧、正火	>16~36	400	235	133	133	126	116	104	95	86	79	78	61	—	—	—	—	—	—	—	—	—	—		
	热轧、正火	>36~60	400	225	133	133	119	110	101	92	83	77	75	61	—	—	—	—	—	—	—	—	—	—		
	热轧、正火	>60~100	390	205	128	115	110	103	92	84	77	71	68	61	—	—	—	—	—	—	—	—	—	—		
低合金钢钢板																										
16MnR	热轧、正火	6~16	510	345	170	170	170	170	156	144	134	125	93	66	43	—	—	—	—	—	—	—	—	—		⑤
	热轧、正火	>16~36	490	325	163	163	163	159	147	134	125	119	93	66	43	—	—	—	—	—	—	—	—	—		
	热轧、正火	>36~60	470	305	157	157	157	150	138	125	116	109	93	66	43	—	—	—	—	—	—	—	—	—		
	热轧、正火	>60~100	460	285	153	153	150	141	128	116	109	103	93	66	43	—	—	—	—	—	—	—	—	—		
	热轧、正火	>100~120	450	275	150	150	147	138	125	113	106	100	93	66	43	—	—	—	—	—	—	—	—	—		
15MnVR	热轧、正火	6~16	530	390	177	177	177	177	177	172	159	147	—	—	—	—	—	—	—	—	—	—	—	—		
	热轧、正火	>16~36	510	370	170	170	170	170	170	163	150	138	—	—	—	—	—	—	—	—	—	—	—	—		
	热轧、正火	>36~60	490	350	163	163	163	163	163	153	141	131	—	—	—	—	—	—	—	—	—	—	—	—		
15MnVNR	正火	6~16	570	440	190	190	190	190	190	190	175	163	—	—	—	—	—	—	—	—	—	—	—	—	−20	
	正火	>16~36	550	420	183	183	183	183	183	181	169	156	—	—	—	—	—	—	—	—	—	—	—	—		
	正火	>36~60	530	400	177	177	177	177	177	172	159	147	—	—	—	—	—	—	—	—	—	—	—	—		
18MnMoNbR	正火加回火	30~60	590	440	197	197	197	197	197	197	197	197	197	177	117	—	—	—	—	—	—	—	—	—		
	正火加回火	>60~100	570	410	190	190	190	190	190	190	190	190	190	177	117	—	—	—	—	—	—	—	—	—		
13MnNiMoNbR	正火加回火	30~100	570	390	190	190	190	190	190	190	190	190	—	—	—	—	—	—	—	—	—	—	—	—		
	正火加回火	>100~120	570	380	190	190	190	190	190	190	190	188	—	—	—	—	—	—	—	—	—	—	—	—		

续表

许用应力表(续)

常温强度指标列:σb/MPa、σs/MPa；其余为"在下列温度(℃)下许用应力/MPa"。

钢号	使用状态	厚度/mm	σb/MPa	σs/MPa	≤20	100	150	200	250	300	350	400	425	450	475	500	525	550	575	600	625	650	675	700	使用温度下限/℃	注
低合金钢钢板																										
07MnCrMoVR	调质	16~50	610	490	203	203	203	203	203	203	203	—	—	—	—	—	—	—	—	—	—	—	—	—	−20	④
07MnNiCrMoVDR	调质	16~50	610	490	203	203	203	203	203	203	203	—	—	—	—	—	—	—	—	—	—	—	—	—	−40	⑤
16MnDR	正火	6~16	490	315	163	163	163	156	144	131	122	—	—	—	—	—	—	—	—	—	—	—	—	—	−40	④
		>16~36	470	295	157	157	156	147	134	122	113	—	—	—	—	—	—	—	—	—	—	—	—	—	−40	
		>36~60	450	275	150	150	147	138	125	113	106	—	—	—	—	—	—	—	—	—	—	—	—	—	−40	
		>60~100	450	255	150	147	138	128	116	106	100	—	—	—	—	—	—	—	—	—	—	—	—	—	−30	
09Mn2VDR	正火或正火加回火	6~16	440	290	147	147	147	147	147	147	138	—	—	—	—	—	—	—	—	—	—	—	—	—	−50	
		>16~36	430	270	143	143	143	143	143	138	128	—	—	—	—	—	—	—	—	—	—	—	—	—	−50	
09MnNiDR	正火或正火加回火	6~16	440	300	147	147	147	147	147	147	138	—	—	—	—	—	—	—	—	—	—	—	—	—	−70	
		>16~36	430	280	143	143	143	143	143	138	128	—	—	—	—	—	—	—	—	—	—	—	—	—	−70	
		>36~60	430	260	143	143	143	141	134	128	119	—	—	—	—	—	—	—	—	—	—	—	—	—	−70	
15MnNiDR	正火加正火加回火	6~16	490	325	163	163	153	150	141	131	125	—	—	—	—	—	—	—	—	—	—	—	—	—	−45	④
		>16~36	470	305	157	157	150	147	134	125	116	—	—	—	—	—	—	—	—	—	—	—	—	—	−45	
		>36~60	460	290	153	153	147	143	131	123	113	—	—	—	—	—	—	—	—	—	—	—	—	—	−45	
15CrMoR	正火加回火	6~60	450	295	150	150	150	150	141	131	125	118	115	112	110	88	58	37	—	—	—	—	—	—	−20	⑤
		>60~100	450	275	150	150	147	138	131	123	116	110	107	104	108	88	58	37	—	—	—	—	—	—	−20	
14Cr1MoR	正火加回火	6~150	515	310	172	172	169	159	153	144	138	131	127	122	116	88	58	37	—	—	—	—	—	—	−20	④⑤
高合金钢钢板																										
0Cr13	退火	2~60	—	—	137	126	123	120	119	117	112	109	105	100	89	72	53	38	26	16	—	—	—	—	−20	⑤
0Cr18Ni9	固溶	2~60	—	—	137	137	137	130	122	114	111	107	105	103	101	100	98	91	79	64	52	42	32	27	−196	②
0Cr18Ni10Ti	固溶或稳定化	2~60	—	—	137	114	103	96	90	85	82	79	78	76	75	74	73	71	58	44	33	25	18	13	−196	
0Cr17Ni12Mo2	固溶	2~60	—	—	137	137	137	134	125	118	113	111	110	109	108	107	106	105	96	81	65	50	38	30	−196	
0Cr18Ni12Mo2Ti	固溶	2~60	—	—	137	117	107	99	93	87	84	82	81	81	80	79	78	78	76	73	65	50	38	30	−196	

续表

高合金钢钢板

钢号	使用状态	厚度/mm	σ_b/MPa	σ_s/MPa	≤20	100	150	200	250	300	350	400	425	450	475	500	525	550	575	600	625	650	675	700	使用温度下限/℃	注
0Cr19Ni13Mo3	固溶	2~60	—	—	137	137	137	134	125	118	113	111	110	109	108	107	106	105	96	81	65	50	38	30		②
			—	—	137	117	107	99	93	87	84	82	81	81	80	79	78	78	76	73	65	50	38	30		
00Cr19Ni10	固溶	2~60	—	—	118	118	118	110	103	98	94	91	89	—	—	—	—	—	—	—	—	—	—	—		
			—	—	118	97	87	81	76	73	69	67	66	—	—	—	—	—	—	—	—	—	—	—		
00Cr17Ni14Mo2	固溶	2~60	—	—	118	118	117	108	100	95	90	86	85	84	—	—	—	—	—	—	—	—	—	—		
			—	—	118	97	87	80	74	70	67	64	63	62	—	—	—	—	—	—	—	—	—	—		
00Cr19Ni13Mo3	固溶	2~60	—	—	118	117	107	99	93	87	84	82	81	81	—	—	—	—	—	—	—	—	—	—	−196	

① 所列许用应力，已乘质量系数 0.9。
② 该行许用应力，仅适应于允许产生微量永久变形之元件。对于法兰或其它有微量永久变形就引起泄露或故障的场合不能采用。
③ 使用温度上限不宜超过粗线的界限。
④ 该钢板技术要求应符合 GB150 的规定。
⑤ 使用温度下限为 −20℃ 的材料，宜大于 −20℃ 的条件下使用，不需做低温韧性试验。

7.3 常用螺栓许用应力（附表 7-3）

附表 7-3 常用螺栓许用应力

钢号	使用状态	螺栓规格/mm	σ_b/MPa	σ_s/MPa	≤20	100	150	200	250	300	350	400	425	450	475	500	525	550	575	600	625	650	675	700	使用温度下限/℃	注
碳素钢螺栓																										
Q235-A	热轧	≤M20	375	235	87	78	74	69	62	56	—	—	—	—	—	—	—	—	—	—	—	—	—	—	0	
35	正火	≤M22	530	315	117	105	98	91	82	74	69	—	—	—	—	—	—	—	—	—	—	—	—	—	−20	②
35	正火	M24~M27	510	295	118	106	100	92	84	76	70	—	—	—	—	—	—	—	—	—	—	—	—	—		
低合金钢螺栓																										
40MnB	调质	≤M22	805	685	196	176	171	165	162	154	143	126	—	—	—	—	—	—	—	—	—	—	—	—	−20	②
40MnB	调质	M24~M36	765	635	212	189	183	180	176	167	154	137	—	—	—	—	—	—	—	—	—	—	—	—		
40MnVB	调质	≤M22	835	735	210	190	185	179	176	168	157	140	—	—	—	—	—	—	—	—	—	—	—	—		
40MnVB	调质	M24~M36	805	685	228	206	199	196	193	183	173	154	—	—	—	—	—	—	—	—	—	—	—	—		
40Cr	调质	≤M22	805	685	196	176	171	165	162	157	148	134	—	—	—	—	—	—	—	—	—	—	—	—		
40Cr	调质	M24~M36	765	635	212	189	183	180	176	170	160	147	—	—	—	—	—	—	—	—	—	—	—	—		

续表

钢号	使用状态	螺栓规格/mm	σ_b/MPa	σ_s/MPa	≤20	100	150	200	250	300	350	400	425	450	475	500	525	550	575	600	625	650	675	700	使用温度下限/℃	注
低合金钢螺栓																										
30CrMoA	调质	≤M22	700	550	157	141	137	134	131	129	124	116	111	107	103	79	—	—	—	—	—	—	—	—		
		M24~M48	660	500	167	150	145	142	140	137	132	123	118	113	108	79	—	—	—	—	—	—	—	—		
		M52~M56	660	500	185	167	161	157	156	152	146	137	131	126	111	79	—	—	—	—	—	—	—	—		
35CrMoA	调质	≤M22	835	735	210	190	185	179	176	174	165	154	147	140	111	79	—	—	—	—	—	—	—	—	−100	
		M24~M48	805	685	228	206	199	196	193	189	180	170	162	150	111	79	—	—	—	—	—	—	—	—		
		M52~M80	805	685	254	229	221	218	214	210	200	189	180	150	111	79	—	—	—	—	—	—	—	—		
		M85~105	735	590	219	196	189	185	181	178	171	160	153	145	111	79	—	—	—	—	—	—	—	—		
35CrMoVA	调质	M52~M105	835	735	272	247	240	232	229	225	218	207	201	—	—	—	—	—	—	—	—	—	—	—		
		M110~140	785	665	246	221	214	210	207	203	196	189	183	—	—	—	—	—	—	—	—	—	—	—		
25Cr2MoVA	调质	≤M22	835	735	210	190	185	179	176	174	168	160	156	151	141	131	72	39	—	—	—	—	—	—		
		M24~M48	835	735	245	222	216	209	206	203	196	186	181	176	168	131	72	39	—	—	—	—	—	—	−20	②
		M52~M105	805	686	254	229	221	218	214	210	203	196	191	185	176	131	72	39	—	—	—	—	—	—		
		M110~140	735	590	219	196	189	185	181	178	174	167	164	160	153	131	72	39	—	—	—	—	—	—		
40CrNiMoA	调质	M50~M140	930	825	306	291	281	274	267	257	244	—	—	—	—	—	—	—	—	—	—	—	—	—	−50	①
1Cr5Mo	调质	≤M22	590	390	111	101	97	94	92	91	90	87	84	81	77	62	46	35	26	18	—	—	—	—	−20	②
		M24~M48	590	390	130	118	113	109	108	106	105	101	98	95	83	62	46	35	26	18	—	—	—	—		
高合金钢螺栓																										
2Cr13	调质	≤M22	—	—	126	117	111	106	103	100	97	91	—	—	—	—	—	—	—	—	—	—	—	—	−20	②
		M24~M27	—	—	147	137	130	123	120	117	113	107	—	—	—	—	—	—	—	—	—	—	—	—		
0Cr18Ni9	固溶	≤M22	—	—	129	107	97	90	84	79	77	74	—	—	71	69	68	66	63	58	52	42	32	27		
		M24~M48	—	—	137	114	103	96	90	85	82	79	—	—	76	74	73	71	67	62	52	42	32	27		
0Cr17Ni12Mo2	固溶	≤M22	—	—	129	109	101	93	87	82	79	77	—	—	76	75	74	73	71	68	65	50	38	30	−19	
		M24~M48	—	—	137	117	107	99	93	87	84	82	—	—	81	79	78	78	76	73	65	50	38	30		
0Cr18Ni10Ti	固溶	≤M22	—	—	129	107	97	90	84	79	77	75	—	—	73	71	70	69	58	44	33	25	18	13		
		M24~M48	—	—	137	114	103	96	90	85	82	80	—	—	78	76	75	74	58	44	33	25	18	13		

① M80 及以下使用温度下限为−70℃。

② 使用温度下限−20℃的材料，根据 GB 50316—2008 第 4.3.1 条的规定，宜大于−20℃的条件下使用，不需做低温韧性试验。

7.4 常用锻件许用应力（附表 7-4）

附表 7-4　常用锻件许用应力

钢号	公称厚度/mm	σ_b/MPa	σ_s/MPa	≤20	100	150	200	250	300	350	400	425	450	475	500	525	550	575	600	625	650	675	700	使用温度下限/℃	注
碳素钢锻件				在下列温度（℃）下许用应力/MPa																					
20	≤200	370	215	130	119	113	104	95	86	79	74	72	61	41	—	—	—	—	—	—	—	—	—		③④
35	≤100	510	265	166	147	141	129	116	108	98	92	85	61	41	—	—	—	—	—	—	—	—	—	−20	①③④
35	>100~300	490	245	153	141	134	126	113	104	95	89	85	61	41	—	—	—	—	—	—	—	—	—		
低合金钢锻件																									
16Mn	≤300	450	275	150	150	147	135	129	116	110	104	93	66	43	—	—	—	—	—	—	—	—	—	−20	④
16Mn	>300~500	450	275	150	150	147	135	129	116	110	104	93	66	43	—	—	—	—	—	—	—	—	—		
12MnMo	>300~500	510	350	170	170	170	170	170	169	163	153	147	131	84	49	—	—	—	—	—	—	—	—		
12MnMo	>500~700	490	330	163	163	163	163	163	163	156	147	141	131	84	49	—	—	—	—	—	—	—	—		
20MnMoNb	≤300	620	470	207	207	207	207	207	207	207	207	207	177	117	—	—	—	—	—	—	—	—	—		
20MnMoNb	>300~500	610	460	203	203	203	203	203	203	203	203	203	177	117	—	—	—	—	—	—	—	—	—		
16MnD	≤300	450	275	150	150	147	135	129	116	110	—	—	—	—	—	—	—	—	—	—	—	—	—	−40	
09MnNiD	≤300	420	260	140	140	140	140	134	128	119	—	—	—	—	—	—	—	—	—	—	—	—	—	−70	
20MnMoD	≤300	530	370	177	177	177	177	177	177	171	—	—	—	—	—	—	—	—	—	—	—	—	—	−30	
20MnMoD	>300~500	510	350	170	170	170	170	170	169	163	—	—	—	—	—	—	—	—	—	—	—	—	—	−30	
20MnMoD	>500~700	490	330	163	163	163	163	163	163	156	—	—	—	—	—	—	—	—	—	—	—	—	—		
08MnNiCrMoVD	≤300	600	480	200	200	200	200	200	200	200	—	—	—	—	—	—	—	—	—	—	—	—	—	−40	
10Ni3MoVD	≤300	600	480	200	200	—	—	—	—	—	—	—	—	—	—	—	—	—	—	—	—	—	—	−50	

续表

钢号	公称厚度/mm	常温强度指标 σ_b/MPa	常温强度指标 σ_s/MPa	≤20	100	150	200	250	300	350	400	425	450	475	500	525	550	575	600	625	650	675	700	使用温度下限/℃	注
低合金钢锻件																									
15CrMo	≤300	440	275	147	147	147	138	132	123	116	110	107	104	103	88	58	37	—	—	—	—	—	—		
15CrMo	>300~500	430	255	143	143	135	126	119	110	104	98	96	95	93	88	58	37	—	—	—	—	—	—		
12Cr1MoV	≤300	440	255	147	144	135	126	119	110	104	98	96	95	92	89	82	57	35	—	—	—	—	—		
12Cr1MoV	>300~500	430	245	143	141	131	126	119	110	104	98	96	95	92	89	82	57	35	—	—	—	—	—	−20	④
12Cr2Mo1	≤300	510	310	170	170	169	163	159	156	153	150	147	144	119	89	61	46	37	—	—	—	—	—		
12Cr2Mo1	>300~500	500	300	167	167	166	159	156	153	150	147	144	141	119	89	61	46	37	—	—	—	—	—		
1Cr5Mo	≤500	590	390	197	197	197	197	197	197	197	190	136	107	83	62	46	35	26	18	—	—	—	—	−20	①④
35CrMo	≤300	620	440	207	207	207	207	207	207	207	200	194	150	111	79	50	—	—	—	—	—	—	—		
35CrMo	>300~500	610	430	203	203	203	203	203	203	203	200	194	150	111	79	50	—	—	—	—	—	—	—		
高合金钢锻件																									
0Cr13	≤100	—	—	137	126	123	120	119	117	112	109	105	100	89	72	53	38	26	16	—	—	—	—	−20	④
0Cr18Ni9	≤200	—	—	137	137	137	130	122	114	111	107	105	103	101	100	98	91	79	64	52	42	32	27		
0Cr18Ni10Ti	≤200	—	—	137	114	103	96	90	85	82	79	78	76	75	74	73	71	67	62	52	42	32	27		
0Cr17Ni12Mo2	≤200	—	—	137	137	137	134	125	118	113	111	110	109	108	107	106	105	96	81	65	50	38	30	−196	②
00Cr19Ni10	≤200	—	—	117	97	87	81	76	73	69	67	66	—	—	—	—	—	—	—	—	—	—	—		
00Cr17Ni14Mo2	≤200	—	—	117	117	117	108	100	95	90	86	85	84	—	—	—	—	—	—	—	—	—	—		

① 该锻件不得用于焊接结构。

② 该行许用应力，仅适用于允许产生微量永久变形之元件，对于法兰或其它微量永久变形就引起泄漏或故障的场合不采用。

③ 使用温度上限不宜超过粗线的界限。

④ 使用温度下限−20℃的材料，根据 GB 50316—2008 第 4.3.1 条的规定，宜大于−20℃的条件下使用，不需做低温韧性试验。

7.5 常用铸件许用应力 (附表 7-5～附表 7-8)

附表 7-5 碳素钢铸件的许用应力

牌号	碳含量 /%	常用强度指标		在下列温度(℃)下许用应力/MPa								使用温度 下限 /℃	注
		σ_b /MPa	σ_s /MPa	≤20	100	150	200	300	350	400	425		
ZG200-400H	0.2	400	200	100									
ZG230-450H	0.2	450	230	115									
ZG275-485H	0.25	485	275	129	待定	待定	待定	待定	待定	待定	待定	−20	①
ZG200-400	0.2	400	200	100									
ZG230-450	0.3	450	230	115									

① 使用温度下限−20℃的材料，根据 GB 50316—2008 第 4.3.1 条的规定，宜大于−20℃的条件下使用，不需做低温韧性试验。

注：表中许用应力值已乘质量系数 0.8。

附表 7-6 球墨铸铁件的许用应力

牌号	金相组织	常温强度指标		在下列温度(℃)下许用应力/MPa						使用温度 下限/℃
		σ_b /MPa	σ_s /MPa	≤20	100	150	200	250	300	350	
QT400-18	铁素体	400	250	106							
QT400-15	铁素体	400	250	106	待定	待定	待定	待定	待定	待定	−10
QT450-10	铁素体	450	310	120							
QT500-7	铁素体＋珠光体	500	320	133							

注：表中许用应力值已乘质量系数 0.8。

附表 7-7 可锻铸铁件的许用应力

牌号	金相组织	壁厚 /mm	常温强度指标		在下列温度(℃)下许用应力/MPa						使用温度 下限/℃
			σ_b/MPa	$\sigma_{0.2}$/MPa	≤20	100	150	200	250	300	
KTH300-06		—	300	—	48	待定	待定	待定	待定	待定	−19
KTH330-08		—	330	—	52.8	待定	待定	待定	待定	待定	−19
KTH350-10		—	350	200	56	待定	待定	待定	待定	待定	−19
KTH370-12		—	370	—	59	待定	待定	待定	待定	待定	−19

注：表中许用应力值已乘质量系数 0.8。

附表 7-8 灰铸铁件的许用应力

牌号	金相组织	壁厚 /mm	常温强度指标		在下列温度(℃)下许用应力/MPa						使用温度 下限/℃
			σ_b/MPa	$\sigma_{0.2}$/MPa	≤20	100	150	200	250	300	
HT100	铁素体	2.5～10	130	—	10.4						
		10～20	100	—	8.0	待定	待定	待定	待定	待定	−10
		20～30	90	—	7.2						
		30～50	80	—	6.4						
HT150	珠光体＋ 铁素体20%	2.5～10	175	—	14.0						
		10～20	145	—	11.6	待定	待定	待定	待定	待定	−10
		20～30	130	—	10.4						
		30～50	120	—	9.6						
HT200	珠光体	2.5～10	220	—	17.6						
		10～20	195	—	15.6	待定	待定	待定	待定	待定	−10
		20～30	170	—	13.6						
		30～50	160	—	12.8						
HT250	珠光体	4～10	270	—	21.6						
		10～20	240	—	19.2	待定	待定	待定	待定	待定	−10
		20～30	220	—	17.6						
		30～50	200	—	16.0						

续表

牌号	金相组织	壁厚/mm	常温强度指标		在下列温度(℃)下许用应力/MPa						使用温度下限/℃
			σ_b/MPa	$\sigma_{0.2}$/MPa	≤20	100	150	200	250	300	
HT300	100%珠光体	10～20 20～30 30～50	290 250 230	— — —	23.2 20.0 18.4	待定	待定	待定	待定	待定	−10
HT350	100%珠光体	10～20 20～30 30～50	340 290 260	— — —	27.2 23.2 20.8	待定	待定	待定	待定	待定	−10

注：表中许用应力值已乘质量系数0.8。

7.6　常用铝材许用应力（附表7-9）

附表7-9　铝及铝合金许用应力

牌号			状态代号		δ_b/MPa	$\delta_{0.2}$/MPa	设计温度(℃)下的最大许用应力/MPa									使用温度下限/℃
旧	新		旧	新			−269～20	40	65	75	100	125	150	175	200	
L1		1070A	M R	O H112	(55) (55)	(15) (15)	10 10	10 10	— —	10 10	9 9	8 8	7 7	6 6	5 5	
L2		1060	M R	O H112	(60) (60)	(15) (15)	10 10	10 10	— —	10 10	9 9	8 8	7 7	6 6	5 5	
L3		1050A	M R	O H112	(60) (65)	(15) (20)	10 13	10 13	— —	10 13	9 12	8 11	7 10	6 8	5 6	
L5		1200	M R	O H112	(75) (75)	(20) (20)	13 13	13 13	— —	13 13	12 12	11 11	10 10	8 8	6 6	
LF21	3A21	3003	M R	O H112	(95) (95)	(35) (35)	23 23	23 23	— —	23 23	23 23	20 20	16 16	13 13	10 10	−269
LF2	5A02		M	O	(165)	(65)	41	41	—	41	41	41	37	28	17	
LF3	5A03		M R	O H112	175 175	75 65	43 43	43 43	43 43	— —	— —	— —	— —	— —	— —	
LF5	5A05		M R	O H112	215 255	85 105	53 63	53 63	53 63	— —	— —	— —	— —	— —	— —	

注：1. 表中产品标准尺寸：GB/T 6893 拉（轧），制管外径 6～120mm，壁厚 0.5～5mm；GB/T 4437 挤压管，外径 25～300mm，壁厚 5～32.5mm，外径 310～500mm，壁厚 15～50mm。

2. 表中状态代号：0 为退火状态，H112 为热作状态。

3. 新牌号见现行国家标准《变形铝及铝合金化学成分》GB/T 3190。

4. 表中（　）内的数值为标准中未定的推荐合格指标。

7.7　常用金属弹性模量（附表7-10）

附表7-10　常用金属材料弹性模量

材料	在下列温度(℃)下的弹性模量/GPa																				
	−196	−150	−100	−20	20	100	150	200	250	300	350	400	450	475	500	550	600	650	700
碳素钢(C≤0.30%)	—	—	—	194	192	191	189	186	183	179	173	165	150	133	—	—	—	—	—
碳锰钢、(C>0.30%)碳素钢	—	—	—	208	206	203	200	196	190	186	179	170	158	151	—	—	—	—	—
碳钼钢、低铬钼钢(至 Cr3Mo)	—	—	—	208	206	203	200	198	194	190	186	180	174	170	165	153	138	—	—
中铬钼钢(Cr5Mo～Cr9Mo)	—	—	—	191	189	187	185	182	180	176	173	169	165	163	161	156	150	—	—
奥氏体不锈钢(至 Cr25Ni20)	210	207	205	199	195	191	187	184	181	177	173	169	164	162	160	155	151	147	143
高铬钢(Cr13～Cr17)	—	—	—	203	201	198	195	191	187	181	175	165	156	153	—	—	—	—	—
灰铸铁	—	—	—	—	92	91	89	87	84	81	—	—	—	—	—	—	—	—	—
铝及铝合金	76	75	73	71	69	66	63	60	—	—	—	—	—	—	—	—	—	—	—
紫铜	116	115	114	111	110	107	106	104	101	99	96								

续表

材料	在下列温度(℃)下的弹性模量/GPa																		
	−196	−150	−100	−20	20	100	150	200	250	300	350	400	450	475	500	550	600	650	700
蒙乃尔合金 (Ni67-Cu30)	192	189	186	182	179	175	172	170	168	167	165	161	158	156	154	152	149	—	—
铜镍合金 (Cu70-Ni30)	160	158	157	154	151	148	145	143	140	136	131	—	—	—	—	—	—	—	—

7.8 金属材料的平均线膨胀系数值（附表 7-11）

附表 7-11 金属材料的平均线膨胀系数值

材 料	在下列温度(℃)下的弹性模量/GPa																		
	−196	−150	−100	−50	0	50	100	150	200	250	300	350	400	450	500	550	600	650	700
碳素钢、碳钼钢、低铬钼钢(至Cr3Mo)	—	—	9.89	10.39	10.76	11.12	11.53	11.88	12.25	12.56	12.90	13.24	13.58	13.93	14.22	14.42	14.62	—	—
铬钼钢(Cr5Mo~Cr9Mo)	—	—	—	9.77	10.16	10.52	10.91	11.15	11.39	11.66	11.90	12.15	12.38	12.63	12.86	13.05	13.18	—	—
奥氏体不锈钢(Cr18Ni9 至 Cr19Ni14)	14.67	15.08	15.45	15.97	16.28	16.54	16.84	17.06	17.25	17.42	17.61	17.79	17.99	18.19	18.34	18.58	18.71	18.87	18.97
高铬钢(Cr13、Cr17)	—	—	—	8.95	9.29	9.59	9.94	10.20	10.45	10.67	10.96	11.19	11.41	11.61	11.81	11.97	12.11	—	—
Cr25-Ni20	—	—	—	—	—	15.84	15.98	16.05	16.06	16.07	16.11	16.13	16.17	16.33	16.56	16.66	16.91	17.14	—
灰铸铁	—	—	—	—	—	10.39	10.68	10.97	11.26	11.55	11.85	—	—	—	—	—	—	—	—
球墨铸铁	—	—	—	9.48	10.08	10.55	10.89	11.26	11.66	12.20	12.50	12.71	—	—	—	—	—	—	—
蒙乃尔(Monel)Ni67-Cu30	9.99	11.06	12.13	12.81	13.26	13.70	14.16	14.45	14.74	15.06	15.36	15.67	15.98	16.28	16.60	16.90	17.18	—	—
铝	17.86	18.72	19.65	20.78	21.65	22.52	23.38	23.92	24.47	24.93	—	—	—	—	—	—	—	—	—
青铜	15.13	15.43	15.76	16.41	16.97	17.53	18.07	18.22	18.41	18.55	18.73	—	—	—	—	—	—	—	—
黄铜	14.77	15.03	15.32	16.05	16.56	17.10	17.62	18.01	18.41	18.77	19.14	—	—	—	—	—	—	—	—
铜及铜合金	13.99	14.99	15.70	16.07	16.63	16.96	17.24	17.48	17.71	17.87	18.18	—	—	—	—	—	—	—	—
Cu70~Ni30	12.00	12.64	13.33	13.98	14.47	14.94	15.41	15.69	16.02	—	—	—	—	—	—	—	—	—	—

8 常用工程材料

8.1 热轧圆钢、方钢（GB/T 702—2017）

热轧圆钢和方钢的截面形状见附图 8-1，尺寸和理论重量应符合附表 8-1 的规定。

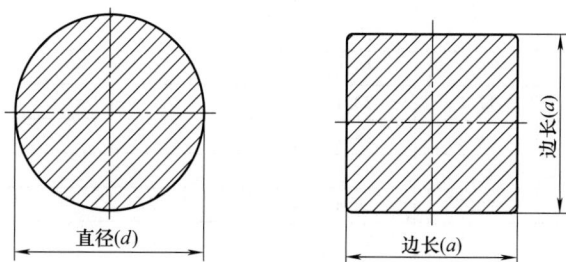

附图 8-1 热轧圆钢和方钢的截面图

附表 8-1　热轧圆钢和方钢的尺寸及理论重量

圆钢公称直径 d/mm	理论重量/(kg/m)		圆钢公称直径 d/mm	理论重量/(kg/m)	
方钢公称边长 a/mm	圆钢	方钢	方钢公称边长 a/mm	圆钢	方钢
5.5	0.187	0.237	65	26.0	33.2
6	0.222	0.283	68	28.5	36.3
6.5	0.260	0.332	70	30.2	38.5
7	0.302	0.385	75	34.7	44.2
8	0.395	0.502	80	39.5	50.2
9	0.499	0.636	85	44.5	56.7
10	0.617	0.785	90	49.9	63.6
11	0.746	0.950	95	55.6	70.8
12	0.888	1.13	100	61.7	78.5
13	1.04	1.33	105	68.0	86.5
14	1.21	1.54	110	74.6	95.0
15	1.39	1.77	115	81.5	104
16	1.58	2.01	120	88.8	113
17	1.78	2.27	125	96.3	123
18	2.00	2.54	130	104	133
19	2.23	2.83	135	112	143
20	2.47	3.14	140	121	154
21	2.72	3.46	145	130	165
22	2.98	3.80	150	139	177
23	3.26	4.15	155	148	189
24	3.55	4.52	160	158	201
25	3.85	4.91	165	168	214
26	4.17	5.31	170	178	227
27	4.49	5.72	180	200	254
28	4.83	6.15	190	223	283
29	5.19	6.60	200	247	314
30	5.55	7.07	210	272	323
31	5.92	7.54	220	298	344
32	6.31	8.04	230	326	364
33	6.71	8.55	240	355	385
34	7.13	9.07	250	385	406
35	7.55	9.62	260	417	426
36	7.99	10.2	270	449	447
38	8.90	11.3	280	483	468
40	9.86	12.6	290	519	488
42	10.9	13.8	300	555	509
45	12.5	15.9	310	592	
48	14.2	18.1	320	631	
50	15.4	19.6	330	671	
53	17.3	22.1	340	713	
55	18.7	23.7	350	755	
56	19.3	24.6	360	799	
58	20.7	26.4	370	844	
60	22.2	28.3	380	890	
63	24.5	31.2			

注：表中钢的理论重量是按密度为 7.85g/cm^3 计算。

8.2 热轧扁钢 (GB/T 702—2017)

热轧扁钢的截面形状见附图 8-2，尺寸和理论重量应符合附表 8-2 的规定。

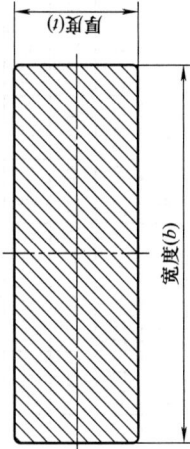

附图 8-2 热轧扁钢的截面图

附表 8-2 热轧扁钢理论重量

宽度/mm	厚度/mm																								
	3	4	5	6	7	8	9	10	11	12	14	16	18	20	22	25	28	30	32	36	40	45	50	56	60
10	0.24	0.31	0.39	0.47	0.55	0.63																			
12	0.28	0.38	0.47	0.57	0.66	0.72																			
14	0.33	0.44	0.55	0.66	0.77	0.88																			
16	0.38	0.50	0.63	0.75	0.88	1.00	1.15	1.26																	
18	0.42	0.57	0.71	0.85	0.99	1.13	1.27	1.41																	
20	0.47	0.63	0.78	0.94	1.10	1.26	1.41	1.57	1.73	1.88															
22	0.52	0.69	0.86	1.04	1.21	1.38	1.55	1.73	1.90	2.07															
25	0.59	0.78	0.98	1.18	1.37	1.57	1.77	1.96	2.16	2.36	2.75	3.14													
28	0.66	0.88	1.10	1.32	1.54	1.76	1.98	2.20	2.42	2.64	3.08	3.53													
30	0.71	0.94	1.18	1.41	1.65	1.88	2.12	2.36	2.59	2.83	3.30	3.77	4.24	4.71											
32	0.75	1.00	1.26	1.51	1.76	2.01	2.26	2.55	2.76	3.01	3.52	4.02	4.52	5.02											
35	0.82	1.10	1.37	1.65	1.92	2.20	2.47	2.75	3.02	3.30	3.85	4.40	4.95	5.50	6.04	6.87	7.69								
40	0.94	1.26	1.57	1.88	2.20	2.51	2.83	3.14	3.45	3.77	4.40	5.02	5.65	6.28	6.91	7.85	8.79								
45	1.06	1.41	1.77	2.12	2.47	2.83	3.18	3.53	3.89	4.24	4.95	5.65	6.36	7.07	7.77	8.83	9.89	10.60	11.30	12.72					
50	1.18	1.57	1.96	2.36	2.75	3.14	3.53	3.93	4.32	4.71	5.50	6.28	7.06	7.85	8.64	9.81	10.99	11.78	12.56	14.13					

续表

宽度/mm	厚度/mm																								
	3	4	5	6	7	8	9	10	11	12	14	16	18	20	22	25	28	30	32	36	40	45	50	56	60
55		1.73	2.16	2.59	3.02	3.45	3.89	4.32	4.75	5.18	6.04	6.91	7.77	8.64	9.50	10.79	12.09	12.95	13.82	15.54					
60		1.88	2.36	2.83	3.30	3.77	4.24	4.71	5.18	5.65	6.59	7.54	8.48	9.42	10.36	11.78	13.19	14.13	15.07	16.96	18.84	21.20			
65		2.04	2.55	3.06	3.57	4.08	4.59	5.10	5.61	6.12	7.14	8.16	9.18	10.20	11.23	12.76	14.29	15.31	16.33	18.37	20.41	22.96			
70		2.20	2.75	3.30	3.85	4.40	4.95	5.50	6.04	6.59	7.69	8.79	9.89	10.99	12.09	13.74	15.39	16.49	17.58	19.78	21.98	24.73			
75		2.36	2.94	3.53	4.12	4.71	5.30	5.89	6.48	7.07	8.24	9.42	10.60	11.78	12.95	14.72	16.48	17.66	18.84	21.20	23.55	26.49			
80		2.51	3.14	3.77	4.40	5.02	5.65	6.28	6.91	7.54	8.79	10.05	11.30	12.56	13.82	15.70	17.58	18.84	20.10	22.61	25.12	28.26	31.40	35.17	
85			3.34	4.00	4.67	5.34	6.01	6.67	7.34	8.01	9.34	10.68	12.01	13.34	14.68	16.68	18.68	20.02	21.35	24.02	26.69	30.03	33.36	37.37	40.04
90			3.53	4.24	4.95	5.65	6.36	7.07	7.77	8.48	9.89	11.30	12.72	14.13	15.54	17.66	19.78	21.20	22.61	25.43	28.26	31.79	35.32	39.56	42.39
95			3.73	4.47	5.22	5.97	6.71	7.48	8.20	8.95	10.44	11.91	13.42	14.92	16.41	18.64	20.88	22.37	23.86	26.85	29.83	33.56	37.29	41.76	44.74
100			3.92	4.71	5.50	6.28	7.06	7.85	8.64	9.42	10.99	12.56	14.13	15.70	17.27	19.62	21.98	23.55	25.12	28.26	31.40	35.32	39.25	43.96	47.10
105			4.12	4.95	5.77	6.59	7.42	8.24	9.07	9.89	11.54	13.19	14.84	16.48	18.13	20.61	23.61	24.73	26.38	29.67	32.97	37.09	41.21	46.16	49.46
110				5.18	6.04	6.91	7.77	8.64	9.50	10.36	12.09	13.82	15.54	17.27	19.00	21.59	24.18	25.90	27.63	31.09	34.54	38.86	43.18	48.36	51.81
120				5.65	6.59	7.54	8.48	9.42	10.36	11.30	13.19	15.07	16.96	18.84	20.72	23.55	26.38	28.26	30.14	33.91	37.68	42.39	47.10	52.75	56.52
125				5.89	6.87	7.85	8.83	9.81	10.79	11.78	13.74	15.70	17.66	19.62	21.58	24.53	27.48	29.44	31.40	35.32	39.25	44.16	49.06	54.95	58.88
130				6.12	7.14	8.16	9.18	10.20	11.23	12.25	14.29	16.33	18.37	20.41	22.45	25.51	28.57	30.62	32.66	36.74	40.82	45.92	51.02	57.15	61.23
140					7.69	8.79	9.89	10.99	12.09	13.19	15.39	17.58	19.78	21.98	24.18	27.48	30.77	32.97	35.17	39.56	43.96	49.46	54.95	61.54	65.94
150					8.24	9.42	10.60	11.78	12.95	14.13	16.48	18.84	21.20	23.55	25.90	29.44	32.97	35.32	37.68	42.39	47.10	52.99	58.88	65.94	70.65
160					8.79	10.05	11.30	12.56	13.82	15.07	17.58	20.10	22.61	25.12	27.63	31.40	35.17	37.68	40.19	45.22	50.24	56.52	62.80	70.34	75.36
180					9.89	11.30	12.72	14.13	15.54	16.96	19.78	22.61	25.43	28.26	31.09	35.32	39.56	42.39	45.22	50.87	56.52	63.58	70.65	79.13	84.78
200					10.99	12.56	14.13	15.70	17.27	18.84	21.98	25.12	28.26	31.40	34.54	39.25	43.96	47.10	50.24	56.52	62.80	70.65	78.50	87.92	94.20

注：扁钢的钢号和化学成分、力学性能应符合 GB/T 700、GB/T 699 的规定。

8.3 热轧六角钢、八角钢（GB/T 702—2017）

热轧六角钢和热轧八角钢的截面形状见附图 8-3，尺寸和理论重量应符合附表 8-3 的规定。

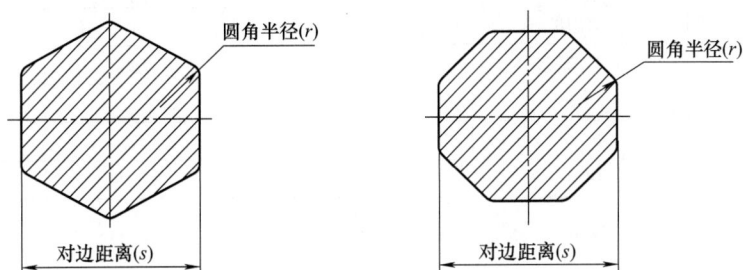

附图 8-3　热轧六角钢和热轧八角钢的截面图

附表 8-3　热轧六角钢和热轧八角钢的尺寸及理论重量

对边距离 S/mm	截面面积 A/cm²		理论重量/(kg/m)	
	六角钢	八角钢	六角钢	八角钢
8	0.5543	—	0.435	—
9	0.7015	—	0.551	—
10	0.866	—	0.68	—
11	1.048	—	0.823	—
12	1.247	—	0.979	—
13	1.464	—	1.05	—
14	1.697	—	1.33	—
15	1.949	—	1.53	—
16	2.217	2.120	1.74	1.66
17	2.503	—	1.96	—
18	2.806	2.683	2.20	2.16
19	3.126	—	2.45	—
20	3.464	3.312	2.72	2.60
21	3.819	—	3.00	—
22	4.192	4.008	3.29	3.15
23	4.581	—	3.60	—
24	4.988	—	3.92	—
25	5.413	5.175	4.25	4.06
26	5.854	—	4.60	—
27	6.314	—	4.96	—
28	6.790	6.492	5.33	5.10
30	7.794	7.452	6.12	5.85
32	8.868	8.479	6.96	6.66
34	10.011	9.572	7.86	7.51
36	11.223	10.73	8.81	8.42
38	12.505	11.96	9.82	9.39
40	13.86	13.25	10.88	10.40
42	15.28	—	11.99	—
45	17.54	—	13.77	—
48	19.95	—	15.66	—
50	21.65	—	17.00	—
53	24.33	—	19.10	—
56	27.16	—	21.32	—

续表

对边距离 S/mm	截面面积 A/cm^2		理论重量/(kg/m)	
	六角钢	八角钢	六角钢	八角钢
58	29.13	—	22.87	—
60	31.18	—	24.50	—
63	34.37	—	26.98	—
65	36.59	—	28.72	—
68	40.04	—	31.43	—
70	42.43	—	33.30	—

注：表中的理论重量按密度 7.85g/m^3 计算。表中截面面积（A）计算公式 $A = \dfrac{1}{4}nS^2\tan\dfrac{\phi}{2} \times \dfrac{1}{100}$

六角形 $A = \dfrac{3}{2}S^2\tan30° \times \dfrac{1}{100} \approx 0.866S^2 \times \dfrac{1}{100}$

八角形 $A = 2S^2\tan22°30' \times \dfrac{1}{100} \approx 0.828S^2 \times \dfrac{1}{100}$

式中，n 为正 n 边形边数；ϕ 为正 n 边形圆内角，$\phi = 360/n$。

8.4 热轧等边角钢（GB/T 706—2016）（附表 8-4）

附表 8-4 热轧等边角钢

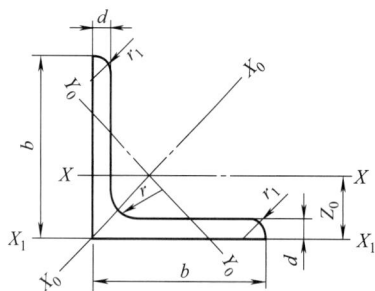

b——边宽度
d——边厚度
r——内圆弧半径
r_1——边端内圆弧半径，$r_1 = d/3$
Z_0——重心距离

型号	截面尺寸/mm			截面面积/cm^2	理论重量/(kg/m)	外表面积/(m^2/m)	惯性矩/cm^4				惯性半径/cm			截面模数/cm^3			重心距离/cm
	b	d	r				l_x	I_{x1}	I_{x0}	I_{y0}	i_x	i_{x0}	i_{y0}	W_x	W_{x0}	W_{y0}	Z_0
2	20	3	3.5	1.132	0.89	0.078	0.40	0.81	0.63	0.17	0.59	0.75	0.39	0.29	0.45	0.20	0.60
		4		1.459	1.15	0.077	0.50	1.09	0.78	0.22	0.58	0.73	0.38	0.36	0.55	0.24	0.64
2.5	25	3		1.432	1.12	0.098	0.82	1.57	1.29	0.34	0.76	0.95	0.49	0.46	0.73	0.33	0.73
		4		1.859	1.46	0.097	1.03	2.11	1.62	0.43	0.74	0.93	0.48	0.59	0.92	0.40	0.76
3.0	30	3		1.749	1.37	0.117	1.46	2.71	2.31	0.61	0.91	1.15	0.59	0.68	1.09	0.51	0.85
		4		2.276	1.79	0.117	1.84	3.63	2.92	0.77	0.90	1.13	0.58	0.87	1.37	0.62	0.89
3.6	36	3	4.5	2.109	1.66	0.141	2.58	4.68	4.09	1.07	1.11	1.39	0.71	0.99	1.61	0.76	1.00
		4		2.756	2.16	0.141	3.29	6.25	5.22	1.37	1.09	1.38	0.70	1.28	2.05	0.93	1.04
		5		3.382	2.65	0.141	3.95	7.84	6.24	1.65	1.08	1.36	0.70	1.56	2.45	1.00	1.07
4	40	3		2.359	1.85	0.157	3.59	6.41	5.69	1.49	1.23	1.55	0.79	1.23	2.01	0.96	1.09
		4		3.086	2.42	0.157	4.60	8.56	7.29	1.91	1.22	1.54	0.79	1.60	2.58	1.19	1.13
		5		3.792	2.98	0.156	5.53	10.7	8.76	2.30	1.21	1.52	0.78	1.96	3.10	1.39	1.17
4.5	45	3	5	2.659	2.09	0.177	5.17	9.12	8.20	2.14	1.40	1.76	0.89	1.58	2.58	1.24	1.22
		4		3.486	2.74	0.177	6.65	12.2	10.6	2.75	1.38	1.74	0.89	2.05	3.32	1.54	1.26
		5		4.292	3.37	0.176	8.04	15.2	12.7	3.33	1.37	1.72	0.88	2.51	4.00	1.81	1.30
		6		5.077	3.99	0.176	9.33	18.4	14.8	3.89	1.36	1.70	0.80	2.95	4.64	2.06	1.33

续表

型号	截面尺寸/mm			截面面积/cm²	理论重量/(kg/m)	外表面积/(m²/m)	惯性矩/cm⁴				惯性半径/cm			截面模数/cm³			重心距离/cm
	b	d	r				I_x	I_{x1}	I_{x0}	I_{y0}	i_x	i_{x0}	i_{y0}	W_x	W_{x0}	W_{y0}	Z_0
5	50	3	5.5	2.971	2.33	0.197	7.18	12.5	11.4	2.98	1.55	1.96	1.00	1.96	3.22	1.57	1.34
		4		3.897	3.06	0.197	9.26	16.7	14.7	3.82	1.54	1.94	0.99	2.56	4.16	1.96	1.38
		5		4.803	3.77	0.196	11.2	20.9	17.8	4.64	1.53	1.92	0.98	3.13	5.03	2.31	1.42
		6		5.688	4.46	0.196	13.1	25.1	20.7	5.42	1.52	1.91	0.98	3.68	5.85	2.63	1.46
5.6	56	3	6	3.343	2.62	0.221	10.2	17.6	16.1	4.24	1.75	2.20	1.13	2.48	4.08	2.02	1.48
		4		4.39	3.45	0.220	13.2	23.4	20.9	5.46	1.73	2.18	1.11	3.24	5.28	2.52	1.53
		5		5.415	4.25	0.220	16.0	29.3	25.4	6.61	1.72	2.17	1.10	3.97	6.42	2.98	1.57
		6		6.42	5.04	0.220	18.7	35.3	29.7	7.73	1.71	2.15	1.10	4.68	7.49	3.40	1.61
		7		7.404	5.81	0.219	21.2	41.2	33.6	8.82	1.69	2.13	1.09	5.36	8.49	3.80	1.64
		8		8.367	6.57	0.219	23.6	47.2	37.4	9.89	1.68	2.11	1.09	6.03	9.44	4.16	1.68
6	60	5	6.5	5.829	4.58	0.236	19.9	36.1	31.6	8.21	1.85	2.33	1.19	4.59	7.44	3.48	1.67
		6		6.914	5.43	0.235	23.4	43.3	36.9	9.60	1.83	2.31	1.18	5.41	8.70	3.98	1.70
		7		7.977	6.26	0.235	26.4	50.7	41.9	11.0	1.82	2.29	1.17	6.21	9.88	4.45	1.74
		8		9.02	7.08	0.235	29.5	58.0	46.7	12.3	1.81	2.27	1.17	6.98	11.0	4.88	1.78
6.3	63	4	7	4.978	3.91	0.248	19.0	33.4	30.2	7.89	1.96	2.46	1.26	4.13	6.78	3.29	1.70
		5		6.143	4.82	0.248	23.2	41.7	36.8	9.57	1.94	2.45	1.25	5.08	8.25	3.90	1.74
		6		7.288	5.72	0.247	27.1	50.1	43.0	11.2	1.93	2.43	1.24	6.00	9.66	4.46	1.78
		7		8.412	6.60	0.247	30.9	58.6	49.0	12.8	1.92	2.41	1.23	6.88	11.0	4.98	1.82
		8		9.515	7.47	0.247	34.5	67.1	54.6	14.3	1.90	2.40	1.23	7.75	12.3	5.47	1.85
		10		11.66	9.15	0.246	41.1	84.3	64.9	17.3	1.88	2.36	1.22	9.39	14.6	6.36	1.93
7	70	4	8	5.570	4.37	0.275	26.4	45.7	41.8	11.0	2.18	2.74	1.40	5.14	8.44	4.17	1.86
		5		6.876	5.40	0.275	32.2	57.2	51.1	13.3	2.16	2.73	1.39	6.32	10.3	4.95	1.91
		6		8.160	6.41	0.275	37.8	68.7	59.9	15.6	2.15	2.71	1.38	7.48	12.1	5.67	1.95
		7		9.424	7.40	0.275	43.1	80.3	68.4	17.8	2.14	2.69	1.38	8.59	13.8	6.34	1.99
		8		10.67	8.37	0.274	48.2	91.9	76.4	20.0	2.12	2.68	1.37	9.68	15.4	6.98	2.03
7.5	75	5	9	7.412	5.82	0.295	40.0	70.6	63.3	16.6	2.33	2.92	1.50	7.32	11.9	5.77	2.04
		6		8.797	6.91	0.294	47.0	84.6	74.4	19.5	2.31	2.90	1.49	8.64	14.0	6.67	2.07
		7		10.16	7.98	0.294	53.6	98.7	85.0	22.2	2.30	2.89	1.48	9.93	16.0	7.44	2.11
		8		11.50	9.03	0.294	60.0	113	95.1	24.9	2.28	2.88	1.47	11.2	17.9	8.19	2.15
		9		12.83	10.1	0.294	66.1	127	105	27.5	2.27	2.86	1.46	12.4	19.8	8.89	2.18
		10		14.13	11.1	0.293	72.0	142	114	30.1	2.26	2.84	1.46	13.6	21.5	9.56	2.22
8	80	5	9	7.912	6.21	0.315	48.8	85.4	77.3	20.3	2.48	3.13	1.60	8.84	13.7	6.66	2.15
		6		9.397	7.38	0.314	57.4	103	91.0	23.7	2.47	3.11	1.59	9.87	16.1	7.65	2.19
		7		10.86	8.53	0.314	65.6	120	104	27.1	2.46	3.10	1.58	11.4	18.4	8.58	2.23
		8		12.30	9.66	0.314	73.5	137	117	30.4	2.44	3.08	1.57	12.8	20.6	9.46	2.27
		9		13.73	10.8	0.314	81.1	154	129	33.6	2.43	3.06	1.56	14.3	22.7	10.3	2.31
		10		15.13	11.9	0.313	88.4	172	140	36.8	2.42	3.04	1.56	15.6	24.8	11.1	2.35
9	90	6	10	10.64	8.35	0.354	82.8	146	131	34.3	2.79	3.51	1.80	12.6	20.6	9.95	2.44
		7		12.30	9.66	0.354	94.8	170	150	39.2	2.78	3.50	1.78	14.5	23.6	11.2	2.48
		8		13.94	10.9	0.353	106	195	169	44.0	2.76	3.48	1.78	16.4	26.6	12.4	2.52
		9		15.57	12.2	0.353	118	219	187	48.7	2.75	3.46	1.77	18.3	29.4	13.5	2.56
		10		17.17	13.5	0.353	129	244	204	53.3	2.74	3.45	1.76	20.1	32.0	14.5	2.59
		12		20.31	15.9	0.352	149	294	236	62.2	2.71	3.41	1.75	23.6	37.1	16.5	2.67
10	100	6	12	11.93	9.37	0.393	115	200	182	47.9	3.10	3.90	2.00	15.7	25.7	12.7	2.67
		7		13.80	10.8	0.393	132	234	209	54.7	3.09	3.89	1.99	18.1	29.6	14.3	2.71
		8		15.64	12.3	0.393	148	267	235	61.4	3.08	3.88	1.98	20.5	33.2	15.8	2.76
		9		17.46	13.7	0.392	164	300	260	68.0	3.07	3.86	1.97	22.8	36.8	17.2	2.80

续表

型号	截面尺寸/mm			截面面积/cm²	理论重量/(kg/m)	外表面积/(m²/m)	惯性矩/cm⁴				惯性半径/cm			截面模数/cm³			重心距离/cm
	b	d	r				I_x	I_{x1}	I_{x0}	I_{y0}	i_x	i_{x0}	i_{y0}	W_x	W_{x0}	W_{y0}	Z_0
10	100	10	12	19.26	15.1	0.392	180	334	285	74.4	3.05	3.84	1.96	25.1	40.3	18.5	2.84
		12		22.80	17.9	0.391	209	402	331	86.8	3.03	3.81	1.95	29.5	46.8	21.1	2.91
		14		26.26	20.6	0.391	237	471	374	99.0	3.00	3.77	1.94	33.7	52.9	23.4	2.99
		16		29.63	23.3	0.390	263	540	414	111	2.98	3.74	1.94	37.8	58.6	25.6	3.06
11	110	7	12	15.20	11.9	0.433	177	311	281	73.4	3.41	4.30	2.20	22.1	36.1	17.5	2.96
		8		17.24	13.5	0.433	199	355	316	82.4	3.40	4.28	2.19	25.0	40.7	19.4	3.01
		10		21.26	16.7	0.432	242	445	384	100	3.38	4.25	2.17	30.6	49.4	22.9	3.09
		12		25.20	19.8	0.431	283	535	448	117	3.35	4.22	2.15	36.1	57.6	26.2	3.16
		14		29.06	22.8	0.431	321	625	508	133	3.32	4.18	2.14	41.3	65.3	29.1	3.24
12.5	125	8	14	19.75	15.5	0.492	297	521	471	123	3.88	4.88	2.50	32.5	53.3	25.9	3.37
		10		24.37	19.1	0.491	362	652	574	149	3.85	4.85	2.48	40.0	64.9	30.6	3.45
		12		28.91	22.7	0.491	423	783	671	175	3.83	4.82	2.46	41.2	76.0	35.0	3.53
		14		33.37	26.2	0.490	482	916	764	200	3.80	4.78	2.45	54.2	86.4	39.1	3.61
		16		37.74	29.6	0.489	537	1050	851	224	3.77	4.75	2.43	60.9	96.3	43.0	3.68
14	140	10	14	27.37	21.5	0.551	515	915	817	212	4.34	5.46	2.78	50.6	82.6	39.2	3.82
		12		32.51	25.5	0.551	604	1100	959	249	4.31	5.43	2.76	59.8	96.9	45.0	3.90
		14		37.57	29.5	0.550	689	1280	1090	284	4.28	5.40	2.75	68.8	110	50.5	3.98
		16		42.54	33.4	0.549	770	1470	1220	319	4.26	5.36	2.74	77.5	123	55.6	4.06
15	150	8		23.75	18.6	0.592	521	900	827	215	4.69	5.90	3.01	47.4	78.0	38.1	3.99
		10		29.37	23.1	0.591	638	1130	1010	262	4.66	5.87	2.99	58.4	95.5	45.5	4.08
		12		34.91	27.4	0.591	749	1350	1190	308	4.63	5.84	2.97	69.0	112	52.4	4.15
		14		40.37	31.7	0.590	856	1580	1360	352	4.60	5.80	2.95	79.5	128	58.8	4.23
		15		43.06	33.8	0.590	907	1690	1440	374	4.59	5.78	2.95	84.6	136	61.9	4.27
		16		45.74	35.9	0.589	958	1810	1520	395	4.58	5.77	2.94	89.6	143	64.9	4.31
16	160	10	16	31.50	24.7	0.630	780	1370	1240	322	4.98	6.27	3.20	66.7	109	52.8	4.31
		12		37.44	29.4	0.630	917	1640	1460	377	4.95	6.24	3.18	79.0	129	60.7	4.39
		14		43.30	34.0	0.629	1050	1910	1670	432	4.92	6.20	3.16	91.0	147	68.2	4.47
		16		49.07	38.5	0.629	1180	2190	1870	485	4.89	6.17	3.14	103	165	75.3	4.55
18	180	12		42.24	33.2	0.710	1320	2330	2100	543	5.59	7.05	3.58	101	165	78.4	4.89
		14		48.90	38.4	0.709	1510	2720	2410	622	5.56	7.02	3.56	116	189	88.4	4.97
		16		55.47	43.5	0.709	1700	3120	2700	699	5.54	6.98	3.55	131	212	97.8	5.05
		18		61.96	48.6	0.708	1880	3500	2990	762	5.50	6.94	3.51	146	235	105	5.13
20	200	14	18	54.64	42.9	0.788	2100	3730	3340	864	6.20	7.82	3.98	145	236	112	5.46
		16		62.01	48.7	0.788	2370	4270	3760	971	6.18	7.79	3.96	164	266	124	5.54
		18		69.30	54.4	0.787	2620	4810	4160	1080	6.15	7.75	3.94	182	294	136	5.62
		20		76.51	60.1	0.787	2870	5350	4550	1180	6.12	7.72	3.93	200	322	147	5.69
		24		90.66	71.2	0.785	3340	6460	5290	1380	6.07	7.64	3.90	236	374	167	5.87
22	220	16	21	68.67	53.9	0.866	3190	5680	5060	1310	6.81	8.59	4.37	200	326	154	6.03
		18		76.75	60.3	0.866	3540	6400	5620	1450	6.79	8.55	4.35	223	361	168	6.11
		20		84.76	66.5	0.865	3870	7110	6150	1590	6.76	8.52	4.34	245	395	182	6.18
		22		92.68	72.8	0.865	4200	7830	6670	1730	6.73	8.48	4.32	267	429	195	6.26
		24		100.5	78.9	0.864	4520	8550	7170	1870	6.71	8.45	4.31	289	461	208	6.33
		26		108.3	85.0	0.864	4830	9280	7690	2000	6.68	8.41	4.30	310	492	221	6.41
25	250	18	24	87.84	69.0	0.985	5280	9380	8370	2170	7.75	9.76	4.97	290	473	224	6.84
		20		97.05	76.2	0.984	5780	10400	9180	2380	7.72	9.73	4.95	320	519	243	6.92
		22		106.2	83.3	0.983	6280	11500	9970	2580	7.69	9.69	4.93	349	564	261	7.00
		24		115.2	90.4	0.983	6770	12500	10700	2790	7.67	9.66	4.92	378	608	278	7.07
		26		124.2	97.5	0.982	7240	13600	11500	2980	7.64	9.62	4.90	406	650	295	7.15
		28		133.0	104	0.982	7700	14600	12200	3180	7.61	9.58	4.89	433	691	311	7.22
		30		141.8	111	0.981	8160	15700	12900	3380	7.58	9.55	4.88	461	731	327	7.30
		32		150.5	118	0.981	8600	16800	13600	3570	7.56	9.51	4.87	488	770	342	7.37
		35		163.4	128	0.980	9240	18400	14600	3850	7.52	9.46	4.86	527	827	364	7.48

注：截面图中的 $r_1 = 1/3d$ 及表中 r 的数据用于孔型设计，不做交货条件。

8.5 热轧不等边角钢 (GB/T 706—2016) (附表 8-5)

附表 8-5 热轧不等边角钢

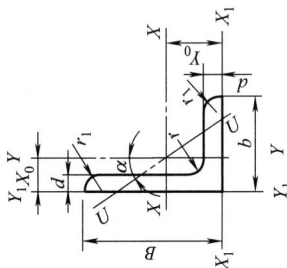

B—长边宽度
b—短边宽度
d—边厚度
r—内圆弧半径
r_1—边端内圆弧半径，$r_1=d/3$
X_0—重心距离
Y_0—重心距离

型号	截面尺寸/mm B	b	d	r	截面面积/cm²	理论重量/(kg/m)	外表面积/(m²/m)	惯性矩/cm⁴ I_x	I_{x1}	I_y	I_{y1}	I_u	惯性半径/cm i_x	i_y	i_u	截面模数/cm³ W_x	W_y	W_u	tanα	重心距离/cm X_0	Y_0
2.5/1.6	25	16	3	3.5	1.162	0.91	0.080	0.70	1.56	0.22	0.43	0.14	0.78	0.44	0.34	0.43	0.19	0.16	0.392	0.42	0.86
			4		1.499	1.18	0.079	0.88	2.09	0.27	0.59	0.17	0.77	0.43	0.34	0.55	0.24	0.20	0.381	0.46	0.90
3.2/2	32	20	3	3.5	1.492	1.17	0.102	1.53	3.27	0.46	0.82	0.28	1.01	0.55	0.43	0.72	0.30	0.25	0.382	0.49	1.08
			4		1.939	1.52	0.101	1.93	4.37	0.57	1.12	0.35	1.00	0.54	0.42	0.93	0.39	0.32	0.374	0.53	1.12
4/2.5	40	25	3	4	1.890	1.48	0.127	3.08	5.39	0.93	1.59	0.56	1.28	0.70	0.54	1.15	0.49	0.40	0.385	0.59	1.32
			4		2.467	1.94	0.127	3.93	8.53	1.18	2.14	0.71	1.36	0.69	0.54	1.49	0.63	0.52	0.381	0.63	1.37
4.5/2.8	45	28	3	5	2.149	1.69	0.143	4.45	9.10	1.34	2.23	0.80	1.44	0.79	0.61	1.47	0.62	0.51	0.383	0.64	1.47
			4		2.806	2.20	0.143	5.69	12.1	1.70	3.00	1.02	1.42	0.78	0.60	1.91	0.80	0.66	0.380	0.68	1.51
5/3.2	50	32	3	5.5	2.431	1.91	0.161	6.24	12.5	2.02	3.31	1.20	1.60	0.91	0.70	1.84	0.82	0.68	0.404	0.73	1.60
			4		3.177	2.49	0.160	8.02	16.7	2.58	4.45	1.53	1.59	0.90	0.69	2.39	1.06	0.87	0.402	0.77	1.65
5.6/3.6	56	36	3	6	2.743	2.15	0.181	8.88	17.5	2.92	4.7	1.73	1.80	1.03	0.79	2.32	1.05	0.87	0.408	0.80	1.78
			4		3.590	2.82	0.180	11.5	23.4	3.76	6.33	2.23	1.79	1.02	0.79	3.03	1.37	1.13	0.408	0.85	1.82
			5		4.415	3.47	0.180	13.9	29.3	4.49	7.94	2.67	1.77	1.01	0.78	3.71	1.65	1.36	0.404	0.88	1.87
6.3/4	63	40	4	7	4.058	3.19	0.202	16.5	33.3	5.23	8.63	3.12	2.02	1.14	0.88	3.87	1.70	1.40	0.398	0.92	2.04
			5		4.993	3.92	0.202	20.0	41.6	6.31	10.9	3.76	2.00	1.12	0.87	4.74	2.07	1.71	0.396	0.95	2.08
			6		5.908	4.64	0.201	23.4	50.0	7.29	13.1	4.34	1.96	1.11	0.86	5.59	2.43	1.99	0.393	0.99	2.12
			7		6.802	5.34	0.201	26.5	58.1	8.24	15.5	4.97	1.98	1.10	0.86	6.40	2.78	2.29	0.389	1.03	2.15
7/4.5	70	45	4	7.5	4.553	3.57	0.226	23.2	45.9	7.55	12.3	4.40	2.26	1.29	0.98	4.86	2.17	1.77	0.410	1.02	2.24
			5		5.609	4.40	0.225	28.0	57.1	9.13	15.4	5.40	2.23	1.28	0.98	5.92	2.65	2.19	0.407	1.06	2.28
			6		6.644	5.22	0.225	32.5	68.4	10.6	18.6	6.35	2.21	1.26	0.98	6.95	3.12	2.59	0.404	1.09	2.32
			7		7.658	6.01	0.225	37.2	80.0	12.0	21.8	7.16	2.20	1.25	0.97	8.03	3.57	2.94	0.402	1.13	2.36

续表

型号	截面尺寸/mm				截面面积/cm²	理论重量/(kg/m)	外表面积/(m²/m)	惯性矩/cm⁴					惯性半径/cm			截面模数/cm³			tanα	重心距离/cm	
	B	b	d	r				I_x	I_{x1}	I_y	I_{y1}	I_u	i_x	i_y	i_u	W_x	W_y	W_u		X_0	Y_0
7.5/5	75	50	5	8	6.126	4.81	0.245	34.9	70.0	12.6	21.0	7.41	2.39	1.44	1.10	6.83	3.3	2.74	0.435	1.17	2.40
			6		7.260	5.70	0.245	41.1	84.3	14.7	25.4	8.54	2.38	1.42	1.08	8.12	3.88	3.19	0.435	1.21	2.44
			8		9.467	7.43	0.244	52.4	113	18.5	34.2	10.9	2.35	1.40	1.07	10.5	4.99	4.10	0.429	1.29	2.52
			10		11.59	9.10	0.244	62.7	141	22.0	43.4	13.1	2.33	1.38	1.06	12.8	6.04	4.99	0.423	1.36	2.60
8/5	80	50	5	8	6.376	5.00	0.255	42.0	85.2	12.8	21.1	7.66	2.56	1.42	1.10	7.78	3.32	2.74	0.388	1.14	2.60
			6		7.560	5.93	0.255	49.5	103	15.0	25.4	8.85	2.56	1.41	1.08	9.25	3.91	3.20	0.387	1.18	2.65
			7		8.724	6.85	0.255	56.2	119	17.0	29.8	10.2	2.54	1.39	1.08	10.6	4.48	3.70	0.384	1.21	2.69
			8		9.867	7.75	0.254	62.8	136	18.9	34.3	11.4	2.52	1.38	1.07	11.9	5.03	4.16	0.381	1.25	2.73
9/5.6	90	56	5	9	7.212	5.66	0.287	60.5	121	18.3	29.5	11.0	2.90	1.59	1.23	9.92	4.21	3.49	0.385	1.25	2.91
			6		8.557	6.72	0.286	71.0	146	21.4	35.6	12.9	2.88	1.58	1.23	11.7	4.96	4.13	0.384	1.29	2.95
			7		9.881	7.76	0.286	81.0	170	24.4	41.7	14.7	2.86	1.57	1.22	13.5	5.70	4.72	0.382	1.33	3.00
			8		11.18	8.78	0.286	91.0	194	27.2	47.9	16.3	2.85	1.56	1.21	15.3	6.41	5.29	0.380	1.36	3.04
10/6.3	100	63	6	10	9.618	7.55	0.320	99.1	200	30.9	50.5	18.4	3.21	1.79	1.38	14.6	6.35	5.25	0.394	1.43	3.24
			7		11.11	8.72	0.320	113	233	35.3	59.1	21.0	3.20	1.78	1.38	16.9	7.29	6.02	0.394	1.47	3.28
			8		12.58	9.88	0.319	127	266	39.4	67.9	23.5	3.18	1.77	1.37	19.1	8.21	6.78	0.391	1.50	3.32
			10		15.47	12.1	0.319	154	333	47.1	85.7	28.3	3.15	1.74	1.35	23.3	9.98	8.24	0.387	1.58	3.40
10/8	100	80	6	10	10.64	8.35	0.354	107	200	61.2	103	31.7	3.17	2.40	1.72	15.2	10.2	8.37	0.627	1.97	2.95
			7		12.30	9.66	0.354	123	233	70.1	120	36.2	3.16	2.39	1.72	17.5	11.7	9.60	0.626	2.01	3.00
			8		13.94	10.9	0.353	138	267	78.6	137	40.6	3.14	2.37	1.71	19.8	13.2	10.8	0.625	2.05	3.04
			10		17.17	13.5	0.353	167	334	94.7	172	49.1	3.12	2.35	1.69	24.2	16.1	13.1	0.622	2.13	3.12
11/7	110	70	6	10	10.64	8.35	0.354	133	266	42.9	69.1	25.4	3.54	2.01	1.54	17.9	7.90	6.53	0.403	1.57	3.53
			7		12.30	9.66	0.354	153	310	49.0	80.8	29.0	3.53	2.00	1.53	20.6	9.09	7.50	0.402	1.61	357
			8		13.94	10.9	0.353	172	354	54.9	92.7	32.5	3.51	1.98	1.53	23.3	10.3	8.45	0.401	1.65	3.62
			10		17.17	13.5	0.353	208	443	65.9	117	39.2	3.48	1.96	1.51	28.5	12.5	10.3	0.397	1.72	3.70
12.5/8	125	80	7	11	14.10	11.1	0.403	228	455	74.4	120	43.8	4.02	2.30	1.76	26.9	12.0	9.92	0.408	1.80	4.01
			8		15.99	12.6	0.403	257	520	83.5	138	49.2	4.01	2.28	1.75	30.4	13.6	11.2	0.407	1.84	4.06
			10		19.71	15.5	0.402	312	650	101	173	59.5	3.98	2.26	1.74	37.3	16.6	13.6	0.404	1.92	4.14
			12		23.35	18.3	0.402	364	780	117	210	69.4	3.95	2.24	1.72	44.0	19.4	16.0	0.400	2.00	4.22

续表

型号	截面尺寸/mm				截面面积/cm²	理论重量/(kg/m)	外表面积/(m²/m)	惯性矩/cm⁴					惯性半径/cm			截面模数/cm³			tanα	重心距离/cm	
	B	b	d	r				I_x	I_{x1}	I_y	I_{y1}	I_u	i_x	i_y	i_u	W_x	W_y	W_u		X_0	Y_0
14/9	140	90	8	12	18.04	14.2	0.453	366	731	121	196	70.8	4.50	2.59	1.98	38.5	17.3	14.3	0.411	2.04	4.50
			10		22.26	17.5	0.452	446	913	140	246	85.8	4.47	2.56	1.96	47.3	21.2	17.5	0.409	2.12	4.58
			12		26.40	20.7	0.451	522	1100	170	297	100	4.44	2.54	1.95	55.9	25.0	20.3	0.406	2.19	4.66
			14		30.46	23.9	0.451	594	1280	192	349	114	4.42	2.51	1.94	64.2	28.3	23.3	0.403	2.27	4.74
15/9	150	90	8		18.84	14.8	0.473	442	898	123	196	74.1	4.84	2.55	1.98	43.9	17.5	14.5	0.364	1.97	4.92
			10		23.26	18.3	0.472	539	1120	149	246	89.9	4.81	2.53	1.97	54.0	21.4	17.7	0.362	2.05	5.01
			12		27.60	21.7	0.471	632	1350	173	297	105	4.79	2.50	1.95	63.8	25.1	20.8	0.359	2.12	5.09
			14		31.86	25.0	0.471	721	1570	196	350	120	4.76	2.48	1.94	73.3	28.8	23.8	0.356	2.20	5.17
			15		33.95	26.7	0.471	764	1680	207	376	127	4.74	2.47	1.93	78.0	30.5	25.3	0.354	2.24	5.21
			16		36.03	28.3	0.470	806	1800	217	403	134	4.73	2.45	1.93	82.6	32.3	26.8	0.352	2.27	5.25
16/10	160	100	10	13	25.32	19.9	0.512	669	1360	205	337	122	5.14	2.85	2.19	62.1	26.6	21.9	0.390	2.28	5.24
			12		30.05	23.6	0.511	785	1640	239	406	142	5.11	2.82	2.17	73.5	31.3	25.8	0.388	2.36	5.32
			14		34.71	27.2	0.510	896	1910	271	476	162	5.08	2.80	2.16	84.6	35.8	29.6	0.385	2.43	5.40
			16		39.28	30.8	0.510	1000	2180	302	548	183	5.05	2.77	2.16	95.3	40.2	33.4	0.382	2.51	5.48
18/11	180	110	10	14	28.37	22.3	0.571	956	1940	278	447	167	5.80	3.13	2.42	79.0	32.5	26.9	0.376	2.44	5.89
			12		33.71	26.5	0.571	1120	2330	325	539	195	5.78	3.10	2.40	93.5	38.3	31.7	0.374	2.52	5.98
			14		38.97	30.6	0.570	1290	2720	370	632	222	5.75	3.08	2.39	108	44.0	36.3	0.372	2.59	6.06
			16		44.14	34.6	0.569	1440	3110	412	726	249	5.72	3.06	2.38	122	49.4	40.9	0.369	2.67	6.14
20/12.5	200	125	12		37.91	29.8	0.641	1570	3190	483	788	286	6.44	3.57	2.74	117	50.0	41.2	0.392	2.83	6.54
			14		43.87	34.4	0.640	1800	3730	551	922	327	6.41	3.54	2.73	135	57.4	47.3	0.390	2.91	6.62
			16		49.74	39.0	0.639	2020	4260	615	1060	366	6.38	3.52	2.71	152	64.9	53.3	0.388	2.99	6.70
			18		55.53	43.6	0.639	2240	4790	677	1200	405	6.35	3.49	2.70	169	71.7	59.2	0.385	3.06	6.78

注：截面图中的 $r_1 = 1/3d$ 及表中 r 的数据用于孔型设计，不做交货条件。

8.6 热轧槽钢（GB/T 706—2016）（附表8-6）

附表8-6 热轧槽钢

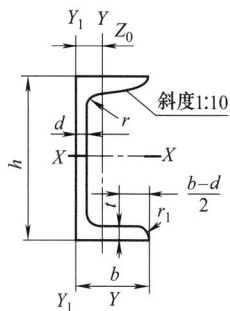

h——高度
b——腿宽度
d——腰厚度
t——腿中间厚度
r——内圆弧半径
r_1——腿端圆弧半径
Z_0——重心距离

型号	截面尺寸/mm						截面面积/cm²	理论重量/(kg/m)	外表面积/(m²/m)	惯性矩/cm⁴			惯性半径/cm		截面模数/cm³		重心距离/cm
	h	b	d	t	r	r_1				I_x	I_y	I_{y1}	i_z	i_y	W_x	W_y	Z_0
5	50	37	4.5	7.0	7.0	3.5	6.925	5.44	0.226	26.0	8.30	20.9	1.94	1.10	10.4	3.55	1.35
6.3	63	10	4.8	7.5	7.5	3.8	8.446	6.63	0.262	50.8	11.9	28.4	2.45	1.19	16.1	4.50	1.36
6.5	65	40	4.3	7.5	7.5	3.8	8.292	6.51	0.267	55.2	12.0	28.3	2.54	1.19	17.0	4.59	1.38
8	80	43	5.0	8.0	8.0	4.0	10.24	8.04	0.307	101	16.6	37.4	3.15	1.27	25.3	5.79	1.43
10	100	48	5.3	8.5	8.5	4.2	12.74	10.0	0.365	198	25.6	54.9	3.95	1.41	39.7	7.80	1.52
12	120	53	5.5	8.5	9.0	4.5	15.36	12.1	0.423	346	37.4	77.7	4.75	1.56	57.7	10.2	1.62
12.6	126	53	5.5	8.5	9.0	4.5	15.69	12.3	0.435	391	38.0	77.1	4.95	1.57	62.1	10.2	1.59
14a	140	58	6.0	9.5	9.5	4.8	18.51	14.5	0.480	564	53.2	107	5.52	1.70	80.5	13.0	1.71
14b	140	60	8.0	9.5	9.5	4.8	21.31	16.7	0.484	609	61.1	121	5.35	1.69	87.1	14.1	1.67
16a	160	63	6.5	10.0	10.0	5.0	21.95	17.2	0.538	866	73.3	144	6.28	1.83	108	16.3	1.80
16b	160	65	8.5	10.0	10.0	5.0	25.15	19.8	0.542	935	83.4	161	6.10	1.82	117	17.6	1.75
18a	180	68	7.0	10.5	10.5	5.2	25.69	20.2	0.596	1270	98.6	190	7.04	1.96	141	20.0	1.88
18b	180	70	9.0	10.5	10.5	5.2	29.29	23.0	0.600	1370	111	210	6.84	1.95	152	21.5	1.84
20a	200	73	7.0	11.0	11.0	5.5	28.83	22.6	0.654	1780	128	244	7.86	2.11	178	24.2	2.01
20b	200	75	9.0	11.0	11.0	5.5	32.83	25.8	0.658	1910	144	268	7.64	2.09	191	25.9	1.95
22a	220	77	7.0	11.5	11.5	5.8	31.83	25.0	0.709	2390	158	298	8.67	2.23	218	28.2	2.10
22b	220	79	9.0	11.5	11.5	5.8	36.23	28.5	0.713	2570	176	326	8.42	2.21	234	30.1	2.03
24a	240	78	7.0	12.0	12.0	6.0	34.21	26.9	0.752	3050	174	325	9.45	2.25	254	30.5	2.10
24b	240	80	9.0	12.0	12.0	6.0	39.01	30.6	0.756	3280	194	355	9.17	2.23	274	32.5	2.03
24c	240	82	11.0	12.0	12.0	6.0	43.81	34.4	0.760	3510	213	388	8.96	2.21	293	34.4	2.00
25a	250	78	7.0	12.0	12.0	6.0	34.91	27.4	0.722	3370	176	322	9.82	2.24	270	30.6	2.07
25b	250	80	9.0	12.0	12.0	6.0	39.91	31.3	0.776	3530	196	353	9.41	2.92	282	32.7	1.98
25c	250	82	11.0	12.0	12.0	6.0	44.91	35.3	0.780	3690	218	384	9.07	2.21	295	35.9	1.92
27a	270	82	7.5	12.5	12.5	6.2	39.27	30.8	0.826	4360	216	393	10.5	2.34	323	35.5	2.13
27b	270	84	9.5	12.5	12.5	6.2	44.67	35.1	0.830	4690	239	428	10.3	2.31	347	37.7	2.06
27c	270	86	11.5	12.5	12.5	6.2	50.07	39.3	0.834	5020	261	467	10.1	2.28	372	39.8	2.03
28a	280	82	7.5	12.5	12.5	6.2	40.02	31.4	0.846	4760	218	388	10.9	2.33	340	35.7	2.10
28b	280	84	9.5	12.5	12.5	6.2	45.62	35.8	0.850	5130	242	428	10.6	2.30	366	37.9	2.02
28c	280	86	11.5	12.5	12.5	6.2	51.22	40.2	0.854	5500	268	463	10.4	2.29	393	40.3	1.95
30a	300	85	7.5	13.5	13.5	6.8	43.89	34.5	0.897	6050	260	467	11.7	2.43	403	41.1	2.17
30b	300	87	9.5	13.5	13.5	6.8	49.89	39.2	0.901	6500	289	515	11.4	2.41	433	44.0	2.13
30c	300	89	11.5	13.5	13.5	6.8	55.89	43.9	0.905	6950	316	560	11.2	2.38	463	46.4	2.09
32a	320	88	8.0	14.0	14.0	7.0	48.50	38.1	0.947	7600	305	552	12.5	2.50	475	46.5	2.24
32b	320	90	10.0	14.0	14.0	7.0	54.90	43.1	0.951	8140	336	593	12.2	2.47	509	49.2	2.16
32c	320	92	12.0	14.0	14.0	7.0	61.30	48.1	0.955	8690	374	643	11.9	2.47	543	52.6	2.09

续表

型号	截面尺寸/mm						截面面积/cm²	理论重量/(kg/m)	外表面积/(m²/m)	惯性矩/cm⁴			惯性半径/cm		截面模数/cm³		重心距离/cm
	h	b	d	t	r	r_1				I_x	I_y	I_{y1}	i_z	i_y	W_x	W_y	Z_0
36a		96	9.0				60.89	47.8	1.053	11900	455	818	14.0	2.73	660	63.5	2.44
36b	360	98	11.0	16.0	16.0	8.0	68.09	53.5	1.057	12700	497	880	13.6	2.70	703	66.9	2.37
36c		100	13.0				75.29	59.1	1.061	13400	536	948	13.4	2.67	746	70.0	2.34
40a		100	10.5				75.04	58.9	1.144	17600	592	1070	15.3	2.81	879	78.8	2.49
40b	400	102	12.5	18.0	18.0	9.0	83.04	65.2	1.148	18600	640	1140	15.0	2.78	932	82.5	2.44
40c		104	14.5				91.04	71.5	1.152	19700	688	1220	14.7	2.75	986	86.2	2.42

注：表中 r、r_1 的数据用于孔型设计，不做交货条件。

8.7 热轧工字钢（GB/T 706—2016）（附表 8-7）

附表 8-7 热轧工字钢

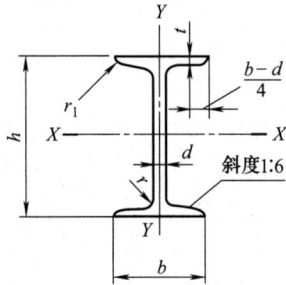

h——高度
b——腿宽度
d——腰厚度
t——腿中间厚度
r——内圆弧半径
r_1——腿端圆弧半径
I——惯性矩
W——截面系数
i——惯性半径

型号	截面尺寸/mm						截面面积/cm²	理论重量/(kg/m)	外表面积/(m²/m)	惯性矩/cm⁴		惯性半径/cm		截面模数/cm³	
	h	b	d	t	r	r_1				I_x	I_y	i_x	i_y	W_x	W_y
10	100	68	4.5	7.6	6.5	3.3	14.33	11.3	0.432	245	33.0	4.14	1.52	49.0	9.72
12	120	74	5.0	8.4	7.0	3.5	17.80	14.0	0.493	436	46.9	4.95	1.62	72.7	12.7
12.6	126	74	5.0	8.4	7.0	3.5	18.10	14.2	0.505	488	46.9	5.20	1.61	77.5	12.7
14	140	80	5.5	9.1	7.5	3.8	21.50	16.9	0.553	712	64.4	5.76	1.73	102	16.1
16	160	88	6.0	9.9	8.0	4.0	26.11	20.5	0.621	1130	93.1	6.58	1.89	141	21.2
18	180	94	6.5	10.7	8.5	4.3	30.74	24.1	0.681	1660	122	7.36	2.00	185	26.0
20a	200	100	7.0	11.4	9.0	4.5	35.55	27.9	0.742	2370	158	8.15	2.12	237	31.5
20b		102	9.0				39.55	31.1	0.746	2500	169	7.96	2.06	250	33.1
22a	220	110	7.5	12.3	9.5	4.8	42.10	33.1	0.817	3400	225	8.99	2.31	309	40.9
22b		112	9.5				46.50	36.5	0.821	3570	239	8.78	2.27	325	42.7
24a	240	116	8.0	13.0	10.0	5.0	47.71	37.5	0.878	4570	280	9.77	2.42	381	48.4
24b		118	10.0				52.51	41.2	0.882	4800	297	9.57	2.38	400	50.4
25a	250	116	8.0	13.0	10.0	5.0	48.51	38.1	0.898	5020	280	10.2	2.40	402	48.3
25b		118	10.0				53.51	42.0	0.902	5280	309	9.94	2.40	423	52.4
27a	270	122	8.5	13.7	10.5	5.3	54.52	42.8	0.958	6550	345	10.9	2.51	485	56.6
27b		124	10.5				59.92	47.0	0.962	6870	366	10.7	2.47	509	58.9
28a	280	122	8.5	13.7	10.5	5.3	55.37	43.5	0.978	7110	345	11.3	2.50	508	56.6
28b		124	10.5				60.97	47.9	0.982	7480	379	11.1	2.49	534	61.2
30a	300	126	9.0	14.4	11.0	5.5	61.22	48.1	1.031	8950	400	12.1	2.55	597	63.5
30b		128	11.0				67.22	52.8	1.035	9400	422	11.8	2.50	627	65.9
30c		130	13.0				73.22	57.5	1.039	9850	445	11.6	2.46	657	68.5

型号	截面尺寸/mm						截面面积/cm²	理论重量/(kg/m)	外表面积/(m²/m)	惯性矩/cm⁴		惯性半径/cm		截面模数/cm³	
	h	b	d	t	r	r_1				I_x	I_y	i_x	i_y	W_x	W_y
32a		130	9.5				67.12	52.7	1.084	11100	460	12.8	2.62	692	70.8
32b	320	132	11.5	15.0	11.5	5.8	73.52	57.7	1.088	11600	502	12.6	2.61	726	76.0
32c		134	13.5				79.92	62.7	1.092	12200	544	12.3	2.61	760	81.2
36a		136	10.0				76.44	60.0	1.185	15800	552	14.4	2.69	875	81.2
36b	360	138	12.0	15.8	12.0	6.0	83.64	65.7	1.189	16500	582	14.1	2.64	919	84.3
36c		140	14.0				90.84	71.3	1.193	17300	612	13.8	2.60	962	87.4
40a		142	10.5				86.07	67.6	1.285	21700	660	15.9	2.77	1090	93.2
40b	400	144	12.5	16.5	12.5	6.3	94.07	73.8	1.289	22800	692	15.6	2.71	1140	96.2
40c		146	14.5				102.1	80.1	1.293	23900	727	15.2	2.65	1190	99.6
45a		150	11.5				102.4	80.4	1.411	32200	855	17.7	2.89	1430	114
45b	450	152	13.5	18.0	13.5	6.8	111.4	87.4	1.415	33800	894	17.4	2.84	1500	118
45c		154	15.5				120.4	94.5	1.419	35300	938	17.1	2.79	1570	122
50a		158	12.0				119.2	93.6	1.539	46500	1120	19.7	3.07	1860	142
50b	500	160	14.0	20.0	14.0	7.0	129.2	101	1.543	48600	1170	19.4	3.01	1940	146
50c		162	16.0				139.2	109	1.547	50600	1220	19.0	2.96	2080	151
55a		166	12.5				134.1	105	1.667	62900	1370	21.6	3.19	2290	164
55b	550	168	14.5				145.1	114	1.671	65600	1420	21.2	3.14	2390	170
55c		170	16.5	21.0	14.5	7.3	156.1	123	1.675	68400	1480	20.9	3.08	2490	175
56a		166	12.5				135.4	106	1.687	65600	1370	22.0	3.18	2340	165
56b	560	168	14.5				146.6	115	1.691	68500	1490	21.6	3.16	2450	174
56c		170	16.5				157.8	124	1.695	71400	1560	21.3	3.16	2550	183
63a		176	13.0				154.6	121	1.862	93900	1700	24.5	3.31	2980	193
63b	630	178	15.0	22.0	15.0	7.5	167.2	131	1.866	98100	1810	24.2	3.29	3160	204
63c		180	17.0				179.8	141	1.870	102000	1920	23.8	3.27	3300	214

注：表中 r、r_1 的数据用于孔型设计，不做交货条件。

8.8 型钢焊接及开孔（附表 8-8～附表 8-11）

附表 8-8 等边角钢焊接及开孔　　　　　　　　单位：mm

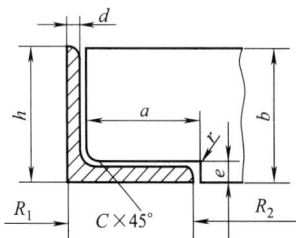

$E=d+1, a=b-d$

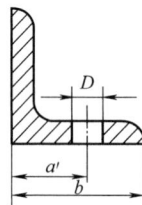

标准 JB/T 5000.3—2007 规定卷圆冷弯弯曲内半径 $R \geqslant 45b$

角钢尺寸		焊接接头尺寸			螺栓、铆钉连接规线		最小热弯半径		最小冷弯半径	
b	d	a	e	C	a'	D	R_1	R_2	R_1	R_2
20	3	17	4	3	13	4.5	95	85	345	335
	4	16	5				90	85	335	325
25	3	22	4	3	15	5.5	120	110	435	425
	4	21	5				115	105	425	415

续表

角钢尺寸		焊接接头尺寸			螺栓、铆钉连接规线		最小热弯半径		最小冷弯半径	
b	d	a	e	C	a'	D	R_1	R_2	R_1	R_2
30	3	27	4	4	18	6.6	145	130	530	515
	4	26	5				140	130	520	505
36	3	33	4	4	20	9	175	160	640	625
	4	32	5				170	155	630	615
	5	31	6				170	145	620	605
40	3	37	4	5	22	11	195	180	735	715
	4	36	5				195	175	705	690
	5	35	6				190	170	695	680
45	3	42	4	5	25	11	220	200	810	790
	4	41	5				220	200	800	775
	5	40	6				215	195	790	770
	6	39	7				215	195	780	760
50	3	47	4	5	30	13	250	225	900	800
	4	46	5				245	220	880	860
	5	45	6				240	220	880	860
	6	44	7				240	220	870	850
56	3	53	4	6	30	13	280	255	1000	1090
	4	52	5				275	250	1000	980
	5	51	6				270	250	990	965
	6	48	7				265	240	965	940
63	4	59	5	7	35	17	310	285	1135	1105
	5	58	6				310	280	1120	1095
	6	57	7				305	280	1110	1085
	8	55	9				300	275	1090	1065
	10	53	11				295	270	1070	1045
70	4	66	5	8	40	20	350	315	1265	1235
	5	65	6				345	315	1255	1220
	6	64	7				340	310	1240	1210
	7	63	8				340	310	1230	1200
	8	62	9				335	305	1225	1115
75	5	70	6	9	45	21.5	370	335	1345	1310
	6	69	7				365	335	1335	1305
	7	68	8				365	330	1330	1295
	8	67	9				360	330	1330	1285
	10	65	11				355	325	1300	1265
80	5	75	6	9	45	21.5	395	360	1440	1400
	6	74	7				395	360	1430	1390
	7	73	8				390	355	1420	1385
	8	72	9				385	350	1420	1375
	10	70	11				380	345	1390	1355
90	6	84	7	10	50	23.5	445	405	1615	1575
	7	83	8				440	400	1605	1565
	8	82	9				440	400	1600	1560
	10	80	11				435	395	1575	1535
	12	78	13				425	390	1555	1515
100	6	94	7	12	55	23.5	495	450	1815	1765
	7	93	8				495	450	1795	1745
	8	92	9				485	440	1780	1740
	10	90	11				485	440	1765	1720
	12	88	13				475	435	1740	1700
	14	86	15				470	430	1720	1680
	16	84	17				465	425	1705	1665

续表

角钢尺寸		焊接接头尺寸			螺栓、铆钉连接规线		最小热弯半径		最小冷弯半径	
b	d	a	e	C	a'	D	R_1	R_2	R_1	R_2
110	7	103	8	12	60	26	555	505	1980	1930
	8	102	9				550	490	1965	1915
	10	100	11				535	490	1945	1895
	12	98	13				530	480	1930	1880
	14	96	15				520	475	1910	1860
125	8	117	9	14	70	26	620	560	2245	2190
	10	115	11				610	555	2225	2170
	12	113	13				600	550	2205	2150
	14	111	15				600	545	2205	2150
140	10	130	11	14	80	32	690	625	2500	2440
	12	128	13				680	620	2485	2425
	14	126	15				675	615	2460	2400
	16	124	17				670	610	2440	2380
160	10	150	11	16	90	32	790	720	2875	2805
	12	148	13				785	715	2855	2785
	14	146	15				775	705	2740	2765
	16	144	17				775	705	2815	2765
180	12	168	13	16	100	32	890	805	3230	3150
	14	166	15				880	800	3210	3130
	16	164	17				875	795	3190	3110
	18	162	19				870	790	3160	3080
200	14	186	15	18	110	32	985	895	3575	3485
	16	184	17				980	890	3565	3475
	18	182	19				970	885	3535	3445
	20	180	21				965	880	3525	3435
	24	176	25				950	870	3470	3390

附表 8-9 不等边角钢焊接及开孔　　　　　　单位：mm

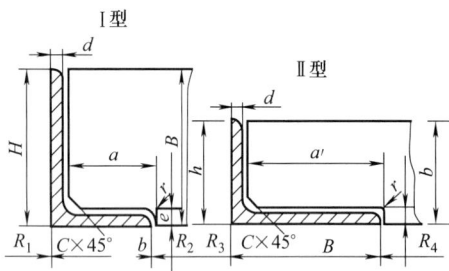

$$E=d+1, a=b-d, a'=B-d$$

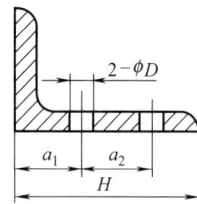

标准 JB/T 5000.3—2007 规定冷弯半径同等边角钢

角钢尺寸			焊接接头尺寸				螺栓、铆钉连接规线						朝小的翼缘方向弯曲				朝大的翼缘方向弯曲			
			I	II			孔并列			孔交错排列			热弯半径		冷弯半径		热弯半径		冷弯半径	
B	b	d	a	a'	e	C	a_1	a_2	D	a_1	a_2	D	R_1	R_2	R_1	R_2	R_3	R_4	R_3	R_4
25	16	3	13	22	4	3							80	75	290	285	110	100	400	395
		4	12	21	5								75	70	280	280	105	100	390	385
32	20	3	17	29	4	4							100	90	370	360	140	130	520	510
		4	16	28	5								100	90	360	360	140	130	510	500
40	25	3	22	37	4	5							130	115	470	470	180	180	655	655
		4	21	36	5								125	115	460	460	175	160	645	630

续表

B	b	d	a (I)	a' (II)	e	C	a₁ (孔并列)	a₂	D	a₁ (孔交错排列)	a₂	D	R₁ (热弯)	R₂	R₁ (冷弯)	R₂	R₃ (热弯)	R₄	R₃ (冷弯)	R₄
45	28	3	25	42	4	5							150	135	535	535	200	185	745	730
		4	24	41	5								145	130	520	525	200	185	735	720
50	32	3	29	47	4	5	18	22	6.6	18	20	6.6	170	150	610	610	225	210	835	815
		4	28	46	5								165	150	600	600	220	190	820	790
56	36	3	33	53	4	7	18	25	6.6	18	20	6.6	190	170	690	690	255	235	935	915
		4	32	52	5								190	170	680	680	250	230	925	905
		5	31	51	6								185	165	670	670	250	230	915	895
63	40	4	36	59	5	7	20	32	9	20	28	9	210	190	760	760	285	260	1045	1020
		5	35	58	6								210	185	755	750	285	260	1035	1005
		6	34	57	7								205	185	745	745	280	255	1025	1005
		7	33	56	8								200	180	730	730	275	255	1015	995
70	45	4	41	66	5	8	25	32	9	25	28	9	240	215	860	860	320	295	1165	1140
		5	40	65	6								235	215	850	850	315	290	1160	1135
		6	39	64	7								235	210	840	840	310	290	1145	1125
		7	38	63	8								230	210	830	830	310	285	1140	1115
75	50	5	45	70	6	9	28	32	9	30	28	9	260	235	945	945	340	315	1255	1225
		6	44	69	7								260	235	935	935	335	310	1240	1215
		8	42	67	9								252	230	915	915	330	305	1220	1195
		10	40	65	11								245	225	890	890	325	300	1200	1175
80	50	5	45	75	6	9	28	32	9	30	35	11	265	235	955	955	360	330	1325	1295
		6	44	74	7								260	235	945	945	355	330	1310	1285
		7	43	73	8								260	235	935	935	355	325	1305	1275
		8	42	72	9								255	230	925	925	350	325	1295	1265
90	56	5	51	85	6	10	30	40	11	30	40	13	300	265	1075	1075	405	375	1495	1460
		6	50	84	7								295	265	1065	1065	405	375	1485	1450
		7	49	83	8								290	260	1055	1055	400	370	1470	1440
		8	48	82	9								290	260	1045	1045	395	365	1460	1430
100	63	6	57	94	7	12	35	40	11	40	40	13	335	300	1205	1170	455	415	1660	1620
		7	56	93	8								330	295	1195	1160	450	415	1645	1615
		8	55	92	9								325	290	1185	1150	440	410	1635	1600
		10	53	90	11								320	290	1165	1130	440	405	1615	1585
100	80	6	74	94	7	12	35	40	11	40	40	13	410	370	1485	1490	475	435	1730	1690
		7	73	93	8								410	370	1480	1480	470	430	1720	1680
		8	72	92	9								405	365	1470	1460	470	430	1710	1670
		10	70	90	11								400	360	1445	1450	460	425	1690	1650
110	70	6	64	104	7	12	35	55	15	40	45	15	370	335	1340	1340	500	460	1835	1795
		7	63	103	8								370	330	1330	1335	495	460	1820	1780
		8	62	102	9								365	330	1325	1320	490	455	1810	1775
		10	60	100	11								360	325	1305	1305	485	450	1790	1750
125	80	7	73	118	8	14	45	55	15	55	35	23.5	425	380	1530	1530	570	525	2080	2035
		8	72	117	9								420	380	1520	1520	565	520	2070	2025
		10	70	115	11								415	375	1500	1500	555	515	2050	2010
		12	68	113	13								410	370	1480	1480	550	510	2030	1980
140	90	8	82	132	9	14	45	70	21	60	40	23.5	480	430	1720	1720	635	585	2330	2280
		10	80	130	11								470	420	1700	1700	630	580	2315	2265
		12	78	128	13								465	420	1680	1680	620	575	2290	2245
		14	76	126	15								460	415	1660	1660	615	570	2270	2225

续表

角钢尺寸			焊接接头尺寸				螺栓、铆钉连接规线						朝小的翼缘方向弯曲				朝大的翼缘方向弯曲			
			I	II			孔并列			孔交错排列			热弯半径		冷弯半径		热弯半径		冷弯半径	
B	b	d	a	a'	e	C	a_1	a_2	D	a_1	a_2	D	R_1	R_2	R_1	R_2	R_3	R_4	R_3	R_4
160	100	10	90	150	11	16	55	75	21	60	70	26	530	475	1905	1910	720	660	2640	2580
		12	88	148	13								525	470	1900	1885	710	655	2600	2565
		14	86	146	15								515	465	1870	1870	705	655	2595	2545
		16	84	144	17								510	460	1845	1845	700	645	2575	2525
180	110	10	100	170	11	16	55	90	26	65	80	26	590	525	2115	2115	810	745	2980	2910
		12	98	168	13								580	520	2095	2095	800	740	2940	2880
		14	96	166	15								575	520	2075	2085	795	735	2930	2870
		16	94	164	17								510	510	2055	2055	790	730	2900	2840
200	125	12	113	188	13	18	70	90	26	80	80	26	665	595	3030	2390	900	830	3295	3225
		14	111	186	15								655	590	3025	2370	890	820	3275	3205
		16	109	184	17								650	590	3020	2350	890	815	3255	3190
		18	107	182	19								640	580	3015	2330	880	815	3240	3180

附表 8-10　热轧普通槽钢焊接及开孔　　　　单位:mm

$e=d+1$

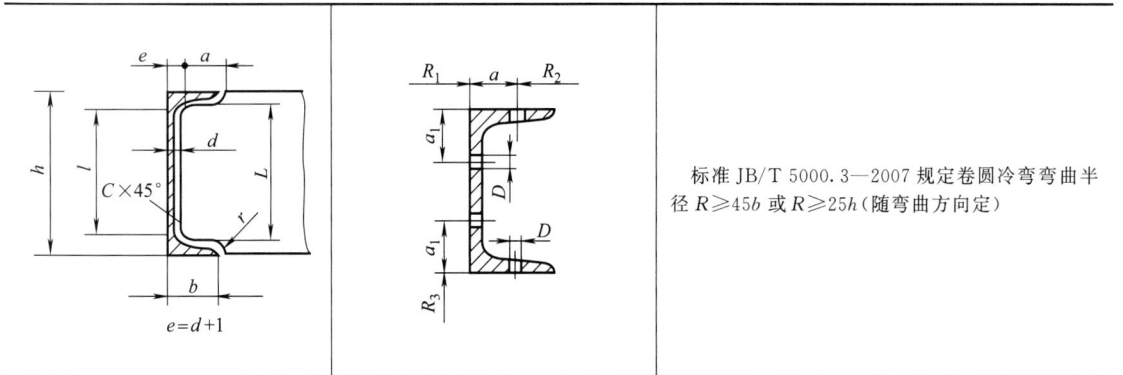

标准 JB/T 5000.3—2007 规定卷圆冷弯弯曲半径 $R \geqslant 45b$ 或 $R \geqslant 25h$(随弯曲方向定)

型号	焊接接头尺寸						螺栓、铆钉连接规线			最小热弯半径			最小冷弯半径		
	L	l	a	C	c	b	a	a_1	D	R_1	R_2	R_3	R_1	R_2	R_3
5	38	31	33	3	5.5	37	21		12	155	145	155	575	565	600
6.3	51	43	36	4	5.8	40	22		12	175	160	195	645	635	755
8	66	58	38	5	6.0	43	25	29	14	190	175	245	700	685	960
10	86	77	43	5	6.3	48	28	30	14	220	200	305	805	790	1200
12.6	104	94	48	6	6.5	53	30	34	18	250	230	385	910	890	1510
14a	124	114	52	6	7.0	58	35	36	18	270	250	430	1005	980	1680
14b					9.0	60				295	265		1065	1010	
16a	144	133	57	6	7.5	63	36	39	20	305	275	490	1105	1080	1920
16					9.5	65				320	290		1170	1140	
18a	162	150	61	6	8	68	38	40	20	335	305	555	1210	1180	2160
18					10.0	70				350	315		1270	1240	
20a	182	169	66	7	8.0	73	40	41	22	360	325	615	1300	1270	2400
20					10.0	75				375	340		1370	1335	
22a	200	186	70	7	8.0	77	42	43	22	380	345	675	1380	1345	2640
22					10.0	79				400	360		1450	1410	
25a	230	215	72	7	8	78	45	46	26	390	350	770	1415	1380	2995
25b					10	80				410	370		1485	1445	
25c					12	82				430	385		1550	1505	
28a	258	242	76	7	8.5	82	46	48	26	415	375	860	1505	1465	3360
28b					10.5	84				445	400		1575	1530	
28c					12.5	86				455	410		1640	1595	

续表

型号	焊接接头尺寸					螺栓、铆钉连接规线				最小热弯半径			最小冷弯半径		
	L	l	a	C	c	b	a	a_1	D	R_1	R_2	R_3	R_1	R_2	R_3
32a	296	278	80	8	9	88	49	50	30	445	405	985	1620	1575	3840
32b					11	90				455	420		1690	1640	
32c					13	92				485	435		1770	1710	
36a	334	316	88	9	11.0	96	55	55	30	490	445	1105	1775	1720	4320
36b					12.0	98				505	455		1835	1795	
36c					14.0	100				525	470		1890	1840	
40a	370	352	90	10	11.5	100	60	59	30	515	460	1230	1855	1805	4800
40b					13.5	102				530	475		1915	1860	
40c					15.5	104				555	490		1970	1915	

附表 8-11　热轧普通工字钢焊接及开孔　　　　单位：mm

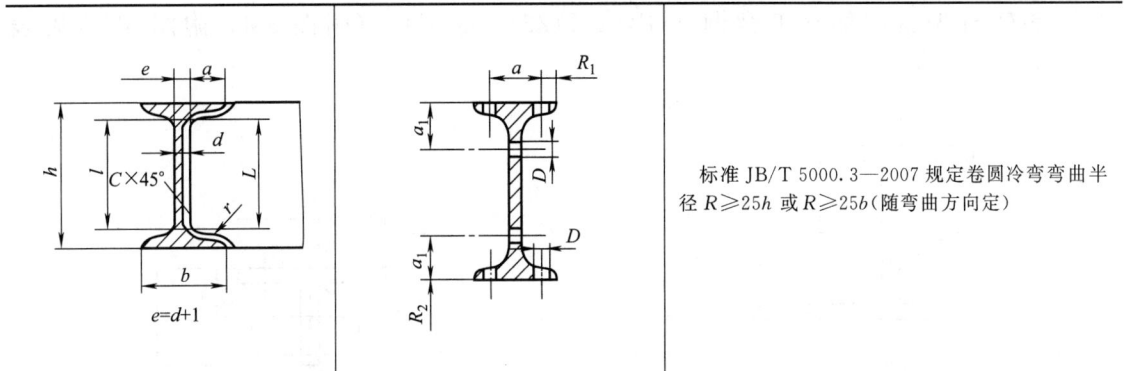

标准 JB/T 5000.3—2007 规定卷圆冷弯弯曲半径 $R \geq 25h$ 或 $R \geq 25b$(随弯曲方向定)

$e = d + 1$

型号	焊接接头尺寸					螺栓、铆钉连接规线				最小热弯半径		最小冷弯半径	
	L	l	a	C	c	b	a	a_1	D	R_1	R_2	R_1	R_2
10	88	77	32	4	5.5	68	36	—	12	210	305	815	1200
12.6	106	95	35	4	6.0	74	40	—	12	225	385	890	1510
14	126	113	38	5	6.5	80	44	—	12	245	430	960	1680
16	144	130	41	5	7.0	88	48	—	14	270	490	1055	1920
18	164	149	44	5	7.5	94	50	45	17	290	555	1130	2160
20a	182	166	47	5	8.0	100	54	47	17	305	615	1200	2400
20b					10.5	102			17	315		1220	
22a	202	185	52	5	8.5	110	60	48	17	340	675	1320	2640
22b					10.5	112			17	345		1345	
25a	220	202	55	5	9	116	65	54	20	355	770	1390	2995
25b					11	118				365		1415	
28a	248	229	58	5	9.5	122	66	56	20	375	860	1465	3360
28b					11.5	124				380		1490	
32a	308	288	61	6	10.5	130	75	58	22	400	985	1560	3840
32b					12.5	132				405		1585	
32c					14.5	134				410		1610	
36a	336	316	64	6	11.0	136	80	64	22	420	1105	1630	4320
36b					13.0	138				425		1655	
36c					15.0	140				430		1680	
40a	376	354	66	7	11.5	142	80	65	24	435	1230	1705	4800
40b					13.5	144				440		1730	
40c					15.5	146				450		1750	
45a	424	400	70	7	12.5	150	85	67	24	460	1380	1800	5395
45b					14.5	152				465		1825	
45c					16.5	154				475		1850	

续表

型号	焊接接头尺寸					螺栓、铆钉连接规线				最小热弯半径		最小冷弯半径	
	L	l	a	C	c	b	a	a_1	D	R_1	R_2	R_1	R_2
50a					13.0	158				485		1895	
50b	472	446	74	7	15.0	160	90	70	24	490	1535	1920	6000
50c					17.0	162				500		1940	
56a					13.5	166				510		1995	
56b	520	494	78	8	15.5	168	94	72	26	515	1720	2015	6720
56c					17.5	170				520		2035	
63a					14.0	176				540		2110	
63b	590	564	83	8	16.0	178	95	75	26	545	1935	2135	7560
63c					18.0	180				565		2160	

8.9 热轧 H 型钢和部分 T 型钢（GB/T 11263—2017）（附图 8-4、附图 8-5、附表 8-12、附表 8-13）

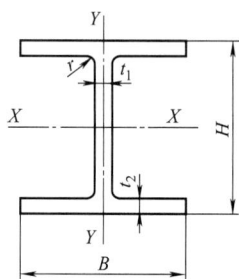

附图 8-4　热轧 H 型钢和 H 型钢截面图

h—高度；B—宽度；t_1—腹板厚度

t_2—翼缘厚度；r—圆角半径

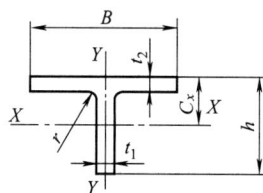

附图 8-5　部分 T 型钢截面图

h—高度；B—宽度；t_1—腹板厚度

t_2—翼缘厚度；r—圆角半径；C_x—重心

附表 8-12　H 型钢截面尺寸、截面面积、理论重量及截面特性

类别	型号 高度×宽度 /mm	截面尺寸/mm					截面面积 /cm²	理论重量 /(kg/m)	表面积 /(m²/m)	惯性矩/cm⁴		惯性半径/cm		截面模数/cm³	
		H	B	t_1	t_2	r				I_x	I_y	i_x	i_y	W_x	W_y
HW	100×100	100	100	6	8	8	21.58	16.90	0.574	378	134	4.18	2.48	75.6	26.7
	125×125	125	125	6.5	9	8	30.00	23.60	0.723	839	293	5.28	3.12	134	46.9
	150×150	150	150	7	10	8	39.64	31.10	0.872	1620	563	6.39	3.76	216	75.1
	175×175	175	175	7.5	11	13	51.42	40.40	1.01	2900	984	7.50	4.37	331	112
	200×200	200	200	8	12	13	63.53	49.90	1.16	4720	1600	8.61	5.02	472	160
		* 200	204	12	12	13	71.53	56.20	1.17	4980	1700	8.34	4.87	498	167
	250×250	* 244	252	11	11	13	81.31	63.80	1.45	8700	2940	10.3	6.01	713	233
		250	250	9	14	13	91.43	71.80	1.46	10700	3650	10.8	6.31	860	292
		* 250	255	14	14	13	103.9	81.60	1.47	11400	3880	10.5	6.10	912	304
	300×300	* 294	302	12	12	13	106.3	83.50	1.75	16600	5510	12.5	7.20	1130	365
		300	300	10	15	13	118.5	93.00	1.76	20200	6750	13.1	7.55	1350	450
		* 300	305	15	15	13	133.5	105	1.77	21300	7100	12.6	7.29	1420	466
	350×350	* 338	351	13	13	13	133.3	105	2.03	27700	9380	14.4	8.38	1640	534
		* 344	348	10	16	13	144.0	113	2.04	32800	11200	15.1	8.83	1910	646
		* 344	354	16	16	13	164.7	129	2.05	34900	11800	14.6	8.48	2030	669
		350	350	12	19	13	171.9	135	2.05	39800	13600	15.2	8.88	2280	776
		* 350	357	19	19	13	196.4	154	2.07	42300	14400	14.7	8.57	2420	808

续表

类别	型号 高度×宽度 /mm	H	B	t_1	t_2	r	截面面积 /cm²	理论重量 /(kg/m)	表面积 /(m²/m)	I_x	I_y	i_x	i_y	W_x	W_y
HW	400×400	*388	402	15	15	22	178.5	140	2.32	49000	16300	16.6	9.54	2520	809
		*394	398	11	18	22	186.8	147	2.32	56100	18900	17.3	10.1	2850	951
		*394	405	18	18	22	214.4	168	2.33	59700	20000	16.7	9.64	3030	985
		400	400	13	21	22	218.7	172	2.34	66600	22400	17.5	10.1	3330	1120
		*400	408	21	21	22	250.7	197	2.35	70900	23800	16.8	9.74	3540	1170
		*414	405	18	28	22	295.4	232	2.37	92800	31000	17.7	10.2	4480	1530
		*428	407	20	35	22	360.7	283	2.41	119000	39400	18.2	10.4	5570	1930
		*458	417	30	50	22	528.6	415	2.49	187000	60500	18.8	10.7	8170	2900
		*498	432	45	70	22	770.1	604	2.60	298000	94400	19.7	11.1	12000	4370
	*500×500	*492	465	15	20	22	258.0	202	2.78	117000	33500	21.3	11.4	4770	1440
		*502	465	15	25	22	304.5	239	2.80	146000	41900	21.9	11.7	5810	1800
		*502	470	20	25	22	329.6	259	2.81	151000	43300	21.4	11.5	6020	1840
HM	150×100	148	100	6	9	8	26.34	20.7	0.670	1000	150	6.16	2.38	135	30.1
	200×150	194	150	6	9	13	38.10	29.9	0.962	2630	507	8.30	3.64	271	67.6
	250×175	244	175	7	11	13	55.49	43.6	1.15	6040	984	10.4	4.21	495	112
	300×200	294	200	8	12	13	71.05	55.8	1.35	11100	1600	12.5	4.74	756	160
		*298	201	9	14	13	82.03	64.4	1.36	13100	1900	12.6	4.80	878	189
	350×250	340	250	9	14	13	99.53	78.1	1.64	21200	3650	14.6	6.05	1250	292
	400×300	390	300	10	16	13	133.3	105	1.94	37900	7200	16.9	7.35	1940	480
	450×300	440	300	11	18	13	153.9	121	2.04	54700	8110	18.9	7.25	2490	540
	500×300	*482	300	11	15	13	141.2	111	2.12	58300	6760	20.3	6.91	2420	450
		488	300	11	18	13	159.2	125	2.13	68900	8110	20.8	7.13	2820	540
	550×300	*544	300	11	15	13	148.0	116	2.24	76400	6760	22.7	6.75	2810	450
		*550	300	11	18	13	166.0	130	2.26	89800	8110	23.3	6.98	3270	540
	600×300	*582	300	12	17	13	169.2	133	2.32	98900	7660	24.2	6.72	3400	511
		588	300	12	20	13	187.2	147	2.33	114000	9010	24.7	6.93	3890	601
		*594	302	14	23	13	217.1	170	2.35	134000	10600	24.8	6.97	4500	700
HN	*100×50	100	50	5	7	8	11.84	9.30	0.376	187	14.8	3.97	1.11	37.5	5.91
	*125×60	125	60	6	8	8	16.68	13.1	0.464	409	29.1	4.95	1.32	65.4	9.71
	150×75	150	75	5	7	8	17.84	14.0	0.576	666	49.5	6.10	1.66	88.8	13.2
	175×90	175	90	5	8	8	22.89	18.0	0.686	1210	97.5	7.25	2.06	138	21.7
	200×100	*198	99	4.5	7	8	22.68	17.8	0.769	1540	113	8.24	2.23	156	22.9
		200	100	5.5	8	8	26.66	20.9	0.775	1810	134	8.22	2.23	181	26.7
	250×125	*248	124	5	8	8	31.98	25.1	0.968	3450	255	10.4	2.82	278	41.1
		250	125	6	9	8	36.96	29.0	0.974	3960	294	10.4	2.81	317	47.0
	300×150	*298	149	5.5	8	13	40.80	32.0	1.16	6320	442	12.4	3.29	424	59.3
		300	150	6.5	9	13	46.78	36.7	1.16	7210	508	12.4	3.29	481	67.7
	350×175	*346	174	6	9	13	52.45	41.2	1.35	11000	791	14.5	3.88	638	91.0
		350	175	7	11	13	62.91	49.4	1.36	13500	984	14.6	3.95	771	112
	400×150	400	150	8	13	13	70.37	55.2	1.36	18600	734	16.3	3.22	929	97.8
		*396	199	7	11	13	71.41	56.1	1.55	19800	1450	16.6	4.50	999	145
	400×200	400	200	8	13	13	83.37	65.4	1.56	23500	1740	16.8	4.56	1170	174
	450×150	*446	150	7	12	13	66.99	52.6	1.46	22000	677	18.1	3.17	985	90.3
		*450	151	8	14	13	77.49	60.8	1.47	25700	806	18.2	3.22	1140	107
	450×200	446	199	8	12	13	82.97	65.1	1.65	28100	1580	18.4	4.36	1260	159
		450	200	9	14	13	95.43	74.9	1.66	32900	1870	18.6	4.42	1460	187
	475×150	*470	150	7	13	13	71.53	56.2	1.50	26200	733	19.1	3.20	1110	97.8
		*475	151.5	8.5	15.5	13	86.15	67.6	1.52	31700	901	19.2	3.23	1330	119
		482	153.5	10.5	19	13	106.4	83.5	1.53	39600	1150	19.3	3.28	1640	150

类别	型号 高度×宽度 /mm	截面尺寸/mm					截面面积 /cm²	理论重量 /(kg/m)	表面积 /(m²/m)	惯性矩/cm⁴		惯性半径/cm		截面模数/cm³	
		H	B	t_1	t_2	r				I_x	I_y	i_x	i_y	W_x	W_y
HN	500×150	*492	150	7	12	13	70.21	55.1	1.55	27500	677	19.8	3.10	1120	90.3
		*500	152	9	16	13	92.21	72.4	1.57	37000	940	20.0	3.19	1480	124
		504	153	10	18	13	103.3	81.1	1.58	41900	1080	20.1	3.23	1660	141
	500×200	*496	199	9	14	13	99.29	77.9	1.75	40800	1840	20.3	4.30	1650	185
		500	200	10	16	13	112.3	88.1	1.76	46800	2140	20.4	4.36	1870	214
		*506	201	11	19	13	129.3	102	1.77	55500	2580	20.7	4.46	2190	257
	550×200	*546	199	9	14	13	103.8	81.5	1.85	50800	1840	22.1	4.21	1860	185
		550	200	10	16	13	117.3	92.0	1.86	58200	2140	22.3	4.27	2120	214
	600×200	*596	199	10	15	13	117.8	92.4	1.95	66600	1980	23.8	4.09	2240	199
		600	200	11	17	13	131.7	103	1.96	75600	2270	24.0	4.15	2520	227
		*606	201	12	20	13	149.8	118	1.97	88300	2720	24.3	4.25	2910	270
	625×200	*625	198.5	11.5	17.5	13	138.8	109	1.99	85000	2290	24.8	4.06	2720	231
		630	200	13	20	13	158.2	124	2.01	97900	2680	24.9	4.11	3110	328
		*638	202	15	24	13	186.9	147	2.03	11800	3320	25.2	4.21	3710	328
	650×300	*646	299	10	15	13	152.8	120	2.43	110000	6690	26.9	6.61	3410	447
		*650	300	11	17	13	171.2	134	2.44	125000	7660	27.0	6.68	3850	511
		*656	301	12	20	13	195.8	154	2.45	147000	9100	27.4	6.81	4470	605
	700×300	*692	300	13	20	18	207.5	163	2.53	168000	9020	28.5	6.59	4870	601
		700	300	13	24	18	231.5	182	2.54	197000	10800	29.2	6.83	5640	721
	750×300	*734	299	12	16	18	182.7	143	2.61	161000	7140	29.7	6.25	4290	478
		*742	300	13	20	18	214.0	168	2.63	197000	9020	30.4	6.49	5320	601
		*750	300	13	24	18	238.0	187	2.64	231000	10800	31.1	6.74	6150	721
		*758	303	16	28	18	284.8	224	2.67	276000	13000	31.1	6.75	7270	85
	*800×300	*792	300	14	22	18	239.5	188	2.73	248000	9920	32.2	6.43	6270	661
		800	300	14	26	18	263.5	207	2.74	286000	11700	33.0	6.66	7160	781
	*850×300	*834	298	14	19	18	227.5	179	2.80	251000	8400	33.2	6.07	6020	564
		*842	299	15	23	18	259.7	204	2.82	298000	10300	33.9	6.28	7080	687
		*850	300	16	27	18	292.1	229	2.84	346000	12200	34.4	6.45	8140	812
		*858	301	17	31	18	324.7	255	2.86	395000	14100	34.9	6.59	9210	939
	*900×300	*890	299	15	23	18	266.9	210	2.92	339000	10300	35.6	6.20	7610	687
		900	300	16	28	18	305.8	240	2.94	404000	12600	36.4	6.42	8990	842
		*912	302	18	34	18	360.1	283	2.97	491000	15700	36.9	6.59	10800	1040
	*1000× 300	*970	297	16	21	18	276.0	217	3.07	393000	9210	37.8	5.77	8110	620
		*980	298	17	26	18	315.5	248	3.09	462000	11500	38.7	6.04	9630	772
		*990	298	17	31	18	345.3	271	3.11	544000	13700	39.7	6.30	11000	921
		*1000	300	19	36	18	395.1	310	3.13	624000	16300	40.1	6.41	12700	1080
		*1008	302	21	40	18	439.3	345	3.15	712000	18400	40.3	6.47	14100	1220
HT	100×50	95	48	3.2	4.5	8	7.620	5.98	0.362	115	8.39	3.88	1.04	24.2	3.49
		97	49	4	5.5	8	9.370	7.36	0.368	143	10.9	3.91	1.07	29.6	4.45
	100×100	96	99	4.5	6	8	16.20	12.7	0.565	272	97.2	4.09	2.44	56.7	19.6
	125×60	118	58	3.2	4.5	8	9.250	7.26	0.448	218	14.7	4.85	1.26	37.0	5.08
		120	59	4	5.5	8	11.39	8.94	0.454	271	19.0	4.87	1.29	45.2	6.43
	125×125	119	123	4.5	6	8	20.12	15.80	0.707	532	186	5.14	3.04	89.5	30.3
	150×75	145	73	3.2	4.5	8	11.47	9.00	0.562	416	29.3	6.01	1.59	57.3	8.02
		147	74	4	5.5	8	14.12	11.10	0.568	516	37.3	6.04	1.62	70.2	10.1
	150×100	139	97	3.2	4.5	8	13.43	10.6	0.646	476	68.6	5.94	2.25	68.4	14.1
		142	99	4.5	6	8	18.27	14.3	0.657	654	97.2	5.98	2.30	92.1	19.6
	150×150	144	148	5	7	8	27.76	21.8	0.856	1090	378	6.25	3.69	151	51.1
		147	149	6	8.5	8	33.67	26.4	0.864	1350	469	6.32	3.73	183	63.0

类别	型号 高度×宽度 /mm	截面尺寸/mm					截面 面积 /cm²	理论 重量 /(kg/m)	表面积 /(m²/m)	惯性矩/cm⁴		惯性半径/cm		截面模数/cm³	
		H	B	t_1	t_2	r				I_x	I_y	i_x	i_y	W_x	W_y
HT	175×90	168	88	3.2	4.5	8	13.55	10.6	0.668	670	51.2	7.02	1.94	79.7	11.6
		171	89	4	6	8	17.58	13.8	0.676	894	70.7	7.13	2.00	105	15.9
	175×175	167	173	5	7	13	33.32	26.2	0.994	1780	605	7.30	4.26	213	69.9
		172	175	6.5	9.5	13	44.64	35.0	1.01	2470	850	7.43	4.36	287	97.1
	200×100	193	98	3.2	4.5	8	15.25	12.0	0.758	994	70.7	8.07	2.15	103	14.4
		196	99	4	6	8	19.78	15.5	0.766	1320	97.2	8.18	2.21	135	19.6
	200×150	188	149	4.5	6	8	26.34	20.7	0.949	1730	331	8.09	3.54	184	44.4
	200×200	192	198	6	8	13	43.69	34.3	1.14	3060	1040	8.37	4.86	319	105
	250×125	244	124	4.5	6	8	25.86	20.3	0.961	2650	191	10.1	2.71	217	30.8
	250×175	238	173	4.5	6	13	39.12	30.7	1.14	4240	691	10.4	4.20	356	79.9
	300×150	294	148	4.5	6	13	31.90	25.0	1.15	4800	325	12.3	3.19	327	43.9
	300×200	286	198	6	8	13	49.33	38.7	1.33	7360	1040	12.2	4.58	515	105
	350×175	340	173	4.5	6	13	36.97	29.0	1.34	7490	518	14.2	3.74	441	59.9
	400×150	390	148	6	8	13	47.57	37.3	1.34	11700	434	15.7	3.01	602	58.6
	400×200	390	198	6	8	13	55.57	43.6	1.54	14700	1040	16.2	4.31	752	105

注：1. 同一型号的产品，其内侧尺寸高度是一致的。

2. 截面面积计算公式为 $t_1(H-2t_2)+2Bt_2+0.858r^2$。

3. * 所示的规格为市场非常用规格。

附表 8-13　部分 T 型钢截面尺寸、截面面积、理论重量及截面特性

类别	型号 高度×宽度 /mm	截面尺寸/mm					截面 面积 /cm²	理论 重量 /(kg/m)	表面积 /(m²/m)	惯性矩 /cm⁴		惯性半径 /cm		截面模数 /cm³		重心 C_x /cm	对应 H 型钢型号
		H	B	t_1	t_2	r				I_x	I_y	i_x	i_y	W_x	W_y		
TW	50×100	50	100	6	8	8	10.79	8.47	0.293	16.1	66.8	1.22	2.48	4.02	13.4	1.00	100×100
	62.5×125	62.5	125	6.5	9	8	15.00	11.8	0.368	35.0	147	1.52	3.12	6.91	23.5	1.19	125×125
	75×150	75	150	7	10	8	19.82	15.6	0.443	66.4	282	1.82	3.76	10.8	37.5	1.37	150×150
	87.5×175	87.5	175	7.5	11	13	25.71	20.2	0.514	115	492	2.11	4.37	15.9	56.2	1.55	175×175
	100×200	100	200	8	12	13	31.76	24.9	0.589	184	801	2.40	5.02	22.3	80.1	1.73	200×200
		100	204	12	12	13	35.76	28.1	0.597	256	851	2.67	4.87	32.4	83.4	2.09	
	125×250	125	250	9	14	13	45.71	35.9	0.739	412	1820	3.00	6.31	39.5	146	2.08	250×250
		125	255	14	14	13	51.96	40.8	0.749	589	1940	3.36	6.10	59.4	152	2.58	
	150×300	147	302	12	12	13	53.16	41.7	0.887	857	2760	4.01	7.20	72.3	183	2.85	300×300
		150	300	10	15	13	59.22	46.5	0.889	798	3380	3.67	7.55	63.7	225	2.47	
		150	305	15	15	13	66.72	52.4	0.889	1110	3550	4.07	7.29	92.5	233	3.04	
	175×350	172	348	10	16	13	72.00	56.5	1.03	1230	5620	4.13	8.83	84.7	323	2.67	350×350
		175	350	12	19	13	85.94	67.5	1.04	1520	6790	4.20	8.88	104	388	2.87	
	200×400	194	402	15	15	22	89.22	70.0	1.17	2480	8130	5.27	9.54	158	404	3.70	400×400
		197	398	11	18	22	93.40	73.3	1.17	2050	9460	4.67	10.1	123	475	3.01	
		200	400	13	21	22	109.3	85.8	1.18	2480	11200	4.75	10.1	147	560	3.21	
		200	408	21	21	22	125.3	98.4	1.20	3650	11900	5.39	9.74	229	584	4.07	
		207	405	18	28	22	147.7	116	1.21	3620	15500	4.95	10.2	213	766	3.68	
		214	407	20	35	22	180.3	142	1.22	4380	19700	4.92	10.4	250	967	3.90	
	75×100	74	100	6	9	8	13.17	10.3	0.341	51.7	75.2	1.98	2.38	8.84	15.0	1.56	150×100
	100×150	97	150	6	9	8	19.05	15.0	0.487	124	253	2.55	3.64	15.8	33.8	1.80	200×150
	125×175	122	175	7	11	13	27.74	21.8	0.583	288	492	3.22	4.21	29.1	56.2	2.28	250×175
	150×200	147	200	8	12	13	35.52	27.9	0.683	571	801	4.00	4.74	48.2	80.1	2.85	300×200
		149	201	9	14	13	41.01	32.2	0.689	661	949	4.01	4.80	55.2	94.4	2.92	
	175×250	170	250	9	14	13	49.76	39.1	0.829	1020	1820	4.51	6.05	73.2	146	3.11	350×250

续表

类别	型号 高度×宽度 /mm	截面尺寸/mm					截面面积 /cm²	理论重量 /(kg/m)	表面积 /(m²/m)	惯性矩 /cm⁴		惯性半径 /cm		截面模数 /cm³		重心 C_x /cm	对应 H 型钢型号
		H	B	t_1	t_2	r				I_x	I_y	i_x	i_y	W_x	W_y		
TW	200×300	195	300	10	16	13	66.62	52.3	0.979	1730	3600	5.09	7.35	108	240	3.43	400×300
	225×300	220	300	11	18	13	76.94	60.4	1.03	2680	4050	5.89	7.25	150	270	4.09	450×300
	250×300	241	300	11	15	13	70.58	55.4	1.07	3400	3380	6.93	6.91	178	225	5.00	500×300
		244	300	11	18	13	79.58	62.5	1.08	3610	4050	6.73	7.13	184	270	4.72	
	275×300	272	300	11	15	13	73.99	58.1	1.13	4790	3380	8.04	6.75	225	225	5.96	550×300
		275	300	11	18	13	82.99	65.2	1.14	5090	4050	7.82	6.98	232	270	5.59	
	300×300	291	300	12	17	13	84.60	66.4	1.17	6320	3830	8.64	6.72	280	255	6.51	600×300
		294	300	12	20	13	93.60	73.5	1.18	6680	4500	8.44	6.93	288	300	6.17	
		297	302	14	23	13	108.5	85.2	1.19	7890	5290	8.52	6.97	339	350	6.41	
TN	50×50	50	50	5	7	8	5.920	4.65	0.193	11.8	7.39	1.41	1.11	3.18	2.95	1.28	100×50
	62.5×60	62.5	60	6	8	8	8.340	6.55	0.238	27.5	14.6	1.81	1.32	5.96	4.85	1.64	125×60
	75×75	75	75	5	7	8	8.920	7.00	0.293	42.6	24.7	2.18	1.66	7.46	6.59	1.79	150×75
	87.5×90	85.5	89	4	6	8	8.790	6.90	0.342	53.7	35.3	2.47	2.00	8.02	7.94	1.86	175×90
		87.5	90	5	8	8	11.44	8.98	0.348	70.6	48.7	2.48	2.06	10.4	10.8	1.93	
	100×100	99	99	4.5	7	8	11.34	8.90	0.389	93.5	56.7	2.87	2.23	12.1	11.5	2.17	200×100
		100	100	5.5	8	8	13.33	10.5	0.393	114	66.9	2.92	2.23	14.8	13.4	2.31	
	125×125	124	124	5	8	8	15.99	12.6	0.489	207	127	3.59	2.82	21.3	20.5	2.66	250×125
		125	125	6	9	8	18.48	14.5	0.493	248	147	3.66	2.81	25.6	23.5	2.81	
	150×150	149	149	5.5	8	13	20.40	16.0	0.585	393	221	4.39	3.29	33.8	29.7	3.26	300×150
		150	150	6.5	9	13	23.39	18.4	0.589	464	254	4.45	3.29	40.0	33.8	3.41	
	175×175	173	174	6	9	13	26.22	20.6	0.683	679	396	5.08	3.88	50.0	45.5	3.72	350×175
		175	175	7	11	13	31.45	24.7	0.689	814	492	5.08	3.95	59.3	56.2	3.76	
	200×200	198	199	7	11	13	35.70	28.0	0.783	1190	723	5.77	4.50	76.4	72.7	4.20	400×200
		200	200	8	13	13	41.68	32.7	0.789	1390	868	5.78	4.56	88.6	86.8	4.26	
	225×150	223	150	7	12	13	33.49	26.3	0.735	1570	338	6.84	3.17	93.7	45.1	5.54	450×150
		225	151	8	14	13	38.74	30.4	0.741	1830	403	6.87	3.22	108	53.4	5.62	
	225×200	223	199	8	12	13	41.48	32.6	0.833	1870	789	6.71	4.36	109	79.3	5.15	450×200
		225	200	9	14	13	47.71	37.5	0.839	2150	935	6.71	4.42	124	93.5	5.19	
	237.5×150	235	150	7	13	13	35.76	28.1	0.759	1850	367	7.18	3.20	104	48.9	7.50	475×150
		237.5	151.5	8.5	15.5	13	43.07	33.8	0.767	2270	451	7.25	3.23	128	59.5	7.57	
		241	153.5	10.5	19	13	53.20	41.8	0.778	2860	575	7.33	3.28	160	75.0	7.67	
	250×150	246	150	7	12	13	35.10	27.6	0.781	2060	339	7.66	3.10	113	45.1	6.36	500×150
		250	152	9	16	13	46.10	36.2	0.793	2750	470	7.71	3.19	149	61.9	6.53	
		252	153	10	18	13	51.66	40.6	0.799	3100	540	7.74	3.23	167	70.5	6.62	
	250×200	248	199	9	14	13	49.64	39.0	0.883	2820	921	7.54	4.30	150	92.6	5.97	500×200
		250	200	10	16	13	56.12	44.1	0.889	3200	1070	7.54	4.36	169	107	6.03	
		253	201	11	19	13	64.65	50.8	0.897	3660	1290	7.52	4.46	189	128	6.00	
	275×200	273	199	9	14	13	51.89	40.7	0.933	3690	921	8.43	4.21	180	92.6	6.85	550×200
		275	200	10	16	13	58.62	46.0	0.939	4180	1070	8.44	4.27	203	107	6.89	
	300×200	298	199	10	15	13	58.87	46.2	0.983	5150	988	9.35	4.09	235	99.3	7.92	600×200
		300	200	11	17	13	65.85	51.7	0.989	5770	1140	9.35	4.25	262	114	7.95	
		303	201	12	20	13	74.88	58.8	0.997	6530	1360	9.33	4.25	291	135	7.88	
	312.5×200	312.5	198.5	11.5	17.5	13	69.38	54.5	1.01	6690	1140	9.81	4.06	294	115	9.92	625×200
		315	200	13	20	13	79.07	62.1	1.02	7680	1340	9.85	4.11	336	134	10.0	
		319	202	15	24	13	93.45	73.6	1.03	9140	1660	9.89	4.21	395	164	10.1	
	325×300	323	299	10	15	12	76.26	59.9	1.23	7220	3340	9.73	6.62	289	224	7.28	650×300
		325	300	11	17	13	85.60	67.2	1.23	8090	3830	9.71	6.68	321	255	7.29	
		328	301	12	20	13	97.88	76.8	1.24	9120	4550	9.65	6.81	356	302	7.20	

类别	型号 高度×宽度 /mm	截面尺寸/mm					截面 面积 /cm²	理论 重量 /(kg/m)	表面积 /(m²/m)	惯性矩 /cm⁴		惯性半径 /cm		截面模数 /cm³		重心 C_x /cm	对应 H 型钢型号
		H	B	t_1	t_2	r				I_x	I_y	i_x	i_y	W_x	W_y		
TN	350×300	346	300	13	20	13	103.1	80.9	1.28	1120	4510	10.4	6.61	424	300	8.12	700×300
		350	300	13	24	13	115.1	90.4	1.28	1200	5410	10.2	6.85	438	360	7.65	
	400×300	396	300	14	22	18	119.8	94.0	1.38	1760	4960	12.1	6.43	592	331	9.77	800×300
		400	300	14	26	18	131.8	103	1.38	1870	5860	11.9	6.66	610	391	9.27	
	450×300	445	299	15	23	18	133.5	105	1.47	2590	5140	13.9	6.20	789	344	11.7	900×300
		450	300	16	28	18	152.9	120	1.48	2910	6320	13.8	6.42	865	421	11.4	
		456	302	18	34	18	180.0	141	1.50	3410	7830	13.8	6.59	997	518	11.3	

8.10 焊接 H 型钢 （GB/T 33814—2017）（附表 8-14）

附表 8-14 焊接 H 型钢

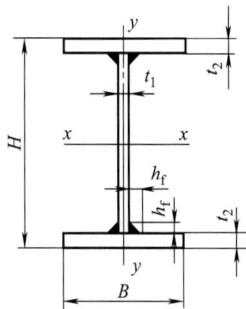

H——高度

B——宽度

t_1——腹板厚度

t_2——翼缘板厚度

h_f——焊脚尺寸（当采用对接与角接组合焊缝时，应为加强焊脚尺寸 h_k）

型号	尺寸/mm				截面面积 /cm²	理论重量[1] /(kg/m)	截面特性参数[2]						角焊缝[3] 焊脚尺寸 h_f/mm
							$x—x$			$y—y$			
	H	B	t_1	t_2			I_x /cm⁴	W_x /cm³	i_x /cm	I_y /cm⁴	W_y /cm³	i_y /cm	
WH100×50	100	50	3.2	4.5	7.41	5.82	123	25	4.07	9	4	1.13	3
	100	50	4	5	8.60	6.75	137	27	3.99	10	4	1.10	4
WH100×75	100	75	4	6	12.52	9.83	222	44	4.21	42	11	1.84	4
WH100×100	100	100	4	6	15.52	12.18	288	58	4.31	100	20	2.54	4
	100	100	6	8	21.04	16.52	369	74	4.19	133	27	2.52	5
WH125×75	125	75	4	6	13.52	10.61	367	59	5.21	42	11	1.77	4
WH125×125	125	125	4	6	19.52	15.32	580	93	5.45	195	31	3.16	4
WH150×75	150	75	3.2	4.5	11.26	8.84	432	58	6.19	32	8	1.68	3
	150	75	4	6	14.52	11.40	554	74	6.18	42	11	1.71	4
	150	75	5	8	18.70	14.68	706	94	6.14	56	15	1.74	5
WH150×100	150	100	3.2	4.5	13.51	10.61	551	73	6.39	75	15	2.36	3
	150	100	4	6	17.52	13.75	710	95	6.37	100	20	2.39	4
	150	100	5	8	22.70	17.82	908	121	6.32	133	27	2.42	5
WH150×150	150	150	4	6	23.52	18.46	1021	136	6.59	338	45	3.79	4
	150	150	5	8	30.70	24.10	1311	175	6.54	450	60	3.83	5
	150	150	6	8	32.04	25.15	1331	178	6.45	450	60	3.75	5
WH200×100	200	100	3.2	4.5	15.11	11.86	1046	105	8.32	75	15	2.23	3
	200	100	4	6	19.52	15.32	1351	135	8.32	100	20	2.26	4
	200	100	5	8	25.20	19.78	1735	173	8.30	134	27	2.30	5

续表

型号	尺寸/mm				截面面积 /cm²	理论重量[1] /(kg/m)	截面特性参数[2]						角焊缝[3] 焊脚尺寸 h_f/mm
							x—x			y—y			
	H	B	t_1	t_2			I_x /cm⁴	W_x /cm³	i_x /cm	I_y /cm⁴	W_y /cm³	i_y /cm	
WH200×150	200	150	4	6	25.52	20.03	1916	192	8.66	338	45	3.64	4
	200	150	5	8	33.20	26.06	2473	247	8.63	450	60	3.68	5
WH200×200	200	200	5	8	41.20	32.34	3210	321	8.83	1067	107	5.09	5
	200	200	6	10	50.80	39.88	3905	390	8.77	1334	133	5.12	5
WH250×125	250	125	4	6	24.52	19.25	2682	215	10.46	195	31	2.82	4
	250	125	5	8	31.70	24.88	3463	277	10.45	261	42	2.87	5
	250	125	6	10	38.80	30.46	4210	337	10.42	326	52	2.90	5
WH250×150	250	150	4	6	27.52	21.60	3129	250	10.66	338	45	3.50	4
	250	150	5	8	35.70	28.02	4049	324	10.65	450	60	3.55	5
	250	150	6	10	43.80	34.38	4931	394	10.61	563	75	3.58	5
WH250×200	250	200	5	8	43.70	34.30	5221	418	10.93	1067	107	4.94	5
	250	200	5	10	51.50	40.43	6270	502	11.03	1334	133	5.09	5
	250	200	6	10	53.80	42.23	6372	510	10.88	1334	133	4.98	5
	250	200	6	12	61.56	48.32	7380	590	10.95	1600	160	5.10	6
WH250×250	250	250	6	10	63.80	50.08	7813	625	11.07	2605	208	6.39	5
	250	250	6	12	73.56	57.74	9081	726	11.11	3125	250	6.52	6
	250	250	8	14	87.76	68.89	10488	839	10.93	3647	292	6.45	6
WH300×200	300	200	6	8	49.04	38.50	7968	531	12.75	1067	107	4.66	5
	300	200	6	10	56.80	44.59	9511	634	12.94	1334	133	4.85	5
	300	200	6	12	64.56	50.68	11010	734	13.06	1600	160	4.98	6
	300	200	8	14	77.76	61.04	12802	853	12.83	1868	187	4.90	6
	300	200	10	16	90.80	71.28	14523	968	12.65	2136	214	4.85	6
WH300×250	300	250	6	10	66.80	52.44	11614	774	13.19	2605	208	6.24	5
	300	250	6	12	76.56	60.10	13500	900	13.28	3125	250	6.39	6
	300	250	8	14	91.76	72.03	15667	1044	13.07	3647	292	6.30	6
	300	250	10	16	106.80	83.84	17752	1183	12.89	4169	334	6.25	6
WH300×300	300	300	6	10	76.80	60.29	13718	915	13.36	4501	300	7.66	5
	300	300	8	12	94.08	73.85	16340	1089	13.18	5401	360	7.58	6
	300	300	8	14	105.76	83.02	18532	1235	13.24	6301	420	7.72	6
	300	300	10	16	122.80	96.40	20982	1399	13.07	7202	480	7.66	6
	300	300	10	18	134.40	105.50	23034	1536	13.09	8102	540	7.76	7
	300	300	12	20	151.20	118.69	25318	1688	12.94	9004	600	7.72	8
WH350×175	350	175	4.5	6	36.21	28.42	7661	438	14.55	536	51	3.85	4
	350	175	4.5	8	43.03	33.78	9586	548	14.93	715	82	4.08	4
	350	175	6	8	48.04	37.71	10052	574	14.47	715	82	3.86	5
	350	175	6	10	54.80	43.02	11915	681	14.75	894	102	4.04	5
	350	175	6	12	61.56	48.32	13733	785	14.94	1072	123	4.17	6
	350	175	8	12	68.08	53.44	14310	818	14.50	1073	123	3.97	6
	350	175	8	14	74.76	58.69	16064	918	14.66	1252	143	4.09	6
	350	175	10	16	87.80	68.92	18310	1046	14.44	1432	164	4.04	6
WH350×200	350	200	6	8	52.04	40.85	11222	641	14.68	1067	107	4.53	5
	350	200	6	10	59.80	46.94	13360	763	14.95	1334	133	4.72	5
	350	200	6	12	67.56	53.03	15447	883	15.12	1601	160	4.87	6
	350	200	8	10	66.40	52.12	13959	798	14.50	1335	133	4.48	5
	350	200	8	12	74.08	58.15	16025	916	14.71	1601	160	4.65	6
	350	200	8	14	81.76	64.18	18040	1031	14.85	1868	187	4.78	6
	350	200	10	16	95.80	75.20	20542	1174	14.64	2136	214	4.72	6

续表

型号	尺寸/mm				截面面积 /cm²	理论重量① /(kg/m)	截面特性参数②						角焊缝③ 焊脚尺寸 h_f/mm
							x—x			y—y			
	H	B	t_1	t_2			I_x /cm⁴	W_x /cm³	i_x /cm	I_y /cm⁴	W_y /cm³	i_y /cm	
WH350×250	350	250	6	10	69.80	54.79	16251	929	15.26	2605	208	6.11	5
	350	250	6	12	79.56	62.45	18876	1079	15.40	3126	250	6.27	6
	350	250	8	12	86.08	67.57	19454	1112	15.03	3126	250	6.03	6
	350	250	8	14	95.76	75.17	21994	1257	15.16	3647	292	6.17	6
	350	250	10	16	111.80	87.76	25008	1429	14.96	4169	334	6.11	6
WH350×300	350	300	6	10	79.80	62.64	19142	1094	15.49	4501	300	7.51	5
	350	300	6	12	91.56	71.87	22305	1275	15.61	5401	360	7.68	6
	350	300	8	14	109.76	86.16	25948	1483	15.38	6301	420	7.58	6
	350	300	10	16	127.80	100.32	29474	1684	15.19	7203	480	7.51	6
	350	300	10	18	139.40	109.43	32370	1850	15.24	8103	540	7.62	7
WH350×350	350	350	6	12	103.56	81.29	25734	1470	15.76	8576	490	9.10	6
	350	350	8	14	123.76	97.15	29901	1709	15.54	10006	572	8.99	6
	350	350	8	16	137.44	107.89	33403	1909	15.59	11435	653	9.12	6
	350	350	10	16	143.80	112.88	33939	1939	15.36	11436	653	8.92	6
	350	350	10	18	157.40	123.56	37335	2133	15.40	12865	735	9.04	7
	350	350	12	20	177.20	139.10	41141	2351	15.24	14296	817	8.98	8
WH400×200	400	200	6	8	55.04	43.21	15126	756	16.58	1067	107	4.40	5
	400	200	6	10	62.80	49.30	17957	898	16.91	1334	133	4.61	5
	400	200	6	12	70.56	55.39	20729	1036	17.14	1601	160	4.76	6
	400	200	8	12	78.08	61.29	21615	1081	16.64	1602	160	4.53	6
	400	200	8	14	85.76	67.32	24301	1215	16.83	1868	187	4.67	6
	400	200	8	16	93.44	73.35	26929	1346	16.98	2135	213	4.78	6
	400	200	8	18	101.12	79.38	29501	1475	17.08	2402	240	4.87	7
	400	200	10	16	100.80	79.13	27760	1388	16.59	2136	214	4.60	6
	400	200	10	18	108.40	85.09	30305	1515	16.72	2403	240	4.71	7
	400	200	10	20	116.00	91.06	32795	1640	16.81	2670	267	4.80	7
WH400×250	400	250	6	10	72.80	57.15	21760	1088	17.29	2605	208	5.98	5
	400	250	6	12	82.56	64.81	25247	1262	17.49	3126	250	6.15	6
	400	250	8	14	99.76	78.31	29518	1476	17.20	3647	292	6.05	6
	400	250	8	16	109.44	85.91	32831	1642	17.32	4168	333	6.17	6
	400	250	8	18	119.12	93.51	36072	1804	17.40	4689	375	6.27	7
	400	250	10	16	116.80	91.69	33661	1683	16.98	4170	334	5.97	6
	400	250	10	18	126.40	99.22	36876	1844	17.08	4691	375	6.09	7
	400	250	10	20	136.00	106.76	40021	2001	17.15	5211	417	6.19	7
WH400×300	400	300	6	10	82.80	65.00	25564	1278	17.57	4501	300	7.37	5
	400	300	6	12	94.56	74.23	29764	1488	17.74	5401	360	7.56	6
	400	300	8	14	113.76	89.30	34735	1737	17.47	6302	420	7.44	6
	400	300	10	16	132.80	104.25	39563	1978	17.26	7203	480	7.36	6
	400	300	10	18	144.40	113.35	43448	2172	17.35	8103	540	7.49	7
	400	300	10	20	156.00	122.46	47248	2362	17.40	9003	600	7.60	7
	400	300	12	20	163.20	128.11	48026	2401	17.15	9005	600	7.43	8
WH400×400	400	400	8	14	141.76	111.28	45169	2258	17.85	14935	747	10.26	6
	400	400	8	18	173.12	135.90	55787	2789	17.95	19202	960	10.53	7
	400	400	10	16	164.80	129.37	51366	2568	17.65	17070	853	10.18	6
	400	400	10	18	180.40	141.61	56591	2830	17.71	19203	960	10.32	7
	400	400	10	20	196.00	153.86	61701	3085	17.74	21336	1067	10.43	7
	400	400	12	22	218.72	171.70	67452	3373	17.56	23472	1174	10.36	8

型号	尺寸/mm				截面面积/cm²	理论重量[1]/(kg/m)	截面特性参数[2]						角焊缝[3]焊脚尺寸 h_f/mm
	H	B	t_1	t_2			x—x			y—y			
							I_x/cm⁴	W_x/cm³	i_x/cm	I_y/cm⁴	W_y/cm³	i_y/cm	
WH400×400	400	400	12	25	242.00	189.97	74704	3735	17.57	26672	1334	10.50	8
	400	400	16	25	256.00	200.96	76133	3807	17.25	26679	1334	10.21	10
	400	400	20	32	323.20	253.71	93212	4661	16.98	34156	1708	10.28	12
	400	400	20	40	384.00	301.44	109568	5478	16.89	42688	2134	10.54	12
WH450×250	450	250	8	12	94.08	73.85	33938	1508	18.99	3127	250	5.77	6
	450	250	8	14	103.76	81.45	38288	1702	19.21	3648	292	5.93	6
	450	250	10	16	121.80	95.61	43774	1946	18.96	4170	334	5.85	6
	450	250	10	18	131.40	103.15	47928	2130	19.10	4691	375	5.97	7
	450	250	10	20	141.00	110.69	52002	2311	19.20	5212	417	6.08	7
	450	250	12	22	158.72	124.60	57112	2538	18.97	5735	459	6.01	8
	450	250	12	25	173.00	135.81	62910	2796	19.07	6516	521	6.14	8
WH450×300	450	300	8	12	106.08	83.27	39694	1764	19.34	5402	360	7.14	6
	450	300	8	14	117.76	92.44	44944	1998	19.54	6302	420	7.32	6
	450	300	10	16	137.80	108.17	51312	2281	19.30	7203	480	7.23	6
	450	300	10	18	149.40	117.28	56331	2504	19.42	8103	540	7.36	7
	450	300	10	20	161.00	126.39	61253	2722	19.51	9003	600	7.48	7
	450	300	12	20	169.20	132.82	62402	2773	19.20	9006	600	7.30	8
	450	300	12	22	180.72	141.87	67196	2987	19.28	9906	660	7.40	8
	450	300	12	25	198.00	155.43	74213	3298	19.36	11256	750	7.54	8
WH450×400	450	400	8	14	145.76	114.42	58255	2589	19.99	14935	747	10.12	6
	450	400	10	16	169.80	133.29	66387	2951	19.77	17070	854	10.03	6
	450	400	10	18	185.40	145.54	73137	3251	19.86	19203	960	10.18	7
	450	400	10	20	201.00	157.79	79757	3545	19.92	21337	1067	10.30	7
	450	400	12	22	224.72	176.41	87364	3883	19.72	23473	1174	10.22	8
	450	400	12	25	248.00	194.68	96817	4303	19.76	26672	1334	10.37	8
WH500×250	500	250	8	12	98.08	76.99	42919	1717	20.92	3127	250	5.65	6
	500	250	8	14	107.76	84.59	48356	1934	21.18	3648	292	5.82	6
	500	250	8	16	117.44	92.19	53702	2148	21.38	4169	333	5.96	6
	500	250	10	16	126.80	99.54	55410	2216	20.90	4171	334	5.74	6
	500	250	10	18	136.40	107.07	60622	2425	21.08	4691	375	5.86	7
	500	250	10	20	146.00	114.61	65745	2630	21.22	5212	417	5.97	7
	500	250	12	22	164.72	129.31	72359	2894	20.96	5736	459	5.90	8
	500	250	12	25	179.00	140.52	79685	3187	21.10	6517	521	6.03	8
WH500×300	500	300	8	12	110.08	86.41	50065	2003	21.33	5402	360	7.01	6
	500	300	8	14	121.76	95.58	56625	2265	21.57	6302	420	7.19	6
	500	300	8	16	133.44	104.75	63075	2523	21.74	7202	480	7.35	6
	500	300	10	16	142.80	112.10	64784	2591	21.30	7204	480	1.10	6
	500	300	10	18	154.40	121.20	71081	2843	21.46	8104	540	7.24	7
	500	300	10	20	166.00	130.31	77271	3091	21.58	9004	600	7.36	7
	500	300	12	22	186.72	146.58	84935	3397	21.33	9907	660	7.28	8
	500	300	12	25	204.00	160.14	93800	3752	21.44	11256	750	7.43	8
WH500×400	500	400	8	14	149.76	117.56	73163	2927	22.10	14935	747	9.99	6
	500	400	10	16	174.80	137.22	83531	3341	21.86	17071	854	9.88	6
	500	400	10	18	190.40	149.46	92000	3680	21.98	19204	960	10.04	7
	500	400	10	20	206.00	161.71	100325	4013	22.07	21337	1067	10.18	7
	500	400	12	22	230.72	181.12	110086	4403	21.84	23473	1174	10.09	8
	500	400	12	25	254.00	199.39	122029	4881	21.92	26673	1334	10.25	8

型号	尺寸/mm				截面面积 /cm²	理论重量① /(kg/m)	截面特性参数②						角焊缝③ 焊脚尺寸 h_f/mm
							x—x			y—y			
	H	B	t_1	t_2			I_x /cm⁴	W_x /cm³	i_x /cm	I_y /cm⁴	W_y /cm³	i_y /cm	
WH500×500	500	500	10	18	226.40	177.72	112919	4517	22.33	37504	1500	12.87	7
	500	500	10	20	246.00	193.11	123378	4935	22.40	41671	1667	13.02	7
	500	500	12	22	274.72	215.66	135237	5409	22.19	45840	1834	12.92	8
	500	500	12	25	304.00	238.64	150258	6010	22.23	52090	2084	13.09	8
	500	500	20	25	340.00	266.90	156333	6253	21.44	52113	2085	12.38	12
WH600×300	600	300	8	14	129.76	101.86	84603	2820	25.53	6302	420	6.97	6
	600	300	10	16	152.80	119.95	97145	3238	25.21	7205	480	6.87	6
	600	300	10	18	164.40	129.05	106435	3548	25.44	8105	540	7.02	7
	600	300	10	20	176.00	138.16	115595	3853	25.63	9005	600	7.15	7
	600	300	12	22	198.72	156.00	127489	4250	25.33	9908	661	7.06	8
	600	300	12	25	216.00	169.56	140700	4690	25.52	11258	751	7.22	8
WH600×400	600	400	8	14	157.76	123.84	108646	3622	26.24	14936	747	9.73	6
	600	400	10	16	184.80	145.07	124436	4148	25.95	17071	854	9.61	6
	600	400	10	18	200.40	157.31	136930	4564	26.14	19205	960	9.79	7
	600	400	10	20	216.00	169.56	149248	4975	26.29	21338	1067	9.94	7
	600	400	10	25	255.00	200.18	179281	5976	26.52	26671	1334	10.23	8
	600	400	12	22	242.72	190.54	164256	5475	26.01	23475	1174	9.83	8
	600	400	12	28	289.28	227.08	199468	6649	26.26	29875	1494	10.16	8
	600	400	12	30	304.80	239.27	210866	7029	26.30	32008	1600	10.25	9
	600	400	14	32	331.04	259.87	224663	7489	26.05	34146	1707	10.16	9
WH700×300	700	300	10	18	174.40	136.90	150009	4286	29.33	8106	540	6.82	7
	700	300	10	20	186.00	146.01	162718	4649	29.58	9006	600	6.96	7
	700	300	10	25	215.00	168.78	193823	5538	30.03	11255	750	7.24	8
	700	300	12	22	210.72	165.42	179979	5142	29.23	9909	661	6.86	8
	700	300	12	25	228.00	178.98	198400	5669	29.50	11259	751	7.03	8
	700	300	12	28	245.28	192.54	216484	6185	29.71	12609	841	7.17	8
	700	300	12	30	256.80	201.59	228354	6524	29.82	13509	901	7.25	9
	700	300	12	36	291.36	228.72	263084	7517	30.05	16209	1081	7.46	9
	700	300	14	32	281.04	220.62	244365	6982	29.49	14415	961	7.16	9
	700	300	16	36	316.48	248.44	271340	7753	29.28	16221	1081	7.16	10
WH700×350	700	350	10	18	192.40	151.03	170944	4884	29.81	12868	735	8.18	7
	700	350	10	20	206.00	161.71	185845	5310	30.04	14297	817	8.33	7
	700	350	10	25	240.00	188.40	222313	6352	30.44	17870	1021	8.63	8
	700	350	12	22	232.72	182.69	205270	5865	29.70	15730	899	8.22	8
	700	350	12	25	253.00	198.61	226890	6483	29.95	17874	1021	8.41	8
	700	350	12	28	273.28	214.52	248113	7089	30.13	20018	1144	8.56	8
	700	350	12	30	286.80	225.14	262044	7487	30.23	21447	1226	8.65	9
	700	350	12	36	327.36	256.98	302804	8652	30.41	25734	1471	8.87	9
	700	350	14	32	313.04	245.74	280090	8003	29.91	22881	1307	8.55	9
	700	350	16	36	352.48	276.70	311060	8887	29.71	25746	1471	8.55	10
WH700×400	700	400	10	18	210.40	165.16	191880	5482	30.20	19206	960	9.55	7
	700	400	10	20	226.00	177.41	208971	5971	30.41	21339	1067	9.72	7
	700	400	10	25	265.00	208.03	250802	7166	30.76	26672	1334	10.03	8
	700	400	12	22	254.72	199.96	230562	6587	30.09	23476	1174	9.60	8
	700	400	12	25	278.00	218.23	255379	7297	30.31	26676	1334	9.80	8
	700	400	12	28	301.28	236.50	279742	7993	30.47	29876	1494	9.96	8
	700	400	12	30	316.80	248.69	295734	8450	30.65	32009	1600	10.05	9

续表

型号	尺寸/mm				截面面积/cm²	理论重量[①]/(kg/m)	截面特性参数[②]						角焊缝[③]焊脚尺寸 h_f/mm
							x—x			y—y			
	H	B	t_1	t_2			I_x/cm⁴	W_x/cm³	i_x/cm	I_y/cm⁴	W_y/cm³	i_y/cm	
WH700×400	700	400	12	36	363.36	285.24	342523	9786	30.70	38409	1920	10.28	9
	700	400	14	32	345.04	270.86	315815	9023	30.25	34148	1707	9.95	9
	700	400	16	36	388.48	304.96	360779	10022	30.05	38421	1921	9.94	10
WH800×300	800	300	10	18	184.40	144.75	202303	5058	33.12	8106	540	6.63	7
	800	300	10	20	196.00	153.86	219141	5479	33.44	9006	600	6.78	7
	800	300	10	25	225.00	176.63	260469	6512	34.02	11256	750	7.07	8
	800	300	12	22	222.72	174.84	243005	6075	33.03	9911	661	6.67	8
	800	300	12	25	240.00	188.40	267500	6688	33.39	11261	751	6.85	8
	800	300	12	28	257.28	201.96	291606	7290	33.67	12611	841	7.00	9
	800	300	12	30	268.80	211.01	307462	7687	33.82	13511	901	7.09	9
	800	300	12	36	303.36	238.14	354012	8850	34.16	16210	1081	7.31	9
	800	300	14	32	295.04	231.61	329793	8245	33.43	14417	961	6.99	9
	800	300	16	36	332.48	261.00	366873	9172	33.22	16225	1082	6.99	10
WH800×350	800	350	10	18	202.40	158.88	229826	5746	33.70	12869	735	7.97	7
	800	350	10	20	216.00	169.56	249568	6239	33.99	14298	817	8.14	7
	800	350	10	25	250.00	196.25	298021	7451	34.53	17871	1021	8.45	8
	800	350	12	22	244.72	192.11	276305	6908	33.60	15732	899	8.02	8
	800	350	12	25	265.00	208.03	305052	7626	33.93	17875	1021	8.21	8
	800	350	12	28	285.28	223.94	333343	8334	34.18	20019	1144	8.38	8
	800	350	12	30	298.80	234.56	351952	8799	34.32	21448	1226	8.47	9
	800	350	12	36	339.36	266.40	406583	10165	34.61	25735	1471	8.71	9
	800	350	14	32	327.04	256.73	377006	9425	33.95	22883	1308	8.36	9
	800	350	16	36	368.48	289.26	419444	10486	33.74	25750	1471	8.36	10
WH800×400	800	400	10	18	220.40	173.01	257349	6434	34.17	19206	960	9.34	7
	800	400	10	20	236.00	185.26	279995	7000	34.44	21340	1067	9.51	7
	800	400	10	25	275.00	215.88	335573	8389	34.93	26673	1334	9.85	8
	800	400	10	28	298.40	234.24	368217	9205	35.13	29873	1494	10.01	8
	800	400	12	22	266.72	209.38	309604	7740	34.07	23478	1174	9.38	8
	800	400	12	25	290.00	227.65	342604	8565	34.37	26677	1334	9.59	8
	800	400	12	28	313.28	245.92	375080	9377	34.60	29877	1494	9.77	8
	800	400	12	32	344.32	270.29	417575	10439	34.82	34144	1707	9.96	9
	800	400	12	36	375.36	294.66	459155	11479	34.97	38410	1921	10.12	9
	800	400	14	32	359.04	281.85	424219	10605	34.37	34150	1708	9.75	9
	800	400	16	36	404.48	317.52	472016	11800	34.16	38425	1921	9.75	10
WH900×350	900	350	10	20	226.00	177.41	324091	7202	37.87	14299	817	7.95	7
	900	350	12	20	243.20	190.91	334692	7438	37.10	14304	817	7.67	8
	900	350	12	22	256.72	201.53	359575	7991	37.43	15733	899	7.83	8
	900	350	12	25	277.00	217.45	396465	8810	37.83	17877	1022	8.03	8
	900	350	12	28	297.28	233.36	432837	9619	38.16	20020	1144	8.21	8
	900	350	14	32	341.04	267.72	490274	10895	37.92	22886	1308	8.19	9
	900	350	14	36	367.92	288.82	536792	11929	38.20	25744	1471	8.36	9
	900	350	16	36	384.48	301.82	546253	12139	37.69	25753	1472	8.18	10

续表

型号	尺寸/mm				截面面积 /cm²	理论重量[1] /(kg/m)	截面特性参数[2]						角焊缝[3] 焊脚尺寸 h_f/mm
							x—x			y—y			
	H	B	t_1	t_2			I_x /cm⁴	W_x /cm³	i_x /cm	I_y /cm⁴	W_y /cm³	i_y /cm	
WH900×400	900	400	10	20	246.00	193.11	362818	8063	38.40	21341	1067	9.31	7
	900	400	12	20	263.20	206.61	373419	8298	37.67	21346	1067	9.01	8
	900	400	12	22	278.72	218.80	401982	8933	37.98	23479	1174	9.18	8
	900	400	12	25	302.00	237.07	444329	9874	38.36	26679	1334	9.40	8
	900	400	12	28	325.28	255.34	486083	10802	38.66	29879	1494	9.58	8
	900	400	12	30	340.80	267.53	513590	11413	38.82	32012	1601	9.69	9
	900	400	14	32	373.04	292.84	550575	12235	38.42	34152	1708	9.57	9
	900	400	14	36	403.92	317.08	604016	13423	38.67	38419	1921	9.75	9
	900	400	14	40	434.80	341.32	656433	14587	38.86	42685	2134	9.91	10
	900	400	16	36	420.48	330.08	613477	13633	38.20	38428	1921	9.56	10
	900	400	16	40	451.20	354.19	665622	14792	38.41	42695	2135	9.73	10
WH1100×400	1100	400	12	20	287.20	225.45	585715	10649	45.16	21349	1067	8.62	8
	1100	400	12	22	302.72	237.64	629146	11439	45.59	23482	1174	8.81	8
	1100	400	12	25	326.00	255.91	693679	12612	46.13	26682	1334	9.05	8
	1100	400	12	28	349.28	274.18	757479	13772	46.57	29882	1494	9.25	8
	1100	400	14	30	385.60	302.70	818354	14879	46.07	32024	1601	9.11	9
	1100	400	14	32	401.04	314.82	859944	15635	46.31	34157	1708	9.23	9
	1100	400	14	36	431.92	339.06	942164	17130	46.70	38424	1921	9.43	9
	1100	400	16	40	483.20	379.31	1040801	18924	46.41	42701	2135	9.40	10
WH1100× 500	1100	500	12	20	327.20	256.85	702368	12770	46.33	41682	1667	11.29	8
	1100	500	12	22	346.72	272.18	756993	13764	46.73	45849	1834	11.50	8
	1100	500	12	25	376.00	295.16	838158	15239	47.21	52098	2084	11.77	8
	1100	500	12	28	405.28	318.14	918401	16698	47.60	58348	2334	12.00	8
	1100	500	14	30	445.60	349.80	900134	18002	47.14	62624	2501	11.85	9
	1100	500	14	32	465.04	365.06	1042498	18955	47.35	66690	2668	11.98	9
	1100	500	14	36	503.92	395.58	1146019	20837	47.69	75024	3001	12.20	9
	1100	500	16	40	563.20	442.11	1265628	23011	47.40	83368	3335	12.17	10
WH1200× 400	1200	400	14	20	322.40	253.08	739118	12319	47.88	21360	1068	8.14	9
	1200	400	14	22	337.84	265.20	790879	13181	48.38	23493	1175	8.34	9
	1200	400	14	25	361.00	283.39	867852	14464	49.03	26693	1335	8.60	9
	1200	400	14	28	384.16	301.57	944026	15734	49.57	29893	1495	8.82	9
	1200	400	14	30	399.60	313.69	994367	16573	49.88	32026	1601	8.95	9
	1200	400	14	32	415.04	325.81	1044356	17406	50.16	34159	1708	9.07	9
	1200	400	14	36	445.92	350.05	1143282	19055	50.63	38426	1921	9.28	9
	1200	400	16	40	499.20	391.87	1264230	21071	50.32	42705	2135	9.25	10
WH1200× 450	1200	450	14	20	342.40	268.78	808745	13479	48.60	30402	1351	9.42	9
	1200	450	14	22	359.84	282.47	867211	14454	49.09	33439	1486	9.64	9
	1200	450	14	25	386.00	303.01	954154	15903	49.72	37995	1689	9.92	9
	1200	450	14	28	412.16	323.55	1040195	17337	50.24	42551	1891	10.16	9
	1200	450	14	30	429.60	337.24	1097057	18284	50.53	45589	2026	10.30	9

型号	尺寸/mm				截面面积 /cm²	理论重量[1] /(kg/m)	截面特性参数[2]						角焊缝[3] 焊脚尺寸 h_f/mm
							$x-x$			$y-y$			
	H	B	t_1	t_2			I_x /cm⁴	W_x /cm³	i_x /cm	I_y /cm⁴	W_y /cm³	i_y /cm	
WH1200× 450	1200	450	14	32	447.04	350.93	1153521	19225	50.80	48626	2161	10.43	9
	1200	450	14	36	481.92	378.31	1265261	21088	51.24	54701	2431	10.65	9
	1200	450	16	36	504.48	396.02	1289182	21486	50.55	54714	2432	10.41	10
	1200	450	16	40	539.20	423.27	1398844	23314	50.93	60788	2702	10.62	10
WH1200× 500	1200	500	14	20	362.40	284.48	878371	14640	49.23	41693	1668	10.73	9
	1200	500	14	22	381.84	299.74	943542	15726	49.71	45860	1834	10.96	9
	1200	500	14	25	411.00	322.64	1040456	17341	50.31	52110	2084	11.26	9
	1200	500	14	28	440.16	345.53	1136364	18939	50.81	58359	2334	11.51	9
	1200	500	14	32	479.04	376.05	1262686	21045	51.34	66693	2668	11.80	9
	1200	500	14	36	517.92	460.57	1387241	23121	51.75	75026	3001	12.04	9
	1200	500	16	36	540.48	424.28	1411162	23519	51.10	75039	3002	11.78	10
	1200	500	16	40	579.20	454.67	1535457	25558	51.45	83372	3335	12.00	10
	1200	500	16	45	627.60	492.67	1683888	28065	51.80	93788	3752	12.22	11
WH1200× 600	1200	600	14	30	519.60	407.89	1405127	23419	52.00	108026	3601	14.42	9
	1200	600	16	36	612.48	480.80	1655121	27585	51.98	129639	4321	14.55	10
	1200	600	16	40	659.20	517.47	1802684	30045	52.29	144038	4801	14.78	10
	1200	600	16	45	717.60	563.32	1984196	33070	52.58	162038	5401	15.03	11
WH1300× 450	1300	450	16	25	425.00	333.63	1174948	18076	52.58	38011	1689	9.46	10
	1300	450	16	30	468.40	367.69	1343127	20663	53.55	45605	2027	9.87	10
	1300	450	16	36	520.48	408.58	1541391	23714	54.42	54717	2432	10.25	10
	1300	450	18	40	579.60	454.99	1701697	26180	54.18	60809	2703	10.24	11
	1300	450	18	45	622.80	488.90	1861130	28633	54.67	68403	3040	10.48	11
WH1300× 500	1300	500	16	25	450.00	353.25	1276563	19639	53.26	52126	2085	10.76	10
	1300	500	16	30	498.40	391.24	1464117	22525	54.20	62542	2502	11.20	10
	1300	500	16	36	556.48	436.84	1685222	25926	55.03	75042	3002	11.61	10
	1300	500	18	40	619.60	486.39	1860511	28623	54.80	83393	3336	11.60	11
	1300	500	18	45	667.80	524.22	2038397	31360	55.25	93809	3752	11.85	11
WH1300× 600	1300	600	16	30	558.40	438.34	1706097	26248	55.28	108042	3601	13.91	10
	1300	600	16	36	628.48	493.36	1972885	30352	56.03	129642	4321	14.36	10
	1300	600	18	40	699.60	549.19	2178137	33510	55.80	144059	4802	14.35	11
	1300	600	18	45	757.80	594.87	2392929	36814	56.19	162059	5402	14.62	11
	1300	600	20	50	840.00	659.40	2633000	40508	55.99	180080	6003	14.64	12
WH1400× 450	1400	450	16	25	441.00	346.19	1391644	19881	56.18	38015	1690	9.28	10
	1400	450	16	30	484.40	380.25	1587924	22685	57.25	45608	2027	9.70	10
	1400	450	18	36	563.04	441.99	1858658	26552	57.46	54740	2433	9.86	11
	1400	450	18	40	597.60	469.12	2010115	28716	58.00	60814	2703	10.09	11
	1400	450	18	45	640.80	503.03	2196872	31384	58.55	68407	3040	10.33	11
WH1400× 500	1400	500	16	25	466.00	365.81	1509821	21569	56.92	52129	2085	10.58	10
	1400	500	16	30	514.40	403.80	1728714	24696	57.97	62546	2502	11.03	10
	1400	500	18	36	599.04	470.25	2026141	28945	58.16	75065	3003	11.19	11

型号	尺寸/mm				截面面积 /cm²	理论重量① /(kg/m)	截面特性参数②						角焊缝③ 焊脚尺寸 h_f/mm
							x—x			y—y			
	H	B	t_1	t_2			I_x /cm⁴	W_x /cm³	i_x /cm	I_y /cm⁴	W_y /cm³	i_y /cm	
WH1400× 500	1400	500	18	40	637.60	500.52	2195129	31359	58.68	83397	3336	11.44	11
	1400	500	18	45	685.80	538.35	2403501	34336	59.20	93814	3753	11.70	11
WH1400× 600	1400	600	16	30	574.40	450.90	2010294	28718	59.16	108046	3602	13.72	10
	1400	600	16	36	644.48	505.92	2322074	33172	60.03	129645	4322	14.18	10
	1400	600	18	40	717.60	563.32	2565155	36645	59.79	144064	4802	14.17	11
	1400	600	18	45	775.80	609.00	2816759	40239	60.26	162064	5402	14.45	11
	1400	600	18	50	834.00	654.69	3064550	43779	60.62	180063	6002	14.69	11
WH1500× 500	1500	500	18	25	511.00	401.14	1817190	24229	59.63	52154	2086	10.10	11
	1500	500	18	30	559.20	438.97	2068798	27584	60.82	62570	2503	10.58	11
	1500	500	18	36	617.04	484.38	2366148	31549	61.92	75069	3003	11.03	11
	1500	500	18	40	655.60	514.65	2561627	34155	62.51	83402	3336	11.28	11
	1500	500	20	45	732.00	574.62	2849616	37995	62.39	93844	3754	11.32	12
WH1500× 550	1500	550	18	30	589.20	462.52	2230888	29745	61.53	83257	3028	11.89	11
	1500	550	18	36	653.04	512.64	2559084	34121	62.60	99894	3633	12.37	11
	1500	550	18	40	695.60	546.05	2774840	36998	63.16	110986	4036	12.63	11
	1500	550	20	45	777.00	609.95	3087857	41171	63.04	124875	4541	12.68	12
WH1500× 600	1500	600	18	30	619.20	486.07	2392978	31906	62.17	108070	3602	13.21	11
	1500	600	18	36	689.04	540.90	2752019	36694	63.20	129669	4322	13.72	11
	1500	600	18	40	735.60	577.45	2988053	39841	63.73	144069	4802	13.99	11
	1500	600	20	45	822.00	645.27	3326099	44348	63.61	162094	5403	14.04	12
	1500	600	20	50	880.00	690.80	3612333	48164	64.07	180093	6003	14.31	12
WH1600× 600	1600	600	18	30	637.20	500.20	2766520	34581	65.89	108075	3602	13.02	11
	1600	600	18	36	707.04	555.03	3177383	39717	67.64	129674	4322	13.54	11
	1600	600	18	40	753.60	591.58	3447731	43097	67.64	144074	4802	13.83	11
	1600	600	20	45	842.00	660.97	3839070	47988	67.52	162101	5403	13.88	12
	1600	600	20	50	900.00	706.50	4167500	52094	68.05	180100	6003	14.15	12
WH1600× 650	1600	650	18	30	667.20	523.75	2951410	36893	66.51	137387	4227	14.35	11
	1600	650	18	36	743.04	583.29	3397570	42470	67.62	164849	5072	14.89	11
	1600	650	18	40	793.60	622.98	3691145	46139	68.20	183157	5636	15.19	11
	1600	650	20	45	887.00	696.30	4111174	51390	68.08	206069	6341	15.24	12
	1600	650	20	50	950.00	745.75	4467917	55849	68.58	228954	7045	15.52	12
WH1600× 700	1600	700	18	30	697.20	547.30	3136300	39204	67.07	171575	4902	15.69	11
	1600	700	18	36	779.04	611.55	3617758	45222	68.15	205874	5882	16.26	11
	1600	700	18	40	833.60	654.38	3934558	49182	68.70	228741	6535	16.57	11
	1600	700	20	45	932.00	731.62	4383278	54791	68.58	257351	7353	16.62	12
	1600	700	20	50	1000.00	785.00	4768333	59604	69.05	285933	8170	16.91	12
WH1700× 600	1700	600	18	30	655.20	514.33	3171922	37317	69.58	108080	3603	12.84	11
	1700	600	18	36	725.04	569.16	3638098	42801	70.84	129679	4323	13.37	11
	1700	600	18	40	771.60	605.71	3945089	46413	71.50	144079	4803	13.66	11
	1700	600	20	45	862.00	676.67	4394142	51696	71.40	162107	5404	13.71	12
	1700	600	20	50	920.00	722.20	4767667	56090	71.99	180107	6004	13.99	12

续表

型号	尺寸/mm				截面面积 /cm²	理论重量[①] /(kg/m)	截面特性参数[②]						角焊缝[③] 焊脚尺寸 h_f/mm
	H	B	t_1	t_2			$x-x$			$y-y$			
							I_x /cm⁴	W_x /cm³	i_x /cm	I_y /cm⁴	W_y /cm³	i_y /cm	
WH1700× 650	1700	650	18	30	689.20	537.88	3381112	39778	70.25	137392	4227	14.16	11
	1700	650	18	36	761.04	597.42	3887338	45733	71.47	164854	5072	14.72	11
	1700	650	18	40	811.60	637.11	4220703	49655	72.11	183162	5636	15.02	11
	1700	650	20	45	907.00	712.00	4702358	55322	72.00	206076	6341	15.07	12
	1700	650	20	50	970.00	761.45	5108083	60095	72.57	228961	7045	15.36	12
WH1700× 700	1700	700	18	32	742.48	582.85	3773285	44392	71.29	183013	5229	15.70	11
	1700	700	18	36	797.04	625.68	4136577	48666	72.04	205879	5882	16.07	11
	1700	700	18	40	851.60	668.51	4496316	52898	72.66	228745	6536	16.39	11
	1700	700	20	45	952.00	747.32	5010574	58948	72.55	257357	7353	16.44	12
	1700	700	20	50	1020.00	800.70	5448500	64100	73.09	285940	8170	16.74	12
WH1700× 750	1700	750	18	32	774.48	607.97	3995891	47010	71.83	225080	6002	17.05	11
	1700	750	18	36	833.04	653.94	4385817	51598	72.56	253204	6752	17.43	11
	1700	750	18	40	891.60	699.91	4771929	56140	73.16	281329	7502	17.76	11
	1700	750	20	45	997.00	782.65	5318791	62574	73.04	316514	8440	17.82	12
	1700	750	20	50	1070.00	839.95	5788917	68105	73.55	351669	9378	18.13	12
WH1800× 600	1800	600	18	30	673.20	528.46	3610084	40112	73.23	108085	3603	12.67	11
	1800	600	18	36	743.04	583.29	4135065	45945	74.60	129684	4323	13.21	11
	1800	600	18	40	789.60	619.84	4481027	49789	75.33	144084	4803	13.51	11
	1800	600	20	45	882.00	692.37	4992314	55470	75.23	162114	5404	13.56	12
	1800	600	20	50	940.00	737.90	5413833	60154	75.89	180113	6004	13.84	12
WH1800× 650	1800	650	18	30	703.20	552.01	3845074	42723	73.95	137397	4228	13.98	11
	1800	650	18	36	779.04	611.55	4415157	49057	75.28	164859	5073	14.55	11
	1800	650	18	40	829.60	651.24	4790841	53232	75.99	183167	5636	14.86	11
	1800	650	20	45	927.00	727.70	5338892	59321	75.89	206083	6341	14.91	12
	1800	650	20	50	990.00	777.15	5796750	64408	76.52	228968	7045	15.21	12
WH1800× 700	1800	700	18	32	760.48	596.98	4286072	47623	75.07	183018	5229	15.51	11
	1800	700	18	36	815.04	639.81	4695248	52169	75.90	205884	5882	15.89	11
	1800	700	18	40	869.60	682.64	5100654	56674	76.59	228750	6536	16.22	11
	1800	700	20	45	972.00	763.02	5685471	63172	76.48	257364	7353	16.27	12
	1800	700	20	50	1040.00	816.40	6179667	68663	77.08	285947	8170	16.58	12
WH1800× 750	1800	750	18	32	792.48	622.10	4536165	50402	75.66	225084	6002	16.85	11
	1800	750	18	36	851.04	668.07	4975340	55282	76.46	253209	6752	17.25	11
	1800	750	18	40	909.60	714.04	5410467	60116	77.12	281334	7502	17.59	11
	1800	750	20	45	1017.00	798.35	6032050	67023	77.01	316520	8441	17.64	12
	1800	750	20	50	1090.00	855.65	6562583	72918	77.59	351676	9378	17.96	12
WH1900× 650	1900	650	18	30	721.20	566.14	4344196	45728	77.61	137402	4228	13.80	11
	1900	650	18	36	797.04	625.68	4981928	52441	79.06	164864	5073	14.38	11
	1900	650	18	40	847.60	665.37	5402459	56868	79.84	183172	5636	14.70	11
	1900	650	20	45	947.00	743.40	6021776	63387	79.74	206089	6341	14.75	12
	1900	650	20	50	1010.00	792.85	6534917	68789	80.44	228974	7045	15.06	12
WH1900× 700	1900	700	18	32	778.48	611.11	4836882	50915	78.82	183023	5229	15.33	11
	1900	700	18	36	833.04	653.94	5294672	55733	79.72	205889	5883	15.72	11
	1900	700	18	40	887.60	696.77	5748472	60510	80.48	228755	6536	16.05	11
	1900	700	20	45	992.00	778.72	6408968	67463	80.38	257371	7353	16.11	12
	1900	700	20	50	1060.00	832.10	6962833	73293	81.05	285953	8170	16.42	12

续表

型号	尺寸/mm				截面面积 /cm²	理论重量① /(kg/m)	截面特性参数②						角焊缝③ 焊脚尺寸 h_f/mm
							x—x			y—y			
	H	B	t_1	t_2			I_x /cm⁴	W_x /cm³	i_x /cm	I_y /cm⁴	W_y /cm³	i_y /cm	
WH1900× 750	1900	750	18	34	839.76	659.21	5362276	56445	79.91	239152	6377	16.88	11
	1900	750	18	36	869.04	682.20	5607415	59025	80.33	253214	6752	17.07	11
	1900	750	18	40	927.60	728.17	6094485	64152	81.06	281338	7502	17.42	11
	1900	750	20	45	1037.00	814.05	6796159	71539	80.95	316527	8441	17.47	12
	1900	750	20	50	1110.00	871.35	7390750	77797	81.60	351683	9378	17.80	12
WH1900× 800	1900	800	18	34	873.76	685.90	5658275	59561	80.47	290222	7256	18.23	11
	1900	800	18	36	905.04	710.46	5920159	62317	80.88	307289	7682	18.43	11
	1900	800	18	40	967.60	759.57	6440499	67795	81.59	341422	8536	18.78	11
	1900	800	20	45	1082.00	849.37	7183350	75614	81.48	384121	9603	18.84	12
	1900	800	20	50	1160.00	910.60	7818667	82302	82.10	426787	10670	19.18	12
WH2000× 650	2000	650	18	30	739.20	580.27	4819378	48794	81.25	137407	4228	15.63	11
	2000	650	18	36	815.04	639.81	5588551	55886	82.81	164869	5073	14.22	11
	2000	650	18	40	865.60	679.50	6056457	60565	83.65	183177	5636	14.55	11
	2000	650	20	45	967.00	759.10	6752011	67520	83.56	206096	6341	14.60	12
	2000	650	20	50	1030.00	808.55	7323583	73236	84.32	228981	7046	14.91	12
WH2000× 700	2000	700	18	32	796.48	625.24	5426616	54266	82.54	183027	5229	15.16	11
	2000	700	18	36	851.04	668.07	5935747	59357	83.51	205894	5883	15.55	11
	2000	700	18	40	905.60	710.90	6440670	64407	84.33	228760	6536	15.89	11
	2000	700	20	45	1012.00	794.42	7182064	71821	84.24	257377	7354	15.95	12
	2000	700	20	50	1080.00	847.80	7799000	77990	84.98	285960	8170	16.27	12
WH2000× 750	2000	750	18	34	857.76	673.34	6010280	60103	83.71	239156	6378	16.70	11
	2000	750	18	36	887.04	696.33	6282942	62829	84.16	253219	6752	16.90	11
	2000	750	18	40	945.60	742.30	6824883	68249	84.96	281343	7502	17.25	11
	2000	750	20	45	1057.00	829.75	7612118	76121	84.86	316534	8441	17.31	12
	2000	750	20	50	1130.00	887.05	8274417	82744	85.57	351689	9378	17.64	12
WH2000× 800	2000	800	18	34	891.76	700.03	6338851	63389	84.31	290227	7256	18.04	11
	2000	800	18	36	923.04	724.59	6630138	66301	84.75	307294	7682	18.25	11
	2000	800	20	40	1024.00	803.84	7327061	73271	84.59	341461	8537	18.26	12
	2000	800	20	45	1102.00	865.07	8042172	80422	85.43	384127	9603	18.67	12
	2000	800	20	50	1180.00	926.30	8749833	87498	86.11	426793	10670	19.02	12
WH2000× 850	2000	850	18	36	959.04	752.85	6977333	69773	85.30	368569	8672	19.60	11
	2000	850	18	40	1025.60	805.10	7593310	75933	86.05	409510	9636	19.98	11
	2000	850	20	45	1147.00	900.40	8472226	84722	85.94	460721	10840	20.04	12
	2000	850	20	50	1230.00	965.55	9225250	92253	86.60	511898	12045	20.40	12
	2000	850	20	55	1313.00	1030.71	9970389	99704	87.14	563074	13249	20.71	12

① 表中理论重量未包括焊缝重量。

② 焊脚尺寸 h_f（h_k）未列入表中相关数值的计算。

③ 翼缘板和腹板连接焊缝也可根据设计要求采用对接与角接组合焊缝，当采用对接与角接组合焊缝时，其加强焊脚尺寸 h_k 和熔透深度应符合 GB 33814 和相关设计资料的规定。

注：1. 表列 H 型钢的板件宽厚比应根据钢材牌号和 H 型钢用于结构的类型验算腹板和翼缘的局部稳定性，当不满足时应按 GB 50017 及相关规范、规程的规定进行验算并采取相应措施（如设置加劲肋等）。

2. 特定工作条件下的焊接 H 型钢板件宽厚比限值，应遵守相关现行国家规范、规程的规定。

9　常用设计资料（附表 9-1～附表 9-6）

附表 9-1　磅级与压力对应关系

磅级 Class	150	300	400	600	800	900	1500	2500
压力 PN	2.0	5.0	6.8	10.0	14.0	15.0	25.0	42.0

附表 9-2　K 级与磅级对应关系

K 级	10	20	40	63	100
磅级 Class	150	300	600	900	1500

附表 9-3　大气压与海拔对照

海拔/m	−600	0	100	200	300	400	500	600	700	800	900	1000	1500	200
大气压力 /mH$_2$O	11.3	10.3	10.2	10.1	10.0	9.8	9.7	9.6	9.5	9.4	9.3	9.2	8.6	8.4

附表 9-4　平面图形计算公式

图形及名称	计 算 公 式
三角形	$A = ah/2 = ab\sin\gamma/2 = \sqrt{S(S-a)(S-b)(S-c)}$ 式中：$S=(a+b+c)/2$　$x_0 = h/3$
长方形	$A = ab$ $x_0 = b/2$ $c = \sqrt{a^2+b^2}$
平行四边形	$A = ah$ $h = \sqrt{b^2-c^2}$ $x_0 = h/2$
梯形	$A = (a+b)h/2$ $x_0 = \dfrac{h}{3}\dfrac{a+2b}{a+b}$
不等边四角形	$A = \dfrac{(H+h)a+bh+cH}{2}$

图形及名称	计算公式

角缘

$$A = r^2 - \pi r^2/4 = 0.215r^2 = 0.1075c^2$$

n	K_1	K_2
3	0.4330	5.1062
4	1.0000	4.0000
5	1.7205	3.6327
6	2.5981	3.4641
7	3.6339	3.2710
8	4.8284	3.3137
9	6.1813	3.2767
10	7.6942	3.2492
12	11.196	3.2154
16	20.109	3.1826
20	31.569	3.1677
24	45.575	3.1597

n—边数

等边多角形

$$A = nra/2 = (na/2)\sqrt{R^2 - a^2/4} = \frac{na^2}{4}\cot\frac{\alpha}{2} = \frac{nR^2}{2}\sin\alpha = nr^2\tan\frac{\alpha}{2}$$

$$A = a^2 K_1 = r^2 K_2$$

$$R = \sqrt{R^2 + a^2/4} = \frac{r}{\cos\frac{180°}{n}} = \frac{aR}{2\sin\frac{180°}{n}}$$

$$r = \sqrt{R^2 - a^2/4} = R\cos\frac{180°}{n} = \frac{a}{2}\cot\frac{180°}{n}$$

$$a = 2R\sin\frac{180°}{n} = 2\sqrt{R^2 - r^2}$$

$$\alpha = 360°/n$$

$$\beta = 180° - \alpha$$

圆环

$$A = \frac{\pi}{4}(D^2 - d^2) = \pi(R^2 - r^2)$$

外周长 $\quad C = \pi D = 2\pi R$

扇形

$$A = \widehat{b}r/2 = \frac{\alpha}{360}\pi r^2 = 0.008727\alpha r^2$$

$$\widehat{b} = \frac{\pi}{180}\alpha r = 0.01745\alpha r \quad c = 2r\sin\frac{\alpha}{2}$$

$$x_0 = \frac{2}{3}r\frac{c}{\widehat{b}} = \frac{4}{3}\frac{180}{\pi}\frac{r}{\alpha}\sin\frac{\alpha}{2} = 76.394\frac{r}{\alpha}\sin\frac{\alpha}{2} = r^2 c/3A$$

图形及名称	计 算 公 式
弓形	$A=\dfrac{1}{2}\left[r\overset{\frown}{b}-c(r-h)\right]=\dfrac{r^2}{2}\left(\dfrac{\pi\varphi}{180}-\sin\varphi\right)$ $r=c^2/8h+h/2$　　　$\overset{\frown}{b}=0.01745\varphi r$ $h=r-r\cos\dfrac{\varphi}{2}$　　　$c=2\sqrt{h(2r-h)}=2r\sin\dfrac{\varphi}{2}$ $x_0=c^2/12A=\dfrac{2}{3}\dfrac{r^3\sin^3\dfrac{\varphi}{2}}{A}=\dfrac{4}{3}\dfrac{r\sin^3\dfrac{\varphi}{2}}{\dfrac{\pi\varphi}{180}-\sin\varphi}$
缺圆环	$A=\dfrac{\pi\varphi}{360}(R^2-r^2)=0.00873\varphi(R^2-r^2)$ $x_0=\dfrac{4}{3}\dfrac{R^3-r^3}{R^2-r^2}\dfrac{180°}{\varphi\pi}\sin\dfrac{\varphi}{2}=76.394\dfrac{R^3-r^3}{(R^2-r^2)\varphi}\sin\dfrac{\varphi}{2}$
椭圆	$A=\pi ab$ 周长近似值　$s=\pi\sqrt{2(a^2+b^2)}$ 周长更近似　$s=\pi\sqrt{2(a^2+b^2)-\dfrac{(a-b)^2}{2.2}}$

注：A—面积；x_0—重心与底边或某点的距离。

附表 9-5　立体图形计算公式

图形及名称	计 算 公 式
正方体	$V=a^3$ $S=6a^2$ $A_s=4a^2$ $x=a/2$ $d=\sqrt{3}a=1.7321a$
长方柱体	$V=abh$ $S=2(ab+ah+bh)$ $A_s=2h(a+b)$ $x=h/2$ $d=\sqrt{a^2+b^2+c^2}$
角锥体	$V=(A_bh)/3$ $x=h/4$ $V=\dfrac{nrah}{6}=\dfrac{nah}{6}\sqrt{R^2-a^2/4}$ （n——边数　　　r——内切圆半径　　　R——外接圆半径）

图形及名称	计 算 公 式
截头角锥体	$V = h/3(A_{b1} + A_{b2} + \sqrt{A_{b1}A_{b2}})$ $x = (h/4)\dfrac{A_{b2} + 2\sqrt{A_{b1}A_{b2}} + 3A_{b1}}{A_{b2} + \sqrt{A_{b1}A_{b2}} + A_{b1}}$
截头方锥体	$V = h/6[(2a+a_1)b + (2a_1+a)b_1] = h/6[ab + (a+a_1)(b+b_1) + a_1 b_1]$ $x = (h/2)\dfrac{ab + ab_1 + a_1 b + 3a_1 b_1}{2ab + ab_1 + a_1 b + 2a_1 b_1}$
楔形体	$V = \dfrac{(2a+c)bh}{6}$
圆球体	$V = 4\pi r^3/3 = 4.1888 r^3 = 0.5236 d^3$ $S = 4\pi r^2 = \pi d^2$ $r = \sqrt[3]{3V/4\pi} = 0.62035 \sqrt[3]{V}$
缺球体	$V = \pi h/6(3a^2 + h^2) = (\pi h^2/3)(3r-h)$ $A_s = 2\pi rh = \pi(a^2 + h^2)$ $a = \sqrt{h(2r-h)}$ $r = (a^2 + h^2)/2h$ $x = \dfrac{3}{4}\dfrac{(2r-h)^2}{3r-h}$
圆柱体	$V = \pi r^2 h$ $S = 2\pi r(r+h)$ $A_s = 2\pi rh$ $x = h/2$
中空圆柱体	$V = \pi(R^2 - r^2)h = \pi ht(R+r)$ $x = h/2$

图形及名称	计算公式
截头圆柱体	$V = \pi R^2 \dfrac{h_1 + h_2}{2}$ $A_s = \pi R(h_1 + h_2)$ $h = (h_1 + h_2)/2$ $x = h/2 + \dfrac{r^2 \tan^2 \alpha}{8h}$ $y = r^2 \tan \alpha / 4h$
圆锥体	$V = \pi R^2 h/3 = 1.0472 R^2 h$ $A_s = \pi R L$ $L = \sqrt{R^2 + h^2}$ $x = h/4$
截头圆锥体	$V = (\pi h/3)(R^2 + Rr + r^2)$ $A_s = \pi(R + r)L$ $L = \sqrt{(R-r)^2 + h^2}$ $x = (h/4)\dfrac{R^2 + 2Rr + 3r^2}{R^2 + Rr + r^2}$
缺圆柱体	$V = [(2/3)a^3 \pm bF_{(ABC)}]h/(r \pm b)$ $A_s = (ad \pm bl)\dfrac{h}{r \pm b}$　　　l——ABC 弧长 式中，"＋"用于底面积大于半圆，"－"用于底面积小于半圆。
球面锥体	$V = 2\pi r^2 h/3 = 2.0944 r^2 h$ $S = \pi r(2h + a)$ $a = \sqrt{h(2r - h)}$ $x = (3/8)(2r - h)$
球带体	$V = \dfrac{\pi h}{8}(3a^2 + 3b^2 + h^2)$ $A_s = 2\pi rh$ $r = \sqrt{a^2 + [(a^2 - b^2 - h^2)/2h]^2}$ $x = (h/2)\dfrac{2a^2 + 4b^2 + h^2}{3a^2 + 3b^2 + h^2}$
球楔	$V = \dfrac{\alpha}{360} \dfrac{4\pi r^3}{3} = 0.0116 \alpha r^3$ 球面 $A = \dfrac{\alpha}{360}(4\pi r^2) = 0.0349 \alpha r^2$

续表

图形及名称	计 算 公 式
 中空球体	$V=4\pi(R^3-r^3)/3=4.1888(R^3-r^3)=0.5236(D^3-d^3)$
 椭圆体	$V=4\pi abc/3=4.1888abc$ 椭圆回转体 $b=c$ 则：$V=4.1888ab^2$
 圆环体	$V=2\pi^2Rr^2=19.739Rr^2=(\pi^2/4)Dd^2=2.4674Dd^2$ $S=4\pi^2Rr=39.478Rr=\pi^2Dd=9.8696Dd$

注：V—容积或体积；A_s—侧面积；A_b—底面积；S—表面积。

附表 9-6　部分计量单位换算

序号	类别	换 算	备注
1	长度	1 丝米(dmm)＝0.1 毫米(mm)	
2		1 海里(n mile)＝1852 米(m)	
3		1 埃(Å)＝10^{-10} 米(m)	
4	面积	1 公顷(ha)＝15 市亩	
5		1 市亩＝666.7m²	
6	体积	1 桶(油)＝42(美)加仑＝158.99 升(L)	含容积
7	质量	1 公斤(kg)＝2.205 磅(lb)	含重量(力)
8		1[米制]克拉＝2×10^{-4}kg	
9		1 公担(q)＝100 公斤(kg)	
10		1 盎司＝28.35 克	
11		1 牛顿(N)＝0.225 磅(lb)	
12	压力	1 帕(Pa)＝10^{-5} 巴(bar)＝1.45×10^{-4} 磅/英吋(lb/in²)	
13	功率	1[米制]马力＝0.7355 千瓦(kW)	
14	速度	1 节(kn)＝1 海里/小时(n mile/hr)＝0.5144 米/秒(m/s)	
15	黏度	1N·s/m²＝1Pa·s＝10^3cp(动力黏度＝密度×运动黏度)	
16	温度	华氏℉＝9/5℃＋32	
17		摄氏℃＝(℉－32)5/9	

10　常用软件的介绍

10.1　三维绘图软件 PDMS

PDMS（Plant Design Management System）即工厂三维布置设计管理系统，是英国 AVEVA 公司（原 CADCentre 公司）的旗舰产品，自从 1977 年第一个 PDMS 商业版本发布以来，PDMS 就成为大型、复杂工厂设计项目的首选设计软件系统。

该软件具有以下主要功能特点：

① 全比例三维实体建模，而且以所见即所得方式建模；

② 通过网络实现多专业实时协同设计、真实的现场环境，多个专业组可以协同设计以建立一个详细的 3D 数字工厂模型，每个设计者在设计过程中都可以随时查看其它设计者正在干什么；

③ 交互设计过程中，实时三维碰撞检查，PDMS 能自动地在元件和各专业设计之间进行碰撞检查，在整体上保证设计结果的准确性；

④ 拥有独立的数据库结构，元件和设备信息全部可以存储在参数化的元件库和设备库中，不依赖第三方数据库；

⑤ 开放的开发环境，利用 Program Mable Macro Language 可编程宏语言，可与通用数据库连接，其包含的 Auto Draft 程序将 PDMS 与 Auto CAD 接口连接，可方便地将二者的图纸互相转换，PDMS 输出的图形符合传统的工业标准。

AVEVA PDMS 11.6 版本包括以下功能：

① 改进、扩展了绘制草图功能，包括自动出图（ADP）、快速产生清洁的图形；

② 新的数据库技术增强了对多专业设计的支持，并能满足当今工厂模型数据信息量极度膨胀的要求；

③ 新颖的 Piping 特点，Advanced Router for Piping，它为管道设计工程师提供了一种自动配管的有效工具，大大减少设计时间；

④ 更加精确和详细的螺栓材料表（MTO），能防止螺栓的丢失，并且改进了 ISO 图的产生，避免由管线制造商重绘管段图；

⑤ 应用标准的组合件和配置使得结构设计更加快速、直观，由简单、强大的图形用户界面（GUI）驱动；

⑥ 改进后的 HVAC 设计应用变得更为易学易用，并扩充了元件库，包括复杂的附件和标准件；这个新的 HVAC 应用能产生一个详细的工程图，包括空间布置、详细的材料表（MTO）及重量统计表；

⑦ 改进了项目管理的功能，包括有效的系统管理，并能产生数据库修改的历史报表。

国内已经有不少工程公司正在使用该软件，并在使用的过程中，用户根据自己的需要对其做二次开发，扩充和拓展数据库，使之不断完善和改进。这点对于 PDMS 发展是一个非常重要的方面。化工工程在工艺发展上有一定的相关性和延续性，通用元件和设备较多，各个用户业务发展也有一定的方向和规律，项目复用性极强。

PDMS 三维工厂设计系统软件包含着很强的工程设计、施工、管理等方面的思想，为现代工程项目管理从粗放被动型向精细主动型发展创造了十分有利的条件。

10.2　三维绘图软件 PDS

PDS 是由美国 INTERGRAPH 公司研制开发的大型工厂设计应用软件。

PDS 是 Plant Design System 的缩写，它是一个全面的智能的计算机辅助设计和工程设计（CAD/CAE）应用软件，使用 PDS 产品可以得到最佳的设计结果，它将更有效地降低整个项目的造价，缩减费用，提高产值，最小化风险并保留有价值的数据。

PDS 是构建在 Windows NT 和 Windows 2000 操作系统上的一个应用软件，它需要 Microstation 作为图形平台，同时还需要一个商业数据库如 Oracle、SQL Server 等作为数据平台。PDS 是一个网络运行软件，它采用 Client-Server 工作模式，即数据和模型放置在服务器上，设计者在客户机上工作。

PDS 帮助用户在以下几方面节省更多的资源：

① 自动化工程提高效率；

② 三维建模过程帮助设计人员更好地设计；

③ 支持动态浏览，在工厂未施工之前操作维护人员可进行交互式地观看；

④ 碰撞检查减少现场返工；

⑤ 精确的材料报告减少费用。

PDS 对硬件没有特殊要求，客户机为普通 PC 机即可。服务器和网络的配置取决于工程项目的大小和客户机的多少。

PDS 和 PDMS 在类似规模的模型情况下，PDMS 运行速度较快。

PDS 对客户端要求不高，即使模型复杂速度也很快，但是和 PDS 配套使用的 Review 软件 Smart Plant Review 对机器要求较高。PDMS 实际上严格说可以没有服务器端。

10.3　管道设计软件 PDSOFT

PDSOFT 是 Plant Design Software 的缩写，即三维工厂设计软件，由北京中科辅龙计算机技术有限公司自主研发、自行设计，具有完全自主知识产权的计算机辅助工厂协同设计系统系列软件的注册名称。该软件可以使工艺管道、建筑、暖通、设备、仪表、电缆桥架等多专业协同工作，并且包括了一系列适用于国内外大型设计与施工单位的应用软件。

PDSOFT 计算机辅助工厂协同设计系统-三维管道设计与管理系统（简称：PDSOFT 3Dpiping），该系统提供强大的三维工厂管道设计功能，对流程工厂详细设计的全过程提供强有力的支持。PDSOFT 3DPiping 可在 Windows 等系统上运行，以 Auto CAD 为运行平台。应用领域涉及石油、石油化工、化工、油田、燃气热力、医药、核工业、纺织、轻工、钢铁、油脂工程等众多行业。

（1）三维模型的建立 PDSOFT 主要功能：

① 建筑结构三维模型建立；

② 设备三维模型建立；

③ 管道三维模型建立；

④ 三维模型智能编辑（含实时属性显示）；

⑤ 模型数据检查；

⑥ 模型碰撞检查与管理；

⑦ 模型设计检查与管理；

⑧ 竣工版 ISO 图自动返回生成管道模型竣工图；

⑨ 平立面图自动生成及编辑；

⑩ 平立面图再版重建；

⑪ 平立面图自动标注；

⑫ 材料表自动生成；

⑬ 材料表模板定制；

⑭ 工程数据库管理；

⑮ 图形库管理；

⑯ JB-VALVE 中国机械阀门总库；

⑰ 模型渲染与消隐处理。

（2）设计系统 PDSOFT P&ID 软件是 PDSOFT 计算机辅助工厂协同设计系统系列软件中的工艺流程图设计软件，提供计算机辅助工厂工艺自控流程图设计的功能，主要包括丰富的符号库和参数库作为软件的底层图形和数据支持，灵活的图纸编辑功能，全自动标注功能，全自动工程消隐功能，自动生成基于表格板的管线表和材料表，自定义表格模板功能，PDSOFT 三维管道设计与管理系统的接口并进行一致性检查。

（3）计算机辅助工厂 PDSOFT 计算机辅助工厂协同设计系统包括：工厂总平面图；三维支吊架设计系统；管段预制设计；管段预制安装管理系统；钢结构预制安装管理；管道元件质保追溯系统；IDF 数据接口设计；PCF 数据接口设计；SAI 及应力分析接口。

10.4 应力计算软件 CAESAR Ⅱ

CAESAR Ⅱ 是国际通行的管道应力分析软件，该软件由美国 COADE 公司编制。它被广泛地应用于石油、石化、化工、电力、冶金等行业。CAESAR Ⅱ 是以单元模型为基础的有限元分析程序，具有在线帮助、图形显示以及纠错等功能，可以用于分析大型管系、钢结构、或二者相结合的模型。CAESAR Ⅱ 既能够进行静力分析也能够进行动力分析；它不但可以根据 ASME B31 系列以及其它国际标准进行应力校核还可以按照 WRC、API、NEMA 标准进行静设备和动设备的受力校核；它与多种 CAD 绘图具有数据接口。CAESAR Ⅱ 具有丰富的材料库；单元数据及边界条件的输入直观、方便。该程序可用于架空管道的分析，也可用于埋地管道的计算。